TEMATICA ILUSTRADA VISUAL SIGLO XXI

GRAMATICA

EUROAMERICANA
DE EDICIONES INTERNACIONAL S.A.

I.S.B.N.: 84-95656-03-5 (Obra Completa)
Producido por Ediciones Dafne, S.L.
Printed In Spain

Octubre 2001

Gramática

Contenido

Comunicación, lenguaje y lengua

El hombre vive en comunidad. El ser humano es por antonomasia un ser social y, en consecuencia, tiene la necesidad de comunicarse con sus semejantes. Más aún: la **comunicación** es el eje en el que se basa la vida social de la humanidad.

Todos participamos continuamente en actos de comunicación: la conversación, el saludo, un piloto intermitente, el disco de un semáforo, el silbido de una locomotora o la etiqueta de un producto son diferentes signos que nos proporcionan diversos tipos de información.

La comunicación, en efecto, consiste en transmitir **información** de un punto a otro. Más exactamente, de una fuente o **emisor** a un destino o **receptor.** Entre estos dos polos, la información se desplaza a través de una vía, un medio o un **canal** de la comunicación: en una comunicación telefónica, las ondas radioeléctricas; en una comunicación oral, el aire en el que se producen las ondas sonoras; en una comunicación escrita, el papel, la carta o el libro.

El contenido que se comunica o que se transmite, la información que el emisor envía al receptor, circula en forma de **mensaje.**

Para construirlo, utilizamos un **código,** un sistema de comunicación compuesto por un conjunto de signos y las reglas para combinarlos debidamente. El conocimiento de este código por parte de quienes intervienen en el acto comunicativo, el emisor y el receptor, es condición indispensable para que la comunicación pueda tener lugar. El primero, el emisor, debe seleccionar y combinar los signos del código y construir el mensaje. Es la operación de **codificación.** El receptor, a su vez, ha de saber interpretarlo. Esta operación es la **descodificación** del contenido.

Todo sistema o código que sirve para representar, expresar y comunicar un mensaje es lo que llamamos **lenguaje,** en el sentido más general del término. No sólo la especie humana posee esa facultad, sino también un buen número de especies animales. Es probable que la mayoría de las especies sociales del reino animal tengan esa capacidad de poder comunicarse entre sí.

Los naturalistas suelen hablar, por ejemplo, del **lenguaje de las abejas:** estos insectos realizando un vuelo especial sobre el panal, pueden señalar a los restantes miembros de su colonia adónde tienen que acudir en busca de flores para recolectar polen y néctar; trazando en el aire una especie de ocho o de lazo, les indican la dirección en que se encuentran las flores respecto al Sol y, repitiendo varias veces este vuelo, son capaces incluso de precisar, por medio de la velocidad del desplazamiento y de las palpitaciones o el «temblor» de su abdomen, la distancia que se ha de recorrer. ¡Ciertamente asombroso! Entendido así el lenguaje, es decir, como medio de comunicación entre un emisor y un receptor, podemos afirmar a continuación que existen diversos lenguajes que emplean signos muy distintos: acústicos, como la sirena de una ambulancia; ópticos, como el disco del semáforo; táctiles, como el beso o el apretón de manos; etc.

Definimos también como lenguaje la capacidad para comunicarse mediante códigos o sistemas que pertenecen a campos específicos de la actividad humana.

Así, podemos hablar, entre otros, de los «lenguajes informáticos» de los ordenadores, del «lenguaje matemático» de las ciencias, o del «lenguaje metafórico» de la poesía.

Sin embargo, el lenguaje primordial, en el sentido más propio del término, es el **lenguaje vocal humano:** la facultad que posee el hombre para comunicar sus pensamientos y sentimientos a través de un código de sonidos articulados, producidos oralmente y organizados según un sistema gramatical.

Esa capacidad de poder comunicarnos oralmente es común a todas las personas. La estamos ejerciendo, por ejemplo, al dialogar con un amigo, puesto que empleamos un sistema de signos acústicos que ambos conocemos y sabemos interpretar. Es una capacidad que tanto poseen, pues, un japonés como un italiano, un español como un australiano o un chino. Sin embargo, ni un japonés puede entender a un italiano o a un chino, ni un australiano a un japonés, o viceversa, a no ser que, previamente, el que habla o el que escucha haya realizado el aprendizaje del idioma de su interlocutor. Todos utilizan el lenguaje humano, pero no emplean el mismo código o sistema de signos: cada uno emplea el idioma de su país. En efecto, no se debe confundir el lenguaje, esa capacidad común a todos los seres humanos, con la *lengua* que en cada nación, país o comunidad se emplea en particular al hacer uso de dicha facultad: la **lengua** es el sistema convencional de signos que emplea una comunidad lingüística como instrumento propio para comunicarse oralmente. El sistema de signos que tienen en común los hispanohablantes es la lengua castellana o idioma español o, simplemente, castellano o español.

El concepto de lenguaje es, por tanto, más amplio que el de lengua, ya que abarca todas las

1

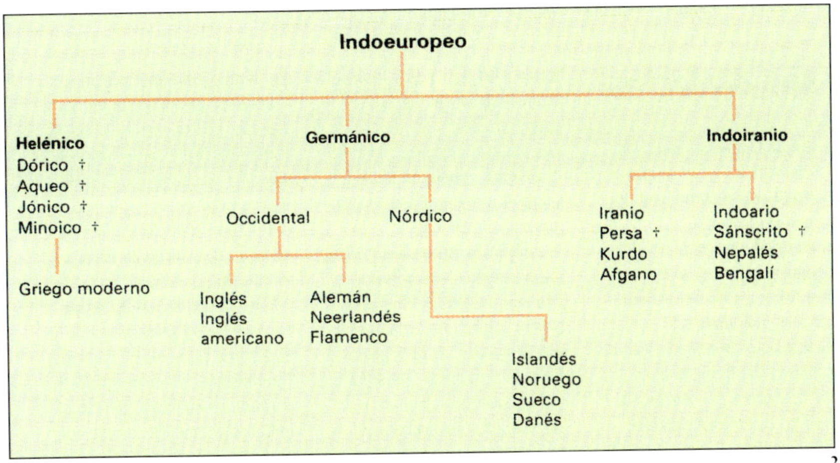

2

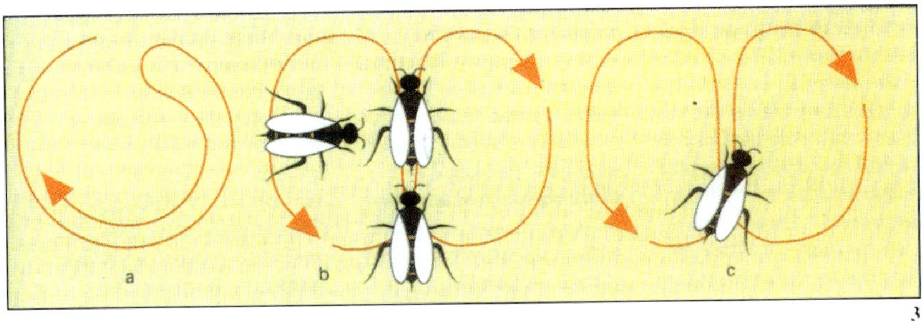

3

lenguas existentes. A su vez, el concepto de lengua es un modelo general inscrito en el cerebro de cada persona. Ahora bien, cada vez que, individualmente, un hablante hace uso de forma particular de este sistema o modelo general de la lengua, se produce un hecho concreto que denominamos **habla**. En oposición a la lengua, que es un modelo abstracto, constante y permanente, el habla es el hecho específico que se produce entre el hablante y el oyente.
En la práctica, la lengua común a un grupo lingüístico suele expresarse de modo algo diferente en las diversas fracciones que pueden distinguirse dentro de la misma comunidad.
Las diferencias afectan principalmente a la pronunciación, a ciertos usos gramaticales y al vocabulario, dando lugar a los **dialectos** de esta lengua.
La primera clasificación que se establece en el conjunto de las lenguas conocidas se hace sobre la consideración del parentesco u origen común que puedan compartir varios idiomas, el cual nos lleva a emplear el término de **familia lingüística**. Las dos familias lingüísticas más importantes y mejor estudiadas son las lenguas indoeuropeas y las lenguas camitosemíticas.
Pertenecen al grupo indoeuropeo, entre otras, las lenguas latinas, germánicas y celtas, mientras que el árabe, el egipcio, el iraquí, el sirio, el hebreo, por citar sólo algunas, son lenguas del grupo camitosemítico. En cada familia lingüística se incluyen todas las lenguas del mismo tronco, tanto las que se hablan en la actualidad, o **lenguas vivas**, como las lenguas antiguas que se conocen a través de inscripciones y textos, es decir, las **lenguas muertas** o lenguas extinguidas.

Significante y significado

El lenguaje es una de las manifestaciones de la actividad simbólica del ser humano. Es decir, de su aptitud para representar cosas, hechos e ideas por medio de símbolos, de señales o de signos, que los sustituyen en el acto de la comunicación. El **signo** es, pues, un elemento material que en la comunicación representa a otro elemento al cual se hace referencia. Según la definición llana y tradicional, un signo es *«algo que representa a otro algo»*.
El **signo lingüístico** empleado en el lenguaje verbal humano es el resultado de la combinación de dos elementos distintos, pero intrínsecamente asociados: el **significante** acústico, esto es, la expresión o la palabra (la «imagen acústica») que todos los hablantes de la lengua asocian a un mismo concepto, y el **significado**, llamado también **contenido semántico**, que es el concepto o **referente** que se trata de representar.

1. *El hombre es un ser social que precisa comunicarse con sus semejantes. Sólo con salir a la calle puede verse toda clase de mensajes.*

2. *Tabla de algunas familias lingüísticas del tronco común de las lenguas indoeuropeas (el signo † indica las lenguas muertas). La clasificación de todas las lenguas conocidas, según el origen y los parentescos que las unen, todavía no ha sido establecida con la misma certeza en todos los casos.*

3. *El lenguaje, considerado en su más amplio sentido, como capacidad comunicativa, no es exclusivo de la especie humana. Se da en diversas especies del reino animal. Las abejas y los delfines, por ejemplo, pueden expresar mensajes descriptivos. En general, sin embargo, las señales del lenguaje animal expresan sólo estados emocionales. En* a *la abeja indica a sus compañeras que ha encontrado alimento a menos de 50 metros, y cuando la distancia entre la colmena y el alimento sobrepasa los 100 metros (*b *y* c*) ejecuta un movimiento en forma de ocho.*

El castellano y sus dialectos

El castellano o español es la lengua hablada en España, en los países de Hispanoamérica y en otros territorios de cultura española. Es una lengua **indoeuropea** (familia lingüística) que pertenece al grupo de lenguas **ítalo-celta.** Forma parte del tronco **itálico**, dentro del cual se encuentra en el grupo de las **lenguas románicas**, que entre otras comprende además el francés, el italiano y el portugués. Todos estos idiomas se derivan del **latín**, la lengua de la antigua Roma. En el s. III a. C., los romanos desembarcaron en la costa mediterránea de la península Ibérica y expulsaron de su suelo a los cartagineses. Los pueblos peninsulares primitivos, íberos y celtas, procedentes, respectivamente, del norte de África y del área germánica centroeuropea, comenzaron entonces a ser colonizados, es decir, romanizados. En el decurso de este proceso de **romanización**, que convertiría Hispania en una provincia más del Imperio romano, los indígenas ibéricos adoptaron la civilización de los conquistadores y también su lengua, la lengua latina. El tipo de latín que se introdujo en Hispania quedó configurado por tres factores principales:

- la forma difundida en el habla popular fue el latín vulgar o coloquial hablado corrientemente por los soldados y los colonos romanos;
- a esta forma coloquial se sobrepuso la forma culta o literaria usada como lengua oficial del Imperio;
- y recibió, además, la aportación de vocablos y hábitos gramaticales de las lenguas indígenas (el vocabulario del español actual conserva palabras de origen ibérico, como *barro* y *ascua*, y céltico, como *losa* y *balsa*).

¿Sería exacto afirmar, como se ha dicho, que el español o castellano no es más que el latín hablado en el s. XX en España e Hispanoamérica? Esta definición no puede tener más validez que la de ilustrar con rotundidad un hecho indiscutible: que nuestra lengua española es un idioma derivado de la lengua latina, cuya estructura lingüística, al igual que las restantes lenguas románicas, ha conservado en lo esencial. Ya en una etapa muy temprana, en efecto, aparecieron caracteres diferenciales importantes, básicamente en el léxico y en la fonética, es decir, en el vocabulario y en la pronunciación.

Las invasiones de los pueblos germánicos pusieron fin al Imperio romano. En el ámbito general europeo, la desaparición del imperio supuso la fragmentación territorial en pequeños reinos bárbaros que dieron origen, paulatinamente, a la formación de las distintas lenguas románicas. También el latín hispánico sufrió un proceso interno similar, fragmentándose en diversos dialectos autóctonos.

Los bárbaros o germanos llegaron a la península Ibérica a comienzos del s. V d. C. Los suevos, que nos dejaron varios topónimos, se establecieron en el noroeste; los alanos permanecieron asentados poco tiempo en el oeste y suroeste, antes de ser exterminados; los vándalos, instalados temporalmente en el sur, tuvieron tiempo de dejar también su huella en la toponimia local, antes de cruzar el estrecho de Gibraltar y fundar un reino en el norte de África. La llegada de los visigodos, en cambio, que se establecieron en la meseta castellana y fundaron un reino con capital en Toledo, tuvo un efecto más profundo y, sobre todo, unificador. En esta etapa de la historia de España el latín vulgar hablado en la península fue derivando en un rudimentario **romance** que sería el germen del idioma castellano. No obstante, consecuencia de la invasión musulmana fue aún el influjo ciertamente notable que el romance recibió de la lengua árabe. En las primeras décadas del s. VIII de nuestra era, los árabes ocuparon prácticamente toda la península, salvo pequeños núcleos cristianos en Asturias y los Pirineos, y su presencia en el solar ibérico tuvo en el ámbito lingüístico dos consecuencias de gran peso: a) las lenguas románicas hispánicas surgieron en la franja peninsular septentrional, desde la que partió la Reconquista, quebrándose la relativa unidad lingüística de la antigua Hispania, como

1

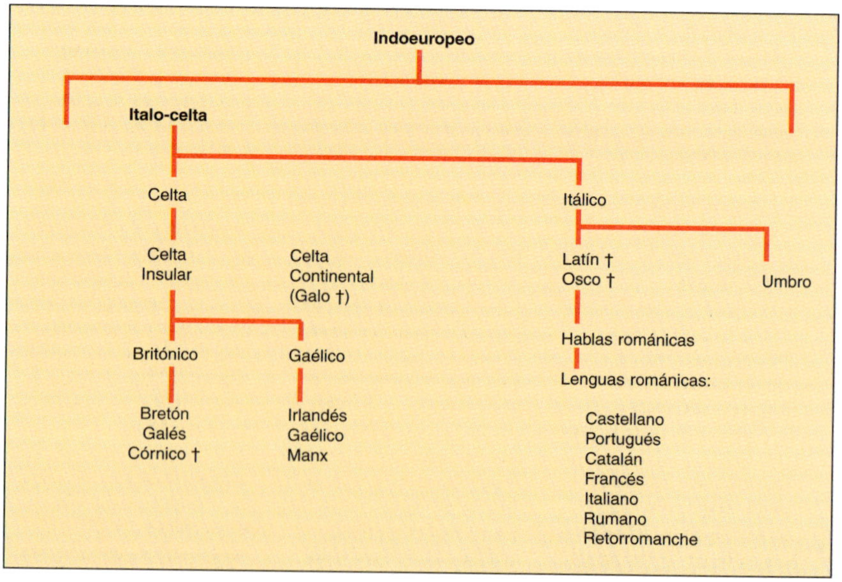

consecuencia de la aparición de estados cristianos independientes en esta franja; y b) numerosos vocablos árabes quedaron incorporados definitivamente al léxico castellano: *naranja, zanahoria, acequia, tarifa, almacén, alcalde, alfombra* y *toalla* son algunos ejemplos. El **castellano** más antiguo apareció hacia el s. X, como lengua derivada de un dialecto románico, en la vertiente meridional de la cordillera Cantábrica. Tuvo como núcleo fundamental el habla de la región de Burgos. Consolidando su estructura y su léxico, el habla burgalesa fue imponiéndose en las tierras conquistadas a los árabes. Posteriormente, a fines del s. XIII, situada la corte en Toledo, Alfonso X el Sabio introdujo como modelo lingüístico el habla toledana y, ya en la segunda mitad del s. XV, con la expansión hacia el sur de la península del reino de Castilla y León, el **castellano medieval** había llegado a ocupar una ancha franja central de la península Ibérica, de norte a sur, flanqueada al oeste por el gallegoportugués y al este por el catalán

Antes de concluir esta centuria, el año 1492, se produjeron aún tres hechos capitales para el futuro del idioma: la conquista de Granada por los Reyes Católicos, el descubrimiento de América y la publicación de la *Gramática castellana* de Elio Antonio de Nebrija, primera gramática de una lengua romance. Con la culminación de la unidad nacional y el descubrimiento de nuevas tierras que iban a hacer posible la expansión del castellano por el mundo, al nombre de lengua castellana se sobrepuso, desde principios del s. XVI, el de **lengua española,** que prevalece en la actualidad y que designa la lengua materna de unos trescientos millones de seres humanos. Desde 1713, año de su fundación, la unificación y la fijación del español moderno es tarea de la Real Academia Española, surgida con el objetivo primordial de conservar y depurar el idioma, asumiendo además en toda su riqueza la variedad y las divergencias lingüísticas de todas sus hablas o variantes regionales.

Dialectos y variedades regionales del español

Se distinguen en el español peninsular varios dialectos y hablas:

- **Andaluz:** los rasgos más destacables son de tipo fonético (seseo, ceceo, yeísmo y pérdida de la consonante final intervocálica: *medisina* por *medicina, pezo* por *peso, caye* por *calle, perdío* por *perdido);*
- **Extremeño:** marcado por influencias leonesas y andaluzas, presenta epéntesis o adición de *i* o *yod (alabancia* por *alabanza),* cierra las finales *-e, -o* en *-i, -u (pobri* por *pobre, abaju* por *abajo)* y aspira la *h* y la *s* implosiva *(jigo* por *higo, pejca* por *pesca*);
- **Murciano:** con influencias del valenciano y el andaluz, presenta palatización de *l-* inicial *(llengua* por *lengua) y* aspiración o eliminación de la *-s (cáhta* por *casta, loh-dó* por *los dos);*
- **Canario:** variedad de tránsito con múltiples influencias peninsulares, presenta los fenómenos de yeísmo, seseo, aspiración de la *f-* inicial latina *(jablar* por *hablar),* aspiración o asimilación de la *-s* implosiva *(mujlo* por *muslo),* entre otras variantes fonéticas, y en el léxico usual, voces guanches *(gofio, baifo),* arcaísmos *(gago, asmado) y* americanismos *(guagua, machango).*

2

- **Hablas asturleonesas:** básicamente, el bable o leonés central y el leonés occidental, que no son dialectos del español, sino hablas locales derivadas del latín, las cuales presentan como rasgos más destacables la palatización de la *l-* y *n-* iniciales, así como el cierre de vocales finales *-e, -o* en *i, -u* dando como resultado *llobu* por *lobo, fuegu* por *fuego,* etc.
- **Hablas navarroaragonesas:** son también hablas locales y como rasgos destacables, presentan la supresión del hiato *(agún* por *aún, carriar* por *acarrear),* la pervivencia de la *f-* inicial latina *(faba* por *haba)* y la tendencia a transformar las voces esdrújulas *(pajáro* por *pájaro, cantáro* por *cántaro).*

Otras lenguas habladas en España. El idioma oficial del Estado es el español. Existen, sin embargo, diversas zonas de España que poseen su propia lengua vernácula: el **catalán,** lengua románica con importante literatura propia, que abarca cinco grandes dialectos o variantes (catalán occidental o leridano, catalán oriental o central, rosellonés, valenciano y balear); el **gallego,** del grupo iberorromance, que hasta la Edad Media constituía una unidad con el portugués **(gallegoportugués)**; y el **vascuence** o ***euskera,*** sin parentesco con ninguna lengua peninsular ni indoeuropea, relacionado por algunos lingüistas con las lenguas caucásicas y por otros, a través del ibérico, con las norteafricanas.

1. *Las lenguas indoeuropeas del grupo ítalo-celta forman dos grandes ramas de un tronco común: la rama céltica que comprende el galo y el britónico, de que derivaron el francés, el bretón, el gaélico o el irlandés; la rama itálica, a través del latín, dio origen a las lenguas románicas.*

2. *La lengua castellana o española es el idioma oficial del Estado español. Presenta variedades dialectales y numerosas hablas locales. Además, en Baleares, Cataluña y Comunidad Valenciana; el País Vasco y Galicia, existen en régimen de bilingüismo y cooficialidad las lenguas autóctonas, catalán, vascuence y gallego, respectivamente.*

El español de América

El español que se habla en Hispanoamérica no es una lengua distinta del español peninsular. Existe una coincidencia general, tanto en el sistema fonético, morfológico y sintáctico como en el fondo esencial del léxico, y no hay, en cambio, diferencias lingüísticas fundamentales. Tampoco es una lengua fragmentada en el seno de una misma familia idiomática, aunque presenta ciertas variantes regionales, en la pronunciación, en el vocabulario y en algunos aspectos morfosintácticos, que permiten distinguir diversas áreas lingüísticas. En su momento, la introducción del castellano en tierras americanas supuso nada menos que la implantación de un idioma en nuevos territorios; es decir, un fenómeno similar al que se había producido en Europa con el latín. Este precedente hizo temer a algunos filólogos del s. XIX la posibilidad de que el español hispanoamericano pudiese seguir un desarrollo parecido al de la lengua clásica: su desmembración y su posterior desaparición, sustituida por las lenguas románicas. Hoy podemos constatar, definitivamente, que sobre la diversidad regional predomina la unidad idiomática. El sustrato lingüístico indígena sobre el que se impuso la lengua castellana constituía un verdadero mosaico de lenguas, hablas y dialectos que impedía incluso el entendimiento entre los mismos nativos. La primera tarea de los españoles, imprescindible para hacer posible la colonización, la evangelización y el comercio en aquellas tierras fue acometer la castellanización de los aborígenes americanos. Se ha llegado a distinguir en las lenguas amerindias de la época precolombina más de 100 familias o grupos lingüísticos, que pueden agruparse en cinco troncos principales:

• *Arawak*, en el norte de Florida y las Antillas
• *Caribe*, en las Antillas, Venezuela y Guayanas
• *Uto-azteca*, en el Imperio azteca
• *Chibcha*, de Honduras al sur de los Andes colombianos
• *Quechua*, en el Imperio incaico
• *Tupí-guaraní*, en las cuencas del Paraná y el Paraguay
• *Araucano*, en el centro y sur de Chile

Fueron principalmente los misioneros llegados de la Península quienes se dedicaron al estudio de las lenguas indígenas. Algunos de ellos como el franciscano fray Pedro de Olmos, incluso escribieron gramáticas y vocabularios de varias de estas lenguas (totanaco, tepehua, huasteco, náhuatl, etc.). Las más extendidas, el chibcha, el quechua y el náhuatl o tupí-guaraní, recibieron el nombre de *lenguas generales* y fueron divulgadas por los propios españoles como lenguas comunes de comunicación en grandes zonas territoriales, para facilitar la colonización. El castellano que fue exportado al Nuevo Continente era el llamado castellano preclásico, el castellano medieval en plena fase de transición al español actual, que Nebrija había sistematizado por primera vez en su gramática. Esta lengua en formación registró en América evoluciones paralelas a las peninsulares y, lo mismo que en la metrópoli, fue adquiriendo personalidad propia en cada región. Sobre esta diversidad, contribuyó de forma decisiva a mantener la unidad idiomática la obra del gramático venezolano Andrés Bello.

Se distinguen en Hispanoamérica en la actualidad cinco grandes áreas o regiones lingüísticas, definidas principalmente por divergencias fonéticas y diferencias léxicas:

1. México y América Central

1

2. Grandes Antillas (Cuba, Puerto Rico y Santo Domingo), norte de Colombia y de Venezuela
3. Zonas montañosas de Venezuela y Colombia, costa occidental, Ecuador, Perú, gran parte de Bolivia, norte de Chile
4. Centro y sur de Chile
5. Argentina, Uruguay, Paraguay y parte del SE de Bolivia

En los comienzos de la colonización, la mayoría de los pobladores de América procedían de la mitad meridional de la Península, por lo que el tipo de lengua difundido fue el habla andaluza de la época. En líneas generales, la lengua hablada en las Antillas y en las regiones costeras presenta todavía una gran semejanza con el andaluz, mientras que en las sierras y altiplanicies interiores predomina el castellano o español de Castilla.

Particularidades del castellano de América

En el plano fonético y fonológico:

• **Seseo**: pronunciación *s* por *z* (sonido de *c* delante de *e, i*: *casa* por *caza*), que se encuentra también, en la Península, en Andalucía, Canarias y Extremadura.
• **Yeísmo:** reducción de los fonemas *ll* e *y* a uno solo, *y*, que da *caye* por *calle*.
• **Aspiración:** o pérdida de *s* final de sílaba, que da *mójka* por *mosca* y *éhte* por *éste*.
• **Confusión de *l* y *r*,** en posición final de sílaba, que da *kárvo* por *calvo*, *kálne* por *carne*, etc. En el plano morfosintáctico.
• **Voseo:** empleo de *vos* en lugar de *tú*, aceptado a todos los niveles, especialmente en la región del Plata y América Central, y que afecta también al sistema verbal (*vos no tenés* por *tú no tienes, vos sos* por *tú eres*, etc.) y da incluso híbridos de voseo y tuteo (*tú cantás, vos cantas)*.
• **Uso del pronombre reflexivo con verbos intransitivos:** *¿qué se le importa?, ¿cómo se le amaneció?*
• **Uso excesivo de diminutivos de adjetivos y adverbios:** *viejito, lueguito, ahorita.*
• **Cambios adverbiales con nuevos significados:** *no más* (para reforzar la palabra precedente), *cómo no* (muy extendido, a veces suplantando al *sí* afirmativo), *recién* (por *sólo, apenas* o

2

hace un momento).

En el plano léxico:

• **Préstamos del léxico indígena:** *canoa* (voz incorporada ya al vocabulario de Nebrija en 1493), *piragua, caimán, butaca, cancha, pampa,* etc., algunas de las cuales, a través del español, han pasado al léxico de otras lenguas europeas *(tabaco, chocolate, tomate, cigarro).*

• **Arcaísmos del castellano:** *bravo* por *enojado, frazada* por *manta, prieto* por *oscuro* o *negro, pollera* por *falda, jalar* por *tirar,* etc.

• **Tecnicismos marinos,** que han pervivido en la lengua ordinaria, a causa del destacado papel que tuvieron las gentes de mar y sus empresas en la aventura colonizadora: *ensenada* por *corral* o *potrero, abra* por *calvero* y por *trocha, playa* por *explanada,* por *terreno* o por *espacio,* etc.

• **Dialectalismos del español popular de la época:** *botar* por *echar* o *arrojar, buraco* por *agujero, renco* por *cojo...*

• **Vocablos africanos introducidos por los esclavos negros:** *ñame, dengue, guarapo, milonga, mambo, conga, samba,* etc.

• **Préstamos de otras lenguas:** introducidos por inmigrantes o a través de las relaciones políticas, económicas y culturales: *pibe, capuchino, usina, masacrar, chequear.*

• **Usos léxicos particulares:** palabras del léxico español que en Hispanoamérica se toman con un significado diferente, como *carro* por *automóvil, cuadra* por *manzana, manejar* por *conducir;*

• **Neologismos creados mediante sufijos:** como *carniar* por *sacrificar* las reses, *asustada* por *susto, bailada* por *baile,* o *sesionar* por *celebrar sesiones.*

1. *El humanista venezolano Andrés Bello (1781-1865) destacado gramático y poeta, maestro de Simón Bolívar, fue también uno de los impulsores del movimiento emancipador hispanoamericano.*

2. *El número de lenguas habladas en América a la llegada de los europeos era extraordinariamente elevado. Los lingüistas han intentado definir en lo posible el número de familias lingüísticas.*

Sonidos y fonemas

Como es sabido, el signo lingüístico surge de la fusión de dos elementos: el significante, que es la palabra o imagen acústica, y el significado, esto es, el concepto o la idea que se quiere expresar.
El estudio de una lengua no consiste solamente en la descripción y análisis de sus palabras y frases, tarea que tradicionalmente se ha asignado a la Gramática y que abordan, respectivamente, la Morfología y la Sintaxis.
El lenguaje verbal es de carácter acústico-auditivo; es decir, se realiza a través de sonidos, cuya emisión corresponde a los órganos del habla y cuya percepción se realiza por medio del sentido del oído.
Por consiguiente, el estudio de la materia prima del lenguaje es el estudio de los sonidos que constituyen las palabras y oraciones, con todas sus características de tono, intensidad, etc.
La ciencia llamada **Fonética** se ocupa de la descripción y el estudio de los sonidos de una lengua en el plano acústico-fisiológico, considerándolos como el resultado de la emisión, articulación y percepción de una corriente sonora, a través de unos órganos fisiológicos.
El estudio de los sonidos desde el plano funcional o significativo de la lengua, o lo que es igual, del papel que desempeñan en una lengua los elementos o «productos» fonéticos, corresponde a la **Fonología**. Son dos ramas de la lingüística que suelen confundirse con cierta frecuencia. La primera estudia los sonidos reales; la segunda los fonemas o sonidos ideales de una lengua.

Sonido y fonema

El sonido es el aspecto material de una articulación (Fonética), en tanto que el fonema es el aspecto significativo de un sonido (Fonología). La fonología nos enseña que el **fonema** es el elemento más pequeño en que puede dividirse un conjunto fónico, que sirve para distinguir el significado de las palabras y

1

Sonido y fonema

Fonética	**Sonido:** pronunciación particular de cada letra (variantes de un fonema). -Se transcribe entre corchetes *[ ]*-	**[b] e s o** **s e [b] o**
Fonología	**Fonema:** modelo o sonido ideal, representado por una o más letras del alfabeto, que puede modificar el significado -Se transcribe entre barras *//*-	**/b/ /é/ /s//o/** **/s/ /é/ /b/ /o/** **/b/ /í/ /n/ /o/** **/c/ /a/ /v/ /á/ /r/**

que no puede descomponerse en unidades menores. Por ejemplo, la palabra *beso* es un signo lingüístico que podemos descomponer en cuatro fonemas (los fonemas se transcriben entre barras oblicuas, los sonidos entre corchetes): */b/ /é/ /s/ /o/*.
Cada uno de estos fonemas es, en efecto, una unidad fónica indivisible; no puede fragmentarse en elementos más pequeños. Los encontramos de nuevo en la palabra *sebo: /s/ /é/ /b/ /o/*.
Tan sólo dos fonemas han variado su posición y ha cambiado el significado de la palabra. Pero hay además otra circunstancia destacable: el fonema */b/* tiene una realización distinta en cada caso.

- En *beso,* el sonido *[b]* es un fonema *oclusivo* bilabial sonoro.
- En *sebo,* el sonido *[b]* es un fonema *fricativo* bilabial sonoro.

Es decir, nos encontramos con un mismo fonema */b/* que tiene un sonido *[b]* oclusivo, cuando va en posición inicial o después de una consonante */m/* o */n/, y* un sonido *[b]* fricativo en los demás casos.
El **sonido**, que constituye propiamente el objeto de estudio de la fonética, es por tanto el aspecto sonoro material, individual y concreto de la articulación. Es frecuente que varios sonidos tengan el valor significativo de un mismo fonema, como en el caso que acabamos de ilustrar en el ejemplo. Cada uno de estos sonidos se llama entonces **alófono** o variante fonético del fonema.

Rasgos distintivos de los fonemas

Los fonemas tienen un valor propio que da significado al signo lingüístico. El cambio de una unidad fónica (fonema) en un conjunto fónico o palabra comporta, por consiguiente, un cambio de sentido o de valor significativo. Así, por ejemplo, las palabras *tía* y *día* tan sólo difieren en la grafía por los fonemas iniciales */t/* y */d/*, pero la diferencia de significado es absoluta. Los **rasgos fonológicos** de estos fonemas son:
/t/ oclusivo linguodental sordo
/d/ oclusivo linguodental sonoro. Son rasgos comunes *oclusivo* (por el modo de articulación) y *linguodental* (por el lugar de articulación), mientras que *sordo* y *sonoro* constituyen **rasgos distintivos** de cada fonema. Estos rasgos distintivos son precisamente los que tienen valor significativo al definir el fonema. Si ocurre, siguiendo con el mismo ejemplo, que al permutar estos rasgos distintivos se produce un cambio de significado, existe entre los fonemas considerados una relación de **oposición**. Es fácil ilustrarlo: *mi 'd'ía y mi primo* (sordo), *el 't'ía y la noche* (sonoro).
La oposición es sumamente útil para averiguar si una unidad fónica es o no funcional y significativa, es decir, si constituye un fonema o es un sonido alófono, así como para definir los rasgos distintivos del fonema.
Para establecer el inventario de fonemas o **sistema fonológico** de una lengua se efectúa una doble operación: la **conmutación,** que permite verificar las oposiciones y los

rasgos distintivos de los fonemas, y la **identificación** de los alófonos o variantes de cada fonema.

Alfabetos y ortografía

La serie ordenada de las letras de un idioma constituye su **alfabeto** o **abecedario.** Por regla general, las letras de los alfabetos no representan los sonidos, sino los *fonemas.* En el alfabeto español (que tiene 26 letras al suprimirse en 1994 las letras *ch* y *ll*), el fonema */b/*, por ejemplo, en función de su posición tiene dos sonidos distintos, como hemos visto anteriormente, pero se representa en ambos casos por las letras *b* y *v: bomba* y *vaca,* para el sonido oclusivo *[b], haber y cavar,* para el sonido fricativo *[ƀ].* En el plano ortográfico, la utilización de *b* o de *v* difiere en función de reglas determinadas; sin embargo, en el plano fonético, ambas representan el mismo fonema */b/* y, por consiguiente, admiten cada una las dos realizaciones, *[b] (bomba, vaca)* y *[ƀ] (haber, cavar).* (Efectivamente, las letras */b/* y */v/* representan en la lengua castellana el mismo fonema, siendo incorrecta la pronunciación de */v/* con articulación labiodental semejante a la de */f/*, que algunos hablantes del idioma emplean para diferenciarla de */b/*).

La lingüística, en cambio, que necesita reproducir en lo posible todos los *sonidos* del habla, utiliza el **alfabeto fonético** o **alfabeto fonológico,** en el que están incluidos el conjunto de **signos fonéticos** o símbolos que representan los sonidos del lenguaje hablado.

Es decir: las letras *b* y *v* del alfabeto común representan el fonema */b/*, en el alfabeto fonético, el sonido oclusivo se representa también como *[b],* mientras que el sonido fricativo se representa como *[ƀ].* El Alfabeto Fonético Internacional (ver cuadro) fue establecido por el lingüista francés Paul Passy a finales del siglo XIX. En España suele usarse el alfabeto creado por el filólogo T. Navarro Tomás para representar los sonidos del español. Para representar con la máxima fidelidad los sonidos de una palabra se recurre a la **transcripción fonética** o **escritura fonética,** en la que se utilizan para la escritura los signos del alfabeto fonético en lugar de las letras del alfabeto común.

2

Sistema fonético español

A.F.I	T.N.T.	Sonidos	Letras	Ejemplos
[a]	[a]	**a**	a, A	lata, palo, vaca, pasa
[e]	[ẹ]	**e** cerrada	e, E	venta, té, daré, pelo
[ɛ]	[ę]	**e** abierta	e, E	perro, recto, viejo
[i]	[i]	**i**	i, I	niño, elige, bisonte
[ɔ]	[ǫ]	**o** abierta	o, O	conde, perro, boina
[o]	[ọ]	**o** cerrada	o, O	caoba, losa, boca
[u]	[u]	**u**	u, U	suma, uso, luna, talud
[j]	[j]	**i** semiconsonante	i, I	diario, viene, tierra
[i]	[i]	**i** semivocal	i, I	hoy, seis, aire, peine
[w]	[w]	**u** semiconsonante	u, U	fuerte, guapo, cuatro
[u]	[u]	**u** semivocal	u, U	aura, pausa, deuda
[p]	[p]	**pe**	p, P	paso, prisa, apto, hipo
[b]	[b]	**be**	b, v, B, V	beso, vino, hombro
[ƀ]	[ƀ]	**b** fricativa	b, v, B, V	tubo, abrir, lavar
[t]	[t]	**te**	t, T	tono, tan, pito, apto
[d]	[d]	**de**	d, D	dar, dos, ando, toldo
[đ]	[đ]	**d** fricativa	d, D	edad, madre, espada
[k]	[k]	**ke**	c, qu, k, C, Qu, K	cosa, que, kilo
[g]	[g]	**gue**	g, gu, G, Gu	galgo, gusto, guiso
[ɣ]	[g̶]	**g** fricativa	g, gu, G, Gu	agua, agrio, lugar
[x]	[χ]	**ge**	g, j, G, J	gente, joven, ojo
[f]	[f]	**fe**	f, F	feo, flauta, chufa
[s]	[s]	**se**	s, S	santo, oso, losa
[z]	[z]	**s** sonora	s, S	desde, asno, pasmo
[θ]	[θ]	**ce**	c, z, C, Z	cine, celo, mozo, azul
[tʃ]	[ŝ]	**che**	(ch, Ch)	chapa, lucha, anchoa
[ʒ]	[ŷ]	**ye**	y, Y	buey, inyección
[y]	[y]	**y** fricativa	y, Y	yo, bueyes, sayo
[l]	[l]	**le**	l, L	solo, palo, luna
[ʎ]	[l̮]	**lle**	(ll, Ll)	pollo, callo, llanto
[l̦]	[l̦]	**l** dental	l, L	salto, saldo, falta
[ɫ]	[l̦]	**l** interdental	l, L	dulce, calzado
[m]	[m]	**me**	m, n, M, N	mar, cama, envase
[n]	[n]	**ne**	n, m, N, M	nariz, lunar, álbum
[ɱ]	[m̮]	**n** labiodental	n, N	lunfardo, infierno
[n̦]	[n̦]	**n** dental	n, N	ante, tinto, anda
[ŋ]	[ŋ]	**n** velar	n, N	tango, angula
[ɲ]	[n̮]	**ñe**	ñ, n, Ñ, N	caño, ñoña, mancha
[r]	[r]	**re**	r, R	quiero, puro, loro
[rr]	[r̄]	**rre**	r, rr, R	salar, carro, ramo

1. *El fonema es la unidad más pequeña en que puede dividirse un conjunto fónico. Su estudio corresponde a la Fonología.*

2. *Cuadro del fonetismo español, en el que figuran los sonidos fundamentales, transcritos según los signos del Alfabeto Fonético Internacional y del creado para el español por T. Navarro Tomás.*

Fonética articulatoria y Fonética acústica

En el acto de la comunicación oral hallamos un emisor o hablante, que produce y emite los sonidos, y un receptor u oyente, que percibe e identifica estos sonidos.
El **sonido** es la sensación que se experimenta en el oído, a través del aparato auditivo y del nervio acústico, como consecuencia de las vibraciones producidas por un cuerpo y transmitidas a través del aire o de un medio elástico en general, sólido, líquido o gaseoso, que constituye un **campo acústico**. Estas vibraciones originan una serie de variaciones de presión que se desplazan en forma de ondas y se miden por ciclos o hercios (Hz), unidad de frecuencia que equivale a una vibración por segundo.
Los sonidos audibles para el oído humano son aquellos cuyas frecuencias están comprendidas aproximadamente entre los 16-20 Hz, límite mínimo para la audición, y los 16,000-20,000 Hz. Por debajo y por encima de estas frecuencias se sitúan, respectivamente, los **infrasonidos** y los **ultrasonidos.** En el plano acústico, cada sonido se define o caracteriza por medio de tres elementos o parámetros fundamentales:
a) altura, cualidad que permite distinguir, mediante la frecuencia de las vibraciones, un sonido grave –frecuencia baja– de otro agudo –frecuencia alta–;
b) intensidad, característica que distingue un sonido fuerte de otro débil, en función de la longitud o amplitud de la vibración, expresada en decibelios; y
c) timbre, la composición que resulta de diferentes tonos parciales o armónicos y que permite diferenciar los sonidos producidos por una u otra fuente.
La producción y emisión de los sonidos que expresan el mensaje oral se realiza a través de los **órganos de la fonación.** El estudio de estos sonidos así como de las operaciones necesarias para producirlos corresponde a la **fonética articulatoria.** De los aspectos físicos de la onda sonora y de su percepción por parte del oyente se ocupa la **fonética acústica.**

Órganos de la fonación y de la audición
Los órganos de la fonación son los encargados de producir los sonidos que constituyen la materia prima del lenguaje oral. El **aparato fonador** propiamente dicho está situado en la parte superior de la tráquea. Su elemento primordial lo constituyen las **cuerdas vocales,** dos pares de membranas elásticas, situadas entre el cartílago tiroides (la «nuez de Adán») y los dos cartílagos aritenoides, que durante la respiración permanecen separadas, dejando un espacio abierto que constituye la **glotis,** y se aproximan al hablar. Si no llegan a vibrar, producen los sonidos sordos, mientras que su vibración forma los sonidos sonoros. Esta columna de aire vibrante o sorda, pasa a la laringe y penetra en las cavidades de resonancia formando el timbre de cada sonido. En el nivel superior o supraglótico, el aire pasa a través de las cavidades de resonancia: boca, faringe y fosas nasales. La mayoría de los sonidos se articulan en la cavidad bucal, que cuenta con dos órganos dotados de gran movilidad, la lengua y los labios. En la parte anterior de la **boca** se encuentran los dientes incisivos, protegidos por los **labios,** mientras que en la bóveda o techo de la cavidad bucal encontramos el **paladar duro,** en el que se distinguen las zonas prepalatal, mediopalatal y postpalatal, y el **paladar blando** o **velo del paladar,** que termina en la **úvula** o **campanilla.** Detrás de los incisivos superiores surge una prominencia dura que forma los **alvéolos.** Finalmente, la **lengua** es un órgano muscular alargado, en cuya parte superior o dorso se distinguen sucesivamente, el ápice, el predorso, el mediodorso, el postdorso y la raíz. El **órgano de la audición** es el oído, a través del cual el oyente recibe las vibraciones sonoras. Está dividido en tres partes: **oído externo,** constituido por el pabellón auditivo u oreja y el

1

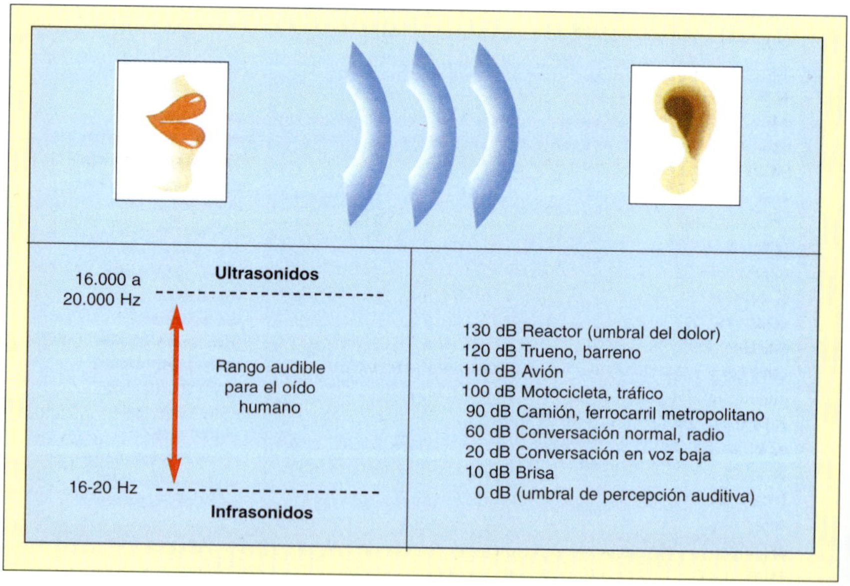

conducto auditivo, que canaliza la corriente de aire hacia el interior; el **oído medio**, formado por una membrana muy sensible a las vibraciones, el **tímpano**, que transmite la onda acústica a través de la cadena de huesecillos y la ventana oval; y el **oído interno**, constituido por el laberinto óseo y, en su interior, el laberinto membranoso, y que comprende el vestíbulo, los canales semicirculares y el caracol óseo, donde las vibraciones mecánicas se transforman en impulsos nerviosos, que llegan hasta el cerebro a través del nervio auditivo.

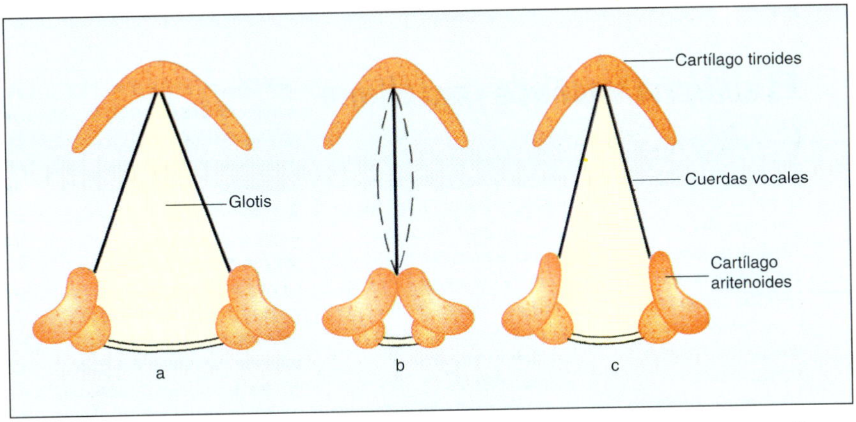

2

Clasificación de los sonidos
Los sonidos articulados del lenguaje se clasifican atendiendo al papel que desempeñan los órganos de la fonación, distinguiéndose el modo de articulación y el punto de articulación. El **modo de articulación** es la posición en que se realiza el contacto o la aproximación entre los órganos que intervienen en la producción de un sonido. Las vocales se articulan simplemente con una resonancia en la cavidad vocal, sin oponer apenas obstáculos a la salida de la columna de aire. Las consonantes, en cambio, como se verá en el capítulo correspondiente, se dividen según el modo de articulación en:
oclusivas: los órganos articulatorios se cierran por completo y se produce una interrupción momentánea en el paso del aire, como ocurre en la */p/* de *capa* y en la */m/* de *mata*;
fricativas: entre los dos órganos que intervienen en la articulación se establece un estrechamiento o un ligero contacto que frena el paso del aire, como en la */f/* de *café* y en la */s/* de *sabio;*
africadas: en su articulación se combinan una oclusión y una fricación, es decir, se produce inicialmente un cierre completo de los órganos articulatorios que provoca una interrupción momentánea de la salida del aire y acto seguido, en el mismo lugar, una fricación o estrechamiento, como en la */c/* de *hacer* y en la */z/* de *caza;*
líquidas: sonidos consonánticos que comparten características de las vocales y las consonantes, subdivididos en:
• **laterales,** en los que el aire producido por la fonación se hace salir por uno o por los dos lados de la cavidad bucal, como en la */l/* de *colcha* y en la */ll/* de *calle*; y
• **vibrantes,** aquellos cuya emisión se produce con vibración del ápice de la lengua sobre los alvéolos, como en la */r/* de *toro* y en la */rr/* de *carro.*

El **punto de articulación** es el lugar en que se unen o se aproximan los órganos que intervienen en la producción del sonido. Las vocales se dividen en *anteriores, centrales* y *posteriores.* Las consonantes, según el punto o lugar de articulación, se dividen en:
bilabiales: si la oclusión o el estrechamiento se produce colocando el labio inferior a la altura del labio superior, como en la articulación de la */p/* y la */b/*;
labiodentales: las que se articulan al estar en contacto el labio inferior y los incisivos superiores, como en la */f/*;
linguodentales: en cuya articulación el contacto con los incisivos superiores se realiza con el ápice de la lengua, como en la articulación de la */t/* y la */d/*
linguointerdentales: las que se forman introduciendo el ápice de la lengua entre los incisivos superiores y los inferiores, como en el sonido */ce/* de *cera, doce* y *taza;*
linguoalveolares: las que se articulan acercando el ápice o el predorso de la lengua a los alvéolos, como la */s/* de *sala,* la */r/* de *tarde* y la */rr/* de *torre;* **linguopalatales:** las que se forman poniendo en contacto el predorso de la lengua con el paladar duro, como la */ñ/* y la */ll/*;
linguovelares: aquellas consonantes que se articulan aproximando o poniendo en contacto el postdorso de la lengua con el velo del paladar como la */c/* de *coro* y la */g/* de *golpe* y de *guiso.*
En todas estas articulaciones, si se examina además el papel de las cuerdas vocales, se hace la distinción, antes apuntada, entre la consonante **sonora**, que se produce con vibración, y la consonante **sorda**, en la cual no existe vibración. Finalmente, atendiendo al papel desempeñado por el velo del paladar, que puede estar separado de la pared faríngea o bien permanecer adherido e incomunicar las cavidades bucal y nasal, se distinguen las consonantes **nasales** y los sonidos consonánticos y vocálicos **orales.**

1. *El sonido es el resultado de la vibración de las partículas del campo acústico, percibida gracias a los diversos órganos que forman el oído. Abajo, a la izquierda, límite de los sonidos audibles; a la derecha, la intensidad sonora (expresada en decibelios: dB) y sus efectos.*

2. *Las cuerdas vocales (aquí muy esquematizadas) permanecen separadas cuando respiramos, dejando pasar el aire a través de la glotis* (a), *se aproximan hasta juntarse para producir la vibración que origina los sonidos sonoros* (b) *y se separan cuando articulamos los sonidos sordos* (c).

El sistema vocálico castellano

En castellano se utilizan cinco fonemas vocálicos: *a, e, i, o, u*. En el plano fonológico, las vocales constituyen el núcleo o centro de la sílaba, mientras que las consonantes ocupan los márgenes silábicos. Fonéticamente su articulación es simple y uniforme; se pronuncian, en general, dando la mayor abertura a los órganos de la fonación y cada sonido se distingue claramente de todos los demás:

• la vocal */a/* se articula poniendo en contacto el ápice de la lengua con la cara interior de los incisivos inferiores, mientras que el dorso se eleva ligeramente hacia la zona de contacto entre el paladar duro y el velo del paladar, permaneciendo los labios más abiertos que para articular las demás vocales;

• en la articulación de la vocal */e/* el ápice se apoya también en los incisivos inferiores, pero el dorso de la lengua se eleva más hacia el paladar, dejando una abertura más estrecha que la de la */a/*, y también es menor la separación de los labios;

• la vocal */i/* se articula apoyando la lengua contra los incisivos inferiores, con el dorso elevado hacia el paladar duro, tocándolo por ambos lados y dejando una abertura estrecha en el centro, mientras que los labios forman a su vez una abertura alargada;

• al articular la vocal */o/*, la lengua se recoge hacia el interior de la cavidad bucal, elevándose por la parte postdorsal hacia el velo del paladar, y los labios forman una abertura redondeada;

• en la articulación de la vocal */u/*, la lengua se recoge hacia el fondo de la boca y por la parte postdorsal se eleva también hacia el velo del paladar, dejando un paso para el aire más estrecho que en la pronunciación de la */o/*, mientras que los labios forman una abertura también redondeada y asimismo más estrecha y abocinada.

Según la realización de cada una de las cinco vocales, se establece la siguiente clasificación:

• Por el **modo de articulación:**

a) vocales **altas** o **cerradas,** también llamadas **vocales débiles,** en cuya articulación la lengua se aproxima más al paladar, es decir, la */i/* y la */u/*.

b) vocales **medias,** que se realizan con un grado intermedio de separación de la lengua con respecto a la bóveda de la cavidad bucal, la */e/* y la */o/*.

c) y una única vocal **baja** o **abierta,** que recibe también el nombre de **vocal fuerte,** la */a/*, que se articula con la separación máxima de la lengua con respecto a la bóveda o paladar.

• Por el **punto de articulación:**

a) vocales **anteriores** o **palatales,** que se articulan colocando la lengua en posición adelantada dentro de la cavidad bucal, en la zona del paladar duro, la */e/* y la */i/*.

b) una vocal **central, media** o **neutra,** la */a/*, cuya articulación se realiza colocando la lengua en la zona intermedia.

c) vocales **posteriores** o **velares,** que se articulan con la lengua en la región posterior de la cavidad bucal, en la zona del paladar blando, y que son la */o/* y la */u/*.

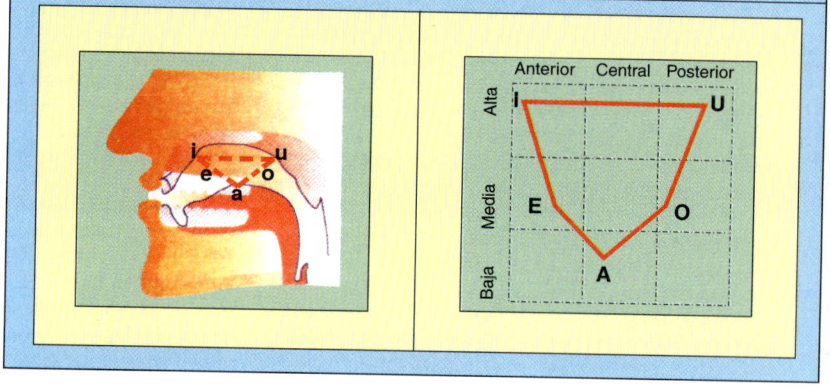

Representación del sistema vocálico español

1

Diptongos, triptongos y hiatos

Dentro de una palabra, las vocales pueden encontrarse de forma aislada *(a-lud)*, agrupadas con otras vocales con las que forman una misma sílaba *(pei-ne, a-ve-ri-guáis)*, unidas a otras vocales pero en diferentes sílabas *(di-ario, re-ír)* y combinadas con una o con varias consonantes *(en-tram-par-se)*.

La reunión de dos vocales pronunciadas en una sola sílaba se denomina **diptongo.** En general, los diptongos se forman cuando una de las vocales cerradas o altas *(i, u)* se une con una de las restantes *(a, e, o)*.

Cuando la primera vocal del diptongo es la vocal cerrada, ésta se llama *semiconsonante* y se dice que hay un *diptongo creciente*; si la vocal cerrada se encuentra en segunda posición dentro de la sílaba, se denomina *semiconsonante* y se dice que hay *diptongo decreciente*.

Las dos vocales cerradas o altas también pueden formar diptongo.

Las posibles combinaciones vocálicas permiten obtener los siguientes diptongos:

crecientes

/ia/: *savia*
/ie/: *viene*
/io/: *cirio*
/iu/: *ciudad*
/ua/: *guapo*
/ue/: *bueno*
/uo/: *antiguo*
/ui/: *ruido*

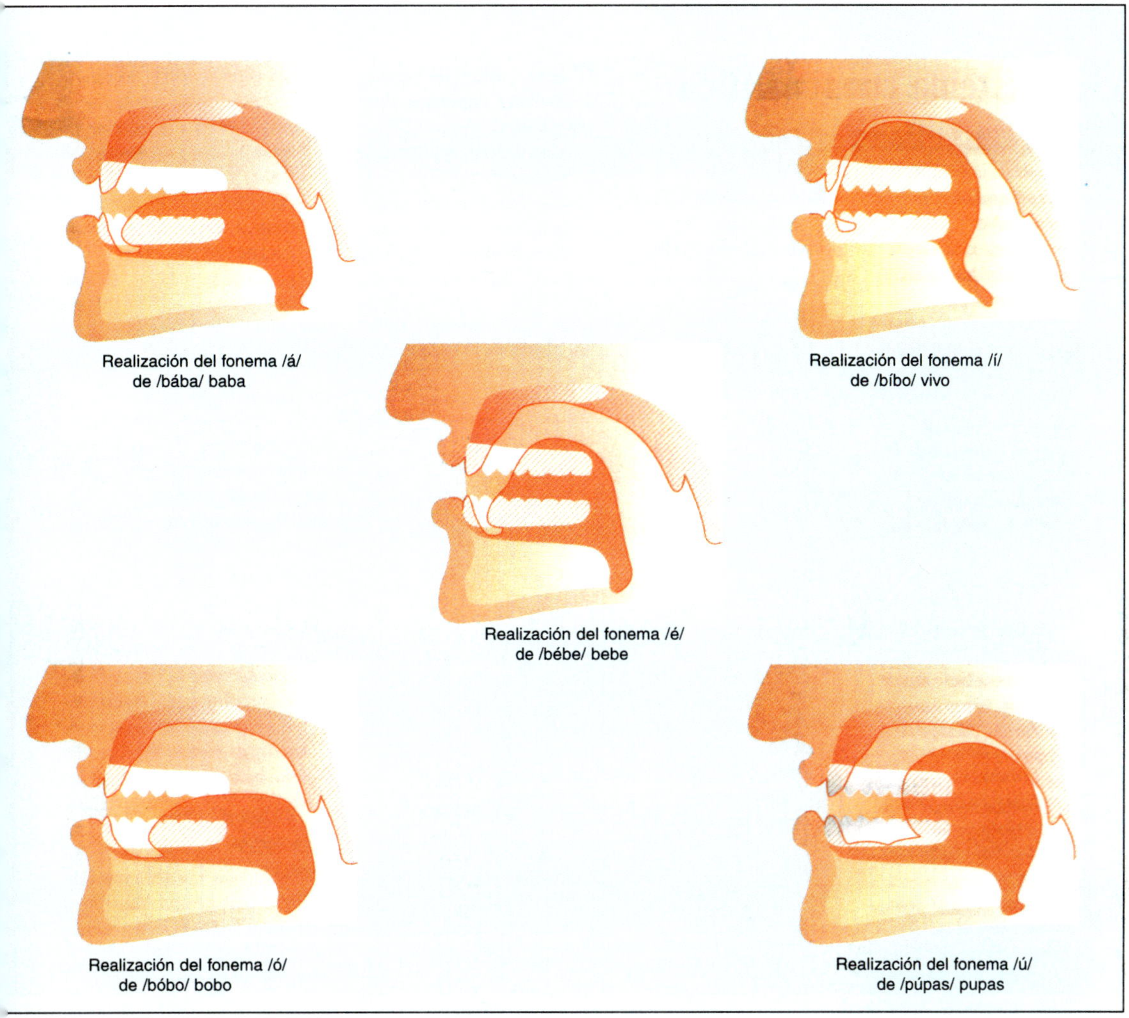

Realización del fonema /á/ de /bába/ baba

Realización del fonema /í/ de /bíbo/ vivo

Realización del fonema /é/ de /bébe/ bebe

Realización del fonema /ó/ de /bóbo/ bobo

Realización del fonema /ú/ de /púpas/ pupas

2

decrecientes
/ai/: *baile*
/ei/: *peine*
/oi/: *boina*
/au/: *jaula*
/eu/: *feudo*
/ou/: *bou*

El acento de intensidad sobre la vocal cerrada *(es-tí-o, tran-ví-a)* impide el diptongo.
Tampoco se forma diptongo, aunque la vocal cerrada no lleve el acento de intensidad, cuando se trata de vocablos derivados de otra palabra que sí lo llevaba en dicha vocal *(di-ario,* de *dí-a),* o por norma etimológica *(tri-án-gu-lo, cru-el-dad).*
La agrupación de tres vocales en una sílaba *(buey, a-ve-ri-guáis)* se denomina **triptongo.** Los elementos de un triptongo son una semiconsonante, una vocal y una semivocal.
La vocal más abierta ocupa la posición nuclear o central en la sílaba. Las combinaciones vocálicas que pueden formar diptongo son las siguientes:

/iai/: *pre-sen-ciáis*
/iei/: *pre-sen-ciéis*
/iau/: *miau*
/ioi/: *dioico*
/uai/: *a-ve-ri-guáis*
/uéi/: *a-ve-ri-guéis*

Se denomina **hiato** a la reunión en una palabra de una de las vocales cerradas o altas *(i, u)* y una de las vocales medias *(e, o)* o la vocal baja *(a),* cuando cada una de las vocales en contacto pertenece a una sílaba diferente: *di-a-rio, se-ís-mo, re-ú-ma.*

1. ***A la izquierda de la ilustración, triángulo vocálico que se utiliza para ilustrar gráficamente el punto de articulación de cada una de las vocales. Derecha, esquema con los rasgos fonológicos de los cinco fonemas.***

2. ***Realización de los distintos sonidos vocálicos en el castellano:*** a ***/á/,*** b ***/é/,*** c ***/í/,*** d ***/ó/,*** y e ***/ú/. Obsérvese la posición que adoptan la lengua, los labios y -en rayado- las zonas afectadas por la emisión del sonido.***

El sistema consonántico del castellano

Las **consonantes** son sonidos articulados de forma tal que, al pasar a través de la cavidad bucal, el aire encuentra obstáculos en uno o en varios puntos, debido a la particular disposición de los órganos de la fonación. Estos obstáculos, al impedir la libre salida de la columna de aire emitido, originan un sonido característico en cada caso y pueden llegar a provocar incluso una interrupción momentánea en el paso del aire. En general, las consonantes solamente se articulan de forma correcta y nitidamente perceptible si se apoyan en una vocal. Los fonemas consonánticos se distinguen por diversas características, que debidamente combinadas proporcionan una definición bastante precisa de cada uno de los sonidos. En primer lugar, se considera la distinción entre consonantes **sonoras** *(/b, c, d, g, k, l, m, n, ñ, q, r, rr, y/)* y consonantes **sordas** *(/p, t, j, f, z, s, j, ch/)*, según que su articulación se realice con vibración o no de las cuerdas vocales, y entre consonantes **orales** y consonantes **nasales**, como */p, b, s/* y */m, n/*, respectivamente, si la posición del velo del paladar hace salir el aire por la boca o a través de las fosas nasales. Atendiendo al modo de articulación, se dividen en **oclusivas**, **fricativas**, **africadas** y **líquidas**. Por el punto de articulación, se distingue entre **bilabiales**, **labiodentales**, **interdentales**, **dentales**, **alveolares**, **palatales** y **velares**.

Consonantes oclusivas. Son las consonantes en cuya articulación se interrumpe momentáneamente la salida del aire, expulsándolo acto seguido con el ruido de una pequeña explosión, como sucede con */p, t, k/*, a veces con */b, d, g/* y, como oclusivas nasales, en */m, n, ñ/*:

/p/: consonante **oclusiva bilabial sorda**, que se articula juntando los dos labios

Cuadro de los fonemas consonánticos

Fonemas	Letras o grafemas	Elemplos ortográficos
/b/	b, B[1]	bola, tubo, tablón
	v, V	ven, cadáver, hervir
/ch/	ch, Ch	cacho, Chaco, chocolate
/d/	d, D	dedal, tordo, dromedario
/f/	f, F	faro, cofre, huérfano
/g/	g, G[2]	gas, gol, gula, grumo
	gu, Gu	guerrero, guijarro
/j/	j,J	jaco, jota, junta
	g, G[3]	gesto, girasol
/k/	c, C[4]	cal, col, cura, cruz, clavo
	qu, Qu	queso, porqué, quilo, caqui
	k, K[5]	kantismo, kero, kiwi
/l/	i, L	loro, pelo, claro, sol
/ll/	ll, Ll	llama, calle, caballo
/m/	m, M	manto, cambio, colmado
/n/	n, N	neón, cantina, conmigo
/ñ/	ñ, Ñ	ñame, caño, ñango, ñoño
/p/	p, P	potro, aprisa, arpa
/r/	r, R	coral, trono, tahúr
/rr/	r, R[6]	rosa, reja, rapé, rio, ruta
	rr	torre, errante, pelirrojo
/s/	s, S	sala, peso, tueste, presto
	x, X[7]	xenofobia, xilófago, exponer
/t/	t, T	tan, pito, trébol, catre
/y/	y, Y	yeso, yute, papaya, cayado
/z/	z, Z	caza, cazo, anzuelo, zaga, zoo
	c, C[8]	cero, luce, cinto, rocin
	h, H[9]	hache, Habana, huir, tahúr

(B[1]: la distinción entre b y v es exclusivamente ortográfica, la pronunciación debe ser en español idéntica; G[2]: se usa g sólo ante a, o, u o consonante y gu ante e, i; G[3]: se usa ante e, i; C[4]: se usa c sólo ante a, o, u o consonante, y qu sólo ante e, i; K[5]: en español sólo se usa en palabras cultas o de origen extranjero, la ortografía prefiere para este fonema (/k/) las grafías c y qu; R[6]: en posición inicial de palabra representa el fonema /rr/, que entre vocales se representa por la r doble; X[7]: sólo representa el fonema /s/ en posición inicial o ante consonantes; C[8]: sólo representa el fonema /z/ ante e, i; H[9]: no representa ningún fonema, su presencia se debe a razones ortográficas o etimológicas, aunque en algunas voces extranjeras se pronuncia con sonido de j, como en hall, Hawai, holding).

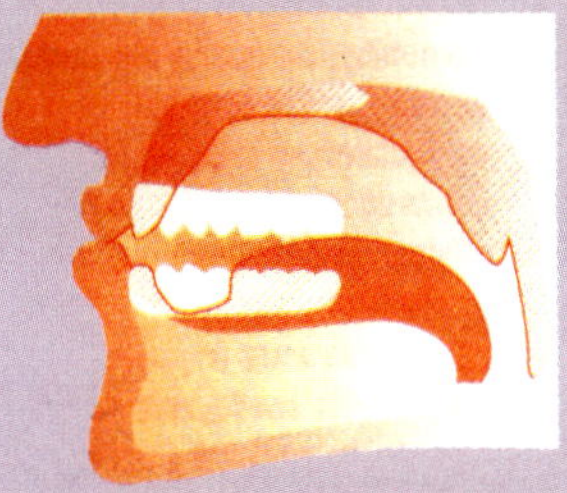

Articulación de /p/.

Articulación de /t/.

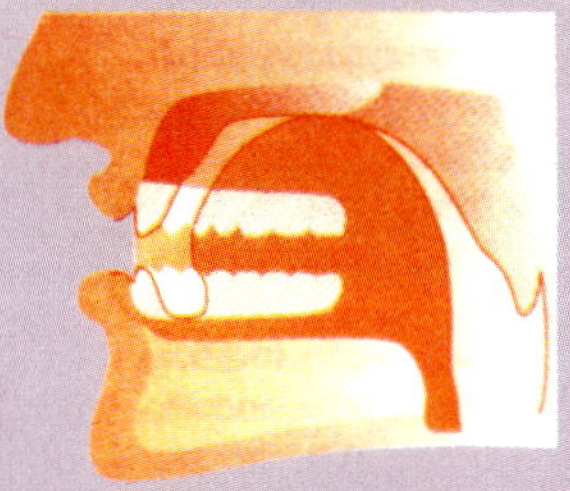

Articulación de /k/.

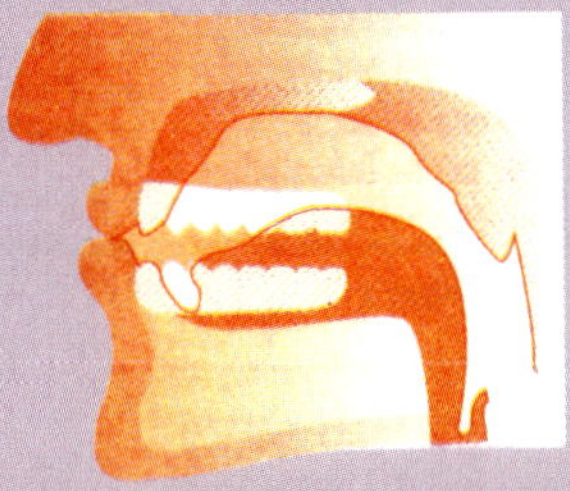

Articulación de /b/ oclusiva.

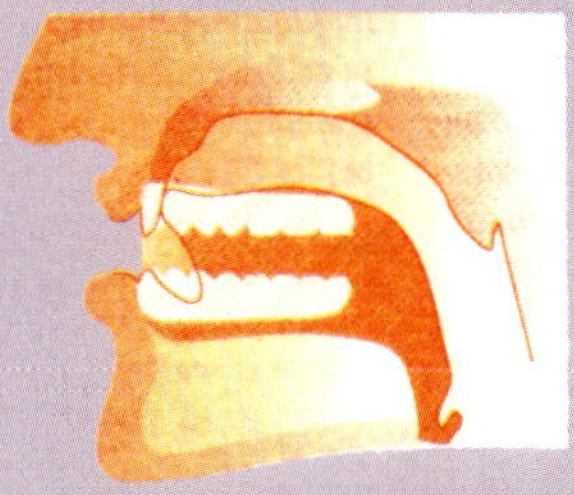

Articulación de /d/ oclusiva.

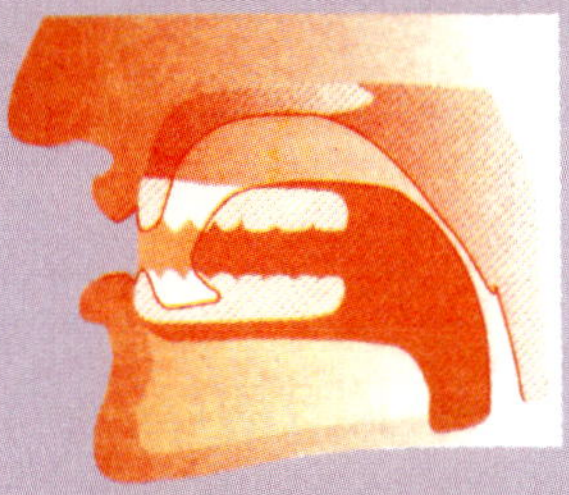

Articulación de /g/ oclusiva.

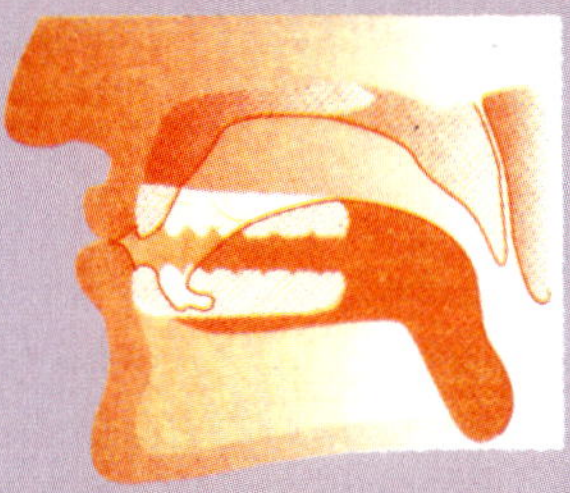

Articulación de /m/.

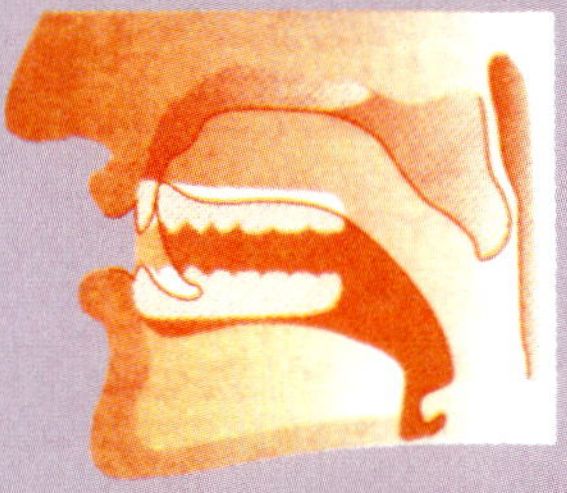

Articulación de /n/.

2

(bilabial) un instante, durante su emisión, cerrando el paso del aire fonador, y separándolos inmediatamente para producir un sonido de tipo explosivo;
/**t**/: consonante **oclusiva linguodental sorda**, en cuya emisión el paso del aire no se cierra con los labios, sino con el ápice de la lengua puesto en contacto con la cara interior de los incisivos superiores *(linguodental)*;
/**k**/: consonante **oclusiva velar sorda**, que se articula de forma semejante a las dos anteriores, aunque produciendo la interrupción de la salida del aire poniendo en contacto el postdorso de la lengua con el velo del paladar *(velar)*, y que se representa por la letra /c/ ante las vocales */a, o, u/* y por */qu/* ante */e, i/*;
/**b**/: consonante **oclusiva bilabial sonora**, que se pronuncia juntando los labios *(bilabial)* igual que en la */p/*, únicamente cuando va en posición inicial de palabra o frase, después de pausa, o bien detrás de una de las consonantes */m, n/*, y fricativa en las demás posiciones;
/**d**/: consonante **oclusiva linguodental sonora**, cuando se encuentra después de pausa o sigue a una de las consonantes */m, n/*, y fricativa en las demás posiciones;
/**g**/: consonante **oclusiva linguovelar sonora** sólo cuando va en posición inicial, después de pausa, o precedida de */n/*, que se representa por la letra */g/* ante */a, o, u/*, y por */gu/* ante */e, i/*;
/m/: consonante **oclusiva nasal bilabial sonora**, que se articula disponiendo los órganos de la fonación como en la emisión de */b/*, pero sin retener la salida del aire, que sale por las fosas nasales debido a la abertura que crea el velo del paladar al bajarse;
/n/: consonante **oclusiva nasal linguovelar sonora**, que se articula poniendo en contacto el ápice lingual con los alvéolos y los rebordes laterales de la lengua con los molares superiores, salvo en los casos en que precede a */b, p, f/*, ya que entonces se articula y pronuncia como */m/*;
/ñ/: consonante **oclusiva nasal linguopalatal**

1 y **2.** *El sistema consonántico español está constituido por 19 fonemas, que la ortografía representa por medio de 21 letras. Articulación de algunos sonidos consonánticos.*

sonora, que se articula elevando la zona predorsal de la lengua hasta la región prepalatal de la bóveda bucal.

Consonantes fricativas. Son las articulaciones consonánticas que se realizan con un estrechamiento del canal bucal, que nunca llega a cerrarse por completo, produciendo al paso del aire una fricción o rozamiento, como en */f, z, s, j/* y, con una fricción menos prolongada, en */b, d, g, y/*:

/f/: consonante **fricativa labiodental sorda**, cuya articulación se realiza aproximando el labio inferior a los incisivos superiores *(labiodental)*, dejando una estrecha abertura horizontal por la que escapa el aire fonador produciendo un ruido de fricción;

/z/: consonante **fricativa linguointerdental sorda**, que se articula introduciendo el ápice de la lengua entre los bordes de los incisivos superiores e inferiores, haciendo salir el aire fonador por un pequeño intersticio que se deja entre los dientes y la lengua, y que se representa por los grafemas */z/*, ante cada una de las vocales */a, o, u/*, y */c/*, ante */e, i/*; su sustitución en el habla por el fonema */s/* da lugar a la pronunciación que se denomina *seseo;*

/s/: consonante **fricativa linguoalveolar sorda**, en cuya articulación se acerca el ápice de la lengua a los alvéolos, dejando en el centro una pequeña abertura por donde sale el aire fonador (su igualación con el fonema */z/* da lugar a la pronunciación que se denomina *ceceo*, y en ciertas hablas coloquiales, se realiza también como un sonido aspirado o se elimina: *páhta* por *pasta*, *mujére* por *mujeres);*

/j/: consonante **fricativa linguovelar sorda**, que se articula elevando el postdorso de la lengua hasta tocar el velo del paladar, dejando un pequeño canal para la salida del aire, y que se representa por el grafema */j/* delante de vocal o en final de sílaba o de palabra, generalmente por */g/* ante */e, i/* y por la grafía antigua */x/* en

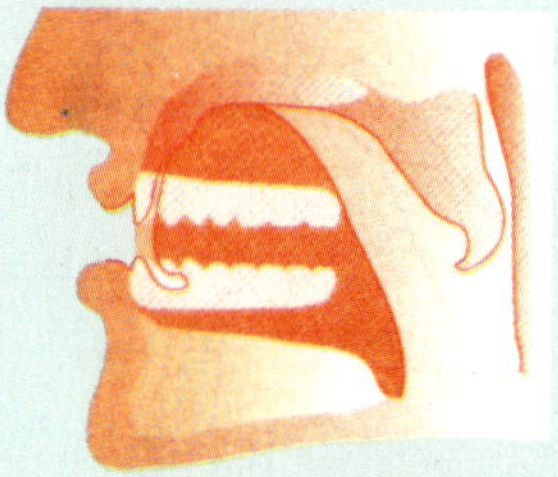

Articulación de /ñ/.

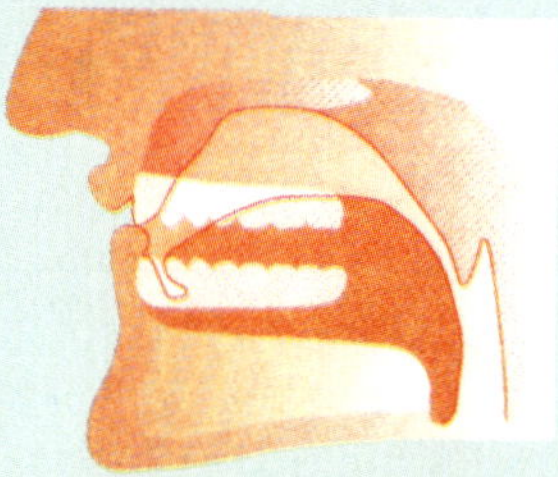

Articulación de /f/.

Articulación de /z/.

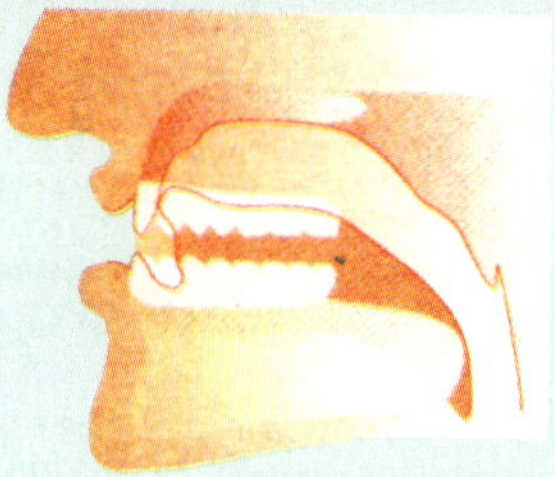

Articulación de /s/.

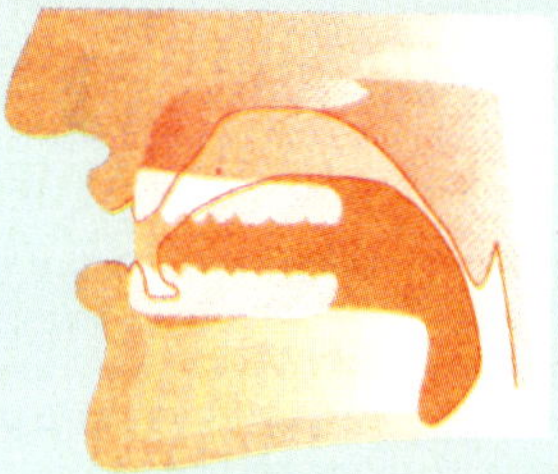

Articulación de /j/.

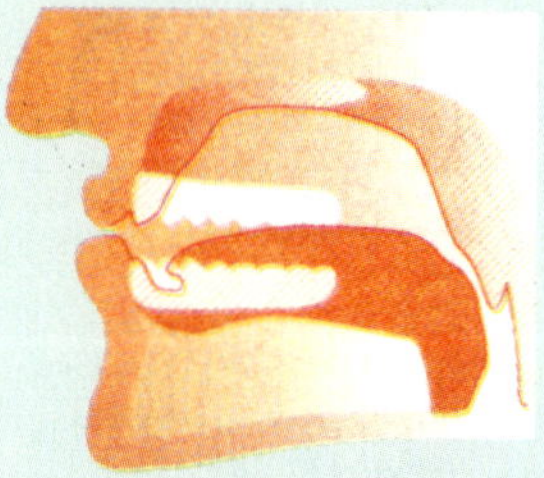

Articulación de /b/ fricativa.

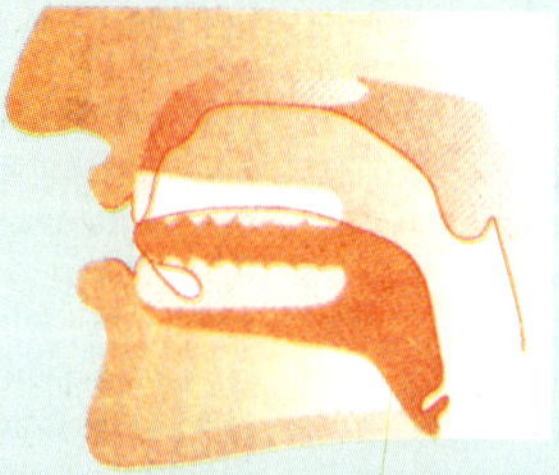

Articulación de /d/ fricativa.

Articulación de /g/ fricativa.

determinados nombres propios; **/b/**: consonante **fricativa bilabial sonora** (oclusiva, en posición inicial o precedida de una de las consonantes */m, n/*), que se pronuncia aproximando mucho los dos labios, sin establecer verdadero contacto, y dejando salir el aire a través del angosto conducto que se forma; **/d/**: consonante **fricativa linguodental sonora** (oclusiva, en posición inicial o precedida de una de las consonantes */n, l/*, apoyándose el ápice lingual en la cara interior de los incisivos superiores), que se articula situando el ápice de la lengua junto al borde inferior de los incisivos superiores, casi sin llegar a establecer contacto y apoyándose en los incisivos inferiores, y haciendo salir el aire por la hendidura formada entre los dientes superiores y el dorso lingual; **/g/**: consonante **fricativa velar sonora**, que se pronuncia situando el postdorso de la lengua muy próximo al velo del paladar y haciendo salir el aire por la estrecha hendidura que queda entre los dos órganos (se articula como oclusiva cuando va en comienzo de frase después de pausa, o precedida de */n/*); **/y/**: consonante **fricativa linguopalatal sonora**, en cuya articulación el ápice de la lengua se coloca detrás de los incisivos inferiores, mientras que el dorso se eleva hacia la parte anterior del paladar duro, dejando un pequeño canal central para la emisión del aire (se articula como africada cuando va en posición inicial o después de */n, l/*), y se representa gráficamente por los grafemas */y/* o, en posición inicial o ante vocal, */hi/*.

4

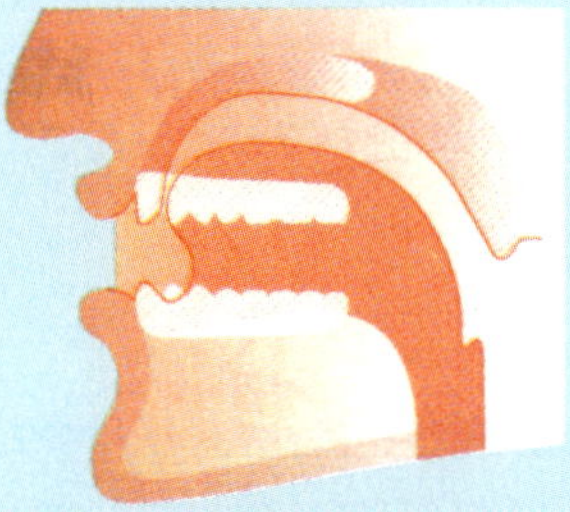

Articulación de /y/.

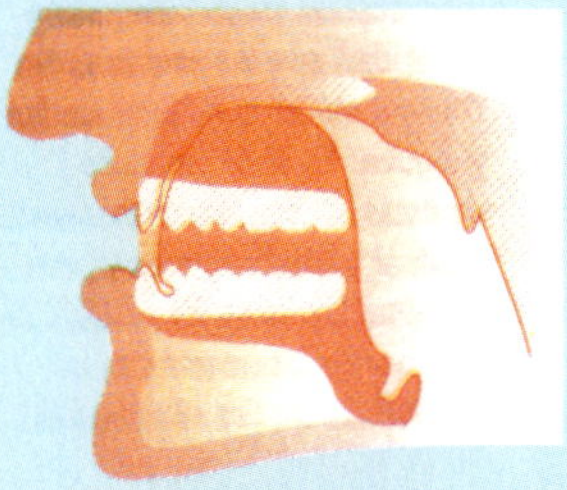

Articulación de /ll/.

Consonantes africadas: son las consonantes que se pronuncian realizando inicialmente una breve oclusión, a la que sigue una fricación, de tal forma que el aire retenido no se expulsa de golpe, sino rozando a través de un estrecho paso, como en la */ch/* (la única consonante africada propiamente dicha que hay en español) y a veces con la y. **/ch/**: consonante **africada linguopalatal sorda**, que se articula poniendo en contacto el dorso de la lengua con la zona prepalatal, cerrando momentáneamente la salida del aire y separándolo ligeramente, acto seguido, para dejar un estrecho paso por el centro de la cavidad bucal, que origina la fricción o fricación; **/y/**: esta consonante fricativa se pronuncia como consonante **africada linguopalatal sonora**, produciendo primero un pleno contacto de la lengua con el paladar, que cierra por un instante la salida del aire, para pasar después a la posición descrita para la */y/* fricativa, de la que se considera una variante fonética usada sólo cuando el fonema va en principio de frase, tras una pausa o precedido de una de las consonantes */l, n/*.

Consonantes líquidas: son consonantes próximas a los sonidos vocálicos, ya que presentan la máxima abertura que se da entre los sonidos consonánticos, pero con una interrupción en la salida del aire fonador. Se distinguen las **líquidas laterales**, en cuya emisión el ápice de la lengua se eleva hasta estar en contacto con los alvéolos, obligando a salir el aire por los lados, como en */l, ll/*, y las **líquidas vibrantes**, que se pronuncian con un contacto rápido y repetido entre el ápice lingual y los alvéolos, como en */r, rr/*. **/l/**: consonante **lateral linguoalveolar sonora**, que se articula apoyando el ápice de la lengua en los alvéolos y haciendo salir el aire por los lados de la boca, aunque en posición final de sílaba y seguida de una consonante dental o palatal se adapta al punto de articulación de esta consonante; **/ll/**: consonante **lateral linguopalatal sonora**, que se articula elevando la lengua hasta ponerla en contacto con el paladar, con el ápice situado detrás de los incisivos inferiores y dejando salir el aire por uno o los dos lados de la región palatal (su pronunciación como */y/* da lugar al fenómeno de dicción que se denomina *yeísmo*); **/r/**: consonante **vibrante linguoalveolar sonora simple**, cuya articulación se realiza formando con el ápice de la lengua apoyado en los alvéolos una oclusión muy breve, que se obtiene con un rápido movimiento de la punta de la lengua hacia arriba y hacia atrás, y cuyo uso ortográfico se limita a la posición intervocálica; **/rr/**: consonante **vibrante linguoalveolar sonora múltiple**, que se articula como la vibrante simple, pero manteniendo la punta de la lengua apoyada en los alvéolos, de manera que el aire espirado provoca dos o más contactos rápidos y continuos, y que se representa por los grafemas */r/*, como inicial de palabra o detrás de las consonantes */n, l, s/*, y */rr/* en posición intervocálica.

3 y **4**. *Representación esquemática de las zonas afectadas por la articulación de las diversas consonantes.*

La sílaba

En los capítulos anteriores hemos estudiado los fonemas vocálicos y los fonemas consonánticos de forma aislada. Sin embargo, al hablar no los podemos utilizar aisladamente, sino que los combinamos unos con otros para formar palabras o signos lingüísticos.
La unidad fonética más pequeña que podemos articular en el habla se designa con el nombre de **sílaba.**
Una sílaba puede estar formada por un solo fonema, o por varios fonemas que se pronuncian siempre en una sola emisión de voz. Si la sílaba está formada por un solo fonema, éste es una vocal:

(o)-(ve)-(ja)
(al)-(de)-(a)-(no)
(ma)-(re)-(o)

Prontuario de la sílaba

Sílaba	Fonema o grupo de fonemas, uno de los cuales es una vocal, que se pronuncian como una unidad fónica, entre dos depresiones sucesivas de la emisión de voz: (ma)-(re)-(o)
Abierta o libre	La que termina en vocal: *(au)-(ro)-(ra)*
	La que termina en consonante: *(cas)-(tor)*
Átona	La que no lleva acento prosódico: *(pa)-(la)-(bra)*
Tónica	La que lleva acento prosódico: *(pa)-(la)-(bra)*
Pretónica	La átona que precede a tónica: *(pa)-(la)-(bra)*
Postónica	La átona que sigue a tónica: *(pa)-(la)-(bra)*

1

/c/	/a/	/s/-
/t/	/0/	/r/
Fase inicial Fonema prenuclear o explosivo	**Núcleo silábico** Fonema nuclear vocálico	**Fase final** Fonema postnuclear o implosivo
(Tensión creciente: estrechez → abertura)	(Máxima abertura, intensidad, sonoridad)	(Tensión decreciente: abertura → estrechez)

2

En castellano, en efecto, dividimos los sonidos en vocales y consonantes según su función silábica: es vocálico el fonema que por sí solo puede constituir una sílaba, y consonántico el que en la sílaba lleva el apoyo de una vocal. Así, pues, en cada sílaba ha de figurar necesariamente una vocal o **fonema silábico,** que puede ir acompañado de una o más consonantes, o bien aislado, pero que es en todos los casos el elemento fundamental de la sílaba:

(ca)-(re)-(o)
(es)-(tra)-(go)
(cas)-(tor)

En el plano estrictamente acústico, podemos definir la sílaba como un **núcleo fónico** que se encuentra limitado por dos depresiones en la emisión de la voz. Esta disminución en el grado de perceptibilidad acústica es siempre más acusada en las consonantes, cuya articulación opone más resistencias a la salida del aire, que en las vocales, las cuales se articulan con los órganos de la fonación más abiertos. Se distinguen, pues, en la formación de la sílaba, tres momentos o fases: una *fase inicial,* explosiva o de abertura; una fase central o *núcleo silábico,* punto máximo de abertura y sonoridad de la sílaba, que en castellano corresponde siempre a una vocal, y una *fase final* o implosiva, en la que disminuye la sonoridad y se marca el *límite silábico.*
Las vocales (V) pueden formar núcleos y límites silábicos; las consonantes (C), sólo límites silábicos, prenucleares o postnucleares. En los ejemplos antes utilizados, sólo las dos sílabas que forman la palabra *(cas)-(tor)* presentan el esquema completo:

C (fase inicial) - V (núcleo) - C (fase final)

/i/	/a/	/s/	-	/t/	/p/	/r/
⬇	⬇	⬇		⬇	⬇	⬇
C	V	C		C	V	C

Los fonemas */c/* y */t/* se encuentran en posición silábica explosiva o *prenuclear, y* los fonemas */s/* y */r/,* en posición implosiva o *postnuclear.* Las dos vocales nucleares, */a/* y */o/,* poseen mayor abertura y sonoridad que los sonidos consonánticos que las preceden y siguen. Es decir, en cada una de estas sílabas hay un aumento gradual y, posteriormente, una disminución también gradual de la sonoridad, que marcan la frontera entre dos sílabas o el límite silábico.

Puede ocurrir, sin embargo, que exista esta disminución de la sonoridad sin la presencia de

3

los márgenes consonánticos, como se advierte, por ejemplo, al separar las sílabas de *(cre)-(ar)* y *(le)-(er)*. En tales casos, la intensidad sonora sufre una disminución momentánea entre la articulación de las dos vocales, si éstas no están agrupadas formando diptongo. La sílaba que termina en vocal se denomina **abierta** o **libre**, como las dos de *(ca)-(sa)* y de *(pe)-(so)*, y la que termina en consonante es **cerrada** o **trabada**, como las de *(or)-(den)* y *(cas)-(tor)*.

Reglas para la agrupación silábica

En sílabas formadas por vocales y consonantes, la separación entre dos sílabas recae siempre en las consonantes.

Para determinar a qué sílaba pertenecen, la que precede o la que sigue, hay que tener en cuenta las siguientes reglas de la agrupación silábica:

1) Una sola consonante entre vocales forma sílaba con la segunda vocal: *(di)-(ne)-(ro)*, *(bu)-(fe)-(te)*.

2) Los grupos consonánticos */pl, pr, bl, br, cl, cr, gl, gr, fl, fr, tr, dr/*, forman sílaba con la vocal que les sigue: *(co)-(pla)*, *(re)-(pri)-(me)*, *(ca)-(ble)*, *(co)-(bre)*, *(re)-(cla)-(mo)*, *(de)-(cre)-(to)*, *(a)-(glu)-(ti)-(nar)*, *(sa)-(gra)-(do)*, *(re)-(flu)-(jo)*, *(a)-(fri)-(ca)-(no)*, *(re)-(tra)-(so)*, *(po)-(dre)-(mos)*.

3) Salvo las que figuran en el epígrafe anterior, en cualquier otra combinación de dos consonantes, iguales o diferentes, la primera consonante se agrupa con la vocal precedente y la segunda con la siguiente: *(es)-(pan)-(ta)-(jo)*, *(can)-(tar)*.

4) En un grupo de tres consonantes, las dos primeras se agrupan con la vocal que precede y la tercera con la que sigue: *(obs)-(tá)-(cu)-(lo)*, *(ins)-(tin)-(to)*.

Constituyen una excepción a esta regla los grupos citados en el segundo punto *(/pl, pr, etc./)*, en los cuales la primera consonante se une a la vocal que precede y la segunda y tercera a la que sigue: *(com)-(ple)-(to)*, *(sem)-(brar)*.

La división silábica en la escritura

Cuando en la escritura se hace preciso dividir en dos partes una palabra, porque ésta no cabe entera en un renglón, la división debe hacerse sin partir las sílabas. No es correcto ortográficamente separar unas de otras las letras que forman sílaba. Otras reglas ortográficas importantes que hay que observar son las siguientes:

1) No deben separarse las sílabas de una palabra dejando vocales sueltas en principio o en final de renglón, aunque de por sí formen sílaba; es por tanto una incorrección separar *a-dormecer* o *care-o*.

2) Tampoco es correcta la división de palabras que separa dos vocales contiguas, aunque éstas pertenezcan a sílabas diferentes; por ejemplo: *perí-odo*, *prove-er*.

3) Las palabras que contienen una */h/* precedida de consonante deben dividirse separando ambas letras: *bien-hechor*, *al*-haja.

4) No pueden desunirse ni la */rr/* ni la */ll/*, consonantes dobles que sin embargo representan un sonido único: *ta-ller*, *ba-rro*.

5) En los compuestos formados por un prefijo o por palabras que tienen uso propio en la lengua, la división puede hacerse, optativamente, bien por sílabas, bien separando los dos componentes: *no-so-tros*, *nos-otros*, *hispano-americano*, *hispanoame-ricano*.

1. *La sílaba es la unidad fonética más pequeña que podemos articular en el habla. Esta tabla nos resume todos los tipos de sílaba.*

2. *La pronunciación de la sílaba se produce en tres momentos o fases, la primera y la última enmarcadas por una pausa o depresión de la voz y la central o nuclear, siempre vocálica, con la máxima sonoridad.*

3. *Partición silábica de palabras en castellano que corresponde a golpes de sonido. Decimos* ca-sa *y no* cas-a. *También podemos ver la separación silábica de* at-le-tis-*mo*.

El acento

En todas las palabras de más de una sílaba hay una sílaba determinada que se pronuncia con más fuerza o intensidad que las demás. Se dice de esta sílaba que es **tónica**, acentuada, o que sobre ella carga el acento prosódico. Las demás sílabas de la misma palabra, que se articulan sin esta intensidad particular, se denominan **átonas** o inacentuadas.

El acento que se distingue en la pronunciación es el **acento prosódico** o fonético. El acento prosódico de algunas palabras se representa gráficamente en la escritura con un **acento ortográfico** o **tilde**, que se coloca sobre la vocal de la sílaba acentuada. Básicamente, el acento en castellano cumple dos funciones principales: una función diferencial, que sirve para distinguir significados en palabras de idéntica grafía *(cayo-cayó, célebre-celebré, libro-libró)*, y una función enfática, que permite dar mayor expresividad a lo que se dice recalcando con particular intensidad fonética, especialmente en la sílaba inicial, determinada palabra, a menudo inacentuada, que reviste especial interés para el oyente: *Te lo digo (¡) yó (!)*.

El castellano es una lengua de acento libre. Hay lenguas de acento fijo, como el latín, el francés o el polaco, en las que el acento recae sobre una sílaba determinada. En las lenguas de acento libre, su posición dentro de la palabra no está exenta de reglas, pero se determina fundamentalmente en función de determinadas particularidades fonéticas morfológicas o sintácticas. Según la posición de la sílaba tónica o acentuada, las palabras, en castellano, pueden clasificarse en:

Agudas u **oxítonas:** las que llevan el acento, prosódico u ortográfico, en la última sílaba, como *ca-fé, te-ner, re-que-són.*

Llanas, graves o **paroxítonas:** las que llevan el acento en la penúltima sílabas como *ár-bol, ca-rre-te-ra, ma-ña-na.*

Esdrújulas o **proparoxítonas:** llevan el acento en la antepenúltima sílaba, como *fo-né-ti-ca, hú-me-do, rá-pi-do.*

Sobresdrújulas: llevan el acento en posición anterior a la antepenúltima sílaba, como *cóm-pra-te-lo, pre-gún-ta-se-lo, có-me-te-lo.*

Reglas de la acentuación ortográfica

Hemos dicho que el acento tónico se representa gráficamente en la escritura por medio de una tilde o acento ortográfico, que se coloca sobre la vocal de la sílaba acentuada.

El empleo de la tilde en la sílaba tónica se rige por las siguientes reglas:

- Las palabras **agudas** de más de una sílaba llevan tilde si terminan en vocal, *n* o *s: sofá, cajón, jamás, amaré, almidón, fierabrás.*
- Las palabras **llanas** o **graves** se acentúan si acaban en consonante que no sea *n* ni *s*: *árbol, césped, alférez, azúcar.*
- Las palabras **esdrújulas** y **sobresdrújulas** se acentúan siempre: *depósito, termómetro, música, cómpramelo, pregúntaselo.*

Acentuación de los diptongos y hiatos

Recapitulemos brevemente lo dicho en páginas anteriores sobre la agrupación de vocales: la reunión de dos vocales en una sola sílaba se denomina *diptongo*, que se forma cuando las vocales cerradas (*i, u*) se unen entre sí o con una de las restantes *(a, e, o)*, y se distingue

Prontuario de la acentuación ortográfica

Reglas generales

- Las palabras agudas (las que llevan el acento en la última sílaba) se acentúan si terminan en vocal, n o s.
- Las palabras llanas o graves (las que llevan el acento en la penúltima sílaba) se acentúan si no acaban en vocal, n o s.
- Las palabras esdrújulas (las que llevan el acento en la antepenúltima sílaba) o sobresdrújulas (llevan el acento en posición anterior a la antepenúltima sílaba) se acentúan todas.

Acentuación de diptongos y hiatos

- Cuando el diptongo deba llevar acento gráfico, la tilde se colocará sobre la vocal abierta (e, o) o baja (a), o sobre la segunda vocal sí el diptongo lo forman las dos cerradas (i, u).
- La sílaba tónica que forma hiato debe acentuarse de acuerdo con las reglas generales, pero si la vocal tónica en hiato es i, u, se acentuará siempre.

Normas especiales

- Los monosílabos no llevan tilde, salvo algunas voces particulares que deben distinguirse de sus homónimos. Por ejemplo, los pronombres él, tú, mí, sí, el adverbio más y las formas verbales sé y dé.
- Se acentúan con tilde los pronombres demostrativos éste, ésta, ése, ésa, aquél, aquélla, para distinguirlos de los adjetivos homónimos.
- Llevan tilde los relativos que, cual, quien, y los adverbios cuando, cuan, cuanto, como, donde, en oraciones interrogativas directas o indirectas y exclamativas.
- Llevan tilde la partícula aún, cuando equivale a todavía, y la palabra sólo, en función adverbial.
- Los adverbios en -mente conservan el acento escrito en el primer elemento, si éste lo lleva como palabra simple.
- Las palabras compuestas llevan tilde en el segundo elemento, si éste lo llevaba como palabra simple, y en los dos elementos, si van separados por un guión y les corresponda por las reglas generales.

Acentuación de los monosílabos

él	pronombre	*(ha sido él)*	*más*	adverbio	*(me gusta más; quiero más)*
el	artículo	*(el libro)*	*mas*	conjunción	*(quiere, mas no puede)*
tú	pronombre	*(eres tú)*	*sé*	verbo	*(no sé nada; sé buen chico)*
tu	posesivo	*(tu casa)*	*se*	pronombre	*(se la va; se dice)*
mí	pronombre	*(es para mí)*	*dé*	verbo	*(quiero que me lo dé)*
mi	posesivo	*(mi casa)*	*de*	preposición	*(la máouina de escribir)*
sí	pronombre	*(lo dijo para si)*	*té*	nombre	*(tomar el té)*
sí	afirmación	*(creo que sí)*	*te*	pronombre	*(te amo)*
si	conjunción	*(si quieres, lo haré)*			
si	nota musical	*(una sonata en si)*			

2

entre *diptongo creciente,* cuando la primera vocal del diptongo es la vocal cerrada *(semiconsonante),* y *diptongo decreciente,* si la vocal cerrada *(semiconsonante)* se encuentra en segunda posición; la agrupación de tres vocales en una sílaba se denomina *triptongo,* formado por una semiconsonante, una vocal y una semivocal (la vocal más abierta ocupa la posición nuclear o central en la sílaba); se denomina **hiato** la reunión en una palabra de una vocal cerrada (*i, u*) y otra de las restantes, cuando cada una de las dos vocales en contacto pertenece a una sílaba diferente.

Las normas que rigen el uso del acento ortográfico en las agrupaciones vocálicas son las siguientes:

- Cuando la sílaba acentuada sea la palabra aguda, llana o esdrújula, debe llevar acento gráfico; según las reglas generales antes enunciadas, el acento se colocará sobre la vocal abierta *(e, o)* o baja (*a*), o sobre la segunda vocal si el diptongo lo forman las dos cerradas (*i, u*): *huésped, después, cuádruple, huí, porciúncula, despreciéis, averigüéis.*
- La sílaba tónica que se encuentra formando hiato debe acentuarse con tilde de acuerdo con las reglas generales, pero si la vocal tónica en hiato es *i, u,* ésta se acentuará siempre con tilde, sin atenerse a las reglas generales de acentuación: *león, traéis, oír, baúl, ataúd.*
- La *h* muda entre dos vocales no impide que éstas formen diptongo, como en *desahuciar,* por consiguiente, cuando las reglas ortográficas prescriban que alguna de las vocales haya de ir acentuada, se pondrá la tilde como si no existiese la *h: búho, truhán, vahído, tahúr.*

Luis toca la	cí	ta	ra	(Instrumento musical)
Si Juan la	ci	ta	ra	(Pretérito imperfecto de subjuntivo del verbo citar)
Pedro la	ci	ta	rá	(Futuro del verbo citar)
	ANTE-PENÚLTIMA SÍLABA	PENÚL-TIMA SÍLABA	ÚLTIMA SÍLABA	

3

Reglas especiales de acentuación

- *Este, esta, ese, esa, aquel, aquella,* así como sus plurales respectivos, se escriben sin acento cuando son determinantes (adjetivos) demostrativos: *esta casa; aquel año.*
- *Éste, ésta, ése, ésa, aquél, aquélla,* y sus plurales, son pronombres demostrativos y se escriben con tilde (se podrá prescindir cuando no exista riesgo de confusión): *éste es el mejor; aquél es mi hermano.*
- Los relativos *que, cual, quien, cuyo,* y los adverbios *cuando, cuan, cuanto, como, donde,* llevan acento en oraciones interrogativas directas o indirectas y exclamativas: *¿qué quieres?; dime quién ha sido; ¡cuánto me alegro!*
- Las formas verbales con pronombres enclíticos conservan la tilde si antes la tenían, como simples, o la requieren cuando se transforman en palabras esdrújulas o esdrujulísimas: *déme, dímelo, decídnoslo.*
- La partícula *aun* lleva acento gráfico siempre que equivale a *todavía,* pero en todos los demás casos se escribirá sin tilde: *aún (todavía) llueve; aún (todavía) estás a tiempo; ni aun él lo dice; aun los tontos lo saben.*
- La palabra *solo,* que puede ser adjetivo o adverbio, en función adverbial llevará acento ortográfico si con ello se ha de evitar una anfibología o doble sentido: *hago solo mi trabajo* (sin otra persona); *hago sólo mi trabajo* (solamente).
- Los adverbios terminados en *-mente* conservan el acento escrito en el primer elemento, siempre que le corresponda como palabra simple: *solamente,* pero, *fácilmente, difícilmente,* etc.
- Las palabras compuestas llevan acento gráfico en el segundo elemento, si éste lo llevaba como palabra simple, y en los dos elementos, si van separados por un guión, según les corresponda por las reglas generales: *decimoséptimo, teórico-práctico, técnico-administrativo.*

1. *Reglas que rigen el empleo de la tilde o acento ortográfico.*

2. *Las palabras de una sola sílaba no se acentúan con tilde, excepto cuando se trata de monosílabos homónimos de distinto significado o de diferente función gramatical.*

3. *En castellano, un significado puede distinguirse de otro en una palabra con las mismas letras. La posición del acento (lleve la tilde o no, por las reglas de ortografía) indica de qué se trata sin conocer el resto de la frase. En el ejemplo, cítara es una palabra esdrújula; citara es llana y citará es aguda.*

Las unidades gramaticales: monemas y sintagmas

El objeto de la Gramática es estudiar el sistema de una lengua en su totalidad. En los capítulos precedentes hemos estudiado los *sonidos* y los *fonemas* del español. Hemos estudiado, así pues, el material sonoro de nuestra lengua desde el punto de vista físico o fisiológico, que es la tarea de la Fonética, y desde el punto de vista funcional o de los significados, que constituye el campo de la Fonología. Nos corresponde ahora abordar el estudio de los signos lingüísticos que podemos componer combinando los sonidos y fonemas, es decir, las palabras.

La **palabra** es un signo lingüístico autónomo, que posee una *forma* o estructura propia, una *función* inseparable de esta forma y la representación o expresión de un *significado.* La forma o estructura de las palabras, el estudio de los elementos de que se componen, constituye propiamente el objeto de la **Morfología.**

El modo en que se relacionan funcionalmente entre sí, para constituir las oraciones o unidades gramaticales dotadas de sentido completo, se aborda desde el ámbito de la **Sintaxis.** (Sin embargo, dado que la forma y la función de las palabras son aspectos inseparables, puesto que la lengua constituye un sistema de relaciones en el cual a cada forma o palabra le corresponde una función determinada, la lingüística moderna es reacia a separar ambos aspectos gramaticales y prefiere hablar de **Morfosintaxis.**)

El estudio de los significados de las palabras se lleva a cabo también desde una doble perspectiva: del estudio del significado o de los distintos significados de una palabra se ocupa la **Semántica,** mientras que el estudio del vocabulario, léxico, o conjunto formado por las palabras de una lengua, corresponde a la **Lexicología.**

Los monemas: lexema y morfema

La morfología, al analizar la forma de las palabras, establece una distinción básica entre las unidades o elementos que las componen y estudia el modo en que se articulan para ello. Tiene en cuenta tanto sus elementos constitutivos como su estructura gramatical.

Cada una de las unidades lingüísticas o segmentos mínimos, dotados de significado o de función, que pueden distinguirse en una misma palabra, se denomina **monema.** Las palabras pueden estar compuestas por uno o más monemas:

de, por, Sol, contra-decir

Los monemas se dividen en dos categorías: lexemas y morfemas.

El **lexema** es el monema o elemento que aporta a la palabra su significado básico: *am-* en *am-ar, am-é, am-or,* etc.; *perr-* en *perr-o, perr-era,* etc.

El **morfema** carece de significado propio, actúa de elemento modificador del significado del lexema y, completando el que se quiere dar a cada palabra en su uso concreto, aporta determinados aspectos gramaticales (género, número, persona, tiempo, modo):

-ar en *am-ar, -é* en *am-é, -or* en *am-or, -o* en *perr-o, -uno* en *perr-uno*

Puede decirse, simplificando, que así como los lexemas forman parte del amplio campo del léxico o vocabulario de la lengua, los morfemas desempeñan una función esencialmente gramatical, bien formando parte junto con los lexemas del mismo signo lingüístico o palabra (morfemas dependientes), bien como palabras independientes que carecen de lexema (morfemas independientes).

Los **morfemas dependientes,** aquellos que necesitan apoyarse en un lexema y, eventualmente, en otro u otros morfemas, se dividen en dos grandes grupos: afijos o morfemas derivativos y desinencias o morfemas gramaticales.

Los **afijos** o **morfemas derivativos** sirven para crear familias de palabras a partir de un lexema común y se clasifican, según su posición dentro de la palabra, en:

- **Prefijos.** Se anteponen al lexema y aportan un significado genérico: *des-animar, sub-índice, contra-poner.*
- **Infijos.** Se sitúan en el interior de la palabra, siguiendo al lexema: *pel-ambr-era, hum-ar-eda.*
- **Sufijos.** Se colocan al final de la palabra, detrás del lexema o de un infijo, y aportan una característica que contribuye a definir el concepto que se quiere expresar: *habilid-oso, tor-ero.*

Las **desinencias** o **morfemas gramaticales,** llamados también **afijos flexivos,** aportan

Lexemas y morfemas

Palabras	Monemas		
	Lexema	Morfema	Morfema
niños	*niñ-*	*-o-* (género)	*-s* (número)
éstos	*ést-*	*-o-* (género)	*-s* (número)
blancas	*blanc-*	*-a-* (género)	*-s* (número)
amábamos	*am-*	*aba-* (tempo)	*-mos* (persona y número)
ciertamente	*ciert-*	*-a-*	*-mente*

significados gramaticales de *género* y *número* a los nombres, adjetivos, pronombres y verbos, y de *persona, tiempo, aspecto* y *modo* a las formas verbales: *ladr-ón, alumn-as, am-able, roj-os, llor-a, llor-aba.*
Los **morfemas independientes** pueden considerarse por sí mismos como palabras aisladas, aunque se trata de vocablos que carecen de lexema y, por consiguiente, de significado autónomo. Por su función, se dividen en morfemas relacionantes y morfemas determinantes.
Los **morfemas relacionantes** sirven para enlazar palabras o grupos de palabras. Son las conjunciones y las preposiciones.

• Las *conjunciones* enlazan palabras de la misma categoría sintáctica dentro del sintagma o de la oración *(Juan y Esteban juegan)*, o preposiciones dentro de una oración compuesta *(Salió a la calle y compró el periódico).*

• Las *preposiciones* son morfemas también invariables, que enlazan o relacionan una palabra con otra que le sirve de complemento: *casa de madera; sal al jardín; come con hambre; lucha sin descanso.*

Los **morfemas determinantes** concretan o limitan el significado del nombre al que acompañan. Son el artículo y los adjetivos determinativos.

• El **artículo** es una palabra variable, carente de significado propio, que indica el género y número del sustantivo al que precede: *el carro, los días, la camisa.*

• Los **adjetivos determinativos** desempeñan con respecto al nombre una función semejante a la del artículo, especificando aspectos particulares como proximidad o alejamiento *(esta tarde; aquellos años)*, cantidad *(mucho dinero; ningún enemigo)*, posesión o pertenencia *(tu primo; mis hermanos)*, etc.

Clasificación de los morfemas

Morfemas	Dependientes	Afijos	Prefijos
			Infijos
			Sufijos
		Desinencias	Género
			Número
			Persona
			Tiermpo
			Aspecto
			Modo
	Independientes	Relacionantes	Conjunciones
			Preposiciones
		Determinantes	Artículo
			Adjetivos determinativos

2

El sintagma y la oración

La sintaxis, al estudiar la función de las palabras y el modo en que éstas se relacionan entre sí en el lenguaje, distingue dos elementos o unidades lingüísticas generales: el *sintagma* y la *oración.* Estudiaremos más adelante, con suficiente detalle, las unidades sintácticas, sus funciones y sus relaciones, en las oraciones simples y compuestas. Para completar aquí el cuadro descriptivo de las unidades gramaticales fundamentales definiremos brevemente ambos elementos.
El **sintagma** se compone de una serie de palabras, agrupadas en torno a un *núcleo,* que forman un conjunto dotado de sentido y de cierta autonomía, y que desempeñan una misma función. Es, en cierto modo, una unidad intermedia entre la palabra, segmento autónomo dotado de significado propio, y la **oración,** que puede definirse como la unidad mínima de comunicación, dotada de sentido *completo* y que no depende gramaticalmente de otra unidad lingüística de rango superior. Así, por ejemplo: *La casa nueva de los padres de Juan está ardiendo en llamas* es una oración completa que puede dividirse en dos sintagmas: *La casa de los padres de Juan* y *está ardiendo en llamas.* El primero, que tiene por núcleo un nombre o sustantivo, se denomina **sintagma nominal,** mientras que el segundo, cuyo núcleo es un verbo, constituye un **sintagma verbal.**

1. *Las palabras son segmentos autónomos que pueden descomponerse en unidades lingüísticas menores denominadas monemas, los cuales pueden clasificarse en dos categorías: lexemas, o de significado léxico, y monemas, que añaden a los anteriores significados no léxicos.*

2. *Los morfemas son monemas que añaden significados no léxicos al lexema o a otros morfemas, modificando y precisando el significado principal.*

El nombre o sustantivo

Todos los seres que nos rodean, animados o inanimados, tienen un nombre. Es decir, un signo lingüístico que utilizamos al hablar y al escribir, para referirnos a ellos de forma inequívoca y comprensible. Este nombre o signo lingüístico se denomina, en gramática, **sustantivo** o **nombre sustantivo:** la parte de la oración que designa a los seres materiales o inmateriales y desempeña fundamentalmente las funciones de sujeto y complemento.

Por ejemplo:

El gato del carpintero del pueblo tiene su nido en el portal es una oración gramatical ordinaria que está integrada por cinco nombres sustantivos, uno en función de sujeto estricto *(gato) y* los demás en función de complementos *(carpintero, pueblo, nido, portal).*

Según el significado de los nombres, esto es, según las características de los seres que designan, es posible establecer una clasificación semántica de los sustantivos:

• Sustantivos **concretos** y **abstractos.** Los nombres concretos son aquellos que designan seres y objetos que tienen una existencia real, material, y que pueden por consiguiente percibirse a través de los sentidos: *mesa, hombre, perro, piedra, libro.* Los nombres abstractos designan realidades no materiales, es decir, ideas, cualidades o fenómenos, como *justicia, maldad, densidad, movimiento,* etc.

• Sustantivos **comunes** y **propios.** Es una distinción que de ordinario atañe a los nombres concretos. Entre éstos, se denominan comunes aquellos sustantivos que designan un grupo de individuos que comparten cierto número de cualidades y características, distinguiéndolos de los demás, pero no entre los de su misma especie o categoría: *gato, mujer, silla* (pero no, *mi gato, tu mujer* ni *la silla),* y pueden ser **genéricos,** si designan a una categoría o especie, como los ejemplos anteriores, o **de materia,** si designan una masa indefinida de la sustancia que posee las características y cualidades que el nombre mismo lleva consigo: *metal, madera, plomo, agua,* etc. Son nombres propios los que designan, por el contrario, un individuo concreto y determinado, distinguiéndolo de todos los demás de la misma clase o grupo a que pertenece: *América, Ramón, Lima,* etc.

• Sustantivos **individuales** y **colectivos.** Los sustantivos individuales designan a un solo ser o individuo, cualquiera que sea, dentro de los de su especie *(árbol, pino, cerdo, barco),* mientras que los sustantivos colectivos, estando en singular nombran a un conjunto indefinido de los mismos individuos: *bosque, pinar, piara, flota.*

• Sustantivos **contables** y **no contables.** Se denominan sustantivos contables los nombres que designan objetos que pueden contarse o numerarse, y no contables los

Muchach- Muchach-	- o - a -	(cero) - s -
Lexema	**Morfema de género**	**Morfema de número**

El nombre o sustantivo

Sustantivos: estadio, balón, césped, delantero, defensa, jugador, portero, árbitro, deporte, afición, campeonato, gol, falta, marcador, bota, camiseta, grada, tribuna...

Verbos: jugar, correr, chutar, ganar, perder, arbitrar, competir, fichar, lesionarse, entrenar, empatar...

Adjetivos: bueno, malo, redonda, rectangular, limpio, sucio, deportivo, aburrido, interesante, apasionante...

Adverbios: ágilmente, torpemente, deprisa, delante, detrás, dentro, fuera, de cabeza, por los pelos...

que se aplican a cosas que no pueden ser contadas ni numeradas, como *libro, jersey, rueda*, y *mar, luz, hambre*, respectivamente.

Género de los sustantivos

El sustantivo es una palabra formada ineludiblemente por un lexema, ya que es portadora de un significado, el ser o la cosa que representa, más un *morfema de género* y un morfema de número:

Género y número son, en efecto, los accidentes gramaticales del sustantivo. Llamamos *accidentes gramaticales* a las modificaciones que pueden producirse en la forma de una palabra para expresar una misma idea con distintos matices o particularidades. Definamos los accidentes del nombre que son, pues, género y número.

El **género** es el accidente gramatical que corresponde al sexo: **masculino** (varones y animales machos) y **femenino** (mujeres y animales hembras).

Los demás nombres sustantivos, que no designan ni seres animados ni cosas sexuadas, tienen uno de estos dos géneros, que en su caso no es *semántico*, sino únicamente *gramatical*, atribuido por el uso de la lengua y tomado arbitrariamente. Por regla general, los sustantivos, así como los adjetivos, artículos y pronombres, se clasifican en masculinos y femeninos, y algunos pronombres y el artículo determinado, además, en neutros.

Son **sustantivos de género masculino** los nombres propios y comunes de varones, de animales machos *(Andrés, niño, muchacho, hombre, león, perro)* y, salvo excepciones, los que designan oficios y empleos ejercidos tradicionalmente por hombres *(albañil, minero, marino)*, los nombres de ríos, montes, volcanes y vientos *(Amazonas, Everest, Popocatépetl, alisios)* por sobrentenderse el género de los nombres genéricos correspondientes y, por esta misma razón, los de los árboles *(roble, arce)*.

Son **sustantivos de género femenino** los nombres propios y comunes de mujeres y de animales hembras *(Ana, niña, chiquilla, perra, leona)*, los de las letras del alfabeto *(la be, la ce, la eme)* y, salvo excepciones, los que designan oficios y empleos ejercidos tradicionalmente por mujeres *(nodriza, lavandera, matrona)*, los nombres de islas y de frutas *(Cuba, Maldivas, manzana, fresa)*, por sobrentenderse el género

2

El género de los sustantivos

Morfemas de género

-o	-a	*niño/niña, mahometano/mahometana*
	-a	*escultor/escultora, doctor/doctora*
	-esa	*abad/abadesa, juglar/juglaresa*
	-isa	*papa/papisa, poeta/poetisa*
	-ma	*jabalí/jabalina, héroe heroína*
	-triz	*emperador/emperatriz, actor/actriz*

Clasificación del género por las terminaciones

Exceptuando los nombres que se refieren a personas o animales, y con muchas excepciones, son

masculinos:

- Los terminados en *e, i, í, i, o, u, ú: duende, safari, alhelí, tornillo, espíritu, canesú*
- Los terminados en *j, l, n, r, s, t, x: boj, alcohol, númen, candor, estrés, acimut, tórax.*

femeninos:

- Los terminados en *a: losa, cabeza.*
- Los terminados en *d y z: piedad, codorniz.*

Heteronimia

En algunos nombres de persona y de animales, la diferencia de sexo y de genero se expresa mediante palabras o lexemas diferentes: varón/mujer, caballo/yegua, toro/vaca.

1. *Las palabras con que designamos cosas y seres animados o inanimados son los nombres sustantivos. Las que utilizamos para indicar acciones, cualidades y circunstancias son respectivamente los verbos, los adjetivos y los adverbios. En el presente ejemplo se ofrecen múltiples palabras de todas estas categorías que se emplean para describir objetos y comentar hechos que hay en un estadio cuando se celebra un partido de futbol.*

2. *Por el género, los nombres sustantivos se dividen en castellano en masculinos y femeninos. Un nombre es masculino o femenino cuando se agrupa respectivamente con las formas masculinas o femeninas del artículo.*

de los nombres genéricos correspondientes, y los de las ciencias, artes y profesiones *(física, matemáticas, literatura, pintura, abogacía, albañilería, carpintería, mecánica).*

Son **sustantivos de género ambiguo** los nombres que pueden ser usados indistintamente como masculino o como femenino sin que cambie su significado: *el mar/la mar, el azúcar/la azúcar.*

Son **sustantivos de género común** los nombres referidos a personas que pueden usarse como masculinos o femeninos, comportando un cambio de significado del tipo varón/hembra: *el artista/la artista, el testigo/la testigo.*

Son **sustantivos de género epiceno** los nombres de animales que tienen un género determinado, masculino o femenino, definido por el artículo que requieren y aplicables indistintamente al macho o a la hembra: *el mosquito, el camello, el ruiseñor, la ballena, la culebra, la llama.*

El número

El número es el accidente gramatical que indica si un elemento de la oración (sustantivo, adjetivo, determinante, pronombre y verbo) se refiere a un individuo solo de su especie o a varios, es decir, expresa cantidad, sea singularidad o pluralidad. En español existen dos números:

Singular: de las palabras que se refieren a un solo individuo o ejemplar, o a varios tomados con valor colectivo o genérico (compárense estas dos oraciones: *el caballo está enfermo; el caballo es un animal fuerte y noble).*

Y **plural:** que hace referencia a varias personas, animales o cosas: *los caballos y los jinetes que participan en la carrera.* La regla general que rige los morfemas de número es la siguiente:

- singular: se indica a través del morfema cero (Ø = ausencia de morfema).
- plural: incorpora uno de los dos morfemas *-s* o *-es*: *torre/torres, pato/patos.*

Existen sin embargo ciertas normas específicas para la formación del plural (ver cuadro **4**). En casos particulares, se aplican las siguientes normas complementarias:

1) No toman morfema de plural aquellos nombres que son palabra grave o esdrújula terminada en *-s* o en *-x*: *el jueves/los jueves, la crisis/las crisis, el paréntesis/los paréntesis, el tórax/los tórax, el sílex/los sílex.*

2) Tampoco presentan variación formal algunas voces que carecen de significación y de forma singular: *gafas, tenazas, víveres...*

3) Las palabras extranjeras forman el plural incorporando *-s* al singular tanto si terminan en vocal como en consonante *(complot/complots, camping/campings)*, aunque en las voces asimiladas al uso diario de la lengua suele aplicarse la doble regla de añadir *-s* o *-es* según la terminación *(bar/bares, álbum/álbumes, chofer/choferes)* y algunos vocablos no españolizados o de las lenguas clásicas pueden incluso conservar la forma del singular *(el bulldozer/los bulldozer, el déficit/los déficit).*

4) Los nombres propios de persona y de los apellidos forman el plural siguiendo las reglas generales: *los Borbones, los Mendozas, los Escipiones;* solamente conservan invariable la forma singular los nombres y patronímicos acabados en *-z (los Sánchez, los López, los Méndez)*, los acabados en *-s* con acentuación aguda *(los Valdés, los Solís)* y los patronímicos empleados en español que no son de origen castellano *(los Puig, los Aguirre).*

5) Los nombres compuestos forman el plural agregando el morfema que corresponde al segundo término, como si se tratara de palabras simples: *las bocacalles, los camposantos;* se exceptúan los formados con dos o más voces, en los cuales sólo el primer elemento agrega morfema de número *(la casa de campo/las casas de campo, las lunas de miel)*, y algunas palabras que añaden el morfema de número a los dos lexemas o elementos compositivos *(las mediaslunas, los ricoshombres).*

Las funciones sintagmáticas del sustantivo

El nombre sustantivo puede desempeñar en cada uno de los sintagmas que forman la oración tres tipos de funciones:

1) Es el *núcleo* imprescindible del Sintagma Nominal.

2) Rige las funciones que el Sintagma Nominal puede desempeñar dentro de la oración: *sujeto* y *predicado.*

3) Puede ser asimismo *adyacente* del mismo Sintagma Nominal (que tendrá además otro sustantivo como núcleo), del sintagma verbal, del adjetivo y del adverbial, dentro del Sintagma Preposicional.

- En el Sintagma Nominal, el

Reglas para la formación del plural

El singular se expresa a través del morfema cero (o).
El plural se forma añadiendo uno de los dos morfemas *-s o -es-*

Se añade *-s*:	Se añade -es:
a) A las palabras terminadas en vocal átona o en etónica: *alaes, letra/letras, toro/toros, café/cafés*	a) A los nombres cuyo singular termina en vocal acentuada que no sea *-e: faralá far- hurí/huríes, bambú/bambúes*
b) A algunos polisílabos terminados en *á, í, ú: papá/papás, esquí/esquís, champú/champús*	b) A los nombres cuyo singular acaba en consonante, excepto los polisílabos *terminados en -s: cajón/cajones, papel papeles, convoy/convoyes*

núcleo nominal, que es siempre un sustantivo (en su defecto, una palabra sustantivada), expresa el significado básico del sintagma y rige las concordancias de género y número de los demás elementos sintagmáticos: *aquellas magníficas* ***torres*** *almenadas* *fueron abatidas por el paso del tiempo.*

• Como núcleo nominal del sintagma, además, el nombre o sustantivo rige la función de sujeto de la oración, privativa del sintagma nominal y que pueden desempeñar asimismo el pronombre y otro sintagma sustantivado: *las...* ***torres...*** *fueron abatidas por el paso del tiempo.*

• Dentro del predicado, el Sintagma Nominal puede ser el núcleo del predicado nominal *(Andrés es un buen piloto)* y del predicado no verbal *(Góngora, célebre poeta)* y adyacente del predicado verbal *(Inés odia a los embusteros).*

• Precedido de preposición, como núcleo del Sintagma Preposicional, el nombre puede ser:

a) adyacente del núcleo de un Sintagma Nominal *(La casa de los padres de Juan)*;

b) adyacente complemento del adjetivo *(Esta ropa es apropiada para el verano)*;

c) adyacente complemento del adverbio *(Está dentro de la caja).*

La sustantivación

En la frase *La mujer inglesa vive en el piso de abajo* expresamos una circunstancia relativa a una persona que es designada con un sustantivo *(mujer)* y un adjetivo *(inglesa).* En cambio, si decimos *La inglesa vive en el piso de abajo,* el adjetivo desempeña la función de sustantivo. Es decir, se ha producido una **sustantivación:** ha adquirido función y significado de sustantivo una palabra –en este caso, un adjetivo– que no pertenece ordinariamente a la categoría del sustantivo. Tenemos otro ejemplo de sustantivación en la proposición *Entrega esta carta a la inglesa del piso de abajo.*

Cualquier palabra en castellano puede adquirir la función y significado del nombre y comportarse como tal en la oración, si bien los casos más frecuentes se dan con el adjetivo y con los infinitivos.

El **adjetivo** funciona como nombre:

• precedido de un determinante (artículo o adjetivo demostrativo), siempre que el sustantivo sea un concepto ya citado en el discurso o se sobrentienda, como en el ejemplo anterior;

• para formar sustantivos abstractos de cualidad, generalmente precedidos del artículo neutro *lo (lo cortés no quita lo valiente; lo absurdo de su conducta)*, y con un sentido más restringido, por el artículo masculino *el (el vacío me aterra; el verde es relajante).*

El **infinitivo** funciona como nombre sustantivo precedido o no de determinante *(El leer ocupa sus ocios; Leer es su pasión)*, sin perder a menudo su carácter verbal y admitir complementos del verbo *(Leer buenos libros es educativo).*

Prontuario del sustantivo

Nombra o designa:	Seres y objetos animados o inanimados (mujer, caballo, árbol, cama, sabiduría...)
Por el significado puede ser:	Concreto/abstracto (trompeta/música) Común/propio (archipiélago/Antillas) Individual/colectivo (soldado/ejército) Contable/no contable (huevo/ovíparo)
Su estructura es:	LEX (lexema) + MG (morfema de género) + MN (morfema de número)
Funciones en el sintagma:	Núcleo básico del sintagma nominal Adyacente del sintagma nominal Núcleo del sintagma preposicional Núcleo del predicado no verbal Adyacente del predicado verbal
Funciones en la oración:	Sujeto Complemento del sustantivo Complemento del verbo (directo, indirecto y circunstancial) Complemento del adjetivo Complemento del adverbio

3. *Para formar el plural se agrega al singular de cada nombre uno de los dos morfemas* -s *o* -es *(*-es *constituye en realidad una variante del morfema* -s*), según las reglas generales aquí expuestas, que registran sin embargo múltiples excepciones consagradas por el uso.*

4. *El sustantivo sirve para nombrar todo cuanto tiene existencia, real, psicológica o ideal; presenta flexión de género y número y su significado se modifica mediante determinantes y adjetivos.*

El artículo

El artículo es uno de los determinantes del nombre sustantivo. La categoría y función de **determinante** se aplica a aquellas palabras que preceden al sustantivo y concretan, limitan o *determinan* su significado, ajustándolo al mensaje o contenido que se expresa.
Son determinantes del nombre los adjetivos determinativos (demostrativos, posesivos, indefinidos, numerales) y el artículo.
Comparando dos oraciones tales como *La niña se ha caído* y *Una niña se ha caído*, se advierte de inmediato que se trata en el primer caso de una niña conocida previamente de los que hablan, mientras que en el segundo se alude a una niña cualquiera. Es decir, la presencia del artículo, determinado *(la)* o indeterminado *(una)*, sitúa en el plano de la realidad el ser irreal o virtual que designa el sustantivo común *niña*, el cual tomado aisladamente no representa otra realidad que la que podemos encontrar definida en el diccionario: persona de sexo femenino que está en el periodo de la infancia.
En cierto modo, en efecto, la presencia del artículo acompañando al sustantivo confiere realidad y actualidad entre los hablantes a aquello que éste designa. Si el ser o la cosa que se nombra son conocidos de antemano por los que hablan, se emplea el artículo determinado *(la niña)*, mientras que si se trata de un ser o cosa que se cita sin un grado preciso de determinación, se emplea el artículo indeterminado *(una niña)*.
Según acabamos de ver, existen dos clases de artículos:

• **artículo determinado**: tiene las formas *el, la, los, las*, y señala o enuncia un ser u objeto concreto *(el profesor, la alumna)*.

Formas del artículo

(Género)	Masculino	Femenino	Masculino	Femenino
(Número)	Singular	Singular	Plural	Plural
Determinado	el	la	los	las
Indeterminado	uno	una	unos	unas

1

• **artículo indeterminado**: tiene las formas *un, una, unos, unas*, y enuncia un ser u objeto no conocido por los hablantes *(un profesor, una alumna)*. Hoy se prefiere incluir el artículo Indeterminado entre los adjetivos determinativos indefinidos y también, en determinados casos, entre los adjetivos determinativos numerales. Comparemos los siguientes ejemplos:

1 Toma una silla
2 Toma alguna silla
3 Toma cualquier silla

El determinante *una* (1) puede cambiarse por *alguna* (2) y por *cualquier* (3) sin alterar el significado de la frase si, por ejemplo, recibimos a un visitante y le invitamos a tomar asiento en *alguna* o en *cualquiera* de las varias sillas que pueda haber en la habitación. Por su función, efectivamente, es asimilable a esos adjetivos indefinidos.
También puede interpretarse en sentido numeral, si la frase *Toma una silla* se toma en el sentido de *sólo una silla*, frente a *Toma dos sillas*, o *tres sillas*, etc. En este caso hay que clasificarlo entre los adjetivos numerales cardinales, que como se verá más adelante abarcan la serie de los números naturales *(uno, dos, tres, cuatro*, etc.). El mismo determinante *uno*, cuando tiene valor de artículo indeterminado, se opone al artículo determinado *el*, ya que está introduciendo al sustantivo de forma aislada y con toda su indeterminación, pero sin llegar al grado de concretización que supone el adjetivo: *Hago la silla que me has pedido*, frente a *Hago una silla para vender*. En el segundo ejemplo, a diferencia de los tres ejemplos anteriores, *una* no sería intercambiable por los adjetivos, porque no introduce un objeto concreto, más o menos determinado, sino que sólo está definido por referencia a todos los demás objetos de su especie y no siempre admite la sustitución *Hago alguna/cualquier silla para vender*.

Concordancia del artículo
Hemos definido el artículo, al tratar de los morfemas independientes, como una palabra variable que carece de significado propio y que indica el género y número del sustantivo al que precede: *el profesor, una alumna, la silla*. Carece por tanto de lexema, está constituido exclusivamente por morfemas gramaticales y se emplea siempre antepuesto al nombre. En la oración, nunca lo encontraremos solo, usado aisladamente.
Por regla general, los artículos conciertan en género y número con los sustantivos correspondientes: el artículo *el*, masculino y singular, se emplea con nombres masculinos en singular *(el gato, el niño)*; el artículo *las*, femenino y plural, se empleará con nombres del mismo género y número *(las vacas, las niñas)*, y así en todas las demás formas. Constituyen *excepciones* a esta regla:
• el uso de las formas del artículo masculino singular, *el, un*, ante sustantivos femeninos en singular que empiezan con sonido de *a* acentuada *(el hacha, el agua, un águila)*, para evitar la cacofonía o repetición discordante del mismo sonido [á] *(la-há/cha, la-á/gua, un-á/guila)*, circunstancia que no se da, en cambio, tomando los nombres en plural *(las hachas, unas águilas)* o si entre artículo y nombre se introduce un adjetivo *(la*

2

afilada hacha, una majestuosa águila);

• el uso de los llamados **artículos contractos,** cuyas formas son *del* y *al,* que se da cuando coinciden las preposiciones *de* y *a* con el artículo *el,* por simplificación o contracción del doble sonido vocálico [e-e]: *Levantarse del suelo; Ir al campo.*

Uso y funciones del artículo

Las funciones principales del artículo son la de actuar de indicador del género y número del sustantivo y la de rescatarlo de la vaguedad del nombre común al presentarlo bien como un individuo concreto, bien como un individuo indeterminado.

Aparte de esta doble función general, señala otros matices que afectan al significado del nombre al que precede:

• **sustantivación:** una palabra o expresión que no pertenezca a la categoría del nombre, cuando va precedida del artículo queda sustantivada *(el antes y el después; el sí y el no; los que vendrán);*

• **generalización:** a veces el artículo no aísla un objeto, sea éste definido o indefinido, sino que lo convierte en representación de todos los de su misma especie *(el hombre es mortal; la silla es para sentarse);*

• **uso distributivo:** el artículo no señala un objeto aislado ni ideal, sino a todos y cada uno de los de su misma especie *(el - un- árbol caducifolio pierde las hojas en otoño);*

El artículo neutro

En castellano se usa un artículo de género neutro y número singular, cuya forma es *lo,* que no tiene relación alguna con el pronombre personal de tercera persona *lo,* el cual funciona siempre como complemento directo o como predicado nominal.

El artículo *lo* se define como neutro por oposición al masculino *el* y al femenino *la (el mejor - la mejor - lo mejor)* y es ambivalente en cuanto al número *(lo mejor del equipo es la defensa - lo mejor son los delanteros).*

En la construcción, no puede acompañar a sustantivos propios ni a verbos, y tiene tres funciones encomendadas:

• se usa precediendo a adjetivos a los que sustantiva: *lo mejor, lo bueno, lo grande;*

• sirve también para sustantivar oraciones de relativo y sintagmas preposicionales: *Tráeme lo que te pedí; Lo de tu hermano es más grave;*

• tiene un valor expresivo de estimación, precediendo a un adyacente (adjetivo o adverbio) seguido de *que: ¡Lo sabio que es!, ¡Lo poco que come!*

1. *El artículo es el determinante del nombre que introduce o anuncia al sustantivo y que expresa su género y número.*

2. *El artículo es inseparable del nombre o de la palabra o la expresión a la cual da valor de sustantivo. Tomado como palabra aislada, es un signo gramatical que carece de lexema y, en consecuencia, de significado.*

El pronombre

La palabra que usamos para designar seres y objetos es el nombre sustantivo. Todos los sustantivos, en general, mantienen una relación permanente con los seres u objetos a los que designan. Comparemos las oraciones *La cama es de madera* y *La cama es de metal:* en ambos casos, aun tratándose de muebles distintos, el sustantivo *cama* designa una misma pieza de mobiliario. En cambio, en *Éste es mi hijo* y *Me quedo con éste,* la misma palabra que en el primer ejemplo designa a una persona, en el segundo ejemplo puede referirse tanto a una cama, como a una pintura, como a un caballo o a un refrigerador. Es decir, *éste* es una palábra que *sustituye* al *nombre* de las personas o cosas a que puedan referirse los hablantes. He aquí dos conceptos que constituyen los rasgos esenciales que definen la naturaleza de los pronombres: la sustitución y el nombre (o el sintagma nominal).

Designamos con la denominación de **pronombre** a un grupo de palabras, clasificadas en distintas clases o categorías, que *sustituyen* en la oración a un *nombre sustantivo* o a todo el sintagma nominal. Sus características generales son, así pues:

a) no poseen por sí mismos ningún significado fijo, sino ocasional, cuya significación depende de una situación o contexto determinados;

b) no poseen una función específica, sino que desempeñan las funciones propias de un sustantivo o sintagma nominal.

Por tratarse el pronombre de una palabra vacía de todo contenido semántico, esto es, de significado propio, nos sería imposible saber lo que significa en cada caso, si su presencia no fuera correlativa a la de un nombre que acabamos de pronunciar o escribir, o bien referida a algo que está ante nuestros ojos. El sustantivo a quien el pronombre sustituye constituye su **antecedente.** Se dice que el pronombre señala al antecedente *deícticamente,* cuando señala algo presente entre los hablantes o en el discurso, y *anafóricamente,* cuando hace referencia a una palabra o expresión anteriormente mencionados. El uso del pronombre, incluso en la lengua coloquial, simplifica notablemente la expresión de una idea, al evitar la repetición constante del sustantivo: *El hermano de Juan está enfermo y él le visita todos los días que no tiene clase de inglés,* sin el uso de pronombres, se convertiría en *El hermano de Juan está enfermo y Juan visita al hermano de Juan, todos los días que Juan no tiene clase de inglés.*

Clases de pronombres

La función sustitutiva del pronombre afecta unas veces a las personas que intervienen en la conversación, otras veces a palabras o expresiones que figuran ya en la misma frase y aun, en otros contextos, asume las funciones de un adjetivo o de un adverbio. En el primer caso se encuentran los pronombres personales, demostrativos, posesivos, etc. *(yo, tú, éste, ese, mi...);* la función de sustituir y enlazar o relacionar palabras u oraciones dentro del discurso corresponde a los llamados pronombres relativos *(que, quien, el cual,* etc.); y también desempeñan funciones de pronombre los adjetivos y adverbios determinativos, que se estudian más adelante.

Como partes de la oración dotadas de caracteres morfológicos y sintácticos *propios,* los pronombres se clasifican en:

- **personales:** expresan la persona gramatical del nombre al que sustituyen;
- **demostrativos:** señalan al antecedente en función de la distancia o proximidad;
- **posesivos:** expresan una relación de posesión o pertenencia;
- **indefinidos:** sustituyen a persona o cosa que no pueden o no requieren ser determinadas;
- **numerales:** se emplean cuando la característica que interesa del concepto expresado por el nombre es la cantidad (**cardinales**) o el orden (**ordinales**);
- **relativos:** enlazan o relacionan palabras y oraciones subordinadas;
- **interrogativos y exclamativos:** su función es introducir una pregunta o una exclamación.

Pronombres personales

Los pronombres personales sustituyen a los nombres de las tres personas gramaticales que figuran o participan de algún modo en lo que se habla o en lo que se escribe. Sus formas varían, pues para la primera, segunda y tercera personas, presentan también formas distintas para expresar número singular o plural, al igual que los sustantivos, y adoptan el morfema de género cuando se debe diferenciar entre masculino o femenino: *tú hablas y yo escucho; tú hablas y nosotros escuchamos; ella habla y vosotros escucháis.*

Para referirse a las personas presentes en la conversación, las formas *yo* y *tú* no necesitan tener variación de género, característica que por su evidencia no requiere una especificación: *yo* es el sujeto que habla y *tú* la persona a quien éste se dirige, con independencia de su sexo o de su género gramatical. Cuando la conversación recae sobre otra persona, aquella de quien se habla se designa con el pronombre *él,* que expresa la tercera persona gramatical y que posee las formas masculinas, femeninas y además la forma neutra *ello.*

Los pronombres de tercera persona, como sea que al hablar podamos referirnos a diversas personas o cosas, se aplican, por extensión, a cuartas personas, a enésimas personas y, en general, a todo cuanto excluye al hablante (primera persona) y al oyente (segunda persona). La forma neutra *(ello)* se usa siempre en singular y adopta en cuanto al género el morfema -o del masculino.

La nómina de los pronombres personales, sin embargo, no se agota con las tres formas enunciadas *(yo, tú, él),* con sus variantes. La categoría de los pronombres personales es la única en castellano que ha conservado residualmente, de la decinación en latín, los morfemas de caso. Es decir, tiene distintas formas para distintas funciones sintácticas: sujeto, complemento y término del complemento con preposición.

El pronombre personal **en función de sujeto** presenta las formas *yo, tú, el/ella/ello,* en singular, y *nosotros/nosotras, vosotros/vosotras, ellos/ellas,* en plural.

- Las formas de la primera y segunda personas del plural

Clases de pronombres

Personales.	Expresan las tres personas gramaticales, con flexión de persona (primera, segunda, tercera) y variación de género y número *(como tú y yo; ella y él).*
Demostrativos.	Señalan seres u objetos expresando la distancia o proximidad *(éste es mejor; aquél tiene más).*
Posesivos.	Utilizan el aspecto de pertenencia o relación con respecto a las personas gramaticales *(mi país; tus amigos; vuestros primos).*
Indefinidos.	Indican identidad o cantidad de una forma vaga e imprecisa *(alguno vendrá; quiero muchos).*
Numerales.	Expresan cantidad u orden *(tráeme cien; subo al sexto).*
Relativos.	Relacionan o sirven de enlace *(el libro que te presté,).*
Interrogativos y exclamativos.	Expresan el objeto de la pregunta o lo que se pondera o se destaca *(¿Quién vino?; ¡Cuántos tienes!).*

1

1. *Según la manera de señalar los objetos que designan y según la función sintáctica que desempeñan, los pronombres tienen distintas categorías y formas.*

presentan ciertas particularidades:
a) *nosotros* no representa una pluralidad de «*yoes*» del tipo *yo + yo + yo...*, sino que equivale a la primera persona del singular más cualquiera de las demás personas gramaticales, singular y plural: *yo + tú; yo + él; yo + tú + él; yo + vosotros; yo + ellos;* etc.
b) *vosotros* hace referencia al grupo de personas a las que se dirige el hablante: *tú + él; tú + ellos,*
c) *usted/ustedes* es forma de cortesía y de respeto que se usa para la segunda persona masculino y femenino (no tiene variación de género), pero concuerda con el verbo en tercera persona: *tú no sabes/usted no sabe/él no sabe;*
d) *ustedes,* en algunas zonas de Andalucía, en Canarias y en América se usa coloquialmente en lugar de *vosotros: ustedes sois los mejores; ustedes son magníficos;*
e) *vos* se usa en amplias zonas de Hispanoamérica (Río de la Plata y América Central, principalmente) en lugar de *tú (voseo),* en correspondencia con formas verbales arcaicas: *vos sabés, vos tenés;*
f) formas como *Nos* y *Vos* se conservan, como arcaísmo, en algunas oraciones y jaculatorias *(Venga a nos el tu reino...)* y asimismo, con significado singular, en el lenguaje mayestático y ceremonioso: *Nos, el emperador, otorgamos...*
El pronombre personal **en función de complemento directo o indirecto** presenta las formas llamadas **átonas** o inacentuadas: *me, te, lo/la/le/se,* en singular, y *nos, os, los/las/les/se,* en plural, que carecen de acento en la pronunciación y se pronuncian apoyándose en las palabras adyacentes.
• Los pronombres de **objeto directo** son: *me, te, lo/le/la/se,* en singular, y *nos, os, los/las,* en plural: *papá me llama; papá te llama; papá le llama;* etc. El pronombre *lo* es una forma particular que se inscribe en dos categorías distintas: se incluye en el binomio *lo/le,* como formas de la tercera persona del masculino singular (plural: *los),* y es la forma neutra, sin plural, también de la tercera persona. Su uso presenta algunas peculiaridades:
a) el neutro *lo* no tiene como antecedente a un sustantivo o un sintagma nominal, sino un concepto o enunciado más amplio, que le precede o bien que le sigue: *Nos prohibieron contar chismes, pero lo hicimos; Ya te lo dije, te tienen envidia.*
b) como tercera persona del masculino, el uso de *le* con función de objeto directo se reserva para designar personas o lo personificado, que sin embargo pueden también designarse con la forma *lo,* mientras que el uso de *lo* aplicado a cosas se considera gramaticalmente inaceptable: *A Pedro no le/lo he visto, pero he buscado su coche y ya lo he encontrado.* El empleo de *le* en lugar de *lo,* aplicado a cosas, se considera **leísmo incorrecto** *(... su coche ya le he encontrado).*
• Los pronombres de **objeto indirecto** son: *me, te, le/se,* en singular, y *nos, os, les/se,* en plural: *me han dicho; te han dicho, le han dicho; se la llevé; se lo dirás; se le cayó...* La forma *le* es la propia y única para el masculino y el femenino *(le he dicho a Rosa; le he regalado a Juan);* constituye *laísmo incorrecto* emplear los pronombres femeninos de complemento directo *(la he dicho a Rosa),* como sería *loísmo incorrecto* usar *lo* en vez de *le* para el masculino. La forma *se* es una variante puramente morfológica de *le* (sin relación alguna con el *se* pronombre reflexivo), que se emplea cuando *le* debe combinarse con los pronombres átonos de complemento directo, siempre antepuesto a ellos *(ya le di el libro = el libro ya se lo di).*
• **Pronombres reflexivos y recíprocos.** Los pronombres personales de *objeto directo* e *indirecto* tienen a veces como antecedente al mismo sujeto de la oración. Usamos entonces los pronombres átonos de *sentido reflexivo,* cuyas formas son: *me, te, se,* en singular, y *nos, os, se,* en plural. Su empleo, en oraciones del tipo *Luis se peina,* evita el cambio de significado indeseado que comportaría el uso del correspondiente pronombre átono de tercera persona *le: Luis le lava.*
Algunas oraciones expresan una misma acción que recae de forma recíproca y simultánea sobre dos o más sujetos:

Paradigma de los pronombres personales

			Formas y funciones						
			Sujeto	Complementos					
Número	Persona	Género	Tónicos	Átonos					
				Directo	Indirecto	Reflexivos D/I	Recíprocos D/I	Con preposición	
Singular	1ª	m f	yo	me	me	me		Mí/conmigo	
	2ª	m f	tú	te	te	te		Ti/contigo	
	3ª	m	él	lo/le	le	se		él	sí/consigo
		f	ella	la	(o se)			ella	
		n	ello	lo				ello	
Plural	1ª	m	nosotros	nos	nos	nos	nos	nosotros	
		f	nosotras					nosotras	
	2ª	m	vosotros	os	os	os	os	vosotros	
		f	vosotras					vosotras	
	3ª	m	ellos	los	les	se	se	ellos	
		f	ellas	las	(o se)			ellas	

2

nos queremos; os teméis; se abrazan. Para expresar este intercambio de la acción expresada por el verbo se emplean los **pronombres recíprocos,** que sólo existen en las formas del plural debido a que la reciprocidad de una acción nunca puede ser singular: *nos, os, se.*

• **Pronombres enclíticos.** Las formas átonas del pronombre personal, que se usan siempre en función de complemento directo o indirecto, pueden ir pospuestas o **enclíticas** a las formas verbales correspondientes. Hemos dicho ya que los pronombres átonos o inacentuados se apoyan en la pronunciación en las palabras tónicas adyacentes; pues bien, los pronombres átonos pospuestos a las formas verbales se unen al verbo en la escritura, formando una sola palabra: *dáselo, dímelo, tráeselo.* (En el uso corriente es poco habitual el empleo de los pronombres enclíticos, pero en la escritura deben emplearse con carácter obligatorio con el infinitivo *–traerme, traérselo–* el imperativo *–tráeme, tráeselo–* y el gerundio *–trayéndomelo, trayéndoselo–.)* Observemos además que el orden que rige su colocación, cuando concurren dos o más pronombres, es siempre el mismo, tanto si van delante como detrás del verbo: la forma *se* precede a las demás; el de segunda persona siempre va delante del de primera persona y ambos antes que el de tercera.

• El pronombre personal **en función de complemento con preposición** presenta las formas llamadas **tónicas** o acentuadas: *mí/conmigo, ti/contigo, él, ella, ello/sí, consigo,* en singular, y *nosotros/nosotras, vosotros/vosotras, ellos/ellas,* en plural.

• La primera y segunda persona del singular carecen de variación de género (mí, ti).

• Los pronombres *mí, ti, si,* que corresponden a las tres personas del singular, cuando van precedidos de la preposición *con* toman las formas *conmigo, contigo, consigo.* En efecto: *te prefiero a ti,* o *le prefiero a él,* pero *iré contigo, lo trae consigo,* etc.

Pronombres demostrativos

Los pronombres demostrativos (ver cuadro) designan a su antecedente expresando la distancia o proximidad que existe entre éste y el hablante (1ª persona) o respecto a las personas gramaticales, según el esquema siguiente: *éste/a/o* es el que está más próximo (o: más próximo a mí); *ése/a/o* es el que está medianamente próximo (o: más próximo a ti), *aquél/lla/llo* es el que está más lejano (o: lejos de los dos). Como características específicas, cabe destacar:

• señalan, así pues, tres grados o niveles de referencia, que puede ser temporal o espacial *(ésta es mi casa; aquél fue mi mejor año)*, y tienen una forma específica para cada uno de ellos *(éste, ése, aquél);*
• estas formas presentan variaciones de género (masculino, femenino, neutro): *éste es mi amigo; ésa es la mejor; eso no está bien;*
• las formas neutras sólo existen en singular;
• las formas masculinas y femeninas –no así las neutras– suelen llevar acento gráfico, que puede suprimirse cuando no hay riesgo de confusión;
• todas las formas pueden desempeñar en la oración las funciones propias del nombre o del sintagma nominal.

Pronombres posesivos

Los pronombres posesivos (ver cuadro) aluden a un ser u objeto expresando la relación de pertenencia o posesión que pueda existir respecto a las personas gramaticales, según el esquema siguiente:
• uno o más objetos, para un solo poseedor, es o son *mío/mía/míos/mías, tuyo/s,* suyo/s;
• para varios poseedores, es o son *nuestro/s, vuestro/s, suyo/s*

Es decir, distinguen: I) las tres personas gramaticales; II) que el poseedor sea uno o sean varios en cada caso; III) que el ser u objeto poseído sea también único o sean varios; y IV) que lo poseído sea de género masculino o femenino, o bien un conjunto o una abstracción, a los que corresponde el género neutro.

Como características específicas, cabe destacar:
a) no expresan distinción de género para el poseedor, sino únicamente para lo poseído; así podemos decir: *la carpeta de Juan es suya, y el lapicero de Ana es suyo;*
b) las formas *suyo, suya* y sus plurales respectivos se usan indistintamente para uno o varios poseedores de tercera persona, pudiéndose sustituir en caso de ambigüedad por construcciones con preposición *(de él, de ella, de ellos, de ellas);*
c) todas las formas, precedidas de artículo, pueden desempeñar las funciones propias del sustantivo, mientras que en

2. *Dentro de la clase gramatical de los pronombres, los personales ocupan un lugar destacado, tanto por sus funciones como por la pluralidad de formas.*

3. *A excepción de los demostrativos neutros, las demás formas son las mismas de los adjetivos demostrativos, pues en realidad los pronombres son los mismos adjetivos, sin el nombre al que determinaban.*

4. *Los pronombres posesivos son adjetivos sustantivados, que se usan siempre precedidos de artículo, salvo en función de atributo.*

3

Pronombres demostrativos

Género	Número	Máxima proximidad (más cerca de mí)	Proximidad media (más cerca de tí)	Máxima lejanía (más cerca de él)
Masculino	Singular	**éste**	**ése**	**aquél**
	Plural	**éstos**	**ésos**	**aquéllos**
Femenino	Singular	**ésta**	**ésa**	**aquélla**
	Plural	**éstas**	**ésas**	**aquéllas**
Neutro	Singular	**esto**	**eso**	**aquello**

4

Pronombres posesivos

		Objetos poseídos			
		Uno		Varios	
Poseedores		Masculino y neutro	Femenino	Masculino	Femenino
Uno	1ª persona	**mío**	**mía**	**míos**	**mías**
	2ª persona	**tuyo**	**tuya**	**tuyos**	**tuyas**
	3ª persona	**suyo**	**suya**	**suyos**	**suyas**
Varios	1ª persona	**nuestro**	**nuestra**	**nuestros**	**nuestras**
	2ª persona	**vuestro**	**vuestra**	**vuestros**	**vuestras**
	3ª persona	**suyo**	**suya**	**suyos**	**suyas**

ausencia de artículo sólo pueden asumir la de atributo *(este lápiz es tuyo).*

Pronombres indefinidos
Los pronombres indefinidos sustituyen a una persona o cosa aludiendo a su identidad, a su cantidad o a su intensidad, con indeterminación o de una forma vaga o imprecisa, bien porque no puede ser determinada *(alguien llama a la puerta),* bien porque especificarlo no se estima necesario *(compraré algo para regalárselo).* Salvo algunas excepciones, sus formas (ver cuadro) son las mismas que las de los adjetivos indefinidos.
Los que expresan identidad se denominan **existenciales,** abarcan la oposición del tipo *algo/nada, alguno/ninguno,* y los que se refieren a la cantidad se denominan **cuantitativos.** Entre algunas características particulares, cabe destacar las siguientes:
• *uno, una, unos, unas* pueden ser adjetivos numerales e incluso sustantivos *(dibuja un uno; una cifra con tres unos),* se emplean como pronombre para referirse a una persona o cosa indeterminada *(llegó uno...),* también al propio hablante *(uno no sabe ya que pensar)* y asimismo con valor distributivo *(unos reían y otros lloraban);*
• *alguien, nadie, quienquiera,* no son adjetivos, sino pronombres, y se emplean referidos siempre a persona;
• *algo, nada,* designan únicamente cosas y se emplean con género neutro.

Pronombres numerales
Son los mismos adjetivos numerales, utilizados como pronombres que sustituyen al nombre bien por su cantidad, bien por su orden o situación: *Han venido tres preguntando por el anuncio; Tengo cinco esperando; Sólo cogeré los primeros...*
En efecto, al igual que los adjetivos numerales, se dividen en **cardinales** y **ordinales.** Los cardinales utilizan la serie natural de los números enteros *(uno, dos, tres, cuatro...),* los ordinales, los mismos adjetivos que indican orden o colocación *(primero, quinto, octogésimo...).*
• Los cardinales, salvo excepciones *(una, veintiuna, doscientas, trescientas... novecientas),* son invariables en género y, en estricta regla, también en número (menos *miles, millones, trillones,* etc.),

5

Pronombres indefinidos

Expresan de una forma vaga o imprecisa la identidad o la cantidad de los seres u objetos a los que designan.

uno, una, unos, unas
alguien, nadie
alguno, alguna, algunos, algunas
ninguno, ninguna, ningunos, ningunas
otro, otra, otros, otras
cierto, cierta, ciertos, ciertas
quienquiera, cualquiera
varios, varias
diversos, diversas
algo, nada
poco, poca, pocos, pocas
mucho, mucha, muchos, muchas
bastante, bastantes
demasiado, demasiada, demasiados, demasiadas
todo, toda, todos, todas
tanto, tanta, tantos, tantas
etc..

6

Pronombres numerales

cardinales:

uno (una, unos, unas), dos
tres, cuatro, cinco, seis,
siete, ocho, nueve, diez, once, doce,
trece, catorce, quince...
veinte, treinta, cuarenta,
cincuenta, sesenta, setenta, ochenta,
noventa, cien, quinientos, mil

dieciséis, diecisiete, dieciocho,
diecinueve, veintiuno, veintidós,
veintitrés, veinticuatro, veinticinco,
veintiséis, veintisiete, veintiocho,
veintinueve, treinta y uno, treinta y dos

doscientos, trescientos,
cuatrocientos, seiscientos,
setecientos, ochocientos,
novecientos

ordinales:

primero
segundo
tercero
cuarto
quinto
sexto
séptimo
octavo
noveno, nono
décimo
undécimo
duodécimo
decimotercio, decimotercero
decimocuarto
decimoquinto
decimosexto
decimos,ptimo
decimoctavo
decimonono, decimonoveno
vigésimo
vigésimo primero
vigésimo segundo...

trigésimo
cuadragésimo
quincuagésimo
sexagésimo
septuagésimo
octogésimo
nonagésimo
centésimo
milésimo
millonésimo
milmillonésimo

ya que siempre expresan el plural.
• Los ordinales llevan obligatoriamente artículo y deben concordar en género y número con el nombre al que sustituyen.
• Se usan también como pronombres, en función sustantiva, **numerales multiplicativos** *(ganar el doble)* y **numerales fraccionarios** *(ganar por centésimas).*

Pronombres relativos

Los pronombres relativos sustituyen o hacen referencia a un sustantivo (o Sintagma Nominal) que ha aparecido anteriormente, y que constituye su *antecedente,* relacionándolo con una proposición subordinada de la cual él mismo forma parte. Una frase como *Te diré una cosa que me han contado y que te gustará,* sin el uso de los pronombres relativos (en el ejemplo, el pronombre *que),* necesitaría una construcción más compleja y repetitiva: *Te diré una cosa. Me han contado una cosa. Esta cosa te gustará.* El papel de la partícula *que,* en este ejemplo, pone de manifiesto la doble función de los pronombres relativos:
a) sustituyen a un nombre o sintagma nominal *(una cosa);*
b) sirven de nexo o de enlace entre la oración principal *(Te diré una cosa)* y las subordinadas.
Pueden desempeñar la misma función que el sustantivo o sintagma, pero no deben asumir necesariamente la misma función del antecedente al que sustituyen: en el ejemplo anterior, *que* desempeña la misma función de objeto directo que el sustantivo *cosa,* pero no es el caso de este otro ejemplo: *Este libro que me has prestado es muy interesante,* donde *que* sustituye al antecedente *el libro,* sujeto de la oración principal, sirve de nexo de la subordinada y es en ella objeto directo.
Dentro de la proposición subordinada, concuerdan con su antecedente en género y número. Sus formas son *que, cual, quien, cuyo, cuanto, donde* y *como:*
• *que:* es invariable y se refiere tanto a personas como a cosas, puede ir precedido de artículo en oraciones subordinadas sustantivas *(Dame lo que puedas)* y en oraciones adjetivas explicativas puede ser sustituido por *cual* con el artículo correspondiente *(Mi amigo, que se encontraba allí, se descompuso = Mi amigo, el cual se encontraba allí, se descompuso);*
• *cual* varía sólo en número *(cuales),* se refiere indistintamente a personas o cosas y requiere la presencia de artículo cuando es pronombre relativo *(Le hice varias ofertas, todas buenas, las cuales fue rechazando una por una);*
• *quien:* tiene sólo variación de número *(quienes),* se refiere siempre a personas y se usa en general con antecedente implícito *(Quien mal anda mal acaba),* que sin embargo puede ir explícito en proposiciones adjetivas explicativas *(Se lo dije a mis primos, quienes nada sabían de él)* o, si se intercala una proposición, en las proposiciones especificativas *(El profesor de quien tanto te he hablado...);*
• *cuyo:* presenta variación de género y número, aunque no concuerda con su antecedente sino con el sustantivo al que acompaña *(Hay hombres cuyas obras perduran eternamente),* ya que en realidad es un adjetivo determinativo con carácter posesivo.
• Se usan también con función de pronombres los adverbios relativos *donde, cuanto* y *como.*

Pronombres interrogativos y exclamativos

Los pronombres interrogativos se emplean para formular una pregunta, sustituyendo al nombre de personas o cosas cuya identidad o cantidad se ignoran. Se usan siempre acentuados, tanto en interrogación directa (*¿Cuánto vale?*) como indirecta *(Dime cuánto vale).*
• *qué:* es invariable, se refiere siempre a cosas o a cualidades de las personas y puede ir precedido de preposición: *¿Qué es? ¿Qué te ocurre? ¿En qué piensas?*
• *cuál:* tiene morfema de número, se utiliza para individualizar personas o cosas dentro de un conjunto y nunca lleva artículo: *¿Cuál es mejor? ¿En cuál está?*
• *quién:* tiene morfema de número y se refiere exclusivamente a personas: *¿Quién es ese? ¿Por quién apuesta?*
• *cuánto:* pregunta cantidad, de personas o cosas, tiene morfemas de género y número y puede ir precedido de preposición: *¿Cuántos quieres? ¿A cuánto los vende?*
Los pronombres exclamativos se usan para dar énfasis expresivo a una frase que pondera o encarece el sentido del sustantivo de referencia. Sus formas son las mismas de los interrogativos y se usan también con acento gráfico: *¡Qué le vamos a hacer! ¡Cuántos quedan aún!*

5. *Los que expresan la identidad del antecedente se denominan existenciales, los que indican número o cantidad son cuantitativos; la mayoría, sin embargo, presentan ambigüedad en el significado (varios, unos, etc.).*

6. *Los cardinales, a partir del quince, se escriben con para compuesta y, salvo las decenas, a partir del treinta y uno, en dos palabras unidas por la conjunción y. Los ordinales, en el lenguaje corriente, a partir del décimo también suelen nombrarse por el cardinal correspondiente («es el veintidós -vigésimo segundo- de la promoción»).*

7. *Introducen una pregunta o una exclamación y van acentuados en todos los casos.*

7

Pronombres interrogativos y exclamativos

Singular	masculino	**qué**	**cuál**	**quién**	**cuánto**
	femenino	**qué**	**cuál**	**quién**	**cuánta**
Plural	masculino	**qué**	**cuáles**	**quiénes**	**cuántos**
	femenino	**qué**	**cuáles**	**quiénes**	**cuántas**

El adjetivo

Al tratar del artículo, hemos descubierto ya que los nombres sustantivos, solos, aislados, designan seres animados o inanimados, objetos, ideas, etc., con una inconcreción infinita. Es decir, su campo de aplicación se extiende a todos los seres u objetos que en cada caso designa, pero no sirven si queremos referirnos a uno determinado. Para adquirir concreción y realidad, deben ir acompañados de otras palabras que limiten o determinen la extensión de cada nombre. Las palabras que limitan, modifican y determinan el nombre o el núcleo nominal del sintagma se dividen en **determinantes** y **adyacentes.**

Los **adjetivos** son palabras invariables que constituyen una categoría gramatical o parte de la oración, cuya misión es acompañar y modificar al nombre sustantivo. Se dividen en dos grandes grupos: **adjetivos calificativos,** que son palabras con función de adyacentes del nombre, y **adjetivos determinativos,** que junto con el artículo forman el grupo de determinantes del sustantivo.

Adjetivos calificativos

Los adjetivos calificativos expresan cualidades *(animal fiero),* estados *(soldado herido),* situaciones *(país lejano),* procedencia *(cigarro habano),* actividades *(artista pintor),* etc., del nombre al que acompañan. Por su presencia y papel en la frase, pueden realizar de distintas maneras esta función esencial de calificar al sustantivo:

a) directamente unidos al nombre *(yuxtapuestos),* como adyacente del sintagma nominal, bien antepuestos al sustantivo, bien postpuestos al mismo: *un fiel amigo, un amigo fiel;*

b) como *atributos,* en el predicado nominal, unidos al sujeto a través de un verbo copulativo: *mi amigo es fiel; mi amigo está enfadado;*

c) como *complemento predicativo,* modificando a la vez al verbo y a un nombre en función de sujeto o de complemento directo: *Inés dormía tranquila.*

Desde el punto de vista del significado, los adjetivos calificativos pueden ser *especificativos* y *explicativos* o *epítetos.*

Los **adjetivos calificativos especificativos** restringen la significación del nombre al que acompañan mediante la cualidad que expresan, necesaria para individualizarlo mejor: en la frase *Es un apasionado de la música moderna,* el adjetivo *moderna* sirve para seleccionar un tipo o género musical dentro del conjunto amplísimo que designa el sustantivo *música.* Es decir, sin expresar esta característica tendría la misma frase un significado mucho más impreciso.

Los **adjetivos calificativos explicativos** o **epítetos,** en

1

Clasificación de los adjetivos

Calificativos Adyacentes del nombre, que expresan cualidades	**Especificativos** Expresan una cualidad que especifica o individualiza al nombre sustantivo	**Grado positivo**
		Grado comparativo *Mejor*
	Explicativos/ epítetos Destacan una condición inherente al sustantivo	**Grado superlativo** *Óptimo*
Determinativos Determinantes del nombre, que concretan la significación del sustantivo mediante relaciones de lugar o tiempo, posesión, cantidad, etc.	**Demostrativos** Expresan distancia espacial o temporal	
	Posesivos Expresan pertenencia, posesión, relación	
	Indefinidos Expresan vaga cantidad o identidad	**Cuantitativos**
		Existenciales
	Numerales Precisan cantidad o número del nombre	**Cardinales**
		Ordinales
		Múltiplos
		Partitivos
	Relativos Relacionan al nombre con su antecedente	**(Posesión)** *-cuyo-*
		Cantidad *-cuanto-*
	Interrogativos/exclamativos Preguntan por el nombre o lo ponderan	

Adjetivos con valor comparativo o superlativo

Positivo	Comparativo	Superlativo
bueno	mejor	óptimo
malo	peor	pésimo
grande	mayor	máximo
pequeño	menor	mínimo
alto	superior	supremo
bajo	inferior	ínfimo

[2]

Adjetivos demostrativos

Género	Número	Máxima proximidad (más cerca de la 1ª persona)	Proximidad media (más cerca de la 2ª persona)	Máxima lejanía (más cerca de la 3ª persona)
Masculino	Singular	**este**	**ese**	**aquel**
	Plural	**estos**	**esos**	**aqellos**
Femenino	Singular	**esta**	**esa**	**aquella**
	Plural	**estas**	**esas**	**aquellas**

[3]

cambio, destacan alguna cualidad, aspecto o característica que de hecho ya es propia del mismo sustantivo, si bien el hablante quiere realzarla particularmente: *la ruidosa música moderna* es una expresión que designa el mismo tipo de música de la frase anterior, pero manifestando además una característica –cabría suponer que, en este caso, con sentido negativo o peyorativo– que la persona que habla quiere valorar. Las dos proposiciones contienen la misma afirmación: *Es un apasionado de la música moderna*. En la segunda, *Es un apasionado de la (ruidosa) música moderna*, se presenta además una característica que el hablante considera inherente al sustantivo en cuestión y quiere poner de relieve.

Los adjetivos especificativos suelen ir pospuestos al nombre *(música moderna; casa verde; coche deportivo)*, mientras que los explicativos o epítetos suelen encontrarse antepuestos a él *(frío invierno; verde prado; altas cumbres)*. En muchas ocasiones, los adjetivos normalmente pospuestos al sustantivo designan una cualidad o característica especificativa del mismo *(música moderna*, es decir, *la música que se compone en nuestros días*, distinta de la *antigua, clásica*, etc.). Los adjetivos que anteceden al sustantivo, en cambio, expresan generalmente una valoración subjetiva del hablante *(admirable hazaña; sabia sentencia)*.

Grados del adjetivo calificativo

La cualidad expresada por el adjetivo calificativo puede darse en distintos grados de intensidad en el sustantivo al que se aplica. Así, por ejemplo, el agua que nos han preparado para tomar el baño puede estar *fría, más fría que ayer*, o *frigidísima* (cultismo que en el habla sustituiríamos por *friísima, helada, muy fría, heladísima*, etc.). De todas las categorías gramaticales, el adjetivo es la única que puede incorporar morfemas de grado, los cuales le permiten, en efecto, precisar en lo posible la mayor o menor intensidad, fuerza o potencia con que la cualidad expresada se da en el sustantivo. Se denomina **grado positivo** del adjetivo el que nombra simplemente la cualidad, sin presentar modificación alguna relativa a la intensidad de la misma: *el agua del baño está fría; Javier es un buen delantero.*

Cuando se establece una comparación, se usa el **grado comparativo**, que en español expresamos mediante morfemas colocados junto al adjetivo y que puede presentar tres tipos de relación:

I) **comparativo de igualdad,** mediante la construcción *tan +* (adjetivo) + *como*, que da en el ejemplo anterior *El agua del baño está tan fría como las aguas polares.*

II) **comparativo de inferioridad**, que adopta la construcción *menos + (adjetivo) + que*, es decir: *El agua del baño está menos fría que ayer,*.

III) **comparativo de superioridad,** que expresamos con la fórmula *más + (adjetivo) + que*, para afirmar, por ejemplo, *El agua del baño está más fría que nunca.*

El **grado superlativo** expresa la cualidad o característica designada por el adjetivo en su grado máximo *(el agua está frigidísima)*, y se forma:

a) anteponiendo al adjetivo el adverbio *muy*, o un adverbio intensificador equivalente: *muy fría, muy sabio, extraordinariamente fría, sumamente sabio*;

b) añadiendo al adjetivo los morfemas sufijos *-ísimo, -érrimo: bonísimo, lindísimo, paupérrimo;*

c) añadiendo morfemas prefijos como *re-, requete-, extra-, super-, archi-*, etc.: *rebueno, requetelindo, archipobre.*

Se denomina **superlativo relativo** el que establece una comparación dentro de un conjunto *(es el más bueno de todos, es el más pobre del mundo)*, y **superlativo absoluto** o

1. *Los adjetivos nombran cualidades o estados del nombre al que van unidos, o limitan y concretan su significado.*

2. *Algunos adjetivos son palabras independientes de uso corriente, que no nombran simplemente una cualidad, sino que la expresan además en grado comparativo o superlativo.*

3. *Expresan distancia, espacial o temporal, entre el nombre y el hablante o respecto a las tres personas gramaticales.*

Adjetivos indefinidos

Existenciales	un, uno, una, unos, unas algún, alguno, alguna, algunos, algunas otro, otra, otros, otras cierto, cierta, ciertos, ciertas cualquier varios, varias diversos, diversas ningún, ninguno, ninguna, ningunos, ningunas
Cuantitativos	todo, toda, todos, todas mucho, mucha, muchos, muchas poco, poca, pocos, pocas bastante, bastantes demasiado, demasiada, demasiados, demasiadas tanto, tanta, tantos, tantas

4

elativo el que expresa la cualidad en más alto grado sin establecer comparación alguna *(es bonísimo, es paupérrimo).*
Así pues, el grado en que empleamos normalmente los adjetivos es el positivo. Por medio de adverbios, prefijos y sufijos, o construcciones particulares, formamos a partir de él los comparativos y superlativos correspondientes. Existen, sin embargo, en español, palabras independientes, la mayoría de ellas derivadas del latín, que tienen por sí mismas valor comparativo o superlativo (ver cuadro) y que, por la frecuencia con que aparecen en el lenguaje ordinario, debemos conocer en su significado verdadero: *mejor* comparativo de *bueno; sapientísimo,* superlativo de *sabio;* etc.

Adjetivos determinativos

Estos adjetivos no expresan cualidades o circunstancias referentes al nombre al que acompañan *(la casa verde, el hombre pobre),* sino que concretan la significación del sustantivo mediante relaciones de lugar o tiempo, posesión, cantidad o número, etc.: *este hombre, nuestra casa, dos sillas, bastante dinero...* Ejercen pues, con respecto al nombre o núcleo del sintagma nominal, la función de **determinantes** que hemos descrito anteriormente al explicar la función del artículo. Se clasifican en varios grupos (demostrativos, posesivos, indefinidos, numerales, relativos, interrogativos y exclamativos), los cuales, así como sus formas y significados, son idénticos prácticamente a los que presentan los pronombres, por lo que será más breve su estudio. Para muchos autores, los adjetivos demostrativos, en efecto, no son sino pronombres con función adjetiva. Las diferencias que los distinguen son de tipo sintáctico: cuando no está sustantivado *(lo bueno es más caro),* el adjetivo va siempre acompañando a un sustantivo *(este coche es más rápido),* el cual no aparece junto al pronombre, porque éste tiene por cometido precisamente sustituirlo *(éste es más rápido);* y además, el adjetivo no puede desempeñar la misma función nuclear que el pronombre dentro del sintagma nominal, sino que aparece siempre como un determinante del mismo *(<u>esta</u> casa del prado, <u>aquel</u> coche verde deportivo).*

Adjetivos demostrativos

Los adjetivos demostrativos *(este, ese, aquel,* con sus femeninos y plurales correspondientes) señalan seres u objetos expresando la distancia espacial o temporal que media entre ellos y el hablante. Presentan variaciones formales de género y de número *(este, esta, estos, estas)* y, al igual que los pronombres correspondientes, establecen una gradación de proximidad o lejanía, que puede referirse a la primera persona o a las tres personas gramaticales: *este* está más próximo de la 1ª persona; *ese,* a media distancia de la 1ª persona o más cerca de la 2ª persona; *aquel,* lejos de la 1ª y de la 2ª persona, más cerca de la 3ª persona o en la lejanía: *<u>Esta</u> tarde, en <u>ese</u> pueblo que ves ahí, conmemorarán <u>aquella</u> célebre victoria de sus antepasados.*

Adjetivos posesivos

Estos adjetivos expresan una circunstancia de pertenencia, posesión o relación entre las personas gramaticales y el nombre al que determinan *(<u>nuestro</u> padre; <u>vuestra</u> casa; un primo <u>suyo</u>).* Poseen variaciones de género y número e indican:

- la persona gramatical del poseedor *(un amigo tuyo =* 2ª persona);
- el género y número de lo poseído *(vuestro coche; tus llaves);*
- si el poseedor es una o varias personas *(un amigo mío; un amigo nuestro).* Se caracterizan además por presentar, junto a las formas tónicas o acentuadas *(mío, tuyo, suyo),* formas átonas apocopadas *(mi, tu, su),* que siempre van antepuestas al nombre *(mi libro, tu rosa, su hijo).* Las formas tónicas, por el contrario, van siempre postpuestas, salvo *nuestro, vuestro,* con sus correspondientes variaciones de género y número, que pueden ir antepuestas y postpuestas indistintamente: <u>mi</u> *hermano y un amigo <u>tuyo</u> quieren jugar en <u>nuestro</u> equipo.*

5

Adjetivos indefinidos

Los adjetivos indefinidos se refieren de una forma vaga o imprecisa a la cantidad o la identidad del nombre al cual determinan *(<u>poco</u> tiempo; <u>mucho</u> sueño; <u>otro</u> día; <u>algún</u> lector).* Se denominan **existenciales** los que expresan identidad y **cuantitativos** los que

Adjetivos relativos

Singular		Plural	
Masculino	Femenino	Masculino	Femenino
cuyo	**cuya**	**cuyos**	**cuyas**
cuanto	**cuanta**	**cuantos**	**cuantas**

indican cantidad. Los adjetivos indefinidos existenciales tienen, con pocas excepciones *(cualquier)*, variaciones de género y de número. Van antepuestos al nombre, salvo *ningún* y *algún*, que al usarse postpuestos exigen el adverbio de negación *no* delante del verbo: *No ha venido ninguno; No lo he visto en parte alguna* (obsérvese que *algún/alguno/alguna*, que en sentido recto tienen significado positivo -*algún libro para leer*-, tienen valor de negación cuando siguen al nombre). Los adjetivos indefinidos cuantitativos, conservando su imprecisión, contienen al mismo tiempo una idea de la gradación de la cantidad o la intensidad: *todo, mucho, poco, bastante, demasiado*. Se usan antepuestos al nombre, en general, y concuerdan con él en género y número: *mucho tiempo; bastantes amigos; demasiadas quejas*.

Adjetivos interrogativos y exclamativos

Singular		Plural	
Masculino	Femenino	Masculino	Femenino
¿qué?, ¡qué!	**¿qué?, ¡qué!**	**¿qué?, ¡qué!**	**¿qué?, ¡qué!**
¿cuánto?, ¡cuánto!	**¿cuánta?, ¡cuánta!**	**¿cuántos?, ¡cuántos!**	**¿cuántas?, ¡cuántas!**
¿cuál?	**¿cuál?**	**¿cuáles?**	**¿cuáles?**

6

Adjetivos numerales

Los adjetivos numerales expresan con más precisión que los indefinidos cuantitativos la idea de cantidad o número, en sentido cardinal (cardinales), ordinal (ordinales), multiplicador (múltiplos o multiplicativos) o partitivo (partitivos o fraccionarios), como, respectivamente, *dos piernas, sexto mandamiento, doble fondo, cuarta parte*. Los adjetivos **numerales cardinales** indican número o cantidad precisos y corresponden a la serie natural de los números *(uno, dos, tres, cuatro,* etc.). Sólo concuerdan en género con el nombre *uno/una* y las centenas, a partir de *doscientos/doscientas*. La forma *uno* se apocopa en *un* siempre que antecede al nombre *(un rifle)* y en todos los adjetivos numerales compuestos, cuando éstos preceden a un nombre masculino *(veintiún días, treinta y un años)*, y sustituye a *uno* y *una* cuando precede a *mil* *(treinta y un mil cuatrocientas hectáreas)*. La forma *ciento* se apocopa en *cien* siempre que figura delante del nombre masculino o femenino *(cien años, cien casas)*, así como también cuando precede a otra forma numérica para multiplicarla *(cien mil, cien millones;* pero no al sumársele: *ciento dos, ciento quince)*. Los adjetivos **numerales ordinales** expresan orden o colocación sucesiva *(el primero de la clase, el capítulo decimocuarto)*. Van siempre precedidos de artículo y concuerdan con el nombre en género y número *(la lección decimoséptima; el quincuagésimo año)*. A partir del décimo, salvo en el lenguaje culto, se sustituyen generalmente por los cardinales correspondientes.
Los adjetivos **numerales múltiplos** o **multiplicativos** expresan multiplicación según la serie natural de los números *(doble, triple, cuádruple, quíntuple, séxtuplo, séptuplo,* etc.). Los adjetivos **numerales partitivos** o **fraccionarios** indican división referida a la unidad *(medio, tercio, cuarto, quinto)*. Del *tres* al *diez* se forman con los ordinales correspondientes, seguidos del sustantivo *parte* y unidos al nombre por medio de la preposición *de: la sexta parte del total; la décima parte de los beneficios*. Para las fracciones menores de una décima parte, se emplean los cardinales con el sufijo *-avo/ava*: *la dieciochava parte; un doceavo del producto*.

Adjetivos relativos

Los adjetivos *cuyo/cuya/cuyos/cuyas, cuanto/cuanta/cuantos/cuantas*, que la gramática tradicional suele incluir entre los pronombres relativos, establecen una relación entre el nombre al que acompañan y su antecedente, añadiendo a este valor relacionante un aspecto de posesión *(cuyo)* o de cantidad *(cuanto)*, que justifica esta ambigüedad intrínseca entre el pronombre y el adjetivo. La forma *cuyo*, con sus correspondientes variaciones de género y número, equivale a 'del cual', 'de que', 'de quien', etc. Va siempre antepuesto al nombre, con el que concierta: *este libro cuya lectura recomiendo...; esa chica cuyo hermano es albañil...* La forma *cuanto*, con sus variaciones de género y número es relativo de cantidad que equivale a 'todo lo que': *Le dio cuanto dinero tenía; Ven cuantas veces quieras.*

Adjetivos interrogativos y exclamativos

Estos adjetivos, cuyas formas son *qué, cuál/cuáles, cuánto/cuánta/cuántos/cuántas*, determinan y limitan al sustantivo al que acompañan, bien preguntando lo que está por precisar, en oraciones interrogativas *(¿Qué día?; ¿De cuál ciudad?; ¿Cuántos años tiene?)*, bien ponderando expresivamente lo designado por el nombre, en frases exclamativas (excepto la forma *cual*, sin embargo, que es sólo interrogativa): *¡Qué feliz soy!; ¡Cuánta suerte tienes!* Se usan siempre acentuados, tanto en uso directo como indirecto: *Dime de qué día hablas; Fíjate cuánta suerte tiene.*

4. *Expresan de una forma vaga o imprecisa la identidad (existenciales) o la cantidad (cuantitativos) del nombre al que acompañan.*

5. *Los pronombres relativos establecen una relación entre el nombre al que acompañan y su antecedente, incluyendo su valor relacionante un señalamiento de posesión (cuyo) o de cantidad (cuanto).*

6. Que *es invariable;* cual *sólo tiene variación de número y funciona únicamente como adjetivo interrogativo. Observemos que todas las formas van siempre acentuadas.*

El verbo

El verbo	Clases de verbos	
Categoría gramatical formada por las palabras con que expresamos acción, movimiento, estado, etc.: cerrar, galopar, peinarse, saludarse, besarse, quejarse, romperse, llover, nevar, amanecer, ser, estar, haber, cantar, tener, saber...	**Transitivos** Llevan o pueden llevar complemento directo: *El portero cierra la puerta.*	**Intransitivos** No necesitan llevar complemento directo *El caballo galopa.*
	Reflexivos La acción que expresan recae sobre el mismo sujeto que la realiza: *Inés se peina.*	**Recíprocos** Varios sujetos realizan la acción, que recae de forma recíproca sobre cada uno de ellos: *se saludan; se besan...*
	Pronominales Se conjugan en todas sus formas con los pronombres reflexivos: *quejarse, romperse*	**Impersonales** Expresan una acción sin hacer referencia a un sujeto determinado: *llover, nevar, amanecer...*
	Copulativos De existencia (ser) o estado (estar), que funcionan como simple nexo o enlace entre el sujeto y el atributo: *Pedro es alto; Juan está enfadado.*	**Auxiliares** Sirven para formar lcs tiempos compuestos (haber) y la voz pasiva (ser) de otros verbos: *han dicho; fue vencido.*
	Regulares Todas las formas conservan invariable el lexema y se ajustan al modelo de la conjugación: *cantar, cantaba, cantar, cantaría.*	**Irregulares** No mantienen el lexema, carecen de algunas formas o se apartan del modelo de la conjugación: *tener, tenía, tuvo; saber, supo, supiera.*

1

Usamos los nombres **sustantivos** para designar los seres y objetos. Sus cualidades, circunstancias, situación, identidad, cantidad, etc., las expresamos por medio de los **adjetivos**. Pues bien, mediante los **verbos** expresamos la acción, movimiento, proceso o estado que realiza o experimenta el sustantivo, indicando además qué **persona gramatical** le corresponde, en **número** singular o plural, así como el **tiempo** en que se produce el fenómeno y sus relaciones respecto a la persona que habla o al sujeto a que se refiere la acción.

El verbo es el núcleo del **sintagma verbal** o **sintagma predicativo**, que en las oraciones de predicado verbal expresa lo que se dice o se predica del sujeto: *El caballo bayo - galopa desbocado por el verde prado.* No así del llamado predicado nominal, en el cual el verbo funciona como simple enlace o cópula entre el sujeto y el atributo: *El caballo es un cuadrúpedo herbívoro.*

Clases de verbos

Comparemos las dos oraciones que siguen: *El portero cierra la puerta* y, continuando con el ejemplo anterior, *El caballo galopa.* El verbo que figura en la primera, *cierra,* requiere la presencia de un nombre-sujeto para realizar dicha acción y además, para que ésta pueda realizarse, un objeto para *cerrar,* que en este caso es la *puerta.* En cambio, el verbo de la segunda oración, *galopar,* con la sola presencia del nombre-sujeto que *galopa,* el caballo, da sentido completo a la frase.

Del verbo *cerrar* decimos que es **verbo transitivo,** porque lleva un objeto *(sintagma nominal-complemento directo,* como veremos al estudiar la sintaxis) a través del cual se concreta la acción que expresa. Del verbo *galopar,* el cual designa una acción que no requiere este objeto, decimos que es **verbo intransitivo.** Algunos verbos son por naturaleza solamente transitivos, como *dar, entregar, hacer, enviar, mostrar...,* porque hacen referencia necesariamente a una cosa *dada, entregada, hecha,* etc., mientras que otros, como *dormir, morir, vivir, quemar,* debieran ser siempre intransitivos. Sin embargo, la mayoría de los verbos pueden usarse como transitivos o como intransitivos, siendo determinante para distinguirlos la presencia del objeto-complemento directo en la oración: *Me gusta leer/Me gusta leer el periódico; Voy a dormir/Voy a dormir la siesta; Hay que lavar/Hay que lavar la ropa...*

Algunos verbos transitivos expresan una acción que 'se vuelve' sobre el mismo sujeto, que entonces es a la vez objeto de dicha acción: *Inés se peina.* Decimos de estos verbos, en los cuales la acción como en un espejo, se 'refleja' sobre el mismo sujeto agente, que son **verbos reflexivos.** Próximos a ellos están los **verbos recíprocos,** en los cuales la acción del verbo es realizada por dos o más sujetos y recae de forma recíproca y simultánea sobre cada uno de ellos: *se saludan; se tutean; se besan.*

Los verbos reflexivos, así como los verbos recíprocos, que constituyen un caso particular de los anteriores, se emplean con pronombres reflexivos *(se lava; se besan).* Pues bien, los verbos que se construyen en todas sus formas con estos pronombres *(me, te, se, nos, os, se)* se denominan **verbos pronominales,** grupo en el que se incluyen tanto aquellos verbos que son siempre, exclusivamente, pronominales *(quejarse, arremolinarse, arrepentirse),* como aquellos otros que sólo en ciertas construcciones, para matizar el significado, se emplean con pronombres reflexivos *(romper-se; salir-se; morir-se).*

Al margen de los casos citados, se halla una clase de verbos, llamados **verbos impersonales,** cuyo grupo más numeroso lo forman aquellos verbos que expresan fenómenos atmosféricos *(amanecer, atardecer, llover, nevar, tronar,* etc.), los cuales difícilmente podrían llevar un sujeto personificado y se refieren siempre a la tercera persona del singular: *ha llovido, amanecerá pronto, está anocheciendo, nevará, nevó,* etc.

Verbos copulativos y verbos auxiliares

Son **verbos copulativos** los que expresan existencia o estado y funcionan en la oración como simple enlace o *cópula* entre el sujeto y el atributo o predicado nominal: *Pedro es alto; Juan está enfadado.* En efecto, los verbos copulativos por excelencia son *ser* (expresa existencia) y *estar* (expresa estado); el primero se emplea para indicar una cualidad permanente o cumplida en el sujeto (Pedro será alto siempre), mientras que el segundo expresa generalmente un aspecto más o menos pasajero o accidental (Juan dejará de estar enfadado). Pueden usarse otros verbos como copulativos *(Juan anda enfadado),* pero siempre en la oración podrían sustituirse por las correspondientes formas de *ser* y *estar.* Los **verbos auxiliares** se combinan con los demás verbos, perdiendo gran parte de su significado léxico, para construir las diversas formas compuestas de su conjugación: *he empezado, han dicho, fue vencido, fueron suspendidos.* Los principales son, efectivamente, estos dos: *haber* y *ser,* que sirven respectivamente, como veremos en las páginas que siguen, para formar los tiempos compuestos *(han dicho)* y para construir la voz pasiva *(fue vencido).* Con carácter especial, se emplean también otros verbos en función de verbos auxiliares *(haber, tener, echar, volver, ir, llevar),* principalmente para formar *perífrasis* o *frases verbales,* que expresan obligación *(haber de, tener que),* repetición o duración de la acción *(seguir, volver a), su* inicio o su conclusión *(echar a, ponerse a, estar a punto de),* etc.

Accidentes del verbo

El verbo es, por definición, la palabra con que expresamos en la oración la acción, estado o proceso que atañen al nombre sustantivo: *Rosa canta.* Designa además persona y número, en concordancia con el sujeto o el núcleo nominal, y asimismo indica el tiempo en que se sitúa la acción, el modo o actitud con que la refiere el hablante, si la acción se encuentra terminada o en su desarrollo y aún, finalmente, si el sujeto a que ésta se refiere es quien la realiza o, por el contrario, quien la recibe. Llamamos **accidentes del verbo** a las variaciones gramaticales que sufren las formas verbales, para expresar estas particularidades: persona, número, tiempo, modo, aspecto y voz.

Personas y números. El verbo expresa las tres personas gramaticales, en singular y plural, quedando sobrentendidos los pronombres *personales* correspondientes en función de sujeto: *(yo) cant-o, com-o, part-o; (tú) cant-as, com-es, part-es; (él) cant-a, com-e, part-e; (nosotros) cant-amos, com-emos, part-imos; (vosotros) cant-áis, com-éis, part-ís; (ellos) cant-an, com-en, part-en.* Los accidentes de persona y número se expresan a través de un solo morfema, que figura en posición final: *cant-o, cant-a-mos.*

Tiempo verbal. Las formas verbales indican a qué época o momento hay que referir la acción que expresan: **presente,** si ocurre ahora, simultáneamente al momento en que se habla *(cant-o, com-o, part-o);* **pretérito** o **pasado,** si es anterior o ha ocurrido ya *(cant-aba, com-ía, part-ía);* y **futuro,** si ocurrirá en tiempo venidero *(cant-aré, com-eré, part-iré).* El tiempo verbal se expresa mediante un morfema que sirve al mismo tiempo para especificar los accidentes de modo y aspecto: *cant-á-ba-mos.*

Modo verbal. Indica la actitud en que se sitúa el hablante con respecto a la acción del verbo. Comparemos los tres siguientes ejemplos: *Juan come más* (1); *Deseo que Juan coma* más (2); *¡Come más, Juan!* (3). Hallamos en ellas tres formas del verbo *venir,* en las que se manifiestan claramente tres actitudes distintas de la persona que habla, que corresponden a los tres modos verbales. En (1) el hablante se limita a constatar un hecho cierto e imparcial objetivo, empleando una forma verbal *-come-* que corresponde al modo **indicativo,** que es el que usamos para, simplemente, exponer un hecho, sea en presente, pasado o futuro. En (2), expresa una actitud subjetiva, ya que ve la acción deseable –como podría verla dudosa, preocupante, etc.–, sin poder enunciarla en ningún caso como cierta y real: la forma verbal empleada *–coma–* corresponde al modo **subjuntivo,** que expresa siempre una acción posible, hipotética o incierta *(Dudo que coma más; Temo que coma más; Procuro que coma más...).* Finalmente, en (3), no afirma el hablante que Juan coma más, ni que deba o que pueda comer más, sino que se lo ordena, es decir, le formula un mandato y emplea para ello el modo **imperativo,** que tanto usamos para formular una orden como un ruego o súplica *(Por favor, come más...).* Recordemos que el modo comparte morfema con los accidentes de tiempo y aspecto.

Aspecto verbal. El aspecto verbal distingue si la acción se expresa como algo acabado o como algo que se encuentra en pleno transcurrir. Es decir, distingue un aspecto **perfectivo,** que presenta la acción cumplida o considerada como tal *(he leído un libro* = ya lo he leído), y otro **imperfectivo,** que la presenta en pleno desarrollo *(leo un libro* = no he acabado su lectura). Son tiempos perfectivos todos los tiempos verbales compuestos y el pretérito indefinido o pretérito perfecto simple, e imperfectivos todos los tiempos simples, excepto el pretérito indefinido.

Voz verbal. La voz verbal es el accidente que nos señala si el sujeto realiza la acción expresada por el verbo **(voz activa)** o es quien recibe sus efectos **(voz pasiva).** Así, por ejemplo, el verbo que aparece en la oración *El jurado condenó a la acusada* se encuentra en voz activa y hace referencia a un sujeto agente, el jurado; en cambio, si tomamos como sujeto a la acusada, tendremos entonces que: *La acusada fue condenada por el jurado,* donde el verbo es usado en voz pasiva.

La conjugación

Para referir las acciones o fenómenos que su significado expresa,

1. *El verbo es una palabra variable que expresa acciones, estados o procesos relativos a una persona gramatical determinada y a un tiempo o momento asimismo señalado.*

indicando al mismo tiempo personas y números gramaticales, y asimismo las circunstancias relativas a los accidentes verbales, es decir tiempo, aspecto, modo y voz, el verbo ha de tener la capacidad de producir mediante desinencias un gran número de variaciones morfológicas. En toda forma verbal, podemos distinguir un **lexema,** también llamado **raíz verbal** y **radical**, y una serie de terminaciones añadidas, las **desinencias** o **morfemas verbales,** que expresan los accidentes o categorías verbales de persona, número, tiempo, etc.
El lexema verbal, invariable y fijo para cada verbo, expresa lógicamente su significado semántico fundamental: *cant-* en *cantaré, com-* en *comeré, part-* en *partiré.* En muchas formas verbales va seguido de una **vocal temática,** que indica a qué conjugación del sistema verbal español pertenece el verbo, según el esquema siguiente: *cant-a-ré* (1ª conjugación), *com-e-ré* (2ª conjugación), *part-i-ré* (3ª conjugación).
A continuación se incorporan las desinencias o morfemas verbales: una que reúne tiempo, modo y aspecto *(cant-á-ba-mos)*, y otra que indica persona y número *(cant-á-ba-mos)*. El conjunto ordenado de todas las formas que puede presentar un verbo, para expresar todos los matices y todas las variaciones posibles de su significación, se denomina **conjugación.** En castellano distinguimos tres conjugaciones: verbos con infinitivo terminado en *-ar* (**1ª conjugación**); verbos con infinitivo terminado en *-er* (**2ª conjugación**); verbos con infinitivo terminado en *-ir* (**3ª conjugación**).
Los verbos que en toda la conjugación conservan el lexema invariable y presentan las mismas formas e idénticos morfemas que otro que se toma como modelo, se llaman **verbos regulares.** Los que presentan alguna alteración en el lexema o presentan formas o morfemas distintos al modelo son **verbos irregulares.** Aquellos que no se conjugan en todos los modos, tiempos o personas, se denominan **verbos defectivos.**

Tiempos de la conjugación
Para una misma acción verbal, hay seis variantes morfológicas correspondientes a las tres personas gramaticales del singular y del plural. Damos la denominación de **tiempos del verbo** o **tiempos de la conjugación** a cada uno de estos grupos de seis formas,

Conjugación del verbo auxiliar SER

Modo indicativo		Modo subjuntivo	
Tiempos simples	Tiempos compuestos	Tiempos simples	Tiempos compuestos
Presente soy eres es somos sois son	**Pretérito perfecto** he sido has sido ha sido hemos sido habéis sido han sido	**Presente** sea seas sea seamos seáis sean	**Pretérito perfecto** haya sido hayas sido haya sido hayamos sido hayáis sido hayan sido
Pretérito imperfecto era eras era éramos erais eran	**Pretérito pluscuamperfecto** había sido habías sido había sido habíamos sido habíais sido habían sido	**Pretérito imperfecto** fuera o fuese fueras o fueses fuera o fuese fuéramos o fuésemos fuerais o fueseis fueran o fuesen	**Pretérito pluscuamperfecto** hubiera/ese sido hubieras/eses sido hubiera/ese sido hubiéramos/ésemos sido hubierais/eseis sido hubieran/esen sido
Pretérito indefinido fui fuiste fue fuimos fuisteis fueron	**Pretérito anterior** hube sido hubiste sido hubo sido hubimos sido hubisteis sido hubieron sido	**Futuro imperfecto** fuere fueres fuere fuéremos fuereis fueren	**Futuro perfecto** hubiere sido hubieres sido hubiere sido hubiéremos sido hubiereis sido hubieren sido
Futuro imperfecto seré serás ser seremos seréis serán	**Futuro perfecto** habré sido habrás sido habrá sido habremos sido habréis sido habrán sido	**Modo imperativo** sé tú sea usted sed vosotros sean ustedes	
Condicional sería serías sería seríamos seríais serían	**Condicional compuesto** habría sido habrías sido habría sido habríamos sido habríais sido habrían sido	**Formas no personales** Simples / Compuestas **Infinitivo:** ser / haber sido **Gerundio:** siendo **Participio:** sido / habiendo sido	

2

Modelo de la 1ª conjugación: CANT-AR

Modo indicativo		Modo subjuntivo	
Tiempos simples	Tiempos compuestos	Tiempos simples	Tiempos compuesto
Presente	**Pretérito perfecto**	**Presente**	**Pretérito perfecto**
canto cantas canta cantamos cantáis cantan	he cantado has cantado ha cantado hemos cantado habéis cantado han cantado	cante cantes cante cantemos cantáis canten	haya cantado hayas cantado haya cantado hayamos cantado hayáis cantado hayan cantado
Pretérito imperfecto	**Pretérito pluscuamperfecto**	**Pretérito imperfecto**	**Pretérito pluscuamperfecto**
cantabahabla cantabas cantaba cantábamos cantabais cantaban	cantado habías cantado había cantado habíamos cantado habíais cantado habían cantado	cantara/ase cantaras/ases cantara/ase cantáramos/ásemos cantarais/aseis cantaran/asen	hubiera/ese cantado hubieras/eses cantado hubiera/ese cantado hubiéramos/ésemos hubierais/eseis cantado hubíeran/esen cantado
Pretérito indefinido	**Pretérito anterior**	**Futuro imperfecto**	**Futuro perfecto**
canté cantaste cantó cantamos cantasteis cantaron	hube cantado hubiste cantado hubo cantado hubimos cantado hubisteis cantado hubieron cantado	cantare cantares cantare cantáremos cantareis cantaren	hubiere cantado hubieres cantado hubiere cantado hubiéremos cantado hubiereis cantado hubieren cantado
Futuro imperfecto	**Futuro perfecto**	**Modo imperativo**	
cantaré cantará cantará cantaremos cantaréis cantarán	habré cantado habrás cantado habrá cantado habremos cantado habréis cantado habrán cantado	canta tú cante usted cantad vosotros canten ustedes	
Condicional	**Condicional compuesto**	**Formas no personales**	
			Simples / Compuestas
cantaría cantarías cantaría cantaríamos cantaríais cantarían	habría cantado habrías cantado habría cantado habríamos cantado habriais cantado habrían cantado	**Infinitivo:** **Gerundio:** **Participio:**	cantar / haber cantado cantando cantado / habiendo cantado

3

que surgen como resultado de combinar los accidentes de tiempo *(presente, pasado, futuro)*, aspecto *(tiempos simples*, o imperfectivos, y *tiempos compuestos*, o perfectivos) y modo *(indicativo, subjuntivo, imperativo)*. Recordemos que la voz pasiva se forma con el verbo *ser* como auxiliar.

El paradigma de la conjugación castellana regular comprende en conjunto los siguientes modos y tiempos:

Modo indicativo. Presente: presenta una acción no terminada que se ejecuta en el momento de hablar *(canto)*; se emplea también para expresar enunciados de carácter permanente o general *(la semana tiene siete días)* y para expresar con más viveza hechos del pasado *(Colón descubre América el año 1492)*; **pretérito imperfecto**: indica una acción pasada que no se presenta como acabada *(cantaba)*; es habitual en las descripciones literarias *(En un lugar de la Mancha,... vivía un hidalgo...)* y en general para expresar duración en tiempo pasado *(era de noche, llovía y soplaba un fuerte viento)*; **pretérito indefinido** o **pretérito perfecto simple**: presenta la acción pasada como terminada *(canté)*, es decir, en aspecto perfectivo (recordemos que es, en efecto, el único tiempo simple que se incluye entre los de aspecto perfectivo), y se emplea preferentemente para narrar acciones *(Se armó de todas sus armas, subió sobre Rocinante,... tomó su lanza)*; **futuro imperfecto:** expresa una acción venidera respecto al momento actual, pero dándola como no acabada *(cantará)*, usándose también a veces con valor imperativo *(lo traerás mañana sin falta)*; **condicional simple** o **potencial simple:** expresa un hecho hipotético o condicional *(cantaría si pudiera)*, o un hecho futuro con relación a un pasado *(me dijo que cantaría)*; **pretérito perfecto:** indica un hecho acabado *(he cantado)*, en tiempo cercano al presente *(ya he comido)* o cuyas consecuencias tienen alguna relación con él *(la penicilina ha salvado muchas vidas)*, y se forma, como todos los tiempos

2. *Conjugación del otro verbo auxiliar del castellano, el* ser.

3. *El verbo* cantar *sirve como modelo de cualquier otro verbo cuyo infinitivo termine en* -ar. *Estos se denominan de 1ª conjugación.*

compuestos, con la forma simple del verbo *haber* y el participio del que se conjuga *(he cantado, ha salvado)*; **pretérito pluscuamperfecto:** expresa un hecho pasado y terminado *(había cantado)*, que es anterior a otro pasado *(Cuando nosotros llegamos, ya había cantado)*; **pretérito anterior:** indica también una acción pasada y acabada *(hubo cantado)*, que es inmediatamente anterior a otra también pasada *(Apenas hubo amanecido, salió hacia la estación)*; **futuro perfecto:** expresa una acción acabada en el futuro *(habré cantado)*, pero anterior a otra también futura *(A las seis, cuando vengas a buscarme, ya habré merendado)*; **condicional compuesto** o **potencial compuesto:** expresa también un hecho futuro con relación a otro hecho pasado *(habría cantado)*, y que está supeditado a una premisa o condición *(Dijo que ya habría merendado, cuando tú llegaras)*, o una probabilidad o posibilidad que se da como terminada y puede realizarse en cualquier época *(Si me lo hubiera dicho a mí, no le habría creído)*.

Modo subjuntivo. Presente: expresa tanto un significado de presente *(no cantes tan alto)* como de futuro *(espero que vengas algún día)*, si bien, como todos los tiempos del subjuntivo, señala una hipótesis, duda o deseo, que escapa a toda referencia temporal precisa; **pretérito imperfecto:** expresa una acción inacabada que puede ser pasada *(cantara, cantase)*, presente o futura *(Te rogué que cantaras ayer/hoy/mañana)*, generalmente con significado de deseo o duda, y puede emplearse en dos formas *(cantara y cantase)*; **futuro imperfecto:** expresa una acción no acabada, en presente o en futuro, como una eventualidad hipotética *(... si no lo hiciere, se le castigará)*; **pretérito perfecto:** expresa acción pasada y terminada *(haya cantado)*, con el carácter incierto e hipotético del subjuntivo *(No creo que, cuando lleguemos, haya cantado aún)*; **pretérito pluscuamperfecto:** indica una acción pasada y acabada *(hubiera o hubiese cantado)*.

Modelo de la 2ª conjugación: COM-ER

Modo indicativo		Modo subjuntivo	
Tiempos simples	Tiempos compuestos	Tiempos simples	Tiempos compuestos
Presente	**Pretérito perfecto**	**Presente**	**Pretérito perfecto**
como	he comido	coma	haya comido
comes	has comido	comas	hayas comido
come	ha comido	coma	haya comido
comemos	hemos comido	comamos	hayamos comido
coméis	habéis comido	comáis	hayáis comido
comen	han comido	coman	hayan comido
Pretérito imperfecto	**Pretérito pluscuamperfecto**	**Pretérito imperfecto**	**Pretérito pluscuamperfecto**
comía	había comido	comiera/ese	hubiera/ese comido
comías	habías comido	comieras/eses	hubieras/eses comido
comía	había comido	comiera/ese	hubiera/ese comido
comíamos	habíamos comido	comiéramosé/ésemos	hubiéramos/ésemos comido
comíais	habiais comido	comierais/eseis	hubierais/eseis comido
comían	habían comido	comieran/esen	hubieran/esen comido
Pretérito indefinido	**Pretérito anterior**	**Futuro imperfecto**	**Futuro perfecto**
comi	hube comido	comiere	hubiere comido
comiste	hubiste comido	comieres	hubieres comido
comió	hubo comido	comiere	hubiere comido
comimos	hubimos comido	comiéremos	hubiéremos comido
comisteis	hubisteis comido	comiéreis	hubiereis comido
comieron	hubieron comido	comieren	hubieren comido
Futuro imperfecto	**Futuro perfecto**	**Modo imperativo**	
comeré	habré comido	come tú	
comerás	habrás comido	coma usted	
comerá	habrá comido		
comeremos	habremos comido	comed vosotros	
comeréis	habréis comido	coman ustedes	
comerán	habrán comido		
Condicional	**Condicional compuesto**	**Formas no personales**	
		Simples	Compuestas
comería	habría comido		
comerías	habrías comido		
comería	habría comido	**Infinitivo:** comer	haber comido
comeríamos	habríamos comido	**Gerundio:** comiendo	
comeríais	habríais comido	**Participio:** comido	habiendo comido
comerían	habrían comido		

respecto de otra acción también pasada *(No pensaba que hubieras ganado tanto dinero)*, o simple posibilidad en el pasado *(Nunca lo hubiera dicho)*; **futuro perfecto:** expresa un hecho futuro *(hubiere cantado)* que presenta como acabado con relación a otro futuro *(Si dentro de un mes no te hubiere pagado, me lo dices)*.

Modo imperativo. Tiene en sentido estricto sólo un tiempo presente y dos formas específicas, que corresponden a la segunda persona en sus dos números *(canta tú, cantad vosotros)*, aunque se recurre a las formas del presente del subjuntivo para ampliar sus posibilidades *(¡No cantéis!)*.

Formas no personales del verbo. Son el infinitivo, gerundio y participio, formas verbales que no se conjugan, es decir, que no añaden al lexema verbal morfemas de persona, número, tiempo, etc. El **infinitivo** expresa el significado básico del verbo y es por ello la forma que se emplea para nombrarlo *(cantar, comer, partir)*; tiene una forma compuesta *(haber cantado...)* y voz pasiva *(ser amado)*, y puede desempeñar las funciones propias de un sustantivo *(Cantar es saludable)*. El **gerundio** expresa la acción verbal en su desarrollo *(cantando)*, tiene una forma compuesta *(habiendo cantado)* y puede funcionar como adverbio *(Se fue cantando)*. El **participio** forma parte de las formas compuestas de la conjugación con una función estrictamente gramatical *(he cantado)*, es núcleo del predicado en oraciones subordinadas *(Sometido el territorio, la tropa regresó a los cuarteles)* y desempeña las funciones de un adjetivo *(un perro herido, una persona preocupada)*.

5

Modelo de la 3ª conjugación: PART-IR

Modo indicativo		Modo subjuntivo	
Tiempos simples	Tiempos compuestos	Tiempos simples	Tiempos compuestos
Presente parto partes parte partimos partís parten	**Pretérito perfecto** he partido has partido ha partido hemos partido habéis partido han partido	**Presente** parta partas parta partamos partáis partan	**Pretérito perfecto** haya partido hayas partido haya partido hayamos partido hayáis partido hayan partido
Pretérito imperfecto partía partías partía partíamos partíais partían	**Pretérito pluscuamperfecto** había partido habías partido había partido habíamos partido habíais partido habían partido	**Pretérito imperfecto** partiera/ese partieras/eses partiera/ese partiéramos/ésemos partierais/eseis partieran/esen	**Preterito pluscuamperfecto** hubiera/ese partido hubieras/eses partido hubiera/ese partido hubiérarnos/ésemos partido hubierais/eseis partido hubieran/esen partido
Pretérito indefinido partí partiste partid partimos partisteis partieron	**Pretérito anterior** hube hubiste partido hubo partido hubimos partido hubisteis partido hubieron partído	**Futuro imperfecto** partido partiere partieres partiere partiéremos partiereis partieren	**Futuro perfecto** hubiere partido hubieres partido hubiere partido hubiéremos partido hubiereis partido hubieren partido
Futuro imperfecto partiré partirás partirá partiremos partiréis partirán	**Futuro perfecto** habré partido habrás partido habrá partido habremos partido habréis partido habrán partido	**Modo imperativo** parte tú parta usted partid vosotros partan ustedes	
Condicional partiría partirías partiría partiríamos partiríais partirían	**Condicional compuesto** habría partido habrías partido habría partido habríamos partido habríais partido habrían partido	**Formas no personales** Simples Infinitivo: partir Gerundio: partiendo Participio: partido	 Compuestas haber partido habiendo partido

4. *Los verbos terminados en* -er, *excepto los auxiliares* haber *y* ser, *que tienen esta especial consideración, se denominan de 2ª conjugación. El verbo* comer *constituye un modelo válido.*

5. *El verbo* partir *es un ejemplo de la 3ª conjugación.*

El adverbio

Según la definición de la gramática tradicional, el adverbio es la parte invariable de la oración que modifica la significación del verbo, del adjetivo o de otro adverbio. Puede desempeñar, por consiguiente, las funciones de complemento de una forma verbal *(anda deprisa)*, de un adjetivo *(es bastante rubio)* o de un nombre en función de adjetivo *(es muy valiente)*, así como también de otro adverbio *(anda bastante deprisa)*. Observemos que el tipo de modificación o característica que expresa un adjetivo *(rubio, blanco, negro, grande, pequeño, alto, bajo...)* es por lo común una cualidad individualizada y concreta, que se materializa al ser aplicada a un nombre: *cabello rubio, hombre negro, casa grande...* El adverbio, en cambio, señala una cualidad *(deprisa, bastante, antes, después, bien, mal,* etc.) cuyo sentido es más abstracto e indeterminado que material e individualizable, y que por ello precisamente puede aplicarse no sólo a los verbos en todas sus formas, sino a las palabras atributivas: *lo hace deprisa, tiene bastante, llegó después...*

Morfología de los adverbios

Por definición, el adverbio es una palabra invariable, es decir, que no presenta ningún tipo de flexión gramatical. No admite morfemas gramaticales de tiempo, número, etc., y en consecuencia no puede establecer concordancia alguna, de persona, número, género, tiempo, etc., con la palabra a la que modifica: *come deprisa/ comen deprisa; es muy blanco/ son muy blancas.* En ocasiones, sin embargo, puede llevar morfemas derivativos e incluso presentar otras variaciones formales.

1. **Grados de significación.** Al igual que el adjetivo, muchos adverbios admiten el grado comparativo *(más lejos que, menos deprisa que)* y también el grado superlativo *(lejísimos, muchísimo, tardísimo).*

2. **Sufijos diminutivos apreciativos.** Expresan una disposición apreciativa por parte del sujeto que habla *(cerquita, prontillo, deprisilla).* Recuérdese que hemos señalado el uso frecuente de diminutivos, como una de las características del habla hispanoamericana: *ahorita, despuesito, lueguito, enseguidita.*

3. **Formas apocopadas.** Esta modificación la experimentan determinados adverbios en ciertas posiciones: *mucho* toma la forma *muy* cuando va delante de un adjetivo o de otro adverbio *(muy grande, muy poco;* pero: *mucho comer, mucho saber); tanto y cuanto,* en casos idénticos, pierden la *-o* final *(tan rubio, tan deprisa, cuán amargo, cuán hábilmente;* pero: *tanto/cuanto mayor, menor, mejor, peor).*

4. **Adverbios terminados en -mente.** Constituyen un caso aparte, ya que se trata de adjetivos en forma femenina (si la tienen), que se adverbializan al incorporar el morfema *-mente,* formado del correspondiente sustantivo en latín y que expresa «intención, propósito o sentido con que se hace una cosa»: *claramente, limpiamente, fácilmente.* Conservan el acento gráfico de los adjetivos originarios *(hábilmente, rápidamente)* y cuando coinciden varios en una frase, sólo el último lleva la terminación: *Te lo diré lisa y llanamente.*

Clasificación de los adverbios más comunes

Los adverbios constituyen una clase gramatical compleja por sus funciones y con gran variedad de formas. Suelen clasificarse por su papel sintáctico y reunirse en distintos grupos según su significado.

Por su papel gramatical o sintáctico, se distinguen dos grupos específicos:

- **Adverbios pronominales:** reciben este nombre porque equivalen a verdaderos pronombres, tienen como ellos un significado ocasional y desempeñan una función demostrativa en relación con las tres personas gramaticales: *aquí* o *acá, ahí,* ***allí/allá.*** En efecto, frases como *Está aquí* (o *acá), Vive ahí, Cayó allí* (o *allá),* expresan proximidad con respecto a la primera, segunda o tercera persona, respectivamente, y equivalen a frases demostrativas como *Está en este lugar, Vive en esa casa, Cayó en aquel lugar,* en las cuales aparece, acompañado de un adjetivo demostrativo, un nombre sustantivo que la construcción con los adverbios pronominales hace innecesario. Un caso parecido se da con otras formas adverbiales como, por ejemplo, *hoy, mañana, ayer, anteayer,* en las cuales su significado está supeditado al día en que habla el sujeto *(hoy* puede ser *lunes, día 2,* y más tarde, *jueves, día 5,* será también *hoy)* y que en su función pronominal sustituyen al sustantivo *(día, lunes, martes, miércoles...): vino anteayer* equivale, por ejemplo, *vino hace dos días, a vino el lunes, vino el martes,* etc.
- **Adverbios relativos:** se llaman también pronombres adverbiales *(donde, cuando, como),* porque sin perder su carácter adverbial, en el significado y como modificadores del verbo, desempeñan además la función de pronombres relativos al introducir una proposición subordinada: *Esta es la casa donde nací; Apenas abrió la puerta cuando sonó el teléfono; Lo hizo tal como lo prometió.*

Además de estos dos grupos existe un tipo de adverbios llamados **oracionales,** formado por los adverbios de negación, de afirmación y de duda *(sí, cierto, no, nunca, jamás, quizá, acaso, tal vez,* etc.), que en el contexto general del discurso equivalen a una oración entera: *¿Quieres más? -Sí; ¿Vendrás? -Nunca; Mañana te llamará. -Tal vez.* Se emplean también con la misma función adverbios terminados en mente:
sí = *ciertamente;*
tal vez = probablemente.

Por su significado, los adverbios pueden ser:

- **De lugar:** *aquí, acá, ahí, allí, allá, cerca, lejos, dentro, fuera, delante, detrás, arriba, abajo, encima, debajo,* etc. Estos adverbios se emplean para hacer referencia a una situación o posición, bien de forma aislada *(Hay una fuente cerca),* bien en relación a un adyacente referencial *(Está debajo de la mesa),* o bien para expresar proximidad o alejamiento con respecto a las tres personas gramaticales *(Aquí hay una silla y allí una mesa).*
- **De tiempo:** *hoy, mañana, ayer, anteayer, ahora, antes, después, luego, nunca, aún, todavía, tarde, temprano, mientras, cuando...* Igual que los de lugar, muchos pueden usarse solos *(Te llamaré luego)*

Clasificación de los adverbios

Por su función sintáctica:	
Pronominales Equivalen a pronombres demostrativos	aquí o acá, ahí, allí/allá hoy, mañana, ayer, anteayer
Relativos Pronombres adverbiales que introducen una oración subordinada	donde, cuando, como
Oracionales Pueden ser considerados como una oración completa	si, cierto, no, nunca, jamás, quizás, acaso, tal vez, ciertamente, inequívocamente, probablemente...
Por su significado:	
De lugar	aquí, acá, ahí, allí, allá; aquende, allende; cerca, lejos; dentro, adentro; fuera, afuera; encima, debajo; arriba, abajo; delante, enfrente, detrás; donde, adonde, dondequiera, doquier...
De tiempo	hoy, ayer, anteayer, mañana, pasado mañana; ahora, antes, después, luego; pronto, tarde, temprano; siempre, nunca, jamás; mientras, aún, todavía...
De modo	bien, mal, regular; mejor, peor; así, como, tal, cual; apenas; despacio, aprisa, deprisa; sólo, solamente; fácilmente, difícilmente, regularmente, duramente, estupendamente, ágilmente...
De cantidad	mucho-muy, poco, algo, nada, todo, bastante, demasiado; más, menos; casi; además; sólo, solamente; tanto-tan, cuanto-cuan...
De orden	antes, después; primeramente, sucesivamente, posteriormente, últimamente; primero, segundo, tercero...
De afirmación, negación y duda	sí, también, claro, seguro, ciertamente, efectivamente; no, nunca, jamás, nada, tampoco; quizá, quizás, acaso, tal vez, probablemente, seguramente...
Locuciones adverbiales	a veces; a menudo; a escondidas; a pie; a caballo; a traición; a diestra y siniestra; en seguida; en pie; en cuclillas; en efecto; en realidad; de repente; de pronto; de súbito; de memoria; de improviso; desde luego; por poco: por fin; para colmo, etc.

o con adyacente referencial *(Te llamaré después de comer)*, otros expresan tiempo en sentido durativo *(Todavía anda)*, algunos lo excluyen con rotundidad *(Nunca va a pie)* y existe un grupo específico que utilizamos para nombrar el día *(hoy, ayer, mañana...)*.

- **De modo:** *bien, mal, regular, mejor, pero, así, como, según, despacio, deprisa*, y números adverbios terminados en *-mente (fácilmente, duramente, difícilmente, estupendamente, ágilmente...)*, así como algunos adjetivos en masculino singular, sin establecer concordancia con nombre alguno *(habla bajo; grita fuerte; anda ligero)*.
- **De cantidad:** *mucho, poco, algo, nada, todo, bastante, demasiado, además, sólo, solamente, tan, tanto, cuan, cuanto*, etc. Donde hallamos algunos que pueden ser empleados también como pronombres *(Dijo algo que...)* y otros que suelen emplearse acompañando a otros adverbios, modificando intensivamente la cualidad *(muy bien, demasiado temprano)* y expresando grados de significación *(más tarde que, menos rápido que)*.
- **De orden:** *antes, después, primeramente, sucesivamente, posteriormente, últimamente*, etc., y muchos adjetivos numerales adverbializados *(hablaré primero, entró tercero)*.
- **De afirmación, negación y duda:** *sí, también, claro, seguro, ciertamente, efectivamente, no, nunca, jamás, nada, tampoco, quizá, quizás, acaso, tal vez, probablemente, seguramente*.

Recordemos que cualquiera de estos adverbios puede aparecer solo, en una contestación, constituyendo en cierto modo una oración entera.

Locuciones adverbiales. Son grupos de palabras, la primera de las cuales suele ser una preposición, que por su función equivalen a un adverbio y se usan con significado fijo. Las locuciones adverbiales o **frases adverbiales** son muy usuales en castellano: *a veces, a menudo, a escondidas, a pie, a caballo, a traición, a diestra y siniestra, en seguida, en pie, en cuclillas, en efecto, en realidad, de repente, de pronto, de súbito, de memoria, de improviso, desde luego, por poco, por fin, para colmo*, etc. 1

1. *Los adverbios, que constituyen una clase gramatical con numerosas funciones y formas, pueden clasificarse según su papel sintáctico y también por su significado.*

La preposición

La preposición es una palabra invariable que, en la oración, enlaza otras dos palabras y expresa además la relación de significado que existe entre ambas: *un jarrón de porcelana; un jarrón para la miel.* Es decir, conecta una palabra con otra que le sirve de complemento y establece entre las dos una relación de significado más o menos compleja y diversificada. En su función de enlace, decimos que es un elemento de **relación subordinante.** Dentro de la oración, vemos que las palabras se encadenan unas con otras de modos muy diversos: por yuxtaposición (unión directa, sin nexo ni enlaces), por concordancia (mediante morfemas gramaticales) y mediante palabras o grupos de palabras que realizan una función conectora de coordinación o de subordinación. La coordinación se establece entre elementos que desempeñan la misma función sintáctica, mediante conjunciones coordinantes (que estudiaremos acto seguido), sintagmas prepositivos y sintagmas adverbiales. La **subordinación,** que une a un elemento con otro que le sirve de complemento, marcando una relación de dependencia, se establece mediante las conjunciones subordinantes, los pronombres relativos y las preposiciones *(ir al campo; casa con jardín).* En su aspecto significativo, las preposiciones son vocablos que podemos considerar vacíos de contenido propio, puesto que el significado les viene dado como consecuencia de su función de enlace, al encontrarse en el contexto general de una determinada frase u oración. Sin embargo, cada una de ellas expresa un tipo de relación determinado y no se pueden intercambiar. Comparemos los ejemplos siguientes: *llorar de pena; casa de madera; carta de París,* en los que se utiliza la misma preposición para indicar, respectivamente, causa, materia y origen, con *ir al campo/ir por el campo/ir hasta el campo,* en los cuales, inversamente, es el cambio de preposición el que determina un cambio de significado.

Clases de preposiciones

Las preposiciones se clasifican por su forma. Su función es invariable y, por tanto, común a todas ellas, y su significado, como acabamos de ver, es en general limitado y está supeditado al contexto en que se encuentran.

• **Preposiciones simples.** Son aquellas constituidas por una sola palabra, cuya serie completa, según la gramática tradicional, sería: *a, ante, bajo, cabe, con, contra, de, desde, en, entre, hasta, hacia, para, por, según, sin, so, sobre, tras.* Algunas de las que figuran en esta relación han caído en desuso actualmente *(cabe, so)* y se consideran por tanto arcaísmos. En cambio, pueden incorporarse a la lista palabras que en la lengua moderna empleamos con una clara función prepositiva *(durante, mediante, salvo, excepto, incluso, cuando, donde).* Como particularidades, cabe destacar en las siguientes preposiciones: *a* expresa dirección o término del movimiento *(va a Pekín),* tiempo *(a las seis),* lugar *(a la derecha),* manera o modo *(a la madrileña),* e introduce el complemento directo que es nombre de persona, animal o cosa personificada; *bajo* denota posición inferior *(bajo techo)* o sometimiento *(bajo el reinado de...)*; *cabe* equivale a «junto a», «cerca de», aunque su uso es arcaísmo; *con* expresa compañía o unión *(con su amigo; con soda),* contenido *(con papeles, con basura),* instrumento o medio *(con tenedor, con paciencia)* y relación *(unos con otros)*; *de* indica posesión y pertenencia *(de mi tío, del bosque),* materia *(de madera),* cualidad *(de valor, de mucho temple),* origen o procedencia *(de Buenos Aires),* causa *(de dolor),* modo *(de cara, de espaldas)* y tiempo *(de noche, de madrugada)*; *desde* momento o lugar de origen *(desde el verano, desde la costa)*; *en* expresa lugar en donde *(en el desierto),* tiempo de la acción *(en invierno)* y modo o manera *(en fila, en avión)*; *para* expresa finalidad *(para el resfriado)* y término vago de tiempo o de movimiento *(para la semana próxima, para un lado y para otro)*; *por* indica lugar o tiempo aproximados *(por la avenida, por la mañana),* medio o modo *(por teléfono, por caridad),* causa *(por temor)* y finalidad *(por verte)*; *so* equivale a «bajo» y se emplea exclusivamente en algunas frases fijas *(so pretexto de, so pena de).*

• **Preposiciones compuestas.** Se trata generalmente de dos preposiciones agrupadas, que funcionan como una sola: *a por, de a, de por, de entre, desde por, para con, por de, por entre,* etc.

• **Locuciones** o **frases prepositivas.** Están compuestas por dos o más

1

La preposición	Clases de preposiciones
Es una palabra invariable que en la oración une una palabra con otra que le sirve de complemento - La preposiciones carecen de significado propio pero lo reciben de las palabras a las que unen y a su vez contribuyen a definirlo. - No pueden usarse aisladas. - Carecen de acento prosódico.	**Preposiciones simples** a, ante, bajo, cabe, con, contra, de, desde, en, entre, hasta, hacia, para, por, según, sin, so, sobre, tras, durante, mediante, salvo, excepto, incluso, cuando, donde **Preposiciones compuestas** a por, de a, de por, de entre, desde por, para, con, por de, por entre, etc. **Locuciones o frases prepositivas** delante de; debajo de; detrás de; encima de; junto a; por entre; con arreglo a; en virtud de; en cuanto a; debido a; respecto de; de detrás de; por encima de; etc.

Principales usos de algunas preposiciones

a	- Expresa dirección o término del movimiento: va a Pekín - Tiempo: a las seis - Lugar: a la derecha - Manera o modo: a la madrileña - Introduce el complemento directo que es nombre de persona, animal o cosa personificada
bajo	- Denota posición inferior (bajo techo) o sometimiento (balo el reinado de...)
cabe	- Equivale a "junto a", "cerca de", aunque su uso es arcaísmo
con	- Expresa compañía o unión: con su amigo, con soda - Contenido: con papeles, con basura - Instrumento o medio: con tenedor, con paciencia - Relación: unos con otros
de	- Indica posesión o pertenencia: de mi tío, del bosque - Materia: de madera - Cualidad: de valor, de mucho temple - Origen o procedencia: de Buenos Aires - Causa: de dolor - Modo: de cara, de espaldas - Tiempo: de noche, de madrugada
desde	- Señala momento o lugar de origen: desde el verano, desde la costa
en	- Expresa lugar en donde: en el desierto - Tiempo de la acción: en invierno - Modo o manera: en fila, en avión
para	- Expresa finalidad. para el resfriado - Término vago de tiempo o de movimiento: para la semana próxima, para un lado y para otro
por	- Indica lugar o tiempo aproximados: por la avenida, por la mañana - Medio o modo: por teléfono, por caridad - Causa: por temor - Finalidad: por verte
so	- equivale a "bajo" y se emplea exclusivamente en algunas frases fijas: so pretexto de, so pena de

palabras que realizan en la oración el mismo papel gramatical que una preposición simple. Algunas locuciones prepositivas equivalen a una preposición ya existente *(delante de = ante; debajo de = bajo; detrás de = tras; encima de = sobre; junto a = cabe).* Otras, en cambio, responden a necesidades del lenguaje y expresan ciertas relaciones para las que no existe la preposición apropiada *(por entre; con arreglo a; en virtud de; en cuanto a; debido a; respecto de; de detrás de; por encima de;* etc.).

Uso y funciones de las preposiciones Las preposiciones son palabras que no pueden usarse separadamente, sino que se emplean siempre unidas a otras, a las cuales introducen marcando su carácter de complementos adyacentes. Por ello, normalmente, dentro de la oración se encuentran siempre antepuestas al vocablo que relacionan con otra palabra precedente: *pasta de papel; vivir en la ciudad.* A veces, sin embargo, se encuentran preposiciones pospuestas. Este caso se da en particular con ciertos adverbios usados con función prepositiva *(antes, después, abajo, arriba, adentro, afuera, adelante, atrás),* que en realidad no han perdido su carácter adverbial: *Poco antes de...; días después que...; calle abajo; río arriba; mar adentro; de puertas afuera; camino adelante; años atrás.* Las preposiciones simples son palabras átonas, es decir, carecen de acento prosódico

2

propio. Se unen a la palabra que preceden en un solo grupo tónico: *a dormir = /adormír/; con café = /konkafé/.* La función genérica que todas las preposiciones asumen en el plano sintáctico es, como ya se ha dicho, la de introducir complementos y adyacentes, marcando su función subordinante. Esta función pueden realizarla dentro de la oración *(Es un chico muy dotado para la música)* y dentro del sintagma *(El hijo de José vive allí).* En ambos casos pueden introducir y enlazar a todas las categorías gramaticales, con algunas salvedades que enunciaremos brevemente.

- Relacionan el verbo con otros elementos oracionales que se transforman en sus complementos:

a) complemento directo con *a*: *Espero a Juan;*
b) complemento indirecto: *Compra algo para cenar;*
c) complemento circunstancial: *Te espero en casa;*
d) complemento preposicional: *Comer de todo.*

- Enlazan un sustantivo con otro: *El coche de papá; la casa con jardín.*
- Enlazan un adjetivo con un sustantivo: *Apto para menores.*
- Introducen las formas no personales del verbo: *Lucha para ganar.*

1. *Las preposiciones son invariables tanto en su función como en su forma, pero pueden usarse agrupadas.*

2. *Las preposiciones tienen usos concretos según el contexto y no se pueden intercambiar.*

La conjunción

La conjunción es una palabra invariable relacionante, que une palabras y oraciones:
a) une palabras y oraciones que desempeñan la misma función sintáctica: *El gato y el perro juegan; Hablé con él pero no me creyó;*
b) y relaciona una o más oraciones subordinadas con la oración principal: *Regresamos temprano porque se puso a llover.*
Recapitulemos brevemente lo dicho en el capítulo anterior sobre la forma en que pueden encadenarse, en el contexto general del discurso, las palabras y las oraciones: por yuxtaposición o unión directa, sin nexo o enlace; por concordancia mediante morfemas gramaticales; por coordinación, y por subordinación.
La coordinación se establece entre elementos que desempeñan la misma función sintáctica, mientras que la subordinación comporta una relación de dependencia. Pues bien, dentro de la categoría gramatical que engloba las conjunciones, distinguimos entre **conjunciones coordinantes** y **conjunciones subordinantes.**

Conjunciones coordinantes
Las **conjunciones coordinantes,** llamadas también *conectores,* unen pues palabras y oraciones que desempeñan un papel sintáctico equivalente en cada caso: los sujetos y los complementos en *Una carta o un telegrama traen siempre noticiasy Me mandas una carta o un telegrama,* respectivamente; dos oraciones coordinadas adversativas en *Es un chico trabajador, pero no tiene talento.*
Tanto entre elementos oracionales (sujeto, adyacente, complemento) como entre oraciones enteras, la coordinación puede ser de varios tipos, correspondiendo a cada uno de ellos conjunciones diferentes:
• **Copulativas:** *y, e, ni.* Establecen una unión en la cual cada uno de los elementos se suma a otro u otros con una relación de absoluta igualdad, sin introducir ningún matiz en el significado. Se usa en general la conjunción *y (Juan y Pedro viajan; Juan conduce y Pedro descansa),* que se sustituye por *e* ante las palabras que empiezan por el fonema */i/,* si éste no inicia diptongo *(Ana e Isabel,* pero *mata y hiere),* y por la forma *ni,* para unir elementos negativos (*Ni Juan ni Pedro tienen coche; Ni tienen coche ni piensan tenerlo).*
• **Disyuntivas:** *o, u, ya... ya, ora.. ora, bien... bien.* Expresan una alternancia o una opción entre dos o más posibilidades, el cumplimiento de una de las cuales excluye las demás. La conjunción o *(Dame un lápiz o un bolígrafo; Calla o vete)* puede repetirse delante de cada término para reforzar la disyunción (*o un lápiz o un bolígrafo; o calla o vete)* y toma la forma *u* ante las palabras que empiezan por el fonema */u/ (siete u ocho, casa u hogar).* Las formas *ya, bien* y *ora* se emplean precediendo a todos

Cuadro general de las conjunciones

Conjunciones	**Coardinantes (o conectores)**	**copulativas**	y, e, ni
		disyuntivas	o, u, ya... ya, ora... ora, bien... bien
		adversativas	pero, mas, sino, salvo, aunque, sin embargo, no obstante, etc.
		ilativas o consecutivas	con qué, luego, pues, así pues, así que, de modo que, por consiguiente. etc.
	Subordinantes (o transpositores)	**causales**	que, porque, pues, pues que, puesto que, ya que, como, como que, como quiera que, supuesto que, etc.
		comparativas	así como, así también, de modo que, tal como, mejor que, igual que, lo mismo que, etc.
		concesivas	aun que, si bien, por más que, siempre que, ya que, a pesar de que, si bien, así, mal que, sea como sea, etc.
		consecutivas	que, pues, por tanto, por consiguiente. luego, conque, por esto, por eso, as que, de modo que, de manera que, etc.
		finales	para que, a fin de que, a que, con objeto de, etc.
		modales o de modo	como, así como, de modo que, según, de manera que, conforme, etc.
		temporales	mientras, cuando, siempre que, antes que, después que, luego que, no bien, mientras que, entretanto que, etc.
		de lugar	donde, adonde, por donde, de donde, hacia donde, a donde, hasta donde, etc.

los términos *(ya en la paz, ya en la guerra; bien por ti, bien por mí; ora andando, ora corriendo)*. Para intensificar el sentido disyuntivo, *bien* puede combinarse con *o (bien por ti, o bien por mí; o bien por ti, o bien por mí)*. En la lengua actual, *ora* es poco empleada.

- **Adversativas:** *pero, mas, sino, salvo, aunque, sin embargo, no obstante,* etc. Contraponen a un elemento otro que restringe su significado o que se le opone completamente *(Está enfermo pero no grave; Se lo pedí, mas no me lo dio)*. Las formas *pero, mas, aunque, sin embargo, no obstante,* son equivalentes en su función y significado. En cambio, *sino* se emplea únicamente cuando el primer término es negativo y el segundo se afirma para ocupar su lugar *(No viene Esteban, sino su hermano; No lo piden, sino que lo exigen)*.
- **Ilativas o consecutivas:** *conque, luego, pues, así pues, así que, de modo que, por consiguiente,* etc. Introducen una oración que es consecuencia de la primera *(Está enfadado, conque ándate con cuidado; No te lo diré, así que déjame en paz)*. No deben confundirse la preposición *conque* y las combinaciones *con que (con el cual, con el hecho de que)* y *con qué* (*¿con cuál?, ¿con cuáles?*).

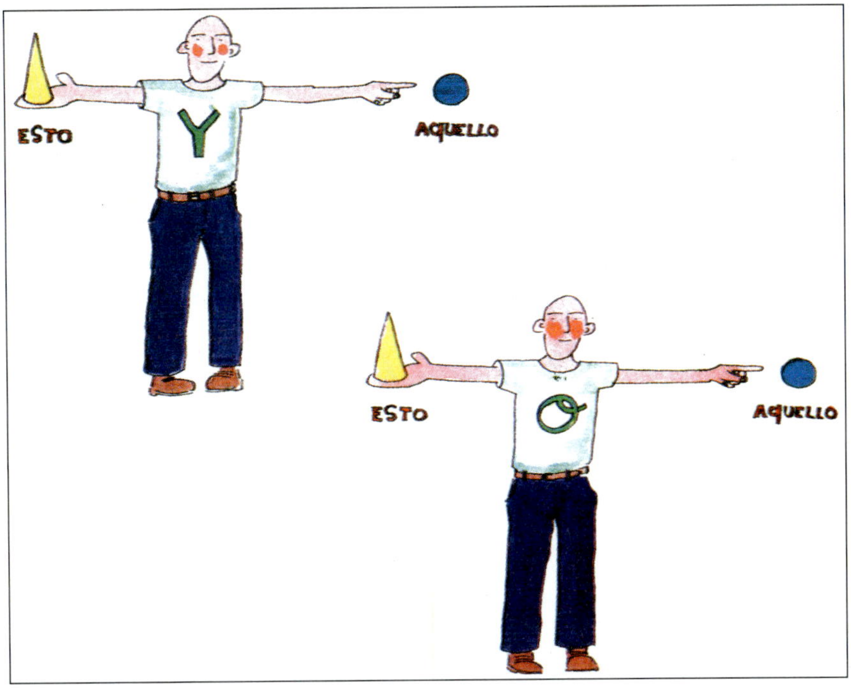

2

Conjunciones subordinantes

Las **conjunciones subordinantes,** llamadas también **traspositores** o **subordinadores,** introducen una proposición subordinada y expresan su relación de dependencia respecto a la principal *(Apruebo su elección, pues es el mejor; Iré si tú me acompañas)*. Atendiendo a esta relación, que puede ser de causa, consecuencia, finalidad, etc., se clasifican en *causales, comparativas, concesivas, consecutivas, finales, modales* o *de modo, temporales* y *de lugar,* clasificación que coincide además con la que se establece entre las proposiciones subordinadas.

- **Causales**: *que, porque, pues, pues que, puesto que, ya que, como, como que, como quiera que, supuesto que, etc.* Introducen la causa de lo que se expresa en la oración principal *(Acepté su propuesta porque no tenía otro remedio)*.
- **Comparativas:** *así... como, así... también, tal... cual, tal... como, tanto... cuanto, tanto... como, igual que, lo mismo... que, más... que, más... de, menos... que, menos... de, mejor... que, cuanto,* etc. Establecen una relación de igualdad, inferioridad o superioridad con respecto a lo que expresa la oración principal *(Lo hice mejor que -lo hiciste- tú)*.
- **Concesivas:** *aunque, si bien, por más que, siempre que, ya que, a pesar de que, si bien, así, mal que, sea como sea,* etc. Introducen una subordinada que expresa un obstáculo o dificultad, que no impide sin embargo que se cumpla lo que se afirma en la principal *(Lo encontraré aunque tenga que correr medio mundo)*.
- **Consecutivas:** *que, pues, por tanto, por consiguiente, luego, conque, por esto, por eso, así que, de modo que, de manera que,* etc. Introducen una subordinada que es consecuencia o resultado de la principal *(Ya sabes mi opinión, así que decide tú)*.
- **Finales:** *para que, a fin de que, a que, con objeto de,* etc. Introducen una subordinada que expresa la finalidad o intención a que se orienta la acción de la principal *(Estudio para que me aprueben)*.
- **Modales o de modo:** *como, así como, de modo que, según, de manera que, conforme,* etc. Indican la manera en que se realiza o transcurre la acción expresada por la proposición principal, generalmente incluyendo en su composición un adverbio de modo *(Se ha hecho como se ha podido)*.
- **Temporales:** *mientras, cuando, siempre que, antes que, después que, luego que, no bien, mientras que, entretanto que,* etc. Indican una circunstancia de tiempo, simultáneo, anterior o posterior, relativa al verbo de la oración principal *(Siempre que nos vemos, nos saludamos)*.
- **De lugar:** *donde, adonde, por donde, de donde, hacia donde, a donde, hasta donde,* etc. Indican una circunstancia de lugar relacionada con la oración principal, y pueden formarse con un adverbio y una preposición *(Te mostraré el camino por donde puedes pasar)*.

1. *La clasificación de las conjunciones coincide, a grandes rasgos, con la que se establece para las proposiciones coordinadas y subordinadas.*

2. *Dos ejemplos de uso de conjunciones coordinantes (copulativas y disyuntivas).*

La interjección

Las palabras que nos sirven para expresar de forma repentina y con cierta emotividad la impresión que nos produce lo que oímos, vemos o sentimos, se llaman **interjecciones**. Usamos las interjecciones para manifestar con vehemencia estados de ánimo: *¡Olé!, ¡Ay!, ¡Bah!, ¡Ca!, ¡Arrea!, ¡Por Dios!, ¡Mecachis...!* Es con estas palabras con las que el lenguaje alcanza el más alto nivel de su función expresiva y emotiva. Su uso, en efecto, está directamente ligado al estado emotivo del hablante, que condensa en una fórmula brevísima, como, por ejemplo, *¡Olé!*, lo que debiera ser una frase de aprobación o entusiasmo del tipo *¡Qué bien lo estás haciendo!*, o *¡Cuánto me alegro!* Este mensaje, formulado de acuerdo con las leyes gramaticales, se sustituye en un momento de tensión expresiva por un signo de la máxima concisión, que completamos con la fuerza de la entonación.
Si repasamos la clasificación de los adverbios, encontraremos un grupo de adverbios llamados oracionales, que al ser utilizados como respuesta equivalen por sí solos a una oración entera (*¿Tienes miedo? -No.*). Esta característica, que podemos considerar como una particularidad de los adverbios de negación, de afirmación y de duda (*sí, no, quizá*, etc.), se da con todas las interjecciones.
En efecto, aunque en sus formas más elementales no constituyen propiamente una frase, sino una especie de embrión o rudimento de una oración exclamativa, pueden considerarse en todos los casos como enunciados completos.
La interjección no constituye propiamente una parte de la oración, ya que no representa una categoría de vocablos con contenido léxico o sintáctico, ni es tampoco una partícula relacionante, como los adverbios, las preposiciones o las conjunciones. Desempeña un papel invariable, al margen de la oración u oraciones que puedan acompañarla en el contexto, de las cuales se aísla por pausas y de las que se distingue enfáticamente por la entonación: *¡Dios santo...! Debes impedírselo.*

Interjecciones propias e impropias

Pueden usarse como interjecciones numerosas palabras del léxico común, sean nombres, adjetivos, verbos, adverbios, etc. (*¡Hombre!, ¡Bravo!, ¡Toma!, ¡Bien!*). De hecho, las expresiones exclamativas constituyen un capítulo abierto en el que tienen cabida todas las fórmulas posibles, tanto las habitualmente empleadas para estos fines como las que el propio hablante pueda improvisar. Se llaman **interjecciones propias** aquellas voces que no tienen relación con el léxico común de la lengua y que se han consolidado como vocablos exclamativos de uso permanente. Se caracterizan, en general, por su brevedad fonética (predominan entre ellas los monosílabos y bisílabos) y por su capacidad para expresar mensajes muy diversos. Las más corrientes son: *¡ah!, ¡ajá!, ¡ay!, ¡bah!, ¡ca!, ¡ea!, ¡eh!, ¡hale!, ¡hola!, ¡huy!, ¡oh! ¡olé!, ¡quiá!, ¡uy!, ¡caramba!, ¡cáspita!* Se usan como partículas invariables y, en consecuencia, no pueden establecer concordancia con ningún elemento de la oración.
Algunas han dado origen a un sustantivo que se emplea para nombrarlas: *los ayes de los heridos; los bravos de la platea*
El grupo de las llamadas **interjecciones impropias** lo componen numerosas palabras comunes pronunciadas enfáticamente y con intención exclamativa.
Estas palabras pueden pertenecer a diversas categorías gramaticales, como ya se ha dicho, y algunas de ellas se han consolidado como expresiones exclamativas, lo que las aproxima en buena medida a las que forman el grupo de las preposiciones propias: *¡Ahí va!, ¡Anda!, ¡Ánimo!, ¡Arrea!, ¡Arriba!, ¡Atención!, ¡Bueno!, ¡Cómo!, ¡Cuidado!, ¡Demonio!, ¡Dios mío!, ¡Eso!, ¡Hombre!, ¡Jesús!, ¡Ojo!, ¡Por Dios!, ¡Sopla!, ¡Suerte!, ¡Toma!, ¡Vaya!, ¡Venga!, ¡Virgen María!, ¡Virgen Santa!*
No siempre la palabra usada como interjección pierde su significado al ser usada como voz exclamativa. Para avisar de un peligro, por ejemplo, podemos gritar *¡Cuidado!*, es decir, «pon atención porque corres un riesgo», pero podemos emplear la misma voz para formular una amenaza (*¡Cuidado...!*) e incluso en sentido ponderativo o exclamativo (*¡Cuidado que eres...!*). Ello es debido a que muchas palabras de significado propio se usan frecuentemente con valor exclamativo sin perder por ello su contenido semántico original: *¡Cuidado!* y, como ésta, *¡Atención!, ¡Ojo!, ¡Animo!, ¡Suerte!, ¡Venga!*, etc.
Hallamos asimismo entre las interjecciones impropias numerosas exclamaciones empleadas en las plegarias, que usadas espontánea y repentinamente, fuera de su contexto específico, se convierten en verdaderas voces exclamativas despojadas de su pleno significado: *¡Dios!, ¡Dios mío!, ¡Por Dios, ¡Vaya por Dios!, ¡Jesús!, ¡Jesús mío!, ¡Virgen María!, ¡Virgen Santa!*, etc.
En el habla popular se usan como interjecciones muchas palabras que tienen un origen claramente escatológico (*¡mierda!*) u obsceno (*¡carajo!, ¡coño!*), y que obviamente la cortesía social excluye del léxico aceptado, las cuales han dado lugar a verdaderas interjecciones formadas por eufemismos o variaciones suavizadas de esas mismas palabras: *¡Leñe!, ¡Rediez!, ¡Córcholis!*, etc.
A pesar de todo lo dicho, las interjecciones desempeñan en numerosas ocasiones un papel expresivo en el cual remplazan a verdaderas formas verbales. Tal es el caso, por ejemplo, de las voces empleadas para formular una llamada (*¡eh! ¡pst!, ¡chist!*), función que corresponde, en castellano, al imperativo y, en las lenguas con declinación, al caso vocativo. Por último, usamos también con frecuencia como interjecciones muchas onomatopeyas y muletillas. Las onomatopeyas, palabras formadas para imitar o representar diversos sonidos reales, pueden tener la categoría gramatical de un nombre sustantivo (*el tictac del reloj, el tintín de la campanilla*), pero se prestan en muchos casos para representar repentinamente

sonidos de la vida diaria y dar más fuerza expresiva al lenguaje: *¡zas!, ¡plaf!, ¡catapum!*, etc. Algo parecido ocurre con las muletillas, es decir, esas palabras o expresiones innecesarias que repetimos a menudo como apoyo al hablar, muchas de las cuales, especialmente en ciertas áreas geográficas, son usadas con valor interjectivo: *¡Ea!, ¡Eso!, ¡Che!, ¡Pibe!*, etc.

Las interjecciones (cuadro resumen

La interjección	Voz o palabra que sirve para expresar, por lo común de forma repentina y espontánea, estados de ánimo, quejas, deseos, llamadas, etc. - Se usa separada de la frase, entre signos de exclamación - Equivale por sí misma a un enunciado completo
Interjecciones propias	Son palabras invariables, generalmente monosílabos o bisílabos, sin relaci¢n con el léxico común de la lengua, usadas únicamente como voces exclamativas: *¡ah!, ¡ajá!, ¡ay!, ¡bah!, ¡ca!, ¡ea!, ¡eh!, ¡hale!, ¡hola!, ¡huy!, ¡oh!, ¡olé!, ¡quiá!, ¡uy!, ¡caramba!, ¡cáspita!*
Interjecciones impropias	Son palabras comunes usadas con intención enfática y exclamativa, que pueden pertenecer a diversas categorías gramaticales: *¡Ahí va!, ¡Anda!, ¡Ánimo!, ¡Arrea!, ¡Arriba!, ¡Atención!, ¡Bueno!, ¡Cómo!, ¡Cuidado!, ¡Demonio!, ¡Dios mío!, ¡Eso!, ¡Hombre!, ¡Jesús!, ¡Ojo!, ¡Por Dios!, ¡So pla!, ¡Suerte!, ¡Toma!, ¡Vaya!, ¡Venga!, ¡Virgen María!, ¡Virgen Santa!*

1

2

Usos principales de algunas interjecciones

Voz	Expresa	Voz	Expresa
¡ah!	sorpresa, emoción	*¡Hombre!*	sorpresa, enfado, vacilación
¡ajá!	aprobación	*¡huy!*	sorpresa, duda, dolor
¡Anda!	sorpresa	*¡Jesús!*	disgusto, sorpresa, etc.
¡Ánimo!	aliento	*¡oh!*	sorpresa, admiración, pena, dolor, etc.
¡Arrea!	asombro	*¡Ojo!*	advertencia
¡Arriba!	aliento	*¡olé!*	aliento, aprobación, entusiasmo
¡Atención!	advertencia, amenaza	*¡Por Dios!* sorpresa, etc.	disgusto,
¡ay!	dolor, alarma	*¡quiá!* incredulidad	negación,
¡bah!	incredulidad, desprecio	*¡Sopla!* admiración	sorpresa,
¡Bueno!	asombro, final	*¡Suerte!*	buenos deseos
¡ca!	negación, incredulidad	*¡Toma!*	*asombro, revancha*
¡caramba!	asombro, enfado admiración	*¡uy!*	sorpresa, duda, dolor
¡cáspita!	asombro, enfado, admiración	*¡Vaya!*	asombro, protesta, desdén
¡Cómo!	asombro, enfado	*¡Venga!*	orden, aliento, incredulidad
¡Cuidado!	advertencia, amenaza	*¡Virgen Santa!*	disgusto, sorpresa, etc.
¡Demonio!	enfado, asombro		
¡Dios mío!	disgusto, sorpresa, etc.		
¡ea!	resolución, aliento		
¡eh!	llamada, aviso		
¡hale!	aliento, disgusto		
¡hola!	sorpresa, saludo		

1. *Muchas voces sin significado propio, algunas con él, se han afianzado en el habla de cada época como exclamaciones interjectivas. Esto varía además según las zonas geográficas, según en qué regiones una expresión toma una contundencia que en otras no tiene.*

2. *Las interjecciones sugieren en general un amplio abanico de posibles significados, pero algunos pueden asociárseles directamente. La tabla nos muestra algunas de ellas.*

La oración

Los pensamientos que no expresamos constituyen una simple operación mental, porque no trasciendes, en efecto, del ámbito de nuestra mente. En cambio, si los manifestamos a través del lenguaje, hablado o escrito, revisten la forma de una oración gramatical.

La **oración gramatical** es, así pues, la expresión de dicha operación mental, lo que llamamos un *juicio.* La lógica, la ciencia que estudia las leyes y las formas generales del pensamiento humano, da el nombre de *juicio* a la relación que se establece entre dos conceptos o términos, uno de los cuales constituye una afirmación o negación del otro.

Para expresar nuestros pensamientos, lo que vemos, lo que juzgamos o estimamos sobre algo, lo que queremos o lo que deseamos, lo que ignoramos o lo que sabemos, ordenamos las palabras en función del significado correspondiente y construimos con ellas una oración: *Esta lluvia hará crecer los cultivos.* La función que desempeñan las palabras y la forma como se relacionan entre sí, para construir las oraciones, constituye el objeto de estudio de la Sintaxis. Al estudiar la función de las palabras y las relaciones que se establecen entre ellas en el lenguaje, la sintaxis distingue dos elementos o unidades lingüísticas generales: el sintagma y la oración.

El sintagma. Está formado por una serie de palabras agrupadas en torno a un núcleo, que constituyen un conjunto gramatical dotado de sentido y con la misma función que la palabra nuclear; por ejemplo, en *La mesa más grande del comedor está muy cerca de la pared* podemos distinguir (ver cuadro **2**) un sintagma nominal (A) y un sintagma verbal (B), que constituyen respectivamente el sujeto y el predicado de la oración, categorías que estudiaremos a continuación, y aún podemos efectuar una nueva división para separar segmentos menores, en los cuales estarían representadas las distintas clases en que pueden clasificarse los sintagmas, según la categoría de los elementos que los componen:

- **Sintagma nominal.** Tiene por núcleo un sustantivo y puede ir acompañado de determinantes (artículo, adjetivos determinativos) y de adyacentes (sintagma adjetivo, sintagma preposicional, etc.).
- **Sintagma adjetivo.** Tiene por núcleo un adjetivo *(grande)* y puede acompañarse de un adverbio *(más)* como adyacente.
- **Sintagma adverbial.** Tiene por núcleo un adverbio *(cerca)* y puede llevar como adyacentes otro adverbio o un sintagma preposicional *(muy cerca de la pared).*
- **Sintagma verbal.** Tiene por núcleo un verbo, modificado por sus complementos, un sintagma nominal (objeto directo e indirecto) y un sintagma preposicional (complemento circunstancial): *está muy cerca de la pared.*
- **Sintagma preposicional.** Consta de un **enlace**, la preposición *(del; de),* y de un sintagma nominal que constituye el **término** del sintagma *(comedor; la pared).*

La oración. Constituye la unidad mínima de comunicación, un mensaje simple, dotado de sentido completo y que no pertenece a otra unidad lingüística superior. Al hablar o escribir, para formar lo que se llama la **cadena hablada** o el **discurso,** lo que hacemos es

1

encadenar unas oraciones con otras distinguiéndolas entre sí mediante la entonación y las pausas.

Rasgos distintivos de la oración

Vamos a analizar los rasgos más generales que caracterizan la oración gramatical, antes de establecer una clasificación entre los distintos tipos de oraciones que podemos hallar en la cadena hablada y de analizar uno por uno los elementos que las constituyen.

La oración es la unidad mínima de comunicación. En efecto, en una oración gramatical coinciden y se combinan todos los elementos que podemos distinguir dentro del código de la lengua: **sonidos** y **fonemas**, agrupados en **sílabas**, que a su vez forman los **monemas**, unos portadores de un significado léxico, los **lexemas**, y otros de significados no léxicos (gramaticales, derivativos, relacionantes), los **morfemas**, los cuales unidos a los anteriores componen las **palabras**, que finalmente podemos combinar para expresar el mensaje.

• **La oración expresa un mensaje con sentido completo.** La oración es la unidad lingüística de máximo nivel, ya que posee por definición una plena autonomía semántica. Es decir, cuando está bien formulada, expresa un juicio que queda definido con toda la información necesaria, incluso aislada de todo contexto. La morfología nos ha descubierto algunas palabras y voces con pleno sentido oracional, como los adverbios de afirmación o las interjecciones, pero en ambos casos su contenido se define en función de un contexto más general, del que se deduce el significado (*-Sí.*; es decir, *sí quiero*, o *sí confirmo lo que dices...)*. También tiene significado una palabra, pero no sentido completo, como tiene sentido, por definición, un sintagma *(La casa de los padres de Juan)*, pero tampoco completa la información, porque su enunciado debe relacionarse forzosamente con el que introduce un segundo sintagma.

• **La oración no está supeditada a ninguna unidad lingüística superior.** La oración es una construcción lingüística, que en el aspecto gramatical constituye una construcción independiente. No tiene otra función que la de expresar un mensaje *(Estoy leyendo un libro de poemas)* y sintácticamente, tampoco tiene relación alguna con otras oraciones del contexto, a pesar de que en el discurso constituye a menudo una referencia semántica y comunicativa que se integra en un conjunto más amplio: *–Estoy leyendo un libro de poemas. ¿A ti no te gusta la poesía? Leer un buen poema es reconfortante para el espíritu. –Me gusta leer novelas y libros de historia.* A veces amplía el esquema simple **sujeto/predicado** que estudiaremos a continuación, formando oraciones compuestas que incluyen varias estructuras que contienen ambos elementos *(Estoy leyendo, ahora que he terminado los exámenes y no tengo que estudiar, un libro de poemas que me han prestado)*, pero tales estructuras tienen un carácter subsidiario y, para distinguirlas de la verdadera oración, se dice que constituyen una **proposición**, coordinada o subordinada respecto a la principal: *–Ahora que he terminado los exámenes–*, *–y no tengo que estudiar–*, *–que me han prestado–*.

• **La oración constituye una unidad de entonación.** Cada tipo de oración tiene una forma de entonación propia, que termina en un cambio de tono, seguido de una pausa o de un silencio final: empieza a pronunciarse en un tono neutro o normal, se eleva en el interior de la frase y desciende al finalizarla. Al hablar, usamos una entonación que sigue unos modelos establecidos, por ejemplo, para las oraciones interrogativas o para las exclamativas, es decir, al formular una pregunta o cuando manifestamos un sentimiento *(¿Tomas café?*, pero usamos también un modelo general, menos acentuado, en las que son simplemente enunciativas *Me* –↗– gusta –→– mucho la poesía –↘–.). En la lengua escrita, indicamos gráficamente la autonomía de la oración, así como las particularidades fónicas con que debemos pronunciarla, mediante los signos de puntuación.

2

La unidad mínima de comunicación

	Ana está muy enferma
Sonidos y fonemas	*/A/ /n/ /a/ /e/ /s/ /t/ /á / /m/ /u/ /y/ /e/ /n/ /f/ /e/ /r/ /m/ /a/*
Monemas	*Ana est-á mu-y enfer-ma*
Lexemas	*Ana est-á mu-y enferm-a*
Morfemas	*Ana est-á mu-y enferm-a*
Palabras	*Ana está muy enferma*
Sintagmas	*Ana - está muy enferma*
Oración	*Ana está muy enferma*

1. *Pensar, razonar, discutir, no es más que formar ideas en la mente. Para expresar estas ideas, tanto al hablar como al escribir, construimos oraciones gramaticales. Las tres secuencias nos muestran ese funcionamiento.*

2. *En la oración gramatical podemos encontrar todas las unidades lingüísticas que forman el sistema de la lengua*

Elementos de la oración

Hemos definido la oración como la expresión de un juicio lógico –que es una pura operación mental– por medio del lenguaje.
Sabemos asimismo que todo juicio o enunciado establece siempre una relación entre dos términos, uno del cual se afirma o niega algo y otro que es lo que se juzga, afirmándolo o negándolo, del primero. Pues bien, así como en el juicio hallamos siempre estos dos términos, del mismo modo los encontraremos expresados en la oración que formamos para manifestarlo: *El Sol - calienta.*
Las palabras que usamos para designar cada uno de estos dos elementos son **sujeto** y **predicado.**
Llamamos **sujeto** a la persona o cosa de quien se afirma o niega lo expresado a través del predicado (en el ejemplo anterior, *el Sol).* Y se entiende por **predicado,** en efecto, todo aquello que se dice, se afirma o se niega, del sujeto *(calienta).*
En torno a esos dos polos, gravitará siempre la existencia de un juicio y, en consecuencia, también de una oración. A pesar de que uno de ellos puede haberse omitido, por hallarse sobrentendido o encontrarse incorporado de forma implícita e inequívoca en el juicio lógico, ambos son imprescindibles para que la oración sea una expresión gramatical completa.

El sujeto

El sujeto, la palabra o conjunto de palabras sobre las que el predicado enuncia algo, está siempre representado por un nombre sustantivo, o por cualquier otra palabra que al estar sustantivada puede hacer las veces de un nombre: *El Sol calienta; El verde es mi color preferido.*
La forma que suele revestir en la oración es la de un sintagma nominal, constituido por un nombre solo *(Julia estudia música)* o por un nombre acompañado de varios adyacentes *(El viejo coche de caballos de papá está averiado).* Pueden desempeñar también la función de sujeto:
a) un pronombre: *Nosotros veraneamos en la playa;*
b) un adverbio pronominal: *Hoy será un buen día;*
c) una frase de sentido sustantivo: *El azul del cielo me invita a soñar;*
d) un infinitivo solo o introduciendo una proposición: *Reír es saludable; Fumar en ayunas es muy perjudicial;*
e) una proposición introducida por *que: Que podamos jugar la copa a dos partidos representa una gran ventaja para nosotros.*
Es fácil comprender que, siendo el verbo el núcleo del predicado, o cuando menos, en ciertas oraciones que veremos a continuación, su enlace directo con el sujeto, exista entre ambos una relación inequívoca que se manifiesta por la concordancia en número y persona que se establece entre los dos: no podemos decir *El verde soy mi color preferido,* ni *Nosotros veraneo en la playa,* o *Reír somos saludable.*
La concordancia entre sujeto y predicado, en número y persona, es una regla sin excepciones, que además resulta de suma utilidad para determinar el sujeto en casos dudosos.
En la oración *Les duelen los golpes* hallamos un pronombre personal en 3ª persona del plural, una forma verbal que coincide con él en persona y número, y un sustantivo asimismo en plural. Sólo, pues, entre el pronombre y el verbo existe la concordancia indicada para el sujeto y su predicado. Sin embargo, *les* es la forma átona del pronombre personal de tercera persona *(él, ella, ellos, ellas)* y hemos visto, al estudiar los pronombres personales, que siempre las formas átonas funcionan como complemento. Para verificar si el sujeto de esta oración es *los golpes,* basta con observar que, figurando el nombre en singular, debería el verbo conjugarse también en plural: *Les duele el golpe.*
En este mismo ejemplo, además de la concordancia entre el pronombre y el verbo, puede aumentar la confusión el orden en que figuran los elementos. Normalmente, en efecto, el sujeto de la oración va delante del predicado; observemos todos los ejemplos que aparecen en este epígrafe: *El Sol calienta; El verde es...; Julia estudia... El... coche... está...; Nosotros veraneamos...; El azul del cielo...,* etc. En la oración que acabamos de analizar, en cambio, el orden aparece invertido. Así como la regla que establece la concordancia necesaria entre sujeto y predicado carece, como se ha dicho, de excepciones, la colocación del sujeto antepuesto al verbo en la oración puede modificarse siempre que interese destacar o dar más relieve a otros elementos: *El golpe les duele* contiene una afirmación sobre los efectos del golpe, mientras que *Les duele el golpe* explica mejor qué cosa les duele.

El predicado

El predicado es el segundo término o elemento imprescindible en la oración. Entendemos por **predicado** aquello que se dice, se afirma o se niega, del sujeto: que *El Sol calienta,* que *Julia estudia música* o que *El azul del cielo invita a soñar...*
Así como el sujeto es una función que sólo puede desempeñar el sintagma nominal, o un elemento sustantivado, el predicado constituye una función característica del verbo, es decir, del sintagma verbal *(calienta, estudia, invita,* etc.). El verbo es, en efecto, la categoría gramatical básica en la oración, en tanto que ésta nos dice aquello que «realiza o experimenta el sustantivo: acción, movimiento, proceso o estado», según la definición del mismo verbo. Por un lado, se relaciona directamente con el sujeto, con el que concuerda en persona y número, y es el elemento nuclear, por otro lado, en torno al cual se agrupan los complementos que completan la acción verbal. Más aún, un verbo solo puede formar por sí mismo una oración completa, ya que esta parte de la oración condensa en sí el juicio mental e incluye los dos elementos fundamentales, sujeto y predicado *(Llueve; Sueña; Estudia).* Es ésta una particularidad que, siendo el otro elemento básico de la estructura oracional, no comparte el sujeto, el cual siempre debe relacionarse con un segmento predicativo y que a menudo podemos hallar implícito *(Nos han ganado* –ellos–).

Clases de predicado

No siempre el verbo es, a pesar de cuanto se ha dicho hasta aquí, el elemento nuclear y más significativo del predicado, aunque su presencia sea imprescindible en todos los casos para constituir la oración.
Comparemos los ejemplos siguientes: (1) *Luis es fuerte;* (2) *Pepe está contento;*

El sujeto

Explícito o implícito, es uno de los dos elementos fundamentales de la oración:
La persona o cosa de quien se afirma algo.

- Concuerda siempre en número y persona con el verbo
- Puede preceder o no al predicado
- Su forma propia es el nombre o sintagma nominal, o cualquier elemento sustantivado:

	(Sujeto)	(Predicado)
Nombre	*El sol*	*calienta*
Sintagma con adyacentes	*El viejo coche de caballos de papá*	*está averiado*
Adjetivo sustantivado	*El verde*	*es mi color favorito*
Pronombre	*Nosotros*	*veraneamos en la playa*
Adverbio pronominal	*Hoy*	*será un buen día*
Frase sustantiva	*El azul del cielo*	*me invita a soñar*
Infinitivo	*Reír*	*es saludable*
Proposición con que	*Que podamos jugar la copa a dos partidos*	*representa una gran ventaja para nosotros*

1

El predicado

Constituye el predicado todo aquello que en la oración se «predica» o enuncia, es decir, se dice, se afirma o se niega, del sujeto.

- Es una función que generalmente asume el verbo por derecho propio: se relaciona gramaticalmente con el sujeto y expresa lo que se dice de él
- Puede estar formado por el verbo solo o por el verbo acompañado de complementos
- En algunas oraciones, llamadas atributivas o copulativas, el verbo (ser, estar, parecer, etc.) es un simple enlace del predicado nominal

Predicado verbal

Su núcleo es el verbo, o un sintagma verbal, acompañado de complementos que precisan su significado

Predicado nominal

Tiene carácter adjetivo y su núcleo es un complemento que denominamos atributo

2

(3) *El profesor explica la lección;* (4) *Luisa compra una postal para sus amigos.*
En todas ellas, como es preceptivo, figura un verbo. En las dos primeras, sin embargo, el contenido del predicado se centra especialmente en los adjetivos *(fuerte, contento),* mientras que la aportación de los verbos respectivos *(ser, estar)* es escasa en cuanto al significado.
En cambio, en las oraciones (3) y (4) los dos verbos tienen una significación más compleja *(explicar, comprar),* que se limita o completa con los complementos que les acompañan. Es decir, debemos distinguir dos clases o tipos de predicados:

- **Predicado verbal:** tiene el verbo como núcleo de lo que se predica del sujeto *(explica, cierra)* y contiene uno o más complementos que completan y especifican su significación *(explica la lección; compra una postal - para sus amigos).*
- **Predicado nominal:** atribuye una cualidad, condición o particularidad al sujeto *(Luis es fuerte, Pepe está contento)* y tiene carácter adjetivo, mientras que la función principal del verbo es la de servir de simple enlace o cópula entre el sujeto y la cualidad que de él se predica. Esta misión la asumen, lógicamente, los llamados *verbos copulativos:* el verbo *ser,* para expresar un sentido de permanencia, de algo que es esencial o invariable, y el verbo *estar,* para expresar un estado accidental u ocasional, los cuales introducen un complemento con carácter adjetivo que llamamos *atributo.*

Complementos del predicado
Los complementos que puede llevar el predicado verbal son: complemento directo (CD), complemento indirecto (CI), complemento circunstancial (CC) y complemento preposicional (CP). El núcleo del predicado nominal es el atributo.
Complemento directo. Es el objeto imprescindible para completar el significado del verbo transitivo: *Ha roto la muñeca; Le han dado un*

1. *El sujeto es siempre la persona, cosa, idea, cualidad, fenómeno, acción, etc., del cual la oración afirma o niega algo.*

2. *En toda oración se establece una relación directa entre un sujeto y una acción, o un estado, fenómeno, etc., que se expresan a través del predicado.*

Complemento directo

Es el sintagma que expresa la persona, animal o cosa sobre el que recae la acción del verbo.

- Acompaña como adyacente al verbo transitvo
- Precede al verbo cuando esta representado por un pronombre personal
- Pueden desempeñar esta función.

	(Sujeto-verbo)	(Complemento directo)
El sustantivo o sintagma nominal	*Ana ha roto*	*la muñeca*
El sustantivo o sintagma precedidos de la proposición a	*Necesito*	*a la enfermera*
Un pronombre	*Hoy entregaré*	*éste (Lo...)*
Una proposición introducida por que, si, cuando, porqué, etc.	*Espero* *Le explicaré*	*que te acuerdes de mi* *porqué estoy enfadado...*
Una proposición de infinitivo	*Luis quiere*	*hablar con ellos*

3

regalo; He visto a tu amigo. Nombra a la persona, animal o cosa sobre los que recae la acción del verbo, al que acompaña como adyacente, generalmente pospuesto, aunque le precede cuando está representado por un pronombre personal *(La ha roto Ana; Se lo ha dado Pedro; Le vi ayer).* Pueden desempeñar la función de complemento directo:

a) un sustantivo o un sintagma nominal: *la muñeca, un regalo;*

b) un sustantivo o un sintagma nominal precedidos de la preposición *a*, cuando se trata de un nombre de persona específica y concreta *(Necesito a Rosa; Necesito a la enfermera;* pero *Necesito una enfermera)*, o un nombre de animal o cosa personificados *(Llamó a «Rocinante»; Llamaba a la muerte; Tiene al dolor por compañero);*

c) un pronombre que sustituye al sintagma nominal: *Hoy entregaré éste; lo entregaré hoy;*

d) una proposición introducida por *que (Espero que te acuerdes de mí)*, por *si (Ignoraba si lo sabías todo)*, o por cualquier palabra de sentido interrogativo *(Le explicaré por qué estoy enfadado con ellos);*

e) una proposición de infinitivo: *Luis quiere hablar con ellos; Prefiero aguardar su respuesta.*

Suelen recomendarse algunos procedimientos para identificar el complemento directo, que sin embargo no pueden aplicarse con seguridad absoluta en todos los casos:

• el complemento directo de la oración activa puede pasar a veces a ser el sujeto de la misma oración formulada en voz pasiva *(Lupe odia a Rosa = Rosa es odiada por Lupe);*

• puede ser sustituido por los pronombres *lo, la, los, las: Espero que... = lo espero; He roto la... = la he roto*

• constituye la respuesta a las preguntas *¿a qué cosa?*, o *¿a qué persona?*, formuladas con el sujeto y el verbo de la misma oración: *Ana ha regalado una rosa a mi madre* (¿qué cosa ha regalado Ana?, *una rosa); Ana ha felicitado a mi madre con una rosa* (¿a qué persona ha felicitado Ana?, *a mi madre).*

Complemento indirecto.
Expresa la persona, animal o cosa que en la oración constituye el destinatario de la acción verbal: *Ana ha regalado una rosa a mi madre; Juan ha pagado su deuda a Luis.* A diferencia del complemento directo, puede figurar en oraciones intransitivas *(El público aplaudió a todos los intérpretes).*

Es siempre un sintagma nominal o un sustantivo, precedidos de la preposición *a (a mi madre; a Luis; a todos los intérpretes).* A menudo, sin embargo, se introduce también con la preposición *para*, que no obstante aporta al significado un matiz de finalidad o destino: «*...ha traído a mi madre una rosa*», frente a «*ha traído una rosa... para mi madre*», como *Se prepara para el viaje, Compra papel para forrar los libros*, etc.

En la oración puede ser sustituido por los pronombres *le, les* y, cuando el complemento directo es también un pronombre, por *se: le ha traído una rosa; les ha aplaudido el público;* pero *(la rosa) se la ha dado Ana.*

El uso de los pronombres *le, les*, es frecuente en aquellos casos en que por razones expresivas se repite la presencia del complemento indirecto dentro de la misma oración: *Ana le* (CI) *ha traído rosas a mi madre* (CI).

Estos pronombres pueden emplearse asimismo para reconocer el complemento: *Ha traído a mi madre una rosa (le ha traído...).*

Complemento circunstancial.
El complemento circunstancial expresa en la oración las distintas circunstancias en que se realiza la acción verbal: de tiempo, lugar, modo, compañía, etc. *(Vino a verte ayer por la tarde; Dejó el abrigo en el perchero; Habló con su padre por teléfono; Retiraron los vagones con potentes grúas elevadoras).*

En una oración, así como sólo puede haber un sujeto, un verbo, un complemento directo y un complemento indirecto, pueden aparecer en cambio varios complementos circunstanciales, o uno solo, o ninguno, con la particularidad, además, de que nunca tienen asignada una posición fija: *En la piscina cubierta* (CC), *los sábados por la mañana* (CC), *el equipo de waterpolo juega partidos de entrenamiento con un combinado de aficionados = Los sábados por la mañana, con un equipo de aficionados, el equipo de*

Complemento indirecto

Es el sintagma que expresa la persona, animal o cosa que constituye el destinatario de la acción verbal.

- Puede acompañar al verbo intransitivo
- Precede al verbo cuando está representado por un pronombre personal
- Pueden desempeñar esta función:

	(Sujeto-verbo-CO)	(Complemento directo)
El sustantivo o sintagma nominal precedido de la preposición *a*	*Ha regalado una rosa*	*a mi madre*
El sustantivo o el sintagma precedidos de la proposición *para*	*Ha traído una rosa*	*para mi madre*
Los pronombres *le, les*	*...ha traído una rosa*	*Le...*
El pronombre *se*, cuando el CD es también un pronombre	*...la (CD) ha traído*	*Se...*

4

acompaña a los verbos copulativos *(ser, estar, parecer,* etc.): *Este coche es viejo; Pepe está triste; Juan parece cansado.* Aporta en la oración el significado fundamental del predicado, ya que los verbos usados con función copulativa son simples elementos de enlace y proporcionan únicamente el tipo de información que caracteriza toda forma verbal (tiempo, modo, número, persona, etc.: *estaba triste, parecían cansados).* Pueden desempeñar esta función un sintagma adjetivo, en concordancia con el sujeto en género y número *(El deporte es bueno para el cuerpo y para el espíritu),* o un sintagma nominal *(Los libros son su gran pasión).*

Atributo

Es el núcleo del predicado nominal

Expresa el contenido fundamental del predicado
Se construye con verbos copulativos (ser, estar, parecer, etc.)
Pueden desempeñar esta función:

	(Sujeto-verbo copulativo)	(Atributo)
Un sintagma adjetivo	*El deporte es*	*bueno para el cuerpo y para el espiritu*
Un sintagma nominal	*Los libros son*	*su gran pasión*

5

waterpolo juega partidos de entrenamiento en la piscina cubierta = Con un combinado de aficionados, en la piscina cubierta, el equipo de waterpolo juega...; etc. La función de complemento circunstancial es la propia de un adverbio *(Te llamaré mañana, Te llamaré pronto...)* o un sintagma adverbial *(He escondido las cartas en el cajón de la cómoda).* Sin embargo, pueden desempeñarla diversas estructuras o elementos gramaticales:

- un sintagma nominal, precedido o no de preposición: *Se sentó en la cama; Vino el lunes;*
- un sintagma adjetivo: *Abrazó a sus amigos muy emocionado;*
- una proposición subordinada: *Abrió la cerradura con una llave que era de su hermano;*
- las formas no personales del verbo: *al abrir la puerta, descubrió el crimen; pasaron la tarde jugando.*

Complemento preposicional. Es un complemento imprescindible para completar el significado del verbo, lo cual le distingue del complemento circunstancial, que expresa una circunstancia que amplía este significado ya especificado previamente *(comieron manzanas - por la tarde).* En cambio, está muy próximo al complemento directo, ya que completa a un verbo que exige obligatoriamente una preposición *(hablaron de sus cosas; depende de tu esfuerzo; piensa en su hermano),* y se presenta como un sintagma nominal precedido de dicha proposición *(de sus cosas; de tu esfuerzo; en su hermano).*

- **Atributo**. Es el núcleo del predicado nominal, que

3. *El complemento directo es el elemento imprescindible para completar el significado de los verbos transitivos: se identifica al preguntar* qué *o* quién *reciben la acción verbal.*

4. *El complemento directo, que designa la persona o cosa que recibe el daño o provecho de la acción del verbo, suele llevar las preposiciones* a *o* para.

5. *El complemento preposicional es un sintagma nominal introducido por una preposición, que complementa directamente al verbo.*

La oración simple

Llamamos **oración simple** a la que consta de un solo sujeto y un solo predicado. Son oraciones simples *Isidro es albañil (Isidro:* sujeto, *es albañil:* atributo) y *La madre de Luis ha hecho un jersey para el abuelo (La madre de Luis:* sujeto; *ha hecho un jersey para el abuelo:* predicado verbal). La misma existencia de la oración simple presupone que exista otro tipo de oración compuesta, que se estudiará a continuación, y que podemos definir aquí como aquella que está formada por varias oraciones simples coordinadas *(Isidro es albañil, pero su hijo quiere ser carpintero)*, o subordinadas a una oración principal *(Isidro es albañil como lo fue su padre)*. Observemos en estos ejemplos la duplicidad de sujetos y predicados.

Sujeto y predicado son, como sabemos, elementos imprescindibles para que pueda existir la oración:

- El sujeto es siempre un sintagma nominal, o un sintagma sustantivado, que designa aquello de lo que se dice o predica algo (que *es albañil,* o que *conduce un automóvil);*
- El predicado, lo que se dice o predica del sujeto, puede ser nominal, si tiene por núcleo un atributo *(albañil)*, o verbal, si tiene el verbo como núcleo funcional *(ha hecho...)*.

Como complementos del área verbal hallamos el atributo, en el predicado nominal, y el complemento directo, el complemento indirecto, el complemento circunstancial y el complemento preposicional, en el predicado verbal.

Clasificación de las oraciones simples

Las oraciones simples se clasifican según la actitud que manifiesta el sujeto hablante, que puede ser de afirmación, de negación, dubitativa, etc., es decir, se clasifican desde el punto de vista semántico o del contenido, y también atendiendo a sus características gramaticales o estructura sintáctica, que permite distinguir entre oraciones atributivas y predicativas, predicativas activas o pasivas, activas transitivas, activas intransitivas, activas impersonales, etc. Desde el punto de vista semántico o del contenido, las oraciones simples pueden ser:

Enunciativas. Expresan un hecho, idea, pensamiento, etc., presentándolo como objetivo y real. Llevan el verbo en modo indicativo y pueden ser **enunciativas afirmativas** o **enunciativas negativas.** En las afirmativas se atribuye el predicado al sujeto: *César conquistó las Galias.* Las negativas, generalmente por medio de los adverbios *no, nunca, jamás, nadie, ninguno,* etc., niegan la conformidad del predicado con el sujeto: *Juan no sabe inglés.*

Interrogativas. Son las oraciones con que formulamos una pregunta. Se expresan con una entonación característica al hablar, que en la escritura se indica con los signos de interrogación (¿?). Suelen llevar el predicado antepuesto al sujeto. Pueden ser **interrogativas directas,** como *¿Ha leído Pedro este informe?,* o **interrogativas indirectas:** *No sé si Pedro ha leído ya este informe.*

Imperativas o **exhortativas.** Expresan un mandato o prohibición, y también un ruego, un consejo, etc. Se construyen con el verbo en imperativo cuando su sentido es afirmativo *(Ven aquí)*, o con el presente del subjuntivo si es negativo o prohibitivo *(No hagas eso nunca más)*, aunque se utilizan a menudo otras formas verbales: *A callar; Se lo llevas tú.*

Exclamativas. En ellas el hablante manifiesta con énfasis su admiración, asombro, sorpresa, enfado, alegría, etc. Al igual que las interrogativas, se formulan con una entonación característica al hablar, que en la escritura se indica con los signos de exclamación (¡!): *¡Qué frío hace!*

Dubitativas. Expresan la duda que el hablante experimenta ante lo que se enuncia en el predicado. Se construyen con los adverbios de duda *(acaso, tal vez, quizá)* y con el verbo en subjuntivo: presente *(Tal vez venga mañana)* o pretérito perfecto *(Quizá haya llegado Andrés)*, aunque para expresar probabilidad se recurre también al futuro de indicativo *(Tendrá cuatro o cinco años)* o al condicional simple *(Tendría cuatro o cinco años)*.

Optativas o **desiderativas.** Son aquellas oraciones con que formulamos un deseo. Se construyen obligatoriamente con el modo subjuntivo, empleando distintos tiempos según los matices: presente *(Que tengas mucha suerte)*, pretérito imperfecto *(Quisiera estar en su lugar)*, pretérito perfecto *(Espero que me hayan dado el primer premio)* y pretérito pluscuamperfecto *(Ojalá me hubiese tocado la lotería)*.

Desde el punto de vista sintáctico se dividen en:

Atributivas o **copulativas.** Son las oraciones de predicado nominal, que tienen por núcleo un atributo. Se construyen con los verbos copulativos *(ser, estar, parecer* y algunos otros). El atributo tiene carácter adjetivo *(Tomás es rubio)* y el verbo aporta los accidentes de tiempo, aspecto, modo, persona y número.

Predicativas. Son las oraciones de predicado verbal, en las que el núcleo del predicado es un verbo no copulativo, cuyo sentido se puede completar con uno o varios complementos *(Ana escribe una carta)*. Dentro de las oraciones predicativas se distinguen a su vez las distintas clases de oraciones que describimos a continuación (ver cuadro 1).

Activas. Son aquellas oraciones predicativas en que la acción expresada por el verbo es ejecutada por el sujeto *(Los romanos construyeron este acueducto)*. El verbo es una forma verbal simple o compuesta, siempre de la voz activa, y el sujeto se denomina *sujeto agente.* Las oraciones activas pueden ser a su vez **transitivas** o **intransitivas**.

Pasivas. Son oraciones predicativas en que la acción expresada por el verbo recae sobre el sujeto *(Este acueducto fue construido por los romanos)*. El verbo es una forma verbal siempre de la voz pasiva y el sujeto se denomina **sujeto paciente.** Una forma particular de este tipo de oraciones es la llamada **pasiva refleja,** que se construye con sujeto paciente y verbo en voz activa y precedido de *se: Se abrieron todas las ventanas del vecindario.*

Transitivas. Son oraciones predicativas activas que llevan un verbo transitivo, es decir, un verbo que necesita un complemento en el cual se cumple la acción que expresa. Su esquema es, por consiguiente, sujeto-verbo transitivo-complemento directo, más otros complementos que

Clasificación general de las oraciones simples

Oraciones simples	Aspecto semántico	Enunciativas			
		Interrogativas			
		Imperativas o exhortativas			
		Exclamativas			
		Dubitativas			
		Optativas o desiderativas			
	Aspecto sintáctico	Atributivas o copulativas			
		Predicativas	Activas	Transitivas	Sin verbo pronominal
				Con verbo pronominal	Reflexivas
					Seudoreflejas
					Recíprocas
				Intransitivas	Sin verbo pronominal
					seudorreflejas
				Preposicionales	
				Impersonales	
			Pasivas	Verbo en voz pasiva	
				Pasiva refleja	

1

pueden figurar también en las demás clases de oraciones: *Jaime ha escrito una carta a su novia desde París.*

Intransitivas. Son oraciones predicativas activas que llevan un verbo intransitivo, es decir, un verbo cuya acción no necesita un complemento u objeto para poder cumplirse. Su esquema es sujeto-verbo activo intransitivo, aparte eventualmente de uno o varios complementos: *Jaime llegó a París el lunes pasado.*

Reflexivas. Son oraciones transitivas con verbo pronominal (el que se conjuga en todas sus formas con los pronombres *me, te, se, nos, os),* cuyo sujeto realiza y recibe al mismo tiempo la acción verbal, es decir, cuyo complemento, directo o indirecto, es el propio sujeto. Se distinguen las **reflexivas directas,** si el sujeto es complemento directo *(Luis se peina),* y las **reflexivas indirectas,** en las que el sujeto es complemento indirecto *(Luis se corta las uñas).* Se denominan **oraciones seudorreflejas** las que se construyen con verbo transitivo o intransitivo y un pronombre reflexivo que no funciona como complemento, sino que refuerza la acción verbal *(Se comió un pollo entero),* o que ciertos verbos requieren verbos para poder ser conjugados *(arrepentirse, atreverse).*

Recíprocas. Son oraciones transitivas con verbo pronominal en las que la acción es realizada y recibida mutuamente y de forma simultánea por varios sujetos: *Los jugadores se saludaron al terminar el partido.*

Preposicionales. Son oraciones transitivas construidas con verbos que necesitan llevar una preposición, introduciendo al complemento que debe acompañarles obligatoriamente, ya que sin él, como en el complemento directo, el sentido de la acción verbal quedaría incompleto: *Siempre me acordaré de ti.*

Impersonales. Son oraciones activas que no llevan sujeto expreso ni omitido, bien porque no se puede especificar, bien porque conocerlo es indiferente para el contenido que se expresa. Normalmente suelen llevar el verbo en tercera persona del singular: *Llueve; Ayer nevó; Había mucha gente.*

1. *Clasificación de las oraciones simples a través de su contenido (aspecto semántico) y por sus características gramaticales (aspecto sintáctico).*

La oración compuesta

La oración compuesta está formada por la reunión de dos o más oraciones simples. Por tanto, hallamos en ella dos o más estructuras oracionales, compuestas cada una de sujeto y predicado: *Juan llamó por teléfono a su novia, pero Ana no estaba en su casa; El profesor de latín sabe que su asignatura es de lo más difícil.* La unión de las oraciones simples, para formar una oración compuesta, puede ser de dos maneras distintas. Examinemos los dos ejemplos: «*Juan llamó por teléfono a su novia, pero Ana no estaba en su casa*» se compone de dos oraciones simples que son: «*Juan llamó por teléfono a su novia*» y «*Ana no estaba en su casa*». Es decir, nos hallamos ante dos oraciones completas y, en cuanto al sentido, independientes una de otra. La conjunción *pero* enlaza los dos juicios *(Juan llamó por teléfono a su novia – Ana no estaba en su casa)*, que si bien en nuestra mente son correlativos, en el plano gramatical se expresan con dos construcciones oracionales independientes y en relación de igualdad, por lo cual decimos que son **oraciones coordinadas.** «*El profesor de latín sabe que su asignatura es de lo más difícil*» puede compararse, no a la suma de dos oraciones simples *(El profesor de latín sabe – su asignatura es de lo más difícil)*, como la oración anterior, sino con una sola oración simple del tipo: *Juan sabe inglés;* esto es, una oración activa con verbo transitivo, que requiere en consecuencia un complemento directo *(inglés)*. La diferencia estriba en que, en la oración propuesta como segundo ejemplo, la función de este complemento directo viene desempeñada por una estructura completa de sujeto y predicado *(que su asignatura es de lo más difícil)*. Lo que sería la primera oración, *El profesor de latín sabe*, sólo tiene sentido completo cuando se le añade la segunda *–que su asignatura es de lo más difícil–*, la cual a su vez sólo puede tener significado unida a la primera, de la que es su complemento. Esta relación de dependencia es característica de las **oraciones subordinadas.** Para designar estos grupos oracionales que se hallan integrados en una estructura más compleja, sustituimos el nombre de oración por el de **proposición,** ya que la verdadera oración es la estructura compleja en su conjunto.

Las oraciones coordinadas

Llamamos **oraciones coordinadas** a las oraciones simples que tienen en sí mismas sentido completo e independiente, pero que están relacionadas unas con otras integrando un mismo enunciado: *Juan llamó por teléfono a su novia, pero Ana no estaba en su casa.* La unión entre estas oraciones (no proposiciones, puesto que en la coordinación tienen sentido completo e independiente) puede entablarse por medio de conjunciones coordinantes o *conectores (pero Ana...)*, o mediante **yuxtaposición,** disponiendo las oraciones unas al lado de otras, sin nexo o partícula conectora: *Juan llamó por teléfono a su novia, Ana no estaba en casa.* Las oraciones coordinadas se clasifican según la clase de relación que las une, la cual se expresa a través del conector o elemento de relación coordinante. Pueden ser **copulativas, disyuntivas, distributivas, adversativas** y **causales.**

Coordinadas copulativas. Son oraciones formadas por varias proposiciones cuyos significados se suman unos a otros. Llevan como elementos conectores las conjunciones coordinantes *y, e, ni:*

• La conjunción *y* se emplea para unir proposiciones de sentido afirmativo: *Ramón es pintor y Luis es escultor;* cuando las proposiciones son más de dos, se pone sólo entre la penúltima y la última de la serie: *Ramón es pintor, Luis*

1

Las oraciones compuestas

Esquema general	**Sujeto/ predicado + sujeto/ predicado + sujeto/ predicado...**					
Oraciones coordinadas	**Sujeto**	**Predicado**	**Sujeto**	**Predicado**	**Sujeto**	**Predicado**
	Juan	*llamó por teléfono a su novia*	*(pero) Ana*	*no estaba en su casa*	*(y) su madre*	*se lo dijo*
Proposiciones subordinadas	**Sujeto**		**Predicado**			
	El profesor de latín		Verbo		Completo directo	
					Sujeto	**Predicado**
			sabe		*(que) su asignatura*	*es de lo más difícil*

Clases de oraciones coordinadas

Copulativas	Oraciones formadas por varias proposiciones cuyos significados se suman unos a otros:
	Ramón es pintor, Luis es escultor y Rosita es ceramista. No viene a vernos, ni escribe, ni se acuerda de nosotros.
Disyuntivas	Expresan una alternancia o incompatibilidad entre dos o más opciones; el cumplimiento de una de ellas excluye todas las demás:
	O me equivoco yo o estás tú en un error. O tú o yo estamos equivocados.
Distributivas	Coordinadas yuxtapuestas en las cuales se enumeran sucesivamente varios sujetos y predicados:
	Éstos lloraban, aquéllos reían, otros gritaban. Ora lee, ora escribe, ora pasea.
Adversativas	Enlazan dos proposiciones que se contraponen, en coordinación restrictiva (1) o en coordinación exclusiva (2):
	Es un buen caballo, pero demasiado excitable. (7) Ni pensaba en rendirse, antes arremetía con creciente empuje. (2)
Causales y consecutivas	Expresan una relación de causa a efecto; si se expresa la causa en primer termino y en el segundo la consecuencia, la oración se convierte en coordinada consecutiva*:
	La cosecha será buena, porque hemos tenido buenas lluvias. Hemos tenido buenas lluvias, así que la cosecha será buena. (*)

2

es escultor y Rosita es ceramista;

• La conjunción *e* es una variante fonética de *y*, que se emplea cuando la palabra que le sigue comienza por *i-*, si ésta no forma parte de un diptongo: *Francia tiene muchos viñedos e Inglaterra es rica en pastos;*

• Se emplea la conjunción *ni* para enlazar dos oraciones de sentido negativo, generalmente repetida delante de todas las oraciones que se coordinan: *Ni llueve ni luce el Sol; No viene a vernos, ni escribe, ni se acuerda de nosotros.*

Las oraciones tienen a veces elementos comunes que pueden compartir, y la coordinación se establece entonces teniendo en cuenta esta circunstancia: *Mis tíos y mis primos vendrán a visitarnos; Las plantas nacen, crecen, se reproducen y mueren.*

Coordinadas disyuntivas. Son oraciones en las cuales mediante la conjunción *o* como conector (ante las palabras que empiezan por *o*, se emplea la variante fonética *u*: *diez u once)*, se expresa una alternancia o incompatibilidad entre dos o más opciones, de tal forma que el cumplimiento de una de ellas excluye todas las demás: *O me equivoco yo o estás tú en un error.* La conjunción suele repetirse delante de todas las proposiciones coordinadas, aunque muchas veces se omite en la primera: *O me obedeces o te marchas; Me obedeces o te marchas; O me obedeces o te marchas o me iré yo.* Cuando incluyen elementos comunes, se puede realizar con ellas el mismo proceso de simplificación explicado para las coordinadas copulativas: *O tú o yo estamos equivocados.* Con frecuencia, el carácter de presentar una alternativa que poseen las oraciones coordinadas disyuntivas se utiliza para introducir una explicación o una expresión equivalente: *la apicultura o arte de criar abejas...; el ápice, extremo o punta...; el castellano o español...*

Coordinadas distributivas. Son oraciones coordinadas yuxtapuestas, en las cuales se enumeran sucesivamente varios sujetos y predicados. No se coordinan mediante conectores especiales, sino que se enlazan y se relacionan por medio de palabras correlativas o por la repetición de una misma palabra: *Éstos lloraban, aquéllos reían, otros gritaban; Bien en el campo, bien en la ciudad, siempre viste impecablemente; Dedicaba los domingos ora a leer, ora a pasear.* Los elementos coordinados pueden tener un sentido copulativo, es decir, de adición o de simultaneidad *(Éstos lloraban, aquéllos reían...)*, o bien excluir cada uno de ellos a los demás, ya de forma momentánea o alternativa *(Ora lee, ora escribe, ora pasea)*, ya como opción definitiva y permanente *(Bien por temor, bien por pereza, bien por venganza, el caso es que no se molestó en ayudarnos).* Las oraciones distributivas constituyen por tanto un tipo de coordinadas intermedio entre las copulativas y las disyuntivas.

Coordinadas adversativas. Las coordinadas adversativas enlazan dos proposiciones que se contraponen: *Llamé a tu casa, pero no estabas; Hoy no es viernes, sino jueves.* Esta contraposición entre dos ideas o afirmaciones puede ser parcial o total. La contraposición parcial o de simple limitación, llamada también **coordinación restrictiva**, utiliza como conectores las conjunciones *pero, aunque, mas, salvo, sin embargo, no obstante,* etc.: *Es un buen caballo, pero demasiado excitable; Es una casa grande, aunque no lo suficiente para nosotros; Le temo, sin embargo le aprecio.* La contraposición total o de incompatibilidad absoluta, llamada **coordinación exclusiva**, se

1. *Las oraciones compuestas están formadas por varias simples, o más exactamente, por más de una estructura oracional sujeto/predicado. La relación que se establece entre ellas es de coordinación o de subordinación.*

2. *Las oraciones coordinadas se clasifican según la clase de relación que las une.*

Clasificación de la proposiciones subordinadas

Subordinadas sustantivas	Desempeñan la función de un sustantivo o un sintagma nominal: *El profesor de latín sabe que su asignatura es de lo más difícil.*
Subordinadas adjetivas o de relativo	Desempeñan la función de un adjetivo en el sintagma de una oraci¢n compuesta: Un chico *que nació en Argentina* llegó ayer, mientras estaba nevando.
Subordinadas circunstanciales o adverbiales	Desempeñan la función de complemento circunstancial, propia del adverbio ... llegó ayer, *mientras estaba nevando.*

construye normalmente con la conjunción *sino*, también con *antes, que no*, y otras construcciones similares: *Nadie lo vio sino tú; Ni pensaba en rendirse, antes arremetía con creciente empuje; Son galgos, que no podencos.*

Coordinadas causales y **consecutivas.** Las coordinadas causales expresan una relación de causa a efecto: *La cosecha será buena, porque hemos tenido buenas lluvias.* Observemos que en este tipo de oraciones no es indiferente el orden de su colocación, ya que si la que expresa la causa se coloca en primer término, en el segundo término figura la **consecuencia** y la oración se convierte de este modo en una **coordinada consecutiva.** Comparemos el ejemplo anterior con *Hemos tenido buenas lluvias, así que la cosecha será buena.* Sin embargo, puede invertirse el orden natural de una coordinada causal colocando delante la conjunción correspondiente: *Puesto que hemos tenido buenas lluvias, será buena la cosecha.* La coordinación causal se construye con las conjunciones subordinantes causales *(que, porque, pues, puesto que, ya que, como quiera que): Ayúdame, que solo no puedo.* La coordinación concesiva se establece también con las conjunciones correspondientes *(así que, así es que, conque, luego, por tanto, por consiguiente...): Es un pintor famoso, así que el cuadro será caro.*

Las proposiciones subordinadas

Las proposiciones subordinadas son estructuras oracionales completas (sujeto + predicado), supeditadas a una proposición principal o subordinante, bien como sujeto, predicado o complemento, bien como adyacente que modifica uno de los elementos sintácticos de la principal.

En la oración «*El profesor de latín sabe que su asignatura es de lo más difícil*» hallamos en función de complemento directo una proposición subordinada sustantiva. En «*Un chico que nació en Argentina llegó ayer mientras estaba nevando*», la proposición subordinada adjetiva «*que nació en Argentina*» sustituye a un adjetivo adyacente del sujeto *(argentino)* y la subordinada adverbial temporal «*mientras estaba nevando*» es el adyacente que modifica al adverbio *ayer.* En la que denominamos oración o proposición principal, por consiguiente, existirá subordinación si podemos distinguir insertadas en su estructura una o más estructuras sintácticas que repiten el esquema oracional *sujeto + predicado*, cada una de las cuales constituye una proposición subordinada.

Clases de proposiciones subordinadas

Las proposiciones subordinadas se clasifican teniendo en cuenta la función que desempeñan: si ejercen la función que correspondería desempeñar a un sustantivo o un sintagma nominal, como el complemento directo, en el primer ejemplo propuesto *(que su asignatura...)*, se denominan **subordinadas sustantivas;** si desempeñan la función de un adjetivo, como en la segunda oración *(que nació en Argentina)*, se llaman **subordinadas adjetivas** o **de relativo**; por último, si realizan la función de un complemento circunstancial (... *ayer mientras estaba nevando)*, se incluyen en una clase muy extensa que llamamos **subordinadas circunstanciales** o **adverbiales.**

Subordinadas sustantivas

Desempeñan en la oración compuesta las funciones propias de un sustantivo, es decir: *sujeto, complemento directo* y *atributo* o *complemento de régimen preposicional.* No se incluyen en el complemento indirecto, porque es una proposición adverbial o circunstancial que debe incluirse entre las que expresan finalidad *(subordinadas finales).*

Proposiciones sustantivas en función **sujeto**:

- Se introducen con la conjunción subordinante *que (Que tarde tanto en llegar es poco habitual en él).*
- Pueden unirse en la función sujeto dos o más oraciones coordinadas, que concuerdan con el verbo en singular *(Es poco habitual en él que tarde tanto en llegar y no llame por teléfono).*
- Delante de *que* se usa a veces el artículo, para destacar el carácter sustantivo de la proposición *(El que no hubiera premios para todos fue lo que desanimó a muchos concursantes)*, o un pronombre neutro, para referirse a algo conocido o ya enunciado *(Eso de que sea un país tan frío es lo que menos me agrada).*

Proposiciones sustantivas en función de **complemento directo:**

- Como regla general, van introducidas por *que*, excepto si el núcleo de la subordinada sustantiva es un verbo en infinitivo: *Temo que no venga; Quiero ir de vacaciones a la playa.*
- Si el verbo del núcleo oracional es de régimen preposicional, se antepone a *que* una preposición: *Esteban se dio cuenta de que le habían engañado.*
- Cuando las proposiciones subordinadas son varias, la conjunción *que* puede repetirse delante de cada una de ellas o usarse solamente antes de la primera: *Temo que no venga y que no se le vea más por aquí;* o *Temo que no venga y no se le vea...*
- En oraciones enunciativas e

Subordinadas adjetivas o de relativo

Especificativas	Limitan la extensión del sustantivo, o lo aíslan de un conjunto más amplio Los músicos que habían hecho el viaje en autocar llegaron cansados.
Explicativas	Se separan con pausas o comas y únicamente aportan una información complementaria Los músicos, que habían hecho el viaje en autocar, llegaron cansados.

interrogativas *(Dijo que no vendría; Dime quién ha venido)* hay que distinguir el estilo directo y el estilo indirecto. En el estilo directo, cuando el que habla refiere literalmente las palabras de otro, se emplea la yuxtaposición: *Tu padre dijo: No debe salir a jugar si antes no ha terminado los deberes*. En el estilo indirecto se emplea la conjunción subordinante *que*: *Tu padre dijo que no podías salir a jugar sin antes haber terminado los deberes*.

• En las oraciones interrogativas indirectas no suele usarse la conjunción *que*, sino la partícula átona *si*: *Pregunta si ha venido Inés*. Sin embargo, pueden también introducir una subordinada en función de complemento directo las partículas interrogativas *qué, quién, cuál, cuánto, cómo, dónde (Dime qué prefieres; No sabemos quién ha sido)*. Proposiciones subordinadas **atributivas.** Sustituyen a un sustantivo o sintagma nominal que es predicado nominal o atributo, aposición, o complemento con preposición de un sustantivo o un adjetivo.

• En función de atributo no suele encontrarse pura, sino como una subordinada adjetiva sustantivada con función de atributo. Puede construirse con artículo, que convierte a la partícula *que* en pronombre relativo, o sin él, donde *que* es adjetivo relativo: *Esta casa es la que se vende; Luis está que no puede tenerse en pie*.

• Subordinada complementaria en aposición: es una subordinada sustantiva yuxtapuesta, que desempeña una función explicativa del nombre o sintagma al que acompaña, y se construye con artículo más relativo *(Esta casa, la que está en venta, no me gusta nada; Pedro, el hijo del carpintero, es un buen amigo)*.

• Complemento con preposición. Cuando es complementaria de un sustantivo, se construye con las preposiciones *de* y *que (Me preocupa el asunto de que te hablé)*, aunque en la lengua actual la primera preposición se suprime a veces *(Ten la seguridad que no te fallaré)*; el uso de otras conjunciones convierte el *que* en relativo *(Me preocupa el asunto en que me están involucrando)*. Cuando la subordinada es complemento de un adjetivo que no esté sustantivado, pueden emplearse delante de *que* otras preposiciones *(Estaba satisfecho de su suerte; Se mostraba resignado con su destino)*.

Subordinadas adjetivas

En la oración compuesta, desempeñan en un sintagma nominal la función de un adjetivo. Es decir, modifican el núcleo del sintagma. En «*El libro que me regaló Anita es de aquel autor a quien nadie ha visto jamás*» tenemos una proposición principal o subordinante *(el libro es de aquel autor)* y dos proposiciones subordinadas adjetivas, la primera modificando al sustantivo *libro* y la segunda al sustantivo *autor*. Las partículas que las introducen como adyacentes cumplen, además de su función conectora, la de representar al sustantivo que cada una de las subordinadas califica o modifica, es decir, son pronombres relativos.

• Las proposiciones subordinadas adjetivas se denominan también **subordinadas de relativo**, porque son introducidas en la oración principal por un pronombre relativo, que además desempeña una función sintáctica dentro de la subordinada. El sustantivo al que modifican se llama **antecedente** y el pronombre relativo se llama también **relator**.

• La función sintáctica desempeñada por el relator dentro de la proposición subordinada no tiene que ser obligatoriamente la misma del sintagma antecedente. Lo es en la oración «*Un estudiante que vive en Guadalajara nos ayuda durante el verano*», en la cual el antecedente *-estudiante que...-* es sujeto en la principal y el relator *–que vive...–* es también sujeto en la subordinada; no hay coincidencia, en cambio, en «*Ayer vi a tu hijo, que pasó veloz como un rayo*», donde el antecedente *–tu hijo–* es complemento directo en la subordinante y el relator *que* es sujeto en la subordinada.

• Los pronombres relativos son *que, cual* y *quien*, a los que pueden añadirse los adverbios relativos *cuyo, donde, cuanto, como*. El más utilizado es *que*, el cual se puede referir a un antecedente de persona o cosa, se emplea como invariable y con el artículo tiene variación de género y número *(el que, la que, los que, las que)*. Delante de *cual*, que puede referirse a antecedentes de persona o de cosa, y que por sí solo varía únicamente en número *(cual, cuales)*, el artículo es en cambio obligatorio *(el cual, la cual, los cuales, las cuales)*. Presenta sólo variación de número, y puede referirse únicamente a personas, el pronombre *quien*. El adjetivo relativo *cuyo*, que se usa como pronombre con sentido posesivo *(del cual)*, tiene variación de género y número. Los adverbios relativos *donde, cuanto, como*, también llamados relativos adverbiales, desempeñan en la proposición subordinada la función de complemento circunstancial.

Proposiciones adjetivas especificativas y **explicativas.**

Del mismo modo que los adjetivos que acompañan al sustantivo tienen una función especificativa, es

3. *Las proposiciones subordinadas se clasifican según la función que desempeñan en la oración compuesta.*

4. *Las proposiciones subordinadas adjetivas se llaman también subordinadas de relativo, porque su nexo o relator con la principal es un pronombre relativo.*

decir, que restringe su significado *(el caballo blanco)*, frente a los adjetivos explicativos, que expresan una cualidad intrínseca del nombre *(el frío invierno)*, dividimos las oraciones adjetivas en especificativas y explicativas.

Las subordinadas **adjetivas especificativas** limitan la extensión del antecedente, o lo aíslan de un conjunto más amplio, precisando una determinada cualidad o circunstancia. Así, en la oración *Los músicos que habían hecho el viaje en autobús llegaron cansados*, se está especificando cuáles fueron los que llegaron cansados *(los... que habían hecho el viaje en autobús)*; porque había otros músicos, pero cansados, solamente los del autobús.

Las subordinadas **adjetivas explicativas**, que se aíslan entre pausas o comas, carecen del valor determinativo que caracteriza a las especificativas, porque se limitan a explicar una característica o circunstancia del antecedente, que no influye en el sentido de la oración: *Los músicos, que habían hecho el viaje en autobús, llegaron cansados;* es decir, *Los músicos llegaron cansados* (todos, porque... *habían hecho el viaje en autobús)*.

Subordinadas adverbiales

Desempeñan en la oración compuesta la misma función que un adverbio. Modifican al verbo expresando una circunstancia de la proposición principal o subordinante, es decir, asumiendo el papel sintáctico de un complemento circunstancial *(Cuando se hizo de noche, sirvieron la cena)*. Su función en el lenguaje es la de expresar determinadas circunstancias que los adverbios y locuciones adverbiales no podrían expresar, o no lo harían con suficiente amplitud. Se distinguen, según su significado, las siguientes clases de proposiciones subordinadas adverbiales: **de lugar, de tiempo, de modo, causales, consecutivas, condicionales, finales, concesivas y comparativas.** (Conviene señalar que existe hoy clara tendencia a adoptar para todas ellas el nombre de **subordinadas circunstanciales**, o a separar al menos de éstas las subordinadas adverbiales, que encajan mejor con la clasificación y la función semántica de los adverbios -de lugar, de tiempo, de modo-, de las subordinadas circunstanciales, que expresan otro tipo de circunstancias respecto a la proposición principal.) **Subordinadas adverbiales de lugar.** Expresan una circunstancia de lugar relacionada con la oración principal *(Aquí fue donde cayó el avión)*.

Van introducidas por el adverbio *donde*, que para indicar distintas relaciones locales de movimiento se acompaña de la preposición adecuada *(de donde, por donde, a donde, en donde, hacia donde, hasta donde...)*: *Fue de aquella ventana de donde salió el disparo; Te indicaré el sitio donde podrías encontrarlo.* Es frecuente omitir el antecedente, cuando está sobrentendido: *Te indicaré dónde podrías encontrarlo.* Si el tiempo verbal es pasado o presente, se suele emplear el modo indicativo *(Aquí cayó el avión; Ten cuidado por donde andas)*, pero cuando se trata de un hecho futuro, en la oración subordinada se emplea el modo subjuntivo *(Lo dejaré donde tú quieras)*.

Subordinadas adverbiales de tiempo. Expresan una relación temporal entre la oración principal y la proposición subordinada. Esta relación, que puede ser de contemporaneidad, anterioridad o simultaneidad, se expresa a través de un adverbio relativo, o de una conjunción o una locución conjuntiva subordinantes *(apenas, antes que, en tanto que, mientras tanto, mientras que, cuando, entretanto, tan pronto, después que, después de que, siempre que, luego que*, etc.)

Si la subordinante y la subordinada son simultáneas, se emplea *cuando, mientras, mientras tanto, mientras que, en tanto que, entre tanto que*, etc., como elementos correlativos *(La bomba estalló mientras el convoy entraba en la estación; Siempre que estoy trabajando, me entran ganas de cantar)*. Cuando la subordinada es anterior a la subordinante, se introduce con *después que, después de que, luego que, no bien, apenas*, etc. *(Después que su hermano muriese, se nos volvió taciturno y solitario; Fue a verlas apenas llegó a la ciudad)*. La anterioridad de la subordinante se expresa, en cambio, con *antes que, antes de que* y *primero que (Díselo antes de que sea demasiado tarde; Primero que soportar semejante cosa, me marcho de la ciudad)*.

Pueden formar también proposiciones adverbiales de tiempo, expresando acciones simultáneas, el infinitivo precedido de la contracción *al (Al salir corriendo, perdió uno de sus zapatos)* y el gerundio simple *(irrumpieron en la plaza saltando y cantando)*, e introduciendo una proposición que es anterior a la principal, el participio *(Terminado el partido, los equipos abandonaron la cancha)*.

Subordinadas adverbiales de modo. Expresan la manera como se realiza o transcurre lo expresado por la proposición principal. Van introducidas por el adverbio relativo *como (Lo ha hecho como es debido)*, el adverbio traspositor *según (Fue trabajando la pieza según le habían enseñado)* y las locuciones adverbiales *según que, según y como, según y conforme, de la manera que (Todo ocurrió según que lo esperábamos; De la manera que nos lo han contado, parece un hecho cierto)*.

El relativo *como* puede tener por antecedente un sustantivo *(Te explicará la manera como debes*

Subordinadas adverbiales de lugar

- Van introducidas por: *donde, de donde, por donde, a donde, en donde, hacia donde, hasta donde...*

- Es frecuente omitir el antecedente: Te diré donde está.

- Si en la principal se enuncia un hecho futuro, el verbo de la subordinada va en subjuntivo: *Lo dejaré donde tú quieras.*

Subordinadas adverbiales de tiempo

- Van introducidas por: *apenas, antes que, en tanto que, mientras tanto, mientras que, cuando, entretanto, tan pronto, después que, después de que, siempre que, luego que, no bien, apenas, etc.*
- La subordinada y la subordinante son simultáneas: *La bomba estalló mientras el convoy entraba en la estación.*
- La subordinada es anterior a la subordinante en: *Después que su hermano muriese, se nos volvió taciturno y solitario.*
- La subordinante es anterior en: *Díselo antes de que sea demasiado.*
- Se construyen también con formas verbales no personales: *Al salir corriendo, perdió uno de sus zapatos.*

Subordinadas adverbiales de modo

- Van introducidas por: *como, según, según que, según y como, según y conforme, de la manera que*
- El relativo como puede tener por antecedente a un sustantivo: *Te explicará la manera como debes actuar.*
- También a un adverbio de modo: *Así es como debes obrar siempre.*
- El gerundio puede también indicar modo: *Pasó gran parte de su vida estudiando la vida de las abejas.*

Subordinadas adverbiales causales

- Van introducidas por: *porque, que, puesto que, ya que, pues, como, debido a que, dado que, etc.*
- De todos los nexos conjuntivos posibles, *porque es el más genérico y el más empleado en la lengua actual*
- *Puesto que y supuesto que introducen subordinadas que pueden preceder o seguir a la principal*

actuar...) o un adverbio de modo *(Así es como debes obrar siempre).* Si el antecedente se omite, cuando es un sustantivo, la preposición que le correspondería llevar precede directamente a *como (Respecto a como ocurrió la catástrofe...*, es decir, *al modo como...).* A menudo, además *como* suele llevar sobrentendida la proposición subordinada *(Es duro como la piedra;* o sea ... *como la piedra es dura).* Delante de nombres o pronombres, *según* es preposición, que significa «conforme a» *(según la ley...)* y adquiere carácter de adverbio relativo de modo en todos los demás casos *(según le habían enseñado...; según dicen...).* El gerundio puede formar también una subordinada adverbial de modo: *Pasó gran parte de su vida estudiando la vida de las abejas.*

Subordinadas adverbiales causales. Expresan la causa de lo que se expone en la proposición principal. Van introducidas por las conjunciones y locuciones subordinantes causales *porque, que, puesto que, ya que, pues, como, debido a que, dado que*, etc. Debido a su carácter genérico, *porque* puede sustituir a todas las demás cuando el verbo figura en modo indicativo *(Me voy, porque no tardará en llover)*, o en subjuntivo con valor concesivo y con negación en proposición principal *(No será así sólo porque tú lo digas)*, cuando se niega la subordinada *(No porque sea el dueño hay que darle siempre la razón)* y cuando equivale a una subordinada final *(Lo escondí porque –para que– no lo
6 encontrasen).*
Las subordinadas causales introducidas por *como que*, suelen colocarse detrás de la subordinada principal *(En este pueblo acapara todos los votos, como que es el dueño de casi todas las fincas).* Las locuciones *puesto que* y *supuesto que*, que aparecen a menudo en los clásicos con sentido concesivo, se usan en la lengua moderna con valor causal: ***Me voy, puesto que así lo deseas.*** Las
7 proposiciones que encabezan ambas pueden

5. *En las subordinadas adverbiales de lugar, el adverbio* donde *va con una preposición para indicar relación de movimiento.*

6. *Las subordinadas de tiempo pueden expresar un hecho*
8 *simultáneo, anterior o posterior al de la proposición principal.*

7. *En muchas subordinadas de modo, se omite el antecedente o parte de la misma subordinada.*

8. *Las subordinadas causales son proposiciones de complemento circunstancial que expresan la razón de la oración principal.*

preceder o seguir a la proposición principal *(Puesto que así lo deseas, me voy; Supuesto que tú lo afirmas, será verdad).*

Subordinadas adverbiales consecutivas. Expresan la consecuencia de lo que se expone en la proposición principal *(Llueve mucho, con que no salgo)*, en la cual se encuentra por consiguiente la causa de lo expresado por la subordinada. Es decir, en la combinación: subordinada consecutiva/subordinante causal *(llueve mucho, así que no voy a salir)* se produce una inversión de términos respecto a la combinación subordinada causal/subordinante consecutiva *(Porque llueve, no salgo).*

Van introducidas por conjunciones y locuciones conjuntivas consecutivas: *pues, luego, conque, por (lo) tanto, por consiguiente, de manera que, de ahí que, en consecuencia, así es que, tan... que, tanto... que, de tal modo... que,* etc.

Por tanto o *por lo tanto* puede sustituir a las demás con sentido genérico *(No iré, por lo tanto no me esperes; No iré, conque no me esperes)*, y junto con *pues, así pues* y *por consiguiente*, entre otras formas, se emplean a menudo con valor *continuativo*, es decir, para enlazar y apoyar la inserción de la oración en su contexto: «... *y así concluye el informe de los peritos. Corresponde ahora al jurado, por consiguiente, emitir un veredicto...*»

Suele emplearse para las consecutivas el modo indicativo; sin embargo, las que van introducidas por la locución *de ahí que*, deben construirse con el modo subjuntivo: *Ayer jugó un gran partido, de ahí que se le vea ya como campeón.* Algunas subordinadas consecutivas se unen con la conjunción *que* a un antecedente *(tanto.. que, tal... que, así... que, de modo... que, de manera... que)*, que generalmente figura en la principal: *Bebió tanto vino que enfermó de gravedad; Tan enfadado estaba, que ni nos vio salir; Le instruiré debidamente de modo que se avenga a cerrar el trato.*

Subordinadas adverbiales condicionales. Estas proposiciones hacen que el cumplimiento de lo que se expresa en la principal dependa de que se realice lo enunciado en la subordinada, es decir, expresan una condición necesaria -o deseable- para que pueda cumplirse la proposición principal: *Si el domingo hace buen tiempo, nos iremos a la playa.*

Van introducidas por *si* (que tiene carácter genérico), *como, con tal que, siempre que, a condición de que, caso de que, a menos que,* etc.

La proposición subordinada condicional recibe también los nombres de *condicionante, hipótesis* y *prótasis*, y la subordinada principal, los de *condicionada* y *apódosis.*

La condición que expresa la subordinante puede presentarse bien como real, probable o posible, bien como irreal. En el primer caso, lleva un tiempo verbal del modo indicativo, excepto potencial y futuro, y la principal o condicionada, cualquier tiempo del indicativo o el imperativo: *Si vas tú, ella irá contigo.* Cuando la condición es irreal, la subordinada va expresada en pretérito imperfecto de subjuntivo, si se refiere al presente o futuro, y la principal condicionada en pretérito imperfecto o en potencial simple *(Si tuviese mucho dinero, me pasaría*–o *me pasara*, si bien es hoy uso anticuado– *la vida viajando)*, y en pluscuamperfecto de subjuntivo, con la principal condicionada en el mismo tiempo o en potencial compuesto, si se refiere al pasado *(Si mi abuelo hubiese tenido mucho dinero, se hubiera*–o *habría*– *pasado la vida viajando).*

Puede construirse también la subordinada condicional con formas verbales no personales:

a) infinitivo: precedido de *de* o *a condición de (De seguir así –a condición de seguir así–, no encontrará rival)*, o de *a no (A no cambiar, tendrá mal final)*

b) gerundio: *Luchando como lucha, será el mejor;*

c) participio: *Todo mejora visto con buenos ojos.*

Subordinadas adverbiales finales. Expresan la finalidad o intención con que se realiza la acción enunciada en la proposición principal *(Juega para ganar).* Van introducidas por las locuciones conjuntivas *a que, para que, a fin de que, con objeto de que,* y las conjunciones *a* y *para* (seguida de un infinitivo).

Cuando el verbo de la proposición principal y el de la subordinada final tienen el mismo sujeto, el verbo de la subordinada va en infinitivo, se suprime el *que* subordinante y se usan como enlace las preposiciones *a* o *para*, o las locuciones conjuntivas *a fin de* y *con objeto de (Vino a pedir la paz; Para ocultar su vergüenza, optó por la fuga; Nos elogió a fin de lograr nuestro apoyo).* En cambio, si ambos verbos tienen sujeto diferente, el subordinado va siempre en modo subjuntivo:

Nos elogió para que le apoyásemos. La proposición principal puede preceder o seguir a la subordinada *(Lo dijo para tranquilizarnos; Para conseguir sus objetivos, nunca reparó en medios).*

Subordinadas adverbiales concesivas. Expresan una objeción o dificultad para el cumplimiento de la subordinada principal, la cual, pese a todo, se lleva a cabo, porque lo enunciado

9

Subordinadas adverbiales condicionales

- Van introducidas por: *si, como, con tal que, siempre que, a condición de que, caso de que, a menos que, etc.*
- Cuando la condición es real, se emplea el modo indicativo: *Sí vas tú, ella irá contigo*
- Cuando la condición es irreal, se expresa con tiempos del modo subjuntivo: *Si tuviese mucho dinero, me pasaría la vida viajando*
- Se emplean también para la subordinada condicional formas verbales no personales: *Luchando como lucha, será el mejor*

en la subordinada no impide su realización: *A pesar de la brillante defensa de su abogado, el reo fue condenado.* En realidad, oponen en cierto modo dos juicios contrarios, como las coordinadas adversativas, y comparten con ellas muchas de las conjunciones y locuciones conjuntivas con que van introducidas: *aunque, a pesar de, a pesar de que, ya que, por más que, aun cuando, si bien, bien que, mal que, siquiera,* etc. Generalmente, todas ellas pueden sustituirse por *a pesar de* o *a pesar de que.* Y se emplean además numerosas fórmulas fijas de estructura nominal o verbal *(con todo, con eso, aun con eso, así y todo, pase lo que pase, sea como sea, sea lo que fuere...).* Como hemos visto en las condicionales, se distingue también entre las concesivas el uso verbal que debe regir según el sentido sea real o irreal. Si la subordinada expresa objeción o dificultad real, en presente, pasado o futuro, lleva un tiempo del modo indicativo (salvo el potencial), y la subordinante, cualquier tiempo del indicativo o el imperativo *(Aunque se esforzó mucho, no lo consiguió).* Cuando la objeción o dificultad es irreal, se emplean respectivamente el imperfecto de subjuntivo, para tiempo presente y futuro, o el pluscuamperfecto de subjuntivo, para tiempo pasado, en la subordinada, y el pretérito imperfecto de subjuntivo o el potencial simple, en la subordinante *(Aunque tuviese fuerzas suficientes, no lo conseguiría; No lo hubiera –habría– conseguido, así hubiese tenido fuerzas suficientes).*
También las subordinadas concesivas pueden construirse con formas verbales no personales:
a) infinitivo: precedido de *con (Con ser tan forzudo, no lo consiguió);*
b) gerundio: precedido de *aun (Aun siendo tan arriesgado, sobrevivió a mil batallas);*
c) participio: precedido de *aunque* o *si bien,* etc. *(Vino, si bien entusiasmado con la idea, poco decidido a apoyarla).*

Subordinadas adverbiales comparativas. Estas oraciones subordinadas adverbiales establecen una comparación entre dos términos o conceptos más o menos complejos. La relación comparativa puede ser de igualdad, de superioridad o de inferioridad, y puede establecerse con relación al modo, a la cualidad o a la cantidad. Tanto la subordinada como la subordinante o principal llevan traspositores correlativos *(más... que, menos ... que,* etc.).
Suele omitirse el verbo de la proposición subordinada *(Luis es más alto que Juan),* que sin embargo lleva un verbo en subjuntivo cuando expresa un hecho hipotético o eventual *(Es tan feo como pudiera serlo el monstruo más horrible).*

• Las subordinadas comparativas de *igualdad* se introducen con *así... como, tal ... cual, tanto... como, tanto... cuanto, cuanto más... más, cuanto menos... menos, tanto más... cuanto más,* etc.
La comparación de modo se establece con *así... como, tal... cual, tanto... como, igual que, lo mismo que (Fue su final así como se lo habían anunciado; Era tal como lo habían descrito).*
La comparación en cuanto a la cantidad o intensidad se establece con *tanto... como, tan ... como* y *tanto... cuanto (Dicen que tiene tantos millones cuantos años el mundo).*

• La comparación de superioridad se expresa con *más ... que, más ... de,* y también con los correspondientes adjetivos morfológicos de grado comparativo *(mejor que, mayor que,* etc.): *Para viajar, es mejor el tren que el autobús.*

• La comparación de inferioridad se establece con *menos... que, menos... de,* y también con los correspondientes adjetivos morfológicos de grado comparativo *(menor, peor,* etc.): *Es menor el daño que el castigo.*

9. *Las subordinadas condicionales expresan, bien una condición real o posible, bien una irreal.*

10. *Las subordinadas concesivas oponen en realidad dos juicios contrarios.*

11. *Las subordinadas comparativas relacionan con igualdad, superioridad o inferioridad dos términos o conceptos.*

10

Subordinadas adverbiales concesivas

- Van introducidas por: *aunque, a pesar de, a pesar de que, ya que, por más que, aun cuando, si bien, bien que, mal que, siquiera, etc.*
- Cuando la objeción es real, se emplea el modo indicativo: *Aunque se esforzó mucho, no lo consiguió.*
- La objeción o dificultad irreal se construyen con el modo subjuntivo: *Aunque tuviese fuerzas suficientes, no lo conseguiría.*

11

Subordinadas adverbiales comparativas

- La comparación de igualdad se expresa con *así... como, tal... cual, tanto... como, tanto... cuanto, cuanto más... más, cuanto menos... menos, tanto más... cuanto más etc.: Era tal como lo habían descrito.*
- La comparación de superioridad se expresa con *más... que, más... de, mejor que, mayor que,* etc.: *Ha tenido más suerte que su hermano.*
- La comparación de inferioridad se establece con *menos... que, menos... de, menor, peor,* etc... *Fue menos interesante de lo que esperábamos.*

Relaciones entre los componentes del signo lingüístico

El estudio de los **significados** de los signos lingüísticos, es decir, de los significados posibles de las palabras, es el objeto de la **semántica**, mientras las palabras utilizadas –o utilizables– en una lengua constituyen en su conjunto lo que se denomina el **léxico** o vocabulario. De recopilar e inventariar este léxico o vocabulario, especificando además el significado o los significados de cada una de las palabras que lo integran, así como de las relaciones que se establecen entre las mismas, se ocupa la **lexicografía.** Es una disciplina lingüística anterior y muy próxima a la semántica, que abarca entre sus cometidos las técnicas para la elaboración de los distintos diccionarios de la lengua, la confección de los múltiples vocabularios especializados que pueden establecerse, etc.

Ambas disciplinas, semántica y lexicografía, pertenecen al campo común de la **lexicología,** esto es, la disciplina lingüística que se ocupa de estudiar y analizar las características generales del léxico o vocabulario, así como de sus unidades o elementos, los signos lingüísticos o palabras, considerados individualmente y agrupados en **campos semánticos.**

¿En qué medida pueden interesar estos aspectos al usuario común de una lengua? Es una pregunta que cabría formular, pero que se contesta sin embargo por sí misma. En efecto, por cuanto hablamos de **usuarios** de un sistema de comunicación en el cual dos –o más– interlocutores, al **hacer uso** del mismo, realizan alternativamente un proceso de codificación, para formar el signo lingüístico, y de interpretación o descodificación, para «descifrar» los mensajes que se intercambian entre sí. Es decir, seleccionan del vocabulario de la lengua (que constituye el objeto de la **lexicografía**) aquellos elementos o signos lingüísticos cuyo significado (que estudia la **semántica**) puede expresar mejor sus pensamientos, sentimientos, etc.

La relación entre las palabras, lo que las mismas significan y la 'cosa' que designan, se expresa gráficamente a través del llamado **triángulo significativo**.

Al presentar el proceso de la comunicación oral, hemos descrito dentro del signo lingüístico la relación entre el **significante** (una cadena de sonidos que constituye la palabra, el nombre o la **imagen acústica**) y el **significado** (el concepto, idea mental o contenido de cada significante). Sin embargo, existe en el lenguaje un tercer elemento que es aquel objeto o realidad a lo que se refieren tanto las palabras como su significado.

Este tercer elemento, a partir del cual se establece la referencia entre el significante y el significado, lo denominamos **referente,** la «cosa» sobre la cual hablamos. Tenemos, con él, los tres vértices del triángulo que representa gráficamente el proceso comunicativo, a través del lenguaje, entre un hablante y un oyente.

Entre el significante y el referente existe una línea discontinua porque no hay una relación directa, que sí hallamos, en cambio, representada por una línea continua, entre la palabra y su significado, así como entre el significado y el referente: la palabra *árbol,* por ejemplo, hace que acuda a nuestra mente la idea o concepto de esta 'cosa'. Del mismo modo, la visión o el recuerdo de un árbol evoca el concepto de árbol, que a su vez nos remite también a la palabra. Hay, en consecuencia, una relación directa entre la palabra y el concepto que ésta expresa, así como entre el concepto y su nombre, pero no directamente, en el proceso comunicativo, entre una palabra y la 'cosa' o referente. Las palabras tienen, así pues, un significado por sí mismas que las define. Ocurre, sin embargo, que para la mayoría de las palabras, tomadas de forma aislada, este significado no es único (la *hoja,* por ejemplo, puede ser de una planta, de papel, de un sable, de aluminio, etc.). Así como, inversamente, un mismo significado puede tener varios significantes o nombres *(asno, burro, pollino, jumento, rucio).*

Por fortuna, usamos las palabras inmersas en una serie de circunstancias, que dibujan en conjunto una **situación** dada, y además acompañadas de otras palabras que componen un **contexto.** Una situación y contexto determinados constituyen un **entorno** en el cual cada palabra o significante y cada significado aparecen con valor propio e inequívoco. En la expresión *Las hojas se amontonaban a su alrededor,* sólo el entorno nos permitiría determinar si se está hablando de unas hojas de papel esparcidas sobre una mesa, o de hojas de árbol caídas que tapizan un paisaje otoñal. Vamos a examinar a continuación algunas de las relaciones que pueden darse entre un significante y dos o más significados, o viceversa.

Estudio de los significados de los signos lingüísticos

Lexicología	Semántica / Lexicografía
Lexicología Disciplina lingüística que estudia las características generales del léxico o vocabulario, así como sus elementos, las palabras o signos lingüísticos	**Semántica** Disciplina que estudia los significados de los signos lingüísticos
	Lexicografía Se ocupa de recopilar e inventariar el léxico o vocabulario de una lengua, con el significado o los significados de cada una de las palabras y sus relaciones

1

Un significante con varios significados:

• **Polisemia.** Una misma palabra o significante expresa varios significados: *hoja* (de las plantas, de papel, de arma blanca, de herramientas, etc.); *ojo* (órgano de la vista, abertura o agujero, núcleo o centro, mancha circular, etc.); *banco* (asiento, mesa de trabajo, entidad financiera o concentración de peces, de datos o de órganos humanos). La mayor parte de las palabras polisémicas han surgido, bien por analogía o semejanza, bien por trasposición o sustitución de las acepciones (*pluma* de ave → *pluma* estilográfica). No debe confundirse con la homonimia.

• **Homonimia.** Las palabras tienen la misma forma, pero es distinto su origen etimológico y asimismo su significado: *bota* (del latín *buttis,* odre → odre, pellejo, vasija, cuba; del francés *botte* → calzado alto); *llama* (del quechua, mamífero rumiante; del latín *fiamma* → lengua de fuego). La coincidencia formal que caracteriza a las palabras homónimas es en la mayoría de los casos el resultado de la convergencia de su evolución fonética. Si la coincidencia es tanto fónica como gráfica, es decir, en la escritura, como en los casos anteriores *(bota, llama),* se habla de términos **homógrafos.** Cuando la coincidencia se produce únicamente en el plano fonológico o de la pronunciación, se dice que son términos **homófonos** *(atajo* y *hatajo; habría* y *abría).*

Un significado con varios significantes:

· **Sinonimia.** El mismo significado puede expresarse con dos o más significantes *(autobús, automóvil, camión, guagua, ómnibus, bus; palabra, voz, vocablo, término).* En realidad, la sinonimia **total,** es decir, la que se da entre aquellas palabras que tienen significados absolutamente idénticos y pueden sustituirse entre sí en todos los contextos, es poco frecuente *(burro, asno, pollino).* La mayoría de los términos que consideramos como sinónimos lo son por sinonimia **parcial,** o sea, solamente en algunas de sus acepciones, o en determinados contextos *(manzana = cuadra = isla,* cuando se refieren a 'espacio cuadrado entre calles', pero no así en sus otros significados posibles; *automóvil = carro,* en el castellano de América; *romper = quebrar = fracturar,* si se trata de una pierna, pero no se *quiebran* ni se *fracturan* una hoja de papel o una prenda de vestir).

Oposición de significados:

• **Antonimia.** Es la relación que se da entre dos palabras que designan significados contrarios o contrapuestos: *si-no; grande-pequeño.* Se distinguen los **antónimos gramaticales,** formados principalmente por prefijos de sentido negativo *(simétrico-asimétrico; veneno-contraveneno; hacer-deshacer; culpar-exculpar),* y los **antónimos lexicales,** en los que existe oposición entre los respectivos significados básicos *(si-no; vida-muerte; pretérito-futuro).*

1. *Como usuarios de una lengua, seleccionamos las palabras cuyo significado más se ajusta al concepto que queremos expresar. Estudiar y precisar este significado es el cometido de las disciplinas que abarca la lexicografía.*

2. *Las relaciones entre los integrantes del signo lingüístico, significante, o palabra, y significado, son complejas y diversas. A menudo, sólo en el entorno en el cual se halla inmerso aparece con un sentido unívoco e inequívoco.*

2

Relaciones entre significantes y significados

Polisemia	Una palabra o significante expresa varios significados	*hoja/ de árbol/ de papel/ de sable...* *ojo humano/ de la cerradura/ del huracán* *banco /de asiento/ de trabajo/ de finanzas/ de peces/ de datos/ de rganos*
Homonimia	Las palabras tienen la misma forma, pero distinto significado y origen etimológico	*bota, del latín buttis, odre- odre, pellejo, vasija, cuba; del francés botte - calzado alto* *llama, del quechua - mamífero rumiante; del latín fiamma - lengua de fuego*
Sinonimia	El mismo significado puede expresarse con dos o más significantes	*autobús - autocar - camión* *guagua - ómnibus - bus* *palabra - voz - vocablo término* *burro - asno - pollino* *manzana - cuadra - isla*
Antonimia	Relación que se da entre dos palabras que designan significados contrarios	*si/no* *grande/pequeño* *hacer/deshacer* *culpar-exculpar* *vida/muerte* *pretérito/futuro).*

Formación de palabras

El castellano que hablamos en la actualidad es el resultado de la evolución experimentada por nuestra lengua a lo largo de las sucesivas épocas históricas. Esta evolución ha afectado no tan sólo a los aspectos estrictamente gramaticales, y asimismo a la forma y al significado de las palabras, sino también al contenido del léxico o vocabulario.
Así como muchos términos del castellano antiguo han ido cayendo en desuso en la lengua actual, usamos hoy muchos vocablos cuya incorporación al caudal de la lengua ha sido reciente o, incluso, recentísima.
Todas las lenguas, por necesidades de la evolución constante de la humanidad, pierden cierto número de palabras de su vocabulario y al mismo tiempo, por otro lado, lo enriquecen incorporando palabras nuevas.
Para la formación de nuevas palabras hay tres procedimientos establecidos: la **derivación,** consistente en armar una palabra añadiendo elementos pospuestos o sufijos a una palabra primitiva, a su raíz o lexema, y que nos ha dado, por ejemplo, *árbol-eda* o *pintor-esco;* la *composición,* o agregación de varios elementos lexicales *(prehistoria, abrelatas, todo terreno)*, y los **préstamos léxicos,** es decir, el trasvase de palabras de otra lengua a la lengua propia *(chequeo, rascacielos).*

Derivación

La derivación es, tanto en el castellano como en las demás lenguas romances o neolatinas, el medio más usado para formar nuevas palabras. Consiste en formar **palabras derivadas,** agregando sufijos a las palabras primitivas.
La morfología nos enseña que las palabras están compuestas por un monema portador de significado básico, el **lexema** *(am-* en *am-ar),* y uno o varios monemas modificadores, que llamamos **morfema** *(-able,* en *amable; -or-, -oso-,* en *amoroso).*
Los morfemes dependientes, aquellos que necesitan apoyarse en una raíz o lexema y, eventualmente, en otro u otros morfemas, se dividen en dos grandes grupos: afijos o morfemas derivativos y desinencias o morfemas gramaticales. Los afijos o morfemas derivativos sirven para crear familias de palabras a partir de un lexema común, es decir, se emplean en la formación de palabras nuevas, y se clasifican según la posición que ocupan: **prefijos,** antepuestos al lexema *(des-animar);* **infijos,** en posición interior *(am-or-oso);* y **sufijos,** en final de la palabra, siguiendo al lexema o a un infijo *(ama-ble).*
Nuestro idioma mantiene en uso muchos sufijos que se agregan a la palabra primitiva produciendo bien un cambio gramatical (del sustantivo *sangre* → *sangriento,* adjetivo, o *sangrar,* verbo), con el consiguiente cambio de significado, bien un cambio de significado que no implica cambio de categoría gramatical *(sangre* → *sangría; cama* → *camilla).*

Sufijos para formar sustantivos. Son los sufijos que suelen usarse en la formación derivada de palabras que adquieren la categoría gramatical del nombre o sustantivo.

a) Se añaden a adjetivos, para formar nombres abstractos que indican cualidad:

-ancia (abundante → *abundancia*)
-anza (bueno → *bonanza*)
-ario (antiguo → *anticuario*)
-dad (fácil → *facilidad*)
-edad (sobrio → *sobriedad*)
-encia (prudente → *prudencia*)
-ería (tonto → *tontería*)
-ez (sencillo → *sencillez*)
-eza (ligero → *ligereza*)
-ía (cortés → *cortesía*)
-idad (bárbaro → *barbaridad*)
-or (verde → *verdor*)
-tad (libre → *libertad*)
-ud (sano → *salud*)
-umbre (podrido → *podredumbre*)
-ura (blando → *blandura*)

b) Se añaden a los verbos para formar nombres abstractos o concretos, que expresan la acción, el resultado de la acción, el agente o el instrumento:

-ada (bajar → *bajada*)
-ado (abonar → *abonado*)
-ador (labrar → *labrador*)
-adora (sembrar → *sembradora*)
-adura (armar → *armadura*)
-aje (embalar → *embalaje*)
-ancia (estar → *estancia*)
-ante (pasear → *paseante*)
-anza (holgar → *holganza*)
-ción (decir → *dicción*)
-dor (comprar → *comprador*)
-dura (tachar → *tachadura*)
-edura (barrer → *barredura*)
-encia (advertir → *advertencia*)
-erío (gritar → *griterío*)
-ida (venir → *venida*)
-ido (sentir → *sentido*)
-idura (escurrir → *escurridura*)
-iña (regañar → *regañina*)
-mento (armar → *armamento)*
-miento (vencer → *vencimiento*)

Procedimiento para la formación de las palabras		
Derivación	Agregación de elementos pospuestos o sufijos a la palabra primitiva, a su raíz o lexema	*árbol - arbo l-eda* *pintor - pintor-esco* *araña - araña-r*
Composición	Yuxtaposición o reunión de varias palabras (elementos lexicales)	*abrelatas (abrir + lata)* *todo terreno* *preihistoria*
Préstamos léxicos	Trasvase de palabras de otra lengua a la lengua propia	*chequeo* *rascacielos* *fútbol*

- -sión (conceder → *concesión*)
- -tor (esculpir → *escultor*)

c) Se añaden a otros sustantivos, para formar:

nombres colectivos

- -ada (estaca → *estacada*)
- -ado (profesor → *profesorado*)
- -aje (rama → *ramaje*)
- -al (arroz → *arrozal*)
- -amen (vela → *velamen*)
- -ar (pino → *pinar*)
- -eda (álamo → *alameda*)
- -eda (árbol → *arboleda*)
- -era (canto → *cantera*)
- -erío (grito → *griterío*)

nombres de lugar

- -al (peña → *peñascal*)
- -era (coche → *cochera*)
- -ería (cerveza → *cervecería*)
- -ero (gallina → *gallinero*)
- -ía (zapato → *zapatería*)
- -ial (vía → *vial*)
- -izal (barro → *barrizal*)

nombres de acción

- -ada (pata → *patada*)
- -azo (porra → *porrazo*)
- -ón (pisada → *pisotón*)

nombres aumentativos

- -azo (perro → *perrazo*)
- -ón (hombre → *hombrón*)
- -ote (muchacho → *muchachote*)

nombres diminutivos

- -cito (corazón → *corazoncito)*
- -cillo (jardín → *jardincillo*)
- -ecillo (sastre → *sastrecillo*)
- -ecito (ciego → *cieguecito*)
- -ico (dedo → *dedico*)
- -ículo (monte → *montículo*)
- -illo (horno → *homillo*)
- -ín (corbata → *corbatín*)
- -ito (árbol → *arbolito*)
- -uelo (pillo → *pilluelo*)

Sufijos para formar adjetivos. Son los sufijos que sirven para formar adjetivos por derivación.

a) Se añaden a sustantivos:

- -áceo (hierba → *herbáceo*)
- -ado (azafrán → *azafranado*)

Principales sufijos

-able *(loable = A)*
-abundo *(meditabundo = A)*
-áceo *(grisáceo = A)*
-ada *(bajada = S)*
-adero *(pagadero = A)*
-adizo *(arrojadizo = A)*
-ado *(profesorado = S)*
(azulado=A)
-ador *(labrador = S)*
(abrasador = A)
-adora *(sembradora S)*
-adura *(armadura = S)*
-aje *(ramaje = S)*
-al *(arrozal S)*
(vital = A)
-amen *(velamen = S)*
-án *(alemán = S, A)*
-ancia *(abundancia = S)*
-ano *(mexicano = S, A)*
-ante *(paseante = S, A)*
(vacilante = A)
-anza *(holganza = S)*
-ar *(arañar = V)*
(solar S, A, V)
(pinar = S)
-ario *(anticuario = S)*
(diario = A)
-ático *(lunático = A)*
-atívo *(pensativo = A)*
-azo *(perrazo = S)*
-cillo *(jardincillo = S)*
-ción *(dicción = S)*
-cito *(corazoncito = S)*
-dad *(facilidad= S)*
-dor *(comprador = S)*
-dura *(tachadura = S)*
-ear *(tontear = V)*
-ecer *(humedecer= V)*
-ecillo *(sastrecillo = S)*
-ecino *(blanquecino = A)*
-ecito *(cieguecito = S)*
-eda *(alameda = S)*
-edad *(sobriedad= S)*
-edero *(hacedero = A)*
-edizo *(corredizo = A)*
-edo *(robledo = S)*
-edor *(emprendedor = A)*
-edura *(barredura = S)*
-encia *(prudencia = S)*
(advertencia = A)
-eno *(chileno = S, A)*
-ense *(canadiense = S, A)*
-ente *(repelente = A)*
-ento *(amarillento = A)*
-eño *(trigueño = A)*
(atacame o = S, A)
-era *(cantera = S)*
-ería *(cervecer¡a = S)*
-erío *(griterío = S)*
-ero *(gallinero = S)*
(dominguero = A)
(habanero = S, A)
-és *(francés = S, A)*
-esco *(pintoresco = A)*
-estre *(terrestre = A)*
-ez *(sencillez= S)*
-eza *(ligereza = S)*
-í *(israelí = S, A)*
-ía *(zapatería = S)*
-ial *(vial S, A)*
-ible *(temible = A)*
-ico *(dedico = S)*
(histórico = A)
-ículo *(montículo = S)*
-ida *(venida = S)*
-dad *(barbaridad = S)*
-idero *(venidero = A)*
-idizo *(huidizo = A)*
-ido *(sentido = S, A)*
-idor *(sufridor = A)*
-ídura *(escurridura = S)*
-iego *(mujeriego = A)*
-iense *(ateniense = S, A)*
-iente *(siguiente = A)*
-iento *(hambriento = A)*
-ificar *(crucificar = V)*
-illo *(hornillo = S)*
-ín *(mallorquín = S, A)*
(corbatín = S)
(andarín = A)
-ina *(regañina = S)*
-ino *(andino = A)*
-itivo *(nutritivo = A)*
-ito *(arbolito = S)*
-ivo *(lesivo = A)*
-zal *(barrizal = S)*
-izar *(amenizar = V)*
-izo *(rojizo = A)*
-mento *(armamento = S)*
-miento *(vencimiento = S)*
-ol *(español = S, A)*
-ón *(pisotón = S)*
-or *(verdor= S)*
-oso *(canoso = A)*
-ote *(muchachote = S)*
-sión *(concesión = S)*
-tad *(libertad = S)*
-tor *(escultor = S)*
-uar *(situar= V)*
-ud *(salud= S)*
-udo *(barbudo = A)*
-uelo *(pilluelo = S, A)*
-umbre *(podredumbre = A)*
-uno *(perruno = A)*
-ura *(blandura = S)*
-uzco *(negruzco = A)*

2

1. *La formación de nuevas palabras es consecuencia de la constante evolución de todas las lenguas, que pierden cierto número de términos de su vocabulario y, por otro lado, lo actualizan incorporando palabras nuevas.*

2. *En castellano usamos continuamente numerosos sufijos para formar nuevas palabras derivadas que pueden funcionar como sustantivos (S), como adjetivos (A) o como verbos (V). La tabla recoge los principales sufijos ordenados alfabéticamente. Entre ellos se encuentran sufijos que forman aumentativos, diminutivos, indican acción, posición, número o cualidad.*

Principales prefijos y su significado

Elemento prefijal	Significados	Ejemplos
a-	privación, negación	*anormal, asimétrico*
	semejanza, unión	*azulado, agrupar*
ab-	separación	*abdicar*
	origen	*aborigen*
abs-	separación	*abstenerse*
ad-	aproximación, unión	*adjuntar*
an-	privación, negación	*analfabeto*
ante-	anterioridad	*antebrazo*
anti-	opuesto, contrario	*antirrobo*
archi-	grado superlativo	*archifamoso*
bi-	dos veces, doble	*bicicleta*
bis-	,, ,,	*bisabuelo*
biz-	,, ,,	*biznieto*
circun-	alrededor	*circunnavegar*
co-	unión, asociación	*coautor*
com-	,, ,,	*compadre*
con-	,, ,,	*conciudadano*
contra-	oposición	*contraveneno*
de-	privación, negación	*decolorar*
des-	,, ,,	*deshacer, desunir*
di-	oposición, separación	*disentir, divergir*
	origen, extensión	*dimanar, dilatar*
dis-	oposición, separación	*disconforme*
e-	dirección hacia fuera	*emanar, emigrar*
em-	dentro o sobre de	*empapelar*
en-	,, ,,	*encajar*
	negación, oposición	*enemistar*
entre-	en medio, intermedio	*entrecruzar*
	cruce, mezcla	*entrefino*
es-	fuera, más allá	*estirar, escoger*

-al (vida → *vital*)
-ar (Sol → *solar*)
-ario (día → *diario*)
-ático (Luna → *lunático*)
-eño (trigo → *trigueño*)
-ero (domingo → *dominguero*)
-esco (pintor → *pintoresco*)
-estre (Tierra → *terrestre*)
-ico (historia → *histórico*)
-iego (mujer → *mujeriego*)
-iento (hambre → *hambriento*)
-ino (can → *canino*)
-ivo (lesión → *lesivo*)
-izo (paja → *pajizo*)
-oso (cana → *canoso*)
-udo (barba → *barbudo*)
-uno (perro → *perruno*)

b) Se añaden a topónimos, para indicar procedencia:
-an (Alemania → *alemán*)
-ano (México → *mexicano, mejicano*)
-eno (Chile → *chileno*)
-ense (Canadá → *canadiense*)
-eño (Atacama → *atacameño*)
-ero (Habana → *habanero*)
-es (Francia → *francés*)
-í (Israel → israelí)
-ín (Mallorca → mallorquín)
-ino (Andes → *andino*)
-iense (Atenas → *ateniense*)
-ol (España → *español*)

c) Se añaden a formas verbales:
-able (loar → *loable*)
-abundo (meditar → *meditabundo*)
-adero (pagar → *pagadero*)
-adizo (arrojar → *arrojadizo*)
-ador (abrasar → *abrasador*)
-ante (vacilar → *vacilante*)
-ativo (pensar → *pensativo*)
-edero (hacer → *hacedero*)
-edizo (correr → *corredizo*)
-edor (emprender → *emprendedor*)
-ente (repeler → *repelente*)
-ible (temer → *temible*)
-idero (venir → *venidero*)
-idizo (huir → *huidizo*)
-idor (sufrir → *sufridor*)
-iente (seguir → *siguiente*)
-ín (andar → *andarín*)
-itivo (nutrir → *nutritivo*)
-ivo (ejecutar → *ejecutivo*)
-ón (copiar → *copión*)

d) Se añaden a otros adjetivos:
-áceo (gris → *grisáceo*)
-ecino (blanco → *blanquecino*)
-ento (amarillo → *amarillento*)
-ino (azul → *azulino*)
-izo (rojo → *rojizo*)
-oso (verde → *verdoso*)
-usco (pardo → *pardusco*)
-uzco (negro → *negruzco*)

Sufijos de verbos. Se agregan a sustantivos o adjetivos para formar verbos, de la primera y segunda conjugación:

-ar (araña → *arañar*)
-uar (sitio → *situar*)
-ear (tonto → *tontear*)
-izar (ameno → *amenizar*)
-ificar (cruz → *crucificar*)
-ecer (húmedo → *humedecer*)

Composición

La composición propiamente dicha consiste en la reunión de dos o más palabras, o elementos lexicales, para formar una nueva. Se consideran también compuestas las palabras formadas mediante prefijos, que a veces se incluyen en un grupo específico, bajo el nombre de **prefijación.**

Las palabras compuestas pueden estar formadas:

- Por dos sustantivos, yuxtapuestos en una sola palabra, a veces con alguna modificación en el primer elemento *(carricoche, bocacalle, agridulce, camposanto)*, o conservando su independencia en la escritura *(perro lobo, coche-cama).*
- Por un sustantivo y un complemento preposicional introducido por *de: casa de campo, ojo de buey, freno de disco.*
- Por un nombre y un adjetivo, generalmente pospuesto, unidos en una sola palabra, eventualmente con alguna modificación en el primer elemento, o separados: *rabilargo, cejijunto, mediodía, caja fuerte, media luna, todo terreno.*
- Por dos adjetivos: *agridulce, verdinegro, tontiloco, tragicómico.*

Principales prefijos y su significado (Continuación)

Elemento prefijal	Significados	Ejemplos
ex-	fuera, más allá	*extraer, expatriar*
	privación, cesación	*exculpar, exministro*
extra-	fuera de, más allá	*extraordinario*
hiper-	sumamente	*extra plano*
	mucho, en exceso	*hipertenso*
hipo-	poco, inferior	*hipotenso*
i-	negación	*ilegal, irracional*
im	privación, negación	*impago*
	en, dentro de	*imponer*
in-	privación, negación	*intocable*
	en, dentro de	*infiltrar*
infra-	inferior	*infrahumano*
	debajo de	*infraestructura*
inter-	en medio	*interlinea*
	entre varios	*internacional*
intra-	dentro de, en	*intramuscular*
pos-	detrás, después de	*posponer, posparto*
post-	detrás, después de	*postdiluviano*
pre-	antes de, delante de	*prefijo, prehistoria*
pro-	en vez de, delante	*pronombre, procónsul*
	continuidad, avance	*proseguir*
	origen	*provenir*
	en favor de	*prosoviético*
re-	repetición	*rehacer, retornar*
	retroceso	*rebobinar, reacción*
requete -	muy, sumamente	*requetebién*
retro-	hacia atrás	*retrovisor*
so-	debajo	*socavar, soterrar*
	ligeramente	*sofreir*
sobre-	exceso, superioridad	*sobre peso*
sub-	debajo	*subsuelo*
	defecto, inferioridad	*subdirector*
super-	exceso, superioridad	*superdotado*
	sobre, por encima de	*superpuesto*
supra-	sobre, arriba, más allá	*supranacional*
trans-	más allá, al otro lado	*transoceánico*
	a través de	*transcontinental*
tras-	más allá, al otro lado	*trasponer*
	a través de	*traspasar*
ultra-	más allá, al otro lado	*ultramar, ultratumba*
	en exceso, sumamente	*ultraligero*

- Por un sustantivo y un verbo: *maniatar, quitasol, girasol, abrelatas, sacacorchos, sacapuntas, saltamontes.*
- Por dos verbos: *ganapierde, duermevela.*
- Por adverbio y sustantivo, adjetivo o verbo: *bienandanza, malcontento, malcasar.*
- Por una oración o frase: *correveidile, bienmesabe, hazmerreír, matalascallando.* La prefijación se realiza mediante la agregación de prefijos inseparables, que son portadores de un significado propio (véanse las tablas de esta doble página) con el que modifican el de la palabra o base léxica al que se unen: *antiniebla, deshacer, extraordinario.*

Préstamos léxicos

Mediante los préstamos léxicos, una lengua se incorpora y asimila una palabra que no tenía **(neologismo)**, y que procede del léxico de otra lengua. La causa de este trasvase puede ser la necesidad de encontrar nombres nuevos para objetos, ideas o conceptos también nuevos, o bien la conveniencia de homologarse a un uso generalizado, por falta de sinónimos en la lengua propia o porque el sinónimo o la traducción comportarían una pérdida de matices o connotaciones.

Este proceso se ha dado en todas las lenguas y a lo largo de todas las épocas históricas. El léxico del castellano, que es una lengua derivada del latín, se compone básicamente del fondo léxico latino. Sin embargo, a lo largo de la historia se ha enriquecido principalmente con **helenismos** (vocablos del griego clásico, incorporados a través del latín o como neologismos del lenguaje culto y científico: *alfabeto, ortografía, caos, manía, academia, poesía, antítesis);* **arabismos** (legado de la presencia de los árabes en España: *acequia, aljibe, alberca, noria, algodón, azúcar, alfalfa, res, guarismo, álgebra, algarabía);* **americanismos** (recogidos de nombres indígenas de América: *chocolate, causa, tomate, tabaco, llama);* **galicismos** (por razones de proximidad así como por las relaciones políticas y comerciales: *complot, avión, amateur, ruleta, vodevil, frac, blusa, hotel, restaurante, paté, panaché, coñac);* **anglicismos** (los préstamos más recientes: *club, bloc, teléfono, pullman, transistor, revólver, golf, gol, futbol, chut, poker, ring, shock, whisky).*

4

3. *Los prefijos amplían y definen cualitativamente la palabra que afectan. Las dos partes de la tabla enseñan el significado de los principales prefijos y dan un ejemplo en cada caso.*

4. *El castellano incorporó de las lenguas de América numerosas palabras, referidas especialmente a plantas y animales, pero también de herramientas, accidentes geográficos y otros ámbitos.*

Los diccionarios de la lengua

El lenguaje, o mejor aún, el habla, que es, como sabemos, el uso concreto, individual, que hacemos en cada momento los hablantes de una lengua, puede compararse a una gran cadena de montaje de automóviles. En ella, los operarios o las máquinas robotizadas van ensamblando las piezas una tras otra. Cada una en su lugar, cada una en su modelo, determinado a menudo por las características de las otras piezas con las cuales debe acoplarse. Y la frase, la oración, el discurso, breves o prolijos, serían como el vehículo construido, que enfila la carretera dejando atrás las naves de la factoría automovilística. Pues bien, podemos considerar que las piezas con que construimos tales vehículos, la frase, la oración, el discurso, son las palabras.

La gramática normativa nos enseña en qué lugar debemos situarlas y, para hacer posible su acoplamiento en el conjunto, cuál es el modelo que debemos elegir en cada caso concreto: un singular o un plural, un futuro o un pretérito, etc. Estas 'piezas' con que construimos el discurso, las palabras, constituyen el objeto de la **lexicología**, que se ocupa de estudiar su significado a través de la **semántica** y de efectuar su inventario, estudiándolo también desde distintos aspectos, por medio de la **lexicografía.** Por consiguiente, deberemos acudir a los diccionarios de la lengua o **diccionarios lexicográficos,** siempre que nos sea preciso aclarar dudas o ampliar información sobre las palabras de una lengua o sobre el léxico en general. Las características de estos diccionarios así como la información que pueden proporcionarnos es lo que a continuación vamos a exponer.

Elementos del artículo de un diccionario

Llamamos **artículo** (y también, **entrada** o **voz**) de un diccionario a cada una de las divisiones que el mismo contiene, encabezadas por una palabra distinta, que constituye propiamente el **lema** o **entrada.** A esta palabra inicial, destacada gráficamente de las que le siguen y que se utiliza además para la ordenación rigurosamente alfabética de todos los artículos, hace referencia toda la información que figura en el artículo en cuestión. Los elementos que podemos hallar en cada artículo de un diccionario lexicográfico son los siguientes:

- **Lema** o **entrada,** es decir, el término que se define y se describe en el artículo.
- **Pronunciación** o **transcripción fonética,** para la que se utiliza generalmente el Alfabeto Fonético Internacional (y, en los diccionarios de la lengua castellana, preferentemente el alfabético fonético de T. Navarro Tomás). En algunas obras, se opta por una pronunciación figurada, que resulta más asequible para el lector profano.
- **Etimología,** indicando el origen de la palabra o sus formantes: ***cabaña*** (del latín *capanna,* choza, de *capere,* caber).
- **Categorías gramaticales,** que indican la adscripción de la palabra de entrada a una determinada categoría gramatical (nombre o sustantivo, adjetivo, verbo, etc.), así como de cada una de las distintas acepciones, usos o significados que pueda presentar: ***decir*** v. tr. y prnl. Manifestar con palabras el pensamiento. // n. m. Dicho, sentencia u opinión que expresa un concepto cabal.
- **Nivel de lenguaje, especialidad** y **difusión regional,** que nos indican, respectivamente, el contexto en el cual se inserta el término o una de sus acepciones (vulgarismo, lenguaje figurado, etc.), su

1

líformes que salen en número de tres o de cinco en la extremidad de las cañitas de dos decímetros de largo. ‖ **del norte.** Planta perenne de la familia de las gramíneas, cuya raíz, rastrera, usada en medicina, echa cañitas de más de seis decímetros de alto, con hojas planas, lineares y lanceoladas, ligeramente vellosas por encima, y flores en espiga alargada, floja y comprimida. ‖ **de olor, o de prados.** Planta de la familia de las gramíneas, que tiene cañitas de tres decímetros de largo, desnudas en la mitad superior y con dos o tres hojas más cortas que las vainas en la inferior, y flores en panoja aovada, cilíndrica, amarilla y brillante. Es muy olorosa y se cultiva en los prados artificiales.

-grama. (Del gr. γράμμα, letra, escrito.) elem. compos. que significa «escrito» o «gráfico»: *cable*GRAMA, *tele*GRAMA, *cardio*GRAMA.

gramal. m. Terreno cubierto de grama.

gramalote. m. *Col.*, *Ecuad.* y *Perú.* Hierba forrajera de la familia de las gramíneas.

gramalla. (De or. inc.) f. Vestidura talar, a manera de bata, que se usó mucho antiguamente. ‖ **2.** Cota de malla.

gramallera. (Del m. or. que *caramilleras.*) f. *Gal.* y *León:* **llar**[2].

gramar. (De or. inc.) tr. *Ast.* y *Gal.* Dar segunda mano al pan después de amasado.

gramática. (Del gr. γραμματική, a través del lat. *grammatica.*) f. Arte de hablar y escribir correctamente una lengua, y libro en que se enseña. ‖ **2.** Ciencia que estudia los elementos de una lengua y sus combinaciones. ‖ **3.** Antiguamente, estudio de la lengua latina. ‖ **comparada.** La que estudia las relaciones que pueden establecerse entre dos o más lenguas. ‖ **descriptiva.** Estudio sincrónico de una lengua, sin considerar los problemas diacrónicos. ‖ **especulativa.** Modalidad de la **gramática** que desarrolló la filosofía escolástica, la cual trataba de explicar los fenómenos lingüísticos por principios constantes y universales. ‖ **estructural.** Estudio de una lengua regido por el principio de que todos sus elementos mantienen entre sí relaciones sistemáticas. ‖ **general.** Aquella que trata de establecer los principios comunes a todas las lenguas. ‖ **generativa.** La que trata de formular una serie de reglas capaces de generar o producir todas las oraciones posibles y aceptables de un idioma. ‖ **histórica.** La que estudia las evoluciones que una lengua ha experimentado a lo largo del tiempo. ‖ **normativa.** La que define los usos correc-

gramatiquear. intr. fam. despect. Tratar de materias gramaticales.

gramatiquería. f. fam. despect. Cosa que pertenece a la gramática.

gramil. (Del gr. γραμμή, línea.) m. Instrumento que, en carpintería y otros oficios, sirve para trazar paralelas al borde de una pieza escuadrada.

gramilla[1]**.** (De *gramar.*) f. Tabla vertical de cerca de un metro de altura, con pie, donde se colocan los manojos de lino o cáñamo para agramarlos.

gramilla[2]**.** f. d. de **grama.** ‖ **2.** *Argent.* Planta de la familia de las gramíneas que se utiliza para pasto. ‖ **3.** *Perú* y *R. de la Plata.* Césped, hierba menuda y tupida que cubre el suelo.

gramíneo, a. (Del lat. *gramineus.*) adj. V. **corona gramínea.** ‖ **2.** *Bot.* Aplícase a plantas angiospermas monocotiledóneas que tienen tallos cilíndricos, comúnmente huecos, interrumpidos de trecho en trecho por nudos llenos; hojas alternas que nacen de estos nudos y abrazan el tallo; flores muy sencillas, dispuestas en espigas o en panojas, y grano seco cubierto por las escamas de la flor; como el trigo, el arroz y el bambú. Ú. t. c. s. f. ‖ **3.** f. pl. *Bot.* Familia de estas plantas.

gramo. (Del gr. γράμμα, escrúpulo.) m. Unidad de masa en el sistema métrico decimal equivalente a la de un centímetro cúbico de agua a la temperatura de su máxima densidad (cuatro grados centígrados). ‖ **2.** Unidad de fuerza o peso, equivalente a la ejercida en un **gramo** masa por la acción de la gravedad en condiciones determinadas. ‖ **3.** Pesa de un **gramo.** ‖ **4.** Cantidad de alguna materia cuyo peso es un **gramo.** *Diez* GRAMOS *de azafrán.*

gramofónico, ca. adj. Perteneciente o relativo al gramófono.

gramófono. (Del gr. γράμμα, escritura, y *-fono.*) m. Instrumento que reproduce las vibraciones de la voz humana o de otro cualquier sonido, inscritas previamente en un disco giratorio. Es nombre comercial registrado.

gramola. f. Modalidad de gramófono sin bocina exterior. ‖ **2. radiogramola.** ‖ **3.** Nombre industrial de ciertos gramófonos eléctricos, instalados por lo general en establecimientos públicos y que, al depositar en ellos una moneda, hacen oír determinados discos.

gramoso, sa. adj. Perteneciente a la grama. ‖ 2. Que cría esta hierba.

2

aplicación en un léxico científico, técnico o profesional específicos (Agricultura, Derecho, Matemáticas...), o su localización en el ámbito de la geografía lingüística (América, México, Andalucía, Canarias, etc.).

• **Definición**, consistente en la explicación exacta y concisa del significado de la palabra: ***decir*** v. tr. = Manifestar con palabras el pensamiento.

• **Acepciones**, donde se incluyen otros significados o usos que pueda tener la palabra de entrada: ***decir*** v. tr. y prnl. Manifestar... // n. m. Sentencia u opinión que expresa un concepto cabal.

• **Ejemplos de uso**, que sirven para ilustrar el uso sintáctico y también para completar o complementar la definición.

• **Términos compuestos** y **locuciones**, donde se encuentran, respectivamente, informaciones específicas sobre determinados usos funcionales de la palabra y las expresiones o frases en que la misma interviene: ***diente*** n. m. Hueso engastado en las mandíbulas... // **diente de sierra.** Cada una de las puntas o resaltos del instrumento que se usa para aserrar. // **Pelar el diente.** Adular, coquetear.

• **Sinónimos, antónimos, homónimos y familias de palabras**, se incluyen en muchos diccionarios como información complementaria que puede ahorrar la consulta de obras más especializadas.

Clasificación de las obras lexicográficas

Todo diccionario es una recopilación lexicográfica que ofrece una información genérica o especializada de los términos que aparecen recogidos en sus páginas.

Diccionarios de la lengua. El objetivo de estas obras es recoger «todo» el caudal léxico de una lengua, atendiendo especialmente a la definición y uso de las voces. Generalmente en la estructura de los artículos se incluye mediante abreviaciones información etimológica, de categorización gramatical y de nivel de lenguaje. Los publicados por las Academias de la lengua pueden tener valor normativo.

Diccionarios de autoridades. Cada voz y acepción se ilustra con citas de autores clásicos. Su objetivo es al mismo tiempo informativo y normativo.

***Thesaurus* de la lengua.** Se ha dado ese nombre a diccionarios realizados con un criterio exhaustivo, que comprenden el vocabulario completo de una lengua. Aspiran a incluir todos los léxicos de los diccionarios de todas las épocas y su interés es sobre todo informativo.

Diccionarios históricos. Los diccionarios históricos plasman la evolución del léxico de una lengua a lo largo de su historia. Además de su interés específico, suplen la falta de diccionarios que recojan el vocabulario en uso en una época determinada. En efecto, cada uno de los diccionarios existentes contiene el léxico vigente en el momento de su confección; sin embargo, al haberse confeccionado la mayoría de ellos con un criterio acumulativo, reuniendo gran parte del léxico de obras anteriores, no aportan exactamente una visión rigurosa del vocabulario de la época.

Diccionarios etimológicos. Indican la etimología o el origen de las palabras, a veces agrupadas por familias, y pueden ofrecer referencias dialectales, sobre la época en que aparece documentado por primera vez cada término, así como también sobre su evolución y la bibliografía correspondiente.

Diccionarios dialectales. Contienen la recopilación de los vocablos que constituyen el léxico diferencial de dialectos y hablas locales, a veces acompañados de estudios monográficos, y se complementan con los atlas lingüísticos.

Diccionarios especializados. Son obras destinadas básicamente a los usuarios de la lengua, de carácter complementario y específico: vocabularios que recogen el léxico de una determinada actividad científica, técnica o profesional; diccionarios de sinónimos y de antónimos; de modismos; de frases y refranes; de rimas; de dudas; etc.

1. *Los diccionarios lexicográficos son como almacenes donde se guardan, debidamente catalogadas y clasificadas, las «piezas» con que construimos las frases, oraciones y enunciados.*

2. *En castellano, el diccionario por antonomasia es el de la Real Academia Española. La primera edición data de 1780 y la última que puede verse aquí, en 1992. En los países de habla española también se fundaron las correspondientes Academias que tienen asimismo sus publicaciones y mantienen estrechos contactos entre sí.*

Normas para el uso de las consonantes

Uso de la letras B - V - W		
Se escriben con b	**Se escriben con v**	**Se escriben con w**
-Las palabras que comienzan por las sílabas *bu-, bur-, bus-, (buque, burla, buscar).* -Las palabras que comienzan por las sílabas *ab-, abs-, ob-, obs- (abdicar, abstraer, obús, obstar).* Las sílabas *bla, ble, bli, blo, blu, bra, bre, bri, bro, bru (tabla, cable, blusa, cabra brazo, bruto, etc.)* -Los verbos terminados en *-bir, -buir, -aber (recibir, atribuir, haber, caber, saber).* Se exceptúan: *hervir, servir, vivir, precaver.* -Los morfemas verbales *-ba, -bas, -bamos, -bais, -ban* de los pretéritos perfectos de indicativo de la 1ª conjugación *(amaba, amabas, amábamos, amabais, amaban).*	-Las palabras que empiezan por la sílaba o el prefijo ad- (adverbio). -Las terminaciones de adjetivos *-ava, -ave, -avo, -eva, -eve, -evo, -iva, -ivo (octava, suave, esclavo, leve, pasivo).* -Los terminados en *-viro, -vira, -ívoro, -ívora (triunviro, Elvira, hervívoro, carnívora).* -Los presentes de indicativo, subjuntivo e imperativo del verbo ir *(voy..., vaya..., ve...).* -Los morfemas verbales *-uve, -uviera, -uviese, -uviere, (estuve, tuviera, anduviese, anduviere).* -Los verbos terminados en *-servar (conservar, reservar).*	-Las palabras de origen extranjero que la llevan en su lengua de origen *(wagneriano, walkman, waterpolo, western, whisky...).* Se exceptúan las que han sido plenamente incorporadas al castellano y han asimilado la grafía v *(váter, vagón).*

Uso de la letras C - Z - K - Q			
Se escriben con **c**	Se escriben con **z**	Se escriben con **k**	Se escriben con **q**
Los verbos terminados en -ecer, -hacer (amanecer, crecer, parecer, hacer, nacer, etc.). Los sustantivosa terminados en -cia, -cía (agencia, policía). Los sustantivos terminados en -cio, -cío, -ción (vicio, vacío, función). Los sufijos -hacia, -icio, -icia, -ecer, -ancia, -encia (audacia, quicio, pericia, amanecer, abundancia, prudencia).	Los sufijos de nombres -anza, -azgo, -azo, -zón, -ez, -eza (lanza, noviazgo, bombazo, calzón, vejez, belleza). Los sufijos de adjetivos -az, -edizo, -iza, -izo (audaz, advenedizo, caliza, resbaladizo). Los verbos terminados en -izar (aterrizar).	Palabras extranjeras que utilizan este grafema originariamente (káiser, kamizake, kan, karate, kiwi, kurdo). Las formadas con el prefijo griego -kilo (mil: kilogramo, kilómetro, kilovatio), que sin embargo puede tomar también la forma de quilo-.	Las palabras en que figura el fonema /k/ delante de /e/, /i/ (queso, quiste). Con carácter optativo, las palabras formadas con el prefijo kilo- (mil). Las palabras derivadas del griego chylós (jugo: quilo, quiloso). Las palabras formadas con el prefijo quilo -(labio: quilogloso).

Uso de la letras M - N	
Se escriben con **m**	Se escriben con **n**
Delante de *b* y *p* : *ámbar, embudo, impreso, temple.*	Delante de *f* y de *v* : *anfibio, confiar, convoy, envidia.*

Uso de la letras G - J

Se escriben con **g**	Se escriben con **j**
-Las palabras compuestas de *geo* (tierra: *geografía, geometría, perigeo, apogeo).* -Las palabras terminadas en *-gen, -genio, -gesimal, -gia, - gio, -gión, (origen, ingenio, sexagesimal, magia, regio, región).* -Las palabras de origen inglés terminadas en *ing*, derivadas de verbos *(camping, marketing*). -Los verbos terminados en los sonidos */jer/, /jir/, /ijerar/ (coger, dirigir, aligerar).* Se exceptúan *tejer, entretejer, y crujir*	-Los sustantivos terminados en *-aje, -eje, uje, -jería (traje, eje, empuje, brujería).* -Las palabras que tengan el sonido */ji/ (cojín, ojiva)* -Las formas verbales irregulares en que se encuentran los sonidos /je/, /ji/, sin que los infinitivos tengan *g* ni *j (traje, trajimos...- de traer-; dije, dijimos...-de decir-; conduje, condujo...-de conducir-; etc).* -Todas las formas de los verbos que terminan en *-jear (canjear)*

Uso de la letras L - Y

Se escriben con **i**	Se escriben con **ll**	Se escriben con **y**
El diptongo *ie* precedido de h *(hiena, hierro,hierba).*	- Las palabras terminadas en *-illo, -illa (pasillo, ardilla).* - Los sustantivos terminados en *-ullo (orgullo, barullo).* - Los verbos que tienen los sonidos */illar, ullar, ullir/* como terminación del infinitivo *(brillar, aullar, bullir).* Nota: Desde 1803 hasta 1994 la Real Academia Española consideró a la **ll** una letra	- La conjunción *(Ir y venir).* - Las palabras que tienen el sonido */i/* en final de palabra y precedido de vocal *(buey, sol, ley).* - Los plurales de los sustantivos que terminan en el sonido de */i/* vocálica *(bueyes, reyes, leyes).* - Las palabras que tienen los prefijos *ad-, dis-, y sub-*, seguidos del sonido */i/ (adyacente, disyuntiva, subyugar).* - Las formas verbales que presentan el sonido */i/* en la terminación del infinitivo *(huyo -de huir-, oye -de oir-, concluye - de concluir-).*

Uso de la letra R

Se escriben con rr	Se escriben con **r**
- Únicamente para representar el sonido */rr/* vibrante múltiple, cuando se encuentra entre vocales: *torre, herradura.* - En palabras compuestas cuyo segundo elemento comienza por *r*, para facilitar la lectura: *pararrayos, contrarréplica.*	- Para representar el sonido /rr/, únicamente: 1º al principio de palabra *(raíz, ruido, rosa).* 2º detrás de *l, n,* o *s: alrededor, enredo, israelita.* 3º en palabras compuestas, si se escriben con guión: *ultra-rápido, anglo-ruso.*

Uso de la letras S - X

Se escriben con **s**	Se escriben con **x**
- Antes de *p* y *t: aspa, asta.* - En los sufijos y terminaciones -es (portugués), -ense (matritense), -esa (marquesa), -esco (grotesco), -ésimo (pésimo), -isa (poetisa), ismo (pesimismo), -ista (artista), -oso (caluroso), -sivo (corrosivo), -uso (confuso).	- Para representar los sonidos /es/, /egs/, /ks/, /ge/, cuando van entre vocales o preceden a *h, ce, ci: examen, éxito, exhibir, excedente, excitar.* - En las palabras de origen latino formadas con el prefijo ex-: expiar, excomulgar, excavar. - En algunos nombres geográficos o de persona, que la conservan por tradición, a pesar de que la pronunciacion que les corresponde es la propia de */j/: México, mexicano, Oaxaca, Xavier, Ximena, Xerez.*

Normas para el uso de los signos de puntuación

Los signos de puntuación

Los signos de puntuación sirven para señalar la estructura de las frases y oraciones, indicar las pausas, precisar el sentido de lo que se escribe y, en general, conseguir la máxima claridad.

Coma	,	Principio de admiración	¡
Punto y coma	;	Final de admiración	!
Dos puntos	:	Paréntesis	()
Punto	.	Diéresis	¨
Puntos suspensivos	...	Comillas	“ ”
Principio de interrogación	¿	Guión	-
Final de interrogación	?	Raya	_

Usos de la **coma**

La coma sirve para indicar las pequeñas pausas que se hace al hablar.
Estas pausas suelen coincidir con sintagmas o elementos gramaticales bien definidos: sujetos, verbos, proposiciones, etc.

Separa los elementos de una serie, seguidos y de la misma clase, cuando no van unidos por conjunción:	*Ana, Luis, Pedro y Rosa juegan.* *Vive para comer, beber y dormir.* *La casa es grande, fría, húmeda.*
Separa las proposiciones coordinadas y subordinadas:	*De pronto se puso a llover, la calle quedó desierta, se refugió en un portal, y le entró una gran melancolía.*
Separa la subordinada adverbial, sobre todo si precede a la principal:	*Más tarde, pasaré a recogerlo.* *Es cierto, aunque no lo creas.*
Aísla los sintagmas explicativos intercalados en la oración:	*Luisa, la hermana de Juan, luchará hasta el final, lo dijo ella misma, para ayudarle.*
Encierra todo fragmento de la oración que se anticipa o se pospone:	*Lograron, luchando con todas sus fuerzas, vencer la resistencia del enemigo y salir con vida.*
Se coloca en el lugar del verbo que se sobreentiende:	*Tomás estudia mucho; Juan, poco.* *El domingo, partido.*
Sigue o aísla al nombre en vocativo:	*Andrés, coge la merienda.* *Le aseguro, Ana, que no faltaré.*
Suele preceder y seguir las expresiones y locuciones del tipo: *esto es, es decir, en realidad, efectivamente, sin embargo, no obstante, etc.*	*En realidad, es inevitable.* *Tiene mucha suerte, efectivamente.* *Dos, es decir, tú y yo.*

Subordinadas adverbiales comparativas

En castellano en muy limitado, ya que se emplea solamente sobre la vocal u de las sílabas gue, gui, cuando debe pronunciarse con su propio sonido: vergüenza, cigüeña, lingüística.

Usos de la **raya**

Tiene de ordinario doble longitud que el guión.	
Se emplea en los diálogos para indicar el cambio de interlocutor:	*—¿De dónde vienes ahora?* *—Salgo de trabajar.* *—¿Tan tarde?* *—Como cada día.*
Separa los diálogos de los comentarios del autor:	*—¿De dónde vienes ahora? —le preguntó Juan. —Salgo de trabajar —le respondió.*
En las citas textuales, separa los incisos del que escribe: Puede suplir a los paréntesis en todos los usos de éstos:	*"La comunicación —dijo el orador— es la clave del futuro."* *El sospechoso se confesó culpable —desconocía sus derechos—, y el juez, acto seguido, dictó sentencia.*

Usos de los **dos puntos**

Marcan una pausa larga, seguida de una explicación o enumeración.	
Siguen a los encabezamientos de las cartas e instancias:	*Muy señor mío:* *Ilmo. Sr.:*
Preceden a las citas que se expresan en estilo directo:	*Tomás dijo: —No le soporto más.* *Dice el refranero: "Cría cuervos y te sacarán los ojos".*
Introducen una enumeración:	*Las cinco partes del mundo son las siguientes: Europa, Asia, África, América y Oceanía.*
Cierran una enumeración y la comentan:	*No tiene interés, ni amor propio, ni presta atención, y ni siquiera la finge: tal es el individuo al que intentas defender.*
Introducen una oración que expresa la consecuencia o la causa de la anterior:	*Nunca en la vida debes perder la esperanza: el sol sale cada día, para todos los hombres.*

Usos de los **puntos suspensivos**

Se emplean (siempre en un múmero de tres: ...), para indicar que se deja incompleta una frase, relación o enumeración	
Indican que una oración queda interrumpida, de forma permanente o, para después sorprender, de forma momentánea:	*Trabajé con ahínco, pero el hombre propone... Y así acabé en la miseria.* *Quien más empeño puso en que le condenasen fue... su propio hijo.*
Señalan que una enumeración podría alargarse si se deseara:	*Es un pueblo encantador, con bosques, prados, playas, rios...*
Cuando se cita literalmente un texto, los puntos supensivos, entre paréntesis o entre corchetes, indican que se ha omitido un pasaje:	*"Vino con presteza a casa [...] y encontró a su hermano herido..."*

Usos del **punto y la coma**

Representa una pausa un poco más larga o más intensa que la coma.	
Separa las diversas oraciones de un párrafo de cierta extensión, en las cuales hay comas:	*Salió de casa temprano, antes del amanecer, para trabajar en el campo; y lo encontraron, ya sin vida, tirado en la cuneta.*
Sirve para enlazar dos o más proposiciones, ligadas por el sentido o por la construcción:	*Invitó a todos los amigos a cenar y bailar; luego, se arrepintió.*
En oraciones o cláusulas de alguna extensión, precede a la que se introduce con pero, más, aunque, sin embargo, etc.:	*Hizo todo lo que pudo por salir airoso de su empresa; sin embargo, la suerte le fue siempre muy adversa.*

Usos de las **comillas**

Se usa también como un signo par, para encerrar palabras o frases	
Se enmarca con ellas las citas textuales:	Su respuesta fue exactamente esa: "No cuentes conmigo".
Se emplean para destacar los nombres de publicaciones, obras literarias o artísticas, nombres de aviones o barcos, cines, teatros, etc.:	Colón construyó el fuerte Navidad con los restos de la carabela "Santa María". Con "Azul" inició Rubén Darío el modernismo.
Realzan los neologismos, palabras extranjeras, términos usados en sentido figurado, o incluso inventados o deformados por el que escribe:	El fin de curso se celebra con una gran fiesta en el "campus". Otra "genialidad" de las tuyas y nos echan de la ciudad.

Usos del **guión**

Separa, siempre entre sílaba y sílaba, la palabra que no cabe entera a fin de línea y termina en la siguiente:	La partición de una palabra que lleva prefijo puede hacerse por sílabas o separando el prefijo: des-estimar, de-sestimar.
Separa los elementos de las palabras compuestas ocasionales o no consolidadas como palabra única:	La ciudad-estado surgió en la antigua Grecia. Curso teórico-práctico de informática.
Separa los gentilicios que se hallan en oposición o contraste, pero no los que expresan integración:	La guerra franco-prusiana estalló el año 1870. La lengua es el vínculo de la unidad cultural hispanoamericana.

Usos de los **signos de admiración**

Son signos también pares, que deben ponerse al principio y al final de la oración o la frase.	
Se emplean para señalar enunciados exclamativos, exhortativos o imperativos:	¡Qué cansado estoy! ¡Esto es estupendo!
Pueden encerrar tan sólo un fragmento de la oración:	Abrió la puerta, y ¡zas!, salió disparado.
Si las oraciones interrogativas son varias y sucesivas, pueden escribirse con mayúsculas o bien separadas por coma:	¡Vaya casa! ¡Qué salones! ¡Cuánto lujo! ¡Vaya casa!, ¡qué salones!, ¡cuánto lujo!

Usos de los signos de interrogación

Son signos pares, que deben ponerse al principio y al final de la oración o frase que deben llevarlos.	
Se emplean en todas las oraciones interrogativas directas:	Todo el pueblo comenta la noticia. ¿Quién la ha propagado?
Pueden encerrar tan sólo un fragmento de la oración:	Todo el pueblo comenta la noticia, pero ¿quién la ha propagado? ¿Puedo entrar?, preguntó.
Si las oraciones interrogativas son varias y sucesivas, pueden escribirse con mayúsculas o bien separadas por coma:	¿Cuándo? ¿Cómo? ¿Dónde? ¿Cuándo?, ¿cómo?, ¿dónde?

Usos del paréntesis

El paréntesis es otro signo par, que debe figurar al principio y al final de la oración, frase o anotación.	
Se emplea para introducir una observación o aclaración marginal en una oración:	El sospechoso se confesó culpable (desconocía sus derechos), y el juez, acto seguido, dictó sentencia. El último informe de la OMS (Organización Mundial de la Salud) constata la grave situación del continente africano.
Encierra fechas y otros datos intercalados en el contexto:	Se considera al pintor francés E. Oelacroix (1798-1863) el principal representante del romanticismo.
Puede sustituirse por rayas:	El sospechoso se confesó culpable -desconocía sus derechos- y el juez, acto seguido, dictó sentencia.

Usos del punto

Separa oraciones dentro de un mismo párrafo (punto y seguido), la £ltima oración del párrafo de la primera del párrafo siguiente (punto y aparte), o pone fin a un escrito (punto final).	
Separa la oración o período que forma un sentido completo:	Juan llegó a su casa extremadamente fatigado. El trabajo era duro. Mañana será otro día, se díjo así mismo.
Marca el final de un párrafo:	«... y así ocurrieron los hechos. Tuvo el crimen a toda la población en vilo, hasta que...»
Cierra la frase de un personaje, en un párrafo o un fragmento dialogado: Suele seguir a todas las abreviaturas:	Tomás contestó: — Es que no le soporto más. Yse fue dando un portazo. pág., Sr., pral., art., etc., íd., Ud., S. A.

Indice analítico

P

R

S

T

U

V

Y

GUÍA DE ESTUDIO

EVALUACIONES QUE NOS PERMITEN CONFIRMAR LO QUE HEMOS APRENDIDO DE GRAMÁTICA

1. ¿Qué son los **accidentes gramaticales**?
2. ¿Qué es el **acento**?
3. ¿Para qué sirven los **afijos**?
4. ¿Qué es la **aglutinación**?
5. ¿Qué es la **alalia**?
6. ¿Qué son los **ambages**?
7. ¿Qué es un **anagrama**?
8. ¿Qué es un **anglisismo**?
9. ¿A qué se le llama **apogtema**?
10. ¿Qué es la **cadencia**?
11. ¿Qué es el **complemento circunstancial**?
12. ¿Qué es la **concordancia**?
13. ¿Qué es **conjugación**?
14. ¿Qué son las **consonantes bilabiales**?
15. ¿Qué son las **consonantes fricativas**?
16. ¿Qué son las **consonantes labiodentales**?
17. ¿Qué son las **consonantes sordas**?
18. ¿Qué son los **coordinados**?
19. ¿Qué son los **coordinados adversativos**?
20. ¿A qué se le llama **cultismo**?
21. ¿Qué significa **cháchara**?
22. ¿Qué es el **dialecto**?
23. ¿Cuál es el significado de **enclítico**?
24. ¿Qué significa **endecásilabo**?
25. ¿Qué es el **epigrama**?
26. ¿Qué es **epímone**?
27. ¿Qué es la **escritura fonética**?
28. ¿De qué otra manera se le llama a las palabras **esdrújulas**?
29. ¿Qué estudia la **etimología**?
30. ¿Qué es un **fonema**?
31. ¿A qué se le llama **galimatías**?
32. ¿Qué es el **género gramatical**?
33. ¿Qué es un **gentilicio**?
34. ¿Qué es un **glosario**?
35. ¿Cuál es el significado de **hiato**?
36. ¿Qué es la **homilía**?
37. ¿Qué es la **homonimia**?
38. ¿Qué es la **interjección**?
39. ¿Qué es la **jerga**?
40. ¿Qué es un **jeroglífico**?
41. ¿Qué significa **labia**?
42. ¿Qué es el idioma **latín**?
43. ¿Qué es el **lenguaje**?
44. ¿Cuál es el significado de **lexema**?
45. ¿Qué es el **léxico**?
46. ¿Qué es un **libelo**?
47. ¿Qué es una **locución adverbial**?
48. ¿Cómo se divide un **monema**?
49. ¿Qué es un **morfema**?
50. ¿Qué estudia la **morfología**?
51. ¿Qué estudia la **morfosintáxis**?
52. ¿Qué es una **oración**?
53. ¿Qué es punto de **orticulación**?
54. ¿Qué estudia la **ortografía**?
55. ¿A qué se le llama **párrafo**?
56. ¿Qué es el **participio**?
57. ¿Qué es **polisemia**?
58. ¿Qué es el **predicado**?
59. ¿Qué son los **prefijos**?
60. ¿Qué son las **preposiciones**?
61. ¿Qué es el acento **prosódico**?
62. ¿Qué es **reticencia**?
63. ¿Qué es la **retórica**?
64. ¿Qué es una **romanza**?
65. ¿Qué es un **rondel**?
66. ¿Qué es una **seguidilla**?
67. ¿Qué estudia la **semántica**?
68. ¿Cuál es el significado de **sílaba**?
69. ¿Qué es **sílaba átona**?
70. ¿Qué es **sílaba tónica**?
71. ¿Qué es una **sinaleta**?
72. ¿Qué es **sincopar**?
73. ¿Qué es un **sinónimo**?
74. ¿Qué es **sintagma**?
75. ¿Qué es la **sintaxis**?
76. ¿Cuáles son las palabras **sobresdrújulas**?
77. ¿Qué es un **sonido gutural**?
78. ¿Qué es la **subordinación**?
79. ¿Qué son los **sufijos**?
80. ¿Qué es un **sustantivo**?
81. ¿Qué es el **tiempo gramatical**?
82. ¿Qué significa **triptongo**?
83. ¿Qué es el **verbo**?
84. ¿Cuál es el significado de **verborrea**?
85. ¿Qué es **versado**?
86. ¿Qué es **verso**?
87. ¿Qué es un **vocablo**?
88. ¿Qué es el **vocabulario**?
89. ¿Qué significa **vocal**?
90. ¿Qué significa **voseo**?
91. ¿Qué es la **voz**?
92. ¿Qué significa **wau**?
93. ¿Qué es el **yeísmo**?
94. ¿Qué es la **yuxtaposición**?
95. ¿Qué es **zacear**?
96. ¿Qué significa **zaherir**?
97. En gramática ¿Qué es **zalema**?
98. ¿Quién es un **zarabando**?
99. ¿Qué es la **zarzuela**?
100. ¿Cuál es el significado de **zope**?
101. ¿Qué significa **zutano**?

RESPUESTAS DE GRAMÁTICA

1. **accidentes gramaticales.** Son las modificaciones en forma de palabras.

2. **acento.** Realce de una sílaba en una palabra por pronunciación.

3. **afijos.** Para crear familias de palabras a partir de un lexema.

4. **aglutinación.** Es la unión de dos o más palabras para formar una.

5. **alalia.** Es la falta de voz o sonido en la garganta.

6. **ambages.** Es el rodeo de palabras.

7. **anagrama.** Es la palabra que se obtiene del intercambio de orden de las letras.

8. **anglisismo.** Modo de hablar de manera propia en la lengua inglesa.

9. **apogtema.** Es un dicho breve u oración con una sentencia.

10. **cadencia.** Secuencia de sonidos de modo regular.

11. **complemento circunstancial.** El que expresa en la oración las circunstancias en que se realiza la acción.

12. **concordancia.** Correspondencia entre morfemas de dos o más palabras variables.

13. **conjugación.** Conjunto ordenado de las formas de un verbo.

14. **consonantes bilabiales.** Los que se articulan colocando el labio inferior a la altura del labio superior.

15. **consonantes fricativas.** Los que se pronuncian estrechando el canal bucal.

16. **consonantes labiodentales.** Los que se articulan poniendo en contacto los incisivos superiores con el labio inferior.

17. **consonantes sordas.** Las que se articulan sin que exista vibración de las cuerdas vocales.

18. **coordinados.** Son oraciones con varios accidentes gramaticales.

19. **coordinados adversativos.** Las oraciones que expresan idea de contraposición.

20. **cultismo.** Procede de una lengua clásica, principalmente del latín, que se capta por vía culta.

21. **cháchara.** Es la abundancia de palabras inútiles.

22. **dialecto.** Variedad de una lengua, debido a distintos usos gramaticales.

23. **enclítico.** Parte de la oración que se liga con el vocablo precedente, formando una sola construcción.

24. **endecasílabo.** De once sílabas.

25. **epigrama.** Composición breve que encierra burla y satírica.

26. **epímone.** Es el repetir una palabra para enfatizar una idea.

27. **escritura fonética.** La que usa en lugar de letras del alfabeto, signos fonéticos.

28. **esdrújula.** Proparoxítonas.

29. **etimología.** Estudia el origen de las palabras.

30. **fonema.** Cada uno de los sonidos de una lengua.

31. **galimatías.** Es el lenguaje confuso sin orden gramatical.

32. **género gramatical.** Accidente gramatical que determina el sexo del sujeto.

33. **gentilicio.** Que pertenece a la gente o región.

34. **glosario.** Vocabulario de un dialecto, de un autor o de un texto.

35. **hiato.** Es la pronunciación en sílabas distintas de dos vocales consecutivas en una palabra.

36. **homilía.** Es una plática para explicar cuestiones religiosas.

37. **homonimia.** Coincidencia en forma de dos o más palabras, de distinto significado y origen etimológico.

38. **interjección.** Palabra que expresa de forma repentina y con emosión una impresión de nuestros sentidos.

39. **jerga.** Variedad en la forma de expresión de un lenguaje.

40. **jeroglífico.** Es un símbolo que tiene asociado un significado fonético.

41. **labia.** Gracia en el hablar y manera persuasiva.

42. **latín.** Lengua que se habla en la antigua comarca italiana de Lacio y que originó las lenguas románicas.

43. **lenguaje.** Sistema o código fonético, escrito o corporal que expresa o comunica un lenguaje.

44. **lexema.** Es el monema o sílaba que aporta a la palabra su significado básico.

45. **léxico.** Es el conjunto de palabras que forman un lenguaje.

46. **libelo.** Es un escrito donde se denigra u ofende a una persona.

47. **locución adverbial.** Es un grupo de palabras que por su función equivalen a un adverbio, por ejemplo: a veces, de pronto, entre tanto, etc.

48. **morema.** Se divide en lexemas y morfemas.

49. **morfema.** Es un monema que carece de significado propio.

50. **morfología.** Es la parte de la gramática que estudia forma y estructura de las palabras.

51. **morfosintaxis.** Estudia la morfología dentro de un texto, es decir, la manera correcta de escribir.

52. **oración.** Es una idea con sentido propio.

53. **orticulación.** Es el lugar donde coinciden los órganos que determinan pronunciación.

54. **ortografía.** La correcta forma de escribir las palabras.

55. **párrafo.** Cada una de las divisiones de un escrito.

56. **participio.** Es un modo del verbo, con terminación ado, edo, ido.

57. **polisemia.** Es la variedad en el significado de una palabra.

58. **predicado.** Es lo que se dice del sujeto dentro de la oración.

59. **prefijos.** Son palabras que se anteponen al lexema y determinan el género.

60. **preposiciones.** Morfemas independientes que enlazan una palabra con otra.

61. **prosódico.** Es el acento fonético que determina la pronunciación en la palabra.

62. **reticencia.** Es el expresar algo sólo en parte.

63. **retórica.** Es la forma de embellecer el lenguaje.

64. **romanza.** Es una composición de caracter sencillo y tierno.

65. **rondel.** Es una composición poética corta.

66. **seguidilla.** Composición de siete versos con métrica.

67. **semántica.** Estudia el significado de las palabras.

68. **sílaba.** Sonido o grupo de sonidos que se pronuncian en una voz.

69. **sílaba átona.** La que no lleva acento.

70. **sílaba tónica.** La que lleva acento prosódico.

71. **sinaleta.** Enlace de palabras unificando ideas.

72. **sincopar.** Es omitir sonidos dentro de una palabra.

73. **sinónimo.** Cada una de las palabras cuyo significado es el mismo.

74. **sintagma.** Conjunto de palabras agrupadas a un núcleo y aisladas de la oración.

75. **sintaxis.** Parte de la gramática que determina el modo de unir las palabras.

76. **sobresdrújulas.** Palabras que llevan el acento antes de la antepenúltima sílaba.

77. **sonido gutural.** Cualquier sonido emitido con la garganta.

78. **subordinación.** Es la unión de elementos gramaticales de tal manera que uno es el complemento de otro.

79. **sufijos.** Afijos que se colocan al final de una palabra.

80. **sustantivo.** Parte de la oración que designa series materiales o abstractos y que desempeña la función de sujeto y complemento.

81. **tiempo gramatical.** Es la conjugación del verbo que determina en qué momento se realiza la acción.

82. **triptongo.** Agrupación de tres vocales en una sílaba.

83. **verbo.** Es la parte de la oración con la que se denota la acción.

84. **verborrea.** Es la abundancia de palabras inútiles al hablar.

85. **versado.** Es la persona que teniendo conocimiento de un tema, lo expresa con sobriedad y sapiencia.

86. **verso.** Conjunto de palabras sujetas a cadencia y rítmo, con cierta rima.

87. **vocablo.** Palabra o sonidos articulados que expresan una idea.

88. **vocabulario.** Es el conjunto de palabras que forman un idioma.

89. **vocal.** Sonido de lenguaje, articulado por vibración de las cuerdas vocales.

90. **voseo.** Uso de la palabra "voz" en lugar de "tú", al hablar.

91. **voz.** Es el sonido que se produce al expeler aire y articular ciertos órganos.

92. **wau.** Nombre de la "U" semiconsonante al combinarse con las vocales a, e, i; por ejemplo: agua, queso, etc.

93. **yeísmo.** Es la pronunciación del sonido "ll" como "y".

94. **yuxtaposición.** Sobreposición de dos o más elementos lingüísticos, sin conjunción.

95. **zacear.** Es la pronunciación de la "z" en vez de la "s". Es muy común en los españoles.

96. **zaherir.** Uso del lenguaje para amonestar o reprender.

97. **zalema.** Es el uso de las palabras para demostrar cariño y cortesía por alguien.

98. **zarabando.** Es una persona inculta, que no sabe expresar correctamente las palabras.

99. **zarzuela.** Obra escrita en drama, y que alterna la declamación y el canto.

100. **zope.** Es una persona que al hablar pronuncia mucho la "z" o la "s".

101. **zutano.** Palabra para designar a un desconocido que se involucra con otros sin estar presente.

TEMATICA ILUSTRADA VISUAL SIGLO XXI

LITERATURA

EUROAMERICANA
DE EDICIONES INTERNACIONAL S.A.

I.S.B.N.: 84-95656-03-5 (Obra Completa)
Producido por Ediciones Dafne, S.L.
Printed In Spain

Octubre 2001

LITERATURA

Contenido

Literaturas mesopotámicas, arábiga, hebrea y del Extremo Oriente

LITERATURAS ASIRIA Y PERSA

Destaca en las culturas mesopotámicas la producción literaria creada por los pueblos semitas, babilonios y asirios, a lo largo de dos milenios. El período clásico de esta literatura corresponde a la primera dinastía babilónica, fundada por **Hammurabi** (1793-1750 a. J.C.). Destacan tres obras principales: la leyenda del rey Sargón I; un poema dedicado a la creación y al dios nacional Marduk; y el *Código de Hammurabi*, en que se recogen las doctrinas jurídicas babilónico-asirias.

La epopeya de Gilgamesh y el *Avesta*

Entre la producción heróico-religiosa destaca el relato de *Gilgamesh*, que recoge viejas tradiciones épico-mitológicas. Este poema babilonio, el más célebre, es una especie de *Odisea* cuyo protagonista se mueve impelido por el ansia de saber y por el deseo de conocer el misterio de la vida y la muerte. Data del segundo milenio a. J.C.
Se conservan textos religiosos de los siglos VI-IV a. J.C. El más afamado es el *Avesta*, libro sagrado de los seguidores de Saratustra. Recoge plegarias, sermones sacros, himnos, piezas litúrgicas y rituales y normas jurídicas.

LITERATURA ARÁBIGA ANTIGUA

Con anterioridad a la redacción del Corán la literatura árabe se limitaba a la poesía tradicional de transmisión oral. El *Corán* libro sagrado de la religión musulmana, fijaría a lo largo de los siglos los cánones estilísticos y lingüísticos de la lengua árabe literaria. A la vez que recoge las revelaciones de Dios a Mahoma, el Corán es un libro profético que encierra un hondo sentido político y social.

La poesía y la narrativa tradicionales

En el período Omeya y en tiempos posteriores florecieron no pocos poetas, entre los que hay que citar a **Omae Khayyam**. Este personaje, oscuro y controvertido, escribió los *Rubaiyat*, en torno a la vista cortesana y a los placeres.
En el campo de la narrativa es importante la popular recopilación de *Las mil y una noches*, que reúne cuentos árabes de procedencia en su mayoría indo-persa y que reflejan la vida cotidiana de la época Abasida. Sus fabulosas narraciones han dejado huella en la cultura europea: *Alí Babá, Aladino y Simbad el marino.*

La sabiduría clásica árabe

Hubo obras en prosa que llegaron a Occidente e influyeron en el desarrollo de la sabiduría: los tratados científicos de **Msudi**, los jurídicos de **Bujari**, la filosofía de **Avicena**, la astronomía de **Albatenius**, la medicina de **Razis**, la historia de **Ibn Jaldún** o el enciclopedismo aristotélico de **Averroes**.

LITERATURA HEBREA

Fe y observancia, monoteísmo y conciencia de pueblo elegido son algunas de las características atribuidas al pueblo judío y patentes en su libro sagrado, la *Biblia*. En su redacción, que puede situarse entre el año 1200 a. J.C. y la era cristiana, se hallan múltiples géneros literarios: sentencias, sermones,

1

plegarias, narrativa, poesía, el género sapiencial, la literatura profética y la historia. En su conjunto, la *Biblia* configura no sólo la espiritualidad judía, sino también la vida espiritual del cristianismo.

La literatura rabínica y el *Talmud*

De la exégesis de la Biblia surgió la literatura rabínica. Por otra parte está la *Mishnah* codificación de la tradición oral que completa la ley mosaica elaborada por **Yehuda el Santo** (135-200 d. J.C.). Es la base del *Talmud*, obra de eminentes academias judías y principal documento, después de la Biblia, producido por el pueblo judío.

La sabiduría judaica clásica

La cultura judía floreció en Córdoba hacia el siglo XI. Hay que citar a Shelomo Ibn Gabirol, poeta lírico, erótico y religioso y filósofo neoplatónico conocido entre los cristianos como **Avicebrón**; a **Yehuda ha-Levi**, médico, poeta y filósofo, y a **Maimónides** (1135-1204), médico, talmudista y filósofo de inspiración aristotélica.

LITERATURA INDIA

La literatura sánscrita se desarrolló entre los años 1500 a. J.C. y el siglo VIII d. J.C. A un

2

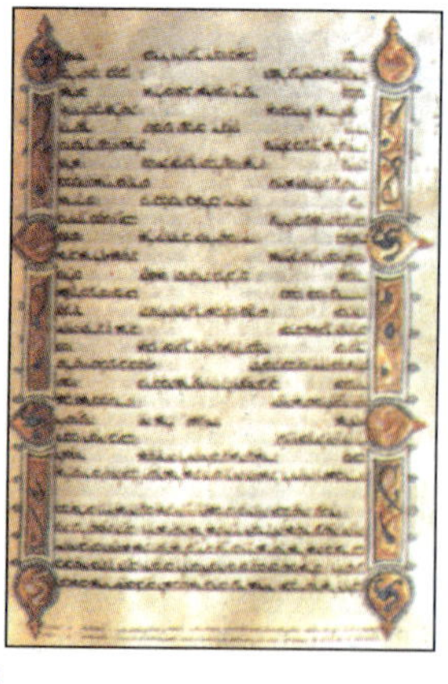

3

4

primer período, el védico, corresponden los *Vedas*, unos textos en los que se mezclan lo religioso y lo naturalista. El panteísmo se manifiesta en la concepción de las fuerzas de la naturaleza, personificadas por héroes y dioses. En su origen eran de transmisión oral.

Épica y narrativa

Hacia el siglo IV a. J.C, se inicia el período clásico de la literatura sánscrita. Nacen en él los dos grandes poemas épicos de la India, el *Mahabharata* y el *Ramayana*. El primero, de tono homérico por lo atemporal, contiene más de cien mil estrofas y se atribuye a **Vyasa** (s. IV a. J.C.). Relata las hazañas del rey Kuru contra sus enemigos y tiene digresiones morales y religiosas. El *Ramayana* tiene más interés poético y humano y se atribuye a **Valmiki** (s. III a. J.C.). Narra las luchas de Rama y Ravana, príncipe de los demonios que, con ayuda de los monos, rapta a su amada Sita. La narrativa tradicional está recogida en recopilaciones. La más notable es el *Panchatantra*, que se convertiría en uno de los libros más leídos de la Edad Media.

La obra de Kalidasa

Kalidasa (s. IV-V), maestro de la licenciatura sánscrita clásica, dotado de un insinuante poder de sugestión, es autor de poemas líricos y épicos, de dramas y de elegantes poemas eróticos. Su gran obra es *Sakuntala*, un drama que narra el amor del rey Dusyanta hacia su hija adoptiva Sakuntala.

LITERATURA CHINA ANTIGUA

La literatura china clásica es reflejo de una sociedad aristocrática y feudal que gira en torno a los mandarines de la corte, poseedores de una lengua propia. Se caracteriza esta literatura por su sentido moralizante y su conservadurismo.

La espiritualidad

El florecimiento cultural de los Chou orientales dio lugar a las «cien escuelas» de pensamiento (500-250 a. J.C.). De esta época son los filósofos **Confucio** y Lao Tzu. El primero de matices positivistas, es autor de los *Cinco libros canónicos* y de otras recopilaciones de máximas en que la moral, la psicología y la política se convierten en pilares fundamentales del «Arte de la vida». **Lao Tzu**, filósofo panteísta-monoteísta, con las características del optimismo y el estoicismo, escribió el *Tao te King* o *Libro del príncipe y de sus actividades*, colección de aforismo.

La creación literaria

Hay tres grandes autores en la literatura china clásica. El más recordado es **Li-Po**, poeta del siglo VII d. J.C. que celebra los placeres del vino y muestra una rara comprensión existencial de la vida. En el género lírico descriptivo destaca el poeta **Kin-Yuan** (285 a. J.C.). Entre los prosistas hay que citar al historiador **Tsu-Tsien**.

LITERATURA JAPONESA ANTIGUA

La cultura japonesa antigua es tributaria de la china. Con todo Japón ha desarrollado una literatura original, cristalizada en sus notables novelas y en la *tanka*, forma poética característica.

Poesía y novela

La primera obra importante de las letras japonesas es el *Maniosiu*, recopilación de más de cuatro mil poesías. A diferencia de la china, por lo general extensa y rimada, la poesía japonesa es breve. La *tanka*, de 31 sílabas, será durante siglos la forma poética por antonomasia. Su poesía es de tono sugeridor y apenas deja entrever los sentimientos.

Esta lírica tradicional fue renovada por **Matsuo Basho** (1644-1694), creador de la escuela de los *haiku*, poemas de 17 sílabas. En cuanto a la novela, una de las obras narrativas más destacadas es *Genji monogatari*, de la cortesana **Murasaki Shaikibu** (h. 978-1020). En el centro de estos relatos se hallan la corte imperial o un héroe ilustre, una familia dominante y un personaje influyente. El pueblo suele estar ausente.

Formas teatrales

Entre las formas teatrales japonesas clásicas destaca el teatro *nô*, en que se funden el recitado, la música y el canto. Adoptó su forma definitiva con la obra de **Zeami Motokiyo** (h. 1363-1443). Posteriores son el *Kabuki* y el *goruri*, teatro de marionetas que gozó del favor popular.

1. *Gilgamesh es el principal héroe legendario de la literatura babilónica. (Representación escultural del siglo IX a. J.C.).*

2. *Las mil y unas noches, recopilación de narraciones populares, se extendió por todo el mundo oriental, desde la India hasta el Magreb. La cultura musulmana favoreció su difusión en Europa. (Ilustración de un manuscrito persa.)*

3. *La Biblia es la principal manifestación de las letras hebreas en su doble dimensión religiosa y literaria. (Manuscrito hispano-hebreo del Éxodo).*

4. *Escena del* Ramayana, *poema épico indio, que representa el enfrentamiento entre el héroe Rama y el demonio Ravana, auxiliado por los monos. (Manuscrito del siglo XIX).*

Literatura griega

Se distinguen en las letras griegas diversos períodos: el homérico, que refleja la vida de las ciudades-estado; el aristocrático, caracterizado por el enfrentamiento entre las polis y el autocratismo; el colonizador, de expansión y afirmación del valor del individuo; el clásico, en que el hombre se enfrenta al destino, y el helenístico, en que la cultura griega se trasvasa al mundo romano y al asiático.

Poesía épica y lírica

Hacia el siglo VIII a. J.C. aparecen dos epopeyas inspiradas en la leyenda de la guerra de Troya y atribuidas a **Homero**: la *Ilíada* y la *Odisea*. Su lenguaje, que es la base de la unidad idiomática griega, es expresión acabada de las virtudes y los anhelos más nobles de la humanidad. La *Ilíada*, que narra el asedio de Troya por los griegos, es un relató épico lleno de grandeza y heroísmo y dotado de un argumento relativamente sencillo. La *Odisea* relata el viaje de Ulises y sus compañeros desde Troya hasta Ítaca. Es un conjunto de aventuras en que, a diferencia de la *Ilíada,* prima lo humano sobre lo heroico.

La más antigua poesía griega conocida es la de **Hesíodo** (s. VIII-VII a. J.C.), que en *Los trabajos y los días enaltece* la vida campestre e inculca principios morales sanos. En los siglos VI y V a. J.C. surge la poesía lírica.

Safo (s. VII-VI a. J.C.), poetisa del amor y de los celos, canta la hermosura de la juventud.

Alceo (s. VI a. J.C.) amplía la

1

temática: cantos políticos, poemas amorosos, cantos a los dioses y a los héroes.

Anacreonte (s. VI-V a. J.C.), poeta cortesano, celebra el amor y las artes con versos festivos. A Esopo se le atribuyen la *Fábulas*, que presentan una enseñanza moral bajo el velo de una ficción protagonizada por animales.

Sin ser un gran innovador, **Píndaro** (s. VI-V a. J.C.) enriquece el lirismo griego con temas sociales, personales y morales. De su obra, de lenguaje majestuoso y rico en metáforas, se conservan cuatro libros de *Odas* que celebran los triunfos de los atletas.

Teatro: la tragedia y la comedia

La tragedia nace asociada a las fiestas religiosas en honor de Dionisos. Sus temas son episodios de las vidas de

2

3

4

dioses y héroes en que están presentes la lucha del individuo contra el, destino y las mudanzas de la fortuna. **Esquilo** (s. VI-V a. J.C.) es el creador de la tragedia. Con excepción de *Los persas,* sus obras tratan temas referentes a los héroes y a los dioses: la *Orestíada, Los siete contra Tebas, Prometeo encadenado.* Su estilo es vigoroso y sus tragedias elevan el ánimo a un mundo superior. La temática de **Sófocles** (s. V a. J.C.) también se centra en las relaciones entre los hombres y los dioses: *Ayax, Antígona, Edipo rey, Electra.* Sus personajes, humanos y naturales, conmueven gracias al dominio de los resortes psicológicos. La obra de **Eurípides** (h. 485-406 a. J.C.) está centrada en los problemas humanos: *Hécuba, Helena, Andrómaca, Electra, Orestes y Medea.* En esta última la violencia del odio y de la venganza nacida de los celos tiene una dimensión extraordinariamente trágica. Como la tragedia, la comedia tiene su origen en las festividades dionisíacas, y más concretamente en las procesiones campestres de la vendimia. Al ir perdiendo predicamento la tragedia, creció el gusto del público por este nuevo genero, más alegre y popular. Hasta el siglo IV a. J.C., en que se prohibió llevar a la escena a gobernantes y ciudadanos con sus nombres reales, se escribieron innumerables comedias. **Aristófanes** (s. V-VI a. J.C.) escribió alrededor de cuarenta obras, de las que sólo once han llegado hasta nosotros. Conservador en sus gustos y en su actitud política, Aristófanes lleva al teatro las cuestiones sociales, políticas, artísticas y religiosas de la Atenas de su época, criticando con dureza y humor satírico las novedades que considera demagógicas e inoportunas. Sus comedias más famosas son *Las nubes, Las avispas, La paz, Los pájaros, Lisístrata, Las ranas, La asamblea de las mujeres* y *Pluto.* En *Lisístrata,* las mujeres cansadas de la guerra, imponen la abstinencia sexual a los hombres, lo que da pie a situaciones hilarantes. Critica con severidad los valores intelectuales del momento; por ejemplo, en *Las nubes* ataca y satiriza a los sofistas de la época, paradójicamente representados por Sócrates.

Prosa

Además de la filosófica **(Platón, Aristóteles** y **Plotino)** y la oratoria **(Demóstenes),** la mejor prosa griega es la histórica. Las primeras manifestaciones del interés por la historia adoptan en Grecia la forma de periplos (narraciones de viajes) y anales (relaciones de acontecimientos). Pero el primer escritor que da categoría literaria a la historia es **Heródoto** (h. 480-420 a. J.C.). La totalidad de su obra se reúne en la *Historia,* dividida en nueve libros. En ella Heródoto, gran viajero, narra el enfrentamiento de griegos y persas con la agilidad y el sentido de la observación de un buen reportero. No limita su interés a los acontecimientos políticos y bélicos, sino que se extiende sobre el marco de vida de los distintos pueblos, sus instituciones, y sus costumbres. El modo de narrar de este padre de la historia aúna la grandeza y la simplicidad. Sus relatos son ricos en anécdotas y están llenos de vida. Su obra denota una filosofía de la historia en que las vicisitudes de los hombres están supeditados a la fuerza del destino. **Tucídides** (460-395 a. J.C.), en su *Historia de la guerra del Peloponeso* narra con precisión y agudeza los hechos de que fue testigo presencial. Su retrato del pueblo ateniense, trazado con clarividencia y sin complacencia en un período de turbulencias, fue adoptado por la posteridad a causa de su imparcialidad y de su gravedad filosófica. La obra más notable de **Jenofonte** (h. 430-354 a. J.C.), es la *Anábasis,* que narra la heroica retirada por él dirigida desde Babilonia hasta Grecia de un contingente griego de diez mil hombres.

Literatura helenística

Corresponde al período de expansión de la civilización griega. El gran poeta lírico del helenismo es **Teócrito** (s. IV-III a. J.C.), autor de los *Idilios,* de ambiente bucólico. Destacan además el comediógrafo **Menandro** (342-292 a. J.C.) y los historiadores Polibio (h. 46-125 d. J.C.). y Plutarco (h.46-125 d. J.C.). A **Luciano** (125-185 d. J.C.) se deben piezas satíricas como los *Diálogos de los muertos.* **Polibio** (200-120 a. J.C.) fue deportado a Roma al ser vencida Grecia por los romanos. Pudo viajar y presenció los asedios de Cartago y Numancia, y asistió a un fenómeno histórico notable: el establecimiento de la hegemonía romana en el Mediterráneo. En sus *Historias* Polibio no sólo ofrece un relato de los hechos, sino que al mismo tiempo reflexiona sobre las razones profundas de semejante conmoción histórica. En su análisis de la situación del mundo mediterráneo examina en profundidad la constitución romana, que es a su juicio la causa determinante de la grandeza de Roma. **Plutarco** (h. 50-125), que vivió un tiempo en Roma, es un autor prolífico. Escribió una serie de *Obras murales,* diálogos filosóficos centrados en la idea de la virtud. Como historiador, destaca su obra magna, *Vidas paralelas,* en que presenta emparejadas las vidas de veintitrés personajes griegos y otros tanto latinos. Brillante narrador, no se limita a la acumulación de datos o acontecimientos, sino que extrae de los mismos, con notable grandeza espiritual, enseñanzas morales y políticas.

1. *Homero es el prototipo del poeta griego de la época arcaica. (Representación escultural idealizada del siglo IV a. J.C.).*

2. *La obra de Sófocles representa la madurez de la tragedia griega. (Busto del siglo IV a. J.C.).*

3. *La comedia helénica, heredera del teatro de Aristófanes, popularizó a una serie de personajes cómicos y ridículos, representados en estas tanagras.*

4. *Heródoto, padre de la historia, es el modelo griego de la prosa narrativa.*

Literatura latina

La cultura latina destaca no tanto por sus creaciones originales como por sus inteligentes recreaciones de la literatura griega. Para su estudio suele dividirse en varias épocas: la Helenística, la clásica y la imperial.

La poesía

Alrededor del siglo I a. J.C. florece en Roma una serie de poetas de extraordinaria calidad que forman el núcleo del clasicismo lírico latino. A los tres grandes (Virgilio, Horacio y Ovidio) hay que añadir **Cátulo** y **Lucrecio**. Cultivaron la sátira **Persio**, **Mariscal** y **Juvenal**. El fabulista **Febro** es autor de piezas originales limpias de retórica y de acentuada pureza estilística. Cultivadores del género épico fueron **Estacio** y **Lucano**.

Virgilio (70-19 a. J.C.) presenta en su primera obra las *Bucólicas*, a unos de los pastores que platicaban, exponen estados de ánimo, intercambian ideas, etc. Esta temática, procede de Teócrito y nueva en la literatura latina, le permite expresar su amor a la naturaleza, fuente de alegría pero también de nostalgia. También las *Geórgicas* giran entorno a un decorado campesino.

La *Eneida* es una epopeya nacional y religiosa que canta el amor a la patria y la grandeza de Roma. Sigue los modelos homéricos y narra las

1

peripecias de los troyanos que acompañan a Eneas.

El estilo de Virgilio es el resultado de la conciliación de elementos contrarios: orden en la diversidad, perfección formal lograda a base de restricciones y renuncias de una expresión refinada aunque de apariencia natural.

Horacio (65-8 a. J.C.) es el gran innovador de la poesía latina, en la que introduce nuevos criterios métricos y una concepción original de los cuatro géneros que cultiva: los epodos, las sátiras, las odas y las epístolas. En las *Sátiras* el cuidado formal es más importante que los temas. En los *Epodos*, parecidos a las *Sátiras*, se incluye una de las obras maestras de Horacio, el *beatus ille*, canto a la vida tranquila del campo. Las odas son una obra cumbre. Los sencillos temas que en ellas trata son la expresión lírica de la vida misma: el amor, la belleza de la naturaleza, los placeres cotidianos, el paso del tiempo, la ineludible llegada de la muerte, etc. Las *Epístolas*, cartas en verso, son también poéticas.

Ovidio (43 a. J.C.-17 d. J.C) fue desterrado por razones desconocidas. La tristeza del

3

exilio le inspiró una serie de elegías, las *Tristes* y las *Pónticas*.

Más la gran creación de Ovidio es *Las metamoforsis*, una obra basada en múltiples leyendas, griegas sobre todo, en la que el autor se propone romanizar el helenismo.

El poema, de gran riqueza poética y de contenido simbólico, se inicia con los orígenes de la humanidad y sigue con una adaptación y ordenación de temas legendarios y mitológicos, conduciendo al lector desde el caos original hasta la apoteosis de César transformado en astro.

2

La prosa histórica

El primer historiador romano ajeno al clasicismo griego es **Julio Cesar** (100-44 a. J.C.). Político y militar ante todo, tanto sus discursos como sus obras Históricas intentan exponer y justificar sus empresas. Con todo, de su claridad y expresión precisa, de su uso de la tercera persona para referirse a sí mismo, se desprende una poderosa impresión de objetividad. En *La guerra de las Galias* relata sus campañas contra los galos hasta la derrota de Vercingétorix, su caudillo. Y en *La guerra civil* narra sus campañas contra Pompeyo. De **Salustio** (86-35 a. J.C.) nos han llegado *La conjuración de Catilina*, relato de un acontecimiento político vivido por él, y *La guerra de Yugurta*, episodio bélico de importancia menor. Su principal mérito es la

4

creación de un lenguaje histórico que, alejado de la aridez de los anales, tiene el mérito de captar la acción y de conferir vida a los personajes. **Tito Livio** (59 a. J.C.-17 d. J.C.) dedicó gran parte de su vida a la redacción de una enorme historia de Roma desde su fundación: los *Anales*. Convencido de que su patria estaba en plena corrupción y decadencia, contó con entusiasmo el pasado glorioso y las virtudes de la antigua Roma. De espíritu moderado y amigo de la armonía, no recurre al efectismo ni a los excesos expresivos. Carente de espíritu crítico, se complace en un optimismo patriótico que le lleva a suprimir lo que no se ajusta a sus ideales. Con todo, los discursos de sus personajes expresan su carácter y la elevación moral que le guía. La obra de **Tácito** (h. 55-116 d. J.C.) resume y corona la tradición historiográfica romana. Debido a su moralismo, considera la historia de Roma con actitud pesimista. Hay que citar la *Vida de Agrícola, La Germania*, las *Historias* y los *Anales*. Estas dos últimas obras narran las distintas etapas de la degradación imperial. Como Tito Livio, Tácito se preocupa más de los aspectos literarios que de la exactitud histórica: descripciones, personalidades, muchedumbres, arengas y batallas están dotadas de una vida dramática e intensa.

Tratadistas, narradores y retóricos

Cicerón (106-43 a. J.C.), orador, escritor y político, llevó una vida agitada en un período especialmente turbulento de la historia de Roma. Orador comparable a Demóstenes, estaba maravillosamente dotado para el ejercicio de la elocuencia, que practicó con un estilo vigoroso y patético, brillante, exacto, ágil y con amplia variedad de tonos. Son famosos sus *Discursos* contra Verres, contra Catilina, en favor de Milón y de Marcelo y contra Marco Antonio. Sus tratados filosóficos transmiten y divulgan la tradición del pensamiento griego. Sus propias ideas sobre el arte de la oratoria, así como una historia de la misma, se expresan en tratados escritos de forma dialogada, como *De oratore, Brutus, Orator*, etc.
Muy interesante es también su epistolario. Cicerón desarrolló la prosa latina hasta llevarla a su madurez, del mismo modo que Virgilio y Horacio lo hicieron con la poesía.
Séneca (4-65 d. J.C.), gran moralista y continuador de la filosofía estoica, es el pensador más original y profundo del mundo latino. Los títulos de sus tratados, que se refieren principalmente a la formación ética mediante la práctica de la virtud, hablan por sí mismos: *De la clemencia, De la constancia del sabio, De la vida feliz, De la brevedad de la vida, De la tranquilidad del alma, Del ocio, De la providencia, De la cólera*. Escribió además varias tragedias.
Entre los prosistas sobresalen también **Petronio**, iniciador del género narrativo con su Satiricón. **Suetonio**, a quien se deben diversas biografías recogidas en *Vidas de los Césares*. **Quintiliano**, retórico famoso y excelente pedagogo, autor de una *Educación del orador*, y **Apuleyo**, autor de *El asno de oro*, amena novela de aventuras.

El teatro

La primera manifestación literaria latina de la época helenística es la comedia, que nace y se desarrolla en manos de Plauto y Terencio. **Plauto** (254-184 a. J.C.), imitador de Aristófanes, es autor de comedias alegres y entretenidas que se caracterizan por el lenguaje ingenioso y popular: *El cartaginés, Los cautivos, anfitrión, La comedia de la olla y Aulularia*.
Terencio (h. 195-159 a. J.C.) también se inspiró en la literatura griega, si bien con más elegancia y moralidad más severa que Plauto. Terencio pinta los caracteres con veracidad y finura y se sirve de un lenguaje culto y refinado. Se conservan seis obras de Terencio, todas de intención moralizante: *Andria, El eunuco, La suegra, Heautontimorumenos, Formio* y *Los hermanos*.

1. *Escena de la* Eneida*: las naves de Eneas ante Dido, reina de Cartago.*

2. *Ovidio uno de los grandes de la lírica latina (Fresco del pintor renacentista italiano Signorelli).*

3. *Cicerón es el principal tratadista latino (manuscrito de* De los oficios*).*

4. *Séneca, representante latino del estoicismo. (Estatua erigida en Córdoba, su ciudad natal).*

La literatura española en el medievo

Los orígenes

La fragmentación del latín dio origen en la península Ibérica a distintas lenguas. En cuanto a la española o castellana, los textos literarios más antiguos conservados, del siglo X, son las **jarchas**, estrofas líricas que sirven de remate a la *muwashahas*, composiciones poéticas escritas en árabe clásico.

La épica y el *Cantar de mío Cid*

La épica medieval se manifiesta en los cantares de gesta, poemas épicos escritos entre los siglos XI y XIII. Son de métrica irregular, si bien a parir del siglo XIII se impone el verso monorrimo de 16 sílabas, que por partición daría origen al romance. El *Cantar de mío Cid* glosa las gestas del caballero castellano Rodrigo Díaz de Vivar. Escrito entre 1120 y 1140, el poema narra las batallas en que interviene: la conquista de Valencia, la reconciliación con el rey, las bodas de sus hijas, etc. Más allá de la vida y virtudes de este personaje, el cantar es un amplio cuadro de la vida medieval. A pesar de lo temprano de su creación es una de las obras maestras de la literatura española debido al realismo, la sencillez, la sobriedad y la reciedumbre con que exalta a un héroe nacional.

El mester de clerecía

Se llama mester de clerecía a la actividad poética culta desarrollada en Castilla a lo largo de los siglos XIII y XIV. Sus temas son sacros, novelescos o de historia antigua. Su principal característica formal es el uso de la cuaderna vía (cuatro versos monorrimos de catorce sílabas). En el siglo XII, además de Berceo, destacan el *Libro de Alexandre* (sobre la vida de Alejandro Magno), el *Libro de Apolonio* (de tema novelesco y notable sutileza estética) y el *Poema de Fernán González* (de tema épico y escaso valor poético). Del siglo XIV hay que citar al Arcipreste de Hita y al canciller **Pedro López de Ayala** (1332-1407), cuya gran obra poética es el *Rimado de palacio*, sátira contra los vicios de su época. **Gonzalo de Berceo** (h. 1198-1264) es el

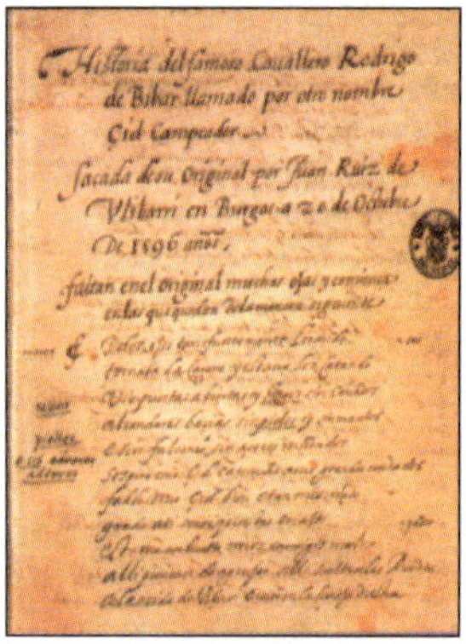

primer poeta español de nombre conocido. Su obra es de carácter religioso e intención moralizadora. De estilo ingenuo y espontáneo, tiene un toque inconfundible de humor campechano.

Entre sus obras las hay de carácter hagiográfico (*Vida de santo Domingo de Silos*), exegético (*El sacrificio de la misa*) y mariano (*Milagros de Nuestra Señora*). Esta última es la más importante.

Se trata de veinticinco relatos sobre hechos milagrosos de la Virgen.

El romancero

Los romances nacieron a partir de los cantares de gesta a finales del siglo XIV y se generalizaron en el siglo XV. Son breves poemas épicos o líricos formados por versos octosílabos con rima asonante en los pares; se cantaban acompañados de un instrumento. Se distingue entre romances viejos y nuevos. Los viejos pueden ser líricos, novelescos, fronterizos o heroicos. Se llama romances nuevos a los escritos en los siglos XVI y XVII por autores como Cervantes, Lope, Góngora, o Quevedo y, en los siglos XIX y XX, por Zorrilla, el duque de Rivas, Machado, García Lorca y Alberti. Estilísticamente los romances se caracterizan por la sencillez de su forma y estructura y por la extraordinaria viveza de las descripciones. La narración es rápida y la adjetivación parca, lo que da pie a un lenguaje coloquial plástico y vigoroso.

La prosa literaria

Surge con **Alfonso X el Sabio**, rey de Castilla (1221-1284), que se rodeó de sabios árabes, cristianos y judíos. Bajo su dirección se compilaron y redactaron obras de carácter histórico (*General estoria, Crónica general*), jurídico (*Las siete partidas*) y científico (*Libros del saber de astronomía*). Esta labor fue decisiva para la estabilización de la lengua y la fijación de la ortografía.

En el siglo XIX destaca **Don Juan Manuel** (1282-1348), de intención más literaria que el rey sabio. Su obra principal de carácter didáctico es una recopilación de cuentos. *El conde Lucanor*, en el que el joven conde interroga sobre diversos temas a su ayo, Patronio. Éste, en vez de responderle directamente, le narra un cuento a modo de ejemplo, concluyendo con un pareado moralizante.

Ya en el siglo XV destacan varios prosistas. La prosa satírica y realista del **Arcipreste de Talavera** (h. 1398-1470) en el *Corbacho* contrasta vivamente con la de la novela sentimental, artificiosa y algo dulzona de la *Cárcel de amor*, de Diego de San Pedro, y de *El siervo libre de amor*, de Rodríguez del Padrón. Autor didáctico notable es **Enrique de Villena** (1384-1434), Autor de *Los doce trabajos de Hércules* y del *Libro de astrología*. El género histórico fue cultivado por dos escritores espléndidos: **Fernán Pérez de Guzmán** (h. 1376-1460), autor de *Generaciones y semblanzas*, y **Hernando del Pulgar** (h. 1436-1493), que escribió una *Crónica de los Reyes Católicos* y *Claros varones de Castilla*.

El Arcipreste de Hita

Juan Ruiz, arcipreste de Hita, vivió entre finales del siglo XIII y mediados del siguiente. El *Libro de buen amor* hace de él el principal poeta medieval español. Esta obra corresponde al mester de clerecía en el plano técnico, pero no en el espiritual. Temáticamente hay gran variedad, pues se alternan canciones a la Virgen, fábulas profanas, parodias de poemas épicos, narraciones amorosas y excursos morales, didácticos y satíricos. La oposición que plantea entre el amor divino y el amor humano, suele salir vencedor, es típicamente medieval.

Poesía del siglo XV

Juan II, amante del arte y de las letras, se rodeó de los mejores escritores de su tiempo, entre ellos el marqués de Santillana y Juan de Mena. Algo posterior es Jorge Manrique.

El **marqués de Santillana**, Íñigo López de Mendoza (1389-1458), fue poeta refinado y humanista de amplia cultura. Expuso sus ideas literarias en la *Carta-proemio al condestable don Pedro de Portugal* y escribió varias obras doctrinales (*Diálogo de Bias contra Fortuna, Doctrinal de privados* y los *Proverbios*). Pero su verdadera personalidad literaria se halla en su obra poética. De tono trovadoresco son los *Cantares y decires* y, especialmente, las *Serranillas*. En ellas se describe el encuentro de un caballero y una pastora y están dotadas de especial elegancia literaria. En los *Sonetos fechos al itálico modo* introduce con cierta torpeza esta forma métrica italiana.

Juan de Mena (1411-1456), entre otras obras trovadorescas, satíricas y doctrinales, escribió un largo poema alegórico de arte mayor, el *Laberinto de fortuna*. En él critica la corrupción de la época valiéndose del símbolo medieval de la rueda de la fortuna, que lleva a los hombres de lo más alto a lo más bajo. El **Laberinto** es rico en escenas dramáticas y patrióticas y muestra la evolución de la poesía hacia una expresión culta.

Jorge Marique (1440-1479) dejó a la posteridad, además de algunas poesías de tipo trovadoresco, las *Coplas a la muerte de su padre*. En esta doliente elegía lamenta de modo sentecioso y melancólico lo pasajero de la fortuna, la fugacidad de las glorias humanas y el poder igualatorio de la muerte. El elogio fúnebre, de gran sobriedad y contenida emoción, está dotado de un acento personalísimo.

Teatro medieval

Las primera manifestaciones teatrales españolas son los dramas litúrgicos. En el *Auto de los Reyes Magos*, compuesto hacia el año 1200, éstos descubren una nueva estrella y marchan en busca de Jesús; se presentan ante Herodes y disputan con sus consejeros sobre el significado de la estrella.

La intriga está bien organizada y de los versos se desprende una poesía encantadora y primitiva.

Gómez Manrique (1412-1490) es autor de obrillas litúrgicas de técnica teatral rudimentaria. Posterior es el padre del teatro español, **Juan del Encina** (h. 1469-1529), que inicialmente escribió bajo el influjo de la tradición medieval realista (*Égloga de la Natividad*) y burlesca (*Égloga de Carnaval*).

La influencia del humanismo italiano se aprecia en obras más refinadas y de carácter profano, como la *Égloga de Cristino y Febea*.

2

3

1. *El texto más antiguo que se conoce del* Cantar de mío Cid, *obra capital de la épica castellana, fue descubierto en el siglo XVIII por Tomás Antonio Sánchez. (Manuscrito del siglo XVI).*

2. *Las* Cantigas de santa María *reúnen las composiciones lírico religiosa de Alfonso X el Sabio. (Representación de un milagro de la Virgen).*

3. *Manuscrito del* Libro del conocimiento de todas las cosas *de Jorge Manrique.*

Los siglos de oro de la literatura española

El humanismo

La divulgación de los clásicos grecolatinos en el renacimiento se debe al trabajo de los humanistas, dedicados al conocimiento del mundo antiguo. A diferencia de la cultura medieval, que tenía por centro a Dios, la renacentista está centrada en el hombre; de ahí el nombre de «humanismo». Humanistas destacados fueron los hermanos **Alfonso** y **Juan de Valdés**. A Juan se debe el *Diálogo de la lengua*, reflexión llana y elegante sobre la pureza del idioma y las virtudes del estilo. Otros grandes humanistas hispanos fueron **Elio Antonio de Nebrija**, autor de una gramática (*Arte de la lengua castellana*), y Luis Vives.

Poesía del siglo XVI

Los poetas de mayor frescor y tersura renacentista son Boscán y Garcilaso. En la segunda mitad del siglo XVI se distinguen la escuelas sevillana, retórica y ornamental (Herrera), y salmantina, de estilo conciso e inspiración clásica y cristiana (fray Luis de León). En la poesía religiosa sobresale San Juan de la Cruz. En el campo de la épica destaca Alonso de Ercilla Garcilaso es el poeta que más influencia ha ejercido en la lírica española. Ya en el siglo XVI era tenido por clásico.

Garcilaso de la Vega (1501-1536), cortesano, diplomático y soldado murió heroicamente en la guerra, fue iniciado en la métrica italiana por Boscán e introdujo el petrarquismo en España. A pesar de lo breve de su obra, en la que destacan particularmente las *Églogas*, es un poeta extraordinario en cuyas manos el español se hace transparente y musical. Es de inspiración casi exclusivamente amorosa; la muerte de la amada, el amor frustrado, etc. Garcilaso se inscribe en la tradición bucólica de Virgilio y canta a la naturaleza con tonos conmovedores por su sinceridad y su ternura. Por su inspiración profana, infrecuente en aquella época, por la musicalidad y el ritmo de sus versos, por su lenguaje sobrio y limpio, Garcilaso ha sido admirado como clásico por todas las escuelas líricas españolas de la posteridad.

Fernando de Herrera (1534-1597) llevó una tranquila vida de clérigo. Concibió un amor platónico que fue el móvil de su poesía amorosa, transida de emoción, doliente y tierna. Admirador de Garcilaso, cedía más que éste en lo que a ornamentación y artificio se refiere. Tenía gran cultura y conocía en profundidad la mitología clásica. Además de poemas amorosos, Herrera escribió composiciones de exaltación nacional de extraordinario valor épico: *A don Juan de Austria. Por la pérdida del rey don Sebastián. Por la victoria de Lepanto.*

En fray **Luis de León**, catedrático en Salamanca (1527-1591), se cruzan felizmente tres tradiciones; la clásica, la española y la italiana. Perseguido por las autoridades religiosas, pasó cinco años en la cárcel. Fray Luis, humanista de amplia cultura, es autor de obras latinas (comentarios bíblicos y teológicos) y de una traducción admirable del *Cantar de los cantares* de Salomón. Pero fray Luis ocupa un importante lugar en la literatura por sus obras en español, en prosa o en verso. Es un prosista claro y armonioso, de léxico escogido, como lo atestiguan sus obras en prosa: *Sobre los nombres de Cristo* (sobre los catorce nombres que se da a Cristo en las Escrituras, si bien introduce sus evocaciones de la campiña salmantina) y *La Perfecta casada* (en que expone el ideal de la esposa cristiana). Aunque él no les diera importancia, sus poesías líricas le otorgan un lugar de excepción en la poesía española. Gran parte de estas poesías son traducciones-recreaciones de

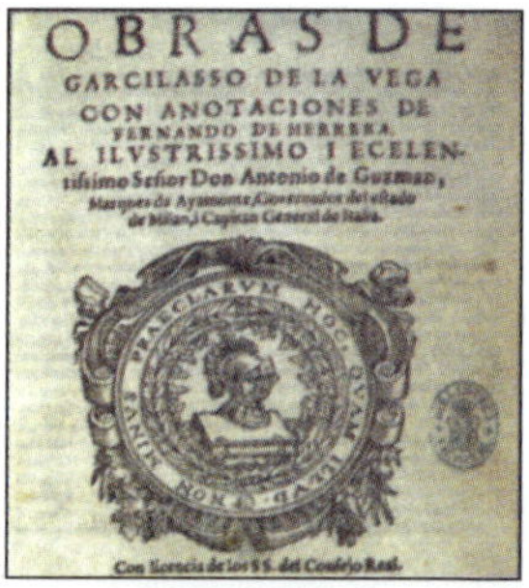

1

2

3

poemas clásicos, a lo que infunde su espíritu y su estilo. En poesías originales expone, entre otras cosas, su anhelo de paz y sus visiones beatíficas: *A la vida retirada, Noche serena, A Salinas. De la vida del cielo.* La lírica de fray Luis es sobria y de pocos adornos, siguiendo la tradición clasicista: economía de medios expresivos, mesura, contención, profundidad.

San Juan de la Cruz
(1542-1591) fue fraile carmelita. Toda su obra, en prosa y en verso, es de carácter ascético-místico. En su obra poética, muy escasa destacan tres poemas excepcionales; *Noche oscura del alma, Llama de amor viva* y *Cántico espiritual.* Este último es uno de los poemas más perfectos de la lírica española. En él presenta alegóricamente a la «esposa» (el alma) atravesando las distintas vías místicas hasta alcanzar la unión definitiva con el «esposo» (Dios). Expresa el fervor religiosos sirviéndose de elementos claramente renacentistas, como la descripción de la naturaleza o la ambientación pastoril. Se sirve de las alegorías amorosas y de los recursos sonoros, que dan a sus versos una armonía incomparable.

Poesía del siglo XVII
A lo largo del siglo XVII florece el fecundo ingenio de clasicistas (escuela sevillana, los Argensola) y barrocos (Quevedo y Góngora). Se dan en esta centuria dos tendencias, que en ocasiones conviven en los mismos poetas: culteranismo y conceptismo. Los escritores culteranos prestan particular atención a la forma y se complacen en la musicalidad, las metáforas y los cultismos. Mientras que los conceptistas se preocupan primordialmente del fondo; su ideal es decir mucho con pocas palabras.

Luis de Góngora
(1561-1627) es el poeta español que mejor logra la creación de un lenguaje poético; además enriquece el léxico introduciendo palabras latinas y griegas y variando los matices de las aceptadas. Da a los epítetos un singular valor evocativo de la emoción pura y tiene un sentido sonoro de la palabra que aumenta su eficacia ornamental. Desde sus comienzos supera a los poetas anteriores en valentía de imágenes, en musicalidad, en colorido y en viveza de la expresión de las emociones sensoriales. Es autor de múltiples romances y letrilla de gran soltura. Pero donde mejor resaltan sus cualidades es en dos poemas largos, el *Polifemo* y *las Soledades*. La *Fábula de Polifemo y Galatea*, de gusto plenamente culterano, está escrita en octavas reales y desarrolla el tema clásico de los amores del cíclope Polifemo y la ninfa Galatea. El poema está poblado por bellísimas descripciones y metáforas e imágenes admirables, que hacen de él una de las obras más características de Góngora. Las *Soledades*, obra inacabada es el poema en que Góngora desarrolla

4

5

6

1. *Portada de una edición de las Obras de Garcilaso de la Vega, fechada en 1580, con anotaciones de Fernando de Herrera.*

2. *San Juan de la Cruz, principal autor religioso de la lírica castellana.*

3. *Fray Luis de León, el poeta más clasicista del renacimiento español.*

4. *Luis de Góngora, el poeta castellano más acusadamente barroco. (Miniatura del códice Chacón).*

5. *Francisco de Quevedo es el autor más versátil del barroquismo literario. (Retrato de época con hábito de maestre de Santiago).*

6. *Francisco de Rioja destaca como el lírico más delicado de la escuela sevillana.*

plenamente su culteranismo a base de un uso continuo del más violento hipérbaton, descripciones exuberantes de la naturaleza, alusiones mitológicas, extraordinaria riqueza metafórica y extraños neologismos. Sus concepciones poéticas le enfrentaron a Quevedo, con quien mantuvo ácidas polémicas. Su estilo poético halló continuadores como **Juan de Jáuregui** (1583-1641), autor del poema *Orfeo*. Entre muchos otros poetas gongorinos hay que citar a Soto de Rojas, Bocángel y Juan de Tasis.

Francisco de Quevedo (1580-1645) recibió una esmerada educación. Se dedicó a la política, campo en que los altibajos de la fortuna le permitieron unas veces viajar a Italia y otras le valieron el destierro y la cárcel. Su personalidad literaria es compleja y variada: es novelista, poeta lírico, moralista riguroso, escritor político y filosófico, satírico de maligno ingenio, etc. Como poeta lírico su obra se inscribe plenamente en la tendencia conceptista. En su obra poética, recogida en los dos volúmenes de *El Parnaso español*, expresa su paradójica concepción del amor -Canta más al amor que al ser amado-, su profundo dolor por los males de la patria y su incesante obsesión por el paso del tiempo y por la muerte. En infinidad de poemas hace gala de un humor y una capacidad burlesca extraordinarios, con frecuencia aplicados a su rival Góngora.

Como novelista es auto de una única obra de valor extraordinario: *La vida del Buscón llamado Pablos*, que es una novela picaresca en que por encima de la sátira y de la intención moralizadora, brillan una ironía mordaz, un estilo brillante y una expresión incisiva de extraordinario valor caricaturesco. Sus cuatro *Sueños*, en prosa, mezclan en un infierno imaginario lo serio y lo cómico, lo grotesco y lo sagrado, y retratan cruelmente a los personajes madrileños de su tiempo, míseros o poderosos, como encarnaciones de la hipocresía. Es la obra más plena y característicamente barroca de Quevedo. Tiene también obras moralistas y ascéticas (*Vida de san Pablo, Vida de fray Tomás de Villanueva, Introducción a la vida devota*), políticas (*Política de Dios, gobierno de Cristo y tiranía de Satanás, Vida de Marco Bruto*) y filosóficas (*De los remedios de cualquier fortuna*). A lo largo de su extensa obra y en todo los géneros que cultivó se reconocen siempre su poderosa y original inteligencia y su inigualable dominio del idioma.

Andrés Fernández de Andrada (s. XVII) es autor de un poema extraordinario, la pieza más representativa de la escuela italiana, que durante mucho tiempo se ha considerado anónimo. Se trata de la *Epístola moral a Fabio*, en que el autor expone a Fabio la vanidad de las esperanzas de la corte, sus peligros y el desdén de los poderosos y le aconseja que abandone sus pretensiones cortesanas y vuelva a Sevilla a vivir austeramente y sin intrigas. Está escrita en tercetos de belleza perfecta.

A **Rodrigo Caro** (1573-1647), autor de cultos tratados históricos, de estilo sonoro, elegante y terso, se debe la

7

famosa *Canción a las ruinas de Itálica*, que añade a las anteriores características de estilo una trabajada corrección.

Francisco de Rioja (1583-1659), de vida agitada, escribió una obra poética caracterizada por la lozanía de inspiración y de lenguaje. Es un gran cantor de las flores. Debe su fama a las silvas *Al clavel, A la rosa y Al jazmín*.

Lupercio Argensola (1559-1613), historiador y político, autor de numerosas obras, es sobre todo poeta, autor de muchos sonetos, algunas odas y varias epístolas. Su hermano el canónigo **Bartolomé Leonardo de Argensola** (1562-1631) cultiva también el género histórico; como poeta es autor de dos sátiras, una celebrada *Epístola a Fernando* y varios romances y letrillas.

Junto a los Argensola, con los que tienen en común la intención tradicionalista y ciertas analogías estilísticas y lingüísticas, hay que citar a Esteban Manuel de Villegas y al príncipe de Esquilache, Francisco de Borja y Aragón.

La narrativa caballeresca y pastoril

El *Amadís de Gaula* reúne elementos medievales, como el valor caballeresco, y renacentistas, como el afán de aventura y la concepción del amor. La novela pastoril, género artificioso que idealiza la naturaleza, tiene notables exponentes en Jorge de Montemayor y Gil Polo. Con todo, las mejores novelas pastoriles son las de Cervantes (*La Galatea*) y Lope (*La Arcadia*).

8

sobriedad formal de la obra aparecen todos los recursos de la ironía aplicados a la sátira.

La novela picaresca

La *Vida del Lazarillo de Tormes y de sus fortunas y adversidades*, compuestas hacia 1554 por autor desconocido, inaugura el género genuinamente español de la novela picaresca, que tan fecundo sería en el siglo XVII. Está escrita en forma autobiográfica y su técnica narrativa es el acta de nacimiento no sólo de la novela picaresca, sino también de la novela moderna en general. La narración sencilla y suelta, matiza y llena de detalles, sólo es superada, medio siglo después, por Cervantes.

Lázaro, hijo de padres poco honrados, lleva una vida de pícaro, de modo que es un personaje marginal de la sociedad de su tiempo. Su primer amo, el ciego, le permite describir el comportamiento astuto y miserable de los desheredados. El segundo, un clérigo avaro, da pie a una sátira cruel del estamento religioso. El tercero es un escudero pobre y hambriento que ejemplifica la insostenible situación del noble improductivo que vive aferrado a un estúpido sentido del honor.

Lázaro sirve después a un fraile mercedario, portador de todos los vicios. El siguiente es un buldero farsante y estafador, tras el cual viene un alguacil. Finalmente Lázaro se casa con la criada de un arcipreste, de la que se deja entender que mantiene relaciones con su amo. Uno de los aspectos insólitos de esta obra es que Lázaro niega su propio honor y reconoce su bellaquería, causada por el hambre. Bajo la sobriedad formal de la obra aparecen todos los recursos de la ironía aplicados a la sátira.

Vicente Espinel (1550-1624), soldado y hombre de vida aventurera, escribió *La vida del escudero Marcos de Obregón*, de inspiración autobiográfica. De autor desconocido es la *Vida y hechos del Estebanillo González*, que ambienta al pícaro por media Europa. Entre otras muchas novelas destaca *La lozana andaluza*, de **Francisco Delicado** (primera mitad del s. XVII) protagonizada por una mujer, en la que abundan los personajes picarescos: alcahuetas, rameras, etc. De origen judío, lo que históricamente puede dar en parte razón de su amarga visión del mundo, **Mateo Alemán** nace en 1547 y su pista se pierde en México en 1615.

Llevó una vida marginada, digna de un pícaro inestable y atormentado. Su obra principal, que destaca en una producción mediocre, es *La vida del pícaro Guzmán de Alfarache*. Esta obra es una de las cumbres de la novela picaresca y en ella se fijan los caracteres definitivos del pícaro iniciados en el Lazarillo. Cuenta las andanzas de un aventurero sevillano que recorre el mundo ejerciendo múltiples oficios, siempre en busca de una vida honrada y siempre de fracaso en fracaso, que alternan con momentos de prosperidad (gracias a las mujeres). La inconsistencia de la suerte al final le conduce a galeras. Inspira al autor un pesimismo radical: el pecado, el mal, la muerte están siempre presentes y dan a la obra una visión de la realidad casi alucinante.

El conjunto es una incisiva crítica de la sociedad de su tiempo. Tras cada episodio novelesco hay una larga digresión moral.

La Celestina

Es una novela dialogada atribuida en parte a Fernando de Rojas, que muestra cómo el amor de dos jóvenes a espaldas de sus padres les conduce a la muerte. Hay en ella muchos elementos; una exaltación del amor, un drama naturalista que subraya la oposición de clases, una herencia de la literatura misógina medieval e incluso un libelo feminista, anticristiano y de liberación sexual. La presencia de una vieja alcahueta y de todo un mundo de criados, rufianes y prostitutas de rico lenguaje popular aporta una asociación de comicidad y tragedia, de lirismo y realismo. Se crea así, en las postrimerías del siglo XV, una obra que procede de lo más profundo de la Edad Media y muestra una serie de concepciones en que ya está presente el renacimiento.

Cervantes y el *Quijote*

El máximo representante de las letras españolas es **Miguel de Cervantes** (1547-1616). En él confluyen todos los géneros novelescos hasta entonces cultivados; la novela pastoril (*La Galatea*), la de caballerías (*El ingenioso hidalgo don Quijote de la Mancha*), la novela corta (*Novelas*

7. Edición del Amadís de Gaula modelo del abundante género de caballerías de los siglos XV-XVI.

8. Óleo de Francisco de Goya (El garrotillo) inspirado en el **Lazarillo de Tormes.**

ejemplares) y la de aventuras (*Los trabajos de Persiles y Sigismunda*). Cultivó también el teatro (ocho entremeses y ocho comedias) y la poesía (*Viaje del Parnaso*).
El *Quijote*, obra cumbre de las letras españolas, se publicó en dos partes, en 1605 y 1615.
Inicialmente es una parodia de las novelas de caballerías, pero sobrepasa con creces este propósito inicial. Alonso Quijano, hidalgo manchego, enloquece leyendo libros de caballerías, adopta el nombre de don Quijote de la Mancha y se hace caballero andante. Ofrecerá sus hazañas a la dama de sus pensamientos, Dulcinea del Toboso (que es una humilde aldeana).
Su primera salida se salda con la paliza que le propinan unos mercaderes. En la segunda salida, acompañado de Sancho panza, su escudero, corre las más inesperadas aventuras: la de los molinos de viento, la de los galeotes, la penitencia en Sierra Morena... Hasta que el cura y el barbero dan con él y, engañándole, lo devuelven al pueblo. En la tercera salida se enfrenta a unos leones, es objeto de befa por parte de unos duques que le invitan a su palacio, es derrotado en Barcelona por un falso caballero... Finalmente vuelve al pueblo recobra el juicio, aborrece de los libros de caballería y muere como un buen cristiano.
El caballero y el escudero son encarnación de dos tendencias que conviven en el corazón del hombre: una generosa y heroica, que le lleva a las más nobles acciones en pos del ideal (don Quijote), y otra de cortos vuelos que le hace ser prudente y mirar por su interés (Sancho Panza). Toda la novela es un contraste entre estas actitudes complementarias, para caracterizar lingüísticamente a estos dos personajes, Cervantes convierte la lengua en un instrumento de narración maravilloso.

9

Tratadistas de los siglos XVI y XVII

La literatura religiosa tiene sus principales exponentes en fray Luis de Granada y Santa Teresa. De **fray Luis de Granada** (1504-1588), de carácter ascético inspirado por un anhelo de perfección humana, cabe citar, sobre todo *Introducción al símbolo de la fe*, que es la obra en que deposita lo mejor de su sabiduría religiosa. **Santa Teresa de Jesús** (1515-1582) es una de las figuras más representativas de la mística española. Fue monja y reformadora de la orden carmelita. Su obra más notable es el *Libro de su vida*, autobiografía espiritual en que se sirve de la prosa coloquial y popular de su tiempo para expresar con llaneza las más complejas inspiraciones, reflexiones y experiencias religiosas. Escribió además el *Libro de las fundaciones*, *el Camino de perfección* y *El castillo interior* o *Las moradas*.
El humanismo produjo en la España del siglo XVI dos grandes historiadores, **Zurita** (*Anales de la corona de Aragón*) y **Mariana** (*Historia de España*). En cuanto a los historiadores de Indias, se estudian en el capítulo dedicado a la literatura hispanoamericana. La prosa didáctica cuenta en la España del siglo XVII con ilustres cultivadores. El más notable, **Baltasar Gracián** (1601-1658). Escribió obras de reflexión moral y política muy leídas en toda Europa. Su gran obra es *El criticón*, novela alegórica que opone el hombre natural al intelectual. Critica en ella con tristeza y pesimismo las ideas y costumbres de su tiempo. Gracián busca la condensación, de modo que sus páginas son una serie continua de máximas y apotegmas.

Teatro: antecedentes y características

Los antecedentes del gran teatro español del siglo XVII se hallan en varios dramartugos. A dos de ellos se les considera sucesores de Juan del Encina: **Lucas Fernández** y **Torres Naharro** (éste último introduce el tema del honor). **Juan de la Cueva** trata los temas históricos de Lope de Vega. **Lope de Rueda** es el creador del «paso» o entremés burlesco. **Gil Vicente**, autor portugués y español, escribió farsas ligadas a la poesía popular. Hay que hacer una importante observación que ilumina la comprensión del teatro barroco español. Se trata de la contrarreforma.
Efectivamente, la Iglesia romana, una vez recuperada tras el cisma protestante, promovió este movimiento de renovación espiritual.
La literatura española del XVII sólo puede entenderse teniendo presente el especial

10

11

peso que la contrarreforma tuvo en España y en su teatro.

Los grandes dramaturgos

Los grandes dramaturgos del barroco español son Lope y Calderón. Seguidores de Lope son una gran figura. Tirso de Molina, y otras menores, como Guillén de Castro y Ruiz de Alarcón. Como continuadores de Calderón destacan Rojas Zorrilla y Agustín Moreto. **Félix Lope de Vega** (1562-1635), hombre inconstante y enamoradizo, de vida ajetreada, gozó de enorme estima popular. Aún ordenado sacerdote siguió teniendo amores e hijos; en sus últimos años, repartida su alma entre el pecado y el arrepentimiento, produjo los más apasionados y sinceros poemas religiosos del siglo XVII. Pero Lope, además de un lírico prodigioso, es sobre todo el fundador del teatro nacional. Su abundante obra poética está recogida en libros (*Rimas humanas y divinas, Rimas sacras*) y diseminada por sus obras dramáticas y novelescas. Sus principales fuentes de inspiración son la tradición española y los acontecimientos de su vida. Es autor de sonetos extraordinarios, hermosísimos romances, canciones, bailes de villancicos. Apartado de la polémica entre culteranos y conceptistas, Lope armoniza siempre el fondo y la forma. Lope cultivó la épica renacentista en obras como *La hermosura de Angélica* y *La Jerusalén conquistada*, inspiradas en Ariosto y Tasso, respectivamente; escribió además *La Dragontea*, que narra la derrota del inglés Drake, *El Isidro*, sobre el santo patrón de Madrid y *La Gatomaquia*, poema épico burlesco en que canta las proezas de unos gatos. En el campo narrativo cultivó todos los géneros, menos el picaresco: *La Arcadia* es una novela pastoril; *El peregrino en su patria*, de aventuras; *Novelas a Marcia Leonarda*, a imitación de las *Novelas ejemplares* de Cervantes, y, sobre todo, *La Dorotea*, acción en prosa dialogada pero no representable, como *La Celestina*, en que recuerda con nostalgia sus años mozos y sus amores con Elena Osorio. La obra teatral de Lope es impresionante: escribió unas mil quinientas obras de las que se conservan unas trescientas cincuenta piezas de atribución segura. Se ha intentado dividir esta enorme producción en diversas categorías: de tema religioso (*Barlaam y Josafat*), de asunto mitológico y pastoril. (*Adonis y Venus, El laberinto de Creta*), comedias históricas (tanto de historia antigua como de historia nacional, que son las mejores), comedias novelescas (*El castigo sin venganza) y* comedias de costumbres (*La dama boba, El acero de Madrid*). El gran mérito de Lope es la definición de la comedia nacional española, tal como lo expone en su *Arte nuevo de hacer comedias en este tiempo.* La comedia tiene tres actos, métrica, variada y acción compleja. Se sirve del recurso cósmico al «gracioso» para inspirarse en la tradición épica, religiosa y folklórica. Exalta con frecuencia el sentido del honor del pueblo: así, en *Peribáñez* y *el comendador de Ocaña* el campesino Peribáñez mata al comendador, que ha intentado abusar de su esposa, Casilda; y en *Fuenteovejuna* todo un pueblo se rebela contra el comendador y lo mata, vengándose de los agravios recibidos. En la comedia lopesca cuenta más la acción que la pintura de los caracteres: las escenas y lances se suceden rápidamente, lo que produce una impresión de brillantez y variedad.

En las comedias de **Tirso de Molina** (h. 1584-1648) se repiten ciertas constantes: búsqueda de lo inverosímil, comicidad, complejidad de la intriga y gusto por la simulación y el erotismo. A diferencia de Lope, es un gran creador de caracteres. Sus piezas más destacadas son *El condenado por desconfiado,* drama religioso, y *El burlador de Sevilla* y *convidado de piedra*, en que aparece por primera vez el personaje de don Juan.

Pedro Calderón de la Barca (1600-1681) amplifica las ideas y los temas del teatro de Lope y les da un estilo propio y una profundidad e intensidad extraordinarias. Se distingue de Lope por el predominio de la reflexión y la serenidad. Es autor de entremeses (*El dragoncillo*), zarzuelas (*El laurel de Apolo*), comedias religiosas (*El mágico prodigioso*), de costumbres (*La dama duende*), de amor y celos (*El médico de su honra*), históricas (*El alcalde de Zalamea*) y filosóficas (*La vida es sueño*). Escribió además autos sacramentales, que son obras de un solo acto representadas en las festividades religiosas; el más famoso es *El gran teatro del mundo.* En *El alcalde de Zalamea,* Calderón enfrenta la idea monárquica y el honor: el militar don Álvaro viola a la hija del labrador Pedro Crespo; éste, nombrado alcalde, le hace arrestar y lo condena a muerte. El rey, que aparece al final, aprueba la acción de Crespo. *La vida es sueño,* obra de construcción compleja, desarrolla paralelamente dos intrigas amorosas y plantea en el personaje de Sigismundo el problema del libre albedrío, en que la libertad espiritual triunfa sobre el determinismo.

9. *Episodio de los molinos de viento (Ilustración de Ricardo Balaca para una edición decimonónica de* Don Quijote de la Mancha).

10. *La* Propaladia *es una recopilación de comedias de Torres Naharro acompañada de un importante prólogo teórico.*

11. *Félix Lope de Vega, el principal y más prolífico comediógrafo del siglo de oro español.*

El siglo XVIII y la ilustración en España

Prosistas

Finalizado el período barroco, mientras en el resto de Europa prosperan la crítica y el pensamiento científico, en España triunfa una cultura frailuna y empobrecida. Tras la sustitución de la dinastía austríaca por la borbónica en 1714, conviven en las letras españolas los epígonos del barroco (Torres Villarroel es el más notable) y una generación crítica que cultiva el ensayo y la sátira (Feijoo, Isla). A mediados de siglo se introduce el gusto neoclásico, y se da la peculiaridad de que los autores neoclásicos (Jovellanos y, sobre todo, Cadalso) llevan en sí los gérmenes del romanticismo.

Diego de Torres y Villarroel (1693-1770) es el último escritor barroco destacado. Lo más apreciable de su extensa producción son sus obras satíricas. Escribió unas *Visiones y visitas de Torres con Quevedo por Madrid* en que describe con vena satírica implacable la sociedad española de su época. Pero su principal obra es un relato autobiográfico de tono picaresco: *la Vida, ascendencia, nacimiento, crianza y aventuras de don Diego de Torres Villarroel*. Se trata de un documento extraordinario sobre la decadencia española de la primera mitad del siglo XVIII. Obra divertida en que narra sus peripecias, está escrita en una prosa fluida, espontánea e ingeniosa que hace de él un gran prosista.

Fray **Benito Jerónimo Feijoo** (1676-1764) es el mejor cultivador en su siglo de la prosa didáctica. Su obra se compone de dos vastas colecciones de ensayos, las *Cartas eruditas y curiosas* y el *Teatro crítico universal*. En ellas se refleja su cultura enciclopédica y aborda los más variados campos del saber: la filosofía, la religión, la literatura, la lengua, la historia, la política, la enseñanza, las ciencias experimentales, etc. Combate con especial tesón la milagrería y la superstición. Divulgador más que pensador original, estudioso abierto a las aportaciones culturales extranjeras, toma conciencia del aislamiento intelectual de España e intenta con sus escritos sacar al país de su modorra intelectual y moral. La prosa de Feijoo es eminentemente didáctica, por lo que no brillan en ella los primores del estilo. Escribe con orden, transparencia y sencillez y es enemigo de los amaneramientos cultistas.

El jesuita **José Francisco de Isla** (1703-1781) es autor de una celebre novela, *Historia del famoso predicador fray Gerundio de Campazas, alias Zotes*. En ella zahiere la pedantería y los excesos barrocos de los predicadores religiosos del momento. Es una obra satírica y jocosa de estilo algo descuidado. El peculiar sentido del humor y la sensibilidad prerromántica de José Cadalso (1741-1782) están presentes en todos sus escritos. Sus obras más famosas fueron publicadas tras su muerte: las satíricas *Cartas marruecas*, escritas a imitación de las *Cartas persas* de Montesquieu en que censura la decadencia y la corrupción del país, y las *Noches lúgubres* poemas de amor desesperado a la manera de las *Noches* de Young.

Gaspar Melchor de Jovellanos (1744-1811), político y estadista que vio premiado su impulso reformista con la cárcel, es principalmente un escritor político, como se aprecia en el *Informe acerca de la ley agraria*, el *Elogio de Carlos III* y la *Memoria en defensa de la Junta Central*. Su prosa es clara y limpia, de elegante severidad en su amplitud oratoria y sin achaques puristas.

1

LA CASA DE LOS LINAGES.

PRONOSTICO,

Y DIARIO DE QUARTOS DE LUNA, y Juicio de los acontecimientos naturales, y politicos de la Europa, para este año de 17[illegible]. y con las edades de los Principes de toda la Europa: y los dias en que se viste la Corte de Gala, que vàn à la fin.

ESCRITO

POR EL GRAN PISCATOR DE SALAMANCA el Dr. Don Diego de Torres Villarroel, del Gremio, y Claustro de la Universidad de Salamanca, y su Cathedratico de Mathematicas Jubilado por el Rei nuestro Señor.

EL QUE LO DEDICA

A DOÑA JOSEPHA ARIÑO Y TORRES, SU SOBRINA.

Con las Licencias necessarias. En la Imprenta de Teresa Piferrer viuda, administrada por Thomas Piferrer, vendese en su misma casa, en la Plaza

2

3

Poesía: neoclasicismo y prerromanticismo

El neoclasicismo español busca sus modelos en Francia y en Italia. Pero el neoclasicismo estricto es casi inexistente en España, pues los mismos poetas que se acogen a sus normas enlazan también con la lozanía creativa de la literatura renacentista española del siglo XVI o se acogen al gusto prerromántico.

Los poetas de esta época se inscriben en dos escuelas: la salmantina y la madrileña. De la primera destacan Meléndez Valdés e Iglesias. Al grupo de Madrid pertenecen los Moratín padre e hijo, Iriarte, Samaniego, Arriaza y el conde de Noroña. El poeta más notable de su siglo es **Juan Meléndez Valdés** (1754-1817). Lírico insigne en un siglo negado para la lírica, a su temperamento afectuoso se debe la extraordinaria capacidad que muestra para conciliar lirismo y neoclasicismo. Trata los temas anacreónticos y pastoriles con gracia y delicadeza, haciendo uso de un estilo sencillo y agradable. Famosas son sus odas *La paloma de Filis*, sus sonetos, sus letrillas (*Rosana en los fuegos*) y sus romances (*Doña Elvira*). Más que sus poemas filosóficos y religiosos,

lo más apreciado es su poesía menor, de una frescura juvenil inigualada en el período neoclásico.
Género muy apreciado en la época, la fábula tiene en España dos cultivadores sobresalientes.
Tomás de Iriarte (1750-1791) es autor de un conjunto de setenta y seis *Fábulas literarias* en que satiriza la literatura de su tiempo desde un punto de vista neoclásico. **Félix María de Samaniego** (1745-1801), autor de algunas obrillas licenciosas que le causaron problemas con la Inquisición, escribió las *Fábulas morales*, inspiradas en los fabulistas clásicos y de intención didáctica. Su estilo, gracioso y espontáneo, es poco común en la época.

Teatro

A pesar de no faltar cultivadores del genero, la tragedia neoclásica francesa no logra aclimatarse en España, excepción hecha de García de la Huerta. Lo que sí obtiene notable éxito popular es

4

el sainete, cuyo principal cultivador es Ramón de la Cruz. Pero la gran figura del siglo -y no sólo en el campo del teatro- es Leandro Fernández de Moratín.
Leandro Fernández de Moratín (1760-1828), poeta y dramaturgo, fue uno más de los intelectuales españoles que creyó que el dominio napoleónico conllevaría la reforma y modernización del país. La posteridad ha conocido su interesante epistolario, que refleja una aguda visión crítica de la realidad española. Como poeta, Moratín es de los pocos escritores dieciochescos capaces de insuflar emoción genuina a sus versos. La melancolía, la paz del campo, la serenidad de ánimo y otros temas típicamente neoclásicos son tratados por él con una fuerza y una sinceridad extraordinarias. Su mejor obra poética es la *Elegía a las musas*, testamento lírico escrito en el exilio. Cultivó la sátira tanto en verso como en prosa. Pero donde Moratín tiene un importante papel es en la renovación del teatro español. Traduce y adapta magistralmente a Molière (*El médico a palos, La escuela de los maridos*) y cultiva con decisión la comedia en prosa, en la que asoman tímidamente rasgos románticos. Sus

5

FUNDACIÓN,
Y ESTATUTOS
DE LA REAL
ACADEMIA
ESPAÑOLA.

EN MADRID, CON LAS LICENCIAS NECESSARIAS.

Año de M.DCC.XV.

comedias más famosas son *El sí de las niñas*, en que defiende la libertad de la mujer para escoger marido, y *La comedia nueva o el café*, sátira neoclásica contra los malos dramaturgos.

La Academia y la erudición

En 1713 se funda en Madrid la Real Academia de la Lengua

6

Española, a imitación de la francesa. Su objetivo está resumido en el lema que adopta: «Limpia, fija y da esplendor». A diferencia de la francesa, en que siempre ha habido predominio de escritores, a lo largo de casi toda su historia la Academia española ha estado dominada por aristócratas y camarillas formadas por figuras de la vida pública.
A lo largo del siglo XVIII los académicos publican el *Diccionario*, los primeros volúmenes del *Diccionario de autoridades* (en que cada palabra va «autorizada» por un ejemplo de su uso extraído de un autor importante), la *Ortografía*, que ejerce una poderosa influencia sobre la fijación de la misma, y la *Gramática*.
En el siglo XVIII nace la crítica, herramienta intelectual para el estudio de la literatura y de la historia. En el campo de la filología destaca la inmensa obra de **Lorenzo Hervás** (1735-1809), que escribió el *Catálogo de las lenguas*, estudio de lingüística comparada.
Teorizadores de la estética son **Ignacio Luzán** (1702-1754), que escribió una *Poética*, y **Esteban de Arteaga** (1747-1799), autor de *La belleza ideal*. Historiadores de mérito son **Enrique Flórez** (1702-1773), autor de la monumental *España sagrada*, y **Antonio de Capmany** (1742-1813), que escribió unas admirables *Memorias históricas sobre la marina, comercio y artes de Barcelona*.
Destacan como eruditos e historiadores de la literatura **Gregorio Mayans y Siscar** (1699-1781), autor de los *Orígenes de la lengua castellana*, **Juan Andrés** (1740-1817), a quien se debe *Del origen, progreso y estado actual de la literatura*, y el bibliotecario **Tomás Antonio Sánchez** (1725-1802), primer editor del *Cantar de mío Cid*, de las obras de Berceo y del *Libro de buen amor*.

1. *Edición de época de uno de los populares almanaques de Torres Villarroel, notable epígono de la literatura barroca.*

2. *Fray Benito Jerónimo Feijoo, principal modernizador de la cultura española anterior a la ilustración.*

3. *Jovellanos, escritor, político, máximo representante español del pensamiento ilustrado.*

4. *Retrato de Leandro Fernández de Moratín, principal dramaturgo del neoclasicismo español, por Francisco de Goya.*

5. *El establecimiento de la dinastía borbónica a principios del siglo XVIII dio origen a las academias literarias y científicas.*

6. *El jesuita Lorenzo Hervás, estudioso de las lenguas americanas y precursor de la lingüística comparada.*

Las letras españolas en el siglo XIX

La poesía prerromántica
La temática prerromántica (asuntos emotivos, nocturnos y lacrimosos) que asomaba en algunos autores neoclásicos es ya patente en toda su extensión en dos poetas mayores (Cienfuegos y Quintana) y en varios menores (Blanco White, Cabanyes, Arjona).
Nicasio Álvarez de Cienfuegos (1764-1809), heredero de la escuela salmantina y de Meléndez Valdés, imita inicialmente a éste. Posteriormente su poesía gana en entusiasmo, delicadeza y sentimentalismo, lo que, junto con la afición a los temas medievales y orientales, hace de él un precursor del romanticismo. Así, en *La escuela del sepulcro* une las descripciones realistas a las más tiernas y subjetivas protestas de dolor y melancolía, y en *La rosa del desierto* muestra un desasosiego sentimental típicamente romántico.
Neoclásico en sus inicios, **Manuel José Quintana** (1772-1857) adopta luego un tono vehemente y declamatorio. Sus obras más notorias están dedicadas a la idea de la libertad, a la patria y a los progresos de la ciencia. Estilísticamente se caracteriza por el brío y la sonoridad, contrarrestados por la ampulosidad y la falta de emoción lírica sincera. Cultivó la prosa con corrección y brillantez en sus *Vidas de españoles célebres*.

El romanticismo
De introducción tardía en España, la nueva escuela no se impone hasta la década de 1830. Las ideas románticas entran en el país de la mano de los escritores afrancesados y liberales que vuelven del exilio tras el gobierno absolutista de Fernando VII. Las grandes figuras del romanticismo español son el duque de Rivas y Zorrilla en el teatro y en la poesía de tema legendario; Espronceda, Bécquer y Rosalía de Castro en la lírica y Larra y Gil y Carrasco en la prosa.
Prototipo del romanticismo, **Mariano José de Larra** (1809-1837) fue un hombre de vida turbulenta y apasionada que se quitó la vida por mal de amores. Tanto en su vida como en su obra es de una elegancia y una pulcritud espiritual exquisitas. Escribió una novela histórica, *El doncel de don Enrique el Doliente*, y un drama también histórico, *Macías*, que giran en torno al tema del amor trágico. Pero el gran mérito literario de Larra se manifiesta en sus artículos periodísticos, en los que hace un análisis doloroso e implacable de la realidad española: la educación, la burocracia, la vivienda, los toros, etc. Aunque le anima un impulso patriótico de regeneración, su espíritu está embargado por una desconfianza amarga y pesimista.
Larra, de escritura rica y matizada, sabe servirse de la lengua para expresar sus actitudes espirituales, su mordacidad, su indignación, su desprecio por lo chabacano. La prosa de sus críticas literarias, serena y elegante, es rigurosamente moderna.

El teatro romántico
Estilísticamente supone una ruptura con la preceptiva anterior: unión de prosa y verso, mezcla de lo trágico y lo cómico, variedad y dinamismo. En los temas predominan el medievalismo y el drama histórico de tradición nacional.
El introductor del teatro romántico en España es **Francisco Martínez de la Rosa** (1787-1862), autor de *Abén Humeya* y de *La conjuración de Venecia*. Es de destacar también Antonio García Gutiérrez (*El trovador*), aunque los grandes dramaturgos de este período son el duque de Rivas y Zorrilla.
Ángel de Saavedra, **duque de Rivas** (1791-1865), conoció el romanticismo europeo en el exilio, donde escribió *El moro expósito*, extenso poema narrativo basado en la leyenda de los Infantes de Lara y ambientado en el siglo X. *Don Álvaro o la fuerza del sino*, de intenso dramatismo, es su principal obra. Su trama pasional, sanguinaria y truculenta, es típicamente romántica por el ambiente, por la pasión de los personajes, por las situaciones melodramáticas y por su forma, mezcla de lo cómico y lo trágico, de la prosa y el verso. El duque de Rivas es además un brillante poeta descriptivo de inspiración tradicional (*Romances históricos*).
En el romanticismo español, **José Zorrilla** (1817-1893) significa el momento de nacionalización de los elementos importados, pues la totalidad de su obra está basada

1

2

3

4

5

6

en la historia y las leyendas españolas. Lo mejor de su obra poética son una serie de leyendas. Su poesía, ajena a las preocupaciones ideológicas del romanticismo, es excesivamente verbosa y carece de auténticos valores líricos. En contrapartida denota una fantasía vigorosa y un dominio formidable de los recursos plásticos y musicales del verso.

Las grandes virtudes del teatro de Zorrilla son el instinto para las situaciones dramáticas, la facilidad de improvisación, el poder de evocación histórica, la animación y plasticidad narrativa y la energía y la economía de medios con que caracteriza a sus personajes. Su obra más conocida es el drama *Don Juan Tenorio*. Zorrilla convierte a este personaje de Tirso de Molina en un arquetipo de protagonista romántico y su *Don Juan* alcanza, en su siglo y en el siguiente, una popularidad extraordinaria.

Poesía del romanticismo

La poesía española del romanticismo supone una ruptura total con la tradición clásica. En el campo de la métrica se impone una total libertad, se inventan ritmos nuevos y se rehabilitan estrofas abandonadas. Temáticamente, se abandonan los motivos mitológicos y bucólicos y se imponen la historia, la leyenda nacional y la exploración de la intimidad. En cuanto al estilo, olvidadas las nociones neoclásicas de armonía y atildamiento, se instauran la expresividad, la vehemencia y la energía.

La mejor poesía romántica española es, además de la de Espronceda, la tardía de Bécquer y Rosalía de Castro, que crean un lirismo propio y expresan su intimidad con formas depuradas e intensas.

José de Espronceda (1808-1842) es el poeta de la desesperación y del entusiasmo; todo en el adquiere un tono frenético y estridente. Obras de juventud son un poema histórico (*Pelayo*), varios dramas y una novela histórica (*Sancho Saldaña*). La primera obra de altos valores líricos es *El estudiante de Salamanca*, poema que desarrolla la leyenda española del joven libertino que, tras una vida desordenada, contempla su propio entierro. *El diablo mundo*, extenso, ambicioso y desigual poema inacabado, contiene el *Canto a Teresa*. Esta pieza, por la intensidad lírica con que expresa la pasión amorosa, por su emoción sincera y por su belleza formal, es un perfecto reflejo de la personalidad del autor y del estilo de su época y uno de las mejores piezas del romanticismo español. En sus poemas breves expresa una violenta protesta contra la sociedad e incluso contra la vida misma.

En la poesía de la segunda mitad del siglo XIX destaca **Gustavo Adolfo Bécquer** (1836-1870). Su obra supone una depuración de los procedimientos románticos: desaparecen los gestos desorbitados, los excesos de la musicalidad, el colorido chillón y la

1. *Manuel José Quintana poeta neoclásico, gozó de un amplio reconocimiento oficial. En la ilustración, pintura de* La Coronación de Quintana, *por Luis López.*

2. *Mariano José de Larra, principal representante del periodismo romántico español.*

3. *José Zorrilla es el poeta más popular del romanticismo español.*

4. *Lienzo de Esquivel titulado* Los poetas, *retrato de grupo que reúne a los principales poetas románticos españoles.*

5. *Rosalía de Castro es una de las voces más originales de la poesía romántica en España.*

6. *José de Espronceda escribió las piezas más fogosas de la lírica romántica española.*

8

9

hojarasca retórica, con lo que la poesía adquiere mayor hondura e intensidad lírica. Su subjetivismo y su desnudez formal le conducen a una ingravidez poética admirable, origen de una línea que lleva a la poesía contemporánea. La obra poética de Bécquer, breve y fundamental, se halla reunida en las *Rimas*. Se vale en ellas de palabras sencillas y de estrofas breves; se diría que su métrica ondulante recoge el ritmo de su música interior. Su temática, impregnada de melancolía y espiritualidad, es también breve: el amor, la ilusión, el desengaño, la desesperación, la soledad. Bécquer, como los grandes poetas del romanticismo europeo, expresa una realidad misteriosa que escapa a los sentidos. Es también autor de una serie de leyendas misteriosas, fantasmagóricas y llenas de ensoñación.

Desarrollo de la novela

A lo largo del siglo XIX va naciendo la novela contemporánea. A la novela histórica se añaden los componentes literarios del costumbrismo, con lo que el género narrativo desemboca en la novela realista, que da sus mejores frutos a finales de siglo.

Como novelista histórico destaca **Enrique Gil y Carrasco** (1815-1846) con *El señor de Bembibre*, de ambiente medieval y paisajismo lírico típicamente romántico. El germen del realismo aparece en los cuadros de costumbres, bocetos llenos de colorido que representan diversos ambientes populares y tipos y costumbres de la vida española, satirizando y criticando sus aspectos negativos. Cultivan este genero, además de Larra, Mesonero Romanos, Estébanez Calderón y Fernán Caballero, autores que marcan un momento de transición entre el romanticismo y el realismo.

Fernán Caballero, seudónimo de Cecilia Böhl de Faber (1796-1877), empieza escribiendo cuadros de costumbres, a los que posteriormente hilvana con un argumento ligero y los convierte en breves relatos. El tono es melodramático, los personajes algo primarios y la intención moralizadora. Una vez dominado el procedimiento narrativo, escribe novelas: *La gaviota, La familia de Alvareda, Clemencia,* etc. También empieza como costumbrista **Pedro Antonio de Alarcón** (1833-1891), que en su madurez cultiva la novela realista. Cabe citar *El escándalo* (análisis psicológico de la redención de un libertino), *El niño de la bola* (historia trágica de ambiente popular) y, sobre todo, una novela breve, *El sombrero de tres picos*, en que recoge la tradición popular del corregidor y la molinera.

Juan Valera (1824-1905), aunque romántico por formación, rechaza los excesos sentimentales. Su novela más famosa es *Pepita Jiménez*. De estilo esmerado y terso, de notable sutileza en lo psicológico, tiene por tema el conflicto entre la vocación religiosa y el amor. Es también autor de *Juanita la Larga, Doña Luz*, etc., de prosa cuidada y elegante.

José María de Pereda (1833-1906), que empieza escribiendo cuadros de costumbres (*Escenas montañesas, Tipos y paisajes*), desarrolla luego novelas costumbristas que reflejan el paisaje y la vida de la Montaña santanderina. Destacan en especial *Sotileza*, gran novela de pescadores, y *Peñas arriba*, que tiene por escenario el paisaje agreste de la Montaña; su acción, mínima, es un pretexto para exaltar la belleza física y moral de la vida de aldea y comparar las sencillas costumbres rurales con la corrupción de la vida ciudadana.

El gran novelista del realismo español, y el mejor de su siglo, es **Benito Pérez Galdós** (1843-1920). De pensamiento liberal, en su extensa obra presenta y analiza con maestría la historia reciente del país, los ambientes populares y la vida de la clase media madrileña. Los *Episodios nacionales*, historia novelada de la vida española del siglo XIX, son a la vez descripción histórica y cuadro de costumbres de notable penetración psicológica. Pero su gran obra es medio centenar de novelas que reflejan la vida contemporánea. En *Doña Perfecta* describe la vida cotidiana en una ciudad española de provincias. *Marianela* cuenta el idilio trágico de un ciego y una muchacha mendiga y salvaje. *Fortunata y Jacinta* narra la vida de estos dos personajes femeninos, lo que le da pie para hacer una hábil y enérgica representación de la vida cotidiana de la burguesía madrileña. En *Misericordia* la figura central, la «señá» Benigna, es una representación de la bondad aislada en medio de una sociedad egoísta. El estilo de Galdós, suelto y espontáneo, adolece de cierto descuido. Destacan la descripción certera y animada de la sociedad, el vigor dramático de las situaciones y la psicología con que contempla las virtudes y los vicios de los personajes, con visión siempre tolerante, generosa y comprensiva.

Leopoldo Alas, «Clarín» (1852-1901), además de ser el crítico literario más destacado de su tiempo, es autor de una narración admirable, *La Regenta*, que en lo básico se parece a *Madame Bovary* de Flaubert. Esta larga novela narra los amores adúlteros de una mujer, la Regenta, en una ciudad provinciana dominada por el clero y llena de corrupción e hipocresía. Por la maestría del arte de narrar de esta novela puede decirse que la obra de Galdós y *La Regenta* son los dos grandes monumentos de la novelística decimonónica española.

Vicente Blasco Ibáñez (1867-1928), a caballo entre dos siglos, es el último gran exponente de la novela realista española en su tendencia naturalista. Presenta en sus novelas la realidad social de España, y más concretamente de su tierra, Valencia; *Arroz y tartana, La barraca, Entre naranjos, Cañas y barro*. Su estilo es de pincelada amplia lleno de color y de fuerza plástica. Las pasiones de los personajes, brutales y primarias, son descritas de acuerdo con los principios del determinismo de los naturalistas franceses.

Poesía del realismo

El poeta más notable de entre quienes denotan la presencia del realismo es **Ramón de Campoamor** (1817-1901), que gozó de gran popularidad. Su visión escéptica e irónica de la vida y su actitud literaria son una reacción contra los excesos de fantasía y grandilocuencia del romanticismo. En sus poemas breves (*Humoradas, Doloras y Pequeños poemas*), voluntariamente prosaicos brillan más al ingenio y la ironía que la belleza literaria. Por lo general van acompañados de una moraleja más o menos trivial, perfectamente coherente con la ramplonería espiritual de la ascendente burguesía. De características semejantes es la poesía de Gaspar Núñez de Arce.

Teatro posromántico

El teatro español de la segunda mitad del siglo XIX, que tiene múltiples resabios románticos, está representado por Echegaray y Tamayo y Baus. Paralelamente recobra importancia un genero dramático menor acompañado de música: la zarzuela, herencia popular y realista del teatro tradicional español en que priman los valores cómicos y costumbristas. Las más famosas son *La verbena de la Paloma, La boda de Luis Alonso y La revoltosa*. La obra de **José Echegaray** (1832-1916), primer escritor de lengua española que en 1904 recibe el premio Nobel, adolece de un flagrante anacronismo, pues, sirviéndose de los recursos más aparatosos y espeluznantes del teatro romántico, intenta expresar las actitudes positivistas y realistas de su generación. El resultado es una especie de costumbrismo reflexivo que recurre a efectos patéticos y situaciones trágicas: *El gran Galeoto, O locura o santidad* y *El seno de la muerte*.

10

11

7. *Fernán Caballero representa en España la transición de la prosa narrativa a la novela costumbrista.*

8. *José María de Pereda, que ambientó sus obras en la Montaña cantabra, es uno de los grandes narradores del siglo XIX.*

9. *Los* Episodios nacionales *de Benito Pérez Galdós es la obra más popular del realismo español. (Ilustración de A pel. les Mestres.)*

10. *Vicente Blasco Ibáñez, en cuya narrativa hay elementos costumbristas, realistas y regeneracionistas, es el único novelista español próximo a los postulados del naturalismo francés.*

11. *El dramaturgo José Echegaray, premio Nobel, cultivó un teatro de tesis poco apreciado por el gusto de la posteridad.*

Los escritores españoles del siglo XX

La generación del 98
La pérdida por España de sus últimas colonias ultramarinas en 1898 y el deplorable ambiente político, social y cultural del país despierta en una serie de intelectuales y hombres de letras una reacción de angustia y de inquietud. De la interpretación de la historia y del paisaje nace una nueva literatura que viene a ser un examen de conciencia.

Miguel de Unamuno (1864-1936) fue una importante figura intelectual de la vida pública española. Cultivó todos los géneros literarios (ensayo, novela, drama, poesía) y en todos expresó sus preocupaciones filosóficas, religiosas y patrióticas. Polemista apasionado (*Contra esto y aquello*), sacudió las conciencias dormidas de sus conciudadanos. Su espiritualidad estaba dominada por paradojas y contradicciones de tipo religioso (*El sentimiento trágico de la vida*). Entre sus preocupaciones más constantes está la de el ser de España y los españoles. Su poesía, de una brusquedad poco lírica, trasluce vívidamente sus problemas anímicos. Las novelas son una proyección literaria de sus problemas personales (*Paz en la guerra, Amor y pedagogía*). Tiene notables cuentos cortos (*San Manuel Bueno, mártir y La tía Tula*) y cultiva con amenidad los libros de viajes y paisajes (*Por tierras de Portugal y España, Andanzas y visiones españolas*). Pero el grueso de su obra está formado por los ensayos (*La agonía del cristianismo, Vida de don Quijote y Sancho*). Su estilo, apasionado y tumultuoso, es poco amigo del adorno; el léxico y la expresividad de Unamuno son recios y populares unas veces, sabios y cultos otras. Su alma, angustiada por la idea de Dios, apela constantemente a la espiritualidad del lector.

1

2

3

El novelista más destacado de esta generación es **Pío Baroja** (1872-1956). Su figura, original y atractiva, es la de un espíritu independiente y descontentadizo que se expresa con sinceridad y brusquedad. Baroja es en el fondo un anarquista que no se hace ilusiones sobre las posibilidades de mejorar el mundo. En su extensa obra destacan varias series de novelas. La trilogía *La lucha por la vida* se desarrolla en los suburbios pobres de Madrid y denota un espíritu de rebeldía. En las novelas de tema vasco expresa su amor por las gentes y los paisajes de su país (*Zalacaín el aventurero*). En otras critica acerbamente la sociedad y sus fundamentos (*El árbol de la ciencia*). Las *Memorias de un hombre de acción*, más de veinte novelas, son un paseo por la España del siglo XIX. En ellas priman la acción, la intriga y la aventura sobre otras consideraciones. De sus últimos años son unas extensas memorias, buen retrato de su época: *Desde la última vuelta del camino.*

El gran paisajista del grupo es José Martínez Ruiz, llamado **Azorín** (1873-1967). Describe lugares y paisajes con pinceladas breves como sus frases: *La ruta de don Quijote, Castilla, Los pueblos.* Es autor de tres novelas autobiográficas de ritmo lento y casi carentes de acción (*La voluntad, Antonio Azorín, Las confesiones de un pequeño filósofo*). La gran aportación de Azorín a las letras españolas es su estilo, caracterizado por la sencillez, la claridad y la precisión.

En la figura de **Ramón María del Valle-Inclán** (1866-1936) confluyen la tradición gallega y un amplio abanico de elementos literarios y formales procedentes del modernismo. De esta síntesis nacen dos creaciones originales: los esperpentos y las comedias bárbaras. Plenamente modernistas son algunas novelas (las *Sonatas*) y sus libros de versos. En la trilogía

4

5

de novelas sobre la guerra carlista su prosa, vigorosa, se prepara para empresas de más calibre.
Las comedias bárbaras, novelas dialogadas de ambiente galaico, son de temática violenta y personajes crueles.
Valle-Inclán crea, a la medida de sus necesidades literarias, el esperpento (*Las galas del difunto, La hija del capitán, Los cuernos de don Friolera*).
Técnicamente los esperpentos tienen forma de diálogos en verso o en prosa. La creatividad lingüística de Valle deforma y estiliza a sus criaturas, subrayando sus aspectos trágicos o cómicos: tipos desgarrados, hampones que se arrastran por tugurios, señoritos tronados, anarquistas truculentos y candorosos. En los esperpentos Valle-Inclán retuerce el idioma para arrancarle toda su expresividad. De sus últimos años son varias novelas de notable creatividad idiomática:
Tirano Banderas (sobre un dictador hispanoamericano) y el ciclo *El ruedo ibérico* (pintura garabateada de la España isabelina).

Antonio Machado (1875-1939) es el poeta de la generación del 98. En su primer libro (*Soledades*) aún es plenamente modernista. En obras sucesivas va deshaciéndose de los oropeles y encuentra una voz más íntima y emotiva. *Campos de Castilla* refleja su visión de la tierra y los hombres de Soria; la forma es esmerada y emotiva; los adjetivos, sobrios, y los ritmos graves o solemnes. Para Machado, Castilla tiene un mensaje particular de ascetismo y de rigor. Su temática poética es muy variada: episodios de su vida íntima, el amor y la muerte de su joven esposa, el sentimiento del paisaje castellano, la preocupación por España y las inquietudes filosóficas. Con todo ello hace una poesía densa y profunda que se expresa con formas métricas simples y tradicionales.
El teatro español de esta época está representado en la figura del dramaturgo y premio Nobel en 1922 **Jacinto Benavente** (1866-1954). Escribió y estrenó cerca de doscientas obras, que destacan por la pulcritud del dialogo y el fondo satírico: *Los intereses creados, La malquerida, La noche del sábado*, etc.

Poesía: el modernismo

En el campo de la poesía española, la reacción contra los residuos románticos y contra el prosaísmo realista cristaliza a finales del siglo XIX y principios del XX en el modernismo, que sigue de cerca la exploración poética de los parnasianos y simbolistas franceses. Esta poesía se caracteriza por la búsqueda de la musicalidad, la temática sensual y exótica y el primor técnico. Los exponentes de esta nueva sensibilidad son los hispanoamericanos Martí, Gutiérrez Nájera, Silva, Valencia y, sobre todo, Rubén Darío. En España destacan Rueda, Manuel Machado, Valle-Inclán y, especialmente, Juan Ramón Jiménez.
A **Juan Ramón Jiménez** (1881-1958) corresponde el mérito de haber evolucionado desde el modernismo hasta un nuevo concepto de poesía. En su primera época lleva a su punto culminante los recursos expresivos del modernismo, hasta que en 1916 inicia una poesía más original con el *Diario de un poeta recién casado*, en que la expresión se hace más sobria y, abandonando las vaguedades, busca la concreción. Juan Ramón somete en lo sucesivo su obra a una depuración de los elementos no estrictamente líricos. De esta época de madurez son los libros *Eternidades, Piedra y cielo, Belleza* y otros. En sus últimos años, en que recibió el premio Nobel, el despojo

1. *Miguel de Unamuno, el gran animador de la vida intelectual española de su época. (Retrato por Vázquez Díaz).*

2. *Los hermanos Pío (leyendo) y Ricardo Baroja, novelista y pintor, respectivamente, son dos figuras características de la generación del 98.*

3. *José Martínez Ruiz, «Azorín», es uno de los grandes estilistas de la literatura española moderna.*

4. *Representación de* Romance de lobos, *una de las principales piezas dramáticas de Ramón María del Valle-Inclán.*

5. *Antonio Machado, que se inició como modernista, es una de las voces más personales de la poesía española del siglo XX.*

ornamental de sus poemas llego al máximo, alcanzando la expresividad del poeta una tensión lírica extraordinaria (*La estación total, Animal de fondo*). En 1956 fue galardonado con el premio Nobel.

La generación del 27

Bajo el magisterio de Juan Ramón aparece una generación de poetas líricos a la que se ha llamado generación del 27, por haber cuajado en dicho año en torno a la celebración del centenario de Góngora. Inicialmente buscan crear poemas de belleza aséptica y perfecta (Jorge Guillen). Posteriormente, a esta actitud se añade el cultivo de formas y temas populares (Alberti, Lorca). Las vanguardias tienen su reflejo en Gerardo Diego, Lorca y Aleixandre. La búsqueda de expresión del sentimiento inspira a poetas tan hondos como Salinas, Cernuda, Dámaso Alonso y Miguel Hernández.

Federico García Lorca (1898-1936) es el escritor más universal de su generación. Cultiva, como Alberti, un peculiar neo-popularismo formal de fondo culto (*Romancero gitano, Poema del cante jondo, Llanto por Ignacio Sánchez Mejías*). Sus temas son trágicos: el presentimiento de la muerte, el amor imposible, la muerte de un torero. En sus últimos años Lorca canta en clave surrealista (*Poeta en Nueva York*) la belleza tremenda de la urbe y el dolor miserable. La obra teatral de Lorca, renovadora de la escena española, extrae su substancia de la tragedia que conlleva el amor en los ambientes rurales: *Bodas de sangre, Yerma, La casa de Bernarda Alba.*

Rafael Alberti (1902) ha elaborado una obra amplia y diversa. *Marinero en tierra* se caracteriza por la musicalidad del verso y la interpretación graciosa y elegante de los motivos tradicionales. En *Cal y canto* se evidencia el gongorismo, mientras que *Sobre los ángeles* refleja el influjo de los surrealistas. En el exilio, tras la Guerra Civil, Alberti produce obras de gran densidad lírica: *A la pintura, Ora marítima, Entre el clavel y la espada*, etc.

6

Jorge Guillén (1893-1984) es autor de una sola obra, *Cántico*, que va ampliando y enriqueciendo en sucesivas ediciones. Las características iniciales de su obra son el entusiasmo y el rigor. Entusiasmo ante el maravilloso espectáculo de la realidad, ante la mera presencia de los seres. Y rigor en la expresión intelectual, precisa y exacta, de su júbilo de existir.

Los rasgos peculiares de la poesía de **Pedro Salinas** (1891-1951) son la mesura y la templanza, y su tema principal, casi único, el amor (*La voz a ti debida, Razón de amor*).

El poeta **Vicente Aleixandre** (1898-1984) fue durante los años de precariedad cultural de la posguerra el representante de una honda emotividad lírica de rigurosa construcción formal, lo que le valió el premio Nobel en 1977. En *Espadas como labios* y *La destrucción o el amor* expresa, sirviéndose de la imaginería surrealista, un sentimiento trágico del amor que le conduce a un panteísmo pesimista. *Sombra del paraíso* e *Historia del corazón* pierden en violencia y desgarro, que son sustituidas por una serena y melancólica nostalgia y una búsqueda de la belleza interior.

Luis Cernuda (1904-1963) en *Perfil del aire*, obra de juventud, denota una gracia, una frescura y una ternura peculiares. *La realidad y el deseo*, obra que recoge su obra en verso en sucesivas ediciones, es una expresión grave y profunda de su apasionada intimidad. Al ímpetu romántico de los temas se añade un lenguaje poético cuidadísimo y de contención emocionada. Como en el caso de Lorca, el lirismo de Cernuda es en ocasiones una sutil destilación de los arrebatados sentimientos

7

8

9

10

11

provocados por el amor prohibido, la homosexualidad. **Dámaso Alonso** (1898-1989) publica en la posguerra *Hijos de la ira* y *Oscura noticia*, que son un grito desesperado contra la injusticia y reflejan dramáticamente una visión lúcida y amarga de la vida. Como crítico, ilumina definitivamente la obra de Góngora y estudia la poesía de san Juan de la Cruz y de otros poetas españoles.
Miguel Hernández (1910-1942) comparte inicialmente el fervor gongorino de sus compañeros de generación (*Perito en lunas*). En 1936 publica su principal obra, *El rayo que no cesa*, formada por sonetos y elegías de impecable construcción formal y de una violencia pasional insólita.

Literatura de posguerra
Tras la experiencia traumática de la Guerra Civil, en los años cuarenta surgen los primeros autores de interés. En el campo de la poesía hay que citar a Gabriel Celaya y a Blas de Otero, de hondas inquietudes sociales. En el teatro sobresale tempranamente **Antonio Buero Vallejo** (1916) con *Historia de una escalera*, *El concierto de San Ovidio* y *El tragaluz*. En la narrativa, cultivada por múltiples autores (Rafael Sánchez Ferlosio, Martín Santos, Torrente Ballester y otros), destacan Camilo José Cela y Miguel Delibes. A la llamada escuela de Barcelona pertenecen Jaime Gil de Biedma, maestro de toda una generación de poetas posteriores, y los novelistas Juan Goytisolo y Juan Marsé.
Gabriel Celaya (1911-1992), poeta de temperamento vital, se entrega tanto a una vibración dolorida como a la más entusiasta exaltación. En su poesía hace una búsqueda existencial del destino de la humanidad en su intimidad y en su vida social. Su trayectoria poética es muy variada: influencias surrealistas, temática existencial y experimentos lingüísticos.
El gallego **Camilo José Cela** (1916), galardonado con el premio Nobel en 1989, es el más poderoso cultivador de la narrativa en la España de la segunda mitad del siglo. Es autor de una obra vasta y variada. Su primera novela, *La familia de Pascual Duarte*, áspera y descarnada, fue una verdadera revelación en su momento. En *La colmena* presenta a más de trescientos personajes que brujulean por un Madrid miserable y sombrío sumidos en la pobreza y en la inseguridad de la posguerra española. El resto de sus novelas, de indudable virtuosismo narrativo, es de interés desigual. Es también autor de notables libros de viajes (*Viaje a la Alcarria, Del Miño al Bidasoa*).
En la primera obra del novelista **Miguel Delibes** (1920), *La sombra del ciprés es alargada*, aún está presente la preocupación existencial de la posguerra. Posteriormente se acerca en sus novelas a la realidad campesina, con una extraordinaria captación psicológica de los personajes (*Los santos inocentes*). En *La hoja roja* narra la vida rutinaria de un jubilado. *El disputado voto del señor Cayo* es un emotivo alegato en pro de formas de vida campesinas en trance de desaparición.

Literatura contemporánea
Ya distanciados de la Guerra Civil aparecen en España nuevas generaciones de escritores que dibujan un panorama rico y variado. En el campo de la poesía hay que citar a los poetas llamados «novísimos» y otros de su entorno, como Antonio Colinas, Pere Gimferrer y Jaime Siles. Narradores notables son Juan Benet, Eduardo Mendoza, Javier Tomeo, Juan José Millás y otros. El teatro, no muy cultivado en la segunda mitad de siglo, da autores como Alfonso Sastre, Francisco Nieva, Antonio Gala y, dentro de la cultura francesa, Fernando Arrabal.

6. *Rafael Alberti, autor dotado de ricas cualidades para la poesía tanto culta como popular se interesó también por el movimiento surrealista. (Dibujo de Álvaro Delgado.).*

7. *Jorge Guillén, principal discípulo de Juan Ramón Jiménez, es el poeta más intelectual de la generación del 27. (Bosquejo de Gregorio Prieto.).*

8. *La poesía de Luis Cernuda es la más intimista y atormentada de su generación. (Dibujo de Gregorio Prieto.).*

9. *Camilo José Cela, premio Nobel, es el novelista más destacado de la posguerra española.*

10. *El novelista Miguel Delibes pintor extraordinario de la vida rural castellana en la segunda mitad del siglo XX. (Retrato, por Álvaro Delgado.).*

11. *Antonio Gala es uno de los dramaturgos contemporáneos más populares de la escena española.*

La conquista y los cronistas de Indias

Poesía del siglo XVI
A lo largo del siglo XVI proliferó en América, como en la metrópoli, la poesía lírica y, sobre todo, la lírico-épica. Esta poesía sigue los modelos renacentistas imperantes en Europa. Es común el uso del endecasílabo, introducido en España por Garcilaso y Boscán. Los autores líricos más destacados son Pedro Trejo, Diego Dávalos y Francisco de Terrazas. De la obra estrictamente lírica de **Francisco de Terrazas** (1525?-1600) nos ha llegado una docena de sonetos, de tipo petrarquesco en su mayoría, y una epístola amorosa. Es autor además de un poema épico, *Nuevo Mundo y Conquista*, en que se ciñe a los temas de Cortés, si bien presenta al indio como al «buen salvaje» de que gustará el siglo XVIII.
En cuanto a la poesía épica, destaca particularmente **Alonso de Ercilla** (1533-1594). Su obra, *La Araucana*, describe la conquista de Chile, en la que participó. El espíritu heroico y la noble admiración del autor ante el enemigo se imponen a lo desigual de la estructura del poema. Sus más notables seguidores fueron Pedro de Oña y Martín del Barco Centenera, autor de la *Argentina*. **Pedro de Oña** (1570-h.1643) vivió en tierras de lo que serían Chile y Perú. Escribió un extenso poema épico, el *Arauco domado*, para corregir las injusticias cometidas a su juicio por Ercilla en *La Araucana* con su protector, el virrey García Hurtado de Mendoza.
Es una obra de interés por su reflejo de la vida cotidiana de los conquistadores.
Por otra parte, no incluye elementos teológicos. Entre otros poemas se le debe, además, *Temblor de Lima*, *El Vasauro* y *El Ignacio de Cantabria*.
También fue cultivada una modalidad peculiar: la poesía épico-religiosa, por **Hernando Domínguez Camargo**, autor del *Poema heroico de san Ignacio de Loyola*, y por **fray Diego de Hojeda** (1570-1615), sevillano de nacimiento y residente en Lima y Cuzco. Escribió *La Cristiada*, poema épico místico. La obra, referida a la vida de Cristo, abarca la última Cena, la Pasión y la Sepultura. Abundan elementos tomados de los Evangelios, de los escritos apócrifos neotestamentales, de los libros piadosos y de las creencias populares.

1

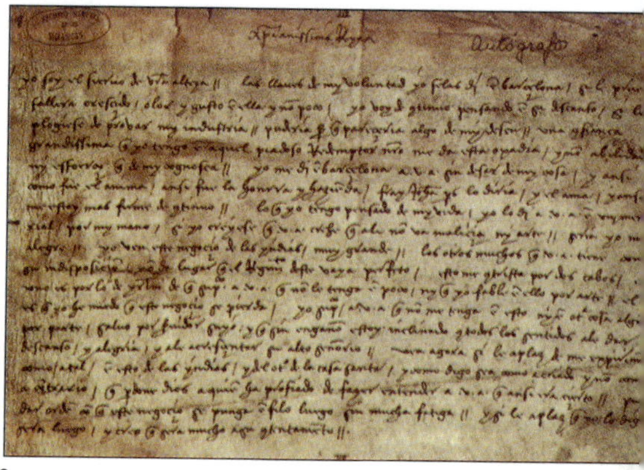

2

Historiadores y cronistas
El descubrimiento de América y las empresas geográficas y bélicas emprendidas por los españoles dan origen a diversas relaciones, cartas y crónicas de interés literario desigual.
En estas crónicas se insiste en la descripción geográfica de los nuevos lugares, en las hazañas de los conquistadores -y en ocasiones de los conquistados- y en las creencias y costumbres de los nuevos pueblos.
La primera obra de este tipo es del propio Cristóbal Colón: *Cartas del descubrimiento*. La irrupción de Cortes y sus hombres en México es llevada a las letras por el propio **Hernán Cortés** (1485-1547) en sus *Cartas y relaciones*. Sobre el mismo tema escriben Francisco López de Gómara y Bernal Díaz del Castillo, de más valor literario y más objetivo.
Francisco López de Gómara (1511-1566) fue profesor de lenguas clásicas y secretario y capellán de Cortés. Su historia de la conquista de México se titula *Historia general de las Indias y conquista de México y Nueva España*. En la primera parte narra las conquistas de Cortés, a quien atribuye todo el mérito de sus tropas, a la manera de Plutarco. La obra cae en errores al no conocer los sucesos directamente. Con todo, es de gran valor literario.
Bernal Díaz del Castillo (1496-1584) intervino en las dos primeras expediciones a México, así como en la de Cortés. Es el prototipo del escritor-soldado de la época. Hombre longevo, a los setenta años emprendió la redacción de su extensa *Historia verdadera de la conquista de Nueva España*, movido por el interés de corregir el relato hecho por López de Gómara, que atribuía excesivo mérito a Cortés en detrimento de los de sus hombres. La prosa de Díaz del Castillo, que tenía escasos conocimientos culturales, es ruda y áspera pero enérgica y expresiva. Su visión plástica y luminosa, carente de artificios literarios, revela su sinceridad y espontaneidad.
Gracias a la frase corta y a la narración rápida y penetrante consigue unos cuadros vivos y directos impresionantes por su naturalidad, más efectiva que cualquier retórica. Díaz del Castillo llega, por el camino de la sencillez, a una dimensión épica admirable.
Cronistas de Pizarro fueron Pedro Cieza de León y

Francisco de Jerez (1504-1554) en su *Verdadera relación de la conquista del Perú*. **Pedro Cieza de León** (h. 1520-1554), militar destacado, escribió la *Crónica del Perú*. La primera parte es básicamente descriptiva e informa ampliamente sobre indígenas y conquistadores. La segunda se refiere a los períodos preincaico e incaico. La tercera hoy perdida, trataba del descubrimiento y conquista de Perú; a lo mismo se refiere la cuarta parte (*La guerra de las Salinas, de Chupas y de Quito*). Cieza es el primer cronista histórico que traza un cuadro de conjunto de la historia peruana. El obispo fray **Bartolomé de las Casas** (1474-1566) era hijo de un conquistador que acompañó a Colón. Intentó fundar en Cumaná una primera colonia para convertir a los indios con métodos pacíficos y hacer de ellos buenos agricultores. Tras el fracaso, ingresó en la orden de Santo Domingo y dedicó su vida a defender a los indígenas de los abusos de conquistadores y colonos. Mantuvo diversas polémicas sobre la legitimidad de la conquista, gracias a lo cual Carlos V promulgó nuevas leyes que intentaban dar base jurídica a la doctrina de fray Bartolomé, que entre tanto había llegado a obispo de Chiapas (México). Entre sus obras hay que citar *Historia general de las Indias*, en que narra los viajes descubridores entre 1492 y 1520, una *Apologética historia de las Indias*, en que describe a los indios como seres de idílica bondad, y, sobre todo, *Brevísima relación de la destrucción de Indias*, en que critica a conquistadores y colonos y les responsabiliza del genocidio de los indios. Esta obra obtuvo un enorme éxito dentro y fuera de España. **Gonzalo Fernández de Oviedo** (1478-1557), que cruzó una docena de veces el Atlántico como alto funcionario, compuso múltiples obras, entre ellas un *Sumario de la natural y general historia de las Indias* o *Historia de las Indias*, que fue traducida al latín y al italiano. Pero su gran obra es la *Historia general y natural de las Indias, islas y Tierra Firme del mar océano*. Se trata de un extenso monumento histórico, literario y científico de amenidad extraordinaria en que intenta abarcar todos los aspectos del continente recién descubierto. La importancia de su obra reside en haber creado la historia natural de América. Su actitud etnológica es interesante, pues describe las costumbres de los indios prescindiendo de calificaciones morales. Su descripción de los indios, nada idealista, le enfrentó en violenta polémica con Bartolomé de las Casas. **Álvar Nuñez Cabeza de Vaca** (1507-1559), que acompañó en su expedición a Pánfilo de Narváez, tras sobrevivir a varios naufragios y a múltiples aventuras que le llevaron a recorrer México de costa a costa pasando penalidades; escribió una crónica picaresca en que narraba sus peripecias y aventuras: *Naufragios y relación de la jornada que hizo a la Florida con el adelantado Pánfilo de Narváez*. Posteriormente, nombrado gobernador del Paraguay, escribió los *Comentarios* con ayuda de un escribano. **Garcilaso de la Vega, el Inca** (1539-1616), hijo de un capitán español y de una princesa inca, escribió los *Comentarios reales* y la *Historia general del Perú*. Estas obras, de notable importancia literaria (el inca Garcilaso es el mejor prosista de la literatura americana colonial de la época), tienen un valor histórico relativo.

3

4

1. *En* La Cristíada, *fray Diego de Hojeda da un tratamiento épico a una curiosa combinación de elementos religiosos y populares.*

2. *Cristóbal Colón, aunque poco dotado para las letras, es el primer cronista de Indias. (Carta de Colón a la reina Isabel.).*

3. *Hernán Cortés, conquistador de México, escribió diversos tratados políticos.*

4. *Gonzalo Fernández de Oviedo es autor de la obra más ambiciosa y generalizadora sobre América escrita en el siglo XVI.*

La época colonial

La poesía tradicional hispanoamericana

El acervo poético tradicional es rico en cantidad y calidad. Ya en el siglo XVI hay constancia de la penetración de los romances populares españoles. En Puerto Rico, Cuba, Argentina, Chile y El Salvador, por citar los países en que más ampliamente se ha estudiado el fenómeno, perduran romances, coplas, adivinanzas y glosas religiosas o reflexivas procedentes de la tradición española. Y, como en España, innumerables composiciones de origen culto pasaron, más o menos modificadas por el pueblo, al acervo tradicional.

Poesía del siglo XVII

Esta centuria es la etapa del barroco americano y en ella aparecen las primeras grandes figuras de las letras hispanoamericanas. Aunque el barroco americano rara vez alcanzó la elevada depuración de Luis de Góngora, fue precisamente la de éste la influencia predominante. Las figuras más destacadas de la poesía barroca fueron sor Juana Inés de la Cruz y, en un plano menor, Juan de Espinosa Medrano, Bernardo de Balbuena, y Carlos de Sigüenza y Góngora.

Sor **Juana Inés de la Cruz** (1651-1695), monja mexicana, fue un caso muy notable de precocidad y autodidactismo. Famosa por su saber y su belleza, fue invitada a vivir en el palacio del virrey. A los dieciséis años se hizo religiosa. Gozó de gran fama y consideración del público culto y murió en una epidemia de peste cuidando a los enfermos. Es autora de comedias, poemas, autos sacramentales y villancicos. En su *Respuesta a sor Filotea de la Cruz* cuenta en forma autobiográfica su vocación religiosa y muestra su amplia curiosidad intelectual. Esta obra denota una síntesis de todas las corrientes intelectuales y artísticas de su tiempo: tradiciones renacentistas y barrocas, cultas, populares y vulgares. *La Inundación castálida* es una colección de poemas (sonetos y romances) delicados y rigurosos, algunos de ellos de notable originalidad en el ámbito de las letras barrocas. Pero su obra principal es un poema de un millar de versos inspirado en las *Soledades* de Góngora. En él describe la noche y el sueño en que el espíritu se purifica y se entrega a la contemplación del universo. Su poesía religiosa recoge ecos de los místicos españoles, y en particular de san Juan de la Cruz, con una mezcla característica de sensualidad y misticismo. Escribió unas exquisitas redondillas, *Contra las injusticias de los hombres al hablar de las mujeres*. Para sus villancicos, particularmente deliciosos, escribió también la música. Como poetisa sor Juana se adscribe a la escuela gongorina, a la que añade una vena nacionalista y un hondo sentimiento humano delicadamente femenino. En el campo del teatro hay que citar dos comedias calderonianas, *Amar es más laberinto* y *Los empeños de una casa*, y autos sacramentales, entre los que destaca *Divino Narciso*. Sor Juana es la gran figura barroca de América y su talante es un preludio del espíritu del siglo XVIII por su sentido reflexivo y analítico. Para ella la poesía formaba parte de una unidad cultural compuesta por arte, ciencia y música.

Juan de Espinosa Medrano (h.1640-1688) estudió en Cuzco y fue sacerdote. Cultivó desde su infancia la música, la poesía y el teatro. Escribió un auto, *El rapto de Proserpina*, a los diecisiete años, y posteriormente el *Auto sacramental del hijo pródigo*, en lengua quechua. Sus sermones, de estilo conceptista, están recogidos en *La novena maravilla*. La obra que más fama le valió fue el *Apologético en favor de don Luis de Góngora, príncipe de los poetas líricos de España, contra Manuel Faria y Sousa*, en que defendía las teorías poéticas de Góngora.

Bernardo de Balbuena (1568-1627), educado en México, fue poeta y novelista. La influencia de Góngora y de la métrica italiana se observa en *Grandeza mexicana*. Escribió una novela pastoril, *Siglo de oro en las selvas de Erífile*, muy en el surco de Lope de Vega y de la *Arcadia* de Sannazaro. Su obra más conocida es *El Bernardo o la victoria de Roncesvalles*, en que trata este tema de gran antigüedad literaria (existe un cantar de gesta medieval sobre Roncesvalles). Es una obra escrita en verso, concretamente en octavas reales.

1

EL BERNARDO,
O VICTORIA DE RONCESVALLES
Poema heroyco
DEL DOCTOR DON BERNARDO DE BALBVENA ABAD MAIOR
de la Isla de Iamayca
Obra toda texida de vna admirable variedad de cosas, Antiguedades de España, Casas y linages nobles della, Costumbres de gentes, Geograficas Descripciones de las mas floridas Partes del mundo, Fabricas de edificios y Suntuosos Palacios, Iardines, Caças y frescuras, Transformaciones y Encantamentos De nuevo y Peregrino Artificio, llenas De sentencias y moralidades.
Al Exmo. Sr. Don Fran.co de Castro, Conde de Lemos, de Andrade y Villalua, Marques de Sarria, Conde de Castro y Duque de Taurisano, Comendador de la Encomienda de Hornachos, Del Consejo de Estado de su Mag. Virrey y Capitan General que ha sido de los Reynos de Napoles y Sicilia, y Embaxador de Roma
Con Privilegio.
En Madrid por Diego Flamenco Año 162

2

Carlos de Sigüenza y Góngora (1645- 1700), mexicano, cultivó diversos campos del saber: fue matemático, cosmógrafo, científico racionalista, erudito barroco y poeta culterano. Ingresó en la Compañía de Jesús, que más adelante abandonó. Fue catedrático de matemáticas. Conoció a sor Juana Inés de la Cruz y destaca también como poeta de estilo gongorino. Su poesía de este estilo está reunida en *Primavera indiana y Oriental planeta evangélico*. Es importante también una antología que preparó de una cincuentena de poetas de su tiempo: *Triumpho Parthenico*. De su obra en prosa cabe destacar una obra de historia *Piedad heroica de don Fernando Cortés*, y una pieza histórico-novelesca a la que debe su fama, los *Infortunios de Alonso Ramírez*, en que narra la vida aventurera y los naufragios de este personaje en forma autobiográfica.
Especialmente interesante es, además de su obra científica (*Manifiesto filosófico contra los cometas y Libra astronómica y filosófica*), el *Mercurio Volante*, primera publicación periódica impresa en México (1693).
Agustín de Salazar y Torres (1642-1675) vivió y estudió en México. Posteriormente volvió a España y viajó por Europa. Su obra literaria denota el influjo de Góngora. Parte de su obra fue publicada bajo el título de *Cítara de Apolo*, si bien sus mejores versos se hallan en *Las estaciones del día* y en otras piezas teatrales (*Elegir enemigo, El encanto es hermosura*).
Además de los poetas gongorinos ya citados hay que mencionar al mexicano L. de Sandoval. S. de Balboa, cubano, escribió una apreciable epopeya titulada *Espejo de paciencia*.

Poesía del siglo XVIII

La primera mitad del siglo XVIII sigue caracterizándose en el campo de la poesía por el influjo del Barroco, y en especial de Quevedo y Góngora. Posteriormente llegan las influencias neoclásicas de los españoles Meléndez Valdés e Iriarte.
Poeta notable fue el mexicano **José Manuel Martínez de Navarrete** (1768-1809), que recoge en sus obras el influjo del neoclasicismo llegado de España. En un primer momento este autor sigue la poesía bucólica española, influida por las anacreónticas de Villegas. Posteriormente se dedica a la poesía descriptiva (*La mañana*) y a la elegía (*Noche, Ratos tristes*). En este períodos Navarrete anuncia claramente el romanticismo.
Hernando Rodríguez Camargo, colombiano, escribió versos esmerados y espléndidos en su *Ramillete de Jacinto a Evia*.
Entre los poetas ecuatorianos destacan J. B. Aguirre e I. de Escandón. Cultivador de una sugerente suavidad lírica neoclásica es L. A. Vélez Ladrón de Guevara.
Manuel José de Lavardén (1754-1809), funcionario del virrey Pedro de Cevallos, aún habiendo dejado escasas obras, tiene una importancia de iniciador del movimiento literario argentino. Cabe citar una *Oración filosófica*, una *Sátira, Siripo*, tragedia, y la citada *Oda al Paraná*, que fue publicada en el primer número del primer periódico argentino, el *Telégrafo Mercantil*. Lírico inspirado, interpreta poéticamente temas de la naturaleza americana como la *Oda al majestuoso río Paraná*.
Como es muy común en la poesía neoclásica en lengua española, los endecasílabos son excesivamente retóricos y falta en ellos esa identificación íntima del poeta con el tema que canta de que precisa toda lírica cabal.

Historiadores y novelistas

La historiografía del siglo XVII presenta mayor interés que la del siglo anterior por lo particular y lo humano. En lo referente a la historia chilena destacó Alonso de Ovalle. Otro historiador notable es Lucas Fernández de Piedrahita, obispo colombiano, que escribió una *Historia general de las conquistas del nuevo reino*.
Finalmente, José de Oviedo y Baños, natural de Bogotá, aprovechó los materiales de fray Pedro Simón y de fray Alonso Zamora para escribir su *Historia de la conquista y población de la provincia de Venezuela*. En cuanto a la narrativa, y excepción hecha de la obra de Sigüenza y Góngora, no puede decirse que haya novelas. Con todo, hay que citar al mexicano Juan de Palafox, al chileno Francisco Nuñez de Pineda y al colombiano Rodríguez Freile.
Juan Rodríguez Freile (1566-1639) fue un destacado cronista colombiano. Abandonó la carrera religiosa por las armas y acabo viviendo como hacendado. La *Conquista y descubrimiento del Nuevo Reino de Granada y fundación de Santa Fe*, es la primera crónica anecdótica sobre la vida colonial de su tierra. La obra, también conocida como *El carnero*, fue

1. *Bernardo de Balbuena, poeta y novelista, trató con una óptica entre lírica y épica, característica de los siglos XVI-XVII, el tema legendario medieval de la batalla de Roncesvalles.*

2. *Carlos de Sigüenza y Góngora, escritor, poeta, astrónomo e historiador mexicano, es autor de una extensa obra de variados registros.* Los Infortunios de Alonso Ramírez, *la más popular, es una dinámica narración de aventuras escrita en forma autobiográfica.*

escrita hacia 1638 y no se publicó hasta mediados del siglo XIX. Con todo, circuló mucho de forma manuscrita. Sus episodios, pintorescos, divertidos y llenos de intrigas, dan un fiel testimonio de la vida cotidiana de Bogotá, entonces llamada Santa Fe.

Teatro colonial de los siglos XVII y XVIII

El teatro, directamente dependiente de la metrópoli, se alimentaba normalmente de las obras de Lope de Vega y de Calderón y también de sus continuadores. Con todo, pronto empezó a haber en Hispanoamérica una producción propia, si bien los autores valiosos son escasos.

Hay que mencionar, en Perú, a L. de las Llamosas y a D. Mexía de Fernangil, en Colombia, a F. Fernández de Valencia, y en México, a Juan Pérez Ramírez, con el *Matrimonio espiritual entre el pastor Pedro y la iglesia mexicana,* a Hernán González de Eslava, a Bocanegra y, sobre todo, a Ruiz de Alarcón.

Juan Ruiz de Alarcón (1580-1639) ocupó altos puestos en el Consejo de Indias. Continuador de Lope, se diferencia de éste por su visión más moderada de la vida. En sus obras destacan la atención a la construcción escénica y el interés por la ejemplaridad moral. Cultivó la comedia histórica (*Los pechos privilegiados, El tejedor de Segovia*), la de enredo (*Los empeños de un engaño*) y la de asunto dramático (*La crueldad por el honor*); otras son sátiras contra la maledicencia (*Las paredes oyen*), la ingratitud (*La prueba de las promesas*) y la mentira (*La verdad sospechosa*). En esta última comedia presenta con gran habilidad dramática e intención moralizante a don García, tipo espléndido de mentiroso que acaba creyéndose sus propias patrañas.

Hernán González de Eslava (1534-1601), navarro de nacimiento, desarrolló toda su vida literaria en América. Siendo joven logró la representación pública de sus dramas y mantuvo una polémica poética con Francisco de Terrazas. Más adelante, ordenado sacerdote, publicó su *Coloquio*, que le llevó a la cárcel.

Su publicación más importante, los *Coloquios espirituales y sacramentales y Canciones divinas*, reúne dieciséis obras teatrales y centenar y medio de poesías. Compuso además varios preludios e interludios, poesía burlesca y sonetos a la manera de Garcilaso

3

4 5

(*Ensalada de las adivinanzas*). En el siglo XVIII abundan los autores teatrales, si bien por lo general las obras que se escriben son de baja calidad. Abundan las piezas pertenecientes a subgéneros: entremeses, bailes, loas, etc., con claro predominio de los personajes simbólicos. Con todo, autores, actores y actrices gozaron de alto aprecio social. Entre los principales autores figuran los peruanos fray Francisco del Castillo Andraca y Jerónimo de Monforte.

Prosa del siglo XVIII

Fue este siglo en Hispanoamérica, sobre todo en su primera mitad, de estancamiento cultural. Se siguieron redactando crónicas, de lo que dan fe las obras de Juan de Velasco y José Félix de Arrate. Intelectualmente se abrió un debate sobre el valor moral e intelectual de los habitantes del Nuevo Mundo, extendiéndose la idea del buen salvaje que tanta fortuna tendría a finales del siglo con Rousseau. En Hispanoamérica empieza a apreciarse la influencia de las ideas ilustradas francesas. Aun subsistiendo las formas literarias barrocas, se manifiesta el interés por la filosofía y las ciencias, que da origen a las academias y demás asociaciones culturales. Así pues, Hispanoamérica entraba en el siglo XVIII con un variado repertorio de ideas y tendencias, con predominio del barroco, ya en decadencia en España, y del neoclasicismo, que será el estilo literario de las primeras obras que reflejaban la nueva conciencia americana y el ansia de independencia que conduciría al final de la colonia.

Alonso Carrio de la Vandera (h.1715-1783), funcionario español, viajó entre Buenos Aires y Lima para establecer una línea de correos. Presentó su obra como escrita por «Concolorcorvo», identificado en el texto con su criado indígena, Calixto Bustamante Carlos Inca, que fue considerado equivocadamente durante muchos años autor de 1a obra. Esta experiencia está recogida en un libro, *El lazarillo de ciegos caminantes*, que firmó con el seudónimo de **Concolorcorvo**. Se trata de un libro de viajes, extraño y sugerente, plagado de elementos picarescos, observaciones costumbristas y situaciones novelescas. Esta combinación de elementos barrocos, a la manera de Quevedo, y elementos ilustrados, dio por resultado una obra única en la literatura colonial.

Francisco Javier Clavijero (1731-1787), historiador mexicano, aprovechó los documentos en lengua náhuatl reunidos por Sigüenza y Góngora. Jesuita, fue desterrado con sus compañeros de orden de España y de sus posesiones. En Italia compuso su *Historia antigua de México*. Con esta obra Clavijero superó a los anteriores historiadores. Son notables su riqueza documental y la claridad de su estilo. Posteriormente redactó una *Historia de la Antigua o Baja California*.

Pedro de Peralta Barnuevo (1663-1743), limeño, fue hombre políglota y de amplios saberes: fue poeta, matemático, cosmógrafo, dramaturgo, teólogo e historiador. Profesor de matemáticas y rector universitario, construyó diques para El Callao y proyectó la reconstrucción del recinto amurallado de Lima. Además de sus almanaques y observaciones astronómicas, escribió un poema histórico, *Lima fundada o la conquista del Perú*. Como dramaturgo influido por Calderon creó *Triunfos de amor y poder* y una sátira antipedantesca. *Afectos vencen finezas*. Escritores de interés son además los periodistas J. E. Caro y F. J. de Caldas, el historiador Juan de Velasco, autor además de obras de prosa doctrinal, y diversos ilustrados, como José Celestino Mutis, F. E. de Santa Cruz y Olavide.

Pablo de Olavide (1725-1803), político ilustrado, se instaló en España a los veinte años. Participó activamente en la política ilustrada de tiempos de Carlos III y fue perseguido y condenado por la Inquisición. Sus obras más conocidas son *El evangelio en triunfo*, obra de arrepentimiento, y *Vida de don Guindo Cerezo*.

3. *Ilustración de la* Historia antigua de México, *de Francisco Javier Clavijero, autor del siglo XVIII que destaca por su curiosidad etnológica.*

4. *José Celestino Mutis, naturalista hispano-colombiano del siglo XVIII, es una de las grandes figuras latinoamericanas de la ilustración.*

5. *Pablo de Olavide, que impulsó la colonización de Sierra Morena fue un curioso personaje del siglo XVIII. Ardiente defensor de los principios de la ilustración, fue a parar a manos de la Inquisición y al final de su vida escribió* El Evangelio en triunfo *obra piadosa tan ardiente como sus anteriores manifestaciones laicistas.*

Literatura de México

1

2

3

Poesía

El estilo neoclásico aún se aprecia en autores como J. J. Pesado y M. Carpio. De románticos se puede calificar a M. Acuña, a J. de Peza y a M. M. Flores. J. A. Pagaza, poeta clasicista, da paso a la brillante generación modernista mexicana.

La estética modernista está presente en la obra de una larga serie de literatos: Amado Nervo, F. A. de Icaza, B. Dávalos, F. González León, R. M. Campos, L. G. Urbina, F. D. Frías y otros. Pero el más brillante es sin duda **Manuel Gutiérrez Nájera** (1859-1895). Es el fundador de la *Revista azul*, que aglutinó el movimiento modernista. Se interesó por las experiencias poéticas del simbolismo francés. Su poesía es rica en musicalidad, ritmo, imágenes exquisitas, melancolía y cierta religiosidad. Es universalmente considerado precursor del modernismo hispanoamericano. Su prosa denota la influencia de los escritores franceses. Es usual en él la tonalidad elegíaca y romántica: *Poesías, Cuentos frágiles*.

Otro maestro ya posmodernista es **Ramón López Velarde** (1888-1921). De breve obra en verso, su lírica pretende sacar de las profundidades del alma las zozobras de la religión, la muerte y el erotismo. Poco puede decirse de su vida: era abogado y procedía del campo. En su poesía hay un encanto inequívocamente virgiliano, una sencillez idílica que no llega a la sensiblería. En vida del autor sólo se publicaron *La sangre devota* y *Zozobra*. Poco antes de morir escribió su poema más famoso, *Suave patria*, canto épico-lírico. Tras su muerte han ido publicándose nuevos originales: *El minutero, El son del corazón, El don de febrero, Poesías, cartas y documentos*.

Coetáneos de López Velarde son M. E. Camarillo, M. de la Parra y A. R. Placencia. El nuevo espíritu de las vanguardias se manifestó en autores como E. González Martínez, J. J. Tablada, M. Maples y A. Vela. Entre 1928 y 1931 se publicó la revista *Contemporáneos*, a cuyo calor aparecieron las figuras de X. Villaurrutia, J. Gorostiza, S. Novo, J. Cuesta y, en especial, Torres Bodet.

Jaime Torres Bodet (1902-1974), poeta y ensayista, formó parte del grupo de intelectuales reunidos en torno a la revista *Contemporáneos*. Fue alto funcionario de diversas instituciones. Su poesía es cerebral, refinada y de orígenes surrealistas: *Destierro, Fronteras*. Es autor de un libro de cuentos de prosa elegante y concisa: *Nacimiento de Venus*.

4

5

La revista *Taller poético* (1936-1940) publicó poemas de autores notables, como E. Huerta, R. Solana y Octavio Paz.

Octavio Paz (1914), galardonado con el premio Nobel en 1990, ha destacado como poeta y ensayista. Hombre comprometido con su tiempo, siempre ha actuado como conciencia crítica. *Piedra de sol* es un libro de poemas fundamental en la poesía hispanoamericana moderna, así como *Libertad bajo palabra*, que recoge su producción de 1935 a 1958. En 1979 hizo una nueva recopilación, *Poesía*. Como ensayista su obra más apreciada es *El laberinto de la soledad*, en que sostiene que la cultura hispanoamericana es fruto de la síntesis, no de las exclusiones. Otros ensayos importantes son *Los hijos del limo, El ogro filantrópico, Sor Juana Inés de la Cruz* o *Las trampas de la fe* y *Hombres en su siglo*.

Otros poetas contemporáneos de interés son A. Chumacero, J. Sabines, R. Bonifaz, T. Segovia, G. Amor, J. Hernández y L. Lizalde.

La generación más reciente presenta un nutrido grupo de poetas de interés: M. A. Montes de Oca, S. Mondragón, J. E. Pacheco y, particularmente, **Homero Aridjis** (1940), también novelista. El verbo de este último es rico y abundante en metáforas y sonoridades. Su poesía está dotada de una gran sensualidad (*Mirándola dormir, Perséfone*).

Ha modernizado los mitos del clasicismo y ha dedicado la mayor parte de su obra poética

6

a la exaltación del cuerpo de la mujer: *Ajedrez, Navegaciones.*

Narrativa del siglo XIX

La literatura narrativa mexicana nace con **José Joaquín Fernández de Lizardi** (1776-1827). Hombre activo, creó el primer periódico liberal mexicano. Era un liberalista revolucionario cuando recurrió a la novela para expresar sus convicciones y teorías. Alcanzó la fama con el *Periquillo Sarniento,* apasionante retrato de la sociedad mexicana anterior a la independencia. Tiene elementos didácticos y de novela picaresca.
Escritores románticos y cultivadores de la temática histórica son V. Riva y E. Ancona. La novelística de tono costumbrista y con elementos de folletín fue cultivada por M. Payno y L. G. Inclán. Se da cierta combinación de romanticismo y realismo en novelistas como J. Díaz e **Ignacio Manuel Altamirano** (1834-1893). Era de origen indio y participó en la vida cultural y política apoyando al gobierno liberal de Benito Juárez. Fundó una revista literaria y se inició como poeta romántico con *Rimas.* Su obra de más valor es la novela *Clemencia,* considerada el punto de partida de la narrativa mexicana moderna. También escribió la novela *El zarco,* en que el áspero paisaje mexicano es el telón de fondo de los turbulentos hechos históricos que siguieron a la guerra de la Reforma (1861-1863). El pleno realismo produjo las obras de F. Gamboa y de narradores como J. López Portillo, E. Rabasa, R. Delgado, H. Frías.
El modernismo, representado por Amado Nervo, tuvo poca influencia sobre la narrativa.

Narradores del siglo XX

Mariano Azuela (1873-1952) llevó la Revolución, la enorme conmoción que sacudió al país, a la novela. Médico militar en el ejército revolucionario de Francisco I. Madero, se sirvió de sus experiencias para redacción de su novela *Los de abajo.* El desarrollo es como sigue. Un campesino indio, Demetrio Macías, acosado por los soldados que obedecen al cacique local abandona a su mujer y a sus hijos.
Convertido en guerrillero, llama la atención de Luis Cervantes, estudiante de medicina astuto y oportunista. Al destacarse en la toma de la población de Zacatecas, y gracias a las intrigas de Cervantes, asciende a coronel de la Revolución. Habiendo llegado a general asiste a la convención de Aguascalientes. Al visitar a su familia, Macías se entera de que Pancho Villa ha sido derrotado en Celaya. Cuando se dispone a volver al combate, muere. Mientras tanto Cervantes ha huido a El Paso, donde logra terminar sus estudios gracias al dinero robado a la Revolución. Es una epopeya amarga y vigorosa que tiene la claridad expresiva y la concisión de una crónica. Escribió además otras novelas, realistas (*Las moscas, Sendas perdidas*) y psicológicas (*La luciérnaga, La maldición*). Otros autores de parecido talante son C. González Peña, J. R. Romero, M. L. Guzmán, R. P. Muñóz, J. Mancisidor, G. López y Fuentes, P. L. Urquizo, J. Ferretis y M. Magdaleno. La última obra importante dedicada al tema revolucionario es *Al filo del agua,* de A. Yáñez. El indigenismo se aprecia en la novelística de R. Castellanos y A. del Valle Arizpe.
La narrativa contemporánea puede resumirse en dos nombres capitales: Juan Rulfo y Carlos Fuentes.
Juan Rulfo (1918-1986) es un narrador extraordinario. Su obra, muy breve, se limita a dos libros: *El llano en llamas* (una quincena de cuentos) y la novela breve *Pedro Páramo.* En ambas logra una extraordinaria asociación entre la violenta realidad cotidiana y un original universo poético alimentado por la fantasía y el mito. En conjunto, su obra es un testimonio vivaz, tanto social como existencial, de la historia moderna de México.

7

8

1. Manuel Gutiérrez Nájera, que escribía bajo el seudónimo de «El duque Ido», fue el poeta mexicano a quien se considera precursor del modernismo de gusto francés, cuyas características expuso en la Revista Azul, *de la que fue fundador.*

2. La lírica de Ramón López Velarde ahonda en las reacciones del espíritu ante el erotismo, la religiosidad y la muerte.

3. Jaime Torres Bodet, ensayista y poeta mexicano, se formó en la lírica surrealista, como se aprecia en su poesía cerebral y refinada.

4. El mexicano Octavio Paz, premio Nobel en 1990, poeta y ensayista, ha escrito agudas reflexiones sobre la función del intelectual en el mundo hispanoamericano.

5. Homero Aridjis, poeta de notable riqueza formal, ha emprendido en su madurez una nueva trayectoria como autor de novelas de fondo histórico.

6. Ignacio Manuel Altamirano, escritor y político, destaca particularmente como creador de la novela moderna mexicana.

7. Mariano Azuela, que se inició como narrador realista, adoptó posteriormente las actitudes de las vanguardias europeas.

8. La novelística de Juan Rulfo, de estilo sobrio y conciso, se caracteriza por el uso de las modernas técnicas narrativas.

9

10

Carlos Fuentes (1928), buen conocedor de las técnicas narrativas norteamericanas, las adapta a las necesidades del análisis de la realidad mexicana. *La región más transparente* es una biografía de México. *La muerte de Artemio Cruz* recrimina los compromisos de una clase que ha traicionado a la Revolución. Pero en general constituyen los temas de sus novelas el destino de México, su decadencia, la confrontación entre civilizaciones distintas: *Cantar de ciegos, Cambio de piel, La cabeza de la hidra, Una familia lejana, Agua quemada*, etc. *Terra nostra* es una novela abundante y colorista.
Luis Spota (1925-1985), escritor profundamente realista, interesa especialmente por los problemas sociales, cuyo examen crítico lo expone en sus novelas: *Murieron a mitad del río, Casi el paraíso, Los sueños del insomnio* y la trilogía titulada *La costumbre del poder.*
Otros destacados novelistas contemporáneos son E. Carballido, S. Galindo, J. Ibargüengoitia, T. Mojarro, Juan García Ponce, S. Elizondo, E. Poniatowska, S. Pitol, C. Monsiváis, G. Sainz, J. Tovar, J. Agustín y **Juan José Arreola** (1918), que es autor de dos libros: la novela *La feria* y, muy especialmente *Confabulario*, obra reeditada y aumentada en varias ocasiones. Arreola goza de gran prestigio literario. Tiene una concepción artesanal del lenguaje y es, con Borges y Cortázar, el renovador del cuento hispanoamericano. Su mundo es desgarrado y cosmopolita. Su estilo, entre la poesía y el humor negro, es uno de los más logrados y hermosos de la literatura hispanoamericana contemporánea. Otro novelista y poeta contemporáneo de interés es **José Emilio Pacheco** (1939). Su obra poética tiene un tono irónico con notas de humor negro. A juicio de Pacheco, el poeta es el crítico de su tiempo y un metafísico preocupado por el sentido de la historia.
Ha escrito algunos relatos, pero lo mejor de su obra esta en *No me preguntes como pasa el tiempo* e *Irás y no volverás.*

11

12

13

Prosa ensayística
Durante la dictadura de Porfirio Díaz el pensamiento mexicano estuvo dominado por el positivismo. Su gran figura es **Justo Sierra** (1848-1912), historiador y pedagogo que inspiró el movimiento que a principios de siglo cuajó en torno al Ateneo. Allí se reunía la juventud en desacuerdo con el doctrinarismo positivista. Hubo personalidades tan diversas y brillantes como J. Vasconcelos, A. Caso y Alfonso Reyes.
José Vasconcelos (1882-1959), filósofo y escritor, fue una de las grandes figuras intelectuales de Hispanoamérica. Abogado de profesión, se dedicó a la política y sufrió destierros.

Posteriormente, y tras su dirección del ministerio de educación, fue unanimemente proclamado «maestro de la juventud de América». Y no sólo por su obra filosófica y literaria, sino también por su labor orientadora y reformadora del ministerio, que quiso que Orozco y Rivera realizaran sus murales. Su extensa obra ha sido clasificada en cinco apartados: obras filosóficas, obras sociológicas y pedagógicas, ensayos y otros trabajos, obras históricas y obras autobiográficas. Vasconcelos, en la estela de Rodó, se yergue como campeón frente al positivismo y el utilitarismo. Su principal obra filosófica es *El monismo estético*, y en ella afirma que su doctrina

14

filosófica es un monismo basado en la estética. Gran influencia tuvieron *La raza cósmica* e *Indología*. Con todo, lo mejor de la literatura de Vasconcelos está en algunas escenas de la tragedia moderna *Prometeo vencedor*, en algunos cuentos de *La sonata mágica* y en las páginas narrativas de sus escritos históricos. Y, sobre todo, en sus *Memorias,* cinco volúmenes autobiográficos en que se alternan la crudeza, la naturalidad, el espíritu de observación, el sentido de la humanidad y la capacidad creadora de este ensayista y filósofo. Otra obra importante es el *Ulises criollo*.

Alfonso Reyes (1889-1959), poeta y ensayista, es una figura capital del humanismo mexicano contemporáneo. Estudio derecho y ejerció la carrera diplomática, residiendo varios años en España. En su país se dedicó luego a la enseñanza universitaria. En conjunto su obra se caracteriza por la preocupación básica de descubrir y revelar el alma de América, describiendo unas veces los paisajes, como el valle de México (*Visión de Anáhuac*), analizando otras la historia del país (*El pasado inmediato y otros ensayos, Última Tule*). Su poesía refleja la estética modernista: *Huellas, Ifigenia cruel, Pausa, 5 casi sonetos, Otra voz, Cantata en la tumba de Federico García Lorca*, etc. Su obra más conocida es la que realizó como filólogo; sus trabajos sobre la historia de la literatura española (*Cuestiones gongorinas, Las vísperas de España, Capítulos de literatura española*), sobre literatura clásica antigua (*Discurso por Virgilio, La crítica en la edad ateniense*) y sobre estética (*En torno a la estética de Descartes*) lo convirtieron en el principal animador de la investigación literaria mexicana y en uno de los mejores críticos en lengua castellana. Hizo excelentes traducciones de Sterne y Chesterton y preparó numerosas y prestigiosas ediciones críticas de obras de Ruiz de Alarcón, Lope de Vega, Gracián, Quevedo, y una excelente edición del *Cantar de mío Cid*. Reyes intentó mantener abiertos todos los canales de comunicación con el resto de culturas, sobre todo con la española. Una de sus preocupaciones era la situación de Hispanoamérica en el mundo; era contrariamente opuesto al regionalismo estrecho y a la imitación servil a que se dedicaban algunos autores de la época. El impulso recibido de esta generación de hombres de letras se diversificó en la historia, la crítica y el ensayo. En los aspectos más literarios han destacado G. Méndez, J. Rojas, O. Paz (ya comentado al hablar de la poesía), C. Fuentes, E. Carballo, R. Xirau y C. Monsiváis.

15

Teatro

Manuel Eduardo de Gorostiza, seguidor de Moratín, es el primer dramaturgo importante de México. El romanticismo teatral gusta de los temas históricos, como se aprecia en las obras de E. Calderón, J. Rodríguez Galván y L. Ramírez. Tras una prolongada decadencia, en el siglo XX renace el teatro, particularmente con las obras de E. Monterde y J. Jiménez Rueda. En 1928, X. de Villaurrutia y **Salvador Novo** (1904-1974) crearon un teatro experimental. Este último, poeta, novelista, dramaturgo y académico mexicano de la lengua, fue una de las figuras más representativas del vanguardismo de su país. Entre sus obras teatrales destacan: *La culta dama, Yocasta o casi* y *Ha vuelto Ulises*. En 1932 se formó el grupo «Teatro de ahora», precedente de **Rodolfo Usigli** (1905-1979), que es la figura más interesante del moderno teatro mexicano. Sus obras más populares son *El gesticulador* y *Corona de luz*.

9. *Carlos Fuentes, diplomático y novelista, es, con Octavio Paz, el personaje más universal de las actuales letras mexicanas.*

10. *El novelista mexicano Luis Spota se caracteriza por el influjo aperturista que ha ejercido en la vida literaria de su país.*

11. *Juan García Ponce, novelista, es uno de los más destacados representantes de la generación mexicana de los sesenta.*

12. *La prosa de Juan José Arreola es de construcción precisa y delicada y con frecuencia busca la concisión de la máxima.*

13. *El ensayista Justo Sierra destacó a principios del presente siglo como educador de las jóvenes generaciones.*

14. *Alfonso Reyes, literato de vasta obra, dedicó grandes esfuerzos a ahondar en el alma y la historia de México.*

15. *La obra dramática de Rodolfo Usigli es la más característica de la escena mexicana de la segunda mitad del siglo XX.*

Literatura de Centroamérica

COSTA RICA

Poesía

La poesía tradicional, acogida a cañones antiguos, dio en el siglo XIX poetas como J. A. Facio y M. Alfaro. A. J. Echeverría, muy aplaudido en su tiempo, se dedicó a la poesía costumbrista. La poesía modernista se impuso con autores como E. Calsamigli y R. Valladares. Seguidores tardíos de este peculiar esteticismo fueron R. Estrada y A. Gutiérrez. Los vanguardismos entraron en Costa Rica de la mano de I. F. Azofeifa. A su alrededor, y en torno a la revista *Brecha*, se reunió un activo grupo de poetas experimentales. La generación posterior estuvo influida por Neruda, Vallejo y Juan Ramón Jiménez. Entre los poetas más notables de la misma figuran E. Odio, S. Jiménez, A. Montero, E. Jenkins y Fabián Dobles. Entre los poetas más recientes destaca C. L. Altamirano.

Narrativa

A lo largo del siglo XIX la prosa sufrió un desarrollo que la llevó del costumbrismo a la narrativa. Los autores costumbristas más notables son P. Víquez, M. Argüello y Magón. El introductor del psicologismo en la novela es J. Cardona. La prosa modernista está representada por autores como R. A. Troyo, F. Soler, también poeta, y L. Dobles. El naturalismo tiene a sus mejores autores en J. García Monge y C. Lyra. La narrativa contemporánea presenta un panorama variado y los escritores más destacados son M. Jiménez, también poeta, J. Marín Cañas, L. Pacheco, Y. Oreamuno y A. Chase. Los narradores de mayor solidez de la literatura costarricense contemporánea son **Fabián Dobles** (1918), autor de relatos de temática campesina de notable novedad lingüística y estilística, y **Carlos Luis Fallas** (1911-1966), autor de la novela *Mamita Yunai*, que se ha convertido en un clásico de la literatura de tema rural.

Teatro

Aun contando con un teatro estable en el país, el Teatro Nacional, la creación dramática costarricense fue muy modesta hasta el siglo XX. **A. Sánchez** (1924) ha desarrollado una labor notable en el surgimiento de grupos independientes de teatro. El Teatro Universitario (1951), el Teatro Experimental de Costa Rica (1956) y el Instituto Nacional de Arte Dramático (1961) le deben su existencia. Es de destacar la producción dramática de V. Urbaño y D. Gallegos.

CUBA

Martí y la poesía cubana del siglo XIX

La gran figura política y literaria de la independencia cubana es José Martí (1853-1895). Ensayista, periodista y poeta, protagonizó infinidad de luchas, intrigas, exilios y actividades políticas en pro de la independencia de su país, muriendo en combate. Por su inspiración y su rebeldía, Martí es un romántico, mientras que por sus gustos e inquietudes y por las calidades de su prosa es un modernista. Como poeta, es delicado y exquisito y no llega a entregarse al esteticismo, vicio común entre los modernistas. Fue además un orador de altura. En su faceta de educador moderno, sabe aprovechar lo mejor del positivismo para combatir la enseñanza tradicional y memorística. Es un patriota que entrega a Cuba su inteligencia, su voluntad y su vida. Publicó dos volúmenes de poesía *Ismaelillo y Versos sencillos*. En *Nuestra América* expresa su pensamiento sobre el continente. Ensayó también la novela y la dramaturgia, dejando numerosos escritos de todo tipo: *El presidio en Cuba, La República Española ante la Revolución Cubana, Las reformas, Cuba y los Estados Unidos*, etc. Tiene una interesante serie de esbozos biográficos: Wilde, Whitman, etc. Activo periodista, publicó tanto en Norteamérica como en Sudamérica. De José Martí, personaje muy estudiado e interpretado por las sucesivas generaciones de cubanos, suele decirse que fue un caudillo que estuvo a una altura superior a la de su pueblo y que simbolizó la grandeza futura de América. Martí utilizó la prosa como vehículo para mejorar la sociedad. Por otra parte, puso los cimientos de una nueva conciencia americanista. Su poesía, que en ocasiones evoca

1

la de Walt Whitman, se hizo famosa en todo el continente. *Versos sencillos y Versos libres* son algunos de sus libros más logrados.
Otros poetas de fin de siglo son B. Byrne, F. Uhrbach F. J. Pichardo y R. López.

Poesía del siglo XX
En una línea posmodernista se sitúan A. Acosta y J. M. Poveda. Este último, con F. Pichardo, se interesó por las vanguardias. A partir de los años 20 y 30 representan a las vanguardias J. Z. Tallet y R. Martínez Villena, y a la preocupación social M. Navarro y R. Pedroso. **Dulce María Loynaz** (1903) destaca por sus poemas intimistas. Pero los más notables de la primera mitad de siglo son M. Brull, E. Florit, E. Ballagas y N. Guillén. **Nicolás Guillén** (1902-1989) encontró su originalidad adaptando el ritmo y el color tradicionales de la poesía negra y afroantillana. Sus versos, de profundo contenido humano y de musicalidad excepcional, brotan del pueblo y van dirigidos al pueblo. Su libro más conocido es *Sóngoro consongo*, en el que canta la belleza negra de su isla, afirmando que en ella una poesía criolla nunca será perfecta si se olvida del negro. Del resto de sus obras, en que exalta los ideales revolucionarios de su patria, cabe citar *Motivos del son, West Indies Limited, Cantos para soldados y sones para turistas, La paloma de vuelo popular, Poemas de amor*, etc. Con el triunfo de la Revolución cubana Guillén fue llamado a presidir la Unión de escritores, y desde entonces fue considerado el poeta nacional de Cuba. Entre sus últimas obras hay que destacar *Poemas de amor, Tengo y El gran zoo*.
Emilio Ballagas (1908-1954) alternó desde muy joven el profesorado, la literatura y el periodismo. Su personalidad lírica adopta dos caminos básicos. El primero es el que le lleva a la búsqueda de la poesía pura: *Júbilo y fuga, Sabor eterno, Nuestra Señora del Mar*. El segundo es el que le conduce al alma popular, a la raíz folklórica. Y en este camino encontró el poeta su verdadera vocación. Siendo blanco, cultiva la poesía negra y aporta una interpretación lírica y rítmica de un pueblo y una raza. Su composición más popular es *Elegía de María Belén Chacón*. Poesía particularmente delicada y tierna es *Para dormir a un negrito*. Poemas parecidos en su tono figuran en *Cuaderno de poesía negra*. En su *Antología de poesía negra hispanoamericana* se unen el poeta y el pedagogo.
En los últimos años que precedieron a la Revolución destaca la obra poética de Á. Gaztelu, E. Diego, F. García Marruz, V. Piñera, C. Vitier, G. Baquero, S. Feijoo, J. Rodríguez Santos, O. Smith y Lorenzo García de la Vega. Sobre muchos de ellos ejerció su magisterio la gran figura de la época: Lezama, a quién estudiamos más adelante. Tras el triunfo de la revolución en 1959 se han sucedido un par de generaciones de poetas que se incorporan al proceso cultural expresando vivencias religiosas o revolucionarias. Citemos a R. Fernández Retamar, P. A. Fernández, H. Padilla y A. Álvarez Bravo.

Narrativa
Los primeros representantes de la novela en Cuba cultivan preferentemente temas históricos: E. Bacardi, R. Cabrera, Á. de la Iglesia y L. Rodríguez Embil. Más interesados por los problemas sociales son J. Castellano, M. de Carrión, C. Loveira, J. A. Ramos, L. F. Rodríguez, F. de Ibarzabal, M. de Marcos, E. Serpa, C. Montenegro, P. de la Torriente Brau y **Alfonso Hernández-Catá** (1885-1940). Este último, hispanocubano, fue periodista y diplomático y vivió cierto tiempo en Madrid. Entre sus obras merecen ser citadas *Cuentos pasionales, Pelayo González, Novela erótica, Los frutos ácidos, Los siete pecados, El bebedor de lágrimas, El ángel de Sodoma y Manicomio*. Cultivan más la fantasía L. Novas Calvo, D. Alonso, A. Carpentier y José Lezama Lima.
Alejo Carpentier (1904-1980) nació en Cuba de padre francés y madre rusa. En 1928 se traslada a Francia, donde participa en el movimiento surrealista. Vuelve a Cuba en 1939. Publica *Pasión negra*, un libro de poemas, y *Ecué Yamba-O*, una novela. En 1948 publica *El reino de este mundo*, que capta el realismo mágico del continente americano basándose en una intriga referente al primer emperador negro de Haití. *Los pasos perdidos*, obra más ordenada, confronta el mundo mecanizado de la civilización occidental con el realismo mágico americano. Hay que citar además *El siglo de las luces* y *El recurso del método*.

José Lezama Lima (1910-1976) es una de las figuras más destacadas de la literatura hispanoamericana contemporánea. Fue promotor de revistas literarias (*Verbum Espuela de plata, Nadie parecía* y, sobre todo, *Orígenes*). Profundo conocedor de la cultura clásica y de la literatura neoplatónica, así como de la poesía de Góngora y de la tradición barroca, escribió ensayos y poemas de profundo

2

1. José Martí, padre de la independencia de Cuba, se cuenta entre los grandes poetas del modernismo. En la ilustración, portada de Lira íntima

2. Ilustración de Portocarrero para un poema de Nicolás Guillén, patriarca de la literatura cubana revolucionaria.

hermetismo y tono visionario. De entre su obra poética hay que destacar *Muerte de Narciso* (que es el poema más celebre), *Enemigo rumor, Aventuras sigilosas, La fijeza y Dador*. Sus principales ensayos son *Analecta del reloj, La expresión americana, Tratados en La Habana y La cantidad hechizada*.
Pero Lezama Lima es conocido sobre todo como narrador, y concretamente por su célebre novela *Paradiso*. Se trata de una obra de estructura circular, de ambición desmesurada, como evoca su título, referencia a Dante. Su prosa, de gran intensidad metafórica, es oscura y brillante. Tiene una obra póstuma e inconclusa, *Oppiano Licario*.
La narrativa posterior a la revolución ha visto la aparición de obras de autores ya maduros (Carpentier, Piñera, Cardoso) y de otros de una generación posterior, algunos de ellos muy brillantes: H. Arenal, L. Otero, S. Sarduy, L. Agüero, M. Barnet y R. Arenas y **Guillermo Cabrera Infante** (1929), cuya obra refleja las estampas de la vida cubana de antes de la revolución.

EL SALVADOR

Poesía

Como en el resto de los países de Hispanoamérica, en El Salvador los poetas neoclásicos de principios del siglo XIX cantaron a los héroes de la Independencia. La gran figura del romanticismo es **Francisco Gavidia** (1863-1955), que adaptó al verso castellano formas métricas francesas y clásicas. Maestro literario muy escuchado en su época, propugnaba una reforma de las formas poéticas. Los estudios clásicos, el periodismo y la política llenaron su vida. Escribió, además, versos, dramas y ensayos de diversa índole. Viajó por Europa y América y se enamoró del parnasianismo. Fue Gavidia quien inició a Rubén Darío en la lectura de parnasianos y simbolistas, de donde saldría más tarde y en su plenitud el modernismo. Pero Gavidia es un romántico, y sus enseñanzas también incluían la métrica griega y francesa. Por lo demás, su vida fue una larga sucesión de cargos, academias, estudios con pretensión filosófica, crítica y drama. De una generación posterior, pero aún decimonónico, es **Vicente Acosta** (1867-1908). Su primer libro, *La lira joven*, fue prologado por Rubén Darío. El conjunto de su obra figura en *Poesías selectas*.
Entre los modernistas destacan Arturo Ambrogi y Alberto Masferrer. A un período posterior pertenecen Claudio Lars y Alfredo Espino. En las generaciones más recientes se distinguen dos ramas. La primera, de poetas empeñados en la lucha política, ha dado autores como Carlos Lovalo Oswaldo Escobar y, sobre todo Roque Dalton. La segunda es la de la introspección lírica de tono intimista: Claribel Alegría, Dora Guerra, Alfonso Morales y Mercedes Durand.

Narrativa y prosa

La narrativa salvadoreña nació siendo costumbrista de la mano de **José María Lagos** (1873-1944). Son de excelente calidad literaria las novelas realistas de ambiente rural escritas por S. Salazar, como *Cuentos de barro, Trasmallo y La espada y otras narraciones*. Entre los novelistas preocupados por la realidad social destacan R. González Montalvo, Napoleón Rodríguez, M. Aguilar y H. Lindo. Más reciente aún el autor de relatos A. Menéndez, también poeta. Entre los autores de ensayos sobresalen, además de Masferrer, M. Andino y J. Ramón Uriarte; y en el teatro, J. Emilio Aragón y W. Beneke.

GUATEMALA

Poesía: del siglo XIX al modernismo

Los dos autores más notables del siglo XIX son **José Batres** (1809-1844), el poeta nacional por excelencia, y José Milla, quien bajo el seudónimo de **Salomón Jil** publicó novelas de tono histórico que evocaban el período colonial.
La renovación del modernismo sacó a la luz a autores como D. Estrada, A. Rubio, C. Martínez y, particularmente, Gómez Carrillo y Arévalo.
Enrique Gómez Carrillo (1873-1927), introductor del modernismo en Guatemala, vivió gran parte de su vida en Europa, concretamente en París. Viajó mucho. Fue corresponsal en París de El Liberal de Madrid, del que llegó a ser director, y escribió para diarios de La Habana y Buenos Aires. Recogió las impresiones de sus viajes en varios libros que vienen a ser crónicas de viajes: *Bohemia sentimental, La Grecia eterna, Jerusalén y la Tierra Santa, El encanto de Buenos Aires y Campos de batalla*. Como novelista destaca en *Flores de penitencia* y *En el corazón de la tragedia*. Estas novelas, como sus narraciones son reflejo fiel de lo visto, vivido y sutilmente observado por el autor, que siempre busca llegar al fondo de las almas.
Rafael Arévalo (1884-1975), también poeta y narrador, se inició como modernista para crear posteriormente un estilo sencillo y depurado. César Brañas también parte de presupuestos modernistas. Las vanguardias están representadas

3

por L. Cardoza, gran ensayista, y Carlos Wild, entre otros.

Narrativa

La gran figura literaria guatemalteca del presente siglo es el novelista **Miguel Ángel Asturias** (1899-1974), galardonado con el premio Nobel en 1967. Aunque estuvo durante frecuentes épocas alejado de su país su obra está profundamente arraigada en su Guatemala natal. A lo largo de su azarosa vida fue diplomático y perseguido político. Las *Leyendas de Guatemala*, escritas al principio de su carrera literaria, ya anuncian las principales características del conjunto de su obra. Por otra parte, Asturias no se desentiende del presente: por el contrario, sus novelas y relatos se hacen eco de la actualidad y son en ocasiones actos de militancia comunista. En *El señor Presidente* evoca la dictadura de Estrada Cabrera. *Hombres de maíz* es una denuncia de la explotación del indio en el medio rural. *Mulata de tal* pone en escena una lucha simbólica entre los diablos blancos y los diablos indígenas. *El ladrón que no creía en el cielo* presenta al primer mestizo guatemalteco, fruto de los amores de un soldado español con una india. La trilogía *Viento fuerte, El papa verde* y *Los ojos de los enterrados* presenta el comportamiento de las compañías norteamericanas para con los obreros indios, mostrando, por otra parte, el nacimiento de la conciencia política y el estallido de las primeras huelgas. El autor, a la vez que muestra la dignidad del pueblo indio, denuncia el espíritu de la pequeña burguesía generado por la colonización.

4

En las generaciones posteriores destacan particularmente dos narradores. **Augusto Monterroso** (1920), narrador excepcional, que cultiva el cuento brevísimo de tono satírico y fantástico, y **Mario Monforte** (1911), autor de novelas escritas con una óptica expresionista. La poesía más reciente, por lo general expresiva y comprometida, es cultivada por autores como O. R. González, A. Morales y O. R. Castillo. El dramaturgo M. Galich es autor de piezas de recio sentido crítico.

HONDURAS

El siglo XIX

El nacimiento de la literatura hondureña se produce en el caldo de cultivo de las ideas de la Ilustración. Uno de los muchos criollos que levantó su voz para defender la identidad de América fue **José Cecilio del Valle** (1780-1834). A lo largo del siglo XIX aparecen tres precursores importantes: M. Molina, el principal representante del romanticismo, J. T. Reyes, el primer poeta hondureño, y C. F. Gutiérrez, el autor de *Angelina*, la primera novela genuinamente hondureña.

A caballo entre los siglos XIX y XX hay una serie de autores de tono realista aún no contaminado por las influencias modernistas: J. A. Domínguez, J. R. Molina y, sobre todo, F. Turcios. En cuanto al modernismo, dio poetas como A. Guillén y R. Heliodoro del Valle. En las postrimerías del modernismo cabe citar a J. López, A. C. Coello y L. A. Zúñiga.

Poesía del siglo XX

La nueva poesía nacida al calor de las obras de Neruda y Vallejo está representada por M. A. Ponce, R. Padilla, J. R. Castro, A. Valladares, C. Barrera, J. Cárcamo y Daniel Laínez. Las generaciones más recientes tienen en común un verso claro y coloquial y una preocupación por la comunicación: A. J. Rivas, P. del Valle, R. Sosa, O. Acosta, etc.

5

Narrativa y prosa actuales

En cuanto a la narrativa, no tan amplia y variada como la poesía, abundan los autores de cuentos, el realismo y el espíritu crítico. Estos elementos se conjugan en la obra de C. Izaguirre, M. Carías, V. Cáceres, E. Bahr y **Óscar Acosta** (1933); éste último destaca por sus relatos breves, emparentados con los del narrador guatemalteco Monterroso. En el campo de la prosa ensayística son de destacar J. Reyna Valenzuela y M. Martínez Castillo.

3. *El novelista Guillermo Cabrera Infante es el más brillante de los literatos a quienes la política expulsó de Cuba.*

4. *José Batres, padre de las letras guatemaltecas, fue el gran poeta nacional de la primera mitad del siglo XIX.*

5. *Miguel Ángel Asturias, narrador y novelista guatemalteco y premio Nobel en 1967, llevó las actitudes indigenistas y revolucionarias al ámbito de los intereses universales.*

NICARAGUA

6 7

Poesía: el siglo XIX y el modernismo

La literatura nicaragüense nació en los años posteriores a la independencia, con autores como M. Larreynaga y J. D. Gámez. La poesía cuenta con un iniciador, F. Quiñones, tras el cual hubo un prolongado período con autores poco sobresalientes, hasta la aparición de Rubén. **Rubén Darío** (1867-1916), nacido en Nicaragua, diplomático errante y cosmopolita, aporta a la poesía de lengua española una nueva musicalidad y una nueva plástica. En los temas pasa de lo cotidiano a lo exótico, de lo prosaico a lo refinado, de la realidad vulgar al mundo del ensueño. Sus versos son ricos en plasticidad y musicalidad. Enriquece la lírica española e hispanoamericana con las aportaciones de los poetas románticos, parnasianos y simbolistas franceses, sirviéndose de una métrica manejada con soltura y creatividad. Su primera obra importante es *Azul*, en prosa y verso. *Prosas profanas*, que es un libro de versos, señala el triunfo de la nueva sensibilidad poética. En él están presentes los principales elementos del modernismo: el exotismo (lo griego, lo versallesco y lo fantástico), los ritmos franceses, la sensualidad, la ornamentación y el colorido. *Cantos de vida y esperanza* contiene poemas más íntimos y de mayor sencillez expresiva, aunque no faltan monumentos de la sonoridad del idioma como la *Marcha triunfal*. La influencia directa de Rubén Darío en el desarrollo a lo largo del siglo XX de la poesía en lengua española es de primer orden. Con sus obras, y con las de Juan Ramón Jiménez, se abre en la poesía del ámbito hispano un período de extraordinaria riqueza. Fueron contemporáneos de Darío S. Argüello y J. de D. Vanegas. Los continuadores del modernismo más destacados son A. Medraño M. Tijerino, R. Umaña y L. Argüello.

Poesía del siglo XX

Renovaron la lírica, despojándola de su oropel A. H. Pallais, L. A. Cabrales S. de la Selva y particularmente A. Cortés. Posteriormente el vanguardismo está representado por J. Coronel L. A. Cabrales, A. Martínez Baigorri, M. Cuadra, J. Pasos A. Ordoñez y M. T. Sánchez entre otros. El autor más destacado de las vanguardias es **Pablo Antonio Cuadra** (1912). Poeta, crítico, dramaturgo, fundó y dirigió revistas y periódicos. Entre sus libros de poemas cabe citar *Poemas nicaragüenses, La tierra prometida, Zoo y Poesía*. Es un cantor del paisaje, pero también del dolor y del sufrimiento, con una serena religiosidad.
La figura principal de la generación siguiente es **Ernesto Cardenal** (1925). Activista político, es autor de *Epigramas* (denuncia de la dictadura de Somoza), *La hora 0 y otros poemas, Salmos* (en que denuncia el imperialismo con tono bíblico y defiende a los pobres y a los oprimidos) y *Oda a Marilyn Monroe*, su obra más famosa. Compañeros de generación de Cardenal son E. Mejía y C. Martínez Rivas. Y pertenecen a la generación más reciente L. Rocha, B. Morales, L. Rugama y G. Belli. La creación poética nicaragüense tiene una particular vivacidad, y prueba de ello es la existencia de los llamados talleres de poesía campesina, herederos de la poesía campesina de la comuna de Solentiname; funcionan en barrios y aldeas y sus creaciones son recogidas en los cuadernos de *Poesía libre*.

Narrativa

La narrativa nicaragüense se acoge desde su nacimiento al realismo tradicional. El primer prosista de interés es S. Calderón, autor de narraciones indigenistas y campesinas. Similares son H. Robleto y A. Calero. La narrativa social se inaugura con *La guerra de Sandino*, de **Salomón de la Selva** (1893-1959). El relato breve es un género que cuenta con destacados cultivadores: F. Silva (*De tierra y agua*), M. Cajina-Vega, L. Chávez y S. Ramírez.

PANAMÁ

Poesía

A lo largo de la primera mitad del siglo XIX surgió en Panamá una serie de escritores plenamente románticos, poetas casi todos: J. M. Alemán, M. J. Pérez y, particularmente **A. Denis de Icaza** (1836-1911). Es la más inspirada del grupo y escribió poesías líricas notables (*Hojas secas*). El período modernista, a caballo entre los siglos XIX y XX, fue más fecundo: D. Herrera, de reminiscencias parnasianas, A. García, L. A. Soto, influido por Gutiérrez Nájera y por Guillermo Valencia, y otros. El poeta más destacado de la primera mitad del siglo XX fue

Ricardo Miró (1883-1940), autor de una obra poética intimista que en *La leyenda del Pacífico* adopta un tono épico mesurado. Miró influyó largamente en la literatura panameña y marcó el final del modernismo y cierta vuelta a los principios románticos. Posteriores a él son D. Korsi, poeta de la ciudad y del barrio, y M. Castillo y L. Bárcena, poetas del campo.
La vanguardia nació en torno a la revista *Antena*.
Sus mejores frutos se hallan en las obras de Rogelio Sinán y R. J. Bermúdez (surrealistas), así como de D. Herrera (ultraísta), etc. En la generación posterior aparece la poesía de denuncia: C. F. Chang, J. de J. Martínez, J. Franco. La poesía más reciente presenta a poetas como R. Fernández Iglesias, A. del Rosario y A. Figueroa.

Narrativa

En plena etapa romántica se publicó la primera novela panameña, *Virtud triunfante*, de **Gil Colunge** (1831-1899). Pero la narrativa panameña moderna nace con el nativismo de **I. J. Valdés** (1902-1961), autor de *Cuentos panameños de la ciudad y el campo*. A partir de su publicación (1928) se inicia una corriente realista de preocupación social: R. Ozores, J. M. Sánchez. Hay un par de prosistas particularmente destacados: **Joaquín Beleño** (1921), autor de *Flor de banana* y *Luna verde*, una de las mejores obras narrativas de las letras centroamericanas, y **G. Guardia** (1940), que en *El último juego* se sirve de elementos de la historia panameña que mezcla con otros ficticios. Entre los autores contemporáneos destacan los cuentistas: E. Chuez, L. C. Varela, B. Peralta y D. L. Pitty.

PUERTO RICO

Del romanticismo al siglo XX: poesía

Hacia la década de 1840 surge en Puerto Rico una serie de poetas plenamente románticos: S. Vidarte, A. Tapia, J. G. Padilla, J. M. Monge, L. Rodríguez de Tió, J. Gautier y M. Alonso, iniciador este último del costumbrismo en prosa y autor de poesías populares. Personaje destacado de la época es **Eugenio María de Hostos** (1839-1903), que se educó en los círculos krausistas y liberales de España. Posteriormente pregonó la independencia antillana. Es básicamente un pedagogo que escribe sobre multitud de temas: *Moral social, Lecciones de derecho constitucional, Sociología, Ensayo sobre Hamlet*. Publicó una novela simbólica, *La peregrinación de Bayoán*, que es un alegato independentista.
La transición hacia el modernismo caracteriza a poetas como L. Muñóz Rivera y J. de Diego Padró.
Plenamente modernistas son V. Dávila, J. de J. Esteves y L. Llorens.
La poesía vanguardista tiene por adalides a E. Ribera Chevremont, J. A. Dávila y, especialmente, a **Luis Palés Matos** (1898-1959). Es éste uno de los más originales representantes de la poesía afroamericana en lengua española. Su obra se caracteriza por la cuidadosa elección de los ritmos, la trama lingüística y la riqueza en neologismos: *Azaleas, Tuntún de pasa y grifería, Poesía*. De la misma generación son L. Hernández Aquino, G. Miranda, F. Franco, F. Matos y J. de Burgos. En la generación siguiente los poetas parecen haberse alimentado en Vallejo y en Neruda: F. Luch, H. Margenat, O. Nolla, A. Castro Ríos, J. Sáez de Burgos, I. Silén y J. M. Ruscalleda.

Narrativa

Los principales narradores decimonónicos son J. P. Morales, F. M. Quiñones y M. M. Corchado. El realismo surge en la narrativa de la mano de M. Zeno Gandía y M. González García. En la narrativa hay una figura que destaca sobre todas las demás: E. A. Laguerre. Cabe mencionar también a R. Marqués, J. L. González, P. J. Soto, E. Díaz, L. R. Sánchez, C. Rodríguez Torres.

REPÚBLICA DOMINICANA

La poesía

Los introductores del romanticismo en la literatura dominicana fueron F. Muñóz del Monte y M. Mana. Una generación más tarde el romanticismo estaba en plena floración, con poetas como J. J. Pérez, S. Ureña de Henríquez, F. Henríquez y Carvajal, G. Fernando, E. Henríquez y F. Fiallo, autor de la famosa composición *La canción de una vida*. Pero según avanzaba el siglo ya se adivinaban características de las que el modernismo haría bandera en las obras de A. Perdomo, B. Olegario Pérez y A. Saviñón; de este último son las primeras obras plenamente modernistas, *Mi vaso verde* y *Noctívagas*. También modernistas fueron V. Giro, O. Bazil y otros. El vanguardismo interesó a D. Moreno, R. A. Zorrilla, F. Mieses y Manuel del Cabral muy conocido por *Compadre Mon*, poema épico con un héroe popular. A éstos cabe añadir H. Inchaustegui, P. R. Contin, P. Muir, M. Veloz.

Narrativa y prosa

En cuanto a la narrativa, la obra más significativa del Siglo XIX es *Enriquillo*, de **Manuel de Jesús Galván** (1834-1910). Es una obra que rebosa indigenismo y que está espiritualmente cerca de fray Bartolomé de las Casas. Entre los costumbristas merecen ser mencionados F. G. Billini, F. Fiallo, F. García Godoy, P. M. Archambault y J. Colson. Narradores de diversos signos a caballo entre los siglos XIX y XX son V. E. Ortea, A. Lugo, M. F. Cestero y T. M. Cestero, miniaturista exquisito que también cultivó la narración psicológica y el costumbrismo (*La sangre*). Entre los literatos centrados en la historia destacan R. Damirón, M. L. Troncoso, A. Freitas y Max Henríquez Urena. Su hermano Pedro es un crítico y humanista de amplios alcances. La narrativa más reciente se ha visto influida por la obra de Juan Bosch. Destacan R. del Risco, M. Alfonseca y A. Lockward.

6. *La obra poética de Rubén Darío, nacido en Nicaragua desbordó ampliamente la dimensión meramente nacional y extendió los principios renovadores del modernismo literario a toda Hispanoamérica y a España. (Retrato, por Daniel Vázquez Díaz.).*

7. *El escritor guatemalteco Pablo Antonio Cuadra, de inspiración cristiana, ha destacado como poeta, crítico y dramaturgo y ha ejercido a través de la prensa un notable papel como animador de la vida cultural de su país.*

Literaturas de Colombia y Venezuela

COLOMBIA

Nacimiento de la literatura colombiana

Los inicios de la literatura colombiana son plenamente románticos, y en ellos destacan G. Gutiérrez González, Julio Arboleda y J. J. Ortiz, que expresan líricamente sus preocupaciones sociales. Al marco del romanticismo pertenecen igualmente el político R. Núñez, R. Pombo y José Eusebio Caro (1817-1853). Este último, dedicado a la política, hubo de expatriarse. Periodista activo, es fundamentalmente un poeta lírico romántico que vive en constante inquietud, en continua revisión ideológica. Influido por el enciclopedismo en su juventud, al madurar viró al escolasticismo, si bien aún tuvo nuevos vaivenes. En su obra lírica, irregular y que se resiente de cierta aspereza, se hallan una calidad y un vigor genuinamente románticos.

Miguel Antonio Caro (1843-1909), escritor y político, llego a presidente de la república. Se inicio en las letras como periodista, tradujo *La Eneida*, estudio a Virgilio, escribió numerosos ensayos críticos y literarios y llevó a cabo una importante investigación filológica (*Tratado del participio, Del uso en sus relaciones con el lenguaje*). Como latinista compuso con R. J. Cuervo una gramática latina de gran fama. Polemista y agresivo en su prosa, como poeta cede a las tendencias clasicistas. Más que un artista es un virtuoso del verso, en ocasiones frío. Su composición más famosa es *A la estatua del Libertador*. Del costumbrismo inicial (E. Díaz, J. M. Vergara y Vergara, R. Silva, J. M. Marroquín) nacen los grandes novelistas del XIX colombiano: F. Pérez, J. Isaacs y T. Carrasquilla.

Jorge Isaacs (1837-1895) es autor de *María*, considerada la novela romántica más lograda de Hispanoamérica. Tiene un fondo autobiográfico y expone en primera persona confidencias sentimentales, realizando un profundo estudio de las pasiones humanas.

Tomás Carrasquilla (1858-1940) funcionario, vivió en Bogotá y Medellín. Cerca del final de su vida perdió la vista y dictó una trilogía novelesca (*Hace tiempos: memorias de Eloy Gamboa*). Carrasquilla es un autor realista, costumbrista e incluso naturalista. Sus ambientes son regionales, su pintura sencilla y sincera. Es un caso modélico de naturalismo hispanoamericano. Los localismos dan a su prosa narrativa un tono de arcaicismo. Su obra refleja un peculiar sentido del humor y un arraigado amor a su tierra. Entre sus títulos principales cabe citar: *Frutos de mi tierra, Dimita Arias, El Zarco, Mineros, Regina, Grandeza.*

1

2

Modernismo y poesía del siglo XX

En los inicios del modernismo hay que situar a A. Gómez Restrepo, I. E. Arciniegas, D. Uribe, J. M. Rivas Groot y, sobre todo, a Silva y Valencia. Ya plenamente modernistas fueron Max Grillo y Porfirio Barba Jacob (alias de M. A. Osorio).

José Asunción Silva (1865-1896) se suicidó joven y apenas publicó en vida. Hijo de un comerciante, viajó de joven por Europa. De vuelta a Colombia, heredó un negocio arruinado por la guerra civil y lo perdió. Entonces empezó a trabajar como diplomático. Al naufragar el barco en que volvía de Caracas, perdió la mayor parte de sus obras manuscritas. José Asunción Silva está entre el romanticismo y el modernismo; o, por decirlo de otro modo, es un posromántico de lenguaje y mundo completamente personales. No era propiamente un modernista, pues presenta un pesimismo y una angustia típicamente románticos. Por otra parte, Silva se resistía a verse incorporado al movimiento modernista. Su gran aportación a las letras de lengua española fue la innovación métrica y rítmica, que posteriormente recogería el modernismo.

Guillermo Valencia (1873-1943), parnasiano y simbolista de formación, es un modernista en su esencia, plástico y musical aunque algo frío. Con todo, dota a sus poemas de unas arquitecturas impecables. En los años 20 surge una generación de poetas vanguardistas: R. Maya R. Vázquez y particularmente León de Greiff. Sucesores de estos poetas son E. Carranza, T. Vargas, J. Rojas, Gaitán Durán, C. Lamus, Ch. Lara, J. Zalamea, A. Mutis, Cobo Borda, Jaramillo Escobar, E. Restrepo y otros.

Narrativa

En cuanto a la prosa narrativa, la primera gran figura del siglo es **José Eustasio Rivera** (1889-1928); entre las obras del mismo se cuenta una novela de gran influencia, *La vorágine*, que representa el enfrentamiento entre la naturaleza y la civilización. En la primera mitad del siglo destacaron además L. Marroquín, Cardona Jaramillo y E. Caballero. En 1955, y coincidiendo con la publicación de la revista *Mito*, surgieron renovadores de la novela como M. Mejía, M. Zapata y J. Zalamea. A estos siguieron A. Cepeda, A. Mutis, H. Rojas y,

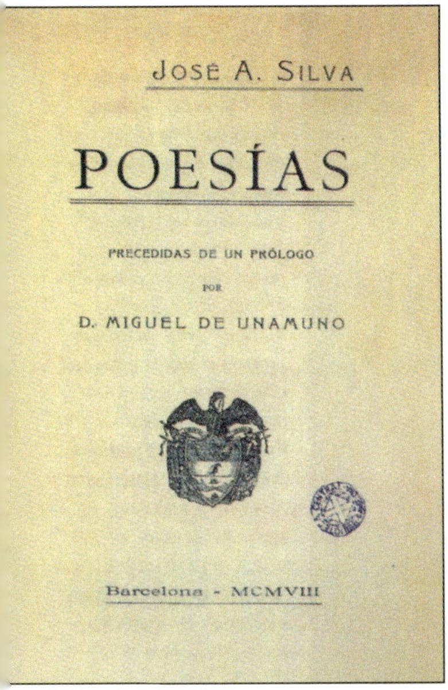

3

4

especialmente, Gabriel García Márquez.

Gabriel García Márquez (1928) es un novelista de interés universal, lo que le ha hecho merecedor del premio Nobel en 1982. Periodista de profesión, es autor de diversos cuentos: *La hojarasca, El coronel no tiene quien le escriba, La mala hora* y *Los funerales de Mama Grande*. En ellos ya está presente el mundo mítico y fantástico que retratará de modo cautivador en su obra maestra *Cien años de soledad*. El autor, situándose en el entorno mágico de Macondo, en *Cien años de soledad* eleva la realidad a una categoría mítica y sintetiza los más diversos elementos: la historia, la naturaleza, los problemas sociales y políticos, la vida cotidiana, la muerte, el amor, las fuerzas sobrenaturales, el humor o el lirismo. De su fusión surge una novela deslumbrante, ejemplo único de lo que a partir de ella se ha denominado «realismo fantástico». Posteriormente ha escrito otras novelas: *El otoño del patriarca* (que recoge el tema del dictador hispanoamericano) y *Crónica de una muerte anunciada* (inspirada en un crimen verdadero) son las más notables. En las generaciones más recientes hay muchos novelistas de interés: H. Niño,

6

1. *Julio Arboleda, poeta colombiano educado en el romanticismo europeo, armoniza y funde el espíritu del conquistador con el del indígena.*

2. *El colombiano Miguel Antonio Caro, aunque cultivó la poesía y el periodismo, ha pasado a la historia como filólogo y erudito.*

3. *En su breve vida (se suicidó a los treinta y un años) José Asunción Silva, poeta colombiano, aportó al lirismo posromántico una serie de enriquecimientos métricos que favorecieron la aparición del modernismo.*

4. *El poeta colombiano Guillermo Valencia recogió la herencia literaria de José Asunción Silva y, bajo la influencia de la literatura francesa de su tiempo, produjo algunas de las obras más notables de la poesía modernista.*

5. *La obra lírica de Guillermo Valencia se caracteriza por la perfección constructiva de los poemas.*

6. *El narrador colombiano más destacado del primer cuarto del siglo XX es José Eustasio Rivera. (Ilustración para* Los potros*).*

7

8

P. Apuleyo Mendoza, N. Suescún, R. H. Moreno-Durán, R. Porra y otros.

VENEZUELA

Poesía

La poesía venezolana nació en el ámbito del neoclasicismo (F. Toro, R. M. Baralt, J. V. González). El pleno romanticismo lo alcanzaron poetas como J. A. Maitín y A. Lozano, que expresan ardientes pasiones políticas. En la última época del siglo XIX la poesía va adoptando aspectos del parnasianismo y del simbolismo, con lo que aparecen unos autores que facilitan el camino de la aparición del modernismo: J. Gutiérrez Coll, J. A. Pérez Bonalde, G. E. Muñoz y A. Mata. La llegada del modernismo fue tardía y afectó particularmente a la prosa: M. Pimentel, F. Lazo y R. Blanco Fombona.
Ya en el siglo XX se suceden las generaciones: a la llamada generación del 18 (E. Planchart A. E. Blanco, A. Arráiz), de tono antiacademicista, sigue la del 28, de tendencias vanguardistas: A. M. Querenel O. D'Sola y V. Gerbasi. Hacia los años 40 se vuelve a las formas tradicionales: J. Beroes J. Liscano, J. R. Medina, J. M. González, P. F. Lizardo y A. Nazoa. Siguen con la experimentación surrealista J. Sánchez, R. Palomares y J. Calzadilla. Cultivan una poesía combativa R. Ordaz, A. Rojas, R. Cadenas, C. Ovalle Y. Pantín y A. J. Segura.

Prosa y narrativa

La literatura en prosa de **Andrés Bello** (1781-1865) es muy importante en la formación de cierto espíritu nacional. Este hombre, de sólida formación, se apartó del humanismo neoclásico de su época para ensalzar las realidades del nuevo mundo y reivindicar la libertad lingüística de las nuevas repúblicas. Es autor de una importante *Gramática española*. De entre su obra poética destaca la *Oda a la agricultura de la zona torrida,* en que canta de modo insuperable las magnificencias de la naturaleza. Hombre equilibrado y sereno, alejado de los excesos románticos, fue considerado en su tiempo el patriarca de las letras hispanoamericanas.
En cuanto a la narrativa, las primeras novelas venezolanas son las de F. Toiro. Entre los novelistas románticos cabe citar a J. R. Yepes y A. Rojas. Realistas son G. Picón y M. V. Romero; *Peonía,* novela de éste último, es el mejor exponente de la novela realista y naturalista venezolana. Bajo el influjo del modernismo *escribieron* P. E. Coll, P. C. Dominici y M. Díaz, autor de *Sangre patricia* e *Ídolos rotos,* en que describe a la burguesía del país.
Rufino Blanco Fombona (1874-1944), historiador, cuentista y novelista, se opuso al dictador Gómez, lo que le valió largos años de exilio en España. Gran admirador de Nietzsche, por su formación y tendencias se inscribe en la órbita del modernismo. Combinó el cultivo de la poesía con el periodismo político, el ensayo y las novelas. Uno de sus recursos favoritos es la caricatura sangrienta y mordaz. El mundo político hispanoamericano, que tan bien conocía Blanco Fombona, aparece en las novelas *El hombre de hierro, El hombre de oro y El secreto de la felicidad. Sus* obras más logradas probablemente sean los cuentos *(Cuentos americanos) y* las reconstrucciones históricas *(El*

9

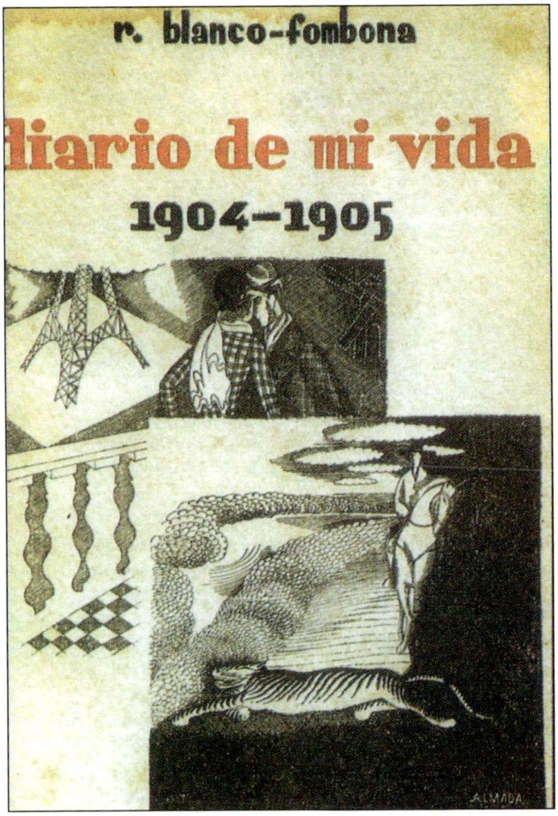

10

espíritu de Bolívar).
Especial interés encierra la figura de **Rómulo Gallegos** (1884-1969). Se dedicó en su juventud a la enseñanza, y en su obra siempre se aprecia cierto carácter didáctico. Fue dirigente político y llegó a presidente de la República. Entre sus novelas hay que citar *Canaima, Pobre negro, El forastero, Sobre la misma tierra, La brizna de paja en el viento* y, especialmente, *Dona Bárbara.* Ésta última es, efectivamente, su obra maestra. La novela narra las aventuras del joven Santos Luzardo que, tras estudiar derecho en la universidad, decide volver a su propiedad del Llano. Allí descubre que su hacienda le ha sido usurpada por doña Bárbara, nombre simbólico de una extraña mujer que recurre a la violencia y a métodos ilícitos para alcanzar sus fines.

La oposición entre la barbarie y la civilización, que es el verdadero tema central de la obra, se resuelve con la boda de Santos Luzardo y Marisela, fruto de la naturaleza e hija de doña Bárbara.
La novelística venezolana, bajo el influjo de Gallegos, se dedicó en buena parte a describir la vida del campo y a evocar los problemas sociales: M. Picón Salas, L. Palacios, R. Díaz, Miguel Otero Silva, G. Meneses. La siguiente generación, la de la revista *Elite*, incluye a A. Armas, O. Guaramato y O. Trejo. Entre los autores más recientes hay que citar a S. Garmendia, A. González León, R. Izaguirre, L. Chocrón, L. Britto, C. González Vera y D. Alizo.

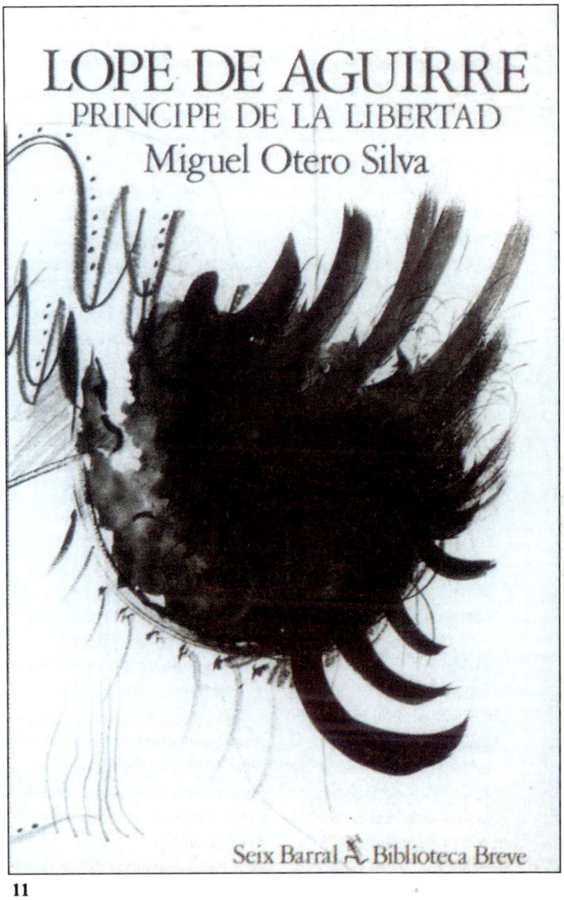

11

7. *El narrador colombiano Gabriel García Márquez, premio Nobel y máximo exponente del realismo mágico, es en la actualidad el más popular de los novelistas hispanoamericanos.*

8. *Portada de la edición inglesa de* Cien años de soledad, *la obra cumbre de Gabriel García Márquez.*

9. *Andrés Bello, humanista y poeta venezolano, reivindicó las peculiaridades lingüísticas hispanoamericanas.*

10. *El venezolano Rufino Blanco Fombona, como tantos escritores de su tiempo, combinó apasionadamente las actividades literarias y a las políticas. (Portada del* Diario de mi vida, *1929).*

11. Lope de Aguirre, *uno de los personajes más fascinantes del descubrimiento de América ha inspirado numerosas obras literarias, y particularmente la novela del venezolano Miguel Otero Silva.*

Literaturas de Bolivia, Ecuador y Perú

1

2

BOLIVIA

Poesía

La primera literatura boliviana es romántica, y en ella destacan los poetas R. J. Bustamante, autor de un célebre *Canto heroico al 16 de julio,* M. G. Mujía y M. J. Tovar. J. F. Bedregal es el poeta que marca la transición del romanticismo al modernismo. Ya plenamente modernista es Ricardo Jaimes Freyre (1868-1933). Fundó con Rubén Darío en Buenos Aires la *Revista de América.* Poeta melancólico, preciosista y romántico, describe el paisaje boliviano en *Castalia bárbara* y es el primero en servirse del verso libre en *Los sueños son vida,* que analiza la angustia y el misterio de la existencia.

Narrativa

La mejor novela histórica boliviana es la de **Nataniel Aguirre** (1843-1888), titulada *Juan de la Rosa.* La novela de principios del siglo XX está representada por A. Chirveches, J. Mendoza y, sobre todo, Arguedas.

Alcides Arguedas (1879-1946) novelista, ensayista e historiador, es la figura más notable de las letras bolivianas en el presente siglo. Describe con acentuado realismo, en sus novelas *Raza de bronce* y *Vida criolla,* los sufrimientos y las costumbres de los indios sometidos cruelmente por el hombre blanco. Combina una prosa lírica con unos episodios llenos de acción y patetismo. *Raza de bronce* es una de las primeras novelas indigenistas. Su protagonista heroico es el viejo indio Choquehuanca, tipo representativo del aymara. Este personaje, acusado de hechicero y de mantener pactos diabólicos, es de una fuerza tal de previsión y presentimiento que predice con una exactitud casi matemática. Perspicaz y agudo, con una sola mirada averigua lo que pasa por el corazón humano. Otros personajes secundarios de la novela, situada en el paisaje del Altiplano y del lago Titicaca, son el patrón despótico y cruel; el mayordomo sádico que se recrea castigando con el látigo; la indígena joven, hacendosa y melancólica cuya virtud es mancillada por el patrón, lo que proporciona el nudo argumental de *Raza de bronce.* Otro importante personaje de la novela es la muchedumbre indígena de la hacienda, esa «raza de bronce» sufrida y vencida, pero de temple duro y recio. Esta hueste, amotinada sedienta de sangre y de venganza, se lanza en la novela al incendio, el saqueo, la destrucción y la muerte. La llamada generación del Chaco está formada por A. Costa du Rels, A. Guzmán, A. Céspedes y O. Cerruto. La siguiente promoción de novelistas, preocupada por las reivindicaciones sociales, está representada por R. Botelho y O. Soria. Esta preocupación deja paso a la política en J. de la Vega, N. Taboada, T. Córdova, R. Prada y A. Cáceres. El principal epígono del modernismo fue F. Tamayo. Posteriormente exaltaron el alma india O. Campero y G. Viscarra. Poetas preocupados por aspectos formales son O. Cerruto, Y. Bedregal, E. Kempff y J. Sáenz. Más atentos a la problemática sociopolítica están O. Alfaro, J. de la Vega, A. Cardona y P. Shimose.

ECUADOR

Poesía

El primer gran literato ecuatoriano es **José Joaquín de Olmedo** (1780-1847), que celebró las campañas y héroes de la independencia. Su estilo, todavía neoclásico, se caracteriza por la elocuencia y la vehemencia, la riqueza de imágenes y el lirismo y la solemnidad. Es autor de varias odas célebres: *La victoria de Junín, Canto a Bolívar* y *Al general Flores.* Al pleno romanticismo corresponden N. P. Llona y J. Zaldumbida. César Borja y R. Crespo anuncian en sus poesías algunas características del modernismo. La influencia del modernismo en la poesía ecuatoriana fue notable y suscitó la aparición de cuatro poetas notables: M. A. Silva, H. Fierro, E. Noboa y A. Borja.

Los líricos más notables del siglo XX son G. Escudero, autor de *Hélices de huracán y sol,* y **Jorge Carrera Andrade** (1903-1979). Poeta y ensayista, se sirvió de diversas formas poéticas, incluyendo el hai-ku japonés (en *Microgramas*). Su poesía interpreta la grandeza y la hermosura de su patria y expresa el dolor ante la injusticia. Entre sus obras hay que citar *Biografía para uso de los pájaros, Registro último* y *Poesía última.* La generación siguiente, caracterizada por su vena trágica, incluye a C. Dávila, al irónico y cordial J. E. Adoum, a A. Carrión y a F. Tobar. Al grupo Tzantzicos, que cultiva una poesía de protesta, pertenecen A. Barrera, E. Ramírez, C. E. Jaramillo, E. Grande, F. Cazón y R. Astudillo.

Prosa y narrativa

En cuanto a la prosa, destacan inicialmente los dieciochescos R. García Goyena y A. de

Alcedo. Más la gran figura de la prosa ecuatoriana en el siglo XIX es **Juan Montalvo** (1833-1889). Diplomático y político, puso su pluma al servicio de la causa liberal. Dedicó varias obras a combatir las dictaduras de Moreno y Veintemilla. En *Siete tratados* propugna la instauración de un código moral humanista. Como filólogo estudió a Cervantes. Sus ensayos críticos están reunidos en *El espectador*. Montalvo sintetiza la posición del intelectual hispanoamericano, obligado a ser la conciencia crítica. Otro narrador de esta época es Juan León de Mera. En *El señor Penco*, A. Baquerizo utiliza las técnicas naturalistas. L. A. Martínez es autor de obras de contenido social (*A la costa*). La narrativa realista está representada por E. Mera y M. J. Calle. Entre los que no siguieron el surco del realismo destaca G. Zaldumbide (*Égloga trágica*). *Playa y bronce*, de F. Cháves, es la primera novela indigenista. Curiosa es la obra de P. Pacheco (*Un hombre muerto a puntapiés, Vida de un ahorcado*). En los años 30 surgió en Ecuador una generación de narradores realistas: A. Pareja, D. Aguilera, J. Gallegos, E. Gil y, sobre todo, J. de la Cuadra e Icaza.

José de la Cuadra (1903-1941) es uno de los representantes más significativos del llamado grupo de Guayaquil. De ideas socialistas, se inclinó por una literatura de fondo social. Su estilo es cuidado y musicalmente vigoroso. Destaca particularmente como autor de cuentos, recogidos en diversas recopilaciones: *Banda del pueblo, Repisas, El amor que dormía*. Con mayores ambiciones escribió la novela *Las Segurimas*, en que pretende reflejar la vida socioeconómica del habitante del litoral ecuatoriano. Finalmente, dejó una novela inconclusa, *Los monos enloquecidos*.

Jorge Icaza (1906-1978) describe en sus obras de modo realista la explotación de los indios y los problemas del campo. Su primera novela, *Huasipungo*, tuvo gran éxito y es una pieza básica de la literatura indigenista hispanoamericana. Su estilo es cortante y se sirve del diálogo dialectal. Otras novelas suyas son *En las calles, Cholos, El chulla Romero y Flores, Seis veces la muerte*. Otros narradores realistas que propugnaban una literatura social son E. Gil, A. Pareja y A. F. Rojas. Adalberto Ortiz expresó la negritud americana en *Juyungo. Historia de un negro*. Entre las más recientes promociones de narradores destacan P. J. Vera, J. Rivadeneyra, M. Donoso, W. Bellolio, E. Viteri, H. Alvarado, C. Béjar y V. Rivas.

PERÚ

Poesía: de la independencia al modernismo

En los años de la independencia destaca muy especialmente la poesía de **Mariano Melgar** (1791-1815). Sacerdote, colgó los hábitos para combatir a los españoles y murió ajusticiado en el campo de batalla. Como poeta hizo una importante labor de introducción de los clásicos por medio de traducciones. Pero más importantes son sus poemas, que el llamó «yaravíes». En ellos imita el estilo indigenista. No se sirvió, aun siendo de origen indio, del «yaraví» como elemento pintoresco, sino para denunciar la situación de opresión en que vivían los indígenas. Una de sus fábulas en verso, *El cantero y el asno*, establece una comparación entre el asno y el indio maltratado. Compuso además varias piezas de inspiración anacreóntica. Melgar, por así decirlo, preparó el terreno para el triunfo del romanticismo. A mediados del siglo XIX hay dos poetas satíricos destacados: M. Ascensio y F. Pardo. El romanticismo es tardío y cuenta con autores como C. A. Salaverry, J. Márquez, C. Althaus y L. Benjamín Cisneros.

Manuel González Prada (1848-1918) inaugura una nueva conciencia política revolucionaria y democrática que se adelanta al modernismo. En el pleno modernismo peruano sobresalen A. Ureta, L. Yerovi, L. Fernán Cisneros y especialmente **José Santos Chocano** (1875-1934). Hombre de vida errante y turbulenta, fue en su juventud diplomático y residió en diversos países. Se vio envuelto en continuas polémicas, conoció la cárcel y murió apuñalado en un tranvía. Dueño de una fuerza expresiva singular, de una riqueza verbal extraordinaria, de una percepción fina del ritmo, captó con tonos mesiánicos la América de los indios y de los conquistadores, las leyendas y los episodios históricos del continente. Fue probablemente el poeta más grandilocuente del modernismo americano. Formalmente es un poeta épico

3

4

5

1. *Fotografía de los escritores Alcides Arguedas (boliviano), Rubén Darío (nicaragüense) y Leopoldo Lugones (argentino), tomada en la primera década del siglo XX.*

2. *José Joaquín de Olmedo, poeta ecuatoriano y máximo representante de la literatura independentista de Hispanoamérica.*

3. *El ensayista ecuatoriano Juan Montalvo es uno de los prototipos de la figura del intelectual hispanoamericano.*

4. *En* Huasipungo, *Jorge Icaza presenta los abusos del terrateniente sobre los labradores indígenas.*

5. *El peruano Manuel González Prada expone en sus obras las exigencias políticas del pueblo en el ámbito de un país empobrecido.*

y modernista. Sus principales recolecciones poéticas son *Alma América, Fiat lux* y *Otro de Indias.*

Poesía contemporánea
Las vanguardias se expresan por las voces de J. Parra del Riego, A. Hidalgo, A. Guillén, C. Moro, X. Abril, E. A. Westphalen, M. Adán, L. Valle y F. Xammar. Pero el más notable de los vanguardistas es **César Vallejo** (1892-1938). Publica en su juventud, antes de trasladarse a Europa, dos libros excepcionales: *Los heraldos negros* y *Trilce.* En el primero, despegándose del modernismo busca una expresión poética directa caracterizada por la libertad extrema de las imágenes. Esta actitud se acentúa en *Trilce,* que expresa el tormento anímico con una expresión salvaje de puro dolorida y unas imágenes cada vez más alucinadas. En Europa, vive en Francia, Rusia y España. En la Guerra Civil Española abraza la causa republicana y escribe *España, aparta de mí este cáliz,* en que el grito desgarrador del poeta, herido por un dolor inhumano, alcanza cotas de expresión admirables. La propia visión alucinada de Vallejo, unida a la expresividad surrealista, produce una poesía sin parangón en el ámbito de la lengua española. Están relacionados con la poesía purista J. Sologuren, J. E. Eielson, G. Valcárcel, W. Delgado y J. Gonzalo Rose. Entre los autores de las generaciones más recientes

6

7

merecen ser citados A. Corcuera, R. Naranjo, C. Calvo, R. Hinostroza, W. Orrillo, A. Cisneros, J. Heraud, A. Castillo, N. Yorovi.

Narrativa del siglo XX
La novela romántica peruana está representada por las obras de N. Aréstegui y F. Casos. Pero la experiencia narrativa más acertada del siglo XX corresponde a **Ricardo Palma** (1833-1919). Romántico en su juventud, en su madurez repudia el romanticismo y adopta un género literario que asocia leyenda e historia. Lo desarrolla en las seis series de las *Tradiciones peruanas,* que tratan temas recogidos entre el pueblo. Estas narraciones, que mezclan el folklore, el cuento y la historia, son sumamente graciosas y entretenidas y aportan una valiosa visión del Perú colonial anterior a la independencia. Esta extensa obra inspiró a C. V. Torres, M. Cateriano y particularmente a C. Matto de Turner, autora plenamente naturalista. Con E. López Albújar aparece la literatura de protesta y denuncia de la situación del proletariado rural: F. Vegas Seminario, S. Salazar Bondy y, muy particularmente, Alegría y J. M. Arguedas. **Ciro Alegría** (1909-1967) intervino activamente en política, lo que le llevó a la cárcel y a un prolongado destierro. Es el principal autor de novelas indigenistas, que defienden al miserable (al indio) frente a la prepotencia de los caciques. Su obra más conocida es *El mundo es ancho y ajeno,* en la que expone con calor y pasión su crítica de la explotación feudal de los pobres.
En *La serpiente de oro* evoca la miseria de los campesinos del valle tropical de Marañón. *Los perros hambrientos* tiene por motivo el azote de la sequía. El estilo de Alegría se caracteriza por su rico realismo y por el nervio y el vigor de la narración.

8

José María Arguedas (1911-1969) pasó su infancia entre los indios, de quienes aprendió la lengua, el quechua, además de su psicología y costumbres. En 1929 se trasladó a Lima: todavía no hablaba español, a pesar de que escribiría toda su obra en esta lengua. Vivió y padeció todos los conflictos del bilingüismo y de pertenecer a dos culturas enfrentadas. En 1937 fue a parar a la cárcel por su militancia de izquierdas. En 1957 le fue concedida una cátedra de etnología por sus excelentes trabajos sobre la cultura indígena y sus traducciones de cuentos y leyendas quechuas. Su primer libro fue una serie de cuentos, *Agua*, aunque alcanzó la fama y el renombre internacional con varias novelas: *Yawar fiesta, Todas las sangres, El sexto.* Pero su gran obra es *Los ríos profundos.*

Se suicidó dejando una carta donde confesaba su angustioso dilema entre dos lenguas y dos culturas. *Los ríos profundos* desarrolla el conflicto entre la cultura autóctona india y la hispano-cristiana del Perú a través de la vida interna de un muchacho, Ernesto, crecido entre los quechuas e hijo de un abogado errante, defensor de las comunidades indígenas. La acción se centra en las experiencias del protagonista como interno en un colegio religioso de Abancay, sus alrededores y sus gentes, especialmente las de origen indio. Dentro del relato adquieren especial importancia un personaje, el padre Linares, director del colegio, un objeto, el zumballe, peonza india, y dos acontecimientos: la rebelión de las vendedoras de chicha y la epidemia de tifus, que obliga a Ernesto a abandonar el colegio.

Narradores actuales

Hay una serie de novelistas realistas que describen ambientes urbanos, como E. Vargas Vicuña, C. Zavaleta, J. R. Ribeyro, E. Congrains, O. Reynoso, J. B. Adolph y, especialmente, M. Scorza y M. Vargas Llosa.

Manuel Scorza (1928-1983), poeta, ensayista y novelista, se inició como poeta (*Las imprecaciones, Los adioses).* Su actividad política le llevó al exilio durante el régimen de Odría. Sus cinco primeras novelas, que están enlazadas entre sí, tienen por tema el mundo andino: *Redoble por Rancas, Garabombo, el invisible, Cantar de Agapito Robles* y *La tumba del relámpago.* En la elaboración de sus novelas Scorza funde armoniosamente realidad y ficción para reconstruir la realidad peruana, dominada por el conflicto entre el mundo indio y el de los blancos.

Mario Vargas Llosa (1936) es una de las figuras más notorias de la narrativa hispanoamericana actual. Su primera obra de fama, *La ciudad y los perros,* está basada en su propia experiencia como interno en un colegio militar de Lima. Posteriormente publica una ambiciosa novela experimental, *Conversación en la catedral, y* varias novelas más de gran aceptación popular: *Pantaleón y las visitadoras, La guerra del fin del mundo, ¿Quién mató a Palomino Molero?,* etc. También son notables su escritos críticos sobre *Tirant lo Blanc,* sobre Flaubert y sobre García Márquez. A. Bryce Echenique, M. Gutiérrez, E. González Viaña, J. Ortega, G. Martínez, H. Belevan y F. Ampuero son en sus novelas y cuentos agudos intérpretes de la actual vida peruana.

6. *José Santos Chocano, poeta peruano, trató apasionadamente de las relaciones entre conquistadores y conquistados.*

7. *El peruano César Vallejo asimiló las vanguardias europeas creó una poesía con elementos surrealistas de expresividad profundamente original.*

8. *Ricardo Palma, entre el costumbrismo y el folklore, es el gran narrador peruano a caballo entre los siglos XIX y XX. (Portada de* La limeña).

9. *Mario Vargas Llosa, novelista caracterizado por la cuidadosa construcción argumental, es en la actualidad la figura más cosmopolita de la literatura peruana.*

10. *Representación de* La señorita de Tacna, *obra teatral de Mario Vargas Llosa, con los actores españoles Aurora Bautista y Manuel Dicenta.*

9

10

Literaturas de Argentina, Chile, Paraguay y Uruguay

ARGENTINA

Poesía: siglo XIX y modernismo

La primera poesía argentina fue de temas civiles y patrióticos. El romanticismo y el sentimiento del paisaje fueron introducidos por **Esteban Echeverría** (1805-1851), autor de *La cautiva*. Un nuevo y original género es el de la literatura gauchesca, creada por escritores cultos, entre quienes destaca **Hilario Ascásubi** (1807-1875). Fue militar y una especie de bardo popular. Fundó periódicos populares, combatió en las luchas políticas y militares de su época y se especializó en recoger el modo de expresarse y de pensar de los gauchos. Tiene obras satíricas y humorísticas, como *Paulino Lucero* y *Aniceto el Gallo*. Su obra más notable es *Santos Vega*, largo poema que sirve de fuente documental y folklórica argentina. La última generación de poetas románticos incluye a C. Guido Spano, O. Andrade, R. Obligado y E. del Campo, autor de una interesante parodia de la ópera *Fausto*. Pero la gran obra de este género, e incluso del XIX argentino, es el poema *Martín Fierro*, de José Hernández.

José Hernández (1834-1886) es el poeta nacional argentino.

En su juventud, gravemente enfermo, se retiró al campo donde conoció la vida del gaucho. Apasionado por la política, intervino en la vida pública, en la que ocupó altos cargos. Literariamente está vinculado a un título fundamental de la literatura argentina: *El gaucho Martín Fierro*. En la primera parte relata la huida del protagonista al mundo de los indios en busca de tranquilidad. En la segunda *La vuelta de Martín Fierro*, narra la muerte del gaucho Cruz y las nuevas vicisitudes del protagonista (que libera a una cautiva tras matar a su amo). Este vasto poema está escrito en octosílabos. Su lenguaje es fresco y rico en léxico autóctono. En líneas generales es un poema sentencioso, magistralmente ambientado en la pampa y lleno de desgarro, nobleza y sabiduría. El modernismo dio una abundante cosecha de poetas de primera fila: L. Díaz, M. Ugarte y Lugones. **Leopoldo Lugones** (1874-1938) empezó su carrera como periodista y llegó a ser uno de los grandes autores del modernismo hispanoamericano. La riqueza verbal y métrica de sus versos es excepcional: *Los crepúsculos del jardín, Odas seculares*. Fue también novelista: *Las fuerzas extrañas, La guerra de los gauchos, Historia de Sarmiento*. Al final de su vida volvió a la poesía popular: *Romances del Río Seco*. Ya posmodernistas, pero igualmente esteticistas, son E. Banchs, R. Alberto Arrieta, B. Fernández Moreno, E. Carriego, A. Capdevila, A. Marasso y P. Miguel Obligado. Alfonsina Storni cultivó magníficamente el lirismo amoroso.

Prosa del siglo XIX

Típicamente romántica es la novela *Amalia*, de **José Mármol** (1817-1871), por sus temas políticos y literarios. A fin de siglo estaban presentes en la narrativa el costumbrismo, la novela social, la conciencia de crisis, la nostalgia del pasado y cierto humor escéptico: Lucio V. López, M. Cané, L. V. Mansilla y otros.

1

Hay en el siglo XIX notables figuras relacionadas con el pensamiento y el ensayo argentinos: **Domingo Faustino Sarmiento** (1811-1888), autor de *Facundo*, basado en el enfrentamiento de civilización y barbarie, B. Mitre, V. Fidel López y otros, ya en el siglo XX como C. O. Bunge o J. Ingenieros.

E. Cambaceres es el mejor novelista del naturalismo. **José Sixto Álvarez, «Fray Mocho»** (1858-1903), describe con maestría la vida criolla.

Narrativa de principios del siglo XX

La corriente realista fue seguida por los novelistas C. M. Ocantos, Roberto L. Payro, autor de *El casamiento de Laucha*, y *Divertidas aventuras del nieto de Juan Moreyra*, que expresó magníficamente la picaresca criolla, y F. A. Sicardi. A la corriente modernista se adscriben A. de Estrada y, especialmente, **Enrique Rodríguez Larreta** (1875-1961) que colaboró en las principales revistas literarias de su país y fue poeta, novelista, ensayista y dramaturgo. Es conocido sobre todo por su novela *La gloria de don Ramiro*, evocación modernista, muy documentada, de la España de Felipe II. Otra de sus novelas, *Zogoibi*, plantea el problema del encuentro entre realidad de la tierra natal y el mito del viejo continente, cosmopolita, elegante y seductor. La prosa de Larreta representa la madurez del modernismo y anuncia la novela de inspiración local. Entre los

2

narradores posmodernistas destacan M. Gálvez, B. Lynch; G. Martínez Zubiría (Hugo Wast) y A. Gerchunoff.

Ricardo Güiraldes

(1886-1927) inició estudios superiores en Buenos Aires, pero los interrumpió para ir a París. En Francia estuvo en contacto con la vanguardia de la época. Escribió algunos libros de poesía: *El cencerro de cristal, Poemas místicos*. Pero es conocido sobre todo como prosista. *Raucho* es una novela autobiográfica en la que evoca su infancia en el campo, los principales episodios de su vida de estudiante y sus primeras experiencias en París. *Rosaura* alterna el tono lírico con el tratamiento irónico. *Xamaica* es una historia de amor escrita en prosa poética. Su gran obra es *Don Segundo Sombra, y* por ella pasó pronto a ser considerado un clásico de la narrativa hispanoamericana. Tiene caracteres de obra iniciática. Narra las vicisitudes de un muchacho que aprende las alegrías y tristezas de la vida campestre, en la inmensidad de la pampa, junto a uno de los últimos gauchos. Evoca y exalta la figura del gaucho, un vigoroso e idealizado personaje literario, con su irreductible concepto de la libertad, su individualismo anárquico ante las múltiples peripecias que ha de correr a través del abierto paisaje de la pampa argentina. La dimensión mítica del personaje y el carácter elegíaco de la narración confieren a la novela un elevado sentido simbólico. Es una vuelta a las raíces nacionales en el momento de la desaparición del gaucho, extinguido por el progreso. En una obra póstuma, *El sendero,* muestra tendencias místicas.

Narrativa de la segunda mitad del siglo XX

Hacia mediados del presente siglo la presencia de grandes autores en la novelística argentina es patente: A. Bioy, S. Ocampo, R. Arlt, L. Marechal, E. Mújica Laínez, E. Sábato y, sobre todo, Borges.

Jorge Luis Borges

(1899-1986), argentino de antepasados ingleses, recibió una esmerada educación y pasó su primera juventud en Europa, donde conoció la literatura vanguardista anterior a la Primera Guerra Mundial. De vuelta a Buenos Aires, tras una temporada de actividad literaria en España, inicia una rica carrera literaria. A lo largo de su obra Borges destaca como ensayista y crítico, como autor de cuentos fantásticos y como poeta. Entre sus ensayos y artículos críticos hay que citar los reunidos en *Inquisiciones, El idioma de los argentinos, Historia de la eternidad, Martín Fierro, Manual de zoología fantástica,* etc. Sus cuentos fantásticos más notables, de una originalidad indudable, son *Ficciones, El aleph, Cuadernos de Bustos Domecq, El informe de Brodie,* etc. Borges, genio imaginativo y amigo de la

1. La guerra gaucha, *libro de cuentos de Leopoldo Lugones, es una obra precursora de la narrativa hispanoamericana contemporánea. (Ilust. A. Guido).*

2. *Leopoldo Lugones, figura destacada del modernismo argentino.*

3. *Domingo Faustino Sarmiento, político y escritor argentino, es autor de una amplia obra histórico-sociológica de tipo autobiográfico.*

4. La gloria de don Ramiro, *de Rodríguez Larreta, novela artificiosamente situada en el siglo de oro español, gozó en su día de una popularidad que hoy cuesta comprender. (Ilustración A. Sirio.).*

3

paradoja, es un escritor brillante y exigente. Su amplísima cultura, de origen libresco, le conduce a utilizar con lirismo sin par símbolos antiguos de diversas civilizaciones: el laberinto, la espada, la biblioteca, el espejo o el tigre. Su poesía, de emotividad recóndita, presenta un sorprendente cruce de rigor formal y tratamiento ambiguo. El florecimiento literario hispanoamericano de los años sesenta reveló una serie de figuras importantes: D. Viñas, M. Puig, H. Conti, N. Jitrik, N. Sánchez, R. Walsh, H. Bianciotti, A. Massetto, L. Valenzuela y, muy especialmente, Cortázar.

Julio Cortázar (1914-1984) es uno de los principales prosistas de su país. Hombre viajero y cosmopolita, difusor de la causa revolucionaria en Cuba y en Nicaragua, trabajó como traductor, dejando versiones españolas memorables de Poe. En 1951, año de su exilio voluntario a París, hastiado del régimen peronista, publica una colección de relatos, *Bestiario*. Siguiendo en cierto modo la senda abierta por Borges, Cortázar rompe con el realismo y abre las puertas de la ficción fantástica. La grandeza literaria de la concepción de lo fantástico de Cortázar reside en el empleo del lenguaje. El autor se vale de una estrategia de seducción basada en el habla de los personajes y en el uso, a veces burlón, de modismos y frases hechas. Recrea el habla de la clase media

5

6

argentina, como otros lo hicieron con la de los barrios bajos. De este modo lo fantástico, lo alucinatorio incluso, irrumpe en medio de lo cotidiano. Suele considerarse que Cortázar está muy influido por los surrealistas franceses; pero también lo está por el budismo zen. Su concepción del personaje activo, la exploración del subconsciente y la modificación de la realidad predominan en los cinco relatos ubicados bajo el título *Las armas secretas*. *Todos los fuegos, el fuego* manifiesta su sentido de la solidaridad y un mayor acercamiento a lo humano. Tiene otras recopilaciones narrativas, como *Final de juego* y *Octaedro*. El éxito, la polémica y la consagración le llegaron con *Rayuela,* donde la experimentación con el lenguaje, la visión fragmentaria y ambigua del mundo y el contrapunto entre los emigrantes argentinos y los franceses se unen, a modo de friso polifacético y de lecturas múltiples, tal como él mismo propone en el prefacio a su obra. Cortázar, como escritor de literatura fantástica, propone una novelística donde lo poético predomina sobre lo enunciativo. Otras obras notables de Julio Cortázar son *Historias de cronopios* y *de famas, El libro de Manuel, 62: Modelo para armar, La vuelta al día en ochenta mundos, Último round, Un tal Lucas* y *Queremos tanto a Glenda*. En cada una de ella se desarrolla una verdadera aventura espiritual. El novelista hace estallar las categorías del espacio y del tiempo, pero sin renunciar nunca a un análisis minucioso de la realidad.

Poesía actual

La gran figura del vanguardismo es **Macedonio Fernández** (1874-1952), maestro de una generación y escritor de breve obra. Fundó con Borges la revista *Proa*. Entregado a la meditación y a la escritura, practica una literatura metafísica, llena a la vez de un humor sorprendente. Niega el realismo artístico y literario. Su obra constituye la destrucción de los géneros convencionales. Su propósito deliberado de «no comunicar» le coloca fuera de la poesía y de la novelística de su época. Vanguardistas fueron también E. González Lanuza, Norah Lange, R. González Tuñón, L. Marechal, R. Molinari y G. Mastronardis, además de Borges, de quien hablamos al referirnos a la narrativa, y de Girondo. En los años cuarenta se distinguió una serie de poetas de inspiración variada: A. Girri (hermetismo) E. Lozano (sentimentalismo), J. Vocos (tradicionalismo), J. Portolago (poesía social), A. Tejada, H. Acevedo J. Dávalos, E. Bayley y R. Juarroz. De la generación que aflora en los sesenta cabe citar a F. Urondo, J. Gelman, S. Yurkievich, A. Pizarnik E. Romano y V. García Robles. Y, entre los más recientes, a J. Zunino, V. Redondo, J. A. Boccanera J. Ricardo y S. Kovadloff.

CHILE

Poesía

Al llegar Chile a la independencia, sus grandes poetas fueron Bernardo Vera y Pintado, y Salvador Sanfuentes, de tono neoclásico. Les sucedieron los románticos Eusebio Lillo y Guillermo Blest Gana. Al modernismo, llevado a Chile por el propio Rubén Darío, pertenecieron Manuel Magallanes y Carlos Pezoa, así como Max Jara y Pedro Prado. En el siglo XX la poesía chilena alcanzaría resonancia universal con tres grandes figuras: Mistral, Huidobro y Neruda.

Gabriela Mistral (1889-1957) seudónimo de Lucila Godoy Alcayaga, premio Nobel en 1945, tuvo una vida profesional muy activa: fue maestra y diplomática, y luego intervino en campañas políticas. En *Sonetos a la muerte* se aprecia el dolor que le produjo el suicidio de su novio. Su obra poética de juventud se reúne en *Desolación,* obra a la que iría añadiendo nuevos poemas. En los primeros poemas aparecen como temas dominantes el dolor, la religiosidad, la maternidad y el paisaje patagónico. A pesar de sus imágenes violentas y de su gusto por los símbolos fue contraria a la denominada poesía pura de los años treinta.

El deseo de calma se hace especialmente patente en el libro *Ternura,* colección de poemas para niños. Luego su obra va evolucionando hacia perspectivas más amplias *(Tala Lagar),* hacia la profecía hermética y la libertad de la prosodia.
Vicente Huidobro (1893-1948) conoció de cerca los movimientos de vanguardia y promovió el creacionismo. En Madrid publicó la revista «Ultra», de la que surgiría el ultraísmo, versión española del creacionismo. Sus poemas y manifiestos están llenos de inventiva verbal y tienen un magnífico juego metafórico. Huidobro es uno de los grandes renovadores de la poesía hispanoamericana de la primera mitad del siglo. Entre sus obras líricas destacan *Ecuatorial y* especialmente *Altazor,* en que su teoría del creacionismo desemboca en visiones císmicas y existencialistas, con el tema obsesivo de la muerte como fondo.
Pablo Neruda (1904-1973) poeta y diplomático, premio Nobel en 1971, es autor de una obra lírica extensa y variada (más de cuarenta títulos). En sus obras primeras *(Veinte poemas de amor y una canción desesperada, Residencia en la tierra)* la poesía, delicada y vigorosa, se basa en el análisis interior. Tras la Guerra Civil Española (1936-1939) escribe *España en el corazón* y su poesía cambia de registro para hacerse rica y variada, casi volcánica por su energía expresiva. *Canto general* es una epopeya impresionante sobre Hispanoamérica. Las *Odas elementales* son un himno a la vida, y *Cien sonetos de amor* marca su vuelta al lirismo puro de sus inicios. Sus memorias, *Confieso que he vivido,* son de interés tanto por su estilo como por su peculiar visión del pasado.
También están vinculados a las vanguardias Pablo de Rokha, J. Marín, Ricardo del Valle, Juvencio Valle y Julio Barrenechea. En la generación siguiente destacan G. Rojas y, particularmente, **Nicanor Parra** (1914), autor de una profunda poesía coloquial y humorística. Entre los contemporáneos hay que citar a Enrique Lihn, Miguel Arteche, F. Lamberg, E. Barquero, A. Uribe y Joaquín Teiller. A la generación más reciente corresponden Ó. Hakn, O. Lara y Raúl Zurita.

Narrativa

Tras la independencia surge una narrativa costumbrista e histórica que dio sus mejores frutos en José Zapiola, José Joaquín Vallejo (Jotabeche) y, sobre todo, José Victorino Lastarria, autor de la novela histórica *Don Guillermo.* Más estrictamente costumbristas son Vicente Pérez Rosales, Benjamín Vicuña Mackenna, R. Vial, D. Riquelme, J. Díaz Garcés y Diego Barros. Más el verdadero creador de la novela en Chile es **Alberto Blest Gana** (1830-1920), que pasó toda su vida en Francia; allí asimiló la narrativa de Balzac y se convirtió en un maestro en la descripción de las clases media y aristocrática de Chile: *Martín Rivas, Los trasplantados.* A una generación posterior pertenecen L. Orrego y J. Ortiz.

A principios de siglo la novela y el cuento tuvieron un gran desarrollo. Novelistas cosmopolitas y exóticos son Augusto D'Halmar y Pedro Prado. Autor notable es **Eduardo Barrios** (1884-1963) que practicó la novela psicológica con *El hermano asno* y la criolla en *Gran señor y rajadiablos.* Este criollismo tuvo continuadores, como B. Lillo, Federico Gana, F. Santiván, Ricardo Maluenda, Mariano Latorre y Marta Brunet. El tema de las grandes ciudades está presente en Joaquín Edwards Bello y, sobre

7

8

9

10

5. *El argentino Ricardo Güiraldes, escritor de cultura cosmopolita, expone magistralmente en* Don Segundo Sombra *la vida salvaje de la pampa.*

6. *Jorge Luis Borges, cuya prosa está dotada de un poder de condensación extraordinario, es también autor de destacadas poesías, recogidos en* Poemas *(1922-1943).*

7. *La poesía de la chilena Gabriela Mistral se caracteriza por sus acendrados sentimientos humanitarios. (Retrato, por Vázquez Díaz).*

8. *Vicente Huidobro, representante del vanguardismo en la poesía chilena, elaboró una notable modernización del* Cantar de mío Cid.

9. *Retrato por José Caballero del premio Nobel Pablo Neruda, que es el poeta chileno más destacado del presente siglo.*

10. *La poesía del chileno Nicanor Parra se caracteriza por sus elementos surrealistas y de humor negro. (Portada de* Anti-Poemas.)

todo, en Manuel Rojas, autor de *Hijo de ladrón,* profunda novela teñida de amargura. La generación del 38 se interesa por los problemas sociales: Ricardo Lomboy, J. Godoy, B. Castro y G. Drago. Francisco Coloane y María Luisa Bombal cultivan una narrativa poética de corte psicológico.
Pertenecen a la llamada generación del Cincuenta. Enrique Lafourcade, J. M. Vergara, M. E. Gertner G. Blanco y, muy especialmente, Donoso. **José Donoso** (1924) es uno de los principales novelistas de su país. Se dio a conocer con una serie de relatos *(Veraneo y otros cuentos)* y dos años más tarde publicó su primera novela, *Coronación,* denuncia de la alta burguesía como un universo en decadencia, cerrado y obsesivo. *Este domingo* y *El lugar sin límites* continúan en la misma línea de crítica social aunque con un lenguaje más conciso y elaborado. Su obra principal es, hasta el momento, *El obsceno pájaro de la noche,* que él mismo ha calificado de novela laberíntica, esquizofrénica, donde la realidad es múltiple, diversificada por lo fantástico y lo onírico. Sueño y vigilia se mezclan en un largo monólogo cargado de símbolos y de imágenes. Una de sus constantes es la versatilidad de los personajes. El autor se propone encerrar en una novela los monstruos que surgen cuando nos abandona la razón y que forman parte de nosotros mismos. Otros títulos posteriores son *Tres novelitas burguesas, Casa de campo, La misteriosa desaparición de la marquesita de Loria, El jardín de al lado, Cuatro para Delfina* y *La desesperanza.* En las generaciones últimas abunda un sentido de universalidad y de cosmopolitismo que se revela tanto en la forma como en los contenidos. Entre éstos podemos mencionar a Carlos *Droguett,* F. Alegría, J. Edwards, J. Guzmán, A. Calderón, H. Valdés, P. Délano, J. A. Palazuelos, C. Huneeus, M. Wacquez, A. Skármeta e Isabel Allende, autora de *La casa de los espíritus.*

PARAGUAY

El siglo XIX y el modernismo

La literatura paraguaya fue de nacimiento tardío debido al aislamiento geográfico, al régimen teocrático de las reducciones jesuíticas de los indios y a la existencia de una lengua y una cultura propias, la guaraní. Tras la independencia destacan M. A. Molas, historiador, y N. Talavera, poeta de talante patriótico y romántico. En poesía hay que mencionar a los románticos tardíos I. A. Pane, J. E. O'Leary y A. Guanes. Tras los desastres bélicos de 1865-1870 aparece a fin de siglo una nueva generación de hombres de letras: **J. Segundo Decoud** (1848-1909), redactor de la constitución y de obras de historia paraguaya, J. Silvano Godoi, C. Báez, investigador de la dictadura del doctor Francia, y M. Gondra.
El modernismo tuvo poca incidencia hasta entrado el siglo XX; sobresalen el narrador R. Barret y los poetas E. Fariña, idealizador de la vieja cultura guaraní, y M. Ortiz.

11

Literatura del siglo XX

La poesía vanguardista tuvo por cultivadores a H. Campos y J. Pla. Otros poetas destacados de la literatura contemporánea son H. Rodríguez Alcalá, J. L. Appleyard, F. Pérez-Macevich, M. A. Fernández, E. Romero, R. Domínguez, R. Vallejos, A. Ferreiro y P. Gamarra.
La narrativa de tema criollo fue cultivada por J. Stetanich y **Juan Natalicio González** (1897-1966), autor de cuentos apasionados (*Cuentos y parábolas*). Entre los narradores más notables del presente siglo hay que citar a G. Casaccia, A. Valdovinos, R. Martínez, J. Villarejo, J. M. Rivarola, M. Halley, R. Bareiro, C. Vilagrá, F. Pérez-Maricevich y, muy especialmente, Roa Bastos. **Augusto Roa Bastos** (1917), poeta, novelista y cuentista, es el más universal de los escritores paraguayos del presente siglo. Pertenece a la llamada «generación del Chaco». Su narrativa es realista y está basada en minuciosas observaciones de la realidad, si bien mitiga la crudeza de los hechos narrados gracias a su estilo lírico.
Entre sus libros de relatos breves pueden citarse *El trueno entre las hojas, El baldío, Madera quemada* y *Moriencia.* Refiere en ellos la miseria de la vida paraguaya.
Su primera gran novela, que le ha valido el reconocimiento mundial, es *Hijo de hombre,* que abarca cien años de la vida de Paraguay, desde mediados del siglo XIX hasta los años 30 (guerra del Chaco). La unidad de la novela está centrada por dos símbolos: un Cristo tallado por un músico leproso, que se convierte en símbolo de rebelión, y la línea ferroviaria, símbolo moderno de la rebelión. Roa se sirve en esta obra de muchos términos guaraníes llenos de lirismo. Siendo una obra de protesta, se aparta de lo habitual por su ternura al relatar los hechos más atroces. *Yo, el Supremo,* es un brillante ejercicio literario sobre el tema del dictador absoluto que se basa en el personaje del doctor Francia.

URUGUAY

Poesía

En el período de la independencia se distinguen dos tendencias: el academicismo poético de F. Acuña de Figueroa y las sencillas composiciones gauchescas de **Bartolomé Hidalgo** (1788-1822). El Romanticismo no tiene en Uruguay grandes poetas; con todo, hay que citar a A. Berro y a J. C. Gómez. El gran poeta decimonónico es **Juan Zorrilla de San Martín** (1855-1931), autor del extenso poema *Tabaré.* El modernismo fue exportado desde Uruguay a todo el mundo de habla hispana por **Julio Herrera y Reissig** (1875-1910). Poeta y prosista, era un hombre soñador e inconformista. Fue uno de los grandes poetas de su tiempo y su influencia en la literatura de Hispanoamérica fue enorme. Hay en su obra cuatro partes: *Los éxtasis de la montaña* (sonetos en verso alejandrino), *Los parques abandonados*

12

(sonetos endecasilábicos, sentimentales e irónicos), *Los cromos exóticos* (sonetos endecasilábicos cromáticos y pintorescos) y *Desolación absurda y Tertulia lunática*. Modernistas fueron también A. A. Vasseur, E. Frugoni y Vaz Ferreira. Notable poetisa fue **Delmira Agustini** (1886-1914), de tonos eróticos y ardientes. **Juana de Ibarbourou** (1895-1979), de vibrante poesía, en su madurez adoptó las formas vanguardistas y surrealistas. Su literatura creó escueta entre las mujeres: E. De Cáceres, C. Silva, S. de Ibáñez, I. Vitale. Los poetas de la generación siguiente se han preocupado más por los temas sociales y políticos, como M. Benedetti, C. Sarandy y C. M. Gutiérrez. Entre los poetas de la década de los sesenta hay que mencionar a W. Benavides, J. Medina, C. Maia, C. Peri Rossi, E. Estrázulas, R. Echevarren y C. Carneiro.

Narrativa

Caramurú, de A. Margariños, una novela indigenista y folklórica, es la principal manifestación del romanticismo en las letras uruguayas. En la narrativa dominaba el tema gauchesco, cuyos grandes representantes son A. Acevedo y J. de Viana. Como ensayista y prosista hay que citar a **José Enrique Rodó** (1871-1917), intérprete de la espiritualidad hispanoamericana e inspirador

13

de corrientes intelectuales. El maestro del realismo es **Carlos Reyles** (1868-1938), autor de *Beba* y *El gaucho Florido*. En **Horacio Quiroga** (1878-1937) la naturaleza adquiere unas características de sugestión emparentadas con la narrativa de Poe. Tiene una especial habilidad para crear atmósferas misteriosas. Hombre marcado por un destino trágico y que acabó suicidándose, Quiroga viajó en 1902 a la selva de Misiones para estudiar los restos de las reducciones jesuíticas. Allí en el Chaco residiría muchos años como colono y granjero. En estos territorios están situados algunos de sus mejores cuentos; *Cuentos de amor, de locura y de muerte*, *Cuentos de la selva*, *El desierto* y *Anaconda*. El trópico le proporciona un telón de fondo para contemplar las fuerzas naturales y ver lo que vale un hombre cuando se enfrenta a ella. Cree el autor que es muy difícil que la razón o la voluntad humana prevalezcan sobre ellas. El realismo presente en los cuentos de Horacio Quiroga es en realidad un modo de análisis psicológico. La obra de Quiroga en forma de narraciones ocupa un importante lugar en la historia del relato hispanoamericano. Quiroga influyó en **Enrique Amorim**

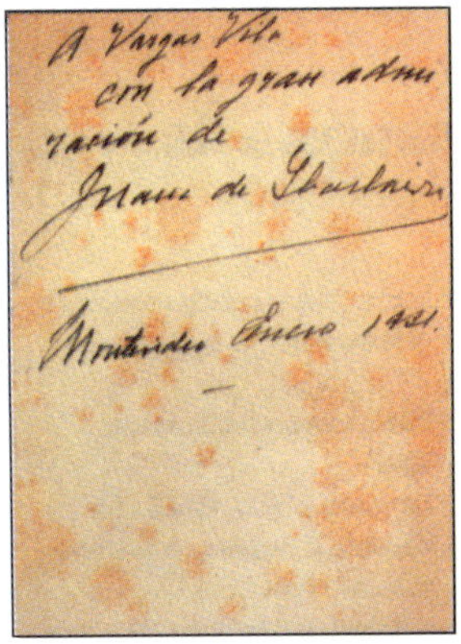

15

(1900-1960), autor de *La carreta* y *El paisano Aguilar*. F. Hernández narra una realidad monótona y gris, con lo que se acerca a la gran figura de la actual novela uruguaya: Onetti. **Juan Carlos Onetti** (1909-1994) es un novelista cuya capacidad de sugerencia es equiparable a la de William Faulkner en el ámbito de las letras anglosajonas. Su abundante obra narrativa responde al deseo de «expresar nada más que la aventura del hombre». Normalmente sus protagonistas se ven envueltos en situaciones que no pueden dominar, se quedan como perdidos en un laberinto, hundidos en un pozo, conscientes de su desesperanza. Como telón de fondo silencioso de estos dramas humanos está la situación político-social de Uruguay -y, simbólicamente, de otros países-, que condiciona la carencia de ideales, la incomunicabilidad y el fracaso.

Hay que destacar, entre sus novelas y libros de relatos, los siguientes: *El pozo*, *El astillero*, *Los adioses*, *Juntacadáveres*, *La novia robada y otros cuentos* y *Dejemos hablar al viento*.

Las siguientes generaciones cultivan una novela desgarrada, realista y poética: A. Gravina, C. Martínez Moreno, M. Arregui, M. Benedetti, J. Musto, M. I. Silva, S. Lago, H. Conteris, C. Trobo, E. Galeano, E. Estrazulas, C. Peri Rossi y F. Butazzoni.

11. *Prácticamente la totalidad de la obra del narrador paraguayo Augusto Roa Bastos Está dedicada a la reflexión novelada sobre la historia de su país.*

12. *La obra poética de la uruguaya Delmira Agustini se basa en una serie de reflexiones metafísicas sobre la muerte, los ensueños y el erotismo.*

13. *Juana de Ibarbourou, poetisa uruguaya, cultivó un estilo sensual y fogoso enriquecido con elementos surrealistas.*

14. *Dedicatoria de J. de Ibarbourou al colombiano Vargas Vila, narrador caracterizado por el cultivo de una sensualidad morbosa.*

15. *Los cuentos del uruguayo Horacio Quiroga presentan la naturaleza del bosque tropical como algo agobiante, cruel y destructor.*

Del medievo francés a la ilustración

Literatura medieval
En la Edad Media, Francia estaba lingüísticamente dividida en dos zonas. En el norte la *langue d'oil*, que evolucionaría hasta el francés actual, y en la Provenza, tierra más romanizada y culta, la *langue d'oc*, en que aparece la lírica primitiva provenzal. La poesía provenzal gira en torno al concepto del amor cortés. Los grandes trovadores son **Jaufré Rudel**, cantor del amor lejano, y **Bernat de Ventadorn**, poeta exquisito y melancólico.
La literatura en *langue d'oil* produjo los *fabliaux*, piezas cómicas en verso. La más notable es el *Roman de la rose*, extenso poema sobre el amor cortés.
El poema épico más hermoso es la *Chanson de Roland*, del siglo XI, perteneciente al ciclo carolingio y basado en hechos históricos literariamente deformados.

Poesía medieval: François Villon
Este poeta (1431-1465), de vida airada, expresa en su obra lírica con tonos cómicos y patéticos sus sentimientos ante la miseria de la naturaleza humana. En sus *Testamentos* lega irónicamente sus bienes a amigos y enemigos, y reflexiona sobre el dolor y la muerte.

El renacimiento francés
Los valores del Renacimiento (refinamiento en la vida social, culto del arte y amor a la antigüedad grecolatina) entraron en Francia por contacto con Italia. El humanismo está presente en todos los autores citados a continuación.
François Rabelais
(h. 1494-1553) es autor de *Gargantúa y Pantagruel*. Esta obra cuenta las hazañas bufas de ambos personajes. El objetivo profundo es la expresión del humanismo.
Los *Ensayos* de **Michel de Montaigne** (1533-1592) son en esencia un discurso del hombre sobre el hombre. En ellos el escritor se retrata, narra su vida, muestra sus conocimientos, expone las doctrinas de su tiempo y reflexiona sobre el hombre, su naturaleza, la educación y la moral. Muestra un escepticismo de raíz estoica. Literariamente, los *Ensayos* son de inmenso valor por la belleza del lenguaje.

Poesía renacentista
El mejor lírico del Renacimiento francés es **Pierre de Ronsard** (1524-1585). Su poesía amorosa es la más destacada: las *Odas* y los *Amores*. Mezcla inspiradamente espiritualidad y sensualidad, y expresa las sensaciones provocadas por el amor. Clément Marot y Joachim du Bellay son otros poetas notables.

Prosistas del siglo XVII
René Descartes (1569-1650) es el pensador más destacado del siglo XVII en Francia. Su estilo, sobrio y sustancial, halla su máxima expresión en *El discurso del método*.

Blaise Pascal (1623-1662), moralista y científico, es autor de las *Provinciales*, cartas en defensa del jansenismo, y de los *Pensamientos*. En ellos reflexiona sobre temas teológicos y religiosos evitando la grandilocuencia y adoptando un estilo lírico en que el pensamiento avanza a base de unidades rítmicas. Entre los géneros menores destacan las máximas (La Rochefoucauld), los epistolarios (madame de Sevigné), los retratos (Jean de la Bruyère), las memorias (el cardenal de Retz, Saint-Simon) y la novela psicológica (condesa de La Fayette).

El preciosismo
A lo largo de la primera mitad del siglo XVII van madurando en la literatura francesa las ideas y las disciplinas que forjarán, en la segunda mitad de la centuria, el triunfo del clasicismo. Pero el imperio de la razón no es fácil de imponer, y tiene que luchar con poderosas tendencias literarias desarrolladas en el ambiente mundano de los salones. Estas

1

tendencias, denominadas preciosistas, producen diversiones literarias henchidas de juegos de palabras, tan ingeniosos como rebuscados y pobres en el fondo. Al preciosismo se añade el gusto extremado por lo burlesco, que también pone trabas a la renovación que supone el clasicismo.
Los autores preciosistas dotados de rasgos literarios valiosos son Voiture, que escribió poemas y cartas notables, J. L. Guez de Balzac cuyas *Cartas*, aunque retóricas y preciosistas, preparan al público para el clasicismo y Honoré d'Urfé, autor de *Astrée*, novela pastoril rica en análisis y reflexiones, aunque inverosímil y farragosa. La literatura clasicista es la gran creación del espíritu francés en el siglo XVII. La aspiración al orden, a la razón y a la unidad produce una literatura disciplinada que combina el gusto por los clásicos de la antigüedad con el gusto por lo francés. A la formación del espíritu clasicista contribuyen poderosamente dos factores: la creación de la Académie Française y la labor preceptiva de Boileau. La Académie, creada por Richelieu bajo patrocinio real en 1634, reúne a una serie de personas de gran autoridad lingüística y literaria que pronto se adhieren a los postulados del clasicismo.

El teatro del gran siglo

Pierre Corneille (1606-1684) es el creador del teatro francés: *El Cid*, *Horacio*, *Cinna*. En su obra imperan el orden y la riqueza imaginativa. Sus recursos estilísticos redundan en una desmesura que le confiere una espectacularidad típicamente barroca.
Jean-Baptiste Poquelin, **Molière** (1622-1673), como autor de comedias no tiene parangón en las letras francesas: *El misántropo*, *El avaro*, *Tartufo* (en que describe las consecuencias de la hipocresía religiosa) o *El burgués gentilhombre*.
Jean Racine (1639-1699) representa en su grado máximo el espíritu clásico francés. Tiene un profundo conocimiento del corazón humano, cuyas pasiones envuelve en la marmórea expresión de sus versos. Hay que citar, entre sus obras, *Andrómaca*, *Británico*, *Ifigenia* y *Fedra*, que presenta una dialéctica de amor y muerte entre la pasión exacerbada y los tabúes sociales.

Voltaire

A lo largo de su fecunda vida François-Marie Arouet, llamado Voltaire (1694-1778), cultiva todos los géneros literarios. El hilo conductor de su pensamiento es su empeño obstinado en defender la razón. La obra de Voltaire se basa en la claridad de expresión, el ingenio y la ironía. Escribió poesía y teatro, pero sus grandes aciertos literarios se sitúan en el campo de la historia (*Ensayo sobre las costumbres* y *El siglo de Luis XIV*), la filosofía (*Cartas filosóficas* y el *Diccionario filosófico*) y la novela (*Zadig*, *Micromegas*, *Cándido* y *El ingenuo*).

Jean-Jacques Rousseau

Nacido en Ginebra en 1712 y muerto en Ermenonville en 1778, es uno de los primeros autores prerrománticos. Entre sus obras más notables se encuentran *Julia o la Nueva Eloísa*, *Emilio* y el *Discurso sobre el origen de la desigualdad entre los hombres*. En *El contrato social* prolonga el análisis de su discurso sobre la desigualdad.

2

En sus novelas y escritos autobiográficos Rousseau expresa con un lirismo peculiar la conciencia de sí, la sensibilidad, la pasión y las impresiones producidas por la naturaleza. Su estilo literario, vibrante y enérgico, con frecuencia declamatorio, es particularmente apto para la expresión de sus ideas y sentimientos.

La Enciclopedia

En esta obra, de excepcional importancia por su influjo en toda Europa, se exponen por orden alfabético todos los aspectos del saber humano de la época. Su publicación fue dirigida por **Diderot** y **D'Alembert** y contó con la colaboración de sabios eminentes. La *Enciclopedia* es la expresión difinitiva del pensamiento ilustrado. Y, como tal, extendió a toda Europa los principios sociales y políticos que inspiraron la Revolución francesa.

1. *Esta miniatura de un manuscrito del* Roman de la rose *–poema compuesto en dos partes, la primera de las cuales fue escrita por Guillaume de Lorris hacia 1236– reproduce una danza cortesana cargada de elementos alegóricos.*

2. Emilio, *de Jean-Jacques Rousseau, que combina elementos ensayísticos y narrativos, es una novela de intenciones pedagógicas patentes.*

Las corrientes literarias francesas en el siglo XIX

El romanticismo
El romanticismo literario francés tiene su época de plenitud aproximadamente entre 1820 y 1850. En la estela de Victor Hugo, el más grande de todos, se sitúan cinco importantes escritores románticos: Lamartine, Vigny Musset, Gautier y Constant. Menos el último, que se limitó a la novela, todos ellos son autores de obras de mérito tanto en prosa como en verso.
En **Victor Hugo** (1802-1885), figura máxima del romanticismo francés, se conjugan una imaginación poderosa y un dominio perfecto del idioma tanto en prosa como en verso. En plena batalla romántica se estrena *Hernani,* que difunde sus principios de libertad. Gran poeta *(Orientales),* fue sobre todo narrador: *Nuestra Señora de París,* en que resucita el París del siglo XV, *Los miserables,* narración de carácter social, y *Los trabajadores del mar.*
Benjamín Constant (1767-1830), suizo, es autor de una novela amorosa de rara perfección: *Adolfo.* Por su sobriedad narrativa y por su hábil exploración de los caracteres, *Adolfo* es uno de los grandes hitos de la novela psicológica francesa.
En la obra de **Alphonse de Lamartine** (1790-1869) la naturaleza aparece como soporte de la melancolía. En las *Meditaciones* expresa un delicado sentimiento amoroso.
Alfred de Vigny (1797-1863) es el cantor del desencanto ante la soledad del hombre. En *Poemas antiguos* y *modernos* y *Poemas filosóficos* recurre a las más diversas formas literarias: el relato, el drama, la descripción, el diálogo o la reflexión.
La producción dramática de **Alfred de Musset** (1810-1857) es la más notable del romanticismo francés: *Los caprichos de Mariana, Con el amor no se juega* y, sobre todo *Lorenzaccio.*
Escribió además apasionados poemas *(Noches y Recuerdos)* y una obra biográfica (*Las confesiones de un hijo del siglo*).
En la obra de **Théophile Gautier** (1811-1872) se manifiestan la evolución y el enriquecimiento de la literatura romántica francesa. Va perfeccionando su poesía en las sucesivas ediciones de *Esmaltes y camafeos,* piezas líricas breves en que recoge con sutileza y maestría emociones, paisajes, imágenes y sonidos. De entre sus obras en prosa sobresalen *España,* libro de viajes, y sus novelas fantásticas: *La novela de la momia, El capitán Fracasse, Spirite.*

La novela: del realismo al naturalismo
El realismo no es una doctrina literaria, sino una actitud. Para el escritor realista, el hallazgo estilístico no debe entorpecer la búsqueda de la verdad. Frente al idealismo romántico, la reacción realista se propone dar una imagen exacta de los hombres y de la naturaleza.
Honoré de Balzac (1799-1850) hace en sus novelas un retrato no sólo de las gentes de su tiempo, sino de la humanidad en general. Denomina al conjunto de sus novelas *La comedia humana,* en la que muestra una pintoresca colección de hombres y mujeres en la vida campesina, en la comercial o en la militar. Tiene, además, títulos memorables como *Eugenia Grandet, Papá Goriot, La piel de zapa, El coronel Chabert* y *Grandeza y decadencia de César Birotteau.* Pinta los más diversos ambientes, con especial atención el de los financieros y mercaderes sin escrúpulos. Sus argumentos son tan variados como sus personajes, y en general reflejan la historia de una generación y el drama de una juventud que choca con el valor del dinero.
Henri Beyle, **Stendhal** (1783-1842), dio vida a unos personajes apasionados y románticos muy característicos. Alienados por las contradicciones, intentan

1

2

3

4

5

escapar a las mismas por medio de la comunicación con los demás. En *El rojo y el negro* el ambicioso Julien Sorel es un contradictorio personaje romántico atrapado entre la nobleza y la burguesía. En *La cartuja de Parma,* el protagonista confirma una oposición similar que desgarra interiormente a la nobleza.

Gustave Flaubert (1821-1880) lleva a la perfección la novela realista y logra la más completa armonía entre el arte y la realidad. Flaubert aspira a la creación de un conjunto armónico. Es autor de *Madame Bovary, Bouvard y Pécuchet, Salambo, Tres cuentos y La educación sentimental, Madame Bovary,* una novela de amor de enorme trascendencia en la literatura moderna, relata los sinsabores de Emma Bovary, una burguesa provinciana que se deja llevar por la ambición de una vida más intensa y acaba en el suicidio. Está maravillosamente pintado el contraste entre las ansiedades apasionadas y ardientes de la protagonista y el pueblo y los personajes que le rodean.

Emile Zola (1840-1902) fundador del credo naturalista participó con pasión en los acontecimientos políticos de su época. Su obra más considerable es la serie *Los Rougon-Macquart, historia natural y social de una familia bajo el Segundo Imperio.* Se trata del inventario de una sociedad a partir de un árbol genealógico. Por *Los Rougon* desfila una extensa colección de tipos y ambientes financieros, industriales, mineros y fabriles maravillosamente descritos por Zola.

La nueva poesía

Charles Baudelaire (1821-1867) presenta en su personalidad rasgos típicamente románticos. Fue el renovador de la poesía francesa con *Las flores del mal,* un conjunto de poemas en que Baudelaire expresa, con gran precisión, las brumas y las pasiones de su espíritu angustiado. Lo novedoso de Baudelaire es la creación de una poética propia en que están los gérmenes de buena parte de la poesía moderna.

Paul Verlaine (1844-1896) creó una obra profundamente original. Los *Poemas saturnianos* describen sus ensoñaciones, sus tormentos morales y sus momentos de abulia. *Fiestas galantes* (ambientada en un siglo XVIII artificial), *La buena canción* (canto de amor lleno de gracia y encanto) y *Romances sin palabras* (en que logra una traducción inmediata y musical de los sentimientos) son algunas de sus obras.

Arthur Rimbaud (1854-1891) a los diecinueve años da por terminada una obra profundamente original. En *El barco ebrio* opone al agua luminosa de la aventura el agua negra del fracaso. En *Iluminaciones* muestra la fusión entre el cielo y el mar, el sueño y la acción, el dinamismo del hombre y el dinamismo del cosmos. En *Una temporada en el infierno* refleja una aventura espiritual sancionada con la condena eterna.

Stéphane Mallarmé (1842-1898) lleva el simbolismo a su más alta expresión. Su concisa y breve obra poética es difícil de clasificar y de describir. Intenta elaborar una escritura propia, adecuada para reflejar lo que llama «los ritmos inmediatos del pensamiento». En este aspecto Mallarmé precede a muchos intentos vanguardistas que se darían más tarde.

1. *Ilustración de la edición príncipe de* Cinq-Mars. *Pieza inicial de la obra en prosa de Alfred de Vigny, es la primera incursión de este autor en la novela histórica.*

2. *El romanticismo inicial de Théophile Gautier, ardiente y radical, fue atemperándose con el paso de los años.*

3. *El aparente desinterés formal de Stendhal da lugar, paradójicamente, a un estilo original de plena modernidad.*

4. *Detalle de un retrato de grupo, obra de Fantin-Latour, en que aparecen los poetas Rimbaud (con el cabello alborotado) y Verlaine (con una copa en la mano).*

5. *Personajes de la «commedia dell' arte» en una ilustración para las* Fiestas galantes *de Paul Verlaine.*

Los escritores franceses contemporáneos

Poesía y teatro
En poesía, la tradición simbolista del siglo XIX permanece viva. Destacan autores como Paul Claudel, que recurre a la fe, Paul Valéry, de tradición simbolista mallarmeana, P. J. Jouve y Jules Supervielle.
Paul Valéry (1871-1945) vivió intensamente las artes plásticas, la música y la poesía de su tiempo. En su verso y en su prosa se entrega a una perpetua indagación sobre la esencia de la poesía. Su poema más afamado, que es una culminación del simbolismo, se titula *El cementerio marino*. Poetas grandes del modernismo y del vanguardismo son Max Jacob, de inspiración surrealista, y Apollinaire, que recurre a las artes plásticas. En 1916 Tristan Tzara creó en un cabaret de Zurich el dadaísmo, que se caracteriza por su vigor negativo, antiartístico, provocador y escandaloso. Trasladado el movimiento a París en la inmediata posguerra, congrega a Louis Aragon, André Breton, Philippe Soupault, Paul Éluard y otros. A partir de esta experiencia Breton crea en 1924 el surrealismo.
Guillaume Apollinaire (1880-1918) es el modelo del escritor vanguardista. *Alcoholes* es un libro de poemas que le abre un nuevo horizonte.
Apollinaire, que ha vivido de cerca la aparición del cubismo, aplica fórmulas de valor plástico a su poesía. Así, escribe sin utilizar signos de puntuación y elabora los famosos *Caligramas o* poemas gráficos.
El surrealismo, uno de los fenómenos culturales más importantes del siglo XX, tiene una ansia de profunda libertad individual, capaz de servir de expresión al subconsciente, y de libertad política y social. Se mueve entre dos grandes polos de nuestra cultura, Marx y Freud. Formaron parte del movimiento surrealista, entre la década de los 20 y la de los 40, Breton, Aragon, Soupault, Éluard, B. Péret, R. Char, A. Artaud, P. Reverdy, R. Crével, R. Desnos, R. Daumal, R. Queneau y otros.
André Breton (1896-1966) fue el creador del surrealismo, aventura que vivió como una experiencia existencial. Experimento con la escritura automática.
Tras la Segunda Guerra Mundial destacan poetas como Francis Ponge, André Frénaud y Henri Michaux. Vuelve el surrealismo con Ph. Soupault y A. P. de Mandiargues. La búsqueda poética se convierte en ejercicio estilístico para Queneau, majestuosidad para S.-J. Perse, misterio para René Char y búsqueda desesperada del ser para H. Michaux y F. Ponge.
El siglo XX es el de la muerte del teatro popular en Francia. A cambio, se produce una renovación de la escenificación y la interpretación teatral con dramaturgos como Jean Giradoux, Paul Claudel J. Copeau, Jean Cocteau, Jean Anouilh, Armand Salacrou y Henri de Montherlant. En la segunda mitad del siglo el nuevo teatro se inspira en Brecht, Adamov y Gatti; solicita la participación militante del espectador.
Las caricaturas barrocas de Jacques Audiberti y los ritos profanadores de Jean Genet responden a las parábolas escatológicas de Beckett y al mundo en ruinas de Ionesco. Cercano al teatro del absurdo creado por éste último se halla Francisco Arrabal.
Samuel Beckett (1906-1989) premio Nobel, escribió indistintamente en inglés y en francés. *Esperando a Godot* pone en el escenario un enigma sin sentido. Propone su búsqueda de forma cada vez más desgarrada, hasta llegar al extremo del silencio.

La novela moderna
A principios de siglo vive con fuerza, entre las cenizas del naturalismo, el género narrativo. Y se manifiesta en una variedad de registros tal que, sin lugar a dudas, la novela se convierte, a lo largo de todo el siglo XX, en el vehículo literario preferido por los grandes creadores. Tiene además una fuerte carga ideológica. Mientras perdura el prestigio de Anatole France, Paul Bourget y otros, surgen autores como Romain Rolland, intérprete de las inquietudes de la época frente a la crisis de la civilización. La novela es completamente renovada por Marcel Proust y por André Gide, que no teme desvelar los engranajes de la narración y contarlos al lector. En la vasta producción novelesca de la primera mitad de siglo hay una corriente cristiana, en la que se cuentan Francois Mauriac y Georges Bernanos, autores de investigación psicológica y de sombrío realismo. Entretanto se abre camino un ansia de compromiso moral y político de orientaciones muy diversas: Henri de Montherlant, Julien Green, Romains, Duhamel, Saint-Exupéry, André Malraux y Martin du Gard.
En la literatura femenina destaca Colette.
En los años 40, la destrucción del lenguaje y la descomposición de la existencia se revelan en la obra de dos grandes literatos; Louis Ferdinand Céline y Jean-Paul Sartre. El existencialismo de Sartre, como el de Camus, domina la literatura de la posguerra.
También en esta época aparece Simone de Beauvoir, compañera intelectual de Sartre y notable escritora.
En líneas generales, a pesar de la inmensa producción de obras narrativas estimulada por la existencia de grandes premios como el Goncourt establecido en 1903, en la literatura francesa se percibe,

1

2
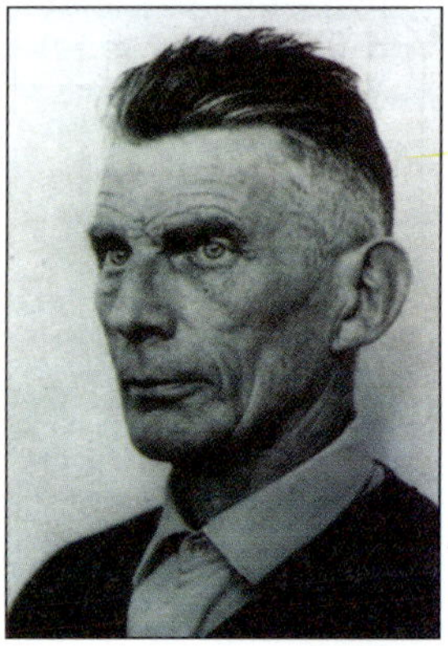

sobre todo en la segunda mitad del siglo, un lento e irresistible ascenso de la crítica, que amplía sus limites hasta convertirse en el discurso creativo por excelencia. En él confluye todo el conocimiento de nuestro tiempo: semiología antropología, sociología, psicología, existencialismo, etcétera.
Entre los novelistas la situación incómoda del hombre en la existencia es el gran descubrimiento moderno y el inicio de una nueva forma literaria. El hombre ya no es considerado en sí mismo, sino a través de los objetos que le rodean. Así, los gestos y palabras se convierten en elementos meramente decorativos y la novela, en un riguroso diseño geométrico.
Así inician Michel Butor, Nathalie Sarraute, Alain Robbe-Grillet y Marguerite Duras el camino del *nouveau roman*. Por otra parte, la novela se abre a la realidad social y vuelve al subjetivismo con autores como G. Serreau y M. Tournier.
Marcel Proust (1871-1922) es autor de *En busca del tiempo perdido*. Se trata de una extensa novela formada por siete partes. Gira en torno a una figura central, que es un doble yo: el del protagonista y el del narrador. Está construida de forma circular, de modo que el final de la novela recupera el tema tratado en el principio. Los temas giran en torno a la figura materna, el encanto de los lugares y de las personas, el análisis minucioso de las pasiones y de los celos, los dolorosos amores del protagonista.
Esta nueva modalidad narrativa se caracteriza por el

3

5

4

tiempo lento y el carácter introspectivo.
Anatole France (1844-1924), premio Nobel en 1921, escribió novelas un tanto volterianas y de gran repercusión: *La isla de los pingüinos, Los dioses tienen sed.*
André Gide (1869-1951) empieza a publicar desde joven textos de un apasionamiento sensual sorprendente. *La sinfonía pastoral* es una transposición del desgarro interior que le supone enamorarse de un joven. *Los monederos falsos* (1925), obra de gran complejidad, es una novela que examina los destinos de diversos personajes que gravitan en torno a un internado protestante. Su obra, amplísima, está complementada por textos autobiográficos e interesantes epistolarios. En 1947 recibió el premio Nobel.

Louis-Ferdinand Celine (1894- 1961) en su primera gran novela, *Viaje al fondo de la noche,* evoca las experiencias de la Primera Guerra Mundial. Es autor además de *Muerte a crédito* y de *De un castillo al otro.*
Louis Aragon (1897-1982), novelista y poeta, fue surrealista. Escribió poemas de amor admirables y novelas bien construidas como *Aniceto o el panorama, Aureliano* y *La Semana Santa.*
Jean-Paul Sartre (1905-1980), adalid del existencialismo, tiene una obra amplia y variada: novelas *(La náusea, El muro, La habitación Eróstrato, Intimidad* y *La infancia de un jefe),* teatro *(Las moscas),* tratados críticos, etc.
Le concedieron el premio Nobel en el año 1964, pero lo rechazó.
Albert Camus (1913-1960) es, con Sartre, el representante más característico del existencialismo. Escribió novelas como *El extranjero y* tratados como *El hombre rebelde*. En él la reflexión existencialista acaba descubriendo que sólo rebelándose puede el hombre dar sentido a un mundo dominado por el sin sentido. Recibió el premio Nobel en 1957.
Boris Vian (1920-1959) es autor de obras poéticas y narrativas teñidas de un humor surrealista *(El otoño en Pekín, La hierba roja). La espuma de los días* es una tiernísima historia de amor.
Claude Simon (1913), uno de los máximos representantes del *nouveau roman,* impregn sus obras de un estilo hermético y de una preocupación formal centrada en la imagen estática, apartándose de los moldes clásicos del relato. *Historia, La ruta de Flandes, Lecciones de cosas* o *La invitación* le hicieron merecedor del premio Nobel de 1985.

1. *André Breton fue el creador, definidor y teórico del movimiento plástico y literario surrealista. (Portada del primer manifiesto.)*

2. *Samuel Beckett creó un universo literario y dramático propio caracterizado por la presencia obsesiva del absurdo y de la nada.*

3. *El conocimiento del mundo de Marcel Proust es hoy posible gracias a la publicación de su inmensa correspondencia, de la que se ilustra la portada de las cartas inéditas entre 1903 y 1922.*

4. *La novelística de Anatole France, dominada por actitudes racionalistas, tiene pocos contactos con el desarrollo de la literatura moderna.*

5. *Albert Camus es, con Jean-Paul Sartre, el principal definidor de la aplicación de los conceptos existencialistas a la literatura narrativa.* (*Portada de* El extranjero).

Italia: de la Edad Media al Barroco

Literatura de la Edad Media

La literatura en lengua italiana es la más tardía de las románicas, pues hasta el siglo XIII toda la literatura italiana está escrita en latín, provenzal o francés. En el siglo XIII nace la lírica de inspiración religiosa y popular con san Francisco de Asís. En su *Cántico de las criaturas* el Sol, la Luna, las estrellas y los cuatro elementos cantan y glorifican a Dios con amor y sencillez. En Sicilia nació una escuela poética impulsada por la adopción del italiano como lengua literaria por san Francisco y sus seguidores. Sus obras son imitación de las piezas trovadorescas provenzales.

Otra escuela surgida en Italia en el siglo XIII es la del *dolce stil novo,* que influirá en Dante y Petrarca. Se caracteriza por su dedicación al amor y a la naturaleza. El amor, tendencia hacia Dios, sublima a la mujer, convirtiéndola en criatura celestial. En cuanto a la naturaleza, está presente en sus formas más amables: prados floridos, arroyos susurrantes, etc. Formalmente es una poesía suavemente melódica y con rimas sencillas y musicales.

1

Tres grandes poetas del siglo XIV

Dante Alighieri

(1265-1321), florentino, tuvo una esmerada educación e intervino en la política de su ciudad, de la que fue desterrado. *La vida nueva* es una colección de sonetos y canciones dedicada a una dama idealizada, Beatriz. La gran obra de Dante es *La divina comedia,* grandioso poema alegórico, filosófico y moral que resume la cultura cristiana medieval. Su estructura reproduce las concepciones cosmológicas y teológicas de la época. Es una obra de rica simbología mística: Beatriz, convertida en idea espiritual tras su muerte, personifica la Teología o sabiduría divina, con la que el Alma transita las vías de la Razón hasta alcanzar la Gracia y la unión con Dios.

Pero todo ello está impregnado de las ideas y creencias de Dante, de sus recuerdos y esperanzas, de sus amores y odios, de la poderosa inspiración y la personalidad de este formidable escritor.

Francesco Petrarca

(1304-1374) vivió más de cuarenta años en Francia. Fue muy celebrado en vida sobre todo por su obra latina, dedicada a trabajos filosóficos y eruditos que hacen de él un precursor del humanismo. Pero más importante es su obra poética en italiano, sobre todo el *Cancionero.* En la primera parte («In vita de Madonna Laura») canta con pasión y belleza impecable su amor a Laura, que ya no es, como en la poesía anterior, un ente ideal, sino un ser real y vivo.

La segunda («In morte de Madonna Laura») es el grito de un amor desdichado y está llena de melancolía y de tristes recuerdos amorosos. En definitiva, la meditación sobre la muerte y el paso inexorable del tiempo introduce la aspiración a la eternidad.

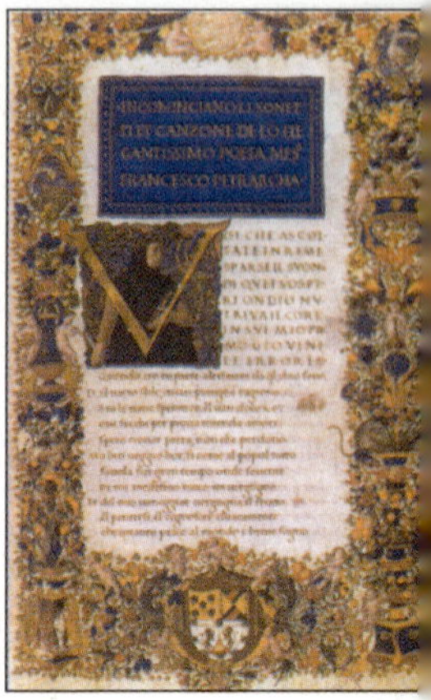
2

Giovanni Boccaccio

(1313-1375) es el gran narrador del siglo XIV. En su juventud escribió principalmente obras literarias y poéticas en italiano, mientras que en su vejez predominan las obras latinas de erudición y poesía. La principal creación de Boccaccio es el *Decamerón.* Se trata de una colección de cien cuentos narrados para entretenerse por siete doncellas y tres jóvenes que han huido de Florencia, asolada por la peste. Es un conjunto de leyendas, anécdotas, cuentos y novelas de variada procedencia y maravillosamente enraizado en la realidad de la época. De este fresco social, pintado con gran realismo, se desprende todo un arte de vivir. Por su maestría en las descripciones, por su penetración psicológica, por su arte de contar, Boccaccio es el primer gran narrador moderno.

Prosa del renacimiento

Italia es la cuna del renacimiento, que nace gracias a la protección de los príncipes italianos y de los papas. El prodigioso desarrollo alcanzado por las letras va acompañado de la aparición de numerosos

mundo, *La posadera* y *El abanico*. **Vittorio Alfieri** (1749-1803), cantor de la libertad, es autor de notables tragedias neoclásicas a la francesa: *Orestes, Antígona* (de tema grecolatino), *Saúl* (de tema bíblico), *Filipo, María Estuardo, Don García* (de tema histórico). **Pietro Metastasio** (1698-1782) lleva a su perfección los aspectos literarios de la ópera, nacida en el siglo anterior *(La clemencia de Tito, Temístocles)*.

3

Entre los prosistas sobresalen el teórico de la estética **Ludovico Muratori** (1672-1750), autor del tratado *De la perfecta poesía italiana,* y el filosofo de la historia **Giambattista Vico** (1668-1744).

4 5

escritores, que abren nuevos géneros literarios o desarrollan elementos de los géneros precedentes.

Tal es el caso de **Jacopo Sannazaro,** que inicia con su *Arcadia* la novela pastoril, inspirada en Virgilio, Teócrito y Boccaccio. Los dos grandes tratadistas son Maquiavelo y Castiglione. **Maquiavelo** escribió numerosas obras, entre las que destaca *El príncipe,* tratado político en que afirma que el gobernante debe subordinar su conducta al éxito político. **Baltasar de Castiglione** es autor de *El cortesano,* manual del perfecto caballero renacentista, a quien se exige ser culto, elegante, hábil, de gusto exquisito y además buen soldado. Los principales humanistas italianos son Lorenzo Valla, Marsilio Ficino y Pico della Mirandola.

Poesía renacentista

En el campo de la poesía épica, que imita a Homero y Virgilio, sobresalen Ariosto y Tasso. **Ludovico Ariosto** (1474-1533) es autor del *Orlando furioso,* obra maestra en su género que influiría poderosamente en la poesía europea. El motivo central está basado en las guerras de Carlomagno contra los infieles. Ariosto narra las aventuras del personaje principal, con las que enlaza hábilmente las acciones secundarias. El dominio del arte literario se aprecia sobre todo en las descripciones de batallas y paisajes, en el estudio psicológico de los personajes, sobre todo de Angélica, protagonista femenina, y en el humor de que hace gala el autor.

Torcuato Tasso (1544-1595) es, sobre todo, autor de la *Jerusalén liberada.* Esta larga epopeya, de gran complejidad compositiva, se basa en la primera cruzada, emprendida en el siglo XI por Godofredo de Bouillon para conquistar Jerusalén. En este contexto se inscriben las aventuras bélicas y amorosas, en las que Tasso intercala abundantes episodios secundarios. La *Jerusalén liberada* es el primer intento de conciliar la épica clásica con la poesía cristiana.

El barroco y la ilustración

El poeta clasicista italiano más apreciable es **Vincenzo Monti** (1754- 1828), poco innovador. A él se deben unas *Odas,* una obra contra la Revolución francesa *(Basvilliana)* y un elogio de Napoleón *(El bardo de la selva negra)*.

En el campo teatral destacan Goldoni y Alfieri. **Carlo Goldoni** (1707-1793) en su reacción contra la comedia del arte crea el teatro italiano moderno. De entre su extensa obra hay que citar *El hombre de*

1. *Miniatura italiana del siglo XIV que representa un pasaje de* La divina comedia *en que un ángel conduce a seis almas a la presencia de Dante, Virgilio y Catón.*

2. *Precioso manuscrito que recoge parte de la lírica amorosa en lengua italiana del poeta y humanista Francesco Petrarca.*

3. *Representación pictórica de un cuento del* Decamerón, *de Giovanni Boccaccio por Botticelli.*

4. *Retrato de Maquiavelo, principal tratadista político del* renacimiento italiano.

5. *Portada de la edición española publicada en 1556 de* Orlando furioso, *la principal obra del poeta renacentista italiano Ludovico Ariosto.*

Literatura italiana en los siglos XIX y XX

El romanticismo italiano
La literatura italiana no abandona su sólida tradición clasicista y el romanticismo se expresa particularmente en el fervor patriótico en pro de la unidad y libertad de la nación. A esta actitud corresponde un movimiento político, el *Risorgimento.* Tres son las figuras literarias más notorias del romanticismo italiano: Foscolo, Manzoni y Leopardi.
Ugo Foscolo (1778-1827) vive intensamente las controversias políticas de su tiempo y muere expatriado. Su obra más conocida es la novela epistolar *Últimas cartas de Jacopo Ortis;* este melancólico personaje, que es un patriota decepcionado, acaba suicidándose.
Alessandro Manzoni (1785-1873) también toma parte activa en favor de la unidad e independencia de Italia. Su obra es diversa y múltiple. Lo más famoso de ella es una novela histórica escrita a la manera de Walter Scott: *Los novios.* El idilio entre Renzo y Lucía le sirve como pretexto para narrar los sucesos de la guerra de los Treinta Años.
Giacomo Leopardi (1798-1837) es uno de los más grandes poetas italianos. Su obra lírica no es muy extensa; los *Cantos* se caracterizan por una actitud pesimista expresada con grandeza de ánimo y una forma clásica impecable. En la poesía de Leopardi conviven un lirismo romántico y una visión materialista.
El poeta propone que el hombre, al constatar la fugacidad de las cosas, rechace toda solución consoladora y asuma con lucidez su condición.

El siglo XX: poesía y teatro
Giuseppe Ungaretti (1888-1970) es un caso modélico de escritor que, partiendo de sus vivencias personales, construye una obra de alcance universal. Aunque su estilo es contenido y conciso, sus temas son desbordantes: la experiencia de la guerra, el sentimiento del paso del tiempo, los límites del hombre, etc. En *El dolor* canta, con versos estremecedores, la muerte de su hijo. Por lo general la poesía de Ungaretti es autobiográfica; el poeta hurga en su vida para hallarle el sentido y expresarlo por medio del poema. De entre sus abundantes obras cabe citar *Relato de Palinuro, La alegría de los náufragos, Vida de un hombre, Un grito y unos paisajes* y *La tierra prometida.*
Eugenio Montale (1896-1981) rompe singularmente en su primer libro, *Huesos de sepia* con el énfasis y la erudición de la poesía italiana del momento. Montale, de estilo lacónico, se ciñe a lo esencial (visiones de pájaros, paisajes áridos). Su vasta cultura le permite conocer el mundo de la vanguardia literaria europea poco visible en la Italia fascista. El régimen le obliga a abandonar un puesto que ocupaba y, a lo largo de su dilatada vida, escribe, publica, trabaja como periodista y manifiesta sus preocupaciones por los acontecimientos contemporáneos. En 1975 le fue concedido el premio Nobel.
La figura más destacada en el campo del teatro es **Luigi Pirandello** (1867-1936), autor de dos centenares de relatos y de siete novelas, se le concedió el premio Nobel en 1934. La más famosa, *El difunto Matías Pascal,* representa el cambio de identidad del protagonista, dado por muerto tras un accidente. Pero Pirandello es conocido sobre todo por su obra teatral, compuesta por comedias que suponen una reflexión sobre el ser humano y sus apariencias. Generalmente presenta al hombre como alguien obligado a desempeñar un papel. Su obra más afamada es *Seis personajes en busca de un autor.* En ella el drama nace de la necesidad ineludible de los protagonistas de ser personajes de comedia. A partir de esta situación Pirandello construye toda una dramaturgia en que la ilusión realista se borra para dar paso a un mundo teatral que prevalece sobre la vida. Los personajes conquistan su libertad cuando huyen del autor; al mismo tiempo, el director y el actor se distancian del texto de la obra. A estas situaciones se añaden los problemas de la incomunicabilidad y del absurdo. Pirandello es el autor dramático que mejor ha logrado crear el teatro dentro del teatro.

1

2

3

Narrativa del siglo XX
Las figuras capitales de la narrativa de la posguerra italiana están ligadas, en mayor o menor medida, al movimiento neorrealista.
Giovanni Papini (1881-1956) autodidacta, polemista vehemente y amigo de la paradoja, fue un escritor de gran viveza y capacidad de renovación. *Un hombre acabado* refleja sus magníficas condiciones de escritor. Tras pasar por el futurismo evoluciona

hacia una visión religiosa de la existencia *(Historia de Cristo). Gog* es un libelo contra la cultura europea; *El diablo* suscitó ardientes controversias.

Giuseppe Tomasi di Lampedusa (1896-1957), descendiente de una familia aristocrática de Palermo, perteneció a un mundo de ricos terratenientes. Su actividad literaria fue tardía y de publicación póstuma: *Relatos, Lecciones sobre Stendhal* y sobre todo, *El gatopardo,* publicada en 1958. Es la crónica de la vida de una familia de la nobleza siciliana en la época de las luchas por la unidad de Italia. La actitud del narrador es admirable: desde su observatorio, instalado en el tejado de su palacio, Lampedusa no observa tanto una sociedad despreciable como las estrellas cuya trayectoria calcula.

4 5

Alberto Moravia (1907-1990) es autor de una dilatada obra. Su narrativa es una incisiva descripción de la sociedad a la deriva, que ha perdido sus valores morales y que zozobra en el aburrimiento, el placer o la indiferencia. En *Los indiferentes* narra, en un ámbito de sensualidad sórdida la historia lamentable de una viuda sometida con sus dos hijos a una aventura vulgar y egoísta. Otras novelas suyas, como *La campesina,* también presentan a seres vulnerables. Sus obras posteriores se acercan más a la novela experimental. Para Moravia lo esencial no es la anécdota, que considera reductora, sino los estados de conciencia inherentes a las dificultades de la existencia y a las inquietudes interiores.

Cesare Pavese (1908-1950) se interesó desde joven por la literatura norteamericana, de la que hizo diversos estudios y traducciones. De ello sacó importantes conocimientos sobre el arte narrativo. Con la llegada del fascismo Pavese sufre el exilio. De esta experiencia nace su primera novela, *La cárcel.* Entre 1940 y 1944 publica tres novelas, *Allá en tu aldea, El hermoso verano* y *La playa.* Emprende en este período una reflexión sobre el mito como dimensión intemporal. Tras muchas dudas, en 1945 ingresa en el partido comunista. En *El compañero* subraya la importancia de la acción. Pavese va entrando en una dinámica intelectual y afectiva de insatisfacción que le conduce al pesimismo.
La omnipresencia de la muerte en sus dos últimas novelas *(Mujeres solas* y *La luna y las fogatas)* así lo pone de relieve. Refugiado en el silencio, se suicidó en un hotel de Turín.

Italo Calvino (1923-1985) es uno de los grandes novelistas italianos. Su obra principal es la trilogía *El vizconde demediado, El barón rampante* y *El caballero inexistente.* Se trata de una gigantesca parábola, novela moral y realista a un tiempo, que critica la democracia cristiana italiana, pero de más largos alcances. El estilo vanguardista de expresión le aseguro el éxito. Luego Calvino, hombre de grandes conocimientos literarios, dedicó su esfuerzo a la edición y a la traducción, para volver a la postre a la literatura de creación: *La jornada de un interventor electoral, Las cosmicómicas, Las ciudades invisibles, Si una noche un viajero.*

Vasco Pratolini (1913-1991) fue un novelista autodidacta dramaturgo y guionista cinematográfico.
Sus novelas son crónicas de los barrios florentinos que reúnen la sordidez de las condiciones de vida y la luminosa esperanza de sus habitantes: *La calle de los almacenes, El barrio, Crónica familiar, Una historia italiana.*

1. *El italiano Ugo Foscolo, prototipo de la melancolía romántica (Retrato por A. Appioni, Pinacoteca de Brera, Milán.)*

2. *Alessandro Manzoni, maestro de la novela romántica en Italia.*

3. *La experimentación formal del poeta italiano Giuseppe Ungaretti ha tenido una enorme influencia sobre la lírica italiana contemporánea.*

4. *La poesía de Eugenio Montale es una búsqueda de los contactos entre la vida cotidiana y las auténticas esencias que se ocultan en ella.*

5. *Luigi Pirandello, dramaturgo y narrador, es un investigador incansable de las relaciones entre el hombre y sus representaciones teatral y literaria.*

De la Edad Media inglesa al siglo XVIII

Literatura medieval: Chaucer
Hasta el siglo XIV la lengua dominante en la corte inglesa es el francés, y las actividades literarias se desarrollan en esta lengua y en latín. Tras los primeros balbuceos literarios en inglés a lo largo de los siglos XII y XIII, a mediados del siglo XIV Chaucer da un impulso definitivo a este idioma como lengua literaria.
Geoffrey Chaucer
(h. 1340-1400) fue sucesivamente soldado, diplomático, hombre de negocios y alto funcionario. Su obra de madurez son los *Cuentos de Canterbury,* una serie de fábulas, relatos piadosos, novelas breves, sátiras y elogios. Los narradores son unos peregrinos que representan a las distintas clases sociales.
Temas y elementos italianos, franceses y medievales, aparentemente dispares, están cimentados por la personalidad de Chaucer, defensor de los valores de la vida.

La prosa del renacimiento
La llegada del renacimiento a Inglaterra fue tardía. La época de plenitud de las letras renacentistas inglesas coincide con el reinado de Isabel I (1558-1603), por lo que, en este sentido, suele hablarse de literatura isabelina. Los prosistas más notables del renacimiento inglés son Lyly, Bacon y Robert Burton. A **John Lyly** (h. 1553-1606), dramaturgo y novelista, se debe la novela *Euphues,* que tiene por tema la educación. Las características de su estilo, el eufuismo, son la ornamentación excesiva y el preciosismo formal. **Sir Francis Bacon** (1561-1626), creador de la investigación experimental *(Novum Organum, Ensayos),* es autor de una novela política, *La nueva Atlántida.*

El teatro isabelino: Shakespeare
El teatro, género poco cultivado en el primer renacimiento, resurge poderosamente en la Inglaterra isabelina. De entre los numerosos dramaturgos de esta época hay que citar a Christopher Marlowe *(El doctor Fausto, El judío de Malta)* y a Ben Jonson *(Volpone).* Pero sobre todos ellos sobresale la extraordinaria figura literaria de Shakespeare.
William Shakespeare
(1564-1616) fue autor, actor y empresario teatral. Además de escribir para la escena Shakespeare es un poeta lírico notable, como puede apreciarse en el largo poema *Venus y Adonis (su* primera obra conocida) y en los célebres *Sonetos.*
Son cuatro las etapas que se distinguen claramente en la obra de Shakespeare. A la primera corresponden los dramas históricos *Enrique VI, Ricardo III* y *Tito Andrónico,* así como las comedias *La fierecilla domada y La comedia de las equivocaciones.* Pero las mejores piezas de este período son *Los dos hidalgos de Verona,* comedia en que recurre por primera vez al tema de la muchacha disfrazada de chico, y *Trabajos de amor perdidos,*

1

2

ingeniosa comedia llena de poesía en que parodia los estragos de la edad.
En su segunda etapa Shakespeare domina ya plenamente los mecanismos teatrales y produce algunas de sus obras más hermosas. *Ricardo II, Romeo y Julieta* y *El sueño de una noche de verano,* obras de sorprendente intensidad poética, son, respectivamente un drama histórico, una tragedia y una comedia. En otros dos dramas históricos, *Enrique IV* y *Enrique V,* Shakespeare desarrolla un profundo estudio de los personajes y hace una de sus más felices creaciones cómicas, Falstaff. En *Las alegres comadres de Windsor* Falstaff hace el papel de pretendiente rechazado. A este segundo período corresponden también cuatro comedias con personajes principales del sexo femenino: *El mercader de Venecia, Mucho ruido para nada, Como gustéis* y *Noche de reyes.*
En el tercer período Shakespeare expresa cierta desilusión y pérdida de fe en la naturaleza humana.
Hamlet, Macbeth, El rey Lear y *Otelo* son cuatro tragedias que se caracterizan por la finura del bosquejo psicológico, el sabio análisis de los impulsos que mueven a los hombres y la profundidad de las reflexiones filosóficas. A este período pertenecen también tres tragedias de asunto romano: *Julio César, Antonio y Cleopatra, Coriolano* y dos obras de asunto griego: *Troilo y Cresida* y *Timón de Atenas.*
Cierran este período dos «comedias negras», así llamadas por la sordidez del argumento y lo repulsivo de los personajes: *Medida por medida* y *Bien está lo que bien acaba.*
En la última etapa Shakespeare parece vencer su profundo pesimismo y escribe varios

dramas novelescos dominados por una serena fe en el triunfo de la bondad sobre el mal. *Cimbelino, Cuento de invierno* y especialmente, *La tempestad* que cuenta una mágica historia de amor desarrollada en una isla encantada.

El barroco inglés: Milton John Milton (1608-1674) es la única figura descollante del período barroco en Gran Bretaña. Fue hombre de amplia cultura. A pesar de la ceguera que padeció desde 1650, toda su vida está marcada por una intensa producción literaria. Su obra más importante es *El paraíso perdido*, epopeya que narra la aventura de Adán y Eva, reflejo de la lucha entre los poderes sobrenaturales.

Poesía: del clasicismo al prerromanticismo

En Inglaterra el clasicismo francés no influyó tanto como en el resto de Europa. Los poetas más sobresalientes del siglo XVIII inglés son Pope y Thomson. **Alexander Pope** (1688-1744), católico en la Inglaterra protestante, destacó como traductor de Homero. Sus principales obras, de vivo ingenio satírico, son *El rizo robado, La dunciada* y las *Epístolas*. Pope expresa en verso, con elegancia y corrección, algunas de las ideas básicas de su siglo: el deísmo, el clasicismo y el optimismo. **James Thomson** (1700-1748) es autor de varias obras de teatro y, sobre todo, de un extenso poema inspirado en la naturaleza, *Las estaciones*.

3

El prerromanticismo como tendencia literaria nace en Inglaterra en el ámbito de la poesía. **James Macpherson** (1736-1796) publicó con gran éxito dos poemas épicos, *Fingal* y *Temora*, que presentó como obra de un antiguo poeta celta llamado Ossian. En sus personajes, líricos y sonadores, se exaltan los sentimientos primitivos, el amor y la venganza. Otro poeta típicamente prerromántico amante del patetismo fúnebre de la noche y de la luz de la luna es **Edward Young** (1683-1765), autor de las *Noches* o *Pensamientos fúnebres*. Melancólico y mortuorio es también **Thomas Gray** (1716-1771) en su célebre *Elegía en un cementerio de aldea*.

4

Prosa del siglo XVIII

En esta época se desarrolla en Inglaterra, con características propias, el género novelístico. Fueron muy populares Richardson *(Pamela, Clarissa)* y Goldsmith *(El vicario de Wakefield)*, autores de novelas sentimentales, aunque la posteridad ha valorado más a otros escritores. Fielding (*Tom Jones)* y Sterne *(Tristam Shandy)*, son grandes novelistas muy influidos por Cervantes maestros del humor y la ironía. Pero los grandes narradores en lengua inglesa del siglo XVIII son Swift y Defoe.

El irlandés **Jonathan Swift** (1667-1745), pastor protestante, escritor político y poeta, es conocido por la novela *Viajes de Gulliver*, que es una amarga sátira de la sociedad inglesa de su tiempo. Curiosamente, la versión expurgada de esta novela se ha convertido en un clásico de la literatura infantil.

Daniel Defoe (1660-1731) un escritor muy prolífico, es el autor de la novela *Robinson Crusoe*. Narra en ella las vicisitudes del joven Robinson, que corre diversas aventuras hasta naufragar y llegar a una isla desierta, donde permanece durante veintiocho años. Las enseñanzas morales de este relato, de extraordinaria amenidad, son la confianza en la providencia divina y la necesidad de defender la propia integridad.

1. *El protagonista de* Macbeth *de Shakespeare, con las brujas. (Cartel de publicidad para una representación de 1914.)*

2. *Escena de* Hamlet, *de Shakespeare: Ofelia enloquecida. (Ilustración decimonónica de Deveria.)*

3. *Escena del* Viaje sentimental *y Lawrence Sterne, novelista inglés de infatigable vena humorística y satírica.*

4. *Ilustración de una escena de* Viajes de Gulliver, *de Jonathan Swift. (Gulliver, en el país de los enanos, grabado español de finales del siglo XIX).*

La literatura anglosajona en el siglo XIX

Poesía romántica
La literatura inglesa tiene una notable tradición de libertad formal, especialmente patente en su gran maestro del idioma, Shakespeare. Añádase a esto, en el siglo XVIII, la escasa influencia del neoclasicismo y la fuerte presencia de poetas prerrománticos, como Ossian; todo ello prepara el camino para la aparición de los primeros poetas del romanticismo.

Los primeros románticos
William Wordsworth (1770-1850), instalado en el campo, empezó a escribir poesía en colaboración con su amigo y vecino Coleridge. De esta época son las *Baladas líricas,* y algo posteriores *El preludio* y *La excursión.* En estas obras hay unas descripciones de la naturaleza admirables por su calidad literaria y por su tono de autobiografía lírica. La poesía de esta etapa inicial de Wordsworth, que es una de las primeras manifestaciones plenas del romanticismo, despertó el entusiasmo del público lector.
Samuel Taylor Coleridge (1772-1834) colabora con Wordsworth en las *Baladas líricas,* obra que marca el nacimiento del romanticismo inglés. Posteriormente escribió obras en prosa: *Biografía literaria, Charlas de sobremesa,* etc. Su gloria literaria procede de tres poemas extraordinarios: *La balada del viejo marinero, Christabel y Kubla Khan.* A estos dos poetas hay que añadir a **Robert Southey** (1774-1843), cuya obra es más interesante por el colorido de la forma que por la inspiración poética.

1

Walter Scott
Este escritor escocés (1771-1832) es el gran cultivador de la novela histórica. En su vida literaria suelen distinguirse cuatro etapas: en la primera se dedica a la traducción; en la segunda a la poesía *(Cantos populares de la frontera escocesa, Canto del último trovador, Marmion* y, sobre todo, *La dama del lago);* en la tercera a la novela histórica *(Waverley, La novia de Lamermoor, Guy Mannering, El anticuario* y especialmente *Ivanhoe,* que es su novela más famosa, y *Quintin Durward);* y en la cuarta se dedica a obras de diverso tipo, especialmente históricas.

Los últimos románticos
George Gordon Byron (1788-1824), de vida tan exaltada y turbulenta como su obra, es el prototipo del poeta romántico. En 1812 escribe los dos primeros cantos de *La peregrinación de Childe Harold,* diario poético que refleja los estados de ánimo que atraviesa a lo largo de ocho años. Sigue publicando una serie de poemas que aumentan su celebridad *(El infiel, Lara, El corsario).* Con *Manfred* inicia su producción teatral, a la que con el tiempo se añaden otros siete dramas. Entre 1818 y 1823 escribe *Don Juan,* obra satírica de tono burlesco.
Percy Bysshe Shelley (1792-1822), tras una agitada vida sentimental, a los veinticuatro años, con una tuberculosis declarada, decide instalarse en Italia, donde muere ahogado. En el poema narrativo *La rebelión del Islam* aparecen los temas predilectos de Shelley: la búsqueda de la relación con sus semejantes, la importancia del amor y la fragilidad de la libertad. Beatriz, la protagonista de su tragedia *Los Cenci,* hace asesinar a su padre para escapar a su amor incestuoso y liberar a los demás de su despotismo. El drama lírico *Prometeo liberado* es plenamente romántico. Hacia 1820 da a conocer los poemas que más fama le han valido: *Oda al viento del oeste, La nube* y *Oda a una alondra,* que reflejan con intenso lirismo su visión cósmica del mundo. Una de sus últimas obras es *Adonais,* inspirada en la muerte de su amigo el poeta Keats.
John Keats (1795-1821) abandonó la medicina a los veintidós años y publicó su primer volumen de *Poemas.* Tres años más tarde, ya seriamente afectado por la tuberculosis, publicó una serie de poemas escritos en rápida sucesión, entre los que se hallan algunos de los más hermosos de la lengua inglesa: *A Psique, A un ruiseñor, A una urna griega, La belle dame sans merci, Hiperión,* etc. La poesía de Keats viene a ser

2

3

un culto incontaminado y puro a la belleza y el arte. Su arte, sencillo, sensual y apasionado, busca la belleza por sí misma.

Narrativa anglosajona del siglo XIX

La tendencia realista se generaliza también en el mundo de habla inglesa, que produce a lo largo del siglo XIX una pléyade de excelentes novelistas. Los más notables son: en Inglaterra, Dickens, Stevenson, Wilde, Thackeray, las hermanas Brontë y Kipling; y en Estados Unidos, Hawthorne, Henry James, Twain, London y Melville.

Charles Dickens (1812-1870) publicó la casi totalidad de su amplísima obra por entregas, cosa usual en la época. En sus novelas denuncia frecuentemente al poder político y a los ricos engreídos y especuladores. En él, el pensamiento idealista y la novela sentimental se unen para conmover la sensibilidad del lector y despertar su conciencia moral. El realismo de Dickens no es sombrío y negativo, sino amable y sonriente, lleno de humor. Sus mejores relatos tienen por héroes a niños y tipos extravagantes. Su obra más apreciada es *Los documentos póstumos del club Pickwick*.

4

Esta obra maestra del humor y de la ternura presenta al señor Pickwick, sabio distraído que viaja por Inglaterra. Dickens es un maestro de las narraciones protagonizadas por niños *(Tiempos difíciles, Oliver Twist)*. En ellas refleja su propia infancia desgraciada, con lo que la narración alcanza el vigor y el colorido de los autobiográfico. Fustiga con insistencia a una sociedad insensible al abandono de los niños y a los sufrimientos de los indigentes.

El escocés **Robert Louis Stevenson** (1850-1894) utiliza con perfecto dominio las técnicas narrativas realistas para crear las más perfectas novelas de aventuras de su siglo, sólo comparables a las del americano Jack London. Inicia su carrera literaria con algunos libros de viajes. Posteriormente se dedica a escribir con prosa fresca y cuidada diversas novelas de aventuras ambientadas en el pasado: *Raptado, La flecha negra, El señor de Ballantrae, Catriona* y, sobre todo, *La isla del tesoro. El extraño caso del doctor Jekyll y Mr. Hyde* es un notable análisis de un desdoblamiento de personalidad.

Oscar Wilde (1854-1900) es autor de algunos de los diálogos teatrales más chispeantes de la literatura inglesa. Hombre inteligente, amigo de la paradoja, culto y dotado de una cáustica ironía y un feliz ingenio, cultivó el ensayo, la poesía, el teatro, el cuento y la novela. En su obra narrativa destacan *El retrato de Dorian Gray* y sus delicados cuentos. Pero Wilde debe su éxito, sobre todo entre sus contemporáneos, a tres obras de teatro basadas en un dialogo vivo, agudo e ingenioso: *El abanico de lady Windermere, Una mujer sin importancia* y *La importancia de llamarse Ernesto.*

Henry James (1843-1916), nacido en Nueva York, pasa su vida entre Europa y América, por lo que uno de sus grandes temas es el cosmopolitismo, urgido de un profundo conocimiento de los dos continentes y de sus contrastes. A esta inspiración se deben *Europeos, Daisy Miller* y *Retrato de una dama.* Posteriormente escribe *Las bostonianas y* otras novelas, de tendencia más naturalista. Y ya a finales de siglo Henry James opera una prodigiosa transformación del arte de la novela. Según su técnica, el narrador es un testigo comprometido que va descubriendo los seres y las cosas poco a poco. *El secreto de Maisie y Otra vuelta de tuerca* tienen un virtuosismo técnico admirable. Esta maestría absoluta de su propio estilo se revela plenamente en sus últimas novelas, *Las alas de la paloma, Los embajadores y La copa dorada,* en que reaparece el tema internacional, ahora con una serenidad y una moderación nuevas.

1. La balada del viejo marinero *de Samuel Taylor Coleridge, es uno de los poemas más populares del romanticismo inglés. (Ilustración de G. Doré).*

2. *Percy Bysshe Shelley, el poeta romántico, visionario y enamorado de la libertad.*

3. *La crueldad con los niños es una constante de las novelas de Dickens. (Grabado de* Oliver Twist)

4. *Ilustración típicamente decadentista de Beardsley para la* Salomé *de Oscar Wilde, obra teatral escrita en francés para la famosa actriz Sarah Bernhardt.*

Los escritores de lengua inglesa en el siglo XX

Literatura británica
El nuevo teatro inglés del cambio de siglo es el de **George Bernard Shaw** (*Cándida, César y Cleopatra, pigmalión*), premio Nobel en 1925, que con inteligencia cáustica e implacable escepticismo denuncia la falsa buena conciencia burguesa. En los años 1930-40 intentaron reformar el teatro los autores del teatro poético (W. H. Auden, Ch. Fry y T. S. Eliot).
En la segunda posguerra aparecen los «jóvenes airados» herederos de las influencias continentales (Brecht, Artaud, Ionesco). Los más notables son Harold Pinter y **Samuel Beckett**, galardonado con el premio Nobel en 1969 y autor de varias obras de teatro en las que denuncia el absurdo de la condición humana (*Esperando a Godot*).
El sentir poético de las generaciones de los años veinte y treinta se halla representado por T. S. Eliot, Auden, Spender y otros. De ahí la vuelta al romanticismo imaginativo y febril de **Dylan Tomas** (*Defunciones y nacimientos*).
En cuanto a la narrativa sobresale **Joseph Conrad** (*Lord Jim*). Junto a los importantes logros de **Virginia Woolf** (*Noche y día. La señora Dalloway, Al faro, Orlando, Las olas*) aparecen figuras como **David Herbert Lawrence** (*El amante de lady Chatterley*), **Gilbert Keith Chesterton** (*El hombre que fue jueves*) e Ivy Compton-Burnett. Una gran figura aislada es el gran vanguardista **James Joyce** (*Ulises*). La narrativa de entre guerras presenta a autores como F. M. Ford, W. Lewis, **Aldous Huxley** (*Un mundo feliz, Contrapunto*), **Orwell** (*1984, Rebelión en la granja*), etc. Posteriormente florece una pléyade de grandes narradores: **Lawrence Durrell** (*El cuarteto de Alejandría*), A. Wilson, **Graham Greene** (*El factor humano, El tercer hombre, El poder y la gloria*). E. Waugh, **Malcolm Lowry** (*Bajo el volcán*), **William Golding** (premio Nobel en 1983 y autor de *El señor de las moscas*). I. Murdoch, A. Burgess, K. Amis, J. Osborne o A. Sillitoe.

Literatura de Estados Unidos: la primera mitad del siglo
En los años iniciales de la centuria corrieron por el país diversas doctrinas: naturalismo, realismo, expresionismo, siempre con la intención de describir los hechos materiales, a menudo terribles, y sacar a la luz las fuerzas despiadadas y amorales que dominan la vida social en un mundo sujeto a cambios rápidos debido a la industrialización. En este sentido hay que citar a **Theodore Dreiser** (*Una tragedia americana*), **Jack London** (*La llamada de la selva, Martin Eden, El silencio blanco*), **Stephen Crane** (*La roja enseña el valor*), **Upton Sinclair** (*La jungla*) y **Erskine Caldwell** (*El camino del tabaco*). A partir de 1918, con la llamada generación perdida, empieza propiamente hablando el siglo XX en la literatura estadounidense. Haciendo suyas las doctrinas literarias de **Gertrude Stein** (*Ser norteamericanos*), gran experimentalista, y de **Sherwood Anderson** (*Wynnesburg, Ohio*) aparecen novelistas y narradores tan vigorosos como **Ernest Hemingway**, galardonado con el premio Nobel en 1954, (*Por quién doblan las campanas, El viejo y el mar*), **Francis Scott Fitzgerald** (*A este lado del paraíso*), etc. Otro gran escritor de la época y premio Nobel en 1949, profundamente original creador de mundos propios, es **William Faulkner** (*El ruido y la furia, Mientras agonizo, Santuario, Los invictos*). **John Dos Passos** publicó una trilogía espléndida, *U.S.A.*

1

2

3

En la misma época el teatro norteamericano encuentra su propia fisonomía con **Eugene O'Neill**, galardonado en 1936 con el premio Nobel. En su obra (*El luto le sienta bien a Electra y Deseo bajo los olmos*), el dramaturgo hace profundos análisis de los problemas sociales, familiares y pasionales de la sociedad norteamericana. Grandes poetas son los expatriados **Thomas S. Eliot**, premio Nobel en 1948 (*Cuatro cuartetos*) y **Ezra Pound** (*Cantos*) creadores de nuevas formas y técnicas de verso. También son dignos de mención los poetas W. Stevens, W. C. Williams, R. Frost, H. Crane y E. E. Cummings. De entre los grandes escritores norteamericanos de esta época destacan: **Pearl S. Buck**, premio Nobel en 1938, autora de varios libros sobre China (*Viento del Este, Viento del Oeste, La buena tierra*) y **John Steinbeck**, premio Nobel en 1962 (*Las uvas de la ira, La fuerza bruta*).

Literatura estadounidense contemporánea

En la inmediata posguerra las figuras de Faulkner y Hemingway dominaron el panorama. A ellos se añadieron nuevos narradores que conocieron un inmenso éxito, como **James Baldwin** (*El hombre invisible*), **Saul Bellow** (premio Nobel en 1976 con Herzog), **Bernard Malamud** (*El barril mágico*), **Philip Roth** (*El lamento de Portnoy*), **Jerome David Salinger** (*El guardián entre el centeno*), **Vladimir Nabokov** (*Lolita*) y **Norman Mailer** (*Los desnudos y los muertos*). En la segunda mitad de la década de los cincuenta aparece la generación de la contracultura: **Jack Kerouac** (*En el camino*), **Allen Ginsberg** (*Aullido*) y **William Burroughs** (*Almuerzo desnudo*).

Otras literaturas anglófonas

La difusión de la lengua inglesa a través del imperio británico ha hecho que este idioma sea utilizado hoy en amplias áreas del mundo. Tal es el caso de Australia, Canadá, Nueva Zelanda y la India. En el área del Caribe también se ha extendido el inglés, fundiéndose con elementos culturales y lingüísticos africanos y americanos. En ciertos países del África negra también existe una literatura en lengua inglesa, así como en Sudáfrica.

Canadá, Australia y Nueva Zelanda

La literatura canadiense del cambio de siglo tuvo una generación de poetas románticos: I. V. Crawford, Charles G. D. Roberts, B. Carman, Duncan C. Scott y Edwin J. Pratt. A partir de 1920 a la novelística de tema rural sucede la urbana y contemporánea, con autores como Hugh MacLennan, Margaret Lawrence y Margaret Atwood son los autores posteriores más relevantes. En el campo del ensayo es importante la figura de Nothrop Frye.

En Australia merecen recordarse, en el campo de la narrativa, J. Furphy, H. H. Richardson, **Patrick White**, premio Nobel en 1973. (*El árbol del hombre, Tierra ignota, El carro de los elegidos*) y Christina Stead. Entre los poetas hay que citar a H. Lawson (también narrador), A. M. Klein y A. D. Hope.

La literatura de Nueva Zelanda se caracteriza por sus temas específicamente coloniales: aislamiento, individualismo y problemas de identidad cultural. Su gran figura literaria es **Katherine Mansfield** (*Felicidad, Preludio, La casa de muñecas, Fiesta en el jardín, El nido de las palomas*). Hay que citar también a Robin Hyde, D. Davin, F. Sargeson y Janet Frame.

La tradición anglo-india y otros escritores en lengua inglesa

Entre los autores indios hay que mencionar al narrador y ensayista K. Singh; **Rabindranath Tagore** premio Nobel en 1913 (*Cartas de un viajero por Europa, La casa y el mundo*); Salman Rushdie; M. R. Anand y **Rasipuram K. Narayan** (*El comedor de hombres, El guía*).

De la zona del Caribe procede una literatura enriquecida por el folklore. Destacan **Derek Walcott** de Santa Lucía, galardonado en 1992 con el premio Nobel, y **V. S. Naipaul** (*Miguel Street, Una casa para Mrs. Biswass, Guerrillas*).

Sudáfrica ha dado figuras como O. Shereiner, S. Plaatje, Peter Abrahams, Alex La Guma y Eskia Mphahlele, Sipho Sepamla, Wally M. Serote y Athol Furgad.

En la narrativa la figura descollante es **Nadine Gordimer**, premio Nobel en 1991 (*Mundo de extraños, Ocasión de amar, El conservador* y sobre todo. *La hija de Burger*).

4

5

1. *El irlandés George Bernard Shaw destacó como comediógrafo, narrador y ensayista. Cultivó concienzudamente un teatro de ideas basado en programas de regeneración social y lleno de confianza en la bondad y la racionalidad del hombre.*

2. *En su última etapa el estilo de Virginia Woolf, frío y transparente, revela la originalidad y la voluntad de abstracción de su obra narrativa. Estas peculiaridades acercan su prosa al lenguaje de la poesía.*

3. *Gertrude Stein, escritora norteamericana instalada en París, cultivó una literatura cercana a las inquietudes de las vanguardias europeas. (Retrato realizado por Picasso).*

4. *William Faulkner creó en sus novelas un mundo propio (el condado de Yorknapatawpha), espacio mítico dominado por el conflicto entre blancos y negros, entre pasado y presente, entre el bien y el mal.*

5. *Nadine Gordiner, escritora sudafricana de lengua inglesa, se caracteriza por su mirada crítica sobre la sociedad en que vive, basada en la barbarie racista.*

La literatura nórdica en el medievo y el renacimiento

Literatura medieval
Los primeros testimonios literarios alemanes están en lengua latina. Es importante la aportación de la monja **Rosvita** (h. 1000), autora de leyendas y de las *Comedias* en hexámetros latinos. Autor medieval de interés en Notker, de la escuela del monasterio de Saint Gall y traductor de *El libro de Job*. La épica germana primera tiene fuerte sabor rústico. De la poesía épica primitiva alemana, transmitida oralmente, sólo se conoce un fragmento del siglo IX. Entre los siglos XII y XIII aparece un poema épico grandioso, el *Cantar de los Nibelungos*. Su centro temático es la guerra, y la virtud más ensalzada la lealtad. La bárbara y suntuosa historia de amor y de muerte, en que la fiesta precede a la implacable venganza, permite al poeta, o más bien al recopilador, desplegar los mejores recursos de la poesía épica. El joven héroe Sigfrido se casa con Crimilda. En un torneo se hace pasar por Gunther, su cuñado y conquista para éste la mano de la princesa Brunilda. Ésta al enterarse del ardid manda matar a Sigfrido, Crimilda, poseída por la pasión de la venganza, dispone la muerte de Brunilda y su cómplice, Etzel (Atila), pereciendo también ella misma. Como sucede en la literatura provenzal francesa, aparece también en la lengua alemana el gusto por lo caballeresco y lo cortesano, que se aprecia en el *Parsifal* de **Eschenbach**; nace, así, toda la lírica alemana que imita a la provenzal. En cuanto al teatro, procede de las representaciones religiosas. No faltan piezas de poesía satírica, la más notable de las cuales es *Reinecke*. Figuras importantes del pensamiento y del misticismo son **Eckart** y **Tauler**. En un momento más adelantado de la Edad Media aparece en Alemania una serie de poetas «de oficio», como W. von der Vogelweide, que se reúnen gremialmente y que en su obra dan fe de las inquietudes de la época.
En cuanto a las literarias escandinavas, la Edad Media es el período de sus primeros balbuceos. En Suecia, Noruega e Islandia reina la llamada cultura norrena. En Suecia nacen las edades, cantares épicos de transmisión oral. En el siglo XVI aparece la figura de santa Brígida, que, aún escribiendo en latín, favoreció la creación de un ambiente propicio a la creación literaria en lengua sueca; las primeras creaciones fueran las baladas

1

2

3

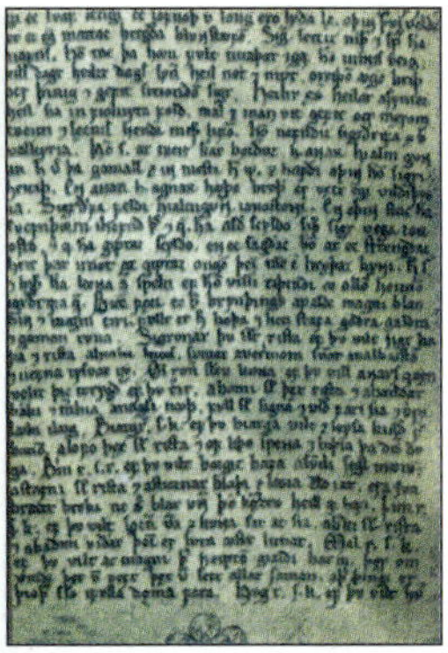

4

5

líricas. En Noruega, también inmensa en la cultura norrena, aparecen las inscripciones rúnicas en los siglos XI y XII.
Desde finales del siglo XIV, Noruega cae en el dominio cultural e idiomático danés y no hay una literatura noruega propia. En la literatura danesa, que también conoce sus inicios en la Edad Media, hay que señalar la existencia de textos jurídicos en danés en el siglo XIII y de abundantes traducciones en el siglo XV. En lo que a Finlandia se refiere, los inicios literarios fueron orales y las obras más características del medievo son los cantos.

Humanismo y reforma

El humanismo alemán no fue tan resuelto como el de los países latinos. Con todo, floreció el estudio e interpretación de los clásicos. Los grandes humanistas alemanes (Johannes Reuchlin, Ulrich von Hutten, Melanchton) eran espíritus abiertos y críticos que contribuyeron a la polémica de los reformadores atacando la corrupción del clero. El más grande de los humanistas no latinos es **Erasmo de Rotterdam** (h. 1467-1536), autor del *Elogio de la locura* y de los *Coloquios* y guía de los estudiosos en Europa. En esta órbita hay que situar a **Martín Lutero** (1483-1546), el gran reformador. En sus escritos domina un espíritu áspero y vigoroso. La sátira y la reforma de las costumbres están presentes en la concepción de *La nave de los locos*, de **Sebastian Brant** (1458-1521), en *Till Eulenspiegel* (relatos burlescos) y en *Los ciudadanos de Schilda*.
En cuanto a las literaturas escandinavas, el nacimiento de la literatura escrita lo marcan las fechas de traducción de la Biblia: Dinamarca, 1524 para el Nuevo Testamento y 1550 para el Antiguo Testamento; Suecia, 1526, para el Nuevo Testamento y 1541 para el Antiguo. Además, surgen en Suecia varios poetas petrarquistas, entre los que destaca L. Johansson.
La literatura noruega sigue perteneciendo al ámbito danés.

6

1. *La leyenda antigua germana más popular es* El cantar de los Nibelungos *(Grabado del siglo XIX, que representa la* Muerte de Sigfrido*).*

2. *Sigfrido forjando la espada mágica (Episodio de* El cantar de los Nibelungos*).*

3. *El interior del templo del Santo Graal, pasaje de* Parsifal *de Eschenbach.*

4. *Página del* Codex regius *del siglo XIII, que recoge las edades, poemas islandeses precristianos. (Biblioteca Real, Copenhague).*

5. *Xilografía de la primera edición de* La nave de los locos*, de Sebastian Brandt.*

6. *Erasmo de Rotterdam, príncipe de los humanistas, por Durero.*

Alemania y Escandinavia: del siglo XVII al XIX

1

2

3

El siglo XVII
En Alemania, la literatura de esta centuria destaca por ser de temática religiosa, que si bien dio una buena escala de líricos y místicos, también produjo gran cantidad de hojarasca piadosa. A **Angelus Silesius**, místico luterano con atisbos nihilistas, se deben las *Rimas espirituales*. Destaca en el campo meramente literario la figura de Grimmelshausen, autor de las *Aventuras de Simplicissimus* obra de tono picaresco que tiene por escenario la Alemania de la guerra de los Treinta Años. En lo que a las literaturas escandinavas se refiere, lo más destacado es la aparición de los historiadores daneses, entre los que sobresalen O. Worm y Th. Bartholoin.

Siglo XVIII: el clasicismo
La primera mitad del siglo XVIII es en Alemania de extrema penuria literaria. El predominio del gusto francés es tal que hasta la aparición de *La mesíada* de Klopstock no puede hablarse propiamente de una literatura nacional. La versión alemana a la Ilustración francesa es la *Aufklärung* (siglo de las luces). Autores destacados de este período son Klopstock, Lessing, Winckelmann y Wieland.
Friedrich Gottlieb Klopstock (1724-1803) obtuvo el reconocimiento de sus contemporáneos como autor de una epopeya religiosa y nacional, *La mesíada*, poema elegíaco y sentimental inspirado en la obra de Milton y en los Evangelios. Pero el principal representante alemán de la ilustración es **Gotthol Ephraim Lessing** (1729-1781). Por sus obras críticas y dramáticas, inspiradas en Shakespeare y en el teatro español, es considerado el liberador de la escena alemana. Sus obras dramáticas más destacadas son *Minna von Bamhelm, Emilia Gallotti* y *Nathan el sabio*. Otra figura importante de este período es **Johann Joachim Winchelmann** (1717-1768), fundador de la historia del arte (*historia del arte de la antigüedad*) y maestro de la estética dieciochesca.

Los prerrománticos
Del patriotismo literario alemán enfrentado a la *Aufklärung* nace un movimiento juvenil denominado *Sturm and Drang* (tempestad e impulso). Sus seguidores rechazan las reglas clasicistas y las normas que ponen trabas a la expresión de las pasiones, propugnan la vuelta a la naturaleza y proclaman la libertad en el arte y en los sentimientos.
Johann Wolfgang Goethe (1749-1832) es la figura más grande de la literatura alemana y una de las principales de la literatura universal. Es, además, de todos los poetas alemanes, el que resume su época con más exactitud y claridad. Nace en el ambiente culto de la burguesía protestante de Frankfurt. Estudia Derecho y cultiva su gusto por las ciencias y artes. La influencia de Shakespeare le inspira el drama *Goetz de Berlichingen*, en que manifiesta el espíritu de libertad que a la sazón reinaba en Alemania. A partir de esta obra Goethe toma los argumentos del fondo de su espíritu. *Los sufrimientos del joven Werther*, novela epistolar, narra un amor sin salida que acaba en suicidio. Su influjo en Alemania, y en toda Europa, es enorme. Otro drama suyo, *Egmont*, es un canto a la libertad. A los veintiséis años inicia su carrera política. La expresión más pura de su entusiasmo por la antigüedad es el drama *Ifigenia*. Las obras de sus últimos años, en que se funden la serenidad clásica y la pasión romántica, son *Wilhelm Meister* (Una especie de confesiones noveladas, en que se incluye el relato autónomo de *Las afinidades electivas*), *Hermann y Dorotea* (poema de ambientación contemporánea) y, sobre todo el *Fausto*, Goethe recoge la leyenda medieval del doctor Fausto, que hace un pacto con el diablo para sobrepasar los límites del saber, recuperar la juventud y lograr el amor de Margarita. El estilo de Goethe no puede definirse en unas pocas líneas. Pasa, sucesivamente, por el *Sturm and Drang*, por el clasicismo helénico y por la búsqueda de lo suprasensible. Puede decirse que fue, alternativamente, un clásico y un romántico.
Friedrich von Schiller (1759-1805) publica en 1780 su primera obra teatral, *Los bandoleros*, inspirada por el amor a la libertad y los sentimientos heroicos. Otro drama, *La conjuración de Fiesco*, expone la idea de que el Estado debe obstaculizar lo menos posible la libertad individual. Inicialmente, en *Don Carlos* describe la pasión desesperada del hijo de un déspota, Felipe II de España, y la corrupción de su familia. Tras estas obras de juventud escribe diversos trabajos sobre estética (*Cartas sobre la educación estética del hombre*) e intenta definir las nociones del realismo e idealismo (*Sobre la poesía ingenua y sentimental*). En su obra poética hay hallazgos como el *Himno a la alegría* y *Los dioses de Grecia* (en que rechaza el cristianismo y magnifica la religión pagana). La amistad y colaboración literaria con Goethe marca el inicio de la segunda etapa de su vida, dedicada al teatro. En la trilogía de *Wallenstein* defiende una moral basada en la naturaleza. *María Estuardo* muestra el peculiar clasicismo de Schiller, más cercano a Shakespeare que al teatro francés. En su último drama, *Guillermo Tell*, Schiller logra la fusión de realismo e idealismo, de pensamiento y acción: la rebelión de este héroe tradicional tiene por fin una vuelta al orden moral. A finales de siglo publica las *Baladas* y *La canción de la campana*, obras poéticas que alcanzan gran celebridad.

El siglo XVIII en Escandinavia
En esta centuria, Noruega sigue bajo el dominio lingüístico danés, en Dinamarca destaca particularmente un polígrafo renovador de las letras: L. Holberg, en Suecia la personalidad más renombrada es el científico Carl von Linné y en Finlandia nace la Academia, institución que velará por el desarrollo de una literatura nacional.

El romanticismo alemán
En Alemania el romanticismo se impone con rotundidad gracias a la influencia de Schiller y Goethe y al surgimiento de las nacionalidades

4

5

6

propiciado por la invasión napoleónica. El genio romántico alemán se manifiesta sobre todo en la música y en la poesía lírica. Los hermanos **Wilhelm** y **Friedrich Schlegel**, críticos, traductores y poetas, son los teorizadores del romantícismo alemán, cuyas primeras manifestaciones aparecen en la revista *Athenäum*, publicada por ellos. El maestro de la prosa romántica alemana es el narrador **E. T. A. Hoffmann** (1776-1822), que crea en sus obras un peculiar realismo fantástico, y en sus relatos la irrupción de lo sobrenatural en el mundo real provoca un efecto de angustia hábilmente manejado. Sus *Cuentos*, de gran capacidad sugestiva, conservan su popularidad desde hace casi dos siglos.

Lírica romántica

La literatura del romantıcismo alemán es prodiga en grandes poetas líricos. Al primer romanticismo corresponden autores como Hölderlin, Novalis, Tieck, Chamisso y Richter. En una segunda generación romántica destaca la gran figura de Heinrich Heine. **Friedrich Holderlin** (1770-1843), preceptor de profesión, conoce en Jena a Goethe, Schiller y Herder, cuyas influencias asimila. Su obra es muy breve. La reflexión lírica le conduce a una exaltación de lo sagrado, representado en *El archipiélago,* poema de extraordinaria belleza por el mundo griego. **Novalis** (1772-1801), aunque descuidado en la forma, es un poeta de gran profundidad lírica. Concibe la figura del poeta como vidente y en su obra lo mágico tiene un papel fundamental. Sus principales obras son *Himnos a la noche* y la novela *Enrique de Ofterdingen*. **Heinrich Heine** (1797-1856) escribió su primer poema importante, *Intermezzo,* inspirado en un amor desgraciado. Sorprende la emoción y la sencillez con que trata el tema del amor no correspondido. Su gran obra lírica está recogida en *Libro de canciones,* una serie de poemas sombríos y pintorescos sobre el amor frustrado. En sus últimos años escribe el *Romancero* y un volumen de *Poesías,* reflexiones sobre la muerte y evocaciones del primer amor. Como prosista destaca sobre todo su obra *Cuadros de viaje*, en que lo pintoresco se alterna con la sátira social.

Teatro romántico

Las principales figuras del teatro romántico son (Grillparzer y Hebbel. El austriaco **Franz Grillparzer** (1791-1872) empieza escribiendo obras de inspiración helénica. Posteriormente intenta expresar en su teatro el amor a la patria, pero la feroz censura de Metternich le obliga a escribir en secreto. Tras su muerte se publicaron tres obras teatrales extraordinarias: *La judía de Toledo,* tragedia de tema español, *Libusa,* tragedia compuesta a partir de una leyenda checa, y *La querella entre hermanos de la casa de Austria,* sombrío testamento patriótico. **Friedrich Hebbel** (1813-1863) representa en sus dramas la destructora dialéctica que el ve en las relaciones del hombre con la sociedad *(Judit, María Magdalena, Herodes y Mariana).* Hebbel dedica sus últimos años a la grandiosa trilogía de *Los Nibelungos,* que, inspirada en la antigua epopeya germánica, pretende ilustrar el triunfo del cristianismo sobre el paganismo. El conjunto es un tanto desmesurado y confuso.

Las literaturas escandinavas en el siglo XIX

La literatura de los países escandinavos es particularmente brillante en este siglo. En Dinamarca nace el romanticismo de la mano de Adarm Oehlenschläger, poeta del despertar nacional. Figuras destacadas son el filósofo **Soren Kierkegaard,** el escritor de cuentos **Hans Christian Andersen** y **Henrik Pontoppidan,** narrador tradicional y documentalista galardonado con el premio Nobel en 1917. A caballo entre dos siglos aparece la figura de Brandes, autor de temática social y nietzscheana. La literatura sueca da en este siglo dos grandes figuras, el dramaturgo **August Strindberg** y la novelista y premio Nobel en 1909 **Selma Lagerlöff.** En Finlandia también se da con el romanticismo el despertar nacional: J. Juteini y A. Gottlund. **Elias Lönrot** recogió versos populares y recopiló el *Kalevala,* poema nacional de Finlandia.
En Noruega el romanticismo decimonónico marca el renacer literario del país. A caballo entre los siglos XIX y XX hay tres figuras importantes: el novelista y premio Nobel en 1920 **Knut Hamsun,** y los dramaturgos Bjornstjerne Bjorson, premio Nobel en 1903, e Ibsen **Henrik Ibsen** (1828-1906), principal representante de la literatura escandinava en este siglo, dedica toda su vida al teatro como director y autor. Su obra conoce bruscos altibajos de éxito y rechazo, y al final de su ida alcanza la gloria y el reconocimiento de sus contemporáneos. Hay dos temas constantes en el teatro de Ibsen: la vocación individual y el combate sin tregua de fuerzas opuestas por hacerse con el destino del hombre. Su fuerte personalidad se manifiesta en dramas históricos basados en leyendas vikingas *(La tumba del guerrero),* obras de tema clásico *(La apostasía de César y Galileo),* teatro social *(Un enemigo del pueblo) y* simbólico *(Solness el constructor),* dramas psicológico-ideológicos *(Casa de muñecas, Espectros) y* temas fantásticos *(Peer Gynt).* Ibsen alcanza sus mejores momentos en las obras en que se interesa por la lealidad contemporánea y se orienta hacia el análisis psicológico con fines éticos.

1. *El poeta alemán Klopstock creó un peculiar clasicismo anterior al de Goethe y Schiller.*

2. *Goethe en su primera época de Weimar, en que bajo la protección del duque Karl August invitó a Herder, Schiller y Wieland y convirtió la pequeña capital en un centro cultural.*

3. *Escena de* Los sufrimientos del joven Werther, *héroe creado por Goethe característico del prerromantícismo alemán. Grabado de 1837.*

4. *El rechazo de la sociedad alemana llevó a Heinrich Heine a trasladarse a París, donde escribió algunas obras en francés.*

5. *Selma Lagerlöff, escritora sueca, cultivó diversos géneros con voluntad pedagógica.*

6. *Knut Hamsun es el principal literato noruego a caballo entre los siglos XIX y XX.*

Los escritores nórdicos en el siglo XX

La primera mitad del siglo

El siglo se inicia mientras perdura la moda del naturalismo. Es también la época de Hauptmann. La novela profundiza en la dimensión psicológica individual: Thomas Mann, Musil y otros. Los poetas tienden a trascender los fenómenos sociales y a representar sus neurosis en constelaciones de símbolos (Rilke, George). En el camino del teatro se busca relación con un público más amplio (Wedekind, Kaiser, Toller). Un fruto poético de singular violencia es la lírica breve y enigmática de Georg Trakl, escrita en las trincheras de la Primera Guerra Mundial. Ligada poderosamente al expresionismo, pero mucho más amplia, es la literatura de Franz Kafka. En los años treinta, con la crisis económica, la demanda del realismo se hace imperiosa. A ella responde Bertolt Brecht con su concepción del teatro. En la poesía se observa una especie de positivismo invertido en la poesía de **Gottfried Benn.**

El alemán **Stefan George** (1868-1933) es autor de una poesía caracterizada por el gusto por lo misterioso y sagrado; *Rosa de noviembre, Dibujos en gris, Himnos* y *El año del alma.*

Rainer Maria Rilke (1875-1926), austriaco, es uno de los grandes líricos del siglo. Tras publicar diversas obras escribe *Las Elegías del Duino,* diez largos poemas en que refleja el desasosiego de la criatura humana que se siente extraña en un mundo abandonado por la belleza y por el sentimiento de lo sagrado. Los *Sonetos a Orfeo* son una continuación de estos temas, si bien la reflexión sobre la muerte deja de ser angustiosa y aparece el entusiasmo del poeta por estar en el mundo.

El austriaco **Georg Trakl** (1887-1914) de vida corta e intensa, es autor de una poesía breve y compacta. Asocia la nostalgia de la ternura con el presentimiento del desastre, que parece surgir de su obsesión por el mal. Oscuro, ambiguo y sorprendente, Trakl es un poeta de voz inconfundible. El dramaturgo y narrador alemán galardonado con el premio Nobel en 1912, **Gerhart Hauptmann** (1862-1946), es autor de *Antes de la aurora, Florian Geyer, Elga, La campana sumergida, El arco de Ulises, Manuel Quint, El loco en Cristo* y de una gran obra, *Los tejedores,* que le sitúa entre los autores revolucionarios.

Frank Wedekind (1864-1918), dramaturgo alemán, es autor de *El despertar de la primavera, El espíritu de la tierra* (en que aparece el tema del instinto, encarnado por la diabólica Lulú) y *La caja de Pandora* (*que tiene* también por protagonista a Lulú en un mundo sórdido de farsantes, prostitutas y estafadores).

El escritor alemán **Thomas Mann** (1875-1955) publicó a los veinticinco años *Los Buddenbrook,* novela monumental que relata la historia y la decadencia de una familia burguesa. A través de ella muestra cómo el arte es producto de la decadencia y cómo ésta es producto del arte. En 1929 recibe el premio Nobel. Al llegar los nazis al poder se expatría. Además de media docena de grandes novelas, Mann escribió artículos y ensayos literarios, históricos y políticos. En *La montaña mágica,* novela de enorme pasión intelectual, figuran largas discusiones ideológicas y políticas y consideraciones sobre la psicología, la medicina y el psicoanálisis.

Franz Kafka, escritor checo de lengua alemana (1883-1924), es uno de los novelistas más singulares del siglo XX. Su obra está marcada por un desgarro interior. *El castillo* es ya una obra de plena madurez. En términos generales, a lo largo de toda su obra Kafka se entrega a una exploración de su universo interior. *La metamorfosis, El proceso, La colonia penitenciaria,* el *Diario íntimo* y la *Correspondencia* son sus mejores escritos. En cuanto a la técnica narrativa, en la obra de Kafka el narrador se confunde estrechamente con su criatura. El novelista no domina el mundo que describe, sino que lo padece; esto explica la ausencia de una dimensión moral o política en su obra.

Al novelista austriaco **Robert von Musil** (1880-1942) se deben dos obras interesantes: *Las tribulaciones del estudiante Törless,* con un acertado equilibrio entre la reflexión y la acción, y *El hombre sin atributos,* acerada sátira contra los burócratas.

Ernst Jünger, poeta, ensayista y novelista alemán (1895), tras la Primera Guerra Mundial publica una serie de libros de contenido bélico que le hacen famoso. El más notable es *Tormentas de acero.* En sus obras narrativas *Sobre el acantilado* y *Heliópolis,* la imaginación se une al poder

1

2

descriptivo y un simbolismo cruel y violento enfrenta a buenos y malos.
El novelista alemán nacionalizado suizo **Hermann Hesse** (1877-1962), empapado de sabiduría oriental, escribe las novelas *Demian y Siddharta,* en que afirma la voluntad de un desarrollo equilibrado. En *El lobo estepario* muestra la existencia en el ser humano del alma del hombre y del alma del lobo, del humanismo y la crueldad. Recibió el premio Nobel en 1946.
Hermann Broch, austriaco (1886-1951), destacó como novelista. Su obra cumbre es *La muerte de Virgilio.*
Bertolt Brecht, dramaturgo expresionista alemán (1898-1956), se vio obligado a huir de Alemania en 1933, tras escribir la *Leyenda del soldado muerto,* obra pacifista que provocó su persecución por los nazis. La producción teatral de Brecht es abundante, y en su conjunto intenta lanzar una mirada lúcida sobre el mundo moderno.
En la *Opera de cuatro cuartos* dirige su mirada crítica a la organización social.
En un intento de actualizar el teatro épico, escribe una serie de obras en que recurre a las canciones y a los carteles explicativos: *Grandeza y decadencia de la ciudad de Mahagonny, Santa Juana de los mataderos, Terror y miseria del III Reich, La increíble ascensión de Arturo Ui.*

La segunda mitad del siglo

Tras la Guerra Mundial, el primer centro aglutinador importante de escritores fue el Grupo 47. Los primeros intentos de afrontar el pasado nazi y la realidad de la guerra fueron llevados a cabo por dramaturgos como Borchert y Zuckmayer y narradores como Nossack y Boll. En un momento dado son dos autores suizos los que dominan el panorama literario de lengua alemana: Max Frisch y Friedrich Dürrenmatt, que sitúan las experiencias humanas ligadas a la irrupción de la barbarie y el totalitarismo en una perspectiva más amplia e impersonal. El notable dramaturgo **Friedrich Durrenmatt** (1921), en sus piezas cercanas a la parábola, pone en evidencia nuestras pequeñas cobardías cotidianas: *La visita de la vieja dama, Frank V, ópera de un banco privado, El matrimonio del señor Mississippi.*
Los cambios de la realidad sociopolítica alemana despiertan la crítica de Georg Kaiser y de **Heinrich Böll** (1917-1985). Este último, galardonado con el premio Nobel en 1972, describe la posguerra, un mundo en ruinas en que el ser humano no muestra sus mejores aspectos. Posteriormente el autor ya no narra, sino que ofrece al lector elementos del contexto: *Retrato de grupo con señor, El honor perdido de Katharina Blum.*
Renovando la escritura realista y comprometiéndose con los problemas de su tiempo aparece **Gunter Grass** (1927) perteneciente al Grupo 47, que reunía a diversos escritores antifascistas. Su primera gran novela es *El tambor de Hojalata,* sobre el pasado de Alemania. Le siguen *El gato y el ratón* y *Años de perro.*
En 1977 vuelve a la novela, tras un paréntesis de actividades políticas, con *El rodaballo.*
Martin Walser (1927) nos brinda un cuadro diferenciado de las transformaciones que la sociedad alemana ha sufrido bajo el empuje de los éxitos económicos.

3

En la lírica Ingeborg Bachmann y Paul Celan se abren al surrealismo y crean una poesía de marcado talante hermético. Nace el teatro documental con Hochhuth, Kipphardt, **Peter Weiss** y **Hans Magnus Enzensberger**. Sobresale la figura aislada de **Arno Schmidt,** de marcado vanguardismo y decidido compromiso humanista. Las novelas del austriaco **Thomas Bernhard** se caracterizan por la preeminencia del lenguaje sobre la construcción épica, si bien permanece fuera del experimentalismo. Sus dramas junto con los de Peter Handke, son de lo más revelador de la actual escena alemana.

Las literaturas escandinavas en el siglo XX

Las literaturas escandinavas, ya en su plenitud tras la producción literaria del siglo XIX, dan en el siglo XX autores de interés, muchos de ellos galardonados con el premio Nobel: los suecos Pär Lagerkvist (existencialista) y Harry Martinson, narrador de temática ético-social; los narradores noruegos Sigrid Undset y Tarjei Vessas; y en Finlandia el gran escritor neorrealista **Frans Emil Sillanpää**, autor de novelas sobre el mundo rural: *Miseria piadosa, El sol y la vida.*

1. *El alemán Thomas Mann crea magistralmente en sus novelas ámbitos sociales, familiares e intelectuales completos.*

2. *Fotograma de* El proceso, *versión cinematográfica de la novela de Franz Kafka dirigida por Orson Welles.*

3. *Versión cinematográfica de* El tambor de hojalata, *primera y sorprendentemente madura novela de Günter Grass, que versa sobre el pasado reciente de Alemania.*

La Literatura rusa hasta el siglo XIX

El desarrollo de la cultura literaria rusa es muy diferente del de Europa occidental. Hasta 1551 no se introduce en Rusia la imprenta (esto es, un siglo más tarde que en el resto de Europa); hasta 1672 no se construye un teatro en Moscú. Por consiguiente, hasta el siglo XVIII las principales creaciones literarias de la lengua rusa son, con algunas excepciones religiosas, de tipo oral tradicional.
En el siglo XVIII aparece la primera gramática rusa y se definen los alcances literarios de la lengua rusa. Catalina II propicia en un principio la actividad literaria «a la occidental», pero espantada por la Revolución francesa, encarcela o destierra a los escritores más notorios. Con todo, la clase culta y cortesana va creando a tientas una literatura clásica mimetizada de la francesa. Se traduce a Ossian y se lee a los prerrománticos. La mayoría de edad de la literatura rusa llega a mediados del siglo XIX, con el realismo de Turguéniev, Dostoievski, Tolstoi y el gran dramaturgo Anton Chéjov. Pero un par de décadas antes hay ya tres importantes novelistas románticos: Pushkin, Gógol y Lérmontov.

La novela romántica
Mijail Lérmontov (1814-1841), muerto a los veintisiete años en un duelo, como Pushkin, es el poeta ruso romántico por excelencia. A partir de los dieciocho años escribe varios poemas líricos excelentes de factura byroniana: *El demonio* narra el amor de un ángel por una joven que muere por él y cuya alma sube a los cielos, *El novicio* es la expresión del sufrimiento de un joven monje que ansía la libertad y la felicidad. Sus evocaciones de la naturaleza, su descripción de los estados de ánimo y su exaltación de la vida están expresadas con una música verbal admirable. Pero la gran innovación introducida por Lermontov en la literatura rusa es el análisis psicológico. *Un héroe de nuestro tiempo* es una novela compuesta por cinco relatos que estudian el carácter del personaje central, Pechorin, que es a la vez tímido y orgulloso, que está decepcionado por la vida pero que aún es capaz de sufrir y de aspirar a la felicidad. Tanto Pechorin como la galería de personajes que le rodean alcanzan dimensiones universales.
Alexandr Pushkin (1799-1837) pertenecía a la alta nobleza moscovita. Recibió una esmerada educación y en su obra están presentes tanto la cultura occidental como las tradiciones populares rusas. A los quince años empieza a publicar; a los dieciocho ingresa en el Ministerio de Asuntos Exteriores y a los veintiuno es desterrado por sus ideas progresistas. Tras unos años de vida errante e incierta vuelve a la corte, donde recibe un puesto importante. A principios de 1837 se bate en duelo por un asunto de faldas y muere. Pushkin, escritor de ingenio desbordante, tiene una obra múltiple y compleja: leyendas y epopeyas, poemas breves y largos, dramas, narraciones históricas, sátiras, libelos políticos, cuadros de costumbres, estudios eruditos y piezas periodísticas. *El prisionero del Cáucaso* y *Los cíngaros* son los más conocidos de sus poemas byronianos. *Boris Godunov* es un drama histórico. *Eugenio Onieguin* es un extenso poema que refleja los enfrentamientos ideológicos y generacionales de la época y, al mismo tiempo, las contradicciones internas del autor. *Poltava* es una epopeya que exalta la victoria de Pedro el Grande sobre Carlos XII de Suecia. También sobre la figura de Pedro el Grande, a quien admira y detesta a la vez, es *El jinete de bronce*. En *Dubrovski* y en *La hija del capitán,* Pushkin afirma el derecho a la rebelión.

La novela realista rusa
La primera gran figura del realismo es **Nikolai Gógol** (1809-1852), autor de una importante novela romántica, *Taras Bulba,* que describe las luchas de los cosacos contra los ocupantes polacos. Pero pronto se inclina hacia el realismo. A esta modalidad se sujeta su obra maestra, *Almas muertas,* que, basándose en un hecho real, una estafa consistente en comprar siervos muertos para hipotecarlos y obtener así un préstamo, viene a ser una visión violentamente satírica de la Rusia anterior a la abolición de la esclavitud.
De entre los escritores rusos de la segunda mitad de siglo sobresalen las muy notables figuras de Turguéniev, Dostoievski y Tolstoi.
Iván Turguéniev (1818-1883), de familia de potentados, recibe una esmerada educación, que perfecciona en Alemania. A lo largo de su vida viaja mucho y reside con frecuencia en Francia. Sus *Relatos de un cazador* pronto le sitúan entre los mejores escritores rusos del momento. Testigo de su tiempo y profundo conocedor de los caracteres humanos, es autor de numerosas novelas: *Nido de hidalgos, Padres e hijos, Primer amor, Lluvia de primavera.*
De **Fiodor Dostoievski** (1821-1881) puede decirse con justicia que es un novelista típicamente ruso y que representa en su persona y en su obra las grandezas y defectos de Rusia. Su padre, un personaje tenebroso y alcohólico que muere asesinado, le marca

1

profundamente en su juventud. También perturban gravemente toda su vida las crisis de epilepsia. A los veinte años inicia su carrera militar y a los veinticuatro publica con éxito una novela epistolar. *Pobres gentes*. En 1849, comprometido en un complot, es condenado a muerte; se le conmuta la pena por trabajos forzados en Siberia. *Recuerdos de la casa de los muertos* es una terrible descripción de estos años de presidio.

Dostoievski publica sus novelas por entregas en diversos periódicos. Así aparece *Humillados y ofendidos*. El escritor lleva una vida muy activa. En 1866 enviuda y escribe *El jugador*, estremecedora confesión, basada en su propia experiencia, de un hombre poseído por la pasión del juego. En este mismo año escribe *Crimen y castigo*, *El idiota* le otorga nueva celebridad. Su última gran novela es *Los hermanos Karamazov*. Su estilo, inconfundible, se distingue por una tensión nerviosa exacerbada, por una especie de vibración interior. Los protagonistas son generalmente criminales, enfermos o locos, siempre fuera de la normalidad. Son personajes que viven en una crisis continua; en su interior se produce una dramática lucha entre las fuerzas del bien y del mal. El envilecimiento de la persona, el pecado y la redención son aspectos siempre presentes en la obra de Dostoievski.

León Tolstoi (1828-1910), de familia de hacendados, sigue la carrera de las armas y todavía joven publica la trilogía *Infancia, Adolescencia y Juventud*, que alcanza cierto éxito. Abandona la milicia y se entrega a diversas tareas sociales, elaborando un nuevo programa educativo. Se casa y forma una familia de hasta trece hijos. Se refugia en la fe y el resto de su vida se caracteriza por una religiosidad personal que le atrae numerosos discípulos. *Guerra y paz*, novela centrada en episodios recientes de la historia rusa, es una larga mirada a vuelo de pájaro sobre el conjunto de la vida humana a lo largo de veinticinco años y sobre el hormigueo de innumerables personajes. Es un fresco grandioso en que las personas aman, odian, pelean, intrigan, se enriquecen, se casan, se divorcian, tienen hijos y buscan a tientas el sentido de la vida. *Ana Karenina* es una obra muy compleja. Su tema central es el suicidio de una mujer joven que, a través del problema del adulterio, plantea el problema del mal.

En conjunto, por su modo de construir y tratar la novela Tolstoi es el más occidental de los grandes novelistas rusos y refleja con maestría sin par los ambientes campesinos o ciudadanos de Rusia.

Anton Chéjov (1860-1904) empezó su trayectoria literaria escribiendo cuentos *(La estepa, La señora del perro)* en los que imperan la brevedad y la sencillez propias de su estilo. Cultivó un teatro antidramático protagonizado por personajes provincianos, melancólicos de su brillante pasado y frustrados en sus sueños: *El tío Vania, La gaviota, Las tres hermanas, El jardín de los cerezos*. Está considerado como el gran renovador del teatro moderno.

3

2

1. Boris Godunov, ***de Pushkin, gran fresco teatral en prosa y verso, es el primer intento ruso de crear una tragedia romántica. (Decorado para el tercer cuadro, por Ivanov).***

2. Guerra y paz, ***de Tolstoi, es la gran novela rusa de la guerra contra Napoleón. (Escena final de la opera del mismo título, compuesta por Prokofiev).***

3. ***El teatro y la narrativa de Anton Chéjov son una airada acusación contra la sociedad rusa de finales del siglo XIX.***

Los escritores rusos del siglo XX
Otros narradores, otras literaturas

A principios del siglo XX la literatura rusa se debate entre el simbolismo y la escuela realista de Gorki, en torno a la cual se mueven prosistas como Alexandr Kuprin, Ivan Bunin y Leonid Andréiev.
El simbolismo influirá en una serie de autores: Alexei Remizov, Mijail Prishvin, Evgeni Zamiatín y Vasil Rozánov. Como antagonistas del simbolismo surgen los acmeístas, poetas como Anna Ajmátova y Osip Mandelstam. Entre los vanguardistas destacan Vladimir Maiakovski y V. Chlebnikov.

El período soviético
Surgido de entre los futuristas, Pasternak llega a ser un poeta apreciable, además de un gran novelista. **Esenin** es el más notable entre los imaginistas. Los poetas del constructivismo son I. Selkvinski y E. Bagritsky. Entre los prosistas de la revolución hay que citar a I. Bábel, M. Bulgákov, V. Katáiev, I. Ehrenburg y otros. Adoptan en sus obras una actitud claramente proletaria autores como A. Fadéiev y Shólojov.
Tras las purgas de Stalin y la sangría de la Segunda Guerra Mundial, la literatura se oficializa. Hay que nombrar entre los más destacados a Aitmátov, Evtushenko y, sobre todo, a Solzhenitsin. Siniavski y Joseph Brodsky, ganador del premio Nobel en 1987, son los nombres más actuales de la literatura rusa.

Principales autores rusos del siglo XX

Máximo Gorki (1868-1936) es el gran escritor del cambio de siglo. Es un continuador de la tradición rusa y caracteriza a sus personajes con esa apatía que nace de una concepción fatalista de la existencia. Se inicia en el teatro con *Los pequeños burgueses* y *Los bajos fondos*. Desterrado (1906-1913), acentúa su actividad revolucionaria, viaja por el mundo y se establece en Capri. Es una época de intensa actividad creadora: *La madre, La confesión, La ciudad de Okuriv, Cuentos de Italia, Mathieu Kojemiakin, Cuentos de Rusia* y el ciclo *En Rusia*. Son por lo general obras de tesis, didácticas y doctrinarias. De vuelta a Rusia, toma parte activa en las luchas revolucionarias. Es la época de sus escritos autobiográficos: *Mi infancia, Ganándome la vida* y *Mis universidades*.
Alexandr Ivánovich Kuprin ex oficial, hombre de vida activa (1870-1938), describió los ambientes militares en una serie de novelas, entre ellas *El desafío*. En otra novela publicada poco después, *La fosa de las jóvenes*, se sirve de las técnicas naturalistas para expresar la miseria de las prostitutas. En *El Molk* rechaza la moral hipócrita de la sociedad rusa, «máquina sedienta de la sangre caliente de los hombres».
Iván Bunin (1870-1953) premio Nobel en 1933, describe la vida rusa con la objetividad del realismo decimonónico. Bunin es conocido sobre todo por sus relatos, testimonio de la decadencia de la aristocracia y de la miseria del pueblo *(Noticias del país, La aldea)*. Afectado por los acontecimientos revolucionarios, se exilia en 1917.
Vladimir Vladimirovich Maiakovski (1893-1930) milita de joven en grupos revolucionarios y se adhiere a los movimientos vanguardistas. Colabora en la redacción de los manifiestos *La bofetada al gusto público* y *Del cubismo al suprematismo*. Entusiasmado con

1

la Revolución, se dedica a la propaganda, pero choca con la concepción oficial del arte y, marginado, viaja a Occidente. Tras unos amores desgraciados, se suicida. Entre sus obras destacan *Vladimir Maiakovski*, de tono dadaísta; *La nube con pantalones* y *La flauta de las vértebras*, poesías de inspiración surrealista. Obras de compromiso político son *Oda a la revolución* y *Nuestra marcha*. *Vladimir Ilich Lenin* es una glorificación del revolucionario.
Cantor desdichado de la revolución, fue un alma pura y enemiga de las componendas.
Alexandr Blok (1880-1921) es el más eminente representante del simbolismo en la literatura rusa. Se trata de un destacado prosista, especialmente en la serie de artículos que iluminan su creación poética. Es autor también de dramas líricos (*Rosa y cruz*). Pero su evolución se aprecia sobre todo en sus tres volúmenes de versos. El primero, *Los poemas de la bella dama*, es una historia del amor místico del poeta por Sofía, figura misteriosa, encarnación del sexo femenino. El segundo libro revela el desasosiego del poeta abandonado por la dama en un mundo vacío y sombrío, representado por las brumas de San Petersburgo. El tercero especialmente en su parte *Arpas y violines*, es la lejanía de las voces, símbolos para el poeta del silencio y de la esterilidad. Por otra parte, Blok es un cantor apasionado de Rusia. Su nacionalismo se expresa en *El campo de las becadas*. En enero de 1918 compuso dos extensos y bellísimos poemas: *Los doce* y *Los escitas*.
Iliá Ehrenburg (1891-1967) fue novelista, periodista y propagandista soviético. A los 18 años abandonó Rusia para llevar una vida de bohemia literaria en París; fue luego corresponsal de guerra en España (*No pasarán*) y en la Segunda Guerra Mundial. En la época de la guerra fría censuró la decadencia occidental y siguió los lemas de la propaganda comunista. Sus novelas (*La vida trepidante de Eizik Reutschwantz, Las extraordinarias aventuras de Julio Jurenito*) hacen gala de un humor desenvuelto y cínico.
Serguei Bulgákov (1891-1940) fue novelista y dramaturgo. Puede situarse en la línea de Gógol y Dostoievski. Su novela *La guardia blanca* obtuvo un notable éxito. En ella describe la confusión creada por la presencia en Ucrania de cinco ejércitos: el nacionalista, el anarquista, el alemán, el zarista y el bolchevique. *La isla de púrpura* cuestiona la censura soviética. Su obra maestra es *El maestro y Margarita*, en que utiliza el contexto de Fausto para comparar la vida de un artista soviético con la de Cristo, a la par que denuncia los arrestos e internamientos arbitrarios en psiquiátricos.
Boris Pasternak (1890-1960). En su primera época escribió

diversas obras en prosa y en verso: *Un gemelo en las nubes, Por encima de los obstáculos, Mi hermana la vida, La gran enfermedad, Spetorski, El salvo conducto, Segundo nacimiento* y *Relato*. A finales de los años treinta empieza a trabajar en *El doctor Zivago*, novela que sería publicada fuera del país. Perseguido por su oposición política, rehusó el premio Nobel que le fue concedido en 1958.

Mijail Shólojov, notable novelista (1905-1984) pasó la infancia entre los cosacos del Don y a los quince años entró en el partido comunista. Su primer libro es *Cuentos del Don*. La gran novela de Shólojov es *El Don apacible*. Su éxito fue inmenso. Antes de publicar la segunda parte de *El Don apacible* apareció *Campos roturados*, vasto fresco que viene a ser un modelo del realismo socialista. En 1965 fue galardonado con el premio Nobel.

Alexandr Solzhenitsin (1918) es uno de los grandes novelistas rusos del presente siglo. En 1945 es detenido por haber criticado a Lenin; estuvo encarcelado hasta 1953. En 1962 publica *Un día en la vida de Iván Denisóvich*, relato de la jornada de un prisionero en un campo de trabajo, obra alucinante por su sobriedad y precisión. Poco después da a la luz *La casa de Matriona* y *El desconocido de Kretchetovka*. En 1970 recibe el premio Nobel, que no puede ir a recoger, y en 1974 es desprovisto de su nacionalidad y expulsado del país, donde regresa en 1991. En sus primeras obras Solzhenitsin se inspira en los sufrimientos morales y físicos; *El pabellón del cáncer, El primer círculo, Agosto 1914* es la primera entrega de un gran cuadro histórico sumamente ambicioso. Entre 1974 y 1976 aparecen tres volúmenes de *Archipiélago Gulag*, en que su narrativa se asemeja a los grandes de la literatura rusa por su poderosa inspiración y su amor incondicional a Rusia.

2

3

Andréi Siniavsky (1925), crítico y novelista de la disidencia soviética, fue encarcelado y se exilió. Hay que citar, entre sus obras, *Liubimov*, novela fantástica, y *Hielo en el pavimento*. Es autor de ensayos críticos: *Paseos con Pushkin, A la sombre de Gógol*. Rechaza el realismo oficial del arte soviético y se acerca a la literatura clásica rusa de Dostoievski y Gógol.

LITERATURA EN LENGUA PORTUGUESA

Literatura renacentista

En el curso del renacimiento las letras portuguesas están estrechamente emparentadas con la literatura española y son muchos los escritores portugueses que escriben en ambos idiomas. Tales son los casos de Gil Vicente, Jorge de Montemayor, Saa de Miranda y Camoens.

Poeta dramaturgo, **Gil Vicente** (h. 1465-1536) escribió indistintamente en portugués y en español. Es autor de obras de tema religioso (varios autos y la *Trilogía de las barcas)*, pero sus mejores piezas son las farsas de tema profano; la *Comedia del viudo* y la *Tragicomedia de don Duardos*. En ellas ridiculiza a ciertos tipos de la sociedad de su tiempo y ataca particularmente la corrupción de los eclesiásticos. Los rasgos más peculiares de Gil Vicente son el popularismo, basado en un profundo conocimiento de la poesía tradicional, y el lirismo.

Francisco Saa de Miranda (h. 1481-1558) introdujo en Portugal la poesía renacentista. En su obra lírica se revela como cantor del amor y de la vida campestre. Sus églogas *Basto* y *Nemoroso* y la *Fábula do Mondego* dan carta de naturaleza en Portugal a las formas petrarquistas.

Luis de Comoens (1525-1580), aunque cultivó también la lírica y el teatro, ha pasado a la posteridad como uno de los poetas épicos más brillantes de todos los tiempos. Su gran obra, *Os Lusiadas*, canta la epopeya colectiva del pueblo portugués, navegante y aventurero. El tema central es la expedición de Vasco de Gama a la India, con sus peligros, luchas, naufragios y conquistas. Aunque es un poema de evidente influencia grecolatina, tiene un fondo histórico realista; además, los recuerdos

4

5

1. *En su primera obra,* **La aldea**, *el novelista ruso Iván Bunin critica el oscurantismo de la Rusia campesina. Posteriormente, en* Valseca *critica a la aristocracia terrateniente. En 1918, hostil al comunismo abandonó Rusia, y en 1933 obtuvo el premio Nobel.*

2. *Mijail Shólojov es autor de* El Don apacible, *novela épica ambientada en el mando de los cosacos.*

3. *Alexandr Solzhenitsin, excelente constructor de narraciones, es una de las grandes plumas de la narrativa rusa actual.*

4. *Hermosa edición facsímil de un auto teatral portugués de Gil Vicente.*

5. *Luis de Camoens es el principal autor épico de la literatura portuguesa,* Os Lusiadas, *extensa epopeya que narra las hazañas exploratorias lusas, se caracteriza por una sostenida e insólita perfección formal.*

personales del autor dan verismo a sus espléndidas descripciones. El estilo, sobrio e intenso, alcanza cotas excepcionales de lirismo y de belleza, a lo que se añade un perfecto dominio del lenguaje y de la versificación.

Las letras portuguesas del barroco al realismo

El siglo XVII es en Portugal la época dorada de la prosa, especialmente de la histografía. Destacan en este género Bernardo de Brito y Antônio Brandao.

Francisco Manuel de Melo (1608-1666), poeta, dramaturgo e historiador, es autor de una extensa obra escrita en portugués y en castellano.

El siglo XVIII se caracteriza por la introducción del espíritu de la Ilustración de la mano del marqués de Pombal. En el siglo XIX destaca el romanticismo nacionalista de Almeida Garrett, Alexandre Herculano y, sobre todo, de **Camilo Castelo Branco** (1825-1890), autor de la novela *Amor de salvación*. También novelista es **José María Eça de Queiroz** (1845-1900). Destacan entre sus obras, de tono realista, *El crimen del padre Amaro* y *El primo Basilio*.

Panorama de la literatura en lengua portuguesa del siglo XX

Entre los poetas destacan a principios de siglo Cesário Verde, Eugénio de Castro y Camilo Pessanha. De filiación vanguardista y agrupados en torno a la revista «Orpheu» son Camilo Pessanha, Mário de Sá Carneiro y Pessoa.

Fernando Pessoa (1888-1935) es el gran poeta portugués del presente siglo. Hábil en el

6

manejo de la paradoja, se sirve de toda una constelación de heterónimos, cada uno de los cuales está dotado de un respaldo psicológico y de un lenguaje específico. Lírico unas veces y dramático otras, cultivador unas veces de la rima y otras del verso libre, Pessoa es uno de los grandes poetas del siglo XX.

El poeta **Teixeira de Pascoães** (1877-1952) se caracteriza por la dimensión metafísica y nacionalista de su obra: *Las sombras, Últimos versos*. Tras la época del surrealismo (Alexandre O'Neill, Mário Cesariny de Vasconcellos) aparecen tres grandes poetas: Sophia de Melo Breyner, Jorge de Sena y **Eugénio de Andrade** (1923), un poeta de gran maestría, refinamiento, y rico en símbolos y metáforas: *Las manos y los frutos, Obstinado rigor, Oscuro dominio*.

En el campo de la narrativa son notables Ferreira de Castro, Rodrigues Minguéis y **Aquilino Ribeiro** (1885-1963), heredero de Castelo Branco, en sus novelas maneja la lengua con soltura y originalidad: *El camino sinuoso, Tierras del demonio, piedras rotas*. Entre los cultivadores del experimentalismo sobresalen Virgilio Ferreiro y Urbano Tavares Rodrigues.

La obra del novelista brasileño **Joao Guimarães Rosa** (1908-1967) se caracteriza por las alegorías del eterno

7

8

enfrentamiento de los hombres con la ambigua y misteriosa naturaleza del mal. Su principal novela es *Gran Sertón: veredas*.

Jorge Amado (1912), narrador brasileño de aliento realista, se inicia con una serie de obras caracterizadas por el compromiso social y político (*El país del carnaval, Jubiabá*). Posteriormente ha atenuado su folklorismo y ha tendido a fórmulas literarias más clásicas, como se aprecia en *Gabriela, clavo y canela* y en otras novelas inspiradas en personajes femeninos (*Doña Flor y sus dos maridos, Tocaia Grande*).

Actualmente destacan los novelistas Lucio Cardoso Pires, José Saramago, Agustina Bessa Luis y Almeida Faria.

José Saramago (1922) es, además de narrador, poeta y dramaturgo. Entre sus novelas, por lo general de tema histórico, cabe citar *Manual de pintura y caligrafía, El año de la muerte de Ricardo Reis* y *La balsa de piedra*.

LITERATURA DEL SIGLO XX: INDIVIDUALIDADES DE ALCANCE UNIVERSAL

La internacionalización de la cultura en el presente siglo ha propiciado el reconocimiento de una serie de escritores relevantes no pertenecientes a los grandes bloques lingüísticos mundiales. La expresión de este reconocimiento ha sido en muchos casos la concesión del premio Nobel de literatura. Citaremos a continuación los casos más notables.

Autores de la Europa del este

La moderna literatura de Polonia hunde sus raíces en el siglo XIX, cuyos representantes más señalados son el poeta romántico y nacionalista **Adam Mickiewicz** (1798-1855), autor de *Pan Tadeusz*, y el novelista y premio Nobel en 1905 **Henryk Sienkiewicz** (1846-1916), autor de novelas históricas como *Quo vadis?* Las grandes figuras del siglo XX son el dramaturgo y narrador **Stanislav Witkiewicz** (1885-1939), el poeta y ensayista **Czeslaw Milosz** (1911), premio Nobel, el narrador **Witold Gombrowicz** (1904-1969), autor de *Ferdydurke*, y el narrador **Wladyslaw Reymont** (1867-1925), galardonado con el premio Nobel en 1924.

La literatura checa del siglo XX, heredera de la renovación nacional representada por el poeta y prosista **Jan Neruda** (1834-1891), cuenta con autores de gran calidad. Hay que citar, entre los vanguardistas, a

9

10

11

Jaroslaw Seifert (1901-1986), poeta y prosista que recibió el premio Nobel en 1984, a **Vladimir Holan** (1905-1980), lírico de rara densidad, al novelista **Jaroslaw Hasek** (1883-1923), autor de la popular novela bélica *Las aventuras del valeroso soldado Schwejk*, y a **Karel Capek** (1890-1938), original narrador satírico-futurista en *La guerra de las salamandras*. En la actualidad, destacan en la narrativa **Milan Kundera** (1929), autor de *La insoportable levedad del ser*, y **Bohumil Hrabal** (1914), magnífico narrador (*Trenes rigurosamente vigilados)*. En Yugoslavia la literatura serbia dio en el período de entreguerras un autor de notoriedad mundial, confirmada por la concesión del premio Nobel: **Ivo Andric** (1892-1975), autor de *Un puente sobre el Drina*, vigorosa novela histórica.

Literatura griega moderna
En el siglo XIX, la poesía de **Kostis Palamás** (1859-1943) representa el nacimiento de la moderna literatura nacional. Ya en el siglo XX destaca la poesía sobria y depurada de **Constantinos Kavafis** (1863-1933), que pone la poesía griega a la altura de las europeas. En la narrativa del primer tercio de siglo sobresale **Nikos Kazantzakis** (1883-1957), autor de novelas como *Alexis Zorba, el griego*. En los años treinta, e influidos por el surrealismo, aparecen dos grandes poetas que recibirán el premio Nobel de literatura, Seferis y Elytis, **Giorgios Seferis** (1900-1971), poeta de la meditación y de la vida, del movimiento y de la permanencia, del hundimiento y del eterno resurgir, ejemplifica en su persona y en su obra «la dificultad de ser griego» (*Vuelta, Narración legendaria, El aljibe, Diario 1945-1951*). El poeta **Odysseus Elytis** (1911) nunca se adhirió plenamente al surrealismo, aunque en su obra hay abundantes impregnaciones formales surrealistas que le permiten dar rienda suelta a sus impresiones con una receptividad constante y con una especial voluntad de ver poéticamente lo cotidiano (*Orientaciones, Sol primero, Canto heroico y fúnebre por el subteniente caído en Albania, Axiuon esti)*. Elytis ha seguido una carrera solitaria alternando canciones armoniosas de singular calidad poética con poemas de mayor alcance (*Seis y un remordimiento para el cielo, El sol soberano)*.
El poeta **Yanis Ritsos** (1909-1990), comunista militante, es autor de diversas obras de tono combativo que giran en torno a acontecimientos bélicos y políticos: *Tractores, Epitafio* (sobre la muerte de un manifestante) y *La canción de mi hermana*. Ha escrito además, una serie de monólogos en que la memoria del poeta se identifica con personajes mitológicos: Filoctetes, Crisotemis, Helena, Ismene, Orestes.

Otros maestros de las letras contemporáneas
A pesar de su evidente occidentalización, en la literatura japonesa del presente siglo se aprecia una peculiar tendencia tradicionalista. Tal es el caso del premio Nobel 1968, **Yasunari Kawabata** (1899-1972), que busca en sus novelas (*Mil grullas, Kyoto)* la pervivencia de los valores nipones tradicionales. **Yukio Mishima** (1925-1970), impregnado de los principios literarios occidentales, exalta los valores del nacionalismo nipón desde un punto de vista entre estético y moral: la tetralogía *El mar de la felicidad, Muerte en el estío, El pabellón de oro*.
Naguib Mahfuz (1911), novelista egipcio y premio Nobel en 1988, es considerado el padre de la narrativa árabe contemporánea: *El callejón de los milagros, Trilogía y Miramar*.
Entre los escritores africanos que se sirven de sus lenguas nativas sobresalen los nigerianos A. Tutuola, Cyprian Ekwensi, C. Achebe y el novelista más apreciado del África negra **Wole Soyinka** (1934), galardonado en 1986 con el premio Nobel. Autor de obras de lenguas yoruba e inglesa, poeta, dramaturgo y novelista, Soyinka combina sabiamente la tradición yoruba con las influencias literarias occidentales (*La danza del bosque, El león y la perla, El Camino)*. Kenya está representada por Ngugi wa Thiong'o, de temática ligada al mito y a la historia. De Ghana es el atormentado y complejo A.K. Armah.

6. *Tras una etapa neorromántica, Eça de Queiroz inaugura con* El crimen del padre Amaro *una etapa realista y de análisis social (portada de una edición portuguesa de 1917)*.

7. *Czeslaw Milosz, escritor polaco es autor de una obra poética de intensidad trágica extraordinaria*.

8. *La principal obra del novelista polaco Wladyslaw Reymont es* Los campesinos, *cuadro épico de la vida rural*.

9. *Odysseus Elytis, lírico griego, es un poeta de la vida cotidiana, a la que da un tratamiento emparentado con las técnicas literarias de la vanguardia surrealista*.

10. *El escritor japonés Yasunari Kawabata, vanguardista en su juventud, tras la colonización cultural estadounidense posterior a la Segunda Guerra Mundial se dedicó a la recuperación de los valores nipones tradicionales*.

11. *Wole Soyinka, nigeriano, recibió en 1986 el premio Nobel. Su obra se caracterizó por la combinación de aspectos míticos y tradicionales del mundo occidental y de su cultura nativa la yoruba*.

Indice analítico

GUÍA DE ESTUDIO

EVALUACIONES QUE NOS PERMITEN CONFIRMAR LO QUE HEMOS APRENDIDO DE LITERATURA

1. ¿Qué es el **academismo**?
2. ¿Cuál es la obra que caracteriza a la literatura **arábiga antigua**?
3. ¿Qué es un **argumento literario**?
4. ¿Qué es la **ascética**?
5. ¿Cuál es la obra primordial de la literatura **asiria y babilónica**?
6. ¿Qué caracteriza a una **asonancia**?
7. ¿Qué es el **aticismo**?
8. ¿Qué es un **auto sacramental**?
9. ¿Cuál es la obra cumbre de Mariano **Azuela**?
10. ¿Qué es el **barroco**?
11. ¿Qué es lo que caracteriza a la obra de Giovanni **Boccaccio**?
12. ¿Cuál fue el movimiento que creó André **Breton**?
13. ¿Qué son los **cantares de Gesta**?
14. ¿Qué es el **Ciclo Arturico**?
15. ¿Qué es el **Ciclo Carolingio**?
16. ¿Qué es el **clasicismo**?
17. ¿Qué es la **comedia dell'Arte**?
18. ¿De dónde procede la figura literaria del **cortesano**?
19. ¿Qué es el **costumbrismo**?
20. ¿Quién es la figura literaria de **Cuba** en el siglo XIX?
21. ¿Qué es el **culteranismo**?
22. ¿Qué es el **dadaísmo**?
23. ¿Qué es el **dolce stil novo**?
24. ¿Qué es el **drama**?
25. ¿Qué son las **eddas**?
26. ¿Qué es el **ensayo**?
27. ¿Qué es el **entremés**?
28. ¿Cuál es la principal obra de la **épica medieval** castellana?
29. ¿Qué es una **epopeya**?
30. ¿Quién es el principal **escritor** de la Revolución mexicana?
31. ¿Qué es una **estrofa**?
32. ¿Quiénes eran los **eufuistas**?
33. ¿Qué es el **existencialismo**?
34. ¿Qué es el **expresionismo**?
35. ¿Qué son los **fabliaux**?
36. ¿Qué son las **fábulas**?
37. ¿Qué es el **folklore**?
38. ¿A qué se le conoce como **folletín**?
39. ¿Qué fue la **generación del 27**?
40. ¿Qué fue la **generación del 98**?
41. ¿Quién fue **Gilgamesh**?
42. ¿Qué es el **grupo 47**?
43. ¿Cuál fue el papel de la **guerra de Troya** en la literatura griega?
44. ¿Qué es el **Haiku**?
45. ¿Qué implica el **helenismo**?
46. ¿Qué fue la **ilustración**?
47. ¿Qué es el **indigenismo**?
48. ¿Qué es el **jansenismo**?
49. ¿Cuál es la característica de la **jarcha**?
50. ¿Quiénes son los **jóvenes airados**?
51. ¿Qué es un **juglar**?
52. ¿Cuáles son las principales obras de Franz **Kafka**?
53. ¿Qué son los **Lais**?
54. ¿Qué es la **langue d'oc**?
55. ¿Qué es la **langue d'oil**?
56. ¿En qué países de **latinoamérica** se desarrolla la literatura gauchesca?
57. ¿Qué era el **Lavalle**?
58. ¿Qué es el género **lírico**?
59. ¿Qué es una **loa**?
60. ¿Qué es el **mester de Clerecía**?
61. ¿Qué es el **mester de Juglaria**?
62. ¿Qué es la **mística**?
63. ¿Qué es la **mitología**?
64. ¿Qué es el **modernismo**?
65. ¿Qué es el **naturalismo**?
66. ¿Qué es el **neoclasicismo**?
67. ¿Quién es el autor más universal de la literatura **nicaraguense**?
68. ¿Qué es la **novela picaresca**?
69. ¿Cuál es la principal **novela romántica** argentina?
70. ¿Qué es una **octava real**?
71. ¿Qué es una **oda**?
72. ¿A quién se le considera el **padre del futurismo**?
73. ¿Qué es el **parnasianismo**?
74. ¿Cuál es la obra más importante de Octavio **Paz** como ensayista?
75. ¿Qué es el **petrarquismo**?
76. ¿Con qué obra literaria castellana se inicia la **picaresca**?
77. ¿Quién es Luigi **Pirandello**?
78. ¿Qué es la **pleiade**?
79. ¿Qué es la **poesía anacreóntica**?
80. ¿Cuál es el poeta barroco español más influyente en la **poesía hispanoamericana**?
81. ¿Qué es el **preciosismo**?
82. ¿Quiénes son los **premios Nobel** españoles de literatura?
83. ¿Qué es la **prosa**?
84. ¿Qué es el **realismo**?
85. ¿Cuál es el significado de **rimar**?
86. ¿Qué es el **risorgimento**?
87. ¿Qué es el **romanticismo**?
88. ¿Qué es una **sangría**?
89. ¿Quién fue el más importante dramaturgo del **siglo XVI**?
90. ¿Qué es una **sonata**?
91. ¿Cuál es el significado de **soneto**?
92. ¿Qué es el **surrealismo**?
93. ¿Cuál es la máxima contribución literaria de Jonathan **Swift**?
94. ¿Qué es el **talmud**?
95. ¿Qué dramaturgos impulsaron el **teatro romántico** español?
96. ¿Qué eran los **trovadores**?
97. ¿Qué es el **ultraísmo**?
98. ¿Qué significa **vernáculo**?
99. ¿Qué es un **villancico**?
100. ¿Cuál es el drama más conocido de José **Zorrilla**?

RESPUESTAS DE LITERATURA

1. **academismo.** En literatura, es la tendencia de aceptar la técnica y las normas señaladas por las academias del siglo XVII y XVIII.

2. **arábiga antigua.** El corán.

3. **argumento literario.** Es el asunto de que se trata en una obra.

4. **ascética.** Modalidad de literatura religiosa española que aparece en el siglo XVI. La ascética ve la religión como un esfuerzo de acercamiento a Dios. El principal exponente es Fray Luis de Granada.

5. **asiria y babilónica.** El código de Hammurabi.

6. **asonancia.** Se busca que dos palabras tengan correspondencia en sonidos.

7. **aticismo.** La apostura y delicadeza que caracteriza a los oradores y escritores atenienses de la edad clásica.

8. **auto sacramental.** Composición dramática-religiosa con personajes bíblicos o alegóricos, y cuyo tema es el sacramento de la eucaristía. Su principal representante es Calderón de la Barca (siglo XVII).

9. **Azuela (Mariano).** Los de abajo, es una narrativa sobre la revolución mexicana.

10. **barroco.** El estilo barroco, en el campo de la literatura se caracteriza por el uso y abuso de metáforas, alegorías y por las figuras literarias que ayudan a intuir que los sentidos y la razón no perciben con claridad.

11. **Boccaccio (Guivanni).** El erotismo y lo intrincado de sus tramas.

12. **Bretón (André).** El surrealismo.

13. **cantares de Gesta.** Son obras de poesía épica que surge en el siglo XII, su máxima representación es el poema del Mio Cid.

14. **Ciclo Arturico.** Es el conjunto de leyendas sobre el rey Arturo y temas y personajes de Britania. La principal obra es: historia Regum Britanniae.

15. **Ciclo Carolingio.** Conjunto de leyendas de las gestas de Carlomagno, Roland o Roldán, los doce pares y otros. Constituye la raíz principal de la literatura caballeresca.

16. **clasicismo.** Tendencia artística caracterizada por el sentido de las proporciones y la armonía de las formas.

17. **comedia dell'Arte.** Son las compañías de actores profesionales, muchos dramaturgos escriben para dichas compañías piezas teatrales con personajes enmascarados y de rasgos psicológicos fijos: arlequín, colombina y otros.

18. **cortesano.** Surge de la obra del escritor Baltasar de Castiglioni, el Cortesano fue traducida a varios idiomas. Esta obra influyó en la prosa y en la vida social de la época.

19. **costumbrismo.** En literatura, es la descripción de las costumbres de un país.

20. **Cuba.** José Martí.

21. **culteranismo.** Es un estilo literario que se caracteriza por sus metáforas, hiperboles y latinismos.

22. **dadaísmo.** Movimiento artístico capitaneado por el poeta Tristán Tzara, surge en Zurich durante la Primera Guerra Mundial. Es el antecedente inmediato del surrealismo y proclama el fracaso de la sociedad y la razón.

23. **dolce stil novo.** Palabras de Dante, que denotan un movimiento cuyo motivo es el amor en lenguaje entre filosófico y religioso, delicado, íntimo y sincero.

24. **drama.** Es una tendencia literaria a resaltar los conflictos emocionales y sociales, los personajes crean situaciones que determinan su infelicidad.

25. **eddas.** Piezas literarias de poesía escandinava de temas míticos y tradicionales. Surge en el siglo XIII.

26. **ensayo.** Es un género literario en prosa y de caracter didáctico.

27. **entremés.** Pieza dramática breve, jocosa y de un sólo acto, que se presentaba entre los actos de una comedia.

28. **épica medieval.** El cantar del Mio Cid es el poema épico más representativo del medievo castellano.

29. **epopeya.** Poema narrativo extenso de personajes históricos, en el cual interviene lo sobrenatural.

30. **escritor.** Mariano Azuela, quien sirvió como médico en el ejército de Madero. Su obra cumbre, Los de Abajo.

31. **estrofa.** Es una parte con el mismo número de versos y ordenados de modo igual en un verso.

32. **eufuistas.** Seguidores del eufuísmo, moda literaria originada en Inglaterra por John Lyly.

33. **existencialismo.** Doctrina filosófica del siglo XX que pondera la existencia del hombre como principio de todo.

34. **expresionismo.** Tendencia estética cuya finalidad es expresar lo íntimo, lo interno.

35. **fabliaux.** En la literatura medieval francesa del siglo XIII y XIV, es un poema breve, cómico o satírico cuyo tema es una historia de carácter licencioso.

36. **fábulas.** Obra literaria, que por alegoría y la representación de seres humanos o animales, da una enseñanza moral.

37. **folklore.** Conjunto de las tradiciones, creencias y costumbres de un pueblo, país o región.

38. **folletín.** Es un ensayo, capítulo o artículo de una novela.

39. **generación del 27.** Su denominación se debe a los actos públicos de 1927, para conmemorar el tercer centenario de la muerte de Góngora. Los escritores demuestran madurez pese a su juventud.

40. **generación del 98.** El año 1898, da nombre a una generación de escritores españoles. Es el año de la pérdida de Cuba que influyó en los escritores.

41. **Gilgamesh.** Es el principal héroe de la antigua literatura de Mesopotamia, la obra donde se menciona es, la Epopeya de Gilgamesh.

42. **grupo 47.** Movimiento literario germano-occidental nacido en 1947 bajo la sombra de la derrota alemana y disuelto en 1977.

43. **guerra de Troya.** Es el telón de fondo de las obras de Homero, la Iliada y la Odisea.

44. **haiku.** Forma poética japonesa breve y condensada. Consta de tres versos sin rima y formados por diecisiete símbolos fonéticos.

45. **helenismo.** Es la extensión del mundo helénico después de Alejandro de Macedonia en cultura y lengua.

46. **ilustración.** Movimiento cultural europeo del siglo XVIII, se caracteriza por el predominio de la razón y la difusión del saber.

47. **indigenismo.** En Hispanoamérica, es la corriente de ideas organizada y desarrollada en torno a la imagen del indio. Siglo XIX, sus máximos representantes, José Zorrilla, Jorge Icaza, Ciro Alegría y Miguel Ángel Asturias.

48. **jansenismo.** Doctrina religiosa del siglo XVI y XVII basadas en las obras del teólogo Jansenius.

49. **jarcha.** Son las manifestaciones literarias más antiguas de la lengua castellana.

50. **jóvenes airados.** Es un grupo de jóvenes británicos de los años cincuenta, que expresaban en sus obras amargura, descontento y desilusión social. La obra más conocida es "Mirando hacia atrás con ira", de John Osborne.

51. **juglar.** El que cantaba y recitaba versos en la edad media, para ganarse la vida.

52. **Kafka (Franz).** El castillo y metamorfosis.

53. **Lais.** Poemas cortos de origen céltico que narran leyendas de Gran Bretaña.

54. **langue d'oc.** En la edad media francesa la lengua d'oc, del latín, origina la literatura provenzal.

55. **langue d'oil.** A finales del siglo XIII la lengua d'oil toma el relevo de la provenzal. Su desarrollo enlaza con la literatura francesa.

56. **latinoamérica.** El ámbito geográfico de esta literatura es la Pampa, que abarca zonas de Uruguay y de Argentina.

57. **Lavalle.** Era un breviario de oraciones y misa recopilado por el padre Lavalle.

58. **lírico.** Es la poesía propia para el canto o declamación del autor.

59. **loa.** Breve composición en verso con que se inicia en el teatro una obra.

60. **mester de Clerecía.** Es la poesía erudita propia del siglo XIII español.

61. **mester de Juglaria.** Arte de los juglares en España y el conjunto de obras literarias a que dio origen.

62. **mística.** Modalidad española de la literatura espiritual que surge en los siglos XVI y XVII. Algunos de sus autores son San Juan de la Cruz y Santa Teresa de Ávila.

63. **mitología.** Es la historia fabulosa de los dioses, semidioses y héroes de la antigüedad. La mitología que más ha influido al mundo, es la grecolatina.

64. **modernismo.** Es el movimiento literario que cambió el curso de la prosa y de la literatura hispánica entre 1880 y 1914. Su característica es la opulencia formal y la concepción sensual de la lírica. Sus representantes son Rubén Darío, Juan Ramón Jiménez, José Martí, Manuel Gutiérrez Nájera y Ramón María del Valle-Inclán.

65. **naturalismo.** Es la tendencia que inspiró la literatura durante la segunda mitad del siglo XIX y los inicios del siglo XX.

66. **neoclasicismo.** Surge en el siglo XVIII, tiende a restaurar el gusto y las normas del clasicismo.

67. **nicaraguense.** El poeta Rubén Darío, principal representante de la literatura modernista.

68. **novela picaresca.** Modalidad narrativa aparecida en España en el siglo XVII. El personaje central es el pícaro, ser marginado y condenado a llevar una vida miserable. El género nace con "La vida del Lazarillo de Tormes", de Autor desconocido.

69. **novela romántica.** La obra es "Amalia" de José Mármol.

70. **octava real.** Es una estrofa formada por ocho versos endecasílabos agrupados en dos tercetos y un dístico.

71. **oda.** Composición lírica de tono espiritual que admite diversos temas y variedad métrica.

72. **padre del futurismo.** Es un movimiento ideológico y artístico cuyas orientaciones fueron formuladas por el poeta italiano F. T. Marinetti.

73. **parnasianismo.** Es el movimiento capitaneado por Catulle Méndez, que cultiva la poesía impasible y emotiva y la perfección formal.

74. **Paz (Octavio).** El laberinto de la soledad.

75. **petrarquismo.** Fenómeno de imitación de petrarca en los siglos XVI y XVII.

76. **picaresca.** Con la obra de autor anónimo, la vida del Lazarillo de Tormes.

77. **Pirandello (Luigi).** Fue el premio Nobel de literatura de 1936 y un destacado dramaturgo.

78. **pleiade.** Escuela poética francesa del siglo XVI. Sus principios estéticos están basados en los modelos clásicos.

79. **poesía anacreóntica.** Composición poética que canta los placeres sensuales, imitando las odas báquicas del poeta griego Anacreonte.

80. **poesía hispanoamericana.** Fue Don Luis de Góngora.

81. **preciosismo.** Fenómeno social, lingüístico y literario desdarrollado en Francia en el periodo 1630-1670. Su tendencia es la pedantería y la práctica literaria como juego social.

82. **premios Nobel.** José de Echegaray, dramaturgo, lo recibió en 1904. Jacinto Benavente, dramaturgo, lo recibió en 1922. Juan Ramón Jiménez, lo recibió en 1956. Camilo José Cela, lo recibió en 1989.

83. **prosa.** Estructura literaria, no sujeta, como el verso, a medida y cadencia determinados.

84. **realismo.** Tendencia de ciertos escritores de tomar la naturaleza sin ninguna idealidad.

85. **rimar.** Componer en verso, hacer que una palabra sea asonante o consonante de otra.

86. **risorgimento.** Movimiento político por la libertad y unidad de Italia vigente entre 1815 y 1870.

87. **romanticismo.** Movimiento literario y artístico que surge en el siglo XIX y que rompe con las reglas del clasicismo.

88. **sangría.** Es el espacio que se deja al iniciar un texto.

89. **siglo XVI.** William Shakespeare.

90. **sonata.** Es la combinación de asonancias.

91. **soneto.** Composición poética de 14 versos endecasílabos distribuidos en dos cuartetos y dos tercetos.

92. **surrealismo.** Movimiento artístico y literario que surge en Francia en los años veinte de nuestro siglo, capitaneado por André Breton.

93. **Swift.** Los viajes de Gulliver.

94. **talmud.** Compilación literaria judía redactada en los siglos V y VI, que conforma una gran enciclopedia. Existen dos versiones, debidas, respectivamente, a las academias rabínicas de Palestina y Babilonia.

95. **teatro romántico.** Fueron Francisco Martínez de la Rosa (Aben Humeya), el Duque de Rivas (Don Álvaro o la fuerza del sino) y Antonio García Gutiérrez (El Trovador).

96. **trovadores.** Fueron los poetas provenzales de la edad media.

97. **ultraísmo.** Movimiento poético español de vanguardia. Nació en 1919, pretendía hacer una síntesis de las vanguardias literarias y ponderar la poesía.

98. **vernáculo.** Se aplica especialmente al idioma o lengua propio de una región.

99. **villancico.** Composición poética popular con estribillo en temas religiosos.

100. **Zorrilla.** Don Juan Tenorio.

TEMATICA ILUSTRADA VISUAL SIGLO XXI

ALGEBRA GEOMETRIA

EUROAMERICANA
DE EDICIONES INTERNACIONAL S.A.

I.S.B.N.: 84-95656-03-5 (Obra Completa)
Producido por Ediciones Dafne, S.L.
Printed In Spain

Octubre 2001

ÁLGEBRA
GEOMETRÍA

Contenido

Conjuntos

Toda colección de objetos perfectamente definida recibe el nombre de **conjunto**. Cada uno de los objetos que forman parte de un conjunto se denomina **elemento** del conjunto.
Así, por ejemplo, son conjuntos los meses del año, los miembros de una familia o los números naturales ya que pueden conocerse todos los elementos que los constituyen sin ningún tipo de duda. Sin embargo, si consideramos las personas buenas de una ciudad, no siempre resulta fácil ponerse de acuerdo sobre la inclusión de una persona determinada en dicha colección. Por consiguiente, esta colección no es un conjunto ya que no está perfectamente definida.
Para determinar un conjunto pueden emplearse dos procedimientos:
Por **extensión**. Un conjunto se define por extensión cuando se enumeran todos y cada uno de los elementos que lo constituyen. Así, por ejemplo, el conjunto de los meses del año definido por extensión consta de los elementos siguientes: enero, febrero, marzo, abril, mayo, junio, julio, agosto, septiembre, octubre, noviembre y diciembre.
Por **comprensión**. Un conjunto se define por comprensión cuando se enuncian todas las propiedades comunes de sus elementos. Así, por ejemplo, si nos referimos al conjunto formado por los elementos lunes, martes, miércoles, jueves, viernes, sábado y domingo y queremos definirlo por comprensión podemos decir que el conjunto anterior está constituido por los días de la semana.
Los conjuntos se acostumbran a representar por medio de letras mayúsculas mientras que los elementos de un conjunto se representan con minúsculas.
Cuando se representa un conjunto por extensión sus elementos se representan con letras minúsculas o números separados por comas y encerrados entre llaves. Así, por ejemplo, el conjunto E de las estaciones del año será:

1

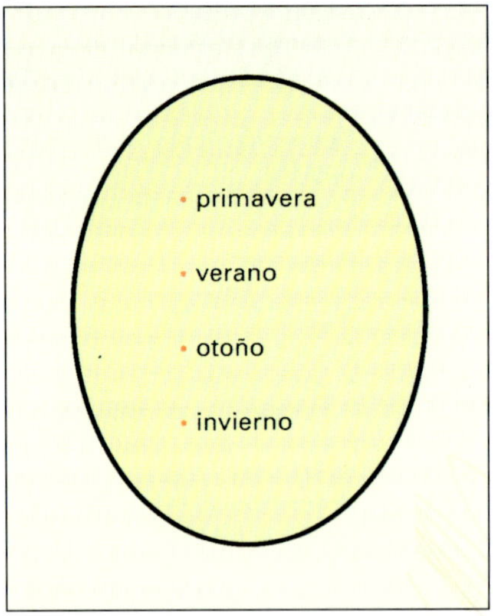

2

E = {primavera, verano, otoño, invierno}

Los conjuntos pueden representarse gráficamente empleando **diagramas de Venn**, que son líneas curvas cerradas en cuyo interior se sitúan los elementos del conjunto.
Cuando un conjunto A no posee ningún elemento se dice que se trata de un **conjunto vacío** y se representa por $A = \varnothing$. Para indicar que un elemento a **pertenece** a un conjunto A se escribe $a \in A$. En cambio, para indicar que un elemento b **no pertenece** al conjunto A se escribe $b \notin A$. Así, en el conjunto P de los números pares tendremos las siguientes relaciones de pertenencia: $4 \in P$ pero $7 \notin P$.
Cuando un conjunto tiene un número limitado de elementos se dice que es **finito**. En caso contrario se dice que el conjunto es **infinito**. Así, el conjunto de las consonantes es un conjunto finito mientras que el conjunto de los números pares es un conjunto infinito.

3

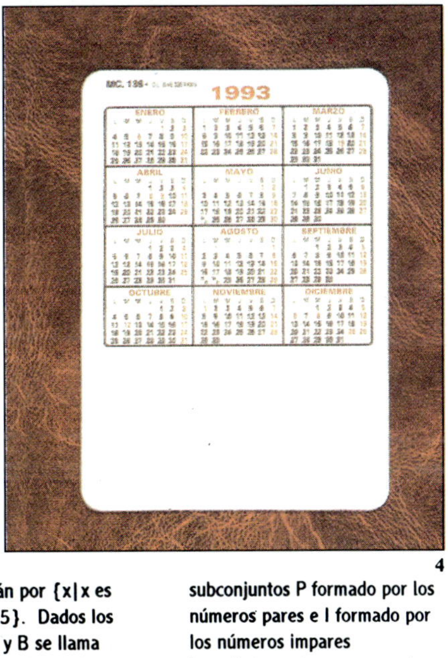

4

Cuando todos los elementos de un conjunto A pertenecen también a otro conjunto B se dice que A es un **subconjunto** de B. Para indicar que A es un subconjunto de B se emplea la notación $A \subset B$. Así, si consideramos el conjunto I de los números impares y el conjunto **N** de los números naturales tendremos que $I \subset \mathbf{N}$. Por el contrario, para indicar que un conjunto no es subconjunto de otro se emplea la notación $\not\subset$. Así, si consideramos el conjunto I de los números impares y el conjunto P de los números pares se tiene que $I \not\subset P$. El conjunto vacío $\varnothing$ se halla contenido en todos los conjuntos.

Dado un conjunto A, los elementos x de A que cumplen una determinada propiedad P forman un conjunto que suele designarse mediante la notación $\{x | x \text{ cumple } P\}$. Así, si **N** es el conjunto de los números naturales y P es la propiedad «ser múltiplo de 5», los números que verifican dicha propiedad se representarán por $\{x | x$ es múltiplo de $5\}$. Dados los conjuntos A y B se llama **complementario** de A con respecto a B al conjunto formado por todos los elementos de B que no pertenecen a A. Así, por ejemplo, si consideramos el conjunto **N** de los números naturales y los subconjuntos P formado por los números pares e I formado por los números impares inmediatamente se comprueba que P e I son complementarios en **N** ya que ningún número pertenece simultáneamente a P e I.

Sea E un conjunto cualquiera. Se denomina conjunto de las partes de E y se representa por $\mathscr{P}(E)$ al conjunto formado por todos los subconjuntos de E. Así, por ejemplo, si $E = \{1, 2, 3, 4\}$ el conjunto $\mathscr{P}(E)$ estará formado por los 16 subconjuntos siguientes:

$E_1 = \varnothing$; $E_2 = \{1\}$; $E_3 = \{2\}$;
$E_4 = \{3\}$; $E_5 = \{4\}$;
$E_6 = \{1, 2\}$; $E_7 = \{1, 3\}$;
$E_8 = \{1, 4\}$; $E_9 = \{2, 3\}$;
$E_{10} = \{2, 4\}$; $E_{11} = \{3, 4\}$;
$E_{12} = \{1, 2, 3\}$;
$E_{13} = \{1, 2, 4\}$;
$E_{14} = \{1, 3, 4\}$;
$E_{15} = \{2, 3, 4\}$;
$E_{16} = \{1, 2, 3, 4\}$.

1. *El conjunto formado por los jugadores de un equipo de hockey sobre hierba está constituido por 11 elementos.*

2. *Diagrama de Venn correspondiente al conjunto cuyos elementos son las estaciones del año.*

3. *Los conjuntos musicales están constituidos por diversos elementos o componentes, tal como puede comprobarse en esta foto del famosísimo grupo británico de música pop «The Beatles».*

4. *El conjunto formado por los meses del año consta de 12 elementos, tal como muestra el calendario que aparece en la figura.*

Operaciones con conjuntos

Si A y B son dos conjuntos cualesquiera se denomina **intersección** de A y B y se representa por $A \cap B$, al conjunto formado por todos los elementos que están simultáneamente en A y en B. O sea,

$A \cap B = \{x | x \in A \text{ y } x \in B\}$
Así, por ejemplo,
si $A = \{a, e, i, o, u\}$ y $B = \{a, b, c, d, e\}$ se tiene que $A \cap B = \{a, e\}$.

La intersección de conjuntos presenta las siguientes propiedades:

a) Idempotente. $A \cap A = A$.
b) Asociativa.
$A \cap (B \cap C) = (A \cap B) \cap C$.
c) Intersección con el conjunto vacío. $A \cap \varnothing = \varnothing$.
d) Absorción. Si $A \subset B$ entonces $A \cap B = A$.
e) Intersección con el referencial. $A \cap E = A$.
f) Conmutativa. $A \cap B = B \cap A$.

Si A y B son dos conjuntos cualesquiera se denomina **unión** de A y B y se representa por $A \cup B$, al conjunto formado por todos los elementos que pertenecen a A o a B. O sea,

$A \cup B = \{x | x \in A \text{ o } x \in B\}$.

Así, por ejemplo, si
$A = \{a, e, i, o, u\}$ y
$B = \{a, b, c, d, e\}$ se tiene que
$A \cup B = \{a, b, c, d, e, i, o, u\}$.

La unión de conjuntos presenta las siguientes propiedades:

a) Idempotente. $A \cup A = A$.
b) Asociativa.
$A \cup (B \cup C) = (A \cup B) \cup C$.
c) Unión con el conjunto vacío.
$A \cup \varnothing = A$.
d) Absorción. Si $A \subset B$ entonces
$A \cup B = B$.

1, 2, 3

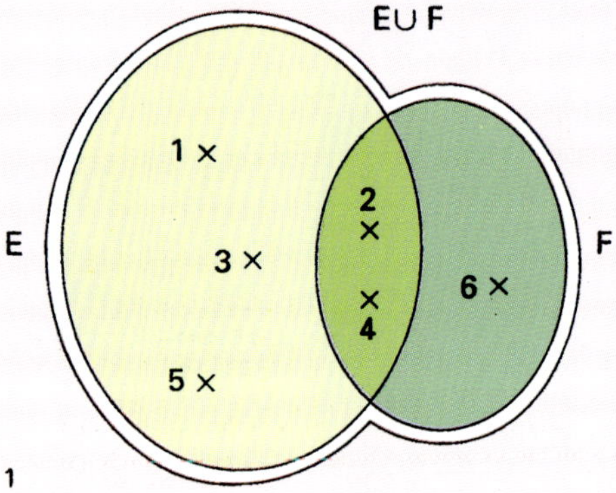

1

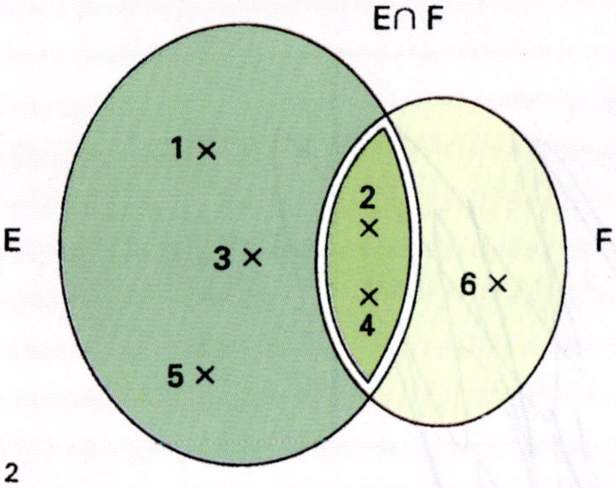

2

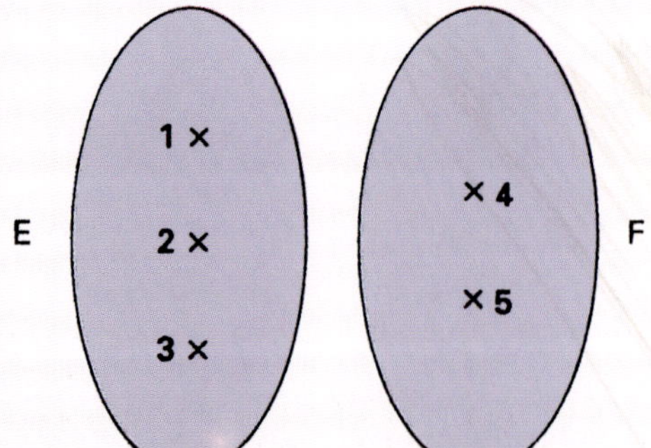

3

e) Unión con el referencial. $A \cup E = E$.

f) Conmutativa. $A \cup B = B \cup A$.

Además de las propiedades anteriores, la unión y la intersección de conjuntos presenta una serie de propiedades denominadas propiedades **combinadas** o de **enlace**, que son las siguientes:

a) Distributiva respecto de la intersección: $A \cup (B \cap C) = (A \cup B) \cap (A \cup C)$.

b) Distributiva respecto de la unión: $A \cap (B \cup C) = (A \cap B) \cup (A \cap C)$.

c) Simplificativa respecto de la intersección: $A \cup (B \cap A) = A$.

d) Simplificativa respecto de la unión: $A \cap (B \cup A) = A$.

Se dice que dos conjuntos A y B son **disjuntos** cuando no tienen ningún elemento común, o sea, cuando la intersección de ambos es el conjunto vacío. Si A es un conjunto cualquiera se dice que se ha efectuado una partición en A cuando se han clasificado todos los elementos de A en subconjuntos A_1, A_2, A_3, ... no vacíos y disjuntos entre sí.

Si E es un conjunto referencial y A, B, C $\in \mathcal{P}(E)$ se dice que $\mathcal{P}(E)$ tiene estructura de retículo cuando A, B, C cumplen respecto a la unión y la intersección las propiedades idempotente, asociativa, conmutativa y de absorción. Si además se verifica la propiedad distributiva se dice que $\mathcal{P}(E)$ tiene **estructura de retículo** distributivo. Por tanto, diremos que $\mathcal{P}(E)$ es un retículo cuando se cumplen las siguientes propiedades:

a) $A \cup (B \cup C) = (A \cup B) \cup (A \cup C)$.

b) $A \cup B = B \cup A$.

c) $A \cup A = A$.

d) $A \cap (B \cap C) = (A \cap B) \cap (A \cap C)$.

e) $A \cap B = B \cap A$.

f) $A \cap A = A$.

g) $A \cap (B \cap A) = A$.

h) $A \cap (B \cup A) = A$.

$\mathcal{P}(E)$ es un retículo distributivo cuando además de las anteriores se verifican las siguientes propiedades:

i) $A \cup (B \cap C) = (A \cup B) \cap (A \cup C)$.

j) $A \cap (B \cup C) = (A \cap B) \cup (A \cap C)$

Si A y B son dos conjuntos cualesquiera se denomina **diferencia** de A y B y se representa por A - B al conjunto formado por todos los elementos de A que no están en B, o sea,

$$A - B = \{x \mid x \in A \text{ y } x \notin B\}.$$

Consideremos un conjunto referencial E y dos subconjuntos A y B de E. Se dice que A y B son complementarios cuando verifican las siguientes relaciones:

1. $A \cap B = \varnothing$
2. $A \cup B = E$.

1. *Diagrama de Venn correspondiente a la unión de los conjuntos* $E = \{1, 2, 3, 4, 5\}$ *y* $F = \{2, 4, 6\}$. *El conjunto unión es* $E \cup F = \{1, 2, 3, 4, 5, 6\}$.

2. *Diagrama de Venn correspondiente a la intersección de los conjuntos* $E = \{1, 2, 3, 4, 5\}$ *y* $F = \{2, 4, 6\}$. *El conjunto intersección es* $E \cap F = \{2, 4\}$

3. *Diagrama de Venn correspondiente a la intersección de los conjuntos* $E = \{1, 2, 3\}$ *y* $F = \{4, 5\}$. *El conjunto intersección es el conjunto vacío es decir,* $E \cap F = \varnothing$ *ya que los conjuntos E y F son disjuntos.*

4. *Mezquita de El Cairo (Egipto). Egipto es el único país que pertenece a la intersección de los países de África y Asia.*

Correspondencias y aplicaciones

Se denomina par ordenado a una pareja de números colocados en un orden determinado. Así, (a, b) representa un par ordenado donde a es el primer elemento del par y b es el segundo. Si A y B son dos conjuntos cualesquiera se denomina **producto cartesiano** de A y B y se representa por $A \times B$ al conjunto formado por todos los pares ordenados que pueden existir con los elementos de dichos conjuntos de tal modo que el primer elemento del par sea un elemento del conjunto A y el segundo elemento del par sea un elemento del conjunto B. O sea,

$A \times B = \{(a, b) \mid a \in A$ y $b \in B\}$.

En el caso de que $A = B$ se tiene el producto cartesiano de un conjunto por sí mismo. Así, por ejemplo, si $A = B = \{1, 2, 3\}$ el producto cartesiano $A \times A$ será:

$A \times A = \{(1, 1), (1, 2), (1, 3), (2, 1), (2, 2), (2, 3), (3, 1), (3, 2), (3, 3)\}$

Evidentemente el producto cartesiano no goza de la propiedad conmutativa ya que $A \times B \neq B \times A$. El producto cartesiano verifica las siguientes propiedades:

a) Si $A' \subset A$ y $B' \subset B$ se cumple que $A' \times B' \subset A \times B$.

b) $A \times (B \cup C) = (A \times B) \cup (A \times C)$.

c) $A \times (B \cap C) = (A \times B) \cap (A \times C)$.

d) Si $A \times B = \varnothing$ o bien $A = \varnothing$ o bien $B = \varnothing$.

El producto cartesiano suele representarse mediante un sistema de ejes cartesianos colocando los elementos del primer conjunto sobre el eje de abscisas y los del segundo conjunto sobre el eje de ordenadas. Trazando rectas paralelas a ambos ejes se obtienen los pares en las intersecciones de las mismas. No es difícil comprender que la definición de producto cartesiano puede extenderse a más de dos conjuntos factores. Así, por ejemplo, si E, F, G son conjuntos cualesquiera, $E \times F \times G$ será un conjunto cuyos elementos serán de la forma (a, b, c) con $a \in E$, $b \in F$, $c \in G$ cumpliéndose la igualdad $(a, b, c) = (a', b', c')$ si y sólo si $a = a'$, $b = b'$, $c = c'$. Evidentemente, con la definición de producto cartesiano que acabamos de dar nada impide que $F = E$ y entonces se escribe también E^2 en lugar de $E \times E$.

Análogamente se indica por E^n el producto cartesiano de n conjuntos idénticos a E; sus elementos son todos los conjuntos de n elementos de E que se pueden formar teniendo en cuenta el orden en que figuran tales elementos. Dados dos conjuntos A y B cualesquiera se denomina **correspondencia** entre ambos conjuntos a todo subconjunto del producto cartesiano $A \times B$. El conjunto A recibe el nombre de **conjunto inicial** mientras que el conjunto B se **denomina conjunto final**. Para indicar que f es una correspondencia entre A y B se escribe $f : A \to B$. El conjunto de elementos de A que intervienen en la correspondencia recibe el nombre de conjunto original mientras que el conjunto de elementos de B que interviene en la correspondencia se

1, 2

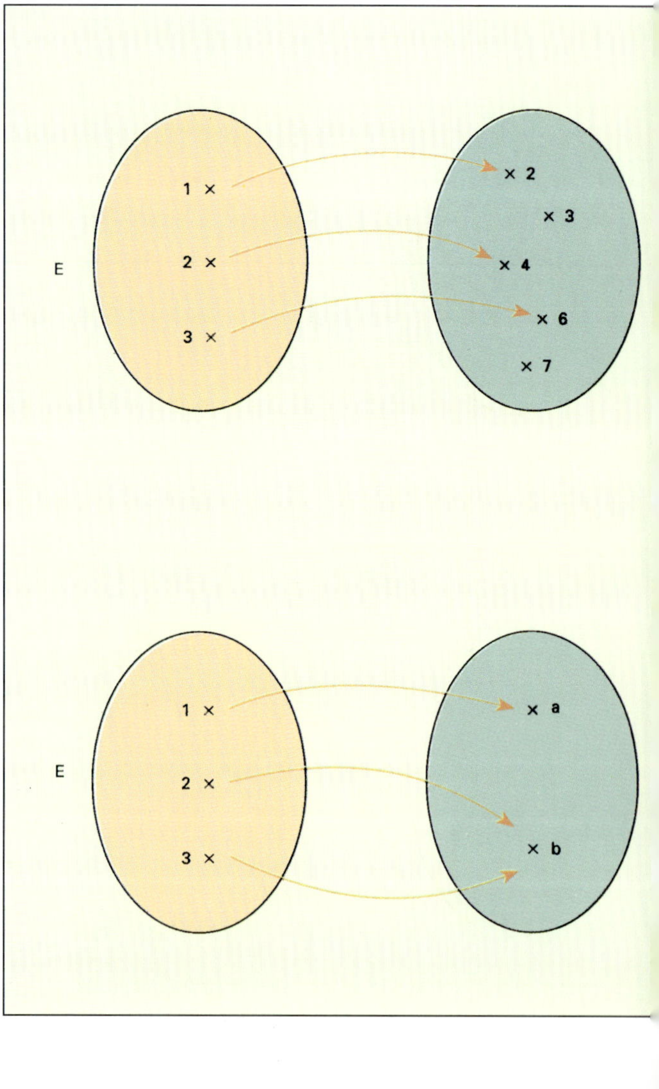

denomina conjunto imagen. Dada una correspondencia $f: A \rightarrow A$ se denomina **correspondencia inversa** de f y se representa por f^{-1} a la que tiene todos sus pares ordenados en orden inverso a los de la correspondencia f. Se dice que una correspondencia es **unívoca** cuando a cada elemento del conjunto inicial le corresponde uno o ninguno del conjunto final. Una correspondencia f entre dos conjuntos A y B es **biunívoca** cuando tanto f como su inversa son unívocas. Consideremos una correspondencia $f: A \rightarrow B$. Se dice que f es una aplicación cuando se cumplen las siguientes propiedades:

a) El conjunto original de f coincide con el conjunto inicial.
b) Todo elemento del conjunto original tiene una imagen y sólo una. Sea $f: A \rightarrow B$ una aplicación. Se dice que la aplicación anterior es **inyectiva** cuando se cumple que si $f(x) = f(y) \Rightarrow x = y$ cualesquiera que sean x, y en A.

O sea, una aplicación es inyectiva cuando ningún elemento de B posee más a un original. Sea $f: A \rightarrow B$ una aplicación. Se dice que la aplicación precedente es **exhaustiva** cuando se cumple que para todo $y \in Im(f)$ siempre existe un elemento $x \in A$ tal que $y = f(x)$.

O sea, una aplicación es exhaustiva cuando cada elemento del conjunto imagen es la imagen de uno o más elementos del conjunto original. Se dice que una aplicación $f: A \rightarrow B$ es **biyectiva** cuando es inyectiva y exhaustiva a la vez. O sea, una aplicación es biyectiva cuando cada imagen tiene un único original y cada original tiene una sola imagen.

Si $f: E \rightarrow F$ y $g: F \rightarrow G$ son dos aplicaciones, existe una única aplicación de E en G que hace corresponder a cada elemento x de E el elemento $g[f(x)]$.

Para ello se calcula en primer lugar la imagen de x por f y, a continuación, la imagen de f(x) por g.

La aplicación así definida se representa por $g_0 f$ y se denomina la **aplicación** compuesta de f y g. La aplicación $x \rightarrow x$ de un conjunto E en sí mismo es una aplicación biyectiva que recibe el nombre de aplicación **identidad de E** y se representa por I_E. La restricción de aplicación identidad a un subconjunto A de E se denomina la inclusión canónica de A en E y es una aplicación inyectiva.

3, 4

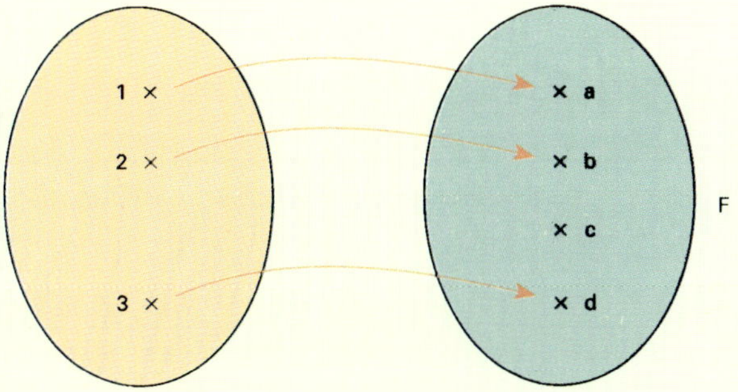

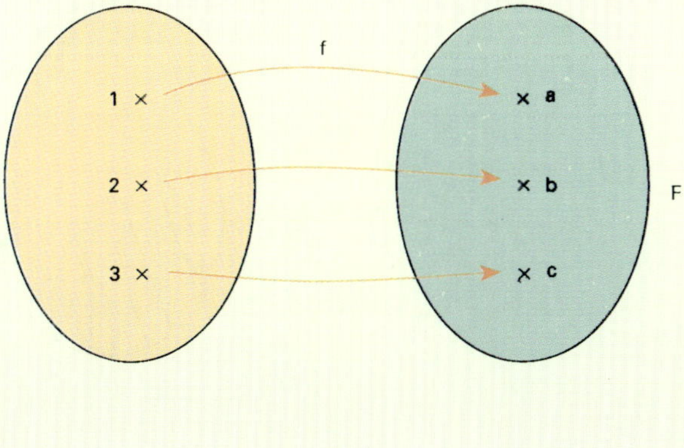

1. *Representación gráfica de una correspondencia entre los conjuntos E = {1, 2, 3} y F = {2, 3, 4, 6, 7}.*

2. *Representación gráfica de una aplicación exhaustiva entre los conjuntos E = {1, 2, 3} y F= {a, b}.*

3. *Representación gráfica de una aplicación inyectiva entre los conjuntos E = {1, 2, 3} y F = {a, b, c, d}.*

4. *Representación gráfica de una aplicación biyectiva entre los conjuntos E = {1, 2, 3} y F = {a, b, c}.*

Relaciones de equivalencia

Una correspondencia entre elementos de un mismo conjunto se denomina **relación binaria**. Si consideramos un conjunto A y dos elementos cualesquiera de A escribiremos a R b para significar que a está relacionado con b.
Las relaciones binarias pueden representarse mediante diagramas de Venn o bien mediante representaciones cartesianas. Para representar una relación binaria mediante un diagrama de Venn se unen mediante flechas los elementos que estén relacionados. Para efectuar una representación cartesiana de una relación binaria basta considerar que toda relación binaria es un subconjunto del producto cartesiano de un conjunto por sí mismo, de modo que cualquier relación binaria viene representada por un conjunto de puntos del diagrama cartesiano correspondiente.
Dado un conjunto A y una relación binaria R en el producto cartesiano A × A, se dice que R es una **relación de equivalencia** cuando cumple las siguientes propiedades:

Reflexiva. Todo elemento de A está relacionado consigo mismo.
Simétrica. Dados dos elementos de A, si el primero de ellos está relacionado con el segundo entonces el segundo lo está con el primero.
Transitiva. Dados tres elementos de A, si el primero está relacionado con el segundo y éste lo está con el tercero entonces el primero está relacionado con el tercero.

Así, por ejemplo, la relación «tener la misma nacionalidad que» en el conjunto A formado por todas las personas del mundo constituye una relación de equivalencia ya que verifica las tres propiedades anteriores:

Reflexiva. Cualquier persona tiene la misma nacionalidad que ella misma.
Simétrica. Si una persona tiene la misma nacionalidad que otra, ésta tiene la misma nacionalidad que la primera.
Transitiva. Si una persona a tiene la misma nacionalidad que

1

2

una persona b y la persona b tiene la misma nacionalidad que una persona c entonces la persona a tiene la misma nacionalidad que la persona c.
Dado un conjunto A en el que se ha definido una relación de equivalencia, se denomina **clase de equivalencia** de un elemento a perteneciente a A y se representa por [a] al conjunto formado por todos los elementos de A que están relacionados con A.
Así, por ejemplo, con la relación anterior, «tener la misma nacionalidad que», el conjunto A formado por los habitantes de la Tierra queda dividido en diversas clases de equivalencia que son las distintas nacionalidades que hay en el mundo.
Las distintas clases de equivalencia forman una partición del conjunto A ya que dos clases distintas no poseen ningún elemento en común y la unión de todas las clases de equivalencia da el conjunto A.
Se denomina **conjunto cociente** al conjunto formado por todas las clases de equivalencia originadas por una relación de equivalencia determinada. Así, con la relación «tener la misma nacionalidad que» el conjunto cociente tendría como elementos a las distintas nacionalidades que hay en el mundo.
La propiedad fundamental de las relaciones de equivalencia es que permiten clasificar los elementos de un conjunto dado. Así, por ejemplo, la relación «ser paralela a» en el conjunto de las rectas de un plano es una relación de equivalencia que permite agrupar en la misma clase de equivalencia a todas las rectas del plano que tengan la misma dirección. En este caso el conjunto cociente estaría constituido por todas las direcciones posibles del plano.
En efecto, se trata de una relación de equivalencia puesto que verifica las propiedades reflexiva, simétrica y transitiva:
Reflexiva. Toda recta es paralela a sí misma.
Simétrica. Si una recta a es paralela a otra recta b entonces la recta b también es paralela a la recta a
Transitiva. Si una recta a es paralela a otra recta b y la recta b es paralela a la recta c entonces las rectas a y e son también paralelas. Toda aplicación definida entre dos conjuntos A y B determina una partición del conjunto A cuyas partes son los subconjuntos de A cuyos elementos tienen la misma imagen, por tanto, cualquier aplicación induce una relación de equivalencia en A que se define del modo siguiente: dos elementos son equivalentes si tienen la misma imagen. Esta propiedad permite descomponer una aplicación f del conjunto A en el conjunto B de la siguiente forma: la aplicación canónica de A en el conjunto cociente A/R, donde R es la relación de equivalencia inducida por f, seguida de una aplicación biyectiva de A/R en el conjunto f(A), imagen de A por la apliación f y, finalmente, seguida de una aplicación inyectiva de f(A) en B.
Aunque la importancia de las relaciones de equivalencia aparece de una forma explícita en el estudio del álgebra moderna, se trata de un concepto implícitamente ligado a todo el desarrollo de la matemática, pues es fundamental en todo proceso de abstracción.

3

1. En el conjunto de las rectas del plano, la relación «ser paralela a» es de equivalencia.

2. La relación «hablar el mismo idioma que» es una relación de equivalencia, como pone de manifiesto el uso de sistemas de traducción simultánea en los foros internacionales como la Asamblea General de la ONU que se celebra anualmente en Nueva York.

3. La relación «tener la misma nacionalidad que» es una relación de equivalencia.

Relaciones de orden

Dado un conjunto A y una relación binaria R entre los elementos de dicho conjunto, se dice que R es una **relación de orden** cuando cumple las siguientes propiedades:

Reflexiva. Todo elemento a perteneciente al conjunto A está relacionado consigo mismo.
Antisimétrica. Dados dos elementos a y b de A, si a está relacionado con b y b está relacionado con a, entonces a y b deben ser iguales.
Transitiva. Dados tres elementos a, b y c de A, si a está relacionado con b y b está relacionado con c entonces a está relacionado con c.

Así, por ejemplo, dado el conjunto A = {2, 4, 6, 8} si se establece la relación R = «ser mayor o igual que» puede comprobarse con facilidad que se trata de una relación de orden ya que verifica las tres propiedades anteriores. En efecto:

Reflexiva. Cualquier elemento de A es mayor o igual que él mismo.
Antisimétrica. Si 4 es mayor que 2 entonces 2 no es mayor que 4. Ahora bien, 4 es mayor o igual que sí mismo.
Transitiva. Si 8 es mayor o igual que 6 y 6 es mayor o igual que 4, entonces 8 es mayor o igual que 4.

Si consideramos un conjunto A y una relación binaria R, se dice que R establece una relación de orden estricto en A cuando únicamente se verifican las propiedades antisimétrica y transitiva. Así, por ejemplo, la relación R = «ser mayor que» en el conjunto A = {2, 4, 6, 8} es de orden estricto ya que cumple las propiedades antisimétrica y transitiva pero, en cambio, no verifica la propiedad reflexiva ya que ningun número es mayor que él mismo.
Si consideramos un conjunto A y una relación binaria R que establece una relación de orden en A, se dice que R es una relación de orden **total** cuando cualquier par de elementos de A están siempre relacionados, o sea, se cumple siempre que o bien a R b o bien b R a.
Cuando en un conjunto A se establece una relación de orden total se dice que el conjunto está totalmente ordenado. Así,

1

2

Consideremos dos conjuntos ordenados E_1, E_2. Se dice que una aplicación f de E_1 en E_2 es creciente cuando la relación $x \leq y$ implica $f(x) \leq f(y)$.
Análogamente, diremos que una aplicación f de E_1 en E_2 es decreciente cuando la relación x es $\leq$ y implica $f(y) \leq f(x)$.

3

por ejemplo, la relación R = «ser mayor o igual que» en el conjunto A = {2, 4, 6, 8} es una relación de orden total.
En cambio, se dice que en un conjunto A se ha establecido una relación de orden **parcial** cuando por lo menos existe un par de elementos del conjunto que no cumplen la relación. En este caso se dice que el conjunto A está parcialmente ordenado. Así, la relación R = «ser múltiplo de» en el conjunto A = {2, 4, 6, 8} es una relación de orden parcial ya que aunque hay elementos que quedan relacionados tales como 4 y 2 otros no lo están, como 8 y 6. Dado un conjunto A y una relación de orden R establecida entre los elementos de A se dice que el conjunto A está bien ordenado cuando cualquier subconjunto de A tiene primer elemento respecto de la relación, entendiendo como primer elemento respecto de la relación a un elemento tal que no exista ningún elemento de A anterior a él. Consideremos un conjunto ordenado E con una ordenación designada por $\leq$ y sea F un subconjunto de E.
Se dice que el elemento m_1 E es máximo de F cuando $m_1 \in F$ y se verifica que $m \leq m_1$ para todo x de F. De modo análogo, se dice que m_0 es mínimo de F cuando $m_0 \in F$ y $m_0 \leq x$ para todo x de F. Caso de que existan, los elementos máximo y mínimo son únicos.
Si E es un conjunto ordenado y F es un subconjunto de E, se dice que un elemento c_1 de E es una **cota** superior de F cuando se verifica que $x \leq c_1$ para todo x de F. Si existe esta **cota superior** se dice que F es un conjunto acotado superiormente.
Análogamente si c_0 es un elemento de E tal que $c_0 \leq x$ para cualquier x de F, se dice que c_0 es una **cota inferior** de F y que F está acotado inferiormente. Se dice que un conjunto, como por ejemplo el de los números naturales, está bien ordenado cuando está totalmente ordenado y cada subconjunto no vacío tiene mínimo.
Se dice que un conjunto es acotado cuando lo está a la vez superior e inferiormente. Si F es un conjunto acotado superiormente y entre las cotas superiores hay una mínima, que será única, esta cota recibe el nombre de extremo superior o supremo de F. Análogamente, si F un conjunto acotado inferiormente y entre las cotas inferiores hay una máxima, esta cota se denomina extremo inferior e ínfimo de F.

1. *En las competiciones atléticas marcas obtenidas sirven establecer la clasificación de los atletas.*

2. *En las regatas, la velocidad las embarcaciones participantes en las carreras determina su ordenación.*

3. *La relación «tener mayor edad que» es una relación de orden, tal como puede observarse en esta fotografía donde aparecen cuatro generaciones de una misma familia.*

Leyes de composición

Dados tres conjuntos A, B y C cualesquiera, una **ley de composición** es una aplicación del producto cartesiano de dos de ellos en él tercero, como por ejemplo, $A \times B \to C$ definida de modo que a cada par (a, b) de $A \times B$ se le hace corresponder el elemento c del conjunto C. Así, por ejemplo, si $A = B = C = \mathbf{N}$ y consideramos la relación que a cada par de números naturales les hace corresponder su suma comprobaremos sin ninguna dificultad que se trata de una ley de composición puesto que es una aplicación y además a cada par de números naturales le corresponde un número natural.

Se dice que una ley de composición es **interna** cuando los tres conjuntos que intervienen en la correspondencia son el mismo conjunto, o sea, cuando la ley de composición es del tipo $A \times A \to A$. Así, por ejemplo, la ley de composición que a cada par de números naturales les hace corresponder su suma es la ley de composición interna puesto que tanto los elementos del conjunto original como los del conjunto imagen son números naturales. Por el contrario, se dice que una ley de composición es **externa** cuando los tres conjuntos que intervienen no son todos ellos iguales. Así, por ejemplo, si $A = B = \mathbf{N}$ y $C = \mathbf{Q}$ y consideramos la correspondencia tal que a cada par de número naturales les hace corresponder su cociente podemos comprobar fácilmente que se trata de una ley de composición externa ya que aunque el cociente de dos números naturales no siempre es un número natural, en cambio siempre se trata de un número racional. Así pues, se tiene una ley de composición del tipo $\mathbf{N} \times \mathbf{N} \to \mathbf{Q}$, que evidentemente es una ley de composición externa.

Dados tres conjuntos A, B y C se denomina **operación** a cualquier aplicación entre $A \times B$ y C determinada por una ley de composición interna o externa. Así, por ejemplo, son operaciones la adición o suma, la diferencia o resta, la multiplicación o producto, la división, la potenciación o la radicación entre otras.

Se dice que una ley de composición es asociativa en un conjunto E cuando se verifica que $x(yz) = (xy)z$ para cualesquiera x, y, z de E. Si en un conjunto E se tiene una ley de composición, se dice que los elementos x, y son permutables cuando se verifica que $xy = yx$. Cuando dos elementos cualesquiera de E son permutables se dice que la ley de composición es conmutativa. Consideremos un conjunto E dotado de una ley de composición tal que $(x, y) \to xy$. Se dice que un elemento de E es **elemento neutro** de esta ley de composición cuando se verifica que $ex = xe = x$ para cualquier x de E. Así, por ejemplo, el número 0 es elemento neutro de la suma en el conjunto $\mathbf{Z}$ de los números enteros mientras que el número 1 es el elemento neutro del producto en el mismo conjunto. En el caso de que exista un elemento neutro e es único. En efecto, si e' también fuera elemento neutro se tendría que $ee' = e'$, por ser e elemento neutro pero también se verificaría que $ee' = e$ por ser e' elemento neutro. Por tanto, se tiene que cumplir forzosamente que $e = e'$.

Sea E un conjunto dotado de una ley de composición y con un elemento neutro e. se dice que

1

2

Consideremos dos conjuntos E y E' dotados de sendas leyes de composición. Se dice que una aplicación f : E → E' es un **homomorfismo** de E en E' cuando se cumple que f(xy) = f (x) f (y) cualesquiera que sean x, y de E.

3

1. *La resta es una ley de composición interna en el conjunto de los números enteros, que permite hallar, por ejemplo, la cantidad de vino que queda en una botella conociendo su contenido inicial y el vino que se ha vertido en los vasos.*

2. *La radicación es una ley de composición interna en el conjunto de los números reales, que permite, por ejemplo, determinar la longitud de cada uno de los lados de un «ring» de boxeo, si se conoce su superficie.*

3. *La ley de composición que a varios números naturales les hace corresponder su suma es una ley de composición interna, tal como puede comprobarse con esta equivalencia entre una moneda de 100 pesetas y la suma de dos monedas de 25 pesetas y una de 50 pesetas.*

dos elementos x, x', de E son **inversos** cuando se verifica que xx' = e = x'x. En el caso de que un elemento tenga inverso se dice que es inversible. Así, por ejemplo, en el conjunto Z de los números enteros cualquier elemento es inversible respecto de la suma ya que el inverso del elemento x es siempre - x, pero, en cambio, no existe elemento inverso respecto del producto ya que, por ejemplo, el inverso de 2 sería 1/2, que no es un número entero sino racional. Cuando la ley de composición es asociativa un elemento inverso posee un único inverso. Al elemento inverso de x se le designa por x^{-1} en particular, si x es un elemento inversible de E sucede lo mismo con cualquier potencia x^n y se cumple que $(x^n)^{-1} = (x^{-1})^n$.

Grupos

Se dice que un conjunto G dotado de una ley de composición tal que (a, b) → ab es un **grupo** cuando dicha operación cumple la propiedad asociativa, tiene elemento neutro y cada elemento de G es inversible. Y si la ley de composición cumple la propiedad conmutativa se dice que el grupo es conmutativo o **abeliano.**
Es muy importante resaltar que el grupo es la pareja constituida por el conjunto G y la ley de composición que verifica las condiciones precedentes. Por tanto, no es correcto hablar del grupo G sino del grupo (G,.) donde el punto indica la operación en cuestión. Así, el conjunto Z de los números enteros con la operación suma es un grupo abeliano pero sin embargo no es un grupo si la operación considerada es el producto ya que los únicos números enteros inversibles son 1 y - 1.
Dado un grupo finito G se denomina orden de G al número de elementos de G. Consideremos el conjunto formado por las aplicaciones biyectivas de un conjunto cualquiera E en sí mismo. La aplicación (f, g) → f_0g es una ley de composición que transforma el conjunto de las aplicaciones biyectivas de E en E en un grupo ya que cada aplicación es inversible. Este grupo se denomina **grupo simétrico** de E y únicamente es conmutativo en el caso de que E tenga 1 ó 2 elementos. Si consideramos un conjunto E dotado de una operación, el conjunto de los automorfismos de E es un grupo, que es subgrupo del grupo simétrico de E.
Sea G un grupo y consideremos un subconjunto H de G. En el caso de que H sea estable por la operación de G, la restricción de dicha operación a H × H define una ley de composición en H. Cuando esto se verifica y H es un grupo con esta operación se dice que H es un **subgrupo** de G. La intersección de cualquier familia arbitraria de subgrupos de un grupo G es un subgrupo de G. Dado un grupo G y un subconjunto E del conjunto de elementos de E se verifica que la intersección de todos los subgrupos de G que contienen a E es un subgrupo de G que contiene a E. Concretamente se trata del más pequeño subgrupo de G que contiene a E y se dice que es el subgrupo engendrado por E.
Consideremos un elemento a de un grupo G. El subgrupo engendrado por el conjunto {a} será el conjunto formado por las distintas potencias de a. Cuando un grupo es engendrado por un conjunto reducido a un solo elemento se dice que es un grupo **cíclico.** Todo subgrupo de un grupo cíclico también es cíclico. El orden de un subgrupo de un grupo cíclico finito G es un divisor del orden de G.
Sea H un subgrupo de un grupo G y consideremos para cada elemento a de G el conjunto aH imagen de H por la traslación izquierda determinada por a. El conjunto así obtenido recibe el nombre de **clase lateral izquierda de G módulo H.** Las clases resultantes forman una partición de G y el conjunto de dichas clases se denota por G/H. Si G es un grupo finito y H es un subgrupo de G el orden de H es un divisor del orden de G. Una

1

2

3 4

subgrupo de G el orden de H es un divisor del orden de G. Una aplicación f de un grupo G en un grupo G' es un homomorfismo cuando se verifica que f (xy) = f (x) f (y) para todo x, y en G. Un homomorfismo de grupos $f : G \rightarrow G'$ convierte el elemento neutro de G en el elemento neutro de G'. Se denomina **núcleo del homomorfismo** $f : G \rightarrow G'$ al conjunto de elementos de G que van a parar al elemento neutro de G'. El núcleo del homomorfismo f acostumbra a representarse por Ker f. Si $f : G \rightarrow G'$ es un homomorfismo de grupos, f (G) es un subgrupo de G' y Ker f es un subconjunto de G entonces f es inyectiva si y sólo si Ker f = {e}.

Sea G un grupo conmutativo y H un subgrupo de G. El conjunto G/H formado por las clases laterales por la izquierda de G módulo H posee una estructura de grupo conmutativo.

La aplicación canónica de G en G/H es un homomorfismo muy exhaustivo. El grupo G/H de esta manera obtenido recibe el nombre de grupo cociente del grupo G por el subgrupo H.

Consideremos dos grupos G y G' y sea f un homomorfismo de G en G'. Se dice que f es un **isomorfismo** si se trata de una aplicación biyectiva. Si f es una aplicación inyectiva se dice que es un **monomorfismo** y si es exhaustiva se trata de un **epimorfismo**.

1. *Vista de la Universidad de California en Los Ángeles, donde se han desarrollado importantes investigaciones científicas.*

2. *Fachada de la histórica Universidad Humboldt en Berlín, cuna de científicos de renombre universal, que contribuyeron con importantísimas aportaciones al desarrollo de las matemáticas.*

3. *Niels Henrik Abel (Isla de Finnøy 1802- Arendel, 1829). Trabajó en el campo de las ecuaciones algebraicas demostrando la irresolubilidad de las ecuaciones de grado superior a 4.*

4. *Georg Ferdinand Cantor (San Petersburgo 1845-Halle, 1918). Catedrático de matemáticas en la Universidad de Halle, fundó el Congreso Internacional de Matemáticos. Creó las teorías de conjuntos y de los números transfinitos. Sus obras obligaron a cambiar totalmente las perspectivas de estudio de las matemáticas, obligando a efectuar un nuevo examen crítico de sus fundamentos. Junto al desarrollo de la teoría de conjuntos expuso la teoría de los números irracionales y definió el número real.*

Anillos

Se dice que un conjunto A en el que se han definido dos operaciones, que denotaremos con la suma y el producto es un **anillo** cuando se verifican las siguientes propiedades:
a) Con la operación suma A es un grupo conmutativo.
b) La operación producto cumple la propiedad asociativa.
c) Se cumple la propiedad distributiva del producto respecto de la suma, o sea, $a \cdot (b + c) = a \cdot b + a \cdot c$, para cualesquiera a, b, c de A.
Cuando la operación producto tiene elemento neutro éste recibe el nombre de **elemento unidad del anillo** y se designa habitualmente por 1, reservándose el número 0 para el **elemento neutro de la suma.** En el caso de que la operación producto verifique la propiedad conmutativa se dice que el anillo es conmutativo o abeliano.
Cuando en un anillo se cumple que $a \cdot b = 0$ siendo a y b distintos de 0 se dice que los elementos a y b son divisores de cero. Un anillo conmutativo sin divisores de cero se denomina un dominio de integridad. Así, por ejemplo, el conjunto Z de los números enteros con las operaciones suma y producto tiene estructura de anillo conmutativo sin divisores de cero.
Se dice que un subconjunto B de un anillo A es un **subanillo** de A cuando es estable respecto a la suma y al producto de A y con la restricción de estas operaciones es un anillo.

1

Por consiguiente, para comprobar que B es un subanillo de A basta con comprobar que con la suma es un subgrupo del grupo aditivo de A y que el producto de dos elementos de B está en B. Así, por ejemplo, el conjunto Z de los números enteros con las operaciones suma y producto es un subanillo del conjunto Q de los números racionales. Un subconjunto I de un anillo A es un **ideal** de A cuando se cumplen las siguientes propiedades:
a) I es un subgrupo del grupo aditivo de A.
b) Si a es un elemento de A y b es un elemento de I entonces $ab \in I$ y $ba \in I$.
Si A es un anillo conmutativo las dos condiciones de que consta el segundo requisito quedan reducidas a una sola. En cambio,

2

Condiciones que cumplen los distintos tipos de anillos	
Anillo	- Grupo abeliano respecto de las leyes + - Propiedad asosiativa respecto de la operación x - Propiedad distributiva de + respecto de x
Anillo conmutativo	- Las de anillo - Propiedad conmutativa respecto a la ley +
Anillo conmutativo con elemento neutro, con elemento unidad o unitario	- Las de anillo conmutativo - Elemento neutro respecto de la operación +

Grados de complejidad en un conjunto de números			
Básico	Si cumple una serie de condiciones	Si cumple una serie de condiciones además de las de grupo	Si cumple una serie de condiciones además de las de anillo
Conjunto A	**Grupo**	**Anillo**	**Cuerpo**
	Subgrupo	Subanillo ideal	

reducidas a una sola. En cambio, si A es un anillo no conmutativo ambas condiciones funcionan por separado y, por tanto, se tienen ideales por la izquierda cuando se cumple la primera condición e ideales por la derecha cuando se verifica la segunda. Así, por ejemplo, en el anillo Z el conjunto de los múltiplos de un número entero n es un ideal de Z. Para comprobar que I es un ideal de A basta comprobar que la suma de elementos de I está en I y que se cumple el segundo requisito. Una aplicación f de un anillo A en un anillo A′ es un homomorfismo cuando se verifica que $f(x + y) = f(x) + f(y)$, $f(xy) = f(x)\, f(y)$ cualesquiera que sean los elementos x, y de A. Si $f : A \rightarrow A'$ es un homomorfismo de anillos, f(A) es un subanillo de A′ y Ker f es un ideal de A, f es inyectiva si y sólo si Ker f = {0}. Es inmediato comprobar que Ker f es un ideal. Consideremos un ideal I de un anillo A. Como I es un subgrupo del grupo aditivo de A se puede efectuar el cociente A/I que posee estructura de anillo abeliano. Si A es un anillo conmutativo, A/I también es conmutativo y si A tiene elemento unidad lo mismo sucede con A/I.

Con las notaciones anteriores, la aplicación canónica de A en A/I produce una biyección entre el conjunto de los ideales del anillo A/I y el conjunto de los ideales de A que contiene a I. Se dice que un ideal P de un anillo conmutativo A es un **ideal primo** cuando el anillo cociente A/P es un dominio de integridad. Así pues, es lo mismo decir que A es un dominio de integridad que decir que el ideal {0} es primo. Un anillo K es un **cuerpo** cuando el conjunto K* de los elementos no nulos de K es un grupo con la operación producto, o sea, cuando cada elemento no nulo de K admite un inverso respecto la operación producto. Si esta operación es conmutativa se dice que el cuerpo es conmutativo. Evidentemente un cuerpo no puede tener divisores de cero. Un cuerpo K no tiene ideales distintos de sí mismo o del elemento neutro. Por tanto, todo homomorfismo de cuerpos o bien es nulo o bien es inyectivo.

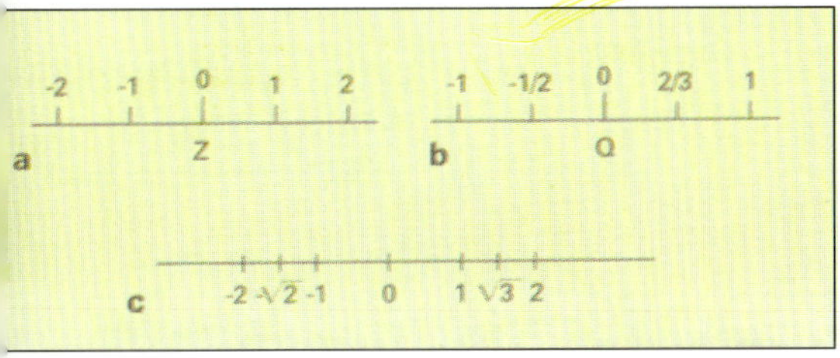

3

1. *Vista de la Universidad de Oslo, famosa por sus investigaciones en el campo del Álgebra. En ella estudió el famoso matemático noruego Niels Henrik Abel.*

2. *Las estructuras algebraicas semejan un edificio en construcción. En efecto, mientras que al construir un edificio como el de la figura se comienza desde las estructuras más internas y primarias hacia las más externas y complejas, en el caso de las estructuras algebraicas se procede análogamente desde las estructuras más elementales hasta las más complicadas, que permiten explicar teorías de un mayor grado de complejidad.*

3. *a) El conjunto Z de los números enteros tiene estructura de anillo con las operaciones suma y producto. b) El conjunto Q de los números racionales tiene estructura de cuerpo con las operaciones suma y producto. c) El conjunto R de los números reales tiene estructura de cuerpo abeliano con las operaciones suma y producto.*

Polinomios

Se dice que una función real de variable real f es una **función polinómica** cuando existen unos números reales $a_0, a_1, ..., a_n$ tales que $f(x) = a_0 + a_1 x + a_2 x^2 + + ... + a_n x^n$. Los números reales $a_0, a_1, ..., a_n$ **se denominan coeficientes** de la función polinómica. Por consiguiente, una función polinómica sobre el cuerpo R de los números reales es una sucesión infinita de números reales que son todos ellos iguales a cero salvo un número finito.
Si n es el mayor entero tal que $a_n \neq 0$ se dice que el **grado** de la función polinómica es n, o sea, que grad f = n. Así, la función polinómica $f(x) = 4x^4 - 3x^2 - 5$ es de cuarto grado. Cada uno de los sumandos que aparecen en la expresión de una función polinómica es un **monomio** o término. El conjunto de las funciones polinómicas reales con las operaciones suma y producto posee estructura de anillo conmutativo con elemento neutro. Como además no hay divisores de cero, se dice que tiene estructura de dominio de integridad. Si f y g son funciones polinómicas reales diferentes de cero, se verifica que grad $(f \cdot g)$ = grad f · grad g. Cuando se emplea el símbolo x como indeterminada, el anillo de las funciones polinómicas sobre R se denota por R [x] y una función polinómica cualquiera f se denota por f (x). El cuerpo R de los números reales puede también considerarse como un subconjunto de R [x] como consecuencia de la identificación anterior. Esto es correcto puesto que las operaciones suma y multiplicación de números reales se conservan mediante dicha identificación. En efecto, se tiene:

$(..., 0, a_0) + (..., 0, b_0) =$
$= (..., 0, a_0 + b_0)$
$y\ (..., 0, a_0) \cdot (..., 0, b_0) =$
$= (..., 0, a_0 b_0)$

Tal como puede observarse, los números reales distintos de cero son las unidades del anillo R [x]. Hay que resaltar asimismo que cualquier función polinómica diferente de cero está asociada a un polinomio mónico único. Por consiguiente, si d y d′ son polinomios mónicos tales que d divide a d′ y d′ divide a d, entonces d = d′, puesto que cualquier función polinómica g divide a otra función polinómica f si existe otra función polinómica h tal que f = h · g. Sean f y g dos funciones polinómicas sobre el conjunto R de los números reales y supongamos que $g \neq 0$. En este supuesto, existirán funciones polinómicas k y s tales que f = kg + s, siendo s = 0 o bien grad s < grad g. En efecto, si f = 0, o bien si grad f < grad g, tendremos que $f = 0 \cdot g + f$. Supongamos que grad f < grad g, como por ejemplo,

$f = a_n x^n + ... + a_1 x + a_0$
$y\ g = b_m X^m + ... + b_1 x + b_0.$

siendo $a_n, b_m \neq 0$ y $h \geq m$.

1, 2

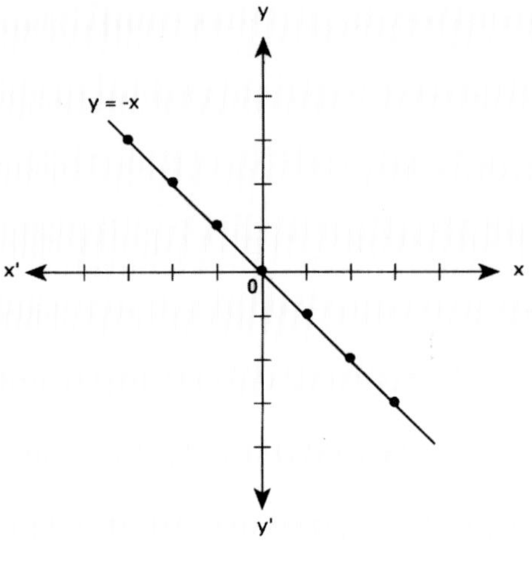

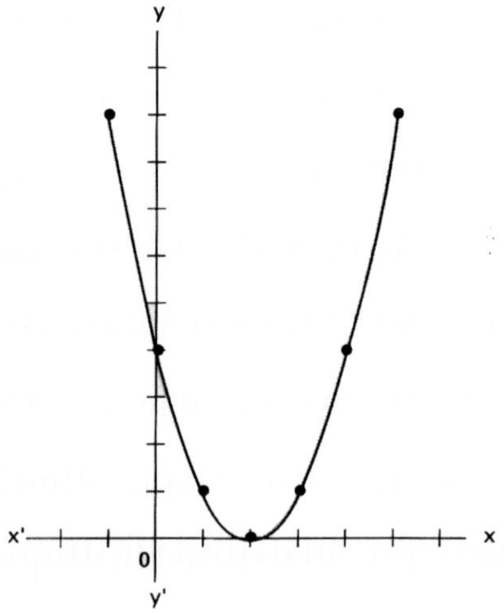

2

Así pues, tendremos:

$$f_1 = f - \frac{a_n}{b_m} x^{n-m} g \, (1)$$

Por tanto, grad f_1 < grad f y, por consiguiente, existirán polinomios k_1 y s tales que $f_1 = k_1 g + s$ donde s = 0 o bien grad s < grad g. Sustituyendo este resultado en (1) y despejando el valor de f se obtiene

$$f = \left(k_1 + \frac{a_n}{b_m} x^{n-m}\right) g + s$$

3,4

tal como queríamos demostrar. Para **sumar** polinomios se escriben los sumandos uno a continuación de los otros con sus signos correspondientes y a continuación se reducen los términos semejantes si los hay. Ejemplo. Sumar $4x_{2}y^2 - 5xy^2$, $3xy^2 - 7x^2y^2$, $3xy^2 - x^2y^2$. Solución: Colocamos todos los términos de los polinomios unos a continuación de los otros con sus signos correspondientes: $4x^2y^2 - 5xy^2 + 3xy^2 - 7x^2y^2 + 3xy^2 - x^2y^2$

Reduciendo términos semejantes se obtiene $-4x^2y^2 + xy^2$, que es el resultado final de la suma. Para **restar** polinomios se escribe el minuendo con sus propios signos y a continuación el sustraendo con todos sus signos cambiados y después se reducen los términos semejantes si los hay.

Ejemplo. Restar $7x^2 - 4x - 3$ y $5x^2 - x - 1$.

Solución: Tendremos $(7x^2 - 4x - 3) - (5x^2 - x - 1)$. O sea, $7x^2 - 4x - 3 - 5x^2 + x + 1$. Reduciendo términos semejantes se obtiene $2x^2 - 3x - 2$, que es el resultado final de la resta.

Para **multiplicar** un polinomio por otro se multiplican todos los términos del multiplicando por cada uno de los términos del multiplicador y, a continuación, se efectúa la suma algebraica de todos los productos parciales así obtenidos. Hay una serie de resultados que conviene tener en cuenta puesto que facilitan considerablemente los cálculos. Así, por ejemplo,

$(x + y)^2 = x^2 + 2xy + y^2$.

También se tiene que

$(x - y)^2 = x^2 - 2xy + y^2$.

Análogamente,

$(x + y)(x - y) = x^2 - y^2$. Otro resultado importante es

$(x+y)^3 = x^3 + 3x^2y + 3xy^2 + y^3$.

Por último

$(x - y)^3 = x^3 - 3x^2y + 3xy^2 - y^3$.

Para **dividir** dos polinomios procede del modo siguiente:

Se ordenan dividendo y divisor con respecto a una misma letra.

Se divide el primer término del dividendo entre el primer término del divisor, obteniéndose de este modo primer término del cociente. Se multiplica el primer término del cociente por todo el divisor y el producto así obtenido se resta del dividendo, para lo cual se le cambia de signo y se escribe cada término debajo de su semejante. Si algún término de este producto no tiene ningún término semejante en el dividendo, se escribe dicho término en el lugar correspondiente de acuerdo con la ordenación del dividendo y del divisor.

Se divide el primer término del resto entre el primer término del divisor, obteniéndose así el segundo término del cociente. El segundo término del cociente se multiplica por todo el divisor y el producto así obtenido se resta del dividendo tras cambiarle los signos.

Se repiten las operaciones hasta que el resto no se pueda dividir más.

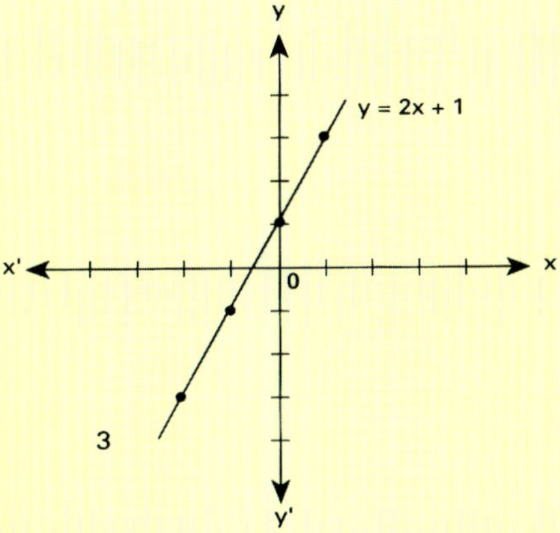

3

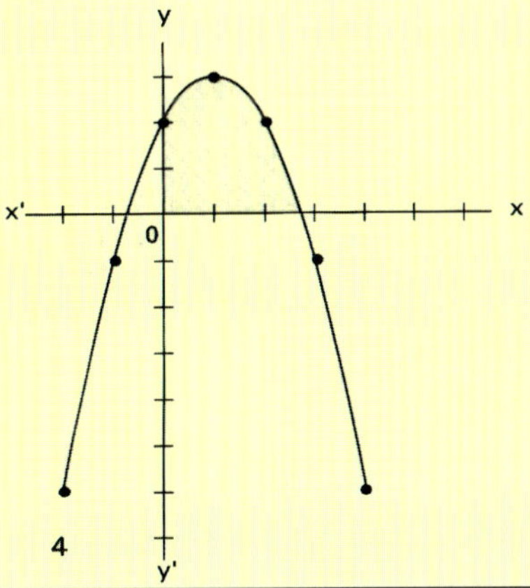

4

1. *La representación de una función polinómica de primer grado sin término independiente es una recta que pasa por el origen de coordenadas, tal como puede comprobarse para la función y = - x.*

2. *La representación de la función polinómica de segundo grado $y = x^2 - 4x + 4$ es una parábola cuyo vértice se halla situado en el punto (2, 0).*

3. *La representación de una función polinómica de primer grado con término independiente no nulo es una recta que no pasa por el origen de coordenadas, tal como puede comprobarse para la función y = 2x + 1.*

4. *La representación de la función polinómica de segundo grado $y = -x^2 + 2x + 2$ es una parábola invertida cuyo vértice se halla situado en el punto (1, 3).*

La regla de Ruffni y el teorema del resto

La **regla de Ruffini** es un método que se emplea para calcular rápidamente el cociente y el resto que se obtienen al dividir un polinomio cualquiera por un binomio del tipo x - a. Para ello se sigue el siguiente procedimiento:
El primer coeficiente del cociente es igual al primer coeficiente del dividendo.
El segundo coeficiente del cociente es igual al producto de a por el primer coeficiente del cociente más el segundo coeficiente del dividendo. El tercer coeficiente del cociente es igual al producto de a por el segundo coeficiente del dividendo. El resto es igual al producto de a por el último coeficiente del cociente más el último coeficiente del dividendo. El grado del cociente es una unidad inferior al grado del dividendo.

Ejemplo. Hallar el cociente y el resto de la división $(x^4 - x^3 + 2x^2 - x + 1) : (x - 1)$ empleando la regla de Ruffini.
Solución: Dispondremos las operaciones del modo siguiente:

	1	−1	2	−1	1
1)		1	0	2	1
	1	0	2	1	2

Así pues, el cociente es $x^3 + 2x + 1$ y el resto es 2.
El **teorema del resto** establece que el resto que se obtiene al dividir un polinomio en x por un binomio del tipo x - a se obtiene sustituyendo x por a en el polinomio dado.

Ejemplo. Hallar el resto de la división $(x^5 - 3x^3 + x - 2) : (x + 1)$ sin efectuar la operación.
Solución: Aplicando el teorema del resto se tiene:

$$R = (-1)^5 - 3(-1)^3 + (-1) - 2 =$$
$$= -1 + 3 - 1 - 2 = -1$$

Se dice que un número a es una raíz o un cero de un polinomio P cuando se cumple que P(a) = 0. Las posibles raíces enteras de un polinomio son los divisores enteros del término de grado cero.
Para hallar el **máximo común divisor** de varios polinomios suele emplearse el método de la descomposición factorial, que consiste en descomponer los polinomios dados en sus factores primos y determinar el máximo común divisor que será el producto de todos los factores comunes con el menor exponente.
Para calcular el **mínimo común múltiplo** de varios polinomios se descomponen en sus factores primos y, a continuación, se halla el mínimo común múltiplo que es el producto de todos los factores primos comunes y no comunes elevados al mayor exponente que aparezca en la descomposición factorial.

Ejemplo. Dados los polinomios $3x^2 - 3$, $2x^2 - 4x + 2$, $x^2 + x - 2$, calcular: a) Su

náximo común divisor.
) Su mínimo común múltiplo. Solución: Descompongamos factorialmente los polinomios. Para facilitar el cálculo se puede extraer factor común del modo siguiente:

$3x^2 - 3 = 3(x^2 - 1)$;
$2x^2 - 4x + 2 = 2(x^2 - 2x + 1)$

Ahora bien, como $x^2 - 1$ es una diferencia de cuadrados se tiene que $(x^2 - 1) = (x + 1)(x - 1)$. Al mismo tiempo resulta inmediato comprobar que $(x^2 - 2x + 1) = (x - 1)^2$. Para descomponer factorialmente $x^2 + x - 2$ basta con tener en cuenta que las posibles raíces enteras del polinomio son 1, -1, 2 y - 2. 1 es raíz ya que

Número *a* del polinomio divisor, cambiado de signo	Coeficientes del polinomio dividendo situados de mayor a menor grado. Si falta un término se sustituye por un 0. Aquí va el resultado de multiplicar la fila superior por el número de la fila inferior de un lugar a la derecha
	Suma algebraica del número de la primera fila con el de la segunda. El primer coeficiente de la primera fila se baja directamente sin operar y es el primer factor que multiplica con *a*

Ejemplo numérico:

$(5y^4 - 4y^3 + 8y - 5) + (y - 3)$

	y^4	y^3	y^2	y	n
	5	-4	0	8	-5
3)	↓	15	33	99	321
	5	11	33	107	*316*

316 es el resto y el cociente sería

$5y^3 + 11y^2 + 33y + 107$

2

$1^2 + 1 - 2 = 0$. Así pues, tendremos que:

	1	1	-2
1)		1	2
	1	2	0

Por consiguiente, $x^2 + x - 2 = (x - 1)(x + 2)$. Así pues, tenemos la siguiente descomposición factorial:

$3x^2 - 3 = 3(x + 1)(x - 1)$
$2x^2 - 4x + 2 = 2(x - 1)^2$
$x^2 + x - 2 = (x - 1)(x + 2)$.

a) El máximo común divisor será $x - 1$.
b) El mínimo común múltiplo será $6(x + 1)(x - 1)^2(x + 2)$, es decir, $6x^4 + 6x^3 - 18x^2 - 6x + 12$.

1. *El matemático italiano Leonardo de Pisa introdujo en Occidente la numeración arábiga e investigó las ecuaciones cuadráticas.*

2. *El matemático griego Eratóstenes, autor de la famosísima criba, estudió en Atenas y Alejandría. Calculó el valor de la circunferencia terrestre y elaboró el mapa más completo de su tiempo sobre el mundo conocido.*

3. *Augustin-Louis es considerado uno de los fundadores del análisis moderno.*

3

El binomio de Newton

El **binomio de Newton** es una expresión que permite determinar el desarrollo de $(a + b)^n$ en función de las potencias de a y de b siendo n un número natural cualquiera.

1

2

Las potencias sucesivas de (a + b) son las que se representan en la tabla 1. Resulta inmediato comprobar que en cada sumando la suma de los exponentes de a y b coincide con el exponente de $(a + b)^n$ en la expresión correspondiente.
Por lo que respecta a los coeficientes se tiene la siguiente regularidad (ver la tabla 2).

Tabla 1	
	$(a + b)^1 = a + b$
	$(a + b)^2 = a^2 + 2ab + b^2$
	$(a + b)^3 = a^3 + 3a^2b + 3ab^2 + b^3$
	$(a + b)^4 = a^4 + 4a^3b + 6a^2b^2 + 4ab^3 + b^4$

Tabla 2	
	Coeficientes de $(a + b)^1$: 1, 1
	Coeficientes de $(a + b)^2$: 1, 2, 1
	Coeficientes de $(a + b)^3$: 1, 3, 3, 1
	Coeficientes de $(a + b)^4$: 1, 4, 6, 4, 1

Es decir, los coeficientes que se obtienen coinciden con los correspondientes al desarrollo del triángulo de Tartaglia.
Generalizando al caso $(a + b)^n$ se demuestra sin dificultad como podemos ver en la tabla 3.
El desarrollo precedente se conoce como binomio de Newton y en él se observan las siguientes regularidades: El número de términos del desarrollo es una unidad mayor que el exponente del binomio. El exponente de a en el primer término del desarrollo es igual al exponente del binomio y en cada término posterior va aumentando en una unidad. El exponente de b en el segundo término del desarrollo es 1 y en cada término posterior va aumentando también en una unidad.
El coeficiente del primer término del desarrollo es 1 y el coeficiente del segundo término es igual al exponente de a en el primer término del desarrollo.
El coeficiente de cualquier término se obtiene multiplicando el coeficiente del término anterior por el exponente de a en dicho término anterior y dividiendo este producto por el exponente de b en ese mismo término aumentado en una unidad.
El último término del desarrollo es b elevado al exponente del binomio.
Ejemplo. Desarrollar $(x + 2)^5$.
Solución: Tendremos los resultados que se observan en la tabla 4

Tabla 3

$$(a + b)^n = \binom{n}{0} a^n + \binom{n}{1} a^{n-1}b + \binom{n}{2} a^{n-2}b^2 + \ldots + \binom{n}{i} a^{n-i}b^i + \ldots + \binom{n}{n-1} ab^{n-1} + \binom{n}{n} b$$

Tabla 4 $(x+2)^5 = \binom{5}{0} x^5 + \binom{5}{1} x^4 \cdot 2 + \binom{5}{2} x^3 \cdot 2^2 + \binom{5}{3} x^2 \cdot 2^3 + \binom{5}{4} x \cdot 2^4 + \binom{5}{5} 2^5 =$

$$= x^5 + 10x^4 + 40x^3 + 80x^2 + 80x + 32$$

Cuando el segundo término del binomio es negativo, los signos que aparecen en el desarrollo son alternativamente positivos y negativos.
A veces interesa calcular directamente un término cualquiera del desarrollo de un binomio sin tener que calcular todos los términos anteriores. Para ello se usan los siguientes resultados:
El numerador del coeficiente de un término cualquiera del desarrollo es un producto que empieza por el exponente del binomio. Cada factor posterior es una unidad menor que el anterior y aparecen tantos factores como términos preceden al término de que se trate.
El denominador del coeficiente de un término cualquiera es una expresión factorial de igual número de factores que el numerador.
El exponente de a en un término cualquiera es el exponente del binomio disminuido en el número de términos que preceden a dicho término. El exponente de b en un término cualquiera es igual al número de términos que lo preceden.

Ejemplo. Calcular el cuarto término de $(x - 2)^5$.
Solución: Tendremos:

$$-\binom{5}{3} x^{5-3}\, 2^3 =$$

$$= -\frac{5!}{3!\; 2!}\, x^2 \cdot 8 =$$

$$= -80x^2$$

4

1. *August Ferdinand Möbius (Schulpforta, 1790-Leipzig, 1868). Matemático alemán. Introdujo una serie de conceptos de gran importancia para el desarrollo de la geometría proyectiva, como el de transformación homográfica, y redescubrió el principio de dualidad. Fue uno de los fundadores de la topología, dando en 1858 el primer ejemplo de superficie unilateral.*

2. *Christian Felix Klein (Düsseldorf, 1849-Gotinga, 1925). Impulsó el desarrollo sistemático de las investigaciones matemáticas sobre la equivalencia entre grupos de transformaciones en un intento de unificar las diversas formas de geometría conocidas. Fue el descubridor de la botella de Klein.*

3. *Vista del patio del Trinity College, en Cambridge (Inglaterra), del que sir Isaac Newton fue catedrático.*

4. *Vista de la famosa Universidad Lomonosov de Moscú, donde se han desarrollado brillantes investigaciones matemáticas.*

Ecuaciones de primer grado

Una **igualdad** es una relación entre dos expresiones distintas de una misma cantidad. Así, por ejemplo, 6 - 2 = 5 - 1 es una igualdad.

Una **ecuación** es una igualdad en la que aparecen una o varias cantidades desconocidas denominadas incógnitas que, frecuentemente, únicamente se cumple para determinados valores de las incógnitas. Así por ejemplo, x - 3 = 2x - 4 es una ecuación puesto que es una igualdad en la que aparece una incógnita y que únicamente se cumple para x = 1.

En toda ecuación pueden distinguirse dos miembros: el **primer miembro** es la expresión que queda a la izquierda del signo de igualdad mientras que el **segundo miembro** es la expresión que queda a la derecha del signo de igualdad.

Así, por ejemplo, en el caso anterior x - 3 es el primer miembro de la ecuación mientras que 2x - 4 es el segundo miembro.

Se denomina **término** de una ecuación a cada una de las cantidades que están relacionadas con otras mediante los signos + o - o bien la cantidad que aparece sola en un miembro. En el ejemplo precedente los términos serían x, 3, 2x y 4. Se dice que una ecuación es **literal** cuando las cantidades conocidas vienen representadas por letras. Así, la ecuación 2x - a = 3x - 2b es una ecuación literal ya que a y b representan cantidades conocidas. Cuando las cantidades conocidas están representadas por números se dice que la ecuación es **numérica**. Así, por ejemplo, la ecuación x - 3 = 2x - 4 es una ecuación numérica.

El **grado** de una ecuación es la suma de los exponentes de **las incógnitas** en el término en que dicha suma sea mayor. Así, por ejemplo, $3xy^3 - 2xy = 3x - 4$ es una ecuación de cuarto grado con dos incógnitas.

Los valores de las incógnitas que satisfacen la ecuación reciben el nombre de **raíces de la ecuación**. Así, por ejemplo, en la ecuación 2x - 1 = 3x - 4, la raíz es 3 ya que 2 · 3 - 1 = 3 · 3 - 4 = 5.

Toda ecuación tiene tantas raíces como indique su grado. Por consiguiente, las ecuaciones de primer grado tan sólo tendrán una raíz. Se dice que dos ecuaciones son **equivalentes** cuando tienen las mismas raíces. Cualquier ecuación se convierte en otra equivalente en los siguientes casos:

1, 2

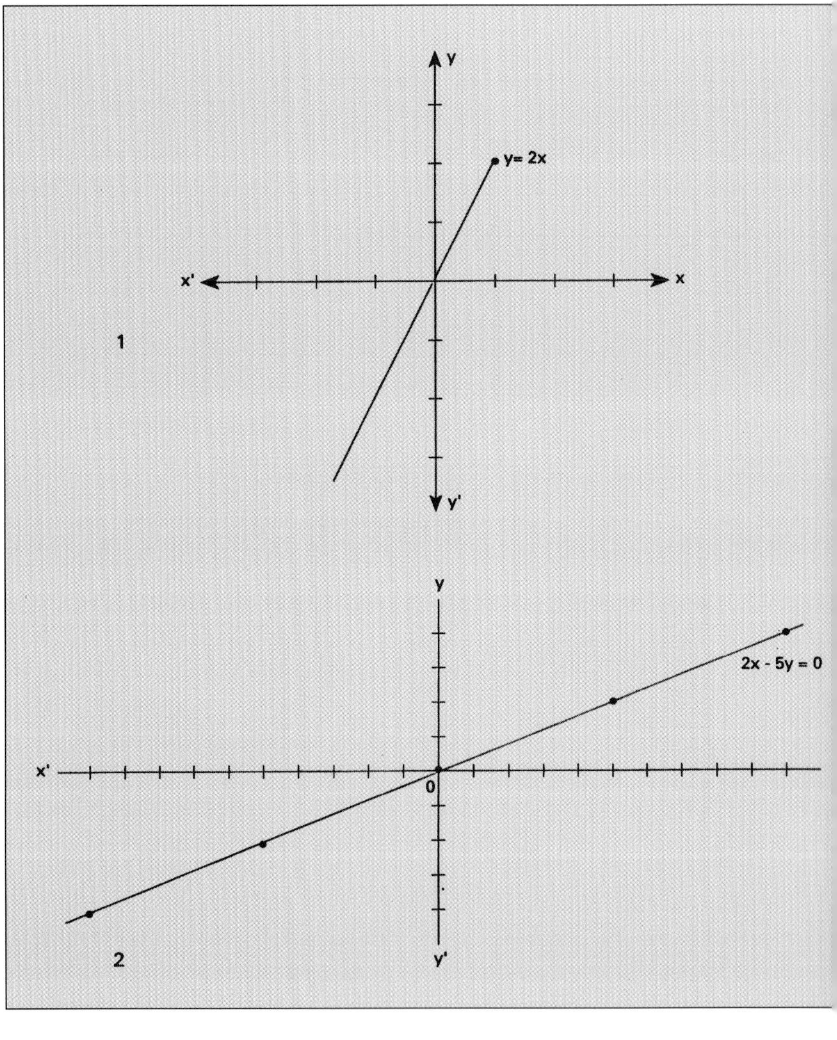

siguientes casos:
Cuando a los dos miembros de la ecuación se les suma una misma cantidad.
Cuando a los dos miembros de la ecuación se les resta la misma cantidad.
Cuando los dos miembros de la ecuación se multiplican por la misma cantidad.
Cuando los dos miembros de la ecuación se dividen por la misma cantidad.
De los dos primeros casos precedentes se deduce que cualquier término de una ecuación puede pasar de un miembro a otro cambiando de signo. A esta operación se le conoce con el nombre de transposición de términos.
Del tercer caso anterior se deduce que se pueden cambiar los signos de todos los términos de una ecuación puesto que esto equivale a multiplicar los dos miembros por -1.
Así pues, teniendo en cuenta las consideraciones anteriores, para resolver una ecuación de primer grado con una incógnita se debe seguir el procedimiento que se indica a continuación:
Se eliminan los radicales en el caso de que los haya, elevando ambos miembros de la ecuación a una misma potencia.
Se suprimen los signos de agrupación efectuando las operaciones indicadas en la ecuación.
Se eliminan los denominadores en el caso de que los haya.
Se trasponen y reducen términos.
Se despeja la incógnita.
Se dividen ambos miembros por el coeficiente de la incógnita una vez despejada la misma.
Las funciones polinómicas del tipo $y = ax$ se denominan **funciones lineales** y su representacion grafica es una recta que pasa por el origen de coordenadas. Si la función polinómica es del tipo $y = ax + b$, se denomina **función afín** y su representación gráfica es una recta cuya intersección con el eje de coordenadas coincide con el término independiente b.
Consideremos la ecuación de primer grado con dos incógnitas $2x - 5y = 0$. Si despejamos y tendremos:

$$5y = 2x$$

$$y = \frac{2}{5}x$$

Como puede observarse, para cada valor de x se obtiene un valor de y. Así pues, podemos construir la siguiente tabla de valores:

x	0	5	10	- 5	- 10
y	0	2	4	- 2	- 4

Todos los pares de valores así obtenidos, al ser sustituidos en la ecuación inicial la convierten en una identidad, es decir, satisfacen la ecuación. Así pues, dando valores a x se obtienen infinitos pares de valores que cumplen la ecuación. Por esta razón, se dice que la ecuación anterior es indeterminada. En general, toda ecuación de primer grado que tenga dos o más incógnitas es una ecuación indeterminada. La ecuaciones de primer grado con dos variables reciben el nombre de ecuaciones lineales porque representan líneas rectas. Así, generalizando, toda ecuación de primer grado con dos variables representa un línea recta. En el caso de que la ecuación no tenga término independiente, la línea recta pasa por el origen de coordenadas y en el caso de que la ecuación tenga término independiente, la línea recta no pasa por el origen de coordenadas.

3

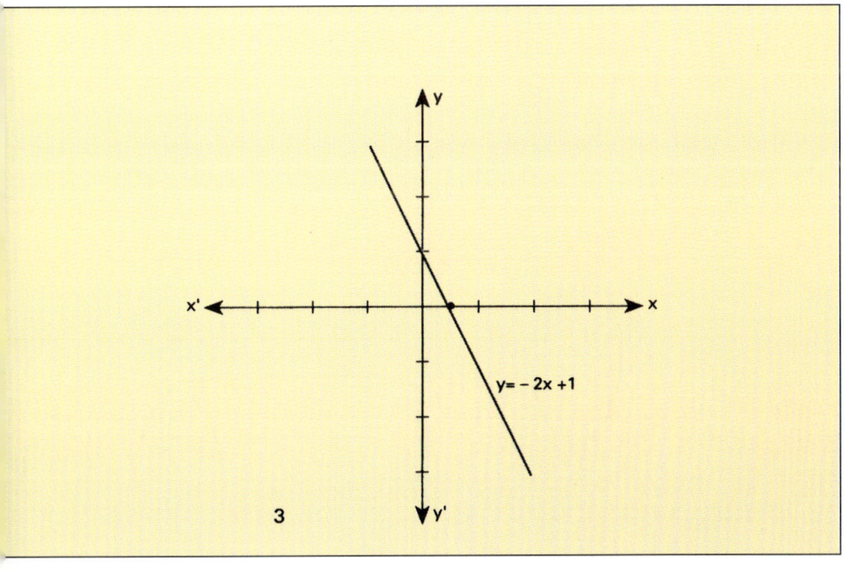

1. *Representación de la función de primer grado $y = 2x$.*

2. *Representación gráfica de la función $2x - 5y = 0$.*

3. *Representación de la función de primer grado $y = - 2x + 1$.*

Ecuaciones de segundo grado

Las ecuaciones de segundo grado con una incógnita son del tipo $ax^2 + bx + c = 0$, con $a \neq 0$ y $a, b, c \in R$. Desde el punto de vista geométrico resolver una ecuación de segundo grado significa encontrar los puntos de intersección de la parábola $y = ax^2 + bx + c$ con el eje de abscisas. Cuando la ecuación de segundo grado $ax^2 + bx + c = 0$ verifica que $a, b, c \neq 0$ se dice que es **completa.** En cambio, las ecuaciones del tipo $ax^2 = 0$, $ax^2 + c = 0$ y $ax^2 + bx = 0$ se denominan ecuaciones **incompletas** de segundo grado. La resolución de ecuaciones incompletas del tipo $ax^2 = 0$ es inmediata ya que como $a \neq 0$ se cumple que $x = 0$. Para resolver ecuaciones incompletas del tipo $ax^2 + c = 0$ se utiliza el siguiente método:
$ax^2 + c = 0$. Trasponiendo el término c resulta $ax^2 = - c$. Dividiendo ambos miembros por a se obtiene: $x^2 = - c/a$
Despejando x resulta $x = \pm \sqrt{- c/a}$.
Las raíces sólo serán **reales** en el caso de que a y c tengan signos distintos. Si a y c tienen el mismo signo las raíces serán **imaginarias.**
Para resolver ecuaciones incompletas del tipo $ax^2 + bx = 0$ se emplea el siguiente procedimiento:
$ax^2 + bx = 0$. Extrayendo factor común resulta $x(ax + b) = 0$. Como el producto de ambos factores es nulo, o bien $x = 0$ o bien $ax + b = 0$. Si $ax + b = 0$ se tiene que $ax = - b$ y, por consiguiente, $x = - b/a$. Así pues, las raíces de esta ecuación serán $x = 0$ y $x = - b/a$. Resulta fácil demostrar que las dos soluciones o raíces de la ecuación completa de segundo grado son:

$$x_1 = \frac{- b + \sqrt{b^2 - 4ac}}{2a}$$

$$x_2 = \frac{- b - \sqrt{b^2 - 4ac}}{2a}$$

La expresión $b^2 - 4ac$ recibe el nombre de **discriminante** y suele representarse con el símbolo Δ. Pueden presentarse los tres casos siguientes:
Si el discriminante es menor que cero no hay soluciones reales ya que las raíces cuadradas de números negativos son imaginarias.
Si el discriminante es nulo las soluciones coinciden por lo que tendremos una raíz doble es decir,

$$x_1 = x_2 = \frac{- b}{2a}$$

Si el discriminante es positivo hay dos raíces reales distintas que son:

$$x_1 = \frac{- b + \sqrt{\Delta}}{2a}$$

La **suma** de las raíces de la ecuación de segundo grado es igual al coeficiente del segundo término de la ecuación cambiado de signo dividido por el coeficiente del primer término. El **producto** de las raíces de la ecuación de segundo grado es igual al término independiente dividido por el coeficiente del primer término.
El **trinomio** de segundo grado

1

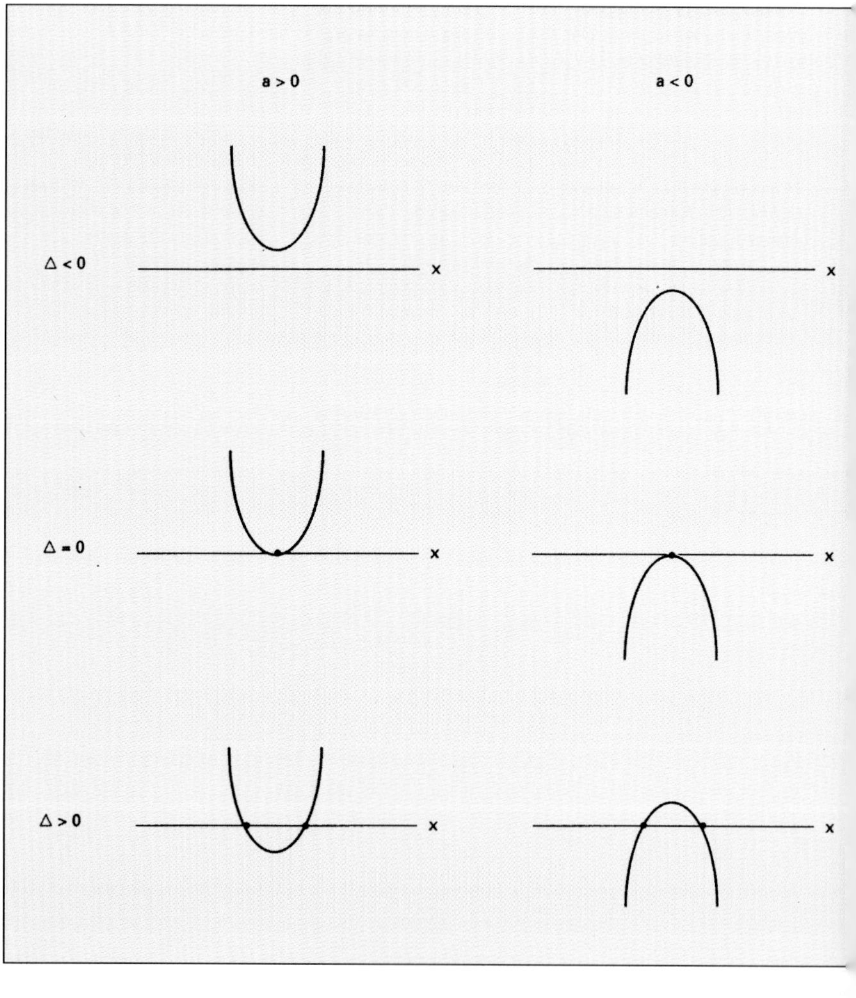

puede descomponerse en los tres factores siguientes:
El coeficiente de x^2.
x menos una de las raíces de la ecuación correspondiente.
x menos la otra raíz de la ecuación.
Al efectuar la descomposición factorial del trinomio de segundo grado pueden presentarse los tres casos siguientes:
Que el discriminante sea positivo. En este caso las raíces son reales y distintas y cabe considerar dos posibilidades dependiendo de que los valores de x sean mayores o menores que ambas raíces o bien que dichos valores estén comprendidos entre los de ambas raíces. Cuando los valores de x son mayores o menores que ambas raíces el signo del trinomio es el mismo que el del coeficiente a. Cuando los valores de x se hallan comprendidos entre los de ambas raíces el signo del trinomio es opuesto al signo de a. Que el discriminante sea nulo. En este caso las raíces son reales e iguales y para cualquier valor de x distinto de la raíz el trinomio tiene el mismo signo que a. Que el discriminante sea negativo. En este caso las raíces son imaginarias y para cualquier valor de x el trinomio tendrá el mismo signo que a. La **gráfica** de una función cuadrática del tipo $y = ax^2 + bx + c$ será una **parábola,** más o menos alargada dependiendo del valor de a y cuyo vértice se halla situado hacia abajo de la gráfica si $a > 0$ o hacia arriba de la gráfica si $a < 0$. Las coordenadas del vértice son las siguientes:

$$\left(\frac{-b}{2a}, \frac{4ac - b^2}{4a}\right)$$

1. *Interpretación geométrica de los distintos casos que pueden producirse al resolver una ecuación de segundo grado.*

2. *Representación grafica de la función $y = x^2$.*

3. *Representación gráfica de la función $y = (x - 2)^2 - 3$.*

4. *Representación gráfica de la función $y = (x - 2)^2$.*

5. *Representación gráfica de la función $y = -2x^2 + 4x + 4$.*

2

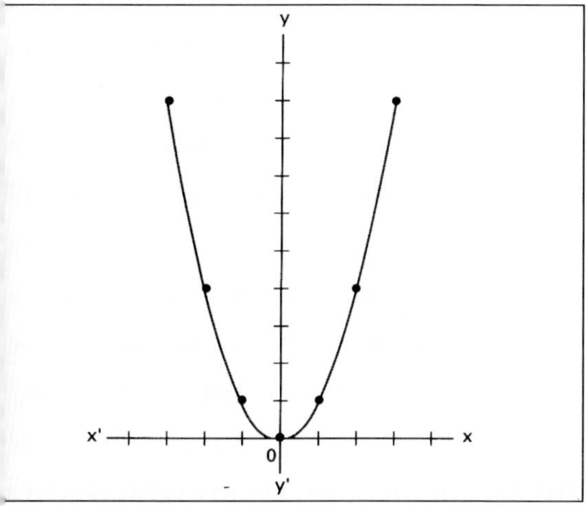

3

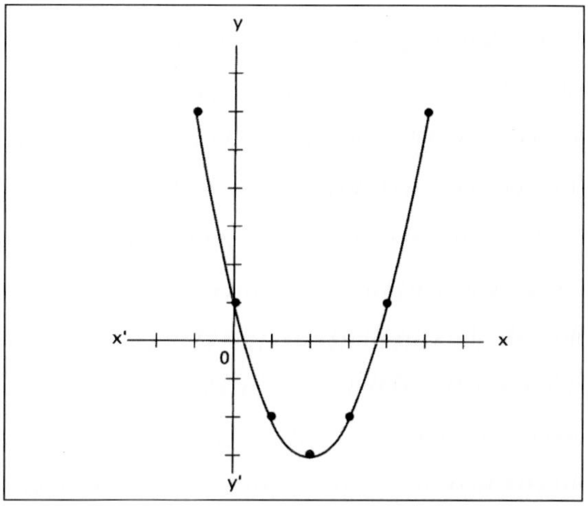

4

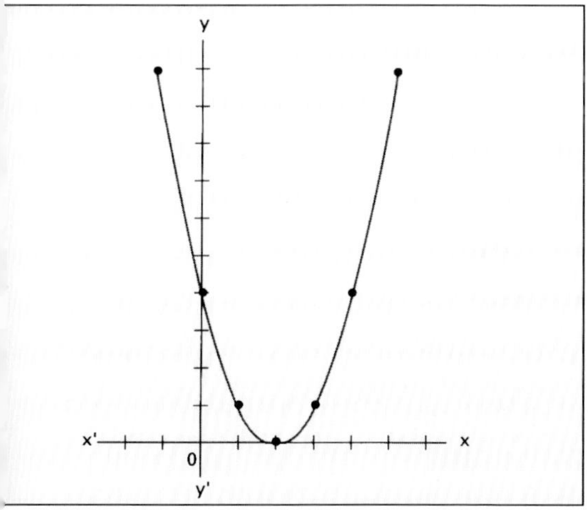

5

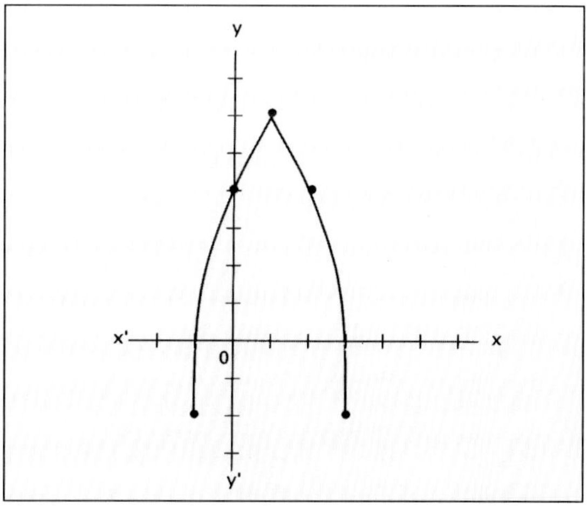

Inecuaciones

Se denomina **inecuación** a toda desigualdad en la que aparecen una o varias incógnitas y que únicamente se cumple para determinados valores de las incógnitas. Así, por ejemplo, $x + 2 > 0$ es una inecuación. Algunas soluciones de esta inecuación son 0, 3 ó - 1. En efecto, 0 satisface esta inecuación ya que $0 + 2 = 2 > 0$. Análogamente puede comprobarse que las restantes soluciones indicadas satisfacen la inecuación.

Resolver una inecuación consiste en determinar los valores de las incógnitas que verifican la inecuación.

Para resolver inecuaciones hay que tener en cuenta las siguientes propiedades:

Si a los dos miembros de una inecuación se les suma o se les resta una misma cantidad el signo de la inecuación se mantiene.

Si los dos miembros de una inecuación se multiplican o se dividen por una misma cantidad positiva el signo de la inecuación permanece invariable.

Si los dos miembros de una inecuación se multiplican o dividen por una misma cantidad negativa la inecuación cambia de signo.

Si se cambia el orden de los miembros la inecuación cambia de signo.

Si se calcula el inverso de los miembros de una inecuación cambia el signo de la misma.

Si se suman o se

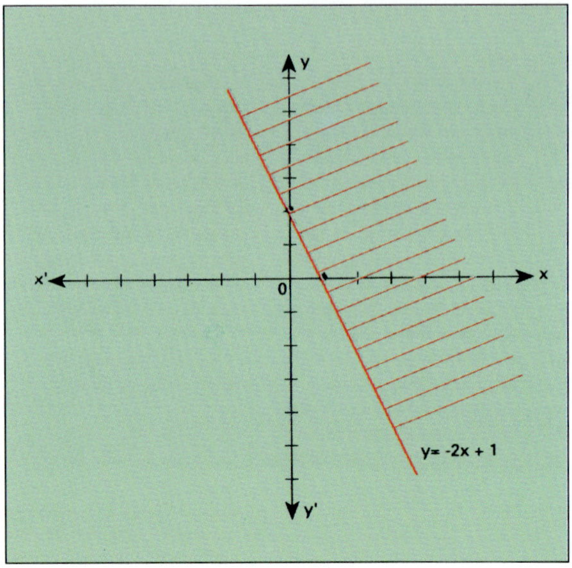

1

multiplican miembro a miembro varias inecuaciones del mismo signo se obtiene una inecuación del mismo signo.

Para representar las inecuaciones se utilizan los signos <, que se lee «menor que», >, que se lee «mayor que», ≤, que se lee «menor o igual que» y ≥, que se lee «mayor o igual que».

Ejemplo. Resolver la inecuación $-x + 3 > 0$.

Solución: Sumando - 3 a ambos miembros se obtiene $-x > -3$.

Cambiando los signos de los dos miembros de la inecuación se obtiene $x < 3$, ya que al cambiar los signos de los dos miembros cambia también el signo de la inecuación. Así pues, el conjunto de soluciones de la inecuación está formado por todos los números reales menores que 3.

Las soluciones de las inecuaciones de primer grado con dos incógnitas son pares de números reales y, por consiguiente, representan puntos del plano.

Ejemplo. Resolver la inecuación $2x + y - 1 > 0$.

Solución: Despejamos y del modo siguiente: $y > -2x + 1$.

Para que un punto (a, b) sea solución de la inecuación anterior deberá cumplir que $b > -2a + 1$. Por consiguiente, el punto (a, b) deberá estar situado por encima de la recta de ecuación $y = -2x + 1$. Por tanto, el conjunto de soluciones de la inecuación estará formado por toda la región del plano situada por encima de dicha recta. Para representar dicha zona procedamos a construir la tabla de valores de la función:

x	0	1/2
y	1	0

En la figura 1 se muestra la representación gráfica de la recta y la región del plano donde se encuentran las soluciones.

Se dice que dos o más inecuaciones son **simultáneas** cuando poseen soluciones comunes. Las soluciones se obtienen determinando la intersección de las soluciones

2

de cada una de las inecuaciones.

Ejemplo. Resolver el siguiente sistema de inecuaciones simultáneas:

$$\begin{cases} x - 1 > 0 \\ -x + 4 > 0 \end{cases}$$

Solución: En primer lugar resolveremos la inecuación $x - 1 > 0$. Para ello, despejando x se obtendrá $x > 1$, o sea, las soluciones de la primera inecuación son todos

3

de sus coordenada se verifica también la inecuación.
En caso afirmativo la región que contiene este punto es la buscada; en caso negativo, las soluciones serán los puntos de la otra región.

$-x > -4$.
Aunque cambiando los signos de ambos miembros de la inecuación resulta $x < 4$ ya que al cambiar los signos de los dos miembros cambia el signo de la inecuación. Así pues, las soluciones de esta inecuación son todos los números reales menores que 4.
Por consiguiente, las soluciones que satisfacen simultáneamente ambas inecuaciones son los números reales mayores que 1 y menores que 4.
En general, para resolver la inecuaciones de la forma $f(x, y) > 0$, donde $f(x, y)$ es una función cualquiera de x e y, se representa, si es posible, la curva $f(x, y) = 0$, la cual da lugar a una partición de los puntos del plano: los que están en la curva, aquellos para los que $f(x, y) < 0$ y, finalmente, los que cumplen $f(x, y) > 0$.
Para saber cuál de las regiones del plano es aquella cuyos puntos verifican la inecuación, se elige un punto cualquiera, no situado en la curva, y se comprueba si para los valores

1. *Representación gráfica del conjunto de soluciones de la inecuación*

$2x + y - 1 > 0$

2. *La matemática hindú alcanzó su máximo esplendor durante los siglos V y VI (d. C.).*
Los matemáticos hindúes hallaron métodos para resolver las ecuaciones de segundo grado y las ecuaciones indeterminadas.

3. *René Descartes (La Haya 1596-Estocolmo, 1650). Matemático y filósofo francés. Se interesó por la Física y las matemáticas con objeto de descubrir un método que suministrara la clave del avance científico y que además fuera utilizable para cualquier materia.*

Espacios vectoriales

Dado un cuerpo K, un **espacio vectorial** sobre K es un conjunto E dotado de una ley de composición, que representaremos con notación aditiva, que convierte a E en un grupo abeliano y una aplicación $(\lambda, x) \rightarrow \lambda x$ de $K \times E \rightarrow E$, que cumple las siguientes propiedades:

a) $\lambda(x + y) = \lambda x + \lambda y$ cualesquiera que sean λ en K, x e y en E.
b) $(\lambda + \mu) x = \lambda x + \mu x$ cualesquiera que sean λ, μ en K, x en E.
c) $(\lambda \mu) x = \lambda (\mu x)$ cualesquiera que sean λ, μ en K, x en E.
d) $1 \cdot x = x$ para todo x de E

Consideremos un espacio vectorial E sobre un cuerpo K y sea F un subconjunto de E. Se dice que F es un subespacio vectorial de E cuando es un subgrupo del grupo aditivo de E y se verifica la siguiente condición: si $\lambda \in K$ y $x \in F$ entonces $\lambda x \in F$.
Todo espacio vectorial posee siempre dos **subespacios vectoriales:** el mismo E y el conjunto reducido al elemento neutro.
Consideremos dos espacios vectoriales E y E′ sobre un mismo cuerpo K. Una aplicación f de E en E′ se dice que es **lineal** cuando es un homomorfismo del grupo aditivo de E en el grupo aditivo de E′ y además se verifica que $f(\lambda x) = \lambda f(x)$ para todo λ de K y x de E. El núcleo de una aplicación lineal es el conjunto de elementos del

1

espacio de partida que se convierten en el cero.
Consideremos dos espacios vectoriales E_1, E_2 sobre el mismo cuerpo K y formemos el producto cartesiano $E_1 \times E_2$. En este conjunto se define una operación suma del modo siguiente: $(x_1, x_2) + (y_1, y_2) = (x_1 + y_1, x_2 + y_2)$ y $E_1 \times E_2$ con esta operación es un grupo abeliano. Por otra parte, si definimos una aplicación de $K \times (E_1 \times E_2) \rightarrow E_1 \times E_2$ mediante $[\lambda, (x_1, x_2)] \rightarrow (\lambda x_1, \lambda x_2)$ resulta inmediato comprobar que se obtiene un espacio vectorial denominado el espacio producto de $E_1 \times E_2$.
Consideremos un espacio vectorial E y dos subespacios vectoriales F y G de E tales que $E = F + G$, de modo que cada elemento de E se descompone en suma de un elemento de F y de un elemento de G. Con estas premisas se verifica que la descomposición de un elemento de E en suma de uno de F y uno de G es única y que $F \cap G = \{0\}$.
Cuando dos subespacios vectoriales de un espacio vectorial E verifican las condiciones anteriores se dice que son **suplementarios** y que E es suma directa de F y G lo

2

que se suele representar como $E = F \oplus G$.
Sea A un subconjunto de un espacio vectorial E sobre un cuerpo K. Si B es un subconjunto de A se verifica que $\langle B \rangle \subset \langle A \rangle$, o sea, que el subespacio engendrado por B está contenido en el subespacio engendrado por A. Se dice que el conjunto A es **linealmente independiente** cuando $B \neq A$ implica que $\langle B \rangle \neq \langle A \rangle$. En caso contrario se dice que el conjunto A es **linealmente dependiente.** Una condición necesaria y suficiente para que un conjunto A de elementos de un espacio vectorial E sea linealmente independiente es que si una combinación lineal $\lambda_1 x_1 + \ldots + \lambda_p x_p$ de elementos de A es igual a 0 todos los coeficientes son nulos.
Consideremos un espacio vectorial E sobre un cuerpo K. Se dice que una parte B de E es una base de E cuando constituye un sistema de generadores y es linealmente independiente. Esto significa que todo elemento de E se puede expresar como una combinación lineal de un número finito de elementos de B

3

4

y, además, que ninguna combinación lineal de elementos de B puede valer 0 excepto aquella que tiene nulos todos sus coeficientes. Dos bases de un espacio vectorial de dimensión finita tienen el mismo número de elementos. El número de elementos de una base de un espacio vectorial E de dimensión finita es una propiedad característica del espacio vectorial y se denomina como la **dimensión de E.** Dada una familia de vectores $x_1, ..., x_p$ en un espacio vectorial E de dimensión finita n sobre un cuerpo K, la dimensión del subespacio engendrado por ellos mismos se llama **rango del sistema.** Una aplicación lineal u de un espacio vectorial E de dimensión finita sobre un cuerpo K en un espacio vectorial F sobre el mismo cuerpo K. El isomorfismo existente entre E/ Ker u e Im. u indica que Im. u es un subespacio vectorial de F de dimensión finita. La dimensión de este subespacio se llama **rango de u.**

1. *Hermann Amandus Schwarz (Harmsdorf; 1843-Berlín, 1921). Reconocido matemático alemán. Realizó investigaciones sobre geometría diferencial, así como de teoría de funciones, variables complejas, cálculo de variaciones y también sobre teoría de las superficies. Estableció la desigualdad que lleva su nombre y un procedimiento para la representación de las funciones de variable compleja.*

2. *Vista de la Universidad de Harvard en Cambridge (Massachusetts). El nombre de la ciudad en que se halla enclavada se debe a que la mayoría de sus profesores provenían de aquella universidad inglesa. Es la más antigua y prestigiosa universidad de Estados Unidos. Dentro del conjunto de la Universidad de Harvard se hallan los edificios del Massachusetts Institute of Technology, donde se han llevado a cabo importantísimas investigaciones científicas.*

3. *Gottfried Wilhelm Leibniz (Leipzig 1646-Hannover, 1716). Filósofo y matemático alemán. Inventor del cálculo infinitesimal juntamente con Newton, aunque trabajando independientemente.*

4. *David Hilbert (Königsberg, 1862-Gotinga, 1943). Matemático alemán. Introdujo los espacios que llevan su nombre, que son espacios vectoriales definidos sobre el cuerpo de los números complejos en los que se introduce el producto hermítico y que han resultado de gran interés en física matemática. Impulsó el desarrollo del método axiomático y contribuyó decisivamente a la fundamentación de la geometría. Asimismo expuso el teorema de los polinomios de ideales de base finita y demostró la existencia de la proposición conjetural de Waring en el marco de la teoría de números.*

Matrices

Una **matriz** con coeficientes en K es una aplicación de I × J en K donde I, J son dos conjuntos finitos. Si I = {1, ..., n}, J = {1, ..., m} y a_i^j es la imagen por esta aplicación del elemento (i, j) de I × J la matriz vendrá representada por el cuadro que se indica a continuación

$$\begin{pmatrix} a_1^1 & a_2^1 & \dots & a_n^1 \\ a_1^2 & a_2^2 & \dots & a_n^2 \\ \dots & \dots & \dots & \dots \\ \dots & \dots & \dots & \dots \\ a_1^m & a_2^m & \dots & a_n^m \end{pmatrix}$$

Dado un elemento i de I los elementos de la forma a^k_i para k recorriendo J forman la columna i de la matriz. Si j es un elemento de J los elementos de la forma a^1_j para 1 recorriendo I constituyen la fila j de la matriz. Las matrices suelen representarse con letras mayúsculas. Así, se acostumbra a escribir $A = (a_i^j)_{1 \le i \le n, 1 \le j \le m}$ para indicar la matriz anterior o simplemente (a_i^j) si no hay posibilidad de confusión. Cuando una matriz tiene m filas y n columnas se dice que se trata de una matriz del tipo (n, m). Si n = m se dice que se trata de una **matriz cuadrada de orden n.**

Si A es una matriz del tipo (n, m), la matriz del tipo (m, n) cuyos elementos b_k verifican que $b_k^1 = a_1^k$ recibe el nombre de **matriz traspuesta de A** y se denota por t_A. La matriz traspuesta se obtiene cambiando filas por columnas en la matriz inicial.

1

2

Se dice que una matriz A es simétrica cuando se cumple que $A = t_A$. Por el contrario, se dice que A es una matriz antisimétrica cuando se verifica que $A = - t_A$.

Si $A = (a_i^j)$ es una matriz cuadrada, los elementos a_i reciben el nombre de **elementos diagonales** de A y el conjunto de los mismos se denomina diagonal principal de la matriz A. Una matriz cuadrada $A = (a_i^j)$ se dice que es una **matriz diagonal** cuando todos los elementos que no pertenecen a la diagonal principal son nulos.

Se dice que una matriz A es **triangular superior** cuando $a_i^j = 0$ para cada j > i. Por el contrario, se dice que la matriz A es una matriz **triangular inferior** cuando se cumple que $a_i^j = 0$ para todo j < i. Esto quiere decir que en el primer caso todos los elementos situados por debajo de la diagonal principal son nulos mientras que en el segundo caso son nulos todos los elementos situados por encima de la diagonal principal. Obviamente, las matrices diagonales son a la vez triangulares superiores y triangulares inferiores. Cuando todos los elementos de la diagonal principal de una matriz diagonal son iguales se dice que la matriz es una **matriz escalar.** La matriz escalar del tipo (n, n) que tiene iguales a 1 todos los elementos de la diagonal principal recibe el nombre de matriz unidad del tipo (n, n) y se denota por I_n.

Dadas dos matrices del tipo (n, m) con coeficientes en un cuerpo K se puede definir su suma, que se obtiene asignando a cada elemento (i, j) del conjunto {1, ..., n} ×{1, ..., m} la suma de las imágenes obtenidas por las aplicaciones

3

iniciales. Es evidente que si $A = (a_i^j)$, $B = (b_i^j)$ y $C = (c_i^j)$ es la matriz suma de A y B se tiene que $c_i^j = a_i^j + b_i^j$, o sea, que la matriz suma se obtiene sumando coeficiente a coeficiente.

También se puede definir el producto de un escalar por una matriz del modo siguiente: si $A = (a_i^j)$ es una matriz del tipo (n, m) y λ es un elemento de K, la matriz λA es la matriz (λa_i^j) cuyos coeficientes son los de la matriz multiplicados por λ. Por tanto, el conjunto de las matrices del tipo (n, m) con coeficientes en K posee una estructura de espacio vectorial. El **producto** de dos matrices puede definirse del modo siguiente: si A es una matriz del tipo (n, m) y B es una matriz del tipo (m, p), la matriz producto C = BA es la matriz del tipo (n, p) cuyos coeficientes se calculan mediante la expresión

$$c_i^k = \sum_{j=1}^{m} a_i^j b_j^k$$

1. *Vista de la Universidad de Gotinga, fundada en 1734 por Jorge II de Hannover, actualmente es uno de los centros neurálgicos de la ciencia mundial.*

2. *Charles Hermite (Dieuze, 1822-París, 1901). Matemático francés. Realizó investigaciones sobre las teorías de las formas algebraicas, de las funciones elípticas y de los números algebraicos. Investigó la teoría general de las ecuaciones algebraicas y descubrió la ley de la reciprocidad que lleva su nombre. Asimismo demostró que el número e, base de los logaritmos neperianos, no es un número algebraico y estableció un procedimiento para resolver ecuaciones de quinto grado.*

3. *Vista de la Universidad de la Sorbona de París centro de renombre mundial en las investigaciones matemáticas.*

4. *Gaspard Monge (Beaune 1746-París, 1818). Matemático francés. Fue el que reintrodujo la geometría proyectiva, preocupándose por sus aplicaciones técnicas y dando una fundamentación muy rigurosa a los métodos de la geometría descriptiva. Además estableció las relaciones existentes entre las propiedades de las ecuaciones diferenciales desde el punto de vista del análisis y el álgebra y las de las entidades geométricas que les corresponden.*

4

Determinantes

Sean $E_1, E_2, ..., E_p$ espacios vectoriales sobre un cuerpo K y f una aplicación de $E_1 \times ... \times E_p$ en un espacio vectorial F. Se dice que f es una **aplicación multilineal** cuando se verifica la siguiente propiedad: dados un índice i, $1 \leq i \leq p$ y p - 1 elementos a_k, $k \neq i$, $a_k \in E_k$, la aplicación $x_i \rightarrow f(a_1, ..., x_1, ..., a_p)$ de E_i en F es lineal. Así pues, decir que f es multilineal quiere decir que es lineal respecto a cada variable, o sea, que dejando fijas todas las variables excepto una se obtiene una aplicación lineal. Así, por ejemplo, si p = 2, decir que $f: E_1 \times E_2 \rightarrow F$ es multilineal (en este caso concreto se denominará bilineal) quiere decir que se verifican las siguientes propiedades:

a) $f(x_1 + y_1, x_2) = f(x_1, x_2) + f(y_1, x_2)$
b) $f(x_1, x_2 + y_2) = f(x_1, x_2) + f(x_1, y_2)$
c) $f(\lambda x_1, x_2) = f(x_1, \lambda x_2) = \lambda f(x_1, x_2)$ cualquiera que sean x_1, y_1 en E_1, x_2, y_2 en E_2 y λ en K.

La suma de dos aplicaciones multilineales de $E_1 \times ... \times E_p$ en F es una aplicacion multilineal de $E_1 \times ... \times E_p$ en F y si f es una aplicación multilineal de $E_1 \times ... \times E_p$ en F y λ es un elemento de K, λ f es una aplicación multilineal de $E_1 \times ... \times E_p$ en F. Así pues, el conjunto de las aplicaciones multilineales de $E_1 \times ... \times E_p$ en F es un espacio vectorial. Consideremos un espacio vectorial E de dimensión n sobre un cuerpo K y una forma multilineal f de grado n definida en E. Se dice que f es alternada cuando se verifica la siguiente condición:

$f(x_1, ..., x_n) = 0$ si dos de los elementos $x_1, ..., x_n$ son iguales. Si en un espacio vectorial E de dimensión n consideramos n vectores $\{x_1, ..., x_n\}$ y una base $\{e_1, ..., e_n\}$ se denomina determinante de $\{x_1, ..., x_n\}$ respecto a dicha base a la imagen de $(x_1, ..., x_n)$ por la única aplicación multilineal alternada de grado n definida en E que toma el valor 1 en $(e_1, ..., e_n)$.

Si los vectores $\{x_1, ..., x_n\}$ son **linealmente independientes** el determinante **no es nulo**. En cambio, si $\{x_1, ..., x_n\}$ son linealmente dependientes su determinante respecto a cualquier base es **nulo**.

El cálculo de determinantes a partir de la definición resulta muy laborioso puesto que, por ejemplo, para n = 5 ya aparecen 120 sumandos. Por tanto, resulta conveniente encontrar algún método más sencillo para calcularlos. Para ello consideremos una matriz **M** del tipo (n + m, n + m) tal como

$$M = \begin{pmatrix} A & B \\ 0 & C \end{pmatrix}$$

Resolución práctica de Determinantes

$$\det A = \begin{vmatrix} a & b & c \\ a' & b' & c' \\ a'' & b'' & c'' \end{vmatrix} = a \begin{vmatrix} b' & c' \\ b'' & c'' \end{vmatrix} - a' \begin{vmatrix} b & c \\ b'' & c'' \end{vmatrix} + a'' \begin{vmatrix} b & c \\ b' & c' \end{vmatrix} =$$

$$= a\,(b' \cdot c'' - b'' \cdot c') - a'\,(b \cdot c'' - b'' \cdot c) + a''\,(b' \cdot c' - b' \cdot c')$$

$$\det A = \begin{vmatrix} 4 & 6 & -7 \\ 5 & 9 & 1 \\ 2 & 4 & 8 \end{vmatrix} = 4 \begin{vmatrix} 9 & 1 \\ 4 & 8 \end{vmatrix} - 5 \begin{vmatrix} 6 & -7 \\ 4 & 8 \end{vmatrix} + 2 \begin{vmatrix} 6 & -7 \\ 9 & 1 \end{vmatrix} =$$

$$= 4\,(9 \cdot 8 - 4 \cdot 1) - 5\,(6 \cdot 8 - 4 \cdot -7) + 2\,(6 \cdot 1 - 9 \cdot -7) =$$

$$= 272 - 380 + 138 = -242$$

donde A es una matriz cuadrada de orden n, C es una matriz cuadrada de orden m, B es una matriz del tipo (m, n) y 0 es la matriz nula del tipo (n, m). Con estas condiciones se verifica que det M = det A · det C.
Un caso particular del resultado precedente es que el determinante de una matriz triangular es igual al producto de los elementos de la diagonal principal. Sea A una matriz cuadrada de orden n. Dados dos índices i, j designamos por A^j_i el producto de $(-1)^{i+j}$ por el determinante de la matriz resultante de suprimir en la matriz inicial la fila j y la columna i. Este determinante recibe el nombre de adjunto del elemento a^j_i. Con las notaciones anteriores consideremos un índice i cualquiera. Se verifica que

1

$$\det A = a^1_i, A^1_i + a^2_i A^2_i + \ldots + a^n_i A^n_i.$$

Esta fórmula constituye el desarrollo del determinante para la columna i. El cálculo de un determinante de orden n se convierte así en el cálculo de un determinante de orden n - 1. El desarrollo de un determinante por una columna presenta también una fórmula análoga para el desarrollo por una fila puesto que el determinante de una matriz coincide con el de su traspuesta.
Teniendo en cuenta que un menor de orden k es el determinante de una submatriz de orden k de la matriz A, resulta posible calcular el rango de una matriz A mediante el empleo de determinantes. En efecto, el rango de A coincide con número máximo de vectores columna linealmente independientes.

2

1. *Georg Friedrich Bernhard Riemann (Breselenz, 1826-Lago Maggiore 1866). Matemático alemán. Su mayor contribución a la matemática fue el desarrollo de un sistema de geometría no euclidiana que ha servido de fundamento matemático a algunas teorías físicas modernas, como la teoría de la relatividad generalizada de Albert Einstein.*

2. *Vista del Massachusetts Institute of Technology, una de las más famosas instituciones del mundo.*

Sistemas de ecuaciones

Se dice que dos o más ecuaciones son **simultáneas** cuando se verifican para valores iguales de las incógnitas. En cambio, ecuaciones **equivalentes** son aquellas en las que una es múltiplo de la otra. Las ecuaciones que no son equivalentes se denominan **independientes.** Por tanto, las ecuaciones simultáneas son ecuaciones independientes con una única solución común. Se dice que dos o más ecuaciones independientes son incompatibles cuando no tienen ninguna solución común.

Un **sistema de ecuaciones** es un conjunto de dos o más ecuaciones con dos o más incógnitas. Los valores de las incógnitas que satisfacen simultáneamente a todas las ecuaciones del sistema se denominan **soluciones** del sistema de ecuaciones. Cuando un sistema de ecuaciones admite soluciones se dice que es **compatible** y en caso contrario se dice que es **incompatible.** Los sistemas compatibles pueden ser determinados e indeterminados. Se dice que un sistema de ecuaciones es **compatible determinado** cuando la solución del sistema es única.

Por el contrario, se dice que un sistema de ecuaciones es **compatible indeterminado** cuando tiene más de una solución.

El método general de resolución de sistemas de ecuaciones consiste en eliminar una de las incógnitas para reducir el número de incógnitas y llegar a obtener una ecuación que pueda resolverse. Este proceso recibe el nombre de **eliminación.** Para llevar a cabo la eliminación pueden seguirse tres procedimientos: el de sustitución, el de igualación y el de reducción. El método de eliminación por **sustitución** consiste en despejar en una de las ecuaciones la incógnita que se quiere eliminar y sustituir su valor en la otra ecuación o ecuaciones. El procedimiento de eliminación por **igualación** consiste en despejar una misma incógnita en las dos ecuaciones e igualar seguidamente los valores así obtenidos. El método de eliminación por **reducción** consiste en convertir las ecuaciones en otras que tengan los mismos coeficientes de la incógnita que se quiere eliminar. Una vez efectuada esta operación las ecuaciones resultantes se suman si la incógnita tiene en ellas distinto signo y se restan en el caso de que tengan el mismo signo, eliminando así una de las incógnitas.

Al resolver geométricamente un sistema de dos ecuaciones con dos incógnitas pueden plantearse los siguientes casos:

Que las dos rectas se corten en un punto. El sistema será compatible determinado y por consiguiente habrá una única solución para el sistema.

Que las dos rectas sean

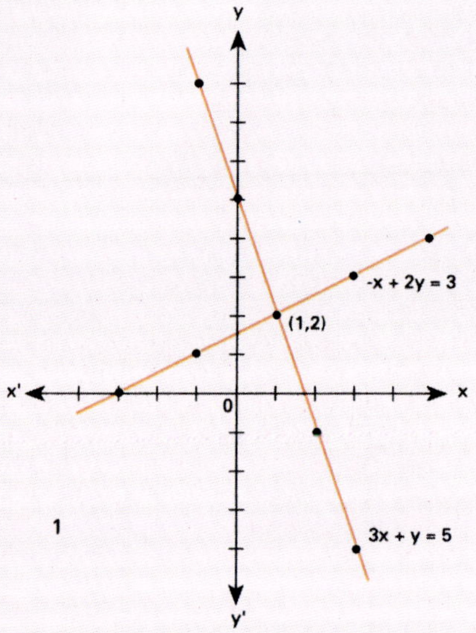

1. Resolución gráfica del sistema de ecuaciones

$$\begin{cases} 3x + y = 5 \\ -x + 2y = 3 \end{cases}$$

Las dos rectas se cortan en el punto (1, 2), que es la solución del sistema. Es un sistema compatible determinado.

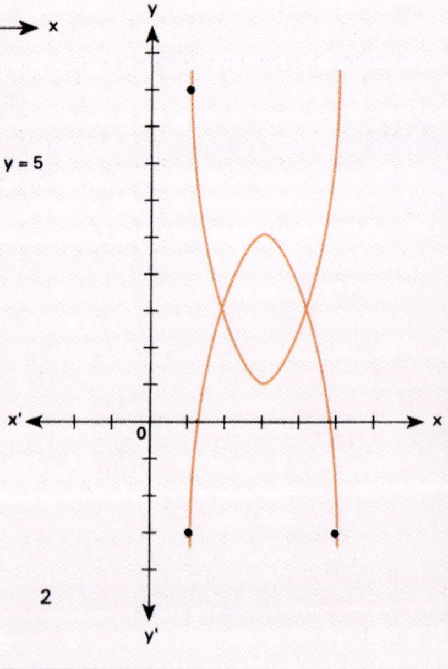

2. Resolución gráfica del sistema de ecuaciones

$$\begin{cases} 2x^2 - 12x - y = -19 \\ 12x = 2x^2 + y + 13 \end{cases}$$

Las dos parábolas se cortan en los puntos (2, 3) y (4, 3). Se trata de un sistema compatible determinado.

paralelas. El sistema será incompatible, o sea, no habrá ninguna solución para el sistema.

Que ambas rectas coincidan. El sistema será compatible indeterminado y existirán infinitas soluciones para el mismo.

Los sistemas de segundo grado pueden agruparse en dos grandes tipos:

Los sistemas constituidos por una ecuación de primer grado y una ecuación de segundo grado.

Los sistemas formados por dos ecuaciones de segundo grado.

Los sistemas de dos ecuaciones con dos incógnitas en los cuales una de las ecuaciones o ambas sean de segundo grado pueden resolverse gráficamente. Si una de las ecuaciones es de primer grado y la otra es de segundo grado, las soluciones vendrán dadas por los puntos de intersección de una recta y una curva.

Si las dos ecuaciones son de segundo grado las soluciones del sistema serán los puntos de intersección de dos curvas.

Sin embargo, cuando las dos ecuaciones son de segundo grado pero alguna de ellas presenta términos del tipo xy pueden presentarse más de dos soluciones.

Para resolver sistemas constituidos por una ecuación de primer grado y otra de segundo grado el procedimiento que suele emplearse consiste en despejar una incógnita de la ecuación de primer grado y sustituir el valor así obtenido en la ecuación de segundo grado resultando de este modo una ecuación de segundo grado con una sola incógnita, que se resuelve por el método general de resolución de ecuaciones de segundo grado.

Para resolver estos sistemas constituidos por dos ecuaciones de segundo grado se procede como si ambas ecuaciones fueran de primer grado, aunque en este caso número de soluciones acostumbra a ser mayor.

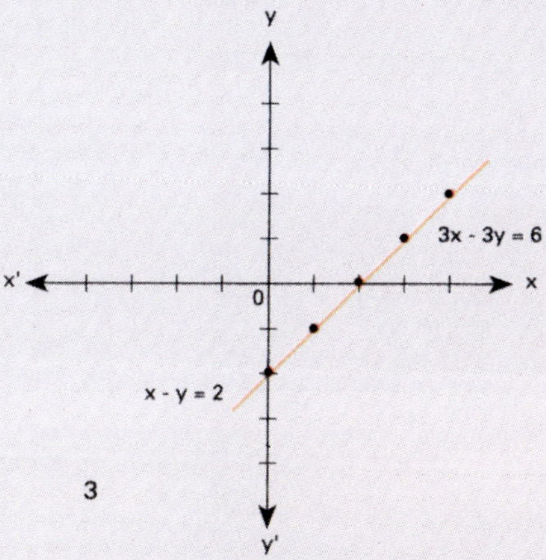

3

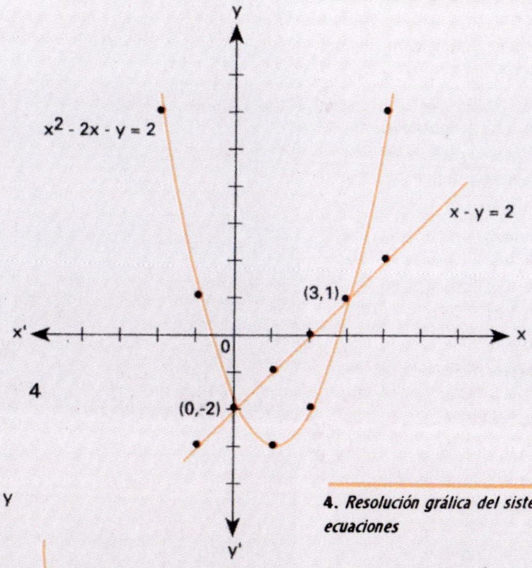

4

4. ***Resolución gráfica del sistema de ecuaciones***

$$\begin{cases} x - y = 2 \\ x^2 - 2x - y = 2 \end{cases}$$

La recta y la parábola se cortan en los puntos (0, -2) y (3, 1). Se trata de un sistema compatible determinado.

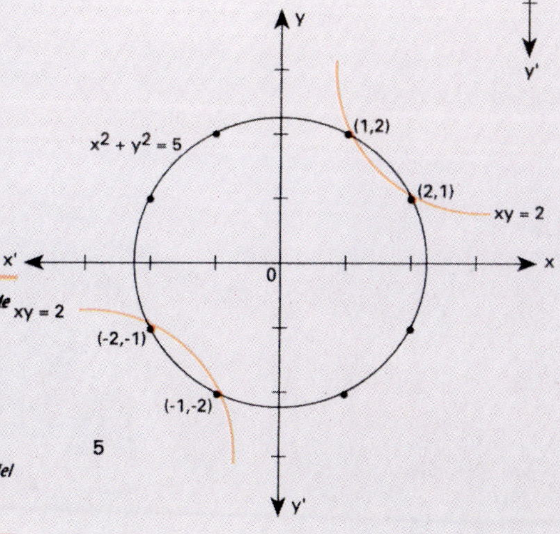

5

3. ***Resolución gráfica del sistema de ecuaciones***

$$\begin{cases} x - y = 2 \\ 3x - 3y = 6 \end{cases}$$

Las dos rectas coinciden y, por tanto, existen infinitas soluciones del sistema. Se trata de un sistema compatible indeterminado.

5. ***Resolución gráfica del sistema de ecuaciones***

$$\begin{cases} x^2 + y^2 = 5 \\ xy = 2 \end{cases}$$

Las dos curvas se cortan en los puntos (1, 2), (2, 1), (- 2, -1) y (-1, -2). Se trata de un sistema compatible determinado.

Vectores propios y valores propios

Consideremos un espacio vectorial E de dimensión finita n sobre un cuerpo conmutativo K. Si u es un endomorfismo de E, se dice que x es un **vector propio** de u cuando se verifica que $u(x) = \lambda x$ para un cierto λ de K. Así, por ejemplo, el vector 0 es un vector propio porque $u(0) = \lambda 0 = 0$ cualquiera que sea λ de K. Un elemento λ de K se denomina un **valor propio** del endomorfismo u cuando existe algún vector x no nulo tal que $u(x) = \lambda x$. Con las notaciones anteriores, si $\lambda_1, ..., \lambda_p$ son valores propios distintos de u y $x_1, ..., x_p$ son vectores propios no nulos de valores propios $\lambda_1, ..., \lambda_p$, respectivamente, entonces $x_1, ..., x_p$ son linealmente independientes. El resultado anterior tiene importantes consecuencias. En primer lugar, que un endomorfismo de E no puede tener más de n valores propios distintos si es $n = \dim E$, porque no puede haber más de n vectores linealmente independientes. En segundo lugar, que si consideramos valores propios distintos $\lambda_1, \lambda_2, ..., \lambda_p$ de u, la suma de los subespacios $E_{\lambda_1}, E_{\lambda_2}, ... E_{\lambda_p}$ es directa. En particular, si $E = E_{\lambda_1} \oplus E_{\lambda_2} \oplus ... E_{\lambda_p}$ y tomamos una base en cada uno de ellos, obtenemos una matriz de u que es particularmente simple: todos los elementos situados fuera de la diagonal principal son nulos. Consideremos una matriz A con coeficientes en el cuerpo K.

Si A tiene n filas y n columnas, le corresponde un endomorfismo u de un espacio vectorial E de dimensión n sobre K.
Consideremos la matriz $A - \lambda I$ donde I es la matriz unidad del tipo $n \times n$. Si A es la matriz

$$\begin{pmatrix} a_1^1 & a_2^1 & & a_n^1 \\ a_1^2 & a_2^2 & & a_n^2 \\ \cdots & \cdots & \cdots & \cdots \\ \cdots & \cdots & \cdots & \cdots \\ \cdots & \cdots & \cdots & \cdots \\ a_1^n & a_2^n & \cdots & a_n^n \end{pmatrix}$$

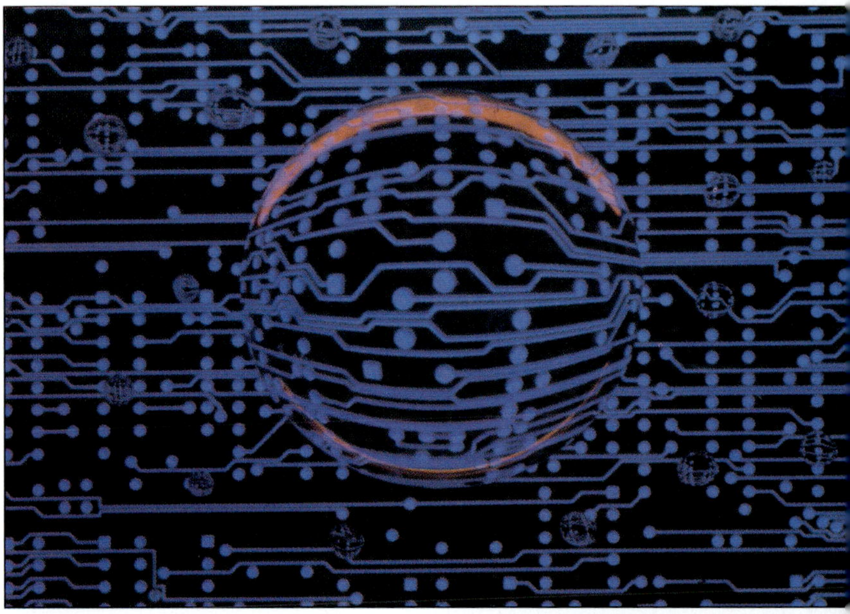
1

2

3

4

entonces la matriz A - λ I será:

$$\begin{pmatrix} a_1^1 - \lambda & a_2^1 & \ldots\ldots & a_n^1 \\ a_1^2 & a_2^2 - \lambda & \ldots\ldots & a_n^2 \\ \ldots & \ldots & \ldots & \ldots \\ \ldots & \ldots & \ldots & \ldots \\ \ldots & \ldots & \ldots & \ldots \\ a_1^n & a_2^n & \ldots\ldots & a_n^n - \lambda \end{pmatrix}$$

El determinante de esta última matriz es un polinomio con coeficientes en K que se denomina polinomio característico de la matriz A. Consideremos un endomorfismo u de un espacio vectorial E de dimensión n sobre K. Es condición necesaria y suficiente para que un elemento λ de K sea un valor propio de u que λ sea raíz del polinomio característico de u. En este caso, la dimensión del espacio vectorial de vectores propios correspondientes a λ no puede superar a la multiplicidad de la raíz de ese polinomio. En particular, si la raíz λ es simple tal espacio vectorial tiene dimensión 1. Se dice que un endomorfismo u de un espacio vectorial E es **diagonalizable** cuando existe una base de E en la cual u se representa mediante una matriz diagonal. Una matriz A de orden n × n es diagonalizable cuando existe una matriz inversible B tal que $B^{-1}AB$ es una matriz diagonal. Naturalmente, la base en la cual u se expresa por una matriz diagonal está formada por vectores propios de u y los elementos de la diagonal principal son los valores propios.

Un endomorfismo u de un espacio vectorial E de dimensión finita sobre K es diagonalizable si y sólo si el polinomio característico de u se descompone completamente en factores lineales en el anillo K [x] y, para cada raíz λ de ese polinomio, la multiplicidad de λ coincide con la dimensión del subespacio E_λ de E formado por los vectores propios de E de valor propio λ.

5

1. *Las investigaciones matemáticas tienen importantes aplicaciones tecnológicas como el desarrollo de microcircuitos electrónicos.*

2. *Las teorías algebraicas han permitido la construcción de potentes aceleradores de partículas, como el sincrotrón que se muestra en la figura.*

3. *Sir William Rowan Hamilton (Dublín 1805-Dunsink 1865). Matemático irlandés. Realizó gran número de investigaciones sobre álgebra y física matemática. Estableció un formalismo abstracto coherente para la matemática clásica. Fue el inventor de la hodografía.*

4. *Arthur Cayley (Richmond, 1821-Cambridge, 1895. Matemático británico. Creador de la teoría de los invariantes en forma algebraica, la desarrolló con la introducción de los determinantes y su generalización, mátrices y formas multilineales.*

5. *Vista de la Universidad de Berkeley en San Francisco, mundialmente famosa por sus descubrimientos científicos de primera magnitud.*

Geometría. Punto, recta y plano

En **Geometría** hay una serie de términos sin definir, como **punto, línea** y **superficie,** ya que el proceso de definición empieza una vez que se admite la existencia de dichos conceptos previos, que constituyen el fundamento sobre el que se sustentan las definiciones del resto de conceptos geométricos. A los conceptos no definidos se les puede dar significado mediante descripciones intuitivas pero en ningún caso dichas descripciones pueden emplearse como definiciones de tales conceptos.

El punto viene caracterizado por tener únicamente posición. No posee ni longitud, ni anchura, ni espesor, o sea, carece totalmente de dimensiones. Se admite como postulado la existencia de infinitos puntos. Los **puntos geométricos** acostumbran a representarse mediante un trazo, una cruz o un pequeño círculo. Sin embargo, hay que tener en cuenta que el punto gráfico representa el punto geométrico pero no es, de ninguna manera, el punto geométrico, de modo similar a como un punto puede representar una ciudad en un mapa pero no es la ciudad considerada. A diferencia del punto geométrico, el **punto gráfico** tiene un tamaño determinado. Los puntos geométricos suelen designarse mediante letras mayúsculas colocadas en las proximidades de los puntos gráficos correspondientes.

A diferencia del punto, la **línea** tiene longitud pero carece de anchura y de espesor. Una línea se designa mediante las letras mayúsculas de dos cualesquiera de sus puntos o bien mediante una letra minúscula. Las líneas se clasifican en **rectas, curvas** o **combinaciones** de rectas y curvas. Una línea recta puede considerarse engendrada por un punto que se mueve siempre en la misma dirección y en el mismo sentido. Una recta es **ilimitada,** o sea, puede prolongarse indefinidamente en cualquiera de sus dos sentidos y, por tanto, no tiene ni origen ni final. La línea recta es la más corta que se puede trazar entre dos puntos dados. Se admiten como ciertos los dos postulados siguientes:

Por dos puntos pasa una recta y solamente una.

Dos rectas no pueden tener más que un punto en común. A diferencia de lo que sucede con las rectas, una **línea curva** puede considerarse engendrada por un punto que experimenta cambios de dirección durante su movimiento. Un tipo especial de curva es la **curva simple cerrada,** que es aquella que puede trazarse de manera que empieza y termina en un mismo punto. En este tipo de curvas puede distinguirse un interior y un exterior y se admite el siguiente postulado: Al unir un punto interior con un punto exterior de una curva simple cerrada se corta dicha curva.

Se denomina **línea quebrada** a la que es una combinación de trozos de líneas rectas.

1

Las superficies tienen longitud y anchura aunque carecen de espesor. Una superficie plana o simplemente un plano es una superficie tal que si cualquier recta del espacio tiene en común con ella dos de sus puntos, los tiene todos comunes, o sea, toda la recta se halla contenida en el plano. La **geometría plana** es la parte de la geometría que estudia las figuras planas, o sea, las figuras que pueden dibujarse sobre una superficie plana. Una superficie posee dos dimensiones. A diferencia de la geometría plana, la **geometría del espacio** es la parte de la geometría que estudia los elementos geométricos en tres dimensiones. Los cuerpos geométricos son esquemas ideales de los cuales geométricamente tan sólo se consideran su forma y su tamaño.

Geométricamente, los **planos** acostumbran a representarse mediante **paralelogramos** y suelen nombrarse o bien mediante tres de sus puntos que no estén alineados o bien mediante una letra griega. Los planos presentan las dos propiedades características siguientes:

Por tres puntos no alineados pasa un plano y sólo uno.

Si una recta tiene dos puntos comunes en un plano, toda la recta está contenida en el plano. Toda recta de un plano divide a dicho plano en dos regiones que se denominan **semiplanos.**

Así pues, cada punto del plano pertenece a uno de los semiplanos, excepto los puntos de la recta, que pertenecen a ambos semiplanos.

Se admiten los siguientes postulados:

a) Dos puntos de un mismo semiplano determinan un segmento que no corta a la recta que origina los dos semiplanos y dos puntos de diferente semiplano determinan un segmento que corta a dicha recta.

b) Si dos planos tienen un punto en común, tienen una recta en común.

Si sobre una recta señalamos un punto P, se denomina semirrecta al conjunto de puntos formado por P y todos los puntos que le siguen o le preceden. El punto P se denomina origen de la semirrecta. Se denomina segmento de recta a la porción de recta comprendida entre dos de sus puntos, los cuales reciben el nombre de extremos del segmento.

2

3

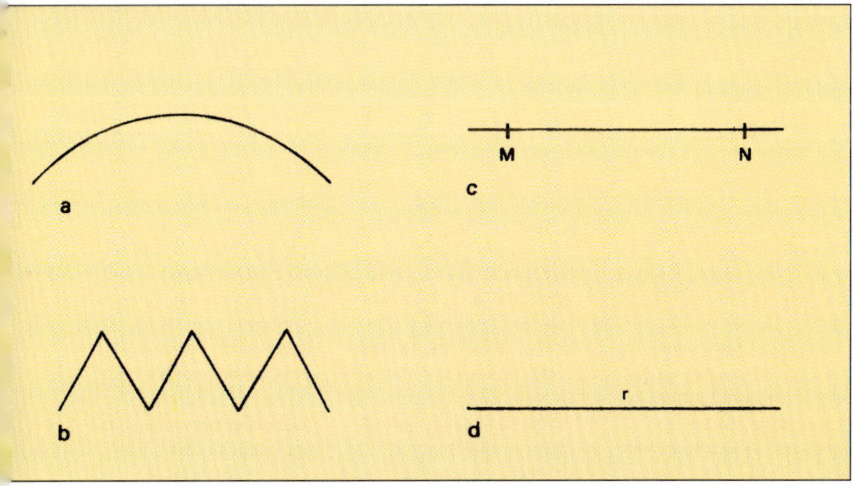

1. *Arquímedes (Siracusa, -287-Siracusa, -212). Científico griego. Estableció la razón entre los volúmenes y las superficies de cilindros y esferas. Murió en la toma de Siracusa por los romanos y según cuenta la leyenda le dijo al soldado romano que lo iba a matar que no le borrara los círculos que tenía dibujados en la arena.*

2. *Ejemplo de rectas contenidas en un plano. Las rectas que aparecen en el dibujo de esta magnífica alfombra persa en seda y plata se hallan contenidas en el plano de la alfombra.*

3. *a) Representación de una línea curva.*
b) Representación de una línea quebrada.

Ángulos

Un **ángulo** es la abertura formada por dos semirrectas con un mismo origen denominado **vértice.** Las dos semirrectas que constituyen el ángulo reciben el nombre de **lados.** Para nombrar un ángulo pueden emplearse los siguientes procedimientos:
Con la letra correspondiente al vértice en el caso de que tan sólo haya un ángulo que tenga dicho vértice.
Con una letra minúscula o un número colocado entre los lados del ángulo en las inmediaciones del vértice.
Con tres letras mayúsculas de las cuales la del vértice se halla situada entre las otras dos, que se colocan sobre los lados del ángulo.
Bisectriz de un ángulo es la semirrecta cuyo origen es el vértice del ángulo y que lo divide en dos ángulos iguales. El tamaño de un ángulo depende de la extensión de plano que debe barrer uno de los lados del ángulo cuando se le hace girar alrededor del vértice hasta alcanzar la posición del otro lado. El tamaño de un ángulo no depende, pues, de la longitud de sus lados. Para medir ángulos existen diversos métodos:

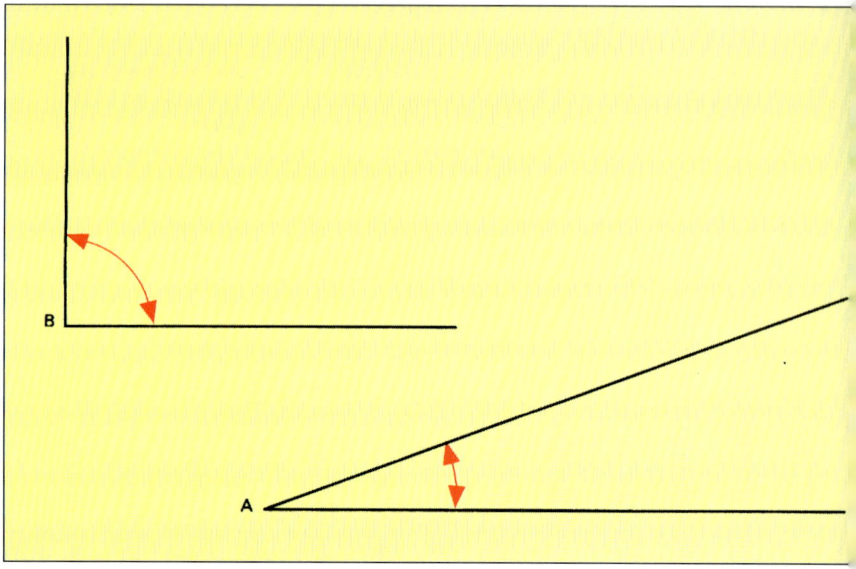

1

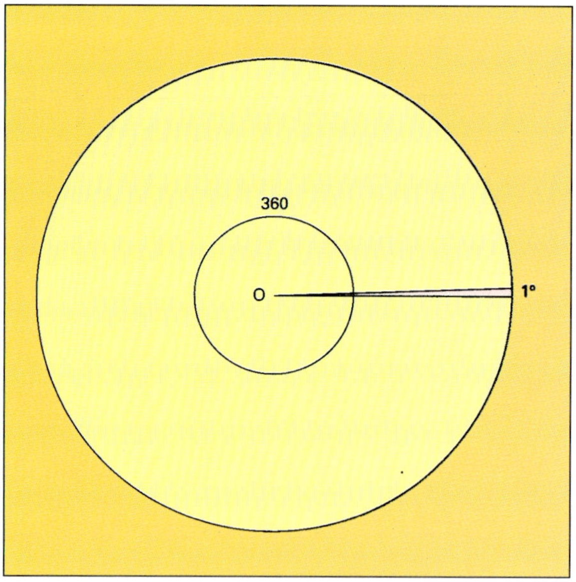

2

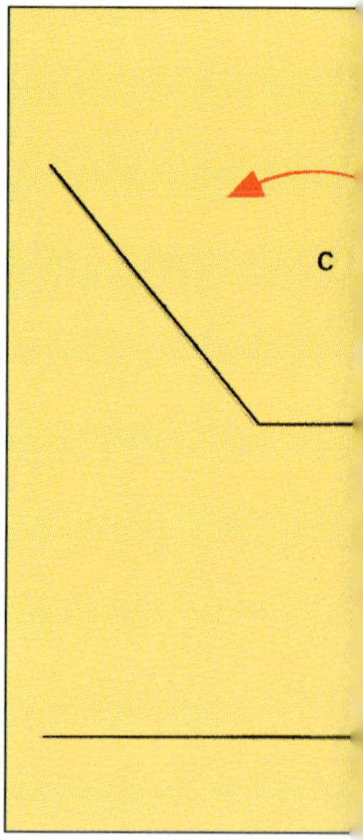

3

Sistema sexagesimal. En este sistema se supone que la circunferencia está dividida en 360 partes iguales y se considera que un ángulo de un grado es el que tiene el vértice en el centro de la circunferencia y sus lados pasan por dos divisiones consecutivas. Cada **grado sexagesimal** se supone que está dividido en 60 partes iguales que se llaman **minutos** y cada minuto, por su parte, está dividido en 60 partes iguales que se denominan **segundos.** Las unidades anteriores se simbolizan del modo siguiente: 1° = 1 grado; 1′= 1 minuto; 1″ = 1 segundo. **Sistema centesimal.** En este sistema se supone que la circunferencia está dividida en 400 partes iguales denominadas **grados centesimales** y se supone que un ángulo de un grado centesimal es el que tiene el vértice en el centro de la circunferencia y sus lados pasan por dos divisiones consecutivas. En el sistema centesimal se considera que cada grado está dividido en 100 partes iguales denominadas **minutos** centesimales y cada minuto centesimal se supone que está dividido en cien partes iguales que reciben el nombre de segundos centesimales.

4

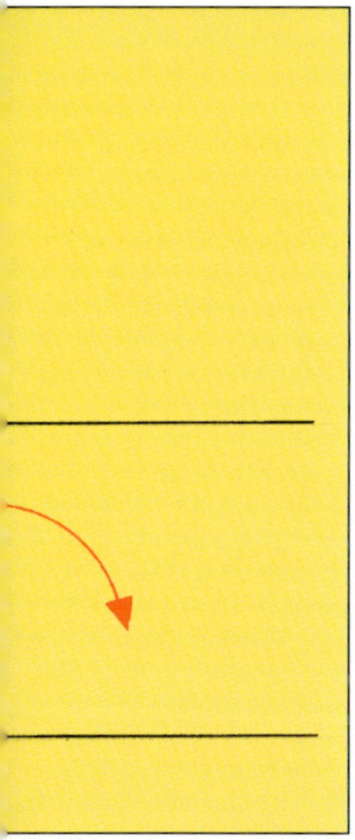

5

Para representar a cada una de las unidades anteriores se emplean los siguientes símbolos:
1^g = 1 grado centesimal;
1^m = 1 minuto centesimal;
1^s = 1 segundo centesimal.

Sistema circular.
Este sistema se fundamenta en que la longitud de la circunferencia es 2π veces la longitud de su radio.
Como unidad de medida de ángulos se toma el **radián**, que es el ángulo cuyos lados comprenden un arco cuya longitud es la misma que la del radio de la circunferencia.
Por tanto, $360^\circ = 400^g = 2\pi$ radianes.
Los ángulos suelen clasificarse de la manera siguiente:

Ángulos agudos.
Los ángulos agudos son los que miden menos de 90°.

Ángulos rectos.
Los ángulos rectos son los que miden 90°.

Ángulos obtusos.
Los ángulos obtusos son los que miden más de 90° pero menos de 180°.

Ángulos llanos.
Los ángulos llanos son los que miden 180°.
Ángulos cóncavos.
Los ángulos cóncavos son los que miden más de 180° pero menos de 360°.

Ángulos adyacentes.
Son los que tienen un lado común y los otros dos lados pertenecen a la misma recta.

Ángulos complementarios.
Dos ángulos son complementarios cuando su suma vale 90°.

Ángulos suplementarios.
Dos ángulos son suplementarios cuando su suma vale 180°.

Ángulos opuestos por el vértice.
Dos ángulos son opuestos por el vértice cuando los lados de uno de ellos son las prolongaciones de los lados del otro.

Ángulos consecutivos.
Se dice que dos ángulos son consecutivos cuando tienen un lado común que separa a los otros dos.

1. *El dibujo A representa a un ángulo agudo. El B a un ángulo recto, es decir, que mide 90°.*

2. *Representación de un ángulo de 1° sexagesimal.*

3. *El dibujo C representa un ángulo obtuso y el D uno llano, que es cuando mide 180°.*

4. *Las dos calles de la fotografía se cortan formando un ángulo agudo.*

5. *Las dos calles de la fotografía se cortan formando un ángulo recto.*

Proporcionalidad de segmentos

Se dice que dos rectas son **perpendiculares** cuando se cortan formando cuatro ángulos iguales, todos ellos rectos. Para denotar que dos rectas son perpendiculares se emplea el símbolo ⊥. Por el contrario, se dice que dos rectas son **oblicuas** cuando se cortan y no son perpendiculares.
Si por un punto exterior a una recta se traza una perpendicular y varias oblicuas, se cumplen las tres siguientes propiedades: El segmento de perpendicular comprendido entre el punto y la recta es menor que cualquier segmento de oblicua.
Los segmentos de oblicuas cuyos pies equidistan del pie de la perpendicular son iguales. De dos segmentos de oblicuas cuyos pies no equidistan del pie de la perpendicular, es mayor el que dista más. Se denomina **distancia** de un punto a una recta a la longitud del segmento perpendicular trazado desde el punto a la recta. En un plano, por un punto exterior a una recta pasa una perpendicular a dicha recta y sólo una. Se dice que dos rectas son **paralelas** cuando están en un mismo plano y no se cortan por mucho que se las prolongue. Las rectas paralelas verifican las cinco siguientes propiedades: Si dos rectas de un mismo plano son perpendiculares a una tercera, entonces son paralelas entre sí.
Por un punto exterior a una recta tan sólo pasa una paralela a dicha recta.
Si dos rectas son paralelas a una tercera son paralelas entre sí.
Si una recta corta a otra también corta a todas las rectas paralelas a ella.
Si una recta es perpendicular a otra también es perpendicular a todas las rectas paralelas a ella.
Se llama **secante** de dos o más rectas a otra recta que las corta. Cuando dos rectas son cortadas por una secante se forman distintos ángulos, que reciben los nombres siguientes:
Ángulos internos. Son los

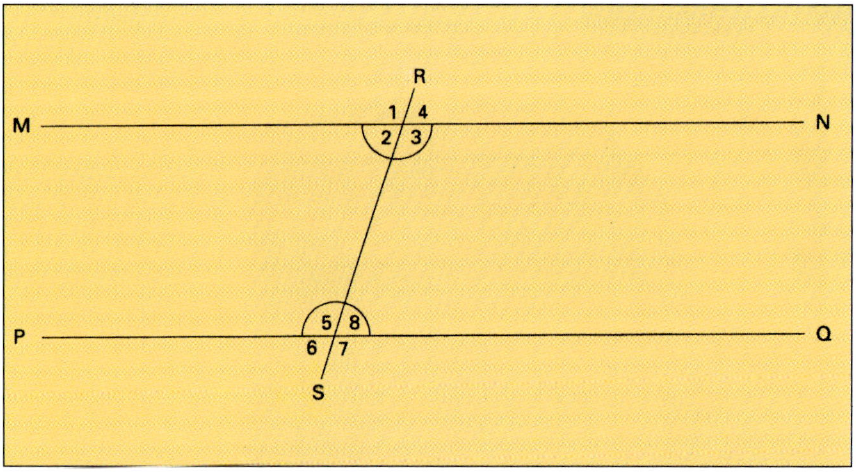

2

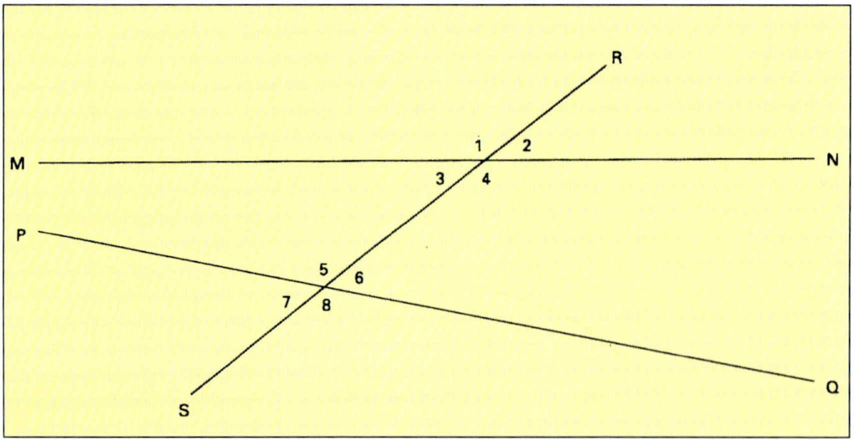

3

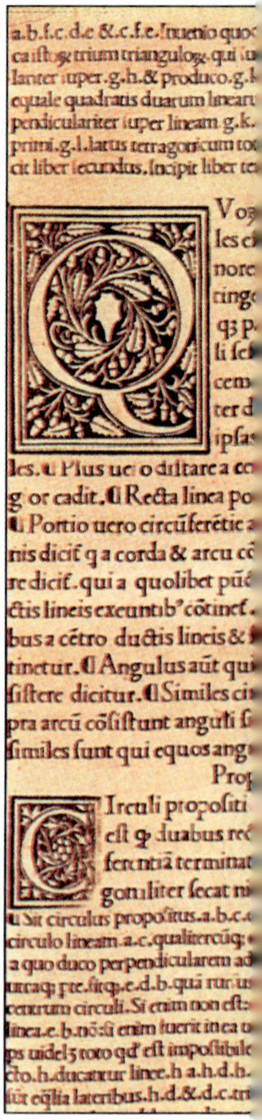

ángulos formados por dos rectas cortadas por una secante y que quedan entre las dos rectas.
Ángulos externos. Son los ángulos formados por dos rectas cortadas por una secante y que quedan fuera de dichas rectas.
Ángulos correspondientes. Son los ángulos formados por dos rectas cortadas por una secante que quedan situados al mismo lado de las rectas, siendo uno de ellos interno y el otro externo.
Ángulos alternos internos. Son los ángulos formados por dos rectas cortadas por una secante que son internos pero no son contiguos ni adyacentes y que están situados entre las dos rectas a uno y otro lado de la secante.
Ángulos alternos externos. Son los ángulos formados por dos rectas cortadas por una secante que son externos pero no son contiguos ni adyacentes y que están situados fuera de las dos rectas a uno y otro lado de la secante.
Ángulos conjugados internos. Son los ángulos formados por dos rectas cortadas por una secante que son internos y están situados en un mismo semiplano respecto de la secante.
Ángulos conjugados externos. Son los ángulos formados por dos rectas cortadas por una secante que son externos y están situados en un mismo semiplano respecto de la secante.
Se denomina **razón** de dos segmentos al cociente obtenido al dividir sus medidas expresadas en las mismas unidades. El teorema de Thales establece que si varias paralelas cortan a dos rectas transversales, determinan en ellas segmentos correspondientes proporcionales.
Las rectas cortadas por secantes cumplen las tres siguientes propiedades:
Si una secante forma ángulos correspondientes iguales con dos rectas de un plano, estas rectas son paralelas.
Toda secante forma ángulos alternos internos iguales al cortar a dos paralelas.
Toda secante forma ángulos alternos externos iguales al cortar a dos paralelas.
De la misma manera, si dos ángulos son conjugados internos entre paralelas son suplementarios.
Si dos ángulos son conjugados externos entre paralelas son suplementarios.
Se denomina razón de dos segmentos al cociente que se obtiene al dividir sus medidas expresadas en las mismas unidades. Si a los segmentos m y n les corresponde los segmentos p y q, de manera que

$$\frac{m}{n} = \frac{p}{q}$$

se dice que los segmentos son proporcionales.

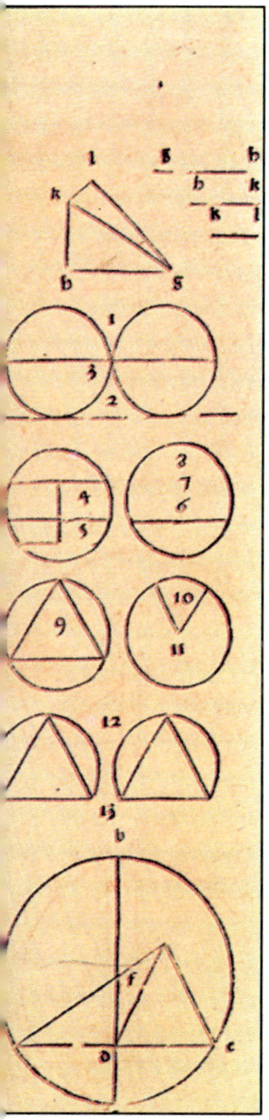

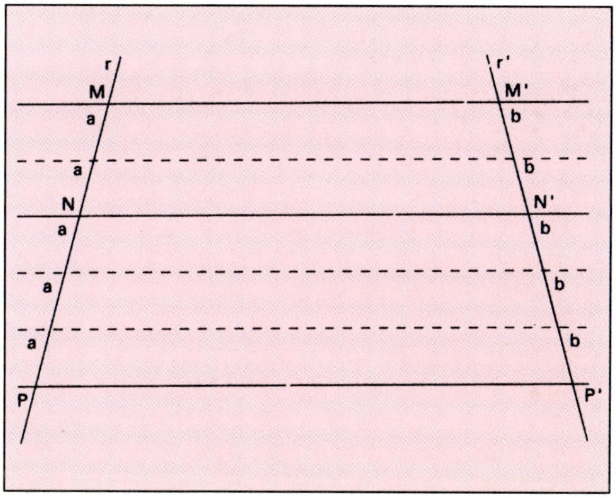

4

5

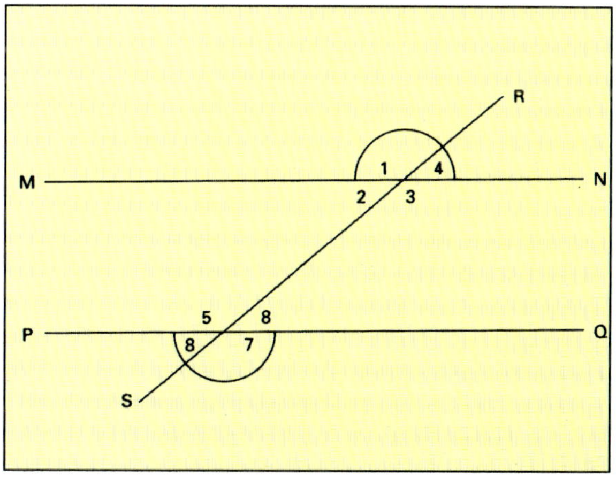

***1.** Comprobación gráfica de que dos ángulos conjugados internos entre paralelas son suplementarios.*

***2.** Representación gráfica de los distintos ángulos que se forman cuando dos rectas son cortadas por una secante.*

***3.** Fotografía de una página de un incunable conservado en la Biblioteca de Catalunya en Barcelona, que trata sobre la geometría de Euclides.*

***4.** Comprobación gráfica del teorema de Thales.*

***5.** Comprobación gráfica de que dos ángulos conjugados externos entre paralelas son suplementarios.*

Triángulos

Se denomina **triángulo** a la porción de plano limitada por tres rectas que se cortan dos a dos. **Vértices** de un triángulo son los puntos de intersección de las tres rectas que lo forman. Lados de un triángulo son los segmentos de recta que lo limitan y que se cortan en los vértices. El **perímetro** de un triángulo es la suma de sus tres lados.

Atendiendo a la **igualdad o desigualdad** de sus lados los triángulos se clasifican en:

Escalenos. Son los que tienen sus tres lados distintos.

Isósceles. Son los que tienen dos lados iguales.

Equiláteros. Son los que tienen sus tres lados iguales.

Atendiendo a sus **ángulos** los triángulos se clasifican en:

Rectángulos. Son los que tienen un ángulo recto. Se denominan catetos de un triángulo rectángulo a los lados que forman el ángulo recto. La hipotenusa de un triángulo rectángulo es el lado opuesto al ángulo recto.

Obtusángulos. Son los que tienen un ángulo obtuso.

Acutángulos. Son los que tienen todos sus ángulos agudos.

Se **denomina bisectriz** de un ángulo de un triángulo al segmento de recta que divide al ángulo en dos partes iguales y llega hasta el lado opuesto. El punto donde se cortan las tres bisectrices de un triángulo recibe el nombre de **incentro** del triángulo.

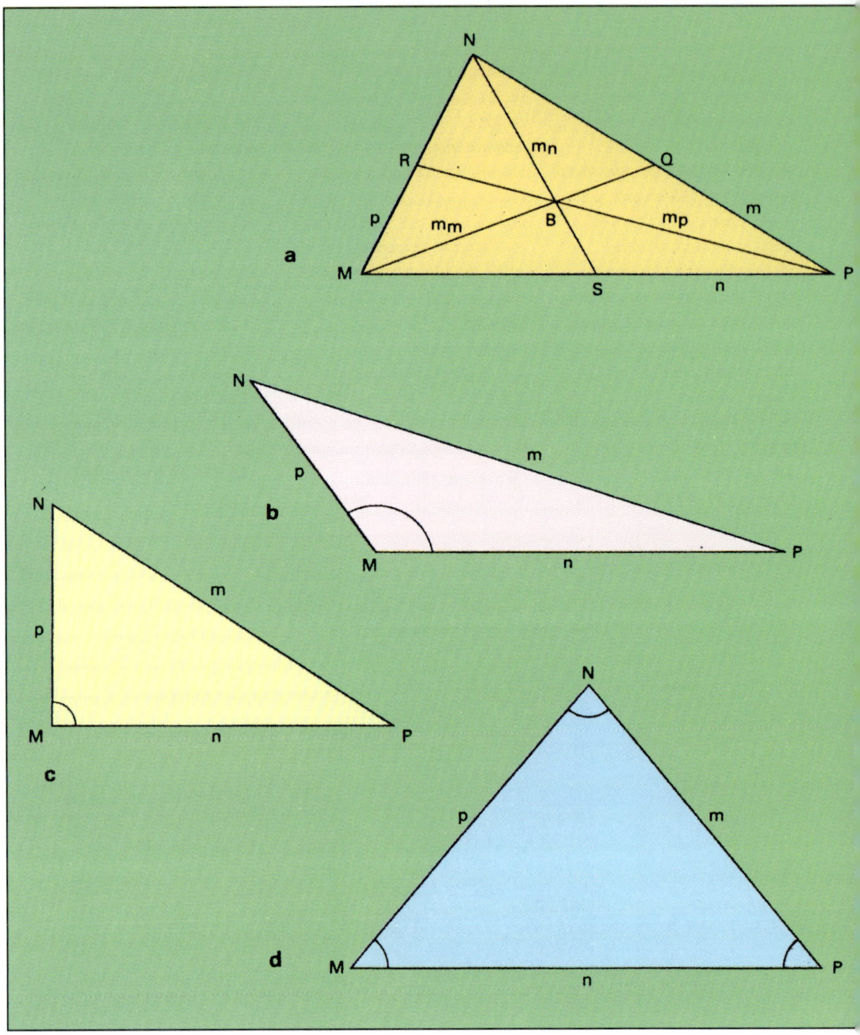

1

Las **medianas** de un triángulo son los segmentos de recta que van desde los vértices hasta los puntos medios de los lados opuestos. El punto donde se cortan las medianas de un triángulo se llama **baricentro**.

Las **mediatrices** de los lados de un triángulo son las rectas perpendiculares a los puntos medios de los lados. El punto donde se cortan las mediatrices de un triángulo recibe el nombre de **circumcentro.**

Las **alturas** de un triángulo son las perpendiculares trazadas desde los vértices hasta los lados opuestos o sus prolongaciones. El punto donde se cortan las alturas de un triángulo se denomina **ortocentro.**

Para que dos triángulos sean iguales deben tener iguales sus tres lados y sus tres ángulos correspondientes. Sin embargo, para demostrar que dos triángulos son iguales no es necesario demostrar estas seis igualdades ya que si se cumplen tres de ellas siempre que al menos una de ellas esté referida a los lados, entonces se cumplen necesariamente las tres condiciones restantes. O sea, dos triángulos son iguales si tienen iguales:

Un lado y los dos ángulos adyacentes.

Dos lados y el ángulo comprendido entre ellos.

Los tres lados.

Se dice que dos triángulos son **semejantes** cuando tienen sus lados respectivamente iguales y sus lados son proporcionales.

Para que dos triángulos sean semejantes basta con que se

2

cumpla alguna de las tres condiciones siguientes:
Que tengan dos ángulos respectivamente iguales.
Que tengan dos lados proporcionales y el ángulo comprendido entre ellos sea igual.
Que tengan sus tres lados proporcionales.
En todo triángulo rectángulo se verifica el **teorema de Pitágoras,** que establece que la suma de los cuadrados de las longitudes de los catetos es igual al cuadrado de la longitud de la hipotenusa.
Para determinar si un triángulo es rectángulo, acutángulo u obtusángulo se procede del modo siguiente:
Si se cumple que
$a^2 = b^2 + c^2$,
el triángulo es rectángulo. Si $a^2 < b^2 + c^2$, siendo a el lado mayor, el triángulo es acutángulo.

Si $a^2 > b^2 + c^2$, siendo a el lado mayor, el triángulo es obtusángulo.
Se demuestra sin dificultad que el **área** de un triángulo es igual a la mitad del producto de su base por su altura. El área de un triángulo también puede determinarse a partir de la fórmula de **Herón,** según la cual
$A = \sqrt{p(p-m)(p-n)(p-q)}$,
siendo p el semiperímetro del triángulo y m, n y q los lados.

3

1. *a) El baricentro de un triángulo es el punto donde se cortan las medianas.*
b) Representación de un triángulo obtusángulo.
c) Representación de un triángulo rectángulo.
d) Representación de un triángulo acutángulo.

2. *Comprobación gráfica del teorema de Pitágoras. Como la superficie de un cuadrado es igual al cuadrado de uno de sus lados, el cuadrado de la hipotenusa de un triángulo rectángulo es igual a la suma los cuadrados de los lados del ángulo recto (catetos).*

3. *Pitágoras fue uno de los grandes matemáticos de la Antigüedad y nos legó su célebre teorema sobre la relación entre las longitudes de los lados de los triángulos rectángulos.*

Polígonos

Se denomina **polígono** a la porción de plano limitada por una línea poligonal cerrada denominada contorno. **Ángulos interiores** de un polígono son los formados por dos lados consecutivos. **Ángulos exteriores** de un polígono son los ángulos adyacentes a los interiores, que se obtienen al prolongar los lados en un mismo sentido. **Perímetro** de un polígono es la longitud de su contorno, o sea, la suma de las longitudes de sus lados. **Diagonal** de un polígono es el segmento determinado por dos vértices no consecutivos. Se dice que un polígono es **regular** cuando tiene iguales todos sus lados y todos sus ángulos. **Apotema** de un polígono regular es el segmento de perpendicular trazado desde el centro del polígono a uno de sus lados. Atendiendo al número de lados los polígonos se clasifican en:

Número de lados	Nombre
Tres	Triángulo
Cuatro	Cuadrilátero
Cinco	Pentágono
Seis	Hexágono
Siete	Heptágono
Ocho	Octágono
Nueve	Enéagono
Diez	Decágono
Once	Endecágono
Doce	Dedecágono

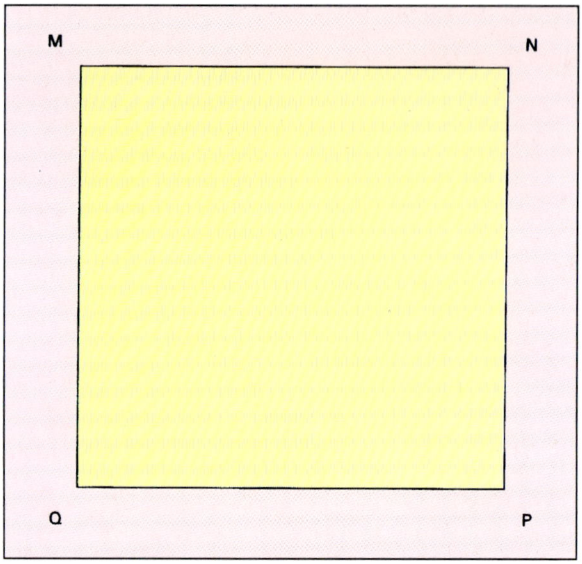

1

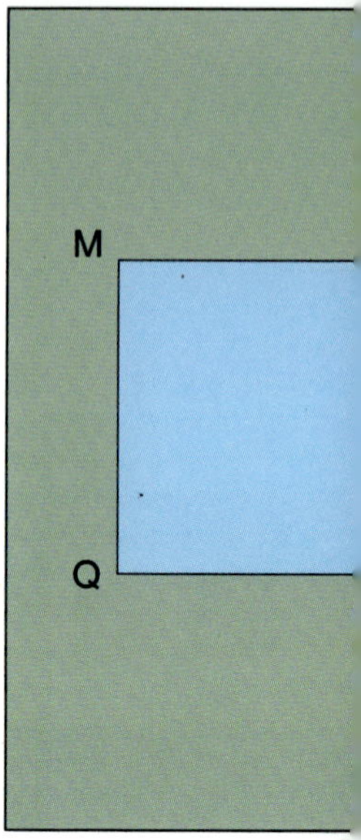

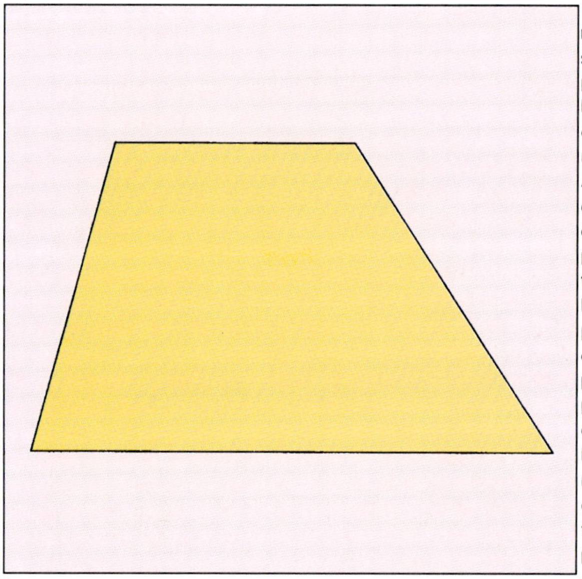
3

Atendiendo a sus ángulos, los polígonos se clasifican en convexos y cóncavos. Polígono convexo es el que tiene todos sus ángulos salientes y polígono cóncavo es el que tiene uno o más ángulos entrantes.

Atendiendo a sus lados y a sus ángulos a la vez, los polígonos se clasifican en regulares e irregulares. Un polígono es regular cuando tiene sus lados y ángulos iguales. Cuando esto no sucede, se dice que el polígono es irregular. Se dice que un polígono es **inscrito** cuando todos sus vértices están situados sobre una circunferencia. En cambio, se dice que un polígono es **circunscrito** cuando sus lados son tangentes a la circunferencia. El **área** de un polígono regular es igual al producto de su semiperímetro por su apotema. Se dice que dos polígonos son **semejantes** cuando tienen sus lados respectivamente iguales y sus lados homólogos son proporcionales.

Los polígonos que tienen cuatro lados reciben el nombre de **cuadriláteros.** Atendiendo al paralelismo de los lados opuestos los cuadriláteros se dividen en paralelogramos, trapecios y trapezoides. Cuando los lados opuestos son paralelos dos a dos el cuadrilátero se denomina paralelogramo. Cuando son paralelos un par de lados opuestos el cuadrilátero se llama trapecio. Si no existe ningún tipo de paralelismo el cuadrilátero se denomina trapezoide. Los **paralelogramos** se clasifican en cuadrados, rectángulos, rombos y romboides. Los **cuadrados son** los paralelogramos que tienen iguales los cuatro lados y los cuatro ángulos. Los **rectángulos** son paralelogramos con cuatro ángulos iguales y los lados contiguos desiguales. Los **rombos** son los

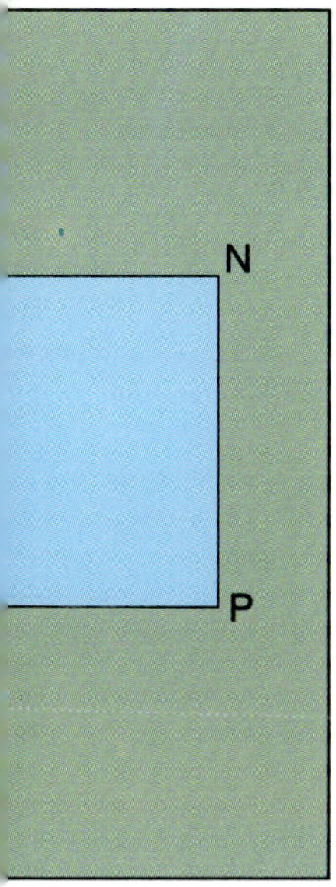

2

4

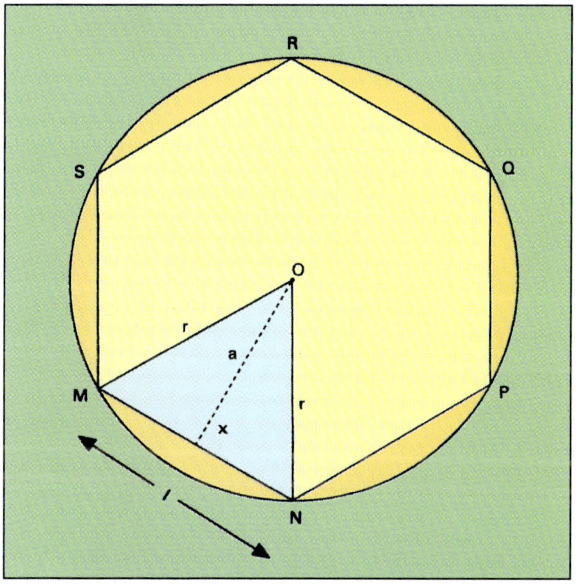

5

paralelogramos que tienen los cuatro lados iguales y los ángulos contiguos desiguales.
Los **romboides** son los paralelogramos que tienen los lados y los ángulos contiguos desiguales.
Los **trapecios** se clasifican en rectángulos, isósceles y escalenos. Un trapecio **rectángulo** es el que tiene dos ángulos rectos. Un trapecio **isósceles** es el que tiene iguales los lados no paralelos. Un trapecio **escaleno** es el que no es rectángulo ni isósceles. En un trapecio los lados paralelos se denominan **bases** y, como son desiguales, uno de ellos es la base mayor y otro es la base menor. La perpendicular común a las bases del trapecio se denomina **altura** del trapecio. Los lados no paralelos se **llaman piernas** del trapecio. El **área** de un **paralelogramo** es igual al producto de su base por su altura. De este resultado se deduce que:

El área de un rectángulo es igual al producto de su base por su altura.
El área de un cuadrado es igual al cuadrado del lado.
El área del rombo es igual al semiproducto de las diagonales.
El **área** de un **trapecio** es igual a la semisuma de las bases multiplicada por la altura.
Los **trapezoides** se clasifican en simétricos y asimétricos. Los **simétricos** tienen dos pares de lados contiguos iguales, pero el primer par de lados contiguos iguales es diferente del segundo.

1. *Representación gráfica de un cuadrado. Es el paralelogramo que tiene los cuatro lados y ángulos iguales. Además, estos últimos son rectos.*

2. *Representación gráfica de un rectángulo.*

3. *Representación gráfica de un trapecio escaleno.*

4. *Vista aérea de la ciudadela de Jaca (Huesca), de forma pentagonal. En la arquitectura militar del siglo XVIII se utilizó muchas veces las plantas poligonales. Modernamente, el famoso edificio llamado precisamente «Pentágono», cerca de Washington ha eclipsado construcciones anteriores.*

5. *El área de un polígono regular es igual al semiproducto de su perímetro por su apotema.*

La circunferencia y el círculo

La **circunferencia** es una curva cerrada y plana cuyos puntos equidistan de un punto fijo denominado **centro**. Se llama **radio** a cualquier segmento que une el centro con un punto de la circunferencia. Se denomina **círculo** a la superficie limitada por una circunferencia. **Ángulo central** es el formado por dos radios. A toda la circunferencia le corresponde un ángulo central de 360°. **Arco** es una porción de cirunferencia. Si un arco coincide con là mitad de la circunferencia recibe el nombre de semicircunferencia. **Cuerda** es el segmento que une dos puntos de la circunferencia. La mayor de las cuerdas es el **diámetro**, que es la cuerda que pasa por el centro de la circunferencia y equivale a dos radios. **Secante** de una circunferencia es toda recta que corta a la circunferencia en dos puntos. **Tangente** a una circunferencia es toda recta que toca a la circunferencia en un punto. **Normal** a una circunferencia es la perpendicular a la tangente en el punto de contacto. **Recta exterior** es la que no tiene ningún punto en común con la circunferencia. Circunferencia **circunscrita** es la que pasa por los vértices de un polígono. Una circunferencia es **inscrita** cuando es tangente a todos los lados de un polígono. Circunferencias **concéntricas**: tienen el mismo centro pero distinto radio. **Segmento circular** es la parte del círculo comprendida entre una cuerda y su arco. **Sector circular** es la parte del círculo limitada por dos radios y el arco comprendido entre ellos. **Corona circular** es la porción del plano limitada por dos circunferencias concéntricas. **Trapecio circular** es la porción de plano limitada por dos circunferencias concéntricas y dos radios. La razón entre la longitud de la circunferencia y su diámetro es una cantidad constante, que se representa mediante la letra griega π. Así pues, la longitud de la circunferencia es igual al doble de π multiplicado por el radio. La longitud de un arco de circunferencia de n° se obtiene multiplicando la longitud de la circunferencia por n° y dividiendo el producto obtenido por 360°. El **área** de un **círculo** es igual al producto de π por el cuadrado del radio. El **área** de una **corona circular** de radios R y r es igual al producto de π por la diferencia de los cuadrados de los radios. El **área** de un **sector circular** es igual al semiproducto de la longitud de su arco por el radio. El **área** de un **segmento circular** es igual al área del sector circular que abarca el mismo arco menos el área del triángulo formado por los radios que lo delimitan y la cuerda correspondiente.

El **área** de un **trapecio circular** limitado por dos arcos de radios R y r y por dos radios que forman un ángulo central de n° viene dada por la expresión:

$$A = \frac{\pi (R^2 - r^2)}{360°} \cdot n°$$

1, 2, 3, 4, 5

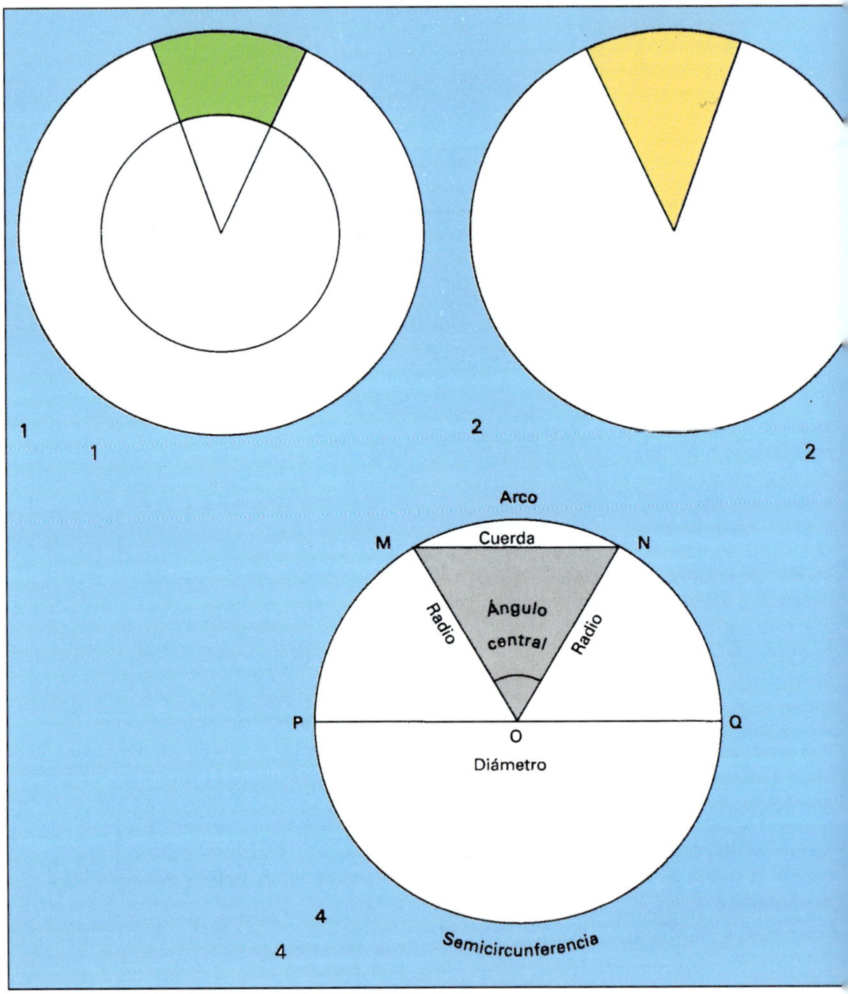

Se dice que un **ángulo** es **central** cuando tiene su vértice situado en el centro de la circunferencia. La medida de un ángulo central es igual a la de su arco correspondiente. Se dice que un **ángulo** es **inscrito** cuando tiene su vértice en la circunferencia y sus lados son secantes. Se dice que un **ángulo** es **semiinscrito** cuando tiene su vértice en la circunferencia y uno de sus lados es una tangente y el otro es una secante. Se dice que un **ángulo** es **interior** cuando su vértice es un punto interior a la circunferencia. Se dice que un **ángulo** es **exterior** cuando su vértice es un punto exterior a la circunferencia. La **medida** de un **ángulo inscrito** es igual a la mitad del ángulo central correspondiente al arco comprendido entre sus lados. La **medida** de un **ángulo semiinscrito** es igual a la mitad del ángulo central correspondiente al arco comprendido entre sus lados. La **medida** de un **ángulo interior** es igual a la semisuma de las medidas de los arcos comprendidos por sus lado y por sus prolongaciones. La **medida** de un **ángulo exterior** es igual a la semidiferencia de las medidas de los arcos comprendidos por sus lados. En un mismo plano dos circunferencias pueden adoptar las siguientes posiciones relativas:

Circunferencias exteriores.
Circunferencias tangentes exteriormente.
Circunferencias interiores.
Circunferencias concéntricas.
Circunferencias tangentes interiormente. Circunferencias secantes.

1. *Representación gráfica de un trapecio circular.*

2. *Representación gráfica de un sector circular.*

3. *Representación gráfica de un segmento circular.*

4. *Representación gráfica de los diversos elementos de una circunferencia.*

5. *Representación gráfica de una corona circular.*

6. *Muchos aparatos, como la bicicleta, funcionan utilizando las propiedades de la circunferencia.*

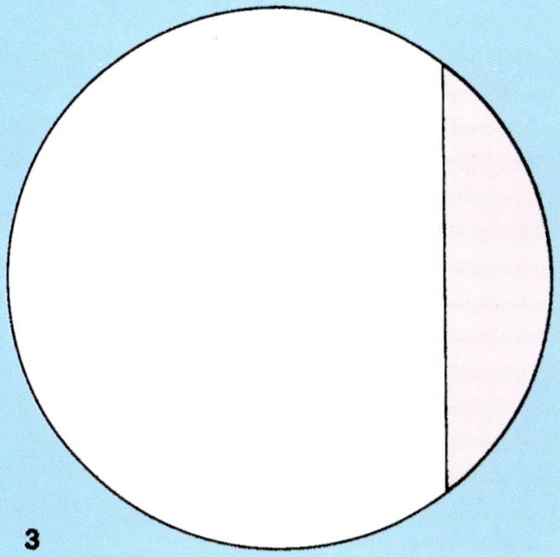

3

3

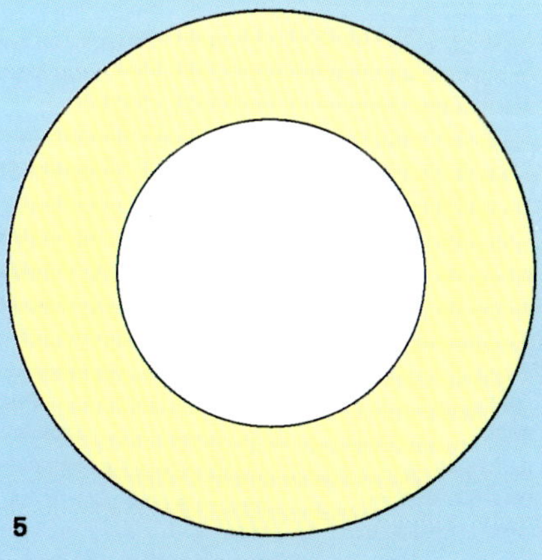

5

5

6

Poliedros

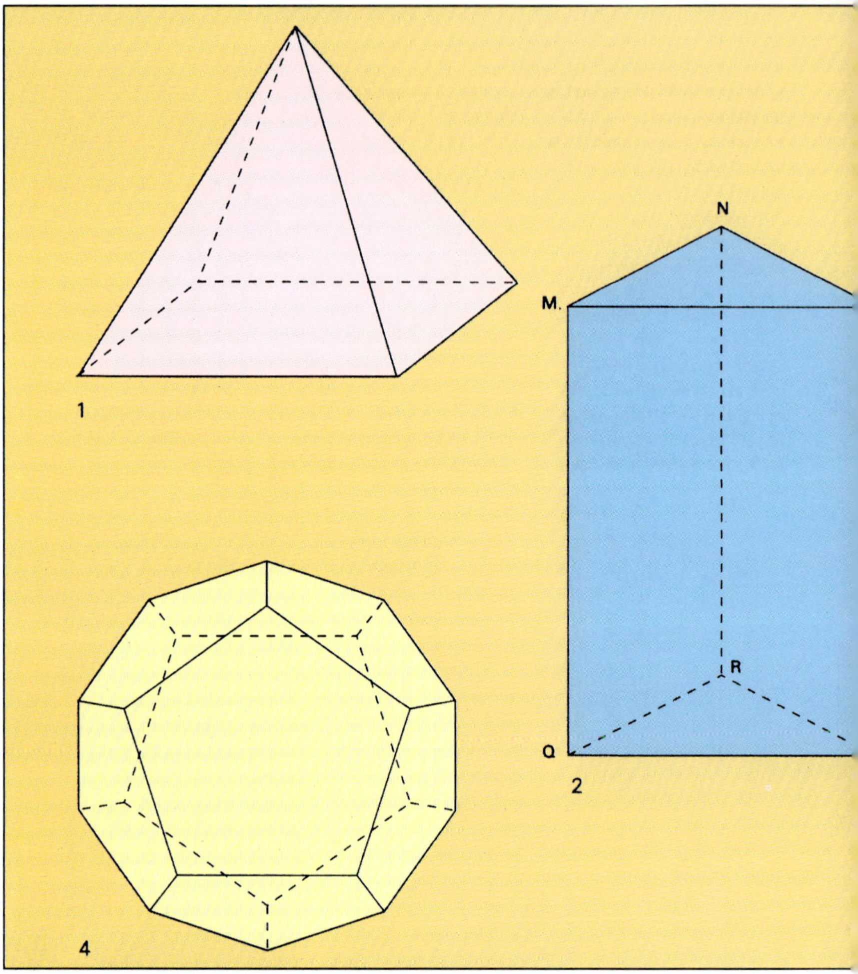

Se denomina **ángulo diedro** a la porción de espacio situada entre dos semiplanos llamados **caras** del diedro, que tienen una recta común denominada **arista** del diedro y que están situados en planos distintos.

Se dice que dos diedros son **consecutivos** cuando tienen en común la arista y una sola cara.

También dos planos son **perpendiculares** cuando al cortarse forman un ángulo diedro recto.

Un **ángulo poliedro convexo** es la porción de espacio formada por tres o más semirrectas del mismo origen tales que el plano determinado por cada dos semirrectas consecutivas deja a las demás en el mismo lado del plano.

Se dice que un poliedro es **regular** cuando sus caras son polígonos regulares iguales y sus ángulos poliedros tienen el mismo número de caras. Tan sólo existen cinco poliedros regulares, que reciben sus nombres del número de caras: **tetraedro** (4 caras), **hexaedro** (6 caras), **octaedro** (8 caras), **dodecaedro** (12 caras) e **icosaedro** (20 caras). En la tabla se muestran las características de cada uno de los poliedros regulares:

Poliedro	Caras (c)	Vértices (v)	Aristas (a)
Tetraedro	4	4	6
Hexaedro	6	8	12
Octaedro	8	6	12
Dodecaedro	12	20	30
Icosaedro	20	12	30

De la tabla se deduce inmediatamente que para todos los poliedros regulares se cumple la relación $c + v = a + 2$. La relación anterior es válida para cualquier poliedro convexo y recibe el nombre de relación de Euler.

Prisma es el poliedro limitado por varios paralelogramos y por dos polígonos iguales cuyos planos son paralelos.

Los polígonos iguales y paralelos reciben el nombre de **bases del prisma** mientras que el resto de paralelogramos se denominan **caras del prisma.**

Atendiendo al número de lados de los polígonos que forman las bases, los prismas se dividen en triangulares, cuadrangulares, pentagonales, hexagonales, etc.

Se denomina **paralelepípedo** a un prisma cuyas bases son paralelogramos.

Diagonal de un paralelepípedo es el segmento que une dos vértices opuestos. Se dice que un paralelepípedo es **recto** cuando sus aristas laterales son perpendiculares a las bases.

Cuando estas bases son rectángulos el paralelepípedo recibe el nombre de **ortoedro. El área lateral** de un **prisma** es la suma de las áreas de las caras laterales. El **área lateral** de un **prisma recto** es igual al producto del perímetro de su base por la longitud de su altura. El **área total** de un **prisma recto** es la suma del área lateral más el doble del área de una de las bases.

En un ortoedro, el cuadrado de la diagonal es igual a la suma de

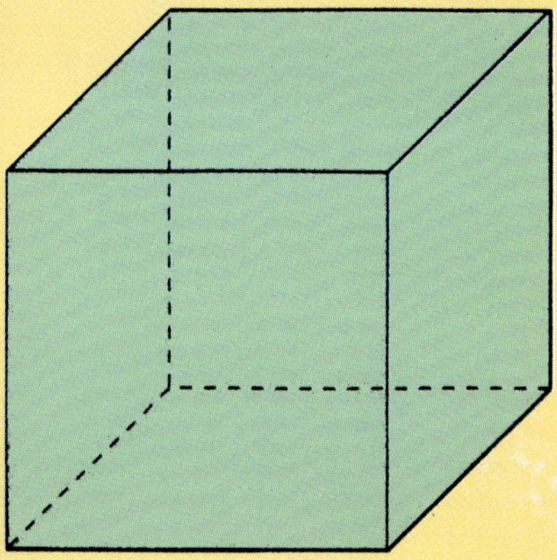

3

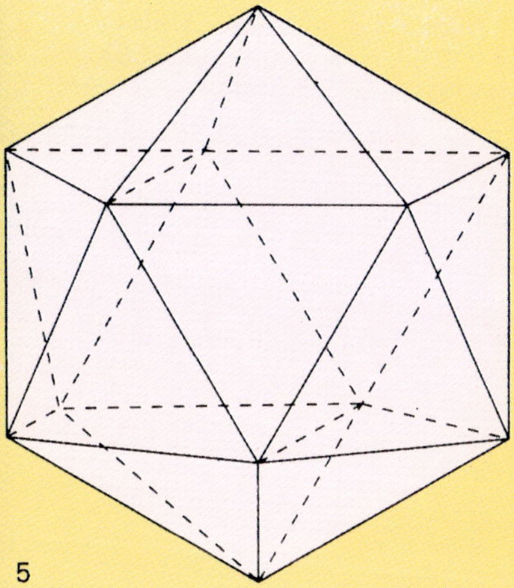

5

los cuadrados de las tres aristas que concurren en un mismo vértice. El **volumen** de un **ortoedro** es igual al producto de sus tres dimensiones. El **volumen** de un **paralelepípedo recto** es igual al producto del área de la base por la altura.

La **pirámide** es un poliedro con una cara, denominada **base**, que es un polígono cualquiera mientras que las otras caras, denominadas **caras laterales**, son triángulos que se juntan en un punto común, que recibe el nombre de **vértice de la pirámide**.

1, 2, 3, 4, 5

Atendiendo al polígono que constituye la base, las pirámides se dividen en triangulares, cuadrangulares, pentagonales, hexagonales, etc. Se dice que una **pirámide** es **regular** cuando su base es un polígono regular y el pie de su altura coincide con el centro de la base.

Las caras laterales de una pirámide regular son triángulos isósceles iguales y la altura de cada uno de estos triángulos recibe el nombre de **apotema** de la pirámide.

El **área lateral** de una **pirámide** es la suma de las áreas de las caras laterales.

El **área total** de una **pirámide** es la suma del área lateral y del área de la base.

El **volumen** de una **pirámide** es igual a la tercera parte del producto del área de la base por la altura.

1. *Representación gráfica de una pirámide de base cuadrada.*

2. *Representación gráfica de un prisma recto de base triangular.*

3. *Representación gráfica de un hexaedro o cubo.*

4. *Representación gráfica de un dodecaedro.*

5. *Representación gráfica de un Icosaedro.*

6. *Las pirámides han sido utilizadas como elementos arquitectónicos. En la fotografía puede observarse una vista de una de las pirámides del conjunto de Gizeh (Egipto).*

6

Cuerpos redondos

Se denomina **superficie de revolución** a una superficie engendrada por una línea, denominada **generatriz**, que gira alrededor de una recta que recibe el nombre de eje. Una **superficie cilíndrica** es la engendrada por una recta que gira paralelamente a un eje. Una **superficie cónica** puede considerarse engendrada por una semirrecta no perpendicular al eje, uno de cuyos extremos está en el eje y que gira alrededor de él. Una **superficie esférica** puede suponerse que está engendrada por una semicircunferencia que gira alrededor de su diámetro. Los cuerpos de revolución limitados por las tres superficies anteriores se llaman, respectivamente, **cilindro, cono** y **esfera.** Un **cilindro circular recto** es la porción de espacio limitada por una superficie cilíndrica de revolución y dos planos perpendiculares al eje. Las secciones producidas por dichos planos son dos círculos que se llaman **bases** del cilindro. La distancia entre las bases se denomina **altura** del cilindro. Un cilindro puede considerarse engendrado por la revolución de un rectángulo alrededor de uno de sus lados. El lado que engendra la superficie cilíndrica se denomina **generatriz.** El **área** lateral de un cilindro circular recto es igual a la longitud de la circunferencia de la base por la generatriz del cilindro. El área total del cilindro es igual al área lateral más las áreas de las dos bases, o sea, $A_T = A_L + 2B$. Ahora bien, como el área de cada base es $B = \pi r^2$, el área total valdrá $A_T = 2 \pi rg + 2 \pi r^2$, o sea, $A_T = 2\pi r(g + r)$. El **volumen** del cilindro es igual al área del círculo de la base por la generatriz, es decir, $V = \pi r^2 g$. Se denomina **cono circular recto** a la porción de espacio limitada por una superficie cónica de revolución y un plano perpendicular al eje. El área lateral de un cono circular recto es igual al producto de la semicircunferencia de la base por la generatriz. El área total del cono es, pues, igual al área lateral más el área de la base, es decir, $A_T = A_L + B$. Ahora bien, como $A_L = \pi rg$ y $B = \pi r^2$, sustituyendo estas dos últimas expresiones tendremos $A_T = \pi rg + \pi r^2 = \pi r (g + r)$. Para hallar el volumen de un cono basta con considerar que coincide con el volumen de una pirámide inscrita de base regular cuyo número de lados aumenta indefinidamente. Ahora bien, como el volumen de una pirámide es la tercera parte del producto del área de la base por la altura, en el caso del cono tendremos que

$$V = \frac{1}{3} \cdot \pi r 2 \cdot h$$

Tronco de cono es la porción de cono circular recto comprendida entre la base un plano paralelo a ella. Un tronco de cono circular puede considerarse engendrado por la revolución de un trapecio rectángulo que gira alrededor del lado perpendicular a las bases. **Superficie esférica** es el lugar geométrico de los puntos del espacio que equidistan de un punto interior llamado **centro.** Una **esfera** es el conjunto formado por los puntos de una superficie esférica y los puntos interiores a ella. Se denomina **radio** de una **esfera** a la distancia que hay desde el centro hasta un punto de la superficie. Cualquier recta que pasa por el centro de la esfera se llama **diámetro** y cualquier plano que pasa por el centro de la esfera recibe el nombre de **plano diametral.** Todo plano diametral divide a una esfera en dos partes iguales

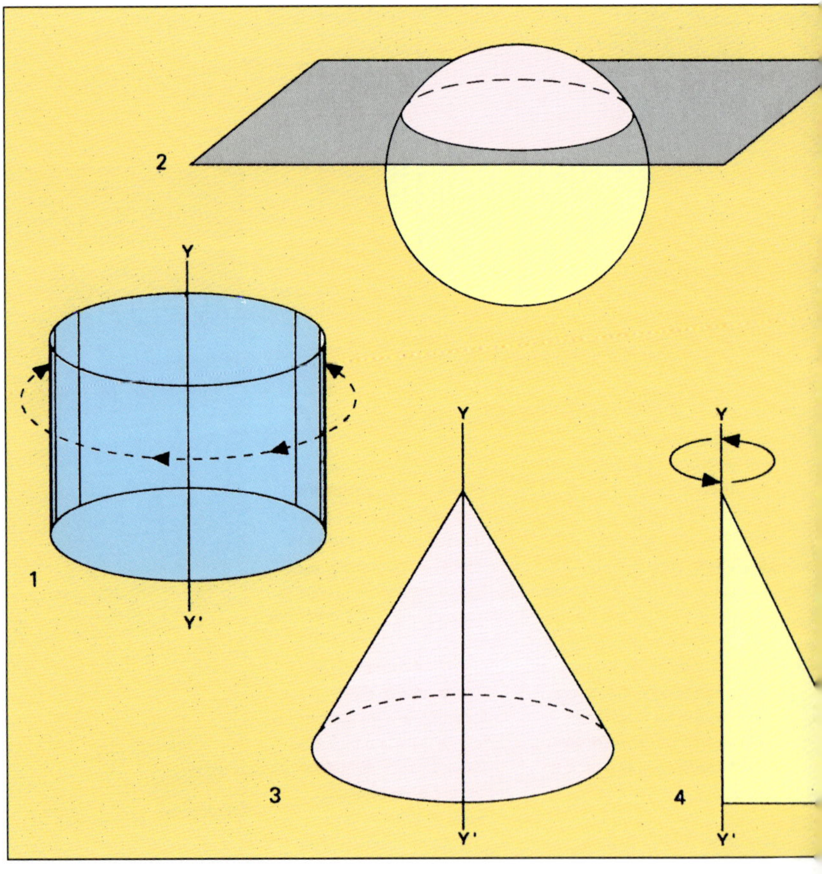

8

1, 2, 3, 4, 5, 6, 7

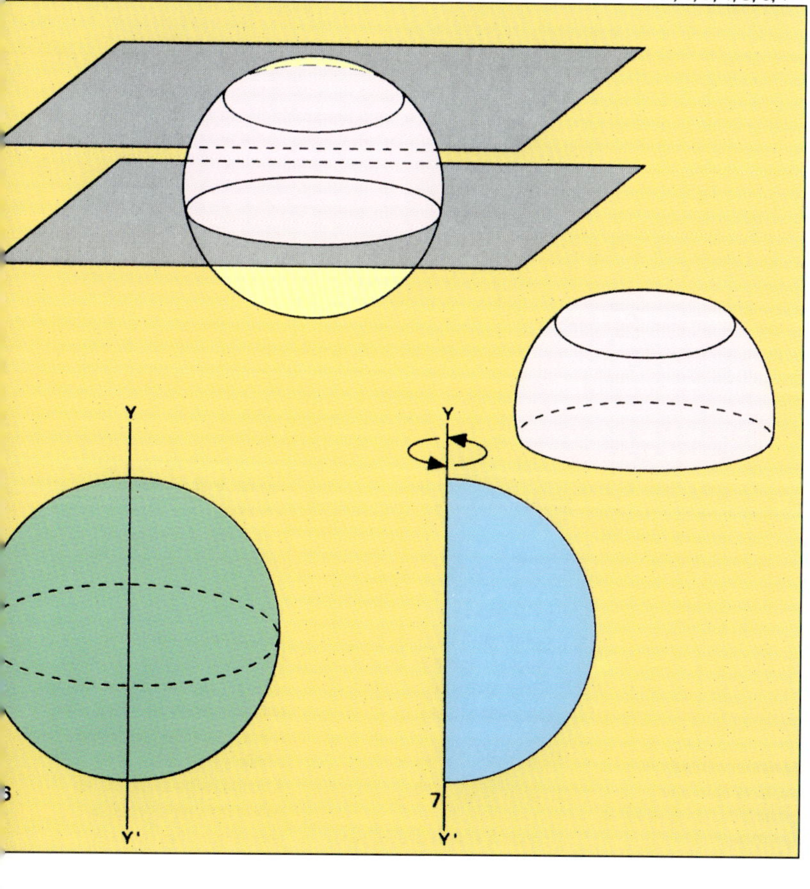

denominadas **hemisferios** o **semiesferas**. Si se corta una esfera por un plano secante, cada una de las porciones resultantes se denomina **casquete esférico**. Si se corta una esfera por dos planos paralelos, la porción de esfera resultante se denomina **zona esférica**. Un **huso esférico** es la porción de superficie esférica limitada por dos semicírculos máximos. La porción de esfera limitada dos semicírculos máximos llama **cuña esférica**. Se denomina **triángulo esférico** a la porción de superficie esférica limitada por tres arcos de círculo máximo. El volumen de una esfera viene dado por la expresión

$$V = \frac{4}{3} \cdot \pi r^3$$

El área de la superficie de una esfera es igual a cuatro veces el área de su círculo máximo, o sea, $S = 4 \pi r^2$. Se dice que una recta es secante, tangente o exterior a una esfera dependiendo de que tenga, respectivamente, dos, uno o ningún punto común con ella.

1. *Representación gráfica de la formación de una superficie cilíndrica.*

2. *Representación gráfica de un casquete esférico.*

3 y 4. *Representación gráfica de la formación de una superficie cónica.*

5. *Representación gráfica de una zona esférica.*

6 y 7. *Representación gráfica de la formación de una superficie esférica.*

8. *Gasómetros esféricos utilizados para el almacenamiento de gas de la ciudad.*

Áreas y volúmenes

A continuación se indican las **áreas** de las figuras planas más usuales en Geometría:

Triángulo. El área de un triángulo es igual al semiproducto del lado considerado por su altura correspondiente. Es decir,

$$A = \frac{b \cdot h}{2}$$

siendo A el área del triángulo, b la base y h la altura.

Paralelogramo. El área de un paralelogramo es igual al producto de su base por su altura. Es decir, $A = B \cdot h$, siendo A el área del paralelogramo, b la base y h la altura.

Cuadrado. El cuadrado es un caso particular de paralelogramo en el que todos los lados son iguales y perpendiculares entre sí. Si llamamos l al lado del cuadrado, tanto la base como la altura valdrán l y, por consiguiente, tendremos que $A = l \cdot l = l^2$, siendo A el área del cuadrado y l el lado.

El área del cuadrado puede expresarse también en función de la diagonal. En este caso se tiene que

$$A = \frac{d^2}{2}$$

siendo A el área del cuadrado y d la diagonal.

Rombo. El rombo es un caso particular de paralelogramo en el que todos los lados son iguales pero no son perpendiculares entre sí. El área del rombo se suele expresar en función de sus diagonales. En este caso, se tiene que

$$A = \frac{D \cdot d}{2}$$

siendo A el área del rombo, D la diagonal mayor y d la diagonal menor.

Trapecio. El área de un trapecio es igual a la semisuma de las bases por la altura. O sea,

$$A = \frac{B + b}{2} \cdot h$$

siendo A el área del trapecio, B la base mayor, b la base menor y h la altura.

Polígono. El área de un polígono regular es igual al semiproducto del perímetro por la apotema. O sea,

$$A = \frac{P \cdot a}{2}$$

siendo A el área del polígono regular, P el perímetro y a la apotema.

Para hallar el área de un polígono irregular se divide en triángulos y seguidamente se suman las áreas de los triángulos así obtenidos.

Círculo. El área del círculo es igual al cuadrado del radio multiplicado por π. Es decir, $A = \pi r^2$, siendo A el área del círculo y r el radio.

A continuación se indican los **volúmenes** de los cuerpos geométricos más comunes:

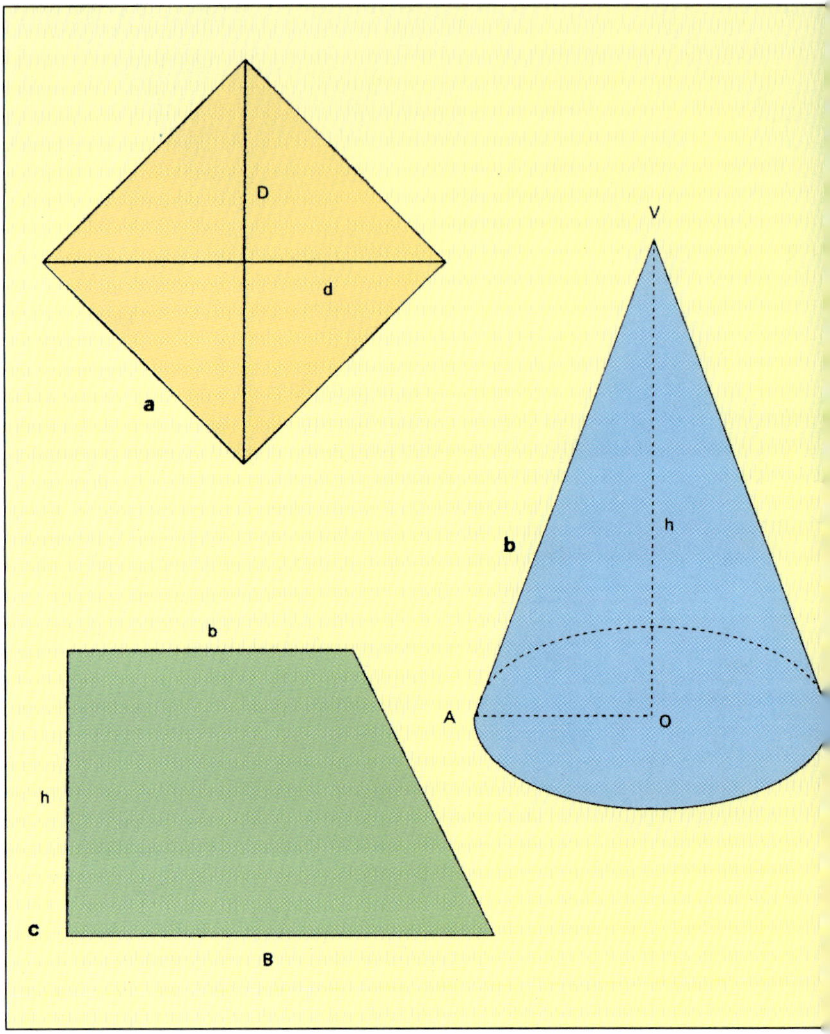

1

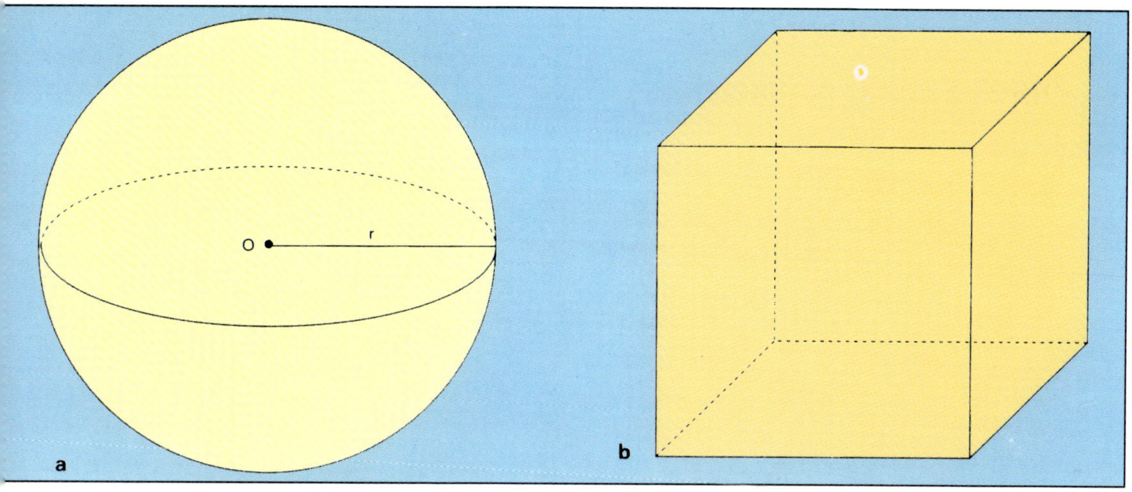

2

3

Prisma. El volumen del prisma es igual al producto del área de su base por su altura. Es decir, $V = S \cdot h$, siendo V el volumen del prisma, S la superficie de la base y h la altura.

Ortoedro. El ortoedro es un prisma cuyas bases son rectángulos. Así pues, el volumen del ortoedro es igual al producto de sus tres dimensiones.

Cubo. El volumen de un cubo es igual al cubo de su arista.

Pirámide. El volumen de una pirámide es igual a la tercera parte del producto del área de su base por su altura. Es decir,

$$V = \frac{1}{3} S \cdot h$$

siendo V el volumen de la pirámide, S el área de la base y h la altura.

Cilindro. El volumen de un cilindro es igual a su altura multiplicada por el área de la base. O sea, $V = h \cdot S$, es decir, $V = h \cdot \pi r^2$, siendo V el volumen del cilindro, S el área de la base, h la altura del cilindro y r el radio del círculo de la base.

Cono. El volumen de un cono es igual a la tercera parte del producto de su altura multiplicada por el área de la base. O sea,

$$V = \frac{1}{3} h \cdot S = \frac{1}{3} h \cdot \pi \cdot r^2$$

siendo V el volumen del cono, S el área de la base, h la altura del cono y r el radio del círculo de la base.

Esfera. El volumen de la esfera es igual a 4/3 de π por el cubo del radio. O sea,

$$V = \frac{4}{3} \pi \cdot r^3$$

siendo V el volumen de la esfera y r el radio.

Tetraedro. El volumen de un tetraedro es igual a $\sqrt{2}/12$ por el cubo de su arista. Es decir,

$$V = \frac{\sqrt{2}}{12} \cdot a^3$$

siendo V el volumen del tetraedro y a la arista.

Octaedro. El volumen del octaedro es igual a $\sqrt{2}/3$ por el cubo de su arista. Es decir,

$$V = \frac{\sqrt{2}}{3} \cdot a^3$$

siendo V el volumen de la esfera y a la arista.

1. *a) El área de un rombo es el semiproducto de sus diagonales.*
b) El volumen de un cono es la tercera parte del producto del área de la base por la altura.
c) El área de un trapecio es igual a la semisuma de las bases por la altura.

2. *a) El volumen de una esfera es cuatro tercios del producto de π por el radio al cubo.*
b) El volumen de un cubo es igual al cubo de su arista.

3. *La cantidad de helado que cabe en el cucurucho puede determinarse a partir de la fórmula del volumen del cono.*

Funciones trigonométricas

En un sistema de coordenadas cartesianas rectangulares se denomina circunferencia **goniométrica** a una circunferencia con centro en el origen de coordenadas y radio unidad. Si ahora representamos los ángulos con su vértice en el origen de coordenadas y uno de los lados coincidiendo con el eje de abscisas se definen las funciones trigonométricas de la manera siguiente:
La función seno es el cociente entre la ordenada y la distancia al origen.
La función coseno es el cociente entre la abscisa y la distancia al origen.
La función tangente es el cociente entre la ordenada y la abscisa.
La función cotangente es el cociente entre la abscisa y la ordenada.
La función secante es el cociente entre la distancia al origen y la abscisa.
La función cosecante es el cociente entre la distancia al origen y la ordenada.
Por tanto, si también se considera positiva la distancia desde cualquier punto al origen de coordenadas, los signos de las funciones trigonométricas en

	I	II	III	IV
sen	+	+	+	+
cos	+	-	-	+
tg	+	-	+	-
ctg	+	-	+	-
sec	+	-	-	+
csc	+	+	-	-

1, 2, 3

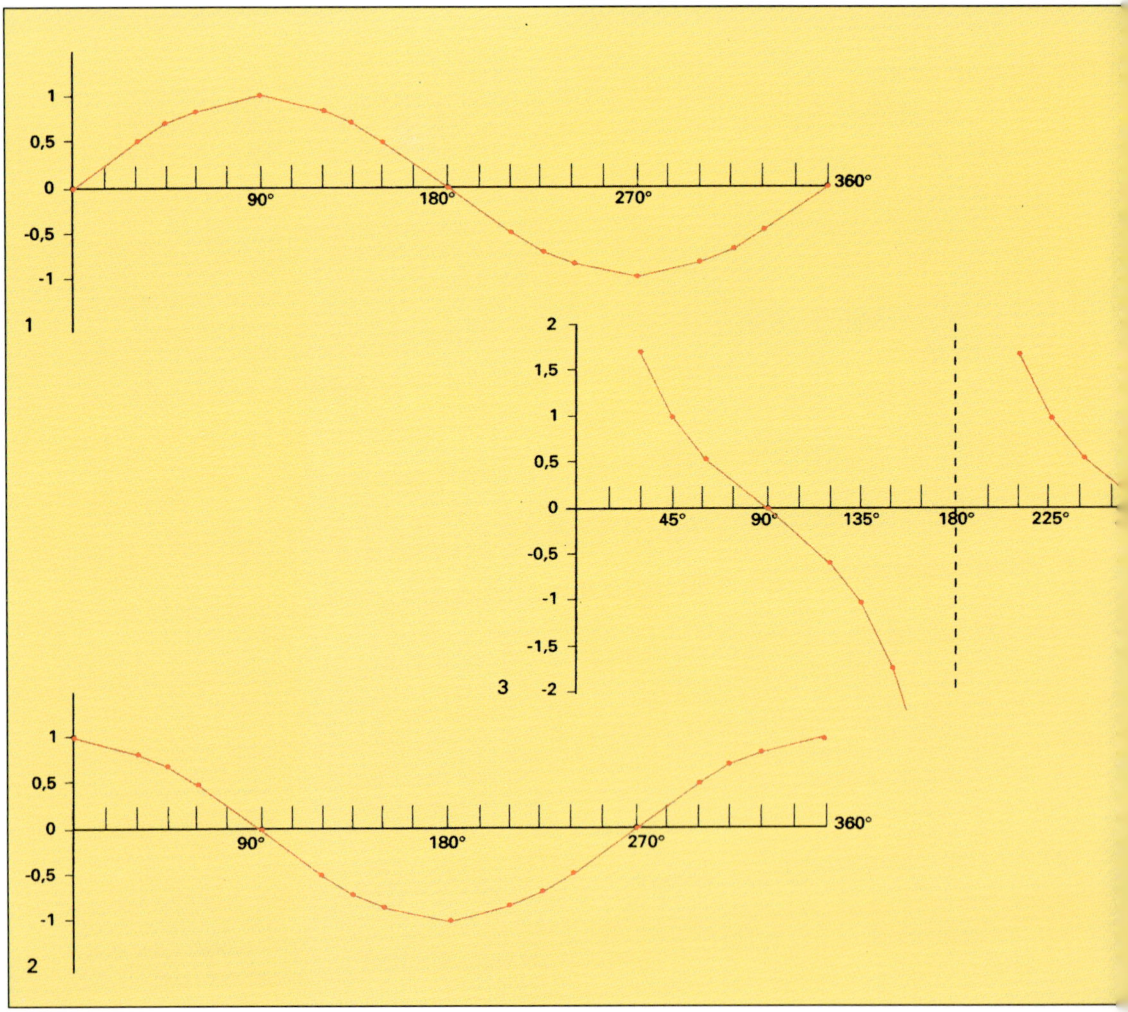

cada uno de los cuadrantes serán los siguientes:
De las definiciones anteriores se deducen los siguientes resultados:
Las funciones seno y cosecante son inversas una de otra.
Las funciones coseno y secante son inversas una de otra.
Las funciones tangente y cotangente son inversas una de otra.
La tangente es igual al cociente entre el seno y el coseno.
La cotangente es igual al cociente entre el coseno y el seno.
La suma de los cuadrados del seno y del coseno de un ángulo es igual a la unidad.
La diferencia entre el cuadrado de la cosecante y el cuadrado de la cotangente de un mismo ángulo es igual a la unidad.
La diferencia entre el cuadrado de la secante y el cuadrado de la tangente de un mismo ángulo es igual a la unidad.
Las funciones trigonométricas de ángulos complementarios verifican las siguientes igualdades:

sen (90° - x) = cos x
cos (90° - x) = sen x
tg (90° - x) = ctg x
ctg (90° - x) = tg x
sec (90° - x) = csc x
csc (90° - x) = sec x

Por su parte, las funciones trigonométricas de ángulos suplementarios cumplen las siguientes igualdades:

sen (180° - x) = sen x
cos (180° - x) = - cos x
tg (180° - x) = - tg x
ctg (180° - x) = - ctg x
sec (180° - x) = - sec x
csc (180° - x) = csc x

Los ángulos que difieren en 180° verifican las siguientes igualdades entre sus funciones trigonométricas:

sen (180° + x) = - sen x
cos (180° + x) = - cos x
tg (180° + x) = tg x
ctg (180° + x) = ctg x
sec (180° + x) = - sec x
csc (180° + x) = - csc x

Las funciones trigonométricas de los ángulos opuestos cumplen las siguientes igualdades:

sen (360° - x) = - sen x
cos (360° - x) = cos x
tg (360° - x) = - tg x
ctg (360° - x) = - ctg x
sec (360° - x) = sec x
csc (360° - x) = - cscx

Por lo que respecta a los ángulos que difieren en 90° se cumple que:

sen (90° + x) = cos x
cos (90° + x) = - sen x
tg (90° + x) = - ctg x
ctg (90° + x) = - tg x
sec (90° + x) = - csc x
csc (90° + x) = sec x

Los valores de las funciones trigonométricas de algunos ángulos notables son los siguientes:

a) Valores de las funciones trigonométricas de 0°
sen 0°= 0 csc 0°: no está definida.
cos 0°= 1 sec 0°: 1
tg 0°= 0 ctg 0°: no está definida

b) Valores de las funciones trigonométricas de 30°.
sen 30° = 1/2 csc 30° = 2
cos 30° = $\frac{\sqrt{3}}{2}$ sec 30° = $\frac{2\sqrt{3}}{3}$
tg 30° = $\frac{\sqrt{3}}{3}$ ctg 30° = $\sqrt{3}$

c) Valores de las funciones trigonométricas de 60°.

sen 60° = $\frac{\sqrt{3}}{2}$ csc 60° = 1/2
cos 60° = $\sqrt{3}$ sec 60° = $\frac{\sqrt{3}}{3}$
tg 60° = 2 ctg 60° = $\frac{2\sqrt{3}}{3}$

d) Valores de las funciones trigonométricas de 45°.

sen 45° = $\frac{\sqrt{2}}{2}$ csc 45° = $\sqrt{2}$
cos 45° = $\frac{\sqrt{2}}{2}$ sec 45° = $\sqrt{2}$
tg 45° = 1 ctg 45° = 1

e) Valores de las funciones trigonométricas de 90°.
sen 90° = 1 csc 90° = 1
cos 90°= 0
sec 90°= no está definida
tg 90° = no está definida
ctg 90° = 0.

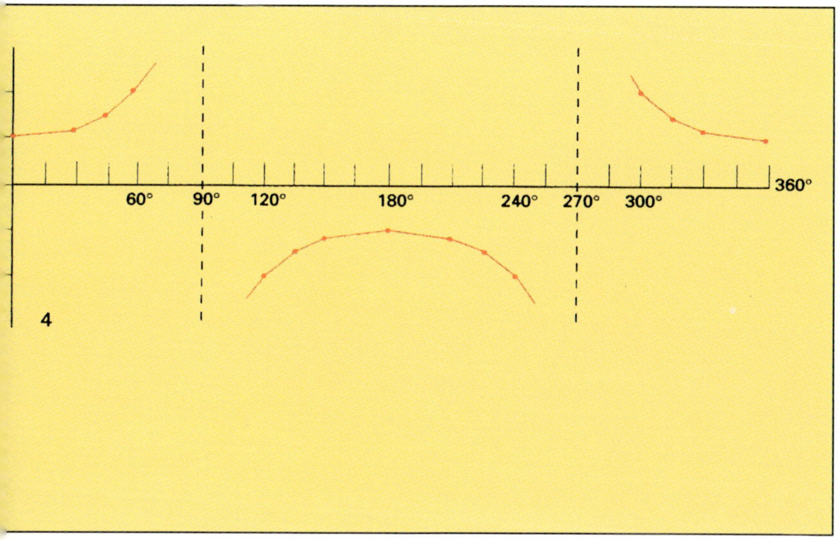

4

1. *Representación gráfica de la función **seno**.*

2. *Representación gráfica de la función **coseno**.*

3. *Representación gráfica de función **tangente**.*

4. *Representación gráfica de función **secante**.*

Funciones trigonométricas de la suma y resta de ángulos

Si a y b son dos ángulos cualesquiera, las funciones trigonométricas del ángulo a + b son las que podemos ver desarrolladas en la tabla 1.

El cálculo de ctg (a + b), sec (a + b) y csc (a + b) se efectúa teniendo en cuenta que se tratan, respectivamente, de las inversas de tg (a + b), cos (a + b) y sen (a + b).

Por su parte, las funciones trigonométricas del ángulo a - b son las que podemos ver en la tabla 2.

Los valores de ctg (a - b), sec (a - b) y csc (a - b) se calculan, respectivamente, determinando las inversas de tg (a - b), cos (a - b) y sen (a -b).

Para calcular las funciones trigonométricas del ángulo 2a basta con obtener las de a + b y sustituir b por a:

$$\text{sen } 2a = 2 \text{ sen } a \cdot \cos a$$

$$\cos 2a = \cos^2 a - \text{sen}^2 a$$

$$\text{tg } 2a = \frac{2 \text{ tg } a}{a - \text{tg}^2 a}$$

Los valores de ctg 2a, sec 2a y csc 2a son, respectivamente, las inversas de tg 2a, cos 2a y sen 2a.

Las funciones trigonométricas del ángulo mitad se obtienen a partir de las de a haciendo a = x/2:

$$\text{sen } (x/2) = \sqrt{\frac{1 - \cos x}{2}}$$

$$\cos (x/2) = \sqrt{\frac{1 + \cos x}{2}}$$

$$\text{tg } (x/2) = \sqrt{\frac{1 - \cos x}{1 + \cos x}}$$

Los valores de ctg (x/2), sec (x/2) y csc (x/2) son, respectivamente, las inversas de tg (x/2), cos (x/2) y sen (x/2). En ocasiones resulta útil convertir en productos sumas y diferencias de funciones trigonométricas. Para ello,

Tabla 1

$$\text{sen } (a + b) = \text{sen } a \cdot \cos b + \text{sen } b \cdot \cos a$$

$$\cos (a + b) = \cos a \cdot \cos b - \text{sen } a \cdot \text{sen } b$$

$$\text{tg } (a + b) = \frac{\text{tg } a + \text{tg } b}{1 - \text{tg } a \cdot \text{tg } b}$$

Tabla 2

$$\text{sen } (a - b) = \text{sen } a \cdot \cos b - \cos a \cdot \text{sen } b$$

$$\cos (a - b) = \cos a \cdot \cos b + \text{sen } a \cdot \text{sen } b$$

$$\text{tg } (a - b) = \frac{\text{tg } a - \text{tg } b}{1 + \text{tg } a \cdot \text{tg } b}$$

1,2

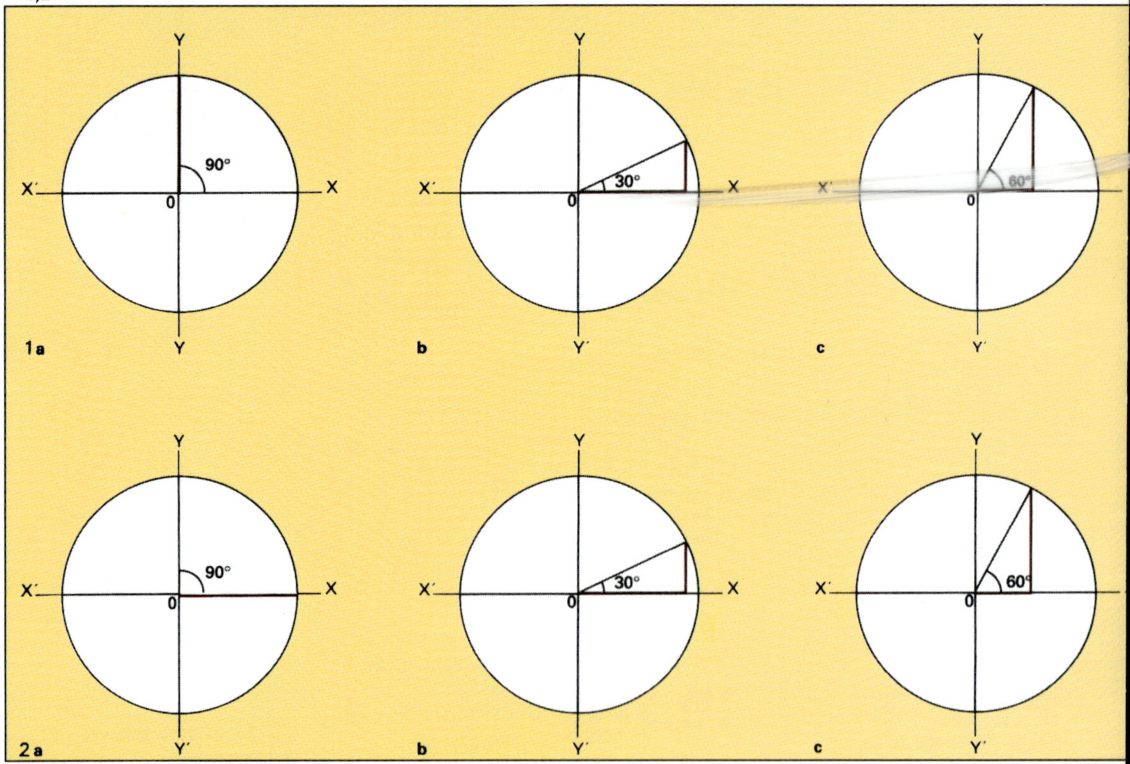

pueden emplearse todas las que podemos ver en la tabla 3.

Para resolver problemas trigonométricos resultan muy útiles los siguientes **teoremas:**

Teorema de los senos.

Los lados de un triángulo son proporcionales a los senos de los ángulos opuestos.

Teorema del coseno.

El cuadrado de un lado de un triángulo es igual a la suma de los cuadrados de los otros dos lados menos el doble del producto de dichos lados por el coseno del ángulo que forman.

Teorema de las tangentes. En todo triángulo, la diferencia entre dos de sus lados es a su suma como la tangente de la mitad de la diferencia entre los ángulos opuestos a dichos lados es a la tangente de la mitad de la suma de dichos ángulos.

Se denominan **ecuaciones trigonométricas** a aquellas en las que la incógnita aparece en forma de ángulo de funciones trigonométricas.

Para resolver ecuaciones trigonométricas en primer lugar se acostumbra transformar la ecuación de modo que quede expresada por una sola función trigonométrica y, a continuación, se resuelve como las ecuaciones algebraicas. Una vez resuelta algebraicamente la ecuación debe procederse a su resolución trigonométrica, es decir, debe calcularse el ángulo que satisface el valor de la función trigonométrica.

Tabla 3

$$\text{sen } A + \text{sen } B = 2 \text{ sen } \frac{A+B}{2} \cdot \cos \frac{A-B}{2}$$

$$\text{sen } A - \text{sen } B = 2 \text{ sen } \frac{A-B}{2} \cdot \cos \frac{A+B}{2}$$

$$\cos A + \cos B = 2 \cos \frac{A+B}{2} \cdot \cos \frac{A-B}{2}$$

$$\cos A - \cos B = -2 \text{ sen } \frac{A+B}{2} \cdot \text{sen } \frac{A-B}{2}$$

$$\text{tg } A + \text{tg } B = \frac{\text{sen }(A+B)}{\cos A \cdot \cos B}$$

$$\text{tg } A - \text{tg } B = \frac{\text{sen }(A-B)}{\cos A \cdot \cos B}$$

3, 4, 5

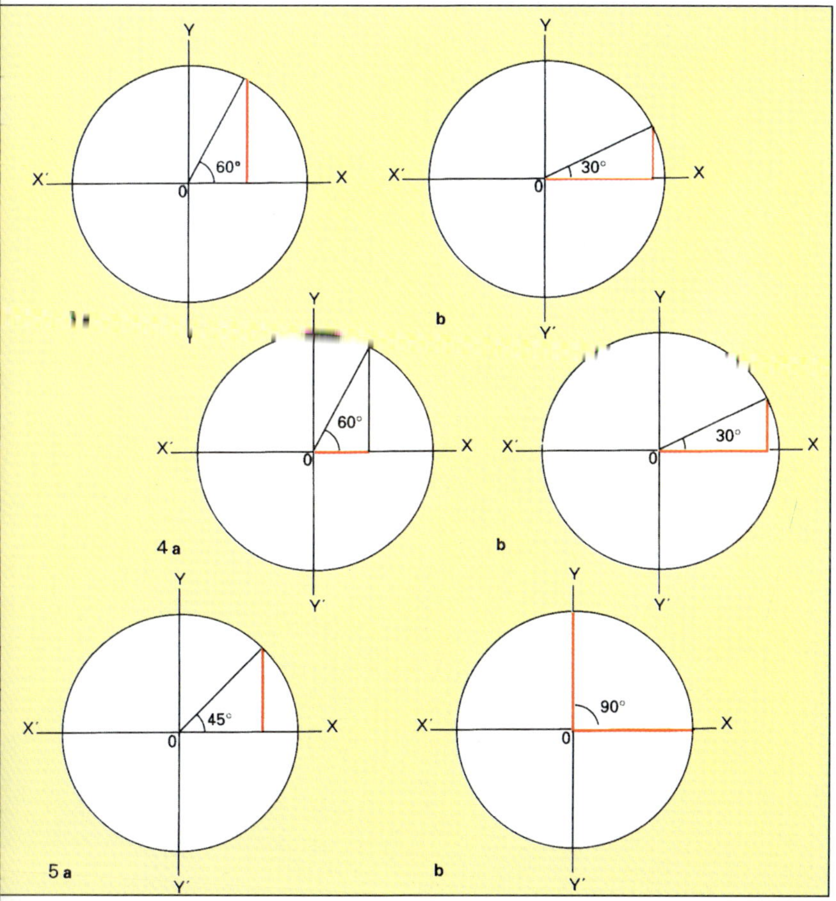

1. *Comprobación grafica de la igualdad*
sen 90 = sen (30 [illegible] 60)
= sen 30° cos 60° + sen 60° cos 30°.

2. *Comprobación gráfica de la igualdad*
cos 90° = cos (30° + 60°) =
= cos 30° cos 60° - sen 30° sen 60°.

3. *Comprobación gráfica de la igualdad*
sen 60° = 2 sen 30° cos 30°.

4. *Comprobación gráfica de la igualdad*
cos 60° = cos² 30° - sen² 30°.

5. *Comprobación gráfica de la igualdad*
$$\text{sen } 45° = \sqrt{\frac{1 - \cos 90°}{2}}$$

Resolución de triángulos

En la resolución de triángulos cabe considerar los dos casos siguientes:
Que el triángulo sea rectángulo.
Que el triángulo no sea rectángulo.
En el primer caso, si el triángulo es rectángulo, como que el ángulo recto ya es conocido, para resolver el triángulo basta con conocer dos de sus elementos siempre que uno de ellos sea un lado.
Así pues, pueden presentarse los cuatro casos siguientes:
1) Que se conozcan los dos catetos.
2) Que se conozcan un cateto y la hipotenusa.
3) Que se conozcan un cateto y un ángulo agudo.
4) Que se conozcan la hipotenusa y un ángulo agudo.
Caso 1. Supongamos que A, b y c son los elementos conocidos. Los restantes elementos pueden determinarse a partir de las expresiones siguientes:

$a = \sqrt{b^2 + c^2}$, tg B = b/c,
C = 90° - B

Caso 2. Consideremos que A, a y c son los elementos conocidos. Los restantes elementos pueden determinarse utilizando las siguientes expresiones:

$b = \sqrt{b^2 - c^2}$, tg C = c/b,
B = 90° - C

Caso 3. Supongamos que A, b y C son los elementos conocidos. Los restantes elementos pueden determinarse empleando las siguientes expresiones:

B = 90° - C, c = b · tgC,
a = b/sen B

Caso 4. Supongamos que A, a y C son los elementos conocidos. Los restantes elementos pueden determinarse a partir de las expresiones siguientes:

B = 90° - C, b = a · sen B,
c = a · sen C

En el segundo caso, cuando el triángulo no es rectángulo pueden presentarse los tres casos siguientes:

1) Que se conozcan los tres lados.

2) Que se conozcan dos lados y el ángulo comprendido entre ellos.

3) Que se conozcan un lado y dos ángulos.

Caso 1. En este caso se conocen los valores de a, b y c. Para determinar los restantes elementos se procede del modo siguiente:

a) Cálculo del ángulo A. Aplicando el teorema del coseno se tiene:
$a^2 = b^2 + c^2 - 2bc \cdot \cos A$, es decir.

$$\text{Cos A} = \frac{b^2 + c^2 - a^2}{2bc}$$

b) Cálculo del ángulo B. Procediendo de manera análoga se obtiene:

$$\text{Cos B} = \frac{a^2 + c^2 - b^2}{2ac}$$

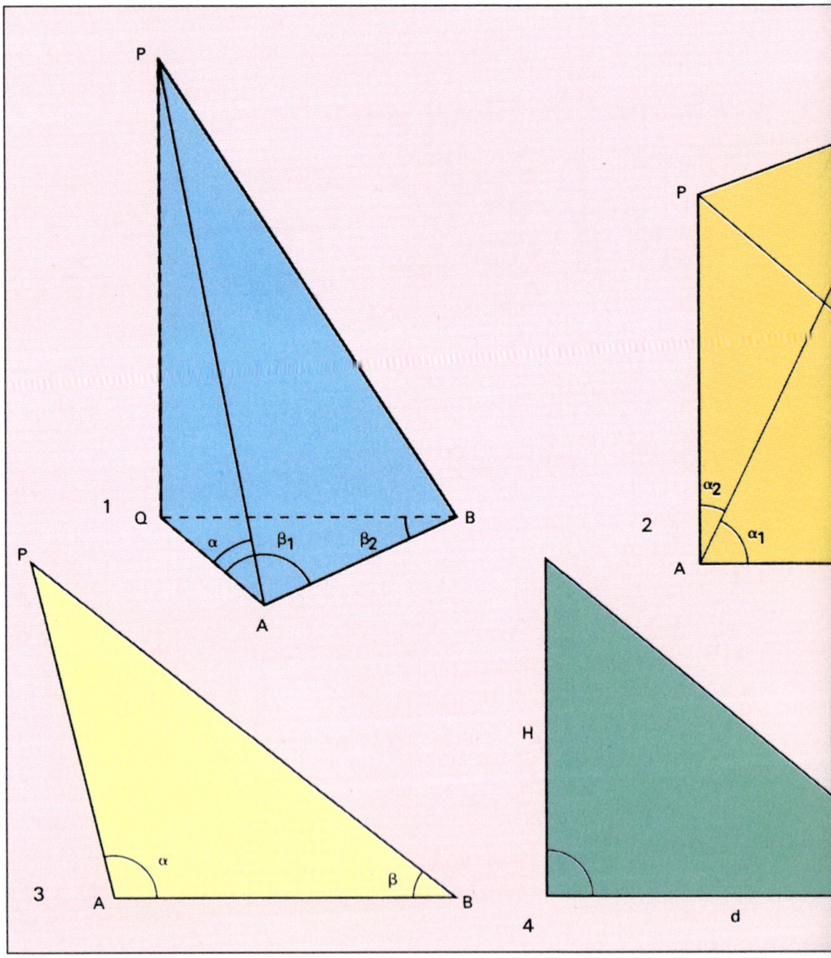

c) Cálculo del ángulo C. Por un procediendo similar se obtiene:

$$\text{Cos } C = \frac{a^2 + b^2 - c^2}{2ab}$$

Caso 2. En este caso supondremos que son conocidos los valores de A, b y c. Para determinar los restantes elementos se procede del modo siguiente:

a) Cálculo del lado a. Aplicando el teorema del coseno se obtiene

$a^2 = b^2 + c^2 - 2bc \cdot \cos A$, es decir,
$a = \sqrt{b^2 + c^2 - 2bc \cdot \cos A}$

b) Cálculo del ángulo B. Aplicando el teorema del coseno resulta:

$b^2 = a^2 + c^2 - 2ac \cdot \cos B$, es decir,

$$\text{Cos } B = \frac{a^2 + c^2 - b^2}{2ac}$$

c) Cálculo del ángulo C. Procediendo análogamente resulta:

$$\text{Cos } C = \frac{a^2 + b^2 - c^2}{2ab}$$

Caso 3. En este caso supondremos conocidos los valores de A, B y c. Para determinar los restantes elementos se procede del modo siguiente:

a) Cálculo del ángulo C.
$C = 180° - A - B$

b) Cálculo del lado a. A partir del teorema de los senos se obtiene

$$a = \frac{c^2 \cdot \text{sen } A}{\text{sen } C}$$

c) Cálculo del lado b. Procediendo análogamente resulta:

$$b = \frac{c \cdot \text{sen } B}{\text{sen } C}$$

La trigonometría tiene importantes aplicaciones prácticas, especialmente en la resolución de problemas topográficos.
La **Topografía** es la ciencia que tiene como objeto la medición de distancias sobre el terreno. A causa de la dificultad que representa efectuar mediciones directas de dichas distancias, la Topografía emplea métodos trigonométricos basados en la medición de ángulos y en la resolución de triángulos.

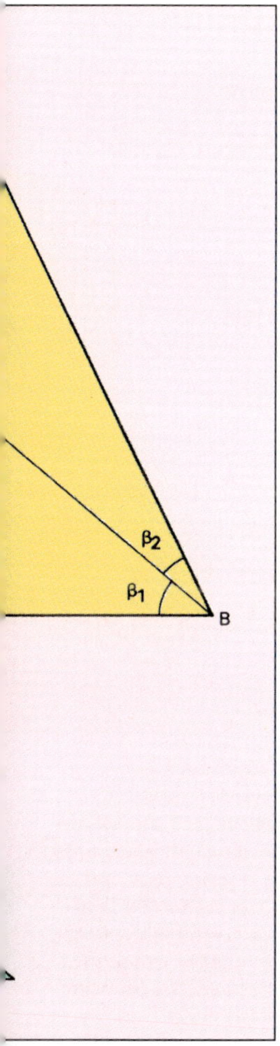

1. *Para medir la altura a que se halla un punto P sobre un punto A en el que se encuentra un observador, se toma un punto auxiliar B situado a la misma altura que A y desde el que resulta visible P. Situando el teodolito en A se miden los ángulos* α *y* β_1 *y con el teodolito en B se mide el ángulo* β_2 *y se determina la distancia AB. En el triángulo ABQ se conocen un lado y dos ángulos, de modo que se puede determinar el lado AQ aplicando el teorema de los senos. La altura que se desea calcular se halla mediante la relación* $PQ = AQ + tg\ \alpha$ *en el triángulo rectángulo APQ.*

2. *Para determinar la distancia entre dos puntos inaccesibles P y G se toman dos puntos auxiliares A y B desde los que puedan observarse los puntos P y G, de modo que sea posible efectuar la medición directa de la distancia AB. Con el teodolito se miden los ángulos* α_1, α_2, β_1 *y* β_2. *Así pues, en el triángulo ABP se conocen dos ángulos y un lado, de modo que se puede calcular el lado PB. En el triángulo ABG se conocen dos ángulos y un lado, de modo que se puede calcular el lado BG. Por consiguiente, conocidos los lados BG y BP y el ángulo comprendido entre ellos en el triángulo PGB, la distancia PG puede determinarse aplicando el teorema del coseno.*

3. *Para determinar la distancia entre un punto accesible A y otro punto inaccesible P se escoge un punto auxiliar B que resulte accesible y desde el que se pueda ver el punto P y con el teodolito se miden los ángulos* α *y* β *la distancia AB. De este modo, en el triángulo ABP se conocerán un lado y dos ángulos, por lo que, aplicando el teorema de los senos se puede determinar la distancia AP.*

4. *Para determinar la altura de un objeto cuyo pie es accesible se coloca el teodolito a una distancia d del pie del objeto. Midiendo con el teodolito el ángulo* α *se obtiene la altura mediante la relación* $H = d \cdot tg\ \alpha$.

Espacios afines

Consideremos un conjunto A y un espacio vectorial E sobre un cuerpo K. Se dice que A tiene una estructura de espacio **afín** cuando se tiene una operación fiel y transitiva de E en A. En este caso E recibe el nombre de espacio vectorial asociado al espacio afín A. Si E es de dimensión finita, la dimensión de A es, por definición, la dimensión de E. Por tanto, esto quiere decir que a cada elemento v de E se le hace corresponder una permutación del conjunto A, a la que designaremos por T_v, de modo que la aplicación $v \longrightarrow T_v$ es un homomorfismo inyectivo del grupo aditivo de E en el grupo de las permutaciones de A. Así pues, se tiene por definición que $T_{v_1+v_2} = T_{v_1} \circ T_{v_2}$ cualesquiera que sean v_1, v_2 en E · T_0 es igual a la identidad de A. Si v es un elemento de E se tiene $T_{-v} = T^{-1}_v$. Por otra parte, la transitividad significa que sólo existe una órbita o lo que es igual, que dados dos puntos x, y de A existe un elemento v en E tal que, $T_v(x) = y$.

El **grupo de isotropía** de cualquier punto x de A está reducido al elemento neutro de E. En efecto, si u es un elemento de E tal que $T_u(x) = x$ consideremos otro elemento y de A y un v de E tales que $y = T_v(x)$. Tenemos entonces que $T_u(y) = T_u[T_v(x)] = T_v[T_u(x)] = T_v(x) = y$, de modo que T_u deja fijos todos los elementos de E,

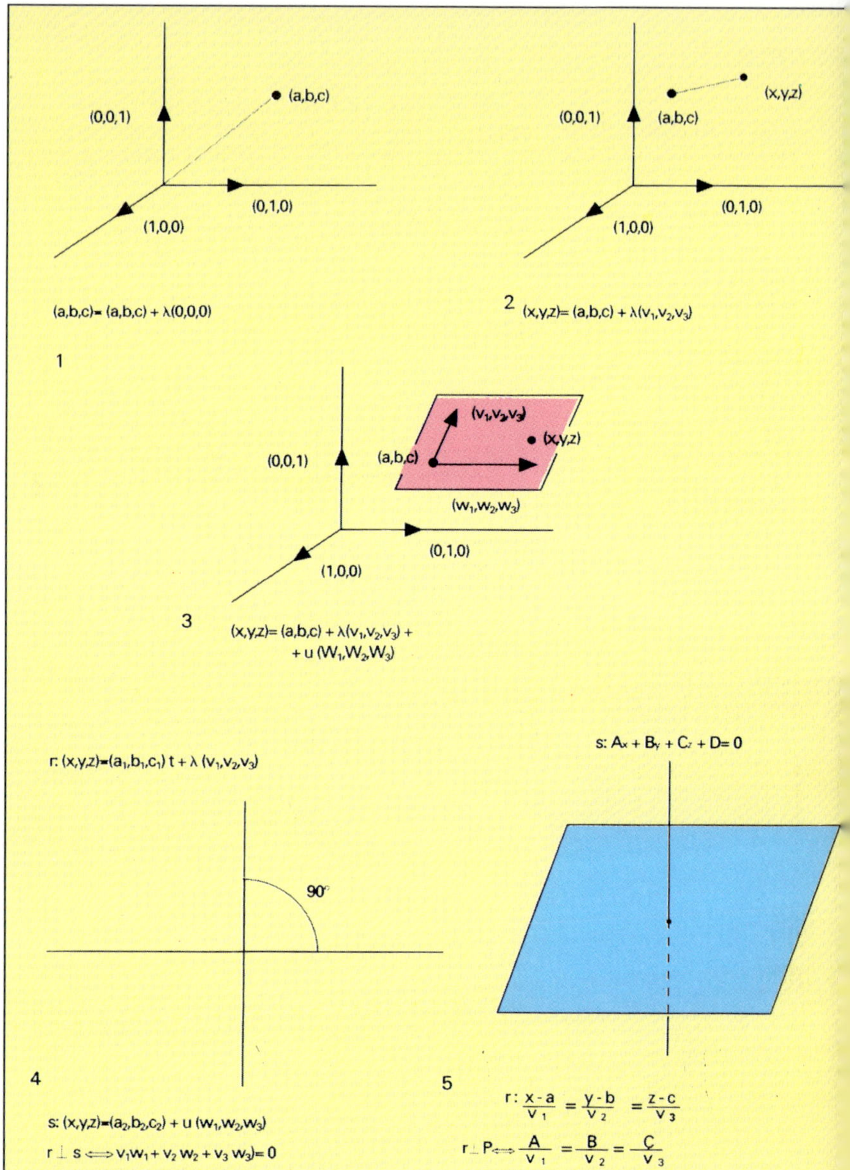

1, 2, 3, 4, 5

lo que prueba que T_u es la identidad y por tanto que u es el cero de E. Por consiguiente, dados x e y en A el elemento v de E tal que $y = T_v(x)$ es único puesto que si también es $y = T_w(x)$ se tendría que $T_{v-w}(x) = x$, de donde $v - \mathbf{w} = 0$, o sea, $v = \mathbf{w}$. Si E es un espacio vectorial sobre K, E tiene una estructura afín relativa a la operación de E en sí mismo por traslaciones. A cada elemento v de E le corresponde la traslación T_v dada por $x \longrightarrow + v$ y las condiciones definidoras de la estructura de espacio afín se verifican automáticamente. Por este motivo, las permutaciones de A correspondientes a los elementos de E suelen denominarse las traslaciones del espacio afín A. Del mismo modo resulta inmediato comprobar que si L es una variedad lineal del espacio vectorial E se tiene una estructura de espacio afín correspondiente a la operación por traslaciones en L del

6

7

subespacio director de L.
Consideremos ahora un espacio afín A de espacio asociado E y sea p un punto de A. Como la órbita de p es todo A y el grupo de isotropía es la identidad, la aplicación $v \longrightarrow T_v(p)$ es una biyección de E en A de manera que A se identifica con el espacio vectorial E una vez se ha elegido en A un punto origen. Esto permite trasladar a A la estructura de espacio vectorial de E, pero evidentemente todo depende del punto origen en cuestión.
Supongamos que E y F son dos espacios vectoriales sobre un cuerpo K y que u es una aplicación de E en F. Se dice que u es una aplicación afín si existen una aplicación lineal v de E en F y una traslación T_a correspondiente a un vector a de F tales que $u = T_a \circ v$. Así pues, las aplicaciones afines son las que se descomponen en producto de lineales por traslaciones. Como que $u(0) = T_a[v(0)] = T_a(0)$, la traslación está unívocamente determinada por u, de donde $v = T^{-1}_a$ también lo está. Así pues, la descomposición dada de una aplicación afín es única y se dice que v es la aplicación lineal asociada a u.
Las traslaciones de un espacio vectorial son exactamente las aplicaciones afines cuya aplicación lineal asociada es la identidad. Como que las traslaciones son siempre aplicaciones biyectivas es evidente que una aplicación afín es inyectiva según que lo sea o no la aplicación lineal asociada.
Si E es un espacio vectorial sobre un cuerpo K, las aplicaciones afines biyectivas forman un grupo que recibe nombre de grupo afín de E y se designa por GA(E). La aplicación que a cada aplicación afín biyectiva le hace corresponder la aplicación lineal asociada es un homomorfismo exhaustivo de GA(E) en GL(E) cuyo núcleo es el subgrupo de las traslaciones de E. Las aplicaciones afines conservar los baricentros y las imágenes de conjuntos convexos son también conjuntos convexos.

1. *En el espacio vectorial R^3 la variedades lineales de dimensión cero son puntos.*

2. *En el espacio vectorial R^3 las variedades lineales de dimensión uno son rectas.*

3. *En el espacio vectorial R^3 las variedades lineales de dimensión dos son planos.*

4. *Para que dos rectas r y s sean perpendiculares debe verificarse la relación*

$$v_1 w_1 + v_2 w_2 + v_3 w_3 = 0.$$

5. *Para que una recta sea perpendicular a un plano debe verificarse la relación*

$$\frac{A}{v_1} = \frac{B}{v_2} = \frac{C}{v_3}$$

6. *Las direcciones de vuelo de los distintos aviones pueden considerarse como otros tantos vectores en un espacio de tres dimensiones.*

7. *Vista de un cruce de carreteras a distinto nivel. En el espacio vectorial R^3 si dos rectas no son paralelas no necesariamente deben cortarse puesto que si están situadas en planos distintos pueden cruzarse.*

La recta en el plano

Se denomina **recta** al lugar geométrico de los puntos tales que si se toman dos puntos distintos cualesquiera $P_1(x_1, y_1)$ y $P_2(x_2, y_2)$ del lugar, el valor de la pendiente m viene dado por la expresión

$$m = \frac{y_1 - y_2}{x_1 - x_2},\ x_1 \neq x_2$$

y es siempre constante. La ecuación de una recta queda perfectamente determinada si se conocen las coordenadas de uno de sus puntos y su pendiente. La recta que pasa por el punto $P_1(x_1, y_1)$ y tiene pendiente m, tiene por ecuación $y - y_1 = m(x - x_1)$. En el caso de que una recta sea paralela al eje Y su ecuación será de la forma $x = k$. La recta cuya pendiente es m y cuya ordenada en el origen es b tiene por ecuación $y = mx + b$. La recta que pasa por dos puntos $P_1(x_1, y_1)$ y $P_2(x_2, y_2)$ tiene por ecuación

$$y - y_1 = \frac{y_1 - y_2}{x_1 - x_2}(x - x_1),\ x_1 \neq x_2$$

La recta cuyas intercepciones con los ejes X e Y son $a \neq 0$ y $b \neq 0$, respectivamente, tiene por ecuación

$$\frac{x}{a} + \frac{y}{b} = 1$$

La ecuación anterior se denomina ecuación simétrica de la recta. La ecuación de una recta cualquiera viene dada por l la expresión $Ax + By + C = 0$, donde A o B deben ser distintos de cero y C puede o no

1

valer cero. La ecuación precedente se denomina forma general de la ecuación de una recta.
Si las ecuaciones de dos rectas son, respectivamente, $Ax + By + C = 0$ y $A'x + B'y + C' = 0$, las relaciones siguientes son condiciones necesarias y suficientes para paralelismo: $AB' - A'B = 0$.
Perpendicularidad: $AA' + BB' = 0$.
Coincidencia: $A = kA'$, $B = kB'$, $C = kC'$, siendo $k \neq 0$.
Intersección en un solo punto: $AB' - A'B \neq 0$.
La forma normal de la ecuación de una recta viene dada por la expresión

$x \cos \omega + y \operatorname{sen} \omega - p = 0$, siendo p un número positivo, numéricamente igual a la longitud de la normal trazada desde el origen a la recta y ω es el ángulo positivo $< 360°$ medido a partir de la parte positiva del eje X a la normal.
La forma general de la ecuación de una recta, $Ax + By + C = 0$, puede reducirse a la forma normal, $x \cos \omega + y \operatorname{sen} \omega - p = 0$, dividiendo cada término de la ecuación general por $r = \pm\sqrt{A^2 + B^2}$, en donde el signo que precede al radical r se escoge del modo siguiente:
Si $C \neq 0$, r es de signo contrario a C.
Si $C = 0$ y $B \neq 0$, r y B tienen el mismo signo.
Si $C = B = 0$, r y A tienen el mismo signo.
La distancia d de una recta $Ax + By + C = 0$ a un punto dado $P_1(x_1, y_1)$ puede obtenerse sustituyendo las coordenadas del punto en el primer miembro de la forma normal de la ecuación de la recta.
El valor viene dado por

$$d = \frac{|Ax_1 + By_1 + C|}{\sqrt{A^2 + B^2}}$$

La distancia dirigida d de la recta dada $Ax + By + C = 0$ al punto dado $P_1(x_1, y_1)$ se obtiene mediante la fórmula

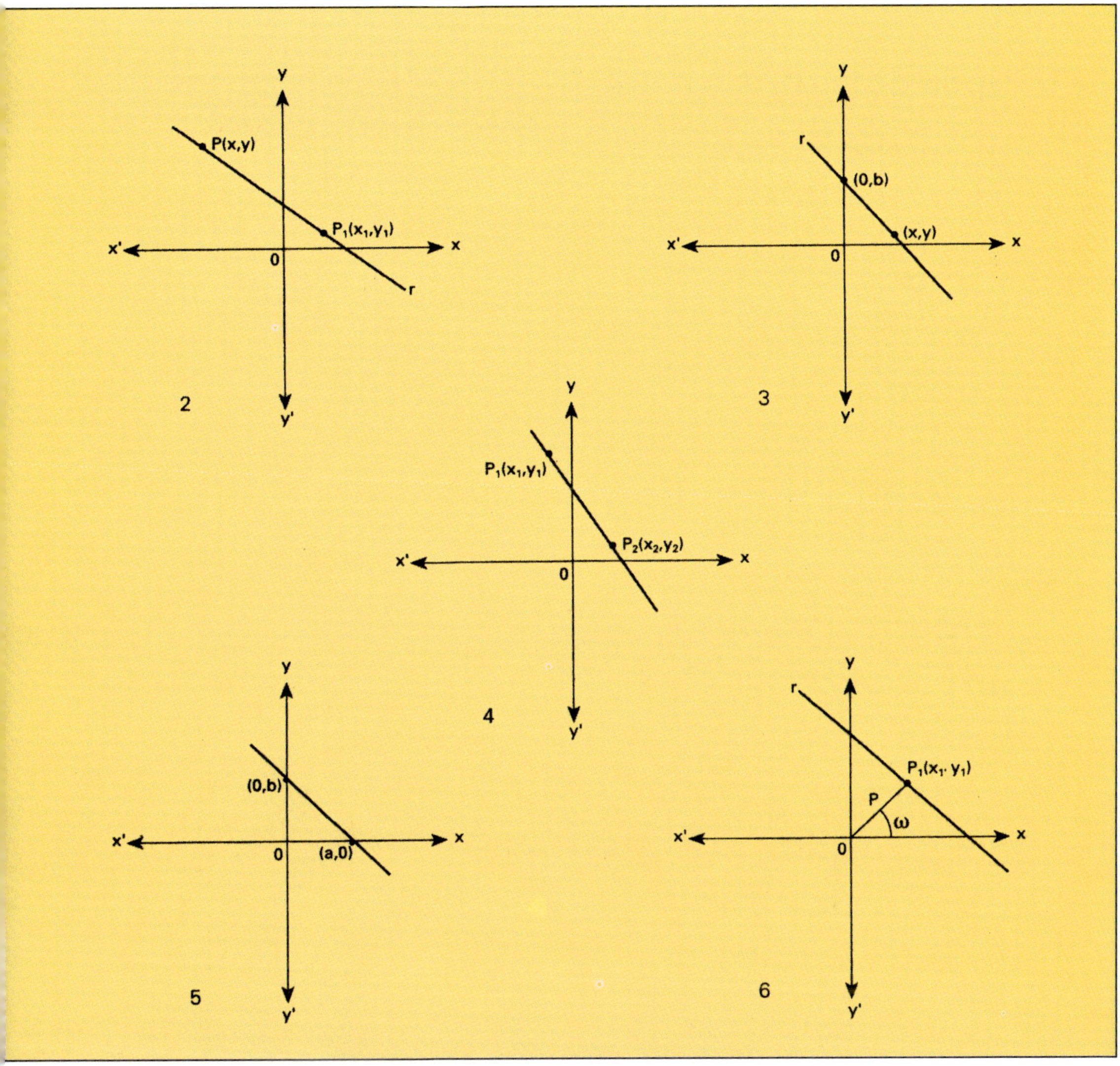

$$d = \frac{|\ Ax_1 + By_1 + C\ |}{\pm\sqrt{A^2 + B^2}}$$

Si la recta no pasa por el origen, d es positiva o negativa según que el punto P_1 y el origen estén en lados opuestos o del mismo lado de la recta. Si la recta pasa por el origen, d es positiva o negativa según que el punto P_1 esté por encima o por debajo de la recta. Una condición necesaria suficiente para que tres puntos diferentes de coordenadas (x_1, y_1), (x_2, y_2), (x_3, y_3) sean colineales es que

$$\begin{vmatrix} x_1 & y_1 & 1 \\ x_2 & y_2 & 1 \\ x_3 & y_3 & 1 \end{vmatrix} = 0$$

1. *En las carreteras de alta montaña deben salvarse pendientes muy pronunciadas, como puede observarse en esta bella panorámica de la carretera de Trollstigheimen (Noruega).*

2, 3, 4, 5, 6

2. *La pendiente de una recta r que pasa por dos puntos P y P_1 viene dada por la expresión*

$$m = \frac{y - y_1}{x - x_1}$$

3. *La recta r cuya pendiente es m y cuya ordenada respecto del origen es b tiene por ecuación $y = mx + b$.*

4. *La recta que pasa por dos puntos $P_1(x_1, y_1)$ y $P_2(x_2, y_2)$ tiene por ecuación*

$$y - y_1 = \frac{y_1 - y_2}{x_1 - x_2}(x - x_1)$$

siendo $x_1 \neq x_2$.

5. *La recta cuyas intercepciones con los ejes x e y son, $a \neq 0$ y $b \neq 0$, tiene por ecuación*

$$\frac{x}{a} + \frac{y}{b} = 1$$

6. *La forma general de la ecuación de una recta es $Ax + By + C = 0$.*

Ecuación de la circunferencia

Se denomina **circunferencia** al lugar geométrico de un punto que se mueve en un plano de tal modo que se mantiene siempre a una distancia constante de un punto fijo de dicho plano. El punto fijo se denomina **centro** de la circunferencia y la distancia constante se llama **radio**.

La circunferencia cuyo centro es el punto (h, k) y cuyo radio es la constante r tiene por ecuación $(x - h)^2 + (y - k)^2 = r^2$.

La circunferencia de centro en el origen y radio r tiene por ecuación $x^2 + y^2 = r^2$.

Desarrollando la ecuación ordinaria de la circunferencia $(x - h)^2 + (y - k)^2 = r^2$ se obtiene $x^2 + y^2 + Dx + Ey + F = 0$, que se denomina forma general de la ecuación de la circunferencia. La ecuación $x^2 + y^2 + Dx + Ey + F = 0$, representa una circunferencia de radio diferente de cero únicamente si $D^2 + E^2 - 4F > 0$. En este caso, las coordenadas del centro de la circunferencia son (-D/2, -E/2) y el radio es

$$\frac{\sqrt{D^2 + E^2 - 4F}}{2}$$

La ecuación de la circunferencia que pasa por tres puntos dados no colineales $P_1(x_1, y_1)$, $P_2(x_2, y_2)$ y $P_3(x_3, y_3)$ viene dada por el determinante

$$\begin{vmatrix} x^2 + y^2 & x & y & 1 \\ x_1 + y^2 & x_1 & y_1 & 1 \\ x_2 + y^2 & x_2 & y_2 & 1 \\ x_3 + y^2 & x_3 & y_3 & 1 \end{vmatrix} = 0$$

Si las ecuaciones de dos circunferencias dadas cualesquiera C_1 y C_2 son las que se pueden ver en la tabla 1, y la ecuación que está representada en la tabla 2 vendría a representar una familia de circunferencias todas las cuales tienen sus centros en la recta que une los centros de C_1 y C_2.

Si C_1 y C_2 se cortan en dos puntos diferentes, la ecuación representa, para todos los valores de k diferentes de -1, todas las circunferencias que pasan por los dos puntos de intersección C_1 y C_2 con la única excepción de C_1 misma.

Si C_1 y C_2 son tangentes entre sí, la ecuación representa para todos los valores de k diferentes de - 1, todas las circunferencias que son tangentes a C_1 y C_2 en su punto común, naturalmente con la única excepción de C_2 misma.

Si C_1 y C_2 no tienen ningún punto en común la ecuación representa una circunferencia para cada valor de k diferente de -1, siempre que la ecuación resultante tenga coeficientes que satisfagan la ecuación de una circunferencia. Ningún par de circunferencias de la familia tiene un punto común con ninguna de las dos circunferencias C_1 y C_2.

El eje radical de dos circunferencias no concéntricas es el lugar geométrico de un punto que se mueve de modo que las longitudes de las tangentes trazadas desde él a las dos circunferencias son iguales.

Si las ecuaciones de dos circunferencias no concéntricas C_1 y C_2 son, respectivamente las que se representan en la tabla 3, la eliminación de x^2 e y^2 entre estas dos ecuaciones da la ecuación lineal

$$(D_1 - D_2)x + (E_1 - E_2)y + F_1 - F_2 = 0,$$

que es la ecuación del eje radical de C_1 y C_2. Si C_1 y C_2 se cortan en dos puntos diferentes, su eje radical coincide con su cuerda común. Si C_1 y C_2 son tangentes entre sí, su eje radical también

1

es su tangente común. Si C_1 y C_2 no tienen ningún punto común su eje radical no tiene ningún punto común con ninguno de ellos. El eje radical de C_1 y C_2 es perpendicular a la recta que pasa por los centros y es también el lugar geométrico de un punto que se mueve de modo que las longitudes de las tangentes trazadas por él a C_1 y C_2 son iguales. Si t es la longitud de la tangente trazada del punto exterior $P_1(x_1, y_1)$ a la circunferencia $(x - h)^2 + (y - k)^2 = r^2$ será la que se representa en la tabla 4.

2, 3, 4, 5, 6

1. *Fotografía de los círculos concéntricos denominados anillos de Newton, que se observan en la delgada capa de aire de espesor variable comprendida entre una lente convexa y una lámina plana, muy próximas o en contacto, al iluminar el sistema. Son circunferencias perfectas.*

2. *Todo punto P(x, y) de una circunferencia de céntro C(h, k), verifica que* $(x - h)^2 + (y - k)^2 = r^2$

3. *La ecuación de una circunferencia de centro C(0, 0) viene dada por la expresión* $x^2 + y^2 = r^2$.

Tabla 1	
	$C_1: x^2 + y^2 + D_1x + E_1y + F_1 = 0$
	$C_2: x^2 + y^2 + D_2x + E_2y + F_2 = 0$

Tabla 2	
	$x^2 + y^2 + D_1x + E_1y + F_1 + k(x^2 + y^2 + D_2x + E_2y + F_2) = 0$

Tabla 3	
	$C_1: x^2 + y^2 + D_1x + E_1y + F_1 = 0$
	$C_2: x^2 + y^2 + D_2x + E_2y + F_2 = 0$

Tabla 4	
	$t = \sqrt{(x_1 - h)^2 + (y_1 - k)^2 - r^2}$

4. *La ecuación de una circunferencia de centro C(a, b) viene dada por la expresión* $(x - a)^2 + (y - b)^2 = r^2$

5. *La forma general de la ecuación de la circunferencia es* $x^2 + y^2 + Dx + Ey + F = 0$.

6. *La ecuación de la familia de circunferencias concéntricas de centro en el punto C(1, 2) es* $(x - 1)^2 + (y - 2)^2 = k^2$

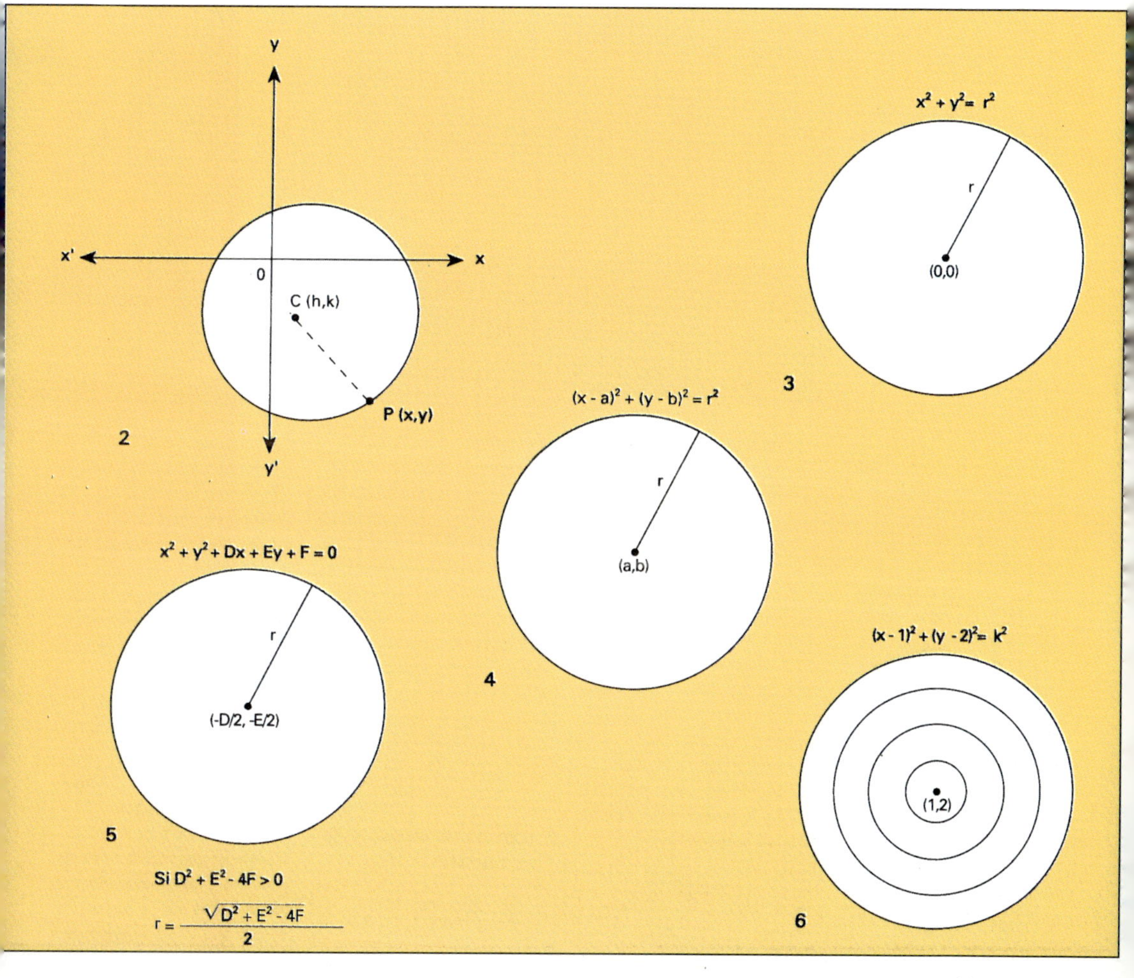

Cónicas

La parábola, la elipse y la hipérbola reciben el nombre de **secciones cónicas** o simplemente cónicas. Una **parábola** es el lugar geométrico de un punto que se mueve en un plano de tal manera que su distancia a una recta fija, situada en el plano, es siempre igual a su distancia a un punto fijo del plano que no pertenece a la recta. El punto fijo se denomina **foco** y la recta fija es la **directriz** de la parábola. La ecuación de una parábola de vértice (h, k) y eje paralelo al eje X es del tipo $(y - k)^2 = 4p(x - h)$, siendo $|p|$ la longitud del segmento del eje comprendido entre el foco y el vértice. Si $p > 0$, la parábola se abre hacia la derecha. Si $p < 0$, la parábola se abre hacia la izquierda. Si el vértice es el punto (h, k) y el eje de la parábola es paralelo al eje Y, su ecuación es de la forma $(x - h)^2 = 4p(y - k)$. Si $p > 0$ la parábola se abre hacia arriba. Si $p < 0$ la parábola se abre hacia abajo.

Una **elipse** es el lugar geométrico de un punto que se mueve en un plano de modo que la suma de sus distancias a dos puntos fijos de ese plano es siempre igual a una constante, mayor que la distarcia entre los dos puntos. Los dos puntos fijos reciben el nombre de **focos** de la elipse.

La ecuación de una elipse de centro en el punto (h, k) y eje focal paralelo al eje X, viene dada por la expresión

$$\frac{(x-h)^2}{a^2} + \frac{(y-k)^2}{b^2} = 1$$

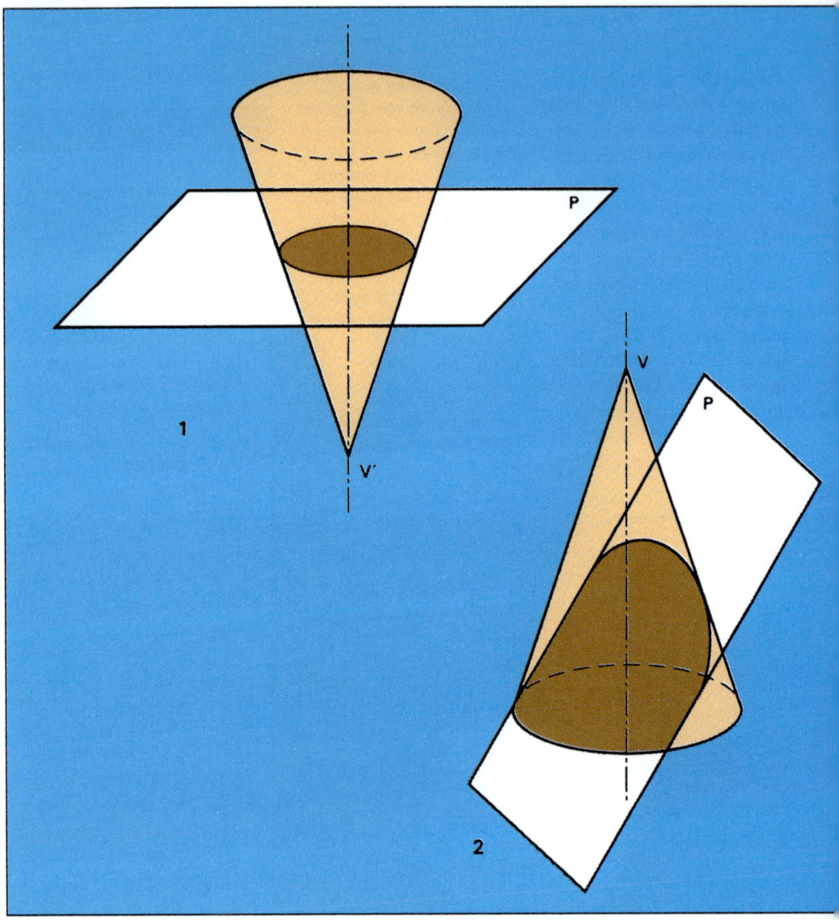

1, 2

Si el eje focal es paralelo al eje Y, su ecuación viene dada por la expresión

$$\frac{(x-h)^2}{b^2} + \frac{(y-k)^2}{a^2} = 1$$

Para cada elipse, a es la longitud del semieje mayor, b es la del semieje menor, c es la distancia del centro a cada foco y a, b y c están relacionadas por la expresión $a^2 = b^2 + c^2$.

Para cada elipse, la longitud de cada uno de sus lados rectos es $2b^2/a$ y la excentricidad e viene dada por la expresion

$$e = c/a = \frac{\sqrt{a^2 - b^2}}{a} < 1$$

Una **hipérbola** es el lugar geométrico de un punto que se mueve en un plano de modo que el valor absoluto de la diferencia de sus distancias a dos puntos fijos del plano, denominados focos, es siempre igual a una cantidad constante, positiva y menor que la distancia entre los focos. La ecuación de una hipérbola de centro en el punto (h, k) y eje focal paralelo al eje X, es de la forma

$$\frac{(x-h)^2}{a^2} + \frac{(y-k)^2}{b^2} = 1$$

Si el eje focal es paralelo al eje Y, su ecuación es

$$\frac{(y-k)^2}{a^2} + \frac{(x-h)^2}{b^2} = 1$$

Para cada hipérbola, a es la longitud del semieje transverso, b la del semieje conjugado, c la distancia del centro a cada foco y a, b y c están relacionadas por la expresión $c^2 = a^2 + b^2$.

Para cada hipérbola, la longitud de cada lado recto es $2b^2/a$, y la excentricidad e viene dada por la relación

$$e = c/a = \frac{\sqrt{a^2 - b^2}}{a} > 1$$

Si los coeficientes A y C difieren en el signo, la ecuacion $Ax^2 + Cy^2 + Dx + Ey + F = 0$ representa una hipérbola de ejes paralelos a los coordenados o un par de rectas que se cortan. Por el contrario, si los coeficientes A

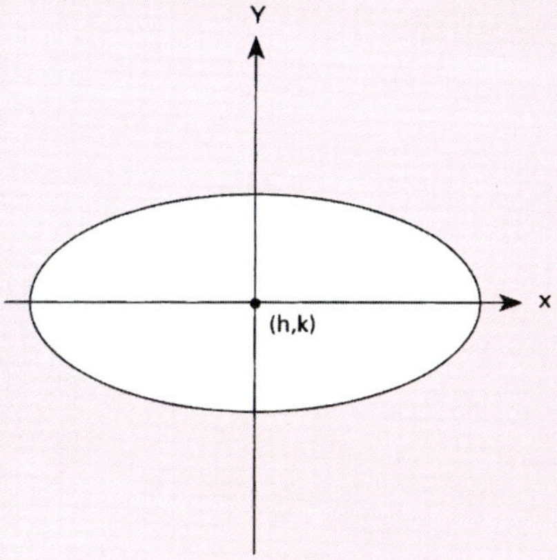

3

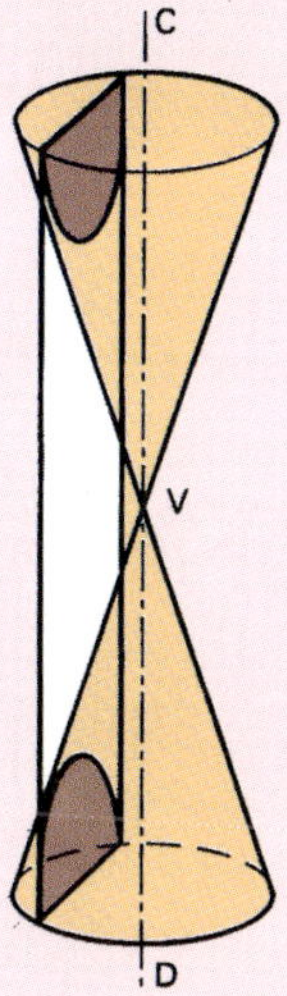

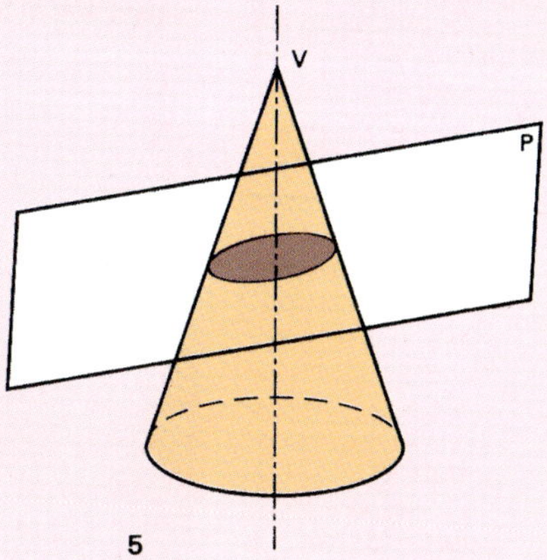

5

6

3, 4, 5

y C son del mismo signo, la ecuación
$Ax^2 + Cy^2 + Dx + Ey + F = 0$
representa una elipse de ejes paralelos a los coordenados, o bien un punto o no representa ningún lugar geométrico real. La función cuadrática
$ax^2 + bx + c$, $a \neq 0$ está representada por la parábola
$y = ax^2 + bx + c$, cuyo eje es paralelo a o coincide con el eje Y, y cuyo vértice es el punto $(-b/2a, c - b^2/4a)$. Si $a > 0$, la parábola se abre hacia arriba y su vértice es un punto mínimo y la función cuadrática tiene un valor mínimo igual a $c - b^2/4a$ cuando $x = -b/2a$. Si $a < 0$ la parábola se abre hacia abajo y la función cuadrática presenta un máximo igual a $c - b^2/4a$ cuando $x = -b/2a$.

1. *Representación gráfica del procedimiento para obtener una circunferencia; cuando un plano corta perpendicularmente al eje a la superficie cónica.*

2. *Representación gráfica del procedimiento para obtener una parábola; cuando un plano corta oblicuamente al eje a la superficie cónica de revolución con un ángulo menor que el formado por el eje y la generatriz.*

3. *La ecuación de una elipse de centro C(h, k) es*

$$\frac{(x-h)^2}{a^2} + \frac{(y-k)^2}{b^2} = 1.$$

4. *Representación gráfica del procedimiento para obtener una hipérbola; cuando un plano corta oblicuamente al eje a la superficie cónica de revolución, siendo paralelo a generatriz.*

5. *Representación gráfica del procedimiento para obtener una elipse; cuando un plano corta oblicuamente al eje a la superficie cónica de revolución con un ángulo mayor que el formado por el eje y la generatriz.*

6. *Las superficies cónicas se utilizan en arquitectura, como puede observarse en esta imagen de los campanarios de la Sagrada Familia de Barcelona obtenida desde el interior del templo proyectado por Gaudí.*

El plano

La ecuación general de un **plano** es del tipo $Ax + By + Cz + D = 0$ donde A, B, C y D son constantes y (A, B, C) son los números directores de su normal.

También se verifica el recíproco del resultado anterior, es decir, toda ecuación lineal de la forma $Ax + By + Cz + D = 0$, en la que por lo menos uno de los tres coeficientes A, B y C es diferente de cero, representa un plano cuya normal tiene por números directores (A, B, C).

El ángulo θ fomado por los dos planos $Ax + By + Cz + D = 0$ y $A'x + B'y + C'z + D' = 0$ viene dado por la fórmula que se da en la tabla 1.

Dados dos planos $Ax + By + Cz + D = 0$ y $A'x + B'y + C'z + D' = 0$, son condiciones necesarias y suficientes para

Paralelismo: $A = kA'$; $B = kB'$; $C = kC$; $(k \neq 0)$.

Perpendicularidad: $AA' + BB' + CC' = 0$.

Coincidencia: $A = kA'$; $B = kB'$; $C = kC'$; $D = kD'$; $(k > 0)$.

Una ecuación lineal que únicamente contiene dos variables representa un plano perpendicular al plano coordenado de esas dos variables y es paralelo al eje coordenado a lo largo del cual se mide la variable que no aparece en la ecuación y recíprocamente.

Una ecuación lineal homogénea en dos variables representa un plano que pasa por el eje coordenado a lo largo del cual se mide la variable que no aparece en la ecuación y recíprocamente.

1

Tabla 1

$$\cos\theta = \pm \frac{AA' + BB' + CC}{\sqrt{A^2 + B^2 + C^2}\ \sqrt{A'^2 + B'^2 + C'^2}}$$

Una ecuación lineal en una sola variable representa un plano perpendicular al eje coordenado a lo largo del cual se mide esa variable y paralelo al plano de las dos variables que no figuran en la ecuación y recíprocamente. De esta manera, las ecuaciones $x = 0$, $y = 0$ y $z = 0$ representan, respectivamente, a los planos coordenados YZ, XZ y XY y recíprocamente. El plano cuyas respectivas intercepciones con los ejes X, Y y Z son los números a, b y c, diferentes de cero, tiene como ecuación

$$\frac{x}{a} + \frac{y}{b} + \frac{z}{c} = 1$$

La ecuación del plano que pasa por los tres puntos dados en forma de determinante es

$$\begin{vmatrix} x & y & z & 1 \\ x_1 & y_1 & z_1 & 1 \\ x_2 & y_2 & z_2 & 1 \\ x_3 & y_3 & z_3 & 1 \end{vmatrix} = 0$$

La **forma normal** de la ecuación de un plano es $x \cos\alpha + y \cos\beta + z \cos\gamma - p = 0$, en donde p es un número positivo, numéricamente igual a la longitud de la normal trazada por el origen al plano, y α, β, γ son los ángulos directores de dicha normal dirigida del origen hacia el plano.

La **forma general** de la ecuación de un plano, $Ax + By + Cz + D = 0$, puede reducirse a la forma normal $x \cos\alpha + y \cos\beta + z \cos\gamma - p = 0$ dividiendo cada término de la misma por $r = \pm\sqrt{A^2 + B^2 + C^2}$, en donde

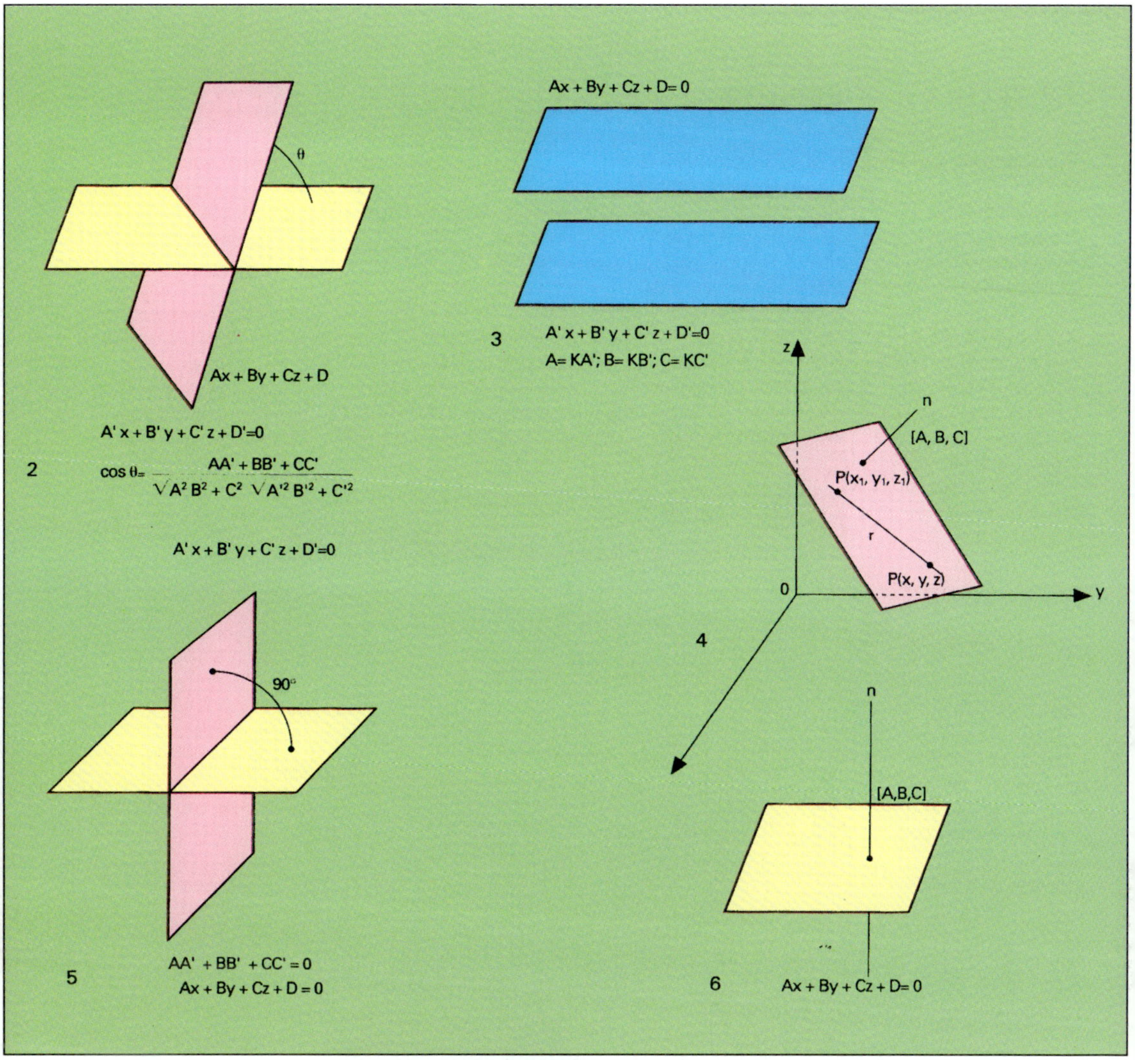

2, 3, 4, 5, 6
el signo que precede al radical r se escoge del modo siguiente:
Si D ≠ 0, r es de signo contrario a D.
Si D = 0 y C ≠ 0, r y C son del mismo signo.
Si D = C = 0 y B ≠ 0, r y B son del mismo signo.
Si D = C = B = 0, entonces $A > 0$, y r y A son del mismo signo.
La distancia dirigida d del punto $P_1(x_1, y_1, z_1)$ al plano $Ax + By + Cz + D = 0$ se obtiene mediante la expresión

$$d = \frac{Ax_1 + By_1 + Cz_1 + D}{\pm\sqrt{A^2 + B^2 + C^2}}$$

Si el plano no pasa por el origen, d es positiva o negativa, según que el punto P_1 y el origen estén de lados opuestos o del mismo lado del plano. La ecuación de un plano que satisface únicamente dos condiciones independientes contiene una sola constante arbitraria independiente o parámetro y, por tanto, representa una familia de planos monoparamétrica.

1. *Este cruce de autopistas en San Francisco (EUA), aprovecha que dos planos en el espacio no necesariamente se cortan.*

2. *El ángulo θ que forman dos planos al cortarse puede determinarse a partir de la expresión siguiente:* $\cos\theta = \dfrac{AA' + BB' + CC'}{\sqrt{A^2 + B^2 + C^2}\cdot\sqrt{A'^2 + B'^2 + C'^2}}$

3. *Para que dos planos sean paralelos deben verificarse las condiciones siguientes:*
$A = KA'$; $B = KB'$; $C = KC'$

4. *La ecuación general de un plano viene dada por la expresión* $Ax + By + Cz + D = 0$.

5. *Dos planos son perpendiculares cuando se cumple que* $AA' + BB' + CC' = 0$.

6. *Todo punto de un plano verifica la ecuacion* $A(x - x_1) + B(y - y_1) + C(z - z_1) = 0$.

La recta en el espacio

Supongamos que r es la **recta** de intersección de dos planos distintos cualesquiera, cuyas ecuaciones en la forma general son:

$A_1x + B_1y + C_1z + D_1 = 0,$
$A_2x + B_2y + C_2z + D_2 = 0.$

Cualquier punto cuyas coordenadas satisfagan ambas ecuaciones del sistema está sobre cada uno de los planos y, por tanto, está sobre su intersección r. Recíprocamente, cualquier punto que esté sobre r debe estar sobre cada uno de los planos y sus coordenadas deben satisfacer, por tanto, ambas ecuaciones. Por consiguiente, las dos ecuaciones del sistema, consideradas simultáneamente, son las ecuaciones de una **recta en el espacio.** El sistema anterior se denomina **forma general** de las ecuaciones de la recta.

La recta que pasa por el punto $P_1(x_1, y_1, z_1)$ y cuyos números directores son [a, b, c] tiene por ecuaciones

$x - x_1 = ka;\ y - y_1 = kb;$
$z - z_1 = kc$, siendo k una constante distinta de cero. Si los números directores a, b, c son todos diferentes de cero, las ecuaciones anteriores pueden escribirse en la forma simétrica, como podemos ver en esta tabla.

La recta que pasa por los puntos $P_1(x_1, y_1, z_1)$ y $P_2(x_2, y_2, z_2)$ tiene por ecuaciones

$x - x_1 = k(x_2 - x_1);$
$y - y_1 = k(y_2 - y_1);$
$z - z_1 = k(z_2 - z_1),$

siendo k una constante distinta de cero. Si las coordenadas de P_1 y P_2 son tales que $x_1 \neq x_2$, $y_1 \neq y_2$, $z_1 \neq z_2$, dichas ecuaciones pueden escribirse del modo como se presenta en la tabla 1.

La recta que pasa por el punto $P_1(x_1, y_1, z_1)$ y

$$\frac{x - x_1}{a} = \frac{y - y_1}{b} = \frac{z - z_1}{c}$$

1, 2, 3, 4, 5

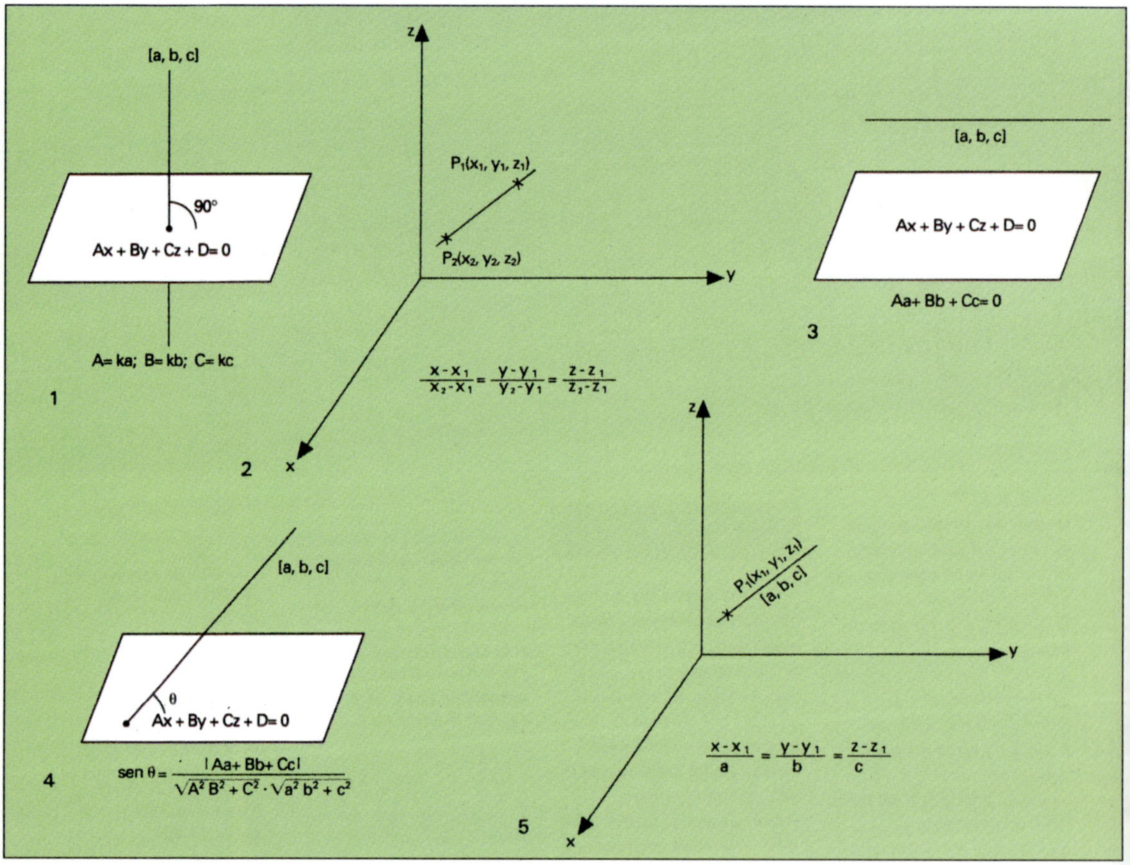

tiene los ángulos directores α, β, γ, tiene por ecuaciones paramétricas

$$x = x_1 + t \cos \alpha;$$
$$y = y_1 + t \cos \beta;$$
$$z = z_1 + t \cos \gamma$$

en donde el parámetro t representa la longitud dirigida de P_1 a un punto cualquiera P(x, y, z) de la recta. Supongamos que r es una recta cuyas ecuaciones en la forma general son

$$A_1x + B_1y + C_1z + D_1 = 0;$$
$$A_2x + B_2y + C_1z + D_2 = 0.$$

Tabla 1

$$\frac{x - x_1}{x_2 - x_1} = \frac{y - y_1}{y_2 - y_1} = \frac{z - z_1}{z_2 - z_1}$$

Tabla 2

$$\text{sen}\,\phi = \frac{|Aa + Bb + Cc|}{\sqrt{A^2 + B^2 + C^2}\,\sqrt{a^2 + b^2 + c^2}}$$

La recta r también puede representarse por dos planos diferentes cualesquiera de la familia de un haz de planos

$$A_1x + B_1y + C_1z + D_1 +$$
$$+ k(A_2x + B_2y + C_2z + D_2) = 0.$$

Consideremos los planos que pasan por r y son perpendiculares a los planos coordenados.
Estos planos se denominan **planos proyectantes** de la recta. Un plano perpendicular a un plano coordenado se representa por una ecuación lineal que contiene únicamente dos variables, las variables del plano coordenado particular.
Por tanto, para obtener un plano proyectante determinado por la recta, asignamos un valor al parámetro k en la última ecuación de manera que la ecuación resultante contenga solamente las dos variables deseadas.
La condición necesaria y suficiente para que la recta cuyos números directores son [a, b, c] y el plano cuya ecuación es
$Ax + By + Cz + D = 0$ sean:
Paralelos es:
$Aa + Bb + Cc = 0$.
Perpendiculares es:
$A = ka$; $B = kb$; $C = kc$, $(k \neq 0)$.
El ángulo ϕ formado por la recta cuyos números directores son [a, b, c] y el plano $Ax + By + Cz + D = 0$ es el ángulo agudo determinado por la fórmula que se da en tabla 2.
La distancia entre dos rectas paralelas puede calcularse como la distancia de cualquier punto de una de rectas a la otra recta. Para determinar que se cruzan r_1 y r_2 se traza su perpendicular común AB y continuación por r_1 se hace pasar un plano δ paralelo a r_2. Si P_1 es un punto cualquiera de r_2, la distancia de P_1 a δ es la distancia buscada. Evidentemente, nos encontramos que también es la distancia entre el plano δ el plano que pasa por r_2 y es paralelo a r_1, por definición de distancia entre dos planos.

6

1. *Una recta es perpendicular a un plano si* $A = ka$; $B = kb$; $C = kc$.

2. *La ecuación de la recta que pasa por los puntos* P_1 *y* P_2 *es:*

$$\frac{x - x_1}{x_2 - x_1} = \frac{y - y_1}{y_2 - y_1} = \frac{z - z_1}{z_2 - z_1}$$

3. *Para que una recta y un plano sean paralelos debe cumplirse que* $Aa + Bb + Cc = 0$.

4. *El ángulo que forman al cortarse una recta y un plano puede determinarse a partir de la expresión*

$$\cos\theta = \frac{|Aa + Bb + Cc|}{\sqrt{A^2 + B^2 + C^2}\,\sqrt{a^2 + b^2 + c^2}}$$

5. *La forma simétrica de la ecuación de la recta es*

$$\frac{x - x_1}{a} = \frac{y - y_1}{b} = \frac{z - z_1}{c}$$

6. *Las cuerdas que mantienen atada la tienda al suelo indican la noción del ángulo formado por una recta (el cable) y un plano (el suelo), tal como puede observarse en esta imagen correspondiente a una acampada.*

Superficies

Se denomina **superficie** al conjunto de puntos cuyas coordenadas satisfacen una ecuación del tipo $F(x, y, z) = 0$. Sin embargo, no toda ecuación del tipo $F(x, y, z) = 0$ representa una superficie. Así, por eiemplo la ecuación

$$x^2 + y^2 + 4z^2 + 7 = 0$$

tiene un número infinito de soluciones pero en ningún caso los valores de **x**, **y** y **z** son todos ellos números reales.

Se dice que dos **puntos** son **simétricos** con respecto a un plano si y solamente si el plano es perpendicular al segmento que los une en su punto medio. Se dice que una **superficie** es **simétrica** respecto a un plano de simetría δ si el simétrico de cada punto de la superficie respecto al plano δ es también un punto de la superficie.

Si la ecuación de una superficie no se altera al cambiar el signo de una de las variables, la superficie es simétrica con respecto al plano coordenado a partir del cual se mide esa variable, y recíprocamente.

Si la ecuación de una superficie no varía cuando se cambia el signo a dos de sus variables, la superficie es simétrica con respecto al eje coordenado a lo largo del cual se mide la variable cuyo signo no se cambió, y recíprocamente.

Si la ecuación de una superficie no varía cuando sus tres variables cambian de signo, la superficie es simétrica con respecto al origen, y recíprocamente.

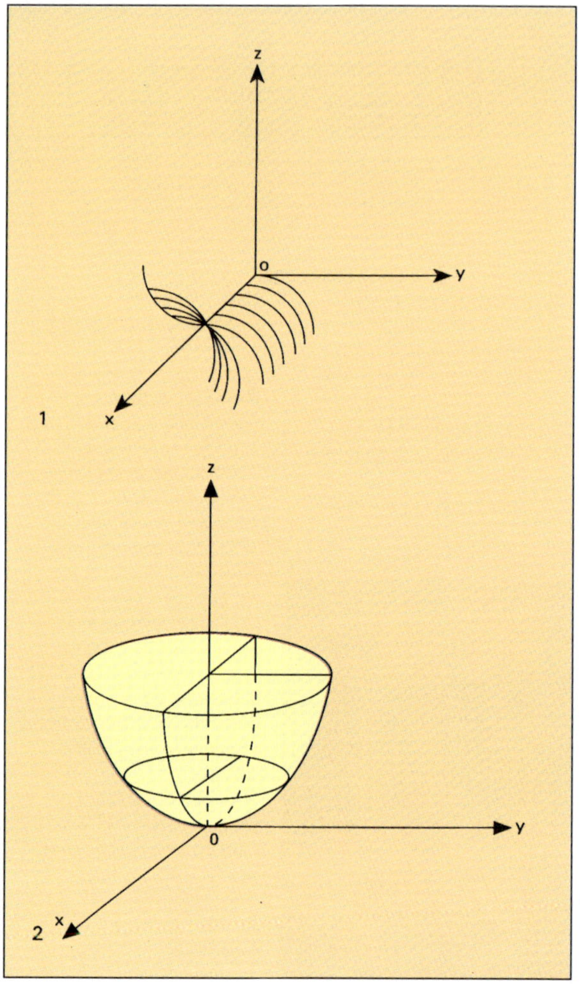

1, 2

La **superficie esférica** es el lugar geométrico de los puntos del espacio que equidistan de un punto fijo, llamado **centro**. La distancia constante se denomina **radio.**

La ecuación de la superficie esférica cuyo centro es el punto (h, k, l) y cuyo radio es la constante r es

$$(x - h)^2 + (y - k)^2 + (z - 1)^2 = r^2.$$

La superficie esférica cuyo centro es el origen y cuyo radio es la constante r tiene por ecuación $x^2 + y^2 + z^2 = r^2$.

La primera de las ecuaciones anteriores se denomina **forma ordinaria** de la ecuación de la esfera. Desarrollando dicha ecuación y ordenando términos se obtiene la ecuación

$$x^2 + y^2 + z^2 + Gx + Hy + Iz + K = 0,$$

que se denomina **forma general** de la ecuación de la esfera. La forma general contiene cuatro constantes independientes. Por

3

consiguiente, una superficie esférica queda perfectamente determinada por cuatro condiciones independientes.

Se denomina **superficie cilíndrica** a la superficie generada por una recta que se mueve de modo que se mantiene siempre paralela a una recta fija dada y pasa siempre por una curva fija dada. La recta móvil recibe el nombre de **generatriz** y la curva fija se denomina **directriz** de la superficie cilíndrica. Si las generatrices de una superficie cilíndrica son perpendiculares al plano de su directriz se dice que la superficie cilíndrica es **recta** y, en caso contrario, se dice que es **oblicua.**

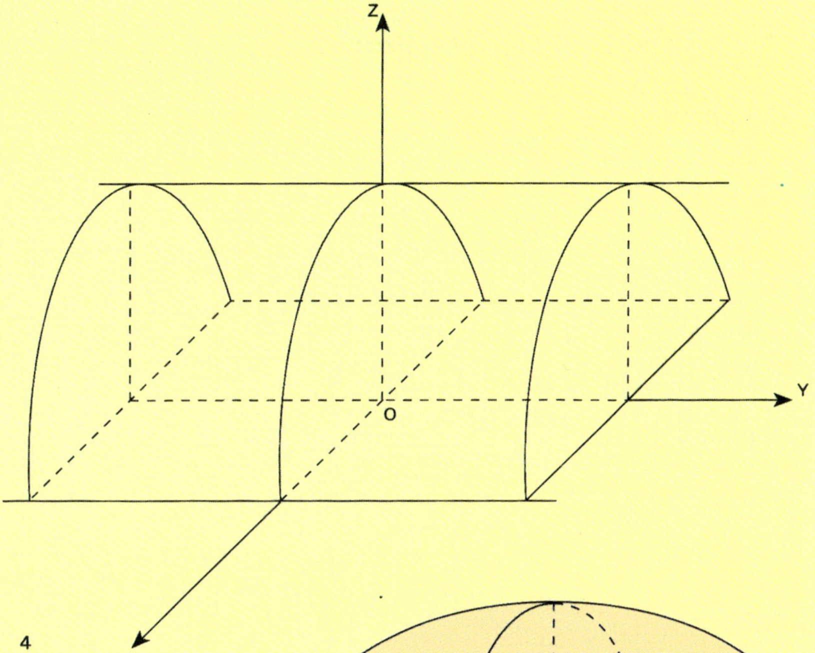

4

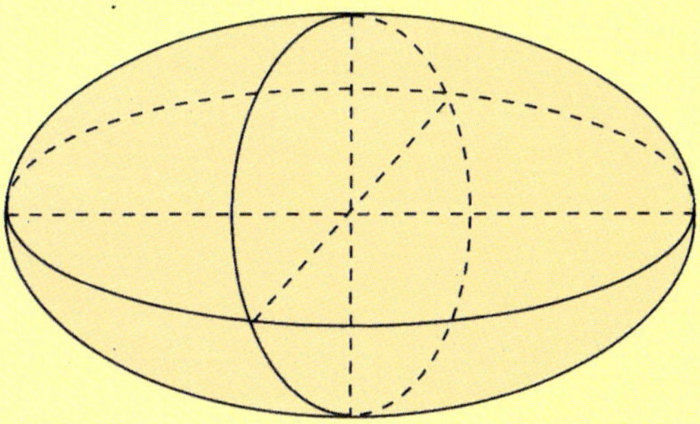

5

4, 5

Una ecuación representa una superficie cilíndrica recta cuyas generatrices son perpendiculares al plano coordenado que contiene a la directriz si y solamente si carece de la variable no medida en ese plano.
El lugar geométrico plano de dicha ecuación es la directriz. Si la directriz de una superficie cilíndrica es una circunferencia, se dice que la superficie es **circular.**
Análogamente, existen superficies cilíndricas, parabólicas, elípticas e hiperbólicas.
Se denomina **superficie cónica** a la engendrada por una línea recta que se mueve de modo que siempre pasa por una curva fija y por un punto fijo no contenido en el plano de dicha curva.
La recta móvil se denomina generatriz, la curva fija recibe el nombre de directriz y el punto fijo dado se llama vértice de la superficie cónica.
Las diversas posiciones de la generatriz forman las generatrices de la superficie cónica.
El vértice divide a la superficie en dos posiciones distintas, cada una de las cuales constituye una rama de la superficie cónica. Una ecuación determina y representa una superficie cónica con vértice en el origen si y solamente si es homogénea en las tres variables x, y, z y es de grado no inferior a dos.

1. *Representación de la superficie denominada paraboloide de revolución.*

2. *Representación de un hiperboloide de revolución de una hoja.*

3. *La superficie de la Tierra no es perfectamente esférica, ya que la Tierra está algo achatada por los polos.*

4. *Representación de un cilindro parabólico.*

5. *Representación de un elipsoide de revolución.*

Transformaciones geométricas

Si consideramos dos conjuntos de puntos del plano que denominaremos origen e **imagen**, la correspondencia que transforma los puntos del conjunto origen en los puntos del conjunto imagen se llama **transformación geométrica**.

Las transformaciones geométricas que verifican la propiedad de mantener las distancias reciben el nombre de transformaciones **isométricas**. Se dice que dos vectores que se hallan en rectas distintas son **equipolentes** cuando el cuadrilátero que forman es un paralelogramo. En el caso de que los vectores estén situados sobre la misma recta, se dice que son equipolentes cuando tienen el mismo módulo y también el mismo sentido. La relación de equipolencia clasifica el conjunto de los vectores del plano en clases de equivalencia formadas por todos los vectores que son equipolentes entre sí. Cada una de estas clases de equivalencia recibe el nombre de **vector libre**.

Una traslación definida por un vector v es una transformación geométrica que a cada punto A del plano le hace corresponder el punto A' de modo que el vector AA' es equipolente a v.

Se denomina **simetría central** a la transformación geométrica que a cada punto A del plano le hace corresponder otro punto A' del plano, de modo que ambos puntos están alineados con un punto fijo 0, a distinto lado de él y a la misma distancia.

El punto 0 también recibe el nombre de **centro de simetría**.

Se denomina simetría axial a la transformación geométrica que hace corresponder a cada punto A del plano otro punto A', tales que la recta que los une es perpendicular a una recta fija OM, de manera que el segmento AA' queda dividido por ella en dos partes iguales. La recta OM recibe el nombre de eje de **simetría**.

Se denomina giro a la transformación geométrica que hace corresponder a cada punto A del plano otro punto A' de modo que sus distancias a un punto fijo O son iguales y las semirrectas OA y OA' forman un ángulo constante en amplitud y sentido.

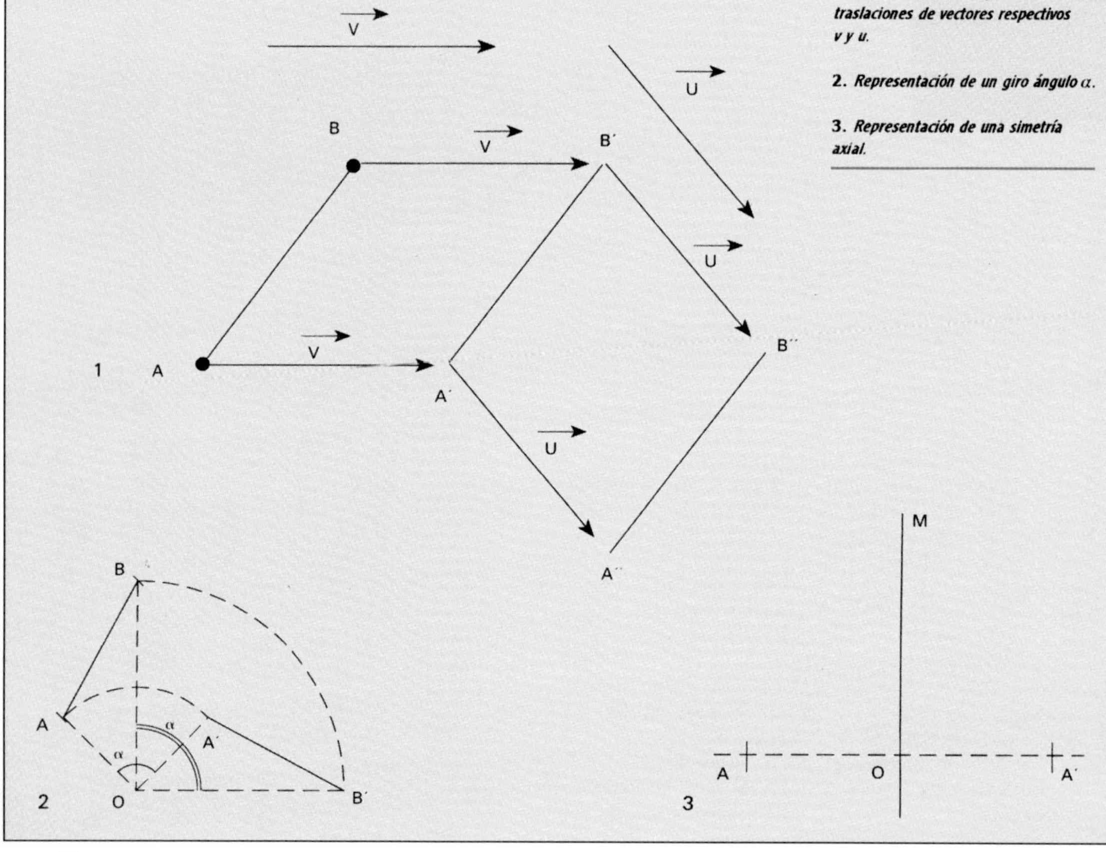

1. *Representación del producto de dos traslaciones de vectores respectivos v y u.*

2. *Representación de un giro ángulo* α.

3. *Representación de una simetría axial.*

El punto O también recibe el nombre de **centro de giro** y el ángulo formado por las semirrectas OA y OA′ se denomina **ángulo de giro**. Se denomina **movimiento** al producto de cualquier número de traslaciones, simetrías y giros. Producto de dos o más transformaciones geométricas es la aplicación de cada una de ellas al resultado obtenido por la aplicación de la anterior. Las anteriores traslaciones y los giros reciben el nombre de **movimientos directos** puesto que conservan la orientación de las figuras.

Por el contrario, las simetrías axiales se denominan **movimientos inversos** puesto que invierten la orientación de las figuras. Se denominan transformaciones **equiformes** a las transformaciones geométricas que mantienen iguales los ángulos y, por tanto, la forma de la figura. Las transformaciones equiformes más interesantes son las homotecias y las semejanzas.

Una **homotecia** es una transformación geométrica en la que dados un punto fijo O y un número real $R \neq 0$, a un punto A le hace corresponder un punto A′ tal que $OA' = R \cdot OA$. El punto A′ y el punto A se dice que son **homotéticos**. El número real R se denomina **razón de la homotecia.**

Una **semejanza** es una transformación geométrica que hace corresponder a cada par de puntos del plano, A, B, otros puntos A′, B′, tales que los segmentos AB y A′B′ verifican que $A'B' = R \cdot AB$. Se dice entonces que los segmentos AB y A′B′ son **semejantes** y el número real R recibe el nombre de **razón de semejanza.** Toda semejanza es el producto de una homotecia por un movimiento (traslación, simetría axial o giro). Se denomina **inversión** a la transformación geométrica en que, dado un punto fijo O y un número real R, a cada punto A del plano le hace corresponder otro punto A′ alineado con O y con A, tal que se verifica que $OA \cdot OA' = R$. El punto fijo O se denomina **polo de inversión.**

Los puntos A y A′ son inversos entre sí. La propiedad característica de la inversión es que conserva los ángulos pero invierte el sentido. El producto de dos inversiones concéntricas de razones R y R′ es una homotecia de razón R′/R.

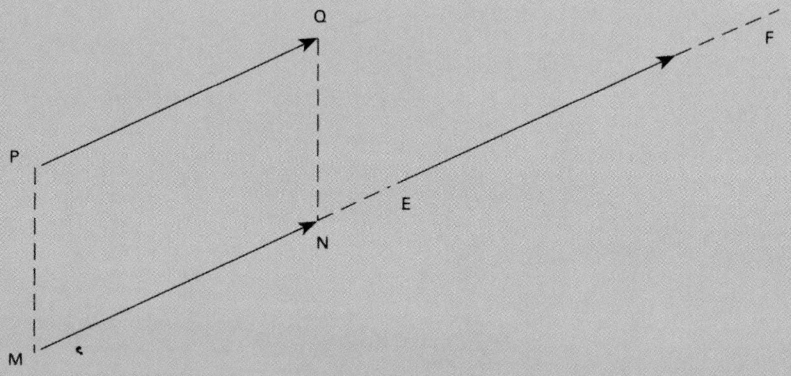

4

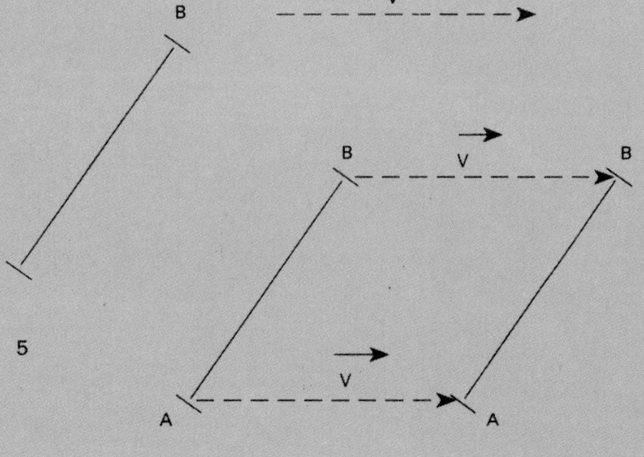

5

***4.** Dos vectores son equipolentes cuando el cuadrilátero que forman es un paralelogramo.*

***5.** Representación de una traslación de vector v.*

Coordenadas polares, esféricas y cilíndricas

Las **coordenadas polares** planas de un punto P vienen dadas por su distancia r, denominada radio vector a un punto fijo O, que recibe el nombre de **polo** y por el ángulo polar ζ, que es el que forma una recta fija OX denominada **eje polar** con la recta OP. Una vez conocidas las coordenadas polares r, ζ de un punto P, las coordenadas cartesianas rectangulares x, y de dicho punto en un sistema cuyo eje de abscisas OX es el polar y cuyo eje de ordenadas OY es la recta perpendicular a OX por O, vienen dadas por las expresiones siguientes:

$x = r \cos \zeta$; $y = r \text{ sen } \zeta$.

Recíprocamente, las coordenadas polares de un punto P del que se conocen sus coordenadas cartesianas rectangulares x, y en el mismo sistema de referencia que en el caso anterior, pueden determinarse a partir de las expresiones:

$$r = \sqrt{x^2 + y^2}; \zeta = \text{arc tg } \frac{y}{x}$$

Sea P(x, y, z) un punto cualquiera de una superficie esférica de centro el origen y radio r cuya ecuación es $x^2 + y^2 + z^2 = r^2$.

Por tanto, supongamos que por el punto P y el eje Z pasa un plano que corta al plano XY en la recta r'. Ahora, llamemos θ al ángulo formado por r' y la parte positiva del eje X y ϕ al ángulo formado por el radio OP y la parte positiva del eje Z. Sean P', A, B y C, respectivamente, las proyecciones del punto P sobre el plano XY y sobre los ejes X, Y y Z. Sea $|\overline{OP'}| = |\overline{CP}| = s$.

En el triángulo rectángulo OPC se cumple que $s = r \text{ sen } \phi$. En los triángulos rectángulos OAP', OBP' y OP'P se verifica que:

$$s \cos \theta = r \phi \cos \theta$$
$$y = s \text{ sen } \theta = r \text{ sen } \phi \text{ sen } \theta$$
$$z = P'P = r \text{ sen } (90° - \phi) = r \cos \phi$$

1

Las tres últimas relaciones permiten localizar cualquier punto P sobre la superficie esférica conocidos los valores de r, ϕ y θ. Así pues, los tres parámetros precedentes reciben el nombre de **coordenadas esféricas** del punto P y se escriben (r, ϕ, θ). La coordenada r se denomina **radio vector** del punto P mientras que las coordenadas ϕ y θ se denominan, respectivamente, **colatitud** y **longitud** del punto P. Puesto que el radio r de una esfera es una constante, las expresiones anteriores reciben el

2

nombre de **ecuaciones paramétricas** de una superficie esférica de centro el origen y radio r. Las fórmulas anteriores pueden emplearse como ecuaciones de transformación entre los sistemas de coordenadas rectangular y esférico.
Para efectuar esta operación despejaremos los valores r, ϕ y θ y con ellas obtendremos:

$$r = \sqrt{x^2 + y^2 + z^2};$$

$$\phi = \text{arc cos} \frac{z}{\sqrt{x^2 + y^2 + z^2}};$$

$$\theta = \text{arc tg} \frac{y}{x}$$

Consideremos un punto cualquiera P(x, y, z) de la superficie de un cilindro circular recto de radio r cuyo eje es el eje Z. La ecuación de dicha superficie es $x^2 + y^2 = r^2$. Hagamos pasar un plano por el punto P y el eje Z que corte a la superficie en una generatriz cuyo punto de intersección con el plano XY sea el punto P'. Si $|\overline{OP'}| = r$ y designamos por θ el ángulo formado por OP' y la parte positiva del eje X se verificarán las siguientes relaciones:
$x = r \cos \theta$, $y = r \text{ sen } \theta$;
$z = z$ que permiten localizar cualquier punto de la superficie cilíndrica conocidos los valores de r, θ y z. Las variables precedentes se llaman **coordenadas cilíndricas** del punto P y se escriben (r, θ, z). La coordenada z puede tomar cualquier valor real. Las ecuaciones anteriores son las ecuaciones paramétricas de la superficie cilíndrica circular recta siendo las variables θ y z los parámetros.
Las fórmulas anteriores pueden emplearse como ecuaciones de transformación entre los sistemas de coordenadas rectangulares y cilíndricas:

$$r = \sqrt{x^2 + y^2};$$

$$\theta = \text{arc tg} \frac{y}{x}$$

$$\text{sen } \theta = \frac{y}{\sqrt{x^2 + y^2}};$$

$$\cos \theta = \frac{x}{\sqrt{x^2 + y^2}}$$

Para que las coordenadas cilíndricas representen un único punto en el espacio debemos restringir los valores de r y θ a los intervalos $r \geq 0$; $0 \leq \theta < 2\pi$.

Para determinar la posición de un objeto sobre la superficie terrestre, se necesitan conocer dos parámetros: su longitud y su latitud. La longitud es la distancia expresada en grado, minutos y segundos hasta el meridiano cero o de Greenwich y puede ser occidental o bien oriental. La latitud es la distancia expresada en grados, minutos y segundos hasta el paralelo cero o Ecuador y puede ser septentrional o meridional.

3, 4

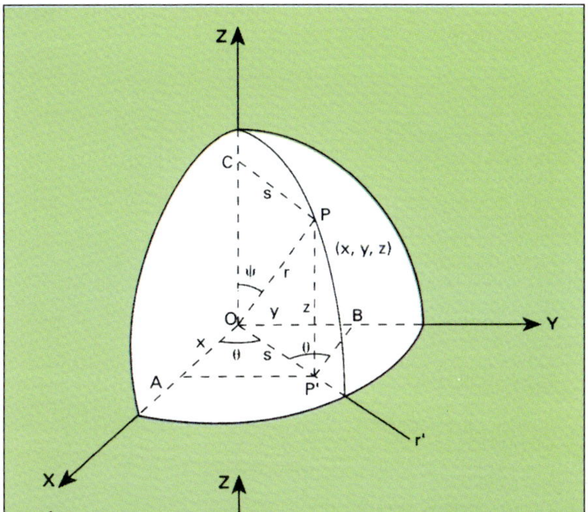

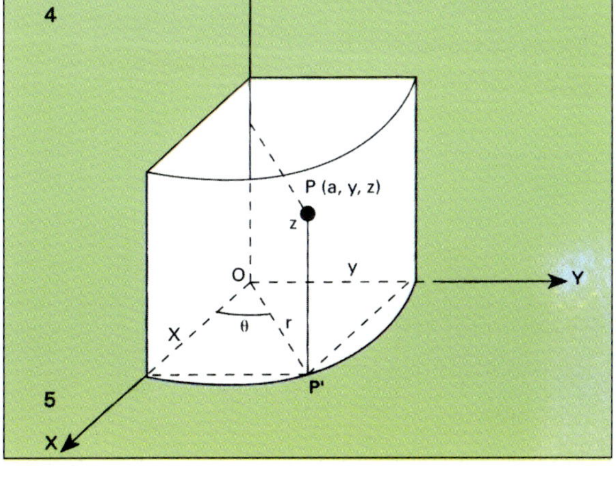

1. *Vista del Observatorio Astronómico de Greenwich, fundado por el rey Carlos II en 1675. Desde el año 1883, el meridiano de Greenwich se toma como origen para medir longitudes terrestres.*

2. *La posición de un barco en alta mar se determina conociendo su longitud y latitud sobre la superficie terrestre.*

3. *Representación de las coordenadas esféricas de un punto P(x, y, z) cualquiera.*

4. *Representación de las coordenadas cilíndricas de un punto P(x, y, z) cualquiera.*

Indice analítico

A

B

C

D

E

F

G

GUÍA DE ESTUDIO

Evaluaciones que nos permiten confirmar lo que hemos aprendido de MATEMÁTICAS II

1. ¿Qué es un **ángulo**?

2. ¿Qué es **ángulo central**?

3. ¿Qué son los **ángulos alternos** internos?

4. ¿Cuánto suma los **ángulos suplementarios**?

5. ¿Qué es **apotema**?

6. ¿Qué es el **baricentro**?

7. ¿Qué es un **binomio**?

8. ¿Qué es la **bisectriz**?

9. ¿Qué es un **campo**?

10. ¿Qué son los **círculos de Euler**?

11. ¿Qué es el **circumcentro**?

12 ¿Qué es una **circunferencia**?

13. ¿Qué es el conjunto **cociente**?

14. ¿Qué es el **código de barras**?

15. ¿Qué es la **colatitud**?

16. ¿Qué es el **complemento de un conjunto**?

17. ¿Qué es un **conjunto**?

18. ¿Qué es un **conjunto finito**?

19. ¿Cómo se determina un **conjunto por comprensión**?

20. ¿Cuál es la propiedad **conmutativa** de la multiplicación?

21. ¿Qué es un **contraejemplo**?

22 ¿A qué se le llama **correspondencia**?

23. ¿A qué es igual la **cotangente**?

24. ¿Qué es un **cuadrante**?

25. ¿Cuál es la propiedad de **densidad**?

26. ¿Qué es el **diámetro**?

27. ¿Qué es la **directriz** de una parábola?

28. ¿Qué es el **discriminante**?

29. ¿Cuándo dos conjuntos son **disjuntos**?

30. ¿Cuántas caras tiene un **dodecaedro**?

31. ¿Qué es el **dominio de una función**?

32. ¿Qué son las **ecuaciones equivalentes**?

33. ¿Qué es un sistema de **ecuaciones incompatibles**?

34. ¿A qué llamamos **ecuaciones trigonométricas**?

35. ¿Qué es un triángulo **escaleno**?

36. ¿Cómo se define un conjunto por su **extensión**?

37. ¿Qué es la **familia de rectas**?

38. ¿Cuál es la característica de una **función constante**?

39. ¿Qué es una **función identidad**?

40. ¿Qué es la **geometría del espacio**?

41. ¿De qué otra manera se conoce al **hexaedro**?

42 ¿Qué es la **hipotenusa**?

43. ¿Qué es una **homotecia**?

44. ¿Qué es una **igualdad**?

45. ¿Qué es una **inecuación**?

46. ¿Qué es la **intersección** entre conjuntos?

47. ¿Cuándo una función forma un **isomorfismo**?

48. ¿Qué es una **línea quebrada**?

49. ¿Cómo se clasifican las **líneas**?

50. ¿Qué son las **líneas paralelas**?

51. ¿Qué es una **matriz**?

52 ¿Qué es una **matriz idéntica**?

53. ¿Qué es la **mediatriz**?

54. ¿Qué es un **monomio**?

55. ¿Cuándo dos rectas que se cortan son **oblícuas**?

56. ¿Qué es un **obtusángulo**?

57. ¿Qué es la **ordenada**?

58. ¿Qué es el **origen**?

59. ¿Qué es la **parábola**?

60. ¿Qué es un **poliedro**?

61. ¿Qué es un **polígono**?

62 ¿Qué es un **polinomio**?

63. ¿Qué es la **primera componente**?

64. ¿Qué es un **radián**?

65. ¿Qué es el **radio**?

66. ¿Qué es un **radio-vector**?

67. ¿Qué es el **rango** de una función?

68. ¿Qué es la **razón entre dos segmentos**?

69. ¿Qué es la normal de una **recta**?

70. ¿Cuándo dos **rectas** son paralelas?

71. ¿Qué es una **relación binarla**?

72 ¿Qué propiedades cumple una **relación de orden**?

73. ¿Cuál es la característica de un **rombo**?

74. ¿A qué llamamos **secante**?

75. ¿Qué es la **semejanza**?

76. ¿Cuántos grados representa una **semi-circunferencia**?

77. ¿Qué es la función **seno**?

78. ¿En el sietema **sexagesimal**, cuántos grados tiene el círculo?

79. ¿Qué es el eje **simétrico**?

80. ¿En qué se fundamenta el **sistema cíclico**?

81. ¿Qué es un **sistema de ecuaciones**?

82 ¿Qué es un **subconjunto**?

83. ¿Qué es una **superficie de revolución**?

84. ¿Qué es la **tangente** trigonométrica?

85. ¿Qué indica el **teorema de Pitágoras**?

86. ¿Qué es el **tetraedro**?

87. ¿Qué estudia la **topografía**?

88. ¿Qué son las **transformaciones** equiformes?

89. ¿Qué es el **trapecio**?

90. ¿Qué es un **triángulo**?

91. ¿Cuál es el fin del **triángulo de Pascal**?

92 ¿Qué es un **triángulo oblicuángulo**?

93. ¿Qué estudia la **trigonometría**?

94. ¿Qué es la **unión** de conjuntos?

95. ¿Qué es el conjunto **universal**?

96. ¿Qué es una **variación lineal**?

97. ¿Qué es el **vértiece de una parábola**?

98. ¿Qué es el **vértice en una figura**?

99. ¿Qué es la **zona esférica**?

RESPUESTAS DE MATEMÁTICAS II

1. **ángulo.** Es la abertura entre dos semirectas con un mismo origen llamado vértice.

2. **ángulo central.** Es un círculo, el ángulo central es el formado por el radio y cualquier recta que pase por el centro.

3. **ángulos alternos.** Son los que se encuentran exteriormente al cortar una secante a un par de paralelas y diametralmente opuestos.

4. **ángulo suplementarios.** Suman 180 grados.

5. **apotema.** En un polígono regular, es la distancia entre el centro de la figura y el punto medio de cualquier lado.

6. **baricentro.** Es el punto donde se cortan las medianas de un triángulo.

7. **binomio.** La expresión algebraica consta de dos términos.

8. **bisectriz.** Es la línea que divide a un ángulo en dos iguales.

9. **campo.** Es el conjunto de elementos que poseen dos operaciones, y por lo tanto generan otras propiedades.

10. **círculos de Euler.** Son los círculos usados para mostrar las operaciones entre conjuntos.

11. **circumcentro.** En el triángulo es la intersección de las mediatrices.

12. **circunferencia.** Es una curva cerrada y una plana cuyos puntos equidistan de un punto fijo llamado centro.

13. **cociente.** Es el conjunto de clases de equivalencia determinada por una relación de equivalencia.

14. **código de barras.** Es la representación gráfica del sistema binario para codificar productos.

15. **colatitud.** En coordenadas esféricas, es la coordenada.

16. **complemento.** Es el conjunto de elementos que no pertencen al conjunto.

17. **conjunto.** Toda colección de objetos con una propiedad común.

18. **conjunto.** Es aquel que tiene un número de elementos contable.

19. **conjunto por comprensión.** Determinando la característica que cada elemento posee en el conjunto.

20. **conmutativa.** El orden de los factores no altera el producto.

21. **contraejemplo.** Es un ejemplo que contradice una expresión y por lo tanto lo invalida.

22. **correspondencia.** Se denomina correspondencia entre dos conjuntos A y B, a todo subconjunto del producto cartesiano AXB.

23. **cotangente.** En un triángulo rectángulo, es igual al cociente entre el cateto adyacente entre el cateto opuesto.

24. **cuadrante.** Uno de los cuatro subconjuntos del plano cartesiano, separados por los dos ejes.

25. **densidad.** Es aquella que no dice que entre cualesquiera par de números reales siempre habrá otro.

26. **diámetro.** Es la línea que une dos puntos de la circunferencia, y pasa por el centro.

27. **directriz.** Es la línea que se encuentra a la misma distancia del vértice al foco.

28. **discriminante.** Para la ecuación $Ax^2 + Bx + C = 0$, es el valor $B^2 - 4AC$.

29. **disjuntos.** Cuando no tienen ningún elemento en común.

30. **dodecaedro.** Tiene doce caras.

31. **dominio de una función.** Es el conjunto de valores asociados al dominio de la función.

32. **ecuaciones equivalentes.** Son aquellas que tienen el mismo conjunto solución.

33. **ecuaciones incompatibles.** Es aquél donde los valores no determina la solución de éstas.

34. **ecuaciones trigonométricas.** Son aquéllas en las que la incógnita aparece en forma de ángulo de funciones trigonométricas.

35. **escaleno.** Es el que tiene sus tres lados distintos.

36. **extensión.** Denotando cada uno de los elementos del conjunto.

37. **familia de rectas.** Es el conjunto de rectas con un punto en común, al cual convergen.

38. **función constante.** Que representa una línea horizontal o vertical.

39. **función identidad.** Es aquella donde cada valor del dominio es igual al de la imagen respectiva.

40. **geometría del espacio.** Es la parte de la geometría que estudia sus elementos entre tres dimensiones.

41. **hexaedro.** También se le llama cubo.

42. **hipotenusa.** En un triángulo rectángulo es el lado más largo.

43. **homotecia.** Es la reproducción de una figura semejante, tomando un eje o un punto de base.

44. **igualdad.** Es la relación entre dos expresiones distintas, pero de la misma cantidad.

45. **inecuación.** Es una desigualdad con una o varias incógnitas y que sólo es válida para los valores determinados de ésta.

46. **intersección.** El conjunto de elementos que pertencen simultáneamente a los conjuntos.

47. **isomorfismo.** Cuando la función es una aplicación biyectiva.

48. **línea quebrada.** Es aquella formada por la unión de segmentos de recta con distintas direcciones.

49. **líneas.** En líneas curvas, líneas rectas y líneas mixtas.

50. **líneas paralelas.** Son las que están en el mismo plano y no se cortan por más que se las prolongue.

51. **matriz.** Es un conjunto de elementos dispuestos de manera rectangular.

52. **matriz idéntica.** Es aquella donde la diagonal principal tiene valores iguales a uno.

53. **mediatriz.** Es la línea perpendicular a un segmento y que lo divide en dos partes iguales.

54. **monomio.** Es la expresión algebraica que representa a una cantidad.

55. **oblícuas.** Cuando los ángulos que forman son distintos de 90 grados.

56. **obtusángulo.** Es un ángulo cuya abertura es mayor de 90 grados.

57. **ordenada.** Es el valor segundo en un par cartesiano.

58. **origen.** Es el punto de intersección de los ejes que forman el plano cartesiano.

59. **parábola.** Es la curva o lugar geométrico de todos los puntos, que equidistan de un punto fijo llamado foco.

60. **poliedro.** Es una figura tridimensional con todas sus caras iguales.

61. **polígono.** Es una línea quebrada y cerrada, delimitando una parte interna llamada superficie.

62. **polinomio.** Expresión algebraica que consta de dos o más términos.

63. **primera componente.** Así se le llama también a la abcisa o primer valor del par cartesiano.

64. **radián.** Es el arco equivalente al cociente de 360 grados entre 2 π

65. **radio.** Es la línea que une el centro de la circunferencia con uno de sus puntos.

66. **radio-vector.** Es la representación gráfica de la distancia de un punto del espacio y el origen del cual parte.

67. **rango.** Es el conjunto de valores asociado al dominio.

68. **razón entre dos segmentos.** Es el cociente que determina las veces que uno está contenido en el otro segmento.

69. **recta.** Es la perpendicular a ésta en un punto dado.

70. **rectas.** Cuando, por más que se les prolongue no se cortan.

71. **relación binaria.** Es una correspondencia entre elementos de un mismo conjunto.

72. **relación de orden.** Es la misma que la tricotomía.

73. **rombo.** Que tiene sus cuatro lados iguales y que ninguno de sus ángulos mide 90 grados.

74. **secante.** Es la recta que corta a otras.

75. **semejanza.** Es la relación proporcional entre los lados y ángulos de dos figuras.

76. **semi-circunferencia.** Representan 180 grados.

77. **seno.** Es la relación entre el cateto opuesto entre la hipotenusa.

78. **sexagesimal.** Es equivalente a 360 grados.

79. **simétrico.** Es la línea que determina dos superficies iguales y opuestas.

80. **sistema cíclico.** Se fundamenta en que la longitud de la circunferencia es 2 π veces la longitud de su radio.

81. **sistema de ecuaciones.** Es el conjunto de dos o más ecuaciones con dos o más incógnitas.

82. **subconjunto.** Es un conjunto donde cada elemento de éste, está contenido en otro del cual se dice que es el subcinjunto.

83. **superficie de revolución.** Es la superficie que genera una curva al rotar sobre un eje fijo.

84. **tangente.** Es el cociente entre elo catetos opuestos y adyacente respectivamente de un triángulo rectángulo.

85. **teorema de Pitágoras.** La suma del cuadrado de los catetos es igual al cuadrado de la hipotenusa.

86. **tetraedro.** Es un sólido de cuatro caras.

87. **topografía.** Estudia la descripción y delineamiento de las superficies de un terreno.

88. **transformaciones.** Son las transformaciones geométricas que mantienen iguales los ángulos y, por tanto, la forma de la figura.

89. **trapecio.** Es un cuadrilátero que tiene dos lados iguales y dos lados paralelos pero distintos.

90. **triángulo.** Es la porción del plano limitada por tres rectas que se cortan dos a dos.

91. **triángulo de Pascal.** Determinar los coeficientes del binomio de Newton.

92. **triángulo oblícuo.** Es el que tiene ángulos distintos y ninguno de 90 grados.

93. **trigonometría.** Estudia las medidas y las relaciones de lados y ángulos de un triángulo.

94. **unión.** El conjunto de elementos que pertenecen a uno u otro conjunto de los conjuntos dados.

95. **universal.** Es el conjunto de todos los elementos para un estudio particular.

96. **variación lineal.** Es la variación que representa una línea recta.

97. **vértice de una parábola.** Es el punto que se encuentra entre la directriz y el foco, justo a la mitad, todas las cónicas tienen vértices.

98. **vértice en una figura.** Es el punto de intersección entre dos rectas de la figura.

99. **zona esférica.** Es la porción de una esfera delimitada por el corte de dos planos.

TEMATICA ILUSTRADA VISUAL SIGLO XXI

ANATOMIA

EUROAMERICANA
DE EDICIONES INTERNACIONAL S.A.

PRESENTACION

La necesidad de la unión de un aprendizaje rápido eficaz y de fácil asimilación, así como la nueva Reforma Educativa y el nuevo método de aprendizaje visual por medio de imágenes y texto claro, ha dado como resultado un conjunto de materias unidas por medio de esta Enciclopedia.

Es nuestro propósito ayudar al estudiante, profesionista o lector, que desea analizar, asimilar o reafirmar sus conocimientos en Anatomía, Biología, Física, Gramática, Informática, Literatura, Matemáticas, Álgebra, Química, Sexualidad, Ecología, Zoología, ayudarle a tener un acceso directo y fácil a la comprensión de la información contenida en esta enciclopedia, por medio de ocho puntos clave:

Imágenes.- Por medio de miles de imágenes a todo color que nos permita asimilar clara y concisamente un acervo cultural general bien cimentado en bases firmes y conocimientos generales relacionados a la vida cotidiana.

Indice General.- Con este medio tendremos una localización automática del tema a consultar, así como los subtemas incluidos en nuestra materia.

Indice Analitico.- Que nos ayudará a localizar de inmediato el término o concepto específico, por medio de miles de voces del tema, que nos facilitarán a resolver todas las dudas al respecto o para la preparación de tareas escolares bien logradas.

Evaluaciones.- (Cien por tema aproximadamente) nos permite confirmar si hemos asimilado a fondo la materia que hemos consultado.

Soluciones a las Evaluaciones, que nos dirán realmente si nuestros conocimientos han aumentado y nuestro objetivo principal (el conocimiento) fue logrado plenamente.

Guía de Estudio y Resumen, Las más de cien preguntas por tema y sus respuestas, sirven al consultante como una **Guia Práctica de Estudios** ya que el tema queda **resumido** en 100 preguntas y respuestas.

Glosario, Se ha investigado y por medio de un tipo de letra especial **-negrita-** para la visualización y mejor entendimiento de cada concepto contenido en las **Soluciones a las Evaluaciones**, se ha logrado un **Glosario Analítico** de cada uno de los temas a consultar.

Estos ocho puntos clave que el lector tiene en sus manos para ampliar sus conocimientos, por medio de **Imágenes, Indice General, Indice Analitico, Evaluaciones, Soluciones a las Evaluaciones, Resumen, Guía de Estudio y Glosario**, son la llave maestra a las soluciones de los tópicos más relevantes de las materias contenidas en nuestra **Enciclopedia**.

I.S.B.N.: 84-95656-03-5 (Obra Completa)
Producido por Ediciones Dafne, S.L.
Printed In Spain

Octubre 2001

ANATOMÍA

Contenido

Introducción al estudio del cuerpo humano

Partes principales y regiones del cuerpo

El cuerpo humano se divide en las siguientes partes principales: **cabeza, tronco** y **miembros** (o **extremidades**) **superiores** e **inferiores.** En estas partes principales cabe distinguir: el **rostro** o facies, que es la parte anterior o ventral de la cabeza; el **cuello**, que une la cabeza con el tronco; la **espalda**, superficie dorsal o posterior del cuerpo que se continúa en el cuello por medio de la **nuca**; el **pecho** y el **abdomen**, en la porción anterior o ventral del cuerpo, y el **periné**, situado entre el orificio anal y los genitales.
Las extremidades se implantan en el tronco mediante articulaciones complejas denominadas **cintura escapular** (en el caso de los miembros superiores) o **pelviana** (en el de las inferiores). El miembro superior está formado ensentido descendente por **brazo, antebrazo** y **mano**. Asimismo, el miembro inferior consta de **muslo, pierna** y **pie.** Para orientarse en las diferentes porciones del cuerpo se utilizan las llamadas regiones: región frontal, región umbilical, etc.

Regiones del cuerpo humano: visión frontal

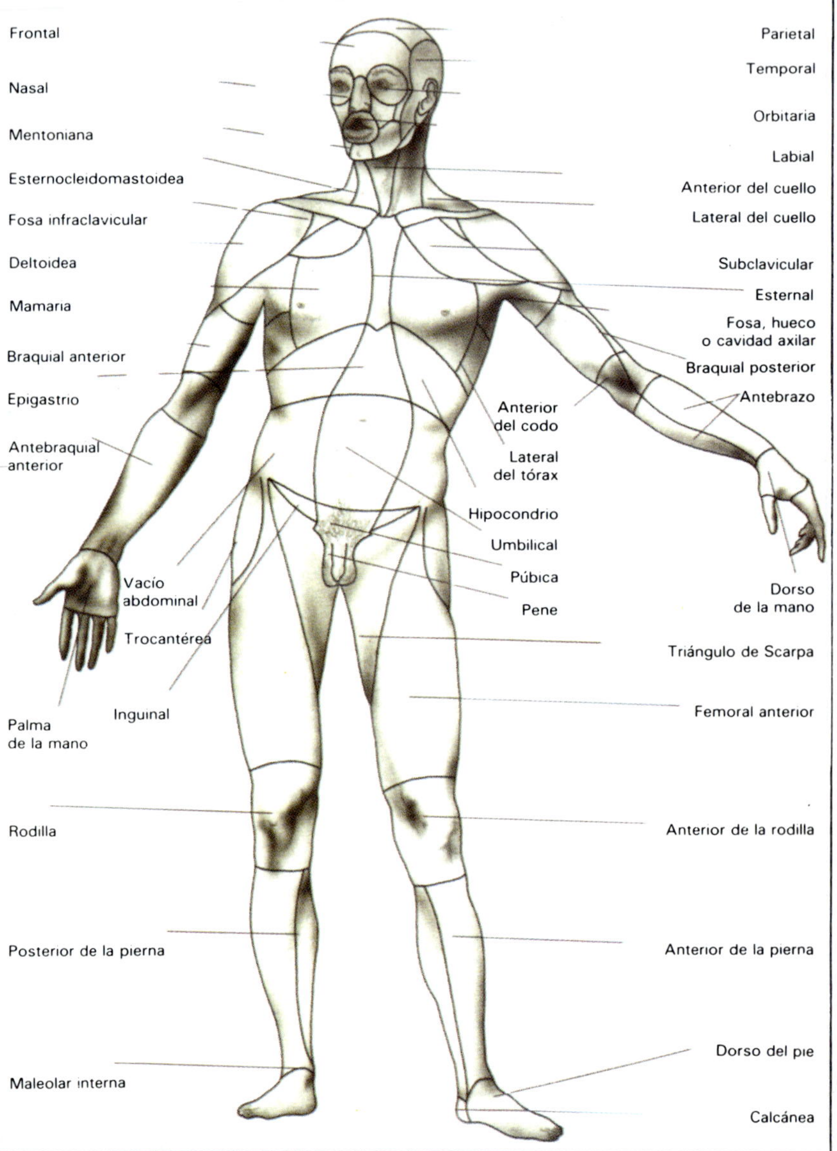

Tegumentos y aberturas corporales

Los tegumentos son las estructuras superficiales del cuerpo que lo separan del medio ambiente. En el ser humano son la **piel**, las **mucosas**, las **uñas** y el **pelo**.

Piel

El cuerpo humano está recubierto por piel, cuyas funciones son la protección y separación del medio ambiente (por lo que posee **glándulas** anexas, sebáceas y sudoríparas) y la recepción de los impulsos nerviosos. La mayoría de los receptores nerviosos se hallan en el tejido celular subcutáneo, por debajo de las demás capas de la piel (dermis y epidermis).

Aberturas corporales

Se puede distinguir entre aberturas coporales verdaderas y aparentes. Las verdaderas son: la **boca** o hendidura bucal, los **orificios nasales**, el **ano**, en la mujer el orificio **vaginal** y el **orificio externo de la uretra**, y en el varón el **orificio uretral** externo del glande del pene. Así pues, la mujer posee seis aberturas corporales verdaderas mientras que el varón sólo posee cinco. Las aberturas corporales aparentes son las **hendiduras palpebrales**, entre los párpados, y los orificios correspondientes a los **conductos auditivos externos.**

Extremidades

Su estructura interna consta principalmente de **huesos, articulaciones** –con sus anexos– y **músculos**, con las correspondientes aponeurosis que los envuelven.

Regiones del cuerpo humano: visión dorsal

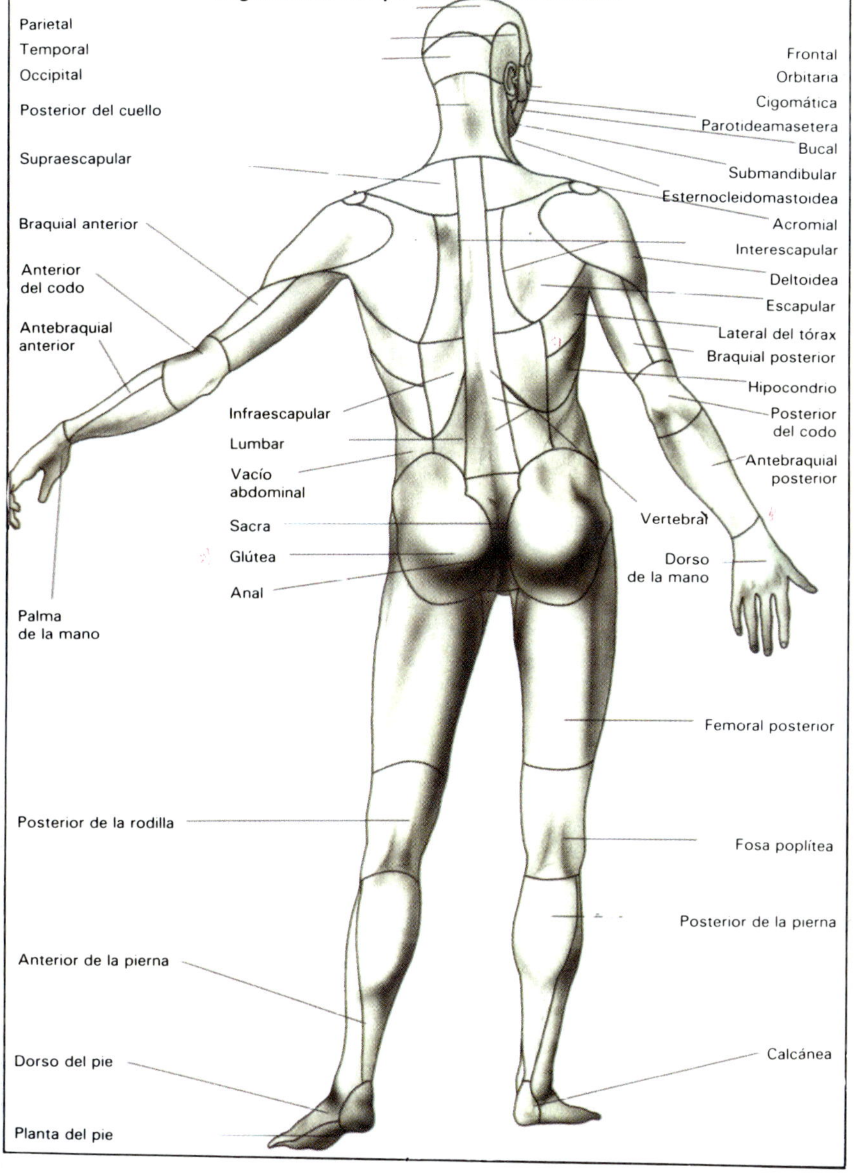

Todo ello forma parte del aparato locomotor, cuya función es dotar al cuerpo humano de la posibilidad de efectuar movimientos propios. En las extremidades se encuentran también acumulos de grasa, **vasos sanguíneos** y **nervios.**

Tronco y cabeza: las vísceras

La cabeza y el tronco poseen también músculos, articulaciones y huesos, vasos, nervios y acumulos de grasa, pero fundamentalmente alojan en su interior las **vísceras** u órganos internos.

Aparato digestivo

Tiene por función tomar las sustancias alimenticias del mundo exterior para reponer las pérdidas del organismo, asimilarlas, absorberlas y excretar su parte inútil.

Se compone del **tubo digestivo**, con un orificio de entrada, la **boca**, y un orificio de salida, el **ano.** Además posee una serie de formaciones glandulares o **anexos** del tubo digestivo que se desarrollan a su alrededor: hígado, páncreas, etc.

Aparato respiratorio

Está formado por la **laringe**, órgano de la fonación o formación de la voz, la **tráquea** y los **bronquios**, estructuras tubulares que transmiten el aire a los **pulmones,** que a su vez son el órgano esencial de la respiración, y que se encuentran rodeados por una membrana llamada **pleura.**

Aparato urogenital

Comprende el conjunto de órganos encargados de las funciones urinaria y genital o reproductora. Consta, por un lado, de los órganos urinarios: **riñón,** conducto excretor o **uréter,** un receptáculo para la orina o **vejiga** y el conducto que lo comunica con el exterior o **uretra.** Por otro lado, la función genital o reproductora es llevada a cabo por los órganos genitales. En el varón son los **testículos,** las **vías espermáticas,** las bolsas o **escroto** y el **pene**, órgano copulador, todo ello con sus glandulas anexas. En la mujer, los órganos genitales son los **ovarios,** la **trompa de Falopio,** el **útero** y la **vagina,** y los genitales externos o **vulva.** A ellos hay que añadir las **mamas,** encargadas de producir la leche.

Aparato circulatorio

Consta del **corazón,** que es el motor, y los vasos sanguíneos, **arterias** y **venas,** así como los **vasos linfáticos.** Por el aparato circulatorio fluye la sangre, el quilo y la linfa. Hay que distinguir la **circulación menor,** que conduce la sangre del corazón a los pulmones para su oxigenación y la devuelve al corazón, y la **circulación mayor,** que es la que conduce la sangre oxigenada a todos los órganos mediante las arterias y la devuelve al corazón mediante las venas.

Sistema nervioso

Consta del **cerebro** y de los **organos de los sentidos,** que a excepción de la piel se alojan en las cavidades craneales; de la **médula espinal,** que se aloja en el conducto raquideo de la columna vertebral, y de los **nervios periféricos,** sensitivos y nerviosos.

Aparato locomotor. Sistema óseo

Es un conjunto de órganos cuya función principal es permitir al cuerpo humano la realización de movimientos. Como consecuencia de ello, el ser humano puede relacionarse con los demás miembros de su especie. Otras funciones del aparato locomotor son:

– Dotar al cuerpo de su configuración o apariencia externa.
– Darle rigidez y resistencia.
– Proteger las vísceras u órganos internos.

Los elementos que componen el aparato locomotor son los **huesos**, las **articulaciones** y los **músculos**.

Huesos: Son la parte rígida del aparato locomotor. Su conjunto constituye el sistema **óseo** o **esqueleto**. Existen aproximadamente 206 huesos en el cuerpo humano (sin contar los huesecillos supernumerarios —sesamoideos y wormianos—, cuyo número varía de un individuo a otro).

Músculos: Forman la parte activa del aparato locomotor. Están unidos a los huesos mediante las inserciones musculares. Poseen actividad propia, la **contracción** muscular, que se origina como respuesta a los estímulos nerviosos. Existen más de 400 músculos, de tamaño y potencia muy variables. Este número tan elevado permite la realización de gran cantidad de movimientos, algunos de gran precisión como los realizados por la mano.

Esqueleto: visión frontal

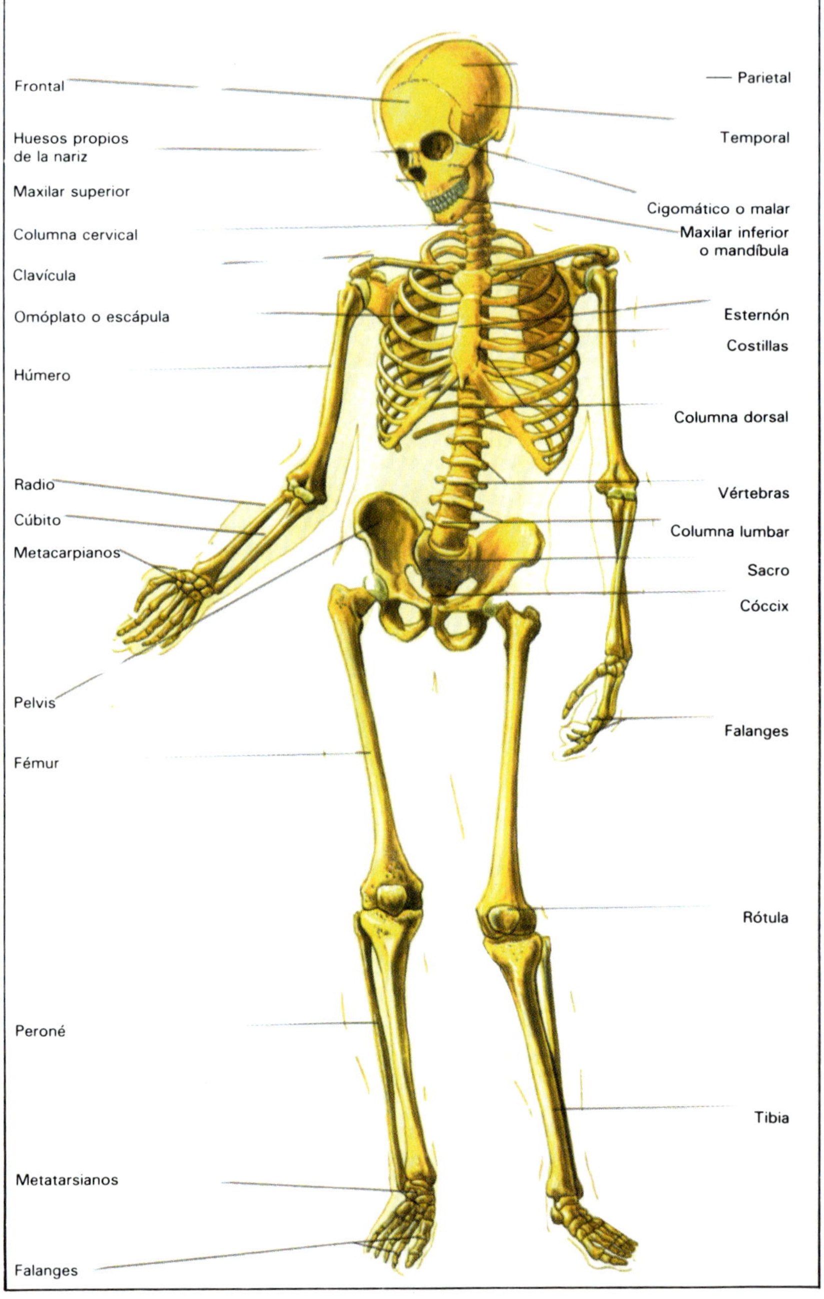

Articulaciones: Son los elementos más complejos del aparato locomotor. Son estructuras en gran parte blandas y en parte duras que posibilitan la unión entre sí de dos o más huesos. Gracias a la existencia de las articulaciones es posible el desplazamiento de los huesos sin demasiado desgaste por el rozamiento excesivo entre ellos. Las articulaciones poseen diversos componentes: **Ligamentos, cápsula articular, cartílago** y **meniscos.** Existen asímismo articulaciones de diversos tipos; las hay muy complejas, con gran variedad de movimientos, como las del hombro o de la mano, y, por el contrario, otras rígidas, sin movimiento alguno, como las que unen entre sí los huesos del cráneo.

Esqueleto: visión dorsal

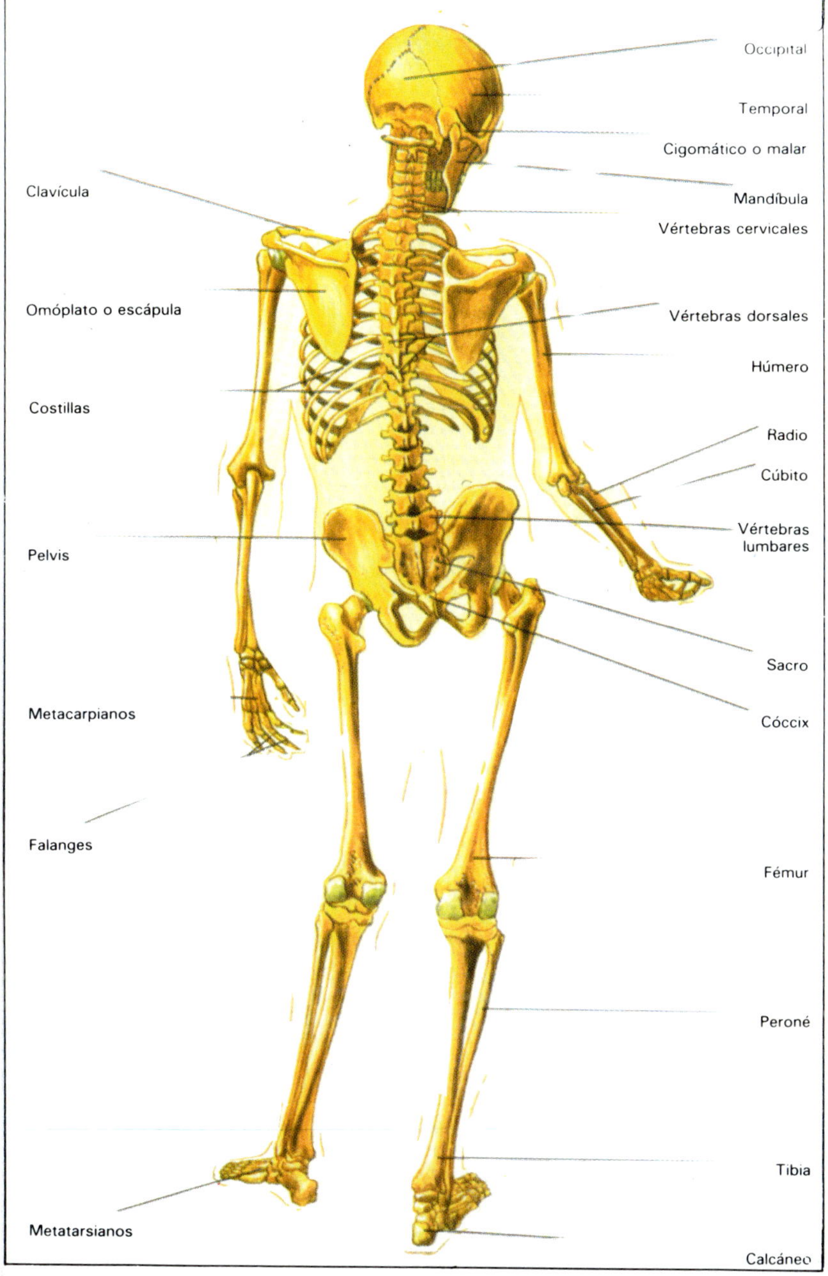

Sistema óseo

Esqueleto

Está formado por el conjunto de huesos, que son unos órganos blanquecinos, duros y resistentes. Están situados en medio de las partes blandas, a las que sirven de apoyo, y en ocasiones presentan **cavidades** que alojan y protegen a las vísceras. El esqueleto humano está compuesto principalmente por la **columna vertebral**, situada verticalmente en la línea media, que en su extremo superior sostiene el **cráneo.** Su extremo inferior forma el **sacro** y el **cóccix**, que representa el rudimento de la cola de los animales. De la parte media de la columna vertebral parten lateralmente las **costillas**, que se articulan por delante con el **esternón** el espacio que queda entre ambos es el **tórax,** que aloja vísceras tan importantes como el corazón y los pulmones. Por último, en la parte superior del tórax y en la parte inferior de la columna se hayan implantados, respectivamente y de forma simétrica, los dos pares de **miembros:** los superiores o toráxicos y los inferiores o pélvicos.

Crecimiento del hueso

En el momento del nacimiento los huesos no se hayan totalmente calcificados. Durante la infancia y la adolescencia tiene lugar el crecimiento corporal, gobernado fundamentalmente por el crecimiento de los huesos. Estos presentan en sus extremos una zona, llamada **cartílago de crecimiento,** a partir de la cual se va formando el tejido óseo nuevo que determina el crecimiento en longitud de los huesos. Entre los 20 y los 25 años se produce la total ocificación del cartílago de crecimiento y éste se detiene. El proceso está regulado por factores genéticos y hormonales. El hueso no posee únicamente una función de sostén y crecimiento, sino que durante toda la vida se encarga de la regulación del **metabolismo del calcio.** Fundamental para el funcionamiento de los músculos y del medio interno. Ello se consigue gracias a que **el hueso no es un órgano estático,** sino que se haya en continua formación y destrucción. Para ello existen *células formadoras* de hueso, los **osteoblastos,** y *células destructoras,* los **osteoplastos.** En condiciones normales debe existir un equilibrio total entre los procesos de formación y destrucción ósea.

Los huesos: constitución externa e interna

Tipos de huesos

Por su forma pueden diferenciarse tres tipos de huesos: largos, anchos o planos y cortos.

Huesos largos
En ellos predomina la longitud. Existe una parte media alargada, la **diáfisis** o cuerpo óseo, y dos extremos, las **epífisis.** Así ocurre, por ejemplo, con el fémur y el húmero. La parte externa de la epífisis está formada por una capa fina de hueso compacto, y la parte interna por sustancia esponjosa. La diáfisis contiene una cavidad en su interior, la cavidad medular, rodeada de tejido compacto.

Huesos planos o anchos
En ellos predominan la longitud y la anchura. Se diferencían una zona externa o **diploe** y dos capas, externa e interna; por ejemplo, los huesos parietal y frontal del cráneo.

Huesos cortos
En ellos las tres dimensiones son prácticamente iguales, lo que les confiere gran resistencia, aunque por lo general poseen poca movilidad. Es el caso de los huesos de la muñeca.

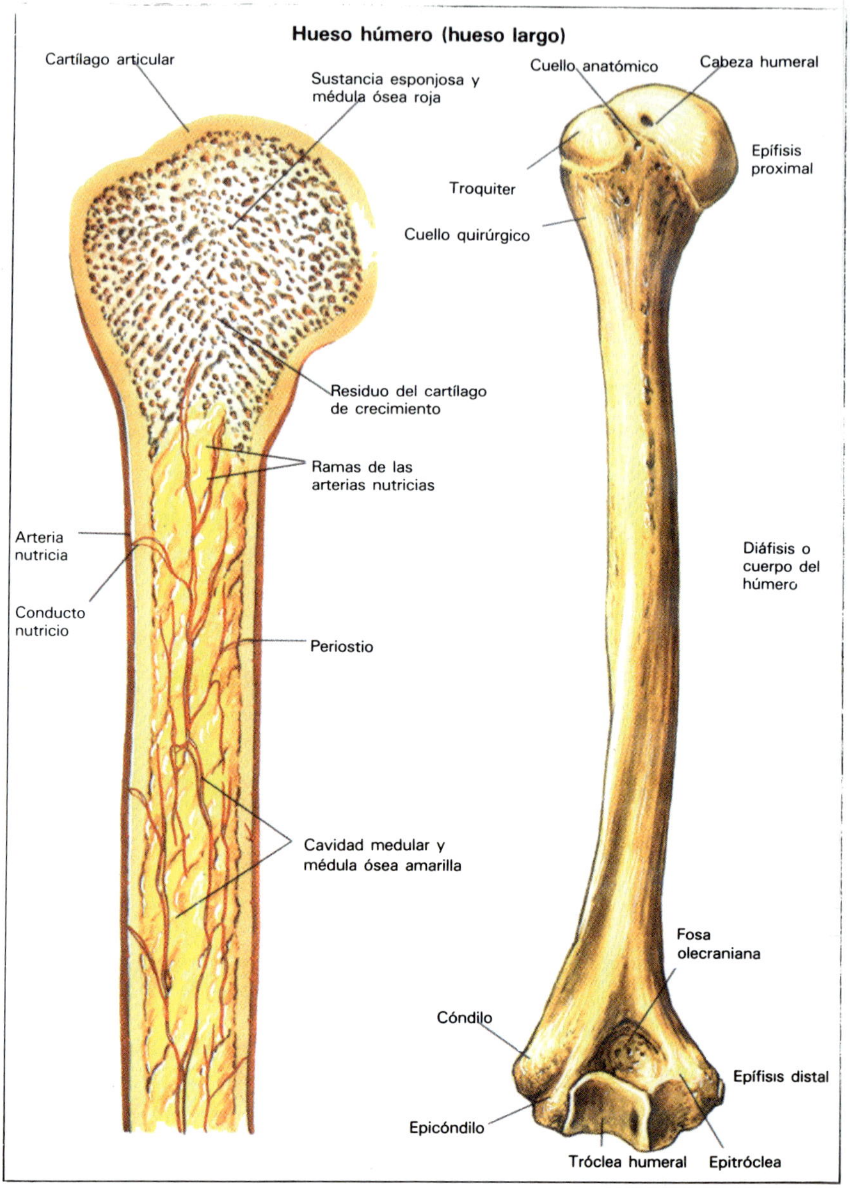

Eminencias óseas o apófisis

Son las partes que sobresalen de la superficie de un hueso. Pueden ser *articulares* o *no articulares,* dependiendo de si forman o no parte de una articulación. Las eminencias o apófisis no articulares sirven para la inserción de los músculos o ligamentos y se denominan según su forma **protuberancias, tuberosidades, líneas, crestas,** etc. Mediante acciones de apoyo y palanca hacen posibles los movimientos corporales.

Cavidades óseas

Pueden ser también *articulares* o *no articulares.* En el primer caso alojan las eminencias óseas correspondientes. Las cavidades no articulares alojan las partes blandas, como órganos, tendones, arterias, a los que confieren protección. Según su forma reciben diversos nombres: **fosas, surcos, canales**, etc. Los **senos** son cavidades repletas de aire.

Orificios y conductos óseos

Pueden ser de **transmisión** o de **nutrición**, si por ellos pasan, respectivamente, estructuras nerviosas o arterias y venas que aportan sustancias nutritivas al hueso.

Hueso frontal (hueso plano)

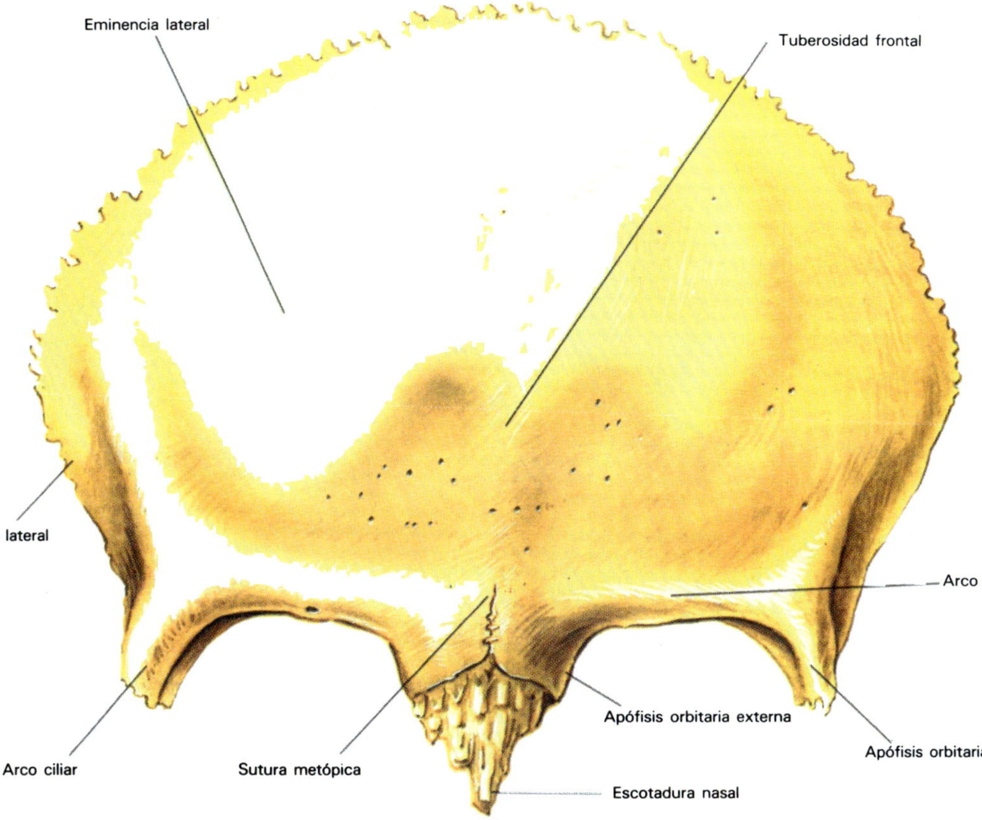

Hueso pisiforme (hueso corto)

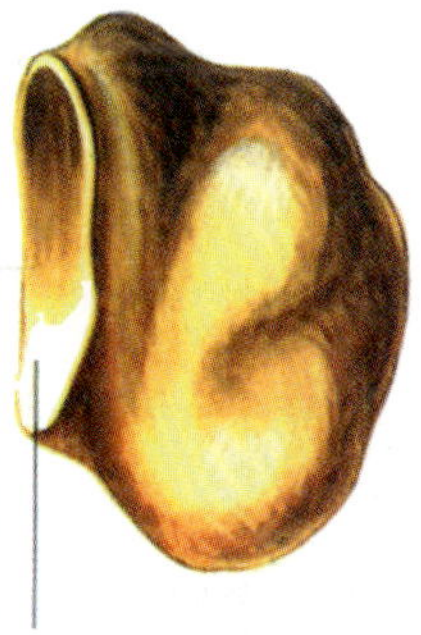

Constitución interna de los huesos

Si se efectúa un corte de un hueso se pueden observar tres partes claramente diferenciadas entre sí:

Periostio

Se trata de la capa más externa, muy vascularizada, que es la que permite nutrir el hueso. Cubre toda la superficie del hueso excepto las zonas articulares.

Sustancia ósea

A simple vista, observando la parte interna de un hueso, se pueden distinguir dos clases de tejido óseo: el **esponjoso** y el **compacto**. Ambos conforman la parte dura del hueso y en su composición predomina el calcio.

Hueso esponjoso: está formado por una red tridimensional de *espículas* o *trabéculas óseas*, que delimitan un laberinto de espacios intercomunicantes, ocupados por médula ósea.

Hueso compacto: es una masa sólida, en la que los espacios sólo se aprecian al microscopio.

Médula ósea

Es una sustancia blanda que rellena las pequeñas cavidades del tejido esponjoso y que en los huesos largos está contenida en una cavidad central, que por ello se denomina *cavidad medular*.

Se puede distinguir la médula ósea **roja**, activa y encargada de fabricar las células sanguíneas (glóbulos rojos, glóbulos blancos y plaquetas), y la **amarilla**, inactiva y formada casi exclusivamente por grasa. En el embrión y en el recién nacido sólo existe médula ósea roja, pero durante el crecimiento una parte de ella se convierte en médula amarilla, de tal manera que en los adultos hay aproximadamente la mitad de cada tipo.

Las vértebras, las costillas, el esternón, el diploe de los huesos craneales, y frecuentemente las epífisis del fémur y el húmero, contienen médula roja. En condiciones normales, aproximadamente el 70% de la médula roja está ocupada por grasa, mientras que el 30% resante es *tejido mieloide*, activo y formador de células sanguíneas.

Huesos del cráneo y de la cara

La cabeza ósea se divide en dos porciones:
Posterior o **cráneo,** que tiene forma de caja ósea y contiene el encéfalo.
Anterior o **cara,** destinada a alojar la mayoría de los órganos de los sentidos y a sostener los de la masticación.

Huesos del cráneo

El cráneo está constituido por ocho huesos, cuatro pares –los dos **parietales** y los dos **temporales**–, y cuatro impares –el **frontal,** el **etmoides,** el **esfenoides** y el **occipital**–. Son fundamentalmente *huesos planos.*

Huesos parietales

Son dos huesos de forma cuadrangular situados encima del temporal, detrás del frontal y delante del occipital, en las regiones laterales superiores del cráneo.

Huesos temporales

Se sitúan en la región inferior lateral del cráneo, entre el occipital, el parietal y el esfenoides. Se distinguen en ellos tres porciones:
Porción escamosa, aplanada lateralmente en forma de círculo irregular, que contribuye a formar la bóveda craneal.
Porción mastoidea, que presenta en su interior cavidades de contenido aéreo, las *celdillas mastoideas.*
Porción petrosa o **peñasco,** que aloja en su interior los órganos del oído y del equilibrio.

Hueso frontal

Da forma a la frente. Contribuye a formar la base del cráneo y la porción superior de las cavidades

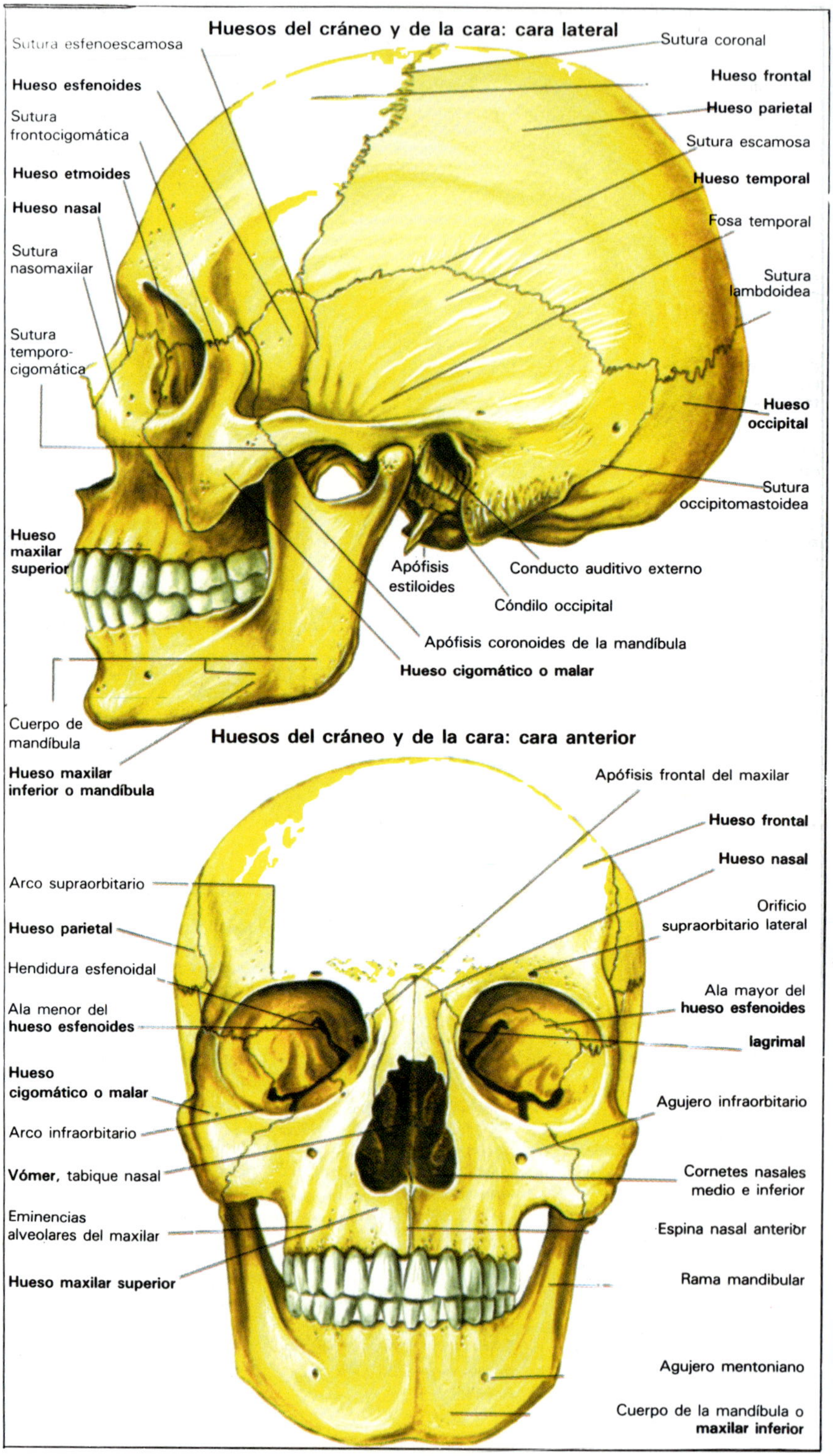

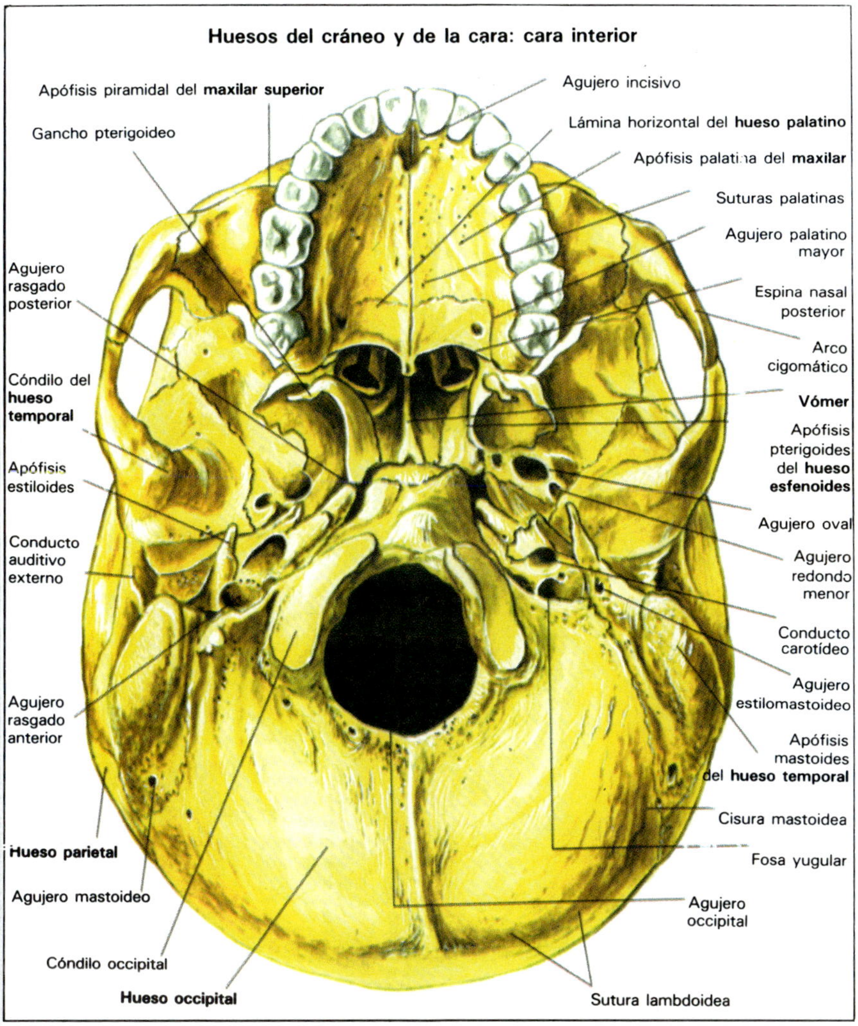

orbitarias u órbitas, donde se alojan los globos oculares. A los dos lados de su línea media y en su espesor se encuentran los *senos frontales*, cavidades rellenas de aire que comunican con las fosas nasales.

Hueso etmoides

Pequeño hueso situado en la línea media del cráneo, que forma parte de la pared externa de las fosas nasales y emite unas prolongaciones a cada lado, los **cornetes**. Está en contacto con los centros nerviosos mediante su **lámina cribosa,** a través de la cual pasan los *filetes olfatorios.*

Hueso esfenoides

En la parte anterior y media de la base del cráneo, presenta:

Una parte central o **cuerpo,** que aloja la glándula hipófisis en una excavación situada en su cara superior, llamada *silla turca.* En el espesor del mismo se encierran los *senos esfenoidales.*

Dos prolongaciones a cada lado, las **alas**, que forman parte de las órbitas y de la base craneana.

Hueso occipital

Situado en la parte posterior e inferior del cráneo, presenta un gran orificio inferior, el **agujero occipital**, que comunica el cráneo con el conducto espinal de la columna vertebral, y a través del cual pasan las principales vías nerviosas. El hueso occipital está articulado con el **atlas**, que es la primera vértebra cervical.

Huesos de la cara

Se pueden dividir en dos porciones, llamadas *mandíbulas.* La superior formada por un solo hueso, el *maxilar superior*, y la inferior, más complicada, formada por 6 huesos pares, *maxilar inferior, malar, unguis, cornete inferior, hueso propio de la nariz,* y *palatino*, y uno impar, el *vómer.*

Maxilares superiores

Son dos huesos de forma cuadrilátera, unidos en su parte central. Poseen cavidades en su interior, los **senos maxilares,** que comunican con las fosas nasales. Forman parte de importantes estructuras de la cara: **Cavidad bucal,** formando el *paladar óseo.* **Órbita,** en su parte inferior e interna. **Fosas nasales,** de las que contribuyen a formar la parte externa.

Maxilares inferiores

Situados en la parte inferior de la cara, son dos huesos unidos entre sí en forma de herradura. Su principal misión es la masticación. Presentan una porción horizontal central, el **cuerpo,** y dos partes laterales o **ramas**, cuyos extremos redondeados, los **cóndilos,** se articulan con el hueso temporal, permitiendo abrir y cerrar la boca. En ellos se implantan las piezas dentarias inferiores.

Fosas nasales

Son dos cavidades alargadas, situadas a derecha e izquierda de la línea media de la cara, con dos aberturas, anterior y posterior. Están separadas entre sí por el **tabique nasal,** constituido por los huesos vómer y etmoides. Su pared externa presenta tres láminas óseas, los **cornetes**, y tres orificios, los **meatos**, que las comunican con los **senos**.

Columna vertebral: las vértebras

La **columna vertebral** o **raquis** se divide en cuatro porciones que son, de arriba abajo, la porción **cervical,** la porción **dorsal,** la porción **lumbar** y la porción **pélvica** o **sacrococcígea.**
Está constituida fundamentalmente por elementos óseos superpuestos en forma regular, las **vértebras**, en número de 33 ó 34. Su distribución es la siguiente: 7 cervicales, 12 dorsales, 5 lumbares y 9 ó 10 pélvicas. Estas últimas están soldadas entre sí, formando dos piezas, el *sacro* y el *cóccix.*
Vista de perfil, la columna presenta una serie de curvaturas. Las de concavidad posterior se denominan **lordosis** y las de convexidad posterior, **cifosis**. En condiciones normales existen cifosis a nivel dorsal y sacrococcígeo y lordosis a nivel cervical y lumbar.
La parte superior de la columna está articulada con el cráneo en el hueso occipital.
Las vértebras presentan un agujero central, y en su conjunto delimitan el *conducto espinal* o *raquídeo*, en el que se aloja la médula espinal y que comunica con la base del cráneo mediante el *orificio occipital.*
Entre dos vértebras y a cada lado se delimitan los *agujeros de conjunción*, por los que salen del raquis los nervios raquídeos.

Columna vertebral o raquis

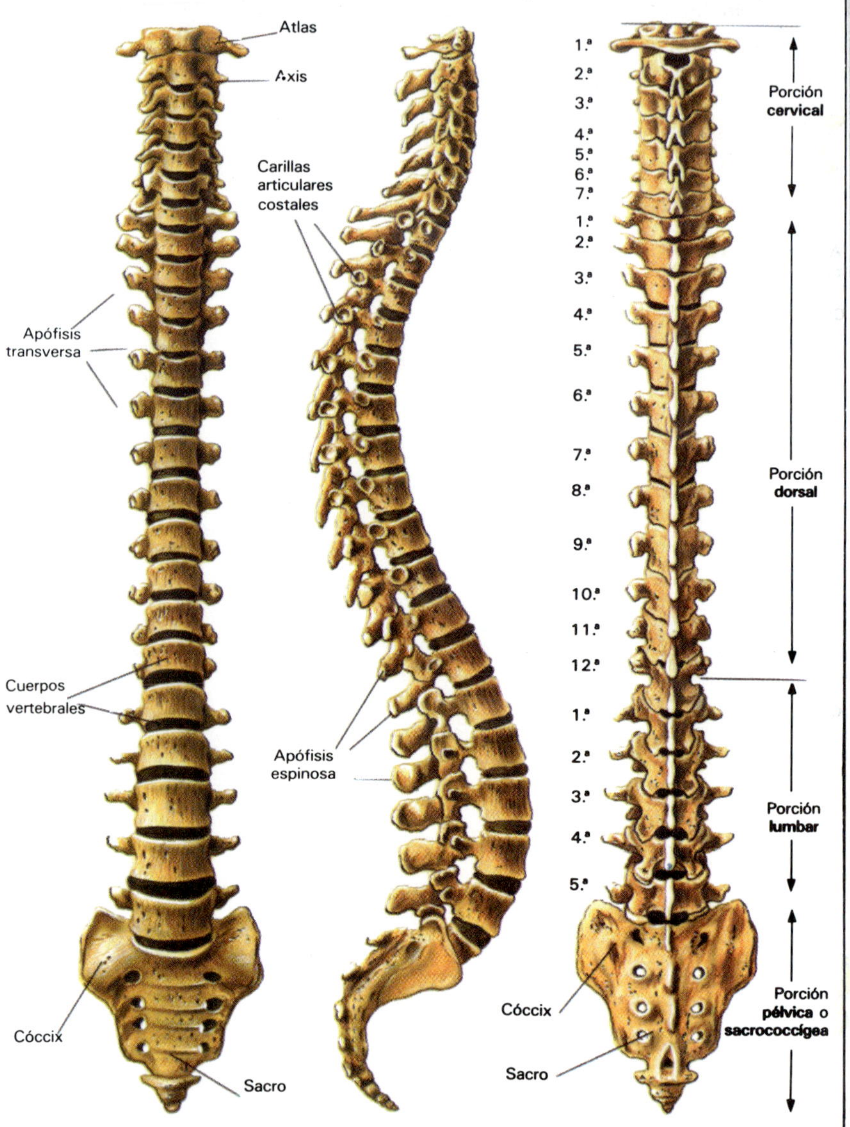

Las vértebras

Son huesos cortos, con tejido esponjoso en su interior. Su forma varía según a qué parte de la columna pertenezcan, pero presentan una serie de caracteres comunes:

Cuerpo. Ocupa la parte anterior y tiene forma cilíndrica. Presenta dos caras, una superior y otra inferior.

Apófisis espinosa. Parte impar y media, dirigida hacia atrás, en forma de una larga espina, de donde recibe su nombre.

Apófisis transversas. En número de dos, derecha e izquierda. Se dirigen transversalmente hacia afuera.

Apófisis articulares. Son dos eminencias destinadas a la articulación de las vértebras entre

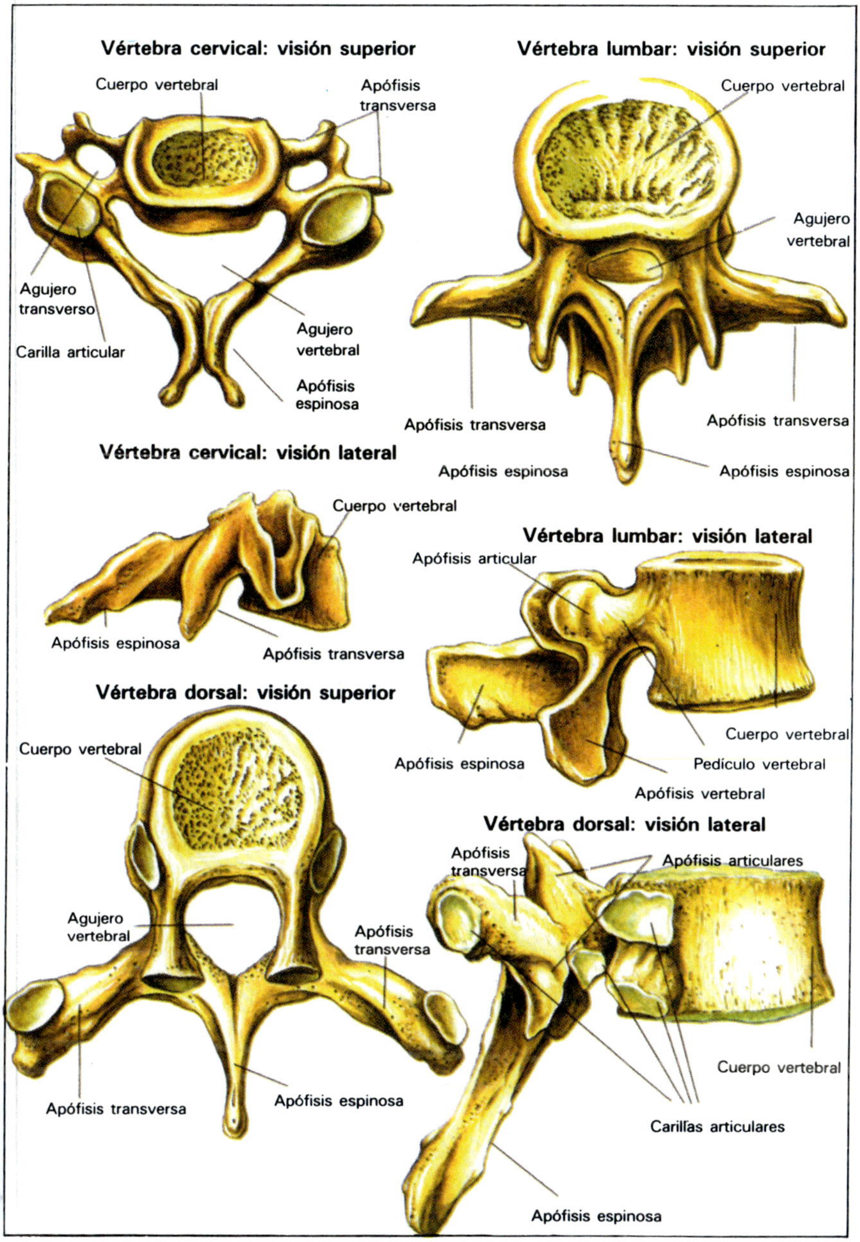

sí. Son en total cuatro, dos ascendentes y dos descendentes.

Agujero vertebral. El agujero vertebral está comprendido entre la cara posterior del cuerpo vertebral y la apófisis espinosa. Tiene forma triangular.

Se describen a continuación las características peculiares de las vértebras de cada región.

Vértebras cervicales
Corresponden a la zona del cuello y son siete. Son las menos gruesas y las que gozan de mayor movilidad.

La primera vértebra cervical o **atlas** es una vértebra incompleta, pues no posee verdadero cuerpo vertebral. Los demás elementos, principalmente las apófisis, están reducidos. Se articula con la segunda vértebra cervical o axis.
El **axis** presenta en la cara superior de su cuerpo una eminencia vertical, la *apófisis odontoides*, destinada a articularse con el atlas, permitiendo la rotación lateral del cuello.

Vértebras dorsales
Son doce y están colocadas a continuación de las cervicales, en sentido descendente. Corresponden a la zona de la espalda y presentan mayor grosor y menor movilidad que las vértebras cervicales.
Las diez primeras vértebras dorsales tienen, al articularse con las costillas, unas *carillas articulares* que las diferencian de las demás vértebras.

Vértebras lumbares
Son cinco, situadas entre la porción dorsal y el sacro. Son las más gruesas y gozan de bastante movilidad.
Corresponden a la zona de la cintura y presentan apófisis espinosas muy desarrolladas y horizontales.

Sacro

Comprende las cinco primeras vértebras sacrococcígeas, soldadas entre sí. Aplanado de delante a atrás y mucho más voluminoso por arriba que por abajo, el sacro es considerablemente más ancho en la mujer que en el varón, con el fin de facilitar el parto.
El **conducto sacro** recorre el sacro en toda su longitud. Es la continuación del *conducto raquídeo* o espinal. De cada lado parten cuatro conductos transversales por los que salen los *nervios sacros*.

Cóccix

Como el anterior, es un hueso impar que ocupa la línea media, formado por la unión de cuatro o cinco vértebras rudimentarias. Presenta forma triangular, aplanada de delante a atrás. Dispuesto a continuación del sacro y articulado con él, forma la extremidad inferior del eje vertebral y equivale al rudimento de la cola de los animales.

Huesos del tórax

El tórax es una cavidad a la vez ósea y cartilaginosa en la que están alojados fundamentalmente los pulmones y el corazón. Tiene la forma de un tronco de cono de base inferior. Mide 15 cm de altura por delante, 27 cm por detrás y 32 cm por los lados.

Descripción del tórax
Se distinguen las siguientes partes:
Cara anterior. Está formada por el esternón, las articulaciones condroesternales y condrocostales, los cartílagos costales y la extremidad anterior de las costillas.
Cara posterior. Está formada por la columna dorsal y la cara externa de las costillas.
Caras laterales. Las doce costillas que las forman dejan entre sí once espacios intercostales por los que circulan la arteria, la vena y el nervio intercostales correspondientes.
Base. Limitada por el cuerpo de la duodécima costilla, la última vértebra dorsal y el apéndice xifoides del esternón. La ocupa el diafragma, músculo que separa las estructuras torácicas de las abdominales.

Funciones del tórax
En primer lugar es la estructura cuya rigidez confiere *protección* a las vísceras situadas en su interior. Pero también es pieza fundamental de la *mecánica* o *movimientos respiratorios.* En la **inspiración,** o entrada de aire en los pulmones, la caja torácica se ensancha, abriéndose los espacios intercostales. En la **espiración** vuelve a sus dimensiones originales, con la consiguiente expulsión del aire que previamente había sido inspirado.

Tórax: visión anterior

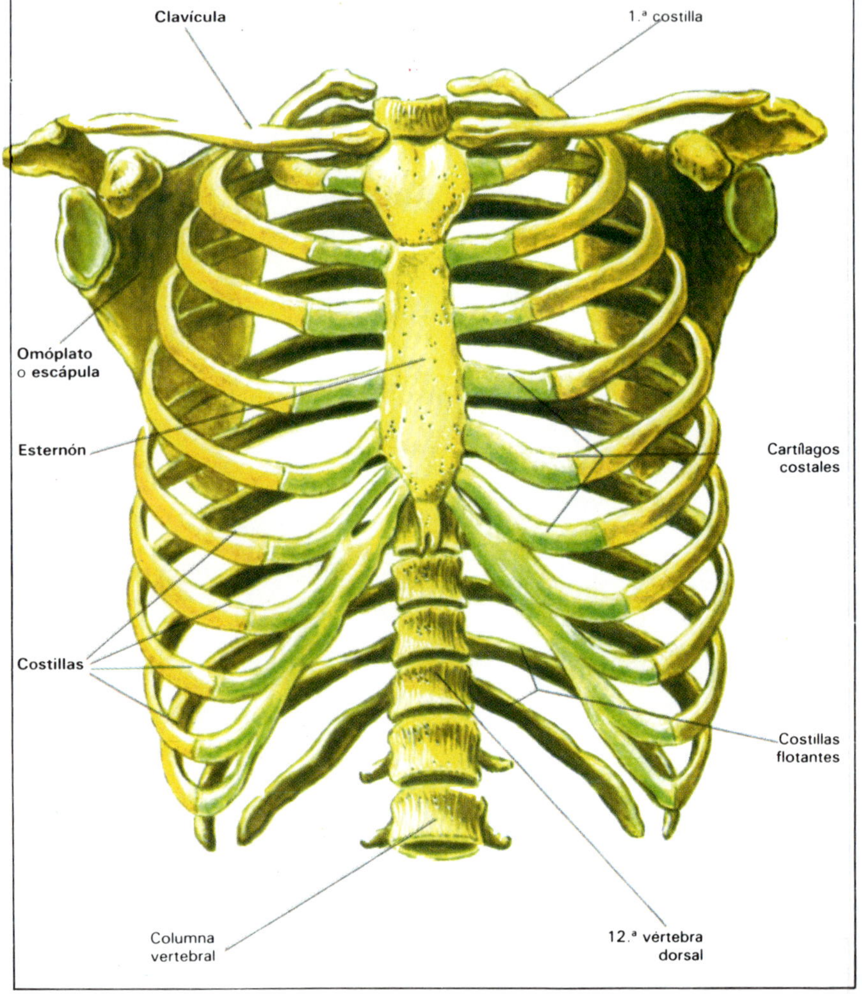

Perímetro torácico
Indica la circunferencia exterior del tórax revestido de sus partes blandas. Se mide a nivel de la axila o a la altura del apéndice xifoides, en inspiración y en espiración. Es una medida indirecta de la *reserva respiratoria* del organismo.

Costillas

Son huesos planos, dispuestos en forma de arco entre la columna vertebral y el esternón. Son veinticuatro, doce por cada lado, en la mayoría de los individuos. Se articulan por detrás de las vértebras dorsales, mediante las carillas articulares de estas últimas.

Tipos de costillas
Las siete primeras costillas se denominan costillas **verdaderas,** debido a que se articulan con el esternón a través de sus respectivos cartílagos.
Las cinco últimas, no articuladas directamente con el esternón sino mediante sus respectivos cartílagos unidos entre sí, se denominan costillas **falsas**. De ellas, la undécima y duodécima, debido a que se encuentran libres en toda su extensión, se denominan **flotantes**. Las costillas **supernumerarias** son rudimentos o esbozos suplementarios que se encuentran en algunas personas. Se sitúan a nivel de la última vértebra cervical o de la primera lumbar.

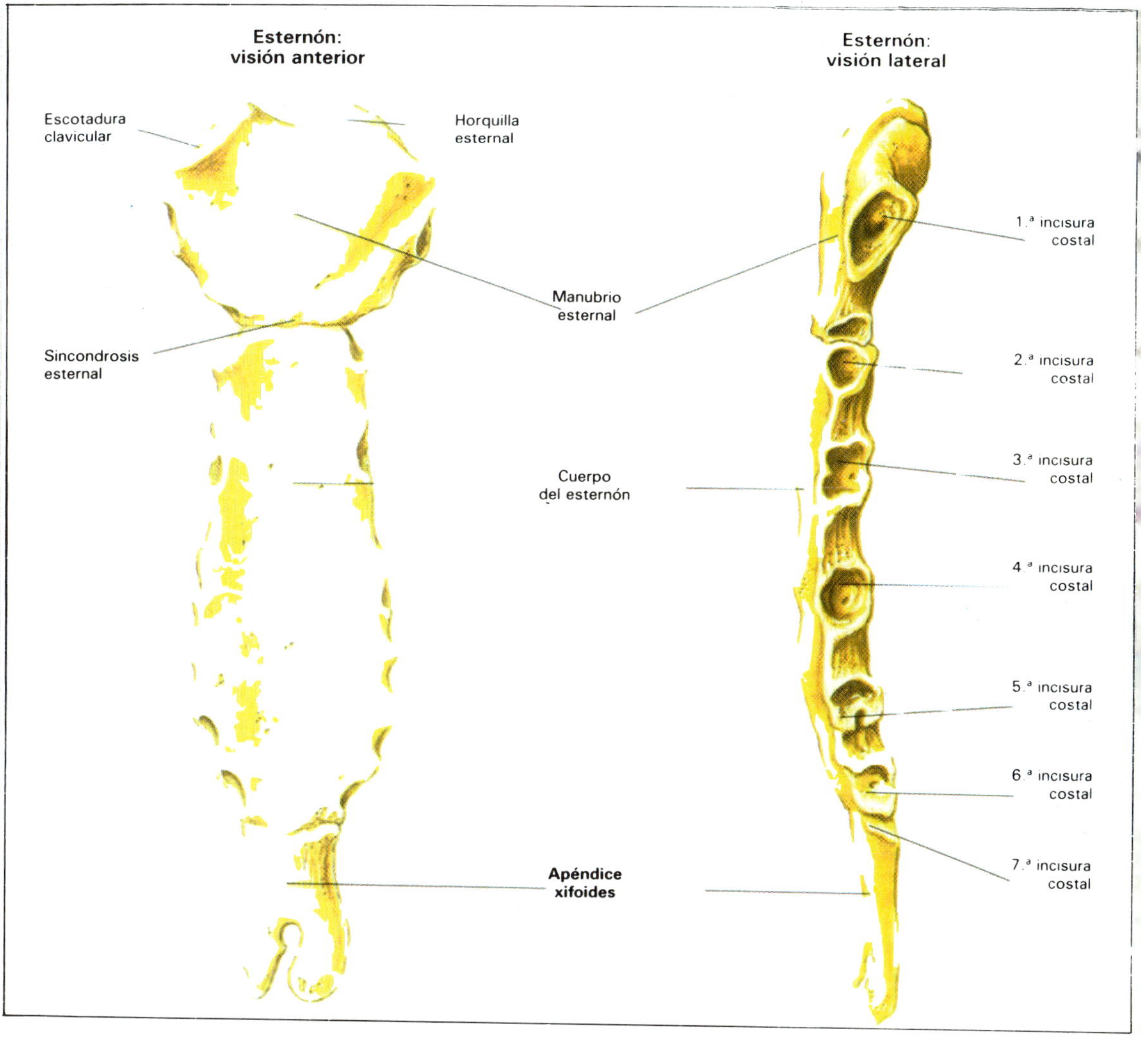

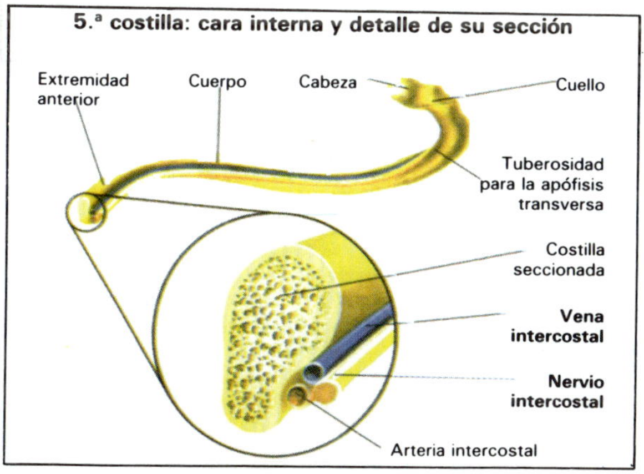

Descripción

En cada costilla cabe distinguir dos partes: la **ósea** y la cartilaginosa o **cartílago costal.** La porción ósea presenta un cuerpo, una extremidad anterior y otra posterior. Dibuja una curva irregular cuya concavidad mira hacia el interior del tórax.

Esternón

Es un hueso plano, formado por dos tablas de tejido compacto entre las cuales se encuentra tejido esponjoso.

Se articula con las clavículas y las siete primeras costillas. Mide unos 15 ó 20 cm de longitud por 5 ó 6 de anchura. Su forma recuerda la de una espada.

Su parte superior o **manubrio**, es la más ancha. Presenta una escotadura central, la **horquilla** esternal, y dos carillas articulares a ambos lados para las clavículas. Su porción central o **cuerpo** presenta una serie de escotaduras en toda su altura para las costillas. Su extremidad inferior o punta está constituida por el **apéndice xifoides.**

Huesos del miembro superior

El miembro superior o torácico está formado por cuatro segmentos, que desde la raíz del miembro hasta su extremo libre son: el **hombro**, el **brazo**, el **antebrazo** y la **mano**.

Huesos del hombro

El hombro o **cintura escapular** se considera como parte del miembro superior, aunque propiamente se encuentre en la parte superior del tórax. Está constituido por dos huesos, la **clavícula** por delante, y el **omóplato** o **escápula** por detrás.

Clavícula

Es un hueso largo y par, situado transversalmente entre el manubrio del esternón y el omóplato, con los que se articula.
Presenta forma de S itálica, con dos curvaturas, una interna de concavidad posterior y otra externa de concavidad anterior. Como todos los huesos largos, presenta un canal medular, que sólo ocupa el tercio medio, estando el resto del hueso constituido por tejido esponjoso.

Omóplato o escápula

Es un hueso par, plano y muy delgado. Presenta forma triangular. En su cara posterior cabe destacar la presencia de una eminencia aplanada la llamada **espina del omóplato**, que por fuera termina en una apófisis voluminosa o **acromion**. En su ángulo anterior, que está truncado, presenta una cavidad articular de forma oval, la **cavidad glenoidea**, que aloja la *cabeza del húmero*. Por encima de dicha cavidad se encuentra la **apófisis coracoides.** Todas

Huesos del miembro superior: visión dorsal

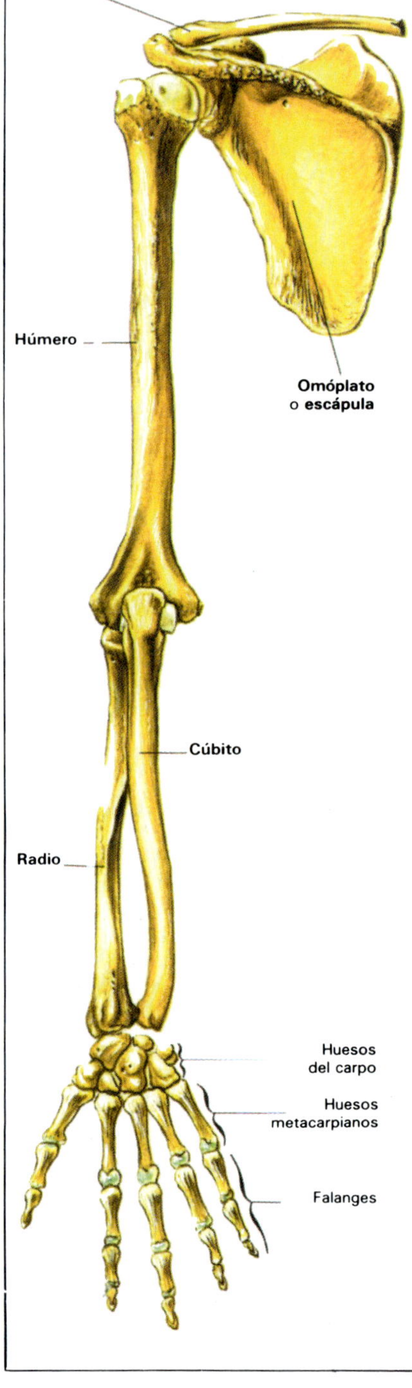

Húmero: cara dorsal

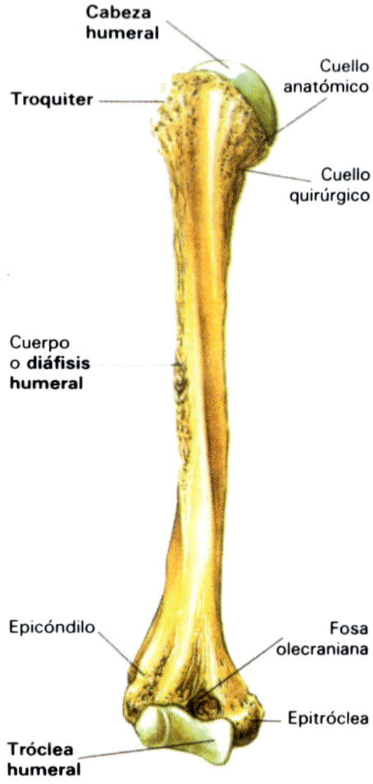

Cúbito y radio: cara anterior

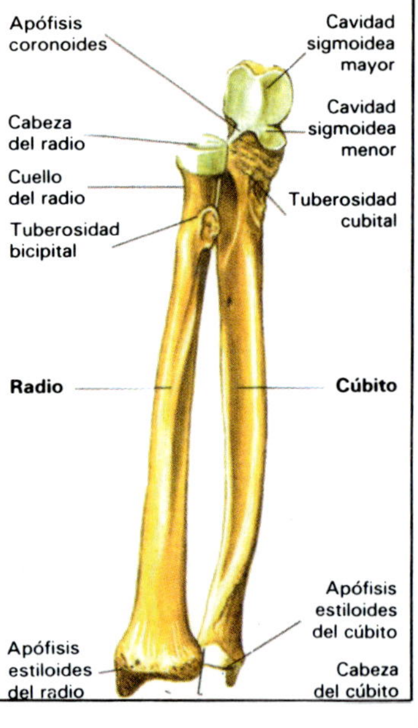

Omóplato o escápula: visión dorsal

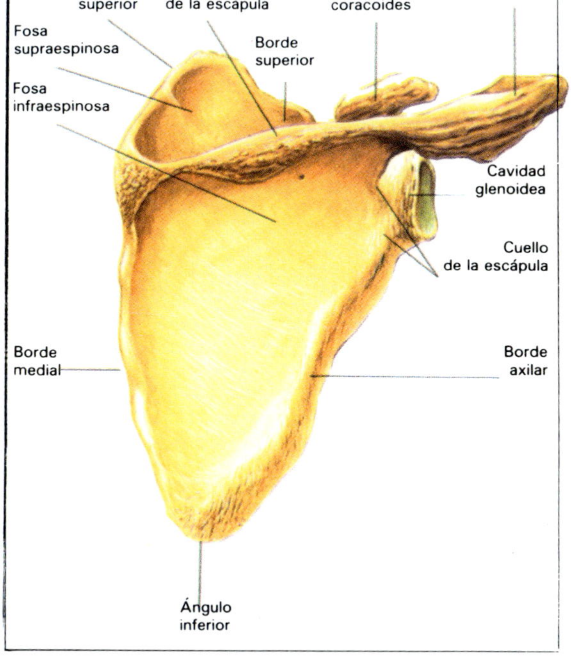

Huesos de la mano: visión dorsal

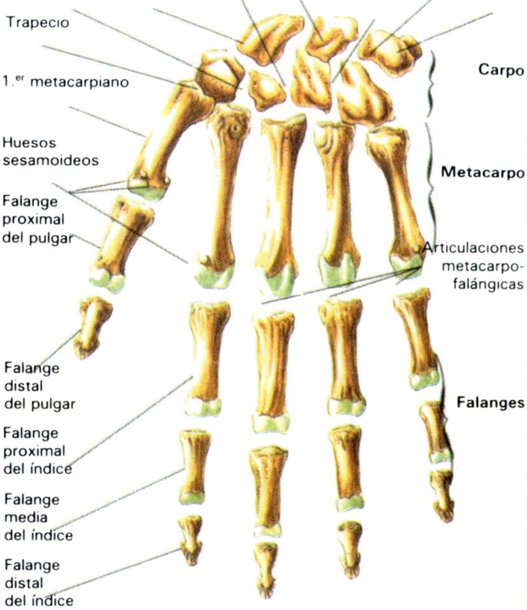

estas eminencias son el *lugar de inserción* de importantes elementos musculares y ligamentos.
En cuanto a su estructura interna, consta casi exclusivamente de tejido compacto.

Huesos del brazo

Húmero

Es un hueso par, largo, que presenta, como tal, un cuerpo y dos extremidades. El cuerpo o **diáfisis humeral** es casi rectilíneo y parece retorcido sobre su propio eje. La epífisis o extremidad superior es una superficie articular, denominada **cabeza del húmero**, que se articula con el omóplato. Presenta además dos eminencias para inserciones musculares, el **troquiter** y el **troquín**. Entre ambos se delimita una presión, la **corredera bicipital**, para el músculo bíceps. La epífisis inferior presenta una cabeza pequeña, el **cóndilo** humeral, y tres eminencias, la **tróclea**, en forma de polea, el **epicóndilo** y la **epitróclea**. Todo ello contribuye a formar el codo.

Huesos del antebrazo

El antebrazo está constituido por dos huesos dispuestos paralelamente entre sí, el **cúbito** y el **radio.**

Cúbito

Es un hueso largo, par, ligeramente encorvado. Su epífisis superior, que se articula con la tróclea humeral a la altura del codo, presenta una cavidad en forma de media luna, la **cavidad sigmoidea**, y una eminencia, el **olécranon**. En su epífisis inferior están la **cabeza** del cúbito y la **apófisis estiloides,** ambas de la articulación de la muñeca.
Para efectuar el movimiento de rotación que permite el giro de la mano, el radio se cruza con el cúbito formando una X.

Radio

Situado por fuera del cúbito, es también un hueso largo. En su epífisis superior presenta una eminencia voluminosa, la **cabeza** del radio. Su cara superior, excavada en forma de cúpula, forma la **cavidad glenoidea** del radio, que se articula con el cóndilo humeral.
Su epífisis inferior presenta también una **apófisis estiloides** y una carilla articular cóncava, la **cavidad sigmoidea,** para la cabeza cubital.

Huesos de la mano

Huesos de la muñeca o **carpo**
Son ocho pequeños huesos dispuestos en dos filas transversales:
Fila superior: articulados con las epífisis inferiores del cúbito y radio. Son de fuera hacia dentro: el **escafoides**, el **semilunar**, el **piramidal** y el **pisiforme.**

Fila inferior: articulados con los metacarpianos. Son el **trapecio**, el **trapezoide**, el **grande** y el **ganchoso.**

Huesos del metacarpo (o de la mano propiamente dicha)
Son cinco, recubiertos de partes blandas, y forman el dorso y palma de la mano.
Cada uno de ellos corresponde a un dedo.

Huesos de los dedos
Los cinco dedos, de fuera hacia dentro llamados **pulgar, índice, medio, anular, auricular** o **meñique**, están formados por las **falanges**.
Son tres columnitas óseas para cada dedo, a excepción del pulgar, que sólo posee dos. Se llaman, del origen de los dedos a su punta, **falange, falangina** y **falangeta**, respectivamente.

Huesos del miembro inferior y pelvis

El miembro inferior o pelviano se divide en cuatro segmentos, que en sentido descendente son la **cadera** o **pelvis**, el **muslo**, la **pierna** y el **pie.**

Pelvis

Está formada por la unión de los dos *huesos coxales*, el **sacro** y el **cóccix**. Es el nexo de unión entre el tronco y la extremidad inferior. En su conjunto, tiene la forma de un tronco de cono de base superior.

Hueso coxal o ilíaco
Se compone de tres piezas óseas soldadas entre sí en el adulto: el **ilión** por arriba, el **pubis** por delante y el **isquion** por debajo. Delimitan en su cara externa una gran cavidad, la **cavidad cotiloidea** o **cótilo,** destinada a articularse con la cabeza del fémur. Por encima de ella se encuentra una amplia superficie, la **fosa ilíaca externa.** Por debajo de la cavidad cotiloidea se abre el **agujero obturador**, delimitado por las ramas del isquion y pubis unidas entre sí. El borde superior del coxal, incurvado en forma de S itálica, se denomina **cresta ilíaca**, y las eminencias del borde anterior **espinas ilíacas.**

Diferencias sexuales de la pelvis
La pelvis del varón es más gruesa, con las eminencias óseas más pronunciadas y más alta que la de la mujer. La pelvis femenina es más ancha y está más inclinada, debido a que en el momento del parto el feto pasa a través de ella. Los diámetros de la cabeza fetal se acomodan, mediante giros, a los diámetros de la pelvis materna.

Huesos del muslo

Fémur
Es un hueso largo, el de mayor longitud del cuerpo humano. Se articula a nivel de la cadera con el hueso coxal, y a nivel de la rodilla, con la rótula, la tibia y el peroné.
Su *epífisis superior* presenta la **cabeza femoral**, de forma esférica, el **cuello**, que es un estrechamiento que une la cabeza con el resto del hueso, y dos eminencias, los **trocánteres**, para inserciones musculares. La *diáfisis femoral*, larga y resistente, está ligeramente incurvada y torcida alrededor de su eje. Constituida por hueso compacto, presenta un canal medular en su interior. De la *epífisis inferior* hay que destacar las superficies articulares y eminencias que formarán la rodilla: la **tróclea femoral**, en forma de silla de montar, y, por debajo de ella, los dos **cóndilos**, interno y externo.

Pelvis: visión anterior

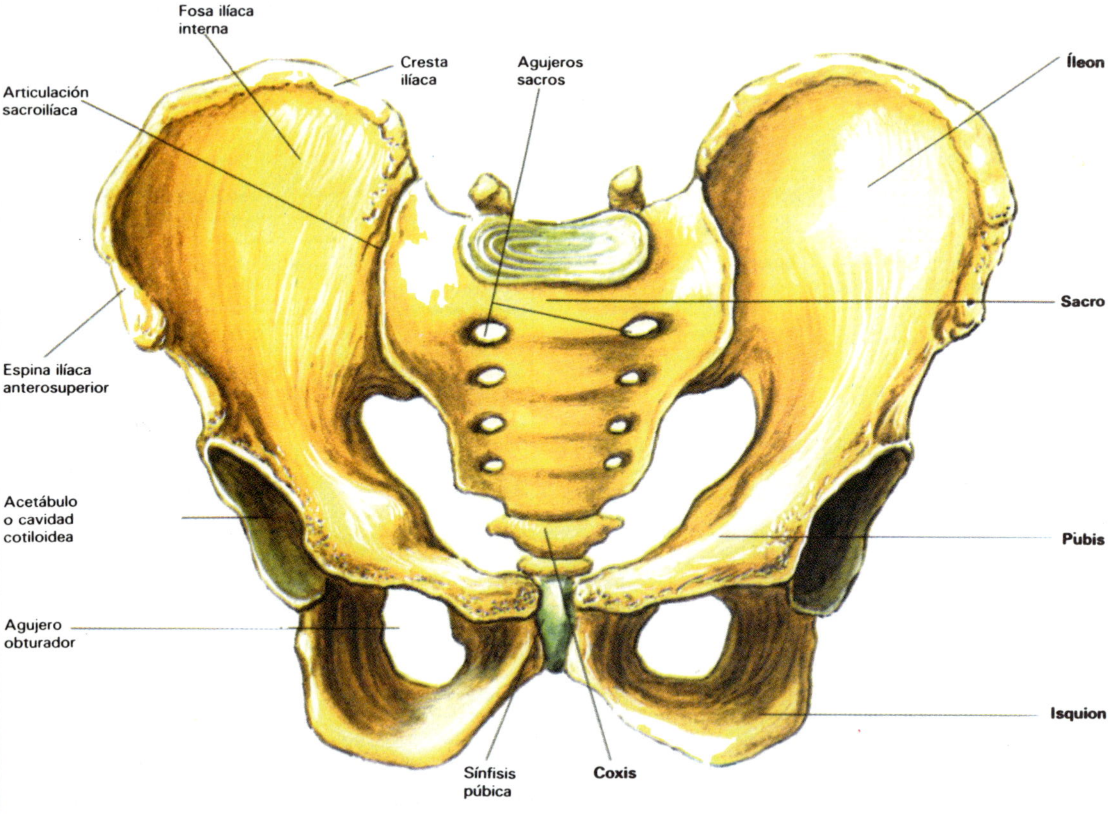

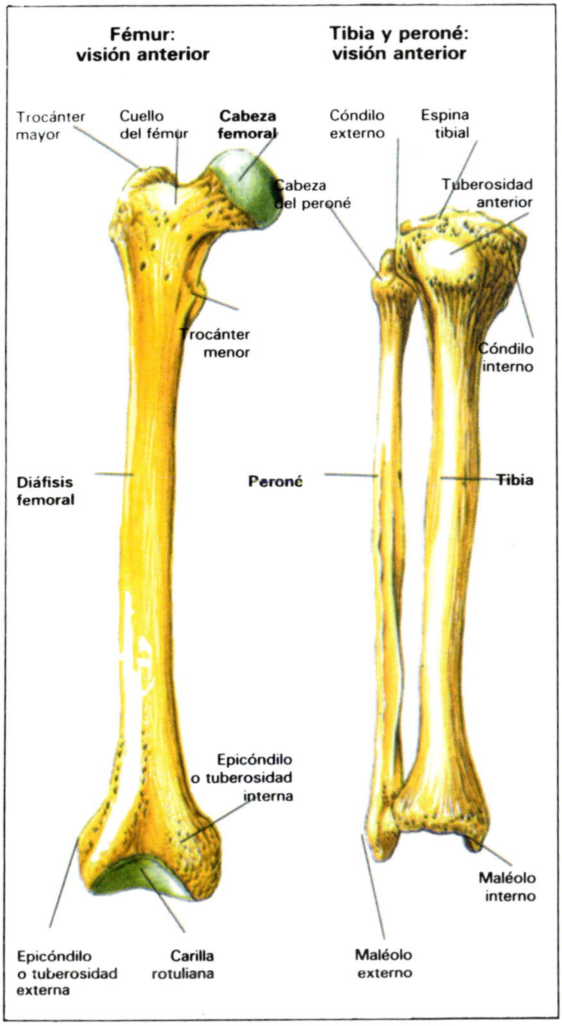

Huesos de la pierna

Rótula

Más que a la pierna propiamente dicha, pertence a la rodilla. Es un hueso corto, aplanado de delante hacia atrás. Está insertado en el *tendón del músculo cuadríceps*, que une dicho músculo con la epífisis superior de la tibia.

Tibia

Es un hueso largo, situado en la parte interna y anterior de la pierna. Se articula por arriba con el fémur, por abajo con el astrágalo y lateralmente con el peroné.

Su *epífisis superior* presenta dos **cavidades glenoideas**, destinadas a los cóndilos femorales, y una eminencia entre ellas, la **espina tibial.**

La *diáfisis,* de tejido compacto, presenta un borde cortante denominado la **cresta tibial.** Su epífisis inferior es de forma cuboidea. Presenta una apófisis descendente en su parte interna, el **maléolo interno** del tobillo.

Peroné

Es otro hueso largo, en la parte posterior y externa de la pierna. es más delgado que la tibia. Su extremidad superior o **cabeza** presenta una carilla cóncava destinada a la tibia, en su cara interna, y por fuera la **apófisis estiloides**. Su *diáfisis* se une con la diáfisis tibial mediante la **membrana interósea**. En su *epífisis inferior* se encuentra el **maléolo externo.**

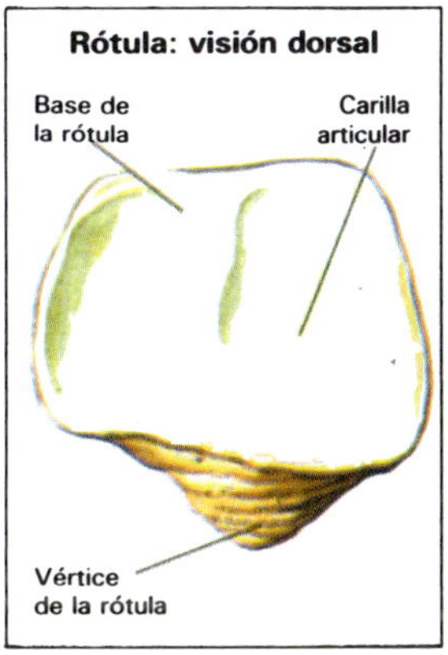

Huesos del pie

Comprende veintiséis huesos, dispuestos en tres grupos, que son los que se detallan a continuación.

Tarso

Son siete huesos cortos, dispuestos en dos filas: la posterior comprende el **astrágalo** y el **calcáneo**: la anterior el **cuboides**, el **escafoides** y los tres huesos **cuneiformes**. Corresponden al *tobillo.*

Metatarso

Son los cinco metatarsianos denominados *primero, segundo,* etc., contando de dentro hacia fuera. Son huesos largos. Su cuerpo, de convexidad superior, conforma el dorso del pie. Su extremidad anterior presenta un **cóndilo** que se articula con la falange correspondiente.

Huesos de los dedos

Como en el caso de la mano, están formados por tres falanges: **falange, falangina** y **falangeta.** También el dedo gordo, como el pulgar, carece de tercera falange. Los dedos del pie están mucho menos desarrollados que los de la mano, debido sobre todo a su menor movilidad.

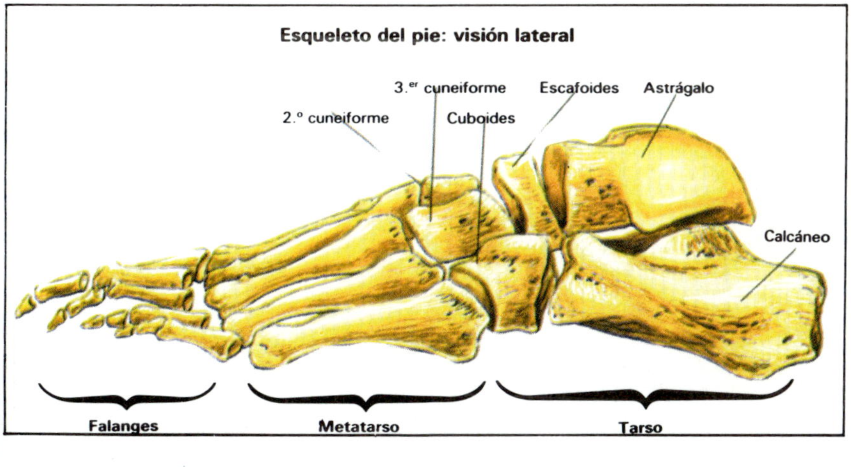

Articulaciones

Las **articulaciones** son estructuras del tejido conectivo mediante las cuales dos o más huesos próximos se unen entre sí. La *artrología* es la ciencia que estudia el mecanismo de acción y los elementos constituyentes de las articulaciones.

Funciones de las articulaciones

La función principal de las articulaciones es la *unión* de los diversos huesos que componen el esqueleto entre sí. Son los elementos que confieren, asimismo, *estabilidad* a dicha unión, permitiendo, por ejemplo, la postura erecta, tan característica de la especie humana. La presencia del cartílago articular, que se estudiará más adelante, recubriendo las superficies articulares de los huesos, evita un desgaste excesivo de éstos, al deslizarse unos sobre otros en los diversos movimientos corporales. Por último, es función de las articulaciones la limitación de dichos movimientos para evitar que sobrepasen una amplitud determinada, en función de las necesidades de cada parte del cuerpo.

Patología articular

Las articulaciones presentan patología propia, debida a los *traumatismos* y al *envejecimiento* –artrosis–.
Además, son el órgano reactivo de muchas afecciones generalizadas del organismo –los reumatismos–, por lo que su estudio es cada vez más importante.

Elementos de las articulaciones

Los cinco principales *elementos no óseos* de las articulaciones son el **cartílago articular**, los **ligamentos**, la **cápsula articular**, la **membrana sinovial** y los **meniscos.**

No todas las articulaciones presentan todos los elementos mencionados: ello depende de su complejidad y, por tanto, de su movilidad.

Cartílago articular

El *cartílago* es una forma especializada de *tejido conectivo* compuesto por células llamadas *condrocitos* y fibras elásticas y resistentes situadas entre dichas células. Todo ello está incluido en una sustancia o *matriz*, de consistencia semejante a un gel, a la que se debe la firmeza y elasticidad que caracterizan al cartílago. Se cree, además que la matriz del cartílago cumple un papel importante en la nutrición de los

Fémur

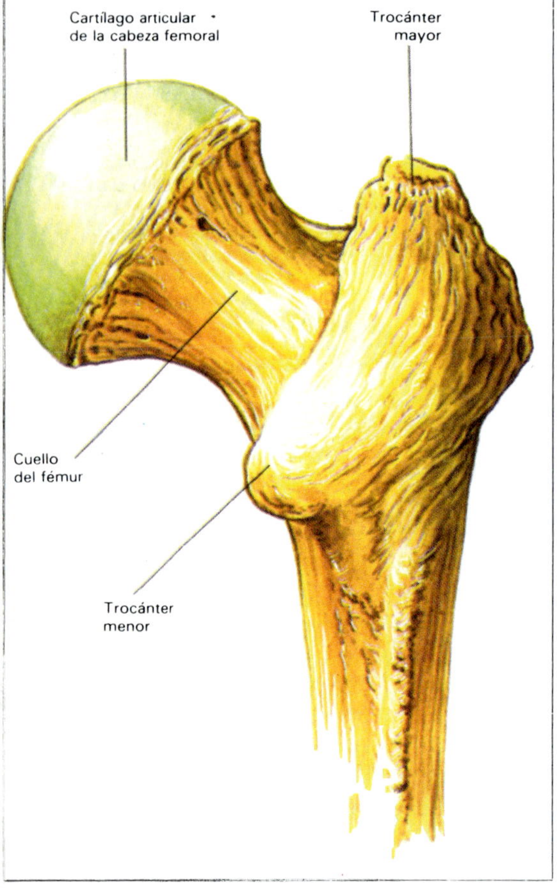

Articulación escapulohumeral

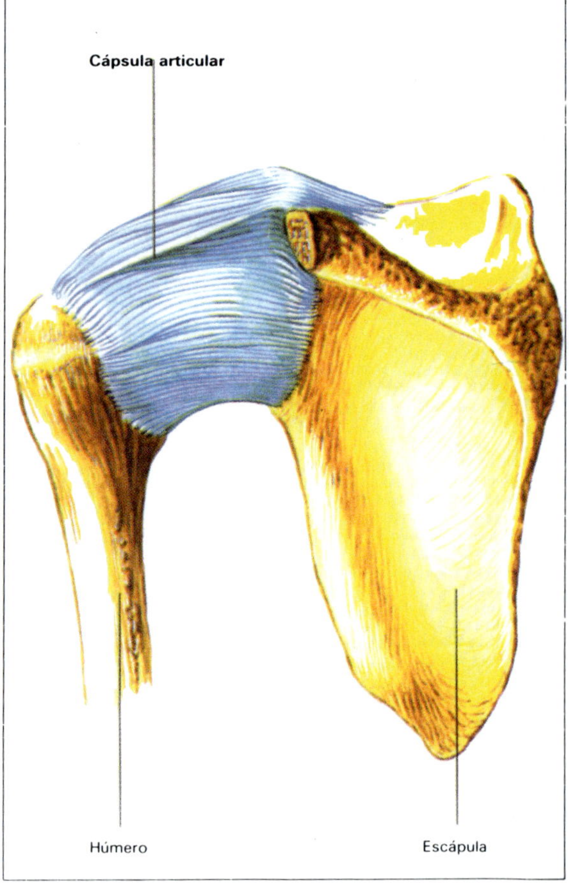

Articulaciones y ligamentos de la mano

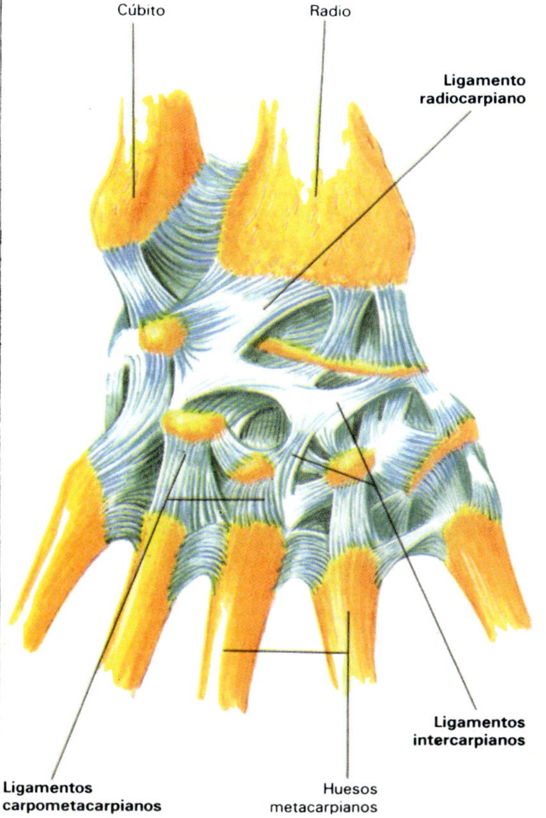

condrocitos. Sobre las superficies articulares de los huesos se encuentra el tipo más común de cartílago, que se denomina **cartílago hialino,** articular o de revestimiento. Es un tejido semitransparente, algo elástico, de coloración blancoazulada. Permite el deslizamiento entre sí de las superficies articulares, evitando un desgaste excesivo, además de actuar como amortiguador ante pequeños traumatismos.

Ligamentos

Son *estructuras fibrosas* que se insertan cerca de las articulaciones, en todos o algunos de los huesos que las componen. Dan firmeza a la unión entre dichos huesos, limitando a la vez la amplitud de movimiento de cada articulación. Pueden ser anchos, cortos, redondos, etc. Algunos se localizan en el interior de la cavidad articular. Por ejemplo, el ligamento redondo de la cadera o los cruzados de la rodilla.

Cápsula articular

Es una *membrana fibrosa* que envuelve la articulación, en forma de manguito. Se inserta a lo largo del borde de las superficies óseas a unir, siendo su misión más importante la de proporcionar *estabilidad.* Se encuentra, pues, en las articulaciones que se ven sometidas a muchas tensiones, como, por ejemplo, en el hombro.

Membrana sinovial

Consiste en una especie de *bolsa* que recubre la superficie interna de la cavidad articular, convirtiendo la misma en un espacio cerrado. Su aspecto es liso y brillante, debido a que segrega un líquido, inoloro y viscoso, llamado **líquido sinovial** o *sinovia*, cuyas funciones son actuar de lubricante para los cartílagos articulares y proporcionar nutrición a los mismos, ya que carecen de vasos sanguíneos.

Meniscos

Son dos *estructuras de forma semilunar* que vistas de perfil recuerdan una cuña, ya que su grosor va disminuyendo de la periferia al centro. Se encuentran en el interior de la articulación de la rodilla. Su función consiste en aumentar la superficie de contacto entre los huesos, en concreto entre el fémur y la tibia. De este modo las presiones a que se ve semotida la articulación quedan más repartidas, confiriéndole mayor estabilidad.

Articulación de la rodilla

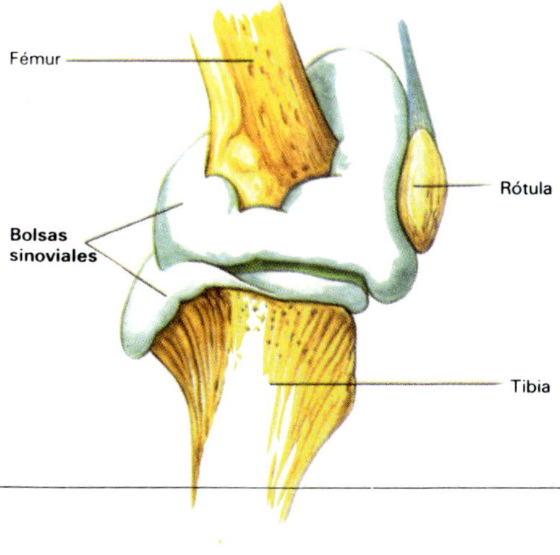

Articulación de la rodilla: sección frontal

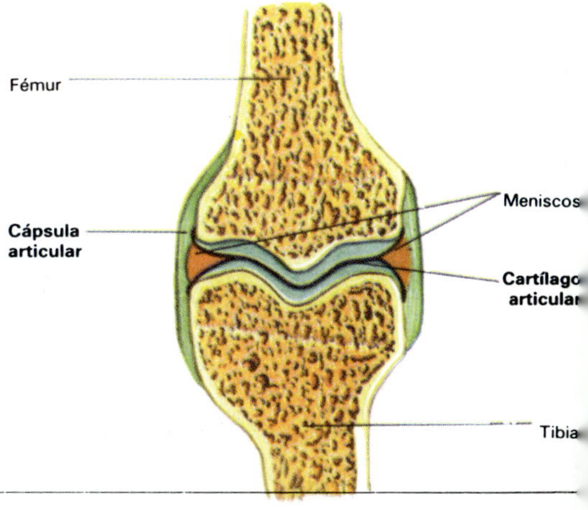

Tipos de articulaciones

La clasificación de las articulaciones en diversos tipos se basa en su *movilidad*, muy variable de una región del cuerpo a otra. Hay articulaciones que tiene movimientos nulos o casi nulos. Otras, que en general corresponden a las extremidades, han alcanzado, por el contrario, gran complejidad y pueden efectuar una amplia gama de movimientos. A continuación se describen los diversos tipos de articulación, que se pueden dividir en tres grupos principales.
Diartrosis, las más móviles y complejas.
Anfiartrosis, o sínfisis, semimóviles.
Sinartrosis o suturas, sin movilidad.

Diartrosis

Son las articulaciones más móviles y más complejas.
Poseen una **cavidad articular**, generalmente recubierta por **cartílago**. Algunos subtipos presentan otros elementos –sinovial, meniscos, ligamentos, etcétera. Se subdividen en seis géneros, según la forma de sus superficies articulares.

Enartrosis
Las superficies articulares son, por un lado, una cabeza *esférica*, y por otro una **cavidad glenoidea**. Como medio de unión presentan una **cápsula** fibrosa, tapizada por **membrana sinovial**. Permite movimientos en todos los sentidos. Por ejemplo, la articulación del hombro.

Condilartrosis o articulaciones condíleas
Las superficies articulares son en forma de *elipse* por un lado, y una **cavidad glenoide** por otro. Consta de **ligamentos** periféricos y, a excepción de la rotación, permite todos los movimientos. Por ejemplo, la articulación de la rodilla.

Articulaciones por encaje recíproco
También denominadas en *silla de montar*, presentan dos superficies articulares que se corresponden exactamente una con otra. Son convexas en un sentido y cóncavas en el otro. Están unidas mediante una **cápsula** fibrosa y no permiten ningún movimiento rotatorio. Por ejemplo, la articulación calcaneocuboidea.

Trocleartrosis o articulaciones en tróclea
Tienen forma de polea. Se unen

Articulación escapulohumeral derecha: corte frontal

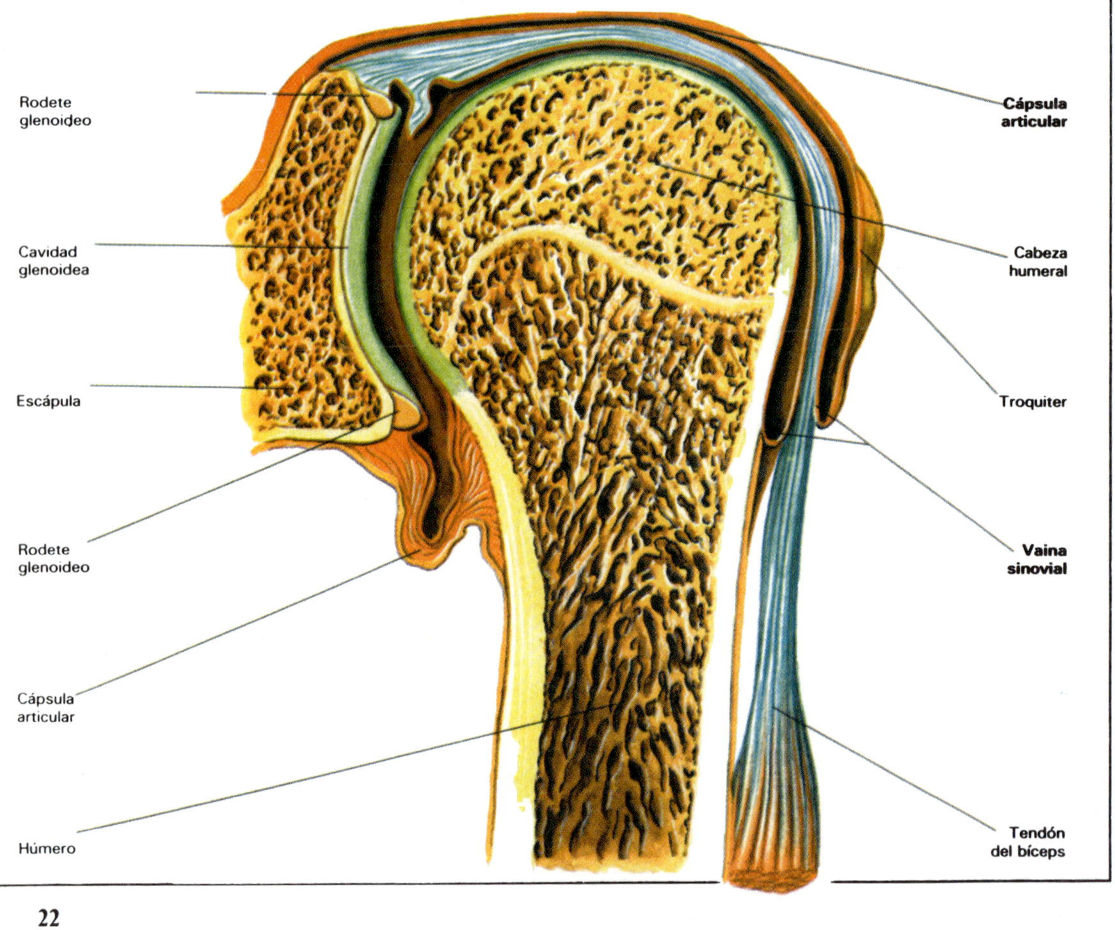

mediante cuatro ligamentos. Permiten la flexión y la extensión, así como ligeros movimientos laterales. Por ejemplo, la articulación humerocubital.

Articulaciones trocoides
Una de las superficies articulares es un cilindro óseo que gira alrededor de su eje mayor.
La otra es un anillo osteofibroso en el que se introduce el cilindro óseo. Sólo permite movimientos de rotación. Por ejemplo, la articulación radiocubital.

Artrodias
Son dos superficies articulares lisas y aplanadas. Sólo permiten movimientos de desplazamiento. Por ejemplo, la articulación acromioclavicular.

Anfiartrosis o sínfisis

Son articulaciones semimóviles, con movimientos poco extensos.
Presentan caras articulares poco excavadas o planas, una capa de cartílago hialino que las tapiza y ligamentos más débiles que los de las diartrosis.
Se subdividen, a su vez, en dos grupos: las anfiartrosis verdaderas y las diartroanfiartrosis.

Anfiartrosis verdaderas
Las dos superficies articulares están unidas entre sí por fibrocartílago llamado **ligamento interóseo**. Como por ejemplo, las articulaciones intervertebrales.

Diartroanfiartrosis
Es un tipo de transición entre las diartrosis y las anfiartrosis.
En ellas el fibrocartílago que se halla situado entre los dos huesos presenta, en su parte central, una cavidad articular rudimentaria.
Por ejemplo, la sínfisis púbica.

Sinartrosis o suturas

Son articulaciones completamente inmóviles.
Según la configuración de sus superficies articulares, pueden distinguirse diversos subtipos.

Suturas dentadas
Las dos superficies presentan irregularidades en forma de diente que engranan recíprocamente.

Suturas escamosas
Los dos huesos están cortados a bisel.

Suturas armónicas
Las superficies son regularmente lisas.

Esquindilesis
Una de las superficies es una ranura, y la otra una cresta que encaja en ella.

Tipos de articulaciones

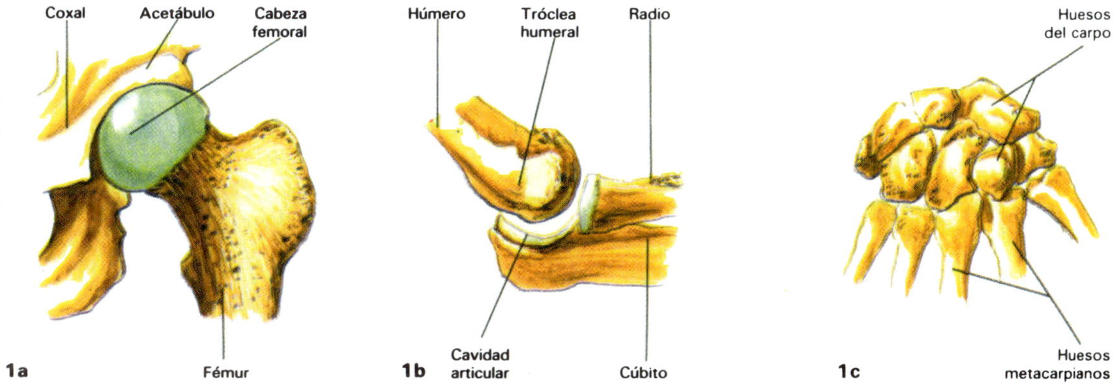

1 Diartrosis: *a.* condílea; *b.* troclear; *c.* artrodias

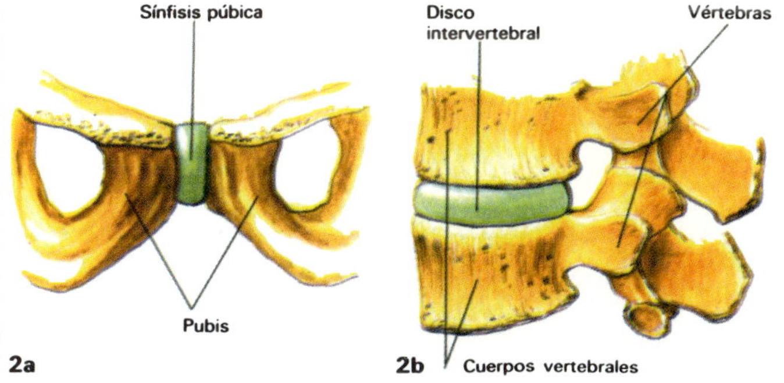

2 Anfiartrosis: *a.* diartroanfiartrosis; *b.* anfiartrosis verdadera

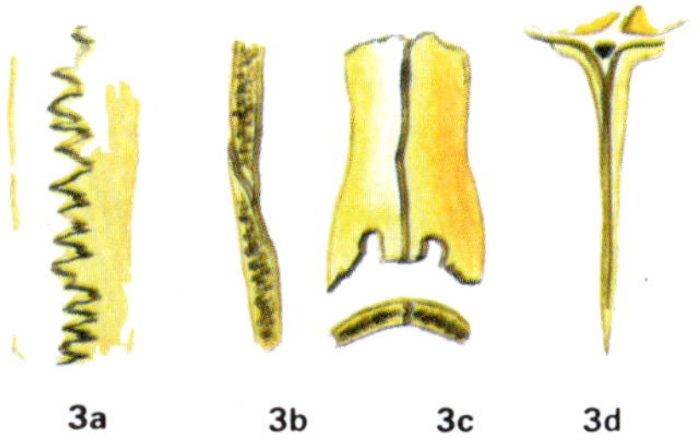

3 Sinartrosis o suturas: *a.* dentada; *b.* escamosa; *c.* armónicas; *d.* esquindilesis

Articulaciones de la cabeza, cuello y columna vertebral

Articulaciones de la cabeza

Articulaciones de los huesos del cráneo entre sí

Los huesos del cráneo están unidos entre sí por medio de **suturas** o **sinartrosis**. Carecen de movimiento. En el recién nacido no están todavía totalmente soldados, quedando entre los huesos espacios abiertos o **fontanelas**, que se cierran por lo general durante el primer año y medio de vida.

Articulaciones de los huesos de la cara entre sí y con el cráneo

Son también del tipo de las *suturas*. Los huesos de la mandíbula superior se unen mediante una **sutura armónica**.
Entre todas estas uniones existen también **suturas dentadas** (por ejemplo, entre los huesos nasales y el frontal) y **esquindilesis** (entre el vómer y el esfenoides).

Articulación temporomaxilar

Es la que une el hueso maxilar inferior con el temporal. Permite los *movimientos de masticación*. Es del tipo de las *diartrosis*. Por otra parte del maxilar inferior presenta dos **cóndilos** y por parte del temporal el **cóndilo temporal** y la **cavidad glenoidea** del mismo. Posee menisco articular, sinovial y ligamentos de refuerzo –capsular, laterales externo e interno– y ligamentos accesorios.

Articulaciones del cuello

El hueso **occipital** se une con las dos primeras vértebras cervicales, el **atlas** y el **axis**, formando dos articulaciones distintas. Las dos vértebras están además unidas entre sí. El cuello posee gran movilidad y requiere unas *articulaciones muy resistentes* debido a que los movimientos bruscos podrían lesionar la médula espinal, con la consiguiente parálisis.

Articulación occipitoatloidea

Une el occipital con el atlas. Es del tipo de las **diartrosis**. Tiene lugar mediante los dos **cóndilos** del occipital, que encajan en las **cavidades glenoideas** del atlas. Como refuerzo presenta *ligamentos* –laterales, anterior y posterior– y una *sinovial* muy laxa.

Articulación occipitoaxoidea

No presenta superficies articulares, debido a que el **occipital** y el **axis** no están en contacto directo.

Articulaciones del cuello: hueso occipital y dos primeras vértebras cervicales (visión interna)

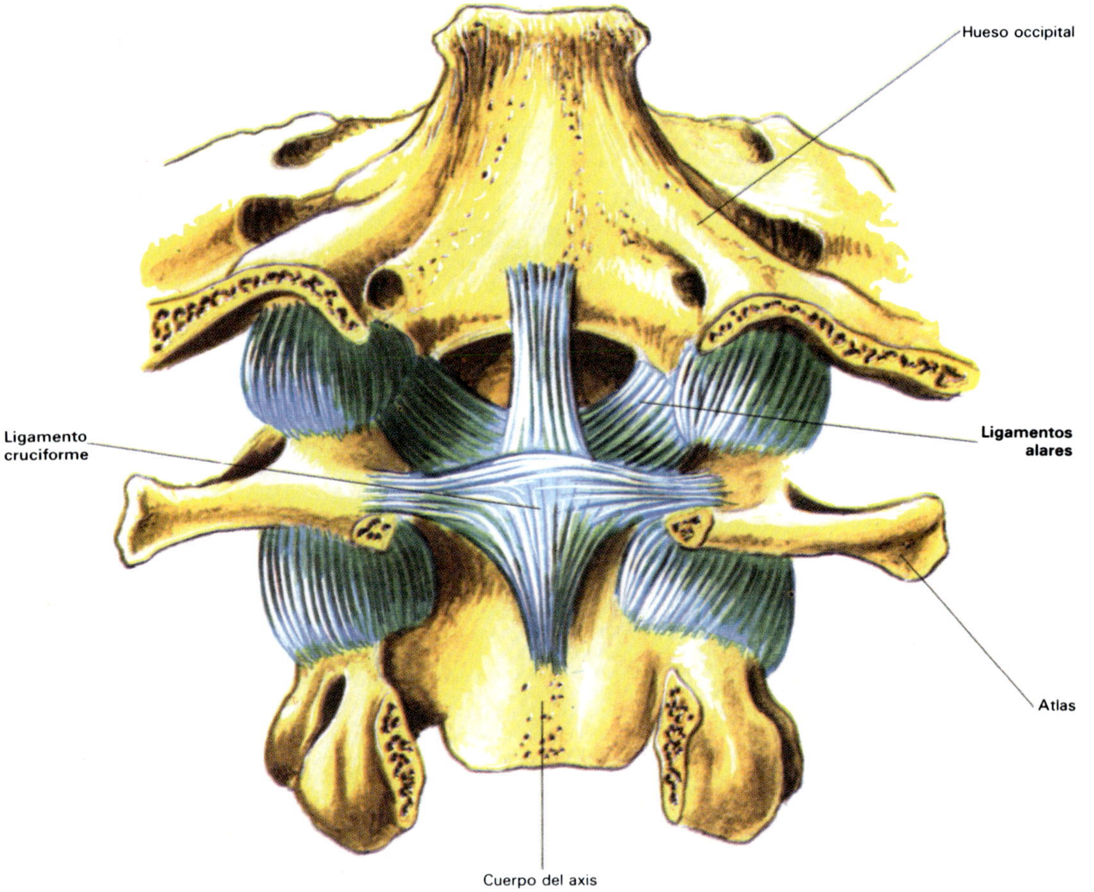

Presenta **ligamentos** que unen al occipital con el cuerpo y con la apófisis odontoides del axis, respectivamente.

Articulación entre el atlas y el axis
Son dos: la **atloidoaxoidea** propiamente dicha, que une el atlas y el cuerpo del axis, y la **otloidoodontoidea**, que une el atlas con la apófisis odontoides del axis, mediante el *anillo atloideo*, que es de naturaleza osteofibrosa.
Esta última es un ejemplo perfecto de articulación del tipo *trocoide*.

Disco intervertebral: visión superior

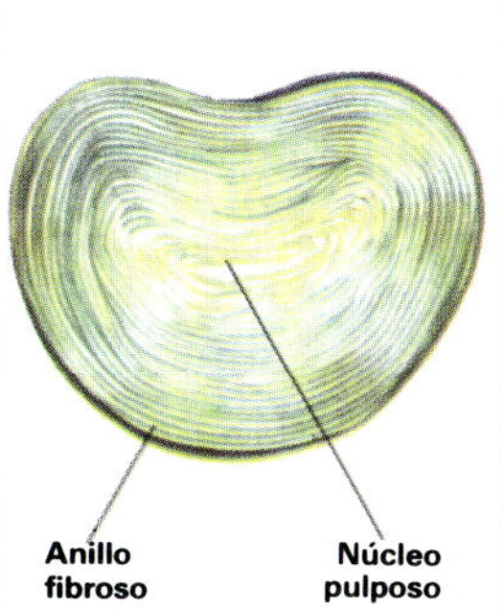

Articulaciones de la columna vertebral

La columna vertebral necesita unos *elementos sustentadores muy potentes* debido a que soporta, por un lado, todo el peso del cuerpo, y por otro, a que aloja en su interior la frágil médula espinal, cuya lesión tiene consecuencias desastrosas para el organismo, pues puede ocasionar parálisis.
Las articulaciones entre las distintas vértebras o *intervertebrales* comprenden aquellas que unen los cuerpos vertebrales entre sí y otras de refuerzo que unen entre sí las diversas apófisis y las láminas vertebrales.
Algunas de ellas (entre atlas y axis, sacro y última vértebra lumbar, y entre sacro y cóccix) presentan características particulares.

Articulaciones de los cuerpos vertebrales entre sí
Son del tipo **anfiartrosis** y presentan entre ambos cuerpos contiguos unas almohadillas aplanadas de fibrocartílago, en número de 23, denominadas **discos intervertebrales.**
Están compuestos de una zona exterior dura, el **anillo fibroso,** y una zona central laxa repleta de líquido, el **núcleo pulposo.**
Su función es *equilibrar* las distintas presiones a que se ve sometida la columna vertebral y *amortiguar* sus movimientos.
Como refuerzos articulares posee ligamentos, el **ligamento vertebral común** anterior y posterior, que limita la extensión de la columna.

Articulaciones de las apófisis vertebrales
Son también del tipo **anfiartrosis** y unen entre sí las apófisis espinosas, transversas y las láminas vertabrales.
Constan de diversos **ligamentos:** los **interespinosos,** que unen entre sí las apófisis espinosas; los **intertransversos,** que unen las apófisis transversas; el **supraespinoso,** que une todas las apófisis espinosas a la vez y recorre toda la columna vertebral, y los ligamentos **amarillos,** que unen entre sí las láminas vertebrales.

Articulaciones del cuello: hueso occipital y tres primeras vértebras cervicales (visión anterior)

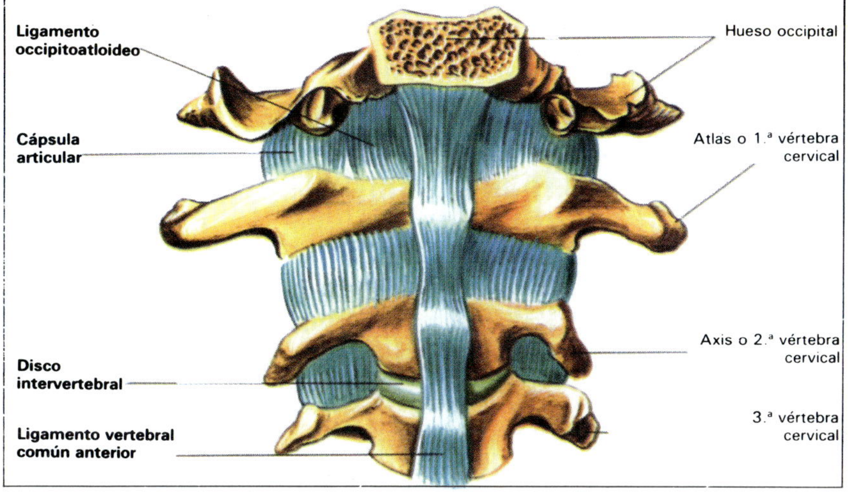

Articulaciones intervertebrales: visión lateral seccionada

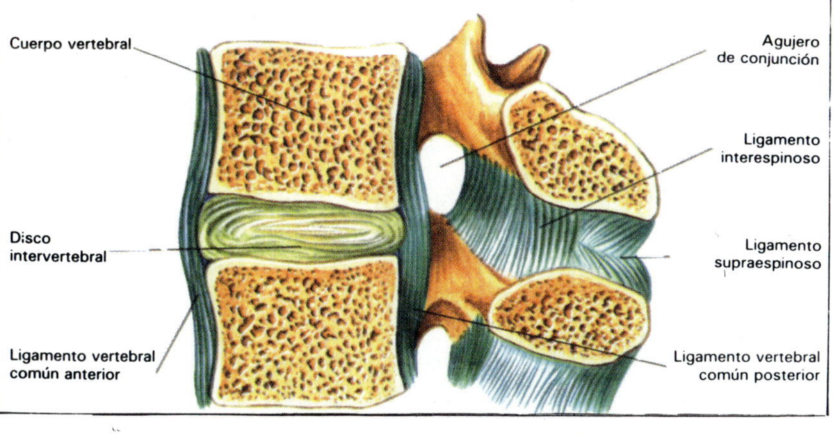

Articulaciones del tórax y de la pelvis

Articulaciones del tórax

Son de tres tipos: **costoesternales, costovertebrales** y **esternoclaviculares.** Por separado estas articulaciones poseen movimientos muy limitados, pero en su conjunto hacen posible la *expansión del tórax* en la inspiración. La articulación esternoclavicular contribuye a los movimientos del hombro.

Articulaciones costoesternales
Unen las costillas y el esternón. Las cinco primeras costillas presentan cartílago costal propio y en las demás es común a ellas.
Las **dos primeras costillas** se unen con el manubrio esternal, y las demás con el cuerpo del esternón. La primera de estas articulaciones carece de cápsula articular.
De la **segunda a la quinta** costilla existe cápsula articular, articulándose directamente cada una de ellas con el esternón.
De la **sexta a la décima** costilla se articulan a través del cartílago costal común. En todos los casos existen ligamentos de refuerzo, los *ligamentos radiados.*

Articulaciones costovertebrales
Las costillas se unen a la columna vertebral en dos puntos: el cuerpo vertebral y las apófisis transversas.

Articulaciones costilla-cuerpo vertebral: mediante sus dos carillas articulares, cada costilla se une con dos cuerpos vertebrales contiguos y su disco intermedio. Existe cápsula articular y ligamentos de refuerzo.

Articulación costilla-apófisis transversa: tiene lugar mediante una tuberosidad existente en la costilla. Existe cápsula articular y varios ligamentos de refuerzo. Las dos últimas costillas no presentan esta articulación.

Articulación esternoclavicular
Une el esternón con ambas clavículas y permite los movimientos del hombro. Presenta un pequeño menisco articular y ligamentos esternoclaviculares y costoclaviculares.

Articulaciones de la pelvis

Articulación sacrovertebral
Une la base del sacro con la quinta vértebra lumbar en la línea media y en los lados. Aparte de los

Pelvis y sus ligamentos: visión anterior

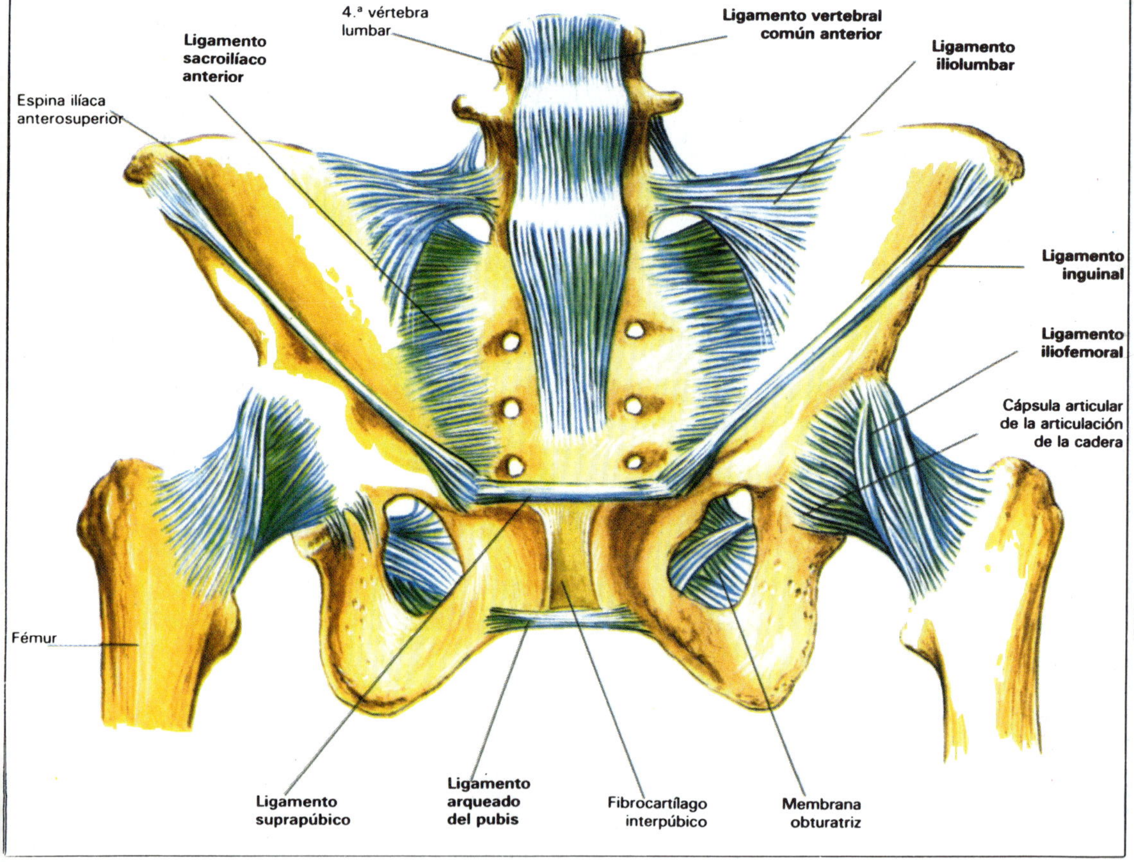

Articulaciones costovertebrales

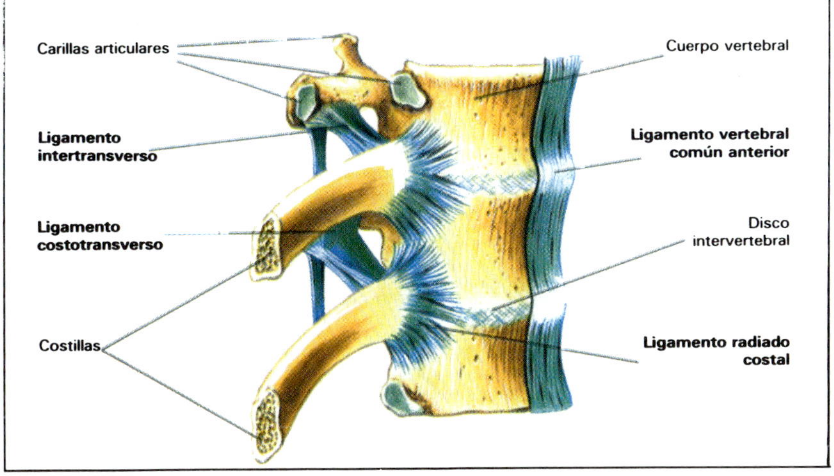

Esternón y articulaciones costoesternales: sección y visión frontal

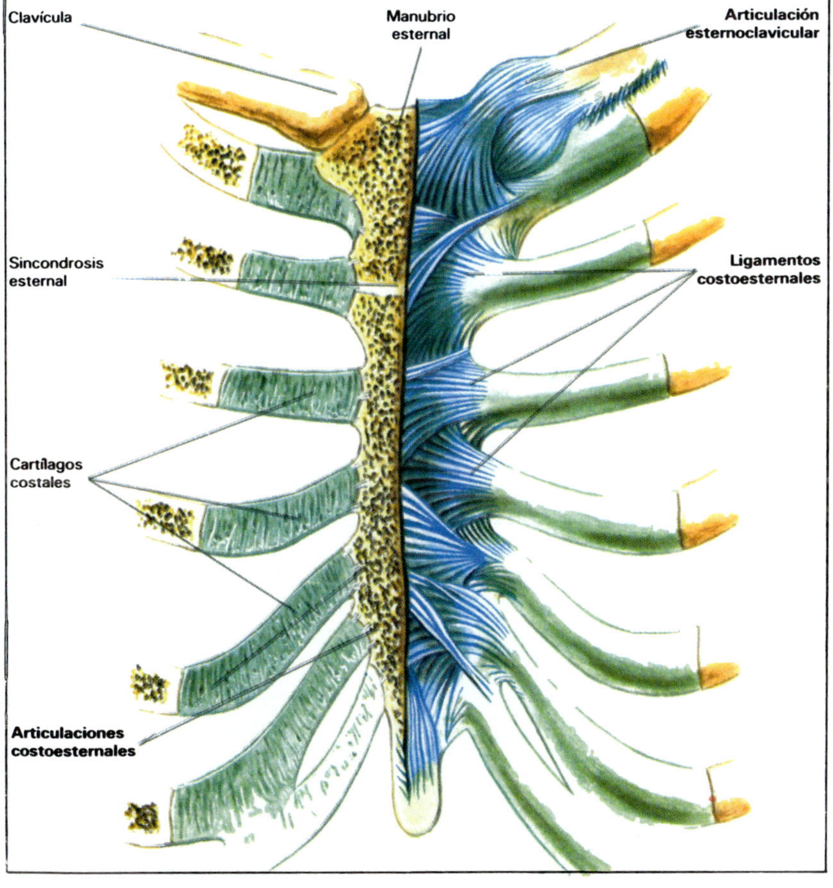

ligamentos comunes a todas las articulaciones intervertebrales, posee un ligamento propio, el **ligamento sacrovertebral**.

Articulación sacrococcígea
Es una **anfiartrosis** que une una carilla oval convexa del sacro con una carilla similar pero cóncava del cóccix. La refuerzan un ligamento interóseo y los ligamentos periféricos.

Articulación sacroilíaca
Une el sacro con el coxal. Es del tipo **diartroanfiartrosis.** Presentan movimientos muy limitados, pero debe soportar grandes tracciones, ya que *soporta todo el peso del cuerpo* y lo transmite a su base de apoyo, constituida por la pelvis y las extremidades inferiores. Precisa por tanto de ligamentos de refuerzo muy potentes. Estos son los **ligamentos propios**, sacroilíaco anterior, superior y posteriores, y **ligamentos a distancia,** sacroilíacos mayor y menor.

Sínfisis púbica
Une los dos pubis entre sí, en la línea media. Las superficies articulares son unas carillas de forma oval. Los **ligamentos** son de dos tipos, **interóseo** y **periféricos**, anterior, posterior, superior e inferior.

Membrana obturatriz
Está formada por una serie de fascículos fibrosos fusionados entre sí que ocupan el agujero obturador de la pelvis, a través del cual circulan los vasos y nervios del mismo nombre.

Articulaciones del miembro superior

Articulación del hombro

Es muy compleja debido a que presenta gran movilidad: elevación anterior, elevación lateral y rotación. Consta de dos articulaciones distintas, acromioclavicular y escapulohumeral.

Articulación acromioclavicular
Une la clavícula con el acromion, situado al extremo de la espina de la escápula. Enfrenta las carillas articulares correspondientes y se ve reforzada por una cápsula articular y diversos ligamentos.

Articulación escapulohumeral
Une el húmero con la escápula. *Es la articulación con mayor movilidad del cuerpo humano.* Las superficies articulares son la **cabeza humeral**, esférica y recubierta de cartílago hialino, y la **cavidad glenoidea de la escápula**, que está ampliada por el **rodete glenoideo.** Refuerzos articulares son la **cápsula articular** y los **ligamentos intrínsecos.** Existen además unos **ligamentos extrínsecos.**
El músculo bíceps se inserta en el borde superior de la cavidad glenoidea de la escápula y circula por dentro de la cápsula articular. La **sinovial**, que recubre

Articulaciones del hombro: visión interna tras seccionar la cápsula articular

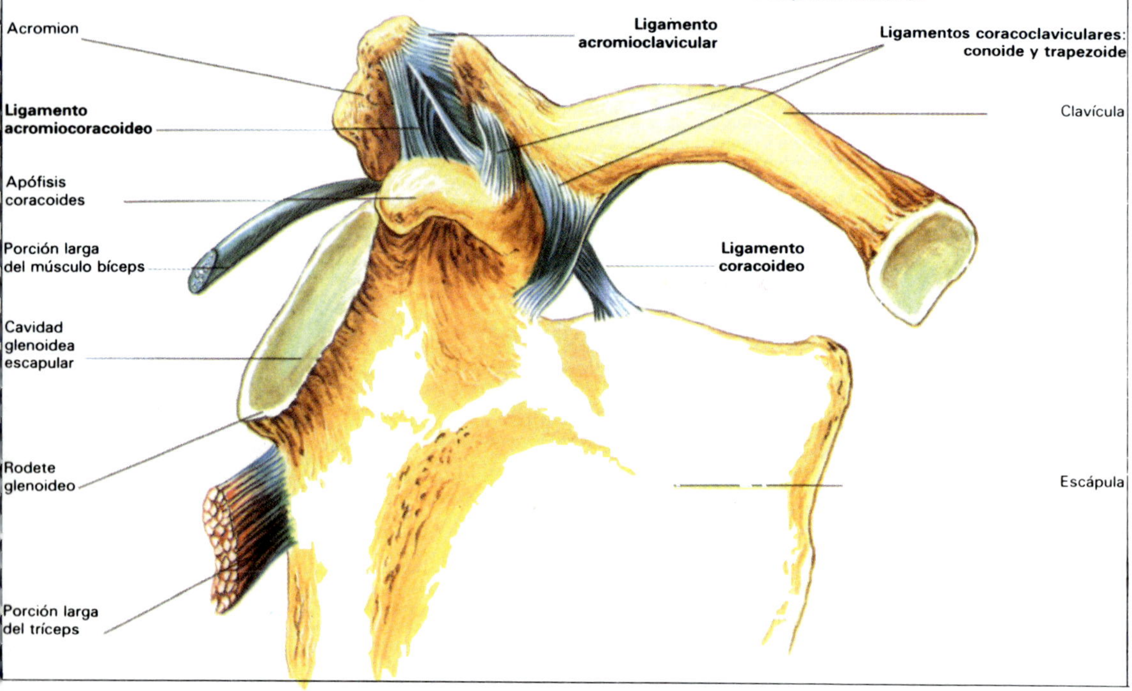

Articulaciones del dedo: visión externa

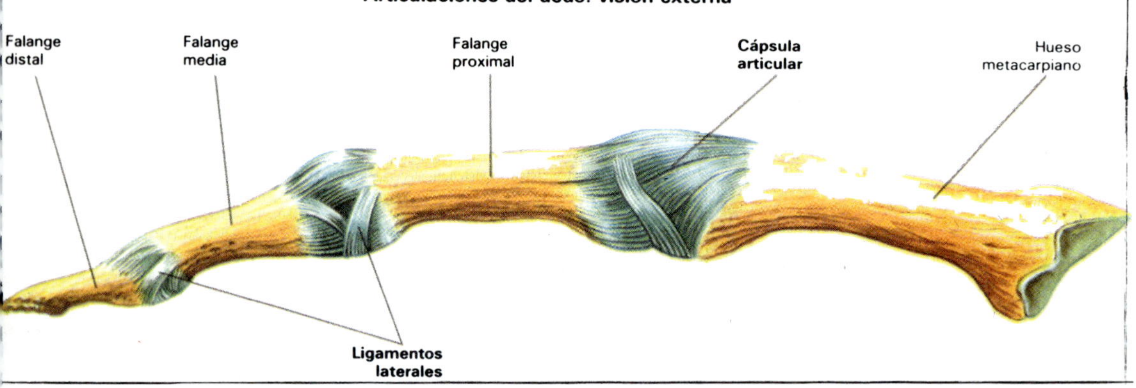

interiormente la cápsula articular, emite dos prolongaciones que forman la bolsa subescapular y una vaina para el tendón del bíceps.

Articulación del codo

Une el brazo con el antebrazo. Existe una cápsula articular común que recubre las tres articulaciones que la componen, y varios ligamentos que las refuerzan.

Articulación humerocubital
Es una diartrosis de tipo **troclear**. Permite los *movimientos de flexión-extensión*. Sus superficies articulares son la **tróclea humeral** y la **fosa coronoide,** por parte del húmero, y la **cavidad sigmoidea mayor** y el **olécranon,** por parte del cúbito.

Articulación humerorradial
Es el tipo *enartrosis*. Enfrenta el cóndilo humeral de forma esférica con una carilla cóncava del radio.

Articulación radiocubital proximal
Es del tipo **trocoide**. Las superficies articulares son un segmento de cilindro de la parte superior del radio que se introduce en la cavidad sigmoidea menor del cúbito. Está reforzada por el **ligamento anular.**

Permite los *movimientos de rotación* (pronación-supinación) del antebrazo, durante los cuales ambos huesos se cruzan formando una X.

Articulaciones de la muñeca

Articulación radiocubital distal
Es también de tipo **trocoide**. Las superficies articulares son dos carillas, cóncava la del radio y convexa la del cúbito. Existe cápsula articular y el ligamento triangular de refuerzo. *Permite la pronación-supinación de la mano*, al girar el radio alrededor del cúbito, que queda flojo.

Articulación de los huesos del carpo entre sí
Constan de gran número de pequeñas articulaciones, que unen entre sí los doce huesos que constituyen el carpo. Presentan *muchos ligamentos de refuerzo*, debido a la gran movilidad de la mano en su conjunto: ligamentos interóseos, ligamentos palmares y ligamentos dorsales. Junto con los *movimientos de la muñeca*, estas articulaciones permiten realizar la *flexión, extensión, aducción y abducción de la mano.*

Articulaciones carpometarcapianas
Son articulaciones *por encaje recíproco*, que unen los cinco metacarpianos con los huesos de la segunda fila del carpo. La del **pulgar** es la que presenta mayor movilidad: *flexión, extensión, aducción, abducción y circunducción.*

Articulaciones de los dedos

Articulaciones metacarpofalángicas
Unen las falanges a los huesos metacarpianos. Son de tipo **condíleo**. Permiten *gran número de movimientos diferentes.*

Articulaciones interfalángicas
De tipo **troclear**, permiten únicamente *movimientos de flexión-extensión.*

Articulaciones del hombro: escapulohumeral y acromioclavicular (visión anterior)

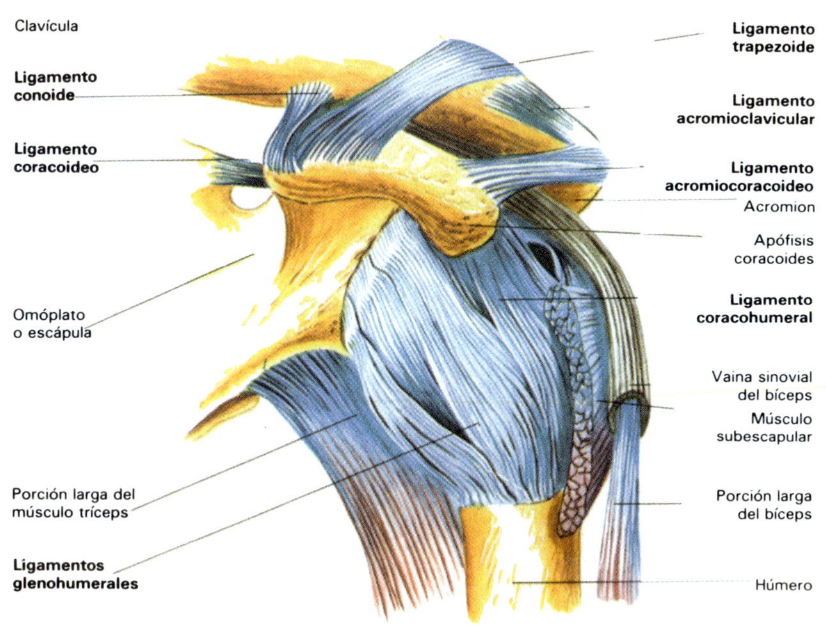

Articulación del codo: visión lateral

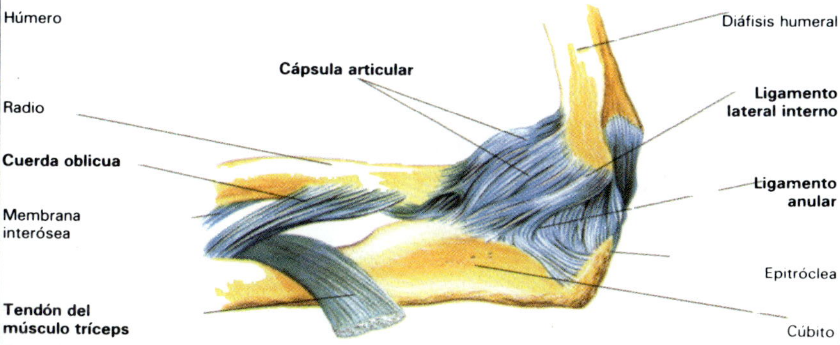

Articulaciones del miembro inferior

Articulación de la cadera

Articulación coxofemoral

Está formada por la **cabeza del fémur**, de forma esférica y que presenta una pequeña fosa para el **ligamento redondo**, que se enfrenta a la **cavidad cotiloidea** o **acetábulo** del hueso coxal. La cabeza femoral está recubierta por cartílago hialino con el fin de evitar su desgaste. La cavidad cotiloidea está ampliada mediante un **rodete cotiloideo**, fibrocartilaginoso, que aumenta la superficie articular e impide la salida de la cabeza femoral. Como refuerzo existen varios **ligamentos**, aparte del ligamento redondo ya mencionado, que es intraarticular, y una **cápsula fibrosa** que es la más resistente del organismo. La **sinovial** es doble, ya que una de ellas corresponde al ligamento redondo. Es una articulación del tipo enartrosis, por lo cual permite *movimientos en todas las direcciones.*

Articulación de la rodilla

Articulación femorotibial

Es una articulación del tipo troclear. Permite *movimientos de flexión-extensión* y de *rotación interna y externa*.
Las superficies articulares son, por parte del fémur, la **tróclea** femoral, formada por los dos cóndilos y la escotadura intercondílea entre ambos. Por parte de la tibia está la **meseta tibial**, con sus dos cavidades glenoideas separadas por la espina tibial. Para ampliar la superficie están los dos **meniscos** o fibrocartílagos interarticulares. El menisco externo presenta forma de C y el interno de O.
Los medios de unión son la **cápsula**, dentro de la cual está insertada la rótula, y varios ligamentos. Existen **ligamentos laterales**, internos y externos, **ventrales** y **dorsales**. Dentro de la articulación se encuentran los **ligamentos cruzados**, que son dos, destinados a aumentar la *estabilidad* de la rodilla, ya que ésta debe soportar todo el peso del cuerpo.
La **membrana sinovial** de la rodilla es la más extensa del cuerpo, y como todas, está repleta de líquido sinovial.
Debido a su gran complejidad es fácil entender que *las lesiones de la rodilla son muy variadas.* Entre los deportistas son muy frecuentes las lesiones de los ligamentos cruzados y la rotura de los meniscos.

Articulaciones peroneotibiales

Son dos, superior e inferior. Son del tipo de las **artrodias.** Presentan, entre otros, el **ligamento interóseo**, así como *movimientos de deslizamiento poco extensos.*

Pelvis y articulaciones coxofemorales: corte perpendicular al eje de la pelvis

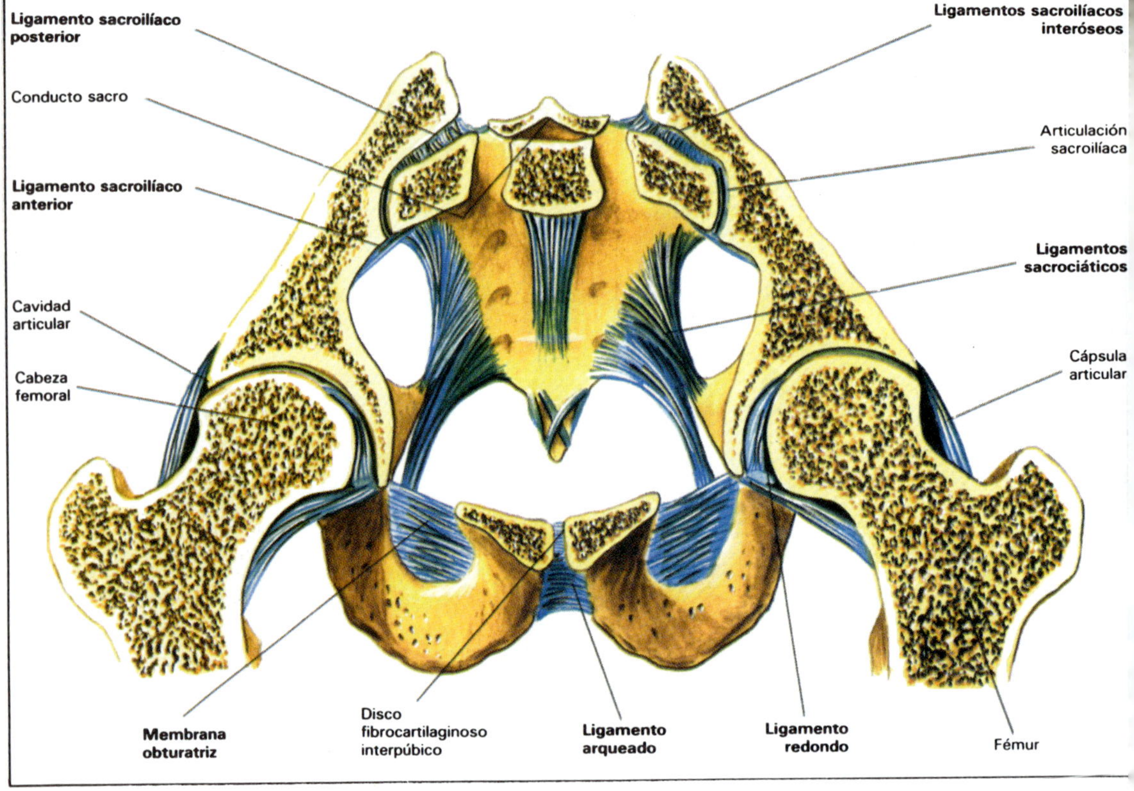

Ligamentos del pie: superficie dorsal y cara externa

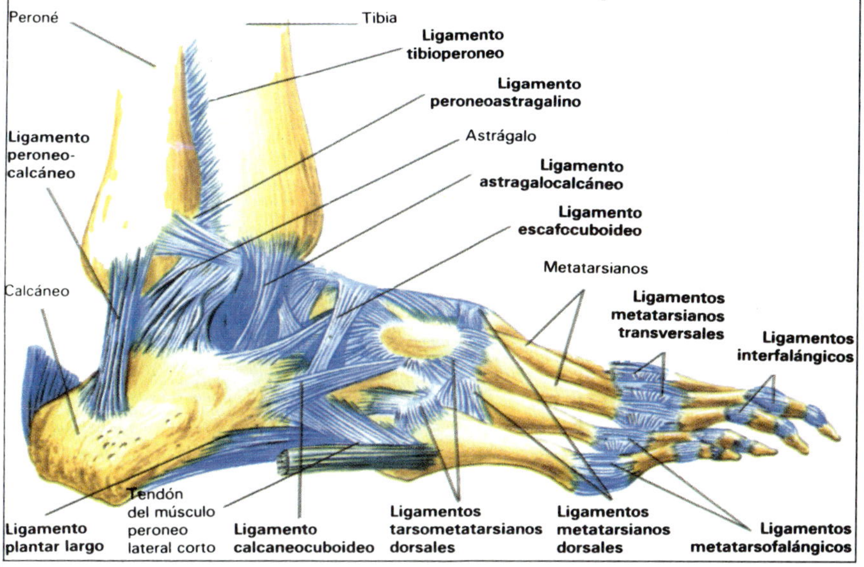

Articulación de la rodilla: corte sagital

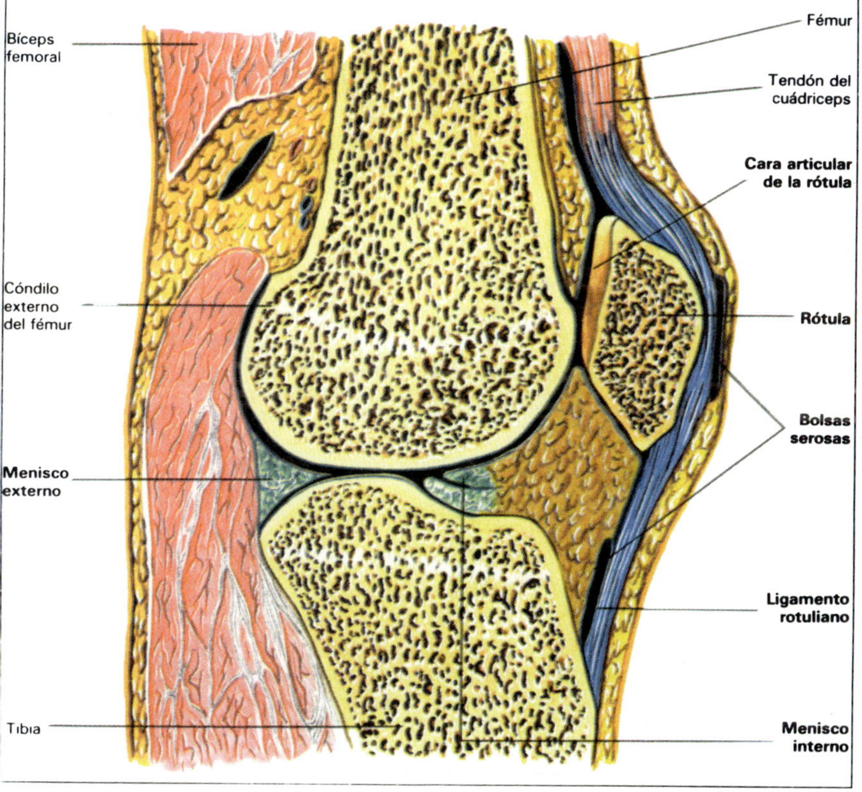

Articulación del tobillo

Es la articulación tibiotarsiana, una articulación **troclear.** Las superficies articulares son la **polea astragalina**, por un lado, y por parte de la tibia, la **cara inferior de la tibia** y los dos **maléolos**, interno y externo.

Los **ligamentos** que la refuerzan son tres, uno **capsular** y dos **laterales.** Presenta asimismo cápsula y sinovial.

Los *movimientos del tobillo* son varios, fundamentalmente la *flexión* y la *extensión*. El resto *aducción, abducción, rotación* y *circunducción* resultan de la sucesión de los cuatro movimientos ya mencionados.

Articulaciones intrínsecas del pie

Pueden dividirse en cinco grupos: **articulaciones de los huesos del tarso entre sí,** articulaciones **tarsometatarsianas,** articulaciones **metatarsofalángicas,** articulaciones de los huesos del **metatarso entre sí** y articulaciones **interfalángicas.**

La mayoría de estas articulaciones son del tipo de las **artrodias**, con caras articulares planas.

A diferencia de las articulaciones de la mano, éstas presentan *menor capacidad de movimiento*, pero deben soportar mucho más peso. Su función principal es *mantener la especial forma arqueada* de los huesos del pie, que constituyen el **arco plantar,** y por ello sus *ligamentos son más cortos y resistentes* que los de la mano.

El hundimiento del arco plantar por debilidad de los ligamentos intrínsecos es la causa de los llamados «pies planos».

Músculos del cuerpo

Los músculos representan la parte activa del *aparato locomotor*. Es decir, son los que permiten que el esqueleto se mueva y que, al mismo tiempo, mantenga su estabilidad tanto en movimiento como en reposo. Junto a todo esto, los músculos contribuyen a dar la forma externa del cuerpo humano.

Músculos del cuerpo humano: visión anterior o frontal

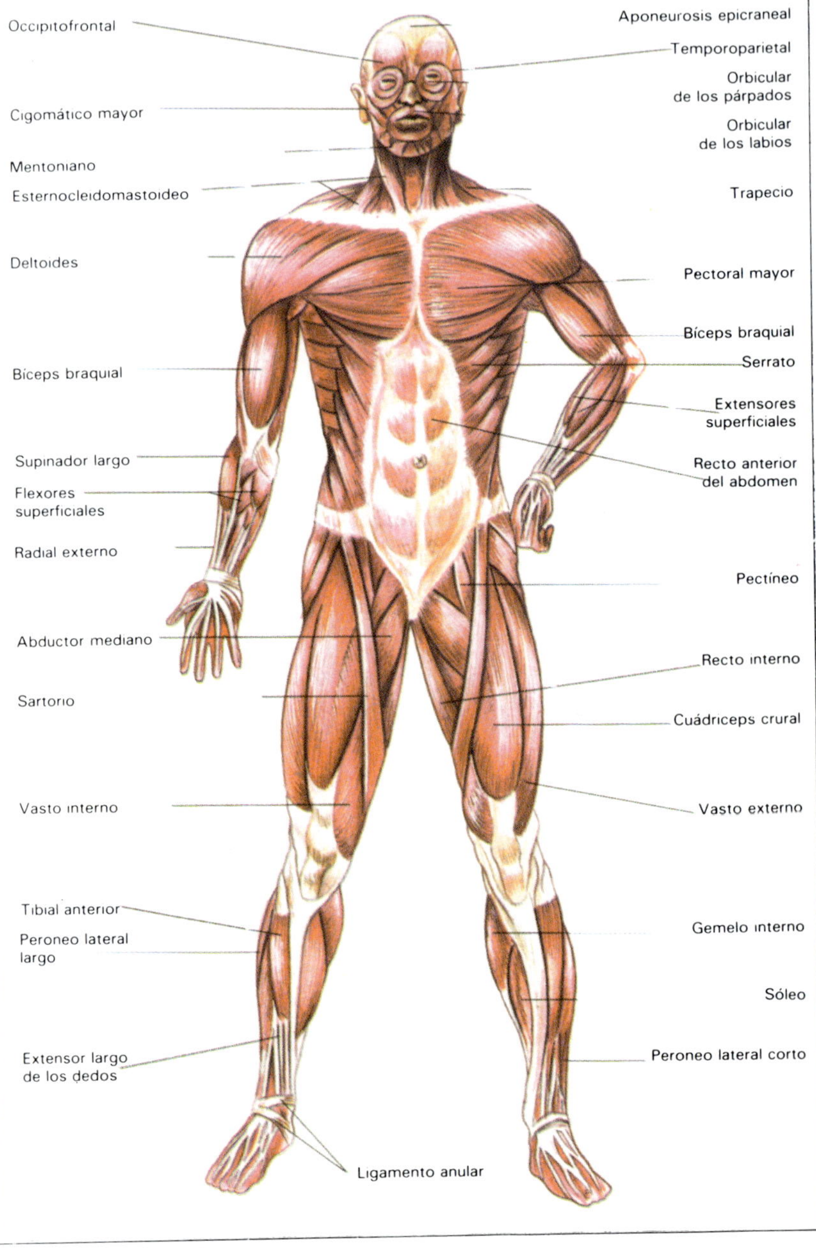

Clasificación de los músculos

Los músculos del organismo se dividen en **voluntarios** e **involuntarios**. Los primeros son los que se contraen cuando el individuo quiere, y suelen corresponder a los músculos del esqueleto. Poseen la característica de tener una contracción potente, rápida y brusca, si así se precisa. Son músculos de acción rápida. Los segundos son regidos por el sistema nervioso vegetativo y el individuo no tiene ningún control voluntario sobre ellos. Suelen constituir las paredes de las vísceras, del aparato respiratorio y del aparato circulatorio. Estos músculos poseen una contracción y una relajación lentas.

Ambos tipos de músculos tienen, a su vez, características propias. Así, los **músculos voluntarios**, salvo el esfínter anal, están compuestos por células o fibras musculares provistas de **estrías transversales**, por lo que se les denomina **músculos estriados.** Los **músculos involuntarios,** salvo el corazón, que también está formado por músculo estriado a pesar de no tener control voluntario, están constituidos por células musculares sin estrías, por lo que se denominan **músculos lisos.**

Descripción y forma de los músculos

Cada **músculo estriado** se compone de dos partes: una parte roja, blanda y contráctil que constituye la *parte muscular*, y una parte blanquecina, fuerte y no contráctil que constituye el **tendón.** Los **tendones** varían en su forma y disposición dependiendo de su unión a las fibras musculares (que a su vez se dispondrán según la función del músculo). Los tendones son de color blanco nacarado y están constituidos por fibra no elásticas que forman grupos, a su vez recubiertos por *tejido conjuntivo laxo* que separa entre sí estos grupos o fascículos. Por su forma, los músculos se clasifican en: **largos, anchos** y **cortos**. Los **músculos largos** son

Músculos del cuerpo humano: visión posterior o dorsal

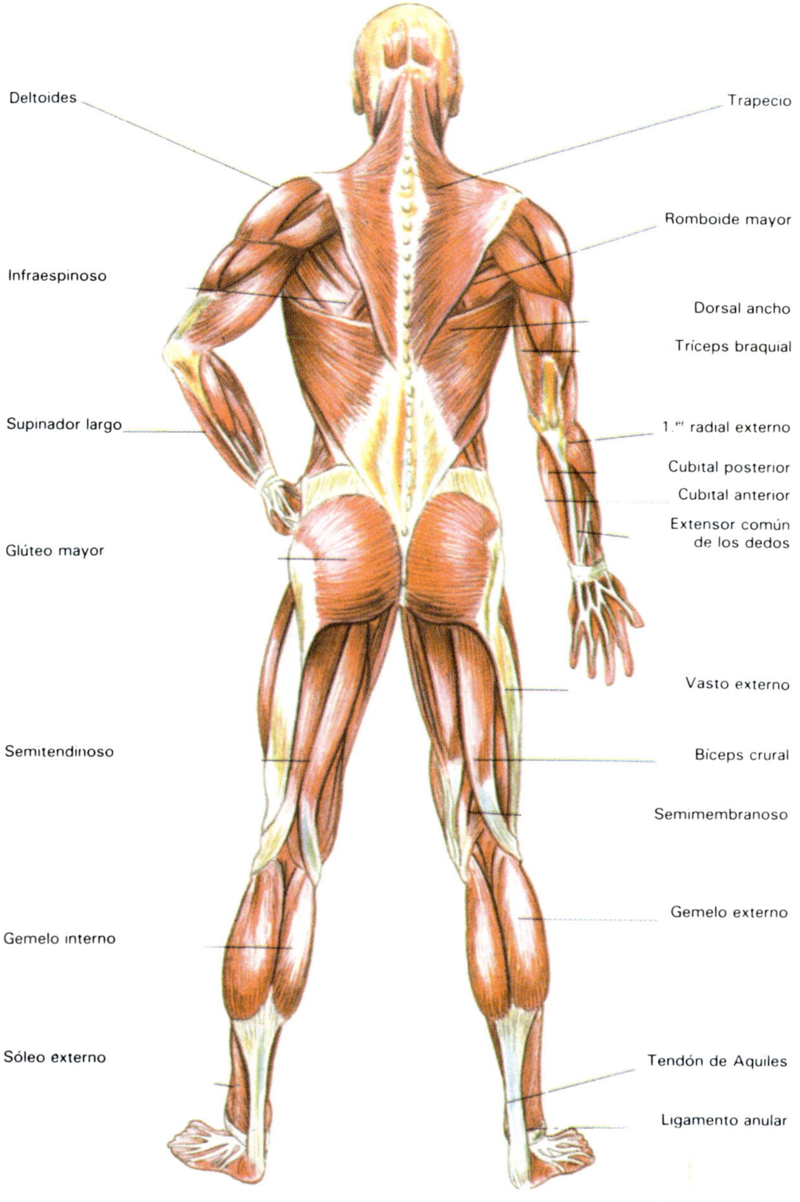

aquellos en los que la dimensión según la dirección de sus fibras sobrepasa la de los otros diámetros. Éstos, a su vez, pueden ser **fusiformes** o **aplanados**, según el diámetro transversal sea mayor en su parte media que en los extremos (así, el bíceps es un músculo largo y fusiforme, mientras que el recto del abdomen es largo y aplanado).
Los **músculos anchos** son aquellos en los que todos los diámetros tienen aproximadamente la misma longitud (el dorsal ancho de la espalda). Los **músculos cortos** son aquellos que independientemente de su forma, tienen muy poca longitud (los de la cabeza y cara).

Función de los músculos
Los músculos, debido a su capacidad de contracción, hacen posible que el esqueleto se mueva. Así, las extremidades pueden realizar movimientos de **flexión** o **extensión**, de **rotación** (*pronación* y *supinación*), de **aproximación** (*aducción*) o al contrario (*abducción*).
Como hemos visto, la mayor parte de los músculos están provistos de tendones, mediante los cuales suelen insertarse sobre los huesos. Según el tipo de inserción, es decir, si lo hacen mediante más de un extremo o cabeza, se dividen en **bíceps** (dos cabezas), **tríceps** (tres cabezas) y **cuadríceps** (cuatro cabezas).
Dependiendo de si están formados por más de un cuerpo muscular, se dividen en **digástricos** y **poligástricos** (dos o más cuerpos, respectivamente). Si toman su inserción terminal por más de un extremo o cola, los músculos serán **bicaudales, tricaudales** o **policaudales,** según lo hagan por dos, tres o más extremos.

Situación de los músculos
Según su situación los músculos se dividen en **superficiales** y **profundos**.
Los **músculos superficiales** están situados inmediatamente por debajo de la piel y, si bien en el ser humano son rudimentarios y escasos, están insertados, por uno de sus extremos, en la capa profunda de la piel. Alguno de estos músculos está en la cabeza, cara, cuello y mano.
La mayoría de los **músculos profundos** insertan sus extremos sobre los huesos del esqueleto.
Algunos lo hacen en los órganos de los sentidos (músculos que mueven los ojos) y otros están situados más profundamente, relacionándose con la laringe, la lengua, etcétera.

Palancas musculares; tejido muscular y su contracción

Relación entre los músculos y sus tendones
Los músculos, para poder realizar su función, se encuentran unidos a los tendones que, a su vez, están insertados sobre los huesos u órganos que deben mover. *La unión de las fibras musculares a los tendones debe ser muy resistente* (más que la de éstos sobre los huesos) y tener unas características determinadas.
Las fibras musculares pueden unirse a las caras laterales de un tendón, en disposición semejante a la de las barbas de una pluma de ave, denominándose por tanto **penniformes** (es el caso del deltoides en el hombro). Si esta unión es sobre un solo lado del tendón, se denominan **semipenniformes** (los músculos oblicuos del abdomen). Un músculo puede tener una de sus inserciones penniformes y la otra semipenniforme, dependiendo ambas de la disposición que en cada caso adoptan sus fibras.

Contracción muscular (A. punto de apoyo R. resistencia P. potencia)

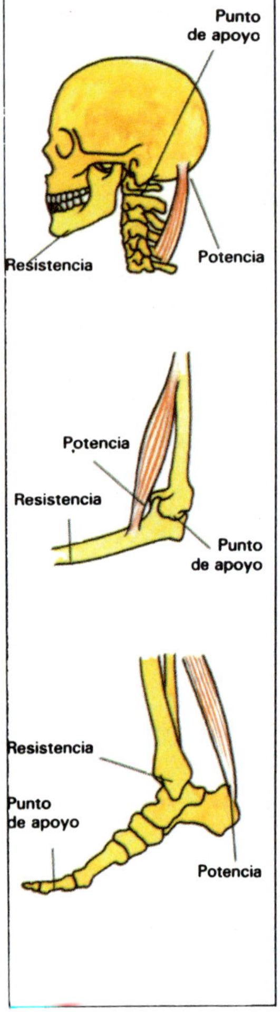

Clases de palancas del aparato locomotor
La fuerza que realiza un músculo al contraerse está en relación directa con el número de fibras que presenta la sección perpendicular a la dirección de las mismas. Sin embargo, dos músculos de igual superficie transversal pueden desarrollar una fuerza distinta. En efecto, ésta depende de la fuerza de la célula muscular, que será diferente en cada individuo, en función de su entrenamiento.
El *acortamiento* de un músculo está en relación directa con la longitud de sus fibras musculares. Como veremos más adelante, el músculo se acorta a nivel de los *discos oscuros* de las fibras musculares, por lo que, cuantos más discos tenga, es decir, cuanto más largo sea, mayor capacidad de acortamiento tendrá. Podemos observar que los desplazamientos que realizan las piezas óseas alrededor de sus articulaciones, por acción muscular, se asemeja a lo que en física se denomina **palanca**. Toda palanca está formada por un **punto de apoyo**, una **resistencia** que hay que vencer y una **potencia** para vencer a la anterior. En el cuerpo humano existen tres tipos de palancas.
Palanca de primer género: tiene su punto de apoyo entre el punto de aplicación de la potencia y el punto de aplicación de la resistencia.
Palanca de segundo género: el punto de aplicación de la resistencia se halla entre el punto de apoyo y el punto de aplicación de la potencia.
Palanca de tercer género: el punto de aplicación de la potencia está situado entre el punto de aplicación de la resistencia y el punto de apoyo. De primer género es la articulación del *atlas con el*

Corte transversal del músculo

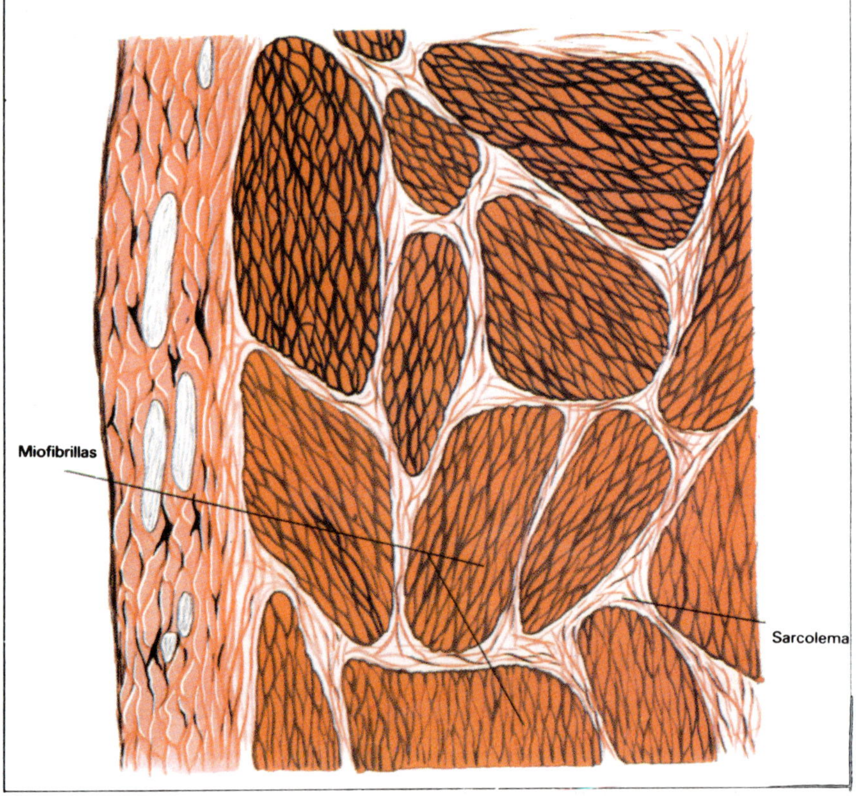

Tipos de músculos e inserciones musculares

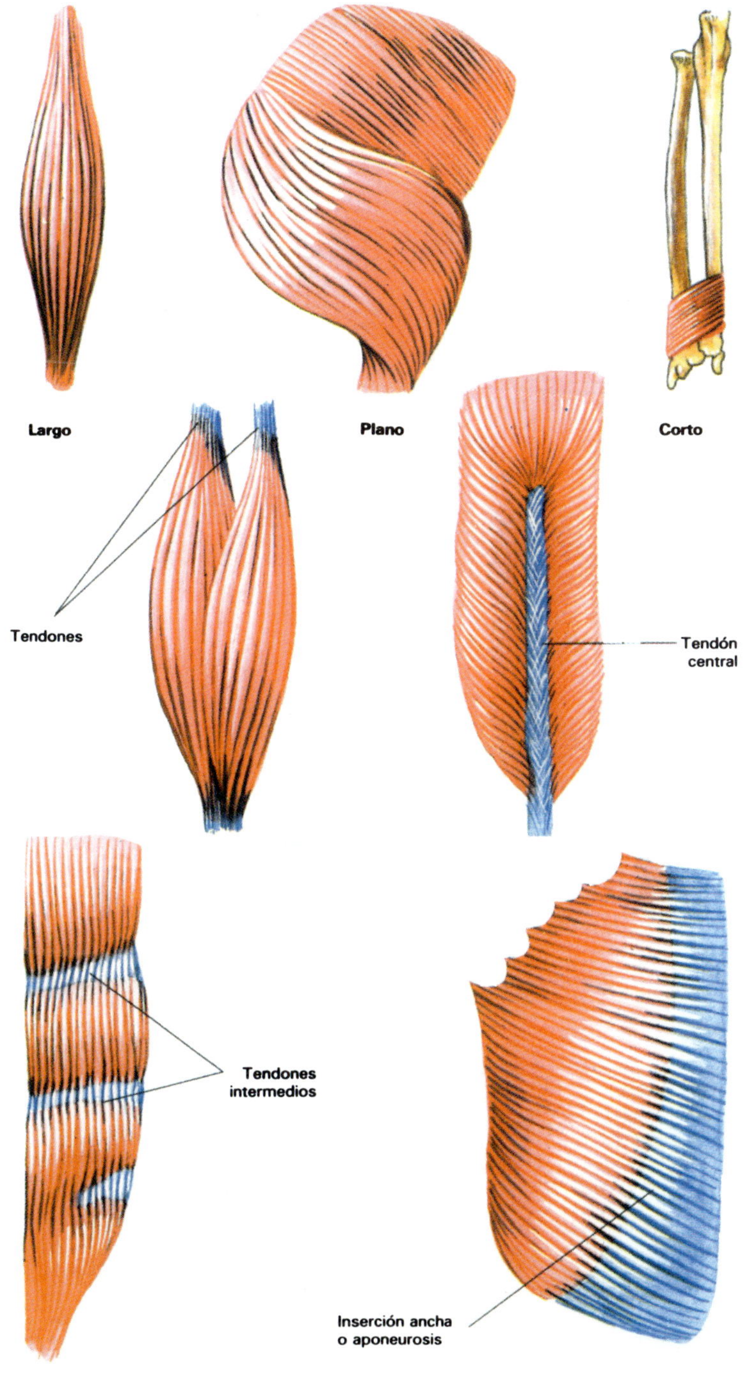

cráneo: la resistencia es el peso de la cabeza, la potencia son los músculos de la nuca y el punto de apoyo es la propia articulación. La palanca de segundo género está representada en el *pie*, donde la articulación metacarpofalángica es el punto de apoyo, el peso del cuerpo es la resistencia y la potencia son los músculos gemelos. En el tercer tipo de palanca, la *articulación cubitohumeral* es el punto de apoyo, el peso del antebrazo la resistencia y la fuerza del bíceps la potencia.

El tejido muscular y la fisiología de la contracción

Los músculos estriados están constituidos por un gran número de **células** o **fibras musculares** que, si bien tienen un calibre muy pequeño (10-100 micras), pueden llegar a tener una gran longitud (hasta 3 cm). Cada fibra muscular contiene varios cientos o millares de **miofibrillas**. Cada miofibrilla tiene, a su vez **filamentos de actina y de miosina** (que son moléculas de proteína) que se interdigitan a lo largo de toda la fibra muscular, motivo por el que se aprecian **bandas** o **discos claros y oscuros** que se alternan. Los filamentos de actina pueden deslizarse entrando y saliendo de los espacios existentes entre los filamentos de miosina, produciéndose así la *contracción* y la *relajación* musculares.

Cuando un *estímulo nervioso* llega a la célula muscular, los filamentos de actina y de miosina se interdigitan más profundamente, produciendo la contracción muscular. Cuando cesa el estímulo nervioso, se separan de nuevo, volviendo a la posición inicial de reposo. Sin embargo, todo este mecanismo, en realidad, es mucho más complejo y su explicación sobrepasa el ámbito de este texto.

Músculos de la cabeza y cuello

Dentro de este conjunto de músculos hay que destacar los de la cara, muy numerosos, ya que gracias a ellos el ser humano es capaz de expresar *sus sentimientos*. Otro grupo de músculos de la cabeza nos permite *masticar* y *deglutir* los alimentos, así como *mover la cabeza* en todas las direcciones, para conseguir que los órganos de los sentidos (vista, oído y olfato) desarrollen mejor sus funciones.

Músculos masticadores

Son, como su nombre indica, los que permiten la masticación de los alimentos.
Tienen la función de *aproximar la mandíbula al maxilar superior*, es decir, cerrar la boca. Son músculos muy potentes, cortos y anchos que están situados sobre la cara lateral del cráneo, a ambos lados. Los más importantes son el **músculo temporal** y el **músculo masetero**, que se pueden palpar fácilmente sobre la cara y el cráneo cuando cerramos con fuerza la boca.

Músculos cutáneos del cráneo

Estos músculos son los que presentan unas conexiones más íntimas con la piel y nos permiten *expresar el estado de ánimo*. Son muy planos y delgados, y la mayoría se encuentral alrededor de los orificios de la cara: **orificios palpebrales, orificios nasales** y **boca.** Su contracción o relajación permite cerrar o abrir los párpados, las alas de la nariz y los labios. Son llamados, en su conjunto, músculos mímicos. Los más significativos son:

Músculos de la cabeza y cuello: visión lateral

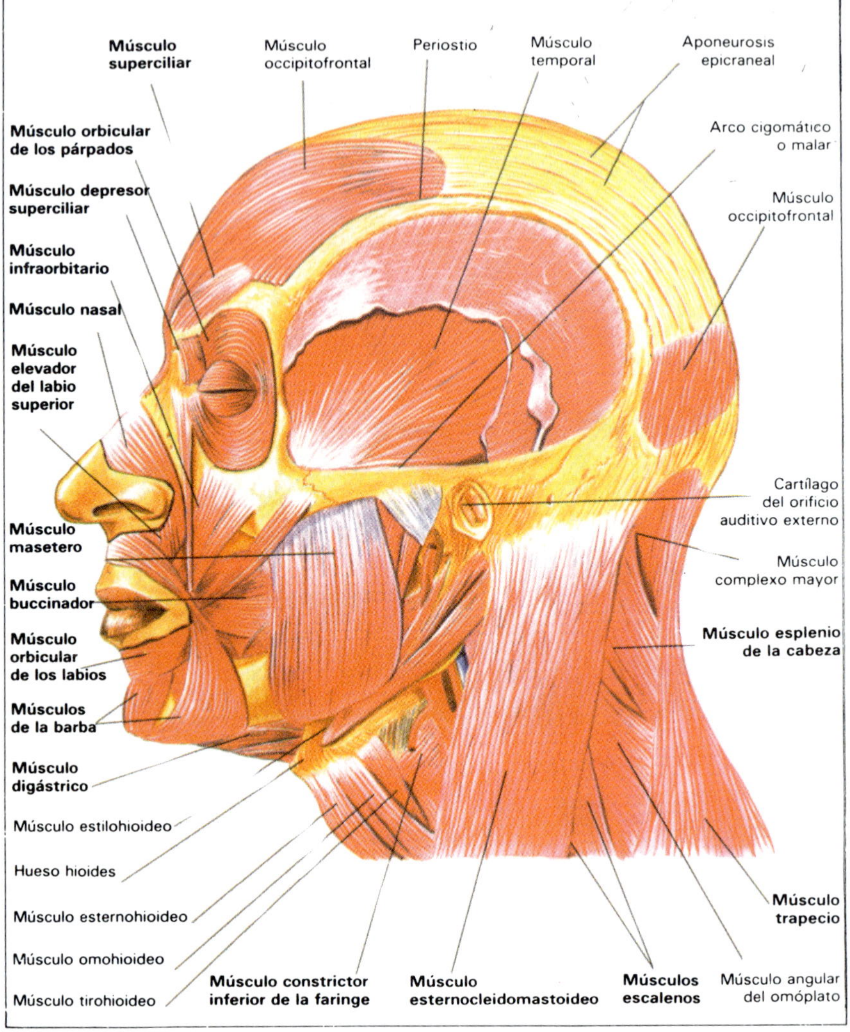

músculo frontal, que permite arrugar la frente; **músculo orbicular de los párpados** o esfinter de los párpados, que permite abrir y, sobre todo, cerrar los ojos con fuerza: **músculos de la nariz**, cuatro pequeños músculos que permiten «arrugar» la nariz o mover las aletas nasales; **músculo orbicular de los labios,** que permite a éstos moverse y, por tanto, hablar, comer, etcétera; **músculo buccinador**, que corresponde a los carrillos, los cuales pueden hincharse para soplar o para aumentar el contenido de la boca.

Músculos del cuello

Muy numerosos, su principal papel es el de *mover la cabeza, la columna cervical y el hueso hioides* (un huesecillo que existe libre, no relacionado con ningún otro hueso, en la cara anterior del cuello, por debajo de la mandíbula), además de mantenerse la cabeza erguida.

Están situados a ambos lados del cuello, de forma simétrica y en varios planos, y se denominan **músculos laterales del cuello**. Los situados delante son los **músculos hioides**, y los situados detrás son los **músculos de la nuca** o vertebrales.

Músculos laterales del cuello
Sobresalen el **músculo esternocleidomastoideo**, que permite la *flexión* anterior o lateral *de la cabeza*, así como la *rotación* de

Músculos del cuello: visión anterior

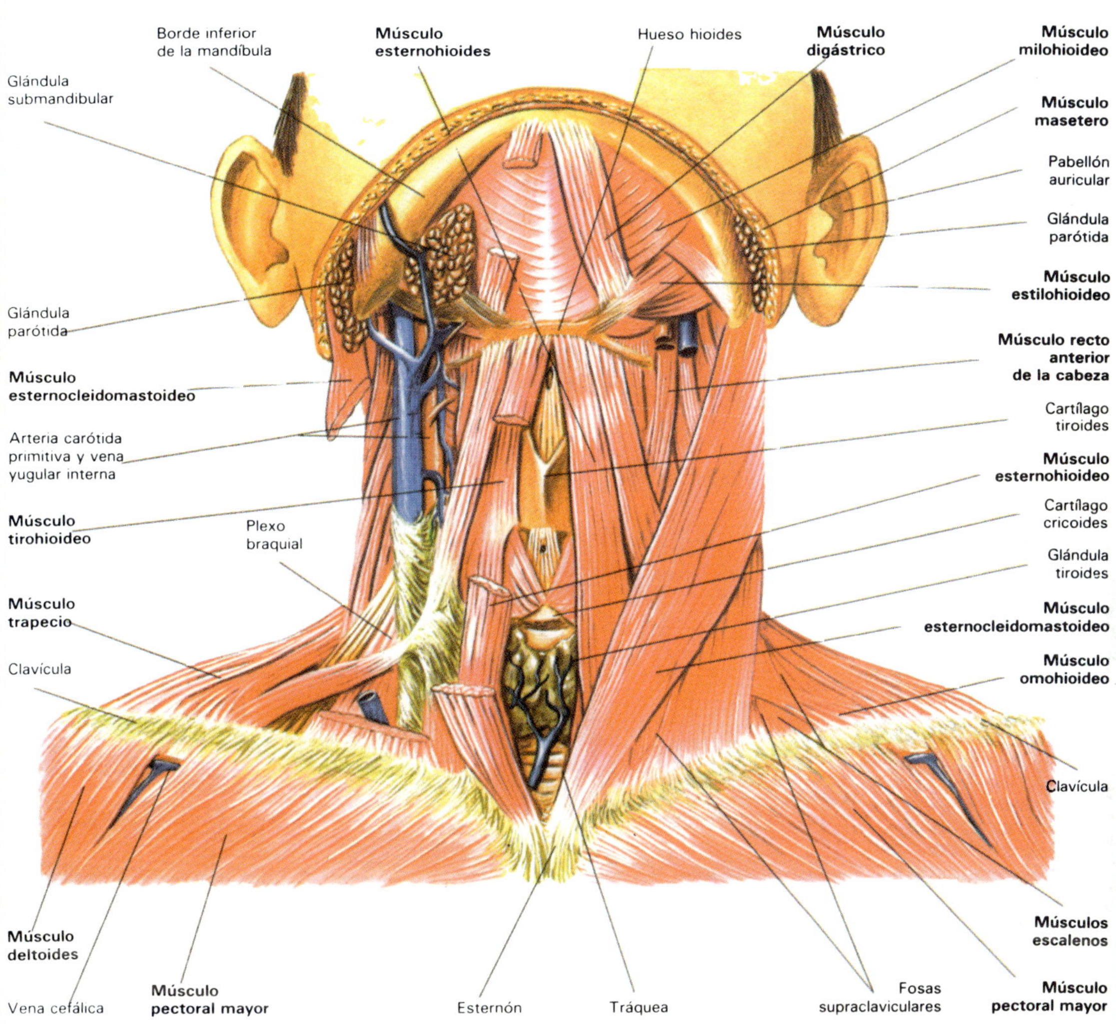

la misma; y los **músculos escalenos**, que son una masa irregular de pequeños músculos que permiten *inclinar el cuello* y *elevar* algo *la caja torácica* durante la inspiración.

Región del hueso hioides
Situados en la cara anterior del cuello, están divididos en **músculos suprahioideos** e **infrahioideos**. Tienen como misión *bajar el hueso hioides o la faringe* (los infrahioideos) y *subir el hioides y bajar la mandíbula* (los suprahioideos).
Ambos grupos son importantes para la deglución.

Región prevertebral
Como su nombre indica, están aplicados a la cara anterior de la columna vertebral, por detrás del esófago y la faringo-laringe.
Su misión principal consiste en *flexionar la cabeza* sobre el tronco, así como *rotar* levemente *el cuello*.

Aponeurosis del cuello

Una **aponeurosis** es un conjunto de membranas fibrosas que envuelven a todos los músculos, y su función consiste en oponerse a su desplazamiento lateral cuando éstos se contraen. En el cuello las aponeurosis presentan poco desarrollo, excepto las de los músculos de los *canales vertebrales*, donde tienen mayor grosor y son más resistentes.
La aponeurosis del cuello está dividida en tres tipos diferentes: **aponeurosis cervical superficial, aponeurosis cervical media** y **aponeurosis cervical profunda** o prevertebral.
El cuello pues, está dividido en tres compartimientos, de delante hacia atrás, en diferentes planos.

Músculos del tronco: tórax y abdomen

En los músculos de la gran superficie de nuestro cuerpo que corresponde al **tronco** incluiremos los **músculos de la nuca** que, si bien pertenecen al **cuello**, tienen la misión, junto a los demás músculos intervertebrales, de *mantener erguida la columna.*

Músculos superficiales de la espalda (región lumbodorsocervical)

Esta región posee seis importantes músculos que están dispuestos en tres planos, entre la piel y las costillas. Dos de ellos, el trapecio y el dorsal ancho, son de gran amplitud. El **músculo trapecio** es el más superficial; es ancho y triangular, y ocupa el espacio comprendido entre el cráneo y las últimas vértebras dorsales. El **músculo dorsal ancho** está situado más profundamente que el anterior, en la parte más posterior e inferior de la espalda. Es ancho y delgado y tiene forma de triángulo; ocupa el espacio entre la columna vertebral y la axila, y da la forma característica a la espalda. Su acción es la de *acercar el brazo al cuerpo*. Debajo de estos dos músculos hay otros menos importantes, como el **romboides** y el **angular**. Más profundamente están situados los **serratos,** divididos en **posterior menor superior** y **posterior menor inferior.**

Músculos de la espalda

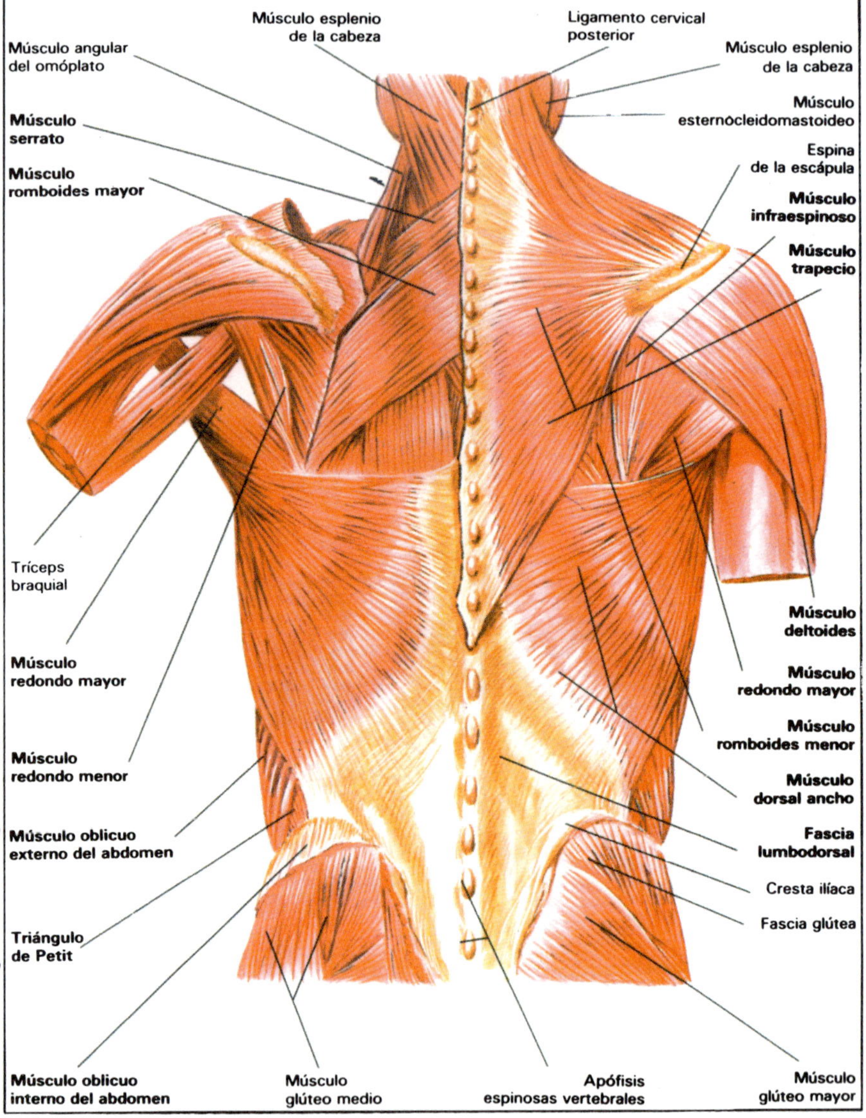

Músculos de la nuca

Estos músculos están situados por debajo de la inserción cervical de los citados anteriormente, entre el músculo angular y las apófisis espinosas de las vértebras cervicales. Son, en total, ocho, y la acción de todos ellos viene a ser aproximadamente la misma: *evitar que la cabeza caiga hacia adelante* y *permitir la extensión del cuello* y la *rotación de la cabeza.*

Músculos de los canales vertebrales (o intervertebrales o espinales)

Están situados a lo largo de toda la columna, entre las apófisis espinosas, las transversas y las costillas. Forman una masa muscular muy compacta y potente que permite la *estabilidad de la columna,* y ayudan a la *extensión* y *rotación* de la misma.

Músculos del tórax

Como su nombre indica, están situados sobre la caja torácica, en su cara anterior. Entre ellos se distinguen dos tipos: los que se insertan en el tórax y en la extremidad superior, y mueven ésta última, y los que tienen ambas inserciones sobre las costillas para mover el tórax y facilitar la respiración. En el primer grupo encontramos los siguientes.
El **pectoral mayor,** ancho y triangular y totalmente superficial, está situado entre la parte anterior

Músculos del tronco: visión lateral

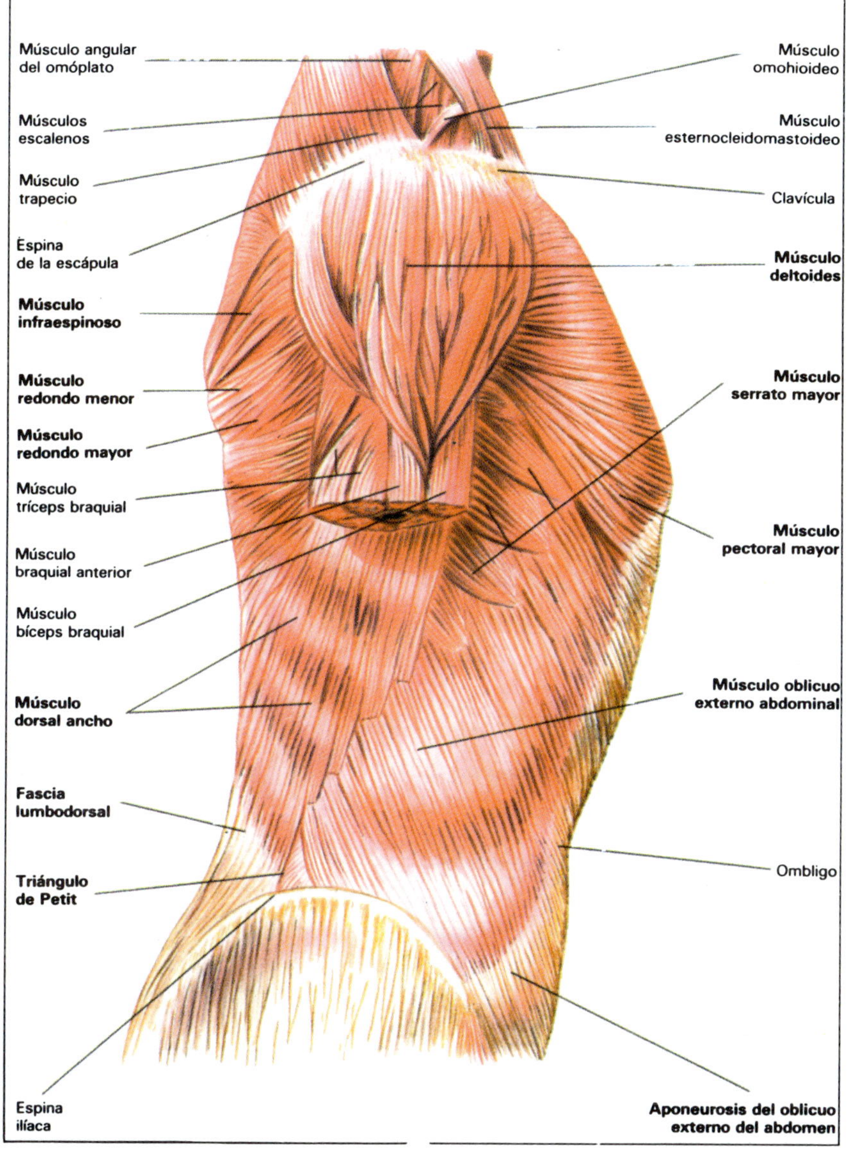

del tórax y la axila, y da la forma al pecho en el varón. El **pectoral menor** es más profundo, de la misma forma y está insertado entre las costillas y la apófisis coronoides del omóplato. El **músculo subclavio**, pequeño y cilíndrico, situado entre la primera costilla y la clavícula.

El **serrato mayor**, ancho y radiado, situado en la pared lateral del tórax, une las nueve primeras costillas al borde interno de la escápula.

En el segundo grupo, los más notorios son sin duda los **músculos intercostales**. Anchos y delgados, están situados entre las costillas y enlazan cada una de ellas con la siguiente. Sus fibras entrecruzadas, al contraerse, acercan las costillas entre sí, colaborando en la respiración.

Entre los músculos del tórax cabe incluir el **diafragma.** Está situado en el interior del organismo y es el músculo que *separa la cavidad abdominal.*

Tiene la forma de un paraguas abierto y sobre él se apoyan el corazón y los pulmones. Posee dos orificios que permiten el paso del esófago y del paquete vascular (aorta y vena cava inferior). Su función es muy importante durante el proceso de la *respiración.*

Músculos del abdomen

La cavidad abdominal está totalmente recubierta por músculos que *protegen su contenido,* permiten *aumentar la presión intraabdominal* para favorecer la defecación, y *ayudan a realizar los movimientos del tronco.* Los más importantes son: **músculo recto del abdomen,** situado a ambos lados de la línea media, entre el esternón y el pubis; **músculos anchos del abdomen,** de los cuales forman parte el **oblicuo mayor,** el **oblicuo menor** y el **transverso.**

Situado siguiendo este orden, de lo más superficial a más profundo, están insertados en las últimas costillas y en la cresta ilíaca.

Conducto inguinal

Situado en lo que se conoce como «ingle», es un *espacio delimitado por los músculos oblicuos y transverso* y por una serie de ligamentos, que constituyen un trayecto por el que pasa el cordón espermático junto al paquete vasculonervioso del mismo. En la zona de la pared abdominal que con los años, y sobre todo en los individuos sin actividad física, tiende a debilitarse y permitir el paso de contenido abdominal, creando lo que se denomina *hernia.*

Región lumboilíaca

Está constituida por tres músculos: el **cuadrado lumbar,** el **psoas ilíaco** y el **psoas menor.**

El primero es cuadrado y plano; situado entre la cresta ilíaca y la última costilla, *ayuda a flexionar la columna lumbar.*

El **psoas ilíaco**, situado en el interior del abdomen por detrás del peritoneo, está formado por dos porciones de origen distinto que se insertan en el fémur. Su acción es potente y *flexiona el muslo* sobre el abdomen.

Músculos del miembro superior

Todos los músculos del miembro superior, a diferencia de los vistos anteriormente, unen entre sí segmentos del esqueleto del mismo. Están dispuestos en dos planos en relación a la posición anatómica: uno anterior o ventral y otro posterior o dorsal. Los **músculos ventrales** son generalmente *flexores* del brazo y los **dorsales** *extensores,* con alguna excepción. Algunos de estos músculos unen entre sí dos segmentos esqueléticos vecinos y se llaman **monoarticulares**, mientras que otros unen segmentos separados por más de una articulación y son por tanto **poliarticulares**. Obviamente, los primeros están situados en planos más profundos para no interferir con los segundos, más superficiales.

Músculos del hombro

Músculo deltoides

Es un músculo superficial, subcutáneo, fácilmente palpable y muy voluminoso. Su nombre deriva de su parecido con la letra griega delta (Δ). Cubre la articulación escapulohumeral y ayuda a dar al hombro su característica forma redondeada. Se inserta en la clavícula y en la escápula por un lado (el que corresponde a la base del triángulo), y al húmero por el otro. Su acción es la de *levantar el brazo* (abducción).

Músculo subescapular

Ocupa la fosa subescapular del omóplato haciendo de almohadilla entre éste y las costillas. Se origina en el borde vertical o interno de la escápula y se inserta en el troquín del húmero. Casi todo el músculo está escondido tras la escápula, pero una parte de él sobresale por el borde de la axila, pudiendo ser palpado. Su acción es la de *aproximar el húmero a la línea media y rotarlo hacia dentro.*

Músculo supraespinoso

Ocupa la fosa supraespinosa del omóplato. Tiene forma de pirámide, con el vértice externo y la base interna. Toma su origen en la fosa supraespinosa de la escápula y se inserta en el troquiter del húmero. *Su acción es similar a la del deltoides*, pero tiene una mayor importancia para iniciar la abducción.

Músculo infraespinoso

Ocupa la fosa infraespinosa del omóplato. Se origina en dicha fosa y se inserta también en el troquiter. Es un músculo *antagonista* del subescapular, pues *produce una rotación del brazo hacia fuera.*

Músculo redondo menor

Es pequeño y en algunos individuos puede no exitir. Tiene la misma acción que el músculo anterior.

Músculo redondo mayor

Tiene una disposición similar a la del subescapular y su acción es la de *acercar el brazo a la línea media* (aducción) *y desplazarlo ligeramente hacia atrás*, para permitir unir las manos tras la espalda.

Músculos del brazo

Están dispuestos en una zona anterior y la otra posterior. Los *anteriores* son: el **bíceps**, en un plano más superficial, el **coracobraquial** y el **braquial anterior**, más profundos. El único músculo *posterior* es el **tríceps.**

Músculo bíceps

Como su nombre indica, tiene dos cabezas de origen, una de las cuales arranca de la apófisis caracoides de la escápula y la otra del ángulo externo de la misma. Se inserta, por medio de un tendón común, en el tercio superior del radio.
Su acción es la de *flexionar el brazo sobre el antebrazo* y de *producir la supinación* del mismo (girar la palma de la mano hacia abajo).

Músculos de la extremidad superior

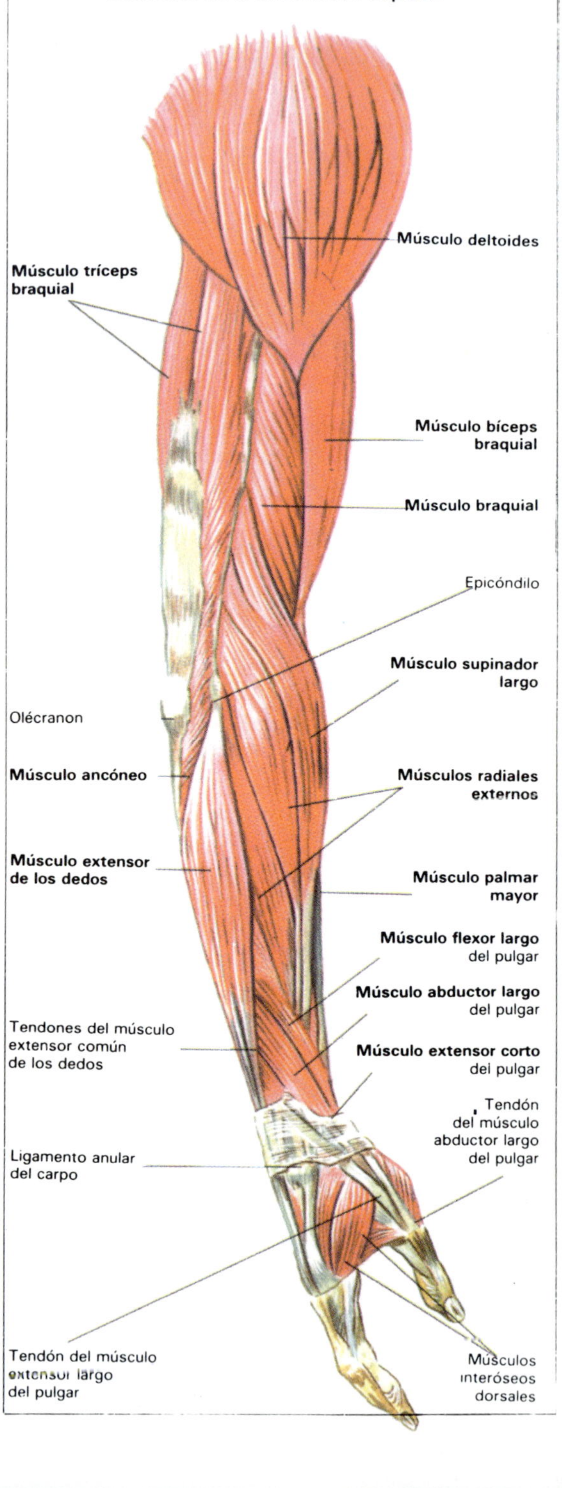

Músculos de la palma de la mano

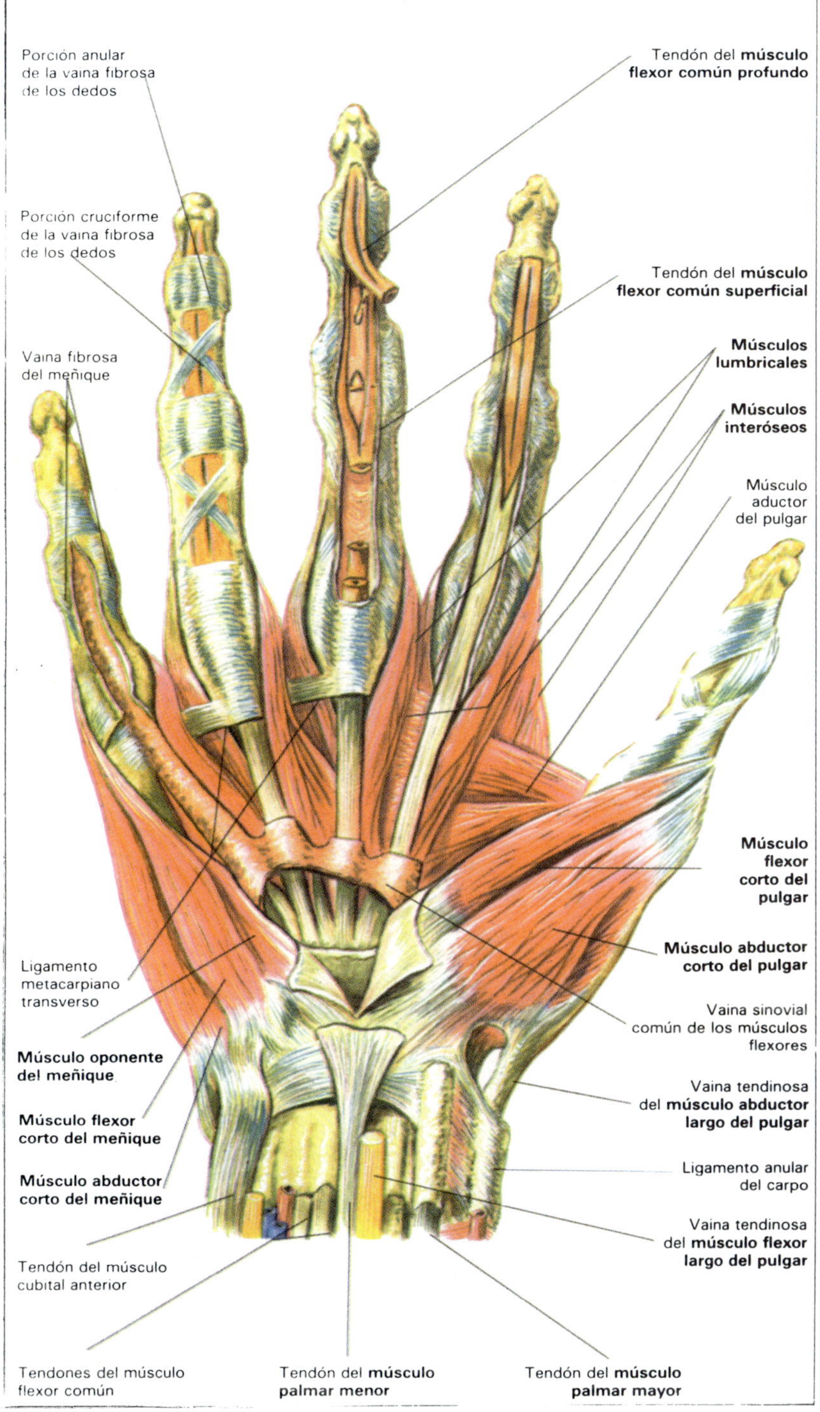

Músculo bronquial anterior
Llamado también *flexor corto del brazo*, está situado por debajo del bíceps en la cara anteroinferior del húmero. Su acción es la de *flexionar el antebrazo.*

Músculo coracobraquial
Es un músculo grueso, situado por dentro del bíceps; va de la apófisis coracoides a la cara interna del húmero. *Eleva el brazo* y *lo lleva hacia dentro y adelante.*

Músculo tríceps
Es el músculo extensor *del antebrazo* por excelencia. Está constituido por tres porciones que tienen diferentes orígenes: una *porción larga* que se inserta en el omóplato, y el *vasto externo e interno* que se inserta en la cara posterior del húmero. Poseen una inserción conjunta en la apófisis oleocraneana del cúbito. Su *acción* es totalmente *opuesta a la del bíceps* y a la del braquial anterior.

Músculos del antebrazo

Están situados entre el codo y la muñeca, dispuestos en varios planos, de más superficial a más profundo, en las caras anterior y posterior del antebrazo. Tienen todos ellos una función muy específica e importante: *realizar la flexión* (los de la cara anterior del antebrazo) *y la extensión* (los de la cara posterior) *de los dedos* y provocar el *movimiento de la mano en cualquier dirección.* Por su acción, todos estos músculos son *poliarticulares.*

Músculos de la mano

Su misión es únicamente *mover los dedos.* Están situados en los espacios intermetacarpianos y son cortos y pequeños. El más importante es el que permite realizar la *oposición del pulgar*, es decir, realizar la acción de «pinza» con la mano.

Músculos del miembro inferior

Dentro de este capítulo estudiaremos los **músculos de la pelvis**, los del **muslo**, los de la **pierna** y los del **pie**. Todos ellos tienen una misión en común: *permitir la deambulación* sobre las dos extremidades inferiores, así como *mantener la posición erguida*. Son músculos muy potentes, tal vez los más potentes del organismo.

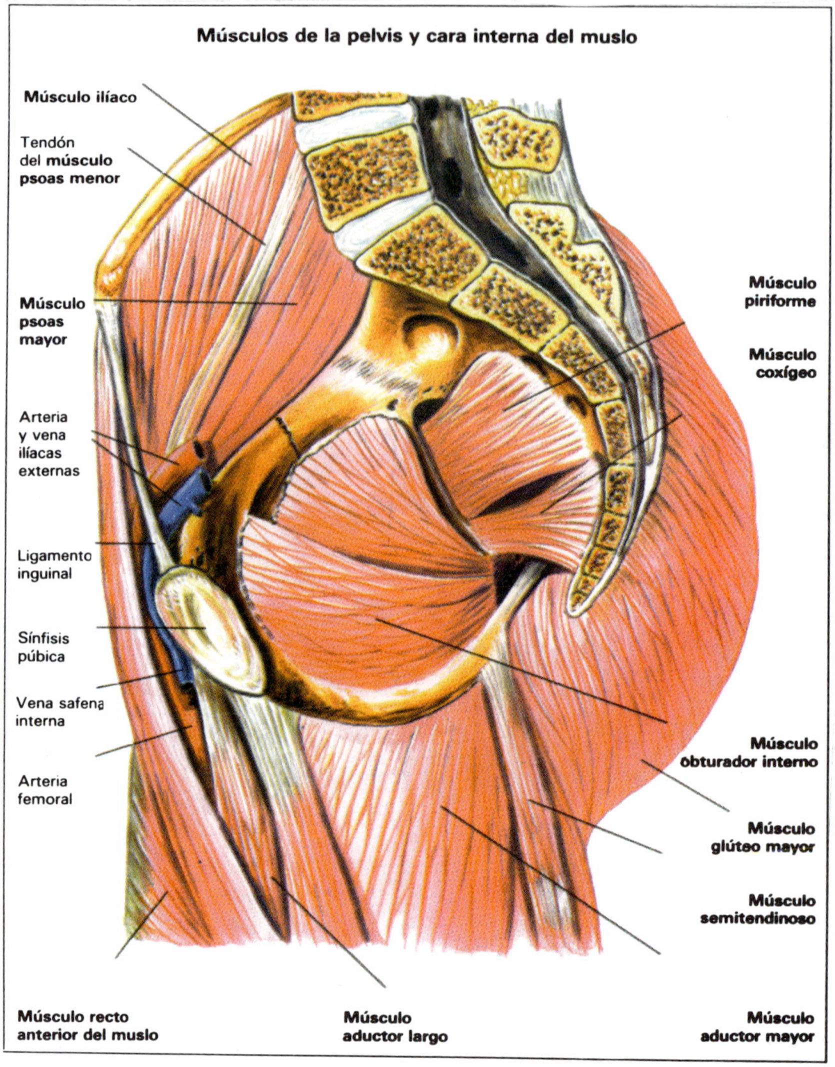

Músculos de la región pélvica

Músculos glúteos

Son tres músculos denominados **glúteo mayor, glúteo mediano** y **glúteo menor.** Están situados según este orden, de la profundidad a la superficie, en el hueco que existe entre la cresta ilíaca, por su parte posterior, y el fémur. Dan la forma a la nalga, característica del ser humano. Su acción principal es la de producir la *aducción de la pierna* y su *rotación interna* (glúteos mediano y menor). La acción del glúteo mayor es la de *mantener el tronco erguido* al evitar que la pelvis rote hacia delante por el peso del tronco y que éste quede en posición inclinada.

Músculo piramidal de la pelvis

Tiene forma triangular, con el vértice en el fémur y la base en la pelvis. Imprime *rotación* hacia fuera **del fémur.**

Músculos géminos

Son dos pequeños músculos (**superior** e **inferior**) que tienen una acción idéntica al anterior.

Músculo obturador interno y externo

Situados entre la nalga y el interior de la pelvis, a través del agujero del mismo nombre, tienen la misión de *rotar el muslo* hacia afuera.

Músculo cuadrado crural

Situado en la parte posterior de la articulación de la cadera, tiene la misma misión que los anteriores. Todos estos músculos, excepto los glúteos, tienen su origen en la pelvis y su inserción en el trocánter mayor del fémur.

Músculos del muslo

Tensor de la fascia lata

Situado en la parte superoexterna del muslo, inmediatamente por debajo de la piel, es aplanado, delgado y carnoso por arriba y tendinoso por abajo. Se extiende desde el coxal a la tibia y su acción de *abducción* es poco importante.

Músculo sartorio

Es una cinta muscular, larga y ancha, que une el ilión con la extremidad superior de la tibia. Se aprecia perfectamente, en los individuos musculosos, como una banda que cruza el muslo de arriba y afuera hasta abajo y dentro. Permite realizar la *flexión del muslo sobre la pelvis* y de la *pierna sobre el muslo.*

Músculo cuadríceps crural

Está ubicado en la cara anterior del muslo y constituido por cuatro porciones con distinto origen superior, que se unen en un tendón común alrededor de la rótula, formando el **tendón rotuliano.** Es el *músculo extensor de la pierna* por excelencia.

Músculos aductores

Son un conjunto de músculos en forma de abanico que se originan cerca de la sínfisis púbica y se insertan sobre el fémur. Como su nombre indica, realizan la *aducción de la pierna*, al tiempo que le imprimen una ligera *rotación hacia afuera.*

Músculo bíceps crural

Es un músculo largo, situado

Músculos de la pierna

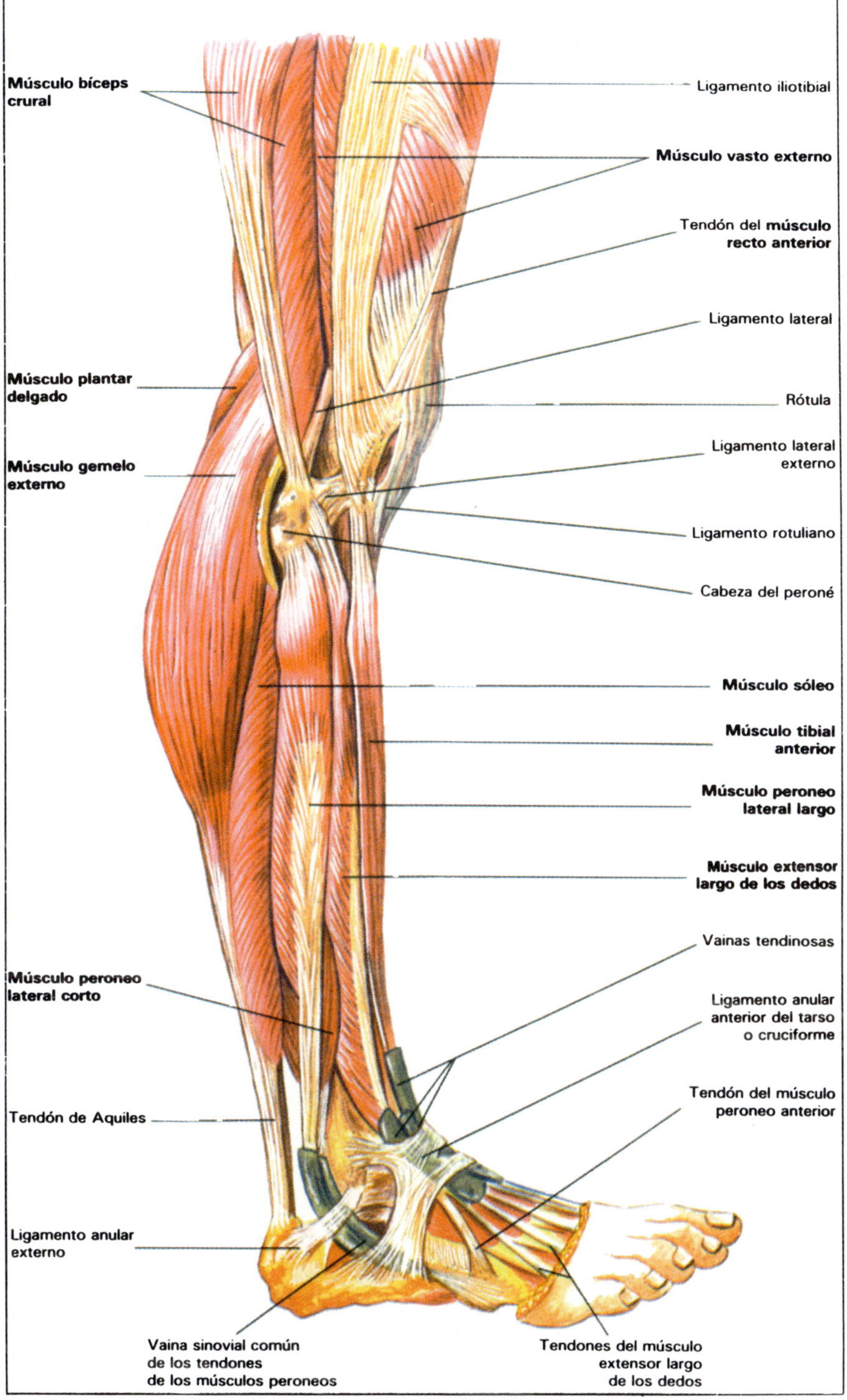

posteriormente, entre el isquion y el peroné. Está constituido por dos porciones, que se originan en la pelvis y se inserta por un solo tendón a nivel del peroné. Es el *músculo flexor de la pierna.*

Músculo semitendioso
Se llama así porque es carnoso por arriba y tendinoso por abajo.
Está situado en la parte interna y superficial de la región posterior del musio, extendiéndose desde el isquion a la tibia. Su acción principal es la de *flexionar la pierna sobre el muslo.*

Músculo semimembranoso
Su tercio superior está constituido por una ancha membrana que le da el nombre. Situado por debajo del anterior, se extiende desde el isquion al lado interno de la articulación de la rodilla. Tiene la misma acción que el anterior.

Músculos de la pierna

En la pierna existe un gran número de músculos. Cada uno de ellos posee una función determinada, pero en conjunto su misión es *mover los dedos del pie* (en flexión o en extensión) y *hacer girar el pie* en cualquier dirección.
También *flexionan la pierna sobre el muslo.*
Todo ello permite la **deambulación**. Cabe destacar los **músculos gemelos** y el **músculo sóleo** (los tres forman un conjunto que permite levantar el cuerpo sobre las puntas de los pies), que se unen en un solo tendón (**tendón de Aquiles**) para insertarse en el calcáneo.

Músculos del pie

Son músculos pequeños, situados en la región plantar y entre los metatarsianos, que permiten realizar *algún movimiento de los dedos del pie,* así como facilitar la deambulación.

Aparato cardiovascular. El corazón

El **aparato cardiovascular** está constituido por el **aparato circulatorio** y el **corazón.**

El corazón

Es un órgano impar y medio, situado dentro de la caja torácica entre los dos pulmones, por delante del esófago y apoyado sobre el diafragma. Tiene un volumen similar al de un puño y su peso puede variar entre los 300 y los 500 g en un individuo adulto. Tiene una *función de bomba, primordial para la circuilación de la sangre* y, por tanto; para la vida. Esta función esta regulada por el *sistema nervioso autónomo* mediante el sistema de conducción eléctrica del corazón, por lo que no podemos regular la frecuencia de bombeo de manera voluntaria.

Está formado por **musculatura estriada** que es alimentada por los **vasos cardíacos** o **coronarios**. Por motivos obvios es un *órgano hueco*, divido en *cuatro cavidades* separadas entre sí, dos a dos, mediante **válvulas fibrosas** que permiten el paso de la sangre en un solo sentido. De estas cavidades salen o llegan una serie de vasos sanguíneos que van o proceden de la circulación del organismo.

Cavidades cardíacas

Son cuatro, **dos aurículas** y **dos ventrículos**. Cada aurícula se comunica con el ventrículo de su msimo lado, pero ni ellas ni los ventrículos se comunican entre sí en el adulto. Todas las cavidades cardíacas están recubiertas por una capa de tejido elástico, blanco, de aspecto liso y brillante que se denomina **endocardio.**

Aurícula derecha
Situada arriba y a la izquierda del corazón (en la ilustración).
En ella desembocan las venas cavas superior e inferior. Está separada de la aurícula izquierda por el **tabique interauricular** y del ventrículo derecho por un orificio en el que está la **válvula tricúspide** (que posee tres láminas de cierre).

Aurícula izquierda
Situada arriba y a la derecha del corazón (en la ilustración). En ella desembocan las venas pulmonares derechas e izquierdas que llevan, paradójicamente, sangre *arterial*, es decir, proveniente de los pulmones. Está separada del ventrículo izquierdo por un orificio donde está la **válvula mitral** (tiene dos láminas de cierre).

Ventrículo derecho
Situado abajo y a la izquierda del corazón (en la ilustración). Es una cavidad más grande que la aurícula y con una musculatura más potente. Separado del otro ventrículo por el **tabique interventricular**, a él llega sangre *venosa* de la aurícula derecha, que es expulsada a la arteria pulmonar.

Ventrículo izquierdo
Situado abajo y a la derecha del corazón (en la ilustración). Es la cavidad con la pared muscular más potente, pues debe expulsar la sangre arterial de là aurícula izquierda, a través de la **válvula aórtica,** hacia la circulación general.

El miocardio

Es la *pared muscular del corazón.* Está constituido por **músculo estriado** dispuesto helicoidalmente, constituyendo de esta forma todo el órgano. Esta disposición de sus fibras permite la contracción y el *funcionamiento como bomba de perfusión.*
El corazón está mantenido en su sitio por una *membrana fibrosa* que lo rodea íntimamente y que lo fija a las estructuras vecinas, permitiéndole sin embargo la contracción. Se trata del **pericardio.**

Circulación coronaria

Es la encargada de *alimentar al músculo cardiaco.* Es una formación de arterias y venas dispuestas en forma de *anillo,* a nivel del surco, entre las aurículas y los ventrículos. Las **arterias coronarias** proviene de la **aorta** y las **venas** desembocan en el *seno coronario.*

Músculo cardíaco: visión posterior y detalle de las fibras miocárdicas

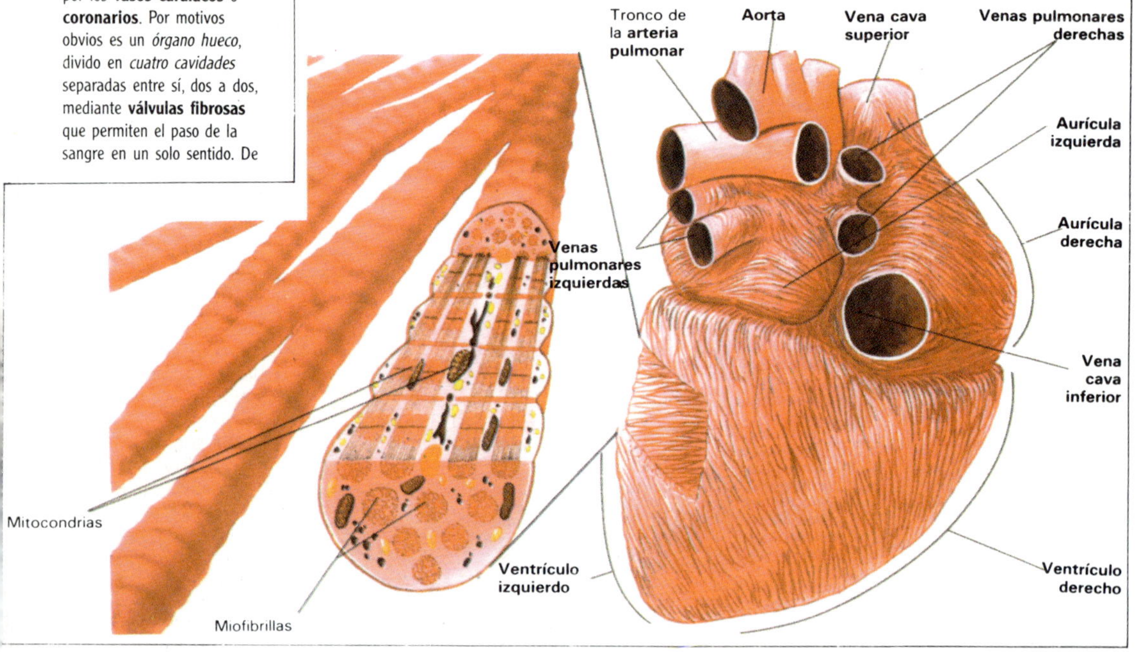

Tórax: proyección del corazón y las válvulas cardíacas

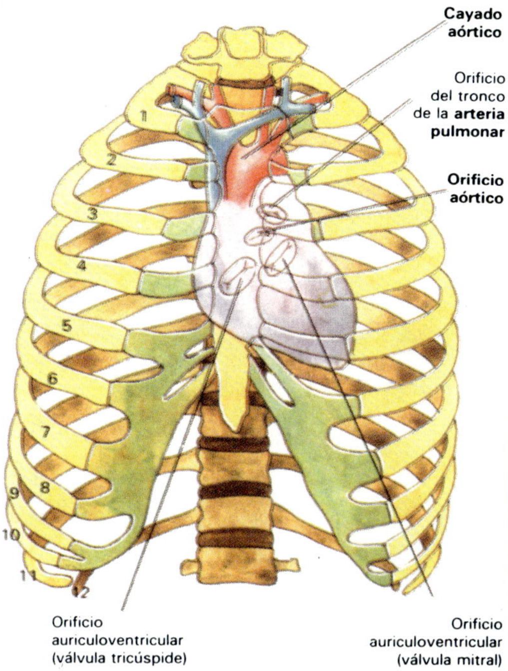

Sistema de conducción del corazón

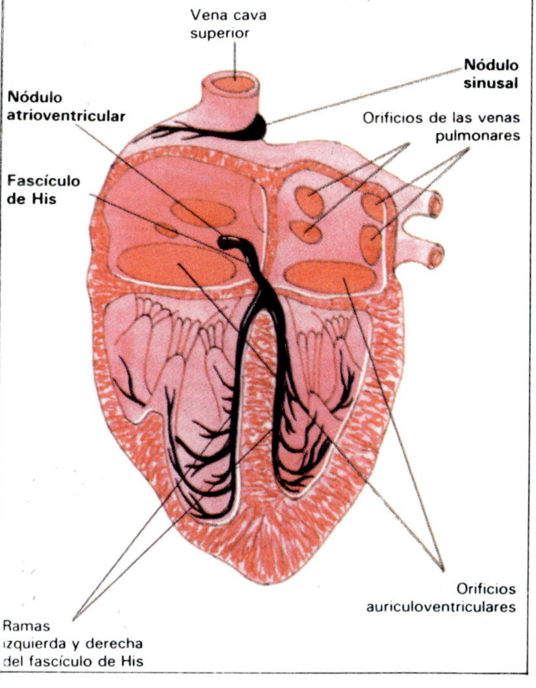

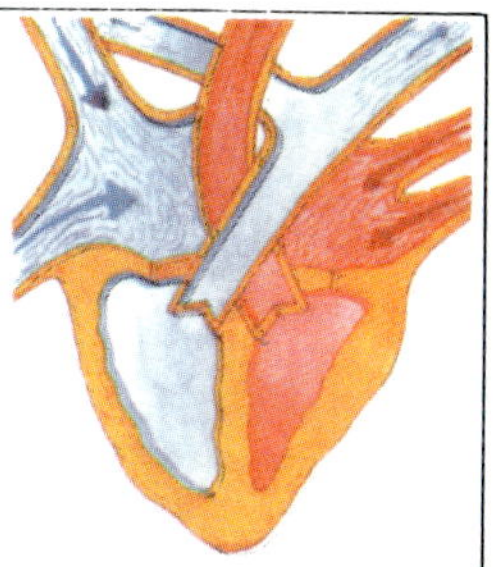

Diástole o llenado auricular: la sangre de las venas cavas y pulmonares llena las aurículas.

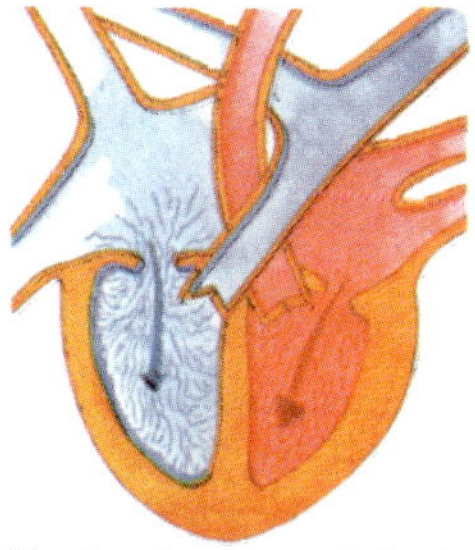

Diástole o llenado ventricular: las válvulas auriculoventriculares se abren. La sangre procedente de las aurículas llena los ventrículos.

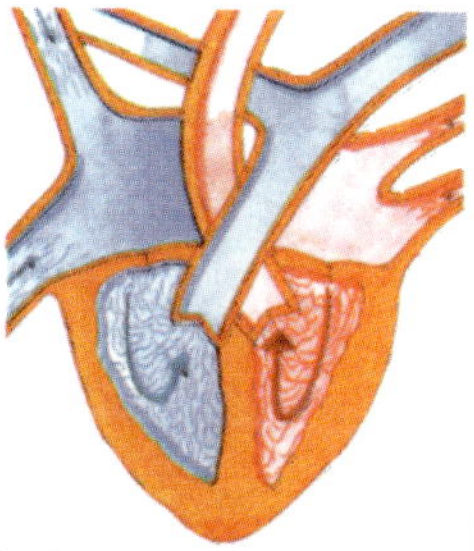

Final de la diástole con máximo llenado ventricular. Tanto las válvulas auriculoventriculares como las sigmoideas están cerradas.

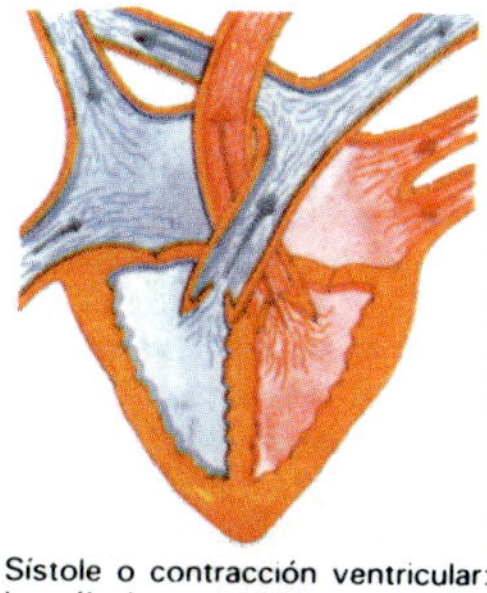

Sístole o contracción ventricular: las válvulas sigmoideas –aórtica y pulmonar–, se abren permitiendo el paso de sangre de los ventrículos a la aorta y a las arterias pulmonares respectivamente.

Si se obstruye la circulación coronaria se da el *infarto de miocardio*.

Movimientos cardíacos

El corazón, para realizar su función de bombeo de la sangre, efectúa unos *movimientos de contracción y relajación* de la musculatura de sus cavidades, que se llaman sístole y diástole.

Sístole

Es la *contracción de los ventrículos* para expulsar la sangre procedente de las aurículas hacia las arterias pulmonares y la aorta.

Diástole

Es el periodo de *contracción de las aurículas*, simultáneo a la *relajación de los ventrículos*, que permite el paso de la sangre hasta en éstos últimos. Este ciclo se repite sin cesar. Al apoyar la mano sobre el pecho apreciaremos los latidos del corazón: el primero corresponde a la diástoles y el segundo a la sístoles.

Sistema de conducción eléctrica del corazón

La *frecuencia del latido cardiaco* está controlada por este sistema, de él depende que el corazón lata entre 60 y 80 veces por minuto y que mantenga un ritmo.
Está constituido por el **nódulo sinusal**, situado entre la aurícula y la vena cava superior, donde se inician los impulsos eléctricos responsables de la contracción cardiaca. Posteriormente se estimula el **nódulo auriculoventricular**, situado donde su nombre indica. Seguirá el **fascículo de His** y sus ramas anterior y posterior, ubicadas en el tabique interventricular y a lo largo de las paredes laterales de los ventrículos. De esta manera termina la estimulación cardíaca, que corresponde a dos latidos consecutivos.

Aparato circulatorio. Arterias y venas

En el aparato circulatorio podemos distinguir fundamentalmente, un *sistema cerrado de conductos* y un *contenido* o *sangre*. A través de estos conductos llegarán a los distintos órganos y tejidos del organismo las sustancias nutritivas y el *oxígeno* necesarios para la vida. Al mismo tiempo se recogen los *productos de desecho*, resultantes del metabolismo celular, para conducirlos a los órganos encargados de su *eliminación*.

Los conductos del aparato circulatorio no son rígidos, sino que su calibre, regulado por el sistema nervioso vegetativo, aumenta o disminuye según las necesidades fisiológicas de cada órgano o de la temperatura ambiente (*fenómeno de la termorregulación*), gracias a las propiedades de la musculatura lisa de que están constituidos.

Esquema de la circulación sanguínea
(azul: circulación venosa; rojo: circulación arterial)

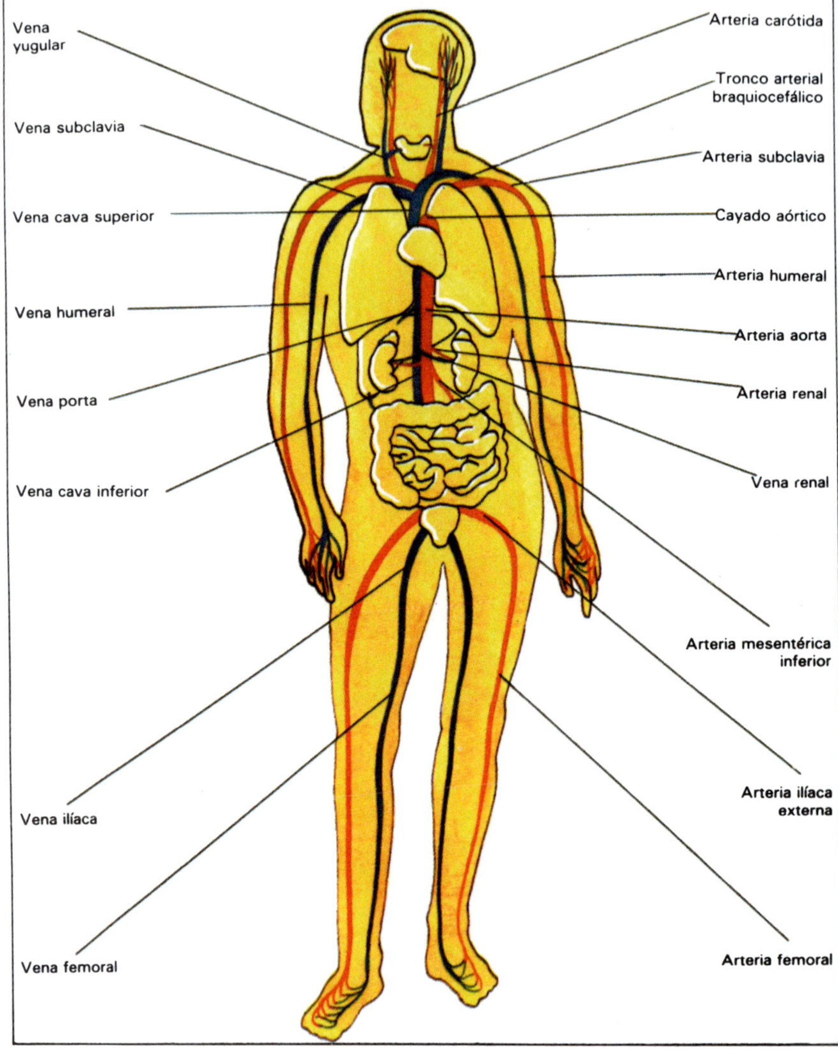

Morfología de las arterias, función y arterias principales

Se denominan **arterias** los conductos que salen de los **ventrículos** del corazón y que *llevan sangre venenosa* o *arterial* hacia la periferia del cuerpo. Las arterias están constituidas por tres capas: la **íntima**, más interna, *permite que la sangre se deslice fácilmente*, la **túnica media**, constituida por fibra muscular lisa bastante potente, permite *variar el calibre de la arteria*; la **adventicia** es la capa más externa. Hay innumerables arterias en nuestro organismo, pero vamos a describir las que tiene una mayor significación.

Arteria pulmonar

Sale del ventrículo derecho del corazón y lleva *sangre venosa* hacia los *pulmones* para su *oxigenación*.

Arteria aorta

Es la de mayor calibre del organismo. Arranca del ventrículo izquierdo del corazón en dirección ascendente, para luego descender a lo largo del esófago, ramificándose en su trayecto con el fin de *irrigar todos los órganos y tejidos del organismo*.

Arterias subclavias

Son dos, y se hallan situadas bilateralmente. Arrancan del cayado de la aorta y son el tronco principal de numerosas derivaciones que *irrigan las extremidades superiores*.

Arterias carótidas

Una a cada lado del cuello: se ramifican posteriormente para *irrigar el cerebro*.

Tronco celíaco

Es único y medio. De él derivan todas las arterias que irrigan el *estómago, hígado, bazo* y *páncreas*.

Arterias mesentéricas

Se dividen en **mesentérica superior** y **mesentérica inferior**. Arrancan también de la aorta e irrigan todo el *tracto digestivo*.

Arterias renales

Una a cada lado de la aorta: irrigan los *riñones*.

Arterias ilíacas

Son la continuación de la aorta cuando ésta se bifurca. *Irrigan, cada una, una extremidad inferior*, subdividiéndose en numerosas ramas.

Esquema de las válvulas venosas

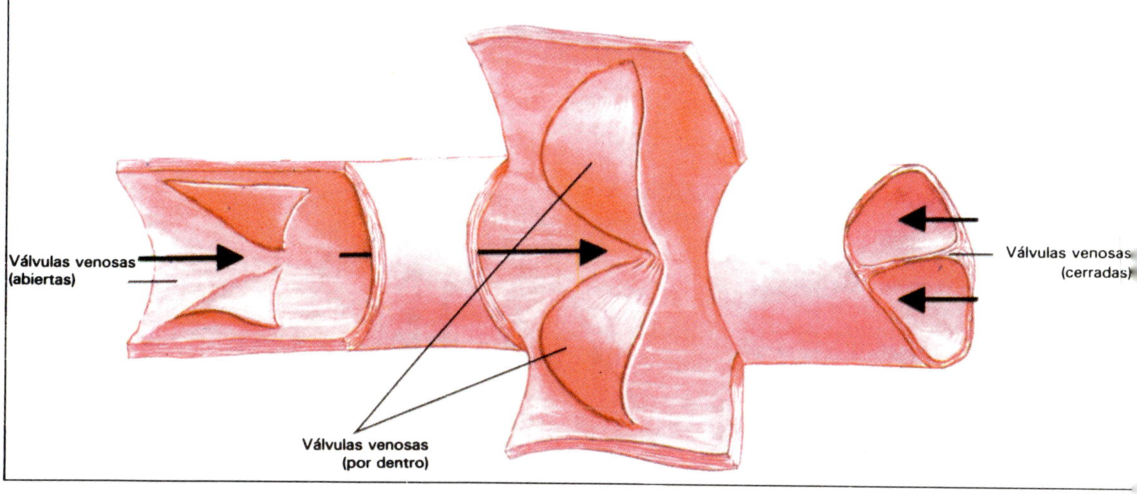

Corte transversal de una arteria

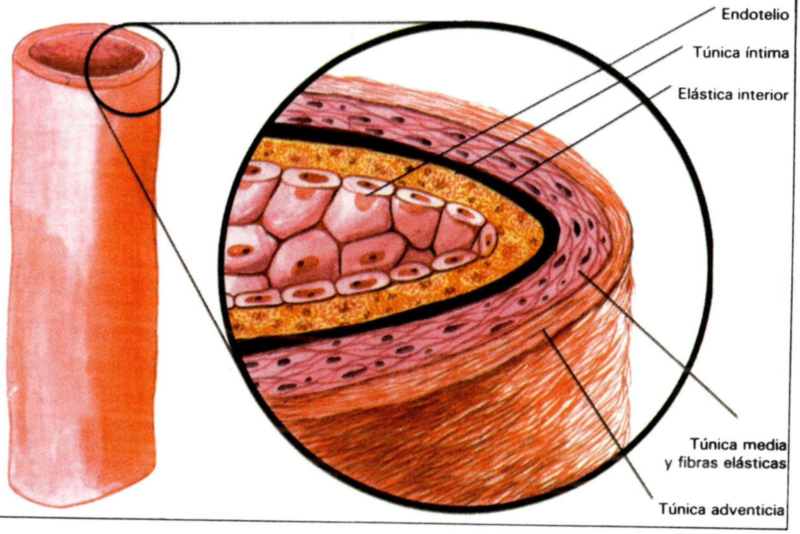

Morfología de las venas, función. Venas principales

A nivel de los órganos y tejidos, las arterias se transforman en vasos de cada vez menor calibre, hasta convertirse en **capilares**. Éstos se transforman en vasos de cada vez mayor calibre, que se acercan al corazón y se llaman **venas**. Las más gruesas desembocan en las *aurículas* portando *sangre venosa* o *arterial*.

Las venas están constituidas por tres capas de tejido, al igual que las arterias, pero es menor el grosor y la capa muscular, y mayor su fragilidad.

Hay que destacar que las **venas pulmonares**, que provienen de los pulmones, desembocan en la *aurícula izquierda* llevando *sangre arterial*.

El resto de las venas corren paralelas a las arterias, tomando su mismo nombre, excepto en el caso de las **venas cava superior** e **inferior**, homólogas de la aorta.

Circulación sistémica y circulación pulmonar

Circulación sistémica o mayor

Se inicia en el *ventrículo izquierdo*, que expulsa la *sangre arterial* procedente de la *aurícula izquierda*, hacia la *aorta*. De ella y de las *arterias ilíacas* nacen nuevas arterias que van disminuyendo progresivamente de calibre, mientras dan nuevas ramificaciones, hasta convertirse en *capilares arteriales*. Éstos son los vasos de menor calibre, donde los *hematíes* circulan uno detrás del otro para facilitar el **intercambio del oxígeno** que llevan *por el anhídrido carbónico* procedente de los tejidos.

En este punto los capilares arteriales se transforman en *venosos*, convirtiéndose en *venas* de un calibre cada vez mayor, hasta llegar a la *vena cava superior* (recoge la sangre de la cabeza y los brazos) y a la *vena cava inferior* (recoge la sangre del tronco y piernas), que desembocan en la *aurícula derecha*.

Circulación pulmonar o menor

La *sangre venosa* de la *aurícula derecha* pasa al *ventrículo derecho*, de donde es expulsada hacia la *arteria pulmonar* que se dirige a los *pulmones* para permitir que los *hematíes descarguen el anhídrido carbónico* que llevan *y se reabastezcan de oxígeno*. La sangre oxigenada sale de los pulmones por las *venas pulmonares* (dos derechas y dos izquierdas) que desembocan en la *aurícula izquierda*, donde la sangre enlaza con la circulación sistémica para reiniciar el ciclo.

Sistema linfático. Vasos y ganglios

Las venas son ayudadas en su misión de drenaje por otro conjunto de vasos: el **sistema linfático.**

En los espacios que existen entre los tejidos se vierten los productos de desecho del metabolismo celular. Parte de estos líquidos pasa de nuevo directamente al torrente circulatorio, pero otra parte, la **linfa**, pasa al sistema linfático. La linfa está constituida por *partículas de gran tamaño*, así como por *células del sistema inmunitario y defensivo* del organismo.

El sistema linfático está formado por una red capilar de la que salen los **vasos** o **colectores linfáticos** por los **ganglios linfáticos** y por unos **colectores terminales** que desembocan en el sistema nervioso: el izquierdo o **conducto torácico** (mucho más importante) y el derecho o **gran vena linfática.**

La **red capilar linfática** se entrelaza con la capilar sanguínea, si bien sus vasos son de mayor calibre y sus paredes son más finas. Los colectores y los vasos linfáticos están provistos de unas *vávulas*, situadas a pocos milímetros unas de otras, que impiden el reflujo de la linfa.

Sistema linfático: troncos linfáticos principales y grupos regionales de ganglios linfáticos

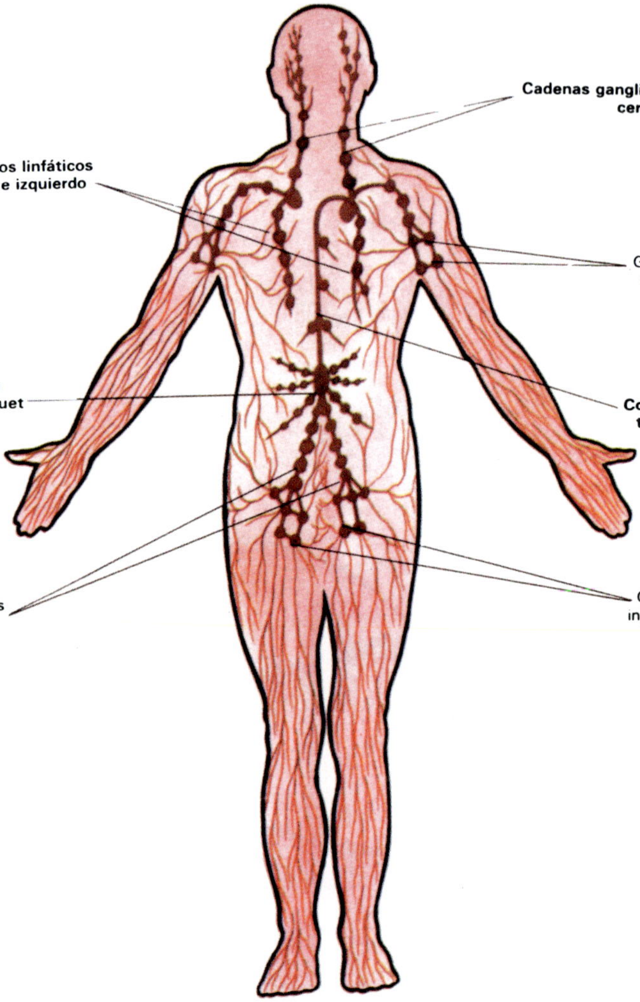

Colectores linfáticos

Conducto torácico

Forma el *colector principal de desagüe del sistema linfático* y recibe la linfa de tres cuartas partes del organismo: de toda la región situada por debajo del diafragma y de la mitad izquierda de la situada por encima del mismo. Nace a nivel de la cara anterior de la primera o segunda vértebra lumbar y su trayecto es ascendente, siguiendo el de la aorta y continuando hasta la sexta o séptima vértebra cervical para desembocar en el sistema venoso.

Gran vena linfática (conducto linfático derecho)

Recoge una cuarta parte de la linfa del organismo, correspondiente a la mitad derecha de la región situada por encima del diafragma, es decir, el miembro superior derecho y parte de la región mediastínica. Es un corto conducto que también drena en el sistema venoso.

Ganglios linfáticos

Los **ganglios linfáticos** están intercalados entre los *colectores* y tienen tamaños diferentes, que varían entre el de una cabeza de alfiler y el de una judía. Suelen estar agrupados en número variable, formando los **grupos ganglionares** que se localizan, de forma constante, en la *axila, ingle, cuello, pelvis,* etcétera. Los colectores que llegan al ganglio son los *aferentes* y suelen ser varios mientras que los que salen son los *eferentes*, uno solo por ganglio. Todos ellos aferentes y eferentes, entran y salen, respectivamente, por el *hilo ganglionar.*

Cada **ganglio** está recubierto por una **cápsula fibrosa**, que manda irradiaciones hacia el interior del mismo, y por **tejido linfoide**, dispuesto en forma de *nodulos* en la periferia y en forma de *cordones* en la parte central del ganglio. El tejido linfoide está sostenido a su vez por una malla de **tejido reticular.** La función del tejido linfoide es *sintetizar los linfocitos y los*

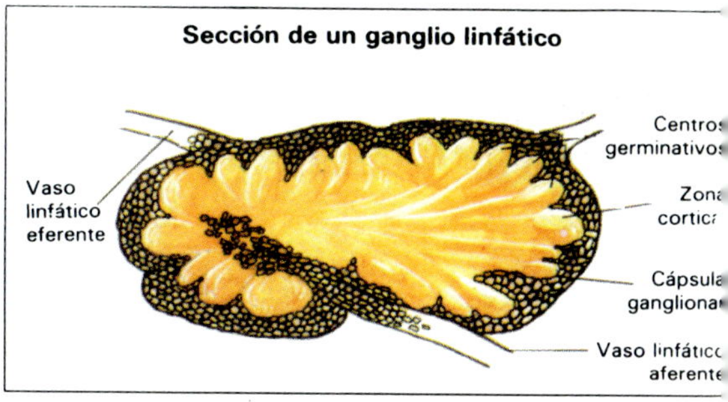

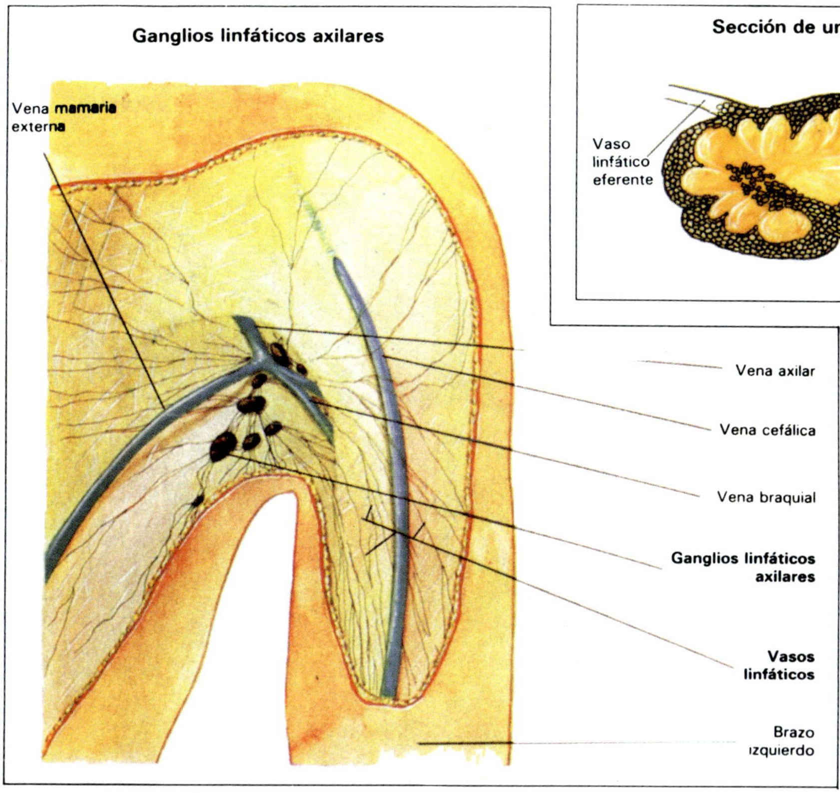

macrófagos elementos circulantes por la sangre encargados de la defensa inmunitaria y de erradicar las infecciones que pueda tener el organismo.
El síndrome de inmunodeficiencia adquirida (SIDA), por ejemplo, provoca la inhibición de la síntesis de estas células, por lo que cualquier pequeña infección puede llegar a poner en peligro la vida del individuo.
La linfa sufre una filtración a nivel de los ganglios, donde *las bacterias y otros agentes patógenos son detenidos,* aunque no los virus.

Grupos ganglionares regionales

En general reciben la linfa de un órgano o territorio determinado. El que un órgano envíe linfáticos a un **grupo ganglionar regional** no significa que éste sea tributario únicamente de dicho grupo; también puede serlo de otros. Los linfáticos sólo existen en aquellos órganos que tienen capilares sanguíneos, pero no en los órganos avasculares que se nutren por inhibición, como el *cartílago articular* (que se nutre del *líquido sinovial*) o el *cristalino* (que lo hace del *humor vítreo* y del *acuoso*). Tampoco poseen vasos linfáticos el sistema nervioso central, la córnea y ciertas capas del globo ocular. Los vasos linfáticos, a diferencia de los otros conductos del aparato cardiovascular, sólo pueden observarse a través de los rayos X si se les inyecta un medio de contraste.

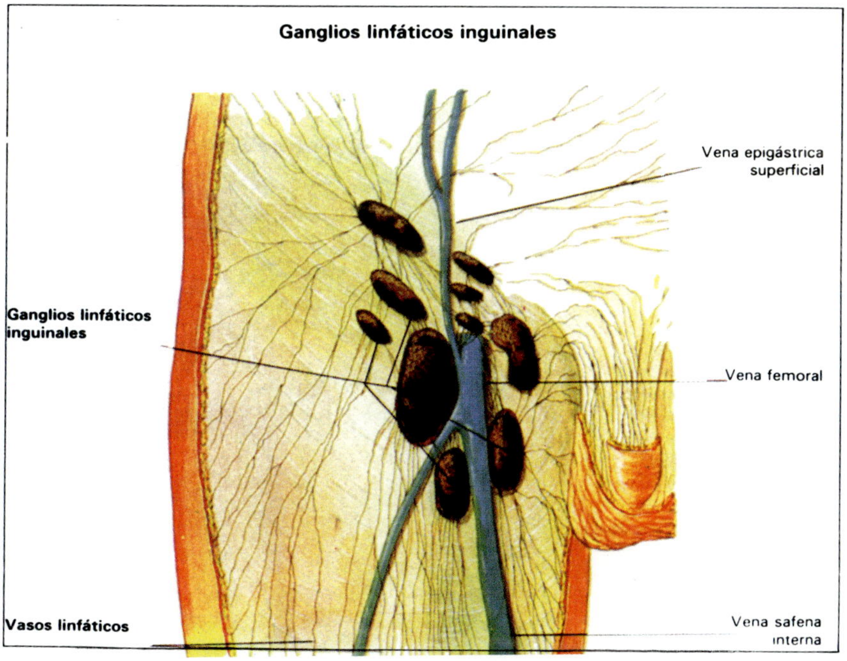

Sistema nervioso

Una propiedad elemental de toda sustancia viva es la facultad de reaccionar ante cualquier estímulo que actúe sobre la misma. En los *animales pluricelulares* (es el caso del hombre), debido a la perfección de su diseño y a la ley de distribución de trabajo del organismo, *cada grupo de células se diferencia en un sentido determinado*: unas para funciones digestivas, otras para las respiratorias, otras para las reproductoras, etcétera. Nuestro organismo es una unidad, pero ello sería imposible si todos sus sitemas y órganos no estuvieran interrelacionados para formar un todo armónico. *Regular el funcionamiento de los distintos órganos y sistemas entre sí y facilitar el intercambio del organissmo con el medio es el papel del sistema nervioso.* Todos los movimientos voluntarios o reflejos, toda sensibilidad consciente o inconsciente, todos los procesos psíquicos están producidos y determinados por el sistema nervioso.

El **sistema nervioso** está constituido fundamentalmente por un *conjunto de células nerviosas* llamadas **neuronas**, provistas de unas prolongaciones más o menos largas llamadas, respectivamente, **dendritas** o **axones**, mediante las que se interrelacionan. Es decir, que cada dendrita está conectada con otra dendrita de una neurona colocada a su lado, o con el axón de una neurona situada más lejos. De esta manera forman un *complejo entramado* que podría asemejarse a los circuitos impresos de una computadora. El sistema nervioso está subdivido en: **sistema nervioso central**, compuesto por la **médula espinal** y por el **encéfalo**, que a su vez se subdivide en **cerebro, cerebelo** y **tronco cerebral; sistema nervioso periférico**, es decir, los **nervios** que salen de la médula espinal y del cráneo y recorren todo el organismo; y **sistema nervioso autónomo**, constituido por el **sistema simpático** y el **parasimpático**, que rigen el control involuntario o automático.

Neurona

Las neuronas son los *elementos básicos del sistema nervioso*. En ciertas regiones del sistema nervioso central forman la **sustancia gris**, pero también están presentes, en menor número, en la **sustancia blanca.** Fuera del sistema nervioso central, se hallan en los **nervios raquídeos** y en los **pares craneales.** Cada neurona se caracteriza por tener un **cuerpo** y, por lo menos, una prolongación muy larga llamada **cilindroeje** o **axón** o **neurita** (este tipo de neuronas son características

Circulación de la base del cerebro

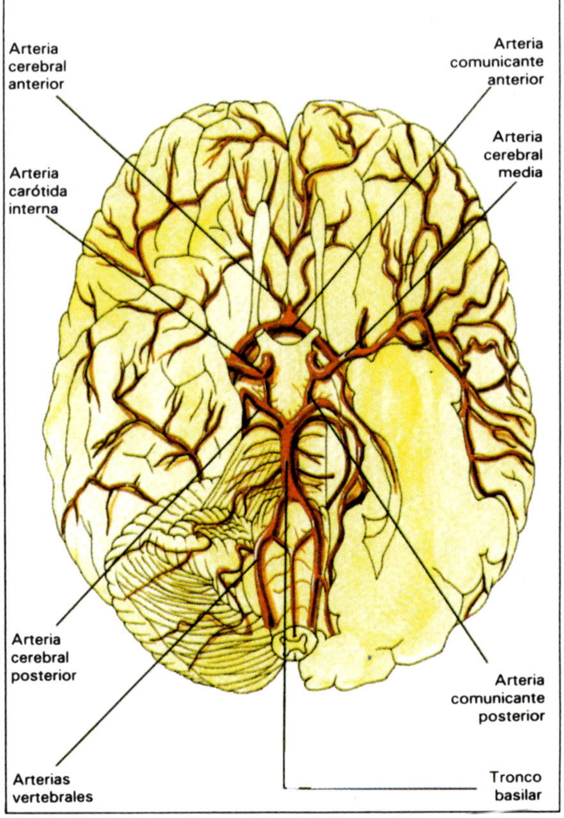

Sistema nervioso: central y periférico

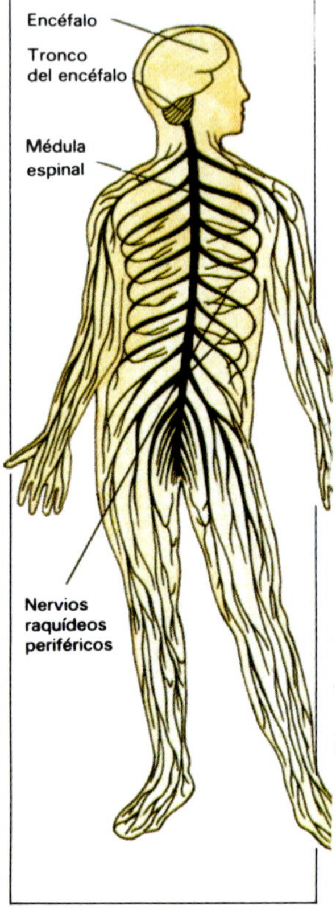

Circulación venosa del cerebro

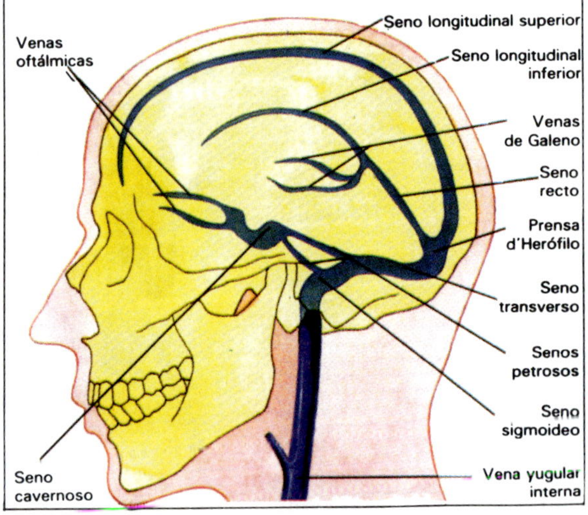

Circulación del líquido cefalorraquídeo

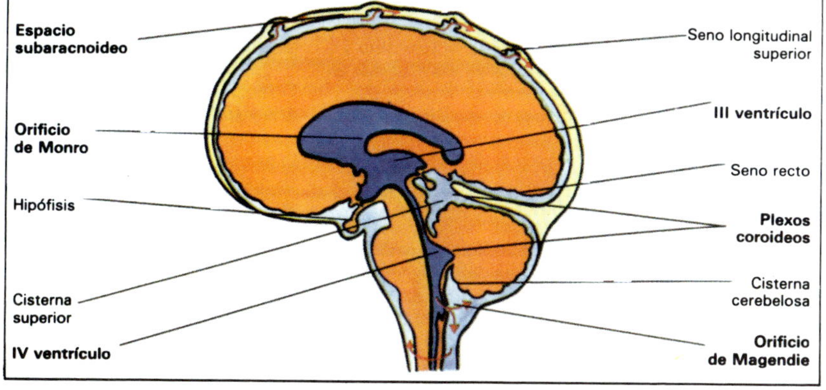

Meninges

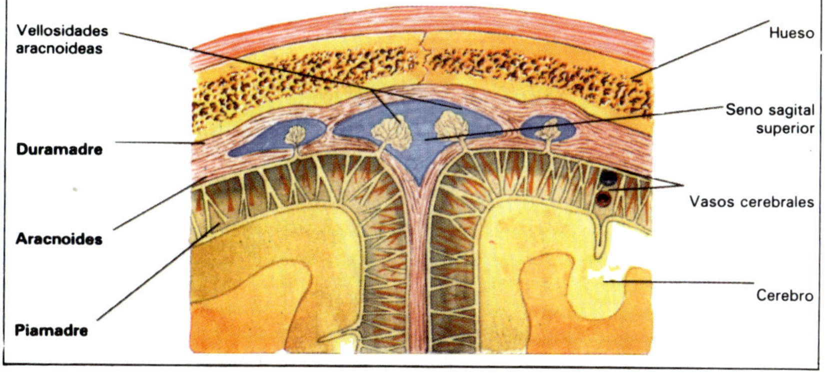

La neurona

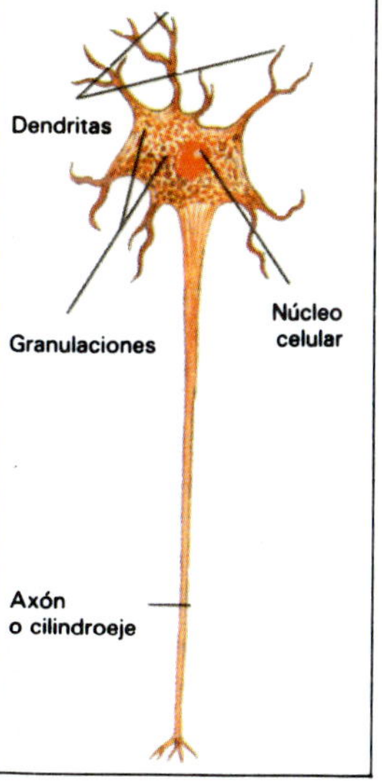

Sistema nervioso vegetativo

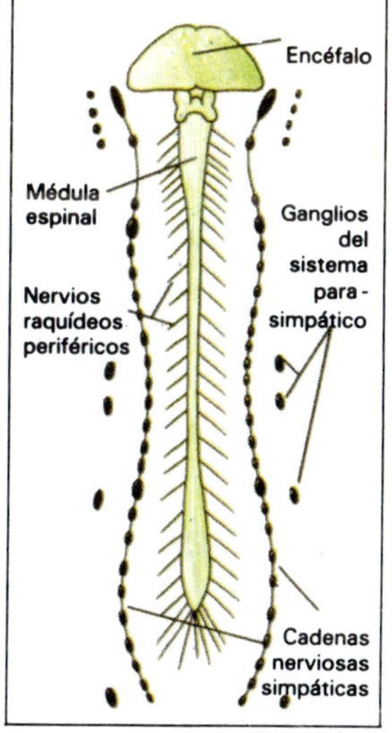

del *sistema nervioso periférico*).
Otras neuronas poseen, además del axón, múltiples prolongaciones menos importantes, llamadas **dendritas**, que sirven para interconectarlas con las demás neuronas.

Meninges

El **encéfalo** y la **médula espinal** ocupan, respectivamente, la **cavidad craneal** y parte del **conducto raquídeo**, verdadero estuche óseo protector. Pero en vista de su fragilidad e importancia funcional, están además envueltos en un *sistema especial de «amortiguadores»*, representados por tres membranas, **las meninges.** Éstas son la **duramadre**, en contacto con el hueso; la **aracnoides**, en la zona intermedia, que delimita con la anterior la **cavidad subdural**; y la **piamadre**, en contacto con el sistema nervioso y que delimita con la anterior la aracnoides la **cavidad subaracnoidea,** por donde circula el **líquido cefalorraquídeo**.
La infección de las meninges por una bacteria patógena dará lugar a lo que se conoce como *meningitis*.

Circulación del líquido cefalorraquídeo

El **líquido cefalorraquídeo** es limpio y claro, y llena el sistema ventricular del cerebro y las cavidades subaracnoideas. Su misión principal es *servir de fluido amortiguador* de los posibles *traumatismos* que pueda sufrir el sistema nervioso central y la médula espinal, así como *nutrir ciertas células nerviosas* y *eliminar los desechos* metabólicos de algunas de ellas.
En los **plexos coroideos** de los ventrículos laterales del cerebro se inicia la síntesis del líquido cefalorraquídeo, más exactamente en los *ventrículos tercero y cuarto*. Está separado del torrente sanguíneo y del sistema nervioso por la **aracnoides** y la **piamadre,** respectivamente, sintetizándose una cantidad aproximada de 1.500 cm^3 cada 24 horas. Circula hacia los otros dos ventrículos cerebrales y a lo largo de todo el **espacio subaracnoideo**. Su absorción se produce a nivel de la **duramadre**, que lo filtra hacia la corriente venosa.

Vascularización encefálica

La vascularización arterial del encéfalo proviene de las **arterias carótidas** que, a nivel de la base del cráneo, constituyen el denominado **polígono arterial de Willis**, complejo sistema que *distribuye la sangre arterial por todo el territorio encefálico*. Este sistema permite que, en caso de obstrucción de alguna de las arterias, el encéfalo pueda seguir siendo alimentado por las colaterales. El cerebro es muy sensible a los aportes de oxígeno, y bastaría una obstrucción total de la sangre arterial durante dos o tres minutos para que se produjeran daños irreversibles en él y, por tanto, en el individuo.

Encéfalo: el cerebro

Encéfalo
Es la parte del sistema nervioso central que está encerrada dentro de la cavidad craneal. De él forman parte el **cerebro**, el **cerebelo**, la **protuberancia** y el **bulbo raquídeo.**
Se suele confundir el término encéfalo con el de **cerebro**, pero éste último ocupa las fosas cerebrales anterior y media del cráneo y no contacta con la bóveda ósea del cráneo gracias a las meninges que lo envuelven. Mide aproximadamente 17 cm de longitud, 14 cm de ancho y 13 cm de alto, y pesa unos 1.200 g, todo ello dependiendo del sexo del individuo y, por lo tanto, de su peso y altura. Tiene una forma similar a la de la parte comestible de una nuez y le da su forma al cráneo (y no al revés).

Cerebro
Está formado por dos **hemisferios** separados por una profunda **hendidura** (denominada **hendidura interhemisférica**), pero unidos en su parte central e interna por una cinta ancha, resistente y de color blanco llamada **cuerpo calloso**. Si observamos uno de los **hemisferios cerebrales** por su parte lateral y externa, la que está relacionada con la bóveda ósea, vemos que está surcada por unas depresiones que, según su profundidad, reciben el nombre de **cisuras** (las más profundas), **surcos** (menos profundas) e **incisuras** (o depresiones mínimas), que delimitan las **circunvoluciones cerebrales.** Las cisuras dividen los hemisferios en **lóbulos**: así cabe destacar la **cisura de Silvio**, que delimita el **lóbulo temporal** por debajo de ella, y la **cisura de Rolando**, que delimita el **lóbulo frontal** por delante y el **lóbulo parietal** por detrás de ella. El **lóbulo occipital**, que no está delimitado por una cisura, queda localizado en la parte posterior del hemisferio cerebral.

Corteza cerebral. Sustancia gris y sustancia blanca

La parte más externa y superficial del cerebro, la que está surcada por las circunvoluciones, se denomina **corteza cerebral**. Este manto o corteza, de unos 3 mm o menos de espesor, *recubre*, formando una capa de **sustancia gris**, *la superficie de los hemisferios cerebrales.* Forma una capa continua que recubre no sólo las partes visibles de las circunvoluciones, sino también el fondo de los surcos y las partes no visibles. La **sustancia gris** está formada por distintos tipos de

Cerebro: visión superior

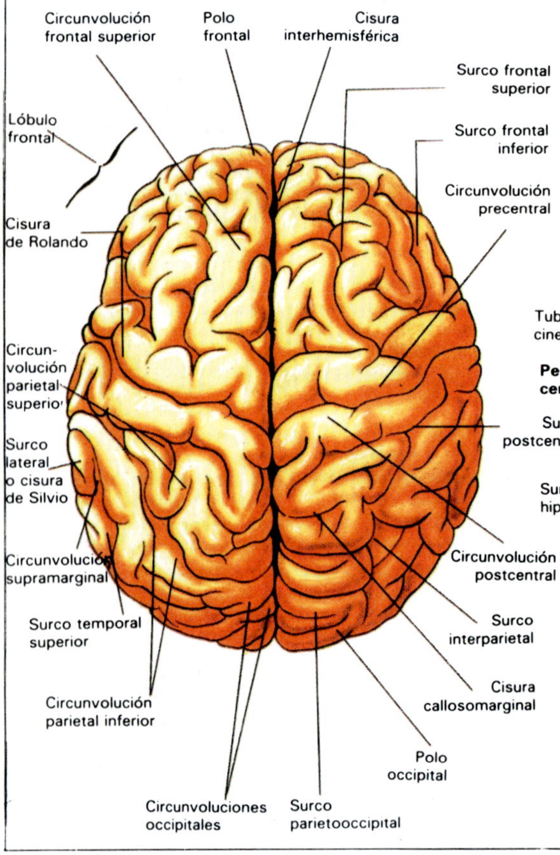

Cerebro: visión inferior

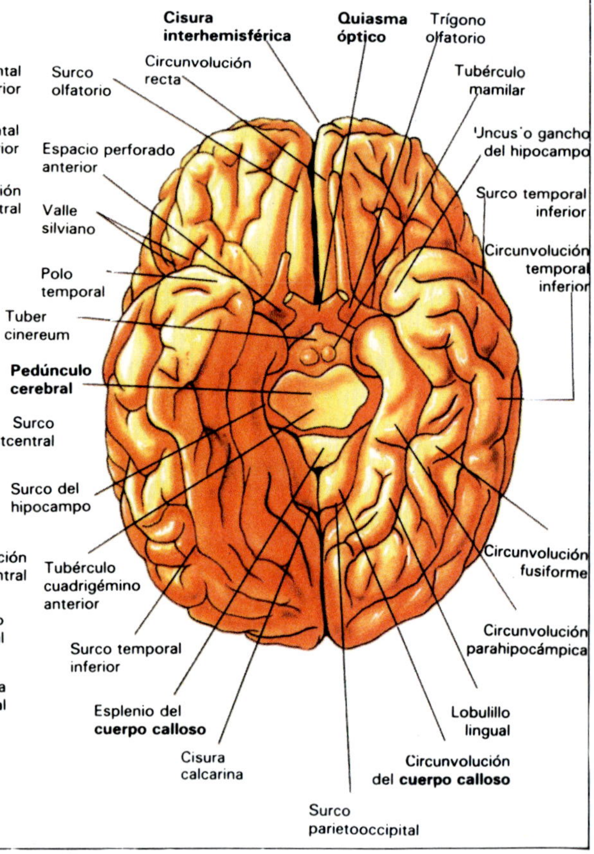

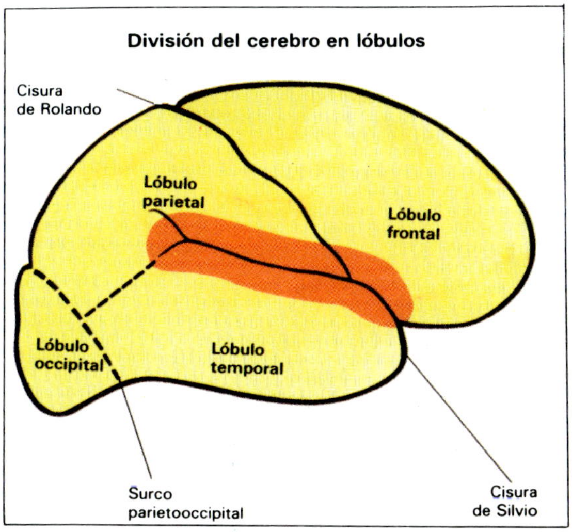

células nerviosas, muy ramificadas, que han perdido su *revestimiento de mielina* (sustancia blanca que recubre las fibras nerviosas periféricas y de relación) y que *son las que reciben las sensaciones y transmiten las órdenes.*

En la corteza cerebral es donde se realizan las funciones propias de la especie humana, como son pensar, conocer o razonar. Se divide su superficie en **áreas** delimitadas por las cisuras y circunvoluciones dentro de los distintos lóbulos cerebrales. Cada área tiene una *misión específica* que realizar: *escuchar, entender, escribir, leer, andar,* etcétera. En caso de lesión, el individuo pierde la capacidad que era gobernada por el área afectada.

La **sustancia gris** también existe a lo largo de la *médula espinal*, pero tan solo en la parte central. En la parte periférica (en el cerebro sucede lo contrario) se halla la **sustancia blanca**. Ésta posee fibras de relación, revestidas de mielina, que comunican las diferentes partes de la corteza entre sí y *llevan las órdenes desde los órganos de los sentidos hasta los centros nerviosos, y de éstos a los músculos, glándulas, etcétera.*

Sistema ventricular

Los **ventrículos cerebrales** son cuatro *cavidades* situadas en el interior del encéfalo por las que circula el *líquido cefalorraquídeo*. Se comunican con el espacio subaracnoideo del encéfalo y la médula espinal.

El líquido encefalorraquídeo se sintetiza en los **plexos coroideos** del tercer ventrículo y pasa, a través de los **agujeros de Monro**, a los ventrículos laterales y, por medio del **acueducto de Silvio**, al cuarto ventrículo, y de allí a la cavidad subaracnoidea.

Núcleos cerebrales

Llamados también **núcleos grises de la base**, están constituidos por *acúmulos de sustancia gris*. Localizados profundamente en el cerebro e inmersos en la sustancia blanca, están separados entre sí pero unidos a las áreas específicas de la corteza cerebral por numerosas fibras blancas que constituyen, junto con otras que van o vienen de porciones más caudales del sistema nervioso, la ya mencionada *sustancia blanca* del cerebro. Estos núcleos son: el **cuerpo estriado**, el **claustro** o **antemuro** y el **núcleo amigdalino.** Todos ellos *tienen una importancia vital en los movimientos voluntarios y automáticos del individuo.*

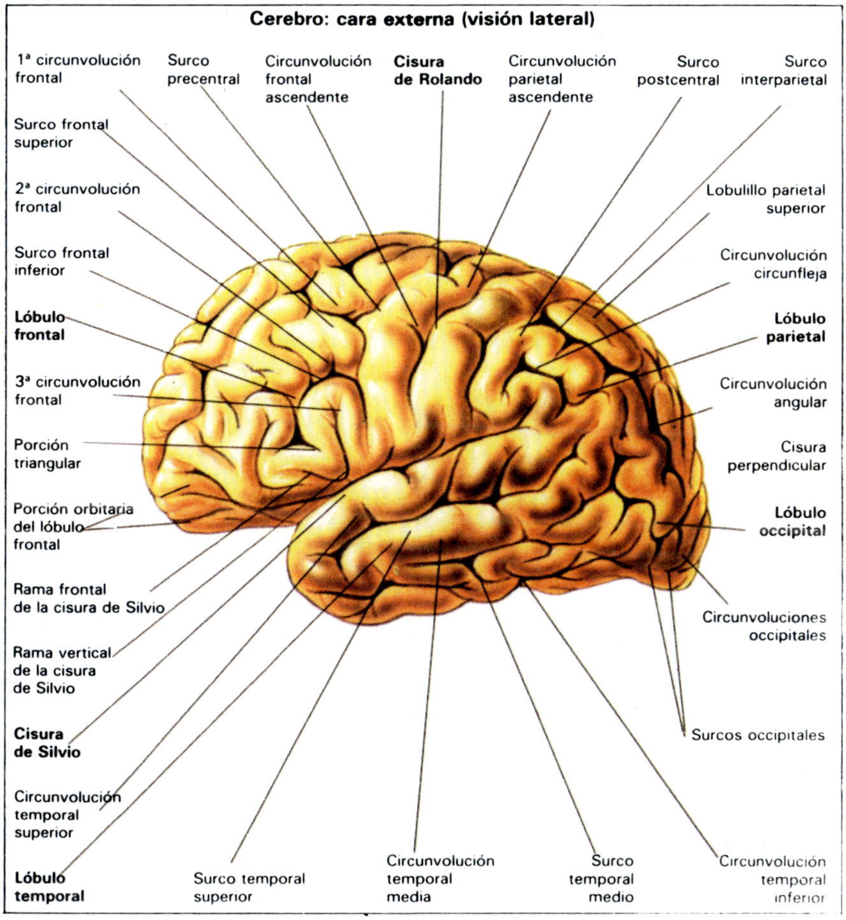

Encéfalo: tronco cerebral y cerebelo

Tronco cerebral

Es el puente de unión entre la médula y el cerebro; se sitúa por debajo del cerebelo y está constituido por un conjunto de voluminosos **cordones blancos** de dirección longitudinal. Se divide en **protuberancia** y **bulbo raquídeo.**

Tronco encefálico y pares craneales

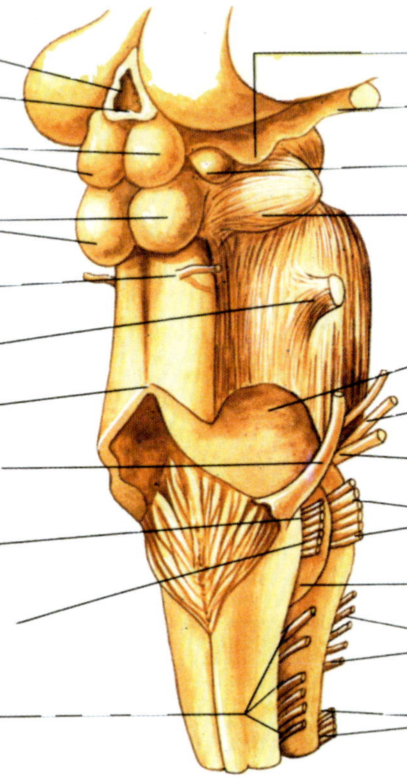

Protuberancia

Forma un grueso rodete situado por encima del bulbo raquídeo y continúa hacia el cerebro mediante los **pedúnculos cerebrales medios.**

Mide unos 3,5 cm de diámetro transversal y 2,5 cm en sentido vertical. En su interior contiene unas masas grises, que son los **núcleos** de origen en algunos **nervios craneales**, y núcleos o centros nerviosos que cumplen diversas funciones. Mediante estos núcleos la protuberancia *regula los músculos faciales y los masticadores*, y *recibe sensaciones de la región oral.* Controla también las *primeras fases de la respiración* (las últimas fases son controladas por los núcleos del bulbo raquídeo). Regula el *movimiento de los ojos* y la mayor parte de las *sensaciones del equilibrio.*

Bulbo raquídeo

Está separado de la protuberancia por el surco bulboprotuberancial y continúa por abajo con la **médula espinal.** Tiene forma de tronco de cono aplanado en sentido anteroposterior, con una longitud de 3 cm. Presenta una **porción cervical** situada en el *conducto raquídeo cervical* y relacionada con el atlas, y otra **porción intracraneal** que se apoya sobre el *canal basilar* del occipital, relacionándose con el cerebelo por su parte dorsal. En su interior existen varios **núcleos de los nervios craneales**. La zona superior corresponde al suelo del cuarto ventrículo, donde se aprecian los **agujeros de luschka** y de **Magendie**, que comunican con los espacios subaracnoideos.

En la parte porterior aparecen los **núcleos de Goll** y de **Burdach**, que continúan a lo largo de toda la médula espinal y tienen la importante misión de *conducir la sensibilidad profunda consciente desde cualquier parte del cuerpo al cerebro.*

Así pues, en el bulbo raquídeo *se conectan centros nerviosos* de distintas partes del sistema nervioso central *con el cerebelo y con la médula,* formándose eslabones indispensables para el *control y la regulación de los aparatos cardiocirculatorios, respiratorio y digestivo.*

Núcleos de los pares craneales

En el interior del bulbo y de la protuberancia están los **núcleos nerviosos** de origen de los **nervios capitales o craneales**, en forma de *columnas de sustancia gris.* Son *doce* núcleos de los que arrancan bilateral y simétricamente *doce pares de nervios craneales.*

Formación reticular

Se extiende desde la médula hasta la protuberancia, a lo largo de la cual continúa.

Ocupa la mayor parte del espacio que queda libre entre los núcleos de los nervios craneales y las grandes vías nerviosas ascendentes y descendentes. Su denominación se debe a su característica **estructura en retículo**, con fibras que se entrecruzan longitudinal y transversalmente, encerrando a grupos celulares dentro de una red. Desempeñan un papel no específico, pues recibe numerosas informaciones, las conjunta y las asocia en una *información general difusa, que proporciona al sistema nervioso central un conocimiento general del estado del organismo.*

Cerebelo

Es un voluminoso órgano impar y medio, dorsal a la protuberancia y al bulbo raquídeo. Pesa unos 140 g y mide 10 cm de ancho, 5 cm, de alto y 6 cm de profundidad, dependiendo siempre de la altura y del peso del individuo.

Consta de un **lóbulo medio** o **vermis** al que están adosados simétrica y bilateralmente dos

Tronco cerebral: corte sagital

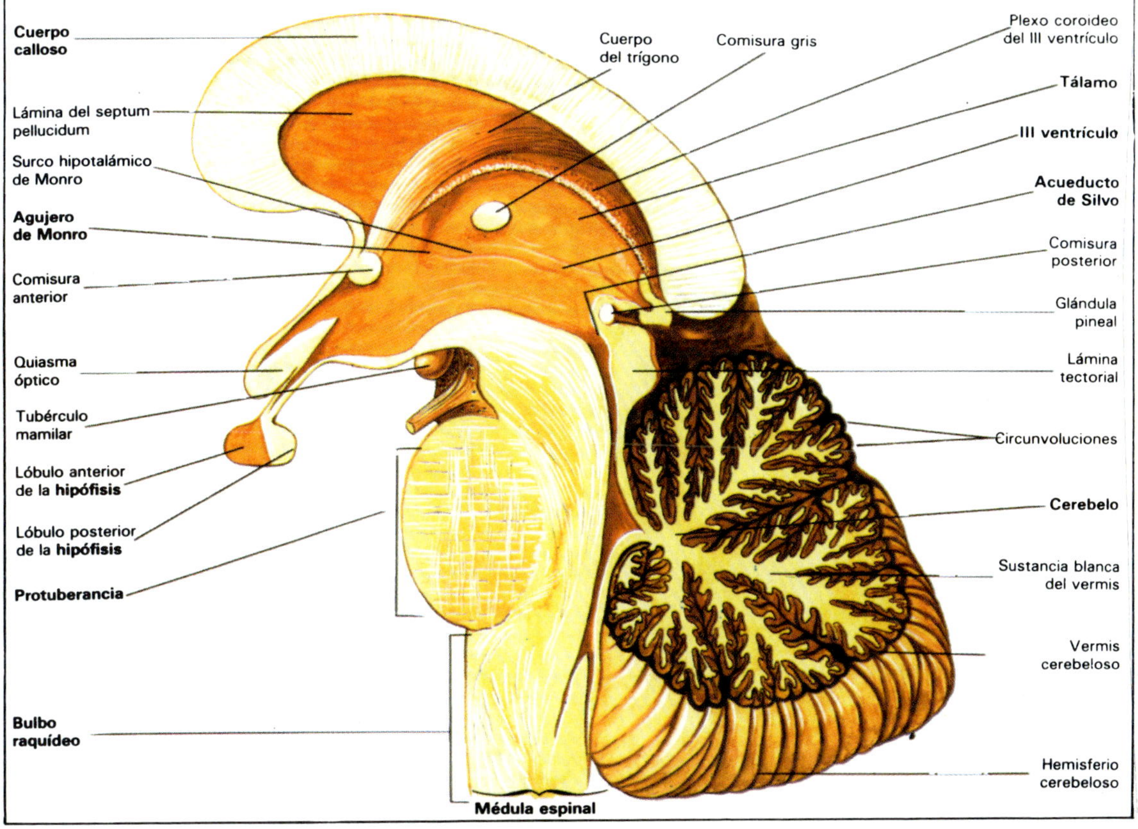

Tallo del cerebelo: núcleos y conexiones

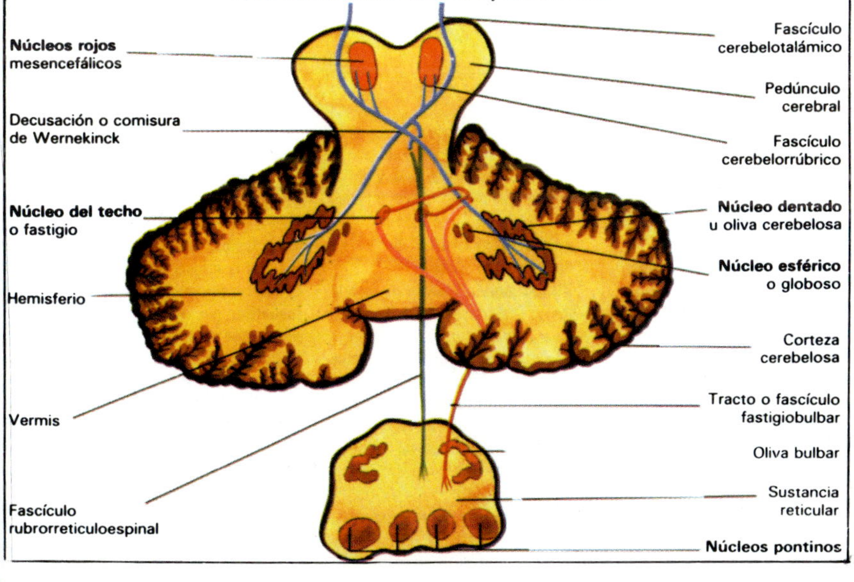

hemisferios cerebelosos. En un corte sagital el cerebelo se asemeja a una mariposa con las alas desplegadas. Los hemisferios cerebelosos se dividen en **cinco lóbulos**, cuya superficie no es regular, sino que presenta numerosos **surcos transversales** al vermis y casi paralelos entre ellos. Está recubierto por una capa o *corteza de sustancia gris* de aproximadamente 1 mm, incluso en el fondo de los surcos, mientras su interior está formado por sustancia blanca. *Tiene una misión muy importante: regular las actividades motoras* Es decir, es el encargado de coordinar la acción de los músculos durante los movimientos voluntarios, regula el tono de éstos e interviene en el mantenimiento del equilibrio.

Pares craneales. Médula espinal

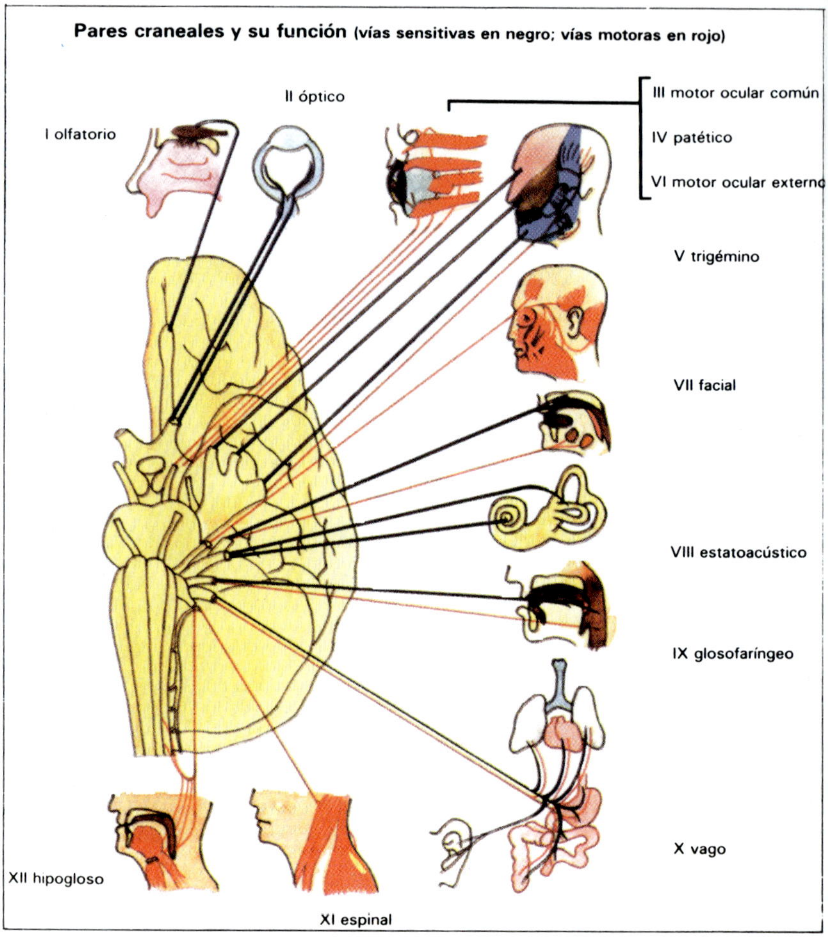

Pares craneales

Del encéfalo salen **doce pares de nervios** que se dirigen a distintos órganos de la cabeza (menos uno que va al corazón y al estómago) a través de los orificios de la base del cráneo.

I par (nervio olfatorio): nace en los *bulbos olfativos* de la parte anteroinferior del cerebro y se dirige a las *fosas nasales* después de atravesar el etmoides.

II par (nervio óptico): tiene su origen en la sustancia gris de los *tubérculos cuadrigéminos* en la base del cerebro. Se dirige oblicuamente hacia delante hasta cruzarse con el del otro lado a nivel del *quiasma óptico* (llegando las fibras nacidas en el lado derecho del ojo izquierdo y viceversa) para *terminar en la retina del ojo.*

III par (motor ocular común): se origina por encima de la protuberancia y va hacia el interior de las órbitas oculares para inervar el *músculo oblicuo menor del ojo* y el *iris.*

IV par (nervio patético): nace en la cara superior del istmo del encéfalo y va a los *músculos oblicuos mayores del ojo.*

V par (nervio trigémino): se origina en la parte lateral externa de la protuberancia, en el límite con el bulbo, proporciona *sensibilidad a toda la cara* e inerva la *musculatura de la masticación.*

VI par (nervio motor ocular externo): nace en el surco bulbo-protuberancial e inerva el *músculo recto externo del ojo.*

VII par (nervio facial): nace por debajo de la protuberancia e inerva los músculos de la cara y el cuello, permitiendo la *acción mímica de la cara;* recoge la *sensibilidad* de la parte anterior *de la lengua.*

VIII par (nervio acústico): nace del surco lateral del bulbo, en el fondo del cuarto ventrículo, y permite transmitir al cerebro las señales percibidas por el *oído medio* (sonidos) y por el *oído interno* (para mantener el equilibrio).

IX par (nervio glosofaríngeo): nace en la parte lateral del bulbo, inerva la lengua y la faringe para permitir la *deglución* y recibe *estímulos sensoriales de la boca, lengua (gusto) y faringe.*

X par (nervio vago o neumogástrico): nace en los surcos lateral y posterior del bulbo raquídeo y se ramifica por las vísceras del tórax y abdomen, regulando las *funciones digestivas, circulatorias* (por medio de fibras parasimpáticas o vagales) y *respiratorias.*

XI par (nervio espinal): nace de la mitad inferior del bulbo y de la porción cervical de la médula; la rama bulbar va a la faringe y laringe y la rama medular al músculo esternocleidomastoideo. Ambas tienen *función motora.*

XII par (nervio hipogloso): va a la lengua y al hueso hioides, facilitando los *movimientos de la fonación, deglución* y *masticación.* Todos estos nervios tienen **funciones sensitivas, motoras** o **mixtas** y nacen en un núcleo nervioso situado a nivel del tronco cerebral.

Médula espinal

Se encuentra dentro del conducto raquídeo, rodeada por las meninges. Es la continuación del bulbo raquídeo, por arriba, y termina por abajo a nivel de la segunda vértebra lumbar. Su longitud varía, obviamente, en función de la altura del individuo.

Presenta un **abultamiento cervical** y otro **lumbar**. Entre cada cuerpo vertebral la médula emite dos pares de nervios denominados **raíces raquídeas,** que corresponden a los **segmentos medulares**.

Todas las raíces nerviosas que salen por la cara anterior de la médula son motoras, y las posteriores, sensitivas; existen 8 pares cervicales, 12 dorsales, 5 lumbares, 5 sacras y 1 ó 2 coccígeas.

En un corte transversal de médula podemos apreciar una serie de **surcos** que la dividen en sentido

Corte horizontal de la médula espinal. Fascículos sensitivos y motores

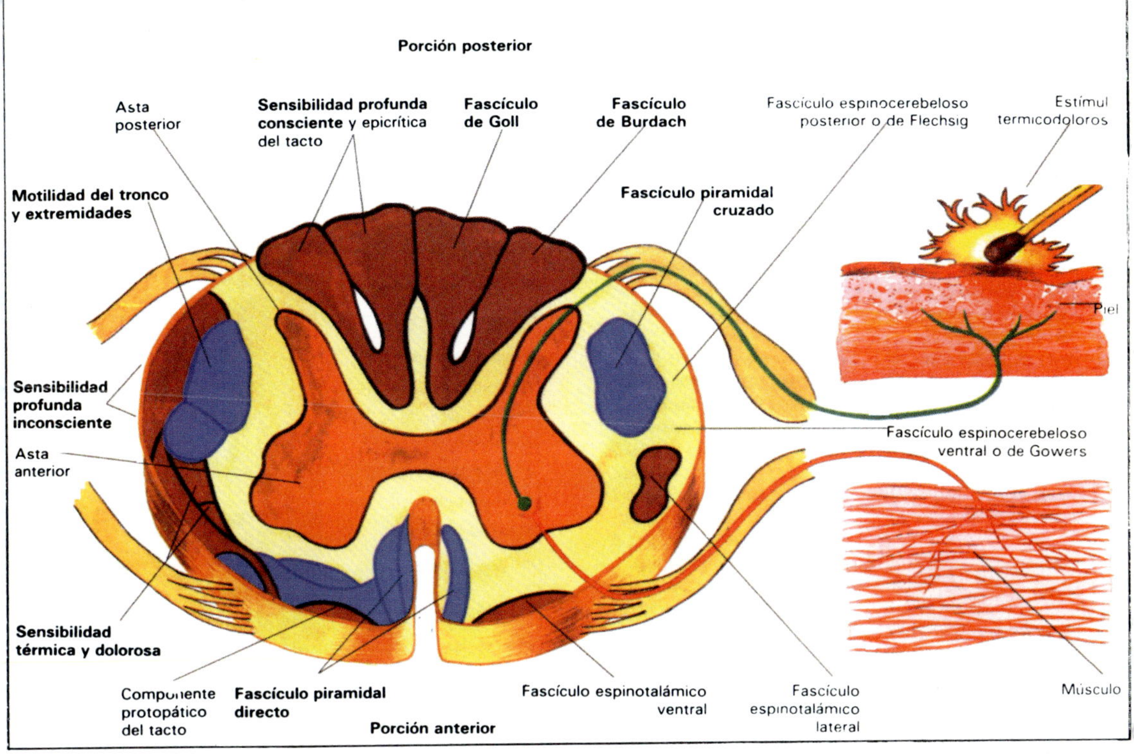

Segmento de la médula espinal. Nervios raquídeos

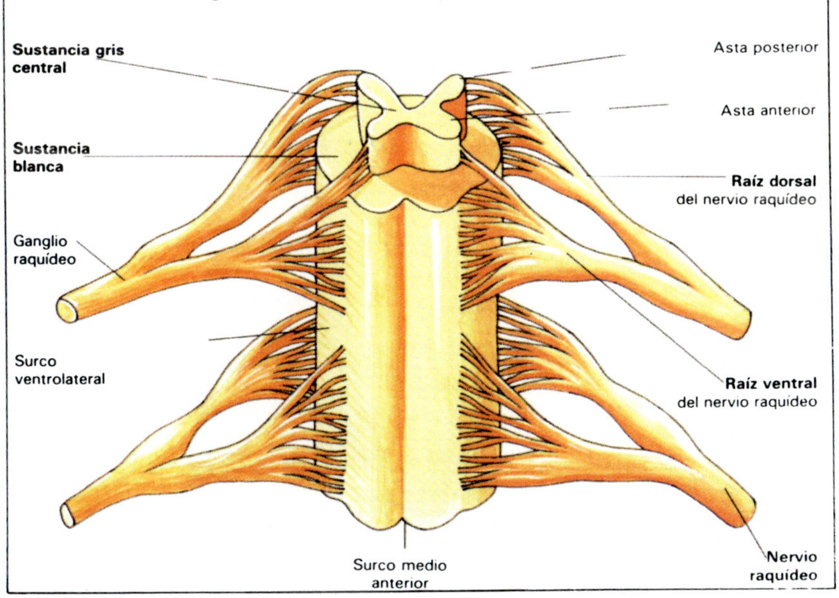

longitudinal, fundamentalmente, uno anterior y otro posterior. Se aprecia asimismo una **zona central** en forma de **H** que corresponde a la *sustancia gris*.

Dicha zona presenta **dos astas anteriores y dos astas posteriores** o laterales, que son el lugar de paso de, respectivamente, las **vías nerviosas motoras** y **sensitivas** que provienen del encéfalo. Rodeando la sustancia gris y formando el manto de la médula está la *sustancia blanca*, que se distribuye en tres **cordones: anterior, lateral** y **posterior.**

En el cordón posterior destacaremos la vía fundamental constituida por los *haces de Goll y de Burdach*, que conduce la *sensibilidad* profunda consciente.

En el cordón anterior y lateral hay que destacar el *fascículo piramidal*, motor por excelencia

Nervios raquídeos. Áreas sensitivas

Nervios raquídeos

Los **nervios raquídeos**, también llamados *espinales*, forman de 31 a 38 pares que se originan segmentariamente a cada lado de la médula espinal. Cada uno de ellos está formado por la reunión de una raíz ventral y otra dorsal, existiendo en ésta última un engrosamiento o **ganglio raquídeo** o **espinal.**

Cada **nervio espinal** sale del conducto raquídeo por los **agujeros de conjunción,** formando una **rama comunicante** que lo une al gran simpático, y otra **meníngea** que, siguiendo un camino recurrente, entra de nuevo en el conducto raquídeo por los agujeros de conjunción para inervar las meninges.

Inmediatamente el nervio se divide en dos ramas desiguales, una **dorsal**, más delgada, y otra **ventral**, más gruesa. La primera se distribuye por los *músculos autóctonos del dorso del tronco* y la piel correspondiente, mientras que la ventral se distribuye por la *parte ventrolateral del tronco,* músculos, piel y serosa parietal de las cavidades viscerales que envuelve.

Los nervios raquídeos son *mixtos*, pues poseen **fibras motoras** y **sensitivas**. Las **fibras motoras somáticas** proceden de las células de la columna ventral de la médula, salen por la raíz ventral e *inervan la musculatura estriada.* Otras fibras motoras son **vegetativas** y van a la *musculatura lisa* de las vísceras, vasos, glándulas y músculos erectores de los pelos.

Las **fibras sensitivas** de los nervios raquídeos proceden de los *órganos*

Nervios raquídeos dorsales y cadena simpática

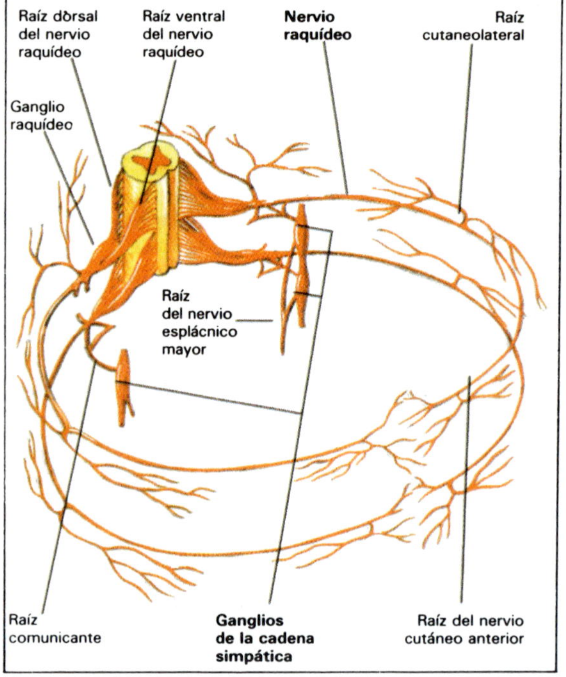

Médula espinal: visión dorsal

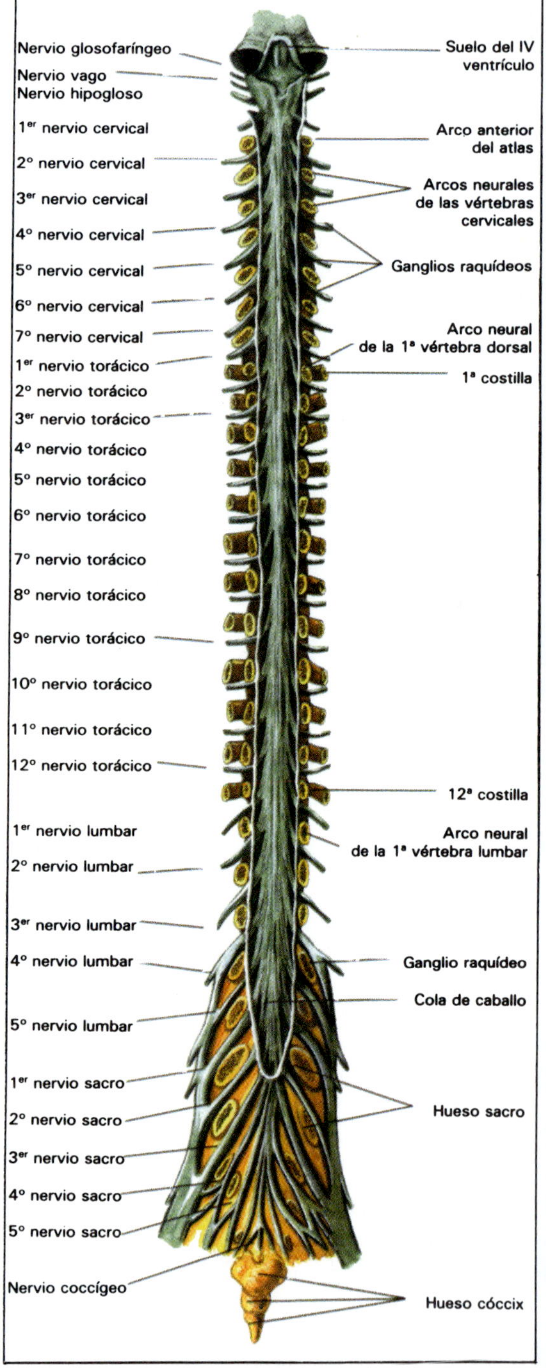

Áreas cutáneas o dermatomas (izquierda, cara ventral; derecha, cara dorsal)

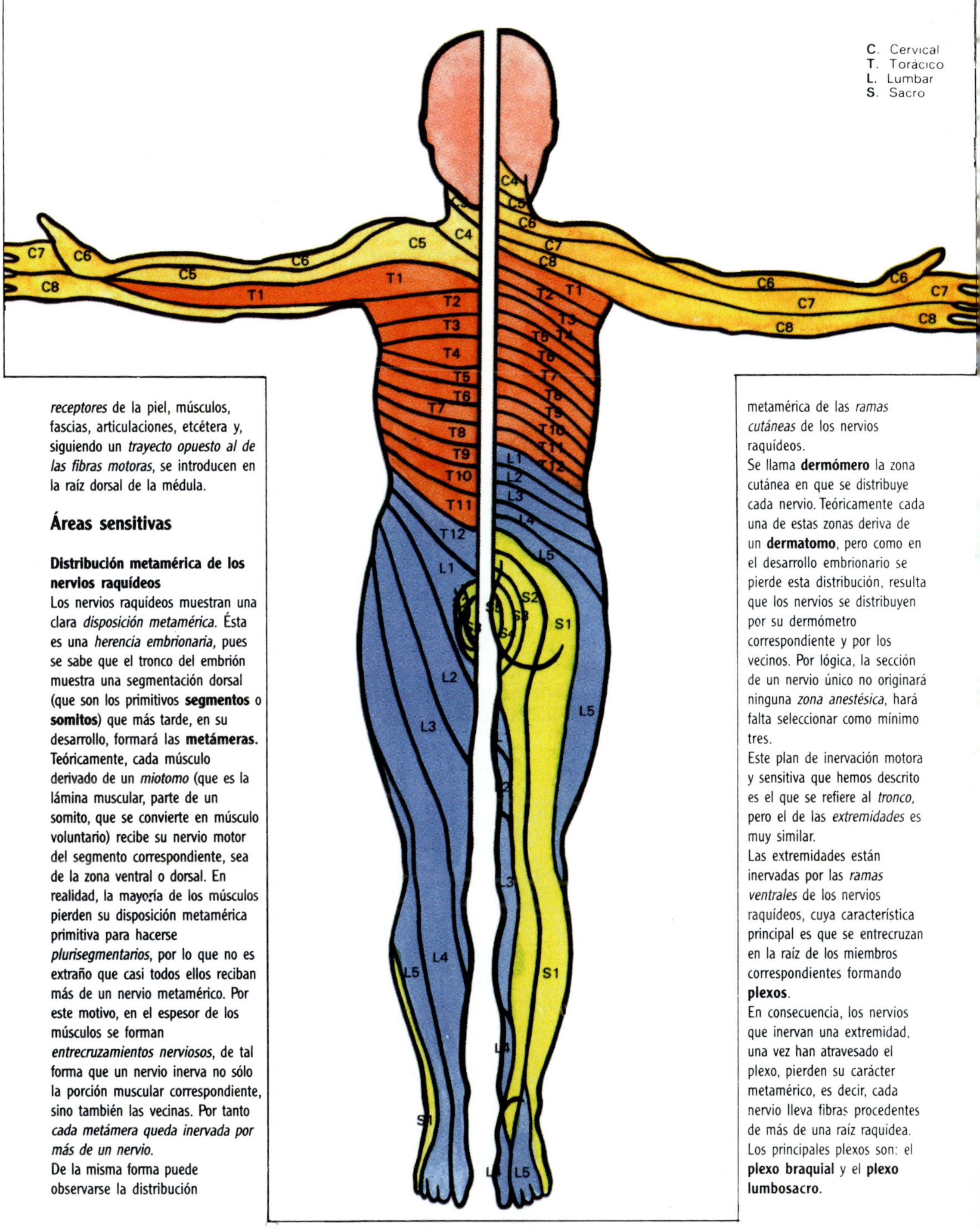

receptores de la piel, músculos, fascias, articulaciones, etcétera y, siguiendo un *trayecto opuesto al de las fibras motoras*, se introducen en la raíz dorsal de la médula.

Áreas sensitivas

Distribución metamérica de los nervios raquídeos

Los nervios raquídeos muestran una clara *disposición metamérica*. Ésta es una *herencia embrionaria*, pues se sabe que el tronco del embrión muestra una segmentación dorsal (que son los primitivos **segmentos** o **somitos**) que más tarde, en su desarrollo, formará las **metámeras.** Teóricamente, cada músculo derivado de un *miotomo* (que es la lámina muscular, parte de un somito, que se convierte en músculo voluntario) recibe su nervio motor del segmento correspondiente, sea de la zona ventral o dorsal. En realidad, la mayoría de los músculos pierden su disposición metamérica primitiva para hacerse *plurisegmentarios*, por lo que no es extraño que casi todos ellos reciban más de un nervio metamérico. Por este motivo, en el espesor de los músculos se forman *entrecruzamientos nerviosos*, de tal forma que un nervio inerva no sólo la porción muscular correspondiente, sino también las vecinas. Por tanto *cada metámera queda inervada por más de un nervio.*

De la misma forma puede observarse la distribución metamérica de las *ramas cutáneas* de los nervios raquídeos.

Se llama **dermómero** la zona cutánea en que se distribuye cada nervio. Teóricamente cada una de estas zonas deriva de un **dermatomo**, pero como en el desarrollo embrionario se pierde esta distribución, resulta que los nervios se distribuyen por su dermómetro correspondiente y por los vecinos. Por lógica, la sección de un nervio único no originará ninguna *zona anestésica*, hará falta seleccionar como mínimo tres.

Este plan de inervación motora y sensitiva que hemos descrito es el que se refiere al *tronco*, pero el de las *extremidades* es muy similar.

Las extremidades están inervadas por las *ramas ventrales* de los nervios raquídeos, cuya característica principal es que se entrecruzan en la raíz de los miembros correspondientes formando **plexos**.

En consecuencia, los nervios que inervan una extremidad, una vez han atravesado el plexo, pierden su carácter metamérico, es decir, cada nervio lleva fibras procedentes de más de una raíz raquídea. Los principales plexos son: el **plexo braquial** y el **plexo lumbosacro**.

Sistema nervioso vegetativo

El **sistema nervioso vegetativo** es llamado también **sistema neurovegetativo** o **sistema nervioso autónomo**. Toda actividad de un individuo presupone la concatenación simultánea de fenómenos circulatorios, respiratorios, etcétera, sin los cuales aquélla no sería posible. De ahí que todos los *estados emocionales* (pánico, terror, miedo, dolor) y el *comportamiento* de cada individuo frente a una situación se acompañen de reacciones concomitantes que no podemos suprimir. Todo ello tiene lugar por medio del sistema nervioso autónomo, que posee dos componentes; uno de *generación* o de *gasto energético*, que es el **sistema simpático**, y otro *focalizador* o de *ahorro*, que es el **parasimpático.**

Anatómicamente, el sistema neurovegetativo está constituido por **neuronas** algo diferentes de las del resto del sistema nervioso, pues son **unipolares** y presentan un número variable de *dendritas* y un *axón* que, en ocasiones, es difícil de identificar. Las dendritas, a su vez, presentan notables variaciones.

El *funcionamiento* del sistema nervioso vegetativo es análogo al del sistema nervioso central: existen *centros corticales* seguidos escalonadamente por centros inferiores. La única diferencia que presenta son los *sistemas intraviscerales*, puesto que el sistema central únicamente inerva la cobertura de las vísceras.

Las *conexiones* o *sinapsis* se efectúan por contigüidad, igual que en el sistema central, y son sus mediadores la *adrenalina* o la *acetilcolina*, por lo que posee **fibras adrenérgicas** y **fibras colinérgicas**, que corresponden al *sistema simpático* y al *parasimpático*, respectivamente.

Las **fibras neurovegetativas** son delgadas y están dotadas de una *vaina de mielina*.

El sistema neurovegetativo presenta sus servicios al individuo sin que éste sea consciente de ello: controla la tensión arterial, la motilidad y las secreciones digestivas, la emisión de orina, la secreción de sudor, la temperatura corporal, la frecuencia cardíaca, etcétera.

Sistemas simpático y parasimpático

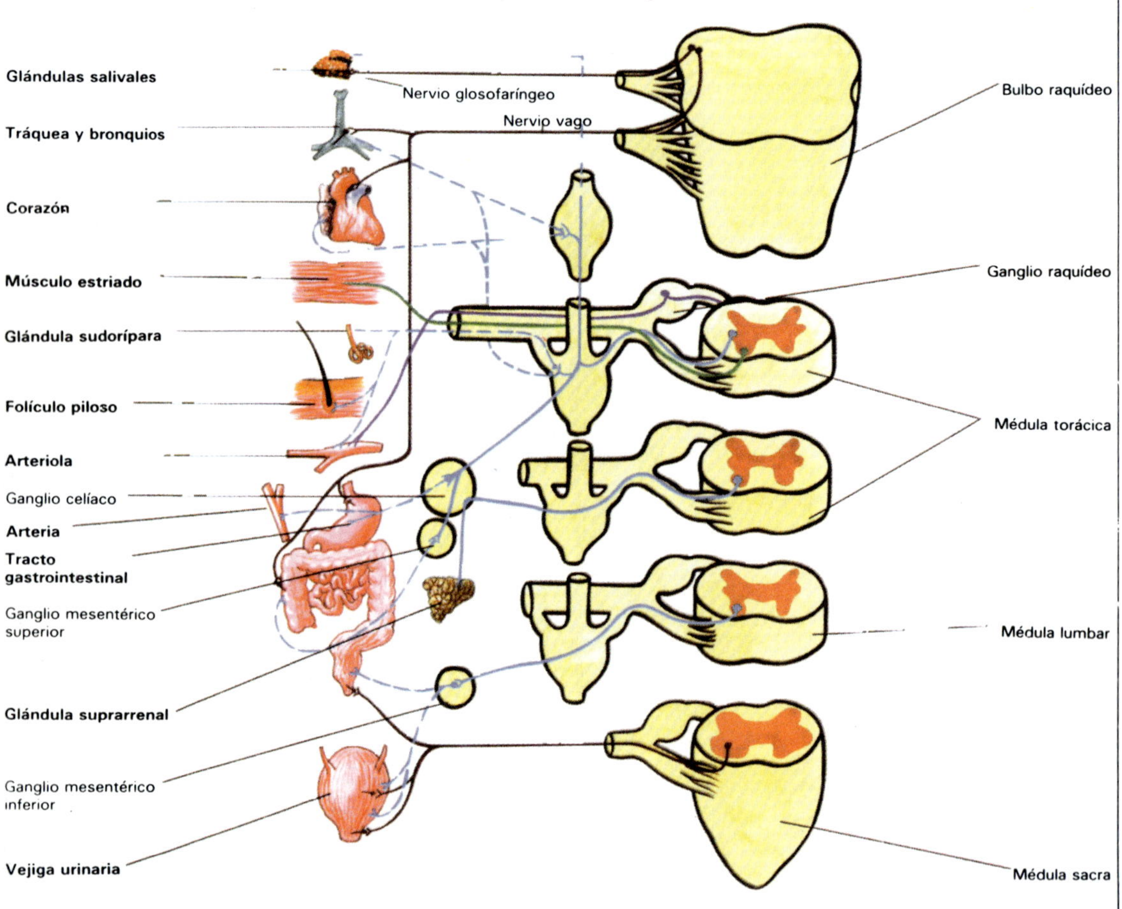

Sistema nervioso simpático

Está constituido por *dos cadenas de ganglios* situadas a cada lado de la columna vertebral. De la médula salen unas *fibras nerviosas* llamadas **neuronas preganglionares** que llegan a dichos ganglios, y de ellos salen las **neuronas posganglionares**, que se van a los diferentes órganos o glándulas.

Unas pocas neuronas preganglionares no pasan primero a la cadena ganglionar simpática, sino que penetran directamente en los *nervios raquídeos* desde la médula espinal. Por tanto, la destrucción de la cadena simpática acaba sólo con el 90% de su actividad.

El sistema simpático tiene una acción específica sobre el organismo. En condiciones de normaliad, *aumenta el metabolismo* cerebral, la tensión arterial (a través de la vasoconstricción), la frecuencia cardíaca y la sudación. Provoca la broncodilatación y la midriasis (dilatación de la pupila), y estimula las glándulas suprarrenales para que liberen **adrenalina** y **noradrenalina**, suatancias que mantienen el sistema. Se trata por tanto de un *sistema de alerta*, que se desencadena masivamente en caso de *lucha* o *estrés*.

Sistema nervioso parasimpático

Las fibras del sistema parasimpático emergen del sistema nervioso central unidas a algunos nervios craneales, como el *III par* (nervio motor ocular común), *VII par* (nervio facial), *IX par* (nervio glosofaringeo) y *X par* (nervio vago). Siguiendo el recorrido inicial de éstos e independizándose después, constituyen el **nervio vago** que discurre a lo largo del esófago para inervar los pulmones, el corazón, el estómago, el intestino, el hígado, las vías biliares y las urinarias.

Su acción es totalmente opuesta a la del simpático y hay que destacar, por otra parte, que incrementa el movimiento intestinal, es decir, facilita la digestión. Es pues un sistema que el organismo utiliza en **situación de reposo y de relajación**: es un sistema *ahorrador de energía*.

El ejemplo más palpable es el que proporciona la observación o el estudio de la fase de digestión de los alimentos, en la que aumenta el trabajo de la musculatura intestinal y se produce una gran relajación que ocasiona, a menudo, una marcada somnolencia.

Vías de comunicación entre la médula espinal, cadena simpática y órganos periféricos

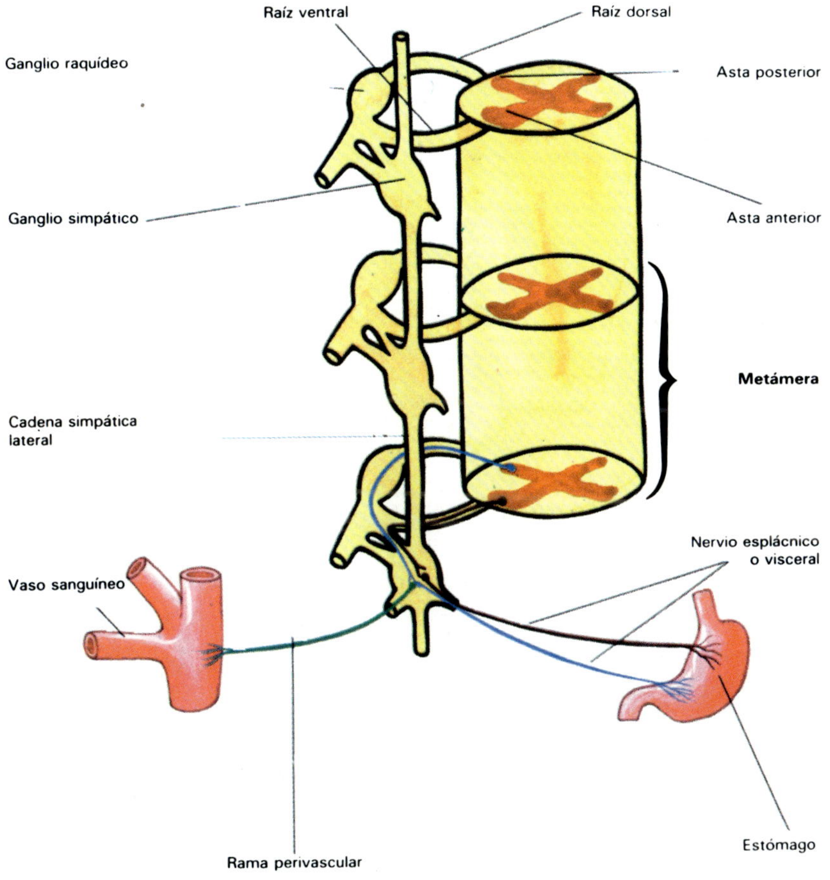

Órganos de los sentidos. Tacto, gusto, olfato

Los órganos de los sentidos se encuentran en la periferia del organismo y tienen por función *poner en contacto al hombre con el mundo exterior.* A través de ellos adquirimos conocimiento de las propiedades físicas de los cuerpos y de las condiciones del medio que nos rodea. Poseen, asimismo, una *misión protecetora,* pues *nos advierten de los peligros* que nos amenazan. Las impresiones captadas por los órganos de los sentidos son transmitidas al cerebro, el cual las percibe y convierte en sensaciones.

Tacto

El sentido del tacto radica en la **piel**, especialmente en la de las palmas de las manos. Nos permite apreciar la forma y características de los objetos y las condiciones ambientales.

Piel

Recubre al cuerpo en su totalidad, proporcionándole una cubierta protectora e impermeable. Tiene una superficie de cerca de 2 m^2. Su espesor varía entre 0,5 y 3 mm, siendo muy fina en algunos puntos, como los párpados, por ejemplo, y alcanzando su máximo grosor en las palmas de las manos y en las plantas de los pies. Las *fibras conjuntivas y elásticas* que la constituyen le confieren una resistencia y elasticidad considerables. El color de la piel varía según la raza, edad y hábitos de vida del individuo.

La piel se compone de dos capas superpuestas: una profunda, denominada **dermis o corión** y una superficial que recibe el nombre de **epidermis.**

En la dermis se encuentran los receptores táctiles de las terminaciones nerviosas, que reciben el nombre de *corpúsculos de Pacini, Ruffini, Meissner* y *Krause,* los cuales *permiten percibir el calor, frío, presión, forma, movimiento* y demás estímulos externos apreciables por el tacto.

Anexos de la piel

Glándulas sudoríparas. Secretan el *sudor* y están diseminadas prácticamente por todo el cuerpo.

Glándulas sebáceas. Secretan el *sebo* y se encuentran en toda la superficie corporal, excepto en las palmas de las manos y las plantas de los pies.

Uñas. Son *formaciones epidérmicas* de naturaleza *córnea* que protegen la superficie dorsal del extremo libre de los dedos.

Pelos. Son *producciones epidérmicas filiformes* y flexibles, de materia *córnea.* En ellos se distingue una parte libre, denominada *tronco,* y otra oculta en en el folículo piloso, denominada *raíz.* Su desarrollo y características varían según su localización.

Gusto

El sentido del gusto permite *reconocer los sabores* y se localiza en la superficie externa de la lengua.

Lengua

Es un órgano musculoso, impar y medio, situado en la base de la cavidad bucal. Tiene forma cónica. Además de su *función gustativa* participa en la *deglución* y en la *articulación de las palabras.* En ella distinguimos una porción faringea y otra oral. Está constituida por un esqueleto osteofibroso y músculos.

Mucosa lingual. Recubre toda la superficie de la lengua, con excepción de la base. En su cara superior se encuentran las **papilas**, pequeñas eminencias con función mecánica y gustativa, que según su forma se clasifican en: **papilas calciformes**, las más voluminosas, forman la V lingual, lugar donde presenta su máxima agudeza el sentido del gusto; **papilas fungiformes,** situadas en la punta, bordes y dorso; **papilas filiformes**, las más numerosas, que ocupan el dorso lingual; **papilas foliadas,** situadas en los bordes, y **papilas hemisféricas**, muy pequeñas y numerosas. Las papilas recogen

Sentido del tacto: la piel

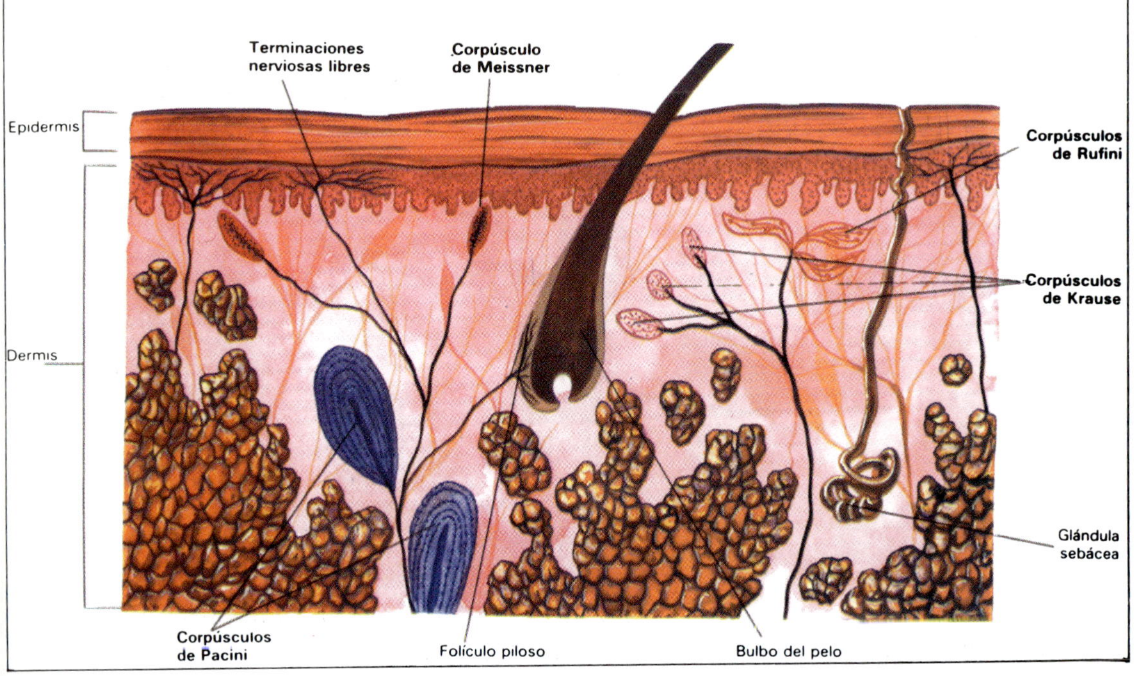

Sentido del gusto: la lengua. Papilas gustativas

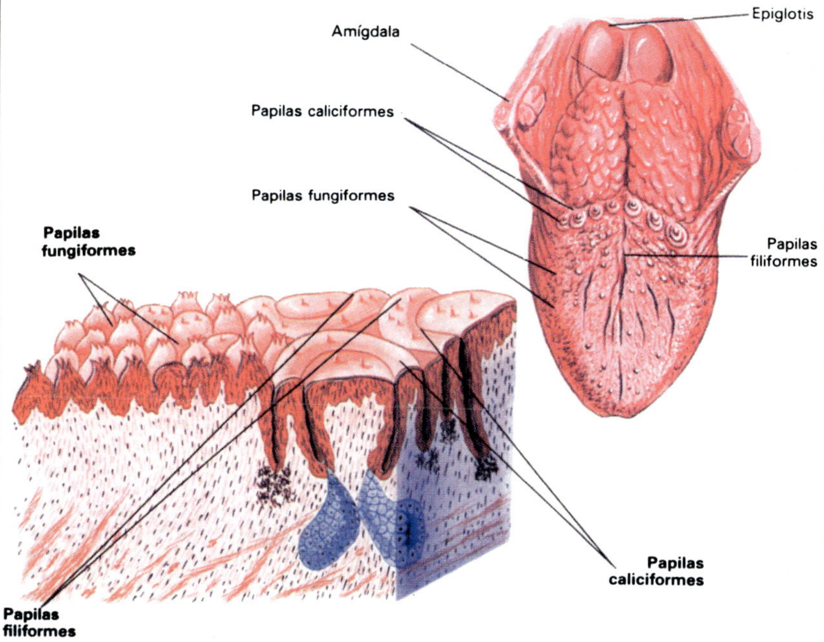

Sentido del olfato: las fosas nasales

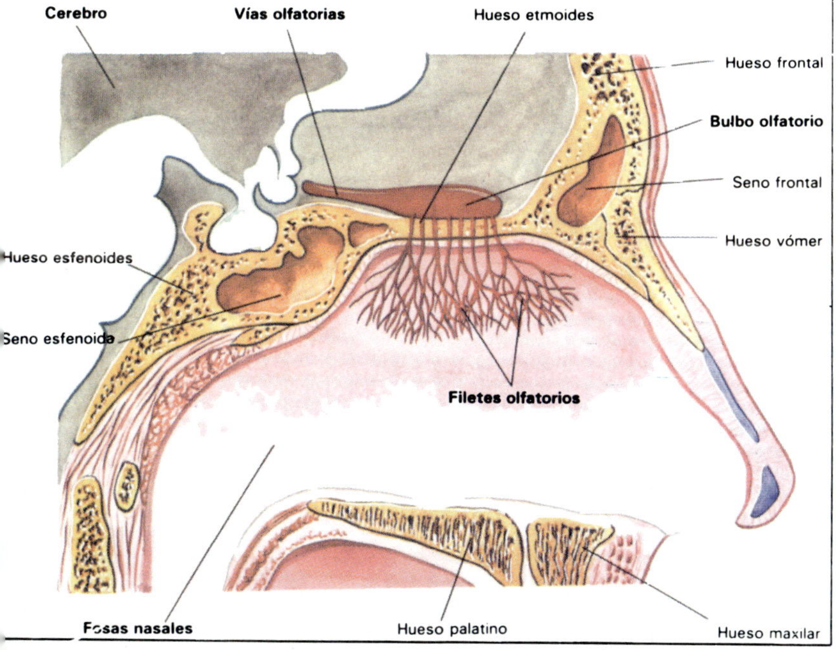

cuatro sabores fundamentales: dulce, salado, ácido y *amargo*, que el cerebro integra, reconociendo, según la proporción e intensidad de los mismos, el alimento al que corresponden.

Vasos y nervios de la lengua: arteria lingual, rama de la arteria carótida externa, vena lingual, que desemboca en la vena yugular interna. La inervación sensitiva corresponde al nervio lingual y al glosofaringeo y la motora al nervio facial.

Olfato

El sentido del olfato radica en la **mucosa pituitaria**, que reviste las fosas nasales.

Nariz

Es una prominencia piramidal que se encuentra en la parte media de la cara. Es una estructura osteocartilaginosa que aloja las fosas nasales.

Fosas nasales. Son dos cavidades largas y anfractuosas que se extienden desde los orificios nasales o ventanas de la nariz hasta las coanas u orificios posteriores, situados en la faringe. A través de la lámina cribosa del etmoides que forma parte de su pared superior, penetran en el bulbo olfatorio del cerebro las prolongaciones de las células olfatorias de la pituitaria.

Pituitaria. Recubre por entero la superficie de las fosas nasales. Por su parte anterior se continúa con la piel del vestíbulo nasal y por la posterior con la mucosa de la faringe. Aloja las **células olfatorias,** que son verdaderas células nerviosas.

Vasos y nervios. Las arterias proceden de las arterias etmoidales, de la arteria nasal y de la facial. Las venas desembocan en la vena facial, plexo maxilar interno y vena oftálmica.

Las *terminaciones nerviosas* que captan los estímulos olfatorios proceden del nervio olfatorio.

Sentido de la vista. El ojo y sus anexos

La visión se realiza a través del ojo, órgano par colocado en la parte interior de la cavidad orbitaria de la cara.

Ojo

Es un órgano fotorreceptor, capaz de formar imágenes del objeto emisor o reflector de la luz. Está compuesto por el globo ocular y sus anexos.

Globo ocular
Tiene la forma de un aesfera ligeramente aplanada, de unos 24 mm de diámetro. Está formado por tres capas, dispuestas de fuera hacia dentro, la **esclerótica**, la **coroides** y la **retina.**
Esclerótica. Constituye la *capa fibrosa del ojo* y es la más externa. Es de color blanco. Está unida a la coroides por una lámina de tejido conjuntivo denominada *lámina fusca*. En ella se insertan los músculos extrínsecos del ojo. Tiene un orificio posterior que da paso al nervio óptico, cerrado por una lámina con múltiples orificios llamada lámina cribosa. Por su parte anterior se une a la córnea, situada en el polo anterior del ojo.
Córnea. Es clara y transparente. Tiene forma esférica y permite el paso de los rayos luminosos. Posteriormente se relaciona con el humor acuoso y anteriormente queda cubierta por los párpados, cuando los cerramos.
Coroides. Es la *capa vascular* del ojo. Está formada por tejido conjuntivo con abundantes células pigmentarias y vasos sanguíneos. Interviene en la *nutrición* del ojo y en la *formación de los humores acuosos y vítreo.* Su cara interna está en contacto con la retina. Posee una abertura anterior que se continúa con la zona ciliar, y otra posterior, que da paso al nervio óptico.
Iris. Ocupa el segmento más anterior de la capa vascular del ojo. Es una membrana discoidal de color variable con un orificio central, la **pupila.**
Retina. Es una expansión del nervio óptico que se extiende desde la entrada del mismo en el globo ocular hasta el orificio de la pupila. Su función es *recibir las impresiones luminosas y transmitirlas al cerebro.* Está constituida por dos tipos de células, los **conos** y los **bastones**. Los primeros son sensibles a la *intensidad de la luz* y permiten la *visión de los colores*, mientras que

Corte histológico de la retina

Globo ocular: corte horizontal

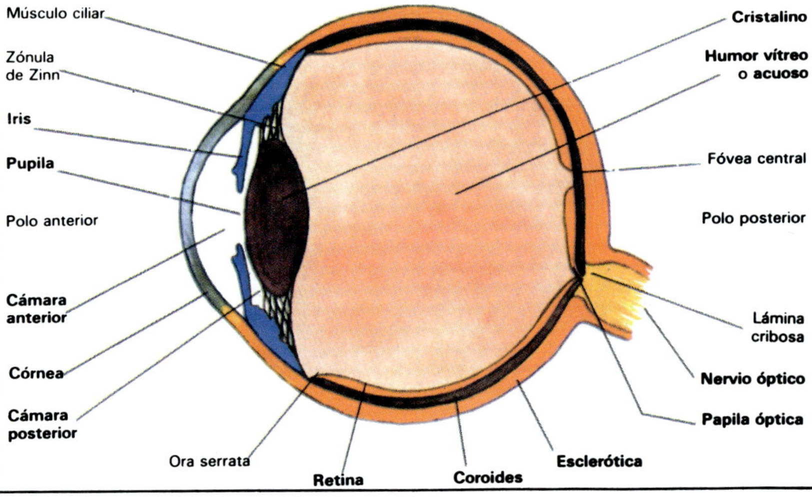

Saco lagrimal y conductos lagrimales: visión anterolateral

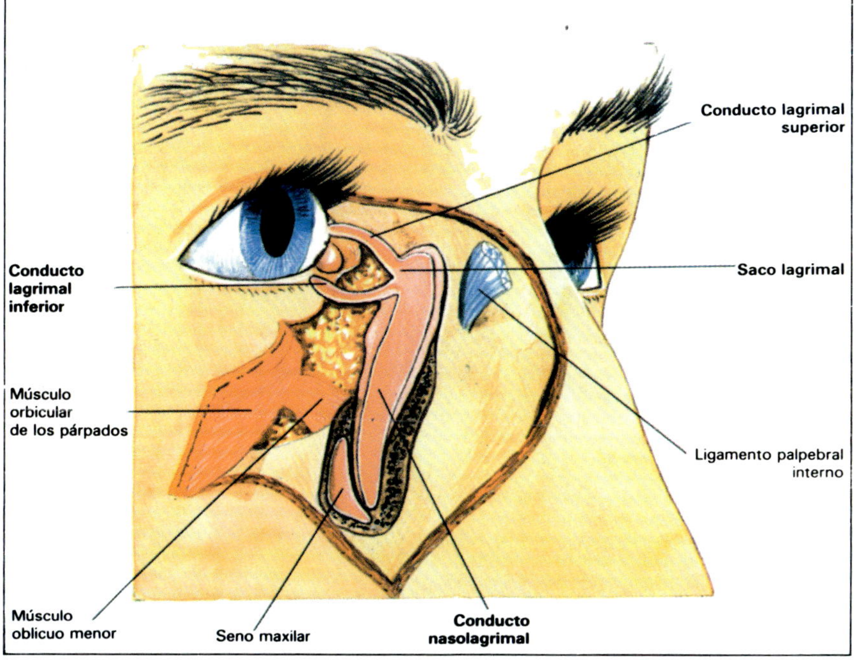

Músculos extrínsecos del ojo: visión superior

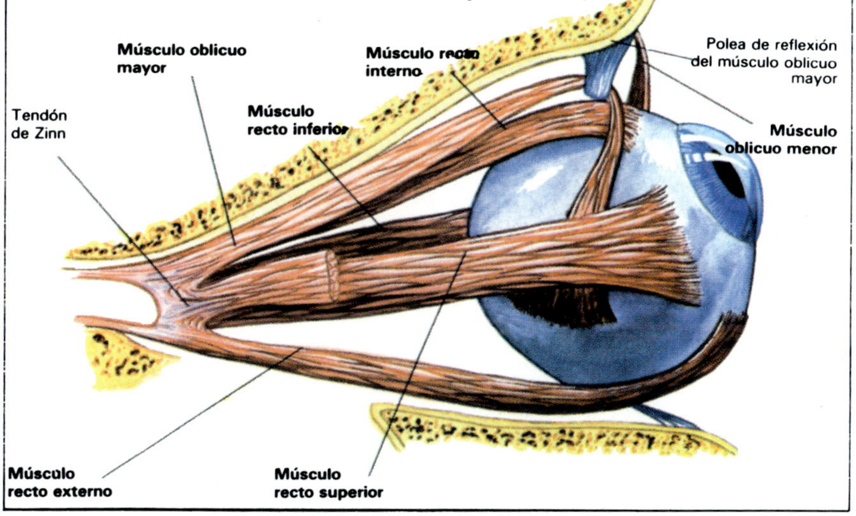

los segundos detectan el *blanco y el negro* y los distintos *tonos del gris.*
Cristalino. Es una lente viconvexa, colocada detrás de la pupila, entre el humor acuoso y el cuerpo vítreo. Es transparente y tiene por función *enfocar los rayos luminosos* de modo que formen una imagen perfecta sobre la retina.
Cuerpo vítreo. Es una masa transparente y gelatinosa situada entre el cristalino y la retina.
Humor acuoso. Es un líquido acuoso que llena el espacio comprendido entre el cristalino y la córnea.
Vasos y nervios. El ojo está irrigado por ramas de la arteria oftálmica e inervado por fibras sensitivas, ramas del nervio oftálmico. La inervación motora depende del simpático y parasimpático.

Anexos del ojo
Los anexos del ojo comprenden, entre otras, las formaciones siguientes: los párpados, la conjuntiva, el aparato lacrimal, los músculos extrínsecos del ojo y las cejas.
Párpados. Son dos pliegues musculomembranosos, uno superior y otro inferior, situados por delante de las órbitas, cuya misión es *proteger* el globo ocular. Su borde libre presenta dos o tres filas de *pestañas.*
Conjuntiva. Es una membrana mucosa que recubre la cara dorsal de los párpados y la cara anterior del globo ocular. Es una capa muy vascularizada, provista de una importante red linfática destinada a proteger el ojo de los agentes físicos externos y de las infecciones.
Aparato lacrimal. Se compone de la glándula lacrimal, que secreta las lágrimas, y de las vías lacrimales. La misión de las lágrimas es *facilitar el deslizamiento de los párpados* sobre el globo ocular y *humedecer* la parte anterior de éste, que está en contacto con el aire.
La **glándula lacrimal** está situada en la parte anteroexterna y superior de la órbita. Las **vías lacrimales** comprenden los conductos excretores de la glándula y los conductos y el saco lacrimal, y tienen por función distribuir y drenar las lágrimas.

Músculos extrínsecos del ojo. También se conocen como músculos de la órbita. Están destinados a *mover el globo ocular y el párpado superior.* Son siete minúsculos estriados, alojados todos ellos en la cavidad orbitaria. Se deniominan **elevador del párpado superior, rectos del ojo** y **oblicuos del ojo.**
Cejas. Son dos prominencias arqueadas situadas sobre los párpados y provistas de pelos.

Aparato digestivo. El tubo digestivo

El cuerpo humano necesita energía para su funcionamiento y para ello toma del exterior productos alimenticios. Los alimentos no son absorbibles en sus condiciones originales, por lo cual son sometidos a un *proceso de preparación* que posibilita su *asimilación*. Este conjunto de transformaciones físicas, químicas y biológicas constituyen la **digestión** y tienen lugar en los distintos órganos destinados al efecto que componen el **aparato digestivo.** El aparato digestivo, también denominado tubo digestivo, tiene unos 10-12 m de longitud y se extiende desde la boca hasta el ano. Está formado por diversos órganos y glándulas que estudiaremos ordenadamente.

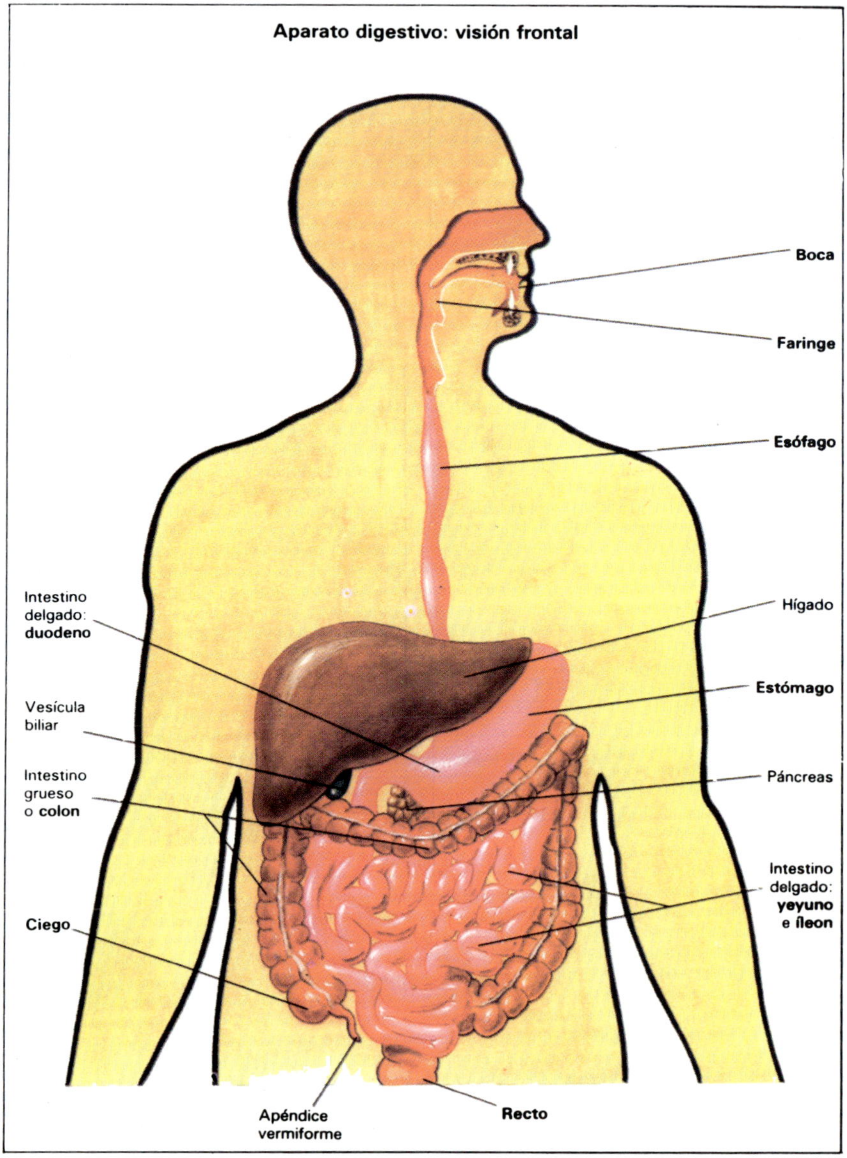

Boca

Es una cavidad, situada en la parte inferior de la cara, donde se efectúan la masticación y la insalivación de los alimentos. Tienen forma de óvalo y está dividida por los dientes y las encías en dos regiones, una anterior y lateral, el vestíbulo bucal, y otra posterior, la cavidad bucal propiamente dicha.

Labios. Constituyen la pared anterior de la boca. Son dos repliegues musculomembranosos que cuando se aproximan cierran el tubo digestivo por su parte superior. Hay un labio **superior** y otro **inferior.** Están constituidos por una capa exterior o cutánea, otra muscular, formada por el músculo orbicular de los labios y otra interna o mucosa.

Bóveda del paladar. Constituye el techo de la cavidad bucal. Tiene forma de herradura y dos partes, una anterior, ósea, denominada **paladar duro** y otra posterior, musculomembranosa, que se une a la faringe y que limita con la lengua el **istmo de las fauces**, denominada **paladar blando.**

Las **mejillas** conforman las **paredes laterales** de la boca, y la lengua y el espacio sublingual el **suelo** de la misma.

Dientes

Son órganos duros, insertados en los arcos alveolares de los maxilares, y tienen la misión de *masticar los alimentos.*

Cada diente presenta tres porciones: **corona**, que es la parte blanca que sobresale de la encía; **raíz**, alojada en el alvéolo dentario y con un orificio inferior destinado a los vasos y nervios del diente; y **cuello**, situado entre la raíz y la corona.

El hombre, a lo largo de la vida, tiene dos tipos de dentadura, una **temporal** o **de leche**, hasta los 6-7 años, y otra **definitiva** o **permanente**. La dentadura de leche consta de 20 piezas, mientras que la permanente consta de 32. Según su función los dientes tienen características diferentes y se dividen en **incisivos** –cortan–, **caninos** –desgarran–, **premolares** y **molares** –trituran–. La dentadura permanente consta de 4 incisivos, 2 caninos, 4 premolares y 6 molares en cada maxilar.

El diente está constituido por cuatro sustancias distintas: el **cemento**, tejido semejante al hueso, que forma la nariz; **esmalte**, que cubre

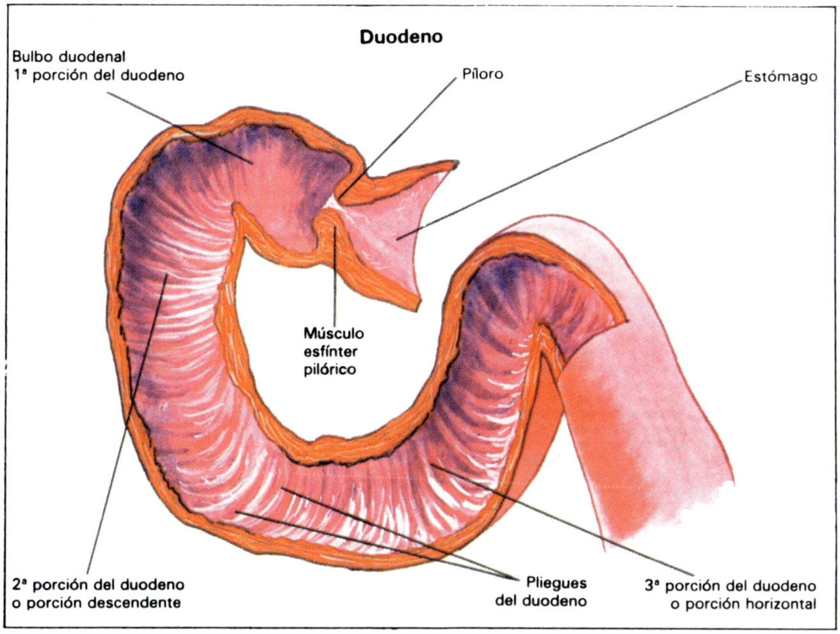

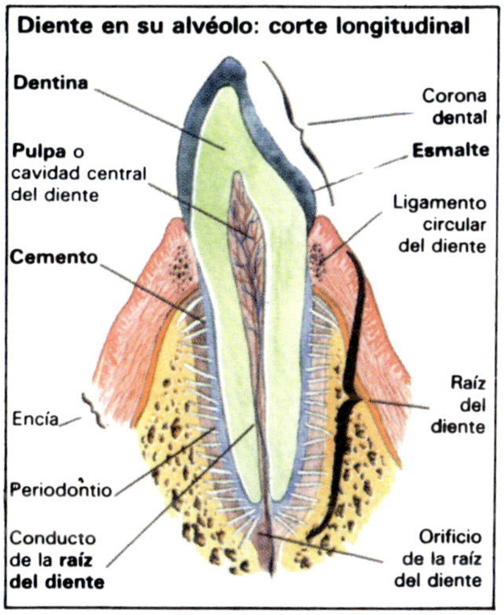

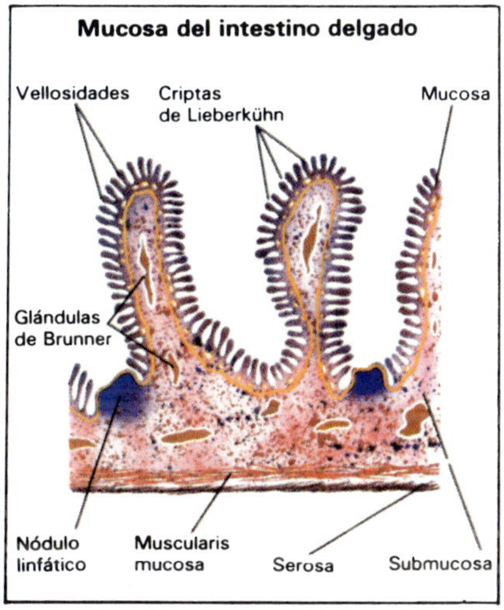

la corona y es blanco y de gran dureza; **marfil** o **dentina,** que es la parte principal del diente y queda recubierto por el esmalte y el cemento; y **pulpa dentaria,** que llena la cavidad dentaria.
Vasos y nervios. Cada raíz tiene una arteria y una vena, así como un nervio, rama del trigémino.

Faringe
Es un conducto musculomembranoso, situado detrás de las fosas nasales y de la boca, que termina inferiormente en la laringe y en la tráquea, por una parte, y en el esófago por otra.

Esófago
Es un conducto musculomembranoso que une la faringe con el estómago. Tiene aproximadamente unos 25 cm de longitud.

Estómago
Es un órgano cavitario, situado entre el esófago y el intestino delgado, de unos 25 cm de largo, 12 de diámetro y unos 1,300 cm³ de capacidad.
En él se distinguen tres zonas: el **cardias**, que lo separa del esófago y posee una válvula que impide que los alimentos refluyan; el **píloro**, con otra válvula que lo separa del intestino delgado; y el **fondo**, región rica en glándulas productoras del **jugo gástrico**.
Su misión es *recibir los alimentos* ya insalivados y masticados, *mezclarlos con el jugo gástrico* que secreta y *vaciarlos lentamente* a través del píloro.

Intestino delgado
Es la parte del tubo digestivo comprendida entre el píloro y la vávula ileocecal, por la que se une al intestino grueso. Tiene de 4 a 7 m de longitud y su calibre va disminuyendo desde 30 a 15 mm. Es un tubo cilíndrico con múltiples curvaduras en forma de U, denominadas **asas intestinales.** En él se vierten los **jugos** pancreáticos, biliares y del propio intestino. Consta de tres partes: **duodeno, yeyuno** e **íleon.**

Intestino grueso
Es la parte final del tubo digestivo. Tiene una *función defecadora y de reabsorción de agua.* Se extiende desde la válvula ileocecal hasta el ano. Su extensión es de unos 150 cm y su diámetro oscila entre 6 y 3 cm, disminuyendo según se aproxima al ano. Se divide en tres partes: **ciego, colon** y **recto.**
Ciego. En él desemboca el intestino delgado y del mismo nace el **apéndice vermiforme**, que no posee ninguna misión específica en el hombre.
Colon. Se divide en **colon ascendente,** que va desde el ciego hasta la cara inferior del hígado; **colon transverso**, que atraviesa la cavidad abdominal de derecha a izquierda; y **colon descendente,** que se dirige hacia el fondo de la pelvis.
Recto. Comunica el colon con el exterior a través del **orificio anal.** Presenta una dilatación, denominada **ampolla rectal**, y es muy distendible.
Ano. Es un esfínter muscular.

Peritoneo
La cavidad abdominal y la superficie exterior de las vísceras contenidas en la misma están tapizadas por una membrana serosa denominada **peritoneo.**
Arterias. La irrigación arterial de las vísceras abdominales corre a cargo de ramas de la aorta abdominal.
Venas. La sangre venosa es recogida por troncos que van a constituir la **vena porta.**

Sentido del oído. Audición y equilibrio

El oído es el aparato de la audición y del equilibrio. Está constituido por un conjunto de órganos cuya finalidad es la *percepción de los sonidos* y el *mantenimiento del equilibrio.* Consta de tres partes, **oído externo, oído medio** y **oído interno.**

Oído externo
Comprende dos partes, pabellón auricular y conducto auditivo externo. Su misión es *captar o recoger los sonidos* y *dirigirlos hacia el tímpano.*
Pabellón auricular. Conocido vulgarmente como *oreja*, es una estructura cartilaginosa, de forma peculiar, con distintos pliegues y concavidades, situada a ambos lados de la cabeza.
Conducto auditivo externo. Continúa la cavidad del pabellón, extendiéndose desde ésta hasta el oído medio. Tiene unos 32 mm de largo y consta de 2 mitades; una primera mitad cartilaginosa, protegida por pelos finos y por cerumen secretado por las glándulas ceruminosas, y una segunda mitad ósea, excavada en el hueso temporal. Termina en el tímpano.

Oído medio
Es una cavidad estrecha y de forma irregular, situada interiormente a la membrana del tímpano, entre ésta y el oído interno. Está alojada en el hueso temporal. Comunica directamente con la faringe mediante la trompa de Eustaquio y está recubierta por mucosa. Es conocida también con el nombre de **caja del tímpano** y contiene tres huesecillos articulados unos a continuación de otros, formando la **cadena de huesecillos** del oído.
Membrana del tímpano. Es fina, transparente, delgada y de forma circular. Tiene 1 cm de diámetro y está sujeta al hueso timpánico del temporal.
Cadena de huesecillos. Está constituida por tres huesos, **martillo, yunque** y **estribo,** unidos entre sí por dos articulaciones, la del martillo y el yunque y la del yunque con el estribo. Cada uno de ellos está unido a la caja timpánica por ligamentos. Su misión es *transmitir de forma exacta y ampliada al oído interno las vibraciones*, de la membrana timpánica.
Músculos. Músculo del martillo: su acción es *tensar la membrana del tímpano* y comprimir el líquido contenido en el laberinto; **músculo del estribo**; disminuye la presión del líquido del laberinto y *afloja la membrana del tímpano.*
Trompa de Eustaquio. Es un largo conducto que se extiende desde la parte anterior de la caja del tímpano hasta la faringe. *Mantiene en equilibrio la presión del aire contenido en la caja del tímpano con la presión exterior.*

Oído interno
Se encuentra alojado en el peñasco del hueso temporal.
Comprende el *laberinto óseo* y el *laberinto membranoso* –encajado éste dentro del primero, lleno de *endolinfa* y rodeado por la *perilinfa*, que vehicula los sonidos.
Laberinto óseo. Consta de tres partes:
Vestíbulo óseo. Conectado con la caja timpánica por la ventana oval.
Conductos semicirculares óseos. Son tres, *superior, posterior* y *externo.* Tiene forma de herradura, están abiertos al vestíbulo por sus dos extremos y orientados en las tres direcciones del espacio.
Caracol óseo o cóclea. Es un conducto enrollado alrededor de un eje cónico. La lámina espiral lo

Órganos de la audición y el equilibrio (corte frontal a través del conducto auditivo externo, oído medio y parte del oído interno)

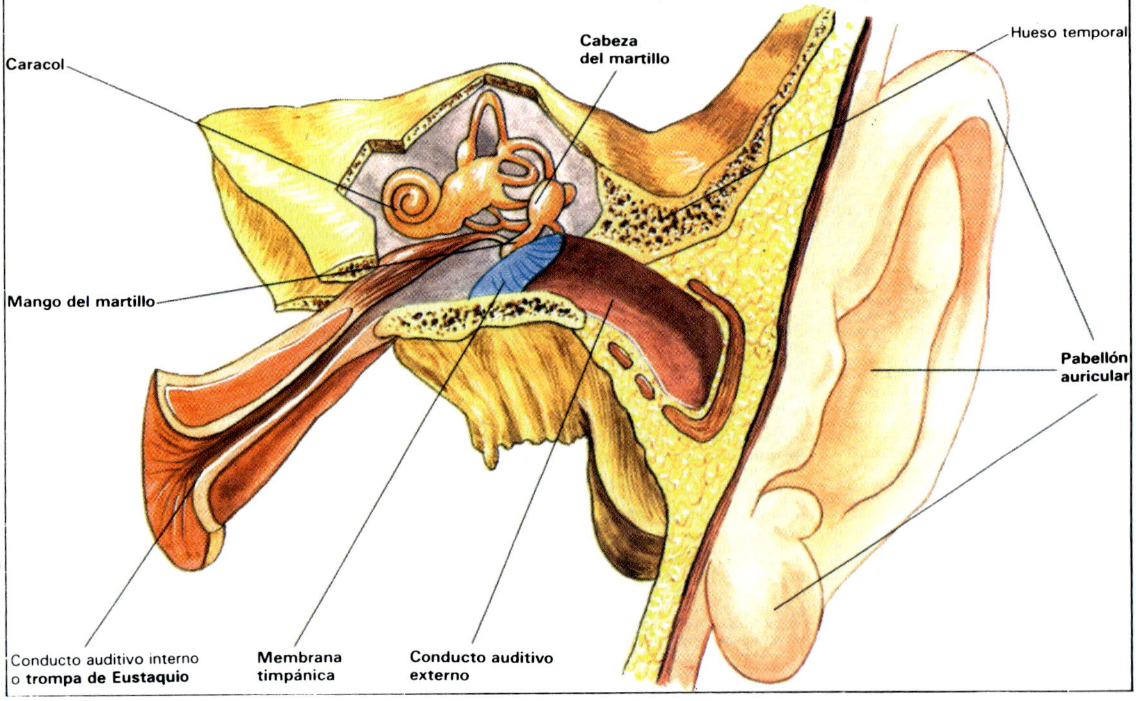

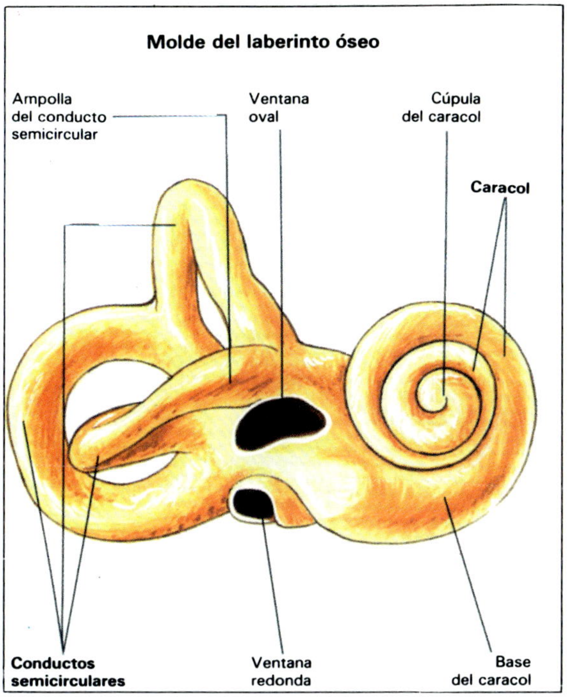

divide interiormente en dos conductos o rampas, *vestibular* y *timpanica*.

Laberinto membranoso. Se encuentra dentro del laberinto óseo. Se compone de tres cavidades que se comunican entre sí, *vestíbulo membranoso, conductos semicirculares* y *conducto coclear*.

Vestíbulo membraboso: contiene el *utrículo* y el *sáculo*.

En el primero desembocan los conductos semicirculares y del segundo arranca la parte membranosa del caracol.

Conductos semicirculares membranosos: están alojados dentro de los conductos óseos. Cada uno de ellos presenta un repliegue denominado cresta acústica para las terminaciones del *nervio auditivo*.

Conducto coclear: nace en el vestíbulo, se introduce en el caracol óseo y lo recorre en toda su extensión. Contiene el órgano de Corti.

En el oído interno la energía *mecánica* de las ondas sonoras y de los cambios de posición es transformada en energía *eléctrica*, que estimula la transmisión nerviosa al cerebro para que éste identifique los sonidos y tenga conocimiento de las condiciones estáticas y dinámicas del cuerpo.

Vasos y nervios. Las arterias son ramas de las arterias temporal superficial, de la timpánica, de la auditiva y de la carótida interna.

Las venas desembocan en la vena yugular externa, maxilar interna y yugular interna.

Los nervios proceden del nervio facial, del plexo cervical y del nervio auditivo.

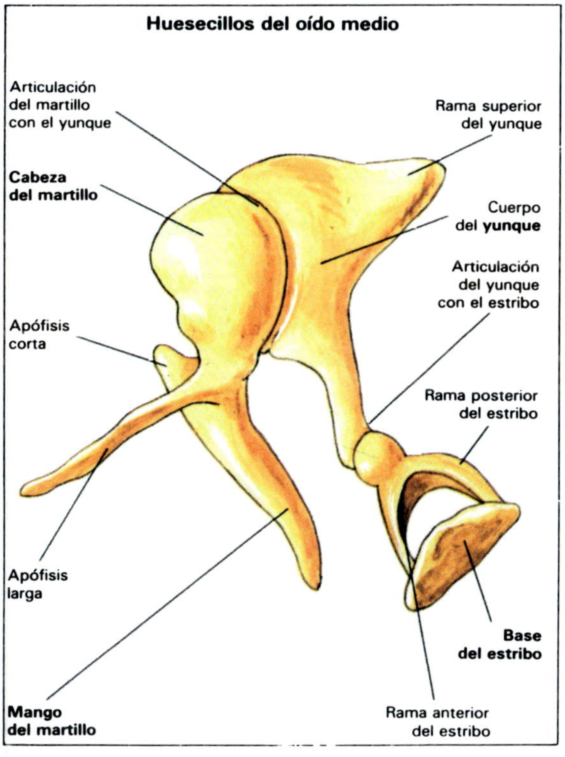

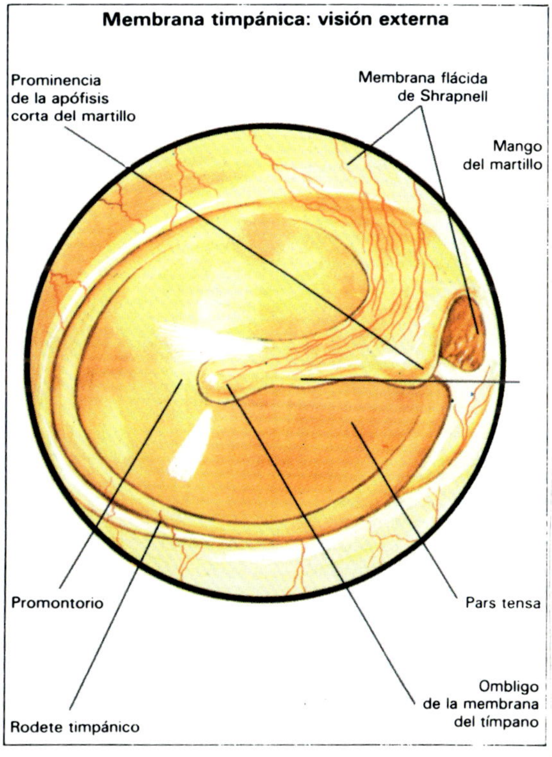

Glándulas salivales, hígado, páncreas, bazo

Reciben el nombre de **anexos del tubo digestivo** determinadas **glándulas** que vierten en el mismo *secreciones necesarias para la digestión.*

Glándulas salivales

Producen la **saliva** y la vierten en la boca para iniciar la primera fase de la digestión. Las glándulas mayores son la *parótida,* la *submaxilar* y la *sublingual.* Las glándulas menores están distribuidas por la mucosa bucal y reciben el nombre del lugar que ocupan: glándulas labiales, palatinas, etcétera.

Glándula parótida. Es la mayor de las glándulas salivales. Se encuentra detrás de la rama de la mandíbula y por delante del músculo esternocleidomastoideo. Vierte su secreción en la boca a través del conducto de Stenon, que se abre nivel del 2° molar superior.

Glándula submaxilar. Se encuentra en la parte lateral de la región suprahioidea. Excreta la saliva a través del conducto de Wharton, que termina junto al frenillo de la lengua.

Glándula sublingual. Está situada en la región del mismo nombre y posee distintos conductos excretores.

Hígado

El **hígado** es un órgano glandular complejo con *múltiples funciones indispensables para la vida del organismo.* Es la víscera de mayor tamaño. Pesa unos 1.500 g, es de consistencia dura y de color rojizo. Está situado bajo el diafragma y normalmente sólo sobresale del esqueleto del tórax en la línea media, entre las dos arcadas costales.

Presenta dos caras, una superior, convexa y lisa y una posterioinferior o visceral, ligeramente cóncava, por la que entran y salen todos los vasos, conductos y filetes nerviosos del órgano.

Constitución

Microscópicamente está constituido en unidades funcionales denominadas **lobulillos**, pequeños bloques de tejido hepático dispuestos alrededor de una vena central. En el punto de confluencia de tres lobulillos se forma un espacio triangular denominado **espacio porta**, que contiene una rama de la arteria hepática, una de la vena porta, un canal biliar y vasos linfáticos. Del lobulillo salen **cordones** de células hepáticas, entre los que queda un espacio tubular que no posee pared propia, el **canal biliar**, que drena la *bilis* hacia el **conducto biliar** y hacia la **vesícula biliar.** La víscera está enteramente envuelta por una cubierta fibrosa o cápsula de Glisson.

Las *funciones del hígado* son: *secreción de la bilis,* imprescindible para la absorción de las grasas; *depósito de glucógeno, vitaminas* y *proteínas;* intervención en el *metabolismo de los lípidos; síntesis de proteínas* y *conversión de sustancias tóxicas* para el organismo en otras inocuas.

El hígado tiene una doble circulación: por una parte está la arteria hepática y por otra el sistema de la vena porta, que conduce sangre venosa recogida del tubo digestivo.

Vías biliares

Son las *vías excretoras* del hígado, que se inician a nivel de los

Hígado y vesícula biliar

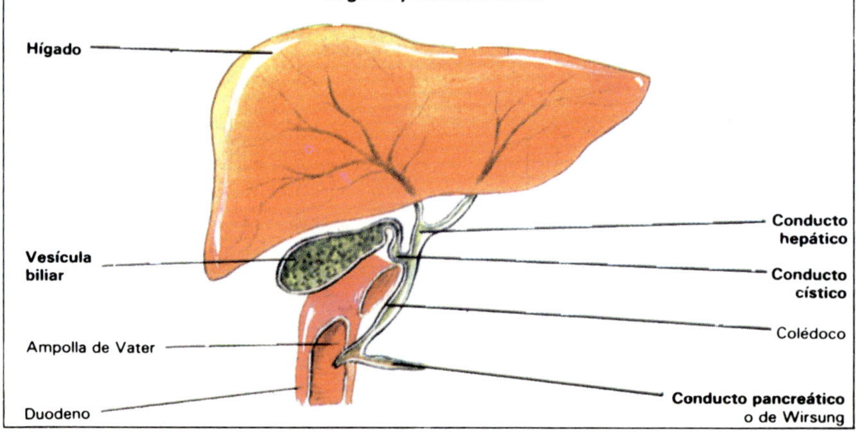

Esquema del sistema biliar intrahepático

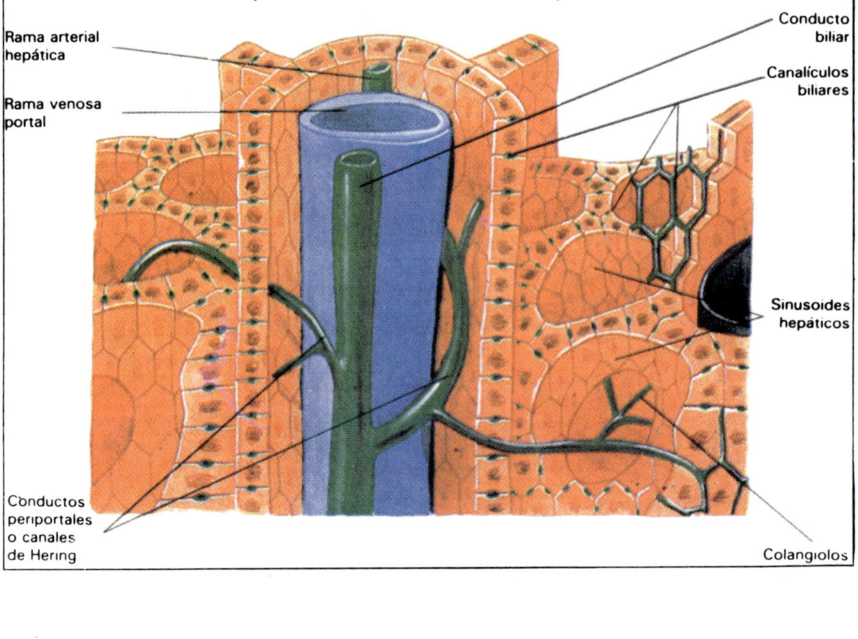

lobulillos hepáticos.
Conducto hepático. Se origina de la unión de 2 ó 3 conductos biliares.
Vesícula biliar. Es el reservorio de la **bilis**. Está situada en la cara visceral del hígado. Tiene una capacidad de 50-60 cm^3.
Conducto cístico. Es la continuación de la vesícula. Desemboca en el conducto hepático.
Colédoco. Se origina de la unión del conducto hepático y del cístico. Desemboca en la ampolla de Vater, en el duodeno.

Páncreas
Es una *glándula de secreción mixta* interna y externa. Está situado en el abdomen, entre el estómago y el duodeno. Se compone de tres partes, cabeza, cuerpo y cola. Tiene de 15 a 20 cm de largo. La secreción endocrina es llevada a cabo por los **islotes de Langerhans**, que producen *insulina* y *glucagón*, hormonas que regulan el metabolismo de la glucosa. La función exocrina o digestiva se localiza en las células de los **acini pancreáticos** y consiste en la producción de *jugo pancreático*, que vierte en el duodeno a través del conducto Wirsung.

Bazo
Es un órgano perteneciente al *sistema circulatorio*, pero por su situación lo estudiaremos dentro de los anexos del tubo digestivo.
Es una víscera de forma ovoide, situada a la izquierda de la línea media, debajo del diafragma, cubierta por la parte lateral e inferior del tórax. Su color es rojizo y pesa unos 200 g.
Es un órgano vascular rodeado por una cápsula conjuntiva, constituido por dos formaciones diferentes, la **pulpa blanca** y la **pulpa roja**.
Está irrigado por la arteria y vena esplénicas.
Interviene en la *linfopoyesis* o formación de tejido linfático y en la *destrucción de los eritrocitos*.

Páncreas y bazo: visión anterior

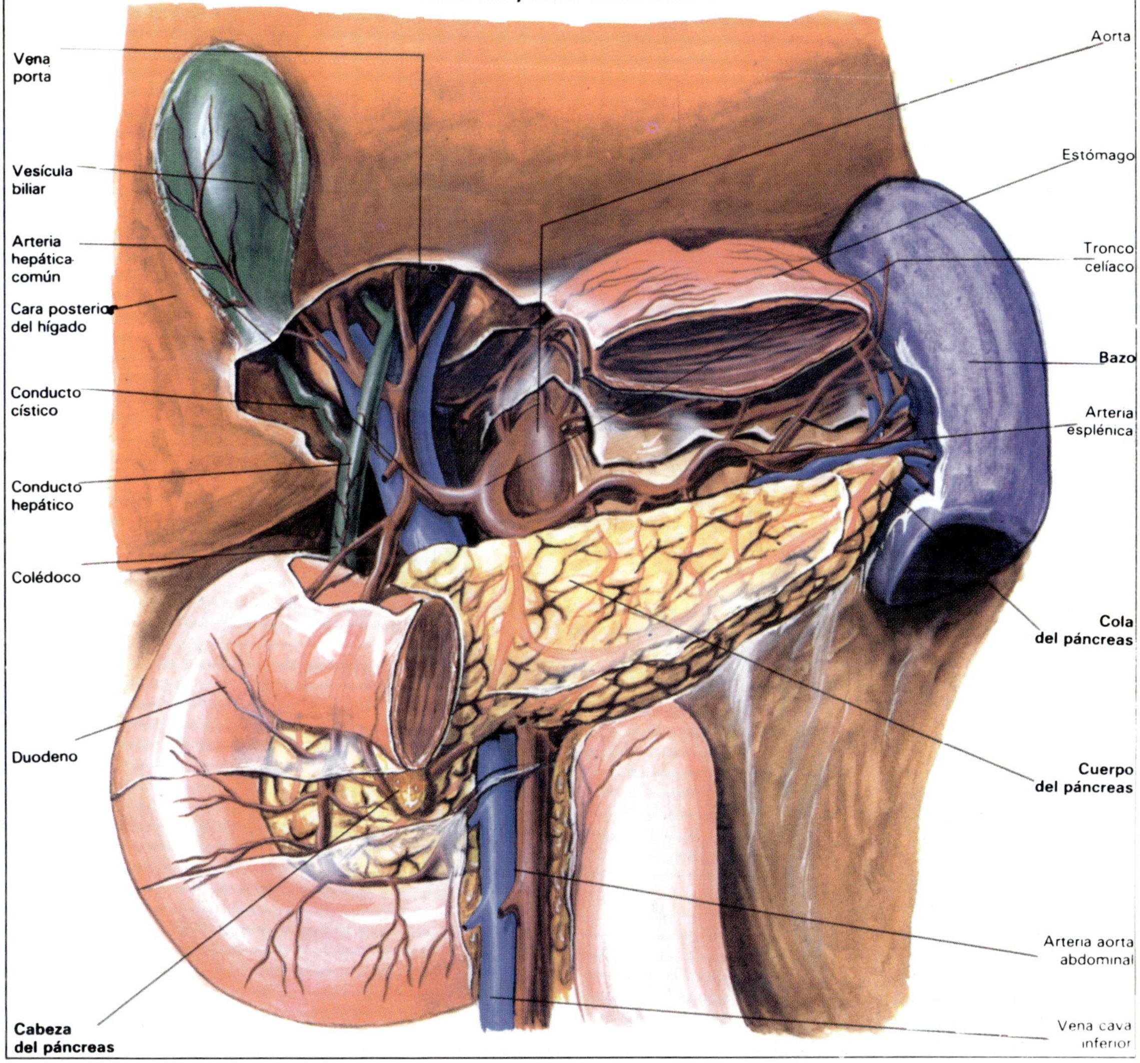

Aparato respiratorio y de la fonación

Damos el nombre de aparato respiratorio al conjunto de estructuras que permiten la *captación de oxígeno* y la *eliminación del anhídrido carbónico* producido en la respiración interna. En el hombre el proceso respiratorio tiene como órgano central a los **pulmones**, vísceras situadas en el tórax, a ambos lados del corazón. Para llegar a los mismos, la sangre venosa y el aire atmosférico siguen caminos distintos: aquella accede a través de las arterias pulmonares y éste por un largo conducto que comprende las fosas nasales, la faringe, la laringe, la tráquea y los bronquios.
Puesto que las fosas nasales y la faringe son tratadas en otro lugar de esta obra, iniciaremos la descripción del aparato respiratorio en la laringe.

Laringe

Es una estructura musculocartilaginosa, situada en la parte posterior del cuello a la altura de las vértebras cervicales 5ª, 6ª y 7ª. Está en comunicación con la faringe y con la tráquea. Es el *órgano de la fonación.*
Está formada por tres cartílagos impares y medios, los **cartílagos cricoides, tiroides** y **epiglótico,** y por cuatro pares laterales, todos ellos articulados, revestidos de mucosa y movidos por músculos.
Interiormente presenta una hendidura anteroposterior, la **glotis**, limitada lateralmente por unas cintillas membranosas, las **cuerdas vocales,** dos a cada lado, superiores e inferiores.
Los *músculos de la laringe* movilizan los cartílagos en el *acto de la deglución*, cerrando la abertura laríngea para evitar que penetre contenido alimentario en las vías respiratorias, y *tensan las cuerdas vocales.*

Tráquea

Es un conducto situado entre la laringe y el origen de los bronquios. Tiene entre 12 y 15 cm. de longitud y está constituida por unos 16-20 cartílagos en forma de anillo unidos entre sí. Está revestida de epitelio con abundantes glándulas mucosas.

Bronquios

Son los conductos resultantes de la bifurcación de la tráquea. Se continúan con los **bronquios lobares** destinados a cada *lóbulo pulmonar.* En el *pulmón derecho* hay tres bronquios: un **bronquio lobar superior,** uno **medio** y otro **inferior**, y en el *pulmón izquierdo* únicamente encontramos dos: un **bronquio lobar superior** y un **bronquio lobar inferior**. Estos, a su vez, dan lugar a los **bronquios segmentarios**, para los distintos *segmentos* de cada lóbulo pulmonar. Los bronquios segmentarios van dividiéndose en forma de ramificaciones hasta alcanzar tamaños diminutos, terminando cada uno de ellos en un **alvéolo pulmonar**.
Su configuración anatómica es semejante a la de la tráquea.

Pulmones

Son dos, uno *derecho* y otro *izquierdo,* y están situados en el interior de la cavidad torácica, separados por el corazón y por lo órganos del mediastino, espacio comprendido entre ambos pulmones. Son órganos blandos, esponjosos y dilatables. Su forma es la de un cono truncado. Presentan una *cara*

Aparato respiratorio y de la fonación: visión anterior

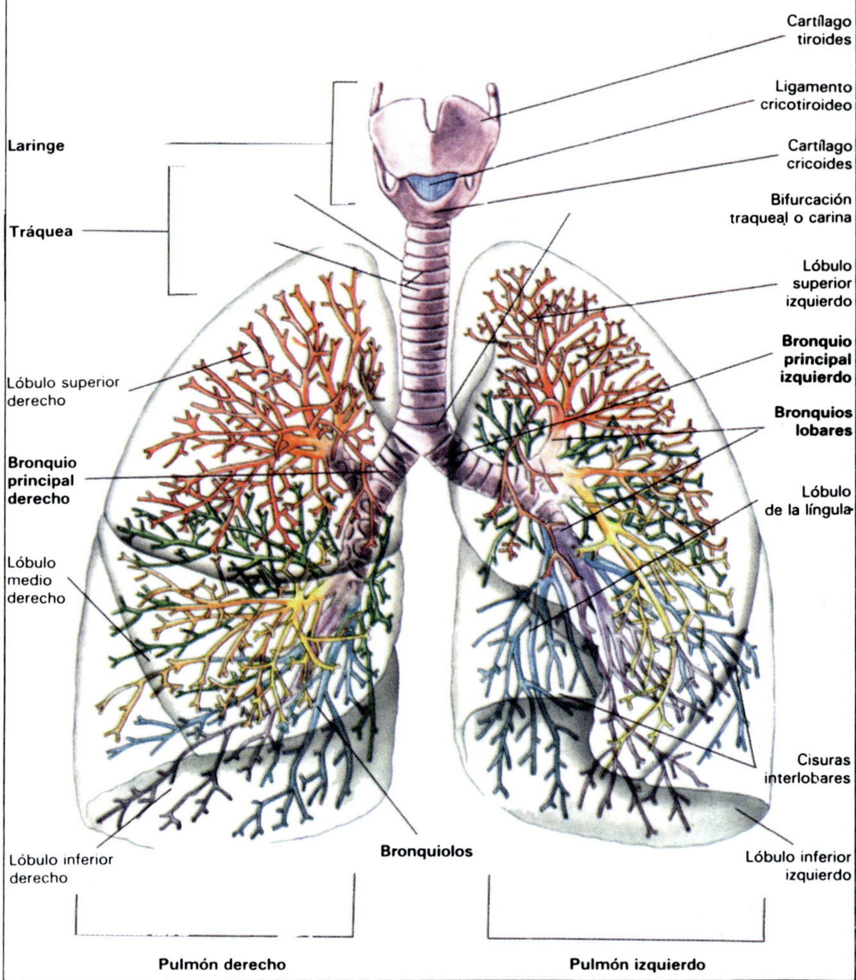

externa en relación con la pared costal, una *cara interna*, en relación con el mediastino, una *base* que descansa sobre el diafragma y un *vértice*, situado a la altura de la primera costilla. Están divididos en *lóbulos* –tres en el derecho y dos en el izquierdo– por las cisuras.

Tienen unos 26 cm de alto por 15 de diámetro anteroposterior, y una capacidad de unos 1.600 cm^3, siendo el derecho mayor que el izquierdo.

La estructura básica del pulmón es el **lobulillo pulmonar**, que consta de un **bronquiolo** que se ramifica y termina en unas pequeñas dilataciones o **alvéolos pulmonares,** cada uno de los cuales está en contacto con una fina red de capilares sanguíneos en los que tiene lugar la *función esencial del pulmón,* la *hematosis* u *oxigenación de la sangre venosa.*

Después de circular por las vías respiratorias el aire inspirado penetra en los alvéolos pulmonares. En ellos el *oxígeno* atraviesa las membranas alveolar y capilar, pasando a los hematíes y fijándose en la hemoglobina de éstos. El *dióxido de carbono* sigue el camino inverso, y se expulsa en la espiración.

Pleuras

Son dos hojas serosas que recubren a los pulmones. Hay una *pleura visceral* que recubre la superficie pulmonar y una **pleura parietal** que corresponde a las paredes de la caja torácica.

Ambas hojas están en íntimo contacto, pero existe un espacio entre ellas, el **espacio pleural**. *Facilitan el deslizamiento de los pulmones* sobre las paredes de la caja torácica.

Vascularización del pulmón

Existen dos circuitos con funciones distintas. Las *arterias pulmonares* conducen desde el corazón la sangre venosa procedente del ventrículo derecho y acompañan a los bronquios hasta la red capilar de los alvéolos.

Las *venas pulmonares* recogen la sangre oxigenada en los alvéolos y conducen la sangre a la aurícula izquierda.

Las *arterias bronquiales* son los vasos nutricios, existiendo uno para cada pulmón.

La sangre venosa es recogida por las venas bronquiales que desembocan en la vena ácigos.

Aparato respiratorio y de la fonación visión posterior

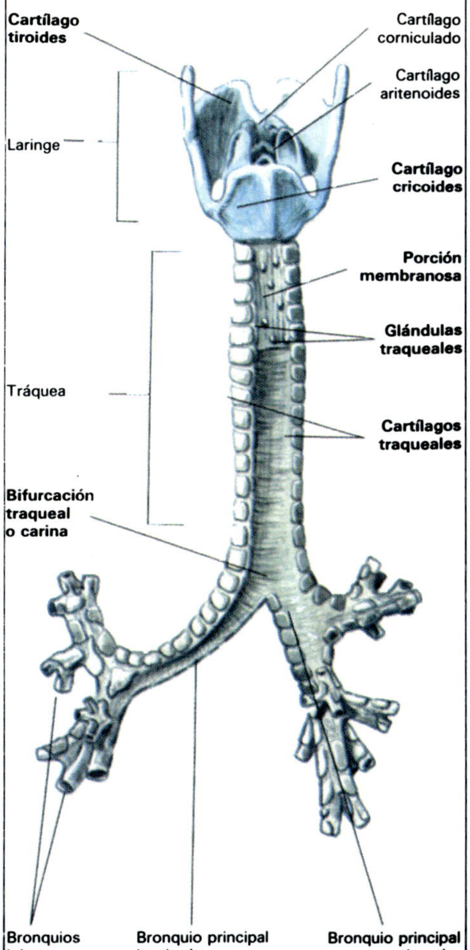

Intercambio de gases a nivel pulmonar

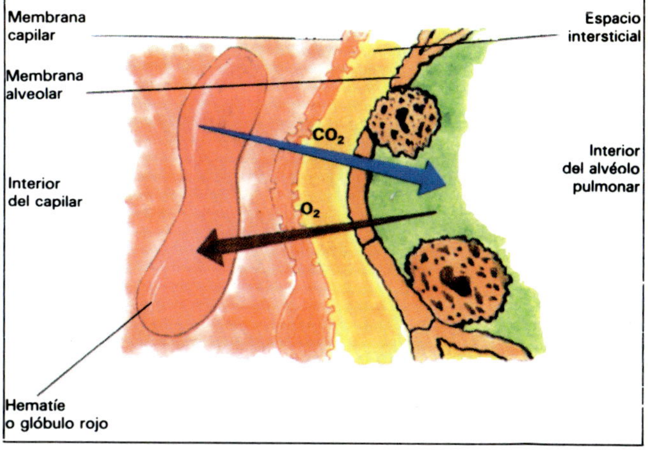

Intercambio de gases a nivel celular

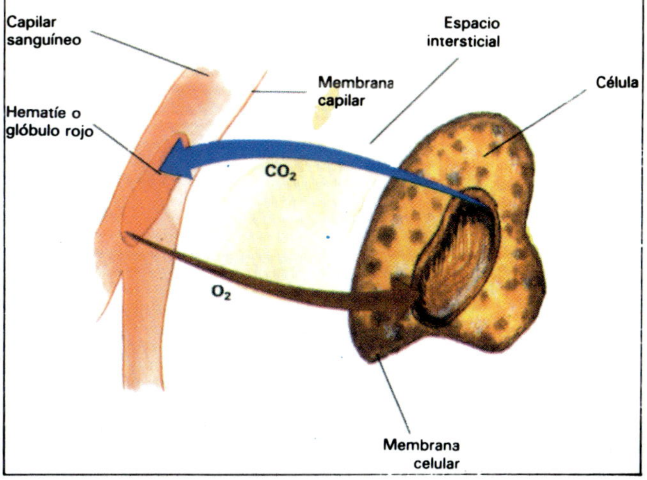

Aparato urinario

El aparato urinario se compone de dos partes: el **riñón**, órgano secretorio encargado de la elaboración de la orina, y un **sistema de conductos excretorios** que recogen este líquido y lo expulsan al exterior.

Riñón

Es un órgano par, situado en la cavidad abdominal, retroperitonealmente, a cada lado de la columna vertebral y a la altura de las últimas vértebras dorsales. Tiene forma de habichuela, con una longitud de unos 12 cm y un grosor de 3-4 cm.

Estructura

Está recubierto por una cápsula fibrosa delgada y resistente. En sección frontal se observa una zona exterior o cortical y otra interior o medular. La **medular** tiene una coloración rojiza y está formada por unas 10-12 estructuras piramidales, las **pirámides de Malpighi**, que tiene la base en la sustancia cortical y el *vértice* o *papila* dirigido hacia el hilio. La zona **cortical** es de color amarillo y está dispuesta alrededor de la medular, enviando prolongaciones entre las pirámides –**columnas de Bertin**– que llegan hasta el hilio.

Existen unas estructuras, denominadas **pirámides de Ferrein**, que son la continuación de las pirámides de Malpighi. Los **túbulos renales** se inician en la sustancia cortical, en correspondencia con un **glomérulo**, corpúsculo formado por una arteria y por una red capilar. El túbulo encapsula al glomérulo en la cápsula de Bowman, formando el **corpúsculo renal**. La primera porción del túbulo, contorneada, constituye, con el glomérulo, la **nefrona** o *unidad fisiológica del riñón*. La segunda porción, recta, es un **tubo colector**. Los túbulos rectos se empalman entre ellos en las pirámides para formar los **tubos papilares**, que desembocan en los extremos de las papilas.

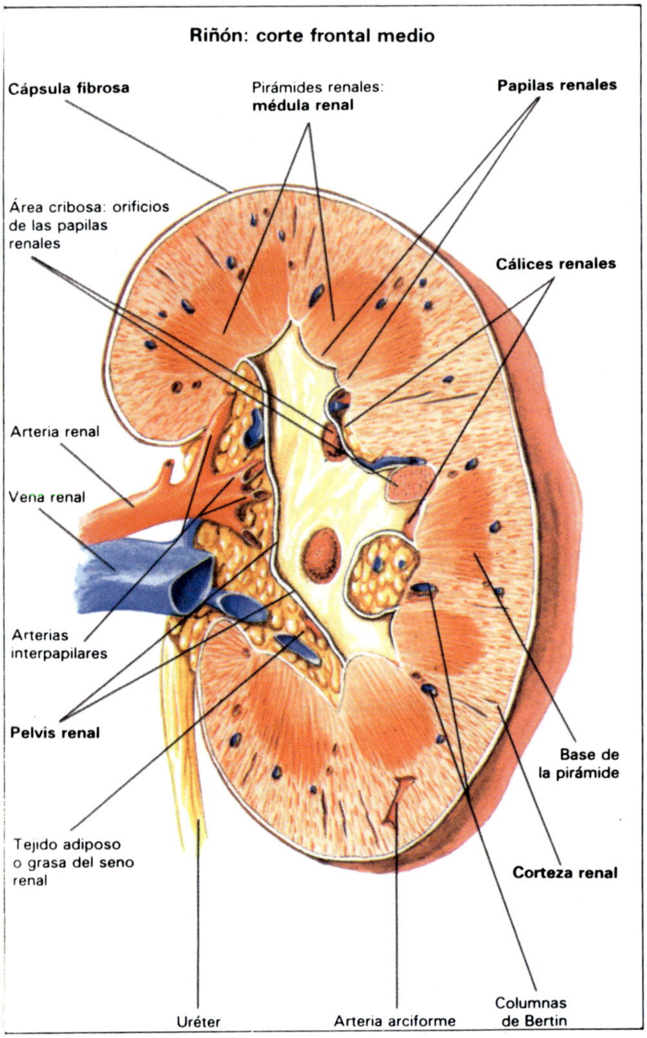

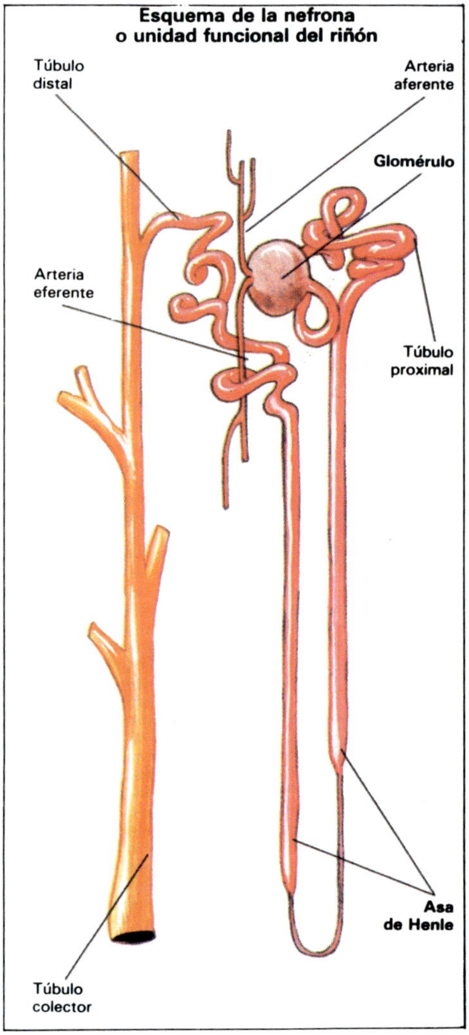

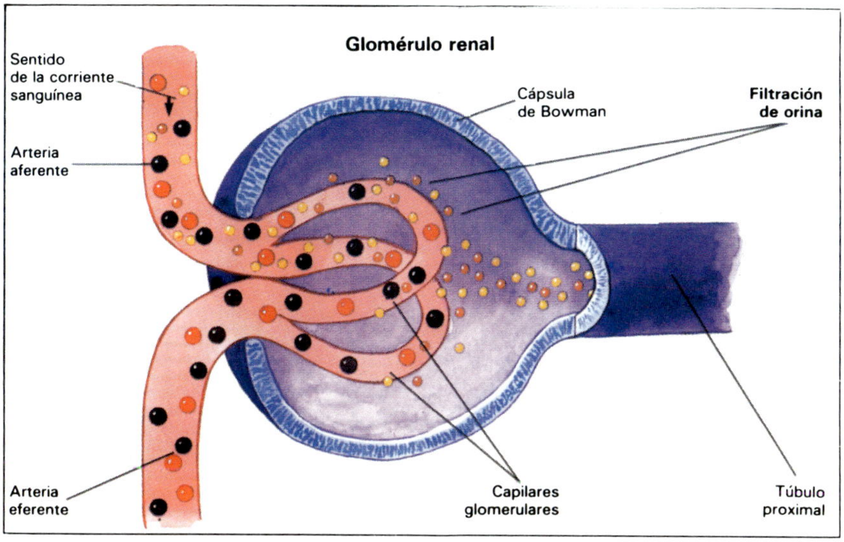

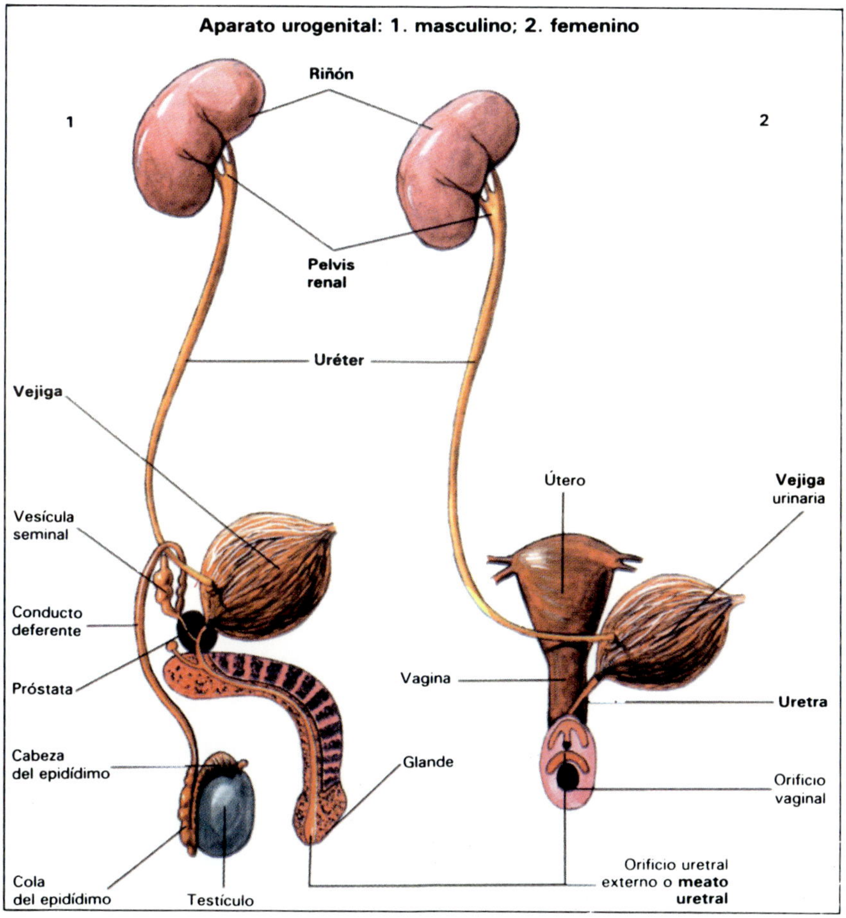

Cada uno de los riñones recibe la sangre de una arteria renal, que se subdivide en las arterias que forman el glomérulo, siendo la **orina** el producto de la filtración de la sangre en el mismo.

Pelvis renal

La orina, al salir de las papilas del riñón, es recogida por unas pequeñas bolsas llamadas **cálices,** que se agrupan para formar un receptáculo común, la **pelvis renal.**

Uréter

Es el conducto que lleva la orina desde la pelvis renal hasta la vejiga de la orina. Tiene unos 30 cm de longitud.

Vejiga

Es un órgano muscular que *almacena* la orina que los úteres vierten en ella de forma regular y continuada. Está situada en la pelvis, detrás del pubis. Tiene forma ovoidal y una capacidad de unos 300-350 cm^3, siendo algo superior en la mujer.

Uretra masculina

Es un conducto de unos 18 cm de longitud destinados a conducir la orina y el líquido espermático al exterior. En ella se abren los conductos eyaculadores y termina en el meato urinario del glande.

Uretra femenina

Tiene una longitud de 3-4 cm y va desde la vejiga hasta el orificio inferior o meato, situado en la parte posterior del clítoris.

Aparato genital masculino

El aparato genital está destinado a la formación de nuevos individuos con objeto de asegurar la continuidad de la especie. Está formado por distintos órganos: el **testículo** la **próstata**, el **pene** y una serie de **conductos** que conducen el **esperma.**

Testículo

Es la *glándula genital masculina.* Tiene forma ovoidal, siendo sus dimensiones unos 4 cm de largo, 2 cm de ancho y 3 cm de grueso. Es un órgano par que está situado en la parte anterior de la región perineal, por debajo del pene, en el interior de las bolsas escrotales, suspendido del cordón espermático.

La capa del testículo o *túnica albugínea* lo rodea completamente. Su superficie externa es lisa. Interiormente está dividido en lobulillos, en cuyo interior se encuentra el parénquima testicular y, en el seno de los mismos, los **túbulos seminíferos**, que se reúnen para formar el conducto recto. Estos conductos rectos confluyen en una estructura denominada **cuerpo de Highmore** para formar la **rete testis**, de la que nacen los **conos eferentes** que penetran en el **epidídimo**.

Los testículos tienen una *función exocrina,* la *formación de espermatozoides,* efectuadas por las células del epitelio germinal de los túbulos seminíferos, y una *función endocrina,* la *secreción de testosterona.*

Epidídimo

Es una estructura tubular, situada en el polo posterior del testículo, cuyo largo conducto enrollado permite el *almacenamiento, tránsito* y *maduración de los espermatozoides.* Se continúa con el conducto deferente.

Conducto deferente

Se extiende desde el epidídimo hasta las **vesículas seminales.** Tiene de 50 a 60 cm de largo y su misión es *impulsar a los espermatozoides hacia la uretra.* Desde el epidídimo asciende por el conducto iguinal, penetra en el abdomen, bordea la vejiga de la orina y termina a la altura de la próstata, en el conducto eyaculador.

Vesículas seminales

Son un órgano tubular cuya misión es segregaer un líquido gelatinoso que *activa la locomoción de los espermatozoides.* Están situadas encima de la próstata y desembocan en el conducto eyaculador, junto a los conductos deferentes.

Conducto eyaculador

Resulta de la unión de las vesículas seminales y el conducto deferente.

Pene

Es el *órgano copulador del varón.* Su cuerpo es cilíndrico y la extremidad distal está constituida por el **glande**, en cuyo vértice se encuentra el meato uretral. El **prepucio** es la parte del pene que cubre el glande cuando el órgano no está erecto.

Tiene una longitud de unos 10-12 cm en estado de flacidez y de 15-16 en estado de erección.

Interiomente distingimos los **cuerpos cavernosos** y el **cuerpo esponjoso de la uretra,** formaciones eréctiles ambas cuya disposición y estructura posibilita que el pene **se alargue durante la erección.**

Cubiertas del testículo

Las bolsas se componen de seis túnicas superpuestas que, de fuera hacia adentro, son: el **escroto**, piel delgada, oscura y elástica; posee glándulas sudoríparas y sebáceas y folículos pilosos; el **dartos**, capa muscular; la **fascina de Cooper**, una túnica celulosa; el **músculo cremáster**, la **fascia espermática**, que envuelve el cordón espermático y el testículo; y la **fascia vaginal,** serosa, continuación del peritoneo.

Sección transversal y longitudinal del pene

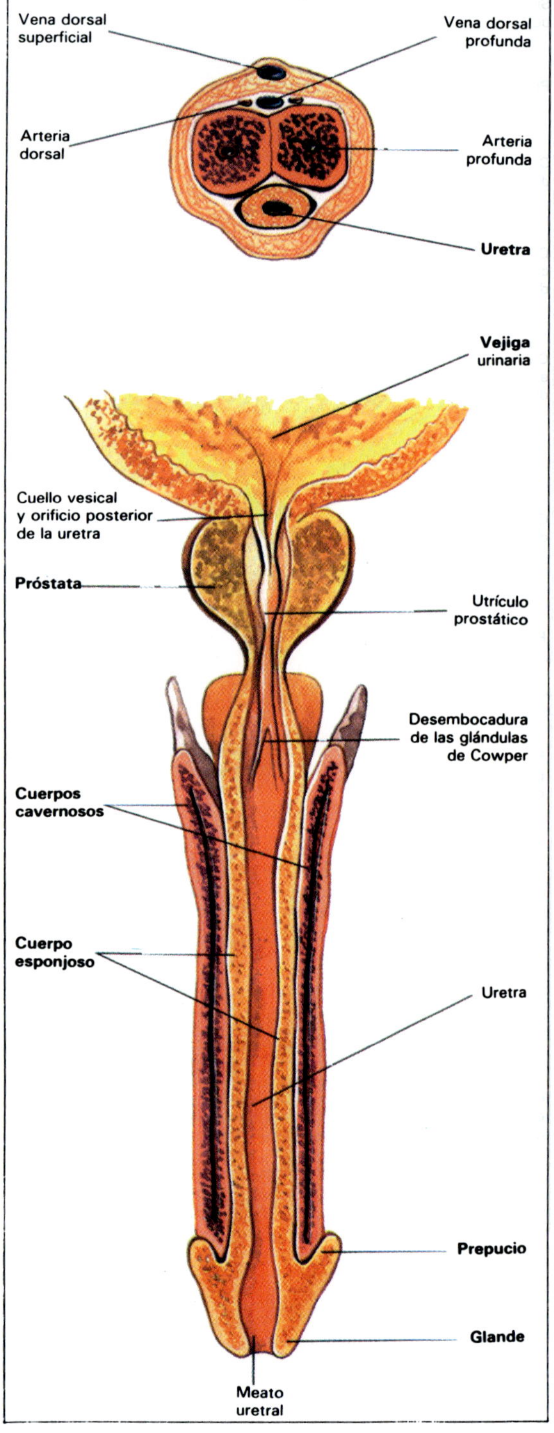

Aparato genital masculino: corte medial

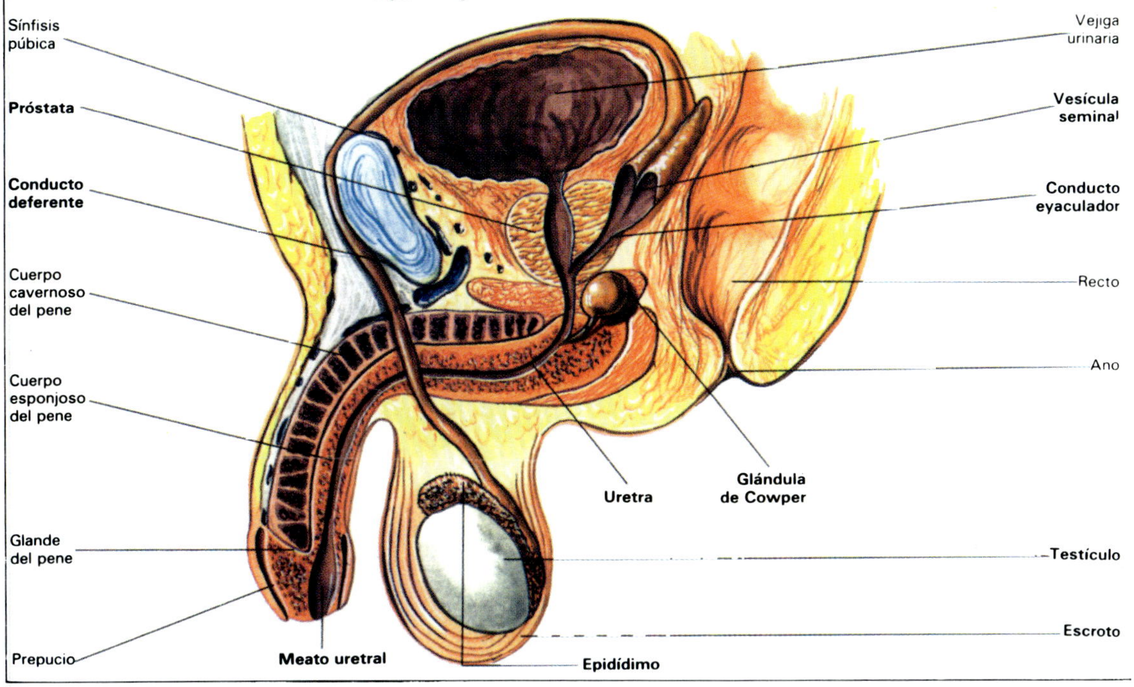

Perineo

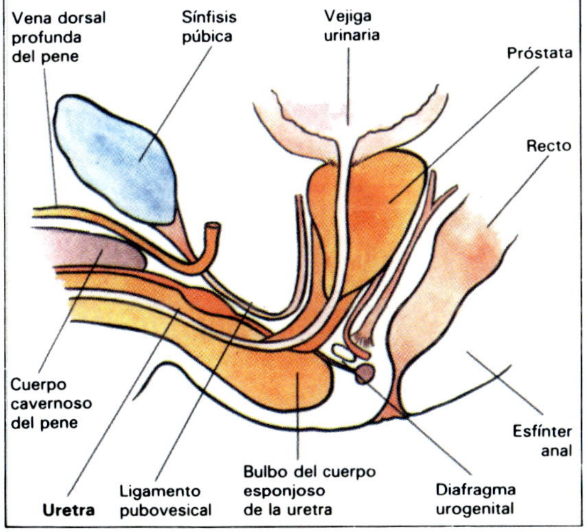

Fases de la espermatogénesis

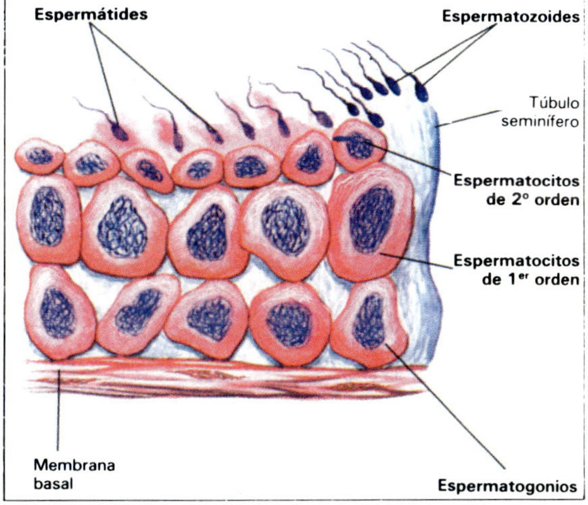

Próstata
Es una **glándula de secreción externa**. Tiene forma de castaña y está situada detrás de la sínfisis del pubis, bajo el cuello de la vejiga, delante de la ampolla rectal. Es atravesada por la uretra.
Segrega el **líquido prostático**, que durante la eyaculación es mezclado con los espermatozoides procedentes de las vesículas seminales.

Perineo
Recibe este nombre la *región anatómica* que comprende el suelo de la pelvis y las estructuras adyacentes que ocupan el espacio limitado anteriormente por la sínfisis del pubis, lateralmente por las tuberosidades isquiáticas y posteriormente por el cóccix.
El recto lo atraviesa por detrás y la uretra y los órganos genitales por delante.

Aparato genital femenino

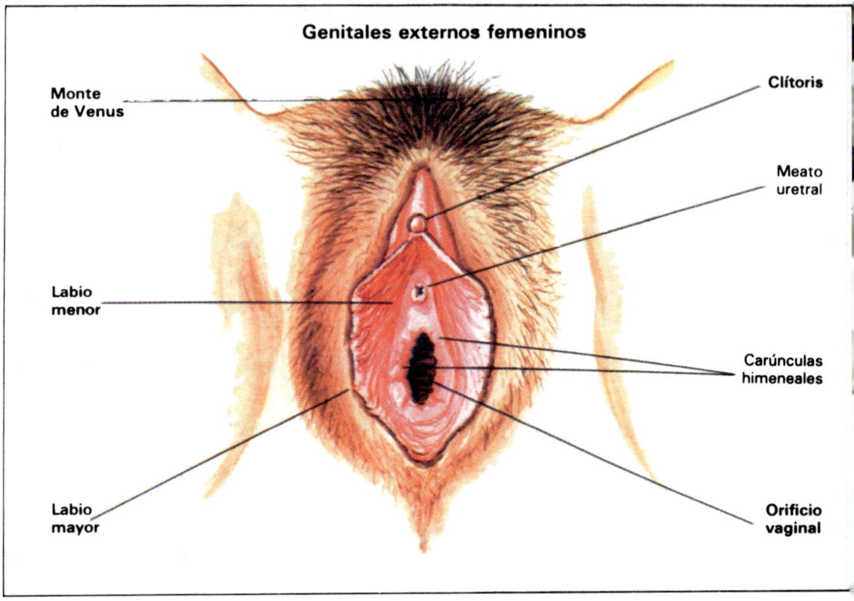

El aparato genital femenino está constituido por distintos órganos destinados a *producir los óvulos*, posibilitar la *fecundación* de los mismos por los espermatozoides, *contener y nutrir al feto durante la gestación y expulsarlo en el acto del parto.*
Se halla profundamente situado en la excavación pelviana y se compone del **ovario,** las **trompas de Falopio**, el **útero** y la **vagina**. También corresponden a este aparato las **mamas**, órganos encargados de alimentar al nuevo ser en las primeras etapas de su vida.

Ovario
Los ovarios o glándulas genitales de la mujer son dos formaciones glandulares situadas en la pelvis, por detrás del útero, en un pliegue del peritoneo denominado ligamento ancho. Su forma es la de una almendra, variando sus dimensiones y color con la edad y con la fase del ciclo ovárico. Están conectados al útero por las trompas de Falopio, cuyo extremo fimbriado los recubre parcialmente.
En su constitución interna distinguimos dos zonas: **zona cortical** o **germinativa**, dispuesta periféricamente e integrada por un tejido conjuntivo denominado estroma y por los **folículos ováricos** en distintos grados de madurez –primordial, primario, secundario, terciario y folículo maduro o de Graaf–, y **zona medular** o **vascular**, situada en el centro del órgano. El ovario posee una *importante función endocrina*, la *secreción de las hormonas denominadas estrógenos y progesterona*, que actúan sobre el aparato genital, y especialmente sobre el útero, preparándolo para la *fecundación, nidación y nutrición del embrión.*

Trompas de Falopio
Son dos conductos, uno *derecho* y otro *izquierdo*, que se extienden desde el ovario hasta el ángulo superior del útero. Su misión es *recoger el óvulo* cuando se rompe el folículo de De Graaf y *transportarlo* a la cavidad uterina, donde se fijará si ha sido fecundado y de donde será expulsado en caso contrario. Miden unos 10 cm de longitud y están situadas entre las hojas del ligamento ancho, unidas al útero por el ligamento tuboovárico. Constan de una **porción tubular** y de un extremo externo denominado **pabellón** o **infundíbulo**, en forma de embudo, provisto de unas prolongaciones que reciben el nombre de **fimbrias.**

Útero
Es el *órgano de la generación destinado a recibir el óvulo fecundado, a conservar y nutrir el producto de la fecundación y a expulsarlo en el curso del parto.*
En la mujer adulta tiene forma de pera, de unos 7-8 cm de longitud. Está situado en la pelvis, entre el recto y la vejiga de la orina, tapizado por el peritoneo y fijado por los ligamentos anchos, redondos y uterosacros. Consta de una parte superior o **cuerpo**, de forma

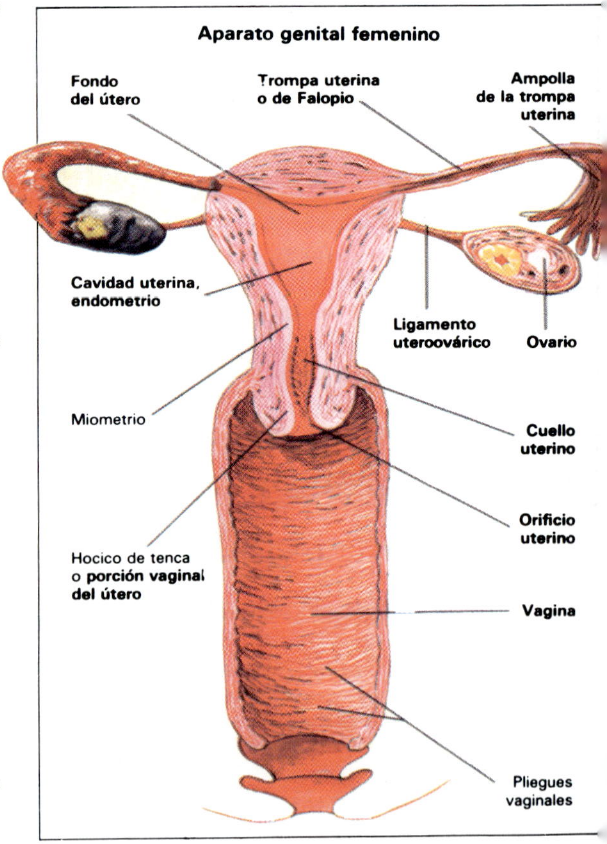

Pelvis femenina: corte sagital

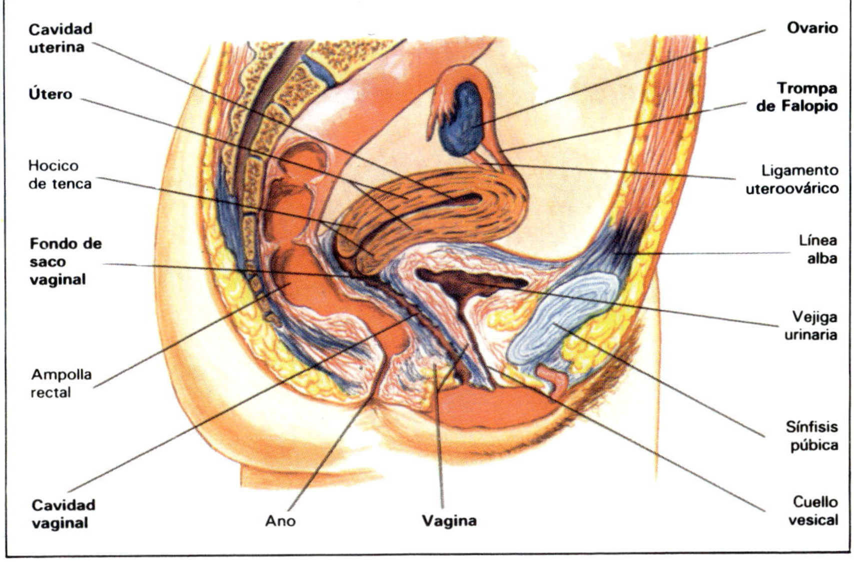

Corte frontal de la pelvis a nivel de la vagina

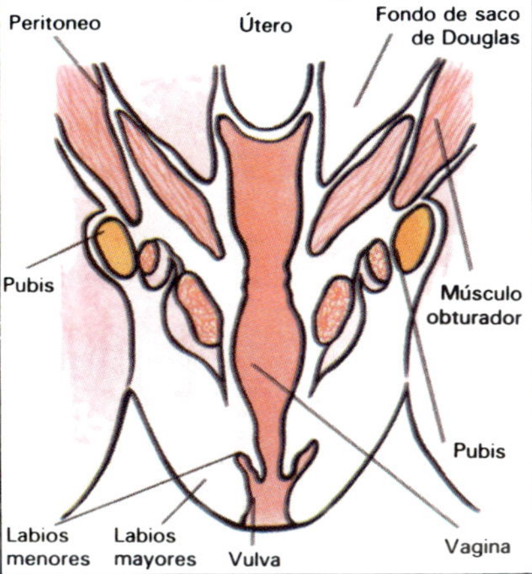

Ovogénesis

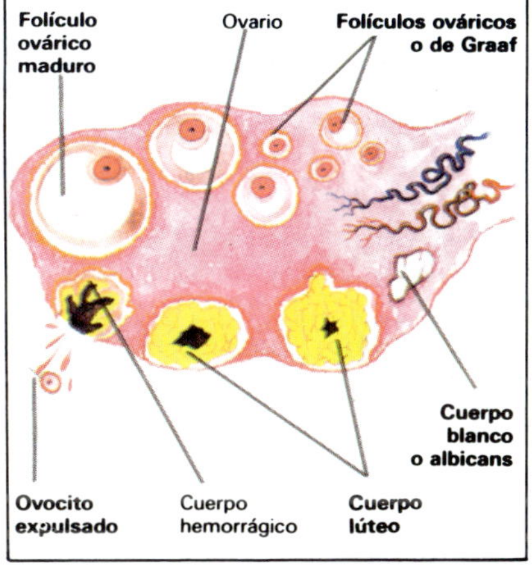

triangular, en cuyos ángulos superiores desembocan las trompas de Falopio, y de una parte inferior o **cuello**, cuyo orificio externo comunica con la **vagina.**

Está constituido por tres capas: **serosa** o **externa, muscular** o **media** –alcanza un gran desarrollo durante la gestación y es de musculatura lisa– e **interna** o **endometrio** –tapiza toda la superficie interna y experimenta *cambios cíclicos mensuales* que dan lugar a la **menstruación**–.

Está irrigado por la arteria uterina; la sangre venosa es recogida por la vena uterina, que desemboca en la vena hipogástrica.

Vagina

Es el *órgano copulador de la mujer,* cuya principal función es *recibir el pene durante el coito.* Permite, asimismo, el paso del flujo menstrual y del feto en el acto del parto.

Es un órgano impar y medio, cilíndrico, musculomembranoso, dilatable y extensible. Tiene una longitud de unos 6 ó 7 cm. Su extremidad superior está unida al cuello uterino, alrededor del cual se forma un fondo de saco.

La extremidad inferior se abre en la **vulva** mediante un orificio que, en la mayoría de las mujeres vírgenes, está parcialmente ocluido por la membrana del **himen**.

Las paredes interiores presentan pliegues transversales denominados arrugas de la vagina, y se encuentran recubiertas de mucosa.

Vulva

Designamos con este nombre el conjunto de *órganos genitales externos* de la mujer.

Monte de Venus. Es la eminencia situada delante de la sínfisis del pubis, entre las ingles. Externamente está recubierta por el **vello pubiano.**

Labios mayores. Son dos pliegues cutáneos, situados debajo del monte de Venus y separados de los muslos por el surco genitocrural.

Labios menores. Son dos pliegues cutáneos situados por dentro de los labios mayores. Delimitan un espacio en cuyo fondo se encuentran el meato urinario y el orificio inferior de la vagina.

Himen. Es un repliegue membranoso que ocluye parcialmente el orificio vaginal.

Clítoris. Es un órgano impar y medio eréctil, situado en la parte anterior de la vulva. Tiene una porción oculta en los labios mayores y otra libre, terminada en una extremidad denominada **glande**, recubierta por el **prepucio.**

Perineo

Presenta en la mujer los mismos límites y forma que en el varón, con algunas modificaciones inherentes a las diferencias que presenta el aparato genitourinario. Las principales son la presencia de la vagina y de la vulva y la falta de la uretra anterior.

Mamas

Son dos *órganos glandulares* existentes en ambos sexos, pero con dimensiones y significación muy distintos. En la mujer están destinadas a *secretar leche para alimentar al recién nacido* durante el periodo de lactancia.

Están situadas en la pared anterior del tórax. Tienen forma emisférica y su consistencia y volumen son variables. En la cara anterior presentan el **pezón**, donde desembocan los conductos galactóforos de la **glandula mamaria.**

Glándulas de secreción interna

Reciben la denominación de **glándulas de secreción interna** o **glándulas endócrinas** aquéllos órganos que secretan sustancias específicas, las **hormonas**, que vierten directamente en el medio interno y que intervienen en el metabolismo y en otros procesos corporales.

Tiroides

Es un órgano impar, situado en la cara anterior e inferior del cuello, rodeando parcialmente al conducto laringotraqueal. Está constituido por una parte media, estrecha y delgada, denominada istmo, y por dos lóbulos laterales. El conjunto presenta la forma de una H. El istmo posee una prolongación hacia arriba que recibe el nombre de pirámide de Lalouette. Es de consistencia blanda, de color gris rosado y pesa unos 30 g. El tejido propio está rodeado por dos cápsulas e integrado por unos folículos, considerados como unidades estructurales y funcionales.

Es un órgano muy vascularizado. Segrega distintas hormonas, entre ellas la **tiroxina**, que determina un *aumento de las funciones vitales y del metabolismo en general.*

Paratiroides

Son pequeñas formaciones redondeadas, de unos 6 mm de diámetro y 10-12 cg de peso. Se hallan íntimamente adheridas a la capa posterior de los lóbulos del tiroides. Son de consistencia blanda y de color pardusco.

Segregan la **parathormona**, hormona que interviene en la *regulación del metabolismo fosfocálcico.*

Hipófisis

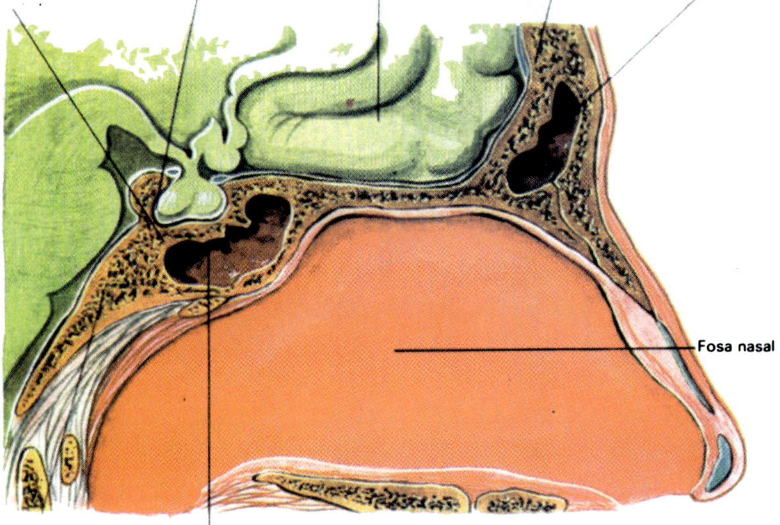

Hipófisis y sus hormonas

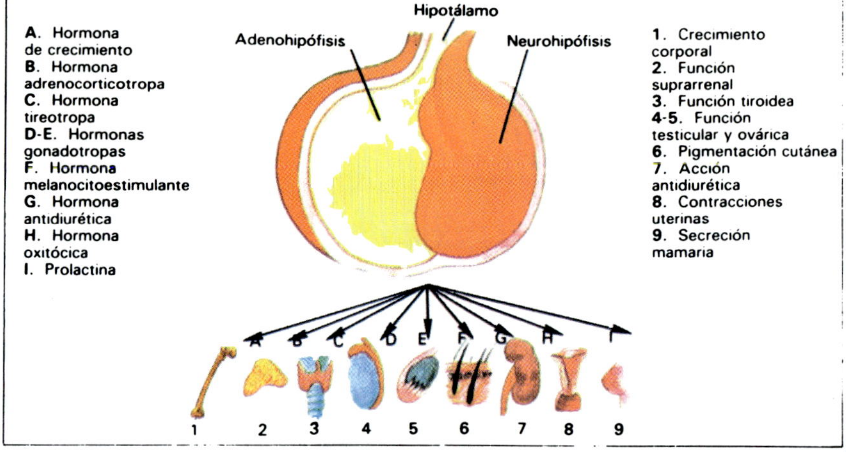

Timo

Es un *órgano linfoide* situado en la parte anterosuperior del mediastino, que llega a su peso máximo durante la *pubertad* y posteriormente experimenta una involución.

Interviene activamente al principio de la vida en el *desarrollo de las funciones inmunológicas.*

Está constituido por dos lóbulos alargados, compuestos cada uno de ellos por lobulillos, y su color es rojo grisáceo. Secreta **timosina, timina** y **timopoyetina.**

Hipófisis

Es un órgano impar, situado en la base del cerebro, sobre la silla turca del esfenoides. Se encuentra suspendida del cerebro por el tallo pituitario y conectada al hipotálamo. Pesa unos 50 cg.

Está compuesta por dos lóbulos: **Adenohipófisis** o **lóbulo anterior**, de naturaleza glandular, *regula la mayor parte de las funciones del organismo* bajo el estímulo del hipotálamo. Segrega un gran número de hormonas, *entre las que cabe mencionar:* **hormonas del crecimiento, adrenocorticotropa**

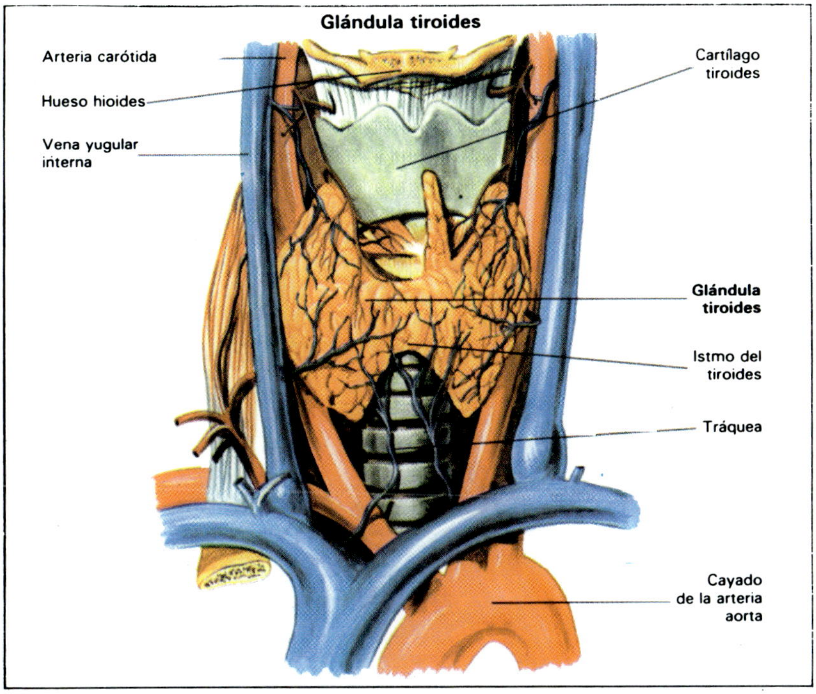

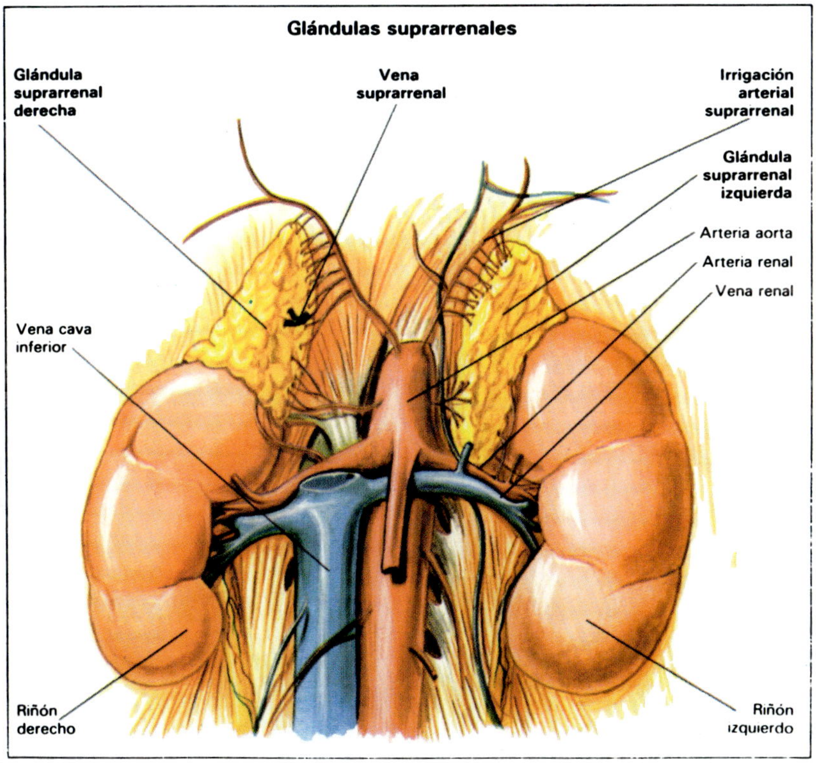

–controla el funcionamiento de las glándulas suprarrenales–, **tireotropa** –controla el funcionamiento del tiroides–, **hormona estimulante del folículo** –interviene en la maduración del folículo de De Graaf y de los espermatozoides–, **prolactina** –estimula la secreción de leche por la glándula mamaria–, **gonadotropa** –interviene en el desarrollo de las gónadas– y **diabetógena** –produce un aumento de la glucosa en sangre, antagonizando con la insulina.

Neurohipófisis o **lóbulo posterior**, tiene una función de *depósito o reservorio de hormonas* sintetizadas en el hipotálamo, que libera en función de las necesidades del organismo. Las principales son: la **hormona antidiurética**, que estimula la resorción de agua; la **hormona oxitócica**, que estimula la contracción uterina; y la **vasopresina**, que interviene en la regulación de la presión arterial.

Glándulas suprarrenales

Están localizadas sobre los riñones, en el polo craneal de los mismos. Tiene forma de gorro y unos 3-5 cm de alto por 3 cm de ancho y 1-1,5 cm de grosor. En su constitución distinguimos dos zonas: la corteza y la médula.

Corteza

Bajo el control de la hormona hipofisaria *corticotropa*, elabora las **hormonas mineralcorticoides** –participan en la regulación del balance de electrólitos y agua–, **glucocorticoides** –intervienen en el metabolismo de los glúcidos–, **estrógenos** –intervienen en la aparición de los caracteres sexuales secundarios femeninos y en el ciclo menstrual–, **andrógenos** –hormonas con acción masculinizante– y **progestágenos** –hormonas que favorecen la gestación.

Desarrollo del embrión. Circulación fetal

El desarrollo embrionario comprende el *conjunto de fenómenos de división y diferenciación celular* que convierten al **cigoto** –primera célula del nuevo ser, producto de la fecundación– en un ser capaz de vivir por sí mismo, de forma autónoma.

Fecundación. Tiene lugar en la trompa de Falopio, al ponerse en contacto los núcleos del espermatozoide y del óvulo. Desde la trompa el producto de la fecundación se desplaza hasta la cavidad uterina.

2ª semana. Se produce la *implantación*, quedando el fruto de la concepción insertado en la capa compacta del endometrio.

3ª semana. Aparecen las estructuras a partir de las cuales se formarán los distintos órganos, esqueleto, cavidades corporales, vasos y sistema nervioso.

4ª semana. El **embrión** triplica su tamaño, adoptando la forma de una C. Aparecen los arcos braquiales, que darán lugar a las extremidades superiores.

5ª semana. El cerebro se desarrolla rápidamente, adquiriendo la cabeza un gran tamaño. Se diferencian las extremidades.

6ª semana. El ojo se hace evidente y aparece el orificio externo del

Circulación sanguínea fetal

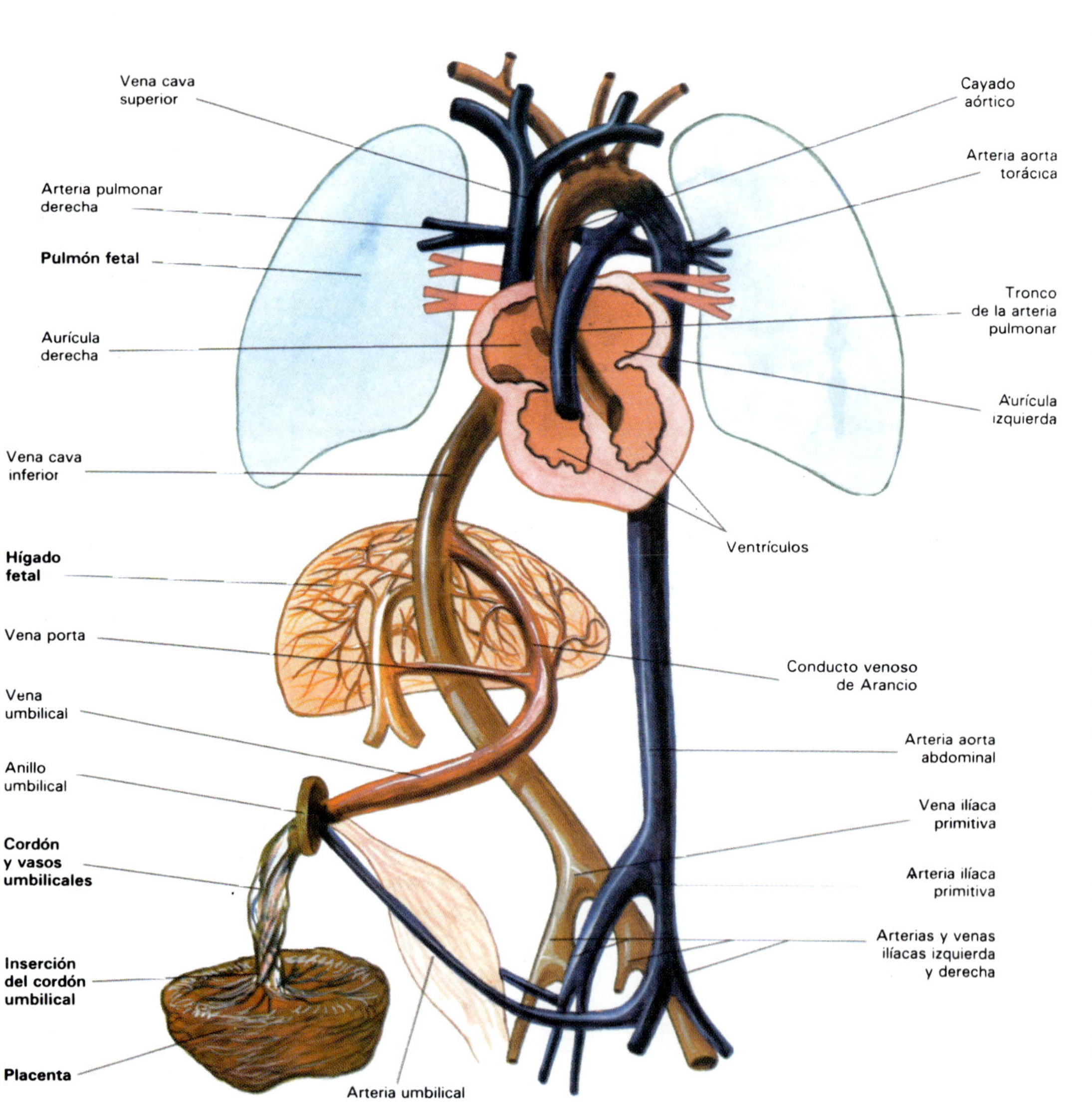

conducto auditivo. Aparecen las estructuras rudimentarias de los dedos.

7ª semana. Se diferencian los dedos de las manos. La cabeza se inclina sobre el cuerpo y las extremidades superiores se colocan sobre el corazón.

8ª semana. El embrión ya tiene aspecto humano. *Termina el periodo embrionario.* La cabeza es muy grande y empiezan a formarse el cuello, las orejas y los párpados. Los dedos de las manos son cortos y poseen membranas interdigitales.

3er mes. La cabeza constituye la mitad de la longitud del **feto**, pero el cuerpo crece rápidamente. Las extremidades superiores están completamente formadas. Los genitales externos adquieren su forma madura. El feto empieza a producir orina, excretándola en el líquido amniótico.

4º mes. El feto experimenta un crecimiento muy rápido. Las extremidades inferiores se hacen más largas.

5º mes. El cuerpo se recubre de una sustancia denominada vérnix casoso, producto de la secreción de las glándulas sebáceas, con objeto de proteger su piel, y de un vello denominado lanugo. Aparece el cabello.

6º mes. El feto adquiere un color rosado al hacer visible la sangre de los capilares.

7º mes. La médula ósea adquiere su función eritropoyética. Los pulmones maduran completamente y se hacen aptos para la respiración. El sistema nervioso regula la temperatura corporal y los movimientos respiratorios. En caso de producirse un parto prematuro, el feto es viable.

8º mes. La piel aparece rosada y lisa. El feto tiene reflejo pupilar.

9º mes. Las circunferencias de la cabeza y del abdomen son prácticamente iguales y el tórax se hace prominente. A las 38 semanas del embarazo, 40 semanas después de la última regla, se produce el **parto**.

Placenta

Es un órgano materno a través del cual se establece durante la gestación el *intercambio de oxígeno y de sustancias nutritivas de la madre al embrión, y de dióxido de carbono y de productos del metabolismo del embrión a la madre*. Al término de la gestación tiene forma de torta aplanada, de consistencia esponjosa y blanda. Pesa unos 600 g y mide unos 20 cm de diámetro por 2-3 cm de grosor. En su cara fetal se inserta el **cordón umbilical**, portador de la sangre al feto. La cara uterina es lobulada y está integrada por múltiples cotiledones o estructuras circulatorias básicas de la placenta.

En la **circulación fetal** la sangre es impulsada por el corazón del feto a través del cordón umbilical, estructura flexible que conecta el ombligo del embrión y del feto con la placenta. Por él pasan dos arterias y la vena umbilical. En el recién nacido mide unos 50 cm de largo. Se forma durante la quinta semana de gestación.

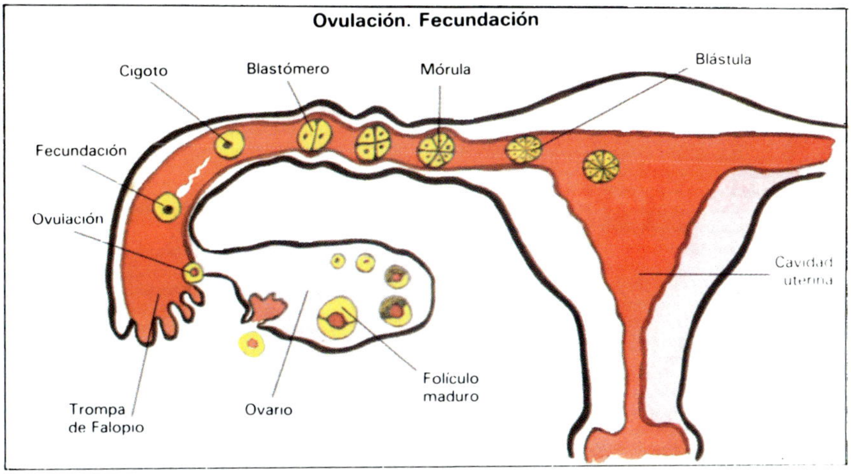

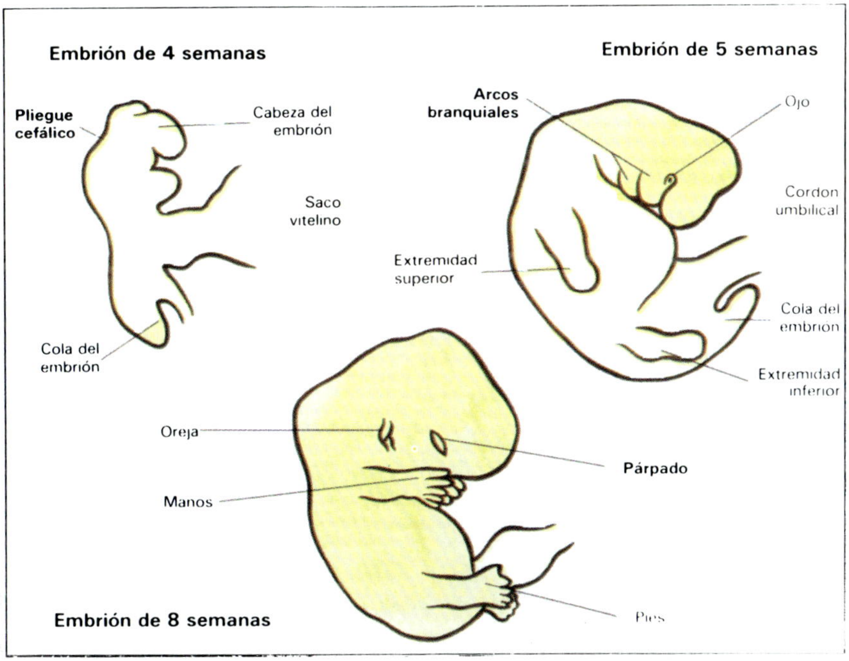

Índice analítico

a

b

c

m

n

o

p

r

GUÍA DE ESTUDIO

EVALUACIONES QUE NOS PERMITEN CONFIRMAR LO QUE HEMOS APRENDIDO DE ANATOMÍA

1. ¿Qué es una **abducción**?
2. ¿Qué es el **(humor) acuoso**?
3. ¿Qué es la **adrenalina**?
4. ¿Qué es un ser **albino**?
5. ¿Qué son los **andrógenos**?
6. ¿Qué es la **anorexia**?
7. ¿A qué se llama **apófisis**?
8. ¿Qué significa **aponeurosis**?
9. ¿Qué es el **aracnoides**?
10. ¿Qué es el **arco plantar**?
11. ¿Qué es la **arteria aorta**?
12. ¿Cuál es la función de la apófisis en el **axis**?
13. ¿Qué son los **bastones**?
14. ¿Qué es el **bazo**?
15. ¿Qué es la **bilis**?
16. ¿Qué es una **biopsia**?
17. ¿Qué es la **broncodilatación**?
18. ¿Qué es el **bulbo raquídeo**?
19. ¿Cuál es la función de los haces de **Burdach**?
20. ¿Qué son las papilas **caliciformes**?
21. ¿Qué es la **carótida**?
22. ¿Qué son los **cartílagos**?
23. ¿Qué es el **cerumen**?
24. ¿Qué sigifica **cigoto**?
25. ¿Qué es el **colágeno**?
26. ¿Qué es el **colesterol**?
27. ¿Qué son y qué función desempeñan los **conos**?
28. ¿Qué es la **córnea**?
29. ¿Qué es la **cortisona**?
30. ¿Cuáles son las tres piezas que forman el hueso **coxal o ilíaco**?
31. ¿Qué es la **dentina**?
32. ¿Qué es el **diástole**?
33. ¿Qué es la **diuresis**?
34. ¿Qué es el **duodeno**?
35. ¿Qué es un **embrión**?
36. ¿Qué significa **endocrino**?
37. ¿cuál es la función del **epidídimo**?
38. ¿Qué es el **epitelio**?
39. ¿Qué es la **epífisis**?
40. ¿Qué es el **esfínter**?
41. ¿Qué es el **esternón**?
42. ¿Cuál es el hueso **etmoides**?
43. ¿Qué es la **faringe**?
44. ¿Qué es la **fibrina**?
45. ¿Qué son las **fimbrias**?
46. ¿Qué son las **fontanelas**?
47. ¿Qué es un **ganglio**?
48. ¿Qué es el jugo **gástrico**?
49. ¿Cómo funcionan las **glándulas**?
50. ¿Cuál es la función de la cápsula de **Glisson**?
51. ¿Qué es un **glucógeno**?
52. ¿Qué es la **hemoglobina**?
53. ¿Qué es el **himen?**
54. ¿Qué es la **hipertensión**?
55. ¿Qué es el **hipotálamo**?
56. ¿Qué es una **hormona**?
57. ¿Qué es la **horquilla esternal**?
58. ¿Cuál es el **hueso** más largo del cuerpo humano?
59. Aproximadamente, ¿Cuántos **huesos** posee el ser humano?
60. ¿Qué es una **inserción muscular**?
61. ¿Qué glándula segrega la **insulina**?
62. ¿Qué tejido protege a los **labios**?
63. ¿Qué es el **lanugo**?
64. ¿Qué es un **leucocito**?
65. ¿Qué es la **linfa**?
66. ¿Cómo se llaman los huesos de la **mano**?
67. ¿Qué es un **maxilar**?
68. ¿Qué es la **médula espinal**?
69. ¿Qué es la **melanina**?
70. ¿Qué son las **meninges**?
71. ¿Qué son los **meniscos**?
72. ¿Qué es el **metabolismo**?
73. ¿Qué es la **micosis**?
74. ¿Qué es la **nefrona**?
75. ¿Cuál es la función de las células **nerviosas**?
76. ¿Qué es la **neurona**?
77. ¿Qué son los **osteoblastos**?
78. ¿Qué significa **otitis**?
79. ¿Qué es el **páncreas**?
80. ¿Qué es el **peritoneo**?
81. ¿Cuál es el hueso **pisiforme**?
82. ¿Qué es el **plasma**?
83. ¿Qué son las **pleuras**?
84. ¿Qué es el **plexo**?
85. ¿Qué es la **queratina**?
86. ¿Qué es el tejido **reticular**?
87. ¿Qué es la **retina**?
88. ¿Qué es la **sangre**?
89. ¿Cuál es la función de los **tendones**?
90. ¿Qué es el **timo**?
91. ¿Qué es la **tiroides**?
92. ¿Qué es una **tomografía**?
93. ¿Qué es la **tráquea**?
94. ¿Cuál es el significado de **tríceps**?
95. ¿Qué es el **trigémino**?
96. ¿Qué es una **uremia**?
97. ¿Qué son las **várices**?
98. ¿Qué es la **vesícula**?
99. ¿Qué son las **vísceras**?
100. ¿De qué otra manera se le conoce al hueso **Vomer**?

RESPUESTAS DE ANATOMÍA

1. **abducción.** Movimiento angular que permite separar una extremidad corporal de la línea media del cuerpo. Por ejemplo, separar un brazo de costado en posición de firmes.

2. **(humor) acuoso.** Es el líquido que llena las cámaras oculares, entre la córnea y el cristalino. Formado por 98% de agua y 2% de sales disueltas.

3. **adrenalina.** Sustancia activa segregada por la médula suprarrenal.

4. **albino.** Sujeto desprovisto total o parcialmente de la melanina que da color a la piel, el pelo y los ojos.

5. **andrógenos.** Hormonas que definen caracteres masculinos.

6. **anorexia.** Falta de apetito que se presenta en padecimientos físicos o mentales.

7. **apófisis.** A las salientes o protuberancias que presentan, en ocaciones, los huesos.

8. **aponeurosis.** Es el nombre de la membrana, que envuelve firmemente a cada músculo del organismo, encerrándolo, a manera de vaina.

9. **aracnoides.** Es la segunda de las tres membranas que envuelven al sistema nervioso.

10. **arco plantar.** Es el arco de la planta del pie.

11. **arteria aorta.** Es la más gruesa e importante de las arterias, comunica el corazón con las arterias carótidas.

12. **axis.** Es la articulación que permite mover el cuello.

13. **bastones.** Son las células pertenecientes a la retina, que determinan el contraste y los tonos grises del blanco y negro.

14. **bazo.** Órgano blando y alargado, aproximadamente de 13 cm y localizado sobre el riñón izquierdo. Su función es la de destruir hematíes y almacenarlos.

15. **bilis.** Es un líquido amarillo verdoso que secreta la vesícula para facilitar el proceso digestivo.

16. **biopsia.** Es el método diagnóstico, que consiste en extraer tejido, en pequeños fragmentos para poder estudiarlos.

17. **broncodilatación.** Es el aumento de las paredes musculares de los bronquios, que aumentan su diámetro interno para facilitar el flujo de aire.

18. **bulbo raquídeo.** Estructura nerviosa situada en el tronco cerebral sobre la espina dorsal. Es un paso obligado para las conexiones nerviosas.

19. **Burdach.** Transmiten la sensibilidad entre los nervios.

20. **caliciformes.** En la lengua son las masas que se encuentran en la parte posterior de la lengua.

21. **carótida.** Cada una de las arterias encargadas de conducir la sangre a la cabeza.

22. **cartílagos.** Son una variedad de tejido conectivo. Están formados por una sustancia elástica y flexible, blanca o grisácea, adherida a las articulaciones de los huesos.

23. **cerumen.** Es la secreción de las glándulas cebáceas, situadas en el conducto auditivo externo.

24. **cigoto.** Es la célula resultante de la unión de dos gametos: es el óvulo fecundado

25. **colágeno.** Componente orgánico de aspecto gelatinoso, con agua, que ocupa los espacios intercelulares del tejido conectivo.

26. **colesterol.** Compuesto químico sintetizado en el hígado a partir de las grasas que se absorben durante la alimentación.

27. **conos.** Son células en la retina que determinan el matiz y color.

28. **córnea.** Es la membrana transparente secuencia de la esclerótica, que forma la cara anterior del globo ocular.

29. **cortisona.** Es la hormona segregada por las glándulas suprarrenales y que actúa sobre el metabolismo de carbohidratos y grasas.

30. **coxal o ilíaco.** Son el ilion, pubis y el isquion.

31. **dentina.** Es la sustancia que forma el marfil de los dientes.

32. **diástole.** Contracción de los ventrículos para expulsar la sangre proveniente de las aurículas.

33. **diuresis.** Es la secreción de la orina debida a la capacidad del riñón.

34. **duodeno.** Es la porción del intestino delgado comprendida entre la extremidad pilórica del estómago y el borde inferior del cuello pancreático.

35. **embrión.** Es el producto de la concepción, a partir de las primeras modificaciones que sufre el huevo fecundado.

36. **endocrino.** Es lo relativo a los órganos o glándulas de secreción interna.

37. **epidídimo.** Es una estructura tubular sobre el testículo que permite el trásito, almacenamiento y maduración de los espermatozoides.

38. **epitelio.** Es la capa celular que cubre todas las superficies internas y externas del cuerpo. Es uno de los cuatro tejidos del organismo humano.

39. **epífisis.** Es la porción extrema de los huesos largos

40. **esfinter.** Es un músculo de fibras circulares concéntricas dispuestas en forma de anillo, que controla el grado de amplitud de un orificio determinado.

41. **esternón.** Hueso único plano y alargado, situado en la parte media del tórax.

42. **etmoides.** Es un hueso impar y medio, que forma parte de la cavidad craneal, lo mismo que el frontal, los parientales, los temporales, el occipital y el esfe

43. **faringe.** Es un órgano impar y simétrico que se extiende desde la base del cráneo a un plano situado a la altura de la séptima vértebra cervical.

44. **fibrina.** Es una proteina que se forma en la sangre y que permite la coagulación.

45. **fimbrias.** Son las terminaciones en que desembocan las trompas de Falopio.

46. **fontanelas.** Son los espacios del recién nacido en los huesos del cráneo, que se cierran conforme crece.

47. **ganglio.** Órgano globuloso de forma y tamaño variable, que se encuentra en el trayecto del tejido linfático.

48. **gástrico.** Es un líquido claro, secretado en abundancia, por glándulas microscópicas, diseminadas en la mucosa del estómago y que facilita la digestión.

49. **glándulas.** Son órganos que producen sustancias especiales, algunas tóxicas y otras útiles para el organismo, a expensas de los componentes de la sangre.

50. **Glisson.** Es la cubierta fibrosa que recubre y protege a la vesícula biliar.

51. **glucógeno.** Es un hidrato de carbono resultante de la unión de varias moléculas de glucosa. Se almacena en el hígado y es una reserva de carbohidratos según el cuerpo lo necesita.

52. **hemoglibina.** Es el pigmento rojo intracelular de la sangre y almacenada en los hematíes.

53. **himen.** Es la membrana qu obstruye parcialmente la vagina.

54. **hipertensión.** Es el aumento de presión en las arterias debido a la sangre.

55. **hipotálamo.** Parte del encéfalo que forma el suelo y la pared lateral del tercer ventrículo, y que controla las actividades viscerales, el equilibrio hídrico, la temperatura corporal entre otras.

56. **hormona.** Sustancia química segregada por una célula o grupos de células, y que tiene un efecto fisiológico sobre otras células del organismo.

57. **horquilla esternal.** Es la pequeña depresión en la parte superior del esternón.

58. **hueso.** Es el fémur y se localiza en la pierna.

59. **huesos.** Aproximadamente hay doscientos seis huesos.

60. **inserción muscular.** Es la adherencia íntima de un músculo, ligamento o tendón en una parte especialmente en un hueso.

61. **insulina.** El páncreas, esta sustancia permite la asimilación orgánica de carbohidratos.

62. **labios.** El tejido epitelial.

63. **lanugo.** Es el vello que aparece en el periodo de gestación en el feto.

64. **leucocito.** Llamado también glóbulo blanco, es una célula sanguínea que defiende de manera rápida y eficaz al organismo de cualquier agente infeccioso.

65. **linfa.** Líquido claro, transparente, alcalino, de sabor salado y que llena los vasos linfáticos.

66. **mano.** Carpos, metacarpos, falanges, falangetas, falanginas.

67. **maxilar.** Cada uno de los huesos superior e inferior de la mandíbula.

68. **médula espinal.** Porción alargada del sistema nervioso central alojado en el interior de la columna vertebral.

69. **melanina.** Es un pigmento pardo producido por los melanocitos y que da la tonalidad a la piel, pelo y ojos.

70. **meninges.** Son cada una de las tres capas que protegen el sistema nervioso central de cualquier agente externo, y son: duramadre, aracnoides y piamadre.

71. **meniscos.** Son los tejidos fibrosos que permiten las articulaciones de los huesos.

72. **metabolismo.** Son las transformaciones físicas, químicas y biológicas que en los organismos vivos sufren las sustancias introducidas al cuerpo.

73. **micosis.** Es cualquier enfermedad producida por hongos.

74. **nefrona.** Es la uniad estructural y funcional del riñón, donde se lleva a cabo la transformación del filtrado glomerular en la orina.

75. **nerviosas.** Son las encargadas de transmitir las percepciones sensoriales al cerebro.

76. **neurona.** Es la unidad básica del sistema nervioso. Tienen dos propiedades fundamentales: la irritabilidad y la conductibilidad.

77. **osteoblastos.** Son las células que forman los huesos.

78. **otitis.** Es la inflamación del oído. Puede ser aguda o crónica, localizándose en el oído externo.

79. **páncreas.** Es una glándula mixta, es decir, endócrina y exocrina, ya que segrega la insulina (endocrina) y en jugo pancreático (exocrina). Se localiza en el abdomen atras del estómago entre el bazo y el duodeno.

80. **peritoneo.** Es la membrana fuerte y resistente que tapiza las paredes de la cavidad abdominopelviana y los órganos en ella contenidos. Mantiene los órganos fijos gracias a una serie de repliegues: los mesos, los epiplones y los ligamentos.

81. **pisiforme.** Es el hueso que sobresale en la muñeca, observable a simple vista.

82. **plasma.** Porción del líquido extracelular que forma la sangre, en el que están suspendidos los elementos de la misma.

83. **pleura.** Son las membranas que recubren a los pulmones.

84. **plexo.** Es el punto o lugar donde convergen nervios o vasos sanguíneos.

85. **queratina.** Compuesto orgánico similar a las proteínas y que forma parte de las uñas, pelo y epidermis.

86. **reticular.** Es el sinónimo de tejido linfático o linfoide.

87. **retina.** Es la red nerviosa del ojo, prolongación del nervio óptico y tamiza todo el lóbulo ocular.

88. **sangre.** Líquido rojo y espeso, que circula por el sistema vascular sanguíneo. Formada de plasma, suero y fibrógeno, así como elementos sólidos en suspensión: leucocitos, hematíes o eritrocitos y plaquetas.

89. **tendones.** Mantener fijas las masas musculares a un hueso o grupo de huesos.

90. **timo.** Es el encargado de realizar las funciones inmunológicas en el cuerpo.

91. **tiroides.** Órgano impar en forma de H, situado en la zona laringotraqueal. Secreta las hormonas tiroideas, reguladoras del metabolismo orgánico.

92. **tomografía.** Técnica radiológica que permite la visualización de tejido, excluyendo las porciones subyacentes.

93. **tráquea.** Estructura elástica de naturaleza fibromuscular y cartilaginosa comprendida entre la laringe y el nacimiento de los bronquios.

94. **tríceps.** Significa tres cabezas y se refiere a tres bloques musculares.

95. **trigémino.** Es el nervio que constituye el quinto par craneal. Inerva la cara y la parte superior de la cabeza.

96. **uremia.** Es una deficiencia renal que propicia el aumento de urea en la sangre.

97. **várices.** Es el aumento anormal de las paredes de la venas.

98. **vesícula.** Órgano productor de bilis en el hígado para el metabolismo orgánico.

99. **vísceras.** Son los órganos internos del cuerpo, principalmente los contenidos en la cavidad abdominal.

100. **Vomer.** Al tabique nasal.

TEMATICA ILUSTRADA VISUAL SIGLO XXI

ZOOLOGIA

EUROAMERICANA
DE EDICIONES INTERNACIONAL S.A.

I.S.B.N.: 84-95656-03-5 (Obra Completa)
Producido por Ediciones Dafne, S.L.
Printed In Spain

Octubre 2001

ZOOLOGIA

Contenido

La zoología

Es la ciencia que estudia la estructura, el desarrollo, la evolución y el funcionamiento de los animales, así como sus manifestaciones vitales y relaciones mutuas y con el ambiente. Es una rama de la biología, ciencia de los seres vivos.

Antecedentes históricos
Aristóteles (384-332 a. C.) es considerado el fundador de la biología como ciencia y el primero que estudiara de manera metódica los animales, atendiendo a sus características externas e internas y modo de vida. Sus continuadores estudiaron más la botánica y la medicina, los romanos más prácticos, no dedicaron atención a esta ciencia. Como excepción se señalan los cuatro tomos de la *Historia Natural* de **Plinio** (23-79 d. C.).
En siglos posteriores, esta disciplina encontró respaldo en el mundo árabe y oriental, mientras que en Europa, confiada en los escritos de la antigüedad clásica, no avanzó.
Aunque la cetrería, arte de caza practicado en la época medieval, impulsó un conocimiento más profundo de las aves, en general los animales se presentaban en un mundo de fábulas plagado de errores. Los *Bestiarios* son la única producción zoológica de la época.
El renacimiento, impulsor de la ciencia y el arte, alentó los estudios zoológicos. **Leonardo da Vinci** (1452-1519) realizó excelentes dibujos anatómicos de animales. Asimismo, a pesar de la amenaza de la iglesia y arriesgando su vida frente a la inquisición, los naturistas de los siglos XVI y XVII desentrañaron poco a poco los hechos del conocimiento de los animales. Desde entonces los avances se multiplicaron, pueden reconocerse aspectos relevantes de cambios en el pensamiento. El origen de los animales y la vida, es uno de los problemas a los que sigue enfrentada la biología. De manera progresiva se demostró que los animales surgen de anteriores, también demostrado para los microorganismos, gracias a los trabajos de **Pasteur** (1802-1895). Sin embargo, el origen de las células iniciales, sigue siendo objeto de múltiples hipótesis. **Van Leeuwenhoek** (1632-1723) inventó el microscopio, y permitió estudiar las estructuras básicas de todo organismo. A **Malpighi** (1628-1694) se le considera el fundador de la histología, que es el estudio de los tejidos. **Hooke** (1635-1703) descubrió la célula como unidad estructural y **Schwann** (1810-1882) extendió la teoría celular a los animales. **Golgi** (1843-1929) y **Ramón y Cajal** (1852-1934) crearon cimientos de la moderna neurología.
La sistemática de **Linneo** (1707-1778) estableció bases para la clasificación de los animales e introdujo la nomenclatura binaria, que asigna un nombre de género y otro de especie a cada organismo.

1

2

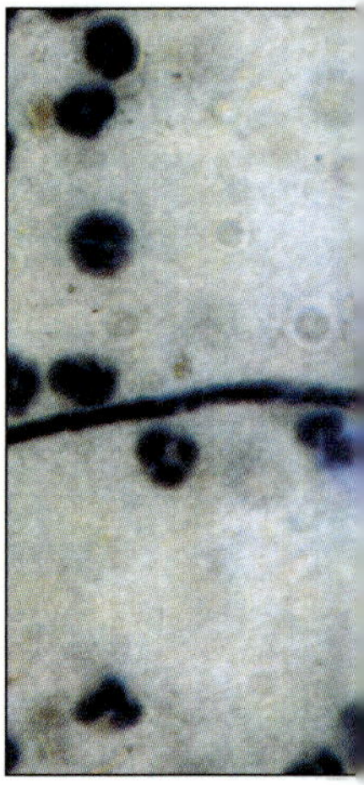

3

4

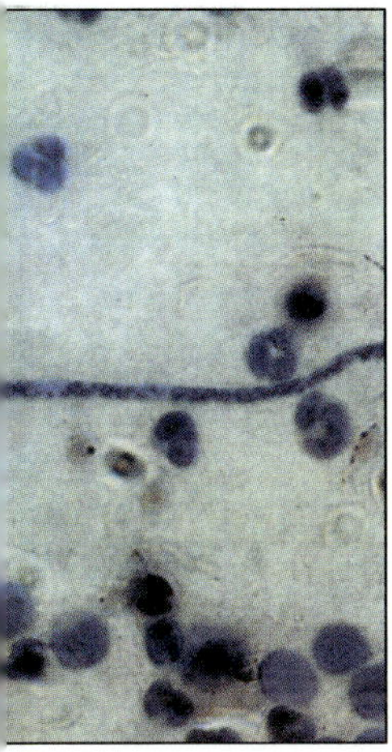

5

Lamarck (1774-1829) y **Buffon** (1707-1802) iniciaron el pensamiento evolucionista que acabó en la teoría de la evolución, presentada al mismo tiempo por **Darwin** (1809-1882) y **Wallace** (1823-1913) y completada por **Huxley** (1825-1895) y **Haeckel** (1834-1919).
En los años en que se discutía la teoría darwinista, **Mendel** (1822-1884) descubría las leyes de la herencia, reconocidas hasta el siglo XX. La genética es un campo de investigación científica actual. En 1953, **Watson, Crick** y **Wilkins** describieron la doble hélice del ADN, en los años sesenta se comenzó a desvelar el código genético.

Las ramas de la zoología

El estudio de animales profundiza en conocimientos de muchos aspectos, lo que da lugar a multitud de disciplinas y señalaremos algunas.
La **sistemática** y la **taxonomía** clasifican animales y establecen principios de su ordenación, determinando, describiendo y dando nombre a las especies, y desarrollan un sistema que incluye a todas por su grado de parentesco.
La **morfología** describe la estructura y forma del cuerpo de los animales, lo que engloba a la **anatomía** (estudio de los componentes corporales), la **histología** (estudio de los tejidos) y la **citología** (estudio de las células).
La **bioquímica** investiga los procesos químicos en los animales, y la **fisiología** estudia su funcionamiento.
La **ontogénesis** sigue los procesos de desarrollo del individuo desde que se genera hasta que muere, la **embriología** estudia los procesos en el embrión, es decir, antes del nacimiento, y la **filogenia** investiga el desarrollo pero en generaciones, lo que se entronca con la **teoría de la descendencia**, en relaciones de parentesco.
La **ecología** explora las relaciones de animales con su medio y entre ellos, así como su distribución (**zoogeografía**).

1. *Los parques zoológicos tradicionales, con los animales confinados en jaulas o recintos más o menos amplios, constituyen a menudo el único contacto de la población urbana con la fauna salvaje.*

2. *En los acuarios se puede contemplar la fauna de las aguas y conocer la vida de especies exóticas en un entorno parecido al natural.*

3. *Un aspecto práctico de la zoología es el estudio de los parásitos, como estos nematodos* (Wuchereria bancrofti)*, capaces de provocar graves lesiones (en este caso la filariosis o elefantiasis).*

4. *El aspecto de los animales viene determinado por las condiciones del medio en que viven, el cual hace que a veces, como en el caso de esta actinia, parezcan vegetales tanto por su colorido como por su forma.*

5. *La creciente presión humana ha hecho que muchas especies encuentren en los parques zoológicos un último refugio que evite su extinción, como el oso panda.*

La célula animal

La unidad fundamental de la vida es la célula y los organismos primitivos son formados por una unidad de este tipo, que realiza todas las funciones esenciales. Aunque en organismos primitivos es difícil diferenciar a veces entre animales y vegetales, la capacidad fotosintética de éstos últimos establece los límites entre ambos reinos, que sirven para distinguir aquellos otros que por poseer características de ambos han adquirido rango propio. Los hombres son ejemplo de este caso. Así, los animales, incluso los más primitivos, no son capaces de sintetizar sus propios alimentos como las plantas en general.

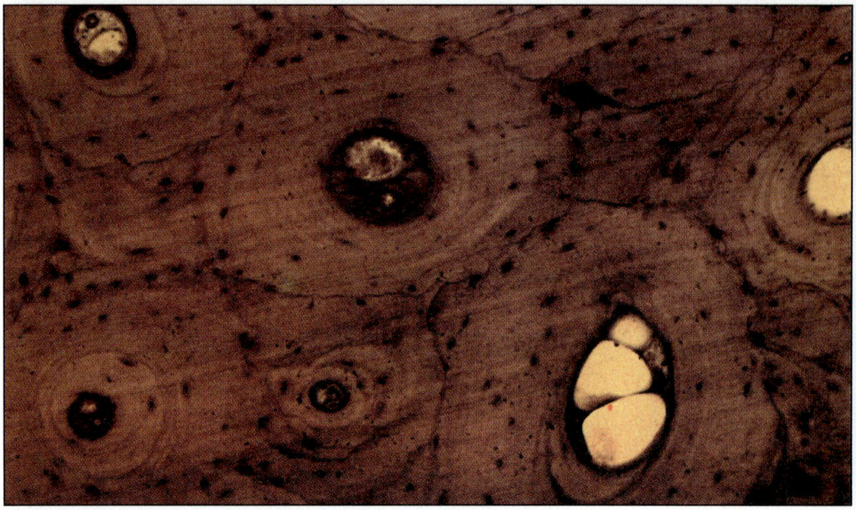

1

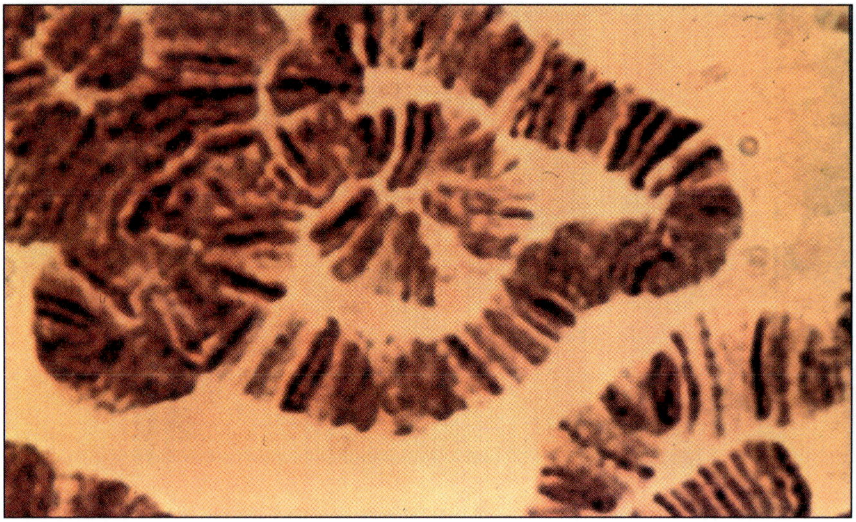

2

La célula animal
La célula, o protoplasto, consta de dos elementos básicos: el protoplasma y la membrana que le rodea. Ésta última, a diferencia de lo que pasa en plantas, es muy delgada y sólo se observa al microscopio electrónico. Está formada por tres capas, dos obscuras y una clara, puede ser lisa o con numerosas vellosidades (en las células absorbentes). No es una barrera infranqueable, forma un límite semipermeable que permite el paso selectivo de sustancias en ambas direcciones.
El citoplasma, sustancia fundamental, es una mezcla coloidal sin estructura o como gránulos filamentos o redes. En él hay dos estructuras distintas: unas inclusiones semipermanentes, como son gotas de grasa, sustancias de reserva y productos de excreción del metabolismo celular, y estructuras permanentes con diversas funciones. Entre las estructuras permanentes en el citoplasma, el núcleo es el más importante, pues rige la existencia de la célula. Junto a él aparecen el retículo endoplasmático, las mitocondrias, el aparato de Golgi y el centriolo, entre otros.

Orgánulos celulares
Los **ribosomas** son gránulos de ácido ribonucleico y proteína de tamaño variable, se encuentran libres en el citoplasma y a veces se reúnen en estructuras parecidas a un collar denominadas polisomas. En su interior se encadenan los aminoácidos según una secuencia en la síntesis de proteínas.
El **retículo endoplasmático**, formado por una red de canales y cisternas en comunicación con las membranas celular y nuclear. Su función es muy importante en la síntesis proteica y participa en todas las actividades celulares metabólicas.
El **aparato de Golgi** es una estructura reticular formada **por** dobles membranas apiladas. Su

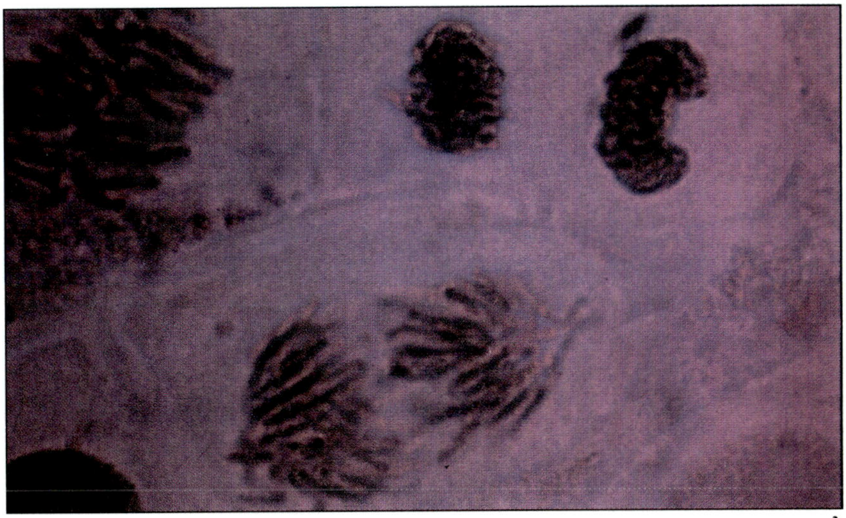

3

función es participar en la síntesis de proteínas y producir material para la membrana celular y servir a la secreción y excreción de la célula.
Las **mitocondrias** son cuerpos en forma de bastoncillo muy numerosos en las células indiferenciadas. Consisten en un sáculo de doble membrana con numerosas invaginaciones (crestas) hacia el interior. Su función es servir de enzimas en la respiración celular y actuar como reservas de energía.
El **centriolo** es un corpúsculo formado por dos cilindros, perpendiculares entre sí, que desempeñan una importante función durante la mitosis. En la interfase se encuentra próximo al aparato de Golgi y al núcleo.
Por último los **microsomas**, que son inclusiones plasmáticas de aspecto granular, los **peroxisomas**, corpúsculos rodeados de una membrana unitaria con diversos enzimas, y los **lisosomas**, que contienen varios enzimas y desempeñan un papel regulador en los procesos metabólicos de las células.

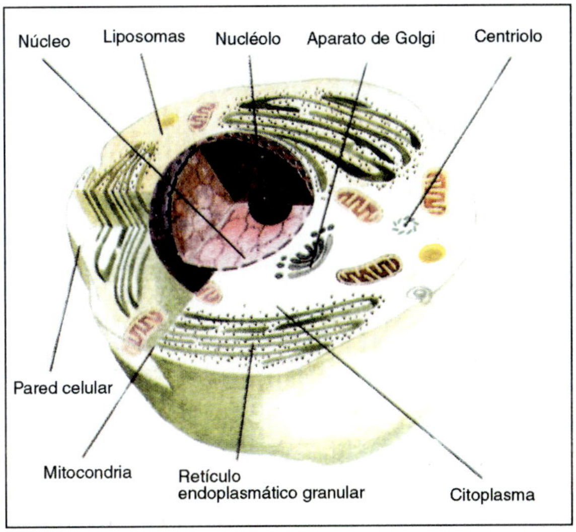

4

El núcleo

Es una estructura semiesférica, rodeada de una membrana y que contiene los cromosomas. Cumple un papel esencial en la división celular, pierde una membrana y distribuye su contenido entre las dos células hijas resultantes. Los cromosomas son alargados y formados por una sustancia proteica con una doble hélice de ácido desoxirribonucleico (ADN) como principal componente. El ADN porta los genes y, por lo tanto, los caracteres hereditarios.
La división del núcleo inicia la del citoplasma, y duplica el material hereditario, con lo que las dos células reciben la misma información genética. Este proceso, llamado mitosis, tiene cuatro fases y es de duración variable.

Metabolismo Celular
Es el conjunto de reacciones químicas y transformaciones energéticas en el interior de la célula para crecer y reproducirse. La célula absorbe nutrientes (grasas, hidratos de carbono, proteínas, vitaminas, minerales) que desintegra por los enzimas y obtiene energía (**respiración celular**). Una función importante es la **síntesis** de materia orgánica, de proteínas, bajo el control del ADN. Es un proceso largo en que los aminoácidos en el plasma se encadenan en secuencia dictada por instrucciones específicas de la especie en los genes.

1. *Todas las estructuras orgánicas de un animal están formadas por la misma unidad elemental, la célula, a menudo especializada en una función concreta, como estas células óseas en este hueso.*

2. *Uno de los principales componentes del núcleo celular son los cromosomas, formados por una doble cadena de ADN que contiene la información genética de la especie. Aquí se encuentra en división.*

3. *Algunos animales, como sucede con las moscas del vinagre* (Drosophila), *tiene cromosomas gigantes que han permitido realizar importantes experimentos para conocer la disposición de los genes en ellos.*

4. *En esta ilustración de una célula animal podemos apreciar sus componentes principales aunque no siempre aparezcan estos mismos orgánulos o a veces lo hagan de una manera modificada.*

Los tejidos de recubrimiento

Al conjunto de células del mismo tipo y con la misma función, y sus descendientes, se le denomina tejido. La diferenciación da lugar a una división del trabajo y cuanto más sea la una, mayor será la otra. En los tejidos animales sólo participan células vivas, con frecuentes secreciones.
Se distinguen cuatro tipos de tejidos fundamentales; tejidos de recubrimiento, tejido de apoyo, tejido muscular y tejido nervioso. Los primeros se encuentran en la superficie exterior del cuerpo y cubren todas las cavidades y órganos internos.

Los epitelios
Son formaciones de una o más capas de células, densamente unidas y con una sustancia intersticial para la cohesión entre ellas. Por su forma celular se distingue un **epitelio cúbico**, un **epitelio prismático** y un **epitelio plano**.
Por sus funciones se les clasifica en: **Epitelios de revestimiento**, formados por una (invertebrados) o varias (vertebrados) capas de células de diversas formas y tamaños. Además, pueden ir con cilios y flagelos. En superficies exteriores es frecuente que el epitelio adquiera consistencia dura, una cutícula o queratinizándose, formando una capa protectora para el organismo. Esta capa desarrolla gran envergadura y se transforma en corazas, escamas o dentículos. Estos epitelios constituyen los llamados **tegumentos**.
Epitelios glandulares y **secretores**, son unicelulares o pluricelulares.
Forman los diversos tipos de glándulas (tubulosas, alveolares, etc.) y vierten sus productos al exterior del organismo (**exocrinas**) o a su interior (**endocrinas**).
Epitelios sensoriales, son células primarias, secundarias o nerviosas, lo veremos en el capítulo de órganos sensoriales.

Los tegumentos o epitelios ectodérmicos de revestimiento
Estos epitelios, la epidermis, recubren el exterior del cuerpo del animal y realizan tres funciones: protegen contra efectos del medio, dan información a los receptores cutáneos y desempeñan un papel importante al intercambio de sustancias con el exterior (respiración, excreción y alimentación).
En invertebrados unicelulares, los cilios o flagelos epiteliales ayudan al desplazamiento del animal.
En esponjas, el epitelio lo forman células especiales, llamadas **pinacocitos**, que en caso de disgregarse pueden reunirse de nuevo y reconstituir el animal.
En los celentéreos aparecen células urticantes (**cnidoblastos**) y células musculares. Entre los gusanos, la epidermis es un único estrato de células, diferenciadas en platelmintos y anélidos e indiferenciadas y en forma de un sincitio en los nematelmintos. Todos llevan una cutícula protectora y células sensoriales, glándulas, espinas, pelos, quetas, etc.
En los artrópodos, la cutícula es gruesa y refuerza hasta constituir una coraza eficaz, que sirve lo mismo de esqueleto externo.
Los moluscos tienen epidermis de una capa de células, ciliadas y con numerosas glándulas. Además, secreta una cubierta dura que forma la concha, donde el animal se refugia.
En estrellas y erizos del mar, la epidermis se reduce mucho y el esqueleto calcáreo se encarga de formar la cubierta principal del animal, es el origen mesodérmico. Por último, los vertebrados presentan una epidermis con varias capas celulares y su estructura es de complejidad creciente que, junto a las capas subyacentes, forma la piel.

La piel de los vertebrados
Podemos distinguir tres capas principales; la epidermis, como en los restantes grupos animales pero pluriestratificada, la dermis, por debajo, y la hipodermis como última capa. Ésta tiene numerosos vasos sanguíneos y fibras nerviosas.
El grado de complejidad varía de grupos inferiores hasta mamíferos. Así, en peces y anfibios la piel es sencilla y con numerosas glándulas mucilaginosas.
En vertebrados terrestres la piel sufre de creciente queratinización y da lugar a estructuras complejas como las escamas en los reptiles, las plumas en aves y pelos en mamíferos, que son características en cada uno de estos grupos.

Los epitelios glandulares
Aunque cualquier célula produce sustancias que expulsa al exterior, al aumentar la complejidad en la escala zoológica esta función queda a cargo de células especiales. Las que vierten al interior del cuerpo su contenido y con gran complejidad (ej., órganos glandulares como el páncreas), las veremos en bioquímica de los animales. Las del epitelio producen sustancias mucilaginosas, grasa, sudor, etc., con una porción secretora y un conducto excretor. Su forma es tubular, alveolar, sacular o laberíntica.

1. *La piel humana es una cubierta protectora que también desempeña otras funciones; la termoregulación, por ej., se consigue gracias a las glándulas sudoríparas y al pelo que en diversa cantidad recubre la piel.*

2. *Los pelos, elemento característico de los mamíferos, nacen en una invaginación del epitelio, el folículo piloso, y dispone de diversas glándulas (por ej., sebáceas) y músculos de erección.*

3. *En este modelo de la piel de un mamífero podemos ver un pelo que finaliza en una papila dérmica, el folículo rodeado de una vaina y las glándulas sebáceas que lo mantienen flexible y suave.*

1
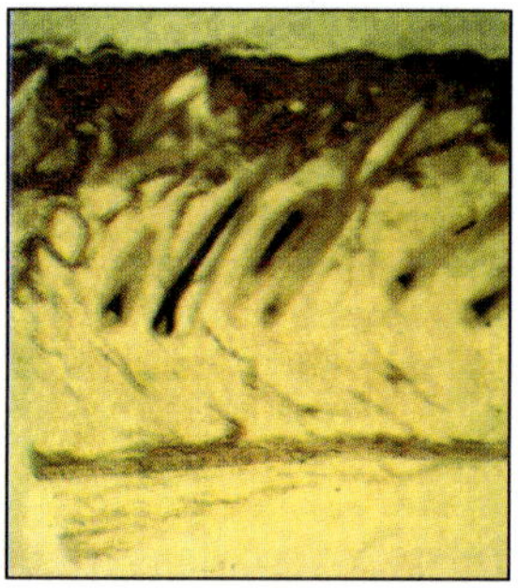

2

3

4

5

6

4. *En algunos vertebrados, como los cocodrilos caimanes y tortugas, la piel adquiere una configuración especial y se transforma en una verdadera coraza que protege y aísla al animal de su entorno.*

5. *Las plumas de las aves son formaciones de la piel que han adquirido una gran complejidad y protegen al animal del entorno, le permiten el vuelo y forman la librea distintiva de la especie.*

6. *La piel de numerosos invertebrados tiene una doble función: proteger al animal de su entorno y permitir el intercambio de gases con él, es decir, respirar a través de la piel.*

El esqueleto y los tejidos de soporte

Una diferencia en los tejidos epiteliales y los de soporte es la presencia en los últimos de abundantes sustancia intercelular, secretada por las células. La función de estos tejidos es rellenar los espacios entre los órganos y crear estructuras de soporte.

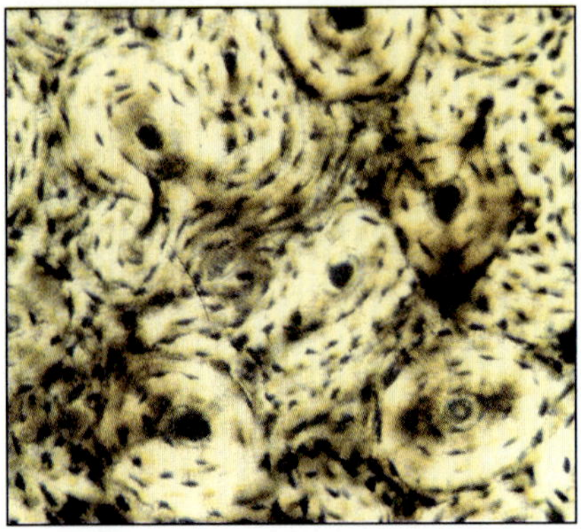

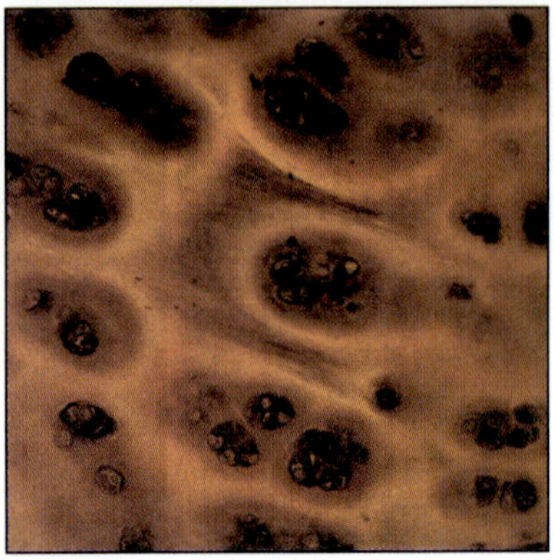

1 2

Tipos de esqueleto

Hay dos tipos principales de estructuras de soporte en los seres vivos: el **exosqueleto**, por fuera del animal y producido a partir del tegumento, y el **endosqueleto**, por debajo de los tegumentos y de origen mesenquimático.
El exosqueleto no guarda relación con los tejidos vistos en este capítulo y es característico de invertebrados. El tipo más frecuente en las especies marinas es calcárea, como entre los corales, los briozoos o la concha de los moluscos. Este esqueleto externo desempeña una función de soporte y defensa, pero no facilita ni participa en los movimientos del animal, pues es una estructura rígida.
En los artrópodos, la cutícula esta formada por una sustancia más o menos elástica, la quitina, con sales que le confieren dureza y se configura como una serie de placas duras con zonas blandas intermedias que sirven de punto de articulación de aquellas. Este exosqueleto tiene músculos insertados por su cara interna y los animales pueden mover sus diferentes partes. Los artrópodos han conseguido gran éxito evolutivo y son el grupo zoológico más abundante.
El endosqueleto, o esqueleto interno, se forma de diversos tejidos de origen mesodérmico es característico de los animales vertebrados. Forma una estructura articulada gracias a los músculos que se insertan en ella, permite que el animal realice sus movimientos.

El tejido conjuntivo

Sus componentes celulares son los **fibrocitos**, con numerosas prolongaciones, aplanadas y capacidad de transformarse en otros tipos celulares diversos; los **histiocitos**, capaces de desplazarse con movimientos ameboides y capturar bacterias; las **células adiposas**, con sustancias grasas, y las **células pigmentarias**, con diversos colorantes y pigmentos.
El tejido conjuntivo embrionario recibe el nombre de **mesénquima**, y es un conjunto de células unidas por prolongaciones finas que se originan en el mesodermo y secretan sustancias gelatinosas. Al no estar especializadas, pueden convertirse en cualquiera de las de tejidos conjuntivos. La principal de éstas es el **tejido conjuntivo laxo** o **fibroelástico**. Formado por fibras de colágeno inmersas en una masa gelatinosa con diversos tipos de células y que se entrecruzan. Es abundante en invertebrados.
El **tejido conjuntivo rígido** consiste en fibras de colágeno densas, con fibrocitos y en paquetes para dar lugar a los tendones y los ligamentos. Es típico de los vertebrados.

El tejido cartilaginoso

Se compone de una matriz amorfa con diversas fibras y células especializadas (**condriocitos**). Carece de vasos y nervios en su interior y, se recubre de una lámina protectora llamada **pericondrio** y se nombra **cartílago**, de los que hay varias clases. **Cartílago hialino** con una sustancia fundamental homogénea que lleva fibras de colágeno; forma, por ejemplo, las costillas. El **cartílago elástico** con una red densa de fibras elásticas y aparece, por ejemplo, en la laringe. El **cartílago fibroso** se compone de tejido conjuntivo con fibras de colágeno y tejido cartilaginoso y forma parte de los discos intervertebrales. Los cartílagos sufren a menudo un endurecimiento por calcificación o evolucionan hasta tejido óseo.

El tejido óseo

Se caracteriza por una sustancia fundamental impregnada de calcio que le da gran dureza, y la presencia de cavidades (**lagunas óseas**) en cuyo interior se sitúan células generadoras del tejido (**osteocitos**).
Las cavidades se unen mediante finos canales. Los osteocitos se disponen en filas concéntricas alrededor de conductos (**canales de Haver**) con nervios y vasos sanguíneos. El tejido óseo es típico de vertebrados y se organiza como huesos recubiertos de una membrana resistente llamada **periostio**. Los **huesos de sustitución** resultan de la transformación de un cartílago en tejido óseo.
Cuando éste tiene sus componentes densamente unidos se forman los **huesos compactos**, y cuando aparecen entre ellos cámaras vacías tenemos **huesos esponjosos**. En el interior de estos últimos, se encuentra la **médula ósea**, muy importante en el proceso de formación de sangre.
Los huesos son planos o largos. En los últimos se distinguen dos extremos (**epífisis**) y una porción intermedia (**diáfisis**) en cuyo interior se forma la cavidad medular.
En la epífisis se insertan los tendones y los ligamentos que articulan el esqueleto.

1. *El tejido óseo está constituido por células especializadas, los osteocitos, que se agrupan más o menos densamente para formar los distintos tipos de hueso. Suele llevar también diversas inclusiones.*

2. *El tejido cartilaginoso, que a veces se transforma en tejido óseo, es más elástico que éste y desempeña un papel muy importante en la formación del esqueleto. El elemento esencial de algunos esqueletos, como por ej., el de los tiburones.*

3

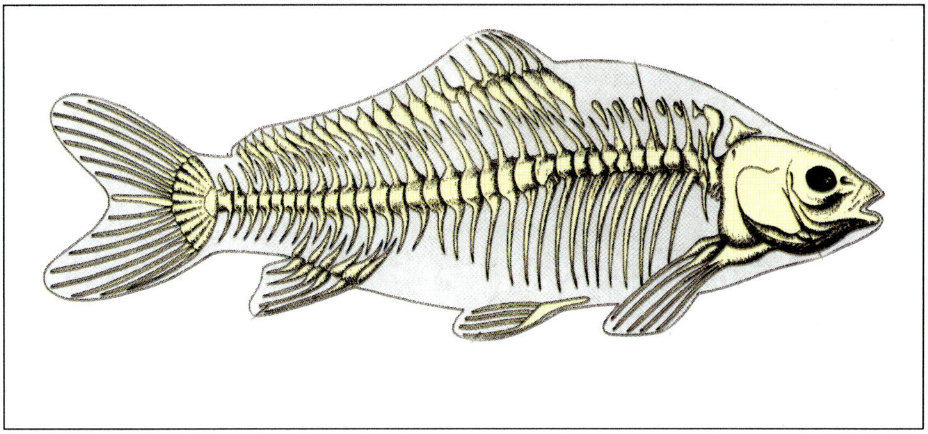

4

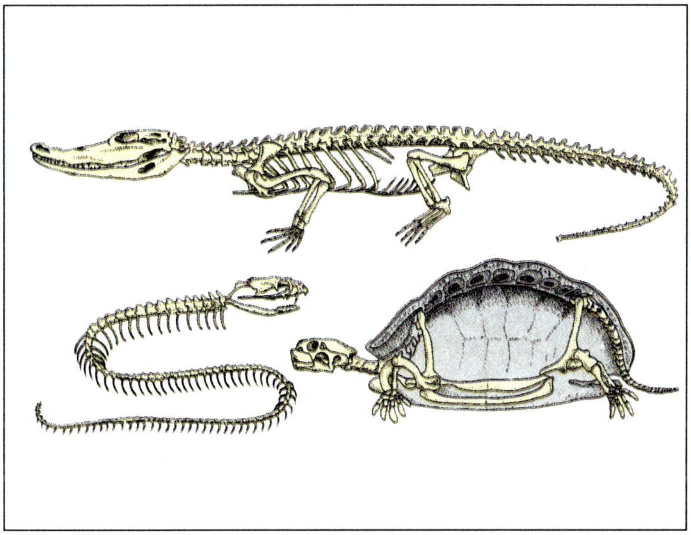

3 En el esqueleto de los peces las extremídades no se encuentran todavía unidas a la columna vertebral, como sucede en los tetrápodos. El paso del medio acuoso a la tierra firme dió impulso a ese cambio.

4 La columna vertebral, que tiene su origen en el notocordio primitivo y finaliza en el cráneo, es el eje principal del esqueleto de los vertebrados y a su alrededor se distribuyen las extremidades.

5 La principal función del cráneo de los vertebrados es proteger al cerebro, que se halla alojado en su interior. Asimismo, sirve para insertar diversos tipos de musculatura, como por ejemplo la del aparato masticador.

6 Los invertebrados, como esta mariposa, tienen un esqueleto externo formado por un caparazón de quitina rigido, aunque con algunas zonas blandas que permiten la articulación de sus distintas partes.

5

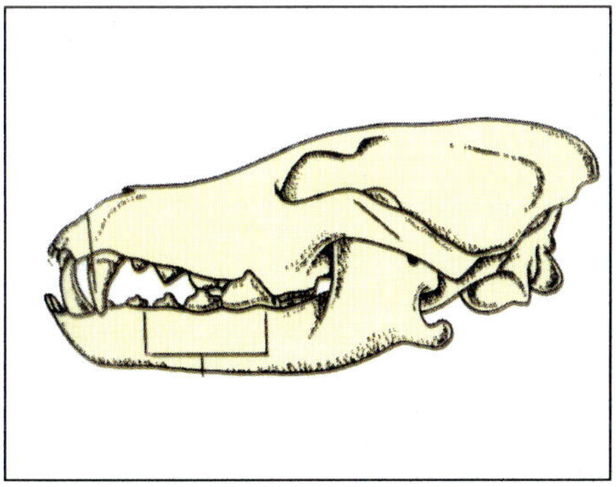

6

La musculatura

1

Cualquier sistema muscular es una estructura que permite el movimiento de partes distintas del cuerpo de un animal y posibilita su desplazamiento y la realización de un trabajo.
El movimiento es una característica principal de animales, y la musculatura se ha ido diversificando en estructuras complejas en la escala zoológica.
La célula muscular se diferencia de otras por su capacidad de contracción y recuperación de la forma inicial y por tener en su interior numerosas diferenciaciones plasmáticas, las **miofibrillas**.

Tipos de células y tejidos musculares

Por su origen, se distinguen en células **mioepiteliales**, del epitelio, y las **células musculares**, que tienen origen en el mesodermo del embrión.
Las primeras no están especializadas del todo, y además de su función contráctil, revisten al cuerpo del animal y realizan una función gástrica si están en su interior. Son típicas de los celentéreos y tienen base con haz de pequeñas fibras, que llevan a cabo las contracciones. En el citoplasma de protozoos hay fibrillas contráctiles, y las esponjas tienen en su cuerpo células con cierta capacidad de contracción, pero no puede hablarse de células musculares, aún con una función análoga en menor escala y sin control central. En los restantes grupos zoológicos hay tejidos musculares especializados, en esta función.
Por su estructura, se habla de dos tipos de musculatura: lisa y estriada. La musculatura lisa formada por células alargadas, en formas de huso y con uno o varios núcleos. El citoplasma presenta estructura homogénea con pocas diferencias, las fibrillas en su interior son poco visibles. Su fisiología trabaja con lentitud pero constante, y permanece contraído sin consumo de energía por mucho tiempo. Funciona independiente de los mecanismos voluntarios del individuo.
La musculatura lisa es propia de órganos que realizan su función de modo autónomo, como los vasos sanguíneos o linfáticos, el tubo intestinal o los conductos excretores. Aparece también en puntos donde es necesario realizar un trabajo permanente con mínimo gasto de energía, como en el caso de los músculos de cierre de las valvas de los moluscos, que ejercen gran presión de manera casi permanente, y por tiempo prolongado, sin que el animal empleé energía en ellos.
La **musculatura estriada** es un conjunto de células sin membrana de separación, mayor que las células de musculatura lisa, reunidas en fibras y que forman un sincitio, su citoplasma se denomina **sarcoplasma**, rodeados de una membrana común, el **sarcolema**. Presentan numerosos núcleos, y las miofibrillas se disponen longitudinalmente, con una estructura de franjas claras y oscuras alternas. Esta musculatura realiza contracciones intensas y rápidas, de corta duración, y consume mucha energía. Forma los músculos de órganos locomotores y está sujeta a la voluntad.
La musculatura estriada está en todas partes del organismo que realizan trabajo activo o sometidos a los controles voluntarios, como los órganos locomotores, en invertebrados y vertebrados.
La **musculatura cardíaca** es forma especial de musculatura estriada en permanente funcionamiento. Las fibras tienen sarcoplasma, pocas fibrillas y están muy ramificadas. Las diferentes células miocardias están acopladas por puntos de conexión que hacen que los movimientos de contracción de ellas se produzcan simultáneas y con igual intensidad. Sus movimientos son autónomos y la voluntad no ejerce control sobre ellos.
La **musculatura estriada transversal** o **helicoidal**, propia de invertebrados como los turbelorios, moluscos y anélidos, presenta fibras con inclinación de unos 45° y con gran capacidad de contracción.

Funcionamiento de los músculos

En los vertebrados, la unidad funcional es un conjunto de fibras inervadas por un nervio (**sarcómero**), y el conjunto de varios es un músculo. Cada sarcómero funciona según la ley del todo o el nada, por la cual las fibras se contraen o relajan, con un umbral mínimo de excitación por debajo del cual no actúan.
Normalmente los músculos no se relajan totalmente, conservan cierta contracción, el llamado **tono muscular**, que da forma al cuerpo de los animales, para mover huesos del esqueleto, los músculos se insertan por tendones y ligamentos, disponiéndose por parejas: uno hace la flexión o aducción y otro contrario, la extensión o abducción.
A nivel microscópico se ve en la fibra muscular alternancia de zonas oscuras y claras por la existencia de filamentos de actina (muy finos) y otros de miosina (más gruesos). Cuando los filamentos se deslizan unos sobre otros, se produce la contracción de la fibra muscular. La suma de contracciones de las fibras provoca la contracción del músculo.

1. *El vuelo de las aves sólo es posible gracias a la existencia de una musculatura potente y dotada de ciertos mecanismos que permiten al animal desarrollar esa actividad.*

2

3

4

2 *La musculatura lisa está formada por numerosas células alargadas en forma de huso que van provistas de un único núcleo. En su interior se disponen longitudinalmente las miofibrillas contráctiles.*

3 *El principal elemento motor de los animales superiores son los músculos, que a modo de palanca mueven los huesos del esqueleto, posibilitando así realizar diversos movimientos.*

4 *La musculatura de los insectos; actúa de un modo similar a como lo hace en los vertebrados, pero insertada por el interior del esqueleto externo de estos animales, en lugar de recubrirlo.*

Sistemas nerviosos

El tejido nervioso

Tiene como función captar los estímulos del medio o del interior del organismo, dirigirlos hacia una estructura centralizada donde se les valora y transmite una reacción al lugar en que sea necesario.
Las células que lo constituyen se denominan **neuronas** y se caracterizan por su excitabilidad y capacidad de conducción de estímulos. Cada neurona está formada por un núcleo grande, un conjunto de ribonucleótidos (**sustancia de Nissl**), un citoplasma que se ramifica y una membrana envolvente.
Según el número de prolongaciones se distinguen las células unipolares (con una prolongación), las bipolares (con dos prolongaciones largas en lugares opuestos) y las multipolares (con numerosas prolongaciones cortas). Por su naturaleza, las prolongaciones son de dos tipos: las **dendritas** son cortas ramificadas, numerosas y sirven para la entrada de impulsos al interior de la neurona. Las **neuritas** o **axones** son largas, no ramificadas y sirven para conducir impulsos nerviosos que salen de la celulada. A cierta distancia de ella se recubren de varias capas y forman una fibra nerviosa. La neurona funcional, esta formada por la célula nerviosa y todas sus prolongaciones.
Algunas fibras carecen de cubierta (**fibras desnudas**) al ser de tipo embrionario, disponen de una vaina, de **mielina** o de **células de Schwann**. La primera es una sustancia blanca y brillante, es grasa y la vaina formada por ella se dispone en aquellas fibras relacionadas con los movimientos voluntarios. Las células de Schwann, son de origen ectodérmico, aplanada y se agrupan alrededor del axón formando una cubierta de varias capas; esta vaina es común. Es frecuente la presencia de ambas vainas y en ambas se observan interrupciones o intervalos regulares, debido a los límites entre las células de Schwann, llamados **nódulos de Ranvier**.
Las neuronas de una función se reúnen en nódulos complejos abundantes en invertebrados, y en la médula espinal y el cerebro de vertebrados. Las fibras nerviosas se unen para formar vías nerviosas, y cuando se agrupan inmersas en tejido conjuntivo y graso constituyen los nervios.

Funcionamiento del tejido nervioso

La transmisión de impulsos se realiza gracias a sustancias transmisoras que veremos en el capítulo de bioquímica y determinan una alteración local de las características de las membranas.
La transmisión del impulso no se realiza a los largo de la fibra nerviosa, sólo en puntos determinados de sus extremos y reciben el nombre de sinapsis. Son estructuras en forma de mazo que se ponen en contacto con sus similares en el órgano de destino. Las neuronas contienen gran número de ellas y así, inervan los músculos a modo de placas (**placas terminales motoras**).

Principales sistemas nerviosos del reino animal

Tales sistemas no existen en organismos inferiores como los protozoos y su presencia es objeto de discusión en otras, como las esponjas. Éstas poseen un sistema de integración con componentes centrales muchas veces formados por un ganglio, es decir, un acúmulo de varias células nerviosas. Los estímulos sobre estos animales desencadenan reacciones de tipo local.
Cuando aparece un auténtico sistema nervioso, su complejidad está en función del grado de actividad del animal y así las especies sésiles lo tienen mucho menos desarrollado que las libres.
En los celentéreos, los pólipos tienen redes nerviosas con una transmisión de impulsos no polarizada, y entre las medusas aparecen vías conductoras de sentido único. Algunos platelmintos poseen una extensa red nerviosa, otras disponen de un ganglio complejo situado en la cabeza y con dos ramas principales interconectadas con fibras.
En los nematodos se habla ya de un ganglio cerebral de cierta complejidad del que parten varias ramas nerviosas.
Los anélidos muestran un cerebro diferenciado en tres partes, que en los poliquetos se diversifica más, además de varias cadenas ganglionares dorsales y ventrales conectadas entre sí por fibras conductoras.
La estructura de un sistema nervioso es análoga a la de los artrópodos, grupo con el que están emparentados filogenéticamente.
El sistema nervioso de los moluscos varía de un grupo a otro. En los más primitivos consta de una red nerviosa y un gaglio central, y en los más evolucionados, como los cefalópodos, alcanza una complejidad de nivel similar al de los vertebrados, y les confiere incluso la capacidad de aprendizaje. Los artrópodos muestran un cerebro diferenciado y cadenas ganglionares dorsales y ventrales, que recorren todo su cuerpo.
En los equinodermos, el sistema nervioso se dispone a nivel epitelial similar a como lo hace en los celentéreos, pero más complejo, y sin un centro específico de control.
Por último, los cordados tienen un tubo neural en posición dorsal que se comunica con el centro cerebral. Puede ser un gaglio, como en las ascidias, o el cerebro evolucionado de un primate.

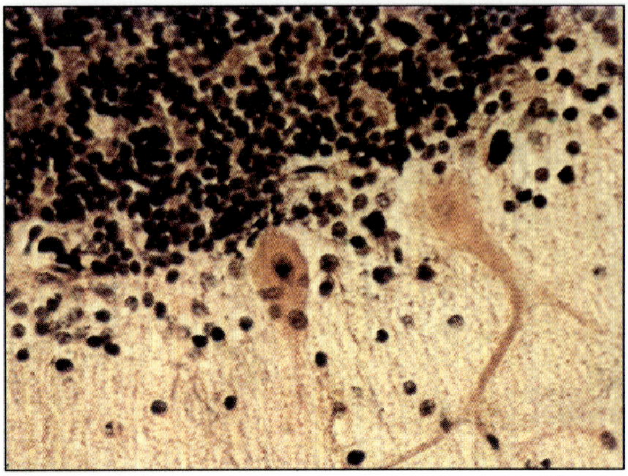
1

1. *El cerebro es el órgano rector principal de los animales superiores y, como tal, dispone de numerosas células nerviosas como estas células de Purkinje, muy ramificadas hacia la periferia y situadas en el cerebelo.*

2

3

4

2 En los invertebrados el desarrollo cerebral es variable. Mientras que los grupos inferiores presentan un sistema nervioso disperso, los superiores lo tienen organizado bajo el control permanente de un cerebro central.

3 Entre los vertebrados, los primates son el grupo que mayor desarrollo cerebral ha alcanzado. Ese psiquismo elevado, unido a la mano prensil, permitió la aparición de los primeros seres humanos.

4 En todos los animales, la búsqueda del alimento y de la pareja y la defensa frente a los enemigos son actividades coordinadas por el sistema nervioso, tanto si funciona de manera centralizada como si no.

Los órganos sensoriales

Los órganos sensoriales, como estructuras organizadas para recepción de estímulos externos e internos, y formados por células especializadas, son propios de animales más evolucionados, pero los más primitivos disponen de medios que acceden a esta información. Adquieren la forma de simples orgánulos, como ciertos protozoos, células simples y con cierta diferenciación o grupos poco numerosos de células con determinado grado de coordinación y agrupados en órganos sencillos. La diversidad de estímulos (químicos, luminosos, mecánicos, eléctricos) hace que sean muchos los tipos de células receptoras especializadas en ellas. Unas son de tipo epitelial y otras son de origen neuronal. Todas muestran un umbral mínimo para el estímulo en que se especializan y muy alto para los restantes.
Como en células nerviosas o musculares, las sensoriales tienen una polarización en su membrana que un estímulo altera, provocando la transmisión de un potencial eléctrico. El sistema es análogo al de las neuronas.
En animales evolucionados, las células receptoras se agrupan en órganos capaces de distinguir los distintos tipos de estímulos y proporcionar una información específica y precisa de su naturaleza, dirección, intensidad, etc.

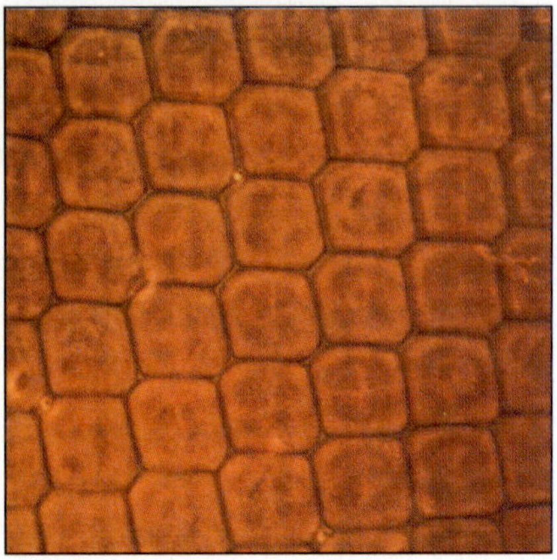
1

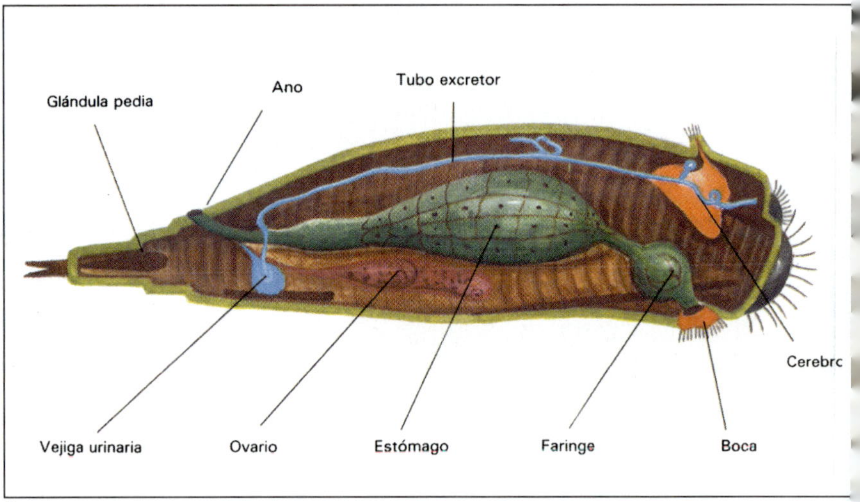

2

Sensibilidad química
Para detectar elementos químicos en el medio exterior o en el interior de su cuerpo, los animales disponen de células sensibles a esos estímulos. Los receptores internos (**interoceptores**) informan al organismo de la composición química que hay en sus tejidos, por ejemplo el exceso de algún elemento en la sangre, para poder compensarlo o corregirlo. Los receptores exteriores (**exteroceptores**) desempeñan varias funciones (orientación, encuentro con congéneres, búsqueda de alimento etc.). El desarrollo de cada tipo de receptores es variable y guarda relación con el medio en que se desenvuelve el animal y su tipo de vida. En invertebrados de cuerpo blando los sentidos del gusto y del olfato se disponen en el interior del cuerpo. Los insectos han desarrollado órganos de gran sensibilidad como los machos de las mariposas, que detectan a una hembra a kilómetros de distancia por las sustancias químicas que produce. Los peces disponen de quimioceptores sensibles, sobre todo en especies migradoras. Algunas aves como palomas mensajeras, encuentran su destino con ayuda del olfato, y en mamíferos los órganos del gusto y del olfato alcanzan gran desarrollo, formados por epitelio cubierto de un número variable de células sensibles y en el interior de las cavidades bucal y nasal. Los reptiles disponen del **órgano de Jacobson**, cavidad sensible en el techo de la boca a la que el animal lleva moléculas del medio con ayuda de su lengua.

Sensibilidad térmica
Todos los animales disponen de receptores sensibles a la temperatura (**termoceptores**) se conoce poco su funcionamiento. Son muy importantes y desarrollados en animales homeotermos (de sangre caliente) para el proceso de **termorregulación**, pues reacciona a los cambios de temperatura del medio y mantiene constante la de su interior con ayuda de mecanismos auxiliares (sudor, jadeo, superficies grandes de ventilación, etc.).

Sensibilidad luminosa
Consiste en la transformación de un pigmento que se produce

3

4

5

al absorber luz. La reacción química provoca un impulso eléctrico que se trasmite al órgano encargado del control de la visión. De manera análoga en las escala zoológica, variando la precisión y el número de células receptoras.
En protozoos aparece una mancha pigmentada sensible a la luz, mientras que en invertebrados se forma una capa de células sensibles (**retina**) conectadas a un nervio aparente y cubiertas de una membrana protectora. Esta última evoluciona hasta el cristalino del ojo de los calamares o vertebrados y la retina se invagina hasta formar una cavidad, dotándose de medios auxiliares que aumentan su eficiencia.

Sensibilidad eléctrica y mecánica

Es una forma especial observada sobre todo en peces y les sirve de orientación. Las células receptoras se sitúan en la línea lateral del cuerpo.
Los mecanoceptores se activan por deformación. Los más sencillos son terminaciones nerviosas libres de la epidermis, que forman un sentido del tacto. Los sensores de la presión actúan por transmisión de ésta a un receptor a través de una membrana.
El órgano de equilibrio en invertebrados, consiste en una cavidad recubierta de mecanoceptores y un elemento mineral en el centro cuyos movimientos activan unos u otros receptores. En los vertebrados este sentido va unido al de la audición en un órgano, el oído. Su funcionamiento es la transmisión de una vibración a una membrana, que la transforma en variaciones de presión. Éstas activan mecanorreceptores que transmiten la información al cerebro.

1. *Los insectos disponen de ojos compuestos formados por numerosos elementos fotorreceptores, llamados facetas, que poseen una capacidad de recepción de ondas luminosas de distinta longitud a la de los humanos.*

2. *En la porción anterior de este rotífero se concentran numerosas células y depresiones sensoriales, así como un ocelo, que están conectadas a un ganglio cerebral situado también en la parte anterior.*

3. *Los omnívoros que viven en el bosque, como el oso pardo, presentan un gran desarrollo del olfato y del gusto; de esta manera pueden seleccionar los muchos alimentos disponibles.*

4. *El sentido del gusto está muy desarrollado en numerosos animales, como por ejemplo en el conejo, cuyo número de papilas gustativas supera en varios miles al que posee el ser humano.*

5. *Los ojos de los herbívoros que viven en zonas abiertas alcanzan gran desarrollo, pues la vista es su órgano sensorial principal para detectar a tiempo la presencia de un enemigo.*

El aparato respiratorio

La respiración es el intercambio de gases entre el exterior y el interior del animal, para que disponga de elementos para llevar a cabo las reacciones químicas esenciales para la vida dentro de sus células (respiración celular). Veremos los dispositivos que permiten ese intercambio, y en otro capítulo el aspecto bioquímico.
La entrada de oxígeno y la salida de anhídrido carbónico se realiza a través de una membrana dispuesta en un medio líquido. Ésto no es problema para las especies acuáticas, pero los terrestres en contacto con el aire, humedecen esa membrana para el intercambio. La manera de llevar este intercambio es a través de la cubierta corporal, solo posible en animales con superficie grande respecto a su volumen, o en aquellos con metabolismo muy bajo y que apenas necesitan oxígeno. Es también un medio auxiliar a la respiración con branquias o pulmones, como en los anfibios, que absorben oxígeno a través de la piel. La respiración cutánea es frecuente en invertebrados, en especial con tegumento sencillo, como los celentéreos, formado por dos capas, y los de cuerpo aplanado o alargado desprovisto de cutículas rígidas, como en los turbelarios, los platelmintos, etc., y que

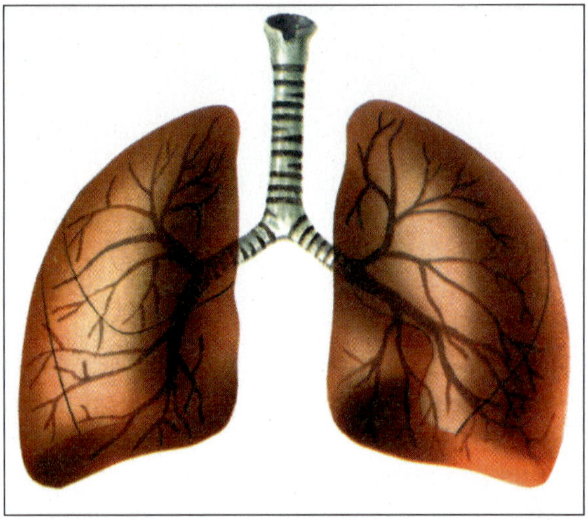

1

3

viven en el agua o ambientes húmedos. Cuando la superficie del cuerpo es pequeña en relación al volumen, o los tegumentos se endurecen y forman una cubierta impermeable, los animales recurren a dispositivos que transportan el oxígeno a las membranas respiratorias. Las especies acuáticas han desarrollado **branquias**, y los terrestres que respiran aire atmosférico, **pulmones** y **tráqueas**.

Las branquias en los invertebrados

Son prolongaciones de la superficie corporal de escaso grosor que forman membranas laminares, ramificadas, filiformes, etc. En algunas especies llevan una estructura interna que facilita su máxima extensión. A veces son exteriores y otras interiores, protegidas en cavidades del cuerpo o recubiertas por un elemento protector. En la cara interna de la membrana está el medio circulatorio, abierto, es decir, disperso por una amplia cavidad o cerrado, que discurre a través de vasos de la sangre o la hemolinfa. En éste último caso, los vasos se ramifican en la zona de contacto con la membrana respiratoria para que el intercambio de gases alcance máxima eficacia.
En su situación en el cuerpo, es diversa, en los moluscos se encuentran en el interior de una cavidad, formada por el manto, en los gusanos son exteriores, pero el animal los guarda en el tubo en que vive, y en los crustáceos están en las extremidades. En todos los casos es importante que exista una corriente permanente de agua, para lo que aparecen estructuras auxiliares adicionales encargadas de ésto.

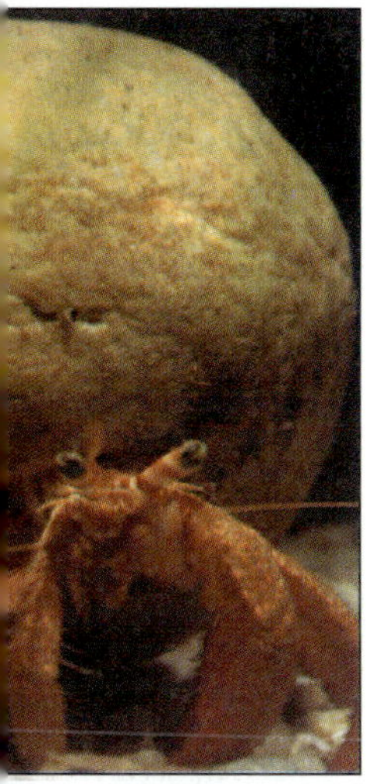

4

5

Las branquias en los vertebrados
En los vertebrados, las branquias, y los pulmones, proceden de la región faríngea del endodermo.
En el curso del desarrollo embrionario a los lados de la faringe se forman bolsas que más tarde se fusionan y, al desaparecer los tabiques separadores se convierten en las **hendiduras branquiales**.
Su superficie está recubierta de epitelio respiratorio. La sangre que vincula por la cara interna va en sentido contrario a la circulación del agua por la superficie externa, así, el enriquecimiento de la sangre es máximo. En las larvas de algunos grupos, los anfibios o tiburones por ejemplo, las branquias son externas, pero en formas adultas están en el interior del cuerpo protegidas por opérculos.
Unas especies llevan a cabo movimientos respiratorios activos, y otras circulan el agua mientras nadan.

Las tráqueas
Son canales ramificados de la superficie corporal que penetran y llegan a todos los órganos que necesitan oxígeno, y son las células directamente las que lo absorben.
Estas estructuras son de insectos y miriápodos, están recubiertas de quitina y se abren al exterior por espiráculos.

Los pulmones
Son cavidades huecas y de gran superficie, a veces en pliegues, en las que tiene lugar el intercambio de oxígeno y anhídrido carbónico entre el aire que penetra en ellos y la sangre circulante.
En invertebrados, por ejemplo las arañas, son de origen ectodérmico al producirse por el hundimiento y posterior ramificación del epitelio corporal, y se llaman, **sacos pulmonares**.
El pulmón de los caracoles terrestres es la transformación de la cavidad branquial.
En vertebrados, los sistemas respiratorios son una estructura compleja, formada por conductos de entrada del aire (tráquea, que comunica con la boca y la nariz), que se ramifican (**bronquios**) y una amplia cavidad hueca (pulmón) recubierta de epitelio. En anfibios, reptiles y en peces pulmonados, el pulmón, es una cavidad sencilla, pero en mamíferos, de metabolismo elevado las branquias se ramifican y acaban en vesículas pequeñas (**alvéolos**) con gran vascularización.

1. *La tráquea de los mamíferos se divide en dos bronquios, que penetran ramificados en el pulmón formando los bronquiolos y llevando oxígeno hasta alvéolos pulmonares, provistos de capilares sanguíneos.*

2. *Los animales marinos pueden absorber el oxígeno del agua mediante dos sistemas: desarrollando branquias (como este cangrejo), o haciendo pasar el agua por todo su cuerpo para que las células recojan el oxígeno (como las esponjas).*

3. *Los animales parásitos, como la triquina, se han adaptado tanto a su huésped que muchas veces han perdido incluso los sistemas respiratorios, al estar en un medio casi carente de O_2.*

4. *Cuando en el desierto se producen tormentas de arena, los camellos y los dromedarios pueden cerrar sus aberturas nasales e impedir así que el polvo penetre en su aparato respiratorio.*

5. *En los insectos, la cubierta del cuerpo se abre al exterior a través de unos tubos, llamados tráqueas, que se ramifican y conducen el aire directamente hasta las células de todos los tejidos.*

Los aparatos circulatorio y excretor

El sistema circulatorio

En animales unicelulares existe un fluido interno llamado **linfa**, parecido al medio exterior en que vive el organismo, que mantiene el equilibrio hídrico y osmótico de la célula y sirve de medio en el que se disuelven los nutrientes y gases respiratorios.

En esponjas la linfa está por todo el cuerpo y se desplaza de un lugar a otro gracias a contracciones de la pared corporal. No existen vías específicas de conducción y transporte.

En los pseudocelomados (ej., nematodos) aparecen cavidades llamadas **pseudoceles** en que se concentra la linfa, que por los movimientos corporales experimenta una especie de circulación.

La linfa es comparable a la sangre, y se llama **hemolinfa** para diferenciarla del resto de la sangre del cuerpo.

Entre los celomados, la hemolinfa pasa por conductos especiales y se llama **sangre**, y junto a los canales forma un sistema circulatorio. Éste puede ser **abierto**, como en artrópodos, en que los vasos se abren por sus extremos en la cavidad general, o **cerrado**, vertebrados donde siguen un circuito continuo, circulando la sangre en su interior.

La sangre y los vasos sanguíneos

La sangre es linfa con diversos pigmentos y sustancias disueltas en ella. El principal pigmento, es la hemoglobina (HB) de color rojo. Su función es recoger oxígeno de membranas respiratorias, llevarlo a las células y retirar el anhídrido carbónico de desecho, transportar nutrientes, elimina productos tóxicos del metabolismo, transportar hormonas y otras sustancias importantes para el organismo y actuar como defensa a la entrada de elementos extraños. Además, en vertebrados superiores sirve para conseguir la homotermia.

La sangre contiene diversas células como los **amebocitos** de los invertebrados y los **glóbulos blancos** (**leucocitos** y **linfocitos**), los **glóbulos rojos**

1

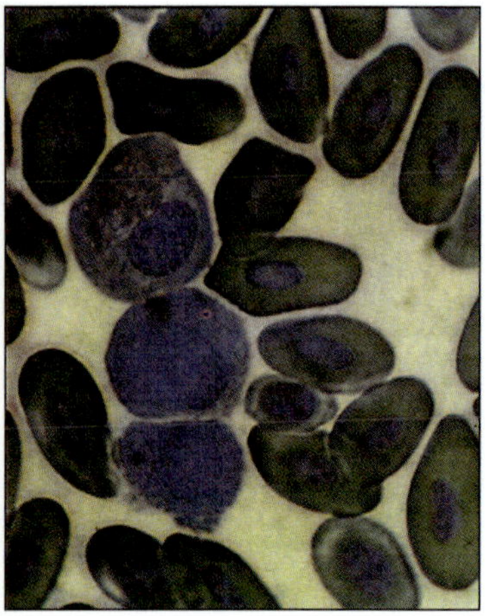

2

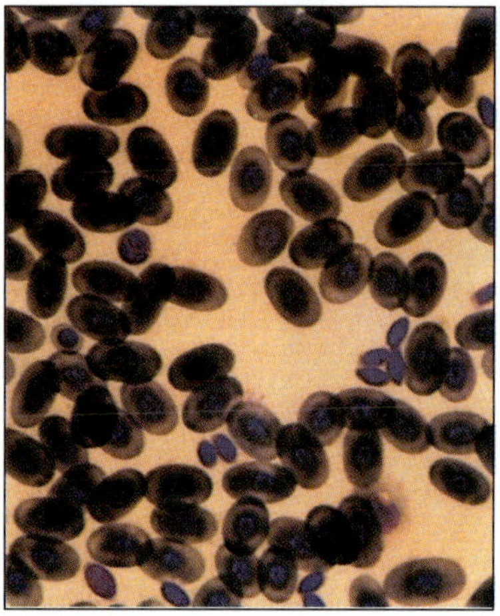

3

4

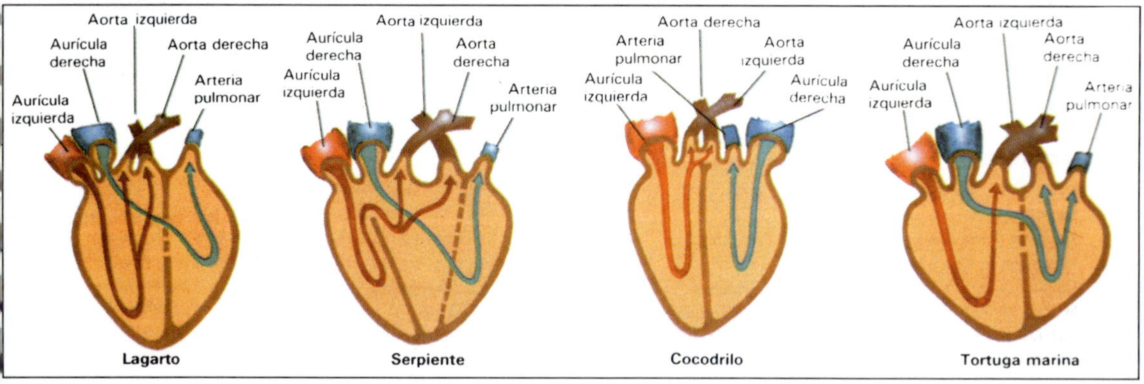

y las **plaquetas** de los vertebrados, diversas proteínas y elementos minerales.
Los vasos sanguíneos pueden ser conductos, como en invertebrados inferiores o diferenciarse en venas, arterias, capilares y corazón.
Las venas transportan la sangre al corazón, las arterias la llevan de éste a todos los lugares del cuerpo, y los capilares unen ambos y penetran hasta puntos lejanos.
El corazón es un ensanchamiento contráctil, como en los insectos, o complejo como en mamíferos, con cuatro cámaras diferenciadas. Su función es impulsar a la sangre o linfa a través del cuerpo.

La excreción

Durante el metabolismo, los animales producen residuos que es necesario eliminar, pues a veces son tóxicos. En organismos inferiores, los protozoos, la eliminación de éstos, no plantea problemas y se realiza a través de vacuolas, que los acumulan y los vierten después al exterior.
Entre los metazoos, la eliminación exige dispositivos especiales. Para expulsar gases, como el anhídrido carbónico, se usa el aparato respiratorio, y para los productos sólidos o líquidos aparecen estructuras unidas al aparato digestivo.
El exceso de sales o agua se elimina a través de glándulas (ej. las sudoríporas en los humanos), el producto final de la desintegración de las proteínas, el amoníaco, plantea problemas a los organismos terrestres.
La mayoría de los animales acuáticos lo eliminan en el agua, pero las especies terrestres lo transforman en ácido úrico o urea, que no son tóxicos. Los insectos, reptiles y aves producen ácido úrico en forma de cristales mientras los mamíferos sintetizan urea y la eliminan en forma líquida.

Sistemas excretores

En los celentéreos o las esponjas, los residuos se acumulan en células que los vierten a la cavidad general del cuerpo y de ahí salen al exterior, no existe órgano excretor especializado.
En platelmintos hay canales terminados, en un extremo, en células ciliadas que recogen residuos de la cavidad, y en el otro en un poro que se abre al exterior y los elimina. Este aparato excretor se llama **protonefridio**.
En artrópodos están los **tubos de Malpighi**, sacos intestinales que recogen residuos y los vierten en la porción final del intestino.
En moluscos aparecen estructuras en forma de embudo (**nefrostoma**) y comunicados con un tubo que, por un poro, vierte los residuos al exterior. Se llaman **metanefridios**, y en vertebrados se han transformado en los riñones.
El riñón primitivo (**pronefros**) de vertebrados inferiores está formado por apelotonamientos de capilares sanguíneos (**nefronas**) en comunicación con el celoma, un ensanchamiento del peritoneo que los rodea (**cápsula de Bowmann**) y un túbulo renal junto con las otras nefronas desemboca en un tubo mayor (**conducto de Wolff**), que vierte al exterior o a la cloaca.
En peces y anfibios aparece el **mesonefros**, donde las cápsulas de Bowmann no se abren al celoma, filtran la sangre.
En reptiles, aves y mamíferos se forma el **metanefros**, auténtico riñón formado por millones de nefronas y en el que el conducto de Wolff se transforma en **uréter**, que en los dos primeros grupos desemboca en una cloaca y en los últimos en una uretra.

5

1. *La sangre es también un tejido, aunque de constitución particular, pues sus distintos elementos celulares se encuentran dispersos en un medio, más o menos líquido, por el cual se desplazan a través del cuerpo.*

2. *Los glóbulos sanguíneos de los vertebrados pueden estar provistos de núcleo, como en este caso de un reptil, o carecer de él, como sucede en los eritrocitos (glóbulos rojos) de la especie humana.*

3. *Las venas son conductos huecos que al ramificarse en los capilares llevan oxígeno y nutrientes a las células (Arteria, vena y nervio: 20 aumentos).*

4. *El corazón es el órgano principal de la circulación sanguínea en los vertebrados. Su función es impulsar la sangre a través de venas y arterias para oxigenarla y llevarla a los distintos órganos y tejidos.*

5. *Los animales de sangre caliente (homeotermos) han desarrollado dispositivos especiales para mantener constante la temperatura de su cuerpo, siendo la sangre el medio de transporte del calor.*

El aparato digestivo

La energía para los procesos vitales la obtienen los animales de los alimentos que encuentran en su entorno. Una vez en el interior de su cuerpo, los someten a procesos mecánicos y químicos que los transforman en compuestos más sencillos, aptos para que las células los absorban.
Los protozoos engloban partículas u organismos completos y a transformarlos dentro de vacuolas digestivas gracias a las sustancias que contienen y que realizan una digestión.
Algunas especies disponen de una abertura (**citostoma**) a la que dirigen las partículas alimenticias, por la corriente producida por cilios.
La complejidad aumenta en los metazoos, distinguiéndose en ellos, aparatos digestivos que presentan un esquema común: un tubo de longitud variable, con ensanchamiento, y glándulas secretoras y células absorbentes.

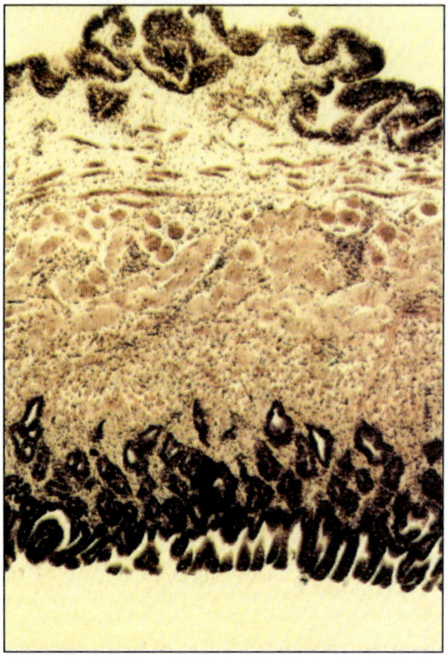
1

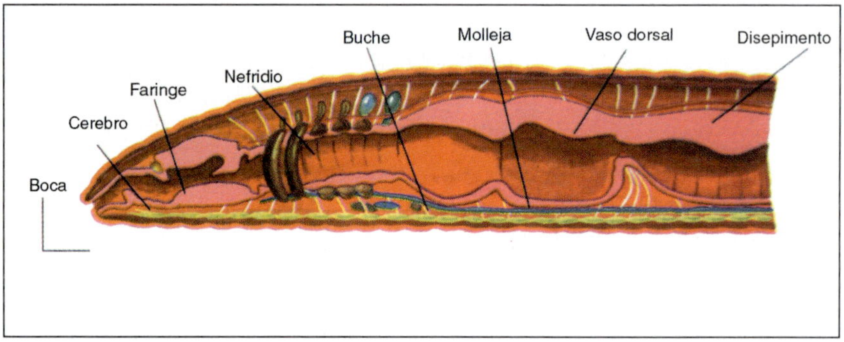

2

Aparatos digestivos entre los invertebrados

En las esponjas, el organismo se centra alrededor de una cámara recubierta de células flageladas (**coanocitos**) que en tipos sencillos actúa como cavidad gástrica, y en los más complejos se divide en numerosas cámaras por el interior de la pared del cuerpo, recubierto de coanocitos.
Éstos capturan las partículas alimenticias de la corriente que circula por las cámaras.
En los celentéreos se habla del sistema **gastrovascular**, ya que el aparato digestivo transporta alimentos a las diversas partes del organismo, actúa como un sistema circulatorio. Es una cavidad, con ramificaciones en algunos grupos, provista de una abertura que sirve de boca y ano. La digestión es intracelular, las células ciliadas del sistema distribuyen los nutrientes en todo el cuerpo.
Los platelmintos muestran estructura primitiva, con una abertura para el aparato digestivo, que se ramifica en el interior del cuerpo. En muchas especies de este grupo, que son parásitos, el aparato digestivo casi ha desaparecido.
En los aquelmintos encontramos un verdadero tubo digestivo, con una abertura de entrada (**boca**) y otra de salida (**ano**). Detrás de la boca hay un ensanchamiento provisto de músculos (**faringe**) y a lo largo del canal intestinal se disponen varias glándulas secretoras.
En moluscos tras la cavidad bucal aparece una faringe, un esófago y un estómago. En la porción media del intestino varias glándulas entre las que destaca, el **hepatopáncreas** (hígado), que realiza gran parte de la digestión intracelular y secreta jugos gástricos. Algunos disponen en la boca de un aparato rascador (**rádula**) con dientes.
El tubo digestivo de los anélidos es continuo a lo largo de todo el cuerpo, la boca va provista de glándulas secretoras y tentáculos, dispone de mandíbulas y se encuentran atrás del lóbulo cefálico (**prostomio**). El intestino se ramifica en ocasiones en divertículos.
La abertura bucal de artrópodos está siempre en posición ventral, tiene un labio superior y a veces otro inferior. Esta porción, y la anal, está queratinizada y con numerosas estructuras auxiliares en forma de apéndice. La parte anterior del intestino filtra partículas alimenticias, chupa líquidos o mastica. Aquí, se diferencian también los sáculos. En la porción no queratinizada del intestino hay diversas glándulas.
El tubo digestivo de equinodermos es sencillo recorriendo el cuerpo del animal libremente. En algunos falta el ano y en otros por ejemplo las estrellas de mar, el intestino se ensancha en

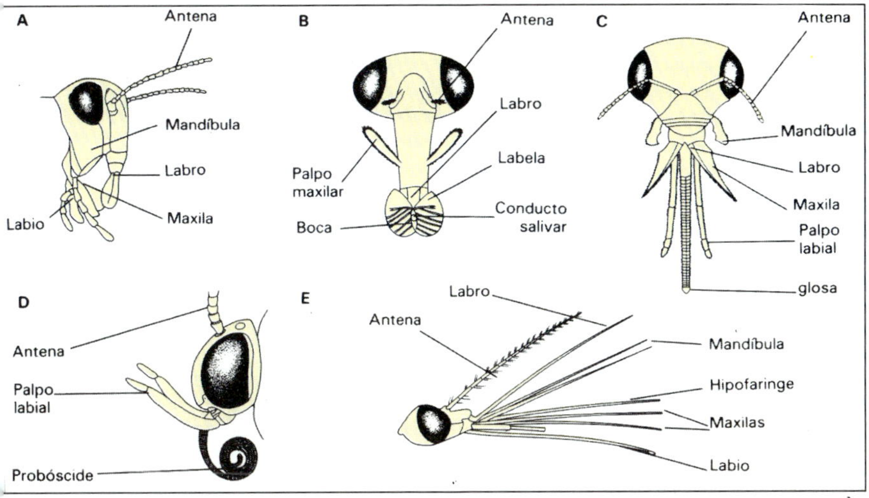

3

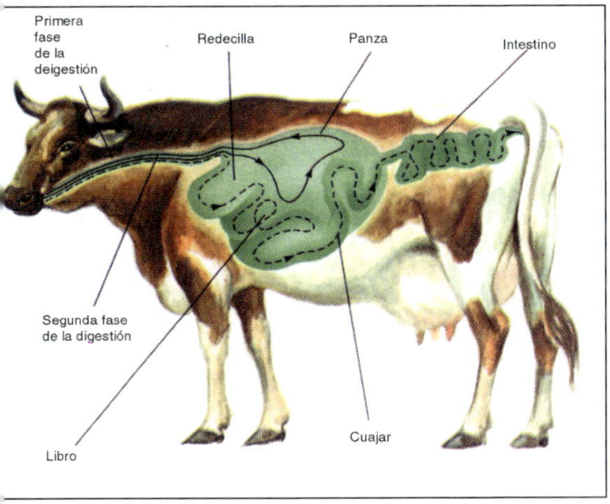

4

5

sáculos que se prolongan por los brazos y, el estómago es proyectable al exterior a través de la boca.
Las orejas tienen un complejo aparato masticador (**linterna de Aristóteles**)

El aparato digestivo de los vertebrados

La boca de la mayoría de los grupos, salvo los ciclóstomos, dispone de mandíbulas y es la porción que más diferencias presenta entre las distintas especies, en función de sus modos de vida. En muchos existe una lengua, que en los tetrápodos es móvil, es frecuente la presencia de labios. La parte superior de la cavidad bucal forma el paladar, que la separa de la cavidad nasal, con la que se une por aberturas internas (**coanas**).
Para sujetar presas y despedazarlas, las mandíbulas llevan dientes, salvo tortugas y aves. La dentadura es **homodonta**, dientes del mismo tipo, o **heterodonta**, con diversos clases de dientes (incisivos, caninos, molares y premolares).
El **esófago** es un tubo que lleva el alimento hasta la sección digestiva del aparato. En las aves está ensanchado formando un divertículo (**buche**) que sirve para almacenar alimento y a veces para una digestión previa.
El **estómago** guarda el alimento, lo desmenuza mecánicamente y lo somete a la acción química de los jugos (fermentos ácidos) que secreta. Puede ser simple o dividido en numerosas cámaras, por ejemplo en los rumiantes. El **intestino**, fijo a las paredes de la cavidad corporal se divide en porciones, y su función es digerir el alimento y absorber los nutrientes, que pasan a la circulación sanguínea. El **hígado** es una glándula anexa al intestino que no participa en la digestión, actúa como centro de asimilación y disimilación en el metabolismo, y como órgano de reserva. El **páncreas**, además de fermentos digestivos, produce hormonas.

1. *La lengua se encuentra situada al comienzo del tubo digestivo y tiene dos funciones principales: como elemento sensorial y como secretora de sustancias digestivas. Aquí vemos un corte transversal de lengua de rana.*

2. *Las lombrices hacen pasar por su tubo digestivo gran cantidad de materia poco nutritiva de la que extraen algunos nutrientes; el resto la expulsan después transformada en un abono rico para el suelo.*

3. *El aparato bucal de los insectos alcanza una gran complejidad y diversidad, especializándose según el régimen alimenticio del animal para dar estructuras particulares que le permitan integrar dicho alimento.*
A. saltamontes; B. mosca; C. abeja; D. mariposa; E. mosquito.

4. *El tubo digestivo de los rumiantes se caracteriza por la división del estómago en cuatro cámaras que permiten un mejor aprovechamiento del alimento vegetal; asimismo, poseen un intestino largo a fin de incrementar la absorción.*

5. *Las esponjas tienen un aparato digestivo de enorme sencillez, que en el caso más simple se reduce a una cámara central recubierta de células flageladas capaces de capturar las partículas alimenticias.*

Nutrición y respiración

Las funciones esenciales para la vida, la nutrición, la respiración y la síntesis se engloban bajo el término **metabolismo**. La síntesis produce materia orgánica a partir de nutrientes proporcionados por la nutrición y la energía dada por la respiración. Veremos la obtención de nutrientes y energía.

El proceso de la nutrición
Dejando de momento el aspecto bioquímico que se verá más adelante, y es la fase culminante del proceso, la nutrición es un fenómeno fisiológico en el que participan áreas de actividad orgánica: el animal busca el alimento, lo captura y lo procesa en su aparato digestivo para descomponerlo en elementos sencillos que participen en reacciones químicas del organismo.
La búsqueda y captura del alimento implica condiciones en función del tipo de alimento que se trate. Los animales que se alimentan de partículas en suspensión del agua, como los pólipos, esponjas y muchos moluscos, son sésiles y han desarrollado estructuras generadoras de corrientes.
La mayoría de los invertebrados se desplazan en busca de alimentos y han desarrollado sus sentidos, en particular los animales que se alimentan de otros. Los cordados, salvo los muy primitivos (como las ascidias) disponen de capacidad de movimiento en todos los medios. Los depredadores han desarrollado en especial sus sentidos para encontrar a sus presas y, se han provisto de órganos y estructuras auxiliares que le sirven para matarlas y después desmenuzarlas. Las garras y dientes de los felinos son ejemplo de ello. Los fitófagos han desarrollado estructuras con las que trituran y aprovechan la materia vegetal, a veces con ayuda de organismos simbiontes.

La digestión de los alimentos ingeridos
Una vez reducido el alimento animal o vegetal, a tamaño adecuado para el tubo digestivo, comienza un proceso de desmenuzamiento mecánico y desintegración química del material, conocido como **digestión**. En animales inferiores, como esponjas o celentéreos, ésta tiene lugar en el interior de los coanocitos, que engloban las partículas alimenticias del agua.
En los restantes invertebrados se inicia con desmenuzamiento en la boca o el esófago y sigue en el tubo digestivo gracias a sustancias químicas secretadas por diversas glándulas, como el hepatopáncreas.
En los vertebrados, algunos tragan enteras a sus presas, como las serpientes, o arrancan trozos grandes como tiburones, y para compensar este tratamiento disponen de jugos gástricos muy eficaces. En los mamíferos los dientes se encargan del desmenuzamiento del alimento. En la boca lo mezclan con la saliva, que provoca una transformación química. La acción de jugos gástricos, ácidos biliares y jugos pancreáticos constituye la **digestión extracelular**, que permite la que tendrá lugar dentro de las células.

La respiración
Del aparato respiratorio vimos las estructuras para llevar a cabo la respiración externa, es decir, el intercambio de gases entre organismos y ambiente. Este proceso es una parte, que se completa en el interior de las células con la **respiración celular**, consistente en la oxidación de los elementos químicos que el organismo ha obtenido de la nutrición. El resultado es energía para la síntesis de materia orgánica.
El intercambio de gases con el medio se lleva a cabo gracias a la presencia en la sangre o linfa de **pigmentos respiratorios**. Éstos contienen átomos metálicos a los que se fija el oxígeno del medio. El compuesto formado por el pigmento y el oxígeno corre por el torrente circulatorio hasta las células, donde se disgrega y el oxígeno pasa al interior de la célula. Después, vuelve de nuevo a la membrana respiratoria para capturar otras moléculas de oxígeno.
Por ejemplo, los vertebrados tienen **hemoglobina** de color rojo, los moluscos y crustáceos **hemocianina** azul y los anélidos **clorocruorina** verde.
La respiración en el interior de la célula es una serie de reacciones químicas que, de modo simple, se describe así, los nutrientes que absorben las células del epitelio intestinal se transforman en varios pasos en glucosa (seis átomos de carbono); ésta, da lugar al ácido pirúvico (tres átomos de carbono), que produce acetil CoA (dos átomos de carbono) y que produce anhídrido carbónico (con un átomo de carbono).
Cada paso tiene multitud de ramas secundarias. El proceso de respiración celular se llama **glucólisis** porque se inicia con la descomposición de la glucosa. Además de otras sustancias, produce una molécula rica en energía (**ATP**) que la célula utiliza para llevar a cabo reacciones químicas. El acetil CoA procede del ácido pirúvico del paso anterior, y se produce a partir de aminoácidos y ácidos grasos. Es la etapa común a la que llegan los alimentos. Para producir anhídrido carbónico tienen lugar varias reacciones, entre ellas el llamado **ciclo de Krebs** y la **oxidación de las hexosas**.

1

1. *Los carnívoros se alimentan de las proteínas acumuladas en sus presas, por lo que consumen alimentos ricos. En consecuencia, el tubo digestivo es más corto que el de los animales fitófagos en general.*

2

3

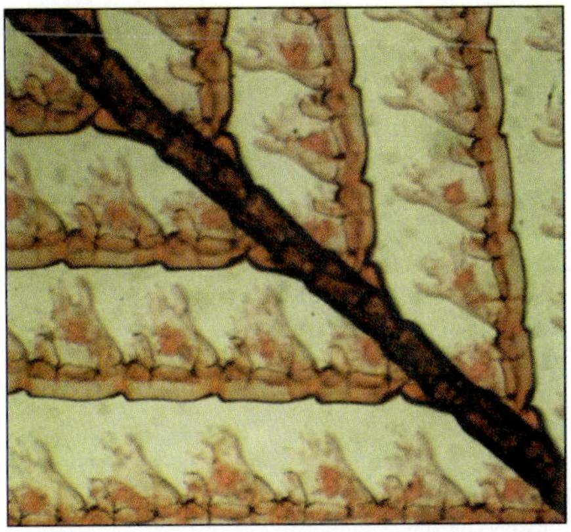
4

2 Muchos animales marinos, como estos gusanos, se alimentan de las particulas alimenticias que hay en suspensión en el agua, para lo que disponen de aparatos filtradores con los que capturarlas.

3 Los protozoos se alimentan englobando la presa entera en su interior o introduciéndola a través de una abertura (citostoma) para, a continuación, hacerla pasar a una vacuola en donde tiene lugar un proceso de digestión.

4 Entre los celentéreos coloniales se da una división del trabajo tal, que incluso existen individuos especializados en el proceso digestivo (gustrozoides) y que son los encargados de alimentar al resto de la colonia.

5 Los herbivoros aprovechán directamente la energía solar acumulada por las plantas y la transforman en proteínas que más tarde servirán de alimento a los animales carnívoros.

5

El movimiento en los animales

Habría que distinguir entre los movimientos involuntarios o internos y los movimientos dirigidos y de desplazamiento. A nivel de los metazoos, existe en el organismo un constante trasiego de sustancias de unas áreas a otras, que se desplazan por la cavidad general del cuerpo o a través de conductos, gracias a un empuje mecánico, movimientos de compresión o corrientes producidas por cilios o flagelos. Estos movimientos están automatizados, como los latidos del corazón, y su función es mantener las actividades esenciales para la existencia del animal.
Hay otros movimientos que, por circunstancias ocasionales, el organismo deja bajo el control de instintos, y entre ellos podríamos citar, la retirada de la mano cuando se toca un objeto caliente. Entre los organismos unicelulares y algunos invertebrados inferiores hay otro tipo de movimiento denominado **tactismo** o **taxia**. Es la manifestación más simple ante un cambio en el medio o como respuesta a un estímulo. Son análogos a los tropismos de las plantas.
Consiste en un movimiento de aproximación (tactismo positivo) o alejamiento (tactismo negativo) a la fuente productora del estímulo. Según sea ésta se habla de **fototactismo**, como respuesta a la luz, **quimiotactismo**, en respuesta a una sustancia química, **timotactismo**, al intervenir el tacto, etc.
Por último, están los movimientos controlados por el animal, que pueden ser de realización de funciones vitales, por ejemplo, desmenuzar la presa con las mandíbulas, o de desplazamiento, cuando el animal persigue a su presa.
Este tipo de movimientos se da en organismos más sencillos, como los protozoos, que con cilios o flagelos se desplazan por el medio líquido, pero unidos a los tactismos ya vistos. Los movimientos de esponjas o celentéreos son también de esta naturaleza.
Veremos los movimientos que requieren coordinación de estructuras corporales.

Los movimientos en los invertebrados

En los celomados, la actividad motora se produce gracias a una triple unidad constituida por un esqueleto, una musculatura y un sistema nervioso. Veremos el caso de los invertebrados provistos de celoma.
Los platelmintos y los nematelmintos disponen de musculatura en forma de un estrato subcutáneo y sus movimientos están regulados por un plexo nervioso.
Este tubo muscular, junto con la presión ejercida por el celoma, constituye un esqueleto hidrostático que sirve de apoyo al animal en sus desplazamientos.
Entre los articulados, los anélidos presentan evaginaciones de la pared del cuerpo (**parapodios**) provistas de cerdas (**quetas**) conectadas a la musculatura, mientras que los artrópodos tienen en su exoesqueleto un elemento motor. La cutícula produce evaginaciones articuladas y provistas de músculos en su interior (extremidades que permiten al animal todo movimiento). Muchos presentan evaginaciones aplanadas (alas) dotadas de potente musculatura. Ambos van conectados a centros nerviosos de control y a un cerebro organizado. Los movimientos de desplazamiento tienen lugar por efecto de palanca en las porciones rígidas del exosqueleto y los músculos activadores.
Muchos moluscos son sésiles y los únicos movimientos son respiratorios y la captura del alimento, aunque sus larvas libres se desplazan activamente. Otros, como calamares, adoptan un sistema propulsor mediante chorros de agua que proyectan al contraer con fuerza el manto. Moluscos terrestres como los caracoles y las babosas, reptan sobre el sustrato por medio del pie, provisto de potentes músculos.
Los erizos de mar se desplazan haciendo palanca con sus espinas; las estrellas por los diminutos pies que presenta en los brazos el **sistema ambulacral**, también sirve para respirar.

El movimiento entre los vertebrados

El esqueleto interno, sirve de apoyo para las extremidades y punto de inserción para la musculatura. El principio mecánico de su funcionamiento es similar al de las extremidades de los artrópodos.
En grupos más primitivos, el elemento motor principal es el movimiento de la columna vertebral, en especial en especies acuáticas.
Posteriormente aparecieron las extremidades. En los peces adquieren la forma de aletas pectorales y anales, la cola y aletas dorsales carecen de inserción directa. El movimiento serpenteante es el que impulsa al pez en el agua, ayudado por la cola, y las aletas actúan de estabilizadores.
Entre los tetrápodos terrestres, las extremidades se desarrollan más, y además de elevar el cuerpo sobre el suelo deben impulsarlo para que avance.
En las aves, las extremidades se han transformado en alas recubiertas de plumas y usan el aire como punto de apoyo para avanzar. Similar función tiene la membrana que se extiende entre los dedos de los murciélagos.

1

1. *Los caballos son un perfecto ejemplo de tetrápodo que ha hecho de la carrera una especialización óptima para el desplazamiento. La estructura de todo su cuerpo esta adaptada a esta actividad*

2

3

4

2 *Entre los artrópodos, los ciempiés se caracterizan por el gran número de patas locomotoras. El impulso que activa estas patas recorre todo el cuerpo del animal de modo coordinado.*

3 *El vuelo de las aves constituye una perfecta coordinación entre la musculatura y el esqueleto del ala y el revestimiento de sus plumas, que le confieren las características aerodinámicas necesarias.*

4 *Las serpientes, como esta boa, se desplazan por reptación utilizando como puntos de apoyo los extremos de sus costillas y empleando ondulaciones progresivas del cuerpo como impulso para el avance.*

La bioquímica de los animales

Un aspecto como éste, constituye una especialidad en biología, y es imposible reflejarlo en pocas líneas: sólo trataremos la química que se produce en las actividades de los animales tales como la nutrición, la producción glandular de sustancias o la transmisión nerviosa.

La nutrición celular

La ingestión y elaboración de alimentos tiene como fin preparar esas sustancias para que las células las aprovechen. Su incorporación a éstas es la nutrición celular. Los nutrientes penetran en la célula por ósmosis (debido a la diferencia de presión entre interior y exterior), por difusión simple o por transporte activo (de manera forzada). La glucosa, es uno de los principales **metabolitos** (formados en el metabolismo), no penetra en las células en forma pura, sino al experimentar una **fosforilación**, la edición de un grupo fosfato. Para que suceda se necesita energía, de las moléculas ATP (de la respiración celular). Además de metabolitos, la célula requiere oxígeno, obtenido por difusión a través de su membrana (que transportan los pigmentos sanguíneos), y desecha anhídrido carbónico (que los pigmentos respiratorios se llevan al exterior). La célula con nutrientes y oxígeno, inicia el proceso de respiración visto anteriormente.

El cociente entre anhídrido carbónico consumido y el oxígeno producido se denomina **cociente respiratorio**, y determina el **metabolismo basal**, condiciones en que el animal tiene actividad metabólica. La energía consumida es la mínima necesaria para mantener el organismo vivo.

La transmisión nerviosa

Al describir el sistema nervioso, vimos que en los extremos de las neuronas en contacto se producía la **sinapsis** para transmitir los impulsos nerviosos. El proceso requería de la presencia de los llamados **transmisores**. Son sustancias liberadas por las terminaciones nerviosas que provocan cambios en la membrana del receptor. Entre las principales sustancias en el reino animal pueden citarse: acetilcolina, dopamina, 5-hidroxitriptamina, noradrenalina y adrenalina. En el caso de la acetilcolina, queda englobada en una vesícula que la neurona libera en el **espacio intersináptico** (separación entre dos neuronas y el órgano receptor) y reacciona con una zona del receptor, modificando la permeabilidad de su membrana o cambiando su polaridad. Una enzima del transmisor, la acetilcolinesterasa, disgrega la

1

2

3

4

acetilcolina en acetato y colina, la neurona absorbe las sustancias y sintetiza de nuevo acetilcolina, y repite el proceso.

Componentes químicos de los seres vivos

Los **hidratos de carbono** son una fuente de energía para los animales, y son elementos estructurales. Se dividen en tres grupos: monosacáridos (azúcares sencillos), oligosacáridos (ej., lactosa o glucosa como energéticos, y quitina como elemento estructural) y polisacáridos (celulosa, glucógena).

Los **lípidos** son sustancias de reserva para animales y forman parte de estructuras como la membrana celular. Los más importantes son los ácidos grasos (ácido fórmico, ácido butílico, ácido palmítico, ácido esteárico, ácido oléico, etc.).

Las **proteínas** son moléculas de gran tamaño formadas por unidades sencillas denominadas **aminoácidos**, existen veinte esenciales para el organismo. La combinación entre otros veinte aminoácidos, en largas cadenas helicoidales con enlaces de hidrógeno, origina muchas proteínas. Tienen gran especificidad y son distintas en cada especie e incluso de la misma especie. Son los elementos estructurales básicos de las células (ej., miosina para los músculos y colágeno para el tejido conjuntivo, los huesos, los cartílagos y los tendones), sirven de transporte a otros elementos (ej., la hemoglobina) y funcionan como **enzimas** específicas, aceleran o retardan reacciones químicas en el interior de las células.

Los **ácidos nucleicos** son polímeros en forma de cadena constituidos por nucleótidos, y aunque aparecen en cantidades pequeñas, son esenciales para la síntesis de proteínas y para la herencia. Los principales son el **ADN**, almacena la información genética, y el **ARN**, síntesis de proteínas. Su componente básico es el **nucleótido**, formado por una base, azúcar y un grupo fosfato. Tienen tres funciones: ácidos nucleicos, transportar energía (forman AMP y ATP, moléculas ricas en energía) y actuar como coenzimas (auxiliar de las enzimas). En el organismo animal, existen otros componentes, aunque en cantidades ínfimas. Entre los principales están los **pigmentos**, sustancias de diversos colores con distintas funciones, **citocromos** que transportan oxígeno, **carotenos** de las reservas grasas o la yema de los huevos, o **melaninas** que dan color y protegen los tegumentos. Las **vitaminas** son importantes para el metabolismo animal y en la activación de enzimas. Las **hormonas** son sustancias complejas que regulan la actividad de los órganos y del desarrollo.

5

1. *Las plantas, con sus hojas, frutos y otros elementos, son la fuente básica de nutrientes para los animales, los cuales pueden consumirlas tanto directamente (fitófagos) como por vía indirecta (carnívoros).*

2. *Una de las glándulas más importantes para muchas aves es la uropigial, productora de grasa; con ella el animal puede impermeabilizar sus plantas y de este modo mantener constante su temperatura corporal.*

3. *Los mamíferos acuáticos, como el castor, tienen que cuidar mucho su piel, pues dependen de ella para mantener su temperatura corporal. Para ello disponen de numerosas glándulas productoras de grasa.*

4. *En el curso de la metamorfosis de los insectos tiene lugar una completa transformación de los tejidos de la larva para dar lugar al adulto, interviniendo en este proceso numerosas sustancias químicas orgánicas.*

5. *Las hembras de muchos insectos emiten sustancias químicas sexuales (ferormonas) que atraen a los machos desde grandes distancias. Esta comunicación química es muy frecuente entre las mariposas.*

La reproducción

La perpetuación de un animal discurre por dos fases: una de aparición de la unidad reproductora y otra de crecimiento y desarrollo de ésta hasta formar un individuo adulto. La unidad reproductora se produce por vía sexual o vegetativa y sexual. Dentro de estos dos tipos se distinguen dos estrategias adoptadas por los seres vivos para perpetuarse. La primera es la generación de gran número de individuos y es típica de animales pequeños con vida breve, mientras que la segunda es adoptada por grupos más longevos y complejos y es la génesis de una descendencia escasa.

Reproducción vegetativa

Es la forma de multiplicación más primitiva, característica de animales de organización sencilla y sésiles. La unidad reproductora es una porción grande del cuerpo, no especializada en esta función, y puede ser cualquier parte de aquél. Su ventaja es que no requiere de la participación de dos individuos, pero sí de condiciones ambientales adecuadas. Hay varios tipos de reproducción vegetativa: la **bipartición** es una división, por lo general transversal, del cuerpo del animal en dos partes, cada una origina un nuevo individuo. En los protozoos se producen varias divisiones seguidas y los individuos permanecen unidos en una **colonia**. En los metazoos, la bipartición se realiza en células de los tejidos para sustituir las muertas y en algunos, como las estrellas de mar, para recomponer el animal completo a partir de una porción suya (la estrella lo hace de un brazo). Este proceso recibe el nombre de **regeneración** y tiene lugar en algunos vertebrados (ej. las salamandras). La regeneración se considera como un caso de **fragmentación**, en que el individuo se desprende de varias partes de su cuerpo, cada cual generará un nuevo animal completo.
Muchos animales sésiles, como esponjas o celentéreos, producen células corporales que se desarrollan hasta formar un nuevo individuo, que se desprende o queda unido a él formando una colonia. Estas células reciben el nombre de yemas y el proceso se denomina **gemación**. Otra forma de reproducción asexual es la **división múltiple**, donde el núcleo de una célula experimenta varias divisiones configurando una célula plurinucleada. Cada uno de estos núcleos se rodea de una porción de citoplasma y una membrana y se separa del resto, por lo cual aparecen gran número de individuos.

Reproducción sexual

Es la formación de células haploides (gametos) que se fusionan para formar una célula diploide (cigoto), que dará lugar

1

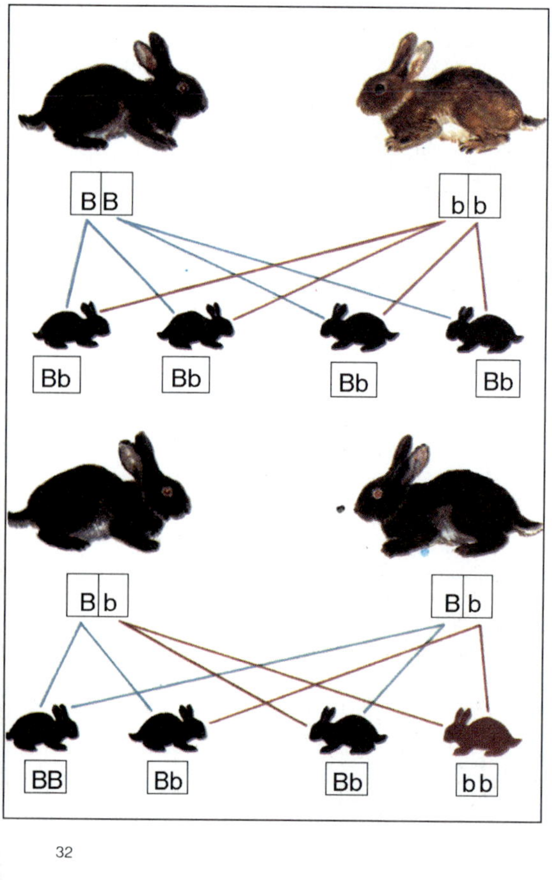

2

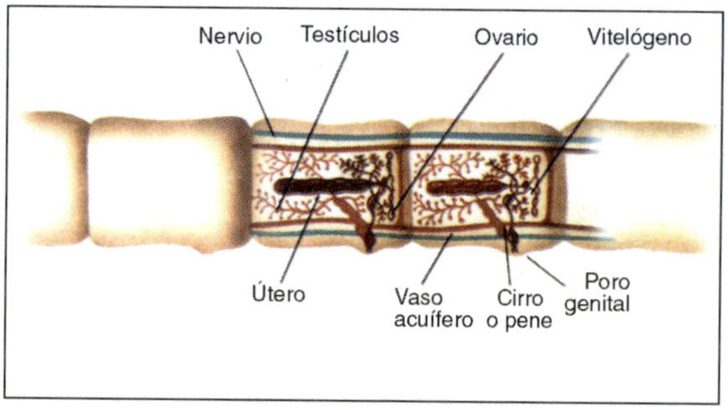

3

a un nuevo individuo. En los protozoos el proceso es similar, pero los gametos no se generan en órganos especiales sino que son resultado del desarrollo de individuos sexuados especiales (**gamontes**). En los metazoos existen dos tipos de **gametos** o **células sexuales**, los producidos por machos (**espermatozoides**) y los de hembras (**óvulos**).
En protozoos, la reproducción sexual es de dos formas: **singamia**, cuando dos individuos actúan como gametos que se fusionan, y **conjugación** si intercambian porciones de protoplasma.
Si dos gametos presentan el mismo aspecto y el mismo tamaño se habla de **isogamia**, y si son diferentes se trata de **anisogamia**, pues uno de los gametos es de gran tamaño e inmóvil (**óvulo**), en tanto que el otro es pequeño y provisto de un flagelo con el que se desplaza (**espermatozoide**).
En muchas especies, un organismo produce ambos gametos (**hermafroditismo**), y es capaz de autofecundarse. El proceso se llama **autogamia** y se halla extendido en los animales sésiles. Otros, como los caracoles, producen los dos tipos en momentos diferentes, por lo que no pueden autofecundarse; en ese caso es necesaria la presencia de un individuo que aporte los gametos del sexo contrario (**fecundación cruzada**). La **partenogénesis** es un fenómeno en especies que deben superar un periodo desfavorable (ej., el invierno en pulgas de agua). Los huevos fecundados sobreviven en estado de lactancia y producen una generación sólo de hembras, cuyos óvulos se desarrollan sin resultar fecundados por espermatozoides.
En la mayoría de especies cada individuo produce un tipo de gametos y existen, dos **sexos separados**. Uno tiene **testículos** productores de espermatozoides y el otro **ovarios**, que forman óvulos. Estos dos órganos reciben el nombre de **gónadas**. A veces los dos sexos son similares exteriormente, y otras presentan características diferenciadoras (**caracteres sexuales secundarios**). La importancia de la fusión de dos gametos para formar un cigoto es la posibilidad de intercambio de información contenida en los **genes**. Los gametos tienen la mitad del número de cromosomas de la especie, son **haplontes**, y al fusionarse producen una célula con dotación cromosómica normal, **diploide**, que une caracteres de los dos progenitores productores de gametos. La reducción a la mitad del número de cromosomas se llama **meiosis** y en su curso se intercambian fragmentos cromosómidos, y se producen cromosomas que contienen información distinta.

4

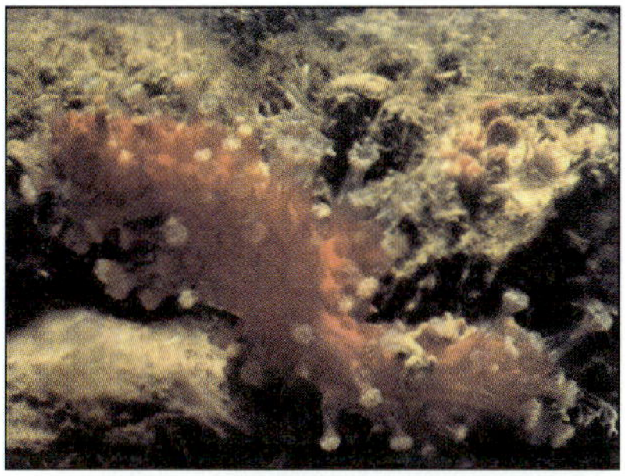

5

6

1. *Cuando los animales se reproducen, transmiten sus genes a la descendencia. En este ejemplo vemos el modo en que se combinan y transmiten.*

2. *Los cestodos, que son parásitos intestinales, tienen órganos reproductores masculinos y femeninos completos en cada uno de los segmentos. La fecundación es cruzada.*

3. *En muchas especies de animales, los machos y las hembras muestran caracteres sexuales secundarios que les diferencian.*

4. *La mayoría de los invertebrados marinos sueltan sus productos sexuales al agua, donde los gametos masculinos y femeninos se fusionan al azar.*

5. *Entre los animales terrestres es necesario que el macho lleve los espermatozoides hasta los óvulos, ya sea mediante un pene (fecundación interna) o mediante cápsulas que introduce en el cuerpo de la hembra.*

6. *Todos los mamíferos, como estos antílopes, tienen fecundación interna que realizan en el curso de la cópula, proceso cuya duración es variable en cada especie.*

Desarrollo embrionario

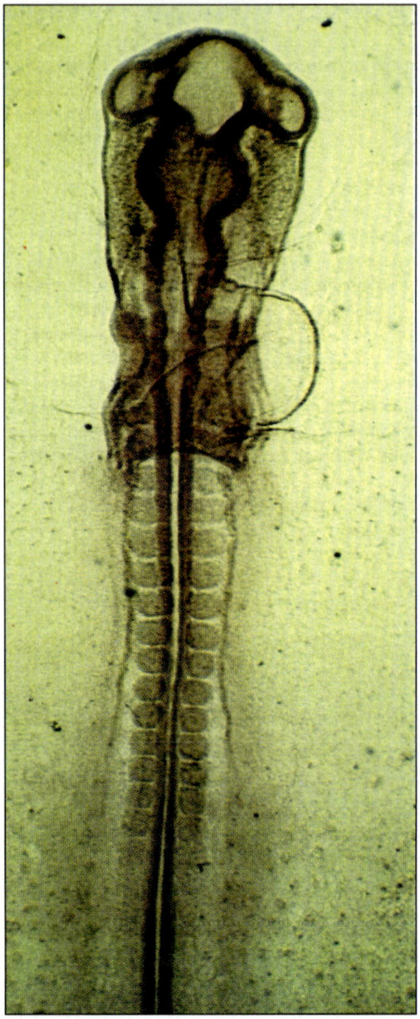
1

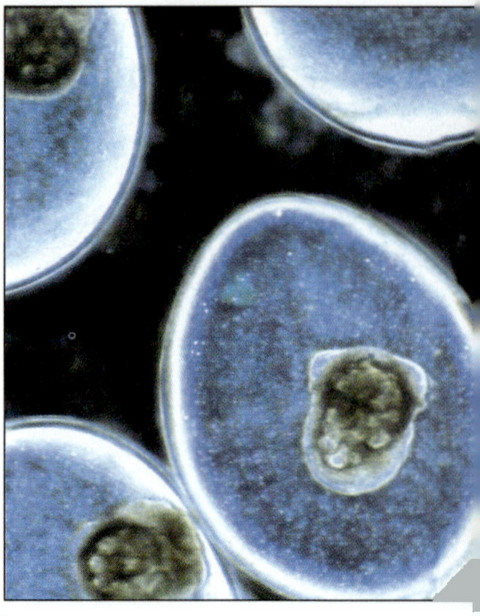
2

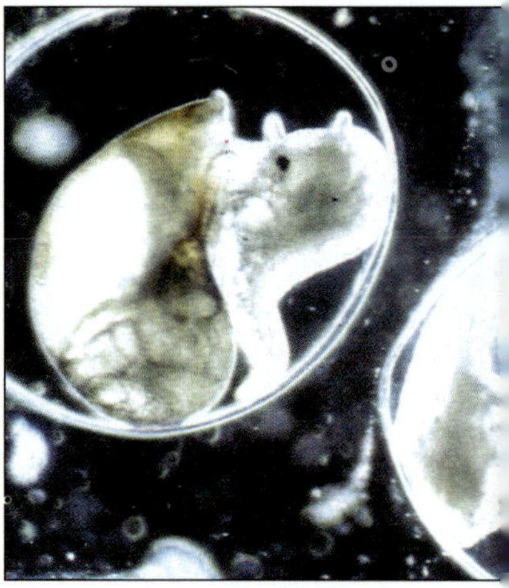
3

Inicio del desarrollo

Al momento en que el espermatozoide penetra en el óvulo y ambos fusionan sus núcleos, se forma el cigoto e inicia un proceso conocido como desarrollo individual u **ontogénesis**, que culmina en la fase adulta capaz de reproducirse y originar nuevos gametos. Con ello se cierra el ciclo que permite la perpetuación de especies. El óvulo fecundado experimenta procesos de transformación resumidos en tres etapas: **segmentación**, **gastrulación** y **organogénesis**, o formación de órganos.

Segmentación

El óvulo fecundado, célula-huevo, se divide en dos células hijas que se dividen en otras dos y forman cuatro, y así sucesivamente. Cada célula recibe el nombre de **blastómero**. El óvulo apenas aumenta de tamaño, pero la progresiva segmentación da lugar a un estado llamado **mórula**, por su aspecto similar a una mora. En su interior se forma una cavidad, **blastocele**, y la mórula recibe el nombre de **blástula**, que es la cavidad central, el blastocele, rodeado de una capa de células pequeñas.

La velocidad de segmentación es uniforme en las primeras etapas, pero de 8 a 16 células, hay zonas que se dividen a mayor velocidad que otras. De ahí, la segmentación es total, característica con huevos con poco vitelo y que afecta a todas las células de la mórula, y una segmentación parcial, de huevos ricos en vitelo y que afecta sólo a una parte. Los blastómeros pueden ser iguales o presentar tamaños diferentes (**micrómeros** los pequeños y **macrómeros** los mayores) y se disponen de forma radial, discoidal o espiral. Otra distinción que se produce en esta fase del desarrollo es entre los huevos que en primeras etapas determinan el tipo de órgano que van a producir (**huevos determinados** o **en mosaico**), y aquellos cuya diferenciación es más tardía (**huevos indeterminados** o **de regulación**). Los primeros son típicos de **protóstomos** y en ellos cada célula originará un órgano, transplantado a otro lugar generará un individuo aberrante; los segundos son característicos de los **deuteróstomos** y en ellos el órgano que se producirá depende de otros factores, como la regulación hormonal.

En el huevo se distinguen dos zonas: una agrupa al vitelo y recibe el nombre de **polo vegetativo**, y la otra se encuentra en el otro extremo y carece de vitelo, llamado **polo animal**.

La gastrulación

Cuando la blástula está formada se desarrolla la gastrulación, que discurre de diversos modos: el hemisferio vegetativo penetra en el blastocele, las células del polo animal se dividen muchas veces y cubren a las del polo

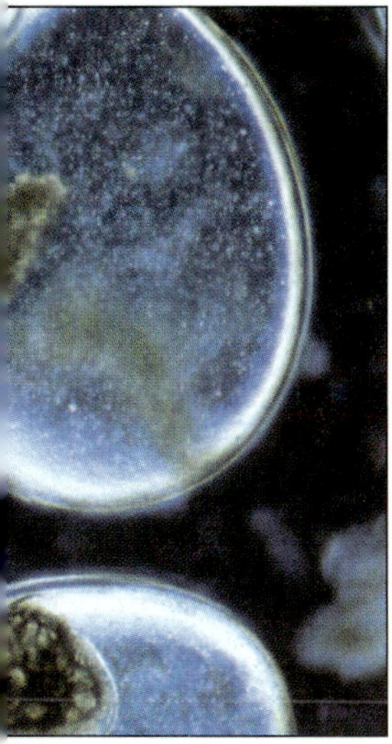

4

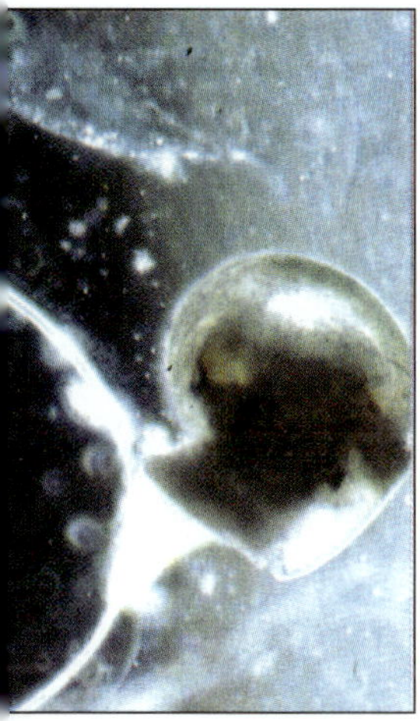

5

vegetativo, las células se dividen paralelamente a la superficie y forman una lámina, los blastómeros entran en el blastocele y originan varias capas o las células del polo vegetativo se dividen activamente e invaden el blastocele.
El resultado de estas divisiones es la aparición de capas de células (**hojas blastodérmicas**) que originan distintos tipos de tejidos en el animal adulto; el **ectodermo** es la capa exterior, el **mesodermo** es la intermedia y el **endodermo** es la interior.

No todos los animales presentan estas tres capas, los celentéreos y las esponjas carecen de mesodermo. En el curso de estas proliferaciones celulares se forma una cavidad central (**gastrocele**) y el embrión recibe el nombre de gástrula en esta fase.

Organogénesis y desarrollo avanzado

La gástrula es un embrión en que se distinguen grupos celulares que configurarán tejidos y órganos. En los animales provistos de tres hojas blastodérmicas, el ectodermo dará lugar al tegumento y el exosqueleto, el sistema nervioso, las células sensoriales y las porciones anterior y posterior del intestino; el endodermo producirá la porción media del tubo digestivo, el páncreas, el hígado, los pulmones, la vejiga natatoria, el tiroides, la cuerda dorsal y el timo, entre otros; el mesodermo origina los tejidos conjuntivo y óseo, el sistema vascular, las gónadas, los órganos de excreción, la musculatura y los epitelios celomáticos.
La formación de órganos experimenta variaciones diversas según los distintos grupos animales. En vertebrados, parte del tejido embrionario se transforma en capas protectoras. Unas se cierran en forma de saco formando **amnios**, lleno de líquido y en el que flota el embrión. Aparece una especie de sáculo, el **alantoides**, que recoge los residuos del metabolismo. Las membranas que recubren todo se llaman **serosas**. En los mamíferos, el alantoides se une a éstas y constituyen juntos el **corión**, fijo a la mucosa del útero de la madre y configura la **placenta**. Ésta se une al embrión a través del **cordón umbilical**.
En invertebrados el desarrollo pasa por fases. llamadas **larvas** que experimentan cambios radicales de unas a otras. Este desarrollo se denomina **indirecto**. Estas fases llevan vida independiente y distinta a los adultos.

1. *A las pocas horas de iniciarse el desarrollo, tras sucesivas divisiones y segmentaciones, el embrión permite ya distinguir algunos órganos y elementos esqueléticos, como en este pollo de 33 horas.*

2. *Durante las primeras etapas del desarrollo de los huevos de los gasterópodos se produce una segmentación desigual del tipo espiral, como en el caso de este caracol de la especie* Planorbis.

3. *Según avanza el desarrollo embrionario en el caracol, puede distinguirse ya en el interior del huevo la estructura de la forma larvaria, que recibe el nombre de larva velígera.*

4. *Muchos mamíferos nacen en un estado muy incompleto, como estas crías de topillo. Necesitan completar su desarrollo en el interior del nido y madurar las estructuras anatómicas, todavía embrionarias.*

5. *Los insectos siguen un desarrollo embrionario que, desde el huevo hasta el adulto, pasas por distintas etapas muy diferentes entre sí. El paso de una etapa a otra supone cambios drásticos (metamorfosis).*

El comportamiento de los animales

La ciencia que estudia la conducta de los animales se llama **etología** y sus bases se asientan en la observación del comportamiento de los vertebrados (aves, peces y mamíferos en particular). Conocida antes como **psicología animal**, experimentó un gran desarrollo en los últimos años y entre sus métodos incluye los de otras disciplinas biológicas, en especial de la fisiología.

En animales primitivos, como los protozoos, no puede hablarse de comportamiento, sino más bien de capacidad de reacción ante estímulos del medio; se trataría de un **comportamiento de reacción**, cuya manifestación son los **tactismos**.

Éstos suponen, una reacción del cuerpo del organismo, que se alejará o acercará a la fuente del estímulo. Si en una cubeta llena con agua y diversos protozoos, vertemos una sustancia, algunos de estos animales se alejarán del punto del vertido, y otros quizá se aproximarán. Los animales disponen de unidades receptoras de estímulos, en los metazoos más evoluacionados adquieren forma de órganos complejos (ojos, oídos, etc.). Lo complejo del sistema nervioso es creciente, y mientras que en muchos gusanos primitivos la capacidad de reacción es local y controlada por receptores y unidades nerviosas situadas en la zona afectada, en vertebrados existe un cerebro que recoge, analiza y controla las reacciones del animal. No todas las reacciones y actividades están sometidas a un control consciente, que supondría un trabajo excesivo para el animal, sino que muchas funcionan de manera automática. Aparecen entonces los instintos y reflejos. Y, podemos distinguir un comportamiento involuntario y otro voluntario. El predominio entre uno y otro muestra una correlación con el nivel en que se encuentre la especie en la escala zoológica.

La conducta animal debe considerarse como factor de adaptación de la especie a las condiciones ecológicas que enfrenta. Existe un grado de especialización fisiológica y etológica. El caso extremo es el de los protozoos ya visto, su conducta se limita a reacciones de tactismo.

Por regla, los animales muy especiales en determinados aspectos, como la alimentación o el medio en que viven, tienen escasa capacidad de adaptación a cambios bruscos en sus condiciones de vida, y otro tanto es aplicable a su conducta, casi siempre estereotipada. Muchos insectos comen sólo una especie vegetal, incluso únicamente una parte de la planta, como las hojas, los brotes o las flores. Cuando escasea o desaparece la planta que les sustenta, mueren de inanición aunque estén rodeados de otras plantas

1

2

similares, que les podrían servir. Su fisiología se adapta a un alimento concreto, además, su comportamiento se ha acoplado a esa especialización que son incapaces de intentar buscar otros recursos. Las otras plantas no desencadenan su conducta de búsqueda de alimento.
En otro extremo se sitúan multitud de vertebrados dotados de gran capacidad de adaptación y apenas especializados. Los omnívoros, con amplia dieta que les brinda la oportunidad de aprovechar las posibilidades a su alcance, son un buen ejemplo. Así, el oso rara vez pasará hambre, pues si no encuentra frutos consume hongos, insectos o brotes. También caza peces y pequeños mamíferos, se alimenta de larvas de insectos y miel o de carroña. Esta falta de especialización va paralela a la ausencia de una especialización en su comportamiento. La conducta del oso está abierta a numerosas posibilidades, y el proceso de aprendizaje le permite optar entre varios tipos.

El comportamiento innato

Las formas de comportamiento son fijadas genéticamente en el individuo, madurando en el curso del desarrollo; el entorno y sus estímulos son el requisito para su aparición. Los modos de comportamiento de este tipo, no aprendidos, reciben el nombre de **instintos**. Su función es que el animal reaccione de modo adecuado ante situaciones determinadas. En el momento de la eclosión, los polluelos picotean por instinto la cáscara del huevo, y pueden salir al exterior. Este instinto desaparece después, pues ya no es necesario. Los instintos aumentan la eficacia del animal, por ejemplo en el caso de la caza. Al no tener que atender cada aspecto que rodea la búsqueda y captura de la presa, el depredador se concentra en los elementos que le permitan su objetivo.
Los movimientos de coordinación natatorios, vienen grabados en la información genética de los vertebrados, incluido el hombre, y todas las crías de estos animales saben nadar, en el curso de su desarrollo algunos pierden esa capacidad; por ejemplo, el ser humano adulto, ha de aprender más

3

4

1. *El gallo reúne a su alrededor un harén de gallinas al que defiende contra sus competidores. Para ello realiza una conducta de ostentación tendente a amedrentar a los potenciales rivales.*

2. *El lobo es un animal social que forma grupos muy organizados en cuyo interior reina una estricta jerarquía. La cohesión de los componentes de la jauría es esencial para el éxito en la caza.*

3. *La necesidad de contemplar su desarrollo hasta poder independizarse hace que las crías de la mayoría de los mamíferos pasen junto a sus progenitores una fase juvenil en la que pueden realizar un aprendizaje.*

4. *Frente a la complejidad que adquiere el comportamiento reproductor de los vertebrados y algunos invertebrados, la mayoría de estos últimos no presentan pautas especiales de conducta.*

tarde a nadar; no así un niño recién nacido.
El componente innato de la conducta es más importante en los invertebrados, con capacidad de aprendizaje casi nula. Sin embargo su principal desventaja es la menor capacidad de adaptación ante situaciones nuevas.

El comportamiento aprendido
Además de las reacciones innatas del animal, en su evolución se acumulan modos de conducta y mecanismos desencadenantes adquiridos por el individuo en un proceso conocido por el nombre de **aprendizaje**, en el que la estructura de su sistema nervioso y el grado de evolución de su cerebro desempeñan un papel esencial. El aprendizaje comienza con la **impregnación**, **grabación** o **impronta**, breve periodo en el cual el animal recién nacido graba pautas de conducta de modo irreversible. Esta fase sensible, le permite que el recién nacido «aprenda» los rasgos distintivos de su especie y los particulares de sus padres. Los pollos de ganso que acaban de eclosionar del huevo registran en su cerebro lo primero que ven a su alrededor, normalmente son sus padres, y los seguirán después a todos sitios. Pero si encuentran una figura que hemos colocado, considerarán a ésta como tales.
La **habituación** permite que un animal no reaccione a la repetición de un estímulo que en otras circunstancias provocará respuesta.
El **condicionamiento** hace que un estímulo desencadene una respuesta: por ejemplo, el perro que siempre escucha una campanada a la hora de comer, producirá saliva cuando la escuche, aunque no reciba comida.
Por **imitación**, muchos animales aprenden una determinada conducta que un individuo de su especie haya realizado, y por la que haya recibido una recompensa. Por ejemplo, los macacos japoneses, que se alimentaban en una isla con patatas. El grupo acudía a la playa por alimento y lo consumían. Un día una hembra lavó una patata con agua. Al resultar más agradable limpia de arena, repitió el proceso. Los individuos jóvenes la imitaron y más tarde, la costumbre se había extendido en el grupo.

5

6

Tipos de comportamiento
La búsqueda de un congénere para la reproducción (y perpetuar la especie) desencadena comportamientos conocidos como **conducta sexual**. Ésta tiene como objetivo impedir que el individuo mezcle sus genes con otro de especie similar, en detrimento de la suya, y adopta pautas que impiden toda confusión. De los regalos que el pequeño macho de las arañas da a las hembras para no ser devorado, a la espectacular berrea de los venados o los «conciertos» del urogallo, las posibilidades son infinitas. En muchos animales la conducta sexual debe, superar la de mantenimiento de distancia

7

8

cohesión del grupo es importante para la búsqueda de alimento y la defensa común. Los chimpancés harán frente a un leopardo que les ataque utilizando incluso armas (palos, piedras arrojadas). Los gorilas, sin enemigos, forman grupos familiares que recorren la selva en busca de alimento, mientras que los mandriles, que a veces atraviesan zonas despejadas y se ven amenazados por leopardos, forman grupos con estricto orden de rangos y funciones. El despiojamiento, frecuente en los primeros, no sólo tienen una función sanitaria, sino que es muy importante como factor de cohesión social.

individual, en las especies solitarias, y por el otro debe vencer la posible agresividad de la pareja.

La **conducta de agresión** desempeña un papel importante en la vida de los animales. Se refleja en el comportamiento entre individuos que compiten por un recurso. Puede ser la posesión de una hembra, control de un territorio de caza o la ocupación de un rango en la estructura social. La agresión desemboca en una lucha, con normas muy rígidas que evitan la muerte del contrario, perjudicial para la especie en conjunto. Las luchas entre machos durante la época reproductora sigue un rito, y finaliza cuando el perdedor se retira. Para evitar que continúe la agresión, los animales disponen mecanismos etológicos que permiten indicar a su contrincante la derrota (ej., los lobos se tienden de espaldas y presentan su garganta vulnerable).

Aunque muchas especies son solitarias y otras se agrupan en colonias del tipo de los corales, cuando los animales adquieren complejidad psíquica –vertebrados e invertebrados– y forman colonias o sociedades organizadas, desarrollan una conducta que regula las relaciones entre los individuos y garantiza la cohesión del grupo: es la **conducta social**, por ejemplo, en abejas, lobos, delfines, etc. Entre los vertebrados, los primates han desarrollado una conducta social dotada de flexibilidad y eficacia. Un mono de otra población puede ingresar en un grupo extraño, lo que no sucede con las hormigas. La

5. *Los pollos, así como los jóvenes de numerosas especies de aves, reaccionan ante la presencia de un adulto con una serie de pautas de conducta de petición de comida que obligan al adulto a alimentarlos.*

6. *Dos niños pequeños y un perro son un buen ejemplo del grado de compenetración y entendimiento que es posible alcanzar en la comunicación entre dos especies distintas que comparten un hábitat.*

7. *Las poblaciones mixtas, como en este caso de patos y gansos, han desarrollado una serie de elementos de comunicación qe entienden todos sus miembros y que son simportantes para el interés común.*

8. *La conducta de aseo tiene dos funciones: el confort del propio animal y, lo que es mas importante, la conservación de la salud, como en este caso las palomas durante el baño diario para cuidar el plumaje.*

Ecología

Se dedica al estudio de las relaciones –animales– con el medio en que viven (**autoecología**) y las relaciones entre los organismos y poblaciones (**sinecología**). Cada especie se adapta a un entorno, en la evolución, los requisitos del entorno permiten perpetuar a los individuos que lo toleran. Hay especies que se adaptan a condiciones variadas (**eurioicas**), otras solo pueden vivir en un medio (**estenoicas**). Las hay que muestran una población reducida a alguna región concreta, otras se encuentran en casi todo el planeta (**cosmopolitas**). Esta variabilidad está en función de las condiciones del medio, factores ecológicos.

1

Factores abióticos

Son factores de naturaleza no biológica como la luz, la temperatura, la presión, la salinidad del medio o la humedad. Puesto que los animales carecen de capacidad de sintetizar alimentos como las plantas, dependen de la luz, ésta no es un elemento limitador a su existencia, por lo que pueden vivir en la obscuridad (zonas abisales, grutas). La temperatura es factor limitante, en especial para invertebrados y vertebrados de sangre fría (**poiquilotermos**), si desciende de un determinado valor impide el desarrollo de las funciones vitales. Los animales de sangre caliente (**homeotermos**), por el contrario, al mantener estable la temperatura interior son capaces de colonizar regiones extremas, como los polos y los desiertos. La presión es un factor mecánico que se manifiesta en el interior de las aguas y en las zonas de elevada altitud (altiplanicies, montañas). La salinidad condiciona la presencia de los distintos organismos acuáticos, que se adaptan a valores altos o bajos, pero que en raras ocasiones son capaces de vivir con valores intermedios fluctuantes. La humedad del aire es importante para los animales terrestres, y que si es bajo, obliga a proveerse de dispositivos para impedir la pérdida de agua en su superficie o de excreción.

La periodicidad biológica

Muchas especies animales se someten a ritmos naturales que condicionan su modo de vida. Un ritmo muy extendido es el **circadiano** o **diario**, que coincide con la duración del día y establece fases de reposo alternadas con las de actividad. En organismos marinos, las mareas imponen su ritmo a las diversas actividades, desde las reproductoras a las nutritivas. El cambio mensual de las fases de la Luna va ligado al ciclo reproductor de animales marinos, en regiones tropicales, en otras especies, en particular las terrestres, son las estaciones, con periodo anual, el que marca la actividad biológica (ej., la hibernación de lirones, la actividad primaveral, el desarrollo en verano y las reservas en otoño). También, los ciclos de duración variable influyen en la población de animales y van ligados a factores complejos. Cada cierto número de años se desencadena una reproducción masiva de lemmings y también con los ratones.

Hábitats

Cada ambiente en que una especie animal puede desarrollarse recibe el nombre de **hábitat**. La variedad de condiciones implica, que su número sea limitado; que una especie lo ocupe o no depende de la adaptabilidad del organismo. Los hábitats principales de nuestro planeta son el acuático y el terrestre. El primero incluye mares y océanos como las aguas continentales, en el segundo se engloban el medio terrestre y aéreo.

Los animales ocupan las regiones oceánicas, incluidas las abisales carentes de luz. En aguas libres viven animales que se desplazan activamente por ellas (**necton**), como los peces y los cetáceos, así como los que flotan en su seno (**plancton**), como los flagelados, pequeños crustáceos, medusas, etc. El fondo está ocupado por otra comunidad (**bentos**) con multitud de especies, una sobre la superficie del fondo y otras enterradas en él. Las condiciones son similares en aguas continentales con menor variedad.

En el medio terrestre, parte de los animales viven sobre la superficie, desplazándose de forma activa, otros tienen su hábitat en superficies de terreno y contribuyen de manera decisiva a la formación del suelo. Otros pueden volar, desplazándose por el aire, aunque dependen del suelo para descansar, nutrirse y reproducirse.

La temperatura y la pluviosidad son dos factores importantes que, además de condicionar la vegetación, imponen requisitos a los animales. La combinación de ambos factores determina distintos ambientes o **biomas**.

1. *El uso de insecticidas en la agricultura y los residuos tóxicos de todo tipo, vertidos por las industrias están aniquilando la fauna de las aguas dulces, y al llegar al mar ponen en grave riesgo a este medio.*

2 3

4 5

2 *El final del otoño, con las primeras nieves, supone el abandono del bosque caducifolio por parte de sus habitantes migradores y un cambio drástico en la vida de la fauna no migradora.*

3 *Frente a especies que rehúyen la presencia humana, hay otras, como las gariotas, que saben aprovochar las nuevas condiciones y ven favorecida su expansión, expulsando a otras aves.*

4 *Los pesticidas y otros contaminantes se acumulan en las plantas y los invertebrados, que al ser la dieta de numerosas aves se concentran en éstas. Los adultos mueren envenenados y los huevos se malogran*

5 *La relación entre flora y fauna es compleja, pues aunque las plantas son el recurso básico de alimentación para muchos animales, infinidad de ellas dependen de éstos para la polinización y la dispersión.*

Zoogeografía

La evolución se inició en el mar primigenio, conformando de organismos primitivos nuevas especies. Éstas ocuparon los espacios disponibles y se adaptaron a las condiciones. El resultado ha sido un mosaico de especies animales por toda la tierra. Muchas especies se encuentran en casi todos los lugares del planeta; otras, aparecen en regiones concretas y aisladas.

La zoogeografía estudia la distribución de los animales e intenta englobarlos en áreas amplias con un cierto número de rasgos comunes. La tarea, se complica con la aparición de endemismos en regiones separadas. La presencia de una especie «típica» en una zona no indica que ésta sea originaria de la misma, ya que puede proceder de otra región desde la que emigró y en la que ha desaparecido. Los cambios geológicos han modificado la faz del planeta y las condiciones ecológicas. Hay especies abundantes que ocuparon el planeta y hoy se encuentran en regiones separadas. Presentan una **distribución disyunta**; un ejemplo puede ser la sardina, que vive en el Mediterráneo, las costas del Atlántico oriental desde las islas Británicas hasta Mauritania, la costa norteamericana del pacífico y la costa septentrional de Asia del Pacífico, regiones del hemisferio norte sobre la isoterma de 20 °C, pero también en el hemisferio sur, debajo de la isoterma de 20 °C en la región de El Cabo, el sur de Australia, Nueva Zelanda y las costas sudamericanas del Pacífico.

Las regiones zoogeográficas
El planeta se divide en regiones con características análogas y con fauna similar. Estas regiones, coinciden con las de geobotánica, con algunas diferencias; la región de El Cabo, los zoólogos integran en la región etiópica, los botánicos desglosan en una región distinta por importancia y singularidad de la flora que alberga. Las divisiones afectan a la fauna terrestre, pues en el mar, que es más uniforme, es difícil realizar distinciones y no existen grandes barreras geográficas como en tierra firme (desiertos, montañas, etc.).
Una división distingue seis regiones; paleártica, neártica, neotropical, etiópica, oriental y australiana. Una clasificación más precisa permite añadir tres: la malgache, separada de la etiópica; la indoaustraliana, divisora de la región oriental y australiana; y la región antártica. A las regiones paleártica y neártica se les agrupa a veces en una sola, la holártica; la oriental, la etiópica y la malgache se reúnen en la paleotropical. Describiremos las nueve más generales, y animales más representativos; en aves es difícil fijarlas, su capacidad de desplazamiento y costumbres migratorias hacen que se les encuentre en lugares y regiones diferentes.
La **región paleártica** se extiende por Europa, norte de África y la mitad septentrional de Asia; sus barreras con otras regiones son el desierto del Sahara, el desierto de Arabia, los desiertos fríos de Asia Central y la cadena montañosa del Himalaya. Venados, corzos, renos, onagros, saigas, bisontes, osos, lobos, linces, martas, lirones y erizos son mamíferos típicos de la zona.
La **región neártica** ocupa Groenlandia y toda Norteamérica, su límite inferior es la región central de México. Osos, bisontes, caribúes, bueyes almizclados, pavos, berrendos, pumas, serpientes cascabeles y mapaches son algunos de sus pobladores.
La **región neotropical** comienza en el Centro de México hasta el extremo sur del continente americano, salvo una franja de Tierra de Fuego. Presenta variedad faunística, con anacondas, pirañas, caimanes, tortugas gigantes, llamas, jaguares, tapires, capíbaras, pangolines, perezosos, monos aulladores, monos araña, tities, osos hormigueros, cóndores, tucanes, colibríes, etc.
La **región etiópica** es todo el continente al sur del Sahara, incluido éste, así como la Península Arábiga. Hipopótamos, cocodrilos, jirafas, chimpancés, gorilas, leones, avestruces, mambas, antílopes son representantes característicos.
La **región oriental** parte en el Eufrates y todo el sur del continente asiático e islas adyacentes. Viven ahí, pandas, tigres, gibones, tapires, búfalos, orangutanes, cobras, etcétera.
La **región australiana** engloba Nueva Guinea, Australia, Nueva Zelanda y Melanesia. Los canguros, koalas y aves del paraíso son especies características.
La **región indoaustraliana** se extiende por las islas Celebes, las Molucas y Sonda. Son típicos los varanos, las babirusas y los anoas.
La **región malgache** integra Madagascar e islas próximas. Sus pobladores más singulares son los lemúridos.
La **región antártica** incluye una fracción del extremo austral del continente americano y la Antártida. Los pingüinos son las aves características de la región.

1. *Las palomas, representantes del orden de los columbiformes, se encuentran por todo el mundo gracias a la intervención humana.*

2. *Las anátidas, gracias a su gran capacidad de vuelo y a sus costumbres migradoras, están en todos los continentes, salvo la Antártida.*

3

4

5

6

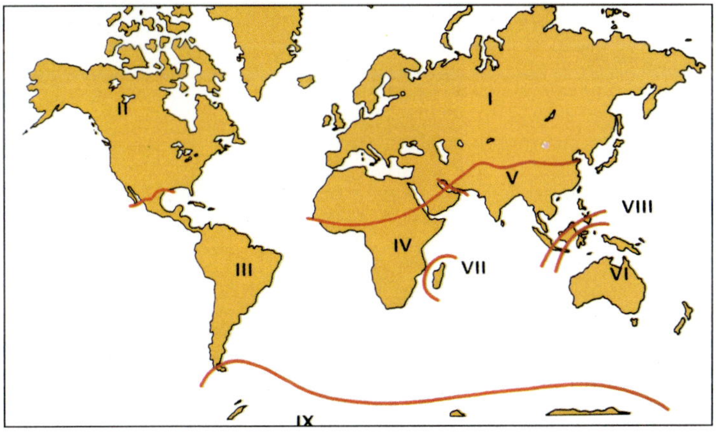

3 *El cóndor ocupa en el continente americano la cumbre de la pirámide ecológica, desempeñando el mismo papel que los buitres del Viejo Mundo. Es habitante típico de las grandes cadenas montañosas.*

4 *El oso pardo es un habitante típico del bosque templado caducifolio de la región eurasiática; su régimen omnívoro le permite aprovechar todos los recursos alimenticios que la naturaleza le brinda.*

5 *Las aves corredoras, como las avestruces, están representadas tanto en el Nuevo como en el Viejo Mundo y Nueva Zelanda, mientras que los rumiantes, como las jirafas, lo hacen sólo en los dos primeros.*

6 Las principales regiones zoogeográficas son: I paleártica, II neártica, III neotropical, IV etiópica, V oriental, VI australiana, VII malgache, VIII indoaustraliana y IX antártica.

Las poblaciones animales

Población es un conjunto de individuos de la misma especie que viven en un área geográfica delimitable. Al presentar necesidades ecológicas similares, se produce un intercambio entre sus componentes. Si alguna circunstancia (cadena montañosa, cambio de clima, etc.) separa o aisla a grupos de esa población, la evolución y selección actúan de acuerdo a las condiciones nuevas y originan subpoblaciones que producirán en el curso de su evolución una nueva especie. La población inicial se esconde en otras distintas y una especie da lugar a otra nueva.
La **especie**, es un conjunto de individuos capaces de cruzarse y dar descendencia fértil, es el criterio básico de población: si se habla, de la población de determinados grupos, como la población ornítica de un bosque, escarabajos de un prado, etc. Las poblaciones se distribuyen de manera **aleatoria**, como el plancton marino de una región oceánica, o **uniforme**, como un arrecife coralino. La población formada por especies con capacidad de desplazamiento es heterogénea y no se distribuye con igual densidad por el área de dispersión.

Sociedades animales
Muchos invertebrados inferiores -protozoos- forman poblaciones de gran densidad, la relación entre individuos es casual y viene dictada por la presión del medio. En animales con desarrollo avanzado del sistema nervioso, aparecen estructuras denominadas **sociedades**, donde existen relaciones interindividuales determinadas por normas de conducta y lazos de unión en los miembros del grupo.
Los insectos son invertebrados con un desarrollo especial de hábitos sociales. El hormiguero, con miles de individuos de la misma especie, es una estructura en la que cada uno de sus componentes desempeña una tarea concreta predestinada desde su nacimiento; lo mismo que las abejas, unos huevos generan obreras y otros, machos o reinas, o en el caso de hormigas, soldados. El comportamiento de cada miembro de la colonia está fijado en sus genes, pues el aprendizaje en estos animales es escaso.
En vertebrados, las sociedades son flexibles, por la capacidad de aprendizaje que muestran

1

2

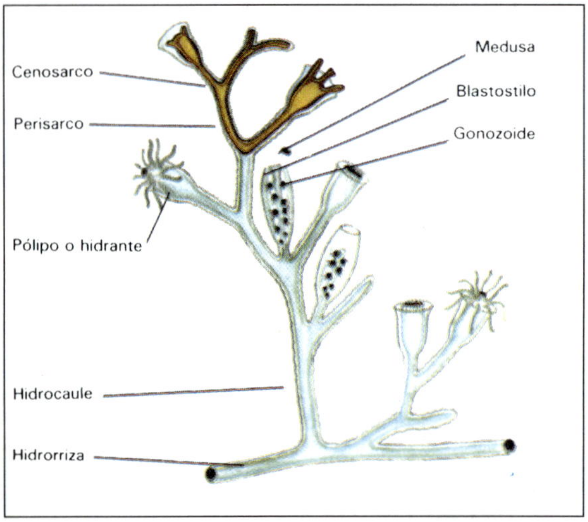

3

los animales, sobre todo en grupos superiores.
Los atunes, las sardinas o los arenques son peces que muestran un arraigado sentido social, formando grandes bancos como una unidad, aunque cada individuo es independiente; la ventaja de este agrupamiento es la defensa ante depredadores.
Los mamíferos pueden ir de rebaños de grandes herbívoros, guiados por un individuo experimentado, hasta grupos familiares y manadas de lobos o leones, con relación intensa entre sus componentes. En estos grupos no existen individuos especializados para cada función.
El **territorialismo**, como instinto de defensa de un área determinada (reproductora, de caza, etc.) frente a individuos de la misma especie, se halla muy extendido.

Relaciones entre poblaciones distintas

La **depredación** es una de las relaciones básicas entre poblaciones animales y un grupo, el de los **depredadores** se alimenta de otro. La cantidad de los primeros es inferior simpre a los segundos con una estrecha interrelación entre ambas poblaciones, y fluctuaciones cíclicas en sus efectivos. Este fenómeno recibe el nombre de **relación depredador-presa**, en un medio equilibrado supone un control mutuo, no sólo el depredador (ej., el lince) impide que la población de presas (ej., conejos) sea excesiva y agote los recursos alimentarios, también la presa limita el número de depredadores en un territorio.

El **mutualismo** es la relación entre especies diferentes que beneficia a ambas, como con anémonas de mar y cangrejos ermitaños. Éstos se protegen de sus enemigos mediante tentáculos urticantes en la anémona, la cual, consigue el alimento de restos de lo que captura el cangrejo.
El **comensalismo** sólo beneficia a una especie, aunque la otra no resulta afectada. Las rémoras, se adhieren a los tiburones para transportarse, no dañan al escualo.
El **parasitismo**, es una variedad de depredación en la que el depredador no mata a su presa, se alimenta de ella mucho tiempo. Los parásitos pueden situarse en el exterior de su víctima, garrapatas, piojos o sanguijuelas, y se nombran **ectoparásitos**; permanecen sólo el tiempo necesario para alimentarse. Otros, como las tenias, residen en el interior del huésped (**endoparásitos**) y permanecen allí toda su vida.

4

5

1. *En los abrevaderos suelen reunirse especies diferentes, como estos herbívoros, que no forman una población; son agrupamientos ocasionales que sólo a veces mantienen una cierta cohesión y uniformidad.*

2. *Muchos invertebrados, como los celentéreos, forman verdaderas colonias en las que sus componentes pierden toda individualidad. Es frecuente que se produzca una división del trabajo y una gran especialización.*

3. *La colmena de las abejas acoge a uno de los tipos más perfectos de sociedad animal; dividida en castas, sus miembros se reconocen unos a otros por señales químicas y se comunican mediante un lenguaje especial.*

4. *Las anátidas forman grandes poblaciones que se mantienen unidas durante todo el año y realizan periódicas migraciones. En el curso de éstas, vuelan manteniendo una formación característica.*

5. *Los peces suelen formar bancos constituidos por individuos de una misma edad y tamaño, que se desarrollan al mismo tiempo. A veces las poblaciones de adultos devoran a los alevines de su propia especie.*

La evolución de los animales

1

El proceso evolutivo

El fenómeno de la **evolución** es un cambio gradual de las carateristicas de una especie como adaptación a condiciones o perfeccionamiento de otras ya disponibles. No actúa sobre el individualismo aislado, sino sobre el conjunto de individuos de la población y los cambios aleatorios que se producen (**mutaciones**) en ellos, permiten la aparición de características, que si resultan ventajosas para la especie se perpetúan, o desaparecen en el individuo en el que se originaron.

La **selección natural** es un mecanismo de la evolución, es la perpetuación de los que mejor se adaptan al medio: un individuo con una característica ventajosa tiene mayores posibilidades de supervivencia y sus descendientes; en sucesivas generaciones aumenta el número de individuos con esa característica, respecto a los que no la tienen. Se debe a un aumento en la proporción de genes en la población y a que los cruces no son ya al azar, existe ventaja hacia el cruce entre individuos con el caracter ventajoso.

La especiación

El resultado del proceso evolutivo es la aparición de nuevas especies, que generan grupos taxonómicos de mayor envergadura. Los cambios progresivos que se dan en la población se acumulan hasta que, parte de la población se desliga del resto y aunque pueden cruzarse con ella, surgen factores (alejamiento geográfico, nuevas pautas de conducta, etc.) que dificultan dicho cruce. Así, aparecen las **subespecies**.

El paso siguiente puede ser una barrera biológica, una variación en la época reproductora, que imposibilite el intercambio de genes en las subespecies.

No tardarán en distanciarse para independizarse como especies, y seguir un curso evolutivo propio.

Características del proceso evolutivo

Los cambios genéticos en las especies son lentos, aunque la **velocidad evolutiva** está en función de la estabilidad del medio. Cuando éste cambia frecuentemente, las especies evolucionan con más rapidez, adaptándose a las condiciones y desapareciendo otras.

La evolución, no es un proceso lineal, a partir de un cambio de una especie, se producen variaciones diversas en todos sentidos posibles (**radiación adaptativa**) para originar la gran variedad actual de los animales.

Hay especies que, en un cambio súbito de su entorno, desaparecen (**extinción**), otras lo hacen de modo progresivo, al agotar su capacidad de evolución. El nicho ecológico que ocupaban lo llenan de inmediato nuevas especies más adaptadas que, cumplen sus funciones (**sustitución**).

El proceso evolutivo conduce a un mismo resultado (**convergencia**), como las alas de las aves y murciélagos, o, pueden aparecer características diferentes destinadas a aprovechar las opciones del medio (**divergencia**), como las diversas formas del pico de los pinzones de Darwin.

Breve historia de la evolución de los animales

Es posible que la vida sobre nuestro planeta surgiera hace unos 2000 millones de años. Desde esa fecha hasta hace unos 570 millones aparecieron los principales invertebrados.

La era **paleozoica**, comprende seis periodos (**cámbrico**, **ordovícico**, **silúrico**, **devónico**, **carbonífero** y **pérmico**) se prolongó por unos 340 millones de años, hasta el triásico (230 millones de años). Los **trilobites** y los **branquiópodos** alcanzaron esplendor y surgieron los primeros vertebrados. En el silúrico las plantas conquistaron tierra firme y permitió que después lo hicieran los animales. Tras los anfibios e insectos aparecieron los **reptiles** que se extendieron por el planeta hace unos 280 millones de años, época en que se extinguieron los trilobites.

La era **mesozoica**, duró unos 165 millones de años y comprende tres periodos (**triásico**, **jurásico** y **cretácico**). En el primero, el más antiguo, surgieron los mamíferos; los reptiles continuaron su predominio sobre la tierra, que fue disminuyendo, al final del periodo, con la extinción de los dinosaurios.

La era **cenozoica**, comenzó hace 65 millones de años y se prolonga hasta la actualidad. Se divide en dos periodos principales: el **terciario**, duró hasta hace 2 millones de años, y el **cuaternario**, que comenzó en dicha fecha. El comienzo de esta era estuvo marcado por el despliegue y radiación adaptativa de los mamíferos, que configuraron los órdenes en la actualidad. A mediados del terciario surgieron los **póngidos**, y próximos ya al cuaternario los **homínidos**. Con el inicio del cuaternario se produjeron las primeras glaciaciones que condujeron a la extinción de los grandes mamíferos. Los homínidos evolucionaron hasta una especie cosmopolita: el ser humano.

1. *Para el estudio de la evolución, los restos fosilizados de especies pretéritas son de gran utilidad, pues permiten estudiar las características de los antecesores de los animales actuales.*

2

3

4

5

2 *Las aves primitivas, que han llegado hasta nosotros fosilizadas, mostraban características reptilianas que han permitido establecer la línea filogenética que conduce de los reptiles hasta las aves actuales.*

3 *Las especies con una gran capacidad de adaptación, como el mirlo común, pueden conquistar nuevos nichos ecológicos, dando lagar a nuevas especies al actuar sobre ellas la selección natural.*

4 La evolución es un proceso constante que aprovecha todas las nuevas oportunidades que se brindan. Asi, por ejemplo, los pinguinos han perdido la capacidad de vuelo y han «regresado» al medio marino adaptándose a él.

5 La intervención humana en forma de selección artificial es un factor evolutivo que en determinadas especies, como por ejemplo el perro, ha dado lugar a la aparición constante de nuevas razas y variedades.

Los animales domésticos

1 2

Al parecer, los homínidos eran **omnívoros**, aunque con dieta predominantemente vegetal en la que el alimento animal eran invertebrados, huevos y alguna presa de pequeño tamaño. Con la evolución de sus capacidades físicas y aptitudes intelectuales se convirtieron en cazadores que mataban animales de gran tamaño. La dieta era entonces carnívora. La invención de la agricultura permitió a los seres humanos cultivar sus alimentos. La caza se convirtió en complemento de la dieta vegetal, pero, se produjo un fenómeno que se designa como **parasitismo** a una especie. El hombre dejó de matar a algunos animales y obtuvo de ellos leche y otros productos. Al sacrificar animales para consumir su carne, tenía nuevas crías que perpetuaban el suministro; el hombre se convirtió en parásitos de ciertas especies (caballos, ovejas, vacas, cerdos, gallinas). Así, aparecieron los animales domésticos, como efecto perjudicial nació el utilitarismo de la naturaleza y el ser humano tomó la potestad de disponer de todos los seres vivos, clasificándolos en útiles o perjudiciales.
Así, del espectro zoológico de la tierra surgió un animal (*Homo sapiens sapiens*) capaz de utilizar a los demás en su beneficio o de aniquilarlos. La domesticación se ha ido extendiendo a numerosas especies y hoy se ha convertido en un proceso industrial que ha provocado protestas de defensores de la naturaleza y que culminó con la declaración universal de los derechos del animal, que impide (en teoría) torturar y destruir a los seres vivos, limitando la posibilidad de utilizar animales en experimentos de laboratorio sólo a casos estrictamente necesarios.

Invertebrados domésticos

Hay algunos animales invertebrados que el hombre ha sabido rentabilizar, no puede hablarse de domesticación pues se trata de aprovechar su capacidad productora. Los casos conocidos son, gusano de seda criados en oriente y las avejas que originan la apicultura, para obtener la miel que producen. Otros invertebrados importantes económicamente, son las ostras y mejillones criados en instalaciones flotantes en áreas costeras y que se cosechan con regularidad.

Peces domésticos

Diversos pueblos crían algunos peces como la carpa y, más reciente, las truchas.
Los monasterios durante la edad media tenían estanques con estos peces para que proporcionarán pescado. La **piscicultura** ha avanzado en el siglo gracias a la introducción de métodos y técnicas genéticas. La **acuicultura marina** intenta, con éxito, la cría de nuevas especies. Se han realizado ensayos para mantener en condiciones naturales peces de interés comercial, creando «rebaños» marinos para evitar los calados de la sobrepesca.

Aves domésticas

La gallina actual procede de un gallo salvaje de regiones selváticas del sureste asiático. Se conocen alrededor de cien razas distintas, útiles como ponedoras, para obtención de huevo y carne. El faisán y la pintada africana se crían en granjas, aunque el grupo ornítico de importancia universal, junto a la gallina son las anátidas (patos, gansos) que crían para la producción de huevos y carne.

Mamíferos domésticos

Este grupo ha dado un gran número de especies domésticas. El perro y el gato –auténticos compañeros del hombre, comparten la vivienda y el alimento–, y una gran variedad de animales todos **herbívoros**, proporcionan trabajo, carne, leche, piel, etc. El caballo ha sido importante como medio de transporte y productor de fuerza (ej., para arar la tierra) y lo mismo con el buey y el búfalo. En menor medida el elefante, el camello o el reno desempeñan esa función, éstos últimos proporcionan leche, piel y carne.
Los cerca de 1200 millones de cabezas de ganado bovino repartidos por el mundo, constituyen los principales proveedores de carne y leche, proporcionan lana. Criadas en países templados, su domesticación a partir del carnero salvaje se inició hace unos 10,000 años. El cerdo es una especie muy estudiada; procede del jabalí, hace 9,000 años existía ya domesticado. Es un producto neto de carne con población cerca a 800 millones de ejemplares.

1. *En el curso de la selección artificial han aparecido numerosas razas y variedades de gallinas (ponedoras, de carne, de exhibición, etc.).*

2. *El camello y el dromedario son los animales domésticos tradicionales en las regiones desérticas y áridas, proporcionando leche, carne y pelo y sirviendo al mismo tiempo de animal de carga, tiro y monta.*

3

4

3 *Las diversas especies de bóvidos encuentran en todo el mundo una aplicación similar, pues son importantes productores de leche y carne, aunque su papel como animales de tiro ha experimentado un gran declive.*

4 *Al perro se le debe considerar más un compañero del hombre que un animal doméstico, pues le ayuda en la caza, le sirve para guiar los rebaños y comparte con él la comida y el alojamiento.*

5 *Los griegos y los romanos conocieron ya la pintada doméstica (gallinácea procedente de Africa), pero su cría cayó en desuso en Europa hasta el siglo XV; cuando los navegantes portugueses la reintrodujeron.*

6 *El ganado ovino ha acompanado al hombre desde tiempos biblicos, y todaria hoy desempena un papel muy importante en la economía como productor de leche, de carne y, sobre todo, de lana.*

5

6

La sistemática de los animales

La **especie** es la unidad básica de los seres vivos y no es fácil diferenciarla de otras, es frecuente que presente gran variabilidad, engloba el conjunto de diversos **fenotipos** y **genotipos**.
La nomenclatura determina que cada especie reciba dos nombres, el primero corresponde al género y el segundo corresponde a la especie en el género. Así recibe el nombre científico de *Canis lupus*, el chacal que pertenece al mismo género recibe el de *Canis aureus*.
El conjunto de especie emparentados se engloba en un **género**, que con otros similares se agrupa bajo una misma **familia**. Varios de éstos configuran un **orden** y varios órdenes constituyen una **clase**. Éstos presentan diferencias entre sí y son las divisiones en que se ramifican las unidades sistemáticas de categoría superior, los **tipos** o **fila** (singular, *filum*), superados sólo por los **reinos**.
Entre cada categoría existen varios intermedios para adoptarlos a las circunstancias reales (ej. **superfamilia**, **subgénero**, **subespecie**, **variedad**, etc.).
Existen algo más de un millón de especies, entre las cuales casi 820 mil son ortrópodos y entre éstos los insectos representan casi el 80%.
Los moluscos están bien ejemplificados, con unas 100 mil especies seguidas de los cordados (70 mil) y de los protozoos (20 mil). Los restantes grupos aparecen en cantidades menores: hay cerca de 11.500 especies de matelmintos, 9.000 de celentéreos, 5.300 de platelmintos, 4.500 de esponjas y 4.000 de equinodermos.
En el planeta los animales suponen cerca del 74% de las especies conocidas, mientras que las plantas forman el 26% restante (en sentido amplio). En lo que respecta a la biomasa que suponen las segundas representan el 99% del total y los animales el 1%.

1

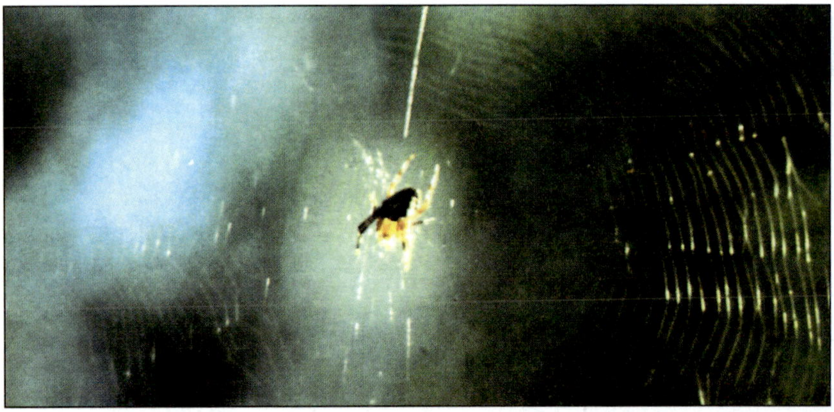

Visión sistemática del reino animal

Los cambios, en las categorías sistemáticas inferiores, son frecuentes y existen diversos sistemas de clasificación sobre las que no están de acuerdo los autores. Aquí daremos una general que incluye los aspectos principales de todos ellos.
Una primera división distingue entre los **protozoos** animales unicelulares en que los orgánulos citoplasmáticos desempeñan funciones que en organismos superiores realizan órganos y tejidos, y los **metazoos**.
En los últimos, el cuerpo es un conjunto de células especializadas en diversas funciones que se agrupan formando órganos y tejidos. En la reproducción emplean gametos, se fusionan y forman el cigoto.
El desarrollo puede ser directo a través de un embrión o pasando por fases larvarias.
En los metazoos se distinguen los **parazoos**, animales organizados a nivel del tejido y que incluye el grupo de esponjas y los **eumetazoos**, los restantes animales, su nivel de organización es superior al hístico, por lo que se distinguen órganos diferenciados por funciones.
Los eumetazoos se dividen en dos grupos: Los **radiados**, incluyen los celentéreos y los etenóforos, con órganos específicos, pero no agrupados en sistemas organicos.
Muestran simetría radial primaria como secundaria. El otro grupo es de los **bilaterales**, donde se encuentran sistemas orgánicos y simetría bilateral. Se les llama **celomados** por la presencia de una cavidad general del cuerpo, el celoma.

2

Existen 2 series de bilaterales. Los **protóstomos**, en que la primera abertura del saco original del embrión da lugar a la boca, y los **deuteróstomos**, en las que esa abertura es el ano y la boca aparece más tarde.
En la serie de los protóstomos están los tipos; **tentaculados**, **escolécidos** (gusanos inferiores) platelmintos, mesozoos, gnatostomúlidas, nemertinos, asquelmintos y kamptozoos; **moluscos** con aplacóforos, poliplacóforos, monoplacóforos, gasterópodos, lamelibranquia (bivalvos) y cefalópodos y **articulados**, con los anélidos, pentastómidos, tardigrados y artrópodos. En los últimos se distinguen los trilobitomorfos, los quelicerados (merostomas, arácnidos y pantópodos) y los mandibulados (crustáceos, quilópodos e insectos).
En los deuteróstomos aparecen cuatro tipos: **hemicordados**, **equinodermos**, **pogonóforos** y **cordados**. En los cordados hay también, cuatro grupos: tunicados, apendiculáridos, acranios y vertebrados. Los vertebrados, que dedicaremos una extensión mayor, comprende los **agnatos**, sin mandíbula y que incluye a los ostracodermos y los ciclostomas y los **gnatostomados**, con mandíbula diferenciada. En estos últimos están los **peces** (placodermos, acantoideos, condrictios y osteicitios), los **anfibios**, los **reptiles**, las **aves** y **mamíferos**.
En otros capítulos describiremos estos grupos, con su representante más característico, señalando rasgos diferenciados y la variedad alcanzada en la evolución y adaptación a innumerables nichos que ofrece el gran ecosistema que es la Tierra.

Sistemática de los animales

Reino	*Subreino*	*Rama*	*Grado*	*Serie*	*Clase*
Animal	Protozoos				Zooflagelados Rizópodos Esporozoos Ciliados
	Metazoos	Parazoos			
		Eumetazoos	Radiados		
			Bilaterales	Protóstomos	
				Deuteróstomos	

Los protóstomos

Serie	*Tipo*	*Clase*
Protóstomos	Tentaculados	Foronídeos, briozoos, braquiópodos
	Espirales	Sipunculoideos
	Escolécidos	Platelmintos, mesozoos, gnatostomuloideos, nemertinos, asquelmintos, kamptozoos
	Moluscos	Aplacóforos, poliplacóforos, monoplacóforos, gasterópodos, escafópodos, lamelibranquios o bivalvos, cefalópodos
	Articulados	Anélidos, pentastómidos, tardígrados, artrópodos

Los deuteróstomos

Serie	*Tipo/Subtipo*	*Clase*
Deuteróstomos	Hemicordados	Pterobranquios, enteropneustos
	Equinodermos	Crinoideos (clavelinas), holoturoideos (cohombros de mar), asteroideos (estrellas de mar), ofiuroideos (ofiuras), equinoideos (erizos de mar)
	Pogonóforos	
	Cordados	
	Tunicados	Ascidiáceos (ascidias), taliáceos (salpas)
	Copelados	(apendicularias)
	Cefalocordados	(anfioxos)
	Vertebrados	Agnatos, placodermos, osteíctios (peces óseos), condrictios (peces cartilaginosos), anfibios, reptiles, aves, mamíferos

1. *Los invertebrados son el grupo más numeroso del reino animal (más del 95% de las especies conocidas) y se caracterizan por carecer de un eje rígido como es la columna vertebral, a pesar de poseer un esqueleto interno o externo.*

2. *Todos los vertebrados organizan su esqueleto interno alrededor de un eje, la columna vertebral, que sirve de apoyo a las extremidades (a través de las cinturas) y lleva en su interior un cordon nervioso.*

Los protozoos

Son organismos unicelulares, que en grupos primitivos, son el nexo entre los reinos animal y vegetal. Hay especies pluricelulares, pero son una agregación de células, sin llegar al nivel de formación de tejidos.
Su forma es constante o variable; con prolongaciones citoplasmáticas (**seudópodos**) o estructuras más o menos rígidas (**cilios**, **flagelos**), que sirven para desplazamiento, y para la obtención de alimento.
En el interior de su cuerpo hay otros orgánulos con distintas funciones.
En muchos de ellos existe una abertura de la membrana celular que sirve para la entrada de alimento (**citostoma**), y a veces se prolonga en una especie de tubo (**citofaringe**). Presentan numerosas **vacuolas digestivas** que aprovechan el alimento.
Aparece otra abertura de la membrana, para expulsar residuos digestivos y metabólicos (**citopigio**).
Hay **vacuolas pulsantes**, que actúan como bomba cuya función es la osmorregulación de una célula.
Algunas especies llevan una película semipermeable resistente que los recubre, y otros previstos de orgánulos defensivos u ofensivos (cavidades con filamento evaginable) y algunos se revierten de una cubierta rígida para las épocas desfavorables (**quistes**).
Algunos protozoos, los ciliados, disponen de acumulación de pigmento fotosensible (**estigma** o **mancha acular**). Existen elementos de soporte interno (concreciones de ácido silícico o sulfatos) y externo (capsúlas de quitina, ácido silícico o carbonato).
Los protozoos desarrollan todos los tipos de alimentación, desde la autótrofa en grupos inferiores (relacionados con las plantas) a la depredadora.
Algunos se asocian con algas fotosintéticas, otras son saprobios y se nutren de sustancias en descomposición, otros son parasitos, provocando enfermedades en plantas y animales.
Los depredadores capturan las presas englobándolas con sus pseudópodos o rodeándolas con cilios o flagelos para dirigirlas al citostoma.
La reproducción en los protozoos es asexual y se realiza por división de la célula madre en dos células hijas, en un plano transversal o longitudinal o por gemación.
Otros experimentan divisiones múltiples y algunos grupos presentan reproducción sexual, que puede ser por **singamia** o **conjugación**.
En el primer caso los dos individuos se funden por completo y actúan como gametos.
En el segundo los dos individuos que se denominan **conjugantes**, se unen de manera transitoria, establecen un puente citoplasmático entre ambos y a través de él intercambian material del nucleo.
Los protozoos se hallan en la mayoría de los medios del planeta, se disponen de

1

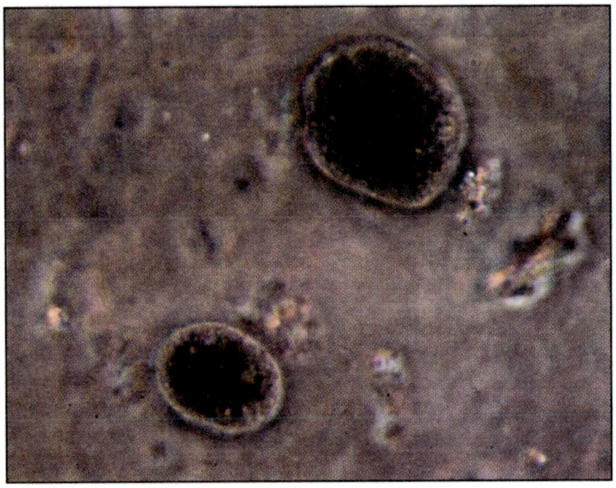

2

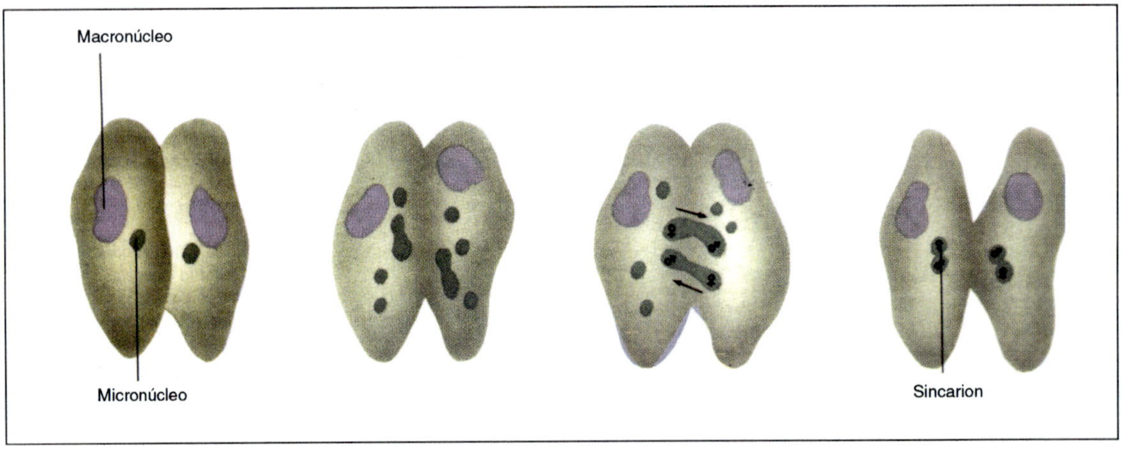

líquido para desplazarse. Forman el elemento primario del plancton (**zooplancton**), junto al formado por los organismos vegétales (**fitoplancton**) se sitúa en la base de la cadena trófica de los océanos.
Al ser el primer paso de la pirámide ecológica, de ellos depende la existencia de los animales marinos.
La sistemática de estos organismos es compleja, existen dudas sobre sus orígenes y relaciones y, en los grupos más primitivos los límites con otros reinos son difuminados. Se admiten 4 grandes grupos: **zooflagelados**, **rizópodos**, **esporozoos** y **ciliados**, con estrecha relación de parentesco en los dos primeros.

Sistemática de los protozoos

Los **zooflagelados**, tienen uno o dos flagelos y un núcleo por regla general. Asexualmente se producen por bipartición longitudinal y sexualmente por singamia, pudiendo ser los dos individuos iguales o diferentes.
El flagelo dispone de un corpúsculo basal de control, con haces de fibrillas (**axostilo**) en su interior.
Los **rizopodos** se desplazan y capturan alimento con ayuda de pseudópodos que son filiformes, ramificadas o en forma de dedo. Tienen uno o varios núcleos y se producen por escisión binaria, esporulación o plasmotomía. La reproducción sexual se realiza por singamia.
La mayoría vive libre y provisto de una membrana rígida o cápsula dura que lo protege. Por ejemplo, amibas, que provocan enfermedades en el ser humano (ej. disentería amebiana).
Los **esporozoos** carecen de orgánulos para desplazarse y tampoco presentan vacuolas contráctiles. Tienen uno o varios núcleos. Se producen por división múltiple, o singamia y todos son parásitos de plantas y animales. Su ciclo vital es complejo, se alternan las formas diplontes con haplontes. Uno de los más conocidos son los plasmodios, causantes del paludismo.
Los **ciliados** tienen numerosos cilios, que forman cintas o campos, y provistos de un citostoma, contienen 2 núcleos, uno pequeño (**micronúcleo**) que a veces es numeroso y otro grande (**macronúcleo**), participa en el proceso de conjugación, reproduciéndose también asexualmente por escisión binaria.
En algunos existe dimorfismo entre los dos conjugantes. La mayoría de ciliados son libres algunos parasitos y otros viven en comensalismo. El paramecio y las vorticelas, se encuentran en charcos, son dos de las especies más conocidas.

3

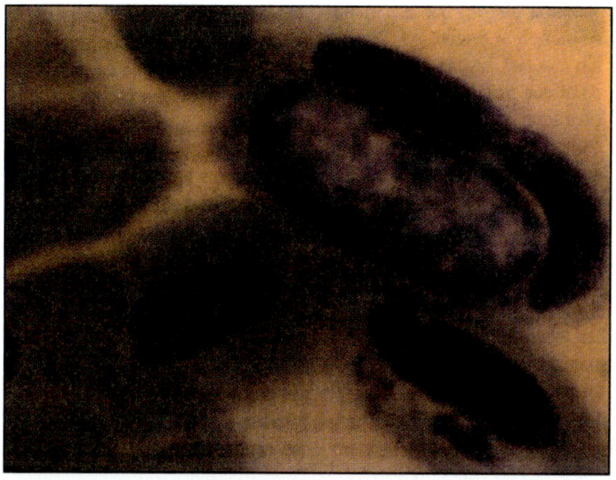

4

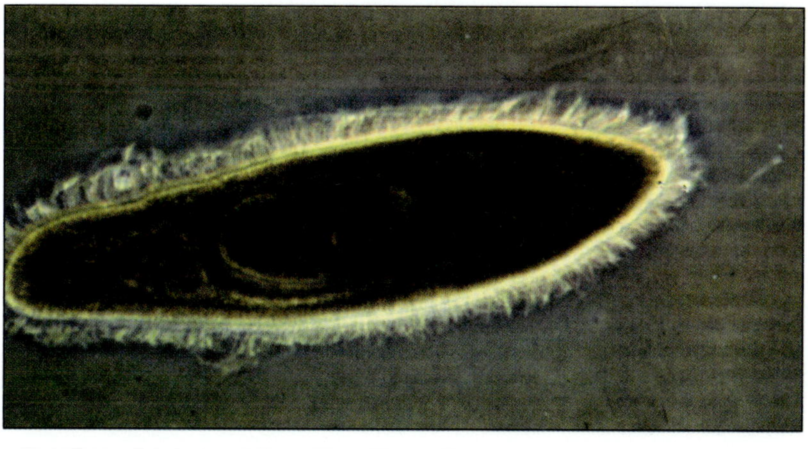

1. *Numerosos protozoos viven en el intestino de los animales sin que les causen ningún daño; son la llamada flora y fauna intestinal, como por ej. la* Endamoeba coli, *que reside en el intestino humano.*

2. *La reproducción sexual de diversos protozoos se llama conjugación. En ella se acoplan dos individuos, se disuelve su pared celular e intercambian el material genético.*

3. *Numerosos protozoos viven como parásitos en el interior de otros animales. En este caso, se trata de hemosporidios, que viven en el interior de los glóbulos rojos de muchas especies de vertebrados.*

4. *En este paramecio se pueden distinguir perfectamente los orgánulos internos. Este protozoo depredador captura las presas y las introduce en su cuerpo a través del citostoma, de donde luego pasa a una vacuola digestiva.*

Esponjas, celentéreos y ctenóforos

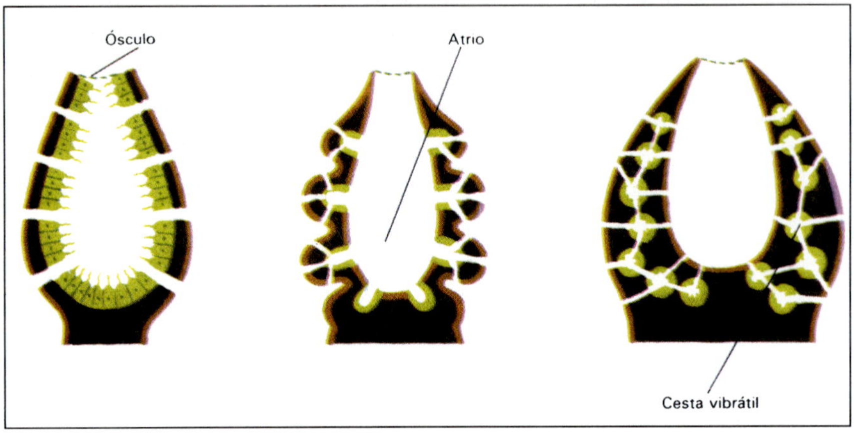

1

Las esponjas

Son animales sésiles agrupados en colonias y viven en el mar, su cuerpo puede ser asimétrico con simetría radial es de estructura sencilla sin tejidos especificados. Poseen un epitelio externo, interno y una capa gelatinosa intermedia con diversos tipos de células (**mesoglea**). Van provistos de una abertura principal al exterior (**ósculo**) de una cavidad inferior revestida de células especiales, los **coanocitos**, con flagelo y que agitan el agua y recogen partículas alimenticias.
El ósculo funciona como boca y ano, la pared exterior es de poros que conducen agua a la cavidad central por canales.
Existen 3 tipos básicos de esponjas, por el modo de disposición de los coanocitos.
El tipo **ascon**, es el más sencillo consiste en cavidad central recubierta de coanocitos y comunicada por los poros y el ósculo, con el exterior. El tipo **sicon** lleva los coanocitos en el interior de invaginaciones de la cavidad central, menor que en otro tipo y se comunica con el exterior a través del ósculo y los canales. Por último, el tipo **leucon**, es más complejo, con cavidad central reducida y espera masa de mesoglea con numerosos canales, puede llevar más de un ósculo.
La mesoglea contiene elementos en forma de aguja de uno o varios ejes (**espículas**), de carbono cálcico, sílice o sustancia protéica que dan cierta resistencia al cuerpo.
Las esponjas inhalan agua por los poros que mantienen en circulación a través de coanocitos. Un tipo especial de **amebocitos**, células de la mesoglea, engloban las partículas alimenticias del agua en suspensión y absorben oxígeno. Los residuos son expulsados por el ósculo.
Las esponjas se regeneran con gran capacidad. La reproducción asexual más común es la gemación en la cual se producen agregados de amebocitos, que se desprende y se desarrolla para generar un individuo. En condiciones adversas se producen **gémulas** (cuerpos resistentes rodeados de una cubierta), sobreviven hasta que el medio es adecuado. Las esponjas son hermafroditas, y los gametos se producen dispersos en el animal. El cigoto se transforma en larva libre, que al nadar por un tiempo se fija a un sustrato y se convierte en esponja sésil.

Los celentéreos

O cnidarios, son un nivel de organización superior al de las esponjas pues aparecen tejidos y ya no se encuentran los coanocitos. Son animales radiados o con tentáculos, viven en el mar, muestran cavidad central con abertura (boca y ano) rodeada de téntaculos. Presentan **cnidoblastos**, células urticantes con filamento recogido en una cavidad y se expulsa con un estímulo.
Los cnidoblastos se encuentran en tentáculos y sirven para capturar presas. El sistema muscular son células dispersas por el endodermo y ectodermo y el sistema nervioso consiste en una red de células agrupadas en apéndices sensoriales.
Existen dos tipos de celentéreos: **pólipos** y **medusas**. Los primeros son sésiles, cilíndrico, y con cavidad gástrica dividida por tabiques (**septos**). Muchos pólipos forman colonias y un esqueleto duro (corales). En las colonias se produce un polimorfismo que origina distintos individuos especializados en una función (reproducción, nutrición, defensa). Las medusas son libres y su cuerpo es de forma de campana que se contrae rítmicamente, de sus bordes cuelgan tentáculos; en el centro y rodeando la abertura gástrica, aparecen otros tentáculos (**manubrio**).
Se reproducen asexualmente por gemación, división o esporulación y sexualmente por gametos. El cigoto se convierte en larva ciliada, **plánula**.
Los celentéreos se dividen en tres clases: **hidrozoos**, con fases de pólipo y medusa alternados; a este grupo pertenecen las hidras de agua dulce y la carabela portuguesa (*Physalia physalis*).
Los **escifozoos**, son grandes medusas marinas, como el aguamar (*Chrysaora hysocella*) o la aurelia (*Aurelia aurita*). Los **antozoos**, con pólipos únicamente, son los formadores de arrecifes coralinos, especies típicas son las anémonas de mar, actinias, madreporarios, gorgonias y otros corales.

Los ctenóforos

Engloban pocas especies marinas, libres. Tienen cuerpo globoso con 8 bandos de cilios para desplazar al animal. El sistema nervioso está bajo estos bandos. La boca se encuentra en la parte inferior y se prolonga en canales digestivos, que comunican con el exterior por poros en la parte superior del cuerpo. Son animales pelágicos depredadores y una especie muy conocida es el cinturón de venus (*Cestus veneris*).

1. *Los tres tipos de esponjas (ascon, sicon y leucon) presentan una complejidad creciente, desde una simple cavidad gástrica central hasta un denso conjunto de cavidades menores unidas por conductos.*

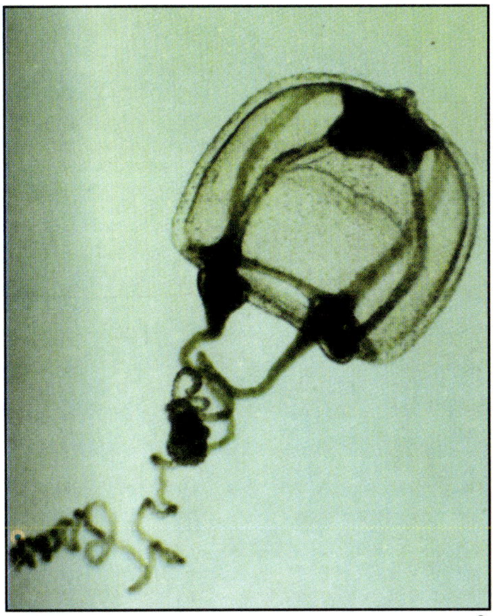

2

3

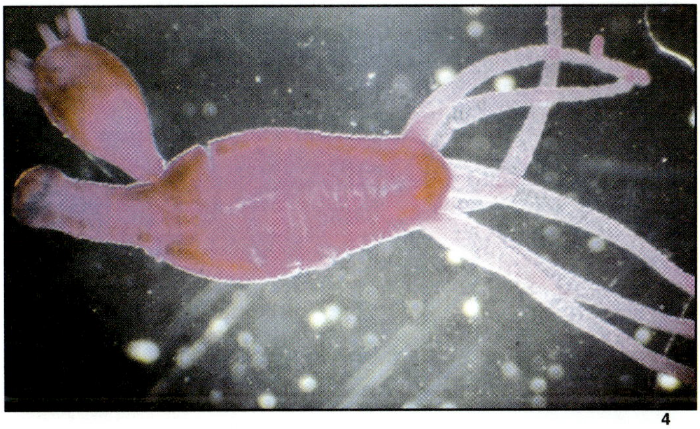

4

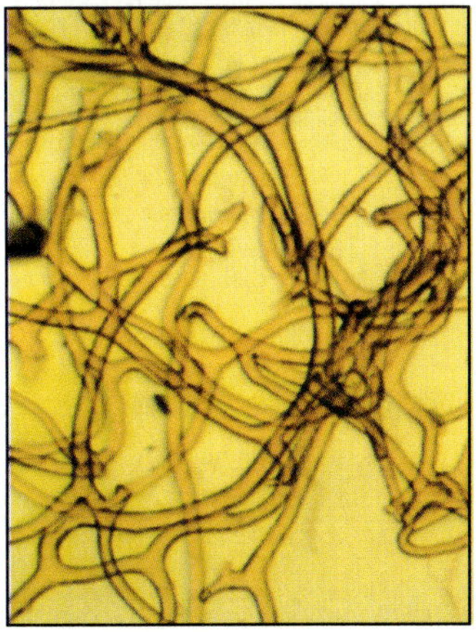

5

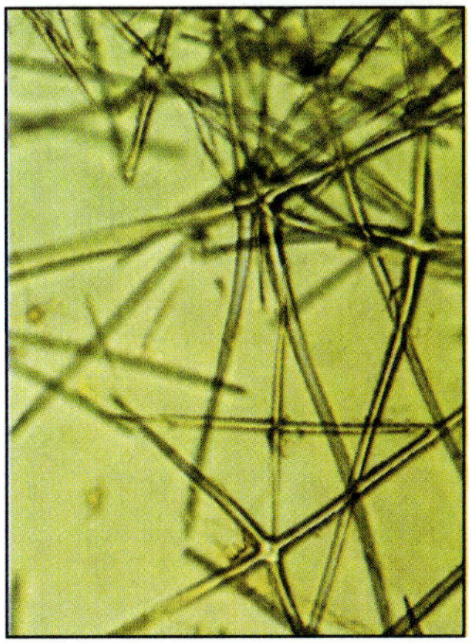

6

2 Las medusas constituyen, en muchos celentéreos, la fase libre de la especie, que tras un cierto tiempo se fija el sustrato y da lugar al animal sésil, el pólipo, el cual podrá formar transcurrido un tiempo una colonia numerosa.

3 Los pólipos encargados de la alimentación de la colonia de coral extinguen sus tentáculos en el agua para capturar con ellos las partículas alimenticias que flotan en el agua.

4 La hidra es un ejemplo típico de pólipo muy sencillo, con un disco basal para adherirse al sustrato y la corona de tentáculos que rodea la boca. El ejemplar que vemos se está multiplicando por gemación.

5 El cuerpo de las esponjas tiene también una especie de esqueleto elástico interno formado por haces de fibras de colágeno, llamadas esponginas, que sirven de soporte y a veces forman placas en la base.

6 Las células del cuerpo de las esponjas secretan sustancias minerales que se depositan en forma de agujas, las llamadas espículas, que son características de cada especie y tienen una función esquelética de apoyo.

Sipuncúlidos y gusanos

Dos tipos de protóstomos son: los sipuncúlidos y los «gusanos». Éstos últimos, se dividen en dos grupos diferenciables: escolécidos («gusanos inferiores») y los anélidos.

Sipuncúlidos
Son animales marinos de estructura vermiforme y corona de tentáculos en la boca. El tubo digestivo se enrosca en espiral y termina en un ano en la parte dorsal. El sistema circulatorio es abierto, tienen **metanefridios** y sexos separados. El sistema nervioso es un collar en la parte anterior del cuerpo que se prolonga en un cordón. La pared del cuerpo está formada por dermis, epidermis y una cutícula de revestimiento. Viven en galerías y en los fondos blandos o lodos del mar. Tienen sexos separados y el cigoto produce una larva con dos cinturones de cilios y un penacho apical (**larva trocófora**).

Escolécidos
Los grupos que se engloban en este tipo son platelmintos, nermetinos y asquelmintos.
Los **platelmintos** tienen cuerpo aplanado o acintado y sus órganos están inmersos en un tejido mesodérmico conjuntivo llamado **parénquima**. La epidermis es una capa ciliada o con una cutícula. Hay una región cefálica en la boca. El sistema digestivo se ramifica en dos o más vías y no finaliza en un ano. El sistema nervioso es una acumulación de glanglios en la porción cefálica del cuerpo, con cordones longitudinales. Como órgano excretor tienen **protonefridios** y carecen de sistema vascular y órganos respiratorios. Los órganos genitales, son complejos, y presentan ovarios y testículos. Los platelmintos son hermafroditas y dos tercios del total son parásitos. Comprenden tres clases: **turbelarios** (vida libre por ej. planarias), los **trematodos** (sin epidermis, con ventosas y de vida parásita, por ej. las duelas) y los **cestodos** (sin epidermis, recubiertos de cutícula sin sistema digestivo, ej. las tenias).
Los **nemertinos** son alargados, con tubo digestivo completo finalizado en el ano.
El sistema circulatorio esta conectado a los protenefridios. En la parte anterior llevan un tubo llamado probóscide o trompa, con que capturan presas y recogidos en una cavidad. Son marinos y con sexos separados. Se desarrollan por varios tipos de larvas.
Los **asquelmintos** o **nematelmintos** tienen cutícula y segmentación superficial. Los sexos están separados. Presentan variedad morfológica en los grupos. Los **rotíferos** son microscópicos, en su mayoría dulceacuícolas, provistos de una corona anterior de cilios.
Los **gastrotricos** son parecidos a los **rotíferos** pero con el cuerpo recubierto de cilios, y los **quinorrincos** carecen de ellos.
El grupo más numeroso e importante es el de los nematodos son cilíndricos y alargados sin cilios, de 0,1 mm a 1 m de longitud y gran adaptabilidad, viven en todo tipo de medios y muchos son parásitos. La musculatura es longitudinal y entre las capas de la epidermis. El sistema nervioso es un anillo cefálico y un cordón dorsal y otro ventral que se prolongan hacia atrás.
El sistema excretor es muy peculiar y formado por células grandes bajo la faringe que desembocan al exterior por poros. La mayoría son de sexos separados, aunque hay hermafroditas. Incluye parásitos como la triquina (*Trichinella spiralis*), lombriz intestinal (*Ascaris lumbricoides*) y la filoria (*Wucheria bancrotti*), con complicados ciclos vitales

Los anélidos
Se diferencia de los restantes por la segmentación uniforme. Ésta es la aparición de un número variable de segementos iguales (hasta 800) y segmentación interna de sus órganos. El epitelio dispone de numerosas glándulas y células sensoriales, recubierto de una cutícula con numerosas estructuras filamentosas denominadas **quetas**. El sistema nervioso consta de un ganglio cerebral y dos cordones hacia atras y unidos por conexiones intermedias (en escalera). Los órganos respiratorios son evaginaciones de la epidermis y el tubo digestivo está a lo largo del cuerpo. Tiene **nefridios** como órganos excretores y de sexos separados o hermafroditas. El desarrollo es directo o a través de una fase larvaria (larva trocófora).
Los principales grupos son: **poliquetos**, con cuerpo recubierto de quetas en segmentos. La cabeza lleva tentáculos y la faringe es evaginable. Son de sexos separados, la fecundación es externa y tiene larva trocófora. La mayoría de las especies son marinas unos errantes y otros en tubos que los secretan. Los **oligoquetos** como las lombrices de tierra, tienen quetas escasas o nulas y con cabeza reducida y sin apéndice. Son hermafroditas, la fecundación es interna y el desarrollo directo. Los **hirudíneos**, como las sanguijuelas tienen ventosas terminales y sin quetas. El desarrollo es directo.

1. *En las aguas poco oxigenadas y en los fondos de lodo vive un gusano oligoqueto muy abundante, el tubifex, que entierra su cabeza en el lodo y deja libre sólo el extremo posterior de su cuerpo.*

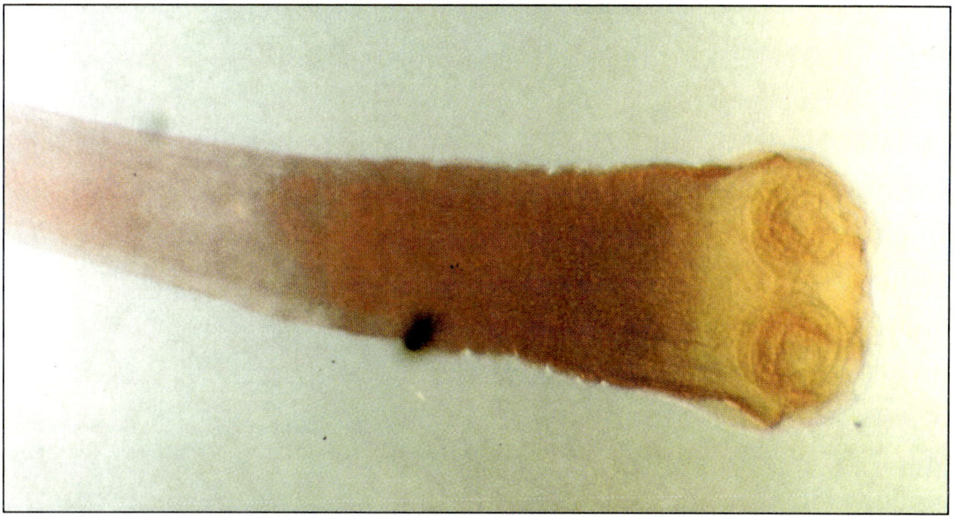

2

3

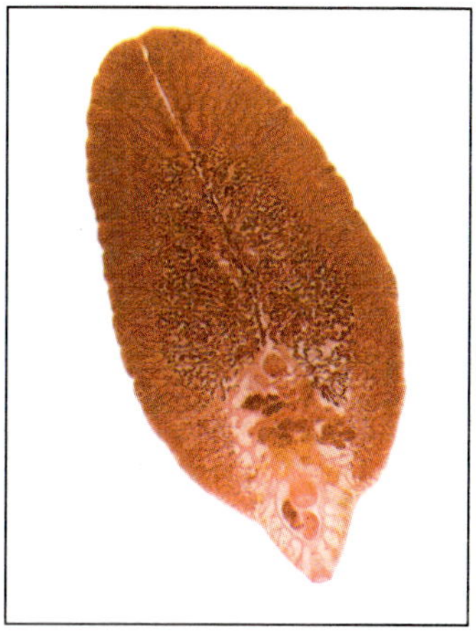

4

5

2 *La cabeza de las tenias recibe el nombre de escólex y está formada por un anillo frontal de seis ganchos y un conjunto de varias ventosas situadas alrededor de él que sirren para fijar al animal.*

3 *La lombriz de tierra es un gusano oligoqueto que vive casi siempre en el interior del suelo saliendo al exterior sólo cuando el grado de humedad es muy alto. Es muy útil para airear y enriquecer el suelo.*

4 *Los trematodos son parásitos internos, como esta duela del hígado. Una de sus caracteristicas principales es la ausencia de egidermis; tienen el cuerpo revestido de una cutícula y disponen de varias ventosas.*

5 *Las sanguijuelas son parásitos externos que se mantienen sujetas al cuerpo del huésped (un vertebrado de sangre caliente) mientras se alimentan de su sangre. Después se desprenden para hacer la digestión.*

Moluscos

1

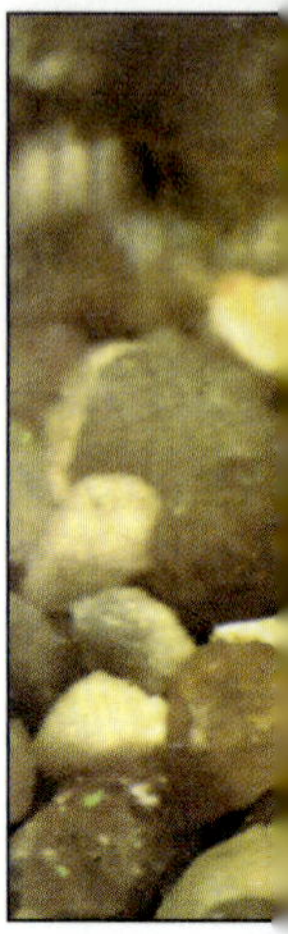

2

3

4

Son el segundo grupo más numeroso de los metazoos y han colonizado todos los medios, existiendo grupos parásitos. En el cuerpo se distingue una **cabeza**, con tentáculos, un **pie** musculoso, un **saco visceral**, que contiene casi todos los órganos, y el **manto**, pliegue sencillo o doble de la piel. El manto segrega un esqueleto externo (**concha** o **valvas**) en cuyo interior puede refugiarse el animal.
El pie es un engrosamiento del tubo muscular cutáneo que permite el movimiento restante. El sistema nervioso, es un cerebro y varios ganglios interconectados. Los órganos sensoriales están muy extendidos en estos animales y algunos grupos (gasterópodos y cefalópodos), con órganos visuales de gran perfección. Los órganos respiratorios son branquias en la cavidad del manto. El sistema circulatorio es abierto, con un corazón dividido en tres cámaras y sangre azul. El tubo digestivo consta de porciones diferentes (boca, faringe, esófago, estómago, intestino) en la mayoría de grupos, y algunos tienen en la faringe un órgano especial, la **rádula**, una especie de lima con que raspan la superficie para extraer partículas de alimento. Los órganos excretores son de tipo nefridial y desembocan en la cavidad del manto, cerca del ano.
Las gónadas tienen conductos de salida y están en la superficie del saco visceral. Existen órganos copuladores. Los moluscos tienen sexos separados, pero los hay hermafroditas y la reproducción es sexual. El desarrollo es directo o a través de una fase larvaria (**velígera**).
Los moluscos se dividen en 4 clases: anfineuros, gasterópodos, lamelibranquios y cefalópodos.

Anfineuros

Son moluscos primitivos, vermiformes con simetría bilateral, pie reducido y cabeza sin ojos y tentáculos. El cuerpo es recubierto de cutícula con espículas calcáreas. Son marinos y se arrastran por el fondo marino o enterrados en el lodo. Existen tres grupos: **aplacóforos**, sin concha, **monoplacóforos**, con concha en forma de cono aplanado, y los **poliplacóforos**, con una concha formada de placas.

Gasterópodos

Tienen cabeza con uno o dos pares de tentáculos y un pie vigoroso; la masa visceral, en el interior de una concha dorsal es arrollada en espiral, experimenta en su desarrollo un giro de 180° respecto al cuerpo (**torsión**). Los órganos respiratorios son branquias en las especies acuáticas, adelante o atrás del corazón, y un pulmón en las terrestres, que es un saco respiratorio en el interior de la cavidad del manto.
Los caracoles marinos, como las lapas (*Patella*), orejas de mar (*Haliotis*), peonzas (*Gibbula*), trompos (*Calliostoma*), bígaros (*Littorina*) o cañadillas (*Murex*) son dos sexos separados, mientras las babosas de mar (*Eolis*), los pulmonados (caracoles terrestres dulceacuícolas y las babosas) son hermafroditas. Los pulmonados ponen huevos que generan nuevos individuos sin

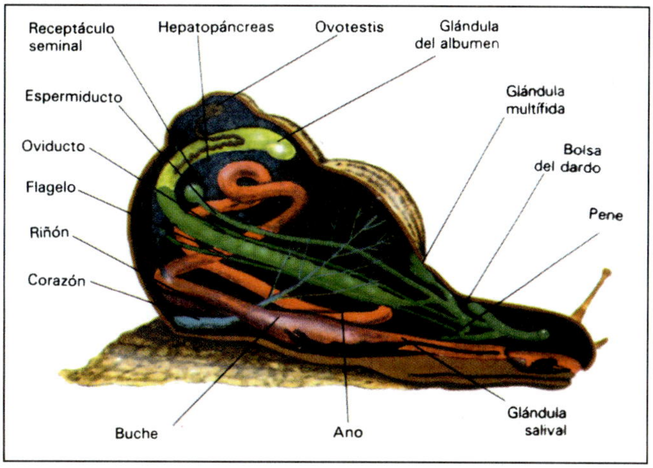

5

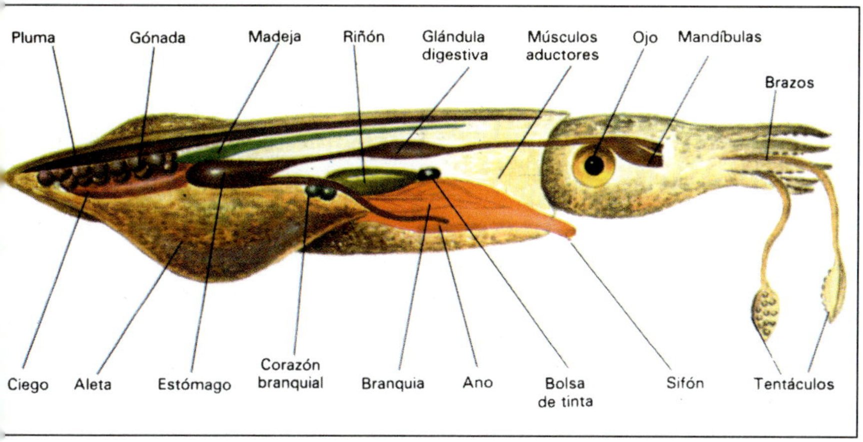

6

1. Los cefalópodos, como este pulpo, son los invertebrados más evolucionados, con un complejo sistema nervioso.

2. Numerosos caracoles marinos, como éste del grupo de los opistobranquios, carecen de concha o ésta es muy reducida. Presentan dos pares de tentáculos y suelen presentar colores muy vivos.

3. Los lamelibranquios, en este caso unos mejillones, suelen vivir fijos al sustrato o hundidos en el fondo. Para respirar y alimentarse entreabren las valvas y sacan por ellas coronas de cilios.

4. Los caracoles terrestres pertenecen al grupo de los pulmonados, caracterizado por la presencia de un saco pulmonar utilizado para la respiración. Son hermafroditas y se desarrollan sin pasar por el estado larvario.

5. El caracol terrestre engloba todos sus órganos principales en el interior de la cavidad del manto. El pie musculoso le sirve para desplazarse.

6. En esta imagen se representan los principales componentes anatómicos de un cefalópodo.

pasar por el estado larvario.
Los caracoles se encierran en su concha en tiempo seco, y permanecen así, hasta que aumenta la humedad ambiental, por ej., después de la lluvia. Las babosas llevan concha reducida. Ambos son herbívoros y causan graves daños en cultivos hortícolas.

Lamelibranquios o bivalvos

Carecen de cabeza, presentan manto con dos pliegues, tienen dos conchas, valvas, y las branquias son dobles. El pie adopta forma de lengua y carecen de rádula. En su mayoría son marinos. Las branquias están ramificadas y se convierten en órganos filtradores para capturar alimento suspendido en el agua. El desarrollo es larvario (larvas, trocófera y velígera).
Las valvas son varias capas de carbonatos y llevan un revestimiento liso (**nácar**). El manto forma estructuras llamadas **sifones**, para inhalar o exhalar el agua y muy desarrollado en especies enterradas.
Ejemplos son: las almejas, ostras, mejillones, navajas, vieiras o berberechos, todos de gran interés comercial, como las tridacnas tropicales.

Cefalópodos

Son moluscos evolucionados con cabeza diferenciada y ojos con cristalino (análoga a los vertebrados) y con tentáculos (8 en pulpos y 10 en calamares) provistos de ventosas, alrededor de la boca. El cuerpo tiene simetría bilateral, con el pie en forma de embudo para expulsar agua a presión y desplazarse a gran velocidad. El sistema nervioso está evolucionado y el aparato circulatorio es cerrado. El desarrollo es directo. Los nautilos tienen concha externa y los restantes la tienen reducida e interna, todos son marinos.

Artrópodos quelicerados

Sus características de grupo son la presencia de 6 pares de apéndices, el primero de los cuales se transforma en **quelíceros** (apéndices en forma de pinza), el segundo se convierte en **pedipalpos** (forma de tentáculos) y los restantes actúan como patas locomotoras, carecen de mandíbulas y antenas. El tórax se fusiona con la cabeza para formar una estructura no segmentada llamada **cefalotórax**. El abdomen es segmentado o no y carece de apéndice. La abertura de los conductos sexuales está en el segundo segmento abdominal. El corazón se encuentra rodeado de una estructura en forma de saco, el **pericardio**.
Los órganos respiratorios son tráqueas o pulmones ramificados. Su desarrollo es directo. Los quelicerados son de tres clases: merostomas, pantópodos y arácnidos, la última es diversa y numerosa.

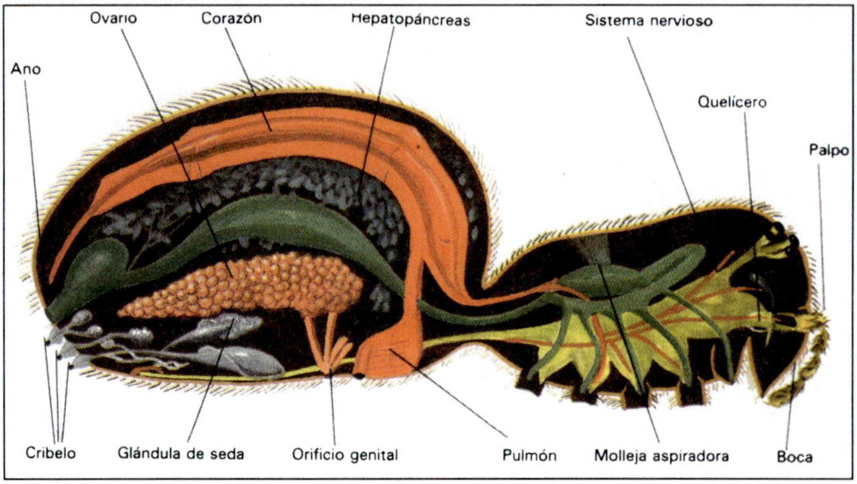

1

2

Merostomas
La especie actual más representativa, unos se extinguieron en el pasado, son los cangrejos bayoneta (*Limulus*), parecidos a extinguidos trilobites.
El cefalotórax recubierto de caparazón en forma de herradura, lleva dos ojos compuestos y uno central simple. El abdomen tiene segmentos en una placa y al final lleva una espina, el **telson**. El abdomen presenta cinco pares de apéndices transformados en órganos respiratorios, **filobranquias** para ayudar en la natación. El tubo digestivo termina en el ano se abre en la base del telson, y la excreción es a través de glándulas que terminan en el último par de patas. El desarrollo pasa por una fase larvaria, con unos doce años de duración. Los cangrejos bayoneta viven en las costas arenosas tropicales, y se alimentan de moluscos, gusanos y pequeños invertebrados.

Pantápodos
Son marinos y con abdomen reducido. La cabeza tiene cuatro ojos y la boca está en el extremo de una probóscide. Además de los quelíceros y pedipalpos, poseen un par de patas **ovígeras** con que transportan huevos, y cuatro pares de patas marchadoras largas, que han hecho que a estos animales se les nombre **arañas de mar**.
Respiran por la superficie del cuerpo. Viven a diversas profundidades en fondos marinos y se alimentan de actinias y anémonas.

Arácnidos
Son la clase más evolucionada de los quelicerados, son los más antiguos, existen durante el Devónico y el Carbonífero. Tienen cefalotórax continuo y abdomen segmentado. El sistema nervioso es muy concentrado y la fecundación es interna, con desarrollo casi directo.
Son mayormente terrestres y depredadores. Se dividen en 9 órdenes.
Los **escorpiones** conservan la estructura del Silúrico y son los

4

5

arácnidos más primitivos. Tienen quelíceros pequeños y pedipalpos grandes con pinzas. Los últimos segmentos abdominales se prolongan como cola estrecha, con el telson como glándula venenosa. Son ovovivíparos.
Los **pedipalpos** son similares a los escorpiones, aunque de abdomen más grueso y cola más fina y sin glándula venenosa.
Los **pseudoescorpiones**, parecidos a escorpiones sin cola, son pequeños (menos de 1 cm de longitud). Producen seda con glándulas cerca de la boca.
Los **palpígrados** se parecen a los grupos anteriores, aunque de menor tamaño (0.6 – 2.8 mm.). Son propios de áreas húmedas en regiones cálidas del planeta.
Los **solífugos** tiene quelíceros con gruesas pinzas y los pedipalpos parecen patas marchadoras. Son de gran tamaño y viven en desiertos y estepas.
Los **opiliones** son pequeños, con cefalotórax y abdomen fusionados y las patas largas. Los pedipalpos son cortos y respiran por tráqueas.
Los **ricinúleos** son parecidos a arañas pequeñas, ciegos y de movimientos lentos, viven en regiones tropicales.
Los **araneidos** agrupan todas las arañas (unas 30,000 especies). Tienen cefalotórax y abdomen sin dividir, unidos por una delgada cintura.
Los quelíceros disponen de glándulas venenosas con que matan a sus presas. Poseen numerosas glándulas productoras de seda en diversas partes del cuerpo. Llevan apéndices para tejer la seda (**hileras**). Las patas terminan en uñas y los pedipalpos tienen base agrandada y son usados para masticar alimento. Muchas especies elaboran telas para capturar presas. La fecundación es interna y el desarrollo directo.
Los **ácaros**, todas las funciones de su cuerpo son fusionadas y sin segmentos. Son pequeños (1-5 mm) y con órganos reducidos (ej. el corazón). Las patas posteriores están reducidas. Son terrestres, aunque hay especies acuáticas y otros parásitos externos (ej., garrapatas), que transmiten enfermedades.

1. *En esta ilustración podemos ver la estructura interna general de un artrópodo, en este caso un arácnido, con sus rasgos más diferenciadores dentro del subtipo de los quelicerados.*

2. *Las telas de araña son características de cada especie, con un dibujo distinto en cada una de ellas. La conducta para construirlas está grabada en sus genes.*

3. *Los escorpiones tienen quelíceros de pequeño tamaño y pedipalpos grandes, provistos de pinzas. En el extremo de la cola tienen una glándula venenosa con la que paralizan a sus presas.*

4. *Los arácnidos abundan en zonas áridas, donde se alimentan de todo tipo de presas, incluso crías de pequeños mamíferos y polluelos.*

5. *Los solífugos, un orden de arácnidos de actividad nocturna que suelen penetrar en las viviendas humanas atraídos por la luz. Se alimentan de insectos y de pequeños vertebrados.*

Crustáceos y miriápodos

Estos dos grupos, y los insectos, son del subtipo de los **mandibulados** cuya característica diferenciadora es la presencia de 1 ó 2 pares de antenas, 1 par de mandíbulas y 1 ó 2 pares de maxilas.

Los crustáceos

Son animales marinos, pero presentes también en aguas dulces y en tierra firme con algunos parásitos. Viven en todo el planeta. Se alimentan de plancton o presas que capturan y su tamaño va de un centollo a una langosta y los ejemplares microscópicos del placton marino.
Su cuerpo se divide en cefalotórax y abdomen, segmentado y con telson. Poseen, 1 par de antenas, 1 par de mandíbulas, 2 pares de maxilas y 3 pares de maxilípedos, apéndices menores atras de los anteriores. Tienen un par de extremidades en cada segmento corporal. Región por branquias que surgen de la base de las extremidades (**coxopoditos**) y que se engloban en una cámara con prolongaciones laterales del corazón del cefalotórax. Tienen dos **gonoporos**, aberturas de conductos sexuales, en la parte posterior del tórax y algunas especies (ej. langosta) tienen apéndices del abdomen para sujetar los huevos.
Los órganos sensoriales son los ojos y antenas, también cerdas quimiorreceptoras y táctiles en el cuerpo. La principal glándula digestiva es el **hepatopáncreas** que absorbe sustancias alimenticias para la sangre. La circulación es cerrada y el corazón reducido con varias cámaras.
En las segundas antenas o maxilas desembocan glándulas excretoras. Tienen numerosas glándulas endocrinas que secretan gran variedad de hormonas. Existen sexos separados, aunque hay hermafroditas. La fecundación es interna por **espermatóforos** (cápsula con espermatozoides) y el desarrollo es de fase larvaria (larva **nauplius**). La sistemática de los crustáceos es compleja, con grupos principales.
Los **filópodos** o **branquiópodos** tienen el corazón formado por dos valvas y sus extremidades son aplanadas. Algunos, como las artemias (*Artemia*), carecen de corazón. Son habitantes de aguas dulces, como las pulgas de agua (*Daphnia*) y tamaño muy pequeño. Son un elemento importante en la cadena trófica de charcos y humedades. Los **copépodos** son pequeños, marinos y forman parte del plancton. Algunas especies son parásitos de peces. Carecen de ojos compuestos y sólo tienen ocelos. El primer par

1

2

de antenas es largo, y nadan por apéndices torácicos que actúan como remos. Especies características son los cíclopes (*Cyclops*) y los cálanos (*Calanus*). Los **cirrípedos** son marinos, que adultos viven fijos a un sustrato, rocas, troncos o animales (ej. ballenas). El corazón, con aspecto de molusco. Los apéndices permiten capturar alimento del plancton, sacándolos por una abertura del coparazón. Especies típicas son percebes y las bellotas de mar. Los **malacostráceos** son el grupo más evolucionado y numeroso. Tienen 8 segmentos torácicos y siete abdominales, con el telson fusionado al último. El primer par de patas está transformado en pinzas, de gran tamaño, aunque capturan presas o se difunden. Los gonoporos se abren en los segmentos; 6 (hembras) y 8 (machos) del tórax. Presentan ojos compuestos sobre el pedúnculo y viven en el mar o aguas dulces o, como las cochinillas de humedad son terrestres. Su forma es variable, algunos forman el plancton y otros alcanzan gran tamaño e importancia económica. Entre éstos últimos pueden citarse las quisquillas, langostinos, camarones, cigalas, bogavantes, langostas, cangrejos de río, jaibas, barriletes y centollos.

Los Miriápodos

Es un grupo heterogéneo de artropódos, con cabeza diferenciada y alargados. Poseen un par de antenas para tantear el terreno, un par de mandíbulas y uno o dos pares de maxilas. Los ojos faltan o son ocelos sin la complejidad de los insectos. Algunas especies tienen apéndices con uñas venenosas otras de las apendices bucales, y que actúan como puntos masticadores. Presentan 1 ó 2 pares de extremidades por cada segmento corporal (hasta 160) y respiran por tráqueas. Tienen un gonoporo que se abre en el tercer extremo del abdomen. Los sexos estan separados y los machos depositan sus espermatóforos en el interior de las hembras. El desarrollo es directo. Las especies más conocidas son los ciempiés, los milpiés y las escolopendras. La mayoría son carnívoros.

4

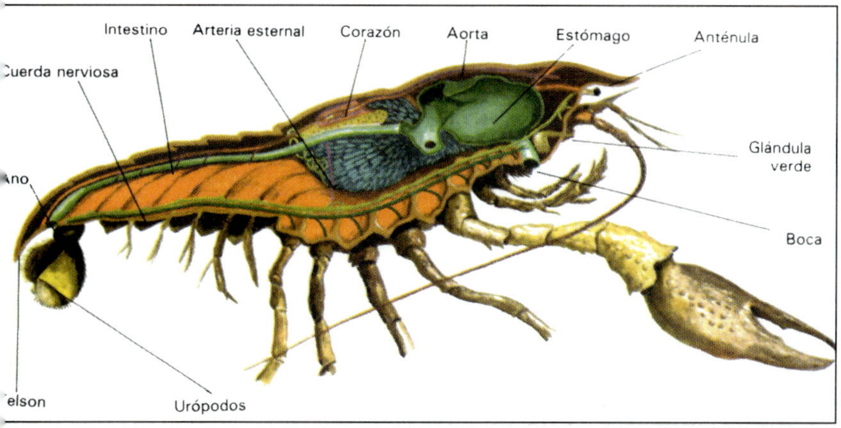

5

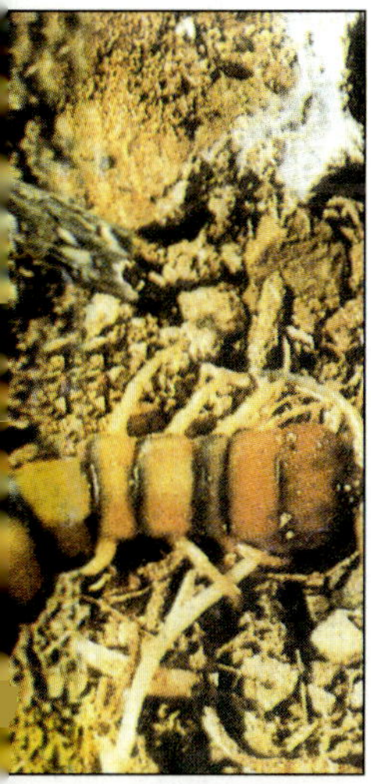

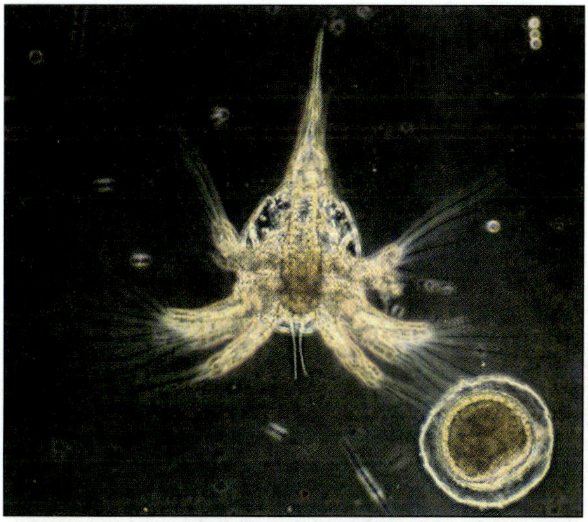

1. *Los crustáceos marinos, como este bogavente, alcanzan grandes tamaños y a menudo tienen una notable importancia económica.*

2. *Entre los crustáceos, el orden de los decápodos comprende animales marinos y dulceacuícolas con cinco pares de extremidades locomotoras. Incluye especies tales como cangrejos, langostas, quisquillas, etc.*

3. *Entre los miriápodos, el grupo de los ciempiés, como esta escolopendra, comprende especies depredadoras provistas de un par de mandíbulas y dos maxilas. Disponen de dos garras acabadas en una uña venenosa.*

4. *En esta ilustración podemos ver la estructura interna general de un artrópodo, en este caso un crustáceo, con sus rasgos más diferenciadores: el exosqueleto y las extremidades articuladas.*

5. *La mayoría de los crustáceos pasan en el curso de su desarrollo por una fase larvaria llamada nauplius, que lleva vida libre. Aquí podemos ver a la larva de un copepodo*

Insectos

El cuerpo de los insectos o **hexápodos**, se divide en tres partes: cabeza, tórax y el abdomen. En la primera poseen un par de antenas, con numerosos órganos sensoriales y gran diversidad morfológica, ojos simples y compuestos un par de mandíbulas y dos pares de maxilas que forman una boca de gran complejidad y que adopta formas diversas (tubo chupador, aparato triturador, filamento inyector, etc.). El tórax presenta dos características de los insectos: 3 pares de patas y 2 pares de alas, algunos carecen de ellas (ej. parásitos).
Ciertos grupos, como escarabajos, el primer par de alas se ha endurecido y transformado en cubierta (**élitro**) para proteger al segundo par, en otros por ejemplo las moscas, el segundo par se ha reducido a balancines. Las alas tienen el borde anterior rígido y el resto membranoso y pueden ser incoloras, o recubiertas de un polvillo que les da muchas tonalidades, como las mariposas. El abdomen tiene 11 segmentos sin apéndices locomotores y finaliza en una estructura llamada **oviscapto**, destinada a poner huevos. Respiran por **tráqueas**, con un extenso sistema de tubos que llevan oxígeno a todo el cuerpo y se abren al exterior por orificios, los **espiráculos**, en los segmentos torácicos y primeros abdominales, cerrándose o abriéndose por valvas.

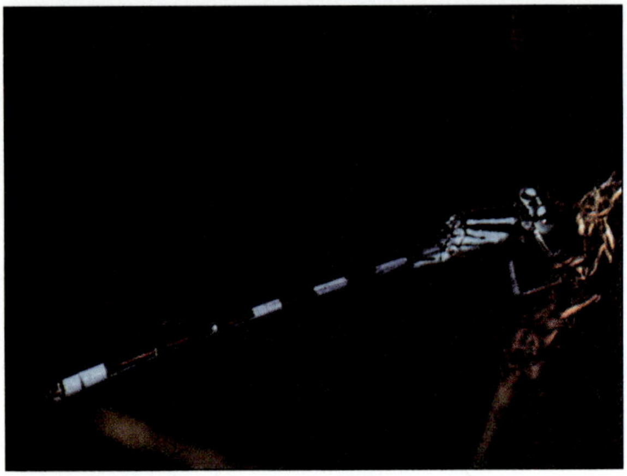

1

El sistema nervioso es del tipo escalera, y el aparato circulatorio tiene uno o varios corazones y un tubo largo abierto por sus extremos; la sangre es incolora, sin pigmentos respiratorios (no necesarios). El tubo respiratorio se inicia en la boca y finaliza en el ano, extremo posterior del abdomen; con diversas glándulas y divertículos. El aparato excretor se forma por los **tubos de Malpighi**, sáculos que recogen los residuos metabólicos y los vierten en la porción posterior del intestino. El cuerpo está cubierto de un exosqueleto de quitina, es duro y los proteje. Pero, al ser rígido impide que el insecto aumente de tamaño y, como en artrópodos, a intervalos regulares se produce una **muda**, se desprenden del caparazón viejo, crecen con rapidez y generan una nueva capa quitinosa mayor.
La mayoría tienen sexos separados y la fecundación es interna, por espermatóforos. La partenogénesis es frecuente en especies sociales. El desarrollo es directo, en grupos primitivos, o indirecto en un proceso llamado **metamorfosis** donde el insecto se transforma en varios estados intermedios antes de ser adulto. La metamorfosis es completa (**holometábolos**), siguiendo el ciclo de huevo, estado larvario, pupa e imago (adulto), o incompleta (**hemimetábolos**), sólo ciclo de huevo, larva e imago. Las larvas son distintas y reciben diferentes nombres, como **orugas** en el caso de las mariposas. Tienen patas y un aparato masticador desarrollado, son voraces y acumulan reservas para fases posteriores. La pupa es una fase inmóvil con las últimas transformaciones que generarán al adulto. Se encierra en un capullo de seda para realizarlas, como las **crisálidas** de las mariposas. El último eslabón es el **imago**, el insecto adulto y dotado de capacidad reproductora.
Los insectos son animales terrestres, aunque hay parásitos y unos pocos que viven en medios acuáticos. Se alimentan de plantas (a veces plagas de cultivos humanos), de residuos orgánicos o presas que capturan. Aunque muchos son sedentarios, hay especies que realizan migraciones (langostas, mariposas). Algunos (hormigas y abejas) forman sociedades organizadas complejas y con estricta división en clases, que da individuos especializados en diversas funciones.

Los insectos tienen gran importancia como alimento de otros animales (aves, mamíferos, reptiles) y contribuyen a la formación del suelo (hormigas rojas de bosque). Tienen importancia económica para el hombre, como plagas en los cultivos o, por ej., para producir miel.

Sistemática de los insectos

Se distinguen dos subclases, los **apterigotos** son insectos primitivos sin alas y con desarrollo directo, sin sufrir metamorfosis.
Ejemplos son los colémbolos y los pececillos de plata.
La otra subclase son los **pterigotos** o insectos alados que experimentan metamorfosis y se agrupan en dos superórdenes: los **exopterigógenos** que son hemimetábolos. Sus larvas, se llaman **ninfas** cuando son terrestres y **náyades** si son acuáticas, presentan ojos compuestos. Por ejemplo: saltamontes, grillos, cucarachas, tijeretas, termes, piojos de libros, piojos chupadores, etc.
El superorden de los **endopterigógenos** son holometábolos y sus larvas sin ojos compuestos. Por ejemplo: hormigas león, moscas de los pescadores, frigáneas, escarabajos, mariposas, etc.

1. *Las libélulas (orden odonatos) tienen cuatro pares de alas iguales y son depredadores que cazan insectos al vuelo. Sus larvas se desarrollan en el interior del agua y también son depredadoras.*

2

3

4

5

2 *Las hormigas sienten una gran predilección por el líquido que segretan los pulgones, hasta el punto que los cuidan y mantienen en sus hormigueros como si se tratase de «ganado».*

3 *Las mariposas (orden lepidópteros) son animales muy vistosos debido a las escamas que recubren sus alas membranosas. Las especies diurnas tienen antenas filamentosas y las nocturnas plumosas.*

4 *Las moscas y mosquitos constituyen el orden de los dípteros. Tienen dos pares de alas desarrolladas y el otro par reducido a balancines. La boca es picadora, chupadora y mordedora y tiene forma de trompa.*

5 *Los escarabajos, como este cierro volante, tienen las alas anteriores convertidas en cabiertas rigidas (élitros) bajo las que se ocultan las posteriores, membranosas y plegables.*•

Equinodermos y grupos afines

El grupo de los deuteróstomos engloba cuatro tipos: **equinodermos**, **hemicordados**, **pogonóforos** y **cordados**. Veremos los tres primeros.

Equinodermos

Es un grupo marino, que alcanzó en el pasado gran esplendor y del que se conocen especies fósiles.
Sus características son, piel cubierta de espinas, manifiestas, y la simetría radial que en algunos se convierte en bilateral. Su forma puede ser globular, cilíndrica o radial, por lo general con 5 brazos. La piel es una epidermis ectodérmica, ciliada, y una capa de fibras musculares y elementos esqueléticos cutáneos (placas fusionadas). Otra de sus características es la presencia de un *sistema acuífero*, conjunto de tubos llenos de agua del celoma. Está en contacto con el exterior por una placa llena de orificios (**placa madrepórica**), que de un canal lleva a un anillo que rodea la boca. De este anillo surgen las ramas que recorren el cuerpo (ej. los brazos de una estrella de mar) y provistas de pequeños tentáculos que sobresalen por la piel del animal (**pies ambulacrales**). Éstos sirven para la locomoción y para la respiración. El sistema nervioso es un anillo que rodea la boca y nervios radiales que parten de él. Los órganos sensoriales son poco desarrollados y para la respiración utilizan porciones del cuerpo en que la piel es delgada. Carecen de sistema circulatorio propiamente dicho y el tubo digestivo es sencillo y arrollado en espiral, se inicia en la boca y acaba en el ano, aunque éste último falta en algunas especies. Carecen de órganos excretores. Los órganos sexuales son gónadas en forma de saco que desembocan al exterior.
Tienen sexos separados, sin dimorfismo sexual. Ponen huevos en el agua, donde son fecundados por espermatozoides. Muchas especies tienen cavidades entre las espinas donde desarrollan los huevos («cámaras incubadoras»).
Las larvas (**dipleurula**) son bilaterales y con penacho ciliar y franjas de cilios. Los equinodermos tienen capacidad de regeneración de parte o todo el cuerpo. Se alimentan de detritus, algas o animales que capturan (esponjas, moluscos, pólipos, caracoles, crustáceos o peces).
Viven en fondos marinos, libres o fijos a un sustrato. Se distinguen dos grupos principales. Los **pelmatozoos** son animales fijos, sujetos al sustrato por un pedúnculo y tienen boca y ano dirigidos hacia arriba. La mayoría son fósiles y los únicos actuales son los lirios de mar (crinoideos), de forma estrellada, brazos ramificados y plumosos. Los pies ambulacrales sirven para respirar y capturar partículas alimenticias del agua.
Los **eleuterozoos** son animales libres con boca y ano, dirigidos hacia abajo.
Comprenden en la actualidad 4 clases; las holoturias o cohombros de mar (**holoturoideos**), de simetría bilateral secundaria, forma de pepino y una corona de tentáculos alrededor de la boca; las estrellas de mar (**asteroideos**), con 5 o más brazos, el extremo con una mancha fotosensible que les orienta y diversos colores. Las ofiuras (**ofiuroideos**) con forma estrellada y con brazos flexibles, delgados y largos.
Los erizos de mar (**equinoideos**) de forma globosa o discoidal, sin brazos y placas esqueléticas fusionadas, como estructura rígida no articulada. Se mueven con los pies ambulacrales y las espinas.

1

Hemicordados

Son animales marinos con aspecto de gusanos, importantes en la sistemática zoológica pues unen grupos diferentes. El cuerpo está dividido en tres partes (protosoma, mesosoma y metasoma) y el celoma dividido también en tres partes (protocele, mesocele y metacele). Tienen hendiduras branquiales para respirar. Los sexos son separados y el desarrollo es por larvas.
Comprende dos clases; los **pterobranquios** son pequeños animales coloniales, viven en cápsulas secretadas por ellos o unidos a la colonia por un pedúnculo.
Tienen tentáculos alrededor de la boca y el tubo digestivo con forma de U, y el ano próximo a aquella. Los **enteropneustos** son solitarios, su tubo digestivo es recto, finaliza en el ano al extremo opuesto de la boca, carecen de tentáculos.

Pogonóforos

Son un grupo poco conocido, descubierto a principios de siglo y con unas 100 especies. Son animales marinos de regiones abisales. Son delgados, de 10 a 30 cm., de longitud, viven dentro de tubos, secretados por ellos, que entierran en el lodo. Carecen de tubo digestivo y se supone que se alimentan a través de la piel, análoga a los poliquetos, por una corona de largos tentáculos en la parte anterior del cuerpo. No tienen sistema respiratorio. El celoma se divide en tres partes, el sistema circulatorio es cerrado y presentan sexos separados.

1. *Los brazos de las estrellas de mar son de diversa longitud en función de cada especie y se encuentran recorridos por el canal acuífero del sistema ambulacral, que está en comunicación con el agua del mar.*

2

3

4

2 *La mayoría de los erizos de mar liberan los gametos directamente al agua y se desarrollan pasando por una fase larvaria, pero algunos grupos presentan fecundación interna y el desarrollo es directo.*

3 *Las largas espinas de muchos erizos de mar no sólo desempeñan una función defensiva, sino también locomotora. Estos animales poseen un complejo órgano masticador con el que pueden perforar conchas.*

4 *Los erizos de mar tienen forma más o menos redondeada y carecen de brazos. El esqueleto externo tiene poros a través de los cuales salen los pies ambulacrales, y lleva numerosas espinas móviles*

Cordados primitivos

Los cordados tienen un cordón elástico de soporte (**cuerda dorsal** o **notocordo**) entre la médula espinal y el intestino, presente sólo en la fase embrionaria. Se reunen en cuatro grupos: tunicados, copelados, cefalocordados, sin columna vertebral, y vertebrados, provistos de ésta. Veremos los primeros tres.

1

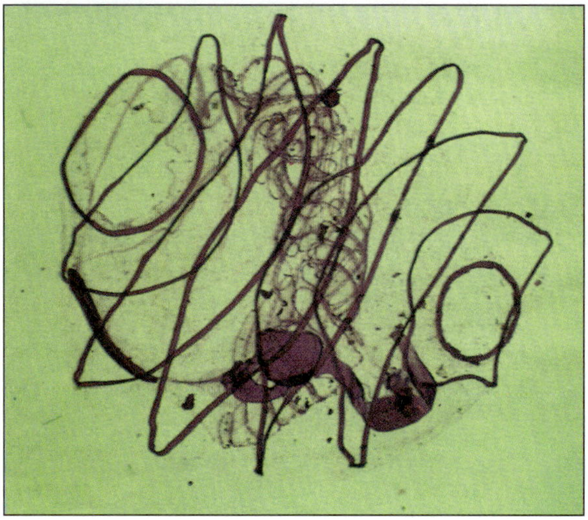

2

Tunicados

Son animales marinos sésiles o libres, cuerpo con cubierta transparente secretada por la epidermis. La abertura de entrada es grande, alargada (**sifón**) y conduce a una boca con faringe, cuyas paredes tienen numerosas hendiduras respiratorias y alimentarias.

La faringe está en un amplio espacio (**cavidad peribranquial**) que comunica a una cloaca, a la que desemboca el extremo del intestino y se comunica al exterior por otro sifón.

No existen cavidades celomáticas y el sistema circulatorio es abierto, y corazón pulsante. Tienen musculatura anular y longitudinal en el tejido conjuntivo, con que realizan movimientos de contracción. Carecen de órganos excretores. La mayoría son hermafroditas, con los testículos y ovarios en la parte posterior del cuerpo y los gonoductos que desembocan en la cloaca. La multiplicación es vegetativa y con alternancia de generaciones.

El desarrollo es directo o indirecto, por larva, que lleva un notocordo en la cola.

Hay dos clases de tunicados. Los **ascidiáceos**, ascidias, patatas de mar o cuajamarinos, son animales que viven adheridos a sustratos en el fondo del mar. Miden de 0.1 a 30 cm de longitud. Pueden ser solitarios o formar colonias por gemación, que miden varios metros. Parecen un saco por los dos sifones en los extremos.

La faringe tiene hendiduras y aspecto de **cestilla branquial**, que filtra el plancton del que se alimenta el animal. El tubo digestivo discurre en forma de U. Los **taliáceos**, conocidos como salpas, son animales pelágicos que viven en mares cálidos. Tienen forma de barrilete con los dos sifones en extremos opuestos del cuerpo. Nadan tomando agua por la parte anterior y expulsándola con fuerza por la posterior. El cuerpo tiene fibras contráctiles y la faringe presenta hendiduras.

Algunas especies forman colonias con forma de tubo gelatinoso largo, donde cada individuo lleva un sifón dirigido al exterior y el otro al interior del tubo común, lo que al expulsar el agua por un sifón logra impulsar a la colonia.

Copelados

Conocidos por larváceos o apendicularias, son similares a los tunicados pero los adultos conservan toda su vida la cola larvaria, con notocorda, separada del tronco. La túnica es muy desarrollada, cubre a todo el animal y filtra las partículas alimenticias, y la cestilla branquial está muy reducida.

De vez en cuando abandonan la cápsula de la túnica y secretan otra nueva.

Los copelados son animales marinos pelágicos de pequeño tamaño (0.3 a 25 mm sin la

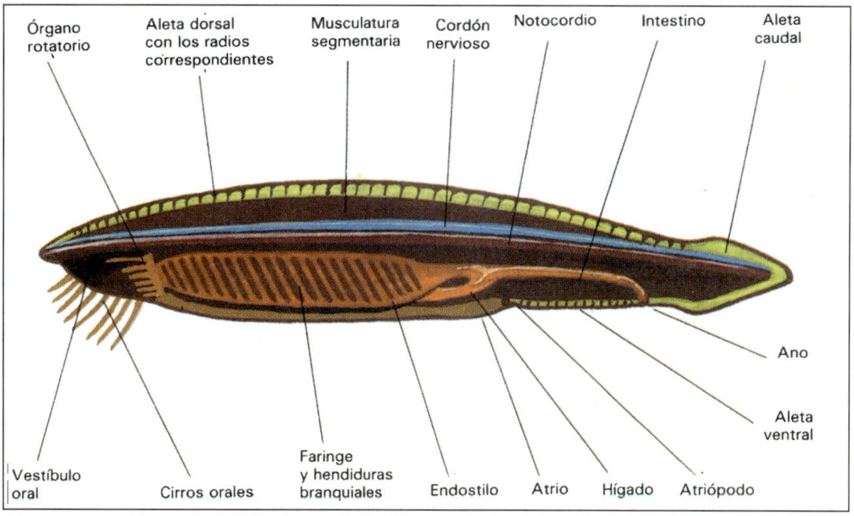

hacia el aparato branquial, desde donde se dirige hacia la cola por las arterias dorsales.
La excreción es por protonefridios, sexos separados y fecundación externa. Las larvas son asimétricas.

3

4

cola, que mide hasta siete veces la longitud del tronco).

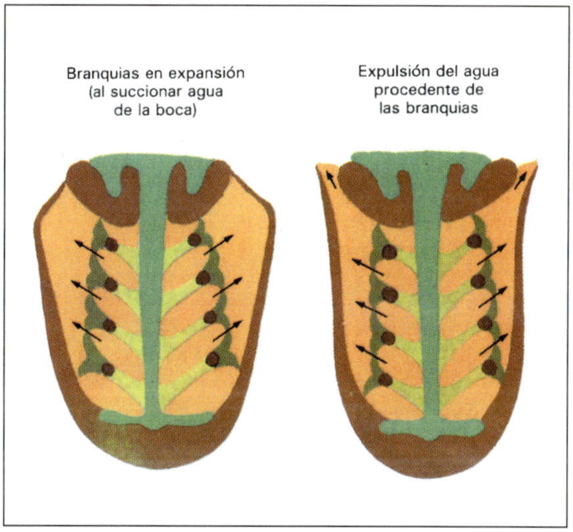

Cefalocordados
Conocidos por anfioxos, son los representantes de cordados primitivos y modelo de los más evolucionados. Son de forma de lanceta, estrechados lateralmente, de 4 a 8 cm de longitud y con extremos aguzados, viven enterrados en la arena del fondo. Carecen de cabeza diferenciada y tienen un notocordio que recorre todo el cuerpo. Encima de él discurre un cordón nervioso hueco, con nervios laterales que conectan células sensoriales y la musculatura.
Ésta se dispone en segmentos laterales (**miotomos**) en forma de V y alternados.
Externamente, tienen aleta dorsal continua hasta el tercio anterior del cuerpo, aleta ventral en el tercio posterior del cuerpo y aleta caudal que se fusiona con las otras. El animal es blanquecino, casi transparente, con epidermis de una capa a diferencia de los vertebrados. El tubo digestivo comienza con una cavidad oral rodeada de prolongaciones filiformes (**cirros**), con un estrechamiento provisto también de cirros, tras el cual está la boca. Viene la faringe, con hendiduras branquiales (unas 80) reforzadas con varillas de tejido conjuntivo. Desempeña doble función: respiratoria y alimentaria, filtrando partículas alimenticias del agua.
Sigue el intestino, al que desemboca una glándula digestiva (saco ciego llamado «hígado»), finalizada en el ano, atrás del último tercio del cuerpo.
La circulación es cerrada y con red de venas y arterias, falta un corazón principal, en la faringe hay ensanchamientos contráctiles de los vasos (**bulbos**). La sangre, incolora circula por las venas principales ventrales de la parte posterior

1. *A pesar de su aspecto casi vegetal, este organismo es un animal, una ascidia que pertenece al mismo grupo que nosotros, es decir, a los vertebrados, si bien es de sus representantes más primitivos.*

2. *Las salpas son similares a las ascidias, con una envoltura externa, secretada por ellas mismas y transparente, que permte distinguir los órganos del animal en su interior.*

3. *Principales características amoniacas del anfioco.*

4. *La faringe provista de hendiduras branquiales de los primitivos cordados tenía una función respiratoria y de captura del alimento.*
El mismo sistema se encuentra en los peces que se alimentan de plancton.

Peces

1

2

3

En los vertebrados se distinguen dos grupos: los tetrápodos, con cuatro extremidades y que viven en medio terrestre o aéreo (anfibios, reptiles, aves y mamíferos) y los peces, que incluye a los agnatos, placodermos, condrictios y osteíctios.

Agnatos

Son peces sin mandíbulas, con un notocordio permanente y esqueleto cartilaginoso. La mayoría son fósiles y los representantes actuales son las lámpreas y mixinos o babosas marinas. La piel es lisa y blanda y con glándulas secretoras de mucus. El cuerpo es alargado y con aleta dorsal que se prolonga hasta la caudal. El tubo digestivo se inicia en un tubo recubierto de dientecillos córneos y con la boca al fondo, con lengua cubierta de dientecillos córneos. El embudo está rodeado de tentáculos cortos. Tienen una abertura nasal en la parte dorsal anterior del cuerpo. Las gónadas son impares y sueltan los gametos a la cavidad del cuerpo, de donde salen al exterior por 1 ó 2 gonoporos.

Los agnatos se agrupan en dos órdenes. Los **petromizontiformes** (lampreas) tienen 7 pares de branquias, cada una con orificio de salida al exterior. La cavidad nasal no se comunica con la boca. Son marinos o dulceacuícolas, ovíparos, que se desarrollan por fase larvaria. Se alimentan de jugos orgánicos de peces a los que se fijan con su ventosa bucal. Realizan migraciones. Los **mixiniformes** (mixinos) tienen de 5 a 15 branquias, que comunican al exterior por dos orificios. La cavidad nasal comunica con la boca. Son de desarrollo directo, ovíparos y viven en el mar; se alimentan de los peces que atacan.

Placodermos

Eran peces con mandíbulas, con el cuerpo cubierto de coraza ósea de origen dérmico, con esqueleto óseo y notocordio permanente. Tenían aletas pares, dorsales, la caudal y la ventral. Todas las especies están extinguidas.

Condrictios

Llamados peces cartilaginosos, son marinos y unos pocos dulceacuícolas, su característica es la ausencia de tejido óseo, el esqueleto interno es una cápsula craneal, arcos branquiales y una columna vertebral cartilaginosa. Adultos conservan restos del notocordio y la piel cubierta de escamas en forma de dientecillos. Las aletas dorsales son horizontales y la caudal de lóbulos desiguales (**heterocerca**). Las branquias se abren al exterior por hendiduras. Tienen ojos desarrollados y mandíbulas con dientes. El intestino tiene repliegue espiralado (**válvula espiral**) y desemboca en la cloaca. Los sexos son separados y pueden ser ovíparos, ovovivíparos y vivíparos. Son buenos nadadores.

La clase de los condrictios comprende dos subclases. Los **holocéfalos** (quimeras) con 4 pares de branquias cubiertas por un opérculo y dientes fusionados en placas. La cola alargada en forma de látigo y cuerpo sin escamas. Viven en el mar, en aguas profundas.

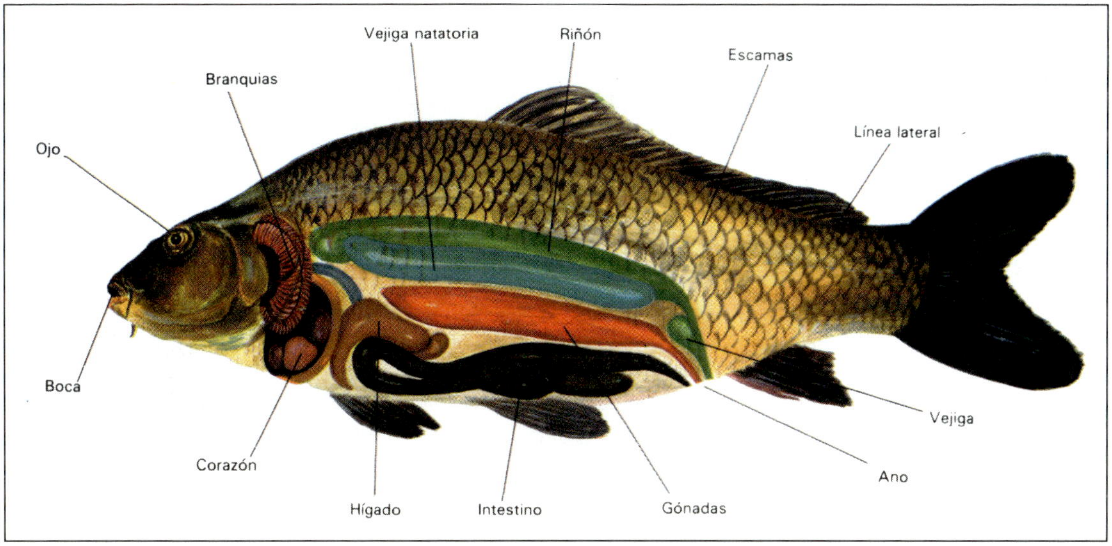

4

5

Los **elasmobranquios** o **seláceos** (rayas y tiburones) tienen de 5 a 7 pares de branquias, tras los ojos hay un orificio (**espiráculo**) vestigio de la primera hendidura branquial. Las mandíbulas tienen numerosos dientes. Los tiburones presentan hendiduras branquiales laterales y las rayas las tienen ventrales.

Osteíctios

Conocidos por peces óseos, tienen esqueleto interno de tejido óseo. Las branquias, están cubiertas de un opérculo y tienen **vejiga natatoria**, una vesícula con gas que desempeñaba funciones respiratorias pero que actualmente sirve de órgano hidrostático, para regular la profundidad sin necesidad de realizar desplazamientos. La piel está recubierta de escamas. Carecen de espiráculo. Las aletas son blandas o reforzadas con radios óseos. A lo largo del cuerpo tienen fosetas alineadas, con agua y que detectan cambios de presión (**sistema de la línea lateral**), un órgano sensorial muy importante en estos animales. Son **poiquilotermos**. Viven en aguas marinas y dulces, se alimentan de plancton, de materia vegetal o de presas que cazan. Presentan sexos separados y son ovíparos con fecundación externa. Se agrupan en dos subclases; los **sarcopterigios**, con aletas carnosas y cuyos representantes actuales son los celacantos y los peces pulmonados y los **actinopterigios**, con aletas provistas de radios y que incluyen a las restantes especies. Algunos de los órdenes más conocidos son: acipenseriformes (esturiones), clupeiformes (sardinas, arenques, salmones, truchas, lucios), cipriniformes (carpas, siluros, pirañas), anguiliformes (anguilas), gaserosteiformes (caballitos de mar), ciprinodontiformes (gambusias), gadiformes (bacalao, merluza), perciformes, (percas, atunes, mújoles), pleuronectiformes (lenguados, rodaballos, platijas).

1. *Los peces que viven en el fondo de las aguas han experimentado en muchos casos una mutación progresiva de los ojos hacia la parte superior de la cabeza. De este modo pueden ver mejor a sus enemigos.*

2. *Numerosos peces que viven en las zonas costeras, como este sargo, tienen el cuerpo estrecho y alto. Esta forma les permite mantenerse mejor entre las aguas revueltas, aunque no son nadadores especialmente rápidos.*

3. *El colorido y el dibujo del cuerpo de muchos peces no tiene únicamente un significado específico sino que sirve también como carácter sexual secundario, elemento diferenciador de ambos sexos.*

4. *Este corte parcial de un pez permite distinguir sus principales órganos internos y externos. La vejiga natatoria puede estar conectada en algunas especies al intestino.*

5. *Las escamas de los peces óseos son formaciones dérmicas que recubren gran parte de su cuerpo, presentan una disposición característica en los distintos grupos y permiten además averiguar la edad aproximada del animal.*

Anfibios

1

2

3

4

Representan el primero de los cuatro grupos de tetrápodos de tierra firme, no se independizan totalmente del agua y acuden a ella para reproducirse. Muestran la progresiva reducción en los huesos craneales propia de vertebrados terrestres y la mandíbula superior se fusiona con el cráneo. Las extremidades se alargan y se convierten en patas típicas de los tetrápodos: una cintura ósea que las une a la columna vertebral (cintura escapular y pelviana), dos huesos largos (húmero y ulna-radio en extremidades anteriores y fémur y tibia-peroné en las posteriores), conjunto de hueśecillos (carpianos-metacarpianos y tarsianos-metatarsianos) y cinco falanges. Los arcos branquiales forman los huesecillos del oído, órgano de animales terrestres. La cavidad nasal se une a la bucal por dos orificios (**coanas**). Respiran por pulmones y los adultos no conservan las branquias, aunque absorben oxígeno por la piel. Ésta es lisa, delgada y sin escamas, con glándulas secretoras (en especial de mucus) que les protegen de la desecación.
El aparato circulatorio tiene un corazón con tres cámaras: dos aurículas y un ventrículo, que impide la mezcla de sangre venosa y arterial. Presentan sexos separados. La fecundación es externa: la hembra pone huevos en el agua, unidos en rosarios, y el macho deposita encima los espermatozoides. El desarrollo es directo en algunas especies, pero en muchos pasa por fase larvaria llamada **renacuajo** con características de peces, como un corazón de dos cámaras, la respiración branquial y la ausencia de extremidades. El renacuajo sufre una metamorfosis en la cual adquiere rasgos del adulto, incluyendo respiración pulmonar, funcional al momento de salir a tierra firme del agua. Algunos son ovovivíparos o vivíparos. Los anfibios viven por todo el planeta, salvo los polos, pero abundan en regiones cálidas y húmedas.
La clase de los anfibios actuales se divide en tres órdenes, o subclases en otras clasificaciones: gimnofiones, urodelos y anuros.

Gimnofiones

Tienen aspecto de serpiente o gusano, de vida subterránea y de regiones tropicales. Tienen mandíbulas con dientes. La columna vertebral tiene hasta 200 vértebras y la piel tiene pequeñas escamas. Carecen de patas y de las cinturas escapular y pelviana. Son ciegos y comen pequeños animales que capturan. Los machos tienen órgano copulador, fecundación externa. Algunas especies son vivíparas. Los representantes más conocidos son las cecilias y los catacoas, enterrados en lodos cienos.

Urodelos

Su cuerpo se divide en cabeza, tronco y cola, larga y aplanada para la natación. El esqueleto conserva muchos cartílagos. Hay especies de vida totalmente acuática, que conservan branquias en adultos, mientras

Muchas especies emiten sonidos, mediante sacos membranosos en la garganta y sirven de reclamo durante la época reproductora.

5

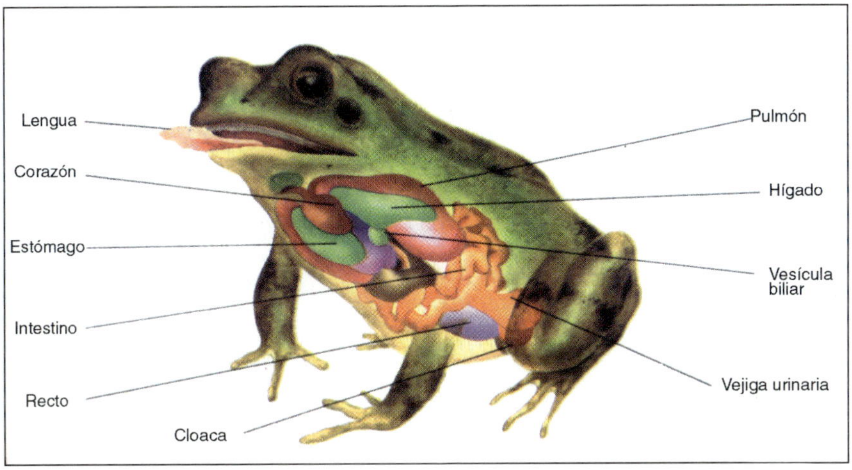

6

1. La piel de la salamandra común está provista de numerosas glándulas que producen sustancias irritantes. El color contrastado de su cuerpo tiene por misión señalizar a sus posibles enemigos esa toxicidad.

2. La ranita de san Antonio tiene discos adhesivos en los dedos con los que puede fijarse a las hojas de los árboles, a los que trepa con gran facilidad. Es de actividad principalmente nocturna.

3. Los tritones pertenecen al grupo de los urodelos, una de las tres clases actuales de anfibios. Muy ligados a los ambientes húmedos, dependen del agua y tienen costumbres nocturnas o crepusculares.

4. La rana común es el representante típico de los anuros, una de las tres clases actuales de anfibios, que se caracterizan por el desigual desarrollo de las extremidades y su extraordinaria capacidad por el salto.

5. Los anfibios son los únicos vertebrados terrestres en los que todavía existe una fase larvaria libre, el renacuajo, que completa su desarrollo en el agua, tiene branquias externas y es carnívoro.

6. Los anfibios tienen los pulmones relativamente pequeños y conservan la capacidad de respiración cutánea. Casi todos dependen todavía en mayor o menor medida del agua. En la imagen se muestran algunos de los principales órganos internos de una rana.

que otras son terrestres, respiran por pulmones y tienen fecundación externa. Tienen gran capacidad de regeneración, y la vista y el oído no están muy desarrollados, pero sí los órganos del olfato y tacto. Las larvas son similares a los adultos y no experimentan la metamorfosis de otros anfibios. Los representantes más conocidos son las salamandras y los tritones, con coloraciones muy llamativas, durante la época reproductora, distribuidos en gran parte del mundo. Los axolotes, de América, son un ejemplo de las características larvarias en adultos (**neotenia**).

Anuros

Son el grupo más numeroso de anfibios y su característica corporal es la capacidad de salto, con gran desarrollo de extremidades posteriores. La cabeza no está separada del tronco por un cuello. La columna vertebral tiene 10 vértebras.

Los pies tienen una membrana entre los dedos para facilitar la natación. Disponen de ventosas en los dedos. Algunos viven en árboles e incluso unos pocos (ranas voladoras) planean de un árbol a otro gracias a membranas extensibles entre sus dedos. Muchas especies tienen párpados que protejen los ojos. Las ranas poseen dientes en la mandíbula superior y una lengua larga, pegajosa y extensible, que proyecta con precisión para capturar insectos, como alimento. Los sapos no tienen dientes; viven en ambientes húmedos, pocos se adaptaron a regiones secas y los huevos experimentan desarrollo directo, sin metamorfosis.

Reptiles

Son el primero de los tres grupos de vertebrados superiores (junto con aves y mamíferos) con total adaptación a la vida terrestre, independientes del agua.

Su esqueleto tiene más soporte que en los anfibios y las extremidades, de 5 dedos con uñas, pueden elevar el cuerpo sobre el suelo para desplazarse. Las serpientes perdieron las patas en la evolución, aunque algunas muestran residuos de las posteriores. La piel tiene escamas córneas y con glandulas, lo que supone adaptación adicional contra la desecación. Además, la respiración es totalmente pulmonar y el corazón tiene 4 cámaras, el tabique de separación de los ventrículos es incompleto. El sistema excretor es evolucionado como en aves y mamíferos (**metanefridial**) y produce orina concentrada. El oído es similar al de los mamíferos, pero los ojos están desarrollados y pueden distinguir los colores. La fecundación es interna dentro del cuerpo de las hembras, los machos disponen de uno (cocodrilos, tortugas) o dos penes (serpientes, lagartos), el huevo está protegido por cáscara dura contra la desecación. El embrión se encuentra en una cavidad amniótica rodeada de seromas. El desarrollo es sin larva y las crías que eclosionan son similares a los adultos. Entierran los huevos en arena para que el calor los incube. Otras son ovovivíparas o vivíparas. Los reptiles se dividen en subclases, con cuatro órdenes principales: quelonios, rinocéfalos, escamosos y cocodrilos.

1

2

3

4

Quelonio

A este grupo que incluye las tortugas, se le considera una rama lateral y primitiva de los reptiles. Acortan o ensanchan su cuerpo, rodeado de cápsula ósea (**caparazón**) recubierta de epidermis cornificada donde el animal puede meter la cabeza y las patas.

Las mandíbulas carecen de dientes y la boca termina en pico córneo. El caparazón es de una porción dorsal (**espaldar**) y otra ventral (**plastrón**) unidas por la parte lateral. Se alimentan de vegetales y presas vivas. Las tortugas alcanzan gran longevidad (hasta 150-200 años) y ciertas especies son grandes (p. ej., la tortuga laúd hasta 2.3 m de longitud). El consumo de carne de tortuga y el de sus huevos, ha provocado la extinción de varias especies y amenaza a otras.

Rincocéfalos

Es un grupo de reptiles primitivos, casi extintos, que viven en algunas zonas de Nueva Zelanda. El único representante actual es el tuátara (*Sphenodon*), de unos 70 cm de longitud, parece lagarto. Tiene un ojo pineal desarrollado, sin pene y los huevos tardan un año en eclocionar, lo que le coloca en desventaja frente a sus enemigos. Son insectívoros y carnívoros.

Escamosos

Es el grupo más numeroso, engloba largartos y serpientes, formando cada uno un suborden distinto. Ambos tienen reducción en los huesos del cráneo y el cuerpo cubierto de escamas epidérmicas córneas. Pueden ser ovíparos, ovovivíparos o vivíparos. Los lagartos tienen el cuerpo dividido en cabeza, tronco y cola,

5

6

con cuatro extremidades, dedos y uñas; los ojos tienen párpados móviles. Tienen orificios auditivos externos. Presentan expansiones de la piel en forma de crestas y salientes. Tienen mandíbulas con dientes y son depredadores terrestres, aunque algunas especies se han adaptado al mar. Sólo los lagartos de Gila disponen de glándulas de veneno. Sus representantes típicos: gecos, salamanquesas, lagartijas, basiliscos, iguanas, chipojos, camaleones, lagartos, varanos y luciones.

Las serpientes carecen de extremidades, tienen párpados fijos y transparentes y sin orificio auditivo externo. Muchas poseen glándulas de veneno y dientes huecos para inyectarlo; viven en tierra, árboles, aguas dulces y en el mar. Son depredadoras y matan a sus presas por estrangulación o inoculación de veneno.

Las mandíbulas son dilatables, que permiten tragar presas de tamaño considerable.

Representantes típicos: culebras, víboras, anacondas, pitones, cobras, serpientes de cascabel, serpientes marinas, etcétera.

Cocodrilos

Son reptiles grandes y de vida semiacuática, con el cuerpo cubierto de escamas, cola aplanada dorsalmente, pies palmeados y con dientes en sus mandíbulas que, como el resto de los reptiles, sólo sirven para sujetar la presa. El corazón se divide en 4 cámaras. Son depredadores que viven en orillas de ríos y pocas especies se han adaptado al mar, donde alcanzan hasta 9 metros de longitud. Nadan bien, utilizando la cola como impulsor principal.

1. *La piel del camaleón puede cambiar de color, adaptándose al del fondo, con lo que el animal pasa desapercibido frente a sus enemigos y presas. Además, el movimiento de ambos ojos es independiente.*

2. *La lagartija, como la mayoría de los reptiles, es carnívora, alimentándose sobre todo de insectos. Vive preferentemente en zonas rocosas que conservan la energía calorífica emitida por el Sol.*

3. *Las tortugas tienen un caparazón óseo recubierto de una epidermis cornificada. Tanto las especies dulceacuícolas como las marinas tienen necesidad de acudir a tierra firme para realizar la puesta de huevos.*

4. *Las serpientes han perdido las extremidades de manera secundaria, aunque algunas conservan todavía restos en forma de espolones. Las dos mandíbulas no se articulan, sino que se unen mediante un ligamento.*

5. *Los cocodrilos regulan la temperatura de su cuerpo exponiéndose al Sol o sumergiéndose en el agua, habiendo logrado independizarse en cierta medida de la temperatura ambiente.*

6. *Las patas provistas de cinco dedos rematados en uñas de los reptiles sirven fundamentalmente para levantar el cuerpo del animal sobre la superficie del suelo.*

Aves

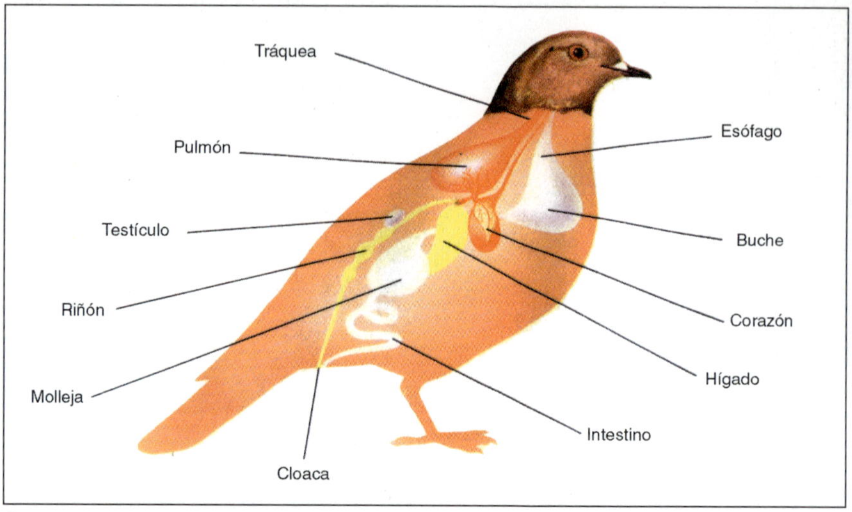

1

2

Son el primero de los dos grupos de animales que mantienen la temperatura corporal constante (**homeotermos**). Tienen la capacidad de vuelo, que condiciona su anatomía y fisiología. Algunas especies han perdido estabilidad.

El esqueleto

Su estructura es similar a los reptiles bípedos, con importantes modificaciones para facilitar el vuelo. Los huesos son muy ligeros por la presencia de numerosas cavidades huecas, llenas de aire que se prolongan en sacos aéreos, con lo que contribuyen a la respiración. Muchos huesos se han fusionado y al desaparecer las articulaciones, se simplifica el sistema muscular. El esternón es de gran tamaño y se convierte en hueso plano llamado **quilla** sobre el que se incertan los músculos del vuelo. La columna vertebral es rígida y solo el cuello goza de libertad de movimientos. Las extremidades anteriores son las alas y las posteriores con cuatro dedos o menos. Las mandíbulas sin dientes tienen pico córneo.

Anatomía interna

El tubo digestivo presenta el buche, que es un receptáculo de reserva después del esófago, y la molleja, porción musculosa del estómago con paredes córneas y que en muchas especies, granívoras, lleva piedrecillas para facilitar la trituración de semillas duras. El intestino finaliza en una cloaca, a la que desembocan los gonoductos. El corazón se divide en 4 cámaras y su tamaño está en función de la actividad del animal. Los glóbulos rojos de las aves son ovalados y con núcleo. El sistema respiratorio está adaptado al vuelo. Los pulmones pequeños, se prolongan en sacos, (**sacos aéreos**) por todo el cuerpo y penetran en los huesos para aligerar el peso. Así, la oxigenación de la sangre es continua para que se mantenga el elevado metabolismo que exige el vuelo. Los sentidos del gusto y olfato no están desarrollados. No así el del oído, sin pabellón externo, y el de la vista, con gran agudeza, en especies de presa y carroñeras. En éstas se produce un progresivo desplazamiento de los ojos a la parte frontal de la cabeza, para ganar en precisión de cálculo de distancias, importante para atrapar la presa. Casi todas emiten sonidos, prolongados y complejos. El canto muestra especificidad y está relacionado con la reproducción. El aparato fonador es la **siringe**, ensanchamiento de la base de la tráquea.

El aparato excretor ahorra agua y el producto de excresión es semisólido (**guano**). Carecen de genitales externos, salvo las avestruces, y sus gametos se vierten en la cloaca. Los huevos tienen amnios y alantoides, son ricos en vitelo y están dentro de una cáscara dura con colores crípticos.

El plumaje

Es una característica visible de las aves. Las plumas, son de origen dérmico y se renuevan regularmente (la **muda**). Su

3

4

función es aislar el cuerpo del animal para mantener la temperatura corporal y para facilitar el vuelo. Una función extra es la diferenciación sexual y actuar como reclamo. Las plumas del vuelo se llaman **remeras** y consisten en un eje (**raquis**) del que parten ramas secundarias y terciarias (**barbas**, **bártulas** y **barbicelas**), entrelazadas. Estas plumas se disponen en orden sobre las extremidades delanteras y las alas, como superficies de sustentación. El otro tipo de pluma se llama **plumón** y tienen el raquis corto, y barbas largas y flexibles, pueden retener una carga de aire aislante. Para mantener el plumaje en buen estado, lo aislan y engrasan por la secreción de la **glándula uropigial**, en posición dorsal en el nacimiento de la cola (**obispillo**). Salvo especies como ñandúes, avestruces o pingüinos que la han perdido la mayoría de las aves pueden volar e incluso algunas especies alcanzan las velocidades más altas del reino animal (ej. el halcón), otras como los buitres o los albatros, presentan gran superficie de sustentación y aprovechan las corrientes asendentes para planear, ahorrando energía. El vuelo batido, requiere gran esfuerzo y obliga al animal a consumir gran cantidad de alimento.

5

El comportamiento de las aves

Presentan un grado elevado de psiquismo, con capacidad de aprendizaje. En sus muchas actividades se destacan las de migración, cortejo y cría. Muchas especies son sociales y forman bandadas, especialmente en épocas de migración (ej., las anátidas), aunque no presentan las características de jerarquización de los mamíferos. El impulso migrador se desencadena por reacciones bioquímicas del «reloj interno» para que los animales encuentren las condiciones óptimas para sobrevivir. Algunas especies como el charrán ártico, pueden recorrer al año miles de kilometros entre su residencia y los cuarteles de invierno.

El instinto territorial es desarrollado en especies, recurriendo al canto, como los pájaros, al plumaje vistoso. Otras, como las rapaces, vuelan vigilantes por su territorio y expulsan a los intrusos. Este instinto va ligado al reproductor. La época reproductora provoca cambios en la conducta de las aves. Hay especies que vuelan por

1. *Los pulmones de las aves son relativamente pequeños en comparación con otros órganos internos, mientras que destaca el tamaño del buche, donde se somete al alimento a un tratamiento previo.*

2. *Las estrucioniformes (avestruces) tienen patas vigorosas con dos dedos y sus alas se han reducido, siendo incapaces de volar. Son las mayores aves actuales, con 80 kg y 2 metros de altura.*

3. *Los machos de pato mandarín muestran una gran riqueza cromática, a diferencia de las hembras, que son de color pardo con manchas blancas. Doméstico en numerosos lugares, hay también ejemplares asilvestrados.*

4. *El chajá es un anseriforme primitivo que vive en los llanos y pampas de la mitad meridional de Sudamérica. Cuando se inquieta emite un grito que se escucha a gran distancia.*

5. *Los sisones forman pequeñas bandadas que se ocultan en la vegetación. De vuelo rápido, habitan en terrenos de matorral. Son migradores parciales que crían en todos los países próximos al Mediterráneo.*

6

7

8

9

ostentación (rapaces), otros exhiben el plumaje (pavos reales), cantan (urogallos, ruiseñores), etc. Tras la construcción del nido en las aves, y la puesta, comienza la incubación de los huevos y la cría de los polluelos.

Clasificación de las aves
Se distinguen dos grandes grupos: las aves corredoras (**paleognatas**) y las aves voladoras (**neognatas**), con numerosos órdenes, aunque más numerosas las segundas. Las corredoras son incapaces de volar y sin quilla en el esternón. Los principales órdenes son:
Los **estrucioniformes** tienen patas fuertes con dos dedos y las alas son reducidas. Comprende las avestruces, las de mayor tamaño actuales, de hasta 2 metros de altura y con 110 kg de peso. Forman grupos familiares, son omnívoras y viven en África.
Los **casuariformes** tienen alas vestigiales, patas fuertes con 3 dedos y 1.5 m de altura. Comprende los emús y casuarios, de Australia, viven en grupos.
Los **apterigiformes** son compactos, con pico largo, y aberturas nasales, las patas tienen 4 dedos. La especie representante es el kiwi, de Nueva Zelanda.
Los **reiformes** son parecidos a las avestruces, pero la cabeza, el cuello y los muslos cubiertos de plumas no superan el 1.3 m de altura. Las patas tienen 3 dedos y viven en sudamérica. Se les conoce como ñandúes o emas.
Los **tinamiformes** con aspecto de perdiz, no pueden volar. conocidas como inambúes, son omnívoros y viven en terrenos abiertos de América.
Las aves voladoras tienen quilla en el esternón, que permite la inserción de los músculos de las alas, para volar. Los principales órdenes son:
Los **esfenisciformes**, pájaros bobos o pingüinos, sin poder volar las alas se han convertido en aletas. Viven en la Antártida y regiones adyacentes, son excelentes nadadores y comen pescado. Tienen pies con cuatro dedos y palmeados. Las plumas parecen escamas. Incuban en tierra firme, forman colonias.
Los **pelicaniformes** tienen orificios nasales reducidos, pies palmeados y con 4 dedos y tienen una bolsa en el cuello. Agrupa a los pelícanos, alcatraces y cormoranes, que viven en el mar

11

12

y ríos. Se alimentan de pescado. Los **ciconiformes** con patas y cuello largos, pies a veces palmeados. Viven en zonas acuaticas y forman grupos. Engloba a cigüeñas, espátulas, flamencos, garzas, etcétera.
Los **anseriformes** tienen pico aplanado, patas cortas y palmeadas y son buenos voladores y nadadores. Forman grupos numerosos. Incluye a ánades, cisnes, gansos y patos.
Los **falconiformes** son aves de presa con pico curvo y fuerte, las patas acaban en garras y son excelentes voladores. Comprende águilas, halcones, milanos, gavilanes, harpías, buitres, cóndores.
Los **galliformes** son aves granívoras, con patas para la marcha y no vuelan muy bien. Incluye pavos, gallos, faisanes, perdices, colines, codornices, pintadas, urogallos, lagópodos.
Los **gruiformes** tienen cuello y patas largos. Viven en zonas pantanosas e incluyen grullas, fochas, rascones, avutardas.
Los **caradriiformes** son aves marinas o costeras, excelentes voladoras y de dieta variada. Incluye gaviotas, charranes, petreles, correlimos, falaropos, agachadizas, chorlitos, alcas.
Los **psitaciformes** tienen patas con 4 dedos, dos de ellas hacia adelante. El pico es grueso y se alimentan de frutas. El plumaje es vistoso. Incluye loros, guacamayos, papagayos, cotorras, periquitos.
Los **estrigiformes** tienen cabeza ancha y ojos en un mismo plano y de gran tamaño. Su vuelo es silencioso, tienen oído muy fino, son aves rapaces nocturnas. Incluye búhos y lechuzas.
Los **apodiformes** tienen alas finas y son excelentes voladores. Incluye colibríes capaces de volar hacia atras y que se alimentan de polen y néctar, y los vencejos, que son insectívoros.
Los **paseriformes** tienen patas con 4 dedos, 3 de ellos hacia adelante.
Es el grupo más numeroso que incluye: cuervos, golondrinas, petirrojos, ruiseñores, gorriones, pinzones, etcétera.

6. *Los abejarucos invernan en África y crían en gran parte de Europa meridional y centro de Asia, construyendo sus nidos en cortados cerca de zonas con vegetación. Se alimentan de insectos.*

7. *Las fochas comunes son pobladores habituales de lagos, charcas y zonas palustres con abundante vegetación. Se alimentan de materia vegetal y pequeños invertebrados, y forman bandadas (excepto en los periodos de cría).*

8. *El gran desarrollo de los ojos, el pico curvo y fuerte y las garras poderosas, dotadas de uñas, son las tres características comunes a todas las aves de presa. Casi todas son, además, excelentes voladoras.*

9. *Las perdices, así como las restantes gallináceas, tienen una escasa capacidad de vuelo y hábitos bastante terrestres. Cuando se encuentran ante un enemigo emprenden el vuelo, pero pronto se ocultan en la vegetación.*

10. *Las espátulas viven en zonas húmedas y marismas de fondos someros. Son aves gregarias que crían entre los cañaverales, en algunas zonas de Europa meridional. Se alimentan de insectos que buscan en el fango.*

11. *Los cormoranes son aves costeras que nadan y bucean perfectamente. Se alimentan de peces y de crustáceos que capturan buceando. Pueden pasar mucho tiempo secando el plumaje al Sol con las alas extendidas.*

Mamíferos

Estos animales llegan al máximo grado de adaptación al medio terrestre, que permite que algunos representantes (murciélagos) conquistaran el aire y otros, se adaptaran a las aguas (cétaceos, focas).

Aspecto exterior

Su forma y presencia es variada, desde un primate a un caballo que galopa, el ornitorrinco con pico de pato, el murciélago alado o el delfín con forma de pez. También el tamaño, de 4 cm de longitud y 2 gr de peso de una musaraña, y los 33 m y más de 100 toneladas de una ballena azul, abarca todas las posibilidades. Una característica les une, salvo los cetáceos, que la han perdido por su adaptación a las aguas. Es el pelo, que es una diferenciación de la epidermis. Suele nacer en un hundimiento de ésta (**papila dérmica**) con glándula de sebo para la flexibilidad. Muchos animales pierden el pelaje por estaciones (invernal y estival), en otros el cambio es permanente. También las uñas, cuernos y las pezuñas son diferenciaciones epidérmicas. El pelo sirve, de característica sexual secundaria, coloración críptica de ocultamiento, etc. La principal es la termorregulación, mantener la temperatura corporal, en el que el metabolismo es esencial, pero al que el pelaje contribuye de manera importante.

La presencia de glándulas en la piel, cebáceas, sudoríparas, y las **mamas** o glándulas mamarias, que dan nombre al grupo y secretan leche con la que las hembras alimentan a las crías.

Anatomía interna

El esqueleto característico de los tetrápodos, con cráneo, columna vertebral y las cuatro extremidades unidas por cinturas escapular y pelviana. La columna vertebral es flexible, con gran agilidad de movimientos. Por la adaptación a los medios ésta ha cambiado, como por ej. alargamiento de los dedos de los murciélagos como soporte a la membrana alar (**patagio**). En carnívoros los dedos cambian por garras; entre los corredores, como el caballo, los dedos se han recubierto de una diferenciación epidérmica, la pezuña. En los primates, las manos se han convertido en instrumento de su desarrollo psíquico. En otros, el proceso ha sido inverso y las extremidades han ido desapareciendo hasta unos huesos de apoyo a aletas, como los cetáceos.

El tubo digestivo es similar en todos los grupos, variando la longitud, en los carnívoros es más corto que el de los herbívoros, y con complicaciones adicionales (división de cámaras en rumiantes). Un elemento auxiliar del proceso digestivo son los dientes, diversos y característicos de los mamíferos al existir distintos tipos (**heterodontos**): **incisivos**, posición frontal y cortantes; **caninos**, cónicos con punta afilada y al lado de los incisivos; **premolares** y **molares**, similares y con superficie amplia para triturar alimento. El

1

2

3

9

10

11

12

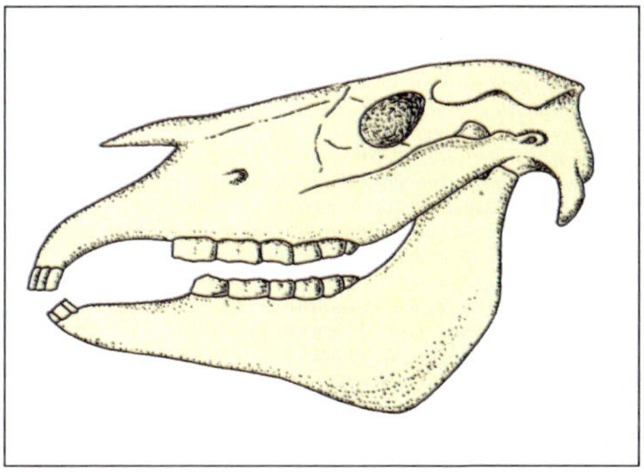

9 *Los pécaris, parientes de los jabalíes europeos, aunque de menor tamaño que éstos, están distribuidos por gran parte del continente americano. Son animales de vida nocturna y omnívoros, y prefieren las zonas de vegetación abundante.*

10 *Los cérvidos forman rebaños mixtos de hembras, crías e individuos jóvenes, mientras que los machos adultos son solitarios o forman rebaños, salvo en la época reproductora, en que agrupan harenes.*

11 *El tigre se encuentra en la actulidad en grave peligro de extinción, reduciéndose sus poblaciones naturales a algunos pocos enclaves selváticos que, sin embargo, se reducen más cada día.*

12 *El cráneo de los mamíferos presenta, con respecto al de otros vertebrados, una mayor simplicidad al haberse fusionado muchos de los huesos. Forma una caja robusta, con mandíbulas articuladas.*

número y la composición de la dentadura son diferentes en los grupos y es una característica para su clasificación. El corazón se divide en 4 cámaras, dos aurículas y dos ventrículos, la sangre tiene glóbulos rojos sin núcleo. El sistema excretor está formado por riñones, producen orina líquida, que antes de salir se almacena en una vejiga. El sistema nervioso es complejo, inervando muchos órganos receptores, y es controlado por un cerebro evolucionado con diversas zonas especializadas.

Fisiología de los mamíferos

Su metabolismo es diverso y guarda relación con la proporción entre volumen y superficie. En mamíferos grandes el metabolismo es lento y con más longevidad, en los pequeños es alto y su vida se acorta.

Por su alimentación se distinguen dos grupos: herbívoros y carnívoros, incluyedo carroñeros. Hay otras formas de nutrición sólo en algunas especies, como las ballenas, que comen plancton marino. Es frecuente el omnivorismo. La dentadura y la forma de la boca se adaptan a diversos tipos de alimentación. Los órganos de los sentidos están desarrollados. El oído de los mamíferos es una porción interna con tres canales semicirculares, para percibir el movimiento de la cabeza y actuar como órgano de equilibrio, una porción media con varios huesecillos y una membrana (**tímpano**), para percibir los sonidos, y un conducto auditivo al exterior, con pabellón auricular, la oreja, para concentrar los sonidos y detectar su dirección. La vista también es muy desarrollada y los ojos son una estructura globular con **humor vítreo** rodeado de una membrana transparente que es la córnea. Detrás de ésta se encuentra el **humor acuoso**, separado del vítreo por el **cristalino** y el **iris**. En la parte posterior está la **retina**, con células fotosensibles (**conos** y **bastones**) y nervios. Los sentidos del gusto y olfato muestran diversidad, y son más importantes que la vista para muchas especies. Se hallan en las cavidades bucal y nasal.

La reproducción

Las gónadas llegan al exterior por conductos independientes a los excretores, sin cloaca (salvo prototerios). En las hembras, el útero desemboca en una vagina y los machos disponen de pene, con fecundación

4

5

1. *Los leones marinos son un grupo de carnívoros que han vuelto a la vida marina, aunque su adaptación no es todavía completa, puesto que para reproducirse han de acudir a tierra firme. Son excelentes nadadores.*

2. *Las llamas son camélidos americanos que se han adaptado perfectamente a la vida en las grandes alturas. Además de sus adaptaciones fisiológicas, el pelo denso y largo les protege del frío.*

3. *El coipú o coipo es un roedor de hasta 50 cm de longitud que está distribuido por la mitad meridional de Sudamérica. Vive en zonas de vegetación baja, cerca de ríos y lagos y construye madrigueras.*

4. *Los cetáceos, como la orca, son los mamíferos de máxima adaptación al medio marino, que han transformado las extremidades anteriores en aletas y han perdido las posteriores. La aleta caudal es horizontal.*

5. *Los antílopes acuáticos son exclusivos del continente africano, al sur del Sahara. Viven cerca de ríos, lagos y zonas húmedas, en bosques de galería y en áreas con abundante vegetación donde poder ocultarse.*

interna. Salvo los prototerios, que son ovíparos, todos son vivíparos, desarrollándose el embrión en el útero y en estrecho contacto con el organismo materno por la **placenta**.
El periodo de gestación es variable y las crías necesitan del cuidado de sus padres hasta un grado de desarrollo que les permita sobrevivir por sí mismos.
El periodo reproductor se caracteriza por cambios físicos y de conducta, de manera cíclica y sujetos a hormonas. El periodo de actividad reproductora de las hembras se denomina **estro**.

Sistemática de los mamíferos
La clase se divide en dos subclases: los **prototerios** y los **terios**. La primera es un orden y la segunda se divide en dos infraclases, los **metaterios**, con un orden, y los **euterios** con 16 órdenes.
Los prototerios carecen de dientes y en su lugar tienen pico córneo. Carecen de pabellón auditivo externo y las glándulas mamarias no se reúnen en mamas con pezón, desembocan en la piel. Tienen costillas en las vértebras cervicales. Las hembras no tienen útero ni vagina y ponen huevos. Poseen cloaca. Son los más primitivos de los mamíferos. Los terios son vivíparos, las hembras tienen pezones, útero y vagina y las crías nacen en estado de desarrollo diverso. Tienen pabellones auditivos externos y en los más primitivos una cloaca.

6

Los prototerios
Los únicos representantes de este grupo son los **monotremas** y comprende al equidna y al ornitorrinco. Los ornitorrincos tienen boca terminada en pico aplanado, las patas posteriores tienen una espina conectada a una glándula venenosa, los pies son palmeados, lo mismo que la cola. Llevan vida acuática y construyen su nido en galerías subterráneas. Los equidnas tienen pico alargado en forma de tubo y se alimentan de hormigas. Los pelos son espinas y los dedos disponen de uñas. Ambos son propios de Australia y Nueva Zelanda.

Los metaterios
Presentan cloaca muy reducida. Las crías tras el parto permanecen sujetas a la madre para completar su desarrollo. Se aferran a los pezones, dentro de una bolsa, llamada **marsupio** y que da nombre a este género, los marsupiales. Incluye zarigüeyas de América y a los wombats, diablos de Tasmania, lobos marsupiales y canguros de Australia y áreas adyacentes. Los marsupiales, son los competidores más evolucionados, hasta la llegada de los europeos con nuevos animales, han ocupado todos los nichos ecológicos asignados a distintas especies en el planeta. Hay depredadores, herbívoros de praderas y estepas, especies arborícolas, etcétera.

Los euterios
Su diferencia con los anteriores es la desaparición de la cloaca y la presencia de placenta, que permite el desarrollo del embrión dentro de la hembra hasta el nacimiento. El útero es doble o sencillo y acaba en vagina simple. El número de órdenes es variable según la clasificación.
Los **insectívoros** son un grupo primitivo con hocico alargado, dedos con uñas y dieta a base de invertebrados. Son animales solitarios, que hibernan si viven en regiones frías. Los erizos tienen el dorso cubierto de espinas y al ser amenazados se enroscan como bola erizada. Las musarañas tienen aspecto de roedores y son los mamíferos más pequeños que existen. Los topos tienen las patas delanteras como pala con la que excavan y sus ojos están atrofiados.
Los **dermópteros** son similares a los insectívoros, pero su dieta son frutas y hojas. Tienen membrana extensible a los lados del cuerpo con que realizan planeos en los árboles y son activos nocturnos. Las dos únicas especies existentes, colugos y galeopitecos o lemures voladores, viven en selvas del sudeste asiático.
Los **quirópteros** son mamíferos dotados para el vuelo, por un patagio entre sus extremidades. Se orientan por ultrasonidos que emiten constantemente y cuyo eco recogen con sus grandes pabellones auditivos. Tienen actividad nocturna y pasan el día agrupados en aglomeraciones en cuevas, ruinas, campanarios, etc. Están por todo el mundo, y en regiones tropicales. Su dieta son los insectos, pero hay especialistas en fruta y néctar, y otros (vampiros) chupan sangre a otros mamíferos.
Los **desdentados** o **maldentados** no tienen dientes o solo algunos molares. Tienen cuatro extremidades iguales, con dedos cortos con largas uñas. Los perezosos tienen cuerpo ancho y cabeza pequeña, viven colgados de árboles comiendo hojas y tallos, son lentos. Los osos hormigueros, tienen el hocico

13

14

15

13 *El león suele pasar la mayor parte del tiempo sesteando. Su misión es defender al grupo familiar frente a los competidores de la propia especie y dirigir la caza hacia las hembras, que la abaten.*

14 *Los mustélidos, como este turón, son pequeños carnívoros de actividad nocturna que se encuentran muy extendidos por campos y terrenos de vegetación baja. Se alimentan sobre todo de roedores y aves pequeñas.*

15 *El erizo común es víctima frecuente de atropellos, puesto que su conducta innata le hace arrollarse sobre sí mismo en caso de peligro, método eficaz ante un carnívoro pero mortal frente a los vehículos.*

7 8

alargado como tubo y comen hormigas de hormigueros que revientan con sus fuertes uñas. Los armadillos tienen el cuerpo cubierto de placas córneas como coraza.

Los **folidotos** comprende a los pangolines, de África y Asia, con el cuerpo cubierto de escamas epidérmicas, el hocico alargado y lengua retráctil. Se alimentan de hormigas y termes.

Los **primates** es un grupo con desarrollo psíquico, debido a sus manos. Su clasificación varía según los autores, pero podemos considerar dos subórdenes: los prosimios y los antropoides. Los primeros son menos evolucionados e incluye a lemures, loris, los aye-aye, galagos y los tarseros. Todos tienen hocico prominente y cola, se alimentan de hojas, frutos y algunos animales pequeños. Los antropoides presentan mayor desarrollo en las manos y los pies, con pulgares oponibles, son sociales y su dieta vegetariana se completa con huevos y presas pequeñas. Los de América tienen cola prensil, que usan como quinta mano, y la nariz aplanada (**platirrinos**) e incluyen capuchinos, saimirís, uácaris, aluates, sakís, titís, tamarinos, cotos, etc. Los europeos tienen nariz prominente (**catarrinos**) y tienen hábitos terrestres. Incluye a los gibones, chimpancés, gorilas, orangutanes, mandriles, macacos, papiones, etcétera.

Los **lagomorfos** tienen dos pares de incisivos de crecimiento continuo, cola reducida y patas posteriores para el salto. Son prolíficos. Incluye a los conejos y las liebres.

Los **roedores** tienen un par de incisivos de crecimiento continuo, cola larga y son el orden más numeroso. Incluye a ratas, ratones, castores, cobayas, ardillas, capibaras, puercoespines, lemming, topillos, pacas, jerbos, vizcachas.

Los **cetáceos** están adaptados al medio marino, carecen de extremidades posteriores, las anteriores son aletas y la epidermis es un repliegue que constituye la aleta caudal. Tienen orificios nasales en posición dorsal. Sólo algunos tienen pocos pelos. Pueden tener dientes (delfines, marsopas, cachalotes, orcas) o barbilones (ballenas, rorcuales).

Los **carnívoros** tienen caninos largos y sus dientes están adaptados para desgarrar. Sus garras con uñas y los sentidos de la vista y olfato están desarrollados.

Comprenden lobos, zorros, armiños, pandas (vegetarianos), mapaches, osos (omnívoros), tejones, tigres, leones, pumas, jaguares, leopardos y varias especies marinas (focas, leones marinos, etc.).

Los **proboscídeos** tienen piel gruesa y nariz y labio superior fusionados en órgano prensil, la trompa. Los colmillos están muy desarrollados. Son mamíferos terrestres de mayor tamaño, herbívoros y sociales. Comprende a los elefantes asiáticos y africanos.

Los **perisodáctilos** tienen 1 ó 3 dedos en cada pata, pezuña. Son herbívoros adaptados a la carrera y comprende caballos, asnos, cebras, tapires, rinocerontes.

Los **artiodáctilos** tienen 2 ó 4 dedos en cada pata, terminados en pezuña. Tienen estómago simple (pécaris, hipopótamos, jabalíes, cerdos) o dividido en panza redecilla, libro y cuajar, realizando el proceso llamado rumia: de la panza, primera digestión, el alimento vuelve a la boca, es masticado de nuevo y pasa a la redecilla, el libro y el cuajar, o auténtico estómago con glándulas gástricas.

Especies rumiantes: camellos, dromedarios, renos, llamas, jirafas, ciervos, gacelas, búfalos, bueyes, cabras, ovejas, carneros, toros, etcétera.

6. *Los elefantes son los mayores animales terrestres que viven en la actualidad. Forman manadas dirigidas por una hembra vieja que conoce perfectamente las rutas hacia los abrevaderos y los pastos.*

7. *Los rumiantes conforman el suborden de los artiodáctilos de representación más generalizada en todo el planeta. Son herbívoros y ocupan el primer escalón de la fauna dentro de la pirámide ecológica.*

8. *El lobo se encuentra hoy reducido en Europa a zonas de la península Ibérica, Escandinavia y los Balcanes, mientras que en el resto del continente ha desaparecido o sobrevive únicamente en parques nacionales.*

Indice analítico

GUÍA DE ESTUDIO

EVALUACIONES QUE NOS PERMITEN CONFIRMAR LO QUE HEMOS APRENDIDO DE ZOOLOGÍA

1. ¿En qué lugar se localiza el **abdomen**?
2. ¿Qué significa **ADN**?
3. ¿Qué es el **alantoides**?
4. ¿Qué significa **alveolo**?
5. ¿Dónde se localiza el **amnios**?
6. ¿Qué es un **anticuerpo**?
7. ¿Y qué significa **antígeno**?
8. ¿Qué se entiende por **autósoma**?
9. ¿A qué se llama **bentos**?
10. ¿Qué se entiende por **biso**?
11. ¿Qué es el **caparazón**?
12. ¿Dónde se localiza el **cerebro**?
13. ¿Qué es el **citoplasma**?
14. ¿Qué significa **cloaca**?
15. ¿Y **cnidoblasto**?
16. ¿Qué es el **corión**?
17. ¿Qué significa **diferenciación**?
18. ¿Qué es un **diplohaplonte**?
19. ¿Y qué es **diploide**?
20. ¿Qué es una **enzima**?
21. ¿Qué significa **espícula**?
22. ¿Qué es una **espora**?
23. ¿Qué es un **flagelo**?
24. ¿Qué es un **gameto**?
25. ¿Qué es un **gen**?
26. ¿Qué son las **gónadas**?
27. ¿Qué es un **hermafrodita**?
28. ¿Y una **hormona**?
29. ¿A qué se le llama **invaginación**?
30. ¿Que se conoce como **larva**?
31. ¿Qué es un **marsupio**?
32. ¿Qué es la **mesoglea**?
33. ¿A qué se le llama **mucosa**?
34. ¿Qué es el **núcleo**?
35. ¿Que es un **ocelo**?
36. ¿A qué se le llama **omnívoro**?
37. ¿Qué es un **organulo**?
38. ¿Y un **ovíparo**?
39. ¿Que es la **placenta**?
40. ¿Qué son las **proteínas**?
41. ¿Qué es la **quitina**?
42. ¿Qué significa **sesil**?
43. ¿Qué quiere decir **teslón**?
44. ¿Qué es el **útero**?
45. ¿Qué significa **vacuola**?
46. ¿Qué es un animal **vivíparo**?

RESPUESTAS DE ZOOLOGÍA

1. **abdomen.** Porción final del cuerpo de muchos animales, hacia la parte continua del tórax. Suele tener la abertura del aparato digestivo, e inicio de los órganos sexuales.

2. **ADN.** Es el ácido desoxirribonucleico. Componente importante de los cromosomas, portador de toda la información genética de los seres vivos.

3. **alantoides.** Es la membrana que envuelve a los embriones de reptiles, aves y mamíferos. Los reptiles y aves usan el alantoides para respirar y depositar sus residuos metabólicos. Los mamíferos, lo aprovechan para transportar vasos sanguíneos con la placenta.

4. **alveolo.** Cavidad pequeña, similar a una celdilla. También es la cavidad donde se engasta un diente.

5. **amnios.** Membrana que rodea el embrión de reptiles, aves y mamíferos llena de líquido amniótico y donde vive el embrión, y puede desplazarse con movimientos natatorios.

6. **anticuerpo.** Sustancia que produce el organismo al penetrar un cuerpo extraño al interior; el anticuerpo contrarresta la acción del cuerpo extraño, suele ser una proteína que envuelve al antígeno y lo vuelve inofensivo.

7. **antígeno.** Sustancia extraña que entra al organismo y puede provocar una reacción perjudicial.

8. **autósoma.** Nombre de todos los cromosomas, excepto los cromosomas sexuales.

9. **bentos.** Es el conjunto de organismos que viven en el fondo del agua. Sobre la superficie o entradas en el fondo.

10. **biso.** Conjunto de filamentos que secretan los mejillones, que se endurecen al contacto con el agua, y les permiten fijarse al sustrato.

11. **caparazón.** Revestimiento del cuerpo de animales, como las tortugas. Tiene forma de caja o escudo, y está compuesto de sustancias exosqueléticas.

12. **cerebro.** Es la porción del tejido nervioso engrosada, de los animales, que controla al organismo en general. Es más desarrollado en vertebrados, especialmente el hombre.

13. **citoplasma.** Sustancia fundamental de las células, dentro de las mismas. Contiene el núcleo y otros componentes celulares.

14. **cloaca.** Cavidad que comunica al exterior, propia de aves. Sirve de atrio al aparato excretor o reproductor.

15. **cnidoblasto.** Es la célula con líquido urticante y con filamento para inyectarlo. El líquido se lanza al exterior cuando se le toca. Presente en las aguas malas.

16. **corión.** Membrana de reptiles, aves y vertebrados que rodea a las membranas restantes del embrión. Está en contacto con la cáscara del huevo de aves y reptiles, forma parte de la placenta en mamíferos.

17. **diferenciación.** Es la transformación progresiva de células o tejidos a una fase más compleja o especializada.

18. **diplohaplonte.** Organismos que alternan dos fases: una haploide y otra diploide.

19. **diploide.** Organismo con dos juegos de cromosomas en sus células.

20. **enzima.** Es un catalizador. Es una proteína que altera la velocidad de reacción química dentro de un organismo. Se les llama también fermentos.

21. **espícula.** Estructura rígida, parecida a una aguja, compuesta de carbonato cálcico, dentro del cuerpo de esponjas que les da resistencia, pues actúa como esqueleto interno.

22. **espora.** Célula reproductora que origina un individuo nuevo, igual al organismo productor.

23. **plagelo.** Filamento alargado de la célula. Es de origen citoplasmático y sirven para el desplazamiento y obtención de alimentos de las células.

24. **gameto.** Célula reproductora que, al fusionarse con otra de sexo contrario, origina un cigoto. En los metazoos existen gametos producidos por machos (espermatozoides) y por hembras (óvulos).

25. **gen.** Unidad que transporta la información genética que determina los caracteres. Es una porción de ADN del cromosoma.

26. **gónadas.** Son cualquiera de los órganos reproductores que producen células sexuales: ovarios o testículos.

27. **hermafrodita.** Organismo que posee a la vez órganos sexuales masculinos y femeninos.

28. **hormona.** Sustancia producida por glándulas internas del animal. Están en el interior de dichas glándulas y afectan el funcionamiento del animal.

29. **invaginación.** Es el repliegue al interior de cualquier tejido que forma una cavidad en el organismo.

30. **larva.** Es la fase de desarrollo de algunos animales. Etapa que existe entre el embrión y el individuo adulto.

31. **marsupio.** Bolsa ventral que tienen las hembras de los marsupiales. En su interior se completa el desarrollo de las crías. Por ejemplo, los canguros.

32. **mesoglea.** Sustrato gelatinoso en el cuerpo de los celentéreos y ctenóforos, localizado entre el mesodermo y el ectodermo.

33. **mucosa.** Membrana formada por células, que secretan una sustancia gelatinosa llamada mucus.

34. **núcleo.** Corpúsculo en la mayoría de las células, rodeado de una membrana, en cuyo interior se encuentran los cromosomas.

35. **ocelo.** Célula fotosensible, sensible a la luz, que forma un ojo, con estructura y funcionamiento sencillos.

36. **omnívoro.** Animal que se nutre de variados alimentos.

37. **orgánulo.** Corpúsculo celular, encargado de realizar determinada función.

38. **ovíparo.** Todo animal que pone huevos, para reproducirse. Todas las aves son ovíparas.

39. **placenta.** Tejido formado por el corión del embrión y el útero de la madre. Su función es enlazar al embrión con la madre.

40. **proteínas.** Compuestos orgánicos formados por varios aminoácidos. Son moléculas de gran tamaño, los aminoácidos son unidades sencillas. Existen 20 aminoácidos, útiles al organismo.

41. **quitina.** Sustancia orgánica córnea, componente de las superficies de revestimiento de multitud de invertebrados.

42. **sesil.** Es todo animal que vive adherido a cualquier sustrato.

43. **teslón.** Porción o parte terminal del cuerpo de los artrópodos.

44. **útero.** Ensanchamiento del gonoducto donde se desarrolla el embrión. También se le llama matriz. Es una víscera hueca situada en el interior de la pelvis de los mamíferos, cuya función es sostener el feto.

45. **vacuola.** Cavidad interior de una célula rodeada de una membrana y compuesta de diversas sustancias.

46. **vivíparo.** Aquél animal que alimenta en su propio cuerpo al embrión, y deja de hacerlo al momento de su nacimiento.

TEMATICA ILUSTRADA VISUAL SIGLO XXI

SEXUALIDAD

EUROAMERICANA
DE EDICIONES INTERNACIONAL S.A.

I.S.B.N.: 84-95656-03-5 (Obra Completa)
Producido por Ediciones Dafne, S.L.
Printed In Spain

Octubre 2001

Sexualidad

Contenido

¿Qué es la sexualidad?

La sexualidad, entendida como conducta sexual en su **sentido** más amplio, es un fenómeno extraordinariamente complejo que, como tal, se presta a múltiples interpretaciones. El estudio de la conducta sexual en los animales resulta, sin duda, de gran utilidad para una mejor comprensión de la sexualidad humana en lo que respecta a sus bases anatómicas, nerviosas y hormonales. Sin embargo, el sorprendente desarrollo que han experimentado en el hombre las capas filogenéticamente más nuevas del cerebro (neocórtex) ha permitido que la conducta sexual de éste vaya más allá de los límites de la conducta sexual animal y se convierta en algo que no se limita a una función reproductora y que constituye una parte importante de la vida del individuo en su totalidad. A medida que se avanza desde los mamíferos inferiores hasta los primates subhumanos, se observan conductas sexuales cada vez menos ligadas al determinismo hormonal. Al llegar al hombre, no obstante, este proceso se acelera de tal forma que las hormonas, de ser las principales responsables de la actividad sexual animal, pasan a ocupar un segundo plano. Así, en los seres humanos, la conducta sexual, aunque se asienta sobre un sustrato neurohormonal, se halla básicamente influida por el ambiente. Ello equivale a decir que en la sexualidad humana adquiere una importancia fundamental el aprendizaje, con todas las ventajas e inconvenientes que este hecho comporta. El hombre, gracias a su gran facultad de aprender e influir sobre el ambiente e incluso modificarlo, es capaz de enriquecer extraordinariamente la pura conducta sexual animal y elevarla a límites inconcebibles. Así pues, el ser humano tiene el don de convertir el sexo en una fuente de placeres inmensos e insospechados; por este mismo. mecanismo puede también llegar a actividades sexuales altamente sofisticadas y, en ocasiones aberrantes, algunas de las cuales no se observan jamás en el reino animal.

Por otra parte, el hombre es capaz de hacer del sexo algo que trasciende lo biológico y lo convierte en un instrumento de comunicación interpersonal y en una manifestación del sentimiento más específicamente humano que es el amor. La relación entre el sexo y el amor es un tema muy controvertido. Nadie puede dudar de que, tanto en la atracción sexual como en la actividad sexual propiamente dicha, la ternura y el amor juegan un papel relevante; negar este hecho indica una actitud a todas luces reduccionista. No

1

2

obstante, existen datos más que suficientes como para tener que aceptar que el sexo es practicado muy a menudo, y no siempre sin agrado, entre personas a las que no les une ningún lazo de tipo amoroso.
La realidad es que el sexo puede darse sin amor y con amor. Probablemente el sexo entre dos seres que comparten otros sentimientos además de la mera atracción sexual, es más completo y enriquecedor. Sin embargo, la idea de que una relación sexual sin amor es algo pecaminoso, sucio o, como mínimo, carente de sentido, ha sido motivo de muchos y graves conflictos que repercuten en las relaciones personales en su sentido más amplio. Estos conflictos son originados en su mayor parte por el hecho de que se han transmitido culturalmente mensajes distintos al hombre y a la mujer; mientras al primero se le deja entrever que puede practicar el sexo sin más, es decir, sin necesidad de contraer ningún tipo de compromiso con su *partenaire*, a la mujer se le ha inculcado de forma muy clara que debe conservarse pura para el hombre que va a ser su marido. Es cierto que en los últimos años esta doble moral tiende a desaparecer, pero no lo es menos que esta creencia sigue vigente todavía en muchos sectores de la sociedad. En resumen, el hombre entiende que la actividad sexual es lícita con o sin amor, no precisa justificarse ni ante sí mismo ni ante la sociedad; la mujer, en cambio, necesita creer que está enamorada para involucrarse en una actividad de este tipo. Con estos precedentes, es inevitable que la conducta sexual masculina difiera de la femenina. El impacto de las normas socioculturales es tan fuerte que, para explicar esta diferencia, se ha llegado a teorizar no sólo que hombre y mujer tienen sexualidades distintas, sino, lo que es más grave, que las necesidades sexuales son propias del hombre, mientras que no se dan en la mujer y que lo propio de ella es únicamente la maternidad.
Aunque, a menudo, cuando se hace referencia al hombre, los términos «sexualidad» y «conducta sexual» se usan como sinónimos, en realidad, con el primero, se intenta significar algo mucho más complejo y trascendente que la mera conducta sexual, en el sentido del mero comportamiento observable y cuantificable. Tal distinción, con ser razonable, resulta harto peligrosa. Que la conducta sexual humana adquiere connotaciones distintas a la animal es innegable, pero también es cierto que el enfoque basado en los datos observados es el único que permite el avance del conocimiento científico y que, sin éste, seguiríamos moviéndonos entre elucubraciones e interpretaciones no demostrables y, por tanto, poco fiables.
En este libro se utilizarán los términos «sexualidad» y «conducta sexual» como sinónimos, basándonos en el hecho de que la sexualidad humana, inmensamente más rica y complicada que la de nuestros antepasados mamíferos, comparte con ésta unas bases biológicas que no se pueden ignorar.
La sexualidad de una persona, en definitiva, se va moldeando a partir de una herencia y un ambiente determinados que interactúan desde el principio de su vida, de la misma manera que se va constituyendo otro aspecto típicamente humano que es la personalidad.

3

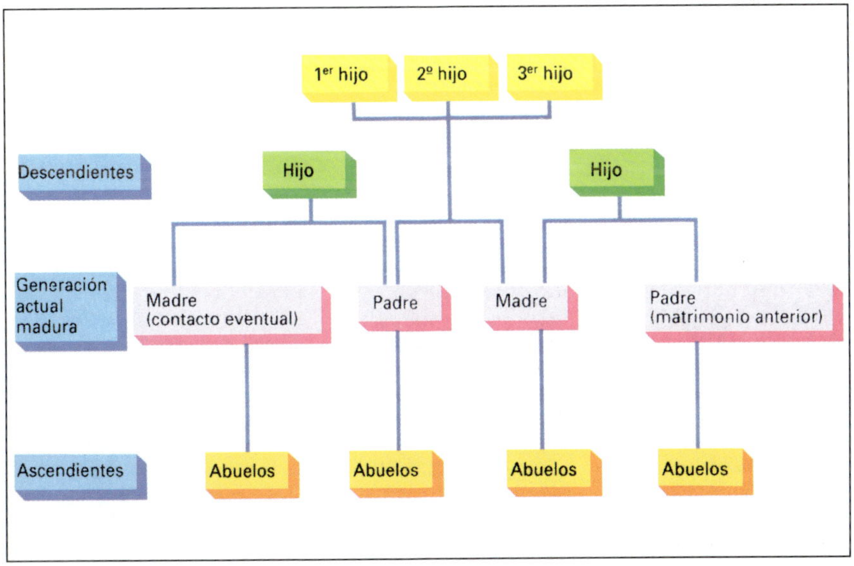

1. *El fenómeno de la sexualidad está muy extendido en el mundo de los seres vivos, alcanzando en los animales superiores su máximo grado de complejidad y aunando aspectos de comportamiento al proceso reproductor.*

2. *En el ser humano la sexualidad guarda a menudo una estrecha relación con el amor, aun cuando la importancia de cada uno de estos aspectos en las relaciones interpersonales es objeto de constantes discusiones.*

3. *Puede verse en este cuadro la relación de parentesco que se establece entre los miembros de las distintas generaciones que se suceden en el curso del tiempo.*

Historia de la sexualidad

Se ha convertido ya en un tópico la afirmación de que la sexualidad ha tenido durante su historia un proceso similar al que siguen las leyes del péndulo. En efecto, la reflexión sobre el pasado pone de manifiesto que las épocas permisivas y las restrictivas se han ido alternando casi indefectiblemente.
El estudio de la historia de la sexualidad tiene una doble importancia: nos enseña cómo un mismo tema puede serconsiderado de formas radicalmente opuestas en función de factores ajenos al mismo (socioeconómicos religiosos, culturales, etc.) y nos permite comprender algunas de las actitudes y concepciones morales del presente que resultarían inconcebibles si no fuera porque somos herederos directos de todo un bagaje procedente del pasado.
Ignoramos cómo fueron las relaciones sexuales de nuestros primeros antepasados. Los primeros documentos escritos aparecieron hace ahora unos 5.000 años, pero no cabe duda de que con anterioridad a ellos ya se habían desarrolladoalgunas costumbres y actitudes cuya huella no sería difícil rastrear incluso en nuestros días. Sería apasionante llegar a saber cuándo y cómo la humanidad descubrió que el nacimiento de un nuevo ser era consecuencia de haber eyaculado dentro de la vagina de una mujer o cuál es la verdadera historia del orgasmo femenino. Algunos estudiosos sostienen la hipótesis de que la mujer pudo sentir por primera vez un orgasmo a partir del momento en que se pasó de la cuadripedestación a la bipedestación, lo qu posibilitó que se realizara el coito cara a cara y no por detrás. Aunque la moderna investigación científica ha aportado datos que permiten aventurar algunas respuestas a todas estas incógnitas, lo más probable es que nunc sepamos con certeza cómo era la conducta sexual de nuestros primeros padres y, sobre todo, cuáles eran sus motivaciones, actitudes, sentimientos y eventualmente problemas en este tema.
Un apartado especialmente relevante para la historia de la sexualidad es el de la evolución del papel de la mujer dentro de la sociedad. Todo parece indicar que se dieron distintos modelos y que hubo épocas de patriarcado junto a otras de matriarcado. Sin embargo, a partir de un determinado momento y sin que se sepa muy bien por qué, fueron los hombres los que gobernaban y legislaban, en otras palabras, los que estaban encargados de pensar. Este hecho ha marcado una diferencia que ha resultado decisiva para la vida sexual de todas las generaciones que han venido después.
Por lo general, la sexualidad ha sido inseparable de las normas éticas del momento. La morales restrictivas han impuesto sus leyes sexuales en base a argumentos que han variado según las épocas. Así, en el Antiguo Testamento, la necesidad de nuevos nacimientos y la idea de que la mujer era propiedad del marido o del padre, determinaron que el celibato así como el adulterio se consideraran un pecado, mientras que el sexo entre personas no casadas era permitido, siempre y cuando el padre de ella lo aprobara. Muchas de las leyes contenidas en el Antiguo Testamento fueron adoptadas por los Padres de la Iglesia sin percatarse, algunas veces de que habían sido dictadas en una coyuntura determinada. Tal ocurrió, por ejemplo, con la prohibición hebrea de toda actividad sexual que no llevara a la reproducción. En su momento esta ley fue promulgada, como se ha dicho, para aumentar la tasa de natalidad pero posteriormente se mantuvo vigente al margen de este propósito.
La primitiva Iglesia cristiana sostuvo además la idea de que el cuerpo era algo impuro y que el acto sexual era repugnante. San Agustín llegó a afirmar que la abstinencia sexual era la mejor forma de redimir el pecado original; de ahí que se ensalzara la virginidad y el celibato. Las actitudes en contra del sexo alcanzaron una de sus cotas más altas durante la Edad Media. En esta época sólo estaba permitido el coito vaginal entre marido y mujer, siempre estando el hombre encima de ella, y sólo en aquellos pocos días que no coincidían con efemérides religiosas como la cuaresma u otras muchas. Los cónyuges, sin embargo, no debían experimentar ningún tipo de placer si no querían incurrir en pecado, a fin de evitar el contacto corporal, se utilizaban

1

camisones con un orificio por donde podía pasar el pene para permitir la procreación. El **coitus interruptus** o el aborto eran castigados severamente y los que practicaban el coito anal u oral o utilizaban algún medio anticonceptivo eran considerados casi como homicidas.
Alternando con estas etapas represivas, han habido otras en las que la sexualidad se ha considerado como algo sano y deseable. Baste recordar, en la antigüedad, los ritos en honor de Ishtar, diosa del amor y de la fertilidad, en el Próximo Oriente o el culto a Dionisio en Grecia, que incorporó la sexualidad en sus ceremonias.
La civilización ateniense, que no precisaba de ningún

2

crecimiento demográfico, puso de moda la pederastia. Teóricamente era una forma de educación superior en la que un muchacho, cuando terminaba su escolaridad, se ponía bajo la tutela de un hombre adulto. Aún hoy en día se discute si se trataba sólo de una relación intelectual y afectiva o si tenía también connotaciones sexuales, pero lo cierto es que con ello se conseguía uno de los objetivos de los griegos que era retrasar el matrimonio. Ya no tan alejado de nosotros, durante el Renacimiento, se produjo en Europa un resurgir de la libertad, con la consiguiente aceptación del deseo sexual como algo natural y recomendable.

Sin embargo, con la llegada del calvinismo, se yuguló este proceso de liberalización y quedaron sentadas las bases para la llamada moral puritana en la que se condena toda forma de placer si se quiere servir a Dios.

Básicamente, puede decirse que, en Occidente, las actitudes represivas de la sexualidad se han asentado en las leyes de la religión judeocristiana, del puritanismo y de la moralidad victoriana. Sin embargo, en las 2 ó 3 últimas generaciones, los cambios acaecidos son de tal índole que han ocasionado un aceleramiento en la evolución de las ideas sobre el comportamiento sexual. Los descubrimientos científicos, la nueva tecnología, la amenaza que supone el crecimiento demográfico así como la evolución del papel social de la mujer han propiciado una visión más realista del sexo. Resulta muy difícil predecir en el momento actual cómo continuará evolucionando la sexualidad.

Lo cierto es que la libertad que

3

caracterizó las décadas de los sesenta y los setenta parece haber dado paso a un mayor contenimiento en los últimos años.

Aunque el SIDA puede haber influido en este proceso, lo cierto es que antes de que se empezara a extender esta plaga, ya se había iniciado el nuevo movimiento pendular. Esta vez, sin embargo, no se trata tanto de repudiar actividades como la masturbación, la homosexualidad, en definitiva el sexo no encaminado a la reproducción, sino que se asiste a una mayor sensibilización y rechazo hacia aquellas conductas sexuales que atentan contra la libertad individual como pueden ser la violación o el acoso sexual de la mujer en el mundo sociolaboral.

1. *El arte griego dedicó especial atención al cuerpo humano, representando con gran fidelidad los rasgos sexuales masculinos y femeninos, como en la estatua de El Doríforo, obra de Policleto.*

2. *El arte en Occidente ha dedicado mayor atención a representar las características sexuales femeninas que las masculinas, variando el modelo de mujer en las diferentes épocas. Aquí se muestra la obra Perseo y Andrómeda de Rubens.*

3. *Tras una larga época de represión sexual, desde finales del siglo XIX se ha luchado en Occidente por conseguir una mayor libertad en el comportamiento sexual. Pintura de Amedeo Modigliani.*

Los pioneros de la sexualidad

1

2

Aunque a finales del siglo XIX ya aparecieron los primeros intentos de abordar la sexualidad con rigor científico, bien entrado el XX, seguían prevaleciendo conceptos claramente irracionales y actitudes hipócritas que mantenían a gran parte de la humanidad sumergida en grandes sentimientos de culpa. Entre los pioneros de la sexualidad es preciso mencionar a Henry Havelock Ellis (1859-1939) que tuvo la osadía de abordar desde la medicina un tema tan mal visto como era el del comportamiento sexual. A otros autores como Richard von Krafft-Ebing (1840-1902) se debe el primer enfoque serio de la psicopatología de las desviaciones sexuales, aunque no lograra desprenderse de los prejuicios de su época nos haya legado una visión intolerante de las mismas. A él se debe el descubrimiento de que la parálisis general progresiva es consecuencia de la sífilis, hecho que contribuyó, sin duda, a una actitud aún mas negativa hacia el sexo por el pánico que se originó a las enfermedades venéreas. Afortunadamente, entre estos pioneros los hubo con mentalidades más abiertas que, a pesar de los escasos conocimientos científicos de la época y de los avatares de la historia, como fue la irrupción del nazismo, contribuyeron a crear una visión menos deshumanizada de la sexualidad. Tal es el caso de Magnus Hirschfeld (1868-1935), psiquiatr alemán considerado el padre de la medicina sexual. Sigmund Freud (1856-1939) merece atención aparte por la genialidad de sus intuiciones y por la enorme repercusión que ha tenido en el pensamiento de las generaciones posteriores. Sus ideas acerca de la sexualidad infantil, los efectos de la represión en la conducta sexual adulta y, sobre todo, la importancia de la sexualidad en el comportamiento global del individuo han sido ampliamente divulgadas y han llegado, más o menos tergiversadas, a casi todos los ámbitos socioculturales. El sexo, que hasta entonces había sido visto como un acto meramente fisiológico, independientemente de las distintas calificaciones morales de que había sido objeto, a partir de la doctrina freudiana se convirtió en algo esencial para la vida del ser humano. Sin embargo, al igual que ha ocurrido con algunas de sus interpretaciones de las enfermedades mentales,también algunas de sus afirmaciones en relación al sexo han tenido que ser modificadas con el paso del tiempo. El ejemplo más ilustrativo es el del orgasmo femenino. Freud creía que el verdadero orgasmo era el vaginal y que el clitorídeo era propio de mujeres inmaduras sexualmente. Las investigaciones científicas posteriores han demostrado que no existen estos dos tipos de orgasmo sino que la reacción es siempre la misma sea cual sea la forma de estimulación.

En la práctica, Freud estudió a pocas mujeres, ya que su experiencia clínica se limitó a una reducida muestra de pacientes vienesas; con todo, abordar este tema en sutiempo, en el que imperaba el puritanismo, requería, sin duda alguna, una gran dosis de valentía. Con Alfred Kinsey (1904-1956) y sus colaboradores, Pomeroy, Martin y Gebhard, se produjo una revolución en la concepción de la sexualidad no menos importante que la freudiana. Estos autores llevaron a cabo un estudio sociológico mediante encuestas en el que pudieron recoger la conducta sexual de la población de Estados Unidos entre los años 1938 y 1952. A partir de los resultados pudieron demostrar estadísticamente que muchas de las conductas sexuales consideradas hasta entonces antinaturales, eran practicadas por un abrumante porcentaje de la población.

Al ponerse de manifiesto que la masturbación, la homosexualidad y las relaciones extramatrimoniales eran actividades relativamente comunes y no exclusivas d unos grupos minoritarios con distintos grados de neurosis, como se venía creyendo hasta el momento, fue necesario cambiar el enfoque que hasta entonces se había dado al tema sexual y de esta manera se abrieron las puertas al estudio científico del mismo. Reconocida la como penes artificiales, que permitían observar y grabar las reacciones que se producían en el interior de la vagina. El gran mérito de estos pioneros no se limita a los datos científicos que nos han legado sobre la respuesta sexual, sino que va mucho más allá, ya que dejaron patente que la actividad sexual puede y debe constituir una fuente de placer tanto para el hombre como para la mujer y contribuyeron al esclarecimiento de numerosos mitos que han condicionado durantesiglos la sexualidad y la han mantenido en una dolorosa penumbra.

3

importancia de la sexualidad en la vida del individuo y la realidad sobre la frecuencia de las distintas prácticas sexuales, faltaba descubrir los procesos psicofisiológicos de la respuesta sexual así como los mecanismos biológicos que la controlan Esta labor la realizaron William Masters y Virginia Johnson cuyo libro *Respuesta sexual humana* (1966) constituye un punto de referencia indispensable para la moderna ciencia de la sexología. Durante los once años que duró su investigación estudiaron la respuesta sexual de 382 mujeres y 312 hombres.

Entre estas personas las había solteras y casadas con edades que oscilaban entre los 18 a los 89 años. Especialmente interesantes fueron los resultados obtenidos con el grupo de personas mayores (34 mujeres con edades comprendidas entre 51 y 78 años y 39 varones entre los 51 y los 89). Asimismo contaron en su muestra con 6 mujeres embarazadas. Todas estas personas se avinieron a tener sus relaciones sexuales o a masturbarse en un laboratorio donde eran observadas y evaluadas todas sus reacciones desde diversos parámetros.

No sólo se registraban sus constantes vitales, como respiración o ritmo cardiaco, sino que también disponían de instrumentos especializados.

1. *Havelock Ellis escribió en 1891 una obra pionera sobre psicología y sexo, que sus contemporáneos tildaron de obscena, prohibiéndose su publicación en Gran Bretaña.*

2. *Sigmund Freud, el padre del psicoanálisis, consiguió despertar en amplios sectores de la sociedad la conciencia de que el sexo era un aspecto esencial de la vida y el comportamiento humanos.*

3. *William Masters y Virginia Johnson estudiaron durante once años en laboratorio la sexualidad de un amplio grupo de hombres y mujeres analizando los aspectos psíquicos y físicos del proceso.*

Aparato genital masculino: anatomía y fisiología

Los órganos genitales del hombre se dividen en externos e internos según puedan observarse a simple vista o bien sea preciso abrir las cavidades del cuerpo para ello. Los **genitales externos** están formados por el pene y el escroto. El **pene** mide unos 10 ó 12 cm., en estado de flaccidez y unos 15 ó 16 en estado de erección, tiene forma cilíndrica y está formado por tres cuerpos de tejido eréctil, llamados cuerpos cavernosos y cuerpo esponjoso. El tejido eréctil lo constituye toda una red irregular y esponjosa de arterias y venas que, al recibir sangre de las arterias pudendas internas, aumenta de grosor, longitud y dureza produciéndose la erección. El cuerpo esponjoso es atravesado por la uretra y, en su parte distal, se expande para formar el glande. Por el interior de la uretra transcurre la orina y también el semen en el momento de la eyaculación. En su parte final, la uretra se ensancha recibiendo el nombre de meato urinario. Cada uno de los tres cuerpos cilíndricos están cubiertos por una capa fibrosa, llamada túnica albugínea, y los tres cuerpos van envueltos con densas vainas. El pene está recubierto por una piel que se desplaza con facilidad. En su parte distal y unida a la cara ventral del glande por el **frenillo,** esta piel forma el **prepucio.** Cuando la estrechez del orificio del prepucio impide que pueda bajar la piel para dejar el glande al descubierto, nos hallamos ante un caso de **fimosis**. Esta malformación puede revestir distintos grados de intensidad y se corrige mediante una intervención quirúrgica relativamente fácil que se conoce con el nombre de **circuncisión,** en la que se recorta el extremo de la piel del prepucio y se une mediante unos puntos de sutura a la base del glande, el cual queda para siempre al descubierto. Existe una creencia muy extendida, según la cual el hecho de tener el glande sin la protección de la piel del prepucio aumenta su sensibilidad; se dice que el hombre circuncidado tiene más dificultad para controlar la eyaculación tanto en el coito como en la masturbación y que está más expuesto a desarrollar una impotencia. Sin embargo, en las investigaciones realizadas por Masters y Johnson, comparando 35 hombres circuncidados con otros tantos que no lo habían sido, se evidenció que esta creencia carecía de base científica ya que durante los movimientos coitales el glande operado está tan expuesto a la estimulación por parte de la vagina como el glande no operado; por tanto, quedó demostrado que el prepucio conservado contribuía

Aparato genital masculino

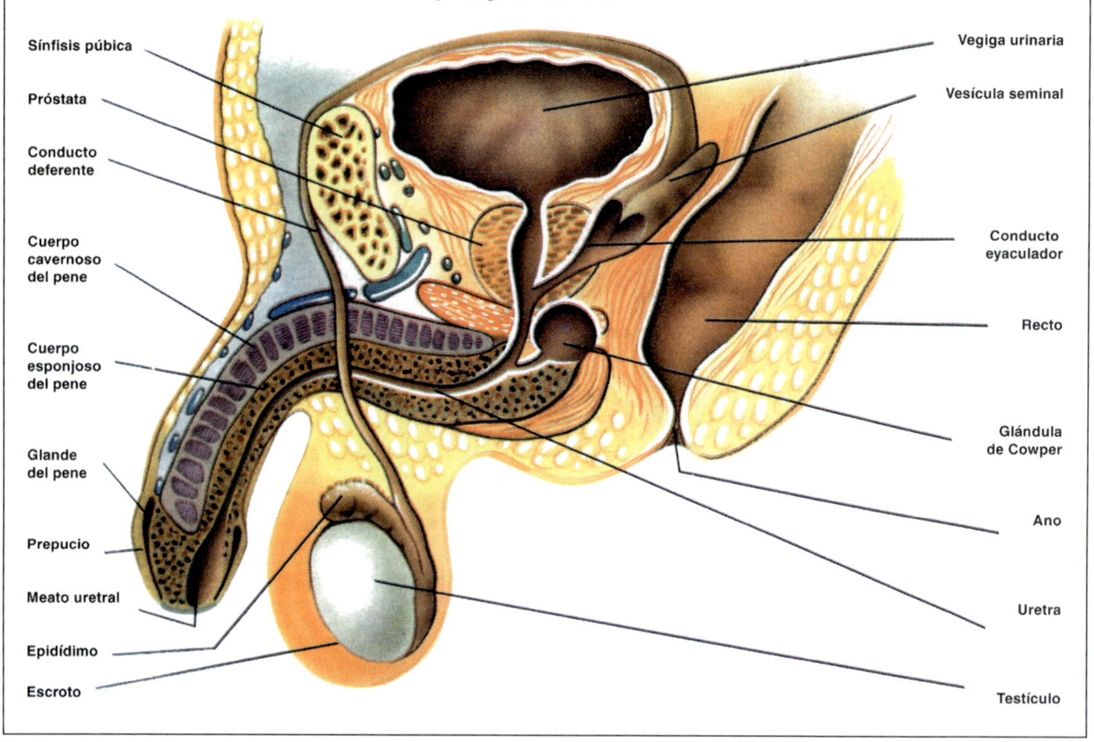

poco o nada en el control eyaculatorio. Lo que sí es cierto, en cambio, es que, según la gravedad de la fimosis, ésta facilita las infecciones, al impedir una higiene correcta, y también puede interferir en las relaciones sexuales haciendo que éstas resulten dolorosas.
Finalmente, es preciso mencionar que la circuncisión, como acto ritual viene practicándose desde hace más de 4.000 años; era una costumbre entre los egipcios, de ellos pasó probablemente a los hebreos y luego a los musulmanes.
El **escroto** es una fina capa de piel oscura que recubre las bolsas en que se alojan los testículos formando arrugas y pliegues característicos. Posee glándulas sudoríparas y sebáceas y folículos pilosos y está dividido en dos compartimientos, separados por un tabique. El escroto propiamente dicho es la piel ya descrita; pero, por extensión, suele utilizarse la misma palabra para designar todos los componentes del saco testicular. Entre las capas que componen dicho saco hay que destacar el músculo cremáster o elevador del testículo y la túnica dartos. Estas estructuras permiten la regulación de la temperatura de los testículos a fin de proteger la función más importante de éstos, que es la espermatogénesis. Cuando el ambiente es frío estas fibras se contraen permitiendo así que los testículos se peguen a la pared del abdomen y conserven la temperatura necesaria. Así, cuando ésta es excesivamente elevada, las fibras se relajan, los testículos penden y la temperatura desciende. Los **genitales internos** están formados por los testículos, la próstata, las vesículas seminales, los conductos deferentes y las glándulas de Cowper.
Los **testículos** son órganos intraabdominales que suelen descender y situarse en el escroto durante el desarrollo fetal, antes del nacimiento individuo. La alteración debida a un fallo en este descenso se llama **criptorquídea**. Existe una proporción aproximadament del 3% de varones que nacen sin que los testículos hayan descendido a sus bolsas correspondientes. Por lo general, antes de la pubertad tiene lugar en estos niños un descenso espontáneo de los testículos; si no es así, hay que proceder a una intervención quirúrgica para bajarlos ya que, de lo contrario, es posible que sean individuos estériles, en el día de mañana. En este caso, la esterilidad sería debida a que para la correcta formación de los espermatozoides se requiere que los testículos estén a una temperatura más baja de la que tendrían si permanecieran en la cavidad abdominal (la temperatura en el interior del saco escrotal es de 3 a 4 grados menos que en el interior del abdomen). Los testículos tienen forma oval, miden unos 4 cm., de largo por 2 de ancho y 3 de grueso y se hallan rodeados por varias cubiertas protectoras. Están constituidos por un conjunto de lobulillos en cuyo interior se hallan los túbulos seminíferos que es donde tiene lugar la producción de espermatozoides o espermatogénesis. En el tejido intersticial, concretamente en las células intersticiales de Leydig, se fabrica la testosterona. En la parte posterior del testículo existe un engrosamiento en forma de coma que constituye el **epidídimo.** En realidad no es más que un apelotonamiento de los tubulillos antes de desembocar en el **conducto deferente** encargado de impulsar los espermatozoides hacia la

2

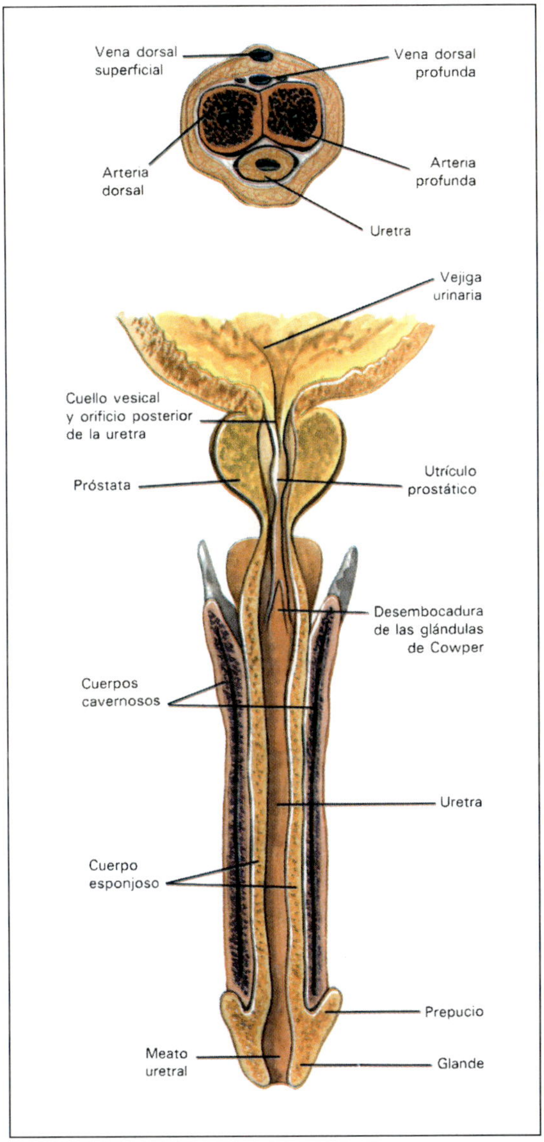

1. *Esquema general del aparato sexual masculino.*

2. *Sección transversal (arriba) y longitudinal (abajo) del pene. Además de los productos sexuales, el pene sirve también de conducto para la orina, a diferencia del aparato sexual femenino donde ambos aspectos van separados.*

uretra. El conducto deferente mide unos 50 ó 60 cm., de largo.

La **próstata**, que suele tener el tamaño de una castaña, es una glándula de secreción externa. Se halla situada por debajo de la vejiga urinaria y delante de la ampolla rectal, pudiéndose palpar por tacto rectal. Es atravesada por la uretra que, a su paso por la próstata, se convierte en la vía única para la orina y el semen. Existen unos pequeños músculos que, a modo de válvulas, se cierran o abren a fin de que no se produzca la emisión conjunta de ambos.

La próstata produce un líquido alcalino claro que forma parte del líquido seminal, favoreciendo la movilidad de los espermatozoides, y también es un centro importante en la producción de **prostaglandinas.** El nombre de estas sustancias es debido a que fueron descubiertas inicialmente entre las secreciones prostáticas, sin embargo, con el tiempo se ha visto que también se encuentran en la mayoría de los tejidos de los mamíferos. Por su acción farmacológica tienen múltiples aplicaciones, una de las cuales es como inductoras del aborto.

Tanto el tamaño como el funcionamiento de la próstata dependen, en gran parte, de los andrógenos. Con la edad suele involucionar, pero si por alguna causa aumenta de tamaño, comprime los tubos que la atraviesan y el individuo presenta dificultad para orinar.

Por encima de la próstata y por debajo de la vejiga urinaria están las **vesículas seminales** que desembocan en el conducto eyaculador, junto a los conductos deferentes y tienen como misión la fabricación de un líquido viscoso y gelatinoso que estimula el movimiento de los espermatozoides. Los dos conductos deferentes, al unirse a las vesículas seminales, forman los **conductos eyaculadores** que desembocan en la uretra prostática.

Las **glándulas de Cowper** son dos estructuras del tamaño de una lenteja situadas junto a la uretra, por debajo de la próstata. Se desconoce con exactitud su función, pero se supone que segregan un líquido destinado a neutralizar los restos de orina que puedan haber quedado en la uretra y preparan

3

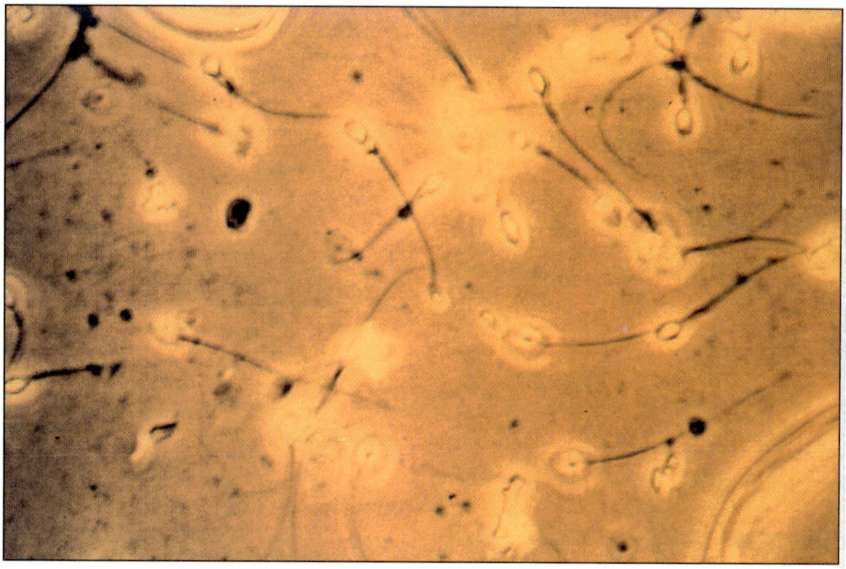

4

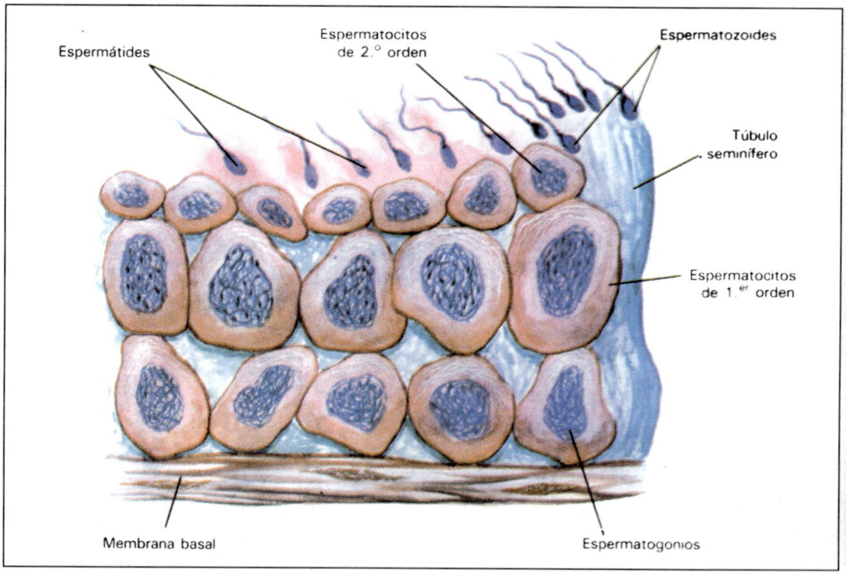

así el paso del semen. En ocasiones antes de que se produzca la eyaculación, aparecen unas gotas procedentes de estas glándulas, conteniendo espermatozoides vivos y, por tanto, capaces de fecundar. Éste es un fenómeno a tener en cuenta, ya que estas minúsculas gotas pueden ser las causantes de algunos embarazos inesperados o no deseados entre aquellas personas que utilizan la marcha atrás o **coitus interruptus,** práctica, por cierto, bastante frecuente. El suelo de la pelvis está constituido por el **perineo.** En su parte anterior se halla limitado por la sínfisis del pubis, a los lados tiene las tuberosidades isquiáticas y por detrás se halla el cóccix. El perineo es atravesado por los órganos genitales y el recto.

Erección. La erección es la respuesta fisiológica inicial que produce el hombre ante un estímulo sexual que puede ser físico o psíquico. Se inicia co la dilatación de las arteriolas del pene que permite el llenado de sangre del tejido eréctil. A su vez, se produce una compresión de las venas que bloquea la salida de la sangre y contribuye al endurecimiento y engrosamiento del órgano. Los centros reguladores de la erección se hallan situados en la porción sacra de la médula espinal. Las erecciones que se producen durante el sueño no son necesariamente la respuesta a un estímulo sexual. Modernamente se ha descubierto que estas erecciones tienen lugar en unos momentos determinados del sueño que corresponden a las fases REM.

Eyaculación. Es un reflejo que consta de dos partes: la **emisión,** o sea, el paso del semen a la uretra, y la **eyaculación propiamente dicha,** que es la propulsión del semen a través de la uretra durante el orgasmo. La primera está controlada por los segmentos lumbares superiores de la médula y tiene lugar po la contracción involuntaria de los conductos deferentes y de las vesículas seminales. La expulsión del semen a través de la uretra está regulada por los centros reflejos medulares sacrolumbares y se efectúa mediante la contracción del músculo bulbo cavernoso. Las eyaculaciones que tienen lugar durante el sueño se conocen con el nombre de poluciones nocturnas y son más frecuentes en hombres con abstinencia sexual.

Semen. El semen, también llamado esperma, es el líquido eyaculado durante el orgasmo. Está formado por espermatozoides y secreciones de las vesículas seminales, de la próstata y de las glándulas de Cowper. El volumen promedio de eyaculación después de varios días de abstinencia, es de 2,5 a 3,5 ml. Aunque los márgenes son muy amplios, puede decirse que existen alrededor de 100 millones de espermatozoides por mililitro de semen. Tanto el volumen de semen como el número de espermatozoides decrecen con la repetición de la eyaculación.

Espermatozoide. Es la célula que fecunda el óvulo para formar el embrión. Consta de tres partes: cabeza, parte intermedia y cola. Ésta última le confiere gran movilidad, siendo su velocidad máxima de tres milímetros por minuto. Se forman en los testículos y, fuera de ellos, no sobreviven más allá de unas pocas horas.

5

3. *Los espermatozoides constan básicamente de un cuerpo más o menos redondeado y una larga cola con la que se desplazan por el líquido seminal, de consistencia viscosa y gelatinosa que facilita sus movimientos para encontrar un óvulo tras penetrar en la vagina.*

4. *La espermatogénesis es un proceso que dura gran parte de la vida del hombre una vez alcanzada la maduración sexual. Los espermatogonios generan espermatocitos de primer orden y éstos de segundo orden, que a su vez producen los espermatozoides.*

5. *En el curso de la historia el arte ha representado a menudo la sexualidad del ser humano, fruto de detallados estudios anatómicos, como es el caso de David, de Miguel Angel.*

Aparato genital femenino: anatomía y fisiología

Los genitales externos femeninos, es decir aquellos que pueden observarse a simple vista, se conocen con el nombre de vulva y comprenden los labios mayores, los labios menores, el clítoris, el vestíbulo vaginal, las glándulas de Bartholino y el periné. Los **labios mayores** se llaman así porque cierran toda esta estructura de forma parecida a como lo harían unos labios. Corresponden a lo que en el hombre es el escroto. En realidad son dos gruesos pliegues de piel, redondeados, cuyo tamaño puede variar considerablemente de una mujer a otra. En su parte interna la piel es fina y sin pelos, mientras que la piel de la superficie externa es rica en glándulas sudoríparas y sebáceas y está recubierta de pelo. En su parte superior se unen para formar el **Monte de Venus** que está cubierto por el vello pubiano y se halla situado delante de la sínfisis del pubis, entre las ingles. Los **labios menores,** también llamados **ninfas,** se encuentran por dentro de los mayores y por lo general son asimétricos. Corresponden a lo que en el hombre es la piel del pene y experimentan importantes cambios cuando la mujer se excita sexualmente. En su interior poseen un núcleo de tejido conectivo esponjoso y vascular y su superficie está formada por una piel delgada y rojiza, en forma de cresta de gallo, que contiene grandes glándulas sebáceas. En el fondo del espacio delimitado por los labios menores se hallan el meato urinario y el orificio inferior de la vagina. En su parte anterior se adelgazan, dividiéndose en dos ramas: las internas formarán el frenillo del clítoris y las externas se unirán para formar el prepucio del clítoris. El **clítoris** es un órgano único, eréctil, de suma importancia para la sexualidad femenina ya que, a diferencia de la vagina, está dotado de gran cantidad de terminaciones nerviosas de tipo sensitivo. Se halla en la parte anterosuperior de la vulva y mide aproximadamente de 4 a 5 mm., tanto longitudinal como transversalmente, si bien es posible observar grandes variaciones de una mujer a otra. Está formado por dos cuerpos de estructura cavernosa envueltos en una densa membrana fibrosa que contiene fibras elásticas y musculares lisas. La irrigación arterial y venosa del clítoris sigue la misma distribución que la del pene, si bien los vasos son de menor calibre. La zona por debajo del clítoris se conoce con el nombre de vestíbulo vaginal. En ella se halla el meato urinario, por donde desemboca la uretra, y, algo más abajo, el introito vaginal o entrada de la vagina. En el inicio del canal vaginal se encuentra el himen que es una fina membrana muy rica en vasos sanguíneos. El himen tiene un pequeño orificio para poder dar salida a la sangre durante la menstruación. Con la introducción del pene erecto, el himen se rasga produciendo, por lo general, un pequeño sangrado. Los restos de himen que quedan pegados a la pared vaginal se conocen con el nombre de carúnculas mirtiformes y desaparecen cuando la mujer ha dado a luz. El himen había sido considerado por algunas culturas como garantía de virginidad, hasta tal punto que, para algunas mujeres, el hecho de no sangrar en su primer coito podía acarrearles serios problemas. Asimismo, en determinadas sociedades existía la costumbre de exponer al exterior la sábana manchada de sangre la mañana después de la noche de bodas, a fin de que familiares y vecinos pudieran comprobar que el hombre no había sido engañado y se había casado con una mujer

1

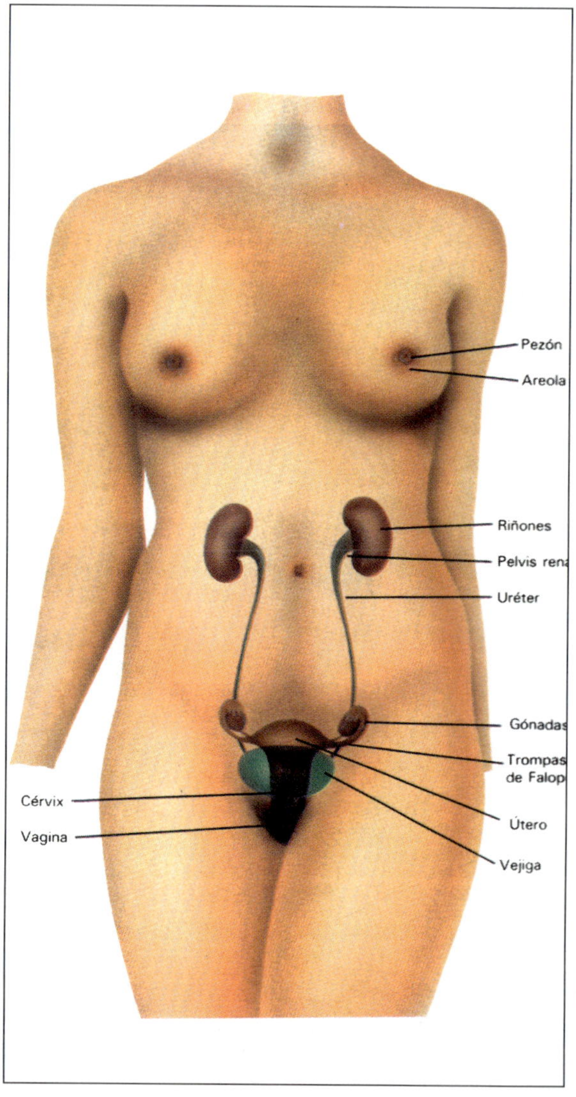

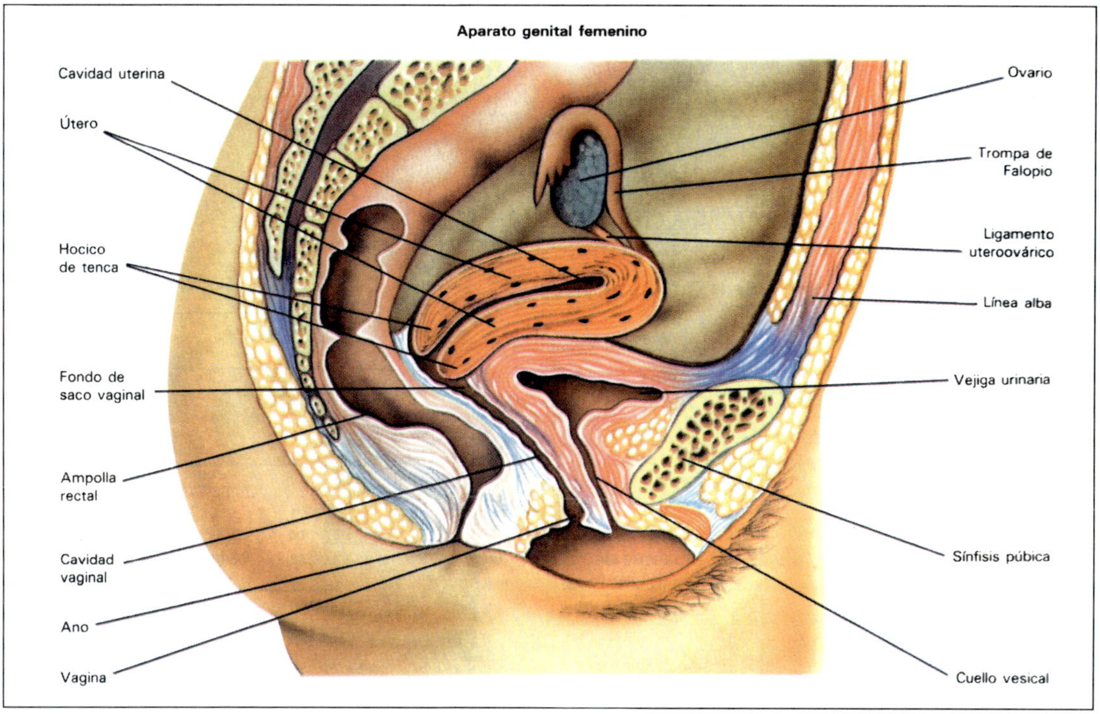

2

virgen. En la actualidad, estas prácticas están cayendo en desuso fundamentalmente por dos factores: por un lado, se sabe que el himen puede rasgarse de varias maneras,
entre ellas haciendo determinados ejercicios físicos, y también que algunas mujeres nacen sin esta membrana; por otro lado, la tendencia a la equiparación entre los dos sexos ha motivado que cada vez se tenga menos en cuenta la virginidad. Con todo, en determinados lugares aún es posible encontrar algunos grupos minoritarios que siguen fieles a esta bárbara costumbre.
En la parte posterolateral del vestíbulo se encuentran las glándulas de Bartholino, una en cada uno de los labios menores. Tienen el tamaño de un guisante y segregan una pequeña cantidad de líquido mucoso que tradicionalmente se había creído que contribuía a lubricar la vagina durante el coito; sin embargo, los estudios científicos más recientes han puesto de manifiesto que el papel de estas glándulas en la lubricación vaginal no es tan importante como se había creído.
Aunque desde el punto de vista anatómico el periné es todo el suelo de la cavidad abdominal, en clínica se conoce con este nombre la región que separa la vulva del ano. En la descripción de los genitales internos se suele seguir el itinerario que recorre el óvulo desde que, una vez maduro, abandona el ovario hasta que es expulsado durante la menstruación. Los ovarios son dos pequeñas estructuras, en forma de almendra de color gris claro y brillante, situados a ambos lados del útero y un poco por detrás. Miden de 3 a 5 cm., de largo, por 2 ó 3 cm., de ancho y de 1 a 2 cm., de grueso. La superficie es lisa durante la edad infantil pero se vuelve rugosa con los años, debido a las numerosas cicatrices que se producen en cada regla cuando el folículo se rompe para dejar salir al exterior el óvulo en el contenido. La estructura interna del ovario varía constantemente en íntima relación con el ciclo menstrual.
Los ovarios de una recién nacida contienen entre 300.000 y 500.000 folículos primordiales y en cada uno de ellos existe un óvulo inmaduro. Durante los años que transcurren entre la pubertad y la menopausia sólo alcanzan la madurez unos 500 de estos folículos los restantes se atrofian. El proceso de maduración comprende distintas fases hasta convertirse en el folículo de De Graaf, momento en el cual se produce la rotura y expulsión del óvulo. Este fenómeno se conoce con el nombre de ovulación y tiene lugar aproximadamente el día 14 del ciclo menstrual. A diferencia del testículo, que genera millones de espermatozoides, el ovario sólo produce un óvulo cada mes. El folículo, una vez expulsado el óvulo, se convierte en el cuerpo amarillo o lúteo el cual degenera al cabo de unos ocho días, dando lugar al cuerpo albicans, llamado así por su color blanquecino. Aparte de la producción de los óvulos, el ovario posee otra importante función que es la secreción de hormonas sexuales femeninas (estrógenos y

1. *Situación general de los órganos reproductores femeninos.*

2. *Esquema general de la anatomía del aparato genital femenino, mostrando los órganos reproductores internos y los genitales externos.*

progesterona).
Las **trompas de Falopio** son dos estructuras largas y delgadas que conectan los ovarios con el útero. Miden unos 10 cm., de largo y constan de dos partes, una de aspecto tubular y otra en forma de embudo, llamada pabellón o infundíbulo. Cuando el óvulo es expulsado por el ovario, es recogido por la parte infundibular de la trompa y transportado hasta el útero. La fecundación, es decir el encuentro entre el espermatozoide y el óvulo, ocurre en la porción ampular de la trompa. El **útero** o matriz es un órgano único situado en el centro de la pelvis, entre el recto y la vejiga urinaria. Tiene la forma de una pera invertida de unos 7 u 8 cm., de longitud y lo rodean toda una serie de ligamentos que lo sujetan y relacionan con los restantes órganos de la pelvis. Se divide en tres partes: cuerpo, istmo y cuello. El cuerpo es la porción más voluminosa y en ella desembocan las trompas. El istmo es la parte más corta y separa el cuerpo del cuello. El cuello es la zona que desemboca en la vagina, formando el llamado hocico de tenca. El útero posee una pared muy elástica formada por diversas capas musculares, la más interna de las cuales se llama endometrio. A lo largo del ciclo menstrual, la capa mucosa del endometrio sufre una serie de transformaciones debidas a las hormonas segregadas por los ovarios. En la primera parte del ciclo, crece en espesor debido al aumento del

Corte longitudinal del aparato reproductor femenino

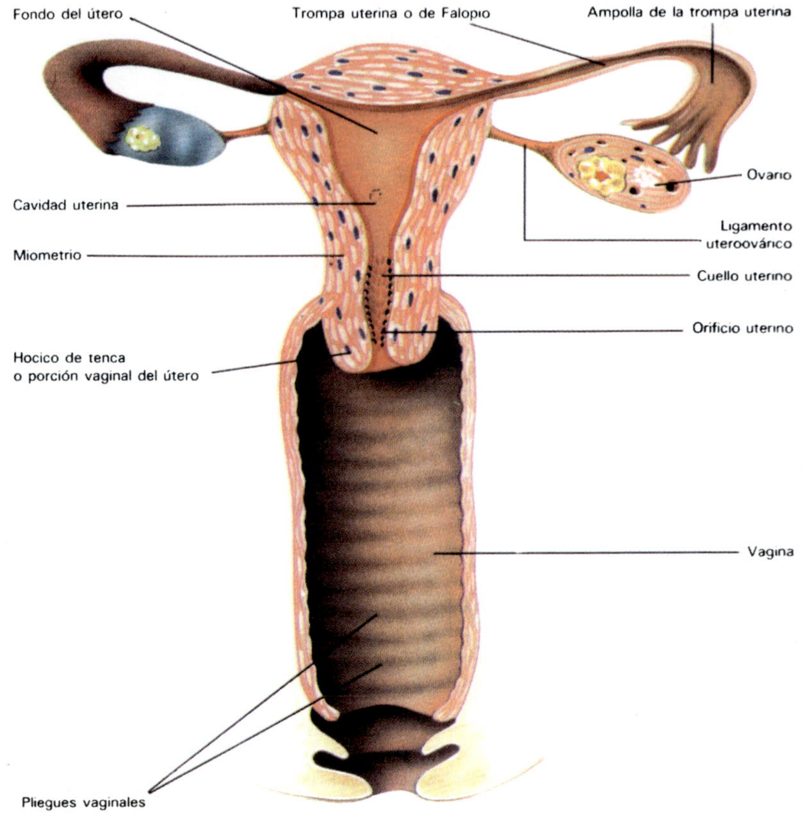

3

número de sus glándulas y a la dilatación de sus vasos sanguíneos, por efecto de los estrógenos y la progesterona. Más tarde, si el óvulo no ha sido fecundado, el nivel de estas hormonas desciende y tiene lugar una necrosis con la consiguiente descamación hemorrágica del endometrio, que se conoce con el nombre de menstruación.
La **vagina** es un órgano único músculo-membranoso, situado entre el intestino recto y la vejiga urinaria, que se extiende desde el útero hasta la vulva. Tiene forma cilíndrica y mide unos 9 cm., de longitud. Sigue un trayecto rectilíneo hacia abajo y adelante, describiendo un ángulo obtuso con el cuello de la matriz. Sus paredes, de una extraordinaria elasticidad, están formadas por diversas capas que varían en función del estado hormonal. La parte interna está constituida por una mucosa áspera y rugosa que presenta unas arrugas transversales características. Éstas son más numerosas en las mujeres jóvenes que no han dado a luz. En situación normal, las paredes de la vagina contactan entre sí y sólo se separan cuando la mujer se halla menstruando o bajo los efectos de la excitación sexual. Existen algunas falacias en torno a la importancia que puede tener el tamaño de la vagina en la obtención de placer sexual durante el coito, tanto para el hombre como para la mujer. Así, se ha dicho que las mujeres con una vagina demasiado distendida no sienten el contacto del pene o, en ocasiones, que éste no resulta lo suficientemente excitante; de forma recíproca, el hombre no alcanza la excitación que obtendría con una vagina más estrecha; por otra parte, también existe la creencia de que las vaginas de tamaño reducido ocasionan dolor a la mujer en el momento de la penetración. Masters y Johnson estudiaron la funcionalidad de este órgano.
En primer lugar observaron que las dificultades de acomodación que pueden presentar algunas vaginas estrechas son debidas a que muchas parejas tienen la

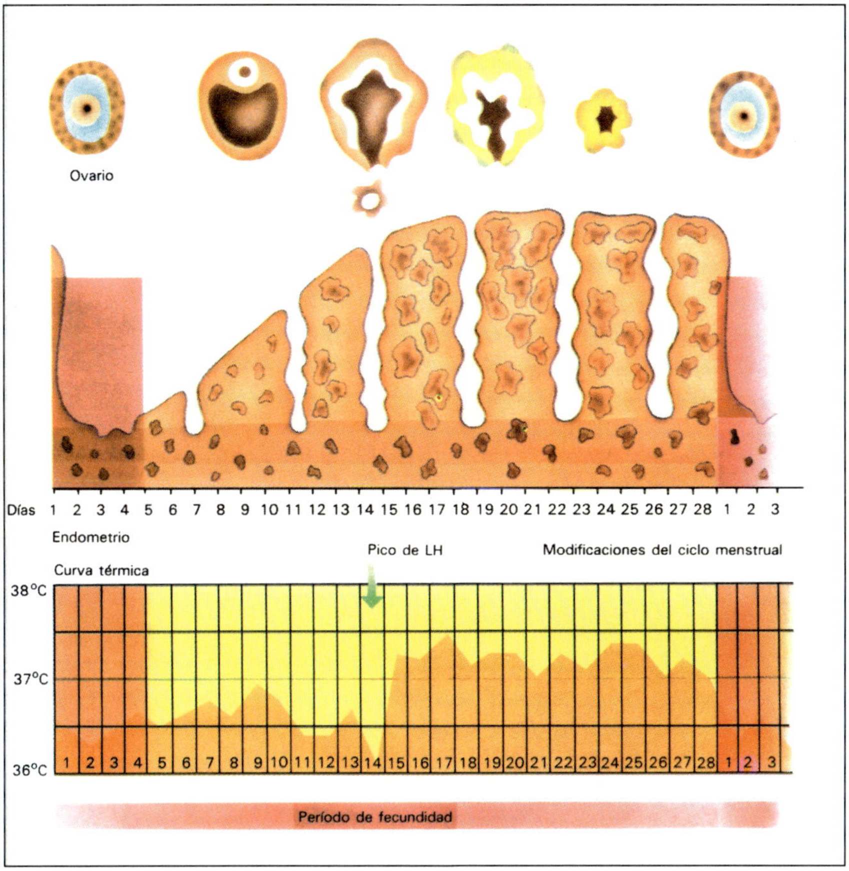

4

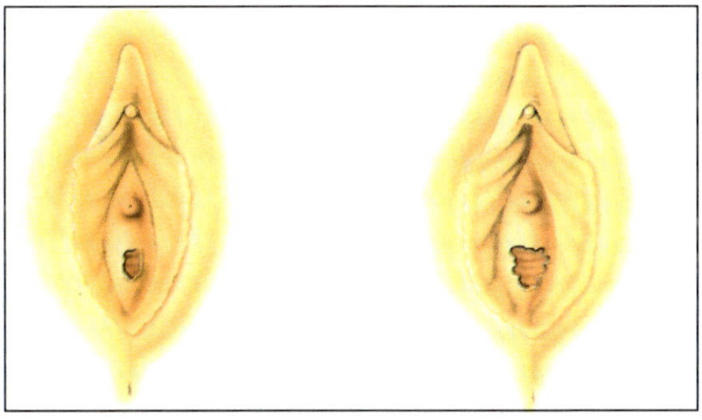

5

costumbre de proceder a la penetración demasiado pronto sin dar tiempo necesario a que se produzca la distensión involuntaria de la vagina.
Asimismo vieron que, en la fase de meseta de la respuesta sexual, la vagina se expande de tal forma que muchas mujeres, independientemente del tamaño del pene, tienen la sensación de perder su contacto. En otras palabras, el otorgar mucha importancia al tamaño de la vagina no hace más que perjudicar el buen curso de la relación sexual.
Las vaginas pequeñas se distienden enormemente y pueden albergar incluso los penes más grandes; en cuanto a las vaginas más anchas, si realmente el pene queda poco sujeto, siempre es posible adoptar otras posiciones coitales que permitan a la mujer ejercer presión con los muslos. Aunque no tan extendido, también existe el mito de que el pene puede que quede atrapado en la vagina y que sea imposible retirarlo; éste es un fenómeno extraordinariamente raro en los seres humanos que se observa, en cambio, con relativa frecuencia en los perros.
Las **mamas.** Aunque no forman parte del aparato genital femenino, su participación en la sexualidad es tan importante que merecen que nos detengamos en su estudio. Las mamas acostumbran a ser un elemento relevante para la atracción erótica del hombre, aunque las formas y tamaños preferidos pueden variar de forma notable de una cultura a otra o incluso de una época a otra, en función de la moda.
Por otra parte, la estimulación manual u oral de las mamas es una fuente de placer para la mujer mediante la cual se incrementa su excitación sexual y, en algunos casos, es capaz por sí sola de conducir al orgasmo. También es cierto, sin embargo, que para algunas mujeres esta estimulación puede resultar desagradable, especialmente en los días anteriores a la menstruación en los que es posible incluso que llegue a ser dolorosa.

3. *Corte longitudinal del aparato genital femenino.*

4. *Esquema del ciclo menstrual: la mucosa uterina comienza a aumentar de espesor y al mismo tiempo, el folículo primordial se desarrolla en el ovario. Alrededor del día 12 se desprende un óvulo y se forma el cuerpo lúteo en el ovario. Al final desaparece el cuerpo lúteo y la mucosa uterina se desprende junto con una cierta cantidad de sangre (hemorragia menstrual).*

5. *Vista del himen cubriendo parcialmente la entrada a la vagina.*

Pedagogía sexual

1

Ante todo es preciso distinguir entre información y pedagogía. Informar sobre un tema consiste en dar a conocer los datos científicos de que se dispone, sin tergiversaciones ni omisiones. No se trata de inculcar las normas morales propias de una época, sino de poner a disposición de las personas la conocimientos del momento histórico. La pedagogía o educación sexual va más allá; no se limita a impartir conocimientos sino que pretende enseñar cómo usarlos, su misión es ayudar al niño a desarrollar su personalidad adecuadamente y prepararlo para que el día de mañana se convierta en un individuo libre, responsable y, a poder ser, feliz. Es evidente que una buena educación debe estar basada en una información correcta; sin embargo, en lo que a la sexualidad se refiere, no siempre se ha sido fiel a este principio. Los prejuicios y la ignorancia por parte de los adultos han hecho que la formación sexual de los más jóvenes fuera tan deficiente como la de ellos, cerrándose así una especie de círculo vicioso. La pedagogía sexual ha atravesado grandes cambios en las últimas décadas. A principios de siglo prácticamente toda ella iba dirigida a frenar la expresión de determinadas formas de sexualidad mediante el miedo. Para ello se divulgaron todo tipo de amenazas sobre las nefastas consecuencias que tenían para la salud algunas de las formas de actividad sexual. La masturbación fue la que salió más malparada ya que, sin ningún fundamento científico, se enseñaba a los jóvenes y a los mayores que ésta ocasionaba toda una serie de terribles enfermedades que iban desde la ceguera a la tuberculosis pasando por el retraso mental, la locura y un sinfín de trastornos, algunos de ellos realmente pintorescos.

El otro gran intento de frenar la sexualidad fue la divulgación sensacionalista de las horrorosas consecuencias de las enfermedades contraídas por contacto sexual, es decir las enfermedades venéreas; los relatos sobre casos de enfermos o las ilustraciones gráficas de lesiones venéreas se convirtieron en algo muy popular y extendido. Con el paso del tiempo se vio que el miedo a posibles males no es un buen sistema para reprimir una conducta y, por este motivo, se cambió la orientación. Se dejó de hablar de dolencias y se enfocó la educación sexual como algo necesario para la preparación al matrimonio. Más tarde se tuvo que aceptar la evidencia de que la gente seguía teniendo relaciones sexuales fuera del matrimonio y que el número de embarazos entre los jóvenes o adolescentes aumentaba; en cuanto a las enfermedades de transmisión sexual, ahora eran menos graves debido a la introducción de los antibióticos en medicina, pero aumentaban en proporción alarmante, sobre todo entre los más jóvenes. La evolución de los acontecimientos ha llevado a una progresiva concientización de la sociedad y, desde hace algunos años, se ha visto la necesidad de proporcionar una información sexual completa y, sobre todo, libre de prejuicios. Sin embargo, muchas personas no están de acuerdo en esta manera de enfocar las cosas. Persiste entre algunos la creencia de que la información despierta el instinto; temen que los niños y los jóvenes serán

2

3

más promiscuos y activos sexualmente si se les dan datos sobre el tema. Todas las investigaciones realizadas han coincidido en demostrar que los niños tienen un gran interés por el sexo y, si pueden, lo experimentan; también se sabe que las relaciones sexuales entre los adolescentes empiezan muy pronto. A pesar de ello, la postura de muchos adultos sigue siendo la de negar la realidad y encerrarse en su teoría de que es preferible la ignorancia. No es de extrañar, pues, que la historia de la pedagogía sexual haya sido especialmente turbulenta y haya ocasionado en múltiples ocasiones enconadas polémicas y conflictos graves a aquellas personas que la han defendido. Por supuesto que no es un tema fácil. Existen numerosos aspectos muy delicados que es preciso saber afrontar con mentalidad abierta pero, al mismo tiempo, con sensibilidad. Los dos puntos más espinosos son la edad y el contenido de la información. Respecto al primero, para unos es nocivo empezar la educación sexual prematuramente, mientras que otros opinan que, desde muy pronto el niño necesita respuestas a las preguntas que se está planteando. Aunque a nivel teórico esta discusión puede parecer razonable, lo cierto es que, en las encuestas realizadas con adultos, la inmensa mayoría refieren que las primeras informaciones sexuales las tuvieron a través de sus amiguitos y que las enseñanzas escolares o paternas, cuando las hubo, siempre llegaron demasiado tarde. En otras palabras, la educación sexual se inició cuando el niño ya contaba con un caudal de ideas sobre el sexo, la mayor parte de ellas erróneas. Algo parecido cabe decir por lo que respecta al contenido de esta educación. Prácticamente todos los adultos se lamentan de que en las clases sobre sexo se limitaron a darles datos sobre la reproducción y sobre los aparatos genitales o, en el mejor de los casos, sobre la forma de realizar el coito; a los más afortunados tal vez se les llegó a hablar de que el sexo constituye también una forma de comunicación interpersonal. Ni maestros ni padres les explicaron cómo son las cosas de verdad, ni les dieron los recursos necesarios para evitarse problemas el día de mañana. Por el contrario, casi todas las personas adultas afirman que han tenido que descubrir por sí solos o a través de sus parejas todo lo que realmente cuenta en la relación sexual.

1. *La información sobre la sexualidad humana debe iniciarse de un modo progresivo y natural en la infancia, ampliando los conocimientos y su profundidad a medida que el niño aumenta también su capacidad de comprensión.*

2. *La sexualidad es un aspecto de la educación general en que las lagunas se ponen de manifiesto con mayor intensidad.*

3. *En los últimos años, el número de publicaciones sobre todos los aspectos de la sexualidad se ha incrementado de manera notable. Constituyen hoy un elemento habitual en las estanterías de cualquier librería.*

¿Qué es la actividad sexual?

Entre las numerosas posibilidades del ser humano está la de expresarse sexualmente. Por tanto, se dice que la actividad sexual es una forma de comunicación. Sin embargo, esta afirmación, con ser cierta, no es suficiente ya que olvida otras connotaciones importantes de la sexualidad, entre ellas la de que es también una fuente de placer. A menudo se utilizan las expresiones de «placer genital» y «placer sexual» para diferenciar la mera satisfacción de un instinto biológico de lo que es la relación sexual con otro ser humano. En muchos aspectos esta distinción es correcta, pero resulta peligrosa porque en la práctica ambos placeres se dan juntos y es materialmente imposible separarlos.

La relación interpersonal, o el amor si se quiere, es algo extraordinariamente rico y complejo que va mucho más allá de la biología y que resulta bastante desconocido. Tan erróneo resulta sublimar el sexo y ver en él la expresión más elevada del amor, como el hecho de convertirlo en una forma de gratificación individual exclusivamente en la que el otro es utilizado como si fuera un instrumento. La pedagogía sexual no puede ocultar este hecho, sino que debe tener la valentía de plantear las cosas como

1

2

son, sin miedo a que los individuos escojan el camino equivocado. Jamás se ha podido demostrar que las conductas desadaptadas provengan de una información veraz, sino que todo parece indicar que éstas se deben a fallos en el proceso de integración de la personalidad. La sexualidad es una posibilidad del ser humano de obtener placer sea solo, o en compañía. El énfasis que se ha puesto en desprestigiar las actividades sexuales en solitario, como es la masturbación, ha tenido graves repercusiones. En no pocos casos de personas solteras, especialmente hombres, éstas se han visto inducidas a buscar una pareja sólo para satisfacer el apetito sexual. En el seno de parejas ya establecidas, los conflictos surgen cuando uno de los dos miembros es más activo sexualmente que el otro; éste último, generalmente la mujer, se ve obligada a tener relaciones sexuales con más frecuencia de la que desearía, ya que por su educación no puede admitir que, estando ella, su compañero tenga que satisfacerse en solitario mediante la masturbación. Todo lo expuesto no quiere decir en absoluto que la actividad sexual compartida con una persona no sea más gratificante. Para ello, sin embargo, es preciso que haya una relación de igualdad, es decir que ambos coincidan en las expectativas. Por desgracia, dadas las bases culturales de muchas de nuestras sociedades, aún quedan demasiados casos en los que, al iniciar una relación sexual, la mujer busca un posible marido mientras que el hombre tan sólo aspira a pasar un buen rato. Ello no significa que éste sea más egoísta o desconsiderado, simplemente es el reflejo de una pedagogía incorrecta que ha dado a entender que las necesidades sexuales son distintas para ambos géneros. Las diferencias en la educación sexual de los chicos y las chicas repercuten en la forma como se desarrollan después las relaciones sexuales en la pareja. Ellos, por lo general, están más interesados en realizar el coito sin entretenerse demasiado en las caricias previas, las cuales, en cambio, son de suma importancia para la excitación sexual de la mujer. Una relación sexual satisfactoria para ambos requiere que el hombre esté atento a las necesidades de la mujer y sea capaz de disfrutar con todo tipo de caricias; ella, por su parte debe poder comunicar y pedir a su pareja el tipo de estimulaciones que le son más placenteras. El contacto sexual debe ser como un diálogo entre dos cuerpos que intercambian no sólo placer sino también ternura. En ningún caso debe presionarse a ningún miembro de la pareja para que haga algo que no le apetece; el sentirse forzado o el tener que actuar en contra de la voluntad de uno suele acabar siempre en un grave deterioro de la relación sexual. No hay que olvidar nunca que la penetración es una posibilidad más entre las muchas que tiene la relación sexual y, en ningún caso, debe verse como el único o principal objetivo. Si se lleva a cabo, hay que tener la suficiente imaginación y desinhibición como para probar distintas posiciones y no limitarse a aquellas que enseña la rutina. Así, la posición más frecuente, que es la del hombre echado encima de la mujer, no siempre es la más adecuada para ella, ya que su órgano más sensible, el clítoris sólo recibe la estimulación indirecta procedente de la presión del hombre sobre la sínfisis pubiana. Existen otras posiciones que pueden intentarse, entre ellas, la mujer en cuclillas encima del hombre, ambos echados de lado cara a cara o la mujer dando la espalda al hombre, la mujer encima del hombre sentado o incluso ambos de pie. Esto va a depender de las preferencias de cada pareja, pero, en cualquier caso, son recomendables aquellas posturas en las que la penetración se realiza de tal forma que permite la estimulación manual del clítoris sea por parte de la mujer o del propio hombre. Para que la actividad sexual entre dos personas resulte gratificante y enriquecedora tiene que estar basada en la libertad y la confianza. Asimismo es indispensable que cada uno de los miembros de la pareja tenga una actitud responsable tanto en lo que respecta al control de natalidad como a la prevención de enfermedades de transmisión sexual. En toda relación entre dos seres humanos, cada uno de ellos debe pensar en el otro y no sólo en sí mismo. En definitiva, el contacto sexual debe ser un intercambio entre placer y ternura.

1. *Las relaciones sexuales en la pareja humana se asientan tanto en la atracción física como en los sentimientos amorosos.*

2. *En la India, la sexualidad desempeñó un papel importante en el desarrollo global del ser humano, reflejándose tanto en la religión como en la vida cotidiana como puede verse en esta escena del tantrismo.*

La contracepción y el aborto

Cuando nuestros antepasados cayeron en la cuenta de que el embarazo guardaba relación con el coito vaginal, se inició la búsqueda de medios para evitarlo.

La historia nos demuestra que hace más de 4.000 años, los chinos ya utilizaban pócimas abortivas. A lo largo de los siglos, los sistemas ideados por la humanidad para impedir la concepción han sido variados y a menudo sumamente pintorescos. Baste recordar la existencia de gran cantidad de amuletos mágicos, oraciones diversas destinadas a este fin o la costumbre egipcia de introducir excrementos de cocodrilo en la vagina para matar a los espermatozoides. La ineficacia de estos métodos, debida a una total carencia de datos científicos, tenía que ser subsanada de alguna manera. Así, cuando era preciso deshacerse de los hijos, éstos eran abandonados, entregados a los hospicios o simplemente se mataban, ya fuera de formas más o menos furtivas u ofreciéndolos a los dioses como sacrificios. Por otra parte, la inexistencia de una contracepción adecuada ha repercutido de forma muy importante en la conducta sexual de los seres humanos, creando toda una serie de miedos, tabúes y actitudes que suelen tener como factor común una alta dosis de hipocresía. La historia de la contracepción ha sido tormentosa y muy compleja. No hay duda, sin embargo, de que los factores que más la han condicionado han sido las exigencias demográficas, por un lado, y por otro, la progresiva incorporación de la mujer al mundo del trabajo, especialmente después de la Segunda Guerra Mundial, así como la concienciación de su derecho a controlar su fecundidad.

El descubrimiento de los espermatozoides en el siglo XVII dio lugar a un auge en el uso de espermicidas, preservativos, esponjas y duchas vaginales, así como la creación de los primeros diafragmas destinados

1

ABSORCIÓN POR ASPIRACIÓN EN VACÍO

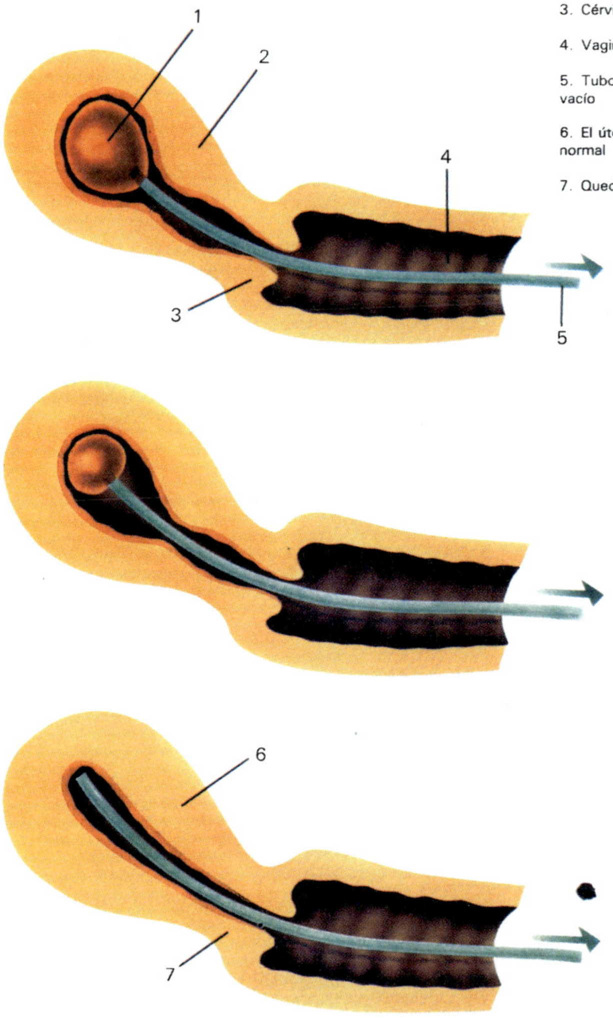

1. Bolsa de fluido amniótico en la que se desarrolla el feto
2. Útero dilatado
3. Cérvix
4. Vagina
5. Tubo acoplado a la bomba de vacío
6. El útero se reduce a su tamaño normal
7. Queda completado el aborto

a ocluir la entrada del útero. No obstante, el toque de alerta que determinó un enfoque más riguroso de la contracepción ocurrió después, en plena revolución industrial, y fue debido al aumento en la tasa de natalidad y el hacinamiento que se produjo en las grandes ciudades, sin olvidar la disminución de las tasas de mortalidad tanto en relación al embarazo y parto como de la infantil en particular. Sin embargo, la lógica de las razones sociodemográficas o de la sexualidad como algo que tiene un sentido por sí misma ha chocado desde el principio con los enjuiciamientos morales sustentados por la mayoría de religiones que no han aceptado el sexo como fuente de placer y han condenado los métodos anticonceptivos que no fueran «naturales». Con todo, a pesar de los numerosos obstáculos, por caminos a menudo harto difíciles y peligrosos y usando, cuando ha sido preciso, eufemismos como el de «planificación familiar», la contracepción hoy en día es una práctica extendida por los cinco continentes.

El aborto

El resultado de la falta de una contracepción adecuada conduce a menudo a una de las situaciones más conflictivas para la mujer: decidir entre tener un hijo no deseado o abortar. A pesar de que la interrupción voluntaria del embarazo ha existido siempre, sigue siendo, aún hoy en día, un tema extraordinariamente polémico. En los países en que se considera como algo ilegal y penalizable, los abortos se realizan de forma clandestina con todos los riesgos que ello supone tanto para la mujer como para quienes lo practican. Como ocurre en casi todos los aspectos de la vida, tales riesgos son mucho más importantes cuanto más bajo es el nivel socioeconómico de la mujer. Las técnicas abortivas varían en función del tiempo de embarazo, siendo mucho más inocuas cuanto más corto es éste. Antes de las 12 semanas se utiliza el método de aspiración por vacío para succionar el contenido de la matriz. Este tipo de aborto se realiza con anestesia local y puede hacerse de forma ambulatoria a partir de las trece semanas después de la última regla.

Si el aborto se decide entre las semanas 13 y 16, entonces es necesario dilatar el cuello de la matriz antes de proceder al aspirado del contenido uterino; en este caso se recomienda una breve hospitalización, ya que a veces se hace con anestesia general y, por otra parte, existe cierto riesgo de perforación del útero o de infecciones. Entre las 16 y 24 semanas después de la última regla, el feto es ya demasiado grande para ser extraído por aspiración; en estos casos se puede practicar una pequeña cesárea, si bien lo más aconsejable es provocar el parto a fin de que el feto sea expulsado por su vía natural. Para ello se utilizan soluciones salinas hipertónicas o también unas sustancias llamadas prostaglandinas que, inyectadas en el líquido amniótico que rodea al feto, provocan unas contracciones en el útero como las que ocurren en un parto natural. Respecto a las repercusiones emocionales del aborto, se ha dicho a menudo que la mayoría de mujeres quedan traumatizadas y que algunas, al tener que pasar por este trance, pueden quedar afectadas para el resto de su vida. Las investigaciones realizadas sobre este tema han demostrado claramente que las cosas no son así. Si la mujer no padece problemas psicológicos, lo más probable es que se sienta menos angustiada después del aborto que antes, sobre todo si está convencida de su decisión. Lo que ocurre es que tal decisión no siempre es fácil ya que suele hallarse mediatizada por una serie de factores como son las presiones sociales, a veces la actitud del padre de la criatura y el deseo de la propia mujer de tener un hijo a pesar de comprender que en aquellos momentos no es posible. Todos los estudios coinciden en que lo fundamental es que, una vez tomada la decisión, no se lo replantee y que se vea apoyada por los que la rodean.

2

1. *Esquema del proceso abortivo de absorción por vacío que se utiliza cuando el feto cuenta con menos de 12 semanas y que suele llevarse a cabo en régimen ambulatorio, empleando sólo anestesia local.*

2. *Han sido las movilizaciones populares las que en todos los países han conseguido de los legisladores la introducción de medidas destinadas a garantizar los métodos contraceptivos y el aborto seguros y sin riesgo para la vida de la mujer.*

Métodos anticonceptivos

Los métodos anticonceptivos pueden dividirse en: primitivos, tradicionales, modernos y permanentes. Entre los primitivos tenemos el **coitus interruptus,** que consiste en retirar el pene de la vagina antes de eyacular, los lavados vaginales y la prolongación de la lactancia materna. Tales métodos, a pesar de su comprobada ineficacia, han gozado de mucho prestigio a lo largo de los siglos. El más extendido de todos ellos es el coitus interruptus que, a pesar de haber sido la causa de miles de nacimientos inoportunos, sigue siendo el favorito de muchas parejas y, en particular, de muchos hombres que, al mismo tiempo que defienden la seguridad del método, hacen ostentación de su gran capacidad para controlar la eyaculación. Está demostrado que el coitus interruptus interfiere muy a menudo en la buena marcha de la relación sexual por la ansiedad que puede crear en ambos miembros de la pareja. En el caso de la mujer esta ansiedad originada por el temor a un embarazo no deseado desemboca en no pocas ocasiones en una inapetencia sexual. Por métodos tradicionales se entiende el preservativo o condón, el diafragma, los espermicidas locales y el método del ritmo u Ogino-Knaus. Los dos primeros, también llamados «métodos de barrera», tienen una eficacia similar, que ha aumentado con el perfeccionamiento de los materiales que intervienen en su fabricación. El **condón** existía ya en el año 1350 a.C., época en que los egipcios lo usaban como envoltura decorativa del pene. En el siglo XVIII empezó a hacerse popular como medio para prevenir la concepción y también las enfermedades venéreas. El **preservativo,** junto con la marcha atrás o coitus interruptus, habían constituido los dos métodos más utilizados por los hombres que tradicionalmente eran los responsables de la contracepción. Con el paso del tiempo, la mujer empezó a compartir esta responsabilidad y su uso fue decayendo. Sin embargo, en los últimos años, el condón ha vuelto a ser uno de los métodos anticonceptivos más populares y, en los momentos actuales, con la irrupción de la plaga del SIDA, su utilización es prácticamente indispensable sobre todo en los casos en que no existe un perfecto conocimiento o una gran confianza en la pareja sexual. El preservativo tiene la forma de un dedo de guante y suele venir enrollado dentro de un envoltorio. Antes de iniciar la penetración, se coloca en el glande y se procede a deslizarlo a lo largo del cuerpo del pene, al ser retirado éste de la vagina, es preciso sujetar el condón por su parte superior a fin de que no se salga y se vierta el semen de dentro. Si durante una relación sexual se efectúa más de un coito, es preciso usar un preservativo nuevo cada vez. Muchas personas, especialmente hombres, se lamentan de que el preservativo interfiere en sus relaciones sexuales ya que la falta de contacto directo con la vagina disminuye las sensaciones eróticas. Otras, las menos, pueden presentar alergias a determinados materiales. Siempre hay el recurso de cambiar a otra marca, pero lo fundamental parece ser deshacerse de los prejuicios que, sin duda, existen en torno al uso del condón. Algunos autores defienden que sólo se quejan de una disminución de la sensibilidad aquellos hombres excesivamente preocupados por su pene. El diafragma o preservativo femenino es un anillo metálico elástico recubierto por una fina membrana de goma que se coloca dentro de la vagina a fin de tapar el cuello uterino. Existen distintas tallas y es preciso que una persona profesional establezca cuál es la que cada mujer requiere. Suele colocarse unos 20 minutos antes del coito y se recomienda sacarlo unas 8 horas después; es desaconsejable que se conserve más de 24 horas.

Los **espermicidas** son unas sustancias químicas en forma de pomadas, supositorios, tabletas o **sprays** que se colocan en la vagina unos 20 minutos antes

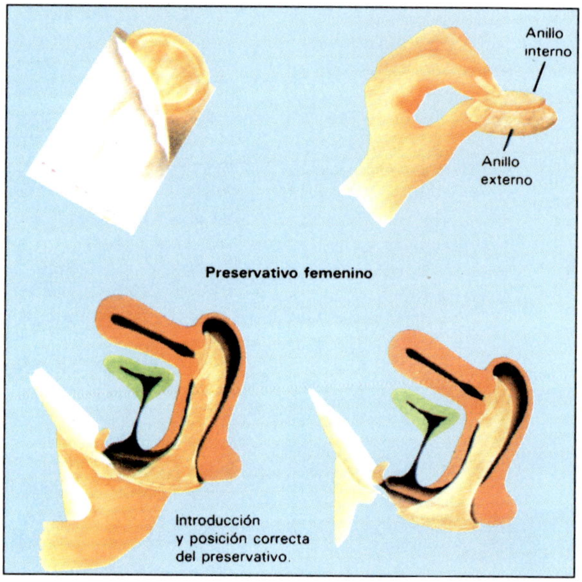

1

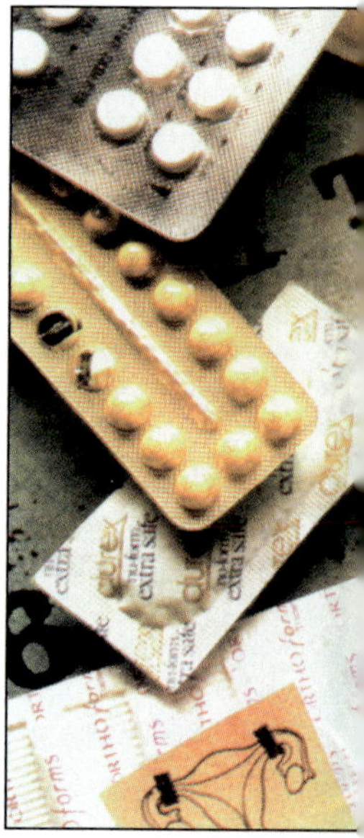

2

del coito, a fin de inmovilizar y destruir los espermatozoides. Por sí solos, los espermicidas son poco eficaces, por lo que sólo son aconsejables si se utilizan como complemento al condón o al diafragma.

El **método Ogino,** llamado así en recuerdo de su inventor consiste en evitar el coito durante los días fértiles. En un ciclo menstrual normal de 28 días, la ovulación se produce entre los días 12 y 16. Teniendo en cuenta, por otra parte, que el espermatozoide no sobrevive más allá de 72 horas después de la eyaculación, se concluye que la abstinencia sexual sólo debe limitarse al período comprendido entre los días 10 y 17 del ciclo. Para subsanar el problema de los ciclos irregulares se recomienda la toma de temperatura en estado de reposo más la observación del flujo vaginal para determinar el momento de la ovulación. A pesar de ser un método poco seguro, por la gran cantidad de variables que intervienen, y de eliminar la espontaneidad en la relación sexual, continúa siendo un método muy utilizado debido a que es el único aceptado por la Iglesia católica.

Los métodos modernos son los más comunes en nuestros días.

La **píldora anticonceptiva,** descubierta en el año 1959 por Pincus y Chang, es una combinación de hormonas sexuales femeninas cuyo efecto es inhibir la ovulación. De las distintas combinaciones ensayadas en el transcurso de estos años, las más recomendables, haciendo una valoración conjunta de la eficacia y el riesgo, parecen ser aquellas que se toman diariamente con las dosis mínimas necesarias de estrógenos y progesterona. La píldora anticonceptiva tiene algunas contraindicaciones así como efectos secundarios indeseables, por lo que debe ser utilizada bajo control médico.

El **dispositivo intrauterino** (DIU) es una especie de espiral que, introducido en el útero actúa, al parecer impidiendo la anidación del óvulo fecundado. Se trata de un método de alta seguridad que suele ser bien tolerado. A veces, sin embargo, puede producir reglas más abundantes y largas de lo normal y dolores abdominales. La perforación del útero por el DIU es una eventualidad rara. Aunque la elección del anticonceptivo depende de la mujer, lo más conveniente es que lo comente y se deje aconsejar por un ginecólogo que sea de su confianza. Los únicos métodos anticonceptivos infalibles son los permanentes o quirúrgicos.

En el caso de la mujer, la **ligadura de trompas** es una operación relativamente sencilla que impide el encuentro del óvulo con el espermatozoide. En el caso del hombre, se realiza una intervención, aún más fácil, llamada **vasectomía.** Se practica un corte en los conductos deferentes para impedir así el paso de los espermatozoides a las vesículas seminales. Debido a la irreversibilidad de ambos métodos, no pueden ser aconsejados sin un estudio a fondo de las circunstancias de cada persona.

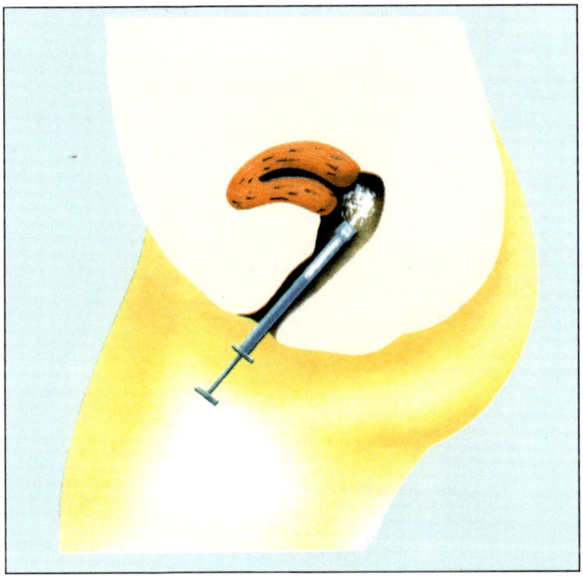

3

1. Ultimamente se ha desarrollado también un preservativo femenino ante la necesidad de la propia mujer de protegerse cuando su compañero sexual no toma las necesarias medidas preventivas.

2. Una selección de los diferentes métodos de anticoncepción. Entre ellos la píldora y el preservativo son los más difundidos en gran parte de la población mundial.

3. Los espermicidas aplicados directamente en la vagina inmovilizan a los espermatozoides y los destruyen antes de que consigan llegar a cuello uterino.

Respuesta sexual masculina

Se entiende por respuesta sexual la serie de cambios que aparecen en el organismo cuando el individuo reacciona ante una estimulación sexual eficaz. Lo característico del ser humano es que la gama de estímulos posibles es extraordinariamente variada pueden ser táctiles, visuales, auditivos o sólo de tipo emocional. La respuesta sexual no fue estudiada de forma rigurosa hasta 1954. En ese año, William H. Masters y Virginia E. Johnson iniciaron una investigación que duró más de una década y cuyos resultados fueron publicados en 1966 en el libro que lleva precisamente el título de *Respuesta sexual humana*. Usaron técnicas sofisticadas para registrar el mayor número de variables posibles en una muestra de unas 700 personas de la población general. Uno de los hallazgos más relevantes fue la constatación de que la respuesta sexual es la misma tanto si la estimulación es por coito, por masturbación o si se trata de un contacto de tipo homosexual.

El organismo pone en marcha dos mecanismos cuando tiene lugar la excitación sexual: vasocongestión (afluencia de sangre básicamente en los órganos genitales) y contracción muscular. Aunque el ciclo de

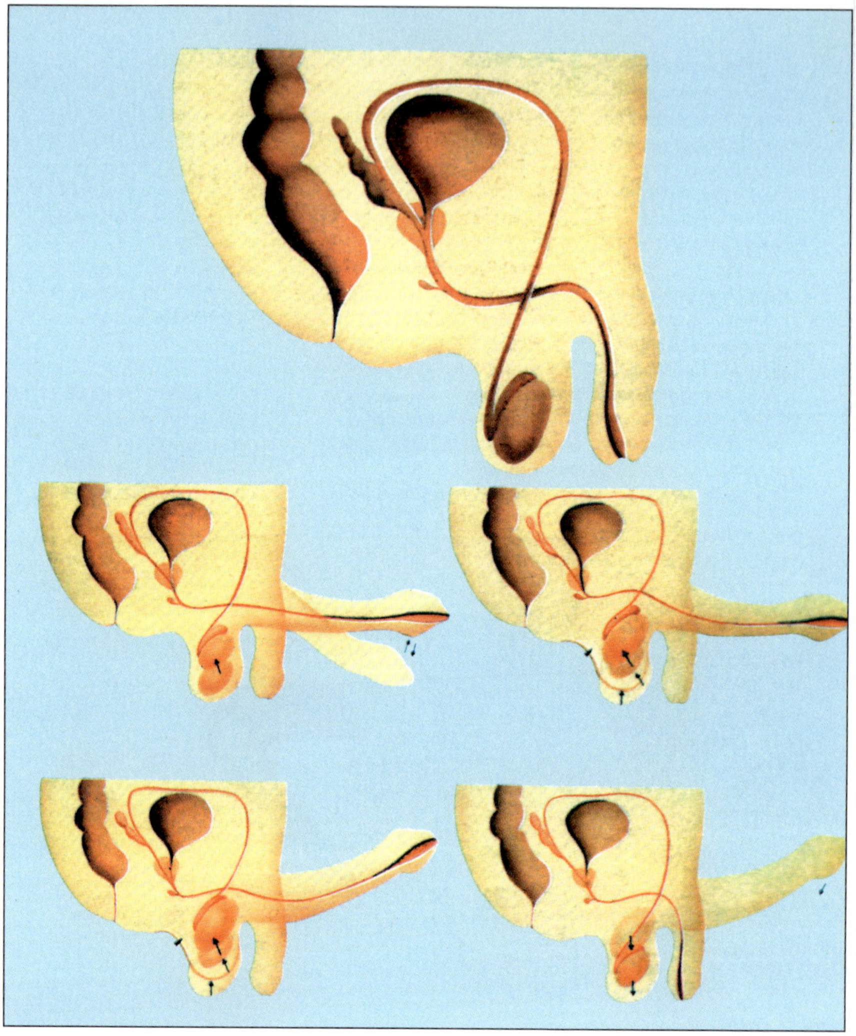

1

2

respuesta sexual puede presentar muchas variantes de un individuo a otro y de una situación a otra, Masters y Johnson intentaron sistematizarlo, dividiéndolo en cuatro fases que ellos identificaron con los nombres de: excitación, meseta, orgasmo y resolución. En términos generales, puede afirmarse que la respuesta sexual del hombre es menos compleja y presenta menos variaciones que la de la mujer.

Fase de excitación. La primera respuesta que emite el varón ante un estímulo físico o psíquico que desencadene una excitación sexual es la erección del pene que corresponde a la lubricación vaginal en la mujer. Suele presentarse a los pocos segundos y, por lo general, durará hasta el final de la actividad sexual, aunque, en ocasiones, es posible que desaparezca en función de diversos factores como son el cese de la estimulación, la irrupción de algún elemento

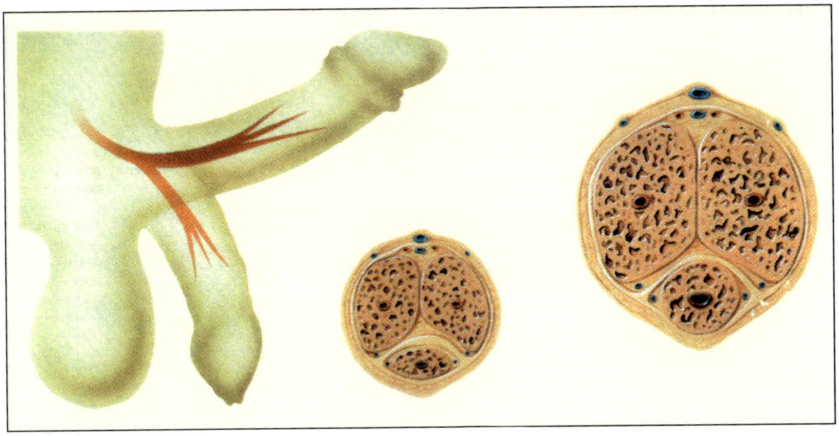

3

extraño que le distraiga, o simplemente el hecho de recordar algo desagradable. La disminución o pérdida de la erección en esta fase no tiene por qué suponer un fracaso en la respuesta, ya que una estimulación eficaz permitirá recuperarla fácilmente. En esta fase de excitación, la piel del escroto experimenta unos cambios que consisten en el engrosamiento y la desaparición de sus pliegues característicos. Los testículos, por su parte, inician un proceso de elevación hacia el perineo que se completará en la fase siguiente. Dicha elevación es debida al acortamiento del cordón espermático que se produce al contraerse de forma involuntaria el músculo cremáster que lo envuelve. La duración de esta fase es variable. Si la excitación progresa rápidamente, se pasará muy pronto a la fase de meseta, por el contrario, si la excitación se mantiene a unos niveles no muy altos, podrá prolongarse durante unos minutos.

Fase de meseta. Durante la fase de meseta, la excitación se intensifica para dar paso al orgasmo. El pene completa su engrosamiento, especialmente en la corona del glande, que aumenta su circunferencia; en algunos hombres, la corona del glande puede experimentar un cambio de color hacia el rojo púrpura debido a la congestión de los vasos sanguíneos superficiales. Interesa destacar que, en esta fase, a veces se emiten 2 ó 3 gotas procedentes de las glándulas de Cowper que, examinadas al microscopio, se ha visto que pueden contener espermatozoides vivos y, por tanto, capaces de fecundar. Los testículos se elevan del todo y aumentan de tamaño, lo cual indica que la eyaculación se aproxima. La fase de meseta puede ser corta o larga en función de la técnica y el control de cada hombre. Los hay, especialmente entre los más jóvenes, que no son capaces de soportar niveles demasiado elevados de tensión sexual y les viene el orgasmo al poco rato. Hay que tener presente que la mujer suele ser más lenta en su proceso de excitación y que para ella la brevedad en la fase de meseta puede suponer el fracaso de la relación sexual.

Fase de orgasmo. Cuando la tensión del pene llega a su punto máximo sobreviene la eyaculación. Ésta se produce por efecto de las contracciones regulares que tienen lugar en el esfínter de la uretra y en los músculos isquiocavernoso, bulboesponjoso y transversos del perineo y que, al propagarse a lo largo de toda la uretra, expulsan el semen al exterior. Dichas contracciones se desarrollan a intervalos de 0,8 segundos y, después de las 3 ó 4 primeras, disminuyen de frecuencia e intensidad. Inmediatamente antes de la expulsión del semen, aparecen unas contracciones en los testículos, próstata y vesículas seminales que algunos hombres son capaces de controlar, a fin de retrasar el orgasmo y prolongar así el placer sexual.

Fase de resolución. Se produce la detumescencia o pérdida de erección del pene que suele darse en dos etapas: en la primera se reduce un 50% del tamaño que tenía en erección completa y su duración depende del control ejercido por el hombre en las fases anteriores; si la fase de excitación y la de meseta se han intentado alargar voluntariamente, esta fase durará más tiempo. La segunda etapa de la fase de resolución se prolonga más o menos en función de las circunstancias ambientales, especialmente de la persistencia o no de la estimulación erótica. Los testículos vuelven a su tamaño y posición habituales. Interesa destacar que el hombre, a diferencia de la mujer, tiene que aguardar un período «refractario» hasta poder ser estimulado de nuevo.

Respuesta extragenital. El organismo responde como un todo a la estimulación sexual, de ahí que los cambios no se limiten a los órganos genitales. Los pezones pueden presentar una pequeña erección y tampoco es extraño observar un enrojecimiento generalizado de la piel. El incremento del tono muscular ocasiona, a veces, contracciones rectales involuntarias en el momento del orgasmo. El ritmo cardíaco, así como la presión sanguínea, inician un aumento que progresa desde la fase de excitación hasta el orgasmo. Asimismo, al final de la fase de meseta aparece un incremento en el ritmo respiratorio que alcanza su punto máximo durante la fase orgásmica.

1. *La erección es la manifestación externa más notoria, pero no la única de la respuesta sexual masculina y constituye un complejo proceso en que se mezclan factores meramente fisiológicos con otros de orden psicológico o mental.*

2. *La estimulación sexual no s limita a los genitales sino que muchos otros factores contribuyen a ella.*

3. *Sección transversal del pene mostrando los cuerpos cavernosos, un tejido esponjoso con capacidad de recoger una gran cantidad de sangre y aumentar así de tamaño, haciendo posible por tanto la erección.*

Respuesta sexual femenina

Los cambios durante la respuesta sexual son debidos, igual que en el hombre, a la vasocongestión y al aumento del tono muscular. Sin embargo, comparada con aquél, la mujer presenta una mayor variabilidad, como quedó demostrado en la amplia investigación llevada a cabo por Masters y Johnson, ya descrita anteriormente. A continuación se describen las reacciones fisiológicas que presenta el organismo de la mujer cuando ésta responde a un estímulo sexual eficaz, sea automasturbación, heteromasturbación o coito.

Fase de excitación. Al principio de la fase de excitación se produce la lubricación vaginal que corresponde a lo que en el hombre es la erección del pene. En las paredes de la vagina aparece una secreción lubricante que irá en aumento a medida que la excitación sexual vaya progresando y que facilitará la introducción del pene. Hay que tener presente, sin embargo, que ésta es una reacción que varía mucho de una mujer a otra; así pues, el prestar demasiada atención a la cantidad de líquido emitido constituye un elemento distorsionador en la relación sexual ya que puede crear sentimientos de inadecuación a aquellas mujeres que, por naturaleza, se humedecen menos. Al final de la fase de excitación o al principio de la siguiente, las glándulas de Bartholino segregan una o dos gotas de material mucoide que contribuyen también a la lubricación, aunque en mucha menor medida que la vagina. Ésta presenta además otro fenómeno: empieza a expandirse en su tercio interno. El clítoris experimenta unos cambios importantes que consisten en un alargamiento y aumento de las dimensiones de las dos partes que lo constituyen (glande y cuerpo). Tales cambios, no obstante, no siempre se perciben a simple vista, debido al pequeño tamaño de este órgano. Por otra parte, se inicia la elevación del útero que no culmina hasta la fase meseta. Los labios mayores, especialmente en las nulíparas, experimentan un aplanamiento y se separan del orificio vaginal. Los cambios en los labios menores son más importantes, ya que, al aumentar de diámetro, agrandan el desfiladero vaginal.

Fase de meseta. El cuerpo del clítoris sufre una elevación y una retracción, como si se escondiera; de ahí que, en esta fase, a veces pueda resultar difícil localizarlo. La vagina, por su parte, sigue expandiéndose por el fondo; lo más característico, sin embargo, es el aumento de grosor de las paredes del tercio externo, con el consiguiente estrechamiento de la abertura: si en estos momentos se está realizando el coito, la disminución de la luz en la entrada vaginal ejerce una mayor presión sobre el pene, lo cual aumenta el placer sexual para ambos miembros de la pareja. Estas modificaciones experimentadas por la vagina de forma autónoma e independiente explican por qué el tamaño del pene es poco importante para la estimulación de la mujer durante el coito.

En la piel de los labios menores también se produce un cambio: éstos adquieren un color rojo más intenso llamado «piel sexual», considerado como una prueba de que el orgasmo es inminente.

Fase de orgasmo. El orgasmo femenino presenta más variaciones que el masculino, tanto en duración como en intensidad. Aunque consiste en una respuesta global de todo el organismo, se manifiesta específicamente por unas contracciones (de 5 a 12 y con unos intervalos de 0,8 segundos) en el tercio inferior vaginal, llamado por este motivo, plataforma orgásmica. El hecho

1

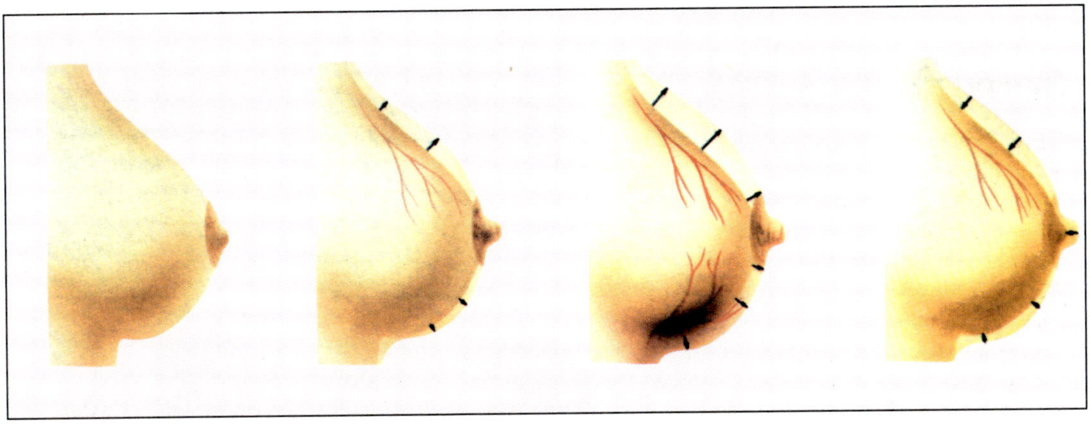

2

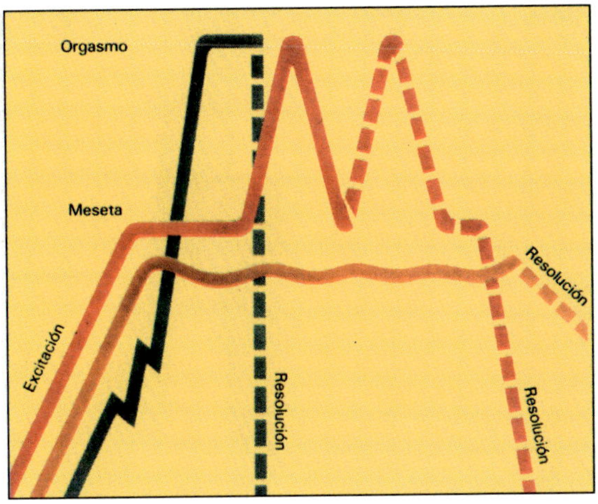

3

de que las contracciones orgásmicas tengan lugar en la vagina no significa en modo alguno que el orgasmo por penetración sea mejor que los obtenidos por otros métodos, como puede ser estimulación del clítoris del Monte de Venus o, en algunas mujeres, de las mamas. La idea de que el orgasmo por coito es superior a los demás constituye uno de los mitos que más han perjudicado la relación sexual entre hombre y mujer.
Por su parte, el útero acaba de elevarse dentro de la pelvis y experimenta contracciones cuya intensidad es paralela a la del orgasmo.
Inexplicablemente, algunas mujeres histerectomizadas siguen notando estas contracciones. A diferencia del hombre, la mujer puede alcanzar otro orgasmo sin pasar por el periodo refractario.

Fase de resolución. El clítoris vuelve a su posición unos 10 segundos después del orgasmo y, de forma más lenta, desaparece el aumento de tamaño. El útero desciende y la vagina se acorta volviendo a su color habitual. Las contracciones hacen salir la sangre de los tejidos que forman la plataforma orgásmica y ésta desaparece. La vuelta de los labios mayores a su posición normal tiene lugar con rapidez, si la mujer ha llegado al orgasmo; de lo contrario, quedan separados y turgentes durante un período de tiempo variable.

Respuesta extragenital. En la fase de excitación las mamas empiezan a aumentar de tamaño y se produce una erección del pezón, que puede quedar enmascarada en la fase siguiente, al hacerse las areolas más prominentes. Éstas recuperan su estado normal rápidamente, en la fase de resolución, permitiendo así que los pezones vuelvan a aparecer erectos. La piel adquiere un aspecto parecido al del sarampión que empieza en el epigastrio y los senos, pudiéndose extender luego por todo el cuerpo. A medida que avanza la respuesta sexual, hay un aumento del tono muscular (miotonía) de tipo involuntario, aunque también se pueden realizar contracciones musculares voluntarias a fin de incrementar la excitación. Estas respuestas musculares están en relación con la intensidad de los estímulos, pero, en cualquier caso, son más fuertes en la fase de meseta y culminan con las contracciones involuntarias en el momento del orgasmo. El ritmo cardíaco y la presión sanguínea empiezan a aumentar al inicio de la excitación, alcanzan su punto máximo con el orgasmo y vuelven a la normalidad en la fase de resolución. Durante ésta, puede aparecer una extensa capa de sudor que suele estar relacionado con el grado de actividad física que la mujer ha desarrollado.

1. *La actividad sexual ha sido objeto de abundantes representaciones escultóricas y pictóricas en la antigüedad, especialmente en Oriente, aunque también el arte occidental se ha ocupado de ello, como en este relieve romano en mármol procedente del siglo I.*

2. *En la fase de excitación sexual, las mamas aumentan de tamaño al tiempo que el pezón experimenta una erección. El fenómeno se debe también al aumento del aporte sanguíneo.*

3. *El ciclo de la respuesta sexual femenina presenta en principio las mismas fases que el de la masculina, pero muestra más variaciones y una mayor complejidad de etapas.*

Diferenciación sexual

El progreso del método científico ha permitido conocer con bastante exactitud los procesos por los cuales los animales se diferencian sexualmente en machos o hembras. Hoy en día se sabe que tienen lugar una serie de acontecimientos que se inician en la vida intrauterina para completarse después definitivamente en el momento de la pubertad. A continuación se describe la secuencia de los procesos que intervienen en la diferencia sexual en el caso de los seres humanos.

Cuando tiene lugar la fecundación, es decir la unión del óvulo con el espermatozoide, el sexo genético queda determinado por los cromosomas sexuales. La madre aporta siempre un cromosoma X y el padre puede aportar un cromosoma X o Y. En el primer caso, el nuevo ser poseerá los cromosomas XX y será una hembra y, en el segundo, tendrá los cromosomas XY y será un varón. Después de la fecundación, se produce una multiplicación de las células que irán organizándose para dar lugar a las primeras estructuras, aún rudimentarias, del embrión. Entre éstas se encuentran las dos glándulas sexuales, llamadas gónadas, y los dos conductos genitales, llamados de Wolff y de Müller, así como una pequeña protuberancia que se conoce con el nombre de tubérculo genital. Durante las primeras semanas de vida, las glándulas sexuales son indistinguibles. Es decir, aunque tengan una dotación cromosómica distinta son anatómicamente iguales y contienen elementos tanto masculinos como femeninos. Aproximadamente hacia la sexta semana de gestación, éstas glándulas empiezan a organizarse pero aún son bipotenciales, o sea que podrán convertirse en testículos u ovarios. Dos semanas más tarde, si hay un cromosoma Y, aparece una sustancia (el antígeno H-Y) que determina que las glándulas sexuales se desarrollen en forma de testículos.

En ausencia del cromosoma Y, las glándulas sexuales se

1

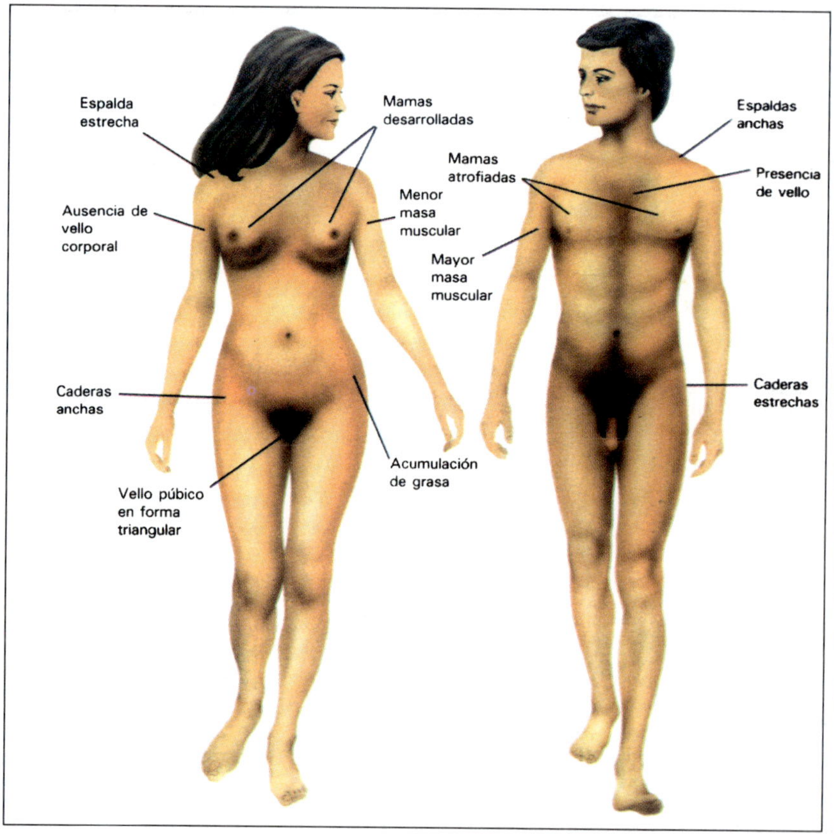

2

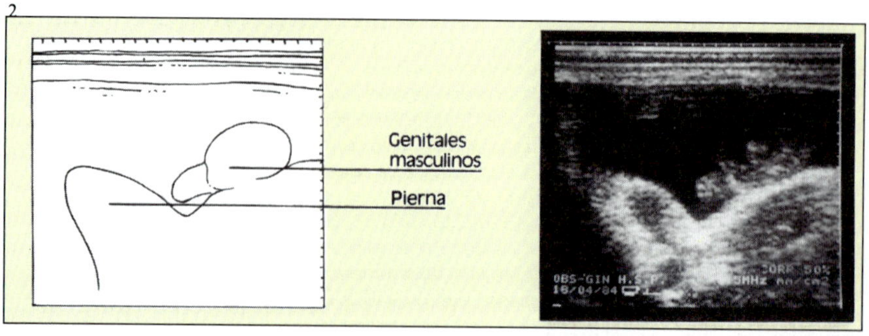

convertirán en ovarios aunque no antes de la duodécima semana. Hasta este momento han sido los cromosomas los que han determinado el sexo del nuevo ser.
A partir de la diferenciación de las gónadas en testículos u ovarios, van a ser las hormonas segregadas por éstas, las que irán configurando la anatomía masculina o femenina del feto. En el caso del varón, las hormonas segregadas por los testículos, llamadas andrógenos, entre las cuales tiene un papel fundamental la testosterona y la dihidrotestosterona, son las que determinan la formación de los genitales externos e internos. Así, el nivel de andrógenos circulante por una parte inhibe el conducto de Müller y hace que el de Wolff se desarrolle dando lugar a estructuras propias del varón, como son las vesículas seminales, la próstata y los conductos deferentes.
Por otra parte, estos andrógenos hacen que se forme el pene a partir del tubérculo genital, cuyas protuberancias bilaterales se unen para constituir el escroto. A diferencia de lo que ocurre en el varón, las estructuras embrionarias sexuales de los fetos hembras no precisan de la estimulación hormonal para su desarrollo, sino que es suficiente con que no existan niveles elevados de andrógenos para que se produzcan los cambios que las convertirán en los genitales externos e internos. Así, el conducto de Müller dará lugar al útero, trompas de Falopio y parte interna de la vagina mientras que el tubérculo genital se convertirá en el clítoris y las protuberancias en los labios mayores y menores.
Sin embargo, durante la vida intrauterina, las hormonas sexuales, no solamente determinan la anatomía de los órganos genitales, sino que también afectan el sistema nervioso central y más concretamente al cerebro. En los últimos años se ha descubierto que los andrógenos ejercen un papel sensibilizador en determinadas zonas cerebrales. Así, se ha podido comprobar que son necesarios unos niveles adecuados de estas hormonas en una estructura cerebral llamada hipotálamo para que posteriormente la hipófisis, que es la glándula rectora del organismo, adquiera el patrón de secreción continuo o tónico propio del hombre.
En el caso de la mujer, la falta de andrógenos en el periodo embrionario determina que la hipófisis tenga, al sobrevenir la pubertad, un patrón de secreción cíclico, que se traducirá en los cambios hormonales menstruales propios del sexo femenino. El papel de las hormonas sexuales en el sistema nervioso central no se limita a prepararlo para que rija convenientemente la fisiología masculina o femenina, sino que, al parecer, también consiste en sensibilizar determinadas áreas cerebrales que serán las responsables de algunos aspectos conductuales que diferencia a hombres y mujeres. De tal forma que, entre otros fenómenos, se ha atribuido a esta impregnación hormonal del cerebro el hecho de que los estímulos visuales sean más eficaces para la aparición del impulso sexual en los varones que en las hembras, así como las distintas capacidades para determinados aprendizajes que distinguen a un sexo del otro.
La diferenciación sexual, que, tal como se ha descrito empezó con los cromosomas para proseguir después a cargo de las gónadas y las hormonas por ellas segregadas, no se completa durante la gestación, sino que sigue después del nacimiento, especialmente en los primeros meses. En esta nueva etapa, la responsabilidad recae sobre el ambiente. La forma como éste trata al recién nacido, desde el nombre que le es adjudicado hasta los vestidos juegos y actitudes de los que le rodean es lo que va a completar la diferenciación sexual ya que es lo que determinará que se vaya identificando con los individuos del sexo que le corresponde biológicamente.

3

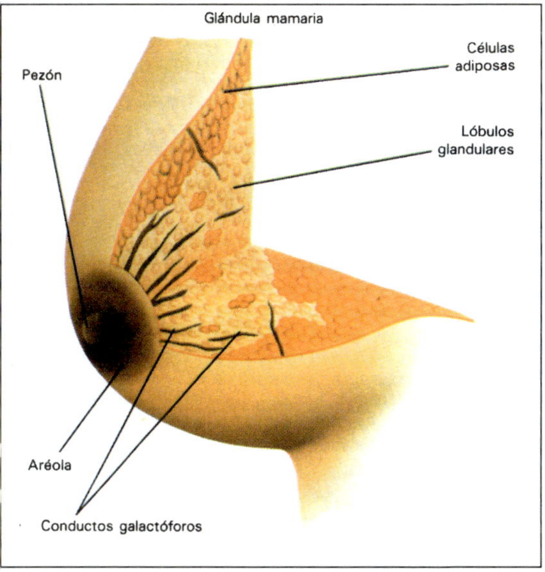

1. Esquema de los principales rasgos diferenciadores entre ambos sexos, mostrándose los caracteres sexuales externos que van manifestándose gradualmente en el individuo.

2. Gracias a la ecografía es posible averiguar el sexo del feto, pues algunos de los caracteres, como es el pene en este caso, aparecen ya durante la fase prenatal.

3. La mama es un órgano complejo con abundante inervación y vasos sanguíneos, que comienza su desarrollo como carácter sexual externo con el inicio de la pubertad.

Alteraciones de la diferenciación sexual

La diferenciación sexual se ha comparado a una carrera de relevos en la que se van sucediendo los distintos factores: cromosomas, gónadas, hormonas y ambiente. Ello equivale a decir que, siendo todos los factores indispensables, en cada fase la responsabilidad corre a cargo sólo de uno. Este fenómeno se ha podido demostrar mediante múltiples experimentos realizados en animales, siendo tal vez los más espectaculares los llevados a cabo hace unos veinte años por investigadores japoneses. Entre éstos, Yamamoto, añadiendo hormonas femeninas al recipiente donde estaban creciendo las larvas masculinas de unos peces, obtuvo unos animales que eran hembras desde el punto de vista conductual y reproductivo, pero que no tenían los cromosomas propios de la hembra (XX) sino los propios del macho (XY). Lo más asombroso es que, cruzando estas hembras artificiales, XY, con machos normales, XY, apareció un cierto número de hijos con un genotipo inexistente en la naturaleza (YY) que mostraban una conducta sexual más activa y agresiva que los machos normales. En animales más evolucionados, como pueden ser ratas y monos, se han verificado asimismo múltiples experimentos que confirman la importancia de los distintos relevos en el proceso de la diferenciación sexual.

1

En los seres humanos no es posible realizar este tipo de manipulaciones pero se dan con cierta frecuencia determinadas alteraciones en el proceso normal de diferenciación sexual cuyo estudio resulta de gran utilidad. Las principales anomalías a nivel genético son los síndromes de Klinefelter y el de Turner. Los individuos con el síndrome de Klinefelter tienen un cromosoma X extra (XXY) y son masculinos en cuanto a su tipo somático. Suelen ser de elevada estatura, con un pene de tamaño reducido y testículos pequeños y atróficos, y falta de características sexuales secundarias. La secreción de testosterona suele estar reducida. Son estériles y a menudo presentan impotencia y disminución del impulso sexual. La administración de hormona sexual masculina puede mejorar la impotencia y la apetencia sexual, pero la esterilidad es irreversible. El síndrome de Turner se caracteriza por la existencia de un solo cromosoma sexual, el X, y los individuos que lo padecen tienen un tipo somático femenino. En lugar de ovarios poseen unos cordones fibrosos, la vagina es poco profunda, el útero pequeño y, en casos excepcionales, presentan un clítoris alargado. Con muy raras excepciones, son mujeres de estatura muy corta, estériles y que no tienen la menstruación. La terapia sustitutiva con hormonas femeninas (estrógenos) no siempre produce los mismos resultados, ya que existen muchas variantes dentro del síndrome de Turner.

Otras veces, las anomalías no son debidas a las irregularidades cromosómicas, sino que se deben a alteraciones hormonales que ocasionan diversas discrepancias entre los genitales internos y externos. El ejemplo más característico lo constituye el síndrome de feminización testicular, en el que, a pesar de existir los cromosomas XY propios del varón, el feto desarrolla genitales externos femeninos. En este síndrome hay una producción normal de testosterona por parte de los testículos pero, por razones no muy conocidas, aparece una insensibilidad de los tejidos a la acción de esta hormona. Los genitales internos no se desarrollan en sentido femenino debido a que los testículos funcionantes segregan la sustancia inhibidora de los conductos de Müller. Se trata, pues, de varones genéticos que tienen apariencia, de hembras normales con unos testículos que, al nacer, suelen estar en la cavidad abdominal o sólo han descendido en parte. Aunque a veces sea preciso extirpar los testículos, se recomienda educar a estas personas como niñas y, de hecho, si se actúa correctamente, muchas veces el

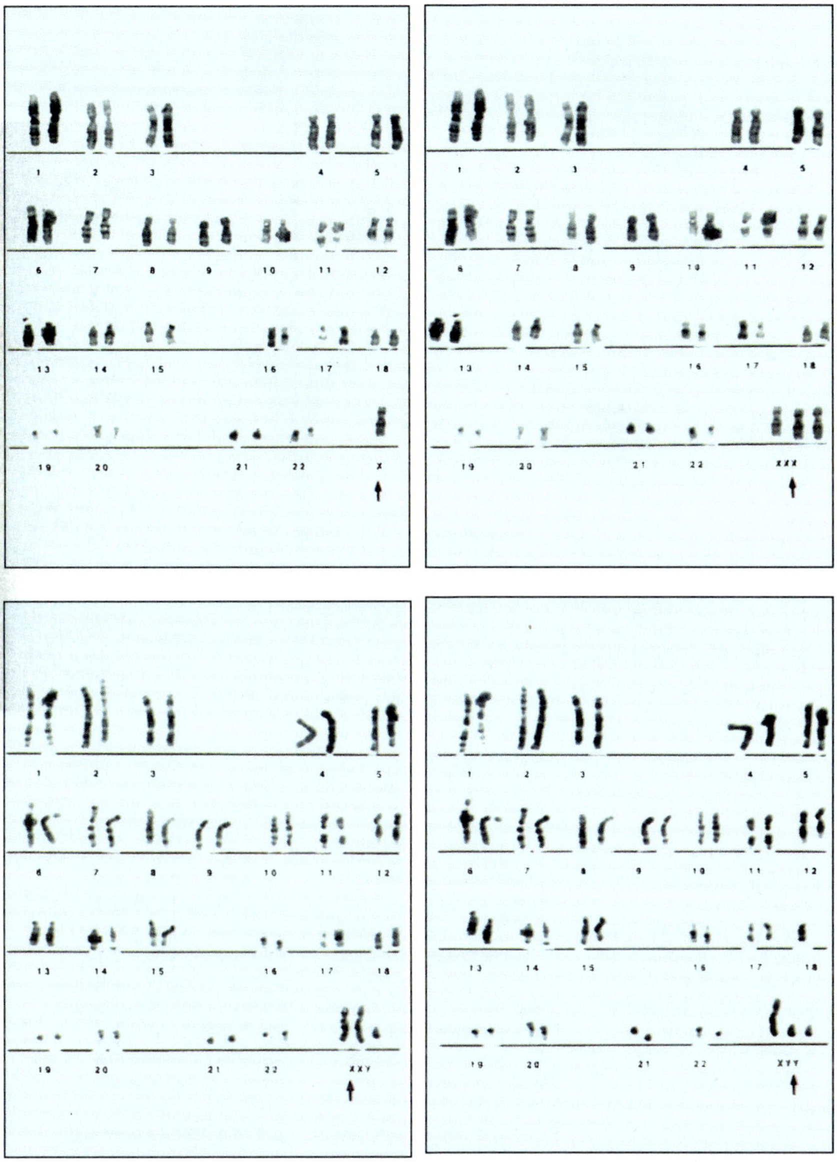

2

resultado son unas hembras de apariencia especialmente atractiva y muy femeninas en sus comportamientos y actitudes.
Cuando en el transcurso del desarrollo de un feto genéticamente hembra se produce un exceso de producción de hormonas suprarrenales, aparecen unas alteraciones que se conocen con el nombre de síndrome adrenogenital. Por ser la mayoría de estas hormonas de naturaleza androgénica, los genitales externos de la niña experimentan unos cambios que pueden ir desde una ligera hipertrofia del clítoris hasta una apariencia totalmente masculina. Los genitales internos, en cambio, se desarrollan en sentido femenino normal, ya que los conductos de Müller no son inhibidos por las hormonas suprarrenales. Los profesionales que asisten al nacimiento de un individuo con estas características deben ser cautelosos a la hora de asignarle un sexo. En caso de duda, es preferible decir a los padres que se requieren unos días para averiguar si es niño o niña evitando así el riesgo de tener que cambiar posteriormente la asignación inicial. El tratamiento de este caso de hermafroditismo consiste en frenar la excesiva producción de hormonas suprarrenales y, desde el punto de vista quirúrgico, en la reconstrucción de los genitales externos. Si se lleva a cabo pronto, antes de los seis años, pueden llegar a ser mujeres bien adaptadas, incluso con una fecundidad normal. Los estudios realizados sobre las repercusiones de este síndrome en las personas que lo padecen señalan que, a menudo, suelen presentar comportamientos hombrunos, si bien se identifican a sí mismas como mujeres y no fantasean sobre posibles cambios de sexo.

1. *El hermafroditismo en seres humanos, como manifestación de una alteración de la sexualidad típica, se debe principalmente a factores genéticos u hormonales producidos en el curso del desarrollo del individuo.*

2. *Algunas de las alteraciones en los veintitrés pares de cromosomas de la especie humana: arriba, izq. síndrome de Turner; arriba der. triple X abajo izq. enfermedad de Klinefelter; abajo der. cariotipo XYY.*

El impulso sexual

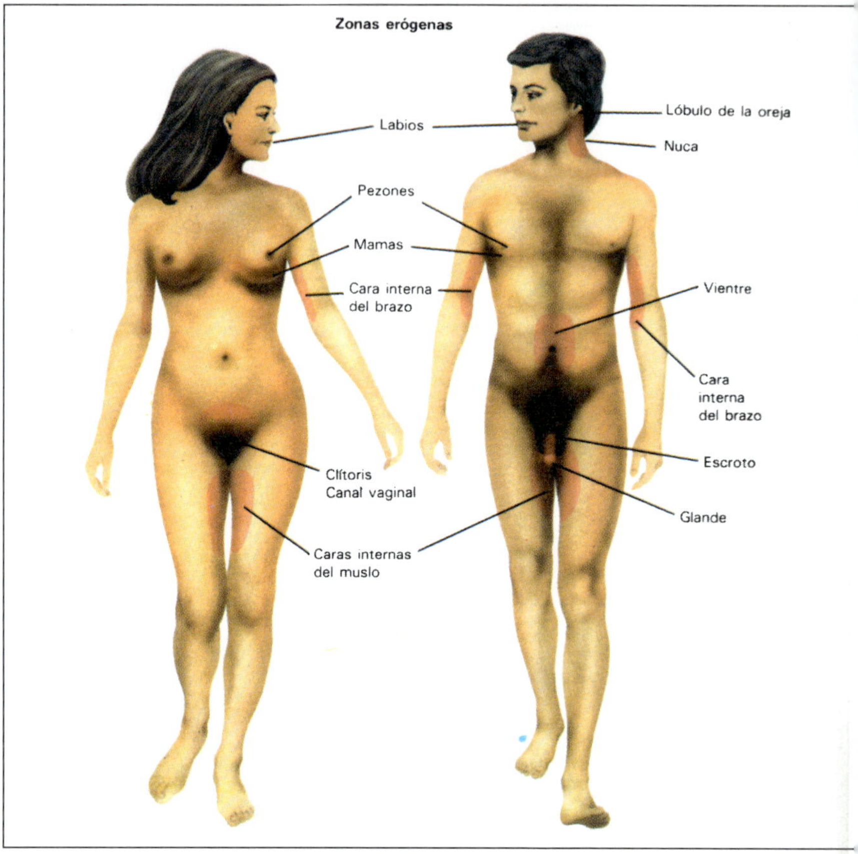

1

Antes de hablar de las características del impulso sexual y de cuáles son las estructuras nerviosas o los factores bioquímicos que lo controlan, es preciso puntualizar qué es exactamente lo que se entiende bajo este concepto.

Hoy en día se habla de impulso o motivación y no de instinto, reservándose este término para aquellas conductas que son comunes a una especie determinada y que se presentan sin que hayan podido ser aprendidas. La importancia del aprendizaje en la aparición del impulso sexual, especialmente en los animales superiores, hace que no se pueda considerar meramente como un instinto. La definición más extendida es la propuesta por Stone en 1939, según la cual el impulso sexual es «el resultado de la activación –por estímulos externos– de una serie de necesidades fisiológicas relacionadas con la reproducción». No obstante, hay varias razones por las cuales esta definición no resulta del todo convincente. En primer lugar, no se ha demostrado que existan tales necesidades fisiológicas; a diferencia de lo que ocurre con el hambre o la sed (impulsos que se desencadenan básicamente cuando el organismo emite alguna señal de que necesita aporte calórico o liquido para mantener su equilibrio u homeostasis), en la puesta en marcha del impulso sexual no se ha podido encontrar a ciencia cierta ningún aviso o señal interna. Por otra parte, no parece muy lógico que el impulso sexual se desencadene por una necesidad reproductiva cuando es más que sabido que millones de personas hacen el amor sin la intención de engendrar hijos. El impulso sexual es necesario para la continuidad de la especie pero no para la supervivencia del individuo. Además, las estructuras orgánicas fundamentales para la reproducción son, en su mayoría, distintas de las responsables de la conducta sexual.

Así pues, resulta más convincente la definición aceptada por distintos investigadores, según la cual el instinto sexual sería el resultado de «cualquier combinación de factores orgánicos (hormonas y sistema nervioso central) y de estímulos externos capaces de provocar una secuencia de respuestas directamente relacionadas con la cópula o con cualquier otro tipo de maniobra apta para obtener el orgasmo».

En cualquier caso, la importancia de los estímulos externos para activar el impulso sexual es un hecho aceptado unánimemente. En los animales inferiores estos estímulos son relativamente fáciles de establecer, pero en el caso del hombre la situación es mucho más complicada tanto por la gran capacidad de aprender como por la fantasía que éste posee. La gama de estímulos externos que son capaces de activar el impulso sexual en los seres humanos es de tal complejidad que resulta casi imposible encuadrarlos en categorías. En términos generales, podría decirse que tales estímulos suelen ser los que provienen de un compañero sexual adecuado, pero queda por determinar cuándo se da esta adecuación. La cuestión radica en saber qué es lo que resulta atractivo para cada persona. A título de ejemplo, si nos fijamos en el concepto de belleza femenina, veremos que existe una gran variabilidad según las épocas y las culturas.

Así, en muchas civilizaciones, se considera a las mujeres tanto más bellas cuanto más gordas, mientras que en otras, como la nuestra, son innumerables las mujeres que se someten a verdaderas torturas dietéticas y de otros tipos a fin de conservar la línea y resultar más atractivas. Por otra parte, detalles como el tipo de peinado, la forma de los pies, la cantidad de vello corporal, etc., pueden enloquecer a los hombres de una sociedad determinada y resultar francamente desagradables para los de otras. Ni siquiera el concepto de feminidad puede decirse que sirva para definir lo atractivo de la mujer, ya que, como es sabido, en algunas épocas puede ocurrir que las hombrunas tengan mucho más éxito.

Otro tema importante es el de las vías de entrada de los estímulos procedentes del exterior. Lógicamente estas vías corresponden a los distintos sentidos corporales, pero no todos ellos contribuyen en la misma medida. La vista tal vez sea el canal más importante para la atracción sexual, como se ha podido demostrar en

2 3

4

múltiples experimentos realizados en animales de distintas especies. En la especie humana se supone que la percepción visual tiene un papel más relevante en el hombre que en la mujer. Aunque existen algunas pruebas de esta superioridad (entre ellas la proliferación de publicaciones donde abundan más los desnudos femeninos que los masculinos), no está demostrado científicamente que sea debida a una distinta organización del sistema nervioso para cada sexo. La estimulación sexual por vía auditiva, fundamental en algunas especies animales, es de suma importancia en el hombre, con la particularidad de que su capacidad para el lenguaje articulado hace que la complejidad y riqueza de esta vía de atracción alcance límites casi indescriptibles. El gusto, el tacto y el olfato son otras posibles modalidades de atracción sexual.

La vía olfativa ha suscitado un interés especial en los últimos años, al descubrir el papel de las feromonas en la aparición del impulso sexual en los primates infrahumanos *(Macacus Rhesus)*. El término feromonas se utiliza para designar unas sustancias que, al igual que las hormonas, son segregadas por un órgano y actúan sobre otro órgano. La diferencia estriba en que las feromonas pueden funcionar a distancia, de modo que son producidas por un individuo y actúan sobre otro distinto. En el caso del *Macacus Rhesus*, las feromonas se encuentran en la piel y sobre todo en la vagina de las hembras durante la fase de máxima producción de estrógenos, y, al ser olidas, constituyen una fuente de atracción poderosísima para el macho. Si esto es así, en nuestros antepasados más inmediatos, no sería de extrañar que entre nosotros las feromonas tuvieran también algo que ver en la aparición del impulso sexual. Se requieren más investigaciones para llegar a esta conclusión, pero, caso de confirmarse, ello demostraría que, en el control de la conducta sexual, participa todo el cerebro, incluso las estructuras filogenéticamente más antiguas, como son las olfativas. Por último, si se habla del impulso sexual y de los estímulos que pueden despertarlo, no puede dejar de mencionarse la imaginación. Esta facultad propia del humano permitirá, en ocasiones, que aparezca el impulso sexual en ausencia estímulos externos.

1. *Zonas del cuerpo, conocidas como puntos o como zonas erógenas.*

2. *Los estímulos externos de tipo visual son un desencadenante esencial para el impulso sexual.*

3. *Mujer masai equipada con los elementos característicos de su cultura. El tipo femenino que más atrae a los hombres puede ser también muy diferente entre los diversos pueblos.*

4. *También entre los hombres, el aspecto físico que más despierta impulso sexual de la mujer es muy variable y a menudo diferente entre las distintas culturas.*

Control nervioso y bioquímico del impulso sexual

Para que se desencadene el impulso sexual, entendido como aquello que pone en marcha una serie de actos que constituyen la conducta sexual, no basta con la presencia de una estimulación externa sino que es necesaria la integridad de las funciones nerviosas y del sistema hormonal.

Control nervioso. Cuando el individuo es estimulado sexualmente, por ejemplo mediante manipulación en alguna de sus zonas erógenas, se produce una respuesta de excitación. El mecanismo que regula este fenómeno es el siguiente: los nervios sensitivos procedentes de las zonas erógenas estimuladas transmiten las sensaciones a través de dos caminos, uno que va a la médula y otro que llega hasta el encéfalo y más concretamente el cerebro. A nivel medular, tiene lugar un mecanismo reflejo mediante el cual los nervios sensitivos conectan con otros nervios y éstos, a su vez, transmiten a las zonas erógenas la orden correspondiente (de tipo motor y de tipo vascular). De esta forma es posible que aparezca una reacción sexual, como puede ser una erección del pene, sin la participación del cerebro (tal es el caso, por ejemplo, de algunos hombres que, a causa de un traumatismo, tienen seccionada la médula espinal).

Sin embargo, para que el individuo tenga conocimiento de que hay un estímulo de tipo erótico que está actuando, es preciso que estas vías sensitivas recorran la médula y alcancen las estructuras superiores o encefálicas. En las personas sanas, el sistema reflejo medular y el encefálico funcionan conjuntamente, de forma compleja, siendo éste segundo el que influye en el primero interpretando cuáles son las sensaciones que van a desencadenar una respuesta sexual y cuáles no.

En otras palabras, el cerebro puede acelerar el reflejo medular, pero también puede bloquearlo, si, por el motivo que sea, el estímulo no es del agrado del individuo. Ello va a depender de las experiencias previas y del aprendizaje.

El **sistema encefálico** consta de dos partes, el diencéfalo que es la más antigua desde el punto de vista evolutivo y el neoencéfalo o córtex cerebral que es la más reciente y donde residen las funciones superiores específicas del ser humano.

Entre los centros diencefálicos más importantes para la regulación de la conducta sexual figuran el hipotálamo y el sistema límbico junto con el bulbo olfatorio.

El primero recibe la información sensorial y, a través de sus conexiones con la hipófisis, controla las influencias hormonales en la conducta sexual. El sistema límbico, por su parte, participa en la regulación de las sensaciones de placer; se sabe además que en este sistema existen núcleos encargados de estimular la actividad sexual y otros cuya misión es frenarla. En múltiples

1

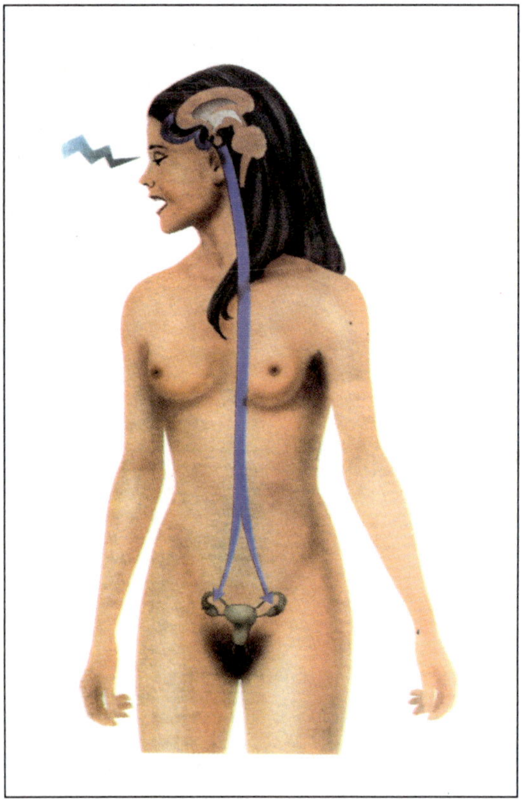

2

experimentos se ha demostrado que los animales a los que se les han lesionado determinados núcleos de la amígdala (una estructura del sistema límbico) desarrollan una actividad sexual desenfrenada e indiscriminada y copulan con cualquier animal u objeto que tengan delante.
El córtex, y concretamente el órbitofrontal y el prefrontal, es la zona encargada de establecer las interconexiones entre el medio ambiente y los procesos orgánicos; es, por tanto, el responsable del aprendizaje. Innumerables investigaciones han puesto de manifiesto la importancia del aprendizaje y la memoria en la conducta sexual de los animales superiores. Tal vez la más significativa sea la realizada por Harlow con un grupo de primates. En ella pudo observarse que los monos aislados de sus semejantes desde el nacimiento eran incapaces de desplegar ningún tipo de actividad sexual al llegar a la edad adulta. A pesar de estar sanos desde el punto de vista físico y de que sus glándulas sexuales funcionaban a la perfección, estos monos, tanto machos como hembras, cuando eran incorporados a la colonia y se encontraban ante estímulos sexuales adecuados, se mostraban completamente apáticos e inexpertos. Todo parece indicar que, en estos animales, el aprendizaje debe realizarse en un período crítico (infancia y adolescencia) para que luego puedan desempeñar una actividad sexual normal.
Las investigaciones realizadas en animales para estudiar el papel de las hormonas en el impulso y conducta sexuales no son menos interesantes. Todos los trabajos coinciden en demostrar que, a medida que se asciende en la escala evolutiva, aumenta la independencia hormonal.
Así, mientras en los mamíferos inferiores la castración ocasiona la desaparición de toda actividad sexual, en los monos superiores no se observa el mismo fenómeno. Tanto la hembra del chimpancé como el macho siguen mostrándose sexualmente activos después de haber sido castrados. A la vista de estos hallazgos, puede concluirse que existe una relación inversa entre dependencia hormonal y necesidad de aprendizaje. En otras palabras, cuanto más evolucionado es el cerebro del animal y, por tanto, cuanto más capaz es de aprender menos decisivo es el determinismo hormonal. De todo lo dicho, fácilmente puede desprenderse que en el hombre, debido a la evolución que ha experimentado su cerebro y, por tanto, a su extraordinaria capacidad de aprendizaje, el efecto de las hormonas sobre el impulso sexual ha de ser muy tenue y no siempre fácil de valorar. Se sabe que no existe una relación directa entre los niveles de hormonas sexuales y la intensidad del impulso sexual y que, en realidad bastan niveles muy bajos de estas hormonas para que cumplan eficazmente su función. En los casos de hombres con falta de apetencia sexual o con dificultades de erección, la administración de testosterona no suele surtir ningún efecto. Aunque es cierto que existen ejemplos de varones que después de padecer una castración o supresión de las hormonas sexuales, pueden presentar al cabo de bastante tiempo una cierta disminución de la sexualidad, resulta imposible establecer con certeza si ello es debido realmente al déficit hormonal o si es un efecto de la sugestión. A pesar de no existir pruebas científicas para ello, a nivel popular se atribuye una gran importancia a las hormonas.

1. *El desencadenamiento del impulso sexual requiere la llegada del estímulo, por ejemplo visual, al cerebro. Este envía entonces las órdenes nerviosas o químicas o de ambos tipos a la vez, a los órganos que les corresponden.*

2. *El contacto físico desempeña un papel muy importante en los vertebrados superiores y contribuye al largo proceso de aprendizaje de las relaciones entre individuos distintos, incluyendo las de tipo sexual. En la imagen un papión hembra despiojando a sus crías.*

3. *El juego amoroso en los preámbulos del coito es muy importante para la s atisfacción mutua y sirve para que el cerebro recoja los múltiples estímulos producidos y tras elaborarlos controle por vía nerviosa y hormonal el proceso de estimulación sexual.*

3

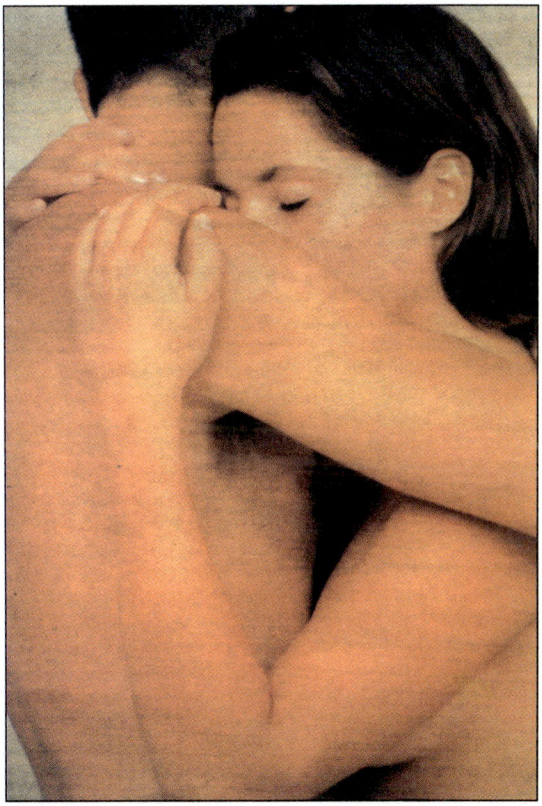

La sexualidad en la infancia

El estudio de la sexualidad suele provocar reacciones emotivas e irracionales que dificultan el enfoque objetivo de la misma. A menudo los descubrimientos que la ciencia sexológica consigue son ignorados en aras de unas creencias erróneas que algunas culturas se obstinan en mantener. Probablemente en el campo de la sexualidad infantil es donde más evidentes resultan estas actitudes. Como ya se ha expuesto anteriormente sobre la diferenciación sexual, después del nacimiento el responsable de la identificación sexual es básicamente el ambiente. Van a ser los adultos los que marcarán al bebé las pautas de conducta sexual y también todo el sistema de valores sexuales propios de la cultura de la que forman parte. Ello equivale a decir que el niño será víctima de los prejuicios que puedan imperar en un ambiente determinado.

Cientos de ejemplos podrían ilustrar esta afirmación. Baste con exponer la reacción tan contradictoria que pueden provocar en los adultos los primeros balbuceos comportamentales: las conductas poco masculinas en el niño asustan en gran manera a los padres por el riesgo que pueden suponer para el día de mañana; en cambio, si la niña se muestra poco femenina, los que la rodean no sólo no se lamentan sino que incluso es posible que se alegren por considerarlo como una señal de inteligencia.

La sexualidad, a diferencia de la capacidad reproductora, dura mientras vive el individuo. Es decir, empieza en la época embrionaria y acaba con la muerte. Lo más probable es que, en la vida intrauterina, el feto ya experimente sensaciones de tipo sexual, si bien éste es un hecho imposible de ser demostrado experimentalmente. También resulta difícil saber cuándo empiezan las sensaciones sexuales en el recién nacido, pero, en este caso, al menos es posible observar qué es lo que hace. Así, uno de los hechos que más llama la atención es la gran capacidad de erección que el niño posee desde el nacimiento y que se hace especialmente frecuente entre las 3 y las 20 semanas.

Nadie que haya tenido ocasión de observar la conducta de un niño puede dudar de que éste desarrolla todo un repertorio de actividades estrechamente relacionadas con la sexualidad. Desconocemos el significado exacto que él da a lo que está haciendo, pero, en cualquier caso, es evidente que la infancia no es una época de sexualidad latente sino que ésta se manifiesta de una forma activa, a través de una serie de actos concretos.

La incapacidad de expresarse verbalmente durante los primeros meses de vida impide saber con certeza si las erecciones que presenta el recién nacido son algo más que un puro acto reflejo. Lo cierto es que algunas veces, coincidiendo con ellas, se observa una sonrisa en el bebé que bien podría ser la expresión de una sensación placentera.

En la época de la lactancia aparecen las primeras muestras de interés por los órganos

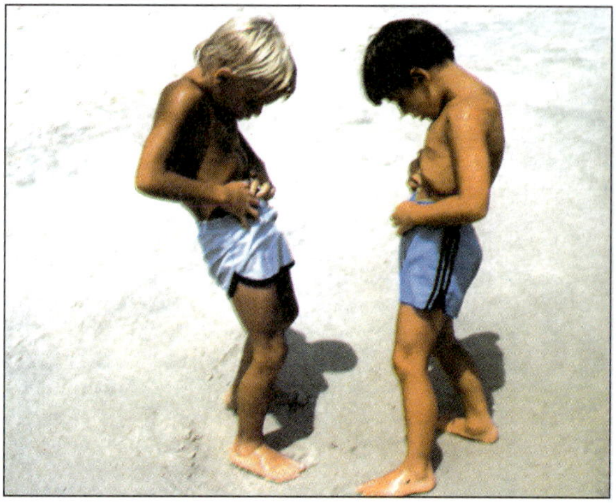

2

genitales. También en este caso es difícil precisar si los niños se manosean el pene o la vulva por instinto de exploración o porque así obtienen algún tipo de placer.

Autores como Kinsey afirman haber detectado en 9 niños y 4 niñas de menos de 1 año que habían experimentado el orgasmo. En el caso de los niños, se produce una erección del pene y se advierte una excitación progresiva, hasta quedar relajados y tranquilos. En el caso de las niñas, se observa un enrojecimiento de la vulva y una lubricación vaginal, y son

característicos los movimientos de vaivén que realiza para frotar sus genitales contra la mano, la almohada u otro objeto.
Durante la lactancia también tiene lugar el contacto físico con el cuerpo de la madre que puede constituir asimismo una fuente de placer.
Más tarde, cuando el niño o la niña alcanza más autonomía, muestra un interés por la anatomía propia y de los demás; intenta ver y tocar los genitales de sus compañeros de juegos y, en ocasiones, también de los adultos. Asimismo suele exhibirse para que los otros puedan verle también a él.
Los clásicos juegos de papás y mamás o los de médicos y enfermeras responden, sin duda, a este objetivo.
Asimismo, llevados por la curiosidad por todo lo sexual, suelen quedarse largos períodos de tiempo observando cómo copulan los perros callejeros o cómo lo hacen las moscas. El interés infantil por el sexo no se limita a las cuestiones anatómicas, sino que va mucho más allá y se pone de manifiesto en múltiples detalles como pueden ser las innumerables preguntas qúe plantean a los mayores (por lo general embarazosas para éstos) y en la búsqueda frecuente en el diccionario de aquellas palabras que ellos suponen interesante o significativas.
Muy pronto, los niños aprenden que existen diferencias entre unos y otras; si un niño se viste con ropas de niña, se lo dicen o, más frecuentemente, se burlan de él. Sin embargo, hasta los 6 ó 7 años, los juegos suelen ser indiscriminados; a partir de estas edades aumenta la tendencia a juntarse con los miembros de su propio sexo, como si se produjera una toma de conciencia del rol sexual de cada género. Si se entiende por masturbación el hecho de manipular los genitales, es evidente que los niños inician esta actividad muy pronto.
Para el niño resulta mucho más fácil descubrir su pene y tal vez caer en la cuenta de que, al tocarlo, experimenta algún tipo de sensación agradable. La niña, en cambio, debido a la situación oculta del clítoris, suele tardar más tiempo en percatarse de que manoseándoselo puede obtener placer. No obstante tanto en un caso como en el otro, es prácticamente imposible saber a qué edades empiezan las connotaciones sexuales. Con todo, existen algunos informes de adultos que dicen recordar haber tenido sensaciones de tipo sexual a partir de los 4 ó 5 años. La masturbación infantil, tal vez anunciando lo que será en la vida adulta ofrece importantes diferencias entre los dos sexos. El niño suele explicar a los compañeros sus experiencias masturbatorias entre ellos se animan a practicarlo o se dan consejos, compartiendo los respectivos hallazgos. Con no poca frecuencia se masturban en grupo, a modo de competición, para comprobar cuál es el mejor.
Paradójicamente, a estas edades, se considera campeón al que consigue eyacular más rápido. Las niñas, en cambio, si se masturban, lo hacen en solitario y raramente explican sus experiencias a las amigas.
Tal vez por este motivo, existen niñas, ya mayorcitas, que se masturban para relajarse o para conciliar el sueño, sin saber a ciencia cierta qué es lo que están haciendo. Se dice que, entre las niñas, el descubrimiento de la masturbación como una actividad sexual, a menudo es un hecho casual, fortuito.
En su conjunto, los datos sobre la conducta sexual de los niños son difíciles de valorar por la falta de una información adecuada. La sinceridad e ingenuidad con que los más pequeños actúan o incluso verbalizan sus experiencias desaparecen en cuanto advierten que «aquello» es sancionado por el adulto. Aun sin entender el motivo, intuyen que «aquéllo es malo». Por otro lado, el preguntar a los propios niños sobre sus comportamientos sexuales resulta inadmisible para algunos adultos que creen erróneamente que de esta forma se contribuye a despertarles la sexualidad demasiado pronto. Por último, la información que se puede obtener interrogando al individuo, ya adulto, sobre su infancia puede resultar muy inexacta.
Aunque se carezca de un conocimiento científico de la sexualidad infantil, es un hecho innegable que los niños muestran un interés por los temas sexuales. La forma como el ambiente responda a estas demandas repercutirá sin duda, en la idea de la sexualidad que el niño se vaya formando.

3

1. *La contemplación del propio cuerpo y del de los demás es una actividad importante en la infancia que manifiesta el desarrollo de la sexualidad infantil. Al ser ésta un proceso básicamente de aprendizaje, el niño ha de satisfacer su curiosidad natural.*

2. *A partir de los seis o siete años, los niños tienden a agruparse con compañeros de su mismo sexo, quizás como preludio al distinto papel que cada uno de ellos desempeñará en la sociedad adulta.*

3. *La estimulación sexual y el placer relacionado con ella no son exclusivos de la edad adulta sino que, por el contrario, se manifiestan ya desde las primeras semanas de vida, aunque no se sabe a partir de qué edad el individuo es consciente del significado de esas actividades.*

La sexualidad en la pubertad y adolescencia

El paso de la infancia a la adolescencia viene marcado por una serie de cambios importantes que constituyen la pubertad. Durante la pubertad se completa el proceso de diferenciación sexual que se inició en el momento de la fecundación.

Suele ocurrir entre los 8 y 13 años en el caso de las niñas, y entre los 9 y los 14 en los niños. Se trata, pues, de un período de tiempo que puede durar varios años, durante el cual, por un mecanismo aún desconocido, se ponen en marcha los acontecimientos que pondrán fin al desarrollo del sistema reproductor. La adolescencia es un concepto más amplio, que no se limita a los cambios fisiológicos de la pubertad, sino que comprende el proceso de maduración a todos los niveles, tanto fisiológicos como psicológicos. Aunque los límites de la adolescencia son extraordinariamente variables en función de las características de cada individuo, se suele aceptar que abarca desde los 12 hasta los 20 años, edad en que se entra en el estado adulto.

Al inicio de la pubertad, una zona concreta del cerebro, llamada hipotálamo, envía órdenes a la hipófisis para que ésta segregue dos sustancias llamadas gonadotropinas cuya misión es estimular la producción de hormonas sexuales en los ovarios y en los testículos.

Estas dos gonadotropinas son la FSH u hormona estimuladora de los folículos y la LH u hormona luteinizante.

En las muchachas, los ovarios segregan los estrógenos, que son las hormonas que podríamos llamar feminizantes y la progesterona cuya misión principal es la de preparar el útero para el embarazo.

También existen en las mujeres, pequeñas cantidades de andrógenos procedentes del ovario y de la corteza suprarrenal. En el caso de los muchachos, los testículos segregan gran cantidad de andrógenos, especialmente testosterona y también estrógenos, en pequeña proporción.

Aunque en menor cantidad, la corteza suprarrenal también segrega andrógenos y probablemente estrógenos. El desarrollo de los órganos sexuales secundarios que tiene lugar en la pubertad se debe a los estrógenos, en el caso de la chica, y a los andrógenos, en el caso del chico.

Los caracteres sexuales secundarios en la chica son los siguientes: desarrollo de las mamas, el útero y la vagina, ensanchamiento de las caderas, creación de depósitos de grasa en mamas y nalgas, aumento de la secrecion vaginal y aparición de la primera regla o menarquia.

Asimismo se observa un crecimiento del vello en el pubis y las axilas.

En los países industrializados, durante las últimas décadas, se está asistiendo a un adelanto en la edad de presentación de la menarquia.

En los chicos, estos caracteres sexuales secundarios son: aumento de la masa muscular y crecimiento del vello pubiano y axilar, inicio del crecimiento de la barba, engrosamiento del pene y del escroto y maduración de los órganos sexuales internos; la voz, por su parte, se hace más grave y es posible la aparición de acné. Empiezan a producirse las primeras eyaculaciones, a menudo en forma de poluciones nocturnas, que pueden ir acompañadas de sueños eróticos o ser simplemente una forma de descarga de la tensión sexual acumulada durante el día.

Por paradójico que parezca,

1

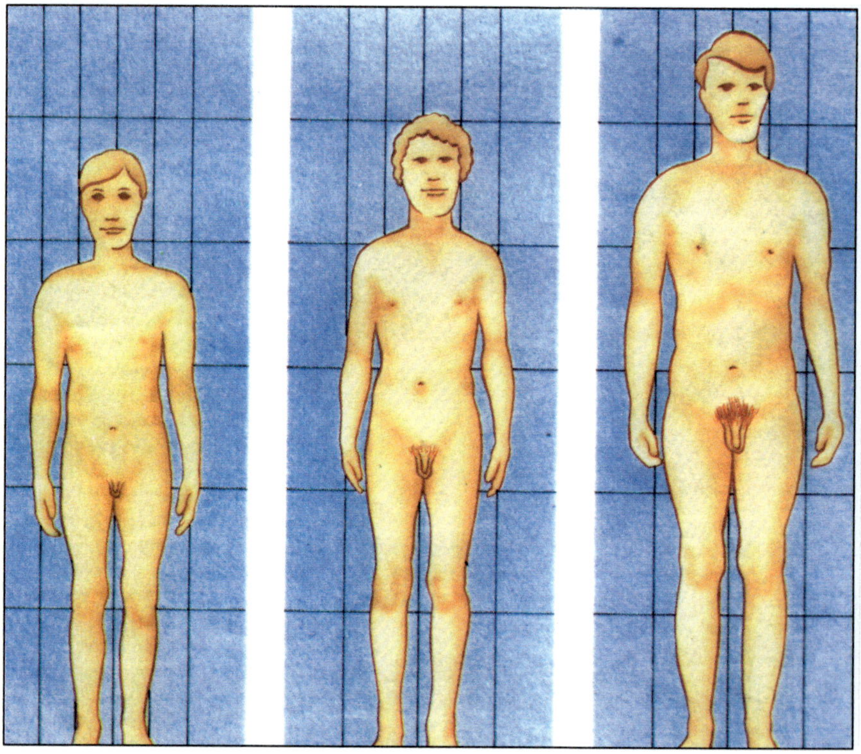

frecuentemente estos cambios tan importantes sobreviene sin que el muchacho o la muchacha hayan sido bien informados sobre ellos.
Lo más corriente es que tengan algunas ideas inexactas recogidas al azar, y que pueden crearles todavía más confusión. El adolescente no solamente debe adaptarse a su nueva imagen corporal sino que además tiene que enfrentarse a unos sentimientos sexuales que ahora van a adquirir mayor intensidad; deberá decidir si tiene o no relaciones sexuales, tendrá que descubrir la diferencia entre el sexo y el amor, en definitiva, deberá aprender cuál es su papel sexual.
La sexualidad en la adolescencia ha sido investigada por diversos autores. Uno de los más reconocidos, Schofield, divide la evolución que experimenta la conducta sexual desde los 15 a los 19 años, en cinco fases o períodos que se resumen de la siguiente forma:

1) Poco o ningún contacto con el sexo opuesto: puede ser que se haya tenido alguna cita pero aún no se ha besado.

2) Experiencia limitada de actividades sexuales; se tienen experiencias de besos y también es posible que se tenga experiencia de estimulación de los senos pero por encima de la ropa.

3) Intimidades sexuales próximas al coito; se tiene experiencia de estimulación de los senos por debajo de la ropa y se puede haber experimentado la estimulación genital o el contacto intergenital, pero no se ha realizado el coito.

4) Coito con un *partenaire.*

5) Coito con más de un *partenaire.*

Los hallazgos de Schofield obtenidos a través de una minuciosa investigación realizada entre una muestra muy numerosa de adolescentes londinenses, estarían en consonancia con la opinión de Kinsey, según el cual, aunque en realidad ya hay conducta sexual en la infancia, el comienzo de su práctica regular coincide con la entrada en la adolescencia.
La eclosión de la sexualidad unida a la falta de una pareja estable y a la falta de información adecuada constituyen una mezcla explosiva y peligrosa para el adolescente. Muchos de los conflictos, incluso traumas psicológicos, a que éstos se ven abocados podrían evitarse si la sociedad, y concretamente las personas adultas, tuvieran una actitud menos hipócrita y más positiva respecto a la sexualidad. Bastará citar como ejemplos de lo dicho, la creciente tasa de abortos juveniles, la difusión de las enfermedades por contagio sexual y las alteraciones emocionales a las que a menudo se ven sometidos los adolescentes.

2

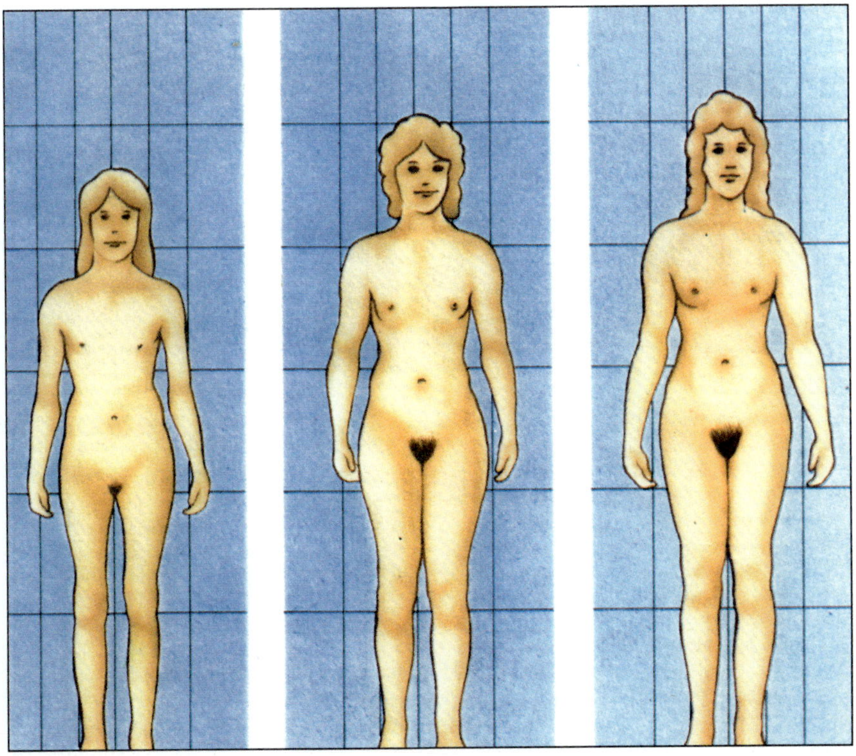

1. *Con la pubertad se completa el proceso de diferenciación sexual y se da paso al individuo adulto. Los caracteres sexuales secundarios comienzan a presentarse en el niño entre los nueve y los catorce años gracias a la acción de los estrógenos.*

2. *En las niñas la pubertad se inicia un poco antes que en los niños, entre los ocho y los trece años. Comienza la aparición de los caracteres sexuales secundarios y tiene lugar la primera regla o menarquía.*

Sexualidad en la edad adulta

Convencionalmente, se considera que la edad adulta va desde los 20 hasta los 65 años. Aunque no siempre sea cierto, la noción más extendida es que, en la edad adulta, el individuo alcanza una estabilidad tanto profesional, como afectiva, social y también sexual. Es evidente que esto no siempre es así a todos los niveles y, por supuesto, tampoco en el sexual.
Al estudiar la conducta sexual de los adultos es preciso, ante todo, distinguir entre los casados que viven con su pareja y los que viven solos, sea porque nunca se han casado, porque han enviudado, o porque se han divorciado o separado; también puede tratarse de un padre o, más frecuentemente, de una madre soltera. Las investigaciones sociológicas demuestran que la cifra de personas que viven solas ha aumentado en las últimas décadas. Las razones que explican este fenómeno son varias. En primer lugar existe una tendencia creciente a contraer matrimonio a edades más avanzadas que antaño; en el caso de las mujeres, algunas anteponen su carrera profesional a un matrimonio que, por otra parte, no les es tan necesario como antes, ya que ahora pueden ser independientes económicamente. Otra razón evidente es el aumento en

1

2

3

la tasa de divorcios y separaciones. Los estilos de vida sexual que puede presentar una persona que vive sola son muy diversos y es imposible generalizar. Puede hablarse de un *continuum* que va desde aquellos individuos que no tienen ninguna relación sexual, sea por decisión propia o porque se ven abocados a ello, hasta aquellos otros con una vida sexual tanto o más intensa que los casados más activos.
En una encuesta llevada a cabo por la revista *Playboy* hace 10 años, se puso de manifiesto que las personas que vivían solas tenían relaciones sexuales con una frecuencia parecida a las personas casadas, siendo el número de hombres que no estaban satisfechos con su frecuencia, mayor que el de mujeres. No obstante, hay que tener presente que la gente no siempre es sincera a la hora de responder a este tipo de encuestas. En el caso de los hombres solos, parece ser que aquéllos que tienen una o más compañeras sexuales regulares, la cifra de relaciones es muy elevada, llegando, según algunos investigadores, hasta a uno o dos coitos por noche.
En cambio, cuando se trata de una mujer, la sociedad entiende mejor el hecho de que no tenga relaciones sexuales y, en determinadas etapas de sus carreras, casi es lo que se espera de ellas. Hoy en día existen

4

muchos lugares para facilitar la relación entre personas que no tienen pareja, pero uno de los sitios donde más frecuentemente se encuentra un compañero sexual es en el propio centro de trabajo. El trato continuado puede favorecer el conocimiento real del otro y propiciar así el nacimiento de una relación sentimental y/o sexual. No obstante, este tipo de relaciones, si se rompen, suelen acarrear problemas, ya que las dos personas tienen que seguir viéndose a diario.

En los lugares de trabajo tampoco es infrecuente que se establezcan relaciones sexuales entre personas casadas con otras solteras o también casadas.

El sexo entre las personas que viven en pareja, sean casadas o no, tiene unas características propias y presenta problemas de otra índole. Los conflictos más comunes derivan de los distintos conceptos sobre la sexualidad que se ha inculcado al hombre y a la mujer, desde la infancia. La queja más extendida entre los hombres es la poca frecuencia, insuficiente apetencia de la mujer y el hecho de que raras veces tome ella la iniciativa. Las mujeres, lógicamente, se lamentan de la insistencia del marido, pero lo que más las afecta es la falta de comunicación y de preparación de un clima adecuado para que surja el deseo sexual. La inapetencia por parte del hombre no constituye un hecho excepcional y, cuando aparece, suele tener consecuencias bastante desastrosas para la estabilidad del matrimonio, ya que, por motivos culturales, resulta más difícil de entender.

Se ha dicho que la monotonía puede ser causa de un deterioro en las relaciones sexuales de la pareja. Aunque es cierto que existe el riesgo de caer en ella y convertir el sexo en algo aburrido y sin gracia, no tiene por qué ser así necesariamente. Por el contrario, el hecho de conocer bien el cuerpo del otro y sus formas de responder características puede contribuir a que la actividad sexual sea más satisfactoria.

Otro de los problemas que a veces se aducen como causa de menoscabo en la relación sexual es la distinta evolución en la capacidad sexual del hombre y la mujer. Es sabido que, en el hombre, después de la adolescencia, el llamado período refractario le impide cada vez más tener dos orgasmos seguidos.

La mujer, en cambio, no sólo carece de periodo refractario, sino que algunas incluso mejoran su capacidad orgásmica con el tiempo. Sin embargo, si la pareja está bien avenida sexualmente, esta discrepancia no tiene por qué constituir un problema, ya que en caso de que la mujer desee continuar la actividad sexual, puede ser estimulada por otros medios que no requieren la erección del pene.

La actividad sexual de los adultos casados puede darse también fuera del matrimonio. De hecho, según Kinsey, aproximadamente la mitad de los hombres casados estudiados por él habían tenido relaciònes extramatrimoniales al menos una vez en su vida. En el caso de las mujeres, las cifras eran inferiores, alcanzando su punto más alto a los 30 años, con un 17%. Estudios posteriores, sin embargo, han puesto de relieve un aumento en el número de mujeres que tienen relaciones con otras personas, aparte del marido. Algunos matrimonios llegan a un acuerdo respecto a la posibilidad de tener relaciones fuera de la pareja, otros simplemente fingen ignorar las infidelidades del marido o de la esposa. En la mayoría de los casos, no obstante, son mal aceptadas y pueden ser causa de ruptura matrimonial.

En lo que respecta a las relaciones sexuales extramatrimoniales, como en tantas otras facetas de la sexualidad, se produce una situación paradójica: la misma sociedad que las impugna es la que las está practicando.

1. *En la edad adulta es cuando por lo general se forman las parejas estables, y se considera también este periodo el de mayor estabilidad emocional y sexual.*

2. *La sociedad asigna en general papeles concretos a cada sexo que se reflejan en la conducta del individuo y también en su sexualidad, significando además con mucha frecuencia una coacción para el desarrollo libre.*

3. *La independencia profesional y económica de la mujer ha supuesto un retraso general en la edad de formación de la pareja estable en los países más avanzados, permitiendo también a la mujer un mayor desarrollo y disfrute de su propia sexualidad.*

4. *Aunque en términos generales se considera edad adulta la comprendida entre los 20 y los 65 años, no en todos los casos el individuo puede desarrollar una sexualidad completa y satisfactoria en todo ese periodo.*

Sexualidad en la tercera edad

Desde el punto de vista demográfico, en las últimas décadas se viene asistiendo a un aumento muy notable de las personas de más de 65 años. La disminución de la tasa de nacimientos y los avances de la medicina figuran, sin duda, entre los factores responsables de este fenómeno de «envejecimiento» de la población.
Si antaño había constituido un grupo de población relativamente olvidado, modernamente se ha convertido en un tema candente, que preocupa y se estudia cada vez más. Incluso se ha acuñado el término «tercera edad» para evitar las connotaciones negativas que había tenido, desde siempre, la palabra «vejez».
Aunque en todo tiempo se ha sabido que las personas de estas edades pueden seguir teniendo una vida sexual satisfactoria (prueba de ello es que todo el mundo ha conocido casos de parejas viejas que seguían «funcionando»), lo cierto es que ha prevalecido la idea de que la sexualidad es cosa de jóvenes y que desaparece o debería desaparecer con la edad.
Probablemente la causa de esta falacia deba buscarse una vez más, en la tradicional equiparación del sexo con la función reproductora.
Resulta grotesco que, en las sociedades evolucionadas como se supone son las nuestras, sea preciso ahora reivindicar el derecho a la sexualidad de las personas viejas, cuando, en sociedades teóricamente menos evolucionadas, jamás ha dejado de ser una cosa normal, admitida y hasta esperada.

1

Los cambios fisiológicos normales al entrar en la terceraedadpueden repercutir en la actividad sexual, igual que en otras facetas de la vida del individuo, pero, en ningún caso justifican que la posibilidad de disfrutar de la sexualidad se haya acabado.
En el caso de la mujer, esta etapa de la vida viene precedida por un fenómeno biológico importante que tiene una duración variable y que se conoce con el nombre de menopausia o cese de la menstruación.
Los cambios hormonales que tienen lugar durante la menopausia ocasionan alteraciones a nivel de los órganos genitales, como son una atrofia de la mucosa vaginal y una disminución de la lubricación vaginal. Sin embargo, en las mujeres que anteriormente han tenido una vida sexual satisfactoria, tales cambios no suelen impedir que sus relaciones sigan siendo placenteras.
Todo parece indicar que, en el declive sexual de la mujer, intervienen más otros factores como puede ser el estado emocional, las relaciones con la pareja, las tensiones ambientales, o el estado de salud física. El hombre también acusa una serie de cambios en esta época que son debidos al descenso de los niveles de testosterona y que se conocen con el nombre de climaterio. Sin embargo, en el varón tales cambios son mucho más inespecíficos y acaecen con más lentitud.
De hecho, la producción de espermatozoides empieza a descender a partir de los 50 años, pero puede persistir aún durante mucho tiempo, como lo demuestran algunos casos de paternidad a edades verdaderamente sorprendentes.
Desde el punto de vista de la actividad sexual, la norma general es que haya una disminución del impulso y de la potencia que se traducen en una serie de hechos como son: necesidad de alargar la estimulación para obtener la erección; disminución en la intensidad de la eyaculación; menor urgencia eyaculatoria, lo cual puede resultar ventajoso ya que supondrá una eyaculación menos precoz; pérdida más rápida de la erección una vez ha tenido lugar la eyaculación; y, finalmente, alargamiento del período refractario, es decir del tiempo que debe transcurrir después de un orgasmo para que vuelva a producirse la excitación.
Sin embargo, aunque en términos generales las cosas son así, no se deben tomar estas afirmaciones al pie de la letra, ya que de todos son conocidos casos de hombres ya maduros con una actividad sexual comparable a la de un joven.
Probablemente, además de los factores ya indicados para las mujeres, aquí juegue un papel decisivo la atracción que se sienta por la pareja.

1. *Alcanzada la edad en que ha finalizado la capacidad reproductora del ser humano, no significa que uno de los aspectos esenciales de su conducta, la sexualidad, deba considerarse igualmente acabada. La inactividad sexual a esa edad es mas una imposición cultural que un hecho real.*

2. *Factores como los trastornos físicos, el estado emocional o la presión social son las causas principales de que muchas personas dejen de mantener relaciones sexuales en la tercera edad, pero hay muchas otras que consiguen una relación placentera adaptándose a las nuevas condiciones.*

2

En esta etapa de la vida, el hecho de estar solo es más conflictivo, ya que, por diversos factores, básicamente culturales, será menos probable hallar un compañero sexual. Incluso aquellos que tienen la suerte de encontrarlo puede que tengan que renunciar a él, por presiones sociales a veces personificadas en los propios hijos.

El hecho de que las normas morales de la sociedad sancionen de forma distinta la actividad sexual si se trata de un hombre o de una mujer, hacen que, para ésta, la situación sea aún más difícil.

En igualdad de condiciones no cabe duda de que la obtención de un *partenaire* estará mejor vista en el caso del hombre. Y lo mismo cabe decir en lo que respecta a la edad del *partenaire*.

La «conquista» de una chica joven por parte de un hombre maduro no sólo no escandaliza a nadie, sino que puede incluso ser motivo de admiración y envidia. En cambio, y en términos generales, los comentarios que suscita esta misma conducta en una mujer no son muy halagadores.

En resumen, el hecho de pertenecer a este grupo llamado «tercera edad» no comporta, en absoluto, una pérdida de la capacidad de goce sexual.

Si admitimos que el sexo es una de las diversas cosas que pueden aumentar la calidad de vida, lo que es preciso conseguir es un cambio en la mentalidad de la sociedad y entender, de una vez por todas, que la actividad sexual no se limita al coito sino que abarca toda una gama de posibilidades tan satisfactorias o más que éste.

Sexualidad durante el embarazo

Una prueba inequívoca de que la sexualidad no se limita a la función reproductora viene dada por el hecho, ampliamente demostrado, de que muchas mujeres, durante el embarazo, siguen teniendo relaciones sexuales y disfrutando de ellas.
Al abordar este tema, es preciso hacer dos tipos de consideraciones: unas de tipo psicológico y otras de tipo médico. Los mitos y creencias sobre la sexualidad reaparecen con todo su rigor en relación al tema del embarazo, adquiriendo formulaciones de lo más peregrino. Así, por ejemplo, se han descrito casos de hombres que prefieren abstenerse de realizar el coito por temor a que el feto les muerda el pene. Sin necesidad de llegar a tales extremos, no es infrecuente encontrar mujeres que rehusan el contacto sexual porque los cambios que aparecen en sus cuerpos durante el embarazo las hacen sentir poco atractivas; asimismo existen hombres que, ante el cuerpo de una mujer embarazada no sienten ninguna atracción sexual o incluso les puede resultar repulsivo. Es muy probable que la aprensión que, en algunas parejas, provoca el contacto sexual, y más concretamente el coito durante los meses de gestación, sea debido en el fondo al hecho de no reconocer plenamente que el sexo tiene un sentido por sí mismo, independientemente de su función reproductora.
Desde el punto de vista médico, durante el embarazo existe un gran aumento de todas las hormonas sexuales; sin embargo, no se sabe con certeza si esto determina un aumento o una disminución en la apetencia sexual de la mujer. En cuanto a las precauciones necesarias, aunque no se dispone de pruebas científicas concluyentes, se suele recomendar que se evite el orgasmo, sea por coito o por masturbación, a aquellas mujeres con historial de abortos anteriores o cuando aparecen pérdidas durante el primer trimestre del embarazo. Se supone que las contracciones que tienen lugar en el útero durante el orgasmo, potenciadas además por las prostaglandinas procedentes del semen, pueden ser causa de aborto o parto prematuro. Se carece de datos fehacientes sobre la posibilidad de que el coito pueda producir un aborto por rotura de los tejidos uterinos.
Asimismo resulta discutible la afirmación de algunos autores de que hay una mayor incidencia de sufrimiento fetal e infecciones en el líquido amniótico en aquellas mujeres que han tenido relaciones sexuales durante el embarazo. En una investigación realizada en el año 1984 con 39.000 mujeres no se encontró ninguna relación entre partos prematuros o mortalidad perinatal y el hecho de haber realizado el coito durante el embarazo. Lo único que se sabe con seguridad es que las enfermedades de transmisión sexual pueden ser contagiadas al feto por vía coital. Por este motivo, en determinadas circunstancias será necesario utilizar un preservativo.
Corresponde a Masters y Johnson el mérito de haber realizado, en 1966, la primera investigación científica sobre la sexualidad de la mujer durante el embarazo.
La importancia de este trabajo no se limitó al extraordinario interés de los datos que aportaron y que han servido de punto de partida para ulteriores investigadores, sino que supuso además el reconocimiento objetivo de que la sexualidad durante el embarazo es algo normal, legítimo y, por tanto, digno de ser estudiado.
La respuesta sexual de las mujeres embarazadas presenta algunas diferencias entre las primíparas y las que ya han tenido hijos. No obstante, en líneas generales, puede afirmarse lo siguiente: durante el primer trimestre se observa una apetencia variable, en función del estado físico; así las que sufren náuseas y vómitos pueden presentar una disminución y hasta una ausencia de actividad sexual.
En el segundo trimestre, en cambio, todo parece indicar que, si la mujer se encuentra bien, se produce un aumento de la apetencia y de la excitación sexuales, en comparación a las experiencias anteriores al estado de gravidez; se ha visto que, durante el embarazo, la estimulación erótica produce un gran aumento de la vasocongestión a nivel genital.
Por último, durante el tercer trimestre, se observa una considerable reducción de la actividad sexual, acompañada de un aumento de la fatigabilidad y una disminución de la apetencia.

1

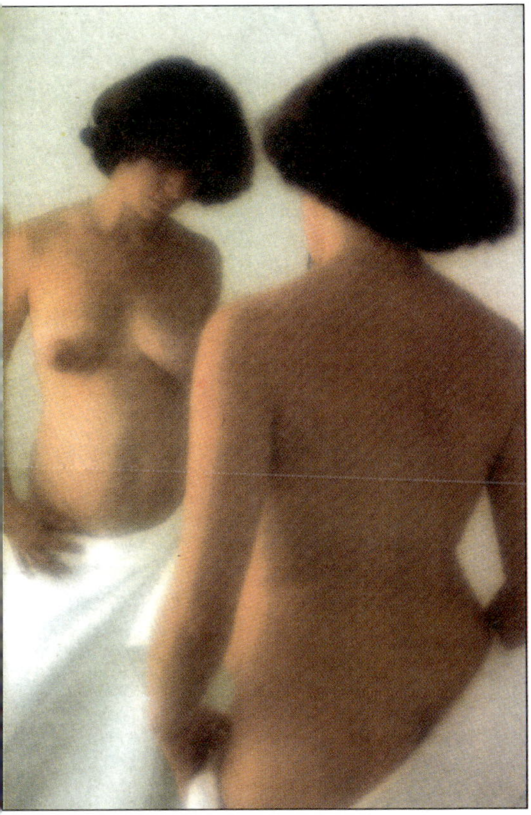

2

3

Así pues, hoy en día se acepta que, durante un embarazo normal, sin complicaciones, no hay razón para prescindir del sexo. Si el coito con el hombre encima resulta incómodo se pueden intentar otras posturas más convenientes.
Si, por el motivo que sea, no se efectúa el coito, no hay razón para abstenerse de otras caricias, sexuales o no, que pueden resultar muy agradables para los dos miembros de la pareja y contribuir a que se sientan más unidos mientras esperan el hijo. Sólo hay que tener precaución con el *cunnilingus*, ya que, si entra aire en el útero, puede pasar a la corriente sanguínea y hacer un embolismo.
El nacimiento de un hijo supone un cambio fundamental en la vida de la mujer. La preocupación por el recién nacido, el cansancio, las posibles molestias a nivel genital, así como el temor a un nuevo embarazo, son algunos de los factores que pueden tener como consecuencia que el restablecimiento de las relaciones sexuales resulte a veces, algo problemático. Los datos que aportan los estudios realizados sobre este tema indican una gran variabilidad en cuanto al tiempo que requieren las distintas mujeres para incorporarse a su ritmo sexual habitual. Existe, no obstante, un notable consenso en afirmar que las mujeres que amamantan a sus hijos suelen recuperar la apetencia sexual más pronto. Así pues, no hay ninguna causa objetiva que justifique la pérdida de interés sexual que experimentan algunas mujeres, después de tener un hijo. Cuando esto ocurra, habrá que buscar la explicación en otros motivos ajenos al embarazo, como son las relaciones con la pareja, grado real de interés sexual o, en algunos casos, el nivel de neuroticismo.

1. *La importancia de la sexualidad por sí misma como forma de relación entre dos miembros de distinto sexo no se limita a la función reproductora. Por consiguiente, también durante el embarazo son posibles y deseables las relaciones sexuales entre los miembros de la pareja.*

2. *La predisposición o el rechazo a la relación sexual durante el embarazo depende más de factores psíquicos que físicos. No hay en general ningún impedimento de orden médico que lo contraindique.*

3. *Para que la relación sexual no cause problemas estando la mujer embarazada sólo se requieren algunas precauciones generales, como son el uso de preservativo para evitar contagiar de posibles enfermedades al feto, el empleo de posturas que no opriman el vientre de la mujer, etc.*

Las parafilias

Cuando una persona alcanza la excitación sexual a través de estímulos que no se consideran «normales», se dice que tiene una parafilia. En realidad, se trata de palabra nueva para un concepto antiguo.

Las parafilias son tan viejas como la humanidad y han recibido distintos nombres según las épocas: perversiones, aberraciones, degeneraciones, desviaciones, etc.

La definición de la parafilia como una conducta anormal es poco satisfactoria, ya que, si hay algún concepto en el terreno sexual que se preste a malos entendidos, éste es el de normalidad.

La historia de la sexualidad en las diversas civilizaciones pone de manifiesto la diversidad de las costumbres sexuales. Conductas que en una determinada sociedad son normales resultan inadmisibles y son condenadas en otras. Dentro de un mismo grupo social, los hábitos sexuales no son los mismos para todos los núcleos de población.

Otra forma posible de definir la parafilia es «aquella conducta sexual en la que no se tiene en cuenta la libertad del otro». Tal definición resulta válida para algunos tipos de parafilia, pero no para todos; así, en el sadomasoquismo, se supone que existe un acuerdo entre las personas que lo practican. Como se verá más adelante, existen muchas clases de parafilias y no todas revisten la misma gravedad. Por esta razón, hay quienes prefieren llamarlas «variantes de la conducta sexual». Por este motivo, sólo se considera un trastorno sexual cuando el individuo se halla sujeto a ellas y no puede llegar a la excitación sexual de otra forma.

La falta de datos científicos sobre estas conductas se debe al poco interés que han suscitado mientras se han considerado como particularidades propias de unas minorías más o menos pervertidas o depravadas. Otro motivo del desconocimiento reinante proviene de las dificultades que plantea la investigación sobre un tema tan escabroso como éste. Los informes procedentes de la clínica psiquiátrica son escasos y poco fiables, ya que las personas que las practican únicamente acuden a las consultas por motivos legales o por presiones de sus parejas. Los datos procedentes de encuestas realizadas en la población general tampoco reflejan la realidad, ya que estas personas no responderán con sinceridad acerca de unas actividades que la sociedad considera aberrantes. Se ignora la frecuencia real de estas conductas en la población general, aunque todo parece indicar que es mucho más alta de lo que muchos suponen. En lo que respecta a la distribución por sexos, salvo casos muy aislados, no suelen diagnosticarse entre las mujeres. El masoquismo constituye una excepción, pero aun así, la proporción se sitúa en 20 hombres por cada mujer.

En cuanto al origen de las parafilias, no se ha podido demostrar la existencia de ninguna alteración orgánica o psicológica que las explique. Se han formulado diversas hipótesis pero ninguna de ellas cuenta con pruebas científicas que la corroboren. Se ha sugerido que estas personas podrían tener unos niveles excesivamente altos de andrógenos y también se ha especulado sobre una posible relación entre conducta parafílica y lesión del lóbulo temporal. Desde el punto de vista psicológico, la teoría del aprendizaje supone que estas conductas se instauran por haber sido reforzadas en una

1

2

3

4

época determinada, generalmente durante la pubertad. Las escuelas psicoanalíticas, por su parte, defienden que algunas de las parafilias serían una consecuencia del complejo de castración en la fase edípica.

Fetichismo y travestismo

Fetichismo proviene de la palabra «fetiche», que

1. *La publicidad hace a menudo uso de estímulos sexuales de tipo óptico para conseguir atraer la atención hacia determinado producto, aprovechando para ello un cierto efecto de fetichismo que cabe considerarse dentro de la normalidad.*

2. *Fenómenos sociales tan extendidos y arraigados en gran número de culturas como el carnaval, en este caso en Río de Janeiro, se basan en la atracción sexual provocada por estímulos de los más diversos tipos, autorizándose en estos casos comportamientos que la sociedad normalmente reprocha.*

3. *En el fetichismo el objeto que provoca la excitación o atracción sexual puede no guardar ninguna relación directa con la sexualidad propiamente dicha.*

4. *El travestismo, el uso por parte de un heterosexual de ropas del sexo contrario pretende desencadenar la excitación sexual a diferencia de los transexuales.*

significa objeto inanimado al que se atribuye un poder mágico o supersticioso y que se aprecia por esta razón más que por su valor intrínseco. Suele definirse como «la tendencia a ser sexualmente atraído por alguna parte o peculiaridad del cuerpo, o por algún objeto inanimado que puede no tener ninguna connotación sexual en sí mismo». Estos objetos, que generalmente tienen algo que ver con el cuerpo, suelen ser apreciados por su tacto o textura y pueden ser extraordinariamente variados (zapatos, ropa interior, joyas, un mechón de cabello, etc.). En el fetichismo se produce una sustitución de la persona por el objeto, ya que la excitación no proviene de aquélla sino de éste. Es un tipo de trastorno que sólo se suele diagnosticar en hombres. Hay que distinguir entre lo que se podría llamar preferencias o peculiaridades y el verdadero fetichismo.
Así, muchas personas tal vez sientan una debilidad por determinados detalles del *partenaire*, como puede ser un lunar en el muslo, sin que por ello se les deba considerar unos pervertidos. Tampoco merece el diagnóstico de fetichista el hombre que se excita más rápidamente al contemplar a su pareja con un sujetador de encaje negro. De hecho, gran parte de la moda y la publicidad se basa en la capacidad que poseen algunos detalles para provocar una excitación sexual. Por otra parte, en el contexto de una relación sexual, la utilización de

5

algunos fetiches, como pueden ser unas medias negras, a veces supone una variación agradable. Los problemas pueden surgir en el momento en que la mujer se sienta insegura de sí misma y piense que sin las medias no puede gustar. Por tanto las conductas fetichistas sólo constituyen un verdadero trastorno cuando el individuo es incapaz de excitarse de cualquier otra forma que no sea con su fetiche.
Las causas del fetichismo como en las otras parafilias, no están demostradas científicamente. Traumas infantiles, familias desequilibradas, aprendizajes erróneos, todo ello y más puede haber influido en la aparición de este trastorno, que, por otra parte, es de difícil tratamiento.
Travestismo. El travestismo literalmente, consiste en la utilización de las ropas del otro sexo. Este hecho, en sí mismo, sólo constituye un síntoma que puede hallarse formando parte de trastornos distintos.
Lo peculiar del travestismo, también llamado travestismo-

6

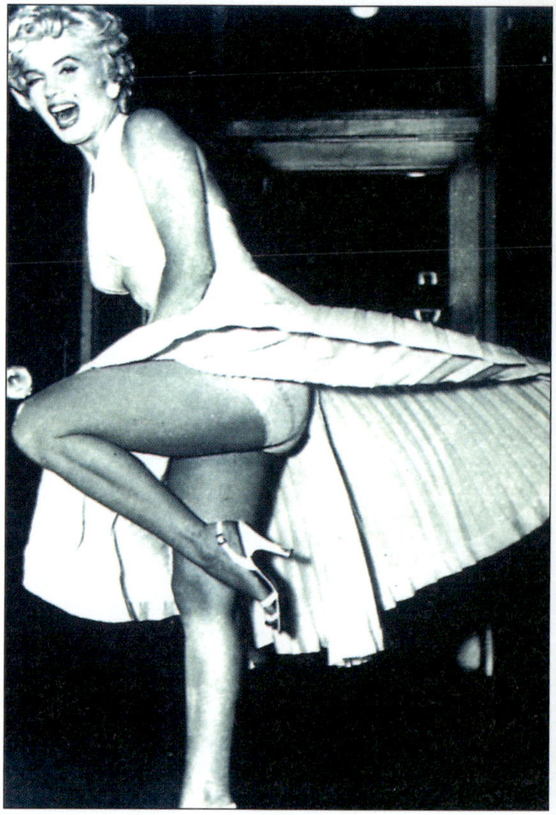

fetichista, es que el individuo, obtiene una excitación sexual por el hecho de usar las ropas del sexo contrario. Como se verá más adelante, ni el homosexual afeminado, ni el transexual cuando se visten como si fueran personas del otro sexo no persiguen excitarse sexualmente. Aunque esta parafilia puede empezar a cualquier edad, es frecuente que los primeros actos de travestismo se remonten a la infancia o adolescencia. Es típico de este trastorno una especie de progresión imparable, de modo que el individuo puede empezar por usar sólo alguna prenda de ropa interior femenina, de forma discreta, y acabar exhibiéndose en público completamente vestido de mujer. Existen, por supuesto, muchas variantes, tanto en el grado de travestismo como en la conducta sexual asociada.

Así, mientras algunos se masturban aprovechando la excitación que les produce la conducta de trasvestirse, otros se la imaginan cuando tienen relaciones sexuales con su pareja o cuando se masturban a solas. El perfil típico del travestista es un hombre heterosexual, casado y con hijos. Puede ocurrir que durante años, la pareja haya ignorado esta «afición» del marido. El hecho de descubrirlo, a menudo puede significar la ruptura del matrimonio. Con todo, es posible encontrar mujeres comprensivas, que intentarán ayudar al esposo, aunque, con mucha probabilidad van a precisar ayuda psicológica, ya que tanto personal como socialmente es una conducta difícil de asimilar. En el tratamiento del travestismo se han utilizado básicamente técnicas de modificación de conducta y también el psicoanálisis. Los resultados no siempre son satisfactorios, ya que, aparte de la falta de conocimientos sobre el trastorno y de su complejidad, casi nunca se cuenta con la colaboración «sincera» del paciente.

Exhibicionismo y voyeurismo

El exhibicionismo se define como «la exposición deliberada y habitualmente compulsiva de los órganos genitales del adulto en condiciones inadecuadas, con el fin de provocar una respuesta en el observador». A diferencia, pues, del fetichismo e incluso de algunas conductas travestistas, el exhibicionismo siempre es un acto público. Se ha especulado mucho sobre cuáles puedan ser los móviles que empujan a una persona a este tipo de conducta, sin que haya sido posible llegar a ninguna conclusión. Lo que sí está claro, sin embargo, es que el exhibicionista no pretende el contacto sexual con su víctima, le basta con que ésta le vea. En ocasiones, se produce una eyaculación por el sólo hecho de exhibirse, en

7

5. *La atracción excesiva por la belleza física y la perfección anatómica del cuerpo supone a menudo un acto de fetichismo por parte del espectador y de exhibicionismo por parte de quien lo practica, aunque sólo adquiere tintes de anormalidad cuando se convierte en fuente exclusiva de excitación.*

6. *Numerosas estrellas de cine como Marilyn Monroe, se han convertido en mito sexual de una época.*

7. *En los concursos de belleza femeninos se pone de manifiesto el valor de fetiche que poseen determinadas características físicas de la mujer aunque no sea este el motivo del certamen.*

otras, el sujeto se masturba delante de su víctima; los hay, también, que utilizan el recuerdo para masturbarse, más tarde, en casa.
Los lugares escogidos para la exhibición suelen ser parques, esquinas, etc., pero, a veces, es desde el propio coche o desde la ventana de la propia casa. Esta falta de precaución resulta fatal para el exhibicionista que, a menudo es detenido por los agentes del orden público, observándose además una elevada tasa de reincidencias.
Se calcula que una tercera parte de los arrestos por delito sexual corresponde a los exhibicionistas. Se trata de una parafilia prácticamente exclusiva de los hombres y las víctimas que eligen suelen ser niñas o adolescentes, aunque los hay que tienen sus preferencias particulares y no se exhiben si no es delante un tipo de estímulos concretos, que pueden ser mujeres de cualquier edad, con tal que reúnan las características necesarias para que se les desencadene esta conducta. De ahí, que se diga que el acto de exhibirse tiene un componente compulsivo. Es como si el individuo no pudiera resistirse a ello. Existen algunas personas con enfermedades orgánicas cerebrales, demencia senil o psicosis, que pueden llevar a cabo actos de exhibicionismo. En estos casos, es preciso hacer un diagnóstico diferencial, ya que estas conductas no tienen nada que ver, desde el punto de vista psicológico, con la del exhibicionista. Este trastorno puede aparecer a cualquier edad, pero aparece más frecuente alrededor de los 20 años. A veces se trata de individuos casados, aunque por lo general suelen ser personas con pocas relaciones sociales. Probablemente, por el carácter compulsivo de esta conducta, el hecho de tener relaciones sexuales no parece disminuir la tasa de exhibiciones.
Existe una relación evidente entre el exhibicionismo y el voyeurismo. Éste se define como «el deseo compulsivo de espiar a otras personas cuando se desvisten, desnudas, masturbándose o teniendo relaciones sexuales». Es requisito indispensable, en la mayoría de los casos, que sean personas desconocidas y que, por

8

supuesto, no hayan dado su consentimiento para ser observadas. El voyeurismo como trastorno es también propio de los hombres, sin embargo, se ha dicho que todos los seres humanos tienen algo de «voyeur». Es innegable que, ya desde la infancia, el individuo siente curiosidad por ver determinadas cosas, especialmente aquellas que le están prohibidas. La diferencia con el «voyeur» es que para éste el espiar a los demás es la principal y, a veces, única fuente de atracción y placer sexuales. Al parecer, los «voyeurs» son personas más bien tímidas, con pocos contactos sociales o sexuales. También se ha dicho que no suelen padecer por su peculiar comportamiento y que son personas con un elevado grado de hostilidad. Las causas de estos trastornos son discutibles, pero el hecho de que ambos sean mucho menos frecuentes en las civilizaciones que no reprimen la desnudez hace pensar que el condicionamiento ambiental debe jugar un papel importante. En cuanto al tratamiento, se han utilizado técnicas aversivas, derivadas de la teoría del aprendizaje, terapias de grupo y psicoanálisis. Los resultados son pobres, probablemente por la falta de motivación del paciente, el cual no suele estar en absoluto interesado en cambiar su conducta.

Sadismo y masoquismo

Se trata de dos parafilias que se complementan y que poseen, ambas, una gran tradición

literaria. El sadismo debe su nombre al Marqués de Sade que vivió en el siglo XVIII y pasó gran parten de su vida en prisión, donde escribió varios libros en los que se describen relaciones sexuales con una gran carga de violencia. El término «masoquismo» viene de un austríaco, llamado Masoch, quien en el libro titulado *La Venus de la piel,* relata escenas de duros castigos dentro de la relación sexual. Sadismo y masoquismo son términos que han alcanzado una gran popularidad, hasta el punto que, a menudo, se realizan en el lenguaje cotidiano, sin ningún tipo de notación sexual.

En estas dos parafilias se produce una asociación psicológica entre la excitación sexual y el dolor, humillación, sumisión o dominio. El sadismo se define como la «necesidad de provocar dolor físico moral a otra persona para conseguir placer sexual». El masoquismo, por su parte consiste en la «necesidad de sufrir dolor físico o moral, humillación o sumisión para conseguir placer sexual». Se desconocen las estadísticas exactas sobre la frecuencia de estas conductas entre la población. En realidad, algunos elementos sádicos o masoquistas leves, reales o imaginados, es posible hallarlos en muchas personas. Kinsey, por ejemplo, encontró que un 10% de los hombres y un 3% de las mujeres se habían excitado alguna vez mediante fantasías sádicas o masoquistas. Sin embargo, es dudoso que estos casos constituyan un auténtico trastorno. Las personas que realmente lo padecen es poco probable que lo confiesen, sobre todo cuando lo practican con un *partenaire* que colabora gustoso. Estas alteraciones de la conducta sexual son más frecuentes entre los hombres. Las mujeres, cuando las presentan, suelen preferir el papel masoquista, circunstancia que algunos autores han relacionado con el rol pasivo que se supone propio del sexo femenino en una relación sexual normal. A partir de ahí, se ha especulado con la posibilidad, en absoluto demostrada, de que estas alteraciones pudieran tener un origen biológico, innato.

En las relaciones sadomasoquistas, la persona no cuenta, lo importante es la escena, la situación, la teatralidad. No es de extrañar que exista toda una industria destinada a fabricar objetos de consumo para estas personas (cadenas, correas, utensilios de cuero de diversos tipos y toda una indumentaria especial). Al parecer, lo que más excita al masoquista es que le humillen. Para conseguirlo, consiente en ser atado y arrastrado como un animal o admite que el *partenaire* orine o defeque encima de él. Para algunos, basta con que estas humillaciones sean simplemente verbales. La mayoría de ellos no obtienen un gran placer con el dolor fuerte o agudo. En cambio, el sádico, a veces, no se contenta con esto, sino que siente la necesidad de infligir verdaderas lesiones que, en ocasiones, han llevado a la muerte. Por ello es conveniente que entre los dos miembros de la pareja exista una confianza y sepan hasta dónde puede llegar cada uno. En las relaciones sadomasoquistas el orgasmo suele obtenerse por masturbación o por coito anal, aunque no es

9

8. ***El voyeurismo** es explotado comercialmente en forma de locales donde el espectador, oculto en una cabina, puede contemplar personas desnudas del sexo que le atraiga o bien cómo mantienen relaciones sexuales.*

9. ***La desnudez** es en numerosos pueblos ejemplo de una cultura basada en una íntima comunión con la naturaleza como fuerza generadora de vida. Las civilizaciones que la reprimen dan lugar, según la opinión de algunos autores, a trastornos, entre los cuales figura el exhibicionismo.*

extraño que se produzca espontáneamente debido a los elevados niveles de excitación que se alcanzan. El tratamiento de estos trastornos es difícil. Las técnicas de modificación de conducta parecen ser adecuadas para ello, pero existen muy pocas referencias. El psicoanálisis, en cambio, se ha utilizado muchas veces en estos pacientes, aunque no se dispone de cifras sobre los resultados.

10

Paidofilia

Literalmente significa «atracción sexual hacia los niños». El paidófilo es la persona adulta, por lo general hombre, que intenta tener algún tipo de contacto sexual con un niño o niña, que, por lo general, aunque no siempre, no ha alcanzado la pubertad. El término «pederasta» se utiliza para designar a aquellos varones que se sienten atraídos únicamente por niños. En nuestras sociedades esta conducta está penalizada por la ley si la víctima es menor de edad, aunque, evidentemente, no es lo mismo que se trate de un niño o de un adolescente.
Los estudios transculturales demuestran que la paidofilia suele ser mal aceptada por la mayoría de culturas, pero las hay que son más tolerantes. Es bien conocido el caso de la antigua Grecia, donde la pederastia era una relación muy apreciada en la que el joven vivía con su protector y aprendía todas sus virtudes.
Se ha dicho que también mantenían relaciones sexuales, aunque algunas voces autorizadas defienden lo contrario.
Algunos paidófilos son personas sin anomalías especiales, con relaciones sexuales normales, a menudo casados y con hijos, que por razones psicológicas se sienten más seguros en el trato con los niños que con los adultos. En otros casos, más graves, se trata de personas con una total incapacidad para excitarse si no es con contactos infantiles. Hay autores que les han definido como personalidades reprimidas y extremadamente moralistas. Los hay que sólo se atreven a dar rienda suelta a sus deseos cuando se hallan bajo los efectos del alcohol. Las conductas paidofílicas van desde el simple roce del cabello del niño hasta el sexo oral o la penetración anal o vaginal.
Los efectos de estos comportamientos en el niño no son fáciles de valorar. Raramente resultan dañados en el aspecto físico, pero es probable que queden afectados psicológicamente. Con todo, alguna de las investigaciones realizadas demuestra que personas que han sido víctimas de paidófilos en su infancia, no tienen por qué padecer alteraciones emocionales en el futuro; éstas, si existen, se dan en aquellos casos en que se han visto obligados a participar en actividades sexuales durante largas temporadas, por no haberse atrevido a explicarlo a nadie. Incluso se ha llegado a decir que el niño queda más traumatizado por el revuelo provocado por los padres y amigos, que por el hecho en sí. Sin duda, esta afirmación es discutible, pero lo cierto es que muchos padres prefieren no denunciar al paidófilo para preservar la intimidad del niño. Semejante modo de actuar, comprensible desde este aspecto, hace que los paidófilos puedan seguir actuando impunemente.
El tratamiento del paidófilo, como el de todas las parafilias, es difícil y muy poco gratificante. Con mucha frecuencia, cuando todo parece indicar que están «curados», reinciden sin que se puedan hallar razones que lo expliquen. En algunos casos especialmente graves se han usado sustancias farmacológicas para disminuir los niveles de testosterona, aunque este tipo de tratamiento se halla aún en vías de investigación.

Otras parafilias

La sexualidad del ser humano es tan compleja que resulta casi imposible describir todas las parafilias. Las más frecuentes se han descrito anteriormente. A continuación se hará referencia a otras parafilias, menos comunes y peor conocidas.
Bestialismo. Con este nombre se conoce la relación sexual con animales. Probablemente este tipo de conductas han existido siempre y han sido aceptadas o condenadas según las épocas y los ambientes. En mitología se describen varios casos de relaciones hombre-animal.
Por su parte, Kinsey, en sus investigaciones, encontró que un 8% de los hombres y un 3% de las mujeres habían tenido al menos una vez en su vida algún tipo de contacto sexual con animales. Esta conducta parece ser más común en la adolescencia y entre personas

que habitan en el campo o en granjas. Las prácticas, más frecuentes, en el caso del hombre, son el coito vaginal o anal, la estimulación de los genitales del animal o la *fellatio* por parte del animal. Entre las mujeres suele ser más común la masturbación del animal por parte de ella, la estimulación de la vulva por parte del animal, o simplemente el contacto corporal.

El bestialismo es muy raro como forma exclusiva de conducta sexual y, en muchos casos, no pasa de ser una forma de experimentación de nuevas sensaciones. Cuando se convierte en la actividad preferida por el sujeto, habrá que pensar en algún problema de tipo psicológico.

Frotismo. Este término derivado del francés *(frotteur)*, se usa para designar la conducta de algunos hombres que se excitan sexualmente rozando sus genitales con personas desconocidas en lugares públicos. Se suelen mover en transportes urbanos o en sitios donde haya aglomeraciones de gente. No son muchos los datos de que se dispone sobre este trastorno, pero se supone que la mayoría de los *frotteurs* deben ser personas con dificultades para establecer relaciones normales. En algunos casos hay que hacer el diagnóstico diferencial con la oligofrenia.

Necrofilia. Es una parafilia extraordinariamente rara consistente en mantener contactos sexuales con los cadáveres. Se ha dicho que es posible que tenga lugar en casos de guerras, pero lo cierto es que suele ser síntoma de una enfermedad mental grave.

Finalmente, entre las muchas parafilias posibles citaremos las siguientes: escatología telefónica, consistente en excitarse sexualmente a través del teléfono, la coprofilia, en la que la excitación sexual se obtiene mediante la ingesta de excrementos; la urofilia, en la que lo excitante es la ingesta de orina; la klismafilia, o afición por los enemas (lavativas); y un largo etcétera.

11

12

10. *La civilización griega elevó a metáfora mitológica las relaciones íntimas de seres humanos y animales, como es el caso de «Leda y el cisne», donde éste es la encarnación del dios Zeus, quien así consigue seducirla y fecundarla.*

11. *El roce de los genitales con desconocidos, por lo general en los transportes públicos recibe el nombre de frotismo.*

12. *Los transportes públicos hacen inevitable el contacto físico, que en algunas personas desencadena un estímulo sexual.*

Homosexualidad masculina

La homosexualidad es la tendencia a reaccionar erótica o sexualmente ante los estímulos procedentes de individuos del propio sexo. Este tipo de conducta se encuentra tanto entre los hombres como entre las mujeres, recibiendo, en este último caso, el nombre de lesbianismo, en recuerdo de la poetisa griega Safo de Lesbos.
La atracción entre personas del mismo sexo es tan antigua como la humanidad misma y se encuentra en la mayoría de pueblos y civilizaciones. Muchas personas piensan que esto constituye una prueba más que suficiente de que es una actividad sexual normal; otras, en cambio, piensan que se tratá de conductas aberrantes o antinaturales. Así pues, nos hallamos ante un tema controvertido que, aún en nuestros días, sigue dividiendo a la opinión pública.
De todas formas, en las última décadas, y gracias a la lucha llevada a cabo por los movimientos de liberación gay, se han producido algunos cambios; en algunos lugares del mundo empiezan a reconocerse los derechos de los homosexuales y, dentro de la sociedad, las personas que los aceptan son cada vez más numerosas.
Las investigaciones realizadas con animales en libertad demuestran la existencia de conductas homosexuales entre ellos. Por otra parte, los estudios transculturales han puesto de manifiesto que en la mayoría de civilizaciones aparecen muestras de conductas homosexuales. Así, en el ya clásico trabajo de los doctores Ford y Beach (1948), se vio que, en el 64% de las 76 sociedades estudiadas, distintas de la nuestra, las actividades homosexuales de un género u otro eran consideradas normales y aceptables para ciertos miembros de la sociedad. También descubrieron, y tal vez esto sea lo más importante, que en muchas de las sociedades represivas, es decir aquellas en que se condena la homosexualidad, ésta también se practicaba, aunque en menor grado.
A lo largo de la historia, en las sociedades represivas, la homosexualidad ha suscitado todo tipo de reacciones, algunas difíciles de entender por lo irracionales. Sin duda, la Iglesia y la propia Ciencia han contribuido a ello. En el siglo XIII, Santo Tomás de Aquino dijo que la homosexualidad era algo antinatural a los ojos de Dios y de los hombres; por este motivo, precisamente, Dios había castigado a Sodoma y Gomorra con azufre y fuego. Por lo que respecta a la ciencia médica, los primeros investigadores de la conducta sexual en psiquiatría consideraron la homosexualidad como un trastorno mental.
El enfoque menos apasionado y más racional de la homosexualidad se inicia, básicamente, con el informe Kinsey. Este autor y sus colaboradores Pomeroy y Martin publicaron en 1948 una investigación en la que habían entrevistado a más de 5.000 hombres americanos acerca de sus conductas sexuales. A la vista de los resultados, concluyeron que el 37% de los varones pospuberales habían tenido por lo menos un contacto

1

2

homosexual con orgasmo. Esta cifra alcanzaba el 50% si sólo se incluían aquellos hombres que no se casaban hasta después de los 35 años.
Ante unas cifras tan elevadas, ya no era posible seguir manteniendo la teoría de que se trataba de una conducta anormal, propia de unas minorías marginadas, como se había venido sosteniendo. Kinsey, además, introdujo la teoría del *continuum*, según la cual la conducta sexual no está dividida en categorías separadas y contrarias; homosexualidad y heterosexualidad no son compartimientos estancos, sino dos extremos de un *continuum* en que podemos situar a toda la población, dependiendo de su grado de atracción hacia personas del propio sexo o del opuesto.
En otras palabras, hay heterosexuales puros y homosexuales puros y luego queda una gran parte de la población que puede presentar ambas conductas con frecuencias variables según las épocas y las circunstancias.
Ninguna de las teorías propuestas para explicar la homosexualidad ha podido ser demostrada científicamente. El entusiasmo suscitado por los hallazgos de algún investigador se ha venido más tarde abajo al no poder ser confirmados por otros autores. Con frecuencia se tiene la desagradable sensación de que, muchas veces, se mueven más por sus ideologías personales que por un verdadero afán científico. Ni las hipótesis genéticas ni las hormonales resultan convincentes. Entre las hipótesis psicológicas, la que más se adapta a la realidad es la teoría del aprendizaje; con todo, tiene algunos puntos débiles que quedan sin explicación.
En una suerte de solución de compromiso, se suele decir que la homosexualidad es el resultado de una interacción compleja entre lo biológico y lo ambiental, no obstante, tal vez sería más razonable pensar que la pregunta es inadecuada y que no tiene mucho sentido plantearse de dónde tiene la homosexualidad, cuando en un sentido riguroso, tampoco se podría demostrar de dónde viene la heterosexualidad. En nuestros días, ya nadie se atreve a afirmar que la homosexualidad es una alteración psicopatológica. Sin embargo, no es tan extraño oír comentarios en los que se da a entender que el homosexual es una persona rara, cargada de problemas o con conflictos emocionales.
Investigaciones rigurosas realizadas sobre este tema han demostrado que muy frecuentemente los problemas psicológicos de los homosexuales provienen de no poder mostrarse como son y tener que vivir en un constante disimulo. Asimismo, cuanto más negativa es la valoración que los demás hacen del homosexual, tanto más perjudicada se ve su autoimagen. Por último, los homosexuales que, por sus características personales, tengan más dificultades para relacionarse socialmente son los que presentan más alteraciones de tipo emocional.
El hecho de no ocultar la orientación sexual, el ser aceptados por el medio que les rodea y el contar con una relación de pareja estable contribuyen en gran medida a preservar la salud mental de estas personas.

3

1. *La aceptación o el rechazo frente a la homosexualidad junto con su consideración como una actividad sexual normal o anormal, son dos aspectos que desde la antigüedad han venido experimentando cíclicos cambios en uno u otro sentido.*

2. *El movimiento gay de nuestros días, en la foto una manifestación de homosexuales en Nueva York, pretende levantar el tabú existente todavía en occidente hacia la homosexualidad y reivindicar la libertad del individuo también en su conducta sexual.*

3. *El colectivo homosexual constituye un segmento de la población importante en numerosos países y, por tanto, como posibles consumidores, la industria intenta en medida creciente satisfacer sus demandas y necesidades consumistas especiales.*

Lesbianismo

1

El lesbianismo u homosexualidad femenina es la atracción sexual entre mujeres y ha existido siempre. Los contactos sexuales entre hembras se han observado en todas las civilizaciones y también en animales de muy distintas especies. Comparado con la homosexualidad masculina, el lesbianismo ha suscitado, desde siempre, escaso interés. Por esta razón se ha estudiado mucho menos y existen pocos datos científicamente demostrados. Pero, también por este motivo, ha sido menos perseguido y maltratado por la sociedad. Sin duda, este fenómeno se debe al poco valor que se ha dado, por lo general, a la sexualidad femenina. Durante muchos siglos se ha considerado que lo propio de la mujer es la maternidad, mientras que el derecho a la sexualidad se ha reservado para los hombres. En sentido riguroso, sin embargo, no puede decirse que la sociedad sea más tolerante con la homosexualidad femenina. Lo que ocurre es que, debido a las costumbres vigentes, el contacto físico entre dos mujeres o incluso el que dos «amigas» vivan juntas pasa más desapercibido o permite a la gente no darse por enterada. Por otra parte, también hay que tener en cuenta que las mujeres suelen ser más recatadas y menos dadas a exhibir sus relaciones en público. Por ello, a diferencia de los homosexuales masculinos, raramente tienen problemas con la ley.

Según las encuestas existentes, el lesbianismo no es tan frecuente como la homosexualidad masculina, pero todo parece indicar que, en este tipo de investigaciones, es muy posible que se produzca una infravaloración de la realidad. La encuesta Kinsey, mencionada anteriormente, arrojó unas cifras que van del 13 al 26% de mujeres estadounidenses adultas que habían tenido alguna relación de tipo homosexual. En cambio, las lesbianas exclusivas no pasaron del 1 al 3%. De la misma forma que algunos hombres mantienen relaciones homosexuales a pesar de estar viviendo con sus esposas, también existen mujeres casadas que se relacionan sexualmente con otras mujeres. Al igual que ocurre en el caso de la homosexualidad masculina, no se dispone de ninguna teoría convincente acerca del origen de esta conducta. Se han propuesto numerosas hipótesis, pero se da

2

la circunstancia de que la mayoría han sido formuladas por psiquiatras o psicólogos que, por su profesión, se dedicaban a visitar a lesbianas que consultaban por problemas emocionales.
Así, se ha hablado de relaciones anormales con los padres, de experiencias negativas en la interacción con los hombres, de actitudes masculinas desde la infancia, etc.

Diferencias entre las lesbianas y los homosexuales masculinos

La investigación científica se ha preocupado muy poco del lesbianismo; la escasez de conocimientos hace que, cuando nos referimos a las características de las mujeres que lo practican, tengamos que hacer referencia constantemente a la homosexualidad masculina. Así, en cuanto al tipo de relación, las mujeres tienden a ser menos promiscuas y más selectivas, tienen muchas menos parejas a lo largo de su vida y establecen más frecuentemente relaciones duraderas, en las que los vínculos afectivos son muy importantes.
Los componentes emocionales acostumbran a ser muy intensos y por ello se tolera mucho peor la infidelidad que, en no pocos casos, es causa de ruptura; la búsqueda de tratamiento psicológico tiene lugar, muchas veces, cuando se acaba una de estas relaciones. Por lo que respecta al comportamiento sexual, las lesbianas se centran menos en la estimulación genital y suelen preferir las caricias de tipo más sensual y generalizadas por todo el cuerpo.
Generalmente el orgasmo se obtiene por masturbación mutua, estimulación del clítoris con la lengua o por roce, no faltando tampoco aquellas lesbianas que utilizan penes artificiales, aunque esto último es mucho menos frecuente. En cuanto al papel de los dos miembros de la pareja, contra lo que se suele creer, no hay una distribución de los roles y no es cierto que una haga de «hombre» y la otra de «mujer», lo usual es que la pauta de comportamiento venga determinada por las personalidades respectivas. En el orden psicológico, todo parece indicar que las lesbianas se acongojan menos que los hombres homosexuales ante el envejecimiento y la soledad que éste puede acarrear consigo. La actitud de las lesbianas frente a las relaciones heterosexuales es muy distinta a la de los homosexuales; ellas pueden tener relaciones con hombres sin ningún temor al fracaso; si no son capaces de responder a la estimulación sexual siempre les queda la posibilidad de refugiarse en el papel pasivo considerado como rasgo típicamente femenino.

3

Diferencias entre las mujeres homosexuales y las heterosexuales

También se han estudiado las diferencias entre las mujeres homosexuales y las heterosexuales. Una de las más importantes es el consumo de alcohol: la práctica totalidad de las investigaciones realizadas coinciden en afirmar que las lesbianas, por regla general, beben más que las heterosexuales, mostrando, en este aspecto, una conducta más parecida a la del varón. En cuanto a las características de la infancia, existe una elevada proporción de lesbianas que, aunque jóvenes, son calificadas de «marimachos» por la forma que tienen de comportarse; sin embargo, no todas las que, de niñas, muestran este tipo de conductas son homosexuales de mayores. Otra diferencia radica en la época y la forma de vivir sus primeros enamoramientos: las lesbianas suelen ser más precoces y sus sentimientos van más frecuentemente acompañados de connotaciones sexuales y deseo de contacto físico.

1. *La relación sexual entre mujeres ha quedado plasmada numerosas veces en el arte.*

2. *Al no llevar la sexualidad femenina un componente de dominio o imposición, la relación entre lesbianas se realiza en un plano de igualdad en el que la producción de placer para ambas mujeres, masturbándose mutuamente, ocupa un lugar prioritario.*

3. *«Safo y Faón», de Louis David. La gran poetisa griega de Lesbos exaltó el amor homosexual hasta el punto de dar a éste su nombre y también el de su isla natal.*

El transexualismo

El transexualismo es un trastorno grave de la identidad sexual en el cual el individuo siente gran malestar e inadecuación por pertenecer a un sexo anatómico y biológico determinado. El gran deseo del transexual es cambiar de anatomía sexual y vivir como una persona del sexo biológico contrario. Por este motivo, el transexual a menudo se viste con las ropas propias del sexo al que le gustaría pertenecer.

El travestismo, por tanto, es un comportamiento que puede tener muy distintos significados. En el caso del travestista fetichista se busca una excitación sexual; el homosexual masculino es posible que persiga llamar la atención o, en algunos casos, que sea un modo de expresar su aversión por las mujeres, ridiculizándolas; en la lesbiana puede ser por motivos de comodidad, aunque en ocasiones constituya una actitud testimonial, pero, en todos los casos, pasará más desapercibida, ya que socialmente siempre se ha podido aceptar que las mujeres se vistieran de hombres. Lo cierto es que ninguna de las personas descritas duda de su identidad sexual ni siente el más mínimo rechazo hacia su anatomía; el transexual, en cambio, se nota prisionero dentro de su cuerpo y tiene el convencimiento de que, en su caso, la naturaleza se ha equivocado.

1

La frecuencia con que aparece este trastorno es difícil de valorar. Algunos autores la habían situado en uno de cada 100,000 hombres y en una de cada 130,000 mujeres; sin embargo, en la actualidad se calcula que las cifras son mucho más elevadas y, en el caso de las mujeres, se supone que aun van en aumento. Probablemente este peculiar trastorno ha existido siempre, pero los datos que nos aporta la historia, respecto a personas que se vestían con ropas del otro sexo, no permiten diferenciar si se trataba de auténticos transexuales.

Lo fundamental en el transexual es esta convicción íntima, personalísima, que es imposible descubrir si no se conversa a fondo con él. Ha sido a partir de los últimos años cuando este tema ha empezado a despertar interés por parte de los científicos. Hasta entonces la sociedad lo había considerado como algo anecdótico, que tanto podía resultar desagradable como divertido. Nada más lejos de la realidad, puesto que si existe una alteración sexual que resulte dramática para el individuo, ésta es el transexualismo. La falta de adecuación entre sus sentimientos y su cuerpo repercute fundamentalmente en sus relaciones con los otros. El hombre transexual desea tener relaciones sexuales con otros hombres pero, al mismo tiempo, siente una profunda aversión por la homosexualidad. Su deseo es relacionarse sexualmente con ellos como lo haría una mujer.

Los orígenes de esta alteración se han buscado en diversos terrenos, sin que, por hoy, se disponga de ninguna teoría demostrada. Se ha pensado en un trastorno genético, en tumores cerebrales, en un déficit de testosterona o en una alteración en el proceso de diferenciación sexual a nivel hipotalámico, en el periodo fetal; ninguna de estas hipótesis ha sido confirmada. Tampoco resultan convincentes las hipótesis psicológicas, según las cuales el transexualismo provendría del trato dispensado por los padres durante la infancia; algunos autores defienden que el transexual, de pequeño, ha sido alentado por los padres a adoptar actitudes propias del sexo opuesto.

Sin embargo, los datos que se van recogiendo en esta búsqueda infructuosa de las causas pueden ser útiles para ayudar al transexual. Si, como parece, algunas de estas personas muestran desde muy pronto un comportamiento distinto a los niños de su sexo, lo interesante será intervenir lo más precozmente posible a fin de intentar evitar el trastorno.

El tratamiento del transexualismo es difícil, complejo y, lo que es más grave, muchas veces constituye un fracaso. Cuando un transexual va al especialista solicitando ayuda, no busca un cambio en sus sentimientos o actitudes; a lo único que aspira es a convertirse en una persona del otro sexo. Por este motivo, el abordaje exclusivamente psicológico parece condenado al fracaso, por más que existen algunos informes que se muestran entusiastas.

La única solución posible para este trastorno parece ser la reconstrucción quirúrgica de los genitales y el tratamiento hormonal. De hecho, en los últimos años han proliferado las clínicas en que se realizan este tipo de intervenciones. Para el tratamiento correcto del transexualismo no basta con la intervención quirúrgica y las hormonas, es preciso además «enseñar» al sujeto los vista estético y funcional y también cuando les ha faltado el soporte social y familiar.

2

3

comportamientos de su nuevo rol a nivel familiar, social y laboral, así como valorar si será capaz de aprenderlos. En algunos centros, el paciente no entraba en el quirófano hasta pasado un periodo de dos años, durante el cual era estudiado y adiestrado para su nueva vida. A pesar de todo, el cambio que se pretende es tan profundo que los resultados no siempre son satisfactorios. Existen referencias de transexuales operados que han llevado después una vida agradable y feliz; algunos de ellos, incluso casados y con hijos adoptados. Sin embargo, en los pocos trabajos de seguimiento que se han hecho con estos pacientes han aparecido casos en los que se han presentado trastornos psiquiátricos postoperatorios. Los propios investigadores concluyen que esta complicación se da, fundamentalmente, cuando la operación ha sido poco exitosa desde el punto de

1. *Se desconocen las causas del transexualismo y si sus raíces son de origen genético o psicológico, pero independientemente de ello, la cirugía ha alcanzado grandes éxitos en los últimos años dotando a la persona de las cualidades del sexo al que se siente pertenecer.*

2. *Danzante del pueblo dogón, en Mali, sobre zancos y "máscara y atributos de muchacha". Para muchos pueblos africanos animistas estas ceremonias constituyen una ritualización de la unidad del acto fecundador.*

3. *El uso de ropas del sexo opuesto es una necesidad del transexual para reafirmar su pertenencia a un determinado sexo, mientras que en el travestido es sólo un medio con el cual conseguir la excitación sexual.*

Disfunciones sexuales masculinas

Cuando la respuesta sexual del individuo, ya descrita en capítulos anteriores, presenta alguna alteración, se dice que existe una disfunción sexual. El trastorno puede producirse en cualquiera de las fases de la respuesta sexual (excitación, meseta, orgasmo y resolución) afectando otras veces únicamente al deseo. La clase médica no había demostrado excesivo interés por estas disfunciones hasta que aparecieron los trabajos de Masters y Johnson, hace ahora 27 años. A partir de entonces, no han cesado las investigaciones en este campo. Hoy en día, aunque persisten algunos puntos sin esclarecer, se dispone de un bagaje importante de conocimientos que permiten un tratamiento bastante eficaz de estos trastornos.
La alteración de la fase de excitación se traduce en una falta de erección o impotencia que hace imposible la penetración. Este trastorno es el que más suele afectar al hombre y a su pareja, no sólo por motivos sexuales, sino también por otros de índole psicocultural. Se acepta, en términos generales, que el 50% de la población experimenta episodios, más o menos transitorios, de impotencia. Ésta puede ser debida a una amplia gama de alteraciones físicas, especialmente las de tipo vascular, neurológico u hormonal. En la práctica, las enfermedades que con más frecuencia producen impotencia son la diabetes y el alcoholismo crónico. Sin embargo, la causa más importante de impotencia suele ser de tipo psicológico. En el mecanismo de instauración de este trastorno interviene básicamente el miedo. Se trata de un miedo a fracasar en el acto sexual que puede aparecer desde el inicio de las relaciones o después de haber tenido alguna mala experiencia. El impotente deja de buscar placer en las relaciones sexuales; lo que necesita es probarse a sí mismo. Su objetivo es conseguir una erección, lo que le hace insensible a los estímulos eróticos. El hecho de observarse a sí mismo junto a la angustia que le produce el posible fracaso produce un bloqueo de los mecanismos reflejos que controlan la erección.
El tratamiento de la impotencia consta de una serie de pasos con los que se pretende fundamentalmente reducir la ansiedad y conseguir una mayor comprensión y comunicación entre los dos miembros de la pareja. A grandes rasgos, puede decirse que este tratamiento se inicia con la estimulación o focalización sensorial, buscando sensaciones placenteras, sin perseguir la erección. A continuación se produce la erección pero no se autoriza la eyaculación intravaginal y sólo en la última etapa se permite el coito. Fácilmente puede deducirse que la actitud de la pareja es fundamental para el buen resultado de la terapia. Los resultados de la utilización de productos farmacológicos, como pueden ser preparados hormonales a base de testosterona, son decepcionantes. Los estudios realizados apoyan la idea de que estos fármacos, cuando surten efecto, se debe más que nada a la sugestión. El trastorno más frecuente de la fase orgásmica es la eyaculación precoz.
Aunque no es fácil dar una definición satisfactoria de este trastorno, se suele decir que existe eyaculación precoz cuando el orgasmo se halla fuera del control voluntario del hombre una vez que ha alcanzado un alto nivel de excitación sexual. La mayoría de mamíferos eyaculan rápidamente, de forma que no es extraño que el varón, sobre todo en sus primeras experiencias, presente también diversos grados de eyaculación precoz. Se supone que esto es debido a que aún no ha tenido ocasión de aprender a reconocer las sensaciones preorgásmicas y a controlarlas. Algunos eyaculadores precoces no prestan atención a este trastorno e incluso pueden considerarlo normal. Otros, en cambio, son conscientes de él e intentan retrasar el orgasmo mediante maniobras de distracción. Así, muchos hombres se pellizcan, contienen la respiración o intentan pensar en algo no erótico, a fin de detener la excitación. Con ello no sólo no consiguen retrasar la eyaculación, sino que, en ocasiones, pueden acabar con una impotencia secundaria. La causa de este trastorno suele ser de orden psicológico, aunque, si se presenta de forma brusca en

1

un hombre que previamente no la padecía, hay que pensar en la posibilidad de que se trate de una alteración orgánica como puede ser una prostatitis o alguna enfermedad neurológica.

El tratamiento de la eyaculación precoz suele dar muy buenos resultados y consiste en la llamada «técnica de compresión». Se empieza con una estimulación del pene hasta que el hombre siente que se va a producir el orgasmo. En este momento se detiene la estimulación y se realiza una compresión sobre el glande inhibiendo así el reflejo eyaculatorio. Este proceso se repite unas 3 ó 4 veces y, al final, se permite la eyaculación normal. En una segunda fase, se sitúa la mujer en cuclillas encima del hombre y se introduce el pene en la vagina; cuando el orgasmo se hace inminente, la mujer se retira y realiza una compresión como la anterior repitiéndolo también 3 ó 4 veces. En las últimas fases se efectúan estas mismas maniobras en posición de coito lateral y en posición superior del hombre. Es un tratamiento fácil pero imposible de realizar cuando el hombre no dispone regularmente de una pareja colaboradora.

Otras veces la disfunción orgásmica consiste en un retraso o incluso una ausencia de eyaculación. La incapacidad eyaculatoria es un trastorno muy poco frecuente y suele ser de origen psicógeno. Sin embargo, si aparece en un individuo adulto que nunca la había padecido, es conveniente hacer una exploración médica, ya que puede ser la manifestación de alguna alteración orgánica importante.

Finalmente, a medida que se ha ido avanzando en el conocimiento de las disfunciones sexuales, se ha visto que, entre los hombres, también se da con cierta frecuencia la falta de deseo o inapetencia sexual. Se trata de una disfunción que suele distorsionar de forma importante la relación de pareja tanto por sí misma como por los pobres resultados del tratamiento.

2

3

1. *La impotencia es un trastorno de origen psicológico para cuya curación es esencial que ambos miembros de la pareja se comprendan y mantengan una comunicación abierta y libre.*

2. *La falta de descanso, la monotonía y el estrés cotidiano son factores que conducen a menudo a la inapetencia sexual, trastornando gravemente la relación de la pareja.*

3. *El factor psicológico es esencial en casi todas las disfunciones sexuales masculinas, pues la ausencia de placer o la incapacidad de excitación se deben sobre todo a una falta de sensibilidad frente a los estímulos sexuales.*

Disfunciones sexuales femeninas

Las disfunciones sexuales en la mujer han sido menos estudiadas que en el caso del hombre por una serie de condicionamientos sociales, entre los que cabe destacar la menor importancia que se ha dado a su sexualidad. Con todo, en los últimos años se les está prestando mayor atención y se dispone de un cuerpo de conocimientos que posibilitan su tratamiento. El mal aprendizaje sexual y el conjunto de creencias erróneas, tan extensamente divulgadas, son una de las causas más relevantes de estas disfunciones.
Se dice que una mujer padece un trastorno de la excitación sexual cuando no es capaz de llegar a ella, a pesar de contar con una estimulación adecuada. Otras veces, lo que sucede es que la excitación se produce pero se corta de forma inesperada sin que sea posible su recuperación. Los orígenes de esta disfunción son generalmente de orden psicológico, aunque en ocasiones puede haber alguna enfermedad orgánica que la justifique. Entre los motivos de índole psicológica hay que citar los siguientes: falta de atracción hacia la pareja, inseguridad respecto al propio atractivo, miedo al embarazo, miedo al dolor durante el coito, incapacidad para solicitar el tipo de caricias que se desean, sentimiento de ser utilizada o de tener que excitarse por obligación y, muchas veces, miedo a no tener orgasmo durante el coito con la consiguiente frustración que ello acarrea al hombre y a sí misma. A diferencia de lo que ocurre en el caso de la impotencia masculina, la anatomía de la mujer permite que su falta de excitación pueda pasar totalmente desapercibida. La **anorgasmia** es la no obtención del orgasmo por ningún tipo de estimulación, ya sea automasturbación, heteromasturbación, coito vaginal, anal, *cunnilingus*, etc. Cuando una mujer no ha llegado jamás al orgasmo, se dice que padece anorgasmia primaria. Si, habiéndolo experimentado previamente deja de tenerlo en una época determinada, nos hallamos ante un caso de anorgasmia secundaria. Las cifras que aparecen en las encuestas sobre la frecuencia de este trastorno son dispares y ello se debe tanto a una falta de sinceridad en las respuestas como al hecho de que algunas mujeres no saben con certeza si han llegado al orgasmo o, lo que es peor, ni siquiera se lo han planteado. Salvo en algunos casos de enfermedad, las causas de la anorgasmia suelen ser de tipo psicológico. Cualquiera de las citadas anteriormente pueden ser motivo de que el orgasmo se bloquee, a pesar de haber alcanzado un grado de excitación elevado. Con mucha frecuencia, sin embargo, la mujer no llega al orgasmo por falta de una estimulación efectiva que no siempre es porque el hombre sea inexperto sino porque ella no comunica lo que en aquel momento necesita. Cuando se ha instaurado una

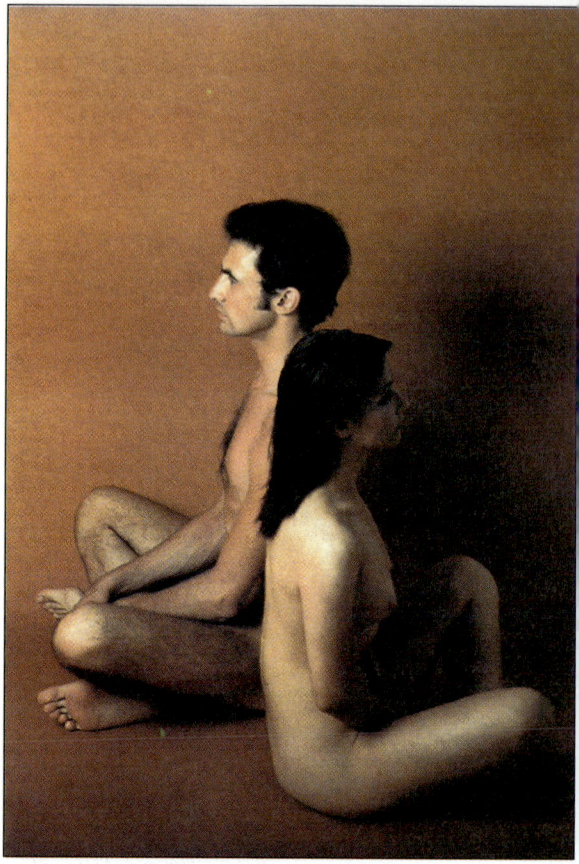

1

2

disfunción sexual, sea por falta de excitación, sea por anorgasmia, la mujer empieza a preocuparse y, en sus futuras relaciones, está más interesada en resolver el problema que en dejarse llevar por la sensación de placer. De

3

ahí que estos tratamientos se orienten fundamentalmente a reducir la ansiedad que conlleva el miedo al fracaso. Para ello hay que enseñar a los dos miembros de la pareja a tener una relación de tipo erótico en la que no se pretenda ningún objetivo concreto; se procura que aprendan a estar juntos sin buscar la excitación ni, mucho menos, el orgasmo, para lo cual, una de las principales condiciones es prohibir el coito. Al no verse obligada a «sentir» y, sobre todo, al no tener que aceptar más caricias que las que realmente le apetecen, la mujer se tranquiliza, está a gusto y, después de unas cuantas sesiones, empezará a excitarse. Una vez conseguido esto, se instruye a los dos miembros de la pareja para que la mujer llegue a su orgasmo de la forma más fácil para ella, recordándoles que no hay dos tipos de orgasmo. Unas mujeres tendrán sus orgasmos durante el coito y otras no, siendo ambas perfectamente normales desde el punto de vista sexual.

El **vaginismo** es una disfunción menos frecuente que la anorgasmia pero que se encuentra en un cierto número de mujeres. Las que lo padecen, sólo al pensar que va a ser introducido algo en su vagina, realizan, mediante un reflejo involuntario, una contracción espasmódica de los músculos del tercio inferior vaginal así como los que forman el perineo; ello hace que sea imposible el coito e incluso la exploración por parte del ginecólogo. Aunque frecuentemente la mujer con vaginismo presenta una buena respuesta sexual y no tiene problemas de inapetencia, se trata de un trastorno muy distorsionante para la buena marcha de las relaciones sexuales. Aparte de tranquilizar e informar a los dos miembros de la pareja sobre la naturaleza del trastorno, el tratamiento consiste en esencia en una dilatación progresiva de la vagina. Si existe una motivación real por parte de la mujer y si la relación de pareja es buena, este tratamiento suele dar muy buenos resultados.

La **dispareunia**, también llamada coitalgia, se refiere a cualquier tipo de dolor en relación al coito. Puede tratarse de una sensación punzante al producirse la penetración, pueden ser unos dolores profundos durante los movimientos coitales o simplemente una irritación poscoital. Esta disfunción suele tener una base orgánica, como puede ser una hipertrofia de las glándulas de Bartholino, irritación del clítoris, infecciones vaginales, inflamaciones, vaginitis en mujeres de edad avanzada o que han sido sometidas a radioterapia, etc. Es frecuente que aparezca por intentar hacer la penetración sin que la mujer esté lo suficientemente excitada. En muchos casos, no obstante, no puede hallarse nada que lo justifique; entonces se habla de dispareunia de tipo psicógeno. Se trata de una de las disfunciones más resistentes al tratamiento para el cual se siguen las pautas comunes a los demás: procurar tranquilizar e informar, intentar reducir la ansiedad y buscar una progresiva dilatación y lubricación de la vagina.

La falta de deseo sexual o lo que se llama también deseo sexual hipoactivo se ha convertido en los últimos años en un motivo frecuente de consulta. Entre las mujeres que lo padecen, las hay que, cuando inician una relación sexual, presentan una buena respuesta, pero que jamás o muy raramente sienten deseos de tenerla. Es un trastorno difícil de cuantificar, ya que, muchas veces, está en relación con el nivel de apetencia del compañero sexual. Cuando existe una inhibición del deseo sexual es preciso actuar con precaución a la hora de iniciar un tratamiento, ya que el paciente fácilmente puede sentirse presionado o forzado. El comenzar con caricias no destinadas a conseguir ninguna excitación y el tener la confianza de que tales caricias no implican necesariamente llegar al final, suele dar los mejores resultados.

1. *Uno de los métodos de curación de la anorgasmia consiste en un aprendizaje paulatino de relación de la pareja en que la mujer va recibiendo de modo paulatino la excitación sexual, evitando toda ansiedad y pudiendo alcanzar de este modo un orgasmo espontáneo.*

2. *Las causas de la anorgasmia son en la mayoría de los casos de origen psicológico, desempeñando el miedo tanto físico como psíquico, y la falta de comunicación para expresar los propios deseos un papel preponderante.*

3. *El vaginismo consiste en la contracción involuntaria de la musculatura de la parte inferior de la vagina, lo que dificulta o impide por completo la penetración del pene, aunque la mujer conserve su capacidad de respuesta sexual.*

Mitos sobre la sexualidad

Los avances de la ciencia sexológica han permitido destruir una serie de falsedades o mitos sobre la respuesta sexual humana y los órganos genitales que, por la popularidad que habían alcanzado, se consideraban como verdaderos. Aunque el lector atento ya habrá descubierto por sí mismo en qué consisten tales mitos, no está de más hacer hincapié en ellos, ya que, a finales del siglo XX, aún persisten algunas creencias erróneas que, sin duda, confunden a muchas personas, repercutiendo en su sexualidad.

El tamaño del pene. La creencia de que el hombre que posee un pene de gran tamaño es más viril y, por tanto, más capaz de satisfacer a la mujer, se halla extraordinariamente extendida y ha ocasionado traumas a menudo. Existen pruebas de que las diferencias entre dos penes en erección son muy inferiores a las que pudieran observarse en estado de flaccidez. En otras palabras, los penes pequeños aumentan casi el doble de su tamaño al ponerse erectos, mientras que en los más grandes, el aumento no es tan marcado.

Por otra parte, también se ha podido comprobar que el tamaño del individuo no guarda relación con el tamaño del pene. Por lo que respecta a la mujer, hay que tener en cuenta que la vagina es un espacio cerrado y muy elástico que se adapta al tamaño del pene que la penetra.

La estimulación del clítoris. Es bien conocida la importancia de este órgano para el placer sexual de la mujer. El clítoris actúa como receptor de las sensaciones eróticas y es el responsable del desencadenamiento del orgasmo. Su estructura interna es muy parecida a la del pene así como los tejidos que la forman. Sin embargo, tanto el tamaño como la forma de reaccionar a la estimulación sexual son muy distintos de éste. En efecto, cuando la mujer alcanza niveles elevados de excitación, el clítoris se retrae por debajo del capuchón, hecho que frecuentemente dificulta su localización. Muchos hombres creen que el clítoris debe ser estimulado de forma directa para que la mujer responda sexualmente. Estudiando la forma en que se masturban las mujeres, se ha visto que éstas prefieren la manipulación en las zonas adyacentes a este órgano, ya que el contacto directo puede resultar, en algunos momentos, irritante y hasta doloroso debido a su gran sensibilidad. Esta creencia errónea por parte del hombre, unida al hecho de que la mujer no suele comunicar sus preferencias, sino que calla y deja que él actúe, es motivo muy frecuente de fracaso en la relación sexual.

Orgasmo vaginal. Los mitos sobre este tema se hallan muy difundidos y son los que repercuten de forma más negativa en la sexualidad. Por una parte se cree que la mujer presenta dos tipos de orgasmo, el que se obtiene por penetración vaginal o coito y el alcanzado por manipulación del clítoris; por otra, se considera que el orgasmo vaginal es propio de las mujeres que mejor responden sexualmente y, por tanto, es el que se debe conseguir. Se da además la circunstancia de que, mediante el coito, muchísimas mujeres normales desde el punto de vista sexual no alcanzan el orgasmo. A pesar de que las investigaciones científicas han demostrado que la reacción orgásmica es la misma en ambos tipos de estimulación y que, por tanto, tan «válido» es un orgasmo como el otro, muchas parejas insisten en la búsqueda obstinada del orgasmo vaginal, consiguiendo con ello, la mayoría de las veces, un deterioro de la relación sexual.

Menstruación y acto sexual. La creencia de que las relaciones sexuales deben suspenderse durante la menstruación tienen su origen en la idea de que la sangre menstrual es algo impuro. La historia está plagada de ejemplos de actitudes hostiles y de rechazo hacia la mujer menstruante. Se ha dicho que la relación sexual en estos días resulta dolorosa para la mujer. Paradójicamente, las investigaciones llevadas a cabo han puesto de manifiesto que sólo a una minoría les resultan desagradables y algunas incluso afirman que el hecho de masturbarse al inicio de la regla les alivia los dolores.

Embarazo y acto sexual. La creencia sustentada por algunas personas de que la respuesta sexual es incompatible con el embarazo carece totalmente de fundamento.

Existen, ciertamente, algunas diferencias comparado con el estado de no gravidez debidas a que todos los órganos de la pelvis se hallan más congestionados. Este hecho, sin embargo, no impide la respuesta sexual, sino que incluso puede favorecerla. De hecho, algunas mujeres incluso experimentan niveles de excitación más altos, especialmente durante el segundo trimestre de la gestación.

Masturbación y respuesta sexual. La masturbación, a pesar de haber sido practicada desde que la humanidad existe, ha sido objeto de las más duras críticas. En el caso del hombre, a lo largo de la historia, se han atribuido a la masturbación todo tipo de consecuencias calamitosas. Cuando se ha tratado de la mujer, simplemente se ha querido creer que no existía, ya que ésta no la «necesitaba». Más modernamente, a pesar de haberse producido una divulgación de las cuestiones sexuales y de existir un reconocimiento de que las personas tienen derecho a disfrutar de su sexualidad, la masturbación sigue siendo considerada como una práctica poco recomendable.

Así, se da a entender que la masturbación actúa en detrimento de unas buenas relaciones sexuales. Este tópico no solo carece de toda base científica, sino que, en el caso de las mujeres, se ha podido comprobar que las que se han masturbado tienen más posibilidades de responder adecuadamente en una relación de pareja.

Respuesta sexual en la vejez. La idea de que la sexualidad sólo es un medio para la reproducción ha llevado a la conclusión de que, con la vejez, ésta se extingue.

Se trata de una creencia muy extendida que ha influido, sin duda, en muchas personas mayores para que dejaran su actividad sexual prematuramente, cuando aún podían haber seguido disfrutando con ella.

Por otro lado, ha provocado

1

su actividad sexual prematuramente, cuando aún podían haber seguido disfrutando con ella.
Por otro lado, ha provocado sentimientos de inadecuación entre aquellas personas que continuaban practicándola.
Las investigaciones realizadas han puesto de manifiesto que existen muchas personas de edad avanzada que siguen manteniendo relaciones sexuales satisfactorias.

1. *La asociación entre la virilidad y el tamaño del pene ha sido uno de los mitos más antiguos y que continúa vigente entre muchas personas.*
Ni la fertilidad por un lado ni el grado de satisfación sexual por el otro, dependen del tamaño del pene, que en estado de erección presenta menores variaciones de tamaño de lo que generalmente se supone.

Los afrodisiacos

En recuerdo de Afrodita, diosa griega del amor, se da el nombre de afrodisiaco a aquellas sustancias que son capaces de aumentar el placer o el impulso sexuales. La humanidad se ha mostrado desde siempre muy interesada en el tema y ha creído encontrar este tipo de sustancias en los productos más inverosímiles. Aunque el poder real de la mayoría de afrodisiacos es nulo, algunos han mantenido su prestigio durante siglos ya que, en ocasiones, por efecto de la sugestión, pueden parecer eficaces. Entre los alimentos, existe una lista interminable de supuestos afrodisiacos qu varía enormemente según los distintos pueblos y culturas. Así, gozan de un renombre especial la alcachofa, el apio, las almendras, el caviar, las ostras y el marisco en general; el ajo, la cebolla, las especias, los huevos, e salvado, las distintas clase de vitaminas, etcétera. Determinadas sustancias usadas en medicina puede tener un efecto afrodisiaco real, pero su uso es desaconsejable porque son perjudiciales para la salud y, a veces, claramente peligrosas. Entre ellas figuran el ácido fosfórico, el cinc y la estricnina que actúan estimulando el sistema nervioso central; otras, como la yohimbina o el polvo de cantárida ejercen su acción directamente en los órganos genitales. Por el contrario, existen algunos medicamentos corrientes en la práctica médica que tienen un efecto depresor sobre la sexualidad; entre ellos están la mayoría de los que se utilizan para bajar la presión de la sangre y también algunos psicofármacos, como pueden ser los ansiolíticos, los antidepresivos o los antipsicóticos. No obstante, en el caso de los psicofármacos a veces se observa lo contrario, es decir, al desaparecer la ansiedad o la depresión, se restablece la función sexual que había sido afectada por el trastorno. Algunas personas creen erróneamente que, si toman hormonas sexuales, aumentará su deseo o su potencia sexual. No existe ninguna prueba científica que respalde esta creencia; lo que se sabe es que la testosterona u hormona sexual masculina puede ser beneficiosa para aquellos hombres que presentan unos niveles demasiado bajos de esta hormona. Si se da a un hombre con niveles hormonales normales, no por ello verá incrementada su eficacia sexual. En el caso de la mujer, parece ser que la testosterona podría

1

2

3

aumentar su apetencia y su rendimiento sexuales, pero no se utiliza debido a sus efectos secundarios, entre ellos el aumento de tamaño del clítoris. Las hormonas sexuales femeninas o estrógenos no se recomiendan como afrodisiacos; sin embargo, algunas mujeres que los toman, especialmente como tratamiento para contrarrestar los efectos de la menopausia, afirman experimentar un incremento en su sexualidad; en estos casos, no es que los estrógenos actúen sobre la función sexual propiamente sino que, al mejorar la atrofia y sequedad vaginales debidas a la menopausia, facilitan la relación sexual y de forma especial el coito. Si estas hormonas sexuales femeninas se dan a un hombre (por ejemplo, en el caso de cáncer de próstata), es probable que aparezca una impotencia.

El alcohol es una droga ampliamente extendida que guarda una estrecha relación con la sexualidad.

Es un hecho conocido por todo el mundo que el alcohol tiene un efecto euforizante que facilita el contacto social y también, en pequeñas dosis, reduce la ansiedad y puede favorecer la actividad sexual haciéndola más espontánea y menos inhibida.

En este sentido, alguien podría creer erróneamente que es un afrodisiaco. Nada más lejos de la verdad; el alcohol rara vez aumenta la potencia sexual o el placer orgásmico; por el contrario, sus efectos sobre la sexualidad suelen ser devastadores.

No hay que olvidar que esta droga posee un efecto depresor sobre el sistema nervioso central. Hay que distinguir entre el consumo de alcohol en dosis bajas y el alcoholismo crónico. El hombre que bebe, aunque sea poco, para «animarse» y así iniciar un contacto sexual, corre el riesgo de presentar después una falta de erección; en sí mismo, este hecho no constituye aún ningún trastorno, pero la ansiedad que le puede generar el recuerdo de este fracaso, sí que tiene posibilidades de acabar en una impotencia secundaria. Como dice Shakespeare en *Macbeth:* «Excita el deseo pero impide la acción». Otro tema muy distinto son los efectos que produce a largo plazo el alcoholismo crónico. Desde hace muchos años se ha podido demostrar científicamente que el alcoholismo crónico repercute muy negativamente en la sexualidad.

La gran mayoría de hombres o mujeres con esta enfermedad acaban viendo muy disminuida su actividad sexual; no sólo en el sentido de falta de apetencia sino también por problemas de impotencia o de anorgasmia.

Muchos estudios señalan que la ingesta prolongada de alcohol ocasiona a nivel del hígado una superproducción de la enzima encargada de destruir la testosterona, con el consiguiente descenso de esta hormona en la sangre. Respecto a algunas de las llamadas drogas de adicción, también se ha dicho que tienen una acción afrodisiaca. La marihuana, por sus efectos relajantes y desinhibidores, a veces facilita el inicio de la relación sexual.

También puede hacer que el orgasmo parezca más largo, debido a que produce una distorsión en la noción del tiempo. Sin embargo, las investigaciones que se han realizado sobre este tema no han aportado datos concluyentes sobre los efectos reales de la marihuana en la sexualidad.

Todo parece indicar que los cambios experimentados dependen más de las circunstancias en que se fuma o de las expectativas de cada individuo, que de la acción de la droga en sí. Algunos afirman que la mescalina es una droga altamente afrodisiaca; sin embargo, las alteraciones psíquicas que produce esta sustancia, debidas a su poder alucinógeno, hacen difícil la valoración de sus efectos y muy peligrosa su utilización.

Otras drogas como la heroína, el LSD, las anfetaminas, incluso la cocaína, no sólo no aumentan el impulso o el placer sexuales, sino que, a largo término, actúan en su detrimento; los usuarios, en no pocas ocasiones, prefieren la droga a la actividad sexual.

4

1. *Afrodita, la diosa griega del amor, de la belleza y de la fecundidad, ha dado nombre a diversidad de sustancias o productos a los que se atribuye el poder de incrementar el placer y el impulso sexual.*

2. *No está demostrado que el uso de drogas naturales o artificiales incremente el impulso sexual.*

3. *A las especias y los condimentos se les han atribuido desde la antigüedad multitud de propiedades, entre ellas la de ser algunos de ellos potentes afrodisiacos, algo no demostrado.*

4. *El marisco en general y las ostras en forma particular, gozan desde la antigüedad de fama por las supuestas propiedades afrodisiacas que se le atribuyen.*

Violación y acoso sexual

La violación consiste en forzar a una persona a participar en una relación sexual contra su voluntad. Las implicaciones de este tema van más allá de lo sexual y constituyen un grave problema tanto social como legal. Las víctimas suelen ser siempre mujeres violadas por hombres heterosexuales, aunque también existen casos de violación homosexual, sobre todo en las cárceles. En un problema tan importante como éste, la opinión pública aún no se ha puesto de acuerdo respecto a dos puntos fundamentales: quién es el responsable de la violación y cómo tratar o castigar a los violadores. Muchos hombres y mujeres piensan que el violador actúa movido por la conducta provocativa de algunas mujeres.

Otros, por el contrario, eximen a la mujer de toda responsabilidad y se ensañan contra el hombre. La cuestión es mucho más complicada que todo esto. En realidad, la causa de las violaciones reside en el distinto rol sexual que nuestras sociedades han otorgado al hombre y a la mujer. Si las mujeres pudieran mostrar abiertamente sus deseos sexuales y los hombres no tuvieran que estar siempre a la «caza», probablemente las cosas serían de otra forma. Resulta difícil establecer la frecuencia de las violaciones, ya que muchas mujeres no las denuncian; unas veces para evitar el escándalo o las posibles represalias por parte del violador, otras porque temen, en su fuero interno, que no van a ser creídas. El incremento en el número de violaciones que arrojan las estadísticas de estos últimos años es posible que no corresponda a la realidad y que se deba a que las mujeres están más dispuestas a denunciarlas, gracias a la mayor sensibilización hacia este tema que se está produciendo en la sociedad.

Los actos de violación se pueden dar en muy distintas circunstancias, siendo los más frecuentes, al parecer, los que ocurren entre personas conocidas. Para la chica, el «salir» con un chico, el mostrarse más o menos desinhibida e incluso el aceptar algunas caricias no significa necesariamente que pretenda una relación sexual completa. El chico, generalmente, querrá llegar al final y es posible que viva el comportamiento de ella como un cambio súbito de juego, que ni comprende ni admite. Este tipo de violaciones son las más polémicas, no sólo porque el hombre puede aducir que ha sido seducido, sino que incluso la mujer es posible que dude de su propio comportamiento y piense que ha

1

actuado con demasiada ligereza o incluso que alberga algún deseo inconsciente. A pesar de que este tipo de violaciones descritas alcanza porcentajes sorprendentemente altos, la idea estereotipada del violador es la de un personaje desconocido que ataca a una mujer asustada en una calle oscura.

Finalmente, hay quien habla de la violación dentro del matrimonio; aunque es cierto que muchas mujeres tienen relaciones sexuales forzadas por sus maridos, es discutible que esto se pueda llamar violación, al menos en el sentido más estricto del término. En las violaciones «típicas», la mujer puede verse obligada a todo tipo de actividades sexuales humillantes e incluso resultar lesionada. Sin embargo, la ley sigue centrándose sobre todo en aquellos casos en que ha habido penetración, a pesar de saberse que aproximadamente una tercera parte de los violadores no consiguen introducir el pene en la vagina, sea porque la mujer logra deshacerse de ellos, sea porque pierden la erección. Algunos investigadores han intentado estudiar cuál es el móvil que empuja al violador. La idea de que la motivación principal del violador no es la sexual, sino que se trata de un acto de fuerza, en el que el sexo se emplea como arma de ataque, puede ser cierta en unos casos pero no describe toda la realidad. Dadas las distintas modalidades que puede revestir una violación, ha habido quienes han intentado dividir a los violadores según sus características. Así, habría cuatro tipos de violadores: el primero estaría constituido por hombres que sienten gran agresividad por las mujeres y que quieren hacerles daño; el segundo lo formarían aquellos con muy baja autoestima que sólo conciben esta forma de relacionarse sexualmente; el tercero sería el grupo de los sádicos, es decir aquellos hombres que se excitan ante la resistencia que ofrece la mujer; finalmente, en el cuarto grupo estarían los oportunistas que actúan de forma impulsiva aprovechándose de la ocasión.

2

En los últimos 10 años se ha puesto de moda un tema relacionado, de alguna forma, con el anterior, que es el del acoso sexual, sobre todo en los lugares de trabajo. Aproximadamente un 50% de las mujeres han afirmado haberse sentido acosadas sexualmente por sus jefes o por sus compañeros, no sólo en las empresas sino también en centros académicos. Generalmente se limitan a insinuaciones verbales aunque en algunas ocasiones se llega al ataque físico. Al interrogar sobre este tema, se advierte una gran discrepancia entre lo que opinan los hombres y las mujeres. Ellos le dan poca importancia y piensan que las mujeres exageran; como máximo admiten que, si se propasan, es porque ellas se visten o se comportan de forma provocativa. Para algunas mujeres, en cambio, la cuestión es muy distinta; se sienten incómodas, acosadas e impotentes, ya que saben, por experiencia, que el denunciar tales comportamientos repercutirá negativamente en su situación laboral. No hay duda de que estos problemas de acoso sexual dejarían de ocurrir si los hombres y las mujeres se decidieran a comportarse con igualdad en lugar de empecinarse en continuar con lo que podría llamarse batalla de los sexos.

1. *El acoso sexual, sobre todo en el puesto de trabajo, se debe en parte al papel dominante que asigna la sociedad al hombre en sus relaciones con la mujer.*

2. *La mayoría de las violaciones contra mujeres se producen entre conocidos, siendo a menudo consecuencia de una falta de comprensión por parte del hombre de la conducta femenina y en menor medida desviación o abuso de un modo de conducta masculina.*

Embarazo y parto

Un embarazo normal consta de nueve meses que van desde el momento de la fecundación hasta el parto. La fecundación tiene lugar cuando uno de los numerosos espermatozoides que rodean el ovulo penetra dentro de éste; la cabeza del espermatozoide es la que atraviesa la capa externa del óvulo y avanza hasta el centro, mientras que la cola acaba desapareciendo. Después, dicha capa se hace impenetrable, de forma que no podrá entrar ningún otro espermatozoide.

1

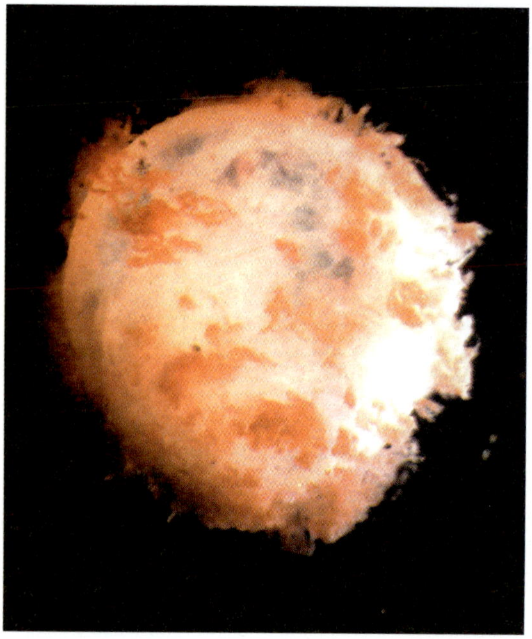

La unión del óvulo y el espermatozoide da lugar a una célula única llamada zigoto. Ésta contiene 46 cromosomas, 23 procedentes del espermatozoide y 23 del óvulo. Los cromosomas están formados por unas agrupaciones de ácido desoxirribonucleico (ADN), llamadas genes, que son los que transmiten las características hereditarias de padres a hijos. El sexo de éstos viene determinado por un cromosoma especial, llamado cromosoma sexual. Entre los 23 cromosomas del padre hay uno que puede ser Y o X; entre los 23 cromosomas de la madre hay uno que es X. La madre, por tanto, siempre aporta el cromosoma X, mientras que el padre puede aportar el Y o el X. Si el padre es portador de un cromosoma sexual Y, el nuevo ser tendrá los cromosomas XY y será un varón.

En cambio, si el padre es portador de un cromosoma X, el nuevo ser tendrá XX y será una hembra. En otras palabras, el sexo del hijo depende del cromosoma que aporta el padre y esto es algo que depende del azar.

El número de óvulos está determinado desde antes del nacimiento; a lo largo de toda la vida de la mujer, el ovario expulsará aproximadamente unos 400 óvulos, de forma discontinua, es decir, uno en cada ciclo menstrual. El hombre, en cambio, está produciendo espermatozoides continuamente, contándose éstos por millones de millones. Después de la eyaculación, los espermatozoides pueden seguir vivos en la vagina, las trompas de Falopio o el útero durante varios días, manteniendo su capacidad para fecundar un óvulo. Éste, por el contrario, sólo puede ser fecundado durante las 24 ó 36 horas después de haber sido expulsado por el ovario, es decir, después de la ovulación, la cual acontece alrededor del día 14 después del inicio de la menstruación. El encuentro del óvulo con el espermatozoide tiene lugar en el tercio externo de la trompa y desde ahí inicia un trayecto que durará unos 4 ó 5 días hasta llegar al útero. Es entonces cuando puede decirse que la mujer está embarazada. Una vez en el útero, el óvulo fecundado se implanta en la capa más interna de éste, llamada endometrio, que se ha ido preparando mientras tanto para que el óvulo pueda anidar en él y para proporcionarle la nutrición materna en un primer

2

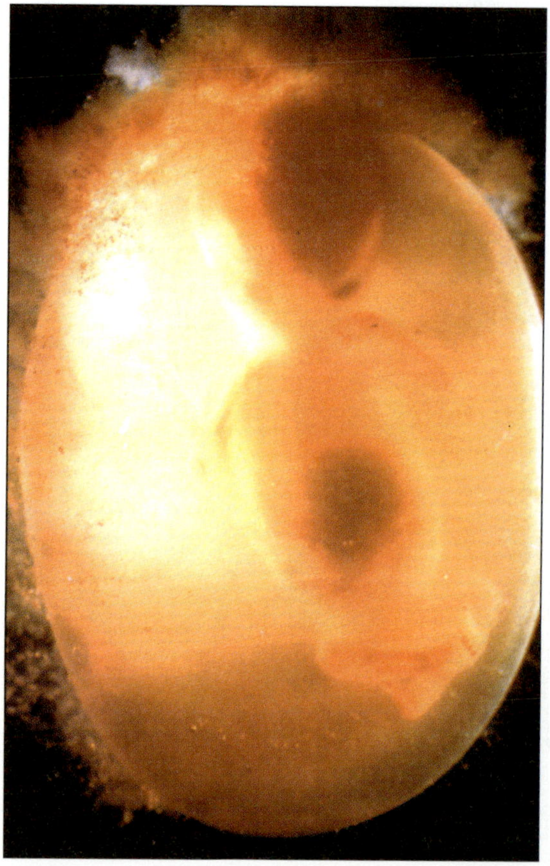

momento. Sin embargo, el órgano encargado de alimentar el nuevo ser durante todo el periodo de gestación será la placenta; empieza a formarse en esta época y va evolucionando y transformándose a lo largo de los nueve meses. La placenta es un órgano característico de los mamíferos superiores y su función en el embarazo es esencial; es el órgano a través del cual el nuevo ser respira, se nutre y elimina sus excretas, actuando como pulmón, intestino y riñón a la vez. Asimismo, es la encargada de segregar una serie de hormonas que sirven a las necesidades de crecimiento del embrión. Pocos días después de la implantación empieza también a formarse el saco amniótico; éste contiene un líquido transparente, parecido al agua y con un olor característico, que rodea completamente al embrión. Antiguamente se creía que el líquido amniótico sólo tenía una función protectora al actuar a modo de cojín que amortigua los posibles golpes procedentes del exterior; hoy en día, sin embargo, se sabe que, además de esto, cumple una importante misión en el intercambio de metabolitos de la madre al hijo.

A las pocas horas de la fecundación, el zigoto empieza a dividirse y multiplicarse, de manera que, cuando llega al endometrio, se ha convertido en un conglomerado de células, llamado blastocito; éste ya se halla diferenciado en aquellas partes que darán lugar más tarde a estructuras específicas del organismo del nuevo ser. Se le da el nombre de embrión a partir de la tercera semana; cuando se cumplen 25 días tiene una longitud de 2.8 mm., y puede verse una cabeza y un cuerpo en forma de coma.

Al primer mes de gestación, la cabeza está muy desarrollada, representando el 50% del total; se aprecia ya un rudimento de lo que serán los ojos, las extremidades anteriores y un esbozo de las posteriores, así como un grueso cordón umbilical que une el embrión a la placenta. Cuando la mujer ha cumplido 2 faltas, es decir, cuando lleva 2 meses sin la menstruación, el embrión cuenta con 6 semanas, mide unos 23 mm. y tiene un desarrollo casi completo de todas las partes del cuerpo: cabeza, tronco y extremidades.

A partir de las 9 semanas desde la última regla, el embrión se conoce clínicamente con el nombre de feto. Éste será inmaduro o inviable hasta la semana 27, cuando pesa entre 500 y 1,000 gramos; prematuro o viable entre la 28 y la 38, con un peso entre 1,000 y 2,500 gramos; y maduro o a término a partir de la semana 38, cuando tiene un peso de 2,500 gramos en adelante. Algunas mujeres son capaces de percibir muy pronto que están embarazadas; otras, en cambio, no empiezan a sospecharlo hasta que se dan cuenta de que no les viene la regla. Aparte de las pruebas específicas para saber si hay un embarazo, existen desde el principio una serie de cambios externos que suelen ser inconfundibles. Especialmente marcadas son las transformaciones que se dan en las mamas; éstas se vuelven más sensibles, aumentan de tamaño y peso y las venas que circulan por debajo de la piel se hacen más visibles; los pezones, por su parte, se agrandan y la piel que les rodea adquiere un tono más oscuro. También se observa un aumento del flujo vaginal, necesidad de orinar con más frecuencia y, a veces, náuseas y vómitos. A nivel interno, puede decirse que el organismo entero de la mujer experimenta importantísimos cambios que son una reacción adaptativa al desarrollo fetal. Dichos cambios son debidos a causas de tipo hormonal, nutritivo y también mecánico.

Los cambios que experimenta el feto a lo largo del embarazo son asombrosos. En el primer trimestre, éstos son muy rápidos y sorprende que, en algo tan diminuto, pueda apreciarse ya la forma de un ser humano. En esta época se va desarrollando el sistema nervioso, la médula espinal, los pulmones, las células óseas, nariz, ojos, orejas, dedos de las manos, pies con sus dedos, así como los alveolos dentales y los

3

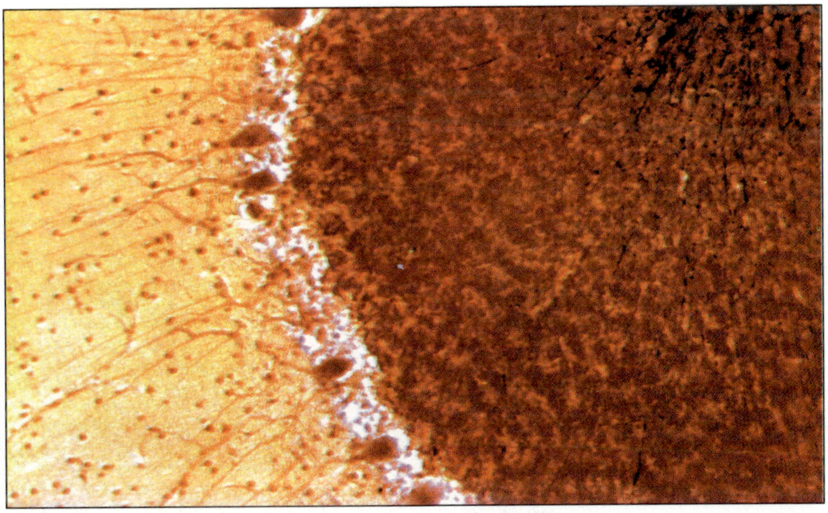

1. Tras la fecundación del óvulo por parte del espermatozoide comienza un proceso complejo de transformaciones que dan lugar al embrión, en cuyo interior se encuentran ya los esbozos de los principales órganos.

2. Imagen de un feto humano en la octava semana de gestación. A través de la placenta recibe sangre oxigenada de la madre para la respiración de sus células, elimina sus residuos y obtiene además el alimento.

3. Microfotografía que muestra varios espermatozoides situados sobre la superficie exterior del óvulo cuando intentan penetrar en su interior para fecundarlo. Pero solo uno lo conseguirá.

rudimentos de lo que serán las uñas. Los órganos genitales empiezan a formarse, pero aún es imposible distinguir si es niño o niña.

Existe también un corazón que late con mucha fuerza.

En el segundo trimestre, las estructuras existentes se van perfeccionando y empieza a aparecer una especie de pelo, llamado lanugo, en la cabeza y por toda la superficie del cuerpo.

El desarrollo de los músculos permite que el feto realice sus primeros movimientos de brazos y piernas; éste es un momento importante del embarazo, ya que, a través de dichos movimientos, la madre siente de una forma más real la presencia de un ser vivo dentro de ella.

Dicha presencia también se hace evidente mediante la auscultación de los latidos cardiacos, que ahora ya es posible mediante un estetoscopio. Durante el tercer trimestre, acaban de formarse todos los órganos y sistemas del nuevo ser y, a partir del octavo o noveno mes, éste ya es capaz de vivir por sí mismo. A lo largo de estos 3 últimos meses, pueden percibirse los movimientos fetales, así como las frecuentes patadas que son visibles incluso desde el exterior.

En el último mes del embarazo, el feto que ha estado todo el tiempo con la cabeza arriba empieza a invertir su posición; poco a poco se da la vuelta hasta situar la cabeza abajo de todo, a punto ya de salir cuando llegue el momento del parto.

El parto constituye la terminación normal del embarazo mediante la expulsión del feto maduro a través de las vías naturales. No se conoce con exactitud a qué se debe la puesta en marcha del parto; lo más probable es que se produzca una interacción de factores de tipo muscular, hormonal, nervioso y también de origen fetal. Han sido identificadas algunas hormonas, como la oxitocina y las prostaglandinas, que tienen un papel fundamental en la instauración y mantenimiento de las contracciones. El primer periodo del parto se conoce con el nombre de periodo de dilatación y se inicia con las contracciones de la musculatura uterina, que duran de 30 a 60 segundos cada una y tienen lugar cada 15 ó 20 minutos. En las mujeres primíparas, esta primera etapa del parto puede durar varias horas. Las contracciones empiezan a abrir o dilatar el cuello de la matriz y éste desprende como un tapón de aspecto mucoso y con restos de sangre que se observa al orinar o por una mancha en las

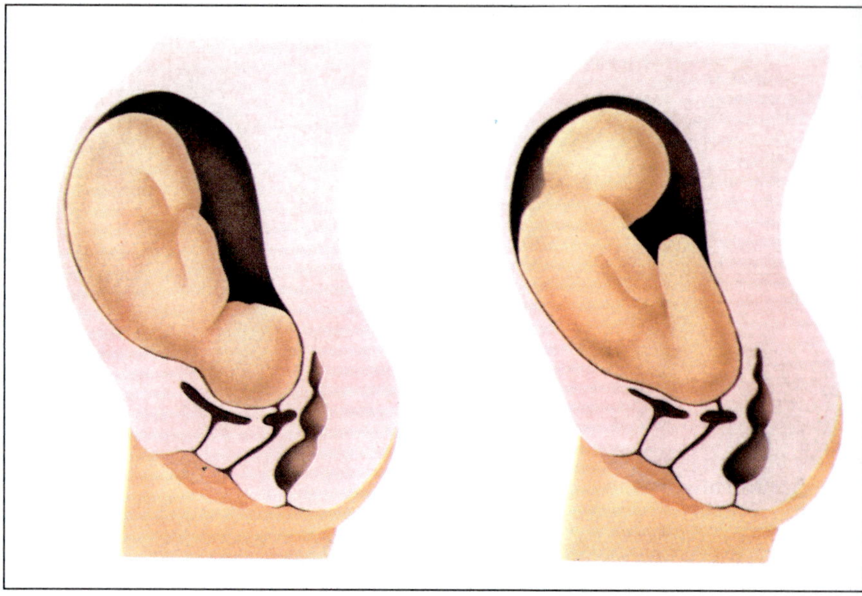

4

5

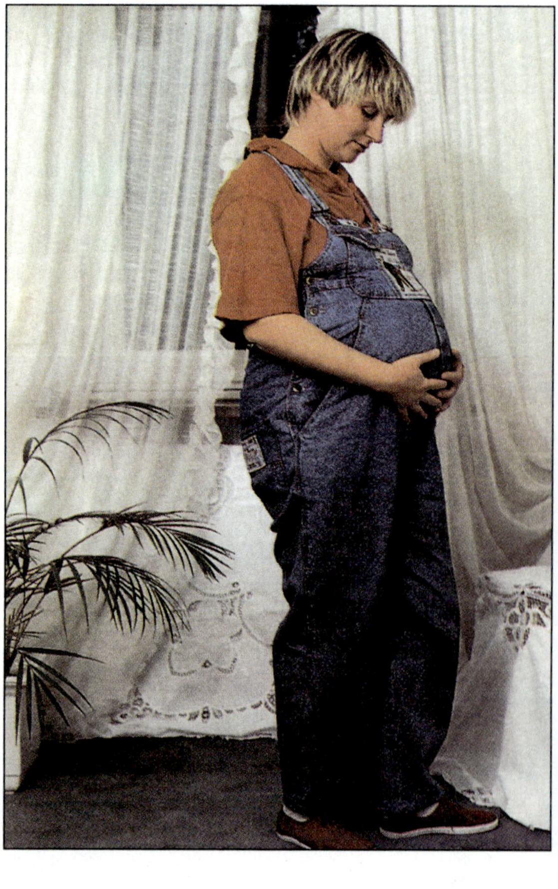

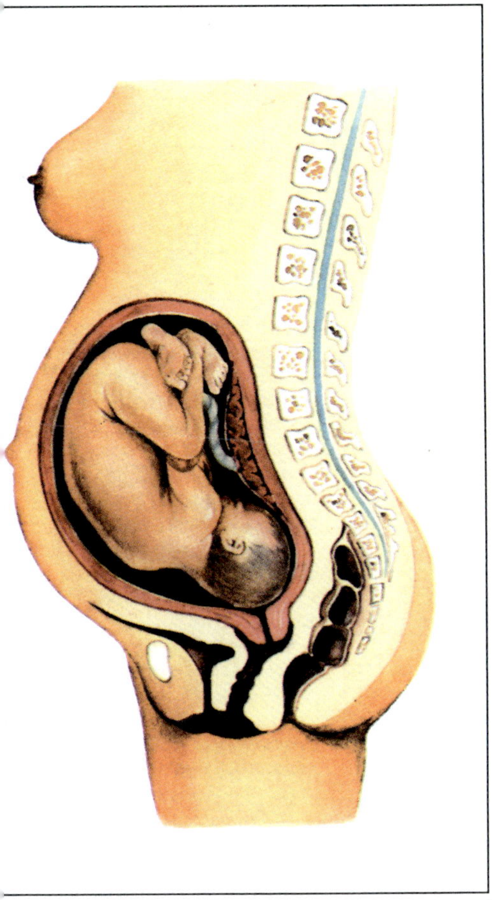

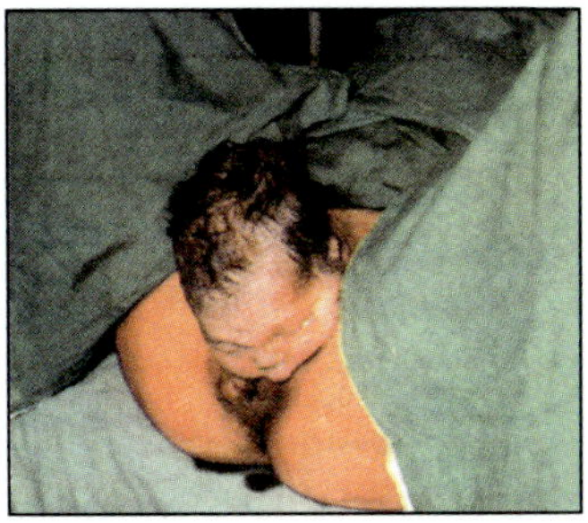

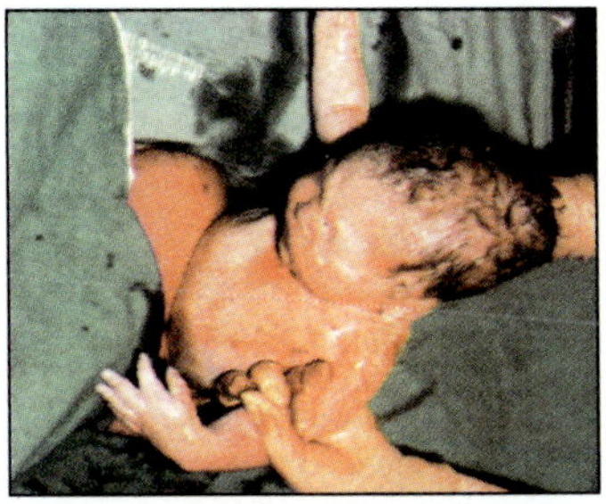

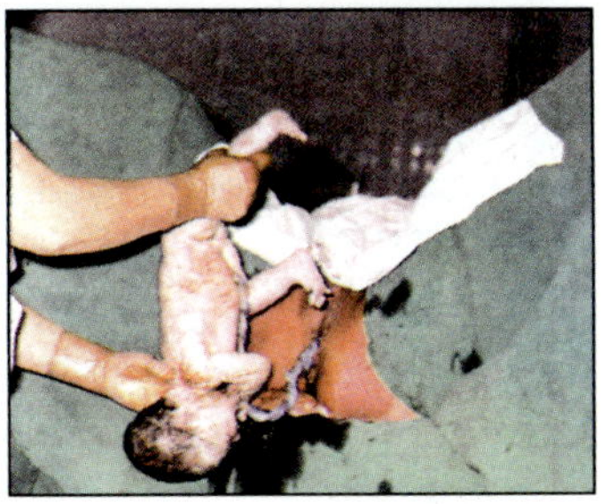

4. A la izquierda, posición normal del feto en el interior del vientre materno, con la cabeza dirigida hacia el cuello de la matriz. A la derecha, posición de nalgas, en que la cabeza se sitúa en la parte superior y que puede plantear problemas durante el parto.

5. A medida que avanza el proceso del embarazo, la mujer puede ir percibiendo el desarrollo del feto y comenzar a sentir los movimientos de éste. Es el momento de comenzar a realizar los preparativos, tanto físicos como mentales, para el parto.

6. Esquema de la posición del feto ya completamente desarrollado y dispuesto para el momento del parto. Su presencia en el interior del cuerpo materno supone una serie de cambios fisiológicos importantes para la mujer.

6 7

pantaletas; la expulsión de este moco sanguinolento puede tener lugar varios días antes de que se inicie el verdadero parto. A medida que las contracciones se van haciendo más frecuentes y más largas e intensas, el feto va siendo empujado hacia el cuello de la matriz, que se va dilatando. Cuando se producen de forma regular cada 5 ó 6 minutos, hay que ir al hospital sin pérdida de tiempo, ya que lo más probable es que el parto sobrevenga en pocas horas. Al llegar a la dilatación completa del cuello, se produce la rotura del saco amniótico y se expulsa el líquido al exterior; este fenómeno se conoce con el nombre de «rotura de la bolsa de las aguas». La segunda parte del parto se llama periodo de expulsión. El niño es empujado a través del cuello y de la vagina, que ahora se denomina canal del parto, hasta que sale al exterior. Cuando la parte superior de la cabeza aparece en el interior de la vagina, se dice que está coronando. Las contracciones de este periodo son más enérgicas que las anteriores y van acompañadas de un deseo seminvoluntario por parte de la mujer de apretar hacia afuera. Una vez que ha salido el niño, se procede a aspirar las mucosidades para facilitarle la respiración y se corta el cordón umbilical. Pero el parto no acaba aquí, sino que falta aún el tercer periodo, llamado de alumbramiento. Éste tiene lugar unos 10 ó 20 minutos después de la expulsión del feto y consiste en la reaparición de contracciones, esta vez no dolorosas, cuya misión es la de expulsar la placenta y el cordón umbilical que se hallaban aún en el interior de la matriz. La expulsión de la placenta suele ir acompañada de una hemorragia que, si no hay ninguna complicación, se considera normal.

7. La segunda parte del parto, la expulsión, se produce tras la dilatación completa del cuello uterino y la «rotura de aguas», y comienza con la aparición de la cabeza del niño que es empujado hacia el exterior mediante contracciones. El médico y la comadrona, o la persona que ayuda en el parto, sujetan al niño y facilitan su salida hacia el exterior, procurando evitar que el cordón umbilical pueda quedar enrollado alrededor de su cuello y provocarle asfixia. Una vez que el niño se encuentra ya en el exterior, se procede a aspirar las mucosidades de su aparato respiratorio y a cortar el cordón umbilical. Entre 10 y 20 minutos después, la mujer expulsará los restos de placenta y cordón umbilical que quedaban dentro de la matriz.

Enfermedades de transmisión sexual

Las enfermedades de transmisión sexual (ETS), hasta hace poco llamadas venéreas (de Venus, diosa del amor), son enfermedades transmisibles causadas por agentes infecciosos o parasitarios, cuyo mecanismo son, la inmensa mayoría de veces, las relaciones sexuales o los actos íntimamente ligados a ellas.

Evolución de las ETS

Algunas de estas enfermedades eran ya conocidas en la antigüedad; por ejemplo, se han encontrado lesiones típicas de osteítis sifilítica en esqueletos prehistóricos de la Rusia central y en momias del Alto Egipto; la gonorrea fue descrita por Hipócrates, considerado el Padre de la Medicina 400 años a.C., y posteriormente por Galeno. Según algunos autores, la sífilis, desconocida en Europa antes del descubrimiento de América, llegó a Europa traída desde las Antillas en el siglo XV por los marineros de Colón, y originó posteriormente una gran epidemia transmitida por los soldados que formaban las tropas del rey Carlos VIII de Francia. Estas dos enfermedades, junto con el chancro blando, el linfogranuloma venéreo y el granuloma inguinal, fueron las únicas ETS conocidas y consideradas peligrosas (sobre todo la sífilis) hasta la década de los años cincuenta. La aparición en aquellos momentos de la penicilina y posteriormente de otros antibióticos disminuyó enormemente la incidencia de estas enfermedades en la mayoría de países desarrollados. La introducción de la píldora en la década de los años sesenta se acompañó de un importante descenso del uso de otros medios anticonceptivos, como preservativos, diafragmas y pomadas espermicidas, lo cual condujo a un ascenso de las ETS. El aumento de la población joven en muchos países, diversos factores socioeconómicos, los cambios en la conducta sexual, y finalmente la aparición del SIDA a principios de la década de los años ochenta han contribuido a que la incidencia de las ETS haya aumentado de un modo claro durante los últimos años (aunque afortunadamente hay indicios de que empieza a retroceder). Por otro lado, los progresos médicos, los avances en las técnicas diagnósticas y los estudios epidemiológicos han hecho que otros muchos agentes patológicos se hayan incluido en la lista de microrganismos capaces de ser transmitidos por contactos sexuales.

Incidencia de las ETS

Consideradas globalmente (existen diferencias importantes que analizaremos posteriormente), las ETS conocidas y controladas sanitariamente afectan en España a 100-200 personas por 100,000 habitantes. Entre los grupos de riesgo (homosexuales o heterosexuales promiscuos, drogadictos o prostitutas), su frecuencia es mucho mayor. Por otra parte, no obstante, existe entre las autoridades sanitarias el convencimiento de que la cifra real de ETS es mucho mayor. El miedo o la vergüenza a consultar a un médico, y la automedicación (muchas veces ineficaz e incluso contraproducente) impiden el conocimiento del número real de afectados y son un grave impedimento para los estudios epidemiológicos y los intentos de controlar este tipo de enfermedades. Algunas estadísticas, probablemente pesimistas, afirman que toda persona sexualmente activa cuya edad esté entre los 18 y los 45 años corre el riesgo de padecer una ETS en un 60 a 80% de los casos. En el momento actual, las ETS que muestran una tendencia decreciente son la sífilis, la gonococia y el chancro blando, mientras que tienden a aumentar la uretritis y la cervicitis inespecíficas (sobre todo por *Chlamydia trachomatis),* los condilomas, el herpes genital, las infecciones por *Gardnerella* y, sobre todo en ciertos grupos de riesgo, la hepatitis B, el SIDA y otras infecciones víricas e incluso parasitarias.

Factores personales que influyen en la incidencia de las ETS

1. **Edad.** La edad en que se presentan más ETS es la comprendida entre los 18 y los 25 años, siendo la edad inicial ligeramente inferior en las mujeres. No obstante, las consecuencias de algunas ETS pueden afectar a los grupos de edad más extremos. Por ejemplo, los recién nacidos pueden verse afectados por una ETS (padecida fundamentalmente por la madre) transmitida por vía transplacentaria o durante el parto: sífilis congénita (9 casos por cada 10,000 nacidos vivos), infección ocular gonocócica que puede conducir a la ceguera (3 por cada 10,000 nacidos vivos), defectos congénitos, muerte en el periodo perinatal o retraso mental. Y todavía hay personas de edad avanzada que mueren a causa de complicaciones de la sífilis adquirida en su juventud.

2. **Sexo.** La morbilidad (proporción de personas enfermas sobre el total de la población) es mayor en los varones heterosexuales, pero en general las consecuencias clínicas pueden ser más graves en las mujeres (anexitis, pelviperitonitis, cáncer genital, esterilidad, aborto, etc.) y en los homosexuales. En el hombre, las ETS se manifiestan con una sintomatología más florida y son diagnosticadas con mayor facilidad que entre las mujeres, que son portadoras a veces de una ETS sin denotar apenas ningún síntoma alarmante, y que constituyen por tanto un eslabón epidemiológico importante («portador asintomático»).

3. **Comportamiento sexual de la pareja.** Por regla general:

– Cuando el hombre y la mujer evitan contactos fuera de la pareja, no aparecen ETS.

– Cuando la mujer tiene una sola pareja sexual, mientras que el hombre tiene muchas (a menudo prostitutas), se presentan ETS en el hombre, y de paso puede enfermar también la mujer.

– Cuando los dos tienen muchos contactos sexuales, el nivel de ETS es el mismo en ambos sexos.

Salvando las naturales diferencias, ocurre lo mismo en la homosexualidad.

4. **Preferencias sexuales.** Globalmente, los homosexuales tienen muchas más ETS que los heterosexuales con un parecido grado de promiscuidad, no sólo

por lo que respecta a las enfermedades clásicas (las localizaciones anal y bucal de la sífilis y la gonorrea son difíciles de detectar, y por tanto perpetúan la enfermedad), sino también a otras infecciones producidas por microrganismos que habitualmente no son causantes de ETS: shigellosis, amebiasis, giardiasis, hepatitis B o infecciones por *Champylobacter*. Otras ETS van ligadas más íntimamente al SIDA, como las producidas por el virus del herpes simple, de las hepatitis B y C, papilomavirus, toxoplasma o el propio virus de la inmunodeficiencia humana (VIH).

5. **Estado civil y socioeconómico.** Las cifras más altas se dan en solteros y divorciados, en hombres y

1. *La prostitución, a menudo sin regular y practicada en condiciones higiénicas deplorables, sobre todo en los países del Tercer Mundo, constituye uno de los principales caldos de cultivo de las ETS, impidiendo el control y la erradicación de este tipo de enfermedades. Lo más preocupante de este hecho ha sido la aparición del SIDA.*

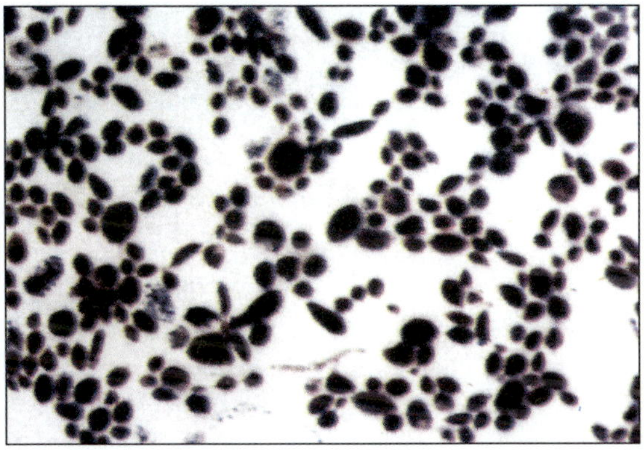

2. Candida albicans, *agente causante de la candidiasis.*

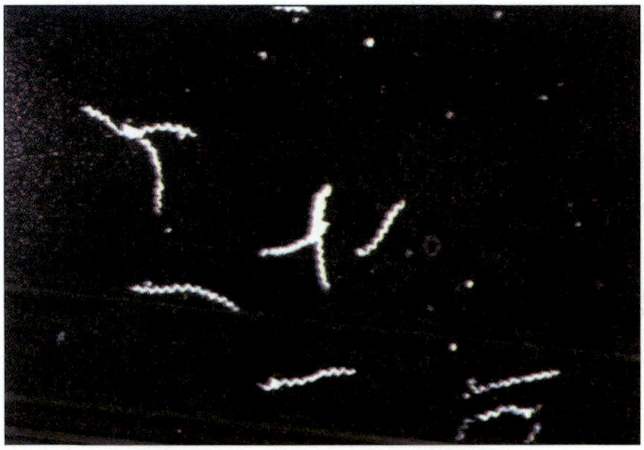

3. Treponema pallidum, *agente causante de la sífilis.*

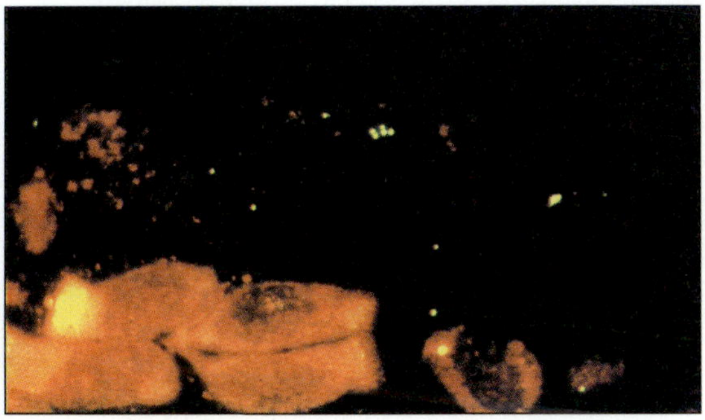

4. Chlamydia trachomatis, *agente causante de la uretritis, la cervicitis y el linfogranuloma venéreo.*

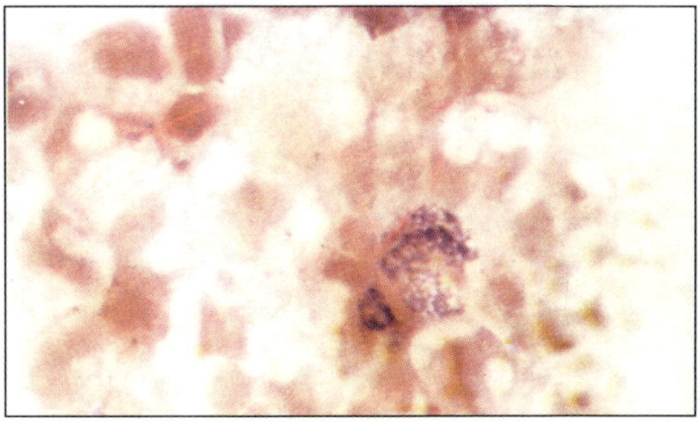

5. Gonococo, *agente causante de la blenorragia.*

6

mujeres de estrato social bajo, y en núcleos urbanos más que en el medio rural.

Factores generales que pueden influir en el aumento de las ETS

1. **Médicos**

– Tratamientos inadecuados, favorecidos por las resistencias de microrganismos a los antibióticos.
– Ausencia de inmunidad a la infección, que puede volver a producirse.
– Diagnósticos tardíos o inexistentes, por la reticencia en acudir a un centro médico.
– Frecuente ineficacia del autotratamiento.

2. **Socioeconómicos y culturales**

– Aumento del número de individuos susceptibles al iniciarse más precozmente las relaciones sexuales, la pérdida del miedo al embarazo en la mujer y el frecuente cambio de la pareja sexual.
– Elevación del nivel de vida, que facilita más tiempo de ocio y más posibilidades de contactos sociales variados.
– Mayor movilidad de la población. Los viajes más

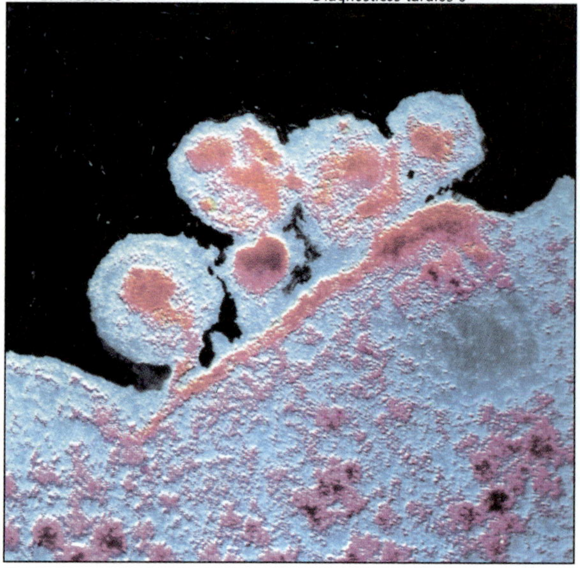

7

8

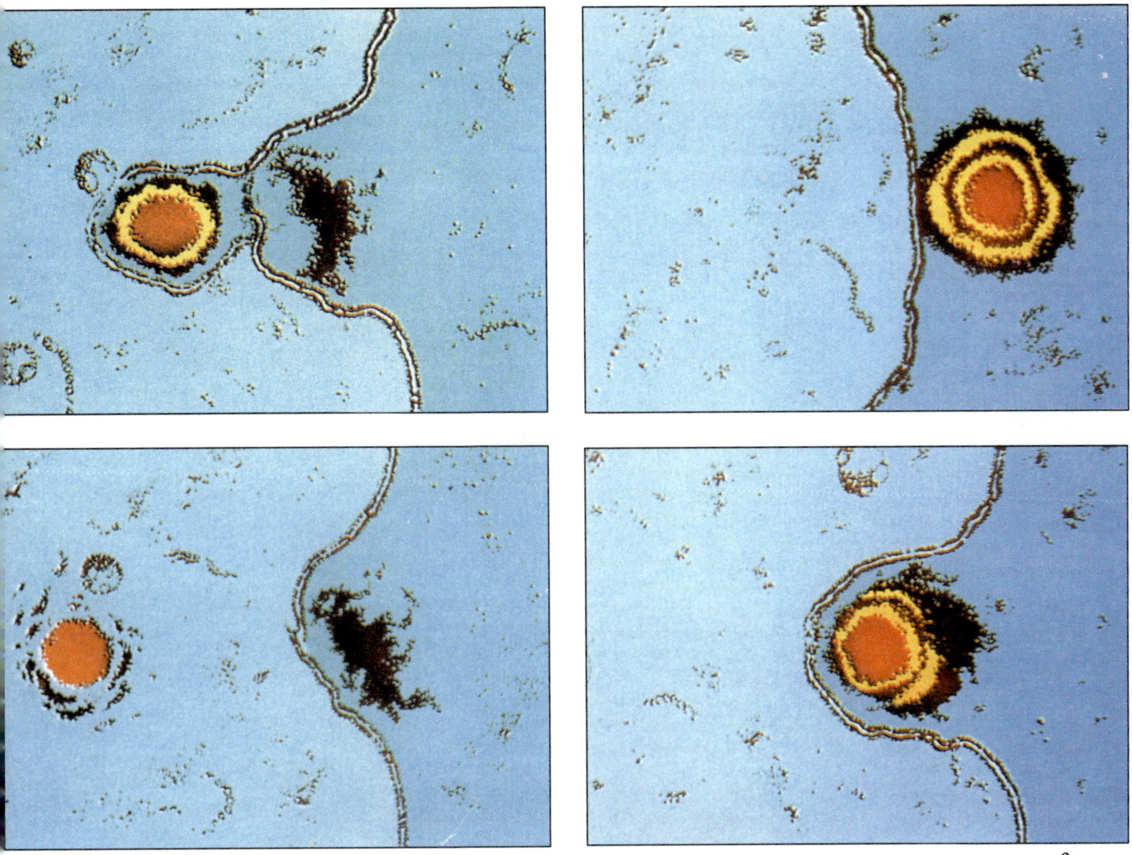

9

rápidos y confortables favorecen la diseminación de los agentes causantes de ETS, a menudo resistentes al tratamiento, de un país al otro.

– Mayor permisividad de la sociedad frente a muchas actitudes y costumbres: alcohol, drogas, disminución de los vínculos familiares y del control de los adolescentes, falta de creencias religiosas, erotismo creciente en revistas, cine, TV, etc.

– Falta de una adecuada educación sexual en la juventud, y del conocimiento de unas normas claras y precisas de prevención de las ETS.

– Necesidad de prostituirse de hombres y mujeres adictos a las drogas duras como único sistema de adquirir la droga, con ausencia total de control sanitario y con una gran facilidad de diseminación de gérmenes resistentes.

Manifestaciones clínicas de las ETS

Una ETS puede manifestarse, después de un periodo de incubación variable, por la aparición de uno o más de los siguientes signos y síntomas:

– Úlcera indolora (sífilis) o dolorosa (chancro blando) en genitales externos, margen anal o boca.

– Ganglios dolorosos en la zona inguinal (sífilis, herpes).

– Verrugas en genitales externos o región perianal (condilomas acuminados).

– Erupción cutánea (roséola) en la sífilis.

– Secreción por meato uretral, purulenta (gonorrea) o clara (uretritis inespecífica o por trichomonas).

– Sensación de quemazón al orinar.

– Aumento del flujo vaginal, a veces poco apreciable, que puede ser de color oscuro o maloliente.

– Irritación o prurito vaginal (trichomonas o cándidas).

– Vesículas o pequeñas

6. *Mientras que el hombre por lo general manifiesta con claridad los síntomas de las ETS, la mujer puede padecer estas enfermedades de un modo más atenuado o ser simplemente portadora de muchas de ellas sin verse afectada directamente por sus consecuencias.*

7. *Imagen al microscopio electrónico obtenida en el Instituto Pasteur de partículas del virus causante del SIDA.*

8. *Aunque no por vía directa, los niños son muchas veces las víctimas más afectadas por las ETS transmitidas durante el embarazo o en el parto, al ser menores sus defensas frente a este tipo de enfermedades.*

9. *En estas cuatro imágenes se muestra el proceso de penetración de un virus del herpes en una célula humana hospedante, fenómeno que recibe el nombre de endocitosis por ser englobado el virus por la célula.*

úlceras múltiples y recidivantes en genitales externos o en la región perianal (herpes genital).
– Dispareunia (dolor al acto sexual).
Las ETS pueden asentar en diferentes localizaciones de nuestro cuerpo:
– Relacionadas con la zona genital: pene, uretra, vagina, cuello uterino, endometrio, trompas de Falopio, ovario, líquido amniótico, margen anal, recto y vejiga urinaria.
– Órganos distantes: cerebro, meninges, boca, ojos, rodillas, hígado, etc., en los que pueden dar lugar a enfermedades graves, agudas o crónicas, en ocasiones mortales.

Enfermedades de transmisión sexual

Enfermedades	Agentes causales
1. Bacterianas	
Gonorrea	Neisseria gonorrhoeae
Sífilis	Treponema pallidum
Chancro blando	Haemophilus
Linfogranuloma venéreo	Chlamydia trachomatis
Granuloma inguinal	Calymmatobacterium granulomatis
Uretritis o vaginitis inespecíficas	Mycoplasma hominis Ureaplasma urealyticum Gardnerella vaginalis
Otras bacterias implicadas en ETS (grupo de riesgo)	Shigella spp. Campylobacter sp. Otras enterobacteriáceas
2. Víricas	
Molusco contagioso	Poxvirus
SIDA	Retrovirus (VIH)
Hepatitis B	Virus de la hepatitis B
Hepatitis C	Virus de la hepatitis C
Herpes genital	Virus herpes simple
Condilomas acuminados	Papilomavirus
3. Fúngicas	
Candidiasis	Candida albicans
Tiña	Dermatofitos
4. Protozoarias	
Trichomoniasis	Trichomonas vaginalis
Amabiasis	Entamoeba histolytica
Giardiasis	Giardia lamblia
Criptosporidiasis	Cryptosporidium spp.
5. Parasitarias	
Pediculosis (ladillas)	Phthirus pubis
Sarna	Sarcoptes scabiei

Diagnóstico de las ETS

Se basa en las manifestaciones clínicas de la enfermedad, y se efectúa por una o varias de las siguientes técnicas, en el material de la lesión o de un ganglio, o mediante un análisis de sangre.
– Examen microscópico directo o por tinciones del material de la lesión.
– Cultivo, identificación si es posible del agente causal, y estudio de su sensibilidad a los agentes terapéuticos, fundamentalmente antibióticos.
– Pruebas serológicas (búsqueda de anticuerpos) como diagnóstico tardío de confirmación o para el seguimiento de la evolución de la enfermedad, en la sífilis y algunas enfermedades víricas, como el SIDA.

Tratamiento

Las ETS tienen en este momento un tratamiento bien establecido y eficaz, excepto las ocasionadas por los virus, entre ellos el VIH, que suelen responder poco a los agentes terapéuticos. Debido a que no todas las ETS responden a un mismo tratamiento, y a que van apareciendo resistencias a los antibióticos, debe ser un médico el encargado de tratar cualquier ETS. El tratamiento deberá ser extensivo a la pareja sexual si se considera oportuno.

Control de las ETS

Debido al aumento de las ETS y al creciente impacto del SIDA (enfermedades íntimamente relacionadas entre sí), se han puesto en marcha con mayor fuerza diversas medidas de control, basadas en una estricta vigilancia médica y en la difusión, sobre todo dirigida a la juventud, de unas normas de profilaxis y educación sanitaria con el fin de lograr lo que se ha llamado «sexo seguro». Las principales son:
– Evitar las conductas sexuales de riesgo: reducción del número de parejas sexuales y evitar determinadas prácticas, como las penetraciones y manipulaciones rectales y orales, que favorecen sobre todo las infecciones por virus.
– Utilización del preservativo, que evita el contacto con el semen, las secreciones uretrales y las lesiones genitales, y protege contra virus (VIH, hepatitis B y C y herpesvirus) y bacterias.
– Utilizar la quimioprofilaxis,

10

11

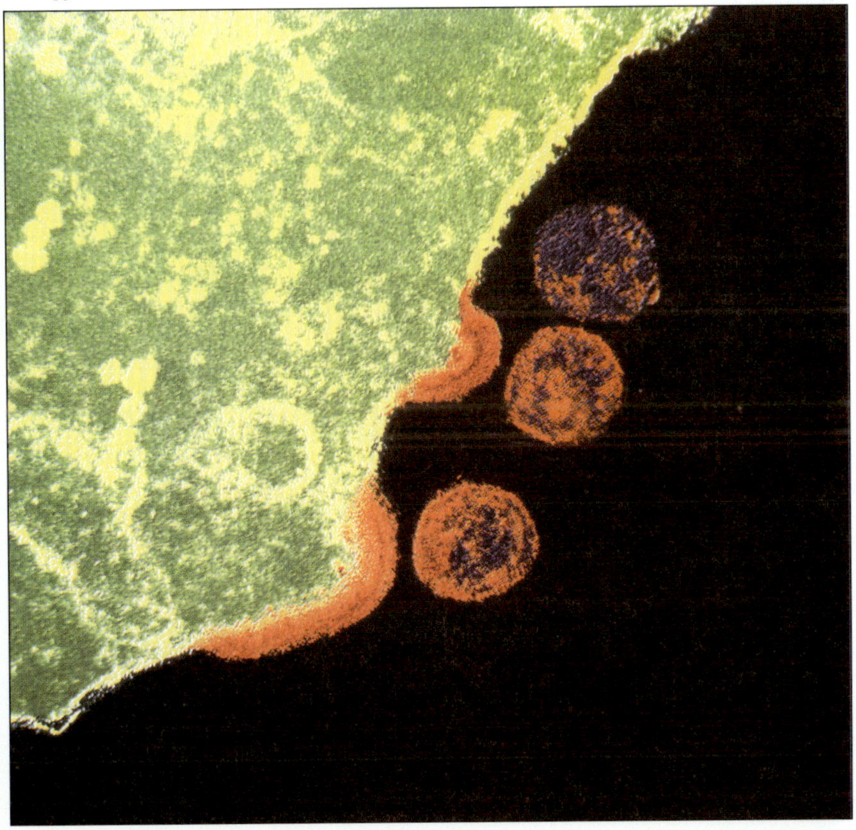

como los espermicidas, que inactivan químicamente algunos de los agentes causales de las ETS, entre ellos gonococo y treponema.

–Vacunación contra la hepatitis B (la única disponible en estos momentos contra las ETS) en grupos de riesgo, fundamentalmente homosexuales.

– Detección sanitaria rápida y tratamiento precoz de los casos; control y seguimiento de contactos de riesgo y vigilancia epidemiológica a cargo de centros especializados, que informarán periódicamente a los médicos clínicos de la incidencia y tratamiento actualizado de las ETS.

SIDA y ETS

La creciente aparición de casos de SIDA y la inclusión del VIH entre los agentes causantes de ETS (al haberse demostrado que el semen y las secreciones genitales son portadores del VIH) ha dado una nueva dimensión a este grupo de enfermedades, tan ligadas a la conducta humana, y

10. *Imagen tomada al microscopio electrónico de un linfocito T humano infectado con el virus VIH, que es el causante del SIDA. Las partículas virales aparecen en color verde.*

11. *Imagen tomada al microscopio electrónico de partículas del virus VIH-2, causante también del SIDA, que aparecen en color rojo, situadas sobre la membrana plasmática de un linfocito T*

ha relanzado la importancia fundamental de las actitudes de prevención, tanto en los infectados como en los todavía indemnes.

Además del posible contagio por algunas conductas sexuales específicas (penetración anal, sexo orogenital, etc.), la transmisión heterosexual del VIH está aumentando en todo el mundo, observándose en los pacientes afectos de ETS un aumento de la prevalencia de esta infección.

Se ha comprobado la existencia de una clara potenciación entre diversas ETS (fundamentalmente las que provocan pequeñas ulceraciones o erosiones por las que penetra el agente causal) y el SIDA, y un curso clínico más agresivo de ambas enfermedades cuando coinciden en un mismo individuo, debido a la disminución de la respuesta inmunológica que condiciona el SIDA.

La mayoría de estudios efectuados han relacionado de modo concluyente la transmisión sexual del VIH con una conducta promiscua (vaginal, anal u oral) sin las debidas precauciones.

El mecanismo de contagio heterosexual del SIDA ocupa en España el tercer lugar, después de los usuarios de drogas por vía intravenosa y los homosexuales.

Un 5.6 % de todos los casos de SIDA registrados en España a finales de 1992 tuvieron este mecanismo de transmisión. Además, esta tendencia parece estar en aumento, tanto en España como en la mayoría de países, y recalca de nuevo la importancia de tomar las debidas precauciones ante cualquier contacto sexual sospechoso.

Por desgracia, la aceptación del uso del preservativo y la modificación de ciertas conductas sexuales no es ni mucho menos absoluta (aunque ciertamente va ganando terreno), a pesar de que se ha demostrado que los programas de control de las

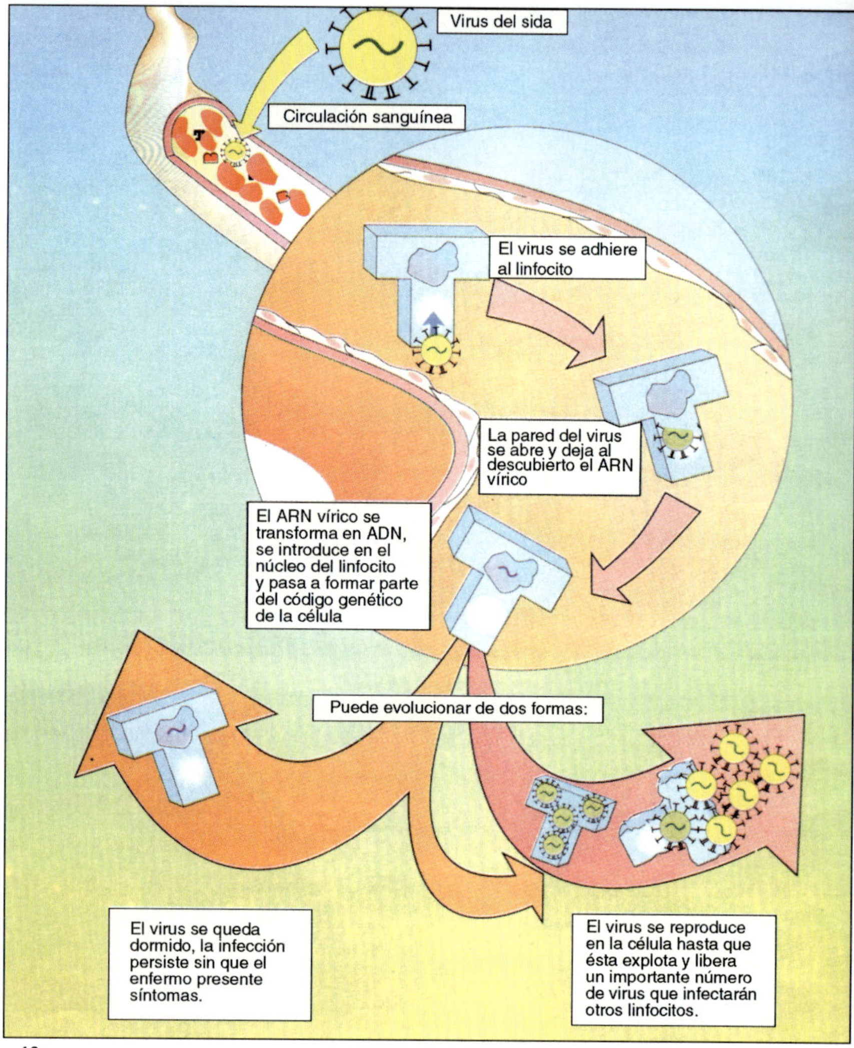

12

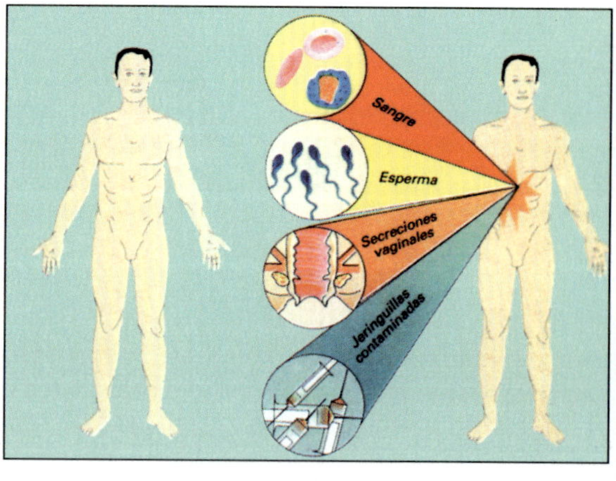

13

ETS pueden jugar un papel fundamental en el intento de evitar el avance del SIDA.

Consejos para prevenir las ETS

– Disminuir el número de parejas sexuales.
– Usar el preservativo en todos los contactos sexuales.
– No abusar del alcohol, que potencia la aparición y la gravedad de las ETS.
– No practicar el sexo si se ha tenido una ETS, hasta estar curado.
– Controlar a la pareja después de haber padecido una ETS, y tratarla si se considera necesario.
– Acudir sin vergüenza ni temor a un centro médico si existe la posibilidad de una ETS.
– No efectuar ningún autotratamiento, y consultar al médico ante una posible ETS, para que sea él quien establezca la terapéutica adecuada.

14

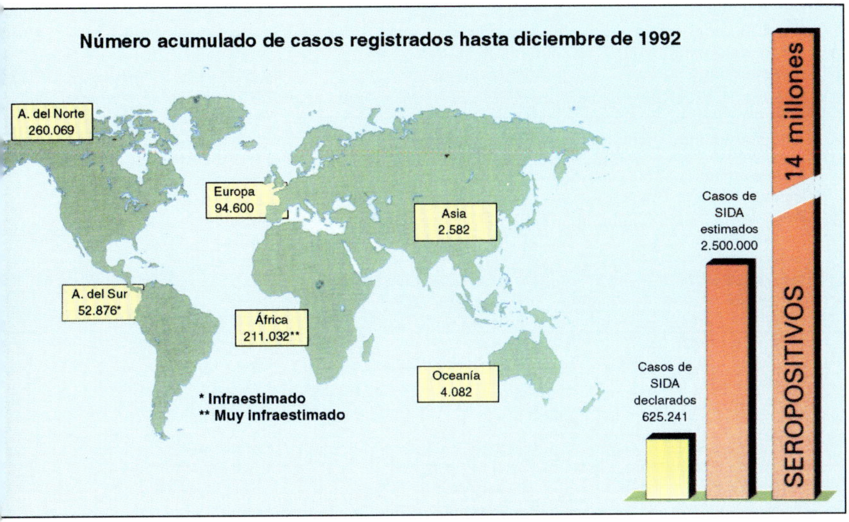

15

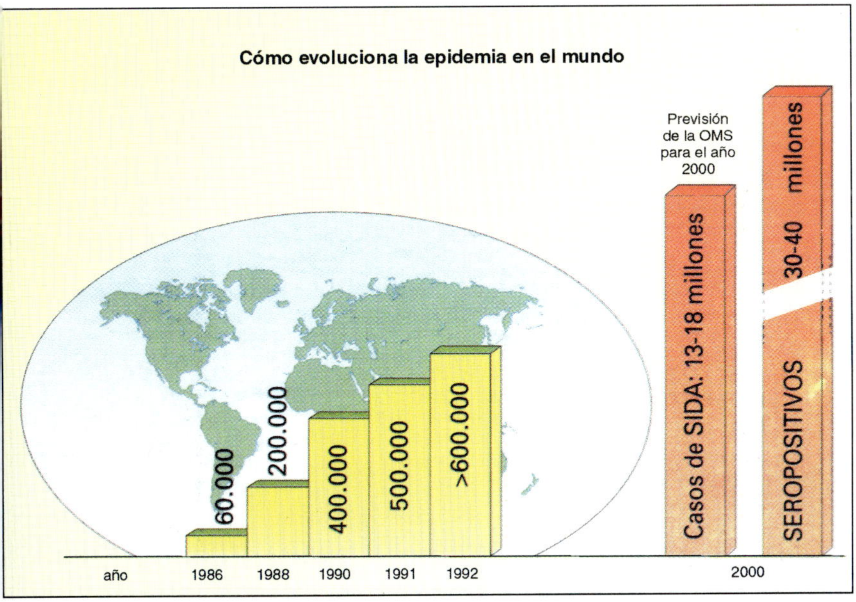

12. *Esquema del modo de actuar del virus del SIDA cuando ataca el sistema inmunitario de la persona. La principal estrategia que utiliza, como muchos otros virus, es la incorporación al material genético de la célula invadida, con lo que consigue perpetuarse y permanecer en estado latente durante mucho tiempo hasta que las condiciones propician un desarrollo invasivo.*

13. *Esquema de los modos de transmisión del virus del sida.*

14-15. *Gráficos sobre la situación y el grado de la epidemia de SIDA en el mundo (arriba) y evolución de la misma y previsiones para el futuro según la OMS (abajo).*

Indice analítico

GUÍA DE ESTUDIO

EVALUACIONES QUE NOS PERMITEN CONFIRMAR LO QUE HEMOS APRENDIDO DE **SEXUALIDAD**

1. ¿Por qué aparece el **acné**?
2. ¿Qué origen tiene la palabra **afrodisíaco**?
3. ¿Qué es un organismo **andrógino**?
4. ¿Qué son las **anfetaminas**?
5. ¿Qué es la **anorgasmia**?
6. ¿Qué es la **bilirrubina**?
7. ¿Qué es la **circuncisión**?
8. ¿En qué consiste el **coitus interruptus**?
9. ¿Qué es la **concepción**?
10. ¿Qué es la **concubina**?
11. ¿Qué es una persona **concupiscente**?
12. ¿Qué es el **condón**?
13. ¿Qué es la **contracción uterina**?
14. ¿Qué es la **copulación**?
15. ¿Qué es un **cromosoma**?
16. ¿Qué significa "lo flechó" **cupido**?
17. ¿Qué es el **deseo sexual**?
18. ¿Cómo definirías el **dispositivo intrauterino (DIU)**?
19. ¿Las **drogas** aumentan el impulso y el placer sexual?
20. ¿De qué tiempo normalmente consta el **embarazo**?
21. ¿Qué es la **erección**?
22. ¿Qué es el **escroto**?
23. ¿Qué es el **esperma**?
24. ¿Qué son los **estrógenos**?
25. ¿Qué es el **exhibicionismo**?
26. ¿Qué es la respuesta **extragenital**?
27. ¿Cuándo se produce la **fecundación**?
28. ¿Qué es un **fenotipo**?
29. ¿Qué es un **fetiche**?
30. ¿Qué significa **filial**?
31. ¿Qué es una **fobia**?
32. ¿Qué es el **galanteo**?
33. ¿Qué es la **gástrula**?
34. ¿De qué partes están formados los **genitales externos femeninos**?
35. ¿De qué partes están formados los **genitales externos masculinos**?
36. ¿Qué es el **genotipo**?
37. ¿Qué son las **gónodas**?
38. ¿Qué es la **gonorrea**?
39. ¿Qué es un **híbrido**?
40. ¿Qué es la **hipotrofía**?
41. ¿Qué es la **homosexualidad**?
42. ¿Qué es la **impotencia sexual**?
43. ¿Qué es el **incesto**?
44. ¿Qué es **incubación**?
45. ¿De qué trata el **kama-sutra yoga**?
46. ¿Qué es la **libido**?
47. ¿En qué consiste la **ligadura de trompas**?
48. ¿Qué es la **lujuria**?
49. ¿De dónde deriva el **masoquismo**?
50. ¿Qué es la **menopausia**?
51. ¿Qué es la **menorquía**?
52. ¿Qué es la **menstruación**?
53. ¿En qué consiste el **método ogino**?
54. ¿Qué es el **narcisismo**?
55. ¿Qué es el **noviazgo**?
56. ¿Qué es un **oocito**?
57. ¿Qué es el **orgasmo**?
58. ¿Qué son los **ovarios**?
59. ¿Qué es la **paidofilia**?
60. ¿Qué es la **parafilia**?
61. ¿Qué es el **pene**?
62. ¿En qué consiste la **píldora anticonceptiva**?
63. ¿Qué es el **prepucio**?
64. ¿Qué son los **preservativos**?
65. ¿Cuál es el significado de **primogénito**?
66. ¿Qué es la **progesterona**?
67. ¿Qué es el **psicoanálisis**?
68. ¿Qué es un ser **púber**?
69. ¿Qué es el **pubis**?
70. ¿La **respuesta sexual** es incompatible con el embarazo?
71. ¿Qué estudio se le atribuye a **Richard von Kraff-Ebim**?
72. ¿A qué personaje debe su nombre el **sadismo**?
73. ¿En cuántas fases divide **Schofield** la conducta sexual adolescente?
74. ¿Qué es la **seducción**?
75. ¿A qué se le llama **semen**?
76. ¿Qué tiempo de duración tiene la **sexualidad** en el individuo?
77. ¿Qué es el **SIDA**?
78. ¿Qué es la **sífilis**?
79. ¿Cuál es la característica principal que se da en el **síndrome de Turner**?
80. ¿Qué son los **sprays espermicidas**?
81. ¿Qué es un mensaje **subliminal**?
82. ¿Qué es un **sueño erótico**?
83. ¿Qué son los **testículos**?
84. ¿Qué es la **testosterona**?
85. ¿Influye la glándula **tiroides** en el deseo sexual?
86. ¿Cuál es el problema del **transexual**?
87. ¿Qué es el **trantismo**?
88. ¿Qué es un **trastorno sexual**?
89. ¿En qué consiste el **travestismo**?
90. ¿Dónde está situado el **útero**?
91. ¿Qué es la **vagina**?
92. ¿En qué consiste la **vasectomía**?
93. ¿De dónde procede la palabra **venérea**?
94. ¿Qué es el **vértigo hormonal**?
95. ¿Cuál es el significado de **violación**?
96. ¿Qué es el **vouyerismo**?
97. ¿Dónde se localiza la **vulva**?
98. ¿A qué se le llama el conducto genital **Wolff**?
99. ¿Qué es una **zona erógena**?

RESPUESTAS DE SEXUALIDAD

1. **acné.** Por la aparición de tejido graso en la parte inferior de la piel, debido principalmente a la secreción de las hormonas gonadotrópicas.

2. **afrodisíaco.** Proviene de Afrodita, diosa del amor en la mitología grecolatina.

3. **andrógino.** Es aquél que tiene caracteres masculinos y femeninos reproductores.

4. **anfetaminas.** Son aminas que se usan como estimulantes del sistema nervioso.

5. **anorgasmia.** Es la no obtención del orgasmo por ningún tipo de estimulación.

6. **bilirrubina.** Pigmento de la bilis que produce el sonrojo.

7. **circuncisión.** Operación que se realiza para corregir la fimosis u obstrucción del conducto uretral.

8. **coitus interruptus.** Consiste en retirar el pene de la vagina antes de eyacular.

9. **concepción.** Es la etapa donde el espermatozoide y óvulo se unen.

10. **concubina.** Es la mujer que sustituye a la esposa para cohabitar con el hombre.

11. **concupiscente.** La persona con tendencia a los placeres físicos.

12. **condón.** Es un preservativo de goma que cubre al pene durante el coito.

13. **contracción uterina.** Es el espasmo que procede al proceso de gestación.

14. **copulación.** Es la realización del acto sexual.

15. **cromosoma.** Pequeño cuerpo agrupado en pares, hasta formar 23 y que determinan los caracteres hereditarios. El último par determina el sexo.

16. **cupido.** Es una forma alegórica de indicar el enamoramiento.

17. **deseo sexual.** Es el proceso biológico y psicológico, que surge durante la adolescencia y propicia la atracción física del individuo.

18. **dispositivo intrauterino (DIU).** Es una espiral arrollada, y que obstruye el útero para evitar la fecundación.

19. **drogas.** Como todo estimulante propicio la excitación; sin embargo, debido a que el efecto es pasajero, reduce la carga física y propicia la depresión.

20. **embarazo.** Un embarazo normal se lleva a cabo durante nueve meses, al final de los cuales, se realiza el parto.

21. **erección.** Es la etapa en que el pene logra el estado de excitación y se adquiere la rigidez.

22. **escroto.** Capa fina de piel obscura que recubre las bolsas donde se encuentran los testículos.

23. **esperma.** Es el resultado de la secresión de los testículos debido a la eyaculación.

24. **estrógenos.** Son hormonas sexuales femeninas.

25. **exhibicionismo.** Exposición deliberada de los órganos genitales del adulto, con el fin de provocar una respuesta en el observador.

26. **extragenital.** Es el estado de excitación sexual que se manifiesta en la respiración, erección de zonas distintas de los genitales, etc.

27. **fecundación.** Cuando uno de los espermatozoides que rodean al óvulo penetra en éste.

28. **fenotipo.** Es el conjunto de las características externas de un organismo.

29. **fetiche.** Es un objeto material venerado como un ídolo.

30. **filial.** Se refiere al hijo.

31. **fobia.** Es el temor psicológico debido a un trauma o shock durante la etapa cognoscitiva.

32. **galanteo.** Es el proceso durante el cual, una pareja tiende a atraer al sexo opuesto usando expresiones corporales, verbales o sensoriales.

33. **gástrula.** Es el estado embrionario, donde la blástula se ha dividido en dos capas.

34. **genitales externos femeninos.** Labios mayores y menores, el clítoris, vagina, las glándulas de Bartholino y el periné.

35. **genitales externos masculinos.** El pene y el escroto.

36. **genotipo.** Es el conjunto de características internas del organismo.

37. **gónodas.** Glándula encargada de producir células sexuales en los gametos.

38. **gonorrea.** Es una enfermedad infecciosa, propiciada por el contacto sexual y que produce inflamación y dolor excesivo en los genitales.

39. **híbrido.** Es el organismo resultante del cruce entre individuos de dotación genética distinta.

40. **hipotrofía.** Es la atrofía en el pene, siendo demasiado pequeño.

41. **homosexualidad.** Tendencia a reaccionar sexualmente ante los estímulos procedentes de individuos del propio sexo.

42. **impotencia sexual.** Es la inhibición de los órganos sexuales, los cuales no reaccionan ante los estímulos físicos.

43. **incesto.** Aberración sexual donde un individuo, busca la atracción con un miembro de su familia.

44. **incubación.** Es la protección y regulación de factores climáticos con el fin de proteger al feto u organismo.

45. **kama-sutra yoga.** Es el libro hindú cuyo contenido explica el logro del placer sexual a base de posiciones y caricias.

46. **libido.** Es el desarrollo de los caracteres sexuales en el adolescente y que propician el interés por el sexo.

47. **ligadura de trompas.** Operación que impide el encuentro del óvulo con el espermatozoide.

48. **lujuria.** Es la manifestación desmesurada por todo lo que tenga que ver con el sexo.

49. **masoquismo.** De Masoch, quien escribió *La Venus de la Piel*, donde relata escenas de duros castigos en actos sexuales.

50. **menopausia.** Es la falta de menstruación en la mujer.

51. **menorquía.** Es la primera menstruación que se presenta en las adolescentes.

52. **menstruación.** Es la expulsión del óvulo no fecundado y maduro, y que va acompañado de un sangrado pequeño, se presenta cada 28 ó 30 días.

53. **método ogino.** Consiste en evitar el coito durante los días fértiles para evitar el embarazo.

54. **narcisismo.** Es el egocentrismo o amor por uno mismo.

55. **noviazgo.** Es el proceso social, cuya tendencia es propiciar la atracción física y emotiva.

56. **oocito.** Es la célula sexual femenina durante el periodo de crecimiento.

57. **orgasmo.** Es la secresión de líquidos durante el acto sexual.

58. **ovarios.** Son las gonodas femeninas.

59. **paidofilia.** Es la parafilia que consiste en la atracción sexual hacia los niños.

60. **parafilia.** Al hecho de alcanzar la excitación sexual a través de estímulos que no se consideran "normales".

61. **pene.** Es el órgano sexual masculino.

62. **píldora anticonceptiva.** Es una combinación de hormonas sexuales femeninas cuyo efecto es inhibir la ovulación.

63. **prepucio.** Es el pliegue musculocutáneo que recubre el glande.

64. **preservativos.** Son dispositivos cuyo fin es evitar que los espermatozoides y el óvulo entren en contacto.

65. **primogénito.** Es el nombre con que se conoce al primer hijo de una familia.

66. **progesterona.** Es la hormona sexual femenina.

67. **psicoanálisis.** Es la terapia cuyo fin es encontrar las respuestas a las actitudes del individuo.

68. **púber.** Un adolescente.

69. **pubis.** Es la región abdominal que rodea los órganos genitales.

70. **respuesta sexual.** No, esta creencia carece de fundamentos.

71. **Richard von Kraff-Ebim.** Realizó un enfoque serio de las psicopatologías de las desviaciones sexuales.

72. **sadismo.** Al marqués de Sade.

73. **Schofield.** En cinco etapas de los 15 a los 19 años.

74. **seducción.** Es la manera en que los individuos propician la atracción sexual.

75. **semen.** Al líquido eyaculado durante el orgasmo.

76. **sexualidad.** Dura toda la vida.

77. **SIDA.** Es el virus de inmunodeficiencia adquirida.

78. **sífilis.** Enfermedad infecciosa contraida por contacto sexual y que produce aparición de manchas en la piel y en los genitales.

79. **síndrome de Turner.** Se caracteriza por la existencia de un sólo cromosoma X.

80. **sprays espermicidas**?. Son otro método de control natal a base de espumas espermicidas.

81. **subliminal.** Es aquel que produce placer a los sentidos.

82. **sueño erótico.** Es aquél que propicia la libido durante el sueño y muchas veces produce eyaculaciones.

83. **testículos.** Órganos situados en el escroto que producen la testosterona.

84. **testosterona.** Es la hormona sexual masculina.

85. **tiroides.** Sí, debido a que regula algunos de los caracteres secundarios.

86. **transexual.** Malestar por pertenecer a un sexo anatómico y biológico determinado.

87. **trantismo.** Es un movimiento cuyo fin es lograr el máximo del placer sexual.

88. **trastorno sexual.** Es un problema de apreciación adecuada del sexo a nivel psicológico.

89. **travestismo.** En la utilización de ropas de otro sexo obteniendo con ello una excitación sexual.

90. **útero.** En el centro de la pelvis, entre el recto y la vejiga urinaria.

91. **vagina.** Es el órgano sexual femenino.

92. **vasectomía.** Es una operación quirúrgica donde se cortan los conductos seminíferos sin perder las gónodas su función.

93. **venerea.** De Venus, diosa del amor.

94. **vértigo hormonal.** Son mareos producidos en el adolescente, al aparecer los caracteres secundarios.

95. **violación.** Es el forzar a una persona a realizar el acto sexual.

96. **vouyerismo.** Es la tendencia a observar a personas desnudas sin que éstas lo sepan.

97. **vulva.** Es la parte interna de la vagina.

98. **Wolff.** Son los conductos genitales del embrión durante el embarazo y que todavía no se forman.

99. **zona erógena.** Es aquella que propicia la excitación sexual.

TEMATICA ILUSTRADA VISUAL SIGLO XXI

MATEMATICAS

EUROAMERICANA
DE EDICIONES INTERNACIONAL S.A.

I.S.B.N.: 84-95656-03-5 (Obra Completa)
Producido por Ediciones Dafne, S.L.
Printed In Spain

Octubre 2001

MATEMÁTICAS

Contenido

La numeración

La numeración es la parte de la Aritmética que tiene por objeto expresar y escribir los **números.** Los signos empleados para representar los números se denominan cifras. En el **sistema decimal** de numeración, que es el más empleado en la práctica, las cifras utilizadas son: 0, 1, 2, 3, 4, 5, 6, 7, 8 y 9. La cifra **cero** tiene un valor exclusivamente posicional, o sea, no tiene valor por ella misma. Por ello, se dice que el cero no es una cifra significativa, al contrario que las restantes cifras, que se denominan **cifras significativas.** Los números que constan sólo de una cifra reciben el nombre de **dígitos.** Así, los números 3 y 8 son dígitos. Los números como 45 ó 154, que están constituidos por más de una cifra, se denominan **polidígitos.** Un **sistema de numeración** es un conjunto de normas que se utilizan para escribir y expresar cualquier número. Se llama base de un sistema de numeración al número de unidades de un orden inferior que forman una unidad del orden inmediatamente superior. Todo sistema de numeración cumple los siguientes requisitos:

a) Utilizando un sistema de numeración se puede escribir cualquier número.

b) Un número de unidades de cualquier orden que coincida con la base del sistema de numeración constituye una unidad del orden inmediatamente superior.

c) Cualquier cifra escrita inmediatamente a la izquierda de otra representa unidades tantas veces mayores que ésta como unidades tenga la base del sistema de numeración.

El **sistema decimal** de numeración ha sido empleado por la humanidad desde tiempos muy remotos a causa de tener diez dedos en las manos. Como la base del sistema decimal es diez, diez unidades de cualquier orden constituyen una unidad del orden inmediatamente superior. Así, por ejemplo, diez unidades forman una **decena**. Las unidades de primer orden reciben el nombre de **unidades** mientras que las de segundo orden se denominan decenas, las de tercer orden **centenas** y las de cuarto orden **millares.** Las unidades de los órdenes siguientes se denominan, respectivamente, decena de millar, centena de millar, unidad de millón, decena de millón, centena de millón, etc. Unidades destacables son el billón y el trillón, que corresponden, respectivamente, a los órdenes decimotercero y decimonoveno. Para evitar confusiones, conviene tener en cuenta que en algunos países, como Estados Unidos de América, un billón equivale a un millar de millones. Análogamente, una unidad de

1

primer orden está constituida por diez partes iguales, denominadas **décimas**, que forman el primer suborden. Cada décima, a su vez, está formada por diez partes iguales, denominadas **centésimas**, que constituyen el segundo suborden. Los **subórdenes** siguientes reciben el nombre de milésimas, diezmilésimas, cienmilésimas, millonésimas, etc.

Aunque el sistema decimal de numeración es el más empleado, nada impide tomar como base otro número cualquiera. Para indicar que un número está escrito en un sistema de numeración determinado se escribe un **subíndice** en la parte inferior derecha del número que representa la **base.** Así, los números 101_2 y 2.134_6 están escritos en base 2 y 6, respectivamente. Cuando un número no lleva subíndice se sobreentiende que está escrito en el sistema decimal de numeración.

El sistema de **numeración romana** ha caído en desuso en la actualidad y únicamente se utiliza para indicar fechas de efemérides, para numerar capítulos de libros, en los números ordinales de las sucesiones de los reyes de una dinastía o en las esferas de algunos relojes.

El sistema de numeración romana emplea las cifras siguientes: I, cuyo valor es uno; V, cuyo valor es cinco; X, cuyo valor es diez; L, cuyo valor es cincuenta; C, cuyo valor es cien; D, cuyo valor es quinientos; y M, cuyo valor es mil. Si se sitúa una cifra a la derecha de otra siendo su valor menor o igual que el de esta última, los valores de ambas se suman. Por el contrario, si se coloca una cifra menor a la izquierda de otra, los valores de ambas se restan. Hay que resaltar que una misma cifra no puede repetirse más de tres veces consecutivas. Así, cuatro se escribe IV y no IIII.

Toda cifra que forma parte de un número posee simultáneamente un valor absoluto y un valor relativo. El valor absoluto de una cifra es el que tiene dicha cifra por sí misma, independientemente del lugar que ocupe o del signo de que vaya precedida. Así, si consideramos el número 555, el valor absoluto de todas las cifras que aparecen es el mismo. Por el contrario, el valor relativo de una cifra depende de la posición que dicha cifra ocupa en el número. En el ejemplo anterior, el valor relativo de la cifra situada más a la derecha es 5 porque representa 5 unidades de primer orden. Por su parte, el valor relativo de la cifra situada en el centro es 50 ya que representa 5 unidades de segundo orden o decenas, mientras que el valor relativo de la cifra situada más a la izquierda es 500 ya que representa 5 unidades de tercer orden o centenas. Los romanos no consiguieron resolver satisfactoriamente la dicotomía entre valor absoluto y valor relativo de las cifras y todas las cifras de su sistema de numeración poseen siempre el mismo valor relativo independientemente del lugar que ocupen. Para representar números grandes los romanos colocaban rayas encima de las cifras. Así, una raya situada encima de una cifra multiplicaba su valor por mil; dos rayas encima de una cifra multiplicaban su valor por un millón, etc.

2

3

1. *La necesidad de conocer el tamaño de los rebaños impulsó el nacimiento de los sistemas de numeración desde épocas muy remotas. Un sistema muy empleado consistía en practicar incisiones en las cortezas de los árboles para contar el número de cabezas de ganado de los rebaños.*

2. *Los precios de muchos artículos de consumo vienen expresados mediante números decimales, especialmente en aquellos países en los que su unidad monetaria tiene un valor elevado.*

3. *El uso del sistema de numeración romana ha quedado restringido a usos muy específicos, como la representación de las horas en las esferas de algunos relojes, tal como puede observarse en este magnífico reloj situado a la entrada del Trinity College de Cambridge (Reino Unido).*

Los números naturales

La sucesión de los números naturales 0, 1, 2, 3, 4, 5, 6, 7, 8, 9, 10, 11, 12..., es una sucesión con infinitos términos. La suma de números naturales es la operación mediante la cual se reúnen en un solo número las unidades que forman ambos números. Los números que se suman se llaman **sumandos** y el resultado de la operación es la suma. La operación **suma** se representa con el signo más (+). La suma de números naturales cumple las propiedades **uniforme, asociativa, conmutativa** y tiene **elemento neutro.** Propiedad uniforme. La suma de dos números naturales es siempre un número natural. Propiedad asociativa. La suma de números naturales cumple que $a + (b + c) = (a + b) + c$. Propiedad conmutativa. La suma de números naturales cumple que $a + b = b + a$. Elemento neutro. La suma de números naturales cumple que para todo número natural a se verifica que $a + 0 = 0 + a = a$. Por este motivo se dice que el número cero es el elemento neutro respecto de la suma de números naturales. Con la suma de números naturales no existe **elemento simétrico,** ya que existe elemento simétrico cuando al operar cualquier elemento con su elemento simétrico se obtiene el elemento neutro. Obviamente la suma de números naturales no cumple esta propiedad. Así, por ejemplo, el elemento simétrico del número 5 debería cumplir que $5 + s = s + 5 = 0$. Para ello, debería ser $s = -5$, pero -5 no es un número natural. Así pues, la suma de números naturales no posee elemento simétrico. Por todo lo expuesto, el conjunto **N** de los números naturales con la operación suma posee estructura de semigrupo abeliano con elemento neutro. La **resta** es la operación opuesta a la suma y consiste en hallar uno de los sumandos, que se denomina resta, conocida la suma, que se **llama minuendo** y el otro sumando, que recibe el nombre de **sustraendo.** El signo menos (-) colocado entre el minuendo y el sustraendo indica que

1

ambos deben restarse. Una restricción muy importante de la sustracción de números naturales consiste en que la resta sólo puede efectuarse cuando el minuendo es mayor que el sustraendo.

La **multiplicación** o **producto** es la operación que consiste en hallar un número denominado producto a partir de dos números llamados **multiplicando** y **multiplicador,** que indican respectivamente el número que hay que multiplicar y el número de veces que hay que multiplicarlo. Los signos por (×) o (·) situados entre el multiplicando y el multiplicador indican que ambos números deben multiplicarse. El multiplicando y el multiplicador se denominan también **factores.** La multiplicación de números naturales puede considerarse como una suma de tantos sumandos iguales al multiplicando como indique el multiplicador.

La multilplicación de números naturales verifica las propiedades **uniforme, asociativa, conmutativa, distributiva** respecto de la suma y posee **elemento neutro.**

Propiedad uniforme. El producto de dos números naturales es siempre un número natural.

Propiedad asociativa. El producto de números naturales verifica que $a \times (b \times c) = (a \times b) \times c$.

Propiedad conmutativa. La multiplicación de números naturales cumple que $a \times b = b \times a$.

Elemento neutro. El producto de números naturales verifica que para todo número natural a se cumple que $a \times 1 = 1 \times a = a$.

Por este motivo se dice que el número 1 es el elemento neutro del producto de números naturales. El producto números naturales no posee, en general, elemento simétrico.

En efecto, si consideramos, por ejemplo, el número **4**, su elemento simétrico debería ser 1/4, pero 1/4 no es un número natural.

Propiedad distributiva. La multiplicación de números naturales verifica que $a \times (b + c) = (a \times b) + (a \times c)$.

Así pues, el conjunto **N** de los números naturales con la operación producto tiene estructura de semigrupo abeliano con elemento neutro. La **división** es la operación inversa de la multiplicación y consiste en hallar uno de los factores, llamado **cociente,** conocidos otro de los factores llamado **divisor** y el producto, que se denomina **dividendo**.

El signo (:) colocado entre el dividendo y el divisor indica que ambos números deben dividirse.

2

3

4

1. *Cuando se produce la confluencia de dos ríos, el caudal resultante coincide con la suma de los caudales de ambos ríos, tal como puede apreciarse en esta imagen correspondiente a la confluencia de un afluente en el curso alto del río Xingu en la región brasilena del Mato Grosso.*

2. *El uso de la multiplicación simplifica mucho el recuento de los paquetes almacenados, tal como puede comprobarse con este cargamento de maderas a punto de ser embarcadas en el puerto de Kofka, en Finlandia.*

3. *La división es la operación matemática que consiste en repartir un número denominado dividendo entre otro que recibe el nombre de divisor.*

4. *Un instrumento de cálculo muy utilizado todavía en muchas civilizaciones es el ábaco aunque progresivamente va perdiendo terreno frente a las modernas calculadoras.*

Igualdades y desigualdades

Se dice que dos conjuntos son **coordinables** cuando tienen el mismo número de elementos. Por consiguiente, los conjuntos coordinables representan números iguales. Así, el conjunto de personas y el de cabezas en una reunión son coordinables puesto que a cada persona le corresponde una cabeza y a cada cabeza le corresponde una persona. Si el conjunto de personas tiene p elementos y el conjunto de cabezas tiene c elementos, diremos que los números p y c son iguales y lo representaremos de la siguiente manera: $p = c$. La expresión $p = c$ es una **igualdad,** donde p recibe el nombre de primer miembro de la igualdad mientras que c se denomina segundo miembro de la igualdad. La igualdad cumple las propiedades **reflexiva, simétrica** y **transitiva.**

Propiedad reflexiva. Todo número a es igual a sí mismo. Propiedad simétrica. Si un número a es igual a otro número b, el número b también es igual a a. O sea, si $a = b$ entonces $b = a$.

Propiedad transitiva. Si un número a es igual a otro número b y el número b es igual a un número c, entonces el número a es igual al número c. Es decir, si $a = b$ y $b = c$ entonces $a = c$.

Cuando una relación cumple las propiedades reflexiva, simétrica y transitiva se dice que se trata de una relación de **equivalencia.** Por tanto, la igualdad constituye una relación de equivalencia.

Cuando dos conjuntos no son coordinables no poseen el mismo número de elementos. Así, el conjunto de personas y el conjunto de automóviles de un país no son coordinables porque no hay el mismo número de elementos en ambos conjuntos. En efecto, puede suceder que una persona tenga un automóvil pero también puede ocurrir que haya personas sin automóvil o que determinadas personas posean más de un automóvil. Si el conjunto de personas tiene p elementos y el conjunto de automóviles tiene a elementos pueden ocurrir los dos casos siguientes:

a) Que haya más personas que automóviles. En este caso escribiremos $p > a$, que se lee «p es mayor que a».

b) Que haya menos personas que automóviles. En este caso escribiremos $p < a$, que se lee «p es menor que a». Al escribir una **desigualdad** el número menor se pone junto al vértice del signo de desigualdad y el número mayor se sitúa junto a la abertura del mismo. El número que aparece a la izquierda del signo de desigualdad se denomina primer miembro de la desigualdad mientras que el numero que aparece a la derecha del signo de desigualdad se llama segundo miembro de la desigualdad.

Dados dos números cualesquiera a y b, o bien se cumple que ambos son iguales y entonces diremos que $a = b$, o bien se cumple que no son iguales y entonces diremos que $a | b$, que se lee «a no es igual a b». En este último caso pueden ocurrir dos posibilidades: o bien $a > b$ o bien $a < b$. Ahora bien, si un número n no es mayor que otro número m, puede suceder que o bien $n < m$ o bien que $n = m$. Estas dos posibilidades no se excluyen mutuamente y pueden reunirse en un solo signo empleando la notación $n \leq m$ que se lee «n es menor o igual que m». Análogamente, si un

1

2

número n no es menor que un número m, pueden suceder también dos posibilidades: o bien que n > m o bien que n = m. Estas dos posibilidades tampoco se excluyen mutuamente y pueden reunirse en un solo signo empleando la notación n ≥ m, que se lee «n es mayor o igual que m».
Las desigualdades **estrictas**, es decir, aquellas en que tan sólo se consideran los signos > o <, no son relaciones de equivalencia. Las desigualdades **no estrictas**, es decir, aquellas en las que intervienen los signos ≥ y ≤ cumplen las propiedades reflexiva y transitiva, pero no cumplen generalmente la propiedad simétrica, por lo cual tampoco constituyen relaciones de equivalencia. Al efectuar combinaciones de desigualdades pueden producirse los dos casos siguientes:
a) Que se combinen desigualdades del mismo tipo, es decir, o todas > o todas <.
b) Que se combinen desigualdades de distinto tipo.
En el primer caso se obtiene como resultado una desigualdad del mismo tipo que las que se combinan mientras que en el segundo caso no puede establecer ninguna relación.
Al efectuar combinaciones de igualdades y desigualdades pueden producirse los dos casos siguientes:
1. Que se combinen igualdades con desigualdades de distinto tipo, es decir, o todas > o todas <.
2. Que se combinen igualdades con desigualdades de distinto tipo, es decir, que no todas ellas sean > o que no todas ellas sean <.
En el primer caso es siempre posible establecer una relación de mayor o de menor entre el primer miembro y el último mientras que en el segundo caso no es posible hacerlo.

3

4

5

1. *En muchos deportes como el baloncesto, las desigualdades de estatura resultan muy importantes y son hábilmente explotadas por los jugadores. En la fotografía puede observarse la disposición de los jugadores en un momento del partido entre la URSS y Yugoslavia correspondiente a la final de baloncesto de los Juegos Olímpicos de Seúl de 1988.*

2. *Para que muchos juegos resulten divertidos es conveniente que los competidores posean iguales características como edad, peso o estatura.*

3. *Para superar las desigualdades de nivel ocasionadas por los accidentes orográficos se han ideado diversos mecanismos como esta telecabina que asciende desde Las Cañadas hasta cerca de la cumbre del Teide, en Tenerife (Islas Canarias).*

4. *Las monedas y billetes en circulación en los diversos países verifican igualdades de valor para facilitar el cambio. En la fotografía se muestra un billete de 1.000 pesetas cuyo valor es igual al de dos monedas de 500 pesetas.*

5. *Las balanzas se emplean para determinar pesos de objetos por comparación con pesos de valor conocido. En la fotografía aparece una balanza de precisión que se exhibe en el Museo de Ciencias y Técnica de Milán.*

Los números enteros

Dado un **par ordenado** de números naturales (a, b) diremos que la diferencia a − b es el número entero que representa a dicho par ordenado. Todos los pares ordenados que vienen representados por el mismo número entero se dice que son equivalentes. Para un número entero dado se llama par **canónico** al más sencillo de todos los pares equivalentes, es decir, aquel que tiene nulo alguno de sus componentes. O sea, un par canónico adopta una de las formas (a, 0) o bien (0, b). Los números enteros cuyo par canónico es del tipo (a, 0) suelen representarse como + a o simplemente a, mientras que los números enteros cuyo par canónico es del tipo (0, b) se representan por −b. Esta forma de representar los números enteros se denomina **forma simplificada.** Dados dos números enteros (a, b) y (c, d) se define su suma como

$$(a, b) + (c, d) = (a + c, b + d)$$

Al sumar números enteros en su forma simplificada hay que tener en cuenta que un número entero se compone del **signo,** que puede ser positivo o negativo y de un número **natural.** De este modo, sólo cabe considerar los dos casos posibles siguientes:
a) Los números que se suman tienen el mismo signo. En este caso se suman los números y se deja el mismo signo que tenían los sumandos.
b) Los números que se suman tienen signos distintos. En este caso se restan ambos números y al resultado obtenido se le pone el signo del sumando que tenga mayor valor absoluto. La suma de números enteros verifica las propiedades **uniforme, asociativa, conmutativa, elemento neutro** y **elemento simétrico.**
Propiedad uniforme. La suma de dos números enteros es siempre un número entero.
Propiedad asociativa. La suma de números enteros cumple que

$$a + (b + c) = (a + b) + c$$

Propiedad conmutativa. La suma de números enteros verifica que

$$a + b = b + a$$

Elemento neutro. El número cero es el elemento neutro respecto de la suma de números enteros, ya que para cualquier número entero a se verifica que $a + 0 = 0 + a = a$.
Elemento simétrico. Para cualquier número entero a existe un número entero s tal que $a + s = s + a = 0$. Obviamente, $s = -a$.
Por tanto, el conjunto Z de los números enteros con la operación suma tiene estructura de grupo conmutativo o abeliano.
Para restar dos números enteros basta con sumar al primero el opuesto del segundo. Es decir, si consideramos los pares (a, b) y (c, d) tendremos:

$$(a, b) - (c, d) = (a, b) + (d, c) = \\ = (a + d, b + c)$$

La definición de resta que se acaba de dar resuelve el problema que se planteaba en los números naturales donde no era posible efectuar sustracciones en el caso de que el sustraendo fuera mayor que el minuendo. Dados dos números

1

enteros (a, b) y (c, d) se define el producto de ambos como sigue:

$$(a, b) \propto (c, d) = (ac + bd, ad + bc)$$

Si los números enteros están representados en la forma simplificada se efectúa el producto de los números naturales y se le añade como signo el que se obtiene al aplicar la siguiente regla: el producto tendrá signo positivo si los signos de ambos números son iguales mientras que el producto tendrá signo negativo si los signos de ambos números son distintos. La multiplicación de números enteros cumple las mismas propiedades que la multiplicación de números naturales. Así pues, el conjunto Z de los números enteros con la operación producto tiene estructura de semigrupo abeliano con elemento neutro.
Para dividir dos números enteros se dividen ambos números y al cociente obtenido se le antepone un signo positivo o negativo atendiendo al siguiente criterio de signos: si el dividendo y el divisor tienen el mismo signo, el cociente tendrá signo positivo mientras que si el dividendo y el divisor tienen signos distintos el cociente tendrá signo negativo.
La división de dos números no es siempre un número entero. Así, por ejemplo, 7 : 2 no es una división exacta en el conjunto de los números enteros. Este hecho indica la conveniencia de aplicar aún más el campo numérico de los números enteros a otros números donde esta operación sea siempre posible.
Puesto que el conjunto Z de los números enteros con la operación suma tiene estructura de grupo abeliano y con la operación producto es un semigrupo y además se verifica la propiedad distributiva del producto respecto de la suma diremos que Z tiene estructura de anillo. Como además el producto de números enteros cumple la propiedad conmutativa diremos que se trata de un anillo conmutativo o abeliano y como además el producto de números enteros tiene elemento neutro diremos que Z es un anillo unitario con las operaciones suma y producto.

3

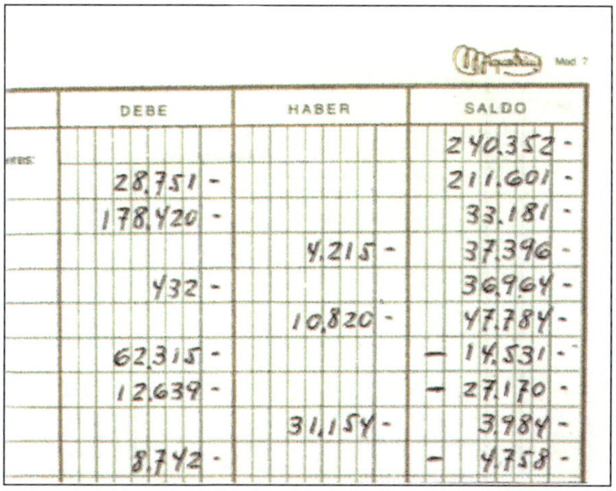
Mod 7

DEBE	HABER	SALDO
		240.352 -
28.751 -		211.601 -
178.420 -		33.181 -
	4.215 -	37.396 -
432 -		36.964 -
	10.820 -	47.784 -
62.315 -		— 14.531 -
12.639 -		— 27.170 -
	31.154 -	3.984 -
8.742 -		— 4.758 -

4

2

1. *En una competición atlética las distancias recorridas hacia la derecha del estadio se consideran positivas, mientras que las distancias recorridas hacia la izquierda se consideran negativas, tal como puede observarse en esta fotografía del Estadio Olímpico de Montjuïc, en Barcelona.*

2. *Durante el proceso de embotellado va disminuyendo la cantidad de vino disponible obtenido en la vendimia.*

3. *En los libros de contabilidad las cantidades negativas o pagos se registran en la columna del Debe, mientras que las cantidades positivas o ingresos se registran en la columna del Haber. En la columna del Saldo se refleja el resultado global de todas las operaciones efectuadas.*

4. *El científico francés Blaise Pascal (1623-1662) efectuó importantes contribuciones en el campo de las matemáticas.*

Múltiplos y divisores

Se dice que un número m es múltiplo de un número n cuando al efectuar la división m : n el resto es cero. En este supuesto diremos que m es **divisible** por n o bien que n es un **divisor** de m. Así, 26 es múltiplo de 13 porque al efectuar la división 26 : 13 el cociente es 2 y el resto es cero. También diremos que 13 es divisor de 26 y que 26 es divisible por 13. Cuando un número sólo es divisible por sí mismo y por la unidad se dice que es **primo.** Así, 7 es un número primo ya que sólo es divisible por 1 y por 7. Cuando un número es divisible por otros números además de la unidad y de sí mismo se dice que es un número compuesto. Así, 6 es un número compuesto puesto que además de ser divisible por 1 y por 6 también lo es por 2 y por 3. Para indicar que un número m es múltiplo de un número n se suele escribir m = n. Así, por ejemplo, 9 = 3. Los múltiplos de 2 reciben el nombre de **números pares.** La fórmula general de los números pares es 2n donde n representa a un número natural cualquiera. Los números impares son aquellos que no son múltiplos de 2. La fórmula general de los **números impares** puede representarse por 2n + 1 o bien 2n − 1 donde n representa un número natural cualquiera.

1

La divisibilidad está fundamentada en los principios siguientes:

a) Si un número es divisor de otros varios también lo es de la suma.

b) Un número m es divisor de la suma de otros varios aunque no sea divisor de ellos por separado, cuando la suma de los restos obtenidos al dividir los números por m es divisible asimismo por m.

c) Si un número es divisor de otro también lo es de sus múltiplos.

d) Si un número es divisor de otros dos también lo es de su diferencia.

e) Si un número es divisor de la suma de dos números y de uno de ellos también lo es del otro.

f) Si un número es divisor del dividendo y del divisor de una división no exacta también es divisor del resto.

g) Si un número es divisor del resto y del divisor de una división no exacta, también lo es del dividendo.

Los criterios de divisibilidad son unas señales características de los números que permiten conocer cuáles son sus divisores.

a) Un número es divisible por 2 cuando acaba en cero o en cifra par. Así, 20 y 36 son divisibles por 2.

b) Un número es divisible por 3 cuando la suma de los valores absolutos de sus cifras es múltiplo de 3. Así, 123 es divisible por 3 puesto que 1 + 2 + 3 = 6, que es múltiplo de 3.

c) Un número es divisible por 4 cuando sus dos últimas cifras son ceros o forman un múltiplo de 4. Así, por ejemplo, 1992 es divisible por 4 puesto que 92 también lo es.

d) Un número es divisible por 5 cuando acaba en cero o en 5. Así, 275 es divisible por 5 al igual que 870.

e) Un número es divisible por 9 cuando la suma de los valores absolutos de sus cifras es un múltiplo de 9. Así, 3.546 es divisible por 9 ya que 3 + 5 + 4 + 6 = 18, que es un múltiplo de 9.

f) Un número es divisible por una potencia de 10 cuando el número de ceros que hay a la derecha del número es mayor o igual que el número de ceros de la potencia de diez. Así, 39.000 es divisible por 10, 100 y 1.000

2

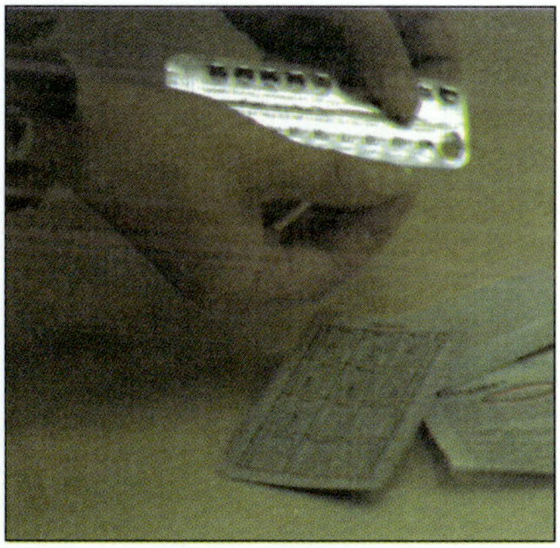

3

4

ya que acaba en tres ceros.
g) Un número es divisible por 11 cuando el valor absoluto de la diferencia entre la suma de los valores absolutos de las cifras que ocupan lugar impar y la suma de los valores absolutos de las cifras que ocupan lugar par es cero o un múltiplo de 11. Así, 528 es divisible por 11 ya que la suma de las cifras que ocupan lugar impar es
5 + 8 = 13 y la suma de las cifras que ocupan lugar par es 2 y la diferencia 13 – 2 = 11, que obviamente es un múltiplo de 11.
h) Un número es divisible por 25 cuando las dos últimas cifras de la derecha son ceros o forman un múltiplo de 25. Así, 475 y 900 son divisibles por 25.
i) Un número es divisible por 125 cuando las tres últimas cifras de su derecha son ceros o bien forman un múltiplo de 125. Así, por ejemplo 4375 es divisible por 125 ya que 375 es múltiplo de 125.
j) Un número es divisible por 8 cuando sus tres últimas cifras son ceros o forman un múltiplo de 8. Así, por ejemplo, 4656 es divisible por 8 ya que 656 es un múltiplo de 8.

1. *El número de flores de una floristería es múltiplo del número de ramos en el caso de que todos los ramos estén formados por el mismo número de flores.*

2. *El número de soldados que intervienen en un desfile militar es múltiplo del número de filas, tal como puede observarse en esta fotografía correspondiente al relevo de la guardia en el Palacio de la Moneda de Santiago, Chile, por efectivos del cuerpo de carabineros.*

3. *El número de pastillas es un múltiplo del número de envases que las contienen.*

4. *El número 25 es múltiplo de 5, tal como puede comprobarse fácilmente en esta equivalencia de monedas (1 moneda de 25 pesetas equivale a 5 monedas de 5 pesetas).*

Números primos y compuestos

Se dice que dos números son primos entre sí cuando su único divisor común es la unidad. Para que dos números sean primos entre sí no es imprescindible que sean primos. En efecto, 27 y 25 son primos entre sí aunque ninguno de los dos sea un número primo. Ahora bien, si dos números son primos también son primos entre sí. Así, 3 y 7 son números primos y por tanto también son primos entre sí. Dos números consecutivos son siempre primos entre sí ya que si tuvieran un divisor común distinto de la unidad, este divisor común debería ser también divisor de la diferencia entre ambos números, pero como la diferencia entre dos números consecutivos es 1, dicho divisor común debería ser divisor de 1, lo cual es imposible.

Los números primos cumplen las siguientes propiedades:

a) Cualquier número compuesto tiene por lo menos un divisor que es un número primo mayor que 1.

b) Si un número primo no es divisor de otro número dado ambos números son primos entre sí.

c) Si un número es divisor del producto de otros dos números y es primo con uno de ellos, es divisor del otro.

d) Si un número primo es divisor del producto de varios números por lo menos es divisor de uno de los factores. Un método muy empleado para determinar si un número es primo o no lo es consiste en dividir dicho número entre todos los números primos menores que él. Si la división no es exacta y el cociente obtenido es menor o igual que el divisor, el número es primo. Por el contrario, si alguna división es exacta el número no es primo. Este procedimiento es análogo al empleado por Eratóstenes para obtener su famosa Criba. Eratóstenes escribió los números naturales hasta un número dado y fue agujereando en un pergamino en primer lugar todos los múltiplos de 2 excepto 2. A continuación procedió análogamente con los

1

2

múltiplos de 3 y después hizo lo mismo con los múltiplos de 5, 7, 11 y de los sucesivos números primos. Los números que no resultaron agujereados constituyen la serie de los números primos hasta el número dado.
Todo número compuesto puede escribirse como producto de números primos. El sistema más utilizado para descomponer un número en el producto de sus factores primos consiste en escribir el número considerado y trazar a su derecha una recta vertical. A la derecha de la recta se escribe el menor de los divisores que sea un número primo. El cociente obtenido se escribe debajo del número y se vuelve a dividir por el menor de sus divisores que sea un número primo y así sucesivamente hasta obtener como cociente un número primo. Así, por ejemplo, para descomponer el número 630 en producto de factores primos procederemos del modo siguiente:

630	2
315	3
105	3
35	5
7	7
1	

Por consiguiente,
$630 = 2 \cdot 3^2 \cdot 5 \cdot 7$.
Para saber cuántos divisores tiene un número dado se descompone el número en sus factores primos. A continuación se escriben los exponentes de los factores primos y se suma una unidad a cada exponente. El producto de todos los números así obtenidos coincidirá con el número total de divisores del número. Así, en el ejemplo anterior, como los exponentes de los factores primos son, respectivamente, 1, 2, 1 y 1 el número total de divisores será

$$(1 + 1) \times (2 + 1) \times (1 + 1) \times (1 + 1) = 24$$

es decir, el número 630 tendrá 24 divisores.
Para hallar todos los divisores de un número dado se descompone el número en sus factores primos. Seguidamente se escriben la unidad y las potencias sucesivas del primer factor primo. Cada uno de los divisores así obtenido se multiplica por las potencias del segundo factor primo y, a continuación, se multiplican los divisores así obtenidos por las potencias del tercer factor primo y así sucesivamente hasta multiplicar por las potencias del último factor primo.
Si un número es divisible por varios números primos entre sí dos a dos, también es divisible por su producto. Así 198 es divisible por 33, que es el producto de 3 × 11, ya que lo es por 3 y por 11 que son números primos entre sí.
Esta propiedad nos permite ampliar los criterios de divisibilidad para números compuestos. Así, un número es divisible por 6 si lo es a la vez por 2 y por 3; será divisible por 12 si lo es a la vez por 3 y por 4 y así sucesivamente.

3

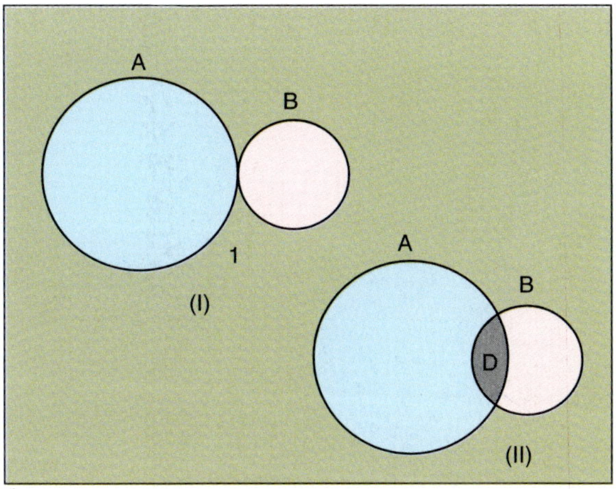

4

Criba de Eratóstenes

1	2	3	~~4~~	5	~~6~~	7	~~8~~	~~9~~	~~10~~
11	~~12~~	13	~~14~~	~~15~~	~~16~~	17	~~18~~	19	~~20~~
~~21~~	~~22~~	23	~~24~~	~~25~~	~~26~~	~~27~~	~~28~~	29	~~30~~
31	~~32~~	~~33~~	~~34~~	~~35~~	~~36~~	37	~~38~~	~~39~~	~~40~~
41	~~42~~	43	~~44~~	~~45~~	~~46~~	47	~~48~~	~~49~~	~~50~~
~~51~~	~~52~~	53	~~54~~	~~55~~	~~56~~	~~57~~	~~58~~	59	~~60~~
61	~~62~~	~~63~~	~~64~~	~~65~~	~~66~~	67	~~68~~	~~69~~	~~70~~
71	~~72~~	73	~~74~~	~~75~~	~~76~~	~~77~~	~~78~~	79	~~80~~
~~81~~	~~82~~	83	~~84~~	~~85~~	~~86~~	~~87~~	~~88~~	89	~~90~~
~~91~~	~~92~~	~~93~~	~~94~~	~~95~~	~~96~~	97	~~98~~	~~99~~	~~100~~

1. *El matemático francés Pierre de Fermat (1601-1665) contribuyó considerablemente a la teoría de los números.*

2. *Tartaglia (1499-1557) fue un eminente matemático italiano que estudió los números primos y la resolución de ecuaciones tercer grado. En la fotografía se muestra un grabado de su libro* **Guestiti et inventione** *que se conserva en la Biblioteca Nacional de París.*

3. *(I) Los números A y B son primos entre sí puesto que su único divisor común es 1.*
(II) Los números A y B no son primos entre sí ya que aparte de 1 poseen otros divisores comunes.

4. *La Criba de Eratóstenes fue el primer procedimiento utilizado para hallar númerios primos.*

Máximo común divisor y mínimo común múltiplo

Se denomina **máximo común divisor** (m.c.d.) de varios números al mayor de los divisores comunes de todos ellos.
Para determinar el máximo común divisor de varios números se descomponen en primer lugar los números en sus factores primos y a continuación se calcula el máximo común divisor que es igual al producto de todos los factores primos comunes con el menor exponente. Así, por ejemplo, para hallar el máximo común divisor de 960 y 1.200 procederemos del modo siguiente:

960	2		1200	2
480	2		600	2
240	2		300	2
120	2		150	2
60	2		75	3
30	2		25	5
15	3		5	5
5	5		1	
	1			

O sea, $960 = 2^6 \cdot 3 \cdot 5$ y $1.200 = 2^4 \cdot 3 \cdot 5^2$
Por tanto, el m.c.d. (960, 1.200) $= 2^4 \cdot 3 \cdot 5 = 240$.

El máximo común divisor presenta algunas propiedades interesantes:
a) Cualquier divisor de varios números es también divisor de su máximo común divisor.
Así, por ejemplo, 4 es divisor del máximo común divisor de 36 y 60. Obviamente, 4 es divisor de 36 ya que $36 : 4 = 9$ y también lo es de 60 puesto que $60 : 4 = 15$.
El máximo común divisor de 36 y 60 se calcula del modo siguiente:

1

36	2		60	2
18	2		30	2
9	3		15	3
3	3		5	5
1			1	

O sea, $36 = 2^2 \cdot 3^2$ y $60 = 2^2 \cdot 3 \cdot 5$.
Por tanto, el m.c.d. (36, 60) $= 2^2 \cdot 3 = 12$ y es inmediato comprobar que 4 es divisor de 12 ya que $12 : 4 = 3$.
b) Al multiplicar o dividir varios números por un mismo número, su máximo común divisor queda multiplicado o dividido por el mismo número.

Así, por ejemplo, el máximo común divisor de 108 y 120 es tres veces mayor que el máximo común divisor de 36 y 40.
En efecto, efectuemos las descomposiciones factoriales para encontrar los máximos comunes divisores de la manera siguiente:

108	2	120	2	36	2	40	2
54	2	60	2	18	2	20	2
27	3	30	2	10	2	10	2
9	3	15	3	3	3	5	5
3	3	5	5	1		1	

O sea, $108 = 2^2 \cdot 3^3$; $120 = 2\ 3 \cdot 5$; $36 = 2^2 \cdot 3^2$; $40 = 2^3 \cdot 5$.

Por consiguiente, m.c.d. $(108, 120) = 2^2\ 3 = 12$ y m.c.d. $(36, 40) = 2^2 = 4$, ya que 12 es tres veces mayor que 4.
c) Al dividir varios números por su máximo común divisor los cocientes obtenidos son números primos entre sí. Se **denomina mínimo común múltiplo** (m.c.m.) de varios números al menor de los múltiplos comunes de dichos números.

Para determinar el mínimo común múltiplo de varios números se descomponen todos ellos en factores primos y a continuación se calcula mínimo común múltiplo multiplicando todos los factores primos comunes y no comunes elevados al mayor exponente. Así, para determinar el m.c.m. de 40 y 45 procederemos así:

30	2	40	2	45	3
15	3	20	2	15	3
5	5	10	2	5	5
1		5	5	1	
		1			

O sea, $30 = 2 \cdot 3 \cdot 5$; $40 = 2^3 \cdot 5$; $45 = 3^2 \cdot 5$.
Por consiguiente, m.c.m. $(30, 40, 45) = 2^3 \cdot 3^2 \cdot 5 = 360$.

1. *Al cargar un barco mercante hay que procurar aprovechar al máximo el espacio disponible procurando que quepan el mayor número posible de envases.*

2. *El cálculo del máximo común divisor de las longitudes de varias piezas de tela resulta imprescindible para obtener trozos iguales de la máxima longitud posible.*

3. *Para conocer el tiempo máximo que se debe esperar un autobús se debe saber su frecuencia de paso.*

4. *Para calcular el número máximo de pistas de tenis que pueden construirse en un recinto deportivo debe calcularse previamente el máximo común divisor de las superficies.*

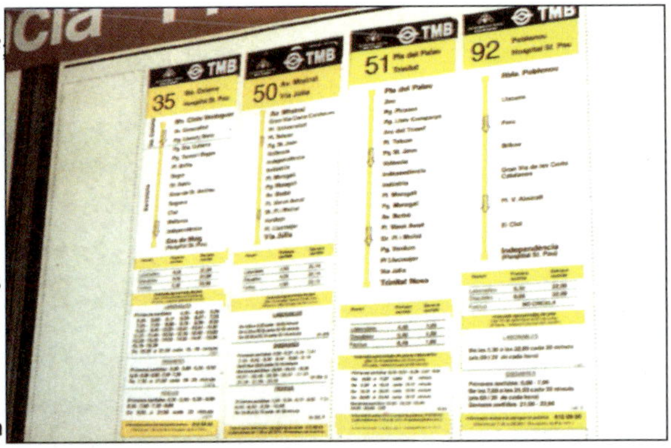

3

4

2

Los números racionales

Como se vio anteriormente, la división de números enteros no es siempre posible. Para resolver este problema, a cada par ordenado de números enteros (a, b) donde b no puede ser nunca cero se le hace corresponder el cociente a : b, que se suele representar por a/b. El número a/b así obtenido recibe el nombre de **fracción,** el número a se denomina **numerador** y el número b se llama **denominador.** Se dice que una fracción es **común** cuando su denominador no es la unidad seguida de ceros y que es **propia** cuando su numerador es menor que su denominador. Se dice que dos fracciones son equivalentes y se simboliza $a/b \sim c/d$ cuando se verifica que $a \cdot d = b \cdot c$. La equivalencia de fracciones constituye una relación de equivalencia ya que cumple las propiedades **reflexiva, simétrica** y **transitiva.** Propiedad reflexiva. Toda fracción es equivalente a sí misma. Propiedad simétrica. Si una fracción es equivalente a otra, ésta también es equivalente a la primera. Propiedad transitiva. Si una fracción es equivalente a otra y ésta es equivalente a una tercera, la primera fracción es equivalente a la tercera. Cada uno de los conjuntos formados por todas las fracciones equivalentes entre sí forman una clase de equivalencia, que recibe el nombre de **número racional.** Se dice que una fracción es **irreductible** cuando su numerador y su denominador son números primos entre sí. **Simplificar** una fracción es convertirla en otra fracción equivalente cuyos términos sean menores que los de la fracción original. La mayor simplificación que puede efectuarse en una fracción consiste en convertirla en una fracción irreductible.

La suma de números racionales presenta dos casos, dependiendo de que los números que se sumen tengan igual o distinto denominador:

a) Para sumar números racionales que tengan igual denominador se suman los numeradores y se mantiene el mismo denominador.

b) Para sumar números racionales que tengan distinto denominador se reducen a común denominador y a continuación se procede como en el caso anterior. La suma de números racionales verifica las propiedades **uniforme, asociativa, conmutativa, elemento neutro** y **elemento simétrico.** Por consiguiente, el conjunto Q de los números racionales con la operación suma tiene estructura de grupo conmutativo o abeliano. La resta de números racionales es un caso particular de la suma ya que restar dos números racionales no es más que sumar al primero de ellos el opuesto del otro. Para restar fracciones cabe considerar:

a) Para restar fracciones que

1

2

3

tengan igual denominador se restan los numeradores y se mantiene inalterado el denominador.
b) Para restar fracciones que tengan distinto denominador se reducen previamente a común denominador y a continuación se procede como en el caso anterior.
Dados dos números racionales cualesquiera a/b y c/d se define su producto del modo siguiente:
$(a/b) \propto (c/d) = ac/bd$.

El producto de números racionales cumple las propiedades **uniforme, asociativa, conmutativa, elemento neutro** y **elemento simétrico.** Por tanto, el conjunto Q^* de los números racionales exceptuando el cero con la operación producto posee una estructura de grupo conmutativo o abeliano.
También se verifica la propiedad distributiva del producto respecto de la suma. Por consiguiente, el conjunto Q de los números racionales tiene una estructura de cuerpo conmutativo o abeliano con las operaciones suma y producto.
Para dividir dos números racionales basta con multiplicar el primero por el inverso del segundo. O sea, la división es un caso particular de la multiplicación de números racionales. Es decir,

$$\frac{a}{b} : \frac{c}{d} = \frac{a}{b} \propto \frac{d}{c} = \frac{ad}{bc}$$

La división de números racionales es posible siempre que el divisor sea distinto de cero. Para dividir números enteros y fracciones se le pone como denominador la unidad al número entero y se efectúa la división del modo indicado. Para dividir números mixtos y fracciones o números mixtos entre sí, primero se convierten en fracciones y después se opera del modo indicado.

4

5

1. *Cada etapa de una vuelta ciclista representa una fracción del recorrido total que se debe efectuar. En la fotografía se muestra un final de etapa de la Vuelta Ciclista a España.*

2. *La fracción de páginas leídas de un libro depende del tiempo dedicado a la lectura por el lector.*

3. *La música emplea números racionales y así las escalas musicales están divididas en octavas. Asimismo, también los tiempos relativos de duración de las notas y los silencios guardan una relación sistemática que equivale a números racionales.*

4. *El número de personas de una raza determinada representa una fracción del total de personas que habitan un país.*

5. *Los árboles cortados tan sólo representan una pequeña fracción del total de árboles de un bosque, puesto que de lo contrario el bosque no podría generarse.*

Fracciones decimales

Se denominan fracciones decimales a las que tienen como denominador la unidad seguida de ceros. Así, por ejemplo, 3/10 y 73/100 son fracciones decimales. Toda fracción decimal equivale a un número decimal con un número limitado de cifras. En los ejemplos anteriores tenemos que 3/10 = 0,3 y 73/100 = 0,73. El número que aparece a la izquierda de la coma representa la parte entera mientras que la parte decimal viene representada por el número que aparece a la derecha de la misma. Hay fracciones que no parecen decimales pero que son equivalentes a otras que sí lo son. Así, las fracciones 3/5 y 9/20 son fracciones decimales aunque no lo parezcan a simple vista, ya que 3/5 es equivalente a 60/100 mientras que 9/20 es equivalente a 45/100, que son fracciones decimales típicas. Un modo de reconocer si una fracción es decimal consiste en dividir el numerador por el denominador de la fracción. Si en algún momento se anula el resto de la división se trata de una fracción decimal, representada por un número decimal limitado. Los números decimales presentan las siguientes propiedades:

a) Todo número decimal resulta inalterado si se añaden o se suprimen ceros a la derecha de la última cifra decimal.

b) Si en un número decimal se corre la coma hacia la derecha uno o varios lugares, el número decimal queda multiplicado por la unidad seguida de tantos ceros como lugares se haya corrido la coma hacia la derecha.

c) Si en un número decimal se corre la coma hacia la izquierda uno o varios lugares, el número decimal queda dividido por la unidad seguida de tantos ceros como lugares se haya corrido la coma hacia la izquierda.

Para convertir una fracción en un número decimal se divide el numerador entre el denominador hasta que el resto se anule o hasta que en el cociente se repita indefinidamente una cifra o un grupo de cifras. En el primer caso la fracción es decimal y el número decimal obtenido es **limitado.** En el segundo caso la fracción no es decimal y el número decimal obtenido es **periódico.**

La cifra o grupo de cifras que se

1

2

3

4

repiten indefinidamente en el mismo orden se denomina **período**. Los números decimales periódicos se representan con el símbolo «⌒» que abarca todo el período. Los números decimales periódicos cuyo período empieza detrás de la coma se denominan decimales periódicos **puros**. Así, 0,3 es un número decimal periódico puro. Los números decimales periódicos cuyo período empieza después de una serie de números que no se repiten reciben el nombre de números decimales periódicos **mixtos**. Así, 0,123 es un número decimal periódico mixto. La parte no periódica de un número decimal periódico mixto es la cifra o grupo de cifras que se encuentran entre la coma y el período. Así, la parte no periódica de 0,123 es 12. Al convertir fracciones en números decimales sólo pueden obtenerse números decimales no limitados que sean periódicos. Es decir, no existe ninguna fracción que al convertirla en número decimal origine, por ejemplo, el número $\pi = 3{,}14159265...$ o el número $e = 2{,}7182818285...$ Estos números, tales como π o e reciben el nombre de números **irracionales** ya que no existe ninguna fracción que los represente.

Se denomina **fracción generatriz** de un número decimal a la fracción irreductible que equivale al mismo. Para calcular la fracción generatriz de un número decimal limitado se pone como numerador el número decimal sin la coma y como denominador la unidad seguida de tantos ceros como cifras decimales haya. A continuación se simplifica la fracción obtenida hasta convertirla en irreductible. Para hallar la fracción generatriz de un número decimal periódico puro se pone como numerador el período y como denominador tantos nueves como cifras tenga el período. Simplificar la fracción obtenida hasta convertirla en irreductible. Para calcular la fracción generatriz de un número decimal periódico mixto se pone como numerador la diferencia entre la parte no periódica seguida del período y la parte no periódica y como denominador tantos nueves como cifras tenga el período y tantos ceros como cifras tenga la parte no periódica. La fracción así obtenida se simplifica hasta convertirla en irreductible.

1. *En muchos países se utilizan monedas fraccionarias (céntimos, centavos, peniques...) que representan fracciones decimales de las respectivas unidades monetarias.*

2. *Los resultados que se obtienen al hacer medidas son, generalmente, números decimales.*

3. *Cuando un vehículo reposta en un surtidor de combustible y se solicita una cantidad fija de dinero de carburante el surtidor suele suministrar un número decimal de litros de combustible, porque los precios de los carburantes acostumbran a ser números decimales.*

4. *Los números decimales resultan imprescindibles en las transacciones comerciales, especialmente en aquellos países cuya unidad monetaria tiene un elevado valor.*

La potenciación

La potenciación es la operación que consiste en multiplicar por sí mismo un número llamado **base** tantas veces como indica otro número denominado **exponente.** Así, si se escribe 2^5, 2 es la base y 5 es el exponente. El resultado de la operación será $2^5 = 2 \cdot 2 \cdot 2 \cdot 2 \cdot 2 = 32$, o sea, 32 es la quinta potencia de 2. Cuando el exponente es 2, se dice que se está calculando el **cuadrado** de la base. Así, el cuadrado de 3 será $3^2 = 3 \cdot 3 = 9$. Cuando el exponente es 3, se dice que estamos determinando el **cubo** de la base. Así, el cubo de 5 es $5^3 = 5 \cdot 5 \cdot 5 = 125$. En general, la potencia enésima de un número a consiste en multiplicar n veces a por sí mismo, es decir, $a^n = a \cdot a \cdot a \dots$ n veces.
Si la base es positiva el resultado también lo será pero si la base es negativa cabe considerar dos casos: si el exponente es par el resultado tendrá signo positivo y si el exponente es impar el resultado tendrá signo negativo. La potenciación verifica las siguientes propiedades:

a) Para multiplicar potencias de igual base se suman los exponentes y se deja inalterada la base.
Así, $7^3 \cdot 7^4 = 7^7$.

b) Para dividir potencias de igual base se restan los exponentes y se deja inalterada la base. Así, $4^5 : 4^2 = 4^3$. Al dividir potencias de igual base puede ocurrir que el resultado tenga exponente negativo. Así, $5^2 : 5^6 = 5^{-4}$. En este caso, la potencia es igual a la unidad dividida por la potencia con exponente positivo. En el caso anterior

$$5^{-4} = \frac{1}{5^4}$$

c) Para elevar un producto de varios factores a una potencia se eleva cada uno de los factores a dicha potencia. O sea, $(a.b.c)^n = a^n \cdot b^n \cdot c^n$.

d) Para elevar una fracción a una potencia se elevan su numerador y su denominador a dicha potencia. O sea,

$$\left(\frac{x}{y}\right)^a = \frac{x^a}{y^a}$$

e) Para elevar una potencia a otra potencia se multiplican los exponentes y se deja inalterada la base. O sea, $(a^m)^n = a^{mn}$.

f) Cualquier número elevado a cero es igual a la unidad. O sea, $x^0 = 1$.

1

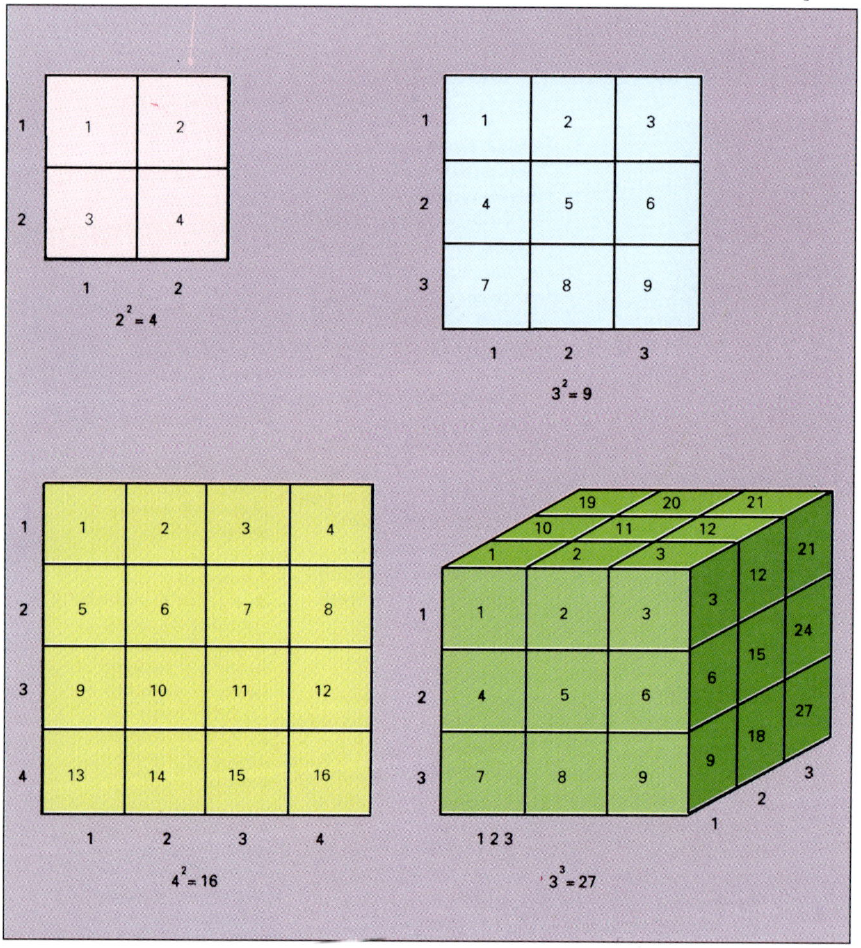

g) La primera potencia de cualquier número equivale a dicho número. O sea, $x^1 = x$.

h) El cuadrado de la suma de dos números es igual al cuadrado del primero más el doble del producto del primero por el segundo más el cuadrado del segundo. O sea, $(x + y)^2 = x^2 + 2xy + y^2$. Así, por ejemplo,

$$(2+3)^2 = 2^2 + 2 \cdot 2 \cdot 3 + 3^2 = = 4 + 12 + 9 = 25.$$

i) El cuadrado de la diferencia de dos números es igual al cuadrado del primero menos el doble del producto del primero por el segundo más el cuadrado del segundo. O sea, $(x - y)^2 = x^2 - 2xy + y^2$. Así, por ejemplo,

$$(5 - 3)^2 = 5^2 - 2 \cdot 5 \cdot 3 + + 3^2 = 25 - 30 + 9 = 4.$$

j) El cubo de la suma de dos números es igual al cubo del primero más el triple del producto del cuadrado del primero por el segundo más el triple del producto del primero por el cuadrado del segundo más el cubo del segundo. O sea,

$$(x + y)^3 = x^3 + 3x^2y + 3xy^2 + y^3$$

Así, por ejemplo, $(2 + 3)^2 = = 2^3 + 3 \cdot 2^2 \cdot 3 + 3 \cdot 2 \cdot 3^2 + 3^3 = 8 + 36 + 54 + 27 = 125.$

k) El cubo de la diferencia de dos números es igual al cubo del primero menos el triple del cuadrado del primero por el segundo más el triple del producto del primero por el cuadrado del segundo menos el cubo del segundo. O sea,

$$(x - y)^3 = x^3 \cdot 3x^2y + + 3xy^2 - y^3.$$

l) La diferencia entre los cuadrados de dos números naturales consecutivos es igual al doble del menor aumentado en una unidad. Así,

$$7^2 - 6^2 = 49 - 36 = = 13 = (2 \cdot 6) + 1.$$

m) La diferencia entre los cuadrados de dos números naturales consecutivos es igual a la suma de los dos números. Así,

$$7^2 - 6^2 = 49 - 36 = 13 = = 7 + 6.$$

n) La diferencia entre los cuadrados de dos números cualesquiera es igual al producto de su suma por su diferencia. O sea,

Así, por ejemplo,

$$7^2 - 6^2 = 49 - 36 = 13 = (7 + 6)(7 - 6) = 13 \cdot 1 = 13.$$

2

3

4

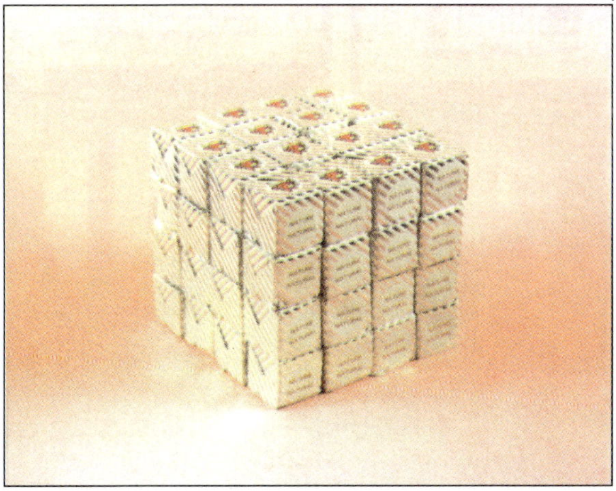

1. *En los tres mosaicos cuadrados que aparecen en la figura, el número de losetas que los componen es igual al cuadrado del lado mientras que el hexaedro y representado contiene a^3 cubos elementales, siendo a la longitud de su arista.*

2. *Para determinar la capacidad de una piscina o de un depósito de agua se utiliza como unidad el metro cúbico que equivale a 1.000 litros. Para volúmenes mayores, como el de un embalse, se emplea el hectómetro cúbico.*

3. *El número de estampas que aparecen en esta hoja cuadrada es 25, o sea, 5^2.*

4. *El número de cubitos que hay en este montón cúbico es igual al cubo de la arista, es decir, $4^3 = 64$. El cálculo se basa en el mismo principio que puede verse en la última figura de la primera ilustración de este tema.*

La radicación

La radicación es la operación inversa de la potenciación y consiste en hallar la base conocidos el exponente y la potencia. Así, si $2^4 = 16$, se tiene que $2 = \sqrt[4]{16}$ donde el signo $\sqrt{\ }$ se denomina signo **radical,** 16 es la cantidad **subradical,** 2 es la raíz cuarta y el número 4 que aparece en el signo radical recibe el nombre de **índice de la raíz.**

Cuando el índice de la raíz es 2, se dice que la raíz es cuadrada y el índice suele omitirse. Así pues, la raíz de un número es otro número que elevado a la potencia que indica el índice coincide con la cantidad subradical. Una raíz es **exacta** cuando al elevarla a la potencia que indica el índice coincide con la cantidad subradical. Así, 3 es la raíz cúbica exacta de 27 ya que $3^3 = 27$. En caso contrario, se dice que la raíz es **inexacta.** Así, $\sqrt{2}$ es inexacta en el conjunto de los números racionales ya que no existe ningún número racional que elevado al cuadrado dé 2.

La radicación verifica las siguientes propiedades:

a) Si a los dos miembros de una igualdad se les extrae la misma raíz se obtiene otra igualdad.

b) La **raíz enésima** de un producto de varios factores es igual al producto de las raices enésimas de cada uno de los factores.

c) La raíz enésima de una fracción es igual a la raíz enésima del numerador dividida por la raíz enésima del denominador.

d) La raíz enésima de una potencia se obtiene dividiendo el exponente de la potencia por el índice de la raíz. Así pues, un número elevado a un exponente fraccionario es equivalente a una raíz cuyo índice es el denominador del exponente y cuya cantidad subradical es también la base de la potencia elevada al exponente que indica el numerador del exponente.

e) La raíz enésima de una raíz se obtiene multiplicando los índices de ambas raíces.

f) Si un número no tiene raíz exacta entera tampoco la tiene fraccionaria.

Las raíces que no pueden expresarse exactamente mediante números enteros o fraccionarios representan

1

2

números irracionales y se denominan **radicales.** Así, $\sqrt{2}$ y $\sqrt{5}$ son radicales.

El grado de un radical coincide con el índice de su raíz. Así $\sqrt{3}$ es un radical de segundo grado y $\sqrt[3]{7}$ es un radical de tercer grado.

Dos radicales son **semejantes** cuando tienen el mismo grado y la misma cantidad subradical. Así, $\sqrt{5}$ y $3\sqrt{5}$ son radicales semejantes. El número situado delante de un radical y que lo multiplica recibe el nombre de **coeficiente.** En el ejemplo anterior, 3 es el coeficiente de $3\sqrt{5}$.

Se dice que un radical está simplificado al máximo cuando al efectuar la descomposición en factores primos de la cantidad subradical todos los factores primos aparecen elevados a exponentes menores que el índice del radical. Así, $\sqrt{70}$ está simplificado al máximo porque al efectuar la descomposición en factores primos de 70 obtenemos que $70 = 2 \cdot 5 \cdot 7$ y como puede observarse todos los factores primos aparecen elevados a exponentes menores que 2. Para sumar y restar radicales se simplifican al máximo y, a continuación, se efectúan las operaciones indicadas.

Para multiplicar radicales del mismo índice se multiplican entre sí los coeficientes y las cantidades subradicales y se mantiene el mismo índice. Si los radicales no poseen el mismo índice se reducen previamente a común índice. Para dividir radicales del mismo índice se dividen entre sí los coeficientes y las cantidades subradicales y se mantiene el mismo índice. Si los radicales no tienen el mismo índice se reducen previamente a común índice. **Racionalizar** una fracción que posea algún radical en el denominador consiste en convertirla en otra fracción equivalente en cuyo denominador no aparezca ningún radical.

Para elevar un radical a una potencia se eleva la cantidad subradical a dicha potencia.

Para calcular raíces de radicales se multiplican entre sí los índices de los radicales y la cantidad subradical se pone bajo un signo radical cuyo índice es el producto de los índices de los radicales. Racionalizar una fracción que posea algún radical en el denominador consiste en convertirla en otra fracción equivalente en cuyo denominador no aparezca ningún radical.

Para racionalizar una fracción se multiplican numerador y denominador de la fracción por un radical tal que al multiplicarlo por el denominador lo transforme en una raíz exacta y, a continuación, se simplifica el resultado. El hecho de que números como $\sqrt{2}$ o $\sqrt{3}$ no sean racionales indica la conveniencia de proceder a una nueva ampliación del campo numérico que incluya a estos números que por no ser racionales reciben el nombre de irracionales.

3

4

1. *Si se conoce el volumen de un dado es posible determinar la longitud de su arista, extrayendo la raíz cúbica.*

2. *Si un terreno cuadrado se rodea con una valla, la longitud de la valla puede determinarse extrayendo la raíz cuadrada de la superficie del terreno y multiplicando por 4 el valor así obtenido.*

3. *Si se conoce la superficie de una mesa cuadrada, vista por encima, es posible calcular su lado, extrayendo la raíz cuadrada de la superficie.*

4. *La pirita es un mineral que forma hermosos cristales cúbicos. La arista de cada uno de los cristales de pirita puede determinarse calculando la raíz cúbica del volumen del cristal.*

El sistema métrico decimal

La Academia de Ciencias de París designó en 1792 a los profesores Delambre y Mechain para que diseñaran un sistema de medidas universal que pudiera ser aceptado por todos los países del mundo. Para ello se decidió elegir como unidad fundamental la unidad de longitud de modo que dicha unidad estuviera relacionada con las dimensiones del globo terráqueo y que sus múltiplos y submúltiplos fueran potencias de diez. Para determinar la unidad de longitud se midió el arco del meridiano terrestre comprendido entre Dunkerque y Barcelona. A la diezmillonésima parte del cuadrante de dichò meridiano terrestre se le dio el nombre de metro (del griego métron, que significa medida).
En 1889 se celebró en París una Conferencia Internacional de Pesas y Medidas en la que se acordó que el metro legal internacional fuera la longitud a cero grados centígrados de temperatura de la distancia entre dos marcas de una regla de platino iridiado que se conserva en la Oficina de Pesas y Medidas de Sèvres. El sistema métrico decimal ha sido aceptado casi en todo el mundo y establece cinco tipos de unidades de medida: de **longitud**, de **superficie**, de **volumen**, de **capacidad** y de **masa**.

1

El **metro** es la unidad fundamental de longitud y se representa con el símbolo m. Los múltiplos del metro se forman anteponiendo a la palabra metro los prefijos griegos **deca**, **hecto** y **kilo** entre otros, que significan, respectivamente, diez, cien y mil y se representan con los símbolos **dam**, **hm** y **km**, respectivamente. Los submúltiplos del metro se forman anteponiendo a la palabra metro los prefijos latinos **deci**, **centi** y **mili** entre otros, que significan, respectivamente, décima, centésima y milésima parte y se representan con los símbolos dm, cm y mm, respectivamente.
Las unidades de longitud aumentan y disminuyen de diez en diez tal como puede observarse en la tabla siguiente:

2

3

4

1 km	= 1.000 m
1 hm	= 100 m
1 dam	= 10 m
1 m	= 1 m
1 dm	= 0,1 m
1 cm	= 0,01 m
1mm	= 0,001 m

La unidad fundamental de **superficie** es el **metro cuadrado,** que se representa con el símbolo m^2 y que se define como la superficie de un cuadrado cuyo lado mide un metro de longitud.
Las unidades de superficie aumentan y disminuyen de cien en cien. Los agrimensores utilizan medidas de superficie para medir tierras que reciben nombres especiales. La unidad de las medidas agrarias es el **área** que equivale a 1 dam^2 y se simboliza a. Un múltiplo es la **hectárea** que se representa ha y equivale a 1 hm^2 y un submúltiplo es la **centiárea** que se simboliza ca y equivale a 1 m^2.
La unidad fundamental de **volumen** es el **metro cúbico,** que se representa con el símbolo m^3 y se define como el volumen de un cubo de un metro de arista. Las unidades de volumen aumentan y disminuyen de mil en mil. La unidad fundamental de **capacidad** es el **litro**, que se representa con el símbolo 1 y se define como la capacidad de un recipiente cuyo volumen equivale a 1 dm^3. Las unidades de capacidad aumentan y disminuyen de diez en diez.
La unidad fundamental de **masa** es el **kilogramo,** que se simboliza con la expresión kg y se define como la masa que tiene 1 dm^3 de agua pura destilada a la temperatura de 4 grados centígrados.
Las unidades de masa aumentan y disminuyen de diez en diez. Para cargas muy pesadas se emplean los siguientes múltiplos del kilogramo:

Quintal
métrico : 1 q = 100 kg
Tonelada
métrica : 1 t = 1.000 kg

Para reducir un número formado por unidades de distinto orden a una única unidad se convierte cada una de las unidades a dicha unidad y, a continuación, se suman los resultados.

1. *Las superficies de los países suelen expresarse en kilómetros cuadrados.*

2. *Monumento dedicado al metro patrón en la plaza de las Glorias Catalanas de Barcelona. El metro patrón se definió como la diezmillonésima parte del cuadrante del meridiano terrestre que pasa por las ciudades de Dunkerque y Barcelona. El monumento está orientado precisamente en dicha dirección.*

3. *Para medir la capacidad de los embalses y pantanos se utiliza como unidad el hectómetro cúbico. En la fotografía se muestra una imagen del pantano de Sau.*

4. *Para medir la capacidad de los contenedores se utiliza como unidad el metro cúbico.*

Otros sistemas de medición

Aunque el sistema métrico decimal es el más utilizado en la actualidad, todavía se conservan algunos sistemas no decimales para medir determinadas magnitudes. Las principales magnitudes que se miden en sistemas no decimales son los **ángulos** y el **tiempo.**

Para medir ángulos se usa frecuentemente el sistema **sexagesimal.** En este sistema se supone que a toda la circunferencia le corresponden 360°, donde el pequeño cero situado en la parte superior derecha es el símbolo que representa al grado, que es la unidad empleada para medir ángulos. Si la circunferencia se divide en cuatro partes iguales se obtienen cuatro ángulos rectos, cada uno de los cuales mide 90°. A su vez cada grado está dividido en 60 partes iguales llamadas **minutos,** es decir, 1° = 60', donde la coma situada en la parte superior derecha simboliza los minutos. Por su parte, cada minuto se divide en 60 partes iguales, que reciben el nombre de **segundos,** o sea, 1' = 60", donde las dos comas situadas en la parte superior derecha simbolizan los segundos. La unidad fundamental empleada para medir el **tiempo** es el **segundo,** que se define como 1/86400 del día solar medio, o sea, del tiempo invertido por la Tierra en dar una vuelta completa alrededor de su eje y se representa mediante el símbolo s. Un **minuto** (min) equivale a 60 **segundos** y 60 minutos equivalen a una **hora** (h). Cada día tiene 24 horas y la **semana** equivale a siete **días.** Un **año** es el tiempo empleado por la Tierra en completar su movimiento de traslación alrededor del Sol. Los años cuentan con 365 días aproximadamente ya que cada 4 años se tiene un **año bisiesto** de 366 días para compensar el error que se va acumulando al suponer 365 días exactos. Un año tiene 12 **meses,** que

1

2

3

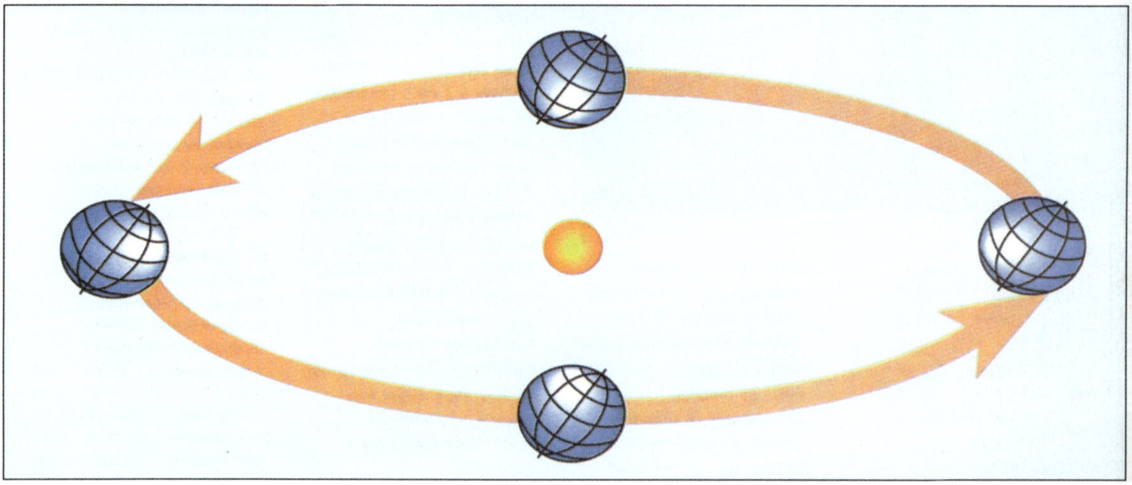

generalmente cuentan con 30 o 31 días, excepto febrero que tiene 28 días o 29 si el año es bisiesto.
Los **números incomplejos** son aquellos que se emplean para expresar magnitudes mediante una sola unidad. Así, 328 s es un número incomplejo. Por el contrario, los **números complejos** son los que se usan para expresar magnitudes mediante una mezcla de diversas unidades. Así, 4 h 25 min 32 s es un número complejo.
De los sistemas de medidas distintos del sistema métrico decimal el más utilizado en la práctica es el **sistema anglosajón** de medidas. Por ello resulta conveniente conocer sus unidades y la equivalencia con las unidades correspondientes del sistema métrico decimal.
Las más empleadas son las siguientes:

Medidas de capacidad

Para líquidos			
1 galón U.S.	=	3,7854	litros
1 cuarto U.S.	=	0,94636	litros
1 pinta U.S.	=	0,47312	litros
1 gill U.S.	=	0,11828	litros
Para áridos			
1 bushel U.S.	=	35,237	litros
1 peck U.S.	=	8,80925	litros
1 cuarto U.S.	=	1,1012	litros

Medidas de masa

1 tonelada U.S.	=	907,18	kg
1 quintal U.S.	=	45,359	kg
1 libra U.S.	=	0,45359	kg
1 onza U.S.	=	0,028349	kg
1 grano	=	0,0000648	kg
1 onza Troy	=	0,031103	kg
1 libra Troy	=	0,37324	kg
1 dracma	=	0,00177	kg
1 stone	=	6,348	kg

Medidas de longitud

1 milla	=	1.609,35	m
1 furlong	=	201,1644	m
1 pole	=	5,029	m
1 yarda	=	0,9144	m
1 pie	=	0,3048	m
1 pulgada	=	0,0254	m

Medidas de superficie

1 $milla^2$	=	2.589.900	m^2
1 acre	=	4.046,8	m^2
1 rod^2	=	25,293	m^2
1 $yarda^2$	=	0,8361	m^2
1 pie^2	=	0,0929	m^2
1 $pulgada^2$	=	0,000645	m^2

Medidas de volumen

1 cord	=	3,624	m^3
1 $yarda^3$	=	0,7645	m^3
1 pie^3	=	0,028317	m^3
1 $pulgada^3$	=	0,00001639	m^3

Para convertir números complejos en incomplejos basta con multiplicar cada uno de los números que forman el complejo por el número de unidades de orden inferior que contienen. Así, por ejemplo, para reducir a segundos el complejo 3h 6 min 42s se procederá del modo siguiente:

3 h = 3 × 60 = 180 min
180 min + 6 min = 186 min
186 min = 186 × 60 = 11.160 s
11.160 + 42 = 11.202 s
Así pues, 3 h 6 min 42 s equivale a 11.202 s.

Para convertir incomplejos en complejos se procede a la inversa, o sea, se divide el número dado por el número de unidades del orden superior.
•Para sumar complejos se colocan en columna las unidades del mismo orden y a continuación se efectúa la suma, columna a columna. Una vez efectuada la suma se reducen los incomplejos a complejos.

4

1. *Las esferas de los relojes analógicos, como la del famoso Big Ben de Londres, utilizan el sistema sexagesimal.*

2. *Placa de patrones de medidas de longitud del sistema imperial británico.*

3. *Representación del movimiento de traslación de la Tierra alrededor del Sol. La Tierra invierte algo más de 365 días en completar una vuelta completa alrededor del Sol. Los días 21 de junio y 21 de diciembre corresponden, respectivamente, a las posiciones más cercana y más alejada del Sol (solsticios), mientras que el 21 de marzo y el 22 de septiembre coincide la duración del día y de la noche (equinoccios).*

4. *Las distancias marítimas se miden en millas náuticas.*

Razones y proporciones

Se denomina razón de dos cantidades al resultado obtenido al dividir ambas cantidades. Las razones pueden escribirse o bien en forma de fracción separando el numerador y el denominador con una raya o bien separando ambos términos con el signo de dividir (:). Así, la razón de 4 a 3 se escribe 4/3 o bien 4 : 3 y se lee «cuatro es a tres». El primer término de una razón se llama **antecedente** y el segundo **consecuente**. En el ejemplo anterior, 4 es el antecedente y 3 es el consecuente. Las razones presentan estas propiedades:

a) Si en una razón se multiplica o divide por un número cualquiera el antecedente, la razón queda multiplicada o dividida por dicho número.

b) Si en una razón se multiplica o divide por un número cualquiera el consecuente, la razón queda, respectivamente, dividida o multiplicada por dicho número.

c) Si en una razón se multiplica o divide por un mismo número tanto el antecedente como el consecuente, la razón permanece inalterada. Una **proporción** es la igualdad de dos razones. Las proporciones son de dos maneras: o bien

$$\frac{a}{b} = \frac{c}{d}$$

o bien a : b :: c : d y se leen «a es a b como c es a d». Los términos a y d se denominan **extremos** mientras que los términos b y c se llaman

1

3

medios. Las proporciones cuyos medios son distintos reciben el nombre de proporciones **discretas.** Si los medios son iguales las proporciones se denominan **continuas.** Se llama **media geométrica** de una proporción continua a cada uno de los medios iguales de dicha proporción. La media geométrica de una proporción continua es igual a la raíz cuadrada del producto de los extremos. Se llama **cuarta proporcional** a cualquiera de los cuatro términos de una proporción discreta. Se denomina **tercera proporcional** al cuarto término de una proporción continua.

Las proporciones verifican las siguientes propiedades:

a) En toda proporción el producto de los medios coincide con el producto de los extremos.

b) En toda proporción un medio es igual al producto de los extremos dividido por el otro medio.

c) En toda proporción un extremo es igual al producto de los medios dividido por el otro extremo.

d) Cualquier proporción puede escribirse de ocho maneras diferentes.

e) Si dos proporciones tienen una razón común las otras dos razones forman una proporción.

f) Si dos proporciones tienen iguales los antecedentes los consecuentes forman una proporción.

g) El producto término a término de varias proporciones origina otra proporción.

h) Con los cuatro términos de dos productos iguales puede formarse una proporción.

i) Multiplicando o dividiendo todos los términos de una proporción por el mismo número se mantiene la proporción.

j) Multiplicando o dividiendo los antecedentes de una proporción por el mismo número se mantiene la proporción.

k) Multiplicando o dividiendo los consecuentes de una proporción por un mismo número se mantiene la proporción.

l) Si se multiplican o dividen los dos términos de una de las razones que forman una proporción por un mismo número se mantiene la proporción.

m) Si se elevan a la misma potencia todos los términos de una proporción se obtiene otra proporción.

n) En una proporción la suma o la resta de los dos términos de la primera razón es a su antecedente como la suma o la resta de los dos términos de la segunda razón es a su antecedente.

o) En una proporción la suma o la resta de los dos términos de la primera razón es a su consecuente como la suma o la resta de los dos términos de la segunda razón es a su consecuente.

p) En una proporción la suma o la resta de los antecedentes es a la suma o la resta de los consecuentes como un antecedente cualquiera es a su consecuente.

q) En una proporción la suma de los términos de la primera razón es a su diferencia como la suma de los términos de la segunda razón es a su diferencia.

r) En toda proporción la suma de los antecedentes es a su diferencia como la suma de los consecuentes es a su diferencia.

s) En una serie de razones iguales la suma de los antecedentes es a la suma de los consecuentes como un antecedente cualquiera es a su consecuente.

Las razones y las proporciones fueron usadas y conocidas desde tiempos muy remotos.

Mientras que los griegos tuvieron una concepción abstracta y teórica de las proporciones, tal como puede observarse en los «Elementos» de Euclides los matemáticos italianos del Renacimiento utilizaron y divulgaron sus múltiples aplicaciones prácticas.

La notación actualmente utilizada para representar las proporciones es debida a Tartaglia.

4

1. ***El valor de un rebaño es directamente proporcional al número de cabezas de ganado que lo componen.***

2. ***El precio de una caja de bebidas refrescantes es directamente proporcional al número de latas que contiene.***

3. ***Hay una proporcionalidad directa entre el número de obreros que trabajan en una obra determinada y el trabajo efectuado.***

4. ***El precio de los pisos y apartamentos es directamente proporcional a su superficie.***

La regla de tres

1

Se dice que dos magnitudes son proporcionales cuando al multiplicar o dividir una de ellas por un número dado la otra queda multiplicada o dividida por el mismo número. Las magnitudes proporcionales pueden ser directa o inversamente proporcionales. Se dice que dos magnitudes son **directamente proporcionales** cuando al multiplicar una de ellas por un número dado la otra queda multiplicada por el mismo número y al dividir una de ellas por un número dado la otra queda dividida por el mismo número. Así, son magnitudes directamente proporcionales el número de libros que hay en una biblioteca y el espacio que ocupan en la misma. Se dice que dos magnitudes son **inversamente proporcionales** cuando al multiplicar una de ellas por un número dado la otra queda dividida por el mismo número y al dividir una de ellas por un número dado la otra queda multiplicada por el mismo número. Así, el caudal de un grifo y el tiempo invertido en llenar un estanque son magnitudes inversamente proporcionales.
La **regla de tres** es la operación aritmética que consiste en calcular el cuarto término de una proporción conocidos los otros tres. Si en una regla de tres tan sólo intervienen dos magnitudes se dice que la regla de tres es **simple**. Cuando en una regla de tres intervienen tres o más magnitudes se dice que la regla es **compuesta**.
En una regla de tres, los datos de la parte que resulta conocida del problema se denominan **supuesto** mientras que los datos de la parte que contiene la incógnita reciben el nombre de **pregunta**. Así, por ejemplo, si sabemos que una docena de sillas iguales cuestan 144 dólares y nos preguntan cuánto cuestan 5 sillas, el supuesto será que 12 sillas cuestan 144 dólares y la pregunta será lo que cuestan 5 sillas. El procedimiento más utilizado para resolver una regla de tres es el denominado **método de las proporciones,** que se ejemplifica a continuación:
Ejemplo. Si un automóvil mantiene una velocidad constante de 90 km/h puede recorrer una distancia dada en 6 horas. ¿Qué velocidad debería llevar el automóvil para recorrer la misma distancia en tan sólo 4 horas? Solución: Hagamos el planteamiento de la tabla superior y tendremos la velocidad del automóvil y el tiempo invertido en recorrer la distancia dada son magnitudes inversamente proporcionales ya que a más velocidad menos tiempo y a menos velocidad más tiempo. Por consiguiente podemos establecer la proporción 4 : 6 :: 90 : x. Puesto que x es un extremo de la proporción anterior tendremos que

2

Supuesto	90 km/h	6 horas
Pregunta	x km/h	4 horas

$$x = \frac{6 \cdot 90}{4} = 135 \text{ km/h}$$

Cuando la regla de tres es compuesta se escriben el supuesto y la pregunta y a continuación se compara cada una de las magnitudes con la incógnita suponiendo que las demás magnitudes permanecen constantes para comprobar si dichas magnitudes son directa o inversamente proporcionales con la incógnita. A las magnitudes que son directamente proporcionales se les pone en la parte inferior un signo + y en la parte superior un signo – y a las magnitudes que son inversamente proporcionales se

3 4

	+	-	+
Supuesto	3 obreros	30 metros	4 días
Pregunta	2 obreros	40 metros	x días

les pone en la parte inferior un signo - y en la parte superior un signo +. El valor de la incógnita será igual al dato conocido de su especie que se supondrá que siempre lleva el signo + multiplicado por todas las cantidades que llevan el signo + y dividido por todas las cantidades que llevan el signo -. Ejemplo. Un grupo de 3 obreros cava una zanja de 30 metros de longitud trabajando durante 4 días. ¿Cuánto tiempo tardarán 2 obreros en cavar 40 metros de la misma zanja? Solución: En la tabla superior vemos el planteamiento de la operación. Tanto el número de obreros como el tiempo empleado son magnitudes inversamente proporcionales y, por tanto, se escribe el signo + encima de los obreros y el signo - debajo. En cambio, la longitud de la zanja y el tiempo empleado son magnitudes directamente proporcionales y, por tanto, se escribe el signo - encima de la longitud y el signo + debajo. Por consiguiente,

$$x = \frac{4 \cdot 40 \cdot 3}{30 \cdot 2} = 8 \text{ días}$$

Otro método muy utilizado para resolver reglas de tres es el denominado método de reducción a la unidad, que pasamos a exponer en los ejemplos siguientes:
Ejemplo. Si 12 abrigos cuestan 360 dólares, ¿cuánto costarán 8 abrigos? Solución: Se trata de encontrar el precio de un abrigo y a continuación el valor total de los 8 abrigos. Para ello, dividiremos 360 : 12 = 30, que es el precio de un abrigo. Por tanto, los 8 abrigos costarán 8 × 30 = 240 dólares.
Ejemplo. Si 6 obreros hacen una obra en 20 días. ¿Cuánto tiempo tardarán en hacer la misma obra 8 obreros?
Solución: Se trata de encontrar el tiempo que tardaría un obrero en hacer la obra y a continuación el tiempo que tardarán los 8 obreros. Para ello, multiplicaremos 20 × 6 = 120 días que es el tiempo que tardaría un obrero en hacer la obra. Por consiguiente, los 8 obreros tardarán 120 : 8 = 15 días.

1. *La velocidad de un vehículo y su recorrido son magnitudes directamente proporcionales.*

2. *Si se conoce el precio de la caja de cerillas y el número de cerillas que contiene se puede calcular el precio de una cerilla.*

3. *El tiempo invertido en llenar una piscina es inversamente proporcional al caudal del grifo.*

4. *El precio de una bombona de butano es directamente proporcional a su contenido.*

Interés y descuento

La regla de interés es una operación que permite conocer el interés i que produce un capital C impuesto a un tanto por ciento r durante un tiempo t. Se dice que el interés es **simple** cuando los intereses producidos por el capital no se acumulan a éste al final del tiempo acordado. Por el contrario, se dice que el interés es **compuesto** cuando los intereses producidos por el capital se acumulan a éste al final del período de tiempo acordado para formar un nuevo capital mayor que el inicial. Si se trata del interés simple, para deducir la expresión que nos permita calcular i en función de C, r y t habrá suficiente con resolver la siguiente regla de tres (Tabla A).

El supuesto anterior indica que 100 unidades de dinero producen en 1 año r unidades de dinero mientras que la pregunta interroga sobre los intereses que producirán C unidades de dinero durante t años. El capital depositado y los intereses producidos son magnitudes directamente proporcionales ya que a más capital más intereses y a menos capital menos intereses. Analogamente, el tiempo y los intereses producidos también son magnitudes directamente proporcionales ya que a mas tiempo más intereses y a menos tiempo menos intereses. Por tanto, resolviendo la regla de tres planteada resultará

$$i = \frac{C \cdot r \cdot t}{100}$$

Tabla A

que es la fórmula fundamental del interés simple. En el caso del interés compuesto, si llamamos C al capital impuesto a interés compuesto durante t años a un interés anual r expresado no en tanto por ciento sino en tanto por uno, al final del primer año el capital se habrá convertido en $C(1 + r)$. Del mismo modo, al final del segundo año se habrá convertido en $C(1 + r)(1 + r) = C(1 + r)^2$ y así sucesivamente. Transcurridos t años habrá un capital final C_f que vendrá dado por la expresión $C_f = C(1 + r)^t$, que es la fórmula fundamental del interés compuesto.

Una letra de cambio es un documento por el cual una persona manda a otra que pague, a su orden o a la de una tercera persona una determinada cantidad de dinero en el lugar y tiempo que se indica en el documento. La persona que manda pagar se llama librador. La persona a la que se dirige la letra y que paga se llama librado y la persona que cobra la letra se denomina tenedor o pagador. Las letras de cambio pueden girarse al contado o a plazos en alguna de las siguientes modalidades:

1

2

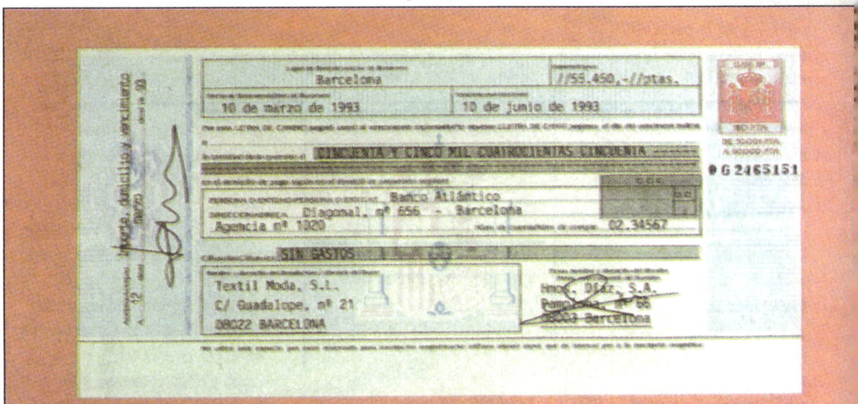
Barcelona
//55.450,-//ptas.
10 de marzo de 1993
10 de junio de 1993
CINCUENTA Y CINCO MIL CUATROCIENTAS CINCUENTA
Banco Atlántico
Diagonal, nº 656 - Barcelona
Agencia nº 1020
02.34567
SIN GASTOS
Textil Moda, S.L.
C/ Guadalope, nº 21
08022 BARCELONA
Hnos. Díaz, S.A.
08003 Barcelona
G 2465151

3

a) A la vista. El librado debe pagar la letra el día que se la presenten.
b) A uno o más días, a uno o más meses vista. La letra vence el día en que se cumplen los días o meses señalados a contar desde el día siguiente al de la aceptación de la misma.
c) A uno o más días, a uno o más meses fecha. La letra vence el día en que se cumplen los días o meses señalados, a contar desde el día siguiente al de la fecha de la letra.
d) A día fijo. La letra vence el día señalado.
Un pagaré es una promesa escrita de pagar una cantidad de dinero a una persona determinada en el documento o a su orden o al tenedor del documento en una fecha determinada. La persona que contrae la obligación de pagar recibe el nombre de otorgante mientras que la persona que tiene derecho a cobrar el pagaré recibe el nombre de tenedor.
Los pagarés pueden otorgarse a su presentación, a días fecha, a meses fecha y a fecha fija. Los pagarés del primer tipo vencen a cualquier tiempo, los demás el día señalado.
La utilidad de las **letras de cambio** y de los **pagarés** en el mundo comercial es enorme. Como estos documentos son negociables, con ellos se puede comprar y pagar, o sea, circulan exactamente igual que si fueran dinero. No obstante, el pago de una letra de cambio o de un pagaré no puede exigirse al deudor hasta la fecha del vencimiento. Ahora bien, si una persona posee un pagaré o una letra de cambio y necesita hacerlo efectivo antes de su vencimiento lo que hace es dirigirse a otra persona o a una entidad bancaria para que le paguen el documento. El banco se lo paga, pero como el banco no puede exigir el pago al deudor hasta el día del vencimiento no le paga la cantidad escrita en el documento sino algo menos, puesto que le rebaja un porcentaje de interés, generalmente sobre el valor nominal, dependiendo del tiempo que media entre el día en que el banco le paga la letra de cambio o el pagaré y el día del vencimiento del documento en el cual el banco ya puede cobrárselo al deudor. Esta rebaja se llama **descuento.**
Recibe el nombre **valor nominal** de un documento la cantidad escrita en él o bien la cantidad escrita más el interés producido desde la fecha hasta el día del vencimiento, si el documento gana interés. Se denomina **tipo de descuento** el porcentaje de interés que cobra el banco por pagar la letra o el pagaré antes del vencimiento. El tipo de descuento puede calcularse sobre el valor nominal, en cuyo caso recibe el nombre de **descuento comercial** o bien sobre el valor actual del documento, en cuyo caso se llama **descuento racional.**
Como el descuento comercial es el interés producido por el valor nominal durante el tiempo que falta hasta el vencimiento, si llamamos n al valor nominal, t al plazo de descuento y r al tipo de descuento, se obtiene la siguiente proporción

$$\frac{100}{nt} = \frac{r}{d}$$

de donde resulta que

$$d = \frac{nrt}{100}$$

Si el tiempo se expresa en meses se sustituye 100 por 1.200 y si viene dado en días se sustituye 100 por 36.000 ya que el año comercial tiene 360 días.

4

1. ***El cálculo de intereses es una de las operaciones básicas que se efectúan en las entidades bancarias.***

2. ***En la temporada de rebajas o baratas, los escaparates de los comercios anuncian increíbles descuentos.***

3. ***Las letras de cambio son efectos comerciales que se descuentan si se cobran antes de su vencimiento.***

4. ***Los concesionarios de automóviles ofrecen planes de financiación a los compradores con objeto de incrementar sus ventas.***

Repartos proporcionales

Repartir proporcionalmente un número o una cantidad dada consiste en dividir dicho número o cantidad en partes proporcionales a otros varios números. Los repartos proporcionales pueden ser **directos, inversos** y **compuestos.**
Para repartir un número dado en partes directamente proporcionales a varios números se determina cada una de las partes multiplicando el número que se quiere repartir por cada uno de los números y dividiendo por la suma de todos ellos.
Para repartir un número dado en partes inversamente proporcionales a varios números se calcula cada una de las partes repartiéndolo en partes directamente proporcionales a los inversos de dichos números. El reparto proporcional compuesto consiste en repartir un número o una cantidad dada en partes directamente proporcionales a los productos de varios números.
Ejemplo. Un padre desea repartir 33 dólares entre sus tres hijos en partes directamente proporcionales a sus edades, que son 5, 4 y 2 años respectivamente, e inversamente proporcionales a las veces que han sido castigados durante el último mes, que han sido 5, 2 y 3 veces, respectivamente. ¿Cuánto corresponderá a cada hijo?
Solución: Se trata de repartir 33 dólares en partes directamente proporcionales a los productos

$$5 \cdot \frac{1}{5}, \; 4 \cdot \frac{1}{2} \; \text{ y } \; 2 \cdot \frac{1}{3}$$

es decir, se trata de repartir 33 dólares en partes directamente proporcionales a 1, 2 y 2/3. Las partes serán:

$$x = \frac{33}{1 + 2 + \frac{2}{3}} \cdot 1 =$$

= 9 dólares al mayor

$$y = \frac{33}{1 + 2 + \frac{2}{3}} \cdot 2 =$$

= 18 dólares al mediano

$$z = \frac{33}{1 + 2 + \frac{2}{3}} \cdot \frac{2}{3} =$$

= 6 dólares al menor

Una compañía mercantil es una sociedad constituida por varias personas que aportan sus bienes o su trabajo con intención de obtener una ganancia. El objetivo de una compañía es obtener beneficios y repartirlos entre los socios. Para ello, los socios estipulan la proporción en que cada uno de ellos participa en los beneficios o en las pérdidas de la compañía. Los socios que no aportan capital

1

2

sino su trabajo suelen quedar libres de las pérdidas de la compañía. Generalmente, la distribución de las ganancias y de las pérdidas de una compañía se hace en partes directamente proporcionales al capital aportado y al tiempo que ha permanecido cada socio en la compañía. Hay dos tipos de regla de compañía: la **regla de compañía simple,** que es aquella en que los capitales o los tiempos son iguales y la **regla de compañía compuesta,** que es aquella en que tanto los capitales como los tiempos son distintos. Cuando la regla de compañía es simple cabe considerar dos casos, dependiendo de que sean iguales los capitales o los tiempos. Cuando los tiempos son iguales, las ganancias o las pérdidas se reparten en partes directamente proporcionales a los capitales. Cuando los capitales son iguales las ganancias o las pérdidas se reparten en partes directamente proporcionales a los tiempos. En el caso de la regla de compañía compuesta las ganancias o las pérdidas se reparten en partes directamente proporcionales a los productos de los capitales por los tiempos. Ejemplo. Dos socios forman una sociedad del modo siguiente: el primer socio aporta 1.000 dólares durante 5 años y el segundo socio 2.000 dólares durante 2 años. Si al final hay un beneficio de 720 dólares, ¿cuánto le corresponderá a cada socio? Solución: Se trata de repartir 720 dólares en partes directamente proporcionales a los productos 5 × 1.000 y 2 × 2.000 o sea, a 5.000 y 4.000 Tendremos:

$$x = \frac{720}{5.000 + 4.000} \cdot 5.000 =$$

= 400 dólares el primero

$$y = \frac{720}{5.000 + 4.000} \cdot 4.000 =$$

= 320 dólares el segundo

3

4

5

1. *Los gastos de un estacionamiento privado se reparten proporcionalmente entre los propietarios de las plazas de acuerdo con los coeficientes de copropiedad.*

2. ***Una compañía mercantil es una sociedad formada por varias personas que aportan sus bienes o su trabajo para intentar conseguir una ganancia.***

3. ***En un puerto o embarcadero los gastos de conservación de los puntos de amarre de las embarcaciones que allí fondean se distribuyen proporcionalmente entre los propietarios.***

4. ***En sociedades como las cooperativas vinícolas con socios o afiliados que aportan cantidades variables de bienes los beneficios se calculan aplicando la regla de compañía.***

5. *En los organismos internacionales los repartos proporcionales son imprescindibles a la hora de fijar los presupuestos y las cuotas de participación de los diversos estados.*

Mezclas y aleaciones

La regla de aligación se utiliza para resolver problemas de mezclas. La aligación puede ser de dos clases: aligación **directa** y aligación **inversa.** En la aligación directa se trata de determinar el precio medio de una mezcla conocidas las cantidades de las sustancias que se mezclan y sus precios respectivos. Así, si consideramos una mezcla formada por unas cantidades a, b, c de unas sustancias cuyos precios respectivos son x, y, z, el precio medio de la mezcla vendrá dado por la expresión:

1

$$p = \frac{ax + by + cz}{a + b + c}$$

que es la fórmula fundamental de la aligación directa.

Ejemplo. Se mezclan 5 litros de vino de 10 grados con 3 litros de vino de 12 grados y con 2 litros de vino de 17 grados. ¿Qué graduación tiene la mezcla?

Solución: Sustituyendo en la fórmula fundamental resulta:

$$p = \frac{5 \cdot 10 + 3 \cdot 12 + 2 \cdot 17}{5 + 3 + 2}$$

$= 12$ grados

En la aligación inversa se trata de determinar las cantidades que deben mezclarse de cada sustancia conocido el precio medio de la mezcla y los precios de cada sustancia.

En la aligación inversa pueden presentarse los dos casos siguientes:

a) Calcular las cantidades de los ingredientes conocidos el precio medio de la mezcla, los precios de los ingredientes y la cantidad total de la mezcla.

Ejemplo. ¿Qué cantidades de maíz de 40 pesos el kg y de 50 pesos el kg se necesitan para formar 20 kg de una mezcla que se vende a 43 pesos el kg sin ganar ni perder?

Solución: Tendremos:

$20 \cdot 43 = x \cdot 40 + (20 - x) \cdot 50$

Es decir,

$860 = 40x + 1.000 - 50x$

O sea, $10x = 140$

De donde $x = 14$ kg de harina de 40 pesos el kg $20 - x = 6$ kg de harina de 50 pesos el kg.

b) Determinar las cantidades de los ingredientes conocidos el precio medio, los precios de los ingredientes y la cantidad de uno de los ingredientes.

Ejemplo. Se quieren obtener 20 kg de arroz que a 121 pesos el kg no dejen ganancia ni pérdida mezclando 5 kg de arroz de 120 pesos el kg con arroz de 100 pesos el kg y arroz de 140 pesos el kg.

¿Qué cantidades se deben añadir?

Solución: Tendremos

$20 \cdot 121 = 5 \cdot 120 + x \cdot 100 +$
$+ (15 - x) \cdot 140$

Es decir, $2.420 = 600 + 100x +$
$+ 2.100 - 140x$

O sea, $40x = 280$

De donde, $x = 7$ kg de arroz de 100 pesos el kg $15 - x = 8$ kg de arroz de 140 pesos el kg.

Una **aleación** es una mezcla obtenida fundiendo metales. Si alguno de los metales que constituye la aleación es el mercurio entonces la aleación recibe el nombre de **amalgama.** El metal más valioso de los que forman la aleación se llama **metal fino.** El metal con que se funde el metal fino para obtener la aleación se denomina **liga.** La ley de una aleación es la proporción en que entra a formar parte el metal fino en dicha aleación y la cual se suele expresar también en **milésimas.** Así, si se dice que un anillo de oro tiene una ley de 900 milésimas esto quiere decir que de cada mil partes en peso del anillo 900 son de oro y 100 son de liga. Así pues, se tiene que

$$\text{ley} = \frac{\text{peso metal fino}}{\text{peso total}}$$

La ley de una aleación se expresa frecuentemente en **quilates.** Un quilate equivale a 1/24 del peso de la aleación. Así, si una moneda de oro es de 20 quilates, se quiere indicar que 20/24 del peso de la moneda es oro y 4/24 son liga. Así pues, conocida la ley de una aleación en quilates basta con dividir el número de quilates por 24 para convertirla en milésimas.

Ejemplo. Una medalla de oro de 20 quilates tiene una masa de

2

3

4

1. Recolección de café en Costa Rica. El café que se expende en los comercios acostumbra a ser una mezcla de distintas calidades.

2. Las campanas de las iglesias están hechas de bronce, que es una aleación de cobre y estaño variable para dar una determinada sonoridad.

3. La ley o grado de pureza de los metales preciosos como este lingote de oro, como nos muestra la ilustración suele expresarse en quilates.

4. También las aleaciones han sido conocidas desde tiempos muy remotos por las diversas civilizaciones, que nos han precedido, tal como pone de manifiesto esta leona de bronce (metal que es una aleación de cobre y estaño) que está situada a la entrada de la Ciudad Prohibida de Beijing (China).

36 gramos. ¿Cuál es la ley en milésimas? ¿Cuánto oro contiene la medalla?
Solución: 20/24 = 0,833 es la ley en milésimas masa de oro:

$$\frac{20}{24} \cdot 36 = 30 \text{ gramos de oro}$$

El interés fundamental de las aleaciones radica en que no sólo conservan las propiedades de los metales (brillo, conductividad eléctrica y térmica, etc.), sino que además las mejoran, aumentando en especial su resistencia mecánica (a la tracción, desgaste, penetración, corrosión, etc.). Estas mejoras se consiguen variando la naturaleza de los componentes y la proporción en que éstos intervienen.
Sin embargo, no siempre pueden alear dos o más elementos metálicos cualesquiera, ni hacerlo en la proporción deseada.

Los números reales

Sea K un **cuerpo abeliano** y consideremos una relación de orden total en el conjunto de los elementos de K que representaremos mediante la notación $\leq$. Se dice que K es un **cuerpo ordenado** con esta relación cuando se cumplen las siguientes condiciones:

a) Si $x \leq y$ entonces $x + z \leq y + z$ para cualquier z de K.

b) Si $0 \leq x$ y $0 \leq y$ entonces $0 \leq xy$.

Si K es un cuerpo ordenado mediante una relación $\leq$ y P es el conjunto de los elementos positivos de K se cumplen las siguientes propiedades:

a) Si $x < y$ se cumple que $-x > -y$.

b) Si $x < y$ y z es positivo se cumple que $xz < yz$. Si z es negativo entonces se cumple que $xz > yz$.

c) P es un grupo multiplicativo.

d) K es un cuerpo de característica cero.

Se dice que un cuerpo ordenado K es **arquimediano** cuando se verifica la siguiente propiedad: si x, y son elementos positivos de K existe un número natural n tal que $y < nx$. Esta condición equivale a la siguiente: si $z \in K$ entonces $z < n$ para algún entero n. Si K es arquimediano todo elemento de K está comprendido entre dos enteros. Aplicando reiteradamente la definición anterior se demuestra que entre dos elementos de K siempre existe un elemento racional. Para efectuar la demostración basta con hacerlo cuando $x < y$ siendo x, y positivos o nulos. Para ello denominaremos h a la diferencia $y - x$, que siempre es positiva. Evidentemente siempre se puede encontrar un número natural n tal que

$$\frac{1}{n} < h$$

y un número natural m tal que

$$y \leq \frac{m}{n}$$

El cuerpo Q de los números racionales es un cuerpo arquimediano.

Se define el supremo de un subconjunto acotado A de un conjunto ordenado E como la menor de las cotas superiores de A. Con las definiciones anteriores diremos que el cuerpo real R es un cuerpo ordenado, arquimediano y tal que todo subconjunto acotado superiormente tiene supremo. El cuerpo Q de los números racionales no cumple la condición de existencia de supremo, lo que demuestra que Q y R son diferentes.

Consideremos dos números reales a, b siendo $a < b$. El conjunto $\{x \mid a < x < b\}$ recibe el nombre de **intervalo abierto** de extremos a, b y se denota por (a, b). Análogamente, el conjunto $\{x \mid a \leq x \leq b\}$ se denomina intervalo cerrado de extremos a, b y se denota por [a, b]. De modo similar se emplea la notación (a, b] y [a, b) para intervalos **semiabiertos** o **semicerrados**. El principio de encaje establece que toda sucesión decreciente de intervalos cerrados de R tiene una intersección que no es vacía. En efecto, consideremos una sucesión decreciente de intervalos cerrados

$[a_1, b_1] \supset [a_2, b_2] \supset \ldots$

Es evidente que se verifica que $a_1 \leq a_2 \leq a_3 \ldots$, $b_1 \geq b_2 \geq b_3 \ldots$ El conjunto $\{a_1, a_2, a_3 \ldots\}$ está acotado superiormente por lo que tiene un supremo al que llamaremos s. Ahora bien, por definición se cumple que $a_i \leq s$ para cada $i \in$ **N**. Como además cada b_i es cota superior del conjunto anterior debe ser $s > b_i$ para todo $i \in$ **N**. Ahora bien, esto quiere decir que $s \in [a_i, b_i]$ para todo $i \in$ **N**, con lo que queda demostrado el enunciado.

Se define la longitud de un intervalo cerrado, abierto o semiabierto de extremos a, b siendo $a < b$ como la diferencia $b - a$. Se dice que un conjunto A de números reales es **acotado**

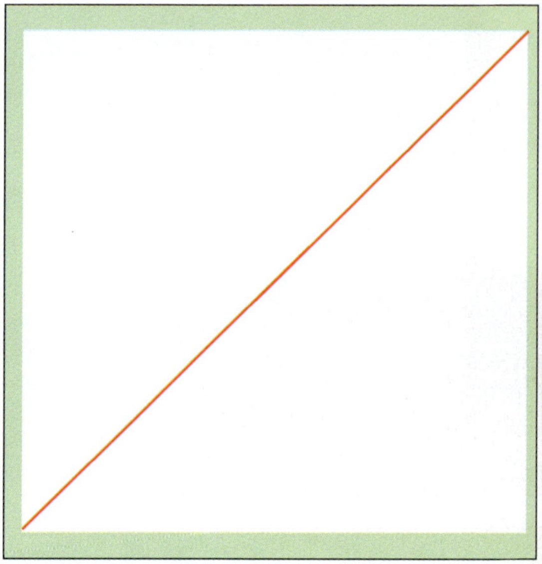

1

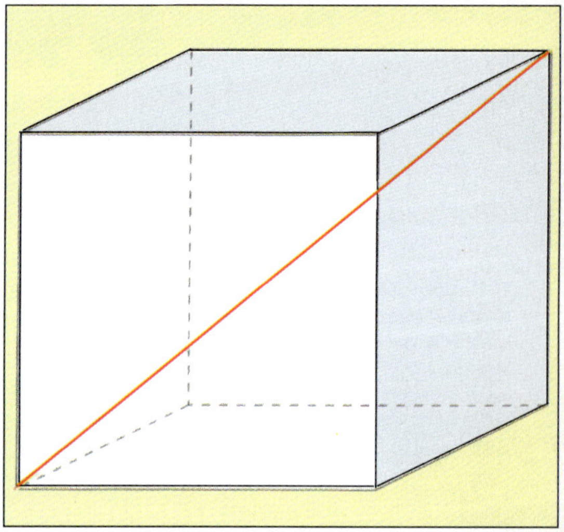

2

si y sólo si está contenido en un intervalo. Si x es un número real se llama **valor absoluto** de x y se denota por $|x|$, al elemento positivo del conjunto $\{x, -x\}$ si $x \neq 0$. Si $x = 0$ el valor absoluto es 0. Los números reales cumplen las propiedades $|x + y| \leq |x| + |y|$, $|xy| = |x|\,|y|$ igual que los números enteros y racionales. De la primera de las propiedades anteriores deduce que $|x - y| \leq |x| - |y|$. Si x, y son elementos de R, la distancia de x a y se define como $|x - y|$. Si A es un conjunto acotado de números reales el conjunto de las distancias entre dos puntos cualesquiera de A es acotado de modo que tiene un supremo. Este supremo se denomina **diámetro** de A. Una aplicación $i \rightarrow x_i$ de **N** en R se denomina una sucesión de elementos de R y se designa por $(x_i)_{i \in N}$. Los elementos x_i, $_{i \in N}$ reciben el nombre de términos de la sucesión. Consideremos una sucesión de números reales $(x_i)_{i \in N}$.

Diremos que el número real x es el límite de dicha sucesión cuando se cumple la siguiente propiedad: para cada número real positivo ε, existe un número natural n tal que siempre que $i > n$ se verifica que $|x - x_i| < \varepsilon$. El límite de una sucesión, si existe, es único. En efecto, consideremos una sucesión $(x_i)_{i \in N}$ y sean x y x' dos límites de la misma. Se cumplirá que $|x - x'| \leq |x - x_i| + |x_i - x'|$.

Si ε es un número real positivo, $|x - x_i|$ es inferior a $\varepsilon/2$ siempre que i sea mayor que un cierto número natural n. Análogamente, $|x_i - x'|$ es menor que $\varepsilon/2$ para todo i mayor que $n' \in$ **N**. Así pues, tomando i mayor que n y que n' resulta que $|x - x'| < \varepsilon$.

Se dice que una sucesión de números reales es convergente cuando tiene límite. El conjunto de elementos de una sucesión convergente de números reales es un conjunto acotado. La suma de dos sucesiones convergentes es otra sucesión convergente cuyo límite es la suma de los límites de las sucesiones iniciales. El producto de dos sucesiones convergentes es otra sucesión convergente cuyo límite es el producto de los límites de las sucesiones iniciales.

3

4

1. *La diagonal de un cuadrado cuyo lado es la unidad mide $\sqrt{2}$, que es un número irracional.*

2. *La diagonal de un cubo cuya arista es la unidad mide $\sqrt{3}$, que es un número irracional.*

3. *El matemático francés Henri Poincaré (1854-1912), primo del presidente de la República Francesa, efectuó notables investigaciones en el campo del Análisis Matemático.*

4. *La relación entre la longitud de una circunferencia y su diámetro es un número irracional, denominado π.*

Los números complejos

La ampliación del campo numérico que se origina al introducir los números reales no permite, sin embargo, hallar raíces pares de números negativos. Así, por ejemplo, no existe ningún número real que permita representar $\sqrt{-1}$ o $\sqrt[4]{-3}$. Estas raíces reciben el nombre de **raíces imaginarias.** La raíz $\sqrt{-1}$ se denomina unidad imaginaria y se representa mediante la letra i. Las expresiones del tipo $\sqrt[4]{-a}$ donde n es par y - a es un número real negativo reciben el nombre de **imaginarias puras.** Cualquier raíz imaginaria se puede expresar como el producto de un número real por la unidad imaginaria. Así, por ejemplo,

$\sqrt{-16} = \sqrt{16} \cdot (-1) =$
$\sqrt{16} \cdot \sqrt{-1} = 4i$

Las potencias sucesivas de la unidad imaginaria van repitiéndose periódicamente. En efecto,

$i = \sqrt{-1}\ (\sqrt{-1})^2 = -1$
$i^2 = (\sqrt{-1})^2 = -1$
$i^3 = i^2 \cdot i = (-1) \cdot i = -i$
$i^4 = i^2 \cdot i^2 = (-1)^2 = 1$
$i^5 = i^4 \cdot i = i$
$i^6 = i^4 \cdot i^2 = i^2 = -1$
$i^7 = i^4 \cdot i^3 = i^3 = -i$
$i^8 = i^4 \cdot i^4 = 1$

y así sucesivamente. Para sumar y restar raíces imaginarias se expresan como producto de un número real por la unidad imaginaria y, a continuación, se operan 1 como radicales semejantes. Para multiplicar raíces imaginarias se expresan como producto de un número real por la unidad imaginaria y a continuación se multiplican simplificando al máximo las potencias de la unidad imaginaria. Para dividir raíces imaginarias se expresan como producto de un número real por la unidad imaginaria y a continuación se dividen, simplificando al máximo las potencias de la unidad imaginaria.

Consideremos el conjunto R × R y definamos en este conjunto las operaciones:

$(a, b) + (c, d) = (a + c, b + d);$
$(a, b) \cdot (c, d) = (ac - bd, ad + bc).$

Con las operaciones anteriores el conjunto R × R tiene estructura de cuerpo. Este cuerpo recibe el nombre de **cuerpo complejo** y se designa por C.
El número complejo (0, 1) acostumbra a designarse por i. Evidentemente

$$(a, b) = (a, 0) + (0, b) = a + bi.$$

Esta última expresión recibe el nombre de **expresión binómica** del número complejo (a, b). El primer sumando de la expresión binómica (a) se denomina **parte real** del número complejo mientras que el segundo sumando (bi) se llama **parte imaginaria** del número complejo. Dado un número complejo z = a + bi se define el

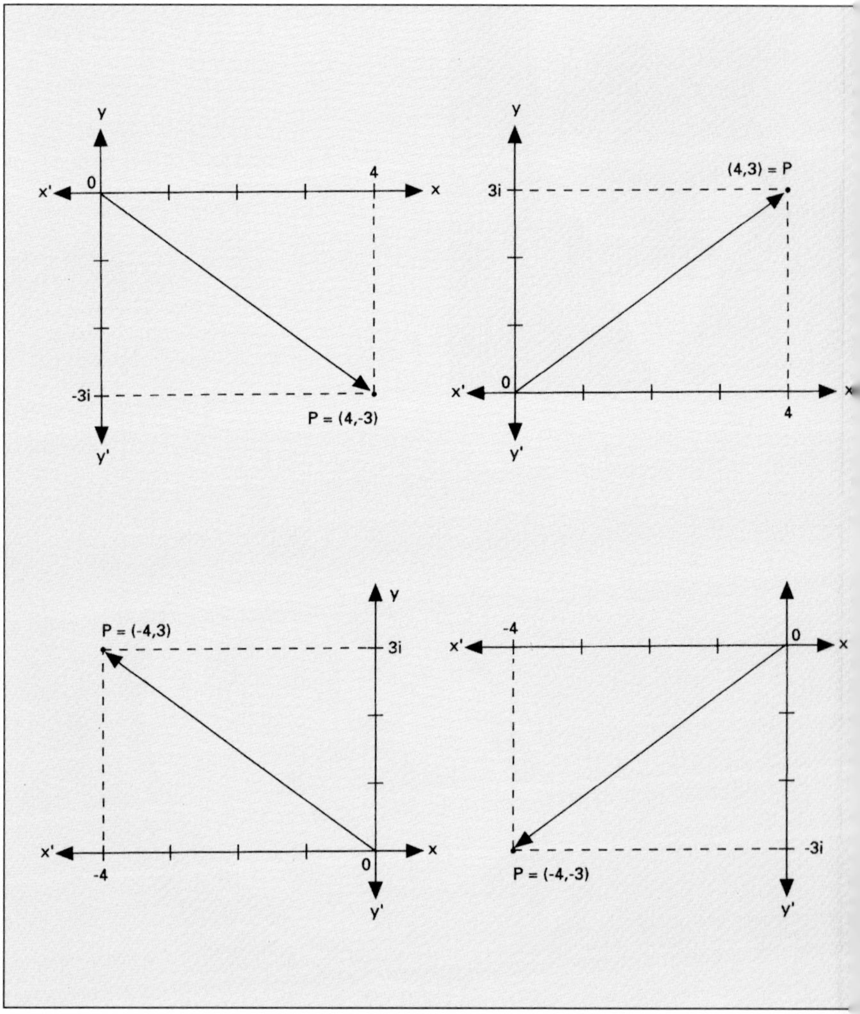

complejo conjugado del anterior como el número complejo $\bar{z} = a - bi$.
Para sumar números complejos se suman las partes reales entre sí y las partes imaginarias entre sí. De modo análogo, para restar números complejos se restan las partes reales entre sí y se procede análogamente con las partes imaginarias. Para multiplicar números complejos se efectúan todos los productos posibles y se simplifican las potencias de la unidad imaginaria. Para dividir números complejos se expresa el cociente en forma de fracción y a continuación se racionaliza el denominador de la fraccion multiplicando numerador y denominador por el conjugado del denominador.
Los números complejos pueden representarse gráficamente utilizando un sistema de coordenadas cartesianas rectangulares (fig. 1).
Tal como se observa en la figura, los números reales positivos se representan sobre el semieje positivo de abscisas OX. De modo similar, los números reales negativos se representan sobre el semieje negativo de abscisas OX'. Los números imaginarios positivos se representan sobre el semieje positivo de ordenadas OY mientras que los números imaginarios negativos se representan sobre el semieje negativo de ordenadas OY'.
El punto P de coordenadas (a, b) representa el número complejo a + bi y se denomina afijo de dicho número complejo. El vector OP se denomina **módulo** del número complejo. El ángulo POA recibe el nombre de **argumento** del número complejo. En las figuras 2, 3, 4 y 5 se han representado los números complejos 4 + 3i, - 4 + 3i, - 4 - 3i y 4 - 3i respectivamente.
El conjunto C de los números complejos tiene estructura de cuerpo y, por tanto, el conjunto de los elementos no nulos forma un grupo con la operación producto, que designaremos por C*. El conjunto de los elementos de módulo 1 forma un subgrupo que designaremos por U. En efecto, zz = 1, el inverso de z es $\bar{z}$ que también tiene módulo 1.
Además, es evidente que el producto de dos elementos de módulo 1 es un elemento de módulo 1.

1. *a) Representación gráfica del número complejo 4 + 3i.*

b) Representación gráfica del número complejo 4 + 3i.

c) Representación gráfica del número complejo - 4 + 3i.

d) Representación gráfica del número complejo - 4 + 3i.

2. *Representación gráfica del número complejo a - bi.*

3. *El esquema de un circuito de corriente alterna con resistencia R y autoinducción L en serie que se ve a la izquierda puede representarse matemáticamente de forma vectorial gracias a los números complejos (derecha).*

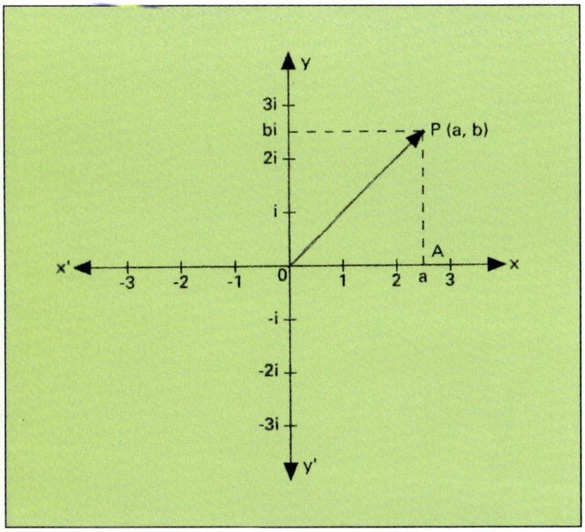

2

3

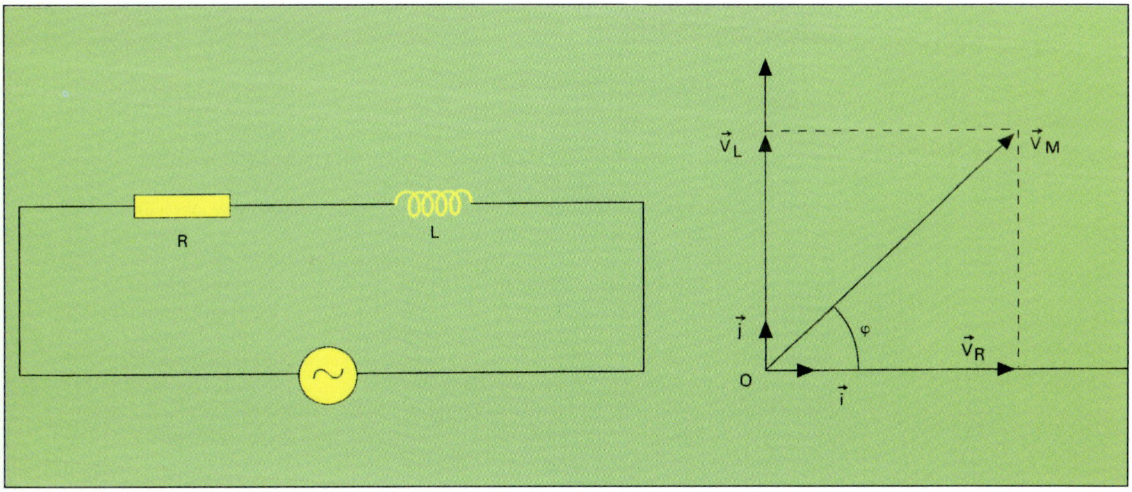

Progresiones

Se dice que una sucesión de números reales (a_n) es una **progresión aritmética** cuando la diferencia entre un término cualquiera de la sucesión y el anterior es constante. Así, la sucesión 2, 5, 8, 11... es una progresión aritmética porque $5 - 2 = 8 - 5 = 11 - 8 = 3$. Como puede observarse, la diferencia entre los términos es siempre constante e igual a 3. En toda progresión aritmética se verifica que para todo $n \in \mathbf{N}$, $a_{n+1} - a_n = d$, siendo d constante. El número d se llama diferencia de la progresión aritmética.

Cada término de una progresión aritmética es igual al primer término de la progresión más tantas veces la diferencia como términos le preceden. Así pues, como al término general, a_n, le preceden $n - 1$ términos, se tiene: $a_n = a_1 + (n - 1)d$, que es la fórmula que permite calcular el término general de una progresión aritmética. Si (a_n) es una progresión aritmética y p, q, m, n son números naturales tales que $p + q = m + n$, se cumple que $a_p + a_q = a_p + a_q = a_m + a_n$, o sea, que la suma de términos equidistantes de una progresión aritmética permanece constante. Si llamamos S_n a la suma de los n primeros términos de una progresión aritmética (a_n) tendremos que:

$$S_n = \frac{a_1 + a_n}{2} \cdot n$$

1

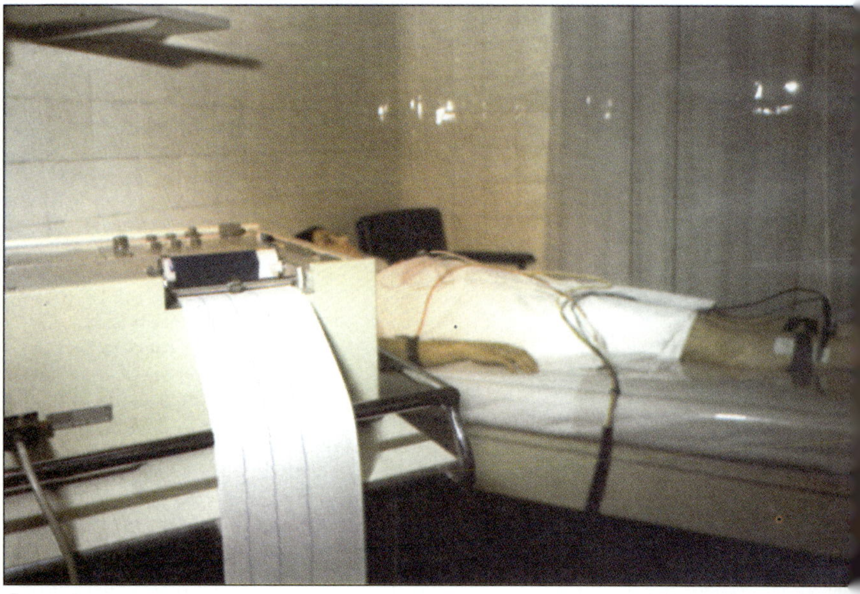

2

Se denominan **medios aritméticos** a aquellos números que intercalados entre dos números dados hacen que todos los números constituyan una progresión aritmética en la cual los dos números dados ocupan el primer y el último lugar, respectivamente. Así, dados los números 2 y 14, 6 y 10 serían medios aritméticos ya que se podría formar la progresión aritmética $(a_n) = 2, 6, 10, 14...$ Interpolar medios aritméticos entre dos números dados consiste en formar una progresión aritmética cuyos extremos sean dichos números.

Se dice que una **sucesión** (a_n) es una **progresión geométrica** cuando el cociente entre cada término y el anterior es constante. Así, la sucesión 1, 3, 9, 27... es una progresión geométrica puesto que $3 : 1 = 9 : 3 = 27 : 9 = 3$ y así sucesivamente. Por consiguiente, se dice que una sucesión (a_n) es una progresión geométrica cuando para cualquier número natural positivo n, el cociente $a_{n+1} : a_n = r$, siendo r constante. La constante r se denomina razón de la progresión geométrica. Si (a_n) es una progresión geométrica de razón r, el término general a_n vendrá dado por la expresión $a_n = a_1 \cdot r^{n-1}$ para todo $n \neq 0$. Así pues, si (a_n) es una sucesión cuyo término general es $a_n = ar^n$ entonces (a_n) es una progresión geométrica de razón r.

Consideremos una progresión geométrica (a_n). Si llamamos P_n al producto de los n primeros términos de la misma tendremos que

$P_n = \pm\sqrt{(a_1 \cdot a_n)^n}$, donde el signo de P_n depende del tipo de progresión. Si en la misma progresión denominamos S_n a la suma de los primeros n términos, se cumple que

$$S_n = \frac{a_n \cdot r - a_1}{r - 1}$$

La fórmula anterior puede transformarse así:

$$S_n = \frac{a_n r - a_1}{r - 1}$$

$$= \frac{a_1 \cdot r^{n-1} \cdot r - a_1}{r - 1}$$

ya que $a_n = a_1 \cdot r^{n-1}$

Por consiguiente,

$$Sn = \frac{a_1 r^n - a_1}{r - 1} = a_1 \cdot \frac{r^n - 1}{r - 1}$$

Interpolar medios geométricos entre dos números dados consiste en formar una progresión geométrica en la que los dos números dados sean el primer y el último término.

Consideremos una progresión geométrica de razón r, siendo $|r| < 1$.

La suma de todos los términos de esta progresión geométrica es

$$S = \frac{a_1}{1 - r}.$$

En efecto, si en la expresión

$$S_n = a_1 \cdot \frac{r^n - 1}{r - 1}$$

tenemos que $|r| < 1$, al elevar la razón a una potencia que sea un número natural, cuanto mayor sea el exponente n menor será el valor de r^n. Cuando n toma un valor suficientemente elevado r^n tiende a cero y, por consiguiente:

$$S_n = a_1 \cdot \frac{-1}{r - 1} = a_1 \cdot \frac{1}{1 - r} =$$

$$= \frac{a_1}{1 - r}$$

como queríamos demostrar.

Como que en toda progresión geométrica $a_n = a_1 \cdot r^{n-1}$, siendo r la razón de la progresión, se cumplirá que $a_n = (a_1 : r) \cdot r^n$.

Llamando a al cociente $a_1 : r$ queda demostrado que una sucesión es una progresión geométrica si y sólo si el término general de la misma es del tipo $a_n = a \cdot r^n$.

Consideremos dos términos cualesquiera de una progresión geométrica a_k y a_m.

Evidentemente,

$a_k = a_1 \cdot r^{k-1}$, $a_m = a_1 \cdot r^{m-1}$.

Dividiendo miembro a miembro las dos igualdades precedentes tendremos que

$$\frac{a_k}{a_m} = \frac{a_1 \cdot r^{k-1}}{a_1 \cdot r^{m-1}} = r^{k-m}$$

Así pues, en una progresión geométrica se verifica que $a^k = a^m \cdot r^{k-m}$ para cualesquiera k y m.

3

1. *Una leyenda hindú relata que un rey se aburría mucho y decidió convocar un concurso entre sus súbditos para ver quien le mostraba el juego más interesante. Ninguno de los juegos que le presentaron al rey logró cautivar su interés hasta que un sabio le enseñó a jugar al ajedrez. El rey quedó tan entusiasmado que decidió conceder al sabio todo lo que le pidiese. Humildemente, el sabio pidió al rey que se conformaría con llevarse el trigo que cupiera en el tablero de ajedrez de modo que hubiera 1 grano de trigo en la primera casilla, 2 granos en la segunda, 4 granos en la tercera, 8 granos en la cuarta y así sucesivamente. El rey quedó muy sorprendido ante tan extraña petición pero como había empeñado su palabra ordenó a sus sirvientes que complacieran el deseo del sabio. Desgraciadamente pronto comprobaron que no había suficiente grano en todo el reino por pagar la recompensa solicitada. Evidentemente esta situación tan embarazosa no habría sucedido si previamente hubieran estudiado el crecimiento de las progresiones geométricas.*

2. *En un individuo sano, los latidos del corazón registrados por un electrocardiograma forman una progresión aritmética.*

3. *En muchas ciudades los números de los edificios de una misma acera se encuentran formando una progresión aritmética de razón 2.*

Límites y continuidad

3 1 2

Se dice que p es un **punto de aglomeración** de la sucesión (s_n) cuando existen infinitos términos de la sucesión tan cerca de p como se desee. Se dice que el número 1 es el límite de la sucesión (s_n) cuando fijada una distancia ε cualquiera se puede encontrar un término a partir del cual todos los términos siguientes se encuentran a una distancia de 1 menor que ε. Cuando esto sucede se dice que

$\lim_{n \to \infty} s_n = 1$,

o bien, simplemente que

$\lim s_n = 1$.

Así pues, diremos que $\lim s_n = 1$ cuando para cualquier $\varepsilon > 0$ se puede encontrar un número natural n_0 tal que si $n > n_0$ entonces $|s_n - 1| < \varepsilon$. Las sucesiones que tienen límite reciben el nombre de **convergentes.** Cuando los términos de una sucesión pueden hacerse en valor absoluto tan grandes como se quiera se dice que la sucesión es **divergente**.

Las operaciones con sucesiones convergentes verifican las siguientes propiedades:

a) El límite de la suma de sucesiones convergentes es igual a la suma de los límites de las mismas.

b) El límite del producto de sucesiones convergentes es igual al producto de los límites de las mismas.

c) El límite de la inversa de una sucesión convergente es el inverso del límite de la misma siempre que ni el límite ni los términos de la sucesión sean nulos.

d) El límite del cociente de sucesiones convergentes es igual al cociente de los límites de las mismas siempre que ni el límite ni los términos de la sucesión divisor sean nulos.

e) Al elevar una sucesión convergente de límite a menor que cero a una sucesión convergente de límite b, la sucesión obtenida tiene como límite a^b.

Se dice que una sucesión es **creciente** cuando cada término es mayor que el anterior. Por el contrario, se dice que una sucesión es **decreciente** cuando cada término es menor que el anterior. Tanto las sucesiones crecientes como las decrecientes reciben el nombre de **monótonas.** Por consiguiente, diremos que una sucesión (s_n) es **monótona creciente** cuando $s_{n+1} \geq s_n$ para todo $n \in \mathbf{N}$. Análogamente, se dice que una sucesión es **monótona decreciente** cuando $s_{n+1} \leq s_n$ para todo $n \in \mathbf{N}$. La sucesión cuyo término general es

$$s_n = \left(1 + \frac{1}{n}\right)^n$$

presenta una indeterminación del tipo 1^∞. Como la sucesión es monótona creciente y está acotada superiormente, tiene límite. El cual se denomina e.

$$\lim \left(1 + \frac{1}{n}\right)^n = e$$

El número e es un número real, irracional, cuyo valor aproximado es e = 2,718281...

4

Se dice que una función f tiene **límite por la izquierda** en un punto y lo denotaremos por $\lim\limits_{\substack{x \to a \\ x < a}} f(x) = 1$ cuando dado un $\varepsilon > 0$ existe algún $\delta > 0$ tal que si

$$a - x < \delta \quad x \neq a$$

entonces $|f(x) - 1| < \varepsilon$.
Análogamente, se dice que una función f tiene **límite por la derecha** en un punto y lo denotaremos por

$$\lim_{\substack{x \to a \\ x > a}} f(x) = e$$

cuando dado un $\varepsilon > 0$ existe algún $\delta > 0$ tal que si

$$x - a < \delta \quad x \neq a$$

entonces $|f(x) - e| < \varepsilon$.
Cuando una función f tiene límites por la derecha y por la izquierda en un punto y ambos límites coinciden se dice que la función f tiene límite en dicho punto. O sea, la función f tiene límite en un punto y lo denotaremos

$$\lim_{n \to \infty} f(x) = e$$

cuando dado un $\varepsilon > 0$ existe algún $\delta > 0$ tal que si $0 < |x - a| < \delta$ entonces $|f(x) - e| < \varepsilon$.
Se dice que una función f es **continua** en un punto a cuando dado un $\varepsilon > 0$ se puede encontrar un $\delta > 0$ tal que si $|x - a| < \delta$, entonces $|f(x) - f(a)| < \varepsilon$. Las funciones continuas cumplen las siguientes propiedades:
a) Si f y g son funciones continuas en un punto a, función f + g también es continua en a.
b) Si f y g son funciones continuas en un punto a, función $f \cdot g$ también es continua en a.
c) Si f y g son funciones continuas en un punto a, y $g(a) \neq 0$, entonces $f(x)/g(x)$ es también continua en a.
Al contrario de lo que ocurre con las sucesiones convergentes, la suma de dos sucesiones divergentes no es siempre una sucesión divergente. Así, por ejemplo, si consideramos las sucesiones divergentes cuyos términos generales son, respectivamente, $a_n = 4n + 3$ y $b_n = -4n$ observamos sucesión $(a_n + b_n)$ es la sucesión constante 3, 3, 3, ..., 3 que es manifiestamente convergente.
Las operaciones con sucesiones divergentes, verifican, entre otras, las siguientes propiedades:

a) La suma de una sucesión convergente y de una sucesión divergente que tiende a más infinito es una sucesión divergente que tiende a más infinito.

b) La suma de una sucesión convergente y de una sucesión divergente que tiende a menos infinito es una sucesión divergente que tiende a menos infinito.

c) La suma de dos sucesiones que tienden a más infinito es una sucesión divergente que tiende a más infinito.

d) La suma de dos sucesiones divergentes que tienden a menos infinito es una sucesión divergente que tiende a menos infinito.

e) Si una sucesión divergente tiende a más infinito, su opuesta es una sucesión divergente que tiende a menos infinito.

f) Si una sucesión divergente tiende a menos infinito, su opuesta es una sucesión divergente que tiende a más infinito.

1. *En la mayoría de países rigen limitaciones de velocidad en muchas carreteras y autopistas.*

2. *El límite de altura que pueden alcanzar los alpinistas en la ascensión de una montaña es la cima.*

3. *Las fronteras sirven para determinar los límites entre países vecinos, tal como puede observarse en este puesto fronterizo entre España y Francia denominado «Porta Catalana», situado en las proximidades del Coll de Panissars (Le Perthus).*

4. *En algunas pruebas atléticas los atletas no pueden traspasar los límites de sus calles, de lo contrario serían descalificados.*

La función logarítmica

El logaritmo de un número respecto de otro denominado base es el exponente a que hay que elevar la base para obtener dicho número. Así, por ejemplo, si tenemos que $2^3 = 8$ diremos que el logaritmo de 8 en base 2 es 3 ya que 3 es el exponente a que se debe elevar la base 2 para obtener el número 8. Para expresar estos hechos haciendo uso de la notación logarítmica escribiremos $\log_2 8 = 3$. En general, si se cumple que $a^b = c$, tendremos que $b = \log_a c$, o sea, que la operación de extraer logaritmos, también denominada **logaritmación**, es una operación inversa de la potenciación ya que mientras en la potenciación se trataba de encontrar un número denominado potencia conocidos la base y el exponente, en la logaritmación se trata de encontrar el exponente conocidas la base y la potencia. De todas estas consideraciones se deduce fácilmente que cualquier número positivo puede ser empleado como base de un sistema de logaritmos. Así pues, el número de sistemas de logaritmos es infinito. Sin embargo, en la práctica son dos los sistemas de logaritmos más utilizados, a saber el sistema de logaritmos vulgares o **decimales** cuya base es 10, que fueron descubiertos por el matemático inglés Henry Briggs y el sistema de logaritmos naturales o **neperianos**, descubiertos por el matemático escocés John Neper, cuya base es el número irracional e = 2,718281... Cuando se utilizan logaritmos decimales se suele omitir el subíndice 10. Así, por ejemplo, como $10^3 = 1.000$ escribiremos que log 1.000 = 3. Evidentemente, para que en una base cualquiera el logaritmo de un número natural sea otro número natural es condición necesaria que el número dado sea una potencia exacta de la base. Así, por ejemplo, tendremos que $\log_5 625 = 4$ ya que $5^4 = 625$. Ahora bien, $\log_3 4$ no será un número natural ya que 4 no es una potencia exacta de 3. Los logaritmos verifican las siguientes propiedades:

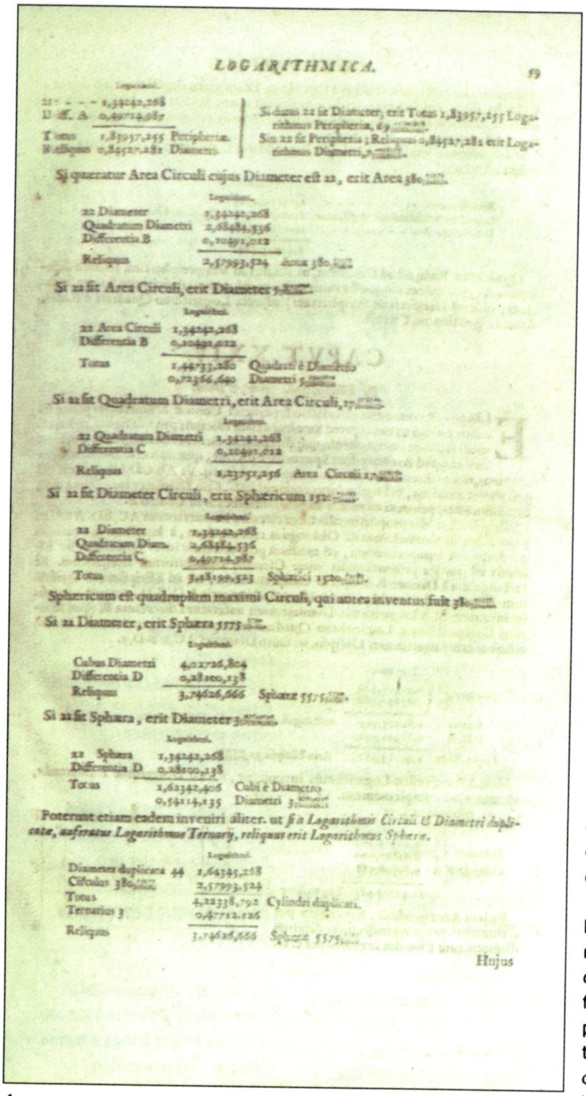

LOGARITHMICA. 59

Si quæratur Area Circuli cujus Diameter est 22, erit Area 380,...

Si 22 sit Area Circuli, erit Diameter 5,...

Si 22 sit Quadratum Diametri, erit Area Circuli 17,...

Si 22 sit Diameter Circuli, erit Sphæricum 1520,...

Sphæricum est quadruplum maximi Circuli, qui antea inventus fuit 380,...

Si 22 Diameter, erit Sphæra 5575,...

Si 22 sit Sphæra, erit Diameter 3,...

Poterunt etiam eadem inveniri aliter. ut si a Logarithmis Circuli & Diametri duplicate, auferatur Logarithmus Ternarij, reliquus erit Logarithmus Sphæræ.

Hujus

1

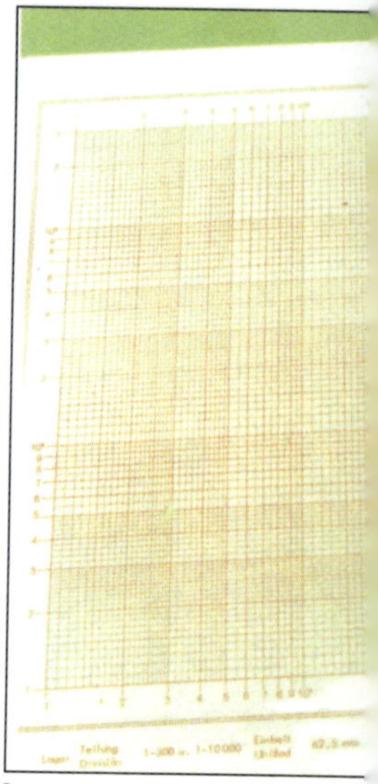

2

a) La base de un sistema de logaritmos no puede ser un número negativo, puesto que no todos los números positivos tendrían logaritmo en dicha base. Así, por ejemplo, si consideráramos base − 10, el número 10 no tendría logaritmo en dicha base puesto que no existe ningún número a tal que $(-10)^a = 10$.

b) No existen logaritmos de números negativos puesto que como la base debe ser forzosamente un número positivo todas sus potencias, tanto las potencias pares como las potencias impares, son positivas y, por consiguiente, los números negativos no pueden ser potencia de ninguna base.

c) En cualquier sistema de logaritmos el logaritmo de la base es siempre igual a la unidad.

d) En cualquier sistema de logaritmos el logaritmo de la unidad es cero.

e) Los números mayores que la

3

4

unidad tienen logaritmos positivos.

f) Los números menores que la unidad tienen logaritmos negativos.

g) El logaritmo de un producto es igual a la suma de los logaritmos de los factores.

h) El logaritmo de un cociente es igual a la diferencia entre el logaritmo del dividendo y el logaritmo del divisor.

i) El logaritmo de una potencia es igual al producto del exponente por el logaritmo de la base.

j) El logaritmo de una raíz es igual al cociente entre el logaritmo de la cantidad subradical y el índice de la raíz.

La función $x \rightarrow \text{Log } x$ recibe el nombre de **función logarítmica.** La función logarítmica es continua y diferenciable y su función derivada es la función $x \rightarrow 1/x$. Con las consideraciones anteriores es inmediato comprobar que Log x es positivo si $x > 1$, negativo si $x < 1$ y que $\text{Log } 1 = 0$. Como la derivada de la función logarítmica es una función positiva se trata de una función estrictamente creciente.

Como la función logarítmica es continua y monótona en el conjunto de los números reales positivos, se trata de un isomorfismo del grupo multiplicativo de los números reales positivos en el grupo aditivo de los números reales. La función logarítmica es estrictamente cóncava.

1. *El eminente matemático escocés John Neper (1550-1617) fue el inventor de los logaritmos naturales o también llamados neperianos. En la fotografía puede observarse la reproducción de una página de su excelente obra* Logarithmica *que se conserva en la Biblioteca Nacional de París.*

2. *El uso científico y técnico de los logaritmos reviste una gran importancia. Muchas ecuaciones deben representarse sobre papel logarítmico ya que de esta manera se facilita mucho su representación y análisis.*

3. *Las modernas calculadoras han simplificado muchísimo el cálculo de logaritmos al incorporar teclas específicas que permiten calcular logaritmos directamente.*

4. *El uso de logaritmos resulta absolutamente imprescindible para efectuar operaciones como la indicada en la pizarra de la ilustración.*

Las funciones exponencial, potencial e hiperbólicas

Tal como se vio anteriormente, la función logarítmica es un isomorfismo del grupo multiplicativo de los números reales positivos en el grupo aditivo de R. El isomorfismo inverso se indica por $x \to \exp x$, y recibe el nombre de **función exponencial**. La función exponencial es una función estrictamente creciente y cumple que

$$\lim_{x \to \infty} \exp x = \infty,$$

$$\lim_{x \to \infty} \exp x = 0,$$

Del primero de los límites anteriores se deduce fácilmente que

$$\lim_{x \to \infty} \frac{\operatorname{Log}(\exp x)}{\exp x} = 0$$

o sea,

$$\lim_{x \to \infty} \frac{x}{\exp x} = 0$$

es decir,

$$\lim_{x \to \infty} \frac{\exp x}{x} = \infty$$

lo que indica que la función exponencial crece más rápidamente que x.
La función exponencial es indefinidamente derivable y todas sus derivadas coinciden con ella. Lo mismo sucede con la función exponencial de base a. Como $x \to \operatorname{Log}_a x$ es un isomorfismo, existe una función inversa definida en R con valores en el conjunto de los números reales positivos que viene dada por $x \to \exp(x \operatorname{Log} a)$. La función $x \to a^x$ toma siempre valores positivos. Si $a > 1$, Log a es positivo de manera que $x \to \operatorname{Log}_a x$ es una función creciente y lo mismo sucede con su inversa. Por tanto, se verifica que

$$\lim_{x \to \infty} a^x = \infty, \quad \lim_{x \to \infty} a^x = 0$$

Si $a < 1$, Log a es negativo por lo que $x \to \operatorname{Log}_a x$ es decreciente y lo mismo sucede con su inversa.
Se cumple que

$$\lim_{x \to \infty} a^x = 0, \quad \lim_{x \to -\infty} a^x = 0$$

Consideremos un número real a. Para cualquier número real positivo x se puede definir el número x^a. La función $x \to x^a$ se denomina **función potencial** de exponente a. La función potencial solamente toma valores positivos. La función potencial es continua ya que es la composición de funciones continuas. La función $x \to x^a$ tiene como derivada la función $x \to a\,x^{a-1}$. Si $a > 0$ la función $x \to x^a$ es creciente pero si $a < 0$ es decreciente. Si $a < 0$ la función es convexa. Si $a > 1$ la función también es convexa pero si $0 < a < 1$ la función es cóncava.
Si a es un número real positivo se verifica que

$$\lim_{x \to \infty} \frac{\operatorname{Log} x}{x^a} = 0$$

Si $a > 1$ se cumple que

$$\lim_{x \to \infty} \frac{x^a}{a^x} = 0$$

La función

1

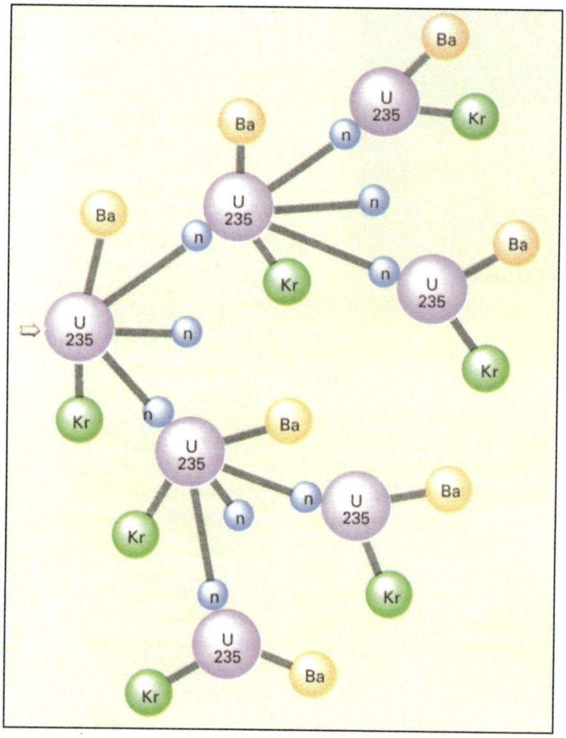

2

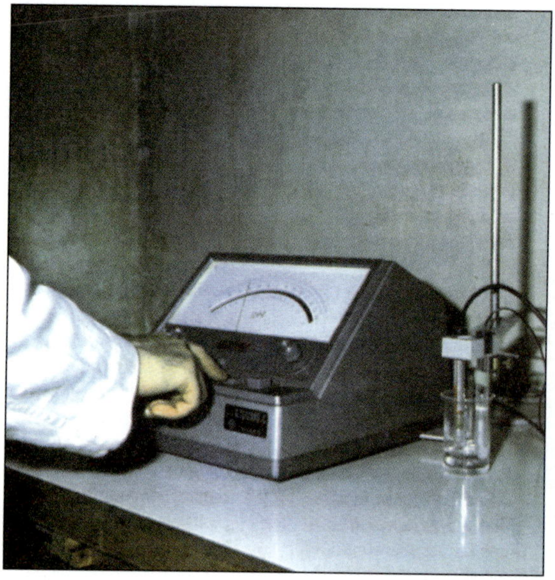

$$x \to \frac{e^{x} + e^{-x}}{2}$$

recibe el nombre de **coseno hiperbólico** y se indica por ch. La función

$$x \to \frac{e^{x} + e^{-x}}{2}$$

se denomina **seno hiperbólico** y se denota por sh. Ambas funciones están definidas en R y son continuas y diferenciables de tal modo que una es la derivada de la otra. Para cualquier número real x se verifican las relaciones siguientes:
$chx + shx = e^{x}$; $chx - shx = e^{-x}$; $ch^{2}x - sh^{2}x = 1$.
La función ch es estrictamente positiva y como coincide con su derivada segunda es convexa. La función ch presenta un mínimo en el punto 0. La función sh es positiva en el conjunto de los números reales positivos y negativa en el conjunto de los números reales negativos. Es una función estrictamente creciente ya que su derivada, ch, es una función positiva. Así pues, es convexa en la parte positiva y cóncava en la negativa. La función sh es una biyección de R en R de manera que existe una función inversa que se designa por
$x \to$ Arg sh x.
La función anterior es continua, creciente y diferenciable en cada punto. Su función derivada es

$$x \to \frac{1}{\sqrt{x^{2} - 1}}.$$

Análogamente, la función ch es una biyección del conjunto de los números reales no negativos en el conjunto de los números reales mayores o iguales que 1. La función inversa se designa por $x \to$ Arg ch x. La función anterior también es continua, creciente y diferenciable cada punto. Su función derivada es la función

$$x \to \frac{1}{\sqrt{x^{2} - 1}}.$$

Como ch x > 0 se define también la función

$$x \to \frac{\text{sh } x}{\text{ch } x}$$

que se denomina **tangente hiperbólica.**
Así como en la geometría euclídea se introducen las funciones trigonométricas con el objeto de resolver los problemas de cálculo de triángulos, en la geometría hiperbólica se introducen con el mismo fin las funciones hiperbólicas.
Las funciones hiperbólicas verifican las siguientes relaciones:

sh (a ± b) = sh a ch b ± ch a sh b
ch (a ± b) = ch a ch b ± sh a sh b
ch² - sh² a = 1.

3

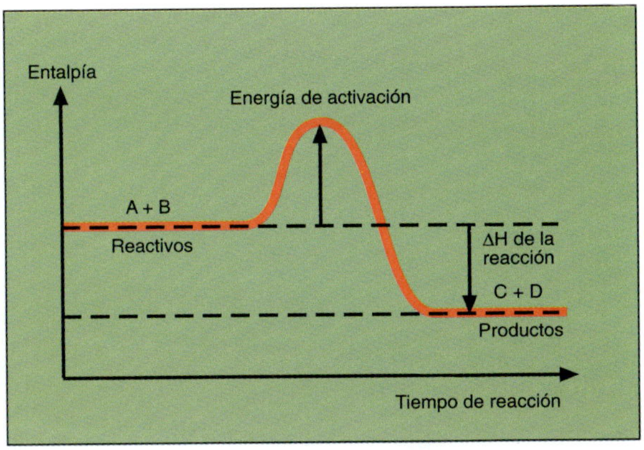

4

1. *La velocidad de desintegración de un elemento radiactivo, como el U^{235}, está relacionada con la función exponencial.*

2. *El grado de acidez de las disoluciones se determina mediante unos instrumentos denominados pH-metros, en escala graduada.*

3. *La energía de activación de las reacciones químicas depende de la función exponencial.*

4. *La escala de pH utiliza la función potencial para indicar el grado de acidez de las disoluciones.*

Derivación

1

2

Consideremos una función real f definida en un intervalo I y sea x_0 un punto de I. En el conjunto $I - \{x_0\}$ se puede definir la función

$$x \rightarrow \frac{f(x) - f(x_0)}{x - x_0}$$

Si esta función tiene límite en el punto x_0 diremos que f es **diferenciable** en x_0 y al límite anterior se le denominará la derivada de f en x_0.

Se dice que una función f es k veces diferenciable en x_0 si es k - 1 veces diferenciable en un intervalo J que contiene a x_0 y la función derivada de orden k - 1 es diferenciable en x_0. El valor de la derivada de orden k de f en x_0 se designa por $f^{(k)}(x_0)$. Si f admite derivadas de cualquier orden en I se dice que es indefinidamente diferenciable en I.

Si f es diferenciable en el punto x_0 de I, la recta de ecuación $y = f\,(x_0)\,(x - x_0) + f(x_0)$ se denomina la **tangente** a la curva anterior en el punto $[x_0, f(x_0)]$. O sea, se trata de la recta que pasa por dicho punto y tiene como vector director el de componentes $[1, f\,(x_0)]$. La pendiente de esta recta tangente es $f\,(x_0)$. Por tanto, podemos suponer intuitivamente que la recta tangente es la posición límite de las secantes a la curva que pasan por el punto $[x_0, f(x_0)]$.

Consideremos una función real f definida en un intervalo I y una función real g definida en un intervalo J tal que $f(I) \subset J$. Supongamos que f es diferenciable en el punto x_0 y que g es diferenciable en el punto $f(x_0)$. La aplicación $g_0 f$ es diferenciable en x_0 y se verifica que $(g_0 f)'(x_0) = g\,[f(x_0)]\; f\,(x_0)$.

El resultado anterior se conoce con el **nombre de regla de la cadena.**

Sea f una función real definida en un intervalo I. Se dice que f tiene un máximo relativo en el punto x_0 de I cuando existe un intervalo J contenido en I que contiene a x_0 tal que si $x \in J$ entonces $f(x) \leq f(x_0)$.

Análogamente se define la noción de mínimo relativo.

Los máximos relativos y los mínimos relativos reciben el nombre de **extremos relativos.**

3

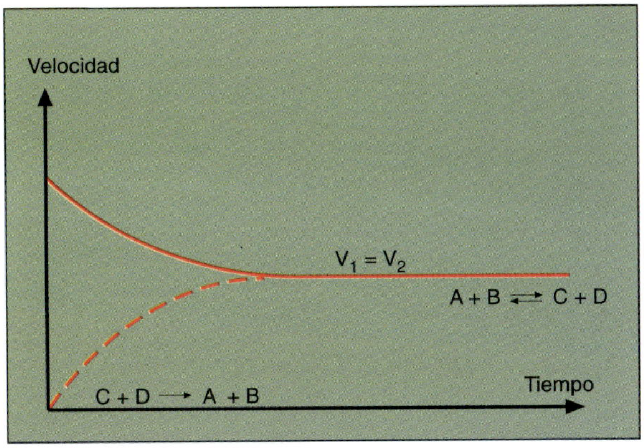

4

Se dice que una función f es creciente en x_0 cuando existe un intervalo J contenido en I y que contiene a x_0 tal que la restricción de f a J es una función creciente.
Análogamente se define la noción de función decreciente en el punto x_0.
Cuando la función f es creciente o decreciente en x_0 se dice que f es monótona en x_0.
El enunciado siguiente recibe el nombre de **teorema de Rolle**: si f es una función continua en un intervalo cerrado [a, b], es derivable en el intervalo abierto (a, b) y f (a) = f (b), existe un punto ζ de (a, b) tal que f (ζ) = 0. En efecto, de acuerdo con los resultados anteriores, la función f tiene un máximo y un mínimo en [a, b]. Como los valores de f son iguales en los extremos se deduce que o bien f es una función constante en cuyo caso no hay nada que demostrar o bien que el máximo o el mínimo deben estar en el interior del intervalo y, por tanto, en ese punto la función tiene derivada nula.
Sean f, g dos funciones reales continuas en el intervalo cerrado [a, b] y derivables en su interior, con derivadas que no se anulan simultáneamente en algún punto de (a, b) y supongamos que g(a) ≠ g(b). Existe un punto ζ de (a, b) tal que

$$\frac{f(b) - f(a)}{g(b) - g(a)} = \frac{f'(\zeta)}{g'(\zeta)}$$

Este resultado se denomina **teorema de Cauchy.** El enunciado siguiente se conoce con el nombre de **teorema del valor medio**: si f es una función real continua en un intervalo cerrado [a, b] y derivable en su interior existe un punto de (a, b) tal que f (b) = f (a) + f ′(ζ) (b - a).
Consideremos una función continua f con valores reales definida en el intervalo [a, b], derivable en (a, b) y con derivadas estrictamente positivas. Si [m, M] es la imagen de [a, b] por f, la función inversa es diferenciable en cualquier punto z_0 de (m, M) y si denominamos g a dicha función y ponemos $z_0 = f(x_0)$ entonces se cumple que

$$g'(z_0) = \frac{1}{f'(x_0)}$$

R y supongamos que f, g son dos funciones nulas en a, diferenciables en un intervalo I que contiene a. Supongamos además que g y su derivada no se anulan en los puntos de I distintos de a. Con estas hipótesis, si existe

$$\lim_{x \to a} \frac{f'(x)}{x}$$

también existe

$$\lim_{x \to a} \frac{f'(x)}{g(x)}$$

y es igual al anterior. Este resultado se denomina como **teorema de l'Hôpital.**

1. *La aceleración es la derivada de la velocidad respecto del tiempo y puede llegar a adquirir valores muy elevados como en el despegue de este avión Boeing 727 de la compañía española Iberia en el aeropuerto de Barajas, en Madrid.*

2. *La velocidad es la derivada del espacio respecto del tiempo y su estudio tiene una gran trascendencia en las competiciones automovilísticas, como esta prueba de Fórmula I celebrada en el circuito del Jarama, en Madrid.*

3. *El empleo de derivadas permite calcular las fuerzas que actúan sobre las partículas, como puede observarse en este parque de atracciones.*

4. *La velocidad de las reacciones químicas depende de la derivada de las concentraciones con respecto al tiempo.*

Cálculo de derivadas

De la definición de derivada se infieren estos resultados:

a) Si $f(x) = x^n$ con $n \in \mathbf{N}$, entonces $f'(x) = nx^{n-1}$ para todo $x \in R$.

b) Dadas dos funciones f y g derivables en un punto a, la función f + g también será derivable en el punto a, verificándose que $(f+g)'(a) = f'(a) + g'(a)$.

c) Si f es una función derivable en a, la función g = cf, donde c es una constante, también es derivable en el punto a, cumpliéndose que $g'(a) = cf'(a)$.

d) Si f y g son funciones derivables en un punto a, la función f · g también es derivable en el punto a y se verifica que $(f \cdot g)'(a) = f(a) \cdot g(a) + f(a) \cdot g'(a)$.

e) Si f es una función derivable en un punto a, la función $f^n = f \cdot f^{(n)} \ldots f$ también es derivable en a y además se cumple que $(f^n)'(a) = n \cdot f^{n-1}(a) \cdot f'(a)$.

f) Si f y g son funciones derivables en un punto a y $g(a) \neq 0$, entonces la función $h = f/g$ también es derivable en a y se cumple que

$$h'(a) = \frac{f'(a) \cdot g(a) - f(a) \cdot g'(a)}{(g(a))^2}$$

g) La derivada de la función $f(x) = \operatorname{sen} x$ es la función $f'(x) = \cos x$.

h) La derivada de la función $f(x) = \cos x$ es la función $f'(x) = -\operatorname{sen} x$.

1. $f'(c) = 0.$
2. $f'(cx) = c.$
3. $f'(cx^n) = ncx^{n-1}.$
4. $f'(cu) = cf'(u).$
5. $f'(uv) = uf'(v) + vf'(u).$
6. $f'\left(\dfrac{u}{v}\right) = \dfrac{vf'(u) - uf'(v)}{v^2}$
7. $f'(u^n) = nu^{n-1} f'(u)$
8. $f'(\ln u) = \dfrac{f'(u)}{u}$
9. $f'(a^u) = a^u \cdot \ln a \cdot f'(u).$
10. $f'(e^u) = e^u \cdot f'(u).$
11. $f'(u^v) = vu^{v-1} f'(u) + u^v \ln u \cdot f'(v).$
12. $f'(shu) = chu \cdot f'(u).$
13. $f'(chu) = shu \cdot f'(u).$
14. $f'(thu) = sch^2u \cdot f'(u).$
15. $f'(cthu) = -csch^2u \cdot f'(u).$
16. $f'(schu) = -sch\ u \cdot thu \cdot f'(u).$
17. $f'(csch\ u) = -csch\ u \cdot cth\ u \cdot f'(u).$
18. $f'(\operatorname{sen} u) = \cos u \cdot f'(u).$
19. $f'(\cos u) = -\operatorname{sen} u \cdot f'(u).$
20. $f'(\operatorname{tg} u) = \sec^2 u \cdot f'(u).$
21. $f'(\cot u) = -\csc^2 u \cdot f'(u).$
22. $f'(\sec u) = \sec u \cdot \operatorname{tg} u \cdot f'(u).$
23. $f'(\csc u) = -\csc u \cdot \cot u \cdot f'(u).$
24. $f'(\operatorname{sen}^{-1} u) = \dfrac{1}{\sqrt{1-u^2}} \cdot f'(u).$
25. $f'(\cos^{-1} u) = \dfrac{-1}{\sqrt{1-u^2}} \cdot f'(u).$
26. $f'(\operatorname{tg}^{-1} u) = \dfrac{1}{1-u^2} \cdot f'(u).$
27. $f'(\log_a u) = \dfrac{\log_a e}{u} \cdot f'(u)\ ;\ a \neq 0{,}1.$

1

i) La derivada de la función $f(x) = \text{tg } x$ es la función $f'(x) = \sec^2 x$.

j) La derivada de la función $f(x) = \csc x$ es la función $f'(x) = -\csc x \cdot \text{ctg} x$.

k) La derivada de la función $f(x) = \sec x$ es la función $f'(x) = \sec x \cdot \text{tg } x$.

l) La derivada de la función $f(x) = \text{cotg } x$ es la función $f'(x) = -\csc^2 x$.

m) La derivada de la función $f(x) = \ln x$ es la función $f'(x) = 1/x$.

n) La derivada de la función $f(x) = \log_a x$ es la función

$$f'(x) = \frac{1}{x \ln a}$$

o) Supongamos que la función f^{-1} es la función inversa de la función f y que $f(a) = b$. Si la función f es derivable en el punto a y $f'(a) \neq 0$ entonces f^{-1} es derivable en el punto b cumpliéndose que $(f^{-1})'(b) = 1/f'(a)$.

p) La derivada de la función $f(x) = \text{arc sen } x$ es la función

$$f'(x) = \frac{1}{\sqrt{1 - x^2}}$$

q) La derivada de la función $f(x) = \text{arc cos } x$ es la función

$$f'(x) = \frac{-1}{\sqrt{1 - x^2}}$$

r) La derivada de la función $f(x) = \text{arc tg } x$ es la función

$$f'(x) = \frac{1}{1 + x^2}$$

s) La derivada de la función $f(x) = \text{arc cotg } x$ es la función

$$f'(x) = \frac{-1}{1 + x^2}$$

t) La derivada de la función exponencial $f(x) = e^x$ coincide con ella misma, es decir $f'(x) = e^x$.

Para derivar funciones compuestas se utiliza el siguiente teorema, conocido con el nombre de regla de la cadena. Consideremos la función f, que es la composición de las funciones g y h, de modo que $f(x) = (h_0 g)(x)$. Si la función g es derivable en el punto a y la función h es derivable en el punto g(a), entonces la función f es derivable en el punto a y se verifica que $f'(a) = h'(g(a)) \cdot g'(a)$.

A continuación se presenta un resumen de las reglas de derivación más importantes. Las letras u, v y w corresponden a funciones de x, las letras a, b y c representan constantes, e es la base de los logaritmos neperianos y todos los ángulos están expresados en radianes.

1. *El cálculo diferencial ha posibilitado la construcción de trenes de alta velocidad, como el AVE (Alta Velocidad Española).*

2. *La Física nuclear y sus aplicaciones prácticas tales como el diseño y construcción de centrales nucleares como la de Vandellós (Tarragona) serían impensables sin la ayuda del cálculo diferencial.*

3. *Para conseguir el máximo rendimiento de los motores de explosión deben efectuarse previamente laboriosos cálculos de derivadas.*

2

3

Integración

Consideremos una **función real escalonada** f definida en el intervalo cerrado [a, b]. Para cada partición asociada $\{x_0, x_1, \dots, x_n\}$ a la función f consideraremos la suma

$$\sum_{i=1}^{n} c_i (x_i - x_{i-1})$$

donde ponemos $c_i = f(x)$ si $x \in (x_{i-1}, x_i)$. Esta suma es la misma para cualquier partición asociada a f. El número real definido por la suma anterior se denomina la **integral** de la función f en el intervalo [a, b] y se designa por la notación

$$\int_a^b f$$

Si f y g son dos funciones escalonadas en el intervalo cerrado [a, b] se verifica que

$$\int_a^b f + g = \int_a^b f + \int_a^b g$$

Si f es una función escalonada en [a, b] y λ es un número real se cumple

$$\int_a^b \lambda f = \lambda \int_a^b f$$

Consideremos una función escalonada f en un intervalo [a, b] y sea c un punto de (a, b). Las restricciones de f a los intervalos [a, c], [c, b] son funciones escalonadas y se verifica que

$$\int_a^b f = \int_a^c f + \int_c^b f$$

Si f es una función escalonada en un intervalo [a, b] se cumple que

$$\left| \int_a^b f \right| \leq \int_a^b |f|$$

Si f es una función escalonada positiva en [a.b], la integral

1

de f en [a, b] es positiva. Si f y g son funciones escalonadas que cumplen $f \leq g$ se cumple

$$\int_a^b f \leq \int_a^b g$$

Una función continua en un intervalo cerrado [a, b] es límite de una sucesión uniformemente convergente de funciones escalonadas. Así, podemos definir la integral de una función continua f en el intervalo [a, b] del modo siguiente: f es el límite de una sucesión uniformemente convergente de funciones escalonadas $(f_i)_{i \in N}$, de manera que

$$\int_a^b f = \lim \int_a^b f_i$$

Si f y g son funciones continuas en un intervalo cerrado [a, b] se cumple que

$$\int_a^b f + g = \int_a^b f + \int_a^b g$$

Si f es una función continua en [a, b] y λ es un número real se verifica

$$\int_a^b \lambda f = \lambda \int_a^b f$$

Si f es una función continua en un intervalo cerrado [a, b] y c es un punto de (a, b) se cumple que

$$\int_a^b f = \int_a^c f + \int_c^b f$$

Si f es una función continua en un intervalo cerrado [a, b] se verifica

$$\left| \int_a^b f \right| \leq \int_a^b |f|$$

La integral de una función continua positiva en un intervalo [a, b] es positiva. Si f, g son funciones continuas en el intervalo [a, b] que verifican $f \leq g$ se cumple que

$$\int_a^b f \leq \int_a^b g$$

Consideremos una función continua f en [a, b] y sean m su valor mínimo y M su valor máximo. Se verifica que

$$\int_a^b f = f(\zeta)(b - a) \text{ para algún } \zeta \in [a, b]$$

En efecto, de acuerdo con los resultados anteriores debe cumplirse que

$$m(b - a) \leq \int_a^b f \leq M(b - a)$$

de manera que $\int_a^b f$ que se obtiene multiplicando (b – a) por un elemento de [m, M] es exactamente la imagen de [a, b] por f. Para cualquier a y cualquiera que sea f se define

$$\int_a^a f = 0$$

Si b < a y f es una función escalonada o continua en el intervalo [b, a] tenemos que

$$\int_a^b f = - \int_b^a f$$

Consideremos una función real continua en el intervalo cerrado [a, b] y supongamos que además dicha función f es positiva. Si llamamos E al conjunto de puntos (x, y) de R^2 que cumplen $a \leq x \leq b$, $0 \leq y \leq f(x)$, o sea, E es el conjunto limitado por el eje

OX, las rectas x = a, x = b y la curva y = f (x) denominaremos área de E al número

$$\int_a^b f$$

Si f, g son dos funciones continuas positivas en [a, b] y se cumple $f \geq g$ consideramos el conjunto E de puntos (x, y) de R^2 que cumplen $a \leq x \leq b$, $g(x) \leq y \leq f(x)$. El área de E es, por definición, el número

$$\int_a^b (f - g)$$

Cuando $f \leq 0$ en el intervalo [a, b] el número

$$\left| \int_a^b f \right|$$

recibe el nombre de área del conjunto de puntos limitado por el eje OX, la recta x = a, la recta x = b y la curva de ecuación y = f (x). Cuando la curva de ecuación y = f (x) corta el eje OX de modo que es positiva en un intervalo [a, c] y negativa en otro intervalo [c, b] el área del conjunto limitado por la curva será la suma de las áreas de los conjuntos correspondientes a esos intervalos parciales.

Si f es una función real definida en un intervalo I, se dice que una función F definida en I es una **primitiva** de f si es diferenciable en I y su función derivada es f. Si f es una función definida en un intervalo I que admite por primitiva a una función F todas las primitivas de f en I se obtienen sumando a F una función constante arbitraria. Evidentemente, si la derivada de F es f lo mismo sucede con la suma de F y una función constante.

Recíprocamente, si G es otra primitiva de f en I la función G – F será diferenciable en I con derivada nula por lo que será constante. Así pues, si x_0 es un punto de I e y_0 es un número real arbitrario existe una primitiva de f que toma el valor y_0 en el punto x_0 y sólo una. Consideremos una función f continua en un intervalo I, un punto k_0 de I y sea F la función definida por

$$x \rightarrow \int_{x_0}^{x} f$$

Con estas notaciones F es una primitiva de f. En efecto, se trata de demostrar que F es diferenciable en cualquier punto ξ de I y que su derivada en ξ es f (ξ). Calculemos el cociente correspondiente. Tendremos:

$$\frac{F(\xi + h) - F(\xi)}{h} =$$

$$= \frac{1}{h} \left[\int_{x_0}^{\xi + h} f - \int_{x_0}^{\xi} f \right] =$$

$$= \frac{1}{h} \int_{\xi}^{\xi + h} f = \frac{1}{h} f(c)\, h = f(c)$$

donde c es un punto del intervalo [ξ, ξ + h]. Cuando h tiende a 0 el punto c tiende a ξ y, por la continuidad de f, f (0) tiende a f(ξ), tal como queríamos demostrar. Sean f una función continua en un intervalo I, a y b dos puntos de I y F una primitiva de f en I. Se verifica que

$$\int_a^b f = F(b) - F(a)$$

En efecto, llamemos G a la primitiva

$$x \rightarrow \int_a^b f$$

G debe ser igual al resultado de sumar a F una función constante C y como es G (a) = 0 debe ser C = – F(a) de donde G (b) = F(b) – F(a), como queríamos demostrar.

2

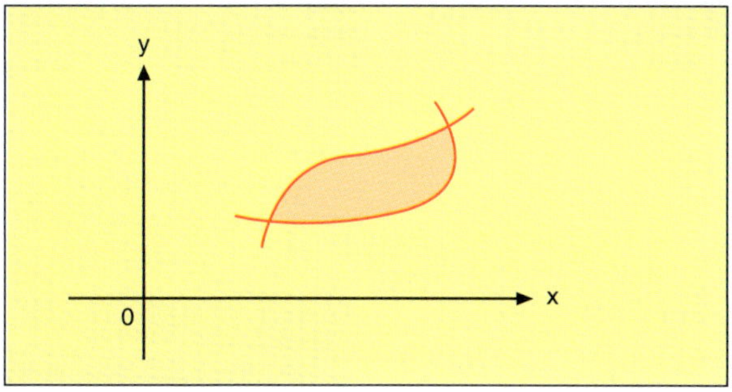

3

1. El cálculo integral permite diseñar construcciones como esta moderna torre de telecomunicaciones situada en Collserola (Barcelona).

2. En la actualidad el diseño de embarcaciones se efectúa empleando el cálculo integral para optimizar los resultados.

3. El cálculo integral permite calcular el área de recintos como el que se halla encerrado entre las curvas de la figura.

Cálculo de primitivas

Se dice que una función F es una primitiva de una función f en un intervalo I cuando F es diferenciable en I y se verifica que $F'(x) = f(x)$ para cualquier x de I. Las primitivas de una función f en un intervalo I se deducen de una cualquiera de ellas mediante la suma de cualquier función constante. Para indicar que F es una primitiva de f se suele escribir

$$F = \int f \quad \text{o bien} \quad F(x) = \int f(x)\,dx$$

En la tabla inferior se muestra un resumen de las integrales inmediatas, o sea, de primitivas de funciones elementales.

Un método muy empleado para calcular primitivas es el de **integración por partes.** Dada una función del tipo $u'v$ se puede escribir la fórmula

$$\int u'v = uv - \int v'u$$

que se utiliza cuando el cálculo de una primitiva de la función $v'u$ es más simple que el cálculo de una primitiva de $u'v$.

Otro método muy empleado para calcular primitivas es el método del **cambio de variable**, que consiste en cambiar la función f inicial por la función $f_0 g$, donde g es otra función continua y derivable. A continuación se calcula una primitiva de la función $(f_0 g) \cdot g'$ y el resultado es $F_0 g$ si F es una primitiva de f con lo cual se obtiene F.

Consideremos una función racional definida mediante una determinada fracción racional. Cualquier fracción racional admite una primera descomposición en una parte entera y una fracción racional propiamente dicha. La integración de la primera parte es inmediata. Por lo que respecta a la integración de la segunda parte, basta con calcular primitivas de las funciones del tipo

$$x \to \frac{1}{(x-a)^n}$$

siendo a un número real o complejo y n un número entero mayor o igual que 1. Este cálculo es sencillo:

$$\int \frac{1}{x-a}\,dx = \text{Log}\,|x-a|$$

$$\int \frac{1}{x-a} \cdot dx =$$

$$= \frac{-1}{(n-1)(x-a)^{n-1}} \quad \text{si } n > 1$$

siendo válida esta última expresión en cualquier caso mientras que la primera expresión exige necesariamente que a sea un número real.

Hay muchas funciones cuya

1

1. $\int \frac{dx}{x} = \text{Ln}\,x$
2. $\int e^x\,dx = e^x$
3. $\int a^x\,dx = \frac{a^x}{\text{Ln}\,a} \quad a > 0,\ a \neq 1$
4. $\int x^n\,dx = \frac{x^{n-1}}{n+1} \quad n \neq -1$
5. $\int \text{sen}\,x\,dx = -\cos x$
6. $\int \cos x\,dx = \text{sen}\,x$
7. $\int \frac{dx}{\sqrt{1-x^2}} = \text{arc sen}\,x$
8. $\int \frac{dx}{1+x^2}\,dx = \text{arc tg}\,x$
9. $\int \text{sh}\,x\,dx = \text{ch}\,x$
10. $\int \text{ch}\,x\,dx = \text{sh}\,x$
11. $\int \frac{dx}{\sqrt{x^2-1}} = \text{Arg sh}\,x$

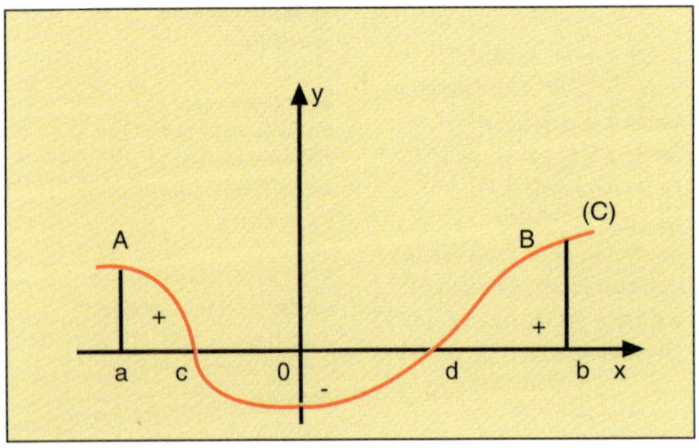

2

integración se reduce a la de funciones racionales. Así, por ejemplo, supongamos que tenemos una función racional f y que se desea calcular las primitivas de la función $f(e^x)$. Con el cambio de variable $e^x = t$, la integral en cuestión se convierte en

$$\int \frac{f(t)}{t}\, dx =$$

que es una función racional. Del mismo modo se procede con cualquier función del tipo $f[g(x)]$ siempre que la función g tenga una inversa cuya derivada sea racional ya que en ese caso el cambio de variable dado por $g(x) = t$ conduce por el mismo argumento anterior a una función racional. Cuando se trata de calcular primitivas de funciones del tipo $f(\text{sen } x, \cos x)$ hay casos particulares muy sencillos. Así, si se tiene una función del tipo $f(\text{sen } x, \cos x) = g(\text{sen } x) \cos x$, el cambio de variable $\text{sen } x = t$ resuelve el problema. En el caso general, se suele emplear el cambio de variable dado por

$$\text{tg } \frac{x}{2} = t$$

En este caso, $x = 2 \text{ arc tg } t$ y como se tiene que

$$\text{sen } x = \frac{2t}{1+t^2} \quad \cos x = \frac{1-t^2}{1+t^2}$$

el cambio de variable conduce a una función racional.

Supongamos que se trata de calcular las primitivas de una función del tipo

$$f\left(x, \sqrt[m]{\frac{ax+b}{cx+d}}\right)$$

donde m es un entero mayor que 1 y a, b, c, d son números reales. En este caso se efectúa el cambio de variable dado por

$$\frac{ax+b}{cx+d} = t^m$$

de modo que

$$x = \frac{dt^m - b}{a - ct^m}$$

por lo que el cálculo se convierte en el de la primitiva de una función racional.

3

4

1. *El cálculo de primitivas nos permite determinar ciertas áreas, como la comprendida entre el eje de abscisas y la curva de la figura. Las áreas situadas por debajo del eje de abscisas tienen signo negativo, mientras las situadas por encima del eje de abscisas son positivas.*

2. *El desarrollo del cálculo integral ha propiciado impresionantes avances científicos, como los que vienen simbolizados por el famoso Atomium de Bruselas.*

3. *La espectrometría de masas se emplea muchísimo para analizar compuestos. La proporción de los distintos componentes se determina por integración de las superficies de los diversos picos obtenidos después de someter la muestra a analizar al bombardeo con electrones de alta energía.*

4. *El cálculo de primitivas resulta muy útil para determinar la capacidad de los embalses, como el de Aguilar de Campoo que recoge las aguas del río Pisuerga.*

La fórmula de Taylor

Sea f una función real derivable en un intervalo I y sean a, b dos puntos de I. Si n es un número natural se verifica como puede verse en la tabla 1.
La fórmula anterior recibe el nombre de fórmula de Taylor y el término

$$\int \frac{(b-x)^{p-1}}{(p-1)!} f^{(p)}(x)\,dx$$

se denomina **resto enésimo** o bien término complementario de orden n y se designa por R_n.
Sea f una función definida en un intervalo I dentro del cual hay un punto 0.
Si f es derivable en I para cada x de I se puede escribir (ver tabla 2), donde $\varepsilon(x)$ es una función que verifica $\lim_{x \to 0} \varepsilon(x) = 0$, o sea, la función f se comporta aproximadamente como un polinomio y el resto tiende a 0 en el origen más rápidamente que la potencia enésima de x. En general, se dice que f tiene un desarrollo limitado de orden n en el punto 0 cuando existen números reales

$a_0, a_1, \ldots, a_n$

tales que

$$f(x) = a_0 + a_1 x + \ldots + a_n x^n + x^n \varepsilon(x)$$

donde $\varepsilon(x)$ es una función que cumple
$\lim_{x \to 0} \varepsilon(x) = 0$.
Si una función f admite un desarrollo limitado de orden n en el origen, este desarrollo es único.
La suma y el producto de

1

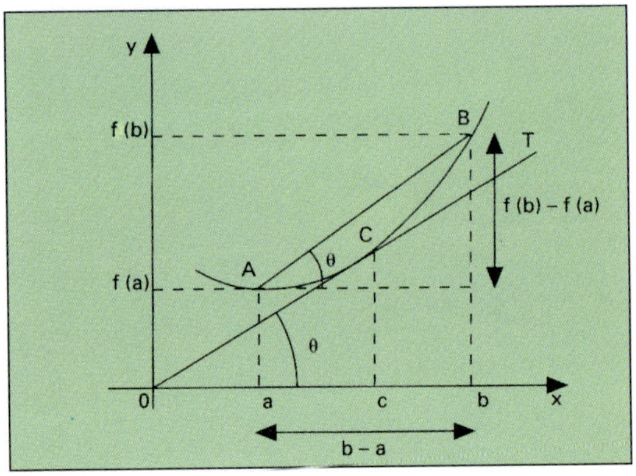

2

Tabla 1

$$f(b) = f(a) + \frac{(b-a)}{1!} f'(a) + \frac{(b-a)^2}{2!} f''(a) + \ldots + \frac{(b-a)^{n-1}}{(n-1)!} f^{(n-1)}(a) + \int_a^b \frac{(b-x)^{p-1}}{(p-1)!} f^{(p)}(x)\, d$$

Tabla 2

$$f(x) = f(0) + f'(0)\,x + \frac{f''(0)}{2!} x^2 + \ldots + \frac{f^{(n)}(0)}{n!} x^n + x^n \varepsilon(x)$$

dos funciones que admiten un desarrollo limitado de orden n en el origen también admiten un desarrollo limitado de orden n en el origen. El desarrollo limitado de orden n de fg se obtiene multiplicando la parte correspondiente a f y a g, excluyendo las potencias de orden superior a n.

Consideremos dos funciones f y g que admiten un desarrollo de orden n > 1 en el origen y supongamos que g no se anula en el origen. La función f/g admite un desarrollo limitado de orden n en el origen. Si f y g son dos funciones que admiten un desarrollo limitado de orden n en el origen y se cumple que g(0) = 0, la función f_0g admite un desarrollo limitado de orden n en el origen.
Sea f una función indefinidamente diferenciable en un entorno del origen. La derivada de f admite un desarrollo limitado de orden n para cualquier n ∈ **N** en el origen que se obtiene derivando término a término el desarrollo limitado de f de orden n + 1 en el origen. El desarrollo limitado de orden n + 1 de una primitiva de f se obtiene integrando término a término el desarrollo limitado de orden n de f.

Evidentemente los desarrollos limitados anteriormente indicados existen ya que toda función indefinidamente diferenciable admite un desarrollo limitado de orden n para cada n ∈ **N**, que se expresa mediante las derivadas de f en el origen, de acuerdo con los resultados anteriores. El cálculo de desarrollos limitados de una función que se expresa mediante otras puede efectuarse si se

3

conocen desarrollos limitados de estas últimas. Por consiguiente resulta muy aconsejable disponer de los desarrollos limitados correspondientes a las funciones elementales. Como dichas funciones son indefinidamente diferenciables los coeficientes del desarrollo limitado se expresan mediante el valor de las sucesivas derivadas en el origen.
A la derecha se presentan los desarrollos limitados de las funciones más usuales.
Consideremos una función f definida en un intervalo abierto I en R indefinidamente derivable en I. Supongamos que a es un punto de I.
El punto [a, f (a)] es un punto del gráfico de la función, es decir, de la curva y = f (x) y la ecuación de la tangente en este punto es
$y = f'(a)(x - a) + f(a)$. Sea p el menor número natural mayor o igual que 2, de tal modo que $f^{(p)}(a) \neq 0$, es decir,
$f''(a) = f'''(a) = \dots = f^{(p-1)}(a) = 0$, $f^{(p)}(a) \neq 0$. La fórmula de Taylor para un punto x de I se escribirá

$$f(x) - [f(a) + f'(a)(x - a)] =$$

$$= \int^{x} \frac{(x - t)^{p-1}}{(p - 1)!} f^{(p)}(t)\, dt$$

4

1. *El matemático inglés Brook Taylor (1685-1731) contribuyó decisivamente al auge del análisis matemático desarrollando el cálculo de diferencias finitas.*

2. *La fórmula de Taylor permite obtener desarrollos limitados de funciones.*

3. *El físico austríaco Erwin Schrödinger (1887-1961), cuya imagen aparece en este billete de 1.000 chelines austríacos, obtuvo una famosa ecuación que ha permitido conocer la estructura de los átomos.*

4. *Las Matemáticas han contribuido enormemente a los grandes avances de la Ciencia y de la Técnica.*

$$\cos x = 1 - \frac{x^2}{2!} + \frac{x^4}{4!} - \dots + (-1)^n \frac{x^{2n}}{(2n)!} + x^{2n+1} \varepsilon(x)$$

$$\operatorname{sen} x = x - \frac{x^3}{3!} + \frac{x^5}{5!} - \dots + (-1)^n \frac{x^{2n+1}}{(2n+1)!} + x^{2n+2} \varepsilon(x)$$

$$(1 + x)^a = 1 + \frac{a}{1!} x + \frac{a(a+1)}{2!} x^2 + \dots + \frac{a(a-1)\dots(a-p+1)}{p!} x^p + x^p \varepsilon(x)$$

$$\frac{1}{1+x} = 1 - x + x^2 - \dots + (-1)^p x^p + x^p \varepsilon(x)$$

$$\operatorname{ch} x = 1 + \frac{x^2}{2!} + \frac{x^4}{4!} + \dots + \frac{x^{2n}}{(2n)!} + x^{2n+1} \varepsilon(x)$$

$$\operatorname{sh} x = x + \frac{x^3}{3!} + \frac{x^5}{5!} + \dots + \frac{x^{2n+1}}{(2n+1)!} + x^{2n+2} \varepsilon(x)$$

$$a^x = 1 + \frac{x \operatorname{Log} a}{1!} + \frac{x^2 (\operatorname{Log} a)^2}{2!} + \dots + \frac{x^n (\operatorname{Log} a)^n}{n!} + x^n \varepsilon(x)$$

Ecuaciones diferenciales

Una ecuación diferencial es una ecuación que contiene derivadas. En el caso de que haya una sola variable independiente, las derivadas son derivadas **ordinarias** y la ecuación se denomina **ecuación diferencial** ordinaria. Si hay dos o más variables independientes, las derivadas son derivadas **parciales** y la ecuación recibe el nombre de **ecuación en derivadas parciales.** Orden de una ecuación diferencial es el orden de la derivada de mayor orden que interviene en la ecuación. Se denomina **grado** de una ecuación diferencial al grado de la derivada de mayor orden que interviene en la ecuación. El problema de las ecuaciones diferenciales elementales consiste en encontrar la primitiva que originó la ecuación. Por tanto, resolver una ecuación diferencial de orden n consiste en hallar una relación entre las variables que contenga n constantes arbitrarias independientes que, junto con las derivadas obtenidas a partir de ella también se cumpla la ecuación diferencial.

Para poder resolver una ecuación diferencial se deben cumplir una serie de condiciones. Así, una ecuación diferencial del tipo

$$y' = g(x, y)$$

en la que $g(x, y)$ es continua y uniformemente en una región R de puntos (x, y) y tal que

$$\frac{\partial g}{\partial y}$$

existe y es continua en todos los puntos de R y admite infinitas soluciones $f(x, y, C) = 0$, siendo C una constante arbitraria, tales que por cada punto de R pasa una y sólo una curva de la familia $f(x, y, C) = 0$. Una solución particular de una ecuación diferencial se obtiene a partir de la primitiva dando valores definidos a las constantes arbitrarias. Geométricamente, la primitiva es la ecuación de una familia de curvas y una solución particular es la ecuación de una de las curvas. Estas curvas se denominan **curvas integrales** de la ecuación diferencial. En ocasiones puede suceder que una forma dada de la primitiva no incluya todas las soluciones particulares e incluso es posible que una ecuación diferencial tenga soluciones que no se puedan obtener de la primitiva. Estas soluciones reciben el nombre de **soluciones singulares.** La primitiva de una ecuación diferencial se denomina **solución general** de la ecuación. Una ecuación diferencial de primer orden y primer grado puede escribirse del modo siguiente: $M(x, y)dx + N(x, y)dy = 0$. En el caso de que $M(x, y)dx + N(x, y)dy$ sea la diferencial completa de una función $\mu(x, y)$, o sea, si

1

2

$M(x, y)dx + N(x, y)dy = d\mu(x, y)$ entonces

$M(x, y)dx + N(x, y)dy = 0$ es una ecuación diferencial exacta y $\mu(x, y) = C$ es su primitiva o solución general. Si la ecuación $M(x, y)dx + N(x, y)dy = 0$ no es exacta, pero $\zeta(x, y) \{M(x, y)dx + N(x, y)dy\} = d\mu(x, y)$, $\zeta(x, y)$ recibe el nombre de factor integrante de $M(x, y)dx + N(x, y)dy = 0$ y $\mu(x, y) = C$ es su primitiva. Una ecuación diferencial para la que es posible encontrar rápidamente un factor integrante es del tipo $f_1(x) \cdot g_2(y)\, dx + f_2(x) \cdot g_1(y)\, dy = 0$ (1). Mediante el factor integrante

$$\frac{1}{f_2(x) \cdot g_2(y)}$$

la ecuación (1) se transforma en

$$\frac{f_1(x)}{f_2(x)} dx + \frac{g_1(y)}{g_1(y)} dy = 0 \quad (2)$$

cuya primitiva es

$$\int \frac{f_1(x)}{f_2(x)} dx + \int \frac{g_1(y)}{g_2(y)} dy = C$$

La ecuación (1) es del tipo de separación de variables. En (2) ya están separadas. Se dice que una función $f(x, y)$ es **homogénea** de grado n cuando $f(\lambda x, \lambda y) = \lambda^n f(x, y)$. La ecuación diferencial $M(x, y)dx + N(x, y)dy = 0$ es homogénea cuando $M(x, y)$ y $N(x, y)$ son homogéneas y del mismo grado. La transformación $y = vx$, $dy = vdx + xdv$ convierte cualquier ecuación homogénea en otra del tipo $P(x, v)dx + Q(x, v)dv = 0$ en la que se pueden separar las variables. Después de integrar se debe volver a sustituir v por y/x para recuperar las variables iniciales.

Para resolver un sistema de n ecuaciones diferenciales ordinarias con n variables dependientes se obtiene por derivación de las ecuaciones dadas un conjunto en el que se puedan eliminar todas menos una de las variables dependientes. La ecuación resultante se resuelve para dicha variable. Si la ecuación $M(x, y)dx + N(x, y)dy = 0$ admite una solución del tipo $f(x, y, c) = 0$, donde C es una constante arbitraria, existen infinitos factores integrantes $\xi(x, y)$ tales que la ecuación diferencial $\xi(x, y) \{M(x, y)dx + N(x, y)dy\} = 0$ es exacta. Así pues, existen transformaciones de variables con las que la ecuación diferencial pasa a ser del tipo de separación de variables.

Desgraciadamente no pueden establecerse reglas generales que permitan hallar un factor integrante o efectuar una transformación, lo que conlleva limitaciones a la hora de resolver determinados tipos de ecuaciones diferenciales de primer orden y primer grado. Las variables de una ecuación del tipo $M(x, y)dx + N(x, y)\, dy = 0$ se pueden separar siempre que sea posible escribir la ecuación del modo

$$f_1(x) \cdot g_2(y)\, dx + f_2(x) \cdot g_1(y)\, dy = 0$$

3

1. *Las ecuaciones diferenciales son fundamentales para estudiar la resistencia de los materiales como esta viga utilizada en las faenas de embarque de una partida de cemento con destino a la exportación en el puerto de Málaga (España).*

2. *A causa del rozamiento del aire, el movimiento del paracaídas viene descrito por una compleja ecuación diferencial.*

3. *El espectacular movimiento del agua en este famoso surtidor de Ginebra viene gobernado por una ecuación diferencial.*

Combinatoria

El número de aplicaciones de un conjunto A con n elementos en otro conjunto B con m elementos se denota por VR^n_m e indica las variaciones con repetición de m elementos tomados de n en n. Ahora bien, en las aplicaciones anteriores pueden aparecer elementos repetidos puesto que un mismo elemento del conjunto B puede recibir varias flechas. Para determinar el número de aplicaciones inyectivas se deben contar las aplicaciones en las que ningún elemento de B reciba más de una flecha.
Dado un conjunto A con m elementos se llaman **variaciones** de los elementos de A tomados de n en n a las aplicaciones **inyectivas** del conjunto $\{1, 2, 3, ..., n\}$ en A. Como las aplicaciones son inyectivas deberá cumplirse que $n \leq m$. El número de variaciones de m elementos tomados de n en n se representa por V^n_m y coincide con el producto de n factores que van disminuyendo en una unidad, comenzando por el factor m. Así pues, $V^n_m = m(m - 1)(m - 2)(m - 3) \dots (m - n + 1)$.
Las aplicaciones **biyectivas** del conjunto cuyos elementos son $\{1, 2, 3, ..., n\}$ en un conjunto A con n elementos reciben el nombre de **permutaciones** del conjunto A. El número total de permutaciones se denota por P_n. Como cada una de estas aplicaciones biyectivas supone una ordenación de los elementos del conjunto A, las diferentes permutaciones corresponderán a las distintas ordenaciones que se pueden establecer entre los elementos del conjunto A. Por consiguiente, las permutaciones son un caso particular de las variaciones y, por tanto, las permutaciones del conjunto A son las variaciones de sus n elementos tomados de n en n. Así pues, el número de permutaciones de A será: $P_n = V^n_n = n(n - 1)(n - 2) \dots 3 \cdot 2 \cdot 1$. Al producto anterior de n factores que van decreciendo en una unidad desde n hasta 1 se le conoce con el nombre de «n factorial» y se denota por n! Así pues, $P_n = n!$
El uso de la **notación factorial** simplifica mucho las expresiones en las que aparecen varios números naturales consecutivos como factores. Así, la expresión de V^n_m puede escribirse del modo siguiente:

$$V^n_m = \frac{m!}{(m - n)!}$$

Consideremos una carrera en la que compiten corredores de equipos distintos. Si se desea conocer el número de diferentes clasificaciones por equipos se deberá dividir el número de posibles clasificaciones individuales entre el número de cambios que pueden efectuarse entre los corredores sin que se altere la clasificación por equipos. En este caso, el número de posibles clasificaciones por equipos coincidiría con el de permutaciones con repetición. Si participan m corredores del equipo A, n corredores del equipo B y p corredores del equipo C, como el número total de corredores es m + n + p, el número de posibles clasificaciones por equipos y de permutaciones con repetición viene dado por la expresión

$$PR^{m,n,p}_{m+n+p} = \frac{(m + n + p)!}{m!\,n!\,p!}$$

Si se desea calcular cuántos subconjuntos de n elementos se pueden obtener a partir de un conjunto de m elementos, siendo $m \geq n$, resulta que el número total de subconjuntos es $V^n_m / n!$ A este número se le suele representar por

$$\binom{m}{n}$$

Ahora bien, como

$$V^n_m = \frac{m!}{(m - n)!}$$

se obtiene que

$$\binom{m}{n} = \frac{\frac{m!}{(m-n)!}}{n!} =$$

Los subconjuntos de n elementos de un determinado conjunto reciben el nombre de **combinaciones de n elementos.** Las expresiones como

$$\binom{m}{n}$$

que indican el número de combinaciones de n elementos tomados en un conjunto de m elementos se llaman **números combinatorios.** Los números combinatorios cumplen las siguientes propiedades que se resumen en la tabla 1.
El binomio de Newton es una

1

expresión que permite calcular el desarrollo de $(a + b)^n$ en función de las potencias de a y de b siendo n un número natural cualquiera. Este desarrollo se resume en la tabla 2.
En el desarrollo anterior se observan las siguientes regularidades:
a) El número de términos del desarrollo es una unidad mayor que el exponente del binomio.
b) El exponente de a en el primer término del desarrollo es igual al exponente del binomio y en cada término posterior va disminuyendo en una unidad.
c) El exponente de b en el segundo término del desarrollo es 1 y en cada término posterior va aumentando en una unidad.
d) El coeficiente del primer término del desarrollo es 1 y el coeficiente del segundo término es igual al exponente de a en el primer término del desarrollo.
e) El coeficiente de cualquier término se obtiene multiplicando el coeficiente del término anterior por el exponente de a en dicho término anterior y dividiendo este producto por el exponente de b en ese mismo término aumentado en una unidad.
f) El último término del desarrollo es b elevado al exponente del binomio. Cuando el segundo término del binomio es negativo, los signos que aparecen en el desarrollo son alternativamente positivos y negativos. A veces interesa hallar directamente un término cualquiera del desarrollo de un binomio sin hallar los términos anteriores. Para ello se utilizan las siguientes propiedades:

Tabla 1

1. $\binom{m}{0} = 1$;

2. $\binom{m}{m} = 1$;

3. $\binom{0}{0} = 1$;

4. $\binom{m}{n} = \binom{m}{m-n}$;

5. $\binom{m}{n} = \binom{m-1}{n-1} + + \binom{m-1}{n}$

Tabla 2

$$(a+b)^n = \binom{n}{0} a^n + \binom{n}{1} a^{n-1} b + $$
$$+ \binom{n}{2} a^{n-2} b^2 + \ldots + \binom{n}{i} a^{n-i} b^i + \ldots +$$
$$+ \binom{n}{n-1} a b^{n-1} + \binom{n}{n} b^n.$$

Tabla 3

$$\binom{1}{0} \quad \binom{1}{1}$$
$$\binom{2}{0} \quad \binom{2}{1} \quad \binom{2}{2}$$
$$\binom{3}{0} \quad \binom{3}{1} \quad \binom{3}{2} \quad \binom{3}{3}$$
$$\binom{4}{0} \quad \binom{4}{1} \quad \binom{4}{2} \quad \binom{4}{3} \quad \binom{4}{4}$$
$$\binom{5}{0} \quad \binom{5}{1} \quad \binom{5}{2} \quad \binom{5}{3} \quad \binom{5}{4} \quad \binom{5}{5}$$

a) El numerador del coeficiente de un término cualquiera del desarrollo es un producto que empieza por el exponente del binomio. Cada factor posterior es una unidad menor que el anterior y aparecen tantos factores como términos preceden al término de que se trate.
b) El denominador del coeficiente de un término cualquiera es una expresión factorial de igual número de factores que el numerador.
c) El exponente de a en un término cualquiera es el exponente del binomio disminuido en el número de términos que preceden a dicho término.
d) El exponente de b en un término cualquiera es igual al número de términos que lo preceden.
Las propiedades de los números combinatorios permiten construir un famoso triángulo, llamado **Triángulo de Tartaglia** en honor del matemático italiano de este nombre que fue el primero en descubrirlo, que se muestra hasta la quinta fila en la tabla 3.

2

1. *Dependiendo de las diversas combinaciones que pueden producirse en el orden de llegada de los caballos en una carrera pueden ganarse o perderse importantes cantidades de dinero en las apuestas hípicas.*

2. *Los juegos de naipes están basados en las múltiples combinaciones que pueden efectuarse con las cartas tanto por su aparición por azar como por las jugadas de los participantes.*

Estadística. Variables y representaciones

Cuando se tiene una serie de datos correspondientes a determinadas características de un grupo de personas u objetos como, por ejemplo, las alturas o las notas de los estudiantes de una escuela o el número de piezas defectuosas y no defectuosas producidas por un taller en un día, resulta prácticamente imposible o poco realista observar la totalidad de los individuos, especialmente si son muy numerosos. Así pues, en vez de examinar todo el grupo, que se denomina **población** o **universo**, lo que suele hacerse es examinar una pequeña parte del mismo, que se denomina **muestra**. Cuando una muestra es representativa de una población pueden deducirse importantes conclusiones sobre ésta a partir del análisis efectuado. La parte de la Estadística que estudia las conclusiones bajo las que tales interferencias son válidas recibe el nombre de **Estadística inductiva** o **referencial**. Ahora bien, como no es posible tener la seguridad absoluta de la veracidad de dichas inferencias frecuentemente se emplea el término **probabilidad** para hablar de estas conclusiones. La parte de la Estadística que únicamente describe y analiza un grupo dado sin extraer conclusiones o inferencias de un grupo mayor recibe el nombre de **Estadística descriptiva** o **deductiva**. Si una variable puede tomar cualquier valor entre dos valores dados se denomina variable **continua**. Así, por ejemplo, el peso de una persona es una variable continua ya que puede tomar cualquier valor entre dos valores determinados. En cambio, se dice que una variable es **discreta** cuando no puede tomar cualquier valor entre dos valores determinados. Así, por ejemplo, el número de habitaciones de una vivienda puede tomar los valores 1, 2, 3, 4, ... pero no puede ser 2, 538. Los datos que vienen definidos por una variable discreta se denominan **datos discretos** mientras que los datos que vienen definidos por una variable continua se denominan **datos continuos**. Así, los pesos de los alumnos de una escuela son datos continuos mientras que el número de habitaciones de las viviendas de una ciudad son datos discretos. Generalmente las medidas originan datos continuos mientras que las enumeraciones originan datos discretos.
Frecuentemente el concepto de variable puede extenderse a datos no numéricos. Así, el color C en el espectro de la luz solar es una variable que puede tomar valores: rojo, naranja, amarillo, verde, azul, índigo y violeta. Estas variables pueden sustituirse por cantidades numéricas. Así, por ejemplo, podría asignarse el número 1 al color rojo, el número 2 al color naranja y así sucesivamente.
En Estadística se emplean diversos tipos de curvas, dependiendo de la naturaleza de los datos que se deban representar y del propósito para el cual la curva ha sido diseñada. Las representaciones gráficas más utilizadas en Estadística son las siguientes:

a) Diagrama de barras. Consiste en levantar sobre cada valor de la variable una barra cuya longitud coincida con su frecuencia.

b) Polígono de frecuencias. Consiste en señalar los extremos de los segmentos cuya altura coincide con la frecuencia y unirlos mediante una línea quebrada.

c) Diagrama de frecuencias acumuladas. Se usa cuando se desea conocer el número de individuos que hay antes de un cierto valor de la variable.

d) Diagrama de frecuencias relativas. Se emplea cuando se desea comparar varias poblaciones del mismo tipo pero con distinto número de individuos.

e) Diagrama de sectores. Consiste en dividir los 360° del círculo en partes proporcionales a las frecuencias de la población estudiada.

1

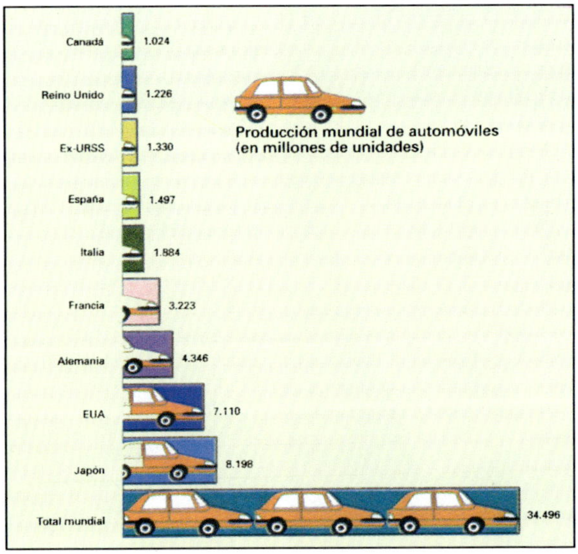

2

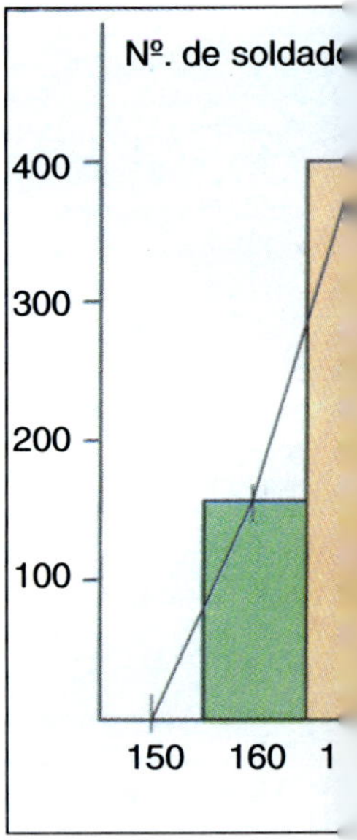

f) Gráficas en espiral. Se usan para representar datos cronológicos que experimentan una importante tendencia a expandirse.

g) Cartogramas. Consisten en hacer resaltar con distintos colores o rayas diversas zonas de un mapa según un motivo determinado.

h) Pictogramas. Se utilizan sobre todo para representar índices de producción empleando para ello un símbolo del artículo que se produce. Su inconveniente radica en la dificultad que presenta la representación de fracciones ya que se deben amputar los dibujos.

i) Histogramas de frecuencia. Se emplean cuando el número de valores que puede tomar una variable es muy elevado.

1. *Los pictogramas resultan muy útiles para representar datos de producción, empleando para ello un símbolo del artículo que se produce. Su principal inconveniente radica en la dificultad que presenta la representación de fracciones ya que se deben amputar los dibujos.*

2. *Histograma de frecuencias correspondiente a las estaturas de los soldados de un cuartel.*

3. *Diagramas de sectores correspondientes a las notas de Inglés y de Historia de una clase. Los diagramas de sectores en la actualidad se utilizan muchísimo.ya que permiten una rápida visualización de los resultados.*

4. *Polígono de frecuencias correspondiente a las notas de la asignatura de Matemáticas de los 40 alumnos participantes de una clase.*

3

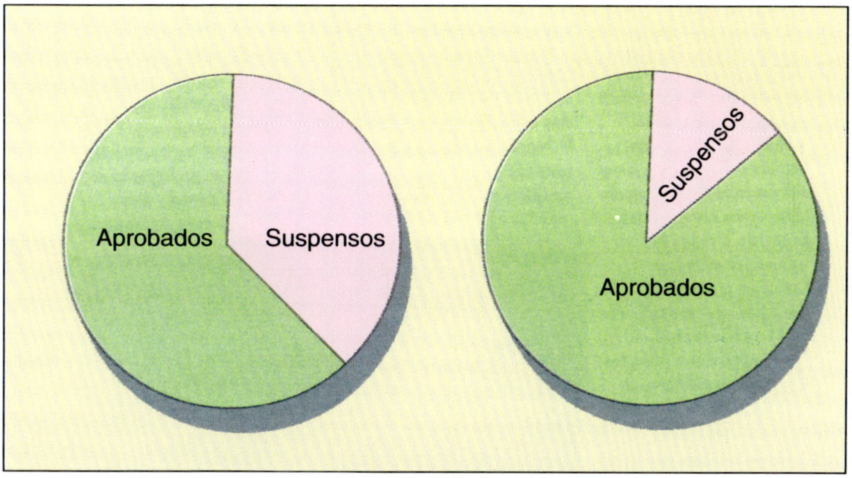

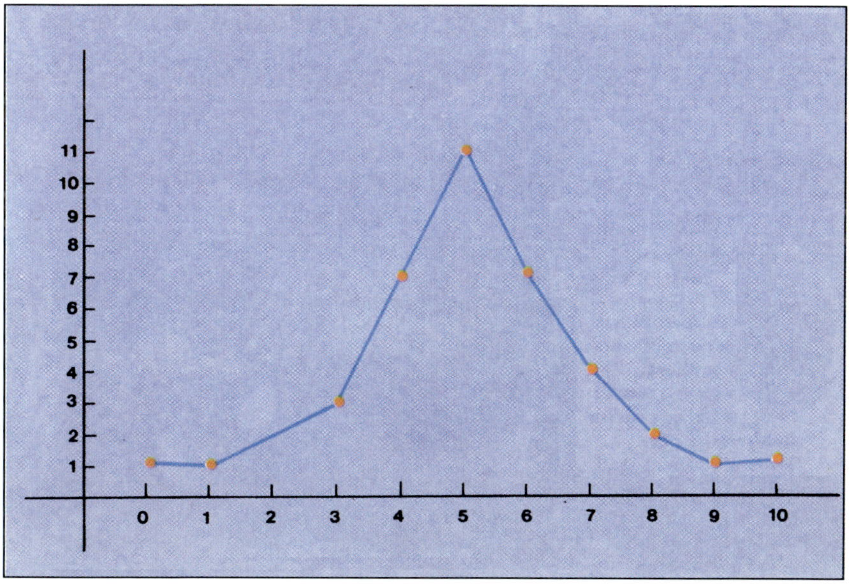

Distribuciones de frecuencia

Se denomina **ordenación** a toda colocación de una serie de datos numéricos en orden creciente o decreciente de magnitud. La diferencia entre el mayor y el menor de los datos ordenados recibe el nombre de **rango** o **recorrido de los datos.** Cuando se tiene un gran número de datos es muy útil distribuirlos en clases y determinar el número de datos que pertenecen a cada clase, que se denomina **frecuencia de clase.** Una distribución de frecuencias es una ordenación en forma de tabla de los datos en clases, asignando a cada clase las frecuencias correspondientes. Los datos ordenados y resumidos en una distribución de frecuencia reciben el nombre de **datos agrupados.** Los números extremos de cada intervalo de clase se llaman **límites de clase.** El menor de ellos recibe el nombre de límite inferior de la clase mientras que el mayor recibe el nombre de límite superior de la clase. Cuando un intervalo de clase carece de límite superior o de límite inferior o de ambos a la vez se dice que se trata de un intervalo de clase abierto. Así, por ejemplo, un intervalo de clase que agrupe a los alumnos cuyo peso es inferior a 50 kg es un intervalo de clase abierto. El punto medio de un intervalo de clase se denomina marca de clase y se obtiene dividiendo por 2 la suma de los límites inferior y superior del intervalo de clase. Generalmente, para poder obtener estas distribuciones de frecuencia se puede proceder del modo siguiente:
a) Se determina el mayor o el menor de los datos registrados para encontrar el rango, o sea, la diferencia entre el mayor y el menor de los datos.
b) Se divide el rango en un número adecuado de intervalos de clase del mismo tamaño, que generalmente oscila entre 5 y 15.
c) Se determinan las frecuencias de clase, o sea, el número de datos que corresponden a cada intervalo.
Hay diversos métodos para representar gráficamente las distribuciones de frecuencia. Los más utilizados son los **histogramas** y los **polígonos de frecuencias.** Los histogramas consisten en una serie de rectángulos cuyas superficies son proporcionales a las frecuencias de clase y cuyas bases se encuentran sobre un eje horizontal con centros en las marcas de clase y cuyas longitudes coinciden con el tamaño de los intervalos de clase. Así, cuando los intervalos de clase son todos ellos de igual tamaño, las alturas de los rectángulos son proporcionales a las frecuencias de clase y en este caso se suelen tomar las alturas numéricamente iguales a las frecuencias de clase. Los polígonos de frecuencias se obtienen al unir las marcas de clase.
En general se suelen prolongar los polígonos de frecuencias hasta las marcas de clase inmediatamente superior e inferior que, obviamente corresponden a clases de frecuencia nula. Se denomina **frecuencia relativa** de una clase a la frecuencia de dicha clase dividida por la suma de las frecuencias de todas las clases. La suma de las frecuencias relativas de todas las clases es 1. Las representaciones gráficas de distribuciones de frecuencia relativa pueden obtenerse a partir del correspondiente histograma o polígono de frecuencias, cambiando simplemente la escala vertical de frecuencias por una escala de frecuencias relativas, manteniendo el mismo diagrama. Las representaciones resultantes se denominan histogramas de frecuencias relativas y polígonos

1

de frecuencias relativas, respectivamente. La frecuencia acumulada hasta un intervalo de clase determinado es la frecuencia total de todos los valores menores que el límite superior de clase de dicho intervalo de clase. Las tablas que representan frecuencias acumuladas reciben el nombre de **distribuciones de frecuencias acumuladas.** Análogamente, la frecuencia relativa acumulada es la frecuencia acumulada dividida por la frecuencia total, mientras que las gráficas que representan las frecuencias relativas acumuladas reciben el nombre de polígonos de frecuencias relativas acumuladas.

Si la población de la que se extraen las muestras es muy grande, es posible elegir intervalos de clase muy pequeños. De este modo, el polígono de frecuencias correspondiente a una población grande puede estar formado por muchos segmentos pequeños, de manera que el polígono va aproximándose a una curva. Las curvas de esta manera obtenidas se denominan **curvas de frecuencia.** Las curvas de frecuencia presentan las siguientes formas características:

a) Curvas simétricas. Las curvas de frecuencia simétricas son aquellas en las que las observaciones que equidistan del máximo central también tienen la misma frecuencia.

b) Curvas sesgadas. Las curvas de frecuencia sesgadas se caracterizan porque la cola de la curva a un lado del máximo central es mayor que al otro lado. Si la cola mayor aparece a la derecha de la curva se dice que la curva está sesgada a la derecha o que tiene sesgo positivo mientras que si la cola mayor aparece a la izquierda de la curva se dice que la curva está sesgada a la izquierda o que tiene sesgo negativo.

c) Curvas bimodales. Las curvas de frecuencia bimodales presentan dos máximos.

d) Curvas multimodales. Las curvas de frecuencia multimodales presentan más de dos máximos.

e) Curvas en forma de U. Las curvas de frecuencia en forma de U presentan el máximo en ambos extremos.

1. *La diferencia entre los valores mayor y menor de una serie de datos ordenados, como el peso o la estatura de los alumnos de una escuela, se denomina rango.*

2. *(superior izquierda). Esquema de una curva de frecuencia bimodal.*

(inferior izquierda). *Esquema de una curva de frecuencia sesgada a la derecha (sesgo positivo).*

(superior derecha). *Esquema de una curva de frecuencia simétrica.*

(inferior derecha). *Esquema de una curva de frecuencia multimodal.*

2

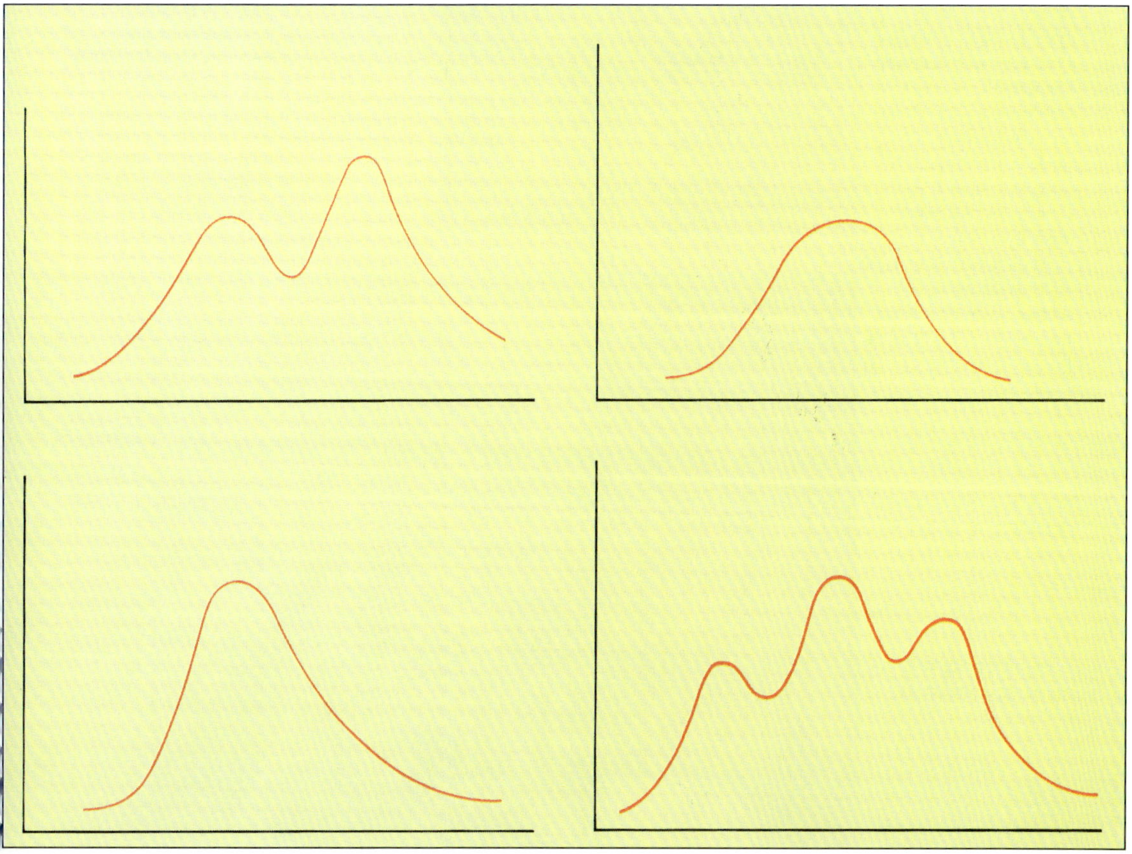

Medidas de centralización

Las medidas de centralización son valores que tienden a situarse en el centro de un conjunto de datos ordenados según su magnitud. La medida de centralización más empleada habitualmente es la **media aritmética** o simplemente **media**. Otras medidas de centralización son la **mediana**, la **moda**, la **media geométrica**, la **media armónica** y la **media cuadrática**. El uso de una u otra medida de centralización viene condicionado por el tipo de resultados que interese extraer a partir de los datos. La media aritmética o media de un conjunto de N números $x_1, x_2, ..., x_n$ se simboliza por $\bar{x}$ y se define del modo siguiente:
donde x_1 representa a cualquiera de los N valores $x_1, x_2, ..., x_n$ que puede tomar la variable x.
La letra i minúscula en x_i se denomina subíndice y también puede representar a cualquiera de los números 1, 2, 3, ..., n.
El símbolo

$$\sum_{i=1}^{n} x_i$$

se usa para indicar la suma de todas las x_i desde i = 1 hasta i = n, es decir,

$$\sum_{i=1}^{n} x_i = x_1 + x_2 + ... + x_n$$

Si no existe posibilidad alguna de confusión, el símbolo

$$\sum_{i=1}^{n} x_i$$

acostumbra a simplificarse y se escribe simplemente

$$\sum x$$

Cuando los números representados por $x_1, x_2, x_3, ..., x_n$ aparecen $f_1, f_2, f_3, ..., f_n$ veces, o sea, cuando sus frecuencias respectivas sean $f_1, f_2, f_3, ..., f_n$, la media aritmética puede calcularse del modo que se indica en la tabla 2.
Frecuentemente, a cada uno de los números representados por $x_1, x_2, ..., x_n$ se les asigna un peso determinado

$$\omega_1, \omega_2, ..., \omega_n$$

En estos casos se acostumbra a calcular la media aritmética ponderada igual como se puede ver en la tabla 3.
La media aritmética cumple las siguientes propiedades:
a) La suma algebraica de las desviaciones de un conjunto de números respecto de su media aritmética es cero.
b) La suma de los cuadrados de las desviaciones de un conjunto de números respecto de un número cualquiera es mínima si dicho número es la media aritmética.
La mediana de una serie de datos ordenados en orden de magnitud es el valor medio si el número de datos es impar o bien la media aritmética de los dos valores medios si el número de datos es par.
Ejemplo. Determinar la mediana de los números 2, 4, 4, 6, 8, 9.
Solución: Como los números están ordenados en orden creciente de magnitud y hay un número par de números, la mediana será la media aritmética de los dos valores medios, o sea (4 + 6) : 2 = 5.
La moda de una serie de números es el valor que se presenta con mayor frecuencia.
Ejemplo. Hallar la moda de los números 1, 2, 2, 4, 4, 5, 5, 5, 7, 7, 8, 9.
Solución: El número que se repite más veces es 5. Por tanto, la moda es 5.

1

2

La media geométrica de una serie de n números $x_1, x_2, \dots, x_n$ es la raíz enésima del producto de dichos números es decir, $\sqrt[n]{x_1 \cdot x_2 \dots x_n}$.
Ejemplo. Hallar la media geométrica de los números 3, 9 y 27.
Solución: La media geométrica será

$$\sqrt[3]{3 \cdot 9 \cdot 27} = 9$$

La media armónica de una serie de n números $x_1, x_2, \dots, x_n$ es

$$\frac{1}{\frac{1}{N} \sum_{i=1}^{n} \frac{1}{x_i}} \qquad \frac{N}{\sum_{i=1}^{n} \frac{1}{x_i}}$$

Ejemplo. Calcular la media armónica de 10, 20 y 60.
Solución: La media armónica será (tabla 4):

La media cuadrática de una serie de n números $x_1, x_2, \dots, x_n$ es

$$\frac{\sum_{i=1}^{n} x_i}{N}$$

Ejemplo. Hallar la media cuadrática de 2, 4, 6 y 8.
Solución: La media cuadrática será

$$\sqrt{\frac{2^2+4^2+6^2+8^2}{4}} =$$

$$= \sqrt{\frac{120}{4}} = \sqrt{30} = 5{,}48 \text{ aprox.}$$

1. *La pluviosidad de una región determinada se calcula hallando la media aritmética de los milímetros de lluvia recogidos durante una serie de años.*

2. *La velocidad media de los vehículos resulta muy afectada por la situación del tráfico, tal como puede comprobarse en este atasco circulatorio en las proximidades de París.*

3. *Las gráficas de estaturas y pesos medios constituyen una herramienta utilísima para los pediatras a la hora de valorar el crecimiento de los niños.*

4. *Para calcular la duración de una bombilla los fabricantes calculan la media aritmética de las duraciones de muchas bombillas análogas.*

Tabla 4

$$\frac{1}{\frac{1}{3}\left(\frac{1}{10}+\frac{1}{20}+\frac{1}{60}\right)} = \frac{1}{\frac{1}{3} \cdot \frac{10}{60}} = 18$$

Tabla 2

$$\bar{x} = \frac{x_1f_1+x_2f_2+x_3f_3+\dots+x_nf_n}{f_1+f_2+f_3+\dots+f_n} = \frac{\sum_{i=1}^{n} x_if_i}{N}$$

Tabla 3

$$\bar{x} = \frac{x_1\omega_1+x_2\omega_2+\dots+x_n\omega_n}{\omega_1+\omega_2+\dots+\omega_n} = \frac{\sum_{i=1}^{n} x_i\omega_i}{\sum_{i=1}^{n} \omega_i}$$

3

4

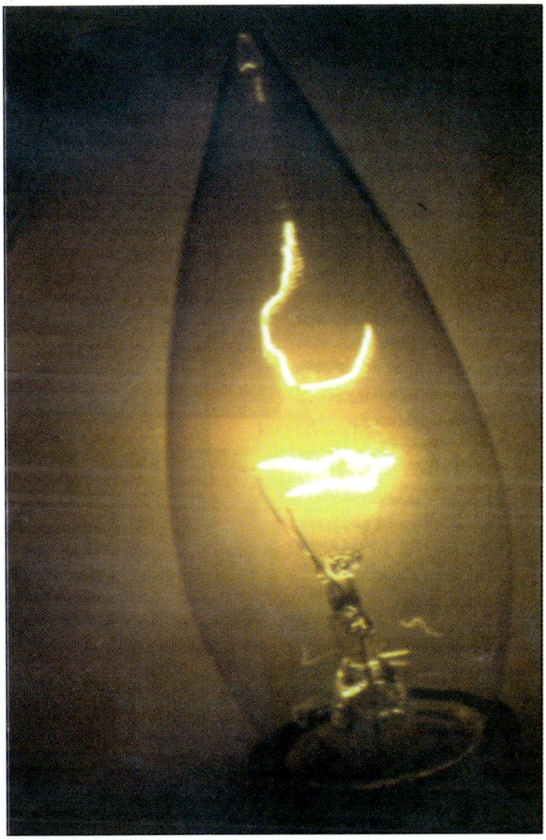

Medidas de dispersión

Las medidas de dispersión dan idea de la separación de los datos numéricos alrededor de un valor medio. Las medidas de dispersión más utilizadas son el **rango** o **recorrido**, la **desviación media**, la **varianza** y la **desviación típica**.

Se denomina rango o recorrido de una distribución a la diferencia entre los dos valores extremos, máximo y mínimo. Evidentemente el rango no es una buena medida de dispersión puesto que es suficiente con que un solo dato se aleje mucho de la media para que el rango se vea muy afectado ya que depende únicamente de los dos valores extremos sin que influyan para nada los otros datos restantes.

Ejemplo. Hallar el rango de la serie de números siguiente: 2, 4, 10, 40.

Solución: El rango será 40 - 2 = 38.

La desviación media de una serie de n números $x_1, x_2, \ldots, x_n$ se define como

$$\frac{\sum_{i=1}^{n} |x_i - \bar{x}|}{N} = \frac{\sum |x - \bar{x}|}{N}$$

Ejemplo. Calcular la desviación media de los números 2, 4, 10, 40.

Solución: La media aritmética será

$$\bar{x} = \frac{2 + 4 + 10 + 40}{4} = 14$$

Por tanto, la desviación media valdrá (tabla 1).

Al definir la desviación media los sumandos se toman en valor absoluto para que las desviaciones de los datos mayores que la media no se compensen con las desviaciones de los datos menores que integran la media. La desviación media es una buena medida para la dispersión. Cuando los datos $x_1, x_2, \ldots, x_n$ aparecen con frecuencias respectivas $f_1, f_2, \ldots, f_n$ la desviación media se calcula a partir de la expresión

$$\frac{\sum_{i=1}^{n} f_i |x_i - x|}{\sum_{i=1}^{n} f_i}$$

La expresión anterior resulta muy útil cuando se dispone de datos agrupados donde los distintos x_i representan las marcas de clase y las f_i representan las frecuencias de clase correspondientes. La varianza s^2 de una serie de n números

$$x_1, x_2, \ldots, x_n$$

viene dada por la expresión

$$s^2 = \frac{\sum_{i=1}^{n} (x_i - \bar{x})^2}{n}$$

Con frecuencia los valores x_i son números sencillos de manejar, mientras que la media aritmética $\bar{x}$ acostumbra a ser un número con varios decimales, por lo que las diferencias $x_i - \bar{x}$ suelen ser también números decimales, que resultan engorrosos de ser

1

2

Tabla 1

$$\frac{|2-14|+|4-14|+|10-14|+|40-14|}{4} = 13$$

3

4

elevados al cuadrado. Por este motivo, en la práctica resulta preferible utilizar la expresión siguiente

$$s^2 = \frac{\sum_{i=1}^{n} x_i^2}{n} - \bar{x}^2$$

De este modo sólo debe calcularse el cuadrado de un número engorroso, $\bar{x}^2$. Cuando los datos $x_1, x_2, ..., x_n$ aparecen con frecuencias respectivas $f_1, f_2, ..., f_n$ la varianza se representa mediante la expresión

$$s^2 = \frac{\sum_{i=1}^{n} f_i (x_i - \bar{x})^2}{\sum_{i=1}^{n} f_i}$$

La expresión anterior suele desarrollarse frecuentemente, obteniéndose

$$s^2 = \frac{\sum_{i=1}^{n} f_i x_i^2}{\sum_{i=1}^{n} f_i}$$

La desviación típica de una serie de n números $x_1, x_2, ..., x_n$ viene dada por la expresión

$$s = \frac{\sum_{i=1}^{n} (x_i - \bar{x})^2}{n}$$

Resulta evidente que la desviación típica es la raíz cuadrada de la varianza. A menudo, la desviación típica acostumbra a calcularse a partir de la expresión siguiente

$$s = \frac{\sum_{i=1}^{n} x_i^2}{n} - \bar{x}^2$$

Ejemplo. Calcular la desviación típica de los números 2, 4, 6, 8. Solución. Tendremos

$$\bar{x} = \frac{2+4+6+8}{4} = 5$$

Por tanto,

$$s = \sqrt{\frac{2^2+4^2+6^2+8^2}{4}} = 5 =$$

$$= \sqrt{5} = 2,24$$

aproximadamente.

1. *El rango es la diferencia entre los valores máximo y mínimo de una serie de datos como pueden ser la estatura o el peso de un conjunto de escolares.*

2. *Los observatorios meteorológicos, como este de Caravaca (Murcia), registran las variaciones de temperatura.*

3. *Las variaciones climatológicas afectan considerablemente al promedio de agua embalsada en muchos pantanos, lagos y presas, cuando las sequías son prolongadas.*

4. *Los relojeros controlan lo que atrasan o adelantan los relojes durante un tiempo determinado, con ello logran que relojes con una maquinaria antigua y a la vez poco precisa, marquen la hora regularmente.*

Teoría de la probabilidad

Supongamos un suceso E, que de un total de n casos posibles, todos ellos igual de factibles, puede producirse en h ocasiones. La probabilidad de aparición de este suceso, que recibe el nombre de **ocurrencia**, viene dada por la expresión $P(E) = h/n$. La probabilidad de que no ocurra el suceso, que es su **no ocurrencia**, será

$$P(\text{no } E) = \frac{n - h}{n} = 1 - P(E)$$

Evidentemente la posibilidad de que tenga lugar un determinado suceso es un número comprendido entre 0 y 1. Cuando el suceso es imposible, o sea, cuando nunca puede ocurrir, su probabilidad es cero. En cambio, cuando un suceso es cierto, o sea, cuando siempre debe ocurrir, su probabilidad es 1. Ahora bien, como la expresión «igual de factibles» es poco concreta, se prefiere dar una definición más rigurosa, de modo que la probabilidad de que se produzca un suceso determinado se hace coincidir con la frecuencia relativa de la aparición del suceso cuando el número de observaciones es muy elevado, o sea, la probabilidad es el límite al que tiende la frecuencia relativa cuando el número de observaciones crece indefinidamente.

1

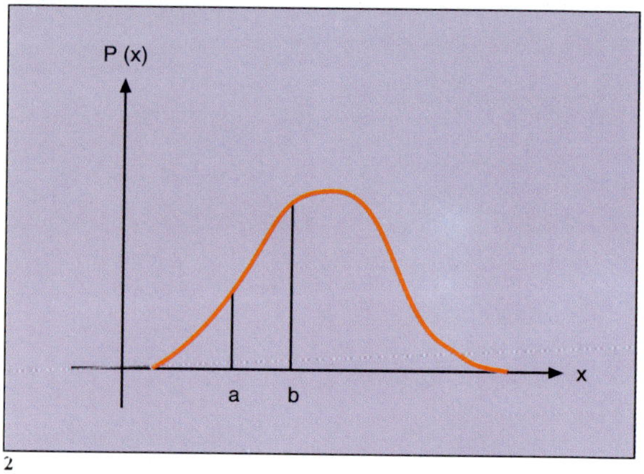

2

Si designamos por $E_1 E_2$ el suceso consistente en que ocurra E_1 y E_2 que recibe el nombre de suceso compuesto, se verifica que

$$P\{E_1 E_2\} = P\{E_1\}P\{E_2/E_1\}$$

En el caso de que ambos sucesos sean independientes tendremos que:

$$P\{E_1 E_2\} = P\{E_1\}P\{E_2\}$$

En el caso de que se tengan tres sucesos E_1, E_2, E_3 resulta:

$$P\{E_1, E_2, E_3\} = P\{E_1\} P\{E_2/E_1\}P\{E_3/E_1 E_2\}$$

o sea, que la probabilidad de ocurrencia de E_1, E_2 y E_3 es igual a la probabilidad E_1 por la probabilidad de que ocurra E_2, dado que ha ocurrido E_1, por la probabilidad de que ocurra E_3, dado que ha ocurrido E_1 y E_2.
En particular, si se trata de sucesos independientes se verifica:

$$P\{E_1 E_2 E_3\} = P\{E_1\} P\{E_2\}P\{E_3\}.$$

Generalizando, si E_1, E_2, E_3, ..., E_n son n sucesos independientes cuyas probabilidades respectivas son P_1, P_2, P_3, ..., P_n entonces la probabilidad de ocurrencia de E_1 y E_2 y E_3 ... y E_n será $P_1 \cdot P_2 \cdot P_3 \ldots \cdot P_n$.
Se dice que dos sucesos son mutuamente excluyentes cuando la ocurrencia de uno cualquiera de ellos imposibilita la ocurrencia de los otros. Así, si E_1 y E_2 son mutuamente excluyentes, $P\{E_1 E_2\} = 0$. Si denotamos por $E_1 + E_2$ el suceso de que «ocurra E_1 o E_2 o ambos», se verificará que $P\{E_1 + E_2\} = P\{E_1\} + P\{E_2\} - P\{E_1 E_2\}$. En el caso de sucesos mutuamente excluyentes tendremos que:

$$P\{E_1 + E_2\} = P\{E_1\} + P\{E_2\}$$

Generalizando, si E_1, E_2, ..., E_n son n sucesos mutuamente excluyentes con probabilidades respectivas P_1, P_2, ..., P_n, entonces la probabilidad de ocurrencia de E_1 o E_2 o ... E_n será $P_1 + P_2 + \ldots + P_n$.
En la teoría de la probabilidad todos los resultados se toman como punto de un espacio denominado **espacio muestral S.** Cuando S contiene únicamente un número finito de puntos, a cada uno de ellos se le puede asociar un número no negativo, que se denomina probabilidad, tal que la suma de todos los números correspondientes a todos los puntos de S sumen uno. De este modo, un suceso es un sistema o conjunto de puntos de S. El suceso $E_1 + E_2$ es el

formado por los puntos que están en E_1 o en E_2 o en ambos, mientras que el suceso E_1E_2 está formado por los puntos comunes a E_1 y E_2. Así, la probabilidad de un suceso tal como E_1 es la suma de probabilidades asociadas a todos aquellos puntos que están contenidos en E_1. De modo similar, la probabilidad de $E_1 + E_2$, denotada por $P\{E_1 + E_2\}$, es la suma de las probabilidades asociadas a todos los puntos contenidos en el sistema $E_1 + E_2$.
Cuando E_1 y E_2 no tienen puntos en común, o sea, cuando se trata de sucesos mutuamente excluyentes, entonces $P\{E_1 + E_2\} = P\{E_1\} + P\{E_2\}$.
Cuando E_1 y E_2 tienen puntos en común se tiene $P\{E_1 + E_2\} = P\{E_1\} + P\{E_2\} - P\{E_1E_2\}$.
El conjunto $E_1 + E_2$ se llama también la unión de ambos conjuntos y se representa por $E_1 \cup E_2$. El conjunto E_1E_2 recibe el nombre de **intersección** de ambos conjuntos y se representa por $E_1 E_2$. Si E_1 y E_2 no tienen puntos en común, entonces $E_1E_2 = \phi$, lo cual indica que ambos sucesos son mutuamente excluyentes y, por consiguiente, $P\{E_1E_2\} = 0$. Cuando una variable X puede tomar una serie de valores discretos X_1, X_2, ..., X_k con probabilidades respectivas P_1, P_2, ..., P_k tales que $P_1 + P_2 + ... + P_k = 1$ se dice que se ha definido para x una distribución de probabilidad discreta. La función P(x) que toma los valores respectivos P_1, P_2, ..., P_k para $X = X_1$, X_2, ..., X_k recibe el nombre de **función de probabilidad** o **función de frecuencia** de X.

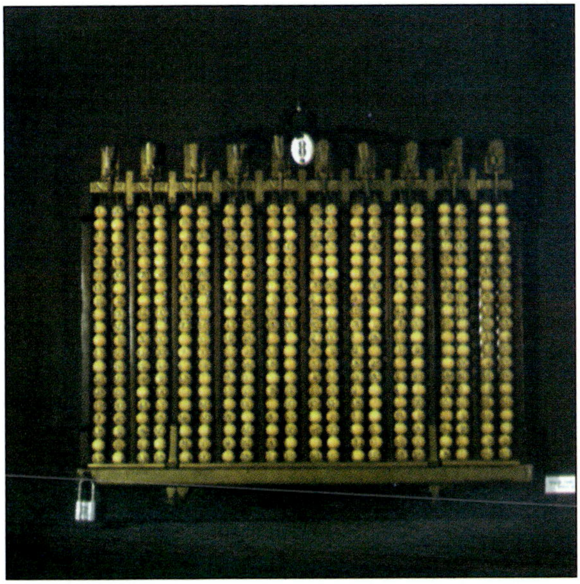

3

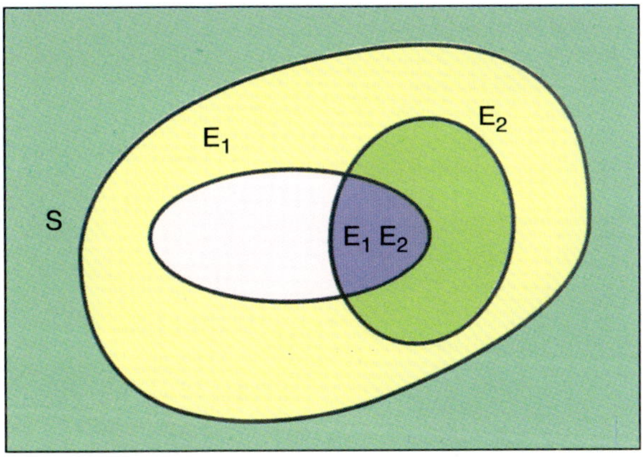

4

Como X puede tomar determinados valores con unas probabilidades dadas también suele denominarse **variable aleatoria discreta**. Las variables aleatorias también se llaman **variables de probabilidad** o **variables estocásticas.**
Cuando X representa una variable aleatoria discreta que puede adoptar los valores X_1, X_2, ..., X_k con probabilidades respectivas P_1, P_2, ..., P_k siendo $P_1 + P_2 + ... + P_k = 1$, se define la esperanza matemática de X, que se simboliza por E(X) como

$$E(X) = P_1X_1 + P_2X_2 + ... + P_kX_k = \sum_{i=1}^{n} P_iX_i$$

Las ideas anteriores son igualmente válidas cuando la variable X toma valores continuos. El polígono de frecuencias relativas de una muestra discreta se convierte entonces en una curva continua en el caso límite de una población, siendo $Y = p(X)$ la ecuación de la curva obtenida. El área total bajo esta curva limitada por el eje X es igual a uno, mientras que el área bajo la curva y entre las rectas $X = a$ y $X = b$ da la probabilidad de que X se halle entre a y b, lo que puede representarse por $P\{a < X < b\}$. En este caso p(X) se denomina **función de densidad de la probabilidad** o simplemente función de densidad.

1. *La teoría de la probabilidad se plasma en la práctica en los juegos de azar como el popular bingo.*

2. *El área sombreada de la figura representa la probabilidad de que x se encuentre comprendida entre a y b.*

3. *Tabla de bolas de una lotería. Este es uno de los más populares juegos de azar en muchos países del mundo.*

4. *Un suceso puede resumirse como un sistema o conjunto de puntos de un espacio muestral S.*

Distribuciones de probabilidad

Las distribuciones de probabilidad son las distribuciones de frecuencia relativa llevadas al límite, es decir, cuando el número de observaciones efectuadas es muy elevado. Por consiguiente, las distribuciones de probabilidad pueden considerarse como distribuciones de poblaciones en las que las distribuciones de frecuencias relativas son distribuciones de muestras extraídas de dichas poblaciones. Acumulando las probabilidades se obtienen distribuciones de probabilidad acumulada que son similares a las distribuciones de frecuencia relativa acumulada. La función asociada a dicha distribución se denomina **función de distribución.** Entre las distribuciones de probabilidad más usuales destacan la **distribución normal** o **de Gauss,** la **distribución biominal** o **de Bernouilli** y la **distribución de Poisson.**

En una distribución de probabilidad continua cuya curva tenga representada por la ecuación Y = ρ (x), siendo x la variable ρ (x) recibe el nombre de función de densidad de la probabilidad o sencillamente función de densidad. La variable x se denomina asimismo variable aleatoria continua.

La distribución de probabilidad continua más utilizada es, sin ningún género de dudas, la distribución normal, también denominada distribución de Gauss, que viene dada por la expresión

$$Y = \frac{1}{\sigma\sqrt{2\pi}}\, e^{-\frac{1}{2}\frac{(x-\mu)^2}{\sigma}}$$

donde μ = media aritmética, σ = desviación típica.

El área total limitada por la curva anterior y el eje X es uno. El área situada bajo la curva entre dos ordenadas X = a y X = b, siendo a < b, representa la probabilidad de que X se encuentre entre a y b y se denota por

$$P\{a < X < b\}$$

Cuando la variable X se expresa en función de la desviación

$$z = \frac{x - \mu}{\sigma}$$

la ecuación viene representada por la forma tipificada

$$Y = \frac{1}{\sigma\sqrt{2\pi}}\, e^{-\frac{1}{2}z^2}$$

En este caso se dice que z se distribuye normalmente con media cero y varianza uno. Las áreas incluidas entre z = - 1 y 1, z = - 2 y 2; z = - 3 y 3 son,

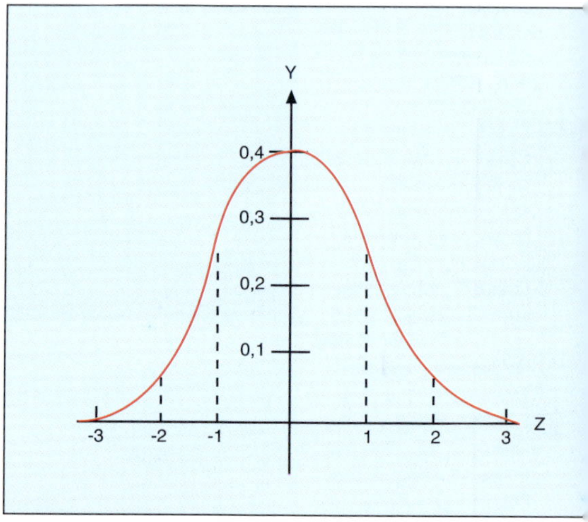

2

1

respectivamente, el 68,27 95,45 y 99,73% del área total que vale uno.
Las propiedades más importantes de la distribución normal son las que se pueden ver en la tabla 1.
La distribución binomial o de Bernouilli es una distribución de probabilidad discreta que recibe este nombre puesto que para $X = 0, 1, 2, \ldots, N$ se obtienen probabilidad de que el suceso ocurra exactamente X veces en N ensayos, o sea, de que se produzcan X éxitos y N - X fallos viene dada por la expresión

$$P(X) = \binom{N}{X} p^x q^{N-x} =$$

$$= \frac{N!}{X!\,(N-X)!} p^x q^{N-X}$$

donde

$X = 0, 1, 2, \ldots, N$ y
$N! = N(N-1)(N-2) \ldots 1.$

Las propiedades más importantes de la distribución binomial son las de la tabla 2.
La distribución de probabilidad discreta

$$P(X) = \frac{\lambda^x e^{-\lambda}}{X!}$$

donde $X = 0, 1, 2 \ldots$ y λ es una constante dada, se denomina distribución de Poisson. Las propiedades más interesantes de la distribución de Poisson son las de la tabla 3.

3

Tabla 1

• La media aritmética es:	μ
• La varianza es:	σ^2
• La desviación típica es:	σ
• La desviación media es:	$\sigma \sqrt{\frac{2}{\pi}}$

Tabla

• La media aritmética es:	$\mu = Np$
• La varianza es:	$\sigma^2 = Npq$
• La desviación típica es:	$\sigma = \sqrt{Npq}$

Tabla 3

• La media aritmética es:	$\mu = \lambda$
• La varianza es:	$\sigma^2 = \lambda$
• La desviación típica es:	$\sigma = \sqrt{\lambda}$

4

los términos correspondientes del binomio de Newton, o sea,

$$(q+p)^N = \binom{N}{0} q^N + \binom{N}{1} q^{N-1} p + \binom{N}{2} q^{N-2} p^2 + \ldots + p^N \binom{N}{N}$$

siendo

$$\binom{N}{0}, \binom{N}{1}, \binom{N}{2}, \ldots, \binom{N}{N}$$

los coeficientes binomiales.
Supongamos que p es la probabilidad de ocurrencia de un suceso en un solo ensayo, llamada la probabilidad de éxito y que $q = 1 - p$ es la probabilidad de que el suceso no ocurra en un solo ensayo, llamada la probabilidad de fallo. En estas condiciones, la

1. *Los demógrafos analizan el número de hijos de las familias para efectuar previsiones sociológicas.*

2. *Gráfica correspondiente a la curva normal tipificada conocida vulgarmente como campana de Gauss.*

3. *Al lanzar al aire una serie de monedas pueden distribuirse aleatoriamente en cara y cruz de diversas formas.*

4. *El matemático alemán Karl Friedrich Gauss (1777-1855) contribuyó poderosamente a poner los fundamentos de la moderna estadística.*

Muestreo

1

2

La teoría del muestreo estudia las relaciones existentes entre una población y muestras extraídas de la misma. De este modo pueden efectuarse estimaciones de cantidades desconocidas de la población como la media poblacional o la varianza, llamadas **parámetros poblacionales**, a partir de las correspondientes cantidades muestrales, que reciben el nombre de estadísticos muestrales. La teoría del muestreo es de gran utilidad para determinar si las diferencias que se observan entre dos o más muestras se deben a la aleatoriedad de las mismas o si por el contrario son realmente significativas. Estas decisiones implican los denominados ensayos o hipótesis de significación que tienen una gran importancia en la teoría de la decisión.

El estudio de las inferencias efectuado sobre una población determinada a partir de muestras extraídas de la misma junto con las indicaciones correspondientes sobre la exactitud de dichas inferencias aplicadas a la teoría de la probabilidad recibe el nombre de **inferencia estadística.**

Para que las conclusiones obtenidas a partir de la teoría del muestreo y de la inferencia estadística resulten válidas, las muestras deben seleccionarse de tal manera que resulten representativas de la población. El estudio de los métodos de muestreo se denomina **diseño de experimentos.** El proceso por el cual se extrae de una población una muestra representativa de la misma recibe el nombre de **muestreo al azar** y en este proceso cada miembro de la población tiene la misma probabilidad de resultar incluido en la muestra. El muestreo en el que cada miembro de la población puede elegirse más de una vez recibe el nombre de **muestreo con reemplazamiento** mientras que si cada miembro de la población no puede ser escogido más de una sola vez se tiene el **muestreo sin reemplazamiento.**

Las poblaciones pueden ser finitas o infinitas. Una población finita en la que se efectúa un muestreo con reemplazamiento se puede considerar como infinita puesto que se puede extraer cualquier número de muestras sin agotar la población.

Consideremos todas las posibles muestras de tamaño N que se pueden extraer de una población dada ya sea con o sin reemplazamiento. Para cada muestra se puede calcular un estadístico como la media o la desviación típica que varía de una muestra a otra. Así se obtiene una distribución del estadístico que se denomina **distribución muestral.**

Si el estadístico considerado es la media muestral, la distribución recibe el nombre de **distribución muestral de la media.**

Supongamos que de una población finita se extraen todas las posibles muestras sin reemplazamiento de tamaño N, siendo el tamaño de la población $N_p > N$. Si designamos la media y la desviación típica de la población por μ y σ respectivamente, se pueden escribir las expresiones siguientes

$$\mu_{\bar{x}} = \mu; \ \sigma_{\bar{x}} = \frac{\sigma}{\sqrt{N}} \sqrt{\frac{N_p - N}{N_p - 1}}$$

Cuando la población es infinita o el muestreo es con reemplazamiento las expresiones precedentes pueden simplificarse muy considerablemente

$$\mu_{\bar{x}} = \mu; \ \sigma_{\bar{x}} = \frac{\sigma}{\sqrt{N}}$$

Para valores grandes de N la distribución muestral de medias se aproxima a una distribución normal con media $\mu_{\bar{x}}$ y desviación típica $\sigma_{\bar{x}}$ independientemente de la población de que se trate. Este resultado en una población infinita es un caso especial del **teorema central del límite,** que establece que la aproximación es tanto mejor cuanto mayor sea el valor de N. En el caso de que la población se distribuya normalmente, la distribución muestral de medias se distribuye también normalmente incluso para valores pequeños de N.

Consideremos una población infinita y que la probabilidad de ocurrencia de un suceso es ρ, mientras que la probabilidad de no ocurrencia del suceso es $q = 1 - \rho$.

Consideremos todas las posibles muestras de tamaño N extraídas de dicha población y determinemos la proporción ρ de éxito. Se obtiene una distribución muestral de proporciones cuya media μ_ρ y cuya desviación típica σ_ρ vienen dadas por las expresiones

$$\mu_\rho = \rho \ \text{y} \ \sigma_\rho = \sqrt{\frac{\rho\,(1 - \rho)}{N}}$$

Para valores grandes de N la distribución muestral se aproxima mucho a una distribución normal. Puede observarse que la población se distribuye binomialmente.

Consideremos dos poblaciones. Para cada muestra de tamaño N_1, extraída de la primera población se calcula un estadístico s_1. De esta manera se obtiene una distribución muestral del estadístico s_1 cuya media y cuya desviación típica vienen dadas por las expresiones μ_{s_1} y σ_{s_1}, respectivamente. De modo similar, para cada muestra de tamaño N_2, extraída de la segunda población se calcula un estadístico s_2. De este modo se obtiene también una distribución muestral del estadístico s_2, cuya media y cuya desviación típica vienen dadas por μ_{φ_1}, y σ_{φ_1}, respectivamente. La media y la varianza de esta distribución muestral vienen dadas por las expresiones

$$\mu_{s_1 - s_2} = \mu_{s_1} - \mu_{s_2} \ \text{y}$$
$$\sigma_{s_1 - s_2} = \sqrt{\sigma^2_{s_1} + \sigma^2_{s_2}}.$$

La desviación típica de la distribución muestral de un estadístico recibe el nombre de su **error típico.** Los parámetros μ, σ, p, μ_r; $\bar{X}$, S, P, m_r se emplean para designar, respectivamente, las medias, desviaciones típicas, proporciones y momentos de orden r respecto de la media en la población y en la muestra. Si el tamaño de la muestra N es suficientemente grande, las distribuciones muestrales son normales.

3

1. *El control de calidad de los productos se efectúa tomando muestras muy precisas de los mismos, como puede observarse en la inspección de estas cajas de tomates provenientes de Portugal en las aduanas de Houston (Texas).*

2. *Cuando se desea conocer una serie de datos referidos a la calidad de fabricación de un producto, como es el caso de estos tractores a punto de ser embarcados en el puerto de Helsinki (Finlandia), es imprescindible efectuar un riguroso muestreo.*

3. *Para conocer* a priori *si la explotación de un yacimiento resulta rentable o no se deben tomar muestras representativas y someterlas a precisos análisis químicos.*

Estimación estadística

A menudo es muy importante poder inferir información sobre una población a partir de muestras extraídas de ella. Un problema muy importante que se plantea en la inferencia estadística es la estimación de parámetros de la población como la media o la varianza a partir de los correspondientes estadísticos muestrales. Si la media de la distribución muestral de un estadístico es igual al correspondiente parámetro poblacional, el estadístico se denomina **estimador insesgado del parámetro.** Si no coinciden, el estadístico recibe el nombre de **estimador sesgado del parámetro** en cuestión. Los valores de estos estadísticos se llaman respectivamente, **estimas insesgadas** o **sesgadas.** Cuando las distribuciones muestrales de dos estadísticos tienen la misma media, el estadístico que tiene menor varianza recibe el nombre de **estimador eficiente** de la media, mientras que el otro estadístico se denomina **estimador no eficiente.** Los valores correspondientes de los estadísticos reciben el nombre de **estimas eficientes** o **no eficientes,** respectivamente.
La estima de un parámetro poblacional dada por un número se **llama estima de punto** del parámetro.
La estima de un parámetro poblacional dada por dos números entre los cuales se supone que se halla dicho parámetro recibe el nombre de **estima de intervalo** del parámetro. Las estimas por intervalos indican la precisión de una estima y, por tanto, son preferibles a las estimas puntuales.

1

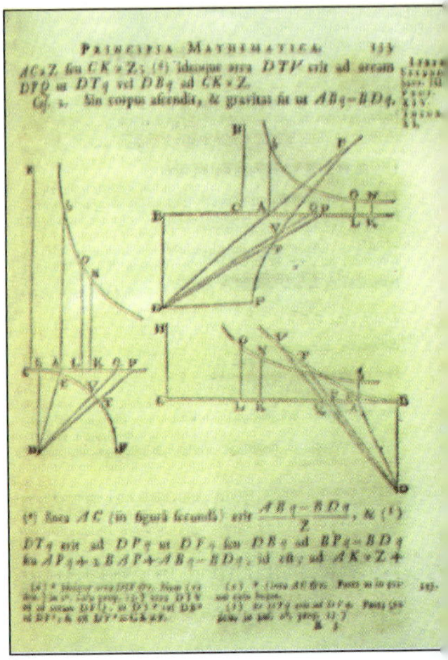
PRINCIPIA MATHEMATICA.

2

3

Con la teoría de la estimación puntual se resuelve el problema de aproximar o estimar ciertos parámetros desconocidos de una función de distribución, de la que se conoce, no obstante, su expresión matemática. El problema general se plantea al considerar una función de distribución de probabilidad $F(x, \alpha)$ de la que se desea estimar el parámetro α a partir de los valores muestrales $(x_1, x_2, \ldots, x_n)$ mediante una variable aleatoria $U(x_1, x_2, \ldots, x_n)$ cuyos valores se deducen de las muestras. La naturaleza de esta variable queda muy poco

4

donde $\overline{X}$, σ_1, N_1 y $\overline{X}_2$, σ_1, N_2 son las respectivas medias desviaciones típicas y tamaños de las dos muestras extraídas de las poblaciones.
Los límites de confianza par la desviación típica σ de una población que se distribuye normalmente y que es estimada por una muestra con desviación típica S, vienen dados por la expresión

$$S \pm z_c \frac{\sigma}{\sqrt{2N}}$$

precisada, siendo necesario únicamente que verifique ciertas condiciones que han de caracterizarle como un buen estimador. La más importante de dichas propiedades es la de que U tenga valores que se encuentren, en lo posible, alrededor del verdadero valor de α. Para que así sea, deberá verificarse que la media de estos valores sea precisamente α. Se dice entonces que U carece de sesgo o desviación respecto de α. De acuerdo con esto, se define un estimador insesgado U de α como aquella variable aleatoria U que verifique $E(U) = \alpha$, es decir, cuya esperanza matemática coincida con α. Si μ_s y σ_s son la media y la desviación típica de la distribución muestral de un estadístico S y la distribución muestral de S es aproximadamente normal, en muestras extraídas cabe esperar que el estadístico S se halle dentro de los intervalos $\mu_s - \sigma_s$ a $\mu_s + \sigma_s$, $\mu_s - 2\sigma_s$ a $\mu_s + 2\sigma_s$ y $\mu_s - 3\sigma_s$ a $\mu_s + 3\sigma_s$ el 68,27, 95,45 y 99,73% de las veces.

Análogamente cabe esperar encontrar μ_s en los intervalos $S - \sigma_s$ a $S + \sigma_s$, $S - 2\sigma_s$ a $S + 2\sigma_s$ y $S - 3\sigma_s$ $S + 3\sigma_s$ en el 68,27 95,45 y 99,73% de los casos. Estos intervalos se denominan **intervalos de confianza** del 68,27, 95,45 y 99,73%, respectivamente. Por un argumento semejante, $S \pm 1{,}96\ \sigma_s$ y $S \pm 2{,}58\ \sigma_s$ son los límites de confianza del 95 y del 99% para S. El porcentaje de confianza también recibe el nombre de **nivel de confianza.** Los números como 1,96 y 2,58 de los límites de confianza se llaman **coeficientes de confianza** y se denotan por Z_c. En el caso de que el estadístico S sea la media muestral $\overline{X}$, resulta inmediato comprobar que los límites de confianza para la media poblacional vienen dados por la expresión

$$\overline{X} \pm Z_c \frac{\sigma}{\sqrt{N}}$$

si se trata de una población infinita o si el muestreo es con reemplazamiento en una población finita y por la expresión

$$\overline{X} \pm Z_c \frac{\sigma}{\sqrt{N}} \sqrt{\frac{N_p - n}{N_p - 1}}$$

cuando el muestreo es sin reemplazamiento en una población finita de tamaño N_p. Si S_1 y S_2 son dos estadísticos con distribuciones muestrales normales, los límites de confianza para la diferencia de los parámetros poblacionales S_1 y S_2 son

$$S_1 - S_2 \pm z_c \sqrt{\sigma_{s_1}^2 + \sigma_{s_2}^2}$$

mientras que los límites de confianza para la suma de parámetros poblacionales son

$$S_1 + S_2 \pm z_c \sqrt{\sigma_{s_1}^2 + \sigma_{s_2}^2}$$

siempre que las muestras sean independientes. Así, los límites de confianza para la diferencia de dos medias poblacionales, siempre que poblaciones sean infinitas, vienen dados por

$$\overline{X}_1 - \overline{X}_2 \pm z_c \sqrt{\frac{\sigma_1^2}{N_1} + \frac{\sigma_2^2}{N_2}}$$

1. Los técnicos que regulan los semáforos deben efectuar una estimación estadística del tiempo de reacción de los conductores.

2. El famosísimo científco inglés sir Isaac Newton (1642-1727) es considerado uno de los mayores científicos de todos los tiempos. Además de sus geniales contribuciones en el campo de la Física, también fue un notable matemático, inventando el teorema del binomio que lleva su nombre y el cálculo diferencial, simultánea e independientemente de Leibniz, entre otros muchos trabajos. En la fotografía aparece una página de su obra Newtoni Principia Philosophiae, publicada en Roma en 1740.

3. En las carreras cortas la reacción acústica de los atletas al pistoletazo de salida resulta decisiva.

4. Antes de proceder a efectuar construcciones de tanta envergadura como el Golden Gate de San Francisco se debe efectuar una estimación de la resistencia a la rotura de los cables que sujetan la estructura.

Decisión estadística

A menudo deben adoptarse decisiones sobre poblaciones a partir de la información muestral de las mismas. Estas decisiones reciben el nombre de decisiones estadísticas. A la hora de adoptar decisiones es muy útil efectuar determinadas conjeturas sobre las poblaciones que vamos a analizar.

Todas estas conjeturas pueden ser o no ser ciertas y se denominan **hipótesis estadísticas.**

En general, las hipótesis estadísticas se formulan con el único objetivo de rechazarlas o invalidarlas. Así, si se quiere decidir si una moneda está cargada en una cara se formula la hipótesis de que la moneda está bien, o sea, que $p = 1/2$ para cada cara. Análogamente, si se quiere decidir si un procedimiento es mejor que otro se formula la hipótesis de que no hay diferencia entre ambos, es decir, que cualquier diferencia observada se debe sólo a variaciones en el muestreo de la población estudiada. Estas hipótesis reciben el nombre de **hipótesis nulas** y se denotan por H_0.

Toda hipótesis que difiera de una hipótesis dada recibe el nombre de **hipótesis alternativa.**

Cuando en el supuesto de que una hipótesis determinada es cierta se halla que los resultados observados en una muestra al azar difieren acentuadamente de los que cabía esperar con la hipótesis y con la variación propia del muestreo, se dice que las diferencias observadas son significativas y se está en condiciones de rechazar la hipótesis. Así, si al lanzar al aire una moneda 80 veces se obtuviera cruz en 73 ocasiones se estaría inclinado a rechazar la hipótesis de que la moneda está bien.

Los procedimientos que permiten decidir si una hipótesis se acepta o se rechaza o determinar si las muestras observadas difieren significativamente de los resultados esperados se llaman **ensayos de hipótesis** o **ensayos de significación.**

En el caso en que se rechaza una hipótesis que debería ser aceptada, se dice que se comete un error del tipo I. Por el contrario, si se acepta una

1

hipótesis que debería ser rechazada, se dice que se comete un error del tipo II. Para que un ensayo de hipótesis sea correcto debe diseñarse de manera que minimice los errores de decisión. En general, cuando se trata de disminuir un tipo de error se produce un incremento en otro tipo de error. A menudo un tipo de error es más importante que otro por lo que se debe tratar de limitar el error más importante. La única manera de disminuir simultáneamente ambos tipos de error es aumentar el tamaño de la muestra, lo cual no siempre es posible.
La máxima probabilidad de que en el ensayo de una hipótesis se pueda cometer un error del tipo I recibe el nombre de **nivel de significación** del ensayo. Esta posibilidad acostumbra a representarse como α y frecuentemente suele fijarse antes de proceder a la extracción de las muestras, de modo que los resultados obtenidos no influyan en la elección. En general suelen emplearse niveles de significación del 0,05 o del 0,01. El hecho de elegir un nivel de significación del 0,05 o del 5% al diseñar un ensayo de hipótesis significa que hay aproximadamente 5 ocasiones de cada 100 en que se rechazaría una hipótesis que debería ser aceptada, es decir, se tiene un 95% de confianza de que se adopta la decisión adecuada. En este caso se dice que la hipótesis ha sido rechazada a un nivel de significación del 0,05, o sea, que se puede cometer un error con una probabilidad del 0,05. Supongamos que con una hipótesis dada, la distribución muestral de un estadístico S es una distribución normal con media μ_s, y desviación típica σ_s. En este caso, la distribución de la variable tipificada es una distribución normal tipificada con media 0 y varianza 1. Así pues, se puede tener un 95% de confianza de que, si la hipótesis es cierta, el valor de z obtenido de una muestra real para el estadístico S se hallará entre -1,96 y 1,96 puesto que el área bajo la curva normal entre estos valores es 0,95. El conjunto de las z que se encuentran fuera del rango -1,96 a 1,96 constituyen lo que se denomina **región crítica** o **región de rechazo** de la hipótesis. El conjunto de las z que se hallan dentro del rango - 1,96 a 1,96 recibe el nombre de **región de aceptación** de la hipótesis.

3

2

4
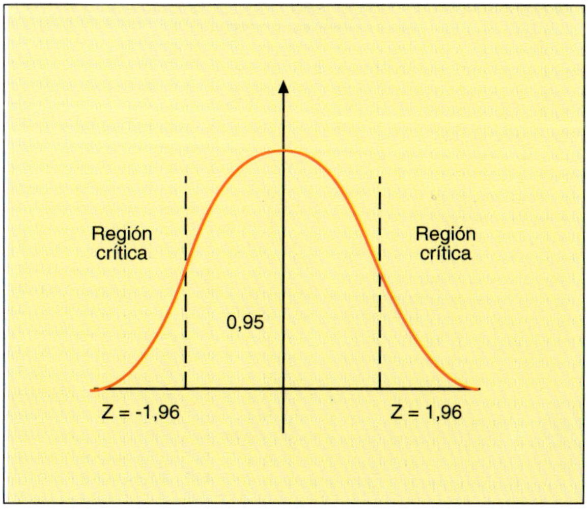

1. *La hipnosis se utiliza en algunas ocasiones para decidir si una persona posee poderes extrasensoriales o no. Antes de ello sólo había dos probabilidades, que el individuo tuviere o no. Pero también cabía la posibilidad de tomar una hipótesis estadística en un sentido u otro. En la imagen se muestra un grabado de Charles Jacques titulado* La hipnosis *correspondiente a la serie* Enfermos y médicos *(1843).*

2. *Las autoridades educativas deben decidir en ocasiones si determinados exámenes están bien diseñados o no. En la fotografía aparece un grupo de estudiantes que acaban de someterse a la prueba de selectividad para acceder a la Universidad.*

3. *Pierre Simon, marqués de Laplace (1749-1827) fue un célebre físico, astrónomo y matemático francés que publicó un importante ensayo sobre probabilidades.*

4. *El área sombreada de la figura representa la probabilidad de cometer un error al rechazar la hipótesis de trabajo.*

Indice analítico

A

B

C

D

E

F

G

H

I

GUÍA DE ESTUDIO

EVALUACIONES QUE NOS PERMITEN CONFIRMAR LO QUE HEMOS APRENDIDO DE **MATEMÁTICAS I**

1. ¿Qué es conjunto **acotado**?
2. ¿Qué es un **algoritmo**?
3. ¿Qué es el **análisis combinatorio**?
4. ¿Qué sistema se utiliza frecuentemente para medir **ángulos**?
5. ¿Qué estudia la **aritmética**?
6. ¿Qué es **automorfismo**?
7. ¿Qué es el **azar**?
8. ¿Qué es una **base numérica**?
9. ¿Qué es el **binomio de Newton**?
10. ¿Qué es el **cálculo infinitesimal**?
11. ¿Qué es el **cambio de variable**?
12. ¿A qué se le llama **consecuente**?
13. ¿Cuándo dos conjuntos son **coordinables**?
14. ¿Qués es la **criba** de Eratóstenes?
15. ¿Qué significa **cuantificar**?
16. ¿Qué son las **curvas integrales**?
17. ¿Qué son los **datos continuos**?
18. ¿Qué son **datos discretos**?
19. ¿Qué es una **decisión estadística**?
20. ¿Qué son las **derivadas**?
21. ¿Qué es la **desviación Standard**?
22. ¿Qué es un **diagrama de árbol**?
23. ¿Qué es la **distribución muestral** de la media?
24. ¿Cuáles son los métodos más usados para representar las **distribuciones de frecuencia**?
25. ¿Cuáles son las **distribuciones de probabilidad** más usuales?
26. ¿Qué es una **ecuación diferencial**?
27. ¿Qué es una relación de **equivalencia**?
28. ¿Qué es el **error típico**?
29. ¿Qué es un **espacio muestral**?
30. ¿Qué es la **estadística** descriptiva o deductiva?
31. ¿Cuál es el significado de **estimación**?
32. ¿Qué son **factores primos**?
33. ¿Qué es una **fracción decimal**?
34. ¿Qué es una **fracción periódica**?
35. ¿Qué es **frecuencia absoluta**?
36. ¿Qué es **frecuencia relativa**?
37. ¿Qué es la **función diferenciable**?
38. ¿Qué es la fracción **generatriz**?
39. ¿Qué es una **gráfica**?
40. ¿Qué es el **índice radical**?
41. ¿Qué es la **integración**?
42. ¿Cuándo un **interés** es simple?
43. ¿Qué es un **intervalo abierto**?
44. ¿Qué es un **límite**?
45. ¿Qué es un **logaritmo**?
46. ¿Qué es una **magnitud**?
47. ¿Qué es el **máximo común** divisor?
48. ¿Qué son las **medidas de centralización**?
49. ¿Qué son las **medidas de dispersión**?
50. ¿Qué es **medir**?
51. ¿Qué es el **mínimo común** múltiplo?
52. ¿Qué es la **moda**?
53. ¿Qué estudia la teoría de **muestreo**?
54. ¿Qué es un **múltiplo**?
55. ¿Qué es **notación desarrollada**?
56. ¿Qué es la **numeración**?
57. ¿Cuál es el significado de **número cardinal**?
58. ¿Qué es **número compuesto**?
59. ¿Qué es **número entero**?
60. ¿Qué es un **número imaginario**?
61. ¿Qué es un **número primo**?
62. ¿Qué es un **número racional**?
63. ¿Qué es un **número primo**?
64. ¿Qué son los **números naturales**?
65. ¿Qué son los **palindromas**?
66. ¿Qué es una **partición**?
67. ¿Qué son los **pictogramas**?
68. ¿Qué es la **población** o universo?
69. ¿A qué se le llama **polígono de frecuencias**?
70, ¿Qué es la **probabilidad**?
71. ¿Qué es una **progresión aritmética**?
72. ¿Qué es una **progresión geométrica**?
73. ¿Cuál es la **propiedad reflexiva** de un número?
74. ¿Qué es la **propiedad transitiva** en los números?
75. ¿Qué es una **proporción**?
76. ¿Qué es una **prueba lógica**?
77. ¿Qué es la **racionalización**?
78. ¿Qué es la **radicación**?
79. ¿Qué es la **raíz** de una ecuación?
80. ¿Qué es la **razón**?
81. ¿Qué es la **recta numérica**?
82. ¿A qué se le llama **región crítica**?
83. ¿Qué es la **regla de tres**?
84. ¿Qué es una **relación biunívoca**?
85. ¿Cómo pueden ser los **repartos proporcionales**?
86. ¿Qué es el **residuo**?
87. ¿Qué es la **resta**?
88. ¿Qué es **segundo**?
89. ¿Qué es la **suma**?
90. ¿Qué es la **superficie**?
91. ¿Qué es **sucesión**?
92. ¿Qué es una **sucesión divergente**?
93. ¿Qué es un **teorema**?
94. ¿Cuál es la propiedad de **tricotomía**?
95. ¿Qué es el **valor absoluto**?
96. ¿Qué es **valor de una función**?
97. ¿Qué es **variable**?
98. ¿A qué se le da el nombre de **variables estocásticas**?
99. ¿Qué es el **volumen**?
100. ¿Qué es la **yarda**?
101. ¿Qué es la **zona acotada**?

RESPUESTAS DE MATEMÁTICAS I

1. **acotado.** Es el que está delimitado en un intervalo de valores.

2. **algoritmo.** Es el conjunto de axiomas que se consideran como una verdad demostrable e inflexible.

3. **análisis combinatorio.** Es el estudio de las posibilidades de un resultado, dentro de un fenómeno llamado aleatorio o de azar.

4. **ángulos.** Frecuentemente se usa el sistema sexagesimal.

5. **aritmética.** Parte de las matemáticas que estudia los números y sus propiedades.

6. **automorfismo.** Es un isomorfismo donde el dominio y el rango, son del mismo conjunto.

7. **azar.** Es un fenómeno de eventos imprevisibles.

8. **base numérica.** Es el número que elevado a las potencias sucesivas determina el rango o sistema de numeración.

9. **binomio de Newton.** Es la potenciación sucesiva de un binomio, que determina a través de una fórmula el desarrollo a manera de progresión.

10. **cálculo infinitesimal.** Es la rama de las matemáticas cuyo fin es instrumentar procedimientos para determinar valores muy pequeños y por tanto más precisos.

11. **cambio de variable.** Es la sustitución de un valor por una literal en una ecuación.

12. **consecuente.** En una razón es el denominador.

13. **coordinables.** Cuando tienen el mismo número de elementos.

14. **criba.** Es la agrupación en una tabla, de los números primos y su secuencia. Fue elaborada por Eratóstenes.

15. **cuantificar.** Asignar un valor a un proceso.

16. **curvas integrales.** Son las funciones a las cuales se les puede determinar el área que delimitan entre dos valores del dominio.

17. **datos continuos.** Son los datos que vienen definidos por una variable continua.

18. **datos discretos.** Son los datos definidos por una variable discreta.

19. **decisión estadística.** Son las cuantificaciones a partir de la información muestral de una población.

20. **derivadas.** Son las funciones que determinan la tangente de una ecuacuación en cada punto de la misma

21. **desviación Standard.** Es otra manera de nombrar a la desviación típica.

22. **diagrama de árbol.** Es la esquematización de las posibilidades de una combinación.

23. **distribución muestral.** Es la información de análisis que se obtiene de un espacio muestral.

24. **distribuciones de frecuencia.** Son los histogramas y los polígonos de frecuencias.

25. **distribuciones de probabilidad.** Distribución normal o de Gauss, distribución binominal o de Bernoulli y distribución de Poisson.

26. **ecuación diferencial.** Aquella que tiene derivadas como variables.

27. **equivalencia.** Es una relación que cumple las propiedades simétrica, reflexiva y transitiva.

28. **error típico.** En la desviación típica, es el valor que no entra en el conjunto de rango.

29. **espacio muestral.** Es la población o grupo de estudio, para obtener información sobre los fenómenos que la afectan de manera cuantitativa.

30. **estadística.** Es la parte de la estadística que describe y analiza un grupo dado sin extraer conclusiones o inferencias de un grupo mayor.

31. **estimación.** Es la aproximación de un valor a un promedio dado.

32. **factores primos.** Son los números primos que multiplicados forman a un número. Un axioma dice que todo número natural se puede descomponer en factores primos.

33. **fracción decimal.** Aquella que tiene como denominador un múltiplo de 10.

34. **fracción periódica.** Es aquella donde la parte decimal tiene un dígito o varios que se repiten infinitamente.

35. **frecuencia absoluta.** En un espacio muestral, el total de los datos es frecuencia absoluta.

36. **frecuencia relativa.** Se toma sólo una parte relativa al total, es frecuencia relativa.

37. **función diferenciable.** Es aquella en la que su derivada está definida.

38. **generatriz.** Es la fracción irreductible de un decimal que equivale a éste.

39. **gráfica.** Es el conjunto de pares ordenados mostrado en el plano cartesiano.

40. **índice radical.** Es el valor que determina el grado del radical.

41. **integración.** Es la operación que determina el valor del área delimitada por la curva y sus putos extremos en el dominio.

42. **interés.** Cuando los intereses producidos por el capital no se acumulan a éste al final del tiempo acordado.

43. **intervalo.** Es el conjunto de valores de la recta numérica, cuya cota superior e inferior no pertenece al conjunto.

44. **límite.** Es el valor al cual se acerca la función, cuando la variable se acerca a un valor propuesto.

45. **logaritmo.** Es el exponente al que hay que elevar un número llamado base para obtener otro número al cual se le determina su logaritmo.

46. **magnitud.** Es todo aquello susceptible de ser medido.

47. **máximo común.** El máximo común divisor de varios números, es el mayor de los divisores comunes de todos ellos.

48. **medidas de centralización.** Son los valores que determinan aproximadamente el promedio de una serie de datos.

49. **medidas de dispersión.** Son los valores que nos dan idea de la separación de los datos numéricos alrededor de un valor medio.

50. **medir.** Es comparar una cantidad desconocida con la unidad de su especie.

51. **mínimo común.** El mínimo común múltiplo de varios números, es el menor de los múltiplos comunes de dichos números.

52. **moda.** Es una medida centralizada. Es el dato que más se repite en un fenómeno.

53. **muestreo.** Estudia las relaciones entre una población y muestras extraídas de la misma.

54. **múltiplo.** Un número m es múltiplo de otro n, si al realizar la división m : n el residuo es cero.

55. **notación desarrollada.** Es la representación de una cantidad en múltiplos de 10, 100, 1000, etc.

56. **numeración.** Es la parte de la aritmética que expresa y escribe los números.

57. **número cardinal.** Es el número de elementos de un conjunto.

58. **número compuesto.** Es un número natural (distinto de 1), que no es un número primo.

59. **número entero.** Los enteros son los números naturales positivos y negativos, incluyendo el cero.

60. **número imaginario.** Es aquel cuya base numérica es la raíz negativa de I.

61. **número primo.** Es aquel que sólo es divisible entre sí mismo y la unidad.

62. **número racional.** Es aquel que se puede expresar como el cociente de dos enteros.

63. **números complejos.** Son los que constan de una parte real y una parte imaginaria.

64. **números naturales.** Son los que se utilizan para contar.

65. **palindromas.** Son los números que se escriben al derecho y al revés, de la misma manera.

66. **partición.** Es la representación gráfica de una división fraccionaria.

67. **pictogramas.** Es el símbolo que representa a un grupo o conjunto muy grande.

68. **población.** Es todo el grupo a examinar durante la realización de una estadística.

69. **polígono.** Es la gráfica determinada por los puntos intermedios de una serie de datos frecuenciales.

70. **probabilidad.** Es la parte de las matemáticas que estudia los fenómenos aleatorios o de azar.

71. **progresión aritmética.** Es una sucesión de números donde la diferencia entre un número y el anterior es constante.

72. **progresión geométrica.** Es una sucesión de números donde el cociente entre un número y el anterior es constante.

73. **propiedad reflexiva:** todo conjunto es igual a sí mismo.

74. **propiedad transitiva:** si un conjunto es igual a otro y éste último es igual a un tercero, entonces el primero es igual al tercero.

75. **proporción.** Es la igualdad entre dos razones.

76. **prueba lógica.** Es un argumento, partiendo de una hipótesis hasta una conclusión, de acuerdo con las leyes de la lógica.

77. **racionalización.** Es la operación cuyo fin es desaparecer una raíz o denominador no deseado en la fracción.

78. **radicación.** Operación inversa a la potenciación, consistente en hallar la base, conociendo el índice y la potencia.

79. **raíz.** Es el valor que satisface a la ecuación.

80. **razón.** Es el cociente indicado entre dos cantidades.

81. **recta numérica.** Es la representación gráfica del conjunto de los números reales.

82. **región crítica.** Son los valores agrupados en un conjunto que no pertenecen a un rango.

83. **regla de tres.** Es un procedimiento matemático para determinar el cuarto valor de una proporción, conociendo los otros tres.

84. **relación biunívoca.** Es la relación entre los elementos del dominio y el rango donde a cada elemento del dominio le corresponde uno solo del rango.

85. **proporcionales.** Pueden ser directos, inversos y compuestos.

86. **residuo.** Es la cantidad sobrante del cociente, al dividir dos cantidades.

87. **resta.** Operación opuesta a la suma consistente en hallar uno de los sumandos (resta), conocida la suma (minuendo) y el otro sumando (sustraendo).

88. **segundo.** Es la unidad fundamental empleada para medir el tiempo y se representa con el símbolo s.

89. **suma.** Es la operación que consiste en reunir en un sólo número las unidades que forman dos o más números.

90. **superficie.** Es el área delimitada por el perímetro.

91. **sucesión.** Una sucesión es creciente cuando cada término es mayor que el anterior, y es decreciente cuando cada término es menor que el anterior.

92. **sucesión divergente .** Es aquella cuyos valores tienden a dos extremos opuestos.

93. **teorema.** Es una expresión que ha sido probada y se acepta como verdadera.

94. **tricotomía.** Es la que indica que un número natural puede tener una de tres posibles cualidades: si a es un natural, entonces $a > 0$, $a < 0$ ó $a = 0$.

95. **valor absoluto.** Es el valor positivo de un número entero.

96. **valor de una función.** Es cada uno de los valores asignado al dominio en el rango.

97. **variable.** Es la expresión que en una ecuación puede tomar más de un valor.

98. **variables estocásticas.** Son las variables de probabilidad.

99. **volumen.** Es la extensión delimitada por las superficies de una figura.

100. **yarda.** Unidad de longitud del sistema inglés, equivale a 0.914 metros.

101. **zona acotada.** Es el intervalo limitado por los valores extremos (inferior y superior).

TEMATICA ILUSTRADA VISUAL SIGLO XXI

BIOLOGIA

EUROAMERICANA
DE EDICIONES INTERNACIONAL S.A.

I.S.B.N.: 84-95656-03-5 (Obra Completa)
Producido por Ediciones Dafne, S.L.
Printed In Spain

Octubre 2001

BIOLOGÍA

Contenido

Historia de la biología

Aunque la biología como ciencia independiente no se desarrolla hasta el siglo XVIII, el estudio de los seres vivos responde a una curiosidad muy ancestral del hombre ligada a la necesidad de conocer su propia naturaleza y el mundo que le rodea. Así se comprende el hecho de que antiguamente el conocimiento biológico perteneciera a campos tan diversos como la zoología, la botánica, la anatomía, la medicina, la filosofía y la metafísica.

La primera obra escrita que representa un hito importante en la historia de la biología es la que realizó **Aristóteles** (384-322 a.C.) sobre la anatomía y el comportamiento de un gran número de animales observados, a la que siguieron las obras sobre temas médicos de **Hipócrates** (460-377 a.C.), **Galeno** (130-200) y **Dioscórides** (siglo I d.C.), aunque más perduró, por su gran cúmulo de conocimientos, la *Historia natural* de **Plinio el Viejo** (24-79 d.C.).

El estudio del cuerpo humano representó un gran avance en el conocimiento biológico gracias a dos relevantes anatomistas: **André Vesalio** (1514-1564) y **William Harvey** (1578-1657). El primero sentó las bases de la anatomía moderna en su obra *De humani corporis fabrica* y el segundo dio a conocer la circulación de la sangre en *De motu cordis et sanguinis.*

1

El microscopio óptico

El desarrollo de la biología siempre ha dependido de los progresos tecnológicos que han posibilitado la investigación cada vez más profunda de la materia viva y los procesos vitales. En este sentido, el microscopio óptico –que data de finales del siglo XVI– desempeñó un papel fundamental, contribuyendo a la elaboración de hipótesis y teorías que condujeron a duraderas polémicas que enfrentaron a **preformacionistas** (que defendían la existencia del individuo ya antes del desarrollo del huevo) y **epigenetistas** (que defendían el desarrollo embrionario por diferenciación de una masa amorfa), o a las que enfrentaron a los partidarios y detractores de la teoría de la **generación espontánea** (que defendía el origen espontáneo de muchos organismos a partir de materia orgánica en descomposición), teoría que quedó sepultada definitivamente en el siglo XIX con el nacimiento de la **microbiología** gracias a los estudios de **Pasteur** (1822-1895) sobre la naturaleza microbiana de las fermentaciones y de las enfermedades infecciosas.

La clasificación biológica

El siglo XVIII fue el siglo de los biólogos experimentales y de los grandes naturalistas. Entre los primeros destacan **Réamur** (1683-1757) y **Spallanzani** (1729-1799), que prepararon el terreno a Pasteur. Al naturalista conde **Buffon** (1707-1788) debemos una extensa *Historia natural* y a **Linneo** (1707-1778) la nomenclatura binomial todavía vigente para la clasificación de las especies que introdujo en su famosa obra *Systema naturae.*

La biología moderna

Si el siglo XVIII marca la independencia de la biología respecto a otras disciplinas, en el siglo XIX ésta adquiere la categoría de ciencia moderna gracias a **M. Schleiden** (1804-1881) y **T. Schwann** (1810-1882), cuyas investigaciones les condujeron a formular la **teoría celular** según la cual la célula es la unidad anatómica y fisiológica de todos los seres vivos. Este gran descubrimiento, junto con los pacientes estudios experimentales de **G. Mendel** (1822-1884) sobre los mecanismos de la transmisión de los caracteres hereditarios abonarán el terreno para el desarrollo de la **genética** y la formulación de la **teoría de la evolución** por **A. R. Wallace** (1823-1913) y **Ch. R. Darwin** (1809-1882), autor de dos obras trascendentales en la historia de la investigación de la biología: *El origen de las especies* y *El origen del hombre.*

La biología molecular

El desarrollo de la **bioquímica** y de la nueva tecnología del **microscopio electrónico** revolucionan la biología en el siglo XX, abriendo una nueva era de descubrimientos basados en el estudio de los cromosomas y las biomoléculas. En 1915 **Morgan, Sutton** y **Bovery** formulan la **teoría cromosómica de la herencia**; en 1925, **Muller** explica las **mutaciones génicas**; en 1953

J. Watson y **H. Crick** dan a conocer el modelo de la doble hélice de **ADN**, y en 1965 **Niremberg y Khorana** descubren el **código genético** que determina la biosíntesis de las proteínas. Pero la investigación biológica no cesa; nuevas tecnologías permiten sintetizar y secuenciar ADN, sintetizar proteínas en cantidades industriales, introducir fragmentos de ADN en el ADN de un ser vivo, producir plantas y animales transgénicos; estamos en la era de la **ingeniería genética.**

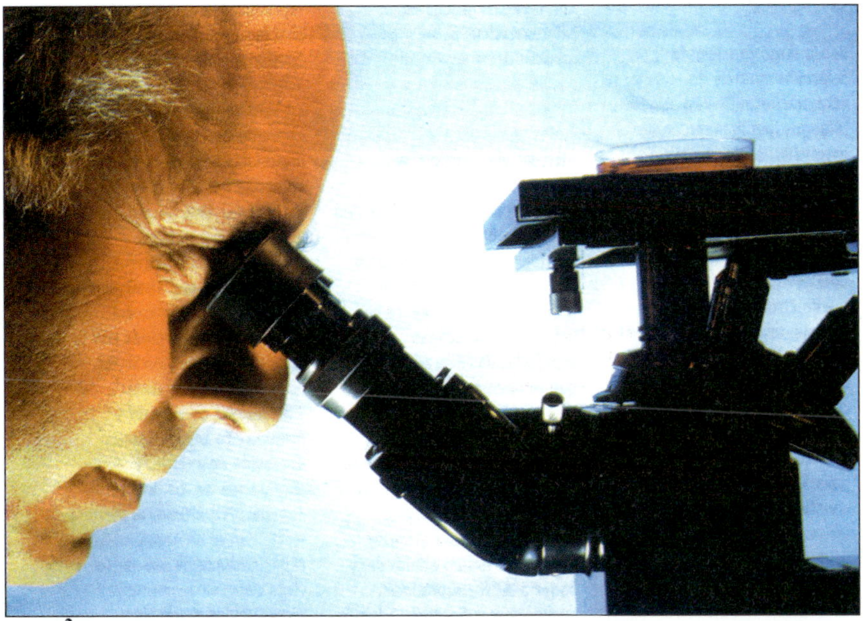

2

3

1. *Tratado de Medicina de Galeno, manuscrito en el siglo XIII. Galeno, médico griego que vivió a lo largo del siglo II de nuestra era, hacía disecciones en vivo de animales con objeto de comprender los mecanismos vitales del cuerpo humano contribuyendo de este modo al conocimiento biológico en general.*

2. *El microscopio óptico fue decisivo para estudiar la estructura microscópica de la materia viva. Fundamentalmente consta de un objetivo, sistema de lentes que da una imagen real aumentada de un objeto muy pequeño colocado muy cerca del foco, y un ocular, que funciona como una lupa y aumenta la imagen dada por el objetivo.*

3. *Con el microscopio óptico es imposible conseguir más de 2,000 aumentos, mientras que con el microscopio electrónico se llegan a obtener más de un millón de aumentos. Con su invención se abrieron las puertas al estudio de la genética moderna y la biología molecular.*

Materia inerte y materia viva

Aquello que llamamos vida es el producto de la evolución que siguieron determinadas moléculas en un determinado estadio de la atmósfera primitiva de la Tierra, concretamente cuando dicha atmósfera experimentó un cambio sustancial pasando de ser reductora a ser oxidante. Naturalmente, tal afirmación sólo tiene categoría de hipótesis, ya que las rocas más antiguas de nuestro planeta, formadas hace más de 3,500 millones de años, han desaparecido por completo; pero en todo caso se trata de la hipótesis más respaldada actualmente por los biólogos.

Origen de la vida

La atmósfera primitiva de la Tierra, formada fundamentalmente por metano, amoniaco, vapor de agua e hidrógeno, carecía prácticamente de oxígeno libre, así como de la capa de ozono hoy existente que la protege de las radiaciones solares ultravioleta. La energía procedente de tales radiaciones, así como la procedente de la desintegración de los elementos radiactivos y el calor reinante en aquella época fueron atomizando las moléculas de los gases primitivos, liberando radicales que se recombinaron para formar moléculas de nuevo diseño que fueron acumulándose en los mares primitivos y evolucionaron hacia moléculas orgánicas cada vez más complejas a través de un largo proceso de selección natural. En el seno de este mar primitivo, al que los biólogos han llamado **caldo primitivo**, surgieron las primeras formas de vida, que en un principio no fueron sino simples agregados de macromoléculas (los llamados **coacervados**) aislados del medio circundante por una especie de membrana a través de la cual absorbían ciertos elementos. De entre los coacervados más estables, aquellos que contenían ácidos nucleicos y enzimas apropiados para su replicación constituyeron las primeras formas de vida, que en un principio fue anaerobia (sin oxígeno libre) y heterótrofa (a expensas de la materia orgánica presente en el caldo primitivo). Al ir cambiando las condiciones de la atmósfera y agotarse las reservas de materia orgánica metabolizable para estos primitivos organismos, aparecieron nuevas formas de vida basada en una nutrición atótrofa; los organismos fotosintetizadores proliferaron y enriquecieron la atmósfera en oxígeno libre, posibilitando la vida aerobia y en tierra emergida gracias a la formación de la capa de ozono.

Características de los seres vivos

A excepción de los virus, todos los seres vivos están formados por una o varias células, que son las unidades básicas, estructurales y funcionales, de toda materia viva. Los organismos unicelulares constan de una sola célula, aunque muy compleja, mientras el resto de los seres vivos están formados por numerosas células especializadas que se agrupan para formar tejidos y órganos con diversos grados de diferenciación. Esta característica de los seres vivos recibe el nombre de **organización específica.**
Todos los seres vivos nacen de otro ser vivo, crecen, se reproducen y mueren. La **reproducción** es otra capacidad indispensable para la existencia de vida, pudiendo tener lugar de una forma vegetativa o asexual, o bien mediante la producción de células especializadas llamadas gametos que se unen para formar el cigoto u óvulo fecundado (reproducción sexual). Pero reproducirse no es únicamente producir un nuevo individuo; éste tiene que crecer y desarrollarse hasta alcanzar la madurez o estado adulto para poder a su vez reproducir nuevos descendientes, y además, este crecimiento y desarrollo implica una capacidad de adaptación a las condiciones cambiantes del medio en que vive el individuo. Por último la supervivencia se hace posible gracias a la herencia cuando una especie ve amenazada su existencia por cambios sustanciales en el medio; el material genético de los descendientes originados por reproducción sexual varía entre un individuo y otro, de forma

1

que sólo sobreviven y se reproducen los más aptos en un proceso evolutivo en el que se combinan selección natural y adaptación.
La vida también implica un consumo de energía y de los materiales básicos que componen el cuerpo de los individuos, para lo cual todo ser vivo tiene que nutrirse y metabolizar los alimentos adecuados. El **metabolismo** es una actividad química del organismo que empieza con la incorporación de nutrientes, su transformación en materia viva y de reserva de energía y termina con la degradación, liberación de energía y eliminación de los productos de desecho. Por último, la materia inerte carece de **sensibilidad** o capacidad que tienen los seres vivos para reaccionar frente a los estímulos o cambios producidos en el ambiente externo o interno. La irritabilidad de los vegetales es menos explícita que la que presentan los animales superiores, dotados de un complejo sistema nervioso que coordina movimientos, secreciones y múltiples manifestaciones de la sensibilidad, pero no por ello las plantas carecen de comportamiento. La mimosa sensitiva, por ejemplo, pliega sus hojas cuando es irritada, así como la maranta las pliega de noche, lo que recibe el nombre de «movimiento de sueño» o nictinastia; otras plantas se estiran hacia el sol al mismo tiempo que sus raíces van en busca del suelo y sus zarcillos se enredan como látigos en torno a los objetos que tocan; en otras la flor sigue mediante una lenta torsión del tallo la ruta aparente del sol en el firmamento como si se tratara de un movimiento de radar. La mayoría de estas reacciones

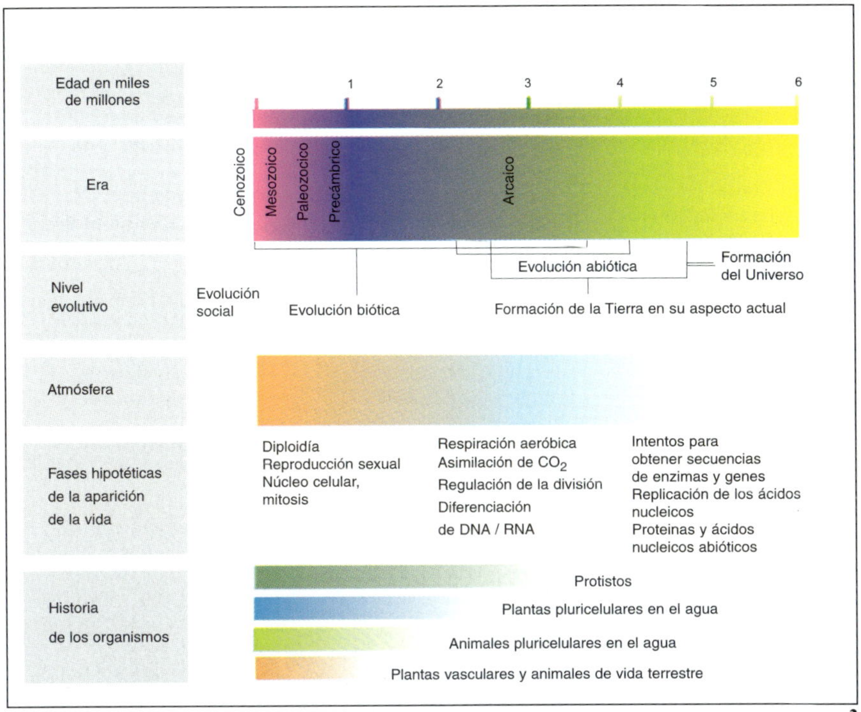

2

sensibles de las plantas están bajo el control de hormonas vegetales, tales como las auxinas, giberelinas, citocininas y ácido abscísico.

1. *La sensibilidad es una característica común a todos los seres vivos, incluidas las plantas. Por ejemplo, el girasol orienta sus vistosas flores hacia el sol.*

2. *La evolución es un concepto cósmico que se inicia con la formación del universo. La aparición de la vida al evolucionar la atmósfera de reductora a oxidante fue sólo un paso previo para el inicio de la evolución biótica.*

3. *Todos los seres vivos nacen de otro ser vivo de su misma especie, crecen, se reproducen y mueren.*

3

Niveles de organización de la vida

La organización es una característica del universo. La materia mineral muestra diferentes niveles de organización, de manera que las partículas elementales interactúan para formar átomos y éstos se agrupan en moléculas; pero la materia viva adquiere mayor complejidad al incluir, además de esas unidades estructurales inertes, otras unidades dotadas de vida.

Químico

El nivel de organización más simple de toda materia viva es el químico, que abarca las partículas elementales, los átomos y las moléculas de que está compuesta la materia que constituye el universo. Esta materia está integrada por 92 elementos, seis de los cuales (carbono, hidrógeno, oxígeno, nitrógeno, fósforo y calcio) constituyen el 98% del peso de un organismo vivo. Claro que estos elementos –y otros presentes en la materia viva en cantidades muy inferiores– no se encuentran generalmente en estado libre, sino formando compuestos y moléculas de mayor o menor complejidad. La cantidad más pequeña que puede obtenerse de un elemento sin que pierda sus propiedades químicas es el **átomo,** formado por protones, neutrones y electrones. Los átomos se unen mediante enlaces químicos de diferente naturaleza: los enlaces que mantienen unidos los átomos de una misma molécula son fuertes y estables (enlaces covalentes), a diferencia de los enlaces iónicos que median entre los diferentes átomos que forman un compuesto iónico con carga positiva (cationes) y carga negativa (aniones). Existe otro tipo de enlace, relativamente débil, llamado puente de hidrógeno, que se forma por la atracción entre un átomo de hidrógeno de una molécula y un elemento como el oxígeno o el nitrógeno de otra molécula.
Así, las **moléculas** son las unidades menores de materia constituidas por la unión de varios átomos, que pueden existir en estado libre sin perder sus propiedades químicas. Pueden adquirir una gran complejidad y entonces se habla de **macromoléculas,** como ocurre en el caso de las proteínas.

Celular

La **célula** es la unidad biológica más elemental dotada de vida propia. Está compuesta de una masa gelatinosa (citoplasma) rodeada de una membrana y en su interior se hallan en suspensión subunidades altamente especializadas llamadas **orgánulos** celulares que a su vez están formados de moléculas más o menos complejas. Entre las moléculas carentes de vida propia y la célula se encuentra la frontera entre la materia inerte y la materia viva. En esta frontera se encuentran **macromoléculas** tales como el ácido desoxirribonucleico (ADN) presente en los cromosomas del núcleo celular y principal reservorio de la información genética, y los **virus,** considerados como las formas más elementales de vida, aunque carecen de autonomía metabólica al igual que los ácidos nucleicos. Las células más complejas están representadas por los organismos unicelulares ya que en este caso una sola célula asume todas las funciones vitales. Incluso en una colonia formada por la asociación de varios individuos unicelulares, cada individuo mantiene la capacidad de vivir independientemente.

Orgánico

En los organismos pluricelulares existe, además, un nivel de organización superior que permite una mayor complejidad biológica: las células se agrupan y se especializan para formar **tejidos,** los cuales a su vez están organizados en estructuras llamadas **órganos** con misiones determinadas (corazón, pulmón, riñón, etc.). A un nivel todavía superior se encuentran el **aparato** y el **sistema,** resultantes de la interacción coordinada entre varios tejidos y órganos para realizar un conjunto de funciones biológicas afines. Ejemplos son el aparato digestivo, el sistema circulatorio o el aparato reproductor, entre otros. Este nivel de organización implica la especialización de las células, lo que permite una división del trabajo fisiológico entre los diferentes tipos de células (células nerviosas, epidérmicas, etc.); pero también una coordinación de las diferentes funciones que éstos realizan.

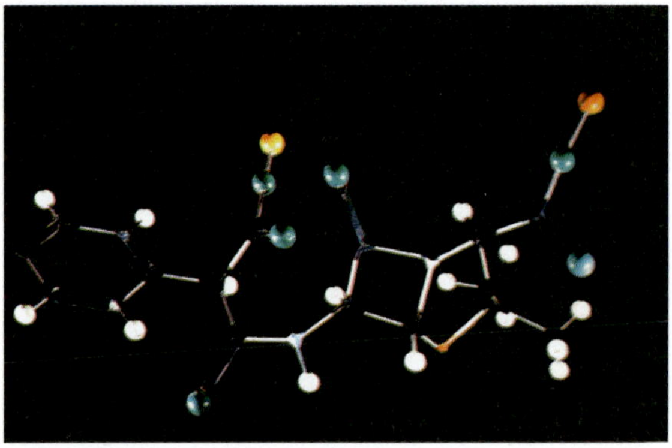

1

Para que todo el conjunto (células, tejidos, órganos, aparatos y sistemas) sea funcional son necesarios tres niveles de actividad: transporte de materiales para hacer llegar el alimento a todas las células del organismo (sistema conductor de las plantas y sistema circulatorio de los animales), un control fisiológico de todas las células y sus funciones (mediante hormonas vegetales y animales) y conducción de los impulsos (sistema nervioso, exclusivo de los animales).

Ecológico

Pero la vida no se concibe en un individuo aislado del resto de sus congéneres y de los demás seres vivos, de aquí que existan niveles de organización

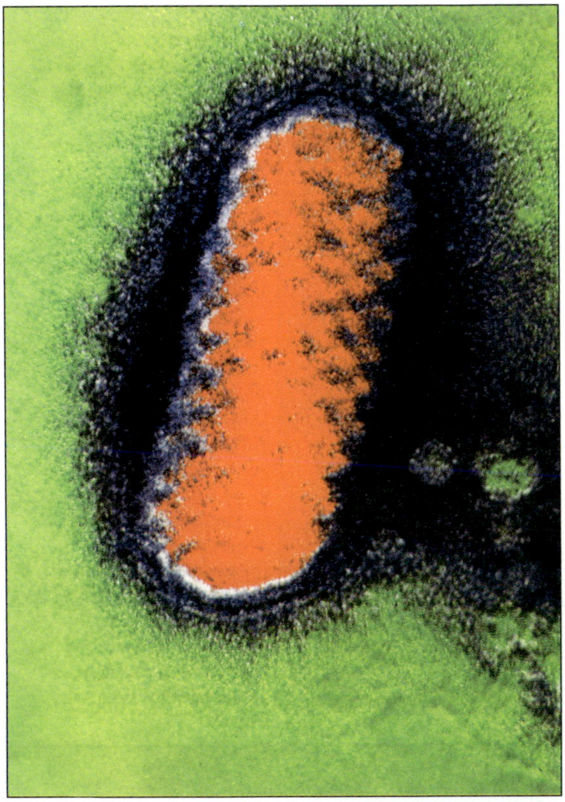

organización fundamental es el **ecosistema**, es decir una comunidad junto con el medio físico en que vive. Los ecosistemas, no obstante, no son independientes entre sí, ya que la alteración del equilibrio en un determinado medio puede desarrollar un efecto en cadena que altere el equilibrio de ecosistemas colindantes. En definitiva, todo ecosistema se puede considerar parte de otro nivel superior de organización, llegando de este modo a la unidad superior que engloba toda la vida terrestre, la biosfera.

1. *Una molécula está formada por un determinado número de átomos unidos mediante enlaces químicos. Esa estructura se puede reproducir esquemáticamente mediante esferas unidas por varillas.*

2. *El microscopio electrónico permite observar los virus, las formas más elementales de vida que, junto con los ácidos nucleicos y otras biomoléculas, constituyen los niveles de organización fronterizos entre la materia viva y la materia inerte.*

3. *El nivel de organización biológica superior al individuo es la población, formada por los individuos de una misma especie que viven en un área determinada.*

3

2

biológica todavía más complejos como la **población**, o conjunto de los individuos de una especie que viven en una determinada área geográfica, y la **comunidad** o conjunto de todos los habitantes de una zona (vegetales y animales) entre los cuales existe una mayor o menor dependencia en relación al espacio, el alimento, etc. La rama de la biología que estudia las relaciones entre las diferentes poblaciones que forman una comunidad y las relaciones entre estos organismos y el medio físico que les rodea es la **ecología**, cuya unidad de

Sistemática

Una de las metas de la biología es comprender el orden natural que hace que el mundo viviente esté formado por grupos de individuos (**taxones**) que son distintos unos de otros siguiendo una determinada jerarquía. De aquí que los biólogos se hayan esforzado por clasificar todos los seres vivos conocidos y hayan desarrollado una rama de la biología dedicada a tal fin, la **taxonomía.** En resumen, una clasificación no es más que un sistema de información en el cual los rasgos compartidos por los miembros de un taxón aportan información sobre éste; pero esta información puede ser desde muy restringida –por ejemplo atendiendo simplemente a rasgos morfológicos– hasta muy extensa al atender además a semejanzas fisiológicas, bioquímicas, etc.

Los especialistas en taxonomía (o sistemática) saben desde hace tiempo que el sistema de clasificación que contiene más información es aquel que se basa en la evolución, lo que equivale a decir en las homologías que se observan en los caracteres derivados compartidos. De este modo la clasificación recibe el nombre de **clasificación natural** y refleja el árbol genealógico de los distintos reinos, mientras que las clasificaciones antiguas, que establecían taxones basados en caracteres análogos son artificiales. Un ejemplo de estos últimos es el antiguo taxón de las Talofitas o Talófitos, que agrupaba a bacterias, hongos y algas simplemente por tener una estructura básica sencilla, ignorando que el abismo existente entre cualquier organismo carente de núcleo celular y de la mayoría de los orgánulos citoplasmáticos (bacterias) y cualquier organismo nucleado es enorme comparado con las diferencias que separan a los demás taxones del dominio de los eucariotas (todos los seres vivos excepto bacterias y algas verdeazules).

La especie

La unidad básica de clasificación es la especie, que se define como un conjunto de poblaciones naturales cuyos individuos presentan características estructurales y funcionales semejantes, que sólo se reproducen o se pueden reproducir por fecundación o apareamiento entre ellos y que comparten una ascendencia común. La nomenclatura generalmente adoptada para la especie es la que ideó Linneo y recibe el nombre de **nomenclatura binomial,** que consiste en el nombre del género al cual pertenece la especie (escrito en latín y con la inicial mayúscula) seguido del nombre específico (en latín y minúscula). Ambos suelen escribirse, además, en letra cursiva.

Las barreras geográficas pueden separar poblaciones de una misma especie que se enfrentan a distintas presiones de selección en ambientes distintos, lo cual da lugar a cambios desiguales en su

1

2

PRINCIPALES CATEGORÍAS USADAS EN LA CLASIFICACIÓN DE LOS SERES VIVOS			
categoría	*coliflor*	*gato doméstico*	*hombre*
reino	*vegetal*	*animal*	*animal*
división/fílum	*traqueofitas*	*cordados*	*cordados*
subfílum/div.	*espermatofitas*	*vertebrados*	*vertebrados*
clase	*angiospermas*	*mamíferos*	*mamíferos*
subclase	*dicotiledóneas*	*euterios*	*euterios*
orden	*readales*	*carnívoros*	*primates*
familia	*crucíferas*	*félidos*	*homínidos*
género	*Brassica*	*Felis*	*Homo*
especie	*oleracea*	*catus*	*sapiens*
subespecie	*botrytis*	*diversas razas*	*sapiens*

3

constitución genética que conducen con el paso del tiempo a diferenciaciones que caracterizan a **subespecies** o **razas,** aunque sin perderse la interfecundidad entre los individuos de subespecies diferentes. Si el aislamiento conduce a una diferenciación tal que imposibilita la viabilidad de la hibridación, tiene lugar la aparición de nuevas especies. Es el fenómeno llamado **especiación** por evolución divergente.

Categorías taxonómicas

La clasificación natural es jerárquica, es decir que los grupos estrechamente relacionados están agrupados en taxones de nivel más alto que los que se excluyen unos a otros, con lo que se sigue la línea evolutiva de diversificación. Los taxones de una buena clasificación natural deben ser monofiléticos: todos los miembros de un **taxón monofilético** poseen los mismos caracteres derivados y comparten un ancestro común, cosa que no ocurre entre los miembros de un taxón polifilético. De este modo, las especies íntimamente emparentadas se agrupan en una unidad superior, el **género;** los distintos géneros afines integran una **familia,** las familias se agrupan en un **orden,** varios órdenes forman una **clase** y las clases afines derivan de un mismo **filum** (o *phylum;* plural *phyla*). La semejanza entre individuos pertenecientes a distintos taxones derivados de un ancestro común no siempre son evidentes; los individuos de un taxón pueden presentar, por ejemplo, un **carácter primitivo** (que se observa en el antepasado), mientras que dicho carácter puede haber desaparecido o quedado enmascarado en los individuos de otro grupo afín, que por otra parte pueden presentar un **carácter avanzado** o derivado, diferente del que corresponde al antepasado.

El grado de parentesco

Al ser difícil determinar con exactitud el grado de parentesco existente entre individuos mediante la observación de caracteres morfológicos, los taxonomistas recurren a técnicas bioquímicas de diversa índole. La más fiel de todas ellas es la comparación de ciertas proteínas de dos individuos mediante secuenciación, es decir la determinación de las secuencias de los aminoácidos que componen dichas proteínas. Estas secuencias sólo sufren cambios por mutaciones génicas, que son el motor de la diversificación; por tanto, cuanta más concordancia exista entre las secuencias de aminoácidos más estrecho es el parentesco. No obstante, al tratarse de una técnica laboriosa y costosa, se utilizan otros métodos más simples, como las técnicas serológicas basadas en la comparación inmunológica de las proteínas de la sangre en los mamíferos, o en la comparación de proteínas por medio de la técnica de electroforesis en gel, o también por procedimientos citológicos que permiten comparar el número de cromosomas y el orden específico de las bandas cromosómicas de las especies emparentadas.

1. *El naturalista y médico sueco Carl von Linneo (1707-1778) fue el primero en idear una clasificación binaria de las plantas basada en los caracteres de los estambres y pistilos, que tuvo mucho éxito.*

2. *Los biólogos de todo el mundo utilizan la misma nomenclatura binominal para la clasificación de los seres vios, sean vegetales o animales. El primer nombre corresponde al género al cual pertenece la especie, el segundo es el nombre específico.*

3. *La especie humana y los gatos pertenecen a un grupo muy amplio de mamíferos llamados euterios, pero así como esos animales pertenecen al orden de los carnívoros, los humanos son primates, orden al que también pertenecen otros mamíferos como el gorila y el chimpancé.*

La química de la vida

El origen común de todos los seres vivos tiene uno de sus principales argumentos en la gran semejanza que presentan en cuanto a su composición química. Toda materia viva está compuesta por los mismos compuestos químicos básicos, que reciben el nombre de principios inmediatos: el agua, las sales minerales, los carbohidratos, los lípidos y los prótidos. Además, también existe una gran similitud en todas las reacciones químicas que tienen lugar en el interior de los organismos vivos, lo que se traduce en la presencia en todos ellos, aunque en cantidades ínfimas, de sustancias encargadas de controlar y ayudar a que se realicen esas reacciones en buenas condiciones biológicas; tales sustancias son compuestos orgánicos que reciben el nombre genérico de biocatalizadores y se agrupan en tres categorías: enzimas, vitaminas y hormonas.

Los elementos

La similitud química de los seres vivos empieza a nivel de los elementos que intervienen en su composición. Toda materia viva está compuesta por tres categorías de elementos en cuanto a la proporción en que éstos intervienen, que no hay que confundir con el grado de importancia biológica. Los elementos principales son el carbono (C), el oxígeno (O), el hidrógeno (H) y el nitrógeno (N), todos ellos capaces de formar enlaces covalentes muy estables al tener facilidad para compartir electrones de sus capas externas; además, se trata de enlaces covalentes polares. La polaridad de los compuestos los hace solubles en agua o capaces de formar emulsiones o dispersiones coloidales y es de gran importancia para comprender la estructura de las membranas biológicas y sus propiedades. En el caso del carbono, el átomo puede formar cuatro enlaces covalentes, no sólo con otros elementos, sino también con otros átomos de carbono para formar cadenas (abiertas o cerradas) y enlaces sencillos, dobles o triples según comparta uno, dos o tres pares de electrones de valencia en su nivel externo. El carbono es el elemento esencial de todos los compuestos orgánicos, de aquí que la química orgánica haya sido tradicionalmente llamada también química del carbono.

El segundo grupo de elementos biogénicos está formado por el fósforo (P), el calcio (Ca), el magnesio (Mg), el sodio (Na), el potasio (K), el azufre (S) y el cloro (Cl) que se hallan en menores proporciones que los anteriores pero no por ello son menos importantes. Y lo mismo ocurre con los oligoelementos, indispensables –aunque en cantidades ínfimas– para la vida por el papel biológico que desempeñan. Entre los principales componentes de este tercer grupo se hallan el hierro (Fe), que forma parte de la hemoglobina de la sangre de los vertebrados, el yodo (I), integrante de la hormona tiroxina producida por la tiroides, el manganeso (Mn), el cobre (Cu), el cobalto (Co) y el cinc (Zn).

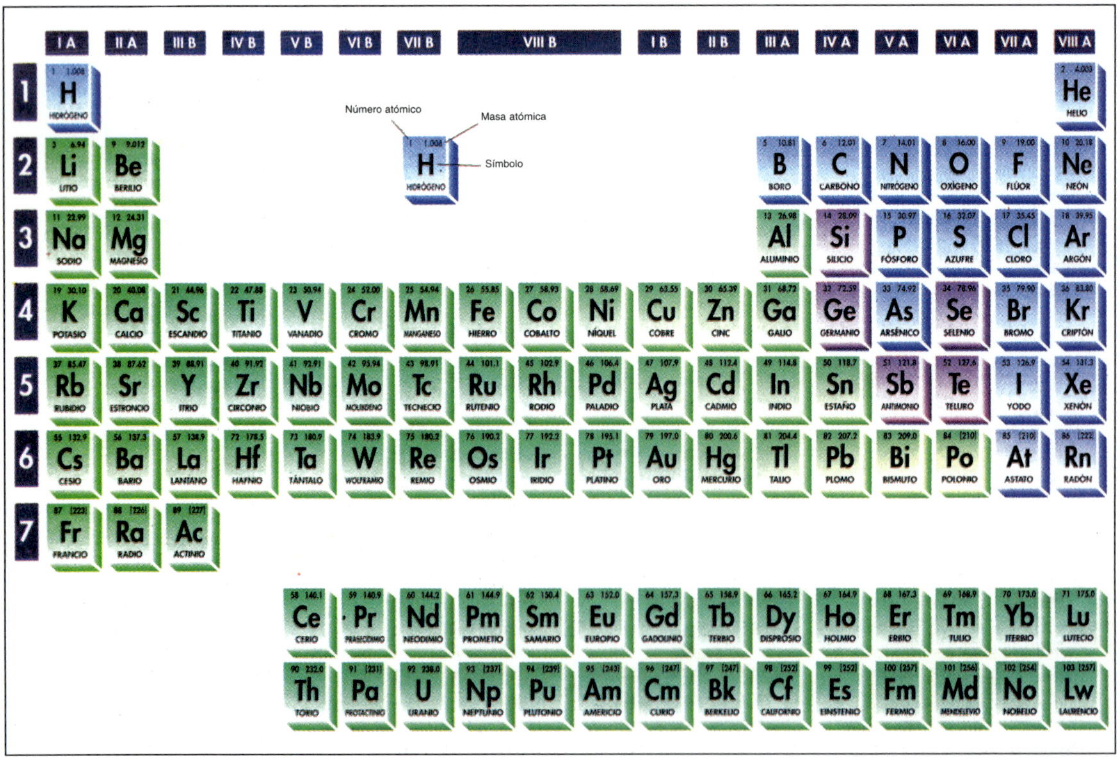

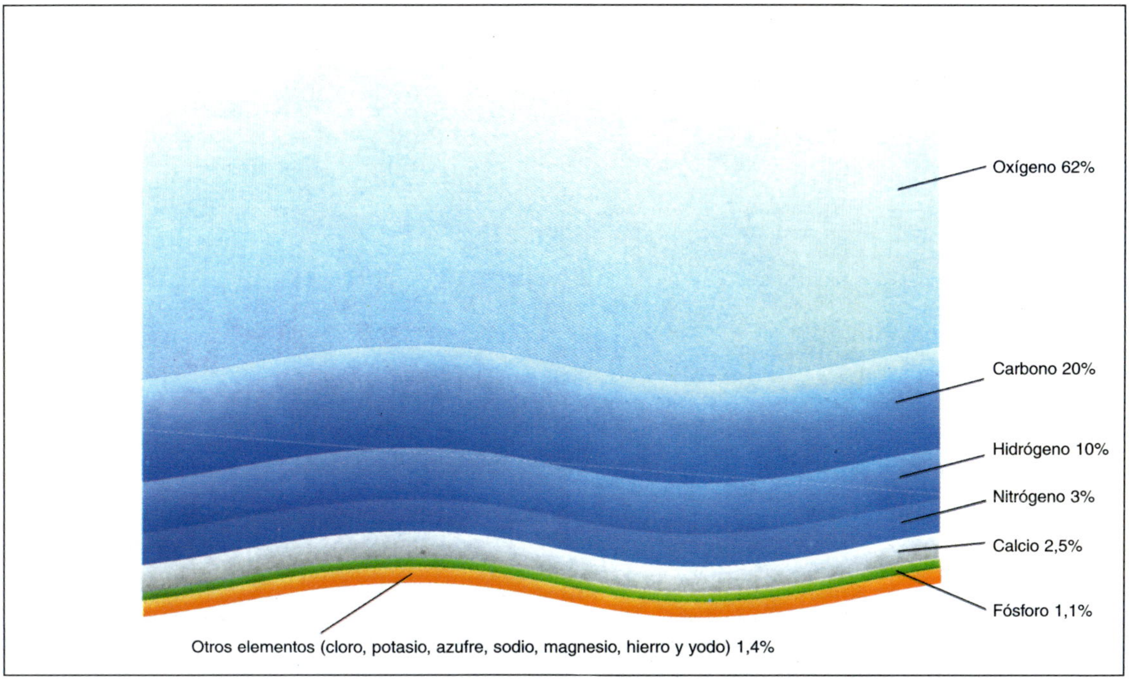

2

El agua

El agua y las sales minerales son los principios inmediatos inorgánicos de la materia viva. Aproximadamente el 70% del peso del cuerpo humano está formado por agua, en muchas plantas este componente alcanza el 90% y en una medusa el 95%, lo que indica la importancia que adquiere este líquido en el mundo viviente. Esta importancia deriva de sus propiedades físicas y químicas, entre las que destaca la polaridad de la molécula de agua (H_2O) al tener los dos átomos de hidrógeno una carga positiva y el átomo de oxígeno una carga negativa. Esta propiedad da lugar a uniones electrostáticas más débiles que los enlaces covalentes, los puentes de hidrógeno, que permiten la formación de polímeros. El agua, además, es un excelente disolvente y un eficaz dispersante de moléculas no solubles, por lo que es el vehículo más idóneo para la circulación de las sustancias nutritivas en el interior de los organismos; al mismo tiempo es un gran facilitador de las reacciones químicas dada la tendencia de los átomos de muchos compuestos a formar iones al estar en solución acuosa. No menos importantes son sus propiedades físicas, como el alto grado de tensión superficial (debido a la cohesión de sus moléculas) que la hace muy sensible a los fenómenos de capilaridad, y el elevado calor específico (resultado de la presencia de puentes de hidrógeno entre sus moléculas) que la convierte en un eficiente estabilizador de la temperatura. Esta última propiedad es de gran trascendencia dado que en general las reacciones de mayor importancia biológica sólo ocurren entre límites muy estrechos de temperatura, y el agua ayuda a minimizar las fluctuaciones de temperatura.

Las sales minerales

Las sales minerales presentes en la materia viva se encuentran bajo diversos estados; por ejemplo, en los huesos están precipitadas, así como en los ácidos nucleicos están asociadas a moléculas orgánicas, pero en general se encuentran disueltas y, por tanto, ionizadas. Estas disoluciones actúan como reguladores del pH, los fenómenos osmóticos y la salinidad del medio interno orgánico.

Una sal es un compuesto en el que el átomo de hidrógeno de un ácido es remplazado por algún otro catión; al ionizarse una sal en medio acuoso, quedan libres los cationes y los aniones (aunque no todos). Las células y líquidos internos de los organismos vivos contienen una variedad de sales disueltas entre las que se incluyen muchos iones minerales de gran importancia biológica. Entre los cationes presentes destacan el sodio (Na^+), potasio (K^+), calcio (Ca^{++}) y magnesio (Mg^{++}); entre los aniones, el cloruro (Cl^-), bicarbonato (HCO_3^-), fosfato (PO_4^{---}) y sulfato (SO_4^{--}). Las concentraciones de los cationes y aniones presentes en un organismo permanecen notablemente constantes en condiciones normales, de modo que un cambio significativo de estos valores da por resultado un trastorno de las funciones biológicas. Muchos biólogos creen que la vida se originó en el mar, ya que los líquidos corporales de los animales terrestres se parecen al agua de mar en el tipo de sales presentes y en su abundancia relativa, aunque naturalmente difieren considerablemente en el contenido total de sales.

1. *Tabla periódica de los elementos que constituyen la corteza terrestre.*

2. *Los principales bioelementos que forman parte de la biosfera intervienen en proporciones muy desiguales, aunque ello no significa que sean menos importantes aquellos que se encuentran en cantidades pequeñas.*

Glúcidos

1

Los glúcidos o carbohidratos (o hidratos de carbono) son compuestos orgánicos formados por carbono, hidrógeno y oxígeno en una proporción aproximada que respondería a la fórmula general $Cn(H_2O)n$, es decir dos hidrógenos por cada carbono y cada oxígeno. Bajo forma de azúcares o de almidones, representan una parte principal del consumo calórico total de la mayor parte de las formas de vida animal y de muchos de los microrganismos; el almidón y el glucógeno actúan como reserva temporal de glucosa; bajo forma insoluble (como las celulosas) desempeñan el papel de elementos estructurales y de sostén en las paredes celulares de las bacterias y de las plantas, así como en los tejidos conectivos y cubiertas celulares de los animales. También ocupan un lugar central en el metabolismo de las plantas verdes y de otros organismos fotosintéticos que emplean la energía solar para sintetizar carbohidratos a partir del dióxido de carbono y del agua; de modo que las enormes cantidades de almidón y de otros glúcidos que se producen por fotosíntesis constituyen las fuentes últimas de energía y de carbono de las células no fotosintéticas de los animales, de las plantas y del mundo microbiano. Desde el punto de vista químico, los glúcidos están constituidos por una, dos o más unidades de polihidroxialdehído o de cetona, según resulten de la sustitución de uno de los grupos funcionales hidroxilo por un grupo aldehídico (– COH) o cetónico (= CO). Según el número de unidades reciben el nombre de **monosacáridos** o **azúcares** (una sola unidad), **disacáridos** (dos unidades), **oligosacáridos** (constituidos por cadenas cortas de unidades) y **polisacáridos** (formados por largas cadenas de centenares o millares de unidades).

2

Monosacáridos

Los monosacáridos son los glúcidos más simples, es decir que no se pueden descomponer en otros azúcares, siendo los más comunes pentosas (azúcares de cinco carbonos), o hexosas (de seis carbonos). Son pentosas la **ribulosa**, la **ribosa** y la **desoxirribosa**, siendo las dos últimas componentes importantes de los ácidos nucleicos; entre las hexosas más abundantes están la **glucosa**, la **fructosa** y la **galactosa.** Los monosacáridos más comunes son reductores, es decir que se oxidan en el grupo carbonilo frente a agentes oxidantes, quedando éstos reducidos.

Disacáridos

Los disacáridos están constituidos por dos monosacáridos unidos por covalencia mediante un enlace glucosídico, que tiene la particularidad de hidrolizarse con facilidad en presencia de un ácido. Un disacárido importante es la **sacarosa** o azúcar de caña, un producto intermediario fundamental de la fotosíntesis y la forma principal de transporte del azúcar desde las hojas a otras partes de la planta a través de su sistema vascular. Los animales no pueden absorber sacarosa directamente, pero en el intestino delgado disponen de una enzima (sacarosa) que cataliza la hidrólisis a glucosa y fructosa, ambas de fácil absorción. Algo análogo ocurre con la **maltosa**, que es hidrolizada por la enzima intestinal maltasa rindiendo dos moléculas de glucosa. La **lactosa** está presente únicamente en la leche y es hidrolizada por la enzima lactasa que la desdobla en galactosa y glucosa. La lactasa es muy activa en la mucosa intestinal de los lactantes, pero en muchas etnias esta actividad se pierde al alcanzar la edad adulta y aparece una intolerancia a la leche, de naturaleza genética.

Polisacáridos

Los polisacáridos son los glúcidos más abundantes y no forman verdaderas soluciones acuosas, sino coloidales, descomponiéndose por hidrólisis en disacáridos y por último en monosacáridos. Entre los polisacáridos de mayor importancia biológica se encuentra el **almidón,** forma de almacenamiento de la glucosa en las plantas, y el **glucógeno,** más soluble en agua que el anterior y reserva propia de los animales. La glucosa no puede ser almacenada como tal en las células al ser sus moléculas muy pequeñas y muy solubles, por lo que tenderían a salir de la célula. De este modo, en vez de almacenar monosacáridos, las células almacenan polisacáridos, que son fácilmente degradados en cuanto el organismo necesita azúcares simples. El glúcido más abundante en la naturaleza es la **celulosa**, ya que las células vegetales están rodeadas por una fuerte pared celular de sostén formada principalmente por este polisacárido insoluble formado por muchas moléculas de glucosa unidas entre sí. La madera, por ejemplo, contiene alrededor del 50% de celulosa. La **quitina,** principal componente del esqueleto externo de los insectos, los crustáceos y otros artrópodos y presente también en las paredes celulares de los hongos, es un polisacárido modificado y de alta resistencia.

Glúcidos modificados

Los glúcidos también pueden combinarse con proteínas para formar moléculas híbridas, en las que se mezclan las propiedades de unos y otras que reciben el nombre de **glucoproteínas** y **proteoglucanos.** Así como en las glucoproteínas predomina la proteína sobre el polisacárido, en los proteoglucanos éste representa la mayor parte del peso molecular. Las glucoproteínas son componentes importantes de las membranas celulares, mientras que los proteoglucanos lo son de muchos sistemas de soporte extracelulares en los animales (proteoglucanos del cartílago, de la piel, de las paredes vasculares, etc.). Las moléculas híbridas entre glúcidos y lípidos reciben el nombre de **glucolípidos**, lípidos polares que desempeñan un papel de gran importancia en la membrana celular.

3

1. *El almidón es un* ***polisacárido*** *abundante en las plantas, que lo almacenan en forma de granos insolubles en agua. Por hidrólisis, el almidón se descompone primero en disacáridos y por último en monosacáridos solubles y asimilables por las células.*

2. *Las frutas contienen una gran proporción de glúcidos en sus tejidos, especialmente monosacáridos como la glucosa y la fructosa. Los monosacáridos son los glúcidos más sencillos, no requieren digestión y son absorbidos directamente del intestino al sistema circulatorio.*

3. *La leche y sus derivados contienen lactosa, un disacárido que se forma exclusivamente en las glándulas mamarias de las hembras de mamíferos y que en la digestión se desdobla en glucosa y galactosa.*

Lípidos

Los lípidos son compuestos orgánicos de carbono, oxígeno e hidrógeno, y muy a menudo fósforo, azufre y nitrógeno. Tienen consistencia grasosa o aceitosa, son insolubles en el agua y solubles en disolventes orgánicos no polares como el cloroformo, éter, benceno, sulfuro de carbono y alcohol, entre otros. Los sillares de la estructura de los lípidos son los ácidos grasos.

Los ácidos grasos

Los ácidos grasos son ácidos orgánicos de cadena larga, compuestos de carbono, oxígeno e hidrógeno, que poseen de 4 a 24 átomos de carbono, un solo grupo carboxilo (- COOH) y una cola no polar hidrocarbonada que puede estar completamente saturada (contiene sólo enlaces simples) o bien puede estar insaturada (con uno o más enlaces dobles). En relación a esta última característica química, estos compuestos se agrupan en dos categorías: ácidos grasos saturados y ácidos grasos insaturados. Los primeros son los sillares de las **grasas,** que son sólidas a la temperatura del ambiente, mientras que los segundos lo son de los **aceites,** la mayoría de los cuales son líquidos a dicha temperatura. Todos los ácidos grasos son bipolares, de manera que la cadena hidrocarbonada es lipófila (y por tanto hidrófoba) y el grupo carboxílico es lipófobo (e hidrófilo). El término de **ácidos grasos esenciales** se utiliza para aquellos ácidos grasos que son necesarios para el metabolismo de una determinada especie animal (incluido el hombre) y que no pueden ser sintetizados dentro del propio organismo a partir de otras sustancias, por lo que deben estar presentes en la dieta de dicha especie.

Grasas neutras o acilglicéridos

Los lípidos más abundantes en los seres vivos son las grasas neutras o acilglicéridos, los vulgarmente llamados aceites y grasas que constituyen la principal reserva de energía de los organismos. Estos compuestos, formados únicamente por carbono, hidrógeno y oxígeno son ésteres de la glicerina y ácidos grasos, pudiendo estar esterificado uno, dos o los tres grupos alcohol de la molécula glicérica (monoglicéridos, diglicéridos o triglicéridos). Pero la esterificación es una reacción reversible, llamándose saponificación a la reacción inversa, es decir la descomposición de una grasa neutra en glicerina y ácidos grasos. En el terreno biológico, la saponificación de estos principios inmediatos se llama hidrólisis y se realiza mediante fermentos digestivos que reciben el nombre genérico de **lipasas.** Las grasas neutras son hidrófobas, no polares.
Las **ceras** no son propiamente grasas neutras, pues son ésteres de alcoholes con un solo grupo alcohol, esterificados por ácidos grasos de cadena muy larga. Dada su consistencia sólida, desempeñan funciones protectoras (recubrimiento de la epidermis de las plantas, del conducto auditivo externo de los animales superiores, etc.).

1

2

Lipoides

Se agrupan bajo el nombre genérico de lipoides todo un conjunto de compuestos orgánicos de estructura lipídica compleja y que mantienen las propiedades físicas que presentan los lípidos. Unos son saponificables (fosfolípidos, esfingolípidos), mientras que otros son insaponificables (carotinoides, esteroides). A diferencia de las grasas neutras, los lipoides no desempeñan un papel de reserva energética, sino que su importancia estriba en otro tipo de funciones biológicas.

Los **fosfolípidos** están formados por una molécula de glicerina unida a uno o dos ácidos grasos, un grupo fosfato y una base orgánica; por tanto, contienen, además de C, O y H, fósforo y nitrógeno.

La porción correspondiente al ácido graso es hidrófoba y el otro extremo es hidrófilo, es decir que son lípidos polares, los principales constituyentes de la membrana celular.

Los **esfingolípidos** están formados por un ácido graso esfingosina (un aminoalcohol) o uno de sus derivados y un alcohol polar. Se conocen tres tipos de esfingolípidos.

Los más abundantes son las **esfingomielinas,** que contienen fósforo y se encuentran en la mayoría de las membranas de las células animales, en especial las nerviosas.

Los **cerebrósidos** y los **gangliósidos** son glucolípidos, es decir lípidos con grupos azúcar, que forman parte de las membranas de las células nerviosas, desempeñando un papel importante en la transmisión química de los impulsos desde una célula nerviosa a la siguiente. Los **carotinoides** están formados por cadenas lineales de isopreno, un carbohidrato de cinco átomos de carbono, y constituyen diversos pigmentos animales y vegetales como el caroteno y la xantofila. En los vegetales se presentan asociados a la clorofila.

Los **esteroides** tampoco contienen ácidos grasos, lo que hace que sean insaponificables. Están formados por cadenas de isopreno dispuestas de tal forma que constituyen un compuesto cíclico de cuatro anillos entrelazados, como el colesterol, que junto con sus ésteres con ácidos grasos es un componente importante de las lipoproteínas del plasma y de la membrana celular externa de los mamíferos. También son esteroides los ácidos biliares, muchas hormonas y la ergosterina presente en los hongos.

Las **lipoproteínas** son lípidos asociados con proteínas específicas, mezclándose las propiedades de los lípidos y de las proteínas. Su importancia estriba en el papel que desempeñan en ciertas membranas celulares, en las mitocondrias y retículo endoplasmático.

1. *La caza de la ballena tiene como principal objetivo el aprovechamiento de la capa de grasa que este cetáceo acumula bajo la piel como medio para mantener constante la temperatura de su cuerpo, ya que se trata de un mamífero.*

2. *La cera con que las abejas construyen sus panales está compuesta por una mezcla de ésteres, alcoholes y ácidos grasos de elevado peso molecular, insaturados y saturados. Estos últimos son los responsables de la consistencia sólida de la cera a temperatura ambiente.*

Proteínas

Donde no hay proteínas no puede haber vida. Las proteínas son los principios inmediatos estructurales de toda materia viva –se encuentran en todas las células–, así como los constituyentes básicos de todas las enzimas y muchas hormonas, y los instrumentos moleculares mediante los que se expresa la información genética. Las proteínas contienen –además de carbono, hidrógeno y oxígeno– nitrógeno y, frecuentemente, azufre; pero su estructura es muy compleja y variada, aunque siempre formada por moléculas más simples llamadas aminoácidos.

Aminoácidos
Todas las proteínas están construidas a partir del mismo conjunto básico de 20 aminoácidos unidos covalentemente y formando secuencias características, por lo que pueden considerarse como el alfabeto de la estructura proteica. Además de estos aminoácidos esenciales hay muchos otros de menor importancia estructural. Los sillares de las proteínas son, pues, los aminoácidos, que tienen en común un grupo carboxilo (- COOH) y un grupo amino (- NH_2) unidos al mismo átomo de carbono. A este carbono, llamado carbono asimétrico, se une la cadena lateral que caracteriza a cada aminoácido.

Péptidos
Los aminoácidos están ligados entre sí por medio de enlaces peptídicos (- CO - HN -), formando cadenas denominadas péptidos.
La proteína, por tanto, está formada por la reunión de varias cadenas de péptidos; pero en la materia viva también existen péptidos libres (no asociados a la estructura proteica) que desempeñan una intensa actividad biológica, como es el caso de la insulina (la hormona que regula el metabolismo del azúcar y cuya deficiencia es una causa de la diabetes), las encefalinas (opiáceos naturales del cuerpo) y muchos antibióticos sintetizados por microrganismos.

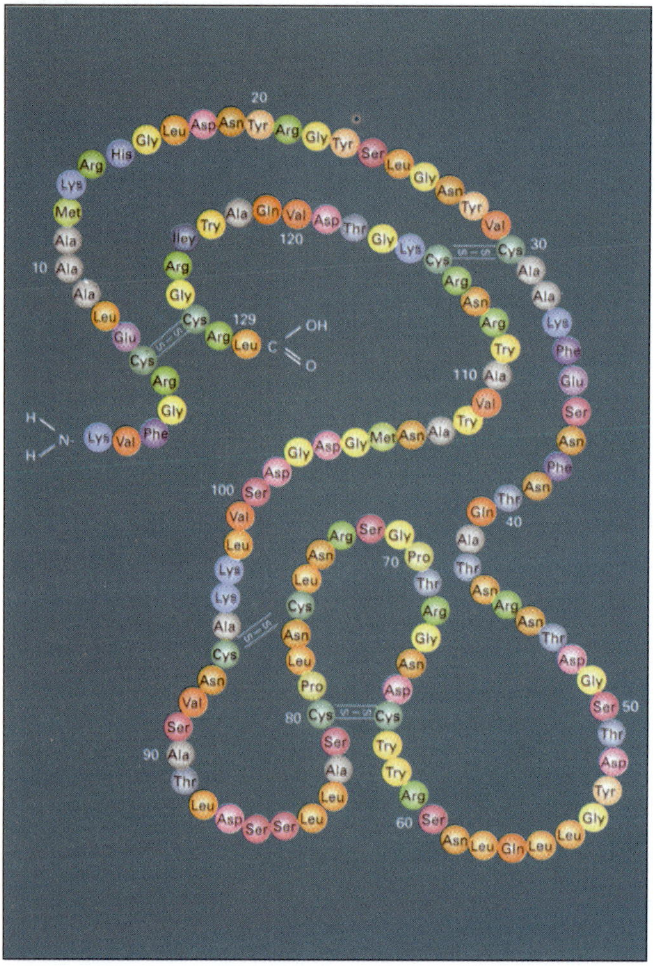

1

Estructura de las proteínas
La estructura de una proteína es de gran interés porque determina su actividad biológica, y presenta cuatro niveles de organización.
La **estructura primaria,** representada por la secuencia de aminoácidos que forman una cadena peptídica, define la especificidad de la proteína y está regida por el código genético. La **estructura secundaria** es la disposición que adopta la estructura primaria en el espacio, que responde a dos modelos básicos: helicoidal y laminar.
La **estructura terciaria** privativa de cada proteína, es el resultado de superplegamientos o enrollamientos de las estructuras secundarias, y los enlaces que más contribuyen a mantenerla son del tipo disulfuro (- S - S -). La **estructura cuaternaria** es la que alcanzan las proteínas de elevado peso molecular formadas por la agrupación de varias cadenas polipeptídicas, cada una con sus propias estructuras primaria, secundaria y terciaria. La hemoglobina de la sangre de los vertebrados es

2

3

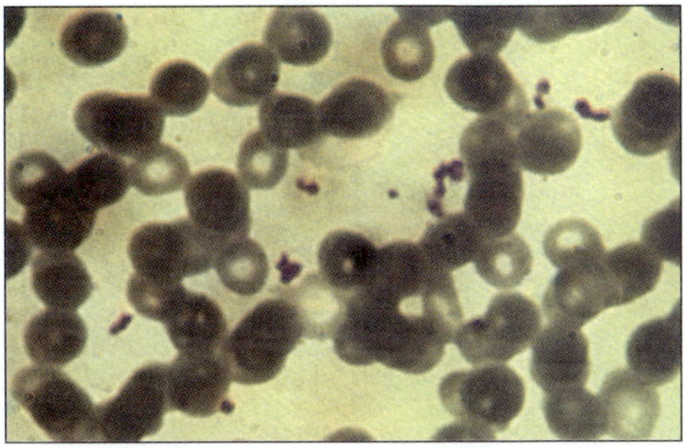

un ejemplo de estructura cuaternaria, que en este caso es la forma final de la combinación de cuatro subunidades polipeptídicas.

Clasificación

Las proteínas se agrupan bajo dos categorías principales: **holoproteínas** y **heteroproteínas.** Las primeras están formadas exclusivamente por cadenas de péptidos, por tanto, se caracterizan por su estructura terciaria; las segundas, por cadenas de péptidos más un grupo prostético. Son holoproteínas las **proteínas globulares**, como las globulinas, albúminas, histonas, cuya estructura terciaria adopta una configuración más o menos esférica, lo que facilita la formación de dispersiones coloidales acuosas; y las **proteínas fibrosas** como el fibrinógeno de la sangre, la miosina de los músculos, el colágeno, cuya estructura terciaria adopta una disposición fibrosa. Las **glucoproteínas** son heteroproteínas cuyos grupos prostéticos son glúcidos, así como en las **lipoproteínas** son ácidos grasos, en las **fosfoproteínas** el ácido fosfórico y en las **cromoproteínas** un pigmento. A este último grupo pertenecen la hemoglobina de la sangre de los vertebrados y la clorofila de las plantas fotosintéticas, cuyos pigmentos son una metalporfirina; de hierro en la primera y de magnesio en la segunda. En las **nucleoproteínas** los grupos prostéticos son ácidos nucleicos.

Especificidad

La funcionalidad de las proteínas es muy diversa. Unas cumplen funciones estructurales (colágeno queratina), otras de transporte (hemoglobina), de reserva nutritiva (albúmina), catalíticas o reguladoras (enzimas, hormonas, vitaminas), defensivas (inmunoglobulinas) y otras. Pero, a diferencia de otros principios inmediatos, las proteínas presentan especificidad, es decir, su secuencia de aminoácidos es propia de cada especie y a veces del propio individuo. Cada célula contiene cientos de proteínas diferentes, cada tipo de célula tiene algunas proteínas que le son propias y casi todas las proteínas son características de cada especie. El grado de diferencia entre las proteínas de dos especies depende de la relación evolutiva entre éstas: los organismos con un parentesco no muy cercano tienen proteínas que difieren de manera más notable en su secuencia de aminoácidos que las de parientes más próximos. Algunas, incluso, difieren un poco entre los individuos de la misma especie, de modo que cada individuo es bioquímicamente único, salvo en casos de elevada consanguinidad o de gemelos idénticos.

1. *La secuencia de los 129 aminoácidos que forman la molécula de la lisozima representada en el plano, constituye la estructura primaria de la proteína de la ilustración.*

2. *La síntesis de las proteínas tiene lugar en los ribosomas de la célula (de color azul), situados en la cara externa de las membranas del retículo endoplasmático (rojo).*

3. *Los eritrocitos o glóbulos rojos de la sangre humana son un ejemplo de holoproteínas globulares, por tanto son proteínas formadas exclusivamente por cadenas de péptidos.*

Nucleótidos

Casi todos los organismos vivos, excepto algunas bacterias, sintetizan nucleótidos de purina y de pirimidina, en los que los aminoácidos son precursores importantes. Un nucleótido está formado por un nucleósido al que se le ha unido una molécula de ácido fosfórico. El nucleósido está formado a su vez por una pentosa y una base nitrogenada. La pentosa es un azúcar de 5 átomos de carbono y puede ser la **ribosa** o la **desoxirribosa**, mientras que la base nitrogenada puede derivar del anillo químico llamado purina (**base púrica**) o bien del anillo de pirimidina (**base pirimídica**). Hay dos bases púricas, la **adenina** y la **guanina**, y tres bases pirimídicas, la **citosina**, la **timina** y el **uracilo**.

Ácidos nucleicos

Los ácidos nucleicos son moléculas proteicas muy complejas de las que hay dos tipos: **ácido ribonucleico (ARN)** y **ácido desoxirribonucleico (ADN)**. El ADN está presente en los cromosomas del núcleo celular, y es el principal reservorio de la información genética; el ARN, presente en el núcleo y otras estructuras celulares, desempeña funciones específicas en el proceso de síntesis de proteínas. Ambas macromoléculas están formadas por cadenas de cientos de miles de **nucleótidos**, denominadas polinucleótidos cuyos nucleósidos difieren de modo que la pentosa es la ribosa en el ARN y la desoxirribosa en el ADN. Esas cadenas de nucleótidos están enlazadas covalentemente mediante puentes fosfodiéster (enlaces de tipo éster entre el residuo de ácido fosfórico de un nucleótido y el carbono 3 de la pentosa del segundo nucleótido). La **secuencia de bases** constituye su estructura primaria, que en el caso del ADN contiene la información utilizada por las células para sintetizar sus propias proteínas características.

El ADN posee una estructura secundaria formada por dos filamentos entrelazados en una hélice doble mediante puentes de hidrógeno entre las bases enfrentadas (siempre una base púrica con una pirimídica), de tal modo que ambos filamentos no son idénticos, sino que se complementan. En efecto, la naturaleza de los puentes de hidrógeno implica el apareamiento de la adenina con la timina y la guanina con la citosina, formándose dos puentes de hidrógeno entre las dos primeras bases y tres entre las segundas. Esta formación de pares de bases específicas, o dicho de otro modo, la especificidad del tipo de puente de hidrógeno que se forma, asegura que por cada adenina en una cadena habrá una timina en la otra cadena, así como por cada guanina en la primera cadena habrá una citosina en la segunda cadena. En otras palabras, ambas cadenas son complementarias entre sí: la secuencia de nucleótidos de una cadena dicta una secuencia complementaria de nucleótidos en la otra; además, ambas cadenas son antiparalelas, es decir, se extienden en sentidos opuestos y tienen sus grupos fosfato terminales en los extremos opuestos de la doble hélice.

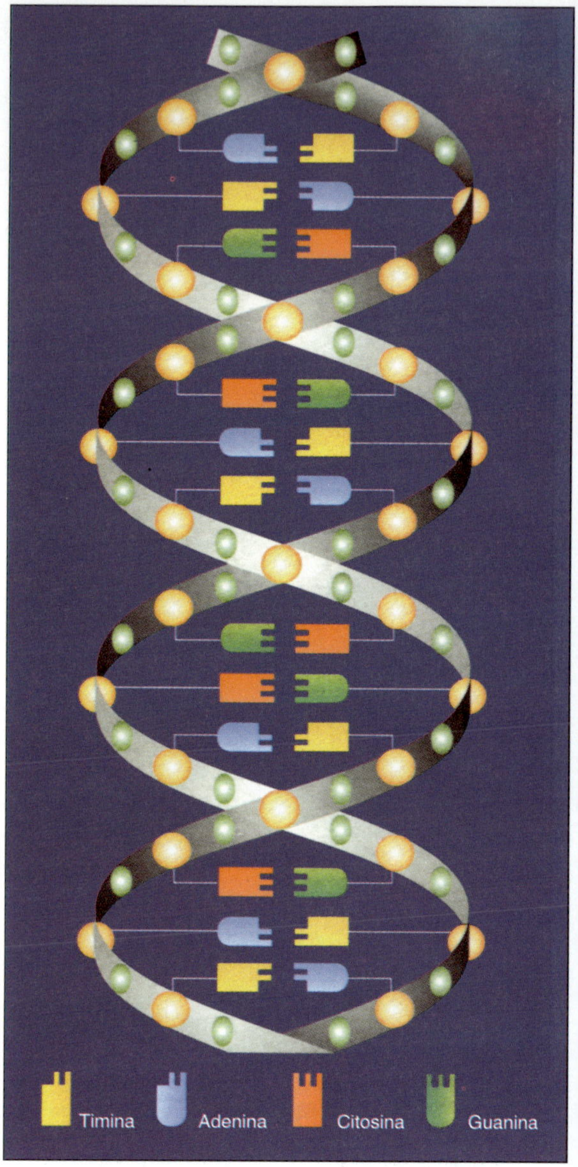

1

El ARN, en cambio, está formado por un solo filamento polinucleotídico, aunque puede adoptar tres formas diferentes. El **ARN mensajero** (ARNm) adquiere sólo estructura primaria y su función consiste en copiar la información genética almacenada en el ADN y transmitirla hasta el ribosoma, en un proceso denominado **transcripción**. El **ARN de transferencia** (ARNt) adquiere estructura secundaria y realiza la **traducción** del código genético, transportando los aminoácidos para formar la cadena de polipéptidos de acuerdo con el mensaje

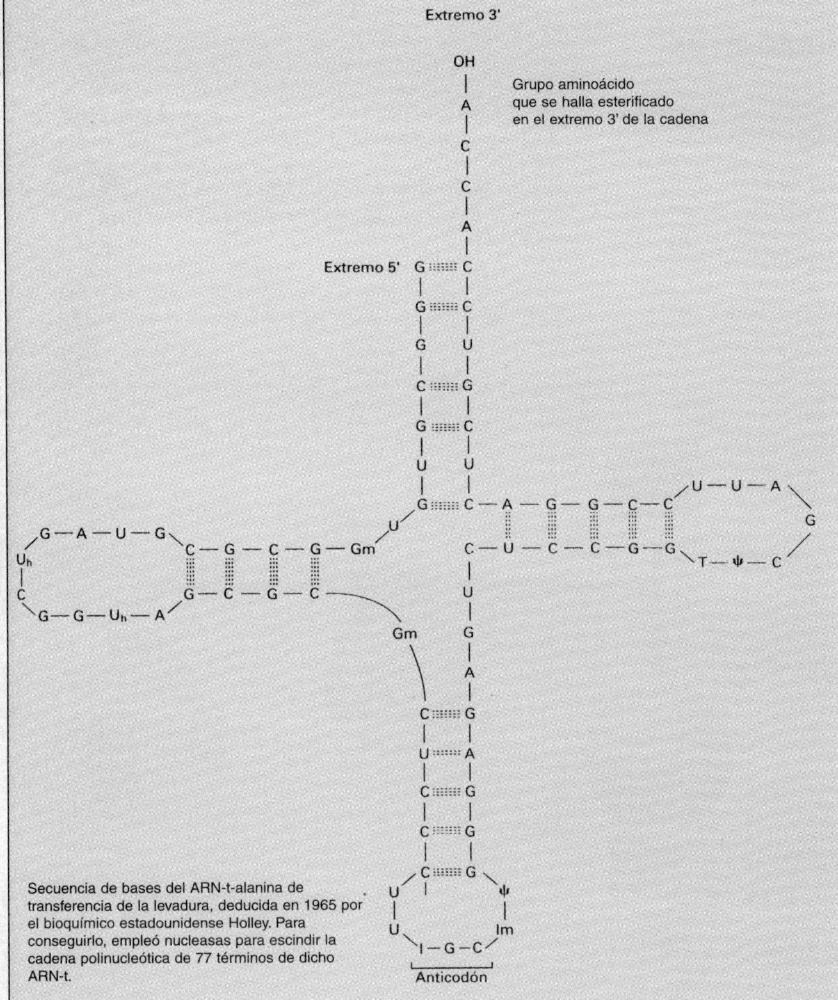

Secuencia de bases del ARN-t-alanina de transferencia de la levadura, deducida en 1965 por el bioquímico estadounidense Holley. Para conseguirlo, empleó nucleasas para escindir la cadena polinucleótica de 77 términos de dicho ARN-t.

síntesis del ADN. Efectivamente, el nucleótido análogo (estructuralmente, no en cuanto a sus propiedades químicas) al AMP con desoxirribosa (dAMP) es uno de los nucleótidos que forman el polímero ADN. Las células contienen además varios dinucleótidos que son fundamentales para los procesos metabólicos. El **NAD**$^+$ (nicotinamida adenindinucleótido) es muy importante como aceptor primario de electrones e hidrógeno en las oxidaciones biológicas intracelulares; consta de un nucleótido de nicotinamida (vitamina del grupo B), ribosa y un grupo fosfato unido a un segundo nucleótido formado por adenina, ribosa y fosfato. En otras reacciones, de forma análoga actúan el **NADP**, que sólo difiere del anterior por tener un tercer grupo fosfato unido a la ribosa de la adenina, y el **FAD** (flavina adenindinucleótido), que contiene riboflavina o vitamina B_2.

2

genético del ARNm. El **ARN ribosomal** (ARNr) también adquiere en parte estructura secundaria debido a los plegamientos que experimenta su molécula y es el componente principal de los ribosomas de la célula.

Nucleótidos biocatalizadores

Además de la importancia de los nucleótidos como subunidades de los ácidos nucleicos, algunos de ellos desempeñan funciones biológicas de vital importancia dentro de las células vivas. El **adenosintrifosfato** (ATP) es un nucleótido formado por adenina, ribosa y tres grupos fosfato, dos de los cuales se encuentran unidos al nucleósido por enlaces especiales ricos en energía, en el sentido de que en el momento de hidrolizarlos se libera una gran cantidad de energía biológicamente útil que puede ser transferida a otras moléculas, al mismo tiempo que el ATP se transforma en **adenosindifosfato (ADP)** y por último en **adenosinmonofosfato (AMP)** o **AMP cíclico** (AMPc). La mayor parte de la energía química de la célula está almacenada en esos enlaces, lista para ser liberada en cuanto el grupo fosfato sea transferido a otra molécula. No menos importantes son los trifosfatos de bases nitrogenadas distintas de la adenina, así como los nucleósidos con desoxirribosa necesarios para la

1. *Secuencia de bases del ARN de transferencia. En la parte inferior se muestra la lazada que corresponde al anticodón, con una serie de bases no apareadas. La parte superior libre, se une al aminoácido, en este caso la alanina.*

2. *Secuencia de bases del ARN alanina de transferencia de la levadura.*

Catalizadores biológicos

Los catalizadores biológicos son las enzimas, las vitaminas y las hormonas, biomoléculas presentes en pequeñísimas cantidades en todos los organismos, pero imprescindibles ya que sin ellas quedarían sin control todas las reacciones químicas que tienen lugar en todo ser vivo.

Enzimas

Las enzimas son las unidades funcionales del metabolismo celular que actúan en secuencias organizadas catalizando centenares de reacciones escalonadas mediante las que se degradan las moléculas de los nutrientes, se conserva y transforma la energía química y se sintetizan nuevas macromoléculas a partir de precursores simples. Desde el punto de vista estructural hay dos tipos de enzimas, las que son proteínas puras y las que están compuestas por una **apoenzima**, de naturaleza proteica, y una **coenzima,** no proteica, ambas unidas por covalencia, ya que por separado carecen por completo de actividad catalítica.

La mayoría de las enzimas son de este último tipo y reciben el nombre de **holoenzimas.** La molécula de la apoenzima presenta una oquedad formada por un reducido número de aminoácidos, que recibe el nombre de centro activo o centro catalítico y muestra actividad estructural para un determinado sustrato, determinando la especificidad de la reacción enzimática; es termolábil y viene a ser el soporte de la coenzima.

La coenzima, en cambio, es termoestable y es la responsable del tipo de reacción enzimática, pero no de su especificidad.

En toda reacción enzimática intervienen dos elementos, la enzima y el sustrato o sustancia que se transforma en otro producto (o en varios productos) mediante una reacción catalizada por la enzima en un proceso que se puede resumir del siguiente modo. La enzima se une a la molécula del sustrato para formar transitoriamente un complejo enzima-sustrato, que luego se descompone en los productos de la reacción dejando nuevamente libre la enzima. A medida que aumenta la concentración del sustrato, la actividad catalítica de la enzima aumenta de forma hiperbólica hasta alcanzar una velocidad máxima característica, momento en que toda la enzima se halla

1

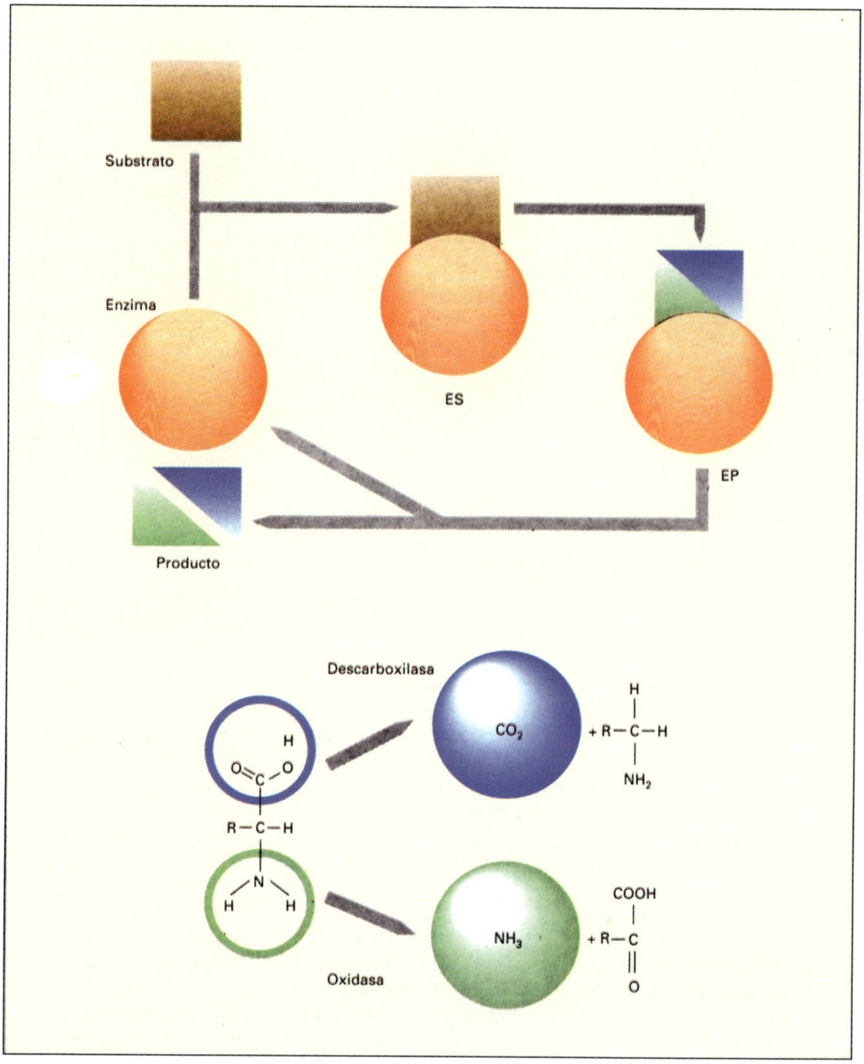

esencialmente en forma de complejo enzima-sustrato, es decir, cuando la enzima se halla saturada de sustrato. Cada enzima posee un pH óptimo para su actividad, así como una especificidad característica para los sustratos sobre los que actúa, y además su acción puede ser inhibida por múltiples factores o sustancias. Por ejemplo, el efecto de muchos antibióticos se basa precisamente en su capacidad de inhibición para determinadas enzimas. En muchas vías metabólicas es el propio producto final el que inhibe a la enzima reguladora, en un proceso de ahorro energético que recibe el nombre de **retroinhibición.** Las enzimas se designan generalmente mediante el nombre del sustrato y el sufijo -asa, como la lactasa que desdobla la lactosa; no obstante, algunas enzimas conservan sus nombres antiguos, como la pepsina o la tripsina, entre otras.

Vitaminas

Las vitaminas son compuestos orgánicos precursores esenciales de diversas coenzimas. Así como los vegetales pueden sintetizar estas sustancias, generalmente no ocurre lo mismo en los animales, quienes necesitan su presencia en la dieta para crecer y realizar sus funciones vitales adecuadamente. Se necesitan en cantidades muy pequeñas, pero la falta o deficiencia de alguna vitamina acarrea serias perturbaciones en los animales y en los humanos, que se conocen con el nombre de carencias vitamínicas o avitaminosis. Las vitaminas se designan de tres maneras: mediante letras mayúsculas, por el nombre de la enfermedad que ocasiona su carencia (con el prefijo -anti) o por el nombre de su composición química. Si en relación a una vitamina que en un principio se consideraba única, posteriormente se descubre que en realidad se trata de varias sustancias con acción distinta, cada una de estas nuevas vitaminas se designan con la letra mayúscula de la que se consideraba única, acompañada de un subíndice. Así, lo que se creía vitamina B es en realidad un complejo de vitaminas que se han designado por B_1, B_2, B_6 y B_{12}. Las vitaminas se agrupan en dos clases: las hidrosolubles (solubles en agua) y las liposolubles (solubles en grasas o en disolventes de éstas).

Hormonas

Una hormona es un mensajero químico segregado en pequeñas cantidades por un tipo determinado de célula, tejido o glándula y que es transportado por la circulación hasta el tejido que constituye su objetivo y generalmente ubicado en otra parte del organismo, a fin de estimular una actividad bioquímica o fisiológica específica.
A diferencia de lo que ocurre en los animales, los tejidos diana de las hormonas vegetales son los mismos que las producen. Entre las mejor estudiadas se encuentran las **auxinas**, que estimulan el desarrollo de las yemas apicales y el fruto e inician el crecimiento de la raíz; el **etileno**, que promueve la maduración de los frutos; las **giberelinas**, que estimulan el crecimiento del tallo, intervienen en la germinación de las semillas y ayudan al desarrollo del fruto; el **ácido abscísico**, que interviene en el cierre de los estomas y en casos de estrés promueve la senescencia y abscisión de las hojas; y las **citocininas.** Estas últimas tienen gran importancia, ya que gobiernan el sentido del flujo de nutrientes, estimulan la mitosis (y por tanto el crecimiento de las yemas) y participan en la diferenciación de los tejidos, en la cicatrización de lesiones y en el desarrollo de los frutos.
Las hormonas animales, mejor estudiadas que las vegetales, son de naturaleza esteroide, proteínica o lipídica, y en los vertebrados son secretadas de modo especial por glándulas endocrinas especializadas, cosa menos frecuente en los invertebrados, en los que suelen ser producidas por neuronas; pero en todo caso la secreción hormonal casi siempre está regulada por mecanismos de control de retroalimentación negativa. Un ejemplo lo constituye la hormona paratiroidea secretada en las glándulas paratiroides localizadas en el cuello de los vertebrados terrestres, hormona que estimula la liberación de calcio en la sangre. Cuando la concentración de este elemento se eleva por encima del nivel normal, las paratiroides reaccionan reduciendo la secreción de la hormona. El mecanismo de acción hormonal se basa en la existencia de proteínas receptoras especializadas en las células del tejido diana que se fijan de manera específica con la hormona; de este modo la hormona «reconoce» el tejido diana a través de un receptor específico que actúa como una cerradura en la que sólo encaja un tipo de llave, es decir una sola hormona.

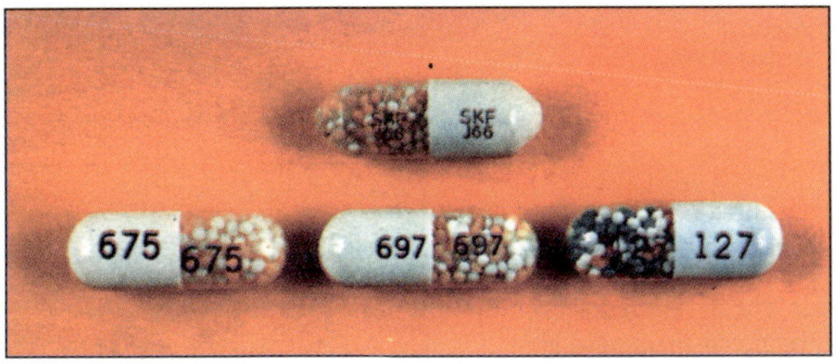

2

1. Arriba: formación del complejo enzima-sustrato (ES) y posterior desdoblamiento del complejo enzima-producto (EP). Abajo: especificidad de acción de las enzimas descarboxilasa y oxidasa.

2. Aunque el hombre y los animales necesitan ingerir vitaminas en cantidades muy pequeñas, su carencia puede causar grandes trastornos fisiológicos.

La célula

La célula es la unidad vital más elemental; toda unidad de nivel inferior carece de vida propia. Los virus constituyen una excepción ya que se consideran seres vivos pero son acelulares, ya que no son capaces de metabolizar de manera independiente y sólo pueden vivir cuando han infectado una célula. La única célula que constituye el cuerpo de los organismos unicelulares adquiere una gran complejidad. En el resto de los organismos, la actividad vital es la resultante de la actividad biológica de las células que integran su cuerpo, entre las cuales existe una coordinación que se traduce en una unidad orgánica.

El estudio de la célula, que sólo fue posible a partir del desarrollo del microscopio óptico, condujo a sentar las bases de lo que se ha denominado **teoría celular**, según la cual toda célula únicamente puede originarse por división de otra célula y todos los seres vivos tienen su origen en una sola célula. Posteriormente, con el descubrimiento del microscopio electrónico, se pudo ahondar en el estudio de los orgánulos subcelulares que se encuentran inmersos en la sustancia fundamental, así como en el conocimiento de la estructura dinámica de la membrana celular.

El microscopio óptico sólo permite observar detalles de la célula no inferiores a 0,2 micras en cortes muy finos que puedan ser atravesados por la luz, que se consiguen con el microtomo. En cambio, el microscopio electrónico permite observar detalles de menos de 3 angströms con varios cientos de miles de aumentos, para lo cual la muestra se prepara con el ultramicrotomo. Dicha muestra se interpone en el trayecto de un haz de electrones en el vacío y la observación se hace posible al presentar cada estructura celular una absorción de electrones diferente. Para la observación tridimensional se utiliza el microscopio electrónico de barrido. Para la observación a nivel macromolecular se utiliza el método de difracción por rayos X, basado en la difracción que sufren estos rayos al chocar con los átomos. El estudio del metabolismo celular dispone, en cambio, de un método más apropiado, la autorradiografía, que consiste en fijar isómeros radiactivos sobre las estructuras celulares y cubrir los cortes con una película de emulsión fotográfica especial que, al ser expuesta a las radiaciones emitidas, es revelada y fijada. Para el estudio fisiológico –tanto de la célula como de tejidos y órganos– se utilizan los métodos de cultivo *in vitro* en soluciones fisiológicas apropiadas. Para el análisis químico de la célula se usan los métodos propios de la química analítica, previa trituración, centrifugación y otras técnicas de la muestra.

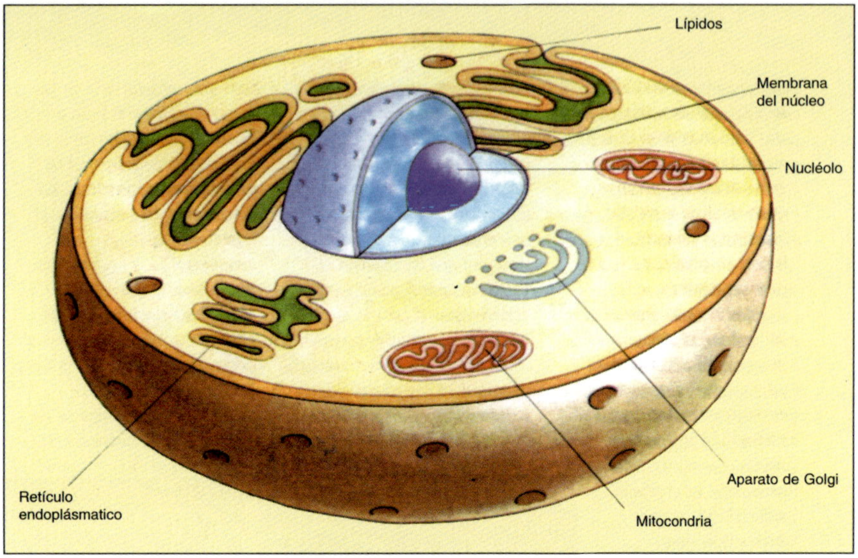

1

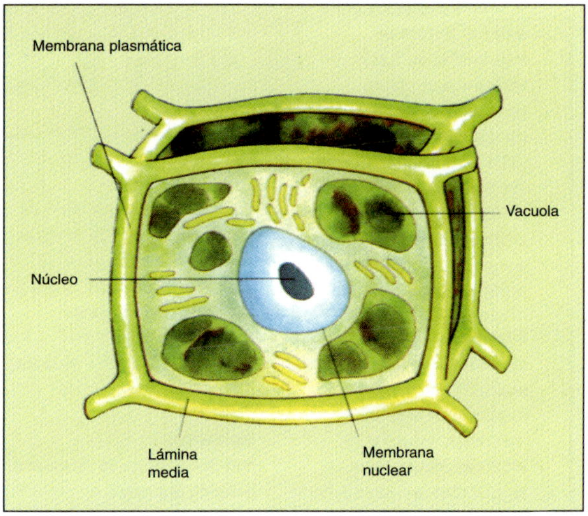

2

Forma y estructura

La forma y el tamaño de las células varían con las funciones específicas que desempeñan. La célula de ciertos organismos unicelulares mide menos de 0,3 micras, mientras que la yema de los huevos de las aves es una sola célula. Pero el tamaño de la gran mayoría de las células oscila entre una y veinte micras; son microscópicas. Las células de un ratón y las de un elefante tienen el mismo tamaño; el elefante es más grande simplemente porque su cuerpo está formado por un mayor número de células, cosa que depende del programa genético de sus genes. En cuanto a la forma de las células, predomina la tendencia a ser esféricas o globulares, pero se presenta una gran variedad. Por ejemplo, las amebas cambian su forma al moverse o desplazarse, las células nerviosas poseen largas extensiones que les permiten transmitir mensajes a grandes distancias dentro del cuerpo y los espermatozoides poseen largos flagelos para su locomoción. Una célula típica consta de una reducida cantidad de material gelatinoso, el **protoplasma**, rodeado por una **membrana celular** y en cuyo interior se halla inmerso el **núcleo**. La porción celular comprendida entre la membrana y el núcleo recibe el nombre de **citoplasma** y está formada por una sustancia fundamental o **hialoplasma** y una serie de **orgánulos** inmersos en ella, la mayoría de ellos limitados por membranas, que desempeñan funciones específicas. El hialoplasma es una suspensión coloidal, transparente y viscosa, formada por agua y numerosos compuestos como sales, principios inmediatos, productos del metabolismo y otros; pero observado al microscopio electrónico de alto voltaje muestra una estructura microtrabecular a base de microtúbulos y microfilamentos formados por polimerización de ciertas proteínas.

Organización celular

Dejando a un lado los virus, cuya organización se reduce a un filamento de ácido nucleico protegido por una envoltura proteica, en la naturaleza hay dos tipos básicos de organización celular: la célula procariota y la célula eucariota. La **célula procariota,** propia de las bacterias y las cianofíceas o algas verdeazules, es muy simplificada, careciendo de membrana nuclear, vacuolas, mitocondrias y otros orgánulos subcelulares. La **célula eucariota,** típica de todos los organismos pluricelulares y de la mayoría de los unicelulares, presenta un alto grado de diferenciación que se refleja en el gran número de estructuras y orgánulos que posee, además de tener el núcleo rodeado por una membrana semejante a la membrana celular. No obstante, la célula eucariota presenta diferencias notables según se trate de células animales o vegetales. La **célula vegetal** presenta, además de la membrana celular típica, una pared celular rígida de celulosa, así como vacuolas acuosas y plastos en el interior, orgánulos ausentes en la **célula animal**; en cambio, carece de centríolos y lisosomas en las plantas superiores, orgánulos presentes en las células animales.

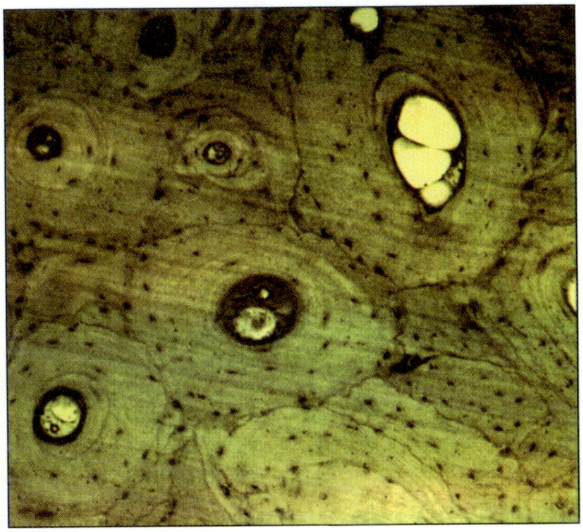

3

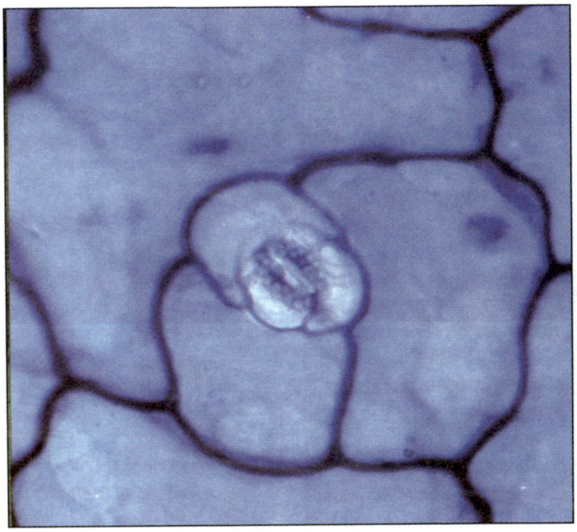

4

1. Una célula animal típica consta de una membrana en cuyo interior se encuentra el núcleo y una masa coloidal llamada hialoplasma, transparente y viscosa, en la que se hallan inmersos los diversos orgánulos. El núcleo y los demás orgánulos tienen, además, su propia membrana.

2. La célula vegetal tiene además de la membrana celular típica formada por una pared rígida de celulosa, varias grandes vacuolas de agua y plastos en el interior; tres elementos celulares muy característicos que no presentan las células animales.

3. El hueso, pese a su apariencia, también es un tejido vivo, es decir formado por células vivas que se siguen nutriendo a pesar de estar rodeadas por una sustancia intercelular calcificada, que es la parte sólida que percibimos, pero que está atravesada por canalillos minúsculos por donde llegan las sustancias nutrientes.

4. La epidermis de una hoja es la frontera entre el mundo semiacuático interno de la planta y el ambiente exterior más seco. Se trata de un tejido aislante pero salpicado de aberturas denominadas estomas formadas por dos células oclusoras especializadas que tienen una forma arriñonada que permite regular la abertura o cierre del orificio para controlar la economía del agua.

Los órganos de la célula

La célula típica está formada por un núcleo (o un nucleoide), una suspensión coloidal en la que están inmersos el resto de los orgánulos y una membrana que envuelve todo el conjunto.

Retículo endoplásmico y ribosomas

El retículo endoplásmico es un sistema de membranas internas que transporta y almacena materiales dentro de la célula y que divide el citoplasma en compartimientos interconectados. Existen dos tipos de retículo endoplásmico: uno liso, que produce esteroides en ciertas células y participa en otras funciones, y otro de aspecto granular por la presencia en sus paredes externas de muchos ribosomas. Los ribosomas están presentes en todos los tipos de células, dado que es en estos orgánulos donde la célula fabrica sus proteínas, y se forman a expensas del ARN ribosomal, que se sintetiza en el nucleolo del núcleo.

Aparato de Golgi y centrosoma

El aparato de Golgi es un conjunto de sáculos discoidales aplanados, apilados en paquetes de cuatro a ocho que reciben el nombre de **dictiosomas**, con vesículas de secreción en los extremos. Su misión consiste en concentrar las secreciones producidas en el retículo endoplásmico para empaquetarlas y exportarlas fuera de la célula. En realidad este orgánulo se forma a expensas del retículo endoplásmico. Los dictiosomas a menudo adoptan una posición concéntrica en torno al **centrosoma**, un área densa del citoplasma, generalmente junto al núcleo celular, dentro de la cual se localizan los **centríolos**, dos diminutos orgánulos propios de la célula animal que participan en la división celular formando el **huso acromático** que dirige el movimiento de los cromosomas. Cada centríolo es un cilindro hueco constituido por nueve microtúbulos dobles o triples.

Lisosomas y peroxisomas

Los lisosomas son pequeñas vesículas cargadas de enzimas digestivas, que se hallan

1

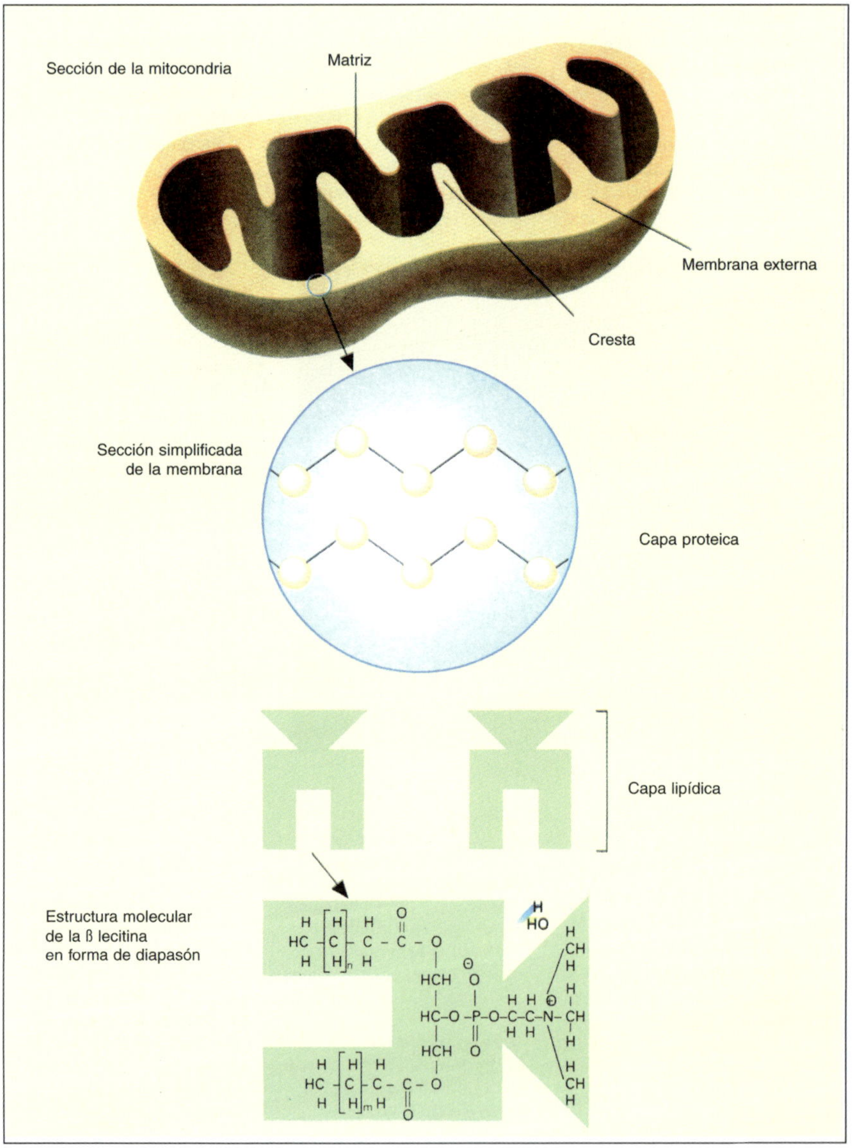

dispersas por todo el citoplasma, desempeñando un papel importante en la digestión intracelular o endocitosis. Los lisosomas se desprenden por gemación de los sáculos del aparato de Golgi, ya llenos de enzimas. Los peroxisomas, en cambio, contienen enzimas oxidantes que intervienen en la degradación de los ácidos grasos en general y, en células vegetales, en procesos de fotorrespiración. Tienen el aspecto de sacos membranosos.

Mitocondrias

Las mitocondrias son gránulos más o menos alargados, que están distribuidos por todo el citoplasma de las células vegetales y animales, limitados por una membrana externa lisa y una membrana interna plegada formando crestas. El espacio interior o matriz está ocupado por un líquido que contiene enzimas necesarias para la respiración celular, proteínas, ácidos nucleicos y ribosomas mediante los cuales las mitocondrias pueden sintetizar proteínas destinadas a la formación de la membrana interna.

Plastos

Los plastos o plastidios son orgánulos de forma variable cuya función es la síntesis o almacenamiento de materiales alimenticios en las células de los vegetales con clorofila. Los **leucoplastos** son incoloros y funcionan como centros de almacenamiento de almidón, aceites, proteínas y otras sustancias de reserva. Los **cromoplastos** contienen pigmentos amarillos o anaranjados que producen coloraciones características en las flores, frutos, hojas otoñales, etc. Pero los más importantes son los **cloroplastos,** que contienen clorofila y carotenoides y gracias a los cuales las plantas pueden realizar la fotosíntesis. Los cloroplastos son vesículas aplanadas limitadas por dos capas de las cuales la más interna presenta unas laminillas llamadas **lamelas,** organizadas a su vez en vesículas discoidales que se superponen como pilas de monedas que reciben el nombre de **grana** (plural de *granum).* La membrana que forma las lamelas y las vesículas de los grana recibe el nombre de **tilacoide.** La fase oscura de la fotosíntesis tiene lugar en el **estroma** o espacio que queda entre las lamelas. En muchas algas inferiores, unicelulares o coloniales, cada célula tiene un solo cloroplasto en forma de cáliz, el cual contiene un **pirenoide** que actúa como centro de producción y almacenamiento de almidón o de grasas. Los cloroplastos también contienen otros pigmentos que pueden enmascarar el color verde de la clorofila.

2

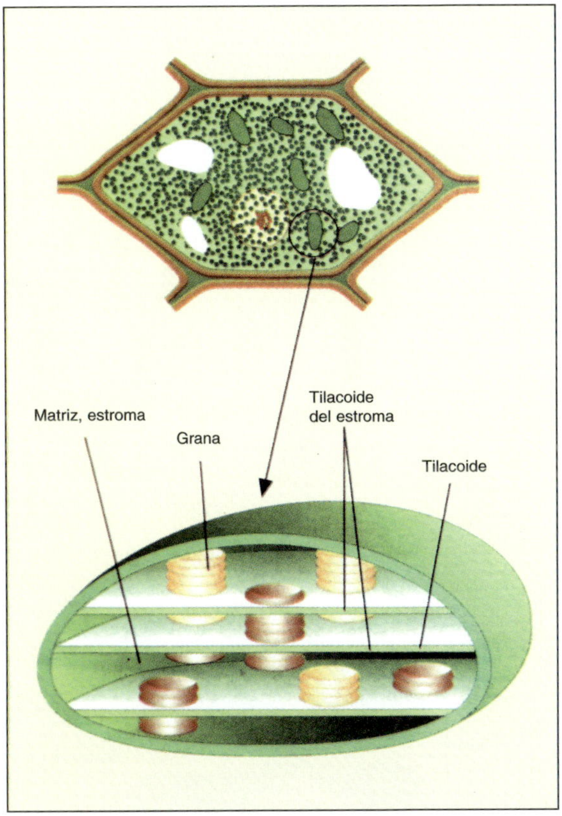

Cilios y flagelos

Son estructuras móviles en forma de látigo que se proyectan desde la superficie libre de la membrana de ciertas células y ciertos organismos unicelulares. Si son cortos y numerosos reciben el nombre de cilios; si son pocos y largos, flagelos. Estos órganos vibrátiles, con funciones locomotoras o de movimiento de líquidos y partículas circundantes, están regidos por un **corpúsculo basal** de estructura similar a la de un centríolo, situado en el interior de la célula, cerca de la membrana celular. De él se origina el tallo del órgano, que está contorneado por dicha membrana.

Vacuolas

Son cavidades limitadas por una membrana y destinadas, en los vegetales, a almacenar sustancias de reserva o de desecho, tales como azúcares, aminoácidos, pigmentos y partículas coloidales; en los animales que las poseen tienen una función digestiva (vacuolas digestivas) o bien sirven para eliminar el exceso de agua de la célula (vacuolas pulsátiles). En una célula vegetal joven las vacuolas son muchas y pequeñas; al madurar la célula, la mayor parte del aumento de volumen tiene lugar en las vacuolas.

1. *Las mitocondrias son orgánulos presentes en el citoplasma de las células vegetales y animales. Son gránulos más o menos alargados, limitados por una membrana externa lisa y una membrana interna plegada en cuyas crestas contiene las enzimas necesarias para la respiración celular y otras proteínas.*

2. *La célula vegetal de las plantas superiores se caracteriza por la pared celular rígida y la presencia de cloroplastos que contienen clorofila y otros pigmentos.*

El núcleo y los cromosomas

El nucleo es el organo principal de toda célula: privada de su nucleo, la célula muere. El núcleo propiamente dicho, es decir, el de la célula eucariota, es una estructura de forma esférica u ovalada que se halla inmersa en el citoplasma, generalmente en posición central, rige todas las funciones celulares y contiene el material hereditario. Consta de un **nucleoplasma**, sustancia coloidal viscosa en la que se hallan inmersos los cromosomas y el nucleolo, rodeado por una envoltura o **membrana nuclear** (ausente en los procariotas) que lo separa del citoplasma. Dicha membrana está formada por dos láminas muy finas separadas por un pequeño espacio, pero que se fusionan a intervalos para formar los poros nucleares a través de los cuales el interior del núcleo se comunica con el citoplasma celular y se regula el flujo de materiales en ambos sentidos. El **nucleolo** es un corpúsculo esferoidal bien diferenciado, a pesar de carecer de membrana, que se desorganiza al iniciarse la división de la célula para reaparecer tras la mitosis, y en él se sintetiza el ARN ribosomal (ARNr). Puede haber uno o varios nucleolos en cada núcleo celular, pero cada especie tiene un número fijo de ellos en el núcleo de sus células. Algunas células tienen más de un núcleo, pero son casos excepcionales (células de los músculos esqueléticos, ciertas algas y hongos inferiores, algunos protozoos). Las células plurinucleadas pueden tener su origen en la fusión de varias células uninucleadas (sincitio) o bien en la división sucesiva del núcleo no seguida de la del citoplasma (plasmodio).

Cromosomas

En el nucleoplasma se halla suspendido un número fijo de corpúsculos filiformes compuestos principalmente de una nucleoproteína (cromatina) cuyo grupo prostético es el ADN; son los cromosomas. Mientras el núcleo está en reposo éstos aparecen como una masa irregular de filamentos y gránulos; pero cuando la célula empieza a

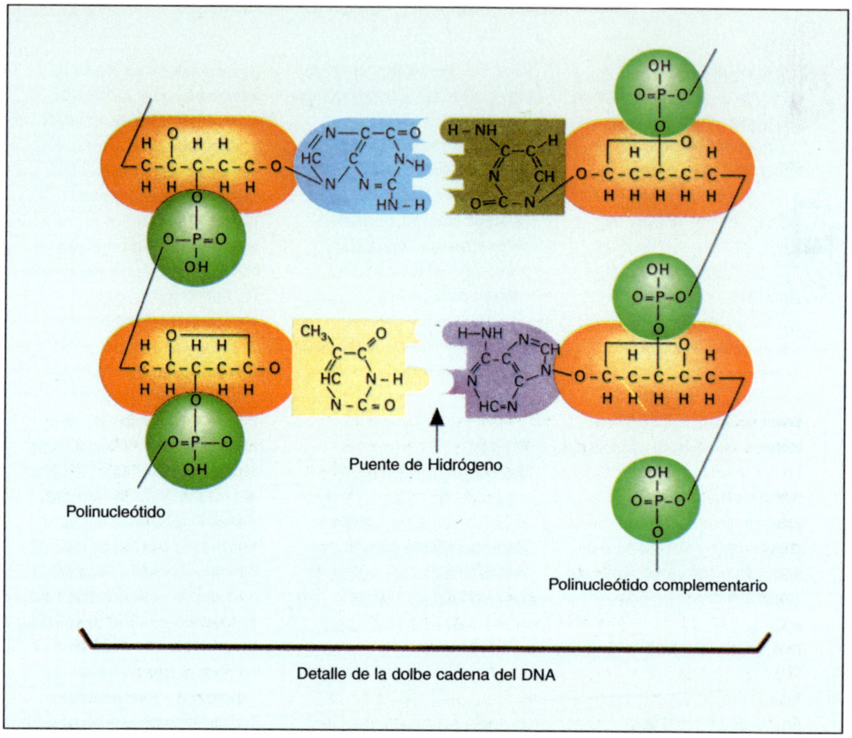

1

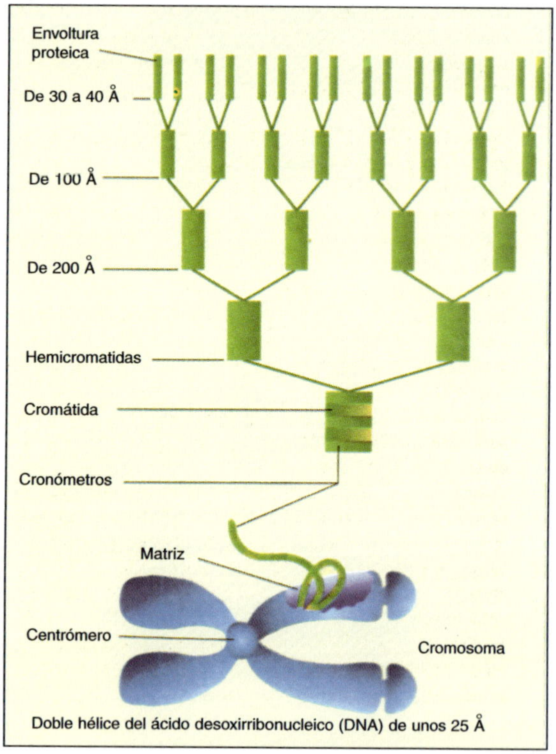

2

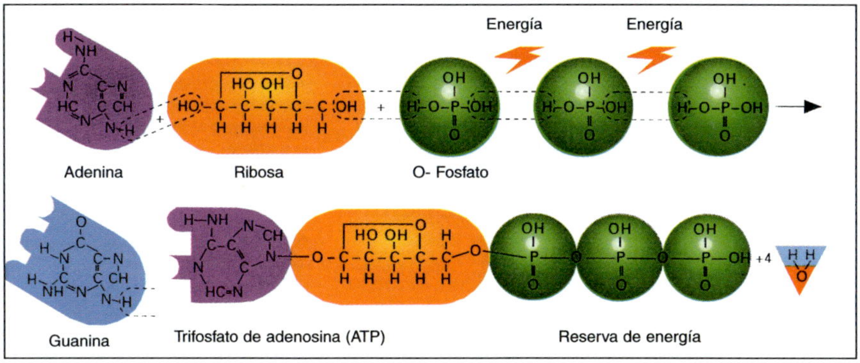

3

dividirse se hacen compactos y evidentes, distribuyéndose entre las dos células hijas de forma que cada una se queda con idéntico número de cromosomas que la madre. Los principales componentes de los cromosomas son el ADN, proteínas básicas de bajo peso molecular (esencialmente histonas) y proteínas ácidas, también llamadas estructurales, de mayor peso molecular. Uno de los modelos más aceptados del cromosoma consiste en un armazón permanente o **cromonema** constituido por una molécula de ADN asociada a las histonas, a lo largo del cual aparecen esparcidos los **nucleosomas,** engrosamientos formados por ocho moléculas de histona rodeadas por dos vueltas de la doble hélice de ADN; de modo que los nucleosomas son las unidades estructurales de la cromatina y fundamentalmente desempeñan una función de empaquetamiento. En la entrada y salida de cada nucleosoma, la doble hélice abraza a otra molécula de histona. El cromonema además, se repliega sobre sí mismo para formar estructuras más complejas sostenidas por las proteínas estructurales. En la doble hélice de ADN se localizan los **genes** transmisores de los caracteres hereditarios. La genética clásica consideraba el gen como una parte del cromosoma que determinaba un único carácter hereditario (fenotipo), pero con el desarrollo de la biología molecular esta definición ha quedado en el olvido. Un gen es un segmento de material genético que codifica una determinada cadena polipeptídica o un determinado ARN y a este tipo de genes se les llama estructurales para diferenciarlos de otros segmentos o secuencias cuya función es exclusivamente reguladora, como delimitar el comienzo y el final de los genes estructurales y participar en la puesta en marcha o en la terminación de la transcripción de dichos genes. No todo el cromosoma constituye la reserva de información genética de un individuo –el **genoma**–, sino sólo una parte, ya que las secuencias muy repetitivas no parecen contener genes.
Los cromosomas se diferencian por el tamaño, forma y disposición de nudos o constricciones. Siempre existe una constricción principal, llamada **centrómero,** que puede estar en posición central o no; y puede haber además una **constricción secundaria** que limita una porción corta que si es muy reducida recibe el nombre de satélite. Si el centrómero está en posición central, el cromosoma se llama metacéntrico; si está un poco desplazado, submetacéntrico; si está muy desplazado, acrocéntrico, y si es terminal, telocéntrico. Cada cromosoma tiene unas características estructurales que permiten distinguir los diferentes pares de cromosomas homólogos durante la división celular, ya que la mayoría de los organismos contienen dos cromosomas de cada tipo en sus células. Los gametos o células sexuales sólo tienen un cromosoma de cada tipo, es decir son **haploides** y tienen la mitad del número de cromosomas que tienen el resto de las células del cuerpo.
Al unirse un espermatozoide con un óvulo para formar el cigoto o huevo se duplica el número de cromosomas, con lo cual el individuo resultante es **diploide.** Dicho de otra manera, una célula haploide tiene *n* cromosomas, es decir un solo juego de cromosomas, mientras que una célula diploide tiene 2*n* cromosomas, es decir dos juegos de cromosomas homólogos por pares. Según la **ley de la constancia numérica del número de cromosomas** cada especie posee un número característico de cromosomas en cada una de las células que lo integran (excepto las células reproductoras). Por ejemplo, los humanos tenemos $2n = 46$ cromosomas y el perro 78. El conjunto de los cromosomas de una especie y su identificación recibe el nombre de **cariotipo.** La identificación de los cromosomas se hace por comparación morfológica y por la técnica de **bandeo,** que consiste en diferenciarlos por la disposición de las bandas transversales que aparecen más claras o más oscuras mediante tinción con colorantes adecuados. Todavía se desconoce la importancia funcional de los patrones de bandas de los cromosomas; no obstante, las posiciones de éstas son muy constantes entre los miembros de una especie, e incluso en las especies emparentadas, lo que hace pensar que el patrón de bandas debe ser significativo y que probablemente una de las funciones de las bandas claras sea mantener el espaciamiento adecuado entre los genes funcionales de modo que éstos puedan interactuar espacialmente unos con otros durante la interfase.

1. *El ácido desoxirribonucleico (ADN) es una doble hélice formada por dos cadenas de polinucleótidos unidas mediante puentes de hidrógeno entre las bases nitrogenadas.*

2. *Un cromosoma viene a ser un armazón o cromonema constituido por una molécula de ADN asociada a las histonas, a lo largo del cual se encuentran los nucleosomas.*

3. *El trifosfato de adenosina (ATP) es una coenzima de gran importancia biológica por los enlaces ricos en energía que unen las moléculas de ácido fosfórico.*

La membrana celular

La membrana plasmática no es solamente un elemento protector e individualizador, a modo de piel, puramente pasivo de la célula, sino un elemento dinámico y activo de capital importancia en el continuo proceso de intercambio de sustancias y energía entre el interior y el exterior de la célula, aunque también es indispensable para que ésta pueda regular su composición interna, manteniendo sus condiciones constantes a pesar de los cambios en el medio externo. La membrana celular contiene muchas enzimas importantes y sistemas de transporte; sobre su superficie externa se hallan localizados muchos sitios de reconocimiento o receptores que pueden reconocer a otras células, unirse con ciertas hormonas y percibir otros tipos de señales del exterior, y muchas de sus propiedades son consecuencia de su contenido en lípidos polares. Muchas células ven ampliada su área superficial mediante multitud de pequeñas evaginaciones de la membrana plasmática, denominadas **microvellosidades**, con lo que aumenta la capacidad de absorción de materiales presentes en el medio celular. Por otra parte, las células adyacentes que forman los tejidos de los organismos pluricelulares se hallan intercomunicadas mediante tres tipos fundamentales de conexiones. Las **uniones estrechas** son regiones de fusionamiento parcial de las bicapas lipídicas de las membranas adyacentes, mientras los **desmosomas** son una especie de remaches formados por proteínas que mantienen juntas dos células contiguas. Las **anastomosis** son conexiones formadas por un conjunto de pequeños conductos que atraviesan dos membranas adyacentes, por los que pueden pasar moléculas de bajo peso molecular.

Bicapa lipídica

Todas las membranas celulares, tanto la plasmática como la que rodea a los diferentes orgánulos intracelulares, tienen la misma estructura: una bicapa compuesta de lípidos polares (fosfolípidos, glucolípidos, colesterol), más o menos fluida y flexible, en la que se hallan inmersas proteínas de dos tipos, unas débilmente unidas a la superficie y otras embebidas en la estructura de la bicapa. Las moléculas lipídicas son anfipáticas, es decir que tienen un extremo hidrófilo muy polar y otro hidrófobo no polar. Las cabezas hidrófobas, formadas por las cadenas de los ácidos grasos de los lípidos, están dirigidas hacia el interior, mientras que los extremos hidrófilos (cabezas polares) están orientados hacia el exterior de la bicapa. Las proteínas periféricas, que se separan de la estructura con facilidad, poseen grupos esencialmente hidrofílicos en su superficie que se hallan unidos por atracción electrostática a las cabezas polares con carga eléctrica de los lípidos, mientras que las proteínas integrantes de la estructura poseen en su superficie grupos hidrófobos de los aminoácidos, lo que hace que estén embebidas en la porción central hidrófoba de la bicapa. El núcleo hidrófobo de la bicapa induce la conformación tridimensional apropiada de dichas proteínas para que exhiban su actividad. Esta universalidad de la estructura elemental de todas las membranas celulares (plasmática e intracelulares) ha conducido a los biólogos a proponer el concepto de **membrana unitaria** o **membrana universal** para referirse a todo tipo de membrana celular considerada como una unidad dinámica y en constante actividad, aunque las funciones que desempeñan las diferentes membranas son muy complejas y difieren entre sí tanto en la cantidad relativa de lípidos polares y proteínas como en la naturaleza de estas últimas, que constituyen el elemento activo de la membrana. La mayor parte de las membranas contienen enzimas, unas que actúan sobre los sustratos exteriores a la membrana y otras que lo hacen sobre los sustratos que se hallan en el interior del espacio circundado por la membrana, así como sistemas de **transporte activo** de moléculas nutritivas orgánicas, como la glucosa, y sistemas que permiten la penetración de iones

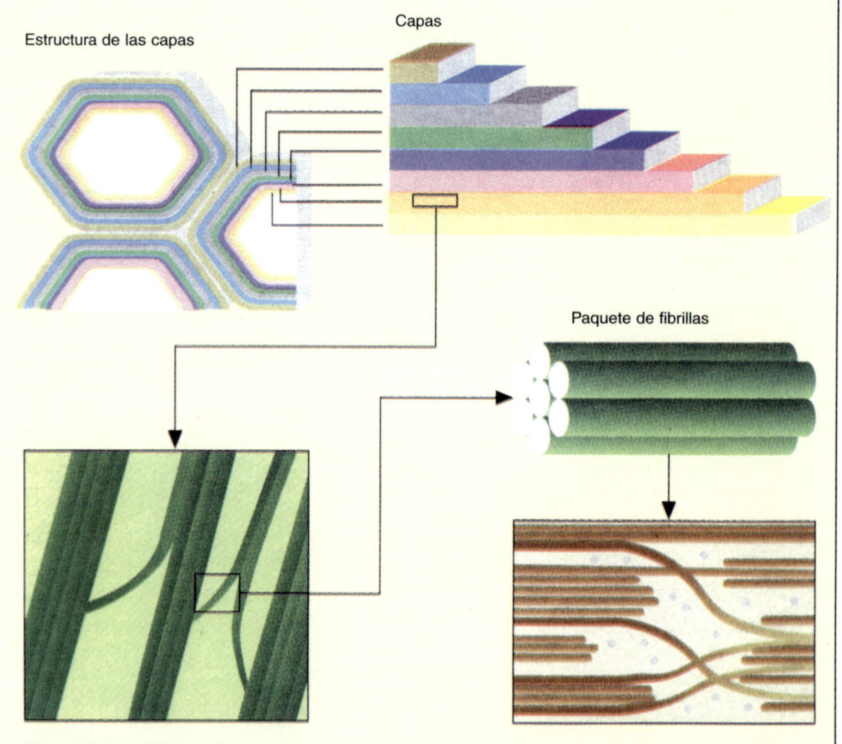

Disposición paralela en una capa

Vista en corte de un haz micelar con celulosa y pectina

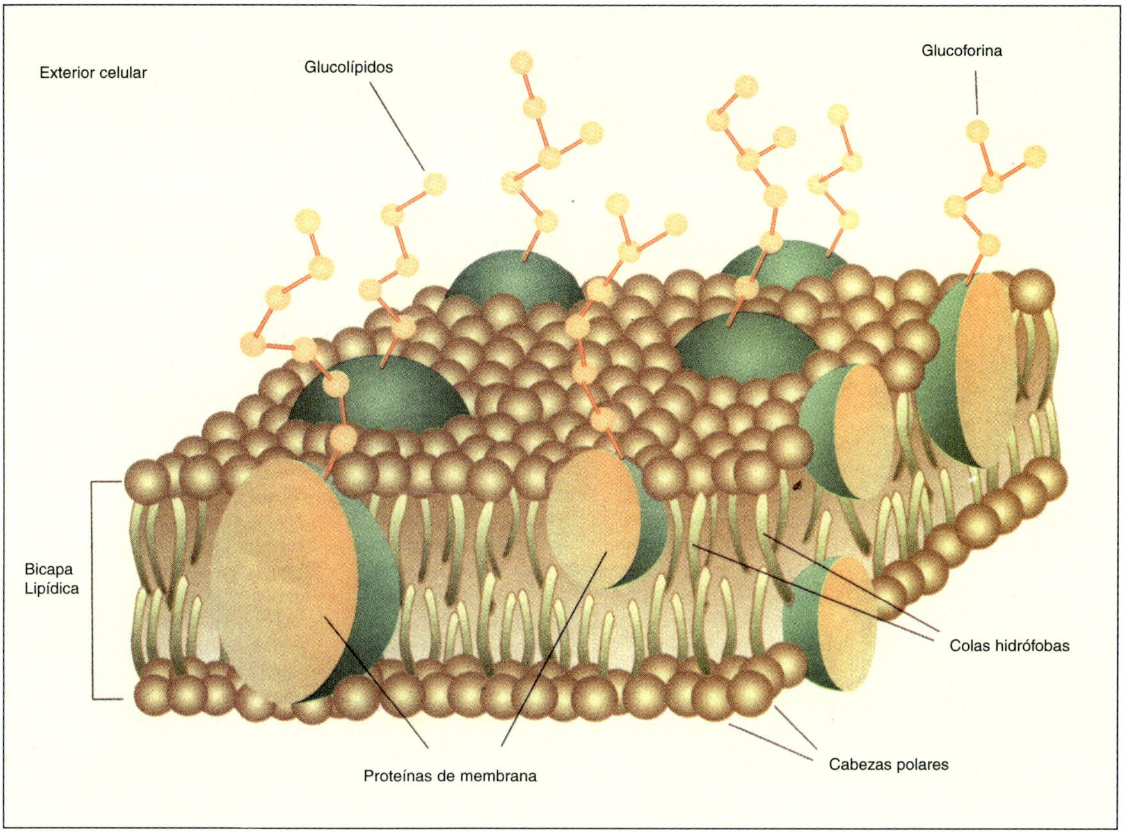

2

inorgánicos específicos o el abandono del espacio interior por parte de otros productos. Estos complejos sistemas de transporte contribuyen a conservar la constancia del estado interno de las células por regulación del flujo de materiales hacia el interior y hacia el exterior de la célula. También los grupos periféricos con carga eléctrica contribuyen al mantenimiento de la diferencia de potencial eléctrico a través de la estructura de la membrana, lo cual es de capital importancia en las células nerviosas que transmiten impulsos bajo forma de cambios muy rápidos en las propiedades eléctricas de la membrana a lo largo del axón. Sobre su superficie, las membranas contienen también sitios de reconocimiento específicos, sea de diferencias en la concentración de algún elemento nutritivo (base de la quimiotaxis en ciertas bacterias), bien sea de otras células de la misma clase con las cuales asociarse en el proceso de organización de un tejido animal. Otros sitios de reconocimiento desempeñan el papel de receptores específicos de las moléculas de las hormonas, emitiendo posteriormente señales a través de la membrana hasta los sistemas enzimáticos intracelulares.

Transporte activo

Mediante los sistemas de transporte activo la membrana celular transporta materiales de forma activa en contra de las leyes físicas de la difusión, es decir en contra de gradientes de concentración elevada, gracias a las llamadas **proteínas de transporte** organizadas alrededor de un conducto lleno de líquido que se extiende de un lado a otro de la membrana. La molécula que va a ser transportada se une a una determinada proteína inmersa en la bicapa lipídica, es forzada a pasar a través del poro y luego es expulsada al otro lado de la membrana. Naturalmente, este procedimiento conlleva un gasto de energía, que generalmente es aportada en forma de ATP.

Membrana de secreción

Algunas células presentan la membrana plasmática recubierta exteriormente por una envoltura denominada membrana de secreción, que en las bacterias y los vegetales recibe el nombre de **pared celular**. Esta pared rígida, perforada en muchos sitios, característica de las células vegetales, está compuesta principalmente de hemicelulosa, pectinas y sobre todo celulosa, aunque también puede haber cutina, suberina y lignina. La cutina (que recubre la epidermis) y la suberina (en las células suberígenas) impiden la deshidratación al ser impermeables al agua, mientras que la lignina brinda sostén y protección endureciendo las células de la madera y de otras estructuras. La membrana de secreción de las células animales recibe el nombre de **glucocáliz** y sus componentes principales son las glucoproteínas.

1. *Se muestra en el dibujo la estructura de capas de la membrana de una célula vegetal típica.*

2. *En el dibujo, la membrana plasmática de la célula muestra aquí su estructura bicapa lípica formada por lípidos polares. Estos lípidos se disponen con las cabezas hidrófobas enfrentadas y dirigidas hacia el interior y las cabezas polares formando las dos superficies exteriores de la membrana.*

Los virus y los organismos procariotas

La forma de vida más simple que se conoce son los virus, que no se consideran celulares. Las células más simples son los organismos procariotas, es decir las bacterias y las algas verdeazules o cianofíceas, que son todos unicelulares.

Virus

Al carecer de movimiento propio y de capacidad para metabolizar alimentos de forma independiente, los virus no se consideran células, pero sí seres vivos, aunque sólo pueden vivir y reproducirse cuando han infectado una célula. Un virus consiste en un filamento de ácido nucleico (ADN o ARN, pero de forma excluyente) cubierto de una envoltura proteica de forma geométrica, la **cápsida** (o cápside), integrada por un conjunto de subunidades idénticas llamadas **capsómeros** que forman una especie de mosaico. Este modelo de virus puede presentarse desnudo o bien revestido por una envoltura externa de naturaleza lipoproteica procedente de una porción de la membrana plasmática de la célula huésped. En el laboratorio adquiere especial interés una clase de virus llamados **bacteriófagos,** o simplemente **fagos**, que infectan bacterias de forma específica (incluso para cada cepa); al no poder ser cultivados sino en un medio vivo, los virus bacteriófagos son muy útiles por ser fácilmente cultivables dentro de bacterias vivas.

Virus lisógenos y virulentos

Un virus virulento infecta una célula huésped y se sirve de la máquina metabólica de ésta para replicar su ácido nucleico y producir sus proteínas específicas. El ciclo de multiplicación de un virus de este tipo recibe el nombre de **ciclo lítico** y consta de cinco fases. El virus fija a la superficie de la célula huésped a través de receptores específicos (**fijación**); a continuación penetra en el citoplasma del huésped (**penetración**), previa lisis de la membrana, en el caso de los fagos, para inyectar el ácido nucleico permaneciendo la cápsida fuera de la membrana celular; una vez en el interior de la célula, el virus utiliza la maquinaria de síntesis de la célula huésped (ribosomas, enzimas y energía) primero para fabricar enzimas que destruyen el ADN de ésta y luego para replicar el ácido nucleico viral, capsómeros del virus y enzimas líticos (**autoduplicación y síntesis de moléculas virales**); a continuación viene la fase de **autoensamblaje** de los componentes virales (ácido nucleico y capsómeros) sintetizados para producir viriones completos; la última fase (**liberación** y **lisis**) consiste en la producción de lisozima, una enzima que degrada la membrana de la célula huésped, de lo que resulta la lisis y muerte de la célula infectada y la liberación de las nuevas generaciones de viriones. Otros virus, llamados **virus lisógenos** o **atenuados,** integran su ADN al del huésped y se replican cuando se replica este último sin destruir la célula, pero produciendo a menudo fenómenos llamados de **conversión lisógena** que confieren nuevas propiedades al huésped. Además, los fagos liberados a partir de células lisógenas pueden contener una porción del ADN bacteriano, lo que puede provocar la transducción de este segmento a un nuevo huésped, una seria amenaza para muchas industrias biotecnológicas ya que los virus atenuados (profagos) pueden permanecer durante muchas generaciones en forma latente. En ciertas infecciones, los virus se autoensamblan y liberan de modo gradual y lento al mismo tiempo que la célula huésped continúa sus actividades metabólicas sufriendo un daño mínimo.

Viroides y priones

Existen dos tipos de partículas con actividad vital todavía más simples que los virus e igualmente patógenas: los viroides y los priones. Los primeros constan de una cadena de ARN, muy corta y desnuda, que únicamente puede codificar una sola proteína. Un prión todavía es más insignificante: una sola proteína hidrófoba, sin ningún tipo de ácido nucleico.

La célula bacteriana

Los organismos procariotas

1

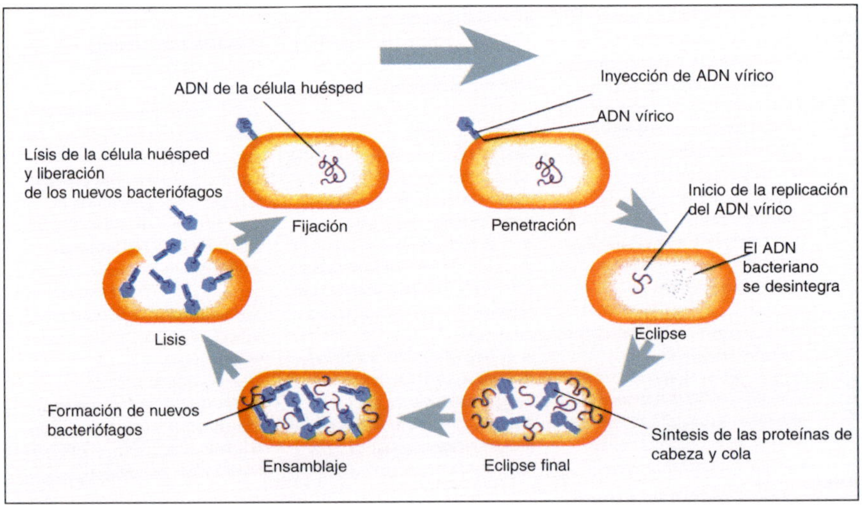

constituyen un reino (Moneras) que agrupa a todos los organismos unicelulares que carecen de membrana nuclear y de otros orgánulos propios de la célula eucariota como mitocondrias, plastos, aparato de Golgi y retículo endoplásmico. La mayoría de los procariotas son heterótrofos que metabolizan materia orgánica ya elaborada por otros organismos (gran parte de las bacterias), pero también existe un notable número de procariotas autótrofos, como es el caso de las bacterias fotosintéticas y quimiosintéticas y prácticamente la totalidad de las cianofíceas –también llamadas algas verdeazules por su semejanza con las algas eucariotas unicelulares–, que son fotosintéticas por la presencia de tilacoides ricos en clorofila, además de carotenoides y pigmentos azules y rojos. Además de la **membrana plasmática**, la célula bacteriana tiene una pared celular formada principalmente por peptidoglucanos, llamada **pared bacteriana,** y a menudo una envoltura externa que recibe el nombre de **cápsula.** La membrana plasmática presenta invaginaciones, los **mesosomas,** que son los centros del metabolismo celular y dirigen la autoduplicación del ADN. En el interior del citoplasma sólo se encuentran **ribosomas** libres y diseminados, y uno o más **nucleoides** compuestos por una sola molécula de ADN en forma de doble hélice circular, sin membrana nuclear; los **cromatóforos** sólo están presentes en los procariotas autótrofos. Las células bacterianas suelen contener, además del cromosoma principal, pequeños cromosomas secundarios llamados **plásmidos**, que constituyen un rápido mecanismo de transmisión génica formando recombinaciones y transmitiendo genes de una bacteria a otra. Los plásmidos son simples anillos de ADN que se replican independientemente del cromosoma del huésped, por lo que son muy útiles en la tecnología del ADN recombinante. Los **micoplasmas** son los seres vivos celulares más simples que se conocen, incluso de tamaño inferior al de algunos virus; se trata de bacterias con una membrana plasmática muy fina y carentes de pared bacteriana. La mayoría de los micoplasmas son patógenos. La importancia ecológica de los procariotas es muy notable. Entre los heterótrofos, algunas especies pueden ser fuente de enfermedades en todo tipo de seres vivos, pero la mayoría de ellos crecen a expensas de los restos vegetales y animales mediante un proceso de degradación mediante el cual el carbono es devuelto a la atmósfera en forma de dióxido de carbono y se reciclan otros nutrientes indispensables para el desarrollo de otros organismos; en particular la fertilidad del suelo se mantiene en gran medida gracias a la degradación bacteriana. En otro terreno, las algas verdeazules exhiben una gran capacidad para colonizar superficies desnudas expuestas a condiciones ambientales extremas en las que sólo gracias a ellas se hace posible el posterior establecimiento de vegetación.

2

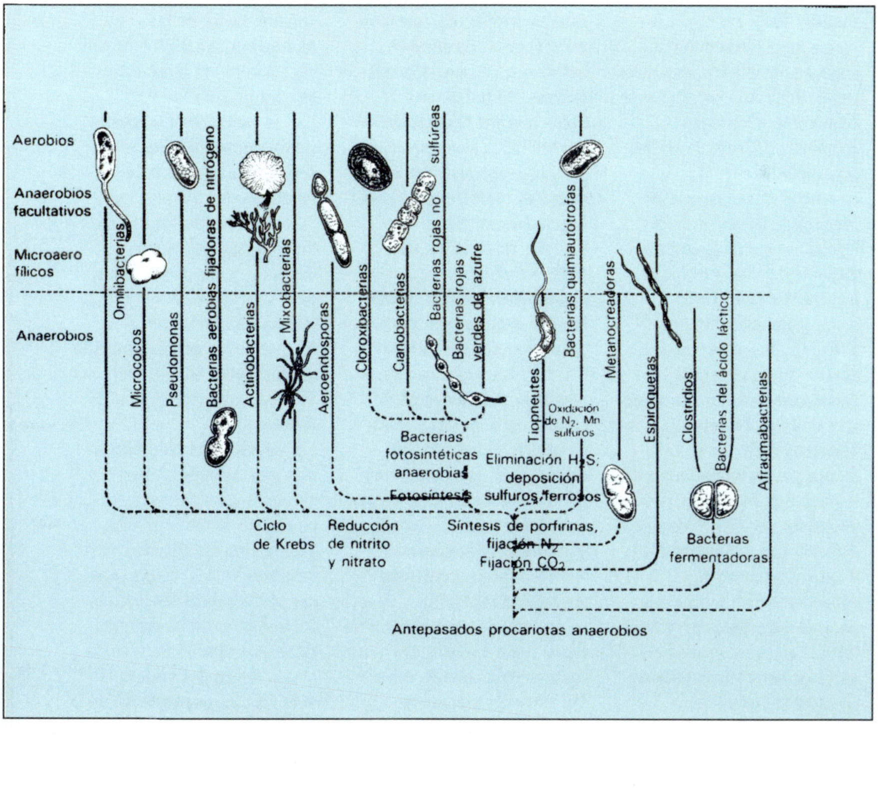

1. *Ciclo lítico de multiplicación de un bacteriófago en una célula bacteriana.*

2. *Los primeros organismos vivos fueron procariotas heterótrofos y anaerobios. Luego apareció la fotosíntesis, que enriqueció la biosfera de oxígeno e hizo posible la vida.*

Los protistas

Los protistas constituyen un reino formado por organismos eucariotas unicelulares o coloniales, en su mayoría acuáticos que se reproducen por división celular simple, aunque también se da la reproducción sexual por apareamiento de dos individuos. En los sistemas de clasificación tradicionales basados en dos reinos, estos organismos se incluían entre los animales o entre los vegetales según se tratara de formas heterótrofas o autótrofas, respectivamente; pero los sistemas actuales de clasificación agrupan a estos organismos en un reino con entidad propia, el reino Protista, subdividido en dos grandes grupos con categoría de subreinos: los protistas del tipo alga o fotosintéticos y los protistas del tipo animal o heterótrofos, más comúnmente llamados protozoos o protozoarios. Los protistas coloniales se diferencian de los seres pluricelulares porque todas las células que componen la colonia son idénticas entre sí, no estando ninguna especializada en una función vital determinada; en una colonia de protistas, cada individuo está formado por una sola célula eucariota capaz de vivir independientemente.

Al estar concentradas todas las funciones vitales (metabólicas, sensoriales, locomotoras, reproductoras, etc.) en una sola célula, estos organismos alcanzan una complejidad muy superior a la de cualquier célula de un organismo pluricelular. Además de la membrana plasmática, algunos protistas poseen pared celular y otros exhiben formaciones esqueléticas a modo de caparazón. El citoplasma contiene todos los orgánulos típicos de la célula eucariota más otros que le son exclusivos y que adquieren una categoría equivalente a los órganos, aparatos y sistemas de niveles superiores de organización.

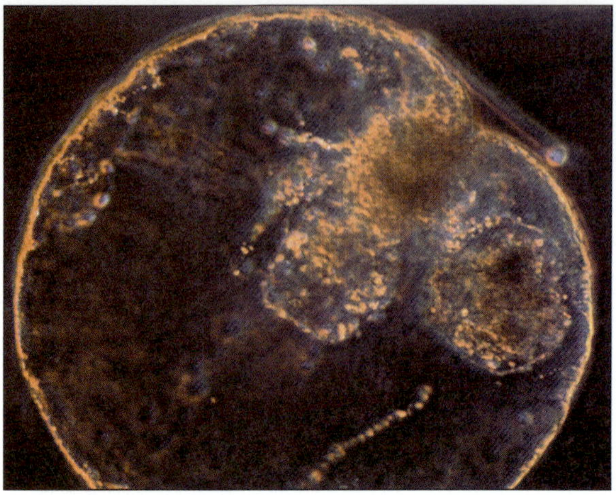

1

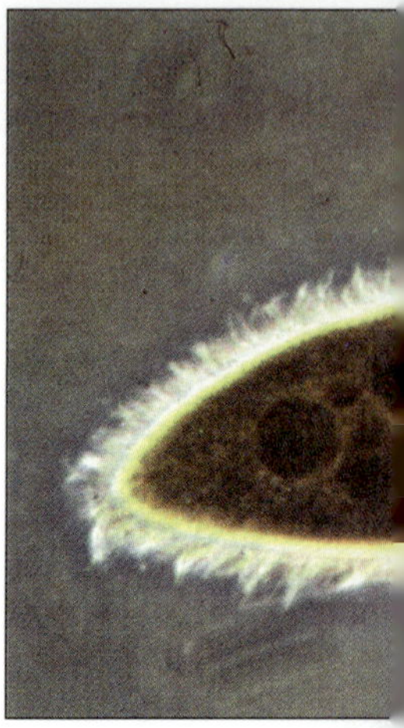

2

La **ameba** común *(Amoeba proteus)* de las aguas dulces y limpias es uno de los protozoos mejor estudiados. Efectúa la locomoción extendiendo prolongaciones del cuerpo o **pseudópodos** que crean una especie de flujo irregular llamado **movimiento ameboide**, y se alimenta de otros protozoos a los que da caza atraída por los movimientos de la presa o por las sustancias difundidas por ésta, rodeando el alimento con sus pseudópodos y haciéndolo pasar al endoplasma para formar una **vacuola digestiva,** donde tiene lugar la digestión mediante enzimas; los residuos (dióxido de carbono y urea) son expulsados por difusión a través de la membrana celular; la **vacuola contráctil** es el aparato regulador del contenido de agua de la célula, sirviendo también para la excreción. La ameba se reproduce por **bipartición** (o escisión binaria). Parientes muy cercanos de la ameba son los **foraminíferos,** con su característico caparazón externo a través del cual salen pseudópodos filamentosos, los **heliozoos**, con pseudópodos radiales, los **radiolarios** y, según muchos biólogos, los **mixomicetes** u hongos mucilaginosos, que forman masas de protoplasma granular con numerosos núcleos y vacuolas contráctiles, que reciben el nombre de **plasmodios.** Los **flagelados** forman otro grupo de protistas caracterizados por tener uno o más flagelos largos que sirven para la locomoción, para la captura del alimento y como receptores sensoriales. Su estudio tiene especial interés por tratarse de organismos que están en la frontera entre el mundo vegetal y el animal. Muchas especies contienen plastos con pigmentos y los que poseen clorofila son afines a las algas, como *Euglena,* que curiosamente también subsiste con nutrición saprofítica, aunque su forma predominante de nutrición sea la holofítica. Otros flagelados capturan pequeños organismos que son ingeridos mediante una especie de embudo llamado **citostoma** que conduce el alimento a la **citofaringe** y es digerido en las vacuolas digestivas del citoplasma. Los **dinoflagelados**, muy próximos al género anterior, junto con las **diatomeas**, son miembros muy importantes del fitoplancton microscópico de los mares, del cual se alimentan multitud de larvas y otros animales marinos. A veces la abundancia de dinoflagelados produce los típicos florecimientos llamados **mareas rojas,** alimento ordinario de muchos bivalvos pero a veces (no siempre) tóxicos para otros animales. Muchos de los envenenamientos por mejillones en el hombre son debidos, indirectamente, a los dinoflagelados.

Los **ciliados** son los protistas más especializados y más parecidos a los animales, poseyendo varios orgánulos para realizar las distintas funciones vitales, lo que tiene por consecuencia una división del trabajo entre las distintas partes del organismo. Cuando menos tienen dos núcleos, un **micronúcleo** que participa en la

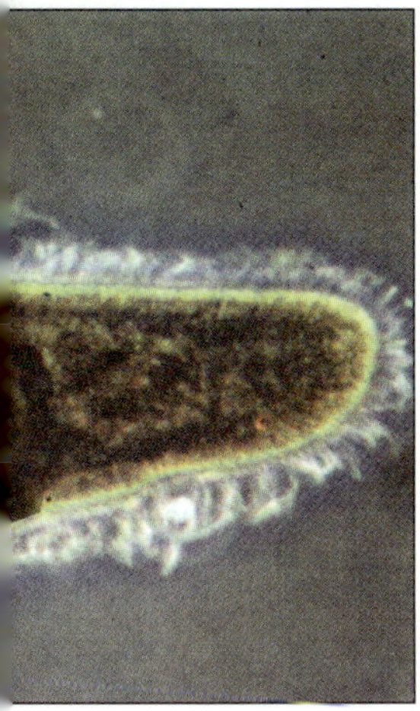

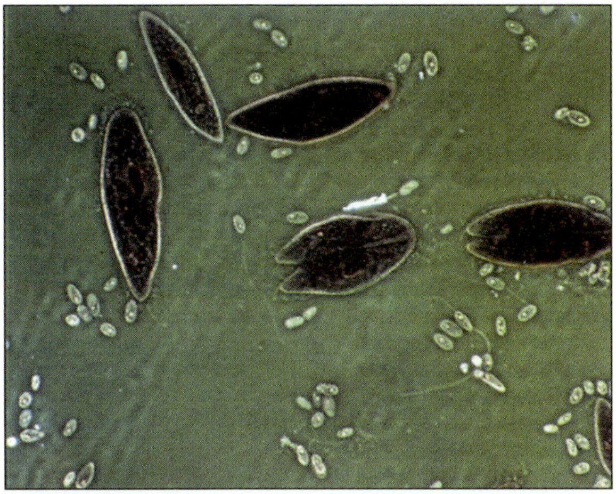

3

Si al producirse los gametocitos, éstos son ingeridos por un mosquito al picar, se transforman en gametos en el estómago del insecto, en cuyas paredes intestinales se enquistan los cigotos formando grandes oocistos que por multiplicación asexual producen un gran número de esporozoítos que invaden las glándulas salivales del mosquito, cerrándose así el ciclo biológico del esporozoo causante de la malaria terciana en el hombre.

reproducción sexual y un **macronúcleo** que controla el metabolismo y el crecimiento, característica que comparten los **suctorios,** que a diferencia de los ciliados sólo presentan **cilios** en su fase juvenil (los adultos son sedentarios). El género de ciliados más estudiado es *Paramecium,* cuya superficie celular está cubierta por varios miles de cilios que asoman a través de orificios y se mueven en dirección oblícua, de manera que el animal va girando sobre sí mismo conforme avanza en el medio y con una coordinación tan precisa del movimiento ciliar que no sólo avanza, sino que también puede retroceder y cambiar de dirección voluntariamente, todo gracias a un sofisticado sistema de **neurofibrillas** que conecta las hileras de **corpúsculos basales** localizados en el extremo interno de cada cilio.

Los **esporozoos** son prácticamente todos parásitos, absorbiendo directamente el alimento del huésped, y la mayoría de ellos tienen ciclos biológicos complejos en los que alternan generaciones sexuales y asexuales. En la fase asexual se multiplican con gran rapidez por escisión múltiple o esquizogonia; la célula se convierte en plurinuclear mediante repetidas mitosis y luego se divide el citoplasma. Los **merozoítos** resultantes dispersan al protozoo por el tejido del huésped y, tras una fase de maduración, producen **macrogametos** y **microgametos** sexuales que se unen por pares de signo opuesto para formar **cigotos,** los cuales forman **esporozoítos** que pasan de un huésped a otro. Un ejemplo ilustrativo de estos parásitos es el *Plasmodium vivax,* cuyos esporozoítos son inyectados en el hombre durante la picadura del mosquito *Anopheles,* invaden las células parenquimáticas del hígado y se multiplican asexualmente por esquizogonia, penetrando en los glóbulos rojos de la sangre, donde siguen reproduciéndose.

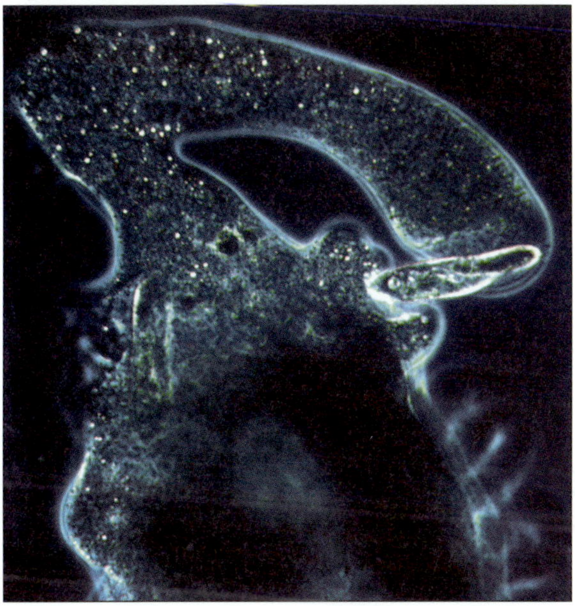

4

1. *La presencia de uno o más flagelos es la característica principal de los flagelados, los protistas que se encuentran en la frontera entre la vida vegetal y la animal.*

2. *Uno de los protozoos más estudiados, el paramecio, está recubierto de miles de cilios que mueve y orienta a voluntad, con lo que consigue girar sobre sí mismo conforme avanza o retrocede en el medio líquido, cambiando de dirección si es preciso.*

3. *Los paramecios y ciliados en general presentan un sistema de producción único y exclusivo, la conjugación, que consiste en el intercambio de material nuclear entre dos individuos que se oprimen mutuamente por sus superficies orales.*

4. *Muchas amebas se alimentan de otros protozoos, en particular paramecios, rodeando a la presa con sus pseudópodos y haciéndola pasar al endoplasma para formar una vacuola digestiva donde tiene lugar la digestión mediante enzimas. Esta forma de alimentarse recibe el nombre de fagocitosis.*

Tejidos vegetales

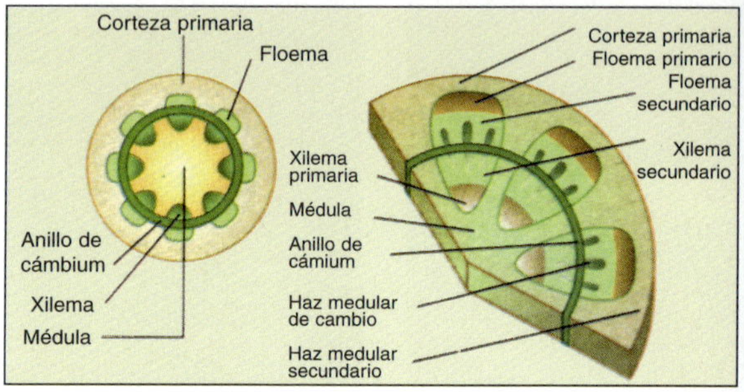

1

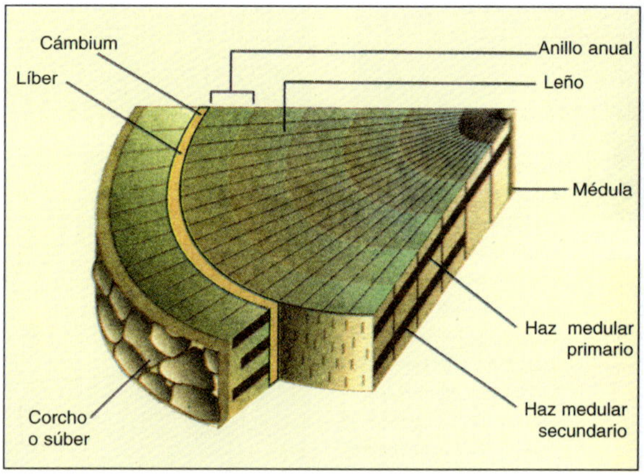

2

En el mundo vegetal hay dos tipos de organización celular bien diferenciados según se trate de plantas vasculares o de los vegetales no vasculares. Estos últimos organismos carecen en general de verdaderos tejidos y vasos conductores; en ellos las divisiones celulares tienen lugar en un plano y los nutrientes acceden directamente a todas las células sin necesidad de un sistema de transporte especializado. El cuerpo vegetativo de estos organismos recibe el nombre de **talo** y antiguamente se clasificaban como talofitas o talófitos todos los vegetales con este tipo de organización, es decir las algas, o talófitos fotosintéticos, y los hongos o talófitos no fotosintéticos. Pero en la actualidad los términos talófitos y algas no constituyen una categoría taxonómica; muchos organismos antes incluidos en los talófitos pertenecen hoy a otros reinos, como por ejemplo las algas verdeazules o cianobacterias (moneras), muchas algas microscópicas (protistas) y los hongos mucilaginosos (protistas), quedando por tanto las algas repartidas en tres reinos y solamente los clorófitos, feófitos y rodófitos se consideran plantas (reino *Plantae)*. Pero a diferencia de las algas, los hongos sí que poseen categoría taxonómica, formando un reino independiente (reino *Fungi)*. Entre los vegetales no vasculares todavía existe otro grupo, los briófitos (clasificados dentro de las Plantas), que se parecen más a las plantas vasculares que las algas y los hongos. Estas plantas (musgos, hepáticas), no independizadas totalmente del medio acuático, constituyen el paso al nivel de organización típico de las plantas propiamente terrestres o plantas vasculares. Las plantas vasculares, adaptadas a la vida terrestre y aérea, son las que tienen verdaderos tejidos diferenciados en un tipo de organización llamada **cormo,** con raíces, tallos y hojas verdaderos, los tres órganos fundamentales de las plantas superiores. Estas plantas llamadas tradicionalmente cormófitos, forman un grupo taxonómico con categoría de división, las traqueofitas o traqueófitos, que comparten con los briófitos una fase juvenil exclusiva de las plantas terrestres, el **embrión**. En un momento dado del ciclo vital de los embriófitos, los cigotos son retenidos dentro de los órganos sexuales femeninos y de este modo obtienen el agua y los nutrientes necesarios al tomarlos de los tejidos maternos que los rodean, al mismo tiempo que están protegidos contra la deshidratación mientras se desarrollan hasta convertirse en embrión pluricelular. El embrión se desarrolla a veces sobre la planta madre (gametófito), y otras, dotado con antelación de materiales de reserva (semilla), prosigue su desarrollo libremente.

Meristemos

Al principio, el embrión sólo consta de tejidos embrionales llamados meristemos, pero, a medida que crece, éstos quedan reducidos a los ápices del tallo y de la raíz, donde son responsables del crecimiento en longitud o **crecimiento primario** del cormo. Estos tejidos reciben el nombre de **meristemo primario** para diferenciarlo de otro tejido embrional que se origina no del embrión sino de partes de ciertos tejidos adultos que en un momento determinado recuperan la capacidad de división, denominado **meristemo secundario,** y que es el responsable del crecimiento en grosor de la planta; también recibe el nombre de **cámbium.** Hay un tercer tipo de tejido embrional, el **meristemo remanente,** constituido por masas de células embrionales que han quedado incluidas en el interior de masas de tejido adulto o diferenciado. Las células que componen los tejidos meristemáticos tienen grandes núcleos, sus paredes celulares son muy delgadas y carecen de vacuolas o tienen muy pocas. Su principal función consiste en crecer, dividirse (reproducirse) y diferenciarse para producir tejidos adultos.

Tejidos adultos

Las células que componen los tejidos adultos son células ya diferenciadas para desempeñar funciones específicas, habiendo perdido ya su capacidad de división. Hay cinco tipos básicos de tejidos adultos. La masa principal de la planta está formada por los llamados tejidos fundamentales, cuyas células están poco diferenciadas especialmente en el caso del **parénquima,** que interviene en la cicatrización de heridas y otros procesos regenerativos.

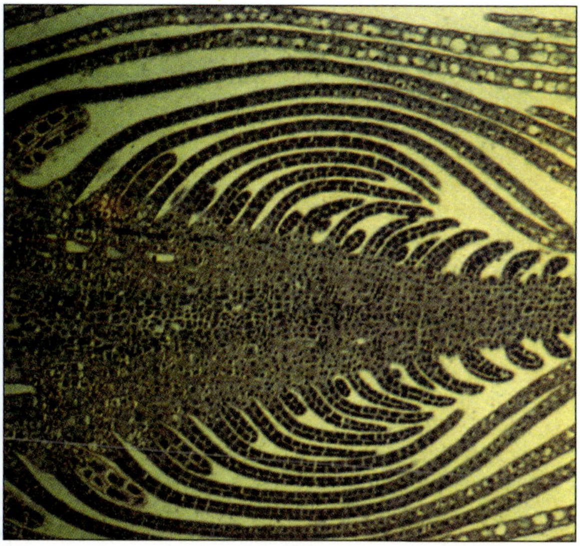

3

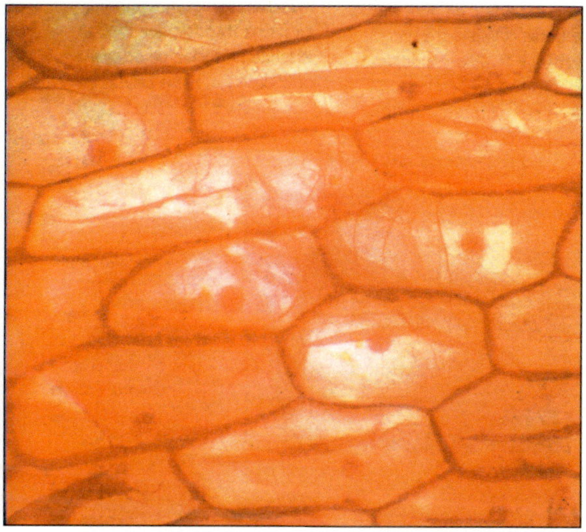

4

La mayor parte del tejido interior de las hojas es **clorénquima**, formado por células fotosintéticas (contienen los cloroplastos) estrechamente unidas. Otros tejidos fundamentales y que desempeñan funciones mecánicas o de sostén son el **colénquima**, cuyas células tienen paredes celulares moderadamente gruesas y situado debajo de la epidermis de los tallos jóvenes y de los pecíolos de las hojas, y el **esclerénquima**, compuesto por células con pared lignificada y gruesa que suelen estar muertas cuando el tejido está maduro.

Otro tipo de tejidos son los vasculares o conductores originados por el cámbium vascular que rodea por completo al tallo y produce **xilema** hacia el interior y **floema** hacia el exterior. El xilema está constituido por células muertas y huecas dispuestas extremo con extremo, de las cuales hay tres tipos: vasos, traqueidas y fibras. Los **vasos leñosos** –prácticamente presentes sólo en las plantas con flores– se forman a partir de células embrionarias cuyas paredes se engruesan e impregnan de lignina. Las **traqueidas** –el único tipo de tejido xilemático de la mayoría de las gimnospermas– son más pequeñas y las paredes celulares de sus extremos forman ángulos muy agudos. Las **fibras** forman tejidos esqueléticos de sostén de las plantas leñosas. El floema está formado por células vivas y activas, fundamentalmente del tipo **célula cribosa** o **vaso briboso,** llamada así por presentar la pared celular perforada.

Los tejidos de secreción están especializados en la expulsión de determinadas sustancias fuera del citoplasma, como los tubos resiníferos (pino) o laticíferos, mientras que los de excreción están formados por células con vacuolas donde se acumulan las sustancias de desecho, ya que las plantas carecen de aparato excretor.

Los tejidos tegumentarios constituyen la cubierta externa del cuerpo de la planta. El tejido tegumentario primario es la **epidermis**, formada por una sola capa de células y revestida exteriormente –en tallo y hojas– por una cutícula protectora que limita las pérdidas de agua por evaporación. La epidermis de las hojas presenta, además de las células epidérmicas, células oclusoras especializadas que rodean los estomas; en cambio, en la raíz proyecta los pelos radicales, que no son sino células modificadas a través de las cuales se verifica la absorción. Cuando la planta crece en espesor, la epidermis es sustituida por la **peridermis**, conjunto formado por el felógeno y sus tejidos derivados. El **felógeno** o **cámbium suberógeno** es un meristemo secundario que da lugar, hacia el exterior, al **corcho** o **súber** formado por capas de células muertas impregnadas de suberina; se trata de un tejido que protege a la planta de los daños mecánicos y las pérdidas de agua, pero está horadado por las lenticelas que permiten el intercambio de gases entre la atmósfera y los tejidos del tallo en los que se realiza la respiración. Todo el tejido muerto situado en la parte externa del felógeno se denomina **ritidoma.** El crecimiento secundario hacia el interior del felógeno origina la **felodermis.**

1. *Los meristemos secundarios son los tejidos responsables del crecimiento en grosor o lateral de los vegetales.*

2. *Los anillos de crecimiento anuales de las coníferas se distinguen gracias a la diferencia en el color y textura entre la madera primaveral, menos compacta, y la madera estival, de poros más finos.*

3. *En una sección longitudinal del ápice de una planta terrestre se observan los primordios foliares y, en las axilas de las hojas juveniles, los primordios de vástagos laterales.*

4. *La epidermis de las plantas o tejido tegumentario primario es de una sola capa de células.*

Tejidos animales

Los animales pluricelulares están formados por diferentes tipos de células. Las de estructura y función semejantes se organizan en grupos o capas llamadas tejidos, en cada uno de los cuales las células son esencialmente iguales, tienen una forma y disposición características y están especializadas o diferenciadas para desempeñar una función determinada (digestión, transporte, protección, etc.), de modo que entre los diferentes tejidos existe una división del trabajo. Generalmente, los tejidos animales se clasifican en cuatro tipos fundamentales: epitelial, conjuntivo, muscular y nervioso, considerando las otras clases de tejidos incluidas en alguno de estos tipos básicos (por ejemplo, el tejido óseo y la sangre son formas especiales de tejido conjuntivo); no obstante, muchos histólogos otorgan categoría propia al tejido vascular o circulatorio.

Tejido epitelial

El tejido epitelial es compacto y recubre el cuerpo exterior e interiormente. Las células que lo forman están unidas entre sí por un cemento intercelular y a menudo sostenidas por una membrana basal; pueden ser planas (escamosas), cúbicas, columnares, ciliadas o flageladas, y pueden formar un tejido simple, formado por una sola capa de células, o estratificado, formado por dos o más capas. Los epitelios son de dos tipos. El **epitelio protector** recubre la superficie externa del cuerpo protegiendo al organismo de lesiones e infecciones, incluyendo grupos de células especiales que forman uñas, pelos, plumas y otras proyecciones semejantes. El **epitelio glandular** está especializado en la producción de secreciones, formando a veces conjuntos de células secretoras llamados glándulas.

Tejido conjuntivo

El tejido conjuntivo o conectivo tiene la función de unir los demás tejidos y órganos, y sobre todo la de sostener y proteger el cuerpo; deriva del endodermo y está formado por pocas células embebidas en una extensa sustancia intercelular que consta de fibras microscópicas entrelazadas y dispuestas dentro de una matriz secretada por las células. Los diferentes tipos de tejidos conjuntivos responden a las variaciones que presentan todos estos componentes según su funcionalidad. Así, el **tejido reticular** constituye un armazón formado por una red de fibras reticulares y las células estrelladas que las secretan, sirviendo de sostén a muchos órganos (glándulas linfáticas, hígado, bazo, etc.). En el **tejido conjuntivo fibroso** los espacios intercelulares están ocupados por delicadas fibras producidas por células especializadas llamadas fibroblastos; otro tipo de células son los macrófagos, que son fagocitos protectores. En los tendones y alrededor de los músculos y nervios las fibras (fibras blancas o colágenas) son haces de fibrillas que se entrelazan; en los ligamentos, las grandes arterias y en el tejido pulmonar se trata de fibras elásticas. Las células del **tejido adiposo** contienen gotitas de grasa que pueden formar grandes glóbulos; se trata de un tejido de reserva, derivado del tejido reticular, pero que puede desempeñar funciones mecánicas (de amortiguador en órganos internos) y de soporte (en la glándula mamaria). El **tejido cartilaginoso,** o simplemente **cartílago,** está formado por una sustancia intercelular o matriz, resistente pero elástica, secretada por pequeños grupos de células (llamadas condrocitos) que se hallan embebidas en la matriz y recubiertas por un pericondrio de fibras colágenas. El **cartílago hialino,** con una significativa proporción de fibras de colágeno, constituye el esqueleto cartilaginoso en los embriones de todos los vertebrados y en los tiburones y rayas. El **cartílago fibroso**, el más resistente, contiene numerosas fibras, pocas células y menos sustancia intercelular, presentándose en los discos intervertebrales de los mamíferos y en las articulaciones sujetas a fuertes presiones. El **tejido óseo,** o simplemente **hueso,** es una densa sustancia intercelular, principalmente colágena, con depósitos de sustancia mineral rica en calcio y fósforo; las células reciben el nombre de osteocitos. El hueso es un tejido vivo, muy vascularizado gracias a los conductos de Havers por donde pasan vasos sanguíneos, linfáticos y nervios. El **tejido vascular**, constituido por la **sangre** y la **linfa**, consta de un plasma líquido que contiene células libres (leucocitos y, en los vertebrados, eritrocitos o glóbulos rojos).

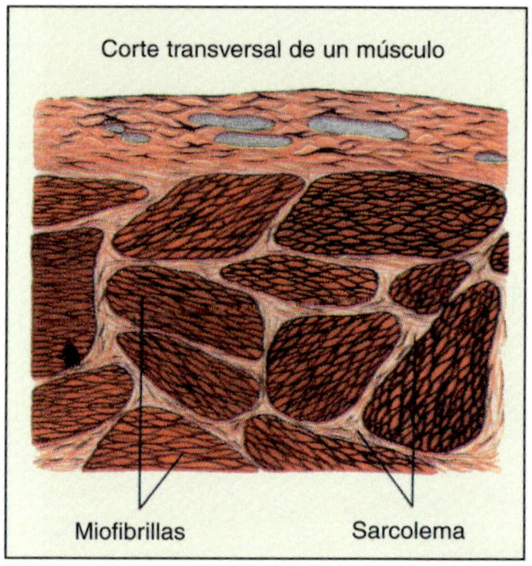

1

Tejido muscular

Casi todos los movimientos que realizan los animales son producidos por células musculares largas y delgadas, en forma de huso, que forman el tejido muscular, de origen mesodérmico. Estas células o fibras musculares están formadas por un haz de pequeñas fibras o miofibrillas compuestas fundamentalmente de dos proteínas, miosina y actina, y al ser estimuladas convenientemente se acortan o contraen, aproximando así las partes en que está inserto el músculo. Existen tres tipos de tejido muscular. El **músculo estriado** o **esquelético,** de control voluntario, forma las masas musculares unidas a los huesos de los vertebrados y la mayoría de los músculos de los artrópodos. El **músculo liso** o **visceral**, de control involuntario, forma la pared de los órganos internos, así como del cuerpo de muchos invertebrados (moluscos). El **músculo cardíaco**, que sólo se presenta en el corazón, es estriado pero de contracción involuntaria.

Tejido nervioso

El tejido nervioso deriva del ectodermo y está compuesto por células muy especializadas en la conducción de impulsos, llamadas **neuronas**, y células que las sostienen y nutren formando la **neuroglia**. Una neurona bipolar consta de un cuerpo grande y dos prolongaciones: una transmite los estímulos hacia el cuerpo celular (dendrita) y otra lleva los impulsos procedentes de la célula (axón). Las células multipolares tienen varias dendritas y un solo axón. La dendrita puede presentar ramificaciones, cosa que no ocurre casi nunca en el axón. Las neuronas se comunican en uniones llamadas **sinapsis**. Los **nervios** son grupos de fibras unidas por tejido conjuntivo; estas **fibras nerviosas** están recubiertas por células especiales llamadas células de Schwann, que descansan directamente sobre la fibra en los nervios amielínicos o bien elaboran una cubierta gruesa lipídica alrededor del nervio mielínico.

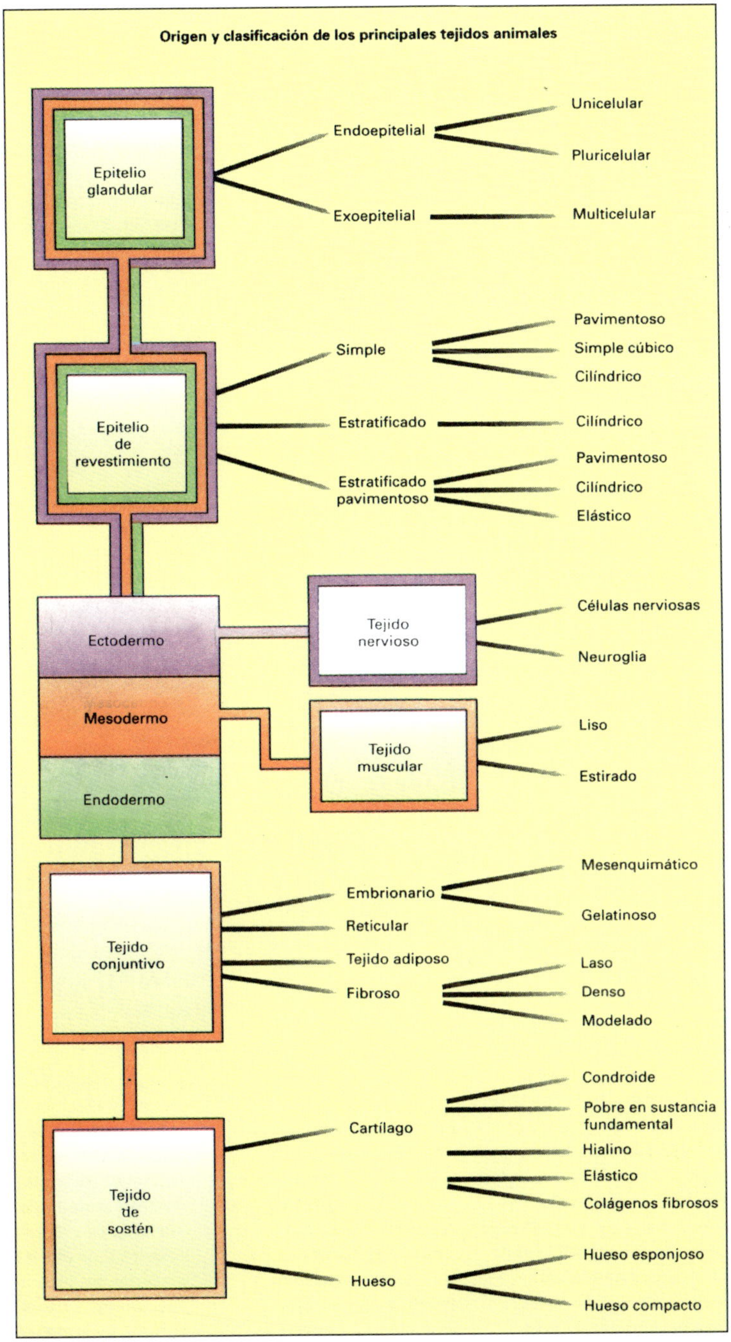

2

1. *El tejido muscular está formado por células contráctiles, llamadas fibras, y tejido conectivo que se infiltra entre los haces de fibras musculares y entre las diversas fibras de cada haz.*

2. *La diferenciación de los tejidos animales se inicia durante el desarrollo embrionario. Los tipos básicos son cuatro: epitelial, conjuntivo, muscular y nervioso, siendo las otras clases de tejidos especializaciones de alguno de estos cuatro tipos fundamentales.*

Nutrición

La nutrición es un proceso mediante el cual los organismos incorporan materia y energía al interior de sus células, las transforman en otras sustancias o en otro tipo de energía y excretan los productos de desecho resultantes. Los seres vivos sólo pueden mantener su actividad vital gracias a un continuo intercambio de materia y energía con el medio que los rodea. Las plantas forman sus tejidos a partir de sustancias inorgánicas mediante el proceso fotosintético, a expensas de la energía del sol, mientras los animales obtienen su alimento de las plantas u otros animales que devoran. El alimento sirve para dos fines, como combustible para suministrar energía al cuerpo y como fuente de sustancias para el crecimiento y regeneración; primero se obtiene (alimentación), a continuación se descompone en sustancias químicas sencillas (digestión), luego pasa a las células y tejidos del cuerpo (transporte y absorción) y por último es utilizado (metabolismo). En el lenguaje biológico, los nutrientes incluyen no sólo los alimentos y el agua, sino también el oxígeno, el anhídrido carbónico y la energía luminosa y química. En el mundo vivo se distinguen tres procesos principales de transformación de la energía. En la fotosíntesis, la energía radiante del sol se transforma en energía química, que queda almacenada en los enlaces de los glúcidos y otras moléculas complejas que se sintetizan. Mediante la respiración celular, esta energía pasa a una nueva forma, los enlaces fosfato producidos en la degradación escalonada de la glucosa y otras moléculas. Esta energía química de los enlaces fosfato es utilizada por la célula para realizar diversos tipos de trabajo, como trabajo muscular, eléctrico (impulsos nerviosos), osmótico (transporte de moléculas en contra de un gradiente de concentración) o químico (síntesis de nuevas moléculas para el crecimiento de la célula o el almacenamiento de energía).

Autotrofismo y heterotrofismo

Según la naturaleza de los nutrientes y la forma de adquirir la energía, se distinguen dos tipos de nutrición, autótrofa y heterótrofa. En el autotrofismo se transforman sustancias minerales (sales disueltas, anhídrido carbónico y agua) en materia orgánica rica en energía, biosíntesis que puede realizarse a expensas de la energía de la luz solar (**fotosíntesis**), o bien a expensas de la energía química liberada en reacciones exotérmicas de oxidación de compuestos inorgánicos que se producen en el medio ambiente (**quimiosíntesis**). Los organismos fotosintetizadores son las plantas con clorofila, la mayoría de las algas verdeazules o cianobacterias y de los protistas tipo alga, las bacterias sulfurosas verdes y las bacterias púrpura. Los quimiosintetizadores son ciertas bacterias principalmente representadas por nitrobacterias, sulfobacterias y ferrobacterias. En el heterotrofismo las sustancias nutritivas son materias orgánicas ricas en energía, los principios inmediatos, ya que los seres heterótrofos son incapaces de tomar energía libre para sintetizar materia orgánica a partir de materia mineral. Por tanto, estos organismos viven a expensas de los autótrofos o de otros heterótrofos, y son la mayoría de las bacterias y de los protozoos, los hongos y todos los animales. En la naturaleza se dan distintas modalidades de nutrición heterótrofa, así la **biofagia** es la nutrición por ingestión y digestión de seres vivos previamente capturados que practican los animales depredadores y algunos vegetales como las plantas carnívoras; la **necrofagia**, en cambio, es la nutrición por ingestión y digestión de organismos muertos (o sus excrementos en la **coprofagia**) sin que éstos tengan que sufrir previamente un proceso de descomposición o fermentación. La alimentación a base de materia orgánica en descomposición recibe el nombre de **saprofitismo**; los saprobiontes (o saprófitos o descomponedores) desintegran materia orgánica muerta mediante procesos de fermentación o de putrefacción, obteniendo de este modo productos que absorben directamente a través de sus membranas. El **parasitismo** es

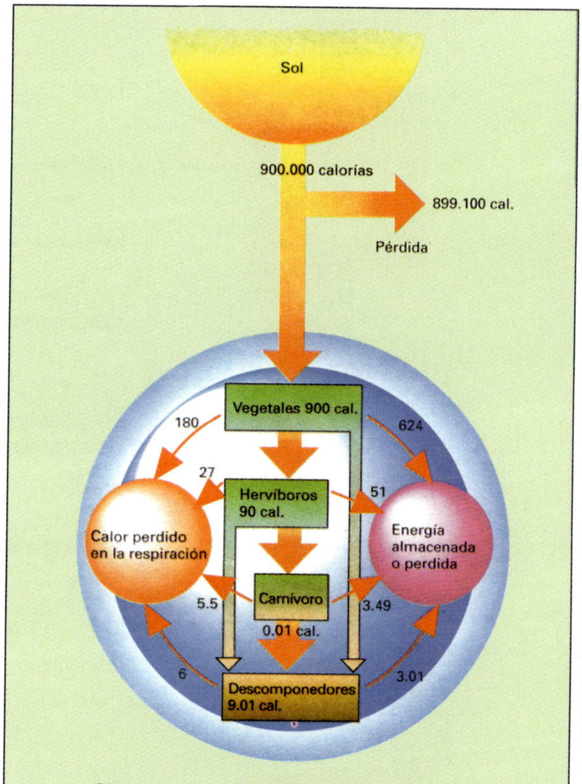

Diagrama del flujo de energía, medida en cal/cm²/año, en un ecosistema imaginario.

1

aquella modalidad nutritiva mediante la cual un organismo obtiene el alimento a expensas de otro llamado huésped, sea ingiriendo partes de su cuerpo o bien sustancias ya digeridas por el huésped, mientras en la **simbiosis** ambos simbiontes sacan beneficios de tipo nutritivo de la unión. Los casos en que un animal obtiene algún beneficio conviviendo (fuera o dentro) con otro sin perjuicio o beneficio de este último se denominan **comensalismo**; en el **mutualismo**, en cambio, se benefician ambas partes, como ocurre en la polinización de las flores por los insectos u otros animales.

El flujo de energía

De la energía solar que llega a la Tierra, los organismos fotosintéticos absorben aproximadamente el 1%, y la cantidad de energía que se utiliza finalmente en la síntesis de moléculas orgánicas complejas dentro de las cuales se almacena esta energía hasta ser liberada por el proceso de respiración celular todavía es muchísimo menor. Las plantas y algas sólo necesitan para su crecimiento agua, dióxido de carbono, sales minerales nutritivas y una abundante cantidad de energía radiante que procede del Sol. Cuando un animal ingiere una planta o cuando una bacteria descompone un cuerpo muerto, parte de la energía se pierde como calor y la entropía del sistema se eleva. Cuando un animal es devorado por otro, tiene lugar una segunda merma en la energía al oxidar el segundo animal las sustancias orgánicas del primero para liberar la energía almacenada en ellas y utilizarla en la síntesis de sus propios componentes celulares. En última instancia, todo el alimento y la energía presentes en el mundo animal proviene de las plantas y algas, y toda la energía radiante capturada originalmente por esos organismos durante la fotosíntesis acaba por transformarse en calor, que se disipa en el medio. Pero mientras el Sol siga haciendo llegar energía radiante a la biosfera terrestre, habrá un ingreso de energía utilizable para mantener la vida sobre el planeta.

1. *Todo ser vivo es un sistema abierto, que equivale a decir que se halla en continuo intercambio de materia y energía con el mundo que lo rodea. Casi toda la energía de que disponen los seres vivos procede de la luz solar, básica para la fotosíntesis de las plantas verdes.*

2. *El proceso de la nutrición tiene lugar en el interior de las células, pues es allí donde se desarrollan las reacciones químicas que transforman los alimentos para convertirlos en sustancia propia o bien destruirlos para liberar energía que el organismo necesita para su normal funcionamiento.*

3. *Los seres heterótrofos como el bisonte viven gracias a la materia orgánica sintetizada por las plantas, al mismo tiempo que hacen posible la existencia de los heterótrofos carnívoros como el león. Unos y otros dependen, en última instancia, del reino vegetal.*

2

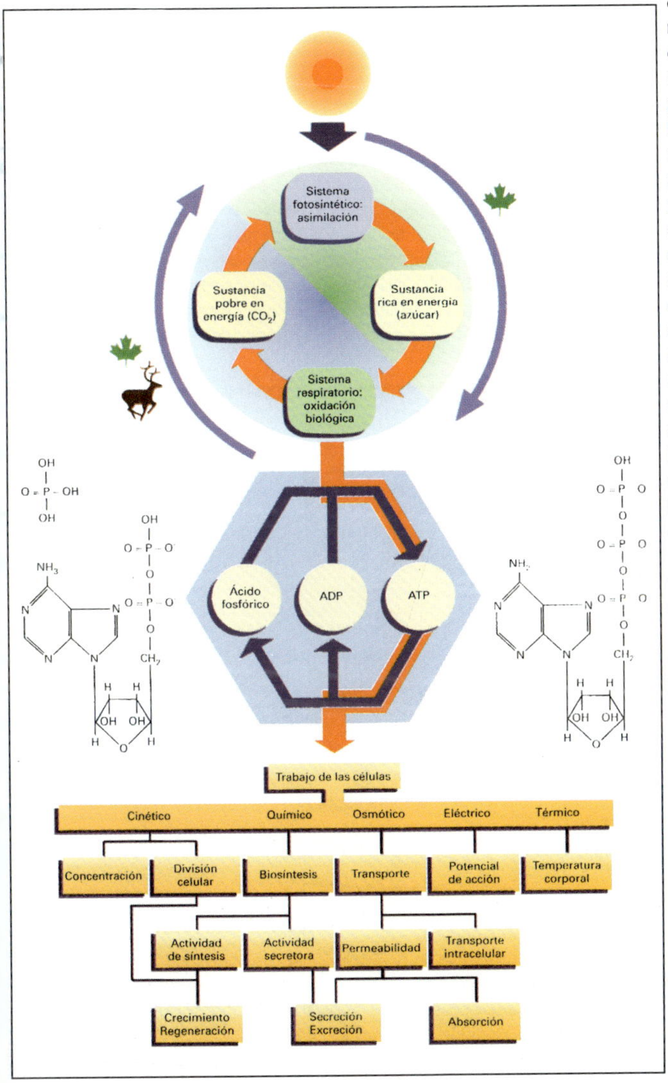

3

Digestión y transporte de nutrientes

El destino final de los nutrientes ingresados en un organismo vivo es llegar a todas sus células en condiciones de atravesar la membrana celular y ser metabolizados. Los nutrientes que absorben los vegetales son ya suficientemente simples como para que no sea necesaria una digestión de los mismos para ser incorporados a las células; en cambio, en los animales los alimentos ingeridos tienen que sufrir una digestión para que puedan atravesar las membranas celulares.

Sistema de transporte en los vegetales

Los vegetales inferiores (protistas tipo alga y plantas no vasculares), al tener todas sus células en contacto directo con el agua, absorben directamente el oxígeno, el anhídrido carbónico y las soluciones nutritivas por difusión a través de la superficie de su cuerpo, lo que hace innecesaria la existencia de órganos especializados en la absorción y el transporte de nutrientes. Los hongos y otros vegetales saprófagos vierten primero enzimas sobre la materia orgánica en que se desarrollan, descomponiéndola en nutrientes sencillos absorbibles. En las plantas vasculares, el oxígeno ingresa a través de los estomas de las hojas y tallos tiernos, los pelos absorbentes de las raíces (con el agua del suelo) y las lenticelas de los tallos leñosos, llegando a todas las células a través de los espacios aeríferos. El dióxido de carbono ingresa por los estomas y desempeña en las mismas células superficiales el papel que le corresponde en la fotosíntesis. El agua y las sales minerales disueltas en el suelo son absorbidas por las raíces a través de los pelos absorbentes y penetran en los vasos leñosos de la raíz donde se inicia el transporte. El agua y las sustancias nutritivas absorbidas en los **pelos radicales** atraviesan los tejidos corticales de la raíz y llegan hasta el cilindro vascular central. La **savia bruta** inicia el ascenso a través del **xilema** hacia las partes aéreas de la planta gracias a la cohesión del agua en el interior de los vasos leñosos en respuesta a la fuerza generada por la evaporación de dicho líquido en las hojas, y también gracias al empuje debido a la presión osmótica procedente de la absorción de nutrientes en la raíz. En las hojas tiene lugar la biosíntesis de los azúcares (**savia elaborada**), que son conducidos a través del **floema** desde las áreas de alta concentración hasta las de baja concentración mediante un flujo dinámico dependiente de los gradientes osmóticos, que suele ser descendente.

Digestión

La digestión es un proceso de desintegración de los alimentos ingeridos hasta formas moleculares sencillas de monosacáridos, glicerina, ácidos grasos y aminoácidos que pueden atravesar la membrana celular. Se trata de un proceso bioquímico denominado **hidrólisis**, llevado a término por enzimas digestivas llamadas hidrolasas y durante el cual apenas se libera energía. Los protozoos y determinadas células libres de los animales superiores realizan una digestión intracelular que puede presentarse bajo dos modalidades. La **fagocitosis** consiste en capturar y hacer penetrar el alimento en una vacuola digestiva que contiene las enzimas apropiadas para llevar a término la digestión. Las sustancias resultantes atraviesan luego la membrana de la vacuola y pasan al citoplasma. La **pinocitosis**, en cambio, consiste en la ingestión de líquidos por invaginaciones de la membrana celular que luego forman vacuolas digestivas por estrangulamiento. Pero los animales realizan una digestión extracelular mediante órganos

1

Enzima	Acción enzimática	Otras funciones
Ptialina	Almidón → Maltosa	Glándula salival
Ácido clorhídrico Catepsina Pepsina	 Proteína → Polipéptido Proteína → Polipéptido	Secreta, desinfecta, desnaturaliza los prótidos, activa la pepsina y la secretina
Erepsina Lipasa Maltasa Ptialina Quimotripsina Tripsina $NaHCO_3$	Polipéptido → Aminoácidos Lípido → Monoglicéridos Ácidos grasos Maltosa → Glucosa Almidón → Maltosa Proteína → Polipéptido Proteína → Polipéptido	Coagula la leche Coagula la leche Neutralización
Lactasa Maltasa Erepsina Colecistoquinina Enteroquinasa Hepatoquinina Pancreozimina Secretina Viliquinina	Lactosa → Glucosa + Galactosa Maltosa → Glucosa Polipéptido → Aminoácidos	**Intestino delgado** Excreta la bilis Detención del movimiento y de la secreción gástrica Activa las tripsinas Forma la bilis Hormona intestinal La secreta el páncreas $NaHCO_3$. Secreta el páncreas Movimiento de las vellosidades

especializados que en conjunto forman un **aparato digestivo** con dos aberturas independientes (bucal y anal), en el cual desembocan glándulas que vierten enzimas que hidrolizan los alimentos ingeridos hasta descomponerlos en sustancias que son absorbidas por las células de las paredes del tubo digestivo, para luego ser distribuidas a todas las células del organismo a través de un sistema circulatorio.

Respiración fisiológica

La verdadera respiración o respiración celular precisa de un continuo aporte de oxígeno del exterior que es incorporado mediante la respiración fisiológica, que en los animales puede presentarse bajo cinco modalidades. Los protozoos y los animales de organización más sencilla (celentéreos, esponjas) absorben el oxígeno -desde el aire o desde el agua- por **difusión directa** a través de la superficie celular. En la **respiración traqueal**, típica de los insectos, el oxígeno es conducido por tubos (tráqueas) que se abren en la superficie corporal y se ramifican llegando a todas las células del cuerpo. En la **respiración cutánea**, el oxígeno ingresa a través de la piel, tanto desde el aire como desde el agua. Los animales acuáticos realizan la **respiración branquial** mediante branquias, finas láminas de epitelio que por un extremo toman el oxígeno del agua y por el otro lo vierten al sistema circulatorio a través de los capilares sanguíneos. Los animales superiores son de **respiración pulmonar** gracias a la presencia de pulmones o sacos huecos rodeados de una red de capilares que recogen el oxígeno incorporado desde el aire a través de las vías respiratorias.

Aparato circulatorio

Los animales poseen un sistema de transporte interno especializado llamado sistema circulatorio, que se encarga de recoger los nutrientes absorbidos del tubo digestivo tras la digestión y el oxígeno incorporado en las superficies respiratorias, para distribuirlos por todas las células del organismo; además recoge los productos de desecho del metabolismo celular para llevarlos a los órganos excretores que los evacuarán al exterior. Esquemáticamente, un sistema circulatorio consta de sangre, un dispositivo de bombeo (el corazón o un simple vaso musculoso dilatado) y un sistema de vasos sanguíneos. Los moluscos y la mayoría de los artrópodos poseen un **sistema circulatorio abierto**, en el que los vasos sanguíneos desembocan en grandes espacios (senos) que en conjunto forman el hemoceloma. En cambio, el **sistema circulatorio cerrado** forma un circuito cerrado a través de una red continua de vasos por los que pasa la sangre, impulsada por un órgano especializado, el corazón, que en los vertebrados alcanza una notable perfección. Además del sistema circulatorio sanguíneo, los vertebrados poseen un subsistema, el **sistema linfático**, que conduce la linfa y las células linfáticas. Su función consiste en colectar y devolver el líquido intersticial a la sangre, organizar la defensa inmunitaria y absorber lípidos del aparato digestivo.

Transporte a través de la membrana

Las sustancias atraviesan la membrana celular mediante tres mecanismos principales. El oxígeno y los iones difusibles pasan desde una región de alta concentración a otra de baja concentración por las diferencias de tensión que existen a ambos lados de la membrana semipermeable de la célula, es decir por **difusión**. El intercambio hídrico entre la célula y el medio que le rodea se realiza por **ósmosis**, es decir por difusión de las moléculas de agua desde la zona donde están muy concentradas a la zona donde lo están menos. Pero la membrana celular es dinámica y activa gracias a su estructura de bicapa lipídica en la que se hallan embebidas proteínas capaces de realizar el **transporte activo** de moléculas en contra de un gradiente de concentración y, por tanto, de las leyes físicas de la difusión.

1. *Cuadro con algunas enzimas, señalando su acción principal y otras funciones adicionales.*

2. *Esquema del transporte activo de sustancias a través de una membrana celular semipermeable.*

2

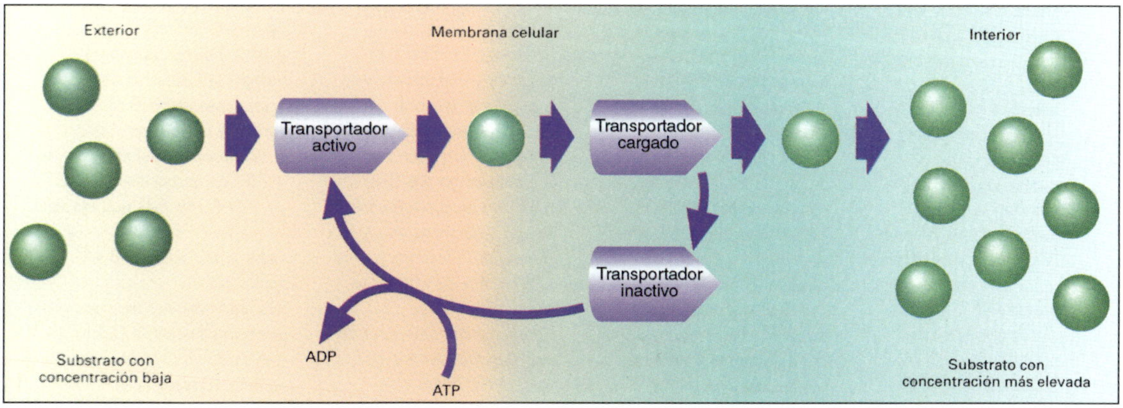

Catabolismo

El catabolismo es la fase degradativa del metabolismo, a través de la cual las moléculas nutritivas procedentes del medio exterior, de la digestión o de las propias reservas de la célula sufren una serie de reacciones escalonadas hasta dar productos finales muy sencillos utilizables por la célula para la biosíntesis de otros componentes celulares o para la respiración celular. Toda célula viva debe extraer energía libre de los nutrientes. Por la acción fotosintética de la clorofila las plantas transforman la energía solar en energía química y la almacenan en forma de compuestos orgánicos, reteniendo dióxido de carbono y liberando oxígeno. Los enlaces químicos de las moléculas orgánicas representan energía almacenada o potencial, una parte de la cual es empleada por la planta para sintetizar otros componentes propios en un proceso de respiración que realiza durante la noche: los brotes en crecimiento desprenden grandes cantidades de CO_2, mientras que el O es absorbido por difusión en todas las partes de la planta (incluidas las raíces). Los animales obtienen su energía mediante la **respiración celular**, a través de la cual las células extraen energía presente en la glucosa, ácidos grasos y otros compuestos orgánicos, utilizando oxígeno y eliminando dióxido de carbono y agua. Una pequeña parte de esa energía se transforma en calor, pero la mayor parte es almacenada en forma biológicamente útil. Esta oxidación controlada de la molécula de nutriente pasa por una cadena de enzimas en la que cada una cataliza una parte de la oxidación total, en una secuencia que suele dividirse en dos partes: en una primera fase la molécula original se escinde en unidades de dos átomos de carbono; luego éstas son oxidadas a dióxido de carbono y agua. La ruta de la primera fase es diferente según se trate de un glúcido, un lípido o una proteína, pero la segunda es la misma para todos los casos.

Glucólisis

En realidad la respiración precisa de un agente oxidante, o lo que es lo mismo un aceptor de electrones.
En la **respiración aerobia**, la más frecuente en la naturaleza y la que libera mayor cantidad de energía, el agente oxidante es el oxígeno libre; pero hay otras modalidades.
En la **respiración anaerobia**, que realizan ciertas bacterias que pueden respirar en ausencia de aire, el aceptor de electrones es un compuesto inorgánico distinto del oxígeno, y en la **fermentación** es un compuesto orgánico.
La degradación de una molécula de glucosa en dos moléculas de piruvato y energía libre en forma de ATP se desarrolla a través de diez reacciones enzimáticas escalonadas que tienen lugar sin oxígeno y reciben en conjunto el nombre de glucólisis. En condiciones aerobias, el piruvato se oxida a acetil-coenzima A y CO_2; en condiciones anaerobias, el piruvato se reduce a lactato o, en la fermentación alcohólica, en etanol y CO_2.

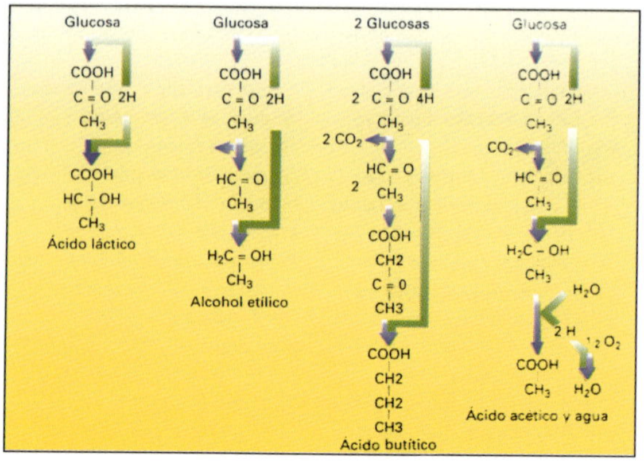

1

Ciclo de Krebs

La vía final común de oxidación de piruvato, ácidos grasos y las cadenas de carbono de los aminoácidos es el ciclo de Krebs o ciclo del ácido cítrico. Pero ese ciclo acepta la mayoría de sus moléculas combustibles en forma de acetil-CoA, que se forma por oxidación a partir del piruvato. A continuación se inicia (en las mitocondrias) el ciclo de Krebs con la formación de ácido cítrico al reaccionar el acetil-CoA con una molécula de ácido oxalacético, liberándose la CoA. En una cadena de reacciones, la acetil-CoA es metabolizada hasta formar CO_2 y H. El hidrógeno se combina con NAD^+ o FAD y luego ingresa al sistema de transporte de electrones. La cadena de **transporte electrónico** está formada por enzimas oxidorreductoras que van recogiendo los electrones liberados en las dos fases anteriores de la respiración y los van pasando de una a otra enzima hasta incorporarlos al oxígeno, que de este modo forma agua con los hidrogeniones expulsados en la respiración de la mitocondria. El flujo de electrones está íntimamente acoplado al proceso denominado de **fosforilación oxidativa**, que consiste en la incorporación de ácido fosfórico a una molécula de ADP para formar ATP.

Oxidación de los ácidos grasos

Los lípidos atraviesan la membrana celular bajo forma de glicerina y ácidos grasos representando estos últimos el 95% del total de la energía biológicamente disponible a partir de las grasas. Junto con los glúcidos, la oxidación de los ácidos grasos tiene lugar, a través del ciclo de Krebs, en las mitocondrias, donde son activados por la CoA, que se une a los grupos carboxilo. A continuación se producen dos reacciones de deshidrogenación que dan lugar a la formación de un compuesto cetónico. La fijación de una nueva molécula de CoA a dicho compuesto provoca la formación de un ácido graso activado con dos carbonos menos que el inicial y la liberación de una molécula de acetil-CoA que se incorpora al ciclo de Krebs. Este proceso se va repitiendo sucesivas veces hasta la oxidación total del ácido graso.
Los hidrogeniones desprendidos son recogidos por la cadena de transporte electrónico, a la que se halla acoplada la

Esquema de la glucólisis y del ciclo del ácido cítrico

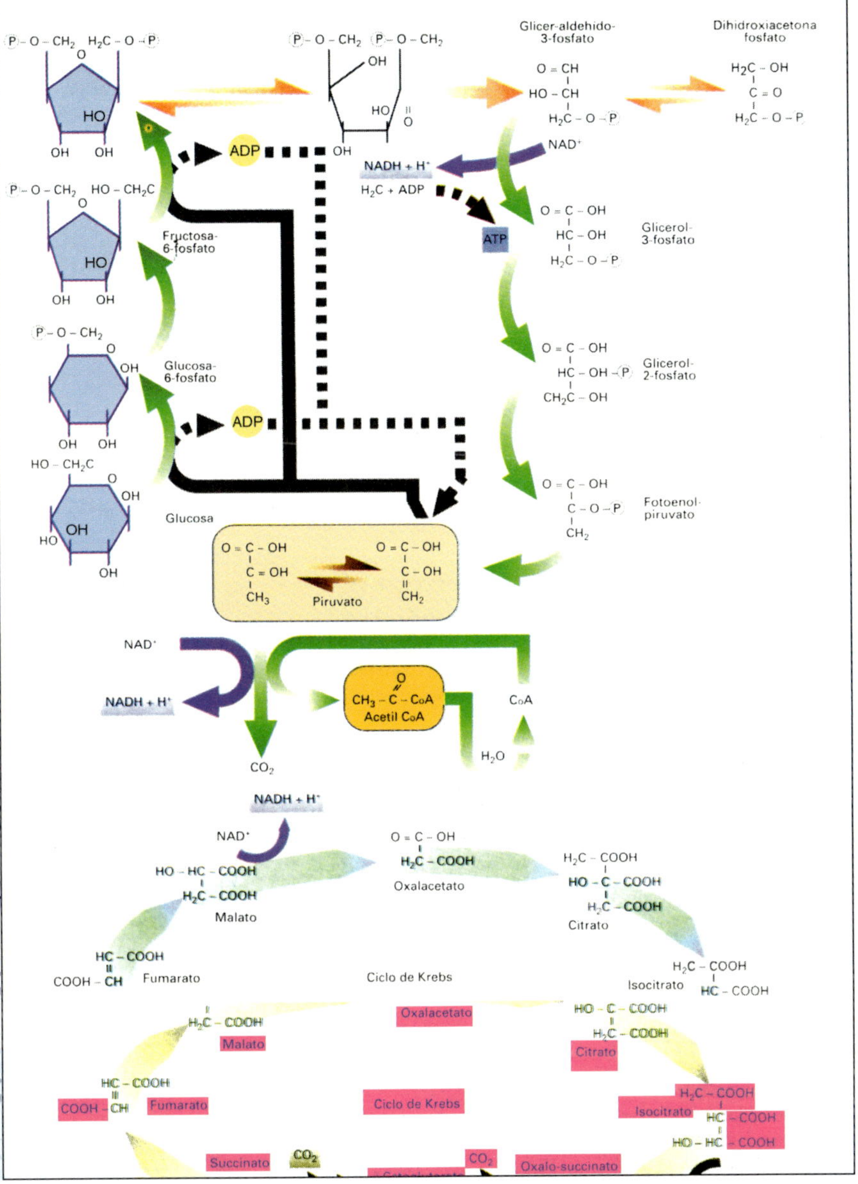

2

fosforilación oxidativa del ADP a ATP.

Ciclo de la urea

La función principal de los aminoácidos que llegan a la célula procedentes de la degradación de las proteínas consiste en la biosíntesis de nuevas proteínas, pero si se acumulan en exceso pueden ser oxidados para producir energía metabólica, parcialmente por la ruta del ciclo de Krebs, pero pasando por la formación de urea o de ácido úrico, según se trate de animales ureotélicos o uricotélicos, respectivamente. El primer paso es la desaminación de los aminoácidos. Éstos desprendiéndose del radical $-NH_2$, quedan transformados en cetoácidos que se oxidan a CO_2 y H_2O con liberación de ATP por la ruta del ciclo de Krebs. La desaminación tiene lugar en el hígado y da como producto de desecho el amoníaco, que debe ser eliminado por ser tóxico para el organismo. Salvo los animales acuáticos que eliminan el amoníaco de forma directa, el resto de los animales tienen que eliminarlo bajo forma de urea (mamíferos y anfibios) o de ácido úrico (insectos, reptiles, aves, etc.), no tóxicos. El CO_2 y el NH_3 que van a parar a la sangre forman con el agua carbonato amónico, que el hígado se encarga de descomponer en urea y agua que son excretados por la orina. Los ácidos nucleicos son también catabolizados tras desdoblarse en pentosas, grupos fosfato y bases nitrogenadas. Las primeras siguen la ruta de los glúcidos o intervienen en la biosíntesis de nuevos nucleótidos. Los grupos fosfato pueden ser eliminados en la orina o utilizados en la síntesis de ATP y de mononucleótidos. Las bases nitrogenadas son catabolizadas a amoníaco y urea o a ácido úrico, según se trate de bases pirimídicas o púricas, respectivamente.

1. *Según el tipo de fermentación, la glucosa da lugar a productos finales de diferente naturaleza.*

2. *Así como la glucólisis es un proceso anaerobio, el ciclo de Krebs es la fase aerobia del catabolismo.*

Anabolismo

El anabolismo es la fase de biosíntesis del metabolismo, en la que se forman nuevas sustancias progresivamente más complejas a partir de los productos simples y energía.

Los organismos autótrofos utilizan la energía luminosa del Sol o la liberada en reacciones químicas del medio, mientras que los heterótrofos utilizan la energía almacenada en la materia orgánica sintetizada por los anteriores o por otros seres heterótrofos.

Fotosíntesis

La fotosíntesis es un proceso mediante el cual los organismos con clorofila convierten la energía solar en energía química y sintetizan materia orgánica a partir del carbono del CO_2 de la atmósfera, del N presente en el sustrato bajo forma de nitrato (NO_3^-) y del H y O del agua.

La fotosíntesis del carbono es la tradicionalmente denominada función clorofílica, un proceso fotoquímico que comprende una fase luminosa, también llamada **fotofosforilación,** y una fase oscura que en honor a su descubridor también recibe el nombre de **ciclo de Calvin.** Durante el proceso, los organismos fotosintetizadores desprenden oxígeno, lo cual les atribuye una gran importancia ecológica.

En la primera fase, asociada a las membranas tilacoides de los cloroplastos, la clorofila (u otros pigmentos análogos) capta la energía luminosa y ésta es transformada en energía química bajo forma de ATP. Además del ATP se forma $NADP^+$ (nicotinamida adenindinucleótido fosfato), aceptor de electrones de gran poder reductor. Los electrones que va perdiendo la clorofila se reponen a partir de la fotólisis del agua (o del ácido sulfhídrico en bacterias fotosintetizadoras). La fase oscura ocurre en el estroma y sin necesidad de luz ni clorofila, ya que en ella se utiliza la energía química almacenada en el ATP y el poder reductor del $NADP^+$ para fijar el carbono atmosférico, que se integra a moléculas orgánicas formando un círculo cerrado. La síntesis del carbono va acompañada de la del hidrógeno y el oxígeno. El nitrógeno ingresa en las plantas a través de las raíces bajo forma de nitratos, pero para ser incorporado como nitrógeno orgánico (a los aminoácidos) antes tiene que ser reducido a amoníaco (NH_3). En la fase luminosa la fotosíntesis del N sufre un proceso fotoquímico semejante al sufrido por el C; en la fase oscura, los nitratos son reducidos por el $NADP^+$ a nitritos y éstos a amoníaco.

Quimiosíntesis

La biosíntesis a expensas de energía procedente de reacciones químicas del exterior es un proceso exclusivo de determinadas bacterias. Para la fijación del CO_2 la energía se obtiene por oxidación del amoníaco a ácido nítrico (nitrobacterias), por oxidación de carbonatos y sulfatos de hierro a hidróxidos (ferrobacterias) o por oxidación del ácido sulfhídrico a ácido sulfúrico (sulfobacterias incoloras). Algunos tipos de bacterias que viven en el suelo *(Clostridium, Azotobacter, Rhizobium)* captan el nitrógeno del aire y lo transforman en materia orgánica obteniendo la energía necesaria metabolizando los glúcidos existentes en la materia orgánica del suelo o en las células de las raíces de

1

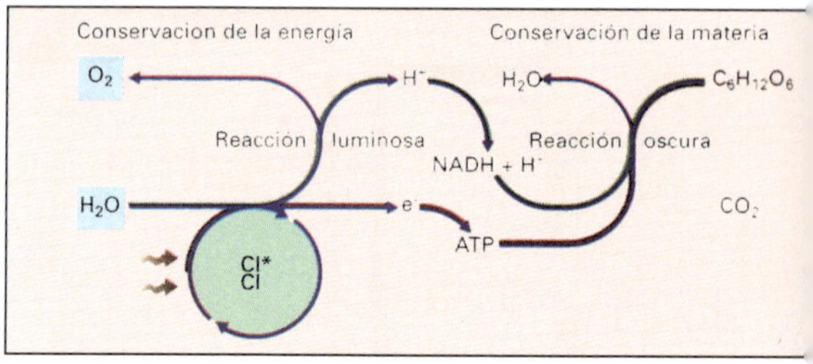

2

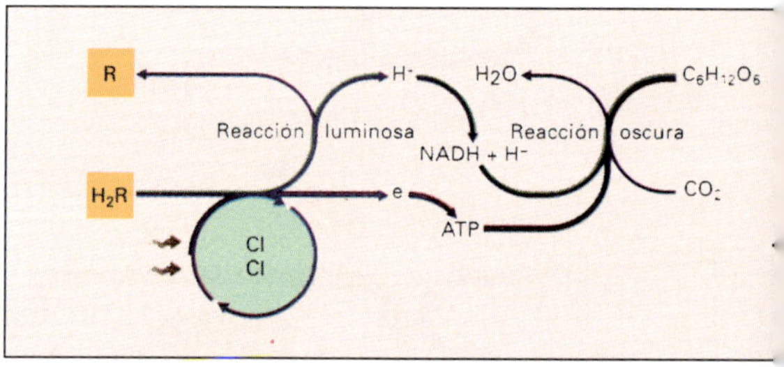

3

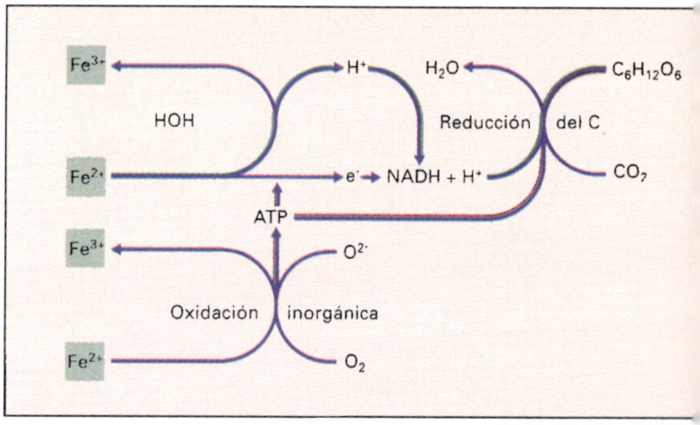

4

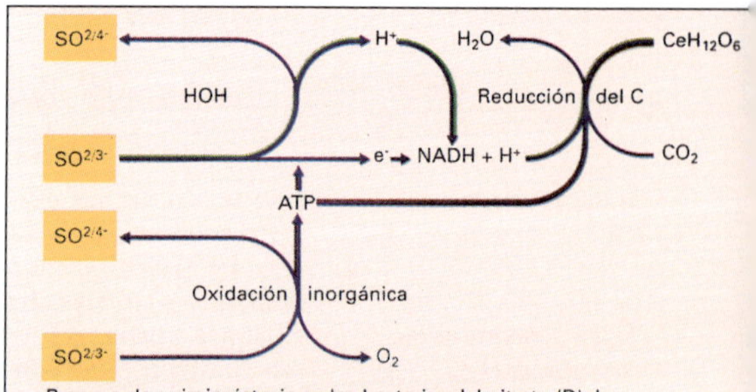

Proceso de quimiosíntesis en las bacterias del nitrato (D), las bacterias del hierro (E) y las bacterias del azufre (F).

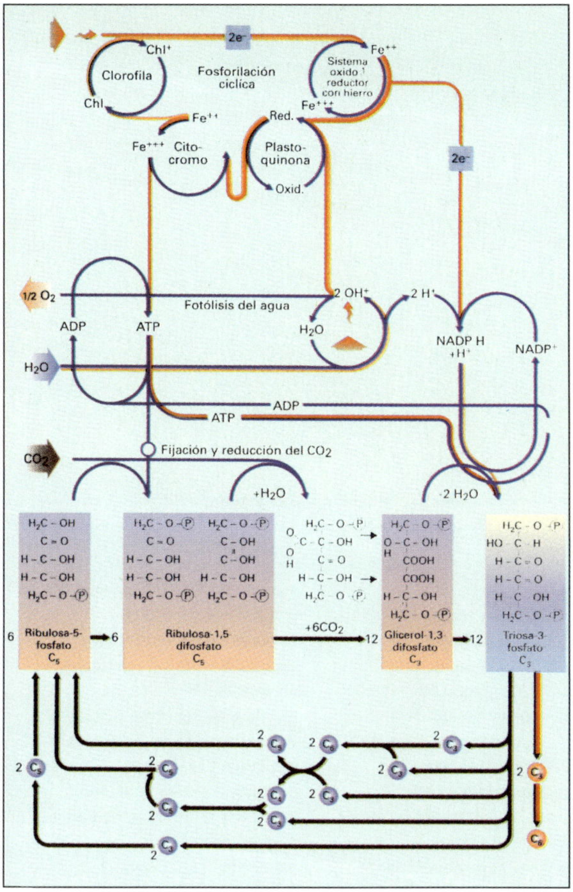

5

leguminosas con las que viven en simbiosis.

Anabolismo heterótrofo

Los vegetales también realizan la biosíntesis de sus propias macromoléculas a partir de sustancias orgánicas que ellos mismos sintetizan de forma autótrofa, pero los organismos heterótrofos sintetizan sus compuestos vitales a partir de los productos resultantes de la degradación de los alimentos que ingieren. Las reacciones biosintéticas son catalizadas por enzimas específicas y absorben gran cantidad de energía, la cual se obtiene mediante el consumo de ATP. El anabolismo de los glúcidos se realiza a partir de moléculas de ácido pirúvico, glicerina, diversos aminoácidos y todos los catabolitos del ciclo de Krebs a través de un proceso llamado **gluconeogénesis**; pero los monosacáridos –en especial la glucosa– procedentes de la digestión pasan directamente a la sangre y se almacenan en el hígado bajo forma de glucógeno (**glucogénesis**). A medida que las células demandan glucosa, este órgano va convirtiendo glucógeno nuevamente en glucosa (**glucogenólisis**) y vertiéndolo a la sangre. Esta función llamada glucogénica-glucémica está controlada por la hormona insulina. En los vegetales, los monosacáridos sintetizados autótrofamente se almacenan en forma de almidón. El anabolismo de los lípidos pasa por la síntesis de glicerina (a partir de moléculas de glucosa) y de ácidos grasos (a partir del ácido pirúvico y CoA para formar acetil-CoA); pero también se sintetizan lípidos a partir de la glicerina y los ácidos grasos procedentes de la digestión de las grasas ingeridas, que son absorbidos por el intestino y convertidos en nuevas moléculas de lípidos que son distribuidos por vía linfática y almacenados sobre todo en el hígado y el tejido adiposo.

Biosíntesis de proteínas

La síntesis de proteínas a partir de sus sillares, los aminoácidos, es el más importante de los procesos metabólicos y en él intervienen los ácidos nucleicos (ADN y ARN). Las fábricas de las cadenas polipeptídicas que formarán las macromoléculas proteicas son los ribosomas; el ADN transmite al ARN mediante el código genético la secuencia con que este último debe ordenar los aminoácidos para construir las moléculas proteicas, que son exclusivas de cada especie.

Cada aminoácido está codificado de forma específica por una secuencia de tres nucleótidos adyacentes que recibe el nombre de codón, llamándose **código genético** al conjunto de correspondencias entre codones del ADN y los aminoácidos de las proteínas. Dicho de otro modo, el código genético dirige la inserción de los aminoácidos en el orden de sucesión apropiado a medida que se va fabricando la cadena polipeptídica a base de grupos de tres bases (tripletes). La clave del código sólo es capaz de descifrarla el ARNt, que inicia el proceso de síntesis activando los aminoácidos de manera que cada aminoácido se une covalentemente a un ARNt específico a expensas de la energía del ATP.

A continuación, el ARNt del aminoácido iniciador se aparea con un codón específico del ARNm (portador del código que especifica el polipéptido que se va a sintetizar), que señala el comienzo de la cadena polipeptídica en el ribosoma. Seguidamente son transportados y debidamente colocados los sucesivos aminoácidos por su correspondiente ARNt, que aparea sus bases respondiendo a un codón específico del ARNm. Una vez terminada la cadena se libera del ribosoma y adquiere su estructura tridimensional mediante plegamiento para adoptar la forma biológicamente activa, sufriendo además otras transformaciones.

1. *Reacciones que tienen lugar en la fotosíntesis.*

2. *Las bacterias púrpuras son heterótrofas y, a causa de su capacidad fotosintética, necesitan determinadas sustancias orgánicas como donantes de electrones; son fotoorganotróficas.*

3. *Las bacterias del hierro obtienen la energía oxidando las sales ferrosas a férricas.*

4. *Las bacterias incoloras del azufre oxidan el ácido sulfhídrico a ácido sulfuroso y luego a sulfato.*

5. *En la fase luminosa, la energía se transforma en química para fijar el CO_2 atmosférico.*

Excreción

1

La excreción es el proceso por el cual el organismo se libera de los productos de desecho resultantes del metabolismo, que ya no son útiles al individuo e incluso pueden resultar tóxicos si se acumulan. Los vegetales eliminan el dióxido de carbono durante la respiración celular nocturna y el oxígeno que liberan de día como consecuencia de la fotosíntesis a través de los espacios intercelulares y finalmente por los **estomas** o las **lenticelas**. A través de los estomas, las plantas eliminan también el agua, sea por simple evaporación (transpiración) o por formación de gotas en la superficie a causa de la presión de empuje a que se halla sometida la savia bruta (gutación). Para la eliminación de residuos nitrogenados tóxicos el mecanismo excretor suele consistir en la combinación de éstos para formar un nuevo producto inofensivo que queda almacenado en **vacuolas** especializadas en esta función. El protoplasma y los líquidos de los protozoos y los animales constituyen un sistema fisicoquímico que se mantiene en delicado equilibrio gracias al sistema excretor, el cual se cuida de eliminar el exceso de agua, gases, sales y sustancias orgánicas residuales. El gas carbónico resultante de la respiración es eliminado a través de la membrana celular (en los niveles de organización inferiores), tráqueas (insectos), piel, branquias o pulmones. En los organismos de respiración pulmonar, la sangre arterial se transforma en sangre venosa al incorporar CO_2, gas que es expulsado al exterior por difusión a través de los pulmones. Pero la excreción tiene por objeto principalmente, la eliminación de las sustancias nitrogenadas, aunque también se encarga de regular el contenido de líquidos y sales del cuerpo (**osmorregulación**). El método más sencillo de excreción es la expulsión de las sustancias de desecho al agua circundante a través de la membrana celular, a veces mediante **vacuolas contráctiles**, como ocurre en muchos protozoos. En los insectos y algunos artrópodos los principales órganos excretores son los **tubos de Malpighi**, que recogen los productos de desecho de los líquidos del cuerpo y los descargan en el intestino posterior. El cuerpo graso de los insectos también es un depósito de desechos orgánicos y el principal mecanismo excretor en grupos que carecen de tubos de Malpighi. El exoesqueleto de algunos invertebrados realiza también un servicio excretor al eliminarse con la muda las sustancias nitrogenadas depositadas en él.
Diversos grupos de invertebrados (gusanos planos y cintiformes) poseen muchas **células flamígeras** (protonefridios) esparcidas entre las células del cuerpo de las que se extraen las sustancias de desecho para pasar a un sistema ramificado de conductos excretores.
Otros, como las lombrices de tierra, poseen un par de finos **nefridios** (metanefridios) en cada somito, cada uno de los cuales se inicia por un embudo ciliado (nefrostoma) que extrae sustancias de desecho del celoma y termina externamente por un pequeño nefridióporo ventral. En algunos invertebrados y en los cordados, los principales órganos excretores son los **celomaductos**, que pueden hallarse modificados de diversas maneras. Por ejemplo, los crustáceos poseen dos pares, uno que recibe el nombre de **glándulas antenales** o **verdes** y otro que constituye las **glándulas maxilares**; cada una de ellas tiene un saco terminal con un conducto que se abre en la base de un apéndice.

El riñón de los vertebrados

Los riñones son los principales órganos excretores de los vertebrados. Un riñón consiste en una masa de celomaductos que desembocan en un conducto colector, el **uréter**, que conduce las sustancias de desecho hacia la parte posterior del cuerpo. Los riñones de los vertebrados inferiores y los riñones embrionarios de los grupos superiores se desarrollan segmentariamente, un par por somito del cuerpo (**pronefros**, **mesonefros**), mientras que los riñones adultos de los reptiles, aves y mamíferos (**metanefros**) no son segmentarios y filtran los productos de desecho solamente de la sangre. En los anfibios, reptiles y aves los dos uréteres desembocan en la **cloaca**, que en los anfibios y algunos reptiles se comunica con la **vejiga urinaria**. La sustancia de desecho u **orina** es semisólida en aves y reptiles, que la expulsan en forma de pasta blancuzca junto con las heces. En la mayoría de los mamíferos los uréteres se

masa concentrada de arteriolas o **glomérulo**, rodeada de la **cápsula de Bowman**, y el **túbulo renal** o conductillo rodeado de capilares sanguíneos, que consta de una porción terminal sinuosa, el asa de Henle y una porción distal sinuosa. Todas las nefronas desembocan en una cavidad central de la pelvis (**pelvis renal**) que comunica con el uréter.
El primer paso en la formación de la orina es la filtración (no selectiva) del plasma en los capilares glomerulares, de donde pasa a la cápsula de Bowman. El filtrado es reabsorbido a través de los túbulos renales, en un proceso muy selectivo, y transportado a la sangre. La orina resultante consta de agua, desechos nitrogenados, sales y otras sustancias diversas. El equilibrio hídrico del cuerpo -lo que es decir el volumen de orina- está regulado por la hormona antidiurética (ADH).

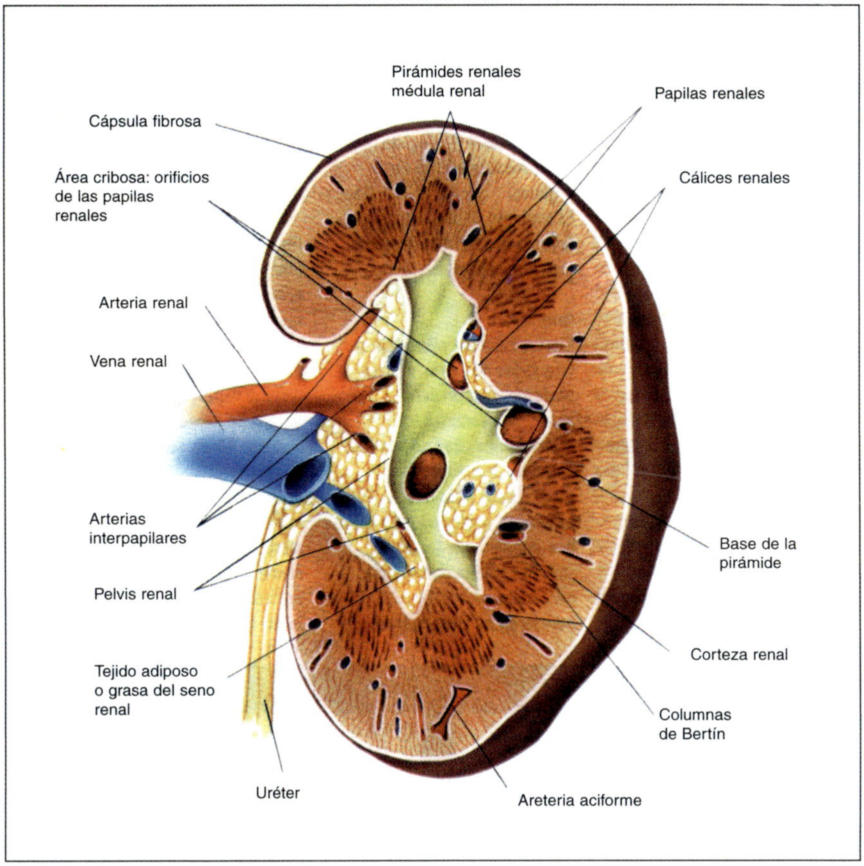

2

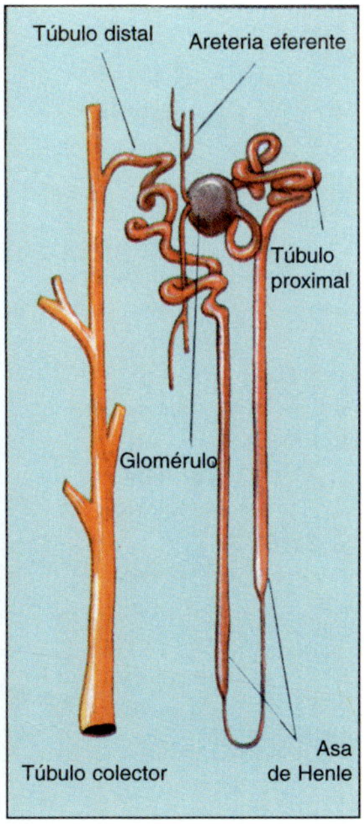

3

comunican directamente con la vejiga urinaria, desde donde un conducto único, la **uretra** comunica con el exterior. El riñón de los vertebrados funciona como órgano de excreción y osmorregulación, por lo que es fundamental en el mantenimiento de la **homeostasia.** Los vertebrados acuáticos tienen un problema constante de osmorregulación. Entre los peces marinos, los óseos compensan el agua que pierden por ósmosis ingiriendo grandes cantidades de agua de mar y excretando la sal por las branquias, produciendo un volumen muy reducido de orina; los cartilaginosos conservan grandes cantidades de urea en sus tejidos, lo que les permite captar agua osmóticamente a través de las branquias, la cual puede ser utilizada para excretar una orina hipotónica. Los peces de agua dulce, en cambio, excretan un gran volumen de orina diluida, al ingresar en sus cuerpos grandes cantidades de agua por ósmosis. Otros vertebrados acuáticos tienen adaptaciones específicas para efectuar su osmorregulación, como las aves y reptiles marinos que poseen glándulas de sal que excretan el exceso de sales marinas ingeridas. En el humano y otros vertebrados, el riñón está constituido por un elevado número de unidades funcionales llamadas **nefronas**, cada una de las cuales está formada por una

1. *Los estomas son una vía a través de la cual la planta puede eliminar los gases respiratorios y agua. Otros compuestos, como los productos nitrogenados tóxicos, se acumulan en vacuolas después de quedar inactivados.*

2. *Corte transversal a través de un riñón.*

3. *Esquema de la unidad ,funcional del riñón, la nefrona, que muestra la masa de glomérulos rodeada de la cápsula de Bowman.*

Mecanismos de defensa interna

Todos los animales poseen mecanismos de defensa para protegerse contra posibles agentes nocivos para sus células, se trate de organismos patógenos (provocadores de enfermedades) o de simples moléculas o sustancias químicas que interfieren las funciones biológicas. La respuesta celular inespecífica es eficaz contra una gran cantidad de patógenos, a los cuales impide el ingreso en el cuerpo o destruye rápidamente en caso de que lleguen a atravesar las primeras barreras defensivas como la piel, las mucosas y sus secreciones (saliva, moco, lágrimas, etc.), los epitelios de las vías respiratorias y del aparato urogenital y las secreciones ácidas del estómago, entre otras. Existen tres tipos básicos de defensa celular inespecífica: inflamación, fagocitosis y la secreción de interferón.

Fagocitosis

La **reacción inflamatoria** desencadenada por la invasión de los tejidos por parte de agentes patógenos se caracteriza por una dilatación de los vasos de la zona afectada. La consecuencia inmediata es el incremento del flujo sanguíneo, que conlleva el aporte de gran número de células fagocitarias hacia el área infectada, y el aumento de la permeabilidad de los capilares, que permite el ingreso en los tejidos de las gammaglobulinas, que actúan como anticuerpos. La **fagocitosis** es el mecanismo de defensa más generalizado, y en muchos invertebrados constituye el único sistema de defensa celular. Los fagocitos son células capaces de capturar con sus pseudópodos a los microrganismos extraños, digiriéndolos en sus vacuolas ricas en lisosomas; unos son móviles, como los leucocitos de la sangre y los histiocitos o macrófagos del tejido conjuntivo, y otros son fijos, como los macrófagos que revisten las paredes interiores de los canales del hígado, del bazo, médula ósea y otros órganos.

El conjunto de las células fagocitarias forma el **sistema reticuloendotelial**.

Interferón

Ciertos tipos de células, al ser infectados por virus u otros parásitos intracelulares, reaccionan secretando **interferones**, que no son sino proteínas que estimulan a otras células para que produzcan proteínas antivirales que impiden que la célula sintetice las macromoléculas necesarias para el virus. El interferón no tiene actividad específica con un virus determinado, pero es específico de cada especie, de modo que las células de cada especie producen su propio interferón.

Sistema inmune

Los vertebrados poseen, además de capacidad de respuesta inespecífica frente a los agentes extraños, complejos mecanismos de defensa específicos gracias al desarrollo de un sistema linfático. La respuesta inmune no está limitada a la defensa del organismo frente a la acción de patógenos, sino también frente a otros elementos ajenos, como proteínas o tejidos, e incluso frente a elementos producidos

1

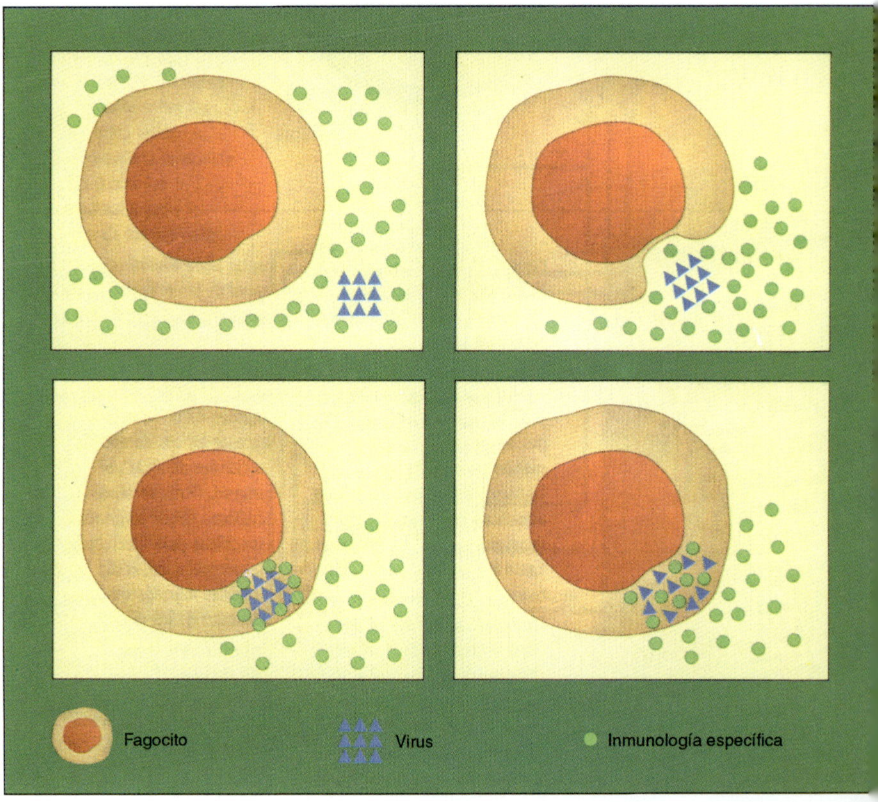

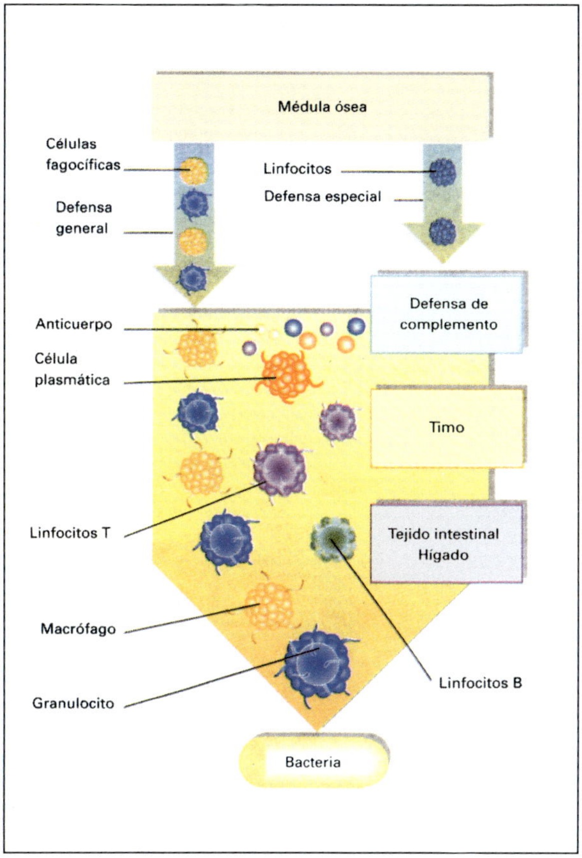

2

de forma anormal por el propio individuo (células cancerosas). Las células encargadas de la defensa inmunitaria específica son los linfocitos, que se originan en la médula ósea o en el hígado embrionario y se encuentran estratégicamente distribuidos en el tejido linfático. Existen dos tipos básicos de respuesta específica: la inmunidad mediada por células y la inmunidad mediada por anticuerpos. En el primer caso, los linfocitos atacan directamente al patógeno invasor, mientras que en el segundo, éstos producen anticuerpos encaminados a destruir el agente patógeno.
La inmunidad mediada por células corre a cargo de los **linfocitos T**, llamados así porque maduran en el timo, y también de los **macrófagos**. Estos últimos engloban al cuerpo extraño o **antígeno** invasor y lo llevan a los linfocitos, con lo que se activa la variedad de linfocito capaz de reaccionar frente al antígeno, dividiéndose por mitosis para producir un clon de células idénticas especializadas que salen de los nódulos linfáticos y se dirigen hacia el área infectada dispuestas a destruir los patógenos invasores.
Los antígenos que desarrollan más activamente este tipo de respuesta son los microrganismos patógenos, las células tumorales y los antígenos de histocompatibilidad (HLA) responsables de los rechazos en el trasplante de tejidos y órganos. Las víctimas del SIDA (síndrome de inmunodeficiencia adquirida) son deficientes en linfocitos T. La respuesta inmune humoral mediada por anticuerpos, corre a cargo de los **linfocitos B**, que maduran en la bolsa de Fabricio y presentan, al igual que los linfocitos T, miles de variedades, cada una de las cuales es capaz de reaccionar frente a un tipo específico de antígeno. Al ser activado, el linfocito B específico produce clones de células inmunológicamente idénticas que maduran para convertirse en las células plasmáticas productoras del anticuerpo específico.
Pero, a diferencia de lo que sucede con los linfocitos T, estas células no salen de los nódulos linfáticos; salen solamente los anticuerpos secretados por ellas, los cuales acuden al área infectada a través de la linfa.
El anticuerpo se combina con el antígeno específico para formar un complejo antígeno-anticuerpo capaz de desactivar el patógeno, estimular la fagocitosis o activar el sistema del complemento, que incrementa la reacción inflamatoria y la fagocitosis.
Los **anticuerpos** son proteínas muy específicas que reciben el nombre de **inmunoglobulinas.** Cuando se encuentra una inmunoglobulina con su antígeno específico, ambos encajan de manera análoga a como lo hacen una cerradura y su llave, pero antes tiene que identificarlo, cosa que ocurre por la existencia en el antígeno de secuencias específicas de aminoácidos que constituyen el determinante antigénico que confiere a la molécula una configuración especial que es identificada por el anticuerpo sensible.
Existen diversos fenómenos inmunitarios no infecciosos que se hallan íntimamente relacionados con las reacciones antígeno-anticuerpo, tales como las alergias (hipersensibilidad frente a determinados antígenos o alergenos), la anafilaxia (hipersensibilidad frente a proteínas extrañas introducidas artificialmente), el rechazo de injerto (debido a los antígenos de histocompatibilidad presentes en el tejido trasplantado), los fenómenos de aglutinación entre diferentes grupos sanguíneos y los problemas de incompatibilidad maternofetal derivados del factor Rh, antígeno presente en los glóbulos rojos del 85% de los humanos.

1. *Diversas fases del funcionamiento del sistema inmunológico. El anticuerpo, una globulina específica, se une al virus formando un complejo que estimula al fagocito para englobar en su interior dicho complejo virus-anticuerpo.*

2. *Esquema general que muestra los distintos elementos que forman parte del sistema inmunológico.*

Estímulos y sensibilidad

La sensibilidad de los seres vivos se manifiesta por su capacidad para reaccionar frente a estímulos físicos o químicos externos o procedentes del interior del propio organismo. En los organismos unicelulares que viven fijos y en las células no libres de los seres pluricelulares la sensibilidad se manifiesta mediante movimientos de algunas de sus partes (movimientos endocelulares, contráctiles, pulsátiles, etc.). En las formas libres unicelulares y las células libres de los organismos pluricelulares la sensibilidad se manifiesta, además, por movimientos que producen desplazamiento, como los movimientos ameboides y vibrátiles. Las plantas manifiestan su sensibilidad mediante reacciones rápidas a ciertos estímulos o por reacciones de crecimiento. El plegamiento de las hojas, por ejemplo, es una reacción provocada por impulsos eléctricos transmitidos a un grupo de células especializadas (pulvino) que experimentan una repentina pérdida de turgencia, mientras que las reacciones de crecimiento o tropismos son el resultado de la acción de la hormona auxina, que estimula el crecimiento. La sensibilidad de las plantas a la duración del día se manifiesta por los fenómenos de fotoperiodicidad.

No obstante, en los seres unicelulares y las plantas la gama y los tipos de respuestas a los estímulos son muy limitados y estereotipados; para que sean posibles respuestas más complejas es necesario disponer –como ocurre en los animales– de un sistema nervioso más o menos complejo, que permite percibir estímulos, transmitirlos a distintas partes del cuerpo y dar respuestas. Este sistema junto con el sistema hormonal o endocrino (también llamado humoral) en los niveles superiores de organización, sirve también para coordinar e integrar las funciones de las células, tejidos y sistemas de órganos, de manera que actúen armónicamente como un todo.

El sistema nervioso

Algunos estímulos actúan directamente sobre las células o los tejidos y determinan una respuesta directa (como las quemaduras), pero la mayoría de los animales poseen diversos tipos de **receptores** especializados para recibir estímulos, que reciben el nombre de **órganos de los sentidos**. Un receptor es una célula o un órgano que tiene una sensibilidad especial para cierta clase de estímulos, externos o internos. Un estímulo induce al receptor a generar impulsos nerviosos que se desplazan a lo largo de los nervios hasta el sistema nervioso central, el cual coordina la información sensorial y emite impulsos que excitan los **efectores** o estructuras terminales, como un músculo o una glándula, para producir respuestas. Al ser excitados, los músculos se contraen para producir movimientos y las células glandulares vierten las secreciones que previamente han sintetizado. El **impulso nervioso**, o **potencial de acción**, que recorre una fibra nerviosa implica un cambio químico y eléctrico, y se desplaza con una intensidad y velocidad uniformes a lo largo de todo su recorrido. Al impulso le acompaña una onda eléctrica. La fibra en reposo está eléctricamente polarizada (el exterior de su membrana semipermeable es relativamente positivo, mientras que el interior es negativo) y tiene un **potencial de reposo.** Si se aplica a la membrana celular un impulso mecánico o eléctrico suficiente, queda despolarizada en el lugar estimulado, y hacia fuera de la membrana se extiende una onda de despolarización. La célula produce una vibración propia que amplifica el estímulo

1

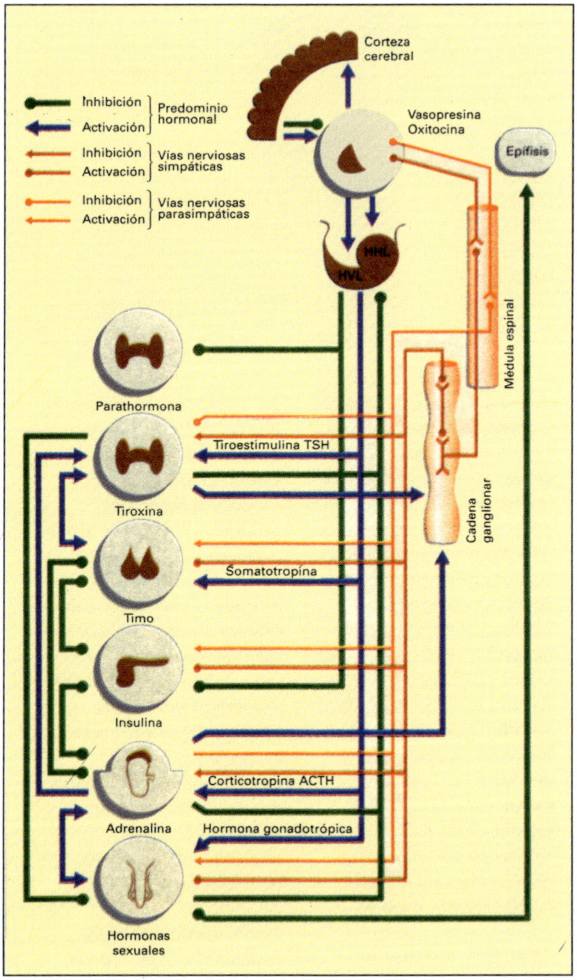

original. El potencial de membrana cambia súbitamente y luego vuelve rápidamente a su nivel de reposo: es el potencial de acción. Cuando el impulso pasa, el potencial (que puede ser medido experimentalmente mediante un voltímetro) sube rápidamente, alcanza un punto culminante y luego decrece lentamente; tras la subida hay un **periodo refractario** de unos minutos durante el cual la fibra despolarizada no puede responder a ningún otro estímulo. Una neurona tiene una respuesta de acuerdo con la llamada **ley de todo o nada**; es decir que hasta que el estímulo no alcanza una determinada intensidad o nivel **umbral**, no se inicia el impulso nervioso; pero, una vez sobrepasado el umbral, la conducción del impulso se mantiene constante aunque siga aumentando la intensidad del estímulo.

La actividad eléctrica se transmite de una célula nerviosa (neurona presináptica) a otra (neurona postsináptica). Cada una de estas últimas tiene un gran número de uniones sinápticas en la superficie de sus dendritas y de su cuerpo celular, provenientes de cientos de neuronas presinápticas convergentes, algunas de las cuales son excitadoras y otras son inhibidoras. En los extremos de las ramificaciones del axón hay unas protuberancias que contienen vesículas llenas de un **neurotransmisor** o mensajero químico (adrenalina, acetilcolina, serotonina, dopamina, etc.) que es sintetizado en el cuerpo celular de la neurona. Al llegar el impulso nervioso el neurotransmisor es liberado y atraviesa el espacio sináptico activando o inhibiendo la célula postsináptica. Los otros mensajeros químicos de la comunicación nerviosa son las **neurohormonas** (vasopresina, oxitocina, etc.), que son sintetizadas por neuronas especializadas y llevadas por la sangre hasta los órganos efectores diana.

En un sistema nervioso existen tres tipos fundamentales de neuronas. Las **neuronas sensitivas** o **aferentes** son aquellas que conducen los impulsos desde los receptores hacia el sistema nervioso central, desde donde son conducidos por las **neuronas motoras** o **eferentes** hasta los diversos efectores donde se produce la respuesta. En el cerebro y en la médula espinal existe otro tipo, las **interneuronas**, que se unen a los tipos anteriores de neuronas aumentando la versatilidad del itinerario del impulso nervioso.

Existen cinco niveles de organización del sistema nervioso, el más elemental de los cuales es el **sistema nervioso de red difusa** propio de los celentéreos, que se reduce a una red de neuronas de aspecto estrellado a través de la cual el impulso nervioso se propaga en todas direcciones. Los platelmintos, nematodos y otros invertebrados presentan un **sistema nervioso cordal** formado por cordones de neuronas que recorren el cuerpo del animal de delante hacia atrás, de los cuales parten numerosas fibras nerviosas distribuidas por todo el cuerpo. El **sistema nervioso anular** de los equinodermos consta de un cordón nervioso anular que rodea el esófago, del que parten cinco nervios radiales que se ramifican. El **sistema nervioso ganglionar** propio de los anélidos, artrópodos, moluscos y otros invertebrados se caracteriza por la presencia de ganglios, engrosamientos formados por la agrupación de los cuerpos celulares de un número variable de neuronas. Generalmente los ganglios forman dos cordones que se unen a dos gruesos ganglios cerebrales por un collar esofágico. De los ganglios parten los nervios que se distribuyen por todo el cuerpo.

Todos los vertebrados presentan un **sistema nervioso tubular**, hueco y dorsal respecto al tubo digestivo, formado por el sistema nervioso central, que comprende un encéfalo anterior conectado a un cordón nervioso o médula espinal, y el sistema nervioso periférico, constituido por 10 ó 12 pares de nervios craneales que parten del encéfalo, un par de nervios espinales que parten del cordón nervioso y el sistema nervioso autónomo.

Sistema endocrino

Las células neurosecretoras son la raíz de todas las respuestas endocrinas y es la única forma de control hormonal en los invertebrados primitivos; su estimulación provoca la liberación de una hormona que actúa directamente, de un modo monofásico, sobre las estructuras diana. En los invertebrados más avanzados se introduce, además, un control bifásico con la aparición de las glándulas epiteliales endocrinas; la célula neurosecretora estimula a una glándula endocrina que, a su vez, produce una hormona que actúa sobre la diana. En los vertebrados aparece una secuencia trifásica: la pituitaria, estimulada por las células neurosecretoras cerebrales del hipotálamo, produce tropinas que estimulan a otras glándulas epiteliales endocrinas, que a su vez actúan sobre las estructuras diana. Los controles bifásico y trifásico posibilitan una introducción más efectiva de los mecanismos de retroalimentación entre las glándulas y los sistemas neurosecretores.

Las actividades endocrinas se hallan tan íntimamente integradas en las actividades del sistema nervioso que se puede decir que numerosas funciones del cuerpo están bajo control neuroendocrino. Las glándulas endocrinas influyen en las células diana de muy diversas maneras. Un mecanismo implica la acción de hormonas esteroides en el proceso de la transcripción genética a través del complejo hormona-receptor nuclear.

Otro implica la interacción entre la hormona y un receptor específico de la membrana celular que activa (o inhibe) a una enzima (adenilato ciclasa) presente en las membranas celulares de los animales, sin que la hormona penetre en la célula. Algunas hormonas producen respuestas rápidas, mientras que otras actúan a largo término, coordinando el crecimiento de los órganos y de los concentrados metabólicos en la sangre y en otros tejidos.

1. *En los vertebrados, el hipotálamo es el puente de enlace entre los sistemas nervioso y endocrino. La hipófisis segrega hormonas estimuladoras de la secreción de otras glándulas como la tiroides, la médula espinal y la corteza suprarrenal.*

Etología

La etología estudia el comportamiento de los seres vivos, es decir su forma de reaccionar ante las señales o estímulos que recibe de su ambiente. Las reacciones más sencillas ante un estímulo consisten en **tropismos** (fototropismo, geotropismo en las plantas), **taxis** (orientación o desplazamiento respecto al estímulo) y **reflejos**, caracterizados por movimientos simples involuntarios, realizados de modo inconsciente. El comportamiento propiamente dicho es propio de los animales y en particular de los animales más evolucionados; en éstos, el estímulo es captado por los órganos de los sentidos, que lo hacen llegar al sistema nervioso y hormonal, con lo que se desencadena una serie de mecanismos fisiológicos que conforman la respuesta adecuada.

El reflejo

Todos los modelos de respuesta son resultado de la interacción de la herencia y del ambiente. Algunas respuestas son en gran parte heredadas y otras son en gran parte aprendidas, pero todas contienen elementos genéticos y no genéticos. La respuesta más simple es el reflejo monosináptico (**reflejo simple**), en el que intervienen una neurona aferente y eferente y una sola sinapsis: es el caso de la elevación de la pierna –en el humano– al ser golpeado el tendón de la rodilla cuando se mantiene la pierna flexionada y suspendida libremente. Pero la mayoría de los reflejos son polisinápticos y tienen una o más interneuronas entre las vías sensoriales y motoras. Los **reflejos asociados** se combinan para producir un efecto armónico que puede modificarse o inhibirse mediante interneuronas que se extienden a otras regiones del cordón nervioso o del encéfalo. En cambio los **reflejos en cadena** actúan en una secuencia, de tal modo que la respuesta de uno es el estímulo del siguiente. Mediante aprendizaje se puede lograr que un reflejo se produzca como respuesta a un estímulo distinto del que normalmente lo determina. Es lo que Pavlov denominó **reflejo condicionado**, tras comprobar que se podía inducir la secreción salival en un perro mediante el sonido de una campana, sin ofrecerle alimento alguno, siempre y cuando antes se hubiera hecho sonar la campana cada vez que se daba comida al perro en repetidas ocasiones anteriores, ya que el reflejo de la secreción salival sólo se desencadena en el animal a la vista del alimento cuando no interviene ningún tipo de aprendizaje o condicionamiento. Muchas actividades rutinarias, en particular de las personas, se convierten en **hábitos**, pues son determinadas por estímulos particulares sin la intervención de la regulación consciente; es el caso del vestirse, que se aprende primero como un acto consciente, pero se va convirtiendo en un hábito y con el tiempo se convierte en una serie de reflejos condicionados en cadena, principalmente automáticos, aunque no invariables (es posible distraerse).

Instinto y aprendizaje

El instinto es una forma de comportamiento compleja y no aprendida que comprende grupos de reflejos en cadena; es más elaborado que un reflejo, pero también más adaptable, y se caracteriza por ser estereotipado, sin mejorar con la repetición. Este tipo de conducta, que se transmite con la herencia, suele obedecer más a impulsos internos que a estímulos del medio exterior, y a servir para la conservación del individuo o de la especie, de ahí que el comportamiento instintivo sea muy parecido en todos los individuos de la misma especie o raza. El

1

aprendizaje, en cambio, es la conducta adquirida con la experiencia, obedece a la capacidad de imitación –por lo que se ve favorecido por la vida social y familiar– y se va perfeccionando cometiendo cada vez menos errores. La mayoría de los animales aprenden por eliminación de errores para ajustar la respuesta a la situación que el individuo necesita afrontar: es el estadio denominado de **prueba y error**. Pero muchos mamíferos y aves –y sobre todo los primates– llegan a la respuesta correcta mediante un análisis del problema, combinando varias experiencias de aprendizaje separadas en el tiempo: es el **aprendizaje perceptivo** que demuestra por ejemplo un perro al detenerse ante un obstáculo y, tras observarlo, decide rodearlo para pasar al otro lado, sin necesidad de chocar contra él varias veces para esquivarlo. No obstante, en la práctica las pautas de conducta suelen ser el resultado de la interacción del programa genético y del ambiente, y por tanto contienen elementos innatos o instintivos y elementos adquiridos, como ocurre en la **impresión** *(imprinting)*. Un animal es más fácilmente impresionado en una fase particular de su desarrollo por estímulos con propiedades definidas. Un patito, por ejemplo, sigue al primer objeto móvil que ve poco después de salir del huevo. Normalmente es su madre, pero también identifica como tal a cualquier animal, persona u objeto inanimado en movimiento, siguiéndolo a todas partes. La identificación y el movimiento espontáneos forman parte del comportamiento innato del ave, pero el reconocimiento de la madre es adquirido. Las impresiones acústicas pueden darse también en muchas aves, incluso antes de salir del huevo. Las migraciones del salmón posiblemente estén motivadas por impresiones recibidas en el primer periodo de su vida, gracias a lo cual serían capaces de reconocer características únicas del río en que nacieron.

Modalidades de conducta

En el comportamiento animal existen muchas modalidades de conducta en las que interviene la agresividad y la defensa. En la **depredación**, los estímulos provocados por la proximidad

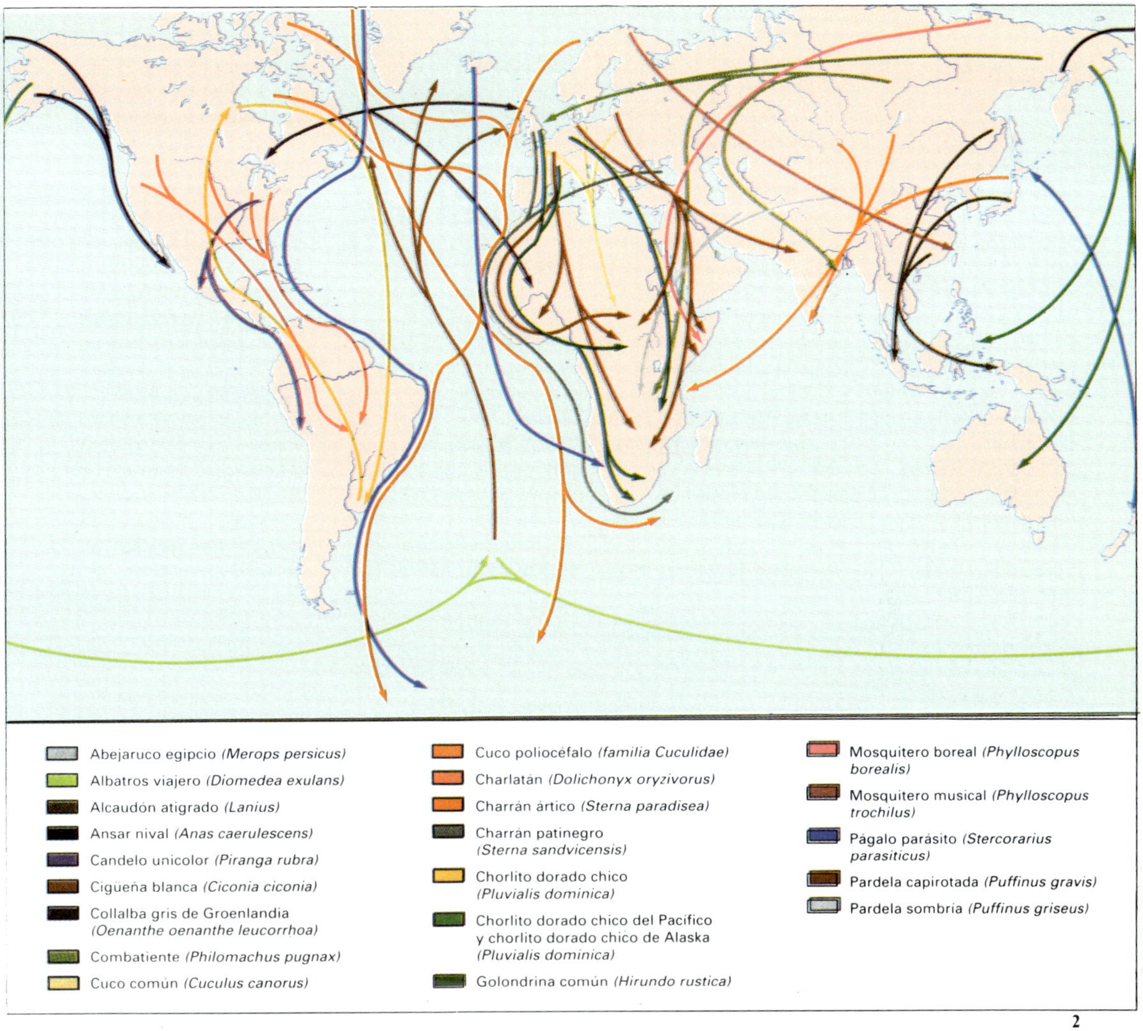

2

de la presa desencadenan en el depredador la actitud de ataque, que suele ser cautelosa, tras la cual se realiza el lanzamiento rápido por sorpresa. Por otra parte, la defensa frente al ataque puede adoptar varias modalidades, como la huida o el camuflaje. La **defensa del territorio** también implica modalidades de conducta agresiva, que a veces son simplemente de advertencia, cosa que también ocurre en la **defensa y cuidado de la prole** hasta que los pequeños pueden valerse por sí mismos. En muchos animales que necesitan el apareamiento para que tenga lugar la fecundación, éste va precedido de una serie de ceremonias que constituyen el denominado **cortejo o galanteo** la parada nupcial en las aves), cuya finalidad es el reconocimiento de los sexos, la disminución de la agresividad (haciendo posible la atracción mutua) y la sincronización del estado fisiológico mediante estimulación de la secreción de hormonas sexuales y producción de gametos despertando el impulso sexual.

El **comportamiento social** es una interacción intraespecífica de orden adaptativo regido por mecanismos de comunicación, cooperación y división del trabajo. En las sociedades animales suele establecerse una **jerarquía** de dominancia como resultado de la supresión del comportamiento agresivo. En las **migraciones** animales, el impulso migratorio y la dirección parecen estar determinados genéticamente, aunque los mecanismos reales de orientación pueden ser aprendidos.

1. *El aprendizaje, un periodo esencial en la vida de la mayoría de los vertebrados superiores, aumenta su duración a medida que se asciende en la escala zoológica. El gorila tiene una infancia prolongada.*

2. *Mapa con las rutas migratorias de distintas especies de aves. Los desencadenantes del proceso parecen estar determinados genéticamente como resultado de un largo proceso de selección natural.*

Reproducción celular

La reproducción, el desarrollo y el crecimiento inherentes a todo ser vivo siempre implican la multiplicación celular, es decir la división de una célula madre en dos o más células hijas, en un proceso que puede adoptar diversas modalidades pero que tienen en común la división del núcleo (cariotomía) y la del citoplasma (plasmotomía) de forma independiente. Estas modalidades son fundamentalmente tres. En la **gemación**, sobre la célula madre aparece una especie de yema que acaba por desprenderse por estrangulación una vez que el núcleo ha quedado repartido por igual en ambas partes, aunque la célula hija es de tamaño inferior al de la madre. En la **bipartición**, la célula madre se divide en dos células hijas más o menos iguales, tanto en lo referente al núcleo como al citoplasma. En la **división múltiple**, el núcleo de la célula madre se divide repetidamente y cada porción de núcleo con su respectiva porción de citoplasma se rodean de una membrana; por último, al romperse la membrana de la célula madre se liberan las células hijas formadas en su interior.

Ciclo celular y mitosis

Las células, al igual que todos los organismos, también tienen un ciclo vital: nacen, viven y se reproducen. Este ciclo se puede dividir en dos partes: un período de crecimiento y de preparación para la reproducción llamado interfase y un periodo reproductivo llamado mitosis. En algunas células, incluyendo ciertos ciliados y otros protozoos, tiene lugar una división celular directa o **amitosis** en la cual el núcleo se alarga, se estrecha en el centro y acaba por partirse en dos, sin formación de huso ni de cromosomas; en unos casos el citoplasma sigue el mismo proceso y se originan dos células hijas, pero en otros esto no ocurre y se origina un plasmodio o célula plurinucleada. Pero el desarrollo embrionario y el crecimiento (así como en la curación de heridas y en la muda) en los organismos pluricelulares se da principalmente por división celular en la que las células se multiplican por mitosis, un proceso que implica una división por igual de la cromatina nuclear, cuantitativa y cualitativamente. La **interfase**, el periodo entre el final de una mitosis (telofase) y el principio de otra (profase), es la parte más larga del ciclo celular y durante la misma tiene lugar el crecimiento de las células hijas recientemente formadas y la **replicación del ADN**. Al final de la interfase tiene lugar la replicación de los centríolos y su traslado hasta una posición en la que hay un par en cada extremo del núcleo; simultáneamente empiezan a aparecer los microtúbulos irradiando del centrosoma.

La función de la **mitosis** (o división celular indirecta) es la de dividir físicamente la célula en dos células hijas y asegurar que cada una tenga el mismo complemento de material genético, es decir el mismo número y clase de cromosomas que poseía la célula madre. Con fines puramente descriptivos, en el proceso se distinguen cuatro fases. Durante la **profase** las cromátidas se condensan, el

1

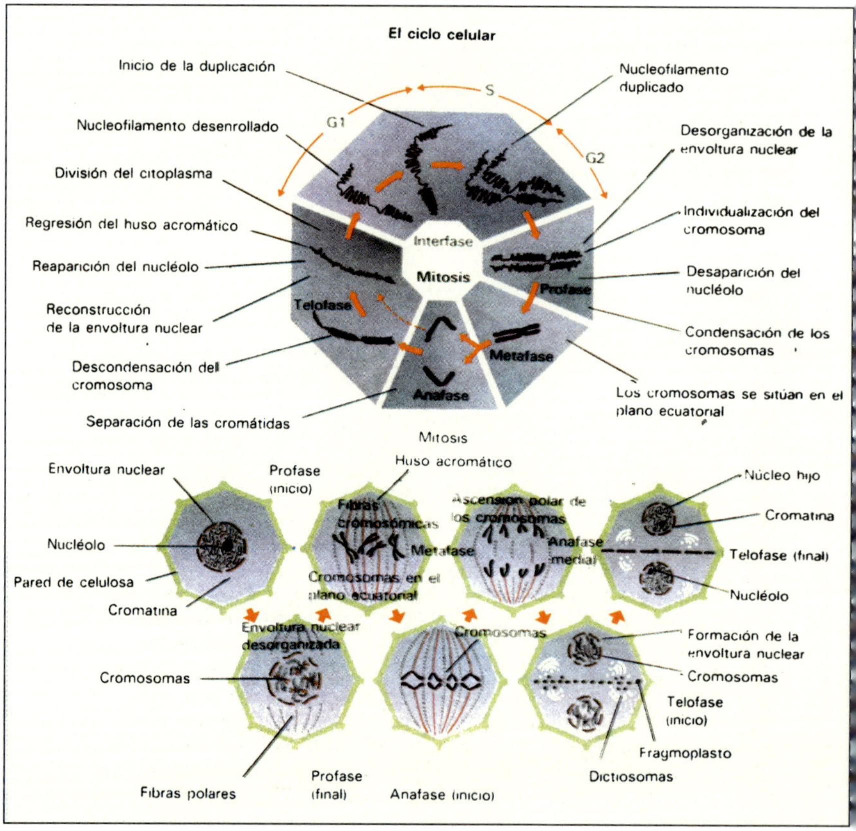

nucleolo desaparece, la membrana nuclear se degrada y empieza a formarse el huso mitótico, de modo que cada cromosoma queda unido a una fibra del huso. En la **metafase** las cromátidas se alinean en el ecuador de la célula, el huso está completo y los cromosomas alcanzan su máximo grosor. Durante la **anafase** las cromátidas hermanas se separan y emigran hacia los polos opuestos de la célula de modo que el material genético de los cromosomas queda ahora reducido a la mitad y cada célula hija tiene el mismo complemento de ADN que la célula del principio de la interfase. En la última fase, la **telofase**, se forma una membrana nuclear alrededor de cada juego de cromosomas, reaparecen los nucleolos, se alargan los cromosomas y, por lo general, tiene lugar la división del citoplasma (citocinesis), con lo que concluye la mitosis y queda asegurada la sucesión de células idénticas.

La meiosis

Los organismos que se reproducen sexualmente poseen células germinales con un número diploide de cromosomas y se multiplican por mitosis, al igual que las células somáticas, y en cada par de cromosomas homólogos un cromosoma procede del progenitor masculino y otro del femenino. Al llegar la madurez sexual, las células germinales se multiplican rápidamente y sufren un proceso de transformación y maduración llamado **gametogénesis** que culmina con la formación de los **gametos** (masculinos o femeninos), que son haploides gracias a una serie de cambios nucleares que en conjunto reciben la denominación de meiosis. Con ello queda garantizada la constancia del número de cromosomas en las células de las generaciones sucesivas.
La **meiosis** consiste en dos divisiones nucleares que se suceden sin intervalo denominadas primera y segunda división meiótica, y difiere de la mitosis en dos rasgos fundamentales. En primer lugar, el número final de cromosomas de un gameto es solamente la mitad (haploide) del existente en las demás células del cuerpo, y la dotación cromosómica de los gametos sólo posee un miembro de cada par de cromosomas homólogos existente en las células germinales. En segundo lugar, la distribución de los cromosomas que tiene lugar en esta reducción se hace al azar, de modo que cada gameto puede recibir indistintamente un miembro u otro de cada par de homólogos. En la fecundación, por tanto, al unirse dos gametos de sexo opuesto, el número de cromosomas del nuevo individuo será el de la especie, o sea diploide. Además, la manera como se dividen y segregan los cromosomas durante la gametogénesis, juntamente con la reunión al azar de los gametos masculinos y femeninos en la fecundación, explica de manera lógica muchos de los mecanismos de la herencia.
Tanto en la primera división meiótica como en la segunda se suceden las cuatro fases típicas de la mitosis, y la reducción del número de cromosomas de diploide a haploide suele ocurrir durante la primera división. Así, durante la profase I los cromosomas homólogos se enroscan y entrelazan formando **sinapsis** y **entrecruzamiento** intercambiando material genético; luego se separan, permaneciendo unidos en puntos específicos llamados **quiasmas**, que acaban desvaneciéndose; el apareamiento de las parejas de cromosomas homólogos da lugar a las **tétradas**, formadas por cuatro cromátidas, que durante la metafase se disponen en el plano ecuatorial. En la anafase un par materno va hacia un polo del huso y el par paterno hacia el opuesto, fenómeno que recibe el nombre de **segregación** y que tiene una gran importancia porque contribuye a la variabilidad genética. Tras una telofase rápida, cada una de las dos células hijas, como si se tratara de una mitosis ordinaria, inicia la segunda división meiótica, de modo que las dos cromátidas que integran cada cromosoma homólogo se separan y se distribuyen entre las células hijas.
El resultado de las dos divisiones es la formación de cuatro células haploides, cada una con un representante de cada par de cromosomas homólogos.

2

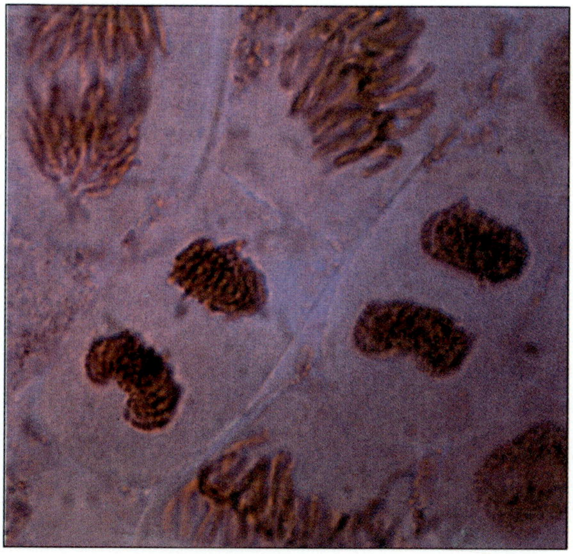

1. *En el ciclo vital de una célula, la mitosis ocupa el periodo reproductivo, al final del cual aparecen dos células hijas de composición análoga a la célula madre y con el mismo número de cromosomas. La formación de las cromátidas es el resultado de la autoduplicación del ADN*

2. *En la observación de un sarcoma mieloide se hacen visibles numerosas mitosis que conducen a una reproducción celular incontrolada*

Reproducción vegetativa

La vida sólo procede de vida preexistente. A nivel molecular, la reproducción es el resultado de la capacidad de los ácidos nucleicos para autorreplicarse; a nivel orgánico está representada por la multiplicación celular, y a nivel del organismo entero constituye una característica indispensable para la perpetuación de los seres vivos y de la especie.
En la naturaleza se dan dos tipos fundamentales de reproducción: sexual y asexual o vegetativa.
Esta última se presenta cuando los nuevos individuos proceden de un solo progenitor, sin la intervención de órganos reproductores especializados; la nueva generación está formada por individuos idénticos al progenitor (forman un **clon**) al no haber intercambio de material genético, dado que la única forma de división celular implicada es la mitosis, lo que quiere decir que no hay variabilidad en la descendencia.

Totipotencia
En los organismos unicelulares la reproducción vegetativa adopta las diferentes formas de división celular, pero en los seres pluricelulares que no producen células especializadas (esporas o gametos), este tipo de reproducción exige un gran poder de **regeneración**, es decir que sus células conserven todavía totipotencia embrionaria en lugar de haber experimentado una total diferenciación y especialización. De este modo, una célula totipotente puede multiplicarse y originar los distintos tipos de células que requiere la reconstrucción de un organismo completo. Cuanto más sencilla es la organización de un ser vivo, mayor totipotencia conservan sus células. En muchos vegetales, la reproducción vegetativa constituye casi la norma en la naturaleza gracias a la permanencia de tejidos embrionarios en las yemas y otras partes del cuerpo (raíces adventicias, estolones, rizomas, propágulos, etc.), y de modo artificial el hombre ha explotado esta capacidad regenerativa que poseen casi todas las plantas, reproduciéndolas mediante injertos, esquejes, yemas, bulbos, cultivos de tejidos *in vitro* y otras técnicas agrícolas.

Escisión o fragmentación
El crecimiento regenerativo es común, en cierto modo, a la mayor parte de los organismos bajo forma de la capacidad de remplazar partes perdidas por una lesión, y como norma los animales jóvenes y las especies inferiores en la escala evolutiva suelen tener mayor capacidad de regeneración que los más viejos, las especies más evolucionadas. En hidras, esponjas, estrellas de mar y gusanos en general es muy común la reproducción por escisión, que consiste en la fragmentación de un individuo en dos o más trozos, cada uno de los cuales regenera un nuevo individuo. En algunos casos (poliquetos marinos), el progenitor se transforma en una serie de individuos hijos, llamados zoides, organizados uno a continuación del otro, que se escinden una vez formados.
Otros animales (cangrejos, salamandras, lagartos) pueden desprender ciertos apéndices (autotomía) cuando se hallan en peligro, regenerando luego la parte perdida.
En los protozoos del grupo de los esporozoos (en *Plasmodium*, causante de la malaria, y otros) se presenta la **escisión múltiple** (o esporulación),
en la que el núcleo se divide repetidas veces y luego el citoplasma se fragmenta de forma que cada núcleo hijo queda rodeado por una porción de citoplasma. Las bacterias, en general, se

1

2

reproducen mediante **escisión binaria transversal**, en la que se forma en la célula una pared celular transversal y, en última instancia, ocurre la división que produce dos células hijas; cuando la pared celular recién formada no se separa por completo para integrar dos paredes, el resultado es una cadena de bacterias.

Gemación

La gemación es un tipo de reproducción vegetativa en el que el nuevo individuo surge en forma de excrecencia o **yema** sobre un animal adulto adquiriendo más tarde la forma y tamaño de éste. Los nuevos individuos se desprenden para hacer vida libre o bien quedan unidos al progenitor para formar una colonia, como ocurre en esponjas, cnidarios, briozoos y tunicados. A veces este tipo de reproducción no es sino una forma de resistencia ante condiciones desfavorables, como en el caso de ciertas esponjas de agua dulce que producen numerosas yemas internas (**gémulas**), pluricelulares y encerradas dentro de una densa cubierta común, que darán lugar tras el frío invernal a nuevos individuos una vez muerto el progenitor.

Formación de esporas

Las esporas son células especializadas en la reproducción, capaces de multiplicarse por sí mismas y originar nuevos individuos, al mismo tiempo que constituyen formas de resistencia frente a condiciones adversas, característica que, unida al hecho de no tener que fusionarse con otro germen, las convierte en un eficaz método de propagación de los organismos que las producen (bacterias, protistas, hongos y plantas inferiores). En las bacterias, la formación de esporas no constituye en realidad una forma de reproducción, puesto que sólo se forma una espora por célula y por tanto el número total de individuos no aumenta como resultado de la formación de esporas. Se trata de células latentes para sobrevivir en los ambientes extremadamente secos, cálidos o fríos, o bien cuando escasea el alimento. Cuando las condiciones ambientales vuelven a ser adecuadas para el crecimiento, la espora absorbe agua, se rompe la pared interna y vuelve a surgir una célula bacteriana activa.

En los hongos, las esporas se forman por encima del sustrato, directamente a partir de células hifales o bien dentro de cuerpos fructíferos especializados llamados **esporangios**. En los hongos terrestres suelen ser inmóviles (**aplanosporas**) y son dispersadas por el viento o los animales, mientras que en los hongos acuáticos suelen ser móviles (**planosporas** o **zoosporas**) gracias a la presencia de uno o más flagelos. La parte más conocida de muchos hongos superiores, la seta, es en realidad el cuerpo fructífero, permaneciendo la mayor parte del organismo (el micelio hifal) invisible dentro de la materia orgánica en descomposición que el hongo está invadiendo. Muchas algas también producen esporas asexuales, llamadas **mitosporas**, o **zoosporas** si son móviles. Las plantas terrestres no vasculares (briofitas) presentan alternancia de una generación sexuada y otra asexuada. El **esporofito** –generalmente un simple tallo ahusado que carece de hojas– produce en el extremo superior un esporangio o cápsula en cuyo interior se encuentran las células diploides llamadas **células madre de las esporas.** Cada una de esas células se divide por meiosis para formar cuatro esporas haploides, con las que empieza la generación gametofítica.

3

4

1. *Entre los invertebrados, como esta estrella de mar, la multiplicación por escisión (que produce un nuevo individuo de cada uno de los trozos) o la regeneración de una parte del cuerpo son procesos muy corrientes.*

2. *La reproducción vegetativa en los hongos tiene lugar con la ayuda de esporas, que el organismo libera en grandes cantidades y que generalmente a través del viento pueden llegar hasta localidades bastante alejadas.*

3. *Además de su función como elementos de resistencia para superar las épocas adversas, las esporas se encargan de la reproducción vegetativa de numerosos organismos vegetales y hongos. Se producen en estructuras especiales en cada uno de ellos.*

4. *Yemas florales de un almendro. En ellas el meristemo se multiplica hasta dar lugar a la flor, que será el órgano encargado de la reproducción sexual.*

Reproducción sexual

La mayor parte de las plantas y los animales se multiplican por reproducción sexual, en la cual se forman los nuevos individuos a partir de células sexuales haploides o **gametos**, producidas por los padres. Dos gametos de distinta clase, uno masculino (llamado **anterozoide** en los vegetales y **espermatozoide** en los animales) y otro femenino (**oosfera** u **óvulo**, respectivamente) se unen para producir un **cigoto** u óvulo fecundado, el cual, en los seres pluricelulares, se desarrollará por sucesivas divisiones mitóticas hasta producir un nuevo individuo, que en este caso no será idéntico a sus progenitores ya que en el proceso de gametogénesis ha tenido lugar la **meiosis** o división reduccional acompañada de recombinación de las dotaciones genéticas de ambos padres.

La reproducción sexual es una modalidad ventajosa de multiplicación de la especie al promover **variabilidad** en la descendencia debido a la recombinación de los rasgos hereditarios de ambos progenitores. Los genes ventajosos se difunden con rapidez, mientras que van desapareciendo los menos adecuados para la sobrevivencia, lo que facilita la adaptación de la especie en un ambiente que evoluciona.

Sexo y órganos sexuales

En bacterias, protistas y hongos existen procesos reproductores parecidos a los procesos sexuales de las plantas y los animales, aunque en muchos casos los individuos o los gametos son morfológicamente iguales (**isogamia**), aunque diferentes desde el punto de vista bioquímico.

El caso más atípico, denominado **conjugación**, es el que presentan los protozoos ciliados (aunque también se observa otro tipo de conjugación en bacterias), que consiste en el intercambio de material nuclear entre dos individuos que se oprimen mutuamente por sus superficies orales y que reciben el nombre de conjugantes. Dentro de cada conjugante el macronúcleo se desintegra y el micronúcleo entra en meiosis para formar cuatro núcleos hijos, tres de los cuales degeneran. El núcleo viable se divide por mitosis y uno de los dos núcleos haploides idénticos permanece dentro de la célula, mientras el otro penetra en el otro conjugante y se fusiona con el núcleo haploide que encuentra. El resultado de las dos fecundaciones idénticas es la formación de dos individuos gemelos entre sí pero genéticamente diferentes de sus progenitores. No obstante, generalmente se distingue un macrogameto femenino y un microgameto masculino (**anisogamia**), incluso en seres unicelulares como los esporozoos, los cuales producen en ciertas fases de su ciclo vital dos clases de individuos que vienen a ser los macrogametos y los microgametos, que se unen por

1

2

parejas. En algunas especies de hongos se produce una reproducción sexual entre los micelios de diferentes tipos de apareamiento, a los cuales se denomina tipos más (+) y menos (–).

Las **esporas sexuales** que se forman en los hongos responden a un mecanismo de reproducción sexual en el que los núcleos compatibles se fusionan para crear un cigoto diploide; luego tiene lugar una meiosis, con lo que se restablece la condición haploide del núcleo de la espora. La anisogamia más acusada se da en las plantas y los animales, en los cuales el microgameto es móvil gracias a uno (espermatozoides de los animales) o varios (anterozoides de las plantas) flagelos y se reduce en la mayoría de los casos a un núcleo rodeado de muy poco citoplasma, mientras el macrogameto es inmóvil y mucho más grande, ya que almacena en su voluminoso citoplasma las sustancias de reserva necesarias para los primeros pasos del desarrollo del embrión.

Los gametos se producen (gametogénesis) en órganos sexuales llamados **gónadas**. En las plantas, las gónadas masculinas suelen denominarse **anteridios** y las femeninas **arquegonios** (**oogonios** en algas y hongos); en los animales, **testículos** y **ovarios**, respectivamente.

El sexo es el conjunto de

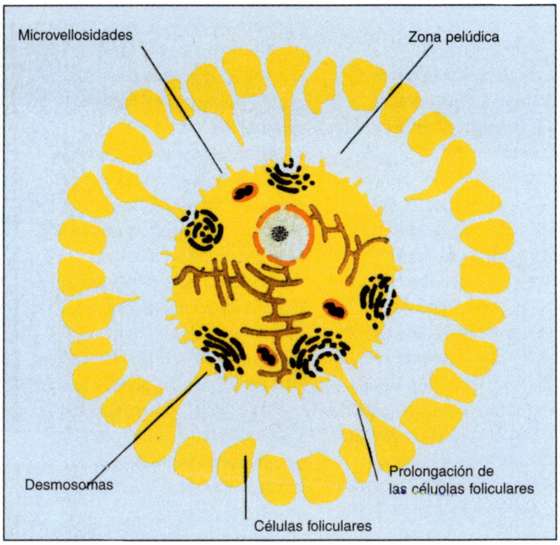

3

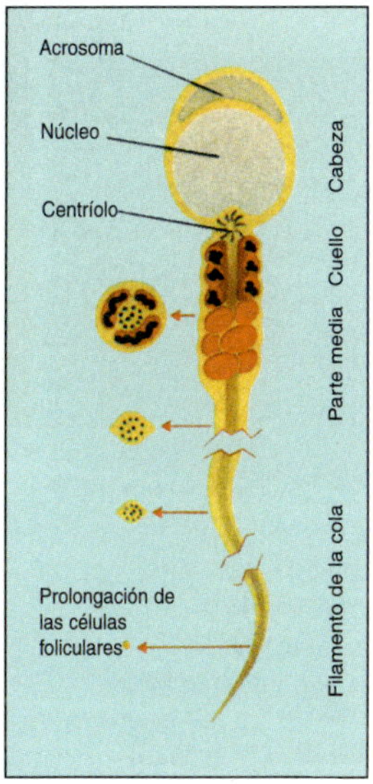

4

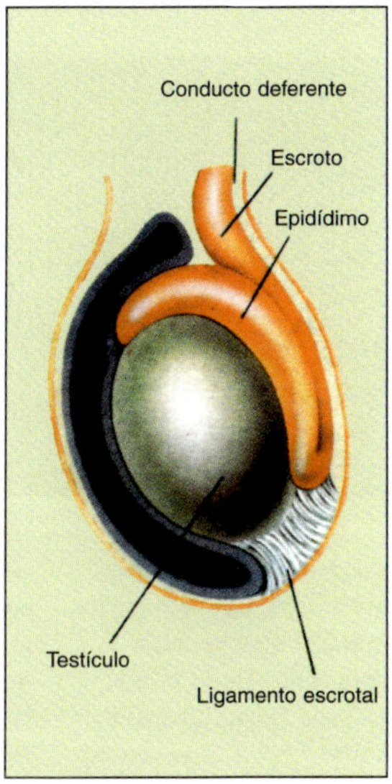

5

caracteres estructurales y funcionales que distinguen al macho de la hembra, pero los individuos que elaboran a la vez gametos masculinos y femeninos se llaman **hermafroditas.**
Las plantas superiores a menudo producen flores hermafroditas (con androceo y gineceo), pero se reserva el adjetivo de **monoicas** a aquellas que presentan flores unisexuales masculinas y femeninas en un mismo individuo, y **dioicas** a aquellas especies que presentan individuos con flores sólo masculinas y otros con flores sólo femeninas.
Entre los animales hermafroditas rara vez se da la autofecundación, sino que dos individuos copulan entre sí. Algunas especies, para evitar la autofecundación, cambian de sexo en el transcurso de su vida (**protandria** o **protoginia**).

Fecundación y partenogénesis
La fecundación consiste en la fusión de los gametos masculino y femenino, sobre todo los núcleos, para formar el **cigoto.** Puede tener lugar fuera del organismo (**fecundación externa**), como en el caso de muchos organismos acuáticos y plantas terrestres no vasculares, o en el interior del aparato reproductor femenino (**fecundación interna**), como en los animales terrestres y en las plantas con polinización.
Un caso especial de reproducción sexual es la partenogénesis, modalidad en la que el óvulo se desarrolla sin haber sido fecundado. Si el óvulo se forma con meiosis, es haploide y da lugar a machos haploides (**arrenotoquia**), mientras que en ausencia de meiosis los óvulos son diploides y dan lugar a hembras que no pueden ser fecundadas (**telitoquia**).

Posición de la meiosis
En la naturaleza se observan tres tipos de ciclos biológicos respecto a la posición de la meiosis en la reproducción. En los organismos **haplontes** la meiosis afecta al cigoto, que constituye la única célula diploide de todo el ciclo vital. En los **diplontes** –los más abundantes– la meiosis se produce al formarse los gametos, que son las únicas células haploides del ciclo. En los **diplo-haplontes** –la mayoría de los vegetales– la meiosis se produce durante el proceso de formación de esporas, de forma que el ciclo biológico queda dividido en dos generaciones: el **esporofito**, originado por el cigoto diploide, forma esporas haploides de las que nace un organismo haploide o **gametofito**, el cual produce los gametos haploides que al fusionarse originan el cigoto diploide.

1. *Los caracoles terrestres son hermafroditas y el apareamiento tiene lugar mediante copulación recíproca, de modo que el pene de cada uno se inserta en la vagina del otro. Luego se separan y depositan los huevos.*

2. *Los salmones y la mayoría de los peces son animales de fecundación externa, lo que facilita su reproducción en piscifactorías. Cuando el macho está maduro se le saca el esperma mediante una ligera opresión y se vierte sobre las huevas.*

3. *Cuando el ovocito está en un estadio avanzado del desarrollo, a su alrededor se desarrolla una membrana gruesa, la zona pelucida, a cuya formación contribuyen las células foliculares más internas que lo rodean.*

4. *En un espermatozoide maduro, el núcleo se concentra en una pequeña cabeza que contiene la masa del ADN haploide y el acrosoma, en la punta y con lisinas para disolver la membrana del óvulo.*

5. *Los espermatozoides que se forman en los conductillos de los testículos pasan a un conducto deferente, que en los mamíferos desemboca en la uretra.*

Alternancia de generaciones

La alternancia de una generación asexuada con otra sexuada en el ciclo biológico de una especie constituye una adaptación evolutiva que combina las ventajas de distintas formas de reproducción, lo cual queda manifiesto de modo especial en organismos que presentan **alternancia facultativa** que les permite una flexibilidad ventajosa para reproducirse, como en el caso de las algas verdes del género *Clamydomonas.* Otros organismos como el coccidio parásito del hígado del conejo *(Eimeria stiedae)* –un protozoo del grupo de los esporozoos–, presentan una **alternancia obligada** en su ciclo biológico: en la fase asexual se multiplican rápidamente por escisión múltiple o esquizogonia (la célula se convierte en plurinuclear mediante repetidas mitosis y luego el citoplasma se divide); los merozoítos resultantes continúan extendiendo al coccidio por el tejido huésped; tras la fase de maduración producen, por gametogonia, macrogametos y microgametos sexuales que se unen por pares de clase opuesta para formar cigotos, los cuales, por esporogonia forman esporozoítos, que pasan de un huésped a otro.

Alternancia antitética
La alternancia antitética es la norma reproductiva en la mayoría de las plantas y corresponde a un ciclo biológico diplo-haplonte en el que la meiosis se produce durante el proceso de formación de esporas, que en este caso suelen denominarse **meiósporas.** El resultado es la alternancia de una generación de reproducción asexuada por esporas, llamada **esporofito**, y una generación sexuada o **gametofito**, aunque el ciclo vital puede adoptar una gran variedad de formas. Las dos plantas pueden tener un aspecto idéntico (isomorfas) o ser marcadamente distintas (heteromorfas). En las algas ambas generaciones suelen ser independientes y de vida libre, mientras que en las briofitas (musgos y hepáticas) el esporofito está reducido al esporogonio portador de esporas que se forma sobre el arquegonio. De modo que en las briofitas los gametofitos constituyen la parte dominante desde el punto de vista morfológico y fisiológico en el ciclo vital, y son de ordinario perennes, alcanzando el máximo grado de complejidad estructural; los esporofitos, en cambio, poseen poca complejidad (sin ramificar y poseen un único esporangio), son anuales y efímeros, y en parte dependen de los gametofitos.
En los helechos, la generación dominante es el esporofito y constituye la planta que comúnmente llamamos helecho, con sus característicos frondes en cuyo envés se observan esas manchas prominentes de color pardo, los soros, que contienen los esporangios. Al caer y germinar, la espora (meióspora) origina el gametofito, que se desarrolla poco, aunque dará lugar por reproducción sexual al típico helecho. El esporofito de los helechos vive muchos años y produce esporas varias veces al año, es diploide y está bien adaptado a la vida terrestre, siendo nutricionalmente independiente del gametofito. Los gametofitos son planos, verdes, fotosintéticos y de forma acorazonada, pero sólo pueden vivir en un medio húmedo y sombreado. Para la unión de los gametos es necesario un medio acuoso; los anterozoides, multiflagelados, nadan después de una lluvia hacia el único óvulo contenido en el arquegonio y son atraídos por una sustancia química producida por éste. El cigoto se convierte en un embrión dentro del arquegonio, de forma que el esporofito se desarrolla inicialmente como un parásito del gametofito, pero muy pronto se convierte en una planta independiente. En las plantas con semilla (gimnospermas y angiospermas), la regresión del gametofito, la preponderancia del esporofito y la heterosporia alcanzan su máxima expresión; a diferencia de los helechos, esas plantas carecen de una generación gametofítica independiente. La única generación autónoma visible es el esporofito, ya que la efímera existencia de los gametofitos queda disimulada en el interior de los conos o de las flores, los órganos reproductores. El protalo masculino se reduce al desarrollo de una micróspora, el grano de polen, que origina el tubo polínico y los núcleos espermáticos o microgametos. La macróspora o célula del saco embrionario que se origina en el interior del ovario tiene un desarrollo tan reducido que no pasa de una división nuclear, sin división citoplásmica, que da lugar hasta ocho núcleos hijos, uno de los cuales, la oosfera, representa el macrogameto. El tubo polínico de las plantas con semilla elimina la necesidad del agua y constituye un mecanismo para la unión directa de los gametos masculino y femenino. Además, las semillas constituyen un excelente medio para la rápida y extensa diseminación de las plantas, siendo resistentes a la deshidratación y las temperaturas extremas. Ambas características han sido en gran medida la causa de la amplia distribución de esas plantas como organismos terrestres, independientes del medio acuático.

1

Metagénesis
La metagénesis (o metagenia) es una forma de reproducción que presentan muchos invertebrados (tunicados, hidrozoos, anélidos, celentéreos, etc.) en cuyo ciclo vital generaciones sexuadas alternan con generaciones asexuadas que se multiplican

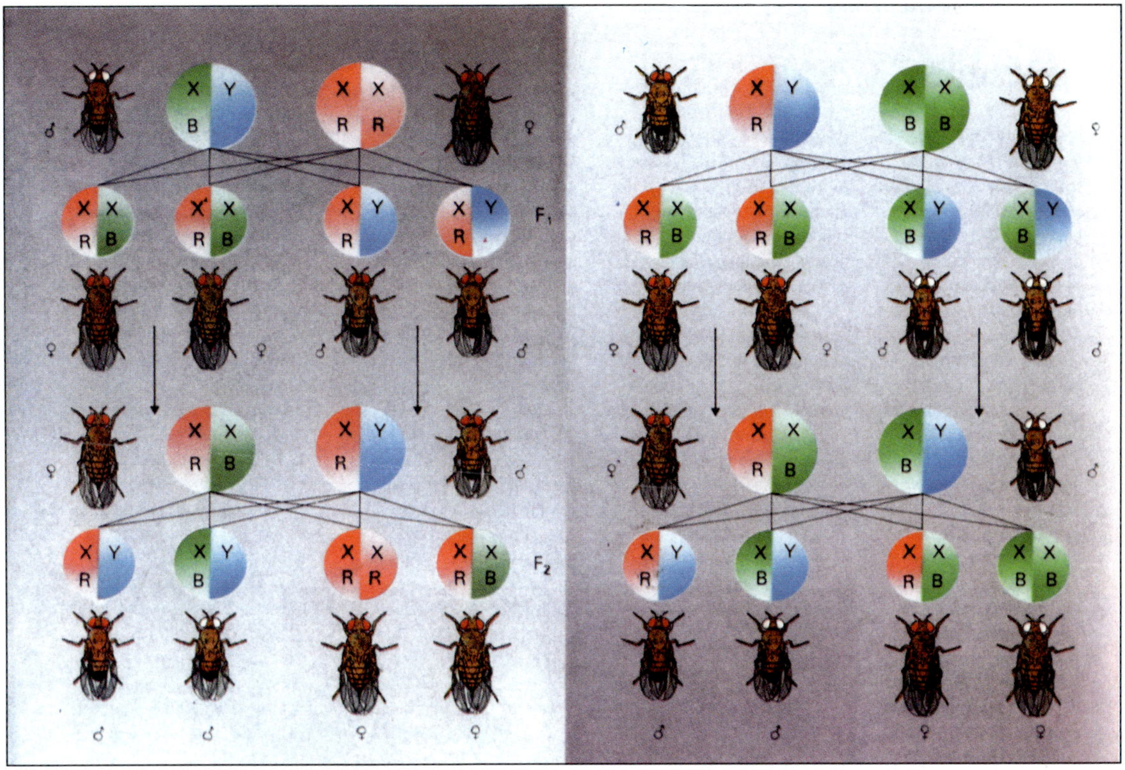

2

por escisión o por gemación. Un ejemplo ilustrativo es el ciclo de muchos hidrozoos como *Obelia*. La colonia de pólipos de este hidroideo marino comprende pólipos de dos tipos, los gastrozoides nutricios y los gonozoides reproductores. Estos últimos forman por gemación medusas nadadoras de sexos separados que producen óvulos y espermatozoides. El cigoto se desarrolla en una larva nadadora (plánula), ciliada, que pronto se fija en el fondo y forma una nueva colonia de pólipos por gemación.

Heterogonia

Entre los invertebrados también es frecuente la alternancia de una generación sexuada con fecundación (anfigonia) y una forma de reproducción regresiva que generalmente es la partenogénesis, pudiendo ser esta última obligada o facultativa. En este último caso, el desarrollo partenogenético de un óvulo haploide origina individuos machos, pero si es fecundado da lugar a hembras. Ciertas especies de artrópodos (e incluso algunos vertebrados como las lagartijas) constan exclusivamente de hembras que se reproducen partenogenéticamente; sin embargo, lo más común es que la partenogénesis ocurra durante varias generaciones, después de lo cual aparecen machos que se aparean con las hembras y fecundan sus óvulos. En ciertas especies, la partenogénesis es muy importante para mantener la estructura social, mientras que en otras parece ser una simple adaptación para sobrevivir en tiempos de estrés o cuando hay un grave descenso del número de individuos en la población. Entre las abejas, la reina almacena los espermatozoides que recibe del zángano durante el vuelo nupcial y, mediante una válvula conectada con el sistema reproductor, sólo deja que se fecunde una parte de los óvulos. Los óvulos fecundados se convierten en hembras (reinas y obreras), mientras que los que se desarrollan sin ser fecundados se convierten en machos. En el caso de la filoxera, el áfido *Phylloxera vitifoliae*, los huevos fecundados en invierno se convierten en primavera en hembras ápteras productoras de agallas en las hojas de la vid. En las hojas es donde depositan los huevos que darán lugar a individuos partenogenéticos en tres generaciones sucesivas. La tercera generación es de hembras aladas que ponen dos tipos de huevos, de los que nacerá la generación sexuada, áptera, de hembras y machos. Tras el apareamiento, las hembras ponen un único huevo en invierno, cerrándose de este modo el ciclo.

1. *Entre los insectos la alternancia de generaciones desempeña un papel a veces de gran importancia. Así, entre las abejas, la producción de huevos fecundados da lugar a las obreras y las reinas, mientras que si el huevo se desarrolla sin fecundar, se obtienen machos. De este modo es posible controlar la población y la estructura de la colmena.*

2. *Esquema de la herencia de los caracteres en la mosca de fruta siguiendo las leyes de Mendel.*

Desarrollo

El punto de partida para la formación de un nuevo individuo pluricelular por reproducción sexual es el huevo activado o **cigoto**, en el cual empieza a desarrollarse el programa genético contenido en el ADN. En una primera etapa el cigoto se desarrolla hasta producir un nuevo ser, es decir hasta la germinación de la semilla en las plantas y el nacimiento en los animales: es el denominado **desarrollo embrionario**, de cuyo estudio se ocupa la **embriología**. La segunda etapa o **desarrollo postembrionario** abarca desde la germinación de la semilla, en las plantas, o desde el nacimiento, en los animales, hasta que el nuevo individuo alcanza la madurez o estado adulto; es decir, cuando es capaz de reproducirse. La parte de la biología que se ocupa del estudio del desarrollo tanto embrionario como postembrionario es la **ontogenia.**
El desarrollo embrionario, regido por el programa genético específico, implica cuatro tipos de procesos. El cigoto activado inicia un proceso irreversible de **crecimiento** por multiplicación celular, lo que exige la síntesis de proteínas. Mediante la **diferenciación,** las células se especializan modificando su estructura a medida que van perdiendo su capacidad de vivir de forma independiente, lo cual implica un proceso de **determinación**, es decir la adjudicación de una función específica a células o grupos de células embrionarias antes de que se produzca su diferenciación. Paralelamente tiene lugar la **morfogénesis** o creación de la forma del embrión a través de una serie de cambios que conducen a la formación de un órgano o de una parte del cuerpo del futuro individuo.

Embriología vegetal
El desarrollo de los vegetales no se reduce a las primeras etapas de su vida, como ocurre en los animales, sino que en ellos perduran grupos de células embrionarias o meristemáticas a lo largo del ciclo vital que conservan la potencialidad de las células indiferenciadas. Además, el desarrollo postembrionario es ilimitado en cuanto a la forma, presentando una gran elasticidad en función de estímulos o factores ambientales tanto internos como externos. El **embrión**, fase juvenil exclusiva de las plantas adaptadas al medio terrestre (embriofitas), unas veces se desarrolla sobre la planta madre (musgos, hepáticas, licopodios, equisetos, helechos) y otras, dotado con antelación de materiales de reserva (semilla), prosigue su desarrollo libremente. Una semilla típica consta de estructuras pertenecientes a tres generaciones distintas: el embrión o nuevo esporofito, el endospermo o tejido nutritivo derivado del gametofito femenino en las gimnospermas o de una fecundación doble en las angiospermas, y el epispermo o cubierta de la semilla, derivado del antiguo esporofito. El alimento almacenado en el endospermo nutre al embrión hasta que éste es capaz de llevar una vida independiente y el epispermo lo protege contra la desecación, temperaturas extremas y muchos parásitos.
El embrión de las plantas con semilla es la fase inicial del nuevo esporofito (plántula), de desarrollo retenido (latencia) hasta que se inicia la **germinación**, y está constituido por cotiledones u hojas embrionarias, epicótilo o plúmula (destinado a transformarse en el vástago de la nueva planta), radícula o raíz embrionaria e hipocótilo (parte central del embrión entre los cotiledones y la radícula, formando la conexión entre la raíz y el vástago). La primera estructura de la plántula que emerge de la semilla es la raíz, ya que las primeras áreas de división celular del embrión son los meristemos de la raíz seguidos de los meristemos apicales de la punta de los tallos.

1

Embriología animal
El **huevo** o cigoto de los animales consta de dos partes: el citoplasma, que originará el embrión, y el vitelo nutritivo, que puede variar en cantidad y distribución para dar lugar a cuatro tipos fundamentales de huevos. Los **huevos isolecitos** tienen escaso vitelo y uniformemente distribuido,

mientras que los **huevos heterolecitos** tienen bastante vitelo y distribuido de forma desigual, acumulándose en el llamado polo vegetal del huevo (el polo opuesto recibe el nombre de polo animal). En los **huevos telolecitos** el vitelo, abundante, ocupa casi todo el huevo, quedando el polo animal reducido a un pequeño casquete, mientras que los **huevos centrolecitos** tienen el vitelo distribuido centralmente, rodeando al verdadero citoplasma que ocupa el centro del huevo. La **segmentación** se inicia con la división del cigoto por sucesivas mitosis en células llamadas **blastómeros,** formando una masa esférica o **mórula** que evoluciona al estado de **blástula** integrado por un **blastodermo** que rodea un espacio interior o **blastocele.** En los huevos telolecitos, la segmentación es parcial y discoidal, de modo que sólo se segmenta el polo animal, mientras que en los centrolecitos es superficial y no se forma cavidad interna. La **gastrulación** determina el diseño básico del adulto y se inicia con la invaginación de la blástula, acompañada de una reducción del blastocele y continúa con la formación de las hojas embrionarias que constituirán las primeras áreas diferenciadas del embrión y originarán los órganos y tejidos concretos del adulto. Así como en los celenterados la gastrulación no pasa de la formación de dos hojas embrionarias, el **ectodermo** y el **endodermo**, en el resto de los animales se forma, además, una tercera capa entre las dos anteriores, el **mesodermo**, en el seno del cual aparece una cavidad que recibe el nombre de **celoma**. La diferenciación del **embrión** se inicia después de la gastrulación y constituye la **organogénesis** o formación de los diversos órganos a partir de las hojas embrionarias. Del ectodermo derivará la epidermis (y los demás órganos anejos) y el sistema nervioso central. Del endodermo, el tubo digestivo y diversos revestimientos internos. Del mesodermo, el tejido conjuntivo, el sistema muscular, las gónadas, los aparatos circulatorio y excretor y el esqueleto de los cordados.

Desarrollo postembrionario
Muchos animales, tras el proceso de desarrollo embrionario en el cual se han nutrido de las reservas almacenadas en el huevo o procedentes de la madre, nacen con un aspecto semejante al del adulto. Es el caso de los animales que tienen un **desarrollo directo** (algunos grupos de insectos, los reptiles, las aves y los mamíferos). Pero el resto de los animales tienen un **desarrollo indirecto:** el individuo, al nacer, tiene un aspecto diferente al del adulto y recibe el nombre de **larva,** que para alcanzar el nivel de organización del adulto ha de sufrir una serie de transformaciones que recibe el nombre de **metamorfosis**. Las larvas no son sino formas embrionarias obligadas a completar su desarrollo llevando vida libre ante la insuficiencia de las reservas del huevo. Las larvas de muchos anfibios y equinodermos, así como de ciertos insectos (chinches, langostas, etc.), atraviesan una **metamorfosis sencilla**, sin pasar por periodos de inactividad, ya que nacen bastante semejantes al adulto, mientras que otros animales (coleópteros, dípteros, himenópteros, lepidópteros, etc.) nacen con un aspecto muy diferente del adulto y tienen que atravesar un periodo de inactividad externa durante el cual la larva se protege dentro de una especie de caparazón (**pupa**) dentro del cual sufrirá una desorganización y reconstrucción de sus tejidos y órganos, es decir que tienen una **metamorfosis complicada**. En ciertos dípteros, la especie presenta individuos con caracteres larvarios que se pueden reproducir por partenogénesis, fenómeno denominado **paidogénesis.**

3

4

1. *Hembra de la mariposa de la seda junto a sus huevos. El desarrollo desde éstos al adulto se llama indirecto por experimentar una metamorfosis.*

2. *Hembra de salmón poniendo los huevos. Los alevines pasarán en el río la etapa de desarrollo inicial hasta emigrar al mar, donde tiene lugar la madurez sexual.*

3. *Entre las fases de larva y adulto el insecto pasa una etapa en el interior de la pupa, estructura en forma de capullo que teje aquélla.*

4. *Los reptiles, como este lagarto ocelado, tienen un desarrollo directo, saliendo del huevo un individuo similar al adulto.*

Herencia y genética

Los seres vivos generan otros individuos semejantes a ellos mismos. No obstante, la prole siempre difiere entre sí y de sus progenitores en mayor o menor grado. Esta transmisión de caracteres de una generación a otra constituye la herencia. La herencia trata, pues, de las características basadas en la descendencia, es decir la presencia en organismos vivientes de cualidades, manifiestas o latentes, que proceden de los antepasados, y se manifiesta en caracteres morfológicos, fisiológicos, instintivos e incluso en rasgos psíquicos de los animales superiores y de los humanos. Las diferencias (variaciones) entre los individuos de una misma especie son de dos tipos: inducidas por el ambiente (alimento, factores ecológicos, etc.) y hereditarias, que aparecen en algunos descendientes sin intervención del ambiente. La genética es la ciencia que estudia las diferencias y semejanzas debidas a la herencia, así como su origen y desarrollo.

Los mecanismos de la herencia

El primero en realizar experimentos decisivos sobre la herencia y en formular las leyes básicas de la genética fue Gregor Johann Mendel (1822-1884), quien distinguió entre el carácter visible y el factor que determinaba su aparición, el gen. Un **gen** es la unidad de la herencia que se transmite en un gameto y que rige el desarrollo de un carácter, por interacción con otros genes, el citoplasma y el ambiente. Naturalmente, puesto que los gametos son los únicos elementos que pasan de los padres a la generación siguiente, en ellos tiene que hallarse el mecanismo de la herencia. Los genes existen en pares (**pares de alelos**) en las células de los individuos diplontes, mientras que los gametos sólo tienen un gen de cada tipo. Un par de alelos está compuesto por el gen paterno y el gen materno de dos **cromosomas homólogos.** El par de alelos que rige un determinado carácter se simboliza con una pareja de letras iguales (una representa el gen paterno y otra el materno), aunque cada uno de ellos puede hacerlo con una característica diferente (por ejemplo, uno puede regir el color pardo de los ojos y el otro el color azul). Cuando el par de alelos está formado por dos genes idénticos, y que por tanto se manifiestan de la misma manera (el mismo color de los ojos), se dice que el individuo que los posee es **homocigoto** para el carácter que determinan, mientras que los híbridos que contienen dos alelos antagónicos son **heterocigotos.** La homocigosis se representa con ambas letras, mayúsculas o minúsculas; la heterocigosis, con una mayúscula y otra minúscula. En la heterocigosis, el miembro de un par de alelos que se expresa es el dominante, mientras el otro –que sólo se expresaría en condiciones de homocigosis– es el recesivo. En el caso de **herencia dominante** las letras mayúsculas representan los genes dominantes y las minúsculas los recesivos. Pero

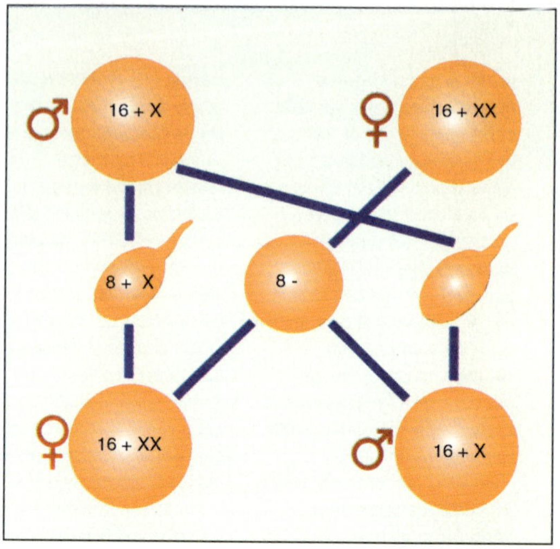

1

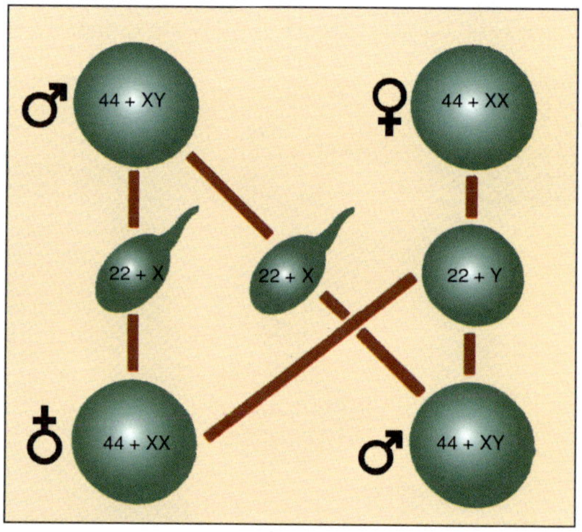

2

en la heterocigosis también puede haber **herencia intermedia** o **codominancia**, cuando dos alelos tengan la misma potencia para determinar el carácter, siendo entonces los heterocigotos de aspecto intermedio al de los progenitores respecto a dicho carácter.
La constitución genética completa de un individuo, tanto la manifiesta como la latente, constituye su **genotipo** y su aspecto; es decir, el conjunto de caracteres evidentes (morfológicos, fisiológicos, bioquímicos y hasta psicológicos), constituye su **fenotipo**. Esta, por tanto, es la manera de manifestarse el genotipo, manera que depende de las relaciones de dominancia y de la acción del medio ambiente.

Leyes de Mendel

Mendel realizó sus experimentos a partir de homocigotos, obteniendo por cruzamiento los híbridos de la primera generación filial F1 y con ellos la segunda generación F2. De la observación de los resultados extrajo una serie de conclusiones que se han

3

denominado leyes de Mendel.
La **primera ley de Mendel** es la *ley de la uniformidad de los híbridos de la primera generación,* según la cual del cruzamiento entre dos individuos de dos variedades puras resulta una generación filial F1 de híbridos todos iguales, como resultado de la herencia dominante (en cuyo caso los híbridos se parecen a uno de los progenitores) o bien de la herencia intermedia (los híbridos tienen un aspecto intermedio).
La **segunda ley de Mendel** es la *ley de la segregación de los genes de un par de alelos,* según la cual los dos genes que rigen cada carácter no se mezclan ni fusionan, sino que se segregan (separan) a la hora de formarse los gametos, teniendo cada gameto uno y sólo uno de los alelos diferentes. Mendel formuló esta ley tras observar los resultados del cruzamiento de los individuos de la F1 comprobando que en la F2 aparecían las proporciones fenotípicas 3:1 ó 1:2:1, según se tratara de herencia dominante o de herencia intermedia, respectivamente. También observó que, en la práctica, para averiguar el genotipo en un caso de dominancia se puede recurrir al **retrocruzamiento**, es decir el cruzamiento del individuo en cuestión con el homocigoto recesivo. Si el primero es homocigoto, todos los descendientes serán iguales a él; si es heterocigoto, resultará la proporción 1:1.
La **tercera ley de Mendel** es la *ley de la transmisión independiente de los caracteres,* según la cual, los genes para diferentes caracteres hereditarios se transmitirían a la descendencia de forma independiente. Mendel llegó a esta conclusión cruzando dihíbridos, pero no se cumple en aquellos casos en los que dos o más pares de genes se localizan en el mismo par de cromosomas, ya que entonces se transmiten ligados, no pudiendo separarse ni recombinarse independientemente.

Ligamiento o *linkage*
Hay tipos de herencia en los que no hay segregación independiente. Muchos caracteres tienden a heredarse juntos y entonces se dice que están ligados, formando grupos de ligamiento cuyos genes están ligados entre sí en un grado distinto.

Entrecruzamiento o *crossing-over*
Durante el apareamiento meiótico los cromosomas experimentan entrecruzamiento y recombinación, dando como resultado un intercambio al azar de segmentos enteros de material cromosómico. Puede haber varios intercambios en diferentes puntos del mismo cromosoma y cuanto más grande es la distancia entre dos genes del mismo cromosoma, mayores son las posibilidades de que lleguen a segregarse por entrecruzamiento.

Herencia y sexo
La mayoría de los animales y los humanos poseen un par de **cromosomas sexuales** (los restantes cromosomas se denominan **autosomas**), que en las hembras son iguales (XX) y en los machos diferentes (XY), aunque existen muchas excepciones a esta norma (en ciertos insectos las hembras son XX y los machos sólo tienen un cromosoma X, son X0). Los óvulos siempre tienen un cromosoma X, mientras que los machos producen en igual cantidad espermatozoides con el cromosoma X (que al fecundar el óvulo originarán hembras) y otros con el Y (que engendrarán machos).
La **herencia ligada al sexo** de caracteres como la hemofilia en el hombre responde a rasgos controlados por los genes localizados en el cromosoma sexual X, de modo que la transmisión está vinculada a la herencia del sexo de la descendencia. En casi todos estos genes, es el alelo recesivo el que produce la condición anormal; por ello en el macho basta con la presencia de un alelo recesivo para que aparezca dicha condición: las hembras funcionan como portadoras de tales caracteres, mientras que éstos sólo se manifiestan en los descendientes masculinos, ya que los machos reciben su cromosoma X siempre de la madre, nunca del padre.

1. *La mayoría de los animales poseen, como los humanos, un par de cromosomas sexuales, el X y el Y, de modo que las hembras son XX y los machos XY.*

2. *Como excepción a la norma de los dos cromosomas está, por ejemplo, el saltamontes, que sólo tiene un tipo de cromosoma sexual, el X.*

3. *El albinismo es un carácter recesivo, lo cual significa que sólo se manifiesta en el fenotipo en los individuos homicigóticos respecto de ese carácter.*

El secreto de la vida

A la luz de los últimos descubrimientos de la biología molecular, el dogma central de la genética y, por su importancia, de la biología, se puede resumir del siguiente modo: el ADN contiene la información hereditaria y dirige la síntesis del ARN. El fenómeno de la reproducción de los seres vivos no se ha podido comprender en profundidad hasta conocer el mecanismo íntimo de síntesis de los ácidos nucleicos, basados en la capacidad de replicación del ADN y en la transcripción del ARN. Ciertos virus (virus de ARN) constituyen las únicas excepciones a esta regla al copiar, mediante la enzima transcriptasa inversa, su secuencia de ARN en ADN incorporándola al material genético de la célula huésped; otros virus de ARN que infectan bacterias pueden replicar su ARN mediante la enzima ARN-replicasa.

Concepto moderno de gen

Actualmente se sabe mucho más acerca de los genes que en tiempos de Mendel y de Morgan. Los datos sintetizados por este último sobre caracteres hereditarios, los genes, los cromosomas y el ligamiento fueron decisivos para comprender los mecanismos de la herencia, pero se basaban en el concepto de que el gen es la unidad indivisible de la herencia. Según la concepción moderna, el gen es una cadena lineal de unidades distintas, los nucleótidos, dispuestas por parejas en la molécula doble de ADN. J. Watson lo definió como una región cromosómica distinta responsable de un producto celular específico tal como la secuencia aminoácida de una proteína o de una cadena polipeptídica; consta de una serie lineal de unidades potencialmente mutables, cada una de las cuales puede encontrarse en diferentes formas alternativas y entre las cuales pueden producirse entrecruzamientos.

El antiguo concepto de la relación «un gen – un carácter» ya no es adecuado. Todos los caracteres complejos están bajo el control de muchos genes. De hecho, el gen se subdivide en tres unidades. El **cistrón** es la unidad de función genética y corresponde a la definición moderna de gen, es decir una secuencia de nucleótidos de la molécula de ADN (ciertos virus que usan ARN son una excepción) que codifica un polipéptido o una proteína. El **mutón** es la unidad de mutación, es decir la porción más pequeña de cistrón que, al ser alterada, puede originar una mutación. El **recón** es la unidad de recombinación, es decir la porción más pequeña de cistrón capaz de intercambiarse por recombinación génica.

Replicación del ADN

La replicación del ADN es el proceso de síntesis o autoduplicación del ADN que tiene lugar en cada generación celular, dando

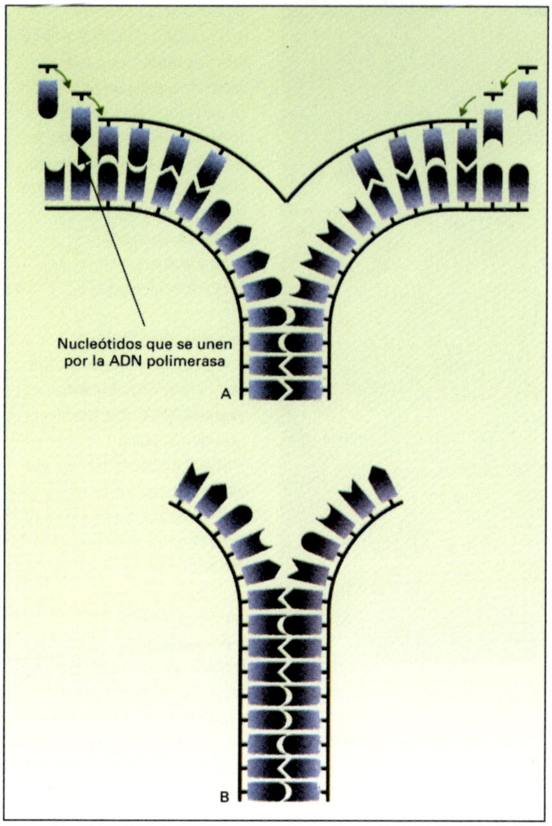

1

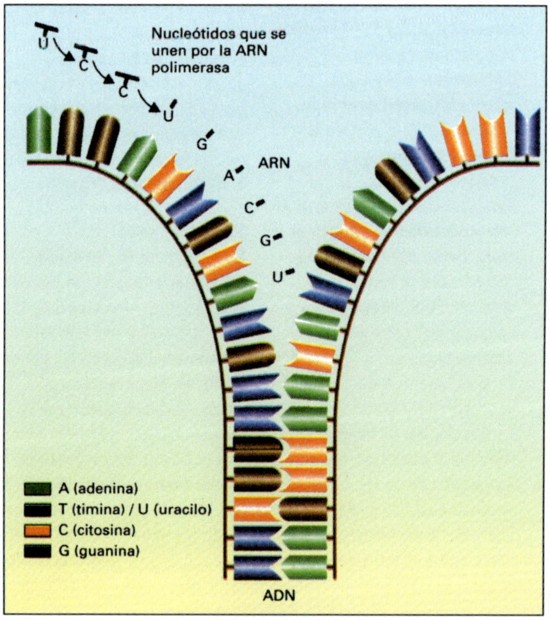

2

3

como resultado la formación de dos moléculas dobles de ADN. Durante la replicación de la doble hélice de ADN, las dos cadenas se apartan y cada una de ellas, actuando como molde, dicta la formación de una nueva cadena complementaria de sí misma, o sea que se forman dos nuevas cadenas de manera simultánea y de modo tal que su secuencia de bases no es idéntica, sino complementaria de la del molde. Se dice que la replicación del ADN es un **proceso semiconservador** por el hecho de que las dos cadenas originales del ADN se conservan en los productos resultantes, una en cada una de las dos hélices hijas, de modo que cada una de éstas está constituida por una hebra preexistente y una de nueva síntesis. La replicación se inicia con el desarrollamiento de la doble hélice de ADN y posterior separación de sus dos cadenas por ruptura de los puentes de hidrógeno que mantenían unidas las bases púricas y pirimídicas, produciéndose una estructura temporal en forma de Y, la bifurcación de replicación. El proceso es catalizado por la enzima **ADN-polimerasa**, que actúa como un complejo de varias enzimas que no sólo catalizan la polimerización, sino que además lo hace de una manera específica, uniendo los nucleótidos libres y colocándolos en el lugar correspondiente de acuerdo con la base nitrogenada que poseen. Las ADN-polimerasas necesitan un **iniciador** sobre el cual puedan adicionar nucleótidos.

Mecanismos de reparación del ADN

La transmisión fiel del material hereditario de generación en generación gracias a la capacidad de replicación del ADN se ve reforzada por una serie de mecanismos de reparación que actúan en caso de desgaste molecular por el paso del tiempo o en el caso de que agentes externos logren desperfectos en tan importantes biomoléculas. En la reparación interviene, primero, la enzima **endonucleasa**, que reconociendo los puntos débiles abre la doble hélice en esos puntos para que tras ella pueda entrar en acción la **ADN-polimerasa,** que irá sustituyendo los nucleótidos dañados por otros nuevos.

Transcripción del ARN

La síntesis del ARN recibe el nombre de transcripción, ya que en ese proceso la información es transcrita de un tipo de codificación (los nucleótidos del ADN) a otro (los nucleótidos del ARN), aunque el lenguaje de tripletes en el que está escrito el mensaje no cambia durante el proceso. En general, el ARN no forma una doble hélice, sino una cadena simple, la cual se sintetiza como complementaria de una de las dos cadenas de la doble hélice de ADN, que hace de molde. La transcripción se inicia con la ayuda de una subunidad de **ARN-polimerasa** que, al reaccionar con sitios específicos del ADN llamados **promotores**, provoca la abertura de la doble hélice y hace posible la lectura para la síntesis del filamento de ARN. Una vez iniciado el proceso, el monofilamento entra en la fase de prolongación a base de la adición de nucleótidos según una secuencia complementaria a la del ADN, proceso que continúa hasta que la ARN-polimerasa, ayudada por una proteína específica, encuentra una secuencia de terminación.

Maduración del ARN

En la célula eucariota, la molécula de ARN recién sintetizada empieza automáticamente a ser traducida en proteína, pero en los organismos eucariotas necesita sufrir una serie de cambios moleculares antes de convertirse en los diferentes tipos de ARN y traducirse en proteína. Esta maduración del ARN eucariótico tiene lugar en el núcleo de la célula y conlleva un acortamiento de las moléculas originales, llamándose exones a los segmentos que se conservan e intrones a los descartados. El ARN maduro en sus formas ARNm y ARNt es el verdadero ejecutor de las órdenes dadas por el ADN para la biosíntesis de las proteínas; dicho de otro modo, es el traductor del alfabeto de cuatro letras (los nucleótidos) a un alfabeto de veinte letras (los aminoácidos).

1. *La autoduplicación del ADN recuerda una cremallera abriéndose a medida que se rompen los puentes de hidrógeno que mantienen unidas las bases nitrogenadas de las dos cadenas de polinucleótidos que forman la molécula de ADN. Acto seguido, cada una de estas cadenas actúa de molde y se autoduplica.*

2. *La molécula de ARN se forma sobre el molde de una de las cadenas de polinucleótidos del ADN.*

3. *En un laboratorio de fermentación de ingeniería genética se cultivan bacterias, virus y otros microrganismos para la producción de interferones y otros productos biotecnológicos.*

Mutaciones

A veces, en la descendencia de los seres vivos aparecen nuevos caracteres que resultan hereditarios y que por tanto se deben a algún cambio en el gen que determina el carácter afectado; se trata de mutaciones, la causa principal de la **variabilidad**, en virtud de la cual los individuos de una misma especie nunca son exactamente iguales. De este modo, las mutaciones constituyen una de las bases fundamentales del proceso evolutivo de los seres vivos. Una mutación es un cambio estable y al azar en el aparato transmisor de la información de la célula que luego se perpetúa mediante la replicación del ADN hasta que ocurra otro cambio al azar. Las mutaciones ocurren tanto en las células somáticas como en las germinales, pero sólo en estas últimas la alteración se transmite de generación en generación. Pero el efecto siempre es el mismo: se altera la cantidad o las secuencias nucleotídicas del ADN y, por tanto, las instrucciones genéticas que rigen las actividades de la célula. Las mutaciones pueden ser génicas o cromosómicas.

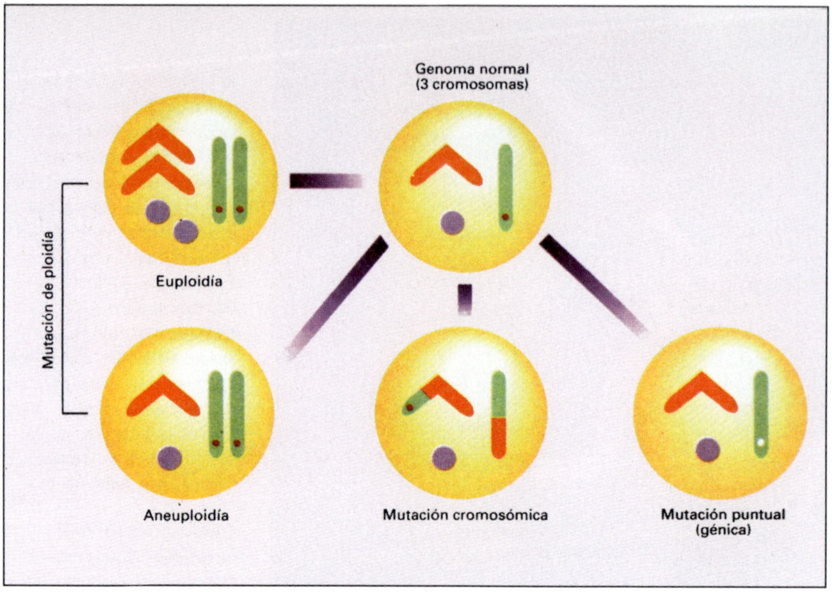

1

Mutaciones génicas

Las mutaciones génicas, también llamadas puntuales, son aquellas en las que hay cambios moleculares en los genes a causa de errores en la replicación o la reparación del ADN que tienen lugar antes de la replicación cromosómica; uno o más nucleótidos de la cadena de ADN pueden ser sustituidos por otros. La porción menor de un gen capaz de producir un efecto mutacional es el **mutón**, y el mutón más pequeño consta de un solo par nucleotídico. La mayoría de los genes mutantes son desfavorables para el individuo (**mutaciones regresivas**) e incluso pueden causar la muerte (genes letales), pero suelen ser recesivos respecto de su predecesor y por tanto sólo se expresan si se encuentran en homocigosis. A veces el gen mutante resulta favorable (**mutaciones progresivas**) o, más a menudo, indiferente (**mutaciones neutras**). Algunas mutaciones génicas son simples sustituciones de pares de bases que cambian el sentido de un triplete pero no el sistema de lectura: puede tratarse de la sustitución de una base púrica o pirimídica por otra de la misma familia, o bien de una purina por una pirimidina (o viceversa). Pero las más frecuentes son aquellas que, por adición o deleción de pares de bases, producen un corrimiento del sistema de lectura y el desplazamiento de la pauta de lectura, causando generalmente cambios drásticos en la traducción y por tanto en la síntesis de la proteína implicada. Algunos genes mutan con más probabilidad que otros y, por tanto, ciertos alelos (todos los genes situados en un locus determinado) son mucho más comunes que otros. Se ha comprobado que ciertas regiones del ADN, llamadas **puntos calientes**, son más susceptibles que otras a las mutaciones y que ciertas mutaciones aumentan su frecuencia al volverse menos competente la replicación del ADN o al fallar los sistemas enzimáticos de reparación.

Mutaciones cromosómicas

Las mutaciones cromosómicas son alteraciones de la estructura y del número de los cromosomas. Un segmento cromosómico puede perderse (**deleción**) o leerse dos veces en la replicación (**duplicación**), mientras que la secuencia génica normal puede alterarse mediante el cambio de secciones entre dos o más cromosomas no homólogos (**translocación**) o mediante una rotación de 180° de una sección cromosómica, que invierte el orden lineal de los genes en aquella parte (**inversión**). En la translocación, los genes entran en un nuevo grupo de ligamiento y luego se segregan independientemente de sus propios alelos. En los cambios que afectan al número cromosómico, una dotación de cromosomas paternos puede faltar (**haploidía**) o puede estar doblada o triplicada la dotación diploide (**poliploidía**), o bien se pueden ganar o perder cromosomas individuales (**aneuploidía**). Un genoma con un cromosoma menos se denomina monosómico (**monosomía**), así como en un cromosoma polisómico (**polisomía**) una clase de cromosoma puede estar representada tres veces (**trisomía**) o cuatro veces en lugar de dos (el número diploide). Un caso de trisomía

en los humanos es la que se presenta en el cromosoma 21, que causa el mongolismo o síndrome de Down.
Los poliploides se producen por la omisión de la división reduccional normal durante la meiosis, que da como resultado gametos con un número de cromosomas diploide en vez de haploide. Cuando estos gametos se unen, se duplica el número diploide normal y se produce un tetraploide; de la unión de un gameto diploide con otro haploide (normal) resulta un triploide. La poliploidía es más común en las plantas que en los animales y ha sido una importante forma de especiación en algunos taxones. Ciertos grupos de plantas contienen el número cromosómico básico de la supuesta cepa progenitora doblado, triplicado o cuadriplicado. Los genomas polisómicos, en cambio, provienen de la no disyunción: los pares de cromosomas homólogos no se separan en la sinapsis y producen un gameto con uno o más cromosomas suplementarios. También pueden ocurrir fusiones y fisiones de cromosomas –fenómenos evolutivos comunes– que, aunque alteran el número de cromosomas, no cambian la cantidad de material genético.

Mutaciones artificiales
Las mutaciones pueden inducirse artificialmente, por ejemplo, mediante radiaciones de alta frecuencia, sustancias químicas mutágenas (como el gas mostaza u otras armas químicas) y altas temperaturas.
La mayor parte de los genes mutantes son recesivos o letales que no sobrevivirían en la naturaleza; pero en los animales domésticos y plantas cultivadas se han producido mutaciones distintivas que se han conservado por cría selectiva, como en el caso del perro de la raza Dachshund de patas cortas. No obstante, también han aparecido algunos genes mutantes dominantes. Debido a la mayor exposición del hombre actual a las radiaciones de alta frecuencia, las mutaciones inducidas adquieren cada vez más importancia. Los efectos de las radiaciones son acumulativos y por tanto las personas que por razones laborales están expuestas continuamente a dosis pequeñas de radiaciones (técnicos de rayos X, personal de instalaciones de energía atómica, etc.) están en peligro. Las mutaciones debidas a radiación probablemente no se manifiestan durante varias generaciones porque suelen estar enmascaradas por alelos dominantes y sólo se ven en los homocigotos recesivos.
El nivel general de radiactividad mundial está en aumento desde que se inició la era atómica y las consecuencias biológicas y sociales todavía no se perciben en toda su magnitud. También se ha sugerido que en la naturaleza, la frecuencia de mutación ha variado en respuesta a los principales cambios ambientales, tales como el aumento de la temperatura global en el planeta y la penetración de rayos cósmicos.

2

1. *En un genoma imaginario de tres cromosomas se pueden dar cuatro tipos de mutaciones, dos de los cuales son más bien aberraciones que afectan al número normal de series haploides de cromosomas o a la dotación diploide.*

2. *El nivel general de radiacti vidad mundial está en aumento en parte debido a la proliferación de las centrales nucleares.*

Genética molecular

Los avances de la biotecnología han permitido profundizar en el conocimiento de la estructura química de los genes, su fisiología y los mecanismos de regulación génica. Paralelamente, una variedad de técnicas descubiertas en las dos últimas décadas permiten la manipulación del ADN dentro de las células vivas, lo que ha dado nacimiento a la ingeniería genética, un arma que está proporcionando un gran poder a la raza humana.

Regulación génica

Sólo una pequeña porción del ADN de una célula tiene probabilidades de estar en transcripción en un momento dado; por tanto, en condiciones normales, sólo unos cuantos de sus genes se están expresando. En realidad, gran parte de la información genética de una célula está reprimida de una manera más o menos permanente. Un gen reprimido sólo inicia el proceso de transcripción al ser inducido en reacción a algún tipo de demanda ambiental de alguna enzima. Los organismos procariotas poseen, además de los **genes estructurales** que codifican la síntesis de proteínas específicas, **genes reguladores** que determinan la síntesis de **proteínas represoras**. Éstas se unen a los **genes operadores** del ADN y obstaculizan la transcripción de los genes estructurales adyacentes. Una proteína represora puede ser desactivada por la presencia de un determinado sustrato, estableciéndose un mecanismo de retroalimentación negativa para el control de la biosíntesis proteica. El conjunto formado por los genes estructurales que están bajo el control de un gen regulador y los genes operadores recibe el nombre de **operón**. En los organismos eucariotas, el control de los genes se realiza principalmente mediante las llamadas **secuencias de inserción**, también presentes en los procariotas. Se trata de elementos móviles que, al insertarse en un gen, lo inactivan. Otro tipo de partículas móviles son los **trasposones**, que inactivan o potencian aquellos genes en los que se insertan.

Fisiología del gen

Al hablar de fisiología del gen los genetistas modernos se refieren a los mecanismos que conducen a la expresión en el fenotipo de un individuo del carácter que codifica un gen presente en el genotipo. Se sabe que el carácter aparece en el fenotipo como resultado final de una cadena de reacciones químicas controladas por el gen que rige dicho carácter. Pero este control no es ejercido de forma directa por los genes sino que éstos controlan las enzimas que catalizan las reacciones de manera escalonada, de forma que un gen sintetiza una enzima específica, la cual a su vez cataliza una reacción también específica. El dogama central de la fisiología del gen se resume, pues, en la expresión: un gen-una enzima-una reacción.

Genética bacteriana

Las investigaciones genéticas con bacterias y algunos hongos unicelulares tienen un especial interés por tratarse de organismos haplontes y que, además, se reproducen con gran rapidez, con lo cual se eliminan muchos de los problemas propios de la experimentación con organismos diplontes, entre ellos la lentitud con que se obtienen los resultados. En las bacterias, los caracteres hereditarios están

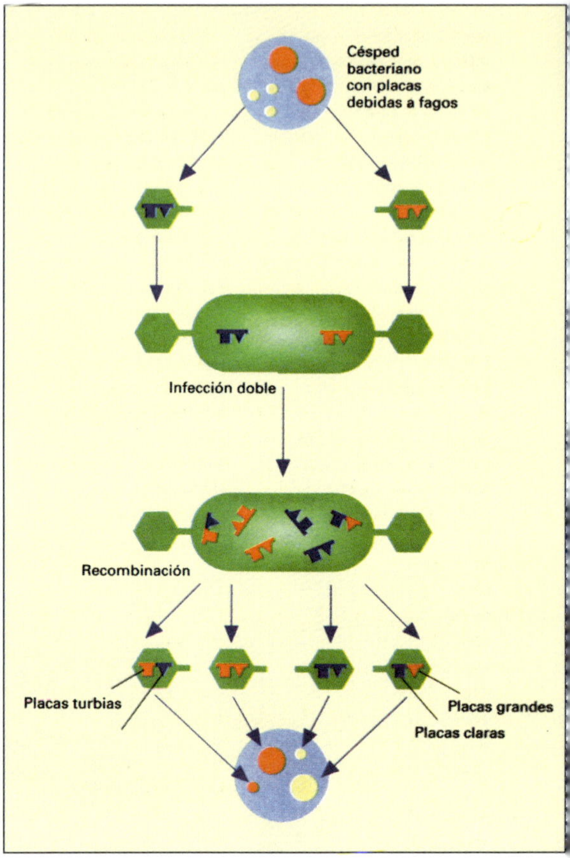

1

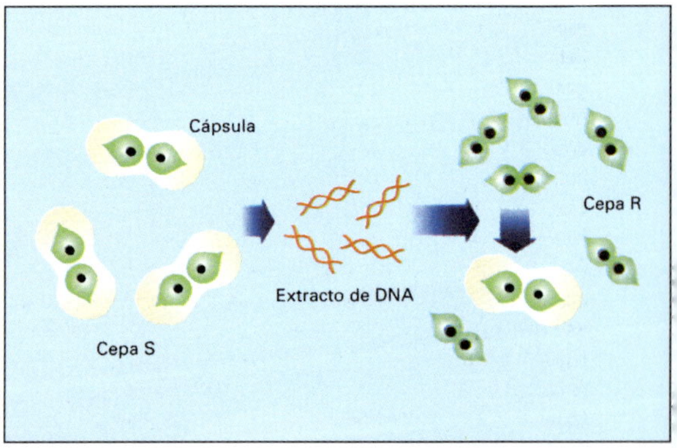

2

regidos por un solo gen (en los diplontes por un par de alelos), y no hay meiosis ni formación de gametos ni fecundación. No obstante, en estos organismos hay un intercambio de material genético mediante conjugación, transducción o transformación.
La **conjugación** consiste en el apareamiento de dos células de signos opuestos (equivalentes a los sexos) mediante un puente citoplasmático a través del cual intercambian material genético.
La **transducción** es la transferencia de genes mediante un bacteriófago que incorpora material genético de una célula huésped y lo introduce en otra a la cual infecta posteriormente.
En la **transformación**, los fragmentos de ADN liberados por una célula rota se recombinan con el ADN de otra célula bacteriana expuesta a ellos. Este mecanismo ha sido muy usado en ingeniería genética, en particular utilizando como ADN transformador el de un plásmido.

ADN recombinante

Las llamadas técnicas del ADN recombinante consisten en identificar y separar un gen específico, o una porción bien definida de ADN, del resto del genoma de una célula, para luego insertarlo en el ADN de otra célula viva, quedando incorporado en su genoma. De este modo se consiguen nuevas combinaciones artificiales de ADN en células y organismos muy diversos. Si se consigue que el marco de lectura de los tripletes del gen insertado sea el correcto y que el ADN transferido incluya una región reguladora que contenga un promotor, el gen puede ser transcrito y traducido, de modo que el huésped producirá una proteína nueva que jamás había sintetizado. La técnica fue posible gracias al descubrimiento de las **endonucleasas de restricción**, enzimas bacterianas que rompen las moléculas de ADN en puntos específicos, y las **ADN-ligasas**, que unen de nuevo los segmentos de ADN con gran precisión.
Para introducir un gen en una célula se utiliza normalmente un plásmido. Primero se aísla el plásmido a partir de la célula bacteriana huésped y se trata con una endonucleasa de restricción. El ADN extraño, obtenido con la misma endonucleasa, se liga al plásmido extraído de la bacteria *Escherichia coli,* mediante una ADN-ligasa. El ADN recombinante –ADN del plásmido más el donador– se expone nuevamente a la bacteria, que lo engloba y lo incorpora en su genoma replicándolo en el proceso de la multiplicación celular. Así se puede obtener en breve tiempo una cantidad indeterminada de copias de la secuencia nucleotídica insertada que forman un clon. La **clonación** de un gen es el primer paso para la obtención de determinadas proteínas (por ejemplo, insulina) a escala industrial, pero además es una forma de obtener una gran cantidad de información sobre la secuencia nucleotídica del ADN de un organismo determinado.
La tecnología del ADN recombinante también permite la realización de infusiones genéticas a partir de progenitores salvajes para reforzar las cepas de plantas cultivadas y de animales domésticos, e incluso, crear organismos **transgénicos** de nuevo diseño, superando las barreras de la especie. Por último, se han depositado muchas esperanzas en la capacidad de la biotecnología para reparar de una manera permanente algunos de los defectos genéticos de tipo hereditario en los humanos, seleccionando genes normales a partir de células en cultivo, clonarlos en bacterias para multiplicarlos y, finalmente, introducirlos en las células de las personas que carecen del alelo normal en cuestión. Pero también hay temores de los posibles riesgos biológicos resultantes de la liberación (deliberada o accidental) de organismos nuevos creados artificialmente y patógenos que podrían afectar al hombre y a otros organismos, sobre todo al tener en cuenta que el verdadero peligro radica en la permanencia de los resultados de la manipulación genética, dado que el material hereditario se autopropaga de una manera activa no igualable por ninguna otra manipulación ambiental.

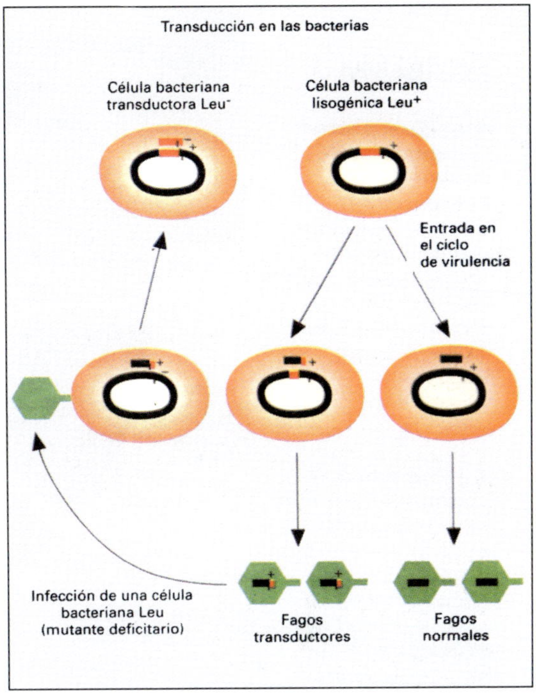

3

1. *Una bacteria o una cepa bacteriana puede sufrir una infección doble por parte de dos virus bacteriófagos diferentes. Tras la infección mixta, los ADN pueden experimentar recombinación de sus genes o fragmentos de molécula y conseguir tener una individualidad propia.*

2. *La transformación de una bacteria es el cambio genético que ésta experimenta tras haber estado expuesta a un ADN aislado procedente de otra bacteria y haberse recombinado. Es un intercambio genético donde fragmentos de un cromosoma bacteriano penetran y se recombinan.*

3. *La transducción es una forma de intercambio de material genético entre bacterias mediante la intervención de un bacteriófago.*

Evolución

La evolución es el proceso por el cual los seres vivos han adquirido su condición actual, estructural y funcional, mediante cambios a lo largo del tiempo que han dado lugar a su diversificación a partir de antepasados comunes más sencillos. Por tanto, la evolución es una descendencia con modificación.

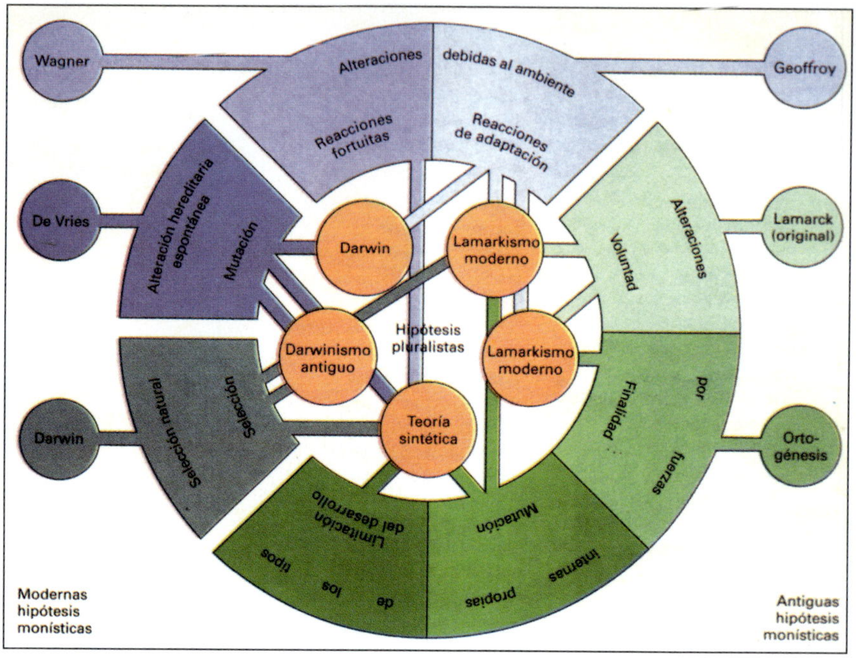

1

Genética de poblaciones

La genética mendeliana trata de la herencia en términos de cruzamientos a partir de parejas seleccionadas de progenitores homocigotos poseedores de ciertas características y que determinan los tipos de descendientes esperados en las sucesivas generaciones. Sus leyes permiten comprender los mecanismos de la herencia y han sido de gran utilidad para la **selección artificial** de numerosas variedades de plantas cultivadas y de animales domésticos que difieren notablemente de sus antepasados salvajes gracias a la cría selectiva y la conservación de mutaciones. La elección entre los descendientes y la eliminación de los individuos que poseen rasgos indeseables ha dado lugar a numerosas formas útiles. Pero la situación es bastante diferente en la naturaleza, donde los organismos viven en poblaciones en las que los individuos pueden cruzarse libremente entre ellos. Para comprender el fenómeno de la evolución, los problemas genéticos se enfocan en base a las poblaciones, entendiendo por **población** el conjunto de individuos de una misma especie que conviven en un área determinada.

La genética de poblaciones aplica los principios mendelianos a las poblaciones, especialmente a las frecuencias génicas y a las proporciones de genotipos bajo varios sistemas de apareamiento. El principio básico de la genética de poblaciones se expresa en la **ley de Hardy-Weinberg**, que establece que en una población dada con cruzamientos al azar la frecuencia relativa de los genotipos tiende a permanecer constante de generación en generación, siempre que no incidan fuerzas perturbadoras que alteren el equilibrio genético. Naturalmente, las poblaciones en equilibrio son raras o inexistentes en la naturaleza, pero la ley proporciona un importante punto de referencia para el estudio de los procesos evolutivos y también revela el mecanismo mediante el cual se conserva la variación genética de una población. La conservación de genes poco comunes es de gran importancia para el proceso evolutivo; su presencia aumenta en gran manera la distribución de la variabilidad genética y la capacidad de una población para ajustarse, mediante la selección natural, al cambio ambiental.

Las mutaciones y la selección natural

Las mutaciones son la materia prima de la evolución, ya que pueden producir variación hereditaria. Un gen mutante suele aparecer en uno o unos pocos individuos y el aumento de su frecuencia en la población suele ser gradual a través de muchas generaciones.

El éxito o el fracaso depende sobre todo de su ventaja selectiva, es decir de la capacidad que confiere al poseedor para dejar un gran número de descendientes vivos en la siguiente generación respecto a los poseedores de los alelos alternativos. La selección natural actúa con mucha más fuerza que las mutaciones sobre el equilibrio génico de las poblaciones y fue teorizada por Darwin y Wallace, de manera que ha sobrevivido hasta la actualidad a la luz de los nuevos conocimientos. Según esta teoría, al nacer más individuos de los que logran sobrevivir, existe una lucha por la existencia (por el alimento y espacio) que se agudiza en condiciones desfavorables, viéndose favorecidos aquellos individuos cuyas variaciones les confieren una mayor capacidad para sobrevivir en un ambiente cualquiera. Los supervivientes son los que dan origen a la siguiente generación, con lo cual se transmiten las variaciones exitosas a las sucesivas generaciones. Conforme el medio cambia, van apareciendo nuevas adaptaciones y la acción de la selección natural a través de largos periodos de tiempo puede conducir a la aparición de descendientes muy distintos de sus antepasados. Ciertos miembros de la población, con un grupo de variaciones, pueden

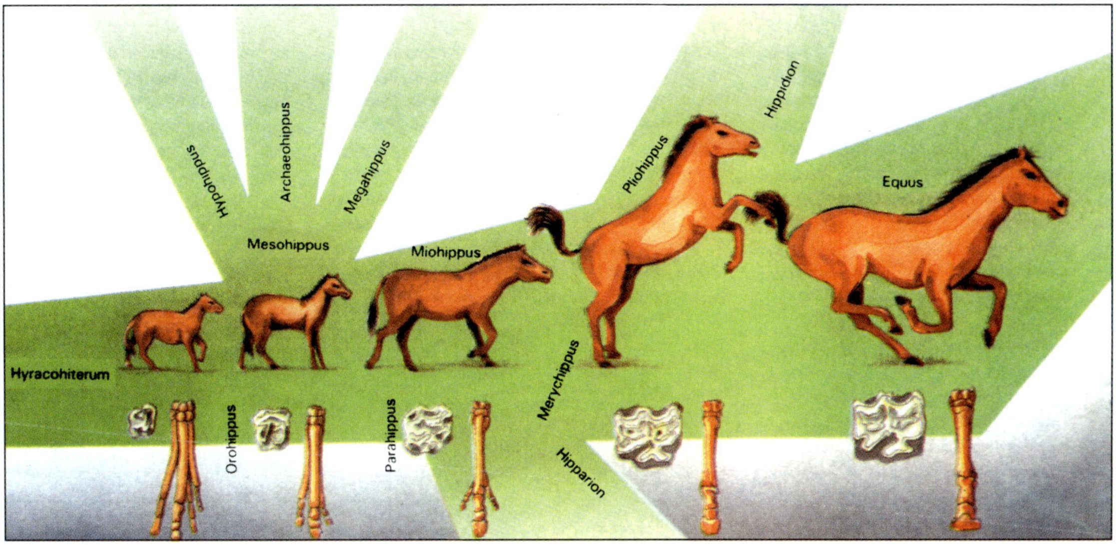

2

adaptarse mejor a los cambios ambientales de una determinada manera, mientras otros con un conjunto diferente de variaciones se adaptan de un modo distinto. Así, un solo grupo ancestral puede dar origen a dos o más tipos de organismos.

Deriva génica y mezcla de poblaciones

Otro factor evolutivo es la deriva génica debida a cambios dispersivos en las frecuencias génicas de una población como resultado de procesos aleatorios tales como la colonización de una nueva área de aislamiento geográfico por un reducido número de individuos (**efecto del fundador**), o el hecho de que sólo unos pocos individuos (sin ser representativos del material genético de la población) sobrevivan ante una determinada etapa crítica de ciclo vital (**efecto de embotellamiento**).
También se puede ver perturbado el equilibrio genético de una población por la introducción de genes externos (**flujo génico**), con lo que aparecen nuevos genotipos que pueden originar una nueva raza.

Pruebas de la evolución

La teoría de la evolución, según la cual todos los organismos han evolucionado a partir de un tipo ancestral común más sencillo, se basa en pruebas morfológicas, paleontológicas, embriológicas bioquímicas y de otros campos de investigación. Así como la **macroevolución** explicaría la formación de los grupos de rango superior a causa de macromutaciones ocurridas en tiempos geológicos, la **microevolución**, responsable de la formación de razas y especies, se ha podido observar en muchas ocasiones, por ejemplo en ciertos insectos que se han vuelto resistentes a determinados insecticidas. Las **pruebas paleontológicas** ayudan a comprender ambos fenómenos en un gran número de casos en los que es posible identificar a los ancestros putativos de las formas vivientes entre los organismos fósiles. Y también las **pruebas biogeográficas**, puesto que las áreas biogeográficamente aisladas tienden a estar habitadas por organismos ecológicamente similares pero de origen taxonómico diverso, lo que indica que cada grupo representa una **radiación adaptativa** independiente. Los **caracteres adaptativos** son modificaciones de **caracteres constitucionales** como consecuencia de la adaptación a un determinado tipo de vida; sólo estos últimos caracterizan un plan de organización básico y común para todos los organismos que descienden de un mismo ancestro. De aquí que, al atribuir relaciones evolutivas, solamente son válidas las semejanzas basadas en los **órganos homólogos**, es decir que poseen el mismo tipo de organización debido a que tienen el mismo origen; los **órganos análogos**, en cambio, desempeñan la misma función, pero tienen origen diferente. La embriología proporciona pruebas evidentes de la evolución que quedan expresadas en la ley fundamental de la biogenética, según la cual el desarrollo de un ser vivo es la recapitulación de su historia evolutiva, historia que a veces queda también patente en los **órganos vestigiales** que poseen la mayoría de los organismos superiores. Estos órganos vestigiales, inútiles y degenerados, suelen ser restos de órganos que fueron funcionales en algún antepasado.
Las **pruebas inmunológicas** de la evolución se basan en la especificidad de las proteínas, que es tanto menor cuanto mayor es el parentesco filogenético. Por otra parte, las semejanzas estructurales de los ácidos nucleicos existentes en todos los seres vivos constituyen una de las **pruebas bioquímicas** más contundentes del origen común de todos los organismos.

1. *Aunque en el hablar común de hoy la evolución va estrechamente ligada al darwinismo, las teorías e hipótesis evolutivas son diversas.*

2. *Las tendencias en la evolución del caballo desde el Eoceno hasta la actualidad han sido el desarrollo corporal, la reducción del número de dedos como especialización para la carrera y el aumento de la superficie de los molares.*

Paleontología

La evolución es un proceso cósmico del cual forma parte la evolución de nuestro planeta, evolución que a partir de un cierto momento implicó la aparición de la vida como resultado de una combinación de moléculas inertes bajo determinadas condiciones ambientales. Las condiciones de la Tierra eran muy diferentes a las actuales hace miles de millones de años, cuando la vida inició su evolución. Cuando aparecieron los primeros seres vivos, el efecto de los mismos sobre el ambiente fue tal, que ya no fue posible la abiogenia, es decir la aparición de vida a partir de materia inanimada. La historia de la vida –que viene a ser la historia de la biosfera– suele dividirse en dos grandes periodos de tiempo (eones): el **Criptozoico** (tiempo de vida oculta), también denominado **Precámbrico**, y el **Fanerozoico** (tiempo de vida aparente), que comprende aproximadamente los últimos 570 millones de años.

Precámbrico

Aunque hay indicios de la existencia de vida en los tiempos precámbricos, sólo en las rocas de las últimas fases de esta época, pertenecientes a la **era Proterozoica**, se han encontrado fósiles de organismos que, por otra parte, podrían fácilmente ser considerados del Cámbrico. Las rocas de la **era Arqueozoica**, la más antigua, están sepultadas a grandes profundidades en casi su totalidad, pero en algunos afloramientos se han encontrado rastros de vida primitiva, fundamentalmente grafito, carbón puro y fósiles de cianobacterias. Probablemente en la era Proterozoica se formó la capa de ozono protectora de la biosfera y aparecieron las primeras células eucariotas, las primeras plantas no vasculares (talofitas) con reproducción sexual y los primeros metazoos. El precámbrico se inició hace unos 4.000 millones de años y duró hasta hace casi 570 millones de años, edad que se atribuye a los primeros yacimientos ricos en fósiles que se conocen. Con esta «explosión de la vida», que coincide más o menos con un fuerte incremento en la concentración del oxígeno atmosférico disponible, se inicia el periodo **Cámbrico**, la subdivisión más baja de la era Paleozoica.

Era Paleozoica

La era Paleozoica se inicia con el periodo **Cámbrico**, al que siguieron el **Ordovícico**, el

4.000	Precámbrico	Arcaico	*Eozoon c.* (Alga?) · *Croyciume e* (Alga?)
2.500	Precámbrico	Alconquiano	*Stromafolio* (Alga) · *Gallatinia* (Alga)
600	Paleozoico o Era primaria	Cámbrico	Trilobites · Arqueociatidos (Espongiarios?)
500	Paleozoico o Era primaria	Ordovícico	Graptolites · *Calymene* (Trilobites)
440	Paleozoico o Era primaria	Silúrico	*Birkenia* (Pez) · *Lituites* (Cefalópodo)
350	Paleozoico o Era primaria	Devónico	*Pterichthys* (Foraminífero) · *Archaeopteris* · *Calceola sandalina* (Celentereo)
275	Paleozoico o Era primaria	Carbonífero	*Fusilina* (Foraminífero) · *Calamites* (Equisetos) · *Sigillaria* (Licopodial)
225	Paleozoico o Era primaria	Pérmico	*Bellerophon* (Gasterópodo) · *Walchia* (Conífera) · *Pleuracanthu* (Pez)
190	Mesozoico o Era secundaria	Triásico	*Myophoria k.* (Lamelibranco) · *Megalodon g.* (Lamelibranco) · *Ceratites* (Cefalópodo
135	Mesozoico o Era secundaria	Jurásico	*Archaeopterix l.* (Ave) · Brontosauro (Reptil) · *Ichthyosauru* (Reptil)
65	Mesozoico o Era secundaria	Cretácico	*Belemnitella* (Belemnites) · *Hippurites* (Lamelibranco) · Pteranodon (Reptil volado
54	Cenozoico o Era terciaria	Paleoceno	*Turritella l* (Gasterópodo) · *Ortophragmina r* (Foraminífero)
40	Cenozoico o Era terciaria	Eoceno	*Nummulites fabianai* · *Eohippus* (Peripsodáctilo) · *Mene r* (Pez)
25	Cenozoico o Era terciaria	Oligoceno	*Mesohippus* (Peripsodáctilo) · *Lepidociclyna* (Foraminífero) · *Flabellaria* (Monocotiledóne
7	Cenozoico o Era terciaria	Mioceno	*Congeria S.* (Lamelibranquio) · *Pecten c.* (Lamelibranquio) · *Miogypsina* (Focaminífero)
	Cenozoico o Era terciaria	Plioceno	*Natica m.* (Gasterópodo) · *Paludina* (Gasterópodo)
1,2	Neozoico o Era cuaternaria	Pleistoceno	*Yoldia a.* (Lamelibranquio) · *Ciprina i.* (Lamelibranquio) · *Mya t.* (Lamelibranqui
0,01	Neozoico o Era cuaternaria	Oleoceno	*Strombus b.* (Gasterópodo)

Silúrico, el **Devónico** y el **Carbonífero**, finalizando con el **Pérmico** hace unos 250 millones de años. A finales del Cámbrico ya se encuentran representados prácticamente todos los fila animales salvo los cordados, y el fondo de los océanos se encuentra ampliamente habitado por esponjas, corales, equinodermos, caracoles, bivalvos, cefalópodos, braquiópodos y **trilobites**. Del Ordovícico datan los primeros indicios de los **ostracodermos**, peces primitivos sin mandíbulas ni extremidades. Durante el Devónico, denominado la «edad de los peces», surgen los **placodermos** o peces acorazados, los **condrictios** y los **osteíctios,** así como los anfibios primitivos, los **laberintodontos,** que probablemente fueron los primeros colonizadores de tierra firme y cuyo desarrollo coincide con la aparición de los primeros bosques, en los que predominaban los helechos, licopodios, equisetos y las primitivas plantas con semilla (helechos con semilla, **progimnospermas**). Estos bosques pantanosos adquieren su máximo desarrollo en el Carbonífero, periodo del que datan los principales depósitos actuales de hulla, que no son sino los restos fósiles de dichos bosques, y en el que aparecen los primeros reptiles, los **cotilosaurios**, que darán lugar, en el Pérmico, a los **pelicosaurios**. A finales de este último periodo de la era Paleozoica adquiere una notable expansión un grupo de reptiles con características más parecidas a las de los mamíferos, los **terápsidos**, probablemente por evolución de los pelicosaurios. La era concluye con la más importante de las extinciones masivas de la historia de la biosfera, debida a un periodo de aridez extrema y una gran regresión marina a causa de la formación del supercontinente **Pangea**.

2

Era Mesozoica

La era llamada «edad de los **reptiles**» comenzó hace unos 250 millones de años y su característica más notable fue la gran diferenciación y el gran desarrollo –y al final la extinción– de una enorme variedad de reptiles, entre ellos los famosos **dinosaurios**, así como la evolución de otros grupos hacia los primitivos mamíferos (a partir de los terápsidos) y las primitivas aves. En el dominio de las plantas, entran en regresión los grupos dominantes de la era anterior al mismo tiempo que las **gimnospermas** alcanzan un gran desarrollo y aparecen las primeras angiospermas. La era Paleozoica se subdivide en tres periodos: **Triásico**, **Jurásico** y **Cretácico**. Al final de este último se extinguió la mayor parte de los reptiles en forma repentina, lo que todavía es objeto de investigación y polémica, sobre todo en lo que concierne a los dinosaurios, cuya extinción pudo ser debida a causas extraterrestres (colisiones de la Tierra con un asteroide o con partículas de un cometa).

Era Cenozoica

La era Cenozoica comprende los últimos 65 millones de años de la historia de la Tierra, distribuidos en dos periodos denominados **Terciario** y **Cuaternario**; el primero se subdivide en cinco épocas (Paleoceno, Eoceno, Oligoceno, Mioceno y Plioceno) y abarca toda la era salvo el último millón y medio de años cuaternarios, subdivididos en Pleistoceno y Holoceno. La era Cenozoica se caracteriza por la gran radiación de los **mamíferos**, **aves** e **insectos** y, en el mundo vegetal, por la abundancia de gimnospermas y la gran expansión de las **angiospermas**, que acaban dominando los ambientes terrestres.
Durante el Paleoceno aparecen los primeros carnívoros, los **creodontos**, y se desarrollan los **primates** a partir de pequeños insectívoros; en el Eoceno aparecen los **simios**, y en el Mioceno se produce su diversificación y aparecen los antepasados de los póngidos y de los **homínidos**. El Pleistoceno tuvo cuatro **glaciaciones** que bloquearon ingentes cantidades de agua, con lo cual el nivel del mar descendió cerca de 100 metros y se crearon conexiones terrestres que facilitaron la dispersión de muchas formas de vida terrestre. Durante el Cuaternario tiene lugar uno de los procesos evolutivos más trascendentales desde el punto de vista antropológico, la **hominización**, a través del cual los antepasados del hombre adquieren rasgos anatómicos peculiares y la capacidad de modificar el medio e independizarse en cierta medida de éste, con lo cual se reduce el sometimiento a las presiones de la selección natural.
El primer rasgo importante, el bipedismo, llevó consigo los movimientos de pronación y supinación de las extremidades superiores, la flexibilidad de las articulaciones de los dedos y la capacidad de oposición del pulgar a los demás dedos. La cerebralización implica el aumento de volumen craneal y el desarrollo de las partes de la corteza cerebral implicadas en la actividad inteligente, lo que confiere la capacidad de reflexión que distingue a la especie humana del resto de los animales superiores.

1. *Esquema que muestra las distintas eras en que se divide la historia geológica de la Tierra con las especies (hoy fósiles) más características.*

2. *Esqueleto fosilizado de un reptil,* Cotylorhynchus romeri.

Ecología

Todos los seres vivos tienen una manera de vivir que depende de su estructura y fisiología y también del tipo de ambiente en que viven, de manera que los factores físicos y biológicos se combinan para formar una gran variedad de ambientes en distintas partes de la biosfera. Así, la vida de un ser vivo está estrechamente ajustada a las condiciones físicas de su ambiente y también a las bióticas, es decir a la vida de sus semejantes y de todas las otras clases de organismos que integran la comunidad de la cual forma parte. La ecología se ocupa del estudio científico de las interrelaciones entre los organismos y sus ambientes, y por tanto de los factores físicos y biológicos que influyen en estas relaciones y son influidos por ellas. Pero las relaciones entre los organismos y sus ambientes no son sino el resultado de la selección natural, de lo cual se desprende que todos los fenómenos ecológicos tienen una explicación evolutiva. A lo largo de los más de 3,000 millones de años de evolución, la competencia, engendrada por la reproducción y los recursos naturales limitados, ha producido diferentes modos de vida que han minimizado la lucha por el alimento, el espacio vital, el cobijo y la pareja.

Niveles tróficos y cadenas alimentar!as

Todas las plantas compiten por la luz solar, los minerales del suelo y el agua, pero las necesidades de los animales son más diversas y muchos de ellos dependen de un tipo determinado de alimento. Los animales que se alimentan de vegetales son los **consumidores primarios** de todas las comunidades; a su vez, ellos sirven de alimento a otros animales, los **consumidores secundarios**, que también son comidos por otros; así, en un sistema viviente pueden reconocerse varios niveles de alimentación o niveles tróficos. Los **productores** son los organismos autótrofos y en especial las plantas verdes que ocupan el primer nivel trófico; los herbívoros o consumidores primarios ocupan el segundo nivel, y así sucesivamente. La muerte tanto de plantas como de animales, así como los productos de desecho de la digestión, dan vida a los **descomponedores** o **desintegradores**, los heterótrofos que se alimentan de materia orgánica muerta o en descomposición procedente de los productores y los consumidores, que son principalmente bacterias y hongos. De modo que la energía procedente originariamente del sol pasa a través de una **red de alimentación**. Las redes de alimentación normalmente están compuestas por muchas cadenas de alimentación entrelazadas, que representan vías únicas hasta la red. Cualquier red o cadena de alimentación es esencialmente un sistema de transferencia de energía. Las numerosas cadenas y sus interconexiones contribuyen a que las poblaciones de presas y depredadores se ajusten a los cambios ambientales y, de este modo, proporcionan una cierta estabilidad al sistema.

Biomasa y energía

La red alimentaria de cualquier comunidad también puede ser

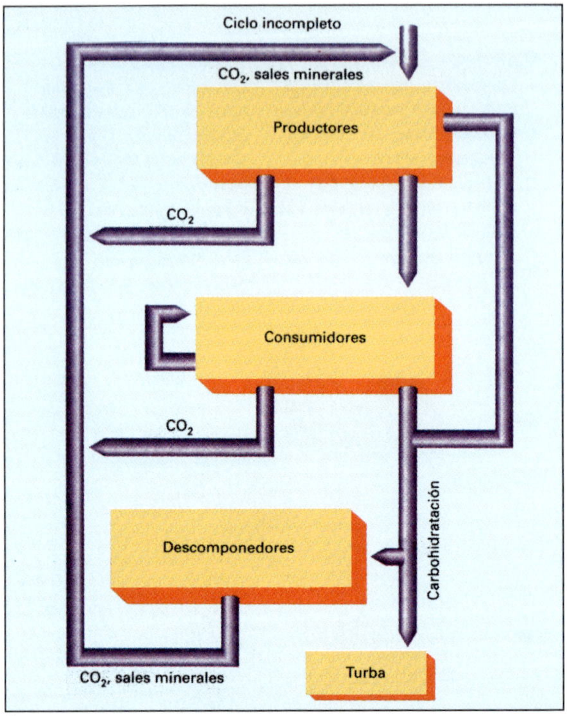

1

2

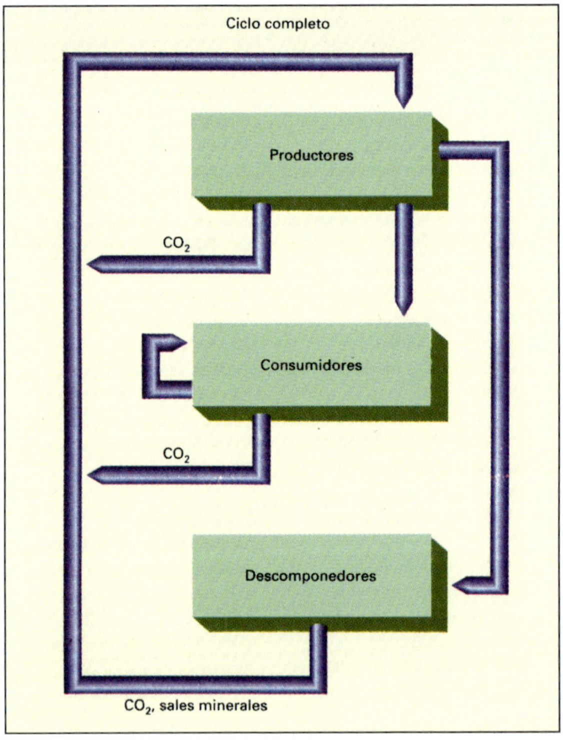

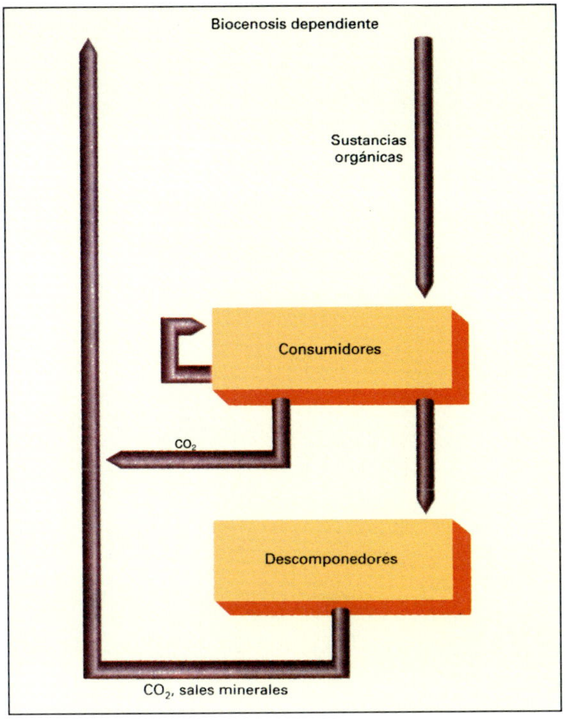

3

concebida como una pirámide en la que cada uno de los escalones es más pequeño que el anterior, del cual se alimenta. En la base están los productores, que se nutren de los minerales del suelo, en parte procedentes de la actividad de los organismos descomponedores, y a continuación se van sucediendo los diferentes niveles de consumidores primarios, secundarios, terciarios, etc. Los consumidores primarios son pequeños y abundantes, mientras que los animales de presa de mayor tamaño, que se hallan en la cúspide, son relativamente tan escasos que ya no constituyen una presa útil para otros animales. La biomasa es la cantidad total de materia viviente, en un momento dado, en un área determinada o en uno de sus niveles tróficos, y se expresa en gramos de carbono, o en calorías, por unidad de superficie. Las pirámides de biomasa son muy útiles para mostrar la biomasa en un nivel trófico. El aumento de biomasa en un periodo determinado recibe el nombre de **producción** de un sistema o de un área determinada. La transferencia de energía de un nivel trófico a otro no es totalmente eficiente. Los productores gastan energía para respirar, y cada consumidor de la cadena gasta energía obteniendo el alimento, metabolizándolo y manteniendo sus actividades vitales. Esto explica por qué las cadenas alimentarias no tienen más de cuatro o cinco miembros: no hay suficiente energía por encima de los depredadores de la cúspide de la pirámide como para mantener otro nivel trófico.

Hábitat y nicho ecológico

En ecología es útil distinguir entre el lugar o ambiente específico donde se encuentra a un organismo y el papel que desempeña dentro del sistema al cual pertenece, es decir entre su hábitat y su nicho ecológico. El nicho ecológico es, pues, el modo en que una población está especializada en una comunidad natural para obtener los recursos para su subsistencia, es decir cómo utiliza realmente su ambiente. Esta especialización reduce o elimina la competición y permite que dos o más especies coexistan como miembros de la misma comunidad. Si los nichos de dos o más especies se sobreponen parcialmente, éstas entran en competencia, y si dos especies tienen nichos que se sobreponen en gran parte, sobrevive una sola de ellas. Éste es el contenido de la **ley de Gause** o **principio de exclusión competitiva**, según el cual dos especies con el mismo nicho no pueden coexistir en el mismo lugar y al mismo tiempo. Siempre que un número de especies similares coexisten en una misma área, pueden hacerlo porque ocupan diferentes nichos o porque ninguna de sus necesidades vitales tropieza con limitaciones. Los miembros de una misma especie pueden también competir entre sí. Esta **competencia intraespecífica** (frecuente en los animales territoriales) asegura que el nivel de población no exceda a los recursos disponibles.

La comunidad biótica

En una determinada área las poblaciones de los distintos organismos están interrelacionadas y constituyen una comunidad biótica, cuya composición por especies depende del clima y de factores históricos evolutivos. En las comunidades maduras de ambientes duraderos y estables, la interdependencia entre las especies es grande, abundando los casos de simbiosis, comensalismo, parasitismo, etc., mientras que en los ambientes cambiantes las asociaciones interespecíficas pueden ser laxas y la composición de especies puede estar en estado de flujo. Las mayores comunidades presentan **estratificación**. Por ejemplo, en un bosque hay animales característicos de las cimas de los árboles, de las ramas inferiores, de la corteza, de la hojarasca y del suelo. En toda comunidad hay una o unas pocas especies que son dominantes sobre las demás y que determinan en cierta manera la clase y el número de las otras especies que la integran. Por ejemplo, en un bosque de pinos, éstos son dominantes. Las comunidades naturales pueden experimentar cambios en su composición y densidad de población sin sufrir grandes desorganizaciones y, a medida que se desarrollan, toda la complejidad funcional del sistema viviente se mantiene o cambia más o menos armoniosamente.

1, 2 y 3. *Las sustancias orgánicas e inorgánicas que hay en la Tierra guardan desde el principio de las eras unos ciclos básicos que aseguran que haya más o menos materia, pero siempre en cantidad suficiente, para mantener la continuidad de la vida. Estos ciclos o biocenosis son, respectivamente, el ciclo incompleto, el ciclo completo y la biocenosis dependiente. En todos ellos hay un factor externo que se añade: la energía solar.*

Dominios biogeográficos y biomas terrestres

Ninguna especie se halla uniformemente distribuida por todo el globo terrestre, sino que ocupa un área de distribución. Así como la distribución geográfica es la extensión completa en que se presenta una especie, la clase de ambiente en que vive recibe el nombre de distribución ecológica. La **biogeografía** estudia la distribución de los organismos y los factores que influyen sobre ella. Todos los animales que viven en un área determinada constituyen la **fauna** de dicha área, siendo la **flora** el término equivalente para las plantas. El conjunto de fauna y flora constituyen la **biota.** Los factores externos que limitan la distribución se denominan **barreras**, que pueden ser físicas, climáticas o biológicas. Cada especie tiene un límite máximo o mínimo de tolerancia a cada factor de su ambiente (salinidad del agua, humedad del suelo, temperatura, insolación, pH, etc.). Una especie no se halla necesariamente en todos los lugares apropiados para su desarrollo, sino solamente en aquellos que le son accesibles, lo que depende de su historia o de la de sus antepasados. La actual distribución de las especies es el resultado conjunto de las barreras y de las condiciones ambientales existentes en el pasado. Continentes separados en la actualidad han estado conectados mediante puentes terrestres en otras épocas geológicas, y regiones en otro tiempo separadas por mares forman hoy un conjunto emergido. En algunos periodos el clima cálido se extendió hasta las regiones polares del globo, mientras que en otros los hielos cubrieron grandes regiones que hoy gozan de un clima templado. Los seres vivos se han visto muchas veces obligados a desplazarse, otras se han quedado aislados, otras se han extinguido o han sido exterminados, y han surgido especies o grupos nuevos para aprovechar nuevas áreas y nuevos ambientes.

Dominios biogeográficos

Los dominios biogeográficos son vastas regiones integradas por continentes enteros o por grandes partes de un continente que tienen faunas distintas compuestas por grupos taxonómicos que difieren de los de las regiones adyacentes. Los límites de cada dominio y de su fauna reflejan la historia pasada de los grupos animales, así como de los cambios en la superficie del planeta que permitieron o impidieron las migraciones de animales. El primero en reconocer estas regiones fue Alfred Russel Wallace (1823-1913), quien les dio nombre, definió sus límites geográficos y enumeró la fauna terrestre característica de cada una.

1

La **región australiana** comprende Australia, Nueva Guinea, Tasmania, Nueva Zelanda e islas oceánicas del Pacífico. Ha estado aislada durante mucho tiempo y por ello tiene muchos animales y plantas únicos. Son característicos los monotremas, marsupiales, emús, casuarios, cacatúas, tuatara, kiwi, etc.

La **región oriental** comprende el Asia oriental situada al sur del Himalaya y en ella se originaron numerosas especies que luego emigraron a otras regiones. Son característicos los macacos, gibones, orangután, rinoceronte, elefante indio, gallo salvaje, etc.

La **región etiópica** incluye África, Madagascar e islas adyacentes. Son característicos el gorila, chimpancé, rinoceronte, elefante africano, hipopótamo, león, cebra, jirafa, avestruz, lemures (Madagascar), antílopes, etc.

La **región neotropical** comprende América central y meridional (incluyendo el sur de México y las Antillas). Son característicos la llama, alpaca, perezosos, armadillos, oso hormiguero, ñandús, vampiros, tucanes, colibríes, etc.

La **región neártica** comprende América del Norte, Groenlandia e islas árticas, y son característicos el berrendo, el antilocabra, caribú, rata almizclera, etc.

La **región paleártica** comprende Euroasia al sur del Himalaya, y son característicos el jabalí, corzo, gamo, erizo, etc. Estas dos últimas regiones suelen reunirse en una sola, la **región holártica,** caracterizada por el alce, bisonte, oso, carnero, ánade real, truchas, salmones, águila real, etc.

Biomas terrestres

Los biomas son grandes comunidades terrestres fácilmente reconocibles por los tipos de plantas y animales que los componen como resultado de las interacciones entre el clima, la biota y el sustrato. Las plantas adaptadas a un clima determinado presentan una estructura y fisiología semejantes, por lo que el tipo de vegetación se repite en las regiones de clima parecido, aunque la composición por especies sea diferente. En cada

2

bioma, por tanto, la comunidad clímax es uniforme en cuanto al tipo de vegetación. Por lo general, no existe un límite definido entre los biomas adyacentes, sino que cada uno se fusiona con el siguiente a través de una zona de transición bastante extensa, que recibe el nombre de **ecotono.**

Los distintos biomas forman fajas alrededor del globo, de modo que en el hemisferio septentrional, desde el ecuador hacia el Polo Norte se encuentran sucesivamente bosques tropicales lluviosos, praderas, desierto, bosques caducifolios, bosques de coníferas y la tundra ártica. Al ser las condiciones climáticas en las grandes altitudes semejantes a las de las grandes latitudes, el orden en que aparecen los biomas en las pendientes de las altas montañas es parecido al que se encuentra en las zonas bajas en dirección a los polos.

La **tundra** forma una franja circumpolar, desprovista de árboles, en la cual sólo la superficie del suelo se deshiela durante el corto verano de 60 días, estando helado permanentemente por debajo de la superficie (permafrost). Se trata de un suelo de difícil drenaje, dominado por lagunas, pantanos y turberas, en el que sólo sobreviven musgos, líquenes, gramíneas y otras hierbas pequeñas. Entre la fauna destacan el oso polar, caribú, lobo, zorro ártico, armiño, comadreja, lemming, liebre polar, búho nival, perdiz nival, aves migratorias y mosquitos.

La **taiga** o **bosque de coníferas** forma un hábitat fisiológicamente árido y de clima frío al sur de la tundra, dominado por las coníferas (abetos, piceas, pinos, cedros, etc.). Se trata de un bioma con un gran potencial maderero. La fauna incluye el oso, puma, lobo, tigre de Siberia, marta, armiño, anta, ciervo, alce, roedores, aves granívoras, halcones, etc.

El **bosque templado caducifolio**, que se extiende a continuación de la taiga, se encuentra en la zona de abundantes precipitaciones distribuidas de manera uniforme y clima templado con veranos e inviernos bien definidos. A estas condiciones están adaptados los árboles de hoja caduca (roble, haya, olmo, arces, castaño, nogales, etc.) y gran diversidad de formas arbustivas y herbáceas. La fauna presenta una notable diversidad de vertebrados e invertebrados y, a diferencia de la tundra y la taiga, incluye reptiles y anfibios.

La **pradera** está dominada por los pastizales abundantes en gramíneas, que sostienen una rica fauna de herbívoros (bisontes, antílopes, caballos, etc.), animales de hábitos subterráneos (tejón, mofeta, liebre, conejo, etc.) y aves. Los árboles y arbustos se encuentran como individuos dispersos o formando franjas a lo largo de los cursos de agua.

La **sabana** es la pradera tropical, caracterizada por una prolongada temporada de estiaje. En África se extiende entre el desierto del Sahara y el bosque tropical lluvioso, y presenta graves problemas ecológicos por la sobreexplotación a que se halla sometida. También hay sabanas en Sudamérica y Australia que sostienen gran cantidad y variedad de herbívoros. El **bosque esclerófilo** es la comunidad clímax de las regiones templadas moderadas con lluvias discretas, pero ausentes en verano. Los árboles y arbustos aclimatados son perennifolios de hojas coriáceas adaptadas a la sequía, como la encina.

El **matorral**, el **chaparral** y la **maquia mediterránea** son variantes o degradaciones de este bioma. El **desierto** se caracteriza por una precipitación muy escasa o nula, que sólo pueden soportar plantas con adaptaciones especiales para la conservación del agua (cactos, euforbiáceas, etc.). Los animales presentes son reptiles, insectos y roedores de hábitos subterráneos (pocos anfibios y pocas aves). Los biomas desérticos varían según su temperatura media (desiertos fríos, desiertos calientes). La **pluviisilva** o **bosque tropical lluvioso** presenta la máxima diversidad biológica en unas condiciones constantes de temperatura moderada, lluvia abundante y humedad elevada. La vegetación es siempre verde, muy densa y estratificada, y ninguna especie consigue ser realmente dominante.

1. *El bosque de coníferas es un bioma que se extiende formando grandes áreas en Euroasia y Norteamérica. Es característico de climas más frescos que el propio de los bosques de caducifolios.*

2. *Dentro de una misma especie, el área de distribución provoca variaciones (que dan lugar a razas) a consecuencia de las diferencias ambientales. En climas mucho más fríos aumenta la corpulencia y disminuye el tamaño de las orejas*

Hábitats y comunidades acuáticas

Los océanos y los mares cubren más de las dos terceras partes de la superficie terrestre y albergan una amplia variedad de comunidades y hábitats. Las principales características del medio oceánico son las siguientes.
La oscilación anual de la temperatura raramente supera los 5 °C (en un mismo lugar), aunque las temperaturas medias pueden ser desde 32 °C en aguas tropicales hasta poco más de –2 °C en aguas polares. La cantidad de oxígeno disuelto gira en torno a los 7 cm_3, de oxígeno por litro, variando –al igual que los otros gases disueltos– con la temperatura y la profundidad. El contenido medio en sales (cloruro sódico y otras) es del 3.5%. El agua es un buen transmisor de la luz, que penetra hasta una profundidad de unos 180 m. La presión aumenta en torno a una atmósfera por cada 10 m. de profundidad, de manera que los animales que viven a grandes profundidades están sometidos a fuertes presiones.

Hábitats marinos

Desde el punto de vista ecológico, los hábitats marinos son de dos tipos: **pelágicos** o mares abiertos y **bentónicos** o fondos marinos. Entre los primeros se distinguen las **regiones neríticas**, constituidas por el mar abierto situado sobre las plataformas continentales, y las **regiones oceánicas** o mares abiertos situados por encima de los fondos oceánicos propiamente dichos.
La región oceánica se divide verticalmente en varias zonas. La **zona epipelágica** es la capa superior del océano, en la que penetra la luz en grado suficiente como para que haya actividad fotosintética. Es la única zona donde hay producción de plantas y también recibe el nombre de **zona fótica**, en contraste con el resto de **zonas afóticas** situadas por debajo de ella, a las cuales no llega la luz. La profundidad de la zona epipelágica suele ser de unos 100 m., pero en zonas de aguas muy transparentes puede llegar hasta los 200 m. La primera zona afótica es la **zona mesopelágica**, que limita por debajo con la isoterma de 10 °C y llega hasta profundidades comprendidas entre los 700 y los 1,000 m. E1 número de animales que la habitan es muy inferior al de la zona epipelágica. Hasta los 4,000 m, de profundidad se extiende la **zona batipelágica**, limitada inferiormente por la isoterma de 4°C y en la que escasean los animales. Y a profundidades superiores se encuentra la **zona pelágica abisal**, a partir de la cual se hunden las fosas oceánicas, con una fauna a menudo endémica de cada fosa.
Los hábitats bentónicos se subdividen en tres zonas. La **plataforma continental**, correspondiente a la zona en contacto con el continente, se extiende mar adentro por un buen trecho y con una pendiente suave, y comprende la **zona litoral**, entre las líneas de pleamar y bajamar, con abundante vida vegetal y animal, y la **zona sublitoral** que se extiende desde el límite de la marea baja hasta el borde de la plataforma continental, con un gran potencial pesquero. Más allá de la plataforma, el piso oceánico cae en fuerte pendiente hasta los 2,000 m, o más, formando el **talud continental** o **zona batial**, por debajo de la zona oceánica batipelágica. Al pie de ese talud empieza la **zona abisal** o fondo oceánico propiamente dicho, que se extiende hasta el nivel superior de las **fosas oceánicas**, cuyo fondo recibe el nombre de **zona hadal.**

Comunidades marinas

Desde el punto de vista ecológico se distinguen cuatro tipos principales de comunidades marinas. Los organismos que viven en suspensión en las capas superficiales del agua integran el **plancton**. En general se trata de organismos de vida corta y muy prolíficos que se mueven pasivamente mediante las corrientes marinas y los vientos.

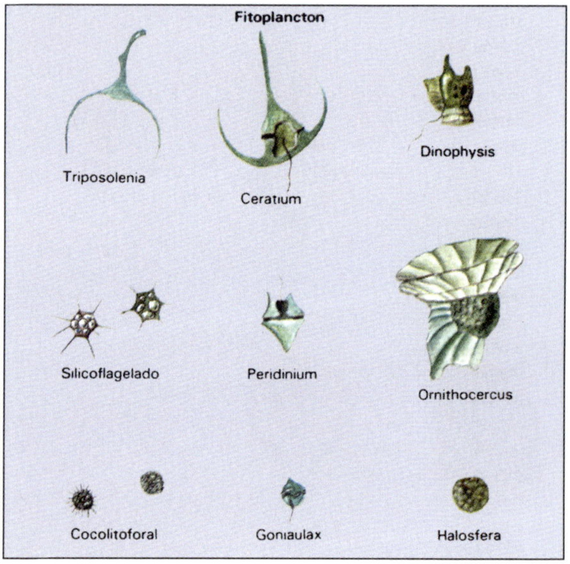

1

Una parte de estos organismos son fotosintéticos (protistas tipo alga y algas unicelulares) y constituyen el **fitoplancton**, responsable de la mayor parte de la producción primaria del medio marino. La otra parte constituye el **zooplancton**, integrado por protozoos, invertebrados y una gran variedad de formas larvarias. En el fitoplancton predominan las diatomeas, dinoflagelados, esquizofíceas y feofíceas; en el zooplancton abundan los pequeños crustáceos (especialmente copépodos) y larvas de equinodermos, celentéreos y moluscos.
El **necton** está formado por animales que nadan libremente y se desplazan de forma independiente, como los peces,

cefalópodos, serpientes marinas, tortugas, aves marinas, focas, cetáceos, etc. Los animales del plancton y el necton de altamar se denominan pelágicos.
El **bentos** incluye todos los organismos que viven arrastrándose sobre el sustrato del fondo, fijos o adheridos a él o que minan en él. Los vegetales de las comunidades bentónicas contribuyen a la producción primaria del océano, aunque en una proporción muy inferior al fitoplancton, y son fundamentalmente algas pluricelulares y fanerógamas marinas que forman extensas praderas de gran importancia ecológica al ser refugio de multitud de formas reproductoras. Los animales bentónicos son filtradores o se alimentan de sedimentos y se nutren en gran medida del exceso de producción de las zonas superiores.
Las **comunidades hidrotermales** están compuestas únicamente por organismos que viven en torno a las fuentes hidrotermales asociadas a la actividad volcánica de las dorsales oceánicas, donde no llegan los rayos solares.
Los productores primarios de estas comunidades no dependen de la fotosíntesis, sino que son bacterias quimiosintéticas que obtienen la energía oxidando los compuestos de azufre de las aguas termales y transforman el carbono inorgánico en orgánico.

Ecosistemas de agua dulce
Las aguas dulces son más variables en cuanto a temperatura, contenido en oxígeno y sales, penetración de la luz, turbidez y movimiento. Los hábitats dulceacuícolas tienen una sucesión mucho más rápida que la de otras regiones de la biosfera; los nutrientes vegetales tienden a acumularse en muchos cuerpos de agua dulce, lo que da origen a cambios sucesionales; la acumulación de limos hace que el cuerpo de agua se vuelva cada vez menos profundo y más tibio e iluminado; el crecimiento vegetal se ve favorecido por todos estos factores.
En última instancia, el resultado es el establecimiento de una comunidad terrestre: las lagunas se convierten en pantanos y éstos se secan y se convierten en tierras firmes; los arroyos erosionan sus taludes y cambian de curso.
Hay dos tipos principales de hábitats dulceacuícolas: aguas corrientes (ríos, arroyos, manantiales) y aguas quietas (lagos, lagunas, ciénagas, pantanos y turberas).
De forma análoga a las aguas oceánicas, un cuerpo de **aguas quietas** se puede dividir en una **zona ribereña** (aguas inmediatas a la ribera), una **zona limnética** (aguas superficiales lejanas de la ribera) y una **zona profunda** (aguas por debajo de la zona limnética). En los grandes lagos de las regiones templadas, el agua experimenta una circulación debido a diferencias de temperatura y a la acción del viento.
En primavera y otoño esta circulación afecta a todas las profundidades, pero en verano solamente circula la porción superior, situada por encima de un plano definido o **termoclina**, límite superior de la zona fría, pobre en oxígeno y estancada, habitada por pocos animales.
Las **aguas corrientes** se diferencian en tres aspectos de las aguas quietas: la corriente es un factor de control y limitación; el intercambio entre la tierra y el agua es considerable; el oxígeno suele ser abundante (en ausencia de contaminación).

2

3

1. *Entre los organismos productores del océano, el puesto más relevante corresponde los dinoflagelados y otros protistas fotosintéticos que forman el fitoplancton.*

2. *El zooplancton está integrado, además de protozoos, por pequeños crustáceos y otros invertebrados y por huevos, equinodermos, celentéreos y moluscos.*

3. *Los ecosistemas marinos más productivos son las plataformas continentales, las islas, los arrecifes coralinos y los atolones.*

Indice analítico

A

B

C

CH

D

E

F

G

GUÍA DE ESTUDIO

EVALUACIONES QUE NOS PERMITEN CONFIRMAR LO QUE HEMOS APRENDIDO DE BIOLOGÍA

1. ¿Qué es un medio **abiótico**?
2. ¿Qué es una **ameba**?
3. ¿Qué es el **anabolismo**?
4. ¿Cuál es la característica de los **anélidos**?
5. ¿Qué es un ser **anfibio**?
6. ¿Qué son las **angioespermas**?
7. ¿De qué estaba formada la **atmósfera** primitiva de la tierra?
8. ¿Qué es una **bacteria**?
9. ¿Qué es un **baobab**?
10. ¿Qué es el **betel**?
11. ¿Qué es la **cariocinesis**?
12. ¿Qué es un **cariotipo**?
13. ¿Qué es la **carotina**?
14. ¿Qué es el **catabolismo**?
15. ¿Qué es la **célula**?
16. ¿En qué periodos se divide la era **cenozoica**?
17. ¿Qué son los **cílidos**?
18. ¿Qué es el **cisticerco**?
19. ¿Cuál es la función del **citoplasma**?
20. ¿Qué es el **cóccix**?
21. ¿Qué es un **cotiledón**?
22. ¿Quién fue Charles **Darwin**?
23. ¿Qué son las **diatórneas**?
24. ¿Qué es un **diplodoco**?
25. ¿Qué es la **ecología**?
26. ¿Qué es el **encéfalo**?
27. ¿Qué significa **especie**?
28. ¿Qué son las **esporas**?
29. ¿Qué estudia la **etología**?
30. ¿Qué es la **fagocitosis**?
31. ¿Qué son las **fanerógamas**?
32. ¿Qué estudia la **fisiología**?
33. ¿Qué es la **flora**?
34. ¿Qué es la **fotosíntesis**?
35. ¿Qué son los **gametos**?
36. ¿En qué consiste la ley de **Gause**?
37. ¿Qué es un **gen o gene**?
38. ¿Qué es la **generación**?
39. ¿Qué es el **ginecéo**?
40. ¿Qué son los **glúcidos**?
41. ¿Qué función tiene el aparato de **Golgi**?
42. ¿Qué es un **hámster**?
43. ¿Qué es la **hemofilia**?
44. ¿Qué es la **hibernación**?
45. ¿Qué es un ser **ictiófago**?
46. ¿Qué es el **instinto**?
47. ¿Qué es la **interfase**?
48. ¿Qué es una **larva**?
49. ¿Qué son los **ligamentos**?
50. ¿Quién fue **Linneo** y por qué es tan importante?
51. ¿Qué son los **lisosomas**?
52. ¿Qué es una **luxación**?
53. ¿Qué función tienen los tubos de **Malpighi**?
54. ¿Qué son los **marsupiales**?
55. ¿De qué compuestos químicos básicos está compuesta toda la **materia viva**?
56. ¿De qué siglo data el **microscopio electrónico**?
57. ¿De qué siglo data el **microscopio óptico**?
58. ¿Qué es el **microtomo**?
59. ¿Qué son las **mitocondrias**?
60. ¿Qué es el **moho**?
61. ¿Qué son las **moléculas**?
62. ¿Cuál es el significado de **monocotiledóneo**?
63. ¿Qué es un **monotrema**?
64. ¿Qué es el **musgo**?
65. ¿Qué es un **mutón**?
66. ¿En qué consiste la **necrofagia**?
67. ¿Qué es la **neumonía**?
68. ¿Quiénes fueron **Niremberg y Khorama**?
69. ¿En qué consiste la **nomenclatura binominal**?
70. ¿De qué está formado un **nucleótido**?
71. ¿Qué estudia la **oftalmología**?
72. ¿Qué es un ser **omnívoro**?
73. ¿Qué es la **ósmosis**?
74. ¿Qué es una **ova**?
75. ¿En qué periodos se divide la era **paleozoica**?
76. ¿Qué significa periodo **paleozoico**?
77. ¿Qué es un **parásito**?
78. ¿Qué es la **penicilina**?
79. ¿Dónde se localiza el **plancton**?
80. ¿Cómo definiría una **población**?
81. ¿Qué teoría defendían los **preformacionistas**?
82. ¿Qué es un **primate**?
83. ¿Qué es un **recón**?
84. ¿Quién realiza la **respiración branquial**?
85. ¿En qué consiste la **respiración cutánea**?
86. ¿En qué consiste la **respiración pulmonar**?
87. ¿En qué consiste la **respiración traqueal**?
88. ¿Qué es un ser **rizótago**?
89. ¿Qué es un **rizópodo**?
90. ¿Qué es la **sabana**?
91. ¿Para qué sirven las técnicas **serológicas**?
92. ¿Qué es la **simbiosis**?
93. ¿Qué es la **taxonomía**?
94. ¿Cuál es la función del **tejido conjuntivo**?
95. ¿Qué dice la **teoría celular**?
96. ¿Qué es un **virus**?
97. ¿Qué es la **zona abisal**?
98. ¿Qué estudia la **zoología**?

RESPUESTAS DE BIOLOGÍA

1. **abiótico.** Medio donde no es posible la vida de todos o algunas especies animales o vegetales.

2. **ameba.** Protozoo que tiene forma cambiante, debido a la falta de membrana.

3. **anabolismo.** Fase de la biosíntesis del metabolismo. en la cual se forman otras sustancias a partir de productos simples y energía.

4. **anéridos.** Tienen el cuerpo cilíndrico.

5. **anfibio.** Es el que puede vivir en el agua o en el aire.

6. **angiospermas.** Plantas con cavidad cerrada u ovario donde se localizan los óvulos.

7. **atmósfera.** Estaba formada por metano, amoníaco, vapor de agua e hidrógeno, careciendo prácticamente de oxígeno libre y de la capa de ozono.

8. **bacteria.** Organismo celular microscópico, sin clorofila ni núcleo. Vive en el agua o es parásito de organismos más complejos.

9. **baobab.** Árbol de África tropical, con tronco de grandes dimensiones y ramas horizontales de hasta 20 metros.

10. **betel.** Es una planta trepadora cuyas hojas saben a menta.

11. **cariocinesis.** Es la división del núcleo de la célula.

12. **cariotipo.** Es la reproducción similar por los cromosomas de un individuo.

13. **carotina.** Es un hidrocarburo rojizo que forma parte de la clorofila de algunas plantas.

14. **catabolismo.** Es la fase destructiva dentro del metabolismo.

15. **célula.** Es la unidad biológica más elemental dotada de vida propia.

16. **cenozoica.** En el terciario y cuaternario.

17. **cilios.** Son los filamentos protoplásmicos de los protozoos y de algunas otras células.

18. **cisticerco.** Larva de la tenia, enquistada en los animales.

19. **citoplasma.** Rodea al núcleo en la célula y se encuentra en el protoplasma.

20. **cóccix.** Hueso que constituye el extremo final de la columna vertebral.

21. **cotiledón.** En las fanerógamas es la forma en que aparece la primera hoja del embrión.

22. **Darwin (Charles).** Naturalista británico, transformó la biología al establecer que la evolución orgánica es un proceso permanente denominado selección natural.

23. **diatórneas.** Son algas unicelulares que forman parte del pláncton.

24. **diplodoco.** Fue sun saurio de gran tamaño parecido a la iguana y del cual sólo quedan restos fósiles.

25. **ecología.** Rama de la biología que estudia las relaciones de los seres humanos con el ecosistema que lo rodea.

26. **encéfalo.** Conjunto de órganos del sistema nervioso contenidos en el cráneo.

27. **especie.** Conjunto de poblaciones naturales cuyos individuos presentan características estructurales semejantes y comparten una ascendencia común.

28. **esporas.** Es el crepúsculo reproductor de las plantas criptógamas.

29. **etología.** Estudia el comportamiento de los seres vivos.

30. **fagocitosis.** Función de los glóbulos blancos de destruir las bacterias.

31. **faberógamas.** Son las plantas que se reproducen por semillas en forma de flor.

32. **fisiología.** Ciencia que estudia las funciones de los seres vivos.

33. **flora.** Es el conjunto de plantas de una región.

34. **fotosíntesis.** Proceso metabólico de las plantas para transformar substancias inorgánicas, gracias a la energía luminosa, en sustancias orgánicas desprendiendo oxígeno.

35. **gametos.** Son las células sexuales de las plantas o animales que permiten la reproducción.

36. **Gause.** Dos especies con el mismo nicho ecológico no pueden coexistir en el mismo lugar y al mismo tiempo.

37. **gen o gene.** Cada corpúsculo dispuesto a lo largo de los cromosomas y que determinan la aparición de los caracteres hereditarios.

38. **generación.** Reproducción vegetativa, donde el nuevo individuo surge en forma de yema sobre un animal adulto, adquiriendo más tarde la forma y tamaño de éste.

39. **gineceo.** También se le llama pistilo y es el órgano femenino de las plantas.

40. **glúcidos.** Son los compuestos orgánicos formados por carbono, oxígeno e hidrógeno.

41. **Golgi.** Es el órgano de excreción de la célula.

42. **hámster.** Es un roedor que se utiliza para experimentos de laboratorio.

43. **hemofilia.** Enfermedad de la sangre por la cual la coagulación no se realiza adecuadamente.

44. **hibernación.** Es el proceso de aletargamiento de algunos animales sobre todo en el invierno, para permanecer así durante esta época.

45. **ictiófago.** Es aquél que se alimenta de peces.

46. **instinto.** Es una forma de comportamiento no aprendida y que comprende grupos de reflejos en cadena.

47. **interfase.** Es el proceso medio de la mitosis.

48. **larva.** Es según Linneo, la forma jóven de un insecto o animal invertebrado.

49. **ligamentos.** Son pliegues membranosos que enlazan o sostienen los órganos del cuerpo animal.

50. **Linneo.** Naturalista sueco, fue el creador de la nomenclatura binaria, para clasificar a las especies.

51. **lisosomas.** Vesículas cargadas de enzimas y distibuidas en el citoplasma.

52. **luxación.** Es la dislocación de un hueso de su posición original.

53. **Malpighi.** Permiten la excreción de deshechos en los insectos y en los artrópodos.

54. **marsupiales.** Son animales que poseen una marsopa o bolsa abdominal donde guardan a sus crías.

55. **materia viva.** Carbono, hidrógeno, lípidos, proteínas, agua y sales minerales.

56. **microscopio electrónico.** Data del siglo XX.

57. **microscopio óptico.** Data de finales del siglo XVI.

58. **micrótomo.** Es un aparato que permite cortar tejidos para su observación al microscopio.

59. **mitocondrias.** Son orgánulos, cuya función es respiratoria, en la célula.

60. **moho.** Son los hongos pequeños que viven en los medios orgánicos ricos en materia nutritiva.

61. **moléculas.** Son las unidades menores de materia constituida por

62. **monocotiledóneo.** Significa un cotiledón.

63. **monotrema.** Mamífero sin placenta con mandíbulas alargadas en forma de pico.

64. **musgo.** Son las plantas briófitas que crecen sobre las piedras en zonas húmedas.

65. **mutón.** Es la porción más pequeña de cistrón que, al ser alterada, puede originar una mutación.

66. **necrofagia.** Nutrición por ingestión y digestión de organismos muertos sin que sufran un proceso de descomposición o fermentación precisamente.

67. **neumonía.** Es la inflamación por irritación de los alveolos pulmonares y que pueden producir la muerte.

68. **Niremberg y Khorama.** Fueron los descubridores del código genético.

69. **nomenclatura binominal.** Es la manera de nombrar las especies: género y nombre específico.

70. **nucleótido.** Formado por un nucleósido al que se le ha unido una molécula de ácido fosfórico.

71. **oftalmología.** Estudia las afecciones producidas en los ojos.

72. **omnívoro.** Es aquél que se alimenta de toda clase de sustancias orgánicas.

73. **ósmosis.** Es el paso de un líquido a través de una membrana semipermeable, debido a la diferencia en densidades.

74. **ova.** Cualquier alga unicelular y filamentosa que se cría en el agua.

75. **paleozoica.** Es el triásico, jurácico y cretácico.

76. **paleozoico.** Fue el segundo periodo de la historia de la tierra.

77. **parásito.** Es el organismo que vive a expensas de otro.

78. **penicilina.** Sustancia antibiótica extraida del moho penicillium notatum.

79. **pláncton.** Son los organismos unicelulares que viven en el mar y sirven de alimento a casi todas las especies marinas.

80. **población.** Es el conjunto de individuos de la misma especie que viven en determinada área geográfica.

81. **preformacionistas.** Defendían la existencia del individuo antes del desarrollo del huevo.

82. **primate.** Mamíferos de organización superior, plantígrados, con extremidades terminadas en cinco dedos provistos de uñas.

83. **recón.** Es la porción más pequeña de cistrón capaz de intercambiarse por recombinación genética.

84. **respiración branquial.** Los animales acuáticos, mediante branquias.

85. **respiración cutánea.** El oxígeno ingresa a través de la piel, desde el aire.

86. **respiración pulmonar.** Los pulmones huecos rodeados de una red de capilares, recogen el oxígeno incorporado desde el aire a través de las vías respiratorias.

87. **respiración traqueal.** El oxígeno para tubos o tráqueas que conectan al exterior por orificios y se ramifica llegando a todas las células del cuerpo.

88. **rizófago.** Es aquél que se alimenta de raíces.

89. **rizópodo.** Es un protozoo cuyo cuerpo es capaz de crear seudópodos que le permiten desplazarse.

90. **sabana.** Es la pradera tropical, se caracteriza por un prolongado invierno.

91. **serológicos.** Sirven para determinar el grado de parentesco entre los individuos.

92. **simbiosis.** Es la relación entre dos organismos que viven juntos, obteniendo ambos beneficios particulares.

93. **taxonomía.** Rama de la biología que consiste en la clasificación de todos los seres vivos conocidos.

94. **tejido conjuntivo.** La de unir los demás tejidos y órganos, y la de sostener y proteger el cuerpo.

95. **teoría celular.** Dice que la célula es la unidad anatómica y fisiológica de todos los seres vivos.

96. **virus.** Agente infeccioso, de tamaño microscópico, constituido por ácido nucleico y proteina.

97. **zona abisal.** Zona del mar que se extiende más allá del talud continental y corresponde a profundidades mayores de 2000 metros.

98. **zoología.** Rama de la biología que se encarga del estudio de los animales.

TEMATICA ILUSTRADA VISUAL SIGLO XXI

QUIMICA

EUROAMERICANA
DE EDICIONES INTERNACIONAL S.A.

I.S.B.N.: 84-95656-03-5 (Obra Completa)
Producido por Ediciones Dafne, S.L.
Printed In Spain

Octubre 2001

QUÍMICA

Contenido

Panorama histórico de la química

Los inicios

Es costumbre situar los inicios de la química en el descubrimiento del fuego por el hombre y en el dominio de diversos materiales utilizados en sus actividades. Puesto que los objetos hallados por los arqueólogos son de cerámica, metal, vidrio y tela se concluye que las civilizaciones antiguas conocían la cerámica, la metalurgia y la fabricación de vidrios y tintes, así como la de perfumes y cosméticos para embalsamar a los muertos.

1

Los sucesivos conocimientos en el campo de la metalurgia dieron lugar a las edades del oro y de la plata, del bronce y del hierro.

Los objetos metálicos más antiguos son de oro y pueden datarse en más de 5000 años a.C. Con posterioridad a la edad del oro y de la plata se descubrió el cobre, metal que pronto adquirió gran importancia por su facilidad para formar aleaciones con otros metales (bronces).

La edad del bronce se sitúa hacia el año 4000 a.C. La del hierro hacia el 1200 a.C. En el siglo VI a.C. surge en Grecia un importante movimiento filosófico que se planteó muchos interrogantes sobre la naturaleza de la materia, originándose la **teoría de los cuatro elementos.** Según ésta, la **tierra,** el **agua,** el **aire** y el **fuego** son los responsables de las cualidades fundamentales de la materia; a saber: lo **caliente,** lo **frío,** lo **seco** y lo **húmedo,** mientras que dos fuerzas cósmicas, el **amor** y el **odio,** son las raíces de todas las cosas. Por la misma época, **Leucipo** y **Demócrito** afirmaron que la materia está formada por átomos (ser) y vacío (no ser), de modo que el vacío existente entre los átomos permitía su movimiento.

2

La alquimia

La ciencia griega fue decayendo progresivamente hasta desaparecer hacia el siglo IV d.C. Hacia el siglo VII de nuestra era, los árabes recogieron los conocimientos químicos y las ideas filosóficas de los egipcios y dieron origen a la **alquimia.**

Para los alquimistas todos los metales estaban formados por tres principios comunes (la *tria prima*): el **mercurio,** que representaba el carácter metálico y la volatilidad, el **azufre,** que representaba la combustibilidad, y la **sal,** que representaba la solidez y la solubilidad.

El objetivo de los alquimistas se centró en la transmutación de los metales innobles en metales nobles, especialmente en oro, para lo cual debía prepararse en primer lugar la **piedra filosofal,** cuya infusión, conocida como «elixir de la larga vida», eliminaría las enfermedades y aseguraría la inmortalidad a quien la bebiese.

Los más famosos alquimistas fueron los árabes **Geber, Rhasés, Avicena** y **Averroes.** Entre los alquimistas cristianos destacaron **San Alberto Magno, Roger Bacon** y **Basilio**

Valentín. En su camino hacia la «piedra filosofal» los alquimistas prepararon el amoníaco, el ácido sulfúrico, el ácido nítrico, el agua regia y el etanol, entre otros compuestos importantes.

El renacimiento de la química
El químico irlandés **Robert Boyle** (1627-1691) fue el primero en romper con la tradición alquimista, estableciendo el concepto moderno de elemento y adoptando la teoría atómica para explicar las transformaciones químicas.
Al químico alemán **Georg Ernst Stahl** (1660-1734) se debe la teoría del **flogisto** para explicar la combustión, según la cual toda sustancia combustible posee un «principio inflamable» denominado flogisto. En la combustión se desprende el flogisto acompañado de luz y de calor, quedando un residuo de «ceniza» o «cal» del cuerpo combustible. Así, cuanto más inflamable era una sustancia tanto mayor era su contenido en flogisto.
La síntesis del agua fue conseguida en 1781 por el químico inglés **Henry Cavendish** (1731-1810).

De Lavoisier a la actualidad
El químico francés **Antoine Laurent Lavoisier** (1743-1794) sienta las bases de la química como ciencia moderna: establece la naturaleza de la combustión, acaba con la teoría del flogisto e introduce el uso sistemático de la balanza en los procesos químicos.
En los dos últimos siglos los avances de la química han sido espectaculares. Así, el auge experimentado por la teoría atómica gracias a las aportaciones de **Dalton, Thomson, Rutherford, Bohr, Schrödinger, Einstein** y muchos otros científicos ha conducido a un conocimiento de la materia que era inimaginable hace apenas 200 años. Los trabajos de **Volta, Faraday** y **Heyrovsky** han sentado las bases de la **electroquímica**.
Los estudios de **van't Hoff, Le Chatelier, Guldberg** y **Waage** han hecho posible mejorar el conocimiento de los procesos de equilibrio y la velocidad de las transformaciones químicas, permitiendo el aprovechamiento industrial de múltiples reacciones químicas.
Por su parte, la **química orgánica** y la **bioquímica** han experimentado un desarrollo extraordinario, sintetizando numerosísimos compuestos de interés industrial y biológico (plásticos, fibras sintéticas, fertilizantes, fármacos, etc.).
No obstante, tan espectacular desarrollo de la química comporta también graves riesgos, como el uso indiscriminado de la energía nuclear, la creciente contaminación del planeta o el empleo y almacenamiento de armas químicas y biológicas. Esperamos que estos peligros puedan disiparse y dejen de amenazar el futuro de la humanidad.

3

4

1. *De todas las civilizaciones antiguas, la que poseyó más conocimientos químicos fue la egipcia. En el Egipto de las primeras dinastías la metalurgia fue un arte sagrado encomendado a los sacerdotes.*

2. *Antoine Laurent Lavoisier (1743-1794) acabó con la teoría del flogisto estableciendo la verdadera naturaleza de la combustión. Murió guillotinado el 8 de mayo de 1794 durante la Revolución Francesa.*

3. *Albert Einstein (1879-1955), alemán de nacimiento, se exilió en Estados Unidos a raíz de la llegada al poder de los nazis. En 1921 obtuvo el Premio Nobel de Física por sus trabajos sobre el efecto fotoeléctrico.*

4. *La primera bomba atómica de fisión estalló a las 5.30 horas de la madrugada del lunes 16 de julio de 1945, en Alamogordo, como resultado de las investigaciones dirigidas desde 1943 por Oppenheimer.*

Leyes de las combinaciones químicas

El establecimiento de la química como ciencia suele situarse en el momento en que el químico francés Lavoisier (1743-1794) utiliza de modo sistemático la balanza en el estudio de las transformaciones químicas.

Ley de la conservación de la masa
En toda reacción química la masa de los reactivos es igual a la de los productos de la reacción.
Esta ley fue confirmada a través de los experimentos efectuados por Lavoisier, aunque había sido empleada como hipótesis por otros químicos anteriores a él. La ley de la conservación de la masa no es rigurosamente exacta. Hoy en día se sabe que la masa y la energía son mutuamente interconvertibles de acuerdo con la ecuación de Einstein $E = mc^2$, donde *E* es la energía implicada en la transformación, *m* es la masa y *c* es la velocidad de la luz (unos 300.000 km/s). En las reacciones químicas habituales las masas de los reactivos disminuyen entre 10^{-9} y 10^{-11} g, cantidades que resultan totalmente inapreciables.

Ley de las proporciones definidas
Esta ley fue establecida por el químico francés **Proust** (1754-1826) y se enuncia del modo siguiente: si dos o más elementos químicos se combinan para formar un compuesto químico lo hacen siempre en la misma relación en peso.
Así, por ejemplo, para formar el agua la relación de la masa de hidrógeno con la masa de oxígeno es siempre 1/8, es decir, que en el agua hay siempre un 11,11% de hidrógeno en peso y un 88,88% de oxígeno.
Por tanto, si se descompusieran 9 g de agua se obtendrían 8 g de oxígeno y 1 g de hidrógeno. Si se hicieran reaccionar 16 g de oxígeno y 3 g de hidrógeno se formarían 18 g de agua provenientes de la reacción de 16 g de oxígeno y 2 g de hidrógeno, y quedaría 1 g de hidrógeno sin reaccionar.
En este caso el oxígeno sería el **reactivo limitante**.
Por el contrario, si se hicieran reaccionar 17 g de oxígeno y 2 g de hidrógeno, se formarían 18 g de agua obtenidos al reaccionar 16 g de oxígeno y 2 g de hidrógeno, y quedaría 1 g de oxígeno sin reaccionar. En este caso el hidrógeno sería el reactivo limitante.

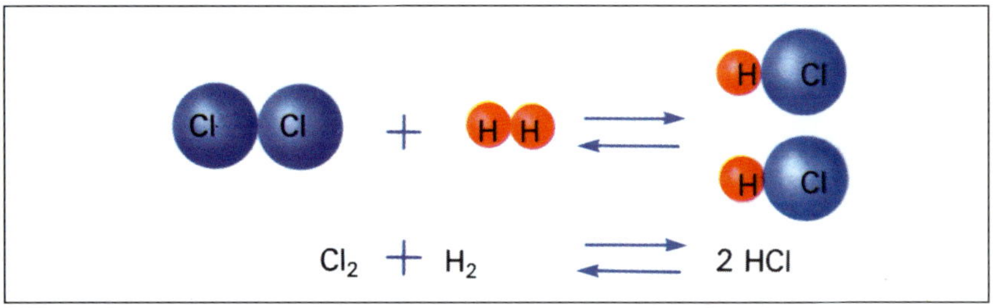

1

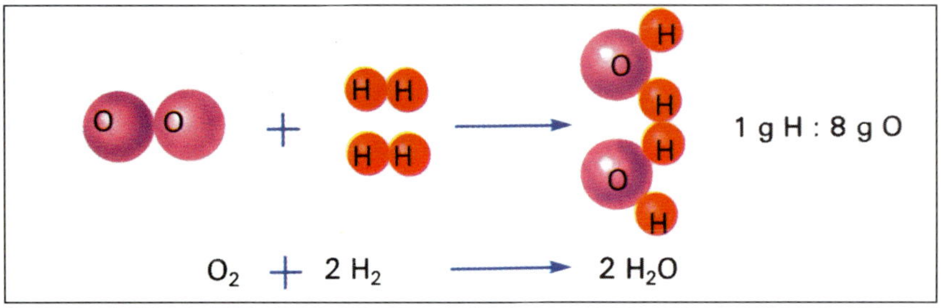

2

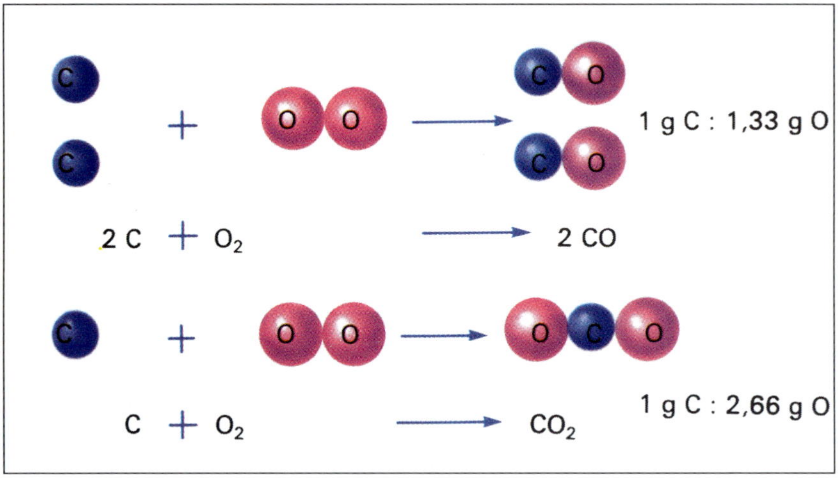

3

Ley de las proporciones múltiples

Esta ley fue descubierta por el químico inglés **Dalton** (1766-1844) y dice que las cantidades de un mismo elemento que reaccionan con una cantidad fija de otro elemento para formar compuestos distintos se hallan en la relación de números enteros sencillos.

En efecto, consideremos los dos compuestos que forman el carbono y el oxígeno. En el monóxido de carbono, CO, se combinan 1,33 g de oxígeno con 1 g de carbono, mientras que en el dióxido de carbono, CO_2, se combinan 2,66 g de oxígeno con 1 g de carbono. Así pues, si se comparan las masas de oxígeno que se combinan con una masa fija de carbono (1 g) se obtiene una relación de números enteros sencillos: 1,33/2,66 = 1/2.

Ley de las proporciones recíprocas

Esta ley fue formulada por el químico alemán **Richter** (1762-1807) del modo siguiente: las masas de los distintos elementos químicos que se combinan con igual masa de un elemento dado son las masas relativas de estos elementos cuando se combinan entre sí, o bien son múltiplos o submúltiplos sencillos de dichas masas.

Así, por ejemplo, con 8 g de oxígeno se combinan 1 g de hidrógeno para formar agua, 3 g de carbono para formar CO_2 y 8 g de azufre para formar SO_2. Pues bien, cuando el hidrógeno y el carbono reaccionan para formar CH_4, 1 g de hidrógeno se combina con 3 g de carbono. Cuando el hidrógeno y el azufre reaccionan para formar H_2S, 1 g de hidrógeno reacciona con 16 g de azufre, y cuando el carbono y el azufre reaccionan para formar CS_2, 3 g de carbono reaccionan con 16 g de azufre.

Ley de los volúmenes de combinación

Esta ley fue establecida por el químico francés **Gay-Lussac** (1778-1850) y se enuncia así: en toda reacción química los volúmenes de las sustancias gaseosas que intervienen en ella se encuentran en una relación de números enteros sencillos.

Así, por ejemplo, efectuando todas las medidas a las mismas condiciones de presión y temperatura, 1 litro de nitrógeno reacciona con 3 litros de hidrógeno para obtener 2 litros de amoníaco. Hay que tener muy presente que la ley de los volúmenes de combinación no es aplicable a los volúmenes de las sustancias sólidas o líquidas que intervengan en un proceso químico. En efecto, si consideramos la reacción entre el carbono y el oxígeno para formar dióxido de carbono:

$$C + O_2 \rightarrow CO_2$$

no podremos aplicar la ley de los volúmenes de combinación al carbono, puesto que es una sustancia sólida.

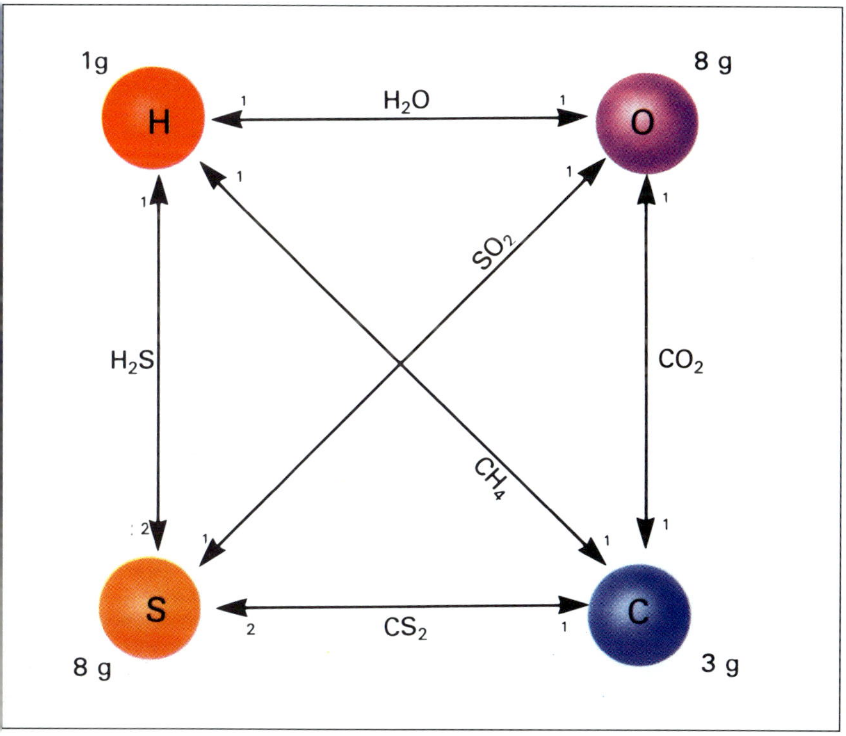

4

1. La ley de la conservación de la materia fue enunciada por Lavoisier, aunque era utilizada como hipótesis de trabajo por químicos anteriores como J. Rey.

2. La ley de las proporciones definidas fue establecida en 1801 por el químico francés L. J. Proust, aunque inicialmente fue criticada por C. L. Berthollet.

3. La ley de las proporciones múltiples fue descubierta en 1803 por John Dalton (1766-1844) y fue confirmada experimentalmente por el químico sueco Jons Jakob Berzelius (1779-1848).

4. La ley de las proporciones recíprocas fue establecida en 1792 por el químico alemán Jeremías Benjamín Richter (1762-1807) al estudiar las reacciones de neutralización entre ácidos y bases.

Propiedades de los gases

El estado gaseoso se caracteriza por la tendencia de los gases a ocupar totalmente el recipiente que los contiene. La fuerza que un gas ejerce sobre la unidad de superficie de la pared del recipiente que lo contiene se denomina **presión gaseosa.** Para medir la presión de los gases se emplean unos instrumentos llamados **manómetros.**
Los aparatos utilizados para medir la presión de los gases que constituyen la atmósfera se denominan **barómetros.**

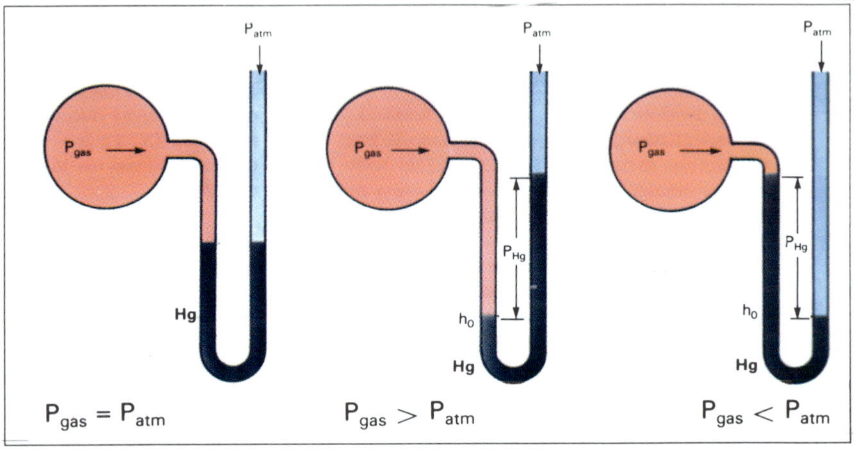

1

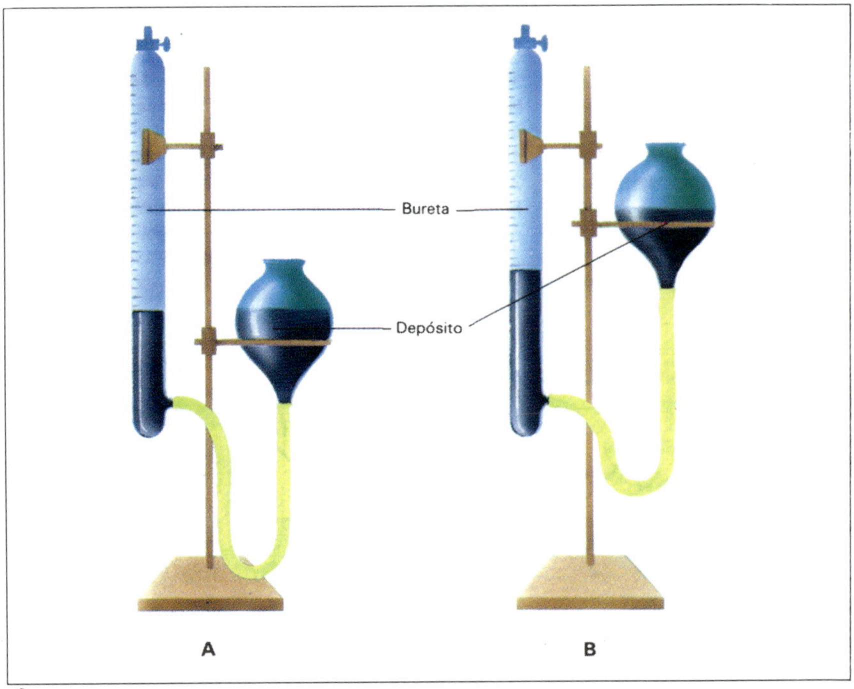

2

Ley de Boyle-Mariotte
Robert Boyle (1627-1691) y **Edme Mariotte** (1620-1684) demostraron que el volumen que ocupa una cantidad fija de un gas es inversamente proporcional a la presión aplicada. Matemáticamente, esto se puede representar como: PV = constante (1). Un gas hipotético que cumpliera la ley de Boyle en todas las condiciones sería un **gas ideal.** Los gases reales tan sólo se acercan al comportamiento ideal cuando se encuentran a altas temperaturas y bajas presiones.

Leyes de Charles y Gay-Lussac
Jacques Charles (1746-1823) advirtió que, a presión constante, el volumen ocupado por una cantidad fija de un gas es directamente proporcional a su temperatura absoluta. Matemáticamente, esto se puede representar como: V/T = constante (2).
Aplicando la ley de Charles se encuentra que a la temperatura de -273,15 °C todos los gases, si no se licuaran, tendrían un volumen nulo. Así pues, esta temperatura es la más baja posible y por ello se la denomina **cero absoluto** de temperaturas.
Análogamente, **Joseph Louis Gay-Lussac** (1778-1850) observó que si el volumen de una cantidad fija de gas se mantiene constante la presión del gas varía directamente con la temperatura absoluta. Matemáticamente, esto se puede representar como: P/T = constante (3).

Principio de Avogadro
Ecuación general de los gases ideales
A partir de los estudios de Gay-Lussac sobre los volúmenes de combinación de las sustancias en estado gaseoso, el físico italiano **Amedeo Avogadro** (1776-1856) estableció su célebre principio: a las mismas condiciones de

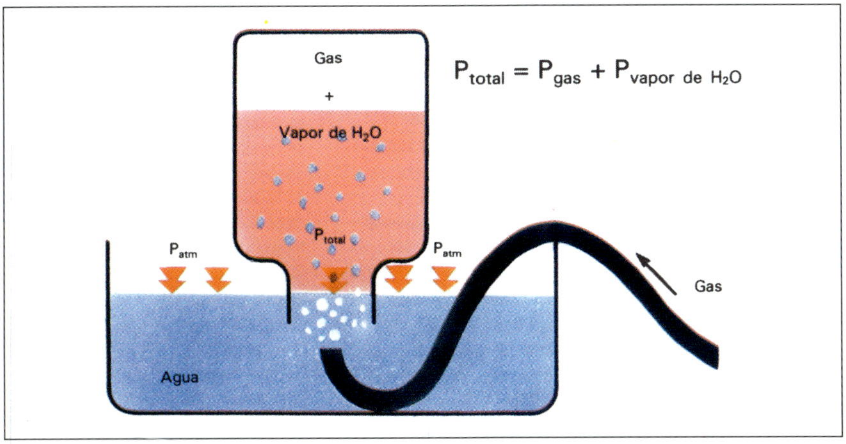

5. En un gas las moléculas poseen distintas energías cinéticas, pero la energía cinética media de todas las moléculas del gas es directamente proporcional a la temperatura absoluta de éste.
La energía cinética media de todos los gases es la misma a igual temperatura.

3

4

presión y temperatura, volúmenes iguales de gases diferentes contienen el mismo número de moléculas. Ahora bien, si tienen el mismo número de moléculas también tendrán el mismo número de moles, puesto que un mol de cualquier sustancia contiene 6,023 10^{23} moléculas. Por consiguiente, llamando *n* al número de moles de gas, matemáticamente tendremos que V/n = constante (4).
De las expresiones (1), (2), (3) y (4) se deduce inmediatamente que PV/nT = constante (5). La constante de la expresión (5) recibe el nombre de **constante universal de los gases** y se designa con la letra *R*. Su valor es: R = 0,082 atm 1/K mol. Así pues, la ecuación (5) suele escribirse PV = nRT.

Leyes de Dalton y de Graham

Cuando dos o más gases que no reaccionan químicamente se colocan en un mismo recipiente, la presión que ejerce cada gas en la mezcla es la misma que ejercería si él sólo ocupara todo el recipiente. La presión que ejerce cada gas en una mezcla se llama **presión parcial** y, tal como observó **John Dalton** (1766-1844), la presión que ejerce una mezcla de gases es igual a la suma de las presiones parciales de cada gas en la mezcla.
Se llama **difusión** a la capacidad de un gas para mezclarse espontáneamente y esparcirse a través de otro gas. **Thomas Graham** (1805-1869) demostró que las velocidades de difusión de los gases son inversamente proporcionales a las raíces cuadradas de sus densidades. Matemáticamente esto puede expresarse como:

$$V_A/V_B = \sqrt{d_B/d_A} \quad (6)$$

donde V_A y V_B son, respectivamente, las velocidades de difusión de los gases A y B, y d_A y d_B sus densidades respectivas.

Teoría cinética de los gases

El hecho de que todos los gases muestren un comportamiento análogo y cumplan las mismas leyes se explica adecuadamente mediante la teoría cinética molecular, que se basa en los siguientes postulados:

1. Un gas está formado por moléculas muy pequeñas separadas entre sí por distancias relativamente grandes. Por consiguiente, los gases son en su mayor parte espacio vacío.

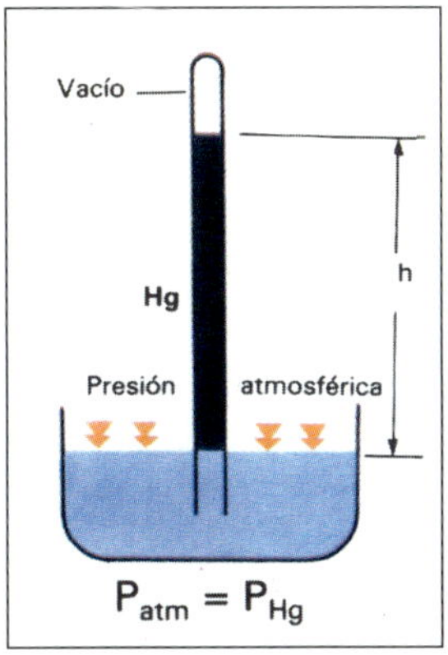

2. No existen fuerzas intermoleculares atractivas entre las moléculas de un gas. Así pues, las moléculas de un gas se mueven en línea recta independientemente unas de otras.

3. Las moléculas de un gas se encuentran constantemente en movimiento y sus trayectorias normales en línea recta sólo son interrumpidas por choques con otras moléculas o con las paredes del recipiente.
En estos choques no hay pérdida de energía cinética y, por tanto, se dice que son **choques elásticos.**

4. La presión de un gas es el resultado de los choques entre las moléculas del gas y las paredes del recipiente.

1. *El manómetro de extremo abierto es un tubo en U que contiene un líquido. Uno de sus brazos está abierto a la atmósfera y el otro se halla conectado al sistema cuya presión se quiere medir en un momento determinado.*

2. *El volumen de la muestra de gas en el caso B es menor que en el caso A a causa del aumento de presión que tiene lugar, de acuerdo con la ley de Boyle-Mariotte.*

3. *Muchos gases se preparan en el laboratorio por desplazamiento de agua. Las moléculas de agua gaseosa que escapan del seno del líquido ejercen una presión que se denomina presión de vapor del agua.*

4. *En 1644, el físico italiano Evangelista Torricelli (1608-1647) diseñó el barómetro de mercurio para determinar el valor de la presión atmosférica. Ésta soporta, en la ilustración, una columna de mercurio de altura h.*

Pesos atómicos y moleculares

Los **átomos** son las partículas últimas que intervienen en las transformaciones químicas y que constituyen los elementos (sustancias que no pueden ser descompuestas en otras más sencillas), mientras que las **moléculas** son partículas formadas por átomos que constituyen los compuestos (sustancias que pueden descomponerse en otras más sencillas). Cada átomo y cada molécula tienen un peso determinado llamados **peso atómico y peso molecular**, respectivamente. Como los pesos atómicos de los elementos sólo pueden determinarse después de conocer los pesos moleculares de sus compuestos, vamos a considerar en primer lugar los métodos de determinación de pesos moleculares.

Determinación de pesos moleculares

La determinación del peso molecular de un gas precisa cuatro datos: la masa de sustancia contenida en el volumen gaseoso, el volumen, la presión y la temperatura. Como la presión y la temperatura son fácilmente medibles, basta con determinar la masa de sustancia contenida en un volumen conocido **(método de Dumas)** o el volumen de gas producido por un peso dado de sustancia **(método de Víctor Meyer)**. El método de Dumas consiste en introducir una pequeña cantidad de líquido en un matraz terminado en un tubo capilar. Se lleva el líquido a ebullición y la diferencia de pesos entre el matraz lleno de agua y lleno de aire permite determinar el peso del vapor y su volumen. El peso molecular se calcula de modo inmediato una vez determinados la masa de la sustancia y su volumen como vapor a la presión y temperatura dadas.

El método de Víctor Meyer emplea un tubo de vidrio largo con dos tubuladuras laterales en la parte superior, una para recoger el aire desplazado en una campana de gases y otra provista de una varilla de vidrio. Este dispositivo se halla colocado en el interior de un tubo mayor en el que se hace hervir un líquido adecuado por encima del punto de ebullición del líquido cuyo peso molecular

1

2 3

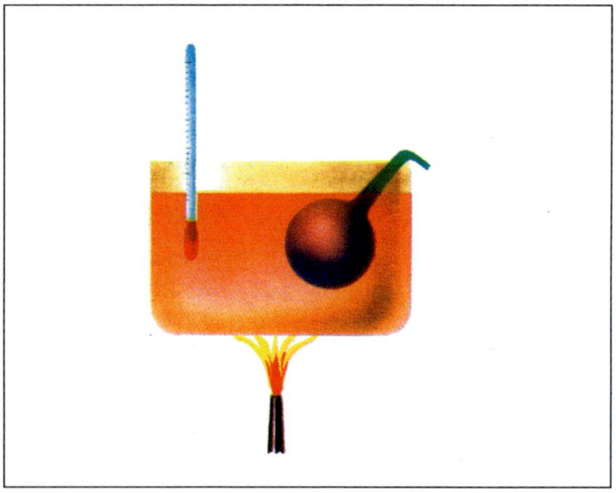

3

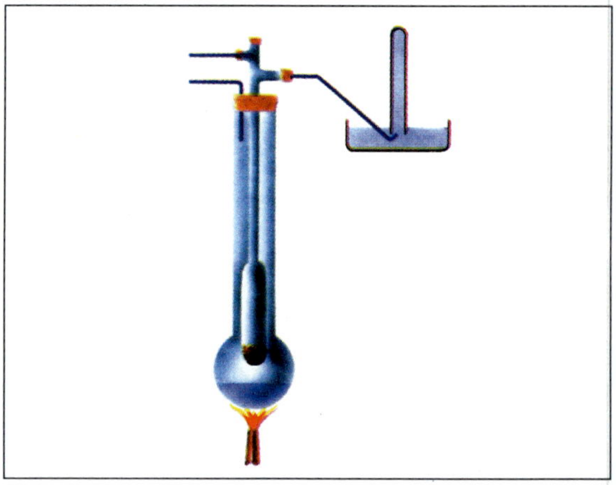

interesa determinar. A continuación se extrae el aire contenido en el tubo exterior por calentamiento, y posteriormente se deja caer una pequeña cantidad de líquido en una pequeña botellita provista de tapón en el tubo interior, en la parte inferior de la cual se ha colocado previamente un poco de lana de vidrio para evitar su rotura. Al calentar, el líquido contenido en la botellita se vaporiza desalojando un volumen igual de aire, que se recoge en la campana de gases. Conocido este volumen y efectuadas las correcciones correspondientes, resulta inmediato calcular el peso molecular de la sustancia.

Método de Cannizzaro
El método de Cannizzaro (1826-1910) para la determinación de pesos atómicos, también llamado del **máximo común divisor**, consiste en determinar el peso molecular del mayor número posible de compuestos del elemento cuyo peso atómico interesa calcular y, a continuación, averiguar analíticamente la cantidad de dicho elemento en cada uno de los compuestos. El máximo común divisor de los valores obtenidos será el peso atómico del elemento.

Método de Dulong y Petit
Pierre Dulong (1785-1838) y **Alexis Petit** (1791-1820) encontraron que el producto del calor específico de cualquier elemento sólido por su peso atómico es casi constante e igual a 6,3. Así pues, conocidos los calores específicos de los elementos pueden hallarse inmediatamente sus pesos atómicos aproximados.

Método del espectrógrafo de masa
Las partículas cargadas eléctricamente describen trayectorias circulares cuando un campo magnético actúa de forma perpendicular a su dirección de desplazamiento. De acuerdo con este principio se ha diseñado un instrumento, llamado **espectrógrafo de masa**, que puede separar partículas cargadas de la misma carga pero con masas ligeramente distintas. Una de las aplicaciones más importantes del espectrógrafo de masa es el estudio de los **isótopos.** Los isótopos son aquellos átomos de un mismo elemento que tienen igual número de protones pero distinto número de neutrones. Por consiguiente, los isótopos de un mismo elemento tienen distintos **números de masa** (suma de la masa de los protones y los neutrones), pero tienen el mismo **número atómico** (número de protones). Los isótopos de un elemento no se pueden separar por medios químicos, puesto que sus propiedades químicas son idénticas. Para separarlos se necesita recurrir a métodos físicos, tales como el espectrógrafo de masa. Empleando una placa fotográfica como detector se observan tantas líneas como isótopos tenga el elemento. La posición de estas líneas indica la masa del isótopo. mientras que la intensidad de las líneas es proporcional a la abundancia relativa de los isótopos en el elemento. Por consiguiente, el peso atómico del elemento puede hallarse efectuando la media ponderal de los pesos de todos sus isótopos.

4

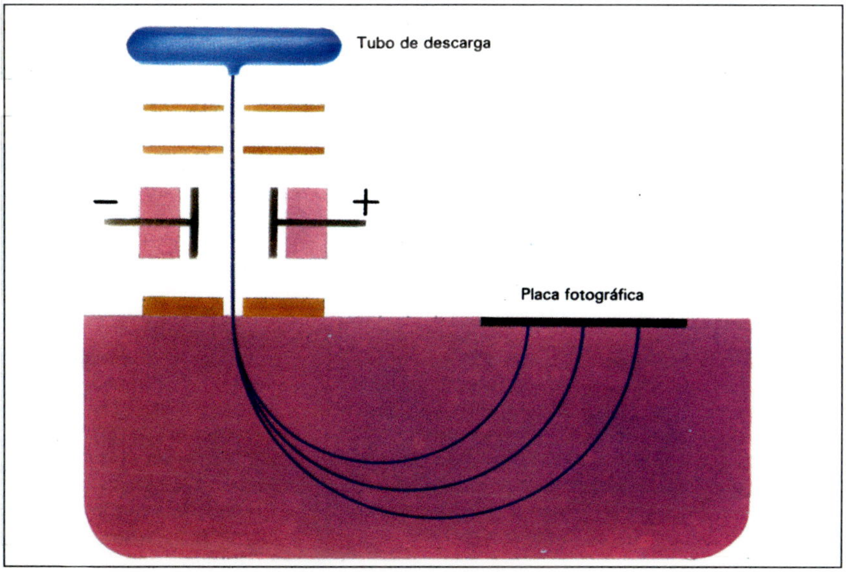

1. *En 4 g de helio, en 58,5 g de cloruro de sodio y en 18 g de agua, hay 6,023 · 10^{23} moléculas, porque un mol de cualquier sustancia contiene siempre el mismo número de moléculas.*

2. *El químico francés Jean Baptiste André Dumas (1800-1884) ideó en 1826 un método para calcular pesos moleculares basados en la determinación de la masa de sustancia contenida en un volumen conocido.*

3. *El químico alemán Víctor Meyer (1848-1897) diseñó en 1878 un método para determinar pesos moleculares basado en la medición del volumen de gas producido por un peso conocido de sustancia.*

4. *El espectrógrafo de masa es un instrumento capaz de separar partículas cargadas de distintas masas. por la acción de un campo magnético perpendicular a la dirección del desplazamiento.*

Disoluciones

Definición
Una disolución es una mezcla homogénea de composición variable. Los componentes de una disolución se denominan **disolvente** y **soluto.** El disolvente es la sustancia que está presente en mayor cantidad en la disolución, mientras que el soluto o solutos son las sustancias que no están presentes en mayor cantidad.

Tipos de disoluciones
Según el número de componentes que las constituyen, las disoluciones se clasifican en: **binarias,** si están formadas por dos componentes, **ternarias,** si están formadas por tres componentes, y así sucesivamente. Según sea el estado físico de los componentes (sólido, líquido o gaseoso) las disoluciones pueden ser de los nueve tipos que ejemplificamos a continuación:

1. Sólido disuelto en sólido. Ej.: aleaciones metálicas como oro y plata.
2. Líquido disuelto en sólido. Ej.: amalgamas como mercurio en cobre.
3. Gas disuelto en sólido. Ej.: hidrógeno en paladio.
4. Sólido disuelto en líquido. Ej.: sales disueltas en agua.
5. Líquido disuelto en líquido. Ej.: agua y alcohol.
6. Gas disuelto en líquido. Ej.: bebidas carbónicas.
7. Sólido disuelto en gas. Ej.: partículas de polvo en el aire.
8. Líquido disuelto en gas. Ej.: gases húmedos.
9. Gas disuelto en gas. Ej.: aire.

1

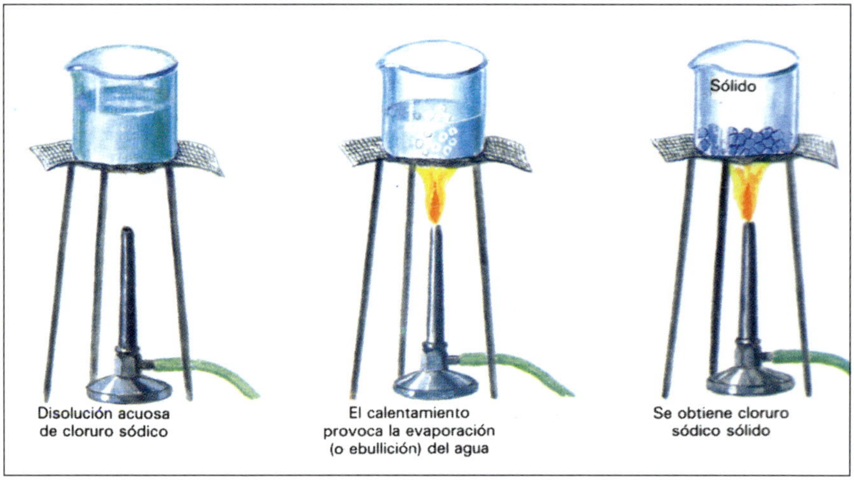

2

Modos de expresar la concentración de las disoluciones
Se denomina concentración de una disolución a la cantidad de soluto disuelto en una cantidad dada de disolución. Si la cantidad de soluto es pequeña, se dice que la disolución es *diluida,* y en caso contrario se dice que es *concentrada.*
Si no puede disolverse más soluto en la disolución, se dice que ésta está *saturada.*
Los modos más empleados para expresar la concentración de las disoluciones son los siguientes:
1. **Porcentaje en peso.** Indica los gramos de soluto que hay en 100 g de disolución.
2. **Fracción molar.** Indica el tanto por uno en moles de cada componente de la disolución.
3. **Molaridad.** Es el número de moles de soluto que hay en un litro de disolución.
4. **Molalidad.** Es el número de moles de soluto disueltos en 1.000 g de disolvente.
5. **Normalidad.** Es el número de equivalentes gramo de soluto contenidos en un litro de disolución. El equivalente gramo de una sustancia es la cantidad de dicha sustancia que reacciona o equivale a 1,00797 g de hidrógeno.

Cristalización y destilación
La **cristalización** es un método separativo utilizado para purificar sustancias basándose en la variación de la solubilidad con la temperatura.
Para ello se disuelve la sustancia en un disolvente adecuado a elevada temperatura hasta tener una disolución prácticamente saturada. Al enfriarse ésta se obtiene una disolución saturada de la cual se va separando el exceso de sustancia que corresponde a la diferencia de solubilidad con la temperatura. En cambio, las impurezas que acompañan a la sustancia se hallan presentes en mucha menor cantidad y no cristalizan por no llegar a saturar la disolución. Si se desea obtener la sustancia con un mayor grado de pureza se pueden efectuar sucesivas recristalizaciones.

Otro método muy utilizado para separar disoluciones de sólidos en líquidos o de líquidos en líquidos es la **destilación**.
Para ello se coloca la disolución cuyos componentes se quieren separar en un matraz hasta alcanzar la temperatura de ebullición del componente más volátil. El vapor de dicho componente se vuelve líquido en el condensador y es recogido en un recipiente. El componente menos volátil queda en el matraz inicial.

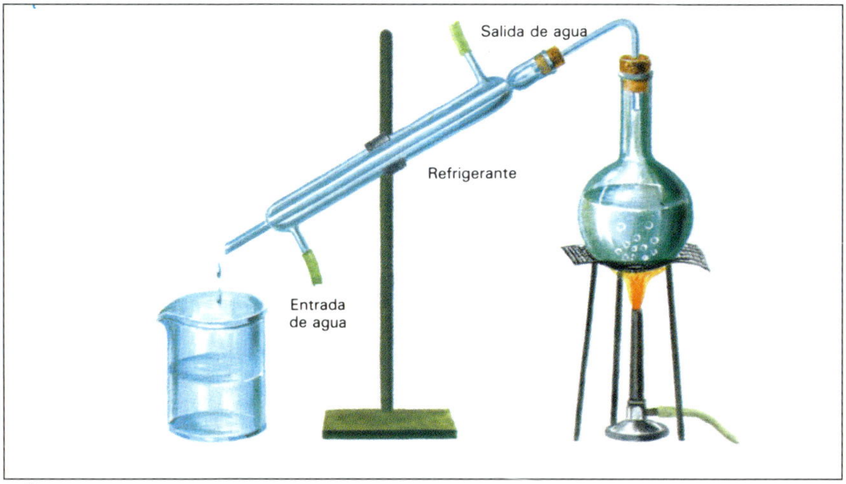

3

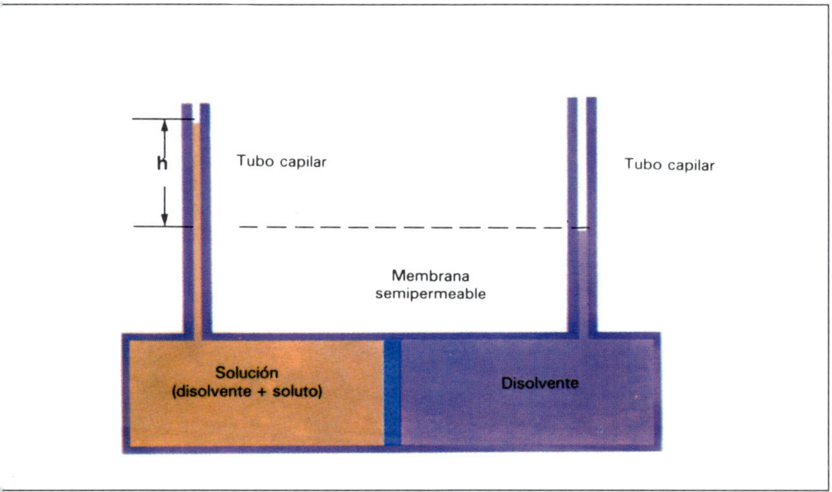

4

Ley de Henry

La solubilidad de los gases en los líquidos depende de la naturaleza del líquido y del gas, de la temperatura y de la presión. El químico inglés **William Henry** (1774-1836) encontró que la solubilidad de un gas en un líquido es directamente proporcional a la presión del gas sobre el líquido.

Ósmosis

Se denomina **ósmosis** al proceso por el cual un disolvente pasa desde una disolución más diluida a otra más concentrada, a través de una membrana semipermeable que permite el paso del disolvente, pero impide el del soluto. En el proceso de ósmosis hay una tendencia a igualar las concentraciones entre las dos disoluciones que se hallan en contacto a través de la membrana semipermeable, que origina una presión osmótica.
Se denomina **osmómetro** al instrumento utilizado para medir la presión osmótica de una disolución. Al empezar la medición el nivel del líquido en el tubo capilar del lado de la disolución es igual al nivel en el tubo capilar del lado del disolvente. De forma gradual va pasando disolvente hasta que las concentraciones se igualan en ambos lados. En este momento los niveles del líquido en ambos tubos capilares alcanzan un valor constante. La diferencia de niveles entre los dos tubos debe a la presión osmótica, y se mide mediante la expresión de la presión hidrostática $\pi = \rho gh$, donde π es la presión osmótica, ρ es la densidad de la disolución, g es la constante gravitacional y h es la diferencia de alturas entre los niveles de los capilares.

1. *Para preparar una disolución acuosa de concentración conocida se añade la cantidad de soluto necesaria, se disuelve el soluto en agua destilada y finalmente se enrasa con agua destilada.*

2. *Para separar un soluto no volátil de una disolución se evapora el disolvente por calentamiento, obteniéndose de este modo el soluto en estado sólido.*

3. *La destilación es un método que permite separar líquidos de distintos puntos de ebullición. El líquido más volátil se evapora en primer lugar y se condensa en el interior del refrigerante.*

4. *La diferencia de nivel en los tubos capilares del osmómetro se debe a la presión osmótica, que se opone a que el disolvente siga atravesando la membrana semipermeable.*

Termodinámica química

La termodinámica química es la parte de la química que estudia las relaciones entre la energía y los cambios químicos.
Se denomina **sistema** a la parte del universo que se aísla para su estudio. Se dice qué un proceso es **adiabático** cuando no se puede intercambiar calor entre el sistema y sus alrededores (resto del universo que rodea al sistema). Se denomina **estado** de un sistema a los valores de una serie de sus propiedades (presión, temperatura, cantidad de cada componente y forma física) que permiten determinar la totalidad de éstas.

Primer principio de la termodinámica
El principio de conservación de la energía indica que la energía ni se crea ni se destruye, únicamente se transforma. El primer principio de la termodinámica expresa este hecho mediante la ecuación: $Q = \Delta U + W$. Donde Q es el calor añadido al sistema al pasar del estado inicial al final, ΔU es la variación que experimenta la energía interna del sistema, es decir, el total de las energías que éste posee, y W es el trabajo efectuado por el sistema sobre sus alrededores. En el caso de que la transformación efectuada sea la expansión de un gas ideal contra una presión constante, se tiene que $W = P \Delta V$, donde P es la presión y ΔV es la variación de volumen. Así pues, aplicando el primer principio de la termodinámica, tendremos el calor a presión constante, expresado $Q_p = \Delta U + P \Delta V = \Delta H$, donde la función termodinámica H recibe el nombre de **entalpía.**
Si la transformación se efectúa a volumen constante, entonces $\Delta V = 0$, por lo cual, aplicando el primer principio de la termodinámica tendremos el calor a volumen constante: $Q_v = \Delta U$.

Procesos reversibles e irreversibles
El trabajo obtenido en la expansión de un gas ideal depende de la presión exterior que se opone a esta expansión. Está demostrado que se obtiene más trabajo cuanto mayor es el número de etapas en que se lleva a cabo la expansión. Así pues, la cantidad máxima de trabajo se alcanzaría empleando un número infinito de etapas en las que la presión exterior fuese ligeramente menor que la ejercida por el gas, lo cual podría obtenerse con un aparato como el indicado en la figura 2.

Termoquímica
La parte de la química que estudia la energía calorífica implicada en los procesos químicos se llama **termoquímica.**
Las reacciones químicas en las que se produce un desprendimiento de calor se llaman **exotérmicas**, mientras que aquéllas en que se produce una absorción de calor se denominan **endotérmicas.**
La medición del calor absorbido o desprendido en una reacción química aporta una información muy importante sobre la estabilidad de los compuestos químicos. Los calores de reacción se miden experimentalmente utilizando un dispositivo denominado **calorímetro.** Una ley muy importante de la termoquímica se debe al químico ruso **Hess** (1802-1850) y se formula del modo siguiente: el calor implicado en una reaccion química es el mismo tanto si la reacción tiene lugar en una sola etapa como si transcurre en varias etapas.

Espontaneidad de los procesos químicos
Segundo principio de la termodinámica
La espontaneidad de un proceso químico depende de dos factores. Uno de ellos es la variación de energía y el otro es el cambio en el grado de desorden del sistema. El factor energético influye de modo que el proceso tiende a ser

1

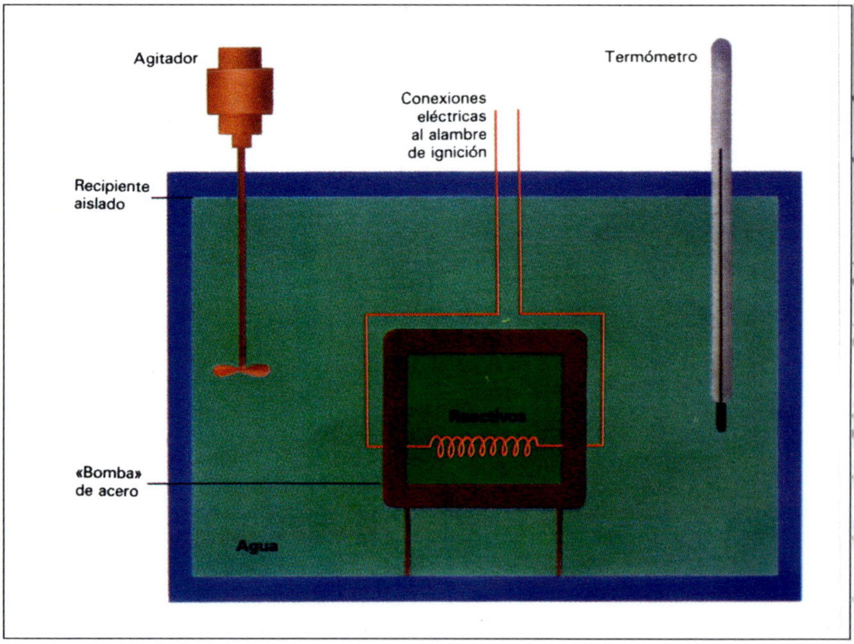

espontáneo si se produce una disminución en la energía del sistema.
El grado de desorden del sistema, representado por una magnitud denominada **entropía** que se designa con la letra S, influye de modo que el proceso tiende a ser espontáneo si se produce un aumento del desorden.
El segundo principio de la termodinámica establece que en todo proceso espontáneo siempre se produce un aumento de la entropía del universo (sistema más alrededores).

Tercer principio de la termodinámica
El tercer principio de la termodinámica indica que la entropía de cualquier sustancia pura cristalina en el cero absoluto de temperaturas es cero. Esta definición es completamente válida, puesto que en un cristal perfecto en el cero absoluto de temperaturas existe una situación de orden perfecto.

2

3

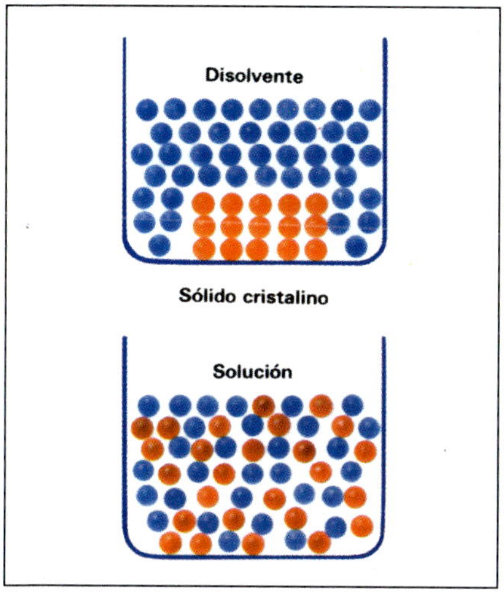

4

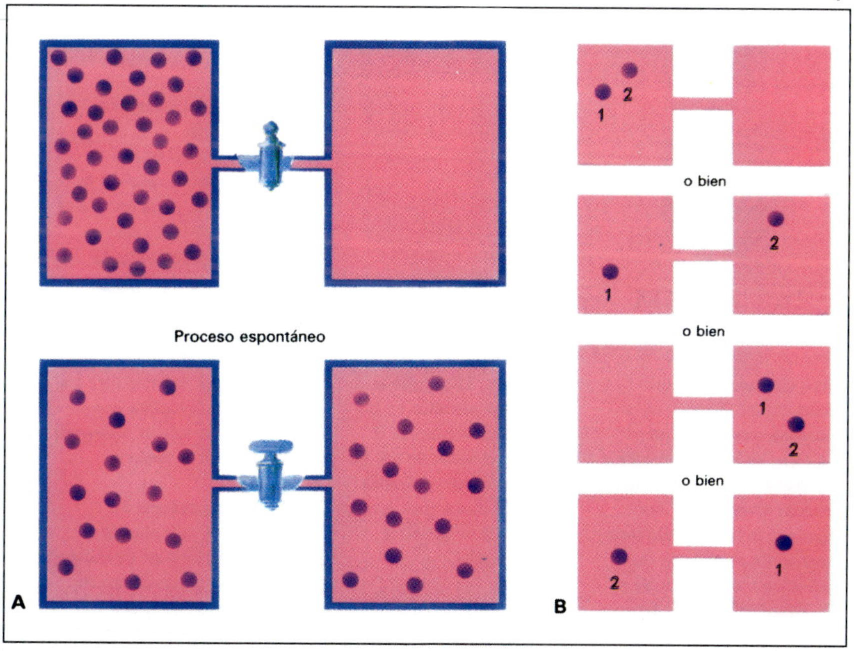

1. *Las células calorimétricas se emplean para determinar la cantidad de calor desprendido en las reacciones químicas a partir de la capacidad calorífica del calorímetro y de la temperatura del agua.*

2. *Ejemplo de expansión reversible. Al evaporarse las moléculas de agua disminuye la presión y el gas se expande. Si las moléculas de agua se condensan el proceso se invierte y el gas se comprime.*

3. *Al disolver un sólido se produce un aumento en el desorden, puesto que las partículas de soluto abandonan, el estado cristalino ordenado y se difunden por todo el líquido.*

4. *Al abrir la llave que separa los dos compartimientos pasan moléculas de gas al compartimiento vacío de forma espontánea, y al cabo de algún tiempo ambos compartimientos contendrán el mismo número de moléculas (A). Dos moléculas con cuatro posibilidades (B).*

Cinética química

La cinética química es la parte de la química que estudia la velocidad con que transcurren las diferentes reacciones químicas.
En toda reacción química las sustancias que se transforman y desaparecen se llaman **reactivos**, y **productos** las que se forman. Se denomina **velocidad de reacción** a la rapidez con que desaparece un reactivo o se forma un producto. La velocidad de reacción viene dada por el cociente diferencial de la variación de la concentración de dicha sustancia con respecto al tiempo. Matemáticamente esto se puede expresar como $v = dc/dt$.
La velocidad de reacción de un proceso químico depende de varios factores, tales como la superficie de contacto entre las sustancias reaccionantes, la concentración de los reactivos, la temperatura y la presencia de catalizadores.

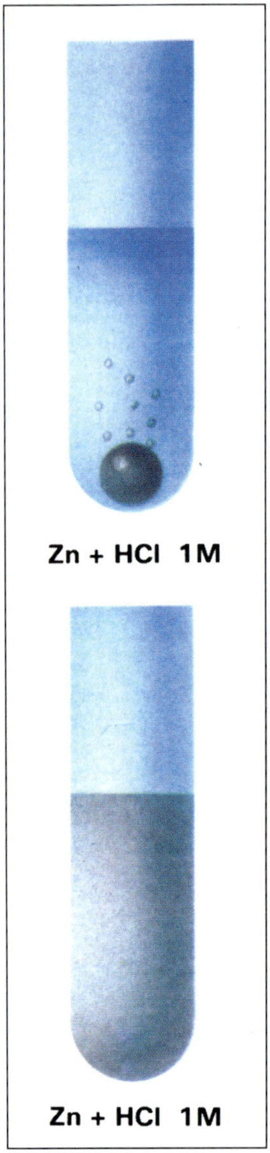

1

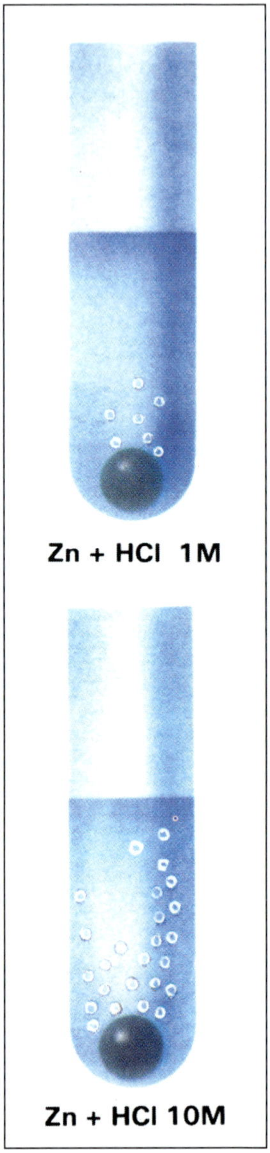

2

Teoría de las colisiones
La teoría de las colisiones se basa en la suposición de que, para que una reacción química se produzca, las moléculas de los reactivos deben chocar con otras.
En esta teoría, la velocidad de una reacción es proporcional al número de choques que se producen cada segundo entre las moléculas de los reactivos. Este hecho explica el aumento de la velocidad de reacción al aumentar la superficie de contacto entre las sustancias reaccionantes. Ahora bien, si todos los choques que se producen en un recipiente de reacción fueran efectivos para producir transformaciones químicas, todas las reacciones tendrían lugar de modo casi instantáneo. Como esto no es así, deben existir otros factores que disminuyan las velocidades de reacción, tales como la orientación adecuada de las moléculas al producirse el choque o el hecho de que las moléculas tengan suficiente energía al chocar para que la colisión que se produzca resulte efectiva.

Ley de acción de masa
Dado que la velocidad de reacción depende del número de choques entre las moléculas de las sustancias reaccionantes, esta velocidad aumentará al aumentar la concentración de las mismas o, en el caso de los gases, al aumentar la presión. Los químicos noruegos **Guldberg** (1836-1902) y **Waage** (1833-1900) formularon la ley de acción de masa, según la cual la velocidad de una reacción química es proporcional al producto de las concentraciones de las sustancias reaccionantes. Se denomina **molecularidad** de una reacción al mecanismo según el cual se supone que se verifica dicha reacción, es decir, a la secuencia de procesos elementales que finalmente conducen a la formación de los productos. Se llama **orden de reacción** a la expresión de la velocidad de reacción obtenida a partir de datos experimentales.

Teoría del estado de transición
La teoría del estado de transición se refiere a la geometría y a la energía de los reactivos cuando chocan para formar los productos. Únicamente aquellas moléculas que se mueven con suficiente velocidad pueden penetrar lo bastante unas en otras para que se produzca la ruptura y formación de enlaces necesarios para producir la reacción química.
Se denomina **energía de activación** E_a a la energía mínima necesaria en un choque para que se produzca reacción. La especie que se forma en el máximo de la barrera de energía

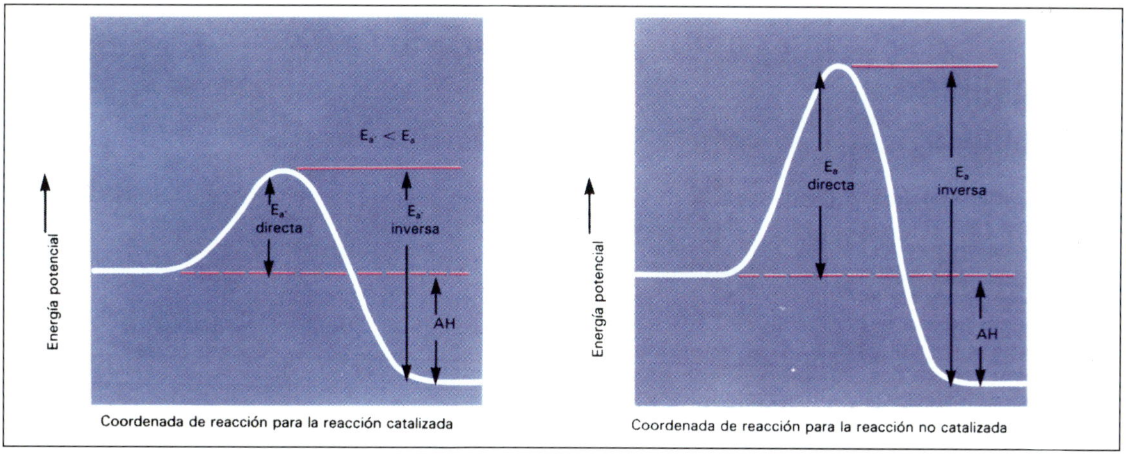

3

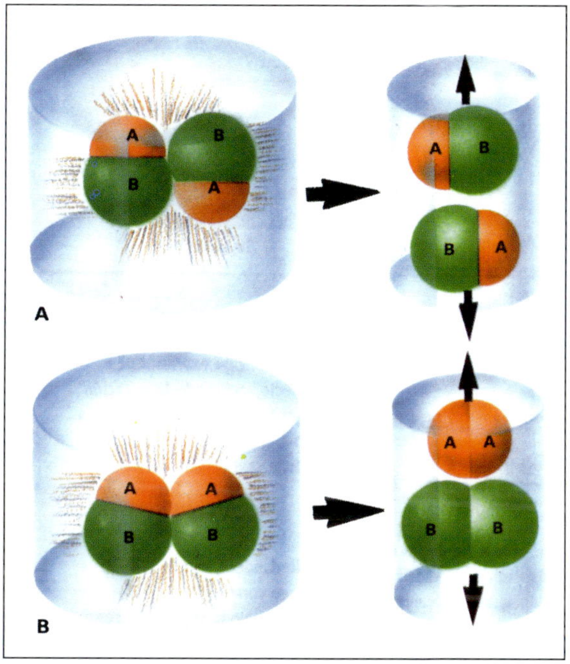

4

potencial durante un choque efectivo no corresponde ni a los reactivos ni a los productos, sino a una especie muy inestable, denominada **complejo activado,** que existe en un estado de transición.
La influencia de la temperatura sobre la velocidad de reacción se debe al aumento que experimenta la energía cinética de las moléculas. Como resultado de ello, el número de moléculas que son capaces de reaccionar aumenta al aumentar la temperatura; por tanto, también crece la velocidad de reacción.

Catálisis

Un **catalizador** es una sustancia que aumenta la velocidad en una reacción sin consumirse en ella, y que puede recuperarse sin haber experimentado ningún cambio una vez acabada la reacción. El efecto del catalizador consiste en disminuir la barrera de energía de activación, por lo cual se produce un mayor número de choques efectivos y un aumento en la velocidad de reacción.
Los catalizadores pueden ser de dos tipos: homogéneos y heterogéneos. Los primeros están presentes en la misma fase que los reactivos y aceleran la reacción formando un intermediario que reacciona con uno de los reactivos. Los catalizadores heterogéneos no están en la misma fase que los reactivos, pero suministran una superficie sobre la cual se produce la reacción. Se cree que funcionan mediante un proceso en el que las moléculas reactivas son absorbidas sobre una superficie sobre la cual posteriormente se produce la reacción.
Se denomina **inhibidores** a aquellas sustancias cuya presencia interfiere el proceso de absorción, reduciendo o eliminando (envenenando) la efectividad del catalizador. Así, por ejemplo, los catalizadores que se utilizan en el tratamiento de los gases de escape de los automóviles resultan envenenados por el plomo. De ahí la conveniencia de utilizar combustibles sin plomo en los automóviles equipados con estos dispositivos anticontaminantes.

1. *Un aumento de la superficie de contacto de los reactivos origina un aumento de la velocidad de reacción al producirse mayor número de colisiones entre las moléculas de las sustancias reaccionantes.*

2. *Al aumentar la concentración de las sustancias reaccionantes se produce un aumento de la velocidad de reacción porque tiene lugar mayor número de choques entre las moléculas de los reactivos.*

3. *Los catalizadores disminuyen las barreras de energía potencial que deben franquearse para la formación de los productos en las reacciones químicas.*

4. *En el primer caso la colisión no produce un cambio químico; se trata, pues, de un choque no efectivo. En el segundo caso la colisión produce un cambio químico; se trata de un choque efectivo.*

Equilibrio químico

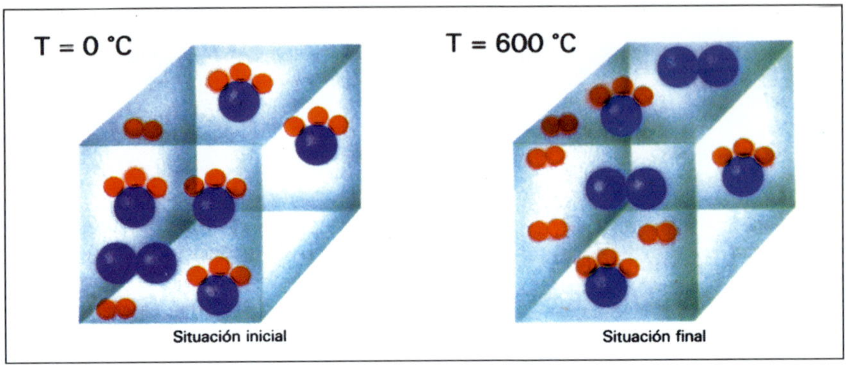

1

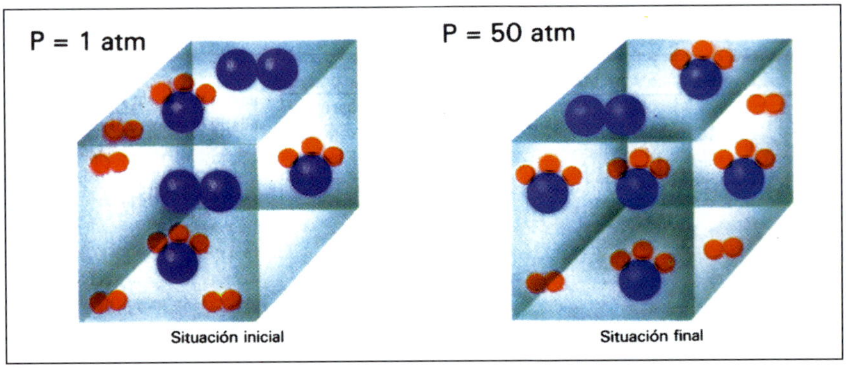

2

El equilibrio químico

Muchas reacciones químicas concluyen al agotarse alguno de los reactivos, puesto que los productos formados en el proceso no muestran ninguna tendencia a reaccionar entre ellos para regenerar las sustancias iniciales. A este tipo de reacciones químicas se las denomina **reacciones irreversibles.** Por el contrario, en otras reacciones los productos de reacción formados a partir de las sustancias iniciales reaccionan entre sí para regenerar dichas sustancias, por lo cual este tipo de transformaciones químicas son incompletas, alcanzándose un estado de equilibrio en el momento en que las sustancias iniciales y los productos finales se formen y desaparezcan a la misma velocidad. Estas reacciones se denominan **reversibles,** y la situación en la cual son iguales las velocidades con que se forman y se consumen los reactivos y los productos recibe el nombre de **equilibrio químico**.

Deducción de la ecuación de equilibrio

El estado de equilibrio de un sistema químico reaccionante viene dado por un equilibrio dinámico en el cual las velocidades de reacción directa e inversa de los dos procesos opuestos son iguales. Ahora bien, como la ley de acción de masa permite determinar dichas velocidades en función del producto de las concentraciones de las sustancias que intervienen en la transformación, bastará con igualar las expresiones obtenidas para deducir la ecuación de equilibrio del sistema reaccionante.
En efecto, consideramos la reacción general:

$$aA + bB + \ldots \rightleftharpoons mM + nN + \ldots$$

Las velocidades de la reacción directa, v_d, y de la reacción inversa, v_i, pueden expresarse como:

$$v_d = k_d\,[A]^a \cdot [B]^b \ldots \; (1)$$

$$v_i = k_i\,[M]^m \cdot [N]^n \ldots \; (2)$$

Y en el momento en que se alcance el equilibrio, $v_d = v_i$.
Por consiguiente, igualando las ecuaciones (1) y (2) resultará:

$$k_d\,[A]^a \cdot [B]^b \ldots = k_i\,[M]^m \cdot [N]^n \ldots \; (3)$$

de donde se obtiene

$$\frac{[M]^m \cdot [N]^n \ldots}{[A]^a \cdot [B]^b \ldots} = \frac{k_d}{K_i} = K_c \; (4)$$

El cociente k_d/k_i de las dos constantes de velocidad es otra constante, que únicamente depende de la temperatura y que se denomina constante de equilibrio K_c.
En el caso de que la reacción tenga lugar eb fase gaseosa, en vez de emplearse las concentraciones deben emplearse las presiones parciales, representándose la constante de equilibrio por k_p.
Es decir,

$$Kp = \frac{p_M^m \cdot p_N^n \ldots}{p_A^a \cdot p_B^b \ldots} \; (5)$$

K_p y K_c están relacionadas por una sencilla expresión. En efecto, aplicando la ecuación general de los gases ideales a cualquier gas de la mezcla se tiene que

$$p_i \cdot V = n_i \cdot R \cdot T \; (6)$$

de donde $P_i = n_i\,R\,T/V$ (7); pero como $n_i/V = c_i$ (8), sustituyendo (8) en (7) resulta $p_i = c_i\,R\,T$ (9), y sustituyendo (9) en (5) se obtiene la expresión:

$$K_p = \frac{(c_M\,RT)^m \cdot (c_N\,RT)^n \ldots}{(c_A\,RT)^a \cdot (c_B\,RT)^b \ldots} \; (10)$$

Es decir,

$$K_p = \frac{c_M^m \cdot c_N^n \ldots \cdot (RT)^{m+n+}}{c_A^a \cdot c_B^b \ldots (RT)^{a+b+}} \; (11)$$

Sustituyendo (4) en (11)

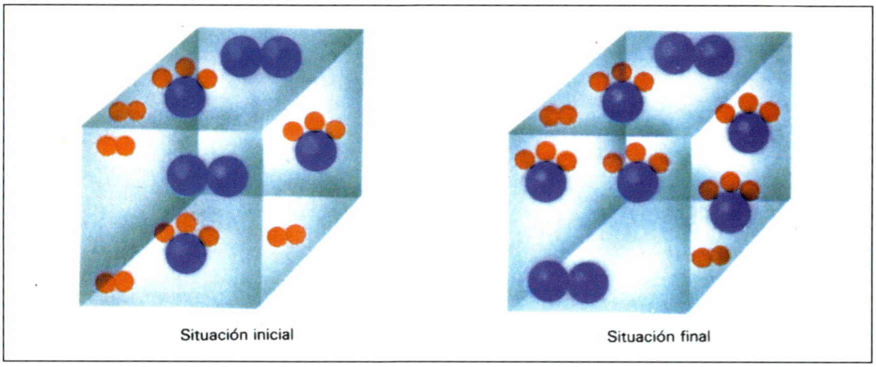

3

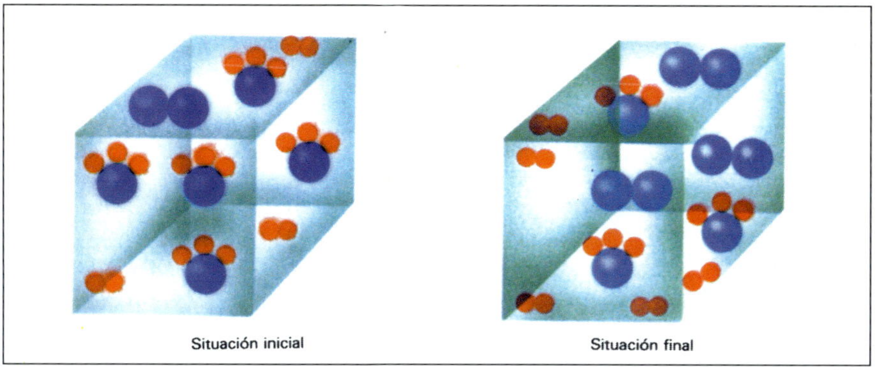

4

resulta:

$$K_p = K_c\,(RT)^{\Delta\nu_i}\quad(12)$$

donde $\Delta\nu_i$ es el incremento en el número de moles gaseosos correspondientes al proceso.

Factores que influyen sobre el punto de equilibrio

Si en un sistema en equilibrio se varía la concentración de alguna sustancia, se altera en el mismo sentido la velocidad de reacción y el sistema se desplaza hasta que las velocidades directa e inversa vuelven a igualarse, oponiéndose a la variación que se había producido.

Una modificación en la presión no modifica la composición del sistema gaseoso en equilibrio si la reacción se verifica sin variación en el número de moles gaseosos. Por el contrario, si la reacción tiene lugar con dicha variación, un aumento de presión provoca un desplazamiento del equilibrio en el sentido de disminuir el número de moles gaseosos. El efecto de la temperatura sobre un equilibrio químico fue establecido por el químico holandés **van't Hoff** (1852-1911): un aumento de la temperatura hace que la posición de equilibrio de una reacción exotérmica cambie hacia la izquierda, mientras que obliga a la de una reacción endotérmica a desplazarse hacia la derecha.

Los catalizadores no alteran la posición del equilibrio, únicamente aceleran la aproximación hacia la posición de equilibrio disminuyendo la barrera de la energía de activación que hay que vencer para que la reacción prosiga.

Principio de Le Chatelier-Braun

El principio enunciado por **Le Chatelier** (1850-1936) y **Braun** (1850-1918) supone una generalización de los efectos producidos sobre el punto de equilibrio por cualquier perturbación provocada sobre el sistema reaccionante en equilibrio. Puede enunciarse del modo siguiente:

Si un sistema químico en equilibrio es sometido a la acción de un causa externa perturbadora, el equilibrio se desplaza en el sentido de oponerse a la acción producida por dicha causa.

1. *Variación del equilibrio $N_2 + 3H_2 \rightleftharpoons 2NH_3$ con la temperatura. Un aumento de temperatura disminuye la formación de amoníaco, pero aumenta la velocidad de reacción.*

2. *Variación del equilibrio $N_2 + 3H_2 \rightleftharpoons 2NH_3$ con la presión. Un aumento de presión favorece la formación de amoníaco, por lo cual el proceso industrial se efectúa a elevadas presiones.*

3. *Variación del equilibrio $N_2 + 3H_2 \rightleftharpoons 2NH_3$ con la concentración de nitrógeno. Un aumento de la concentración de nitrógeno favorece la formación de amoníaco.*

4. *Variación del equilibrio $N_2 + 3H_2 \rightleftharpoons 2NH_3$ con la concentración de hidrógeno. Un aumento de la concentración de hidrógeno favorece la formación de amoníaco.*

Ácidos y bases

Concepto de ácido y de base

La primera definición moderna de ácidos y bases se debe al químico sueco **Svante Arrhenius** (1859-1927), que definió los ácidos como las sustancias que aumentan la concentración de iones hidronio (H_3O^-) en disolución acuosa, y las bases como las sustancias que aumentan la concentración de iones oxhidrilo (OH^-) en disolución acuosa.
Así, por ejemplo, el ácido nítrico (HNO_3) es un ácido porque en disolución acuosa reacciona del modo siguiente:

$$HNO_3 \xrightarrow{H_2O} H_3O^+ + NO_3^-$$

Análogamente, el hidróxido de potasio (KOH) es una base porque en disolución acuosa reacciona así:

$$KOH \xrightarrow{H_2O} K^+ + OH^-$$

A pesar de que la teoría de Arrhenius explica el comportamiento ácido o básico de un gran número de sustancias, resulta aún muy limitada. Así, por ejemplo, no permite explicar el carácter básico del amoníaco (NH_3).
Un enfoque más amplio fue dado por el químico danés **Brønsted** (1879-1956) y por el químico inglés **Lowry** (1874-1936), quienes definieron un ácido como aquella sustancia capaz de ceder un protón a otra sustancia, y una base como aquella sustancia capaz de aceptar un protón de un ácido. Es decir, un ácido es un dador de protones y una base es un receptor de protones.
La teoría de Brønsted y Lowry permite subsanar el problema que planteaba el comportamiento del amoníaco. En efecto, las soluciones acuosas de amoníaco son básicas, puesto que el agua actúa como un ácido, cediendo un protón a la molécula de NH_3, que actúa como una base:

$$NH_3 + H_2O \rightleftharpoons NH_4 + OH^-$$

En general, cualquier reacción ácido-base, según la teoría de Brønsted y Lowry, puede representarse del modo siguiente:

$$\text{Ácido}_A + \text{Base}_B \rightleftharpoons \text{Ácido}_B + \text{Base}_A$$

donde el ácido A y la base A representan un **par conjugado**, y el ácido B y la base B representan otro par conjugado. Los miembros de un par conjugado únicamente difieren en un protón.
Se dice que un ácido es fuerte cuando su base conjugada es débil.
Análogamente, una base es fuerte cuando su ácido conjugado es débil. Las sustancias que, como el agua, pueden comportarse indistintamente como ácidos o como bases reciben el nombre de **anfipróticas** o **anfóteras.**

Escala de pH

Cuando se disuelve en agua un ácido o una base se forman iones H_3O^+ y OH^-, que originan el carácter ácido o básico de la disolución. Ahora bien, como el agua pura tiene un comportamiento anfiprótico y se autoioniza según la ecuacion

$$H_2O + H_2O \rightleftharpoons H_3O^+ + OH^-$$

de manera que a 25 °C $[H_3O^+] \cdot [OH^-] = 10^{-14} = K_w$, se dice que una disolución es neutra cuando $[H_3O^+] = [OH^-] = \sqrt{10^{-14}} = 10^{-7}$ mol/1. La disolución será ácida cuando $[H_3O^+] > 10^{-7}$ mol/1, y básica cuando $[H_3O^+] < 10^{-7}$ mol/1.
Para expresar $[H_3O^+]$ de una forma más sencilla, el químico danés **Sørensen** (1868-1939) ideó la escala pH. Se define el pH de una disolución como el logaritmo decimal con el signo cambiado de la concentración de iones H_3O^+. Es decir, $pH = -\log [H_3O^+]$. Así pues, en una disolución neutra $pH = -\log 10^{-7} = 7$; en una disolución ácida pH < 7, y en una disolución básica pH > 7.

Indicadores

Un indicador es una sustancia que cambia de color dentro de un pequeño intervalo de pH, debido a que puede existir en dos o más formas que tienen estructuras distintas y

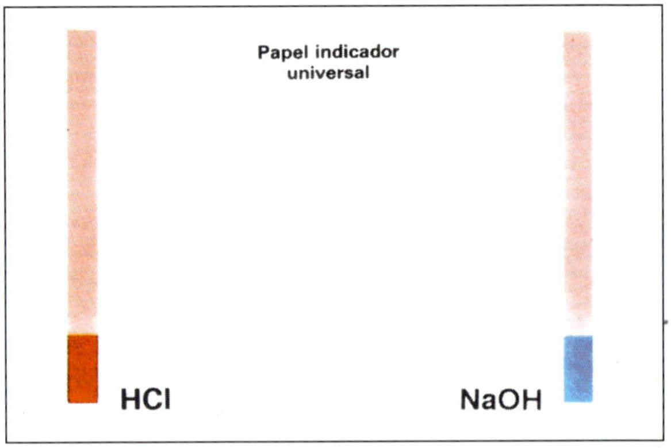

1

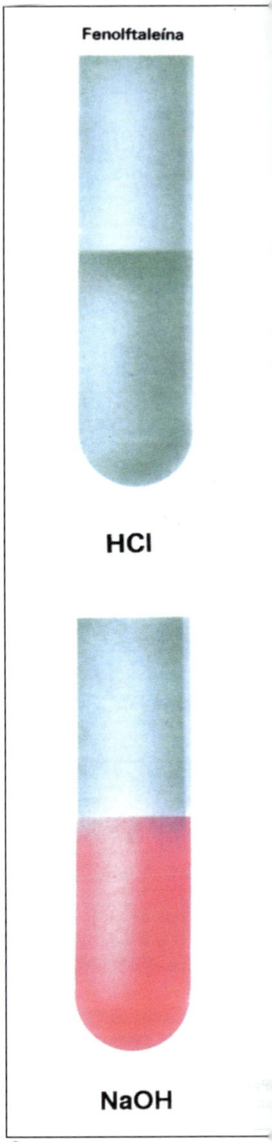

2

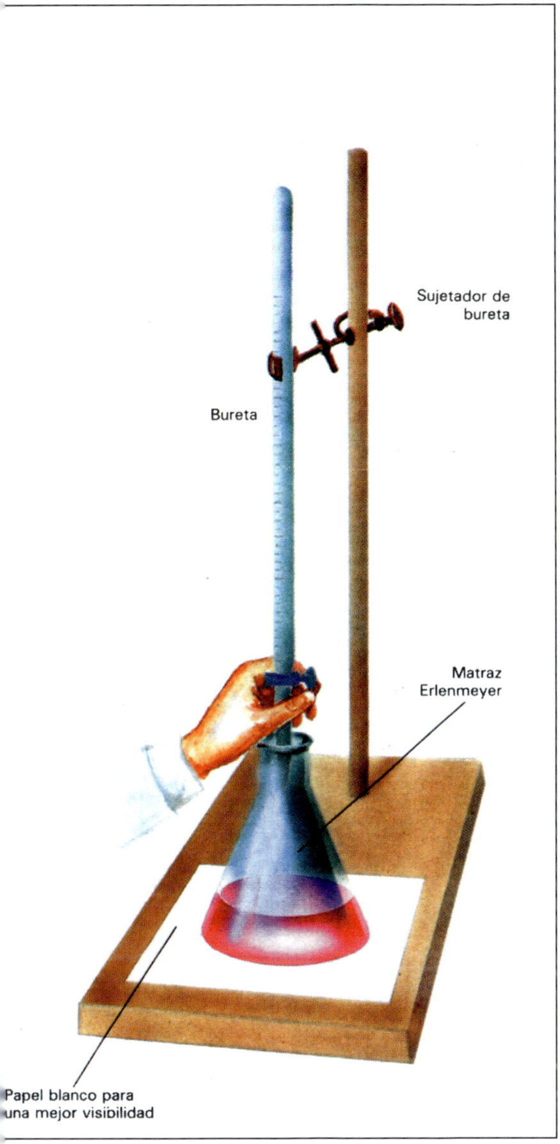

3

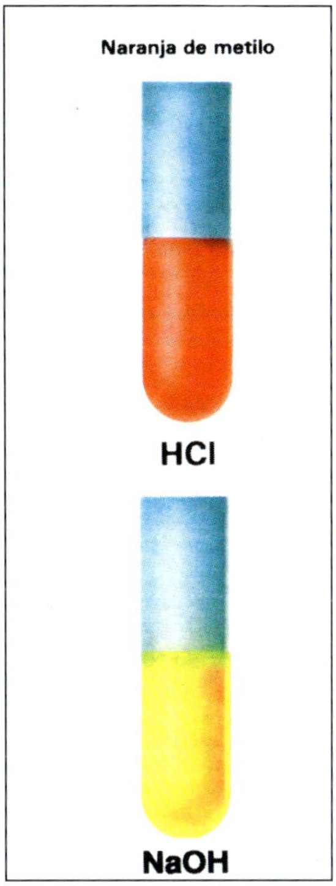

4

presentan colores diferentes.
Los indicadores se emplean para medir de modo aproximado el pH de las disoluciones, puesto que, en general, el intervalo de viraje (cambio de color) de los indicadores es de unas 2 unidades de pH.
Se llama **indicador universal** a una mezcla en volúmenes iguales de disoluciones de los siguientes indicadores: rojo de metilo, α-naftolftaleína, timolftaleína, fenolftaleína y azul de bromotimol.

Volumetrías ácido-base

El procedimiento utilizado para determinar la concentración de una disolución ácida o básica se denomina valoración de la disolución, y se efectúa por **volumetría**, es decir, midiendo volúmenes.
La valoración de una disolución ácida recibe el nombre de **acidimetría**, mientras que la valoración de una disolución básica recibe el nombre de **alcalimetría**.
Para valorar un ácido se prepara una disolución de una base de concentración conocida y se llena con ella una bureta. En un matraz Erlenmeyer se coloca un volumen conocido del ácido cuya concentración se desea determinar y unas gotas de un indicador apropiado.
A continuación, se abre la llave de la bureta y se deja caer en el Erlenmeyer la disolución de la base. Cuando todos los iones H_3O^+ del ácido han reaccionado con los iones OH^- de la base, el indicador cambia de color, alcanzándose el punto final de la valoración.
Como han reaccionado el mismo número de equivalentes gramo de ácido y de base, tendremos que $V_a \cdot N_a = V_b \cdot N_b$, siendo V_a y V_b los volúmenes de ácido y de base, y N_a y N_b las normalidades del ácido y de la base, respectivamente.
Conocidos los volúmenes de ácido y de base y la normalidad de la base, resulta inmediato el cálculo de la normalidad del ácido.
En el caso de las alcalimetrías se procede de modo análogo.

1. *El papel indicador universal presenta el siguiente cambio de color al aumentar el pH: 4 (rojo), 5 (anaranjado), 6 (amarillo), 7 (verde amarillento), 8 (verde), 9 (azul verdoso), 10 (azul violeta).*

2. *La fenolftaleína es un indicador cuyo intervalo de viraje se halla comprendido entre 8,3 y 10,0 unidades de pH. Para pH inferiores a 8,3 es incolora y para pH superiores a 10,0 toma color rojo.*

3. *Para valorar una disolución básica se coloca en un matraz un volumen conocido de solución y unas gotas de indicador y se añade una solución ácida de concentración conocida hasta que vire el indicador.*

4. *El anaranjado de metilo es un indicador cuyo intervalo de viraje se halla comprendido entre 3,1 y 4,4 unidades de pH. Para pH inferiores a 3,1 es de color rojo y para pH mayores que 4,4 es amarillo.*

Reacciones de oxidación-reducción

Las reacciones de oxidación-reducción son aquéllas en las que se produce una transferencia de electrones entre dos sustancias. La sustancia que pierde electrones se dice que se oxida, mientras que la sustancia que los gana se dice que se reduce.

Conducción electrolítica

Las investigaciones efectuadas a principios del siglo XIX mostraron que las disoluciones acuosas de diversas sustancias químicas conducían la corriente eléctrica en distintas medidas. Para poner de manifiesto el distinto carácter conductor de las sustancias disueltas, basta con intercalar una lámpara en el circuito que se indica en la ilustración y observar su brillo. Cuanto más brille la lámpara, más conductora será la disolución.

El químico inglés **Michael Faraday** (1791-1867) denominó **electrólitos** a las sustancias disueltas conductoras de la corriente eléctrica; **electrodos** a los conductores metálicos en contacto con la disolución (siendo el **ánodo** el electrodo conectado al polo positivo y el **cátodo** el conectado al polo negativo); **iones** a las partículas que conducen la corriente eléctrica en disolución, siendo los **aniones** los que se dirigen al ánodo y los **cationes** los que se dirigen al cátodo. Por último, al recipiente que contiene la disolución y los electrodos lo llamó **célula electrolítica**, y al proceso químico producido por la corriente eléctrica **electrólisis**.

En 1887, **Arrhenius** desarrolló las ideas de Faraday y propuso su teoría de la disociación electrolítica. Según ésta,

1

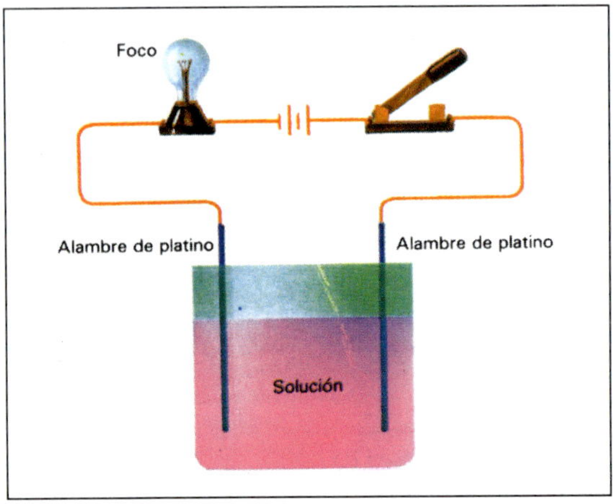

2

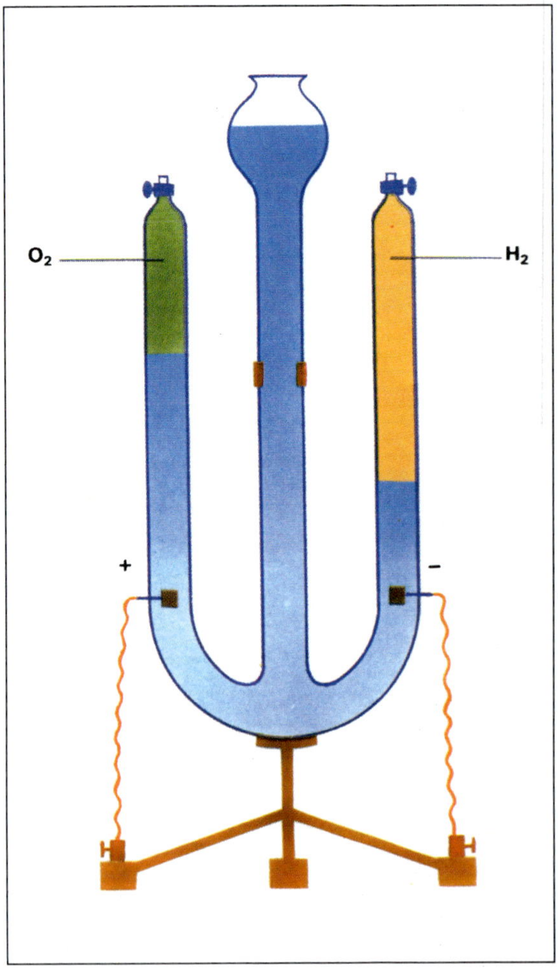

3

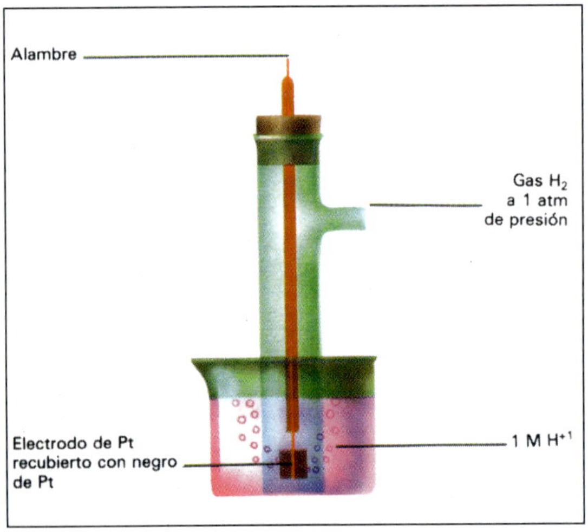

cuando un electrólito fuerte se disuelve, todas sus moléculas se disocian, mientras que si el electrólito es débil, al disolverse sólo se disociará una parte de las moléculas.

Electrólisis

El conjunto de reacciones químicas que tienen lugar en los electrodos durante la conducción electrolítica constituye la electrólisis. Así, por ejemplo, cuando se efectúa la electrólisis del H_2O, los cationes H^+ se trasladan hacia el electrodo negativo (cátodo) y los aniones OH^- hacia el electrodo positivo (ánodo). Las reacciones que tienen lugar en los electrodos son:

Ánodo

$$4\ OH^-_{(aq)} - 4e^- \rightarrow O_{2(g)} + 2H_2O_{(l)}$$

Oxidación

Cátodo

$$2H_{(aq)} + 2e^- \rightarrow H_{2(g)}$$

Reducción

La reacción química global que tiene lugar en la célula electrolítica se obtiene sumando las reacciones del ánodo y del cátodo, de modo que se pierda y se gane el mismo número de electrones. En este caso la reacción global sera:

$$2H_2O_{(l)} \rightarrow O_{2(g)} + 2H_{2(g)}$$

Como resultado de sus investigaciones, Faraday enunció las dos leyes siguientes, que rigen la electrólisis:

1. La cantidad de un elemento que se deposita o libera en un electrodo es proporcional a la cantidad de electricidad que circula por la disolución.

2. Las masas de distintos elementos depositados o liberados por la misma cantidad de electricidad son proporcionales a sus equivalentes químicos.

La cantidad de electricidad que libera 1 equivalente gramo de cualquier elemento es de 96.496 culombios y recibe el nombre de 1 faradio.

Pilas galvánicas

Una **pila galvánica** o voltaica es una célula electrolítica que se utiliza para convertir energía química en eléctrica.

Un ejemplo de pila galvánica es la pila Daniell, formada por electrodos de cinc y cobre colocados en disoluciones 1M de $ZnSO_4$ y $CuSO_4$, respectivamente. Cada uno de los dos compartimientos se denomina **semipila**. Las disoluciones de ambas semipilas se hallan conectadas mediante un **puente salino** y los electrodos por un **hilo conductor**. El puente salino es un tubo en U invertido lleno con una disolución concentrada de KCl, que asegura el contacto eléctrico entre las disoluciones pero evita que se mezclen.

En la pila Daniell, el Zn se oxida a Zn^{2+}, haciendo negativo el electrodo de cinc.

Los electrones liberados en esta oxidación pasan al electrodo positivo de cobre y son captados por los iones Cu^{2+} en la superficie del electrodo, para convertirse en átomos de cobre.

El proceso químico global es:

$$Zn + Cu^{2+} \rightarrow Zn^{2+} + Cu^0$$

El voltímetro intercalado en el circuito mide la diferencia de potencial entre los dos electrodos de la pila.

Fuerza de los oxidantes y de los reductores

Para conocer la fuerza de los oxidantes y de los reductores resulta necesario conocer sus potenciales de semipila. Para ello, se asigna un valor determinado al potencial de una semipila estándar y luego se mide el potencial de la pila formada al conectar dicha semipila con la semipila cuyo potencial se quiere medir. La diferencia entre el potencial total de la pila y el potencial de la semipila estándar será el potencial de la otra semipila.

Como electrodo estándar se emplea el electrodo normal de hidrógeno, formado por un trozo de platino que sirve de soporte sumergido en una disolución 1M de iones H^+ y gas H_2 a 1 atm de presión.

En estas condiciones, al electrodo normal de hidrógeno se le asigna un potencial de cero voltios a todas las temperaturas.

Como el uso del electrodo normal de hidrógeno resulta engorroso, se han adoptado otros electrodos de referencia cuyo manejo resulta más sencillo. El más utilizado es electrodo de calomelanos, formado por una pasta de Hg y Hg_2Cl_2 (calomelanos) en contacto con una solución acuosa de KCl saturada de Hg_2Cl_2.

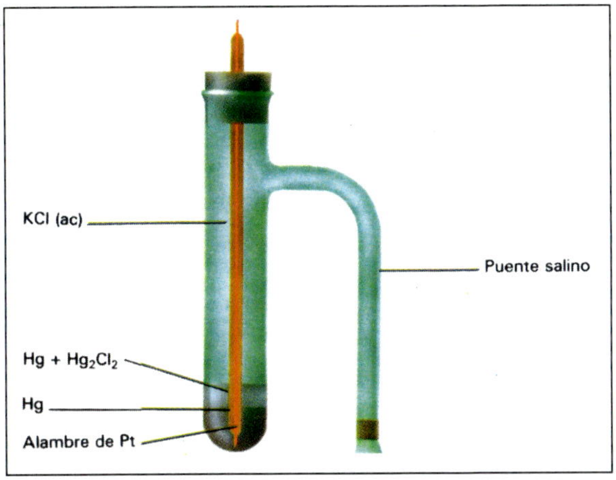

4

1. *Si se colocan distintas disoluciones en el vaso de precipitados la lámpara brilla si se trata de buenos conductores y no se enciende si no son conductores.*

2. *El empleo del voltámetro de Hofmann constituye un método de laboratorio muy adecuado para descomponer electrolíticamente el agua en oxígeno e hidrógeno.*

3. *El electrodo estándar de hidrógeno está formado por un trozo de platino sumergido en una disolución 1 M de H^+ a través de la que burbujea gas H_2 a 1 atm de presión.*

4. *El electrodo de calomelanos está formado por una pasta de mercurio y Hg_2Cl_2 en contacto con una disolución acuosa de KCl saturada con Hg_2Cl_2 (calomelanos).*

Química nuclear

Radiactividad natural
El químico francés **Henry Becquerel** (1852-1908) fue el primero en descubrir que algunos elementos como el uranio emiten radiación en forma espontánea. Los esposos **Pierre Curie** (1859-1906) y **Marie Curie** (1867-1934) aislaron poco después dos nuevos elementos más radiactivos que el uranio, el polonio y el radio.
El químico inglés **Rutherford** (1871-1937) demostró que las radiaciones emitidas por los materiales radiactivos eran de tres tipos diferentes α, β, γ.
Los rayos α tienen carga eléctrica positiva y son núcleos de átomos de helio. Los rayos β tienen carga negativa y son electrones emitidos por los átomos radiactivos. Los rayos γ son ondas electromagnéticas y no tienen carga.
Para detectar las radiaciones emitidas por las sustancias radiactivas se utilizan los contadores Geiger-Müller, que se basan en la ionización de átomos de un gas por las radiaciones emitidas. Los iones formados producen una pulsación de corriente que se mide electrónicamente.
La conversión de los elementos radiactivos en otros elementos se explica mediante la ley del desplazamiento radiactivo, debida al químico inglés **Soddy** (1877-1956) y al polaco **Fajans** (1887-1961).
La ley de Soddy dice que si un elemento radiactivo emite una partícula alfa, el nuevo átomo tiene un número atómico dos unidades menor y masa atómica cuatro unidades inferior. La ley de Fajans establece que si un elemento radiactivo emite una partícula beta, el nuevo átomo tiene un número atómico una unidad mayor y la misma masa atómica.
En las transformaciones radiactivas la cantidad de sustancia transformada en un intervalo de tiempo viene dada

1

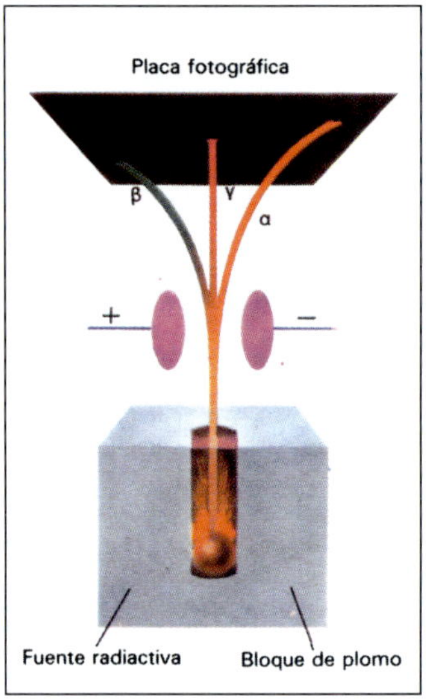

2

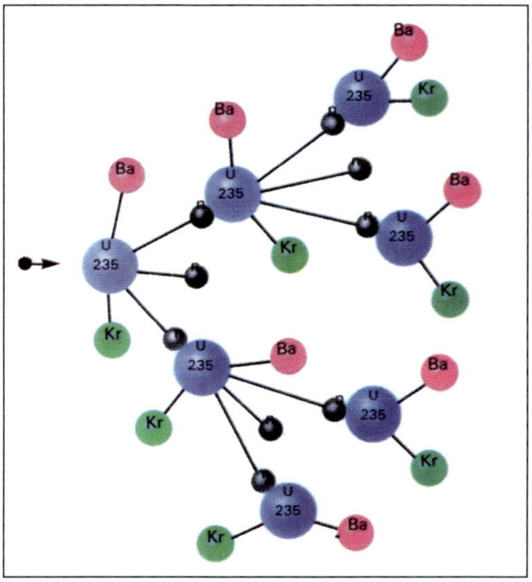

por la expresión

$$N = N_0 \, e^{-\lambda t}$$

siendo N_0 el número de átomos existentes inicialmente, **N** el número de átomos existentes después de transcurrido un tiempo t, y λ es la **constante de desintegración.**
Se denomina **período de semidesintegración**, τ, al tiempo necesario para que la cantidad de un elemento radiactivo se reduzca a la mitad.
Todos los elementos radiactivos naturales se agrupan en 3 series radiactivas que terminan en un isótopo estable del plomo. Puesto que el plomo de masa 206 ó 208 es el último término estable de las series del uranio y del torio, la cantidad de dichos isótopos presente en los minerales permite determinar sus edades. De este modo se ha averiguado que la edad de la Tierra, es de unos 5.000 millones de años.

Aceleradores de partículas
La energía de las partículas emitidas por los elementos radiactivos naturales resulta insuficiente para provocar transmutaciones atómicas, pero el empleo de aceleradores de partículas que producen diferencias de potencial muy elevadas permite efectuar este tipo de transmutación. Hay dos tipos de aceleradores de partículas: los que producen elevadas diferencias de potencial en tubos de vacío de gran longitud (generador de van de Graaf, multiplicador de voltaje, etc.) y los que aplicando diferencias de potencial no tan elevadas hacen que las partículas adquieran sucesivos incrementos de energía (ciclotrón, sincrociclotrón, betatrón, sincrotrones, etc.) El **ciclotrón** fue inventado por el físico estadounidense **Lawrence** (1901-1958) y consigue una aceleración reiterada de iones mediante una diferencia de potencial no demasiado elevada. Para ello, se aplica una diferencia de potencial alterna a los electrodos (que tienen forma de «D») que ioniza positivamente una corriente de gas. Los iones, sometidos a la acción de un campo magnético, recorren una trayectoria circular dentro de una «D», entrando en la otra «D» con mayor velocidad y recorriendo en ella otra trayectoria circular de mayor radio en el mismo tiempo, para entrar nuevamente en la otra «D» con mayor energía y velocidad. Finalmente, un electrodo auxiliar desvía el haz de iones fuera de las «D». El problema de los ciclotrones es

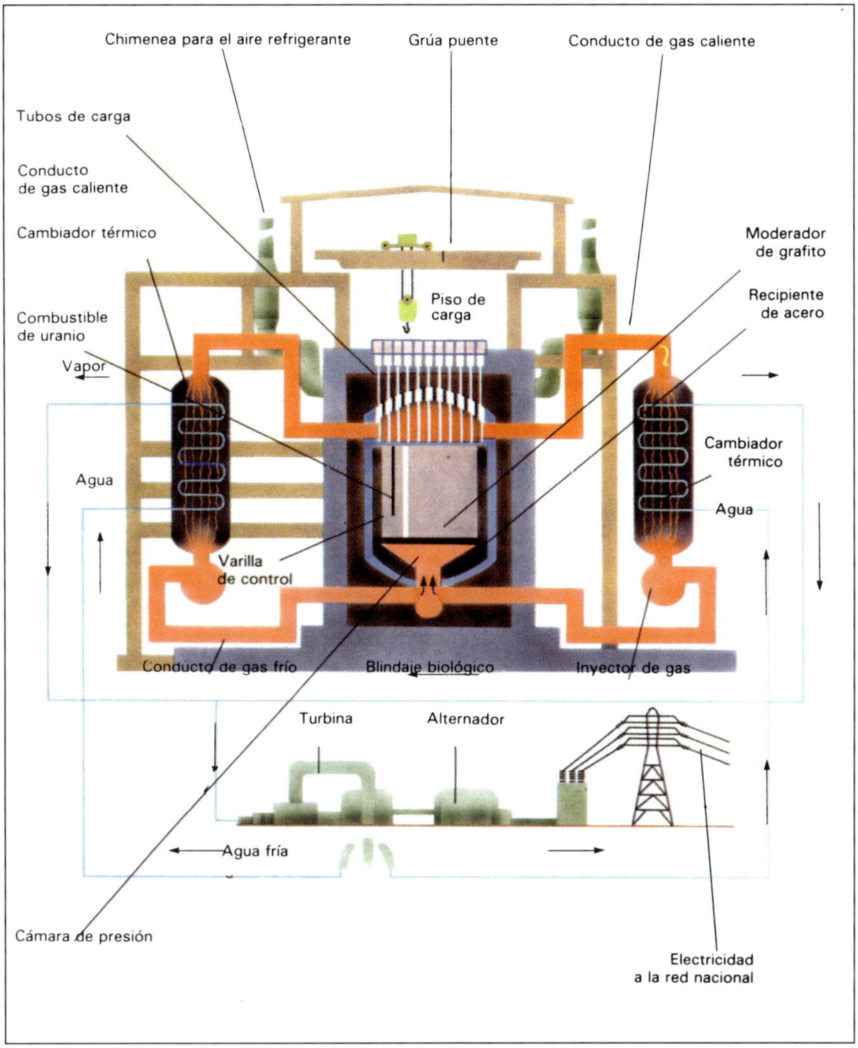

3

que las partículas así aceleradas aumentan de masa por efecto relativista y no pueden mantenerse en fase con el potencial oscilante. Para eliminar este problema se construyen los **sincrociclotrones**, en los cuales las partículas adquieren la aceleración después de que las «D» alcanzan la máxima diferencia de potencial, de modo que la rotación de los iones queda sincronizada.

Energía nuclear

En 1938 el químico alemán **Hahn** (1879-1960) descubrió la fisión nuclear al demostrar que el ^{235}U se rompía en dos fragmentos aproximadamente iguales al ser bombardeado con neutrones, liberándose una gran cantidad de energía durante el proceso. Sin embargo, hay una cantidad mínima de ^{235}U que debe estar presente para que la reacción de fisión se propague. Esta cantidad mínima se denomina **masa crítica.**

En un reactor nuclear tienen lugar las reacciones de fisión a velocidad controlada empleando barras de control de materiales como el cadmio, que absorben neutrones y evitan que la reacción se propague con demasiada rapidez.
El proceso de fusión nuclear es el opuesto a la fisión nuclear. En este proceso se unen dos isótopos ligeros para formar un nuevo producto, liberándose una ingente cantidad de energía. Así, por ejemplo, en la bomba de hidrógeno se produce la reacción

$$^{2}_{1}H + ^{3}_{1}H \rightarrow ^{4}_{2}He + ^{1}_{0}n + \text{energía}$$

Aunque están todavía en experimentación, el proceso de fusión tiene ventajas sobre el de fisión, tales como la mayor cantidad de energía liberada o la limpieza del proceso, puesto que los productos de la reacción no son radiactivos.

1. *Los rayos emitidos por una sustancia radiactiva pueden separarse por acción de un campo eléctrico. Los rayos alfa tienen carga positiva, los rayos beta tienen carga negativa y los gamma son neutros.*

2. *La reacción en cadena del uranio-235 se produce cuando un neutrón fisiona un núcleo de uranio-235 originando dos fragmentos de fisión y liberando 2 ó 3 neutrones que prosiguen el proceso de fisión.*

3. *En las centrales nucleares se aprovecha la energía liberada en la fisión nuclear mediante un sistema de refrigeración acoplado al reactor y a una caldera de vapor conectada a una turbina.*

Estructura atómica

Descarga eléctrica a través de gases enrarecidos

A finales del siglo XIX, los físicos empezaron a investigar el flujo de la corriente eléctrica en tubos de descarga con gases. Así, se descubrió que al aplicar elevadas diferencias de potencial a través de los electrodos y extraer parcialmente el aire del tubo, una pantalla recubierta con sulfuro de fósforo y cinc y colocada entre los electrodos brillaba por el lado que quedaba frente al cátodo. Este hecho indicaba que la descarga se origina en el cátodo y se dirige hacia el ánodo; por ello a estos rayos se les llamó **catódicos.** Los rayos catódicos presentan las siguientes propiedades: *a)* Se propagan en línea recta. *b)* Hacen girar un molinete interpuesto en su trayectoria. *c)* Se desvían por la acción de campos eléctricos o magnéticos. *d)* Calientan laminillas de metal situadas entre los electrodos. *e)* Se comportan siempre igual, independientemente del gas y de los electrodos. Así pues, los rayos catódicos son partículas constituyentes universales de la materia, con carga negativa, y recibieron el nombre de electrones. En 1897, el físico estadounidense **Thomson** (1856-1940) determinó la relación de carga a masa, e/m, para el electrón, que es de $-1{,}76\ 10^{8}$

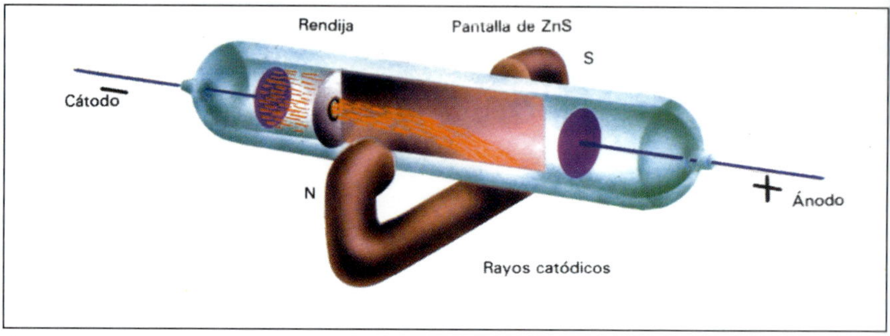

1

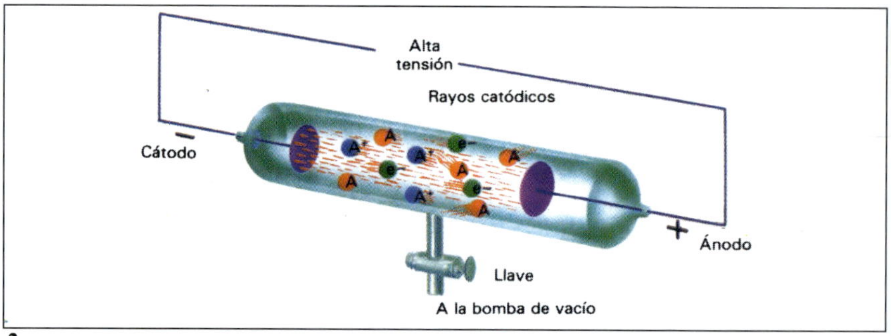

2

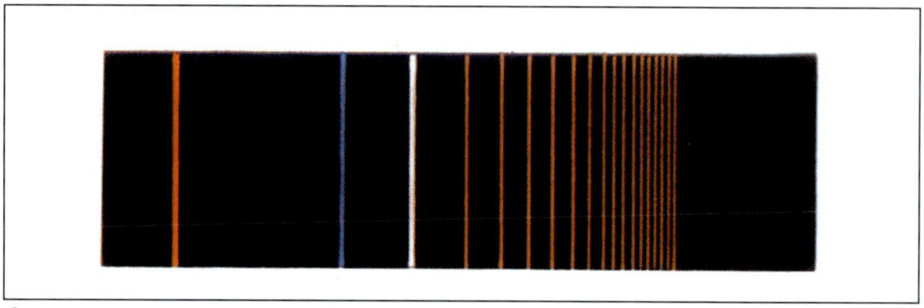

3

culombios/gramo. La carga del electrón fue determinada en 1908 por el químico estadounidense **Millikan** (1868-1953), que pulverizó una nube de gotitas de aceite sobre un par de placas metálicas paralelas. Irradiando con rayos X el aire situado entre las placas, las gotitas de aceite recogían los electrones de los átomos del gas. Variando el campo eléctrico entre las placas, Millikan logró detener la caída de las gotitas cargadas negativamente. Conocida la masa de la gota y la carga necesaria para mantener suspendida la gota, se puede calcular su carga. Millikan encontró un valor de $-1{,}60\ 10^{-19}$ culombios para la carga del electrón y, por consiguiente, una masa de $9{,}11\ 10^{-28}$ g.

Ahora bien, como la materia es eléctricamente neutra, se sospechó la existencia de partículas cargadas positivamente. Utilizando un cátodo perforado se observaron dichas partículas, que recibieron el nombre de **rayos canales** y que son iones positivos formados al perder electrones las moléculas del gas. En el caso del hidrógeno están formados por átomos del elemento que han perdido un electrón y que se denominan **protones.**

Modelo atómico de Rutherford

Un importante avance en el estudio de la estructura atómica lo efectuó en 1911 Rutherford, al investigar la dispersión de las partículas alfa por hojas delgadas de metal. Como casi ninguno de los rayos alfa

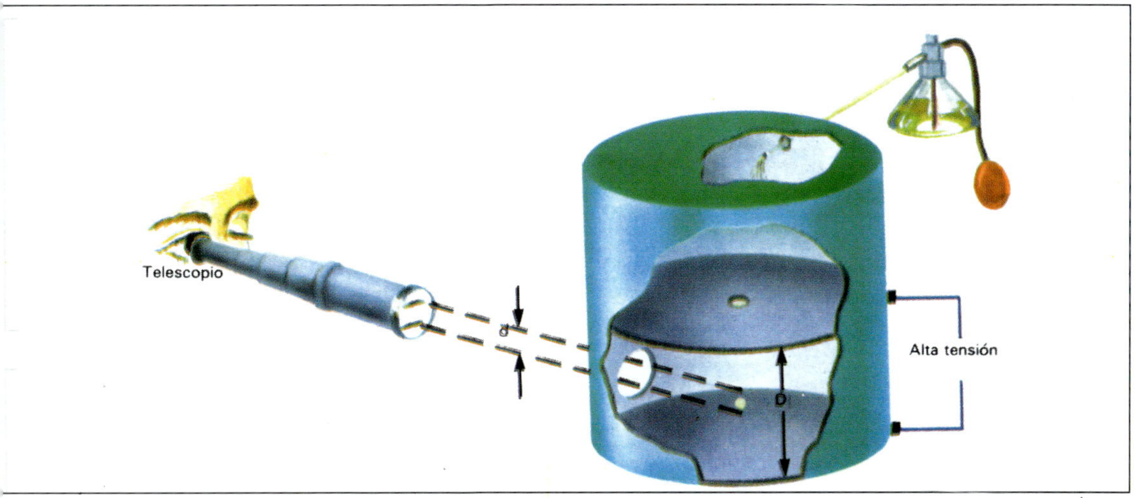

4

incidentes se desvió al atravesar las láminas metálicas, Rutherford concluyó que el átomo debe estar prácticamente vacío y formado por un núcleo pequeño, macizo y cargado positivamente alrededor del cual giraban los electrones cargados negativamente.

Modelo atómico de Bohr
Aunque el modelo atómico de Rutherford explica la distribución de cargas positivas y negativas en el átomo, presenta un grave problema de inestabilidad. De acuerdo con las leyes de la física clásica, el electrón, al girar alrededor del núcleo se acelera, perdiendo energía constantemente hasta precipitarse en el núcleo. Ahora bien, de forma experimental se comprueba que los átomos son estables y los electrones no penetran en el núcleo. En 1913, el físico danés **Bohr** (1885-1962) propuso un modelo atómico utilizando la idea de Rutherford de un átomo similar al sistema solar y la del físico alemán **Planck** (1858-1947) de la cuantización de la energía, que obtuvo un gran éxito al permitirle predecir las longitudes de onda de las líneas del espectro del hidrógeno. Bohr estableció su modelo atómico introduciendo los siguientes postulados:

1. Cualquiera que sea la órbita descrita por un electrón, éste no emite energía radiante.
2. Unicamente son posibles las órbitas para las cuales el momento angular del electrón es un múltiplo entero de $h/2\pi$.
3. La energía liberada al pasar el electrón de una órbita más alejada a otra más cercana al núcleo se emite en forma de una onda electromagnética elemental, un fotón, cuya frecuencia ν viene dada por la relación $E_i - E_f = h\nu$, siendo E_i y E_f las energías del electrón en las órbitas inicial y final respectivamente. El modelo atómico de Bohr permitió explicar el origen de las distintas series espectrales del hidrógeno, que pueden interpretarse como transiciones entre los diferentes niveles energéticos, así como la energía de ionización y los espectros de los iones hidrogenoides, o sea, los que poseen sólo un electrón. Sin embargo, el modelo de Bohr no resulta adecuado para explicar los espectros de los átomos polielectrónicos.

Ecuación de onda de Schrödinger
El físico francés **De Broglie** (1892-1947) sugirió que en la materia existe una naturaleza doble de onda y corpúsculo. El físico austríaco **Schrödinger** (1887-1961) empleó las ideas de De Broglie para describir el movimiento del electrón en el átomo de hidrógeno mediante una ecuación de onda. En 1926, Schrödinger obtuvo su famosa ecuación de onda:

$$\nabla^2\psi + \frac{8\pi^2 m \quad (E - V)}{h^2}\psi = 0$$

Las funciones de onda ψ describen unas regiones alrededor del núcleo, denominadas orbitales, donde existe una elevada probabilidad, relacionada con ψ^2, de encontrar el electrón.
Por consiguiente, ya no puede conocerse exactamente la posición de un electrón, de acuerdo con el **principio de incertidumbre** enunciado por el físico alemán **Heisenberg** (1901-1976).

1. *Esquema de la desviación de los rayos catódicos por acción de un campo magnético. La pantalla de sulfuro de cinc permite visualizar la trayectoria de los rayos catódicos.*

2. *Tubo de descarga de rayos catódicos en el que se esquematiza cómo las partículas neutras del gas se disocian en partículas cargadas positiva y negativamente al aplicar una diferencia de potencial elevada.*

3. *Líneas espectrales correspondientes a la serie de Balmer del espectro atómico del hidrógeno. La relación matemática que cumplen las frecuencias de las rayas fue establecida en 1885 por Balmer (1825-1898).*

4. *Ilustración esquemática del experimento de la gota de aceite efectuado en 1911 para determinar la carga del electrón por el físico estadounidense Robert Andrews Millikan (1868-1953), Premio Nobel de Física (1923).*

Propiedades periódicas de los elementos

Configuraciones electrónicas
Al resolver la ecuación de onda de Schrödinger aparecen 3 parámetros, denominados **números cuánticos**, que reciben el nombre de número cuántico principal, *n*, número cuántico secundario o azimutal, *l*, y número cuántico magnético, *m*. El número cuántico principal, *n*, determina los niveles de energía en el átomo y puede tomar valores 1, 2, 3... El número cuántico secundario o azimutal, *l*, indica el número de subniveles energéticos en cada nivel y puede tomar valores 0, 1, 2, ..., n - 1. Los subniveles 1 = 0, 1 = 1, 1 = 2 y 1 = 3 se suelen representar con las letras *s*, *p*, *d* y *f*, respectivamente. Para denotar un subnivel dentro de un nivel determinado se escribe en primer lugar el número del nivel y a continuación la letra del subnivel. Así, por ejemplo, 3 d representaría el subnivel con n = 3 y 1 = 2. El número cuántico magnético, *m*, indica el número de orbitales que hay en un subnivel determinado y toma valores comprendidos entre - 1, ... 0, ... + 1, siendo *1* el número del subnivel correspondiente.
En la figura 2 se muestran las formas de las regiones de máxima probabilidad electrónica asociadas a los orbitales *s*, *p* y *d*.
Además de los tres números cuánticos, *n*, *l* y *m*, hay otro número cuántico, el número cuántico de **spin**, *s*, que surge debido al pequeño campo magnético producido por el giro del electrón y que únicamente puede tomar dos valores: + 1/2 y - 1/2. Existe una importante limitación, respecto a los valores que se pueden asignar a los números cuánticos, que viene dada por el **principio de exclusión de Pauli**, que establece que en un átomo no pueden existir dos electrones con los mismos cuatro números cuánticos.
La **configuración electrónica** de un átomo es la forma en que los electrones se disponen en él, y viene dada por el orden de energías crecientes de los subniveles energéticos. Así, por ejemplo, el átomo de cloro, que tiene 17 electrones, tendrá como configuración electrónica $1s^2\ 2s^2\ 2p^6\ 3s^2\ 3p^5$.
Debe tenerse en cuenta que los electrones que se sitúan en un subnivel que posee varios orbitales se distribuyen ocupando el mayor número posible de orbitales, con spines de la misma dirección **(regla de Hund)**.

Propiedades periódicas
Muchas propiedades de los átomos se repiten con regularidad. Así, el volumen atómico, el potencial de ionización y la afinidad electrónica varían de modo periódico.
Por lo que respecta al volumen atómico, aumenta a medida que aumenta el número atómico dentro de un mismo grupo de elementos. En cambio, al aumentar el número atómico dentro de un mismo período se observa una disminución gradual del volumen atómico. El **potencial de ionización** es la energía necesaria para separar un electrón de un átomo neutro, aislado y en estado gaseoso. El potencial de ionización es máximo para los gases nobles (He, Ne, Ar, Kr, Xe, Rn), que poseen una configuración electrónica muy estable, y disminuye a medida que aumenta el número atómico dentro de un mismo grupo de elementos. En cambio, crece al aumentar el número atómico dentro de un mismo período.
La **afinidad electrónica** es la energía liberada cuando se añade un electrón a un átomo gaseoso y neutro. La afinidad electrónica es máxima para los elementos halógenos (F, Cl, Br, I, At) y disminuye al aumentar el número atómico dentro de un mismo grupo de elementos. Dentro de un mismo período crece al aumentar el número atómico.

La tabla periódica
El hecho de que muchas propiedades de los elementos variasen periódicamente indujo a los químicos a buscar una

1

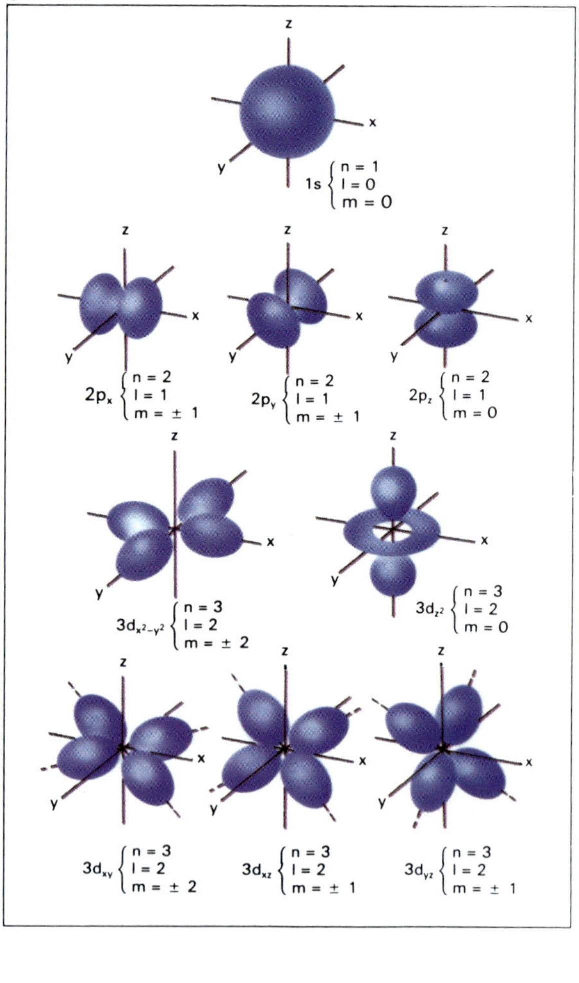

clasificación de los elementos en función de sus analogías. Un primer intento de clasificación se debe al químico alemán **Döbereiner** (1780-1849) que observó la existencia de grupos de tres elementos, a los que denominó tríadas, con propiedades análogas y en las cuales se cumplía que el peso atómico del elemento central era aproximadamente el promedio de los elementos de los extremos de la tríada. Así, por ejemplo, Li, Na y K o bien Cl, Br y I.

En 1864 el químico inglés **Newlands** (1837-1898) ordenó los elementos en orden de pesos atómicos crecientes y observó que el octavo elemento a partir de uno cualquiera tenía propiedades análogas a él. No obstante, su ordenación por «octavas» no podía aplicarse más allá del calcio debido a la aparición de los elementos de transición. La solución la encontraron en 1869, trabajando independientemente, el químico ruso **Mendeleiev** (1834-1907) y el químico alemán **Lothar Meyer** (1830-1895), que construyeron una tabla periódica ordenando los elementos en orden de pesos atómicos crecientes, pero respetando las analogías entre sus propiedades, no dudando en dejar lugares vacíos en la tabla para elementos desconocidos en la época o en invertir la posición de algunos elementos en función de sus analogías químicas. La ordenación definitiva la encontró el químico inglés **Moseley** (1887-1915), quien en 1913 descubrió, a partir de sus investigaciones sobre los espectros de rayos X de los elementos, que la ordenación correcta de los elementos se establecía en base a sus números atómicos.

1. *Orientación espacial de los orbitales* s, p *y* d. *Obsérvese que para un valor dado del número cuántico principal* n, *sólo existe un orbital* s, *tres orbitales* p *y cinco orbitales* d.

2

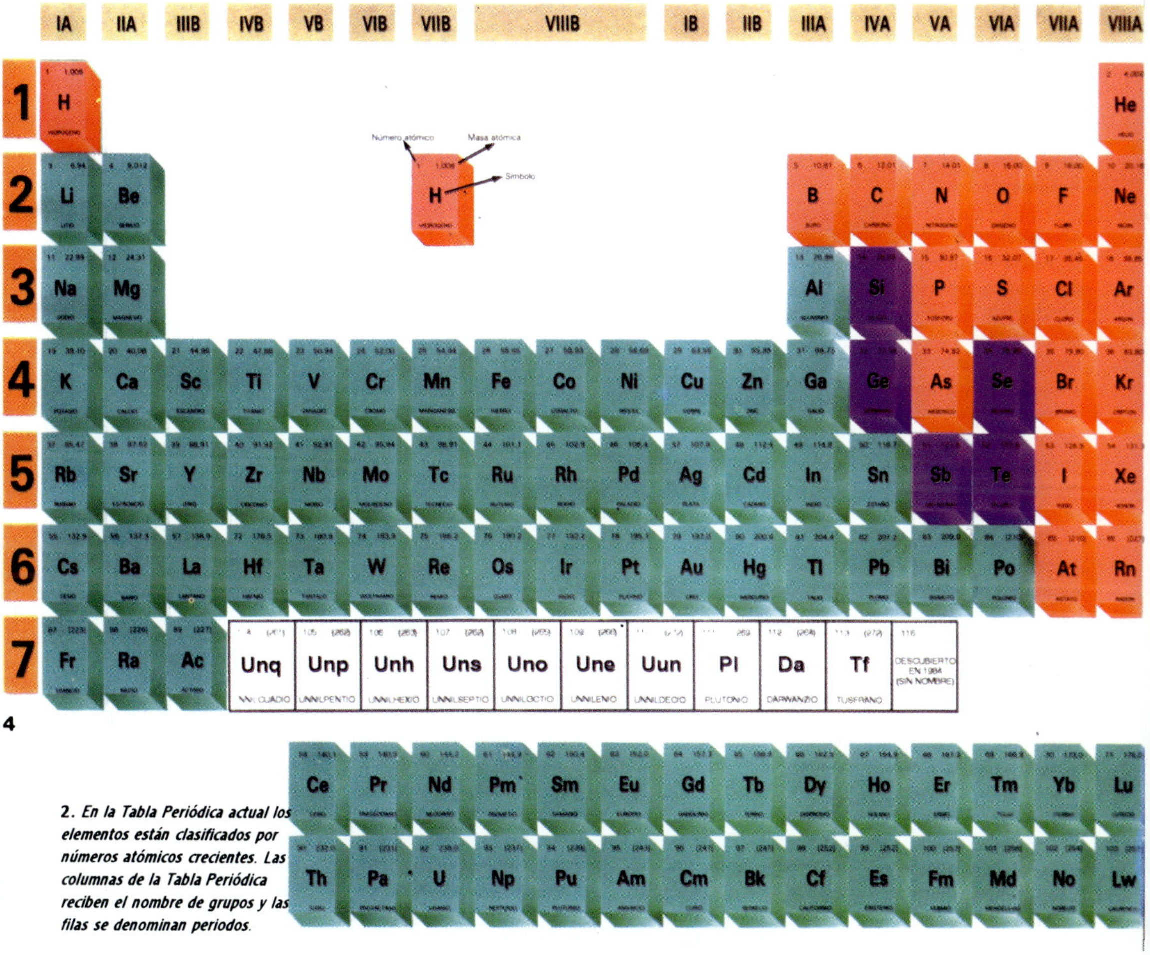

2. *En la Tabla Periódica actual los elementos están clasificados por números atómicos crecientes. Las columnas de la Tabla Periódica reciben el nombre de grupos y las filas se denominan periodos.*

Enlace químico

Cuando los átomos reaccionan para formar enlaces únicamente actúan los electrones del nivel más externo, denominado **nivel de valencia.** Para representar los electrones del nivel de valencia se usa la **notación de Lewis,** así llamada en honor del físico estadounidense **Lewis** (1875-1946), que consiste en escribir los símbolos atómicos rodeados de tantos puntos como electrones tenga el átomo en el nivel de valencia.

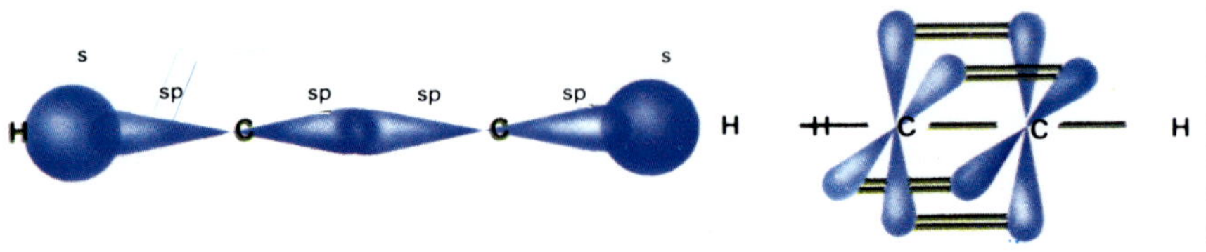

Formación de enlaces σ mediante la superposición de orbitales sp con sp y de sp con s

Los orbitales puros P_y se superponen, al igual que los orbitales puros P_z, para formar enlaces π

1

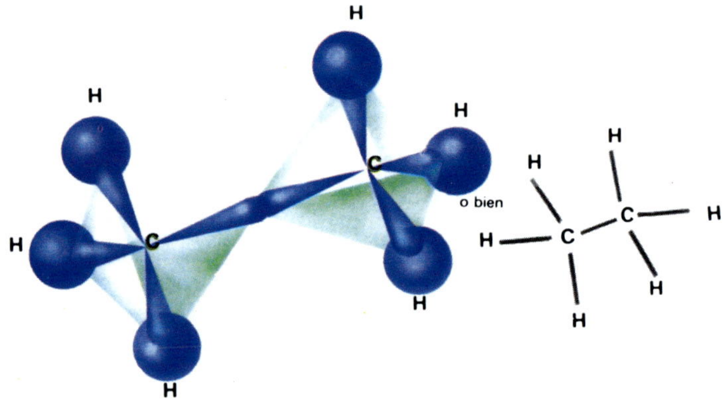

2

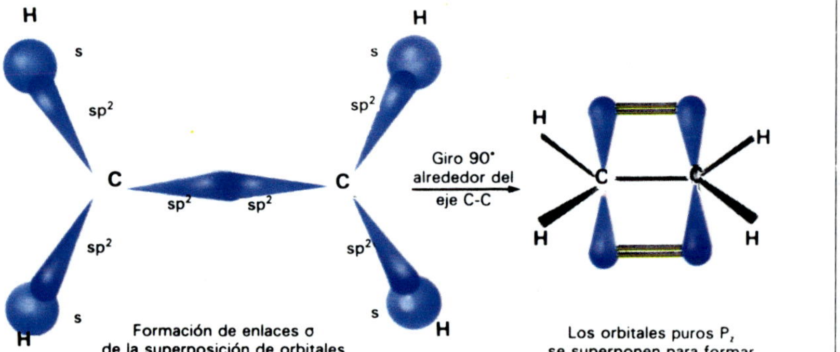

Formación de enlaces σ de la superposición de orbitales sp^2 con sp^2 y los sp^2 con s

Los orbitales puros P_z se superponen para formar enlaces π

3

El enlace iónico

Un **enlace iónico** es el que se forma por transferencia de uno o varios electrones desde el nivel de valencia de un átomo al nivel de valencia de otro. El átomo que pierde electrones se convierte en un catión, mientras el que los gana se convierte en un anión. El enlace iónico se produce por la atracción electrostática entre los iones de carga opuesta. Una configuración electrónica muy estable para los átomos consiste en tener 8 electrones en el nivel de valencia. La tendencia a alcanzar esta configuración se conoce como **regla del octete.** La estabilidad de las sustancias iónicas se debe al desprendimiento de una gran cantidad de energía, denominada **energía reticular,** al formarse el sólido iónico.

El enlace covalente

En muchas ocasiones la formación de una sustancia iónica no resulta favorable desde el punto de vista energético. En estos casos se forma un enlace covalente como resultado de una compartición de electrones entre los átomos que se enlazan. La estabilidad del enlace covalente proviene de la disminución energética que experimentan los átomos al enlazarse.

La formación del enlace covalente se explica mediante dos teorías: la **teoría del enlace de valencia** y la **teoría del orbital molecular.**

En la teoría del enlace de valencia se supone que el enlace se forma cuando dos átomos se acercan lo suficiente para lograr una adecuada superposición de sus orbitales externos.
En muchos casos, el uso de orbitales atómicos puros no está de acuerdo con los hechos experimentales. Para eliminar esta discrepancia entre la teoría y la experimentación, en muchos compuestos es necesario suponer que durante el proceso de formación del enlace se produce una **hibridación** o mezcla de orbitales puros. Así, por ejemplo, cuando se hibridan un orbital *s* puro y un orbital *p* puro se forman dos orbitales *sp* híbridos, como los que intervienen en la formación del acetileno. Cuando se hibridan un orbital *s* puro con dos orbitales *p* puros se forman 3 orbitales sp^2 híbridos, como los que intervienen en la formación del etileno. Cuando se hibridan un orbital *s* puro con 3 orbitales *p* puros se forman 4 orbitales sp^2 híbridos, como los que intervienen en la formación de la molécula de etano.
Existen también otros tipos de hibridación que implican orbitales *d*: dsp^2, dsp^3, d^2sp^3, etcétera. Se denomina enlace σ a cualquier enlace en que los orbitales de unión se superponen a lo largo del eje internuclear. Por el contrario, se denomina enlace π a cualquier enlace en que los orbitales de enlace se superponen por encima y por debajo del eje internuclear. En la teoría del orbital molecular se supone que los núcleos de los átomos enlazados se encuentran ya en su distancia internuclear de equilibrio, libres de todos sus electrones. Esta estructura posee orbitales moleculares de diversos niveles energéticos formados a partir de los orbitales atómicos. Los electrones se van situando en dichos orbitales moleculares obteniéndose de este modo la configuración electrónica de la molécula.
Un tipo especial de *enlace covalente* es el coordinado o dativo, en el que un par de electrones de un átomo son compartidos por dos átomos:

```
    H    F           H    F
    |    |           |    |
H - N : + B - F  ·  H - N .. B - F
    |    |           |    |
    H    F           H    F
```

Se dice que un enlace covalente es **apolar** cuando los dos átomos que se enlazan atraen por igual a los electrones compartidos. En cambio, se dice que un enlace covalente es **polar** cuando los átomos que se enlazan atraen de modo diferente a los electrones compartidos. Se denomina **electronegatividad** a la tendencia que tiene un átomo que forma parte de un enlace a atraer hacia sí los electrones compartidos. Cuanto mayor es la diferencia de electronegatividades entre los átomos que se enlazan, tanto mayor es la polaridad de un enlace covalente.

Otros tipos de enlace
Aunque el enlace iónico y el enlace covalente determinan la reactividad química de las sustancias, hay otras fuerzas de atracción más débiles entre los átomos y las moléculas que son las responsables de algunas propiedades de los compuestos. El enlace de hidrógeno es la más importante de las fuerzas de atracción débiles y se produce cuando el hidrógeno está enlazado a un átomo muy electronegativo y de pequeño volumen atómico, como el flúor, el oxígeno o el nitrógeno. En estos casos se forman moléculas muy polares atraídas entre sí por intensas interacciones dipolares. Los enlaces de hidrógeno son los responsables de la estructura de tipo cristalino del hielo, que hace que éste sea menos denso que el agua líquida. Incluso las moléculas polares y los átomos no combinados experimentan fuerzas de atracción débiles, llamadas fuerzas de London, debidas a la creación de dipolos instantáneos originados por el movimiento desordenado de los electrones en los átomos.

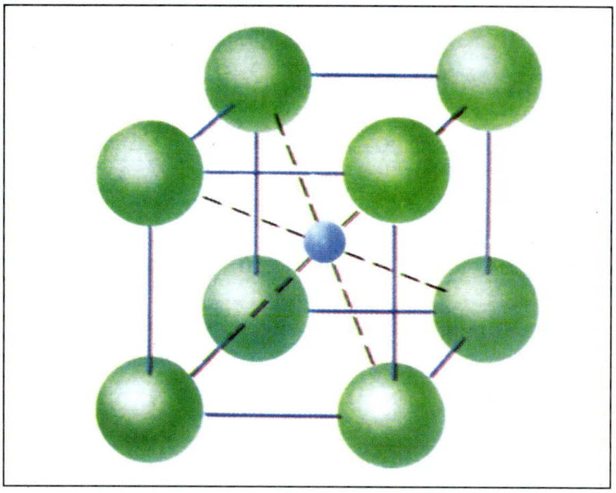

1. Esquema de los enlaces de la molécula de acetileno. En este caso, los átomos de carbono emplean 2 orbitales híbridos sp y 2 orbitales p puros, formándose dos enlaces de tipo pi.

2. Representación esquemática de los enlaces de la molécula de etano. Los átomos de carbono emplean orbitales híbridos sp^2 *y los átomos de hidrógeno orbitales s, formándose únicamente enlaces de tipo sigma.*

3. Representación esquemática de los enlaces de la molécula de etileno. En este caso, los átomos de carbono emplean 3 orbitales híbridos sp^2 *y un orbital p puro, formándose un enlace de tipo pi.*

4. La estructura cristalina del CsCl es cúbica centrada en el cuerpo. A cada ión de cesio lo rodean ocho iones cloruro equidistantes y a cada ión cloruro lo rodean ocho iones equidistantes de cesio.

Hidrógeno

En estado libre el hidrógeno se encuentra sobre todo en las nebulosas, en las estrellas y en la cromósfera y fotósfera del Sol. Se supone que aproximadamente la mitad de la masa del Sol es hidrógeno. En estado combinado el hidrógeno se encuentra principalmente en el agua. También se encuentra presente en los ácidos y en los tejidos de los seres vivos.

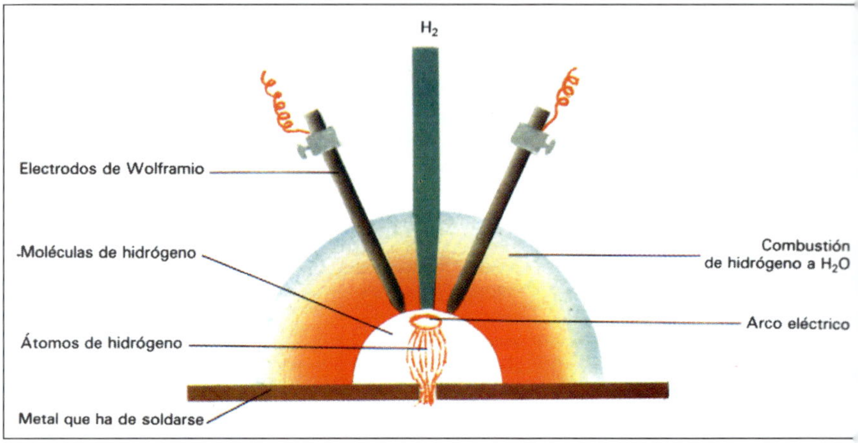

1

Métodos de obtención

A escala de laboratorio, el hidrógeno se puede obtener por los métodos siguientes:

1. Por electrólisis del agua, tal como se explicó al hablar de las reacciones de oxidación-reducción.

2. Por reacción del agua con metales activos. Determinados metales, como el sodio, el potasio o el calcio, reaccionan vigorosamente con el agua a la temperatura ambiente, formando el correspondiente hidróxido que se disuelve en agua y desprendiendo gas hidrógeno. Así, por ejemplo, el sodio reacciona del siguiente modo.

$$2\,Na + 2\,H_2O \quad OH + H_2$$

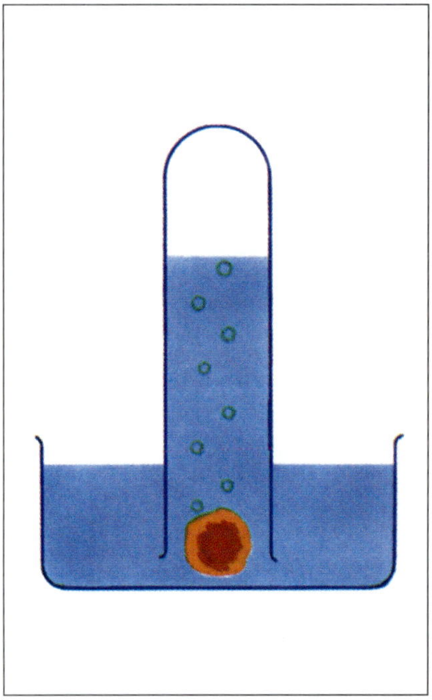
2

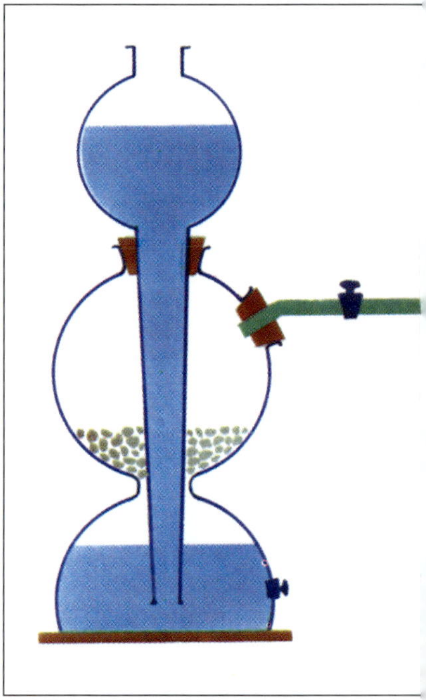
3

3. Por reacción de vapor de agua con determinados metales. Algunos metales, como el cinc, el hierro y el magnesio, que no reaccionan con el agua a la temperatura ambiente, sí lo hacen a temperaturas elevadas formando el correspondiente óxido y desprendiendo gas hidrógeno. Así, por ejemplo, el magnesio reacciona de la manera siguiente:

$$Mg + H_2O \rightarrow MgO + H_2$$

4. Por reacción de los ácidos con ciertos metales. Todos los ácidos contienen hidrógeno, que puede ser reemplazado por determinados metales. Así, por ejemplo, el ácido sulfúrico reacciona con el cinc del siguiente modo:

$$H_2SO_4 + Zn \rightarrow ZnSO_4 + H_2$$

En el caso de que interese obtener una corriente considerable de hidrógeno se utiliza el aparato diseñado por el químico alemán Kipp. Industrialmente, el hidrógeno se obtiene a partir del **gas de agua,** obtenido al pasar vapor de agua sobre carbón al rojo:

$$C + H_2O \rightleftarrows CO + H_2$$

El gas de agua se hace pasar a través de un catalizador formado por una mezcla de óxidos, obteniéndose CO_2 y H_2:

$$CO + H_2O \rightleftharpoons H_2 + CO_2$$

Por último, el CO_2 se separa disolviéndolo en agua a presión.
También se obtiene hidrógeno de los gases de las refinerías de petróleo, del gas natural, de los hornos de coque y como subproducto de las electrólisis de disoluciones salinas.

Propiedades

El hidrógeno es un gas incoloro, inodoro e insípido, muy poco soluble en agua. Es la sustancia más ligera que se conoce. Existen 3 isótopos del hidrógeno: el hidrógeno ordinario o **protio**, de masa atómica 1, el **deuterio**, de masa atómica 2, y el **tritio**, de masa atómica 3.

Aunque a temperaturas ordinarias el hidrógeno es relativamente inerte, las mezclas de oxígeno e hidrógeno resultan muy peligrosas si no se manejan adecuadamente.

Aplicaciones

El carácter reductor del hidrógeno se utiliza en metalurgia para obtener metales con elevada pureza, como el wolframio, que se usa como filamento en las lámparas eléctricas de incandescencia.
El carácter exotérmico de la reacción entre el oxígeno y el hidrógeno para formar agua se utiliza para obtener elevadas temperaturas, como las producidas por el **soplete oxhídrico,** donde una corriente de oxígeno puro penetra en el hidrógeno ardiendo, aumentando la intensidad del calor al reducir el tamaño de la llama y eliminar la pérdida de calor absorbido por el nitrógeno. En el soplete oxhídrico se alcanzan temperaturas del orden de 2.000 °C.
Para obtener mayores temperaturas, el químico estadounidense **Langmuir** (1881-1962) diseñó el **soplete de hidrógeno atómico,** basado en el hecho de que para disociar moléculas de hidrógeno en átomos se requieren temperaturas muy elevadas, absorbiéndose durante este proceso ingentes cantidades de energía, que se desprenden al volver a combinarse entre sí los átomos de hidrógeno, puesto que la reacción es reversible.
Con este soplete pueden alcanzarse temperaturas de unos 4.000 °C. Además, este soplete presenta la ventaja adicional de que el metal caliente que se ha de soldar está rodeado de hidrógeno, lo que impide su reacción con el oxígeno atmosférico.
Otro uso importante del hidrógeno es el proceso de **hidrogenación catalítica,** que se emplea para obtener aceites hidrogenados y para aumentar la producción de gasolina a partir del petróleo. El deuterio se utiliza como **elemento trazador** en investigación, ya que la facilidad con que puede detectarse mediante el espectrógrafo de masas permite seguir las transformaciones de los compuestos en que se ha sustituido el hidrógeno ordinario por el deuterio y, consiguientemente, conocer el mecanismo de las reacciones que tienen lugar.

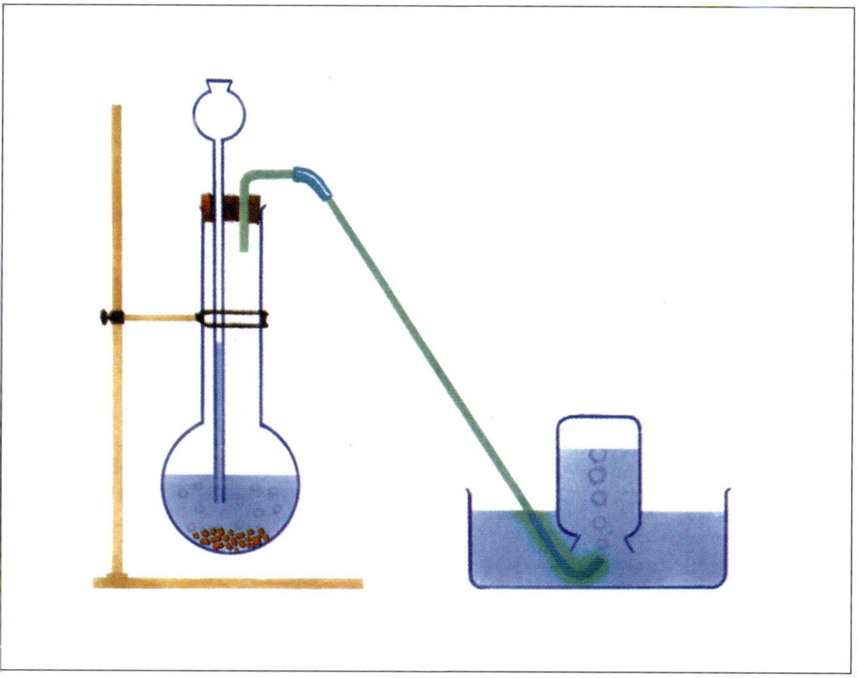

4

1. *El soplete de hidrógeno atómico fue diseñado en 1927 por I. Langmuir, Premio Nobel de Química en 1932. Con este soplete se alcanzan temperaturas de hasta 4.000 °C.*

2. *Obtención de hidrógeno por acción del sodio sobre el agua. La redecilla metálica hunde el trocito de sodio impidiendo la formación de un glóbulo fundido que en ocasiones estalla.*

3. *Esquema de un generador de Kipp utilizado para obtener una corriente continua de hidrógeno. Las dos partes de que consta el generador están unidas por un ajuste hermético de vidrio esmerilado.*

4. *Montaje experimental empleado en la obtención de hidrógeno en el laboratorio. Una vez desalojado el aire del matraz de reacción, el hidrógeno se recoge en la cuba hidroneumática.*

Los gases nobles

Descubrimientó de los gases nobles

En 1868 el astrónomo francés **Janssen** (1824-1907) viajó a la India para observar un eclipse total de Sol. Al estudiar espectroscópicamente la cromósfera solar observó una línea amarilla que no coincidía con el doblete D del sodio. Ese mismo año, el astrónomo inglés **Lockyer** (1836-1920) comprobó que esa línea no se correspondía con la de ningún elemento de los entonces conocidos. Lockyer supuso que la línea era debida a la presencia de un nuevo elemento al que llamó **helio** (del griego *helios*, Sol). En 1894 el físico inglés **Rayleigh** (1842-1919) y el químico inglés **Ramsay** (1852-1916) anunciaron la obtención de un nuevo gas que no se combinaba con ningún otro elemento. Rayleigh había iniciado unas investigaciones sobre las densidades gaseosas y en 1892 había comenzado a determinar cuidadosamente las densidades de los gases hidrógeno, oxígeno y nitrógeno. Para preparar el nitrógeno mezcló aire seco con un exceso de amoníaco y pasó la mezcla sobre cobre calentado al rojo. El exceso de amoníaco lo eliminó haciendo burbujear el gas a través de ácido sulfúrico, con lo cual el gas resultante, después de ser secado, debería ser

1

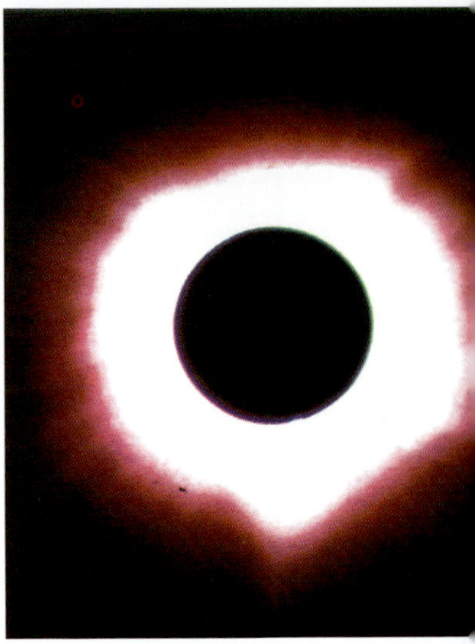

2

3

nitrógeno puro. Rayleigh preparó otra muestra de nitrógeno haciendo pasar aire a través de cobre calentado al rojo; con ello eliminó todo el oxígeno del aire y supuso que el gas residual debía ser también nitrógeno puro. Al determinar las densidades de ambas muestras encontró que el nitrógeno obtenido del aire tenía una densidad que era un 0,1% mayor que la del obtenido a partir de aire y amoníaco. A la vista de estos resultados decidió emplear otros procedimientos para obtener el nitrógeno, como la descomposición térmica del nitrito amónico. Una vez seco el nitrógeno obtenido encontró que su densidad era ahora un 0,5% menor que la del obtenido a partir del aire. Ramsay sospechó que en el aire debía encontrarse presente algún otro gas, y se ofreció a Rayleigh para ayudarle a encontrar la razón de la discrepancia entre los valores obtenidos. Para ello, hizo pasar nitrógeno atmosférico sobre magnesio al rojo, con lo que separó lo que realmente era nitrógeno en forma de nitruro magnésico y obtuvo un gas residual que constituía aproximadamente 1/80 del volumen inicial del nitrógeno y cuya densidad era aproximadamente 1/14 mayor que la del nitrógeno primitivo. Al examinar el espectro del gas residual, Ramsay observó grupos de rayas rojas y verdes

4

jamás observadas en los espectros de ningún gas. Rayleigh y Ramsay aislaron suficiente cantidad del nuevo gas y demostraron que no se combinaba con ningún otro elemento. En agosto de 1894 anunciaron el descubrimiento del nuevo gas, al que llamaron **argón** (del griego *argos,* perezoso, inerte).

Ramsay supuso que debía existir una familia de elementos inertes y continuó sus investigaciones. Dejando evaporar la mayor parte del aire líquido obtuvo un residuo en el que imaginó que debían estar concentrados los gases inertes. Tras eliminar el oxígeno y el nitrógeno remanentes con cobre y magnesio al rojo, respectivamente, sometió el residuo resultante al análisis espectroscópico y observó una raya amarilla brillante de una tonalidad más verdosa que la del helio y una raya verde brillante. El 30 de mayo de 1898 anunció el descubrimiento del **kriptón** (del griego *kriptos,* oculto, escondido).

Las propiedades de los gases inertes descubiertos hacían suponer que debía existir otro elemento de la familia entre el helio y el argón. Ramsay prosiguió la búsqueda del nuevo elemento empleando el argón recién obtenido. Empleando aire líquido como refrigerante licuó primero y solidificó después el argón obtenido. Dejando volatilizar el argón solidificado recogió la primera fracción y la destiló, observando que su espectro mostraba muchas rayas en la zona del rojo. En junio de 1898 se dio a conocer el descubrimiento del **neón** (del griego *neos,* nuevo). Ramsay preparó más kriptón y, por destilación fraccionada, consiguió separar un gas más denso que producía un hermoso resplandor azul al ser colocado en un tubo de descarga. El 12 de julio de 1898 anunció el descubrimiento del **xenón** (del griego *xenos,* extraño). En 1900 el físico alemán Dorn encontró que uno de los productos obtenidos en la desintegración del radio era un gas inerte, que fue denominado **nitón** por Ramsay debido a la luminosidad que exhibía en estado líquido. En 1908 Ramsay y sus colaboradores analizaron una muestra de nitón que ocupaba tan solo unos pocos milímetros cúbicos a la presión atmosférica y determinaron su densidad y su masa atómica, resultando ser el gas más denso conocido. Con posterioridad se descubrió que el nitón era un isótopo de un elemento que recibió en 1923 el nombre de **radón** y que es actualmente el último elemento de la familia de los gases nobles.

Aplicaciones

El helio se emplea para llenar globos de observación en sustitución del hidrógeno, que es inflamable. También se utiliza mezclado con oxígeno, como aire artificial, en actividades subacuáticas para evitar los trastornos circulatorios ocasionados por el nitrógeno. El neón se utiliza en los anuncios luminosos debido a la luz roja brillante que emite. El argón se utiliza en aquellas operaciones que requieren el uso de una atmósfera inerte. El kriptón y el xenón se utilizan en fotografía. El radón tiene aplicaciones terapéuticas en el tratamiento de tumores por radioterapia.

1. *Sir William Ramsay (1852-1916). Famoso químico inglés, galardonado con el Premio Nobel de Química de 1904 por su descubrimiento de los gases nobles.*

2. *El helio fue descubierto en 1868 en la cromósfera solar por el astrónomo francés Janssen (1824-1907) al observar espectroscópicamente un eclipse total de Sol.*

3. *El aire líquido se utiliza como refrigerante en la obtención de los gases nobles. Las máquinas utilizadas en la fabricación del aire líquido se basan en el efecto Joule-Thomson.*

4. *El neón presenta una conductividad eléctrica relativamente elevada y emite una luz muy brillante de color rojo anaranjado, muy utilizada en los anuncios luminosos.*

Halógenos

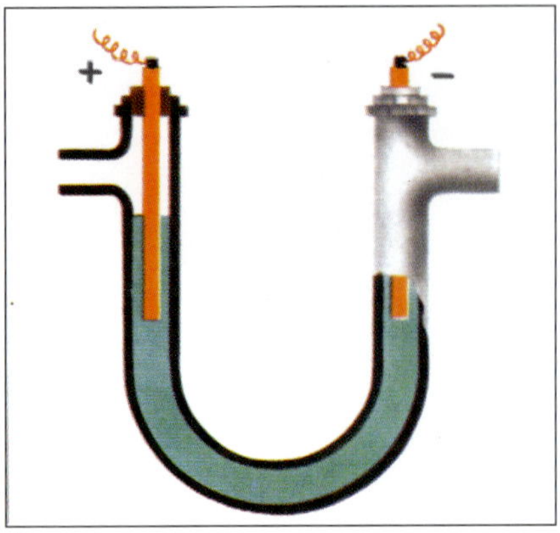

1

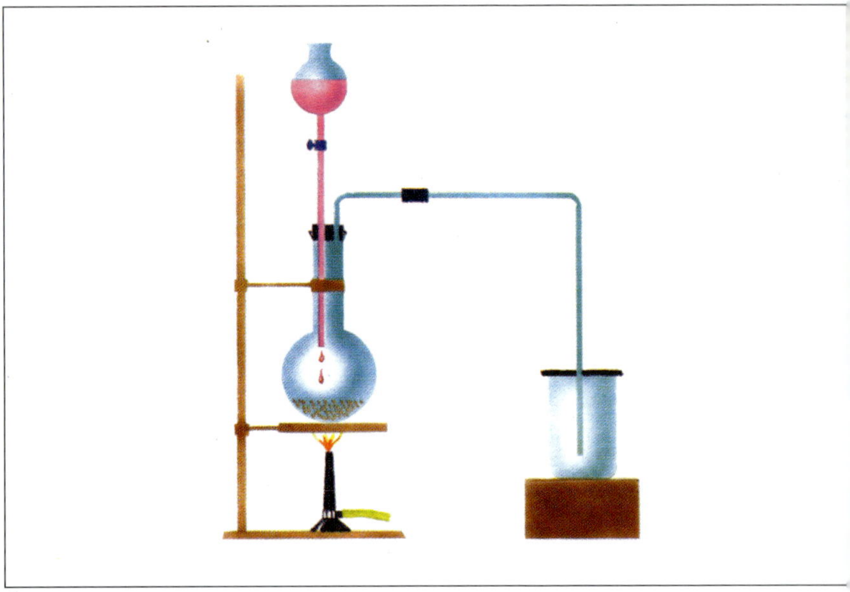

2

Flúor

El flúor se halla combinado en las rocas en forma de fluorita CaF_2 y criolita, Na_3AlF_6. Al ser el flúor la sustancia más oxidante, sólo puede ser obtenido electrolíticamente. El químico francés Moissan fue el primero en aislarlo, en 1886, utilizando un aparato de platino con tapones de fluoruro de calcio a través de los cuales pasaban los electrodos, que eran de platino iridiado para no ser atacados por el flúor. La disolución que se quería electrolizar estaba formada por una mezcla de ácido fluorhídrico, HF y hidrogenofluoruro de potasio KHF_2. El dispositivo debía refrigerarse a -40 °C para evitar la evaporación del ácido fluorhídrico. Efectuada la electrólisis se obtuvo flúor en el ánodo e hidrógeno en el cátodo.
El flúor es un gas de color verdoso, muy reactivo y difícil de manejar, pues ataca al vidrio y a muchos metales. Disuelto en agua en pequeñas cantidades se usa para prevenir la caries dental. Su compuesto más importante es el ácido fluorhídrico, que se emplea para grabar el vidrio, debido a que ataca al dióxido de silicio y a los silicatos.

Cloro

El cloro se encuentra en la naturaleza principalmente en forma de cloruro de sodio, NaCl, tanto en el agua del mar como en depósitos salinos terrestres. El método industrial más utilizado para preparar cloro es la electrólisis de los cloruros disueltos en agua. En el laboratorio se prepara tratando una mezcla de sal común y un oxidante como el MnO_2 o el $KMnO_4$ con ácido sulfúrico concentrado. El cloro es un gas de color verde y olor irritante, algo soluble en agua. Se combina con la mayoría de los elementos para formar cloruros. El cloro disuelto en agua se utiliza como agente blanqueante de la pasta de papel y de las fibras textiles. También se usa para esterilizar el agua de las piscinas y en la producción de gases tóxicos con fines bélicos, tales como el fosgeno y el gas mostaza.
Entre sus principales compuestos destaca el cloruro de hidrógeno, que se prepara de forma industrial combinando directamente el hidrógeno y el cloro. En el laboratorio se prepara por la acción del ácido sulfúrico concentrado sobre el cloruro sódico. El cloruro de hidrógeno es un gas incoloro de olor fuerte e irritante, muy soluble en agua y de gran importancia industrial.
Los óxidos de cloro son muy inestables y descomponen con violencia explosiva. Los oxoácidos del cloro aumentan su carácter ácido en el orden $HClO < HClO_2 < HClO_3 < HClO_4$.

Bromo

El bromo se encuentra en la naturaleza formando bromuros. Industrialmente se obtiene acidulando el agua del mar con ácido sulfúrico y tratándola después con cloro para obtener el bromo que se separa mediante una corriente de aire.
En el laboratorio se prepara oxidando los bromuros con MnO_2, mediante una reacción análoga a la empleada para obtener el cloro.
El bromo es un líquido denso de color pardorrojizo que desprende vapores muy irritantes.
Es más soluble en agua que el cloro y se usa en la fabricación de colorantes.
Entre sus compuestos destaca el bromuro de hidrógeno, que se prepara en el laboratorio por

3

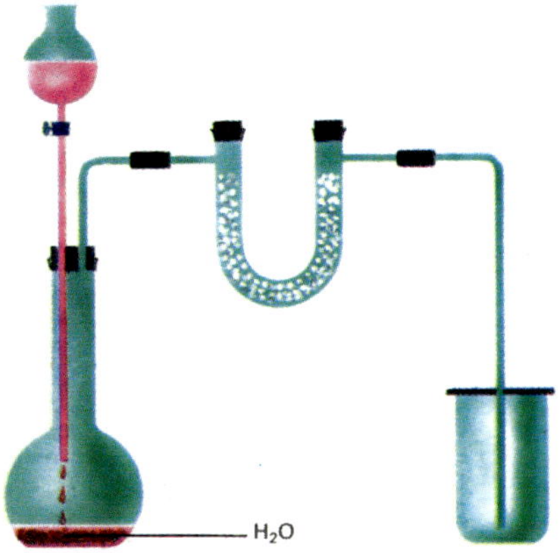

4

hidrólisis del tribromuro de fósforo, según la reacción

$$PBr_3 + H_2O \cdot 3 HBr + H_3PO_3$$

Sus propiedades son análogas a las del cloruro de hidrógeno. De los oxoácidos del bromo destacan el ácido hipobromoso, HBrO, y el ácido brómico, $HBrO_3$, siendo sus sales respectivas los hipobromitos y los bromatos.

Yodo

El yodo se encuentra en la naturaleza en forma de yoduros y yodatos. Los métodos más utilizados para preparar yodo son la oxidación de los yoduros por acción del cloro o del dióxido de manganeso con ácido sulfúrico y la reducción de los yodatos por acción del bisulfito de sodio.
El yodo es un sólido negro que tiene un ligero brillo metálico. Sublima sin fundir, formando un vapor violeta. Es poco soluble en agua, pero se disuelve con facilidad en disolventes no polares. Con el almidón forma un complejo de color azul en el cual los átomos de yodo se alinean en los canales del polisacárido amilosa. El yodo disuelto en alcohol con yoduro potásico se utiliza como antiséptico. El yoduro potásico se emplea en fotografía.
El yoduro de hidrógeno se prepara por hidrólisis del triyoduro de fósforo mediante un procedimiento similar al empleado para obtener bromuro de hidrógeno.
Entre los oxoácidos del yodo destaca el ácido paraperyódico, H_5IO_6, que por pérdida de agua forma el ácido metaperyódico, HIO_4.

Astato

En 1940 se aislaron cantidades suficientes de este elemento como para probar su existencia de manera inequívoca y estudiar algunas de sus propiedades. Se conocen alrededor de 20 isótopos del elemento. El de vida más larga es el ^{210}At, cuya vida media es de sólo 8,3 horas. El elemento es bastante volátil y algo soluble en agua, de la que puede ser extraído por benceno o tetracloruro de carbono.

1. *El flúor fue obtenido por primera vez por el químico francés Ferdinand Frédéric Henry Moissan (1852-1907), Premio Nobel de Química de 1906 por sus investigaciones sobre dicho elemento.*

2. *A nivel de laboratorio el cloro se obtiene por reacción entre el dióxido de manganeso y el ácido clorhídrico. La disolución acuosa de cloro recibe el nombre de agua de cloro.*

3. *El cloruro de hidrógeno se obtiene en el laboratorio por la acción del ácido sulfúrico sobre el cloruro de sodio. El cloruro de hidrógeno formado puede recogerse por desplazamiento del aire.*

4. *El bromuro de hidrógeno se obtiene en el laboratorio por hidrólisis del tribromuro de fósforo, que se prepara* in situ *por reacción entre el fósforo rojo y el bromo.*

Oxígeno

Oxígeno
Su descubrimiento se atribuye al químico inglés **Priestley** (1733-1804), que colocó óxido mercúrico sobre el mercurio de un tubo barométrico y lo calentó con los rayos solares concentrados mediante una lente. El 1 de agosto de 1774 observó que se producía un gas en cuyo seno ardía una vela con llama muy brillante. Priestley comunicó sus observaciones a Lavoisier, que perfeccionó sus experimentos utilizando el aparato que se muestra en la figura 1.
Lavoisier calentó durante doce días el mercurio situado dentro de la retorta y al cabo de este tiempo observó que el mercurio estaba recubierto de un polvo rojo, y que el aire de la campana se había reducido a los 4/5 del volumen primitivo y ya no era **comburente** (los cuerpos combustibles no ardían en su seno).
Calentando el polvo rojo de la retorta obtuvo de nuevo mercurio y un volumen de gas idéntico a la disminución anteriormente observada en el aire de la campana. Asimismo, observó que el gas obtenido era totalmente comburente. Lavoisier dedujo que este gas provenía del aire encerrado dentro de la campana, que se había combinado con el mercurio de la retorta y lo llamó oxígeno, que significa «generador de ácidos».
El oxígeno es el segundo elemento en abundancia del planeta, después del hierro. Industrialmente se obtiene por electrólisis del agua y por destilación fraccionada del aire líquido. A escala de laboratorio se obtiene por descomposición térmica de algunos de sus compuestos (MnO_2, $KClO_3$, etc.). Es poco soluble en agua, por lo cual puede recogerse sobre ella, pero la cantidad disuelta en las aguas naturales es suficiente para permitir la vida de los peces. A temperatura ambiente es bastante inactivo, pero a altas temperaturas se combina con la mayoría de los elementos para formar óxidos.

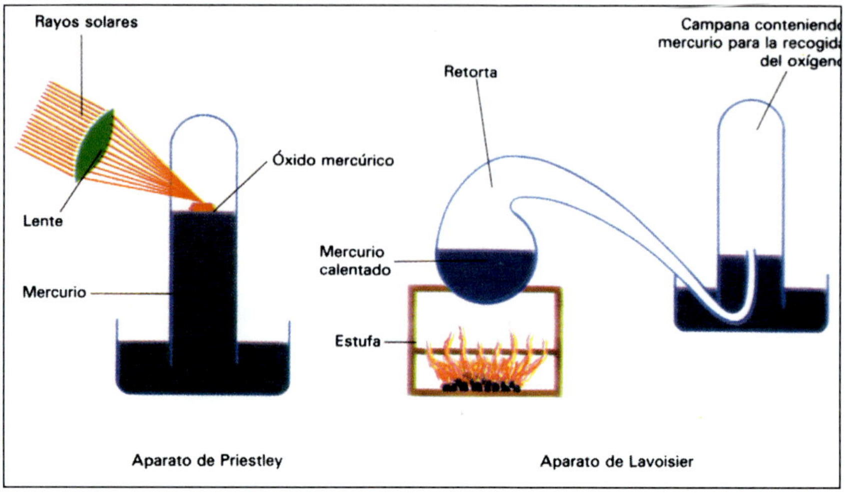

1

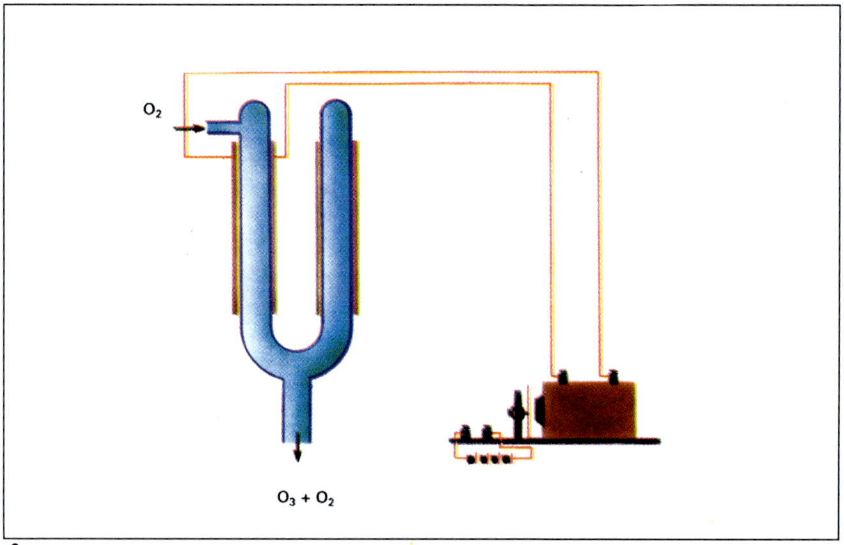

2

Ozono
En 1840 el químico alemán **Schoenbein** (1799-1868) indicó que el olor penetrante del oxígeno al ser sometido a descargas eléctricas se debía a la formación de una sustancia derivada del oxígeno a la que llamó ozono (del griego *oler)*. En 1856, el químico inglés **Andrews** (1813-1885) demostró que el ozono estaba formado únicamente por oxígeno. En 1863, el químico francés **Soret** encontró que 3 volúmenes de oxígeno producen 2 volúmenes de ozono. De este hecho se deduce que la fórmula del ozono es O_3, es decir, que el ozono es una **forma alotrópica** del oxígeno.
El ozono se encuentra en estado natural en las capas superiores de la atmósfera **(ozonósfera)** por la acción de la luz ultravioleta sobre el

oxígeno. En el laboratorio se obtiene haciendo pasar una corriente de oxígeno que se somete a la acción de una descarga eléctrica en un aparato denominado **ozonizador.** Debido a su elevado poder oxidante, el ozono se utiliza industrialmente para blanquear aceites y ceras.

El agua

El agua es el compuesto químico más abundante y familiar. Sin embargo, el agua que se encuentra en la naturaleza no es pura, puesto que contiene gases y sólidos disueltos.

Para obtener agua pura se debe destilar el agua natural. El agua pura es un líquido incoloro, inodoro e insípido, cuya densidad disminuye al solidificar. El agua cubre las tres cuartas partes de la superficie terrestre y también se halla presente en el aire. Por este motivo, las sustancias que están en contacto con el aire siempre contienen humedad. Para eliminarla, las sustancias se colocan en **desecadores** que contienen como agentes desecantes sustancias ávidas de la humedad, como el cloruro de calcio o la gel de sílice. La velocidad de secado aumenta haciendo el vacío en el desecador.

El agua que contiene elevadas cantidades de calcio y magnesio se llama **agua dura,** porque la acción de estas sustancias sobre el jabón origina productos insolubles. La dureza debida a los bicarbonatos de calcio y magnesio se denomina **dureza temporal,** porque puede eliminarse por ebullición del agua. La dureza producida por los compuestos solubles de calcio y magnesio no puede eliminarse de este modo y recibe el nombre de **dureza permanente.** En grandes cantidades, el agua se depura mediante **resinas intercambiadoras de iones** (zeolitas), que tienen la propiedad de permutar iones sodio por iones calcio o magnesio.

Peróxido de hidrógeno

Fue obtenido por primera vez en 1818 por el químico francés **Thénard** (1777-1857) por acción de los ácidos sobre el peróxido de bario. Thénard le dio el nombre de **agua oxigenada,** con el cual es todavía hoy conocido vulgarmente. Industrialmente se obtiene por electrólisis de disoluciones de ácido sulfúrico o de bisulfito amónico a bajas temperaturas. Es un compuesto muy inestable que se descompone según la reacción:

$$2\,H_2O_2 \rightarrow 2\,H_2O + O_2$$

La velocidad de descomposición es acelerada por el polvo atmosférico y por la luz. Es un oxidante enérgico y se emplea como **desinfectante y antiséptico.** Industrialmente se emplea para blanquear fibras textiles.

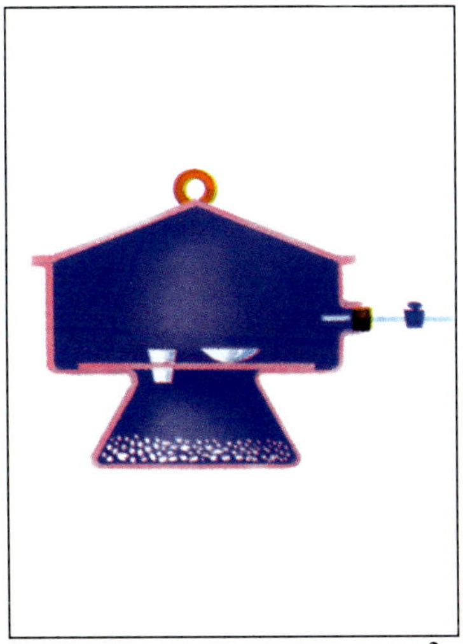

3

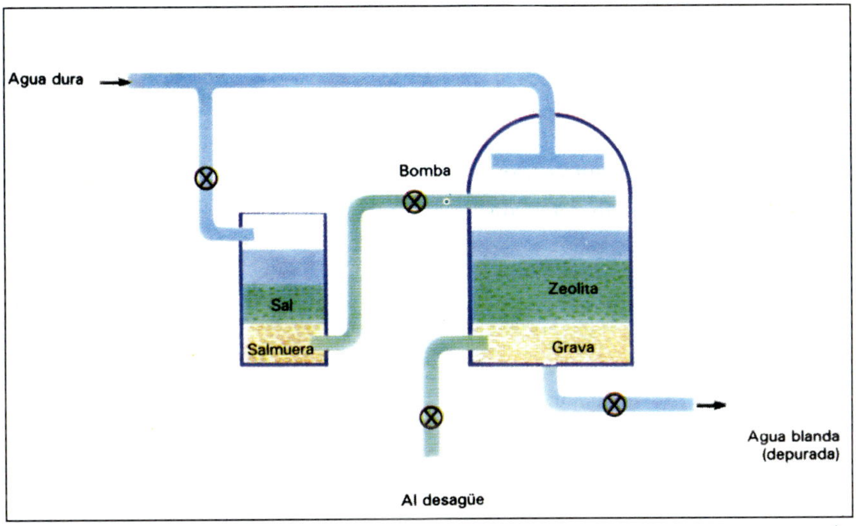

4

1. *El oxígeno fue obtenido por primera vez por el químico inglés Priestley calentando óxido mercúrico sobre un tubo barométrico. Lavoisier perfeccionó el método en 1777 empleando el aparato que se muestra.*

2. *El ozono se obtiene en el laboratorio por acción de una descarga eléctrica sobre una corriente de oxígeno en un aparato que recibe el nombre de ozonizador.*

3. *Los desecadores son recipientes que contienen sustancias ávidas de la humedad como agentes desecantes. La absorción de agua es más rápida si se hace el vacío en el desecador.*

4. *Muchas plantas depuradoras de agua emplean resinas de intercambio iónico, como las zeolitas, para eliminar los iones metálicos responsables de la dureza del agua.*

El azufre y los restantes elementos del grupo VI

Azufre

El azufre se halla muy difundido en la naturaleza. En estado libre se halla en las regiones volcánicas. En estado combinado se encuentra en forma de sulfuros y sulfatos, como la galena, PbS, la blenda, ZnS, la pirita, FeS_2, el cinabrio, HgS, o el yeso, $CaSO_4 \cdot 2H_2O$.

El azufre puede presentarse en dos formas sólidas: el azufre **rómbico** y el azufre **monoclínico.** También puede presentarse en tres formas líquidas (azufre lambda, azufre pi y azufre mu) y en estado de vapor. Todas las variedades sólidas y líquidas son formas alotrópicas del azufre.

El azufre rómbico, también llamado azufre alfa, es la única forma estable del azufre por debajo de 95,5 °C. Es un sólido cristalino y amarillo que funde a 112,8 °C. El azufre monoclínico, también llamado azufre beta, se obtiene al enfriar el azufre fundido. Por encima del punto de fusión se forma un líquido muy fluido de color amarillo, cuya fluidez disminuye al aumentar la temperatura. Aumentando aún más la temperatura, el líquido se vuelve otra vez fluido y a 444 °C hierve. Las moléculas de azufre rómbico y monoclínico, así como las del azufre lambda, están formadas por anillos de 8 átomos de azufre. Al aumentar la temperatura los anillos se rompen y pueden cerrarse formando anillos de 4 átomos (azufre pi) o unirse formando polímeros (azufre mu). A temperaturas poco superiores a la de ebullición el vapor de azufre está formado por moléculas de 8 átomos. Si se aumenta la temperatura las moléculas se disocian y se

1

2

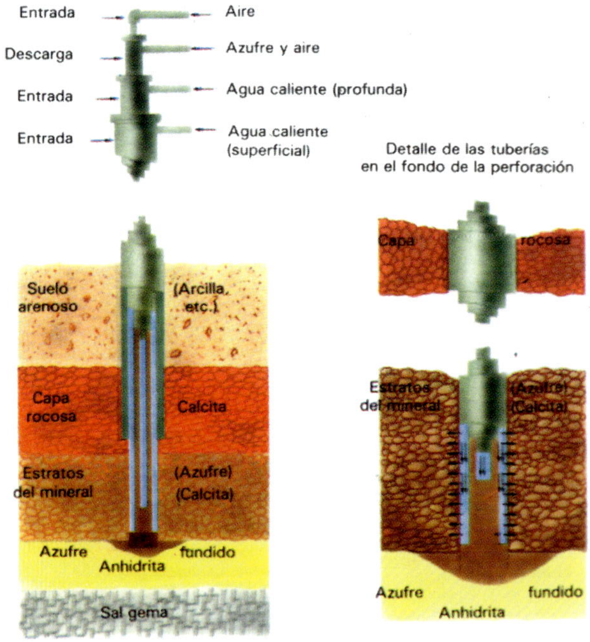

3

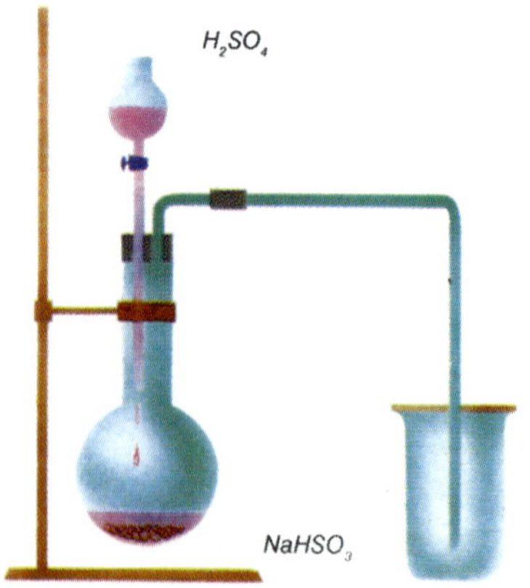

convierten en moléculas diatómicas. A temperaturas aún mayores las moléculas se disocian en átomos.
Como muchos yacimientos de azufre se hallan en el subsuelo, el azufre se extrae mediante el **método de Frasch,** que consiste en perforar las capas superiores para introducir 4 tubos concéntricos hasta el depósito de azufre. A través de los dos tubos exteriores se inyecta agua caliente a presión para fundir el azufre. A continuación, se insufla aire caliente por el tubo interior, saliendo la mezcla de aire y azufre por el tubo restante.
El azufre se utiliza para obtener sus compuestos, en especial el ácido sulfúrico. También se usa para fabricar pólvora y vulcanizar el caucho. Entre sus principales compuestos destacan el sulfuro de hidrógeno, H_2S, el dióxido de azufre, SO_2, el trióxido de azufre, SO_3, y, sobre todo, el ácido sulfúrico, H_2SO_4, y los sulfatos.
El dióxido de azufre se prepara en el laboratorio por acción del ácido sulfúrico sobre el bisulfito de sodio, según la reacción siguiente:

$$NaHSO_3 + H_2SO_4 \rightarrow NaHSO_4 + SO_2 + H_2O$$

Es un gas de olor irritante, muy soluble en agua y que se emplea en la fabricación del ácido sulfúrico.
El ácido sulfúrico se obtiene industrialmente por dos métodos: el **método de las cámaras de plomo** y el **método de contacto.**
El primero fue diseñado por el químico inglés **Ward** en 1740. En este método, la oxidación del SO_2 es catalizada por óxidos de nitrógeno, con la formación intermedia del ácido nitrosilsulfúrico.
Por su parte, el método de contacto consta de las fases siguientes: *a)* producción del dióxido de azufre; *b)* purificación y desecación del dióxido de azufre; *c)* oxidación del dióxido de azufre a trióxido de azufre; *d)* combinación del trióxido de azufre con agua para formar ácido sulfúrico.
El ácido sulfúrico se emplea en grandes cantidades en la industria para refinar el petróleo, producir abonos, colorantes, productos químicos, pinturas, etc.

Selenio
El selenio fue descubierto en 1817 por **Berzelius**. Existe en varias formas alotrópicas. Las más importantes son una variedad roja, cristalina y monoclínica, y otra forma gris metálica.
La variedad gris conduce la corriente eléctrica y su conductividad depende de la intensidad de la luz a la que se halla expuesto. Esta propiedad se utiliza para construir células fotoeléctricas.

Telurio
El telurio fue descubierto en 1782 por el químico **Müller von Reichenstein** (1740-1824). Posteriormente, el químico alemán **Klaproth** (1743-1817) le dio el nombre de telurio (del latín *tellus,* la Tierra).
Existen varias formas alotrópicas del telurio y sus propiedades son similares a las del azufre y del selenio. El telurio se emplea para colorear el vidrio.

Polonio
Se encuentra en los minerales de uranio y de torio como producto de la descomposición radiactiva. Fue descubierto por el matrimonio Curie en julio de 1898, en la **pechblenda.** El isótopo más accesible es el ^{210}Po, que tiene una vida media de 138,4 días. Es el elemento más metálico del grupo y existe en dos formas alotrópicas.

4

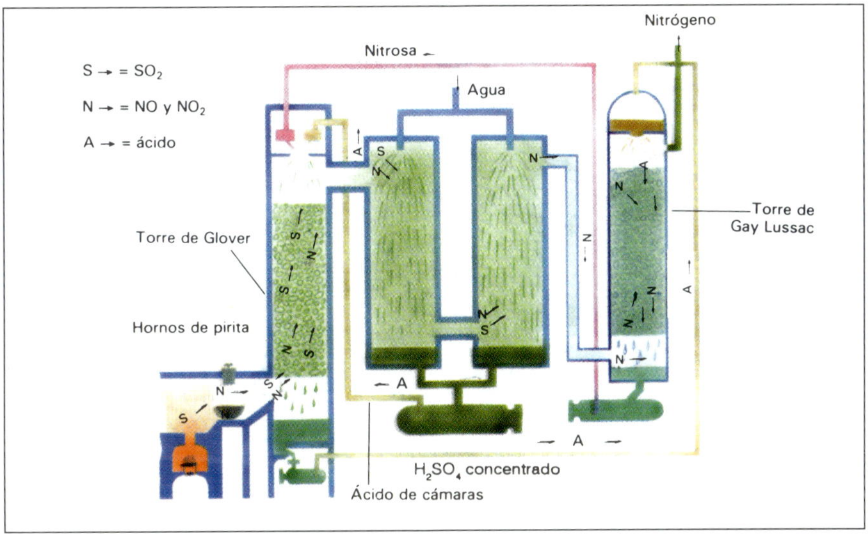

1. *Las moléculas de azufre rómbico y monoclínico están formadas por anillos de ocho átomos de azufre cada una, situados en dos planos y unidos a los átomos contiguos por enlaces* covalentes.

2. *Esquema del método de Frasch para extraer el azufre situado en el subsuelo. El método consiste en perforar las capas superiores para introducir cuatro tubos concéntricos en el depósito de azufre. Los tubos exteriores inyectan agua caliente a presión para fundir el azufre.*

3. *El dióxido de azufre se obtiene en el laboratorio por acción del ácido sulfúrico sobre el bisulfito de sodio. El dióxido de azufre puede recogerse por desplazamiento del aire o en solución acuosa.*

4. *Esquema de la obtención del ácido sulfúrico por el método de las cámaras de plomo. El método fue ideado por el químico inglés Ward en 1740 y perfeccionado por Glover y Gay-Lussac*

Nitrógeno

Nitrógeno

Es un gas incoloro, inodoro e insípido que constituye el 78% en volumen de la atmósfera. También se encuentra combinado en forma de nitratos de sodio y de potasio. Es un elemento esencial de las proteínas de todos los animales y plantas.

Se obtiene a partir del aire, por eliminación del oxígeno. En el laboratorio se aísla haciendo pasar aire por encima de cobre calentado al rojo, que se combina con el oxígeno para formar óxido cúprico, CuO. Industrialmente el nitrógeno se obtiene por destilación fraccionada del aire líquido.

El nitrógeno es un elemento muy inactivo. Pero cuando se calienta a elevadas temperaturas se combina con algunos metales para formar nitruros, como el Mg_3N_2 o el Ca_3N_2. Se usa en grandes cantidades para obtener **abonos nitrogenados,** puesto que el nitrógeno es un nutriente esencial de todos los organismos vivos. Aunque las plantas no pueden asimilar el nitrógeno atmosférico, las **bacterias nitrificantes** fijan el nitrógeno libre convirtiéndolo en compuestos nitrogenados que son asimilados por las plantas y transformados en proteínas. Los animales herbívoros convierten las proteínas vegetales en proteínas animales y los residuos, tanto de los animales como de las plantas, se convierten en derivados nitrogenados que son transformados en nitrógeno libre por la acción bacteriana. Toda esta serie de transformaciones recibe el nombre de **ciclo del nitrógeno.**

1

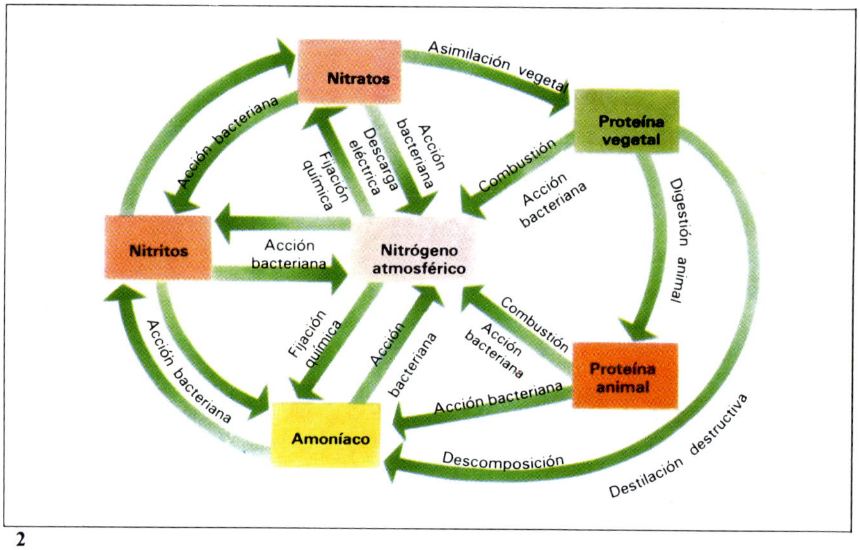

2

Amoníaco

El amoníaco (NH_3) se produce en la naturaleza por acción de las bacterias de la putrefacción sobre la materia orgánica del suelo. En el laboratorio, el amoníaco se obtiene calentando una sal amónica con hidróxido de sodio o hidróxido de calcio.

Industrialmente el amoníaco se obtiene por acción directa del hidrógeno y del nitrógeno según el procedimiento ideado por el químico alemán **Haber** (1868-1934), basado en la reacción de equilibrio

$$N_2 + 3H_2 \rightleftharpoons 2\ NH_3$$

El rendimiento del proceso disminuye al aumentar la temperatura, pero a bajas temperaturas la reacción es demasiado lenta. La reacción se favorece aumentando la presión y utilizando catalizadores adecuados.

El amoníaco es un gas incoloro, de olor picante y muy soluble en agua. El amoníaco líquido se utiliza en máquinas frigoríficas y en la fabricación del hielo.

Oxidos del nitrógeno

El óxido nitroso, N_2O, se conoce vulgarmente con el nombre de **gas hilarante,** puesto que produce un estado de excitación histérica acompañado de efectos anestésicos cuando se respira duranter un rato, se obtiene al calentar el nitrato de amonio:

$$NH_4NO_3 \rightarrow N_2O + 2\ H_2O$$

El óxido nítrico, NO, se obtiene industrialmente a partir del amoníaco, según el procedimiento ideado por el químico alemán **Ostwald** (1853-1932). Para ello se hace pasar una mezcla de aire y amoníaco sobre una malla de contacto de platino a unos 900 °C de temperatura. El platino actúa como catalizador, absorbiendo los gases en su superficie y facilitando el

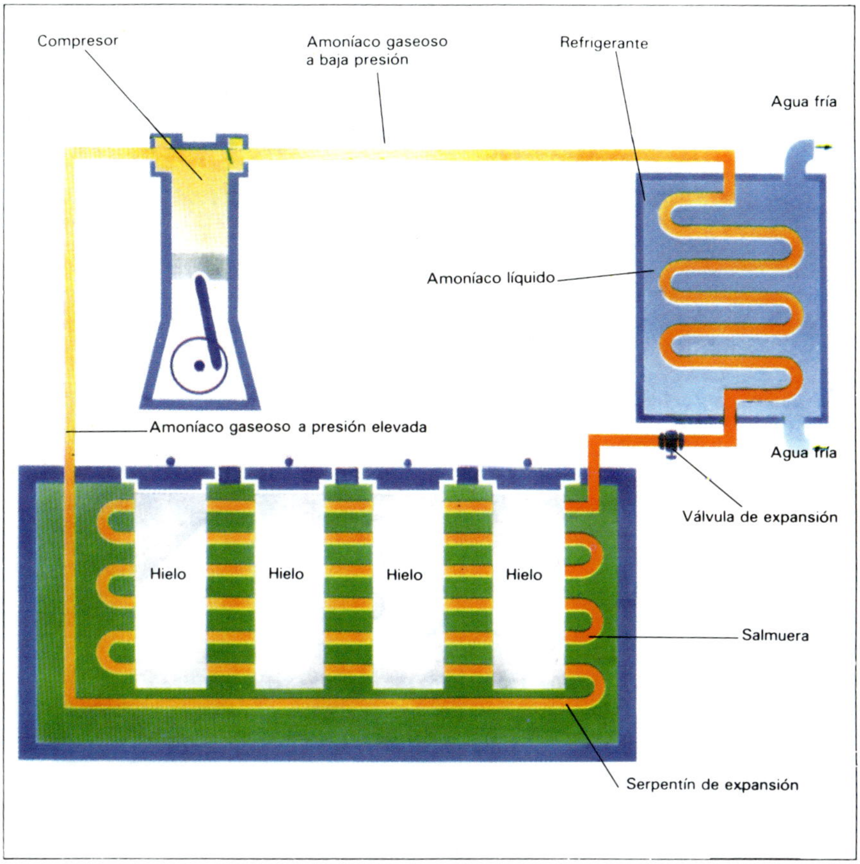

3

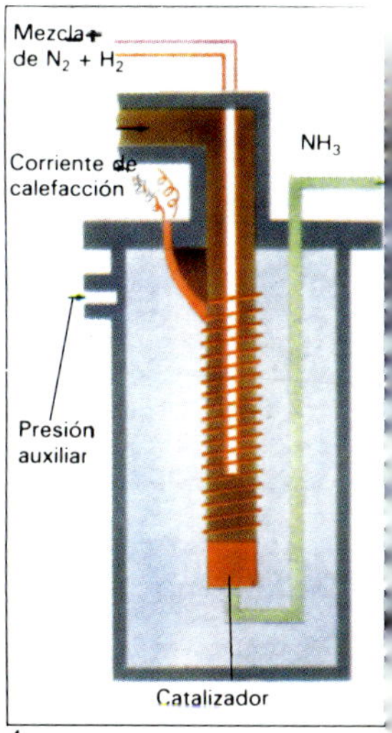

4

El dióxidc de nitrógeno formado se hace reaccionar con agua

$$3\ NO_2 + H_2O \rightarrow 2\ HNO_3 + NO$$

y el **NO** vuelve a la cámara de reacción, donde se oxida de nuevo a NO_2.

contacto entre los reaccionantes. La reacción que tiene lugar es

$$4\ NH_3 + 5\ O_2 \rightarrow 4\ NO + 6\ H_2O$$

El trióxido de dinitrógeno, N_2O_3, tan solo existe puro en estado sólido y a bajas temperaturas. Aumentando la temperatura se disocia según la reacción

$$N_2O_3 \rightleftharpoons NO + NO_2$$

El dióxido de nitrógeno, NO_2, y el tetraóxido de dinitrógeno, N_2O_4, pueden considerarse como la forma monómera y dimera de una misma sustancia. El dióxido de nitrógeno en estado puro se obtiene calentando los nitratos de los metales pesados:

$$2\ Pb(NO_3)_2 \rightarrow 2\ PbO + 4\ NO_2 + O_2$$

La molécula de NO_2 se dimeriza con gran facilidad:

$$2\ NO_2 \rightleftharpoons N_2O_4$$

El pentaóxido de dinitrógeno es un sólido incoloro que se obtiene por deshidratación del ácido nítrico con P_2O_5:

$$2\ HNO_3 + P_2O_5 \rightarrow 2\ HPO_3 + N_2O_5$$

Oxoácidos del nitrógeno
El ácido hiponitroso, $H_2N_2O_2$, es un sólido cristalino, incoloro, higroscópico y muy explosivo que se obtiene a partir de una suspensión etérea de hiponitrito de plata, $Ag_2N_2O_2$, tras posterior saturación con cloruro de hidrógeno, que separa el AgCl y deja disuelto el ácido en el éter, de donde se obtiene por evaporación.

El ácido nitroso, HNO_2, es inestable y se descompone del modo siguiente:

$$3\ HNO_2 \rightarrow HNO_3 + 2\ NO + H_2O$$

El ácido nítrico, HNO_3, es un líquido incoloro que se mezcla con el agua en todas proporciones.
Es un ácido muy fuerte y de gran poder oxidante. Se usa para fabricar colorantes explosivos, abonos y plásticos. Industrialmente se obtiene por el procedimiento de Ostwald, en el cual, una vez formado el óxido nítrico, tal como se indicó anteriormente, se añade más aire para oxidar el NO a NO_2, según la reacción:

$$2\ NO + O_2 \rightarrow 2\ NO_2$$

1. *El nitrógeno puede obtenerse en el laboratorio por eliminación del oxígeno del aire. Para ello puede quemarse fósforo en una campana invertida sobre agua.*

2. *Ciclo del nitrógeno en la naturaleza. Las bacterias nitrificantes fijan el nitrógeno atmosférico, que es asimilado por las plantas y transformado en proteínas que son digeridas por los herbívoros.*

3. *Máquina frigorífica de amoníaco empleada en la fabricación de hielo. El hielo se forma llenando los depósitos sumergidos en la salmuera con agua pura que congela rápidamente.*

4. *Esquema del aparato utilizado en la preparación del óxido nítrico por el procedimiento de Ostwald. La redecilla de platino actúa como catalizador absorbiendo los gases en su superficie.*

El fósforo y los restantes elementos del grupo V

Fósforo

Fue descubierto en 1669 por el alquimista alemán **Brand**. El fósforo no se encuentra libre en la naturaleza, por ser un elemento muy activo. Se encuentra combinado en forma de fosfatos, tales como la fosforita, $Ca_3(PO_4)_2$, y los apatitos $CaF_2 \cdot 3\ Ca_3\ (PO_4)_2$ y $CaCl_2 \cdot 3\ Ca_3(PO_4)_2$.

El fósforo se obtiene en la industria a partir del fosfato de calcio. Para ello se introduce en un horno eléctrico una mezcla formada por fosfato de calcio, arena y coque. A continuación, se hace saltar el arco eléctrico entre los electrodos para mantener la elevada temperatura que requiere la reacción

$$Ca_3(PO_4)_2 + 3\ SiO_2 + 5\ C \rightarrow 3\ CaSiO_3 + 5\ CO + 2\ P$$

El silicato de calcio formado se retira por la base del horno y el vapor de fósforo sale por un orificio situado en la parte superior. Posteriormente se condensa enfriándolo bajo agua.

Existen tres formas alotrópicas importantes del fósforo: la forma blanca, la roja y la negra. En el fósforo blanco existen moléculas tetraédricas P_4. El fósforo rojo se obtiene por calentamiento de la forma blanca a 400 °C durante varias horas.

El fósforo negro se obtiene en forma cristalina calentando fósforo blanco a altas presiones, o bien en presencia de mercurio como catalizador. El fósforo negro tiene una estructura en capas, de modo que los átomos situados en distintas capas están unidos más débilmente que los que pertenecen a la misma capa. La forma blanca es mucho más reactiva que las demás; por ejemplo, se inflama en contacto con el aire, mientras que las otras formas son estables. Asimismo, el fósforo blanco es soluble en disolventes orgánicos, como el benceno y el sulfuro de carbono, mientras que las otras variedades son insolubles en tales disolventes.

El fósforo se emplea para obtener abonos y, combinado con el azufre, para fabricar cerillas.

La fosfina, PH_3, se obtiene hirviendo fósforo blanco con una disolución de hidróxido de potasio, desalojando

1

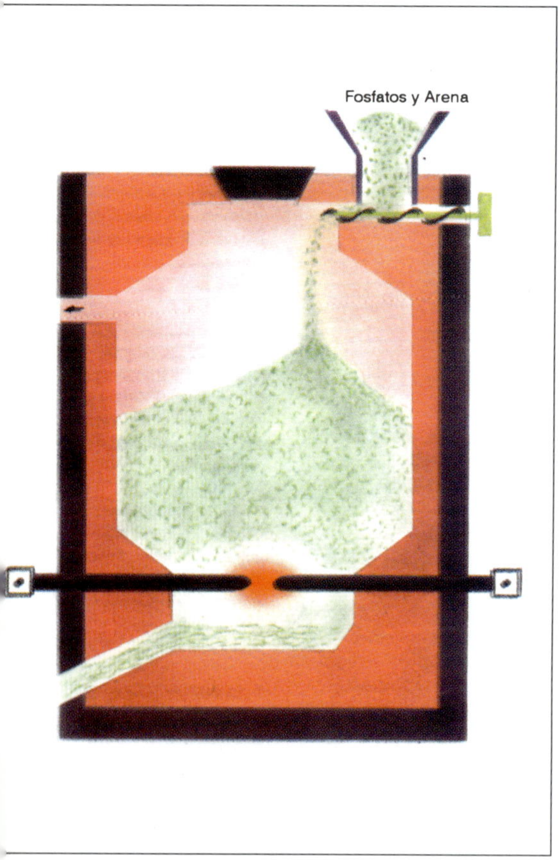

2

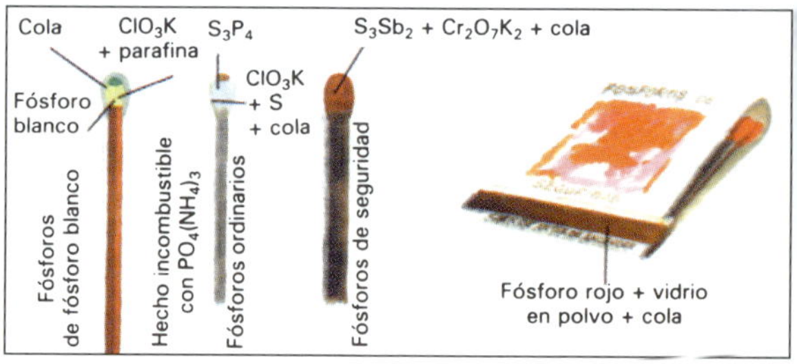

3

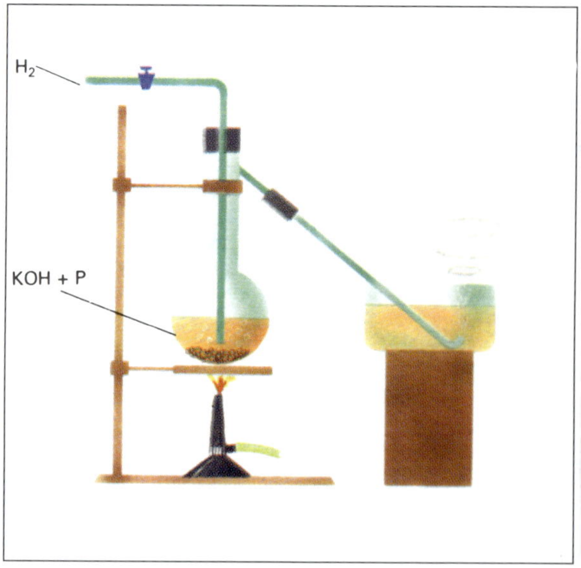

previamente el aire con H_2 para evitar explosiones, según la reacción

$$3\ KOH + 4\ P + 3\ H_2O \cdot$$
$$\cdot\ 3\ KH_2PO_2 + PH_3$$

Cuando las burbujas de fosfina llegan a la superficie del agua se inflaman espontáneamente, formando volutas de ácido fosfórico.
Se conocen diversos ácidos del fósforo. Los más importantes son el ácido ortofosforoso, H_3PO_3, y el ácido ortofosfórico, H_3PO_4.

Arsénico
El arsénico se conoce desde el tiempo de los alquimistas y fue ampliamente utilizado como veneno durante la Edad Media. En la naturaleza se encuentra combinado en forma de sulfuros, como el oropimente, As_2S_3, y el rejalgar, As_2S_2. Puede obtenerse calentando una mezcla de As_2O_3 y carbón, según la reacción

$$As_2O_3 + 3\ C\ \cdot\ 2\ As + 3\ CO$$

El arsénico es un sólido quebradizo, cristalino, de color gris, que sublima con facilidad. El arsénico existe en tres formas alotrópicas: gris cristalina, amarilla cristalina y negra amorfa. La forma amarilla es similar al fósforo blanco, su molécula es tetraatómica y es soluble en sulfuro de carbono.
La variedad gris se parece al fósforo negro y no se disuelve en sulfuro de carbono. Los compuestos de arsénico se utilizan en agricultura como plaguicidas.
La arsina es un gas incoloro muy venenoso que se disocia en sus componentes al ser calentada.
Esta propiedad se utiliza en el ensayo de Marsh para reconocer el arsénico. Para ello, se utiliza un generador de hidrógeno, *A*, empleando ácido clorhídrico y cinc. El gas obtenido se deseca haciéndolo pasar por un tubo, *B*, que contiene $CaCl_2$.
Después de expulsar todo el aire del aparato se hace arder el hidrógeno en el extremo *C*. Se calienta el tubo de desprendimiento en el punto *D* y si no hay arsénico no se forma una mancha negra en el tubo de vidrio detrás de la zona de calentamiento.
El material que se ensaya se introduce por el tubo de seguridad.
Si se produce una mancha negra en el punto *E* el material contiene arsénico. Si no se calienta el tubo de vidrio y se coloca en la llama una cápsula de porcelana, no se produce mancha negra si los reactivos no contienen arsénico. Si se obtiene mancha negra y se disuelve en hipoclorito de sodio, hay arsénico presente en la muestra.

Antimonio
Se encuentra en la naturaleza en forma de sulfuro, Sb_2S_3.
El antimonio se obtiene calentando el sulfuro con hierro:

$$Sb_2S_3 + 3\ Fe\ \cdot\ 2\ Sb + 3\ FeS$$

Existe en tres formas alotrópicas. La forma más abundante tiene una estructura parecida a la del fósforo negro. El antimonio se utiliza para fabricar aleaciones (metal de imprenta, cojinetes, etc.).

Bismuto
El bismuto se encuentra en la naturaleza combinado en forma de sulfuro, Bi_2S_3, y óxido, Bi_2O_3. El bismuto se obtiene a partir de dichos compuestos por tostación y posterior reducción con carbón en un horno. El bismuto se emplea para preparar aleaciones de bajo punto de fusión. El nitrato básico de bismuto, $Bi(OH)_2NO_3$, se emplea en medicina como desinfectante intestinal.

4

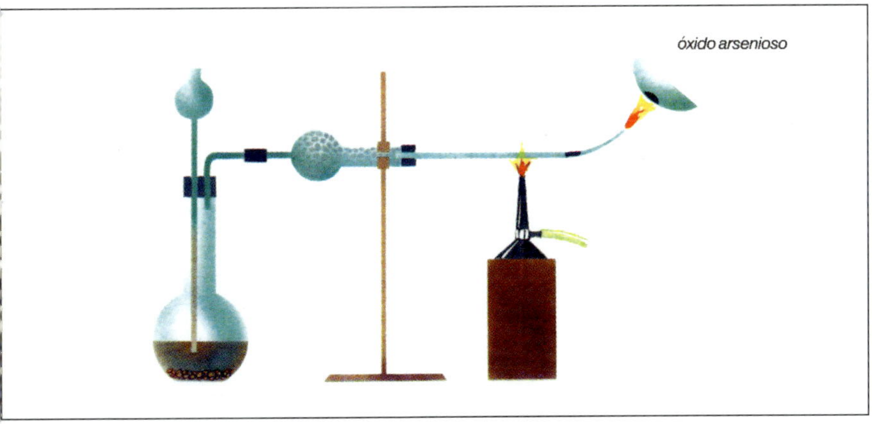

1. *Esquema de un horno eléctrico empleado para fabricar fósforo. Las materias primas utilizadas para obtener el fósforo son el fosfato de calcio, la arena y el coque, y se introducen por la tolva.*

2. *Las cerillas de fósforo blanco empezaron a utilizarse en 1827. Las cerillas ordinarias contienen sulfuro de fósforo y las de seguridad únicamente se encienden al frotarlas con la tira de la caja.*

3. *La fosfina se obtiene en el laboratorio calentando fósforo blanco con una disolución de hidróxido de potasio con un matraz que previamente se ha llenado con hidrógeno para evitar explosiones.*

4. *Esquema del ensayo de Marsh utilizado para reconocer el arsénico. Si la muestra ensayada contiene arsénico se deposita una mancha negra sobre la cápsula de porcelana.*

Carbono

Carbono

Existe en dos formas alotrópicas: diamante y grafito. Asimismo, se encuentra combinado en forma de hidrocarburos y carbonatos. Es el elemento central de la vida, puesto que todos los organismos vivos contienen compuestos de carbono.

El **diamante** se encuentra en forma de cristales transparentes octaédricos, aunque al ser utilizado en joyería se le crean nuevas caras o facetas para lograr la máxima reflexión y refracción de la luz. Como el diamante es la sustancia más dura que se conoce, los imperfectos que se desechan como piedras preciosas se emplean con fines industriales para taladrar otros materiales.

El **grafito** es una sustancia de color negro, blanda, que se presenta en forma de láminas cristalinas que se deslizan unas sobre otras. Es buen conductor de la electricidad y muy resistente al calor y a muchos agentes químicos. Por este motivo se emplea para fabricar electrodos y crisoles y en galvanoplastia.

Las distintas propiedades del diamante y del grafito se deben a sus diferentes estructuras cristalinas. El diamante tiene una estructura cúbica en la que cada átomo de carbono está rodeado por otros cuatro átomos situados en los vértices de un tetraedro regular. Como no existen electrones libres el diamante no es conductor de la electricidad. Además, todo el cristal puede considerarse como una gran molécula, lo cual explica su elevada dureza. En cambio, el grafito presenta una estructura en la que cada átomo de carbono se halla rodeado por otros tres en el mismo plano, formando agrupaciones hexagonales. Entre cada par de estos planos hay una zona de electrones móviles. Esta estructura permite comprender la facilidad de **exfoliación** del grafito, así como el hecho de que sea buen conductor del calor y de la electricidad.

El grafito se obtiene por el procedimiento ideado por el estadounidense **Acheson** (1856-1931), consistente en calentar antracita o coque y óxido de hierro, que actúa como catalizador, en un horno eléctrico provisto de electrodos de grafito.

Haciendo pasar una potente corriente alterna se obtiene una temperatura muy elevada que permite convertir el carbón en grafito.

Durante el Período Carbonífero quedaron sepultados muchos vegetales en el subsuelo de la Tierra originando los carbones naturales. Con el paso del tiempo el contenido en carbono de dichos fósiles ha ido aumentando desde el 40% de la madera hasta el 60% de la **turba**, el 70% del **lignito**, el 78% de la **hulla bituminosa**, el 83% de la **semibituminosa** y el 90% de la **antracita**.

Óxidos del carbono

El carbono da lugar a dos óxidos: el monóxido de carbono, CO, y el dióxido de carbono, CO_2.

El monóxido de carbono se obtiene por descomposición del ácido fórmico, HCOOH, según la reacción

$$HCOOH \rightarrow H_2O + CO$$

Es un gas incoloro, inodoro e insípido muy poco soluble en agua. Es muy venenoso, pues al

1

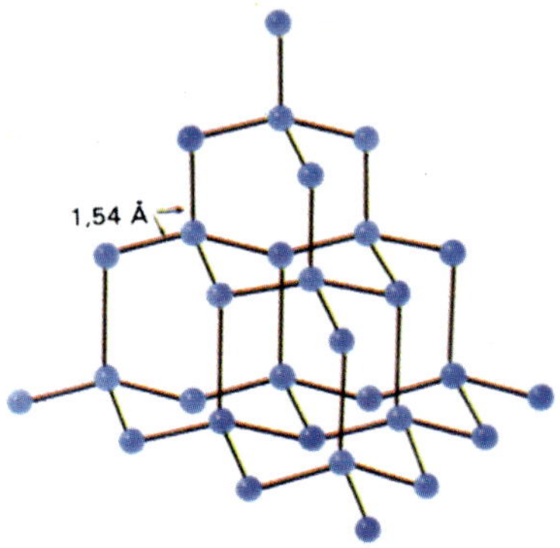

a

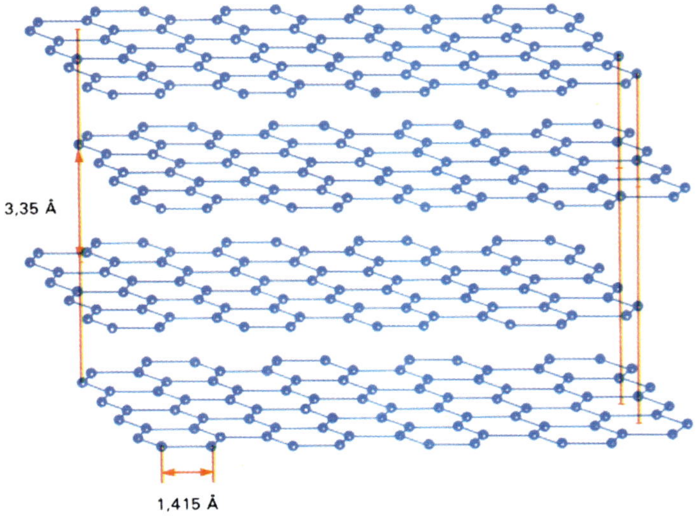

b

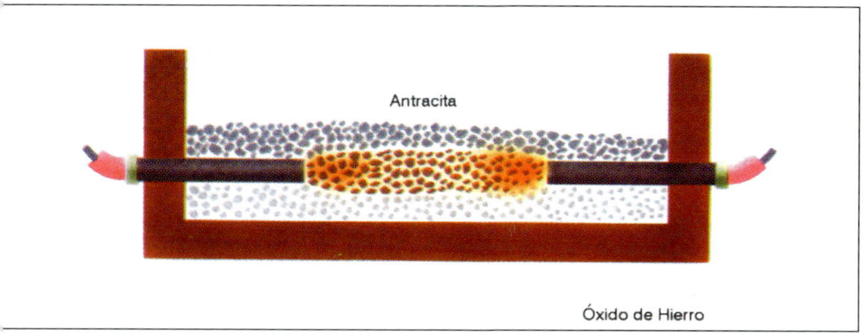

2

respirarlo se combina con la hemoglobina para formar un compuesto que inhibe el transporte de oxígeno. En la industria se obtiene una mezcla de nitrógeno y monóxido de carbono, denominada gas pobre o gas de gasógeno, al hacer pasar aire a través de hulla o coque ardiendo. El gasógeno así obtenido se utiliza como combustible industrial. El monóxido de carbono se utiliza en metalurgia como reductor de óxidos metálicos:

$$CuO + CO \rightarrow Cu + CO_2$$

El dióxido de carbono se encuentra en la atmósfera y en los manantiales de aguas carbónicas. Se forma en la combustión completa del carbono o de los compuestos de carbono:

$$C + O_2 \rightarrow CO_2$$

En el laboratorio se obtiene por acción de los ácidos fuertes sobre los carbonatos:

$$2\ HCl + CaCO_2$$
$$CaCl_2 + CO_2 + H_2O$$

También se obtiene en grandes cantidades en la fermentación de la glucosa:

$$C_6H_{12}O_6 \rightarrow 2\ C_2H_5OH + 2\ CO_2$$

El dióxido de carbono es un gas incoloro e inodoro, bastante soluble en agua. No es tóxico ni combustible. Se utiliza para preparar bebidas efervescentes y en los extintores de incendios.

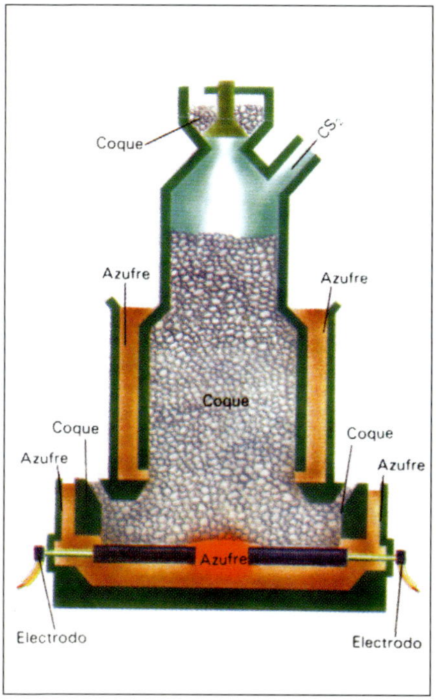

3

Otros compuestos del carbono

Aparte de los hidrocarburos y sus derivados, que se estudiarán al abordar la química orgánica, merecen especial mención el sulfuro de carbono, CS_2, el tetracloruro de carbono, CCl_4, y el carburo de calcio, CaC_2.

El sulfuro de carbono se obtiene en el horno eléctrico a partir de los elementos constituyentes en ausencia de aire:

$$C + 2\ S \rightarrow CS_2$$

Es un líquido amarillento, de olor desagradable y tóxico, inmiscible en agua y muy inflamable. Se utiliza como disolvente y para destruir parásitos.

El tetracloruro de carbono se obtiene haciendo reaccionar cloro con sulfuro de carbono en presencia de pentasulfuro de antimonio:

$$CS_2 + 3\ Cl_2 \rightarrow CCl_4 + S_2Cl_2$$

El CCl_4 se separa del S_2Cl_2 por destilación fraccionada. Es un líquido incoloro, no combustible y buen disolvente.

El carburo de calcio se obtiene calentando en el horno eléctrico una mezcla de óxido de calcio y coque, según la reacción

$$CaO + 3\ C \rightarrow CaC_2 + CO$$

El carburo de calcio se utiliza para fabricar acetileno (C_2H_2):

$$CaC_2 + 2\ H_2O \rightarrow Ca(OH)_2 + C_2H_2$$

1. *En el diamante cada átomo de carbono esta rodeado por otros cuatro situados en los vértices de un tetraedro regular. En el grafito cada átomo de carbono se halla rodeado por otros tres en el mismo plano.*

2. *El grafito se obtiene industrialmente por el procedimiento de Acheson, que consiste en calentar antracita o coque con un poco de óxido de hierro que actúa como catalizador en un horno eléctrico.*

3. *El sulfuro de carbono se obtiene industrialmente por unión directa del azufre y del carbono en un horno eléctrico en ausencia de aire a causa de su extremada inflamabilidad.*

El silicio y los restantes elementos del grupo IV

Silicio

El silicio no existe libre en la naturaleza. Se encuentra combinado en forma de dióxido de silicio (cuarzo, sílice, ópalo) y de silicatos. El SiO_2 cristaliza como **cuarzo** por debajo de 870 °C, como **tridimita** entre 870 °C y 1.470 °C y como **cristobalita** por encima de esta última temperatura. El cuarzo cristaliza en el sistema romboédrico, la tridimita en el sistema hexagonal y la cristobalita en el sistema cúbico.

El silicio se obtiene por reducción del tetracloruro de silicio con potasio, sodio o aluminio, en ausencia de oxígeno:

$$SiCl_4 + 4\,K \rightarrow Si + 4\,KCl$$

También se puede obtener por reducción de la sílice con magnesio o aluminio.

$$SiO_2 + 2\,Mg \rightarrow Si + 2\,MgO$$

El silicio de alta pureza se utiliza como **semiconductor,** especialmente en la fabricación de transistores.

Los silicatos de sodio y de potasio son solubles en agua. El silicato de sodio se conoce con el nombre vulgar de vidrio soluble. El **vidrio** es una mezcla de silicatos y se obtiene fundiendo juntos carbonato de sodio, Na_2CO_3, carbonato de calcio, $CaCO_3$, y sílice, SiO_2. El vidrio duro, que se emplea para fabricar objetos que deben resistir elevadas temperaturas, se obtiene sustituyendo el carbonato de sodio por carbonato de potasio. El vidrio de color se obtiene añadiendo óxidos metálicos que forman silicatos coloreados.

Germanio

Fue descubierto en 1886 por el químico alemán **Winkler** (1838-1904). El germanio se encuentra en la naturaleza combinado en el mineral argirodita, $GeS_2 \cdot 4\,Ag_2S$. El germanio se obtiene por reducción del dióxido de germanio, GeO_2 con hidrógeno o aluminio. Es un sólido blanco grisáceo, cristalino y quebradizo. Se disuelve en ácido sulfúrico concentrado y en ácido nítrico concentrado y forma aleaciones con muchos metales.

Cuando es superpuro se utiliza como semiconductor en la fabricación de componentes electrónicos.

Estaño

Se encuentra combinado en la naturaleza en forma de casiterita, SnO_2. Se obtiene por reducción del dióxido de estaño con carbón:

$$SnO_2 + 2\,C \rightarrow Sn + 2\,CO$$

El metal obtenido se purifica por electrólisis. El estaño es un metal de color blanco, muy dúctil y maleable. Se da en dos formas alotrópicas: estaño blanco, que existe en dos formas cristalinas (rómbica y tetragonal) y estaño gris. El estaño blanco pasa a estaño gris a bajas temperaturas. El estaño se emplea para proteger el hierro formando la **hojalata** y para fabricar aleaciones como el **bronce**

1

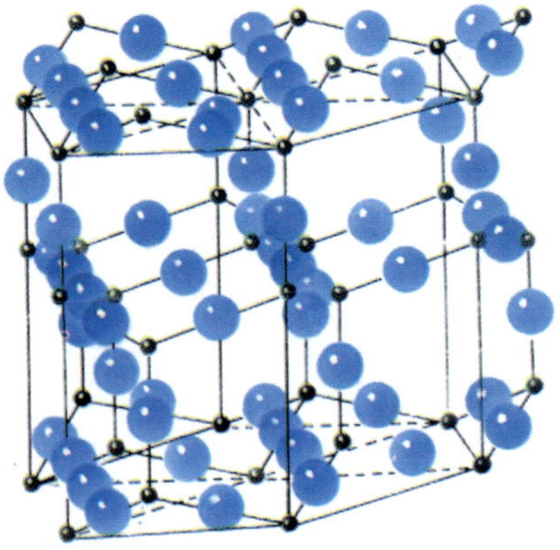

Tridimita

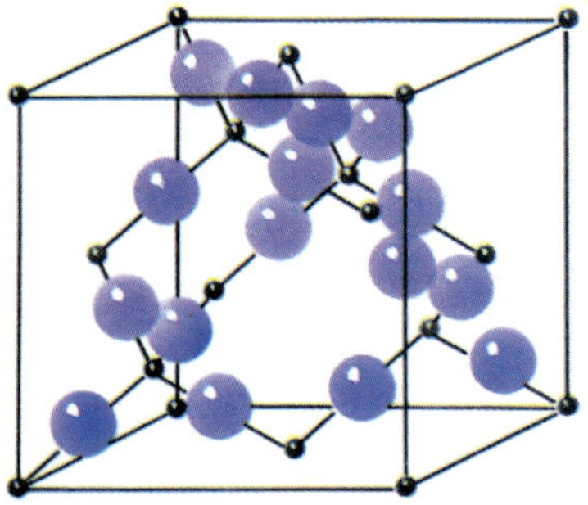

Cristobalita

2

(cobre y estaño) y el metal de soldar (plomo y estaño).
Existen dos óxidos de estaño: el monóxido de estaño. SnO, de color negro, y el dióxido de estaño, SnO_2, de color blanco.

Plomo

El plomo se encuentra combinado en la naturaleza en forma de galena, PbS, cerusita, $PbCO_3$, y anglesita, $PbSO_4$.
Para obtener plomo se tuesta el sulfuro hasta que una parte se convierte en óxido y el resto permanece inalterado:

$$2\ PbS + 3\ O_2 \rightarrow 2\ PbO + 2\ SO_2$$

A continuación se cierra la entrada de aire y se calienta de modo que el óxido obtenido anteriormente se reduzca con el sulfuro que no había reaccionado:

$$2\ PbO + PbS \rightarrow 3\ Pb + SO_2$$

Para purificar el metal obtenido se procede a su refinado electrolítico.
El plomo es un metal blando y denso de bajo punto de fusión. Se usa para fabricar cañerías y en las baterías de los automóviles. También se usa en aleaciones de bajo punto de fusión y en pigmentos para pinturas.
El monóxido de plomo, PbO, también llamado **litargirio**, es de color amarillo y se utiliza para fabricar esmaltes.
El dióxido de plomo, PbO_2, es un oxidante muy enérgico y se utiliza para construir el ánodo de las baterías de los automóviles.
El **minio**, Pb_3O_4, se emplea para fabricar pintura roja antioxidante. El cromato de plomo, $PbCrO_4$, de color amarillo, y el carbonato básico de plomo, $Pb_3(CO_3)_2(OH)_2$, denominado **albayalde**, de color blanco, se utilizan como pigmentos en pintura.

3

4

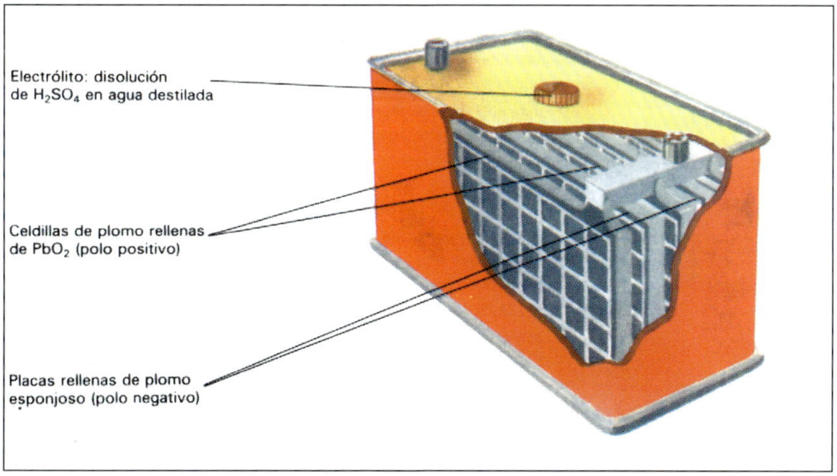

1. *La sílice se presenta en la naturaleza en diversas formas cristalinas polimorfas, dependiendo de la manera como se enlacen los tetraedros de dióxido de silicio.*

2. *Los semiconductores construidos a base de silicio y germanio son muy utilizados para fabricar componentes electrónicos. El poder rectificador del germanio se emplea en la fabricación de transistores.*

3. *El principal mineral de plomo es la galena, PbS. La galena cristaliza en forma de cubos u octaedros de color gris y brillo metálico sobre las superficies de exfoliación.*

4. *Las baterías de los automóviles son acumuladores de plomo formados por un cierto número de pilas galvánicas conectadas en serie. En función del número de celdas empleadas generan de 6 a 12 voltios.*

El boro y los restantes elementos del grupo III

Boro

Se encuentra combinado en la naturaleza en forma de **bórax**, $Na_2B_4O_7 \cdot 10\ H_2O$. También se encuentra en los volcanes en forma de ácido bórico, H_3BO_3. La preparación del boro en estado de gran pureza es extremadamente difícil. Puede hacerse por reducción del B_2O_3 con Mg y posterior lavado muy enérgico con un álcali, después con ácido clorhídrico y finalmente con ácido fluorhídrico. Otro método, debido al químico estadounidense **Weintraub**, consiste en reducir el tricloruro de boro, BCl_3, con H_2 en un arco de corriente alterna de elevado potencial.

El boro es muy duro y extremadamente inerte frente a los agentes químicos. Sólo es atacado lentamente por el ácido nítrico concentrado y en caliente. Existe una gran cantidad de hidruros de boro, llamados **boranos**, que son inflamables, tóxicos y fácilmente hidrolizables.

Desde el punto de vista estructural son únicos, puesto que poseen enlaces poco comunes debido a su naturaleza deficiente en electrones.

El tricloruro de boro, BCl_3, y el tribromuro de boro, BBr_3, se preparan por la acción del Cl_2 y del Br_2 sobre una mezcla caliente de carbón y B_2O_3:

$$B_2O_3 + 3\ C + 3\ Cl_2 \rightarrow 3\ CO + 2\ BCl_3$$

de los **ensayos a la perla** se basa en la formación de metaboratos de color característico al fundir el bórax con óxidos metálicos.

Aluminio

Es un elemento muy abundante en la corteza terrestre. Se halla combinado en forma de silicatos (feldespato, mica, caolín, etc.) óxidos (corindón, bauxita, etc.) y fluoruros como la criolita, Na_3AlF_6. El aluminio forma parte de muchas piedras preciosas: zafiro, rubí, aguamarina, lapislázuli, granate, turquesa, etc. El aluminio fue obtenido en 1825 por primera

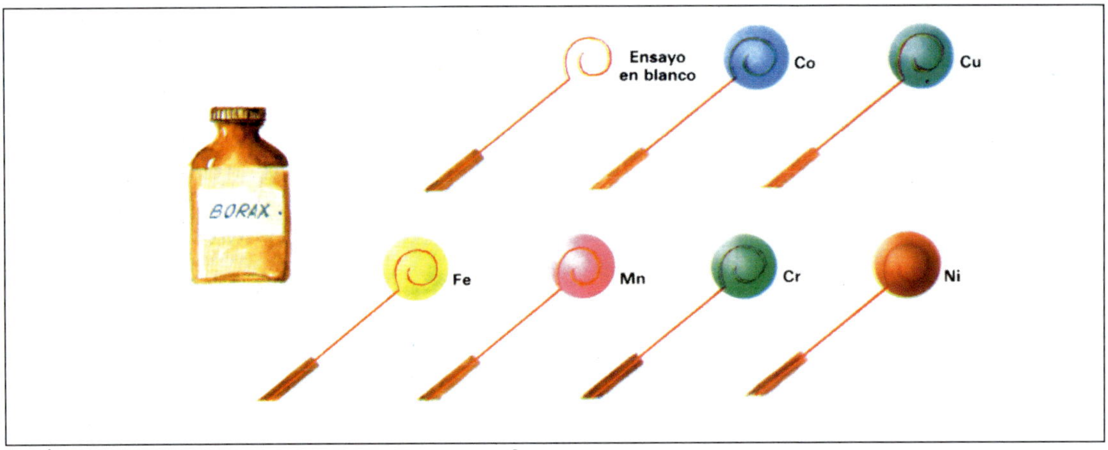

1

2

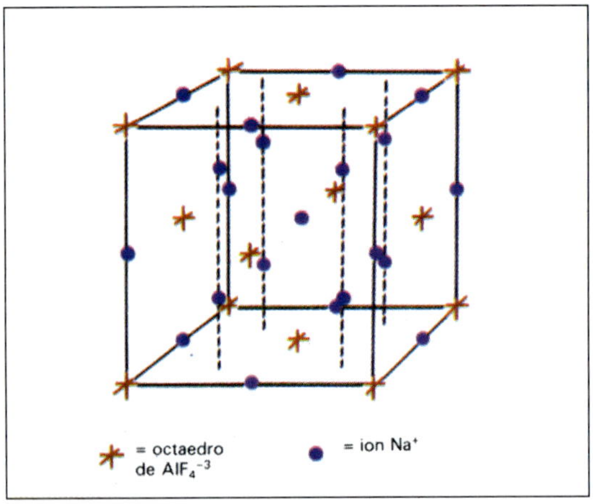

El trifluoruro de boro, BF_3, se obtiene por acción del ácido fluorhídrico sobre el B_2O_3. El triyoduro de boro BI_3, se forma por reacción entre el BCl_3 y el HI.

El ácido bórico, H_3BO_3, se obtiene por acción del acido sulfúrico sobre el bórax. Las disoluciones diluidas de ácido bórico se usan como antisépticos en colirios oculares.

El bórax se usa como fundente en metalurgia y para efectuar ensayos a la perla en el laboratorio. El fundamento vez por el químico danés **Oersted** (1777-1851), haciendo reaccionar potasio amalgamado con tricloruro de aluminio:

$$AlCl_3 + 3\ K \rightarrow Al + 3\ KCl$$

Actualmente se obtiene el aluminio por el método ideado por el químico estadounidense **Hall** (1863-1914), que consiste en disolver el óxido de aluminio, Al_2O_3, en criolita fundida y electrolizar la disolución resultante. Como el aluminio así obtenido está impurificado, el metal se refina electrolíticamente por el **método de Hoopes.** Este método consiste en electrolizar tres capas líquidas de distinta densidad. La capa inferior, que sirve de ánodo, contiene el aluminio impuro. La capa intermedia sirve de electrólito y la capa superior, que actúa como cátodo, contiene aluminio puro fundido. En las condiciones en que se efectúa la electrólisis sólo se disuelve el aluminio del aluminio impuro. El aluminio es un metal de color blanco, muy ligero, dúctil y maleable. Entre otras aplicaciones se emplea en los cables de los tendidos eléctricos, en la fabricación de aleaciones, en la industria aeronáutica y en la construcción de objetos de cocina.

Una importante aplicación del poder reductor del aluminio es el proceso de **aluminotermia** de Goldschmid, que permite preparar industrialmente metales como el manganeso y el cromo en estado muy puro:

$$Cr_2O_3 + 2\ Al \rightarrow Al_2O_3 + 2\ Cr$$

El **cemento portland** es una mezcla de silicatos y aluminato de calcio con sal y yeso. Se obtiene calentando una mezcla de caliza y arcilla. El material pulverizado se calienta en un horno giratorio donde funde parcialmente formando un aglomerado. Después de enfriar, el aglomerado se mezcla con yeso y se pulveriza finamente.

Galio

Se encuentra en la naturaleza asociado a los minerales del cinc. Fue descubierto en 1875 por el químico francés **Lecoq de Boisbaudran** (1838-1912). El galio posee el mayor intervalo líquido de todas las sustancias conocidas, lo cual lo hace muy útil como líquido termométrico.

Indio

Se encuentra presente también en los minerales del cinc. Fue descubierto en 1863 por los químicos alemanes **Reich** (1799-1882) y **Richter** (1824-1898). Es un metal blanco y blando que se utiliza en galvanoplastia.

Talio

Fue descubierto en 1861 por el físico inglés **Crookes** (1832-1919). Forma compuestos de Tl(I) y de Tl(III). Las disoluciones que contienen Tl(I) son extremadamente venenosas y en pequeñísimas concentraciones provocan la caída del cabello.

3

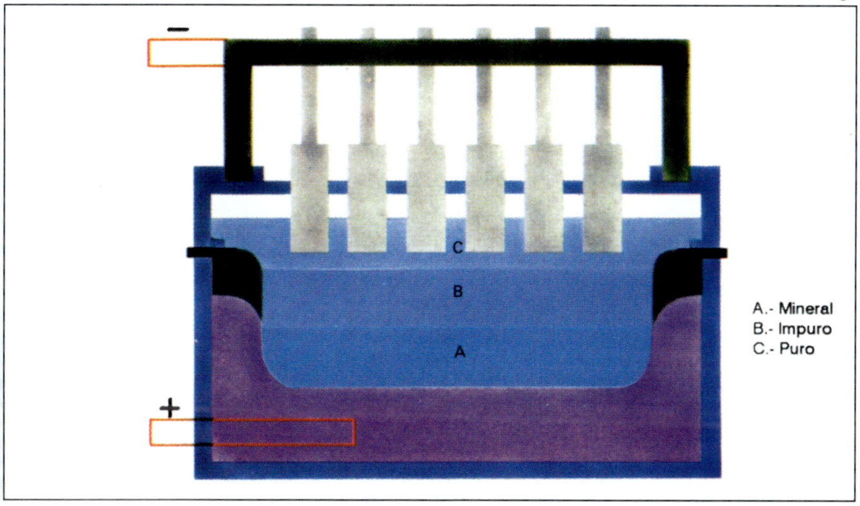

4

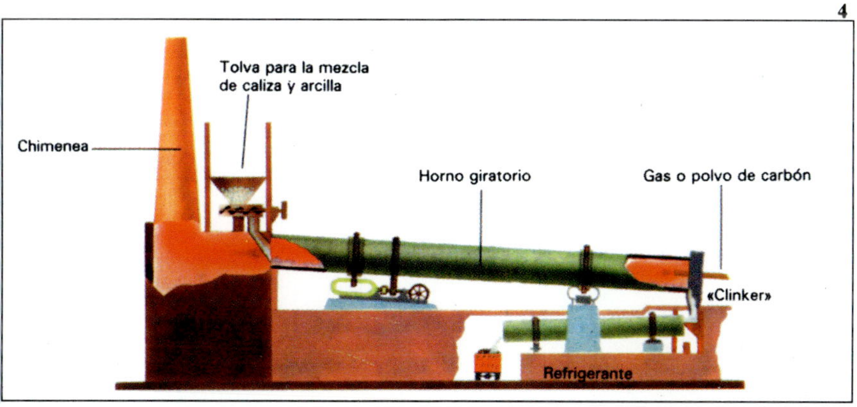

1. *La formación de perlas de bórax se emplea para reconocer elementos químicos observando el color de la perla formada al calentar la sustancia en la llama del mechero de Bunsen.*

2. *La criolita es un fluoruro doble de aluminio y sodio que presenta estructura cúbica. Se emplea como fundente en la industria del aluminio y en la fabricación de esmaltes y porcelanas.*

3. *El aluminio se afina electrolíticamente por el método de Hoopes, que utiliza como electrólito una mezcla de fluoruros fundidos de sodio, aluminio y bario saturada de óxido de aluminio.*

4. *El cemento se obtiene calcinando en un horno giratorio una mezcla de caliza y arcilla hasta que el material funde y se aglomera en el extremo caliente del horno.*

Metales alcalinotérreos

Berilio

Se encuentra combinado en la naturaleza en el mineral **berilo**, $Be_3Al_2(SiO_3)_6$, cuya composición es la misma que la de las **esmeraldas**. Fue obtenido por primera vez en 1828, por el químico alemán **Wöhler** (1800-1882), haciendo reaccionar cloruro de berilio, $BeCl_2$, con potasio. Actualmente se prepara por electrólisis del cloruro de berilio fundido.

El berilio es un metal blanco, muy ligero y de elevado punto de fusión. Se utiliza para fabricar aleaciones especiales.

Magnesio

Se encuentra ampliamente distribuido en muchos minerales y en el agua del mar. Así, se encuentra en la giobertita, $MgCO_3$, en la dolomita, $CaCO_3 \cdot MgCO_3$, en la carnalita, $MgCl_2 \cdot KCl \cdot 6\,H_2O$, en la epsomita, $MgSO_4 \cdot 5\,H_2O$, y en muchos silicatos (talco, asbesto, olivino, etc.).

El magnesio se obtiene por electrólisis del cloruro de magnesio fundido, al que se le añade algo de cloruro de sodio o de potasio para aumentar la conductividad. También puede prepararse por reducción del óxido de magnesio, MgO, con carbón o con ferrosilicio. El magnesio es un metal de color blanco, muy ligero, dúctil y maleable. Se utiliza en fotografía a causa de la intensa luz blanca que produce al arder en el aire. Sus aleaciones se emplean en la industria aeronáutica.

El óxido de magnesio, MgO, se emplea como material refractario en hornos eléctricos debido a su resistencia a las altas temperaturas.

Calcio

El calcio se halla combinado en la naturaleza en forma de carbonato de calcio, $CaCO_3$, en la piedra caliza, mármol, calcita y aragonito. En forma de sulfato de calcio hidratado, $CaSO_4 \cdot 2\,H_2O$, se encuentra en el yeso. También se presenta como fluoruro de calcio, CaF_2, en la fluorita y como fosfato de calcio, $Ca_3(PO_4)_2$, en el apatito y la fosforita.

El calcio se obtiene por electrólisis de sus sales fundidas o por reducción del cloruro de calcio con sodio. El calcio es un metal de color blanco que se oxida fácilmente en contacto con el aire. Se emplea en aleaciones y como reductor en la obtención de metales como el vanadio y el uranio. Los compuestos de calcio dan color anaranjado en los ensayos a la llama.

El carbonato de calcio, $CaCO_3$, se obtiene haciendo pasar dióxido de carbono a través de una disolución de hidróxido de calcio:

$$CO_2 + Ca(OH)_2 \rightarrow CaCO_3 + H_2O$$

Sin embargo, si se hace pasar un exceso de gas, el $CaCO_3$ se disuelve formando el bicarbonato de calcio, $Ca(HCO_3)_2$, que es soluble en agua:

$$CaCO_3 + CO_2 + H_2O \rightleftharpoons Ca(HCO_3)_2$$

Esta última reacción es reversible y por ello, cuando las aguas naturales que llevan en disolución bicarbonato de calcio

1

2

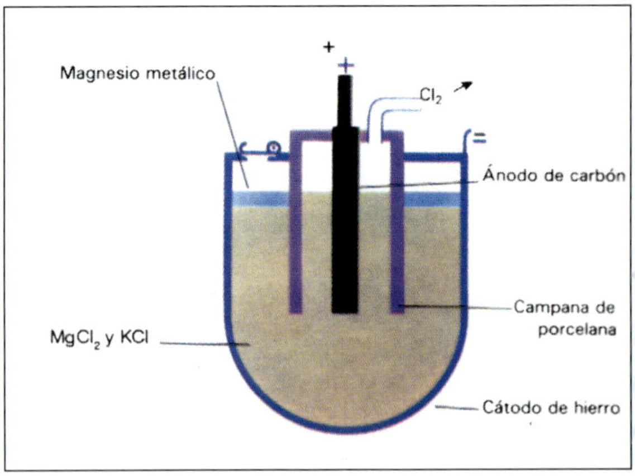

pierden dióxido de carbono al filtrarse a través del subsuelo, se produce de nuevo carbonato de calcio, formándose las **estalactitas** y **estalagmitas** de las grutas subterráneas.
La piedra caliza se utiliza como material de construcción para fabricar cal y en la industria del vidrio.
El yeso, $CaSO_4 \cdot 2\,H_2O$, se usa en la industria de la construcción y también para hacer moldes.

Estroncio y bario

Fueron obtenidos en 1808 por el químico inglés **Davy** (1778-1829), por electrólisis de sus respectivos óxidos. Tanto el estroncio como el bario son metales de color blanco que se oxidan fácilmente al exponerlos al aire. Los compuestos de estroncio dan coloración rojo carmín en los ensayos a la llama, mientras que los de bario dan color verde.
El nitrato de estroncio, $Sr(NO_3)_2$, y el perclorato de estroncio, $Sr(ClO_4)_2$, se utilizan en pirotecnia para producir luces de color rojo.
El sulfato de bario, $BaSO_4$, es muy insoluble en agua. En forma de papilla se utiliza en los exámenes radioscópicos del aparato digestivo.

Radio

Fue descubierto en forma de cloruro de radio, $RaCl_2$, en 1898 por los esposos Curie a partir de la pechblenda, un mineral de uranio. En 1910 Madame Curie obtuvo el metal libre por electrólisis de una disolución de $RaCl_2$ empleando un cátodo de mercurio. El radio es un metal de color blanco que se oxida rápidamente en contacto con el aire y cuyas sales dan color carmín a la llama. Todos los isótopos del radio son radiactivos. El isótopo de vida más larga es el ^{226}Ra, que tuvo mucha aplicación en **radioterapia,** aunque en la actualidad ha sido sustituido por radioisótopos artificiales, que se preparan en los reactores nucleares y resultan más económicos.

3

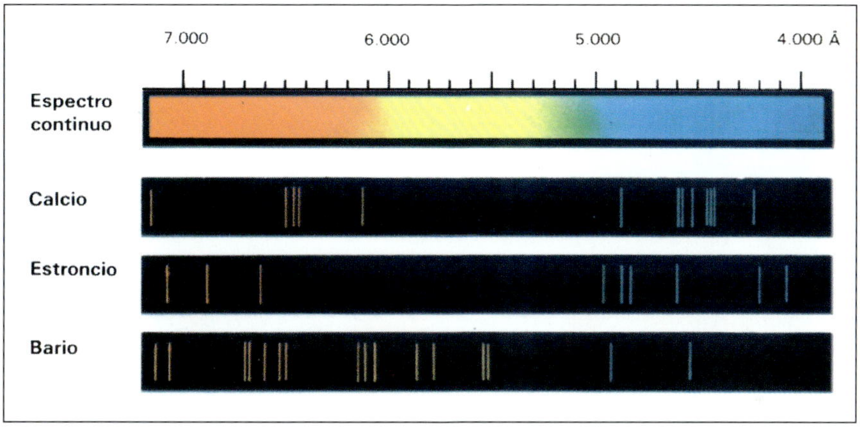

4

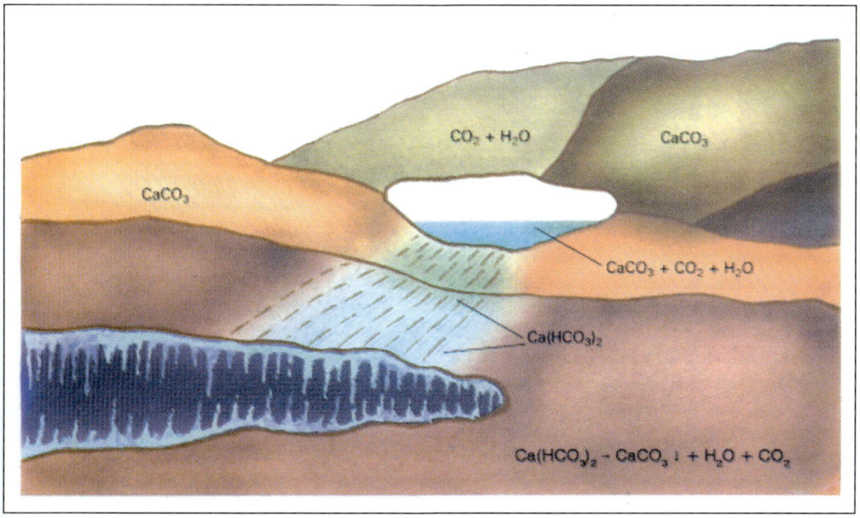

1. *El berilo es un silicato de berilio y aluminio, de fórmula* $Be_3Al_2(SiO_3)_6$ *que se encuentra en las pegmatitas y algunas rocas metamórficas.*

2. *El magnesio se obtiene por electrólisis del cloruro de magnesio anhidro empleando una barra de grafito como ánodo y una caldera de acero o hierro colado como cátodo.*

3. *Espectros de emisión del Ca, Sr y Ba. Los compuestos de calcio dan color rojo amarillo a la llama, los de estroncio color rojo carmín y los de bario color verde amarillo.*

4. *Las estalactitas y estalagmitas se forman al perder dióxido de carbono las aguas naturales de dureza temporal, al llegar a la superficie de cavernas subterráneas y disminuir la presión atmosférica.*

Metales alcalinos

Litio

Los compuestos de litio se hallan muy difundidos en la naturaleza, aunque en pequeñas cantidades.
Los minerales de litio más importantes son la lepidolita, $Li_2(F,OH)_2Al_2(SiO_3)_3$, el espodumeno, $LiAl(SiO_3)_2$, y la ambligonita, $LiAlFPO_4$.
El litio fue obtenido por primera vez en 1855 por el químico alemán **Bunsen** (1811-1899) por electrólisis del cloruro de litio, LiCl, fundido.
Es un metal de color blanco, blando, muy ligero y de elevado calor específico. Los compuestos de litio dan color rojo carmín a la llama del mechero Bunsen.
Las sales de litio derivadas de ácidos fuertes son más solubles en agua que las de los otros elementos del grupo, mientras que las derivadas de ácidos débiles son menos solubles que las de los restantes elementos alcalinos.
El litio se emplea en aleaciones para aumentar su resistencia a la tracción. Los compuestos de litio se usan para fabricar vidrios especiales y esmaltes para cerámica. Los compuestos organolíticos se utilizan a nivel de laboratorio e industrialmente en la síntesis de numerosos compuestos.

Sodio

Los compuestos de sodio están ampliamente distribuidos en la naturaleza, especialmente en forma de cloruro de sodio, NaCl, sulfato de sodio, $Na2_2O_4$, nitrato de sodio, $NaNO_3$, carbonato de sodio, Na_2CO_3, bórax, $Na_2B_4O_7 \cdot 10\ H_2O$, y silicatos diversos.
Fue obtenido por primera vez en 1807 por el químico inglés **Davy** (1778-1829), por electrólisis del hidróxido de sodio (NaOH) húmedo.

1

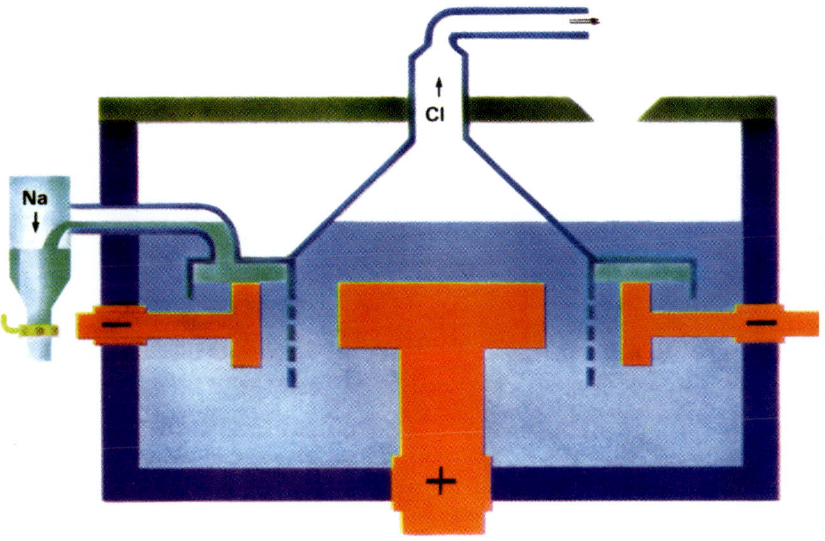

Actualmente el sodio se obtiene por el **método de Downs**, que consiste en electrolizar el cloruro de sodio fundido y añadirle carbonato de sodio, empleando un ánodo circular de carbón y un cátodo anular de hierro. El sodio formado en el cátodo se recoge en un colector situado en la parte superior del baño electrolítico.
El sodio es un metal de color blanco, blando, poco denso y que se oxida fácilmente al exponerlo al aire. El sodio y sus compuestos comunican color amarillo a la llama del mechero Bunsen.
El cloruro de sodio se halla disuelto en las aguas naturales. La evaporación del agua ha originado grandes depósitos salinos en épocas geológicas pasadas.
La sal gema, NaCl, es el principal componente de tales depósitos. El calor del Sol se aprovecha desde los tiempos más remotos para evaporar el agua del mar en las salinas. El cloruro de sodio es un compuesto indispensable en la alimentación.
El hidróxido de sodio, NaOH, es un sólido de color blanco, higroscópico, corrosivo y muy soluble en agua.
Se prepara tratando carbonato de sodio, Na_2CO_3, con hidróxido de calcio, $Ca(OH)_2$, según la reacción

$$Na_2CO_3 + Ca(OH)_2 \rightarrow CaCO_3 + 2\ NaOH$$

o bien electrolizando una disolución de NaCl, según el **método de Nelson**, liberándose hidrógeno en el cátodo y recogiéndose el hidróxido de sodio en el compartimiento anódico. El hidróxido de sodio, llamado vulgarmente sosa cáustica, se emplea en la fabricación del jabón y de fibras textiles artificiales.
El carbonato de sodio, Na_2CO_3, y el bicarbonato de sodio, $NaHCO_3$, se obtienen por el método ideado por el químico belga **Solvay** (1838-1922), basado en la reacción entre el bicarbonato de amonio, NH_4HCO_3, y el cloruro de sodio,

2

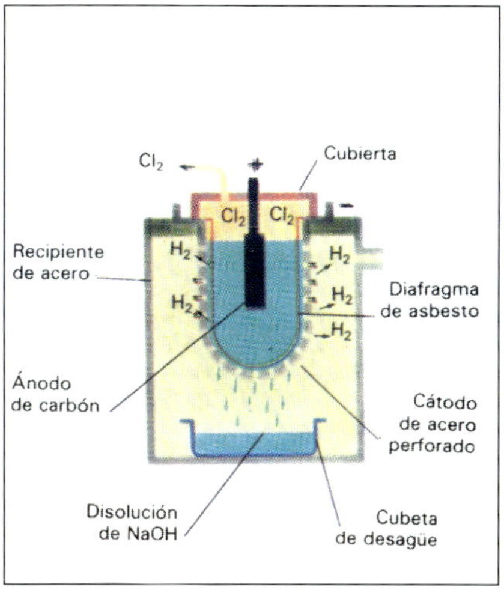

3

4

de la que se forma bicarbonato de sodio insoluble en la disolución de cloruro de amonio. El bicarbonato de sodio se separa por filtración y se purifica por recristalización.
El carbonato se obtiene calentando el bicarbonato obtenido:

$$2\,NaHCO_3 \cdot Na_2CO_3 + CO_2 + H_2O$$

El carbonato de sodio se emplea para fabricar vidrio y jabón.

Potasio

Los compuestos de potasio están muy difundidos en la naturaleza, especialmente en forma de cloruro de potasio, KCl, carbonato de potasio, K_2CO_3, nitrato de potasio, KNO_3, y silicatos diversos.
El potasio también fue obtenido por primera vez por Davy, y actualmente se prepara de un modo análogo al sodio. El potasio y sus compuestos comunican color violeta a la llama del mechero de Bunsen.
El potasio amalgamado se utiliza como reductor en síntesis.
La química del potasio y de sus compuestos es similar a la del sodio. El hidróxido de potasio, KOH, se emplea para fabricar jabones, y el nitrato de potasio, KNO_3, en la fabricación de la pólvora.

Rubidio, cesio y francio

El rubidio y el cesio fueron descubiertos en 1860 por el químico alemán Bunsen. Se obtienen calentando sus hidróxidos con magnesio o aluminio en corriente de hidrógeno, o bien reduciendo sus cloruros con calcio.
Sus propiedades son análogas a las del potasio y sus compuestos. El cesio se utiliza en la fabricación de células fotoeléctricas.
El francio fue descubierto en 1939 por la investigadora irancesa **Perey** entre los productos obtenidos en la serie radiactiva del actinio. Su isótopo más estable es el ^{223}Fr, cuyo período de semidesintegración es de unos 21 minutos.

1. *La práctica totalidad del sodio que se fabrica en la actualidad se obtiene por electrólisis del cloruro de sodio fundido, según el procedimiento ideal por Downs.*

2. *La sal común, cloruro de sodio se conoce y se usa desde la más remota antigüedad. La mayor parte de la sal se obtiene en las salinas por evaporación del agua mediante los rayos solares.*

3. *El hidróxido de sodio se prepara por electrólisis del cloruro de sodio en disolución, según el método de Nelson. Los electrodos se separan con un tabique poroso para evitar que los productos reaccionen.*

4. *Los jabones son sales alcalinas de ácidos grasos superiores. Las sales de sodio originan jabones sólidos, mientras que las sales de potasio producen jabones blandos.*

Elementos de transición

Los elementos de transición son aquellos que poseen subniveles *d* o *f* parcialmente llenos en cualquiera de sus estados de oxidación. Todos los elementos de transición tienen algunas propiedades comunes: *a)* todos ellos son metales; *b)* todos son buenos conductores del calor y de la electricidad y tienen elevados puntos de fusión y de ebullición; *c)* forman aleaciones con otros elementos metálicos; y *d)* en general poseen más de una valencia.
Suelen dividirse en tres grupos: los elementos de transición propiamente dichos o elementos del bloque *d*, los lantánidos y los actínidos.
Los elementos del bloque *d* son aquellos que tienen el subnivel *d* incompleto. Hay tres series de estos elementos de transición. La primera serie de transición incluye los elementos Sc, Ti, V, Cr, Mn Fe, Co, Ni y Cu. Al llegar al Zn, el subnivel 3d queda totalmente ocupado. La segunda serie de transición comprende los elementos Y, Zr, Nb, Mo, Tc, Ru, Rh, Pd y Ag. En el Cd el subnivel 4d está totalmente lleno. La tercera serie de transición abarca los elementos Hf, Ta, W, Re, Os, Ir, Pt y Au. El Hg tiene totalmente ocupado el subnivel 5d.
Los **lantánidos** son aquellos elementos de transición que tienen el subnivel 4f parcialmente ocupado. Esta serie comprende los 14 elementos siguientes: La, Ce, Pr, Nd, Pm, Sm, Eu, Gd, Tb, Dy, Ho, Er, Tm, Yb y Lu. Los **actínidos** son los elementos de transición que tienen el subnivel 5f parcialmente ocupado. Esta serie abarca los 14 elementos siguientes: Ac, Th, Pa, U, Np, Pu, Am, Cm, Bk, Cf, Es, Fm, Md, No y Lw.

1

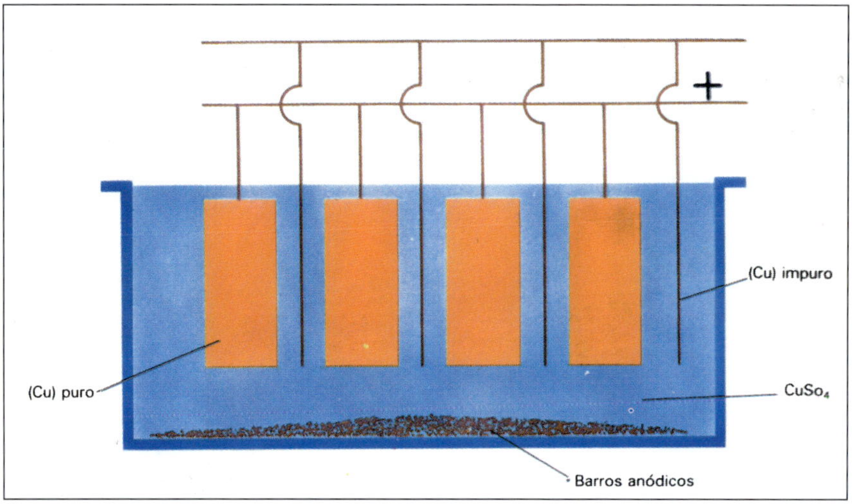

2

Elementos del bloque *d*
Entre ellos destacan por su importancia los metales de acuñar: Cu, Ag y Au. El cobre se encuentra en muchos minerales, como la calcopirita, $FeCuS_2$, la malaquita, $CuCO_3 \cdot Cu(OH)_2$, y la azurita, $2\ CuCO_3 \cdot Cu(OH)_2$.
El cobre se obtiene generalmente por fusión de sus menas sulfuradas y posterior afinación por electrólisis, y se emplea como conductor eléctrico y para formar aleaciones. La plata y el oro se encuentran nativos y se utilizan en joyería y en la **acuñación** de moneda desde los tiempos más remotos.
El hierro es el metal más utilizado. Se encuentra en la naturaleza en forma de óxidos carbonatos y sulfuros. Para obtener hierro, los óxidos de hierro se reducen en los altos hornos. El hierro así obtenido es demasiado quebradizo, por lo cual se acostumbra convertirlo en **acero,** eliminando las impurezas de carbono y de otros elementos, bien por el **procedimiento de Bessemer** o por el **método de Siemens-Martin.**
El platino se emplea en joyería. El wolframio se usa para fabricar filamentos de lámparas de incandescencia. Muchos de los elementos del bloque *d* se

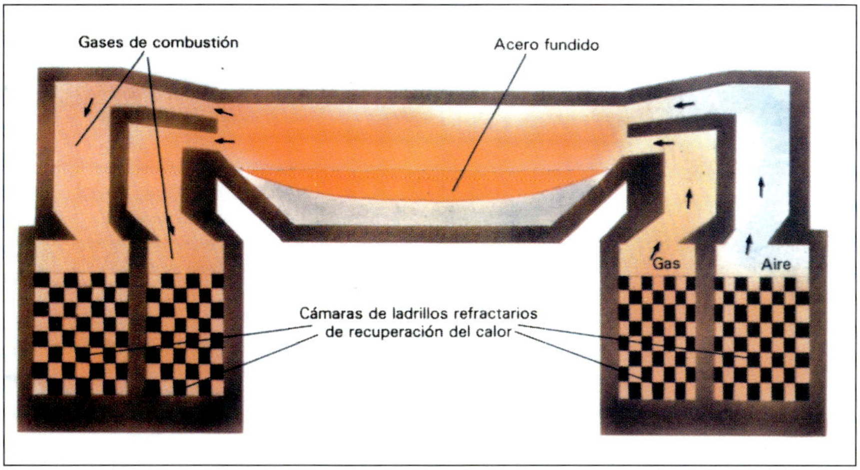

3

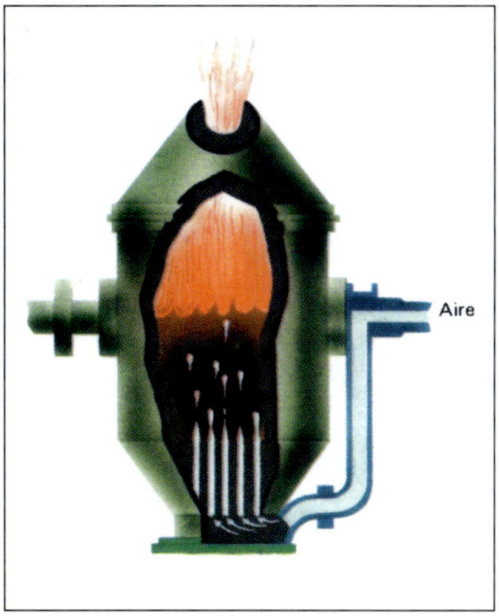

4

emplean para fabricar **aleaciones** y aceros especiales (Cr, Mn, Co, Ni, Mo, V, Ti, etc.).

Lantánidos

Los elementos lantánidos se encuentran en depósitos formados por un gran número de minerales, siendo uno de los más importantes la monacita, que es una arena oscura, pesada y de composición variable, constituida sobre todo por ortofosfatos de lantánidos. Los metales más ligeros (La, Ce, Pr, Nd, Gd) se obtienen por reducción de los tricloruros respectivos con calcio mientras que en los demás casos se usan los trifluoruros porque los tricloruros son demasiado volátiles.

Los metales son de color blanco y se oxidan con facilidad en contacto con el aire. El elemento más empleado es el cerio, que se utiliza para preparar aleaciones y vidrios especiales y, cuando es cerio tetravalente, como oxidante enérgico.

Actínidos

Todos los isótopos de los elementos actínidos son radiactivos. El hecho de que se encuentre actinio, protactinio, uranio y torio en la corteza terrestre se debe a que la vida media de los isótopos ^{235}U, ^{238}U y ^{232}Th es lo bastante larga para que hayan podido durar como tales después de formarse los elementos, originando el actinio y el protactinio, que se encuentran en los minerales del torio. El estudio de los actínidos ha experimentado un gran desarrollo a causa de los avances en el campo de la energía nuclear.

Los elementos más importantes de la serie son el uranio y el torio. El uranio fue descubierto por el químico alemán Klaproth en 1789 en la pechblenda, UO_2. El metal puro fue obtenido en 1841 por el químico francés **Peligot** (1811-1890). Existen tres isótopos del uranio: ^{238}U (99,28%), ^{235}U (071%) y ^{234}U (0,006%). El metal se obtiene por reducción del tetrafluoruro de uranio con magnesio o calcio:

$$UF_4 + 2\ Mg \rightarrow U + 2\ MgF_2$$

En la actualidad, el uranio es un elemento importante en la tecnología nuclear, donde se usa como combustible nuclear. El torio fue descubierto por el químico sueco **Berzelius** (1779-1848) en el mineral torita, $ThSiO_4$. El metal se obtiene por reducción del tetrafluoruro de torio con calcio o bien por descomposición térmica del ThI_4 sobre un filamento incandescente. Se emplea para fabricar filamentos de lámparas eléctricas y como fuente de combustible nuclear. Los elementos transuránicos se han obtenido a partir de 1939. En su descubrimiento y en el estudio de sus propiedades ha desempeñado un papel primordial el equipo de investigadores de la Universidad de Berkeley (California), dirigido por el científico estadounidense Seaborg.

1. *El cobre, la plata o el oro se han utilizado solos o formando aleaciones en la acuñación de monedas. Hoy, el uso del oro y la plata ha quedado muy restringido a causa de su precio.*

2. *El cobre se afina electrolíticamente suspendiendo los ánodos de cobre en bruto en una disolución de sulfato cúprico acidulada con ácido sulfúrico. Como cátodos se utilizan láminas de cobre puro.*

3. *El procedimiento Siemens-Martin de obtención del acero fue diseñado en 1865 por el metalúrgico francés Pierre Martin basándose en el horno regenerativo inventado por el ingeniero alemán Karl Siemens.*

4. *El procedimiento Bessemer de obtención del acero fue ideado en 1856 por el metalúrgico inglés Henry Bessemer (1813-1898), ocasionando una gran revolución industrial.*

Metalurgia

La metalurgia es la ciencia que trata de la extracción de los metales a partir de los minerales que los contienen, así como de la preparación de aleaciones y de todo tipo de tratamientos a que se les someta. La metalurgia del hierro recibe el nombre de **siderurgia**.
Se denomina **metales** a los elementos cuyos potenciales de ionización son bajos y cuyas afinidades electrónicas son negativas. Los metales son buenos conductores del calor y de la electricidad, y la mayoría de sus óxidos son básicos. Como consecuencia, los metales forman cationes y se comportan como reductores. Los metales se caracterizan por su ductilidad y por su maleabilidad. Se denomina **ductilidad** a la capacidad de deformación para ser estirado en alambres. La **maleabilidad** es la plasticidad para poder ser laminado en chapas delgadas. Salvo raras excepciones, los metales se encuentran combinados en la naturaleza.
Los minerales más frecuentes que contienen metales son óxidos, sulfuros, carbonatos, haluros, sulfatos y silicatos.

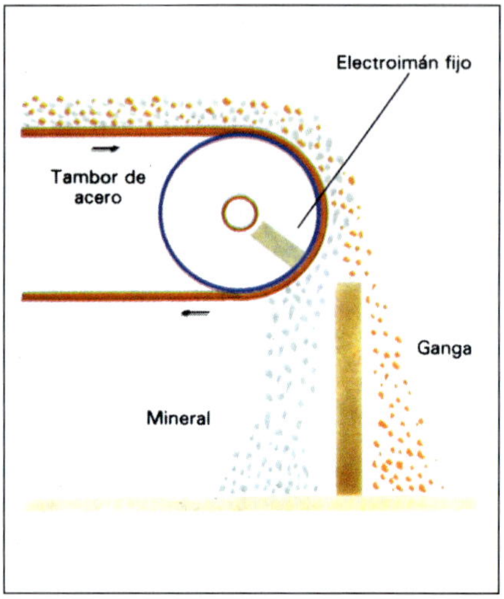

1

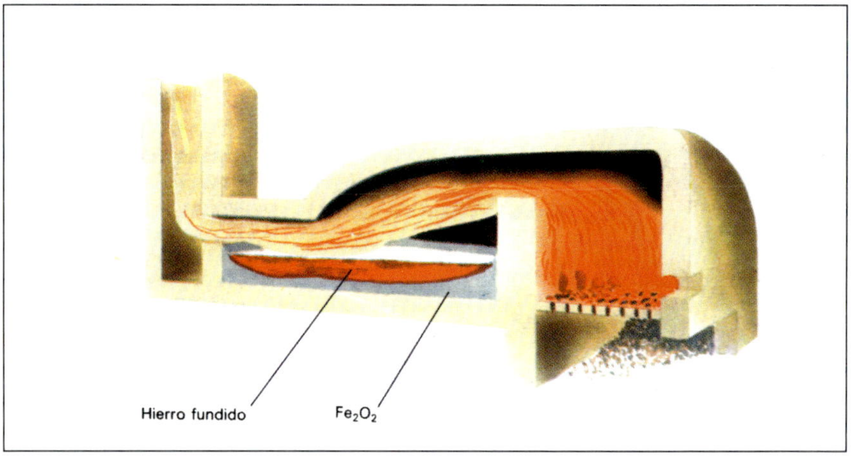

2

Procesos físicos empleados en metalurgia
El mineral del que se va a obtener un metal no se presenta puro en la naturaleza. En todo mineral cabe distinguir dos partes: la **mena**, que es la parte aprovechable para obtener el metal, y la **ganga**, que son las impurezas que lo acompañan.
Los procesos físicos son un conjunto de operaciones cuyo objeto consiste en separar la ganga de la mena, para tratar posteriormente la mena concentrada con más facilidad.
Los tratamientos mecánicos tienen por objeto reducir el material a trozos de dimensiones adecuadas. La trituración y pulverización del mineral se realiza con diversos tipos de molinos, siendo muy frecuentes los molinos de cilindros acanalados.
Una vez que el mineral se ha reducido a un tamaño conveniente, se separa la mena de la ganga aprovechando sus distintas propiedades. Para ello se emplean fundamentalmente tres procedimientos: levigación, selección magnética y flotación.
El procedimiento de **levigación** consiste en poner el mineral pulverizado en una corriente de agua. De este modo la ganga es arrastrada por el agua y la mena se deposita en el fondo.
La **selección magnética** sólo puede ser utilizada con minerales **ferromagnéticos**, que pueden ser atraidos por imanes. El mineral resulta atraído por el imán y la ganga no. El método de **flotación** consiste en mezclar con agua el mineral finamente dividido e inyectar aire a la masa líquida para que arrastre la mena adherida a las burbujas de aire. La ganga queda acumulada en el fondo.

Procesos químicos empleados en metalurgia
Los principales procesos químicos a que se somete la mena concentrada hasta obtener el metal puro son: tostación, reducción y afinación.
La **tostación** consiste en calentar la sustancia finamente dividida en una corriente de aire. De este modo, las menas sulfuradas y carbonatadas se transforman en óxidos y el azufre, el arsénico y otras impurezas se eliminan como óxidos volátiles.
Una vez que las menas se han convertido en óxidos, los metales se obtienen por **reducción** de dichos óxidos. Como principales agentes reductores se emplean el carbón, el monóxido de carbono, el aluminio y el hidrógeno. La reducción por el

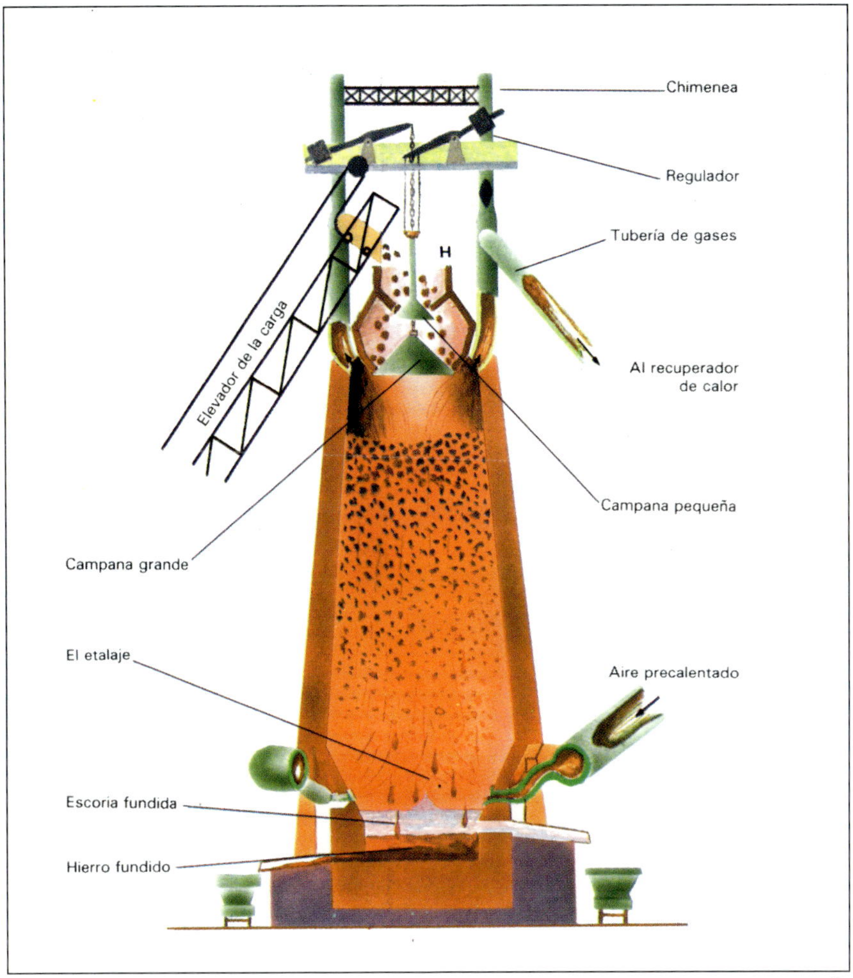

3

aluminio recibe el nombre de **aluminotermia** y se emplea para reducir los óxidos de cromo, manganeso y cobalto.
La **afinación** o purificación es el último proceso a que se somete al metal. La forma más frecuente de afinar un metal es por electrólisis, aunque en determinadas ocasiones también se recurre a la destilación.
La reducción de los óxidos de hierro se efectúa en hornos de insuflación de aire, que reciben el nombre de **altos hornos.** Un alto horno está formado por dos troncos de cono, denominados **cuba** el superior y **etalaje** el inferior. La parte superior de la cuba se llama **tragante** y la parte más ancha del horno se denomina **vientre**. **El crisol** es la parte inferior del etalaje, donde se recogen los materiales producidos por el alto horno: el hierro fundido y la **escoria.** Cerca del fondo se encuentran las **toberas,** por donde se introduce aire caliente a presión. La carga de mineral, coque y fundente se introduce por el tragante y al descender el material se produce la reducción del óxido y la formación de la escoria. Una vez acabado el proceso, la escoria y el hierro se extraen por las **piqueras,** situadas en la parte inferior. El hierro así obtenido se denomina **arrabio.** Si se vuelve a fundir y solidificar se denomina **hierro colado.** Éste es muy quebradizo, por lo cual se acostumbra convertir el arrabio en **hierro dulce** o **forjado,** eliminando la mayor parte de sus impurezas en hornos de reverbero. El hierro dulce así obtenido es muy resistente.

Aleaciones

Se obtienen fundiendo juntos dos o más metales y dejando enfriar la mezcla. Al fundir varios metales pueden producirse los siguientes casos:
a) Los metales no se ejercen ninguna influencia mutua;
b) los metales no reaccionan entre sí, pero se disuelven uno en el otro en estado sólido; y
c) los metales reaccionan entre sí.
Las aleaciones presentan con frecuencia propiedades muy diferentes de las de los dos metales que las componen. Generalmente son menos dúctiles y maleables que sus componentes, pero más duras y tenaces.
El estudio de la estructura de las aleaciones y sus modificaciones con los tratamientos a que se las somete constituye una parte de la metalurgia que recibe el nombre de **metalografía.**

1. *La selección magnética únicamente puede ser utilizada con minerales ferromagnéticos, que pueden ser atraídos por electroimanes que retienen el material separándolos de la ganga.*

2. *Los hornos de reverbero se utilizan en la operación denominada pudelaje, que consiste en obtener el hierro dulce a partir del arrabio extrayéndole la mayor parte de sus impurezas.*

3. *Un alto horno es un horno de insuflación de aire donde tiene lugar la reducción del óxido de hierro. El alto horno está formado por dos troncos de cono unidos por la base más ancha.*

Hidrocarburos alifáticos

Los **hidrocarburos** son compuestos formados exclusivamente por carbono e hidrógeno. Los que no cumplen la **regla de Huckel** (véase *Hidrocarburos aromáticos)* se denominan **hidrocarburos alifáticos.** Los porcentajes de carbono e hidrógeno que hay en un compuesto dado se determinan por el método ideado por el químico alemán **Liebig** (1803-1873), basado en el hecho de que los vapores orgánicos se queman en contacto con CuO calentado al rojo y producen CO_2 y agua.

Alcanos

Se denomina **alcanos** o parafinas a los hidrocarburos acíclicos cuya fórmula es del tipo C_nH_{2n+2}. Al ir dando valores a *n* se obtienen las fórmulas de toda la familia de compuestos o **serie homóloga.** Los cuatro primeros miembros de la serie son gaseosos y reciben los nombres de metano, CH_4, etano, C_2H_6, propano, C_3H_8, y butano, C_4H_{10}. Los siguientes miembros de la serie hasta el de 17 átomos de carbono son líquidos y reciben los nombres de pentano, hexano, heptano, octano, nonano, decano, undecano, dodecano, etc. dependiendo del número de átomos de carbono de su cadena. Los alcanos lineales con 18 o más átomos de carbono son sólidos. Se dice que dos compuestos distintos son **isómeros** cuando tienen la misma fórmula molecular. Así, por ejemplo existen dos alcanos de fórmula molecular C_4H_{10}:

$$CH_3 - CH_2 - CH_2 - CH_3$$

y

$$\begin{array}{c} CH_3 \\ | \\ CH_3 - CH - CH_3 \end{array}$$

El compuesto que tiene sus carbonos dispuestos en forma de cadena recta recibe el nombre de **isómero normal** (n-), mientras que si tiene los carbonos ramificados se denomina iso-. Por lo tanto, los compuestos anteriores se denominarían n-butano e isobutano, respectivamente. En la nomenclatura sistemática propuesta por la IUPAC *(International Union of Pure and Applied Chemistry),* la cadena más larga de la molécula se nombra como **hidrocarburo fundamental.** Cuando una parte de un hidrocarburo se considera sustituyente de otra, el sustituyente se denomina grupo **alquilo.** Así, por ejemplo, CH_4 es metano y CH_3- es metilo. En los alcanos sustituidos la cadena principal se empieza a numerar desde un extremo, de

1

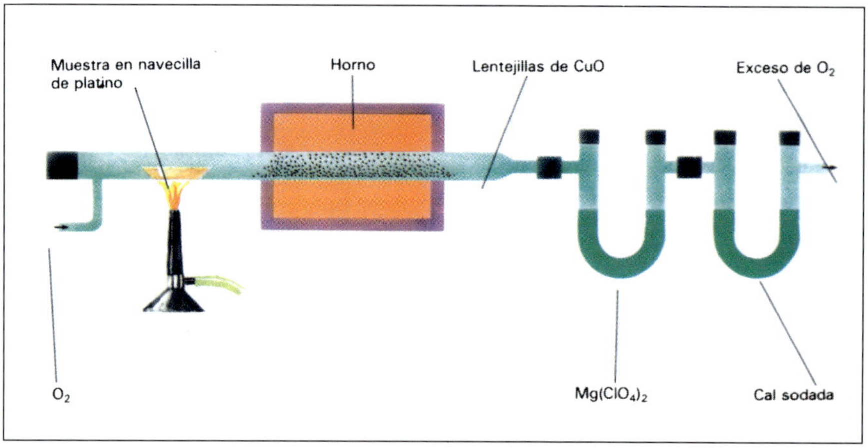

2

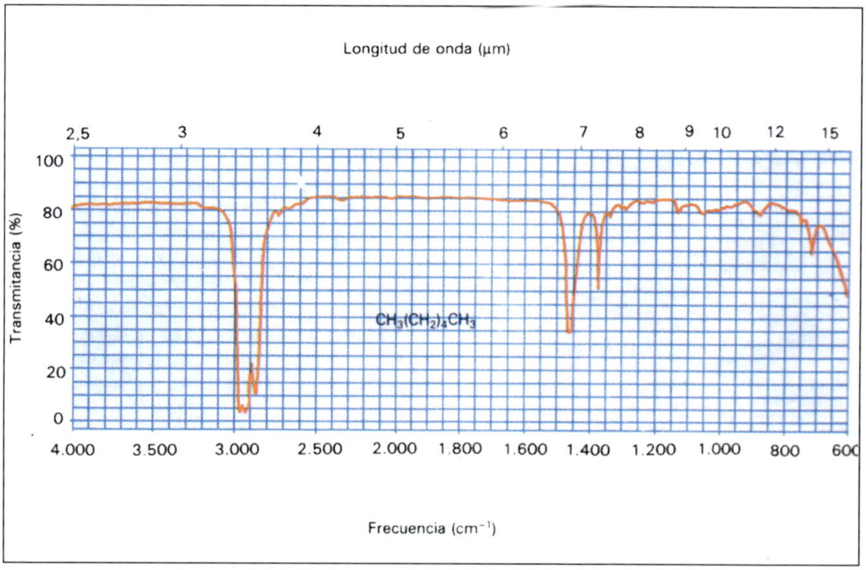

modo que el carbono que lleva el sustituyente tenga el numeral más bajo posible. Los espectros infrarrojos de los alcanos presentan intensas bandas de absorción a 2.900 y 1.450 cm^{-1}, correspondientes a las vibraciones de tensión y de formación de los enlaces C-H.
De modo análogo a los alcanos, los cicloalcanos constituyen una serie homóloga de fórmula general C_nH_{2n}, siendo *n* mayor o igual que 3. Así, C_3H_6, ciclopropano, C_4H_8, ciclobutano, etc. Resulta interesante el estudio de los isómeros conformacionales del ciclohexano, C_6H_{12}. Se denomina **isómeros conformacionales** o **confórmeros** a aquellas moléculas que tan solo difieren entre sí en la posición de rotación alrededor de enlaces sencillos. El ciclohexano presenta dos confórmeros: uno estable, que es la llamada forma de silla, y otro energéticamente desfavorable, que se llama forma de bote.
Los alcanos son los principales componentes de la fracción de hidrocarburos que se obtiene al destilar el petróleo. Así, las gasolinas se obtienen en la fracción que destila entre 70 y 200 °C y están formadas por una mezcla de heptanos, octanos y nonanos.

Alquenos

Se denomina **alquenos** u olefinas a los hidrocarburos acíclicos cuya fórmula es del tipo C_nH_{2n} siendo *n* mayor o igual que 2. Los alquenos se caracterizan por tener un doble enlace carbono-carbono.
Para nombrar los alquenos se siguen las siguientes reglas:
1. Se elige la cadena carbonada más larga que contenga el doble enlace y se le asigna un nombre fundamental cambiando la terminación -ano, del alcano con el mismo número de átomos de carbono, por -eno.
2. Se numera la cadena carbonada empezando por el extremo más próximo al doble enlace, indicando la posición del doble enlace mediante un número que corresponde al primer carbono donde aparece el doble enlace.
3. Se indica el nombre, número y posición de los sustituyentes en la cadena principal.
Los alquenos en los que los dos átomos de carbono que forman el doble enlace están enlazados a grupos distintos presentan un tipo de isomería geométrica denominada **cis-trans.** Así, el 2-buteno puede presentar los dos isómeros siguientes:

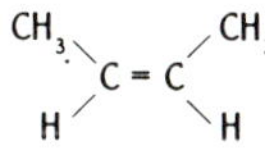

cis - 2 - buteno

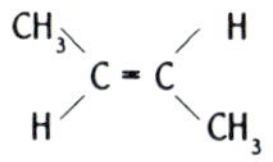

trans - 2 - buteno

dependiendo de que los grupos CH_3- queden del mismo lado (cis-) o de lados distintos (trans-) del doble enlace.

Alquinos

Los **alquinos** son los hidrocarburos acíclicos cuya fórmula es del tipo C_nH_{2n-2}, siendo *n* mayor o igual que 2. Los alquinos se caracterizan por tener un triple enlace carbono-carbono. Tanto los alquenos como los alquinos se denominan **hidrocarburos insaturados,** por el hecho de tener dobles o triples enlaces. Las propiedades físicas de los alquenos y los alquinos son similares a las de los alcanos. Las reglas de nomenclatura de los alquinos son análogas a las de los alquenos. El primer miembro de la serie es el etino o acetileno, C_2H_2. El acetileno es un gas incoloro que se obtiene por hidrólisis del carburo de calcio, CaC_2. Se usa como combustible para sopletes oxiacetilénicos y como materia prima en la síntesis de muchos otros compuestos.

3

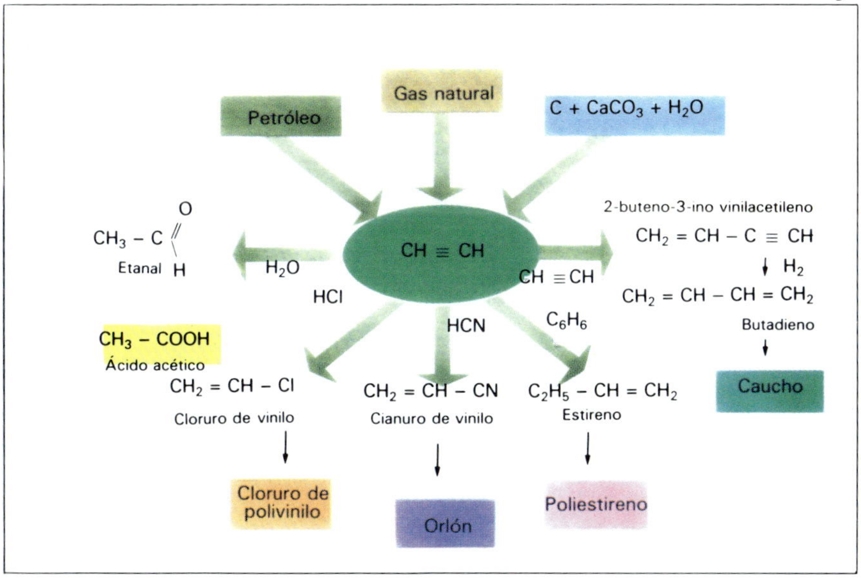

1. ***Representación esquemática del aparato de combustión que se emplea para efectuar el análisis de carbono e hidrógeno según el método diseñado por el químico alemán Justus von Liebig (1803-1873).***

2. ***Representación del espectro infrarrojo del n-hexano. Las fuertes bandas de absorción a 2.900 y 1.450 cm^{-1} corresponden a las vibraciones de tensión y deformación de los enlaces C-H.***

3. ***El acetileno se obtiene industrialmente a partir del carbón, caliza y agua y se ha convertido en una materia prima básica en la fabricación de polímeros de adición (plásticos, caucho, etc.).***

Hidrocarburos aromáticos

Benceno

Debido a su olor agradable, a un numeroso grupo de sustancias se les dio históricamente el nombre de aromáticas. El compuesto fundamental de esta serie era el hidrocarburo de fórmula C_6H_6, al que se llamó benceno. A pesar de que es un hidrocarburo muy insaturado, tal como puede deducirse de su espectro ultravioleta, el benceno no presenta la reactividad típica de estos compuestos. Además, experimentalmente se encuentra que todas las distancias de enlace C-C en el benceno son iguales y que los ángulos de enlace C-C-C son de 120°. Para lograr estos ángulos de enlace, los átomos de carbono de benceno tienen que formar híbridos sp^2. En 1865 el químico alemán **Kekulé** (1829-1896) sugirió que la estructura del benceno podía explicarse como un híbrido de resonancia de las dos estructuras de resonancia siguientes:

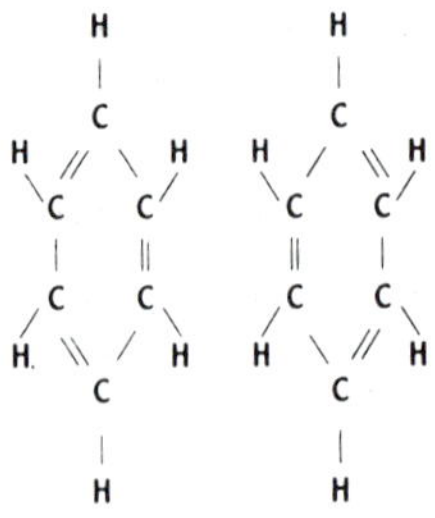

ya que ninguna estructura por sí sola podía explicar las características del benceno. Aunque casi todas las propiedades del benceno pueden explicarse suponiendo que es un **híbrido de resonancia** de las dos estructuras propuestas por Kekulé, Dewar y Clauss propusieron otras formas estructurales para el benceno que contribuyen a explicar mejor sus propiedades. Sin embargo, estas formas son mucho menos importantes que las de Kekulé.

La molécula de benceno se acostumbra representar como  El benceno es un líquido incoloro y tóxico que se encuentra en el alquitrán de hulla, del que se separa por un procedimiento de destilación fraccionada.

Hidrocarburos derivados del benceno

Los alquilbencenos se nombran, generalmente, de modo simple. Así, la estructura

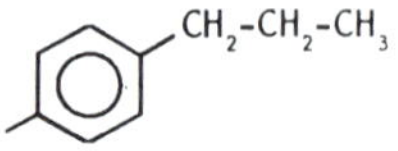

corresponde al propilbenceno. El metilbenceno se denomina vulgarmente tolueno. El sustituyent

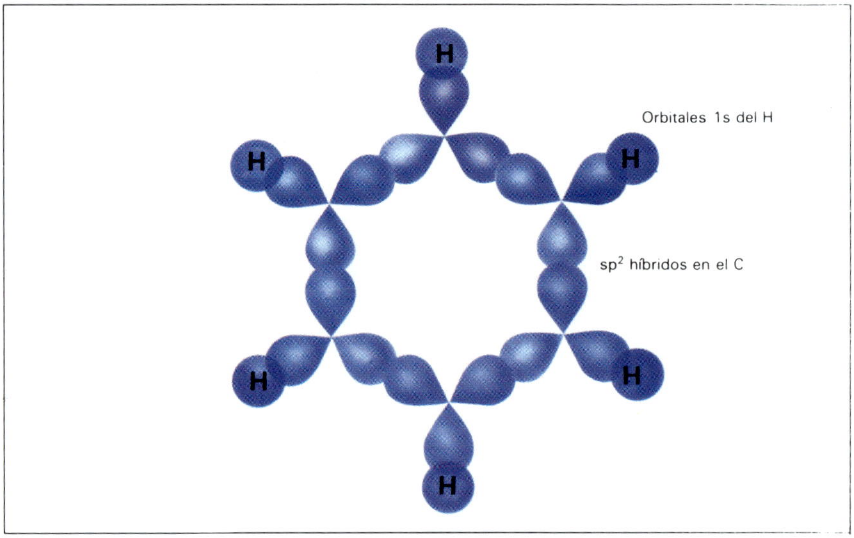

1

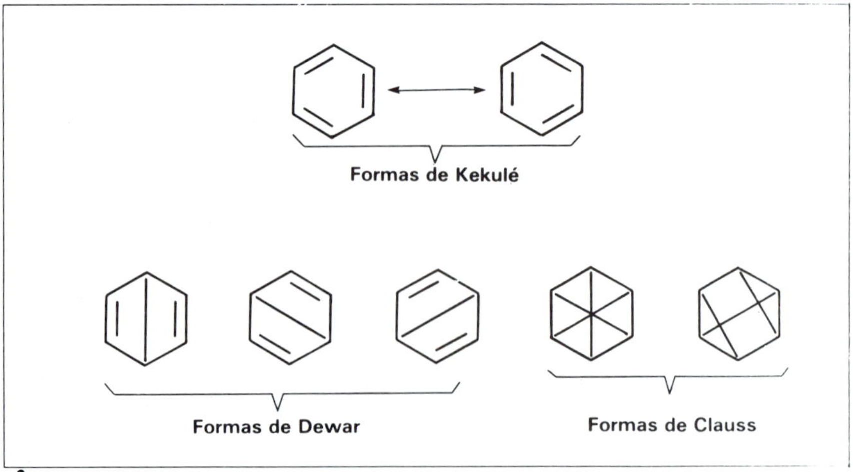

2

(que se abrevia como Ph o C_6H_5-) recibe el nombre de fenilo.

En el caso de que el anillo bencénico tenga dos sustituyentes, se emplean los prefijos orto-(o), meta-(m) y para-(p) a fin de distinguirlos, tal como se indica en el caso de los dimetilbencenos o xilenos:

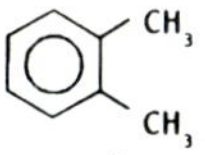

o-xileno

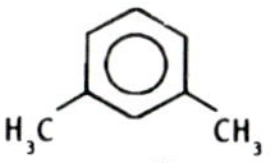

m-xileno

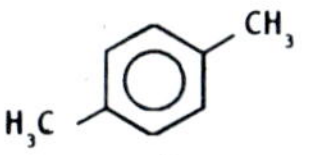

p-xileno

Cuando hay más de dos sustituyentes en un anillo bencénico, al sustituyente principal se le asigna la posición 1 y se prosigue la numeración alrededor del anillo en la dirección que origine los números menores posibles para los demás sustituyentes.

Regla de Hückel

El químico alemán **Hückel** (1896-1979) descubrió una regla sencilla para determinar si un compuesto cíclico con dobles enlaces es aromático o no, es decir, si posee o no una estructura cuya estabilidad es similar a la del benceno. La regla establece que si el número de electrones π de un compuesto es igual a $4n + 2$, siendo n = 0, 1, 2, 3..., el sistema será aromático, y en caso contrario no lo será. Así, por ejemplo, el ciclopropeno y el benceno cumplen la regla de Hückel para n = 0 y n = 1, respectivamente, por tener 2 y 6 electrones π. En cambio, el ciclobutadieno y el ciclooctatetraeno no la cumplen, por tener 4 y 8 electrones π, respectivamente.

Sistemas de anillos condensados

Se conocen varios hidrocarburos y muchos compuestos derivados de ellos que contienen dos o más anillos bencénicos condensados, en los que dos átomos de carbono son comunes a dos anillos.

Los más importantes de estos compuestos polianulares son el naftaleno y el antraceno, que poseen 2 y 3 anillos bencénicos condensados de forma lineal, respectivamente,

Naftaleno

Antraceno

El naftaleno es un sólido insoluble en agua, muy volátil, que se utliza como insecticida. El antraceno cristaliza en láminas incoloras que presentan fluorescencia azul. Sus derivados se utilizan para fabricar colorantes. Condensando más anillos bencénicos se obtienen el naftaceno (4 anillos), el pentaceno (5 anillos), etc. Los anillos bencénicos pueden condensarse en forma no lineal, como por ejemplo en el fenantreno y el pireno:

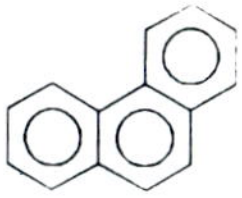

Pireno

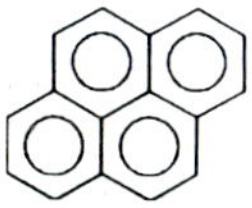

Fenantreno

La estructura del fenantreno forma parte de numerosos compuestos de importancia fisiológica, tales como las hormonas sexuales y los ácidos biliares.

3

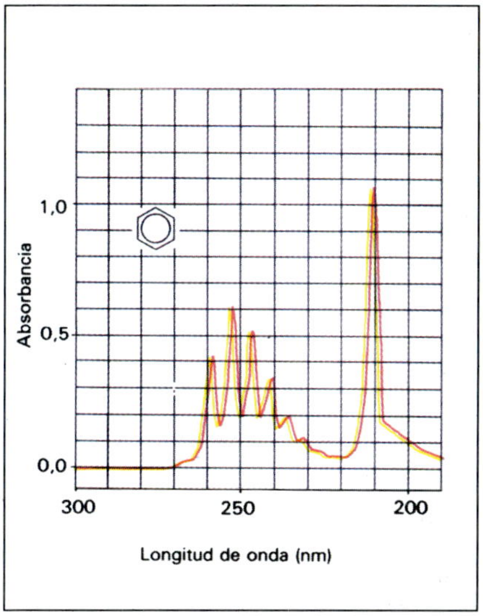

4

1. *La estructura del benceno se explica suponiendo que cada átomo de carbono emplea 3 orbitales híbridos sp^2 con los que forman enlace sigma, y un orbital p puro con el que forman enlaces pi deslocalizados.*

2. *Formas de resonancia del benceno. El benceno es un híbrido de resonancia de todas las formas resonantes representadas. La contribución de las formas de resonancia de Kekulé es mayor que las de Dewar y Clauss.*

3. *El químico alemán Friedrich August Kekulé (1829-1896) fue el primero en proponer una fórmula hexagonal cerrada para explicar la estructura del benceno.*

4. *Espectro ultravioleta del benceno en disolución de n-hexano. Las bandas de absorción que aparecen en el espectro del benceno son debidas a transiciones electrónicas π - π*.*

Heterociclos

Se denomina heterociclos a los compuestos cíclicos en los que uno o varios átomos de carbono del anillo han sido sustituidos por otro átomo, que recibe el nombre de **heteroátomo.**

Heterociclos con un solo heteroátomo

Los heterociclos sencillos usuales con un solo heteroátomo son de dos tipos fundamentales: los anillos de cinco átomos y los anillos de seis átomos. Entre los primeros destacan el furano, el tiofeno y el pirrol. De los heterociclos sencillos con anillos de seis átomos, el más importante es la piridina:

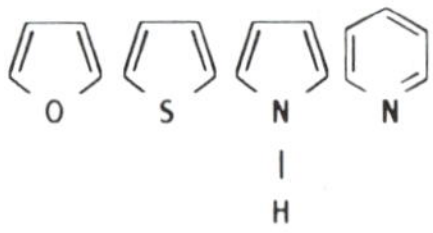

Furano Tiofeno Pirrol Piridina

El furano es un líquido muy volátil (punto de ebullición 31 °C) que se encuentra en el alquitrán de la madera. El furano se prepara industrialmente por descarbonilación catalítica del furfural en estado de vapor.

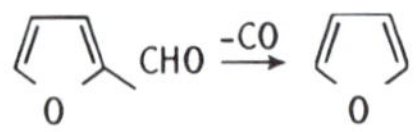

Furfural Furano

El furfural es el más corriente y barato de los derivados del furano. Se obtiene tratando con ácido sulfúrico a reflujo productos vegetales que contengan pentosanos como el salvado y las mazorcas de maíz. El furfural se emplea como disolvente de pinturas y barnices y como materia prima para sintetizar otros derivados del furano.

Los furanos sustituidos se acostumbran a obtener por deshidratación de 1,4-dicetonas con ácido sulfúrico o P_2O_5. Por reducción catalítica del furano se obtiene el tetrahidrofurano, un éter saturado estable muy empleado como disolvente:

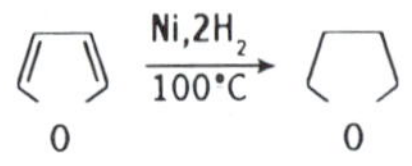

Furano Tetrahidrofurano

El tiofeno es un líquido que se halla como impureza del benceno comercial obtenido a partir del alquitrán de hulla. Industrialmente se obtiene por reacción entre el butano y el azufre en fase gaseosa a alta temperatura. Los derivados del tiofeno se obtienen generalmente calentando compuestos 1,4-dicarbonílicos con P_2S_5.

El pirrol es un líquido incoloro que se encuentra en el alquitrán de hulla. El pirrol se obtiene industrialmente haciendo pasar una mezcla de furano, amoníaco y vapor de agua sobre Al_2O_3 caliente. Los pirroles sustituidos se preparan por reacción de 1,4-dicetonas con amoníaco o aminas, o bien por condensación de compuestos β-dicarbonílicos con α-aminocetonas (síntesis de Knorr).

Los sistemas pirrólicos se hallan presentes en compuestos de gran importancia bioquímica, como el pigmento rojo de la sangre, hemoglobina, y el pigmento verde de las hojas, clorofila.

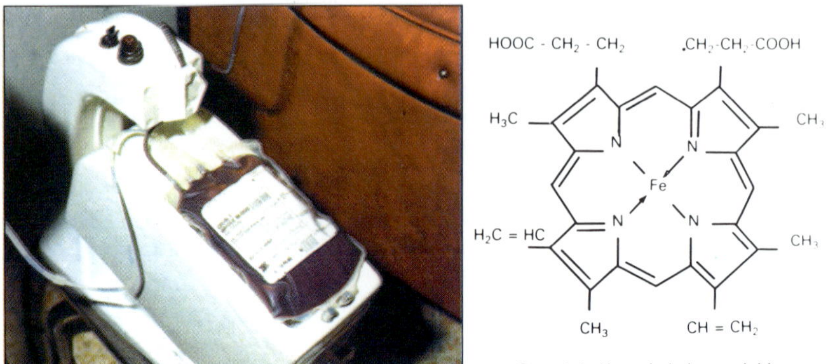

Complejo Hem de la hemoglobina

1

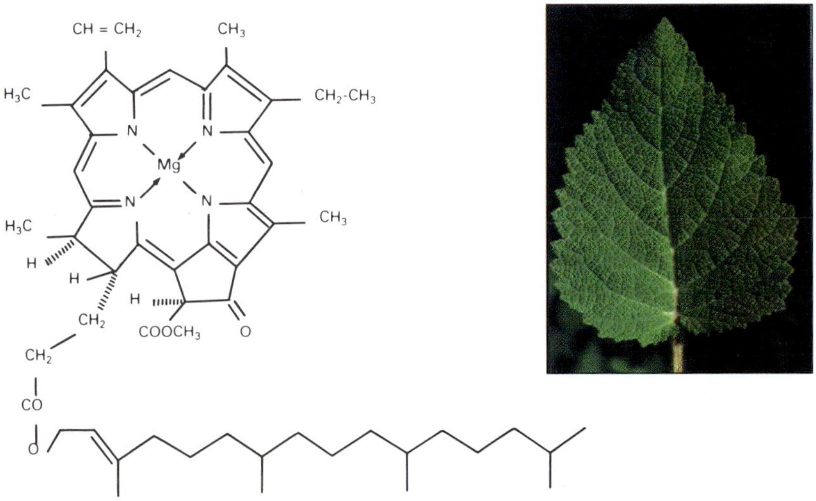

Clorofila a

2

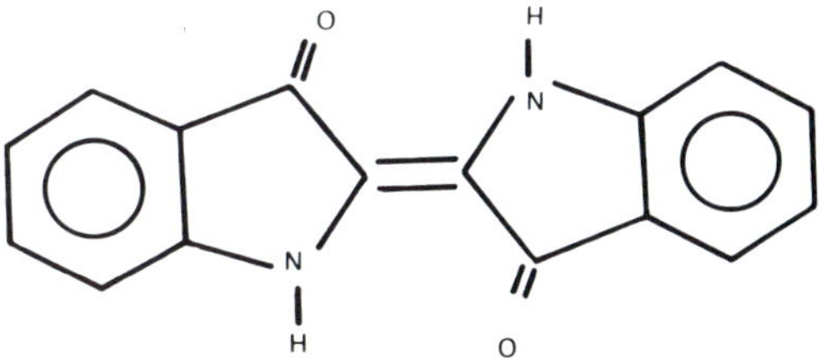

Índigo

3

Por condensación de los anillos del benceno y del pirrol se obtiene el indol, sólido de olor penetrante y muy tóxico:

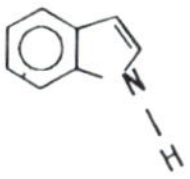

Indol

Piperidina

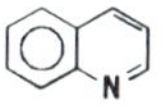

Quinoleína

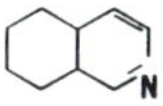

Isoquinoleína

Los derivados naturales del indol son muy comunes. Entre ellos destaca el aminoácido triptofano, la hormona de crecimiento vegetal auxina y el colorante índigo.
La piridina es un líquido incoloro de olor desagradable, miscible con el agua, dando una reacción débilmente básica. Las monometilpiridinas se denominan vulgarmente picolinas, las dimetilpiridinas, lutidinas, y las trimetilpiridinas, colidinas. La reducción catalítica de la piridina origina la piperidina, mientras que la condensación de los anillos del benceno y de la piridina forma la quinoleína y la isoquinoleína. La nicotina, el principal alcaloide del tabaco, es una piridina que posee una unidad pirrólica reducida (pirrolidina) como sustituyente.

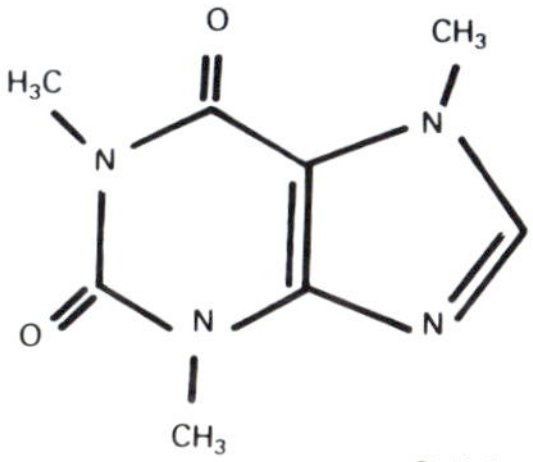

Cafeína

4

Heterociclos con más de un heteroátomo

Se conocen muchos sistemas heterocíclicos con más de un heteroátomo en el anillo.
Los más importantes son el imidazol, la pirimidina y la purina:

Imidazol

Pirimidina

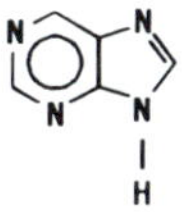

Purina

Un importante derivado del imidazol es el aminoácido histidina, cuya descarboxilación origina la histamina, producto relacionado con las reacciones alérgicas.
La pirimidina es el más importante de los heterociclos hexagonales con dos átomos de nitrógeno.
La purina es un heterociclo derivado de la pirimidina por fusión con un anillo de imidazol. Los derivados de la pirimidina y de la purina tienen una gran importancia biológica, puesto que forman parte de los ácidos nucleicos de las células vivas. Otros derivados destacados de la purina son el ácido úrico, constituyente importante de la orina, y la cafeína, excitante del sistema nervioso central que se encuentra en el café y en el té.

1. *El intenso color rojo de la sangre se debe al pigmento hem de la hemoglobina, que contiene el grupo porfina formado por cuatro grupos pirrólicos unidos por cuatro grupos metino.*

2. *El color verde de las hojas de los vegetales se debe a un pigmento verde denominado clorofila que existe en dos formas (clorofila a y clorofila b) y que posee un átomo central de magnesio.*

3. *El índigo es un colorante de color púrpura que era usado en la antigüedad para teñir los mantos de los reyes y los trajes talares de los cardenales. Actualmente es el colorante de mayor consumo.*

4. *La cafeína es un derivado de la xantina que se encuentra en el café y en el té. La cafeína tiene una acusada acción excitante sobre el sistema nervioso central y es tóxica en grandes cantidades.*

Alcoholes, fenoles y éteres

Se llama **grupo funcional** al átomo o grupo de átomos que caracteriza una clase de compuestos orgánicos y determina sus propiedades. En general, el grupo funcional es la porción no hidrocarbonada de la molécula.

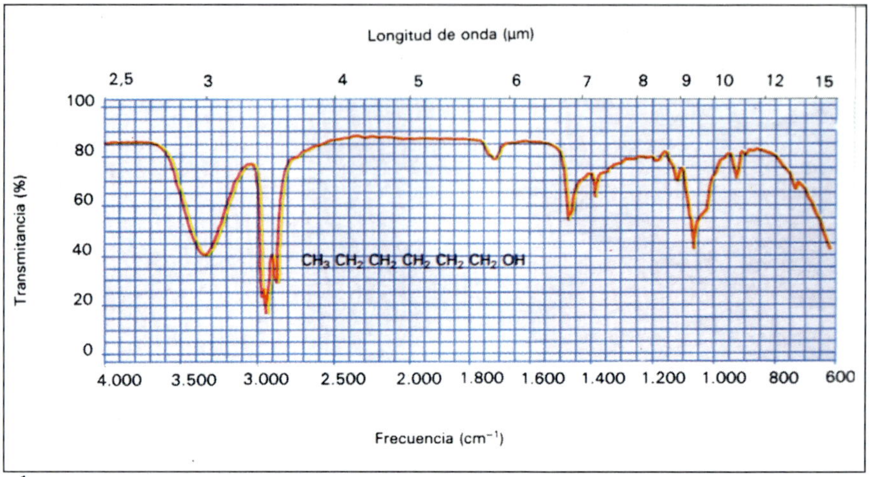

1

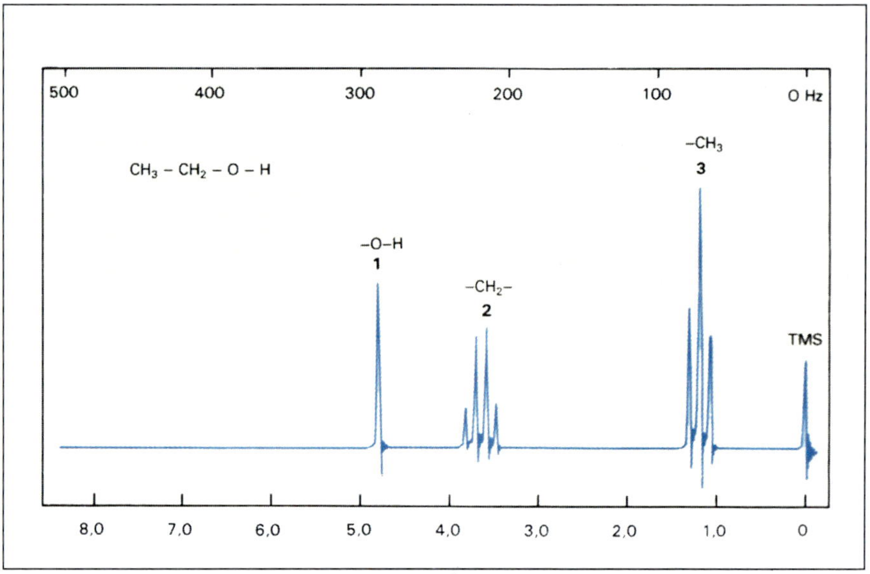

2

Alcoholes

Formalmente, los alcoholes monohidroxilados, ROH, son derivados orgánicos que se forman sustituyendo un hidrógeno del agua por un grupo alquilo.

Los nombres de los alcoholes se forman con el del grupo alquilo, precedido de la palabra alcohol. Así, por ejemplo, el compuesto CH_3-CH_2OH se nombra etanol. Al numerar la cadena hay que asignar el número más bajo posible a la posición del grupo funcional hidroxilo (OH-). Así, el compuesto CH_3-CH_2-CH_2OH se nombra 1-propanol y no 3-propanol.

Los alcoholes se clasifican en primarios, secundarios y terciarios, dependiendo de que lleven uno, dos o tres carbonos unidos al que lleva el grupo hidróxilo, respectivamente.

Se denomina alcoholes polihidroxílicos a los que contienen más de un grupo hidroxilo.

Los alcoholes con dos grupos hidroxilo se denominan glicoles o dioles, y los que tienen tres grupos hidroxilo se llaman trioles.

El metanol, etanol, 1-propanol, 2-propanol, t-butanol y muchos alcoholes polihidroxílicos son completamente miscibles en agua. Otros alcoholes con mucho mayor número de átomos de carbono tan solo son ligeramente solubles o incluso insolubles en agua. Los alcoholes presentan puntos de ebullición muy superiores a los de los hidrocarburos del mismo número de átomos de carbono. Estas propiedades de los alcoholes pueden justificarse en base a los fuertes enlaces de hidrógeno intermoleculares que se forman, y que se reflejan en sus espectros infrarrojos (IR) y de resonancia magnética nuclear (RMN). Así, el espectro IR del 1-hexanol muestra una banda intensa y ancha a 3.330 cm^{-1}, característica del enlace O-H asociado mediante puentes de hidrógeno, y otra banda a 1.060 cm^{-1}, característica del enlace C-O.

Por su parte, el espectro de RMN del etanol muestra un triplete de los 3 protones metílicos a δ 1,20, un cuadruplete de los 2 protones metilénicos a δ 3,63, y un singlete del protón hidroxílico a δ 4,80. El protón hidroxílico no se acopla con los metilénicos, porque está pasando rápidamente de una molécula a otra, debido a la existencia de los enlaces de hidrógeno.

Las reacciones químicas de los

alcoholes se clasifican en 4 tipos: *a)* Reacciones en las que se rompe el enlace O-H. Ejemplo: Formación de alcóxidos. *b)* Reacciones en las que se rompe el enlace C-O. Ejemplo: Deshidratación. *c)* Reacciones en las que el oxígeno actúa como una base. Ejemplo: Formación de haluros de alquilo. *d)* Reacciones de oxidación. Ejemplo: Formación de aldehídos, cetonas y ácidos carboxílicos.

Fenoles

Formalmente, los fenoles son alcoholes del tipo ROH, donde R es un grupo bencénico (arílico).

El compuesto más sencillo de la familia es el fenol o hidroxibenceno. Los monometilfenoles reciben el nombre de cresoles:

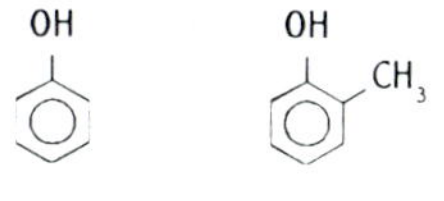

Fenol o-cresol

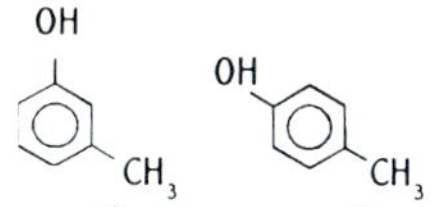

m-cresol p-cresol

Derivados importantes del fenol son el 2,4,6-trinitrofenol, que recibe el nombre vulgar de ácido pícrico y se utiliza como antiséptico en el tratamiento de las quemaduras, y el ácido o-hidroxibenzoico, conocido con el nombre de ácido salicílico, a partir del cual se obtiene el ácido acetilsalicílico, que es el analgésico denominado aspirina:

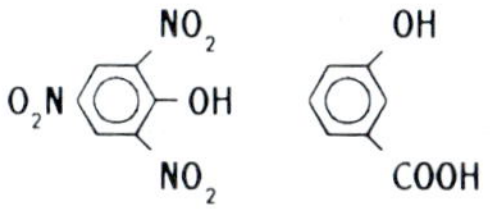

Ácido pícrico Ácido salicílico

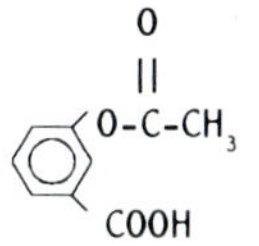

Aspirina

Éteres

Formalmente, los éteres (ROR') derivan de la sustitución de los dos hidrógenos del agua por grupos alquilo o arilo. Los éteres se nombran indicando en primer lugar los dos grupos hidrocarbonados unidos al oxígeno y a continuación se añade la palabra éter.

Así, el compuesto CH_3-CH_2-O-CH_2-CH_3 se nombra dietiléter.

Los puntos de fusión y de ebullición de los éteres son comparables a los de los hidrocarburos de peso molecular similar. La mayoría de éteres son inmiscibles con el agua.

En cambio, los éteres son buenos disolventes de la mayoría de compuestos orgánicos. Los éteres no presentan enlaces de hidrógeno intermoleculares tal como puede observarse en sus espectros IR, donde no aparece ninguna banda a 3.330 cm^{-1}, aunque sí se observa una intensa banda a 1.125 cm^{-1} característica de la vibración de tensión del enlace C-O.

El término más importante de la serie es el dietiléter o éter etílico, que se obtiene deshidratando el etanol con ácido sulfúrico. El éter etílico es un líquido incoloro, muy volátil e inflamable. Sus vapores arden con violencia explosiva. Se utiliza como disolvente y anestésico.

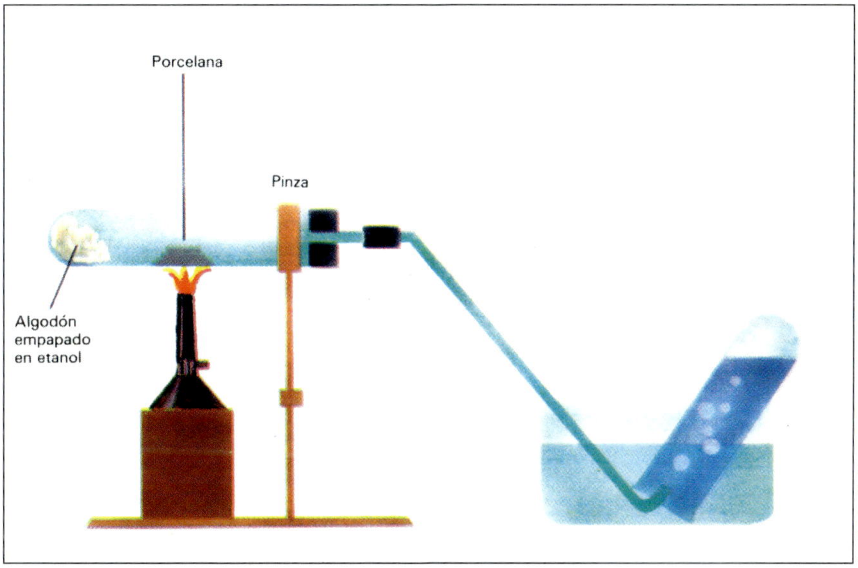

3

1. *Espectro infrarrojo del 1-hexanol en estado líquido puro. La banda intensa y ancha que aparece a 3.330 cm^{-1} corresponde a la tensión característica del enlace O-H asociado mediante puentes de hidrógeno.*

2. *Espectro RMN del etanol. El triplete a δ 1,20 es el de los protones metílicos, el singlete a δ 4,80 es el del protón hidroxílico y el cuadruplete a δ 3,63, el de los protones metilénicos.*

3. *A nivel del laboratorio el etileno puede obtenerse por deshidratación del etanol que empapa una bola de algodón. El etileno formado puede recogerse sobre agua por ser insoluble en ella.*

Aldehídos y cetonas

Los aldehídos y las cetonas son compuestos carbonílicos, puesto que contienen el grupo funcional carbonilo, $>C = O$, motivo por el cual tienen muchas propiedades comunes determinadas por la reactividad de dicho grupo funcional.

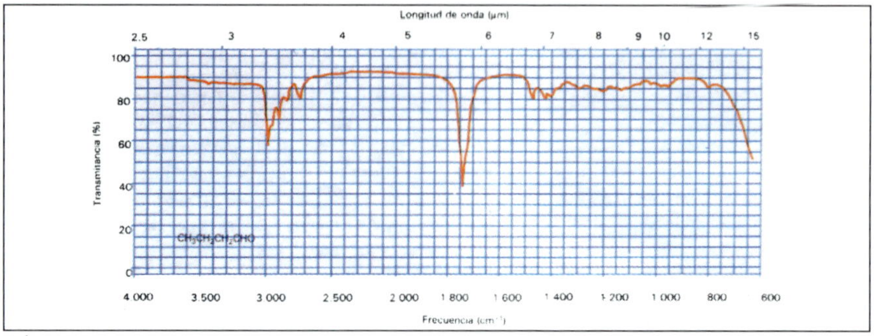

1

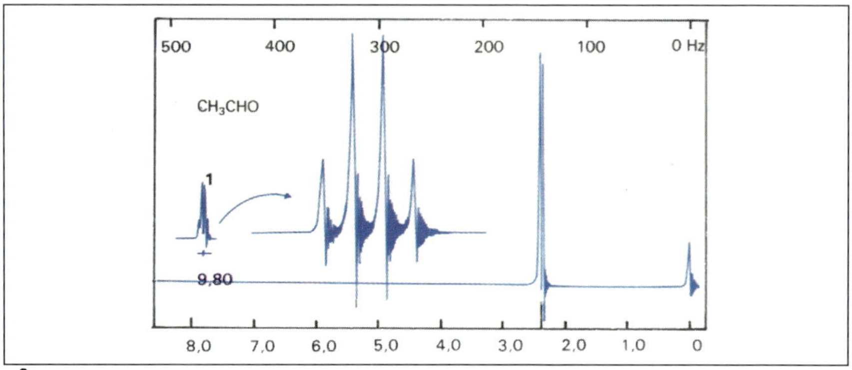

2

Aldehídos

Son compuestos carbonílicos del tipo R-COH, donde R es un grupo alquilo o arilo. Se nombran sustituyendo por -al la terminación del hidrocarburo del mismo número de átomos de carbono. Así, por ejemplo, el compuesto CH_3-COH se nombra etanal.

Al enumerar la cadena se debe asignar siempre el número 1 al carbono aldehídico. Para los aldehídos de hasta cinco átomos de carbono se acostumbran emplear los nombres vulgares formaldehído, acetaldehído, propionaldehído, butiraldehído y valeraldehído. Cuando se usan nombres vulgares, la posición de los sustituyentes se suele indicar mediante letras griegas, comenzando por α en el carbono contiguo al grupo funcional principal. En ocasiones se emplea la letra para indicar el último átomo de carbono de la cadena.

Los espectros IR de los aldehídos alifáticos saturados presentan una intensa banda a 1.730 cm^{-1} correspondiente al grupo carbonilo, y dos bandas menores a 2.700 y 2.800 cm^{-1} debidas a la vibración de tensión C-H del grupo aldehído. La espectroscopia de RMN proporciona un método excelente para identificar los aldehídos, puesto que los hidrógenos aldehídicos enlazados directamente al carbono carbonílico experimentan un desapantallamiento espectacular, apareciendo en las proximidades de δ 10, donde prácticamente no aparecen otros tipos de núcleos de hidrógeno.

Los puntos de ebullición de los aldehídos son intermedios entre los de los hidrocarburos y los de los alcoholes de similar peso molecular.

El formaldehído en disolución acuosa se utiliza para obtener resinas y plásticos. El acetaldehído se emplea en la síntesis de numerosos compuestos orgánicos.

Los aldehídos son reducidos a alcoholes primarios por múltiples reductores. Asimismo, se oxidan muy fácilmente a ácidos carboxílicos reduciendo las sales de Cu^{2+} en medio alcalino a Cu_2O (ensayos con los reactivos de Fehling y de Benedict), y el nitrato de plata amoniacal (reactivo de Tollens) a espejo de plata metálica.

En presencia de catalizadores forman dímeros (aldoles) en reacciones denominadas de condensación aldólica.

Los aldehídos reaccionan con los alcoholes formando hemiacetales y cetales:

$$R - COH + R'OH \rightleftharpoons R - \underset{\displaystyle OH}{\overset{\displaystyle OR'}{\overset{|}{CH}}} \quad \text{Hemiacetal}$$

$$R - COH + 2R'OH \rightleftharpoons R - \underset{\displaystyle \underset{|}{OR'}}{CH} - OR' + H_2O \quad \text{Acetal}$$

Cetonas

Son compuestos carbonílicos del tipo $R-\overset{\overset{\displaystyle O}{||}}{C}-R'$, donde R y R' son grupos alquilo o arilo. Los nombres de las cetonas derivan del nombre del hidrocarburo correspondiente, añadiendo el sufijo -ona al nombre de la cadena hidrocarbonada más larga que contenga el grupo carbonilo. La cadena hidrocarbonada se comienza a numerar por el extremo que origine el menor número posible al grupo carbonilo. Así, por ejemplo, el compuesto CH_3-CO-CH_2-CH_2-CH_3 se nombra 2-pentanona y no 4-pentanona. Usualmente las cetonas se acostumbran a nombrar indicando los grupos hidrocarbonados unidos al grupo carbonilo, añadiendo al final la palabra cetona. Así, el compuesto anterior se nombraría metil propil cetona.

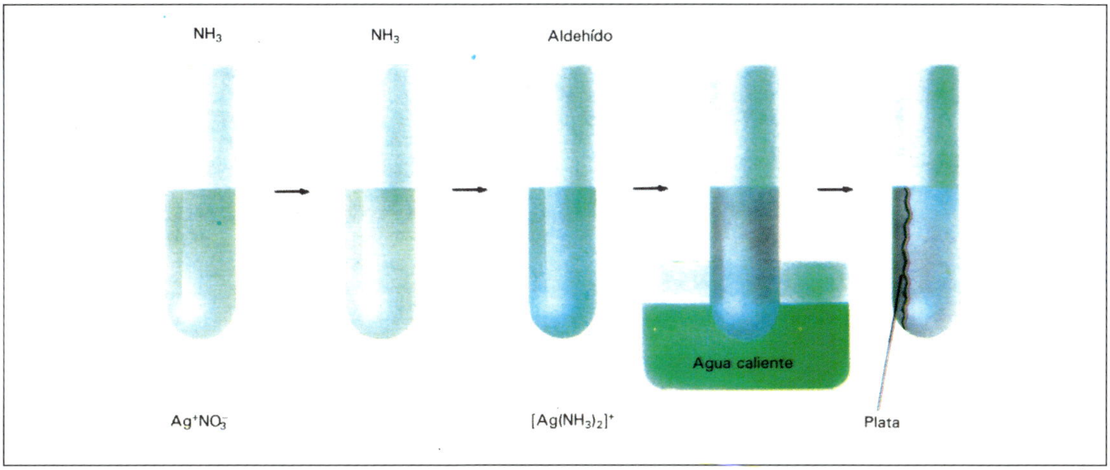

3

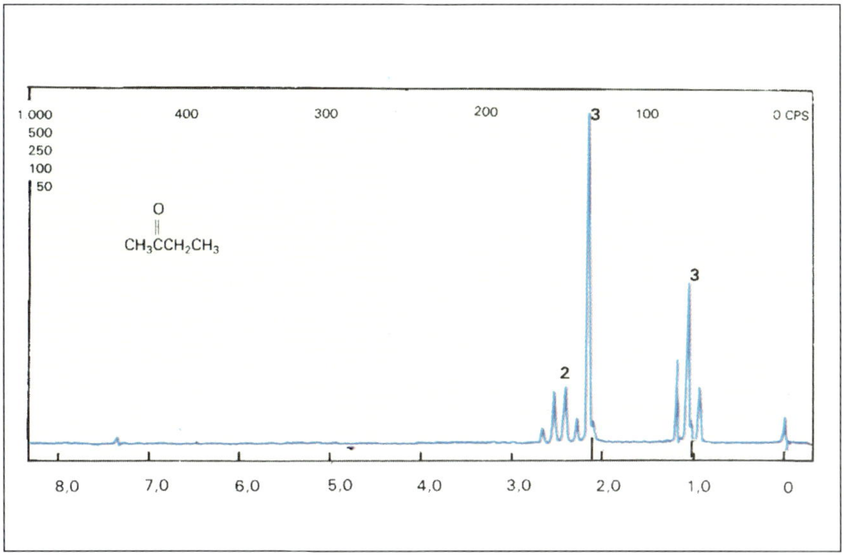

4

Los espectros IR de las cetonas alifáticas presentan una intensa absorción del grupo carbonilo a 1.710 cm^{-1}.
Los núcleos de hidrógeno que se encuentran en las proximidades del grupo carbonilo de las cetonas experimentan un considerable apantallamiento, como consecuencia del carácter atrayente de electrones del carbono carbonílico. Por este motivo, los hidrógenos metílicos contiguos al grupo carbonilo aparecen de δ 2,5.
Las cetonas alifáticas con menos de diez átomos de carbono son líquidos solubles en agua, aunque la solubilidad disminuye al aumentar el número de átomos de carbono.
Los puntos de ebullición son análogos a los de los aldehídos de similar peso molecular.
Las cetonas se hallan ampliamente distribuidas en la naturaleza y con frecuencia tiene olores muy agradables, por lo que se emplean para fabricar perfumes. La propanona o acetona es la más importante de todas las cetonas y se emplea en grandes cantidades como disolvente de compuestos orgánicos.
La reducción de las cetonas produce alcoholes secundarios.
A diferencia de los aldehídos, las cetonas no experimentan fácilmente reacciones de oxidación. De modo similar a los aldehídos, las cetonas reaccionan con los alcoholes formando hemicetales y cetales.

1. *Espectro infrarrojo del butanal en estado líquido puro. La intensa banda que aparece a 1.730 cm^{-1} corresponde a la absorción del grupo carbonilo de los aldehídos alifáticos saturados.*

2. *Espectro de RMN del acetaldehido en disolución de $CDCl_3$. El hidrógeno aldehídico experimenta un gran desapantallamiento y su cuadruplete aparece cerca de δ 10.*

3. *El carácter reductor de los aldehídos se pone de manifiesto por la formación de una capa delgada y brillante de plata metálica (espejo de plata) al reaccionar con el reactivo de Tollens ($AgNO_3$ + NH_3).*

4. *Espectro de RMN de la metiletilcetona. Los núcleos de hidrógeno situados en las proximidades del grupo carbonilo experimentan un considerable apantallamiento y aparecen cerca de δ 2,5.*

Ácidos carboxílicos y ésteres

Ácidos carboxílicos
Son compuestos que contienen el grupo funcional carboxilo (-COOH), así llamado por ser formalmente la combinación de un grupo carbonilo y un grupo hidroxilo. Como resultado de la combinación de ambos grupos funcionales el grupo hidroxilo experimenta un acentuado incremento de su acidez. Los ácidos carboxílicos forman enlaces de hidrógeno más fuertes que los de los alcoholes, puesto que sus enlaces O-H están más polarizados y el átomo de hidrógeno que sirve de puente se puede unir a un oxígeno carbonílico, que está cargado mucho más negativamente que el oxígeno de otro grupo hidroxilo, como en el caso de los alcoholes. Por este motivo, los ácidos carboxílicos existen en forma de dímeros cíclicos en estado sólido y líquido:

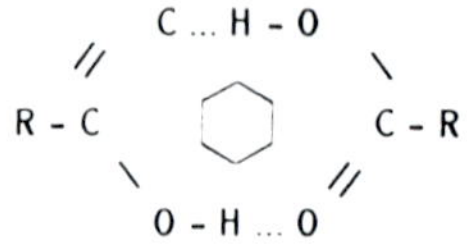

Los espectros IR de los ácidos carboxílicos alifáticos muestran una intensa absorción del grupo carbonilo a 1.700 cm^{-1} y una amplia región de vibración de tensión del enlace O-H, que se extiende entre 3.600 y 2.500 cm^{-1} debido a las asociaciones por puentes de hidrógeno. Esta banda ancha de absorción es característica de los ácidos carboxílicos.

En los espectros de RMN de los ácidos carboxílicos destaca poderosamente la posición del singlete del protón ácido que aparece a valores de δ comprendidos entre 11 y 13, puesto que la densidad electrónica del hidrógeno carboxílico es muy baja.
Para nombrar de modo sistemático los ácidos carboxílicos, se sustituye la terminación del nombre del hidrocarburo que contiene el grupo carboxilo por el sufijo -oico. Así, por ejemplo, el compuesto CH_3-$(CH_2)_5$-COOH se llamará ácido heptanoico. Al

1

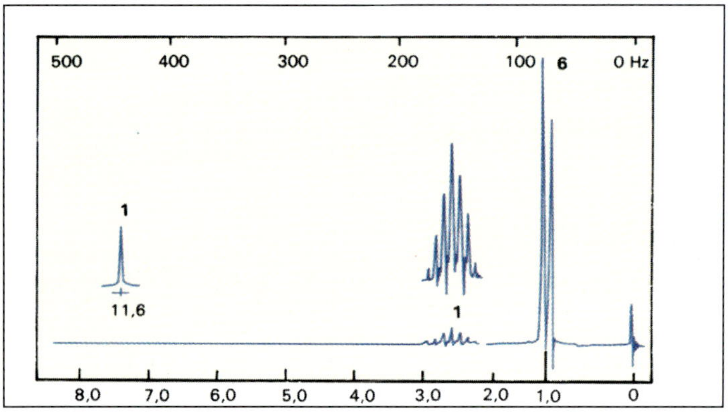

2

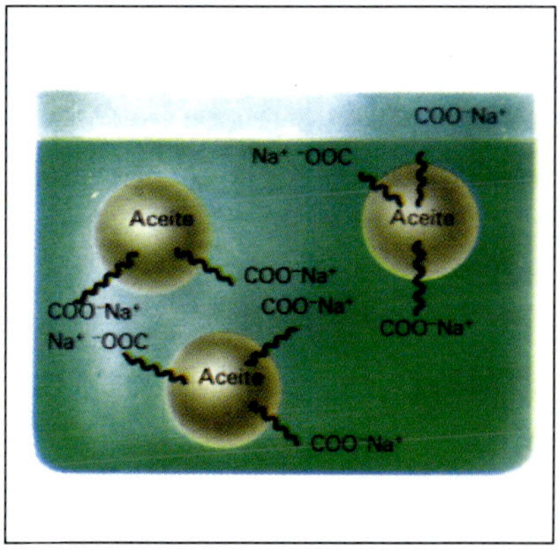

3

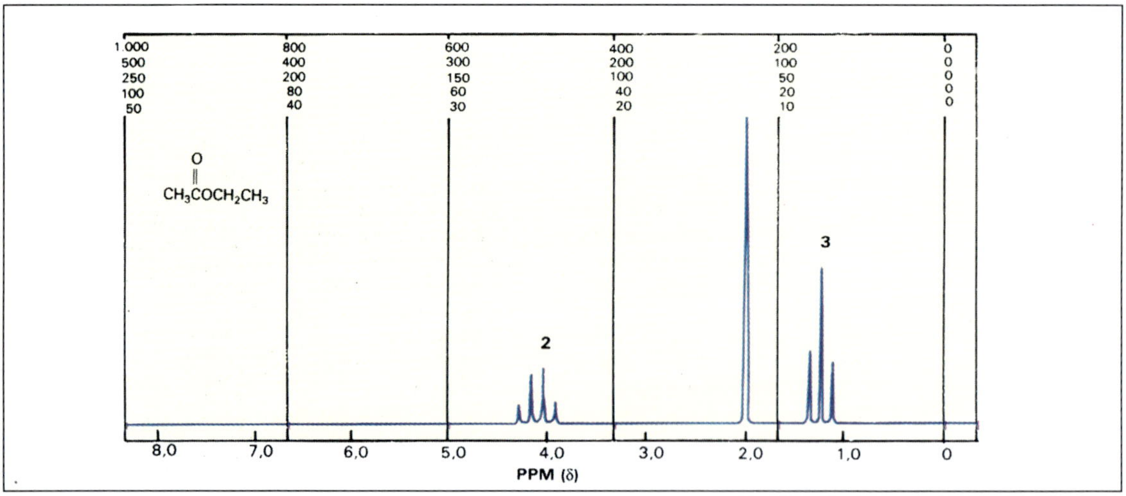

nombrar la cadena de un ácido carboxílico se debe asignar siempre el número I al carbono carboxílico. Los átomos de menos de seis átomos de carbono reciben nombres vulgares muy usuales: fórmico, acético, propiónico, butírico y valeriánico.

También son muy empleados los nombres vulgares de los ácidos dicarboxílicos de hasta siete átomos de carbono: oxálico, malónico, succínico, glutárico, adípico y pimélico.

Las sales de los ácidos carboxílicos se nombran cambiando la terminación -oico de los nombres de los ácidos por el sufijo -ato y añadiendo a continuación el nombre del catión. Así, por ejemplo, el compuesto CH_3-COONa se nombrará acetato de sodio.

Los puntos de fusión y de ebullición de los ácidos carboxílicos son más elevados que los de compuestos de similar peso molecular, debido a la fuerte asociación intermolecular por enlaces de hidrógeno. La solubilidad de los ácidos carboxílicos en agua disminuye con la longitud de la cadena hidrocarbonada. Las sales sódicas de los ácidos carboxílicos sencillos son solubles en agua.

Los ácidos carboxílicos se obtienen por oxidación de aldehídos o de alcoholes primarios. El más importante de los ácidos carboxílicos es el ácido acético o etanoico, que se emplea como disolvente y para fabricar colorantes y acetato de celulosa.

Ésteres

Los ésteres son compuestos que se obtienen al reaccionar un ácido carboxílico con un alcohol:

R-COOH +	R'OH ⇌
Ácido carboxílico	Alcohol

R-COOR' +	H_2O
Éster	Agua

Este tipo de reacción recibe el nombre de **esterificación**.

Los ésteres se nombran como si fueran sales de alquilo o de arilo de los ácidos carboxílicos. Así, por ejemplo, el éster CH_3-COO-CH_3 se llamará acetato de metilo.

El espectro IR de los ésteres presenta una absorción intensa a 1.730 cm^{-1}, debido a la vibración de tensión del enlace C = O y una banda a 1.180 cm^{-1} originada por la tensión del enlace C - O.

En el espectro de **RMN** del acetato de etilo se observa que los protones metilénicos aparecen a δ 4,12 a causa de la proximidad del grupo carboxilato.

Los ésteres son generalmente insolubles en agua y tienen puntos de ebullición algo más altos que los hidrocarburos de análogo peso molecular.

Muchos ésteres desprenden olores característicos a fruta y se usan como aromatizantes.

Los acetatos de etilo y de butilo se emplean como disolventes en la fabricación de barnices.

Las grasas y los aceites son ésteres formados por ácidos de 12 a 22 átomos de carbono y glicerol, $CH_2OH-CHOH-CH_2OH$.

Los jabones y los detergentes están formados por moléculas que contienen grupos hidrocarbonados repelentes del agua (hidrófobos) y uno o varios grupos polares afines al agua (hidrófilos). Las partes no polares de estas moléculas se disuelven en las grasas o aceites y las partes polares se disuelven en agua. La acción limpiadora de los jabones se basa en su capacidad para formar emulsiones con las sustancias solubles en las grasas, en las que las moléculas del jabón o del detergente rodean la suciedad hasta incluirla en una envoltura solubilizante en agua, dispersando en la emulsión las partículas sólidas de suciedad.

4

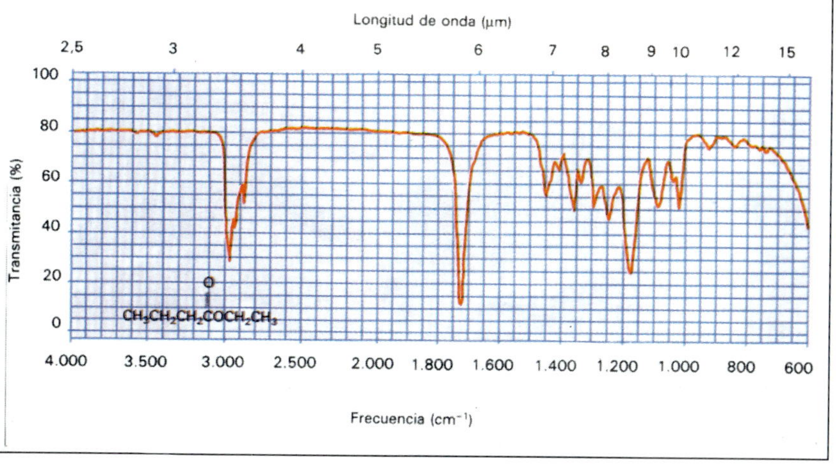

1. Espectro de RMN del ácido isobutírico. El protón carboxílico aparece a campos muy bajos entre δ 11 y 13, debido a que la densidad electrónica del hidrógeno carboxílico es muy baja.

2. Las propiedades limpiadoras de los jabones y detergentes dependen de su capacidad para formar emulsiones con los materiales solubles en las grasas.

3. Espectro de RMN del acetato de etilo. El cuadruplete de intensidad 2 aparece a δ 4,1 y el singlete de intensidad 3 aparece a δ 2,0 debido a la proximidad del grupo carbonilo.

4. Espectro infrarrojo del butirato de etilo en estado líquido puro. La intensa absorción que aparece a 1.730 cm^{-1} se debe a la vibración de tensión del enlace C = O.

Compuestos orgánicos del nitrógeno

Aminas

Las aminas son derivados orgánicos del amoníaco obtenidas formalmente por sustitución de uno, dos o los tres hidrógenos por grupos alquilo o arilo. Las aminas se clasifican en primarias, secundarias o terciarias, dependiendo de que se hayan reemplazado uno, dos o los tres átomos de hidrógeno. Si todos los sustituyentes son grupos alquilo las aminas se denominan alifáticas. Si algún sustituyente es un grupo arilo las aminas se llaman aromáticas.

Para nombrar las aminas se especifican los grupos sustituyentes y se añade el sufijo -amina. Así, por ejemplo, las aminas CH_3N_2, $(CH_3)_2NH$ y $(CH_3)_3N$ se nombrarán, respectivamente, metilamina, dimetilamina y trimetilamina.

Los puntos de ebullición de las aminas primarias y secundarias son intermedios entre los de los alcoholes y los de los hidrocarburos de similar peso molecular, puesto que sus enlaces de hidrógeno intermoleculares no son tan fuertes como los de los alcoholes. Los puntos de ebullición de las aminas terciarias son ligeramente superiores a los de los hidrocarburos de análogo peso molecular. Las aminas de hasta cinco átomos de carbono son muy solubles en agua y sus disoluciones son básicas. Las aminas alifáticas se disuelven en ácidos diluidos debido a la formación de sales amónicas solubles.

Las aminas aromáticas se obtienen generalmente por reducción de los correspondientes nitroderivados. Las aminas alifáticas pueden obtenerse por acción del amoníaco sobre los haluros de alquilo, o bien tratando las amidas con bromo y una base fuerte, método conocido como **degradación de Hofmann**.

Las aminas más importantes son las aromáticas y entre ellas destaca la fenilamina o anilina, $C_6H_5NH_2$. La anilina es un líquido incoloro poco soluble en agua que se emplea como materia prima en la fabricación de colorantes.

Nitrilos

Los nitrilos son derivados orgánicos que contienen el grupo funcional ciano, $-C \equiv N$. Formalmente pueden considerarse como derivados orgánicos del cianuro de hidrógeno, HCN.

Los nombres de los nitrilos se obtienen de los ácidos que originan al hidrolizarse: se sustituye la terminación -oico del ácido por el sufijo -nitrilo. Así, el compuesto CH_3CN se nombrará acetonitrilo.

Los nitrilos tienen puntos de ebullición ligeramente superiores a los de los

1

2

3

alcoholes de análogo peso molecular y son algo tóxicos. El más importante es el acetonitrilo, empleado como disolvente.

Amidas

Las amidas son los compuestos orgánicos que se forman por reacción de un ácido carboxílico con el amoníaco o con una amina. Las amidas se clasifican en primarias, secundarias y terciarias, dependiendo del número de sustituyentes del átomo de nitrógeno:

Amida primaria → $RCONH_2$

Amida secundaria → $RCONHR'$

Amida terciaria → $RCONR'_2$

Las amidas primarias se nombran sustituyendo el sufijo -oico del nombre del ácido carboxílico por la terminación -amida. Las amidas sustituidas se nombran anteponiendo una N al nombre de los sustituyentes. Así, por ejemplo, las amidas CH_3-CO-NH_2, CH_3-CO-$NHCH_3$ y CH_3-CO-$N(CH_3)_2$ se llamarán, respectivamente acetamida, N-metilacetamida y N, N-dimetilacetamida.

En general, las amidas primarias son sólidas y presentan fuertes enlaces de hidrógeno intermoleculares. Las amidas sencillas son neutras o débilmente básicas.

Las ureas son diamidas que derivan formalmente del ácido carbónico y que reciben el nombre del compuesto más sencillo de la familia, la urea, NH_2-CO-NH_2.

La síntesis de la urea a partir del isocianato de amonio efectuada en 1828 por el químico alemán **Wöhler** (1800-1882) fue el golpe de gracia a la teoría vitalista que encorsetaba el desarrollo en la química orgánica:

$$\underset{\text{Isocianato de amonio}}{NH_4NCO} \xrightarrow{\text{calor}} \underset{\text{urea}}{NH_2\text{-}CO\text{-}NH_2}$$

Las poliamidas se emplean en grandes cantidades en la fabricación de fibras artificiales.

Nitrocompuestos

El grupo nitro, $-NO_2$, es muy electronegativo y los nitroderivados son sustancias con elevados puntos de ebullición y escasa solubilidad en agua.

El grupo nitro se nombra siempre como sustituyente de un compuesto. Así, el compuesto CH_3NO_2 se llamará nitrometano.

Muchos nitroderivados son explosivos por percusión (TNT, nitroglicerina).

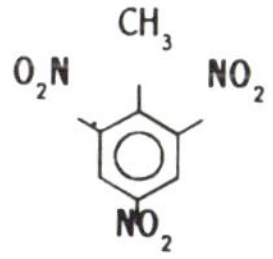

2,4,6-trinitrotolueno (TNT)

$$\begin{array}{l} CH_2O\text{-}NO_2 \\ | \\ CHO\text{-}NO_2 \\ | \\ CH_2O\text{-}NO_2 \end{array}$$

Trinitrato de glicerilo (nitroglicerina)

Como la nitroglicerina resulta difícil de manejar porque explota muy fácilmente por percusión, se mezcla con tierra de infusorios formando la **dinamita**, descubierta por el químico sueco **Alfred Nobel** (1833-1896).

Azocompuestos

Los azocompuestos contienen la agrupación -N = N-. Son muy inestables y se descomponen con facilidad. Las sales de los iones diazonio ($R - \overset{+}{N} \equiv N$:) reaccionan con las aminas aromáticas y con los fenoles formando azocompuestos. Los compuestos así obtenidos, denominados **colorantes azoicos**, presentan colores intensos y son utilizados como tintes en la industria textil.

4

1. *El químico alemán Friedrich Wöhler (1800-1882) es considerado el fundador de la química orgánica por haber obtenido en 1828 la urea a partir del isocianato de amonio.*

2. *El químico sueco Alfred Bernhard Nobel (1833-1896) inventó la dinamita al mezclar la nitroglicerina con tierra de infusorios. Con los beneficios obtenidos estableció en 1895 los Premios Nobel.*

3. *La dinamita es un explosivo muy manejable (a diferencia de la nitroglicerina, que explota por percusión). Se emplea mucho en la construcción de obras públicas (túneles, pantanos, etc.).*

4. *La industria textil de fibras artificiales tiene una gran importancia. Sin embargo, aunque el número de posibles fibras artificiales es enorme sólo unas pocas se fabrican industrialmente.*

Polímeros

2

1

2

3

Se denomina **polímeros** a las moléculas muy grandes formadas por unidades moleculares que se repiten, denominadas **monómeros**. La reacción por la que los monómeros se unen para formar el polímero recibe el nombre de **polimerización**.

Hay muchos polímeros naturales. Así, por ejemplo, la celulosa es un polímero de la glucosa que se encuentra en las plantas. La nitración parcial de la celulosa con una mezcla de los ácidos nítrico y sulfúrico concentrados y el posterior tratamiento del producto obtenido con alcanfor origina el **celuloide**, que es el primer plástico de importancia comercial, usado para películas fotográficas y de cine.

Los polímeros poseen propiedades físicas y químicas muy distintas de las que tienen los cuerpos formados por moléculas sencillas. Así, por ejemplo, son muy resistentes a la rotura y al desgaste, muy elásticos y resistentes a la acción de los agentes atmosféricos. Estas propiedades, junto con su fácil obtención a bajas temperaturas, han posibilitado su fabricación a gran escala.

Los polímeros de estructura unidimensional tienen elevados pesos moleculares y, generalmente, son rígidos a temperatura ambiente, aunque se vuelven blandos y flexibles al elevar la temperatura. Entonces se denominan **plásticos**. En ocasiones, a causa del enmarañamiento de las cadenas lineales, pueden cambiar de forma bajo tensión si la temperatura es suficientemente elevada, pero recuperan la forma primitiva al desaparecer la tensión. Ahora el polímero es elástico y puede ser estirado sin romperse hasta una longitud muy superior a la primitiva.

En este caso el polímero recibe el nombre de **elastómero**. Los polímeros de estructura tridimensional forman moléculas rígidas de pesos moleculares no muy altos que producen sustancias duras, denominadas **resinas**.

Los polímeros pueden dividirse en dos grupos: polímeros de condensación, formados por eliminación de pequeñas moléculas como el agua, y polímeros de adición, formados por sucesivas adiciones de unidades moleculares que se hallan repetidas.

Polímeros de condensación

Entre los polímeros de condensación destacan las **poliamidas**, como el nylon. La etapa que controla la polimerización es la eliminación de agua entre un ácido y una amina para formar un enlace amídico.

Para preparar el nylon 6,6 se calienta a 270 °C una mezcla de ácido adípico y hexametilendiamina bajo una presión de 10 atm. A continuación se prosigue el

4

calentamiento a presión reducida, para eliminar los últimos residuos de agua, y por último se extrae el polímero fundido y se enfría.
De modo análogo se obtienen los poliésteres, condensando un ácido con un éster o bien mediante reacciones de **transesterificación**. En la fabricación de esta clase de polímeros se emplean frecuentemente el ácido terftálico y sus ésteres, que se hacen reaccionar con etilenglicol, eliminándose un alcohol de bajo peso molecular. Inicialmente se produce un monómero que contiene dos unidades de etilenglicol, el cual, por calefacción a 280 °C, pierde etilenglicol y origina el éster final al polimerizarse. El polímero obtenido se hila y se utiliza en la industria textil como Dacrón o Terylene.
Otros polímeros de condensación importantes son los poliuretanos, empleados para fabricar espumas de relleno de almohadas y cojines.
El grupo uretano se obtiene por reacción de un isocianato con un alcohol.
Las espumas de poliuretano se forman a partir de un polímero inicial con grupos hidroxilo terminales al que se añade diisocianato para formar las uniones poliuretano. Durante la reacción se efectúa una adición controlada de agua para producir dióxido de carbono que actúa como agente espumante.

Polímeros de adición

Los polímeros de adición se obtienen a partir de monómeros que contienen uno o varios dobles enlaces.
El resultado de la polimerización de una sola clase de monómeros es un *homopolímero*. Si se polimerizan juntos dos monómeros distintos se obtiene un *copolímero*.
El cloruro de vinilo se utiliza para obtener el policloruro de vinilo, que es uno de los polímeros de adición de mayor consumo.
El metacrilato de metilo polimeriza originando un polímero con excelentes propiedades ópticas, que se utiliza para fabricar láminas transparentes para ventanas y para lentes de contacto.
Para obtener las láminas de plexiglás se controla la polimerización hasta que tenga la consistencia de un jarabe, y se vierte la masa en un molde o entre dos láminas de vidrio verticales.
El estireno o vinilbenceno se copolimeriza con butadieno para obtener caucho sintético. El copolímero obtenido se consume en grandes cantidades en la fabricación de neumáticos.
El acrilonitrilo polimeriza en disoluciones acuosas. El homopolímero obtenido se puede hilar en fibras (Orlón) que se utilizan para fabricar tejidos.

1. *Los cauchos sintéticos se preparan por polimerización del butadieno y del cloropreno solos o bien copolimerizados con otras sustancias. El caucho natural es un polímero del isopreno.*

2. *El celuloide se obtiene tratando la piroxilina con alcanfor y un poco de alcohol. Es un material transparente muy utilizado en la fabricación de películas fotográficas y de cine.*

3. *El nylon fue obtenido en 1938 por el químico W. Carothers por condensación de ácidos dicarboxílicos con diaminas. El nylon corriente se fabrica con ácido adípico y hexametilendiamina.*

4. *Las fibras artificiales como el «terylene» y el «dacrón» son poliésteres de cadena lineal que se obtienen polimerizando el ácido terftálico con etilenglicol.*

Hidratos de carbono

1 2

Los hidratos de carbono constituyen un grupo de compuestos orgánicos formados exclusivamente por carbono, hidrógeno y oxígeno.
La denominación hidratos de carbono proviene del hecho de que la fórmula empírica general de la mayoría de estos compuestos puede escribirse $C_n(H_2O)_n$.
Desde el punto de vista funcional, los hidratos de carbono son polialcoholes con un grupo aldehído (aldosas) o un grupo cetona (cetosas), o bien compuestos que al hidrolizarse originan dichos polihidroxialdehídos y polihidroxicetonas.
En la naturaleza, los hidratos de carbono los producen las plantas verdes en el proceso de **fotosíntesis**. En este proceso, el pigmento verde de las plantas, clorofila, cataliza la conversión de dióxido de carbono y agua en azúcar. Aunque la reacción no es favorable desde el punto de vista termodinámico, se produce porque el Sol suministra la energía necesaria en forma de luz. Contrariamente a la acción de las plantas, los animales degradan los hidratos de carbono a dióxido de carbono y agua en una reacción inversa a la fotosíntesis. La oxidación de los hidratos de carbono suministra a los animales la energía necesaria para mantener la vida, regenerando al mismo tiempo el dióxido de carbono que utilizan las plantas en la fotosíntesis.
Los hidratos de carbono se clasifican en monosacáridos, disacáridos y polisacáridos dependiendo de que al hidrolizarse originen una, dos o muchas moléculas de monosacáridos.

Monosacáridos
Son las moléculas de hidratos de carbono más pequeñas y comprenden los azúcares de tres, cuatro, cinco y seis átomos de carbono.
El monosacárido más sencillo es el gliceraldehído, $CHO\text{-}CHOH\text{-}CH_2OH$. Los monosacáridos de cuatro átomos de carbono se denominan tetrosas, los de cinco, pentosas, y los de seis, hexosas.
La eritrosa y la treosa son tetrosas; entre las pentosas destaca la ribosa y entre las hexosas cabe citar la glucosa y la fructosa.
El monosacárido más importante y más ampliamente difundido en la naturaleza es la glucosa. La glucosa existe en dos formas cristalinas que no contienen grupos carbonilo, tal como se deduce de su espectro IR. Este hecho sugiere que ambas formas son los α y β hemiacetales correspondientes. La forma cristalina cuyo punto de fusión es 150 °C presenta una rotación óptica de + 18,7°. La forma cristalina cuyo punto de fusión es 146 °C presenta una rotación óptica de + 112°.
Cuando se disuelven ambas formas cristalinas en agua su rotación óptica evoluciona gradualmente hasta + 52,5°. Este cambio lento de rotación óptica recibe el nombre de **mutarrotación** y es debido a la interconversión de las estructuras hemiacetálicas de ambas formas cristalinas. La determinación total de la configuración de la glucosa fue efectuada en 1888 por el químico alemán **Fischer** (1852-1919).
La glucosa se encuentra libre en las frutas dulces y en ocasiones se le llama azúcar de uva por ser el mayor componente edulcorante de las uvas.

Disacáridos
El disacárido más importante es la sacarosa, que se emplea como azúcar de mesa. Se obtiene industrialmente a partir de la caña de azúcar y de la remolacha azucarera. Por hidrólisis ácida, la sacarosa se descompone en glucosa y fructosa, que son los monosacáridos que la forman. La sacarosa tiene una rotación óptica de + 66°.
En su hidrólisis ácida se produce una inversión de la rotación, que pasa a tener un valor negativo. Por este motivo, dicha reacción se conoce con el nombre de **inversión de la sacarosa**.
Otros disacáridos importantes son la mariposa, que está formada por dos unidades de glucosa y se tiene en la hidrólisis ácida de almidón. La celebiosa que se produce en la hidrólisis ácida de la celulosa y también está formada por dos unidades de glucosa, y la lactosa, un disacárido compuesta de galactosa y glucosa presente en la leche de todos los mamíferos.

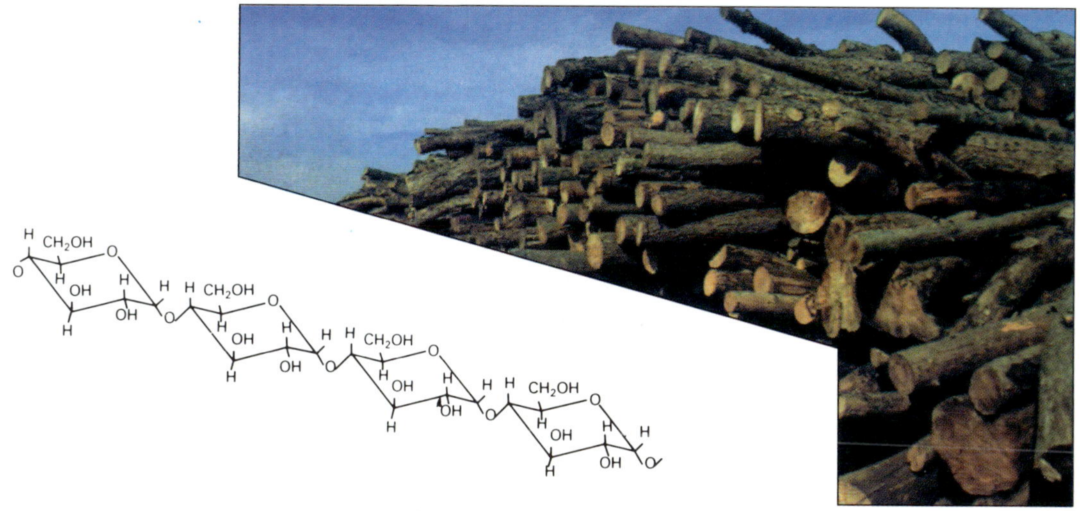

3

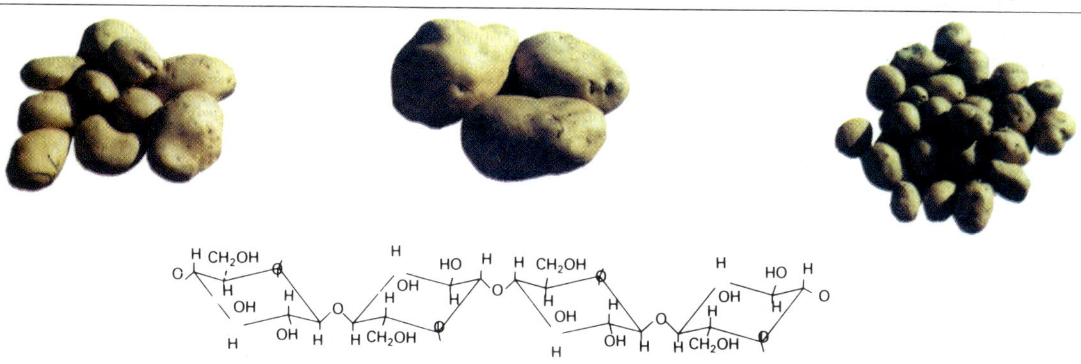

4

Polisacáridos
Los polisacáridos naturales más importantes son los almidones, cuya función consiste en almacenar energía en los seres vivos, y la celulosa, que constituye el material de sostén de muchos vegetales.
Los almidones están formados por la repetición de muchas unidades de glucosa. La milosa, un tipo de almidón, está formada por unas 250-300 unidades de glucosa. La amilopectina tiene una estructura ramificada constituida por más de 1.000 unidades de glucosa.
La celulosa está formada por unas 3.000 unidades de glucosa y su estructura no posee ramificaciones. La celulosa es insoluble en agua y se encuentra en la madera y en las fibras de algodón. El éster totalmente nitrado de la celulosa es el explosivo conocido vulgarmente con el nombre de **algodón pólvora**.

1. *El químico alemán Emil Fischer (1852-1920) investigó la química de los azúcares, sintetizando y estableciendo la estructura de la glucosa, fructosa y manosa. En 1902 recibió el Premio Nobel de Química.*

2. *La glucosa se denomina vulgarmente azúcar de uva por encontrarse en esta fruta en elevada concentración. Es el azúcar más difundido en la naturaleza. Industrialmente se obtiene por hidrólisis del almidón.*

3. *La celulosa es un polisacárido formado por unidades de glucosa que se encuentra en las partes leñosas de las plantas. Es el hidrato de carbono más abundante y el de mayor importancia industrial.*

4. *El almidón es un polisacárido que se encuentra en los cereales, patatas, y habas y guisantes. El almidón está formado por dos sustancias distintas: amilosa y amilopectina.*

Lípidos

Se denomina lípidos a las grasas, aceites y ceras naturales constituidas por ésteres de elevado peso molecular.
Las grasas y los aceites son ésteres formados por ácidos grasos superiores de 12 a 22 átomos de carbono y glicerol.
Estos ésteres se conocen generalmente como **glicéridos.** Las grasas y los aceites no son glicéridos sencillos, puesto que contienen ácidos grasos distintos distribuidos entre varias moléculas de glicéridos.
Los ácidos saturados más importantes que se obtienen al hidrolizar las grasas y los aceites son el láurico ($CH_3 - (CH_2)_{10} - COOH$), el palmítico ($CH_3 - (CH_2)_{14} - COOH$), y el esteárico ($CH_3 - (CH_2)_{16} - COOH$), aunque muchos ácidos carboxílicos usuales también se encuentran en las grasas. Así, por ejemplo, el ácido butírico es el responsable del típico olor de la mantequilla rancia.
Entre los ácidos insaturados más importantes que se obtienen en la hidrólisis de las grasas y de los aceites destacan el ácido oleico, que se extrae del aceite de oliva, el ácido linoleico y el ácido linolénico, que se obtienen a partir del aceite de linaza y de otros aceites secantes

$CH_3 - (CH_2)_7 - CH =$
$= CH - (CH_2)_7 - COOH$
Ácido oleico

$CH_3 - (CH_2)_4 - CH = CH - CH_2 -$
$- CH = CH - (CH_2)_7 - COOH$
Ácido linoleico

$CH_3 - CH_2 - CH = CH - CH_2 -$
$- CH = CH - CH_2 - CH = CH -$
$- (CH_2)_7 - COOH$
Ácido linolénico

Los aceites tienen un mayor contenido en glicéridos de ácidos grasos insaturados que las grasas.
Las ceras son mezclas de alcoholes, ácidos y alcanos superiores, aunque sus principales componentes son ésteres formados a partir de ácidos grasos de cadena larga y alcoholes superiores. Así, por ejemplo, el componente más importante de la cera de abejas es el palmitato de miriscilo,

$CH_3 - (CH_2)_{14} - COO -$
$- (CH_2)_{29} - CH_3$).

En los seres vivos se encuentran lípidos compuestos, que son ésteres complejos de ácidos grasos combinados con otras sustancias y que se clasifican en **fosfolípidos y cerebrósidos.**
La hidrólisis de los fosfolípidos origina alcoholes, ácidos grasos, ácido fosfórico y una base nitrogenada. Si la base nitrogenada es la colina, se obtienen las lecitinas; si la base es la hidroxietilamina, se tienen las cefalinas, y si además de colina se forma esfingosina y ácido lignocérico se obtienen las esfingomielinas.
Las cefalinas y esfingomielinas

$CH_3-(CH_2)_7-CH=CH-(CH_2)_7-COOH$ (H H sobre los carbonos del doble enlace)

Ácido oleico

1

$CH_3-CH_2-CH_2-COOH$

Ácido butírico

2

3

$CH_3-(CH_2)_{14}-C(=O)-O-(CH_2)_{29}-CH_3$

Palmitato de miriscilo

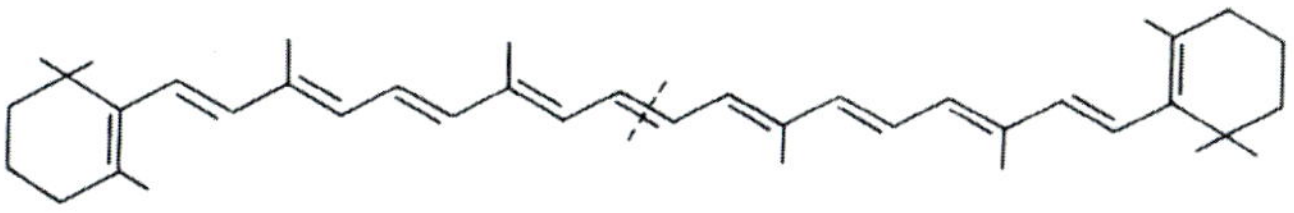

β-Caroteno (zanahorias)

se encuentran principalmente en el cerebro. Las lecitinas se localizan en el cerebro y en la yema de huevo.
Los cerebrósidos dan por hidrólisis un ácido graso de cadena larga, esfingosina y un azúcar, generalmente galactosa. Se encuentran en el tejido nervioso y en el cerebro.

Terpenos

Se denomina así a una serie de hidrocarburos complejos de fórmula general $(C_5H_8)_n$. Al irse conociendo las estructuras de los terpenos se comprobó que todos ellos podían descomponerse teóricamente en unidades de cinco átomos de carbono con el mismo esqueleto que el hidrocarburo isopreno:

$$CH_2 = \underset{\displaystyle CH_3}{\underset{|}{C}} - CH = CH_2$$

En realidad, los terpenos no se forman en la naturaleza a partir del isopreno, sino del ácido mevalónico,

$HOOC - CH_2 - CHOH -$
$- CH_2 - CH_2OH$.

El terpeno más abundante es el limoneno, que se encuentra en las esencias del limón, la naranja y el apio. Otros terpenos importantes son el mirceno, contenido en la esencia del laurel, y el pineno, que se encuentra en el aceite de trementina.
Derivados oxigenados de terpenos cíclicos son el mentol, el alcanfor y el 1,8-cineol, componente principal del aceite de eucalipto.

Carotenoides

Los carotenoides son una clase de terpenos ampliamente difundidos entre los vegetales y los animales.
Son de color amarillo, anaranjado o rojo a causa del gran número de dobles enlaces conjugados que poseen en su estructura.
Los carotenoides más importantes son el β-caroteno, que se encuentra en las zanahorias, y el licopeno, que se halla en los tomates.
Entre los mamíferos, el β-caroteno se oxida con considerable facilidad originando el aldehído llamado retinal.
El retinal desempeña un papel muy importante en el proceso de la visión.

Esteroides

Los esteroides son una familia de compuestos cuya estructura común es el sistema tetracíclico del perhidrociclopentano-fenantreno:

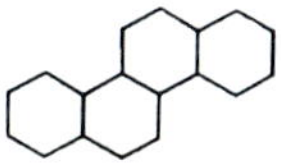

Perhidrociclopentano fenantreno

El esteroide más importante es el colesterol, que es un alcohol de fórmula $C_{27}H_{46}O$. El cuerpo humano sintetiza el colesterol y además lo absorbe de los alimentos a través de los intestinos, integrándolo en el torrente sanguíneo. Las concentraciones elevadas de colesterol, debidas a un exceso de grasa en la dieta, son un factor causante de las enfermedades arterioscleróticas.
Otros esteroides importantes son la cortisona, que es una hormona suprarrenal utilizada como antiinflamatorio, la testosterona, que es la principal hormona sexual masculina, la progesterona, que es la hormona sexual femenina que favorece la gestación, y los estrógenos, que provocan los ciclos menstruales y cuyos derivados, como el Enovid, se emplean como anticonceptivos orales.

4

1. *El ácido oleico es el principal componente de las grasas y aceites. El ácido oleico es el isómero cis y se transforma en el isómero trans (ácido elaídico) por acción del dióxido de nitrógeno.*

2. *El ácido butírico o butanoico se encuentra en forma de éster en la mantequilla. El ácido libre es el responsable del olor fuerte y desagradable de la manteca rancia.*

3. *El palmitato de miriscilo es el principal componente de la cera de abeja. Las ceras son ésteres de ácidos grasos superiores y alcoholes como el cetílico, carnaubílico y miricílico.*

4. *El caroteno se encuentra en la zanahoria, en la leche y en la sangre.*
Los organismos animales transforman el caroteno en vitamina A, por lo que al caroteno también se le denomina provitamina A.

Proteínas

Las proteínas son polímeros de α-aminoácidos unidos entre sí por uniones amídicas que reciben el nombre de enlaces peptídicos.

Durante la década de los cincuenta el químico estadounidense Miller reprodujo en su laboratorio las condiciones de la Tierra primitiva. Miller colocó metano, amoníaco, agua e hidrógeno e hizo saltar una chispa eléctrica en el interior de la mezcla para simular la iluminación solar. Al acabar el experimento, Miller encontró una serie de moléculas orgánicas, algunas de las cuales eran aminoácidos. Este hallazgo es muy importante si se tiene en cuenta que los aminoácidos son los constituyentes de todas las proteínas que, a su vez, son los compuestos esenciales de los seres vivos.

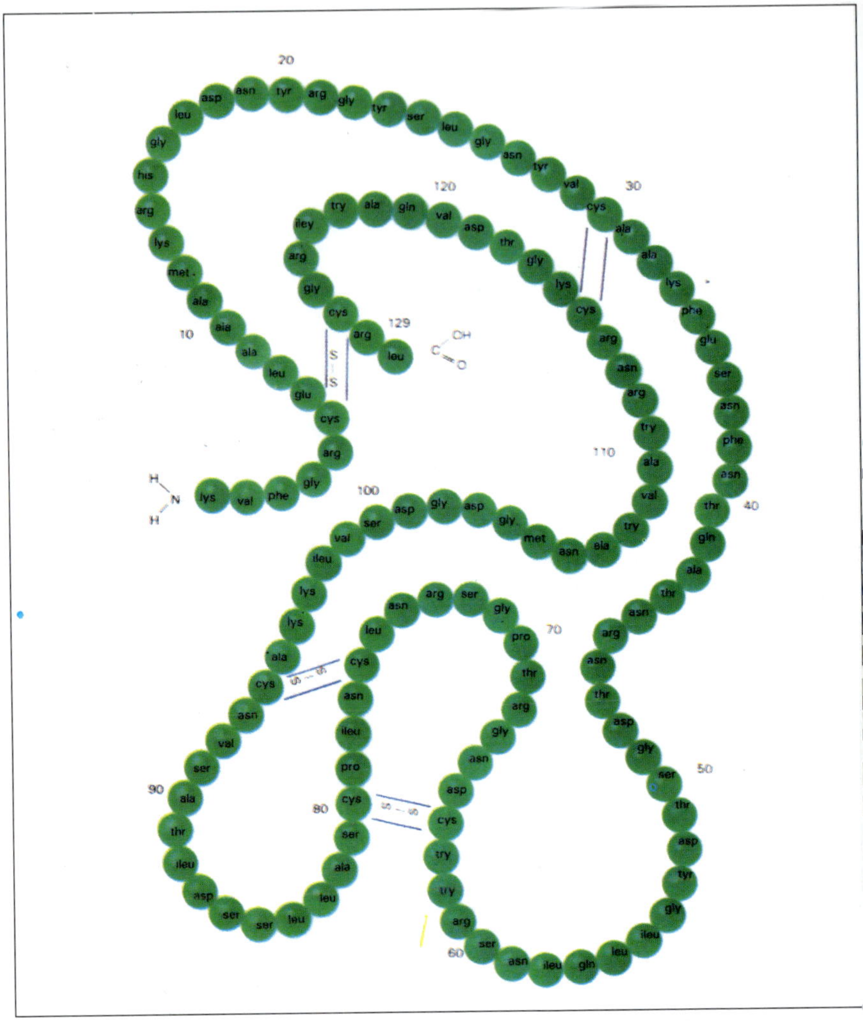

1

Aminoácidos

Los aminoácidos naturales (NH_2 - CHR - COOH) poseen generalmente el grupo amino en el carbono α del ácido carboxílico. Tan solo unos 20 aminoácidos de los aislados a partir de los seres vivos son componentes naturales de las proteínas. En la especie humana hay 8 aminoácidos esenciales que son indispensables en la dieta porque nuestras células no los pueden sintetizar. Estos aminoácidos son la valina (Val), leucina (Leu), isoleucina (Ile), treonina (Tre), metionina (Met), fenilalanina (Fen), triptófano (Tri) y lisina (Lis).

Los otros 12 aminoácidos, alanina (Ala), arginina (Arg), ácido aspártico (Asp), cistina (CiS-SCi), cisteína (CiSH), ácido glutámico (Glu), glicina (Gli), histidina (His), prolina (Pro), serina (Ser), tirosina (Tir), asparagina (AspN) y glutamina (GluN), encontrados en los productos bioquímicos derivados de los seres humanos, pueden ser sintetizados en las células a partir de sustancias sencillas que contengan carbono, hidrógeno, oxígeno y nitrógeno.

Los aminoácidos son sólidos de puntos de fusión elevados, solubles en agua e insolubles en disolventes orgánicos, puesto que contienen dos grupos polares, uno ácido (grupo carboxilo) y otro básico (grupo amino), por lo que se presentan como iones dipolares o **zwiteriones.** Si se colocan dos electrodos en una disolución de un aminoácido, para un pH dado, denominado **punto isoeléctrico,** no se producirá migración del aminoácido porque la concentración del anión y del catión son iguales.

Péptidos

Los péptidos son poliamidas de peso molecular inferior a 5.000. Al nombrar los péptidos, el extremo con el grupo amino libre se denomina N-terminal y el que tiene el grupo carboxilo libre se llama C-terminal.

Para determinar la estructura de un polipéptido se le hidroliza para obtener los aminoácidos que lo componen y a

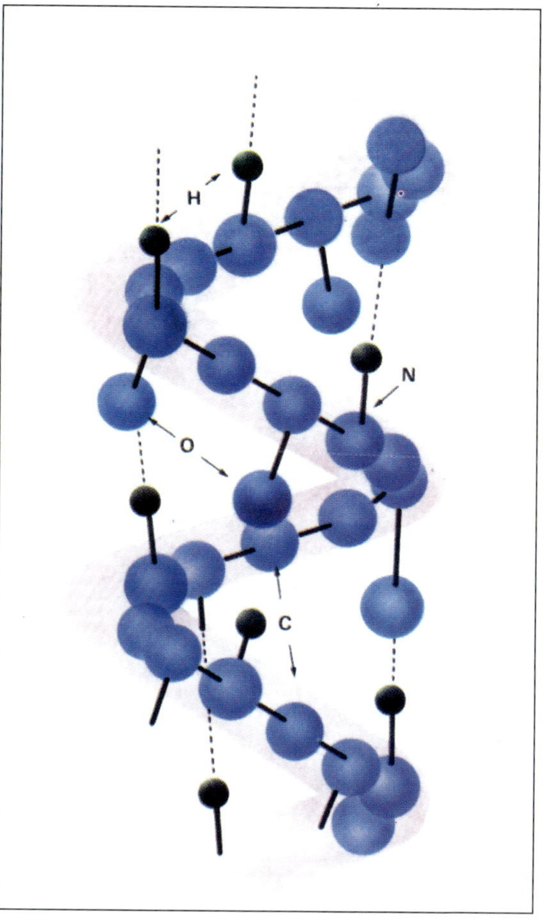

2

continuación se procede a determinar la secuencia de los aminoácidos en el polipéptido. El aminoácido N-terminal se determina por un procedimiento denominado **degradación de Edman**, que consiste en formar el N-feniltiocarbamil derivado por reacción con el isocianato de fenilo. Tratando el derivado obtenido con ácido acético se forma una tiohidantoína, que al ser identificada permite caracterizar el aminoácido N-terminal. Para determinar el aminoácido C-terminal se calienta el péptido con hidrazina anhidra, con lo que los enlaces amida de la cadena se transforman en hidrazidas. El aminoácido C-terminal se identifica como ácido libre, puesto que los demás aminoácidos se convierten en hidrazidas. La secuencia de los restantes aminoácidos del polipéptido se determina a partir de los fragmentos peptídicos obtenidos al tratar el polipéptido con diversos enzimas que, como la quimotripsina, atacan preferentemente aquellos enlaces peptídicos en los que el grupo carbonilo pertenece a un aminoácido determinado.

Proteínas

Las proteínas son iones dipolares anfóteros con puntos isoeléctricos característicos.
Aunque la estructura primaria o secuencia de aminoácidos que forma el esqueleto de la proteína, tal como puede apreciarse por ejemplo en el caso de la lisozima, está constituida por enlaces amida muy estables, las proteínas son reactivas debido a los grupos activos de las cadenas laterales.
La cristalografía de rayos X ha permitido estudiar las principales interacciones que tienen lugar en el esqueleto peptídico, originando la estructura secundaria de las proteínas. La más importante de estas interacciones se denomina hélice α y se produce a causa de la unión de grupos amida por puentes de hidrógeno. Otra interacción menos importante es la estructura β o estructura plegada de las proteínas fibrosas como la seda o el cabello.
La estructura terciaria de las proteínas viene determinada por la interacción de unas partes de la proteína con otras, mediante las cadenas laterales de los aminoácidos. La cristalografía de rayos X ha permitido determinar la estructura tridimensional real de la mioglobina, que es una proteína similar a la hemoglobina.
El último nivel de organización de las proteínas, denominado estructura cuaternaria, describe la unión de muchas subunidades para formar complejos más grandes, como el que se obtiene en el virus del mosaico del tabaco, donde se asocian muchas subunidades idénticas, de peso molecular 17.500, hasta formar la porción proteica del virus de peso molecular 41.000.000.

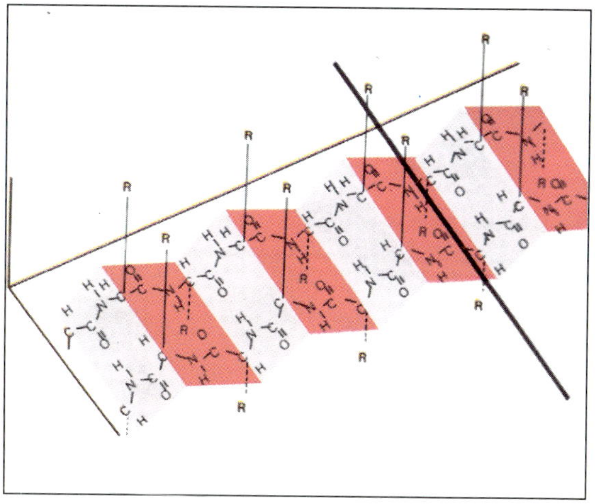

3

1. *Estructura primaria de la lisozima. Cada proteína presenta siempre el mismo orden en la secuencia de aminoácidos de su cadena polipeptídica. La lisozima está formada por 129 aminoácidos.*

2. *Estructura de la hélice α de una proteína. Hay 3,6 moléculas de aminoácidos por cada vuelta de la hélice. La estructura es estable a causa de los puentes de hidrógeno que se forman.*

3. *Estructura plegada o β de una proteína. Para formar esta estructura dos o más cadenas se colocan paralelamente y se unen mediante puentes de hidrógeno. Es muy frecuente en las proteínas fibrosas.*

Ácidos nucleicos

ARN

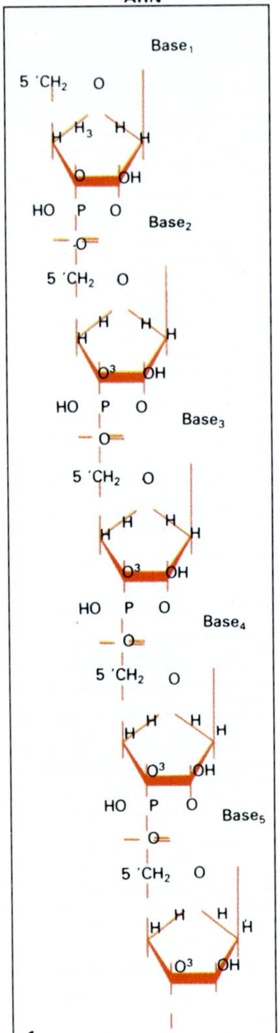

1

ADN

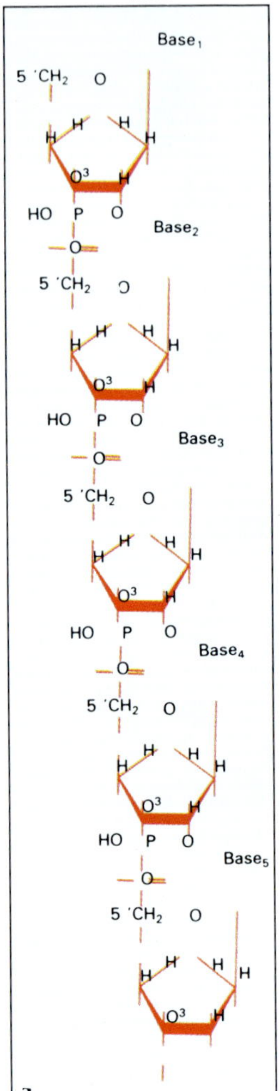

2

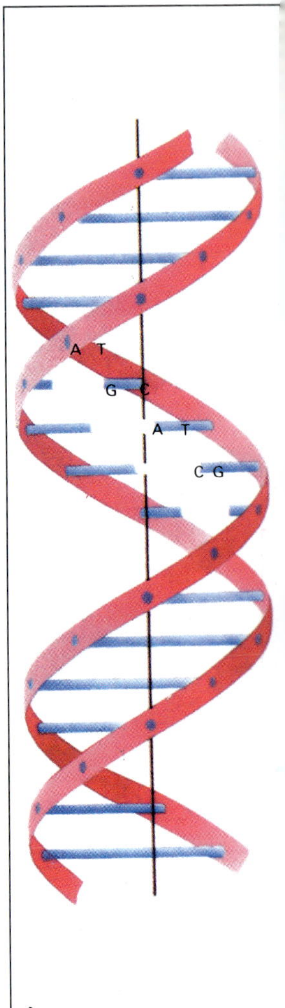

3

Los ácidos nucleicos son polímeros constituidos por unidades denominadas **nucleótidos.** Cada nucleótido, a su vez, está formado por tres moléculas: una base nitrogenada, un azúcar de cinco carbonos (una pentosa) y ácido fosfórico. Las bases nitrogenadas son derivados de la pirimidina [uracilo (U), citosina (C) y timina (T)] y de la purina [adenina (A) y guanina (G)]. Las pentosas son la ribosa, en el caso del **ácido ribonucleico (ARN),** y la desoxirribosa, en el caso del **ácido desoxirribonucleico (ADN)**. El ácido fosfórico (H_3PO_4) forma ésteres con los grupos -OH del azúcar para enlazar los segmentos nucleótidos.

La condensación de una molécula de la base con la pentosa apropiada origina una molécula llamada **nucleósido.**

El encadenamiento del ácido fosfórico a un nucleósido produce un nucleótido.

Los ácidos nucleicos son polímeros de condensación de los nucleótidos y se originan mediante enlaces de tipo éster entre el residuo de ácido fosfórico de un nucleótido y el grupo -OH del carbono número 3 de la pentosa del segundo nucleótido, obteniéndose estructuras polinucleótidas muy largas.

Las bases nitrogenadas del ARN y del ADN no son las mismas. En el ARN las bases son adenina, guanina, citosina y uracilo, mientras que en el ADN las bases son adenina, guanina, citosina y timina.

La secuencia de las bases nitrogenadas a lo largo de la cadena del ARN o del ADN constituye su estructura primaria. La secuencia de bases del ADN contiene información utilizada por las células para sintetizar sus propias proteínas características. Los datos de difracción de rayos X, obtenidos por la química inglesa Rosalind Franklin, permitieron deducir que el ADN posee una estructura secundaria formada por dos filamentos de ADN entrelazados en una **hélice doble,** estabilizada a causa de la interacción entre las bases nitrogenadas por la formación de enlaces de hidrógeno.

Los dos filamentos de ADN no son idénticos, sino que se complementan uno al otro, y es esta propiedad la que explica la repetición del ADN en la división celular.

En el momento de la reproducción celular, el ADN contenido en los cromosomas separa sus dos cadenas por ruptura sucesiva de los puentes de hidrógeno.

Las dos cadenas separadas sirven de molde para la construcción de otras dos cadenas complementarias a partir de los nucleótidos libres existentes en el núcleo. Ahora la célula ya se puede dividir, puesto que ya se han formado dos nuevas dobles hélices iguales a la inicial.

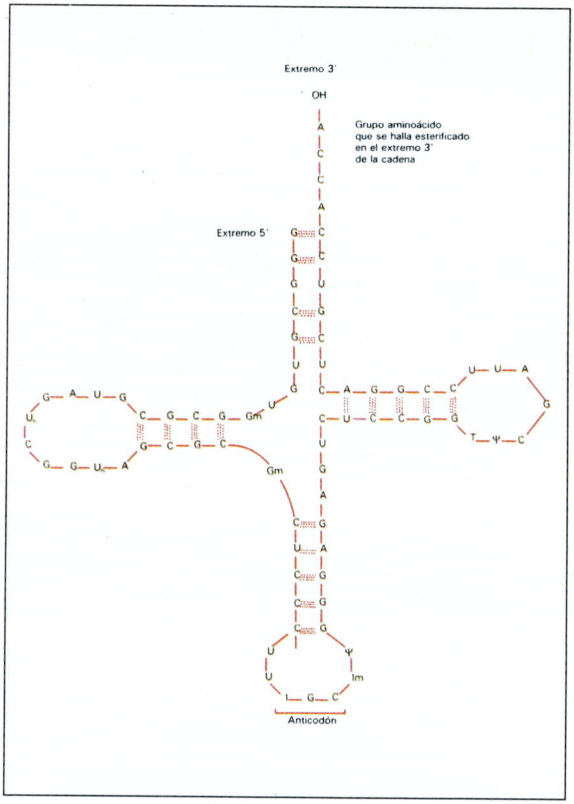

4

El proceso de formación de una nueva cadena viene programado por la secuencia de bases de la cadena inicial. Este proceso se llama **replicación**. La autoduplicación molecular es exclusiva del ADN.

Biosíntesis de las proteínas

La biosíntesis de las proteínas se produce fuera del núcleo de la célula, sobre la superficie de los ribosomas.

La función de copiar la información genética que se halla almacenada en el ADN del núcleo y llevarla hasta el ribosoma es efectuada por un ARN, denominado **ARN mensajero (ARN-m)**. Este proceso recibe el nombre de **transcripción** y tiene lugar porque parte de una cadena de ADN actúa como molde para la síntesis de una molécula de ARN-m, que consta de una sola cadena.

Cada triplete de bases del ARN-m determina la presencia de un determinado aminoácido. Ahora bien, como el aminoácido no tiene grupos que puedan interacionar con el triplete, se necesita la ayuda de un ARN, llamado **ARN de transferencia (ARN-t)**, que es específico para cada aminoácido. El ARN-t, que posee un triplete de bases, transporta a un aminoácido a la posición del ARN-m que tiene el triplete complementario. Los aminoácidos contiguos se van uniendo por enlaces peptídicos, mientras los ARN-t se van retirando.

De este modo se sintetiza toda la cadena de proteína codificada en el ARN-m. Este proceso recibe el nombre de **traducción.**

El código genético

Se denomina código genético al conjunto de correspondencias entre codones y aminoácidos. El código genético que dirige la inserción de los aminoácidos en el orden de sucesión apropiado en la cadena creciente del polipéptido consta de grupos de 3 bases denominadas **codones.**

Los aminoácidos son conducidos al lugar apropiado por el ARN-t, que es capaz de descifrar la clave.

Así, por ejemplo, el aminoácido glicocola viene especificado por cualquiera de los codones siguientes: GGU, GGC, GGA y GGG.

Algunos codones, tales como UAA, UAG y UGA, no corresponden a la clave de ningún aminoácido. Sin embargo, su misión es muy importante, puesto que son los encargados de terminar las cadenas del péptido.

Mutaciones

Cualquier factor que altere el orden de las bases en una molécula de ADN, alterará el ARN-m copiado de éste y producirá un cambio en la secuencia de los aminoácidos formados al emplear este ARN-m como modelo. Si esta alteración no resulta fatal para la célula, se produce una mutación capaz de transmitirse de una generación a otra.

Frecuentemente las mutaciones ocasionan estados patológicos, denominados **enfermedades genéticas,** puesto que el origen de la enfermedad está en el material genético de la célula.

Entre las enfermedades genéticas más conocidas destacan la hemofilia y la anemia falciforme.

La anemia falciforme, por ejemplo, se produce porque un residuo de ácido glutámico ha sido sustituido por valina en una de las cadenas de hemoglobina, alterando la estructura secundaria y terciaria de la proteína y reduciendo su capacidad para transportar oxigeno.

1. *Estructura polinucleótida del ARN. Los ácidos ribonucleicos están constituidos por cadenas de ribonucleótidos enlazadas covalentemente mediante puentes fosfodiéster.*

2. *Estructura polinucleótida del ADN. Los ácidos desoxirribonucleicos están formados por cadenas de desoxirribonucleótidos enlazados covalentemente mediante puentes fosfodiéster.*

3. *Estructura en doble hélice del ADN. Esta estructura fue deducida a partir de los datos de difracción de rayos X obtenidos por la química inglesa Rosalind Franklin en 1952.*

4. *Secuencia de bases del ARN-t-alanina de la levadura, deducida en 1965 por el bioquímico estadounidense Holley al escindir mediante nucleasas la cadena polinucleótida de 77 términos de dicho ARN-t.*

Industria química

Antes de que un proceso químico efectuado en el laboratorio llegue a convertirse en un proceso industrial debe ser estudiado minuciosamente en **plantas piloto**, para posteriormente ser implantado a gran escala una vez demostrada su **rentabilidad.** La fabricación de un producto se considerará rentable cuando su precio de coste, incluyendo los gastos de instalación y administración, sea inferior al precio de venta.

La industria química toma sus materias primas del aire (oxígeno, nitrógeno), del agua (hidrógeno), de la litosfera (carbón, petróleo, minerales) y de la biósfera (madera, grasas) para transformarlas en productos útiles para el hombre.

Todo proceso químico efectuado a escala industrial consta de las tres etapas siguientes: *a)* Preparación de las sustancias que van a reaccionar. *b)* Reacción propiamente dicha. *c)* Purificación de los productos obtenidos.

Las etapas anteriores se suelen descomponer en una serie de **operaciones básicas** que son aplicables a cualquier industria química, tales como la trituración y molienda de los materiales sólidos, el transporte de calor y de fluidos, la destilación de mezclas líquidas, la filtración, la sedimentación, la cristalización o la extracción de sustancias.

1

2

La industria química inorgánica

Los productos inorgánicos más importantes fabricados por la industria química son el ácido sulfúrico, el cemento, el vidrio y los metales (hierro, acero, aluminio, etc.).

El ácido sulfúrico es, sin duda, el producto inorgánico de mayor importancia industrial. El ácido sulfúrico se emplea, entre otras muchas aplicaciones, para producir abonos, detergentes, colorantes y fibras sintéticas.

El cemento, obtenido a partir de caliza y sílice, es un material imprescindible en la construcción de viviendas y en las obras públicas.

El vidrio es un silicato de sodio y calcio que tiene múltiples aplicaciones por su transparencia y por su resistencia a los agentes quimicos.

La industria metalúrgica es también muy importante. De los 79 elementos metálicos presentes en la litósfera, tan solo 24 resultan explotables desde el punto de vista industrial. El más utilizado, con mucha diferencia, es el hierro, seguido del aluminio, el cobre, el cinc y el plomo.

El hierro se obtiene en los altos hornos por reducción de los óxidos de hierro con carbón. Como materias primas se utilizan el mineral de hierro, el carbón, el mineral fundente y una gran cantidad de aire.

Para convertir el hierro en acero se disminuye su contenido en carbono hasta hacerlo inferior al 1,5%, y se le añaden otros metales para dotarlo de propiedades

especiales (resistencia, inoxidabilidad, etc.). La mayor parte del acero se lamina para reducir su espesor y el resto se dedica a fabricar barras y perfiles. El nivel de producción de la industria siderúrgica se suele tomar como un índice de la potencia industrial de una nacion. El aluminio es un metal muy valioso por su ligereza y resistencia y por ser buen conductor de la electricidad. Se emplea en la fabricación de cables de alta tensión y, aleado con pequeñas cantidades de cobre, manganeso y magnesio, para formar el duraluminio, muy utilizado en la industria aeronáutica.
El cobre refinado electrolíticamente se utiliza como conductor de la electricidad. El cobre también se utiliza para fabricar aleaciones como el bronce, que se utiliza para construir piezas resistentes al desgaste y a la corrosión.

La industria química orgánica
Los productos orgánicos industriales se obtienen por síntesis empleando muy pocas materias primas fundamentales: carbón, gas natural, petróleo, aire y agua. El carbón se utiliza como combustible, como reductor metalúrgico y para extraer productos químicos tales como el benceno, el tolueno, el xileno, el fenol y el naftaleno. El petróleo es una mezcla de hidrocarburos. La destilación fraccionada del petróleo origina la **industria petroquímica**, que fabrica muchos productos sintéticos, tales como el caucho artificial, detergentes, productos farmacéuticos, fertilizantes, tintes, pinturas y, sobre todo, plásticos y resinas sintéticas.
Otro tipo de industrias muy importantes son las papeleras. El papel se fabrica, fundamentalmente, a partir de la madera, aunque también se utilizan trapos viejos y papel usado.
La fabricación del papel a partir de la madera consta de las fases siguientes:
a) Transporte de la madera.
b) Obtención de la pulpa de la madera. *c)* Preparación de la pasta de papel. *d)* Formación del papel.
La pulpa se obtiene tratando la madera con agua recalentada a presión y luego con hidróxido de sodio y sulfuro de sodio para disolver la lignina. La pasta de papel se obtiene prensando la pulpa y lavándola para eliminar los residuos de hidróxido de sodio y sulfuro de sodio. El papel se forma secando la pasta de papel entre cilindros que, además, le dan el espesor deseado y posterior blanqueado con oxidantes enérgicos como el hipoclorito de calcio. Finalmente, al papel así obtenido se le añade alumbre para que no se corra la tinta al escribir, y dióxido de titanio para volverlo opaco.

3

4

1. *La industria del vidrio se remonta a épocas muy antiguas. Los fenicios ya comerciaban con el vidrio 1.000 años antes de Jesucristo. Por su resistencia y transparencia es insustituible en muchas aplicaciones.*

2. *La producción de la industria siderúrgica se emplea como indicador de la potencia industrial y del nivel de vida de un país. Una gran cantidad de hierro se usa para fabricar acero.*

3. *La industria petroquímica utiliza como materias primas los productos obtenidos en la destilación del petróleo para fabricar una gran variedad de productos sintéticos (plásticos, detergentes, abonos, etc.).*

4. *La industria papelera fabrica el papel a partir sobre todo de la madera. Las vías fluviales se utlizan con frecuencia para transportar los troncos de madera hasta las factorías papeleras.*

Indice analítico

GUÍA DE ESTUDIO

EVALUACIONES QUE NOS PERMITEN CONFIRMAR LO QUE HEMOS APRENDIDO DE QUÍMICA

1. ¿Que es el **acero**?
2. ¿Que son los **ácidos**?
3. ¿Qué significa **ADN**?
4. ¿Qué son los **alcanos**?
5. ¿Qué es una **aleación**?
6. ¿Qué es **alotropía**?
7. ¿Qué es una **amalgama**?
8. ¿Qué son las **aminas**?
9. ¿Qué son las substancias **anfóteras**?
10. ¿Que son las **bases**?
11. ¿Qué es **balanceo químico**?
12. ¿Qué fue lo que descubrió **Becquerel (Henry)**?
13. ¿Qué es el **benceno**?
14. ¿Qué es la **bioquímica**?
15. ¿Qué es un **catalizador**?
16. ¿Qué son los **cerebrósidos**?
17. ¿Qué es el **ciclotrón**?
18. ¿Qué es un **cloruro**?
19. ¿Que es la **condensación**?
20. ¿Qué es la **cristalización**?
21. ¿Qué es un **desecador**?
22. ¿Qué es un **dímero**?
23. ¿Qué es la **dinamita**?
24. ¿Qué es un **disolvente**?
25. ¿Qué es la **ductibilidad**?
26. ¿Qué es la **electrólisis**?
27. ¿Qué son los **electrolitos**?
28. ¿Qué son los **electrones**?
29. ¿Qué significa **elemento químico**?
30. ¿Qué es la **energía de activación**?
31. ¿Qué es un **enlace**?
32. ¿Cómo se expresa matemáticamente la **entalpía**?
33. ¿Qué es una **enzima**?
34. ¿Qué es el **fenómeno de flotación**?
35. ¿Qué es la **filtración**?
36. ¿De qué trata la teoría del **flogisto**?
37. ¿Que son los **fosfolípidos**?
38. ¿Qué es un **gas ideal**?
39. ¿De qué está formada la **gasolina**?
40. ¿Qué son los **glicéridos**?
41. ¿Que es la **glucosa**?
42. ¿Que es un **grupo químico**?
43. ¿Qué son los **halógenos**?
44. ¿Qué es la **hibridación**?
45. ¿Qué es la **hidratación**?
46. ¿Qué son los **hidrocarburos**?
47. ¿Cuál es la característica de los **hidrocarburos-alquenos**?
48. ¿Que es la **hidrólisis**?
49. ¿Qué es un **indicador**?
50. ¿Qué es un **inhibidor**?
51. ¿Qué son los **isómeros**?
52. ¿Qué son los **isótopos**?
53. ¿Qué son los **lantánidos**?
54. ¿Quién fue **Lavoisier**?
55. ¿Qué es la **levigación**?
56. ¿Qué son los **lípidos**?
57. ¿Qué es **masa crítica**?
58. ¿Qué diferencía al **mercurio** de otros metales?
59. ¿Qué son los **metales**?
60. ¿Qué es una **mezcla**?
61. ¿Qué es un **mol**?
62. ¿Qué es **molaridad**?
63. ¿Qué es una **mutación**?
64. ¿Qué es la **neutralización**?
65. ¿Qué es la **nicotina**?
66. ¿Qué es **nomenclatura química**?
67. ¿Qué es un **nucleótido**?
68. ¿Qué es **número atómico**?
69. ¿Qué es **número cuántico**?
70. ¿Qué es el **número de oxidación**?
71. ¿Qué es un **orbital**?
72. ¿Qué es el **ozono**?
73. ¿Qué es **peso atómico**?
74. ¿Qué otro nombe tiene el **peróxido de hidrógeno**?
75. ¿Cuál es la más usual de las **poliamidas**?
76. ¿Qué elemento descubrió **Priestley (Joseph)**?
77. ¿Qué son **propiedades químicas**?
78. ¿Qué son las **proteínas**?
79. ¿Qué son los gases **raros**?
80. ¿Qué es **reacción química**?
81. ¿Quién fue **Rutherford**?
82. ¿Qué son las **sales**?
83. ¿Qué trata la **siderurguia**?
84. ¿Qué es la reacción de **síntesis**?
85. ¿Qué es un **soluto**?
86. ¿Qué es la **sublimación**?
87. ¿Qué es la **tabla periódica** de los elementos?
88. ¿Qué son los metales **térreos**?
89. ¿Qué son los **terpenos**?
90. ¿Cuál es el significado de **T.N.T.**?
91. ¿Qué es la **turba**?
92. ¿Qué es la **valencia** de un elemento?
93. ¿Qué es la **velocidad** de reacción?
94. ¿Que son las **vitaminas**?
95. ¿Qué significa **vitriolo**?
96. ¿Qué es la **xantina**?
97. ¿Qué es la **yodación**?
98. ¿Qué expresa la **ley de conservación de la materia**?

RESPUESTAS DE QUÍMICA

1. **acero.** Es la composición de hierro y carbono, que se encuentra entre la proporción del hierro forjado y de la fundición.

2. **ácidos.** Son substancias que se obtienen al combinar químicamente un anhídrido con agua.

3. **ADN.** Ácido desoxirribonucleico. Es la substancia reguladora de la transmisión de la información genética durante la división celular.

4. **alcanos.** Son los hidrocarburos acíclicos, saturados y cuya fórmula general es $Cn\ H_{2n+2}$.

5. **aleación.** Es el producto metálico al solidificar la disolución de dos o más metales.

6. **alotropía.** Cualidad de algunas substancias, en la cual presentan distintos estados de agregación molecular, aunque sean los mismos átomos. Por ejemplo el diamante, el carbón mineral y el grafito, todos son átomos de carbono.

7. **amalgama.** Es la aleación formulada por mercurio y un metal puro, por ejemplo el oro, la plata, etc.

8. **aminas.** Compuesto orgánico derivado del amoniaco, por substitución de uno de sus hidrógenos con un alcohol.

9. **anfóteras.** Son las que pueden comportarse como ácidos bases.

10. **bases.** Son las substancias formadas por un óxido metálico que reacciona con agua.

11. **balanceo químico.** Valancear es equiparar el número de átomos de las substancias reaccionantes con los átomos de las substancias producidas, en una ecuación química.

12. **Becquerel (H.).** Descubrió que algunos elementos como el uranio emiten radiaciones de manera espontánea.

13. **benceno.** Es el hidrocarburo cíclico elemental de los compuestos aromáticos.

14. **bioquímica.** Es la rama de la biología que estudia las sustancias químicas en los seres vivos.

15. **catalizador.** Es una sustancia capaz de modificar la velocidad de reacción química, sin que intervenga en la reacción químicamente.

16. **Cerebrósidos.** Son lípidos formados por un ácido graso, esfingosina y un azúcar.

17. **ciclotrón.** Es un aparato, que en un reactor nuclear, acelera partículas subatómicas para dispararlas contra un blanco radiactivo.

18. **cloruro.** Es un compuesto que se obtiene de la reacción química de un halógeno con un metal.

19. **condensación.** Es un cambio de estado de un gas a líquido.

20. **cristalización.** Es un método para separar mezclas, solidificando en cristales el soluto por evaporación del solvente.

21. **desecador.** Es un aparato que absorbe la humedad cuando se realiza una reacción.

22. **dímero.** Es el producto obtenido de la unión de dos partículas iguales.

23. **dinamita.** Es una mezcla explosiva de nitroglicerina y una sustancia porosa como la arcilla, para que la absorba, sin que pierda su poder.

24. **disolvente.** Es la sustancia que se encuentra en mayor proporción en una disolución.

25. **ductibilidad.** Es la capacidad de deformacíín elástica de un metal, para poder ser estirado en alambres.

26. **electrólisis.** Es el conjunto de reacciones químicas que se llevan a cabo en los electrodos, provocados por el paso de la corriente eléctrica.

27. **electrolitos.** Son las sustancias que conducen la electricidad, y están disueltas o fundidas para realizarlo.

28. **electrones.** Son partículas componentes de los átomos con masa 9.108×10^{-28} g de carga eléctrica negativa 1.602×10^{-19} C.

29. **elemento químico.** Es una sustancia que no puede descomponerse por medios químicos en otra más simple.

30. **energía de activación.** Es la mínima energía necesaria para producir un choque de átomos o moléculas.

31. **enlace.** Es la unión entre átomos para completar la última capa o nivel de los mismos.

32. **entalpía.** Entalpía Hi es: H = U + PV. Siendo U la energía interna, P la presión y V el volumen.

33. **enzima.** Compuesto químico de naturaleza protéica, que acelera las reacciones químicas en el organismo.

34. **flotación.** Proceso físico utilizado en metalurgia, consistente en mezclar con agua el mineral, dividirlo y posteriormente inyectar aire para arrastrar la mena adherida a las burbujas de aire.

35. **filtración.** Es un método de separación de la mezcla entre un sólido y un líquido.

36. **flogisto.** Era la sustancia que para los alquimistas inflamaba a los combustibles.

37. **fosfolípidos.** Son lípidos formados por alcoholes, ácidos grasos, ácido fosfórico y una base nitrogenada.

38. **gas ideal.** Es el gas que a condiciones normales de temperatura, presión y volumen ocupa 22.4 litros por mol.

39. **gasolina.** Está formada de alcanos con 7,8 ó 9 átomos de carbono. Se obtiene de la destilación del petróleo de 70 a 200 grados centígrados.

40. **glicéridos.** Son ésteres que están compuestos de ácidos grados de 12 a 22 átomos de carbono y glicerol.

41. **glucosa.** Es el azúcar más difundido en la naturaleza. Industrialmente se obtiene por hidrólisis del almidón.

42. **grupo químico.** Es la manera de clasificar a los elementos de acuerdo a sus propiedades físico-químicas. Los elementos de un grupo tienen propiedades similares.

43. **halógenos.** Es un grupo de elementos muy electronegativos, y que reaccionan con los metales formando sales.

44. **hibridación.** Es la mezcla de dos o más orbitales puros.

45. **hidratación.** Es el proceso en el cual, a medida que un soluto se disuelve en agua, los iones suspendidos se rodean de moléculas de agua.

46. **hidrocarburos.** Son los compuestos formados por carbono e hidrógeno.

47. **hidrocarburos-alquenos.** Los alquenos tienen una doble ligadura al menos en su estructura.

48. **hidrólisis.** Es la disociación de las moléculas de agua utilizando procesos físicos.

49. **indicador.** Es la sustancia que determina el grado de acidez o de alcalinidad de una solución.

50. **inhibidor.** Es una sustancia, cuya presencia interfiere la del catalizador, reduciendo su efectividad.

51. **isómeros.** Son los compuestos con igual composición química, pero distintas propiedades físicas.

52. **isótopos.** Son átomos con el mismo número atómico, pero de distinta masa atómica.

53. **lantánidos.** También llamados tierras raras, son los elementos comprendidos entre el 57 y 71 números atómicos.

54. **Lavoisier.** Antoine Laurent Lavoisier, científico francés del siglo XVII considerado el padre de la química, por los procedimientos que utilizó.

55. **levigación.** Es el proceso físico empleado en metalurgia, consiste en colocar el mineral en una corriente de agua, para separar la mena de la ganga y aprovechar su distinta densidad.

56. **lípidos.** Compuesto orgánico formado por carbono, hidrógeno y oxígeno, insoluble en agua, formado por un alcohol, ácidos grasos y glicerina.

57. **masa crítica.** Es la cantidad mínima de uranio 235, para que se realice la fisión.

58. **mercurio.** Que es el único metal líquido.

59. **metales.** Son los elementos de electrovalencia positiva, buenos conductores de la electricidad, del calor y que reaccionan con el oxígeno formando óxidos.

60. **mezcla.** Es la combinación de dos o más sustancias que se pueden separar por medios físicos.

61. **mol.** Es el valor de la masa atómica o molecular expresado en gramos. El número de átomos de un mol es 6.023×10^{23} (número de Avogadro).

62. **molaridad.** Es el número de moles de soluto por litro de disolvente, presentes en una solución.

63. **mutación.** Es la alteración en la base estructural del ADN o RNA.

64. **neutralización.** Es la reacción química entre un ácido y una base, para formar agua y la sal correspondiente.

65. **nicotina.** Es un alcaloide derivado de la piridina que se encuentra en el tabaco.

66. **nomenclatura.** Es la manera de nombrar a los compuestos y elementos químicos utilizando reglas particulares y definidas.

67. **nucleótido.** Son las unidades básicas de los ácidos nucleícos.

68. **número atómico.** Es el número de protones en un átomo.

69. **número cuántico.** Es el número que determina un parámetro para la probable localización de un electrón y en conjunto forman los números cuánticos.

70. **oxidación.** Es el valor que determina la cantidad de electrones que un átomo pierde en un proceso químico.

71. **orbital.** También llamado reempe, es la región del espacio donde probablemente se localiza un electrón.

72. **ozono.** Es una de las formas alotrópicas del oxígeno.

73. **peso atómico.** Es el número de protones más el número de neutrones en un átomo.

74. **peróxido de hidrógeno.** Es el agua oxigenada.

75. **poliamidas.** Por su uso industrial y textil es el Nylon.

76. **Priestley (J.).** Descubrió el oxígeno en 1774.

77. **propiedades químicas.** Son las propiedades donde intervienen las reacciones que propician un cambio en la estructura atómica del elemento o compuesto.

78. **proteínas.** Compuesto cuaternario formado por carbono, hidrógeno, oxígeno y nitrógeno, su estructura es la combinación de distintos aminoácidos.

79. **raros.** También llamados gases inertes o nobles, son los elementos del grupo VIII-A, de la clasificación periódica, no reaccionan con otros elementos por tener completa su última órbita.

80. **reacción química.** Es el proceso químico mediante el cual dos o más sustancias al combinarse forman otras con distintas propiedades químicas.

81. **Rutherford.** Ernst Rutherford (1871-1937). Físico inglés, elaboró el primer modelo atómico y descubrió la partícula alfa. Premio Nobel en 1908.

82. **sales.** Son las sustancias que se obtienen de la combinación de un ácido y una base, además del agua.

83. **siderurgia.** Es la metalurgia del hierro.

84. **síntesis.** Es la reacción química donde dos o más sustancias se integran para formar una sola.

85. **soluto.** Es el componente o componentes de cualquier disolución, pero son lo que no se aprecian a simple vista.

86. **sublimación.** Es el cambio de estado físico, donde las moléculas de una sustancia pasan directamente del estado gaseoso al sólido, o viceversa.

87. **tabla periódica.** Es la clasificación de los elementos químicos de acuerdo a sus propiedades.

88. **térreos.** Se les llama así a: aluminio, boro y galio.

89. **terpenos.** Son los hidrocarburos complejos de fórmula $(C_2H_8)n$.

90. **TNT.** Significa Trinitrotolueno y es un derivado explosivo del tolueno.

91. **turba.** Es un derivado del carbón mineral que contiene restos fósiles.

92. **valencia.** Es la ganancia o pérdida de electrones en un proceso químico.

93. **velocidad.** Es la razón de la variación de la concentración de un reactivo o del producto de una reacción, con respecto al tiempo.

94. **vitaminas.** Sustancias orgánicas formadas principalmente por aminas, solubles en agua y alcohol, pero inestables a la luz intensa.

95. **vitriolo.** Su significado es sulfato, aun cuando al ácido clorhídrico se le llamaba vitriolo verde.

96. **xantina.** Es una sustancia de la cual se obtiene la cafeína.

97. **yodación.** Debido a su propiedad de antiséptico se utiliza el yodo como desinfectante, a este procedimiento se le llama yodación.

98. **ley de la conservación de la materia.** La materia no se crea, ni se destruye, únicamente se transforma.

TEMATICA ILUSTRADA VISUAL SIGLO XXI

ECOLOGIA

EUROAMERICANA
DE EDICIONES INTERNACIONAL S.A.

I.S.B.N.: 84-95656-03-5 (Obra Completa)
Producido por Ediciones Dafne, S.L.
Printed In Spain

Octubre 2001

ECOLOGÍA

Contenido

Introducción

El sentido de la ecología

Si tomamos un punto de vista simple y nos remontamos al pasado, veremos que lo que hoy es la ecología, como un conjunto de normas, leyes y condiciones que rigen la interacción entre seres vivos y su entorno, ya existía al comienzo de la vida.
La vida es resultado de las condiciones imperantes en el planeta desde su origen. Éstas condiciones conformaron a los seres vivos creando su medio de vida. El medio físico modeló la materia orgánica formando plantas y animales.
Los organismos capaces de subsistir del medio sobrevivieron, los que pedian más desaparecían, y los que no se adaptaron a los cambios del medio.
Una población sana de depredadores, por ejemplo una manada de lobos vivirá en su medio y se alimentará de ciervos o muflones que capture por tiempo ilimitado.
La naturaleza introduce mecanismos reguladores, (limitando la población de lobos), reduciendo el número de los que alcanzan la edad reproductora y limitando así el número de ejemplares de la manada al transcurrir el tiempo. Si los lobos se reproducen en exceso y exterminan a sus presas, morirán sin remedio.
El hombre también ha estado sometido a la naturaleza, aunque en su evolución se ha sustraído a los efectos del medio. Esa progresiva independencia respecto a algunos condicionantes del entorno, le ha hecho olvidar, las leyes vitales que para animales y plantas, como para el hombre primitivo han sido innatas.

Antecedentes históricos.

Por coincidencia la ecología, ciencia que estudia las interacciones de los seres vivos con su medio, inició su andar cuando la acción humana sobre el medio ambiente tomó proporciones notables, cuyas consecuencias no disminuyen desde entonces.
En 1869 el biólogo alemán Ernst H. Haeckel definió a la ecología como ciencia. Sin embargo, su temática fue estudiada por otros naturistas antes de darle nombre.
Las similitudes en los ecosistemas y las especies que los habitan se manifestó de manera inconciente, en los nombres que los exploradores españoles como José de Acosta y otros dieron a plantas y animales que encontraron en América.
Para designar plantas usaron nombres de especies conocidas en Europa y por su aspecto y entorno que correspondían con aquéllas. El botánico Linneo en el siglo XVIII observó la relación entre las características del medio y la distribución de especies vegetales que crecen en él.
Más tarde, los naturistas y viajeros, Alexander von Humboldt a principios del siglo XIX, y Charles Darwin, realizaron estudios designados como de ecología.

El ámbito de la ecología

Al estudiar la totalidad de los seres vivos y su medio, la ecología acude necesariamente a casi todas las ciencias naturales. No extraña, pues, que la geografía, la geología, la etología, la bioquímica, la meteorología o la demografía, afecten a la ecología, y que el ecólogo recurra a los conocimientos de estas ciencias para llevar a cabo sus estudios.
Separada en sus inicios en una ecología de animales y otra de plantas, esta ciencia ha ido refundiéndose en el curso de los años hasta la actual ecología de síntesis.
La ecología trata de abstraer principios generales, válidos en todo los ecosistemas, de los datos proporcionados por las ramas científicas a las que acude y de los resultados de sus investigaciones.
Las interrelaciones de los organismos y el medio en que viven se estudian partiendo de dos puntos: el individual, por especie y el general, de relaciones mutuas.
Al estudiar una especie u otra entidad taxonómica, sus exigencias vitales y su adaptación a los factores del entorno en que vive, se habla de **autoecología**.
Si el objeto de estudio son las relaciones entre los organismos (animales y plantas) como una comunidad que vive en un ambiente concreto, se trata entonces de **sinecología**.

1

1. *La ecología estudia la relación de los animales y las plantas con el medio en que habitan, las relaciones entre las distintas especies y el desarrollo del conjunto formado por el medio y los seres vivos.*

2

3

4

5

2. *La destrucción de la naturaleza, como sudece por ejemplo en los incendios forestales, perturba el equilibrio natural de los ecosistemas y al desplazar a las especies naturales lo degrada.*

3. *La contaminación de las aguas no sólo destruye la flora y la fauna que habitan en ellas sino que, a más largo plazo, llaga al mar y sus efectos se extienden por toda la tierra al tiempo que se acumulan.*

4. *El agua, fuente de vida para todos los organísmos, configura el aspecto físico de los ecosistemas y constituye el medio más extenso del planeta. Sus pobladores están sometidos a condiones especiales.*

5. *Al ser la existencia de cada especie, animal o vegetal, el resultado de un proceso evolutivo y del equilibrio alcanzado, su estudio en ecología es también global y no puede aislarse del medio en que está.*

La luz y la energía

Generalidades

La luz es un factor ecológico esencial en todo estudio de los ecosistemas ya que es la fuente principal de energía que llega al planeta desde el sol. Regula la existencia y los ciclos de los distintos organismos, limitándolos.

Luz

La luz visible (de 360 a 760 nm de longitud de onda) supone aproximadamente la mitad de energía solar que llega a la tierra.
Su distribución depende de la nubosidad de la zona y el tiempo de permanencia de ésta, así como de la vegetación del medio. Por ejemplo, en un pinar, la luz que llega al suelo se reduce a la mitad, y en un encinar oscila entre un tercio y un décimo. En los bosques caducifolios de robles, hayas y castaños, la cantidad de luz en el suelo varía en el año, siendo mayor en invierno, cuando los árboles están desprovistos de hojas, y un mínimo en verano, cuando el follaje alcanza su máximo desarrollo y densidad.
En las aguas, como lagos y mar, la distribución de luz sigue un esquema regular en función de la cantidad que llega a la superficie y el grado de transparencia. En mares muy transparentes la luz llega casi a 400 metros de profundidad aunque la vida vegetal se encuentra en los 50 primeros metros. La luz es la base en la existencia de las plantas fotosintéticas, que forman el escalón primero de la pirámide ecológica y, por tanto, el sustento de todos los organismos animales.

1

Importancia de la luz para los animales

Sin considerarla como generadora de materia orgánica en las plantas y por tanto de alimento, la luz es un regulador para muchas especies animales, en especial terrestres.
El plancton marino se desplaza a diario verticalmente, ascendiendo o descendiendo según la luminosidad superficial.
Los insectos se protegen de la radiación solar con sus caparazones de quitina y muchos vertebrados, en especial mamíferos, llevan pigmentación en la piel que les protege contra esa acción.
Animales, como las lombrices de tierra, viven bajo la superficie en un medio húmedo, pueden morir si se exponen a los rayos solares, aunque conserven la humedad.
Muchos mosquitos se enjambran cuando la luminosidad desciende un cierto valor, que se alcanza al momento de la puesta de sol.
La duración relativa de las horas de luz induce en muchas especies, lo mismo que el descenso de temperatura, el inicio de la hibernación o la migración hacia los cuarteles de invierno.
La luz estimula también la producción de hormonas sexuales y alcanza niveles para cada especie, que provoca el comienzo o el final de la época reproductora.

La energía

La luz no es la única forma de radiación solar que llega a la tierra. Además de ella, por la atmósfera penetran desde ondas de radio hasta rayos gamma, pasando por luz ultravioleta o infrarroja. Ésta última es pobre en energía, mientras que la primera es muy energética.
La energía también es un factor ecológico importante por limitar la viabilidad de algunas reacciones bioquímicas y por influir sobre el material genético (las radiaciones ultravioleta pueden provocar cambios en el ADN). En los inicios de la tierra, esta acción limitadora fue esencial para el curso de la evolución y el principio de la vida.
Sin embargo, no es el sol la única fuente energética que influye sobre los seres vivos. La radioactividad natural del planeta (y la creada por el hombre) o las fuentes térmicas son ejemplos de estas otras energías para los seres vivos.

El calor y la temperatura

El calor es la energía debida a la radiación solar, su manifestación es la temperatura. La distribución de la temperatura en el planeta es un factor ecológico importante en la existencia de los organismos en especial animales. Éstos últimos han creado mecanismos especiales para protegerse.
La temperatura es, esencial para las reacciones bioquímicas en los seres vivos.

1. *Las plantas son los únicos organismos capaces de aprovechar la energía procedente del Sol. El ser humano intenta emularlas mediante fotocélulas, que producen energía suficiente para las necesidades básicas de pequeñas unidades de vivienda.*

2

3

2 *Las estaciones del año son variables en función de la latitud, y su duración, con períodos de oscuridad total en los polos, es un factor que, con la temperatura, determina la distribución de los vegetales.*

3 *La alternancia y la duración del día y la noche, la presencia o ausencia de luz, es un mecanísmo regulador de la fisiología de la mayoría de las especies, de sus costumbres y de su propio aspecto.*

4 *Los reptíles necesitan la energía solar. Al ser animales de sangre fría, su metabolismo está en función de la temperatura ambiente. Poniéndose al Sol o a la sombra regulan la cantidad de energía recibida.*

4

La atmósfera

Generalidades

Aunque la masa gaseosa que rodea nuestro planeta se extiende hasta 400 km. sobre la superficie, la zona propicia para la vida se limita a los 5 ó 6 km. primeros.
Los organismos de alturas superiores están allí transitoriamente, ya que la mayoría de seres vivos están ligados en mayor o menor medida al suelo.
La atmósfera actual, está formada por nitrógeno (78.0%), oxígeno (20.94%), argón (0.93%) y anhídrido carbónico (0.03%), también cantidades menores de otros gases (helio, metano, criptón, ozono, etc.).
Su estado y composición actuales han condicionado a través del tiempo la evolución de los animales y plantas. Éstos, incluído el ser humano, necesitan aire para vivir, su anatomía y fisiología se han adaptado estrechamente a éste.
Por tanto cualquier cambio atmosférico puede tener graves consecuencias para su supervivencia.

Los componentes de la atmósfera

Hemos visto químicamente, los principales elementos que componen la atmósfera terrestre. Sin embargo no son los únicos elementos importantes ecológicamente hablando.
Otros constituyentes importantes son el agua, los sólidos en suspensión y, en cierta medida, el aeroplancton.
Aunque el **nitrógeno** ocupa más o menos tres cuartas partes de la atmósfera, es un gas que las plantas absorben como amoníaco o a través de bacterias nitrificantes.
El **oxígeno** es imprescindible para los seres aerobios, que lo toman del aire o del agua en la que se encuentra disuelto. Las plantas lo elaboran como producto de desecho en la fotosíntesis.
El **agua**, ya sea como vapor líquido (lluvia) o sólido (nieve), es un componente importante de la atmósfera, influyendo decisivamente en la supervivencia de plantas y animales. La cantidad de agua en el aire en forma de vapor es la **humedad** (**absoluta** o **relativa** según se mida).
Los **materiales sólidos** suspendidos en la atmósfera pueden ser orgánicos (restos de organismos) o inorgánicos (polvo), la cantidad y composición condicionan la vida en el planeta.
El **aire** lleva en suspensión miles de partículas producidas por el ser humano (origen antropógeno).
El humo de incendios puede oscurecer el día, y en áreas industriales el aire contiene residuos tóxicos de todo tipo.

La humedad del aire y las plantas

Entre 60 a 85% del peso de una planta es agua. Pero el equilibrio hídrico de ésta no sólo depende del agua disponible en el suelo, sino también de la cantidad que pierde por evaporación. Esto depende de la humedad del aire.
Si el suelo alberga cierto grado de humedad pueden crecer plantas, pero la dureza de las condiciones en la superficie sólo permite crecer a especies capaces de retener la escasa humedad recogida.
La evolución ha originado los cactos, que almacenan agua, y al reducir las hojas a espinas impiden la perdida del líquido por transpiración.
En otro extremo de adaptación están los árboles, las lianas, las epifitas y las especies que forman la selva tropical lluviosa, que medran en un medio, en que las lluvias constantes, la niebla y la humedad relativa del aire hace innecesarios los mecanismos destinados a retener o impedir su pérdida por evaporación.

La humedad del aire y los animales

En los animales, la capacidad de mantener en ciertos niveles el porcentaje de agua en sus tejidos es tan importante como en las plantas. Al alimentarse de sustancia orgánica elaborada y no depender de la cantidad de agua del suelo, es la humedad del aire la que condiciona su capacidad de supervivencia.
Entre las especies terrestres, hay algunas (como anfibios y varios invertebrados) cuya piel permite en alguna medida la respiración del animal y, por tanto, es muy activa en el intercambio de agua con la atmósfera.
Las ranas o las lombrices, necesitan vivir en ámbitos húmedos, y las últimas sólo salen a la superficie cuando el aire es húmedo.
Las pérdidas de agua por transpiración, respiración, etc., se compensan por aportes equivalentes: los animales beben, pero en muchos casos es suficiente el agua de sus alimentos para compensar dichas pérdidas.

1

1. *La atmósfera es un medio dinámico cuyas masas de aire están en constante movimiento, es un factor ecológico muy importante para todos los organismos vivientes que pueblan la superficie del planeta.*

3

2

4

5

2 *La capa de aire que envuelve al planeta contiene oxígeno, de vital importancia, y otros gases (nitrógeno, 80%. anhídrido carbónico y diversos elementos inertes) y vapor de agua.*

3 *Las nubes recogen el vapor de agua procedente de la superficie del suelo, los ríos y los mares, y después, cuando llueve, devuelven ese agua a otros lugares, con lo que se cierra el ciclo de este elemento.*

4 *La atmósfera es un medio dinámico cuyas masas de aire están en constante movimiento. Este efecto, el viento, es un factor ecológico muy importante para todos los organismos vivientes que pueblan la superficie del planeta.*

5 *El viento arrastra en suspensión partículas sólidas de diverso tamaño que ejercen una acción erosiva variable. La erosión eólica puede configurar el paisaje e impone condiciones muy duras a los organismos.*

El agua

Generalidades

La envoltura líquida del planeta, la **hidrosfera**, es el medio original en que surgió la vida. Todo organismo reproduce en alguna medida en sus células, en el plasma, ese medio original. Los océanos y mares engloban la mayor parte del agua del planeta, también en forma de vapor, precipitaciones o hielo se presenta en otros puntos y desempeña un papel ecológico importante.

Propiedades físicas y químicas del agua

Su **densidad** es 775 veces superior a la del aire y su viscosidad 100 veces mayor. Estos parámetros disminuyen al aumentar la temperatura: por ejemplo, la viscosidad de 0 °C es doble que a 25 °C. La viscosidad es la fuerza que se opone al movimiento de los cuerpos en el agua.

La **salinidad** constituye una barrera que permite distinguir entre organismos marinos y dulceacuícolas. Su valor oscila entre 0.05% en arroyos de montaña y 35% en océanos.

La **presión** del agua aumenta con la profundidad y es un factor limitante para las especies, el principal componente de las aguas de mar son los cloruros, y en aguas dulces son carbonatos, como el bicarbonato potásico. Además ambos tipos de agua contienen sustancias en suspensión.

El agua como medio para la comunicación

A diferencia de tierra firme, donde la vista es uno de los principales órganos sensoriales para muchos animales (por ejemplo aves), en el agua la visión se limita a algunos metros en condiciones favorables. El olfato y el gusto son importantes para los organismos acuáticos y, están dotados de órganos receptores perfeccionados; muchos peces llevan papilas gustativas en su epidermis, como el tiburón, y otros disponen de barbilones para detectar a su presa en el fondo turbio del lodo.

Por las características del medio acuático, los sonidos se propagan a gran velocidad (aprox. 1450 m/s), frente a los 335 m/s del aire. Numerosos cetáceos han desarrollado una serie de llamadas sónicas que, al parecer, sirven para informar y mantener contacto con individuos separados muchos kilómetros.

El movimiento en el medio líquido

Los organismos planctónicos más simples se mantienen por suspensión pasiva en el agua, mediante incorporación a su cuerpo de sustancias de peso específico inferior al del agua o gracias a la presencia de huecos con gas, que actúan como flotadores. Otros organismos disponen de cilios, flagelos y apéndices con que realizan movimientos voluntarios y buscan alimento en zonas más favorables. La locomoción en animales de mayor tamaño vertebrados (peces y cetáceos) plantea problemas especiales. En los cetáceos, la propulsión se realiza por oscilaciones de la columna vertebral, incluyendo la cola, las aletas sirven como elementos de dirección y estabilidad en el medio.

La circulación y el movimiento de las aguas

Los **ríos** presentan movimiento constante del agua, condicionado por la orografía de la cuenca fluvial. Según se acerca a su desembocadura, disminuye la intensidad de la corriente al tiempo que aumenta el caudal hídrico. En los **lagos** se producen movimientos de circunvalación y desplazamientos verticales de las capas de agua en el curso del año. Cuando son muy grandes, existen movimientos superficiales en forma de olas, similares a las de los océanos. Sin embargo, el ciclo anual de los lagos depende del clima de la región en que se encuentre.

En los **océanos** se distinguen las corrientes **superficiales** y **profundas**, las primeras son consecuencia de vientos dominantes en la zona y se ven sometidas a las variaciones de éstos. Por ejemplo, en el océano Índico los monzones hacen que las corrientes superficiales de verano sean opuestas a las de invierno. Las variaciones en densidad, temperatura y salinidad son factores que provocan desplazamientos de agua y, por consiguiente, la aparición de corrientes profundas en los océanos. Las corrientes marinas tienen gran importancia ecológica, pues muchas veces determinan el tipo de clima de la zona que bañan. Actúan como intercambiadores de calor, desplazando aguas cálidas hacia regiones frías y viceversa.

1. *Durante la estación fría (así como en los polos y zonas altas de montaña). El agua se presenta en forma sólida como hielo o nieve. Los organismos vivos no pueden aprovecharla: existe «sequía fisiológica».*

3

2 *La forma normal de presentación del agua es líquida y como tal constituye los mares y océanos, así como las aguas continentales (ríos, lagos, etc.) De este modo es utilizable por los seres vivos.*

3 *El agua es un elemento vital para el funcionamiento de todos los organismos vivos. Tanto las plantas como los animuies la necesitan para que tengan /ugar en St/ cuerpo las reacciones bioqut'micas.*

4 *El agua no es un recurso inagotable; sin embargo el hambre la derrocha y contamina con residuos agrícolas o industriales. La presencia de agua potable determina la distribución de la especie humana.*

2

4

El suelo

Generalidades
El suelo es la porción de tierra firme más importante pues, aun siendo una capa delgada, contiene los nutrientes necesarios para las plantas y, por tanto para los animales. Es el sustrato, que sirve de sujeción a diversas formas vegetales y sobre él o en su interior vive parte de la fauna terrestre.
Al suelo se le considera como una entidad en constante evolución, casi viviente, ya que al tiempo que nutre a los vegetales y animales, éstos lo transforman.
Sin embargo, los organismos vivos no son los únicos que lo forman, existen otros factores como el clima y la constitución de la roca madre. Por consiguiente, se distinguen en él dos elementos esenciales: el viviente, formado por todos los seres vivos que dependen de él y el inanimado, las características físicas y químicas que determinan su posterior evolución.

Características
El **grado de alcalinidad** o **acidez** de un suelo se expresa por el valor del **pH** que depende de la naturaleza de la roca madre, grado de disgregación o tipo de actividad biológica. El **punto neutro** se encuentra alrededor del valor 7, y por encima de él los suelos serán básicos, mientras que los valores inferiores serán ácidos. El valor del pH es importante para la vida vegetal y aquella parte de la fauna que vive en el medio edáfico. La mayoría de los animales prefieren terrenos neutros, y cuando el suelo es muy ácido, como en el caso de las turberas, no existe fauna.
En el suelo hay diversos minerales en forma de iones libres o de compuestos, como carbonatos y fosfatos. Estas sustancias determinan el crecimiento vegetal y su proporción relativa crea diversos tipos de suelos, con poblaciones vegetales concretas en su superficie.
La temperatura, en la superficie depende de cambios atmosféricos y va volviéndose constante con la profundidad, y a cierta distancia de la superficie se mantiene más o menos uniforme en el año. Ésto permite la existencia de una forma específica, sensible a variaciones térmicas, que en este medio alcanza un gran desarrollo.
Los suelos húmedos mantienen una temperatura más estable que los secos.
Dos aspectos del suelo que están interrelacionados son la **porosidad** y la **permeabilidad**. Cuando ambos son elevados, como en terrenos arenosos, el agua circula libremente y mejoran el drenaje y la aireación, mientras que en zonas poco porosas, como las de arcilla, el agua se llega a estancar.
La cantidad de agua en un terreno varía entre casi el 60% en los que se encuentran sumergidos, como en los pantanos, y el cero en los arenales durante las épocas de sequía.
Dicha cantidad determina la humedad del suelo, sujeta a influencia o no de **humus** (es mayor en suelos ricos en humus), la temperatura exterior (acelera o no la evaporación) etc.
Los suelos saturados de agua impiden el crecimiento de muchas especies vegetales y no permiten vivir en ellos a numerosos animales, pues éstos no pueden acceder al oxígeno que necesitan. Así, es este último, y el aire en general, otro factor **edáfico** (relativo al suelo) importantes para el desarrollo de la flora y fauna ricas en especies y abundantes en número de individuos.

Los componentes orgánicos del suelo
La materia orgánica de un terreno es consecuencia de la actividad biológica de los organismos que viven allí, variando su porcentaje entre el 100% para la turba y un 1% escaso en desiertos. Si la materia orgánica pierde su estructura microscópica original y adquiere un aspecto amorfo, se habla de **humus**.
Esto es resultado de un proceso largo llamado humificación que se inicia en el **mantillo**, conjunto de materiales fértiles acumulados sobre la superficie, por ejemplo las hojas caídas de los árboles.
Los hongos, las bacterias y multitud de pequeños invertebrados del suelo inician la desintegración de esa materia, reduciéndola a partículas más pequeñas. Esta acción de desmenuzamiento va acompañada de procesos químicos que transforman la materia orgánica.
Al final se tiene, el humus, que es un componente esencial del suelo y que determina su fertilidad.

Formación del suelo
El proceso de formación del suelo es lento, de ahí la importancia de no destruir el ya formado, pues su recuperación es muchas veces imposible, ya que al desaparecer la capa fértil desaparece también la vegetación. El resultado final es la desertización.
El suelo se inicia de la roca madre gracias a la acción de agentes atmosféricos que desmenuzan y reducen a partículas de pequeño tamaño. Los factores físicos, como la erosión del viento o las heladas crean una capa de minerales. Este fenómeno llamado meteorización, se ve reforzado por la acción biológica de los microorganismos, de plantas y animales. Los restos orgánicos; se mezclan con las partículas minerales para crear el suelo.

Perfil y tipos de suelos
Así, como en las aguas podemos distinguir distintas capas, con características propias y una flora y fauna típicas, cabe diferenciar en el suelo una estratificación vertical que es el resultado de su proceso de formación llamado **perfil**.
En la parte más profunda se encuentra la zona en contacto con la roca madre y con un grado avanzado de disgregación. Es el llamado **horizonte C** y en él no hay organismos vivos.
Por encima de él está el subsuelo, con material mineral más disgregado en partículas y mezclado con pequeñas cantidades de materia orgánica. Esta zona forma el **horizonte B** y alberga fauna propia en condiciones de estabilidad.
Por último el **horizonte A**, muy disgregado en partículas de pequeño tamaño y con alto porcentaje de materia orgánica en su porción superior, en contacto con la atmósfera puede ser mayoritaria.
Aquí la materia mineral se

1

2

enriquece con humus y una gruesa capa de mantillo, como en los bosques.

Los suelos se clasifican en número y tipo de horizontes

En terrenos áridos como las regiones desérticas o árticas, existe el horizonte C, transformado en su porción superior y encima acúmulos de mineral, por ejemplo carbonatos en los desiertos. En regiones templadas hay suelos con horizontes A y C pero sin el B, por ejemplo las ranzinas que en bosques adquieren una coloración negra y en zonas despejadas de clima mediterráneo una coloración rojiza.

Por último, en áreas templadas de clima lluvioso hay suelos con los tres horizontes y entre ellos las llamadas tierras pardas, sobre las que crecen bosques de especies caducifolias. En regiones meditárraneas, el horizonte B es rico en arcilla y el resultado son los suelos pardos mediterráneos.

Otro tipo de este grupo son los podsoles, donde el horizonte B presenta acumulación de humus.

En regiones tropicales los suelos típicos son las lateritas con acumulación de compuestos de hierro como resultado de un intenso proceso de lavado del terreno.

1. *El suelo es el resultado de la acción conjunta de factores físicos, químicos y biológicos. Éstos últimos se deben a la presencia de numerosos organismos que transforman la materia mineral en orgánica.*

2. *La acción humana, como en este caso de monocultivo, empobrece los suelos y favorece la acción de la erosión que los destruirá, siendo necesarias entonces costosas medidas para poder contrarrestarla.*

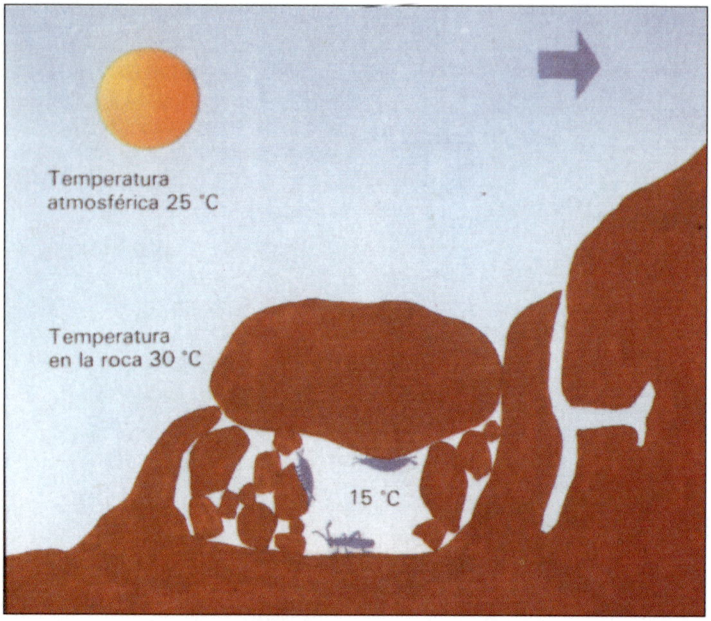

2

2 *El espacio que queda debajo de una roca forma una microclima en el que reinan unas condiciones atmosféricas distintas a las del exterior, lo cual permite la existencia de especies que no serían capaces de subsistir al aire libre.*

3 *La estructura física del sustrato y la naturaleza de la roca madre, junto con el clima imperante en la región, son factores determinantes en cuanto a la riqueza del suelo. En regiones húmedas, los suelos ricos permiten el crecimiento de abundante vegetación, mientras que en zonas áridas, el suelo desprovisto de nutrientes apenas permite la presencia de algunas plantas.*

3

4

4 *Cuando la acción intensa del Sol, la ausencia de lluvias o aguas freáticas y a la desaparición de la vegetación se aúnan el suelo desaparece dejando en su lugar una superficie erosionada y estéril donde la vida, como se observa en la ilustración, es practicamente nula.*

5 *La erosión desprende del terreno partículas que arrastra a lugares distantes. Estos elementos minerales, depositados en yacimientos y sometidos a la acción biológica de los organismos, constituirán más tarde el suelo fértil.*

5

Los ciclos de la materia

Generalidades

Los elementos químicos que forman la materia orgánica proceden de la corteza terrestre. Sin embargo hasta incorporarse a las células de plantas o animales, experimentan una serie de cambios llamados **ciclos de la materia**.

La descomposición de la materia orgánica es compleja y comprende varias etapas hasta alcanzar la fase inorgánica.

El ciclo del carbono

El **carbono** se encuentra en la atmósfera en forma de anhídrido carbónico y de allí llega a las plantas durante la fotosíntesis, quedando en tejidos y sustancias de reserva en vegetales.

Las plantas durante su respiración, liberan anhídrido carbónico y una pequeña parte pasa al suelo debido a las raíces, el resto del carbono añadido a éstas se incorpora a los animales fitófagos cuando se alimentan de ellas, o cuando mueren, llegan al suelo como residuos orgánicos.

Los **animales** participan en el ciclo similarmente con una diferencia.

Ellos lo ingieren en las plantas ya elaborado (fitófagos) o, transformado, como carne de sus presas (carnívoros).

Durante la respiración liberan anhídrido carbónico al aire y al morir, su carbono orgánico queda en el suelo por descomposición.

Un tercer participante del ciclo es el **suelo**.

Envía a la atmósfera el anhídrido carbónico de las raíces y los organismos descomponedores que lo habitan lo convierten en elementos asimilables, energía para su respiración y anhídrido carbónico que liberan.

Así el carbono cierra el ciclo que inicia en la atmósfera y termina también en ella.

El ciclo del oxígeno

Se afirma, que el oxígeno atmosférico pasa a plantas y animales durante la respiración, y mientras los animales lo consumen, para obtener energía, las plantas liberan más del que usan.

Es así como a través de los vegetales este elemento llega a la atmósfera.

Una parte del oxígeno libre procede de la disociación del agua en la atmósfera debido a la radiación ultravioleta.

Parte del oxígeno del aire también se usa en reacciones de oxidación con diversos elementos de la superficie y con el óxido carbónico de las erupciones volcánicas.

1 2 3

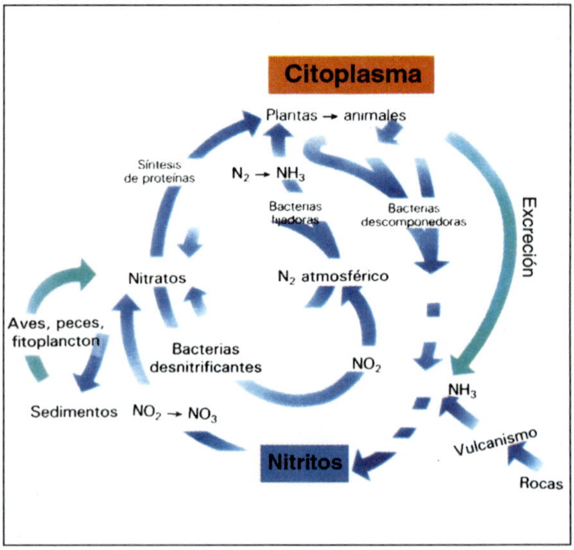

El ciclo del nitrógeno

Este ciclo comprende un proceso de incorporación a la materia viva.

El ciclo se realiza entre la atmósfera y los organismos nitrificantes del suelo, y en el interior de éste.

La primera parte de **fijación** del nitrógeno atmosférico, se debe a bacterias nitrificantes, algunos viven en simbiosis con ciertas plantas y cambian nitrógeno por nutrientes que no pueden sintetizar.

La segunda parte es la **descomposición** de materia orgánica dando compuestos amoniacales, que las plantas aprovechan o que las bacterias convierten en nitrógeno libre, que llega a la atmósfera. Otra parte se convierte en nitratos que irán a pasar a las plantas.

El ciclo del fósforo

Este elemento interviene en las reacciones energéticas de los organismos. Su ciclo es abierto, es decir que no todo regresa al sistema, se pierde. La microflora del suelo transforma el fósforo en compuestos (fosfatos, etc.) que las plantas absorben para su organismo. Los animales lo toman al alimentarse de los vegetales.

Ciclo del azufre

Las plantas superiores lo absorben como sulfatos y lo incorporan a los aminoácidos. En los animales se encuentra en las proteínas.

Cuando animales y plantas mueren, los organismos reducen las sustancias resultantes dejándolas en condiciones de ser utilizadas por las plantas.

4

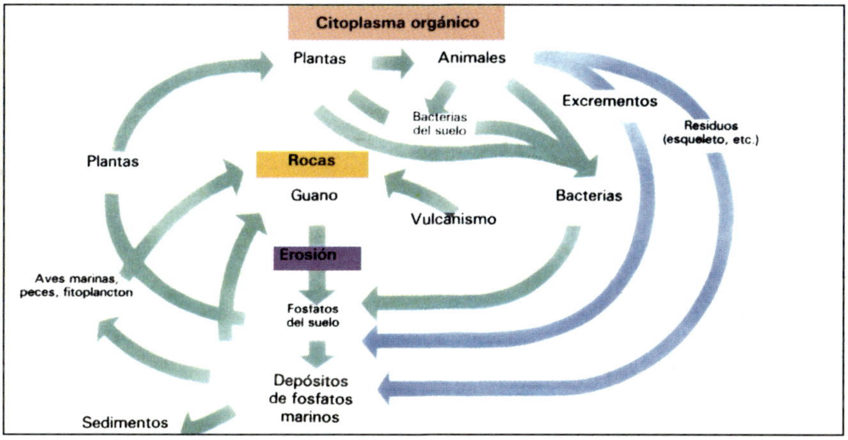

5

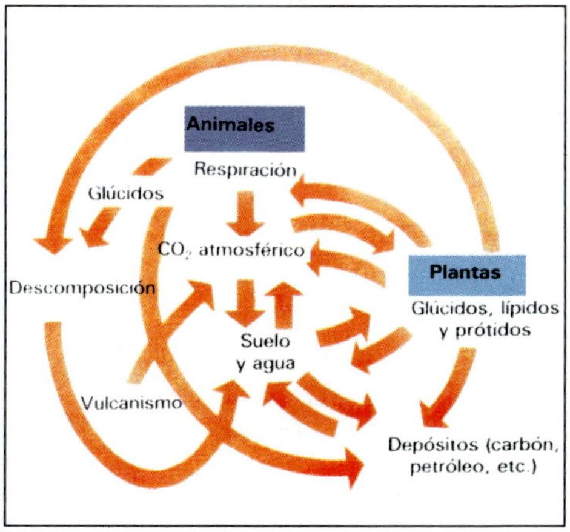

6

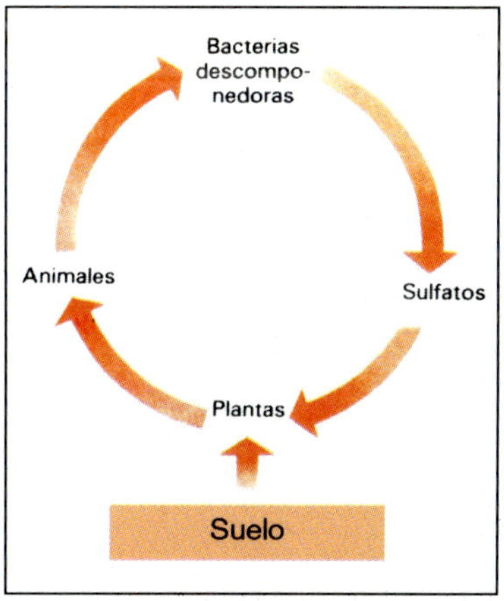

1. *El estiércol ha sido siempre un abono natural utilizado por los agricultores que permite que parte de la energía consumida por los animales regrese a la tierra para nutrir a las plantas.*

2. *En ocasiones, las plantas ingeridas por los herbívoros pasan en forma de semilla por el tubo digestivo de éstos y salen después al exterior con los excrementos, sobre los que puede llegar a germinar y desarrollarse.*

3. *Ciclo del nitrógeno: también aquí las bacterias desempeñan un papel esencial en la transformación bioquímica de los compuestos nitrogenados. Las plantas aprovechan el nitrógeno atmósferico y del suelo en la síntesis de sus proteínas.*

4. *Ciclo del fósforo: los fosfatos del suelo pasan en primer lugar al citoplasma vegetal, donde se acumulan en las proteínas que sirven de alimento a los animales. Los restos de éstos liberan fósforo gracias a la acción bacteriana, que los incorpora entonces al suelo.*

5. *Ciclo del carbono: el carbono de la atmósfera en forma de CO_2 es el resultado de la actividad volcánica y, sobre todo, de la respiración de animales y plantas. Éstas lo aprovechan directamente del suelo para realizar sus procesos de síntesis, con lo que al final va a parar a los organismos animales que se alimentan de ellas.*

6. *Ciclo del azufre: los vegetales lo absorben y lo incorporan a sus aminoácidos. Los animales consumen las plantas e incorporan el azufre de éstas a sus propias proteínas.*

Adaptaciones de los organismos al ambiente

Durante la evolución de la vida, animales y vegetales han ido ocupando espacios disponibles. No obstante, estos espacios imponían condiciones que limitaban su supervivencia. Las especies se han adaptado a esas condiciones formando otras nuevas y diversificando plantas y animales.

Adaptaciones al medio acuático

La vida surgió en las aguas, a salvo de las radiaciones que llegaban a la tierra. El medio acuático limitó las vías de desarrollo y evolución de los organismos. Para no hundirse las formas vivientes adoptaron medios para contrarrestar, la fuerza de descenso (flotadores, paletas de sustentación, etc.). Entre éstos, los tejidos aeríferos de plantas y las vejigas con gas propias de medusas, sifonóforos o peces. Otros organismos evolucionados, desarrollaron artilugios para desplazarse. Surgieron los flagelos y cilios, así como ensanchamientos corporales para más superficie de sustentación y avance. El agua se opone al movimiento de los cuerpos y los animales adaptaron su forma para reducir esta resistencia.

Adaptaciones al medio aéreo y terrestre

La falta de fuerza de empuje del agua, que compensa el peso corporal, impidió a los animales terrestres alcanzar más tamaño que los acuáticos. En las plantas fue distinto, como no podían desplazarse sobre el terreno y, teniendo elementos de soporte no tuvieron ningún problema. Sin embargo el aire en condiciones de máxima humedad, era un reto para el equilibrio hídrico. Las plantas recubrieron su cuerpo de cutículas impermeables y redujeron sus estomas; en casos extremos, como los desiertos las hojas se transformaron en espinas o en órganos de reserva de agua. Los animales, ante la desecacion engrosaron su piel y la impermeabilizaron, se recubrieron de caparazones o vivieron ligados al agua realizando parte de su vida en el exterior. A estas adaptaciones morfológicas sucedieron las fisiológicas, más importantes y que permitieron conquistar medios extremos. Frente a cambios de temperatura las plantas redujeron sus hojas a agujas, y como las coníferas, a perderlas en el otoño. Las especies de alta montaña, como el edelweiss se recubrieron de una pilosidad que les protegía del frío. Los animales adquirieron un pelaje denso y más grosor del tejido adiposo para aislarse del entorno. Algunos se ocultaron en invierno en cuevas, nutriéndose de reservas grasas, y otros se aletargaron. En el desierto muchos animales descansaban de día y se activaban por la noche, además de cubrir sus necesidades hídricas y alimenticias. Algunas especies para no modificar su fisiología se trasladaron de un lugar a otro para disfrutar de condiciones favorables, como las aves migratorias. Los factores abióticos, como el viento, han conformado a los animales. Las corrientes ascendientes del aire, han permitido la aparición de aves planeadoras, como los buitres, y los vientos y brisas de los océanos originaron animales ligeros y de gran envergadura, capaces de planear sin apenas consumir energía.

Formas biológicas

Forma biológica es el aspecto general, que un organismo adquiere durante su evolución al adaptarse al ambiente. Cabe distinguir, así, animales **planctónicos**, que flotan en el medio (agua o aire), los **bentónicos** del fondo de las aguas, los **neustónicos**, sobre su superficie y los **nectónicos**, que se desplazan por el agua. Bajo la superficie del suelo viven los animales **edáficos**. Entre las plantas se clasifican diversas formas, destacando los **terófitos** (plantas anuales), los **geófitos** (plantas perennes con yemas subterráneas), los **hidrófitos** (plantas acuáticas), los **hemicriptófitos** (plantas con yemas al ras del suelo), los **caneófitos** (matas) y los **fanerófitos** (arbustos y árboles).

1

1. *Los pequeños jabatos, o rayones, resultan prácticamente invisibles entre la maleza del sotobosque, con lo que se sustraen al ataque de sus enemigos cuando la madre se ha alejado.*

2

2. *Las aves zancudas, como esta espátula, encuentra un medio idóneo entre los cañaverales de las zonas húmedas, donde la vegetación les hace prácticamente invisibles y las aguas les proporcionan alimento.*

3

4

5

3 *En el límite de la vegetación arbórea en la alta montana, las plantas se ven sometidas en regiones de latitudes medias a las mismas condiciones que reinan en la taiga: frío y escasez de agua disponible.*

4 *Las espinas de los cactos desempeñan un doble papel: son la reducción extrema de la superficie de evaporación de las hojas y un medio de protección contra los fitófagos que intentan devorar sus tallos.*

5 El camaleón es un buen ejemplo de adaptación a su entorno, pues la capacidad de cambiar el color de su piel le permite pasar casi siempre desapercibido.

Biogeografía

Es la ciencia que estudia la distribución de los seres vivos. En los animales se denomina **zoogeografía** y en las plantas **geobotánica** o **fitogeografía**.

Factores de la distribución

Para las plantas el principal factor de distribución es el agua de la que dependen. Los animales también la necesitan pero se han independizado en parte de ella, por su capacidad de desplazamiento.
La temperatura, la humedad ambiente y el suelo son otros factores. Para delimitar las áreas geográficas se estudian las especies capaces de vivir, en condiciones ambientales muy determinadas. Las especies fácilmente adaptables, en gran parte del planeta (cosmopolitas), no sirven como indicadores.

Áreas y reinos florísticos

El total de la superficie ocupada por una especie vegetal es su **área de distribución actual** y coincide con el factor de clima determinado.
El **área virtual** es la que cumple los requisitos en los que una especie podría vivir, y **área efectiva** que es la ocupada en realidad, con el tiempo ambas coinciden.
Se llama **área unitaria** a la extendida sin interrupciones en una superficie y **área reliquia** en la fragmentada en territorios separados. Ésta última es el reflejo de una área de distribución más amplia en el pasado y afectada actualmente por cambios ambientales. Las áreas de distribución varían con el tiempo y reflejan la evolución de la especie que las puebla.
La distribución de la flora en la tierra se divide en **reinos florísticos**, cada uno de los cuales consta de varias áreas divididas en provincias y subdivididas en distritos.
Existen seis reinos florísticos: holártico, paleotropical, neotropical, capense, australiano y antártico.
El reino **holártico** se extiende por América del Norte hasta América Central, la franja costera septentrional de África, Europa y todo el continente asiático al norte del Himalaya.
El reino **paleotropical** incluye África, salvo la región de El Cabo y la franja holártica, hacia el sur del Himalaya y la región Polinésica.
El reino **neotropical** abarca el continente americano al sur del límite holártico hasta una franja en el extremo meridional de Sudamérica, del reino antártico.
El reino **capense** es el más pequeño, abarcando la región de El Cabo, pero sus características merecen la categoría sistemática.
El reino **australiano** comprende Australia y Tasmania, y por último el reino **antártico**, desde el continente antártico, una pequeña franja del extremo meridional de Sudamérica, parte de Nueva Zelanda y algunas islas cercanas.

Regiones zoogeográficas

Los animales también presentan áreas de distribución y éstas coinciden con los reinos florísticos.
Se tienen así siete regiones zoogeográficas: neártica, paleártica, neotropical, etiópica, oriental o índica, malgache y australiana. Las dos primeras se agrupan en el dominio holártico, que corresponde con el reino holártico de las plantas.
La región malgache se considera a veces subregión de la etiópica.
La región **paleártica** comprende Europa, África y Arabia al norte del Trópico de Cáncer y Asia al norte del Himalaya.
La región **neártica** se extiende por América del norte hasta el centro de México y su fauna es similar a la región paleártica.
La región **neotropical** comprende el resto del continente americano.
La región **etiópica** es todo el territorio africano no clasificado en la región paleártica así como la franja meridional de la península arábiga.
La región **malgache** se limita a Madagascar y es de gran interés por los numerosos grupos faunísticos propios de la ausencia de otros importantes.
La región **oriental**, es todo el continente asiático no incluido en las regiones paleártica y etiópica.
La región **australiana** va de Australia, Nueva Zelanda, Nueva Guinea y Las Molucas e Islas próximas.

1. *Los bosques mixtos de coníferas y caducifolios, con prados en los que pasta el ganado vacuno, constituyen un paisaje característico de gran parte de las áreas templadas húmedas de Eurasia.*

2

3

4

2 *Los bóvidos conforman un grupo animal que, por su gran utilidad para los seres humanos, se encuentra distribuido en la actualidad por todos los continentes, actuando a veces como invasor.*

3 *El mapache, habitante de gran parte de América del Norte, es una especie de gran adaptabilidad que es capaz de colonizar medios muy diversos; en la actualidad está invadiendo Europa Central.*

4 *Entre la ictiofauna de los grandes ríos sudamericanos, las pirañas son quizá los más célebres. Desempeñan un papel importante en el mantenimienta sanitario de estas aguas devorando los posiblesfocos de contaminación orgánica.*

Ecología de las poblaciones

Población
Es el conjunto de individuos de una especie, que se reproducen entre sí, más o menos uniformes genéticamente, y que ocupan un espacio ecológico determinado.
Una especie viva cualquiera, sean animales o plantas, no se distribuye uniformemente por su área de distribución, lo hace de manera discontinua en las poblaciones.

Las poblaciones se estudian en ecología estadísticamente, para conocer la estructura de dichas poblaciones.
La estructura viene dada por diversos factores, entre éstos la proporción de sexos, los grupos de edades y el estado de salud de sus miembros, así como densidad y distribución de éstos.
Las poblaciones están constituidas por un espectro de individuos en diversas fases de desarrollo.

Sin embargo, en la distribución por edades es importante la duración del ciclo vital de la especie. En un ciclo muy corto, como en el caso de insectos, la población estará formada por individuos de la misma edad, que en una estación del año distinta dan lugar a otras fases del ciclo vital, al tiempo que ellos desaparecen.
Otro tanto sucede en la distribución de sexos. La proporción 1 : 1 en muchas especies cambia con el tiempo, en otras como en muchos invertebrados en los que una fase de un sexo da paso en la madurez a otra del sexo contrario.

Comunidad
Ecológicamente el ecosistema, es un determinado ambiente y el conjunto de organismos vivos que lo pueblan. Así, un charco es ya un **ecosistema**, y también lo es un bosquete o una región completa de selva.
Biocenosis es la porción viva del ecosistema: plantas, animales y representantes de otros reinos.
La **comunidad** es el conjunto de poblaciones. Podrían considerarse comunidad y

1

2

3

biocenosis como sinónimos —lo han hecho numerosos autores— pero cabe distinguir un sentido más general en la comunidad y una mayor especificidad en la biocenosis.
La comunidad posee rasgos adicionales a los de las poblaciones que la constituyen y desempeña un papel importante en los ecosistemas.
El **biotopo** es la parte física del ecosistema, y en él se desarrolla la comunidad, ligada a sus propiedades físicas y químicas.
El fondo del mar cerca de la costa alberga una comunidad compleja de poblaciones de algas y animales bentónicos, que se adhieren al sustrato rocoso y otras que se entierran en la arena.
Esta comunidad guarda estrechas relaciones con la comunidad de animales nectónicos, que nadan libremente y formada por diversas especies de peces.
Otra población piscícola es la de las especies que se alimentan del plancton de las aguas, y otras más por depredadores, que se nutren de los restantes peces.
En el ecosistema mencionado hemos visto un biotopo de aguas someras y sustrato arenoso o rocoso sobre una amplia biocenosis de algas, plancton, invertebrados, peces, etc.
Estos organismos vivos diferentes en especie, organizan poblaciones que se reúnen en un medio determinado (fondo arenoso, aguas libres, etc.) para constituir comunidades (invertebrados que viven en arena, peces depredadores).
Por último, otro tipo de unidad es la **asociación**. Es un concepto equiparable al de comunidad, aunque supone una relación más concreta entre sus componentes.
Existe otra unidad dentro del concepto de comunidad: la **formación**.
Esta es una entidad formada por tipos biológicos similares y se aplica a las comunidades vegetales.

Leyes biocenóticas

El porcentaje en que aparecen las especies de una comunidad es un rasgo para caracterizarlas. Unas con pocas especies tienen un gran número de individuos, y en otras se da el caso contrario: muchas especies con reducido número de individuos.
La primera ley biocenótica afirma que a condiciones variables en un biotopo, más numerosas son las asociaciones que lo pueblan.
La segunda ley indica que si las condiciones no son óptimas disminuye el número de especies, aunque aumenten los individuos que la representan.
La tercera ley señala que si más continuas y permanentes son las condiciones del biotopo, más ricas y estables serán sus comunidades.

4

5

1. *Estas gacelas y la vegetación constituyen una biocenosis que vive en un medio físico, el terreno sometido a unas condiciones ambientales, que se denomina biotopo.*

2. *Una comunidad vegetal de alta montaña, como este bosque de coníferas de los Alpes, se caracteriza tanto por la escasa diversidad de especies como por el gran número de individuos que la forman.*

3. *Una manada de buitres, que aquí se arremolinan alrededor de un cadáver, constituye una comunidad animal formada por individuos de distintas edades y diferentes especies distribuidos en diversos nichos.*

4. *La acción del hombre crea condiciones extremas y reduce las poblaciones al mínimo necesario para su máximo rendimiento. Así, los pastos explotados por él sólo alimentan al ganado doméstico.*

5. *Las aves de las marismas construyen a veces sus nidos sobre los árboles, como en este caso: y en un mismo árbol conviven a menudo cientos de individuos de distintas especies escalonados por pisos.*

Migraciones

Frente a las condiciones variables del medio, las especies vegetales y animales adoptan estrategias defensivas. Las primeras pierden hojas o la totalidad de su parte aérea y esperan la llegada de la estación favorable en forma de yemas, tubérculos, etc. Algunos animales sobreviven con pocos recursos disponibles en épocas desfavorables y otros se refugian o desaparecen físicamente. Hay otras especies que siguen otra vía: cuando las condiciones del medio no son adecuadas, buscan otro lugar más favorable. Se trata de animales migradores, en especial vertebrados (aves, mamíferos y peces).

1

La migración

Es el desplazamiento horizontal de una especie que así ocupa dos ecosistemas a veces distintos, debe diferenciarse de otros desplazamientos motivados por causas circunstanciales.
Las invasiones, la penetración masiva de una población en otro territorio (ej. ratones), no son migraciones, aunque se repitan regularmente. La causa de estos movimientos masivos de poblaciones suelen ser súbitos cambios en su entorno, ya sea por frío, una sequía, escasez de alimento o superpoblación.

2

3

La migración en las aves

Las aves son un caso especial en el reino animal por sus migraciones espectaculares y suponen unos desplazamientos notables.
Estos cambios de residencia se realizan entre un área de cría y otra de invernada.
El instinto territorial de las aves se desarrolla en la primera zona, donde forma su nido, encuentra pareja y obtiene el máximo de alimento para sus descendientes. Este instinto desaparece al llegar a los cuarteles de invierno.
El inicio de la migración se desencadena por un mecanismo hormonal muy preciso, pues es necesario que comience en todos los individuos a la vez. La intranquilidad y los cambios de actividad en las aves sirven de estímulo mutuo y así el vuelo inicia al unísono.
La bandada, lo mismo que el banco de peces y la manada en los mamíferos, supone una ventaja selectiva a los depredadores y mejora las probabilidades de supervivencia del individuo aislado.

Con frecuencia las rutas de migración siguen la línea de la costa y cuando cruzan mares buscan los estrechos (ej. Gibraltar) como paso de buena parte de aves migratorias del norte de Europa.

La migración de los peces

Las especies piscícolas, la hictiofauna, realizan dos tipos de migraciones: las de nutrición y las de reproducción.
Las primeras dependen del clima, del área ocupada, de la temperatura y otros factores que determinan la existencia o no de alimento.
Los arenques y las sardinas, por ejemplo, se desplazan detrás de los copépodos y las algas microscópicas que forman su alimento.
Las migraciones para reproducción, tienen por objeto reunir en una zona, adecuada a la puesta, a un gran número de individuos de ambos sexos y así producir el desove y fecundación de los huevos.

Muchas especies recorren largas distancias con este fin.
Otros peces cambian de aguas dulces a saladas y viceversa.
Las especies llamadas **anadromas** abandonan el mar y suben por los ríos para desovar en aguas dulces, como los salmones.
Las especies **catadromas** hacen recorridos contrarios, abandonando su residencia fluvial para poner huevos en el mar, como las anguilas.

4

5

Migraciones de los mamíferos

Los mamíferos emigran en busca de condiciones más favorables, sobre todo los que viven en regiones con notables diferencias en las distintas estaciones del año.
Así, los caribúes pasan el invierno en taiga y el verano en la tundra, produciéndose el parto de crías en primavera.
Entre los mamíferos marinos las migraciones son frecuentes. En las ballenas, que se reúnen en zonas de cría y recorren miles de kilómetros cada año en los periodos de mayor abundancia de alimento.

Otros migradores

Otras especies menos conocidas y espectaculares llevan a cabo migraciones periódicas.
Tal es el caso de las tortugas marinas, entre los reptiles, que recorren grandes distancias para desovar en las playas.
Entre los invertebrados destacan las migraciones de langostas, libélulas y mariposas diurnas que recorren miles de kilómetros.

1. *Multitud de insectos, normalmente no voladores, experimentan una fase de su vida en la que, provistos de alas, realizan cortos desplazamientos enjambrados con el fin de fundar una nueva colonia.*

2. *Las grullas son una especie que puede ser sedentaria, divagante (que realiza cortos desplazamientos) o migradora (desplazándose a gran distancia). Todo depende de las condiciones del lugar de residencia.*

3. *Los atunes realizan migraciones con regularidad, aproximándose en ocasiones a las costas. Los pescadores, conocedores de estas costumbres, los esperan en las fechas previstas en los lugares de paso.*

4. *Una de las migraciones más llamativas de los grandes mamíferos es la de los renos, que en una cíclica búsqueda de pastos se desplazan desde las regiones más septentrionales de la tundra hacia el sur.*

5. *Los ánades, en general, son especies migradoras que vuelan formando grandes bandadas. Una vez en vuelo adoptan una posición en V, vista desde abajo, que les permite reducir algo la resistencia del aire.*

Alimentación y modos de alimentación

Diferencias entre animales y plantas

Las dos clases de nutrición en los organismos son la **autótrofa** y la **heterótrofa**. Estos tipos de alimentación marcan la diferencia entre plantas y animales. Los vegetales tienen la capacidad de crear su alimento gracias a la fotosíntesis. Este tipo de alimentación es autótrofo y se contrapone al heterótrofo, es decir, obtención de alimento ya elaborado por otros organismos, propio de animales. Existen excepciones, como los hongos, que se clasifican en un reino distinto de plantas y animales, son heterótrofos.
Las plantas absorben los nutrientes en forma de gas o disuelta en agua por las hojas y raíces, mientras que los animales lo ingieren insoluble.
Como resultado de los procesos de nutrición y respiración, los organismos expulsan residuos o productos secundarios, como agua y anhídrido carbónico.
Las plantas desprenden oxígeno (los animales no), pero a diferencia de éstos no expulsan compuestos nitrogenados.

La alimentación en las plantas

Siendo autótrofas y productoras de primer orden, las plantas ofrecen pocas variaciones en el modo de alimentarse. Existen, no obstante, especies heterótrofas en grupos inferiores y sí se incluyen en el reino vegetal, también los hongos y muchas bacterias son heterótrofos.
Un prototipo de heterótrofos son los **saprófitos**, aquellos organismos que se nutren de materia orgánica en descomposición, en su mayoría hongos y bacterias.
El parasitismo es una heterotrofía, en el que una planta se fija a otra y le roba los nutrientes ya elaborados.
El parasitismo es variable entre dependencia total (**parásitos obligados**) o parcial (**parásitos facultativos**).
Entre las plantas superiores hay especies parásitas, como los cabellos de venus (*Cuscuta europaea*), y crece sobre sauces, alisos, lúpulo, etc.
Otras especies como el muérdago (*Viscum album*) que parásita coníferas y caducifolios, sólo absorben agua y algún nutriente a su huésped, pues pueden realizar la fotosíntesis para satisfacer parte de sus necesidades, se les denomina **hemiparásitos**.
Hay plantas autótrofas que han experimentado una curiosa transformación y se nutren por vía heterótrofa. Son las plantas **carnívoras** o insectívoras, que han desarrollado trampas con las que cazan pequeños invertebrados que digieren con la secreción de enzimas.

Tipos de alimentación entre los animales

En primer lugar, los **micrófagos** que capturan pequeñas porciones de alimento de bajo valor nutritivo y en grandes cantidades, y los **macrófagos**, que capturan y devoran presas enteras.
Según el alimento ingerido sea vegetal o animal, se habla de **vegetarianos** o **fitófagos** y de **carnívoros** o **zoófagos**.
Cuando se nutren de alimentos muertos no capturados por ellos se les llaman **necrófagos**, que es un régimen alimenticio de algunas especies de forma exclusiva (ej. los buitres), y en otras es alternativa (ej. los grandes felinos).
El parasitismo, es muchas veces un caso extremo de la depredación. Otros animales se alimentan de jugos vegetales (ej. chinches de planta) o líquidos animales, (ej. la sanguijuela entre los **hematófagos**).

Micrófagos

Entre éstos, los **filtradores**, provistos de un dispositivo especial, pueden separar del agua partículas alimenticias, y los **sedimentívoros**, que ingieren directamente el material con los nutrientes. Otros se alimentan de porciones pequeñas de organismos que arrancan. Pertenecen a esta categoría los caracoles y los peces de coral, de primer tipo, y de segundo los fitófagos; éstos sólo se alimentan de hierba (**herbívoros**) como los rumiantes, de madera (**xilófagos**) como termitas, o de fruta (**frugívoros**) como los simios.

Macrófagos

También se les llama animales de presa. Su tamaño es variable, desde pequeños ciliados que engullen algas enteras u otros protozoos, hasta los enormes cachalotes que devoran pulpos gigantes.
También las estrellas de mar, multitud de insectos, arañas, todos los peces de interés comercial, anfibios y numerosas aves y mamíferos.

1

1. *Los carnívoros, como el lobo, están adaptados a una dieta que obliga a que sus poblaciones sean mucho menores que las de sus presas, los fitófagos. Su nivel psíquico suele ser, además, superior al de éstas.*

2

3

4

2 Los hongos, aunque con características vegetales, son organismos heterótrofos que necesitan materia orgánica ya elaborada para nutrirse, pues no poseen la capacidad de fotosíntesis de las plantas.

3 Las plantas hunden sus raíces en el suelo para absorber el agua y los nutrientes que después, en las hojas y con ayuda de la energía solar, transforman en sustancias orgánicas: son organismos autótrofos.

4 Los animales fitófagos constituyen el primer escalón de los consumidores al alimentarse de materia vegetal. Entre ellos se cuentan los herbívoros, como estas vacas, que son los que comen hierba.

5 Los buitres, que se alimentan de carroá, son un importante eslabón del ecosistema: aprovechan todo nicho existente y actúan también como "sanitarios", impidiendo la propagación de las enfermedades.

5

Producción primaria

Características generales
La producción en un ecosistema ha adquirido gran importancia en la ecología. Es el uso que los seres vivos, hacen de la energía procedente del sol. Los organismos fotosintetizadores, que aprovechan esta energía, usan sólo una porción del total que llega a nuestro planeta: menos del 1% que corresponde a la parte visible de la luz.
En la biosfera fluye, constantemente la energía en etapas de magnitud variable. La producción primaria es la etapa de mayor magnitud y la base de todos los niveles de uso de energía en el ecosistema.

Los sistemas fotosintetizadores
La fotosíntesis es la reacción más importante de la naturaleza, en ella se basa la obtención de energía para los seres vivos. Es una reacción endoterma que transforma compuestos pobres en energía, en otros ricos en ella (hidratos de carbono). Para esta reacción es necesaria la **clorofila**, sustancia fotosensible, que se encuentra en los cloroplastos. Por tanto la reacción depende de éstos últimos y de su situación en la planta. En los organismos vegetales más sencillos, las algas unicelulares, los pigmentos fotosintetizadores se distribuyen uniformemente en la célula. En los más evolucionados, los pigmentos se agrupan en **cromatóforos** que se denominan **cloroplastos** (verdes) o **cromoplastos** (amarillos o naranja).
En las plantas superiores, la clorofila se distribuye en los cloroplastos dando así una mayor o menor eficiencia en su función.

Factores determinantes de la producción primaria
Como los hidratos de carbono se fabrican gracias a la clorofila, su producción dependerá de la cantidad de ésta en el vegetal, así como de su densidad y distribución. La cantidad de clorofila de cada especie es resultado de la evolución y es el equilibrio óptimo entre la luz disponible y la reacción de la sustancia. Su concentración es mayor en las especies que crecen con poca luz (ej. bosque de umbría) que en las expuestas al sol (ej. una pradera).
La temperatura es un factor importante para el proceso fotosintético, que igual que otras reacciones químicas, es posible sólo en límites muy estrechos (de 0° a 50° C, aunque lo óptimo está entre 20° y 30 ° C).
La producción primaria depende de los nutrientes disponibles de la planta, será mayor en suelos ricos, y por el contrario menor en territorios empobrecidos.

La eficiencia de la producción
La eficiencia de un sistema es la producción entre las entradas y salidas de nutrientes y energía para producir una cantidad de materia final.
Un índice muy útil para medir la eficiencia es el cociente entre la **producción bruta** (lo que la planta asimila) y la **producción neta** (los restos del consumo y es lo aprovechable como alimento de animales).
La **productividad** es la relación entre la producción y la biomasa total, y aumenta si más sencillos son los organismos productores. Por ejemplo, una población de fitoplancton se renueva rápidamente y alcanza una productividad muy elevada; en una planta herbácea como el trébol decae; y en un bosque frío es de un 2% anual.
La producción de plantas superiores crea problemas difíciles en el modo de calcularla, pues comprende raíces y tubérculos, como los frutos, hojas y hojarasca que resulta de la llegada del invierno.
Aunque la productividad de comunidades sencillas como el fitoplancton marino es más elevada que la de las poblaciones maduras (ej. los bosques), la producción primaria de los ecosistemas terrestres, que ocupan una superficie mayor que la de las aguas marinas y continentales, es equiparable a la suya en una proporción de 9 : 11.

1. *Las gramíneas concentran gran parte de su biomasa en las semillas, por lo que pueden considerarse como especies muy productivas. De esta característica ha sabido sacar provecho el hombre al cultivarlas.*

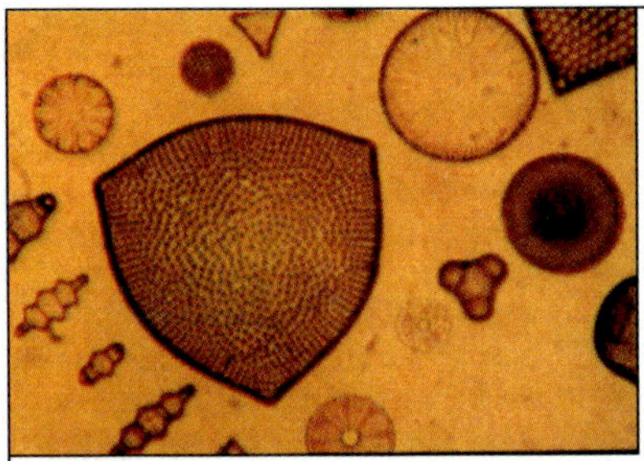

2

3

5

4

2 *El fitoplancton lo forman los organismos vegetales de las aguas dulces o marinas y es el productor primario más sencillo. Su biomasa es enorme y presenta una tasa de crecimiento y de sustitución muy rápida.*

3 *El límite entre el agua y la tierra, como estos márgenes con vegetación, son un ecosistema en el que la producción primaria alcanza valores muy elevados y una riqueza muy amplia en especies.*

4 *Los frutos de los árboles son un elemento adicional de la producción de biomasa que, sin embargo, desempeña un papel muy importante como vehículo de transporte de las semillas para su mejor dispersión.*

5 *Las hojas y los frutos de los árboles son un elemento renovable de la biomasa producida que, aunque supone un porcentaje escaso sobre el total, tiene mucha importancia como aporte en la escala trófica.*

Producción secundaria

Vimos cómo las plantas, organismos autótrofos, recogían la energía procedente del sol para transformarla en materia orgánica que ellos utilizaban y que quedaba a disposición de otros organismos, heterótrofos, incapaces de sintetizarla. La energía fluye desde el sol hasta los animales pasando por las plantas. Éste es el aspecto dinámico de la producción en los ecosistemas.
Hay dos características importantes en dicho flujo: la primera, sigue un camino unidireccional, desde el sol hasta los consumidores finales y, la segunda que disminuye progresivamente según aumente el nivel trófico, es decir en cada etapa; por ejemplo, al paso de la hierba a la vaca se pierde energía por los residuos y el metabolismo del productor.
Tras el inicio de este flujo, la producción primaria de los organismos vegetales, los organismos heterótrofos siguen produciendo materia a expensas de las ya elaboradas; ésto es la producción secundaria y cada paso es el alimento para los seres que vienen detrás. La hierba alimenta a la gacela, que alimenta al leopardo, de cuyos restos se nutrirá el buitre.

Los alimentos

La materia orgánica, sea hoja, fruto, pez o porción muscular de un herbívoro (bistec) es alimento.
La cantidad de energía de la materia viva es uniforme, con valores próximos a una media que se cumple para todos los organismos. Las diferencias en valor nutritivo de uno u otro está en la distinta proporción de sus componentes y el valor fisiológico que se les dé, es decir, la utilidad que el organismo haga de ellos. La energía no es la principal característica de un alimento; las proteínas, los elementos químicos o las vitaminas, desempeñan un papel que los hace insustituibles. La ausencia de cualquiera de ellos provoca enfermedades en los animales y, en el ser humano.
Para sintetizar materia orgánica los animales no sólo disponen de otra ya elaborada, la que producen las plantas, sino que requiere inorgánicas, como los elementos químicos en forma de minerales. Muchos animales buscan la sal en determinados lugares y otros organismos.
La evolución, que ha creado la pluralidad de especies actuales, da lugar a dietas diversas, resultado de la adaptación de los organismos a las condiciones del medio y a las fuentes de alimento. Las dietas corresponden a los tipos de alimentación ya estudiados. Es importante resaltar que la dieta equilibrada y natural es resultado de un largo proceso de evolución y sus desajustes provocan alteraciones, a las que no siempre hace frente el organismo.

Eficiencia en la producción secundaria

La eficiencia de un sistema productor secundario es más difícil calcular que uno primario, son varios factores que intervienen y es mayor la variabilidad en el modo de obtención de energía. Además del alimento ingerido y asimilado, se considera la energía gastada en el metabolismo, el crecimiento, la reproducción y la energía perdida en excreciones y desechos.
El metabolismo es un factor que condiciona la cantidad de alimento que el animal ingiere. Las especies con un metabolismo basal alto (necesario para vivir el animal), tienen que comer más cantidad que los que lo tienen bajo.
La cantidad de biomasa generada por los productores secundarios varía según los ecosistemas y las especies implicadas, aunque puede afirmarse que en los medios marinos es algo inferior a la obtenida gracias a la actividad desarrollada por los productores primarios. En tierra firme es distinto. El índice de aprovechamiento se sitúa en el 1%. Los animales sólo consumen una parte pequeña del alimento vegetal disponible. Así, en un bosque los ratones sólo comen el 2% de la biomasa vegetal disponible y los ciervos apenas llegan al 5%.

1

1. *Los herbívoros, como estas cebras, transforman parte de la energía solar acumulada en la hierba en proteínas (producción secundaria), y el resto lo utilizan para su propio funcionamiento (metabolismo).*

2

3

4

2 *En la cria selectiva, el ser humano intenta que su ganado transforme la mayor cantidad posible de pasto en carne (incrementando la productividad), en detrimiento de otras características del animal.*

3 *Las ballenas, para poder satisfacer sus grandes necesidades energéticas, aprovechan los recursos tróficos de los niveles inferiores de la pirámide ecológica: el plancton animal y vegetal.*

4 *Los grandes depredadores procuran gastar el mínimo de energía y reservarla para la búsqueda y captura de la presa, que acumula en sí los nutrientes de cada uno de los pisos de la pirámide ecológica.*

Las cadenas tróficas y las pirámides ecológicas

Cadenas alimentarias

Habitualmente se representa el ciclo de la energía por las llamadas cadenas alimentarias, que son una serie continua de diversos organismos, cada cual se alimenta del anterior, es decir, cada organismo representa un nivel o etapa tróficos.

Un ejemplo es la sabana africana: el sol emite energía que las hierbas y plantas absorben y transforman en sustancia orgánica, que alimenta a la primera etapa de productores secundarios (gacela, cebra o un saltamontes). Un depredador (ej. el güepardo) abate a la gacela y la devora, pero a su vez cae presa de un león. Cuando el león muere los buitres reparten sus restos. Lo que queda y los restos del buitre al morir pasan a la tierra y al descomponerse en minerales las plantas podrán utilizarlos de nuevo.

El aprovechamiento de cada etapa es como máximo del 10% de la anterior, las cadenas alimenticias son cortas y de cuatro o cinco eslabones.

Redes tróficas

En la naturaleza, estas cadenas no son simples series longitudinales sino que se da una gama de interacciones y cruces entre cadenas distintas, de suerte que parece una malla o red. Estas redes se estudian por ecosistemas y en ellos, más que especies concretas se señalan grupos animales en que una u otra especie desempeña un mismo papel. Una red en un bosque estaría formada por presas y depredadores de varios niveles, así, un erizo (depredador de primer nivel), se alimenta de caracoles, babosas, lombrices, insectos y pequeños reptiles. Los zorros, jinetas, búhos y los aguiluchos le dan caza.

Estos depredadores del segundo nivel son presa de un super depredador (en bosques suele ser un cazador); pero hay otros depredadores que cazan a las del primer nivel: una culebra captura además de aves, ranas y otras presas, micromamíferos (ej. la musaraña) que se alimenta de insectos y pequeños vertebrados. Pero, este depredador del segundo nivel no ataca al erizo, que sí es víctima de otros animales de este nivel trófico.

Las interacciones, vistas aquí de modo simple, son bastante complejas.

La pirámide ecológica

La progresiva pérdida de energía en cada nivel trófico se representa por una pirámide: la base formada por productos primarios y la cumbre por los superdepredadores.

Entre la base y la cumbre se interponen varios pisos, cada uno alberga a un menor número de individuos, pues al pasar de uno a otro parte de energía se pierde.

Así, las poblaciones de depredadores son menores que las de sus presas, pues si existieran más zorros que conejos, por ejemplo, los primeros morirían de inanición.

En sistemas alterados por el hombre, la pirámide sufre grandes alteraciones, sobre todo en la fauna, pues la limitación de un piso restringe a todos los demás.

Por ejemplo la etapa cerealista que se extiende por grandes superficies del planeta. El hombre ha eliminado casi todos los productores primarios, dejando sólo las gramíneas de su interés (trigo, cebada y maíz). Este monocultivo empobrece la flora reduciéndola, aparte de las especies cultivadas, a herbáceas y arbustos que formarán un seto.

La fauna se limita a las aves, con pocos representantes de grupos vertebrados (roedores y mamíferos depredadores de otros ecosistemas) e invertebrados (son pocas especies pero se reproducen masivamente hasta formar una plaga). Los pardillos, grajillas, jilgueros, palomas, perdices y gangas son algunas de las especies orníticas situadas en el piso inferior de los consumidores. Los cenícales, lechuzas, alcotanes, aguiluchos y otras aves de presa forman el ejército de los depredadores, y por encima de ellos un superdepredador, el halcón peregrino.

1. *Los depredadores ocupan la cúspide de la pirámide ecológica, superados sólo por los carroñeros y, a veces, por los superdepredadores, como el ser humano.*

2. *El trébol es un buen ejemplo de productor primario situado en la base de la pirámide ecológica de los ecosistemas terrestres. La energía solar, que acumula con rapidez, sirve para nutrir a los herbívoros.*

3

4

5

3 *La energía que las plantas absorben del Sol se va transmitiendo hacia los componentes de los pisos superiores de la pirámide ecológica. De este modo se concentra y el número de individuos de cada piso se va reduciendo.*

4 *Las aves carroñeras rematan las pirámides ecológicas, aunque dado que al ascender en la escala se reduce la productividad, la cantidad de energía de que disponen es un porcentaje mínimo de la inicial.*

5 *El puma es un depredador de gran adaptabilidad que en el continente americano ha colonizado todo tipo de biotopos. Ocupa una posición importante en la cadena trófica de numerosos ecosistemas.*

Relaciones intraespecíficas e interespecíficas

Las relaciones entre los organismos
Al comenzar la vida en nuestro planeta, las primeras moléculas de sustancia orgánica flotaban en el "caldo primigenio" del que surgieron. Las relaciones entre ellas se limitaban a choques casuales debido a las corrientes del mar que las arrastraba. Tras millones de años de evolución los mares se poblaron por numerosas especies de organismos unicelulares, pero entre ellos ya había surgido una especialización. Unos, entre los vegetales, producían proteínas aprovechando la energía solar, y otros, considerados animales, habían perdido esa capacidad y dependían de lo primeros, sus presas. Surgió así una relación interespecífica. Con la evolución de las especies, estas relaciones fueron ampliándose y haciéndose más complejas.
Las relaciones entre individuos de una misma especie se denominan intraespecíficas, y las que se dan en especies distintas, interespecíficas.

Relaciones intraespecíficas
Las plantas que por su constitución y fisiología son más autónomas que los animales, al no poder desplazarse de modo activo y depender en su propagación de frutos y semillas que caen en sus proximidades, forman agrupaciones con influencia mutua.
Estas agrupaciones vegetales se encuentran en niveles inferiores como en las algas planctónicas que flotan en el mar. Otros vegetales más evolucionados como algas y hongos, forman colonias a partir de un individuo que por gemación o división da lugar a sus descendientes que más tarde están unidos.
Entre las plantas superiores hay agrupaciones de mayor complejidad que constituyen comunidades conocidas como **formaciones**. En ellas se crean relaciones que también se dan entre los animales, como el parasitismo y la competencia. Un hayedo o un pinar son ejemplos de este tipo, formadas por individuos de una misma especie, y en este caso la formación a que dan lugar, el bosque da ciertas ventajas a los individuos del grupo, como es la humedad ambiental, la umbría o la protección física para los plantones jóvenes.

1

2

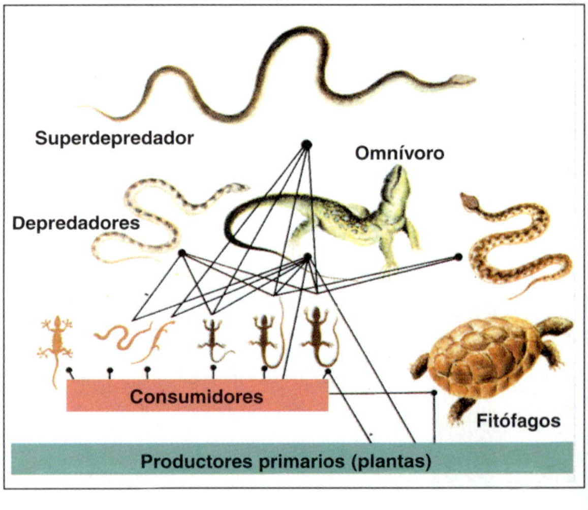

3

1. *Las especies vegetales mantienen entre sí relaciones basadas en el aprovechamiento de un recurso común y constituyen formaciones.*

2. *Muchos animales se reúnen en ocasiones en lugares determinados donde las condiciones del medio resultan favorables.*

3. *En las comunidades naturales existe una compleja interrelación entre los distintos organismos que las componen. Así, en este ejemplo se observan las que se dan en una comunidad típica de reptiles, con depredadores, presas y productores primarios.*

Entre los animales inferiores, las colonias son similares a las de los vegetales, pero según su evolución las relaciones adquieren una complejidad especial. En los vertebrados las agrupaciones van de un simple cardumen de alevines, sin jerarquía y con escasa cohesión, hasta manadas de lobos con intensas relaciones capaces de planificar la caza y ayudarse mutuamente.

Relaciones interespecíficas

Son básicamente de dos tipos: de competencia y de cooperación, incluyendo en las primeras la competencia estricta (por espacio, luz, territorio, etc.), la depredación y el parasitismo. En la segunda se consideran las simbiosis, las formaciones vegetales o las agrupaciones mixtas de herbívoros.

La selva amazónica es un ejemplo de estas relaciones. Hay muchas especies epifitas que crecen en ramas y troncos de árboles; otros, se nutren de los restos vegetales muertos; y una infinita variedad de formas tendientes a conseguir un recurso escaso en niveles inferiores: la luz.

Los árboles crecen para que sus hojas lleguen a más altura que las de sus vecinos, y otras plantas se configuran como lianas y trepan por el tronco de los árboles.

Esta lucha entre las plantas es análoga en el reino animal, donde las aves de presa capturan primates que viven en árboles o el jaguar acecha a los capíbaros que acuden al río.

Los simios, comen hojas y frutos de árboles, y dependen de éstos, los árboles se benefician en la distribución de sus semillas.

En la selva amazónica y cualquier ecosistema, las especies mantienen entre sí relaciones de dependencia mutua y son eslabones de una red extensa, la ausencia de uno de ellos puede causar desmoronamiento del conjunto. De ahí la gravedad de la intervención humana, irresponsable e ignorante del equilibrio de la naturaleza.

4 5

6

4. *Los insectos sociales han establecido una red de complejas interacciones, tanto físicas como de conducta, que hacen depender la existencia del individuo.*

5. *Aunque especies diferentes, los ñús y las gacelas mantienen relaciones interespecíficas basadas en el común interés de alerta ante el depredador y en compartir el mismo medio, dado que no compiten entre sí.*

6. *Entre los vertebrados superiores, las relaciones intraespecíficas adquieren gran importancia y en los rebaños o las manadas se vuelven muy complejas.*

La competencia

Definición
Dos especies compiten cuando usan o aprovechan un mismo recurso. Este es muy diverso, desde la luz o agua hasta el territorio, por lo general es de tipo trófico y los otros se consideran relacionados con él más o menos.
Por ejemplo, la luz por la que compiten las plantas de la selva es un recurso trófico, pues sin ella no sintetizan su alimento. Otro tanto es el territorio ocupado por un depredador, un lince por ejemplo; no permite la presencia de individuos de su especie o de otra con los mismos hábitos alimentarios debido a que necesita el territorio para cazar y alimentarse él y sus crías.
La competencia es reflejo de lucha, más profunda en los organismos: la que sigue produciéndose en la evolución de las especies, es decir, la selección natural de la competencia en diversas combinaciones de genes con la forma de un organismo.
Cualquier ser vivo, planta o animal, es la expresión de las pequeñas partículas de ADN o ARN dentro del núcleo de cualquier célula: los cromosomas y sus genes. La combinación de genes ha dado lugar a diversos organismos desde el pasado hasta nuestros días, y la lucha entre ellos ha permitido que, los más aptos hayan sobrevivido y se reproduzcan.
En la competencia también se incluyen la depredación y el parasitismo, pero los trataremos en otro capítulo.

La competencia en el reino vegetal
Los organismos vegetales inferiores, como las algas del fitoplancton marino, compiten con recursos como la acumulación de clorofila en sus células o la velocidad de crecimiento. Si las condiciones de un medio son estables, la competencia entre dos especies que usan el mismo recurso finaliza al desaparecer una de

1

2

3

ellas. Así, en un medio de variaciones cíclicas, esa lucha no aniquila a una de las especies, sino que aumenta la población de la otra.
Las plantas superiores secretan sustancias que inhiben el desarrollo de otras especies en su entorno, crecen más rápido para llegar a los recursos disponibles, hunden a más profundidad sus raíces para acceder al agua o trepan sobre otra planta para crecer y ahogar a la que sirve de soporte, como son varios *Ficus* de selvas tropicales.

En los bosques y en la selva, la competencia en el mundo vegetal se manifiesta en forma de una nítida estratificación de la vegetación. Las raíces hundidas crecen y también hongos que forman la **capa hipogea**, y encima tapizando el suelo se disponen los líquenes, musgos, plantas rastreras, las que forman rosetas, y otras similares (**capa epígea** o **muscínea**).
La **capa herbácea** en sentido amplio se constituye por hierbas. Siguen las matas y arbustos (**capa arbustiva**) y, encima de ellos, los árboles (**capa arbórea**). Cada forma vegetal ocupa un **nicho**, es decir, un espacio ecológico que satisface sus necesidades vitales.

La competencia entre los animales

El principio de exclusión ya citado es muy importante en el reino animal. Según él, si dos especies compiten por un nicho ecológico, una desplaza a la otra total o parcialmente.
En un charco con poblaciones de distintas especies de paramecios, la temperatura es un factor determinante en la competencia, favoreciendo a aquella que mejor supere determinados valores.
En un arrecife coralino las esponjas compiten por el espacio, amontonándose y perdurando la que mejor resiste la estrechez, y unas madréporas se muestran más agresivas que otras, los atacan y destruyen.
En los bosques de coníferas escasean los huecos para anidar, y por ello se establece una dura competencia entre las aves, venciendo las más agresivas o las que inician antes la construcción del nido; así expulsan a las más pacíficas o tardas.
En ríos o riachuelos de escaso caudal y régimen estacionario se observa un predominio de especies de efímeras cuyo ciclo de desarrollo es más rápido. La velocidad de crecimiento es importante, pues al llegar la estación cálida el nivel de las aguas desciende y el cauce llega a desecarse. En la competencia por este nicho ecológico, lo breve del ciclo vital se convierte en una ventaja competitiva.

4

1. *Las plantas trepadoras, como la hiedra, ascienden por el tronco de los árboles para llegar así hasta la luz, por lo que compiten con ellos. Este factor determinante ha dirigido su evolución posterior en esa dirección.*

2. *Durante la berrea, los venados luchan entre sí para conquistar un rebaño de hembras. Los más fuertes serán los que logren reproducirse y transmitir sus genes a la descendencia; la evolución establece así sus pautas de actuación.*

3. *En la selva tropical la escasez de espacio y la lucha por los recursos como la luz, obliga a que unas plantas trepen sobre otras o incluso crezcan encima de ellas, como es el caso de las epifitas.*

4. *Acantilados cerca de Vik (Islandia), donde habitan colonias de pájaros marinos.*

Depredación

Es una forma especial de relación entre especies y consecuencia de la competencia por los recursos tróficos; un organismo se alimenta de otro, capturándolo.
La naturaleza de la depredación, la búsqueda y captura de la presa hace que sea un fenómeno casi exclusivo de los animales, pues hay pocas plantas que cubren sus necesidades energéticas y nutrientes de los animales que capturan.
La dependencia que hay en un ecosistema entre sus componentes alcanza la máxima expresión entre depredadores y sus presas. A esta relación tan importante se dedicará un capítulo. Ahora estudiaremos la depredación en general.

1

2

La depredación en las plantas
Las plantas carnívoras son en su mayoría angiospermas, y sus técnicas de "caza" son diferentes a las de los animales. No se habla en este caso de depredadores, sino de "cazadores".
Usan trampas, como la atrapamoscas, cuyas hojas provistas de pelos táctiles se entrelazan cuando un insecto las roza, encerrándole y entonces la planta secreta sustancias digestivas.
Otras producen líquidos pegajosos, donde se adhieren las presas, o bien se cierran súbitamente cuando un pequeño invertebrado se posa sobre ellas.

La depredación en los animales
Se puede considerar que todos los animales son depredadores, pues por heterótrofos requieren materia orgánica elaborada por otros organismos, los buscan y los capturan. Cuando el alimento es vegetal, el proceso se simplifica aunque la planta se dificulte (ej. espinas), pero eso no es depredación ya que esto sólo se reserva a los animales que capturan a otros.
Las modalidades de depredación varían, desde el modo en que un protozoo engloba a otro hasta las técnicas de persecución de una manada de lobos.
La evolución conduce a una depredación selectiva, a una especialización trófica, para evitar la competencia entre especies próximas. Por ejemplo, en un bosque con un sotobosque espeso, los micromamíferos (ratones, topillos, musarañas, etc.) permiten la existencia de depredadores, entre los que las aves de presa desempeñan un papel importante.
Algunos pequeños mamíferos son activos en el día y otros por la noche, así un recurso trófico está disponible en todo momento.

3

4

Esto hace posible la presencia de depredadores que en otras circunstancias competirían (ej. aves ratoneras en el día y búhos por la noche).
También la condición de depredador es variable en función de la edad.
Esto se ve en poblaciones de peces, en que una especie de gran tamaño que se alimenta de otra menor es también presa de ésta cuando está en fase juvenil.

La defensa ante la depredación

La acción del depredador a hecho que su presa desarrolle medios defensivos pasivos o activos. Un medio pasivo son las espinas o pelos de diversas formas. Desde los protozoos cubiertos de excrecencias a las largas espinas de los cactos, la variedad es infinita.
También cumple una función activa (como arma de caza). Tal es el caso de los largos tentáculos de las medusas.
La concha de los moluscos y crustáceos es un medio defensivo que casi vuelve invulnerable al animal. Otro medio de defensa pasivo es de origen químico ya sea por secreciones tóxicas o porque el sabor del animal es desagradable.
Los medios químicos defensivos se extienden en el reino vegetal. Las hojas de muchas plantas (ej. el tejo) son tóxicas y otras son incomestibles (ej. las jaras). Si el animal es nutritivo y apetitoso para sus enemigos, el medio de defensa pasivo que le queda es ocultarse o pasar desapercibido. Así, adopta una forma y colorido similar al medio en que se encuentra, esto se llama **mimetismo**.
En las especies más evolucionadas la defensa es de forma activa: las gacelas huyen del león, el conejo del zorro y el recental de muflón del águila.
La presa cuando es grande se enfrenta a su enemigo: la manada de lobos no siempre abate al ciervo.

1. *El león africano es la imagen típica del depredador, si bien la fuerza del macho se destina más a las luchas intraespecíficas que a la depredación, de la que se suelen encargar las hembras de la manada.*

2. *Los depredadores de tamaño mediano, como son los zorros, que se alimentan de presas pequeñas, son a menudo víctimas de los lobos y las águilas, los superdepredadores que les consideran competidores.*

3. *Los grandes reptiles, de metabolismo bajo, atacan a presas de diverso tamaño, pero no necesitan cazar con frecuencia y pueden pasar muchos días sin comer. Actúan como superdepredadores en los ríos.*

4. *Las arañas utilizan el método pasivo de la caza al acecho tendiendo trampas en forma de tela, a la que quedan enganchados los insectos voladores que les servirán de alimento.*

Parasitismo, simbiosis y otras asociaciones

Simbiosis

Es la asociación o relación entre individuos de distintas especies, de la que resulta un beneficio para ellos. Cada uno de los componentes de la simbiosis recibe el nombre de **simbionte**.

Un ejemplo conocido es el de los líquenes, asociación en que participan un hongo y un alga con tal grado de compenetración que ninguno puede vivir por separado.

El alga autótrofa, se encarga del alimento, y el hongo, incapaz de sintetizar los hidratos de carbono, suministra agua y los nutrientes.

Otra simbiosis vegetal son las **micorrizas**, donde un hongo se asocia a las raíces de una planta, por ejemplo un pino, un haya o un helecho, incrementando su absorción y obteniendo por su parte nutrientes, que él mismo no puede fabricar.

Hay también simbiosis entre plantas y animales, en especial en el medio acuático, por ejemplo entre algas y foraminíferos, actinias, medusas o moluscos, como la *Tridacna*.

En los vertebrados la simbiosis se extiende con bacterias y protozoos, conocida como **flora intestinal**: los microorganismos transforman la celulosa en materia asimilable que, salvo una pequeña cantidad que él consume, queda a disposición del vertebrado.

Comensalismo

Es una derivación de la simbiosis en que el beneficio trófico es sólo para una especie aunque la otra no resulta perjudicada. La primera se aprovecha de los restos de comida de la segunda, sin que ésta obtenga ventaja a cambio. Las esponjas, por su estructura de cavidades más o menos tortuosas, contienen numerosos invertebrados comensales, y esto sucede en general con los animales filtradores; en las laminillas de un aparato de filtración se fijan organismos pequeños que aprovechan la gran cantidad de nutrientes que pasan por allí.

Inquilinismo

Es una forma especial de comensalismo en la que el recurso es el espacio. Un caso conocido es el del pez *Fierasfer acus*, que se aloja en el intestino de las holoturias y sale sólo al buscar alimento. Otros peces viven en las cavidades de las esponjas.

Foresia

Es la relación entre especies muy dispares en tamaño, y una de ellas usa a la otra como medio de transporte.

Las rémoras que se adhieren a la piel del tiburón son un ejemplo, lo mismo que los insectos sujetos al pelaje de los mamíferos.

Mutualismo

Cuando dos especies aprovechan un mismo recurso o cuando la actividad de una beneficia a la otra. Las garcillas bueyeras comen los parásitos de la piel de vacas, búfalos o ñus, con lo cual éstos se benefician de la actividad trófica de las aves. Los peces limpiadores eliminan restos de comida de los dientes de especies mayores, liberándolos de un posible foco de infecciones.

Parasitismo

Es una relación en que el beneficio es para una especie y esto resulta perjudicial a la otra.

El parasitismo es una forma extrema de depredación en que el depredador se ha especializado a tal forma que no mata a su presa, sino que se alimenta de ella durante toda su vida.

Por su evolución, tanto el parásito como su huésped experimentan adaptaciones mutuas hasta el punto que aquellos se han vuelto exclusivos.

Los parásitos son externos (**ectoparásitos**) o internos (**endoparásitos**); estos últimos disponen de órganos especiales de fijación, ya sean ventosas o garfios. Casi todos los animales tienen parásitos, incluso vertebrados, como el pez sudamericano llamado chupa o candirú que entra en la cavidad branquial de otros peces y se alimenta con su sangre.

También los murciélagos hematófagos, los vampiros, se alimentan de sangre, visitan a su presa con frecuencia pero sin llegar a matarla.

1

2

1. *Numerosos crustáceos marinos, como esta cámbara nariguda, llevan sobre el caparazón esponjas y anémonas que les devuelven prácticamente idénticos al entorno, con lo que eluden a sus enemigos.*

2. *El muérdago es una planta semiparásita, puesto que al ser capaz de sintetizar parte de su propia materia orgánica por fotosíntesis, sólo necesita extraer de su huésped agua y algunos nutrientes.*

3

4

5

6

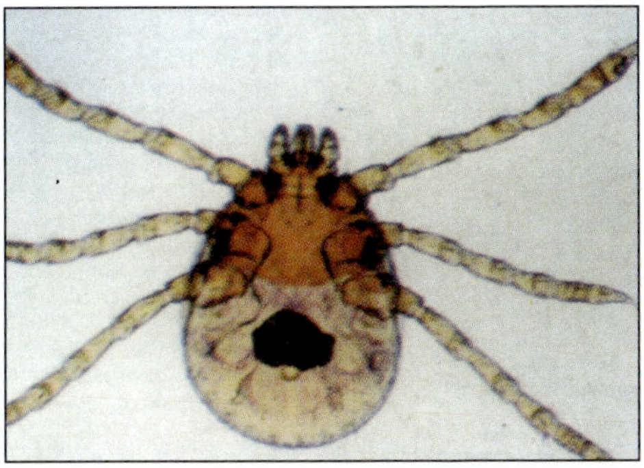

3 *Existen también muchas especies de invertebrados, en especial ácaros e insectos, que parasitan a las plantas, provocando en ellas reacciones tamorales conocidas como agallas. En este caso se trata de un roble.*

4 *La simbiosis entre dos organismos tan dispares como un alga y un hongo ha dado lugar a los líquenes, que son capaces de colonizar medios extremos en los que ninguna otra forma vegetal es capaz de sobrevivir.*

5 *Las aves limpiadoras encuentran un alimento abundante en los numerosos parásitos que martirizan al rinoceronte, y éste obtiene como beneficio verse libre de tan molestos organismos. Ambos sacan ventaja.*

6 *Las garrapatas son parásitos externos que se limitan a fijarse sobre la piel de su presa mientras que chupan sangre. Una vez llenas, se desprenden y esperan al final de la digestión para atacar de nuevo.*

El sistema depredador-presa

El modelo más usado para estudiar las relaciones entre los componentes de los ecosistemas es la interacción entre dos especies, una se alimenta de la otra; es el sistema depredador-presa.

El modelo de Volterra y Lotka
En 1920, los bioestadistas A. J. Lotka y V. Volterra estudiaron las relaciones en distintos ecosistemas de animales. De sus estudios resultó un modelo matemático que predecía el comportamiento de interacción de dos especies en un medio. El modelo, se resume gráficamente en dos curvas, cada una representa la evolución de la población de las especies estudiadas. Ambas presentan un curso cíclico con máximos y mínimos. Si la curva *P*–presas– alcanza un máximo indica gran cantidad de presas, lo que repercute en un máximo *D*–depredadores–. Este punto se produce, cuando la curva *P* es descendente.

Al llegar al mínimo, los depredadores disminuyen y no se recuperan hasta aumentar las presas disponibles (rama ascendente de la curva *P*). Este modelo se basa en un depredador y una presa, dentro de un medio uniforme, en la naturaleza las relaciones no son bilaterales sino múltiples, y el modelo se complica.

El experimento de Gause
Años después del modelo anterior el biólogo ruso G. F. Gause hizo experimentos que demostraron la validez de dicha representación matemática. Utilizó dos especies de ciliados: uno (paramecio) se alimenta de levadura y bacterias, el otro (didinio) es depredador de paramecios. En un tubo de ensayo con alimento introdujo los paramecios; y días después algunos didinios. Estos devoraron a los primeros y desaparecieron al poco tiempo. En otro tubo introdujo nuevos paramecios y más didinios, pero incorporó un sedimento de refugio a los primeros. Los didinios redujeron la población de sus presas, pero cuando estas escasearon y se podían ocultar en los refugios, los didinios se extinguían por falta de alimento, y la población de paramecios se recuperó.
En el primer caso fue una teoría, pues en un medio natural no viven sólo paramecios y didinios. La segunda situación, con presencia de refugios, se aproxima más a la realidad.

Las perturbaciones del sistema
En el entramado del ecosistema, la relación depredador-presa es una mutua adaptación a las influencias con un notable equilibrio. Por tanto, cualquier perturbación del exterior puede alterarlo.

Los conejos y la mixomatosis
En el ecosistema australiano los marsupiales ocupaban todos los nichos ecológicos que el medio brindaba. La ausencia de grandes carnívoros hizo de estas especies depredadores. Pero, a mediados del siglo XIX los colonizadores introdujeron conejos para practicar la caza, habitual en Europa. Antes de finalizar el mismo siglo, eran una plaga incontrolada en todo el continente. La razón era simple: en Australia no había enemigos naturales del conejo. Como solución al problema se introdujo un enemigo del conejo, el zorro. Pero no se tomó en cuenta un principio natural en la relación depredador-presa: el principio del menor esfuerzo, por el cual un animal busca alimento que con un mínimo de energía le dé más nutrientes. Así, los zorros en vez de cazar conejos, cazaban marsupiales, mucho más lentos. El resultado fue, desastroso, muchas especies quedaron al borde de la extinción.
Ante esto, en la década de 1950 se introdujo una enfermedad infecciosa de conejos, la mixomatosis, transmitida por picadura de mosquitos. Como resultado la población descendió, aunque los daños de esas dos especies han sido irreparables. No todo acabó ahí, la enfermedad en Europa, donde el conejo estaba en equilibrio con el medio, creó una mortandad de conejos, desequilibrando las cadenas tróficas del sistema.

1

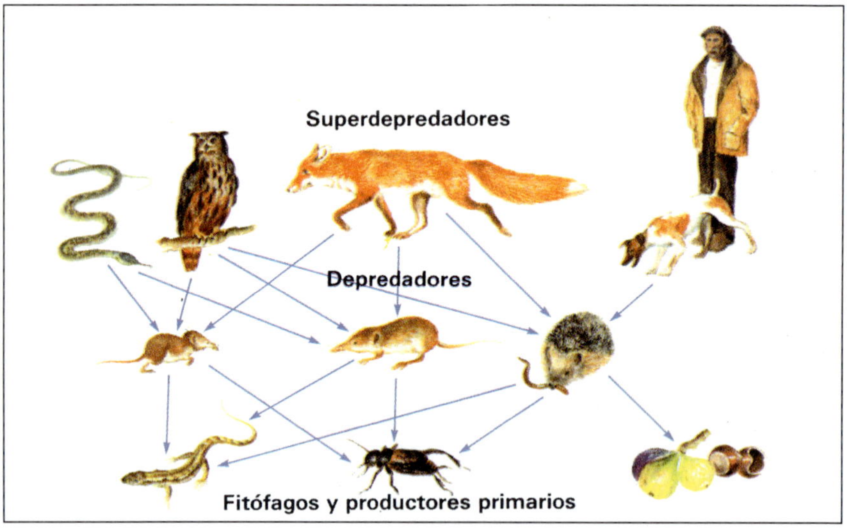

1. *La relación entre un depredador y su presa casi nunca es lineal, pues dentro del ecosistema las diversas especies ocupan todos los nichos disponibles. Por ello, las relaciones depredador/presa forman una compleja retícula.*

2

3

4

5

6

2 *La presencia de culebras y roedores mantiene una relación muy estrecha, pues las fluctuaciones en las poblaciones de estos últimos determinan la abundancia relativa de las primeras.*

3 *Los excesos de los pescadores "deportivos" con una depredación selectiva hacia los mejores ejemplares, han hecho que las especies de interés se hayan visto drásticamente reducidas o aniquiladas.*

4 *Las aves de presa son un eslabón esencial en los ecosistemas terrestres, al actuar como controladores de las poblaciones de micromamíferos y aves insectívoras.*

5 *La atracción que las flores ejercen sobre los insectos ha hecho que un depredador de éstos, en este caso una araña, se haya adaptado a la vida en el interior de la flor para acceder mejor a su presa.*

6 *La estrecha dependencia entre las aves marinas, como estos cormoranes, y sus presas, peces marinos, se refleja en la gran disminución que experimenta su población cuando alguna causa provoca una reducción drástica de estos últimos.*

Fluctuaciones y ritmos

Fluctuaciones de las poblaciones

Cualquier población animal o vegetal experimenta variaciones numéricas en el año, aunque los valores oscilan en un punto medio o «normal».

En estas variaciones hay ciclos, con años de mayor productividad y otros con disminución de la biomasa. Varios factores influyen en las fluctuaciones, en parte por las relaciones interespecíficas (depredadores, presas) y los componentes abióticos del ecosistema, como los cambios en corrientes oceánicas, variaciones de energía solar que llega al planeta, etc.

Por regla, si las fluctuaciones se deben a variaciones en las condiciones del medio se habla de **oscilaciones**.

Son frecuentes en especies con ciclo vital corto, menor a un año.

Curva de crecimiento de la población

Si se gráfica el nivel de población respecto al tiempo, se obtiene una curva que da la pauta del crecimiento de población. Los estudios en laboratorio con organismos unicelulares cultivados en condiciones especiales dan una curva característica:

Tras la fase de crecimiento lento sigue otra de aumento notable de población, hasta llegar a una estabilidad. En el desarrollo de un animal de ciclo corto, como un insecto o planta anual, la curva difiere de la anterior por no llegar a un punto estable, y cae bruscamente hasta cero. La población tiene un crecimiento indefinido, y con la llegada del invierno desaparece. En organismos de ciclo vital largo, la curva aumenta, pero después en lugar de estabilizarse en un punto máximo, desciende, sin llegar al cero. Fluctuando acaba por centrarse en un valor medio. Esto refleja la adaptación de la especie a las condiciones de su medio y, a la variación de los factores ambientales.

Potencial de reproducción y tasa de mortalidad

Las especie sometidas a presión ambiental (incluso depredadores) tienen tasas de reproducción altas, para compensar las elevadas pérdidas de población.

Las especies longevas o que carecen de enemigos, presentan tasas de mortandad y crecimiento bajas. Las primeras soportan bien las alteraciones bruscas del medio y las mortandades producidas al azar; no así las segundas. De ahí la dificultad de exterminio de ratas de ciudad y, la facilidad con que la caza de ballenas las está llevando a la extinción.

1

2

3

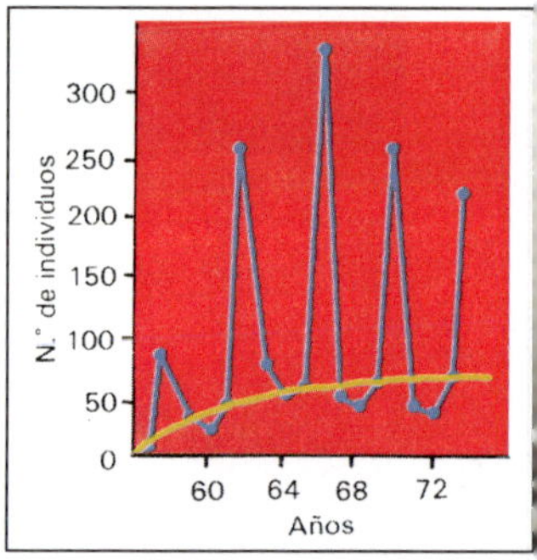

4

El equilibrio de una población

Si en ecología se habla de una población estable, no significa que sea capaz de recuperar su estado normal tras una agresión intensa. El equilibrio ecológico, significa un estado de fluctuación alrededor de un valor medio, con un compromiso de los factores que la influyen.

En un bosque, el equilibrio supone que a medida que los árboles más viejos mueren se van sustituyendo por otros más jóvenes, y hay ejemplares de todas edades distribuidos uniformemente y formando subpoblaciones sin diferencias marcadas entre ellas.

Ritmos

Los ritmos son variaciones periódicas de menor duración que afectan al individuo. Los ritmos afectan la actividad interna del organismo o su distribución espacial.

En algunas plantas la intensidad luminosa determina el desarrollo de un tipo de hojas u otro, en las diversas épocas del año o según crezcan en una zona de sabana o de umbría, su morfología será diferente.

Hay ritmos diarios como la apertura de flores, la actividad nocturna o diurna de aves de presa o la salida de insectos del capullo a una hora precisa del día (por la luz).

Otros ritmos son el ascenso y descenso del plancton marino; las mareas, que obligan a cerrar las valvas a los moluscos cuando se retiran las aguas; los mensuales, que con fases lunares determinan las épocas de migración de muchas especies, y los anuales, como la hibernación de osos, murciélagos y roedores.

5

6

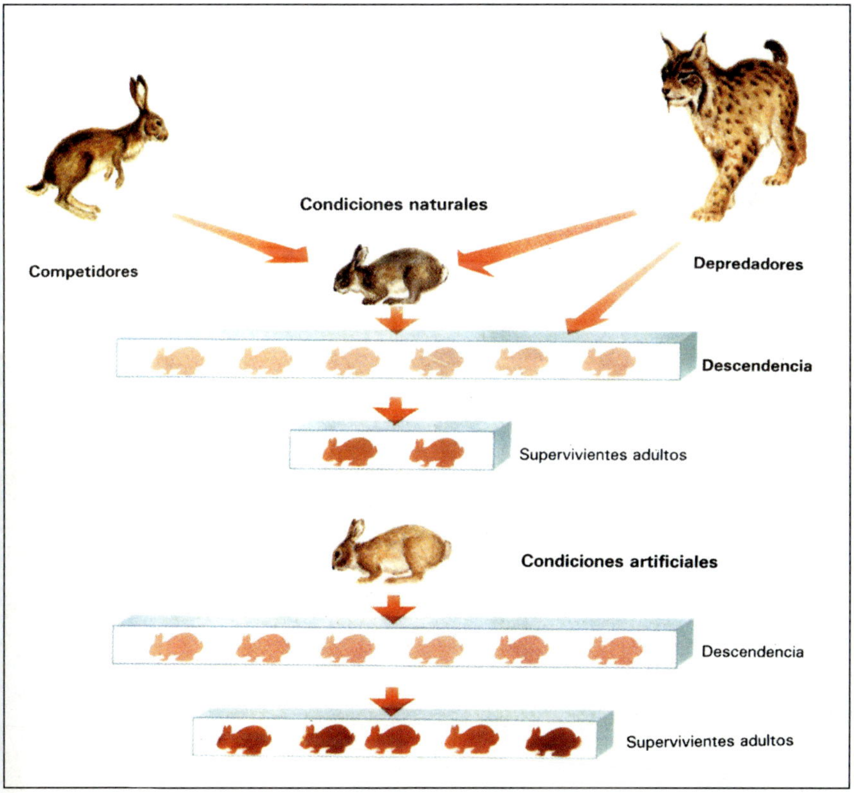

1. *El curso del Sol en el horizonte hace que la cabezuela del girasol gire. En este caso, la variación diurna de la intensidad y la duración de la iluminación dan lugar a un ritmo diario en esta planta.*

2. *Según va creciendo el arrecife coralino, los distintos niveles van siendo ocupados por organismos diferentes en función de las nuevas condiciones ecológicas creadas. Se produce así una periódica sucesión faunística.*

3. *El gráfico muestra las grandes fluctuaciones en el número de algunas especies de insectos, determinadas por los cambios en las condiciones ambientales (temperatura, alimento, número de depredadores).*

4. *El corte a través del tronco de un árbol nos permite observar cómo la mayor o menor intensidad fotosintética se refleja en anillos sucesivos, permitiéndonos de este modo calcular la edad que tiene la planta.*

5. *El ritmo de las estaciones, observable con especial espectacularidad en el bosque de caducifolios, condiciona las fases de crecimiento vegetal y los ritmos de vida de los animales sedentarios o migradores.*

6. *Cuando un agente externo (por ejemplo el hombre) interfiere en una población animal eliminando a sus enemigos, dicha población experimenta un crecimiento descontrolado y puede convertirse en plaga, aunque en ese caso a menudo aniquila sus propios recursos y llega a desaparecer.*

Sucesión y explotación humana

Conceptos generales

Sucesión es el conjunto de cambios de una comunidad y una secuencia conocida y previsible. El objetivo es estabilizar el ecosistema, autoorganizándose. El proceso dura decenios o puede prolongarse por milenios, con fluctuaciones breves en el transcurso. Las diversas comunidades transitorias de la sucesión se denominan **etapas**, **fases** o **comunidades seriales**, todas tienden al estado final.

Maduración es el proceso de autoorganización del sistema con carácter irreversible, donde las primeras etapas son menos maduras.

El **clímax** es la etapa final de una sucesión. Es la de mayor madurez y equilibrio óptimo con las condiciones del medio.

Según el medio de desarrollo hay distintas series. La **xeroserie**, conjunto de sucesiones sobre la tierra, y la **hidroserie** es la producida en las aguas. La **litoserie** parte de la roca desnuda y la **pasmoserie** parte de la arena.

Desarrollo de las sucesiones

En las sucesiones se observa un desarrollo, que a través de sus etapas culmina en el clímax, aunque es difícil distinguir las distintas comunidades seriales. En primeras etapas aparecen especies oportunistas, con mayor capacidad de adaptación. Estos son requisitos para colonizar un medio frecuentemente hostil, francamente adverso. Esas especies se llaman **pioneras**. Los primeros organismos de una zona virgen son vegetales inferiores (algas, líquenes) que preparan el suelo para otras plantas más desarrolladas. Hasta que la flora no coloniza el medio no llegan las especies animales pioneras.

Las dunas

Este medio se ha estudiado detalladamente por los ecólogos, pues sigue fácilmente el curso de una sucesión.

El viento que arrastra pequeñas partículas de arena se manifiesta en costas o en orillas de grandes lagos creando dunas, que forman un medio vacío susceptible de ser invadido por todo ser vivo. Estos llegan al azar, pero sólo prosperan los que satisfagan los requisitos de una especie pionera, el sustrato de la duna es disperso e inestable, formado por arena suelta. Allí viven insectos que excavan cuevas provisionales pero, hasta la llegada de las primeras plantas herbáceas no se estabiliza el terreno. Las raíces de gramíneas fijan las dunas y permiten así, que especies vegetales superiores crezcan sobre ellas. Así, se inicia la formación del suelo, que permite el desarrollo de la flora a la fase clímax del entorno (ej. bosques de pino marítimo). Junto a este aspecto se produce otro espacial debido al avance de la duna, que gana terreno al mar gracias a los sedimentos arrojados. Ésto es frecuente en deltas y estuarios.

Laboratorios naturales

El proceso de las dunas permite saber cual es el modelo de colonización, en ese medio el entorno es un factor determinante, pues la invasión de la duna amplía o prolonga el ecosistema. La naturaleza nos permite contemplar cómo se inicia la colonización de un

1

2

3

medio nuevo, carente de todo tipo de vida.
El 14 de noviembre de 1963, en las costas de Islandia surgió una isla por una erupción volcánica submarina. La pequeña isla logró configurarse y asentarse de manera estable, recibiendo el nombre de Surtsey. Cuando la lava se secó y enfrió, los biólogos contemplaron la llegada de la vida paso a paso en las rocas recién formadas. El proceso continúa, pues el tiempo aún es corto y en latitudes muy septentrionales la vida se desarrolla con menor empuje que en regiones más cálidas.

La explotación humana

Cuando en una sucesión desaparecen las etapas de madurez, se dice que se ha producido un **rejuvenecimiento**. La acción humana rebasa los límites de adaptabilidad de los ecosistemas, desequilibra los existentes, destruye e invierte la sucesión ecológica. Al aniquilar la fauna y bosques, mediante talas o incendios y eliminando la formación más densa, altera el desarrollo normal de una sucesión y favorece a las especies pioneras en detrimento del clímax.
El hombre es principal competidor de los otros organismos vivos para los recursos tróficos y de espacio. Sus residuos de todo tipo superan la capacidad de autolimpieza de la naturaleza. La explotación humana es la regresión de los ecosistemas terrestres y acuáticos (desaparición de bosques, desecación de humedales, etc.), la inversión de sucesiones y extinción de especies vivas.

1. *La selva amazónica se caracteriza por una gran diversidad de especies animales y vegetales, aunque con poblaciones muy reducidas. La explotación humana impide que tenga lugar la sucesión natural.*

2. *Los pantanos artificiales, sometidos a un ciclo regular de niveles más o menos alto de sus aguas, dejan en sus márgenes áreas que sólo pueden ser ocupadas por formaciones hidrófilas jóvenes de ciclo rápido.*

3. *Cuando un bosque se degrada da paso a otra vegetación de menor envergadura que en casos extremos pueden ser una formación herbácea, como en éstos restos de un antiguo hayedo de montaña.*

4. *En los casos en los que la intervención humana no tiene en cuenta los ciclos naturales de los ecosistemas, éstos no siguen las sucesivas fases de la degradación de una sucesión, sino que resultan destruidos.*

5. *Entre los aprovechamientos más antiguos que ha hecho el hombre de la naturaleza está la tala de árboles para utilizar su madera. La silvicultura bien conducida no aniquila las poblaciones forestales.*

4

5

El ecosistema en el espacio

Los ecosistemas representan un elemento dinámico en constante transformación.
Las variaciones con el tiempo se aceleran más en las fases iniciales que las terminales y ésto refleja los cambios del entorno.
Otro aspecto muy importante del ecosistema que se complementa con lo temporal es el espacio, que limita la posible evolución o crecimiento de una población.

El espacio como elemento limitante

La estratificación y estructura morfológica de las plantas supone ya la aparición de límites a la distribución de la fauna.
Esto se observa muy bien en la selva amazónica, en un tronco es posible descubrir territorios bien diferenciados en cuanto a los espacios de una u otra especie de insectos. El dosel formado por la copa de los árboles es un medio en que los animales se distribuyen siguiendo normas constantes. Así, los primates más voluminosos ocupan las ramas más gruesas, los más ligeros pueden ascender a mayor altura. La resistencia física de las ramas condiciona la distribución de esas especies.
Los organismos vivos en su desarrollo alteran el medio sobre el que se encuentran, con lo cual dirigen su evolución. Un microclima local es un ejemplo de esta acción. Puede ser pequeño y cubierto de musgo o extenso como en un bosque, entonces influye sobre su entorno. En algunas regiones desérticas de Israel la repoblación forestal ha conseguido que la humedad de esa zona aumente notablemente, favoreciendo la existencia de otras plantas.

La sucesión en el espacio

La sucesión en el tiempo es la progresiva sustitución de unas especies por otras, hasta alcanzar el equilibrio con el medio, la fase clímax.
Las limitaciones espaciales de crecimiento físico impiden la existencia de esa comunidad en el espacio o territorio. Las condiciones del medio (luz, temperatura, humedad, etc.) determinan que una especie pueda estar en un punto pero no en otro próximo a él. Por ejemplo, un bosque mixto de caducifolios.
El suelo brinda condiciones uniformes y el clima es el mismo en el bosque (generalmente), apareciendo una distribución espacial definida de las plantas herbáceas en robles y en hayas, por citar sólo dos especies. Esta distribución radica en la naturaleza de estos dos árboles. Las hayas se cubren de una densa copa de hojas por lo que las hierbas que crecen debajo han de ser precoces, capaces de completar su ciclo antes de primavera, cuando los días son cortos. Los robles, tardan más tiempo en formar la copa y la sombra es más clara, permitiendo que la luz alcance al estrato herbáceo. Las plantas con crecimiento más lento crecen aquí al disponer de más luz en un periodo mayor.
Los arrecifes coralinos nos muestran también este aspecto espacial de la sucesión.
Algunas colonias crecen en círculo por crecimiento. Otras se escalonan a consecuencia de un sustrato ya modificado anteriormente y que determinó que las aguas tuvieran un curso fijo. Si depende de esta corriente sólo crecerá por donde pase ésta.
Otro aspecto es la superficie o el tamaño mínimo de una formación para poder sobrevivir. Los líquenes resisten el frío y la sequedad, por lo que crecen sobre una roca expuesta a la inclemencia y la especie se distribuye en manchas, de dimensiones muy pequeñas.
Una selva húmeda, es más frágil, y por debajo de un tamaño mínimo la sucesión se invierte irremediablemente.
Una consecuencia de este hecho es que la reducción espacial de los ecosistemas provoca su posterior desaparición; lo mismo sucede con los animales, que por debajo de una densidad mínima son incapaces de recuperarse y se extinguen debido a la imposibilidad física de que los individuos reproductores se encuentren.

1

1. *Las tempranas hojas de las hayas forman, a finales de la primavera, un denso dosel que apenas permite el paso de la luz al suelo, por lo que son un factor que determina la distribución espacial del sotobosque.*

2

3

4

5

2 El piso superior del bosque, formado por la copa de los árboles, constituye un ecosistema parcial dentro del bosque y se encuentra ocupado por especies animales que no viven en los otros pisos

3 El grupo de acacias que crece al lado de una charca en la sabana africana forma una unidad espacial dentro del ecosistema más general del matorral y condiciona la distribución de una fauna típica.

4 El tronco de un mismo árbol crea, según su orientación, distintas especies. Así, el líquen que crece sobre este pino ocupa una porción espacial del ecosistema "bosque".

5 En la montaña es fácil observar cómo se distribuyen espacialmente, en diversas altitudes, los distintos ecosistemas que se suceden en las llanuras: bosque, matorral, prados, nieves perpetuas, y glaciares.

El medio aéreo

Aparte del océano y la tierra firme, hay otros medios que apenas poseen especies propias de él, y es muy importante pues ejerce influencia sobre los otros. Es el medio aéreo. Sin tomar su aspecto «respiratorio», debido al oxígeno atmosférico, contemplémoslo como elemento dinámico.

1

El viento
Es la expresión de la dinámica de la atmósfera, pues es el movimiento de las masas de aire, resultado de los cambios en presión, densidad y temperatura.
Es un elemento muy importante en el clima. Arrastra las nubes de un lugar a otro, estanca al aire cálido o barre la superficie de la tierra, elimina la humedad de una zona y la acumula en otra, condiciona las corrientes marinas, provoca galernas y huracanes, etc.
Contribuye al intercambio entre la atmósfera y la hidrosfera, en las superficies agitadas de agua, como los océanos.
Desempeña un papel importante en los seres vivos. Actúa como elemento de transporte, por ejemplo del polen o las semillas de plantas, contribuyendo a su dispersión.
Facilita el trabajo de animales que se desplazan por el aire, recorriendo grandes distancias con poco gasto de energía al recurrir al planeo.
En el viento se distinguen dos facetas: la circulación atmosférica global y los movimientos de ámbito local.

La circulación general de la atmósfera
La atmósfera se calienta en los trópicos y se enfría en los polos, pero ésto provoca un cambio en su densidad: el aire caliente se eleva y el frío desciende. En consecuencia el hueco de las masas cálidas es ocupado por otras, más densas y frías, que ocupan su lugar.
Este cambio de las masas de aire es el causante de las corrientes de la circulación atmosférica.
La mezcla de las masas de aire se debe a las perturbaciones causadas por continentes y montañas.

Los vientos locales
Lo anterior es resultado de la suma de discontinuidades locales debido a la orografía de las regiones por las que circula el viento.
Esto condiciona el clima particular de cada región, por tanto son decisivas para los ecosistemas. Por ejemplo, los altiplanos andinos están a escasas distancias del pacífico, del que llegan nubes con humedad, que se condensan y descargan en la vertiente occidental, con lo que al llegar a los 4000 metros están desprovistas de humedad y pasan de largo.
El desierto de Atacama es un ejemplo de región árida de este tipo.

Influencia del viento sobre los seres vivos
Además de un descenso de temperatura y un aumento de la evaporación, el viento ejerce una acción mecánica sobre los organismos, que ha influido sobre su desarrollo y evolución.
El aire es un factor que condiciona la dirección de la evolución en distintos grupos de animales que en el curso del tiempo se han adaptado.
Las alas permiten que aves e insectos se desplacen activamente en el aire.
La vegetación en dunas sometida a las brisas, tiene flexibilidad que evita que la fuerza del viento las arranque.
En las islas del pacífico y del índico existen especies de moscas que han perdido las alas, ya que el viento permanente que nunca cesa, las arrastraría si emprendieran el vuelo.
En este caso actúa como factor evolutivo.
La dirección del viento es un elemento decisivo también en la capacidad de propagación de especies vegetales, que no podrán conquistar un terreno si sus semillas son arrastradas siempre en sentido contrario.

1. *En las cumbres de las montañas, las condiciones para la vida son muy duras, y las bajas temperaturas, unidas a los vientos constantes, impiden prosperar a la mayoría de las especies animales o vegetales.*

2

3

4

5

2 *La cirulación local del aire, debida a las condiciones del terreno, da lugar por ejemplo a térmicas, corrientes ascendentes de aire que los buitres aprovechan para remontarse y viajar a largas distancias.*

3 *Los insectos son, al lado de las aves, el grupo animal que en mayor número ha conquistado el medio aéreo, sobre todo el próximo al suelo, si bien su capacidad de vuelo es muy inferior a la de aquéllas.*

4 *Las alas son un elemento anatómico imprescindible para conquistar el aire. Otro aspecto esencial es la ligereza, que las aves consiguen mediante los huesos huecos y el liviano plumaje que cubre su cuerpo.*

5 *El dominio del medio aéreo permite a los buitres instalar sus nidos en inexpugnables farallones rocosos e ir a buscar su alimento a muchos kilómetros de distancia. El viento les sirve de transporte.*

Bosques

Bosques es una formación vegetal compuesta por fanerófitos cuyas copas se tocan, es decir, conjunto de árboles de más de 5 metros de altura que están muy juntos. El término engloba al bosque de coníferas y a la selva tropical, pero aquí se tratará de bosques de climas templados o fríos y en otro capítulo los de regiones cálidas, selvas, junglas y similares.

1

2

3

La taiga

Se trata de un bosque de coníferas adaptado a la sequedad y a un frío extremo. Ocupa una extensa región del hemisferio septentrional, entre los 45° y los 58° de latitud norte en Eurasia y Norteamérica. El clima es frío, con veranos cortos y temperaturas invernales de hasta –60 °C.

La capa de nieve dura hasta 8 meses y la precipitación anual es de 500 mm, siendo las lluvias más intensas en los meses estivales. Su rasgo demográfico es la uniformidad de especies que la constituyen: abetos, pináceas, alerces y pinos.

Su gran extensión se interrumpe en numerosos lugares por lagos en algunas zonas como Finlandia, donde hay más de 55 000.

El bosque boreal de coníferas forma un denso dosel que apenas deja llegar luz al suelo, es ácido por las acículas caídas y sobre él, crece un sotobosque escaso. Hay dos tipos de habitantes en la taiga: los residentes y los visitantes como las aves migradoras.

Otras aves permanecen en el bosque por temporadas: los insectívoros como los herrerillos, carboneros, pájaros carpinteros, halcón abejero y otros.

Cuando el alimento escasea, la fauna ornítica emigra, pero los mamíferos usan otros medios. Caen en un letargo prolongado, hibernan o viven en nidos con la despensa acumulada. Otros, como los carnívoros y grandes herbívoros, soportan el invierno desplazándose en busca de la escasa comida. Entre las aves residentes hay cascanueces, piquituertos, cárabos, lechuzas, azores y gavilanes. Por último, los mamíferos típicos son: ardillas, musarañas, topillos, martas, linces, alces y glotones.

El bosque de caducifolios

Es una formación mixta vegetal, crece en región templada y en periodos invernales, temperaturas de 10 °C y lluvias uniformes en todo el año oscilando entre 500 y 1000 mm, en algunas zonas superan estas cantidades.

Se extiende alrededor de los 50° latitud N en Eurasia y Norteamérica, y tiene su equivalente en el hemisferio austral en los bosques de coihué en la misma latitud. Una característica importante es la sucesión estacional en la que el crecimiento de una especie (herbáceas del suelo) está en función del momento en que otras (árboles) brotan. La caída de hojas influye para que el suelo se recubra en un mantillo espeso, que protege a una fauna de invertebrados (ciempiés, cochinillas, arañas, etc.).

Las especies arbóreas del bosque caducifolio europeo, son los robles, hayas, castaños, avellanos, tilos, cerezos, abedules, arces y olmos, cobijan

4

5

bajo sus copas un sotobosque de fresales, azucenas, astrancias, arándanos, acónitos, suecos y brezos por citar algunas especies, en América del Norte están los mismos grupos mientras que en Asia hay grupos adicionales (catalpas, etc).
Esta variada masa forestal sustenta a muchos insectos como el ciervo volador, icneumónidos, avispas, mariposas, etc. La biomasa de artrópodos, unida a la variedad de frutos y semillas, sostienen a la fauna ornítica: pinzones, camachuelos, piquigordos, zorzales, petirrojos, mosquiteros, currucas, bisbitas, cucos y una lista grande de especies.
Otras aves son el orogallo y el faisán, y las de presa como el ratonero, el milano, el águila, el búho o el cárabo. Las salamandras, las víboras y las culebras, son algunos de los reptiles abundantes en estos bosques.
Entre los mamíferos están los ciervos, corzos y gamos, osos, tejones, gatos salvajes, lobos, mapaches, topos, lirones, ratones y jabalíes. Propia de América es la mofeta y de Asia es el tigre de Manchurria.

1. *Los pájaros carpinteros son una de las aves más llamativas de los bosques. Su actividad es muy beneficiosa para las especies forestales, pues devoran multitud de insectos parásitos de los árboles.*

2. *Los pinares actuales, puros o mezclados con otras coníferas y caducifolios, son en su mayoría producto de la acción humana, que con fines comerciales ha poblado con ellos extensas regiones.*

3. *El suelo fértil y el espeso sotobosque con multitud de hongos, bayas y frutos brindan un amplio espectro trófico que nutre a multitud de especies animales: insectos, aves, roedores, grandes fitófagos, etc.*

4. *La taiga es una formación boscosa caracterizada por la escasez de especies, pero con gran número de sus efectivos. Las coníferas que la constituyen son resistentes al frío intenso y a la sequía.*

5. *El haya es una de las especies forestales más características del bosque de caducifolios. Pocas herbáceas crecen bajo su espesa sombra, pero alberga a numerosos animales, que comen también sus frutos.*

Selvas

1

2

Son los bosques de las regiones cálidas, son similares a los de latitudes altas pero, hay más variedad de especies, si bien sus efectivos son muy reducidos. La exuberancia de regiones pluviales hace que la estratificación vertical adquiera diferencias muy manifiestas. En este tipo de bosques la distribución de la biomasa es similar a la de climas templados o fríos: el 1% en partes verdes del bosque caducifolio sube al 6% en la taiga y al 8% en la selva tropical húmeda; las partes aéreas suponen, el 74, 70 y 70%. Los residuos de coníferas y caducifolios son el 2% de la biomasa y el 5% en el bosque tropical; las raíces son responsables del 22, 23 y 17% respectivamente, en el bosque boreal, el bosque templado y el bosque tropical.
Hay varios bosques en las regiones cálidas: la selva pluvial ecuatorial, la selva monzónica, el manglar y la selva seca.

La selva pluvial ecuatorial
La mayor floresta de este tipo está en África ecuatorial y en la Amazonia, siendo menor en Malasia y América Central. La temperatura es constante en el año (23-25 °C), con variaciones diarias, lluvias abundantes (más de 1500 mm) en todo el año y humedad elevada. La ausencia de estaciones permite la renovación continua de follaje sin que suceda en épocas especiales. El suelo es arcilloso y rojizo, con nutrientes en la parte superior, por lo que las raíces vegetales son superficiales. Este terreno llamado laterítico, es frágil y fácilmente destruible. Entre bosque y suelo hay un equilibrio muy delicado.
Las lianas, bejucos, todas las epífitas y plantas parásitas son típicas de esta vegetación. Al asimilar durante todo el año, la vegetación es exuberante y con rápido crecimiento, formando una muralla casi impenetrable impidiendo el desplazamiento de animales. Esto ha configurado la fauna de la selva. Numerosos grandes mamíferos tienen en este medio formas enanas, como el hipopótamo pigmeo, el elefante enano o el búfalo enano del Congo. La desventaja en el desplazamiento se compensa con la notable estratificación vertical de la selva en distintos pisos ocupados por diversas especies. Muchos animales viven en la copa de los árboles, sin descender nunca; para satisfacer sus necesidades de agua les basta sólo el alimento o la que se acumula en grietas o huecos de los troncos. La dieta de éstos

3

son las hojas y frutos, que maduran en todas las estaciones. Hay que señalar que la fauna selvática es sedentaria y tan sólo algunas aves de presa de las copas de los árboles se trasladan en ocasiones a otras zonas. Los simios y las aves abundan, así como anfibios arborícolas, serpientes, sanguijuelas, mariposas, termes y hormigas. Los grandes depredadores escasean por lo difícil de capturar a sus presas. Una característica de las selvas húmedas es la gran estabilidad ambiental en su interior con clima invariable, además abundante alimento y diversidad de nichos ecológicos. Estos factores contribuyen a que sea un bioma con numerosos

1. *Los grandes ríos caracterizan a las selvas de las regiones tropicales, separando territorios y dando origen a ecosistemas particulares cuando periodicamente se desbordan sus aguas.*

2. *A pesar del enorme tamaño que alcanza, el pico del tucán constituye un delicado instrumento prensil que permite a esta ave frugívora explotar en beneficio propio los ricos recursos tróficos de la selva.*

3. *Los monos son los pobladores más ruidosos de la selva, y sus numerosas especies se distribuyen por los distintos picos altitudinales de la cubierta arbórea. Cada especie se ha especializado en un nicho particular.*

«fósiles» vivientes, formas arcaicas conservadas hasta la actualidad y sin cambiar casi sus rasgos al no tener que enfrentarse a grupos más evolucionados que los desplazarían. La selva como santuario es notable especialmente en Madagascar, donde su insularidad impedía la llegada de depredadores evolucionados y así sobrevivieron muchos mamíferos primitivos, en especial prosimios. La llegada de carnívoros del continente debido al hombre y la sistemática destrucción que éste ha llevado a cabo de esas selvas, ha provocado la desaparición de muchas especies.

La selva amazónica
La selva de la cuenca del Amazonas es la mayor masa forestal del planeta y, el principal pulmón de la biosfera. Una característica diferente es la presencia y dependencia del río. El río Amazonas mide 6518 km. de largo, naciendo en los Andes peruanos y desembocando en el océano Atlántico. Con 200 afluentes principales de los que 100 son navegables, comprende un área de casi 7 millones de kilometros cuadrados. Desde que las aguas descienden de los Andes hasta el mar la pendiente es escasa y la totalidad de la superficie es llana. Esto es muy importante para el ecosistema forestal, pues las inundaciones periódicas dejan sumergidos enormes territorios, con secuelas para la flora y fauna de la región. Muchos animales amazónicos se adaptaron a vivir en contacto con el

4

5

6

agua. La vegetación y la fauna propia del río, tienen otra riqueza que las convierten en otro eslabón esencial en la cadena ecológica de la selva, por más que los animales arborícolas nunca se acerquen a su superficie.
Un factor que ayuda a la fragilidad de este ecosistema es, el hecho de que sea una selva muy antigua, parecida de manera distinta a las actuales y que al no repetirse en el clima reinante, no permite su regeneración.
La riqueza potencial para la agricultura de la selva amazónica se ha visto desmentida por constantes fracasos. Los terrenos desforestados y utilizados para agricultura no han dado frutos, tras lo cual al agotar los nutrientes que contenían, se han degradado y erosionado.
La construcción de la carretera transamazónica a alterado el equilibrio ecológico de esa zona, desforestando las áreas próximas y logrando que la erosión destruya el suelo, ya irrecuperable, dejando inmensas superficies yermas. Los proyectos de uso y colonización de esta selva son una amenaza para el futuro del ecosistema de Sudamérica, pues los deterioros que en ella se produzcan desequilibrarán el resto de la zona.

Otros tipos de selva tropical

La selva monzónica, en el sureste asiático, difiere a la sucesión de estaciones, con una época seca y otra de lluvias torrenciales.
La flora y la fauna presentan adaptaciones especiales a estas condiciones.
En las regiones cálidas del planeta se encuentra una formación forestal típica, el **espinar** o selva seca, extendido en Sudamérica. En ella crecen cactáceas junto a la vegetación arbórea, así como arbustos y herbáceas. La fauna cambia también hacia las formas semidesérticas.
La **lauriselva** es un bosque siempre verde y de climas oceánicos con lluvias abundantes en el año o en verano, predominando los laureles.
Forma pequeñas masas en islas oceánicas (ej: Las Canarias).
Por último, el **manglar**, formación que surge en litorales y orillas de aguas saladas y en la que se produce una interrelación entre los medios terrestre y acuático. La vegetación terrestre penetra en el mar y otro tanto hace su fauna, adaptándose a las mareas y la salinidad, mientras numerosos organismos marinos inician más o menos una conquista de tierra firme.
Los peces pulmonados son exponentes de este singular ecosistema.

4. *Con sus 150 cm de longitud, el jaguar es el mayor félido del continente americano. Vive sobre todo en las selvas, donde ocupa el escalón superior de la pirámide ecológica, como superdepredador.*

5. *El pécari encuentra en los claros y márges de las selvas suramericanas, con acceso de los terrenos despejados, un lugar idóneo para vivir. Forma manadas numerosas de hasta cien ejemplares.*

6. *En las selvas de bambú del Himalaya, entre los 1.500 y los 3.000 m de altitud vive el panda gigante, cuya dieta está formada casi exclusivamente por bambúes.*

Sabanas, bosque mediterráneo

Cuando el clima se va haciendo más seco y caluroso, o en los lugares en donde la degradación ha invertido la sucesión natural de la vegetación, aparecen formaciones con identidad propia.

La sabana

Se extiende en selvas tropicales en Sudamérica y en África, en éste último continente es más característica. Lo que las distingue de las formaciones arbóreas es la progresiva rarificación de los fanerófitos. El clima se vuelve extremoso, con una estación seca y otra húmeda.
Las condiciones ambientales determinan una fauna propia con predominio de especies terrestres, siendo favorecidas las especies con mejor vista u olfato. Pocos animales alcanzan en ambos medios una presencia importante, destacando los monos por su adaptación al nuevo medio. La sabana es idónea para los grandes herbívoros, como los ñus, cebras o antílopes, y son característicos de ella las jirafas, rinocerontes, elefantes y búfalos, así como depredadores del tipo del león, el guepardo, la hiena, el chacal, la mangosta o los licaones. Durante la época de lluvias abundan los insectos y se crían las aves.

1

El bosque esclerófilo

Se incluyen aquí las formaciones de regiones de clima templado donde la lluvia es más abundante en invierno, con temperaturas suaves y con sequía estival prolongada. Lo constituyen árboles de hojas pequeñas, duras y siempre verdes que se alternan con matorral. Esta floresta se extiende por regiones circundantes al mar Mediterráneo y las que tienen un clima similar (California, México), y recibe el nombre de **bosque mediterráneo**. Equivale de cierta medida al **espinal** de Chile. La vegetación del bosque mediterráneo se compone de encinas, alcornoques, rebollos, algarrobos, quejigos, olivos y acebuches, con un denso sotobosque de jaras, retamas y lentiscos.
Los insectos y las aves nidificantes sufren oscilaciones acordes a las estaciones del año. Este bosque tiene una gran población de aves migradoras que, de paso o hibernantes, enriquecen la fauna ornítica. En el suelo y la vegetación viven muchos invertebrados terrestres que son base de la nutrición de la fauna insectívora. Las plantas sustentan todo tipo de fitófagos. Esta variedad de especies en el primer escalón de productores secundarios conlleva igual riqueza de depredadores, que culmina con algunos superdepredadores, como el águila imperial y el lobo. La pirámide remata con los micrófagos, los grandes buitres.

Maquí

Es una formación arbustiva que supone una etapa previa al bosque mediterráneo y la primera en la degradación. Está formado por arbustos de hasta tres metros de altura (jaras, retamas, tomillos, romeros, lavandas) y arbolillos dispersos (madronios, encino enano, mirto). La fauna es rica en insectos, arañas, escorpiones, lagartijas, lagartos, víboras y vertebrados de pequeño tamaño.

Brezales y landas

Son dos formas similares de una etapa en la degradación del bosque templado, húmedo y donde los brezos predominan, unida a líquenes, esfagnos y musgos.
Se extienden por el norte de Francia, el Benelux y regiones septentrionales de Alemania, predominando en las grandes llanuras.

Dehesa

Comunidad típica del centro y oeste de la península Ibérica, es un ejemplo de intervención humana que ha conseguido identidad propia y en equilibrio con la naturaleza. Dos son los elementos que la forman: pastizal y la encina. Ambos se alternan en estructura en malla que confiere un carácter típico al paisaje.

1. *La región de los Llanos Orientales, en Venezuela, limitada al sur por el Orinoco y al norte por el mar Caribe, alberga una rica fauna y se caracteriza por la existencia de un periodo anual de sequía.*

2

3

4

2 La encina y el alcornoque, junto a acebuches y quejigos y un denso sotobosque de madroños, retamas, romeros y jaras, configuran la población vegetal típica del bosquey matorral mediterráneo.

3 La sabana ocupa extensas regiones de África y su vegetación suele estar dominad por las formaciones herbáceas, con árboles aislados que se vuelven más frecuentes al acercarse a la región de las selvas.

4 El lince ibérico ocupa en el matorral mediterráneo un puesto de suma importancia en la pirámide ecológica, actuando eficazmente como controlador de las poblaciones de conejos y roedores.p

Praderas y estepas

Geográficamente se reserva este nombre para Eurasia, **pradera** que se extiende por Norteamérica, y **pampa** para la de América del Sur.
La **estepa** es una comunidad clímax, madura y con una composición florística en equilibrio. La poca humedad hace que con la lluvia las capas superficiales del suelo se empapen, por lo que la supervivencia de árboles es escasa y no resisten la competencia de herbáceas.
Estas formaciones comparten características comunes.
Existe una notable alternancia estacional, con variaciones de temperatura y lluvias escasas que se concentran en primavera. Los vientos y tempestades son frecuentes y las especies vegetales son herbáceas, formando manchas discontinuas.
La escasez de refugios naturales ha hecho que la fauna se haya especializado en huir de los depredadores o en la excavación de madrigueras.
Los fitófagos forman manadas o poblaciones y las migraciones son frecuentes debido a la rotación de pastizales.
Entre las aves abundan las especies terrestres.

La gran pradera Norteamericana
Extendida antaño por gran parte del centro de Norteamérica, se ha degradado y actualmente ocupa superficies limitadas a los parques nacionales y que son un pobre reflejo del pasado. Las especies de gramíneas que la forman se mezclan con algunas bulbosas y compuestas. La fauna coincide con la de bosques caducifolios.

La estepa eurasiática
Al sur de la franja del bosque caducifolio, se extiende por 4000 km. desde el extremo oriental de Asia hasta el centro de Europa, de configuración algo diferente, la Pussta o Puszta Húngara. La flora dominante es gramínea (hasta 90%), mezclada con compuestas y umbelíferas, con manchas de brezos, en las regiones orientales. Las especies varían según las condiciones edáficas y climáticas locales, pero el aspecto de la comunidad se mantiene en toda su área. El crecimiento de las gramíneas, por la base en lugar de la punta, permite que la planta no cese de desarrollarse a pesar de las agresiones animales que se alimentan de ella.

La pampa
Se extiende del sur de Brasil, se prolonga por el oriente de Argentina, pasando por Uruguay.
Gran parte de esta superficie ha sido sustituida por praderas artificiales para alimentar ganado vacuno y campos de cultivo cerealista. Las aves que la pueblan son perdices, martinetas, charatas, patos, ipacaás y avutardas. Abundan los pequeños mamíferos como viscachas, maras, armadillos, shunk y zorro de las pampas. El puma destaca entre los depredadores, aunque se encuentra en franca regresión en algunos lugares.

La estepa cerealista
Un ecosistema característico de la península Ibérica es la estepa de cultivo.
Es una gran superficie de escaso relieve (las dos mesetas) con campos de cultivo y algún espartal intercalado.
En zonas de abandono los cantuesos, las lavandas, los tomillos y los romeros forman una extensión de matas.
Según ascendemos por terrenos más abruptos de algún accidente geográfico, los coscojares y jarales dominan.
En los puntos donde el hombre no ha intervenido aparece la vegetación que dominó hace años: el bosque mediterráneo.
La fauna tiene un carácter ornítico y la cumbre de la pirámide ecológica es el halcón peregrino.
Las liebres y roedores son algunos mamíferos más frecuentes.

1. *Los bisontes son los vertebrados terrestres de mayor tamaño y más característicos de las praderas americanas. La gran biomasa vegetal de estas permitió en el pasado la existencia de millones de estos bóvidos.*

2

3

2 La pampa argentina es el equivalente suramericano de la gran pradera norteamericana con especies análogas ocupando nichos similares

3 La patagonia es una extensa región fría y árida, con escasa vegetación de tipo xerófito. Constituye una formación esteparia que en algunas zonas más húmedas se continúa con la pampa seca.

4 El tarpán, caballo salvaje de la estepa, ha sido "reconstruido" en diversos zoos a partir de razas mantenidas en cautividad. Sus características físicas, robustez, y ligereza, son las más idóneas.

4

Tundras y desiertos

Las regiones en condiciones extremas, con escasas lluvias y temperaturas altas o bajas, son el hogar de especies animales y vegetales que constituyen un ejemplo de adaptación de los organismos.

1

2

3

La tundra

Se extiende por áreas más septentrionales de Eurasia y Norteamérica, llegando a la península de Escandinavia al sur de Noruega, aunque el clima se suaviza por la influencia de las aguas oceánicas.

La temperatura oscila de – 15 °C a + 5 °C, sin superar la del mes más cálido de promedio 5°-10 °C de 9 a 10 meses, el suelo es helado y su deshielo en verano es sólo parcial, y las aguas se acumulan en cenagales y pantanos. Las lluvias son escasas, de 300 mm anuales, aunque las bajas temperaturas hacen que la humedad sea elevada. El suelo, escaso, es pobre por falta de nutrientes causada por el reducido aporte de elementos orgánicos. Es frecuente la formación de turberas de esfagnos, cuyos restos se acumulan para formar montículos que destacan en el paisaje. La flora es escasa por las condiciones del terreno, las formas arbóreas o arbustivas aparecen en los límites con la taiga. Los mamíferos fitófagos son escasos en especies, pero sus poblaciones pueden ser enormes, como con los lemmings. Son importantes las liebres árticas y los renos. Éstos realizan migraciones siguiendo los ciclos de la vegetación y buscando pastos. También los lobos se desplazan en estas regiones, no son sedentarios. El lince nórdico, el zorro boreal y el oso polar del ártico, son depredadores que encuentran sustento todo el año. Se resalta la existencia de un ungulado adaptado al frío, el buey almizclero.

De los invertebrados destaca casi exclusivamente la presencia de mosquitos, que en enjambres aprovechan los escasos días tibios del verano de la tundra para completar su ciclo. Sin duda las aves son los representantes más variados de la fauna. Cerca de aquellas con residencia habitual, como el búho nival, el halcón gerifalte, el ansar nival, el colimbo ártico y perdiz nival, las especies viajeras del sur hayan el medio muy adecuado para anidar y reproducirse. Antes del crepúsculo ártico, bandadas de aves abandonan la tundra y la actividad parece cesar. Pero los habitantes invernales, enterrados bajo la nieve como los lemmings o activos durante la ventisca, han adaptado su organismo a las condiciones de este nicho ecológico.

Los desiertos

La característica de los desiertos es la escasez de lluvias, inferiores a 300 mm anuales. Estos valores medios son el resultado de mediciones tomadas a lo largo de periodos largos, pues es frecuente que tras años de sequía se sucedan pocos días, o a veces horas, de lluvias torrenciales y en este lapso cae toda el agua promedio de varios años.

Así, es la aridez el rasgo principal del desierto. También la temperatura extrema. Según

4 5

6

sus valores se tendrá desiertos cálidos o fríos. En los primeros la temperatura no desciende de 6.1 °C y en los segundos si lo hace. Las variaciones diurnas son muy acusadas y lo mismo sucede con el suelo, cuya capa superficial se calienta o enfría rápidamente. Aún a cierta profundidad, superior a 50 cm, el nivel térmico se estabiliza. El agua es el problema de los organismos en este medio.
Las plantas crasas y los cactos lo solucionan acumulándola en sus tejidos, como depósitos de reserva, impidiendo su pérdida, reduciendo la superficie de transpiración. En estas plantas la clorofila la transforman los tallos, y las hojas se reducen o se transforman en espinas. Éstas últimas también sirven de defensa contra los fitófagos.
Los animales se han adaptado a la sequedad obteniendo agua de sus alimentos o regulando el metabolismo.
Para sustentarse en las altas temperaturas diurnas se han vuelto nocturnos y se ocultan en cuevas y madrigueras.
Muchos han adquirido coloraciones similares al medio y es frecuente el aumento de la superficie de los pabellones auriculares (ej. el **fenec**).
En los invertebrados abundan los saltamontes, hormigas y termes; las aves suelen ser corredoras y abundan los reptiles. Mamíferos típicos son los camellos y dromedarios, el adax, la gacela común, diversos roedores y algunos carnívoros (zorro).

1. *La tundra aparece, durante los meses estivales, cubierta de charcas y pantanales y se prolonga hasta los deltas de los grandes ríos. La producción primaria es enorme y permite sustentar grandes poblaciones de aves.*

2. *Las innumerables bandadas de patos y gansos que durante el invierno se dispersan por las marismas del sur de Europa, habitan en verano las tierras empantanadas de la tundra, ricas en alimento animal y vegetal.*

3. *El predesierto brinda unos niveles de humedad reducidos, aunque suficientes para que ciertas plantas herbáceas y algunos arbustos puedan crecer y alimentar a algunos pequeños fitófagos.*

4. *El desierto de Atacama, al noreste de Chile, presenta un grado extremo de sequedad que no permite la existencia de vida. La cordillera andina impide que las nubes descarguen aquí su agua.*

5. *El dromedario es la imagen que se asocia típicamente al desierto. Su resistencia y sobriedad, junto a unas notables adaptaciones fisiológicas, le permiten sobrevivir en condiciones de gran aridez.*

6. *El desierto arenoso se caracteriza por la gran escasez de agua y la dificutad para la locomoción. Las lluvias caen a intervalos de varios años y unicamente el rocio proporciona una cierta, aunque escasa, humedad hambiental.*

Montañas y altiplanos

1

Características físicas de las montañas

Los factores que más determinan las condiciones del ambiente de estas regiones son: la presión atmosférica, con la disminución del oxígeno, y la temperatura. Ambas disminuyen al aumentar la altura, siendo el descenso de temperatura de aproximadamente 1 °C por cada 150 metros.
Al aumentar la altitud aumenta la cantidad de rayos infrarrojos que inciden en la superficie, lo que afecta a los organismos. También aumenta la evaporación con respecto a las llanuras circundantes, y se condensa el vapor al ascender; esto propicia que las lluvias sean más intensas.
Otro factor es el viento, presente en forma de rachas o vendavales o bien aparecen con regularidad. De éste tipo son las brisas, que al atardecer y al amanecer se dirigen al valle y al mediodía ascienden. En los roquedos, las térmicas favorecen la presencia de aves veleras, como los buitres.
Los vientos y la orientación de las montañas hacen que una vertiente sea mas húmeda que otra, y en ocasiones, como en los Andes, la zona de sotavento sufre de aridez debido a que la altitud ha descargado a las nubes.
Un rasgo de la fisonomía de cualquier región montañosa es la existencia de una estratificación de la vegetación, dando lugar a los pisos. Se da un paralelismo entre la altitud y la latitud, y los elementos florísticos y faunícos que se presentan con el aumento de altitud, se reproducen en distintos niveles de altitud de la montaña.
Así, la perdiz nival distribuida por el norte de Europa en Escandinavia, se encuentra también en latitudes inferiores, como la península Ibérica, si bien aquí lo hace en las landas alpinas.
Sin embargo hay diferencias en ambas que conviene resaltar. Las condiciones ambientales en las regiones dependen de la latitud que se da por espacio de cientos de kilómetros, recorriendo grandes distancias para hallar un ambiente distinto, en las montañas el paso de un medio a otro se realiza con rapidez. Ésto es una ventaja para muchos animales, que al llegar el invierno descienden de las cumbres a los bosques más bajos, donde hay refugio y alimento, lo que sus congéneres no pueden hacer.
Las montañas desempeñan un papel importante como refugio de la flora y fauna y como punto de inicio de la especiación. Por ejemplo, al finalizar en Europa la última glaciación y desaparecieron los hielos de muchas regiones, algunas especies adaptadas quedaron aisladas en las montañas, sin posibilidades de llegar a su medio habitual por una barrera natural en forma de áreas más cálidas, con flora distinta y recursos tróficos diferentes. Lo mismo pasó con los bosques de coníferas de los Alpes o los Pirineos, representantes de la taiga boreal.

Adaptaciones de los organismos a la montaña

La constancia y violencia del viento imponen condiciones a la existencia de vegetación en áreas expuestas, y las variaciones térmicas diarias, ha dado lugar a formas enanas que en las llanuras alcanzan alturas notables.
En regiones templadas encima de los 3000 metros de altura, la temperatura del aire está en casi todo el año debajo del punto de congelación y la nieve está presente en mayor o menor cantidad, lo que provoca una sequedad al no estar disponible el agua.
Las condiciones en los pisos inferiores al de los pastos alpinos, cubiertos de bosques, se suavizan y son similares a los biotopos de las llanuras.
En alta montaña, los animales se ven sometidos a las mismas condiciones que las plantas, aunque con ciertas peculiaridades. Así, sobre los 4000 metros de altitud se observa que el número de glóbulos rojos en los mamíferos, incluso el hombre, experimenta un aumento para aprovechar mejor el oxígeno disponible.
También la fauna lleva a cabo desplazamientos, más que migraciones, de un piso a otro, por ejemplo las gamuzas, que viven en bosques, pero que en primavera descienden para aprovechar la vegetación, en el verano incursionan por los pastos alpinos.
Si los animales no se desplazan, soportando el invierno en las

2

3

3 *El muflón es un típico habitante de las zonas montañosas que forma rebaños mixtos de machos y hembras durante el invierno. Se desplaza con gran agilidad entre las rocas y penetra también en el bosque.*

4 *La llama es un camélido de Suramérica que, lo mismo que sus parientes de los desiertos africanos y asiáticos, se ha adaptado perfectamente a la sequedad y a las temperaturas extremas.*

4

2

cumbres, optan por la hibernación para la supervivencia. Las marmotas hibernan con una casi total paralización del metabolismo, y su aparición a la entrada de la madriguera indica que comienza la primavera. Una montaña Europea (Los Alpes o Los Pirineos), junto a los carroñeros que viven en los farallones pero obtienen su alimento en quebradas y llanos (buitres, quebrantahuesos, alimoches), y los depredadores en muchos ecosistemas (lobo y águila real), fitófagos como el rebeco, la cabra montés, la marmota, la liebre alpina, la ratilla nival, y la perdiz nival, por citar los más característicos en la montaña. Los insectos también están adaptados y algunos como la pulga de glaciares, que viven entre los hielos, incluso algún reptil, como el tritón alpino, ha adaptado su ciclo vital a la temporada de invierno en la montaña.

Los pisos de la vegetación
Son las distintas etapas de sucesión de la vegetación montana con la altura, lo que se denomina pisos de la vegetación. Se han clasificado de distinta forma o composición bótanica de una región a otra, distinguiendo los siguientes:
Un **piso basal** de colinas con vegetación similar a la del llano circundante.
Un **piso montano** donde se distingue una franja de bosque caducifolio y otra de coníferas encima de ella.
Un **piso subalpino** con matorral, arbustos y árboles enanos.
Un **piso alpino** de vegetación herbácea en forma de prados.
Un **piso nival** con líquenes en la mayor parte del año cubierto de nieve. Encima de una altitud las nieves son perpetuas.

Los altiplanos
Son tierras altas en altitudes superiores a las de muchas montañas y que tienen rasgos en común.
Los principales ecosistemas de este tipo están en Asia, con la altiplanicie del Tibet (con el yak y el argalí como representantes de la fauna), en América del Sur con el altiplano andino.
De 3600 a 4000 metros o más aparecen en los Andes tierras llanas denominadas **páramos** en la región septentrional, con poca vegetación platense de plantas en reseta y esfagnos. Hacia el sur en Perú las tierras se vuelven áridas y dan lugar a la **puna**, con gramíneas y matorrales secos, hasta casi 5000 metros, aunque son los pedregales los que caracterizan el terreno.
En la fauna del altiplano andino están, las vicuñas, llamadas guanacos, cóndores, chinchillas y vizcachas.

1. *Las conocidas campanillas son plantas adaptadas al clima de montaña, donde, gracias a la brevedad de su ciclo vital y sus escasas exigencias, pueden colonizar roquedos y prados alpinos durante los breves meses en que no les cubre la nieve.*

2. *La zona de los prados alpinos, cubierta de nieve durante el invierno, ofrece alimento a los herbívoros que en la estación desfavorable se han desplazado hacia cotas más bajas. Aquí dominan las gramíneas.*

5

6

7

5 *Las marmotas son roedores de gran tamaño, parecidas a las ardillas y muy sociables. Acostumbran invernar, durante unos siete meses aproximadamente, en las galerías que constituyen su morada.*

6 *Los lagos de alta montaña a menudo de origen glaciar, crean a su alrededor un microclima que permite la acumulación de vida. Sin embargo, durante gran parte del año pueden permanecer helados.*

7 *el altiplano andino es una zona con una altitud media muy elevada que determina unas condiciones climáticas de gran dureza. El frío, la escasez de oxígeno y el viento impiden a muchas especies colonizar este medio, en el que las condiciones son extremas.*

El mar

Características generales del bioma marino

La diferencia sustancial entre el mar y la tierra, es que en éste último las comunidades se pueden aislar y ser autosuficientes. En los océanos los organismos inmersos en el medio, el agua, realizan intercambios permanentes entre ellos, por lo que pertenecen a la misma comunidad.

La temperatura acuática varía por la latitud y las corrientes frías (ej. de Humboldt en las costas de Perú) o cálidas (las del Golfo en las costas septentrionales de Europa). Hay un gradiente térmico respecto a la profundidad. La iluminación de que depende la vida vegetal y, también la animal, según la transparencia de las aguas, aunque apenas es suficiente para la fotosíntesis a más de 200 metros. La salinidad en el agua es variable y es mayor en regiones cálidas, como el mar Rojo, y menor en las frías con abundantes lluvias, como en el Báltico.

Principales regiones del mar

Se distinguen dos zonas: la de los fondos marinos, zona **bentónica**, y la de las aguas libres, zona **pelágica**. En la última hay una estratificación horizontal y otra vertical. En la primera se diferencian la zona **nerítica**, de aguas costeras y someras del litoral, y la zona de alta mar.

Por distribución vertical se clasifican en tres zonas en función de la luz que llega a ellas: la zona **eufótica**, desde la superficie hasta 200 metros de profundidad. La mayor actividad fotosintética de las plantas marinas se efectúa aquí y donde se encuentra la mayor fauna.

La zona de **penumbra** comienza a 200 metros de profundidad hasta 800 metros, donde llega todavía poca luz. Aquí viven pocas especies de algas, la fauna se desarrolla sin dificultades.

La zona **afótica** se inicia a 800 metros de profundidad y su límite inferior lo marcan las fosas oceánicas, como las marianas (11,020 metros). Casi no llega luz y esto influye en la vida vegetal. La fauna existe y es la abisal, de notables características.

1

2

La flora y la fauna marinas

Similarmente a como se ha dividido el mar en regiones, se han clasificado las especies animales y vegetales en tres grupos: plancton, necton y bentos.

La fauna del **plancton** son organismos pequeños con adaptaciones para flotar y desplazarse en el agua. Ejemplo de este es el **fitoplancton**, vegetal, y el **zooplancton**, animal. Ambos son base en la alimentación de habitantes marinos.

El **necton** está formado por especies, alrededor de 30,000, capaces de nadar.

El **bentos** engloba a los organismos del fondo, cerca de 150,000 especies. El sustrato es arenoso o rocoso. Las aves son propias del medio aéreo, pero están ligadas al mar, pingüinos o albatros.

Las costas marinas

Pueden ser costas rocosas o acantilados y arenosas con playas.

Hay un medio tratado en otro capítulo, el manglar, que es un caso especial de interacción entre el agua y tierra firme.

También se incluyen los arrecifes coralinos, muchas veces creando playas o escollera.

Un factor decisivo para los organismos costeros es el oleaje, que a veces rompe con fuerza y ejerce una acción mecánica que transforma el sustrato, así como las mareas.

Estas mareas rigen el ciclo vital y reproductor de especies y condicionan otras que de manera indirecta dependen del mar para nutrirse.

Imponen condiciones de existencia, pues los organismos de ese medio adoptan medios para no ser arrastrados cuando se retiran las aguas, y además deben resistir la desecación.

1. *La región pelágica, o de alta mar, comprende todas aquellas áreas oceánicas alejadas de la costa en las que habitan organismos planctónicos y animales nadadores.*

2. *Las zonas árticas y antárticas, con temperaturas del agua inferiores a los 0 °C, tienen una gran riqueza marina.*

3

4

5

3 *Las costa arenosa, sometida a menudo al ritmo diario de las mareas, brinda unas condiciones muy especiales a la fauna del fondo marino, que se ve sometida a perídicas desecaciones.*

4 *Las plataformas destinadas a perforar en el fondo marino en busca de petróleo, gas y otras posibles riquezas, constituyen una de las formas actuales más importantes de explotación de los oceános.*

5 *Las costas rocosas ofrecen albergue a multitud de especies animales y vegetales, siendo las aves nidificantes las más llamativas y conocidas de todos entre las del medio aéreo, como por ejemplo las gaviotas, aves de gran adaptabilidad.*

Las aguas litorales

Los océanos y las costas, debido a la entrada del mar son, junto con lagunas y humedales del interior de continentes, zonas del planeta en que la biomasa alcanza costas más elevadas. Son por tanto, centro de acumulación de fauna, en especial ornítica. Ésto no ha evitado que el hombre haya intentado y logrado en muchos casos, eliminarlas, acusándolas de malsanas e improductivas. Solo la concientización popular en los temas de la naturaleza, a través de los últimos años en el mundo, permite abrigar esperanzas de que las últimas manchas húmedas del planeta no desaparezcan.

Características generales
La iluminación solar que llega al fondo debido a la poca profundidad del agua, la temperatura que esa misma radiación produce y la abundante aportación de vida que se da aquí, hace las condiciones ideales para el desarrollo del fitoplancton, es decir, con elevada producción primaria.
La existencia de un tipo u otro de flora se debe a la naturaleza de las aguas, ya sean dulces o salobres. Así, en las primeras, las espadañas dan características al paisaje, en las segundas los gruesos tallos de las halófitas indican carácter salado.

Estructura de la marisma
La riqueza biológica de este ecosistema ha creado multitud de nichos diversos, y para estudiarla se distinguen cuatro zonas principales.
Marisma seca, con dunas, con suelo suficiente para que comience la vegetación arbórea y con cursos de agua, además de las charcas de breve duración producto de las lluvias.
Zona carrizal, con densa vegetación palustre y encharcada, con aguazales, ofrece refugio a multitud de aves para que aniden en sus espesuras.
Zona de las orillas, con escasa vegetación y pequeñas playas, las aguas someras son un lugar donde las especies buscan su alimento diario.
La parte final, alberga una fauna piscícola importante, tiene aguas profundas.
Veremos estas zonas en el caso de una marisma ibérica, que es válida para este tipo de ecosistema en general.

La marisma seca
Siendo la zona más terrestre, está sometida en regiones templadas al cambio de estaciones. En época de lluvias florecen las especies vegetales superiores, y el encharcamiento humedece la tierra para que crezca abundante pasto.
Es frecuente la invasión de poblaciones del interior, como los venados, conejos y los jabalíes, que encuentran alimento abundante.
También los carnívoros como el lince y el zorro, asechan a las abundantes aves migratorias.
Especies orníticas típicas, son las agachadizas, chorlitejos, cigüenelas, avocetas, avefrías y lavanderas.

El carrizal
La maraña de carrizos y eneas, con terreno encharcado, hacen un lugar idóneo para que las aves hagan sus nidos a salvo de depredadores.
En charcas estancadas, los mosquitos depositan sus huevos y, cuando eclosionan, inmensas bandadas de éstos se elevan por el carrizal, contribuyendo a la dieta de pequeñas aves insectívoras.
Los carriceros, calamones, bigotudos, escribanos y el aguilucho lagunero habitan esta franja.

Las aguas libres
De la orilla de pequeñas playas hasta aguas más profundas en las que bucean los patos, los invertebrados acuáticos del fondo, los animales y vegetales del plancton y diversas especies de peces pequeños atraen a fochas, pollas de agua, porrones, ánades, somormujos, rascones, espátulas, garcetas y flamencos.
En esta franja no faltan las gaviotas y charranes, que encuentran un sustento seguro entre tanta biomasa.

1

1. *Los flamencos, a diferencia de las otras zancudas, que en general prefieren las áreas cubiertas de densa vegetación de la orilla, habitan las zonas con acceso libre a aguas despejadas.*

2

3

4

5

2 *Los brazos de tierra llegan a cerrar pociones de albuferas; si se interrumpe la cimunicación con el mar, se crea un medio especial sometido a condiciones aptas para la proliferación del plancton.*

3 *La desembocadura de los ríos, como en este caso del Ebro, forma a veces extensiones de aguas salobres en que suelen convivir especies procedentes de los medios marinos y terrestres adaptadas especialmente.*

4 *Las marismas y otras aguas litorales son un ecosistema de gran producción biológica que atrae a numerosas especies animales, en especial aves. En ellas se encuentran a menudo parques nacionales.*

5 *Las marismas son también lugar visitado por las especies oportunistas como los fumareles, que encuentran en estas áreas abundante alimento.*

Lagos

El medio de lagos depende del tamaño y su naturaleza abierta o cerrada.
Los grandes, como el mar Caspio o el Aral, el Victoria o los grandes lagos de Norteamérica, con aguas dulces y drenaje, ofrecen condiciones similares a las aguas marinas, salvo la salinidad y la acción del oleaje y mareas desempeña un papel importante en el ciclo vital de sus pobladores.
En otros casos, el lago queda aislado del exterior, sin drenaje y con la lluvia como único aporte de agua. Se llaman lagos endorreicos y dan lugar a la aparición de endemismos y especies nuevas. Cuando son reducidas se habla de lagunas o charcas y en ellas los cambios de temperaturas, evaporación y a veces la desecasión por espacios largos imponen condiciones diferentes de un lago normal.
Un caso con ambas características en el de pantanos artificiales, con represas que al detener a un río, crean una superficie hídrica con condiciones adecuadas a muchas especies, pero al estar sujetas a la voluntad del hombre, pueden conducirlos al desastre.

1

2

Tipos de lagos

Una característica de los medios lacustres en su estratificación y mezcla, que distinguen cuatro tipos principales:
Lagos fríos, en los que la temperatura de aguas profundas oscila en 4 °C y las superficiales 0-4 °C según la estación, y donde existe mezcla entre las dos capas en verano.
Lagos templados, con temperatura estival de la capa superficial de más de 4 °C y temperatura invernal abajo de este valor, y ambas masas se mezclan en primavera y otoño.
Lagos templados y subtropicales, con temperatura invernal en la capa superior no menor de 4 °C y donde la mezcla de aguas se produce en invierno.
Lagos tropicales, con temperaturas superficiales de unos 20 °C que apenas varían en el año y donde las mezclas de aguas son irregulares.
Según la producción de biomasa se distinguen lagos **eutróficos** y **oligotróficos**. Los primeros gozan de nutrientes y producción de fitoplancton elevada, así como de zooplancton, por lo que abunda la población de productores secundarios y depredadores.
Pero, el exceso de nutrientes da lugar a la aparición de gran cantidad de organismos descomponedores que consumen oxígeno y provocan la muerte de los habitantes aerobios del lago.
Este proceso es la **eutrofización** y es característico de lagos con un aporte excesivo de nutrientes en forma de aguas residuales de cultivos y

3

5

4

desagües de las poblaciones humanas.
Los lagos oligotróficos, son muy pobres en elementos nutrientes y su flora microscópica es escasa. Las aguas son muy transparentes.

Origen de los lagos

Muchos se formaron en las glaciaciones, cuando las morrenas arrastradas por el hielo taponaron valles y el deshielo formó un depósito de agua.
En otros casos la acción del hielo socavó el terreno y dejó una especie de cubeta que más tarde se llenó de agua.
Hay lagos formados por un antiguo tramo de ríos, que por deslizamiento, hundimiento u otra causa, quedó aislado del curso principal. Algunas lagunas mantienen conexiones subterráneas con el antiguo cauce fluvial.
La acción tectónica, por fallas o deformaciones de la superficie terrestre, crea cavidades con acumulación de aguas.
También cuando un volcán se apaga y su cráter se vuelve depósito de agua. En ocasiones es la disolución de las aguas que hace desaparecer una porción de terreno soluble sobre otra de materiales insolubles.

Flora y fauna de lagos y lagunas

En los que aportan y descargan sus aguas en los ríos, la fauna acuática es similar a la del medio fluvial en cuya cuenca se encuentran, con variaciones por la existencia de nichos ecológicos de difícil supervivencia en aguas corrientes.
Los lagos y lagunas endorreicos, albergan a menudo especies propias como ya se indicó.

1. *Los lagos de grandes dimensiones presentan características análogas a las existencias en los mares, con estratificación de las temperaturas, corrientes, oleaje e incluso mareas más o menos perceptibles. Acaso la única diferencia importante consista en la ausencia de salinidad.*

2. *En la alta montaña es frecuente la aparición de pequeños lagos de origen glaciar, como este ibón pirenaico, caracterizado por la pureza de sus aguas y la gran pobreza florística y faunística que suelen presentar.*

3. *Las charcas y lagunas ofrecen algunas condiciones de vida adecuadas para que numerosos anfibios puedan realizar en ellas su puesta, y brindan a los adultos alimentación y refugio.*

4. *Las presas construidas por el hombre para aprovechar las aguas fluviales han creado grandes lagos artificiales que, a pesar de sus oscilaciones, crean a veces condiciones aptas para la fauna.*

5. *Las aguas estancadas efímeras, o las de mayor estabilidad pero escasa profundidad, se ven cubiertas con rapidez por plantas acuáticas como las lentejas de agua, que cubren su superficie por completo.*

Los ríos

Son el resultado de la evaporación marina, que se condensa en nubes y más tarde cae como lluvia sobre los continentes. Estas lluvias empapan la tierra y poco a poco confluyen en puntos en que afloran a la superficie. A veces esas aguas forman lagos subterráneos o circulan como torrentes.
Otras veces la precipitación es nieve y el agua espera al deshielo para circular, con una variación estacional del curso fluvial.

1

3

2

La evolución del río
Considerado como un ecosistema vivo, presenta aspectos variables según su curso alto o su desembocadura. La composición de sus aguas es variable desde el origen a la desembocadura, pues arrastra y disuelve sustancias. También la temperatura, que al final muestra estratificación vertical por el mayor caudal y profundidad. La velocidad de la corriente varía con la pendiente y es máxima en el nacimiento y mínima en su curso inferior. Estos factores condicionan las adaptaciones de la flora y fauna y distinguen dos ambientes principales en la masa fluvial: el bentónico, del fondo y el de la corriente. El río en sí, se divide en tres porciones: el curso altó, el medio y el bajo, cada cual presenta un aspecto en flora y fauna propios. Al primero se le llama también la región del salmón y la trucha, al segundo región del barbo y al último región de la tenca y la penca. Se sugiere por su representatividad esta clasificación, sólo válida en especies para ríos europeos.

El curso alto
Es la región entre el nacimiento y donde la pendiente deja de acentuarse. Es la zona de arroyos y torrentes propia de montañas.
El caudal es escaso y rápido, la temperatura baja, la turbidez escasa y la calidad del agua muy buena. El fondo es rocoso, con porciones gruesas y cantos. La fauna se adapta al frío y a la corriente, por lo que los pequeños vertebrados viven escondidos en grietas y remansos de rocas. La vegetación acuática es escasa.
Entre los habitantes que ahí moran están los que dan nombre a la zona, los salmónidos: truchas y salmones, capaces de nadar a 4-8 m por segundo. El cangrejo de río es el invertebrado más característico. Otras especies son el tritón de montaña, el martín pescador, el mirlo acuático, la rata de agua y el desmán de los Pirineos.

4

5

El curso medio

Se inicia en donde aminora la corriente, comienzan a formarse depósitos y llega a donde los depósitos adquieren importancia e incluso pueden desviar su curso. Los cantos rodados, la arena y el limo son el fondo característico. El caudal, la temperatura, y la turbidez aumentan, disminuye el oxígeno y el agua comienza a ser dura. El barbo común, característico de esta región, nada a 1-3 m por segundo, para desplazarse sin problemas. Otros peces son comizas, cachos y bremas. Son típicos de la zona las ranas, andarríos, las nutrias y castores.

El curso bajo

Cuando el río deja grandes depositos de arena es que se inicia su tramo final, que acaba en la desembocadura. El caudal es máximo, pero la corriente y el oxígeno son mínimos. Suben la temperatura y la turbidez de las aguas.

Los peces que nadan a menos de medio metro por segundo viven en esta región, con fondo de limos y arena.

Los mujoles, las tencas y los lucios, los barbos, las percas y las anguilas son los principales representantes de la ictiofauna.

1. *El tramo alto de los ríos, desde su nacimiento, se caracteriza por la rapidez de la corriente, la gran oxigenación de sus aguas y la escasez de materia orgánica.*

2. *El Amazonas, con un caudal incrementado por innumerables afluentes, corre casi 5.000 km por terrenos prácticamente llanos.*

3. *Los torrentes, cuyo fondo rocoso apenas brinda agarre a las plantas, crean remansos en los que numerosos insectos acuáticos encuentran refugio y sirven de alimento a la ictiofauna del río.*

4. *Los ríos han creado a veces gigantescas cascadas, como las cataratas del Iguazú, donde la acción erosiva de las aguas configura el paisaje e incluso cambia con el tiempo el curso del propio río.*

5. *Los peces son alguno de los organismos más característicos del río, y la presencia de determinadas especies ha permitido clasificar los distintos tramos fluviales.*

La urbanización y la destrucción del medio

La presión humana
Se calcula que al año 2000 la mitad de la población humana, que puede ascender a 6500 millones de humanos, habitará en ciudades. En los últimos 200 años se han creado más de 1600 ciudades con más de 100,000 habitantes, debido al proceso de industrialización de la mayoría de los países y la emigración de la población rural. Estos cambios en corto tiempo han provocado modificaciones del entorno. A veces es por abandono de ciertas regiones, que son «recuperadas» por la naturaleza, pero en general supone un impacto negativo que afecta el equilibrio de los ecosistemas naturales.

Infraestructura de las ciudades
La presencia de una comunidad urbana en un medio natural no es adversa sólo por su impacto directo, sino que son multitud de efectos secundarios que la estructura de este sistema ocasiona. Un problema es el suministro de agua, que se toma del río y se devuelve contaminado; pero ésta no es suficiente, y entonces se crean pantanos de reserva hídrica para satisfacer las necesidades urbanas. Ésto altera en un río su naturaleza, reduciendo el caudal e impidiendo el paso de especies migradoras (que se soluciona en parte con la construcción de las llamadas **escaleras**). La construcción de una presa como la de Assuan, ha supuesto una alteración profunda en el Nilo, entre la que está la progresiva desaparición del delta de su desembocadura, sin aportes minerales que se acumulan en el pantano (con peligro de colmatación). Otra consecuencia es que las avenidas del río, ricas en limos fértiles, han desaparecido al regularse el cauce, con lo que la agricultura tiende a desaparecer. Para compensar, los agricultores utilizan abonos artificiales, factor contaminante que destruye la riqueza biológica de las aguas. Los puertos fluviales o costeros son otro elemento perturbador, como los oleoductos que transportan gas o petróleo. Los tendidos de alta tensión crean campos magnéticos a su alrededor y su presencia causa la muerte de aves que no ven los cables. Las comunidades, para el funcionamiento de la ciudad, crean barreras infranqueables a la fauna. Las vías del ferrocarril y las carreteras, provocan la muerte de miles de animales al año al ser atropellados. Las autopistas, con gran superficie para sus vías y servicios, impiden el paso de especies migradoras. Muchas veces son obstáculos para el curso de las aguas, en especial en regiones torrenciales, provocando inundaciones.

Efectos causados por las ciudades
Además del impacto que crea la urbe a su alrededor, es foco de muchos problemas. Al no tener planificación y no tenerse en cuenta los factores ecológicos, los efectos adversos llegan a ahogar a la urbe. La contaminación del aire y del agua son los más notorios, pero también la contaminación por ruido y la elevación general de temperaturas: no sólo el asfalto y la falta de vegetación que modere la radiación térmica son responsables, sino que los escapes de motores y calefacciones contribuyen a que el centro en las ciudades sea más cálido que alrededor.
La superficie de las ciudades aumenta cada año, por ejemplo en la República Federal de Alemania el área urbanizada crece a un ritmo anual de 260 km. cuadrados. Esta invasión de los ecosistemas naturales los reduce a límites que se encuentran por debajo del mínimo de recuperación, quedando destruidos de manera irreversible. La ciudad es adversa en general para la vida. Pero, engloba a veces pequeñas islas en que muchas especies encuentran un refugio adecuado. Por ejemplo, parques y jardines. Otras especies, como gorriones y palomas, encuentran en la ciudad un medio adecuado. En las costas, las gaviotas son asiduos visitantes de los vertederos, y en alcantarillas y sótanos de la urbe, el entorno húmedo y cálido brinda un hogar para las ratas.

1. *Las ciudades en constante crecimiento ocupan cada vez más espacio, necesario para edificios y vías de comunicación, al tiempo que incrementan la producción de residuos y contaminantes.*

1

2

4

5

6

3

2 *La construcción de carreteras de una pista forestal ha creado graves daños en este caso al destruir el suelo y favorecer con ello la erosión, que se ve facilitada por la pendiente natural de la montaña.*

3 *La práctica de los deportes resulta a veces negativa para los ecosistemas naturales. Así las pistas de esquí causan graves daños en los pastos naturales, destruyendo el suelo de manera irremediable.*

4 *La destrucción de las formaciones forestales a consecuencia de la urbanización incontrolada provoca la destrucción irreversible del suelo y acelera los procesos de desertización.*

5 *Las actividades humanas contaminantes causan daños directos sobre su entorno, pero también indirectos y a largo plazo al interferir en las condiciones naturales de recuperación de ecosistemas.*

6 *Las explotaciones mineras a cielo abierto trastornan gravemente el equilibrio de un ecosistema, al favorecer la erosión por el agua de escorrentía que corre libre y por la arena arrastrada por el viento.*

La contaminación del aire

Es toda alteración desfavorable para el entorno natural y es consecuencia de la actividad humana.

La contaminación atmosférica
Este tipo de contaminación engloba, todas las alteraciones del aire, ya sean físicas (partículas en suspensión), química (sustancias tóxicas) o de otra clase (aumento de temperatura, etc.), pero de manera estricta se refiere a las primeras. Los contaminantes del aire pueden ser partículas sólidas (hollín, polvo), gases, vapores, humos, sustancias malolientes, aerosoles, etc. Sus efectos pueden aumentar la temperatura, la densidad del aire o turbidez. Cuando los contaminantes químicos se unen a una capa de niebla se produce el **smog**, causante de muchas muertes en personas con problemas respiratorios.

Efectos de la contaminación
El empeoramiento de la calidad del aire es evidente para cualquier habitante de la urbe. Pero, hay tres efectos de la contaminación atmosférica relevantes: el efecto de invernadero, la destrucción de la capa de ozono y la lluvia ácida. Los tres provocan la destrucción de los ecosistemas del planeta con consecuencias que ponen en peligro al ser humano.
La emisión de subproductos industriales adquiere gravedad por el hecho de que se desconoce cómo se incorpora a los ciclos naturales.

1

2

El efecto de invernadero
El anhídrido carbónico que la industria, las calefacciones y motores de vehículos generan no es un contaminante pues su acción sobre plantas y animales no es perjudicial; es más, el CO_2 es un producto de la respiración. Sin embargo, se acumula en la atmósfera y entonces se produce un fenómeno similar al de un invernadero: la luz y la energía solar pasan por el techo y paredes de cristal o plástico, y el interior se calienta. En el planeta ese aumento de CO_2 impide que el calor escape al espacio, aumentando la temperatura atmosférica. Un ascenso de un grado supone cambios climáticos imprevisibles, y si es alto, el deshielo de los polos haría ascender el nivel del mar.

Destrucción de la capa de ozono
Los aerosoles y los productos que usan gases impelentes, han resultado ser responsables de un grave problema. La capa de ozono que rodea nuestra atmósfera tiene un papel esencial para la vida: nos protege de radiaciones del espacio, produciendo en su ausencia, eccemas, enfermedades cutáneas, cáncer y la alteración de nuestros genes. Se sabe que en la Antártida hay un «agujero» en la capa de ozono que podría ser el comienzo de la destrucción de ésta.

La lluvia ácida
La lluvia normal tiene pH entre 5 y 6, pero en áreas industriales ese valor está por debajo de 2. El agua que cae es ácida y corroe metales, destruye piedra y cemento de edificios y mata plantas. El origen de ésta es: el vapor de agua reacciona con partículas contaminantes y origina ácidos y óxidos. El anhídrido sulfúrico es especialmente perjudicial, pues al reaccionar con agua da lugar al ácido sulfuroso, que en una reacción posterior se transforma en ácido sulfúrico. Además de destruir bosques, contamina lagos aniquilando toda forma de vida. Ésto no se limita sólo a las áreas industriales, debido a los vientos, afecta regiones situadas a miles de kilómetros. Así, lagos y bosques del norte de Suecia están muriendo por la contaminación producida en Gran Bretaña.

1. *Uno de los efectos de la contaminación atmosférica que los ciudadanos perciben de manera más directa es el aire irrespirable de las ciudades, con humos emitidos por fábricas, calefacciones o vehículos.*

2. *Los contaminantes industriales no sólo provocan un empeoramiento perceptible en la calidad del aire que respiramos, sino que al reaccionar más tarde generan a veces sustancias todavía más peligrosas.*

4

3

5

6

3 *Las obras de arte, en especial aquellas que se encuentran expuestas al aire libre, se encuentran también gravemente amenazadas por la contaminación atmosférica. Los contaminanates gaseosos atacan la piedra y la destruyen.*

4 *La congestión del tráfico en las ciudades es uno de los factores que más contribuyen a la contaminación de la atmósfera urbana. Los gases de escape de los motores contienen numerosos elementos muy perjudiciales para la salud.*

5 *La combinación de gases sulfurosos y nitrosos procedentes de centrales térmicas e industrias químicas llegan, con la humedad ambiental, a dejar arrasados bosques enteros.*

6 *El viento actúa como medio de transporte para las numerosas sustancias que el hombre utiliza, por ejemplo los insecticidas, que de esta manera se propagan tanto a ecosistemas cercanos como a otros más lejanos.*

La contaminación de las aguas

Las aguas sufren doble contaminación, la de vertidos directos y la causada por la atmósfera contaminada, en forma de precipitaciones, que vierte partículas contaminantes. El agua es un elemento esencial para la vida y para las plantas en particular, que son productores primarios, y su deterioro afecta al ecosistema global del planeta de manera menos perceptible a primera vista, pero con secuelas de enorme gravedad.

La contaminación de ríos y lagos

Desde que los pobladores humanos se asentaron a la orilla de los cursos de agua, vertieron sus residuos y la usaron para beber o regar campos.
Los lagos, al ser sistemas cerrados, han manifestado los efectos de esta carga. Al principio la capacidad de regeneración biológica del agua permitió que los microorganismos acuáticos destruyeran los residuos e incorporarán los elementos al ciclo general de la materia.
El aumento de la cantidad de vertidos impidió ese fenómeno natural, con la progresiva eutrofización de las aguas, disminución de su calidad para el consumo humano y la desaparición de su flora y fauna. A esto se añadió la nueva naturaleza de los vertidos.
Además de las de origen orgánico y los abonos artificiales, los subproductos industriales de residuos tóxicos aceleraron la muerte de organismos vivos, interrumpiendo la actividad biológica de las aguas.
Con los ríos ha sido análogo y sus aguas, convertidas en cloacas, han descargado en el mar todo tipo de residuos. Esto es notable en su tramo inferior con acumulación de contaminantes, pero ya hay cursos fluviales en que incluso la zona media y proximidades de su nacimiento están afectadas por una contaminación creciente. La imposibilidad de usar el agua para consumo humano ha obligado a tomar medidas, y en muchos países los núcleos urbanos tienen plantas de tratamiento de aguas fecales que las purifican y limpian antes de verterlas al río. Las autoridades han obligado a las industrias a limpiar sus vertidos, pero la insuficiencia de estas medidas se manifiesta en catástrofes como en el Rhin, donde una industria farmacéutica de la ciudad de Basilea sufrió un accidente y sus vertidos tóxicos fueron al río, destruyendo todo rastro de vida.

La contaminación del mar

En los ríos podemos encontrar ejemplos alentadores de cómo las medidas tomadas han conducido a un regreso de la vida en áreas donde había sido aniquilada, en el mar las perspectivas son otras.
No sólo los vertidos directos contaminan el mar, sino que el viento y la lluvia los llevan allí de puntos lejanos, la falta de legislación o de medidas eficaces para obligar a cumplir

1

2

la existente, y la creencia de que es un «bien» a disposición de la humanidad, ha conducido a interpretar ésto último en un sentido particular. Las leyes de un país impiden destruir los residuos tóxicos o su vertido en aguas de su jurisdicción, numerosas industrias afirman que el mar es patrimonio común, que su capacidad de

regeneración es infinita y no hay legislación que impida arrojar toneladas de sustancias al mar.
Esas sustancias tienen tal grado de toxicidad que en concentraciones muy bajas pueden aniquilar toda forma de vida.
Las medidas de seguridad y los medios técnicos usados no dejan de ser vistosas tapaderas de una ignorancia sobre los ciclos naturales, el curso de corrientes marinas y la capacidad de regeneración del medio.

3

4

5

Poco después de arrojar bidones con residuos radiactivos al mar, en condiciones "que garantizaban una seguridad total y eliminaban la posibilidad de fuga radiactiva", se encontraron bidones en zonas alejadas a las que se arrojaron y se han detectado grietas y roturas en otros.
Estos son ejemplos de la inconsciente y catastrófica alteración humana de las aguas, un patrimonio tanto de la humanidad como de los seres vivos del planeta.

1. *Las mareas negras causadas por los accidentes de los grandes superpetroleros aniquilan la vida en las costas que anegan y, a más largo plazo, contaminan a los organismos que habitan en el fondo.*

2. *A pesar de la existencia de dispositivos purificadores, numerosas explotaciones industriales vierten directamente sus aguas residuales a los ríos, aniquilando muchas veces toda posibilidad de vida e incluso de regeneración.*

3. *Las frecuentes mortandades de peces causadas por vertidos industriales son sólo la prueba del creciente deterioro de las aguas dulces, que afecta ya al agua potable para usos humanos.*

4. *Los herbicidas, insecticidas, rodenticidas, etc., utilizados en la agricultura contaminan el agua y a través de la cadena trófica llegan a los animales consumidores, a menudo con consecuencias mortales.*

5. *Los vertederos incontrolados son un foco de infecciones y contaminación importantes, pues a menudo las sustancias que llevan o que producen polucionan las aguas freáticas.*

El movimiento ecologista

Prescindiendo de las connotaciones políticas que pueda tener el movimiento de defensa de la naturaleza y de la utilización que grupos políticos hagan de ello con fines particulares, la creciente concienciación humana por el medio ambiente tiene raíces biológicas.

Todo organismo tiende al equilibrio con su entorno y a contrarrestar las perturbaciones de su existencia. El hombre ocupa una posición especial en el ecosistema global del planeta, pues es capaz de cambiar su entorno y dirigir su evolución. Esa capacidad la utiliza en sentido negativo por irresponsabilidad e ignorancia. El ser humano, como todo organismo vivo, tiende a contrarrestar esos efectos perjudiciales, aunque él los cause. Han surgido voces, al principio aisladas y más tarde mayoritarias, contra la destrucción del medio, la fauna y la flora del planeta. El problema no radica en un idílico retorno a la naturaleza, inviable y utópico, sino en enfrentar la realidad de que el hombre no es más que un eslabón en la cadena de la vida y ni los recursos ni la capacidad de regeneración son inagotables.

Breve relación histórica de la defensa de la naturaleza

1882. Se crea en EE.UU. el *Sierra Club*, con ciudadanos amantes de la naturaleza y alarmados ante la rápida desaparición de especies en aquél país.

1889. Nace en Gran Bretaña la *Royal Society for the Protection of Birds*, con 500,000 socios actualmente.

1899. Con fines de estudio y protección se crea en los Países Bajos la *Nederlandse Vereniging tot Bescherming van Vogels.*

1930-1940. Surgen países, especialmente europeos, con asociaciones de defensa y estudio de animales.

1948. Se crea la UICN (Unión Internacional para la Conservación de la Naturaleza y sus Recursos Naturales), que reúne hoy a 57 estados, 112 agencias gubernamentales y 293 organizaciones no gubernamentales.

1

2 3

1961. Se crea el WWF (*World Wildlife Fund*), para realizar proyectos de investigación y coordinar en el mundo planes proteccionistas. Adquirió 6,000 hectáreas de terreno en la desembocadura del Guadalquivir para crear en 1963, el Parque Nacional de Doñana. Comprende agrupaciones como ADENA en España.
1968. El Dr. Rodríguez de la Fuente inicia con programas televisivos el interés hacia la naturaleza en España. Sus publicaciones consiguen miles de lectores.
1969. Surge en EE.UU. La *Friends of the Earth*, que en 1979 se instala en España como Federación de Amigos de la Tierra (FAT).
1971. Los amantes de la naturaleza se oponen a las pruebas nucleares nortamericanas en Alaska y crean en Vancouver, Canadá, *Greenpeace*, más activa. La lucha contra pruebas atómicas, la protección de focas, oposición a la caza de ballenas y a los vertidos en el mar son acciones de esta organización.
1971. La UNESCO crea el programa MAB (El hombre y la biosfera).
1972. Se celebra en Estocolmo la Conferencia Mundial sobre el Medio Ambiente.
1973. Primera reunión del movimiento ecologista español.
1974. Primera Convención nacional de asociaciones de amigos de la naturaleza en España, celebrada en Pamplona.
1979. El convenio de Berna para conservar la vida salvaje en Europa, y el anterior convenio de Washington sobre tráfico de especies, son dos herramientas útiles en la defensa de la naturaleza.
1981. Surge en España la revista, *Quercus*, reflejo del interés hacia la naturaleza y que, a diferencia de otras, no desaparece al poco tiempo, marcando con su permanencia la madurez del movimiento ecologista.
1987. Greenpeace continúa sus campañas contra vertidos tóxicos y amplia población apoya los movimientos de defensa del medio ambiente. La CEE estudia una legislación que defienda la naturaleza.

4

1. *La sensibilización de la población hacia la naturaleza ha de comenzar en edad temprana. Estos dibujos infantiles muestran lo que los niños perciben de la destrucción del medio ambiente.*

2. *La recuperación de los métodos de ganadería tradicionales en algunos parques nacionales andinos han permitido que los rebaños de camélidos domésticos y salvajes se hayan salvado de la extinción.*

3. *La recogida de firmas que apoyen una propuesta o una postura de rechazo ante una actividad perjudicial para el medio ambiente, es uno de los muchos métodos empleados por los grupos ecologistas en defensa de la naturaleza.*

4. *El grave peligro que para la existencia de la propia especie humana suponen las armas nucleares, ha sido en muchos países el elemento desencadenante de acciones ciudadanas y movimientos ecologistas.*

Las energías alternativas

La crisis del petróleo en los años 70 despertó una búsqueda de nuevas fuentes energéticas. Al constatar que la energía fósil, en forma de petróleo, gas natural o carbón, es limitada, se buscó un mejor aprovechamiento de otras fuentes, siendo la energía nuclear una de las preferidas en la política de la mayoría de los países. La energía nuclear, como se concibe actualmente, no ha resuelto los problemas, pues, sin contar los elevados costos en relación con sus rendimientos, falta resolver cuestiones como dónde depositar los residuos radiactivos y cómo evitar la contaminación térmica de las centrales.
La inseguridad en las centrales se manifiesta en accidentes como los de la Isla de las Tres Millas, en Estados Unidos, o la explosión en la central de Chernobil, en la Unión Soviética, con consecuencias a gran parte de Europa.
Las fugas de los reactores y las paradas a causa de averías, demuestran la imperfección de la técnica actual para manejar esta energía a pesar del «elevado grado de seguridad», según afirman las compañías de las centrales. El uso racional de fuentes más seguras de energía, la eliminación de contaminantes y la búsqueda de fuentes

1

naturales, es la única vía de salida al problema.
Las energías alternativas o nuevas energías son fuentes desaprovechadas que, pueden constituir una parte importante de recursos energéticos.

Energía solar

Su uso se remonta a algunos años en forma de calentadores de agua; pero, su rendimiento es bajo y sólo se aplican en zonas con fuerte insolación y para unidades pequeñas. Las fotopilas, brindan la posibilidad de transformar de manera más rentable esa energía. Las células solares en naves espaciales proporcionan la energía necesaria, utilizan silicio y otros elementos o compuestos que convierten la luz en electricidad.
Las centrales solares pueden suministrar electricidad a poblaciones pequeñas. Se basan en la concentración de luz solar y la energía recogida sirve para calentar agua de una caldera que funciona como en centrales de tipo convencional. Diversos proyectos estudian los mejores medios de conversión de la radiación solar, y hay plantas experimentales en países, como en el sur de España.

Energía geotérmica

El aprovechamiento de este recurso es la inyección de agua a cierta profundidad, donde el calor terrestre eleva su temperatura, y su posterior uso en un intercambiador de calor. Se puede aprovechar el vapor o agua caliente procedentes de un manantial subterráneo.

Las mareas y las olas

El oleaje o las mareas pueden accionar turbinas que transforman ese recurso en electricidad. La construcción de compuertas en áreas con mareas intensas permite represar gigantescos volúmenes de agua que, podrían liberarse a voluntad y aprovecharse similarmente como en los pantanos de los ríos.
Una intervención de este tipo provocaría un cambio en el ecosistema costero, por lo que tiene inconvenientes.

La energía eólica

El hombre conoce la fuerza del viento y en forma de molinos lo ha utilizado. Las modernas centrales eólicas usan grandes palas y aunque el principio es el mismo, se aprovecha más la energía generada.
Se han instalado centrales de este tipo en dónde los vientos presentan características de periodicidad e integridad y su rendimiento las hace competitivas.

La biomasa

Es la energía producida por la descomposición de los productos orgánicos residuales de la agricultura, y en que pequeñas unidades satisfacen las necesidades energéticas de comunidades pequeñas, como en una granja. Las centrales de incineración de basuras, que a partir de la combustión de los residuos generan energía utilizable.

1. *Esta central solar situada en los Pirineos franceses tiene una potencia de 64 Kw. El campo de espejos recoge la energía del Sol y la almacena en un acumulador térmico. Después se usa para accionar una turbina.*

2

3

4

2 *El viento ha servido para accionar maquinaria desde hace mucho tiempo. Los modelos actuales, aunque de mayor eficacia y perfeccionados, funcionan según el mismo principio de los molinos de viento clásicos.*

3 *Las plantas incineradoras de basuras no sólo ayudan a resolver el problema de la eliminación de estos residuos sino que proporcionan una fuente adicional de energía que permite ahorrar otros recursos energéticos.*

4 *Los paneles de células solares producen una cantidad pequeña de energía, pero suficiente para satisfacer las necesidades básicas de una vivienda. Son muy adecuados para regiones de difícil suministro.*

Las áreas protegidas

Definiciones
La creciente actividad humana y el aumento de su población han traído un progresivo arrinconamiento de la fauna a parajes inadecuados para su supervivencia. Con el fin de evitar su extinción y proteger a la flora, se han creado espacios protegidos.
El escalón superior lo ocupa el **parque nacional**, definido como un área de gran importancia ecológica, bajo control oficial y protección estricta y con instalaciones adecuadas para el disfrute de sus tesoros naturales. El parque nacional suele tener una zona circundante llamada «preparque» para aminorar el impacto de la actividad humana, así como una más interior, la **reserva integral**, con acceso limitado para visitantes y sólo pueden entrar los científicos.
Las **reservas naturales** son para salvaguardar la integridad de la fauna, la flora y el medio, aunque hay actividad humana no degradante del medio.
Los **parques naturales** abarcan zonas extensas y en ellos se ordena la actividad humana y la protección de la naturaleza, sin limitaciones estrictas en aspectos como la caza o la pesca (atendiendo las prohibiciones sobre vedas y especies protegidas).
Las **reservas de caza**, son las prohibidas a la caza durante un periodo prolongado para recuperar la riqueza cinegética, que puede favorecer a la flora y fauna en general.
Veremos a continuación algunos parques nacionales de Europa y Sudamérica que sirvan de ejemplo de estas áreas protegidas.

1

Parques nacionales de Sudamérica
P. N. Lauca: al norte de Chile, es parte del altiplano andino y es una de las reservas situadas a mayor altura del mundo (4000 m). Su vegetación es propia de la puna con numerosos bofedales o pequeñas áreas pantanosas, importante para la fauna. En su interior hay algunos lagos. Guanacos, llamas, vicuñas, cóndores, parinas y flamencos rojos son de los animales más característicos.
P. N. Manu: ocupa 1.532.806 hectáreas de la cuenca del río Manu, en Perú y aun a tres ambientes principales, la montaña, las colinas y la selva tropical (la mayor parte de la superficie). Es un reducto para la selva amazónica, que encuentra un asilo privilegiado. Su fauna incluye nutrias gigantes, tortugas de río, jaguares, pecaris, tapires, monos y multitud de aves.
P. N. de las Islas Galápagos: situado en la isla Galápago, en Ecuador, abarca 8.010 km.^{2} y comprende 13 islas, 17 islotes y unos 50 escollos. Se caracteriza por abundantes endemismos (en plantas hay 250 especies propias del Archipiélago). Su fauna incluye pinzones de Darwin, focas, tortugas gigantes, iguanas, piqueros, cormoranes y pingüinos.

Parques Nacionales de Europa
P. N. de Doñana: situado en la desembocadura del río Guadalquivir, ocupa unas 35.000 hectáreas de marismas separadas del mar por una franja costera de dunas. La fauna es muy rica (linces, gamos, jabalíes, ciervos, nutrias, tejones, zorros, jinetas, turones, liebres, conejos, meloncillos) y se incrementa en invierno con la llegada de grandes poblaciones de aves migradoras del norte del continente (ocas, ánades), en verano anidan garzas, flamencos, espátulas, grullas, fochas, alcaravanes, águila imperial, buitre negro, milanos, etc.
P. N. de Ordesa: situado en los Pirineos, ocupa 2175 hectáreas y continúa por la otra vertiente con 200,000 hectáreas del P. N. francés de los Pirineos occidentales. Es un ecosistema de alta montaña, con abundantes cascadas y grandes bosques que albergan cabras, rebeco, jabalíes, zorros, nutrias, martas, marmotas, quebrantahuesos, búho real, águila real, perdiz nival, etc.
P. N. del bosque de Baviera: ocupa 12.000 hectáreas en la frontera entre Alemania y Checoslovaquia, en los montes de Baviera. Son montañas poco elevadas con densos bosques de abetos y hayas, poblados por ciervos, jabalíes, nutrias, linces, urogallos, cigüeña negra, águila real, búho real, etc.
P. N. de Bialowieza: al extremo oriental de Polonia, es zona de bosque mixto y abundantes praderas donde viven los últimos bisontes europeos en libertad. También hay alces, linces, lobos, osos, tarpanes, jabalíes, ciervos, urogallos, búhos, grévoles, grullas, cigüeña negra, etc.
Dos áreas importantes, como reservas naturales, son: los deltas del Ródano y del Danubio, ambos con rica avifauna y otras especies.

1. *El Parque Nacional de Ordesa sirve de último refugio a numerosas especies de alta montaña que han visto destruidos sus ecosistemas naturales en la vertiente española de los Pirineos.*

2

3

2 La zona de dunas del Coto de Doñana constituye un medio físico en constante transformación, en equilibrio entre la vida vegetal que se asienta y el avance de la arena que vuelve a aniquilarla.

3 Las áreas de montaña son en Europa el último refugio de la flora y fauna autóctonas debido a su intrínseca dificultad de acceso hasta fechas recientes, por lo que incluyen numerosas zonas protegidas.

4

5

4 *Se considera también como áreas protegidas aquellas zonas que, independientemente de la importancia de su fauna o flora, constituyen una singularidad geológica notable, como la Pedriza de Manzanares*

5 *Los Andes sirven hoy de refugio a numerosas especies y su propio carácter agreste las ha preservado en parte de la acción humana. El P.N. del Paine es un ejemplo de ello.*

Indice analítico

R

S

T

U

V

W

X

Z

GUÍA DE ESTUDIO

Evaluaciones que nos permiten confirmar lo que hemos aprendido de ECOLOGÍA

1. ¿Qué es el grado de **acidez**?
2. ¿Qué significa **aeroplancton**?
3. ¿Qué significa **anabiosis**?
4. ¿Qué significa **anadromo**?
5. ¿Qué es una **anemofilia**?
6. ¿Qué se conoce, en ecología, como **asociación**?
7. ¿Qué estudia la **autoecología**?
8. ¿Qué son los **bentos**?
9. ¿Qué es la **biocenosis**?
10. ¿Qué significa **bioforma**?
11. ¿Qué es **bioma**?
12. ¿Qué es **biomasa**?
13. ¿Qué es la **biosfera**?
14. A qué se le llama **biotopo**?
15. ¿Qué son las **cadenas alimentarias**?
16. ¿Qué es la **calcícola**?
17. ¿Qué es la **calcífuga**?
18. ¿A qué se llama **catadromo**?
19. ¿Qué es propiamente la **contaminación**?
20. ¿Qué se conoce como **clímax**?
21. ¿Qué es una **comunidad**?
22. ¿A qué se llama **degradación**?
23. ¿Qué es un **depredador**?
24. ¿A qué se llama **desertización**?
25. ¿Qué es un **detritófago**?
26. ¿Qué son las **dunas**?
27. ¿A qué se llama **ecosistema**?
28. ¿A qué se llama **ecotipo**?
29. ¿Qué es **edafon**?
30. ¿Cómo es un sistema **endorreico**?
31. ¿Qué es un **fitófago**?
32. ¿Qué es **formación**?
33. ¿Qué quiere decir **hábitat**?
34. ¿Qué parte de la tierra es la **hidrósfera**?
35. ¿Qué estudia la **limnología**?
36. ¿Qué es un **microclima**?
37. ¿Qué significa **neuston**?
38. ¿Qué es un **nicho ecológico**?
39. ¿Qué es un **plancton**?
40. ¿Qué es una **red trófica**?
41. ¿Qué estudia la **sinecología**?

RESPUESTAS DE ECOLOGÍA

1. **acidez.** Es el grado que se expresa por medio del pH. El valor del pH —que indica el grado de alcalinidad, acidez o punto neutro del suelo— es importante para la vida vegetal y para la fauna que vive en el medio edáfico.

2. **aeroplancton.** Es el conjunto de organismos planctónicos que viven en la atmósfera.

3. **anabiosis.** Es el estado de la vida latente, con metabolismo casi a cero, que presentan animales, como medio para sobrevivir en épocas adversas.

4. **anadromo.** Se refiere a las especies de peces que llegan a aguas dulces a fresar, por ejemplo los salmones.

5. **anemofilia.** Es la polinización por medio del viento.

6. **asociación.** Es la comunidad vegetal, de carácter abstracto, formada por varias especies que crecen en determinado medio.

7. **autoecología.** Estudia una especie animal o vegetal, respecto al medio que habita.

8. **bentos.** Es un conjunto de organismos acuáticos que habitan sobre el fondo.

9. **biocenosis.** Es la porción viva de cualquier ecosistema formado por organismos vegetales o animales.

10. **bioforma.** Es cada una de las formas biológicas que aparecen como resultado de la adaptación de los organismos al medio ambiente.

11. **bioma.** Es un término que equivale al de formación.

12. **biomasa.** Es la cantidad total de peso seco, de materia viva de cualquier ecosistema.

13. **biosfera.** Es la parte de la atmósfera terrestre en la que se desarrolla la vida.

14. **biotopo.** Es la porción física de un ecosistema sobre el cual vive una biocenosis.

15. **cadenas alimentarias.** Es una serie continua de diversos organismos, cada uno de los cuales se alimenta del anterior. Cada organismo representa un nivel o etapa trófica.

16. **calcícola.** Es un organismo que requiere la presencia de cal en el medio.

17. **calcífuga.** Lo contrario de calcícola. Un organismo que no soporta la presencia de cal en el medio.

18. **catadromo.** Es la especie de peces que emigran al mar para fresar, como las anguilas.

19. **contaminación.** Es toda aquella alteración que resulta desfavorable para el entorno natural y es consecuencia directa o indirecta, de la actividad humana.

20. **clímax.** Es la fase final de una sucesión, en la cual se enlaza la máxima estabilidad dinámica.

21. **comunidad.** Es la agrupación de diversas especies que viven en un espacio común.

22. **degradación.** Es el proceso de inversión de cualquier sucesión en la cual una comunidad estable es sustituida por otra menos estable y menos completa.

23. **depredador.** Es un animal que requiere de cazar a otros animales para alimentarse.

24. **desertización.** Se llama así al proceso que se da en el suelo cuando desaparece de él la capa fértil que lo cubre y la vegetación.

25. **detritófago.** Es un animal que se alimenta de detritus orgánicos.

26. **dunas.** Son formaciones que se dan a partir de pequeñas partículas de arena que son arrastradas por el viento y abundan en zonas costeras o en la orilla de los grandes lagos. Las dunas son susceptibles de sufrir la invasión de todo tipo de organismos.

27. **ecosistema.** Es el conjunto de organismos y un medio físico determinado que viven y forman cadenas alimenticias entre ellos.

28. **ecotipo.** Es cada una de las formas que habitan en un ambiente particular en un ecosistema.

29. **edafon.** Es el conjunto de organismos que habitan dentro del suelo; en su interior.

30. **endorreico.** Es un sistema fluvial, completamente cerrado y carente de desagües hacia el exterior.

31. **fitofago.** Son animales que se alimentan de plantas verdes. Dentro de las cadenas alimenticias, son animales primarios.

32. **formación.** Es el conjunto de comunidades vegetales que forman un área. Existen formaciones diversas dependiendo del terreno de que se trate.

33. **hábitat.** Conjunto de biótopos en los que puede vivir una especie. Por ejemplo el hábitat de los peces es el agua con plancton, algas, etc.

34. **hidrósfera.** Conjunto de aguas de nuestro planeta: ríos, mares, lagunas, etc. La palabra viene del griego, donde hidros significa agua.

35. **limnología.** Ciencia que estudia los ecosistemas de las aguas dulces, de ríos y lagunas por ejemplo.

36. **microclima.** Son las condiciones climáticas que difieren de las del entorno; creadas de alguna causa que transforma las condiciones originales. Por ejemplo, un bosque con clima distinto de un sotobosque en su interior.

37. **neuston.** Conjunto de animales que viven en el agua y que se mueven nadando. Como los peces.

38. **nicho ecológico.** Porción de un hábitat ocupado por una especie determinada. Por ejemplo, una porción de bosque donde viven ardillas en su nicho.

39. **plancton.** Conjunto de organismos acuáticos flotantes. Formado de bacterias, partículas, hongos y algún otro organismo, en la parte superior de aguas oceánicas o de ríos, sirve de alimento a los peces que viven ahí.

40. **red trófica.** Es una representación en forma de malla, de interrelaciones tróficas entre cada una de las especies.

41. **sinecología.** Estudia las relaciones entre las especies animales y vegetales de la tierra.

TEMATICA ILUSTRADA VISUAL SIGLO XXI

FISICA

EUROAMERICANA
DE EDICIONES INTERNACIONAL S.A.

I.S.B.N.: 84-95656-03-5 (Obra Completa)
Producido por Ediciones Dafne, S.L.
Printed In Spain

Octubre 2001

FÍSICA

Contenido

Introducción a la historia de la física

La física como ciencia experimental que trata de los objetos materiales y sus propiedades en cuanto tales, ha interesado a todas las culturas que han tratado de responder a la cuestión de cuál es la estructura del mundo en que vivimos. Ya los pensadores griegos propusieron diversas soluciones, como por ejemplo el agua (**Tales de Mileto**), los cuatro elementos, tierra, aire, agua y fuego (**Empédocles**), o los átomos (**Leucipo, Demócrito** y **Epicuro**). Otros sin embargo, centraron sus especulaciones en problemas más concretos como la óptica (**Euclides**) o la estática e hidrostática (**Arquímedes**). De todos modos, los albores de la ciencia estuvieron dominados por la autoridad de **Aristóteles**.

La física clásica

Autores como **N. Copérnico** iniciaron el cambio que culminaría en el s. XVII con el nacimiento de la llamada física clásica. En dicho siglo se enunció la teoría acerca del magnetismo terrestre (**W. Gilbert**, 1544-1603), se establecieron las bases de la dinámica y se formularon las leyes de la caída de los cuerpos debidas a **G. Galilei** (1564-1642). Asimismo, **I. Newton** (1642-1727) estableció el concepto de masa y formuló la teoría de la gravitación universal (1682) en su obra *Philosophiae Naturalis Principia Mathematica*. Además, creó el formalismo necesario para su tratamiento matemático (cálculo de fluxiones) y demostró la validez de las leyes del movimiento de los planetas obtenidas empíricamente por **J. Kepler** (1571-1630). **Ch. Huygens** (1629-1695) dedujo el teorema de la energía cinética y aplicó los estudios de **G. Galilei** sobre el péndulo a la regulación de los relojes. Los trabajos de **P. Gassendi** (1592-1655) y **R. Boyle** (1627-1691) reavivaron la teoría atómica de la materia y permitieron el reconocimiento de la existencia tanto del vacío como de la atmósfera. (**E. Torricelli**, 1608-1847; **B. Pascal**, 1623-1662, y **O. von Guerricke**, 1602-1686). Igualmente, el desarrollo de la estática y la dinámica recibió un fuerte empuje por parte de **S. Stevin** (1548-1620), así como el de la óptica (**Ch. Huygens; R. Descartes**, 1596-1650, y **W. Snell**, 1591-1626). La teoría del calor fue desarrollada por **D. G. Fahrenheit** (1686-1736), que definió la temperatura, y **A. Celsius** (1701-1744), creando ambos escalas para medirla. Además, la termodinámica experimentó un desarrollo espectacular con la formulación del 2° principio en 1824 por **S. Carnot** (1796-1832), y la del 1° en 1842 por **Ṙ. Mayer** (1814-1878). A este proceso contribuyó, asimismo, **R. Clausius** (1822-1888) con la creación del concepto de entropía. Finalmente **L. Boltzmann** (1844-1906) formularía la mecánica estadística. En el siglo XVIII se produjo un especial desarrollo, como continuación de los trabajos de **I. Newton** de la mecánica clásica. Además, la electricidad, que hasta entonces no había pasado de ser un objeto de exhibición, experimentó un enorme desarrollo gracias a los trabajos de **Ch. A. Coulomb** (1736-1806), que serán completados en el siglo XIX por los de **Ch. Oersted** (1777-1851), **G. S. Ohm** (1787-1854), **A. M. Ampere** (1775-1836) y **M. Faraday** (1791-1867). Finalmente, la confirmación de la teoría ondulatoria de la luz por parte de **T. Young** (1773-1829) y **A. J. Fresnel** (1788-1827) dio lugar a que **J. C. Maxwell** (1831-1879) unificara, en 1865 la electricidad y el magnetismo mediante la formulación de una teoría electromagnética de la luz que sería confirmada experimentalmente, en 1887, por **H. R. Hertz** (1857-1894).

La física moderna

Hacia finales del siglo XIX la física parecía haber alcanzado un estadio de totalidad definitiva con la integración de la mecánica y la termodinámica

1

en la mecánica estadística, y de la electricidad y la óptica a través de las ondas electromagnéticas. Sin embargo, ciertos fenómenos como el carácter corpuscular de la electricidad (determinación de la relación carga-masa para el electrón), la negatividad de la carga electrónica, la identificación de los electrones y los rayos catódicos y el establecimiento de la carga del electrón, obligaron al replanteamiento de muchas concepciones, dando lugar al nacimiento de la llamada física moderna. Ésta se inicia con la hipótesis de los cuantos de **M. Planck** (1858-1947), a la que siguen la determinación de la naturaleza de los rayos X por **M. von Laue** (1870-1960), el estudio de la radiactividad natural por el matrimonio **Curie** y el efecto fotoeléctrico explicado por **A. Einstein** (1879-1955) mediante la hipótesis de cuanto de luz (fotón) y confirmado experimentalmente en 1925 gracias a los trabajos de **A. H. Compton** (1892-1962). La nueva física quedó formalizada mediante los enunciados de las teorías de la relatividad especial (1905) y general (1915) por **A. Einstein** y el modelo atómico de **N. Bohr** (1885-1962), así como por el desarrollo de la llamada mecánica cuántica por varios científicos; entre ellos, **L. de Broglie** (1892-1986) y su dualidad onda-corpúsculo, **E. Schrödinger** (1887-1961), **P. Dirac** (1902-1984) y la aplicación del concepto de probabilidad a la onda asociada a un corpúsculo, y **W. Heisemberg** (1901-1976), que formuló el principio de incertidumbre.

En 1934 se descubre la radiactividad artificial (**Joliot-Curie**) y cuatro años más tarde la fisión nuclear (**O. Hahn**, 1879-1968, y **F. Strassmann**, 1902-1980), con lo que cambió por completo el panorama de la relación entre la masa y la energía, así como la estructura de la primera, de la que hasta entonces sólo se conocían tres componentes: el electrón (1879), el protón (1910) y el neutrón (1932).

Se abría así la búsqueda de los constituyentes elementales de la materia, las partículas elementales, de las que hoy se conocen más de doscientas. En la actualidad se trabaja para unificar las cuatro interacciones fundamentales conocidas: la gravitatoria, la débil, la fuerte y la electromagnética. Si bien éstas tres últimas han permitido realizar enormes avances en cuanto a la unificación, la primera aún resiste este proceso, que intenta cerrarse mediante las teorías de gran unificación y, más recientemente, la llamada teoría de supercuerdas.

Por otro lado, se realizan grandes esfuerzos para profundizar en el estudio de la fisión nuclear y poner a punto los reactores de fusión.

Además, los avances en campos como el láser, la electrónica, la superconductividad, etc., son constantes y espectaculares, contribuyendo todo ello a que el futuro inmediato de la física aparezca francamente prometedor.

2

3

4

1. *Galileo Galilei fue el primero en someter la física aristotélica a una crítica en profundidad y, apoyado por las pruebas experimentales, lograr la formulación de los principios básicos de la ciencia y la física que fueron establecidos gracias a su trabajo.*

2. *J. C. Maxwell llevó a cabo la unificación de la electricidad y el magnetismo creando el electromagnetismo, la primera teoría unificada de dos fenómenos que hasta entonces se habían considerado de distinta naturaleza.*

3. *En 1900, M. Planck abrió, con la formulación de la teoría de los cuantos, la era de la llamada física moderna, cambiando por completo la concepción del mundo físico de su época e iniciando el camino de la profundización en la estructura de la materia.*

4. *A. Einstein puso al mismo nivel las coordenadas espaciales y el tiempo con la formulación de la teoría de la relatividad, y brindó además una nueva visión sobre la geometría del espacio ligada a la presencia de la masa en él. Asimismo, estableció la ecuación que lleva su nombre y que relaciona la energía y la masa de los cuerpos mediante la velocidad de la luz en el vacío.*

Estática

La **mecánica** es la disciplina de la física que se ocupa del estudio del movimiento de los cuerpos. Se divide en dos ramas principales: la estática, que estudia el estado de los cuerpos que se encuentran en equilibrio sometidos a un sistema de fuerzas, y la dinámica, que trata el comportamiento de los objetos materiales que, sometidos a un sistema de fuerzas, se encuentran en movimiento.

Sistemas de fuerzas

Para poder comprender los resultados de la **estática** es necesario, sin embargo, comprender perfectamente el concepto de **fuerza.** La fuerza, que podemos definir como aquello que es capaz de modificar el estado de reposo o el movimiento de un cuerpo, actuando sobre un cuerpo dejado en libertad lo acelerará. La fuerza más conocida por nosotros es la de **atracción** que la Tierra ejerce sobre todos los cuerpos que hay en sus proximidades, atrayéndolos hacia su superficie. Sin embargo, existen otras fuerzas como la de **fricción,** el **empuje**, etc.
Otros dos conceptos fundamentales son la **masa** y el **peso**. La masa es una propiedad intrínseca de los objetos materiales, que determina la acción que ejerce una fuerza sobre un cuerpo y la resistencia que éste opondrá a una modificación de su estado de movimiento; por lo tanto, la masa es en cierta forma una medida de la inercia de los objetos. Cuanto mayor es la masa tanto menor es la aceleración que les imprime una misma fuerza aplicada sobre ellos.
Por su parte, el peso de un objeto no es una propiedad intrínseca del mismo, sino que está determinado por la intensidad del campo gravitatorio que tira de él hacia el centro de la Tierra, es decir, la fuerza que ésta ejerce sobre dicho cuerpo. Por este motivo, un cuerpo que tenga una masa determinada tendrá pesos distintos en la superficie terrestre y en la de la Luna, ya que la intensidad del campo gravitatorio de ésta es de tan solo una sexta parte de la del terrestre, debido a que su masa es menor. Por tanto, su peso en la Luna es seis veces menor que en la Tierra.
Para el estudio de la situación de **equilibrio**, como resultado de la actuación de todas las fuerzas externas sobre un cuerpo cualquiera, es de gran importancia la introducción del concepto de **centro de gravedad,** que es aquel punto del objeto en el que podemos suponer concentrada toda su masa. Para hallar la posición del centro de gravedad en un objeto plano, por ejemplo, se puede suspender éste de dos puntos distintos y trazar las líneas marcadas por la plomada que parten de ellos. Así, podemos definir la situación de **equilibrio estable** como aquella en que la vertical que pasa por su centro de gravedad lo hace también por su base, y ambos están próximos. Si no es así, se encuentra en **equilibrio inestable** (que puede romper cualquier pequeña perturbación), o **indiferente**, en el que la posición de equilibrio es indeterminada.
Asimismo, un cuerpo que permanece en reposo puede estar sometido a **rotación**, por lo que cabe determinar las condiciones para que esto no suceda. Para ello nos servimos del concepto de **momento** de una fuerza, que es la cantidad resultante del producto de la fuerza por la distancia perpendicular que separa el punto donde actúa ésta y la línea a lo largo de la cual actúa. Por lo tanto, para definir el reposo debemos añadir el llamado principio de los momentos, que afirma que la suma algebraica de los momentos de todas las fuerzas que actúan sobre el cuerpo debe ser cero. Un caso particular de esta disposición de las fuerzas lo constituye el llamado **par** de fuerzas, formado por dos fuerzas de igual magnitud, de sentidos contrarios y separadas una cierta distancia.
El efecto al que da lugar este par de fuerzas es una rotación, como por ejemplo en el caso del volante de un automóvil, en lugar de producir un movimiento rectilíneo.
De todo lo dicho hasta ahora deducimos la necesidad de disponer de un mecanismo que nos permita llevar a cabo la suma de las fuerzas que actúan sobre un cuerpo, para poder determinar de este modo si se encuentra o no en equilibrio.
Para determinar cuál es la fuerza con la que actúa, en definitiva, un conjunto de ellas sobre un objeto, disponemos de la llamada **regla del paralelogramo**. Ésta nos dice que si tenemos dos fuerzas, hacemos coincidir sus puntos de aplicación y cinstruimos el paralelogramo cuyos lados están formados por las magnitudes de aquéllas, la diagonal de dicho paralelogramo nos ndica la fuerza resultante de las dos primeras. De este modo es posible determinar cuál es la fuerza que actúa, es decir, la resultante, de un sistema de dos o más fuerzas.

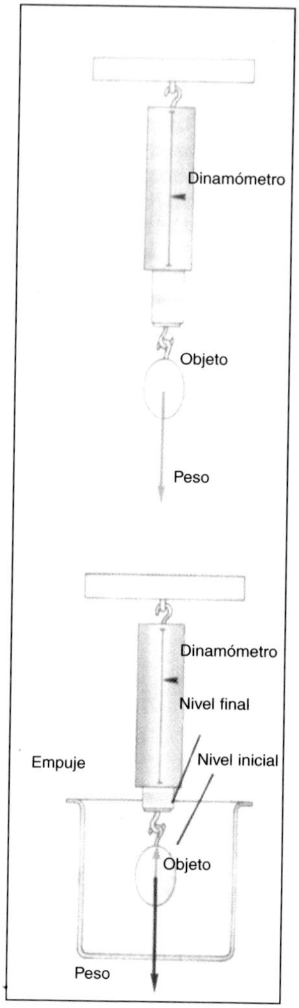

1

Aplicaciones de la estática

Todos estos principios y mecanismos de cálculo tienen una aplicación eminentemente práctica, ya que, por ejemplo, se emplean a diario para calcular las fuerzas a las que

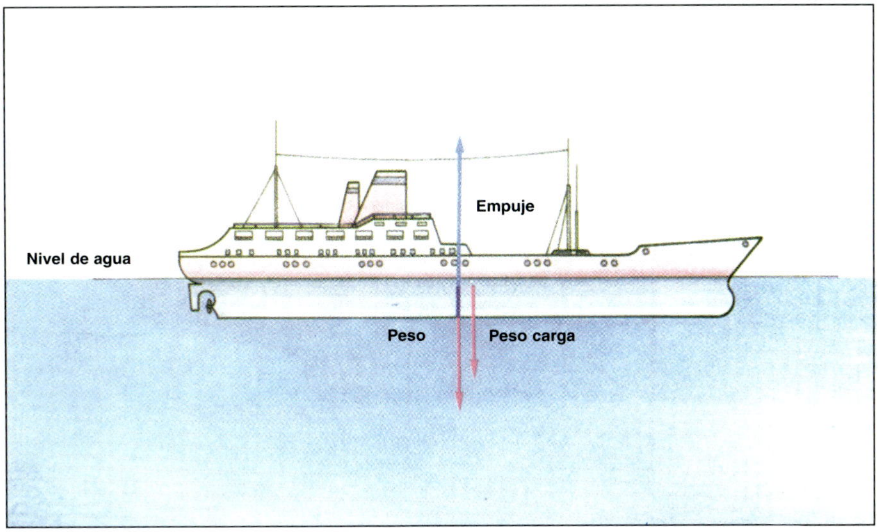

2

3

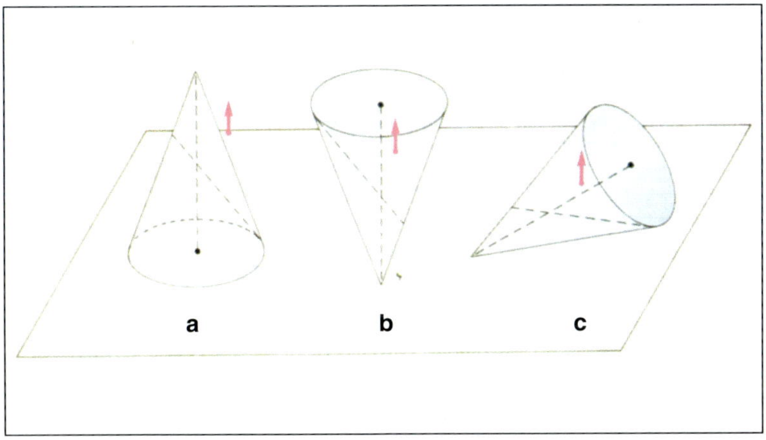

4

1. *El principio de Arquímedes permite determinar el peso específico del material del que están hechos los objetos mediante la comparación de sus pesos respectivos dentro y fuera del agua (donde experimentan el empuje del líquido que desalojan).*

2. *El empuje es el que permite que los buques, hechos con materiales que no flotan, puedan mantenerse sobre el agua sin hundirse gracias al gran volumen de agua que desaloja su estructura estanca.*

3. *La posición del centro de gravedad desempeña un papel fundamental en el tipo de equilibrio al que se encuentra sometido un cuerpo. En la imagen vemos un ejemplo de equilibrio a) estable, b) inestable, c) indiferente.*

4. *La diferencia de densidades de diversos líquidos queda patente con claridad en este ejemplo que nos muestra varios de ellos (inmiscibles) perfectamente estratificados en función de sus densidades.*

están sometidas las estructuras que soportan construcciones tales como torres de alta tensión, puentes, techumbres de naves industriales, etc. Por otro lado, las fuerzas pueden aplicarse, transmitirse o multiplicarse mediante el empleo de máquinas. Las más sencillas de ellas son las **palancas,** constituidas por un punto de apoyo o fulcro sobre el que se basa un elemento rígido. Existen tres tipos básicos llamados, respectivamente, de primero (tenazas), segundo (carretilla) y tercer (pinzas) orden. Para evaluar su eficacia se emplea el concepto de **rendimiento mecánico**, que relaciona la carga con el esfuerzo necesario para desplazarla. Asimismo, existe otro tipo de máquinas sencillas, llamadas **poleas**, que sin multiplicar el esfuerzo necesario permiten elevar cargas cada vez mayores, según el número de ellas que se empleen.

Finalmente, la estática se ocupa también del estudio de los **fluidos** (sistemas continuos) en reposo y de los fenómenos que presentan. Entre ellos destaca por su importancia práctica la **prensa hidráulica**, que aprovechando la transmisión de la presión ejercida sobre un fluido a todos sus puntos permite multiplicar la fuerza aplicada. Dicho dispositivo encuentra aplicación, por ejemplo, en los gatos para automóviles, en los circuitos de freno de éstos, en las máquinas compresoras, etc.

Dinámica

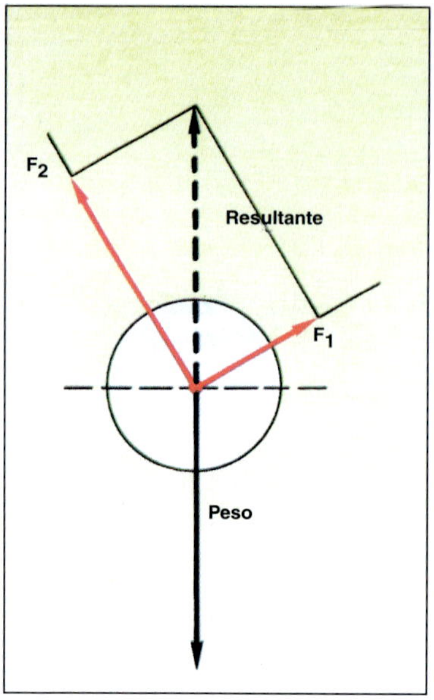

1

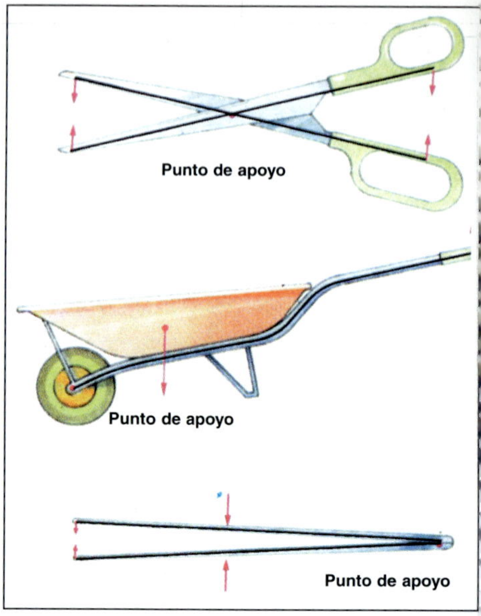

2

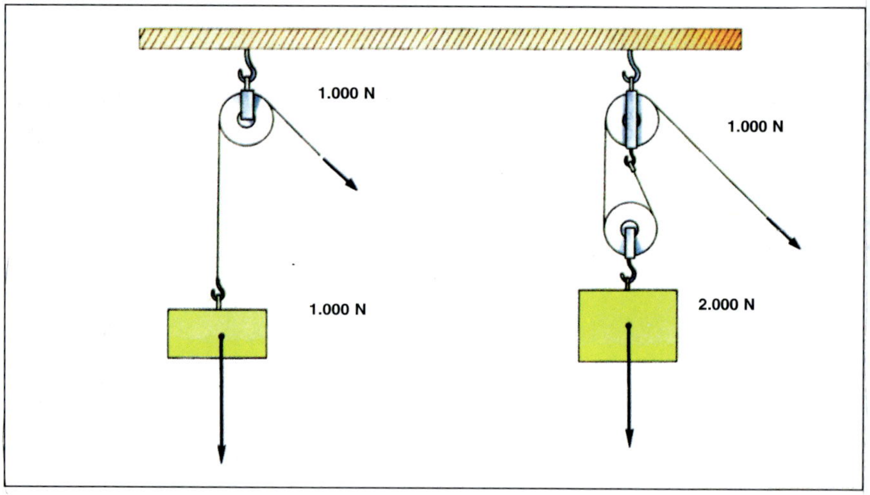

3

Introducción

La **dinámica** es la rama de la mecánica que se ocupa del estudio del movimiento de los cuerpos sometidos a la acción de las fuerzas, y se extiende también a los movimientos a los que éstas dan lugar. Sin embargo, el estudio de la dinámica pasa primero por la comprensión de la **cinemática**, que es el estudio del movimiento sin considerar las fuerzas que lo producen. Para ello nos servimos del concepto de **desplazamiento**, que expresa la longitud que recorre un cuerpo en la trayectoria que describe a partir de un punto fijo, llamado origen. Dado que, además de indicar la distancia al origen, refleja la dirección del movimiento y su sentido en la dirección de éste, decimos que se trata de una **magnitud vectorial** (con **módulo, dirección** y **sentido**), por contraposición a las **magnitudes escalares** (como, por ejemplo, la **distancia**).

Velocidad y aceleración

A partir del concepto de desplazamiento podemos obtener el de **velocidad** del objeto, que es la variación de dicho desplazamiento en función del tiempo. Dado que proviene de una magnitud vectorial, también la velocidad es una magnitud de este tipo. A su vez, la velocidad se expresa en metros/segundo, o en otras unidades de longitud y tiempo (como por ej., kilómetros/hora). El producto del módulo de la velocidad por la masa del cuerpo en cuestión recibe el nombre de **cantidad de movimiento.**

También existe la **velocidad relativa** de dos cuerpos. Así, la velocidad de la Luna en torno a la Tierra no es la misma que la que tiene en torno al Sol, ya que la Tierra se mueve a su vez en torno a éste. Para determinar dicha velocidad relativa hay que tener en cuenta qué movimiento llevan a cabo los cuerpos en cuestión. Así para dos automóviles que viajan a la misma velocidad con respecto a la Tierra, pero por carriles de sentidos contrarios de una autopista, su velocidad relativa es la suma de la de cada uno de ellos, mientras que si lo hacen por el mismo carril, es la resta (es decir, cero). Esta ley recibe el nombre de **ley de adición de velocidades**, y se cumple para velocidades bajas con respecto a la de la luz en el vacío. Finalmente, para el tratamiento de la modificación de la velocidad de un cuerpo disponemos del concepto de **aceleración**. Ésta se define como la variación de la velocidad en función del tiempo y se expresa, por lo tanto, en m/s^2, o en el caso más cotidiano en km/h^2. La

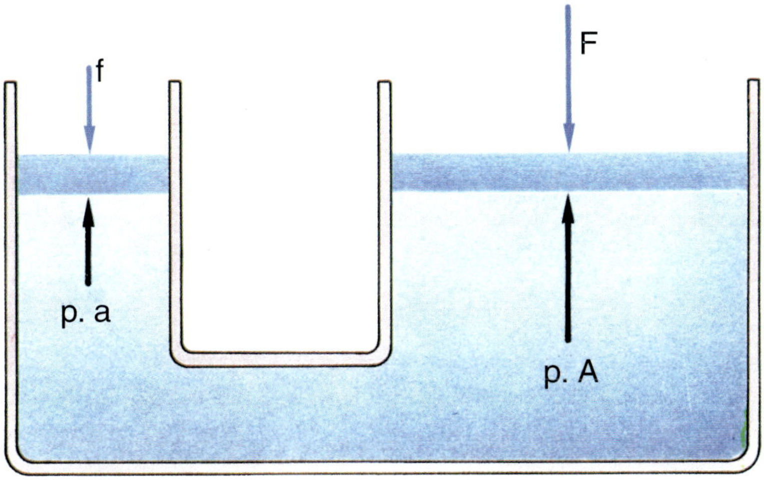

que la suma de las cantidades de movimiento antes y después del choque son iguales. Para ilustrar esta ley suponemos dos bolas de billar sobre una mesa y hagamos que choquen. Si conocemos la masa de cada una de ellas y sus velocidades respectivas antes del choque, y determinamos la velocidad de una de ellas después del choque, es posible calcular la de la otra bola.

aceleración positiva, es decir, el aumento de la velocidad, se llama aceleración, mientras que la **aceleración negativa**, es decir, la disminución de la velocidad, se llama **deceleración.**

Las leyes de Newton

Con los conceptos definidos hasta ahora podemos abordar el problema fundamental de la dinámica, o sea, el movimiento de los cuerpos sobre los que actúan fuerzas. Las leyes fundamentales de la dinámica son las llamadas **leyes de Newton**, que éste formuló en su obra principal *Philosophiae Naturalis Principia Mathematica*. Principios matemáticos de la filosofía natural (1687). La primera de ellas afirma que un cuerpo permanece en reposo o estado de movimiento rectilíneo y uniforme siempre y cuando no actúe sobre él fuerza alguna. La segunda, que la variación de la cantidad de movimiento de un cuerpo es proporcional a la fuerza que actúa sobre él. Por lo tanto, la variación de la cantidad de movimiento (la masa por la velocidad) puede deberse o a la variación de la masa o a la de la velocidad, o a la de ambas a la vez. Sin embargo, como ya hemos dicho, la masa es una propiedad intrínseca e invariable del objeto, por lo que resulta que dicha modificación es resultado de la variación de la velocidad, es decir, la aceleración, con lo que la formulación de la segunda ley de Newton queda como $F = m \cdot a$, donde *F* es la fuerza, *m* la masa del objeto y *a* la aceleración que experimenta por la acción de la fuerza. Dado que *a* tiene carácter vectorial y *m* es un escalar, la fuerza debe tener forzosamente carácter vectorial. De este modo introducimos el concepto de la **inercia,** es decir, la resistencia que ofrece el objeto a modificar su estado dinámico, y la relacionamos con su masa, que constituye de este modo una medida de su inercia. Finalmente, la tercera ley de Newton (o **principio de acción y reacción**) afirma que si un cuerpo ejerce una fuerza sobre otro (acción), éste ejerce a su vez la misma fuerza, pero de sentido contrario (reacción), sobre el primero. Un ejemplo de este principio nos lo ofrecen los cohetes, cuyos potentes motores queman el combustible y lo expulsan por las toberas a gran velocidad hacia el exterior. Esto da lugar a un empuje (acción) que produce una reacción (fuerza igual, pero de sentido contrario) que hace que el cohete avance. Cuando dicha reacción supera la fuerza de atracción que la Tierra ejerce sobre él, el cohete despega.

La colisión

Entre las posibles interacciones de los cuerpos sólidos en movimiento destacan los choques, en los que la **colisión** hace que se modifique el régimen del movimiento de ambos cuerpos. De las leyes que rigen las colisiones destaca la llamada **ley de la conservación de la cantidad de movimiento,** que nos dice que la cantidad de movimiento de un sistema aislado permanece constante, es decir,

1. *La regla del paralelogramo nos permite determinar la resultante de varias fuerzas que actúan sobre un cuerpo (dibujadas a escala y proyectadas sobre los ejes considerados).*

2. *La palanca es el dispositivo más sencillo que permite multiplicar la fuerza que aplicamos. Existen tres tipos fundamentales llamados de primer a segundo y tercer orden, de los que las máquinas sencillas nos muestran respectivamente un ejemplo.*

3. *El empleo de poleas permite también multiplicar el rendimiento mecánico aplicando el mismo esfuerzo cuando se eleva la carga directamente o cuando se emplea el auxilio de una polea.*

4. *La prensa hidráulica se basa en el principio de Pascal que afirma que la presión aplicada a un fluido encerrado se transmite sin variación a todos los puntos de éste, lo que permite multiplicar la fuerza aplicada* f *por un factor igual a la razón entre las áreas de los pistones (a y A).*

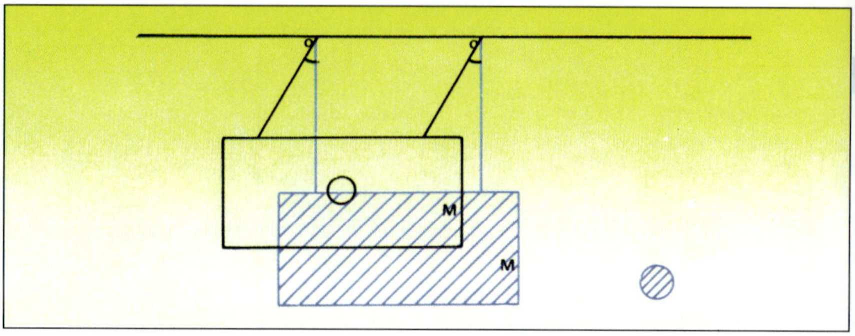

5

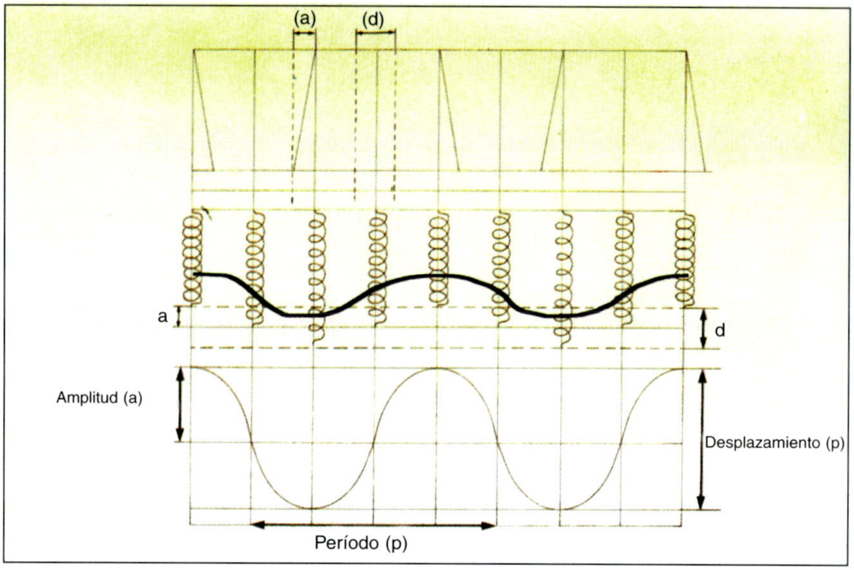

6

Movimiento circular

Trataremos ahora dos tipos particulares de movimiento: el **circular** y el **armónico simple**.
El primero es aquél por el que el cuerpo describe una trayectoria circular. Para estudiarlo nos serviremos de muchos de los conceptos definidos para el movimiento rectilíneo, que tienen sus homólogos en éste. Sin embargo, será necesario considerar un ente, que llamaremos **sólido rígido**, definido como un cuerpo ideal que no experimenta deformación a causa de las fuerzas que actúan sobre él. El giro de dicho cuerpo nos permite definir la **velocidad angular** de un modo análogo a como definimos la **velocidad lineal**, es decir, el ángulo descrito en función de tiempo. Dado que los ángulos se miden en grados o en radianes (existiendo una relación entre ellos tal que $360° = 2\pi$ radianes), la velocidad angular se medirá en grados/s o radianes/s. Cuando el momento de una fuerza actúa sobre el sólido rígido, éste experimenta una aceleración que se define como la variación de la velocidad angular en función del tiempo, y se mide (análogamente al caso del movimiento lineal) en grados/s^2 o en radianes/s^2. La inercia del movimiento lineal tiene, en el caso del circular, un homónimo, que es el **momente de inercia**; sin embargo, éste depende además de la forma del objeto y de la posición que ocupa en él el eje alrededor del cual se verifica la rotación. Las leyes de Newton nos permiten concluir que el **momento angular** de un cuerpo determinado es igual al producto de su velocidad angular por el momento de inercia, mientras que la **energía cinética de rotación** es el semiproducto de dicho momento de inercia por el cuadrado de la velocidad angular. Finalmente, el trabajo que efectúa el momento de una fuerza que actúa sobre el cuerpo de rotación, es igual a la variación de su energía cinética de rotación, mientras que, cuando no interviene fuerza resultante exterior alguna, el momento angular total del sistema se conserva. Las magnitudes del movimiento circular peden expresarse en términos de las correspondientes al movimiento lineal; así, por ejemplo, la distancia recorrida por una partícula puede expresarse como el producto de su distancia al eje de rotación por el ángulo descrito por dicho movimiento, mientras que la velocidad angular se obtiene como producto de la distancia al eje por la velocidad angular. Igualmente, la aceleración puede dividirse en dos componentes (perpendiculares entre sí), de las que una va dirigida hacia el centro (centrípeta) y la otra es tangente a la trayectoria (tangencial). La primera equivale al cuadrado de la velocidad dividido por la distancia al eje de rotación, mientras que la segunda es la distancia del punto al eje de rotación multiplicada por la aceleración angular.

Movimiento armónico simple

El otro movimiento particular, el **movimiento armónico**

simple, es por ejemplo la oscilación regular del péndulo o de un resorte con peso. En dicho movimiento el objeto realiza una oscilación a lo largo de una línea, en cuyo centro se encuentra la posición de equilibrio y cuya aceleración es proporcional a la separación respecto de él. Para definirlo empleamos el **desplazamiento**, que representa la separación respecto de la posición de equilibrio. El máximo desplazamiento hacia ambos lados se define mediante el concepto de **amplitud de la oscilación**. Asimismo, la regularidad de la oscilación nos permite hablar de **período**, o sea, el tiempo que tarde el objeto en describir un ciclo completo (esto es, en volver al lugar de partida), y de **frecuencia**, es decir, el número de **ciclos** que el objeto completa en la unidad de tiempo.

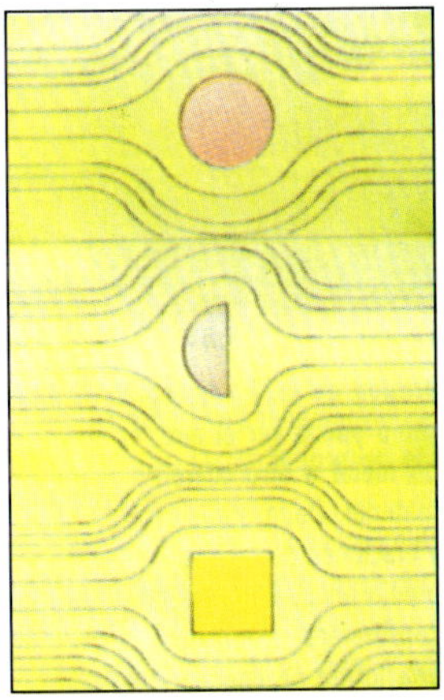

7

Una observación más profunda del péndulo nos permite extraer algunas conclusiones importantes. Este dispositivo puede emplearse para determinar el valor de la **constante gravitatoria** (*g*) en el lugar de medida. Dado que sabemos que el período (*T*) de un péndulo en función de su longitud (l) es $T = 2\pi (1/g)1/2$, conociendo la longitud del péndulo empleado y midiendo su periodo, es posible determinar el valor de *g*. El péndulo que hemos tratado hasta ahora no sufría ningún tipo de amortiguamiento como consecuencia de su rozamiento con el medio; sin embargo, en realidad el movimiento armónico simple se ve amortiguado por esta causa, ya que la energía se va disipando lentamente.

De todos modos, despreciando dicho efecto podemos describir el balance energético del movimiento del péndulo como un proceso constante de transformación de energía potencial en cinética, y viceversa.

La energía potencial es máxima en los puntos extremos (en los que la cinética es nula), mientras que decrece hasta cero en el punto central de la trayectoria (donde la energía cinética alcanza su máximo), ya que como hemos dicho la energía total del sistema se conserva.

Dinámica de los fluidos

Finalmente, el estudio de los medios continuos (fluidos) requiere una serie de conceptos nuevos que permitan tratar tanto el movimiento de los fluidos como los fenómenos que se producen en los cuerpos sumergidos en sus corrientes.

El concepto principal es el de **viscosidad**, la cual es debida a la fricción existente en el seno del líquido, siendo su valor más alto cuanto más espeso sea un líquido.

El **coeficiente de viscosidad** de las sustancias (que se mide en neutonios s/m^2) indica así la magnitud de la fuerza interna de rozamiento y la resistencia que opone el fluido a la circulación.

La **circulación** puede ser de diversos tipos, dependiendo de la velocidad a la que el fluido circula por el tubo. Así, hablamos de **régimen laminar** cuando la velocidad no es excesivamente alta en relación con la viscosidad, y las capas del fluido se desplazan mutuamente con velocidades que aumentan hacia el centro del tubo. El **régimen no laminar** se alncanza cuando, superado un cierto valor crítico para la velocidad, aparecen turbulencias en el seno del fluido. En la fase laminar la resistencia es proporcional a la velocidad relativa entre el fluido y el objeto, mientras que en la turbulenta depende del cuadrado de la velocidad relativa, por lo que aumenta para altas velocidades. La caída de un objeto en el seno de un fluido se ve frenada por la viscodidad de éste (**ley de Stokes**). Dicha ley afirma que el retardo depende, entre otras, de la viscosidad del fluido, el tamaño del cuerpo y su velocidad en el seno del fluido.

Finalmente, consideraremos la relación existente entre la presión y las energías cinética y potencial de un fluido que circula por el interior de un tubo (**principio de Bernoulli**). La velocidad del fluido se ve afectada por la modificación del diámetro del tubo, por lo que un estrechamiento implica una aceleración del fluido y un cambio de energía cinética.

El principio de Bernoulli afirma que la suma de la presión y las energías cinética y potencial del líquido es constante. Este hecho explica el fenómenos de sustentación de las alas de las aeronaves, ya que su perfil obliga a que la velocidad del aire sea mayor en la parte superior, por lo que la energía cinética disminuye y la presión es menor que debajo, lo que produce una fuerza resultante que sustenta al aparato.

5. *El péndulo balístico es un dispositivo que permite determinar la velocidad con la que la bala* (m) *hace impacto en el bloque* (M) *a partir de la determinación del valor del ángulo.*

6. *Tanto el péndulo que bate como el muelle que oscila constituyen ejemplos de movimiento armónico simple tal y como nos permite ver la gráfica formada a partir de la representación de las posiciones más características de ambos.*

7. *Las líneas de corriente que se forman alrededor de los objetos inmersos en la corriente de un fluido nos dan una idea de los diversos comportamientos de cada uno de ellos en función de su forma.*
Los puntos donde éstas se separan y vuelven a juntar reciben el nombre de puntos de remanso y en ellos la velocidad es nula.

Trabajo y energía

Las situaciones de equilibrio o movimiento de los cuerpos, que hemos tratado ya en los apartados dedicados a la estática y la dinámica, requieren, desde el punto de vista de la física, un tratamiento más profundo mediante la consideración de otros efectos generados por la acción de las fuerzas, tales como el **trabajo** y la **energía.**

1

2

Energía y tipos de energía

La energía se define, por lo general, como la capacidad de que dispone un sistema para realizar un trabajo. A este respecto existen diversos tipos de energías físicas, como pueden ser la cinética (o debida al movimiento), la potencial (o de la posición), la térmica (o del calor), etc.
La **energía cinética** es la que posee un cuerpo en razón de su movimiento, es decir, es igual al trabajo necesario para que dicho objeto alcance una determinada velocidad, o para que desde dicha velocidad llegue al reposo.
Por su parte, la **energía potencial** es la que tienen los cuerpos a causa de la posición que ocupan, por ejemplo, en el seno del campo gravitatorio de otro cuerpo. Así, los cuerpos que se encuentran sometidos al campo gravitatorio creado por la Tierra varían su energía potencial cuando modifican su altura respecto de la superficie de ésta, o sea, cuando se hace trabajo para que la aumenten o cuando transformen parte de su energía potencial en cinética (al caer). La energía potencial gravitatoria se mide respecto de un nivel cero arbitrario que generalmente se escoge como el nivel de la superficie terrestre.
La **energía térmica** es la que tiene un cuerpo en función de su temperatura, y de hecho es tan solo una forma de energía cinética de los átomos o moléculas que lo componen, siendo tanto más alta cuanto mayor es la temperatura y más aprisa oscilan los átomos o moléculas.
La **energía radiante** es la única forma de energía que puede existir en ausencia de materia, y está constituida por un movimiento ondulatorio de los campos magnéticos y eléctricos. Se produce por la caída de los átomos desde niveles superiores a otros inferiores y por la emisión del exceso de energía en forma de radiación, cuyos distintos tipos son los comprendidos por el llamado espectro electromagnético.
La **energía sonora** está constituida por el desplazamiento de ondas de presión en un medio material como pueda ser el aire, el agua, un metal u otro cuerpo material. Dado que se trata de vibraciones de las moléculas del medio en cuestión, puede considerarse asimismo como una forma de energía cinética.

Principio de conservación de la energía

Entre todos los diversos tipos de energía existentes se producen procesos de conversión de una en otra, y cuando un cuerpo modifica la energía que dispone, ésta se transforma en otro tipo de energía como consecuencia del

3

4

llamado **principio de conservación de la energía** (la energía ni se crea ni se destruye, sólo se transforma). Una demostración gráfica sencilla de este principio es el péndulo.
Una transformación de la energía de gran importancia tecnológica es la que convierte la diferencia entre la masa de los productos resultantes de una reacción nuclear y los productos de partida en energía de origen nuclear. En dichas reacciones una pequeña cantidad de masa da lugar a gran cantidad de energía, si bien, en definitiva, a lo largo de toda la reacción la masa y la energía totales no han variado, es decir, se cumple el llamado principio de conservación de la masa y la energía. De acuerdo con la relación de Einstein, $E = mc^2$ (donde *E* es la energía, *m* la masa y *c* la velocidad de la luz en el vacío), la energía que se produce a partir de la masa es el valor de ésta multiplicado por el cuadrado de la velocidad de la luz en el vacío, ya que la teoría de la relatividad demuestra la completa equivalencia entre la masa y la energía.

Transmisión de la energía
La transmisión de la energía se verifica con frecuencia mediante **movimientos ondulatorios**, es decir, a través de ondas que son perturbaciones que, partiendo de un origen, transportan la energía con su avance. Las ondas se clasifican dependiendo de que la perturbación sea paralela o perpendicular a la dirección de propagación de dicha perturbación. Cuando es paralela se dice que la onda es **longitudinal** (como por ejemplo en el caso de las ondas sonoras), y cuando es perpendicular se dice que es transversal (que es el caso de las ondas electromagnéticas). Además, las ondas presentan cuatro características definitorias, que son su **amplitud, velocidad, frecuencia** y **longitud** de onda. La primera, la amplitud, representa la máxima separación respecto de la posición del equilibrio. La velocidad se define como la longitud de onda multiplicada por la frecuencia, que a su vez es el número de vibraciones que realiza en un segundo. Finalmente, la longitud de onda representa la distancia media entre dos crestas sucesivas de la perturbación. La onda transmite una energía (cinética y potencial) que depende de su velocidad, amplitud y frecuencia.

El trabajo
El **trabajo** físico se define como el producto de la fuerza aplicada por la distancia recorrida.
Su magnitud depende de que la fuerza aplicada tenga o no la misma dirección que el movimiento en cuestión. Así, por ejemplo, si la fuerza y el movimiento tienen la misma dirección, la magnitud del trabajo efectuado es el producto de ambas. Sin embargo, si la dirección de la fuerza no coincide con la del movimiento, la magnitud del trabajo es menor, y resulta del producto entre la componente de la fuerza en la dirección del movimiento y la distancia recorrida. El trabajo será, asimismo, **positivo** o **negativo** dependiendo de que la fuerza actúe en el sentido del movimiento o en sentido contrario a éste. El trabajo será cero en el caso en que no haya movimiento.
Finalmente, queda considerar la realización del trabajo mencionado en función del tiempo. La magnitud física que define este parámetro es la **potencia** *(P)*. La potencia expresa la cantida de trabajo que puede hacerse en una cierta unidad de tiempo, y aumenta para un mismo trabajo cuando disminuye el tiempo en que éste se realiza.

1. *Las presas y saltos de agua son un ejemplo de la conversión de la energía potencial en energía cinética, que se aprovecha para la generación de energía eléctrica gracias al empleo de los generadores situados a pie de presa.*

2. *En la práctica de muchos deportes podemos descubrir múltiples procesos de conversión de un tipo de energía en otro distinto, por ejemplo, la patada que el futbolista da a la pelota hace que ésta aumente su energía cinética.*

3. *Desde el punto de vista de la física, una persona que camina sobre una superficie plana llevando consigo su cartera no realiza trabajo alguno ya que la dirección aplicada de la fuerza sobre la cartera y la del movimiento son perpendiculares entre sí.*

4. *Durante el ascenso por una pendiente la persona va aumentando paulatinamente su energía potencial ya que ésta depende de las posiciones relativas que aquélla ocupa al principio y al final del trayecto recorrido.*

Gravitación

La fuerza de atracción mutua que experimentan los cuerpos por el hecho de tener una masa determinada recibe el nombre de **gravitación**. La existencia de dicha fuerza fue establecida por el matemático y físico inglés Isaac Newton en el siglo XVII, quien además desarrolló para su formulación el llamado **cálculo de fluxiones** (lo que en la actualidad denominamos cálculo). La Ley formulada por Newton, que recibe el nombre de **ley de la gravitación universal**, afirma que la fuerza de atracción que experimentan dos cuerpos dotados de masa es directamente proporcional al producto de sus masas, e inversamente proporcional al cuadrado de la distancia que los separa (ley de la inversa del cuadrado de la distancia). La ley incluye una constante de proporcionalidad *(G)* que recibe el nombre de **constante de la gravitación universal** y cuyo valor, determinado mediante experimentos cuidadosos, es de $6{,}670 \cdot 10^{-11}$ neutonios $\cdot$ m^2/kg^2.

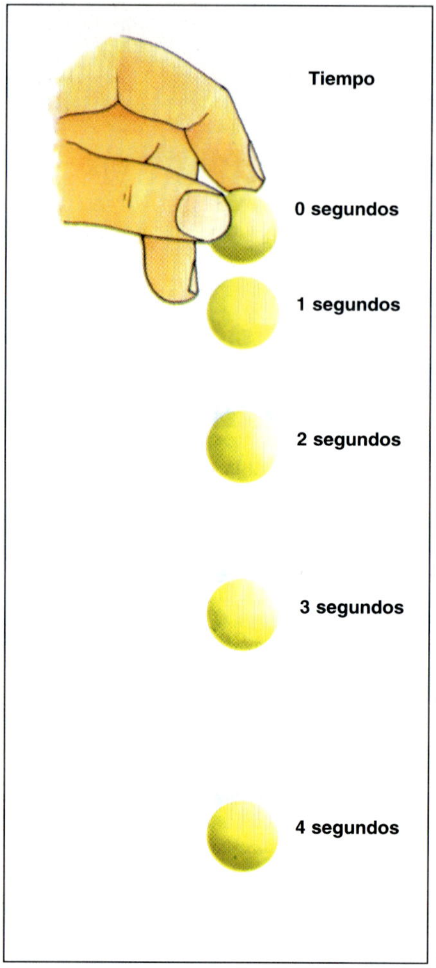

1

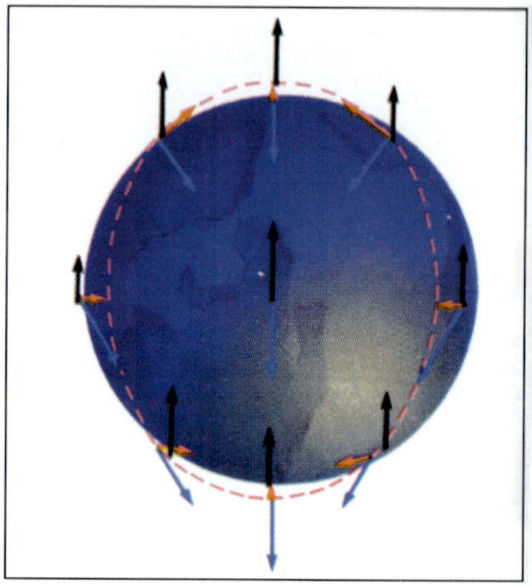
2

El campo gravitatorio

Para determinar la fuerza del **campo gravitatorio** asociado a un cuerpo con un radio y una masa determinados, se establece la aceleración con la que cae un cuerpo de prueba (de radio y masa unidad) en el seno de dicho campo. Mediante la aplicación de la segunda ley de Newton, tomando los valores de la fuerza de gravedad y una masa conocida se puede obtener la aceleración de la gravedad. Dicha aceleración tiene valores diferentes, dependiendo del cuerpo sobre el que se mida, y así, para la Tierra se considera un valor de 9,8 m/s^2 (que equivalen a 9,8 neutonios/kg), mientras que el valor que se obtiene para la superficie de la Luna es de tan solo 1,6 m/s^2, es decir, unas seis veces menor que el correspondiente a nuestro planeta, y en uno de los planetas gigantes del sistema solar, Júpiter, este valor sería de unos 24,9 m/s^2, o sea, unas dos veces el de la Tierra. En un sistema aislado formado por dos cuerpos, uno de los cuales gira en torno al otro, teniendo el primero una masa mucho menor que el segundo y describiendo una órbita estable y circular alrededor del cuerpo que ocupa el centro, en dicho movimiento circular la fuerza centrífuga tiene un valor igual al de la centrípeta, debido a la existencia de la gravitación universal. A partir de consideraciones como ésta es posible deducir una ley de Kepler (la tercera), que relaciona el radio de la órbita que describe un cuerpo alrededor de otro central con el tiempo que tarda en barrer el área que dicha órbita encierra, y que afirma que el tiempo es proporcional al radio. Este resultado es de aplicación universal y se cumple asimismo para las **órbitas elípticas**, de las cuales la órbita circular es un caso particular en el que los semiejes mayor y menor son iguales. La velocidad que debe tener un satélite para poder mantener su órbita alrededor de un cuerpo con una masa determinada recibe el nombre de **velocidad orbital**. Por otro lado, para que el cuerpo pueda abandonar el campo gravitatorio de otro necesita superar la llamada **velocidad de escape**, que en el caso de la Tierra tiene un valor de 11,2 km/s (es decir, que ésta es la velocidad mínima que permite que un cohete se eleve y salga hacia el espacio), mientras que en la Luna su valor es de 2,4 km/s y para el Sol sería de 617,7 km/s. Si bien sobre la superficie de la Tierra los objetos son atraídos hacia el centro, en las inmediaciones de ella se producen situaciones chocantes, como por ejemplo en el caso de las naves que se encuentran en órbita alrededor del planeta. En ellas los ocupantes se encuentran en caída libre y

3

experimentan una fuerza igual a la aceleración de la gravedad, por lo que caen a la misma velocidad que la nave en la que se encuentra, y no experimentan movimiento respecto de ella, alcanzado así el estado de ingravidez. Ésta es la misma sensación que experimentaría una persona que cayese encerrada en un ascensor abandonado a la acción del campo gravitatorio.

4

Las mareas

Las **mareas** se deben a la atracción que ejercen tanto la Luna como el Sol sobre ella y, por lo tanto, sobre la capa líquida que cubre 2/3 partes de su superficie. Por un lado está la atracción que ejerce el Sol (cuya masa es tan grande que a pesar de estar muy alejado de la Tierra influye apreciablemente sobre su superficie) sobre los mares terrestres y que da lugar a dos mareas cada 24 horas, cuya intensidad es menor que las lunares. Además está la atracción de la Luna, que da asimismo lugar a un par de mareas, pero cada 25 horas. El mecanismo en el caso de la Luna es el siguiente: el sistema formado por la Tierra y la Luna gira en torno a un centro de gravedad común que se encuentra situado en el interior de la esfera terrestre, lo que hace que todos los puntos de la Tierra experimenten una fuerza centrífuga opuesta a la posición de la Luna. La fuerza centrífuga y la atracción se anulan aproximadamente en el centro de la Tierra, por lo que en la cara que mira hacia la Luna la atracción se impone a la fuerza centrífuga, mientras que en la cara opuesta es al contrario; esto justifica que las mareas se produzcan simultáneamente tanto en la cara de la Tierra que mira hacia la Luna como en la opuesta a ella. Además, la diferencia entre los períodos de marea de ambos cuerpos da lugar a que en ocasiones se sumen sus efectos (novilunio), mientras en otras éstos se contrarrestan (plenilunio). En el primer caso se tiene la llamada **marea viva**, y en el segundo la **marea muerta**.

Aplicación de la teoría de la gravedad

La teoría de la gravedad y la descripción que ésta hace de los fenómenos gravitatorios es válida únicamente en el caso de campos gravitatorios débiles, tal como demostró A. Einstein con la formulación de su teoría de la relatividad. Sin embargo, cabe señalar que en las situaciones de la vida cotidiana (y aun en los viajes de las sondas a través del sistema solar) bastan los cálculos realizados gracias a la teoría newtoniana para lograr resultados con los niveles de precisión deseados.

1. *La fuerza de la gravedad que actúa sobre los objetos que caen hacia la Tierra hace que éstos se aceleren a razón de 9,8 m/s2; por ello, para tiempos iguales las distancias recorridas aumentan tal como indica la figura.*

2. *Uno de los efectos más conocidos de la atracción gravitatoria de los cuerpos celestes sobre la Tierra lo constituyen las mareas. El esquema nos muestra la razón por la cual éstas se producen simultáneamente en ambos extremos del globo terrestre como resultante de la fuerza centrífuga y la atracción de la Luna.*

3. *Un satélite artificial se mueve a una velocidad tal que la atracción gravitatoria del planeta está compensada por la fuerza centrífuga que actúa sobre la astronave. Entonces, al dejar de actuar la fuerza de gravedad, se alcanza el estado físico de ingravidez. En la ilustración, dos astronautas del transbordador «Discovery» proceden a colocar en posición un satélite artificial, trabajando en condiciones de ingravidez.*

4. *La atracción gravitatoria que experimentan los cuerpos que se encuentran sobre la Tierra recibe el nombre de peso. Para determinar dicho peso se han desarrollado a lo largo de la historia diversos dispositivos, llamados balanzas, cuya precisión ha ido en aumento. El pesacartas que muestra la imagen es uno de ellos.*

Calor y termodinámica

Calor

El calor es una forma de energía de la que están dotados todos los cuerpos y que aumenta o disminuye con la pérdida de energía térmica, si bien el cuerpo no pierde nunca la totalidad de su calor por muy frío que llegue a estar, ya que para ello debería alcanzar el llamado cero absoluto (–273,15 °C), que en la práctica es inalcanzable. Cuando se calienta un objeto las moléculas que lo componen absorben la energía térmica, y ésto hace que en el caso de los sólidos las vibraciones de dichas moléculas sean más intensas, y en el de líquidos y gases que sus moléculas se muevan con mayor velocidad; esto implica, en los gases, un aumento de la presión a volumen constante, o un aumento del volumen cuando la presión es fija. Asimismo, puede producirse el intercambio de energía térmica entre dos cuerpos que no estén en contacto, pero que se encuentren a temperaturas distintas. Esto es posible gracias a que la energía térmica puede irradiarse por el espacio y producir efectos de resonancia con los átomos que vibren con frecuencias similares a la suya. La generación de energía en forma de calor se verifica mediante la transformación de otros tipos de energía, como puede ser el movimiento relativo de las superficies de dos cuerpos en el caso de la **fricción**, o la transmisión de la corriente eléctrica en calor mediante la **incandescencia** de la resistencia de la estufa al paso de la corriente eléctrica. Asimismo, la **combustión** hace que la energía química de los combustibles se transforme en calor. Por el contrario, el calor también es capaz de transformarse en otras formas de energía. Así, por ejemplo, en la máquina de vapor la energía calorífica generada en la caldera de ésta se transforma en energía cinética. Por su parte, el fuego mismo convierte parte de la energía del combustible en calor y otra en fracción en luz. Finalmente, hay reacciones químicas que absorben calor durante su desarrollo (**reacciones endotérmicas**), como por ejemplo al cocer los alimentos en los que se almacena el calor en forma de energía química.

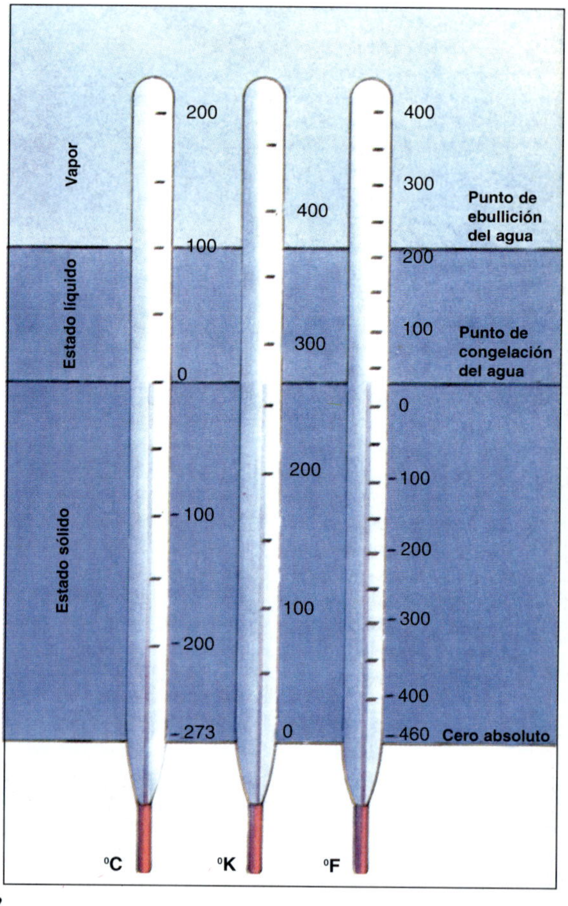

La temperatura

Para medir lo frío o caliente que está un cuerpo se emplea la **temperatura**. La temperatura de un cuerpo nos dice, además, en qué dirección se desplazará el calor al poner en contacto dos cuerpos cuyas temperaturas sean distintas, ya que el calor pasa siempre al cuerpo cuya temperatura es superior al que tiene la temperatura más baja, y el proceso continúa hasta que las temperaturas de ambos queden igualadas. La temperatura se expresa mediante las llamadas **escalas de temperatura** o **escalas termométricas**. De las diversas existentes (Celsio, Fahrenheit, Réaumur, Kelvin), la que se emplea en física es ésta última. La escala Kelvin o **absoluta** está fijada por dos valores concretos de la temperatura para los que se producen dos efectos muy determinados. El inferior es el llamado **cero absoluto**, y corresponde a aquella temperatura en la que una molécula tiene una energía térmica nula. El vapor superior corresponde a la temperatura del punto triple del agua, aquélla en la que pueden coexistit los estados sólido (hielo), líquido y gaseoso (vapor de agua) de ésta, a la que se ha asignado el valor 273,16. La escala está además dividida en un cierto número de intervalos que reciben el nombre de grados Kelvin (K). De este modo, el valor superior corresponde a 273,16 °K, mientras que el inferior es de 0 °K. Las demás escalas de temperaturas se emplean en la vida cotidiana por su comodidad para expresar las temperaturas usuales. Así, por ejemplo, la escala centígrada o Celsius es aquélla en la que el punto triple del agua corresponde a 0,01 °C, y el cero absoluto a - 273,15 °C. La determinación de las temperaturas es la función que cumplen los **termómetros**, cuyos tipos dependen de la escala de temperaturas que se

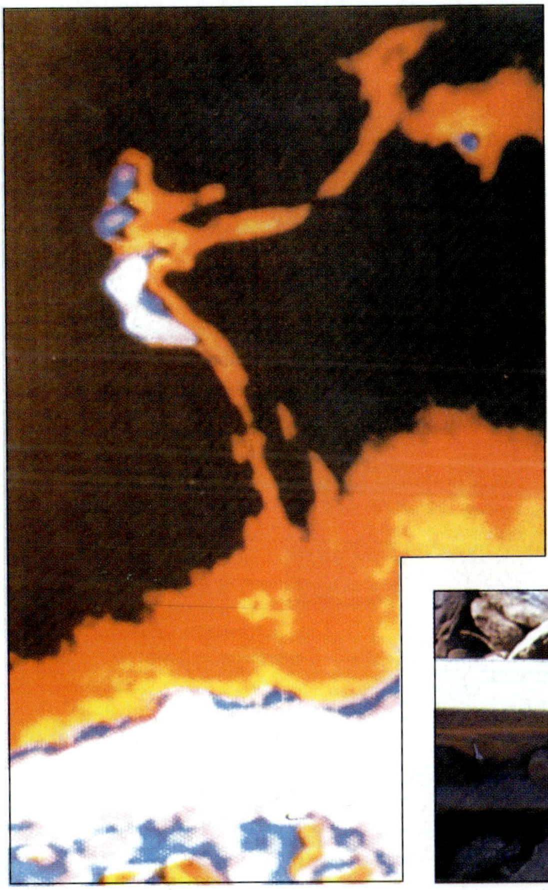

4

5

6

1. *La combustión es el ejemplo más inmediato de la generación de calor; sin embargo, una observación más atenta de la llama nos permite reconocer diversas partes cuyas propiedades en cuanto a la generación del calor son muy diferenciadas.*

2. *Los tres termómentros que muestra el esquema si bien indican la misma temperatura lo hacen sobre tres escalas distintas, la centígrada, la absoluta y la Farenheit. Asimismo, se han indicado algunas temperaturas importantes en cuanto a la definición de los orígenes de las escalas termométricas.*

3. *Los termómetros son los instrumentos que permiten determinar la temperatura de los cuerpos, siendo los de capilar de vidrio con mercurio en su interior los más comunes.*

4. *Las termografías nos permiten obtener un diagrama de colores falsos que reflejan con fidelidad las temperaturas que reinan en regiones concretas de los objetos observados. En el caso de esta ilustración se trata de una erupción solar.*

5. *Para evitar la pérdida del calor se emplean todo tipo de elementos aislantes que van desde el acristalado doble hasta una serie muy diversa de elementos que retardan o evitan su disipación.*

6. *La dilatación que experimentan los metales por efecto de las variaciones de temperatura hace necesario que en las vías férreas se prevean zonas de dilatación que permitan que éstas se expandan sin afectar la integridad de la línea férrea.*

pretende medir y de la precisión requerida para dicha medida. Sin embargo, todos ellos aprovechan alguna propiedad termométrica de la sustancia o material empleado en su construcción (modificación de la longitud, cambio de presión, etc.). Entre ellos cabe mencionar, por ejemplo, el **termómetro de gas a volumen constante** (que es extremadamente preciso y puede aplicarse entre –270 y 1.500 °C, si bien su empleo es algo engorroso, por lo que se reserva para operaciones de calibración), el de **resistencia de platino** (formado por una espiral de dicho metal y que, si bien es preciso en la gama de temperaturas que va de los –260 a los 630 °C, tiene una reacción lenta), el **termopar** (formado por dos metales diferentes unidos y cuya tensión varía en función de la temperatura, siendo su precisión especialmente alta en la gama de –630 a 1.000 °C) o el **pirómetro** (que se emplea para la medición de temperaturas extremadamente altas en los casos en los que el empleo de los termómetros convencionales es imposible. Compara la radiación del objeto incandescente a medir con la de un filamento calibrado y permite la determinación de temperaturas superiores a los 1.400 °C). Sin embargo, los más conocidos son, con toda seguridad, los formados por un líquido encerrado en un capilar, como por ejemplo los familiares

7

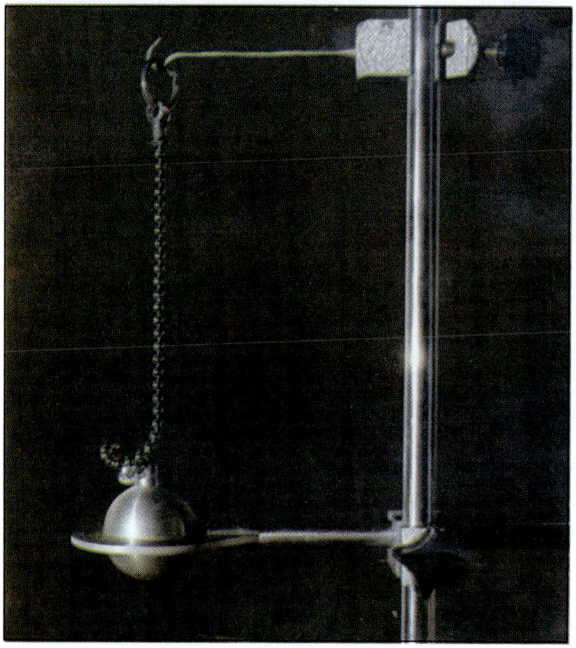

8

termómetros de mercurio para medir la fiebre de las personas, o los **de alcohol** para determinar las temperaturas de las habitaciones. Si bien no son extremadamente precisos, presentan ventajas tales como su economía, la facilidad de transportarlos y que son capaces de indicar el margen de temperaturas que se presentan en los casos a los que se aplican.

Efectos del calor

Los efectos del calor son muy variados. Entre ellos destaca la posibilidad de que la variación del calor de un cuerpo dé lugar a un cambio de estado de éste. Por ejemplo, cuando se aumenta la cantidad de calor de un cuerpo sólido, éste llega a **fundir,** y lo contrario sucede en el caso de un líquido cuya temperatura disminuye hasta alcanzar la correspondiente a la congelación, para la cual **solidifica.**

Otro de los efectos del calor sobre los cuerpos es la **contracción** y **dilatación** de éstos. Cuando aumenta la agitación térmica de las moléculas de un sólido o un líquido, como consecuencia de la elevación de su temperatura, las vibraciones aumentan y se produce una separación entre las moléculas que forman el cuerpo, lo que se traduce en un aumento de las dimensiones del cuerpo o dilatación.

Cuando el cuerpo vuelve a enfriarse el proceso que se verifica es el contrario, y éste recupera sus dimensiones originales.

Dicha dilatación puede ser **lineal**, cuando afecta a una sola dimensión del cuerpo, **superficial**, cuando afecta a dos y **volúmica**, cuando afecta a tres.

Sin embargo, existen sustancias que no se dilatan al calentarse ni se contraen al enfriarse, como por ejemplo el agua. En este caso, por debajo de los 4 °C el agua, convertida en hielo, se dilata como consecuencia de la reordenación de sus moléculas, que quedan más separadas entre sí.

En estructuras metálicas de grandes dimensiones las dilataciones y contracciones como consecuencia de la variación de la temperatura de los cuerpos es mucho más evidente. Así, las estructuras metálicas aumentan sus dimensiones en el verano y las reducen en invierno, motivo por el cual cabe diseñarlas de tal modo que estas dilataciones y contracciones, aunque relativamente pequeñas, no afecten a su estabilidad. Esta contracción y dilatación por efecto del calor encuentra también aplicación en ciertos dispositivos que reciben el nombre de **bimetal.** Están formados por un par de láminas de metales con coeficientes de dilatación distintos soldados entre sí. La variación de la temperatura provoca dilataciones o contracciones distintas en ambos, por lo que el conjunto se flexiona más o menos. Estos elementos se emplean frecuentemente como **termostatos**, abriendo y cerrando el circuito en el que están montados.

La difusión del calor

La **difusión** del calor a través de los cuerpos puede verificarse mediante tres procesos diferentes: el de **conducción**, el de **convección** y el de **radiación**. El proceso de **conducción** es el que se verifica principalmente en el caso de los sólidos. Cuando se calienta una barra metálica por uno de sus extremos, suponiendo que no se pierda calor por sus lados, ésta muestra un **gradiente de temperatura** en toda su longitud entre los extremos caliente y frío. Este gradiente depende de la **conductividad térmica** de la sustancia; así, por lo general, cuanto mayor es la conductividad térmica tanto menor es el gradiente térmico que se necesita para que el calor fluya desde un extremo al otro. Los metales, por ejemplo, son buenos conductores del calor (y de la electricidad) gracias a los electrones libres que tiene su estructura atómica. Éstos, al calentarse, se mueven con mayor rapidez y transmiten de este modo el calor por todo el metal. En cambio, los sólidos, en los que los electrones están en posiciones fijas, son malos conductores del calor, ya que éste se transmite como consecuencia del aumento de vibración de los átomos y moléculas que los constituyen, por lo que el proceso es más lento que en el caso de los metales.

La convección es el proceso mediante el cual se difunde el calor en líquidos y gases. Dicho proceso se basa en la formación de corrientes en el seno del líquido o gas que hacen que ascienda el caliente y descienda el frío. Es lo que sucede en una olla colocada a calentar. Si el líquido contiene partículas en suspensión podemos observar que éstas ascienden desde el fondo y vuelven a descender, mostrándonos el camino seguido por las corrientes en el seno del fluido.

Finalmente, la radiación es un proceso que se basa en las radiaciones térmicas que emiten todos los cuerpos y que se encuentran en el rango de las frecuencias infrarrojas del espectro electromagnético. La cantidad de energía que irradia un cuerpo depende de su temperatura, siendo mayor cuanto más caliente está, si bien viene determinada también por el tipo de superficie del cuerpo. La radiación térmica atraviesa las sustancias que son transparentes a ella sin producir aumento de su temperatura, y experimenta (al igual que la luz) reflexión por superficies blancas y absorción por las negras.

Un tipo de objeto especial irradia la mayor cantidad de calor y absorbe toda la energía térmica que le llega: es el **cuerpo negro**. Sin embargo, su

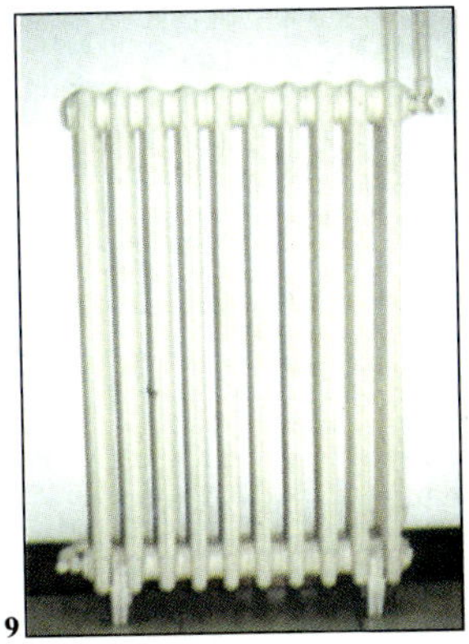

9

importancia radica en su trascendencia teórica, ya que a nivel práctico todos los cuerpos, a temperaturas suficientemente altas, empiezan a emitir luz y radiación térmica. Así, un objeto caliente emite una gama de longitudes de onda cuyo máximo depende de la temperatura absoluta del cuerpo. Ésta es la razón por la cual podemos observar que los cuerpos muy calientes presentan una modificación de su color que va desde el rojo vivo (cuando aún están relativamente fríos) hasta el blanco, que aparece cuando alcanzan las temperaturas más altas.

Calor latente de fusión

Mientras que las sustancias puras tienen valores muy concretos para aquellas temperaturas en las que se verifica su paso de un estado a otro, las mezclas y aleaciones presentan valores que dependen de sus purezas. Sin embargo, todas las sustancias necesitan absorber calor cuando pasan, por ejemplo, del estado sólido al líquido (**calor latente de fusión**), mientras que en el proceso contrario lo pierden. Dichos calores latentes, que se determinan por regla general para condiciones normales de presión (de unos 760 mm de mercurio aproximadamente), se expresan en julios/kilogramo. Durante el proceso de cambio de estado la sustancia absorbe o pierde energía latente, por lo que no se verifica modificación de la energía cinética de sus moléculas; esto explica que durante dicho proceso la temperatura del cuerpo no varíe. En el proceso de fusión de una sustancia la energía absorbida del exterior se emplea para vencer la atracción entre los átomos o moléculas que la constituyen, de modo que ya no ocupen posiciones fijas dentro de la red cristalina del sólido y puedan moverse con una cierta libertad.

Finalmente, cuando se verifica el proceso de transformación del líquido en vapor lo que se produce es una liberación completa de los átomos o moléculas

7. *La rapidez con la que se verifican los procesos de conducción del calor en los cuerpos depende del tipo de sustancia de la que se trate. Así, en este ejemplo vemos cómo el agua del extremo del tubo de ensayo está caliente mientras que la que se encuentra en el fondo permanece todavía fría.*

8. *Existen diversas demostraciones experimentales de la dilatación de los cuerpos. Una de ellas la muestra la imagen. La bola caliente no pasa a través del aro mientras que si está fría sí puede atravesarlo.*

9. *La distribución del calor por los recintos se verifica mediante el proceso de radiación, haciendo que el líquido calentado en las calderas acceda hasta los cuerpos de los radiadores desde donde se disipa en la habitación.*

que lo constituyen, que ya no experimentan atracción alguna y verifican movimientos al azar.

La primera ley de la termodinámica

La termodinámica es la rama de la física que se ocupa del estudio de la transmisión del calor y de los cambios de energía que éste produce. Su formulación se basa en las llamadas **leyes de la termodinámica**, de las que la primera afirma que la cantidad total de energía que hay en un sistema cerrado es una constante; es decir, si se calienta, por ejemplo, un gas, éste recibe una energía del exterior que absorbe y con la cual aumenta la excitación de las moléculas que lo componen, lo que conduce a un aumento de temperatura y presión del gas cuando su volumen se mantiene constante (o sea, a un aumento de la energía cinética de las moléculas que lo forman). En cambio, si la presión que ejerce el gas contra las paredes del recipiente que lo contiene hace que éste aumente su volumen, parte de la energía térmica absorbida se emplea en realizar un trabajo sobre el medio cicundante. De este modo la primera ley afirma que la suma del trabajo realizado más el aumento de la energía interna de un cuerpo es igual a la cantidad de energía que éste ha recibido, o sea, que incluye en el teorema de conservación de la energía al calor.

La segunda ley de la termodinámica

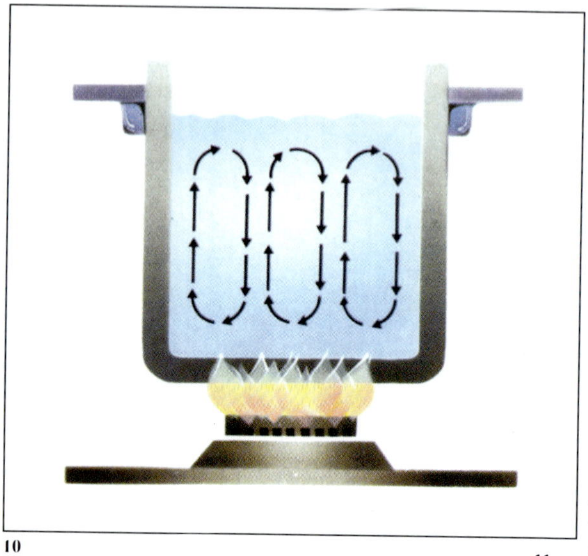

10

11

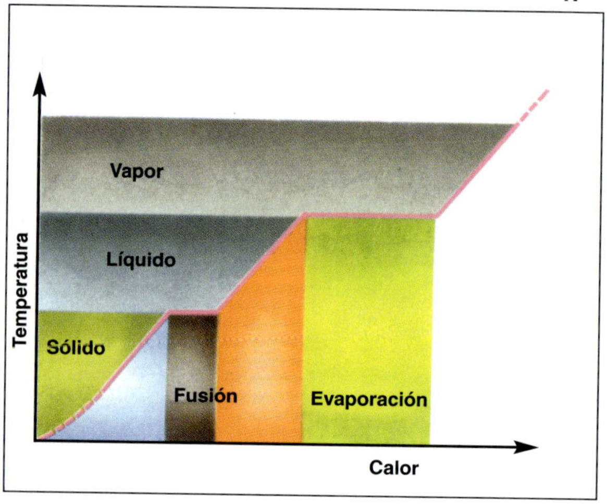

La segunda ley de la termodinámica afirma, por su parte, que el calor no puede pasar de un foco frío a otro caliente sin aportación externa de energía. Esto implica que en todos los procesos en los que se haga circular calor, éste debe pasar de un foco caliente a otro que esté más frío que él. Éste es el principio que rige el funcionamiento de todos los tipos de motores que se basan en la obtención de energía a partir de un combustible, cuya combustión produce aumento de energía interna y trabajo realizado contra el medio. En este tipo de procesos, cuanto más alta es la temperatura inicial tanto mayor es la cantidad de energía que puede transformarse en trabajo, que a efectos prácticos está limitada por la temperatura a la que se produce la combustión del gas inyectado en el motor y la de los gases que salen por el tubo de escape.

Sin embargo, las máquinas térmicas deben tener un funcionamiento cíclico para que sea posible emplearlas en la producción continuada de potencia. Esto se logra en las máquinas de vapor mediante combustible y aire para la combustión que permita obtener de forma continua vapor que se dilata y realiza un trabajo, o como se hace en los motores de explosión, en los que el ciclo está dividido en cuatro tiempos que se suceden ininterrumpidamente. Durante los ciclos el gas empleado se somete a cambios de presión, volumen y temperatura en el interior de la máquina térmica. Para el mantenimiento de dicho ciclo es necesario, asimismo, realizar trabajo (por ejemplo, para la extracción de los gases de combustión y para la inyección del combustible, así como para vencer la resistencia de las partes móviles del motor). Para expresar este hecho se emplea el cociente entre el trabajo que realiza el motor y el calor que consume para ello, que recibe el nombre de **rendimiento térmico**. Por regla general, dicho rendimiento no alcanza el 40%, siendo excepción las máquinas que llegan al 50%. Asimismo, no es posible construir un motor cuyo rendimiento sea del 100%, ya que es inevitable que se produzcan pérdidas de energía durante su funcionamiento. Un tipo ideal de motor térmico es el de **ciclo reversible**, como por ejemplo el de **Carnot**, si bien incluso dicho motor tampoco alcanza un rendimiento del 100%, ya que, aunque en el ciclo de Carnot el calor suministrado no incrementa la energía interna del gas, tampoco se convierte en su totalidad en trabajo.

Entropía

Entre los conceptos más importantes de la termodinámica destaca el de la **entropía**, que puede definirse como una medida del desorden. De este modo, si por ejemplo todas las moléculas de aire contenidas en una habitación se encontrasen inicialmente en una esquina, se repartirían uniformemente, siendo prácticamente imposible que se verifique el proceso contrario, es decir, que las moléculas de aire de la habitación se encuentren por sí solas en una de sus esquinas. Esto significa que la entropía nunca disminuye durante los cambios de estado del sistema.

Asimismo, cuanto mayor es el desorden tanto mayor es la entropía del sistema, es decir, la entropía de un sólido cristalino es menor que la de dicha sustancia fundida, ya que en dicho estado las moléculas no están situadas en posiciones fijas de la red cristalina, sino que se mueven con un grado mayor de libertad, siendo mayor el desorden.

La expresión termodinámica que nos permite determinar las variaciones de la entropía de un sistema en el que se verifica una transformación reversible es la siguiente: $dS = dQ/T$, donde dS representa la variación de la entropía buscada, mientras que dQ es la cantidad de calor y T es la temperatura absoluta.

En los sistemas aislados la entropía total aumenta siempre en los procesos irreversibles, lo que hace que la energía disponible vaya disminuyendo. Una vez que el sistema aislado ha alcanzado su máxima entropía, es decir, que la materia contenida en el sistema se encuentre en un estado de máximo desorden y que la temperatura en el interior de él sea completamente uniforme, ya no existe energía libre que permita realizar trabajo alguno, por lo que se dice que se ha alcanzado el estado de **muerte entrópica.**

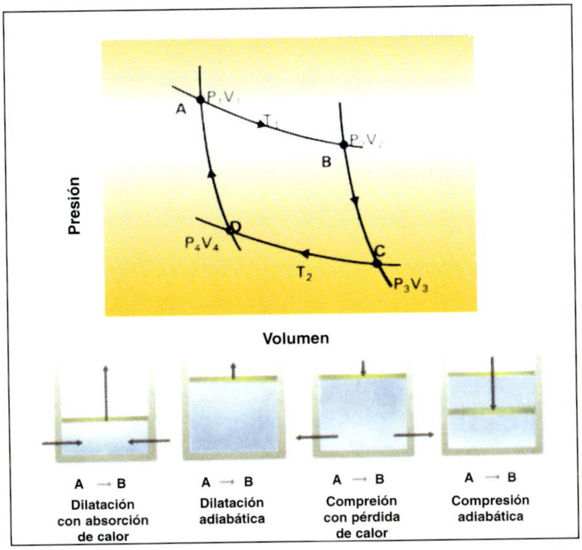

12

13

Tercera ley de la termodinámica

Finalmente, existe una tercera ley de la termodinámica, llamada también **principio de Nernst,** que afirma que la entropía de todos los cuerpos tiende tanto como se quiera a cero, siempre que nos aproximamos al cero absoluto, es decir, que el cero absoluto no puede alcanzarse mediante un número finito de operaciones.

El principio cero

Asimismo, se habla de una ley cero de la termodinámica, o **principio cero,** que afirma que en el equilibrio termodinámico existe, en comparación con lo que sucede en el equilibrio mecánico, una nueva magnitud de estado, la temperatura, que es igual para todo el sistema.

10. *Si calentamos agua en un recipiente podemos percibir que el aumento de la temperatura de la que hay en el fondo da lugar a corrientes de convección en el seno del líquido que hacen que el más caliente ascienda y el más frío descienda.*

11. *Este esquema nos muestra el aumento de la temperatura en las diversas fases por las que pasa un sólido puro cuando se caliente, así como las regiones en las que éste, a pesar del aporte de calor (calor latente), mantiene constante su temperatura hasta que la cantidad de calor es suficiente para pasar a la siguiente fase.*

12. *El llamado ciclo de Carnot se compone de dos dilataciones y dos compresiones (adiabáticas e isotermas respectivamente) como muestra el diagrama presión-temperatura.*

13. *Todos los procesos que tienen lugar en la naturaleza (descomposición de materia orgánica, etc.) dan como resultado un aumento de la entropía, es decir, un aumento del desorden frente al orden de la estructura de la materia.*

Electricidad

La **electricidad**, juntamente con el magnetismo, que será tratado en el capítulo siguiente, forma parte de una disciplina más amplia denominada **electromagnetismo**, la cual, como su nombre indica trata de la teoría unificada de los fenómenos eléctricos y magnéticos.

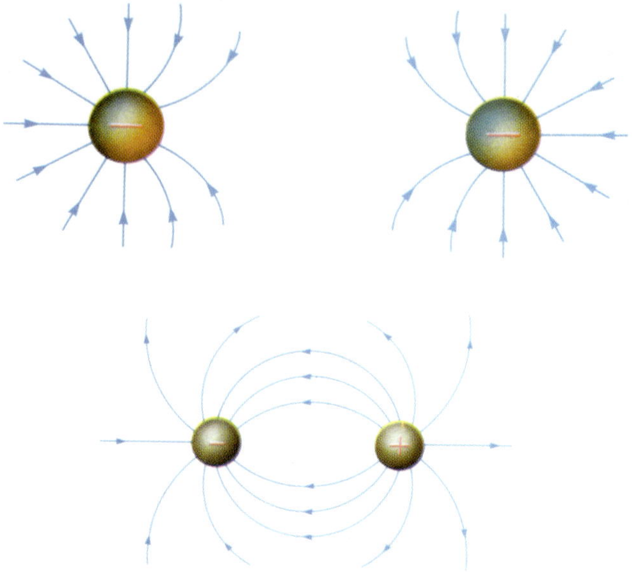

1

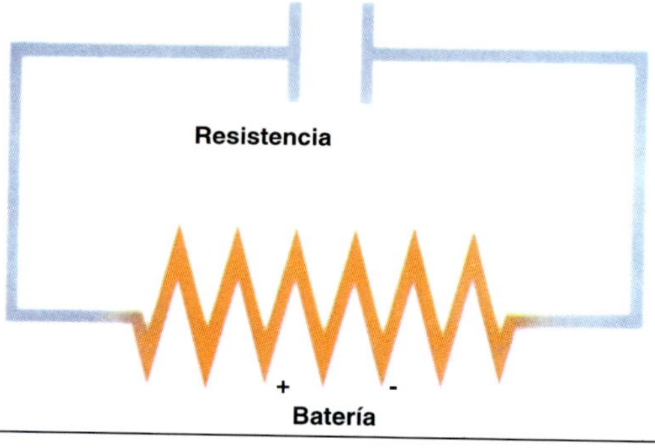

2

Cargas eléctricas

Las **cargas eléctricas**, tanto en reposo como en movimiento, determinan las propiedades de la electricidad, así como todos los fenómenos asociados a ella. La materia está compuesta por **núcleos** (formados por **neutrones** y **protones**) y **electrones** que los rodean. Asimismo, se pueden constituir sistemas en los que haya un exceso de electrones (con **carga negativa**) o de protones (con **carga positiva**). En la materia ordinaria el número de protones y electrones es igual, motivo por el cual los átomos son neutrones y no presentan efectos eléctricos. Sin embargo, cuando se añaden cargas positivas o negativas el efecto neto da lugar a fenómenos eléctricos.

Existe una gran variedad de materiales que disponen en su estructura atómica de electrones libres que les hacen buenos conductores de la corriente eléctrica (y del calor). Por el contrario, existen otros que no disponen de dichos iones y electrones y que reciben el nombre de **aislantes** debido a que normalmente no conducen la corriente.

Electroestática

Uno de los primeros efectos eléctricos conocidos fue el de la **corriente estática**. Si se frota una barra de ebonita contra un trapo ésta queda cargada, ya que se produce un paso de carga de uno al otro, con lo que se atraen mutuamente.

Asimismo, si se aproximan dos barras de ebonita frotadas de igual forma con un trapo se observa que éstas se repelen, lo que nos hace concluir que las cargas de igual signo se repelen, mientras que las de distinto signo se atraen. Por convenio se ha establecido llamarlas carga positiva y negativa, y asignar a la positiva la que corresponde a la barra de ebonita.

La introducción **electrostática** se presenta por influencia de un cuerpo cargado sobre otro que en conjunto es neutro. Las cargas de uno atraen a las cargas de signo opuesto de la sustancia neutra haciendo que ésta se polarice. Para determinar cargas pequeñas se emplea un instrumento llamado **electroscopio.** Cuando se pone en contacto la substancia cargada con dicho instrumento las placas metálicas de su interior adquieren cargas parecidas, motivo por el cual se repelen, separándose mutuamente. El fenómeno de la **inducción electrostática** tiene importancia en un dispositivo tan común como el **pararrayos.** El proceso de la descarga del rayo verifica del modo siguiente.

4
3

Cuando las nubes (cargadas negativamente) pasan por encima de un edificio, introducen en el tejado de éste cargas positivas. En esta situación existe el peligro de que se produzca una descarga (rayo) entre la nube y el edificio. Sin embargo, si el edificio dispone de pararrayos la carga positiva inducida en su techo se concentra con densidad muy alta en la barra metálica que lo compone. De este modo, si se llega a producir la descarga, ésta pasará a través del pararrayos y será conducida por el cable que lo une a tierra sin dañar el edificio.

Campos eléctricos

Los **campos eléctricos** son los responsables de que existan las fuerzas electrostáticas repulsivas y atractivas entre los objetos cargados. La ley que determina la magnitud de las fuerzas entre las cargas recibe el nombre de **ley de Coulomb**, y afirma que dicha fuerza depende de su magnitud, la distancia que las separa y el medio en el que se encuentran situadas ambas. Dicha fuerza es proporcional al producto de sus cargas e inversamente proporcional al cuadrado de la distancia que media entre ellas. El medio juega también un papel importante, ya que si las cargas se encuentran inmersas en un medio que sufre polarización eléctrica, se ven parcialmente aisladas, propiedad que recibe el nombre de **permitividad**. El vacío, dado que no puede sufrir **polarización**, tiene el valor más bajo posible de permitividad, llamada **permitividad en el vacío**. Por regla general, las sustancias iónicas presentan un valor más alto de permitividad que las no iónicas.
El concepto de campo eléctrico es muy útil en cuanto a la representación de los efectos en las inmediaciones de distribuciones de carga.
Por convenio se considera que la dirección del campo eléctrico es la fuerza que éste ejerce sobre una carga positiva de prueba situada en él, dependiendo de su

1. *La figura muestra la forma del campo eléctrico creado en las inmediaciones de dos cargas de distinto signo (que se atraen mutuamente) y de igual signo (que se repelen). Tal y como puede verse, las líneas de campo van de la carga positiva a la negativa.*

2. *El circuito eléctrico más sencillo es el constituido por una batería y una resistencia. En el esquema se han indicado los elementos fundamentales, la dirección del paso de la corriente.*

3. *Las ristras de luces que adornan los árboles de navidad instalados en casas y lugares públicos constituyen un ejemplo de la conexión en serie de las lámparas de incandescencia.*

4. *El transporte de la corriente eléctrica a largas distancias plantea un problema debido a que las líneas deben ser lo más ligeras posibles para simplificar su instalación, mientras que los cables deben ser lo más gruesos posibles para disminuir la resistencia al paso de la corriente ya que ésto genera pérdidas.*

intensidad de la magnitud de dicha fuerza. Así, por ejemplo, una carga puntual crea a su alrededor un campo cuya fuerza disminuye con el alejamiento de ella. La representación del campo eléctrico se realiza mediante las denominadas **líneas de campo**. Si se conectan dos conductores, uno cargado y uno descargado, se verifica un paso de carga entre ellos, ya que las pertenecientes al conductor cargado reducen su energía potencial transfiriéndola al descargado. Esto se expresa diciendo que el primer conductor tiene un potencial más alto que el segundo, y que entre ellos se establece una **diferencia de potencial**. Las cargas fluyen de uno al otro hasta que ambos se encuentran al mismo potencial. Por convenio se establece que la Tierra tiene potencial cero, motivo por el cual cualquier conductor conectado a ella adquiere el mismo potencial.

5

6

Propiedades de la electricidad

Un conductor grande es capaz de retener, para un determinado potencial, una mayor cantidad de carga que uno pequeño, propiedad que recibe el nombre de **capacitancia**. La cantidad de carga que es posible almacenar depende por tanto de la capacidad del conductor y del potencial a que se encuentre. Un dispositivo de estas características recibe el nombre de **condensador**. Estos dispositivos tienen conductores en forma de placas metálicas entre los que se sitúa una sustancia capaz de ser polarizada, llamada dieléctrico, cuya permitividad debe ser lo mayor posible. Asimismo, debe ser aislante para que las cargas positiva y negativa, almacenadas respectivamente en ambas placas, no pasen a la otra. Para establecer una comparación entre la capacidad del condensador con dieléctrico y sin él se emplea el concepto de **constante dieléctrica** o permitividad relativa. La corriente eléctrica se establece por el flujo continuo de cargas que discurre por el interior de un conductor. La cantidad de electrones y iones que pasan por el conductor (**intensidad de la corriente**) depende de la diferencia de potencial establecida entre sus extremos. Se mide en amperios y depende asimismo de la **resistencia** que ofrezca el conductor al paso de la corriente. La resistencia, que se mide en ohmios, ofrece una idea de las dificultades de los electrones y los iones para moverse por el conductor. Finalmente, la diferencia de potencial o voltaje establece la energía potencial electroestática entre los extremos del conductor. El circuito más elemental que podemos establecer es conectar una resistencia a los bornes de una batería mediante un par de cables de cobre. De este modo se establece un paso de cargas negativas a través de los cables y la resistencias hasta el borne positivo de la batería; o, lo que es equivalente, un paso de cargas positivas a través de los mismos elementos hasta el borne negativo. Por convención se ha establecido que el paso de la corriente sea del borne positivo al negativo fuera de la batería, y al revés por el interior de ésta. La diferencia de potencial que suministra una batería recibe el nombre de **fuerza electromotriz (fem)**, y se mide en voltios. Cuanto mayor es esta fem tanto mayor es la intensidad de corriente. Las resistencias requieren una diferencia de potencial tanto mayor cuanto mayor es su oposición a permitir el paso de la corriente. La ley que relaciona la diferencia de potencial con la intensidad de la corriente y la resistencia recibe el nombre de **ley de Ohm**. Sin embargo, si bien todos los conductores ofrecen una resistencia al paso de la corriente, no todos cumplen estrictamente la ley de Ohm. Incluso cuando un conductor no conduce corriente eléctrica, los electrónes libres que hay en su seno se mueven a lo largo de él. Cuando se le aplica una diferencia de potencial dichas cargas suman una cierta velocidad a la del movimiento al azar antes mencionado. De todos modos, estas velocidades son relativamente bajas y no explican la rapidez con la que se produce el paso de la corriente eléctrica, que se debe al hecho de que la señal eléctrica pasa directamente de un electrón a otro durante sus choques mutuos, lo que permite que la señal se propague a unos 300 millones de metros por seg.

7

8

Corriente continua y corriente alterna

La corriente eléctrica muestra dos tipos de comportamiento diferenciado en cuanto al sentido en que recorre el circuito. De este modo, en general se distingue entre **corriente continua** y **alterna**. La primera es la que recorre el circuito siempre en idéntico sentido. La segunda es la que cambia el sentido de recorrido del circuito varias veces por segundo y presenta una intensidad determinada independientemente del sentido del recorrido del circuito. Así, por ejemplo, la corriente doméstica en los países europeos es alterna de 50 Hz (hercios), lo que significa que la corriente cambia su sentido 50 veces cada segundo.

La pila eléctrica

Las fuentes de voltaje de corriente continua reciben el nombre de **pilas** o **baterías**. Su funcionamiento se basa en la transformación de energía química en energía eléctrica mediante la inversión del proceso de la electrólisis. De un modo más preciso el concepto de batería se aplica a conjuntos de pilas iguales. Las pilas consumen poco a poco el combustible químico generando electricidad. Entre éstas destaca la **pila Daniell**, formada por dos electrodos de cobre o cinc sumergidos en una disolución de ácido sulfúrico que hace las veces de electrólito. El proceso mediante el cual se genera energía eléctrica se basa en la disolución lenta del cinc para dar iones de cinc y liberar electrones que hacen que dicho electrodo adquiera carga negativa. Por otro lado, en el electrodo de cobre los iones de hidrógeno del ácido sulfúrico se neutralizan mediante la captura de electrones del cobre.
Esto da lugar a la liberación de hidrógeno gaseoso y a que el electrodo se cargue positivamente. Si se unen ambos electrodos mediante un conductor de cobre circula una corriente desde el electrodo positivo (**cátodo**) hacia el negativo (**ánodo**). Existen otros tipos de pila, como la **pila seca** de Leclanché (empleada en radios, linternas, etc.), o la llamada **pila de Weston**, que emplea el cadmio como electrodo. Todas ellas tienen una vida limitada determinada por el fin del proceso de oxidación o reducción que se verifica en su interior.
La **fuerza electromotriz** de las pilas no depende en modo alguno de su tamaño, sino de los elementos empleados como

5. *Las centrales nucleares dedicadas a la producción de energía eléctrica para el consumo disponen de salas de baterías de acumuladores conectadas en derivación con una dinamo, de forma que les sea posible compensar las variaciones instantáneas de la demanda por parte de la red.*

6. *Las baterías o acumuladores de plomo, reunidos en grupos de seis unidades conectadas entre sí en serie, forman la tan conocida batería del automóvil. Este conjunto es capaz de generar una corriente de 12 voltios con una intensidad de hasta 200 amperios.*

7. *Una de las aplicaciones de los arcos voltaicos es la soldadura ya que gracias a ellos es posible generar temperaturas muy altas que permiten soldar los metales.*

8. *La generación de energía eléctrica y su paso a la red para su distribución hasta los consumidores finales es de gran importancia para la economía de un país. Todo el proceso se controla desde salas como la que muestra la imagen, correspondiente a una central hidroeléctrica situada en Nebraska (E.E.U.U.).*

electrodos y de la sustancia utilizada como electrólito. Sin embargo, el tamaño de la pila sí que determina su capacidad. Se han desarrollado las denominadas **pilas de combustible**, en las que se reponen constantemente con un combustible químico los electrodos que van agotándose, lo que les confiere una duración prácticamente ilimitada. Así, mediante, por ejemplo, la inversión de la electrólisis del agua, se logra la formación de agua por combinación de hidrógeno y oxígeno y la producción de corriente.

Acumuladores

Si se emplean en las pilas determinados electrodos y electrólitos es posible recuperar la pila hasta su estado original haciendo que la corriente circule por ella en sentido opuesto, para lo que se emplea una fuente externa de voltaje. Las pilas capaces de regenerarse de este modo reciben el nombre de **baterías** o **acumuladores**. Los dos tipos fundamentales son el de plomo y el alcalino de ferro-níquel. El primero emplea el ácido sulfúrico como electrólito, siendo sus electrodos de óxido de plomo y plomo. Son capaces de generar una fem de 2 voltios. Si se disponen en batería conectadas en serie 6 pilas de este tipo, el conjunto es capaz de producir 12 voltios con intensidades de hasta 200 amperios (como las que se emplean, por ejemplo, como baterías de los automóviles). El segundo tipo (ferro-níquel)

9

emplea una solución de hidróxido de potasio como electrólito y un cátodo de hidróxido de níquel, así como un ánodo de hierro. La ventaja de las baterías alcalinas, a pesar de generar corrientes de voltajes más bajos, es que tienen una duración más prologada y son más ligeras y resistentes. Las pilas y baterías son capaces de transformar la energía química en energía eléctrica con un rendimiento mucho mayor (de aproximadamente un 90%) que cualquier otro de los procesos de obtención de esta energía, si bien presentan el inconveniente de su elevado costo.

Piezo, termo y fotoelectricidad

Otro de los métodos para producir energía eléctrica es el empleo directo de la presión, el calor o la luz. Estos tres métodos, reciben, respectivamente, los nombres de **piezoelectricidad, termoelectricidad** y **fotoelectricidad**. La primera se basa en someter ciertos tipos de cristales (por ejemplo, cuarzo) a una presión que los deforma y que hace que sus caras opuestas se carguen eléctricamente (efecto piezoeléctrico). El efecto es reversible, por lo que si se aplica un voltaje al cristal, éste se deforma. Dicho efecto se emplea en la práctica, por ejemplo, en los micrófonos dinámicos o para controlar y mantener las vibraciones en los cristales. Cuando un cristal piezoeléctrico vibra, puede emplearse el voltaje que genera para producir una corriente que se utiliza para mantener la vibración. Dado que dicha vibración es extremadamente constante, por ejemplo en el caso del cuarzo, se emplea para la construcción de relojes y otros dispositivos de gran precisión. Cuando se entrelazan dos alambres de metales diferentes y las uniones se mantienen a temperaturas distintas, se origina una corriente (**efecto Seebeck**) que constituye un ejemplo claro de dicho efecto, es decir, la conversión directa de energía calorífica en energía eléctrica. Dado que la fuerza electromotriz generada de este modo varía con la temperatura, el efecto puede emplearse como pirómetro de gran precisión. Si los dos extremos de los cables entrelazados se mantienen a la misma temperatura y se inserta una batería en el circuito, se produce el llamado **efecto Peltier**, cuya consecuencia es el calentamiento de uno de los lazos y el enfriamiento del otro, y constituye el efecto inverso del Seebeck. Existen sustancias que emiten electrones cuando incide sobre ellas la luz visible, los rayos ultravioleta o los rayos X. Este fenómeno recibe el nombre de efecto fotoeléctrico y permite la obtención de la llamada corriente fotoeléctrica, que es un ejemplo de la conversión de radiación electromagnética en energía eléctrica. Una de las aplicaciones más conocidas de dicho efecto la constituyen las células fotoeléctricas, capaces de detectar la presencia de luz o de medir los niveles de ésta. Otro tipo elemental de fotocélula es la fotorresistencia, constituida por un material que emite electrones cuando la luz incide sobre él, lo que produce la disminución de su resistencia eléctrica.

Aplicaciones de la electricidad

Entre las diversas aplicaciones de la electricidad en la técnica se encuentran tanto el alumbrado como la calefacción de los edificios. El primero se verifica mediante el empleo de **bombillas** de filamento de wolframio que transforman aproximadamente un 10% de la energía eléctrica que reciben en luz, disipando el resto en forma de calor. Asimismo, se emplean las llamadas **lámparas fluorescentes**, en las que los electrones chocan con los átomos del gas contenidos en el tubo y hacen que éstos emitan luz ultravioleta, que induce la emisión de luz por parte del revestimiento fluorescente de que está dotado el interior del tubo. La calefacción mediante la energía eléctrica se verifica mediante el llamado **efecto Joule**, que consiste en la

11

10

producción de calor gracias al paso de una corriente continua o alterna por una resistencia. La cantidad de calor producida depende de la intensidad de la corriente y de la resistencia, siendo tanto mayor cuanto mayor sean éstas.
Asimismo, la electricidad se emplea en toda una serie de procesos químicos de descomposición industrial tales como la **electrólisis**, de gran importancia, por ejemplo, para la purificación del cobre, que constituye el único proceso comercial que permite la extracción del aluminio de su óxido. Asimismo, se emplea para dotar a los metales de baja calidad de revestimientos de capas delgadas de metales más valiosos, que permiten protegerlos contra la corrosión y mejorar su aspecto externo. Éste proceso, que recibe el nombre de **galvanoplastia**, se emplea asimismo para aplicar revestimientos de cobre, níquel, cromo, etc. Para llevarlo a cabo se utiliza como ánodo un trozo del metal que constituirá el revestimiento, y como cátodo la pieza a revestir. Además, la corriente eléctrica que circula a través de un alambre situado en el interior de un campo magnético genera una fuerza que lo desplaza. Este efecto, llamado **efecto motor**, es el que permite la existencia de los motores eléctricos. La fuerza generada depende de la intensidad del campo magnético y de la corriente que pasa por el conductor, así como de la longitud de éste y de su orientación dentro del campo. Este principio se emplea asimismo en los **galvanómetros**, que son los instrumentos utilizados para la medición de la intensidad de la corriente y el voltaje. Cuando un conductor se desplaza en el seno de un campo magnético se produce un efecto llamado **inducción electromagnética**, que da lugar a la aparición de una corriente eléctrica. Constituye una forma de producción de corriente eléctrica a partir de trabajo mecánico. En este caso la diferencia de potencial inducida depende de la intensidad del campo magnético, la longitud del conductor que se mueve en su interior y la velocidad con la que lo hace. Asimismo, depende también de la orientación del conductor en el campo y de la dirección del movimiento de éste. Basándose en esto se construyen las **dinamos**, capaces de transformar energía mecánica en eléctrica haciendo girar una serie de espiras en un campo magnético.

9. *La transformación de la energía cinética en energía eléctrica en las centrales hidroeléctricas se lleva a cabo gracias a enormes generadores de gran potencia como éstos, pertenecientes a la central de la presa Hoover (Nevada, E.E.U.U.)*

10. *Los paneles solares constituyen una de las formas pasivas de transformación de energía solar en energía eléctrica. Se emplean cada vez en mayor medida, si bien la cantidad de energía generada es todavía baja; por ello se utilizan preferentemente para tareas como calentar agua de grandes instalaciones o apoyar los sistemas convencionales de calefacción.*

11. *La pila de Leclanché, desarrollada para superar el inconveniente de la polarización que inutiliza la pila simple al cabo de poco tiempo de usarla, ha evolucionado en la actualidad hasta dar lugar a la llamada pila seca de Leclanché, que es la que se emplea para alimentar, por ejemplo, las linternas.*

Magnetismo

Introducción

El magnetismo es una de las propiedades fundamentales de la materia que se presenta en todas las sustancias en mayor o menor grado, lo que hace que muchas de ellas sean consideradas como no magnéticas. Aquéllas que muestran efectos magnéticos de mayor intensidad (el hierro, el níquel, el cobalto, y alguna de sus aleaciones) reciben el nombre de **materiales ferromagnéticos**. Para el estudio del magnetismo se emplean diversos conceptos, entre los que se encuentra el de **polo magnético**, que puede ser norte o sur. Los polos iguales se repelen, mientras que los diferentes se atraen, siendo tanto mayor la fuerza de atracción o respulsión cuanto mayor es la fuerza de los polos y cuanto más próximos están entre sí. La fuerza magnética es inversamente proporcional al cuadrado de las distancias. Asimismo, un imán genera un campo a su alrededor cuya intensidad es máxima en sus polos. Dicha región recibe el nombre de **campo magnético**. Al igual que en el caso eléctrico, el campo puede representarse mediante las denominadas **líneas de campo**, que indican su fuerza y sentido. Allí donde éstas están más próximas entre sí, el campo es más intenso, mientras que en los lugares donde están más separadas el campo es más débil. Las flechas sobre las líneas de campo indican el sentido en que se movería un polo norte de prueba situado en dicho punto. El polo sur lo haría en sentido contrario.

1

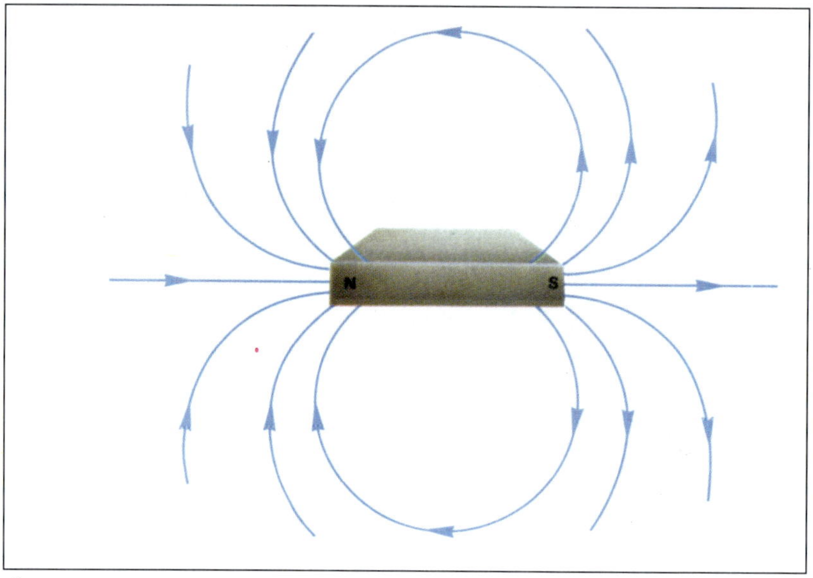

2

Todos los imanes tienen polo norte y polo sur, y hasta el momento no se ha detectado el monopolo magnético.

Las sustancias ferromagnéticas presentan unas características magnéticas como consecuencia de su propia estructura atómica. El rápido giro de los electrones alrededor del núcleo atómico hace que cada uno de ellos origine un diminuto campo magnético, dado que son portadores de carga. El efecto global se anula, por regla general, en todas las sustancias, y sólo en aquéllas que no lo hace se presentan efectos magnéticos. Cuando el material ferromagnético no está imantado por un campo externo, la orientación de los imanes internos es al azar, anulándose entre sí. Sin embargo, la imantación de dichos materiales hace que los dominios se alineen con el campo externo, lo que da lugar a un efecto total de imantación.

El movimiento de las cargas eléctricas es la causa de la aparición del magnetismo, motivo por el cual las corrientes eléctricas generan campos magnéticos cuya intensidad es tanto mayor cuanto mayor es la corriente. El campo magnético creado por la corriente que circula por un alambre depende de la forma de éste, siendo una de las aplicaciones más importantes de este efecto la del selenoide, que permite obtener campos magnéticos de gran uniformidad en cuanto a su intensidad y sentido. El **solenoide** está constituido por un alambre arrollado sobre un cilindro, y se comporta como un imán, mostrando un polo norte y sur en ambos extremos.

Tipos de magnetismo
Existen diversos tipos de magnetismo: el **ferromagnetismo**, el **diamagnetismo** y el **paramagnetismo**. En los materiales diamagnéticos la disposición de los electrones de cada átomo es tal que se produce una anulación global de los efectos magnéticos. Sin embargo, si el material se introduce en un campo inducido la sustancia adquiere una imantación débil y en el sentido opuesto al campo inductor. Si se sitúa una barra de material diamagnético en el interior de un campo magnético uniforme e intenso, ésta se dispone transversalmente respecto de aquél. Los materiales paramagnéticos no presentan la anulación global de efectos magnéticos, por lo que cada átomo que los constituye actúa como un pequeño imán. Sin embargo, la orientación de dichos imanes es en general arbitraria, y el efecto global se anula. Asimismo, si el material paramagnético se somete a la acción de un campo magnético inductor, el campo magnético inducido en dicha sustancia se orienta en el sentido del campo magnético inductor.
Esto hace que una barra de material paramagnético suspendida libremente en el seno de un campo inductor, se alinee con éste. El magnetismo inducido, aunque débil, es suficientemente intenso como para imponerse al efecto diamagnético. Para comparar los tres tipos de magnetismo se emplea la razón entre el campo magnético inducido y el inductor.
Ésta recibe el nombre de **susceptibilidad**, y su valor es de -10^{-5} para los materiales diamagnéticos, $+10^{-3}$ para los paramagnéticos, y $+10^{+3}$ para los ferromagnéticos, lo que nos da una idea de la intensidad de cada uno de los efectos.

3

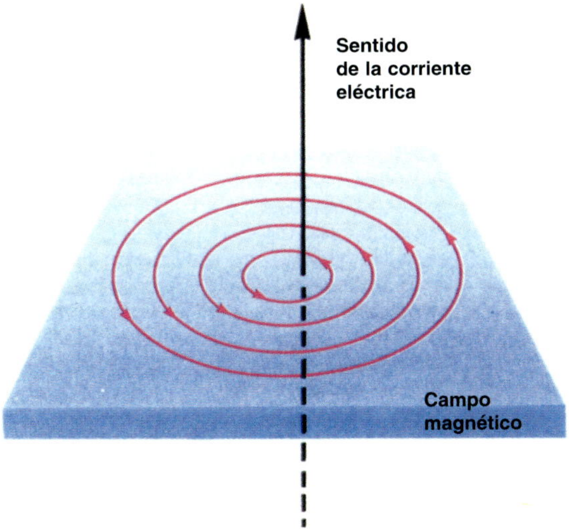

4

Procesos de imantación
La única sustancia natural que se comporta como un imán es el mineral de hierro llamado **magnetita**. El resto de los imanes deben obtenerse a partir de material ferromagnético mediante diversos procesos de imantación. Una de las formas es situar el material ferromagnético junto a un imán muy intenso. Este método induce tan sólo un campo débil. Otro método consiste en situar el material ferromagnético dentro de un solenoide. La

1. *La aguja imantada de la brújula señala hacia el polo magnético terrestre y no hacia el polo geográfico de nuestro planeta. Estas diferencias se presentan también en los demás planetas del sistema solar que muestran un campo magnético apreciable.*

2. *El esquema recoge la línea del campo magnético creado por un imán. Dicho campo es tanto más intenso cuanto mayor es el número de líneas de fuerza contenido en la unidad de superficie, es decir, en los polos.*

3. *El esquema recoge las disposiciones de los llamados dominios magnéticos para el caso en que una sustancia ferromagnética cualquiera está sin imantar* (a) *y cuando dicha sustancia ferromagnética está imantada* (b). *Como puede apreciarse en el segundo caso todos los imanes están alineados en la misma dirección.*

4. *El paso de la corriente por un alambre induce un campo magnético cuyo sentido es el de giro de un sacacorchos que avance en la misma dirección que la corriente (regla del sacacorchos).*

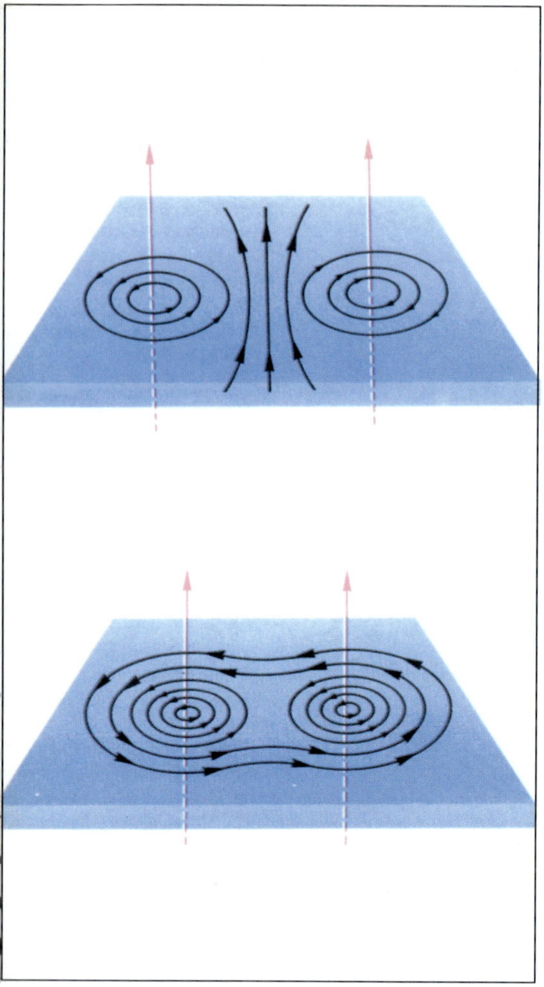

5

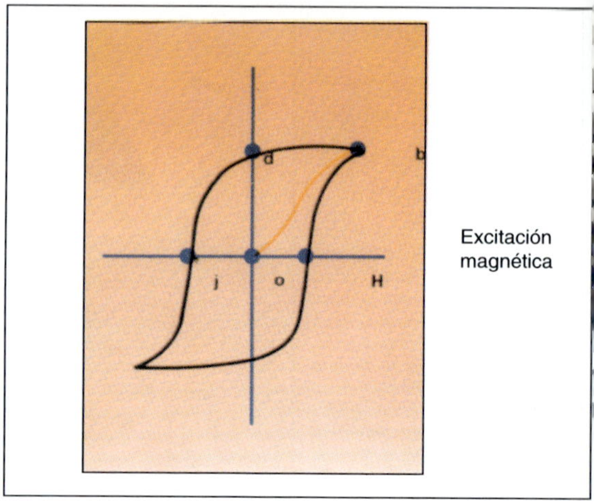

6

corriente que circula por él genera un campo magnético intenso que, a su vez, induce un campo magnético en el material. Asimismo, existen materiales que una vez imantados conservan el magnetismo (por ejemplo, el acero), mientras que otros lo pierden cuando deja de aplicarse el campo magnético (hierro dulce).

Propiedades de los materiales ferromagnéticos

Cuando se sitúa una sustancia ferromagnética no imantada en el seno de un campo magnético que se invierte constantemente, la sustancia recorre muchos ciclos magnéticos en un segundo.
En esta situación el campo magnético inducido en ella queda rezagado respecto del campo magnético inductor, fenómeno que recibe el nombre de **histéresis**. La representación gráfica de este fenómeno recibe el nombre de **ciclo de histéresis** y permite establecer algunas propiedades de los materiales ferromagnéticos.
Cuando el material está magnéticamente saturado, la fuerza del campo magnético en el punto en que el ciclo de histéresis corta al campo magnético inducido recibe el nombre de **remanencia**, que expresa la intensidad del magnetismo residual.
Asimismo, la **coercitividad** o **fuerza coercitiva** representa la intensidad del campo magnetizador necesario para eliminar completamente el campo remanente, por lo que brinda una idea de la capacidad del material para conservar el magnetismo adquirido.
Los materiales magnéticos duros presentan una coercitividad más elevada, por lo que son más adecuados para la construcción de imanes permanentes, mientras que los suaves se usan en dispositivos tales como los electroimanes.
El **electroimán** se compone de un núcleo de hierro dulce envuelto por un solenoide. Cuando la corriente circula por el solenoide aparece un campo magnético muy intenso en el núcleo que desaparece cuando se corta el paso de la corriente. Asimismo, los materiales magnéticos suaves se emplean también como núcleos de transformadores, ya que en ellos el campo magnético debe invertirse muchas veces por segundo.

El magnetismo terrestre

La Tierra tiene un campo magnético que hace, por ejemplo, que una barra imantada que gire libremente se oriente en el sentido de sus líneas de campo. Su forma es semejante a la de un imán recto que tuviese su polo sur en el hemisferio norte geográfico y el polo norte en el hemisferio sur, estando asimismo el eje del imán ligeramente inclinado respecto del eje de rotación del planeta, que pasa por ambos polos geográficos.
El ángulo entre el polo norte verdadero o geográfico y el polo norte magnético se llama **declinación magnética**, y su valor varía para los diversos puntos de la Tierra. Los polos magnéticos del planeta estuvieron invertidos completamente en el pasado. Por el momento desconocemos la razón por la cual se produce el movimiento de los polos magnéticos. Además, el campo magnético terrestre no es paralelo a la superficie del planeta, salvo en el llamado

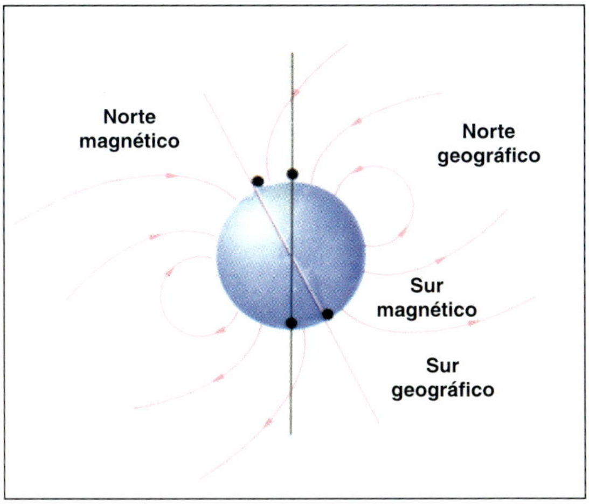

7

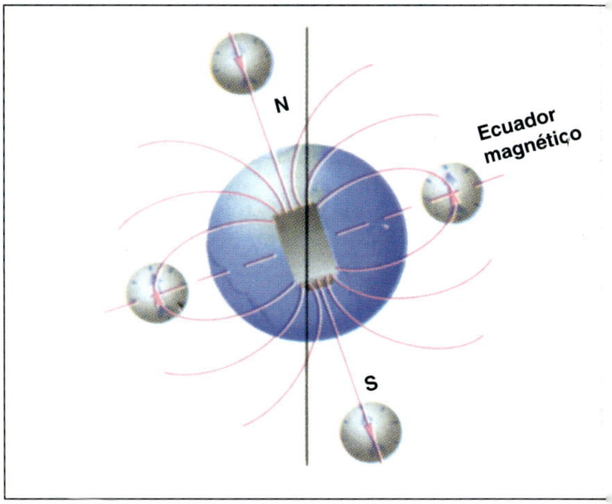

8

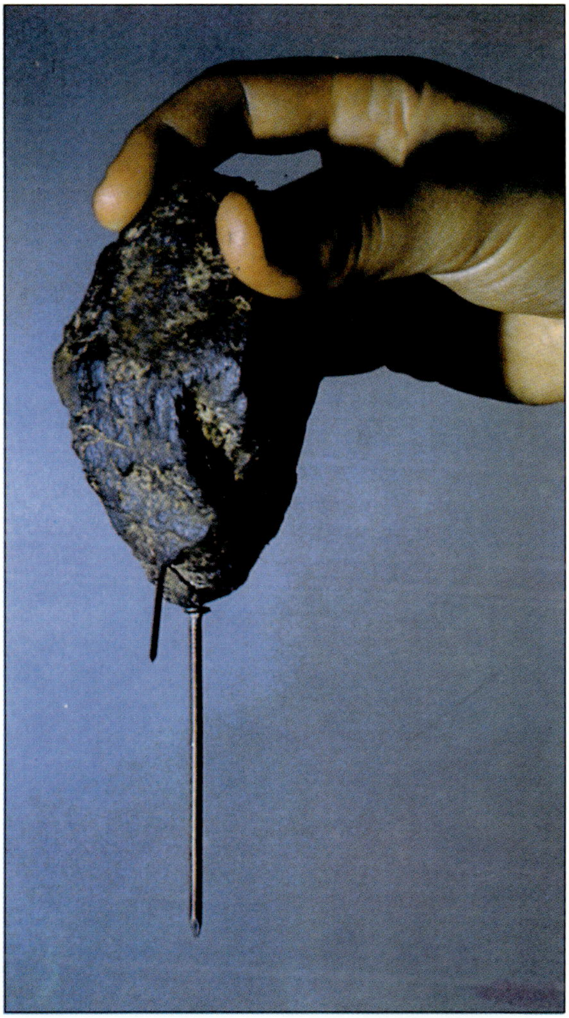

9

ecuador magnético. La diferencia angular existente entre el campo magnético y la horizontal en el lugar de observación recibe el nombre de **inclinación.**

El origen del magnetismo terrestre no está del todo claro. El núcleo de la Tierra, a pesar de contener gran cantidad de hierro, está fundido, motivo por el cual no puede estar imantado. El estudio del campo magnético de los planetas y del Sol ha permitido establecer sus composiciones.

5. *Cuando la corriente discurre por dos alambres paralelos, la forma que presentan las líneas de campo, por ejemplo en un plano perpendicular a ambos, depende del sentido de circulación de la corriente por los conductores, como puede verse en el esquema de la figura.*

6. *El ciclo de histéresis nos ofrece una idea de las características magnéticas de un determinado material en función de su historia magnética. La gráfica que reproducimos recoge de* o *a* b *la magnetización inicial y de* b *a* d *su conversión en un imán, donde* od *indica la remanencia y* oj *la fuerza coercitiva.*

7. *El ángulo de declinación magnética de la Tierra está definido por las direcciones de sus ejes norte y sur magnéticos y geográficos. La distancia que separa a ambos polos norte es de 1.650 km mientras que para los polos sur es de 2.750 km.*

8. *Como muestra el diagrama, el ángulo de inclinación definido entre la horizontal y el campo magnético de la Tierra varían con la posición sobre su superficie, siendo un ángulo recto en los polos y adoptando el valor 0 en el llamado ecuador magnético del planeta.*

9. *El magnetismo no es un fenómeno habitual; pocas veces se dan casos de magnetismo activo como el de esta magnetita de Utha (E.E.U.U.).*

Espectro electromagnético

Las diversas formas que presenta la energía radiante o radiación electromagnética se reúnen en el llamado **espectro electromagnético**, dividido a su vez en diferentes bandas caracterizadas por sus frecuencias o longitudes de onda. La energía radiante está constituida por movimientos ondulatorios (campos eléctricos y magnéticos variables), si bien también puede considerársela como haces de partículas o cuantos de energía luminosa llamados **fotones**. Asimismo, la radiación electromagnética puede propagarse sin necesidad de un soporte material, es decir, viajar por el vacío, si bien también puede penetrar en medios que son transparentes a ella, como es el caso de la luz visible, que atraviesa el aire, el agua, el vidrio, etc. La velocidad de propagación de las perturbaciones electromagnéticas en el vacío es una constante universal que recibe el nombre de **velocidad de la luz** (c). La propagación de las ondas electromagnéticas en los medios naturales es más lenta y depende de la propia longitud de onda de la radiación, así como de la densidad del medio. Los valores de la velocidad de propagación de la luz en el vacío y en el aire son casi idénticos, y se consideran igual a $3 \infty 10^8$ m/s. La energía radiante se puede detectar únicamente cuando provoca algún efecto observable, ya sea físico o químico, como por ejemplo los rayos X o la luz visible, que impresionan las placas fotográficas. Las ondas electromagnéticas aparecen siempre que los electrones oscilan, experimentan una desaceleración (frenado) o pasan de un nivel energético a otro en un átomo. La radiación electromagnética está formada por un movimiento ondulatorio en un campo eléctrico y otro magnético, perpendiculares entre sí y que oscilan con la misma frecuencia. Dichas ondas son transversales, dado que los campos mencionados oscilan perpendicularmente a la dirección de propagación. Sin embargo, la radiación electromagnética presenta dualidad corpúsculo-onda, por lo que muestra también propiedades asociadas a las partículas. Las ondas electromagnéticas parten en todas direcciones desde su fuente, que en caso de ser puntual da lugar a frentes de ondas esféricos. El aumento de la distancia respecto de la fuente hace que la intensidad de la radiación disminuya con el aumento del área de la superficie del frente de onda esférico, siendo así que dicha intensidad es inversamente proporcional al cuadrado de la distancia que la separa de la fuente. Otra de las características de la radiación electromagnética considerada como onda es su fase. Las fuentes de energía radiante emiten sus ondas al azar, por lo que las vibraciones están desfasadas, es decir, para una onda no coinciden los máximos y mínimos de los campos magnéticos y eléctricos con los de las demás. Asimismo, al no estar en el mismo plano, las ondas no están polarizadas. Entre las propiedades fundamentales de las ondas electromagnéticas se encuentra su velocidad de propagación, como ya hemos mencionado. Por otro lado, la propagación a través de un medio puede ir acompañada de dispersión o de refracción, o de ambos efectos a la vez. Asimismo, la radiación electromagnética puede ser reflejada o bien absorbida por un determinado medio, dependiendo del tipo de energía radiante o del material en cuestión. Cuando la radiación electromagnética es absorbida, interactúa con las moléculas o átomos que forman la sustancia aumentando su energía, que puede llegar a convertirse en calor. La radiación electromagnética sufre fenómenos de difracción e interferencia. Finalmente, es posible polarizar las ondas electromagnéticas a fin y efecto de que todos los campos eléctricos vibren en un mismo plano y, como consecuencia, lo hagan también los magnéticos.

1

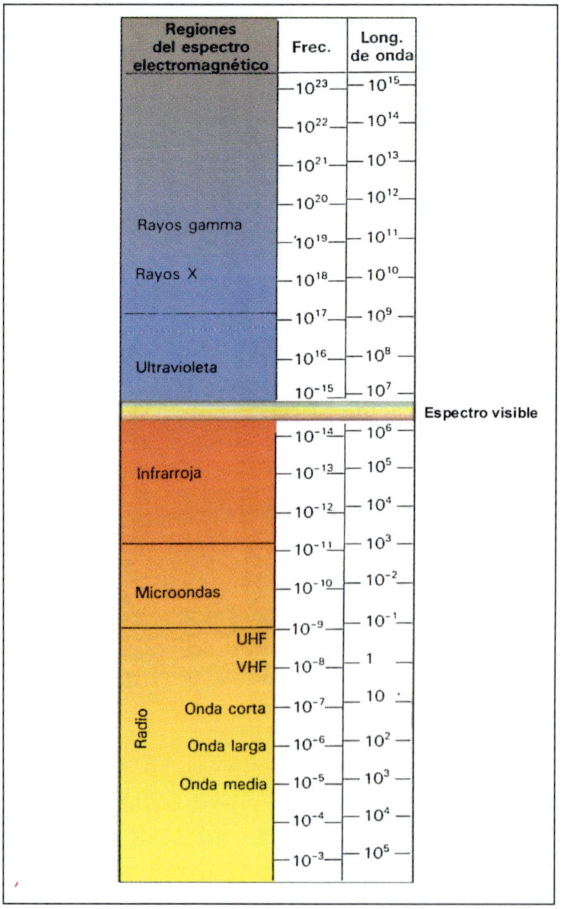

La luz visible

La luz blanca está compuesta en realidad por una serie de colores, cada uno de los cuales se caracteriza por una longitud de onda determinada. Estos colores son: el rojo, el naranja, el amarillo, el verde, el azul, el añil y el violeta. De ellos, el rojo es el que tiene la longitud de onda mayor y el violeta la menor. Sin embargo, todos estos colores no están nítidamente divididos entre sí, sino que forman un espectro continuo. Uno de los efectos que presenta la luz blanca es el de la dispersión de los colores que la componen cuando incide con un ángulo determinado desde un medio en otro cuya densidad es diferente a la del primero. Como consecuencia de la diferencia de longitudes de onda, la luz de los diversos colores se propaga con velocidades distintas y ángulos de difracción diferentes, lo que da lugar a la separación de la luz blanca en el espectro continuo antes mencionado. Este efecto puede observarse en el arco iris, en el que la luz solar es refractada y dispersada por las gotas de lluvia. Por otro lado, el color azul del cielo se debe a la dispersión de la luz solar, que se difracta en las moléculas de la atmósfera.

Espectros de luz

Para dispersar la luz blanca se emplea fundamentalmente un prisma triangular de vidrio, experiencia que I. Newton fue el primero en realizar. Asimismo, es posible recoger el espectro mediante una lente y hacerlo pasar por un segundo prisma, obteniéndose de nuevo la luz blanca inicial. En los espectrómetros se utilizan prismas dispuestos de este modo, haciendo que la luz pase primero por un colimador y una lente convexa, que da lugar a un rayo que se hace incidir con un determinado ángulo sobre un prisma que lo difracta y dispersa, dando lugar a los colores espectrales que lo constituyen. Los rayos de colores diferentes que salen del prisma son recogidos por una lente convexa que los conduce a un foco en el que pueden observarse, registrarse mediante película fotográfica o incidir sobre detectores. Los dos tipos de espectros que pueden obtenerse son el **espectro de emisión** y el de **absorción.** El primero se obtiene gracias a la excitación de los electrones de los átomos de una determinada sustancia, que al recibir energía pasan a órbitas superiores y al regresar al estado fundamental emiten dicha energía en forma de luz con una longitud de onda determinada. De este modo cada elemento químico muestra un espectro característico, que resulta de extrema utilidad en su análisis químico. Por otro lado, los espectros de absorción se obtienen gracias al hecho de que el vapor de una sustancia absorbe, a una temperatura inferior a la incandescencia, las mismas longitudes de onda que emite. El espectro que se obtiene recibe el nombre de espectro de absorción, ya que en él las regiones correspondientes a las longitudes de onda absorbidas aparecen oscuras. Dichos espectros se emplean también para determinar la composición del vapor en cuestión, recibiendo las líneas oscuras antes mencionadas el nombre de **rayas de Fraunhofer.**

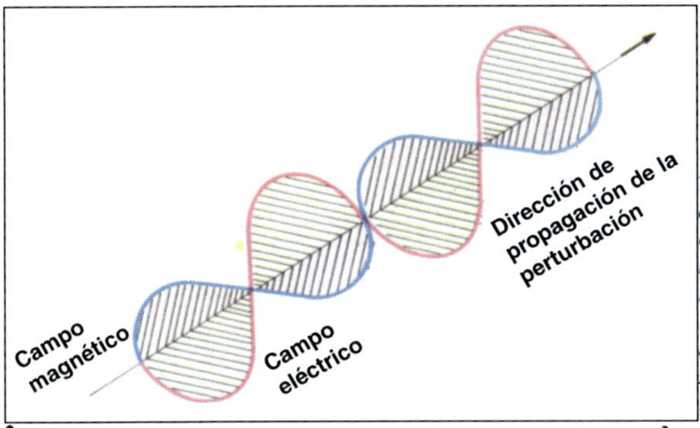

2

3

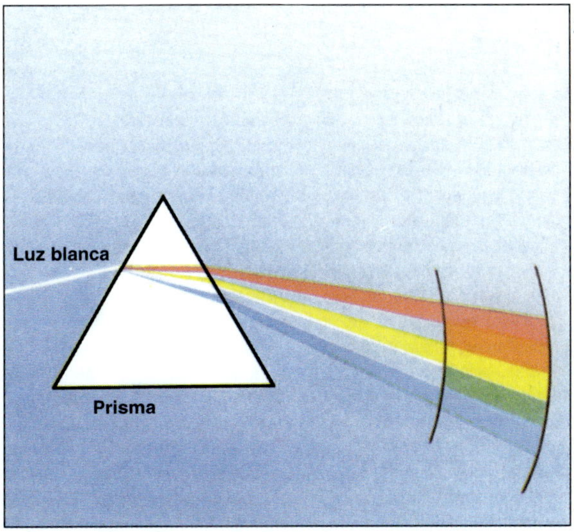

1. *Este esquema recoge las diversas regiones del llamado espectro electromagnético indicando sus frecuencias (en hercios) y longitudes de onda (en metros) correspondientes, así como algunos aparatos o sistemas que basan su funcionamiento en cada uno de los tipos indicados.*

2. *Las ondas electromagnéticas constituyen una perturbación que puede describirse mediante un campo magnético y eléctrico perpendiculares entre sí. El ejemplo mostrado por la figura corresponde a una onda polarizada que contrasta con las ondas no polarizadas, para las cuales las direcciones de los campos magnético y eléctrico varían con el tiempo.*

3. *La luz blanca está formada por la conjunción de todas las que forman la región del espectro visible. La dispersión de dicha luz blanca mediante un prisma triangular nos permite apreciar cada una de sus componentes.*

La descomposición de la luz

A pesar de que la descomoposición de la luz blanca da lugar a siete colores y que el paso de éstos nuevamente por un prisma permite recuperar dicha luz, para obtenerla sólo es necesario combinar tres colores espectrales: el rojo, el verde y el azul. Dichos colores se denominan por este motivo **colores primarios** de la luz. Asimismo, la combinación de pares de dichos colores primarios da lugar a la aparición de otros colores (**secundarios**). El verde y el rojo permiten obtener el amarillo, el azul y el verde dan el cyan, mientras que el rojo y el azul dan el magenta. Esta combinación de colores primarios es la que se emplea por ejemplo, para la obtención de la imagen en el tubo de televisión en color mediante tres cañones, uno para cada color. Por otro lado, la mezcla de los pigmentos de colores da lugar a resultados diferentes, ya que nosotros percibimos los colores de los pigmentos a modo de luz reflejada y no de luz que proceda directamente de una fuente luminosa. Es decir, el color que percibimos es el único que no ha sido absorbido por la superficie que refleja la luz. En este caso, los colores primarios, si bien existen, son distintos: el magenta, el cyan, y el amarillo (que a su vez son los colores secundarios de la luz). De igual modo, en este caso pueden obtenerse los colores secundarios mediante la mezcla de parejas de primarios; a saber: el amarillo y el magenta para obtener el rojo, el magenta y el cyan para obtener el azul, y el cyan y el amarillo para obtener el verde.

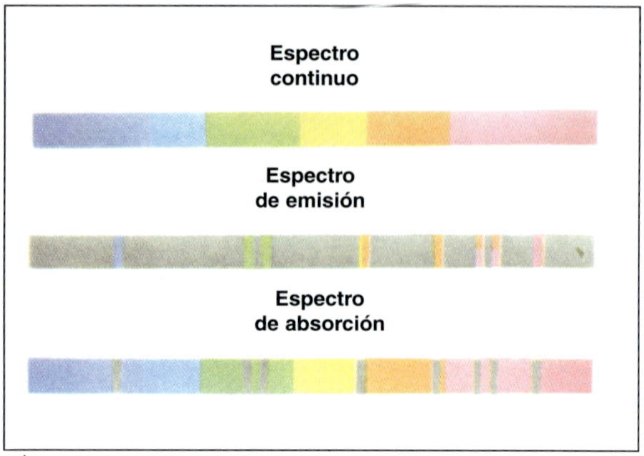

4

5

Al igual que en el caso de la luz la mezcla de los tres colores primarios nos permitía obtener luz blanca, en el caso de los pigmentos su mezcla da lugar a la sustracción total de los colores de la luz, por lo que su resultado es el negro.

Fuentes de luz

Si bien la mayoría de las fuentes de luz son **incandescentes,** existen efectos que permiten producir luz cuya fuente no es caliente, como por ejemplo la **luminiscencia**. Al igual que la incandescencia, la luminiscencia se debe también a que los electrones de los átomos se excitan, pasando a niveles superiores, y a su regreso a los estados fundamentales emiten la energía sobrante en forma de ondas electromagnéticas del rango visible. La luminiscencia puede ser de dos tipos, según se extinga al suprimirse el agente exterior que la causa (**fluorescencia**) o cuando permanece aún después de eliminado dicho agente (**fosforescencia**). Un ejemplo del primer caso lo constituyen ciertos minerales, algunos compuestos químicos de origen orgánico y diversas bacterias que emiten luz visible cuando incide sobre ellas radiación ultravioleta. Asimismo, existen diversas sustancias, llamadas **blancóforos,** que permiten conferir a los tejidos blancos una apariencia más brillante, por lo que se emplean como aditivos en los detergentes. La fosforescencia, por el contrario, persiste aun cuando se halla eliminado el agente que la ha causado inicialmente. Entre los ejemplos orgánicos se encuentran ciertos hongos, mientras que entre los inorgánicos cabe mencionar algunos tipos de pinturas luminosas que almacenan la luz y la reemiten en forma de luminiscencia verdosa. La intensidad de este efecto va decreciendo conforme se agota la reserva de luz. Finalmente, un ejemplo cotidiano de fosforescencia lo constituyen los diversos puntos que permiten obtener la imagen en la pantalla de los tubos de televisión. En este caso la energía que produce la fosforescencia proviene de los electrones que se disparan desde el cañón del tubo contra la pantalla, barriéndola por completo y dando lugar a que el revestimiento interno del tubo (compuesto por sustancias llamadas **luminóforas**) genere fosforescencia.

La luz que generan las fuentes incandescentes se dice que es una luz de tipo incoherente. Ésto se debe al hecho de que, por ejemplo, si consideramos la lámpara fluorescente, los átomos del vapor de mercurio contenido en ella, al ser bombardeados por los electrones que los recorren dan lugar a la emisión de radiación correspondiente a la banda ultravioleta del espectro. Ésta, a su vez, incide sobre el revestimiento luminóforo que recubre la superficie interior del tubo generando luz visible. Sin embargo, dado que el choque entre los átomos de mercurio y los electrones no es simultáneo, se produce una diferencia entre los momentos en que cada uno de ellos está excitado o ha regresado al estado fundamental (emitiendo luz visible), lo que hace que la luz generada lo sea mediante una serie de pulsos de breve duración. Incluso en el caso de que las luces generadas por dos lámparas de este tipo teñgan longitudes de onda casi idénticas, no se producen fenómenos de interferencia (es decir, de amplificación o extinción de las ondas), ya que ambas no están en fase.

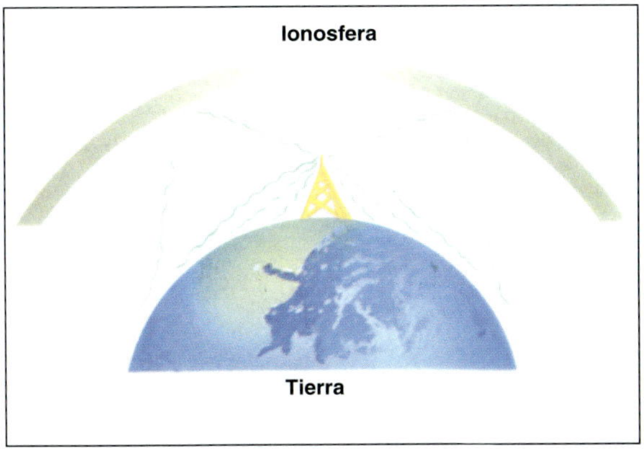

6

7

El rayo láser

El caso es diferente cuando la fuente luminosa produce ondas de igual longitud de onda y que se encuentran en fase, radiación luminosa que recibe el nombre de **luz coherente**. El proceso que permite obtener luz de este tipó, que sí da lugar a fenómenos de interferencia, recibe el nombre de **láser** (correspondiente a las siglas de amplificación de luz por emisión estimulada). Para lograr esta emisión se hace que los fotones del rayo láser tengan una misma frecuencia y están en fase logrando que los emitan átomos excitados hasta un mismo nivel y de forma simultánea. El láser de rubí, por ejemplo, se compone de un tubo cilíndrico de rubí (dotado de espejos en sus extremos) rodeado por un tubo de destellos que bombardea los electrones y los excita. Éstos pierden energía y pasan a un estado inferior (cuya energía es superior a la del fundamental) en el que al colisionar con un fotón regresa al estado fundamental, emitiendo un fotón de idéntica frecuencia. Así se logra una cascada de emisiones estimuladas que se amplifica gracias a los espejos situados en sus extremos, uno de los cuales es semitransparente y permite la salida de las pulsaciones constituídas por fotones que están en fase y se desplazan juntos. Existen asimismo láseres en los que en lugar de un elemento sólido se emplea gas, y que ofrecen la ventaja de producir rayos continuos que no sufren problemas de dispersión.

Aplicaciones del láser

Las aplicaciones del láser en la actualidad son enormemente variadas. En medicina se emplea como bisturí, presentando la ventaja de ser extremadamente fino y aséptico, además de permitir la cauterización instantánea de las heridas que produce, con lo que se evita la invasión del campo operatorio por la sangre. En la técnica sirve, entre otras cosas, para realizar cortes completamente límpios y precisos en los

4. *El espectro contínuo que se obtiene por dispersión directa de la luz blanca mediante un prisma triangular contrasta con el espectro de emisión que produce un elemento calentado directamente a la llama de un mechero Bunsen y con el que se obtiene cuando se proyecta la luz blanca a través de un elemento gaseoso. Los dos últimos reciben los nombres de espectro de emisión y espectro de absorción.*

5. *La mezcla de los colores primarios da resultados distintos dependiendo de que ésta se lleve a cabo con pigmentos o con luz. En el primer caso la mezcla de los tres pigmentos da como resultado el color negro, mientras que en el segundo la conjunción de las tres luces da luz blanca.*

6. *A pesar de que las ondas emitidas por las grandes antenas de radiodifusión se propagan en línea recta, llegan a todos los puntos del globo ya que se reflejan en la ionósfera y regresan a la superficie del planeta, donde vuelven a reflejarse.*

7. *El registro de ciertas sustancias iluminadas con luz ultravioleta nos revela la presencia en su seno de pigmentos que absorben este tipo de radiación, lo que constituye una prueba directa de su presencia.*

más diversos materiales, para imprimir los circuitos en las obleas a partir de las cuales se obtienen los chips, para la guía de instrumentos de precisión, etc. Una de sus aplicaciones más espectaculares la constituye la **holografía** o fotografía tridimensional. Para ello se obtiene sobre una placa fotográfica una imagen de interferencia que, una vez revelada, constituye el llamado holograma. Para ver la imagen tridimensional, vuelve a iluminarse con láser, actuando en holograma como una red de difracción, reconstruyendo la serie de rayos reflejados por el objeto original y creando la sensación de tridimensionalidad.

8

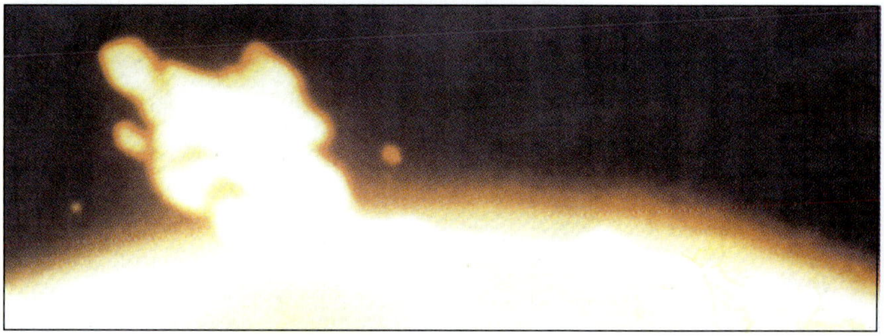

9

Las ondas radio

Las ondas radio constituyen la región del espectro electromagnético cuya frecuencia es aproximadamente inferior a 10^9 hercios o cuya longitud de onda supera los 10^{-1} metros. Las ondas radio, como las demás radiaciones electromagnéticas, están constituidas por campos magnéticos y eléctricos en mutua vibración. En la naturaleza existen fuentes de ondas radio localizadas en ciertos tipos de estrellas que se detectan mediante el empleo de radiotelescopios, y cuya observación y estudio constituye una de las ramas más jóvenes de la astronomía, la **radioastronomía**. Las ondas radio generadas artificialmente se obtienen haciendo oscilar electrones en las antenas de radio, que esquemáticamente están constituidas por un conductor conectado a una fuente de alimentación de tal forma que uno de sus extremos muestra carga positiva y el otro carga negativa, lo que da lugar a la aparición de un campo eléctrico. Si la corriente es alterna las cargas varían con rapidez y dan lugar a una modificación, igualmente rápida, del campo eléctrico, que a su vez genera un campo magnético. Las ondas radio generadas en este modo tienen una frecuencia que depende de las características de la corriente alterna empleada y se propagan en el espacio a la velocidad de la luz. Sin embargo, las ondas radio empleadas en las telecomunicaciones deben, además, estar moduladas para poder reflejar la codificación de la información que se transmite mediante ellas. Este es el motivo por el cual se emplea una onda, llamada portadora, a la que se superponen las variaciones de amplitud o frecuencia que contienen la información a transmitir. El conjunto de la onda portadora y las señales se amplifica para la transmisión. Una vez que dicha onda es recogida por un dispositivo receptor adecuado (antena, etc.), genera una corriente eléctrica en él. La señal que se desea recibir se elige mediante el sintonizador y se amplifica acto seguido para aumentar de este modo su potencia. Una vez amplificada, un descodificador la descodifica y la hace pasar, tras una nueva amplificación, al dispositivo reproductor (altavoz, etc.).

Las microondas

La región del espectro electromagnético contigua a la de las ondas radio abarca las frecuencias comprendidas entre $3 \cdot 10^{11}$ y 10^9 hercios (o lo que es equivalente, longitudes de onda que van desde 1 milímetro hasta 30 centímetros). Su producción es más complicada que la de las ondas radio y requiere del empleo de dispositivos electrónicos especiales. Las microondas ofrecen la ventaja de que es posible concentrarlas formando potentes rayos de gran direccionalidad que, por ejemplo, atraviesan con facilidad la atmósfera terrestre (mientras que las ondas radio rebotan en la ionósfera), motivo por el cual se emplean para las

telecomunicaciones vía satélite. El proceso es el siguiente: el haz de microondas se envía hacia el satélite que lo recoge, y una vez convenientemente amplificado lo reenvía de regreso a la Tierra. Gracias a ciertas técnicas especiales (como, por ej., la **multiplexión**) es posible lograr que las microondas transmitan en forma simultánea múltiples codificaciones diferentes, lo que facilita enormemente las telecomunicaciones. Existen asimismo redes de enlace por microondas, si bien éstas presentan el inconveniente de que, dado que dichas ondas se desplazan en línea recta y atraviesan la atmósfera (no rebotan en ninguna de sus capas como hacen las ondas radio), es necesario instalar torres repetidoras a distancias de unos 45 kilómetros para poder garantizar la continuidad de la transmisión.
Las microondas se aplican también a las tareas domésticas gracias al hecho de que las moléculas orgánicas sometidas a la acción de las microondas vibran con gran energía. Esto hace que la fricción producida por dicha vibración genere calor con gran rapidez en los cuerpos no transparentes a las microondas, efecto que se emplea, por ejemplo, para cocinar los alimentos.
Entre las aplicaciones más importantes de las microondas se encuentran el radar. El radar es un dispositivo que emite haces de microondas y recibe el eco que éstas producen al reflejarse en un objeto, lo que permite calcular la posición de éste gracias al tiempo que tarda la señal en recorrer el camino de ida y vuelta. Las aplicaciones de dichos dispositivos son innumerables, tanto en el campo civil (control aéreo, localización de fenómenos atmosféricos, etc.) como en el militar.

10

La radiación infrarroja

Entre la región ocupada por las microondas y el extremo rojo del espectro visible se encuentra situada la banda correspondiente a la radiación infrarroja. Abarca las frecuencias comprendidas entre los $4 \cdot 10^{14}$ y los $3 \cdot 10^{11}$ hercios (o sea, las longitudes de onda comprendidas entre los $7{,}5 \cdot 10^{-7}$ y 10^{-3} metros). La generación de la radiación infrarroja es consecuencia de las variaciones de los estados energéticos de los electrones de las capas exteriores de los átomos, así como de la modificación de la energía de las moléculas. Dado que tanto los átomos como las moléculas se encuentran constantemente (en mayor o menor medida) en vibración, todos los cuerpos emiten radiación infrarroja y sólo un cuerpo que alcanzace el cero absoluto (–273,15 °C) no presentaría este tipo de efecto. La temperatura de un cuerpo determina la intensidad y la frecuencia de la radiación infrarroja que éste emita, siendo éstas tanto mayores cuanto mayor es aquélla. Aquellos objetos que alcanzan la incandescencia emiten, además de radiación infrarroja, luz visible. Una de las características de la radiación de este tipo es que es absorbida con facilidad, dependiendo de la sustancia y la frecuencia de radiación. Asimismo, existen sustancias que son transparentes a la radiación infrarroja, como sucede por ejemplo en el caso de la radiación de este tipo emitida por el Sol, que atraviesa tanto la atmósfera terrestre como el vidrio, propiedad que da lugar al llamado efecto invernadero. Dicho efecto se basa en el hecho de que, una vez que la radiación infrarroja solar ha atravesado el vidrio (o la atmósfera), es absorbida por el suelo de la vegetación, que la reemiten pero con una frecuencia menor que ya no le permite recorrer el camino de regreso, por lo que queda atrapada en el invernadero, calentándolo. El efecto es análogo en el caso de la atmósfera terrestre y la superficie de ésta. Por otro lado, los rayos infrarrojos pueden detectarse termométricamente, ya que son calor radiante. Dichos rayos impresionan también diversas emulsiones fotográficas especiales que permiten el registro de imágenes en la oscuridad, mientras que los detectores del rango de la radiación infrarroja permiten la construcción de visores especiales para visión nocturna. Entre las aplicaciones biomédicas de la radiación infrarroja se

8. *Los satélites de telecomunicaciones no pueden hacer uso de las ondas de la radiodifusión convencional ya que la atmósfera las refleja. Por este motivo las comunicaciones establecidas por su mediación lo son mediante enlaces de microondas, a los que la atmósfera es transparente.*

9. *Las fuertes emisiones radio del Sol dan lugar a perturbaciones de las comunicaciones por radio entre puntos distintos de la Tierra, motivo por el cual es necesario conocer la actividad solar en un determinado instante si se desea realizar una transmisión intercontinental.*

10. *No todos los animales ven en las mismas longitudes de onda del espectro electromagnético que nosotros. La abeja constituye un ejemplo de ello ya que su visión se basa en la radiación ultravioleta.*

encuentran la diatermia o tratamiento térmico y la termografía. Ésta última permite obtener una imagen (en colores falsos) que revela los niveles térmicos de un cuerpo y permite la localización de aquellas zonas que presentan unas condiciones térmicas anormales.

La radiación ultravioleta

Los rayos ultravioleta se encuentran entre el extremo violeta (de mayor frecuencia y menor longitud de onda) del espectro visible y la región que ocupan los rayos X. Incluye las frecuencias comprendidas entre $7{,}5 \cdot 10^{14}$ y $3 \cdot 10^{17}$ hercios (o sea, las longitudes de ondas situadas entre $4 \cdot 10^{-7}$ y 10^{-8} metros). La radiación ultravioleta se genera a partir de los cambios energéticos que experimentan los electrones de los orbitales de las sustancias con temperaturas extremadamente altas. Las estrellas son emisores naturales de dicho tipo de radiación, por lo que el principal emisor para nosotros es el Sol. La gama de radiaciones ultravioleta que emite el Sol es muy amplia, y si bien la atmósfera terrestre impide el paso de las muy energéticas (que ionizan las capas externas de la atmósfera y dan lugar a la producción de la llamada capa de ozono), permite en cambio el paso de las poco energéticas que, además de participar en la fotosíntesis de la capa de vegetación terrestre, posibilitan, por ejemplo, que los seres humanos obtengamos vitamina D mediante la transformación de la provitamina D que sintetiza el cuerpo. Así, la radiación ultravioleta suave se emplea para el tratamiento de los problemas relacionados con la falta de vitamina D. La detección de la radiación ultravioleta puede realizarse mediante materiales fotográficos sensibles, pantallas fluorescentes o algunos tipos especiales de células fotoeléctricas.

Por otro lado, la radiación ultravioleta dura, destruye las células vivas, lo que se aprovecha, por ejemplo, para la esterilización industrial de alimentos. Además, la fluorescencia a la que dan lugar los rayos ultravioleta tienen diversas aplicaciones, tales como la de aumentar el brillo de los tejidos blancos mediante la adición a los detergentes de unas sustancias, llamadas blancóforos, que muestran fluorescencia frente a la radiación ultravioleta.

Por último, los rayos ultravioleta se emplean también en la microscopía, permitiendo la obtención de imágenes con una resolución mayor que los microscopios ópticos convencionales y siendo su estructura muy parecida a la de éstos, salvo que las lentes empleadas son de cuarzo o fluorita, que son más transparentes que las lentes de vidrio al paso de la radiación infrarroja.

Rayos X

El extremo correspondiente a las radiaciones de frecuencias más altas (o sea, de longitudes de onda menores) es el que corresponde a los rayos X y a los rayos gamma. Los rayos X abarcan aproximadamente el rango situado más allá de las frecuencias de $3 \cdot 10^{17}$ hercios (es decir, longitudes de onda aproximadamente inferiores a los 10^{-9} metros). Las fuentes naturales de rayos X están en las estrellas y las galaxias, si bien su observación desde la Tierra para este rango del espectro es imposible debido a que la atmósfera terrestre absorbe por completo los rayos X. Por este motivo dicha observación se realiza desde satélites situados en órbita alrededor de la Tierra, y ha permitido localizar potentes fuentes de rayos X, constituyendo su estudio la llamada **astronomía de rayos X.**

La generación artificial de rayos X se lleva a cabo mediante tubos termoiónicos de vacío que se alimentan con tensiones de varios millones de voltios. El proceso de generación es el siguiente: al calentar el cátodo, los electrones escapan de éste, chocan con el ánodo, que los frena y emite rayos X mediante un haz que sale perpendicularmente al de los electrones que inciden. Este proceso hace que el ánodo se caliente en extremo, por lo que es necesario refrigerarlo convenientemente. Dado que la radiación X es altamente penetrante y que para su generación se precisan voltajes muy altos, los dispositivos que generan este tipo de radiación están revestidos por gruesas corazas de plomo, para impedir el paso de los rayos, ya que existe evidencia de que la exposición incontrolada a los rayos X produce cáncer. Así pues, es recomendable no exponerse más de lo imprescindible a dicha radiación.

El empleo de los rayos X en la

11

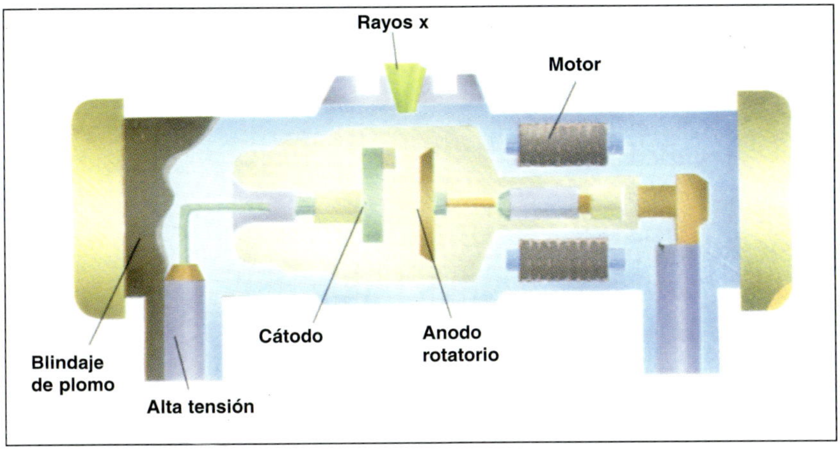

12

13

medicina está muy extendido y constituye ramas como la radiología y la radioterapia. La primera permite obtener imágenes de los elementos de la estructura ósea o (mediante el empleo de medios de contraste) de los órganos internos, mientras que la segunda se aplica especialmente a la destrucción de tumores cancerosos.
Las técnicas radiológicas encuentran asimismo aplicaciones en diversos procesos de análisis no destructivo de los materiales, como por ejemplo el control de la presencia de grietas o fisuras en piezas fundidas o en las soldaduras, que pueden realizarse mediante inspección directa (pantallas, etc.) o mediante el registro de los resultados sobre película radiográfica especial.
El poder de penetración de los rayos X depende del voltaje que se aplica al tubo que los genera, tanto mayor cuanto mayor es éste, así como de la sustancia que se pretende irradiar.
Los rayos X experimentan un fenómeno de absorción, que depende del número de átomos de la sustancia irradiada, causado por un proceso de dispersión elástica de los rayos por parte de los electrones de los átomos (**efecto Compton**), la emisión de electrones al chocar con los átomos (**efecto fotoeléctrico**) y la generación de pares electrón-positrón.
Por ello la absorción es mayor en el caso del plomo que en aquellos elementos que tienen un número atómico menor que el de éste.
Esta propiedad se aprovecha en radiografía para emplear ciertas sustancias (por ej., el bario) como medio de contraste que permita observar los órganos internos, cuya poca consistencia los hace transparentes a los rayos X.

Rayos gamma

Por su parte, los rayos gamma se generan, por ejemplo, durante la desintegración radiactiva de los isótopos inestables de elementos como el radio o el uranio. Sus frecuencias son superiores a los $3 \cdot 10^{18}$ hercios, mientras que sus longitudes de onda son extremadamente cortas del orden de menos de 10^{-10} metros.
Su separación respecto de los rayos X nos es clara, existiendo una zona de superposición entre los rayos gamma blandos y los rayos X duros. La característica que diferencia ambos tipos de radiación es su origen, ya que los rayos gamma son producto de la excitación del núcleo atómico. En cuanto a sus propiedades, son muy similares en ambos casos, si bien el poder de penetración de los rayos gamma es mayor que el de los rayos X. Los rayos gamma se emplean también para la realización de inspecciones no destructivas de los materiales.
Asimismo, dicha radiación se genera con frecuencia durante las colisiones de partículas a altas energías y juega un papel importante en el estudio de la estructura de la materia.

11. *La radiación infrarroja emitida por el Sol penetra con relativa facilidad a través de la atmósfera y los vidrios que revisten los invernaderos; el suelo y las plantas la absorben y reducen su frecuencia por lo que queda atrapada (es lo que se conoce como efecto invernadero).*

12. *Los rayos X se generan mediante el llamado tubo de rayos X cuyo esquema muestra la imagen. Los haces de partículas (electrones) procedentes del cátodo caliente chocan con el ánodo de cobre, desprendiéndose los rayos X.*

13. *Los rayos X permiten obtener imágenes del interior de un cuerpo sin necesidad de abrirlo. Este proceso, la radiografía, resulta extremadamente útil en campos tan dispares como la medicina, el arte o las técnicas de revisión no destructivas.*

Electrónica

La electrónica es una rama de la ciencia y la técnica que se ocupa del estudio de los procedimientos y aplicaciones referidos al movimiento de las partículas cargadas, ya sea en el vacío, en el seno de los gases, o en el interior de los sólidos. El término de electrónica se refiere también al diseño y fabricación de componentes electrónicos, así como al desarrollo de los circuitos necesarios para el funcionamiento de aparatos e instalaciones. Desde el punto de vista de las aplicaciones prácticas, la electrónica está dividida en dos ramas principales: la de **potencia** y la de **información**. En la electrónica de potencia se emplean elementos semiconductores para altas tensiones y corrientes tales como las que pasan por los rectificadores. La electrónica de potencia tiene como función el transporte de energía, mientras que la electrónica de la información tiene como función la de ser portadora de información. Dicha electrónica puede ser de dos tipos: **analógica** o **digital**. En el primer caso las corrientes y tensiones pueden adoptar todos los valores posibles en un cierto rango, mientras que en la electrónica digital se trabaja sobre la base del empleo del sistema binario, es decir, sólo se consideran dos estados posibles, que pueden ser, por ejemplo, los de paso o no paso de corriente. Dicha electrónica es la que sirve de base para el funcionamiento de los circuitos lógicos, así como para los sistemas físicos referidos a las operaciones del proceso de datos.

1

2

3

Señales eléctricas e impulsos

Los aparatos que convierten la información de la fuente primaria (energía sonora, luminosa, etc.) en corrientes eléctricas, generan las llamadas **señales eléctricas**, tal y como sucede en el caso de un micrófono, que es capaz de traducir el sonido en una corriente eléctrica (señal analógica) que, a su vez, puede transmitirse. Por el contrario, hay otros dispositivos que permiten convertir la información primaria en **impulsos** (señal digital), como por ejemplo la unidad de introducción de datos en un ordenador. En el primer caso la señal varía de forma continua su voltaje, reflejando con ello las variaciones de la fuente primaria y generando un registro que es una copia del original. Las señales digitales, sin embargo, no son contínuas, sino que se basan en un par de niveles diferentes de voltaje (uno de los cuales puede ser, por ejemplo, cero, circuito abierto). De este modo la grabación digital de la información (por ej., del sonido) se verifica midiendo la amplitud de la onda sonora una gran cantidad de veces por segundo, y traduciendo cada medida al código binario en el registro que durante la posterior reproducción invierte el proceso, transformando las informaciones recibidas en dicho código en una señal analógica que puede ser interpretada, pongamos por caso, por un altavoz. En el caso de los ordenadores antes mencionados, la señal se usa de una forma diferente, ya que el código binario (los dos niveles de voltaje) se emplea para

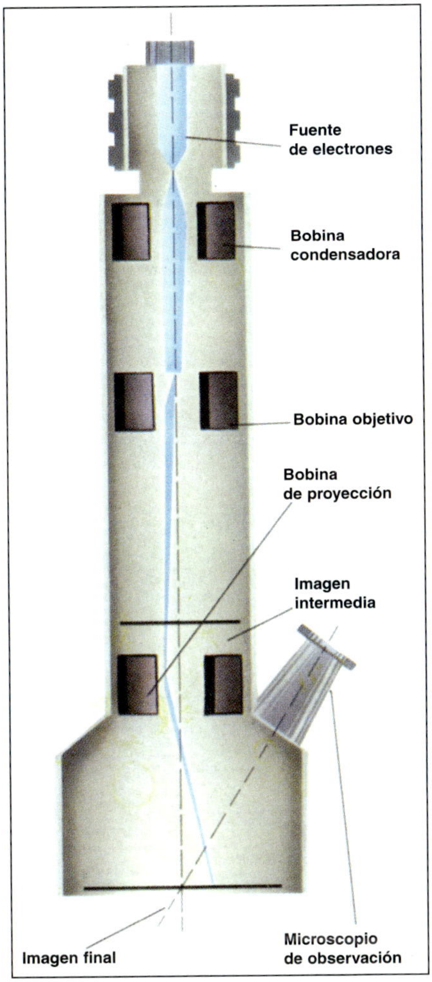

4

representar las letras, números y símbolos con los que se introducen los datos en la instalación y se imparten las órdenes a la máquina.

Procesamiento electrónico de las señales eléctricas

El procesamiento electrónico de las señales eléctricas se realiza en la actualidad en dos modos distintos: mediante el empleo de semiconductores (por ej., como transistores) o convirtiéndolas en haces de partículas cargadas, como sucede en el proceso mediante el cual se obtiene la imagen de televisión.

En los dispositivos del primer tipo se emplean los **semiconductores**, que son sustancias cuya resistencia eléctrica tiene valores que se encuentran entre los de los conductores y los aisladores (el silicio o el germanio) a causa de unos pocos electrones libres que pueden trasladarse de un átomo a otro.

Los semiconductores se dotan de impurezas que se insertan en su estructura cristalina para que varíen o mejoren sus propiedades. Así, aquellos en los que se insertan impurezas para que queden con un mayor número de electrones libres se denominan de **tipo n** (negativo), mientras que los que incluyen impurezas que hacen que no tengan electrones libres (agujeros) se dice que son de **tipo p**. La unión de un semiconductor del **tipo n** con uno del **tipo p** da lugar a un diodo **p-n**, que actúa como un rectificador al paso de la corriente, por lo que se emplean para obtener corriente continua a partir de la corriente eléctrica alterna de la red.

Los dispositivos de diodos semiconductores que actúan como amplificadores reciben el nombre de **transistores**, de los que existen dos tipos principales: los de unión y los de efecto de campo (FET). Los primeros actúan esencialmente como amplificadores de la corriente, mientras que los segundos están muy extendidos debido a que el nivel de perturbación y el ruido que producen es menor que el que generan los transistores de unión.

Por otro lado están los **haces de partículas cargadas**, generadas en el cátodo y proyectadas a gran velocidad hacia el ánodo, ambos en el vacío, y que se emplean, entre otras cosas, para la formación de la imagen en el tubo de televisión, en los osciloscopios y en general en los tubos de rayos catódicos. En los tubos de televisión, que en esencia son un tubo de rayos catódicos, dichos rayos son desviados por campos eléctricos y magnéticos, creados por las bobinas deflectoras, que desvían las partículas para que barran en fracción de segundo la totalidad de la pantalla. Cada uno de los barridos sucesivos genera una imagen algo diferente, permitiendo la formación de una serie rapidísima de imágenes que el ojo humano es capaz de retener y cuya sucesión crea la impresión de movimiento. En los tubos de televisión en color el proceso de formación de la imagen es el mismo, si bien éstos pueden tener uno o tres cañones que lanzan las partículas contra la pantalla.

Estas no son en modo alguno de dichos colores, sino que lo que hacen es producir luminiscencia únicamente en la pantalla del color correspondiente, de modo que se forman tres imagenes, una para cada color, que crean la impresión del color.

1. *El avance experimentado por la electrónica en los últimos años ha sido tan espectacular que ha permitido pasar del empleo de las válvulas a los semiconductores y reducir así el tamaño de las calculadoras hasta hacerlas verdaderamente asequibles y manejables.*

2. *Los circuitos integrados incluidos en los chips, de dimensiones reducidísimas, son capaces de llevar a cabo con rapidez y fiabilidad todos los cálculos que realiza una máquina de calcular.*

3. *Dispositivos como las cámaras de televisión emplean lentes y sistemas electrónicos altamente sofisticados para traducir las imágenes que recogen a señales eléctricas que, tras convertirse en ondas radio moduladas, podrán por fin ser transmitidas.*

4. *El microscopio electrónico (del que mostramos un esquema) funciona de acuerdo con un principio similar al del óptico, si bien su poder de resolución es mucho mayor, por lo que se ha hecho imprescindible en la investigación.*

Acústica

La acústica es la rama de la física que se encarga del estudio de los sonidos, si bien en la actualidad dicha expresión se refiere más bien a las técnicas utilizadas para el tratamiento de los sonidos en recintos y lugares cerrados.

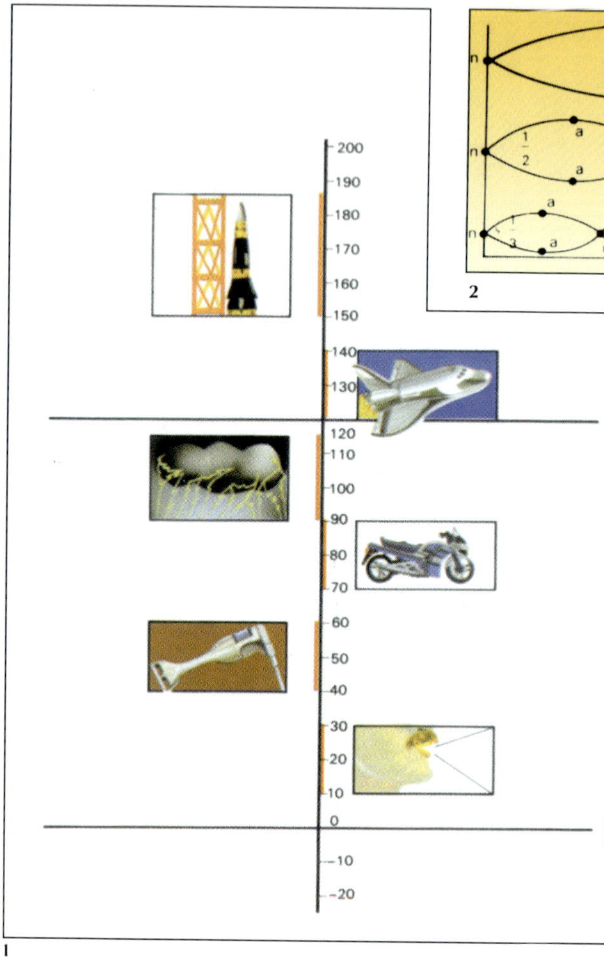

1

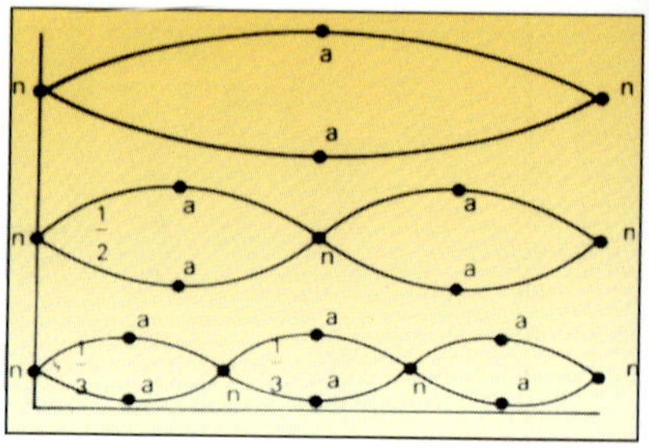

2

El sonido

El sonido, está formado por una serie de ondas de compresión y enrarecimiento que transmiten energía cinética por el interior de medios materiales. En el vacío el sonido no se puede propagar, ya que necesita de un medio que le haga de soporte. Los sonidos se generan todos en elementos que se encuentran en vibración, la cual se transmite al medio y a través de él llega hasta el tímpano. En el oído son transformados en impulsos que se transmiten hasta el cerebro, donde son interpretados. Las ondas se clasifican en dos tipos principales: las **longitudinales** (que vibran en la dirección de la propagación) y las **transversales** (que lo hacen perpendicularmente a dicha dirección). Las ondas sonoras son del primer tipo y consisten en una serie de compresiones y enrarecimientos sucesivos. Para poner esto de manifiesto podemos considerar el caso de un diapasón que vibra. Cada uno de los golpes de sus varillas produce al golpear hacia afuera una compresión, para acto seguido dar lugar a un enrarecimiento al batir hacia adentro, seguido de nuevo por una compresión etc. De este modo se dice que un ciclo está compuesto en esta oscilación por una **compresión** y un **enrarecimiento** y la longitud de onda de dicha perturbación es la distancia que separa dos compresiones o dos enrarecimientos sucesivos.

Propiedad del sonido

La velocidad a la que se propaga el sonido es siempre la misma para un cierto medio y una temperatura dados, ya sea éste sólido, líquido o gas. Sin embargo, existen diferencias entre las velocidades de propagación del sonido para diversos medios, dependiendo de la densidad y elasticidad de éstos. Así, mientras que el sonido se propaga en el aire seco (a una temperatura de 20 °C) a una velocidad de unos 335 m/s, en los sólidos dicha velocidad es aproximadamente unas cuatro veces mayor. El sonido supera con dificultad los cambios de densidad entre medios distintos, por lo que para el aislamiento sonoro es siempre más aconsejable la interposición de un elemento que obligue al paso de éste por medio de densidades muy distintas que la de elementos muy espesos. La temperatura influye también sobre la velocidad de propagación del sonido, ya que su aumento provoca una dilatación del medio que disminuye su densidad, por lo que la velocidad varía.

Para caracterizar el sonido se emplean dos nociones que, si bien no son propiamente científicas, permiten describirlo con una cierta aproximación. Dichas nociones son las de altura, relacionada con la frecuencia, y la de volumen, vinculada con la intensidad. Sin embargo, una descripción precisa de las ondas sonoras debe basarse en los conceptos de frecuencia e intensidad de la perturbación. La **frecuencia** de las ondas sonoras se define como el número de oscilaciones que se producen en un segundo, y se mide mediante la unidad llamada hercio (Hz), que equivale a un ciclo por segundo. La **intensidad**, por su parte, es la potencia que atraviesa en un segundo una superficie, unidad perpendicular a la dirección de propagación de la perturbación sonora. La unidad en la que se expresa es el decibelio (dB), si bien no existe una escala absoluta de medida, ya que la escala existente toma como nivel 0 la intensidad mínima audible, que es un concepto relativo.

Existe asimismo una relación entre la intensidad del sonido, la amplitud, la frecuencia de la perturbación y el medio que le sirve de soporte, siendo así que cuanto mayor es la densidad del medio tanto menor es la intensidad sonora, y cuanto mayor es la amplitud menor es la frecuencia.

3

Efectos de las ondas sonoras

El carácter ondulatorio del sonido hace que experimente los mismos efectos que otras perturbaciones de este tipo. Si un sonido tiene un origen puntual, los frentes de las ondas (de compresión y enrarecimiento) serán esferas que se alejarán cada vez más de la fuente, cuyo volumen irá disminuyendo. Entre los fenómenos que experimenta el sonido se encuentran la **difracción**, la **reflexión** y la **refracción**. La primera se produce, por ejemplo, cuando el sonido pasa por un orificio cuyas dimensiones son menores que su longitud de onda, situación en la que se refleja una fracción muy pequeña y el resto continua su camino modificada. La reflexión del sonido se produce con gran frecuencia y da lugar a efectos tales como los ecos y las reverberaciones.

El sonido, al igual que los demás movimientos ondulatorios, cumplen también la ley de la reflexión, es decir, que el ángulo con el que incide sobre la superficie reflectora es igual al ángulo de reflexión. Las ondas sonoras necesitan, sin embargo, superficies relativamente grandes (de algunos metros cuadrados) para que la reflexión se verifique, mientras que ésta se produce aun cuando la superficie en cuestión sea algo rugosa, lo que es una consecuencia de sus grandes longitudes de onda. Una de las consecuencias de la reflexión del sonido es la formación de ecos, que se perciben cuando el sonido regresa tras al menos 1/20 s (persistencia del sonido en el oído humano). Además, la velocidad del sonido en el aire (de unos 335 m/s) hace que el eco no se escuche a menos que medien entre la superficie reflectora y el oyente una distancia mínima de 10 metros. En caso contrario se produce reverberación. La refracción del sonido se produce cuando ésta pasa de un medio a otro cuya densidad es distinta del primero. Así, gran parte del sonido se refleja en la superficie de separación de ambos medios, siendo muy pequeña la fracción de sonido refractada.

Características del sonido

La percepción del sonido por parte del oído humano se verifica en la gama de frecuencias que abarca los 20 hasta los 18,000 hercios. La capacidad del oído humano para percibir las frecuencias altas va disminuyendo con la edad. Además, dicha percepción de los sonidos, que depende de la distancia, se ve afectada por algunas circunstancias tales como la interposición de un obstáculo entre la fuente sonora y el receptor o el movimiento relativo entre ésta y aquél. En el primer caso se producen efectos de difracción, reflexión y refracción que condicionan la recepción. En el segundo se produce un efecto que varía la frecuencia percibida y que recibe el nombre de **efecto Doppler**. Este efecto puede observarse claramente en el caso de que una ambulancia que haga sonar su sirena se acerque hacia nosotros, o que produce una reducción del intervalo que media entre las sucesivas compresiones y enrarecimientos, motivo por el cual aumenta la frecuencia (el tono de la sirena es más alto). Una vez que la ambulancia nos ha rebasado y se aleja de nosotros, el intervalo aumenta y la frecuencia disminuye (el tono suena más bajo).

Asimismo, el sonido experimenta fenómenos de interferencia que se verifican cuando dos ondas sonoras se encuentran en un mismo punto. Cuando ambas ondas están en fase, es decir, cuando se produce la coincidencia de dos crestas, ésta da lugar a un reforzamiento que se traduce en una mayor vibración, por lo que se registra un aumento de la amplitud, mientras que si se encuentran una cresta y un valle (o sea, ambas ondas no están en fase) se produce una aniquilación, reduciéndose la vibración y disminuyendo la intensidad del sonido. Los fenómenos

1. *El gráfico nos muestra los niveles de ruido que generan diversas situaciones cotidianas, expresadas en decibelios (dB). Por debajo del umbral de percepción auditiva el ser humano no es ya capaz de percibir los sonidos, si bien algunos animales si lo son, hecho en el que se basan los silbatos para perros.*

2. *El esquema recoge los tres primeros armónicos de los modos de vibración: el fundamental, el segundo y el tercero. En los puntos* n *(nodos) la amplitud es cero mientras que en los puntos* a *(antínodos) es máxima.*

3. *Entre las muchas aplicaciones del sonar se encuentra la de la localización de los bancos de pesca. El registro obtenido permite establecer la profundidad a la que se encuentra el banco así como su extensión aproximada, lo que facilita en gran medida su captura.*

de interferencia entre las ondas sonoras pueden dar lugar a las llamadas **pulsaciones**, cuando la coincidencia de dos ondas de amplitudes y frecuencias similares da lugar a variaciones regulares de su intensidad entre unos valores máximo y mínimo. Los pulsos audibles por segundo son el resultado de la diferencia entre las frecuencias de ambas ondas. En las cuerdas y maderas utilizadas para la producción de sonidos en música, se verifica la aparición de las llamadas ondas estacionarias como consecuencia de dos ondas de idéntica amplitud y frecuencia que, tras reflejarse en los extremos de un objeto vibrante, interfieren entre sí.
En este fenómeno de interferencia existen puntos (**nodos**) que permanecen estacionarios y son consecuencia de la anulación de desplazamientos iguales pero de sentidos contrarios, debidos a cada una de las ondas que interfiere. En el centro de la distancia que media entre dos nodos consecutivos se encuentran los llamados **antinodos**, en los que la interferencia experimenta un reforzamiento y por lo tanto constituyen los puntos de máxima amplitud de la perturbación.

4

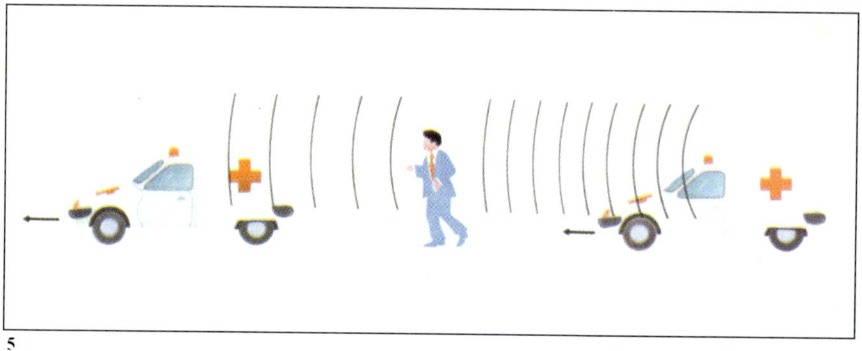

5

La percepción de los sonidos

En cuanto a la percepción de los sonidos, cabe distinguir entre los **ruidos** y la **música**. Las notas musicales se distinguen de los primeros por el hecho de que constituyen sonidos cuya frecuencia es fija. Además de la frecuencia (altura) y la intensidad (volumen) de un sonido, cabe también considerar su calidad o timbre. Dicha noción se refiere a una percepción subjetiva, y así, se afirma que el sonido producido por la flauta tiene un timbre dulce, mientras que el de la guitarra es más áspero. Sobre el timbre de un sonido influye, entre otros factores, la relativa debilidad o fuerza de los armónicos que acompañan al sonido fundamental. Si bien cada instrumento tiene un timbre determinado, las diferencias en cuanto a su construcción pueden hacer que dos instrumentos del mismo tipo puedan tener timbres diferentes. Por regla general, un instrumento produce simultáneamente muchos nodos de vibración de amplitudes distintas, cuya mezcla determina la calidad del tono o sonido que produce. Esto se tiene en cuenta, por ejemplo, en el caso del diseño de los planos, para que la mezcla de sobretonos que se produzca sea la deseda. Además, se procura que el golpe del macillo sobre las cuerdas se verifique en una posición que produzca un número suficiente de sobretonos altos y elimine aquellos que lo harían áspero. Cuando una nota particular induce un zumbido o vibración en un objeto cercano, se dice que éste ha entrado en resonancia con la nota, lo que significa que su frecuencia natural de vibración es idéntica a la de dicha nota. Este fenómeno se produce siempre que un objeto vibra con su frecuencia natural a causa de los impulsos que recibe de otro sistema que vibra con la misma frecuencia.
El fenómeno de la **resonancia** se emplea en la construcción de los instrumentos musicales, y así, por ejemplo, el piano dispone de un dispositivo de resonancia que refuerza las notas de las cuerdas, añadiendo riqueza y volumen al tono.
Una fuente sonora estrechamente relacionada con nosotros es nuestra propia voz. Se origina por la vibración de

6

las cuerdas vocales, situadas en la laringe, al paso del aire que sale por la boca procedente de los pulmones. Si bien todas las vocales se generan en las cuerdas vocales, algunas consonantes (como la z) se producen al paso del aire entre la lengua y los dientes del maxilar superior. Mientras que la calidad de la voz humana depende de la forma de la boca y la garganta (cavidades resonantes), su altura es función de la longitud y la tensión de las cuerdas vocales. Finalmente, si bien existe una definición científica, de ruido como sonido compuesto por todas las frecuencias, en general la desintegración de ruido para un sonido es una determinación subjetiva no sujeta a criterios fijos. Asimismo, se habla de niveles de ruido designando con esta expresión los niveles de la intensidad del sonido que son molestos o producen perturbaciones (niveles de ruido en el trabajo, en la calle, etc.) y que las legislaciones de cada país establecen y determinan.

Frecuencias ultrasónicas e infrasónicas

El límite inferior de la capacidad auditiva del ser humano marca el inicio de las **frecuencias infrasónicas** (menores de 20 hercios), mientras que el superior indica el de las **ultrasónicas** (superiores a 18.000 hercios). Si bien los seres humanos no las perciben, algunos animales sí (por ej., algunos murciélagos). El ultrasonido se aplica en el sonar, que ofrece ayuda para la navegación y telemetría, o en las ecografías empleadas en medicina para la exploración de los fetos en el seno materno y que han sustituido por completo a las exploraciones con rayos X, que suponían un grave riesgo para los fetos. Por su parte el infrasonido se aplica en geología para la determinación de las características de las capas rocosas.

4. *Además de estar sometido a las leyes de la reflexión y la refracción, el sonido experimenta asimismo fenómenos de difracción. Tal y como muestra el esquema, la anchura del orificio en el que el sonido experimenta la difracción determina la intensidad de ésta.*

5. *El sonido sufre el llamado efecto Doppler cuando la fuente sonora y el receptor se encuentran en movimiento mutuo uno respecto de otro. Este efecto podemos observarlo cuando una ambulancia se acerca hacia nosotros y nos rebasa haciendo sonar la sirena.*

6. *Entre los efectos más llamativos producidos por la reflexión del sonido están las cámaras de susurros existentes en algunos templos antiguos y que permiten oír con toda claridad en el extremo opuesto del recinto las palabras o sonidos emitidos desde cualquier lugar junto a las paredes.*

Óptica

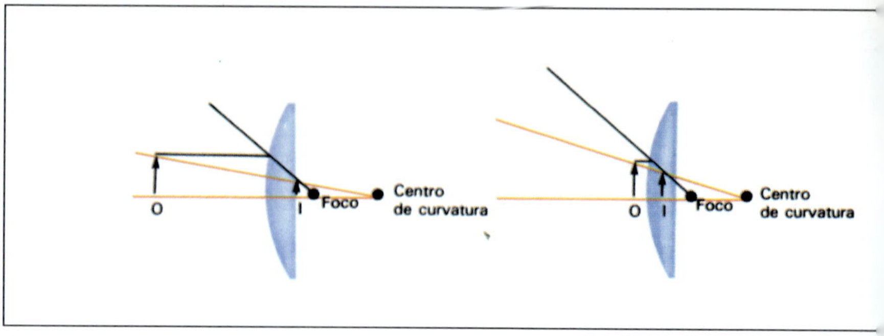

1

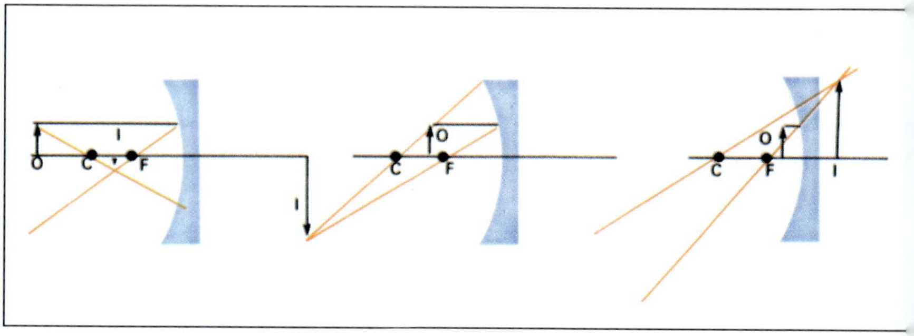

2

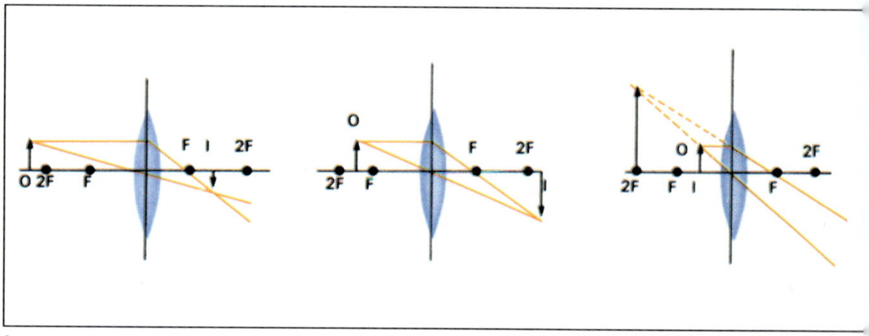

3

Óptica es la rama de la física que centra su actividad en el estudio del rango del espectro electromagnético que abarca las longitudes de onda visibles para el ser humano. Dicha radiación presenta todas las características de las ondas electromagnéticas, es decir, reflexión, refracción, difracción, interferencia y polarización, además de la dualidad corpúsculo-onda ya mencionada. La propagación de la perturbación electromagnética se produce en forma de frentes de onda luminosos formados por los rayos que parten de la fuente y se propagan en línea recta. Cuando dichos rayos topan con un obstáculo que no permite su paso (opaco) se produce detrás de él una región que recibe el nombre de **sombra**. El tamaño de dicha región depende tanto de la distancia que media entre la fuente luminosa y el objeto como de los tamaños relativos de ambos. Así, las fuentes luminosas puntuales dan sombras de límites bien definidos y en las que la oscuridad es uniforme, mientras que cuando la fuente es relativamente grande la zona de sombra está rodeada por una de **penumbra** en la que la oscuridad no es tan pronunciada. Esto es lo que sucede, por ejemplo, en el caso de los eclipses, en los que existe una zona de totalidad (correspondiente al cono de sombra) y una zona de parcialidad (correspondiente a la penumbra).

Reflexión

Los fenómenos de **reflexión** que afectan a la luz visible son innumerables y nos permiten en realidad ver los objetos de nuestro entorno, ya que la visión está en función de la luz que los objetos que carecen de ella son capaces de reflejar. Existen, por otro lado, superficies que reflejan únicamente algunas longitudes de onda del espectro visible, por lo que aparecen a nuestra vista con un color determinado (el reflejado) y absorben los demás. Asimismo, hay cuerpos completamente mates capaces de absorber la totalidad de las longitudes de onda contenidas en la luz blanca. El tipo de superficie que refleja la luz tiene una importancia especial a la hora de que se formen o no imágenes. Así, por ejemplo, las superficies rugosas o mates reflejan la luz de un modo desordenado, por lo que no las forman, mientras que las lisas y pulidas (los espejos) la reflejan uniformemente, siendo por ellos capaces de formar imágenes nítidas. Los espejos pueden clasificarse en tres tipos: los **planos** (que son los más usuales), los **cóncavos** (como los que se emplean en ciertos telescopios) y los **convexos** (que se emplean para la fabricación de retrovisores del tipo llamado panorámico). Para el estudio de la formación de las imágenes se emplean espejos cóncavos y convexos esféricos. Los espejos esféricos

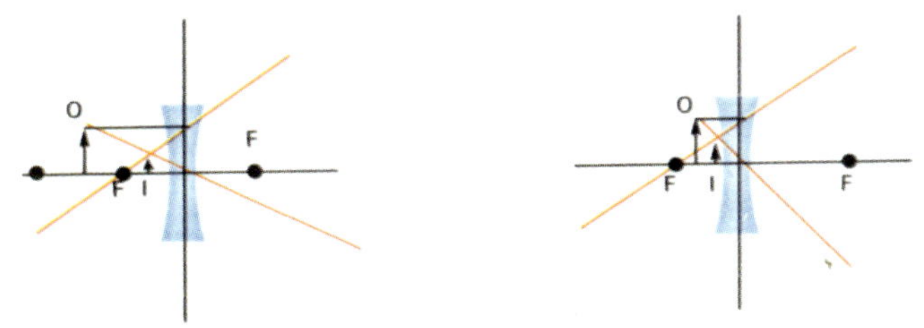

4

muestran algunos elementos característicos, tales como el polo, que es el punto central del espejo. Asimismo, presentan el llamado eje principal, que es una línea imaginaria que pasa tanto por su foco como por su polo. Otro de sus puntos característicos es el centro de curvatura, es decir, el centro de la esfera que incluye la superficie del espejo. Finalmente, el foco de un espejo esférico es aquel en el que convergen (espejo cóncavo) los rayos incidentes o del que divergen en apariencia (espejo convexo) los rayos tras la reflexión. La reflexión se basa en dos leyes fundamentales; la primera afirma que tanto el rayo incidente como el reflejado están contenidos en el mismo plano que la normal (perpendicular a la superficie reflectante en el punto de incidencia). La segunda afirma que el ángulo formado por el rayo incidente y la normal (**ángulo de incidencia**) es igual al que forman dicha normal y el rayo reflejado (**ángulo de salida** o de **reflexión**). Dichas leyes permiten establecer la imagen que se obtendrá con cada uno de los tipos de espejo mencionados. En el caso de los espejos planos, la imagen que se forma tiene el mismo tamaño que el objeto, y ambas equidistan del plano del espejo. Sin embargo, presenta inversión lateral (simetría especular). En los espejos cóncavos el tipo de imagen que se forma depende de la distancia que separa al objeto del espejo. Cuando el espejo está a una distancia mayor a la del foco del espejo, la imagen que se forma es invertida y real, mientras que si se encuentra situado entre el foco y el espejo, es directa y virtual. Por otro lado, los espejos convexos dan lugar siempre a imágenes directas y virtuales, dependiendo su tamaño de la distancia que separe al objeto del espejo.

Refracción

Por su parte, la **refracción** es una desviación que experimentan los rayos luminosos al paso de un medio transparente de densidad determinada a otro cuya densidad es distinta de la anterior. Si bien este fenómeno se presenta generalmente al paso de un medio a otro, existe un caso en el que dicho paso no implica refracción, que es cuando la incidencia se produce perpendicularmente a la superficie de separación de ambos medios. La refracción es fundamental para la explicación de los procesos que experimenta la luz en prismas y lentes de todo tipo. Mientras que la luz se propaga con velocidades diferentes dependiendo de la densidad del medio por el que lo hace (cuanto mayor es la densidad de éste tanto más lenta es la propagación de la luz), la intensidad del fenómeno de la refracción depende del grado de la variación de la velocidad de propagación (cuanto mayor es éste, tanto mayor es la refracción que experimenta el rayo, y en consecuencia tanto mayor es el poder de refracción del medio). El **índice absoluto de refracción** es el resultado de relacionar la velocidad de la luz en el vacío con la velocidad a la que ésta se propaga en el seno del medio en cuestión. Sin embargo, el valor del índice depende del color de la luz, por lo que generalmente se indica para la luz amarilla. Dicho índice tiene un valor de 1,3 para él agua. Dado que en los casos habituales la luz pasa de un medio con un índice de refracción determinado a otro cuyo índice es diferente, se define el concepto de **índice de refracción relativo** al que relaciona los índices de refracción de ambos medios y que es equivalente a dividir la velocidad de propagación de la luz en un medio por la del otro, o al cociente de los índices de refracción absolutos de ambos medios. Dado que aire tiene el mismo índice de refracción absoluto que el vacío, por regla general se considera que el índice de refracción absoluto de una cierta sustancia es el índice de refracción de ésta con el aire. El fenómeno de la refracción se rige de acuerdo con dos leyes; la primera afirma que tanto el rayo incidente como el refractado y la normal a la superficie de refracción están contenidos en un mismo plano. La segunda ley, llamada también **ley de Snell**, afirma que para una luz con una frecuencia determinada, el cociente entre el seno del ángulo de incidencia y el seno del ángulo de refracción es constante e igual al índice relativo de ambos medios. Esta ley constituye el fundamento del funcionamiento de los **refractómetros**,

1. *El esquema muestra la formación de la imagen generada por un espejo cóncavo para dos posiciones distintas del objeto* (O), *muy cercano y muy alejado del espejo. La imagen* I *es en ambos casos virtual, directa y menor si bien su tamaño decrece con el alejamiento del espejo.*

2. *Los esquemas que se muestran a continuación corresponden a las diversas imágenes generadas por un espejo cóncavo dependiendo de la posición del objeto* (O) *respecto del centro de curvatura del espejo* (C), *el foco* (F) *y el espejo.*

3. *Los esquemas representados en esta ilustración muestran los diversos tipos de imágenes que se pueden obtener con una lente convexa en función de la posición que ocupa el objeto en distancias focales de la lente* (F).

4. *Las imágenes formadas por lentes cóncavas son siempre virtuales, directas y de menor tamaño, tal y como muestran los esquemas. En este caso, la imagen es tanto mayor cuanto más cerca se encuentra el objeto* (O) *de la lente.*

empleados para la determinación de los índices de refracción de los diversos materiales a partir de la medición precisa de los ángulos de incidencia y refracción. La aplicación más importante de los fenómenos de refracción en los medios es la obtención de imágenes gracias al empleo de lentes. Existen dos tipos principales de **lentes**: las **cóncavas** y las **convexas**. Las primeras son aquéllas cuyo espesor es menor en su centro que en sus bordes. Se dividen en tres tipos principales, que son: las lentes bicóncavas, en las que, como su nombre lo indica, ambas superficies son cóncavas; las planoconvexas, en las que mientras que una superficie es cóncava la otra es plana, y las convexocóncavas, en las que una de las superficies es ligeramente convexa, mientras que la otra es cóncava. Al igual que lo que sucede con las convexas, en las lentes cóncavas su forma desvía a la luz del mismo modo, si bien las lentes cóncavas refractan los rayos de luz de un modo divergente, motivo por el cual las imágenes a que dan lugar son virtuales, además de menores e invertidas. Por su parte, las lentes convexas son aquéllas cuyo espesor central es mayor que el de sus bordes. Al igual que en el caso de las cóncavas, existen tres tipos principales: las bicóncavas, con sus dos superficies cóncavas; las planocóncavas, en las que mientras una es cóncava la otra es plana, y las concavoconvexas, en las que una de sus dos superficies es ligeramente cóncava, mientras que la otra es convexa. Todas ellas desvían la luz de igual forma, refractando, por lo general, los rayos de forma convergente, por lo que las imágenes a que dan lugar son reales.

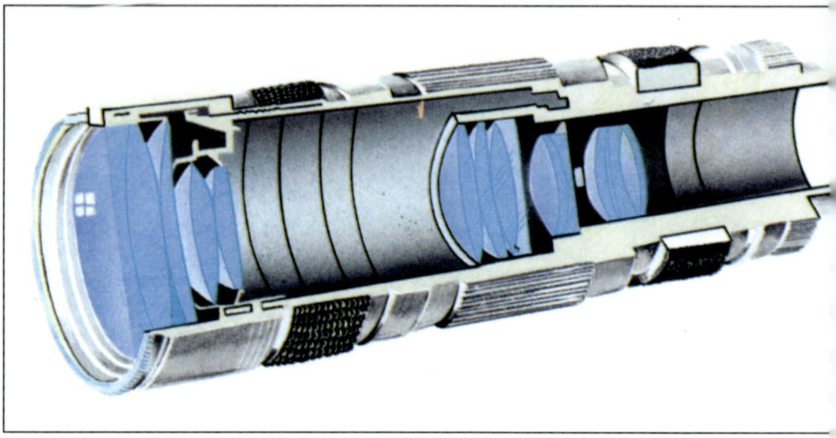

5

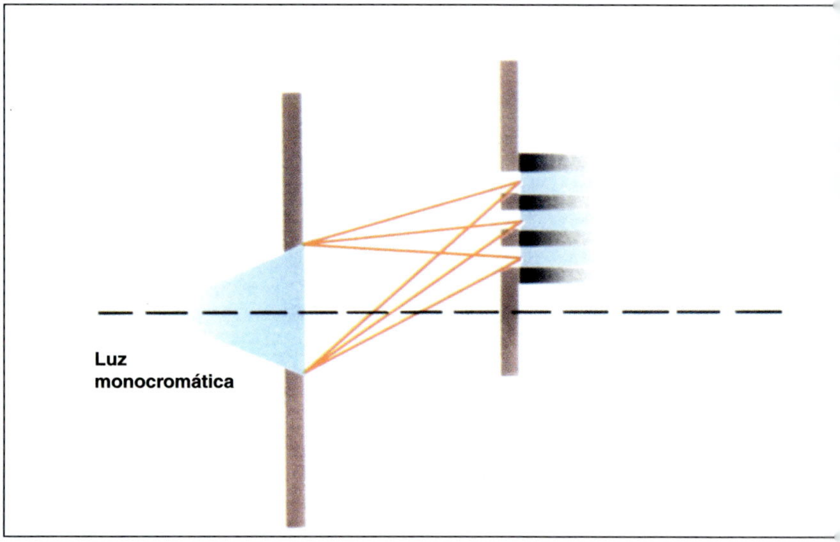

Cuando el índice de refracción del segundo medio es menor que el del primero, la aplicación de la ley de Snell da como resultado un ángulo de refracción mayor que el ángulo de incidencia, con lo que se llega hasta un valor límite (que depende de los índices de refracción relativos de los medios) para el cual el rayo refractado sale paralelo a la superficie de separación entre ambos medios, y por lo tanto toda la energía incidente se refleja; de aquí el nombre de reflexión total. Este fenómeno lo conocen bien los buceadores, ya que cuando se encuentran sumergidos y miran oblicuamente hacia la superficie con un ángulo suficientemente grande, ésta actúa como un espejo. Este fenómeno tiene un gran interés tanto teórico como práctico, ya que, además de su empleo en la construcción de prismas, ha permitido desarrollar tecnologías ópticas modernas, como la de las guías de ondas, las cavidades resonantes, y las fibras ópticas, en cuyo interior la luz se conduce a lo largo de fibras transparentes extremadamente delgadas, experimentando reflexiones totales.

Aberraciones esféricas y cromáticas

Las lentes sufren, en lo que a la formación de la imagen se refiere, un problema que se

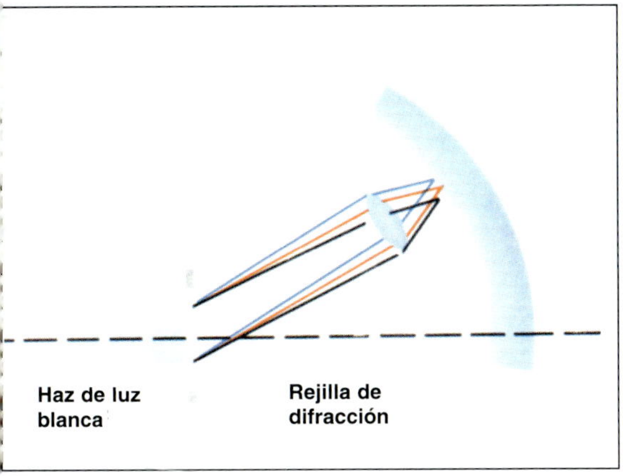

7

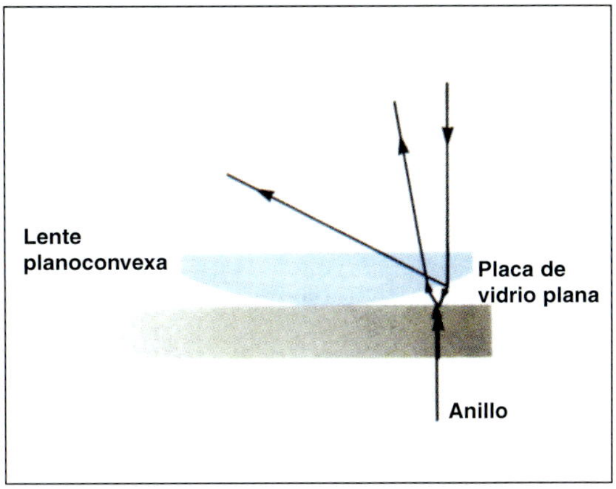

8

designa mediante la denominación global de **aberración**, y que se refiere a su incapacidad de permitir la obteción de una imagen nítida de los objetos. Si el sistema compuesto por lentes se enfoca de un modo incorrecto, la imagen obtenida es borrosa, lo que se soluciona simplemente corrigiendo el enfoque. Sin embargo, las aberraciones que afectan a las lentes se presentan aun cuando el sistema está enfocado con corrección. Los dos tipos principales de aberraciones son las **aberraciones esféricas** y las **cromáticas**. En las primeras existe una diferencia entre los focos de los rayos de luz que atraviesan la lente cerca de su eje óptico y los que lo hacen por los bordes de ésta, debido a que la lente no es perfectamente esférica. Este problema se elimina mediante una corrección de la lente para garantizar su completa esfericidad. Una aberración semejante a ésta es el **astigmatismo**, que produce una diferencia de nitidez entre las líneas verticales y horizontales de la imagen, y que se corrige del mismo modo. Si se reduce la abertura de la lente mediante un diafragma para limitar el paso de los rayos a la región central de ésta, la aberración esférica disminuye, si bien se produce una difracción, causada por el diafragma, que aumenta la borrosidad de la imagen. Mientras que en los telescopios (abertura pequeña respecto de la longitud focal del instrumento) por regla general los fenómenos de difracción causan mayor perturbación que la aberración esférica, en las ópticas de las cámaras fotográficas (gran abertura respecto de la longitud focal) sucede lo contrario. La aberración esférica se produce también en los espejos, y la manera de evitarla en este caso es reduciendo la superficie de éstos o haciéndolos parabólicos para que todos los rayos reflejados coincidan en el foco. El otro tipo de aberración, la aberración cromática, provoca la aparición de auras de color alrededor de las imágenes formadas, causadas por el hecho de que las lentes convexas simples refractan cada una de las longitudes de onda (colores) de un modo distinto (fenómeno que recibe el nombre de **dispersión**). Así, la luz de color rojo sufre una refracción menor que la de color azul, por lo que enfoca a mayor distancia de la lente. Para eliminar la aberración cromática se emplean los denominados objetivos acromáticos, formados por un par de lentes distintas unidas entre sí, de las cuales una es convergente y la otra divergente. Ambas están hechas con vidrios distintos, de modo que una contrarresta la dispersión generada por la otra. De este modo logran suprimirse las aberraciones cromáticas para unos colores, mientras que se reducen para los demás. Cabe indicar finalmente que los espejos no producen aberración cromática.

Difracción e interferencia

Si bien la difracción y la interferencia constituyen fenómenos que están presentes en todos los movimientos ondulatorios, en el caso de las ondas luminosas dan lugar a efectos de gran importancia e interés. La **difracción** es un fenómeno que se presenta cuando las ondas superan el borde de un obstáculo o pasan a través de una abertura pequeña en relación con su longitud de onda. En el primer caso la difracción es tanto mayor cuanto mayor es la longitud de onda, motivo por el cual el efecto no es excesivamente llamativo en el caso de la luz, pero sí en el del sonido. En el caso del paso por aberturas el proceso es el siguiente: las ondas que parten de una fuente

5. *La composición de diversas lentes ajustadas adecuadamente permite obtener sistemas ópticos tales como los teleobjetivos de las cámaras fotográficas. En ellos hay que corregir las diversas aberraciones de cada una de las lentes para que el conjunto ofrezca una imagen de buena calidad.*

6. *La difracción producida mediante una rejilla de difracción permite obtener espectros de diversos órdenes como consecuencia de la diferencia de la difracción que experimenta la luz roja (de longitud de onda mayor) comparada con la de la luz violeta (de longitud de onda menor).*

7. *Haciendo pasar luz monocromática a través de ranuras paralelas pueden obtenerse las llamadas rayas de interferencia. Éstas son resultado del reforzamiento de los rayos cuando las longitudes de las trayectorias de dos rayos difieren un número entero de longitudes de onda, o bien de su aniquilación en caso contrario.*

8. *El esquema nos muestra la formación de los llamados anillos de Newton, conjunto de bandas de interferencia concéntricas creadas por la presencia de 1 cp de aire que media entre una lente planoconvexa y la base sobre la que reposa.*

puntual se propagan a modo de frentes de onda esféricos. Cuando la distancia respecto de la fuente es grande, la curvatura de los frentes es casi nula, pero si un obstáculo le impide el paso, la onda se comporta como si el orificio constituyese una nueva fuente, alterando los frentes de onda.
La **interferencia** se produce cuando dos ondas de igual longitud de onda e igual fase coinciden. Cuando las crestas de ambas coinciden se produce un reforzamiento, mientras que cuando una cresta y un valle coinciden se produce la anulación mutua. Los rayos luminosos interfieren dando lugar a esquemas de bandas claras (refuerzo) y oscuras (anulación). Para generar interferencias se emplea por regla general la misma fuente de luz, cuyos rayos se desvían en dos direcciones distintas para más tarde hacerlos coincidir (principio sobre el que se basa el funcionamiento de los interferómetros). Si se iluminan dos ranuras estrechas cercanas se obtiene una demostración directa del fenómeno de la interferencia ya que las ondas luminosas que salen de ellas interfieren y dan lugar a la aparición de franjas claras y oscuras sobre una pantalla. Las dimensiones de dichas franjas permiten establecer a su vez la longitud de onda de la luz.
Otro fenómeno debido a la interferencia son los llamados anillos de Newton, que aparecen cuando se coloca una lente planoconvexa sobre una lámina de vidrio y se ilumina el conjunto con una lámpara de luz monocromática.
Aparecen entonces una serie de anillos concéntricos debido a la interferencia de la onda, y resultan del hecho de que una fracción de la luz será reflejada por la lente y la otra lo sea por la lámina.
Los fenómenos combinados de la difracción y la interferencia se hacen más acusados cuando las dimensiones de los orificios por los que pasa la luz son del orden de su longitud de onda. En este hecho se basa el funcionamiento de las llamadas **redes de difracción**. Dichas redes están formadas por láminas de vidrio dotadas de tramas finísimas (de hasta 10.000 rayas por centímetro). La luz, al pasar por ellas se difracta dando lugar a la formación de imágenes múltiples que acompañan a la imagen principal. Dado que existe una relación muy precisa entre la longitud de onda de la luz incidente y el desplazamiento de la imagen formada con respecto del centro, estas redes se emplean, por ejemplo, para la determinación precisa de la longitud de onda de la luz de una determinada fuente.
Asimismo, esto da lugar a la formación de varios espectros a partir de una onda de luz monocromática. Dado que los rayos rojos experimentan una difracción mayor que los azules por tener una longitud de onda mayor, el espectro que genera una red de difracción es exactamente el inverso del que se obtiene mediante un prisma.

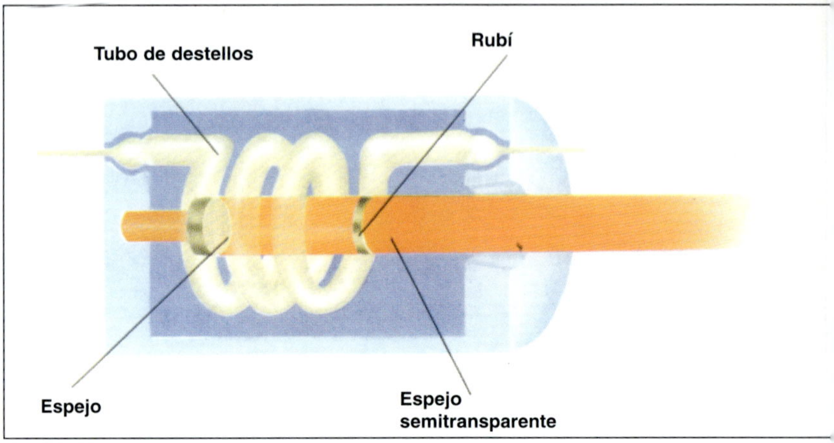

9

10

Polarización

Ya sabemos que los planos de oscilación de los campos magnético y eléctrico que forman el rayo de la luz están por lo general orientados al azar. Se dice que la luz está polarizada cuando la oscilación del campo eléctrico (y, por ende, la del magnético que forma un ángulo recto con el primero) se produce en un plano determinado que recibe el

11

12

nombre de plano de polarización. Para la obtención de la luz polarizada se emplean prismas especiales o materiales que reciben el nombre de polarizadores. En el interior de dichos prismas y materiales sus átomos o moléculas absorben todas las fracciones de la luz que no vibran en un plano determinado, que es el que dejan pasar. Un ejemplo lo constituye el prisma de Nicol. Dicho prisma está constituido por una pieza de espato o Islandia (variedad cristalina cortada formando un ángulo concreto y pegada con bálsamo de Canadá). Cuando la luz lo atraviesa sufre una refracción que da lugar a la aparición de dos rayos polarizados, de los que uno de ellos se refracta en la superficie de separación de ambos fragmentos de espato de Islandia, mientras que el otro sale por la cara opuesta del prisma. Si se gira el prisma de Nicol, el plano de polarización gira con él.
Existen muchos cristales (por ejemplo el cuarzo) y diversos líquidos (las soluciones de azúcar) capaces de modificar el plano de polarización de la luz, dependiendo el ángulo de rotación de la longitud de la solución atravesada y de su concentración, lo que se aplica en los polarímetros que permiten así determinar las concentraciones de las disoluciones de sustancias que presentan actividad óptica. Las sustancias polaroides se obtienen a base de plásticos que contienen cristales aciculares orientados todos en una misma dirección, por lo que transmiten únicamente la luz que oscila en un plano determinado y absorben el resto polarizándola. Gracias a ello se reducen los reflejos deslumbrantes, motivo por el cual se emplean, por ejemplo, en la fabricación de gafas de sol o de filtros para cámaras.
Asimismo, la luz polarizada se aplica en las técnicas de análisis de los esfuerzos de tensión aplicados a sustancias transparentes. Para ello se interpone entre dos polarizadores cruzados (cuyo efecto global es la extinción total de la luz) el elemento a estudiar, en el que aparcen franjas de colores que corresponden a las áreas sometidas a esfuerzos diferentes, lo que facilita su estudio.

9. *El esquema recoge un dispositivo destinado a la generación de rayos láser mediante la iluminación del cristal de rubí, algunos de cuyos átomos se excitan pasando a un estado de mayor energía. Al eliminar la iluminación los átomos vuelven a su estado normal, emitiendo luz que en parte sale en forma de rayo láser.*

10. *El arco iris constituye un ejemplo de desdoblamiento de los diversos componentes de la luz blanca. Este fenómeno es consecuencia de la refracción que experimenta la luz blanca procedente del Sol al incidir sobre las gotas de lluvia de la atmósfera.*

11. *Los efectos ópticos como los que muestra la imágen nos permite demostrar que en la percepción de los objetos por parte del ojo humano juega también un papel el procesamiento que de la información recibida lleva a cabo el cerebro. Podemos comprobar que ambas aristas tienen la misma longitud.*

12. *La impresión duradera que causa la luz que incide sobre la retina del ojo humano es la que nos permite percibir como continuo el movimiento generado por este dispositivo, cuando en realidad no lo es. Este fenómeno se aprovecha por ejemplo en la obtención de la imagen televisiva.*

Estructura de la materia

Para proceder al estudio de la naturaleza física, además de las consideraciones acerca del mundo microscópico y los objetos que los pueblan, así como sus interacciones entre ellos y las energías a las que están sometidos, es de fundamental importancia la comprensión de los constituyentes últimos de la materia, por lo que entraremos ahora en un análisis microscópico de la materia. Para ello debemos iniciar nuestra exploración con las moléculas, que constituyen los componentes básicos de la materia a este nivel. Se demuestra experimentalmente que la materia, en sus tres fases —sólida, líquida y gaseosa— está compuesta por moléculas que se encuentran en continuo estado de agitación. Dichas moléculas tienen la misma estructura, masa y demás propiedades para una misma sustancia, y sus tamaños oscilan entre un diámetro de una diezmillonésima y una billonésima de milímetro. Se encuentran unidas entre sí por la llamada **fuerza intermolecular**, que es de naturaleza fundamentalmente electrostática y que se opone tanto a la comprensión de los cuerpos como a su extensión.

Las moléculas

Las **moléculas** están a su vez formadas por átomos, que se componen de un núcleo (con neutrones y protones) y una corteza (en la que se encuentran los electrones). En el seno de los cuerpos sólidos y de los líquidos los movimientos de las moléculas son relativamente lentos, ya que su energía cinética es bastante baja, si bien su interacción es muy intensa. Por el contrario, en el caso de los gases las fuerzas intermoleculares apenas juegan papel alguno, ya que la gran separación existente entre ellas hace que sus interacciones sean débiles. Entre las pruebas clásicas de la existencia de las moléculas se encuentra el **movimiento browniano**, que no halló una explicación satisfactoria hasta los trabajos de A. Einstein. Dicho movimiento es consecuencia de los impactos de las moléculas de aire sobre las partículas microscópicas (pero visibles), que les confieren un movimiento al azar en apariencia carente de causa.

Los átomos

Los **átomos** están unidos entre sí por fuerzas interatómicas de diverso origen, si bien predominan las interacciones entre los electrones de la corteza. Los átomos se definen como la fracción más pequeña de un elemento que todavía conserva sus propiedades químicas. Sus tamaños son similares a los de las moléculas más pequeñas, y en la actualidad ha sido ya posible fotografiar algunos átomos con la ayuda de los microscopios electrónicos. La estructura del átomo está formada por una región central (cuyo diámetro es

1

2

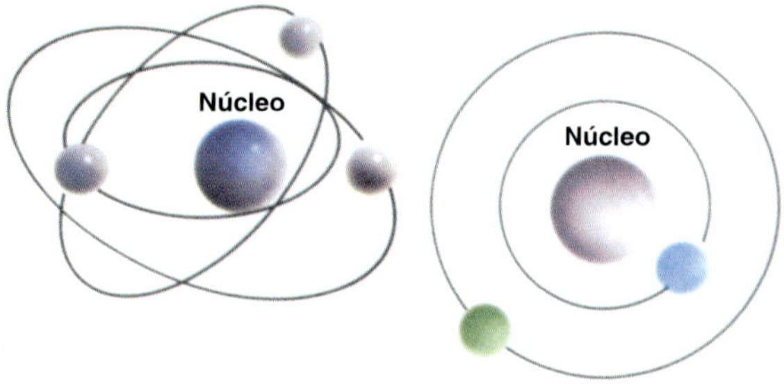

10.000 veces menor que el del propio átomo) en la que se encuentran los **protones** y los **neutrones** (salvo en el caso del átomo de hidrógeno, que se compone tan sólo de un protón), ambos con una masa muy parecida; en cuanto a la carga eléctrica, el neutrón carece de ella, mientras que el protón está cargado con una unidad de carga. Alrededor del núcleo se encuentran los **electrones,** partículas cuya carga es de una unidad negativa y cuya masa es 1.836 veces menor que la del protón.

Características del elemento químico

Para caracterizar los elementos químicos se emplean diversos números, que son: Z, el número atómico, que indica el número de protones que forman parte del núcleo. Ésto hace que sea también el que representa el número de electrones que giran en torno a él, ya que el átomo debe ser eléctricamente neutro. Asimismo, está el número másico, que se representa mediante la letra *A* y que indica el número de nucleones (protones y neutrones) que forman el núcleo. De este modo, *A*-Z indica el número de neutrones. Es decir, un elemento como el isótopo fisionable del uranio $_{92}U^{235}$ nos dice que está compuesto por 92 protones y 143 neutrones en su núcleo, y que tiene 92 electrones que giran en torno a él. El papel de los electrones es determinante en cuanto a las propiedades del elemento en cuestión. Su comportamiento es distinto según los fenómenos en los que participan, y así, en las colisiones parecen ser corpúsculos, mientras que en los fenómenos de difracción se comportan como si de ondas se tratara. Este hecho recibe el nombre de **dualidad corpúsculo-onda** y se expresa mediante la asignación de una longitud de onda $\lambda = h/mv$ a toda partícula cuya masa *m* y velocidad *v* se conozcan. La visión moderna de estas partículas las presenta como ondas estáticas que pueden describirse mediante la llamada **función de ondas,** cuyos valores máximos representan las órbitas de los electrones. De este modo, tan solo se puede determinar una probabilidad acerca de la posición que ocuparán los electrones; de acuerdo con el principio de indeterminación de Heisemberg la medición del momento *p* de una partícula con su error Δ p está limitada por la de su posición x con su error, según la siguiente expresión $\Delta x \cdot \Delta p \leq h$ (constante de Planck). Asimismo, no es posible medir con precisión infinita y de forma simultánea la energía total de la partícula y su vida.

La teoría cuántica

Todas estas consideraciones son el resultado al que se llegó cuando los trabajos por explicar los espectros atómicos condujeron a la necesidad de la introducción del concepto de cuanto por parte de M. Planck y al inicio de la llamada **teoría cuántica.** De acuerdo con ella, la energía no aparece de forma continua, sino en cantidades discretas (cuantos) cuya existencia permite explicar los espectros atómicos como emisiones de cantidades determinadas de energía por parte de electrones que pasan desde un nivel a otro. Dicha energía se emite a modo de cuantos de luz (fotones) que tienen una frecuencia *f* que corresponden a la diferencia de energía entre el nivel de partida y el de llegada (Δ E) y que cumple que $f = \Delta E/h$ (donde *h* es la constante de Planck). Dado que los electrones sólo pueden encontrarse en órbitas cuyo momento angular (lw) sea múltiplo de la constante de Planck *(h)* dividida por 2π, es posible determinar las órbitas que pueden ocupar y caracterizarlas por el número cuántico principal *n*. Esto permite obtener un modelo que se ajusta bastante bien para el hidrógeno, si bien la teoría se complica para los demás elementos.

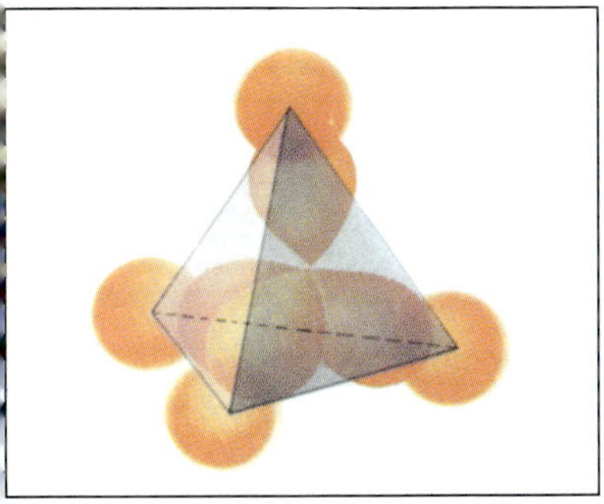

3

4

1. *Estructura de la materia y la composición del mundo físico preocuparon mucho a los pensadores antiguos que establecieron diversas teorías. Entre ellas se encuentra la de los cuatro elementos (tierra, aire, agua y fuego) recogida de forma simbólica en esta representación antigua.*

2. *El primer modelo científico establecido de la estructura de la materia se concebía como un sistema compuesto por un núcleo en el centro (formado por protones y neutrones) y los electrones que orbitan a su alrededor, tal y como nos muestra la imagen.*

3. *En los modelos actuales de la estructura de la materia los electrones ya no ocupan órbitas fijas sino nubes de carga, que son regiones en las que la probabilidad de encontrarlos es muy alta. Estas nubes forman los llamados orbitales, cuyo solapamiento da lugar a la aparición de los enlaces químicos como el que muestra la imagen y que corresponde al metano.*

4. *La estructura de la materia, si bien a primera vista nos parece continua, resulta ser discontinua cuando observamos con mayor detalle o empleamos instrumentos de observación con un poder de resolución de mayor alcance.*

Estados de la materia

La materia puede presentarse, dependiendo de las condiciones a las que esté sometida, en estado sólido, líquido o gaseoso. Los primeros se caracterizan porque los átomos y moléculas que los constituyen se atraen entre sí **(fuerza de cohesión)**, lo que hace que sean rígidos y estén dotados de una determinada forma. Estos cuerpos pueden ser **sólidos verdaderos**, los que tienen estructura cristalina y cuyos átomos y moléculas ocupan posiciones definidas en la red, o **amorfos**, que son aquellos que carecen de dicha estructura cristalina.

Los sólidos verdaderos tienen temperaturas de cambio de fase determinadas, y al alcanzarlas pasan a la fase correspondiente. Los metales, el hielo, el diamante, etc., son ejemplos de este tipo de sólidos.

En cuanto a los sólidos amorfos, al carecer de estructura cristalina tampoco tienen puntos de cambio de fase específicos, siendo un ejemplo muy conocido de este tipo de sólidos el vidrio.

Los **líquidos**, si bien presentan una cierta cohesión entre sus átomos y moléculas, éstas no ocupan posiciones determinadas ni forman una red, por lo que pueden moverse unos respecto de los otros. Constituyen una fase intermedia entre el sólido y el gas.

Dicha movilidad de sus átomos y moléculas hace que los líquidos carezcan de forma determinada y adopten la del recipiente que los contiene.

Finalmente, los **gases** están constituidos por partículas que se mueven con entera libertad unas respecto de las otras y que carecen de cohesión. Si bien carecen de forma y adoptan la del recipiente que los contiene, como los líquidos, los gases tienden además a ocupar la totalidad del volumen de éste.

Cambios de estado

Cuando se produce un aumento de la temperatura de un elemento, se verifica un incremento de la energía cinética de los átomos y moléculas que lo constituyen, lo que en el caso de los sólidos se traduce en una vibración más violenta alrededor de las posiciones que ocupan en la red cristalina, y en el caso de

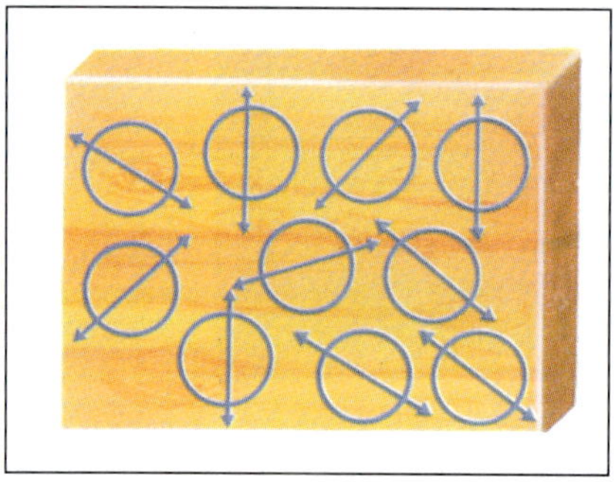

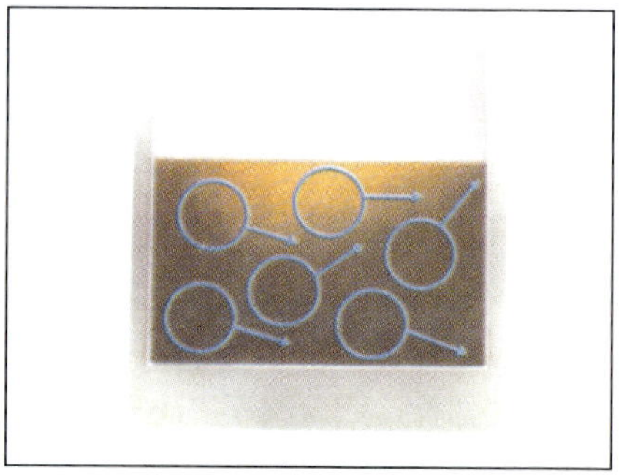

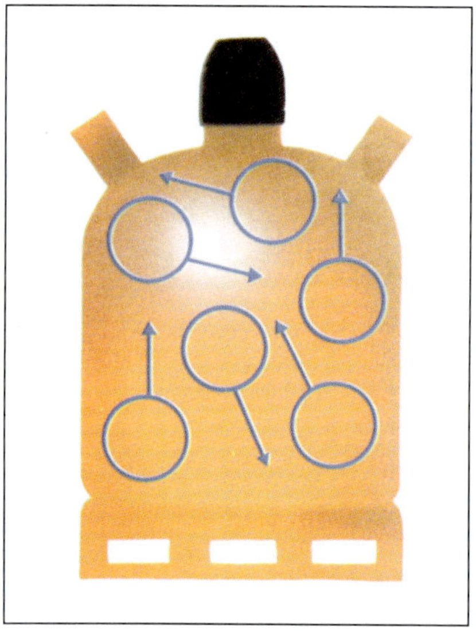

líquidos y gases en un aumento de la velocidad con la que se mueven.
Cuando la temperatura alcanza un cierto nivel **(temperatura de fusión)** los átomos y moléculas del sólido han adquirido ya suficiente energía cinética como para vencer las fuerzas de cohesión que los mantienen inmóviles y ponerse en movimiento, por lo que el sólido funde pasando a la fase líquida.
El proceso se verifica también en sentido contrario, cuando un líquido se somete a una temperatura tan baja **(temperatura de solidificación)** que la energía cinética de sus átomos y moléculas disminuye hasta que es superada por las fuerzas de cohesión, instante en el que el líquido pasa a la fase sólida al congelarse. Existen asimismo sólidos que al calentarse no pasan por la fase líquida antes de llegar a la de gas, sino que lo hacen directamente, fenómeno que recibe el nombre de **sublimación** y que puede observarse, por ej., en el caso del hielo seco.
El punto de **fusión** de las sustancias puede reducirse mediante el aumento de la presión a la que están sometidas, que es lo que sucede con el hielo que funde a cero grados al aumentar la presión. En este caso la disminución de nuevo de la presión implica la solidificación del líquido, fenómeno que se conoce con el nombre de **recongelación**. Cuando se calienta un líquido, éste pasa a gas o a vapor. Este proceso, llamado **evaporación**, se verifica con más o menos intensidad por encima del cero absoluto (-273 °C) para los átomos y moléculas de la superficie que alcanzan una energía cinética suficiente para escapar del sólido o líquido.
El vapor situado sobre un líquido ejerce también su presión, llamada **presión de vapor**, que aumenta cuando se calienta el líquido. El valor de dicha presión de vapor es el que determina el instante en que arranca a hervir el líquido, y que es aquél en el que la presión de vapor es igual a la presión externa, lo que explica el hecho de que los líquidos hiervan a temperaturas más bajas en las cumbres, ya que allí la presión ambiental es menor. Por otra parte, la formación del vapor en el líquido no se limita, durante la ebullición, sólo a la superficie, sino a todo el volumen, lo que da lugar a la aparición de burbujas en su interior.
Cuando una sustancia que está en forma de gas o vapor se enfría, se produce un proceso llamado **condensación** gracias al cual, y por debajo de la temperatura de ebullición, el gas o vapor pasan a fase líquida.

Las fuerzas de atracción

Los átomos están unidos mediante fuerzas de atracción, de las que las más importantes son los **enlaces iónicos** y **covalentes**, ambos de naturaleza electrostática. Entre las fuerzas que mantienen unidas las moléculas (que por lo general son más débiles que las existentes entre los átomos) destacan las llamadas fuerzas de Van der Waals y los puentes de hidrógeno. En los sólidos las fuerzas de atracción entre átomos y moléculas se equilibran con las de repulsión debidas a las que ejercen los electrones de las capas exteriores de unos sobre otros. El conjunto de dichas fuerzas de atracción y repulsión es el responsable de la excitación constante que presentan los átomos y moléculas de los sólidos alrededor de las posiciones que ocupan en la red cristalina de éstos.
En el caso de los líquidos, los átomos y moléculas que los constituyen experimentan también fuerzas de atracción y de repulsión, si bien en este caso la energía es mayor en comparación con el estado sólido, por lo que la energía cinética de las partículas es mayor y las fuerzas de atracción ya no son capaces en este caso de mantener las posiciones fijas, provocando con ello una relativa libertad de movimiento.
En los gases, por el contrario, la libertad de movimiento de los átomos y las moléculas es completa, ya que su energía es tan alta que no están sometidos a las fuerzas de atracción y repulsión, de ahí su movimiento caótico.

5
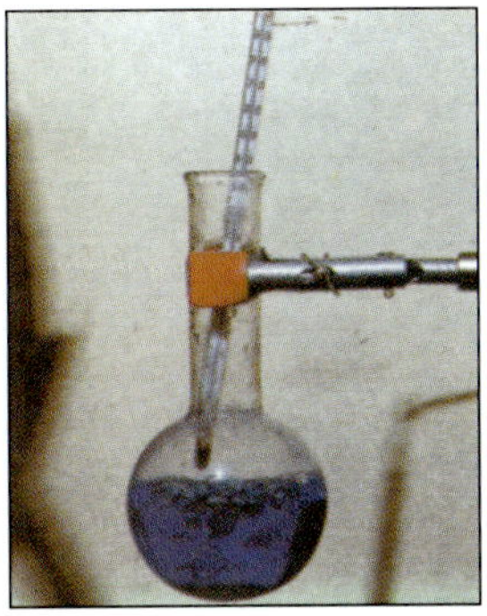

1. *El sólido se caracteriza por el hecho de que los átomos que lo constituyen se encuentran fijos en posiciones distribuidas con regularidad (red cristalina), alrededor de las cuales vibran a causa de su energía cinética.*

2. *En el gas, los átomos se mueven de forma caótica chocando entre sí y con las paredes del recipiente sobre las que ejercen presión. Esto hace que tiendan a llenar la totalidad del volumen que los alberga.*

3. *En el líquido, los átomos carecen de posición fija y se encuentran en constante movimiento, por lo que éste no tiene forma y adopta la del recipiente que lo contiene.*

4. *La temperatura a la que funde el hielo, es decir, a la cual coexisten la fase líquida y la sólida del agua, es otro de los puntos que se toma como origen en la escala termométrica centígrada o Celsio. En esta escala se le asigna el valor cero a la temperatura que reina en dicho punto.*

5. *En las escalas termométricas se toman ciertos puntos de referencia a partir de los cuales se obtiene la correspondencia con los grados de la escala mediante subdivisión arbitraria del intervalo que media entre dichos puntos de referencia. Uno de dichos puntos característicos para la escala centígrada es el punto de ebullición del agua al cual se le asigna el valor 100.*

La estructura cristalina

Por regla general, los compuestos químicos están formados por cristales que no se pueden reconocer siempre con facilidad, si bien, a pesar de que muchos de ellos presentan una forma indeterminada, un examen más minucioso de su estructura nos permite reconocer una disposición regular de estos elementos. La forma geométrica de dichos cristales es fija y determinada, y depende fundamentalmente del modo en que los átomos que los componen están enlazados entre sí. Así, por ejemplo, en el caso del cloruro sódico (la sal común) los átomos de cloro y sodio que constituyen su cristal se encuentran repartidos de tal modo que su forma recuerda la de un cubo, por lo que se dice que cristalizan en el llamado sistema cúbico.

Sistemas cristalinos
En general se considera que existe un total de 32 clases de cristales que se agrupan en siete **sistemas cristalinos,** de los que cada uno de ellos comprende todos aquellos cristales en los que puede reconocerse una forma fundamental particular. En el estudio de los minerales esta posibilidad de agruparlos de acuerdo con el criterio del sistema cristalino al que pertenecen es de gran ayuda.
Para identificar y caracterizar los diversos sistemas, así como para diferenciarlos mutuamente, se consideran y estudian los llamados **ejes cristalinos.** Dichos ejes son en realidad líneas imaginarias que median entre los centros de las caras opuestas de un cristal fundamental. De este modo se obtienen los siete sistemas antes mencionados, que se caracterizan de la siguiente forma:
En el **sistema cristalino cúbico** reconocemos tres ejes de igual longitud que se cruzan formando ángulos rectos. De este modo decimos que dichos cristales son **isométricos.** Por su parte, en el **tetragonal** hay dos ejes iguales y uno más largo o más corto perpendicular al plano de los dos anteriores, mientras que el sistema cristalino **hexagonal** tiene tres ejes iguales que se cortan en un plano formando 120°, y otro perpendicular a él, pudiendo ser más corto o largo que los demás. El sistema **ortorrómbico** está compuesto por tres ejes de longitudes distintas que se cortan formando ángulo recto. A su vez, el **monoclínico** lo forman también tres ejes de longitudes distintas, de los que dos se cortan en ángulo recto y el tercero forma con el plano de los anteriores cualquier ángulo distinto de 90°. Finalmente encontramos el sistema **triclínico,** con sus tres ejes de distinta longitud que se cortan formando ángulos distintos de 90°.

Formación de cristales
El proceso de formación de los cristales puede deberse a

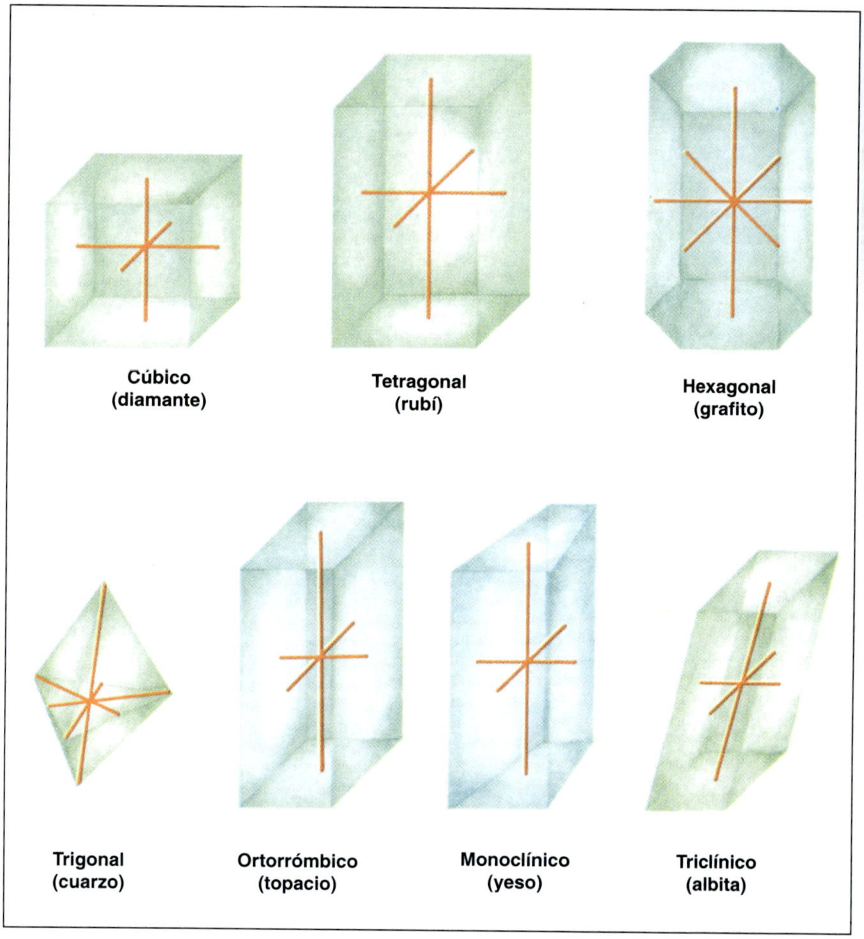

1

diversas causas.
Consideraremos en primer lugar la evaporación de una solución de una determinada sustancia. Durante este proceso la formación del cristal propiamente dicha se inicia en el instante en que los iones de la sustancia se liberan de la solución y se disponen de acuerdo con el esquema espacial característico de la red en cuestión.
El proceso continúa con la adición de más y más iones, si bien esto no produce cambios en el cristal en formación, sino que tan sólo puede dar también lugar a la formación de una red cristalina.

Alotropía
Si bien los átomos que constituyen una sustancia pueden adoptar una única disposición espacial, existen casos en los que es posible que adopten disposiciones distintas. En estas circunstancias se habla de **alotropía,** es decir, la posibilidad de presentar varias disposiciones distintas que, sin embargo, muestran las mismas propiedades químicas y difieren en sus propiedades físicas. Un ejemplo característico de blanda. Por su parte, en el diamante lo que encontramos es una única molécula gigante en la que cada uno de los átomos de carbono se encuentra enlazado con otros cuatro átomos de carbono mediante cuatro enlaces fuertes e iguales. La disposición espacial que adoptan es la de un tetraedro regular (es decir, caras de forma triangular), lo que confiere al cristal la máxima estabilidad estructural. Este es el motivo por el cual el diamante presenta una dureza enorme, siendo la sustancia natural más dura.

formas los constituye el carbonato cálcico, del que existen por un lado la calcita o espato de Islandia, que forma parte por ejmplo del mármol, y por el otro el aragonito, forma alotrópica que constituye el esqueleto de los corales.

2

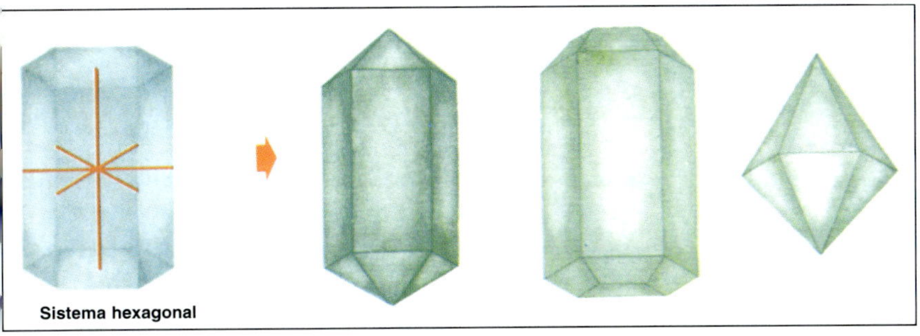

1. *Sistemas cristalinos con indicación de sus ejes cristalográficos. El cúbico, con tres ejes de igual longitud que se cruzan en ángulo recto. El tetragonal, con dos ejes iguales y uno más largo o más corto perpendicular al plano de los dos anteriores. El hexagonal, con tres ejes iguales que se cortan en un plano formando 120° y otro perpendicular a él, pudiendo ser más corto o largo que los demás. El ortorrómbico, con tres ejes de longitudes distintas que se cortan formando ángulo recto. El monoclínico, también con tres ejes de longitudes distintas de los que dos se cortan en ángulo y el tercero forma con el plano de los anteriores cualquier ángulo distinto de 90°. Finalmente, el triclínico, con tres ejes de distinta longitud que se cortan formando ángulos distintos de 90°.*

2. *Las formas cristalinas básicas nos permiten obtener asimismo las llamadas formas cristalográficas, en las que la forma básica está ligeramente modificada, por ejemplo por el corte de las esquinas. El esquema las recoge para el caso del sistema hexagonal.*

contribuye a que su tamaño aumente.
Otro mecanismo de formación de cristales se basa en la solidificación de los vapores o de una sustancia fundida. En el primer caso el vapor se congela dando lugar a cristales del hielo de la sustancia en cuestión, que muestran una estructura determinada (un ejemplo sería el agua). En el segundo lo que sucede es un proceso de solidificación de sustancias que inicialmente estaban fundidas, como ocurre con ciertos cristales de cuarzo, mica, etc. Finalmente, un líquido que se encuentra sobreenfriado (es decir, que se encuentra a una temperatura inferior a su temperatura de congelación sin haber alcanzado la fase sólida) alotropía lo constituye el carbono puro. Las dos formas alotrópicas a las que da lugar reciben los nombres de grafito y diamante. La estructura del grafito está formada por láminas planas de átomos de carbono ordenadas en estructuras superpuestas. En ellas, cada uno de los átomos de carbono se encuentra enlazado con otros tres átomos mediante enlaces relativamente fuertes, todos ellos situados en un mismo plano. La unión entre los diversos planos se mantiene gracias a las fuerzas de Van der Waals, que se vencen con facilidad aplicando una fuerza de cizalladura (desplazamiento horizontal de una lámina sobre otra). Este es el motivo por el cual el grafito es una sustancia

Cabe también mencionar las formas alotrópicas del azufre. En el caso del azufre existen dos formas alotrópicas que se designan como azufre rómbico y monoclínico: el primero es estable a una temperatura superior a los 95,6 °C, mientras que el otro lo es para temperaturas inferiores a dicho valor.
Ambos contienen grupos de ocho átomos de azufre que se diferencían en cuanto a la ordenación de sus diferentes estructuras tal y como indican sus nombres respectivos.
Finalmente, existen compuestos que presentan más de una forma. Este fenómeno recibe el nombre de **polimorfismo.** El ejemplo más característico de este tipo de multiplicidad de

Estado sólido

Características

Los sólidos conservan su forma gracias a las fuerzas que ejercen entre sí los átomos y moléculas que los forman. Entre éstas cabe diferenciar las **interatómicas,** que son más intensas y dan lugar a sólidos más duros (como, por ejemplo, los metales), y las **moleculares,** que dan lugar a los llamados sólidos moleculares (como algunos metales y aleaciones blandas), menos resistentes estructuralmente. La resistencia de los materiales se determina mediante la medición de su elasticidad, es decir, el comportamiento que muestran frente a la compresión y al estiramiento y que se expresa mediante la razón entre la carga aplicada y la deformación experimentada. Por su parte, la carga se define como la fuerza que se aplica sobre la muestra por unidad de superficie. Existen tres formas diferentes de aplicar la **carga.** En la primera, la **compresión**, los átomos y moléculas que forman el sólido se ven obligados a aproximarse mutuamente, por lo que una vez que se suprime la carga, las fuerzas repulsivas son las que se encargan de devolverlos a sus posiciones iniciales. Los otros dos procesos, el de **tracción** y el de **cizalladura,** lo que hacen es estirar o torcer el sólido de modo que sus átomos o moléculas se alejan, por lo que una vez suprimida la aplicación de la carga las fuerzas atractivas los devuelven de nuevo a su posición original. Para medir la **deformación** que experimenta un cuerpo hay que determinar la modificación que sufre en función de la carga aplicada. La ley que expresa una relación de este tipo es la llamada **ley de Hooke,** que afirma que la deformación experimentada por el cuerpo elástico es proporcional al esfuerzo que la produce. De este modo, la razón entre la carga aplicada y la deformación experimentada es una constante característica de cada material que depende del tipo de carga, esfuerzo de tracción (módulo de elasticidad o módulo de Young), de cizallamiento (módulo de rigidez) o de compresión.

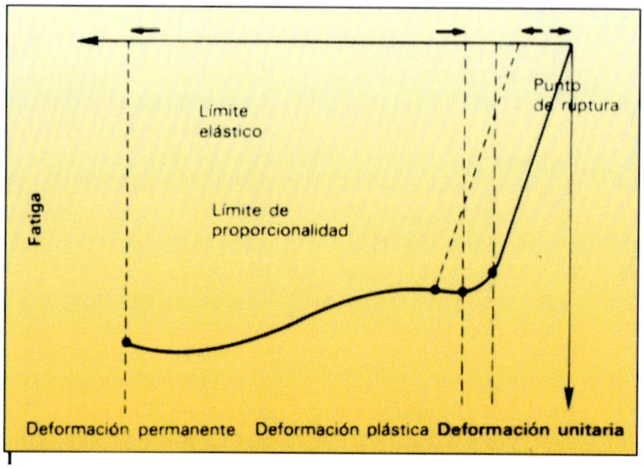

1

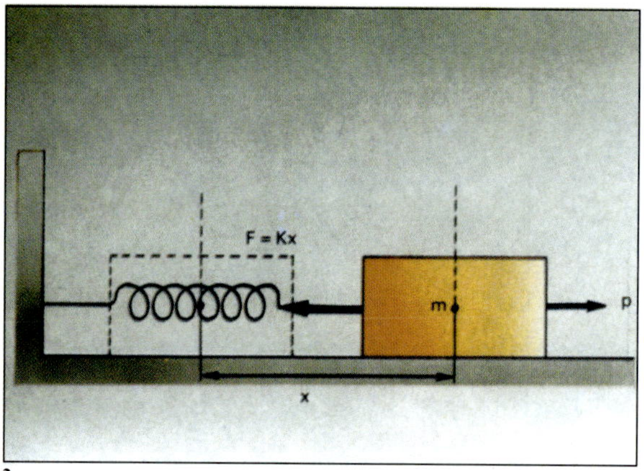

2

Propiedades

Cuando un material se somete a una carga que aumenta gradualmente, va experimentando una serie de modificaciones elásticas de su forma hasta que alcanza un punto determinado **(límite de elasticidad)** a partir del cual el material es ya incapaz de volver a recuperar su forma inicial. Esto es debido a que las estructuras cristalinas de los materiales no son en modo alguno perfectas, por lo que las fracturas internas y la presencia de impurezas (inclusiones de otras sustancias) en su red hacen que muestre puntos más débiles. La consecuencia de ello es la dislocación de las capas formadas por los átomos y moléculas y la aparición de una deformación permanente. Aumentando ligeramente la carga aplicada se alcanza otro punto significativo llamado **límite de carga,** a partir del cual la materia continúa su deformación incluso si se reduce ligeramente la carga aplicada. Finalmente se alcanza el llamado **límite de fractura,** en el que el material se hace débil y frágil, quebrándose. El conocimiento de estas características en los materiales empleados en la técnica es vital para garantizar que dichos materiales soportarán las cargas a las que se le someta. Asimismo, es preciso realizar un dimensionado correcto de la estructura para evitar fenómenos como la fatiga. Ésta se presenta cuando la aplicación constante de una carga sobre un elemento puede inducir la aparición de dislocaciones en su red que pueden dar lugar a la fractura de la pieza de forma súbita y al colapso de la estructura de la que forma parte. Otra de las propiedades importantes de los sólidos es su **dureza,** que está asociada con la intensidad de los enlaces que existen entre sus átomos y moléculas. La dureza juega un papel muy importante en la técnica, por lo que se han desarrollado varios procesos para su medición. La escala de dureza más conocida es la **Mohs**, que abarca del valor 1 (correspondiente al talco, el más blando) al 10 (asignado al diamante, el mineral más duro). Entre los diversos ensayos para la determinación de las durezas de los materiales cabe mencionar el **Brinell,** para una carga determinada aplicada durante 10 segundos; el

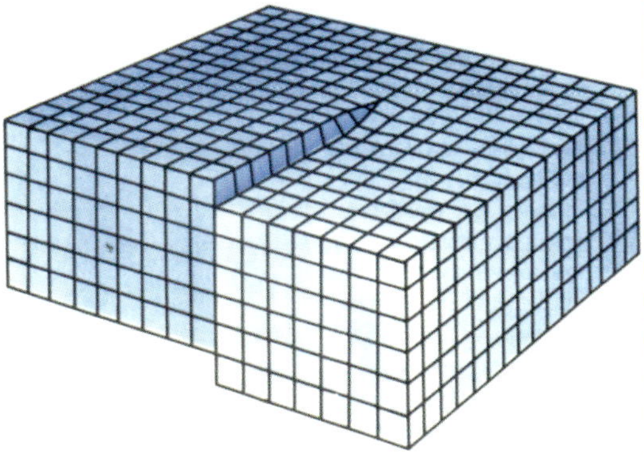

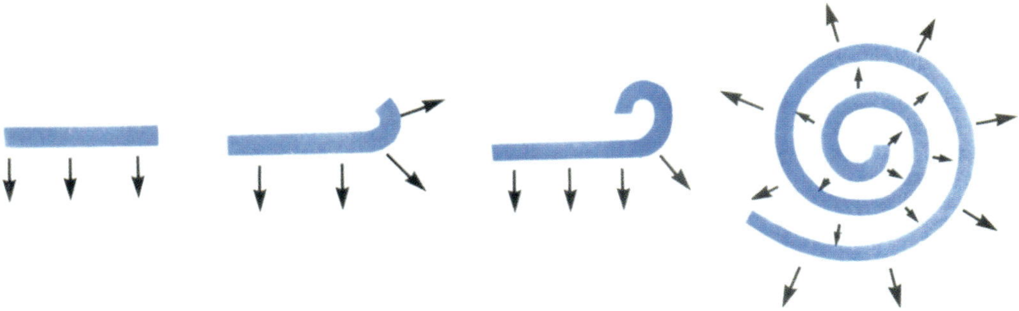

4

Rockwell, en el que se mide la deformación producida por el impacto de un cono o una bola; el **Shore,** que se basa en el efecto producido por el rebote de un martillo con punta de diamante, y el **Vickers,** semejante al Brinell pero en el que se emplea una pirámide de diamante. Los cuatro ensayos están asociados a escalas de dureza particulares.Si bien la dureza es de gran utilidad para muchas aplicaciones, a veces es necesario disponer de materiales que puedan estirarse con facilidad al objeto de obtener, por ejemplo, alambres. Esta propiedad recibe el nombre de **ductilidad** y caracteriza a los metales. Asimismo, puede interesar obtener láminas extremadamente delgadas. Los materiales que presentan esta propiedad se dice que son **maleables.** Ambas propiedades pueden alterarse mediante tratamientos térmicos, lo que se aprovecha por ejemplo en los procesos metalúrgicos (obtención de aceros, etc.).
Las **aleaciones** alteran también las propiedades mecánicas de un determinado material. Esto se aprovecha, por ejemplo, para mezclar dos materiales previamente fundidos y obtener de este modo, una vez enfriado, un nuevo material cuyas propiedades ya no son iguales a las de ninguno de los dos de partida, pudiendo ser en algunos casos más adecuadas. Estos materiales reciben el nombre de aleaciones y su obtención es un proceso usual en la metalurgia.
Otro modo de alterar las propiedades mecánicas de un material o, en su caso, de mejorarlas con un propósito determinado, consiste en la inserción de fibras de otro material distinto en el seno del primero.

1. *El diagrama fatiga-deformación correspondiente a un material dúctil sometido a tensión nos permite observar el hecho de que una vez sobrepasado el límite elástico, la supresión de la carga aplicada ya no permite que dicho material recupere su longitud inicial.*

2. *R. Hooke estudió en 1678 las leyes de las fuerzas recuperadoras elásticas estableciendo la ley que lleva su nombre y que afirma que las fuerzas elásticas F son proporcionales al alargamiento x, tal como indica el dibujo.*

3. *Una estructura que colapsa ante los esfuerzos aplicados sobre ella constituye una demostración de que el material no es adecuado para este tipo de solicitación.*

4. *En las técnicas de crecimiento de cristales a partir de vapores supersaturados, se puede observar la aparición de los llamados escalones en espiral, consecuencia de la intersección entre la superficie de un cristal y una dislocación helicoidal (en la que no es necesaria la formación de una nueva capa ya que el cristal continúa su crecimiento al borde de la discontinuidad).*

Líquidos

Los líquidos se caracterizan por las fuerzas de atracción, que mantienen unidos sus átomos y moléculas y que, si bien no les permiten una libertad completa, no llegan a ser tan intensas como en el caso de los sólidos, motivo por el cual carecen de estructura cristalina, es decir, no tienen una forma fija y adoptan la del recipiente que los contiene. Asimismo, los líquidos ni pueden ser estirados ni pueden sufrir deformación, si bien se pueden comprimir, presentando propiedades similares a los sólidos en cuanto a la elasticidad frente a compresión. Los líquidos ejercen presión en las superficies de contacto con el recipiente y en todos sus puntos interiores, dependiendo ésta de la densidad del líquido en cuestión y de la profundidad a la que esté situado el punto considerado.

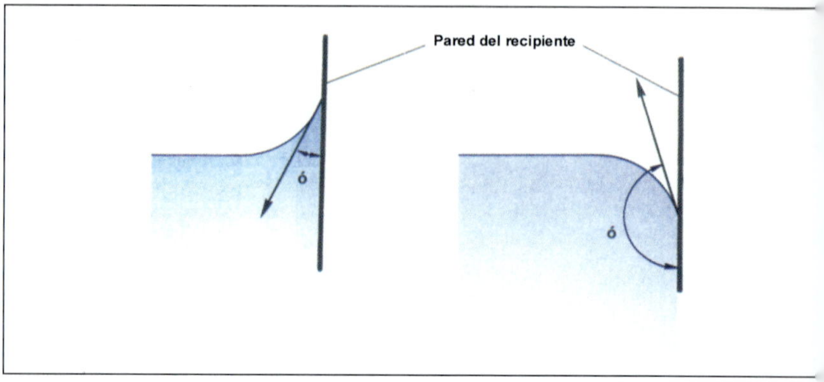

1

2

Tensión superficial

Las fuerzas de cohesión existentes en los líquidos impiden que se expandan para tratar de ocupar la totalidad del volumen del que disponen.
El hecho de que los líquidos ocupen parte o todo el recipiente que los contiene hasta un determinado nivel (adoptando además su forma) se debe a la acción de la fuerza de la gravedad sobre ellos. En una situación de gravedad nula, por ejemplo en las estaciones orbitales (es decir, en caída libre), los líquidos adoptan la forma que minimice su superficie, o sea, la forma esférica. Esto se debe a que los líquidos presentan una propiedad que se denomina **tensión superficial,** debida a que, si bien en el interior del líquido los átomos y moléculas compensan entre sí las mutuas atracciones, en la superficie de éste existe un predominio de las fuerzas que actúan desde el interior en detrimento de las del exterior, por lo que resulta un efecto total de tracción hacia el interior que obliga a que la superficie del líquido se comporte como si formase una piel tensa. Una prueba de la existencia de dicha tensión superficial nos la brinda un sencillo experimento en el que se sumerge en agua jabonosa un aro metálico, procurando que se forme una película en su interior. Acto seguido se dispone cuidadosamente un lazo de hilo sobre la película intentando a su vez que ésta no se rompa. Una vez logrado esto se elimina la película abarcada por el hilo, con lo que éste adopta inmediatamente una forma perfectamente circular, o sea, que la película jabonosa exterior se contrae para abarcar la menor superficie posible. Los valores de la tensión superficial son diferentes para los diversos líquidos, dependiendo de ésta que el líquido en cuestión moje o no la sustancia con la que entra en contacto. Así, por ejemplo, el mercurio presenta un valor muy alto de tensión superficial, por lo que una gota de mercurio depositada sobre una placa de vidrio adopta una forma abultada y no lo moja. En cambio, la situación para el agua es diferente, ya que en este caso la adherencia existente entre los átomos y moléculas del agua y el vidrio es capaz de vencer la resistencia

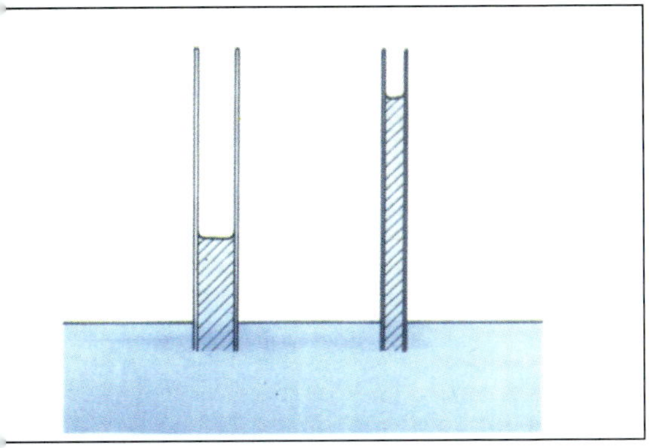

3

4

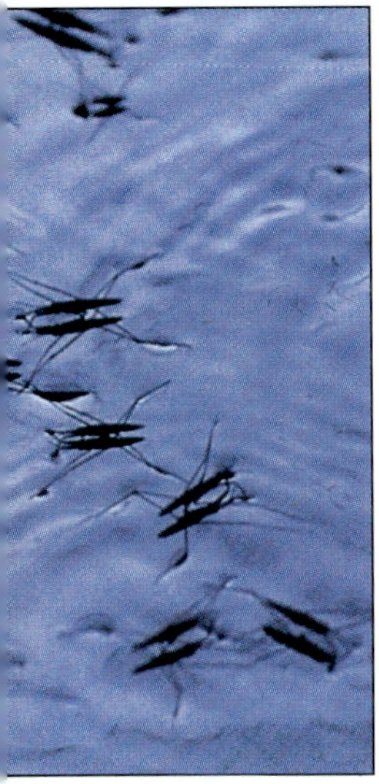

de la tensión superficial, por lo que el agua moja el vidrio. Asimismo, si la cohesión interna de un líquido es capaz de vencer la adherencia de éste con la sustancia que le rodea, el líquido adopta una forma que minimiza su superficie (el ejemplo son las gotas esferoides de la lluvia). La interacción entre la adherencia y la cohesión queda patente al comparar dos tubos iguales llenos, respectivamente, con mercurio y agua. En el primer caso el mercurio muestra un menisco cóncavo, producto de la preponderancia de sus fuerzas de cohesión, mientras que en el segundo el agua origina un menisco convexo, que demuestra el predominio de la adherencia con el vidrio de las paredes del tubo.

Capilaridad

Cuando un líquido se encuentra en el interior de un tubo extremadamente delgado (capilar), o entre dos láminas muy próximas, su comportamiento muestra algunas peculiaridades. Este fenómeno recibe el nombre de **capilaridad.** En el caso del agua, al introducir un capilar en un recipiente lleno de agua, ésta asciende por el interior del capilar hasta situarse a una altura superior a la del nivel del agua en el recipiente, siendo tanto mayor la altura hasta la que asciende el líquido cuanto más fino es el capilar empleado. En el menisco que se forma en un tubo, ya sea capilar o no, la superficie cumple una condición, respecto de la diferencia de presiones entre el interior y el exterior de la superficie del menisco, que está relacionada con la tensión superficial del líquido y con el radio de curvatura de éste. En el caso del capilar introducido en agua mencionado con anterioridad, las presiones a ambos lados de la superficie del menisco están relacionadas de tal forma que la del aire supera a la del agua, siendo alta la diferencia, por lo que el agua asciende hasta que se nivela la presión atmosférica con la presión que el agua del cuenco ejerce sobre la que está contenida en el capilar. En el caso del mercurio, por el contrario, la diferencia de presiones es precisamente la contraria, por lo que el nivel que alcanza el mercurio en el interior del capilar es inferior al que tiene en el recipiente hasta que la presión se equilibra con la atmósfera.

Sustancias tensoactivas

La tensión superficial de un líquido como el agua permite, por ejemplo, que ciertos insectos (pulgas de agua, etc.) caminen sobre su superficie o bien que algunos objetos cuyo peso es suficientemente pequeño como para no poder vencer la tensión superficial, floten sobre su superficie. Sin embargo, si al agua se le añade detergente la tensión superficial se reduce o desaparece. Esto es debido a que los detergentes contienen unas sustancias llamadas **tensoactivas** que reducen la tensión superficial del agua debido a que contienen elementos hidrófilos (que son atraídos por las moléculas de agua) e hidrófobos (que no ejercen atracción alguna sobre dichas moléculas), por lo que el objeto que antes flotaba ya no lo hace, hundiéndose en el agua, y los animales que paseaban por su superficie ya no pueden hacerlo.

1. *Las fuerzas de adhesión entre el líquido y el sólido determinan, por un lado, su ángulo de contacto, y por el otro, si éste último es o no mojado por el primero. Cuando la tensión superficial del líquido es baja el ángulo de contacto es pequeño y el menisco que se forma es cóncavo. En caso contrario, el menisco es convexo.*

2. *La tensión superficial es un fenómeno que se presenta en la superficie de los líquidos debido a la composición de las fuerzas entre los átomos y moléculas de su superficie. El efecto más llamativo de este fenómeno es la aparición de una especie de piel sobre el líquido que permite que algunos animales caminen sobre él. Así ocurre con los zapateros que aparecen en esta ilustración.*

3. *La capilaridad es un efecto que permite que un líquido con una tensión superficial baja ascienda por el interior de un tubo o entre un par de placas paralelas. La altura a la que llega el líquido depende de la proximidad de las paredes. Este efecto es el que hace, por ejemplo, que el papel secante sea capaz de absorber la tinta.*

4. *Si bien los tejados hechos de pizarra son muy usuales en regiones de alta montaña y soportan muy bien las inclemencias del tiempo, no están libres en ocasiones de los fenómenos de capilaridad que hacen que el agua pueda penetrar incluso «cuesta arriba» hasta el interior del recinto que guarecen.*

Gases

En gases las fuerzas entre los átomos y moléculas no tienen un efecto apreciable, y éstas, que están muy separadas, se mueven con entera libertad unas respecto de las otras. El resultado de estas condiciones es que los gases carecen de forma y adoptan la del recipiente que los contiene, si bien, a diferencia de los líquidos, tienden a llenar por completo el espacio del que disponen. En el caso de los gases las variaciones que sufren vienen caracterizadas por su presión, volumen y temperatura, siendo así que la ecuación que define su estado (considerándolos ideales) es la denominada **ecuación de estado,** que relaciona dichas magnitudes mediante la llamada constante de los gases, R, del modo siguiente: $P \cdot V = R \cdot T$.

1

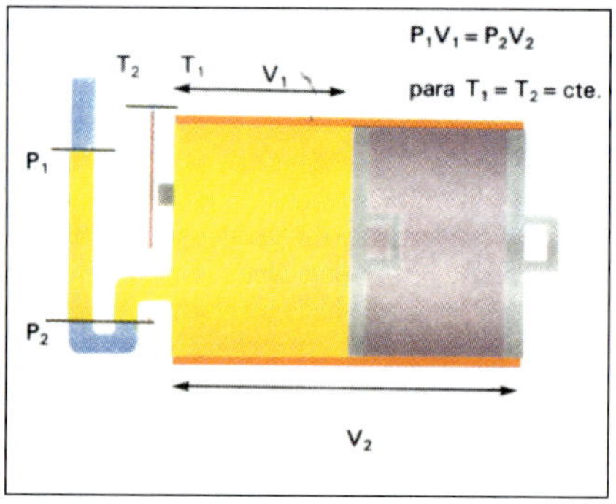

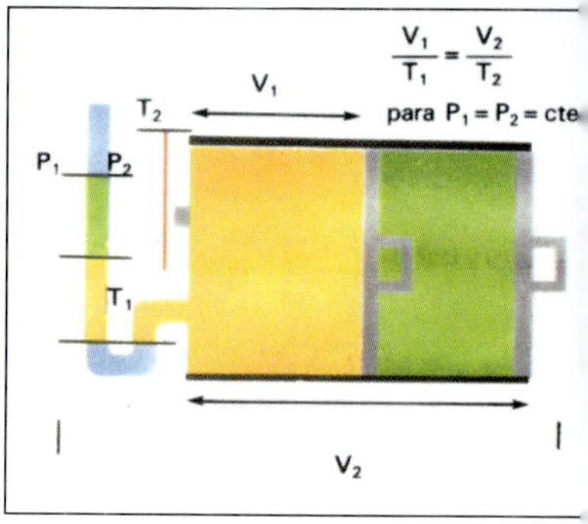

Teoría cinética

La descripción del estado gaseoso y de las transformaciones que experimentan los gases se realiza mediante la denominada **teoría cinética** de los gases y se basa en las llamadas **leyes de los gases.** La teoría cinética de los gases se fundamenta en la concepción de que éstos están compuestos por átomos o moléculas que se mueven con gran rapidez y en direcciones al azar. Cada una de dichas partículas posee una energía cinética (de aquí el nombre de la teoría) que depende de su temperatura. Además, se considera que tales partículas experimentan choques perfectamente elásticos, es decir, que cuando colisionan entre sí conservan sus velocidades (si bien cambian sus direcciones), y el choque no supone una pérdida de energía. Además, dicha teoría supone que el volumen ocupado por las partículas, comparado con el que ocupa el gas del que forman parte, es despreciable, además de considerar que la atracción mutua entre ellas es asimismo nula. Finalmente, el tiempo que media entre colisiones se considera tan grande que el que supone la colisión se admite como despreciable. Los choques de los átomos y moléculas de un gas son únicamente uno de los tipos de choque existentes en los gases, ya que también chocan con las paredes del recipiente que los contiene, ejerciendo una fuerza contra ellas que es una función del propio choque contra la pared (es decir, de la energía cinética que anima a la partícula). Los choques, al ser perfectamente elásticos, no suponen pérdida de energía cinética para las partículas, si bien es evidente que cambian la dirección de la velocidad. Por lo tanto, la presión ejercida sobre las paredes del recipiente es fuerza media por unidad de superficie.

Leyes de los gases

La descripción del comportamiento de los gases en función de su presión, volumen y temperatura obedece a las llamadas leyes de los gases, que confirman que dichas magnitudes están relacionadas entre sí y que coinciden con los resultados de la teoría cinética de los gases. Consideramos primero la relación existente entre el volumen y la presión de un gas. Dicha relación se expresa mediante la **ley de Boyle-Mariotte,** que afirma que para una temperatura constante, la presión ejercida por una masa de gas sobre las paredes del recipiente que la contiene es inversamente proporcional al volumen que dicho gas ocupa. La ley se expresa como: $P \cdot V =$ const. (para una temperatura determinada), donde *P* es la presión y *V* representa el volumen. Desde el punto de vista de la teoría cinética de los gases, esta ley es correcta, ya que al reducirse el volumen que ocupa un gas, a temperatura

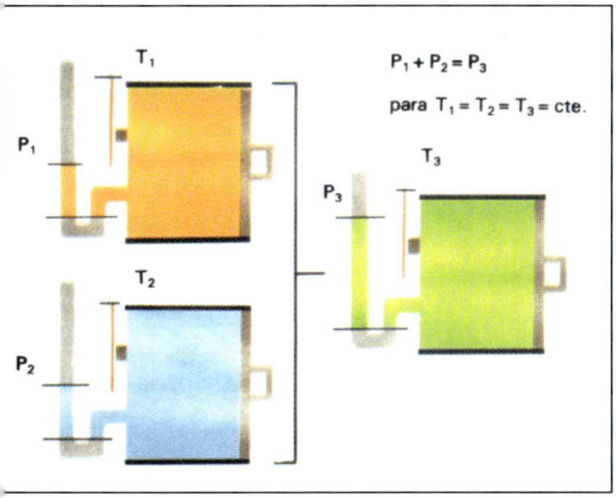

4

5

constante, los átomos o moléculas que lo componen deben chocar con mayor frecuencia con las paredes, por lo que debe aumentar la presión. La relación entre el volumen y la temperatura viene dada por la llamada **ley de Gay-Lussac,** que afirma que para una presión que se mantenga constante, existe una proporcionalidad entre el volumen que ocupa el gas y su temperatura, es decir, que la relación es: V/T = constante, donde *V* es el volumen y *T* la temperatura. Desde el punto de vista de la teoría cinética de los gases la ley también es aceptable, ya que el aumento de la temperatura hace que aumente la energía de los átomos o moléculas. Dicho aumento debe traducirse en una mayor velocidad (y por lo tanto choques más frecuentes) y choques más fuertes con las paredes del recipiente; o sea, un aumento de la presión. Por lo tanto, si se desea que la presión permanezca constante es necesario que aumente el volumen. Finalmente consideraremos una ley que se deduce a partir de las dos anteriores y que relaciona la presión del gas con su temperatura cuando el volumen es constante; es decir, P/T = constante (a volumen constante), donde *P* es la presión y *T* la temperatura. Cabe mencionar que estas tres leyes dan finalmente la ecuación de estado. Sin embargo, las leyes que hemos tratado son válidas únicamente para los denominados **gases ideales,** es decir, aquellos que cumplen en toda circunstancia las hipótesis que establece la teoría cinética de los gases. Este no es el caso de los gases reales. Dichos gases tienen un comportamiento

1. *Los gases tienden a ocupar la totalidad del volumen del que disponen, motivo por el cual los que se emplean, por ejemplo, para usos domésticos se almacenan en construcciones, llamadas gasómetros, en las que se maximiza el volumen útil minimizando las dimensiones necesarias; de ahí su forma esférica,*

2. *Una de las leyes que gobiernan el comportamiento de los gases es la llamada ley de Boyle-Mariotte, que afirma que el aumento del volumen (V) de un gas a temperatura constante produce una reducción proporcional de la presión (P) a la que está sometido.*

3. *La ley de Gay-Lussac, que aparece representada en esta ilustración, afirma que el volumen (V) de un gas aumenta en una proporción igual para un mismo incremento de temperatura (T) cuando la presión (P) se mantiene constante.*

4. *La ley de Dalton, o de las presiones parciales, afirma que en condiciones de temperatura (T) constante, en una mezcla de gases cada uno de ellos contribuye a la presión total (P_3), con la que ejercería si se encontrase aislado (P_1 y P_2).*

5. *Cuando un globo de aire caliente se hincha y eleva nos encontramos ante una demostración de que el aumento de la temperatura hace que los gases (en este caso el aire) se dilaten.*

6

7

que diverge en cierta medida del descrito por las leyes enunciadas, lo que hace que éstas sean válidas únicamente para valores moderados de las presiones y las temperaturas.
Cuando las presiones son muy altas, la proximidad entre las moléculas que forman los gases es grande, por lo que la suposición de que no ejercen atracción mutua entre ellas pierde todo su valor. Sucede lo mismo con la suposición de que los volúmenes de las moléculas son despreciables, por lo que cabe tenerlos en cuenta. La atracción que sufren recibe el nombre de **fuerzas de Van der Waals,** por lo que el comportamiento del gas se describe en estas circunstancias mediante la llamada **ecuación de Van der Waals:** $(P + a/V^2) \cdot (V - b) = R \cdot T$, donde tanto *a* como *b* son magnitudes de corrección que tienen en cuenta la atracción mutua entre las moléculas del gas, así como el volumen propio de éstas. Asimismo, para temperaturas muy bajas la pérdida de energía cinética de las moléculas hace que las fuerzas de Van der Waals jueguen un papel muy importante.
Como ya sabemos, la energía cinética de las moléculas de un gas, que depende de su temperatura, es la que determina la fuerza dispersiva que las separa, y es muy superior a la fuerza atractiva de cohesión, que depende de su distancia mutua. Por lo tanto, para lograr la licuación del gas hay que hacer que se aproximen los valores de dichas fuerzas. Esto se logra enfriándolo (con lo que se disminuye la fuerza dispersiva) o comprimiéndolo (con lo que se reduce la separación media entre las moléculas, o sea, aumentan las fuerzas atractivas). Sin embargo, mientras que la energía cinética puede reducirse a voluntad enfriando adecuadamente el gas (es decir, que es posible licuar los gases únicamente enfriándolos), la fuerza de cohesión no se puede aumentar de forma ilimitada, motivo por el cual cada gas tiene un valor determinado de temperatura, llamado **temperatura crítica,** por encima del cual éste no se licuará por mucho que le aumente la presión. Asimismo, el valor de la presión necesario para licuar un gas que se encuentra a la temperatura crítica recibe el nombre de **presión crítica.**
Otro problema lo representan las mezclas de gases, que podemos considerar inicialmente como soluciones de un gas en otro, y cuyas propiedades son una combinación de las propiedades de los gases de partida. Sin embargo, en cuanto a las presiones los gases que componen una mezcla, presentan un comportamiento especial que viene formulado mediante la llamada **ley de Dalton** de las presiones parciales. De acuerdo con dicha ley, la presión de una mezcla de gases entre los que no se produzcan reacciones químicas es la suma de las presiones que cada uno de ellos ejercería por separado. El mecanismo que justifica este comportamiento es el siguiente. La mezcla de dos gases hace que éstos se difundan uno en otro. Dicha difusión es consecuencia de la agitación de sus moléculas y se verifica con una velocidad que es inversamente proporcional a la raíz cuadrada de su densidad. De este modo, dado que la velocidad de las moléculas depende de su masa (para una temperatura dada), ésta depende de la densidad del gas, lo que justifica el resultado enunciado.

La atmósfera

Una vez estudiadas las leyes que rigen el comportamiento de los gases, vamos a centrar nuestra atención en los efectos que el comportamiento de una masa gaseosa que nos es familiar ejerce sobre nosotros y nuestro entorno. Se trata de la mezcla de gases que constituye la **atmósfera** que rodea al planeta que habitamos. El aire ejerce una presión que denominamos **presión atmosférica.** Ésta se debe al peso de la columna de aire que se encuentra situada por encima del lugar en el que la medimos. Para determinarla se emplea un instrumento llamado **barómetro de mercurio,** que esquemáticamente está compuesto por un recipiente abierto lleno de mercurio y un tubo delgado de un metro de longitud, cerrado por uno de sus extremos y lleno de mercurio, que se sitúa con el extremo abierto dentro de la cubeta. Este dispositivo fue inventado por E. Torricelli en 1644. Cuando se destapa el extremo abierto del tubo, la columna de mercurio desciende dejando entre el extremo cerrado y el mismo un espacio que recibe el nombre de vacío de Torricelli. La altura hasta la que desciende el mercurio es de 760 milímetros, valor que recibe el nombre de **presión normal.** En los sistemas antiguos de unidades se empleaba para expresar la presión en milímetros de mercurio (mm Hg), dándose al valor de 760, medido a 0 °C y a 45 grados de latitud, el nombre de atmósfera. En el sistema internacional la unidad de presión empleada es el bar (con su submúltiplo el milibar, mbar) o el pascalio (PaO), que equivalen a una presión de 1 neutonio/m^2, equivaliendo a su vez los 760 mm de mercurio a 1.013,23 milibares, mientras que el bar equivale a 10^5

8 9

pascalios. Existen también otros tipos de barómetro, entre los que cabe destacar el barómetro aneroide (sin aire), que está compuesto por una caja en la que reina un vacío parcial y que en consecuencia se deforma cuando varía la presión externa. La deformación es recogida por un dispositivo que la señala mediante una aguja sobre una escala. El motivo por el cual hemos recalcado que en el caso del barómetro aneroide reina un vacío parcial es que en un sentido estricto el vacío total no puede alcanzarse. Si bien las máquinas de las que se dispone en la actualidad logran vacíos muy apreciables, sus niveles son todavía excesivamente altos con respecto, por ejemplo, a los que reinan en el espacio. La definición física de vacío exige que se trate de una región del espacio en la que no haya ni materia ni radiación.

En la actualidad la teoría física referida al vacío afirma que incluso en un vacío que alcanzase el punto cero existiría una radiación de origen térmico (radiación del punto cero), por lo que resulta imposible hablar de vacío en un sentido estricto.

6. *Para medir la presión que ejerce un gas contra las paredes del recipiente que lo contiene se emplea un aparato como éste, un barómetro.*

7. *El funcionamiento del barómetro aneroide como el que recoge la ilustración, se basa en el aprovechamiento de las deformaciones que experimenta la pared de una caja en la que se ha hecho el vacío como consecuencia de los cambios de la presión externa.*

8. *A pesar de que se afirme por lo común que el espacio está vacío, no se trata en modo alguno de un vacío total, ya que para ello no debería existir cantidad alguna de materia en él ni tampoco campos de ninguna especie, motivo por el cual cabe afirmar que el vacío total no existe.*

9. *Las propiedades de los gases son de gran importancia para muchas actividades humanas, entre las que destacan las actividades submarinas. En la práctica de este deporte el cálculo de los tiempos de descompresión es fundamental para evitar que se produzca la descompresión gaseosa, que puede tener consecuencias fatales.*

Soluciones, mezclas y estados inusuales de la materia

Características de las soluciones

El proceso mediante el cual una sustancia **(soluto)** se disuelve en el seno de otra **(disolvente)** se conoce con el nombre de **solución.** La razón por la cual el soluto se disuelve en el disolvente es que las fuerzas de atracción entre sus moléculas y las del disolvente son más fuertes que las que existen entre sus propias moléculas. El sentido del proceso de disolución no es unívoco, y de esta forma aun cuando se disuelvan, por ejemplo, más moléculas de las que vuelvan a cristalizar, siempre hay una cierta cantidad de ellas que verifican este proceso. Cuando la cantidad de soluto es suficiente la disolución acaba por alcanzar un estado en el que la cantidad de moléculas que se disuelven es igual a la cantidad de las que recristalizan, y entonces se dice que la solución ya no acepta más soluto, es decir, que la solución está saturada. Dicho estado de **saturación** no significa en modo alguno que no se produzcan ambos procesos, sino que éstos han alcanzado lo que se llama un equilibrio dinámico, es decir, un equilibrio en que el número de moléculas que se disuelven es igual al de las que recristalizan. En dicho estado, la adición de mayor cantidad de soluto ya no tiene influencia, porque queda sin disolverse en el seno del disolvente. Si alcanzado el estado de saturación, se calienta la disolución y se evapora el disolvente, entonces el volumen de solución saturada se reduce, lo que implica que parte del soluto disuelto en ella debe abandonarlo. Por lo general, el aumento de la temperatura aumenta la velocidad del proceso de disolución y la cantidad de soluto que el disolvente es capaz de admitir. Por el contrario, la reducción de la temperatura tiene efectos opuestos. Cuando se enfría una solución sin que lleguen a formarse cristales de soluto se obtiene una solución que recibe el nombre de **solución sobresaturada.**

Tanto los líquidos como los gases pueden disolverse en los líquidos, como sucede por ejemplo con el caso del alcohol en agua, o del oxígeno y el anhídrido carbónico. La solubilidad de los gases se reduce a altas temperaturas, fenómeno que se aprovecha para extraer gases de soluciones simplemente calentándolas. Los gases disueltos en los líquidos permanecen en ellos mientras que no se reduce la presión, ya que dicha reducción provoca su salida del disolvente.

Propiedades

Las soluciones presentan una serie de propiedades muy características, como son la elevación del punto de ebullición y el descenso del punto de congelación del disolvente. Esta propiedad es la que aconseja la mezcla de anticongelante en el líquido del circuito de refrigeración de los automóviles que vayan a estar expuestos a temperaturas muy bajas, o la práctica de esparcir sal para que el hielo de las calles funda en invierno. Como sabemos, el agua congela a una temperatura de 0 °C. En esta situación lo que se establece es un equilibrio dinámico entre la fase sólida (el hielo) y la fase líquida (el agua) que la rodea, o sea, que el número de las moléculas de agua que pasan a formar parte del sólido es igual al número de las que lo abandonan. Sin embargo, si el agua actúa como disolvente y contiene una sustancia (soluto) disuelta en ella, entonces las moléculas de dicha sustancia reducen la concentración de las de agua, lo que tiene como efecto una reducción del número de las que pasan a la fase sólida a la temperatura indicada. Por lo tanto el equilibrio dinámico sólo puede alcanzarse en este caso reduciendo aún más la temperatura, con lo que se disminuye el ritmo con el que las moléculas de agua abandonan la fase sólida.

En cuanto a la elevación del punto de ebullición producida por la disolución de un soluto en un disolvente, el mecanismo es el siguiente. El soluto es responsable de la disminución de la presión de vapor que reina sobre la superficie del

1

2

disolvente. Por otro lado, las moléculas de soluto de la superficie de la solución tienden a impedir que las moléculas del disolvente escapen, mientras que continúan permitiendo el regreso de las moléculas de vapor del disolvente a la fase líquida. Éste es el motivo por el cual la solución no hierve aunque alcance la temperatura de ebullición del disolvente, ya que su presión de vapor todavía se encuentra por debajo de la presión atmosférica, es decir, que para alcanzar la presión de vapor que permita la ebullición hay que aumentar aún más la temperatura.

Las soluciones presentan asimismo otro efecto que se muestra cuando se separan, mediante una membrana semipermeable (que permite paso del disolvente, pero no así el del soluto), dos soluciones cuyas concentraciones son distintas. En estas condiciones se observa que el disolvente tiene tendencia a atravesar la membrana en el sentido de la disolución cuya concentración es más elevada, lo que tiene como consecuencia un aumento de la cantidad de disolvente en la parte que contiene la disolución más concentrada y una disminución de la cantidad de éste en el lado en que se encuentra la disolución cuya concentración es menor. El efecto continúa hasta que la presión hidrostática consigue equilibrar dicha tendencia. Por lo tanto, se dice que la solución más diluida ejerce una presión a la que se da el nombre de **presión osmótica**. Este equilibrio entre la presión hidrostática y la presión osmótica permite determinar la magnitud de ésta a partir de la medición de la altura que alcanza el disolvente. El fenómeno de la **ósmosis**, que tiene múltiples aplicaciones, es una de las causas de los procesos de intercambio que tienen lugar durante los procesos de alimentación de las células tanto de tipo animal como de tipo vegetal.

3

El estado coloidal

Entre los estados inusuales de la materia nos ocuparemos brevemente del estado coloidal, de los cristales líquidos, de los plasmas y de dos propiedades sorprendentes de la materia como son las superfluidez y la superconductividad.

El **estado coloidal** se produce cuando el tamaño de las partículas en suspensión en las llamadas soluciones coloidales es intermedio entre los tamaños de las partículas que forman las disoluciones verdaderas y los de aquellas que constituyen las suspensiones groseras. A este respecto se acepta

1. *En siderurgia, las aleaciones para la obtención de aceros con propiedades concretas es muy corriente. De este modo se emplea en la industria el material más adecuado para cada aplicación.*

2. *Un ejemplo de separación de los componentes de una disolución lo constituyen las salinas en las que el agua marina, expuesta a la acción del Sol, va pasando de un estanque a otro y saturándose hasta que, una vez perdida toda el agua, queda únicamente la sal.*

3. *Un ejemplo muy conocido de coloide lo constituye la niebla, formada por las minúsculas gotitas de agua (que actúan como fase dispersa) en el aire atmosférico (que en este caso actúa a modo de medio dispersante).*

que las partículas cuyo tamaño es mayor de 0,2µ se encuentran en suspensión grosera, mientras que las que tienen tamaños inferiores a 1µ forman las soluciones verdaderas, si bien dichos límites se establecen de forma completamente arbitraria, lo que explica el hecho de que las soluciones coloidales tengan muchas propiedades que son comunes con las soluciones verdaderas y con las suspensiones groseras.
En las **dispersiones coloidales** la sustancia que se halla en proporción menor se llama **fase dispersa** o dispersoide, mientras que el medio en el que las partículas están dispersas recibe el nombre de **medio de dispersión.**
Las propiedades de las sustancias que se encuentran en estado coloidal son características de éste.
Entre ellas destaca el hecho de que son estables y no sedimentan, ya que la fuerza de la gravedad es por lo general excesivamente pequeña como para dar lugar a este efecto. Asimismo, presenta propiedades ópticas como el efecto Tyndall causado por la reflexión y refracción de la luz, es decir, la dispersión de las ondas luminosas en las partículas coloidales, lo que las hace visibles como puntos brillantes sobre un fondo oscuro, al igual que sucede con las partículas de polvo cuando la luz incide sobre ellas. Asimismo, las partículas coloidales observadas al microscopio presentan un movimiento browniano debido a los choques de las moléculas del medio de dispersión con las partículas coloidales.
Finalmente, muestran propiedades eléctricas como carga, que se demuestra mediante el fenómeno de la **electroforesis.**

4

Cristales líquidos

Los **cristales líquidos** representan un estado intermedio entre sólido y líquido y en ellos los átomos y moléculas que los constituyen están distribuidos siguiendo un esquema similar al de un cristal sólido, si bien dicho esquema no es fijo y puede variarse mediante la aplicación de calor o sometiendo al cristal a la acción de un campo eléctrico.
Algunos de ellos modifican su color en función de la temperatura, motivo por el cual se emplean como sustancias termométricas; en cambio, en otros la aplicación de una determinada tensión eléctrica produce una variación del plano de polarización de la luz, siendo éstos los que se utilizan en las indicaciones de relojes de pulsera o calculadoras.

El estado de plasma

El **estado de plasma** suele denominarse a veces cuarto estado de la materia, ya que de hecho un plasma es un gas que se ha calentado hasta alcanzar temperaturas tan altas que sus átomos y moléculas pierden electrones convirtiéndose en iones. El gas que se encuentra en estado de plasma está completamente ionizado, por lo que es un conductor excelente de la corriente eléctrica. En la naturaleza, los gases en estado de plasma se encuentran en las estrellas, en las que permiten que se verifiquen los procesos de fusión que constituyen la fuente que suministra la energía necesaria para que éstas brillen durante largos períodos de su evolución. La obtención de plasmas por medios artificiales tiene, por lo tanto, importancia en relación con el desarrollo de los reactores de fusión, que se consideran una alternativa a las actuales centrales nucleares (en las cuales la energía se obtiene mediante procesos de fisión nuclear).

Superfluidez

La **superfluidez** es un estado en el que la viscosidad tiene un valor cero o prácticamente cero. Dicho estado se inicia para una temperatura muy definida y que, por ejemplo, en el caso del helio 4 (un isótopo del helio) es de 2 °K, es decir, que está tan sólo dos grados por debajo de la temperatura de licuefacción. Por debajo de dicha temperatura el fluido se comporta como si estuviese formado por dos componentes, uno de ellos un líquido normal y el otro un superfluido. Las proporciones de ambos varían con la temperatura. El superfluido, además de carecer de viscosidad tiene un valor infinito para la conductividad térmica. Si, por ejemplo, se coloca un fluido en un recipiente de barro sin esmaltar, éste lo atraviesa escapando de él por las porosidades hasta que el recipiente queda completamente vacío.
Si bien no existe un modelo definitivo del fenómeno de la superfluidez, parece seguro que se trata de líquidos tan sumamente débiles que de hecho son muy parecidos a los gases. Pero mientras que sus densidades son bajas, sus

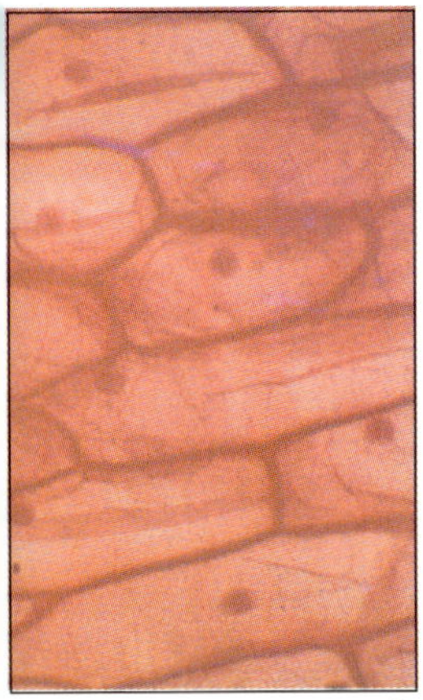

5

6

7

viscosidades son parecidas a las del aire a temperatura ambiente.

Superconductividad

Por su parte, la **superconductividad** es semejante a la superfluidez, si bien en este caso lo que se anula es la resistencia eléctrica. Esta propiedad, descubierta por Kamerlingh-Onnes para el mercurio a 4,2 °K, es decir, un poco por encima del cero absoluto, implica el desvanecimiento repentino de la resistencia. El fenómeno se inicia para cada metal a una temperatura determinada (como sucede en el caso de la superfluidez), que es característica de éste. La transición es extremadamente brusca, ya que se verifica para un margen de tan solo una milésima de grado. La explicación del fenómeno de la superconductividad se realiza mediante el modelo BCS (desarrollado por J. Bardeen, L. Cooper y J. R. Schrieffer, en 1957). Dado que la conductividad eléctrica de los metales depende esencialmente de los procesos de dispersión de electrones, es decir, la conductividad es tanto mayor cuanto menor es el número de dispersiones, en los superconductores las interacciones entre electrones libres y iones positivos producen una deformación de la estructura. Como consecuencia de ella aparece una fuerza de atracción entre los electrones que forman pares a una temperatura baja determinada. La aparición de éstos, denominados **pares de Cooper**, que son capaces de moverse a través de la barrera metálica, tiene como consecuencia la desaparición de la resistencia. En el caso de que la temperatura vuelva a aumentar, dichos pares se separan, con lo que la resistencia vuelve a hacer su aparición. En la actualidad el estudio de la superconductividad es una de las disciplinas en las que se produce mayor actividad, siendo los resultados de gran importancia para la consecución de efectos de superconducción a temperaturas cercanas a la ambiente.

4. *El estado de plasma llamado también cuarto estado de la materia, se presenta en condiciones como las que reinan en el Sol, cuya materia adopta en parte dicho estado. Está constituido por iones positivos y electrones en concentraciones prácticamente iguales, por lo que en grandes volúmenes es eléctricamente neutro y se convierte en un buen conductor de la corriente eléctrica.*

5. *Las células vegetales llevan a cabo intercambios con el entorno mediante procesos de ósmosis que les permiten, por ejemplo, incorporar líquidos sin necesidad de disponer de aberturas especiales para la entrada de éstos en su interior.*

6. *La obtención de nuevos materiales permitirá en un futuro no muy lejano reducir drásticamente las pérdidas que en la actualidad van aparejadas a los procesos de transporte de energía eléctrica a grandes distancias gracias al empleo de superconductores.*

7. *Un botijo sin esmaltar como el que muestra la imagen, se vaciaría aun cuando no se volcase si en lugar de contener un líquido normal, como pueda ser el agua, contuviese uno que fuese superfluido.*

El núcleo atómico

En la actualidad sabemos que los átomos se componen de un núcleo y de una nube de electrones (corteza) que lo rodea. Los tamaños relativos del propio átomo y su núcleo se diferencian en un factor 10^4, es decir, el núcleo es unas 10.000 veces menor que el átomo mismo, por lo que llegamos a la conclusión de que en realidad el átomo está en gran parte vacío. Todos los núcleos se componen de protones y neutrones (salvo el del hidrógeno), recibiendo estas dos partículas la designación conjunta de **nucleones.** El núcleo no se desintegra gracias a la existencia de la llamada **fuerza fuerte,** que se impone sobre la repulsión mutua de los protones y es la que se encarga del mantenimiento de su cohesión.

Si bien la teoría atomística ya se había planteado a lo largo de la historia, aunque sin demasiado éxito (Demócrito, Epicuro, Lucrecio), no recibió confirmación experimental hasta el siglo XIX. El establecimiento indiscutible de la constitución atómica de la materia fue el resultado de los trabajos de muchos químicos (A. Avogadro, H. Cavendish, J. Dalton, J. L. Gay-Lussac, A. L. Lavoisier, J. Priestly y J. L. Proust). De todos modos los átomos así concebidos presentaban un grave problema, que era el de que constituían entes aislados e inalterables asociados a cada uno de los elementos en particular y que no ofrecían la posibilidad de crearlos o destruirlos en el transcurso de reacciones químicas. Por fortuna, esta situación cambió con el establecimiento, por parte de D. I. Mendeleiev, de la tabla periódica de los elementos químicos, gracias a la cual se obtuvieron las primeras indicaciones acerca del hecho de que, en contra de lo que indica su nombre (átomo = indivisible), los átomos tuviesen una estructura interna.

E. Rutherford fue quien, en 1911 y gracias a los experimentos de bombardeo de finas láminas de oro con partículas alfa (núcleos de helio), descubrió la existencia del núcleo atómico. La dedujo a partir de la dispersión sufrida por algunas de las partículas alfa en comparación con las demás, que pasaban sin experimentar alteración alguna. Esto hizo concebir a Rutherford la idea de que las partículas alfa (cargadas positivamente) sufrían dispersión por núcleos (asimismo positivos) situados en el centro de los átomos, y que éstos deberían ser muy pequeños (con unas dimensiones del orden de 10^{-13} centímetros) en relación con aquéllos. La técnica por él empleada sigue constituyendo en la actualidad la base de los estudios que se realizan acerca de las estructuras atómicas y subatómicas.

Este descubrimiento puso de manifiesto la necesidad de intentar determinar si el átomo, además de ser un constituyente fundamental de la materia, tenía asimismo algún tipo de estructura, es decir, si las partículas que los forman son auténticamente los últimos constituyentes de la materia o si por el contrario, existe algún tipo de estructura subatómica.

1

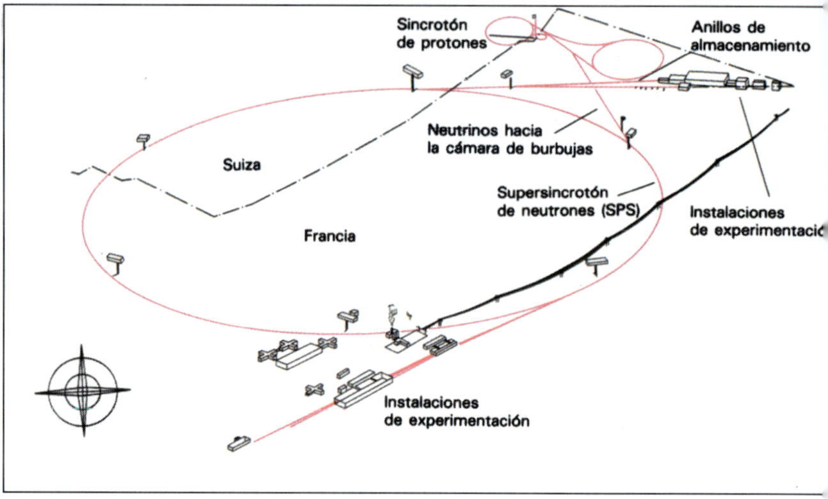

2

Interacciones del núcleo atómico

En la teoría cuántica de la materia (mecánica cuántica) se considera que todas las interacciones se verifican a través de las llamadas **partículas intermediarias,** que son las que portan la interacción del campo, es decir, las que transmiten la fuerza. Según la teoría aceptada en la actualidad, junto a las interacciones gravitacionales y electromagnéticas cabe considerar las llamadas fuerzas o interacciones fuerte y débil. Las **interacciones fuertes** son las más intensas de todas ellas y son la base de la explicación de la estructura del núcleo atómico. Su alcance, o sea, su radio de acción, abarca una distancia semejante a la del tamaño de los núcleos atómicos. Este hecho permite justificar que la interacción fuerte no juegue un papel importante en los fenómenos relacionados con la física macroscópica ni en el estudio de la estructura de los átomos. En cuanto a la intensidad, la segunda interacción o fuerza fundamental es la **electromagnética,** que es unas 100 veces menos intensa que la fuerte. Sabemos que la fuerza electrostática que actúa entre dos partículas cargadas decrece según la ley de la inversa del cuadrado de la distancia, es decir, decimos que el alcance de la interacción electromagnética es infinita. Esta interacción, que constituye la base de la biología y la química, es la responsable de que los electrones estén unidos a los núcleos para formar los átomos, y que a su vez éstos se unan entre sí para hacer posible la existencia de las moléculas. La tercera fuerza o interacción fundamental es la llamada **fuerza débil,** cuya intensidad es del orden de una cienmilésima parte de la fuerte y cuyo alcance es aún menor que el de ésta. Es responsable, por ejemplo, de la desintegración beta de los núcleos atómicos. Finalmente, llegamos a la interacción gravitatoria, cuya intensidad es 10^{39} veces menor que la interacción fuerte. Es atractiva y su alcance es infinito, jugando un papel fundamental en la física macroscópica (como, por ej., las leyes del movimiento de los cuerpos celestes, etc.). Teniendo en cuenta que la interacción fuerte es de corto alcance, la partícula intermediaria correspondiente debe tener en el caso de la interacción fuerte una masa unas doscientas veces mayor que la del electrón, lo que condujo al descubrimiento de los **mesones.** Tanto los mesones como los fotones (que son los portadores de la interacción electrostática, no tienen masa y son asimismo los constituyentes de la radiación electromagnética) son intercambiados continuamente por las partículas del núcleo. Esto nos ofrece una imagen de un núcleo en el que los protones y neutrones son relativamente invariables, mientras que se produce de un modo constante una intensa actividad de intercambio de fotones y mesones.

Estructura del núcleo atómico

La moderna investigación de la estructura del núcleo atómico pareció alcanzar una solución final a principios de la década de los 30, cuando se disponía de una concepción en la que había las cuatro interacciones fundamentales mencionadas y unas cuantas partículas, a saber: el electrón, el protón y el neutrón como constituyentes de la materia, y el fotón como constituyente de la radiación electromagnética, así como mediador entre las interacciones. Sin embargo, en los años siguientes los problemas del modelo requirieron que se postulase la existencia de muchas otras partículas, tales como las antipartículas (es decir, partículas que tienen algunas propiedades iguales y otras opuestas respecto de la partícula de la que son antipartícula), el neutrino, los mesones, etc., alcanzando este proceso su culminación en la década de los cincuenta. En 1964, M. Gell-Mann y G. Zweig propusieron, de forma completamente independiente uno del otro, la hipótesis de que los **hadrones** (es decir, las partículas que experimentan la interacción fuerte, o sea, bariones y mesones) no fuesen otra cosa que estados ligados de unas nuevas partículas a las que se dio el nombre de **quarks.** De acuerdo con dicho modelo, los **bariones** serían estados ligados de tres quarks, y los mesones lo serían de un quark y un antiquark, lo que impone ciertas características a los quarks, como son tener carga fraccionaria (múltiplos de 1/3 de la del electrón), etc. En aquella época se postuló la existencia de lo que en la actualidad se conoce como **quarks up** (arriba), **down** (abajo) y **strange** (extraño). Esto volvió a clarificar el panorama, dejando como únicas partículas sin estructura conocida al fotón, los leptones y los quarks. Asimismo, igual que J. C. Maxwell había unificado la teoría de la electricidad y el magnetismo mediante la formulación del electromagnetismo, S. L. Glashow, A. Salam y S. Weinberg unificaron mediante la teoría electrodébil las interacciones débil y electromagnética. Asimismo, y como resultado de la incorporación del quark a dicho modelo, se postuló la existencia del **charn** (encanto). De este modo, desde la década de los setenta se dispone de un modelo que incorpora tres familias de partículas elementales: los **leptones,** los **quarks** y los **mediadores de las interacciones.** Entre tanto, se ha llegado a la conclusión de que, si bien la existencia de los quarks queda confirmada indirectamente, también parece seguro que no podrán llegar a verse aislados, ya que éstos no se presentan como partículas libres y están siempre confinados en el interior de los hadrones. Éste es el panorama que ofrece la física de las partículas elementales de acuerdo con las

1. *La bomba atómica es el resultado de una fisión incontrolada de uranio. Para que la reacción sea en cadena es preciso enriquecer el uranio, hasta el punto llamado de masa crítica. Al poner en contacto dos masas subcríticas de uranio enriquecido, de manera que en su conjunto superen la masa crítica, se producirá la reacción en cadena y la explosión.*

2. *Los grandes dispositivos de aceleración de partículas permiten profundizar en el estudio de la estructura de la materia, así como de las reacciones que se producen entre sus diversos constituyentes. La imagen recoge los aceleradores de partículas del CERN, situado en Ginebra.*

concepciones generalmente aceptadas en la actualidad, trabajándose por el momento en las llamadas teorías de gran unificación y de supersimetría.
En cuanto a los medios empleados en la práctica para la exploración de la estructura atómica y subatómica, ésta se realiza mediante la colisión de partículas en los **aceleradores,** instalaciones en las que, mediante el empleo de campos magnéticos y eléctricos dispuestos adecuadamente, es posible acelerar las partículas hasta lograr que alcancen velocidades muy altas (próximas a la de la luz). Una vez aceleradas se hacen colisionar, con lo que se crean nuevas partículas cuya masa es tanto mayor cuanto mayor es la energía de la colisión que tiene lugar. Los aceleradores pueden ser circulares o lineales.
Asimismo, con la intención de obtener colisiones a energías cada vez más altas se emplean diversos sistemas tales como choques frontales de haces de partículas o el empleo de los llamados **anillos de almacenamiento,** en los que los campos magnéticos y eléctricos, convenientemente activados, van imprimiendo aceleraciones sucesivas a las partículas hasta que éstas alcanzan la energía deseada inyectándolas después en el tramo de la instalación en la que tiene lugar la colisión con las partículas empleadas como blanco. Dado que el fin de estas operaciones es analizar minuciosamente las partículas creadas, es necesario registrarlas, para lo cual se emplea, entre otros sistemas, la llamada **cámara de burbujas,** en la que el paso de las partículas por su interior hace que aparezca una traza de burbujas en una atmósfera saturada que permite registrar las trayectorias seguidas por éstas.
El registro obtenido sirve con posterioridad para deducir, a partir de la forma, longitud y ángulos respectivos, las partículas que se han producido durante la colisión.

Radiactividad natural
Existen ciertos criterios que nos permiten determinar si un núcleo atómico será o no

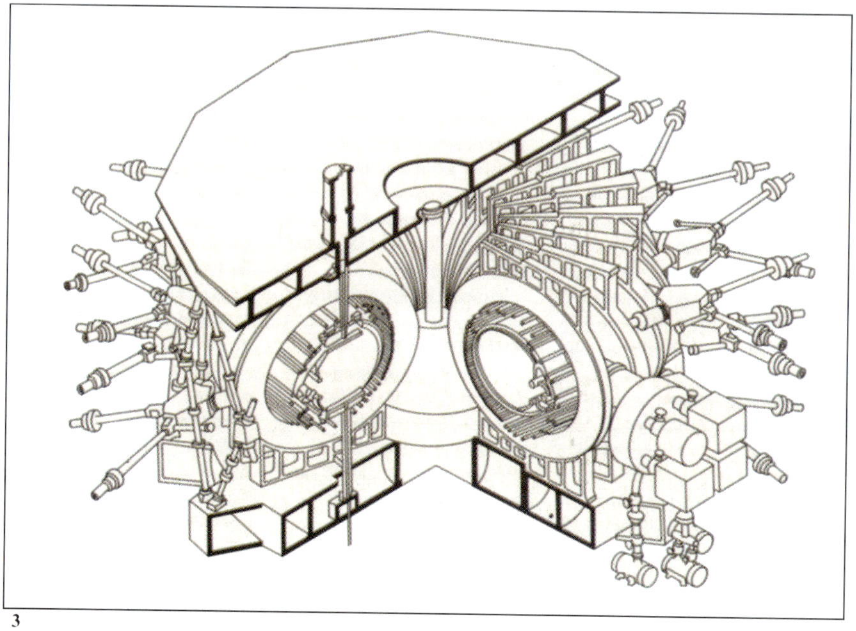

3

4

estable. En pr imer lugar debe existir equilibrio entre la fuerza fuerte y la electrostática. Si el núcleo presenta un exceso de protones o de neutrones, no puede ser estable debido a que en ese caso predomina o bien la fuerza fuerte o bien la electrostática. Para ello los núcleos inestables tratan de alcanzar la estabilidad mediante la eliminación de materia, lo que aumenta la energía de ligadura por electrón (es decir, la energía que se necesitaría si se desease extraerlo del núcleo). Dicho proceso recibe el nombre de **radiactividad natural** y se verifica mediante la eliminación de materia a través de la emisión de partículas alfa o beta (seguida en ocasiones de emisión de rayos gamma). Gracias a la ecuación de Einstein ($E = mc^2$) sabemos que la energía de ligadura está relacionada con el defecto másico, es decir, con la diferencia entre la suma de las masas de las partículas individuales que constituyen el núcleo y la masa total del núcleo como

5

6

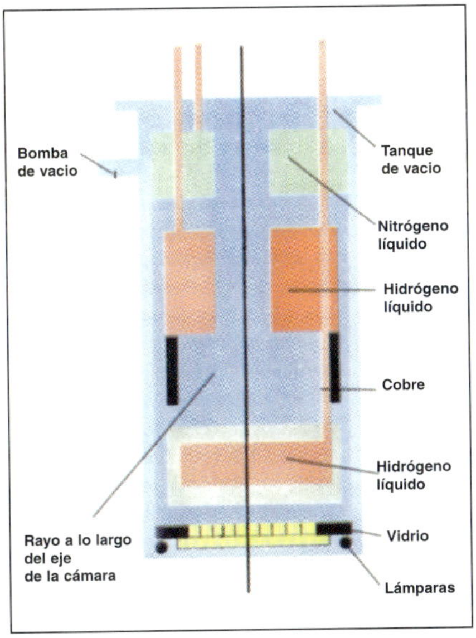

7

3-4. *En la actualidad, se estudia la posibilidad de sustituir los reactores de fisión por los de fusión, como los que muestran estas figuras. En éstos el proceso de generación de energía se verifica mediante la obtención, a partir de dos núcleos menores, de uno mayor, todo ello en el seno de un plasma confinado por un campo magnético. El esquema muestra el tokamak japonés JT60, mientras que la fotografía corresponde al tokamak 7.*

5. *Para la moderación de la reacción en cadena, que se produce en las centrales nucleares, se emplean estas barras que, introducidas en el reactor, hacen que los recorridos libres medios de los neutrones aumenten, con lo que la probabilidad de los choques disminuye, reduciéndose el ritmo de la reacción.*

6. *La cámara de burbujas es un dispositivo que permite registrar la trayectoria seguida por las partículas generadas durante una reacción nuclear consecuencia del choque entre partículas elementales. La traza dejada por cada una de ellas revela el proceso que ha tenido lugar y los tipos de partículas que han participado en él.*

7. *E. Rutherford, físico británico. Nobel de Química en 1908.*

un todo. Durante la desintegración alfa, el núcleo emite partículas alfa formadas por cuatro nucleones (dos protones) y dos neutrones, es decir, son núcleos de helio, mientras que en la desintegración beta se produce la emisión de un electrón o positrón (partícula cuya carga es la contraria del electrón). Los rayos gamma, por su parte, son una forma de radiación electromagnética de onda corta semejante a los rayos X de alta energía. Por lo tanto, tras la desintegración alfa un núcleo padre da lugar a uno hijo que tiene una masa inferior en 4 y un número atómico menor en 2. Sin embargo, para la desintegración beta la masa del núcleo no varía, aunque sí lo hace el número atómico, aumentando o decreciendo en 1 según se emita un electrón o un positrón. Cuanto mayor es el número de núcleos radiactivos contenidos en una muestra, tanto mayor es el de los que experimentan transformaciones, por lo que se define el concepto de **vida media,** que es la media aritmética de una cierta especie nuclear para un determinado estado. Permite hacerse una idea del ritmo con el que decrece la radiactividad de una sustancia, ya que cuanto menor es su vida media tanto más rápido es el decrecimiento de su radiactividad. Está relacionada con el período de semidesintegración (tiempo necesario para que se desintegren la mitad de los núcleos). Asimismo se habla de **serie radiactiva,** que es un grupo de nucleidos en el que cada uno de ellos se forma a partir de la desintegración del que le precede en la serie. El primero recibe el nombre de nucleido padre o cabeza de la serie, y el último es el producto final de ésta. Las series reciben el nombre del primer nucleido de período muy largo, y así, en la naturaleza existen cuatro series de este tipo: la del uranio, la del torio, la del actinio y la del neptunio. De ellas, la serie del uranio, por ejemplo, tiene como nucleido padre al uranio 238 (^{238}U), y como término final al plomo 206 (^{206}Pb). Su período es de $4{,}5 \cdot 10^9$ y sus términos se caracterizan por poseer un número másico que disminuido en dos unidades es múltiplo de cuatro.

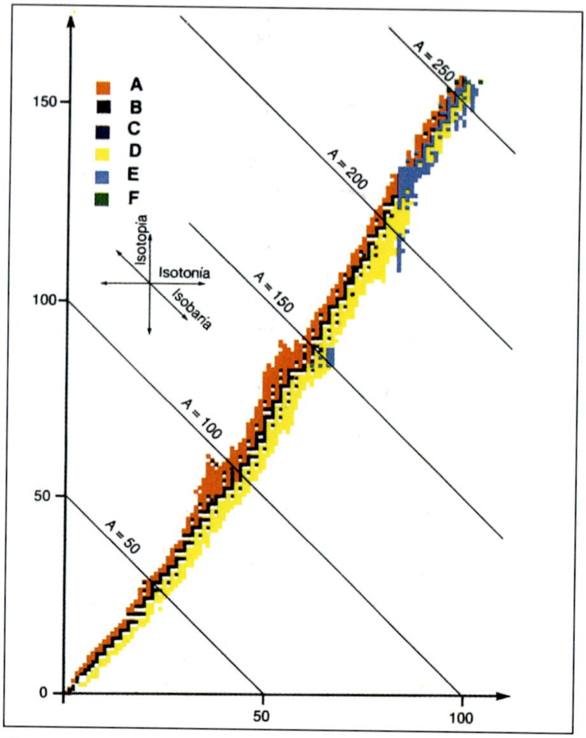

8

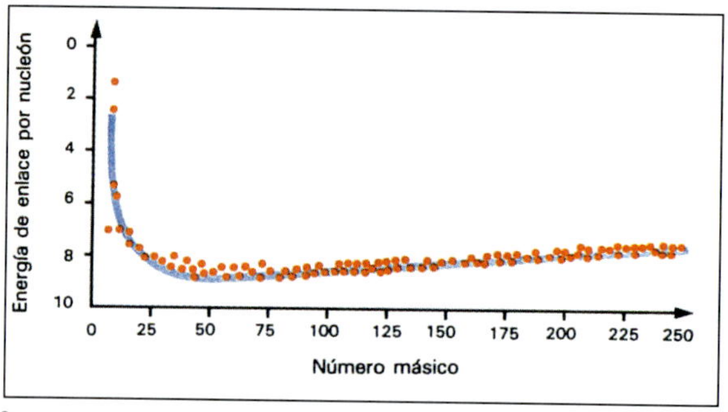

9

Radiactividad artificial

Además de la radiactividad natural, es posible generar **radiactividad artificial** mediante el bombardeo de un núcleo con neutrones de alta velocidad. El ejemplo más conocido de este tipo de procesos lo constituye el del uranio, que bombardeado con neutrones se fisiona dando dos mitades iguales, liberando de dos a tres neutrones y produciendo en el proceso gran cantidad de energía. Cuando se sobrepasa una cierta masa, que recibe el nombre de masa crítica, se tiene la seguridad de que en cada fisión se producirá al menos un neutrón capaz de volver a fisionar un núcleo, con lo que se ha establecido una reacción en cadena. Si la reacción en cadena se produce fuera de control (lo que constituye la base del funcionamiento de la bomba atómica), entonces se produce una explosión nuclear. Sin embargo, dicha reacción en cadena es posible moderarla y controlarla, con lo que se logra la liberación de grandes cantidades de energía que pueden emplearse, como de hecho se hace, para calentar el agua de los circuitos que ponen en movimiento las turbinas para la producción de energía eléctrica, con lo que se tiene el principio funcional de las centrales nucleares.

Los reactores empleados en las centrales nucleares están constituidos esquemáticamente por un material fisionable (es decir, que puede dividirse en núcleos más pequeños mediante bombardeo con neutrones) que hace las veces de combustible; un moderador, que permite frenar los neutrones producidos durante la fisión para aumentar su eficacia en la producción de nuevas fisiones; un dispositivo reflector con el que se trata de evitar que los neutrones escapen del interior del reactor; un blindaje adecuado que rodea al reactor y cuya misión es la de proteger al personal de la central y las instalaciones auxiliares de ésta del flujo de neutrones producido en el reactor y de la radiactividad inducida por los productos resultantes de la fisión; y finalmente un circuito de refrigeración, que es el encargado de transportar el calor generado durante las fisiones fuera del núcleo para mantenerlo a una temperatura adecuada. Este calor sobrante es el que calienta el agua que se conduce hacia las turbinas en las que se genera la energía eléctrica que pasa más tarde a la red.

Otro proceso mediante el cual también se puede obtener energía de origen nuclear es el de fusión. En dicho proceso intervienen, en lugar de núcleos pesados que se fraccionan por bombardeo con neutrones rápidos (fisión), núcleos ligeros que se fusionan entre sí (fusión). Mediante el proceso de fusión de dos núcleos de este tipo es posible obtener uno cuya masa es algo inferior a la suma de las masas de los núcleos originales, y como ya sabemos, mediante la ecuación de Einstein, esa diferencia de masa se obtiene en forma de energía. El proceso de fusión es posible únicamente si ambos núcleos disponen de una cantidad suficiente de energía como para poder vencer la repulsión electrostática que producen sus cargas. Para ello es necesario que alcancen temperaturas muy elevadas (varios cientos de millones de grados), tal y como sucede en el interior de las estrellas, en las que el proceso de la fusión les permite mantener su brillo ininterrumpidamente durante largos períodos de su evolución (que abarcan miles de millones de años). Las reacciones de fusión que se manifiestan de un modo explosivo constituyen el principio según el cual funcionan las bombas termonucleares, en las que para alcanzar las altas temperaturas necesarias para iniciar la reacción de fusión se emplea previamente una explosión nuclear. En la actualidad se trabaja activamente en la investigación relacionada con la fusión nuclear como posible alternativa a la producción de energía mediante el uso de centrales nucleares convencionales de fusión. Sin embargo, la realización práctica de un reactor de fusión topa con gran cantidad de dificultades de orden técnico, referidas especialmente a la generación de las altas temperaturas iniciales necesarias para iniciar el proceso y a las dificultades para encontrar un recipiente adecuado para albergar la materia a esas temperaturas (plasma). Es impensable la utilización de recipientes convencionales, ya que el gas extremadamente caliente ya no se compone de moléculas electrónicamente neutras, sino que está constituido por iones y electrones libres que hay que confinar con la ayuda de potentes campos magnéticos y eléctricos en los lugares adecuados.

Los dispositivos empleados en la actualidad para la investigación y desarrollo de este tipo de instalaciones (a nivel todavía experimental) consiguen confinar el gas mediante dos sistemas diferentes. Uno de ellos (llamado **tokamak**) se basa en el empleo de campos electromagnéticos, mientras que el otro (llamado **método inercial**) emplea un conjunto de haces de láser para lograrlo. Entre los ejemplos del primer tipo se cuenta el JET (Joint European Torus), desarrollado por los países de la Comunidad Económica Europea.

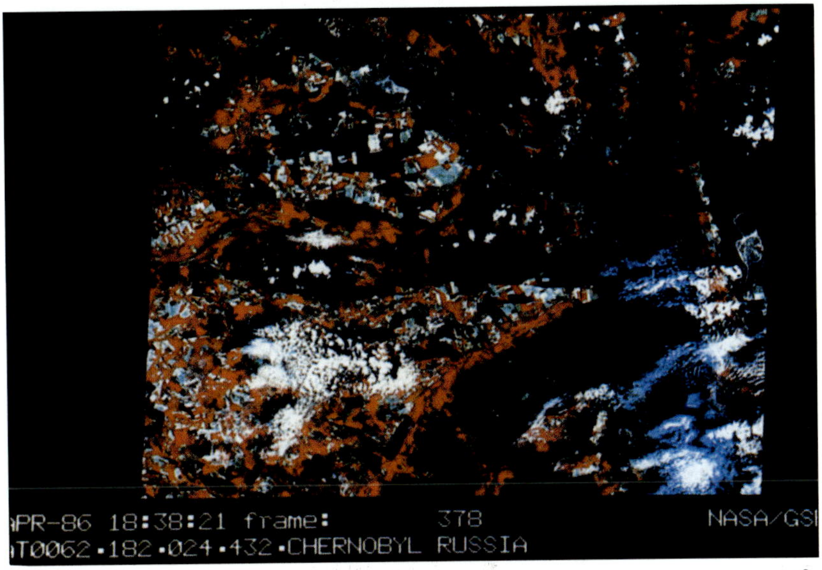

10

8. *La estabilidad de los núcleos atómicos juega un papel fundamental, tanto en la física atómica y molecular como en la química. El esquema recoge todos los nucleidos, cuyas vidas se conocen e incluye los núcleos con actividad β (a), los núcleos estables (b), los casi estables (c), los que presentan actividad $\beta+$ (d), los que sufren desintegración espontánea (f). Asimismo, se indican las direcciones en las que se verifica isotopía, isobaria e isotonía.*

9. *Tal y como puede verse en el presente esquema, la energía de enlace por nucleón, depende del número másico. En el eje de abscisas se ha representado dicho número, mientras que en el de ordenadas se han indicado las energías de enlace en MeV (megaelectronvoltios).*

10. *Fotografía aérea de la central nuclear de Chernobyl (URSS), tomada por el satélite Landsat. El más reciente exponente de la peligrosidad de la radiactividad nuclear.*

El tiempo y su medida

1

2

Desde épocas remotas el paso del tiempo ha sido considerado tanto por los filósofos como por los científicos como parte integrante del mundo que nos rodea, dado que aparentemente el tiempo discurre independientemente de todos los demás sucesos, sin experimentar perturbación alguna y en la misma dirección (es decir, del pasado al futuro).
En el campo científico se han realizado desde tiempos lejanos intentos por medir el tiempo con precisiones cada vez mayores y utilizarlo de este modo como una especie de referencia absoluta para los fenómenos estudiados por la ciencia. Contra la opinión de I. Newton, la teoría de la relatividad formulada por A. Einstein en el presente siglo demostró, sin embargo, que el tiempo no constituía esa referencia absoluta, y que en realidad es una magnitud relativa que en dicha teoría se encuentra en pie de igualdad con las dimensiones espaciales, con las que forma un espacio cuatridimensional.

La evolución del reloj
Sin embargo, la medición del tiempo ha sido una de las principales preocupaciones de todas las culturas a lo largo de la historia. Desde los primitivos relojes de sol, pasando por las clepsidras (o relojes de agua) y los relojes de arena, los intentos por construir un dispositivo que midiese el tiempo con precisión han sido innumerables. Sin embargo, no fue hasta el siglo XVII, y gracias a los estudios acerca del péndulo realizados por Galileo Galilei, R. Hocke y Ch. Huygens, cuando se pudo disponer de un mecanismo fiable para la medición del tiempo. Un siglo más tarde, J. Harrison (1693-1776) logró desarrollar, en 1761, un reloj mecánico (reloj marino) que hizo posible que los barcos dispusiesen de una medición fiable del tiempo (con un error de menos de un segundo por semana). La introducción del áncora por W. Clement (1670) y la espiral de volante para los relojes de bolsillo mejoraron su precisión, mientras que el empleo de las piedras preciosas como soportes para la rotación de los ejes portadores de las ruedas dentadas de los engranajes y los escapes de cilindro permitieron reducir aún más sus dimensiones.
El proceso de mejora culminó tras la aparición en 1840 del reloj eléctrico y en 1884 del neumático, con la introducción de los procesos físicos naturales en los sistemas de la medición del tiempo, a través de la creación, en 1920, del reloj electrónico de cuarzo, y la del reloj atómico en 1954. El primer tipo de relojes, los electrónicos, se basan en el empleo de la frecuencia de oscilación de un resonador de diapasón, que oscila con una frecuencia de 360 hercios gracias a la fem que le suministra una pila a un sistema constituido por una bobina de medición conectada a un circuito que actúa sobre los imanes permanentes situados en los extremos del diapasón. Estas vibraciones, transmitidas al elemento que acciona el avance de la aguja, permiten obtener una precisión cercana al segundo al año.
Existe otro tipo de reloj electrónico en el que se emplea un cristal de cuarzo que se mantiene en su oscilación propia aprovechando el efecto piezoeléctrico de este material y

sometiéndolo a un campo eléctrico resonante. Su precisión es de un segundo por año y su tamaño es extremadamente reducido. Por otro lado, el reloj atómico se basa en el empleo de un circuito eléctrico oscilante cuya frecuencia está regulada por las vibraciones internas de origen cuántico de los átomos o moléculas. De este modo se obtiene una serie continua de impulsos eléctricos con una frecuencia determinada que una vez desmultiplicada da lugar a los segundos atómicos.

3

4

5

Con estos relojes se ha podido establecer la llamada escala de tiempo atómico, que tiene una precisión de unos 10^{-9} segundos por año.

Definición del segundo

Hasta el advenimiento de los relojes atómicos y la definición del segundo en función de la oscilación de una raya específica del cesio, las escalas de tiempo estaban referidas, por regla general, a fenómenos astronómicos tales como la rotación de la Tierra alrededor de su eje o la duración de la órbita de ésta alrededor del Sol, si bien todos ellos presentaban el problema de la irregularidad de dichos movimientos y la dificultad de establecer órbitas medias y valores que fuesen lo bastante precisos y constantes como para servir de escalas temporales útiles para la ciencia.

1. *En la antigüedad, la medida del tiempo sólo podía llevarse a cabo con la ayuda del Sol o de la Luna, por lo que la vida del ser humano dependía de dichos astros.*

2. *En la actualidad, la medida del tiempo se encarga a relojes atómicos, como el de la imagen cuyas desviaciones son ínfimas para largos períodos de tiempo.*

3. *Las ideas antiguas acerca del tiempo las reflejan en cierta medida imágenes alegóricas como la que aquí se recoge, en las que el tiempo lo arrastra todo inexorablemente a su paso, sin que nada le perturbe.*

4. *La Luna, al igual que el Sol, desempeñó un papel de gran importancia en los métodos de determinación del tiempo en la antigüedad. Sin embargo, la relativa imprecisión de los fenómenos celestes hizo que perdieran su papel principal cuando se consiguió fabricar sistemas mecánicos capaces de determinar el tiempo, independientemente de los caprichos de la naturaleza.*

5. *Hubo un tiempo en que un solo reloj marcaba el ritmo de una ciudad entera (el* Big Ben *en Londres).*

Relatividad

La descripción de la gravedad elaborada por I. Newton, y con la que este científico fue capaz de unificar, en el siglo XVII, la mecánica celeste y la terrestre, percatándose del hecho de que la fuerza que obliga a los planetas a describir órbitas alrededor del Sol es la misma que nos atrae hacia la superficie de la Tierra, es válida, como ya hemos mencionado al tratar de la gravitación, para aquellas situaciones en las que el campo gravitatorio es débil. Sin embargo, cuando se trata de grandes masas con altísimas densidades dicha descripción fracasa, por lo que fue necesario la formulación de la llamada **teoría de la relatividad,** que es una teoría en la que los fenómenos gravitatorios se tratan como particularidades (curvatura) del espacio-tiempo. Trataremos ahora brevemente del contenido y consecuencias tanto de la teoría de la relatividad especial como de la general.

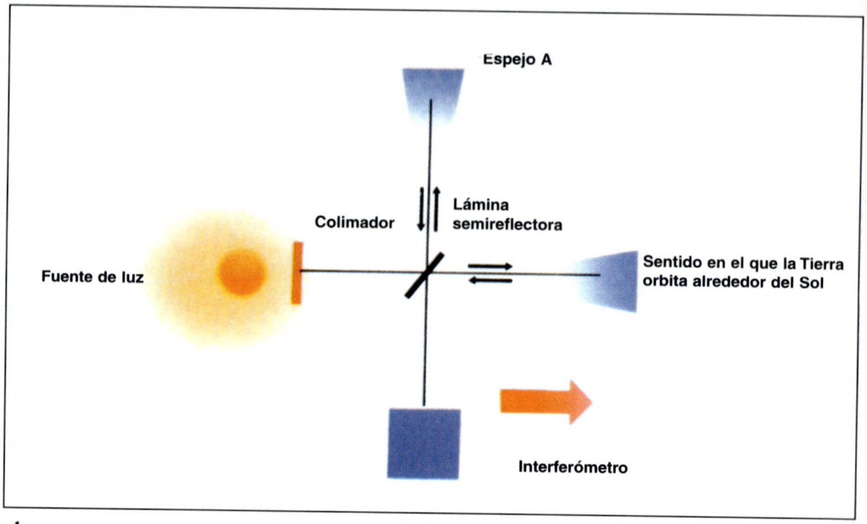

1

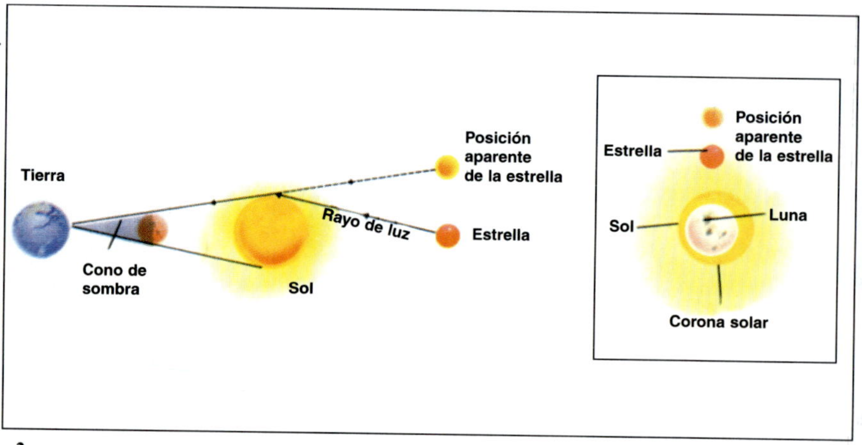

2

Relatividad especial

En 1887, A. Michelson y E. Morley llevaron a cabo el famoso experimento que lleva su nombre. Con su realización pretendían comprobar la hipótesis del éter. El concepto de éter designaba un medio elástico hipotético cuyas oscilaciones mecánicas debían ser las ondas de luz y cuyas tensiones internas debían corresponder a los campos magnético y eléctrico. Para ello se propusieron medir la velocidad de la luz y comprobar que ésta dependía de si la luz viaja en la dirección del movimiento de la Tierra o en una dirección perpendicular a ella. Para ello emplearon un interferómetro extremadamente preciso en el que el rayo de luz procedente de la fuente luminosa se dividía para hacerlo pasar por dos caminos diferentes y perpendiculares entre sí, de modo que al interferir pudiese demostrarse que la velocidad de propagación de la luz en ambas direcciones no era igual. Sin embargo, el resultado fue precisamente el contrario al buscado, ya que determinaron que la velocidad de la luz era la misma para ambos recorridos. Este resultado se había deducido ya con anterioridad a partir de la formulación unificada de la luz como fenómeno electromagnético hecha por J. C. Maxwell hacia 1870. De acuerdo con la formulación de Maxwell, la velocidad de la luz era una constante independiente del observador. Tras los resultados obtenidos por Michelson y Morley, se realizaron serios intentos por justificarlos en el marco de la física clásica newtoniana, aunque sin éxito alguno. La solución vino de la mano de la teoría de la **relatividad especial** formulada por A. Einstein en 1905.
De acuerdo con la concepción einsteiniana, la medición del tiempo y del espacio no son independientes del observador (como afirma la teoría newtoniana), por lo que ni el espacio ni el tiempo pueden considerarse como conceptos absolutos ni marcos de referencia asimismo absolutos. En la teoría einsteiniana el espacio y el tiempo, lejos de ser independientes uno del otro, están integrados en el llamado **espacio-tiempo cuatridimensional,** en el que

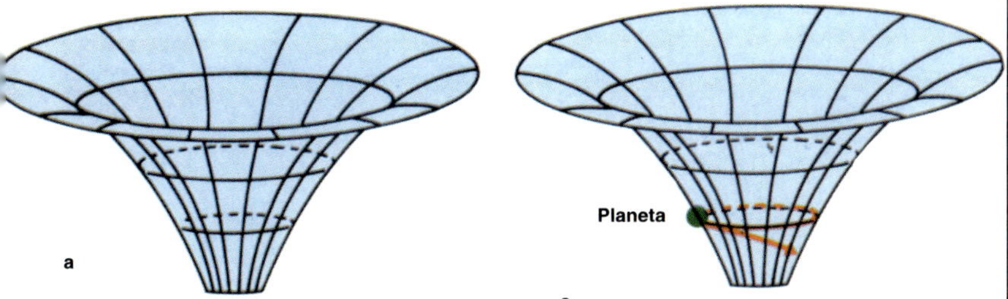

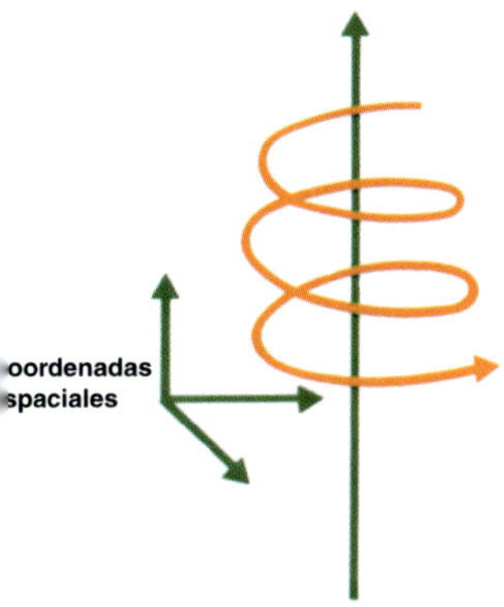

3

Relatividad especial

LONGITUD RELATIVISTA		
$L_v = L_o \sqrt{(1 - V^2/C^2)}$		
100 cm	80 cm	14,1 cm
MASA RELATIVISTA		
$m_v = m_o \sqrt{(1 - V^2/C^2)}$		
1 kg	1,25 kg	7,09 kg
VELOCIDAD (V)		
0 c	0,6 c	0,99 c

L_o = longitud en reposo, m_o = masa en reposo,
c = velocidad de la luz en el vacío.

4

las dimensiones espaciales son equivalentes entre sí y con la temporal. Así la especificación de las coordenadas de un suceso ya no puede realizarse únicamente mediante la indicación de sus **coordenadas espaciales,** sino que a éstas hay que añadir la **coordenada temporal,** es decir, el suceso se especifica mediante un conjunto de cuatro coordenadas (tres espaciales y una temporal).

Dado que en esta teoría carecen de sentido las nociones de intervalos espaciales o temporales que sean iguales para los diversos observadores, cabe buscar nuevos invariantes que se conserven, y que en este caso son, por un lado, la **velocidad de la luz**, y por el otro los **intervalos espaciotemporales.** Tomando como base de partida dichas constantes se deducen las relaciones existentes entre dos cuerpos que se encuentran en movimiento relativo, es decir, las transformaciones que nos permiten pasar del sistema de coordenadas asociado a uno al asociado al otro. Gracias a dichas transformaciones (llamadas **transformaciones de Lorentz**) es posible determinar la validez de la llamada transformación de Galileo siempre y cuando las velocidades implicadas sean muy inferiores a la velocidad de la luz. Para las velocidades próximas a la de la luz las transformaciones de Lorentz nos permiten deducir una serie de fenómenos nada intuitivos que parecen contradecir la lógica.

Entre las consecuencias de la teoría de la relatividad especial, deducidas con la ayuda de las transformaciones de Lorentz, encontramos que al determinar la longitud de una vara que se mueve a una velocidad próxima a la de la luz, ésta disminuye en comparación con la de una vara idéntica que permanezca en reposo. La expresión de dicha **contracción relativista** de la longitud

1. *El experimento llevado a cabo por A. A. Michelson (1852-1931) y E. W. Morley (1838-1923), para intentar demostrar la existencia del viento del éter, se basaba en comprobar que los tiempos que tardaba la luz, procedente de la fuente y subdividida en la lámina semirreflectora, en ir y volver hasta los espejos A y B respectivamente, no eran iguales, ya que se producía un desplazamiento del sistema de bandas de interferencia. Sin embargo, el resultado fue distinto del esperado.*

2. *Lo que observó la expedición de Eddington durante el eclipse de 1919, fue que en realidad la luz es desviada por la presencia de un campo gravitatorio intenso (el Sol), lo que constituyó la primera comprobación experimental de la validez de la relatividad general.*

3. *La presencia de un cuerpo masivo en el espacio hace que la curvatura de éste se modifique* (a): *aquí lo hemos representado en dos dimensiones. Por otro lado, la línea del universo de un planeta en dicha teoría, es como la que muestra* (b): *la composición de estos dos hechos justifica las órbitas elípticas que describen los planetas alrededor del Sol* (c).

4. *Entre los resultados más importantes de la relatividad especial, se encuentran los hechos experimentales del aumento de la masa de los objetos y la disminución de sus longitudes, respecto de las que tienen en reposo, cuando su velocidad* v *aumenta; dicha constatación la hemos representado aquí mediante la comparación de tres casos bien distintos.*

viene dada como:

$L_v = L_0 \sqrt{(1 - v^2/c^2)}$,

donde L_v es la longitud para la velocidad *v* próxima a la de la luz, y L_0 es la longitud en reposo. Dado que hay equivalencia entre las coordenadas espaciales y temporal, el efecto se produce también para los intervalos temporales, es decir, el tiempo transcurre con mayor lentitud en el caso de un reloj que se mueve a velocidad próxima a la de la luz que en el de un reloj que se encuentra en reposo, con un factor igual a $\sqrt{(1 - V^2/C^2)}$. Este hecho se comprueba a diario experimentalmente en los aceleradores de partículas, en los que las vidas medias de las partículas inestables se alargan con un factor que coincide precisamente con el que predice la teoría de la relatividad cuando éstas se mueven a velocidades próximas a la de la luz. De aquí cabe deducir que, por lo tanto, la masa relativista experimentará un efecto semejante al de la longitud, siendo así que ésta aumenta cuando el objeto se encuentra en movimiento a una velocidad próxima a la de la luz respecto de la masa en reposo, siendo la expresión de dicha masa $m_v = m_0 / \sqrt{(1 - v^2/c^2)}$, donde m_v es la masa a la velocidad *v* cercana a *c* y m_0 es la masa en reposo. De aquí deducimos a su vez una consecuencia respecto de la velocidad a la que pueden moverse los cuerpos (un límite máximo), ya que sólo un cuerpo cuya masa en reposo sea nula es capaz de moverse a la velocidad de la luz, de acuerdo con la

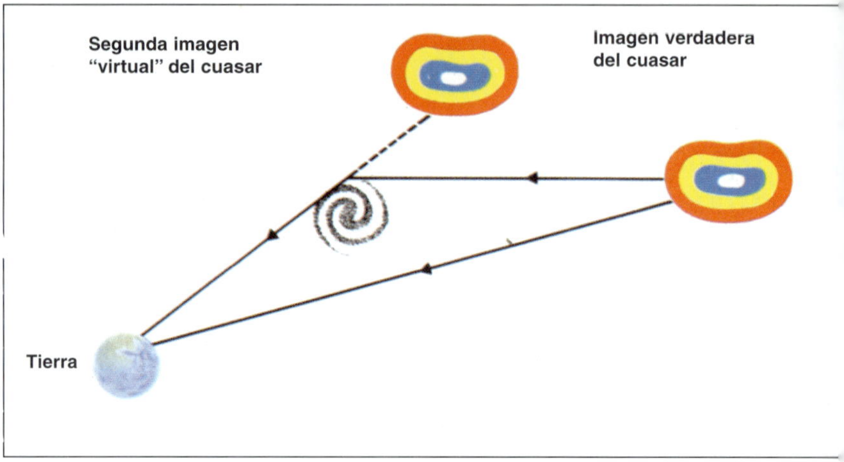

5

teoría de la relatividad especial. Por lo tanto sólo los fotones (los cuantos de luz) pueden alcanzar dicha velocidad. Asimismo, se puede concluir de todo lo dicho hasta ahora que, incluso cuando un cuerpo está en reposo, tiene una energía que viene dada por la ecuación de Einstein, con lo que llegamos al establecimiento de la equivalencia entre la masa y la energía. Esto nos permite hacernos una idea aproximada de la gran cantidad de energía que podría obtenerse con la transformación de una pequeña cantidad de masa, si bien ya sabemos que las conversiones entre diversos tipos de energía distan mucho de tener una eficiencia del 100%.

Relatividad general

Una vez formulada la teoría de la relatividad especial, Einstein continuó su trabajo hasta alumbrar, en 1915, la llamada teoría de la **relatividad general**. En la que además de considerar los efectos de las velocidades relativas uniformes entre los sistemas de referencia incorporó también los de las aceleraciones, si bien el alcance de la relatividad general no acaba aquí, ya que lo que en realidad plantea es un nuevo concepto de la gravitación. Su formulación, matemáticamente mucho más compleja, que incluye el empleo de conceptos como los de tensor, etc., tiene importantes implicaciones para ciertos fenómenos físicos y ha influido poderosamente incluso en las teorías del origen y evolución del universo. La teoría de la relatividad general es en la actualidad la teoría que mejor justifica los fenómenos gravitatorios que observamos. Su origen se basa esencialmente en la extensión del llamado **principio de relatividad** (que en la teoría especial se refiere sólo a las velocidades) también a las aceleraciones, con lo que se incluye la gravitación. De acuerdo con dicho principio todos los observadores son equivalentes independientemente de sus velocidades (aceleraciones). Según la formulación einsteiniana, es imposible distinguir, bajo ciertas condiciones, si los sistemas están acelerados o no, ya que un sistema acelerado equivale a otro que se encuentre en reposo pero sometido a los efectos de un campo gravitatorio con el mismo valor para la aceleración. Esta formulación recibe el nombre de **principio de equivalencia.**

Dicho principio afirma que las leyes de la física deben ser las mismas para todos los observadores, tanto si están en reposo o se encuentran en movimiento.

Sobre la base de este principio se llega a una formulación de la gravitación como una consecuencia de la curvatura del espacio-tiempo, en la que las trayectorias son las geodésicas o distancia más corta entre dos puntos situados en un espacio con una geometría riemanniana. El ejemplo tradicionalmente utilizado para poner esto de manifiesto es el ascensor cerrado. Si lo suponemos en el espacio y lejos de la influencia de un campo gravitatorio, podemos acelerarlo hacia arriba con una aceleración igual a la terrestre, por lo que los cuerpos que se hallen en él experimentarán el mismo efecto que si le encontrasen sobre la superficie de la Tierra (donde el efecto sería consecuencia del campo gravitatorio de ésta). Asimismo, al soltar dos cuerpos en el interior caen como lo harían en la Tierra, llegando al suelo al mismo tiempo. Por todo ello cabe concluir que no se puede distinguir entre un sistema acelerado y otro en reposo a partir de la observación de las leyes de la física (si el ascensor es de dimensiones normales, es decir, es despreciable la convergencia de las trayectorias seguidas por los objetos).

Para obtener una idea mínimamente intuitiva de la concepción de la gravitación por parte de Einstein se puede recurrir al ejemplo de la lámina de goma. Supongamos que tenemos una lámina de goma tensada en un bastidor (que hace las veces de espacio-tiempo). Si colocamos sobre su superficie horizontal una bola de gran peso (que haría las veces de un cuerpo muy masivo), la goma cede y la bola se hunde por debajo de la superficie inicial. Si lanzamos una bola con un peso relativamente bajo procurando que pase cerca de la primera bola, veremos que la menos pesada no se mueve en línea recta (como haría sobre una mesa lisa), sino que describe una trayectoria algo curvada. Este es el mismo efecto que experimenta por ejemplo la luz al paso por las proximidades de un cuerpo muy masivo **(lente gravitatoria).** La formulación de Einstein tiene esto en cuenta, de modo que sus ecuaciones recuperan las de la física newtoniana cuando la masa del objeto es muy pequeña (campo gravitatorio de poca intensidad), haciendo que la curvatura sea asimismo pequeña. Sin embargo, cuando los campos gravitatorios son intensos (a causa de la presencia de un objeto de gran masa) los efectos son importantes y conducen a ciertos fenómenos predichos por la teoría y verificados en parte experimentalmente con posterioridad. Dichos fenómenos reciben el nombre de **test de la relatividad,** y entre ellos destacan la **desviación de los rayos de luz y la precesión del perihelio de Mercurio.** En cuanto a la desviación de los rayos de luz a su paso por las proximidades de un objeto masivo (verificada experimentalmente por Sir A. Eddington durante el eclipse de 1919), se estudian en la actualidad los fenómenos llamados de lente gravitatoria, en los que una galaxia masiva desvía la luz procedente de un quásar haciendo que en las placas se registren varias imágenes que, sin embargo, con un estudio más cuidadoso de sus espectros resultan pertenecer al mismo objeto. La precesión del perihelio del planeta Mercurio consiste en el desplazamiento del perihelio (punto de máxima proximidad) de la órbita que el planeta describe alrededor del Sol, debido a la intensidad del campo gravitatorio solar a la altura de la órbita del planeta como consecuencia de su proximidad. El valor observado de 42" coincide perfectamente con el predicho por la teoría de la relatividad y no puede justificarse en modo alguno en el marco de la teoría newtoniana de la gravitación.

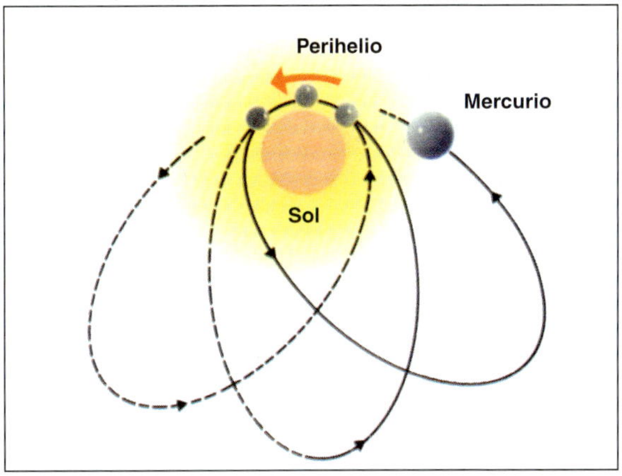

6

Asimismo, las consecuencias de la formulación de la teoría de la relatividad general a nivel cosmológico son de gran importancia. Para las condiciones que cabe considerar en el estudio de la estructura del Universo a gran escala y de su origen, la teoría newtoniana resulta claramente insatisfactoria. Por este motivo se recurre a la relatividad general. Si suponemos que se cumple el **principio cosmológico,** que afirma que el Universo presenta el mismo aspecto en todas las direcciones y posee las mismas propiedades en todos los puntos, observadas por un conjunto de observadores, es posible formular las ecuaciones cosmológicas correspondientes a la evolución del Universo. Sin embargo, de las ecuaciones de la relatividad, e imponiendo las restricciones que parecen, más claras, se obtiene una serie de modelos para la evolución del Universo que dependen de parámetros como la masa en él contenida, dato difícil de obtener, por lo que no es posible en la actualidad decidirse por uno de ellos. Lo que sí queda bien establecido es que los modelos suponen un Universo que se encuentra en expansión, lo que se ve confirmado por las observaciones.

En cuanto al origen del Universo, la situación es más clara, aceptándose en la actualidad la teoría de la explosión inicial o **big-bang.** De acuerdo con ella, el Universo se inició a partir unas condiciones de densidad infinita, temperatura altísima y curvatura del espacio-tiempo infinita, a partir de la cual ha ido evolucionando hasta alcanzar el estado que presenta en la actualidad. Dicha teoría estima que la edad del Universo es de unos 15.000 millones de años, que la expansión fue en principio suave y ordenada, pasando después por un período inflacionario, y que las fluctuaciones de la densidad en él (inicialmente pequeñas) dieron lugar a regiones en la que la densidad era más alta y en las que el menor ritmo de expansión permitió la aparición de la materia.

5. *En la actualidad, la deflexión de los rayos de luz se cree que da lugar al efecto conocido como lente gravitatoria y que es responsable de la aparición de imágenes múltiples de cuásares que estudiadas con detalle corresponden al mismo objeto.*

6. *Uno de los problemas conocido desde hacía tiempo y que no había sido resuelto todavía, al que la relatividad general dio solución satisfactoria, fue el de la precesión del perihelio del planeta Mercurio. La teoría einsteiniana logró justificar los 43 segundos de arco que el modelo newtoniano no podía explicar.*

Pesos y medidas

Magnitudes fundamentales y magnitudes derivadas
Dado que, como hemos visto, las relaciones mediante las que se expresan las leyes fundamentales que obtiene la física acerca del comportamiento de la materia se basan en la medición de las variaciones de ciertas cantidades o propiedades, es, pues, necesario disponer de un número de cantidades lo más reducido posible que permitan obtener las demás, así como reducir la expresión de dichas magnitudes a un cierto número de cantidades. Este es el criterio que permite distinguir entre **magnitudes fundamentales** y **magnitudes derivadas.** Las primeras son aquéllas que no pueden derivarse de ninguna otra y constituyen la base de los sistemas de medida empleados en la física. Son la longitud, indicada mediante *l*, la masa, que se expresa por *m*, y el tiempo, que se indica mediante *t*. Sin embargo, la elección de dichas magnitudes se deriva de consideraciones de orden práctico y no implica que éstas representen propiedades fundamentales de la energía o la materia. Por el contrario, las magnitudes derivadas son aquéllas que se obtienen a partir de las fundamentales por combinación de ellas o como consecuencia de la aplicación de las leyes físicas.

1

Unidades derivadas del sistema internacional

Magnitud	*Nombre*	*Símbolo*	*Expresión dimensional*
Cantidad de electricidad	Culombio	C	s · A
Capacidad	Faradio	F	$m^{-2} \cdot kg^{-1} \cdot s^{4} \cdot A^{2}$
Inductancia	Henrio	H	$m^{2} \cdot kg \cdot s^{-2} \cdot A^{-2}$
Frecuencia	Hercio	Hz	s^{-1}
Energía	Julio	J	$m^{2} \cdot kg \cdot s^{-2}$
Fuerza	Neutonio	N	$m \cdot kg \cdot s^{-1}$
Resistencia	Ohmio	Ω	$m^{-2} \cdot kg \cdot s^{-3} \cdot A^{-2}$
Presión	Pascal	Pa	$m^{-1} \cdot kg \cdot s^{-2}$
Conductancia	Siemensio	S	$m^{-2} \cdot kg^{-1} \cdot s^{3} \cdot A^{2}$
Inducción magnética	Tesla	T	$kg \cdot s^{-2} \cdot A^{-1}$
Potencia	Vatio	W	$m^{2} \cdot kg \cdot s^{-3}$
Tensión eléctrica	Voltio	V	$m^{2} \cdot kg \cdot s^{-3} \cdot A^{-1}$
Flujo de inducción magnética	Weberio	Wb	$m^{2} \cdot kg \cdot s^{-2} \cdot A^{-1}$

Así, por ejemplo, la velocidad es la relación entre la longitud y el tiempo, como ya hemos visto, siendo las unidades que se emplean para expresarla el metro/segundo.

Procesos de medida
El **proceso de la medida** se basa en la comparación de una magnitud con otra de la misma especie que se toma como patrón o unidad. Los procesos de medida pueden realizarse en la física de dos modos: mediante la comparación directa con el patrón empleado **(medida directa),** o por aplicación directa de una teoría midiendo directamente un valor a partir del cual se puede deducir el valor de la magnitud buscada por medio de la aplicación de la ley **(media indirecta).** Un ejemplo del primer tipo lo constituye la determinación de la longitud de un objeto mediante el empleo de una cinta métrica, mientras que la determinación de la intensidad de la corriente que pasa por un circuito, a partir de la desviación que ésta origina en un imán suspendido libremente sobre ella, es un ejemplo del segundo método.
A pesar de existir diversos sistemas de unidades, en física se emplea el llamado sistema internacional (S. I.). Dicho sistema considera siete unidades básicas, que son: para la longitud el metro, para la masa el kilogramo, para el tiempo el segundo, para la intensidad de corriente eléctrica el amperio, para la temperatura el grado Kelvin o absoluto, para la intensidad luminosa la candela o bujía nueva y para la cantidad de materia el mol.
Asimismo, dicho sistema acepta una serie de unidades derivadas de las básicas que reciben un nombre propio, como por ejemplo la energía, cuya unidad es el julio (neutono metro), o la fuerza, cuya unidad es el neutonio (kilogramo · metro/segundo²).

Unidades fundamentales		
Nombre	*Símbolo*	*Magnitud*
Metro	m	Longitud
Kilogramo	kg	Masa
Segundo	s	Tiempo
Amperio	A	Intensidad de c. eléctrica
Kelvin	K	Temperatura
Bujía nueva o candela	cd	Intensidad de luz
Mol	mol	Cantidad de materia

Símbolos fundamentales		
Prefijos	*Símbolo*	*Valor*
atto	a	10^{-18}
femto	f	10^{-15}
pico	p	10^{-12}
nano	n	10^{-9}
micro	m	10^{-6}
mili	m	10^{-3}
centi	c	10^{-2}
deci	d	10^{-1}
deca	da	10^{1}
hecto	h	10^{2}
kilo	k	10^{3}
mega	M	10^{6}
giga	G	10^{9}
tera	T	10^{12}
peta	P	10^{15}
exa	E	10^{18}

Patrones internacionales
Las unidades fundamentales del sistema internacional, al igual que para los demás sistemas de unidades, se definen de acuerdo con **patrones** aceptados internacionalmente, y que para este caso son las siguientes: el metro, cuyo símbolo es *m* y que representa la distancia que recorre un rayo luminoso en el vacío en una fracción de segundo expresada mediante el cociente 1/299792458". El kilogramo, cuyo símbolo es *kg* y se define como la masa de un patrón de platino iridiado y que se conserva en la Oficina Internacional de Pesas y Medidas de París en las condiciones fijadas por la primera Conferencia General de Pesas y Medidas (1889). De forma cilíndrica, sus dimensiones son de 39 mm de diámetro por 39 mm de altura. El segundo, que se simboliza mediante *s* y representa la duración de 9192631770 períodos de la radiación correspondientes a la transición entre dos niveles superfinos del estado fundamental del átomo de ^{133}Cs (Cesio 133). El amperio, cuyo símbolo es *A* y que corresponde a la intensidad de corriente eléctrica que al circular por dos conductores rectilíneos, de grosor despreciable, paralelos entre sí y separados mutuamente por una distancia de un metro, genera una fuerza mutua de atracción de 2×10^{-7} neutonios por metro de línea paralela. El grado Kelvin o grado absoluto, que se indica mediante *k* y equivale a 1/273,16 de la temperatura termodinámica del punto triple del agua. La candela o bujía nueva, que se simboliza por *cd* y se define como la intensidad luminosa que irradian, en dirección normal, 1/600.000 m² de la superficie de un cuerpo negro, a la temperatura de solidificación del platino y a una presión de 101.325 pa. Y finalmente el mol, que representa la cantidad de materia de un sistema que contiene tantas entidades elementales (átomos, moléculas, etc.) como átomos hay en 0.012 kg del nucleido ^{12}C (carbono 12). Dicho número coincide con el número de Avogadro.

Prefijo
El sistema internacional (SI) acepta asimismo una serie de coeficientes (llamados **prefijos**) que multiplican o dividen el valor de una magnitud expresada en cierta unidad sin necesidad de asignarle un nombre diferente como sucede en los sistemas tradicionales de unidades de medida. Dichos prefijos se emplean de forma individual, no estando permitido combinarlos. Se indican mediante la anteposición de una partícula al nombre de la unidad, como, por ejemplo, en el caso del voltio (V), kilovoltio (kV) para expresar 1.000 voltios. Los prefijos aceptados por sistema internacional y sus correspondientes valores numéricos son: atto (a) 10^{-18}, femto (f) 10^{-15}, pico (p) 10^{-12}, nano (n) 10^{-9}, micro (μ) 10^{-6}, mili (m) 10^{-3}, centi (c) 10^{-2}, deci (d) 10^{-1}, deca (da) 10^{1}, hecto (h) 10^{2}, kilo (k) 10^{3}, mega (M) 10^{6}, giga (G) 10^{9}, tera (T) 10^{12}, peta (P)10^{15} y exa (E) 10^{18}.

Constantes universales
El proceso de medición está sin embargo, afectado por los errores de medida, debidos a los errores propios de los aparatos utilizados para llevarla a cabo o a los que pueda cometer el operador. La magnitud del error cometido depende de la sensibilidad de la medida realizada por el instrumento, motivo por el cual en la indicación de los valores en física se hace mención de los errores asociados a la medida. Asimismo, las leyes de la física incluyen ciertas constantes (llamadas **constantes universales**) que imponen a los resultados obtenidos mediante la aplicación de las leyes que las incluyen un límite, que es que los resultados no pueden tener una exactitud mayor que la de la medida de la propia constante.
Entre las constantes de este tipo destacan la velocidad de luz en el vacío, que se expresa mediante la letra *c* y cuyo valor es de $2,997925 \cdot 10^{8}$ metros/segundo, si bien generalmente se emplea el valor $3 \cdot 10^{8}$. Las masas del electrón (m_e, $9,10908 \cdot 10^{-31}$ kg), del protón (m_p, $1,67252 \cdot 10^{-27}$ kg) y la del neutrón (m_n, $1,67482 \cdot 10^{-27}$ kg), así como las cargas tanto del electrón (e, $1,60210 \cdot 10^{-19}$ culombios, negativa) como del protón ($1,60210 \cdot 10^{-19}$ culombios, positiva)

1. *La realización de medidas extremadamente precisas de las diversas propiedades de los nuevos materiales desarrollados, así como de los elementos empleados para ello, se permiten garantizar la consecución de los resultados deseados.*

2

3

(recordemos que el neutrón no tiene carga eléctrica). Asimismo, se considera el radio del electrón (r_e, 2,817777 · 10^{-15} metros) y la relación entre la carga y la masa de dicha partícula (e/m_e, 1,758796 · 10^{11} culombios/kilogramo). Junto con el número de Avogadro (N_A, 6,02252 · 10^{-26} móléculas/mol) están también diversas constantes como la de Boltzmann (k, 1,38054 · 10^{-23} Julios/Kelvin), la de Faraday (F, 9,64870 · 10^{4} culombios/mol), la de la gravitación universal (G, 6,670 · 10^{-11} neutonios · metro^2/kilogramo^2), la de Planck (h, 6,62559 · 10^{-34} Julios · segundo) y la de Rydberg (R^{∞}, 1,097373 · 10^{7} metros^{-1}).

Análisis dimensional

Finalmente, cabe mencionar el hecho de que las ecuaciones de la física deben ser coherentes en cuanto a las unidades empleadas en ambos miembros de la ecuación que la expresa, es decir, ambos miembros deben estar expresados en las mismas unidades, lo que se comprueba mediante el empleo del llamado **análisis dimensional.** Para ello se descompone cada uno de los miembros en términos de las tres magnitudes fundamentales antes mencionadas, que para estos efectos se expresan del siguiente modo: longitud [L], masa [M] y tiempo [T]. Por ejemplo, en el caso de la superficie (expresada en metros cuadrados), ésta es el resultado del producto de dos longitudes (expresadas en metros). Sustituyendo estas unidades por la magnitud correspondiente se obtiene en este caso, para la superficie, [L] · [L] = [L]^2. De este modo es posible determinar la corrección de una ecuación mediante el análisis de las dimensiones de sus miembros. Así, por ejemplo, si tomamos la ecuación de estado o ecuación general de los gases, que relaciona la presión (P) y el volumen (V) con el número de moles (n) y la temperatura (T) a través de la llamada constante universal de los gases (R), obtenemos lo siguiente: para el primer miembro tenemos que la presión P se expresa en el sistema internacional (SI) en N/M^2 (neutonios por metro cuadrado), mientras que el volumen se indica en m^3 (metros cúbicos). Para el segundo la temperatura se expresa en grados absolutos o Kelvin (K). De este modo suponiendo por simplicidad que tratamos con 1 mol (n = 1), obtenemos que la expresión, en cuanto a las unidades, es: N/m^2 · m^3 = R · K, es decir, N · m = R · K. Sin embargo, como hemos visto antes, N · m es la definición de la unidad de energía, el julio, por lo que podemos escribir J = R · K, por lo que la constante R resulta ser J/K, que coincide con su definición, que le asigna un valor de 0,082 atmósferas litro/K · mol.

Sistemas de unidades

Entre los diversos **sistemas de unidades** empleados, cabe mencionar, por su importancia histórica, algunos de ellos. Así, mencionaremos el **sistema cegesimal,** gaussiano o CGS, cuyas unidades fundamentales son para la longitud el centímetro (cm), para la masa el gramo (g) y para el tiempo el segundo (s); el **sistema MKS,** que emplea como unidades fundamentales el metro (m), el kilogramo (kg) y el segundo (s), y su extensión, el **sistema MKSA**, que añade a las tres anteriores el amperio (A). Por otra parte cabe hacer mención del **sistema métrico decimal,** cuya importancia histórica es fundamental, ya que fue el primer intento de homogenización de los sistemas de unidades. Establecido en Francia en el siglo XVIII y basado en las unidades de metro (longitud), kilogramo (masa) y segundo (tiempo), ha servido como base para el establecimiento del moderno sistema internacional.

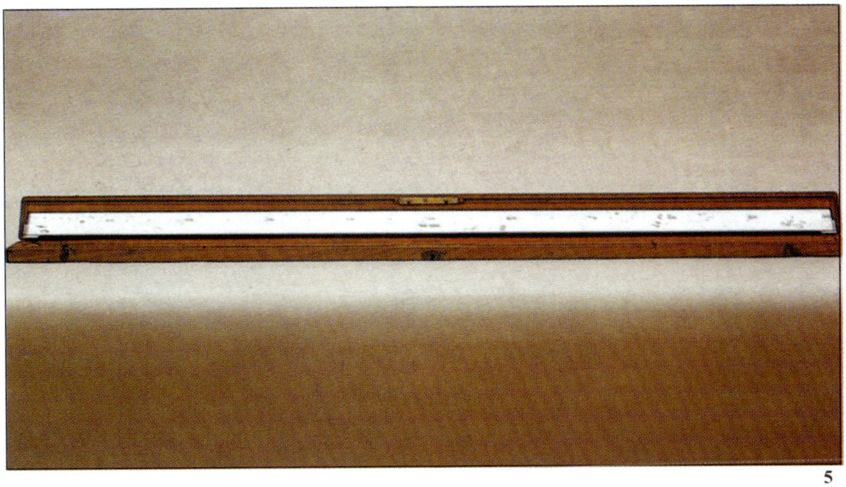

5

2. *La medición del tiempo representó, desde la antigüedad, una de las máximas preocupaciones del ser humano. En la actualidad se dispone de relojes de gran precisión, cómo este reloj de cuarzo de la Academia de Ciencias de Barcelona.*

3. *El kilogramo patrón, hecho de platino iridiado, que se guarda en la Comisión Nacional de Meteorología (Madrid), es idéntico al que fue adoptado en París como patrón mundial.*

4. *El sistema métrico decimal constituyó un avance real en cuanto a la unificación de los patrones de medida en el mundo occidental. El metro patrón que aquí se muestra data de 1798.*

5. *La capacidad de medir ha permitido al hombre tener acceso a conocimientos extraordinariamente útiles. Cabe decir, incluso, que conocer es medir. Los topógrafos de la ilustración están calculando el espesor de la capa de hielo en una región de Siberia.*

Indice analítico

GUÍA DE ESTUDIO

EVALUACIONES QUE NOS PERMITEN CONFIRMAR LO QUE HEMOS APRENDIDO DE FÍSICA

1. ¿Que es **aceleración**?
2. ¿Que es la **adherencia**?
3. ¿Qué son los **agujeros negros**?
4. ¿Qué es un **amperio (a)**?
5. ¿Cuál es el significado de **amplitud**?
6. ¿Qué significa **anión**?
7. ¿Qué es una **atmósfera**?
8. ¿Qué es un **átomo**?
9. ¿Que es el **barión**?
10. ¿Qué es el **barómetro**?
11. ¿Para qué sirve la cinta **bimetálica**?
12. ¿Qué es el **calor**?
13. ¿Qué es una **candela (Cd)**?
14. ¿Qué es la **capacitancia**?
15. ¿Que es la **capilaridad**?
16. ¿Qué es **carga eléctrica**?
17. ¿Qué es un **catión**?
18. ¿Que es **centro de gravedad**?
19. ¿Qué es la **cohesión**?
20. ¿Qué es en física el **color**?
21. ¿Cuáles son los **colores primarios**?
22. ¿Qué es la **conducción**?
23. ¿Qué es un **condensador**?
24. ¿Qué es el **coulomb**?
25. ¿Qué indica la ley de **Dalton**?
26. ¿Por qué se recuerda a **Demócrito** en la ciencia?
27. ¿Qué es la **densidad**?
28. ¿Qué es un **dieléctrico**?
29. ¿Qué es la **difracción**?
30. ¿Qué estudia la **dinámica**?
31. ¿Qué es el fenómeno de **dispersión**?
32. ¿Qué es el efecto **Doppler**?
33. ¿Cuál es el principio de **dualidad**?
34. ¿Cuál es la sustancia más **dura** que se conoce en nuestro planeta?
35. ¿Cuál es el significado físico de **eficiencia**?
36. ¿Que es la **electricidad**?
37. ¿Qué es un **electrodo**?
38. ¿Que es el **empuje**?
39. ¿Qué es la **energía**?
40. ¿Que es el **espectro de absorción**?
41. ¿Que es el **espectro de emisión**?
42. ¿Qué es **entropía**?
43. ¿Qué es el **estado de equilibrio**?
44. ¿A qué se le llama **esfuerzo**?
45. ¿Qué significa **espín**?
46. ¿Que es la **estática**?
47. ¿Que es la **fisión nuclear**?
48. ¿Qué es un **fluido**?
49. ¿Que es en una lente, el **foco**?
50. ¿Que es la **fosforescencia**?
51. ¿Qué es un **fotón**?
52. ¿Qué es la **fricción**?
53. ¿Qué es la **fuerza**?
54. ¿Qué es la **fusión**?
55. ¿Qué es el **galvanómetro**?
56. ¿Qué es un **grado de temperatura**?
57. ¿Qué es la **gravedad**?
58. ¿Qué es un **hercio (Hz)**?
59. ¿Qué estudia la **hidrostática**?
60. ¿Qué significa **hiperon**?
61. ¿Qué es la **holografía**?
62. ¿Qué es la **inercia**?
63. ¿Qué es la **intensidad eléctrica**?
64. ¿Qué se entiende por **interferencia**?
65. ¿Qué es un **ion**?
66. ¿Qué es un **isótopo**?
67. ¿Qué es el **Julio** o **Joule (J)**?
68. ¿Qué es el **Kelvin (K)**?
69. ¿Qué es el **kilogramo**?
70. ¿Qué es el **láser**?
71. ¿Qué es la **lente**?
72. ¿Qué son las **líneas de campo**?
73. ¿Cuáles son las **líneas vectoriales**?
74. ¿Qué es la **luz**?
75. ¿Qué es el **magnetismo**?
76. ¿Qué es la **maleabilidad**?
77. ¿Qué es la **masa**?
78. ¿Qué estudia la **mecánica**?
79. ¿Qué son las **microondas**?
80. ¿Qué es una **molécula**?
81. ¿Qué es el **momento de una fuerza**?
82. ¿Qué es el **movimiento Browniano**?
83. ¿Qué es el **newton**?
84. ¿Qué es un **neutrón**?
85. ¿A qué se le llama **nodo**?
86. ¿Qué es el **núcleo en física**?
87. ¿Qué es un **ohm**?
88. ¿Qué es una **onda**?
89. ¿Qué es la **órbita**?
90. ¿Quién descubrió las cualidades del **péndulo**?
91. ¿Qué significa, en física **periodo**?
92. ¿Qué es el **peso**?
93. ¿Por qué se le llama **pila voltaíca**?
94. ¿Qué es la **presión**?
95. ¿Qué es un **protón**?
96. ¿Qué significa **quark**?
97. ¿Qué es el **radar**?
98. ¿Qué es la **radioactividad**?
99. ¿Qué es la **refracción**?
100. ¿Qué es la **relatividad**, según la física?
101. ¿Qué es la **resistencia eléctrica**?
102. ¿Qué es un **selenoide**?
103. ¿Qué es el **sonido**?
104. ¿Qué es la **temperatura**?
105. ¿Qué estudia la **termodinámica**?
106. ¿Qué es la **termografía**?
107. ¿Cuál es el uso del **termostato**?
108. ¿Qué es una **unidad**?
109. ¿Qué es un **vector**?
110. ¿Qué es la **velocidad**?
111. ¿Qué es la **viscosidad**?
112. ¿Qué es el **voltio (v)**?

RESPUESTAS DE FÍSICA

1. **aceleración.** Es la variación de la velocidad en función del tiempo.

2. **adherencia.** Es la atracción entre moléculas de distintas sustancias.

3. **agujeros negros.** Son cuerpos pequeños con masa y fuerza de gravedad muy elevados, que atraen a cuerpos incluyendo la luz.

4. **amperio (A).** Es la unidad de intensidad de corriente eléctrica, de acuerdo al sistema internacional de unidades.

5. **amplitud.** En una onda senoidal, es la altura desde el eje simétrico, hasta una cresta.

6. **anión.** Es un ión que, al ganar electrones adquiere carga negativa.

7. **atmósfera.** Es la unidad de presión que, en una columna de mercurio, la eleva 76 cm.

8. **átomo.** Es la partícula más pequeña de un elemento químico que conserva las propiedades de éste.

9. **barión.** Es una partícula subatómica, que está formada por protones, neutrones e hiperones.

10. **barómetro.** Es un dispositivo que, determina la presión atmosférica a distintas alturas.

11. **bimetálica.** Es una aleación de dos metales, que puede doblarse al calentarse pero que sirve para conducir electricidad. Se usa en planchas como regulador.

12. **calor.** Es la energía que poseen los cuerpos, debido al movimiento de sus átomos o moléculas.

13. **candela (Cd).** Es la unidad de intensidad luminosa, del Sistema Internacional de Unidades.

14. **capacitancia.** Es la propiedad que poseen ciertos materiales y dispositivos, de poder almacenar cargas eléctricas.

15. **capilaridad.** Es la propiedad de algunos líquidos de poder ascender por tubos de grosor muy delgado (capilar).

16. **carga eléctrica.** Es la pérdida o ganancia de electrones que poseen un átomo.

17. **catión.** Es un ión que ha perdido electrones y que tiene carga positiva.

18. **centro de gravedad.** Es el punto imaginario donde se supone concentrado el peso de un cuerpo.

19. **cohesión.** Es la fuerza de atracción entre átomos o moléculas de la misma substancia.

20. **color.** Es la percepción de las distintas longitudes de onda en el ojo humano.

21. **colores primarios.** Son los que forman toda la gama conocida y son: amarillo, rojo y azul.

22. **conducción.** Es el desplazamiento del calor o cargas eléctricas en ciertos materiales.

23. **condensador.** Es un dispositivo que almacena cargas eléctricas.

24. **coulomb.** Es la unidad de carga eléctrica, en el sistema internacional de unidades.

25. **Dalton.** La presión de una mezcla de gases, es equivalente a la suma de las presiones parciales de los mismos por separado.

26. **Demócrito.** Por que fue quien bautizó al átomo.

27. **densidad.** Es la relación entre la masa de un objeto y la masa que éste ocupa.

28. **dieléctrica.** Es una sustancia que no permite el paso de cargas eléctricas y por lo mismo se utiliza para almacenarlas.

29. **difracción.** Es la desviación de la radiación electromagnética, a su paso por un pequeño orificio, o por el borde de un obstáculo.

30. **dinámica.** Es la rama de la mecánica, que estudia el movimiento de los cuerpos y sus causas.

31. **dispersión.** Es la separación en las distintas longitudes de onda, al atravesar un medio refractor, de la luz blanca.

32. **Doppler.** Es el aumento de la frecuencia del sonido al reducir el espacio entre el emisor y el receptor.

33. **dualidad.** Nos dice que un electrón actúa como onda por su movimiento y como partícula, debido a su carga.

34. **dura.** El diamante.

35. **eficiencia.** Es la razón entre las energías o trabajos que consume y produce cualquier máquina.

36. **electricidad.** Es el flujo de electrones a través de un conductor.

37. **electrodo.** Es un dispositivo eléctrico, es el material con carga positiva o negativa.

38. **empuje.** Es la fuerza ascendente que experimenta un cuerpo al sumergirse en un líquido.

39. **energía.** Es la capacidad de un cuerpo o sistema para producir trabajo.

40. **espectro de absorción.** Aquél donde destacan las longitudes de onda absorbidas.

41. **espectro de emisión.** El que recoge las longitudes de onda emitidas.

42. **entropía.** Es la medida del desorden molecular de un sistema térmico.

43. **equilibrio.** Estado en el cual se compensan las energías o fuerzas.

44. **esfuerzo.** Es la fuerza que se aplica a un cuerpo.

45. **espín.** Es el momento angular propio de una partícula o sistema de partículas.

46. **estática.** Es la rama de la mecánica que estudia las fuerzas sobre los cuerpos en reposo.

47. **fisión.** Reacción nuclear, donde al fragmentarse un núcleo se obtienen dos fragmentos idénticos.

48. **fluido.** Son las substancias que no tienen forma fija y la adquieren del recipiente que los contiene (líquidos y gases).

49. **foco.** Es el punto donde convergen los rayos reales o virtuales de un sistema óptico.

50. **fosforescencia.** Es la emisión de luz después que la fuente ya no lo hace.

51. **fotón.** Es un cuanto de energía formada en los nodos de una onda electromagnética.

52. **fricción.** Es fuerza de rozamiento entre dos cuerpos y se opone al desplazamiento.

53. **fuerza.** Es el efecto exterior a un cuerpo que altera su estado de movimiento o de reposo.

54. **fusión.** A nivel atómico, es el choque de dos núcleos de elementos ligeros para formar uno pesado.

55. **galvanómetro.** Es el aparato que mide la corriente eléctrica que fluye por un conductor.

56. **grado.** Es la unidad de medida termométrica.

57. **gravedad.** Es la fuerza que ejerce la tierra sobre los cuerpos que se encuentran en su campo gravitatorio.

58. **hercio (Hz).** Es la unidad de frecuencia equivalente a ciclo/segundo.

59. **hidrostática.** Estudia los líquidos en reposo.

60. **hiperón.** Es un barion, cuya masa es superior al neutrón.

61. **holografía.** Es la impresión de imágenes tridimensionales en papel plateado por el uso de la luz láser.

62. **inercia.** Es la oposición de un cuerpo, de cambiar su estado de movimiento o reposo, al aplicarle una fuerza.

63. **intensidad.** Es la cantidad de cargas eléctricas que circulan por un conductor en la unidad de tiempo.

64. **interferencia.** Es la sobreposición de ondas, alterando sus características ambas.

65. **ión.** Es un átomo que ha perdido o ganado electrones.

66. **isótopo.** Es un átomo que se diferencia de otro átomo en el número de neutrones del núcleo.

67. **Julio o Joule (J).** Es la unidad de trabajo y energía, en el Sistema Internacional de Unidades.

68. **Kelvin (K).** Es el grado de la escala absoluta de temperaturas. Es la unidad de temperatura en el Sistema Internacional de Unidades.

69. **kilogramo.** Es la unidad de masa en el Sistema Internacional de Unidades.

70. **láser.** Es un rayo de luz coherente, descubierto en 1960.

71. **lente.** Es un objeto que refracta la luz, produciendo la divergencia o convergencia.

72. **líneas de campo.** Son líneas que conforman la zona donde se manifiesta la atracción o repulsión eléctrica o magnética.

73. **líneas vectoriales.** Son las de magnitudes con representación gráfica direccional y con sentido.

74. **luz.** Es una onda electromagnética que emite fotones y viaja a 299 792 km/s.

75. **magnetismo.** Es el fenómeno de atracción de metales de algunas sustancias llamadas magnéticas.

76. **maleabilidad.** Es la propiedad de algunos metales de poder convertirse, por medios mecánicos en láminas delgadas.

77. **masa.** Es la propiedad intrínseca de los objetos que da idea de su cantidad de materia.

78. **mecánica.** Es la rama de la física que estudia los efectos de las fuerzas sobre los objetos.

79. **microondas.** Son ondas cuya longitud es más pequeña que la de la luz roja (infrarroja) y con más disipación de energía.

80. **molécula.** Es la partícula mínima de un compuesto que conserva las propiedades de éste.

81. **momento de una fuerza.** Es la fuerza aplicada sobre un cuerpo por su brazo de palanca.

82. **movimiento browniano.** Movimiento oscilatorio y periódico propio de las moléculas y algúnos organismos.

83. **newton.** Es la unidad de fuerza del sistema internacional equivalente a $kg.m/s^2$.

84. **neutron.** Es una partícula subatómica sin carga, que forma parte del núcleo de un átomo excepto el hidrógeno.

85. **nodo.** Punto medio entre un valle y una cresta.

86. **núcleo.** Es la región central del átomo.

87. **ohm.** Unidad de resistencia eléctrica del Sistema Internacional de Unidades.

88. **onda.** Es la perturbación producida por partículas que se propagan oscilando periódicamente.

89. **órbita.** Es la trayectoria que describe un cuerpo alrededor de otro, por efecto gravitacional.

90. **péndulo.** Galileo Galilei

91. **periodo.** Es el tiempo en que una onda completa un ciclo u oscilación.

92. **peso.** Es la fuerza con que la tierra atrae a los cuerpos que están en su campo gravitacional.

93. **pila voltaica.** En honor a Alejandro Volta, su inventor.

94. **presión.** Es la fuerza que se aplica por unidad de superficie.

95. **protón.** Es la partícula subatómica del núcleo del átomo y con carga positiva.

96. **quark.** Se llama así a las partículas subelementales hipotéticas.

97. **radar.** Dispositivo sónico que utiliza la reflexión para detectar objetos metálicos en el aire.

98. **radioactividad.** Es la energía producida por la desintegración de los núcleos atómicos.

99. **refracción.** Es la desviación de la luz al pasar de manera oblícua de un medio transparente a otro de distinta densidad.

100. **relatividad.** Se le llama así a la teoría que explica que e tiempo también es conmutable, tomando al universo como referencia.

101. **resistencia eléctrica.** Es la oposición al paso de la corriente en un conductor.

102. **selenoide.** Es el arrollamiento de alambre conductor, para producir mediante el paso de corriente un campo magnético.

103. **sonido.** Es el desplazamiento de la vibración producida por un cuerpo, se propaga por ondas y es percibido por el oído.

104. **temperatura.** Es la medida de calor contenido en un cuerpo.

105. **termodinámica.** Es la rama de la física que estudia la interconversión entre el trabajo mecánico y el calor.

106. **termografía.** Impresión en pantalla fluorescente de la energía térmica que se desprende de un cuerpo.

107. **termostato.** Es una resistencia variable que cambia de acuerdo al calor, se usa en planchas, calentadores, etc.

108. **unidad.** Es un patrón de medida.

109. **vector.** Es la representación gráfica de una magnitud con dirección y sentido.

110. **velocidad.** Es el cambio de posición de un cuerpo a través del tiempo.

111. **viscosidad.** Es la oposición al movimiento de un cuerpo en un líquido.

112. **voltio (v).** Es la unidad de la diferencia de potencial eléctrico, en el Sistema Internacional de Unidades.